清华大学电子工程系核心课系列教材

# 电子电路与系统基础

李国林　编著

U0282910

清华大学出版社
北　京

## 内 容 简 介

本课程是对原"电路原理""模拟电路""通信电路"和"数字电路"等课程重构形成的新电路原理课程,体系架构为一条主干四个分支。电路抽象为主干,包括端口或支路抽象下的电路基本定律、定理,电路方程列写方法和电路基本分析方法,开关抽象、数字逻辑、CMOS 门电路,有源、无源等。四个分支为线性电阻电路,包括电阻分压、电桥、衰减电路,理想变压、回旋、环行器,理想受控源、负阻、负反馈放大器、噪声、阻抗、传输等;非线性电阻电路,包括二极管、晶体管,反相器、电流镜、差分对、乘法器,CE、CB、CC 组态和 cascode 结构,运放电路及其正负反馈应用、ADC、DAC,非线性失真,线性化处理方法等;一阶动态电路,包括一阶 RC、RL 滤波器时频分析,半波整流器、张弛振荡器,开关电容、延时、带宽等;二阶动态电路,包括二阶 RLC 滤波器时频分析,阻抗匹配与变换电路,高频放大器,正弦波振荡器,DC-AC、DC-DC,谐振、匹配等。

**图书在版编目(CIP)数据**

电子电路与系统基础/李国林编著. —北京:清华大学出版社,2017(2024.8重印)
(清华大学电子工程系核心课系列教材)
ISBN 978-7-302-46875-2

Ⅰ. ①电…　Ⅱ. ①李…　Ⅲ. ①电子电路-高等学校-教材　Ⅳ. ①TN7

中国版本图书馆 CIP 数据核字(2017)第 064156 号

责任编辑:文　怡
封面设计:台禹微
责任校对:时翠兰
责任印制:宋　林

出版发行:清华大学出版社
　　　　网　　　址:https://www.tup.com.cn,https://www.wqxuetang.com
　　　　地　　　址:北京清华大学学研大厦 A 座　　　　　　邮　　编:100084
　　　　社 总 机:010-83470000　　　　　　　　　　　　　邮　　购:010-62786544
　　　　投稿与读者服务:010-62776969,c-service@tup.tsinghua.edu.cn
　　　　质量反馈:010-62772015,zhiliang@tup.tsinghua.edu.cn
　　　　课件下载:https://www.tup.com.cn,010-83470236
印 装 者:三河市铭诚印务有限公司
经　　销:全国新华书店
开　　本:185mm×260mm　　印　张:66.75　　　　　　字　　数:1709 千字
版　　次:2017 年 10 月第 1 版　　　　　　　　　　　　印　　次:2024 年 8 月第 7 次印刷
定　　价:168.00 元

产品编号:073561-01

# 丛书 序

清华大学电子工程系经过整整十年的努力，正式推出新版核心课系列教材。这成果来之不易！在这个时间节点重新回顾此次课程体系改革的思路历程，对于学生，对于教师，对于工程教育研究者，无疑都有重要的意义。

## 一

高等电子工程教育的基本矛盾是不断增长的知识量与有限的学制之间的矛盾。这个判断是这批教材背后最基本的观点。

当今世界，科学技术突飞猛进，尤其是信息科技，在 20 世纪独领风骚数十年，至 21 世纪，势头依然强劲。伴随着科学技术的迅猛发展，知识的总量呈现爆炸性增长趋势。为了适应这种增长，高等教育系统不断进行调整，以把更多新知识纳入教学。自 18 世纪以来，高等教育响应知识增长的主要方式是分化：一方面延长学制，从本科延伸到硕士、博士；一方面细化专业，比如把电子工程细分为通信、雷达、图像、信息、微波、线路、电真空、微电子、光电子等。但过于细化的专业使得培养出的学生缺乏处理综合性问题的必要准备。为了响应社会对人才综合性的要求，综合化逐步成为高等教育主要的趋势，同时学生的终身学习能力成为关注的重点。很多大学推行宽口径、厚基础本科培养，正是这种综合化趋势使然。通识教育日益受到重视，也正是大学对综合化趋势的积极回应。

清华大学电子工程系在 20 世纪 80 年代有九个细化的专业，20 世纪 90 年代合并成两个专业，2005 年进一步合并成一个专业，即"电子信息科学类"，与上述综合化的趋势一致。

综合化的困难在于，在有限的学制内学生要学习的内容太多，实践训练和课外活动的时间被挤占，学生在动手能力和社会交往能力等方面的发展就会受到影响。解决问题的一种方案是延长学制，比如把本科定位在基础教育，硕士定位在专业教育，实行五年制或六年制本硕贯通。这个方案虽可以短暂缓解课程量大的压力，但是无法从根本上解决知识爆炸性增长带来的问题，因此不可持续。解决问题的根本途径是减少课程，但这并非易事。减少课程意味着去掉一些教学内容。关于哪些内容可以去掉，哪些内容必须保留，并不容易找到有高度共识的判据。

探索一条可持续有共识的途径，解决知识量增长与学制限制之间的矛盾，已是必需，也是课程体系改革的目的所在。

## 二

学科知识架构是课程体系的基础，其中核心概念是重中之重。这是这批教材背后最关键的观点。

布鲁纳特别强调学科知识架构的重要性。架构的重要性在于帮助学生利用关联性来理解和重构知识；清晰的架构也有助于学生长期记忆和快速回忆，更容易培养学生举一反三的迁移能力。抓住知识架构，知识体系的脉络就变得清晰明了，教学内容的选择就会有公认的依据。

核心概念是知识架构的汇聚点，大量的概念是从少数核心概念衍生出来的。形象地说，核心概念是干，衍生概念是枝、是叶。所谓知识量爆炸性增长，很多情况下是"枝更繁、叶更茂"，而不是产生了新的核心概念。在教学时间有限的情况下，教学内容应重点围绕核心概念来组织。教学内容中，既要有抽象的概念性的知识，也要有具体的案例性的知识。

梳理学科知识的核心概念，这是清华大学电子工程系课程改革中最为关键的一步。办法是梳理自 1600 年吉尔伯特发表《论磁》一书以来，电磁学、电子学、电子工程以及相关领域发展的历史脉络，以库恩对"范式"的定义为标准，逐步归纳出电子信息科学技术知识体系的核心概念，即那些具有"范式"地位的学科成就。

围绕核心概念选择具体案例是每一位教材编者和教学教师的任务，原则是具有典型性和时代性，且与学生的先期知识有较高关联度，以帮助学生从已有知识出发去理解新的概念。

# 三

电子信息科学与技术知识体系的核心概念是：信息载体与系统的相互作用。这是这批教材公共的基础。

1955 年前后，斯坦福大学工学院院长特曼和麻省理工学院电机系主任布朗都认识到信息比电力发展得更快，他们分别领导两所学校的电机工程系进行了课程改革。特曼认为，电子学正在快速成为电机工程教育的主体。他主张彻底修改课程体系，牺牲掉一些传统的工科课程以包含更多的数学和物理，包括固体物理、量子电子学等。布朗认为，电机工程的课程体系有两个分支，即能量转换和信息处理与传输。他强调这两个分支不应是非此即彼的两个选项，因为它们都基于共同的原理，即场与材料之间相互作用的统一原理。

场与材料之间的相互作用，这是电机工程第一个明确的核心概念，其最初的成果形式是麦克斯韦方程组，后又发展出量子电动力学。自彼时以来，经过大半个世纪的飞速发展，场与材料的相互关系不断发展演变，推动系统层次不断增加。新材料、新结构形成各种元器件，元器件连接成各种电路，在电路中，场转化为电势（电流电压），"电势与电路"取代"场和材料"构成新的相互作用关系。电路演变成开关，发展出数字逻辑电路，电势二值化为比特，"比特与逻辑"取代"电势与电路"构成新的相互作用关系。数字逻辑电路与计算机体系结构相结合发展出处理器（CPU），比特扩展为指令和数据，进而组织成程序，"程序与处理器"取代"比特与逻辑"构成新的相互作用关系。在处理器基础上发展出计算机，计算机执行各种算法，而算法处理的是数据，"数据与算法"取代"程序与处理器"构成新的相互作用关系。计算机互联出现互联网，网络处理的是数据包，"数据包与网络"取代"数据与算法"构成新的相互作用关系。网络服务于人，为人的认知系统提供各种媒体（包括文本、图片、音视频等），"媒体与认知"取代"数据包与网络"构成新的相互作用关系。

以上每一对相互作用关系的出现，既有所变，也有所不变。变，是指新的系统层次的出现和范式的转变；不变，是指"信息处理与传输"这个方向一以贯之，未曾改变。从电子信息的角度看，场、电势、比特、程序、数据、数据包、媒体都是信息的载体；而材料、电路、逻辑（电路）、处理器、算法、网络、认知(系统)都是系统。虽然信息的载体变了,处理特定的信息载体的系统变了,描述它们之间相互作用关系的范式也变了,但是诸相互作用关系的本质是统一的,可归纳为"信息载体与系统的相互作用"。

上述七层相互作用关系,层层递进,统一于"信息载体与系统的相互作用"这一核心概念,构成了电子信息科学与技术知识体系的核心架构。

# 四

在核心知识架构基础上,清华大学电子工程系规划出十门核心课:电动力学(或电磁场与波)、固体物理、电子电路与系统基础、数字逻辑与 CPU 基础、数据与算法、通信与网络、媒体与认知、信号与系统、概率论与随机过程、计算机程序设计基础。其中,电动力学和固体物理涉及场和材料的相互作用关系,电子电路与系统基础重点在电势与电路的相互作用关系,数字逻辑与 CPU 基础覆盖了比特与逻辑及程序与处理器两对相互作用关系,数据与算法重点在数据与算法的相互作用关系,通信与网络重点在数据包与网络的相互作用关系,媒体与认知重点在媒体和人的认知系统的相互作用关系。这些课覆盖了核心知识架构的七个层次,并且有清楚的对应关系。另外三门课是公共的基础,计算机程序设计基础自不必说,信号与系统重点在确定性信号与系统的建模和分析,概率论与随机过程重点在不确定性信号的建模和分析。

按照"宽口径、厚基础"的要求,上述十门课均被确定为电子信息科学类学生必修专业课。专业必修课之前有若干数学物理基础课,之后有若干专业限选课和任选课。这套课程体系的专业覆盖面拓宽了,核心概念深化了,而且教学计划安排也更紧凑了。近十年来清华大学电子工程系的教学实践证明,这套课程体系是可行的。

# 五

知识体系是不断发展变化的,课程体系也不会一成不变。就目前的知识体系而言,关于算法性质、网络性质、认知系统性质的基本概念体系尚未完全成型,处于范式前阶段,相应的课程也会在学科发展中不断完善和调整。这也意味着学生和教师有很大的创新空间。电动力学和固体物理虽然已经相对成熟,但是从知识体系角度说,它们应该覆盖场与材料(电荷载体)的相互作用,如何进一步突出"相互作用关系"还可以进一步探讨。随着集成电路发展,传统上区分场与电势的条件,即电路尺寸远小于波长,也变得模糊了。电子电路与系统或许需要把场和电势的理论相结合。随着量子计算和量子通信的发展,未来在逻辑与处理器和通信与网络层次或许会出现新的范式也未可知。

工程科学的核心概念往往建立在技术发明的基础之上,比如目前主流的处理器和网络分别是面向冯·诺依曼结构和 TCP/IP 协议的,如果体系结构发生变化或者网络协议发生变化,那么相应地,程序的概念和数据包的概念也会发生变化。

# 六

这套课程体系是以清华大学电子工程系的教师和学生的基本情况为前提的。兄弟院校可以参考,但是在实践中要结合自身教师和学生的情况做适当取舍和调整。

　　清华大学电子工程系的很多老师深度参与了课程体系的建设工作,付出了辛勤的劳动。在这一过程中,他们表现出对教育事业的忠诚,对真理的执着追求,令人钦佩! 自课程改革以来,特别是 2009 年以来,数届清华大学电子工程系的本科同学也深度参与了课程体系的改革工作。他们在没有教材和讲义的情况下,积极支持和参与课程体系的建设工作,做出了重要的贡献。向这些同学表示衷心感谢! 清华大学出版社多年来一直关注和支持课程体系建设工作,一并表示衷心感谢!

王希勤

2017 年 7 月

# FOREWORD

电路作为信息系统的物理层支撑渗透到了人类生活的方方面面,基本电路知识的掌握成为理工科大学生的基本素养。由于其极为重要的历史地位,在发展过程中形成了多门在电子信息类专业课程中占据很大比重的电路课程。但是随着计算机技术、通信技术和网络技术的发展,电子信息类专业学生需要掌握的各类知识和技能呈现高速扩张态势,尤其是顶层的信号处理和数据挖掘需求旺盛,但是学生仍然不得不花费大量的课时修全电路相关课程以掌握底层的基本电路知识,这显然不适宜于当前高校电子信息类专业的全面均衡发展,因而有必要对现有的多门电路课程重新构架,形成一门全新的电路原理课程,在有限的课时内全面把握电路的核心精髓。

除了电路课程外,整个电子信息类专业本科教学的各门课程也存在着各种各样的原因期望课程内容的改革变动,但本科课程之间的高度关联导致牵一发而动全身,各科教师有心对课程内容进行整合却不敢有太大的动作。清华大学电子工程系关注到这个问题的存在,于 2007 年启动了本科生课程教学改革,在王希勤、黄翊东两位主任的直接领导下,在各方反复调研的基础上,于 2009 年整理出了电子信息科学知识图七层结构,并基于七层结构构建了一个新的本科课程体系,包括 10 门必修的核心课程、24 门限选的专业限选课程、36 门自由选修的专业选修课程和 40 门各类实验课程,除了 10 门核心课外,其他专业课仍在缓慢持续扩张中。电路位于电子信息科学知识图七层结构的第二层,基于该层的电路核心课最终被定名为"电子电路与系统基础"(简称"电路基础"),用于取代原课程体系中的多门必修电路课程,包括"电路原理""模拟电路""通信电路",以及"数字电路"中的晶体管门级电路部分,是 10 门核心课中改革力度最大的一门课程。"数字电路"中的逻辑级部分和"微机原理"被合并为核心课"数字逻辑与处理器基础"。在新课程体系中,"电路原理"课程被"电路基础"核心课完全取代,而其他 4门和电路直接相关的课程则分别更名进化为"模拟电路原理""通信电路原理""数字系统设计"和"现代计算机体系架构",作为专业限选课供对电路专业感兴趣的学生选修,以使学生更加深入地掌握电路与系统相关专业知识。

集成电路设计是当前电路设计的顶层核心需求,大学应该培养在掌握电路核心知识基础上具有较高电路素养的集成电路设计专业人才。由于集成电路设计和制作有一个相对较高的门槛,因而最终进入电路专业深造的学生将是一个小的群体,故而改革启动时我们就已经预期新课程体系建成后,电路类相关专业限选课较原体系作为必修课时其选修人数将会大幅缩水,教改推进数年来的教学实践也确认了电路限选课课堂规模大体仅是原规模的十五分之一。因而在建设"电路基础"核心课时,我考虑的主要问题是如何打破原"电路原理""模拟电路""通信电路"和"数字电路"课程各自相对独立的知识体系框架,进而构建出一个新的体系架构将这些课程中的核心电路知识融为一体,通过这一门所有电子系本科学生必修的电路核心课程的学习,使得电子系本科生具有电路的最基本素养:①电路基本定律和基本定理的掌握;②电路抽象工程思维方式的培育;③基本电路器件、基本单元电路工作原理的把握;④电路相关基本概念的建立。

2010年7月我全面接手负责"电路基础"课程的改革。首先确认这门课需要分设在两学期授课,原因是相关概念较多,在一学期授课信息量过大,学生将无法接受,课程教学容易变成夹生饭。其次就是如何划分两学期的课程内容。我通篇翻阅了大量的现有的相关课程教材,基于我近8年"通信电路"授课经验和多年来电路设计经验所建立的对电路的基本认识,将两学期的课程划分为可用代数方程描述的电阻电路(大一下春季学期)和需用微分方程描述的动态电路(大二上秋季学期)两部分。在规划具体授课内容时,考虑到先简单后复杂的推进次序,进而把内容规划为线性电阻电路、非线性电阻电路、线性动态电路和非线性动态电路4部分。在2011年开始的27人小班试讲中,我大体按照这个设想,将多门电路课程内容全部打散后重新整合串讲。系里同时配备摄像师全程录像,并将录像录音资料交给上课学生,转为文字资料交给我,便于新课程讲义整理工作的开展。由于课程安排在大一下和大二上,"信号与系统"课程安排在大二下,但"模拟电路""通信电路"课程的部分内容又需要"信号与系统"的相关知识支撑,因而实际授课时,还补充了部分"信号与系统"课程相关内容,同时还有少量器件、电磁场相关基础知识,因而小班试讲课程内容量十分庞大。在此之前我只讲过"通信电路"课程,事实上我也是借着这个机会,希望能够将所有电路相关课程全部串讲一遍,以充分理解它们之间到底是如何关联的。第一年小班试讲时,理论课和实验课全部由我负责,我直接占用了实验课时用于授课,实验另行安排其他时间做,又应同学要求开设了习题课,通过各种手段争取了足够多的授课时间,使得我能够将我设想的所有关联课程内容全部过了一遍。这次全面串讲对我全面把握各门电路课程之间的关联起到了至关重要的作用,因而这里首先感谢陪伴我这一年的无01班全体同学、助教宋红艳同学和摄像师龚颖。

电子系课改整体规划要求2011级学生全面进入新课程体系,因而2012年"电路基础"课程对2011级大一学生实施大班推广,我把前一年的录音文字资料按课件顺序逐页整理作为第一版讲义发给同学,由于时间紧张等原因,课程仍然按照前一年的进度授课,学生和教师压力都较大。在2012年暑期进行的电路课程改革例行研讨会上,为了回复各位老师对我将晶体管归类为电阻、课程按电阻电路和动态电路划分等认识及实际操作方面的疑虑,我提供了一张图,这张图是我对多门课程内容之间关联的理解,即多门电路课程内容可大体划分为基本元件和单元电路两个大层次,在这两个大层次之间,多门课程内容的关联集中在电阻电路部分的"受控源""负阻(正反馈、双稳)""开关"等几个衍生元件上,充分理解这些衍生元件有助于实现各门电路课程内容的全面融合。除了我自己基本厘清各门课程内部关联之外,给我足够信心支撑的另外一个外援是2012年国庆节期间我在学校图书馆翻看到蔡少棠先生的 *linear and nonlinear circuits* 一书,他的电阻电路加动态电路的整体结构完全契合我对电路的整体认识。这本教材是1987年出版的,其前言表明该教材是为大三学生准备的电路入门之后的后续课程,然而之前我从来就没有关注过这本教材,它也从未流行过。我分析了造成这本教材被埋没的可能原因,我个人认为这本教材过于注重非线性,但其列举的非线性却大多是人为构造的,而实际器件的非线性讨论又太少,过于注重电路的数学理论及计算机仿真应用下的电路拓扑分析,使得这本教材的受众是小众而非大众,换句话说它不太实用。由于这本教材的整体结构完全契合我对电路的基本认识,因而在国庆节放假期间研读这本教材时,我之前积累的对电路的认识一下就落实了下来,新课程内容的一条主干四个分支的基本架构至此完全成形,我之后的工作重点考虑的将是在安排新课程具体内容时应避免该教材存在的问题,使得同学能够接受新体系框架和对电路核心内容的重新安排。2012 年秋季大班授课期间,我与高文焕老师、刘润生老师、魏琦博士等交流了我对新课程体系的规划以及我已着手编写的按新体系框架展开的第二版讲义内容。

2013 年第二版讲义按新体系框架全面展开。新体系中,晶体管被归类于二端口非线性电阻,这打开了将模拟电路、通信电路课程内容全面融入电路原理框架的大门。新框架中,器件、单元电路、系统被统一为单端口或多端口网络,电路定律、定理和电路工作原理分析被重新排布和解读,打破了原课程体系对低频/高频、模拟/数字、线性/非线性的人为隔离。

(1) 一条主干四个分支的架构。以电路抽象为主干,以线性电阻电路、非线性电阻电路、一阶动态电路、二阶动态电路为四个分支。电路抽象主干包括四个基本元件(欧姆定律)、基本电路定律(基尔霍夫定律)、基本电路定理(戴维南定理、叠加定理、替代定理等)和基本分析方法。线性电阻电路是由线性代数方程描述的电路,要求把握的是线性传递关系、输入电阻、输出电阻、功率传输等概念,典型单元电路如分压器、分流器、电阻衰减器、理想变压器、理想回旋器等,其数学分析简而言之就是实矩阵分析,其简化分析多用叠加定理和戴维南定理。非线性电阻电路是由非线性代数方程描述的电路,要求把握的是有源性来源、能量转换、放大、反馈等概念,典型单元电路如二极管整流电路、稳压电路、晶体管放大电路等,多采用线性化分析方法以简化对非线性的分析,包括分段线性化和局部线性化。一阶动态电路是只包含一个动态元件如一个电容或一个电感的电路,要求把握的是电容充放电、电感充放磁、能量转储过程中的电荷守恒、能量守恒以及相应的延时、相移、滤波、微分、积分、电荷转移等特性,典型单元电路有积分器、一阶滤波器、开关电容电路、张弛振荡器等;二阶动态电路是包括两个独立动态元件的电路,要求把握的是谐振、滤波、阻抗变换、振荡、稳定性等概念,典型单元电路有晶体管高频小信号放大器、正弦波振荡器、DC-DC 转换电路等。这里,众多的单元电路,包括整流器、逆变器、稳压器、放大器、滤波器、振荡器、AD/DA 转换器、存储器等,均自然挂在四个分支上。

(2) 各个分支内容的展开以电路分析方法为明线脉络,以基本元件、受控源、负阻、开关为暗线关节,用网络变量整合线性电路,用非线性的线性化处理方法整合非线性电路,实现了电路课程内容的全面融合。线性电阻电路因其最为简单而作为推出电路基本定律、基本定理的例子,两者同时展开,将各种电路方程列写方法和电路基本定理(尤其是戴维南定理)视为降低分析复杂度的基本方法,并将戴维南定理以网络变量形式推广到对多端口线性网络的表征。非线性电阻电路则以非线性的线性化方法为主线,用分段折线法考察二极管相关电路和晶体管反相器、电流镜电路,用局部线性化方法考察放大器电路。引入负反馈提高系统性能,如稳定直流工作点、稳定放大增益、实现接近理想的受控源等;引入正反馈实现负阻器件、滞回特性或记忆功能。一阶动态电路则以一阶线性时不变 RC 电路为核心展开,通过对一阶常系数微分方程的解析考察充放电、充放磁导致的延时特性,进而考察一阶滤波器的滤波、移相特性,对一阶非线性电路则采用分段折线法分析,以分段线性电阻对电容的充放电考察整流电路、张弛振荡电路等。一阶电路要求熟练应用三要素法。二阶动态电路以二阶线性时不变 RLC 谐振电路为核心,通过对二阶常系数微分方程的解析考察谐振和阻尼特性,进而考察二阶滤波器的时频对应关系和 LC 电路实现的阻抗变换功能;对二阶非线性动态电路,用局部线性化方法分析高频小信号放大器高频功率增益及其稳定性,用准线性化方法分析正弦波振荡器振荡条件,用分段线性化方法考察 DC-AC 和 DC-DC 电路的能量转换机制。二阶电路要求在时域熟练应用五要素法以回避对拉普拉斯变换的要求,在频域熟练应用相量法。

（3）新"电路基础"课程和原"电路原理"课程对比，并重线性和非线性，单端口和二端口，无源 RLC 电路和有源晶体管电路。同时将组合逻辑电路对应电阻电路，时序逻辑电路对应动态电路，以开关、双稳（负阻）为纽带，实现模拟电路和数字电路的自然过渡。课程内容中同时适当引入数值法，如非线性代数方程求解的牛顿-拉夫逊迭代法，微分方程求解的欧拉法，便于和现代计算机数值计算相结合，同时通过数值法讨论引入微分电阻、状态转移等概念，以便于后续内容的进一步展开。课程内容适当引入系统级概念，如线性与非线性，噪声与失真，正负反馈等，便于和实际应用背景相结合。除了功能实现外，电路性能方面也略有涉及。

（4）为了有效融合相关课程内容于一体并有所阐发，有一些概念需要重点考察甚至全新定义，有一些电路则需要重新解读。例如，为了解决将晶体管归类为电阻后晶体管电路是无源网络还是有源网络的疑问，本书对有源和无源进行了特别阐述；晶体管归类为电阻后，用电桥观点解读差分放大器以阐述其差模放大共模抑制就是一种自然而然的选择。用网络参量描述放大器，考察负反馈放大器时则需引入单向网络和双向网络的概念，以及双向网络被视为单向网络的单向化条件；这些新概念顺理成章地被用来解释晶体管 CB 组态电流缓冲应用、CC 组态电压缓冲应用模型的适用性条件。进而在明确只有双向网络才能用于实现阻抗变换后，特征阻抗的定义使得对纯电抗网络的匹配设计有了一个基本抓手，如教材根据对特征阻抗的分析首次给出了双谐振匹配网络的设计公式等。在新体系中，电路基本定律和基本定理以复杂问题简单化为线索而重新排布和重新解读，重点理解和把握的是针对线性网络简化分析的戴维南定理和诺顿定理，并将网络参量解读为多端口网络的戴维南等效或诺顿等效内阻或内导，从而实现了多端口线性网络和单端口线性网络的统一表述。戴维南-诺顿等效不仅被从单端口推广到多端口，更进一步还从电阻网络推广到对动态元件的时域表述中，如电容初始电压和电感初始电流的戴维南源或诺顿源等效，使得存在多电容连接的纯容网络或多电感连接的纯感网络参与的电路网络的时域分析变得简明扼要；而纯容、纯感网络连通时产生的冲激电流和冲激电压则被解读为能量的瞬间释放，从而解释了此类电路分析中能量丢失的问题，这些解读简化了相关电路的时域分析。新体系中负阻是重要的核心器件之一，在解读正反馈、状态存储、张弛振荡、正弦振荡、放大器稳定性时，诸多电路概念均被统一关联在一个负阻视角下。上面所举例子并非本书中新解读的全部，读者尤其是有多年授课经验的老师在阅读本书时，会发现很多诸如此类与其他传统教材不一样的说法或传统教材中完全没有的说法，这些新说法基本上都是在新体系框架下对电路重新解读或统一认识的表述。教材中还有一些内容当属首次发表，如五要素法、双谐振回路设计公式、BJT 混合 π 模型的双共轭匹配与稳定性分析等。

由于新体系是站在一个统一的视角下对诸多电路进行分析，学生对电路概念的把握站到了更高的层次上。新体系内容排布脉络层次比较清晰，虽然学生评教普遍对课程内容多、教学进度快有所抱怨，但学生在本课程学习结束后获得的不仅是统一视角下的电路知识，更重要的是一种工程思维方法的建立，在数学和物理之间自在转换的喜悦。2013 年新体系推出至今，本课程的教学工作已经连续 4 年学生评教高居全校 Top 5％，我本人也于 2014 年被学生推评并获得"清华大学第 5 届清韵烛光我最喜爱的教师"称号。

新体系成形后，又经过 3 年的教学积淀，2016 年出版的第三版讲义修订了 2013 版讲义中的未说清、漏写、错写的内容，同时以历年考题为基础，对课后练习和习题进行了增补。本书是对 2016 版讲义的订正，在同学的帮助下修改了其中近百处笔误性质的错误，但仍然不可避免地存在着不易觉察的各类错误。本书内容七成是对 2011 年小班试讲录音材料的重新组织，因而行文中保留了课堂授课的口语化痕迹，有些课堂教学中的重复在行文中则略显啰唆。由于本书属于电路原理类课程,因而电路符号采用最直观的符号体系,如 MOSFET 晶体管符号和 BJT 晶体管符号类同是由于它们之间具有某种可替代性,数字门电路符号舍弃了不够直观的方块符号,本书采用的这些符号可能并不符合国标,但我更看重的是它们的直观性和易把握性,这对基础教学尤为重要。读者在阅读和采用本书时,如果发现其他谬误之处,请直接发 Email 给我(guolinli@tsinghua.edu.cn),对于明显错误的地方会立即在再版中予以修正,有争议的地方我会仔细考虑予以修订。

科学技术的发展推动学校课程教学内容的修订,电路类课程的合并统一将是未来理工科学校电路教学的一个大趋势,清华大学电子工程系提前了 20 年做这项工作,我有幸被选中负责这项工作。本书是清华大学电子工程系本科教学改革 10 年启动 6 年落实的成果之一,在这里分享给各位同仁。教材难免有比较强烈的个人风格,因我出身微波专业,虽然课程规划时根本就没有考虑过把微波电路整合进来,但微波电路课程对电路的处理仍然深刻地影响到我的选择,如我选择用网络参量整合线性电路,并将传输线的特征阻抗定义推广到一般二端口网络,二端口网络传递函数定义本质上是对散射参量 $S_{21}$ 参量的电压电流重新表述,在环行器讨论中略微点出只有微波电路才讨论的反射概念等,一定程度上导致本课程的数学分析味道稍重。由于顾忌推进太急导致学生和其他院校学生的共同电路语言差异过大而不敢过度压缩课程内容,同时因为学识有限也不能完全保证本书中对电路的重新解读完全准确,本人对书中的错误负全责。目前的教材并非电路课程教改的最终版本,正式出版本书是希望能够抛砖引玉,吸引更多的老师参与到教学改革进程中,本书作为一个标靶和蓝本供各位同仁指正其中的错误和不妥当之处,包括体例格式、内容安排、电路解读和基本定义等。多年讲授电路相关课程的老师都有自己对电路的理解和独特解读,受限于各种环境因素而不能完全展示,本书的推出则期望能够激发相关老师和学校的热情,以启动或加快各院校电路类课程改革的进程。一花独放不是春,百花齐放春满园,我期望不久的将来能够看到各位老师推出更为适当的新电路原理教材,使得理工科学生对电路知识的全面掌握变得更加容易和富有乐趣。

本书共分 10 章,前 5 章以电阻电路为主,后 5 章以动态电路为主。由于清华大学电子工程系为本课程只分配了 64 课时,因而本书中公式推导较多的内容在实际教学中被略去不讲。对于采用本书进行教学的学校,我的建议是为本课程分配 128 课时,至少 96 课时,公式多的内容可以不讲,有些内容只需把概念或最终结论说清楚即可,有能力的同学自修相关推导,以缓解目前课程内容多、进度快对学生的压力。第 7 章时序逻辑电路内容可以调整到第 9 章一阶动态电路和第 10 章二阶动态电路之间讲授,或者只选取其中的基本锁存结构以双稳器件或 N 型负阻形态简单描述其存储或记忆功能即可。

课程改革牵扯诸多,很多学校的老师有心无力,清华大学电子工程系在王希勤和黄翊东两位主任的强力推动下实现了课改,他们承担了课程内容改革之外的压力,是课程改革最强大的后盾,各科负责人只需关注内容上的修订,这里对系领导表示特别的感谢。清华大学电子工程系电路类课程改革不是我一个人可以完成的,先期负责人李冬梅老师主持了多次研讨会,定下了"电路原理"和"模拟电路"两门课程内容需要合并的主基调。在她升任系教务主任后,由于学生工作繁重,改由我主导课改工作,在课程内容安排等问题上她和我有深入的探讨。电路所出身的高文焕、刘润生、董在望、郑君里等老教师十分关注课改并在各次教改研讨会上积极建言,他们有着丰富的教学经验和对教学内容的真知灼见,对课程改革提出的宝贵意见使得本课程教学内容的变动不至于严重偏离预定轨道。2011 级小班试讲前,以高文焕老师为总顾问,武元桢、陈雅琴老师为顾问,李国林、陈雅琴、李冬梅、雷有华、罗嵘、皇甫丽英、刘小艳、徐淑正老师指导王飞、罗华、马自强、张超、方洋、杨迎翔、吴雪、彭亚锐同学开发了 9 个实验用于小班实验教学,这项工作得到了教学实验室主任邓北星和马晓红老师的全力配合和支持。2011 年小班试讲时,刘小艳老师配合我全面修订了实验教学内容并带班实验,大班推广后张尊侨老师、金平老师参与并再次全面修订了实验教学内容,在三位老师的主导下,本课程的实验教学工作得以顺利进展,目前本课程的实验教学工作主要由刘小艳、金平、孙忆南老师负责。闻和老师参与了 2013 年的教学工作,分担了部分教学压力。在前两年的课改教学中,闻和老师、魏琦博士和刘力源博士还参与了部分习题课的讲解。课改期间电路所历任所长杨华中、汪玉、刘勇攀老师对课改均大力支持,电路所各位老师在多次电路课程改革研讨会上对课改给出了很多好的建议,更为重要的是清华大学电子系有全国最优秀的接受能力极强的学生,这一切良好的环境才使得教学改革得以顺利推进。在此对所有参与和支持这次教学改革的老师和同学表示最衷心的感谢。

在课改期间,清华大学出版社多次举办全国性的研讨会宣传推动清华大学电子系的教学改革工作,这里对责任编辑文怡的相关工作和在教材方面的审订工作表示感谢。最后感谢家人对我工作的全力支持。

李国林

2017 年 7 月

# 简要 目 录

# 详尽目录

# 第1章

# 绪　论

电路(circuit)的应用已经深入到现代人类生活的方方面面：

(1) 家用电器。微波炉、电灯、热水器、电热器、电话、电视都是电路应用的最直接例子，电冰箱、洗衣机等家用电器中的电控装置也是用电路实现的。

(2) 随身移动通信设备。手机目前几乎人手一台，其信号产生、处理、接收、发射、显示驱动等信息处理功能模块都是用电路实现的。

(3) 办公用品。计算机、笔记本电脑不仅是办公用品，更是走进千家万户的家用日常用品；打印机、复印机的控制也同样是由电路实现的。

(4) 运输工具。汽车、火车、飞机中的控制、监测等均是用电路实现的；卫星、飞船更是电子设备的大集合；虽然陆地运输工具基本上还是机械设备，但当前这些机械设备的控制大多是电子式的，即通过电路对其实现简单方便的控制。

(5) 医疗设备。心电图机、X 光检测仪、核磁共振扫描仪、无线内窥镜等。

……

现在还有什么人类使用的东西可以不需电子控制？椅子？桌子？地板？书？不，电子版的图书也开始逐渐取代纸质书了。

只要是涉及信息处理、电能转换、自动控制等方面的领域，电路都实实在在地渗透了进去并持续改变着人类的诸多生活方式。电子技术及其电路实现是现代人类生活的基石之一。

## 1.1　电路及其功用

### 1.1.1　电路定义

电磁场物质和实体物质(电路基材，依导电性质被划分为导体、半导体和绝缘体)的相互作用与能量转换，形成了电路器件的电特性。电路器件的电特性是对其端口电压和端口电流之间关系的描述。其中，端口电压是实体物质周围空间连续电场的空间离散化抽象，端口电流是实体物质周围空间连续磁场的空间离散化抽象，因而电路器件的电特性就是实体物质作用下的电路器件空间电磁转换关系在端口位置的体现。具有某种结构的导体、半导体、绝缘体(介质)的组合可形成具有某种端口电压、电流关系的电路器件，如端口电压与端口电流具有线性或非线性代数关系的电阻器件，具有线性或非线性微积分关系的电感器件和电容器件等。具有特定电特性的电路器件通过导线或空间电磁耦合连接为回路，则构成电路网络。电路网络在电源能量供给和信号激励下可形成具有特定功能的单元电路,如放大器、振荡器、滤波器等,进而可构成具有更复杂功能的电路系统。这些电路系统可以实现能量处理,也可实现信息处理,它们都是电子信息处理系统最基本的物理层构件。

综上所述:①多个电路器件连接为回路则形成电路;②电路器件是具有某种特定结构的导体、半导体和介质(绝缘体)的结合体,这种结构可使得电路器件具有某种电特性;③电路器件的电特性由其端口电压、端口电流之间的关系描述;④我们多采用电路模型替代电路器件或基本单元电路进行电路功能分析,电路模型是由诸多电路元件构成的电路网络。电路元件(element)是高度抽象的具有某种特定电特性的理想器件,电路器件(device)可以用单个理想元件或多个理想元件的组合描述其某个应用条件下的实际电特性。电路网络的电路模型也可用纯数学形式进行描述。

电路有两个基本功用:一是实现对电能量的处理,二是实现对电信息的处理。

### 1.1.2 电路功用

**1. 对电能量进行处理**

电路可完成对电能量的转换及传输。

首先是电能转换。能量形式可以相互转换,其他能量形式转换为电能,在电路中则可抽象为产生电能的电源元件;电能被转换为其他能量形式,在电路中则可抽象为消耗电能的电阻元件。比如电灯,它将电能转换为光能,在电路中可抽象为消耗电能的电阻元件。比如发电机,它将机械能、热能等转换为电能,在电路中则可抽象为释放电能的电压源。比如微波炉,它将低频市电电能转换为高频微波电能,再辐射到含水食物上,导致水分子同步振动从而转化为热能,实现食物的加热,微波炉的核心电路是微波振荡器电路,可抽象为提供微波频段能量的电源。比如广播发射塔、电视发射台的发射天线,将受导体束缚的电磁能转换为空间辐射的电磁能,对发射机电路而言发射天线可被抽象为吸收功率的电阻元件;而收音机和电视机的接收天线,它将空间辐射过来的电磁能转换为受导体束缚的电磁能(如电压信号),对接收机电路而言接收天线可抽象为信号源,也就是可提供信号激励的电源。家用电器大多是将电能转换为其他能量形式,如电热器将电能转换为热能,洗衣机则将电能转换为机械能等,它们对电路而言都可抽象为消耗能量的电阻元件。

除了电源和电阻实现的电能与其他能量形式转换外,实际电路中还经常需要实现交流电能和直流电能的转换,包括转换交流电能到直流电能的整流器、直流到直流的稳压器、直流到交流的逆变器和交流到交流的变压器等功能电路。

其次是电能传输。比如高压线电能传输网络,将电能由发电站传输到各地用户处,高压线可等效为传输线。其电能传输的机制是:随着输入端电压信号的周期变化,传输线上的电、磁能量相互转换,被传输线导体引导后,自始端传输到终端,为终端匹配负载(等效电阻元件)所吸收。电能也可通过无线方式传输,例如短距离可通过磁耦合(等效为互感元件)、电耦合(等效为互容元件)形式,远距离传输可通过电磁波传播形式。

家用电器的电线是传输电能的,闭路电视的电缆则是传输信号的,PCB(印制电路板)上的连接线有些是传输电能的,如电源连线,有些是传输信号的信号连线。电路中任何形式的信号传输都是以电能量传输的形态实现的。

有些电路器件可实现电能的暂时存储。如电容可以吸收电能并将其以电荷形态存储在电容结构中,电感可以吸收电能并将其以磁通形态存储在电感结构中。电容、电感中存储的电能可以释放出来,此时电容、电感具有电源所具有的提供电能的能力。我们可以利用电容和电感的这种能量存储和转移能力实现交直流电能转换或某些信号处理功能,如滤波。

**2. 对电信息进行处理**

电路可实现对电信息的处理,这是电子电路最为重要的应用。电路可用来构造电子信息系统以服务于人类,正因为如此,这里仅从信息对人的影响这个角度定义信息:生命体因之而做出反应的因素是信息。人对什么有反应,人因为什么而做出了某种决策行为,什么就是信息。

电子信息则是负荷在电信号(电压、电流、电荷、磁通)上的信息,或者说电子信息是以电信号的变化形式存在的信息。换句话说,电子信息就是用电信号表征的信息。电子信息大多需要转化为图像、语音等形态方为人类所感知,也可以脑电、肌电形式直接作用于人体,以影响个体人的行为。电路是人们构造的用来进行电子信息处理的系统,生命体对信息做出反应,电路系统则对电子信息做出响应。

信息之于生命体的关系,电子信息之于电路系统的关系,在工程人员的眼中,是一种信号与系统的关系(见图1.1.1)。电路的基本问题就是信号与系统问题,即研究电路系统对电信号如何起作用,电信号通过电路系统作用后有什么样的变化,以及如何设计一个电路系统使得它具有某种电信号处理能力等基本问题。

图 1.1.1 信息、信号与系统

人类现在走的是一条对外不断探索和控制的发展道路,为了提高人们对物质世界、人类社会的感知和控制能力,提高自身的生存能力和生活质量,人们需要处理大量的信息。人自身的信息处理能力是有限度的,信息系统则是服务于人的,它可以提高人们对信息的处理能力(见图1.1.2)。

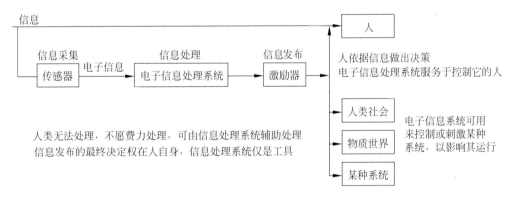

图 1.1.2 电子信息系统服务于人

信息发布到个体或人类社会,则可影响个体行为或者人类社会运行。信息也可以发布到物理世界或其他物理系统,或者是电子信息系统自身,从而影响物理世界的运行,改变或控制物理系统的运动或行为。

信息可以自其依附的能量或物质载体转移到其他载体上,但信息始终不能脱离物质、能量载体而独立存在。电子信息处理同时必然伴随着电能量的处理,电路对电子信息的处理是电磁场物质与电路器件实体物质相互作用下的能量交换与转化过程。

# 1.2  电子系统构成与功能单元电路

当前信息处理系统绝大多数都是电子信息处理系统,即由电路构造的信息处理系统。其原因在于两点:①便于传输与存储:电信号及电能可以电磁波的形式传输,亦可以某种形态存储;②便于处理:发展起来的电路技术可以完成对电子信息的各种处理,尤其是计算机技术,带来了信息处理技术的革命性进展。

## 1.2.1  电子信息系统构成

从图 1.1.2 可知,电子信息系统的基本构件是传感器、处理器和激励器。

传感器(sensor,transducer)用于信息采集,它将外部物理世界、人类社会或人类个体的物理量变化(代表某种信息)转化为电信号。传感器是信息系统的信号激励源,在计算机系统中又被称为输入设备(input device)。常见的计算机输入设备包括话筒、键盘、鼠标、触摸屏等。感应外界物理量变化的传感器还包括温度传感器、压力传感器、图像传感器等。

激励器(actuator,transducer)用于信息发布。由于电子信息系统的最终目的是服务于人,因此需要激励器将电子信息以人类可识别的形态发布给人类社会或个体,以影响人类社会或者个体行为。对外发布对电子系统而言是一种信息的输出,在计算机系统中又被称为输出设备(output device)。常见的计算机输出设备包括扬声器、显示屏等。电子信息系统是服务于人的,而人眼和人耳是人体信息系统接收信息的最重要的传感器,因而很多针对人的电子设备的激励器都包括警示灯、显示屏或扬声器。

在传感器和激励器之间的处理器完成信息处理。信息处理的范畴很大,在电路层面,信息处理就是电信号的处理,可完成电信号处理的功能电路包括:

(1) 放大器(amplifier)。完成信号电平(功率)的放大。反之,完成信号电平(功率)衰减的则称之为衰减器。放大器和衰减器实现的是信号电平的调整功能,使得后级电路能够有效地对电信号进行进一步的处理。

(2) 滤波器(filter)。传感器输出的电信号多是包含信息的低频电信号,又被称为基带信号(baseband signal),基带信号往往需要做带宽限制处理以便后续进一步的处理,经过限带滤波器处理后的信号往往被视为有用信号。在信息传输阶段,有用信号往往被置于某个高频频段之内以利于传输,这个频段被称为通带(passband)。在传输前后,都需要用滤波器完成对通带之外干扰信号的滤除。

(3) 调制解调器(modulator and demodulator)。为了充分利用高频信号较好的电磁辐射与传播性能,并获得足够大的带宽用于传输更多的信息,调制器将低频基带信号调制到高频载波信号的幅度、频率或相位上,之后通过电磁波形式将这种负荷了基带信号的高频信号传输到远距离的接收端。接收端则用解调器将基带信号从高频信号上卸载下来。

(4) 振荡器(oscillator)。为了完成调制解调,需要产生高频载波信号,振荡器可以产生正弦波、方波等周期信号作为载波信号。高精度、高稳定度振荡器产生的信号还可用作数字电路的时钟。

(5) 模数转换器(Analog to Digital Converter,ADC)和数模转换器(Digital to Analog Converter,DAC)。数字信号处理具有巨大的灵活性,能够进行极为复杂的信息处理,因而当前绝大多数的信号处理都是在数字域完成的,模拟信号和数字信号的接口是 ADC 和 DAC。

ADC 完成模拟信号到数字信号的线性转换，DAC 完成数字信号到模拟信号的线性转换。

虽然数字信号处理技术占绝对的优势，但信号处理本身就是完成能量转换的放大器、振荡器等电路无法用处理 0、1 逻辑状态的数字逻辑系统实现，因而放大器、振荡器设计只能在模拟域实施。

(6) 存储器(memory)。稍微复杂一些的信息处理则需要对信息进行存储。模拟信号的存储可以利用电感、电容的记忆性，但难以持久保持。数字 0、1 状态存储器可采用硬盘、光盘、RAM(随机读取存储器)、ROM(只读存储器)、寄存器(锁存器、触发器)等形态。本课程只涉及后面几种用半导体器件实现的半导体存储器。

(7) 数字信号处理器。完成复杂的信号处理可以用 CPU(Central Processing Unit)、DSP (Digital Signal Processor)、ARM(Advanced RISC Machine)等高级数字信号处理器单元，本课程只涉及构成这些高级数字信号处理器最底层的与门(AND gate)、或门(OR gate)、非门(NOT gate)等门级电路。

采集到的信息可能被直接处理，可能被暂时存储到存储器中以备后续处理，也可能被传输给另外一个电子信息系统处理。下面以一个远距离的信息传递为例，说明构造这样一个电子信息处理系统为何需要上述基本功能电路。

### 1.2.2 完成远距离信息传递的射频通信系统例

#### 1. 需求分析

通过某种媒质(medium，也称信道，channel)进行的信息传递被称为通信(communication，information transferring)。现代通信有两种方式，有线通信(wired communication)和无线通信(wireless communication)。无线通信，这里特指采用电磁波作为载体的射频(Radio Frequency，RF)通信，因其配置灵活、建设速度快、通信可靠、维护方便、易于跨越复杂地形而被广泛应用，尤其是战场通信、卫星通信等领域，选择射频通信作为其主要通信手段具有必然性。下面以点对点的远距离对话为例，讨论一个点对点射频通信系统如何构建。

假设这里需要实现的是远距离的两个人之间的对话，那么仅从电路层面看，这个通信系统需要什么样的功能才能完成这个远距离的点到点的对话呢？

(1) 虽然有各种方式可以选择，这里我们决定采用电磁波作为信息传播的能量载体，除了前述射频通信的优点外，电磁波本身可在空气和自由空间中远距离光速传播。

(2) 信源(source，这里指说话的人)发出的语音不适合在空气信道中远距离传播，需要发射机(transmitter)将不适合在空气信道中远距离传播的语音转换为适合在空气信道中远距离传播的电磁波。发射机结构是怎样的呢？

(3) 首先通过话筒(microphone，麦克风，声波传感器)将语音声波信号转换为电信号(电压或电流)，转换出来的电信号其变化与声信号是一致的，被称为基带信号。基带低频电信号可以在空气中传播吗？原则上可以，但关键问题是如何把话筒中的低频电能量(被金属、介质束缚的电能量)转换为空间辐射的电磁波能量，它需要发射天线(antenna)作为两种能量的转换器(transducer)。

图 1.2.1 中，在发射机电路和发射天线之间画了一段由上导体和下导体形成的传输线，一是实际电路中确实有这么一段电缆，二是天线的基本结构其实就是传输线末端的一种开放结构。图示电缆为 TEM(Transverse Electric and Magnetic，横向电磁)模传输线，可以和集总参数电路的电压电流很好地实现对接，此传输线中的导行电磁波也可视为电压波和电流波。在

传输线末端,开放结构将受金属束缚的电磁场(电压、电流)转换为辐射的电磁场。这个转化过程对天线的尺寸有一定的要求,天线尺寸必须可以与波长相比拟,否则电磁能量无法有效地转换。图中所画天线为两个 λ/4(四分之一波长)导体线,它可以有效地实现两种电磁能的转换,故而我们往往用 λ/4 作为天线尺寸的度量。对语音声波,其能量集中在 kHz 附近的频段内,以 1kHz 电波为例,其波长 λ 为 300km,λ/4 为 75km,也就是说要想有效地将 1kHz 电信号转换为辐射电磁能量,则需要 75km 高(比 8 个珠峰还要高)的天线,这在工程上是难以实现的。除了天线尺寸外,信号传输的信道容量等问题也是重要的考量因素。综合考量的结果,直接发射基带信号代价太高,应该将低频信号转换为高频信号再发射出去,那么如何实现低频到高频的转换呢? 可以采用调制(modulation)手段。

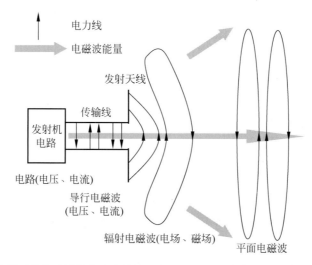

图 1.2.1　发射天线将受导体介质束缚的导行电磁波转换为自由空间传播的辐射电磁波

(4) 所谓调制,就是将低频基带信号装载到高频信号上,此时高频信号被称为载波(carrier)。比如选用正弦信号作为载波,那么低频信号可装载到高频正弦信号的幅度、频率或相位上,对应的调制方式分别被称为幅度调制(AM)、频率调制(FM)和相位调制(PM)。也可在载波的幅度和相位上同时装载基带信号,如正交幅度调制(QAM)等方案。在这里,低频基带信号是被传输的信息,高频载波则是负荷信息的能量载体。

(5) 假设信号已经被调制到了高频信号上,那么就可以用合适尺寸的天线将其转换为空间辐射电磁波发射出去。例如,手机载波频率在 900MHz 左右,对应的 λ/4 天线就只有 8.3cm 长,这个长度完全可以放在手掌之中,它和手机屏幕共同决定了手机大小。

(6) 电磁波可以在空气介质(空气信道)中远距离传播,接收端的信宿(message sink,即听话的人)无法接收也无法理解这个电磁波,只能通过接收机(receiver)将电磁波接收下来,并转换为信宿可理解的消息形式,如语音,使得信宿人听到信源人所说的话。那么接收机结构又是怎样的? 它是如何实现转换的呢?

(7) 显然,接收机对信号的处理是发射机信号处理的逆过程,接收机第一个部件就是接收天线,它将空间辐射电磁波转换为高频电信号,只需将图 1.2.1 中的"电磁波能量"箭头方向倒置,将"发射机电路"改为"接收机电路"即可类比理解。

(8) 接收下来的信号有几个特点:①信号极为微弱。注意到发射天线图中,辐射出去的电磁波是朝四面八方走的,因此距离发射天线越远,电磁波能量密度就越小,而接收天线尺寸有限,当传输距离很远时,接收到的电磁能量将极为微弱;②信号极为庞杂。注意到接收天线图中,天线接收到的电磁波可从四面八方而来,天线接收下来的信号极为庞杂,希望获得的有用信号往往淹没在这些庞杂的不想要的干扰信号之中。

(9) 因此接收机天线之后应该有一个滤波器,将想要的信号滤取出来,将不需要的杂散信号滤除。同样地,发射机天线之前也应该有一个滤波器,这是由于实际发射机并不理想,如非线性会产生出很多不需要的谐波、组合频率等杂散信号分量,因此在送给发射天线发射之前,应将不需要的信号滤除掉,只剩下有用的信号再发射出去,否则外空间将充满杂散信号,数个射频通信链接产生的杂散信号将导致其他射频通信链接失效。

(10) 接收机“天线→滤波器→”之后还应有一个放大器,将微弱的信号放大,使得信号强度增大到后续电路能够处理它。同样地,发射机“天线←滤波器←”之前应有一个放大器,这是由于接收信号中有噪声基底的缘故,如果发射信号小,接收机天线收下来的信号也就很小,很容易被噪声淹没。接收机对信号放大时,对噪声同样放大,无法将信号有效提取出来,因此要求发射机必须发射出来足够强度的信号,使得接收机接收到的信号比噪声基底高。发射机末端的放大器被称为功率放大器(Power Amplifier, PA),它的功能就是尽可能高效率地将直流电源的直流功率转换为高频载波信号的交流功率,同时信号失真很小。接收机始端的放大器则被称为低噪声放大器(Low Noise Amplifier, LNA),它的功能就是在无失真地放大射频信号的同时,对通带内的有用信号尽可能少地添加额外的噪声。功率放大器提供的信号功率越高,低噪声放大器对信号添加的额外噪声越少,信号质量就越高,信噪比就越高,通信距离就越远。

(11) 接收机天线接收下来的信号经滤波、放大后,是一个携带了基带信号的高频已调波信号,这个高频信号是信宿(sink)无法理解的,因此接收机必须进一步对信号进行变换。与发射机相逆,发射机中的调制环节对应接收机的解调(demodulation)环节。解调就是将负荷在高频信号上的低频基带信号卸载下来。

(12) 信宿人仍然无法感受解调后的低频电信号,需要用扬声器(speaker,一种激励器)将低频电信号转换为信宿人人耳传感器可感受的声波信号。

如是信宿人在很远的距离外收听到了信源人说的一句话,他将对这句话做出反应,这句话对信宿人而言是造成他做出反应的信息,这样就利用电路构成的射频通信系统实现了一次远距离的信息传递。

**2. 系统框架**

至此,我们解析并构造了一个点到点的射频语音通信系统,发射机可由“话筒－调制器－功率放大器－滤波器－天线”构成,接收机可由“天线－滤波器－低噪声放大器－解调器－扬声器”构成,如图1.2.2所示。

我们注意到:①图中调制器和解调器采用了乘法器符号⊗,这是因为很多情况下调制和解调可由乘法器实现;②乘法器有两个输入,其中一个输入是高频载波信号,作为负荷低频电信号的载体,因此电路设计中还需要有一个高频振荡器◯用以产生高频载波信号;③放大器采用的是通用的三角形符号▷,三角形的指向方向就是信号传输的方向;④滤波器方框中的3条波浪线自下向上分别代表较低频率、中间频率和较高频率,图中上下两条波浪线被斜杠阻断,而中间波浪形畅通无阻,说明滤波器≈是带通滤波器(bandpass filter),只让中间某个频段的频率通过,低于此频段和高于此频段的频率分量无法通过。图中只在天线位置画了滤波器,实际上在电路不同模块之间都存在着某种滤波机制,或者是人为设计的滤波器,或者是电路模块中内嵌的滤波机制,这是由于实际功能电路、电路器件的非理想,导致电路会产生很多

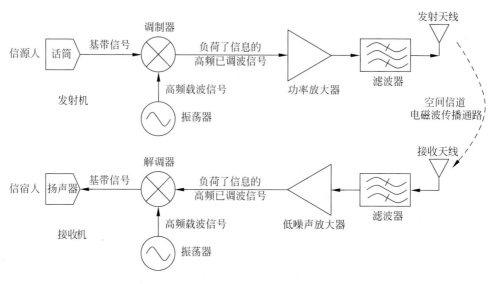

图 1.2.2 射频通信发射机和接收机的基本构架

杂波信号,在信号被送到下一级功能电路之前,需要将其中不想要的杂波信号滤除,因而电路中的滤波机制几乎无处不在。

对该系统提出的原则性要求是远距离(long-distance)、实时(real-time)和无失真(distortionless)。采用射频电磁波很好地解决了实时性问题,而远距离和无失真则需要在电路设计前就对整个系统方案乃至每个电路模块都提出各自的可物理实现的指标要求,这已经超出本书讨论的范畴。

最后说明两点:①如果把上述语音通信系统的"发射机—信道—接收机"视为一个完整的信息处理单元,那么话筒为传感器,扬声器为激励器,形成"传感器—处理器—激励器"结构,处理器包括"调制器—功放—滤波器—发射天线—(信道)—接收天线—滤波器—低噪放—解调器"。如果单独把发射机视为信息处理系统,那么话筒为传感器,发射天线为激励器,中间的处理器则包括"调制器—功放—滤波器";类似地,如果单独把接收机视为信息处理系统,那么接收天线为传感器,扬声器为激励器,它们之间的"滤波器—放大器—解调器"则是处理器。甚至更广义地说,即便是一个放大器,它自身的输入端口完成信号传感也就是以负载身份接收前级信源激励,它自身的输出端口完成信号发布就是激励后级负载,成为后级负载的信源激励,而放大器自身就是处理器,完成信号电平的调整功能。②数字信号处理灵活性高,数字处理器具有强大的信号处理能力,因而发射机中,传感器后往往有 ADC,将基带模拟信号变换到数字域进行处理,如数字滤波、数据压缩、信道编码等,之后再进行数字调制;接收机中,解调器后经整形获得的是数字基带信号,在数字域对基带信号进行处理,如信道解码、检错纠错、数据解压缩等,之后再经 DAC 到模拟域,获得模拟基带信号送入激励器,完成信息的发布。

### 1.2.3 基本功能单元电路

通过上面这个实现远距离无线通信的例子,我们知道要构架一个信息处理系统,需要诸多功能单元电路,下面就给出这些功能电路的功能描述。这里给出的功能描述均属理想要求,实际实现的功能电路会偏离这些理想要求,我们设计电路的目标之一就是用实际电路器件尽可能地实现接近理想要求的功能单元电路,实际电路功能越接近理想要求,其设计就越优良。

**1. 放大器**

这里的放大器(Amplifier)特指线性放大器。线性放大器完成电压、电流信号的线性放大,如图1.2.3所示,输入为$x(t)$,输出为$y(t)$,理想线性放大器的输入输出转移关系为

$$y(t) = A \cdot x(t) \qquad (1.2.1)$$

其中,增益$A$是与输入$x(t)$无关的数。如果$A$是常数,则为线性时不变放大器。后文谈到放大器时,如果没有特意说明,则往往特指线性时不变放大器。如果系数$A$与输入$x(t)$有关,则是非线性放大器;如果$A$随时间变化,但这种变化与输入$x(t)$无关,则为线性时变放大器。

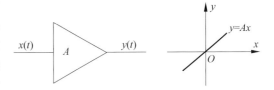

图1.2.3　理想线性时不变放大器输入输出转移特性

式(1.2.1)中,输入信号$x(t)$和输出信号$y(t)$可能是电压信号,也可能是电流信号。如果$x$、$y$均为电压信号,则$A$为电压增益$A_v$;如果$x$、$y$均为电流信号,则$A$为电流增益$A_i$;如果输入$x$为电压信号,输出$y$为电流信号,则$A$为跨导增益$G_m$;如果输入$x$为电流信号,输出$y$为电压信号,则$A$为跨阻增益$R_m$。电压增益和电流增益又称为电压放大倍数和电流放大倍数。

无论是哪种增益,只有功率增益可以大于1的放大器,才能称之为真正的放大器。关于功率增益的定义见后续章节讨论。图1.2.3给出了放大器的符号和理想线性时不变放大器输入输出转移关系特性曲线,它是一条过原点的直线,斜率为增益$A$。

放大器完成的是信号电平的调整。衰减器也被归类于电平调整类型中,但是放大器与衰减器不一样的是,对信号进行功率放大需要放大器提供额外的能量,使得输出信号功率可以高于输入信号功率(功率增益大于1),因而实现放大功能需要具有向外部提供电能量能力的有源电路的参与,如晶体管加直流偏置电源构成的有源电路。

**练习1.2.1**　某电压放大器输入信号为$v_i(t) = V_{im}\cos\omega t$,电压放大倍数为$-10$,写出其输出电压表达式。

**2. 滤波器**

滤波器(Filter)完成频率选择功能,假设输入信号为正弦信号:

$$x(t) = X_m\cos\omega t \qquad (1.2.2)$$

对理想低通或带通滤波器,其输出信号为

$$y(t) = \begin{cases} 0, & \omega \notin \text{passband} \\ A_0 X_m\cos(\omega t - (\omega - \omega_0)\tau_0), & \omega \in \text{passband} \end{cases} \qquad (1.2.3)$$

其中,$\omega_0$为滤波器中心频点。对低通滤波而言,$\omega_0 = 0$。

实际信号不是单频正弦信号,但是它们可以傅立叶分解为各种频率正弦波信号的叠加(或积分)形式。如果实际信号分解的所有正弦波信号的频率都位于通带(passband)之内,那么该信号将无失真通过理想滤波器,理想低通滤波器的输出信号仅仅是输入信号的延时$\tau_0$,幅度则是线性比值关系$A_0$,即$y(t) = A_0 x(t - \tau_0)$;如果输入信号中存在着通带之外的频率分量,这些频率分量则全部被滤除,对理想滤波器的输出信号进行傅立叶分解,将发现通带外的正弦信号的幅度均为零。

可以用矢量(复数)形式表述正弦波,即$X = X_m e^{j\omega t}$,$Y = A_0 X_m e^{j\omega(t-\tau_0)}$,其中$x(t) = \text{Re}(X)$,$y(t) = \text{Re}(Y)$,那么理想低通滤波器作为线性系统可以用复数传递函数表述其输入输出线性

转移关系,为

$$H(j\omega) = \frac{Y}{X} = \begin{cases} 0, & |\omega| > \omega_c \\ A_0 e^{-j\omega\tau_0}, & |\omega| < \omega_c \end{cases} \tag{1.2.4}$$

其中,$[-\omega_c, +\omega_c]$是低通滤波器通带。如果不区分频率的正负,则$[0, \omega_c]$为低通滤波器通带。无论如何表述,零频都是低通滤波器的中心频点。

图 1.2.4 给出了理想低通滤波器的符号及其频率特性。注意,滤波器之所以存在信号延时 $\tau_0$,是由于滤波器要完成对频率的选择,就必须能够辨别区分不同的频率,这个辨别区分过程需要一定的积分时间才能完成。

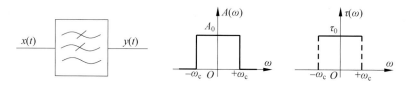

图 1.2.4    理想低通滤波器的幅度-频率特性和延时-频率特性

滤波器的功能是实现信号的频率选择。电路中可能会有很多信号,有些是希望进一步处理的有用信号,有些则是无用的干扰信号,滤波器担负着滤除带外无用干扰信号、保留带内有用信号的任务。如果存在无用信号位于滤波器通带之内,滤波器对此则无能为力,因为滤波器通带之内的信号,无论是否有用均可通过,滤波器不具辨别能力,滤波器只辨别该频率分量是否位于通带之内,是则通过。

要实现滤波功能,必须有具有频率鉴别能力的器件参与。电容、电感吸收能量和释放能量需要一定的时间才能完成,所需时间与电容容值及电感感值线性相关,而时间的倒数就是频率,从而电容、电感元件和电阻元件的某种组合可以对不同频率的信号做出不同的响应,有些频率分量可以几乎无衰减地通过,有些频率分量通过时则会受到极大的衰减作用,精心的结构设计可形成符合要求的滤波通带。

**练习 1.2.2**    某理想低通滤波器通带截止频率 $f_c = 10\text{kHz}$,通带内幅度频率特性为常量 $A_0 = 1$,通带内信号延时为常数 $\tau_0 = 100\mu\text{s}$。已知输入电压信号为

$$v_i(t) = 2\cos(2\pi \times 10^3 t) + 4\cos(2\pi \times 3 \times 10^3 t) + \cos(2\pi \times 3 \times 10^4 t)$$

请给出经过该理想低通滤波器作用后的输出电压表达式。

**3. 调制器和解调器**

这里假设载波信号为正弦波信号。调制器可以将低频基带信号 $v_b(t)$ 线性装载到正弦载波的幅度、频率或相位上,分别称为幅度调制器、频率调制器和相位调制器,调制器的输入为基带信号 $v_b(t)$,输出为已调波 $v_M(t)$。解调器则将低频基带信号 $v_b(t)$ 从已调波 $v_M(t)$ 的幅度、频率或相位上卸载下来。

幅度调制器、频率调制器和相位调制器输出信号的数学表达式为

$$v_{AM}(t) = (A_0 + k_{AM} v_b(t))\cos(\omega_c t + \varphi_0) \tag{1.2.5a}$$

$$v_{FM}(t) = A_0 \cos\left(\omega_c t + k_{FM} \int_0^t v_b(\tau)d\tau + \varphi_0\right) \tag{1.2.5b}$$

$$v_{PM}(t) = A_0 \cos(\omega_c t + k_{PM} v_b(t) + \varphi_0) \tag{1.2.5c}$$

其中,$\omega_c$ 是正弦载波的频率,$A_0$ 为正弦载波的幅度,$\varphi_0$ 为正弦载波的相位,$k_{AM}$,$k_{FM}$ 和 $k_{PM}$ 是调制电路的调制作用系数。

对调制器而言，$v_b(t)$ 是输入，$v_{AM}(t)$、$v_{FM}(t)$、$v_{PM}(t)$ 是输出；对解调器而言，$v_{AM}(t)$、$v_{FM}(t)$、$v_{PM}(t)$ 是输入，$v_b(t)$ 是输出。

这三种调制可以用乘法器实现。以幅度调制为例，乘法器的一个输入为 $v_b(t)$，另外一个输入为单频载波 $A_0\cos\omega_c t$ 即可。两个信号的相乘功能可通过可变增益放大器或者开关和非线性器件来实现。

**练习 1.2.3** 给出式(1.2.5)幅度已调波的幅度表达式，频率已调波的频率表达式，相位已调波的相位表达式，确认它们与基带信号 $v_b(t)$ 有线性关系。

**4. 振荡器**

这里的振荡器(Oscillator)特指可产生周期信号的单元电路，它无须输入，只有输出。正弦波振荡器的输出为单频正弦波，张弛振荡器的输出为方波或者三角波、锯齿波等波形。

如果振荡器的输出频率受控于控制电压，则称之为压控振荡器(Voltage Controlled Oscillator，VCO)。压控振荡器可以用来实现调频和调相。

振荡器的信号输出代表了功率输出，因而振荡器结构中必然存在换能器件，如晶体管或负阻二极管等，它们可完成直流电能到交流电能的转换。振荡器输出频率的确定则需要延时器件或选频网络，因而振荡器电路中必然还存在电容、电感等器件。

**练习 1.2.4** 图 E1.2.1(a)是某张弛振荡器输出的方波信号波形，图 E1.2.1(b)是某正弦波振荡器输出的正弦信号波形。请给出这两个波形的数学描述。

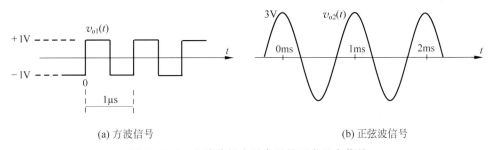

(a) 方波信号  (b) 正弦波信号

图 E1.2.1　电路分析中最常用的两个基本信号

**5. 模数转换器和数模转换器**

模数转换器 ADC 完成模拟信号到数字信号之间的线性转换，数模转换器 DAC 完成数字信号到模拟信号之间的线性转换，如图 1.2.5 所示，给出的是 3bit ADC 和 3bit DAC 的输入输出理想转移特性关系。

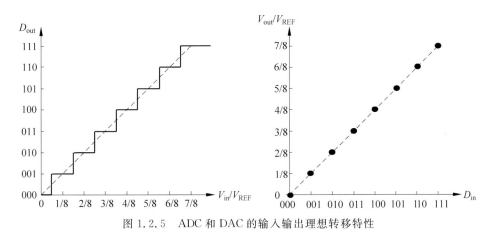

图 1.2.5　ADC 和 DAC 的输入输出理想转移特性

图 1.2.5 中 $V_{REF}$ 为基准电压。例如,输入电压为 $0.3V_{REF}$,经 3bit ADC 后,输出为数字序列 010,而数字序列 010 进入 3bit 理想 DAC 后,输出为 $0.25V_{REF}$。既然实现的是线性转换,ADC-DAC 级联后输出和输入应该完全相等,但是 $0.25V_{REF}$ 并不等于 $0.3V_{REF}$,其原因就在于 AD 转换时,模拟量到数字量之间的转换存在量化噪声,如图中所示的 ADC 特性曲线并非理想直线,而是阶梯形折线,这个阶梯形折线和理想直线(图中虚线)之间的偏差被称为量化误差。

量化误差与 ADC 位数有关,位于 $\pm 1/2^{n+1}$ 之间,其中 $n$ 为量化位数。减小量化噪声的措施是提高量化位数,如采用 8bit 量化,则 ADC 数字输出将为 01001101,再接入 DAC,输出则为 $0.30078125V_{REF}$,与输入 $0.3V_{REF}$ 之间的误差即量化误差明显减小了许多。

**练习 1.2.5**　$0.3V_{REF}$ 的电压通过 4bit ADC 后,输出数字量为多少? 这个数字量通过 4bit 的 DAC 后,输出模拟量为多少? 与 $0.3V_{REF}$ 的误差有多大? 假设 ADC 和 DAC 的基准电压都是 $V_{REF}$。

**练习 1.2.6**　请给出 $n$-bit ADC 和 DAC 的输入输出关系数学表达式。

ADC 电路的核心是比较器,通过比较实现量化:输入电压大于阈值电压 $V_{TH}$,输出电压则为逻辑 1(高电平,数字 1),输入电压小于该阈值 $V_{TH}$,输出电压则为逻辑 0(低电平,数字 0)。比较器的实现需要电压源和晶体管参与。DAC 的核心是开关,数字逻辑电平 1 和 0 控制开关的通和断,选择相对应的模拟电压作为输出。开关可以用晶体管实现。

**6. 存储器**

这里的存储器(Memory)特指对数字 0、1 两种逻辑状态进行存储或记忆的数字电路。假设完成存储(即写入状态)的时间为 $t_0$,则

$$S = D_{in}(t_0) \tag{1.2.6}$$

其中,$S$ 表示 $t_0$ 时刻后存储器的状态。可以在其后的 $t_1$ 时刻读取存储状态,则有

$$D_{out}(t_1) = S \tag{1.2.7}$$

换句话说,如果 $t_1 > t_0$,且在 $t_0 - t_1$ 时段内存储器没有其他的写入操作,那么 $D_{out}(t_1) = D_{in}(t_0)$,于是可以在延后的时间获得之前某个时间写入的数据或信息,并可对之进行处理。换句话说,$t_0$ 时刻的状态 $S$ 可以保持并作为其后 $t_1(>t_0)$ 时刻的激励源。

实现高低电平的存储可以用电容器件,也可以用正反馈的锁定机制,锁定在高电平则存储逻辑 1,锁定在低电平则存储逻辑 0。半导体存储器可利用晶体管或负阻二极管实现状态锁存或记忆功能。

**7. 数字信号处理器**

数字信号处理器(Digital Signal Processor)的范畴很大,我们只考察数字电路最底层的门电路,与门(AND gate)、或门(OR gate)和非门(NOT gate)。表 1.2.1 是与门、或门、非门的符号及其运算规则。

**练习 1.2.7**　为了防止自行车被盗,有同学买了两把锁,分别锁住前轮和后轮。从逻辑上讲,你认为这是一个与操作还是一个或操作?

逻辑运算在电路中可以用开关实现,由于逻辑电平本质上是能量电平,因而与、或、非等门电路还需要电压源提供能量。常见的与、或、非门电路用晶体管实现,因为处于开关工作状态的晶体管可以抽象为可控开关元件。

表 1.2.1 与、或、非三种逻辑运算及其门电路符号

| 逻辑运算 | 逻辑表达式 | 电路符号 | 真 值 表 | | |
|---|---|---|---|---|---|
| 与 | $Z=AB$ $Z=A \cdot B$ | AND gate $A$ — $B$ — $Z$ | $A$ | $B$ | $AB$ |
| | | | 0 | 0 | 0 |
| | | | 0 | 1 | 0 |
| | | | 1 | 0 | 0 |
| | | | 1 | 1 | 1 |
| 或 | $Z=A+B$ | OR gate $A$ — $B$ — $Z$ | $A$ | $B$ | $A+B$ |
| | | | 0 | 0 | 0 |
| | | | 0 | 1 | 1 |
| | | | 1 | 0 | 1 |
| | | | 1 | 1 | 1 |
| 非 | $Z=\overline{A}$ | NOT gate $A$ — $Z$ | $A$ | | $\overline{A}$ |
| | | | 0 | | 1 |
| | | | 1 | | 0 |

上述讨论的是信息处理需要的一些基本功能电路,这些功能电路大多都是有源电路,需要极为稳定的电压源为它们提供能量供给,这些功能电路才可能实现各自的信息处理功能。然而目前的供电系统大多提供的是交流电,如 220V、50Hz 的正弦交流电,因而需要电能转换电路将交流电转换为直流电。有时我们也需要将直流电转换为交流电,如突然断电时,UPS(Uninterruptable Power Supply,不间断电源)则需将存储下来的电能以交流形式输出,因而需要将存储在电池中的直流电能转化为交流电能供给计算机,使得计算机不至于因断电丢失数据。

将交流电转换为直流电的电路被称为整流器(rectifier),将不太稳定的直流电压转换为稳定直流电压,或者实现不同直流电压之间转换的电路被称为稳压器(regulator),将直流电压转换为交流电压的电路被称为逆变器(power inverter),将交流电转换为不同电压幅度的交流电的电路被称为变压器(voltage transformer)。电能转换电路与信息处理电路考虑角度不同,电能转换电路主要考虑转换效率问题,转换后输出功率和转换前输入功率之比越接近 100% 则越理想。

**8. 整流器**

整流器(Rectifier)完成交流电能到直流电能的转换,假设输入电压 $V_{in}(t)=V_m\cos\omega t$ 为正弦波,输出电压则为直流电压 $V_{out}(t)=V_0$,一般情况下,$V_0$ 和 $V_m$ 之间具有某种正比例关系,如 $V_0 \approx V_m$。

由于理想开关不消耗能量,因而整流器电路中多采用开关实现整流功能。本书将考察二极管开关整流电路。

**9. 稳压器**

稳压器(Regulator)输出为稳定的直流电压,输入可能是不太稳定的直流电压。当输出直流电压高于输入直流电压时,则称其为升压稳压器。

本书在电阻电路中讨论的稳压二极管稳压电路是降压稳压器,输出直流电压低于输入直流电压。二极管稳压电路利用的是稳压二极管伏安特性中反向击穿区的恒压特性。

在动态电路中,本书将考察利用电感、电容、开关的无损性实现的升压、降压、升降压的直

流到直流的转换电路,这种电路一般被称为直流转换器(DC-DC Converter),它们是开关电源的核心电路。

### 10. 逆变器

逆变器(Power Inverter)完成直流电能到交流电能的转换。一般情况下,交流电压的频率由控制信号决定。由于理想开关不消耗能量,因而逆变器电路一般通过对开关的通断控制实现逆变功能。

如果将控制信号视为输入信号,将直流电压视为供电电源,逆变器电路又被称为非线性放大器。开关型非线性放大器用输入信号实现对开关的通断控制,从而实现所谓的非线性功率放大。

如果没有控制信号,电路能够自动地将直流电能转化为交流电能,则属振荡器电路范畴,但一般振荡器的能量转换效率难以与逆变型振荡器相比。

### 11. 变压器

变压器(Voltage Transformer)实现交流电到交流电的转化,输入信号为 $V_{in}(t)=V_{m1}\cos\omega t$,输出信号则为 $V_{out}(t)=V_{m2}\cos\omega t$,$V_{m2}$ 和 $V_{m1}$ 一般是线性关系,$n=V_{m2}/V_{m1}$ 被称为变压比。变压比可以大于 1,但却不是电压放大器,因为变压器的输出功率不可能高于输入功率。理想变压器输出功率等于输入功率,能量转换效率为 100%。

变压器可以用铁芯二端口电感(互感变压器)实现,多端口电感可实现多路变压输出。

晶体管器件参与后实现的交流变换器(AC-AC Converter)除了可实现变压功能外,还可实现变频功能,即输出交流电压的频率可以与输入交流电压频率不同。

上面给出了最具代表性的 11 种功能单元电路,除了变压器可直接采用二端口电感实现之外,其他功能单元电路需要由最基本的器件(device)相互连接后实现,这些器件包括电阻器、电容器和电感器等。非线性电阻器件如二极管和晶体管在其中起到了至关重要的作用,它们可等效为开关元件,也可配合直流偏置电压源进一步等效为有源的负阻和受控源元件,从而实现诸多有源电路功能。等效负阻和等效受控源的有源性表现在它们可自端口向外部提供能量,这是由于负阻二极管或晶体管具有将直流偏置电压源直流电能转换为交流电能的能力,从而可实现放大、振荡等基本模拟信号处理功能,当它们等效为开关时又可实现整流、逆变等电能转换功能,因而非线性电阻(二极管、晶体管)是本课程中的线性电阻、电容、电感之外的另一个核心内容。

## 1.3　课程内容及课程要求

我们期望构造一个服务于人的电子信息处理系统,则需要首先实现能够进行信号处理的功能电路以形成系统。而功能电路又是由电路器件连接形成的。为什么电路器件的某种连接结构就可以形成某种信号处理功能?电路器件具有什么样的特性可用来实现期望的信号处理或电能转换功能?为何电路器件具有这种特性?本课程的内容将在一定程度上考察并回答这些问题。

电子信息处理系统的设计自顶而下可以分为三个层次:

(1)用功能电路构造信息处理系统。这个层次涉及系统设计问题,与具体应用相关,本书相关章节略有涉及。如本章中的射频通信收发信机的例子仅讨论了系统需求和设计思路,但并没有涉及系统和功能电路技术指标的规划这种高层次分析和设计问题。

（2）用具有某种电特性的电路器件的某种连接结构形成功能电路。这个层次属电路设计问题，而电路分析是电路设计的基础，电路分析是本课程的重点内容。本课程重点分析典型功能电路，同时部分掺杂了少量的设计问题。

（3）电路器件的电特性源于实体物质和场物质（电磁场）相互作用和能量交换或转移。这个层次是电路器件设计问题，本课程略有涉及，相关理论基础的简单论述在附录中可以找到。本课程不太关注电路器件的设计问题，而是更多地关注电路器件的电特性所导致的信号处理能力和能量处理能力。

这三个层次的关系如图 1.3.1 所示，本课程的重点是从电路器件到功能电路这一层次。为了能够进行有效的分析，电路器件被抽象为一个或数个电路元件的连接，这些电路元件具有简单的元件约束关系。课程考察的 4 个基本电路元件为电阻、电源、电感和电容，衍生元件则包括受控源、负阻、开关、短接线等，它们独自或多个组合，被用来刻画实际电路器件在某一应用范围内的电特性。

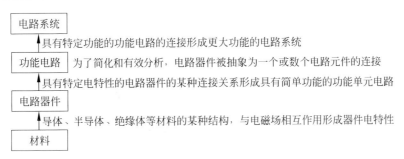

图 1.3.1　系统架构层次

### 1.3.1　内容安排

无论是信息处理功能单元电路还是电能转换功能单元电路，它们的功能解释都可以用数学方程来描述。因而在某种程度上可以这样说，电路分析就是在电路结构分析的基础上列写电路方程，求解电路方程，对解进行功能解析。

本课程根据电路方程的性质，将课程内容大致划分为两大部分。第一部分是电阻电路，其特征就是代数类型的电路方程，电路分析本质上是代数方程的求解；第二部分是动态电路，其特征就是微分类型的电路方程，电路分析本质上是微分方程的求解。从电路行为上看，大部分电阻电路的输出是输入的即时响应，输入的任何变化都即时响应到输出，当前输出仅由当前输入决定，这是无记忆电路的特征。某些具有非单调特性的非线性电阻电路的输出与之前的经历有关，这些有记忆的电阻电路有时也被归类到动态电路中，这是由于它们与包含有记忆元件电感、电容的动态电路具有类似的特性，即其输出不是输入的即时反应，输出与之前的经历有关，输出对输入具有动态的响应。电阻电路可以视为是动态电路的特例，从数学方程上看，电阻电路的代数方程可视为是零阶动态电路的零阶微分方程，如图 1.3.2 所示。

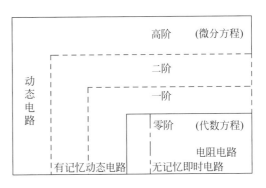

图 1.3.2　电阻电路与动态电路

　　课程具体安排时,为了让同学能够充分理解和消化,可将课程内容划分为两学期,第一学期重点研究电阻电路,第二学期重点研究一阶和二阶动态电路。而对于高阶动态系统,①高阶线性时不变动态系统大多可以被分解为一阶、二阶线性时不变动态系统的叠加,因而其时域分析理解到一阶和二阶基本上就足够了;②对于某些高阶线性时不变系统,其频域分析在某些频段上可以简化为一阶或二阶动态系统,如晶体管放大器、部分接入等应用;③对高阶非线性动态系统中出现的复杂现象如混沌现象,本课程除了一个简单作业给予说明外,基本采取回避态度,本课程只关注经典的具有确定性解的电路问题。

　　本书内容分 10 章,前 5 章为电阻电路,后 5 章为动态电路。电阻电路的分析方法是动态电路分析的基石,在本课程中占的比重较大,实际两学期授课中,电阻电路课程内容可以占用动态电路部分课程时间。课程具体内容安排如下:

　　第 1 章,绪论。阐述系统、功能单元电路、电路器件之间的层次关系,明了课程研究内容。首先明确电路功用为信息处理和能量处理,无论哪种处理系统,要实现处理则需要各种功能电路。其次明了信息处理系统的基本结构大体都是"传感器—处理器—激励器"形式,课程内容落脚在中间的信号处理环节,这些信号处理环节包括信号放大、信号滤波、信号产生、信号调制等。那么如何用基本电路器件的组合来实现这些电路功能呢? 为何用这些电路器件的组合就可以实现这些电路功能呢? 这正是本课程将要研究的内容。

　　第 2 章,电阻与电源。电阻和电源是电阻电路的基本元件,本章通过伏安特性考察电阻、电源的电特性。首先定义了诸多电路基本概念,包括基本电量(电压、电流和功率)、系统属性(线性/非线性,时变/时不变,记忆/无记忆)、端口抽象(端口条件、单端口与多端口、端口连接、有源与无源)。之后重点考察理想电源(恒压源、恒流源)、线性内阻电源(戴维南源、诺顿源)和线性电阻,并以电源驱动负载电阻这一基本电路模型,考察功率传输问题。之后考察各种类型的电阻,包括短路/开路、开关、PN 结二极管、N 型和 S 型负阻二极管、晶体管,同时给出端口对接情况下的图解法应用例,包括二极管半波整流电路和晶体管反相电路。最后是各种类型电源的简介,包括发电机、化学电池、太阳能电池、传感器(信号源)、信号发生器和噪声源。

　　第 3 章,电路基本定律和基本定理。电路基本定律基尔霍夫定律描述电路元件或电路网络的连接关系,元件约束条件如欧姆定律描述电路元件或电路网络的自身电特性或端口约束关系,两者配合则形成完备的电路方程,对电路方程求解,对结果进行分析即可确认电路功能。本章讨论基于电路基本定律的电路方程的基本列写方法——支路电压电流法,考察降低方程维数的简化方法,包括支路电流法、回路电流法、结点电压法,考察降低分析复杂度的等效电路方法,即基本电路定理,包括替代定理、叠加定理、戴维南-诺顿定理等。本章对二端口网络进行了特别考察,定义了本征增益、输入电阻、输出电阻、特征阻抗等基本概念。最后还考察了数个典型的电阻网络,包括典型有损网络如电阻分压分流网络、电阻衰减网络、电桥,典型无损网络如理想变压器、理想回旋器、环行器,典型有源网络如理想受控源和基本放大器,考察了反馈项的消除以及通过负反馈实现稳定增益的放大器等。本章通过对电路基本定律和基本定理的阐述和应用,对典型线性电阻电路的基本分析方法进行了全面论述,是本教材的核心基础。

　　第 4 章,非线性电阻电路分析。本章以非线性电阻电路的分析方法为主线展开讨论。首先考察牛顿-拉夫逊迭代数值解法,引出线性化概念。之后讨论线性化方法,重点为大信号情况下的分段折线法和小信号情况下的局部线性法,同时考察相关基本单元电路,如二极管整流器、二极管稳压器、反相器电路、电流镜电路、负阻放大器、晶体管放大器等,重点考察晶体管的交流小信号受控源抽象,包括有源性来源分析、三种组态分析等,最后以解析法对差分对电路的分析为结束。本章的重点内容是放大器分析，包括晶体管的三种组态、负反馈应用等。本章需要同学完成从初级的电路方程列写、功能分析到中级的对电路特性直观理解的跨越，因而是本课程的难点内容。

第5章，运算放大器。运算放大器内部是晶体管放大器的多级级联结构，使得它具有极高的电压增益，故而很容易实现深度负反馈应用，从而构造出丰富的线性和非线性运算单元，同时其正反馈应用可形成状态记忆单元施密特触发器和负阻等效，故而运放可被当成电路的一个基本构件。本章首先从运放的端口电压转移特性入手讨论分段线性模型和理想运放模型，考察虚短、虚断来源；之后考察运放负反馈线性应用例，包括理想受控源、同相放大器和反相放大器、信号相加等，配合开关可实现 DAC 功能；最后考察运放非线性应用，包括非线性器件参与的负反馈应用如对数、指数运算，限幅电路，半波信号产生电路等，开环应用如比较器实现的 Flash-ADC，正反馈应用如施密特触发器和负阻。本章在前两章负反馈放大器讨论的基础上，对放大器电路的负反馈和正反馈的分析和应用更进一步加以阐述。

第6章，电路抽象。首先考察电路抽象的核心——端口抽象及分层抽象，说明电路抽象中的三个基本抽象原则——离散化、极致化和限定性原则。通过考察从麦克斯韦电磁场方程到基尔霍夫定律、欧姆定律基本电路定律的抽象过程，考察4个基本元件电阻、电源、电容、电感的抽象，同时讨论开关、受控源、传输线等衍生元件的抽象。最后考察数字化抽象，说明逻辑电平传递、映射过程中的噪声容限问题。本章考察电磁场到电路、电路到逻辑的抽象问题，它是对本课程体系主干"电路抽象"的集中阐述。

第7章，数字门电路。首先考察组合逻辑电路，讨论开关门电路基本逻辑运算，利用卡诺图进行简单逻辑运算的化简，重点分析 CMOS 门电路结构，并以二进制加法器为例说明组合逻辑电路基本形态。其次考察时序逻辑，包括基本状态记忆单元、SR 锁存、D 锁存和 D 触发，并以计数器为例说明时序逻辑电路基本形态，最后简要说明存储器形态和数字系统综合的全过程。本章开始还阐述了模拟电路中的电阻电路/动态电路和数字逻辑电路中的组合逻辑电路/时序逻辑电路的对应关系，这也是模拟电路和数字电路结构上的内在关联。

第8章，电容和电感。电容和电感是电阻(耗能元件)、电源(供能元件)之外的另外两个基本电路元件，它们是储能元件。首先通过对单端口电容、电感的元件约束分析，考察电容、电感的三个基本特性——记忆性、连续性和无损性，之后考察互感(二端口电感)、互容(二端口电容)特性及其等效电路。通过考察简单 RC 和 RLC 电路的微分方程时域求解前向欧拉、后向欧拉数值法结果，对动态电路的动态行为获得直观认识，并因此引入相图概念。之后则在相量域对正弦激励下线性时不变电路的稳态响应进行了分析，说明相量域电路定律和电路定理的应用，考察复功率、二端口网络频域分析，包括有源性、传递函数、频率特性伯特图等相量域基本概念。本章提供的是对动态电路分析的基本工具，包括时域数值解法及描述状态转移的相图理解，线性时不变电路的频域相量分析方法。

第9章，一阶动态电路。以一阶 RC、RL 电路为例，考察一阶线性时不变动态电路的零输入和零状态响应，分解为稳态响应和瞬态响应后，引入三要素法。本章考察阶跃信号和冲激信号在电路中是如何抽象出来的，并同时在时频域考察一阶低通、一阶高通滤波器的时域特性和频域特性对应关系。通过例题，引入开关电容相关电路及其分析方法。一阶非线性动态电路则重点考察二极管整流器、数字非门和张弛振荡器，为了简单起见，非线性器件模型均采用分段折线模型。本章引入动态电路的最基本概念，包括冲激/阶跃、充电/放电、零输入/零状态，瞬态/稳态，滤波/移相/延时等，要求重点把握一阶线性时不变电路时域分析的三要素法。

第 10 章,二阶动态电路。通过对二阶线性时不变系统微分方程的考察,定义了二阶动态系统的自由振荡频率、阻尼系数等系统参量。之后以状态方程的时域积分法求解为理论解原型,通过观察给出了求解二阶线性时不变系统时域解的五要素法。以 RLC 谐振电路为载体,在时频域同时考察二阶低通、高通、带通和带阻滤波器时域特性和频域特性。以谐振概念为核心,考察 LC 阻抗匹配网络的设计,分析阻抗变换原理。以局部线性化的晶体管高频小信号电路模型为载体,考察了有源网络的稳定性问题和最大功率传输匹配;用准线性分析方法考察了负阻型和正反馈型正弦波振荡器的振荡条件;在此基础上,考察了负反馈稳定性问题,以 741 运放为例,说明了 MILLER 补偿电容的作用;最后以 DC-AC、DC-DC 转换器电路的分析为例考察了非线性电路的分段线性化处理,其中晶体管和二极管被分段折线抽象为开关元件。

### 1.3.2 课程体系和目标要求

**1. 体系框架**

本课程内容与经典的"电路原理"课程内容有很大的区别。经典的"电路原理"课程重点关注线性单端口无源 RLC 电路,而本课程则线性非线性并重,单端口和二端口融合,有源晶体管电路与无源 RLC 组合。并适当引入数值法(牛顿-拉夫逊迭代法求解非线性代数方程,欧拉法求解微分方程)以融入现代计算机元素,引入系统概念(线性非线性、噪声失真、正负反馈等)以利于课程内容的全面展开和全面融合,以电路抽象为主干,通过端口抽象将所有电路器件、功能单元电路视为单端口或多端口网络,通过 RLC 抽象、受控源抽象、负阻抽象、开关抽象等电路抽象的展开和应用,实现原课程体系中多门电路课程核心内容的自然融合。

课程内容的这种安排是基于清华大学电子工程系课程改革的需要,将原先的"电路原理""模拟电路""通信电路"等课程中的核心电路概念抽取糅合于一体。为了实现各门课程核心电路概念的融合,具体措施如下:

(1) 通过将晶体管归类为电阻,有效地将"模拟电路"和"通信电路"课程内容融入"电路原理"的大框架中。

(2) 用端口抽象和电路网络概念统一电路器件、基本单元电路和电路系统。

(3) 以电路抽象为主干,消除了各门课程之间的隔阂,形成了一条主干、四个分支的课程框架。

(4) 在新框架下对课程内容重新排布和重新解读,并以电磁场、信号与系统、半导体器件等相关内容为黏合剂将电路课程核心知识充分融合。

如图 1.3.3 所示为教材内容和具体授课采用的"一条主干、四个分支"基本框架:①一条主干:电路抽象,包括端口抽象、数字抽象,基本元件,基本定律/定理,基本分析方法;②四个分支:线性电阻电路、非线性电阻电路、一阶动态电路和二阶动态电路。在四个分支上,挂靠了诸多功能单元电路作为枝叶果实,如分压电路、电阻衰减器、理想变压器、放大器、滤波器、振荡器、AD/DA、阻抗匹配电路、能量转换电路等。

新课程以电路抽象为支撑主干,以电路分析方法为主线,以受控源、负阻、开关为隐含关节,以阻抗、传递函数、噪声、失真、正负反馈为里,以基本元件、基本单元电路为表,将电路类课程中的核心概念、典型电路等融为一体,打破了原课程体系中抽象的电路元件与实际的电路器件、模拟电路与数字电路、低频与高频、线性和非线性的割裂,实现电路核心知识的全面融通,同学们可以在这门课程中建立起一个全面的、整体的、结构化的电路知识体系。

本课程作为初阶课程,重点理解电路抽象,把握电路基本分析方法,初步涉及一些电路设计问题。更加熟练地进行电路分析,或者在规定指标下进行高性能的电路设计,则需在后续电路专业限选课中解决。

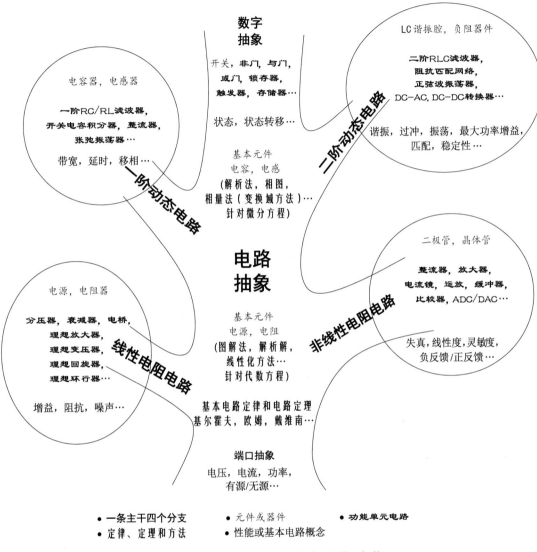

- 一条主干四个分支
- 定律、定理和方法
- 元件或器件
- 性能或基本电路概念
- 功能单元电路

图 1.3.3 "一条主干四个分支"的课程架构

**2. 目标要求**

清华大学电子工程系课程体系改革后,"电子电路与系统基础"是唯一的一门本科生的电路必修课程,因而在课程建设时,我们将本课程定位为电子工程系或者信息学院本科生的电路素养课,这些素养包括:

(1)电路基本定律和基本分析方法的切实掌握。同学至少能够用基尔霍夫定律和元件约束条件将电路方程列写出来,这是电路分析的基础。在此基础上,掌握包括数值法、解析法、观察法、图解法、等效电路法、非线性线性化近似方法等常见的电路分析方法。

(2)电路抽象思维方法和工程近似手段的掌握。电路抽象或电路建模的核心思想是抓住主要矛盾,暂时忽略次要因素的影响,使得看起来不能解决、难以解决的问题可以解决、容易解决。从电路定律、定理、电路元件的抽象,到各种等效方法、近似分析方法,无不是基于这个基本思维方法展开的。在学完本课程后,期望同学能够将电路抽象原则和方法应用到科研和工程实际问题的解决中。

(3) 基本电路器件及基本单元电路基本结构、基本原理、基本特性的理解。这些基本器件包括电阻、电感、电容、电源、变压器、二极管、晶体管等,基本单元电路包括晶体管放大器、振荡器、CMOS 与或非门、二极管整流器、稳压器、RLC 滤波器等。

(4) 基本概念的理解。包括①基本电路现象或基本信号处理功能,如信号放大、信号滤波(微分、积分、充电、放电、谐振、延时)、信号产生(振荡)、信号存储等。②线性与非线性、有源与无源、时域与频域、正反馈与负反馈、噪声与失真、稳定性等。

作为基本素养课,本课程将带领同学初步领略电路分析和设计的三个阶段。

初阶电路分析能力:

(1) 分析电路结构,根据电路基本定律、基本定理列写电路方程。

(2) 求解电路方程。

(3) 分析方程的解,解析电路功能;简单的电路测量与调试能力。

中阶电路直观理解能力:

(4) 积累大量的单元电路,培养电路直观理解力。看到经典的电路结构,马上确知该电路大概具有什么功能,给出直观的分析结果,之后的列方程求解、CAD 仿真及实际电路搭建与调试则进一步验证你的直观理解。能够用电路语言正确解释各种电路现象。

高阶电路设计能力:

(5) 设计电路,选择合适的电路结构实现某种需要的功能,对各种具有相同功能的电路结构折中以满足某种性能需求,通过 CAD 工具确认电路功能和性能,具有熟练的电路调试能力,包括 CAD 仿真调试和实际电路调试。

(6) 提出某种电路结构,使其具有符合系统需求的电路功能和性能。

(7) 偏向系统的和偏向器件的高阶设计能力。

第 3 章主要完成初阶步骤(1),从第 3 章开始到本书结束,完成步骤(2~4),课程中间或靠后以及本课程的实验课,会有一些电路设计调试练习尝试进行步骤(5)的训练;步骤(5~6)则需要通过大量的电路设计实践才能真正完成,步骤(7)由专业人员完成。

通过本课程的基础学习和训练、后续专业课程的进一步学习及实践训练,你将成为具有高级电路设计能力的电子工程师。

## 1.4　习题

**习题 1.1**　电磁波波长 $\lambda$ 和频率 $f$ 的关系为 $\lambda = \dfrac{c}{f}$,其中 $c$ 为电磁波速度,也就是光速。已知真空中光速为 $c = c_0 = 3 \times 10^8 \, \text{m/s}$(30 万千米每秒),100MHz 电信号以电磁波形态在空间辐射时,其波长为多少? 如果要求实现有效发射,天线尺寸大体在什么尺度上?

**习题 1.2**　接收天线接收到的信号功率 $P_r$ 和发射天线发射出去的功率 $P_t$ 之间的关系为 $P_r = \dfrac{G_t G_r}{\left(\dfrac{4\pi d}{\lambda}\right)^2} P_t$,其中 $G_t$、$G_r$ 为发射天线和接收天线增益,$\lambda$ 为信号波长,$d$ 为发射天线到接收天线之间的距离。假设发射功率 $P_t = 30\text{dBm}$,$G_t = G_r = 6\text{dB}$,接收机要求接收天线接收功率必须大于 $-90\text{dBm}$ 才能正常处理接收到的信号,而信号频率为 100MHz,那么接收机和发射机之间的最大距离为多少？

**提示**：当用 dB 数进行计算时，相乘项转化为相加项，如

$$P_r = P_t + G_t + G_r - 22 - 20 \log_{10} \frac{d}{\lambda}$$

如果直接采用 $P_r = \dfrac{G_t G_r}{\left(\dfrac{4\pi d}{\lambda}\right)^2} P_t$ 公式，公式中的所有数值都应首先从 dB 数转化为正常的功率值

和增益比例数值。

**习题 1.3** 我们希望能够设计出一个线性电压放大器 $v_{out}(t) = A_{v0} v_{in}(t)$，但是实际器件无法保证输入大信号时仍然保持线性关系，实际输入输出关系为

$$v_{out}(t) = A_{v0} v_{in}(t) + a_2 v_{in}^2(t) + a_3 v_{in}^3(t) + \cdots$$

这里只考虑到三次非线性，更高次的非线性暂时忽略不计。请分析

(1) 当输入信号为正弦信号时，$v_{in}(t) = V_{mi} \cos\omega_0 t$，输出信号中除了基波分量 $V_{mo} \cos\omega_0 t$ 外，还包含哪些频率分量？

(2) 你觉得输入信号幅度 $V_{mi}$ 多大时，该放大器可视为线性放大器？

(3) 当输入信号为双音正弦信号时，$v_{in}(t) = V_{m1} \cos\omega_1 t + V_{m2} \cos\omega_2 t$，输出信号中除了基波分量 $V_{m1o} \cos\omega_1 t + V_{m2o} \cos\omega_2 t$ 外，还包含哪些频率分量？

(4) 实际输入信号为随机信号，其频谱分量位于 $(1000\text{kHz}, 1005\text{kHz})$ 范围之内，输出频谱中包含哪些频谱分量？

(5) 如果放大器后接一个理想滤波器，该理想滤波器仅允许 $(1000\text{kHz}, 1005\text{kHz})$ 范围内的频谱通过，请判断如下声明是否正确：经滤波处理后，输出中只有基波分量保留下来，滤波器可以完全消除非理想放大器非线性产生的杂波分量。

**习题 1.4** 请描述理想低通滤波器、高通滤波器、带通滤波器、带阻滤波器的幅频特性，并在旁边画出对应的电路符号。

**习题 1.5** 晶体管门电路实现二值逻辑运算，如果将非运算描述为"反着来，对着干"，将与运算描述为"两个都同意才通过"，那么如何描述或运算？

**习题 1.6** 某 ADC 可将 $[-1\text{V}, +1\text{V})$ 的模拟电压信号转换为 $0 \sim 255$ 的数字量输出，这是一个几位的 ADC？ 如果模拟输入电压为 $0.32\text{V}$，输出数字量为多少？

# 第2章

# 电阻与电源

电阻、电源、电容和电感是电路的 4 个基本元件。本章讨论电阻电路中电阻元件和电源元件的端口伏安特性(也称为元件约束关系),由此说明电阻元件和电源元件的电特性。

本章首先给出电路分析中常用的基本概念和电路分析的一些基本设定,包括基本电量电压、电流和功率的定义,端口抽象,端口的基本连接关系,多端口网络的有源性定义,以及线性与非线性、时变与时不变等系统属性定义。之后重点考察电阻、电源端口伏安特性关系,以最简单的电源驱动电阻负载为基本模型对最简单的对接关系进行分析,包括图解法分析。

## 2.1 基本电量

构成电路器件的导体、半导体和绝缘体材料是根据它们的导电性进行分类的,见附录 A8。所谓导电就是可以导通电流,因而关于基本电量的讨论自电流开始,之后定义电压和功率。

### 2.1.1 电流

#### 1. 带电粒子运动形成电流

电子或者离子运动形成电流(Current)。如果希望带电粒子朝着确定的方向流动,则必须对带电粒子施加一个确定方向的电动势,否则带电粒子的运动可能完全是随机的,如热噪声电流。

施加电动势可以让带电粒子有确定运动方向。电动势指的是让带电粒子运动的一种"势力":电动势提供电场,电场作用范围内的电荷受到电动势电场力的作用,从而带电粒子将沿着电场方向移动。

如图 2.1.1 所示,在电场力的作用下,带正电荷的粒子受力沿电场方向正向移动,带负电荷的粒子受力沿电场方向逆向移动,无论哪种电荷受电场力作用导致带电粒子移动,都会形成定向电流。

电流由带电粒子的移动形成,为使带电粒子作定向移动则必须施加定向的电场,这个定向电场又是由电动势产生的。例如一根金属导线,在导线两端施加一个电动势,金属导体与电磁场的相互作用将导致导线内因施加电动势产生的电场的方向就是导线连接方向,因而金属导线内的自由电子将沿导线连接逆电场方向流动,形成导线内沿

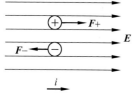

图 2.1.1 带电粒子在电场力作用下
运动形成电流

线流动的传导电流。金属导体内部的电流是电子移动形成的,半导体内的电流则可能由电子(带负电荷)移动和空穴(等效带正电荷)移动共同形成。

**2. 电流描述**

电流的大小以单位时间内在一个横截面上通过多少电荷进行度量,即

$$i = \frac{\Delta q}{\Delta t} \tag{2.1.1}$$

电流的单位是安培(A),1A 电流表示在 1s 内流过该横截面的电荷量为 1C。例如,在 $1\mu s$ 的时间内有 625 亿个电子通过某根导线的横截面,那么通过该横截面的总电荷为 625 亿乘上 $1.6 \times 10^{-19}$C,总共 10nC 的电荷量在 $1\mu s$ 的时间内通过,这 $1\mu s$ 的平均电流就是 10nC/$1\mu s$=10mA。

式(2.1.1)所定义的电流是 $\Delta t$ 时间内的平均电流,如果需要获得瞬时电流,则需要将 $\Delta t$ 减小并趋于零,即可得到瞬时电流定义,为

$$i(t) = \frac{\mathrm{d}q(t)}{\mathrm{d}t} \tag{2.1.2}$$

**例 2.1.1** 如图 E2.1.1 所示,三根导线在 A 点连接,从两根导线流入的电流分别为 $i_1(t)$ 和 $i_2(t)$,那么从第三根导线流出的电流 $i_3(t)$ 为多少?

说明:在极小的时间间隔 $\mathrm{d}t$ 内,从两根导线流入 A 点的总电荷为

$$\mathrm{d}q_1(t) + \mathrm{d}q_2(t) = i_1(t)\mathrm{d}t + i_2(t)\mathrm{d}t$$

假设 A 点不存在电荷累积效应(电容效应),由电荷守恒定律可知,流入 A 点多少电荷,必从 A 点流出多少电荷,故而从第三根导线流出的电荷为

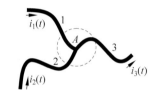

图 E2.1.1 电荷守恒:基尔霍夫电流定律

$$\mathrm{d}q_3(t) = \mathrm{d}q_1(t) + \mathrm{d}q_2(t) = i_1(t)\mathrm{d}t + i_2(t)\mathrm{d}t = i_3(t)\mathrm{d}t$$

即

$$i_3(t) = i_1(t) + i_2(t) \tag{E2.1.1}$$

我们由此获得一个结论:流入结点的总电流等于流出结点的总电流,这是电路基本定律基尔霍夫电流定律(Kirchhoff's Current Law,KCL)的一种表述。显然 KCL 对应于电荷守恒定律。

图 E2.1.1 中的虚圆框包围的空间被抽象为一个电路结点(node)。如果电路结点上存在电荷累积效应(电容效应),基尔霍夫电流定律仍然成立,只不过需要在结点上添加额外的位移电流支路(电容元件),见第 6 章讨论。

**3. 电流参考方向**

电流是有方向的,我们定义电流的方向为正电荷移动的方向,也就是电场方向。

这里就存在一个问题需要解决:当我们拿到一个复杂的电路需要分析时,我们并不清楚某个连线上的电流到底是朝哪个方向流动的,因而需要人为定义一个方向。如果人为定义的电流方向与实际的电流方向相同,那么经过计算后将会发现该连线上的电流值为正值,例如计算出来的电流值为 10mA,那么就可以确认电流在连线上的实际流向就是定义的方向。如果计算出来的电流值为 −10mA,那么就可以确认电流在连线上的实际流向与定义的方向是相反的。

人为定义的电流方向被称为电流参考方向,在进行电路分析时,我们必须首先为电流定义一个参考方向。实际方向与参考方向相同时,电流值是一个正值;实际方向与参考方向相反

时,电流值将是一个负值。

电流参考方向与电流实际流向不必相同,实际电流流向也不会因电流参考方向的定义而发生改变。

**练习 2.1.1** 如图 E2.1.1 所示的三根导线,规定三根导线的电流参考方向都指向结点 $A$,请确认基尔霍夫电流定律的另外一种表述:流入一个结点的总电流为零。

**练习 2.1.2** 如图 E2.1.2 所示,我们标记了流入某结点的各条支路的电流及其参考方向,有一个支路未标记电流大小,请计算其电流大小并填入空中。

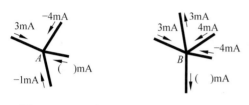

图 E2.1.2　基尔霍夫电流定律应用:流入结点的总电流为零

#### 4. 直流和交流

如果电流始终朝着一个方向,而且电流值是不变的恒定值,则称之为直流电流(DC Current)。这里 DC 是 Direct Current 的简称,虽然 Direct Current Current 很别扭,但 DC Current 的称呼已经是一种习惯。对电阻电路而言,当电流为直流电流时,驱动电荷运动的电动势也是恒定不变的,称之为直流电动势。

如果电流的大小或方向随时间而变化,则称之为交流电流(AC Current),这里 AC 是 Alternating Current 的简称。此时电荷的运动一般情况下是来来回回,时大时小。显然驱动电荷运动的电动势也是交流变化的,称之为交变电动势。

严格从数学上定义直流和交流,直流量被定义为不随时间变化而变化的平均值,而交流量则是扣除平均值后的随时间变化而变化的电量。显然,这种定义下的交流量的平均值必为 0。

**练习 2.1.3** 实际电流中可能同时包含直流电流和交流电流。已知某导线横截面电流为 $i(t) = (3 + 2\cos\omega_0 t)\,\text{mA}$,其中的直流电流分量为多少?交流电流分量为多少?

### 2.1.2 电动势

#### 1. 电动势驱动电荷运动

要想让带电荷的粒子定向运动,就需要施加一个电动势(Electromotive Force,EMF)。电动势就是让带电粒子定向运动的"势力",这个"势力"从电动势产生的电场而来,带电粒子受电场力而定向运动。犹如高处重物在重力作用下的自由落体运动是释放其势能的过程,电荷在电场力作用下的定向运动则是释放其电势能的过程。电荷具有的电动势能可由其他能量形态转换赋予,如化学能、机械能等。电动势大小则可描述为其他能量形态转换使得单位电荷所增加的电动势能大小,

$$\mathfrak{F} = \frac{\Delta E}{\Delta q} \tag{2.1.3}$$

电动势的单位是伏特(V)。如具有 1.5V 电动势的某电池通过化学反应使其负极对外释放了 $1\mu C$ 的电子,那么这个化学反应过程中则有 $1.5\mu J$ 的化学能被转换为这些电子的电动势能。

#### 2. 电源提供能量或信号

电路中,将可以产生电动势的设备称为电源(electric source),电源在电路中可被抽象为恒压源或恒流源元件。常见的电源有化学电池、太阳能电池、发电机等。事实上,凡是可以将某种形式的能量转换成电能的设备或者器件,都可被等效为电路中的电源。例如,当热电偶的两端温度不一样时,它就会在两端形成电动势,这意味着热能被转化为了电能。再

比如,收音机的接收天线,它将空间辐射过来的电磁能转化为受金属束缚的电能,对于收音机电路而言,它就是一个激励源,它也是电源。这里例举的两个电源又称为信号源,因为这种电源不仅仅提供能量,它还提供信息,这些信息或许是我们更关注的:热电偶提供的电信号代表的是温差信息,收音机接收天线提供的信号代表的是电磁场强度变化信息,上面可能调制了人的语音信息。

于是电源分为两类:如果仅利用它提供的电能量,这种电源被称为 power supply。如果我们不仅仅是利用它提供的能量,更关注能量随时间的变化情况,因为能量的变化代表着某种信息,我们称这种电源为 signal source 或者 signal generator,也就是信号源(有时简称信源)。信号源都是交变的,因为有新的变化才有新信息产生,如果没有新的变化,则不会提供新的信息。

可对外产生不变电流或不变电压的电源称为直流电源,直流电源属于 power supply,中文翻译就是电源,多为电压源。可对外产生交变电流或交变电压的电源称为交流电源,交流电源可以作为 power supply 提供能量,也可以作为 signal source 提供信号。信息处理系统内的单元电路,绝大多数要求直流电压源为其提供直流电能。如果只有市电交流电压源,则需要通过整流器电路先将其转换为直流电后再接入电路为电路系统提供直流电能。

电源的电动势就是其端口开路电压。

### 2.1.3 电压

**1. 电压是对电场能量的描述**

电压(Voltage)是对电场能量的描述。那么在一个有电场 $E$ 存在的空间中,有电力线连接的 $A$ 点到 $B$ 点的电压有多大呢?

如图 2.1.2 所示,假设将电荷量为 $q$ 的一个电荷放到 $A$ 点位置,电场 $E$ 就会对它做功,电荷因而获得能量并将沿着电力线方向(电场方向)移动到 $B$ 点,电场 $E$ 在此过程中对电荷总共做功为 $W_{AB}$,那么 $A$ 点到 $B$ 点的电压大小为

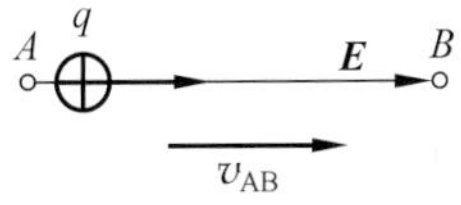

图 2.1.2 电场做功移动电荷

$$v_{AB} = \frac{W_{AB}}{q} \qquad (2.1.4)$$

也就是说,电压是电场对单位电荷做功大小的度量。

电荷移动过程中,电场对电荷做了 $W_{AB}$ 的功,意味着电场因而失去了这么多的电能,这些电能到哪里去了?变成了电子运动的能量。①在金属导体中,自由电子移动会碰撞原子晶格,这个能量从而被转化为热能(原子晶格振动),这个效应被等效为电阻耗能,并由此抽象出电阻元件来。②电子在导线(回路)中移动,形成的导线电流会在导线周围激发磁场(安培定律),换句话说,电能被转换为磁能,这个效应被等效为导线电感的磁能存储,并由此抽象出电感元件来。③如果导体被截断,自由电子无法继续沿导体流动而是在导体(结点)上累积,则电能将以电荷累积效应存储在导体结构上,这个效应被等效为电容的电能存储,并由此抽象出电容元件来。④如果电流通过半导体 PN 结,电能损失有可能以热能形式耗散,如整流二极管,也有可能以光能辐射形式耗散,如发光二极管,无论如何,由于二极管吸收电能并耗散出去,二极管被等效为电阻。

电压的单位和电动势一样是伏特,1V 的电压意味着电场每移动 1C 的电荷所做的 1J 功,电压是对电场能量的描述。

　　**例 2.1.2**　如图 E2.1.3 所示，三根导线连入电路 $N$。三根导线在外部的端点分别记为 $A$ 点、$B$ 点和 $C$ 点。我们测量获得端点 $A$ 到端点 $B$ 的电压为 $v_{AB}=1V$，同时测得端点 $B$ 到端点 $C$ 的电压为 $v_{BC}=2V$，请问此时端点 $A$ 到端点 $C$ 的电压 $v_{AC}$ 为多少伏？

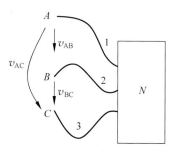

图 E2.1.3　能量守恒：基尔霍夫
电压定律

　　说明：虚拟设定一个电荷 $q$，在电压 $v_{AC}$（对应电场）的作用下，自 $A$ 点移动到 $C$ 点，显然提供电场的电路 $N$ 对该电荷做功为 $W_{AC}=q\cdot v_{AC}$。假设同样的电荷 $q$，首先从 $A$ 点移动到 $B$ 点，电路为此做功 $W_{AB}=q\cdot v_{AB}$，再从 $B$ 点移动到 $C$ 点，电路又做功 $W_{BC}=q\cdot v_{BC}$。这两个过程，同样的电荷 $q$ 都是从 $A$ 点移动到 $C$ 点，电路为此做功必然一致，

$$q\cdot v_{AC}=q\cdot v_{AB}+q\cdot v_{BC}$$

否则能量将不守恒：不妨假设 $q\cdot v_{AC}<q\cdot v_{AB}+q\cdot v_{BC}$，虚拟地将 $q$ 从 $A$ 移动到 $C$，电路虚拟做功 $q\cdot v_{AC}$，再从 $C$ 虚拟移动到 $B$，电路虚拟做功 $-q\cdot v_{BC}$，再从 $B$ 移动到 $A$，电路虚拟做功 $-q\cdot v_{AB}$，电荷只是虚拟移动并未真正移动，电路已做负功（电路 $N$ 获得能量），$q\cdot v_{AC}-q\cdot v_{AB}-q\cdot v_{BC}<0$，谁为这个电路提供源源不断的能量？（反之，电路向外提供的能量到了哪里？）这不符合能量守恒定律。故而两者必须相等，于是有

$$v_{AC}=v_{AB}+v_{BC} \tag{E2.1.2}$$

因而本例应给出如下回答：此时端点 $A$ 到端点 $C$ 的电压 $v_{AC}$ 为 3V。

　　由式（E2.1.2）可获得如下结论：两点之间总电压等于分电压之和，这是电路基本定律基尔霍夫电压定律（Kirchhoff's Voltage Law，KVL）的一种表述。显然 KVL 对应能量守恒定律。

　　**2. 电压参考方向**

　　电压也是有方向的，电压的方向就是电场的方向。如果电场从 $A$ 指向 $B$，那么电压的方向就是 $A$ 指向 $B$。

　　同样的问题，拿到一个电路结构后，我们起初可能不知道实际电压到底如何指向，所以需要人为定义一个方向。人为定义的电压方向被称为电压参考方向。如果定义的电压参考方向与实际的电压方向是相同的，计算或测量得到的电压值就是一个正值。例如，当参考方向与实际电场方向相同，$A$ 点到 $B$ 点的电压可能测量为 10V，但是如果参考方向定义反了，我们定义电压方向是从 $B$ 点指向 $A$ 点，那么 $B$ 点到 $A$ 点的电压则为 $-10V$，这两种说法是等同的，说的都是一个事实，真实的电压方向不会因人为定义的参考方向发生改变。

　　**练习 2.1.4**　如图 E2.1.3 所示的三根导线，规定三根导线端点之间的电压参考方向连成一个环，即 $A$ 指向 $B$ 为 $v_{AB}$，$B$ 指向 $C$ 为 $v_{BC}$，$C$ 指向 $A$ 为 $v_{CA}$，请确认基尔霍夫电压定律的另外一种表述：一个闭合回路（$A$—$B$—$C$—$A$）的总电压为零。

　　电路中器件连接构成一个闭合回路（loop），环绕闭合回路一周的总电压应为 0。当出现回路总电压不为 0 从而有违背能量守恒定律的情况时，则需要考虑该回路磁通变化（磁能存储或释放）导致的感生电动势效应，即需要在回路中添加额外的感生电动势支路（电感元件），确保基尔霍夫电压定律成立，此时多余或丢失的能量可解释为能量自电感释放出来或存储于电感结构中，从而能量守恒定律保持成立。具体分析见第 6 章内容。

　　**3. 电位与参考地**

　　有时我们称电压为电位（电势，potential），电位和电压有什么区别呢？电压是两个点之间

的电位差,而电位则是某个点的对地电压大小。$A$ 点到 $B$ 点的电压记为 $v_{AB}$,它是 $A$ 点的电位 $\varphi_A$ 与 $B$ 点的电位 $\varphi_B$ 之差。

显然,说到"电位"就必然有一个参考地 G(Ground),$A$ 点的电位 $\varphi_A$ 就是 $A$ 点到参考地的电压 $v_{AG}$,参考地 G 的电位被人为定义为零伏特,$v_G = \varphi_G = 0\,V$,因而 $A$ 点的电位 $\varphi_A$ 就是 $A$ 点的电压 $v_A$。以后我们称某点的电压时,隐含着电路中有一个默认参考地 G 的假设,$A$ 点电压就是指该点相对参考地 G 的电压大小,

$$v_A = \varphi_A = v_{AG} = v_A - v_G \tag{2.1.5}$$

电路中的参考地(reference point)如何设置呢? 比如说一个设备的外壳,或者说接在设备外壳上的金属片,它们通常被定义为参考地。低频电路中的参考地一般可通过导线、金属片等连接到一起,它们将具有相同的电位,这个电位被人为规定为零电位。高频电路中电压信号的参考地一般都是信号当地的(local)地。有一定空间距离的两个功能电路,例如通过传输线连接的两个功能电路,两者的 local 地之间可能存在电位差。

参考地可通过对山的高度的描述来理解:当我们说某座山的海拔高度为多少米时,我们是以海平面作为零高度参考平面来定义山的高度。如果以山脚为参考地定义山的高度,则有可能是另一个完全不同的高度值。同样地,电路中的参考地定义不一样,一个点的电位则有可能不一样,但两个点之间的电压是确定不变的,不会因参考地的变化而变化。高频电路中的地,可以理解为以功能电路当地山的山脚为 local 地,不要求是海平面这个全局地。实际电路中,不同功能电路的地并不要求必须是等电位的全局地,功能电路中的电压一般都是针对 local 地的电压。

我们可以在实际电磁系统中将等电位点连成等电位线,电荷在等电位线上移动时不会消耗电能,这些等电位线在电路中有相同的对地电压。

**例 2.1.3**　如图 E2.1.4 所示,三根导线连入电路 $N$。其中导线 3 连在参考地上,图中自上而下逐渐变短的三条横线符号代表参考地(Ground,GND)。另外两根导线的端点被记为 $A$ 点和 $B$ 点。我们测量获得 $A$ 点的电压为 $v_A(t)$,同时测得 $B$ 点的电压为 $v_B(t)$,请问端点 $A$ 到端点 $B$ 的电压 $v_{AB}(t)$ 为多少?

**解:**端点 $A$、$B$ 的电压分别为 $v_A(t)$、$v_B(t)$,这两个电压是对地电压,即

$$v_A(t) = v_{AG}(t)$$
$$v_B(t) = v_{BG}(t)$$

根据式(E2.1.2)描述,两点之间电压与路径无关,故而

$$v_{AB}(t) = v_{AG}(t) + v_{GB}(t)$$
$$= v_A(t) - v_B(t) \tag{E2.1.3}$$

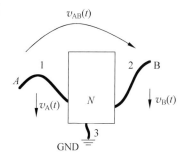

图 E2.1.4　参考地

式(E2.1.3)很容易形象地比喻:犹如山高,山上 $A$ 点海拔高度为 $v_A$,即 $A$ 点比海平面高 $v_A$,$B$ 点海拔高度为 $v_B$,即 $B$ 点比海平面高 $v_B$,显然,$A$ 点比 $B$ 点高 $v_A - v_B$。记住:电压值都是相对值。

**练习 2.1.5**　如图 E2.1.5 所示,从某电路系统引出数个可测量的端点,图(a)标记了端点构成环路后测得的每条支路上的开路电压,有一个支路电压未测量,请给出该支路电压,并给出每个端点的对地电压。图(b)则测得了每个端点的对地电压,请给出图示要求的三个端点间的开路电压。

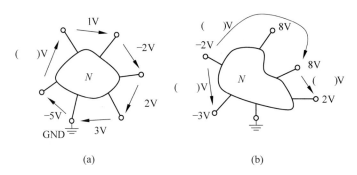

图 E2.1.5　基尔霍夫电压定律应用：环路总电压为 0

#### 4. 电压与电动势

前面讲述的电动势和电压的单位都是伏特，1V 代表的都是每移动 1C 电荷所需的 1J 能量。两者之间的区别在哪里呢？电动势体现的是某种能量形式转化为电能形式，形成电路中的驱动电荷运动的电源的能力；而电压则是对电源形成的电场对电路中电荷做功的描述。前者体现的是电源向外输出电能的能力，后者则是电源对外输出电能在外部的具体显现。

以化学电池为例，电池内部因为化学反应产生的化学能强行把正电荷从电池负电极搬到正电极，或者把负电荷从电池正电极搬到负电极，这个搬移过程就是化学能转化为电能的过程。转化过来的电能外化为电动势，电动势从电池负极指向正极，可以认为在电动势的驱动下，正电荷从电池负极移到正极，负电荷从电池正极移到负极。电动势是对化学能、机械能或其他能量形式转化为电能的描述。

当正电荷在电源正极积累，负电荷在电源负极积累，就会在电源外部形成从正电荷指向负电荷、从电源正极指向负极的电场，电场强度在外部路径上的积分就是电压，因而电源外部有一个从电源正极指向负极的电压。如果在正负极之间连接电路器件，如电阻，则形成导电回路，那么在外部电压的作用下，正电荷就会沿导电通路向负极流动，负电荷会沿导电通路向正极流动，从而形成电流。正负电荷移动过程中，电能会转化为其他能量形式，如电荷通过电阻，其能量转化为热能耗散到周围空间，电荷通过电感其能量转化为磁能存储下来，而流向电容的电荷无法通过电容，只能在电容极板上积累，形成电容内部的电能存储。

电动势描述某种能量形式转化成电能，用以驱动电路工作，形成的外部电压驱动电荷运动，电能再转化为其他能量形式。

电源电动势在电源外部的表现被称为电源电压，电源电动势大小就是电源端口的开路电压。

### 2.1.4　功率

当电源加载到其他电路器件上时，电动势在电源外部形成的电场（电压）驱动电荷运动，这样电源释放了能量。这些能量到了哪里？被电路器件吸收了，电路器件吸收的能量就是电场对流过电路器件电荷所做的功。

电路器件吸收的功率为单位时间内电路器件吸收的能量大小，电路器件吸收的能量就是电场对电荷所做的功，电荷在器件中的流动形成器件电流，显然器件消耗的功率就是电路器件两端电压 $v$ 乘以流过电路器件的电流 $i$，即

$$p(t) = \frac{\mathrm{d}E(t)}{\mathrm{d}t} = \frac{\mathrm{d}W(t)}{\mathrm{d}t} = \frac{\mathrm{d}W(t)}{\mathrm{d}q(t)}\frac{\mathrm{d}q(t)}{\mathrm{d}t} = v(t)i(t) \tag{2.1.6}$$

注意,这里的电压、电流参考方向必须都是沿电场方向,或者都是逆电场方向,这被称为关联参考方向(associated reference directions)。当器件电压、电流参考方向为关联参考方向时,正功率意味着器件从外部吸收功率(器件吸收电能量),负功率意味着器件向外部释放功率(器件释放电能量)。

功率的单位是瓦特(W),1W 功率意味着在 1s 时间内消耗了 1J 的能量,对电路器件而言,器件 1W 的功率吸收意味着该元件有 1VA 的电压电流积,1W 的功率释放意味着该元件有 $-1VA$ 的电压电流积。

**例 2.1.4** 图 E2.1.6 是电路中最基本的三个抽象元件——电阻(resistor)、电感(inductor)和电容(capacitor)元件的电路符号,它们都是两端元件,元件两端电压和流过元件的电流关联参考方向如图所示。如是,三个元件吸收的功率都可表述为 $p(t)=v(t)i(t)$。已知三个元件上的电压、电流满足如下约束关系,请给出这三个元件吸收能量的表达式,由元件吸收能量表达式进一步说明电阻是耗能元件,电容、电感是储能元件。

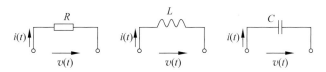

图 E2.1.6 电阻、电感和电容元件

电阻: 
$$v(t)=Ri(t) \tag{E2.1.4a}$$

电容: 
$$i(t)=C\frac{\mathrm{d}v(t)}{\mathrm{d}t} \tag{E2.1.4b}$$

电感: 
$$v(t)=L\frac{\mathrm{d}i(t)}{\mathrm{d}t} \tag{E2.1.4c}$$

其中,电阻阻值 $R$、电容容值 $C$、电感感值 $L$ 为常值。

说明:对于电阻,其吸收功率为
$$p_{\mathrm{R}}(t)=v(t)i(t)=Ri^2(t) \tag{E2.1.5a}$$

自 $t_0$ 时刻开始到 $t$ 时刻($\Delta t=t-t_0>0$),电阻吸收能量为
$$\Delta E_{\mathrm{R}}(\Delta t)=\int_{t_0}^{t}p_{\mathrm{R}}(\tau)\mathrm{d}\tau=R\int_{t_0}^{t}i^2(\tau)\mathrm{d}\tau \tag{E2.1.5b}$$

只要流过电阻的电流在此时段不全为零,那么电阻在此时段吸收的能量就一定大于零,故而电阻是耗能元件,它一直在吸收电能。

对于电容,其吸收功率为
$$p_{\mathrm{C}}(t)=v(t)i(t)=Cv(t)\frac{\mathrm{d}v(t)}{\mathrm{d}t} \tag{E2.1.6a}$$

自 $t_0$ 时刻开始到 $t$ 时刻($\Delta t=t-t_0>0$),电容吸收能量为
$$\Delta E_{\mathrm{C}}(\Delta t)=\int_{t_0}^{t}p_{\mathrm{C}}(\tau)\mathrm{d}\tau=C\int_{t_0}^{t}v(\tau)\frac{\mathrm{d}v(\tau)}{\mathrm{d}\tau}\mathrm{d}\tau=C\int_{v(t_0)}^{v(t)}v(\tau)\mathrm{d}v(\tau)$$
$$=\frac{1}{2}Cv^2(\tau)\Big|_{t_0}^{t}=\frac{1}{2}Cv^2(t)-\frac{1}{2}Cv^2(t_0) \tag{E2.1.6b}$$

如果 $t_0$ 时刻电容电压为 $0$,$v(t_0)=0$,那么可知在 $\Delta t=t-t_0$ 时段,电容吸收能量为
$$\Delta E_{\mathrm{C}}(\Delta t)=\frac{1}{2}Cv^2(t)$$

将电容电压为 0 的 $t_0$ 时刻的电容储能定义为 0，那么就可以定义电容存储电能为

$$E_{\text{C}}(t) = \frac{1}{2}Cv^2(t) \tag{E2.1.6c}$$

如是可以进一步说明：如果 $t_0$ 时刻电容电压不为 $0,v(t_0)\neq 0$，但是经过 $\Delta t=t-t_0$ 时间后，电容电压变为 $0,v(t)=0$，那么此段时间，电容吸收能量为负值，

$$\Delta E_{\text{C}}(\Delta t) = -\frac{1}{2}Cv^2(t_0)$$

换句话说，电容将其在 $t_0$ 时刻已存储的电能 $\frac{1}{2}Cv^2(t_0)$ 又全部释放出去了。如是可知，电容自身并不消耗电能，其存储的能量可以全部释放出来。

对于电感，分析过程与电容类似，请同学自行说明它是储能元件。

**练习 2.1.6** 仿照电容储存电能的分析，分析说明电感存储磁能为

$$E_{\text{L}}(t) = \frac{1}{2}Li^2(t) \tag{E2.1.7}$$

导体电阻吸收的能量被转化为热能耗散，电阻因而为电能消耗元件。电容吸收的电能以电荷 $Q$ 累积于导体结点的形式存储，

$$Q(t) = Cv(t) \tag{E2.1.8a}$$

电感吸收的电能以磁通 $\Phi$ 累积于导线回路的形式存储，

$$\Phi(t) = Li(t) \tag{E2.1.8b}$$

电荷 $Q$ 累积代表电能存储，磁通 $\Phi$ 累积代表磁能存储，

$$E_{\text{C}}(t) = \frac{1}{2}Q(t)v(t) = \frac{Q^2(t)}{2C} \tag{E2.1.9a}$$

$$E_{\text{L}}(t) = \frac{1}{2}\Phi(t)i(t) = \frac{\Phi^2(t)}{2L} \tag{E2.1.9b}$$

显然，从能量角度看，电路元件可分为供能元件（电源）、耗能元件（电阻）和储能元件（电容、电感），储能元件可以吸收电能，但自身不消耗电能，它吸收的电能可以全部释放出去。

式（E2.1.4～E2.1.9）所给的关于电阻、电容、电感的性质是线性时不变电阻、电容、电感的性质。什么是线性时不变？这涉及系统属性及其分类问题。

# 2.2 系统概念

## 2.2.1 电路系统

系统是由若干相互作用或者相互依存的事物组合而成的具有特定功能的整体。系统有结构，由有次序的部件或子系统构成，这些部件或子系统之间又具有某种连接关系；系统有行为或作用，如电路系统对信号进行处理或对能量进行转换；系统有功能，它的功能就是其行为的结果，比如说某电路系统实现了对信号的放大功能等。

我们这门课程的目标之一是让同学们能够理解电子信息处理系统基本单元电路的工作原理，并能够设计出其中的部分单元电路。电子信息处理系统包括大量的各种类型的电路模块或子系统，我们经常称这些电路模块或子系统为网络，这是由于电路由很多个电路器件、子电路连接而成，电路器件之间的相互作用构成一个网络关系。在这门课程中，电路、网络、系统是通用的，我们不特意区分它们，说电路的时候可能更注重于它的器件或元件之间的连接结

构,说网络的时候可能更注重端口间的作用关系,说系统的时候则可能更注重于它的功能。

## 2.2.2　系统属性

电路可用来处理电信号或电能量,至于如何处理,则由电路设计者来设定。设计电路之前就需要明确一个信号经过该电路系统作用后应该有怎样的变化,而信号的变化显然是系统内部部件对信号作用的结果。为了能够用数学语言来研究这个作用关系,则需要对系统属性有所了解。系统属性主要由构成它的部件和子系统决定,而系统功能还需由这些构件的连接关系最终决定。

常见的系统属性分类有线性/非线性,时变/时不变,记忆/无记忆。

**1. 线性与非线性**

满足叠加性和均匀性的系统,我们称之为线性系统。不满足叠加性或均匀性的,则是非线性系统。

假设系统函数为 $f$,$e(t)$ 为激励(excitation,即输入信号 input signal),$r(t)$ 代表在 $e(t)$ 激励下系统做出的响应(response,即输出信号 output signal),

$$r(t) = f(e(t)) \tag{2.2.1}$$

现在假设有两个激励 $e_1(t)$ 和 $e_2(t)$,它们分别加到系统的输入端,输出端产生的响应分别记为 $r_1$ 和 $r_2$。所谓系统满足叠加性(additivity)指的是

$$r_+(t) = f(e_1(t) + e_2(t)) = f(e_1(t)) + f(e_2(t)) = r_1(t) + r_2(t) \tag{2.2.2}$$

所谓系统满足均匀性(homogeneity)指的是

$$r_a(t) = f(\alpha e_1(t)) = \alpha f(e_1(t)) = \alpha r_1(t) \tag{2.2.3}$$

其中 $\alpha$ 为与激励无关的实系数。

所谓线性(linear),就是同时满足叠加性和均匀性,即

$$r_{\alpha\beta}(t) = f(\alpha e_1(t) + \beta e_2(t)) = \alpha f(e_1(t)) + \beta f(e_2(t)) = \alpha r_1(t) + \beta r_2(t) \tag{2.2.4}$$

其中 $\alpha$ 和 $\beta$ 为与激励无关的实系数。满足式(2.2.4)的系统为线性系统,不满足的则为非线性(nonlinear)系统。

电路中通常以电压、电流为观测变量,因而如果输入电压、电流与输出电压、电流之间具有线性关系,则为线性电路;如果不具线性关系,则为非线性电路。

**练习 2.2.1**　根据线性定义,分析如下数个输入输出关系,哪些是线性的,哪些是非线性的?

(1) $v(t) = f(i(t)) = Ri(t)$　电阻阻值 $R$ 为常数:某电阻伏安特性。

(2) $i(t) = f(v(t)) = C(v(t))\dfrac{\mathrm{d}v(t)}{\mathrm{d}t}$　电容容值 $C$ 由 $v(t)$ 决定:某电容伏安特性。

(3) $v(t) = f(i(t)) = L\dfrac{\mathrm{d}i(t)}{\mathrm{d}t}$　电感感值 $L$ 为常数:某电感伏安特性。

(4) $i(t) = f(v(t)) = \beta(V_{GS0} + v(t) - V_{TH})^2$　$V_{GS0}$、$\beta$、$V_{TH}$ 为常数:某 MOSFET 漏极电流 $i(t)$ 和栅源电压 $v(t)$ 之间的控制关系。

(5) $\Delta\omega(t) = k_{FM}v_b(t)$　$k_{FM}$ 为常数:频率调制,以频率偏差 $\Delta\omega = \omega - \omega_c$ 为输出,以基带信号 $v_b(t)$ 为输入。电路中以电压、电流为观测变量,频率不能直接输出,但在理论分析中可作为输出变量看待。

(6) $v_{FM}(t) = V_0\cos\left(\omega_c t + k_{FM}\displaystyle\int_0^t v_b(\tau)\mathrm{d}\tau + \theta_0\right)$　幅度 $V_0$、中心频率 $\omega_c$,初始相位 $\theta_0$,调制

系数 $k_{FM}$ 为常数；频率调制器，以基带信号 $v_b(t)$ 为输入，以频率已调波信号 $v_{FM}(t)$ 为输出，它们是频率调制器可观测的输入电压和输出电压。

对如图 E2.1.6 所示的电阻、电容、电感元件，如果其元件约束为式（E2.1.4），且元件参量 $R$、$L$、$C$ 的取值与元件两端电压或电流无关，它们则属线性元件。

**2. 时变与时不变**

假设系统函数为 $f$，$e(t)$ 为激励，$r(t)$ 代表在 $e(t)$ 激励下系统做出的响应，如式（2.2.5）所示，如果激励延时 $\tau$，响应相应地也延时 $\tau$，该系统则为时不变（time invariant）系统，

$$r_\tau(t) = f(e(t-\tau)) = r(t-\tau), \quad \forall \tau \geqslant 0 \tag{2.2.5}$$

如果响应不是原始响应 $r(t)$ 的 $\tau$ 延时，则为时变（time varying）系统。

如果用数学方程来描述时不变系统，那么数学方程中的关于 $e(t)$ 和 $r(t)$ 的系数是定常数，因而时不变系统又称定常系统。描述时变系统的数学方程中，关于 $e(t)$ 或 $r(t)$ 的系数是随时间变化的，这种随时间的变化与输入 $e$、输出 $r$ 无关，那么当激励延时 $\tau$ 后，响应则不可能是原响应的简单延时。

**练习 2.2.2** 根据时不变定义，分析如下数个输入输出关系，哪些是时变的，哪些是时不变的？

（1）$v(t) = f(i(t)) = R(t, i(t)) \cdot i(t)$  电阻阻值 $R$ 随时间变化，同时也随输入电流 $i(t)$ 变化而变化：某电阻伏安特性。

（2）$i(t) = f(v(t)) = \dfrac{d(C(t)v(t))}{dt} = C(t)\dfrac{dv(t)}{dt} + v(t)\dfrac{dC(t)}{dt}$  电容容值 $C(t)$ 的变化规律与输入 $v(t)$ 变化规律无关：某电容伏安特性。

（3）$v(t) = f(i(t)) = L\dfrac{di(t)}{dt}$  电感感值 $L$ 为常数：某电感伏安特性。

（4）$i(t) = f(v(t)) = \beta(V_{GS0}(v_c(t)) + v(t) - V_{TH})^2$  $\beta$、$V_{TH}$ 为常数，直流偏置电压 $V_{GS0}$ 由控制电压 $v_c(t)$ 决定，控制信号 $v_c(t)$ 与输入信号 $v(t)$ 无关：某 MOSFET 漏极电流和栅源电压控制关系。

对如图 E2.1.6 所示的电阻、电容、电感元件，如果其元件约束为式（E2.1.4），且元件参量 $R$、$L$、$C$ 为常值，则它们属于时不变元件；如果 $R$、$L$、$C$ 的取值随时间变化，这种变化与元件两端电压、电流无关，则是时变元件；$R$、$L$、$C$ 的取值随时间变化，但这种变化由元件两端电压、电流变化所决定，则是非线性元件。

**3. 记忆与无记忆**

所谓系统 $r(t) = f(e(t))$ 无记忆（memoryless），是指其输出仅由当时输入决定，与之前的经历无关，否则为记忆系统（system with memory）。记忆系统的响应不仅由当时激励决定，还与之前的经历有关。

动态电路是记忆系统，电阻电路中有部分电路为无记忆系统，有部分电路为有记忆系统。

**练习 2.2.3** 请说明如下数个系统是有记忆的还是无记忆的？只需判断当前输出是否仅由当前输入决定。

（1）$v(t) = f(i(t)) = Ri(t)$，$R$ 为常值：某电阻伏安特性。

（2）$i(t) = f(v(t)) = C\dfrac{dv(t)}{dt}$，$C$ 为常值：某电容伏安特性。

（3）$v(t) = f(i(t)) = L\dfrac{di(t)}{dt}$，$L$ 为常值：某电感伏安特性。

$(4)$ $y(n) = \begin{cases} 0, & n \text{ 为奇数} \\ x\left(\dfrac{n}{2}\right), & n \text{ 为偶数} \end{cases}$ 某数字系统输入输出关系(离散时间 $n$ 为正整数)。

$(5)$ $y(n) = x(n) - x(n-1)$　某数字系统输入输出关系(离散时间 $n$ 为正整数)。

对如图 E2.1.6 所示的电阻、电容、电感元件,如果其元件约束为式(E2.1.4),则电阻为无记忆元件,因为元件电压是电流的即时关系,

$$v(t) = Ri(t) \tag{E2.2.1a}$$

时间离散化表述,则有

$$v(n) = Ri(n) \tag{E2.2.1b}$$

当前输出仅与当前输入有关。而电容则为记忆元件,电容电荷是之前所有时间段的电流的积分,与之前的电流输入均有关,

$$v(t) = \frac{Q(t)}{C} = \frac{1}{C}\int_{-\infty}^{t} i(\tau)\mathrm{d}\tau = V_0 + \frac{1}{C}\int_{0}^{t} i(\tau)\mathrm{d}\tau \tag{E2.2.2a}$$

对微分形式的元件约束进行时间离散化表述,则有

$$i(n) = \frac{C}{\Delta t}[v(n) - v(n-1)] = \frac{1}{R_{\mathrm{eq}}}[v(n) - v(n-1)] \tag{E2.2.2b}$$

可知输出不仅与当前输入有关,还与之前输入有关。

同理,电感为记忆元件,电感磁通是之前所有时间段的电压的积分,与之前的电压输入均有关。

由于线性/非线性、时变/时不变、记忆/无记忆定义是对系统完全不同侧面的描述,因而它们可以组合描述系统属性,如线性时不变(Linear Time Invariant,LTI)系统,就是同时满足线性和时不变性质的系统。

**练习 2.2.4**　对练习 2.2.1~2.2.3 给出的这些系统函数,哪个是线性时不变系统,哪个是线性时变系统? 哪个是非线性时变系统,哪个是非线性时不变系统? 哪个是记忆系统,哪个是无记忆系统?

除了线性系统/非线性系统、时变系统/时不变系统、记忆系统/无记忆系统分类外,电路系统还存在连续时间系统/离散时间系统、集总参数电路系统/分布参数电路系统等分类。本课程中:①线性非线性并重;②时变时不变共存,时不变系统讨论为主;③有记忆无记忆并重;④大多数系统为连续时间系统,离散时间系统除了数字逻辑电路外,还有开关电容电路作为例子出现;⑤几乎都是讨论集总参数电路系统,分布参数电路系统仅在第 6 章对传输线略有论述。

# 2.3　端口抽象与网络

## 2.3.1　端口

我们可以从电路网络中引出一个点,用于测量或者连接其他元件,这个点被称为端点(terminal)。如果从一个端点流入到电路网络中多少电流,从电路网络的另外一个端点就会流出同样大小的电流,流入流出电流始终相等,那么这两个端点则构成电路网络的一个端口(port)。

### 1. 端口条件

如图 2.3.1 所示,假设从端点 $A$ 流入电路网络 $N$ 的电流为 $i_A$,电路网络 $N$ 自端点 $B$ 流出

电流为 $i_B$,如果对于电路网络 $N$,通过某种方式确保始终有

$$i_B = i_A \tag{2.3.1}$$

则端点 $B$ 和端点 $A$ 构成一个端口。式(2.3.1)被称为端口条件,只有满足端口条件,才能构成一个端口。

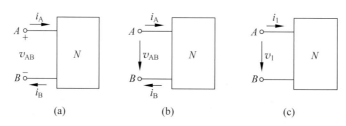

图 2.3.1　端口电压与端口电流

我们往往以关联参考方向定义端口电压和端口电流的参考方向,如图 2.3.1 所示,我们定义端口电压参考方向自参考电流方向流入端点指向流出端点。图 2.3.1 中,若人为定义电流参考方向为自 $A$ 点流入网络,自 $B$ 点流出网络,如果 $A$、$B$ 端点电流满足端口条件,它们构成了一个端口(一条支路),则该端口的端口电流(或该支路的支路电流)可定义为 $i=i_A=i_B$,端口电压可定义为 $v=v_{AB}$,即电压参考方向应从 $A$ 指向 $B$。图 2.3.1(a)中,电压方向标记用正负号,$A$ 为正,$B$ 为负,则电压参考方向从正指向负,从 $A$ 指向 $B$;图 2.3.1(b)中,电压方向标记用箭头,直接从 $A$ 指向 $B$;图 2.3.1(c)中,定义 $AB$ 端口为端口 1,那么端口电压 $v_1$ 和端口电流 $i_1$ 参考方向如图所示是关联的,由于从 $A$ 点流入电流等于 $B$ 点流出电流,因而 $B$ 端点不再标记流出电流。

能够用电路理论处理的电磁场问题一定都是可定义端口的电磁问题,换句话说,端口条件式(2.3.1)是电路模型可以自电磁场关系中被抽象出来的必要条件。如果一个电磁系统无法定义端口,那么这个电磁系统就只能用电磁场方程求解,而不能套用电路模型进行分析。端口定义后,用电路方法分析电路时,我们则只需关注端口特性,对网络内部电磁场如何作用可以不必关注。例如天线,仅从端口看,发射天线可等效为一个电阻,接收天线可等效为电源,虽然天线的工作机制与通常的金属导体电阻或振荡器加缓冲器实现的交流信号源不同,但在电路分析时,它们的电路模型从端口看与电阻和电源并无二致。

**2. 单端口网络与多端口网络**

我们可以从电路网络 $N$ 中引出很多端点,这些端点可用于观测该电路网络,也可以和其他电路网络、电路元件连接,形成更大的电路网络。当端点用于网络 $N$ 的电路功能的测试时,这些端点以端口的形式和测试仪器相连。

如果仅从电路网络 $N$ 中引出一个端点,在讨论这个端点时,至少需要给出它的端点电压,否则这个端点引出就没有任何电路上讨论的意义。显然,这里我们默认了电路网络的参考地也被引出,因而这个端点和参考地端点事实上形成了一个端口(开路端口),该网络是一个单端口网络,也可称之为二端网络。

如果从电路网络 $N$ 中引出 $m$ 个端点,该网络则是 $m$ 端网络。一般来说会有一个公共参考地端点(如果没有公共参考地,可以人为定义 local 地),那么其他 $m-1$ 个端点都可以和参考地端点形成端口,该网络则可视为 $m-1$ 端口网络。然而我们并不要求端口的一个端点必须为参考地,因而 $m$ 端网络可能是 $n$ 端口网络,其中 $[m/2] \leqslant n \leqslant m-1$。这个 $n$ 端口网络或 $m$ 端网络,通过这 $n$ 个端口或 $m$ 个端点和其他电路网络、电路元件连接。例如四端网络可能是

三端口网络,也可能是二端口网络,五端网络可能是四端口网络、三端口网络甚至二端口网络。当五端网络是二端口网络时,多余的一端应是参考地,否则无须引出这个端点,该端点对外不构成端口,无电流流入、流出,它仅用于提供地电位参考。

**例 2.3.1** 如图 E2.3.1(a)所示,这是一个三端网络,其中 $C$ 端点接地(可以是 local 地),说明这个三端网络可以视为二端口网络。

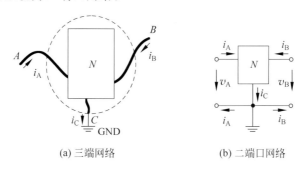

(a) 三端网络        (b) 二端口网络

图 E2.3.1 三端网络可视为二端口网络

说明:网络 $N$ 被称为三端网络,表明这个网络除了图示的三端和外部有电连接关系之外,没有其他端点和外部有电的关联,因而我们可以画如图所示的虚线圆圈,将网络 $N$ 包围,根据电荷守恒定律,流入这个虚线圆圈的电荷总量和流出这个虚线圆圈的电荷总量必须相同,换句话说,流入这个超级结点(super node)的总电流等于流出这个超级结点的总电流,故而

$$i_C = i_A + i_B$$

于是可以将 $C$ 端点作为公共地端点,其电流 $i_C$ 中的 $i_A$ 部分和 $A$ 端点流入电流 $i_A$ 构成端口条件,形成一个端口,其电流 $i_C$ 中的 $i_B$ 部分和 $B$ 端点流入电流 $i_B$ 构成端口条件,形成另外一个端口,从而形成如图 E2.3.1(b)所示的二端口网络。

为了确保端口条件成立,可以在端点 $A$ 和端点 $C$ 之间外接一个单端口网络强制 $A$、$C$ 端点满足端口条件,在端点 $B$ 和端点 $C$ 之间外接一个单端口网络强制 $B$、$C$ 端点满足端口条件。$A$、$C$ 端点外接一个单端口网络,则自然确保流入和流出电流相等,从而满足端口条件,形成确定性的端口。

**3. 端口描述方程形式**

一般来说,假设电路网络 $N$ 具有某种电路功能,这种电路功能一定是某种确定端口定义下的功能,当电路网络 $N$ 和其他电路网络如网络 $Q$ 连接时,网络 $Q$ 不能破坏网络 $N$ 规定的端口条件,否则网络 $N$ 将不再具有设定的电路功能。

当一个电路系统封装后,外界只能看到电路系统的对外端口,因而图 2.3.2 所示的网络 $N$ 的电路功能只能通过网络 $N$ 的对外端口的端口电压、端口电流之间的关系进行描述,这个关系的数学表达式就是网络特性或系统功能的端口体现或数学描述。对于网络 $N$,它的每个对外端口都有两个电量,端口电压和端口电流,故而描述 $n$ 端口网络 $N$ 需要 $2n$ 个电量,即 $n$ 个端口电压和 $n$ 个端口电流,这 $2n$ 个电量不是独立的,它们之间的关系受到网络内部器件物质结构或器件连接关系的限定。由于电场、磁场是相互转化的,对外的端口电压和端口电流也是相互转化的,这 $2n$ 个电量中只有 $n$ 个电量是完全独立的,剩下的 $n$ 个电量则是非独立的,它们由 $n$ 个独立电量和网络外接的其他网络共同决定。换句话说,$n$ 端口网络需要 $n$ 个方程才能予以完整描述,这 $n$ 个方程可称之为网络端口方程,或者元件约束条件,或者广义欧姆定律。

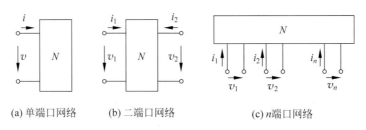

(a) 单端口网络　　　　(b) 二端口网络　　　　　(c) $n$端口网络

图 2.3.2　多端口网络(multi-port network)

图 2.3.2(a)是单端口网络,只有一个端口,用一个数学方程即可描述,

$$f(v,i) = 0 \tag{2.3.2}$$

对于单端口网络,我们可以以端口电流作为输入变量,端口电压作为输出变量来描述其端口电压和端口电流之间的约束关系:

$$v = f_{vi}(i) \tag{2.3.3a}$$

如果函数 $f_{vi}$ 是关于 $i$ 的单值函数,即任意一个确定的 $i$ 输入对应一个确定的 $v$ 输出,该网络则被称为流控网络。

我们也可以以端口电压作为输入变量,端口电流作为输出变量描述约束关系,

$$i = f_{iv}(v) \tag{2.3.3b}$$

如果函数 $f_{iv}$ 是关于 $v$ 的单值函数,即任意一个确定的 $v$ 输入对应一个确定的 $i$ 输出,该网络则被称为压控网络。

如果一个网络同时是压控和流控的,那么该网络的端口电压和端口电流之间具有一一对应关系,该描述函数被称为是单调的。

**例 2.3.2**　如图 E2.1.6 所示的电阻、电感和电容,其元件约束如式(E2.1.4)所示,说明它们是单端口元件。

说明:如图 E2.1.6 所示,这三个元件都是两端元件,两个端点满足端口条件,可构成一个端口,因而是单端口元件,只需一个方程即可完全描述,如式(E2.1.4)所示。

对于线性时不变电阻,如果电阻阻值 $0 < R < \infty$,则既可表述为压控形式 $i = \dfrac{v}{R}$,也可表述为流控形式 $v = Ri$,这个线性时不变电阻的约束关系是单调的。当 $R = 0$ 时,电阻支路退化为短路,此时其元件约束只能表述为流控形式,$v = 0$;当 $R = \infty$ 时,电阻支路退化为开路,此时其元件约束只能表述为压控形式,$i = 0$;短路和开路均非单调,如短路一个 0 电压对应任意电流,而开路一个 0 电流对应任意电压。

对于线性时不变电容,其电压为状态变量,在分析含有电容电路的时域动态特性时,往往以电容电压为待考察变量,于是电容可被视为压控元件,这是由于电容电压 $v(t)$ 可唯一确定电容电流 $i(t)$,$i(t) = C\dfrac{\mathrm{d}v(t)}{\mathrm{d}t}$;反之,用电容电流 $i(t)$ 表述电容电压 $v(t)$ 时,还需给定一个初始电压 $V_0$ 方具唯一确定性关系,$v(t) = V_0 + \dfrac{1}{C}\displaystyle\int_0^t i(\tau)\mathrm{d}\tau$。

对于线性时不变电感,其电流为状态变量,电感可被视为流控元件。

图 2.3.2(b)是二端口网络,需要两个数学方程才能完整描述:

$$f_1(v_1, v_2; i_1, i_2) = 0 \tag{2.3.4a}$$

$$f_2(v_1, v_2; i_1, i_2) = 0 \tag{2.3.4b}$$

图 2.3.2(c)是 $n$ 端口网络,需要 $n$ 个数学方程才能完整描述:

$$f_1(v_1, v_2, \cdots, v_n; i_1, i_2, \cdots, i_n) = 0 \tag{2.3.5a}$$

$$f_2(v_1, v_2, \cdots, v_n; i_1, i_2, \cdots, i_n) = 0 \tag{2.3.5b}$$

$$\vdots$$

$$f_n(v_1, v_2, \cdots, v_n; i_1, i_2, \cdots, i_n) = 0 \tag{2.3.5n}$$

为了简单描述起见,可以采用向量形式表述 $n$ 个端口电压、$n$ 个端口电流:

$$\boldsymbol{v} = (v_1, v_2, \cdots, v_n)^{\mathrm{T}} \tag{2.3.6a}$$

$$\boldsymbol{i} = (i_1, i_2, \cdots, i_n)^{\mathrm{T}} \tag{2.3.6b}$$

那么 $n$ 端口网络的描述方程(2.3.5)就可简写为

$$\boldsymbol{f}(\boldsymbol{v}, \boldsymbol{i}) = \boldsymbol{0} \tag{2.3.7}$$

其数学形式上与单端口网络的描述方程(2.3.2)一致,不过其中的变量和函数都是向量。同样地,有可能存在以端口电流描述端口电压的描述方式:

$$\boldsymbol{v} = \boldsymbol{f}_{\mathrm{vi}}(\boldsymbol{i}) \tag{2.3.8a}$$

也可能存在以端口电压描述端口电流的描述方式:

$$\boldsymbol{i} = \boldsymbol{f}_{\mathrm{iv}}(\boldsymbol{v}) \tag{2.3.8b}$$

我们期望 $\boldsymbol{f}_{\mathrm{vi}}$、$\boldsymbol{f}_{\mathrm{iv}}$ 其中至少一个是单值的,以方便数学处理。如果 $\boldsymbol{f}_{\mathrm{vi}}$ 是单值的,则称之为流控网络;如果 $\boldsymbol{f}_{\mathrm{iv}}$ 是单值的,则称之为压控网络。如果上述两种表述都不是单值的,但是能够找到混合控制的单值表述函数,例如,以前 $k$ 个电压、后 $n-k$ 个电流表述前 $k$ 个电流、后 $n-k$ 个电压的混合函数 $\boldsymbol{f}_{\mathrm{h}}$ 是单值的,这个单值的混合函数 $\boldsymbol{f}_{\mathrm{h}}$ 表述也是我们期望的简单表述。

本教材讨论的实用电路网络都可以用单值函数表述,或者压控,或者流控,或者混合控制,我们根据实际情况选择其一以方便简化分析过程。

电路中的元件、单元电路、电路系统均可以用单端口或多端口网络描述。如晶体管是三端元件,可视为二端口网络,描述它需要两个方程,见 2.5.5 节。

**练习 2.3.1**　图 E2.1.6 是电路中最基本的三个元件——电阻、电感和电容元件的电路符号,它们都是单端口网络,其端口电压、端口电流满足的约束关系被称为元件约束条件。对于线性时不变元件,它们满足的元件约束条件对应于例 2.1.4 给出的方程(E2.1.4)。

(1) 请将元件约束方程转化为 $f(v(t), i(t)) = 0$ 的形式。

(2) 这三个元件哪些是流控的?哪些是压控的?哪些既是流控又是压控的?

**练习 2.3.2**　如果把短路(short circuit)和开路(open circuit)视为特殊的元件或单端口网络,如图 E2.3.2 所示,其元件约束条件分别为

$$v(t) = 0 \quad (短路) \tag{E2.3.1a}$$

$$i(t) = 0 \quad (开路) \tag{E2.3.1b}$$

你认为短路和开路哪个是压控元件,哪个是流控元件?

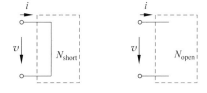

图 E2.3.2　短路和开路

### 2.3.2　端口连接

电路网络连接后,可形成更大规模的电路网络。两个网络的连接就是端口与端口之间的连接。有两种基本的网络端口连接关系:串联和并联。还有一种常见的端口连接关系为对接关系,对接可视为特殊的串联关系或并联关系。

**1. 串联**

图 2.3.3 给出了两个网络的端口串联关系,图中,网络的其他端口没有画出来,只画了有连接关系的两个端口。

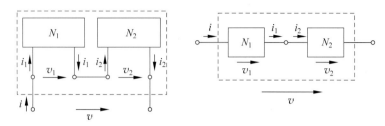

图 2.3.3　端口的串联连接关系

两个端口串联后形成一个新的端口,那么端口总电压为串联端口分电压之和,端口电流不变,即

$$v = v_1 + v_2 \tag{2.3.9a}$$
$$i = i_1 = i_2 \tag{2.3.9b}$$

这里默认两个网络的串联连接不会破坏原网络的端口条件。

**2. 并联**

图 2.3.4 中,两个端口并联后形成一个新的端口,那么端口总电流为并联端口分电流之和,端口电压不变,即

$$i = i_1 + i_2 \tag{2.3.10a}$$
$$v = v_1 = v_2 \tag{2.3.10b}$$

这里默认两个网络的并联连接不会破坏原网络的端口条件。

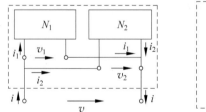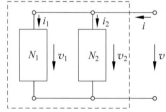

图 2.3.4　端口的并联连接关系

**3. 对接**

很多应用情况下,网络连接关系是两个端口的对接,这种对接可以视为端口并联后总端口开路(即式(2.3.10a)中令总端口电流 $i=0$),或者端口串联后总端口短路(即式(2.3.9a)中令总端口电压 $v=0$)。这里采用前一种观点,即视其为端口并联后总端口对外是开路的,如图 2.3.5 所示,于是有

$$v_2 = v_1 \tag{2.3.11a}$$
$$i_2 = -i_1 \tag{2.3.11b}$$

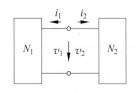

图 2.3.5　端口对接连接关系

描述网络端口连接关系的式(2.3.9～2.3.11)是基尔霍夫定律的体现,基尔霍夫定律就是描述电路连接关系的电路基本定律,见第 3 章论述。

对上面的三个连接关系做一个小结：同一电流流过两个端口，两个端口则串联；同一电压加载两个端口，两个端口则并联；两个端口对接后，端口电压相等，端口电流相反。

**练习 2.3.3** 图 E2.3.3 中给出了两个二端口网络的四种连接关系：串串，并并，串并，级联。所谓串串，就是二端口网络 $N_I$ 的端口 1 和二端口网络 $N_{II}$ 的端口 1 串联，二端口网络 $N_I$ 的端口 2 和二端口网络 $N_{II}$ 的端口 2 串联，形成新的二端口网络（虚框对外）；并并，串并同理；所谓级联，就是二端口网络 $N_I$ 的端口 2 和二端口网络 $N_{II}$ 的端口 1 对接，形成新的二端口网络（虚框对外）。这里默认网络连接时，端口条件没有被破坏。

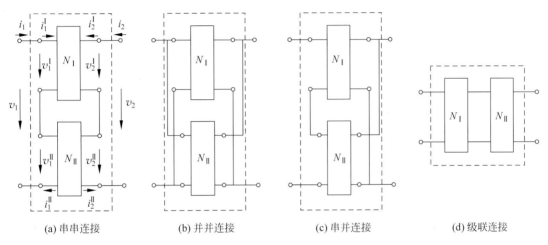

(a) 串串连接　　　(b) 并并连接　　　(c) 串并连接　　　(d) 级联连接

图 E2.3.3　两个二端口网络连接形成新的二端口网络

（1）图 E2.3.3 中只标记了串串连接关系的端口电压、端口电流，请对另外三种情况的端口电压电流进行标记。

（2）列写这四种情况的合成网络端口电压、端口电流与子网络端口电压、端口电流之间的关系。

（3）分析两个压控网络采用什么连接方式后仍然是压控网络。

**练习 2.3.4**　如图 E2.3.4 所示二端口网络和单端口网络的连接，标记端口电压、端口电流，请写出端口电压电流关系。

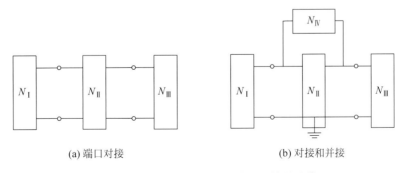

(a) 端口对接　　　　　　　　(b) 对接和并接

图 E2.3.4　二端口网络与单端口网络的连接

### 2.3.3 有源网络与无源网络

我们考察一个电路网络时，或者关注其信号处理功能，或者关注其能量处理功能，无论如何,这个电路网络内部都有能量的转化过程。那么该网络对网络外部有无能量输出呢? 如果某个电路网络具有自端口向外部提供电能量的能力,该网络就是有源的(active),否则就是无源的(passive)。

对于如图 2.3.2 所示的关联参考方向,端口电压、电流之积形成端口功率,$p=vi$,如果端口功率大于零,则代表该端口吸收功率;如果端口功率小于零,则代表该端口释放功率;如果端口功率等于零,则代表该端口既不吸收也不释放功率。对于 $n$ 端口网络,则需考察其所有 $n$ 个端口的总的吸收功率:

$$p_{\Sigma}(t) = \sum_{k=1}^{n} p_k(t) = \sum_{k=1}^{n} v_k(t) i_k(t) = \boldsymbol{v}(t)^{\mathrm{T}} \boldsymbol{i}(t) \tag{2.3.12}$$

如果满足 $p_{\Sigma}(t) \geqslant 0 (\forall t)$,显然该网络肯定是无源的,因为该网络时时刻刻都在吸收功率。但是如果 $p_{\Sigma}(t)$ 有时大于 0,有时小于 0,该网络是有源的还是无源的?

我们从 $t_0$ 时刻开始考察:从 $t_0$ 时刻到 $t > t_0$ 这一时间段内,网络吸收总能量为

$$\Delta E(t) = \int_{t_0}^{t} p_{\Sigma}(\tau) \mathrm{d}\tau \tag{2.3.13}$$

如果任意满足网络描述方程 $\boldsymbol{f}(\boldsymbol{v}, \boldsymbol{i}) = \boldsymbol{0}$ 的端口电压、端口电流代入后,恒有

$$\Delta E(t) \geqslant 0 \quad (\exists t_0, \forall t \geqslant t_0, \forall \boldsymbol{v}(t), \boldsymbol{i}(t), \boldsymbol{f}(\boldsymbol{v}(t), \boldsymbol{i}(t)) = \boldsymbol{0}) \tag{2.3.14}$$

该网络则是 $t_0$ 时刻后无源的,因为自 $t_0$ 之后,网络不具向外输出能量的能力,它只能吸收能量,或可释放能量,但释放的能量总也超不过吸收的能量。

如果存在满足端口约束关系 $\boldsymbol{f}(\boldsymbol{v}(t), \boldsymbol{i}(t)) = \boldsymbol{0}$ 的端口电压 $\boldsymbol{v}(t)$、端口电流 $\boldsymbol{i}(t)$ 使得网络吸收能量小于 0,网络就是有源的,因为吸收能量小于 0 意味着它从端口向外部释放了电能。

**例 2.3.3**　例 2.1.4 给出线性时不变的电阻、电容、电感单端口元件的元件约束条件,请分析这三个元件是有源的还是无源的,为什么?

说明:(1) 对于线性时不变电阻,$v(t) = Ri(t)$,故而 $p(t) = v(t)i(t) = Ri^2(t) \geqslant 0$ 恒成立,故而电阻一直在消耗能量,它不具备向端口外提供电能的能力,故而它是无源的。或者说,任意 $t_0$,均有 $\Delta E_{\mathrm{R}}(\Delta t) = \int_{t_0}^{t} p_{\mathrm{R}}(\tau) \mathrm{d}\tau = R \int_{t_0}^{t} i^2(\tau) \mathrm{d}\tau \geqslant 0$,满足无源性条件式(2.3.14),或者说,任何时刻线性时不变电阻都是无源的。注意,这里的线性时不变电阻指的是可用 $v(t) = Ri(t)$ 描述的理想电阻元件,而不考虑实际电阻的热噪声输出。

(2) 对于线性时不变电容,$i(t) = C \dfrac{\mathrm{d}v(t)}{\mathrm{d}t}$,显然 $p_{\mathrm{C}}(t) = v(t)i(t) = Cv(t)\dfrac{\mathrm{d}v(t)}{\mathrm{d}t}$ 功率正负(吸收或者释放)不确定,因而考察其吸收的能量,有

$$\Delta E_{\mathrm{C}}(\Delta t) = \int_{t_0}^{t} p_{\mathrm{C}}(\tau) \mathrm{d}\tau = C \int_{t_0}^{t} v(\tau) \frac{\mathrm{d}v(\tau)}{\mathrm{d}\tau} \mathrm{d}\tau = C \int_{v(t_0)}^{v(t)} v(\tau) \mathrm{d}v(\tau)$$

$$= \frac{1}{2} C v^2(t) \Big|_{t_0}^{t} = \frac{1}{2} C v^2(t) - \frac{1}{2} C v^2(t_0)$$

从结果看,如果初始电压 $v(t_0) = 0$,则自 $t_0$ 时刻起,$\Delta E_{\mathrm{C}}(\Delta t) = \dfrac{1}{2} C v^2(t) \geqslant 0$,即电容是无源的: $t_0$ 之后电容可能释放能量,但释放的能量无法超越吸收的能量,不具备独自向外提供电能的能力,故而无源。然而如果电容初始电压 $v(t_0) \neq 0$,该电容则是有源的,因为只要 $|v(t)| < |v(t_0)|$,则 $\Delta E_{\mathrm{C}}(\Delta t) = \dfrac{1}{2} C v^2(t) - \dfrac{1}{2} C v^2(t_0) \overset{|v(t)| < |v(t_0)|}{<} 0$,电容在 $t_0 - t$ 时段内向外释放了能量。第 8 章在讨论电容性质时,具有初始电压的电容,可以等效为戴维南源(或诺顿源),源内

阻为无初始电压(无初始能量)的电容,电容初始电压代表的储能被等效为源电压(或源电流),具有初始电压的电容的有源性就体现在等效源上。

(3) 同理,初始电流为0的电感是无源的,初始电流不为0的电感是有源的。

最后给出如下数个说明,后续章节学习中,这些论断有可能不加任何证明地被直接采用。同学们在学完后续相关章节后,自行理解下述论断:

(1) 如果任意 $t$ 时刻均有 $p_\Sigma(t) \geqslant 0$,网络一定是无源的。如电阻是无源的,体现在伏安特性上,其伏安特性曲线过原点且不会进入二、四象限。而电源则是有源的,体现在伏安特性上,其伏安特性曲线可以进入二、四象限。

(2) 如果存在 $p_\Sigma(t) < 0$ 的时间段,那么只能说在这个特定时间段网络是有源的。但是如果式(2.3.14)成立,那么即使存在 $p_\Sigma(t) < 0$ 的时间段,该网络一般也被视为无源,如电容、电感,其上存储的电能、磁能完全释放后则无源,因而大多数教材将电容、电感归类为无源器件。

(3) 在电阻电路中,基于电阻的无源性,电路中任意两点间电压不可能超过电源电压,任何端口电流不会超过电源电流。然而在含有电容、电感的动态电路中,由于电容、电感可以存储电能并释放出来,这种能量的释放可以即时等效为源,对电路而言相当于在原有电源基础上叠加了新的隐含的源,从而电路中两点电压可以高于电源电压,端口电流也有可能高于电源电流。

(4) 构成太阳能电池的二极管本身是无源的,但将光源一并考虑在内则是有源的。晶体管自身是无源的二端口非线性电阻,负阻器件自身是无源的单端口非线性电阻,然而考虑直流偏置源的作用后,晶体管和负阻器件则可能是有源的,原因在于正确偏置的晶体管或负阻器件具有将直流电能转换为交流电能的能力。直流偏置电压源和换能器件(晶体管,负阻器件)共同构成有源网络,这些网络的"有源"即向端口外提供的额外能量来自直流偏置源。

(5) 在信号处理同时需要额外功率输出的信号处理单元,必须用有源网络才能实现。如放大器,能够提供功率增益(最大功率增益大于1)的才可称为真正的放大器,于是只有有源网络参与才能实现信号功率的放大;又如振荡器,其周期信号输出则意味着能量的输出,只有有源网络参与才能实现振荡,振荡器可视为将直流源能量自发转换为交流源能量输出的电能转换器。

# 2.4　理想电源和理想电阻

前面在考察电动势时,定义电源为可以产生电动势的器件。电源元件是对电源器件的抽象,它两端产生的电动势可以驱动电荷在外部电路中定向运动,在这个过程中,电源释放电能,外部电路吸收电能。在多个源共存的电路系统中,存在电源吸收其他电源电能的可能性。

可以根据电源的端口伏安特性,将电源抽象为两种基本类型的电源元件:一种称为电压源元件,一种称为电流源元件。

## 2.4.1　理想电压源

### 1. 电路符号

图 2.4.1 是理想电压源(ideal voltage source)的电路符号。

(1) 第一个表示直流电压源,这个符号一般代表化学电池,对电池符号一般不需要标明正负极,长线代表电池的正电极,短线代表电池的负电极。图 2.4.1 上标记的电压方向是参考方向,由于电池正极指向负极是真实的电压方向,因而该电压恒大于 0,且为某个恒定的值 $V_{S0}$,这里假设电池能够以恒定不变的电压向外源源不断地提供电能。直流电压源的元件约束条件为

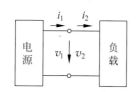

图 2.4.1　理想电压源

$$v_s(t) = V_{S0} \qquad (2.4.1a)$$

其中,$V_{S0}$ 为不变常量。电子信息处理系统的诸多信息处理电路,基本都是以直流电压源作为其能量供给者。

(2) 第二个则是交流电压源,中间的正弦波形代表这个电压源输出电压波形为正弦波。与此类似,如果圆圈内的波形为方波波形,则表示这个电压源输出电压波形为方波。圆圈旁边的正负号则代表电压参考方向。正弦波电压源的元件约束条件为

$$v_s(t) = V_{Sp}\cos\omega_0 t \qquad (2.4.1b)$$

这里假设初始相位为 0。注意该电源电压可正可负,当电压为正时,真实电压方向与参考方向相同,当电压为负时,真实电压方向与参考方向相反。

(3) 第三、第四个符号则没有交直流的区分,用正负号代表电压参考方向。第四个符号的连线直通圆圈,表明当理想电压源的源电压为 0 时,电压源如同短路,因为描述这种情况的恒压源等同短路线,

$$v(t) = v_s(t) = 0 \qquad (2.4.1c)$$

### 2. 源关联参考方向与图解法

我们特别注意到,电压源作为单端口网络,其电路符号上标记的电压、电流关联参考方向与图 2.3.1 规定的端口关联参考方向是反的,其原因有二:① 当我们确知这个元件是电源元件时,我们一般认为它应该是向端口外提供能量的,而它的阻性负载则是吸收能量的,因而采用如图 2.4.2 所示的电压、电流参考方向时,则有 $p_1 = v_1 i_1 > 0$ 代表电源释放电功率,$p_2 = v_2 i_2 = v_1 i_1 = p_1 > 0$ 代表负载吸收电功率,$p_2 = p_1$ 代表负载吸收的功率为电源释放的功率(能量守恒);② 由于对接的两个端口具有完全相同的端口电压、端口电流,$v_1 = v_2 = v$,$i_1 = i_2 = i$,于是我们可以利用图解法,在一张伏安特性图上考察电源驱动阻性负载,由伏安特性曲线交点可直观地获得电路的解。所谓伏安特性图,就是以电压 $v$ 为横轴、电流 $i$ 为纵轴,在 $vi$ 平面上画出的元件约束关系曲线。

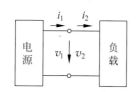 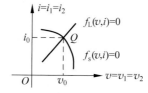

(a) 电源驱动负载电阻　　　(b) 形成的端口电压电流对应伏安特性曲线交点 $Q$ 的坐标

图 2.4.2　电源驱动阻性负载的图解法

如果纯粹从列写电路方程求解图 2.4.2(a) 所示电路的端口电压、端口电流时,需要列写的电路方程为

$$v = v_1 = v_2 \qquad (2.4.2a)$$
$$i = i_1 = i_2 \qquad (2.4.2b)$$

$$f_s(v_1, i_1) = 0 \tag{2.4.2c}$$

$$f_L(v_2, i_2) = 0 \tag{2.4.2d}$$

其中式(2.4.2a,b)是描述两个电路网络连接关系(对接关系)的方程,式(2.4.2c,d)是描述两个电路网络元件约束关系的方程,其中 $f_s(v, i) = 0$ 是电源的元件约束关系, $f_L(v, i) = 0$ 是阻性负载的元件约束关系。固然可以通过求解上述电路方程获得电路的解,但是很多时候,方程可能是难以简单求解的非线性方程,即使很容易求解,有时我们也希望能够给出直观定性的解,图解法(graphical method)是最常见的电路方程直观求解或电路原理直观理解方法。

图 2.4.2(a)中,电源和负载采用了相同的端口电压、电流定义,故而电源的元件约束关系 $f_s(v, i) = 0$ 和阻性负载的元件约束关系 $f_L(v, i) = 0$ 可以以各自伏安特性曲线的形式画在同一个 $vi$ 平面上。显然,这两个伏安特性曲线的交点 $Q(v_0, i_0)$ 同时满足电源约束和负载约束,毫无疑问地,交点坐标就是电源驱动负载后在端口形成的端口电压和端口电流。换句话说,端口电压和端口电流由电源和负载共同决定,当阻性负载接到电源上后,端口电压和端口电流的解为 $v = v_0$, $i = i_0$。

也有教材以电流为横轴、电压为纵轴描述电路元件、电路网络的伏安特性曲线,本书自始至终地采用电压为横轴、电流为纵轴的描述方式,这也是描述半导体器件伏安特性曲线的通常方式。

**3. 恒压源伏安特性曲线**

图 2.4.2 中给出的电源伏安特性曲线说明该电源不是理想电源,因为其端口电压与端口电流有关。而图 2.4.1 所示的理想电压源,其端口电压和端口电流无关,它们的伏安特性曲线如图 2.4.3 所示,这里给出了理想直流电压源(图 2.4.3(a))和理想正弦波电压源(图 2.4.3(b))的伏安特性曲线。

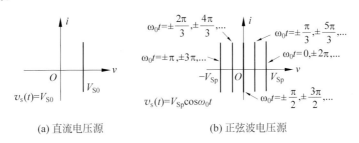

(a) 直流电压源        (b) 正弦波电压源

图 2.4.3 理想电压源伏安特性曲线

理想电压源又称恒压源,其伏安特性曲线为竖直线。对于直流电压源,它提供的是时不变的恒压特性,竖直线位于 $V_{S0}$ 位置固定不变。对于正弦波电压源,则提供时变的恒压特性,恒压表现为其伏安特性曲线是竖直线,时变体现在竖直线在不同时刻位于不同的位置,它在 $\pm V_{Sp}$ 之间随时间增加而来回移动。

理想电压源之所以被称为恒压源,是由于其端口电压完全由电压源自身决定,与外部负载无关,外部负载只能确定恒压源的端口电流,不能影响恒压源的端口电压,恒压源端口电压是确定的(恒定的)。按如图 2.4.1 所示的端口电压、端口电流参考方向定义,电压源伏安特性曲线位于一、三象限时,表明该电源向端口外释放电能,位于二、四象限时,该电源则是吸收电能的。

理想电压源既可以释放电能(位于一、三象限时),也可以吸收电能(位于二、四象限时)。但是记住,若非充电电池,不要尝试对实际电池充电,尤其是化学电池,以免发生意外。

当 $v_s(t)=0$ 时,恒压源伏安特性曲线重合于纵轴,如同短路。

### 2.4.2　理想电流源

**1. 恒流源电路符号和伏安特性曲线**

所谓理想电流源(ideal current source),就是能够提供恒定电流的电源,图 2.4.4 所示的伏安特性曲线对应的是直流恒流源

$$i_s(t) = I_{S0} \qquad\qquad (2.4.3)$$

它是一条水平线。直流恒流源具有时不变的水平伏安特性曲线,交流恒流源则具有时变的水平伏安特性曲线,即一系列的随时间增加而移动的水平线。

图 2.4.4 中给出了两种常见的恒流源电路符号:第一个电路符号在圆圈中画一个箭头,表示电流的参考方向,如果实际电流方向与参考方向一致,$i_s(t)$ 取正值,如果实际电流方向与参考方向相反,$i_s(t)$ 取负值;第二个电路符号在圆圈中画一横杠,表示恒流源的电流为零时等同开

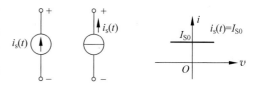

图 2.4.4　理想电流源及其伏安特性曲线

路,$i_s(t)=0$,此时其伏安特性曲线重合于横轴。第二个电流源符号需要在圆圈外标记电流参考方向。

按图示正号指向负号的端口电压参考方向、箭头指向的端口电流参考方向,恒流源伏安特性曲线位于一、三象限则向外输出功率,位于二、四象限则从外吸收功率,与恒压源一致。

**2. 时变与时不变**

当交流电源作为信号激励源时,其时变性不影响它所激励的电路系统的系统属性,信号源属性不被纳入整个电路系统的属性,例如,正弦波恒压源激励的线性时不变 RC 电路(由线性时不变电阻和线性时不变电容构成的电路),仍然属于线性时不变电路。

然而当电源被纳入电路内部,整体电路被视为一个电路网络时,该电路网络的性质可能因之发生改变:①如原本无源的电路系统可能因添加直流偏置电压源而变成有源网络,如晶体管是无源电阻,添加直流偏置电压源,配合其他线性无源元件如线性电阻、非线性电阻等,可构成有源的放大器,可向外端口输出功率。②原来时不变的电路系统因添加交流控制信号源而变成时变网络,如晶体管或二极管是时不变电阻,添加本地振荡器,本振提供的交流信号控制晶体管或二极管的导通与关断,从而形成时变的开关或时变的混频器,可产生新频率分量。

练习 2.4.1　对于单端口网络,如果存在端口电压 $v$ 和端口电流 $i$,在满足单端口网络元件约束 $f(v,i)=0$ 的同时,还使得 $p=vi<0$,该单端口网络则是有源的。其中 $v,i$ 具有单端口网络关联参考方向的一般性定义。证明:恒压源和恒流源是有源网络。

提示:只需令其工作于向外端口提供功率的伏安特性区域即可满足存在性。

### 2.4.3　理想线性时不变电阻

**1. 电阻器件与电阻元件**

假设将电压施加到一段金属导体的两端,金属导体内就会形成一个沿线方向的电场。在电场作用下,金属内部的自由电子将沿线流动,朝着电场的反方向运动。如果电子畅通无阻,那么电子在电场力的持续作用下将会加速运动,但是导体中还有很多的原子晶格,它们基本上被认为是不动的,自由电子朝某个方向运动时将会撞上原子晶格,其能量就会交换给晶格,晶

格通过振动发热将能量耗散到周围空间。显然电子运动是受阻的,描述电子运动受阻程度采用电阻参量:

$$R = \rho \frac{l}{S} = \frac{1}{\sigma} \frac{l}{S} \tag{2.4.4}$$

其中,$\rho$ 为金属导体的电阻率,其倒数 $\sigma$ 为电导率,$l$ 为导线长度,$S$ 为导线横截面面积。

电导率 $\sigma$ 是描述导体内可移动带电粒子运动畅通程度的参量,与导体内电子浓度、电子在电场作用下运动速度正相关。理想金属电导率 $\sigma$ 无穷大,此时没有损耗,也无电阻。常温下,实际导体电导率均有限(见附录 8),因而包含导体材料或存在传导电流的器件都存在电阻。对于电路中人为制作的电阻器、电路中很多寄生的电阻,其阻值非零均由非无穷大电导率导致。

**练习 2.4.2** 假设有一段铜导线,它的长度是 100m,半径是 2mm,这段铜导线的电阻是多少? 查阅附录 8,找到铜的电导率进行计算。

经计算,长 1km、直径 4mm 的铜导线其阻值不过 1.37Ω。正是因为铜导线的电阻很小,延展性好,价格便宜,所以现在大部分的电缆采用铜导体制作。

图 2.4.5 是实验室常见的电阻器,包括直插式电阻器、贴片电阻器和电位器。这些电阻器在低频时可以抽象为电阻元件,电阻元件的符号如图 2.4.6(a)所示,它是单端口的线性时不变元件。图 2.4.6(b)是电位器(potentiometer)的电路符号,它是三端器件,$AB$ 端点间总电阻不变,中间端点 $C$ 的内部接触点可通过改锥旋动后移动,从而使得 $CA$ 端点间、$CB$ 端点间电阻阻值一增一减。我们经常把中间端点连在某一个外端点上,例如把 $C$、$B$ 连为一个端点,这样 $AC$ 端口对外就是一个可调电阻,由于电阻阻值的改变与电阻两端电压、电流信号无关,而是通过人为外部改变的,因而这种电阻是线性时变电阻,其线性由金属材料决定,其时变性由外部的人决定。

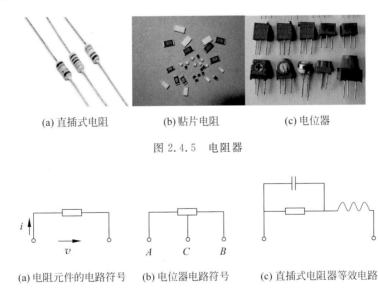

(a) 直插式电阻　　　　(b) 贴片电阻　　　　(c) 电位器

图 2.4.5　电阻器

(a) 电阻元件的电路符号　　(b) 电位器电路符号　　(c) 直插式电阻器等效电路

图 2.4.6　电阻元件的电路符号与电阻器等效电路

直插式电阻器便于在面包板上插拔,因而实验室低频实验常用这种器件。但电阻器件和抽象的电阻元件毕竟不同,图 2.4.6(c)给出了直插式电阻器的等效电路,除了我们期望的电阻元件外,还有寄生电容和寄生电感。好在低频时电容可视为开路,电感可视为短路,于是低频时直插式电阻器具有近似理想电阻元件的电特性。但是高频时,电阻器的端口电特性将脱离电阻元件电特性的限制,电阻器将不能被当成电阻元件看待了,因为高频时它的容性、感性可能超过阻性。

贴片电阻尺寸很小,在电路板上占用空间小,同时由于尺寸小,其寄生效应也小,因而可以在很高的频段上仍然呈现近乎理想的电阻元件特性,故而很多电路系统,如手机内板上的电阻器件乃至电容器件、电感器件,基本都是贴片形式的,这些器件被称为表面贴装器件(Surface Mounted Device,SMD)。贴片形式的器件可以在很宽频带内具有接近理想元件的器件特性。

**2. 欧姆定律**

实际电阻器的电特性与理想电阻元件的电特性在高频时严重不一致,那么什么是理想电阻元件的电特性呢? 下面的单端口电阻元件的端口描述方程

$$i(t) = \frac{v(t)}{R} \tag{2.4.5a}$$

被称为欧姆定律(Ohm's Law)。这是欧姆通过测试电阻器端口电压、端口电流发现的线性规律,因而电阻的单位被确定为"欧姆(Ω)"。欧姆定律也可表述为

$$v(t) = Ri(t) \tag{2.4.5b}$$

电阻元件的元件约束关系式(2.4.5)是线性比值关系,比例系数 $R$ 被称为电阻阻值,它描述的是电子运动所受到的阻碍程度大小:如果电子运动受到的阻碍越大,电阻就越大,电子流动就越不畅通,电流就越小。

注意到欧姆定律给出的电阻是线性时不变电阻,这是由于方程(2.4.5)满足线性条件式(2.2.4)和时不变条件式(2.2.5)。

图2.4.7是电阻元件的电路符号及线性时不变电阻的伏安特性曲线,它是一条过原点的直线,直线斜率为 $1/R$。

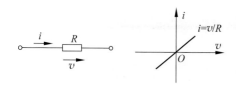

图 2.4.7　线性时不变电阻元件的
伏安特性关系

如果某单端口网络的端口电压与端口电流的比值系数 $R$ 是与端口电压电流无关的常数,该单端口网络则可建模或抽象为一个阻值为 $R$ 的线性时不变电阻,而不论其内部构造是什么。

**3. 功率与有效值**

注意到电阻元件的端口电压、端口电流参考方向符合图2.3.1规定的端口电压电流一般性关联参考方向,也就是说,伏安特性曲线位于一、三象限则代表它吸收电能,位于二、四象限则代表它向外提供电能。而电阻的伏安特性曲线只能出现在一、三象限,故而它始终吸收电能,

$$p_\Sigma(t) = v(t)i(t) = \frac{1}{R}v^2(t) = Ri^2(t) \tag{2.4.6}$$

由于 $R>0$,$v^2(t)$,$i^2(t) \geqslant 0$,即 $p_\Sigma(t) \geqslant 0$ 恒成立,故而电阻又称耗能元件。一般导体材料形成的电阻吸收的电能以热能形式耗散。

这里特意提示并请关注:

(1)电压、电流参考方向必须关联,否则伏安特性曲线会进入二、四象限,导致负电阻的误解。

(2)在关联参考方向定义下:$p>0$ 表示元件是吸收电功率的,如电阻,它是耗能元件,无源元件;$p<0$ 则表示元件是释放电功率的,如电源,存在 $p<0$ 的工作区域,在此工作区域电源可向外供能,因而电源是有源元件;$p=0$ 则表示该元件不耗能不供能,如短路、开路,它们

是无损的。电容、电感有时 $p>0$，有时 $p<0$，说明电容、电感既可以吸收电能，也可以释放电能，理想电容、电感吸收的电能可以全部释放出去，因而理想电容、电感是无损元件。

**练习 2.4.3**　单端口网络是无源的，只要任意满足单端口网络的元件约束条件 $f(v,i)=0$ 的端口电压 $v$ 和端口电流 $i$，恒有 $p=vi\geqslant0$，其中 $v$、$i$ 符合单端口网络关联参考方向的一般性定义。证明：线性电阻是无源网络。

**练习 2.4.4**　如果存在线性时不变的负电阻 $R<0$。

（1）画出其伏安特性曲线，确认其伏安特性曲线位于 $vi$ 平面的二、四象限。

（2）说明该负电阻是有源网络。

（3）假设存在这样的负电阻，是否可以从它这里源源不断地获得电能？你觉得是否存在或者有无可能实现这样的负电阻？

**例 2.4.1**　如图 E2.4.1(a) 所示，恒压 $V_0$ 加载到负载电阻 $R_L$ 上，电阻消耗多少功率？电源输出多少功率？

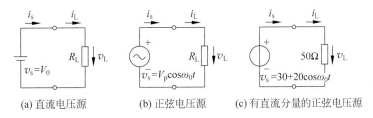

(a) 直流电压源　　　(b) 正弦电压源　　　(c) 有直流分量的正弦电压源

图 E2.4.1　电压源与负载电阻连接

**解**：根据两个单端口网络的对接连接关系，有 $v_L(t)=v_s(t)=V_0$，代入式 (2.4.6)，有

$$p_L(t)=\frac{1}{R_L}v_L^2(t)=\frac{V_0^2}{R_L} \tag{E2.4.1a}$$

故而直流电压驱动下，电阻耗能是均匀的，其功率不随时间变化，为确定的 $\dfrac{V_0^2}{R_L}$。显然电源输出功率等于电阻消耗功率：

$$p_s(t)=v_s i_s=v_L i_L=p_L(t)=\frac{V_0^2}{R_L} \tag{E2.4.1b}$$

电源输出功率等于负载消耗功率是能量守恒的一种体现：能量不会无缘无故地产生或消失，它一定有来处和去处。上述电路中，电能来自电源，被电阻吸收，转化为热能耗散到周围空间中。

**例 2.4.2**　如图 E2.4.1(b) 所示，负载电阻 $R_L$ 上的电压激励为正弦电压波形，$v_s(t)=V_p\cos\omega_0 t$，电阻消耗功率为多少？电源输出功率为多少？

**解**：根据单端口网络的对接关系，有 $v_L(t)=v_s(t)=V_p\cos\omega_0 t$，代入式 (2.4.6)，有

$$p_L(t)=\frac{1}{R_L}v_L^2(t)=\frac{V_p^2\cos^2\omega_0 t}{R_L}=\frac{V_p^2}{2R_L}(1+\cos2\omega_0 t) \tag{E2.4.2}$$

正弦电压激励下，电阻耗能随时间周期变化，变化频率是电压频率的 2 倍。频率较高时，瞬时功率测量并不方便，通常情况下我们测量的是平均功率。由于正弦信号是周期信号，因而只需在一个周期内求平均即可获得平均功率，为

$$P_L=\overline{p_L(t)}=\frac{1}{T_0}\int_0^{T_0}p_L(t)\mathrm{d}t=\frac{V_p^2}{2R_L} \tag{E2.4.3}$$

在题目没有特殊说明的情况下，求功率就是求平均功率，因而本题的正解为：电阻消耗功率和

电源输出功率均为 $\dfrac{V_{\mathrm{p}}^2}{2R_{\mathrm{L}}}$。

我们注意到,峰值电压为 $V_{\mathrm{p}}$ 的正弦波,在电阻 $R_{\mathrm{L}}$ 上消耗的平均功率为 $\dfrac{V_{\mathrm{p}}^2}{2R_{\mathrm{L}}}$,假设有一个直流电压 $V_0=\dfrac{V_{\mathrm{p}}}{\sqrt{2}}=0.707V_{\mathrm{p}}$ 加载到同样的电阻上,两者消耗的平均功率是完全相同的,因而定义该直流电压为正弦电压的有效电压:

$$V_{\mathrm{rms}}=\frac{V_{\mathrm{p}}}{\sqrt{2}}=0.707V_{\mathrm{p}} \qquad\text{(E2.4.4)}$$

所谓有效电压,就是用平均功率折合的等效直流电压。下标 p 表示峰值(peak),下标 rms 表示有效值(root mean square,rms,均方根值,即平方后求平均,再开方求根),也就是说,峰值为 $V_{\mathrm{p}}$ 的正弦波,其有效值为 $0.707V_{\mathrm{p}}$。

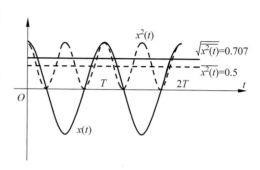

图 E2.4.2 给出了峰值为 1 的正弦波波形,$x(t)=\cos\omega_0 t$;代表功率的平方波形,$x^2(t)=\cos^2\omega_0 t=0.5+0.5\cos2\omega_0 t$;代表平均功率的均方值,$\overline{x^2(t)}=0.5$;以及代表有效值的均方根值 $X_{\mathrm{rms}}=\sqrt{\overline{x^2(t)}}=0.707$。

图 E2.4.2　正弦波及其功率折合有效值

**练习 2.4.5**　确认正弦电流 $i(t)=I_{\mathrm{p}}\cos\omega_0 t$ 的电流有效值为 $I_{\mathrm{rms}}=\dfrac{I_{\mathrm{p}}}{\sqrt{2}}=0.707I_{\mathrm{p}}$。

**例 2.4.3**　如图 E2.4.1(c)所示,$50\Omega$ 电阻上的激励电压为 $30+20\cos(2\pi f_0 t)\ \mathrm{mV}$,这里的 $f_0$ 是 1MHz。电阻上消耗的功率有多大?

**解:**

$$
\begin{aligned}
p_{\mathrm{L}}(t)&=\frac{v_{\mathrm{L}}^2(t)}{R_{\mathrm{L}}}=\frac{(30+20\cos\omega_0 t)^2\cdot(10^{-3})^2}{50}\\
&=\frac{900+1200\cos\omega_0 t+400\cos^2\omega_0 t}{50}\cdot10^{-6}\\
&=\frac{900+1200\cos\omega_0 t+200(1+\cos2\omega_0 t)}{50}\cdot10^{-6}\\
&=\frac{1100+1200\cos\omega_0 t+200\cos2\omega_0 t}{50}(\mu\mathrm{W})
\end{aligned}
$$

$$P=\overline{p(t)}=\frac{1}{T}\int_0^T p(t)\mathrm{d}t=\frac{1100}{50}=22(\mu\mathrm{W})$$

**答:**电阻上消耗的功率为 $22\mu\mathrm{W}$。

上述公式计算中,由于电压单位为 mV,因而出现 $10^{-3}$ 代表毫,最后运算结果用 $\mu\mathrm{W}$(微瓦),其中的 $10^{-6}$ 用前缀 $\mu$ 替代。同时 $2\pi f_0$ 用角频率 $\omega_0$ 替代表述。

运算中间过程表明,电阻瞬时功率 $p(t)$ 中有直流项,有基频 1MHz 分量和二次谐波 2MHz 频率分量。

一个信号的平均值被称为该信号中的直流分量,扣除直流分量后剩下的部分被称为该信号的交流分量,信号交流分量的平均值为零。显然,电阻上消耗功率中的直流分量为 $22\mu\mathrm{W}$,

正是我们所求的平均功率。

**练习 2.4.6** 设定同例 2.4.3,请分别计算 30mV 直流电压和 20mV 交流电压单独作用时电阻功耗,两个功耗之和是否等于 $22\mu W$? 如果相等,是否可以得出如下结论:线性时不变电阻上消耗的功率恰好就是直流功率与交流功率之和。请证明或证伪这个结论。(注:直流电压电流提供的功率被称为直流功率,交流电压电流提供的平均功率被称为交流功率。)

**练习 2.4.7** (1) $R=50\Omega$ 电阻两端加载 $v(t)=2\cos\omega_0 t(\mathrm{V})$ 的交流恒压源,$\omega_0=2\pi f_0$,$f_0=1\mathrm{MHz}$,请给出电阻上的瞬时功率随时间变化规律。给出电阻平均功耗大小。

(2) $C=3\mathrm{nF}$ 的电容两端加载 $v(t)=2\cos\omega_0 t(\mathrm{V})$ 的交流恒压源,$\omega_0=2\pi f_0$,$f_0=1\mathrm{MHz}$,请给出电容上的瞬时功率随时间变化规律。给出电容平均功耗大小。

(3) $L=8\mu\mathrm{H}$ 的电感两端加载 $i(t)=4\cos\omega_0 t(\mathrm{mA})$ 的交流恒流源,$\omega_0=2\pi f_0$,$f_0=1\mathrm{MHz}$,请给出电感上的瞬时功率随时间变化规律。给出电感平均功耗大小。

(4) 由平均功率说明,电阻是耗能元件(有损元件),电容、电感是无损元件。

**4. 电导**

电阻描述的是导体内电子运动受阻碍的程度大小,电阻越大,电流越小。另外一个描述线性时不变电阻元件的参量被称为电导(conductance),它描述的是电子流动的通畅程度大小:

$$i(t) = Gv(t) \tag{2.4.7}$$

其特性恰好与电阻相反,电导 $G$ 越大,对电子运动的阻碍就越小,电子就越容易流过去,电流也就越大。电导的单位为西门子(S)。

线性时不变电阻的导值 $G$ 和阻值 $R$ 是倒数关系:

$$G = \frac{1}{R} \tag{2.4.8}$$

故而 $50\Omega$ 电阻和 20mS 电导说的是相同的电阻元件,它们具有完全一致的伏安特性曲线。图 2.4.7 中,过原点的直线斜率就是电导导值 $G$。

**练习 2.4.8** (1) 电导 $G$ 上的电流为 $i$,其消耗的功率为多少?

(2) 电导 $G$ 上的电压为 $v$,其消耗的功率为多少?

(3) 0.02S 电导上的电流为 $30\cos\omega_0 t$ (mA),其消耗的功率有多大?

注:若不特别注明为瞬时功耗,功耗均指平均功耗。

## 2.4.4　线性内阻电源

虽然实验室提供的直流电压源接近恒压,但实际电源毕竟无法真正实现恒压、恒流特性,它们的伏安特性曲线并非真正的竖直线或水平线。在一定的电压或电流范围内,可以采用直线伏安特性来抽象实际电源伏安特性。如果将电源的端口电压、端口电流直线伏安特性适用范围扩展为无穷大,如图 2.4.8 所示,这种电源就是具有线性时不变内阻的电源,其元件约束条件为

$$\frac{v(t)}{V_{S0}} + \frac{i(t)}{I_{S0}} = 1 \tag{2.4.9a}$$

其中,$V_{S0}$、$I_{S0}$ 是直线在两个坐标轴上的截距。

很多小信号交流信号源在较宽的电压幅度范围内具有线性时不变内阻,它们的伏安特性曲线是一系列平行的斜直线。对于正弦波电源,其元件约束条件为

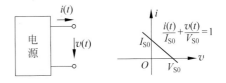

图 2.4.8　线性内阻直流电源伏安特性曲线

$$\frac{v(t)}{V_{Sp}} + \frac{i(t)}{I_{Sp}} = \cos\omega t \tag{2.4.9b}$$

换句话说，正弦波电源的两个截距在两个坐标轴上按一致的正弦波动规律变化。

**练习 2.4.9**　满足式(2.4.9a)元件约束的直流电源的伏安特性曲线如图 2.4.8 所示，请画出满足式(2.4.9b)元件约束的交流电源的伏安特性曲线。

理想恒压源只能采用流控形式的元件约束条件，端口电压在任意端口电流下都是恒定的，其端口电流则由电源外接网络决定；理想恒流源则具有压控形式的元件约束，端口电流在任意端口电压下都是恒定的，其端口电压由电源外接网络决定。而具有线性内阻的电源，既可表述为流控形式，又可表述为压控形式，分别对应戴维南电压源和诺顿电流源。

**1. 戴维南电压源**

以直流电源式(2.4.9a)为例，其端口电压可以用端口电流表述为

$$v(t) = V_{S0} - R_s i(t) \tag{2.4.10a}$$

其中，$R_s$ 为其线性内阻：

$$R_s = \frac{V_{S0}}{I_{S0}} \tag{2.4.10b}$$

我们注意到，电源的端口电压 $v(t)$ 表述为两个电压之和，其一为 $V_{S0}$，其二为 $-R_s i(t)$。回顾图 2.3.3，两个单端口网络串联时，总端口电压为分端口电压之和，显然，这个电源可以抽象为两个单端口网络的串联：第一个单端口网络具有恒定的 $V_{S0}$ 端口电压，这显然是一个恒压源元件；第二个单端口网络端口电压和端口电流成正比关系，比例系数为 $-R_s$，注意到图 2.4.8 的电压、电流参考方向与电阻的关联参考方向相反，可知第二个单端口网络就是阻值为 $R_s$ 的电阻，如图 2.4.9 所示，这就是具有线性内阻电源的戴维南等效(Thevenin equivalent)形式。

**2. 诺顿电流源**

仍然以直流电源式(2.4.9a)为例，其端口电流可以用端口电压表述为

$$i(t) = I_{S0} - G_s v(t) \tag{2.4.11a}$$

其中，$G_s$ 为其线性内导：

$$G_s = \frac{I_{S0}}{V_{S0}} \tag{2.4.11b}$$

注意电源的端口电流 $i(t)$ 被表述为两个电流之和，其一为 $I_{S0}$，其二为 $-G_s v(t)$。回顾图 2.3.4，两个单端口网络并联时，总端口电流为分端口电流之和，故而上述电源还可以抽象为两个单端口网络的并联：第一个单端口网络具有恒定的 $I_{S0}$ 端口电流，这显然是一个恒流源元件；第二个单端口网络端口电流和端口电压成正比关系，比例系数为 $-G_s$，由于图 2.4.8 的电压、电流参考方向与电导的关联参考方向相反，可知第二个单端口网络就是导值为 $G_s$ 的电导，如图 2.4.10 所示，这就是具有线性内阻电源的诺顿等效(Norton equivalent)形式。

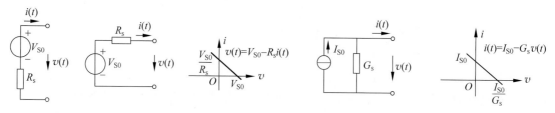

图 2.4.9　线性内阻直流电源的戴维南形式　　　图 2.4.10　线性内阻直流电源的诺顿形式

戴维南等效形式中的内阻 $R_\mathrm{s}$ 和诺顿等效形式中的内导 $G_\mathrm{s}$ 是同一阻值的电阻，$G_\mathrm{s}=1/R_\mathrm{s}$，我们更习惯于称它为内阻而不是内导。

**练习 2.4.10**　将式(2.4.9b)表述的具有线性内阻的正弦交流电源用戴维南形式和诺顿形式表述，画出相应的两个等效电路。

**练习 2.4.11**　如图 E2.4.3(a)所示，这是戴维南形式电压源的等效电路及其伏安特性曲线，这个特性曲线对应的端口电压、电流参考方向是电源的关联参考方向。这里假设直流电压 $V_\mathrm{S0}>0$。

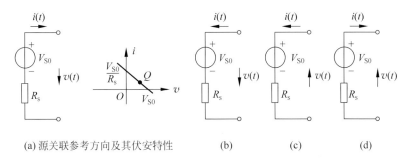

(a) 源关联参考方向及其伏安特性　　　　(b)　　　　(c)　　　　(d)

图 E2.4.3　端口电压和端口电流参考方向

现在保持该电源不变，只是改变电源端口电压或电流的参考方向，如图 E2.4.3 中，图(b)是单端口网络一般性的关联参考方向定义，图(c)的参考方向与图(a)是全反的，图(d)的参考方向与图(b)是全反的。图(a)中给出了源关联参考方向定义下的源伏安特性曲线，那么图(b)、图(c)、图(d)的伏安特性曲线分别是怎样的？特性曲线上的 $Q$ 点，是由电源外接电路确定的工作点 $(2V_\mathrm{S0}/3, I_\mathrm{S0}/3)$，那么在另外三个参考方向的定义下，$Q$ 点应标记在什么位置？

请同学牢记一点：虽然这四条伏安特性曲线看似不同，但它们代表的却是同一个电源，不同的仅仅是参考方向，参考方向定义不会改变电路自身的性质。

**3. 等效电路**

具有线性内阻的电源，无论采用戴维南等效形式，还是采用诺顿等效形式，它们的端口电压、电流关系由一个方程描述，它们具有完全相同的元件约束关系，因而它们是等效电路。从外端口向电路网络内部看，如果端口电压、电流关系完全相同，或者说如果两个电路网络对外接的任意网络而言是无差别的，那么这两个电路就是等效电路。

两种等效电路完全等价，那么在电路分析时，采用哪种等效更好一些呢？从它们对外电路的作用来看，无论哪种等效都是一样的。但是如果电源内阻 $R_\mathrm{s}$ 相对负载电阻 $R_\mathrm{L}$ 较小，电源端口电压则几乎不变，更接近于理想电压源"端口电压恒定不变"的特性，此时多采用戴维南等效形式；如果电源内阻 $R_\mathrm{s}$ 相对负载电阻 $R_\mathrm{L}$ 较大，电源端口电流变化较小，更接近于理想电流源"端口电流恒定不变"的特性，此时多采用诺顿等效形式。对于信号激励源，则多采用电压而不是电流表征信息，很多电路都是电压模电路，因而信号激励源多采用戴维南形式，但这并非绝对。

**练习 2.4.12**　对比图 2.4.9、图 2.4.10 的具有线性内阻的电源伏安特性曲线与图 2.4.1 所示的理想恒压源、图 2.4.4 所示的理想恒流源伏安特性曲线，说明理想恒压源的内阻为 0，理想恒流源的内导为 0(内阻为无穷大)。

**练习 2.4.13**　所谓等效电路，指的是具有完全一致端口特性的电路，说明如图 E2.4.4 所示的等效电路是成立的：

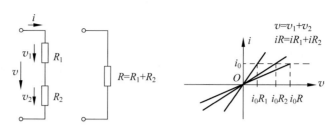

(a) 串联电阻的等效

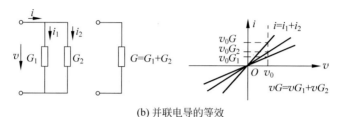

(b) 并联电导的等效

图 E2.4.4　电阻串并联等效

（1）$R_1$、$R_2$ 两个电阻的串联与 $R=R_1+R_2$ 电阻是等效电路。

（2）$G_1$、$G_2$ 两个电导的并联与 $G=G_1+G_2$ 电导是等效电路。

根据图中所示的伏安特性曲线给出你对上述两个等效电路的理解。

**4. 额定功率：最大功率传输匹配**

对于图 2.4.8～图 2.4.10 所示的线性内阻电源，根据其端口电压、端口电流参考方向定义，可知位于一、三象限则为向外释放电能，位于二、四象限则为吸收电能。显然，它是一个有源电路，因为我们只要设法令其工作在第一象限即可向外释放功率，最简单的方式就是在电源端口对接一个负载电阻 $R_L$，如图 2.4.11 所示，统一的端口电压、端口电流定义使得它们可以在同一个 $vi$ 平面上展示其伏安特性曲线，两条曲线的交点 $Q$ 位于第一象限，对应点的电压、电流就是端口电压、电流，故而电源向外释放电能，而负载电阻则吸收电能，电源释放电能速度（功率）始终等于电阻吸收电能速度（功率）。

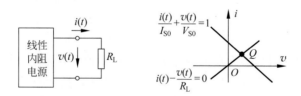

图 2.4.11　线性内阻直流电源驱动电阻中的功率释放与吸收

我们研究这个从电源到负载传输的功率，以戴维南等效模型为例，为

$$p(t)=v(t)i(t)=(V_{S0}-i(t)R_s)i(t)$$

$$=-R_s\left(i(t)-\frac{1}{2}\frac{V_{S0}}{R_s}\right)^2+\frac{1}{4}\frac{V_{S0}^2}{R_s} \tag{2.4.12}$$

故而只要适当设置其负载电阻大小，使得 $i(t)=\dfrac{1}{2}\dfrac{V_{S0}}{R_s}=\dfrac{1}{2}I_{S0}$ 成立，则功率传输达到最大：

$$P_{L,\max}=P_{s,\max}=\frac{1}{4}\frac{V_{S0}^2}{R_s} \tag{2.4.13}$$

如何令工作点 $Q$ 的工作电流 $i(t)$ 等于半截距 $0.5I_{S0}$ 呢？从特性曲线看，只需两条直线的斜率

为相反数即可,即

$$R_{\mathrm{L}} = R_{\mathrm{s}} \tag{2.4.14}$$

式(2.4.14)被称为最大功率传输匹配条件,式(2.4.13)给出的功率被称为电源的额定功率(rated power)。

**练习 2.4.14** (1) 式(2.4.13)给出的额定功率是用戴维南电压 $V_{\mathrm{S0}}$ 和电源内阻 $R_{\mathrm{s}}$ 表述的,请分别用戴维南电压 $V_{\mathrm{S0}}$ 和电源内导 $G_{\mathrm{s}}$、诺顿电流 $I_{\mathrm{S0}}$ 和电源内阻 $R_{\mathrm{s}}$、诺顿电流 $I_{\mathrm{S0}}$ 和电源内导 $G_{\mathrm{s}}$ 重新表述电源额定功率。

(2) 式(2.4.14)给出的最大功率传输匹配条件是用电源内阻 $R_{\mathrm{s}}$ 和负载电阻 $R_{\mathrm{L}}$ 表述的,请用电源内导 $G_{\mathrm{s}}$ 和负载电导 $G_{\mathrm{L}}$ 重新表述最大功率传输匹配条件。

**练习 2.4.15** 如果线性内阻电源是正弦波电源,其戴维南电压为 $V_{\mathrm{Sp}}\cos\omega t$,诺顿电流为 $I_{\mathrm{Sp}}\cos\omega t$,问:

(1) 电源内阻 $R_{\mathrm{s}}$ 等于多少?

(2) 最大功率传输匹配条件是什么?

(3) 电源额定功率为多少? 用峰值电压、电流和有效值电压、电流分别表述,用电源内阻和电源内导分别表述。

戴维南形式的正弦波电压源的额定功率为

$$P_{\mathrm{s,max}} = \frac{1}{4}\frac{V_{\mathrm{Srms}}^2}{R_{\mathrm{s}}} = \frac{1}{8}\frac{V_{\mathrm{Sp}}^2}{R_{\mathrm{s}}} \tag{2.4.15}$$

其中,$V_{\mathrm{Sp}}$ 是正弦波源电压的峰值电压,$V_{\mathrm{Srms}}$ 是正弦波源电压的有效值电压。

**练习 2.4.16** 实验室正弦波信号源输出显示有两种方式,一种是功率形式,另一种是电压形式。功率方式给出的是额定功率大小,电压方式则给出的是电动势(EMF)大小。某正弦波信号源内阻为 $50\Omega$,显示输出功率为 10dBm。

(1) 如果转换为电压形式,显示输出电压为多少 $V_{\mathrm{EMF}}$?

(2) 如果用示波器观察该输出信号,输出正弦波波形的峰峰值为多少 $V_{\mathrm{pp}}$?

(3) 如果用毫伏表测量该信号,显示的则是电压有效值,显示电压为多少 $V_{\mathrm{rms}}$?

**提示 1**:$V_{\mathrm{EMF}}$,$V_{\mathrm{pp}}$,$V_{\mathrm{rms}}$ 均是伏特单位,下标仅用来说明其应用。如果某正弦波电压为 $10V_{\mathrm{p}}$,说明其峰值电压为 10V,记为 $10V_{\mathrm{p}}$,峰峰值电压则为 20V,记为 $20V_{\mathrm{pp}}$,有效值为 7V,记为 $7V_{\mathrm{rms}}$。

**提示 2**:电源的电动势为该电源的开路电压。

从式(2.4.13,2.4.15)可知,电压源的内阻使得电压源向端口外发送的功率受到限制,它向外发出的最大功率就是额定功率,它不可能向端口外发出比额定功率更大的功率。也就是说,电源内阻限制了电源向外部释放功率的大小,因而电源内阻代表的是电源向外提供功率的能力大小。对于电压源而言,内阻越小,其输出功率的能力就越强,电压源输出功率的能力与它的内阻大小成反比关系。理想恒压源内阻为零,具有无限大的功率输出能力。

同理,我们对诺顿形式的电流源的结论是:电流源的内导限制了电流源的功率输出能力。电流源内导越小,它向外发出功率的能力就越强;内导越大,向外发出功率的能力就越弱。如果习惯性地用内阻描述,则有:电流源的内阻限制了电流源的功率输出能力。电流源内阻越大,它向端口外发出功率的能力就越强;内阻越小,向端口外发出功率的能力就越弱。理想恒流源内阻为无穷大,具有无限大的功率输出能力。

我们特别注意到,前面各种论述、各种公式中,电压与电流、电阻与电导、短路与开路、并联与串联、戴维南等效与诺顿等效等,都具有对偶性(duality),这种对偶性使得公式、论述易于记忆。

所谓对偶,就是对偶量互换,如电压、电流互换,电阻、电导互换后,公式形式完全一致,表述形式完全类同。

**练习 2.4.17** 戴维南等效和诺顿等效是对偶的:(a)从电路形式上看,戴维南电压 $V_{s0}$ 对偶诺顿电流 $I_{s0}$,戴维南内阻 $R_s$ 对偶诺顿内导 $G_s$,戴维南串联对偶诺顿并联;(b)从元件约束关系看,戴维南形式电源约束为 $v(t) = V_{s0} - R_s i(t)$,对偶诺顿形式电源约束 $i(t) = I_{s0} - G_s v(t)$,何谓对偶?公式中对偶量互换后,即 $v(t)$、$i(t)$ 互换,$V_{s0}$、$I_{s0}$ 互换,$R_s$、$G_s$ 互换,公式形式完全一致。

(1)请从两个电源的额定功率的公式说明对偶。

(2)请从两个电源的内阻、内导对额定功率的影响描述说明对偶。

# 2.5 各种形式的电阻

## 2.5.1 短路和开路

### 1. 短路

短路(short circuit)是对短接线的抽象,短接线是电路空间两点之间的导体连线,导线中有电流流过,则存在电感效应。在低频时,电感效应不明显,导体连线主要呈现的是极小的电阻特性,对于良导体,电阻极小,导线两端电压很小,被抽象为短路特性。所谓短路,就是端口电压恒为 0 而端口电流由外接网络决定的单端口网络,其电路符号如图 2.5.1 所示,其元件约束条件为

$$v = 0 \tag{2.5.1}$$

与式(2.4.5)对比,短路就是阻值为 0 的电阻,或者说短路是对极小电阻(或极小电感)的抽象,将其极致化为零电阻,以方便处理。

图 2.5.1 给出的短路伏安特性曲线为纵轴,与图 2.4.7 电阻的伏安特性对比,它是过原点的斜率 $G$ 为无穷大的电导,无穷大电导就是零电阻。

### 2. 开路

开路(open circuit)则是对没有短接线连接、没有器件连接、空间电磁耦合也可被忽略不计的两个端点的抽象。考虑到实际电路端点是对导体结构的抽象,两个导体之间一定存在电容效应,因而并不存在真正的开路。然而在低频时,电容效应可以忽略不计,空间两个无连接的端点之间将呈现出无电流导通特性,也就是开路特性。所谓开路,就是端口电流恒为 0 而端口电压由外接网络决定的单端口网络,其电路符号如图 2.5.2 所示,其元件约束条件为

$$i = 0 \tag{2.5.2}$$

与式(2.4.7)对比,开路就是导值为 0 的电导,或者说开路是对极大电阻(或极小电容)的抽象,将其极致化为无穷大电阻(零电导),以方便处理。

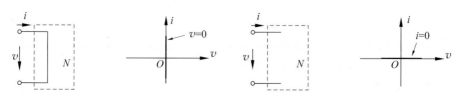

图 2.5.1 短路及其伏安特性曲线          图 2.5.2 开路及其伏安特性曲线

图 2.5.2 给出的开路伏安特性曲线为横轴,与图 2.4.7 电阻的伏安特性曲线对比,是过原点的斜率 $G=0$ 的电导,零电导就是无穷大电阻。

**3. 电路属性**

一般的线性电阻既是压控的,如式(2.4.5a)所示,又是流控的,如式(2.4.5b)所示。而开路、短路则不一样,由于我们无法有效表述无穷大数值,因而短路的元件约束条件只能表述为式(2.5.1)流控形式,任意电流都对应一个确定的零电压,换句话说,短路电压恒为零,短路电流任意大小均可,是由短路单端口网络端口外接网络决定的;而开路则是压控的,其元件约束条件只能表述为式(2.5.2)压控形式,任意电压都对应一个确定的零电流,这表明,开路电流恒为零,开路电压任意大小均可,它由开路单端口网络端口外接网络所决定。

如果把开路和短路视为电路元件,那么这两个元件是无损(lossless)元件,因为它们的端口吸收功率恒为 0,它们既不吸收功率,也不释放功率。而普通的电阻则是有损(lossy)元件,电阻一直在吸收功率并将其转化为其他能量形式,这里的有损指的是它损耗了电能。

**练习 2.5.1**　(1)把短路的伏安特性图 2.5.1 和恒压源的伏安特性图 2.4.3 对比,说明恒压源电压为 0 时即等效为短路。

(2)把开路的伏安特性图 2.5.2 和恒流源的伏安特性图 2.4.4 对比,说明恒流源电流为 0 时即等效为开路。

后文电路分析中有时需要考察将电源作用置零时的电路情况:电压源置零时(电压源不起作用时,源电压为 0),恒压源元件符号被短路置换;电流源置零时(电流源不起作用时,源电流为 0),恒流源元件符号被开路置换。

**练习 2.5.2**　对具有线性内阻的直流电源:(1)分别用图解法、列电路方程的方法获得其端口短路电流为多少?其端口开路电压为多少?与戴维南等效中的源电压 $V_{s0}$、诺顿等效中的源电流 $I_{s0}$ 有什么关系?(2)将该直流电源用戴维南形式和诺顿形式表述出来,然后再端口开路、短路,如何解释上述结论?

所谓某网络的某个端口开路,可视为该端口和"开路单端口网络"对接,所谓端口开路电压,就是该端口开路时的端口电压;所谓某网络的某个端口短路,可视为该端口和"短路单端口网络"对接,所谓端口短路电流,就是该端口短路时的端口电流。

## 2.5.2　开关

**1. 单端口**

开路和短路分别是电阻的两个极端:无穷大电阻和零电阻。开关则是在这两个极端电阻之间切换的单端口元件,其元件约束条件为

$$\begin{cases} v(t) = 0, & t \in \text{开关闭合时段} \\ i(t) = 0, & t \in \text{开关断开时段} \end{cases} \tag{2.5.3}$$

也就是说,开关闭合,开关两端电阻 $R$ 为 0,呈现短路状态,开关端口电压恒为 0;开关断开,开关两端电阻 $R$ 为无穷大,呈现开路状态,开关端口电流恒为 0。

图 2.5.3 是开关符号及其伏安特性曲线。当开关闭合时,伏安特性曲线为纵轴 $v=0$,开关端口电压恒为 0,流过开关的电流由开关外接电路决定;开关断开时,伏安特性曲线为横轴 $i=0$,开关端口电流恒为 0,开关两端的电压则由开关外接电路决定。开关的零阻值和无穷阻值随开关通断而定,与开关闭合时流过电流、断开时两端电压无关,因而开关是线性时变元件。

图 2.5.3　开关符号及其伏安特性曲线

**练习 2.5.3**　请用 $f(v,i)=0$ 形式表述式(2.5.3)的开关元件约束条件,讨论确认这个元件约束方程是线性时变的。

**2. 二端口**

图 2.5.3 所示开关可能是机械开关,其通断由电路外的人来决定,对电路而言,它是二端时变元件(单端口元件)。电路中很多实用开关被抽象为二端口元件,如图 2.5.4 所示,这是压控开关,控制端口的电压决定了开关的通断。当控制电压 $v_c$ 大于零(或大于某个阈值电压 $V_{TH}$)时,开关闭合;当控制电压 $v_c$ 小于零(或小于某个阈值电压 $V_{TH}$)时,开关断开。

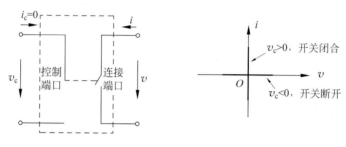

图 2.5.4　压控开关及其伏安特性曲线

**练习 2.5.4**　(1)请确认图 2.5.3 和图 2.5.4 的两个开关元件都是无损元件。

(2)说明对于图 2.5.4 的二端口开关,如果以控制端口作为输入端口,以连接端口为输出端口,则是非线性时不变元件;如果将控制端口电压视为压控开关内部属性(控制端口所接的控制电压源归属电路系统内部部件),开关只有连接端口对外,那么它仍然是单端口的线性时变元件。

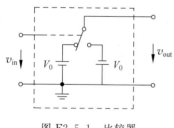

图 E2.5.1　比较器

**练习 2.5.5**　如图 E2.5.1 所示,原理上可用受控的单刀双掷开关来实现比较器功能,请给出图示比较器的输入输出转移特性方程。

**3. 基本应用**

开关具有两个截然不同的状态,因而需要在两个不同状态之间转换的电路往往采用开关模型抽象其功能,或者用开关实现其功能。换句话说,具有明显不同状态的电路可以抽象为开关电路,即使不具有如图 2.5.3、图 2.5.4 所示的理想零阻、理想零导伏安特性曲线,也往往被建模为具有"开关特性","开"和"关"分别对应两种截然可分的状态。如第 7 章讨论的数字逻辑电路具有 0、1 两个逻辑状态,因而数字逻辑电路可以用开关来实现,数字逻辑电路是可实现逻辑运算的开关电路。

理想开关不耗能,因而能量转换电路,包括将直流转换为交流的逆变器、将交流转换为直流的整流器、将直流转换为直流的 DC-DC 变换器,多采用开关型元件实现,见第 4、9、10 章讨论。开关型的能量转换电路具有高效率特性。

**练习 2.5.6** 如图 E2.5.2 所示,这是一个简单逆变器电路原理性模型,可以将直流电能转化为交流电能。图中,长度递减的三横线代表参考地(Ground,GND),图中直流电压源电压 $V_{S0}$、开关控制电压 $v_c$ 和负载电压 $v_L$ 都是相对于参考地的电压,符号下标分别代表 Source(源)、control(控制)和 Load(负载)。图中三个位置都标记了参考地,这意味着它们是同一零电位,或者说是同一个端点。理想开关元件的连接端口和 $50\Omega$ 理想电阻元件串联,假设直流电压源电压为 $+5V$,开关控制电压 $v_c$ 为 1MHz 频率的 $\pm 1V$ 幅度的方波信号。$v_c = +1V$ 时开关闭合,5V 电压全部加载到电阻 $R_L$ 上,$v_c = -1V$ 时开关断开,5V 电压全部加载到开关两端,电阻上没有电流流通。

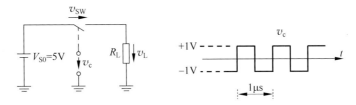

图 E2.5.2　简单逆变器电路

(1)画出电阻两端电压 $v_L(t)$ 和开关连接端口电压 $v_{SW}(t)$ 的时域波形。

(2)电阻获得的直流电压为多少伏?

(3)电阻获得的瞬时功率如何变化?

(4)电阻获得的平均功率为多少? 折合为有效值电压,为多少伏的电压?

(5)开关消耗的功率为多少?

(6)电阻上消耗的直流功率和交流功率分别为多少?

(7)电阻耗能自何而来? 为什么说这个电路是逆变器电路(即它将直流能量转换为了交流能量)? 如果希望电阻上只有纯粹的交流能量,这个电路是否需要进行修正? 给出你的修正意见,或修正框图,或修正电路。

### 2.5.3　PN 结二极管

**1. 伏安特性**

二极管是二端器件(单端口器件),与电阻器一样,在低频段可抽象为电阻元件,但是二极管抽象的电阻元件是非线性时不变电阻元件,如 PN 结二极管(PN junction diode),其端口伏安特性关系在低频段近似满足指数律,为

$$i_D = I_{S0}(\mathrm{e}^{\frac{v_D}{v_T}} - 1) \tag{2.5.4}$$

其中,$i_D$ 为二极管电流,$v_D$ 为二极管电压,$I_{S0}$ 为反向饱和电流,$v_T = 26\mathrm{mV}$ 是常温下的热电压。图 2.5.5 是二极管符号及其伏安特性曲线,显然,这是一条非线性特性曲线。

图 2.5.5　PN 结二极管符号及其伏安特性曲线

**练习 2.5.7** 某二极管的伏安特性曲线如式（2.5.4）所示，已知反向饱和电流 $I_{S0}=1\text{fA}$，请计算二极管电流并填入下表（保留两位有效位数）。观察结果，如何认识二极管的"正向导通、反向截止"特性？

| $v_{\mathrm D}/\mathrm V$ | $-0.4$ | $-0.3$ | $-0.2$ | $-0.1$ | 0 | 0.1 | 0.2 | 0.3 | 0.4 | 0.5 | 0.6 | 0.7 | 0.8 | 0.9 |
|---|---|---|---|---|---|---|---|---|---|---|---|---|---|---|
| $i_{\mathrm D}/\mathrm A$ | | | | | | | | | | | | | | |

### 2. 理想整流模型

在进行电路分析时，如果确然知道元件约束条件，当然可以用求解数学方程的方法进行分析。计算机数值方法虽然可以帮助我们获得最终的数值解，但难以对电路工作原理给予定性描述。为了获得定性的原理性分析，我们通常都会对非线性特性做一定程度的线性化处理，使得问题分析得以简化。对于二极管，它的很多应用只需把握其"正向导通、反向截止"特性即可实现对电路功能直观的把握，因而很多应用情况下，PN 结二极管被抽象化为具有图 2.5.6 所示的理想整流（rectification）特性的理想整流二极管。

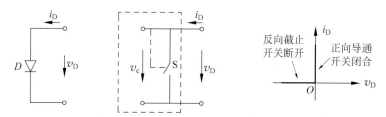

图 2.5.6 理想整流二极管符号、等效开关模型及其伏安特性曲线

图 2.5.6 中，理想整流二极管符号与 PN 结二极管符号没有做区分，其等效电路模型是开关：当正向导通时，认为开关闭合，于是理想整流器二极管两端电压为 0，这种高度抽象的前提是信号幅度很大，二极管分压与信号幅度相比可以忽略不计，从而 PN 结二极管的正偏导通被抽象为理想整流二极管的正偏开关短路；当反向截止时，认为开关断开，于是理想整流二极管电流为 0，以此抽象实际 PN 结二极管反向截止时极小的反偏电流（小于 nA、$\mu$A 量级）。抽象出来的理想整流二极管的伏安特性曲线如图所示，其元件约束条件为

$$\begin{cases} v_{\mathrm D} = 0 & (i_{\mathrm D} \geqslant 0,\text{正向导通区}) \\ i_{\mathrm D} = 0 & (v_{\mathrm D} \leqslant 0,\text{反向截止区}) \end{cases} \tag{2.5.5}$$

我们用两段折线在各自区域内的线性特性抽象 PN 结的非线性特性，从而使复杂的非线性问题在确定区段内变成简单的线性问题。

### 3. 二极管半波整流电路图解法分析

**例 2.5.1** 如图 E2.5.3 所示，这是一个简单的二极管整流器电路，它可以将交流能量转化为直流能量。其基本结构是一个二极管和一个电阻负载的串联，于是总端口电压为分端口电压之和，$v_{\mathrm S}=v_{\mathrm D}+v_{\mathrm L}$，而二极管和电阻的串联电流相同，都是端口电流 $i$。已知电源电压 $v_{\mathrm S}$ 是峰值为 311V、周期为 20ms 的正弦波，由于输入端是大幅值信号，二极管 0.7V 左右的导通电压与 311V 相比可以忽略不计，因而原理性分析时，二极管可以用理想整流二极管模型替代。

（1）正弦波的频率为多少？有效值电压为多少？

（2）二极管采用理想整流二极管模型，请画出二极管两端电压波形和电阻两端电压波形。

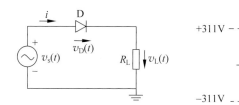

图 E2.5.3 二极管半波整流电路

（3）求出电阻电压的直流分量大小。

（4）求出电阻消耗功率折合的电压有效值大小。

（5）从电阻两端电压波形说明这个电路完成了整流功能，也就是说，实现了交流能量到直流能量的转换。

分析：对于同时含有非线性元件和线性元件的电阻电路，通常的分析手法是，首先把纯由线性元件构成的线性网络和非线性元件分离，形成 $n$ 端口线性网络和非线性元件（网络）的对接关系，再依次列写 $n$ 端口线性网络和非线性网络的网络端口约束关系，由此获得该电路的方程描述，进而进行整个电路网络的功能分析。

对于图 E2.5.3 所示的二极管整流电路，由于只有一个非线性元件（整流二极管），因而把剩下的线性电阻和恒压源视为单端口线性网络（注：线性网络由满足线性关系的元件构成，虽然恒压源、恒流源不满足线性关系，但它们被视为提供信号或能量的激励源，它们置零后网络仍然满足线性关系，因而这种包含恒压源、恒流源的网络仍然被视为线性网络）。如图 E2.5.4 所示，右侧是二极管非线性单端口网络，左侧是恒压源和线性电阻构成的线性单端口网络，这两个单端口网络是对接关系，具有如图所示的端口电压、电流定义，于是可以在一个 $vi$ 坐标系下画伏安特性曲线。其中假设二极管具有理想整流特性，而线性单端口网络则具戴维南源伏安特性。由于是交流源，图中画了三条线代表伏安特性的时变性，这三条线分别代表 $\omega_0 t = 0, \pi, 2\pi, \cdots, \omega_0 t = \dfrac{\pi}{2}, \dfrac{5}{2}\pi, \cdots, \omega_0 t = \dfrac{3}{2}\pi, \dfrac{7}{2}\pi, \cdots$ 时的伏安特性曲线。

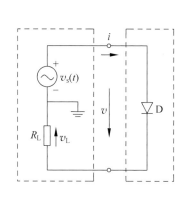

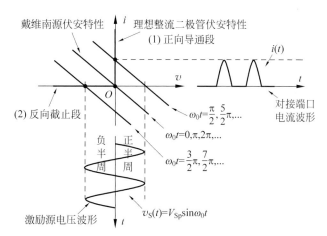

图 E2.5.4 图解法定性分析

我们发现在正弦波的正半周（sin 函数角度在 $0°\sim180°$ 之间），电源伏安特性曲线和整流二极管的伏安特性曲线交点位于二极管的正向导通区，也就是说，在正弦波的正半周，二极管导通，呈现短路状态，此时负载电阻电压等于源电压，如图 E2.5.5 所示，负载电阻电流等于源电压和负载电阻之比;在正弦波的负半周(sin 函数角度位于 180°～360°之间),电源伏安特性曲线和整流二极管的伏安特性曲线交点位于二极管的反向截止区,呈现开路状态,也就是说,在正弦波的负半周,负载电阻电流为 0,所有的源电压全部加载到二极管两端,如图 E2.5.5 所示。分析到这里,整个电路的工作原理已经很清楚了。

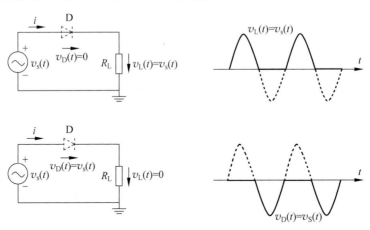

图 E2.5.5　正弦波正半周二极管导通,负半周二极管截止

**解**:(1)计算正弦波的频率和有效值电压。

由图可知,正弦波的周期为 20ms,故而其频率为

$$f = \frac{1}{T} = \frac{1}{20\text{ms}} = 50\text{Hz}$$

正弦波的峰值幅度为 311V,故而其有效值为

$$V_{\text{rms}} = 0.707V_{\text{p}} = 0.707 \times 311 = 220(\text{V})$$

(2)根据图 E2.5.4 所示的图解法可知:在输入正弦波信号的正半周,二极管导通,所有源电压全部加载到负载电阻上,此时负载电阻电压等于源电压;在输入正弦波信号的负半周,二极管截止,所有源电压全部加载到二极管上,此时负载电阻电压等于 0。由此我们可以画出负载电阻电压波形和二极管电压波形,如图 E2.5.6 所示。

(3)计算电阻上的直流分量大小。

根据前述分析,可知电阻上的电压波形在一个周期内可表述为

$$v_{\text{L}}(t) = \begin{cases} V_{\text{p}}\sin\omega_0 t, & 0 \leqslant \omega_0 t \leqslant \pi \\ 0, & \pi \leqslant \omega_0 t \leqslant 2\pi \end{cases}$$

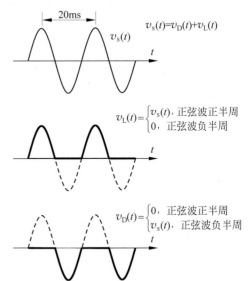

图 E2.5.6　二极管半波整流的电压波形

故而其直流分量为

$$V_0 = \overline{v_{\text{L}}(t)} = \frac{1}{2\pi}\int_0^{2\pi} v_{\text{L}}(t)\text{d}(\omega_0 t)$$

$$= \frac{1}{2\pi}\int_0^{\pi} V_{\text{p}}\sin(\omega_0 t)\text{d}(\omega_0 t) = \frac{V_{\text{p}}}{2\pi}(-\cos(\omega_0 t))\Big|_0^{\pi}$$

$$= \frac{V_{\mathrm{p}}}{\pi} = \frac{311}{3.14} = 99(\mathrm{V})$$

(4) 计算电阻消耗功率折合的电压有效值大小。

电阻消耗的平均功率为

$$P = \overline{p_{\mathrm{L}}(t)} = \frac{1}{2\pi}\int_0^{2\pi} \frac{v_{\mathrm{L}}^2(t)}{R_{\mathrm{L}}}\mathrm{d}(\omega_0 t) = \frac{1}{2\pi}\int_0^{\pi} \frac{V_{\mathrm{p}}^2 \sin^2(\omega_0 t)}{R_{\mathrm{L}}}\mathrm{d}(\omega_0 t)$$

$$= \frac{V_{\mathrm{p}}^2}{2\pi}\int_0^{\pi} \frac{1 - \cos 2(\omega_0 t)}{2R_{\mathrm{L}}}\mathrm{d}(\omega_0 t) = \frac{V_{\mathrm{p}}^2}{2\pi}\int_0^{\pi} \frac{1}{2R_{\mathrm{L}}}\mathrm{d}(\omega_0 t)$$

$$= \frac{V_{\mathrm{p}}^2}{2\pi}\frac{\pi}{2R_{\mathrm{L}}} = \frac{V_{\mathrm{p}}^2}{4}\frac{1}{R_{\mathrm{L}}} = \frac{V_{\mathrm{rms}}^2}{R_{\mathrm{L}}}$$

将其折合为有效值,则为

$$V_{\mathrm{rms}} = \frac{V_{\mathrm{p}}}{2} = 156(\mathrm{V})$$

(5) 说明该电路完成了整流功能。

由于电阻两端电压只有正弦波的半个波形(半波信号),不再对称,其平均值不为0,也就是说,半波信号中存在直流分量,只要后续的滤波机制将交流分量滤除,保留直流分量,即可实现交流到直流的转换。

**练习2.5.8** 从图2.5.5所给出的PN结伏安特性曲线以及练习2.5.7给出的某PN结二极管的伏安特性表格可知,正向导通时,二极管上并非没有电压。大体上,我们认为二极管导通时,其上的电压在0.7V左右,因而可以这样抽象:二极管导通时,导通电压为0.7V;二极管截止时,截止电流为0A。

(1) 请画出这个抽象的伏安特性曲线。

(2) 二极管采用0.7V导通电压抽象时,请给出图E2.5.3所示简单二极管整流器的电阻电压波形。与例2.5.1第(2)问对比,你认为0.7V导通电压抽象有必要吗?为什么?什么时候有必要将0.7V导通电压抽象出来?

### 2.5.4 N型和S型负阻二极管

具有"正向导通反向截止"这种整流特性的二极管是常见的具有单调特性的非线性电阻,还有一类二极管的伏安特性曲线是非单调的,伏安特性曲线中存在负斜率区。在负斜率区,随着二极管两端电压的增加,电流是减小的,这种二极管具有微分负阻(negative differential resistance)特性。

#### 1. N型负阻:0/1状态存储器

图2.5.7是隧道二极管(tunnel diode)的电路符号及其低频段的伏安特性关系曲线,伏安特性曲线中的负斜率区被称为负阻区。由于给定电压后可以唯一确定电流,反过来则不可,故而隧道二极管属压控非线性电阻。根据其伏安特性曲线的形状,这种负阻被称为N型负阻。

非单调变化的非线性电阻被电源驱动后,可能具有多个工作点。如图2.5.8所示,电阻$R$和隧道二极管串联后,由恒压源驱动。将恒压源$V_{S0}$和电阻$R$视为一个单端口网络,它的伏安特性曲线就是一条过$(V_{S0},0)$的直线,直线斜率为$-1/R$;而隧道二极管则被视为和它对接的单

图2.5.7 隧道二极管符号及其伏安特性曲线

端口网络,只要定义相同的端口电压、电流,它们的伏安特性曲线就可以画在同一个 $vi$ 平面内,两个伏安特性曲线的交点坐标 $(v_D, i_D)$ 就是隧道二极管的电压和电流。

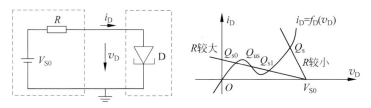

图 2.5.8　电压源驱动隧道二极管

当电阻阻值比较小时,直线斜率比较大,陡峭的直线和隧道二极管的伏安特性曲线仅有一个交点 $Q_s$。如果 $Q_s$ 位于负阻区,由于负阻可以向端口外部提供能量,因而可以用来实现交流功率输出,我们将在第 4 章考察直流工作点位于负阻器件负阻区所实现的负阻放大器,在第 9、10 章则考察负阻振荡器。工作点位于负阻区的负阻器件具有将直流能量转换为交流能量的能力,故而可实现向外提供能量的有源功能,如放大器和振荡器。

当电阻阻值比较大时,直线斜率比较小,直线平缓,有可能出现如图 2.5.8 所示的三个交点:$Q_{s0}$,$Q_{us}$ 和 $Q_{s1}$。虽然理论上存在三个直流工作点,但在实验室对这个电路进行测试时,只能观测到两个工作点 $Q_{s0}$ 和 $Q_{s1}$,负阻区的工作点 $Q_{us}$ 则无法观测到,原因在于负阻存在内在的正反馈机制,使得 $Q_{us}$ 是不稳定工作点。

由于电路中不可避免地存在噪声,噪声干扰将导致工作点略有偏离,干扰消失后工作点如果能够复原到原始位置,该工作点就是稳定工作点,如果干扰消失后,工作点不能复原,该工作点就不是稳定工作点。假设现在工作点位于点 $Q_{us}$,噪声是随机的,因而噪声导致的工作点偏离也是随机的,不妨假设偏离后端口电流 $i_D$ 略有下降,由于位于负阻区,这必将导致端口电压 $v_D$ 的上升,$v_D$ 的上升意味着 $v_R = V_{S0} - v_D$ 的下降,这将导致回路电流 $i_R = v_R/R$ 的下降,回路电流 $i_R$ 就是二极管的端口电流 $i_D$,于是 $i_D$ 下降和 $v_D$ 上升变化趋势自我强化,工作点将完全脱离 $Q_{us}$ 而到达 $Q_{s1}$ 工作点后稳定下来。同理,如果噪声导致工作点的偏离使得 $i_D$ 略有上升,相同的内在正反馈机制将导致 $i_D$ 更大,使得工作点迅速脱离 $Q_{us}$ 而最终进入 $Q_{s0}$ 点后稳定下来。由于负阻内在的正反馈机制,噪声导致工作点 $i_D$ 下降经回路作用后 $i_D$ 更进一步下降,噪声导致工作点 $i_D$ 上升经回路作用后 $i_D$ 更进一步上升,从而 $Q_{us}$ 工作点一旦偏离则不能复原,故而 $Q_{us}$ 是不稳定工作点。实际电路中噪声不可避免,这意味着我们无法通过测量仪器观测到 $Q_{us}$ 工作点,$Q_{us}$ 仅仅是数学解,而非物理解。

请同学自行分析 $Q_{s0}$ 和 $Q_{s1}$ 工作点,它们位于非线性电阻的正阻区,具有内在的负反馈机制:噪声导致工作点 $i_D$ 下降,经回路作用后 $i_D$ 有上升趋势;噪声导致工作点 $i_D$ 上升,经回路作用后 $i_D$ 有下降趋势。从而这两个工作点是稳定工作点,干扰消失后,工作点将复原到原始位置,故而一旦进入这两个工作点,电路将稳定在该工作点不动。

当工作点位于 $Q_{s0}$ 点时,端口电压比较低,定义其为状态 0;当工作点位于 $Q_{s1}$ 点时,端口电压比较高,定义其为状态 1。由于存在两个稳定的状态 0 和 1,也就具有了记忆能力:电路到底位于哪个稳定状态,与之前的经历有关。不妨假设线性电阻 $R$ 是可变的,刚开始电阻 $R$ 极小,因而两条特性曲线只有一个交点 $Q_s$。$R$ 逐渐增大,虽然出现了三个交点,但端口电压稳定地位于状态 1,因为它是稳定工作点。$R$ 继续增大,导致再次出现仅有一个交点的情况,此时交点位于原点位置附近的正阻区,电路瞬间由状态 1 跳变到状态 0。如果 $R$ 反过来再变小,使得再次出现三个交点,但端口电压将稳定地位于状态 0,因为它是稳定工作点。直至电阻 $R$ 小到两条特性曲线只有一个交点时,再次瞬间由状态 0 跳变到状态 1。显然,N 型负阻可以用来实现状态存储器,$Q_{s0}$ 对应状态 0 的存储,$Q_{s1}$ 对应状态 1 的存储。

上述分析表明,N 型负阻可以用来实现放大器、振荡器,源于其在负阻区工作时具有将直流偏置电压源直流能量转换为交流能量的能力;同时,N 型负阻还可以用来实现 0/1 状态存储器,源于它具有两个稳定状态,而到底位于哪个稳定状态,则与之前的经历有关,也就是说,负阻器件具有记忆能力。

### 2. S 型负阻:有记忆的开关

对偶地,还存在一种 S 型负阻,属流控非线性电阻,如图 2.5.9 所示,这是肖克利二极管 (Shockley diode)的电路符号及其伏安特性曲线,其伏安特性曲线呈现 S 型负阻特性。

S 型负阻可用来实现振荡器,见第 9、10 章讨论,利用的是其负阻区的将直流能量转换为交流能量的能力。S 型负阻也可以用来实现状态记忆,只不过其状态区分是电流大小而非电压高低,这不太符合当前的用电压高低表述逻辑状态的设定,因而并不常见,常见的状态记忆应用是记忆开关应用。如图 2.5.9 所示的 S 型负阻伏安特性曲线,同一电压可以对应三个电流:

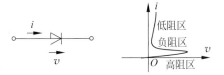

图 2.5.9　肖克利二极管电路符号及其伏安特性曲线

上侧工作点位于正偏低阻区,由于电阻很小可以作为开关的闭合状态;下侧工作点位于正偏高阻区,由于此区域内电阻很大可以作为开关的断开状态。从而这类 S 型负阻可以用作保护电路,当电压过高时则自动进入低阻导通区,形成电流通路对其他电路形成保护。

**练习 2.5.9**　图 E2.5.7(a)所示电路中,肖克利二极管作开关使用。直流电压源符号上画斜箭头表示该直流电压的电压值可人工缓慢调整或是时变的(非真正直流,因其缓变可短时抽象为直流)。肖克利二极管的伏安特性如图 E2.5.7(b)所示,在起始阶段,假设电源电压为 0,于是二极管的工作点位于原点,电压和电流均为零。现在增加输入电压,在输入电压小于 10V 时,二极管位于高阻区,二极管可等效为开关开路状态,几乎所有输入电压都加载到二极管上,100Ω 电阻上几乎没有什么电流流过。但是一旦输入电压超过 10V,二极管即进入低阻区,此时肖克利二极管犹如 PN 结二极管导通一样,导通电压大约为 0.7V。

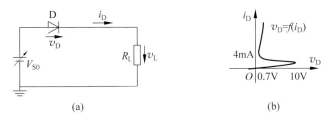

(a)　　　　　　　　　　(b)

图 E2.5.7　S 型负阻开关电路

(1) 假设二极管导通时,其导通压降为 0.7V,求电源电压调整为 15V 时 100Ω 负载电阻上的电流大小。

(2) 现在希望二极管开关再次断开,于是我们调整电源电压,你认为电源电压调整到多小的时候,开关会再次进入断开状态?

(3) 已知图中负阻区和高阻区的拐点位置的电流大约为 3mA,负阻区和低阻区的拐点位置的电流大约为4mA。请用图解法分析当电源电压从0V到15V,再从15V到0V的三角波变化过程中,负载电阻上的电压变化情况。

### 2.5.5 晶体管:二端口非线性电阻

**1. NMOSFET电路符号及其伏安特性**

除了受控开关之外,前面讨论的电阻基本上都是两端电阻,或者说是单端口电阻。晶体管则是二端口网络,在高频段寄生电容效应比较严重,但是在低频段,它可以被抽象为二端口电阻元件。

如图2.5.10所示,这是NMOSFET晶体管的电路符号,它是三端电阻元件,具有三个电极,分别为栅极(gate)、漏极(drain)和源极(source),如果以源极为公共端点,栅极和源极可构成栅源端口,端口电压为$v_{GS}$,端口电流为$i_G$,漏极和源极可构成漏源端口,端口电压为$v_{DS}$,端口电流为$i_D$。

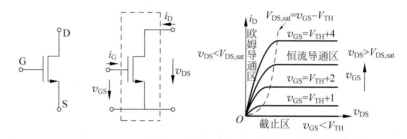

图 2.5.10　NMOSFET晶体管符号及其伏安特性曲线

二端口元件需要两个方程才能完备描述,在低频段,NMOSFET晶体管的元件约束关系呈现非线性压控电阻特性:

$$i_G = f_{iv,G}(v_{GS}, v_{DS}) = 0 \tag{2.5.6a}$$

$$i_D = f_{iv,D}(v_{GS}, v_{DS}) = \begin{cases} 0, & v_{GS} < V_{TH} \\ 2\beta_n((v_{GS} - V_{TH})v_{DS} - 0.5v_{DS}^2), & v_{GS} > V_{TH}, v_{DS} < v_{GS} - V_{TH} \\ \beta_n(v_{GS} - V_{TH})^2, & v_{GS} > V_{TH}, v_{DS} > v_{GS} - V_{TH} \end{cases}$$

$$\tag{2.5.6b}$$

其中,$\beta_n$为工艺参量决定的常数,$V_{TH}$为阈值电压,也是工艺参量决定的常数。

由于栅源端口(GS端口)电流恒为零,该端口的伏安特性曲线与横轴重合,图2.5.10没有画出,而只是给出了漏源端口(DS端口)的伏安特性曲线。图中有四条曲线,自下而上分别对应于从小到大的四个$v_{GS}$值,这四个$v_{GS}$都大于阈值电压$V_{TH}$。当$v_{GS} > V_{TH}$时,是晶体管的导通区;当$v_{GS} < V_{TH}$时,则是晶体管的截止区,其伏安特性曲线为横轴(开路,对应式(2.5.6b)第一行表达式)。

我们注意到,$v_{GS} > V_{TH}$导通区又分为两个区:①当DS端口电压比较小,即$v_{DS} < V_{DS,sat} = v_{GS} - V_{TH}$时,漏源端口电流$i_D$和漏源端口电压$v_{DS}$之间具有二次代数方程形式的非线性电阻关系,而且这个非线性电阻受控于栅源端口电压$v_{GS}$,这个区域被称为欧姆导通区,简称欧姆区(对应式(2.5.6b)第二行表述);②当DS端口电压比较大,即$v_{DS} > V_{DS,sat} = v_{GS} - V_{TH}$时,漏源端口电流$i_D$和漏源端口电压$v_{DS}$之间关系不是很大,这里被抽象为毫无关系,端口电流$i_D$仅受控于$v_{GS}$电压,控制关系为平方律关系,这个区域被称为恒流导通区,简称恒流区(对应式(2.5.6b)第三行表述)。导通区分欧姆导通区和恒流导通区,起始是欧姆区($v_{DS} < V_{DS,sat}$),伏安特性为抛物线方

程,随 $v_{DS}$ 增加上抛,抛到顶点后($v_{DS}=V_{DS,sat}$)不再落下,而是沿水平方向变化($v_{DS}>V_{DS,sat}$),进入到恒流区。这里,$V_{DS,sat}$ 被称为饱和(Saturation)电压。

**2. NMOSFET 反相电路分析:图解法和解析法**

**例 2.5.2** 已知某 NMOSFET 的工艺参量 $\beta_n=320\mu A/V^2$,$V_{TH}=0.8V$。如图 E2.5.8(a) 所示,NMOSFET 添加了外围电路,其中直流偏置电压源 $V_{DD}=3.3V$,偏置电阻为 $R=1.5k\Omega$,请画出输出端电压 $v_{OUT}$ 随输入端电压 $v_{IN}$ 的变化规律,从这个规律说明该电路为何被称为反相器电路。其中,$v_{IN}$ 电压变化范围一般不超过电源电压 $V_{DD}$。

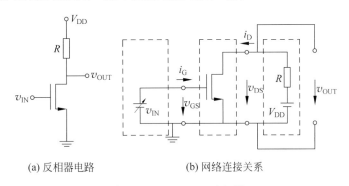

(a) 反相器电路  (b) 网络连接关系

图 E2.5.8 NMOS 反相器

**分析**:题目要求考察输出电压 $v_{OUT}$ 和输入电压 $v_{IN}$ 之间的关系,在没有任何其他限定的情况下,显然这两个电压都是相对于地的电压,从电路连接图上看,NMOS 的源极就是参考地,故而输入电压 $v_{IN}$ 就是栅极对源极的栅源电压 $v_{GS}$,输出电压 $v_{OUT}$ 就是漏极对源极的漏源电压 $v_{DS}$。

既然现在要考察 NMOS 在外接电路共同作用下的漏源端口电压 $v_{DS}$ 随栅源电压 $v_{GS}$ 的变化规律,那么我们在 NMOS 二端口网络的两个端口把外围电路添加上去:①栅源电压就是输入电压,因而在栅源端口对接电压源 $v_{IN}$,由于是对接关系,故而 $v_{GS}=v_{IN}$,满足前面的分析。②漏源电压就是输出电压,把漏源端口的外围电路 $V_{DD}$ 和 $R$ 添加上去,视 $V_{DD}$ 和 $R$ 的串联为一个单端口网络,显然,它和 NMOS 的漏源端口是对接关系。如图 E2.5.8(b)所示,我们从漏源端口引出测试口,测量该测试端口的开路电压,这个开路电压就是 $v_{OUT}=v_{DS}$。

**解**:首先分析 NMOS 栅源端口。NMOS 栅源端口和恒压源 $v_{IN}$ 对接,因而栅源端口电压为

$$v_{GS}=v_{IN}$$

栅源端口电流由 NMOS 元件约束决定,为

$$i_G=0$$

其次分析 NMOS 漏源端口。NMOS 漏源端口与 $V_{DD}$ 和 $R$ 串联形成的戴维南电压源对接,我们先用图解法给出定性分析,如图 E2.5.9 所示。

第一步:画 NMOS 伏安特性曲线。令 $v_{GS}=0.0,0.5,1.0,\cdots,3.0,3.5V$,代入 NMOS 非线性电阻元件约束式(2.5.6b),分别画出对应于每个 $v_{GS}$ 的 $i_D$-$v_{DS}$ 伏安特性曲线。图中共画了 7 条线,其中当 $v_{GS}=0.0V$ 和 $v_{GS}=0.5V$ 时,由于 $v_{GS}<V_{TH}=0.8V$,故而 NMOS 截止,于是漏源端口的伏安特性曲线为横轴,即 $i_D=0$;而 $v_{GS}=1.0,1.5,\cdots,3.5V$ 时,由于它大于阈值电压 0.8V,因而 NMOS 都处于导通区,将之代入式(2.5.6b),即可获得由 $v_{GS}$ 控制的 $i_D-v_{DS}$ 非线性电阻伏安特性曲线,如图标记的 6 条线。例如 $v_{GS}=1.5V$ 时,则当 $v_{DS}<v_{GS}-V_{TH}=0.7V$

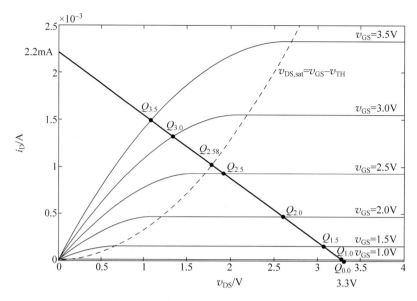

图 E2.5.9 负载线

时，伏安特性为抛物线，当 $v_{DS} > v_{GS} - V_{TH} = 0.7V$ 时，伏安特性为水平线。

第二步：画负载线。由于 NMOS 漏源端口和 $V_{DD}\text{-}R$ 单端口对接，端口电压、电流定义是一致的，因而可以将它们的端口伏安特性画在一个 $vi$ 平面上。$V_{DD}\text{-}R$ 单端口网络可视为内阻为 $R$ 的戴维南电压源，其伏安特性曲线为直线，直线在横轴上的截距为戴维南源电压 $V_{DD} = 3.3V$，其斜率为 $-1/R$，在纵轴上的截距为 $V_{DD}/R = 3.3V/1.5k\Omega = 2.2mA$。这条线被称为负载线（load line），其意为 NMOS 的漏源端口所接负载满足的元件约束伏安特性曲线。

第三步：分析输出电压随输入电压变化情况。我们注意到，两个对接的网络，其漏源端口伏安特性曲线有多个交点：$Q$ 的下标代表 $v_{GS}$ 的取值，如 $Q_{2.5}$ 代表 $v_{GS} = 2.5V$ 时的情况，$Q_{2.5}$ 的横坐标就是 $v_{GS} = 2.5V$ 时的漏源端口电压 $v_{DS}$，$Q_{2.5}$ 的纵坐标就是 $v_{GS} = 2.5V$ 时的漏源端口电流 $i_D$。

由于漏源电压 $v_{DS}$、漏源电流 $i_D$ 同时受到 NMOS 的元件约束和 $V_{DD}\text{-}R$ 单端口网络的元件约束，因而，输出电压 $v_{OUT} = v_{DS}$ 只能在两个元件约束伏安特性曲线的交点上移动。我们注意到，随着 $v_{IN} = v_{GS}$ 的增加，交点 $Q$ 沿着负载线从 $Q_{0.0}$ 向 $Q_{3.5}$ 方向移动，显然这个方向的移动说明，随着输入电压 $v_{IN} = v_{GS}$ 的增加，输出电压 $v_{OUT} = v_{DS}$ 是下降的。

上面的定性分析表明，输出电压随着输入电压的增加是降低的，下面用电路方程的数学求解来获得输出电压随输入电压变化的函数关系。

（1）当 $v_{IN} = v_{GS} < V_{TH} = 0.8V$ 时，由式(2.5.6b)可知 NMOS 截止，故而

$$i_D = 0 \tag{E2.5.1a}$$

$$v_{OUT} = v_{DS} = V_{DD} - i_D R = V_{DD} = 3.3V \tag{E2.5.1b}$$

即输出为恒压 $V_{DD}$。

（2）当 $v_{IN} = v_{GS} > V_{TH} = 0.8V$ 时，由式(2.5.6b)可知 NMOS 导通，从图 E2.5.9 可知，NMOS 首先进入的是恒流导通区，因而必有

$$i_D = \beta_n (v_{GS} - V_{TH})^2 = \beta_n (v_{IN} - V_{TH})^2 \tag{E2.5.2a}$$

$$v_{OUT} = v_{DS} = V_{DD} - i_D R = V_{DD} - R\beta_n (v_{IN} - V_{TH})^2 \tag{E2.5.2b}$$

可见,输出电压 $v_{OUT}$ 和输入电压 $v_{IN}$ 之间是一个平方律的转移关系。随着 $v_{IN}$ 的增加,$v_{OUT}$ 持续下降,当 $v_{DS} = v_{OUT}$ 下降到使得 $v_{DS} = V_{DS,sat} = v_{GS} - V_{TH}$ 时,就到了恒流导通区和欧姆导通区的分界点,我们计算这个分界点,它必然满足

$$v_{DS} = V_{DD} - R\beta_n (v_{GS} - V_{TH})^2 = v_{GS} - V_{TH}$$

这是一个二次代数方程:$R\beta_n (v_{GS} - V_{TH})^2 + (v_{GS} - V_{TH}) - V_{DD} = 0$,显然有

$$v_{GS} - V_{TH} = \frac{-1 \pm \sqrt{1 + 4R\beta_n V_{DD}}}{2R\beta_n} = \frac{-1 \pm \sqrt{1 + 4 \times 1500 \times 320 \times 10^{-6} \times 3.3}}{2 \times 1500 \times 320 \times 10^{-6}}$$

$$= \frac{-1 \pm 2.71}{0.96}$$

$v_{GS} < 0$ 无意义,舍弃,取其中有意义的根,则有

$$v_{GS} = \frac{-1 + 2.71}{0.96} + 0.8 = 2.58(\text{V})$$

也就是说,当 $0.8\text{V} < v_{GS} < 2.58\text{V}$ 时,输出电压和输入电压之间的变化规律满足式(E2.5.2b)所示的平方律关系。

(3) 当 $v_{IN} = v_{GS} > 2.58\text{V}$ 时,NMOS 进入欧姆导通区,故而

$$i_D = 2\beta_n((v_{GS} - V_{TH})v_{DS} - 0.5v_{DS}^2) = 2\beta_n((v_{IN} - V_{TH})v_{OUT} - 0.5v_{OUT}^2)$$

$$v_{OUT} = v_{DS} = V_{DD} - i_D R = V_{DD} - 2R\beta_n((v_{IN} - V_{TH})v_{OUT} - 0.5v_{OUT}^2)$$

显然,这个关于 $v_{OUT}$ 的方程 $0.5v_{OUT}^2 - \left(v_{IN} - V_{TH} + \frac{1}{2R\beta_n}\right)v_{OUT} + \frac{V_{DD}}{2R\beta_n} = 0$ 是二次代数方程,求解获得 $v_{OUT}$ 和 $v_{IN}$ 之间的函数关系,舍弃不合物理意义的解($v_{OUT}$ 随 $v_{IN}$ 增加而增加),保留符合物理意义的解($v_{OUT}$ 随 $v_{IN}$ 增加而减小),为

$$v_{OUT} = \left(v_{IN} - V_{TH} + \frac{1}{2R\beta_n}\right) - \sqrt{\left(v_{IN} - V_{TH} + \frac{1}{2R\beta_n}\right)^2 - \frac{V_{DD}}{R\beta_n}} \tag{E2.5.3}$$

下面我们以 $v_{IN}$ 为横轴,以 $v_{OUT}$ 为纵轴,作出 $v_{IN}$ 到 $v_{OUT}$ 之间的转移关系曲线,如图 E2.5.10 所示。

**3. 对解的解析:逻辑求非与反相放大**

从图 E2.5.10 可知:①该电路具有反相器作用,即输入为高电平时,输出为低电平,输入为低电平时,输出为高电平,因而这个电路可以实现逻辑求非运算,可以当成非门电路。NMOS 作为非门时,要求它要么工作在欧姆导通区,要么工作在截止区。②在恒流导通区,输出电压和输入电压转移特性曲线在一定程度上可以用直线替代,因而该区域反相器可以作为反相放大器使用。所谓反相放大器,就是输出信号相位和输入信号相位差 $180°$ 的放大器。但是对于本例设置($R = 1.5\text{k}\Omega$),反相放大器的放大倍数(转移特性曲线斜率负值)不会超过 2,因而并不适宜做放大器使用。

当晶体管工作于恒流导通区时,反相器电路可以实现信号的放大,如何实现信号放大呢?如图 E2.5.11 所示,假设某二端口网络由晶体管、电阻和直流电压源构成,该二端口网络的输入电压、输出电压之间的转移特性曲线为反相转移特性曲线,我们只需令输入电压中包含直流分量和小信号交流分量:

$$v_{IN}(t) = V_{IN0} + v_{in}(t) \tag{E2.5.4a}$$

输入直流分量 $V_{IN0}$ 对应工作点 $Q$ 的输出直流分量为 $V_{OUT0}$,只要输入的交流信号 $v_{in}(t)$ 幅度足够小,那么反相转移特性曲线在 $Q$ 点就可以用直线抽象,于是有

$$v_{OUT}(t) = V_{OUT0} + v_{out}(t) = V_{OUT0} - A_v v_{in}(t) \tag{E2.5.4b}$$

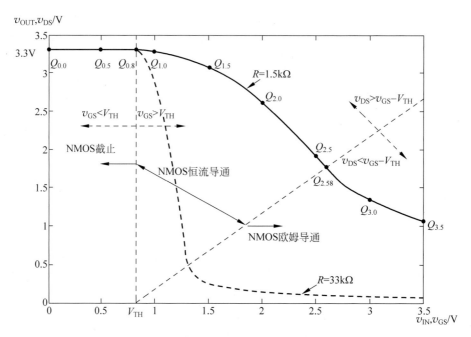

图 E2.5.10 反相器输入输出转移特性曲线

虽然输出电压和输入电压之间不是线性关系,但输出电压中的交流小信号和输入电压中的交流小信号却是线性放大关系:

$$v_{out}(t) = -A_v v_{in}(t) \qquad (E2.5.5)$$

其中电压放大倍数 $-A_v$ 为转移特性曲线在 $Q$ 点的斜率,其中的负号表明,这是一个反相放大器,这里的放大只针对交流小信号。

**练习 2.5.10** 在评述图 E2.5.10 反相转移特性曲线时,说可以用来实现非门和反相放大器,我们用图 E2.5.11 说明了什么叫反相放大,请用类似的方法,用信号波形来说明如何实现非门。所谓非门,即当输入为逻辑 0(低电平)时,输出为逻辑 1(高电平),当输入为逻辑 1(高电平)时,输出为逻辑 0(低电平)。

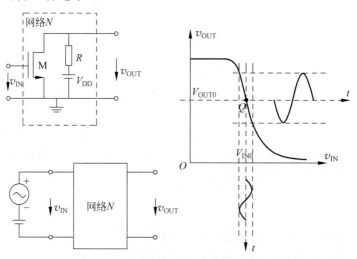

图 E2.5.11 利用反相转移特性曲线实现信号放大

提示：假设输入为逻辑 0、1 之间的翻转波形，可用方波表述。

**练习 2.5.11**　从图 E2.5.11 可知，若要实现大的电压增益，选取的工作点 $Q$ 位置的斜率就应该足够大。请用 MATLAB 画出图 E2.5.10 例 2.5.2 的反相转移特性曲线以及在各个工作点的斜率（电压增益），研究其工作点位置 $Q(V_{\text{IN0}}, V_{\text{OUT0}})$ 如何选取比较适当。

提示：应注意什么叫适当。

**练习 2.5.12**　例 2.5.2 电路设置用作电压放大器使用时，它的电压放大倍数有点小了。现在修改电路参数，将偏置电阻 $R$ 修正为 33kΩ，请用 MATLAB 画出该反相器的反相转移特性曲线（图 E2.5.10 中的虚线）以及在各个工作点的微分斜率（电压增益）。如果我们希望获得一个电压增益为 10 的反相放大器，工作点 $Q(V_{\text{IN0}}, V_{\text{OUT0}})$ 应如何设置？电路如何配置才能实现？

前面对反相器电路的分析是基于非线性电路方程的求解，对于简单方程尚可解析求解，如本例；但对于复杂的非线性方程，解析求解就是一种奢求，只能通过计算机辅助进行数值求解。我们需要更有效的方法来理解电路原理，而不是花费大量精力去求解数学方程。因而从第 3 章开始，我们在讨论电路定律、电路定理的同时，引入了除电阻、电源之外新的衍生元件——受控源元件和负阻元件，包括本章引入的开关元件，这些衍生元件的引入，使得电路分析变得符号化，电路分析不再纯粹是数学方程求解问题，而是符号化的电路理解、分析和求解问题，用电路语言而非数学语言理解电路问题，电路分析将变得简单和容易理解。

同学在学习本书时，需要在电路思维方式和数学方程求解的来回转换过程中将它们融于一体，从而深刻理解电路，并慢慢步入电路设计的殿堂。

**4. 其他类型的晶体管**

本书中有两种晶体管要求掌握，MOSFET 和 BJT，这两种晶体管具有十分类似的器件特性。前文仅给出了 NMOSFET 的伏安特性和应用例子，对 PMOSFET、NPN-BJT、PNP-BJT 的讨论将放到第 4 章重点考察。

图 2.5.11 是上述四个器件的电路符号，在很多电路的原理性分析中，NMOSFET 和 NPN-BJT 可以相互置换，PMOSFET 和 PNP-BJT 可以相互置换。

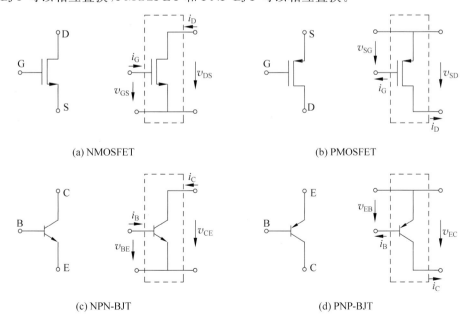

(a) NMOSFET　　　　　　　　　　(b) PMOSFET

(c) NPN-BJT　　　　　　　　　　(d) PNP-BJT

图 2.5.11　MOSFET 和 BJT 晶体管电路符号与基本二端口电阻网络描述

MOSFET 有三个端,控制端为栅极(gate),有箭头的一端为源极(source),箭头表示电流流动方向,另一端为漏极(drain)。图 2.5.11(a/b)给出了 NMOSFET 和 PMOSFET 的以源极为公共端点的二端口网络端口定义。

BJT 有三个端,控制端为基极(base),有箭头的一端为发射极(emitter),箭头表示电流流动方向(PN 结正偏方向),另一端为集电极(collector)。图 2.5.11(c)和(d)给出了 NPN-BJT 和 PNP-BJT 的以发射极为公共端点的二端口网络端口定义。

更详尽的晶体管分析见第 4 章。

### 2.5.6　等效电阻

凡是端口电压、电流关系可以用代数方程描述的电路网络,都可以视为电阻网络,可称之为单端口电阻网络、多端口电阻网络,如一般的电阻器是单端口电阻网络,三端晶体管可视为二端口电阻网络。

还有一些电路网络,在它们的工作频率上不能简单地用代数方程描述,但是该网络消耗电能,那么这部分耗能则可用电阻来抽象,该网络的电路模型中则存在着等效电阻元件。

## 2.6　各种形式的电源

电源有独立源(independent source)和非独立源(dependent source)两类。独立源的电能或信号来源独立于被考察电路系统,它可自在地为电路系统及其负载提供电能供给或信号激励;非独立源的电能和信号来自为电路系统提供能量或信号的独立源,它不自在,但在独立源的能量供给或信号激励下同样可以为电路系统及其负载提供电能供给或信号激励。

独立电源将某种形式的能量转换为电能,依其物理机制可等效为电压源或电流源。如化学电池往往被等效为电压源,在一定负载条件下其内阻很小;太阳能电池则可等效为电流源,在一定负载条件下其内导很小。

传感器对电路系统而言,往往被视为独立信号源。传感器将外部物理量的变化转换为电信号的变化,或者说,传感器输出的电信号随外界物理量变化而变化。有些传感器需要加载直流偏置电压源,它将外界物理量变化转化为电量变化的同时,将直流偏置电压源的电能转换为体现电量变化的交流电能,如光电二极管;有些传感器直接耦合外部电磁能量并将其转化为电路信号电能,如天线和变压器;有些传感器将外部物理量变化转化为电量变化,其实就是将该物理量的载体能量形式转化为电能形式,如热电偶。

非独立源需要独立源为其提供电能和信号。非独立源包括能够将直流偏置电源直流能量转换为交流能量的晶体管、负阻器件,这些换能器件和直流偏置电源可共同等效为受控源、微分负阻等,上述形态的等效受控源和微分负阻都是有源的。然而受控源描述的是端口和端口之间的作用关系,因而只要存在相互作用关系,则可抽象出受控源,因而并非所有的受控源等效都是有源的,如互阻、互导、互感、互容等效受控源单独看似乎有源,但整体看却仍然是无源的,见第 3 章、第 6 章讨论。电能转换电路(整流器、稳压器、逆变器、变压器)也可被视为一种形式的非独立源,这些非独立源和为其供能的独立源在整体上被视为独立源。

受控源、等效负阻、电能转换电路这三类非独立源将会在后续各章,如第 3、4、5、6、9、10 等章陆续展开讨论,本节只考察独立源。独立源又分为提供电能的电源(power supply)和提供信号的信号源(signal source)。下面我们举几个独立源的例子:①交流源,如交流发电机。

②直流源,如化学电池和太阳能电池。上述三个例子都是电源,而下面所述则是信号源的例子。③传感器等效信号源,如光电二极管和天线。④实际电子系统中输出信号变化是人为设计的信号发生器。⑤噪声源。

独立源一定是有源的,它可以独立地向外提供电能。非独立源的有源性则需具体情况具体分析,与非独立源的边界划分或端口定义有关。

### 2.6.1　交流发电机

各种形式的交流发电机可将其他能量形式转换为交流电能输出。水在高处具有势能,向下流动势能则转化为动能,推动水电发电机的涡轮转动,带动磁体相对闭合回路旋转,闭合回路切割磁力线则会产生感应电动势。换句话说,这个过程中水的势能被转化为电能。保持涡轮的匀速旋转,则可以正弦波电压形式输出电能。

水能、风能、热能均可以用来发电。可用交流发电机产生交流电能,也可用直流发电机产生直流电能。

发电机多被抽象为恒压源。

### 2.6.2　直流电池

#### 1. 化学电池

化学电池通过氧化还原反应将化学能转换成电能。图 2.6.1 是化学电池的照片及某个化学电池的端口伏安特性曲线示意图,可见化学电池内阻是非线性的,其中有一段近似恒压,只要我们选择合适的负载(不要过小),电池就可以工作在该恒压区段,从而电池被近似视为恒压源。

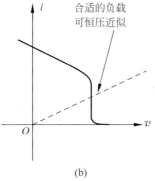

| 电池 | 内阻 |
|---|---|
| 9V 锂电池 | 18Ω |
| 9V 碱性电池 | 1Ω |
| AA 碱性电池 | 150mΩ |
| AA 镍氢电池 | 20mΩ |
| D 镍镉碱性电池 | 9mΩ |
| 铅酸电池 | 6mΩ |
| 氧化银电池 | 10Ω |

(a)　　　　　　　　(b)　　　　　　　　(c)

图 2.6.1　化学电池伏安特性曲线示意图

化学电池一般都被等效为电压源,要求其内阻越小越好。然而即使工作在近似恒压区,其内阻也不可能为零。有较大内阻的电池提供脉冲大电流的能力较差,同时电池内阻也通常会随电池放电能流失而有所增加,如 AA 碱性电池,最初内阻为 $0.15\Omega$,放电 $50\%$ 后,内阻则变化为 $0.30\Omega$,放电 $90\%$ 后,内阻则增加到 $0.75\Omega$。图 2.6.1 的表中给出了一些典型化学电池的初始内阻。

#### 2. 太阳能电池

太阳能电池其实就是 PN 结二极管,这种 PN 结的结构是特殊设计的,可以充分接受阳光照射,并将光能转化为电能。图 2.6.2(b)是太阳能电池的伏安特性曲线,该曲线可以用恒流源和二极管的并联来等效,如图 2.6.2(c)所示,二极管提供 PN 结自身的伏安特性曲线形态,电流源代表光能的转化,其大小由光通量决定。如果没有外来光照,电流源电流则为 0,剩下的就只是二极管伏安特性曲线了。注意到,由于电池端口关联参考方向与普通二极管的端口关联参考方向不同,因而去除光源后的二极管伏安特性曲线的正偏导通区被翻转到了第四象限。

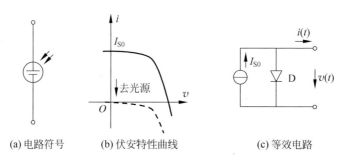

(a) 电路符号　　　　(b) 伏安特性曲线　　　　　　(c) 等效电路

图 2.6.2　太阳能电池电路符号、伏安特性曲线及等效电路

### 3. 线性化内阻抽象

从上面两个电池的伏安特性曲线可知,直流电池的内阻在大范围内看是非线性电阻,如果负载变动不大,那么在一定的负载范围内,电源内阻可视为线性内阻,在这个范围内,电源可以用具有线性内阻的电源建模。至于是用戴维南形式还是用诺顿形式,则需考察负载电阻和电源内阻大小关系。如图 2.6.3 所示,如果负载电阻远大于电源内阻,则多采用戴维南形式,以逼近恒压源的零内阻,负载电压近似为源电压(伏安特性曲线在横轴上的截距);如果负载电阻远小于电源内阻,则多采用诺顿形式,以逼近恒流源的无穷内阻,负载电流近似为源电流(伏安特性曲线在纵轴上的截距)。

**练习 2.6.1**　如图 E2.6.1 所示,这是某 5V 直流电压源的伏安特性曲线。该电压源的工作电流范围是小于 3A,也就是说,如果输出电流大于 3A,该电源将自我保护,不再有电压输出,因而其伏安特性曲线只画了这一段。请建立这个电压源在正常工作区段内的线性内阻等效电路模型。

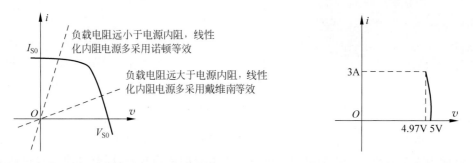

图 2.6.3　线性化内阻直流电源抽象　　　　　图 E2.6.1　某电压源伏安特性曲线

电路抽象经常喜欢走极端,极端抽象的结果使得电路问题的处理变得简约,因而可以从实际电源伏安特性曲线中抽象出线性内阻电源、恒压源、恒流源,这些抽象出来的简单电源特性又反过来为实际电源的设计立下了一个标杆,我们在实现实际器件时应力图使得它的伏安特性接近于理想,如直流电压源在设计时应尽可能地让它的端口伏安特性接近于理想的恒压特性。

**4. 电源额定功率**

前述最大功率传输匹配条件 $R_L = R_s$ 以及电源额定功率 $P_{s,max} = V_{S0}^2/4R_s$ 的分析结果,针对的是线性内阻电源。对于非线性内阻电源,其第一象限内,能够作出的最大矩形面积是其额定功率,这个定义对线性内阻电源同样成立。图 2.6.4 给出了线性内阻直流电源、化学电池、太阳能电池、理想电池的情况。注意到计算额定功率的矩形宽度为电源端口电压,矩形高度为电源端口电流,端口电压与端口电流之积的最大值,显然就是电源能够输出的最大功率,定义电源能够输出的最大功率为额定功率。

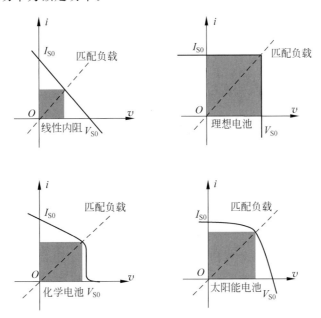

图 2.6.4　直流电源匹配负载与额定功率

对于线性内阻直流电源,只要负载电阻等于电源内阻,则可获得最大矩形面积。注意到,最大功率传输匹配时,仅从等效电路这个角度看,负载获得了等效源输出的一半功率,另外一半功率被源的等效内阻消耗了。

化学电池的能量源于电池内部材料化学键重组释放的化学能,它是有限度的,化学反应全部完成后,电池则无法再向外提供电能。换句话说,其伏安特性曲线中"源"的体现,也就是在两个坐标轴上的截距将会随时间延后而变小。太阳能电池的能源来自太阳光能,在人类寿命尺度上太阳光能是无穷尽的,虽然太阳能电池的"源"输出也会发生变化,但是改变两个截距的不是使用时间(不考虑器件老化),而是照射光的光通量。化学电池的储能是有限度的,化学电池的负载电阻一般不取匹配负载,而是取阻值远远大于匹配负载阻值的电阻,使得它工作于近似恒压区段,在该区段,电池等效内阻极小,接近恒压特性,可以认为电池内耗小,电池能量的利用效率很高。对于太阳能电池,其能量来源没有穷尽,因而应设法令其工作于匹配负载条件下,从而获得最大的额定输出功率。

对于太阳能电池产品而言,我们希望该产品的内耗越小越好,光电转换效率越高越好,因而希望图 2.6.4 中矩形面积和伏安特性曲线围于第一象限的面积足够接近。图中给出的理想电池,其伏安特性曲线在第一象限所围就是最大矩形本身,具有最理想的特性:在匹配负载条件下,可输出额定功率;在任意负载条件下,负载都可获得"源"的全部输出功率,因为源内阻要么为零,要么为无穷,内阻都不消耗源输出的电能,可理解为源输出的电能全部送给了负载。

### 2.6.3 传感器等效信号源

传感器用来将外界某种物理量的变化转化为电路中的电量变化,是信息采集器,是电路系统的信号源,很多电子信息处理系统处理的就是这类信号。传感器类型很多,包括压力、湿度、磁感应、光感应等传感器,下面仅举两个例子说明传感器实现的等效信号源,一个是光电二极管,另一个是接收天线。

#### 1. 光电二极管

图 2.6.5 所示的光电二极管是光传感器,它也是一个 PN 结二极管,其符号上画的两个斜箭头代表光线进入半导体,光强度的变化被转化为电信号。其伏安特性曲线与太阳能电池类似,但它们的应用区域不同。太阳能电池用的是图 2.6.5 所示的伏安特性曲线的第四象限(向外释放电能),而光传感器用的则是第三象限(从外吸收偏置电压源的电能)。

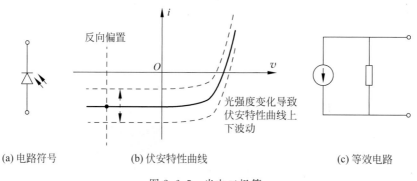

(a) 电路符号　　　　　(b) 伏安特性曲线　　　　　(c) 等效电路

图 2.6.5　光电二极管

光电二极管首先被直流偏置电压源偏置在反偏区,随着光强度的变化,其端口电流也发生变化,由于反偏区的伏安特性几乎平直,故而其电路模型就是一个具有极大内阻的电流源,如图 2.6.5(c)所示,源电流代表的就是光强大小及其变化信息,后级电路系统对该信息进行处理,由此可以实现光耦合、光通信。

#### 2. 接收天线

收音机、电视机、手机等接收射频信号的射频接收机,则需要一根天线将空间辐射的电磁波转化为电路可处理的电压或电流。对接收机电路而言,它受到天线从电磁波转化过来的电压信号的激励,因而天线对接收机系统而言可等效为信号源。接收天线的等效电路模型中除了源之外,还有线性内阻、谐振电容和谐振电感,在特定频点或一个频段之内,电容和电感谐振抵消,接收天线可等效为具有线性内阻的交流信号源。由于接收天线收到的射频信号极为微弱,因而后续的接收机电路等效的负载电阻一般应尽可能接近信号源内阻,以确保后级接收机电路获得足够高的信号能量,以提高整个接收机系统的灵敏度。

所谓灵敏度,犹如人耳,灵敏度高则能听到微弱声音,灵敏度低则听不到微弱声音。接收机灵敏度越高,能够接收的射频信号就越微弱,通信距离就可以更远。接收机灵敏度与构成接收机的天线、滤波器、放大器的噪声有关,这些器件附加的额外噪声越大,接收机灵敏度就越低。

#### 3. 信号无失真

对于上述提供信息的信号源,对其要求多是能够提供无失真的“源信号”。所谓无失真,指的是负载获得的信号波形(信息)和源(恒压源抽象、恒流源抽象)发出的信号波形(信息)之间不存在波形形状上的差别,以保真信息。(1)这或者要求内阻是线性内阻,此时负载电阻多为线性电阻且等于线性内阻,从而负载获得最大功率传输且信号无失真;(2)或者要求电流源负载为极小电阻,接近于短路,从而负载电流近似等于源电流,信号近似无失真;(3)或者要求电压源负载为极大电阻,接近于开路,从而负载电压接近于源电压,信号近似无失真。接收天线属于第一种情况,即线性内阻等效,一般要求负载为最大功率传输匹配负载,光电二极管则属第二种情况,即恒流源等效,其负载可以是输入阻抗近似为 0 的流压转换器(流控压源),以确保信号无失真传输到后级,便于进一步的处理。

### 2.6.4　信号发生器

电子信息处理系统实际处理的信息一般都是传感器转换而来的电子信息,或者是通信系统传递过来的电信息,或者是前一个系统处理后的电信息等。在处理过程中,有可能需要一些周期信号辅助,例如很多数字系统需要时钟协调整个电路的工作时序,射频通信系统需要正弦信号或脉冲信号完成调制解调、上下变频等,测量仪器需要锯齿波实现扫描,电路调试需要方波、正弦波、已调波等作为激励源以研究其传输特性,等等,实验室的信号发生器可以产生我们需要的诸多周期信号。

信号发生器内部核心电路是振荡器,振荡器后接缓冲器(放大器、衰减器)隔离降低外部负载对振荡器的影响。放大器和振荡器都是本课程将要考察的重要功能电路。

### 2.6.5　噪声源

前面讨论的电源都是我们精心设计的能量转换电路或信号产生电路,用于提供电能或信号激励。实际信号中还存在着我们不希望看到的信号,如噪声。当噪声比较大时,将会影响电路的正常工作:电路是用来处理有用信号的,处理后的信号如果被噪声淹没而不能用时,电路也就没有应用价值了。那么噪声自何而来? 一般来说,除了信源发出信号自身携带的噪声以外,处理信号的电路器件产生的噪声也会附加其上,这些噪声包括电阻热噪声、PN 结散粒噪声、低频段与频率成反比关系的闪烁噪声等(见附录 14)。这些器件噪声都是随机信号,其平均值虽然为零,但功率不为零,它们造成了对有用信号的干扰。

除了这种随机的器件噪声外,还有一些被称为干扰的噪声信号,它们可能来自电路外部,通过某种耦合机制,如互阻、互导、互容、互感,进入到电路内部,这些耦合机制普遍存在,可通过电源线、地线、互连线等回路形式以及结点形式发生。干扰也可能来自电路内部,如器件非线性失真产生的杂散信号等。

在进行系统噪声特性研究时,可以通过某种物理机制人为地制造噪声源,但这种噪声源不是我们关心的,本节只关注电路器件自身产生的随机噪声,重点考察电阻热噪声,这是由于电阻热噪声存在于所有包含导体物质的电路器件中,是一种加性的白噪声,其频谱宽度覆盖了目前电路系统的全频带。

#### 1. 电阻热噪声

线性时不变电阻的元件约束关系用欧姆定律式(2.4.5)描述,这个表达式是通过实验获得的。实验中,端口电压、端口电流都比较大,给出的过原点的直线是很多次测量拟合后的结果。事实上,当端口电压、端口电流很小,里面包含的噪声可以与外加电压电流信号相比拟时,端口电压、电流则无法测准,因为信号上叠加了随机的噪声。

　　为什么会有噪声呢？一种是外加信号本身就包含噪声,这是信号源产生的,另一种就是电阻中存在着热噪声。我们在定义电流的时候,把电流当成一个连续电量。但是电流是由一个个离散的电子或者离子的运动形成的,因而电流并非真正连续。在电场作用下带电粒子定向运动形成电流,但还存在其他各种因素扰乱带电粒子的定向运动,如热运动。在金属导体内部,电子热运动犹如空间中的气体分子热运动,这种随机运动叠加在定向运动中,就形成了电流中的噪声电流,这种噪声就是热噪声。没有外加电场作用时,这种热噪声电流仍然存在,表现在电阻的开路端口电压(戴维南电压)或短路端口电流(诺顿电流)不为零上,也就是说,实际真实的电阻器,其电路模型如图 2.6.6 所示,它可以用一个噪声源和理想无噪电阻的组合来拟合其实际特性,其中理想无噪电阻具有欧姆定律约束的元件关系,而噪声电压和噪声电流都很小,只有当电路中的有用信号很微弱时,噪声电压或噪声电流的作用才会显露出来,当电路中的有用信号很强时,噪声电压或噪声电流的作用则被信号掩盖而被忽略。

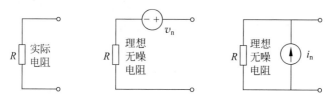

图 2.6.6　电阻热噪声电路模型

　　图 2.6.7 是一段噪声电压波形,它无法用确定性函数予以描述,但噪声功率却是确定值,我们往往用噪声功率折算的均方根值表示噪声电压(或噪声电流):

$$v_{\mathrm{n,rms}} = \sqrt{\overline{v_{\mathrm{n}}^2}} \qquad (2.6.1)$$

$$\overline{v_{\mathrm{n}}^2} = \lim_{T \to \infty} \frac{1}{T} \int_{t_0}^{t_0+T} v_{\mathrm{n}}^2(t)\,\mathrm{d}t \qquad (2.6.2)$$

对于电阻热噪声,噪声电压均方值为

$$\overline{v_{\mathrm{n}}^2} = 4kTR\Delta f \qquad (2.6.3)$$

其中,$k = 1.38 \times 10^{-23}$ J/K 是玻尔兹曼常数,$T$ 是绝对温度,对于室温 17℃,$T = 290$K,$R$ 为电阻阻值,$\Delta f$ 为所考察的系统带宽。

图 2.6.7　一段噪声电压波形

　　**例 2.6.1**　在常温($T = 290$K)下的 1kΩ 电阻与带宽为 3.1kHz 的理想滤波网络连接,滤波网络输出端口的噪声电压有效值为多少？

　　**解:**

$$\overline{v_{\mathrm{n}}^2} = 4kTR\Delta f = 4 \times 1.38 \times 10^{-23} \times 290 \times 1 \times 10^3 \times 3.1 \times 10^3 = 4.96 \times 10^{-14}\,(\mathrm{V}^2)$$

$$v_{\mathrm{n,rms}} = \sqrt{\overline{v_{\mathrm{n}}^2}} = \sqrt{4.96 \times 10^{-14}} = 2.23 \times 10^{-7}\,(\mathrm{V}) = 0.223\,(\mu\mathrm{V})$$

　　计算中之所以取 290K 作为常温,是因为此温度下,$kT = 4 \times 10^{-21}$J 的数值比较容易记忆。从结果来看,噪声电压很小且其平均值为 0,因而噪声分析属交流小信号分析。在噪声作用下,电路器件端口电压、端口电流都是在极为微小的范围内波动,故而对噪声而言电路器件均可视为线性器件,从而噪声分析属线性电路分析。

**练习 2.6.2** 图 2.6.6 中给出的戴维南形式的电阻热噪声电压 $v_n(t)$,已知其噪声电压均方值为式(2.6.3),对于诺顿形式的电阻热噪声电流 $i_n(t)$,给出其噪声电流均方值表达式。

**2. 信噪比**

无论有无信号,器件噪声都是存在的。当信号加载到电路系统后,电路系统在进行信号处理的同时,会叠加噪声到信号之上。如果信号功率远大于噪声功率,那么信号所携带的信息一般不会遭受多大损失。但是如果信号功率很微弱,那么噪声就有可能淹没信号,使得信号所携带的信息严重受损。我们用信噪比来描述信号的质量:

$$\mathrm{SNR} = \frac{P_s}{P_n} \tag{2.6.4}$$

其中,$P_s$ 和 $P_n$ 分别是有用信号功率和噪声功率。信噪比越高,信号质量就越好;信噪比越低,信号质量就越差。信噪比这个比值可能是个很大的数,我们往往用 dB 数来表述它。

**例 2.6.2** 某接收机天线接收到的射频信号带宽为 200kHz,当天线端口信噪比为 20dB 时,测得信号功率为 −100dBm。工程师在调试接收机电路时,在天线端口并联了一个 50Ω 电阻忘了取下,同样的接收条件下,天线端口的信噪比下降了多少 dB? 已知天线等效内阻为 50Ω。

**解**:注意到电阻和天线是并联关系,采用诺顿源等效比较适当,如图 E2.6.2 所示,源电流中包括有用信号电流 $i_s$ 和噪声电流 $i_{sn}$。

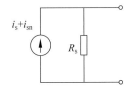 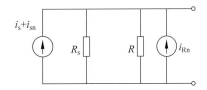

天线端口等效诺顿电流源　　天线端口等效诺顿电流源　端口并联电阻及其噪声

图 E2.6.2 信号与噪声

根据式(2.6.4),有

$$\mathrm{SNR} = \frac{P_{s,\max}}{P_{n,\max}} = \frac{\dfrac{1}{4}\dfrac{I_{s,\mathrm{rms}}^2}{G_s}}{\dfrac{1}{4}\dfrac{I_{sn,\mathrm{rms}}^2}{G_s}} = \left(\frac{I_{s,\mathrm{rms}}}{I_{sn,\mathrm{rms}}}\right)^2 \tag{E2.6.1}$$

这里,信号功率和噪声功率都采用源的额定功率,表达式中,$G_s = 1/R_s$ 为信源内导,$I_{s,\mathrm{rms}}$ 为源电流中有用信号的电流有效值,$I_{sn,\mathrm{rms}}$ 为源电流中噪声的电流有效值。用 dB 数表述,为

$$\mathrm{SNR}(\mathrm{dB}) = 10\log\frac{P_{s,\max}}{P_{n,\max}} = 10\log\frac{P_{s,\max}}{1\mathrm{mW}} - 10\log\frac{P_{n,\max}}{1\mathrm{mW}} = -100\mathrm{dBm} - N = 20\mathrm{dB}$$

故而

$$N = -100\mathrm{dBm} - 20\mathrm{dB} = -120\mathrm{dBm}$$

换算为正常的功率值和电流值,有用信号和噪声的功率与电流有效值分别为

$$P_{s,\max} = 10^{\frac{-100}{10}} \times 1\mathrm{mW} = 1 \times 10^{-13}\,\mathrm{W}$$

$$P_{sn,\max} = 10^{\frac{-120}{10}} \times 1\mathrm{mW} = 1 \times 10^{-15}\,\mathrm{W}$$

$$I_{s,rms} = \sqrt{\frac{4P_{s,max}}{R_s}} = \sqrt{\frac{4 \times 10^{-13}}{50}} = 89.4(nA)$$

$$I_{sn,rms} = \sqrt{\frac{4P_{sn,max}}{R_s}} = \sqrt{\frac{4 \times 10^{-15}}{50}} = 8.94(nA)$$

现在天线端口并联了一个 $50\Omega$ 电阻,该电阻提供一个噪声电流,这个噪声电流的有效值为

$$I_{Rn,rms} = \sqrt{4kTG\Delta f} = \sqrt{4 \times (1.38 \times 10^{-23}) \times (290) \times (20 \times 10^{-3}) \times (200 \times 10^3)}$$
$$= 8(nA)$$

如果没有特别说明,温度一般取常温 290K。

如图 E2.6.2 所示,现在看天线端口,两个电流源电流是叠加的,故而端口等效诺顿电流(端口短路电流)为

$$i_{Ns}(t) = i_s(t) + i_{sn}(t) + i_{Rn}(t)$$

用均方值表征该电流源的信号功率,包括有用信号功率和噪声信号功率,

$$\overline{i_{Ns}^2(t)} = \overline{(i_s(t) + i_{sn}(t) + i_{Rn}(t))^2}$$
$$= \overline{i_s^2(t)} + \overline{i_{sn}^2(t)} + \overline{i_{Rn}^2(t)} + 2\overline{i_s(t)i_{sn}(t)} + 2\overline{i_{sn}(t)i_{Rn}(t)} + 2\overline{i_{Rn}(t)i_s(t)}$$
$$= \overline{i_s^2(t)} + \overline{i_{sn}^2(t)} + \overline{i_{Rn}^2(t)}$$
$$= I_{s,rms}^2 + I_{sn,rms}^2 + I_{Rn,rms}^2$$
$$= (89.4nA)^2 + (8.94nA)^2 + (8nA)^2 = (89.4nA)^2 + (12nA)^2$$

上述计算中,认为天线接收到的有用信号电流 $i_s(t)$、信源噪声电流 $i_{sn}(t)$、电阻热噪声电流 $i_{Rn}(t)$ 是不相关的,故而 $\overline{i_s(t)i_{sn}(t)} = 0$,$\overline{i_{sn}(t)i_{Rn}(t)} = 0$,$\overline{i_{Rn}(t)i_s(t)} = 0$。

显而易见,天线端口并联了 $50\Omega$ 电阻后,同样的接收条件,原来的 20dB 信噪比现在降低为

$$SNR(dB) = 20\log\frac{I_{s,rms}}{I_{n,rms}} = 20\log\frac{89.4nA}{12nA} = 17.4dB$$

信噪比下降了 2.6dB,信号质量降低了,接收机灵敏度将因而下降。

## 2.7　习题

**习题 2.1**　电子流过某根导线的截面,通过该截面的电荷量的变化规律为

$$q(t) = (5\sin(2\pi f_1 t) + 2\cos(2\pi f_2 t) + 10000t)(\mu C)$$

其中,$f_1 = 1kHz$,$f_2 = 3kHz$。

(1) 通过该截面的电流变化规律是什么?

(2) 求 $t = 50ms$ 时的电流大小。

**习题 2.2**　某正弦波输出的交流电源以 $270mA_{rms}$ 的电流流过某灯泡 1 小时,灯泡以光和热的形式耗散了 216kJ 的能量。求:

(1) 灯泡两端电压为多少 $V_{rms}$?

(2) 灯泡的等效电阻阻值为多少?

(3) 灯泡消耗了多少瓦时的电能?

**习题 2.3**　如果流入某单端口元件的电流为 $i(t) = 50\cos(100\pi t)(mA)$,在端口关联参考方向定义下,该元件两端电压为

(a) $v(t) = 1000i(t)$

(b) $v(t) = 0.003 \dfrac{\mathrm{d}i(t)}{\mathrm{d}t}$

(c) $v(t) = 10 + 10000 \displaystyle\int_0^t i(\tau)\mathrm{d}\tau$

上述表达式中,电压单位为伏特,电流单位为安培。请问:

(1) $t = 3\mathrm{ms}$ 时,该元件吸收功率为多少?

(2) 长时间看,该元件吸收的平均功率是多少?

(3) 判断(a)、(b)、(c)三种情况各为什么元件? 根据上述计算结果给出关于这三个元件功耗的论断。

**习题 2.4** 假设加载到线性时不变元件电阻 $R$ 和电容 $C$ 两端的电压均为 $v(t) = V_\mathrm{m}\sin\omega t$,求流过电阻和电容的电流 $i(t)$,并以 $v$ 为横轴,$i$ 为纵轴,画出上述电压、电流随时间变化在 $vi$ 平面上形成的轨迹,由此说明:(1)电阻上的正弦电压、电流轨迹为过原点的直线,仅出现在第一、三象限,故而为耗能元件(有损元件);(2)电容上的正弦电压、电流轨迹为绕原点的椭圆,依次在第一象限吸能、第四象限释能、第三象限吸能、第二象限释能循环往复,吸收的能量可以全部释放出去,故而是无损元件。

**习题 2.5** 某阴极射线管中的电子束每秒可发射 $10^{15}$ 个电子,我们希望加速电子束,使得电子束具有 $10\mathrm{W}$ 的功率,请问需要多大的驱动电压?

**提示**:电子运动形成电流,并不要求电子必须在导体内部。

**习题 2.6** 家用电器设备采用的 $220\mathrm{V}$,$50\mathrm{Hz}$ 市电是正弦波电压,其有效值为 $220\mathrm{V}$,其峰值为多少? 其峰峰值为多少?

**习题 2.7** 如图 E2.7.1 所示,恒压源和电阻两个单端口网络对接,在 $vi$ 坐标系中画出两个元件的伏安特性曲线,求交点对应的电压、电流,给出负载电阻上的电压电流表达式:

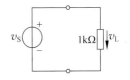

图 E2.7.1 电压源驱动负载电阻

(a) 电压源为直流电压源 $v_\mathrm{S}(t) = V_\mathrm{S0} = 10\mathrm{V}$

(b) 电压源为交流电压源 $v_\mathrm{S}(t) = 10\cos\omega t\,(\mathrm{V})$

**习题 2.8** 对于开关的属性有不同的看法,论证如下结论:

(1) 图 E2.7.2(a)开关是线性时变电路;

(2) 图 E2.7.2(b)开关是非线性时不变电路;

(3) 图 E2.7.2(c)开关是非线性时变电路;

(4) 图 E2.7.2(d)开关是非线性时不变电路。

其中,控制端电压大于 0 开关闭合,控制端电压小于 0 开关断开。

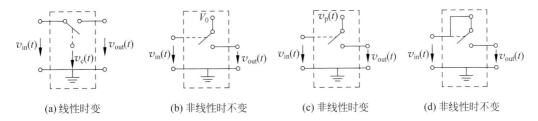

(a) 线性时变    (b) 非线性时不变    (c) 非线性时变    (d) 非线性时不变

图 E2.7.2 开关不同连接方式形成的二端口网络具有不同属性

**提示**：电路中孤立结点圆圈符号上标记的电压符号表示该结点和参考地结点之间的端口电压。如果该端口是电路网络的对外端口，该端口可接激励源或负载阻抗，对应图中的 $v_{in}(t)$ 和 $v_{out}(t)$ 端口；如果该端口是电路网络的内部端口（不对外），该端口则默认接恒压源：如图 E2.7.2(b) 开关的一个连接端点上标记 $V_0$，表明该结点和地结点之间接直流恒压源 $V_0$，而 E2.7.2(c) 开关的结点则和参考地之间接交流恒压源 $v_p(t)$，图 E2.7.2(a) 开关控制端点和参考地直接接交流恒压源 $v_c(t)$。在虚框外部的则为对外端口，如图所示的虚框二端口网络两个端口电压分别为 $v_{in}(t)$ 和 $v_{out}(t)$，表明前者为输入端口，后者为输出端口，分析时，输入端口一般接源激励，输出端口一般接负载电阻。

**习题 2.9** 半波信号 $v_{half\_wave}(\omega t)$ 可以表述为正弦信号 $V_p \cos\omega t$ 与开关信号 $S_1(\omega t)$ 之积，

$$v_{half\_wave}(\omega t) = V_p \cos\omega t \, S_1(\omega t) = \begin{cases} V_p \cos\omega t, & \cos\omega t > 0 \\ 0, & \cos\omega t < 0 \end{cases}$$

其中开关信号的傅立叶级数展开为

$$S_1(\omega t) = \begin{cases} 1, & \cos\omega t > 0 \\ 0, & \cos\omega t < 0 \end{cases}$$
$$= \frac{1}{2} + \frac{2}{\pi}\cos\omega t - \frac{2}{3\pi}\cos3\omega t + \frac{2}{5\pi}\cos5\omega t - \cdots$$

求半波信号的傅立叶级数展开，由此说明半波信号中的直流分量、基波分量和高次谐波分量大小。

**习题 2.10** 已知方波电压为 $V_0 S_1(t)$，其直流分量和电压幅度有效值分别为多少？

**习题 2.11** 如图 E2.7.3(a) 所示，这是一个 NMOS 反相器电路（二端口网络）。图中标记 $V_{DD}$ 的圆圈是内部结点，它和地结点之间为直流恒压源 $V_{DD}$，标记 $v_{IN}$ 的圆圈和地构成二端口网络的输入端口，标记 $v_{OUT}$ 的圆圈和地构成二端口网络的输出端口，这两个端口为对外端口，可以分别接激励源和负载。例 2.5.2 分析该反相器电路时，输入端口接时变恒压源 $v_{IN}(t)$，输出端口开路，考察从输入电压 $v_{IN}(t)$ 到输出开路电压 $v_{OUT}(t)$ 的转移特性关系。分析表明这是一个反相器电路，即随着输入电压的升高，输出电压下降。假设晶体管参量设定同例 2.5.2，电阻 $R$ 分别取 $1.5\text{k}\Omega$ 和 $33\text{k}\Omega$，输入电压中的直流分量比欧姆区和恒流区分界点电压低 $200\text{mV}$。如果在该位置输入电压中有小的交流信号变化，对该交流小信号，电压增益对两种 $R$ 取值分别为多少？

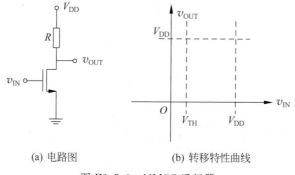

(a) 电路图　　　　　　(b) 转移特性曲线

图 E2.7.3　NMOS 反相器

**习题 2.12** 图 E2.7.3(a) 所示为 NMOS 反相器电路。已知 NMOS 的阈值电压为 $V_{TH}$。
(1) 在图 E2.7.3(b) 空位画出该反相器电路的输入电压输出电压转移特性曲线示意图。

（2）在横轴上划分晶体管的三个工作区域，并将三个区域标注出来。

（3）如果希望用该反相器电路实现一个反相放大器，请在转移特性曲线上点画出恰当的直流工作点位置，并标注 $Q$ 表示静态工作点。

（4）给出反相放大器小信号增益的定义式。

（5）该反相器电路作数字非门使用时，若输入逻辑序列为 001010，输出逻辑序列为什么？

**习题 2.13** 某二端口网络输入电压输出电压转移特性方程为 $v_{\text{OUT}} = \dfrac{2.08}{\sqrt{v_{\text{IN}}^2 + 0.08}}$，其中输入电压 $v_{\text{IN}}$ 和输出电压 $v_{\text{OUT}}$ 的单位为伏。假设输入信号中同时有直流分量和交流小信号分量，$v_{\text{IN}} = V_{\text{IN0}} + v_i$，输出中也同时存在直流分量和交流小信号分量，$v_{\text{OUT}} = V_{\text{OUT0}} + v_o$，请问其直流工作点（$V_{\text{IN0}}, V_{\text{OUT0}}$）设置在什么位置，交流小信号输入输出之间具有最大的电压放大倍数 $A_v = v_o / v_i$？该电压放大倍数为多少 dB？

**习题 2.14** （1）请说明如下函数满足均匀性但不满足叠加性，故而为非线性函数：

$$f(v(t)) = \frac{v_{\text{in}}^2(t)}{\dot{v}_{\text{in}}(t)}$$

其中 $\dot{v}_{\text{in}}(t) = \dfrac{\mathrm{d}}{\mathrm{d}t} v_{\text{in}}(t)$。

（2）请说明如下函数满足叠加性但不满足均匀性，故而为非线性函数：

$$f(x) = x^*$$

其中函数及函数变量均为复数，$x^*$ 为复数 $x$ 的共轭。

**习题 2.15** 图 E2.7.4(b) 为图 E2.7.4(a) 单端口网络的端口伏安特性曲线，请给出该单端口网络的流控等效电路和压控等效电路，分别画于图 E2.7.4(c) 和图 E2.7.4(d) 位置。

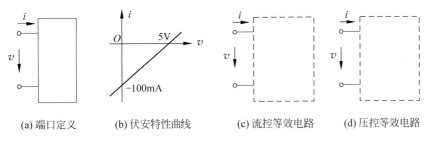

(a) 端口定义　　(b) 伏安特性曲线　　(c) 流控等效电路　　(d) 压控等效电路

图 E2.7.4　某单端口网络

**习题 2.16** 已知单端口元件的伏安特性曲线如图 E2.7.5(a/b/c/d) 所示，其中元件端口电压和端口电流的参考方向如图 E2.7.5(e) 所示。请分别给出图 E2.7.5(a/b/c/d) 元件伏安特性的数学方程描述和等效电路图。

**提示**：可以进行分段数学描述和电路等效。等效电路中只允许出现线性电阻、线性负阻、短接线、理想电源等理想元件。

**习题 2.17** 如图 E2.7.6 所示，图(a)为一个具有非线性内阻的电流源，其中非线性内阻的伏安特性曲线如图(b)所示。

（1）在图(c)位置画出该电流源的伏安特性曲线。

（2）写出图(a)所示电路的元件约束方程，方程中电压单位为 V，电流单位为 mA。

（3）将图(a)所示具有非线性内阻的电流源转换为如图(d)所示的具有非线性内阻的电压源（戴维南形式的电源），请在给定位置（图(e)位置）画出内阻 $R_{\text{NLT}}$ 的端口伏安特性曲线，

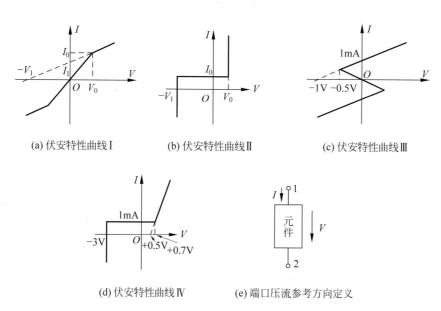

(a) 伏安特性曲线 I          (b) 伏安特性曲线 II          (c) 伏安特性曲线 III

(d) 伏安特性曲线 IV          (e) 端口压流参考方向定义

图 E2.7.5  单端口元件的伏安特性曲线

图(d)中 $V_{S0} = ($    $)V$。

（4）从伏安特性曲线说明单端口网络的有源性：图(b)伏安特性曲线对应的阻性单端口网络是无源的，为什么？而图(c)伏安特性对应的图(a)或图(d)所示单端口网络是有源的，针对伏安特性曲线进行说明。

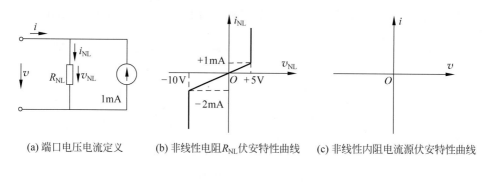

(a) 端口电压电流定义     (b) 非线性电阻 $R_{NL}$ 伏安特性曲线     (c) 非线性内阻电流源伏安特性曲线

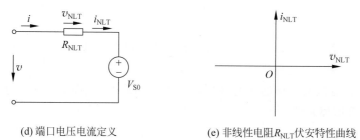

(d) 端口电压电流定义          (e) 非线性电阻 $R_{NLT}$ 伏安特性曲线

图 E2.7.6  某个具有非线性内阻的电源

**习题 2.18**  假设某电源的端口电压、端口电流定义如图 E2.7.7(a)所示，其在 $vi$ 平面一象限($v \geqslant 0, i \geqslant 0$)的伏安特性方程为 $\left(\dfrac{v}{V_{S0}}\right)^2 + \left(\dfrac{i}{I_{S0}}\right)^2 = 1$，其伏安特性曲线如图 E2.7.7(b)所

示,其中 $V_{S0}$ 和 $I_{S0}$ 是确定的电压和电流。

(1) 该电源所接负载电阻 $R_L$ 为多大时,电源可以输出额定功率?

(2) 电源额定功率 $P_{s,max}$ 为多少?

(3) 请在图 E2.7.7(b)上标注电源的额定功率输出工作点和额定功率。

(a) 非线性内阻电源端口电压电流定义　　(b) 非线性内阻电源伏安特性曲线

图 E2.7.7　一个具有非线性内阻的电源

**习题 2.19**　表格第一列给出了系统方程,说明该系统属性是什么。

| 系统方程(方程左侧变量为输出变量,右侧为输入变量,均以时间 $t$ 或离散时间 $n$ 为参变量) | 记忆/无记忆 | 线性/非线性 | 时变/时不变 |
|---|---|---|---|
| $i(t)=50\times10^{-6}\dfrac{\mathrm{d}v(t)}{\mathrm{d}t}$ | | 线性 | 时不变 |
| $i_D(t)=2\times10^{-3}\times(2+v_{gs}(t))^2$ | | | |
| $y(n)=\begin{cases}0,& n\text{ 为奇数}\\ x\left(\dfrac{n}{2}\right),& n\text{ 为偶数}\end{cases}(n\geqslant0)$ | | | |
| $v_{out}(t)=(A_0\sin(\omega_0 t))\cdot v_{in}(t)$ | | | |

**习题 2.20**　参考附录 A.1～A.7 设定或定义,配合本章内容填空:

(1) $300\mu$W 的功率是(　　)W 的功率,是(　　)dBm 的功率。

(2) 某调频广播电台的中心频率为 97MHz,电波波长为(　　)m,无线电波传播到 10km 处需要的时间为(　　)。

(3) 某正弦波信号作用于 50Ω 电阻,该电阻获得功率为 0dBm,用示波器观察该电阻的信号波形,其峰峰值为(　　)V。

(4) $A$ 点到地的电压为 +6V,$A$ 点到 $B$ 点电压为 +4V,$B$ 点电压为(　　)V。

(5) 信号 1 通过某线性系统,负载电阻 $R_L$ 获得 1mW 功率,信号 2 通过该线性系统,负载电阻 $R_L$ 同样获得 1mW 功率,信号 1+信号 2 通过该线性系统,负载电阻获得功率为(　　)mW。

(6) 用科学记数法表述: $f=1$GHz=(　　)Hz,$V_{AB}=10$mV=(　　)V,$C=0.1\mu$F=(　　)F,$R=33$kΩ=(　　)Ω。

(7) 用 dB 数表述:功率 $P=100$mW=(　　)dBm,电压放大倍数 $A_{v0}=20$=(　　)dB。

(8) 峰值为 10V 的正弦波电压加载到电阻 $R$ 上,电阻 $R$ 消耗的功率和(　　)V 的直流电压作用其上效果一样。

(9) 描述一个三端口网络需要(　　)个元件约束方程。

(10) 天线接收到的信号功率为 −100dBm,信号带宽为 243kHz,则接收机输入端信号的信噪比为(　　)dB(已知玻尔兹曼常数 $k=1.38\times10^{-23}$J/K,室温为 25℃)。

（11）阻值为 $R$ 的电阻的热噪声,用噪声电压均方值 $\overline{v_n^2}$ 表述,其表达式为（　　）。两个电阻 $R_1$ 和 $R_2$ 串联,总的噪声电压均方值为（　　）。假设室温为 $T$,噪声带宽为 $\Delta f$。

（12）将电压信号 $V_0(t) = (1 + 0.5\cos(\omega_0 t) + 0.25\cos 3(\omega_0 t))$（V）加载到 $1k\Omega$ 电阻上,电阻上消耗的功率为（　　）mW。

（13）四个基本电路元件为（　　）、（　　）、（　　）和（　　）。

（14）仅从天线端口看,它是一个单端口网络。对于一个工作在 1GHz 的天线,在 1GHz 频点上,发射天线对电路而言,可抽象为（　　）,接收天线对于电路而言,可抽象为（　　）。

（15）如图 E2.7.8 所示的脉冲电压信号,其直流分量为（　　）V,有效值大小为（　　）V。

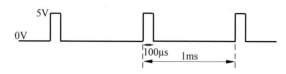

图 E2.7.8　某脉冲电压信号波形

# 第3章

# 电路基本定律和基本定理

　　电路网络、电路元件通过某种连接关系形成具有某种特定功能的电路系统，基尔霍夫定律描述的是电路系统中电路网络、电路元件之间的连接关系，而网络端口方程或元件约束条件描述的则是电路网络、电路元件自身电特性在可观测的端口处的对外作用，两者配合即可完整地描述电路系统的电功能。

　　我们统称基尔霍夫电压方程、基尔霍夫电流方程和元件约束方程为电路方程。通过对电路方程的分析，可以获得对电路系统功能的解析。当我们通过大量分析并因此储备了足够多的基本功能电路后，就可以相对自在地去设计期望的具有某种功能的单元电路或具有复杂功能的系统。因而熟练把握典型功能电路的分析方法是电路系统设计者具备良好设计能力的首要条件。

　　本章将首先讨论列写电路方程的基本方法——支路电压电流法，这个方法原则上可以将电路方程完备地列写出来。但是即使是相对比较简单的电路，电路方程个数对人而言也显得过多了。为了走出方程的森林，需要对电路分析进行简约，首要的方法是降低未知量个数，或者说是设法缩减电路方程的个数，于是就有了支路电流法、回路电流法和结点电压法等列写电路方程的基本方法，这些方法可以有效减少方程个数，降低电路分析规模。

　　上述方程列写方法的改进不能从本质上降低分析复杂度，可大幅降低分析复杂度的是等效电路法。在电路分析中，很多情况是线性、非线性混合，电阻元件与动态元件混合，为了获得原理性结论，在对待这类问题时，我们往往都先对线性电路做等效电路分析，这是由于线性电路满足叠加性，故而其化简力度可以达到极致，如是就可以在线性电路化简的基础上，对非线性电路、动态电路进行更进一步的分析。为了获得有效的分析结果，我们给出几个基本电路定理，其中叠加定理、戴维南-诺顿定理是线性电路化简的基石，本课程将经典的单端口线性电阻网络的戴维南-诺顿定理直接推广到多端口线性网络。

　　除了适用于线性电路的叠加定理、戴维南-诺顿定理之外，电路分析中还经常用到也适用于非线性电路的替代定理和特勒根定理。

　　本章还将考察各种属性网络的性质，包括阻性与动态，线性与非线性，互易与非互易，对称与非对称，有源与无源，有损与无损，双向与单向。最后则是典型阻性网络的应用分析，包括分压分流/合压合流网络，衰减网络，电桥电路，线性受控源与基本线性放大器，理想回旋器，理想变压器及信号分解和合成网络。

　　本章以对线性电阻电路的考察为例引入电路定律和定理，第4章则重点讨论非线性电阻电路，而线性动态电路、非线性动态电路则放到第8、9、10章考察。

# 3.1　电路方程列写的基本方法

为了描述方便,这里把构成更大电路网络的单端口网络、多端口网络称为单端口元件和多端口元件,而更大的电路网络则称为电路系统。显然单端口元件和多端口元件的元件约束条件应该首先确然已知,在此基础上,再将这些电路元件的连接关系描述清楚,即可获得对电路系统完备的电路方程描述。

在第 2 章的讨论中,电路元件的连接是简单的端口串联、并联和对接关系,元件连接关系表述是简单的"串联连接:端口电流相等,端口电压相加","并联连接:端口电压相等,端口电流相加","对接:端口电压相等,端口电流相反",同时由于电路元件端口数目较少,因而可以很简单地将这些有简单连接关系的元件约束方程并列,从而完成电路方程的列写。

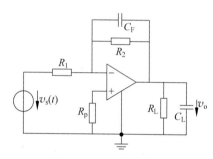

图 E3.1.1　一个包含运算放大器的
低通滤波电路

但是当电路结构比较复杂的时候,如图 E3.1.1 所示,这是一个包含运算放大器的电路,其功能是实现低通滤波,那么我们是如何确知它具有低通滤波功能的呢? 对类似的或者更加复杂的电路网络,有没有程式化的方法实现电路方程的列写和求解呢? 换句话说,我们希望按照某种程式列写电路方程,确保一定能够列写出描述这个电路系统的完备的电路方程组,通过求解电路方程进而获得对该电路系统电路功能的解析。

**例 3.1.1**　请列写出图 E3.1.1 所示电路网络的电路方程,由此考察负载电压和输入电压之间的传递关系。

**解**:完备的电路方程包括两部分,一部分是描述元件电特性的元件约束关系方程,另一部分则是描述元件端口之间连接关系的元件连接关系方程。

## 3.1.1　元件约束关系方程

分析图 E3.1.1 所示电路,其中除了运算放大器是二端口网络(四端元件,二端口元件)外,其他的元件如恒压源、电阻、电容都是单端口元件,如图 E3.1.2 所示,这里用虚线和端点将这些元件单独分割出来。

为了简便起见,图上每个元件上都用箭头标记了关联参考方向,这个箭头代表该端口的电压参考方向和关联电流参考方向。每个箭头旁边的数字代表端口编号,从 0 到 8 共有 9 个端口,因此需要列写出 9 个元件约束关系方程,其中前 7 个是单端口的电源、电阻、电容元件约束条件,分别为

$$v_0 = v_s(t) \qquad (E3.1.1)$$

$$v_1 - R_1 i_1 = 0 \qquad (E3.1.2)$$

$$v_2 - R_2 i_2 = 0 \qquad (E3.1.3)$$

$$C_F \frac{\mathrm{d}v_3}{\mathrm{d}t} - i_3 = 0 \qquad (E3.1.4)$$

$$v_4 - R_p i_4 = 0 \qquad (E3.1.5)$$

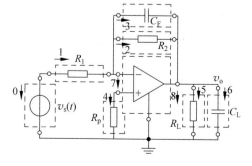

图 E3.1.2　电路元件的连接形成功能电路

$$v_5 - R_L i_5 = 0 \tag{E3.1.6}$$

$$C_L \frac{\mathrm{d}v_6}{\mathrm{d}t} - i_6 = 0 \tag{E3.1.7}$$

后两个为运算放大器的两个端口约束方程。运放是一个非线性的二端口动态网络,但是如果输出信号幅度不是特别大,输入信号频率不是特别高,这个二端口网络则可被抽象为线性二端口电阻网络,如图 E3.1.3(b)所示,对这个线性阻性网络,其两个端口的约束条件为线性代数方程:

$$v_7 - R_{in} i_7 = 0 \tag{E3.1.8a}$$

$$v_8 - R_{out} i_8 + A_{v0} v_7 = 0 \tag{E3.1.9a}$$

其中,$R_{in}$、$R_{out}$、$A_{v0}$ 被称为线性运放的输入电阻、输出电阻和本征电压增益。如果输出端口信号幅度比较大,那么运放的工作区将超出线性区,此时端口约束条件是非线性代数方程,这里暂记为

$$f_7(v_7, v_8; i_7, i_8) = 0 \tag{E3.1.8b}$$

$$f_8(v_7, v_8; i_7, i_8) = 0 \tag{E3.1.9b}$$

如果信号频率比较高,运放内部的动态效应则不能忽略,那么端口约束条件就不再是代数方程,而是微分方程,整个电路的分析会变得更加复杂。电路抽象问题本章暂不关注,这里假设运放工作在线性区,且信号频率较低,采用式(E3.1.8a,E3.1.9a)描述运放端口电特性已经足够了。

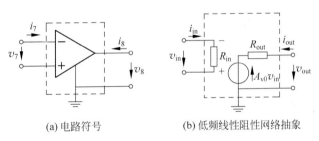

(a) 电路符号　　　　　　　　　(b) 低频线性阻性网络抽象

图 E3.1.3　运算放大器二端口网络

### 3.1.2　元件连接关系方程

　　元件约束方程列写完备之后,则需列写元件连接关系方程。此时我们不再关注具体元件到底是什么,而是只关注它们之间的连接关系,于是可以用拓扑图来表述元件之间的连接关系。

　　如图 E3.1.4 所示,我们同时画出了电路图、电路图元件端口,以及元件连接拓扑关系图。拓扑关系图中,电路元件的每一个端口(port)被定义为一条支路(branch,一条支路上具有唯一的电流,暗含端口条件),元件端口相互连接的端点(terminal)被定义为结点(node),显然,这是一个具有 $n=5$ 个结点($A$、$B$、$C$、$D$、$G$)和 $b=9$ 条支路(0、1、2、3、4、5、6、7、8)的电路网络。注意,$G$ 结点上的地标记只是表明该结点为参考地结点,它具有零电压,从 $G$ 到地符号之间没有电流(即不存在第 10 条支路)。

　　针对这个描述元件连接关系的拓扑图,用基尔霍夫电流定律和基尔霍夫电压定律列写元件连接关系方程。

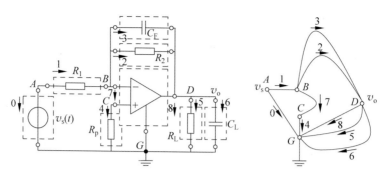

图 E3.1.4　运放电路及其拓扑结构

### 1. KCL 方程

针对拓扑图中的并联连接关系,基尔霍夫电流定律(Kirchhoff's Current Law,KCL)表述为:和某个结点相连的所有支路电流之和为零,即

$$\sum_{k=1}^{n} i_k = 0 \qquad (3.1.1)$$

如图 3.1.1(a)所示,定义指向结点的方向为电流参考方向,也可反方向定义电流的参考方向。如果实际电流方向与参考方向相同,电流则为正值,如果实际电流方向与参考方向相反,电流则为负值。有正有负的这些电流值加起来后,其和为零,这就是基尔霍夫电流定律。

KCL 方程描述并联关系:当多条支路并联(并接)在一个结点后,由于电荷守恒,该结点流入多少电流就必然流出多少电流。如图 3.1.1(b)所示,假设第 $n$ 条支路为并联结点的电流流出支路,那么这个流出支路电流等于其他流入支路的流入电流之和。

(a) 流入结点总电流为零　　　(b) 流入结点总电流等于流出结点总电流

图 3.1.1　基尔霍夫电流定律

根据基尔霍夫电流定律,对照图 E3.1.5 所示的拓扑图上的 $n=5$ 个结点,可以列写出 $n=5$ 个 KCL 方程,但是其中只有 $n-1=4$ 个是独立方程,如下:

$$-i_1 - i_0 = 0 \qquad (A \text{ 结点}) \qquad (E3.1.10)$$

$$i_1 - i_2 - i_3 - i_7 = 0 \qquad (B \text{ 结点}) \qquad (E3.1.11)$$

$$i_7 - i_4 = 0 \qquad (C \text{ 结点}) \qquad (E3.1.12)$$

$$i_2 + i_3 - i_5 - i_6 - i_8 = 0 \qquad (D \text{ 结点}) \qquad (E3.1.13)$$

$$i_0 + i_4 + i_8 + i_5 + i_6 = 0 \qquad (G \text{ 结点})$$

其中,$G$ 结点的 KCL 方程没有编号,因为它并非独立方程。将上述 5 个 KCL 方程相加,方程左右均为 0,这说明其中一个 KCL 方程可以去除,这里去除的是 $G$ 结点的 KCL 方程,也可去除其他结点的一个 KCL 方程而保留 $G$ 结点的。

事实上,对手工列写电路方程而言,无须画出拓扑图,直接在原电路上标记各个端口的支路电流,即可随手写出 $n-1=4$ 个独立 KCL 方程,如图 E3.1.5 所示。

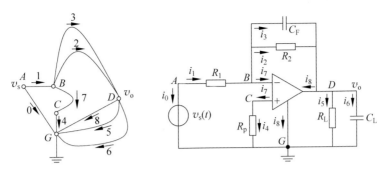

图 E3.1.5 KCL 方程列写电路示意图

## 2. KVL 方程

针对拓扑图中的串联连接关系,基尔霍夫电压定律(Kirchhoff's Voltage Law,KVL)表述为:一个闭合回路的电压总和为零,即

$$\sum_{k=1}^{n} v_k = 0 \qquad (3.1.2)$$

所谓闭合回路(loop),就是多条支路串联(串接)构成的一个闭环,如图 3.1.2(a)所示,对于构成回路的每个支路,我们依序头尾衔接地定义支路电压的参考方向,将回路上的所有支路电压求和,其和为零,这就是 KVL。

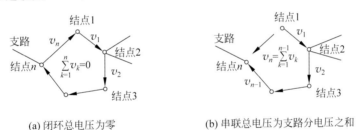

(a) 闭环总电压为零          (b) 串联总电压为支路分电压之和

图 3.1.2 基尔霍夫电压定律

图 3.1.2(a)中构成闭合环路的支路上的箭头指向是人为定义的该支路的支路电压(端口电压)参考方向,如果电压实际方向与参考方向相同,电压就是正值,如果实际方向与参考方向相反,电压就是负值,因而回路中的电压有正有负,转一圈求和为零。在电路系统中,任意找一个回路,该回路的电压总和必定为零,这就是基尔霍夫电压定律。

KVL 方程描述串联关系:即使没有构成回路,也可人为视为构成回路,只是其中一条支路为"开路",如图 3.1.2(b)所示,"开路"支路的支路电压等于剩余串联支路分电压之和。

根据基尔霍夫电压定律,对照图 E3.1.6 所示的 $b=9$ 条支路和 $n=5$ 个结点的拓扑图,可以列写出 $b-n+1=5$ 个独立回路的 KVL 方程,如下:

$$v_1 + v_7 + v_4 - v_0 = 0 \qquad (1\text{-}7\text{-}4\text{-}0) \qquad (\text{E}3.1.14)$$

$$v_3 - v_2 = 0 \qquad (3\text{-}2) \qquad (\text{E}3.1.15)$$

$$v_2 + v_8 - v_4 - v_7 = 0 \qquad (2\text{-}8\text{-}4\text{-}7) \qquad (\text{E}3.1.16)$$

$$-v_8 + v_5 = 0 \qquad (8\text{-}5) \qquad (\text{E}3.1.17)$$

$$-v_5 + v_6 = 0 \qquad (5\text{-}6) \qquad (\text{E}3.1.18)$$

当然还有其他的回路方程,如 1-3-8-0 闭环,其 KVL 方程为

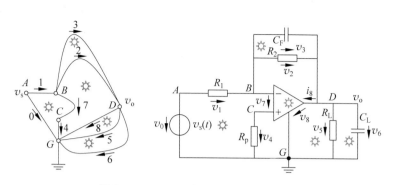

图 E3.1.6 KVL 方程列写电路示意图

$$v_1 + v_3 + v_8 - v_0 = 0 \quad (1\text{-}3\text{-}8\text{-}0)$$

但这个方程可以由式(E3.1.14)加式(E3.1.15)加式(E3.1.16)获得,因而它不是独立方程。同理,如下其他回路的 KVL 方程也不是独立的,请同学自行确认如下 KVL 方程都可以从式(E3.1.14～E3.1.18)推衍出来,也就是说,它们不独立于式(E3.1.14～E3.1.18),因而无须列写到电路方程组中:

$$v_1 + v_2 + v_8 - v_0 = 0 \quad (1\text{-}2\text{-}8\text{-}0)$$
$$v_1 + v_3 + v_5 - v_0 = 0 \quad (1\text{-}3\text{-}5\text{-}0)$$
$$v_1 + v_2 + v_5 - v_0 = 0 \quad (1\text{-}2\text{-}5\text{-}0)$$
$$v_1 + v_3 + v_6 - v_0 = 0 \quad (1\text{-}3\text{-}6\text{-}0)$$
$$v_1 + v_2 + v_6 - v_0 = 0 \quad (1\text{-}2\text{-}6\text{-}0)$$
$$v_3 + v_8 - v_4 - v_7 = 0 \quad (3\text{-}8\text{-}4\text{-}7)$$
$$v_3 + v_5 - v_4 - v_7 = 0 \quad (3\text{-}5\text{-}4\text{-}7)$$
$$v_3 + v_6 - v_4 - v_7 = 0 \quad (3\text{-}6\text{-}4\text{-}7)$$
$$v_2 + v_5 - v_4 - v_7 = 0 \quad (2\text{-}5\text{-}4\text{-}7)$$
$$v_2 + v_6 - v_4 - v_7 = 0 \quad (2\text{-}6\text{-}4\text{-}7)$$
$$-v_8 + v_6 = 0 \quad (8\text{-}6)$$

至此,我们列写出了 $b=9$ 个元件约束方程,$n-1=4$ 个独立 KCL 方程,$b-n+1=5$ 个独立 KVL 方程,总共 $(b)+(n-1)+(b-n+1)=2b=18$ 个独立方程,而未知量恰好为 $2b=18$ 个,包括 $b$ 条支路的 $b$ 个支路电压 $v_0, v_1, \cdots, v_8$ 和 $b$ 个支路电流 $i_0, i_1, \cdots, i_8$,因而方程是完备的。如果方程有解,则可通过方程的解确认电路具有什么样的功能。由于这个方程组中包含微分方程,到目前为止,我们还不清楚如何处理它,于是该电路所具有的低通滤波功能只能在后续章节学习结束后由同学自行确认了。

本章对非线性电路、动态电路的要求是能够列写出完备的电路方程即可。

我们列写电路方程(E3.1.1～E3.1.18)时,方程左侧都是待求未知量及其系数,方程右侧则是已知激励量或零,请同学熟悉并遵照这种规范方法。求电路方程的解可以理解为由已知量获得未知量,考察某种激励下电路系统的响应。

### 3.1.3 支路电压电流法

对于具有 $b$ 条支路 $n$ 个结点的电路,如果以 $b$ 条支路的支路电压和支路电流为未知量,则可列写出 $b$ 条支路的 $b$ 个元件约束方程,$n-1$ 个独立 KCL 方程,$b-n+1$ 个独立 KVL 方程。

由这 $2b$ 个独立方程可以求解获得 $2b$ 个未知量($b$ 个支路电压和 $b$ 个支路电流)的解。这种列写电路方程的方法被称为支路电压电流法,俗称 $2b$ 法。

　　**练习 3.1.1**　对于图 E3.1.1 所示的运放电路,假设运算放大器的两个输入端不是理想差分输入端,那么从反相输入端(图中标记负号)流入电流就不等于同相输入端(图中标记正号)流出电流,于是两个输入端就无法形成一个端口,此时运算放大器只能建模为三端口网络,如图 E3.1.7 所示,两个输入端和输出端分别和参考地端共构成三个端口。对于这种情况,请给出图 E3.1.1 所示电路的拓扑图,采用支路电压电流法列写这个电路的 $2b$ 个电路方程。为了简单起见,去除图中的 $R_{\mathrm{L}}$、$C_{\mathrm{L}}$ 和 $C_{\mathrm{F}}$ 三个元件。

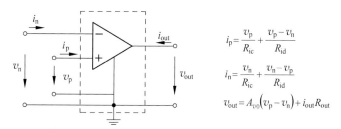

$$i_{\mathrm{p}} = \frac{v_{\mathrm{p}}}{R_{\mathrm{ic}}} + \frac{v_{\mathrm{p}} - v_{\mathrm{n}}}{R_{\mathrm{id}}}$$

$$i_{\mathrm{n}} = \frac{v_{\mathrm{n}}}{R_{\mathrm{ic}}} + \frac{v_{\mathrm{n}} - v_{\mathrm{p}}}{R_{\mathrm{id}}}$$

$$v_{\mathrm{out}} = A_{v0}(v_{\mathrm{p}} - v_{\mathrm{n}}) + i_{\mathrm{out}}R_{\mathrm{out}}$$

图 E3.1.7　运算放大器的三端口网络模型

　　支路电压电流法使得完备的电路方程必然可以被列写出来,后面的电路功能分析,首要的一步就是对电路方程的求解,然后才是对解的解析。求解电路方程,就需要对电路方程的性质有所了解,因为不同性质的电路方程具有完全不同的求解方法。

　　KVL 方程和 KCL 方程是支路电压、支路电流的加减和差运算,是线性代数方程。而元件约束方程则由具体元件的属性决定,换句话说,元件属性决定了电路方程组的整体性质,也决定了该电路网络的功能。

　　(1) 如果所有元件描述方程都是线性方程,该电路则为线性电路。只要其中有一个元件的描述方程是非线性的,该电路则为非线性电路。注意,电源被视为激励源或者能量供给源,只要其内阻是线性的,它们就被视为线性元件,恒压源、恒流源也被视为线性元件,虽然它们的伏安特性曲线不过 $vi$ 平面的原点,但恒压恒流不起作用时,它们过 $vi$ 平面原点(此时等效为短路、开路)。

　　(2) 如果所有元件描述方程都是代数方程,该电路则为电阻电路。只要其中有一个元件的描述方程是微分方程或积分方程,该电路则是动态电路。

　　显然,对图 E3.1.1 所示电路,如果运放工作在线性区,该电路网络则是一个线性一阶动态电路,否则它就是一个非线性一阶动态电路(假设运放输出电阻 $R_{\mathrm{out}} = 0$)。如果频率较高,运放动态特性及其他非理想特性不可忽略时,整个系统的微分阶数将提高为二阶及二阶以上。

　　$2b$ 法列写电路方程对任意类型的电路都是适用的,无论是电阻电路或动态电路,线性电路或非线性电路,时变电路或时不变电路,区别仅仅在于不同类型电路方程的求解方法因电路类型不同而不同。

　　线性电阻电路的方程是线性代数方程,线性代数方程求解是一件相对规范的简单工作,最直接的方法就是把线性代数方程用矩阵方程表述后,矩阵求逆即可获得电路解。

　　**例 3.1.2**　如图 E3.1.8 所示,这是一个电阻衰减器,请分析它的功率衰减系数。

　　**分析**:定性地说明图 E3.1.8 为衰减器毫无问题。由于电阻是耗能元件,信号通过电阻网络后,部分能量被电阻网络消耗,故而负载获得的功率一定小于信源输出的额定功率,故而电阻网络是衰减网络。然而具体衰减量为多少，则只能通过列方程的方法求解获取。

**解**：这里采用 $2b$ 法：首先标记每条支路的电压、电流参考方向，如图 E3.1.9 所示，这里把 $v_s$ 和 $R_s$ 视为一条支路（单端口网络），并且其端口电压、端口电流参考方向按通常的电源端口关联参考方向定义，显然这是一个具有 $b=5$ 条支路，$n=3$ 个结点的电路网络，采用支路电压电流法，我们需要列写 $2b=10$ 个方程。

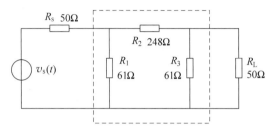

图 E3.1.8　π型电阻衰减网络

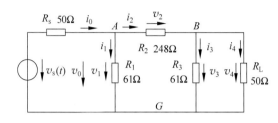

图 E3.1.9　π型电阻衰减网络分析用图

$b=5$ 个元件约束条件方程：

$$v_0 + i_0 R_s = v_s \quad （支路 0） \tag{E3.1.19a}$$

$$v_1 - i_1 R_1 = 0 \quad （支路 1） \tag{E3.1.19b}$$

$$v_2 - i_2 R_2 = 0 \quad （支路 2） \tag{E3.1.19c}$$

$$v_3 - i_3 R_3 = 0 \quad （支路 3） \tag{E3.1.19d}$$

$$v_4 - i_4 R_L = 0 \quad （支路 4） \tag{E3.1.19e}$$

$n-1=2$ 个独立 KCL 方程：

$$i_0 - i_1 - i_2 = 0 \quad （结点 A） \tag{E3.1.20a}$$

$$i_2 - i_3 - i_4 = 0 \quad （结点 B） \tag{E3.1.20b}$$

$b-n+1=3$ 个独立 KVL 方程：

$$-v_0 + v_1 = 0 \quad （0\text{-}1） \tag{E3.1.21a}$$

$$-v_1 + v_2 + v_3 = 0 \quad （1\text{-}2\text{-}3） \tag{E3.1.21b}$$

$$-v_3 + v_4 = 0 \quad （3\text{-}4） \tag{E3.1.21c}$$

将这 10 个电路方程用矩阵形式列写出来，前 5 行是电路中各支路的元件约束方程，中间 3 行为 KVL 方程，最后两行为 KCL 方程。

$$\begin{bmatrix}
1 & 0 & 0 & 0 & 0 & 50 & 0 & 0 & 0 & 0 \\
0 & 1 & 0 & 0 & 0 & 0 & -61 & 0 & 0 & 0 \\
0 & 0 & 1 & 0 & 0 & 0 & 0 & -248 & 0 & 0 \\
0 & 0 & 0 & 1 & 0 & 0 & 0 & 0 & -61 & 0 \\
0 & 0 & 0 & 0 & 1 & 0 & 0 & 0 & 0 & -50 \\
-1 & 1 & 0 & 0 & 0 & 0 & 0 & 0 & 0 & 0 \\
0 & -1 & 1 & 1 & 0 & 0 & 0 & 0 & 0 & 0 \\
0 & 0 & 0 & -1 & 1 & 0 & 0 & 0 & 0 & 0 \\
0 & 0 & 0 & 0 & 0 & 1 & -1 & -1 & 0 & 0 \\
0 & 0 & 0 & 0 & 0 & 0 & 0 & 1 & -1 & -1
\end{bmatrix}
\begin{bmatrix}
v_0 \\ v_1 \\ v_2 \\ v_3 \\ v_4 \\ i_0 \\ i_1 \\ i_2 \\ i_3 \\ i_4
\end{bmatrix}
=
\begin{bmatrix}
v_s \\ 0 \\ 0 \\ 0 \\ 0 \\ 0 \\ 0 \\ 0 \\ 0 \\ 0
\end{bmatrix}
\tag{E3.1.22}$$

通过矩阵求逆，可以获得解形式为

$$\begin{bmatrix} v_0 \\ v_1 \\ v_2 \\ v_3 \\ v_4 \\ i_0 \\ i_1 \\ i_2 \\ i_3 \\ i_4 \end{bmatrix} = \begin{bmatrix} 0.4997 \\ 0.4997 \\ 0.4499 \\ 0.0498 \\ 0.0498 \\ 0.0100 \\ 0.0082 \\ 0.0018 \\ 0.0008 \\ 0.0010 \end{bmatrix} v_s$$

我们感兴趣的是负载电阻上的电压,为

$$v_L = v_4 = 0.0498 v_s$$

负载获得的功率小于信源的额定功率,因而这是一个衰减器电路。定义信源输出的额定功率与负载实际获得功率之比为衰减系数,则有

$$L = \frac{P_{s,\max}}{P_L} = \frac{\dfrac{V_{s,\mathrm{rms}}^2}{4R_s}}{\dfrac{V_{L,\mathrm{rms}}^2}{R_L}} = \frac{R_L}{4R_s}\left(\frac{V_{s,\mathrm{rms}}}{V_{L,\mathrm{rms}}}\right)^2 = \frac{1}{4}\left(\frac{1}{0.0498}\right)^2$$

$$= 100.63 = 20(\mathrm{dB}) \tag{3.1.3}$$

也就是说,这个电路是一个 20dB 的衰减器电路,经过该网络的衰减后,负载实际获得的功率只有信源额定输出功率的 1%。

**练习 3.1.2**　对于图 E3.1.10 所示的 T 型电阻衰减网络,通过 $2b$ 法列写电路方程,求解确认该电阻衰减网络的衰减系数 $L$。

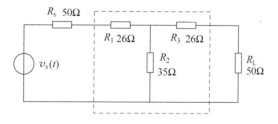

图 E3.1.10　T 型电阻衰减网络

# 3.2　降低方程规模的电路方程列写方法

采用支路电压电流法,可以确保列写出完备的电路方程。然而即便是很简单的电路结构,采用支路电压电流法也会列写出规模极大的方程组来。其根本原因在于未知量个数太多,由于有 $2b$ 个未知数需要同时求解,那么只能列写出规模为 $2b$ 的方程组来,对于大规模的电路而言这样求解电路方程的代价是不可承受的。因此降低电路分析代价的第一步就是降低电路方程的规模,也就需要人为地减少未知量的个数,于是就有了支路电流法、回路电流法、结点电压法等简化的电路方程列写方法,可以极大地降低电路分析的复杂度。

### 3.2.1 支路电流法

支路电流法是从 $2b$ 法直接演变而来的。$2b$ 法将 $b$ 个支路电压和 $b$ 个支路电流作为未知量,而支路电流法则只将 $b$ 个支路电流作为未知量,列写方程时,先列写出 $n-1$ 个关于支路电流关系的独立 KCL 方程,之后再列写 $b-n+1$ 个独立回路的 KVL 方程,在列写 KVL 方程的同时,将元件约束条件代入,用支路电流表述支路电压,于是总共有$(n-1)+(b-n+1)=b$ 个KCL 方程和 KVL 方程构成的电路方程,可用来求解获得 $b$ 个支路电流,故称之为支路电流法。获得支路电流后,如果希望获得支路电压,代回到支路元件约束方程中即可。

**例 3.2.1** 请用支路电流法分析图 E3.1.8 所示电阻衰减器。

**解**:如图 E3.1.9 所示,这个电路具有 $b=5$ 条支路,$n=3$ 个结点,首先列写 $n-1=2$ 个KCL 方程,如下:

$$i_0 - i_1 - i_2 = 0 \quad (\text{结点 } A) \tag{E3.2.1a}$$

$$i_2 - i_3 - i_4 = 0 \quad (\text{结点 } B) \tag{E3.2.1b}$$

之后再列写 $b-n+1=3$ 个独立 KVL 方程,同时代入元件约束条件,为

$$i_0 R_s + i_1 R_1 = v_s \quad (0\text{-}1) \tag{E3.2.2a}$$

$$-i_1 R_1 + i_2 R_2 + i_3 R_3 = 0 \quad (1\text{-}2\text{-}3) \tag{E3.2.2b}$$

$$-i_3 R_3 + i_4 R_L = 0 \quad (3\text{-}4) \tag{E3.2.2c}$$

将这 5 个方程用一个矩阵方程表述,为

$$
\begin{bmatrix}
1 & -1 & -1 & 0 & 0 \\
0 & 0 & 1 & -1 & -1 \\
50 & 61 & 0 & 0 & 0 \\
0 & -61 & 248 & 61 & 0 \\
0 & 0 & 0 & -61 & 50
\end{bmatrix}
\begin{bmatrix}
i_0 \\ i_1 \\ i_2 \\ i_3 \\ i_4
\end{bmatrix}
=
\begin{bmatrix}
0 \\ 0 \\ v_s \\ 0 \\ 0
\end{bmatrix}
\tag{E3.2.3}
$$

通过矩阵求逆,可得

$$
\begin{bmatrix}
i_0 \\ i_1 \\ i_2 \\ i_3 \\ i_4
\end{bmatrix}
=
\begin{bmatrix}
0.0100 \\ 0.0082 \\ 0.0018 \\ 0.0008 \\ 0.0010
\end{bmatrix}
v_s
$$

我们感兴趣的是负载电压,故而

$$v_L = i_4 R_L = 0.0010 v_s \times 50 = 0.05 v_s$$

这个结果与前面得到的 $v_L = 0.0498 v_s$ 对比是一致的,数值上的微小差异是数值计算中有效位数的表示误差。

所谓支路电流法,就是列出以 $b$ 个支路电流为未知量的电路方程:包括 $n-1$ 个 KCL 方程和 $b-n+1$ 个 KVL 方程,其中 KVL 方程中的电压全部用元件约束关系代入,使得方程中只有支路电流是未知变量。

显然,可以提出对偶的支路电压法,就是列出 $b$ 个以支路电压为未知量的电路方程:包括 $b-n+1$ 个 KVL 方程,和 $n-1$ 个 KCL 方程,其中 KCL 方程中的电流全部用元件约束关系代入,使得方程中只有支路电压是未知变量。

**练习 3.2.1** 对图 E3.1.10 所示 T 型电阻衰减网络，

(1) 请用支路电流法列写电路方程并获得功率衰减系数。

(2) 请用支路电压法列写电路方程并获得功率衰减系数。

### 3.2.2 回路电流法

支路电流法以 $b$ 条支路的支路电流为未知量，因此线性电路分析规模是 $b$ 阶矩阵的求逆，如果以 $b-n+1$ 个独立回路的回路电流为未知量，线性电路分析规模则下降为 $b-n+1$ 阶矩阵的求逆，这就是回路电流法。

**例 3.2.2** 对图 E3.1.8 所示的电阻衰减器，请用回路电流法求解。

**分析**：图 E3.2.1 同时给出了该电路的 $b=5$ 个支路电流和 $b-n+1=3$ 个回路电流，为了区分，这里回路电流的下标用 $l$(loop) 标记。

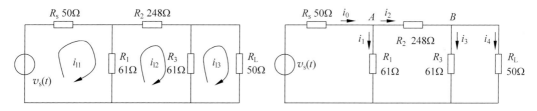

图 E3.2.1 回路电流与支路电流

由图 E3.2.1 可知，电源支路电流 $i_0$ 就是回路电流 $i_{l1}$，$R_2$ 支路电流 $i_2$ 就是回路电流 $i_{l2}$，$R_L$ 支路电流 $i_4$ 就是回路电流 $i_{l3}$，

$$i_0 = i_{l1} \tag{E3.2.4a}$$

$$i_2 = i_{l2} \tag{E3.2.4b}$$

$$i_4 = i_{l3} \tag{E3.2.4c}$$

而 $R_1$ 支路和 $R_3$ 支路上，同时有两个回路电流流过，故而这两个支路的支路电流是通过这两条支路的回路电流的综合：

$$i_1 = i_{l1} - i_{l2} \tag{E3.2.5a}$$

$$i_3 = i_{l2} - i_{l3} \tag{E3.2.5b}$$

上述 5 个方程表明：我们可以用 $b-n+1=3$ 个回路电流表述 $b=5$ 个支路电流，这是由于有 $n-1=2$ 个 KCL 方程内蕴在回路电流的定义之中。其中，结点 $A$ 的 KCL 方程 $i_0-i_1-i_2=0$ 内蕴在式($E3.2.5a$)中，$i_1=i_0-i_2=i_{l1}-i_{l2}$，结点 $B$ 的 KCL 方程 $i_2-i_3-i_4=0$ 内蕴在式($E3.2.5b$)中，$i_3=i_2-i_4=i_{l2}-i_{l3}$。也就是说，用 3 个回路电流足以表征所有 5 个支路电流，电路方程规模可以因而下降。

**解**：直接列写 $b-n+1=3$ 个回路的 KVL 方程，列写时，直接将元件约束代入，只有回路电流是未知量，3 个方程为

$$i_{l1}R_s + (i_{l1}-i_{l2})R_1 = v_s \qquad (0\text{-}1) \tag{E3.2.6a}$$

$$(i_{l2}-i_{l1})R_1 + i_{l2}R_2 + (i_{l2}-i_{l3})R_3 = 0 \quad (1\text{-}2\text{-}3) \tag{E3.2.6b}$$

$$(i_{l3}-i_{l2})R_3 + i_{l3}R_L = 0 \qquad (3\text{-}4) \tag{E3.2.6c}$$

显然，KCL 内蕴在上述方程列写中。如是有 3 个方程描述 3 个未知量之间的关系，重新整理后，具有如下形式，

$$i_{l1}(R_s + R_1) + i_{l2}(-R_1) = v_s \qquad (0\text{-}1) \tag{E3.2.7a}$$

$$i_{l1}(-R_1) + i_{l2}(R_1 + R_2 + R_3) + i_{l3}(-R_3) = 0 \quad (1\text{-}2\text{-}3) \qquad (\text{E3.2.7b})$$

$$i_{l2}(-R_3) + i_{l3}(R_3 + R_L) = 0 \qquad (3\text{-}4) \qquad (\text{E3.2.7c})$$

写成矩阵形式,为

$$\begin{bmatrix} 111 & -61 & 0 \\ -61 & 370 & -61 \\ 0 & -61 & 111 \end{bmatrix} \begin{bmatrix} i_{l1} \\ i_{l2} \\ i_{l3} \end{bmatrix} = \begin{bmatrix} v_s \\ 0 \\ 0 \end{bmatrix} \qquad (\text{E3.2.8})$$

通过矩阵求逆,可得

$$\begin{bmatrix} i_{l1} \\ i_{l2} \\ i_{l3} \end{bmatrix} = \begin{bmatrix} 0.0100 \\ 0.0018 \\ 0.0010 \end{bmatrix} v_s$$

由 $i_4 = i_{l3}$ 可以获得负载电阻电压,分析见前,此处略。

对于一般性的具有 $n$ 个结点 $b$ 条支路的线性电阻电路,用回路电流法可以获得如下的 $k = b - n + 1$ 阶矩阵方程,

$$\begin{bmatrix} R_{11} & R_{12} & \cdots & R_{1k} \\ R_{21} & R_{22} & \cdots & R_{2k} \\ \cdots & \cdots & \cdots & \cdots \\ R_{k1} & R_{k2} & \cdots & R_{kk} \end{bmatrix} \begin{bmatrix} i_{l1} \\ i_{l2} \\ \vdots \\ i_{lk} \end{bmatrix} = \begin{bmatrix} v_{\Sigma s1} \\ v_{\Sigma s2} \\ \vdots \\ v_{\Sigma sk} \end{bmatrix} \qquad (3.2.1)$$

其中 $R_{ii}$ 是第 $i$ 个回路的自阻,所谓回路自阻,就是该回路电流对该回路闭环电压的影响系数,只需把这个回路中回路电流扫过的每个支路的自阻相加即可;而 $R_{ij}$ 则是第 $j$ 个回路对第 $i$ 个回路的互阻,如果回路 $j$ 的回路电流对回路 $i$ 的闭环电压产生影响,这个影响系数就是互阻 $R_{ij}$。而 $v_{\Sigma si}$ 是回路 $i$ 中的电动势之和。

所谓支路自阻,就是该支路电压和该支路电流成正比关系的比值系数项。注意到,恒压源内阻为零,恒流源内阻为无穷大,因而回路中不应包含恒流源元件,因为无法用数值表述无穷大。如果存在和恒流源 $i_s$ 并联的电阻 $R_s$,那么恒流源和该并联电阻可被视为一条支路(一个单端口网络),这条支路的支路自阻就是和恒流源并联的电阻 $R_s$,同时该支路对回路提供电动势 $i_s R_s$。

对于图 E3.2.1 所示电路,回路 1 的自阻 $R_{11}$ 就是回路 1 电流 $i_{l1}$ 对回路 1 电压的贡献系数,显然这个贡献系数是 $R_s + R_1$,于是 $R_{11} = R_s + R_1$;回路 2 对回路 1 的互阻 $R_{12}$ 则是回路 2 电流 $i_{l2}$ 对回路 1 电压的贡献系数,显然这个贡献系数为 $-R_1$,于是 $R_{12} = -R_1$,之所以有负号是由于回路 1 的回路电压参考方向与回路 2 的回路电流参考方向相反;回路 3 对回路 1 的互阻 $R_{13}$ 是回路 3 电流 $i_{l3}$ 对回路 1 电压的贡献系数,我们看不到 $i_{l3}$ 对回路 1 电压有任何贡献,故而 $R_{13} = 0$。如是种种,可以得到针对该电路的回路电流法的矩阵形式的电路方程,为

$$\begin{bmatrix} R_s + R_1 & -R_1 & 0 \\ -R_1 & R_1 + R_2 + R_3 & -R_3 \\ 0 & -R_3 & R_3 + R_L \end{bmatrix} \begin{bmatrix} i_{l1} \\ i_{l2} \\ i_{l3} \end{bmatrix} = \begin{bmatrix} v_s \\ 0 \\ 0 \end{bmatrix}$$

这正是前面的分析结果。

**练习 3.2.2**　请用回路电流法列写图 E3.1.10 所示电路方程,并求解。

### 3.2.3　结点电压法

结点电压法是回路电流法的电路方程对偶列写方法。电路中有 $n$ 个结点,其中一个为参

考地结点。如果电路中没有地结点,那么就人为规定其中一个为参考地结点,结点电压法就以剩余的 $n-1$ 个结点相对于地结点的结点电压为未知量,列写 $n-1$ 个独立的 KCL 方程。在列写 KCL 方程时,将元件约束条件代入,用电压变量替代 KCL 方程中的电流变量。KVL 自然内蕴在方程列写之中,故而无须再列写 KVL 方程。于是结点电压法就是用 $n-1$ 个 KCL 方程求解 $n-1$ 个结点电压的方法。

**例 3.2.3** 对图 E3.1.8 所示的电阻衰减器,请用结点电压法求解。

**分析**:图 E3.2.2 中,我们标记了三个结点 $A$、$B$、$G$,我们设定 $G$ 结点为参考地结点,于是这里就以 $A$ 结点和 $B$ 结点相对于 $G$ 结点的结点电压 $v_A=v_{AG}$ 和 $v_B=v_{BG}$ 为未知量。

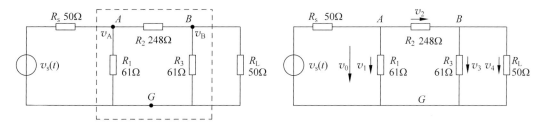

图 E3.2.2 结点电压法列写并求解电路方程

为了说明 KVL 蕴含在这种标记之中,我们同时画出了支路电压,由图 E3.2.2 可知,电源支路电压 $v_0$ 和 $R_1$ 支路电压 $v_1$ 就是结点电压 $v_A$,$R_3$ 支路电压 $v_3$ 和 $R_L$ 支路电压 $v_4$ 就是结点电压 $v_B$,$R_2$ 支路电压 $v_2$ 则为两个结点电压之差,即

$$v_0 = v_A \tag{E3.2.9a}$$

$$v_1 = v_A \tag{E3.2.9b}$$

$$v_2 = v_A - v_B \tag{E3.2.9c}$$

$$v_3 = v_B \tag{E3.2.9d}$$

$$v_4 = v_B \tag{E3.2.9e}$$

上述 5 个方程表明:$n-1=2$ 个结点电压足以表述 $b=5$ 个支路电压,这是由于这种表述中内蕴了 $b-n+1=3$ 个 KVL 方程。如回路 1 的 KVL 方程 $-v_0+v_1=0$ 内蕴在方程(E3.2.9a~b)中,回路 2 的 KVL 方程 $-v_1+v_2+v_3=0$ 内蕴在方程(E3.2.9b~d)中,回路 3 的 KVL 方程 $-v_3+v_4=0$ 内蕴在方程(E3.2.9d~e)中。也就是说,$n-1$ 个结点电压确实够用了,电路方程规模因此而下降。

**解**:直接列写 $n-1=2$ 个结点的 KCL 方程,列写时,直接将元件约束代入,只有结点电压是未知量。两个 KCL 方程为

$$\frac{v_A - v_s}{R_s} + \frac{v_A}{R_1} + \frac{v_A - v_B}{R_2} = 0 \quad (A\ \text{结点}) \tag{E3.2.10a}$$

$$\frac{v_B - v_A}{R_2} + \frac{v_B}{R_3} + \frac{v_B}{R_L} = 0 \quad (B\ \text{结点}) \tag{E3.2.10b}$$

显然,KVL 内蕴在方程列写中。两个方程重新整理后,具有如下形式:

$$v_A\left(\frac{1}{R_s} + \frac{1}{R_1} + \frac{1}{R_2}\right) + v_B\left(-\frac{1}{R_2}\right) = \frac{v_s}{R_s} \quad (A\ \text{结点}) \tag{E3.2.11a}$$

$$v_A\left(-\frac{1}{R_2}\right) + v_B\left(\frac{1}{R_2} + \frac{1}{R_3} + \frac{1}{R_L}\right) = 0 \quad (B\ \text{结点}) \tag{E3.2.11b}$$

写成矩阵形式,为

$$\begin{bmatrix} 0.0404 & -0.004 \\ -0.004 & 0.0404 \end{bmatrix}\begin{bmatrix} v_A \\ v_B \end{bmatrix} = \begin{bmatrix} 0.0200v_s \\ 0 \end{bmatrix}$$

矩阵求逆,可得

$$\begin{bmatrix} v_A \\ v_B \end{bmatrix} = \begin{bmatrix} 0.4997 \\ 0.0498 \end{bmatrix}v_s$$

后略。

对于一般性的具有 $n$ 个结点 $b$ 条支路的线性电阻电路,用结点电压法可以获得如下的 $k=n-1$ 阶矩阵方程,

$$\begin{bmatrix} G_{11} & G_{12} & \cdots & G_{1k} \\ G_{21} & G_{22} & \cdots & G_{2k} \\ \cdots & \cdots & \ddots & \cdots \\ G_{k1} & G_{k2} & \cdots & G_{kk} \end{bmatrix}\begin{bmatrix} v_{n1} \\ v_{n2} \\ \cdots \\ v_{nk} \end{bmatrix} = \begin{bmatrix} i_{\Sigma s1} \\ i_{\Sigma s2} \\ . \\ i_{\Sigma sk} \end{bmatrix} \tag{3.2.2}$$

其中 $G_{ii}$ 是第 $i$ 个结点的自导,所谓结点自导,就是该结点电压对该结点流出电流的影响系数,只需把和这个结点连接的所有支路的自导相加即可;而 $G_{ij}$ 则是第 $j$ 个结点对第 $i$ 个结点的互导,如果结点 $j$ 的结点电压对结点 $i$ 的流出电流产生影响,这个影响系数就是互导 $G_{ij}$。而 $i_{\Sigma si}$ 则是流入结点 $i$ 的源电流之和。

所谓支路自导,就是该支路电流和该支路电压成正比关系的比值系数项。注意到,恒压源内导为无穷,恒流源内导为零,因而两个结点之间不应包含恒压源元件,因为无穷内导无法有效表述,但是如果存在电阻 $R_s$ 和恒压源 $v_s$ 串联,则可以把恒压源和电阻的串联视为一条支路(一个单端口网络),这条支路的自导就是和恒压源串联的电阻阻值的倒数 $1/R_s$,同时该支路对结点提供源电流 $v_s/R_s$。

对于图 E3.2.2 所示电路,结点 $A$ 的自导 $G_{AA}$ 就是结点 $A$ 电压 $v_A$ 对结点 $A$ 流出电流的贡献系数,显然这个贡献系数是 $1/R_s+1/R_1+1/R_2$,于是 $G_{AA}=1/R_s+1/R_1+1/R_2$;结点 $B$ 对结点 $A$ 的互导 $G_{AB}$ 则是结点 $B$ 电压 $v_B$ 对结点 $A$ 流出电流的贡献系数,显然这个贡献系数为 $-1/R_2$,于是 $G_{AB}=-1/R_2$,之所以有负号是由于结点 $A$ 的流出电流方向从 $A$ 指向 $B$;同理,结点 $A$ 对结点 $B$ 的互导 $G_{BA}=-1/R_2$,结点 $B$ 的自导为 $G_{BB}=1/R_2+1/R_3+1/R_L$。又注意到,流入结点 $A$ 的源电流由 $v_s$ 电压源通过 $R_s$ 电阻形成,为 $v_s/R_s$,故而得到用结点电压法列写的矩阵形式的电路方程,为

$$\begin{bmatrix} G_s+G_1+G_2 & -G_2 \\ -G_2 & G_2+G_3+G_L \end{bmatrix}\begin{bmatrix} v_A \\ v_B \end{bmatrix} = \begin{bmatrix} G_s v_s \\ 0 \end{bmatrix}$$

其中,$G_s=1/R_s$,$G_1=1/R_1$,$G_2=1/R_2$,$G_3=1/R_3$,$G_L=1/R_L$,这正是前面的分析结果。

**练习 3.2.3**   请用结点电压法列写图 E3.1.10 所示电路方程,并求解。

结点电压法列写电路方程规则简单,可以很方便地通过编程实现。同时由于方程数目很少,只需列写 $n-1$ 个方程即可,因而目前很多电路分析软件都采用结点电压法列写电路方程,例如最常见的电路 CAD 仿真工具 SPICE。

本课程要求同学切实理解并掌握的方程列写方法包括:(1)俗称 $2b$ 法的支路电压电流法。$2b$ 法是最基本的电路方程列写方法,其他电路方程列写方法大都可以从它进一步引申而来。(2)结点电压法。该方法是计算机仿真软件中应用最广泛的方法,手工列写电路方程时也很简便。其对偶方法回路电流法需要找回路,不如结点电压法找结点那么方便操作。(3)支路电流法和回路电流法。手工列写电路方程时,往往随手标记支路电流,标注时让这些电流自动

满足 KCL 方程(如某结点连接支路有 3 条,标注流入电流为 $i_1$,$i_2$,流出电流则标注为 $i_1+i_2$,从而自动满足 KCL),于是只需再列写出 $b-n+1$ 个独立回路的 KVL 方程即可,从而很快化简方程。简单电路的支路电流法手工列写方法等价于回路电流法,只要电路结构不是那么复杂,这种方法列写的方程可以很快被化简求解。

### 3.2.4 修正结点电压法

结点电压法有一个问题,那就是描述元件的元件约束方程必须是压控的(可以用电压单值地表述电流),否则无法有效处理。例如,如果某支路是恒压源元件,恒压源的元件约束条件 $v_k=v_{sk}$ 是流控的,无法表述为压控形式,因而结点电压法无法处理恒压源支路。

可以如是修正结点电压法,使得它能够处理流控支路:如果碰到一条流控支路,则添加该支路的支路电流为新的未知量,由于多了一个未知量,则需多列写一个电路方程,将该支路的元件约束方程补入即可。

**例 3.2.4** 如图 E3.2.3 所示,虚框代表一个二端口功能电路,它由运算放大器和两个电阻 $R_1$、$R_2$ 构成。在输入端口由恒压源 $v_s(t)$ 激励,输出端口则接负载电阻 $R_L$,请问这个电路实现了什么功能?这里假设运放工作在线性区,被建模为一个二端口电阻元件,其元件约束方程为

$$i_{in}=0 \tag{E3.2.12a}$$

$$v_{out}-A_{v0}v_{in}=0 \tag{E3.2.12b}$$

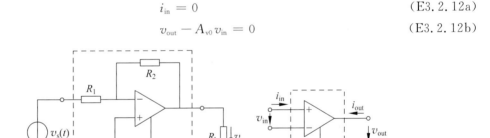

图 E3.2.3 运放电路(反相电压放大电路)

**分析**:运放工作在线性区时,其两个端口的约束方程见式(E3.1.8~9a),显然输入端口的约束方程 $v_{in}-R_{in}i_{in}=0$ 表明输入端口被抽象为一个 $R_{in}$ 电阻,输出端口的约束方程 $v_{out}-R_{out}i_{out}-A_{v0}v_{in}=0$ 表明输出端口被抽象为一个戴维南电压源,源电压 $A_{v0}v_{in}$ 受控于输入电压,源内阻则为 $R_{out}$ 电阻,如图 E3.2.4(b)所示。本题中假设运放输入电阻极大,输出电阻极小,从而进一步地将输入电阻抽象为无穷大,输出电阻抽象为零,如图 E3.2.4(c)所示。

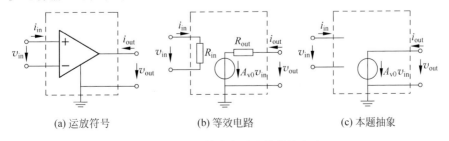

(a) 运放符号      (b) 等效电路      (c) 本题抽象

图 E3.2.4 运算放大器及其等效电路

**解**：为了容易看清楚连接关系，将原电路中的运放符号用其等效电路替代，如图 E3.2.5 所示，该电路具有 $A$、$B$、$C$、$G$ 四个结点，其中 $G$ 为参考地结点。现在以 $A$、$B$、$C$ 三个结点的结点电压为未知量，可以列写出如下三个 KCL 方程：

$$v_A G_1 + v_B(-G_1) + i_s = 0 \tag{E3.2.13a}$$

$$v_A(-G_1) + v_B(G_1 + G_2) + v_C(-G_2) = 0 \tag{E3.2.13b}$$

$$v_B(-G_2) + v_C(G_2 + G_L) + i_{out} = 0 \tag{E3.2.13c}$$

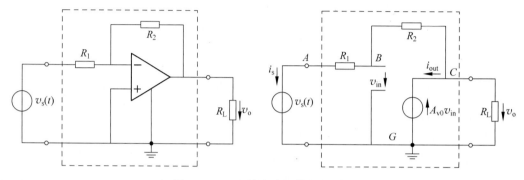

图 E3.2.5　运放电路的结点分析法

注意到结点 $A$ 对结点 $G$ 之间是恒压源 $v_s(t)$，结点 $C$ 对结点 $G$ 之间是恒压源 $-A_{v0}v_{in}$，因而在上述方程中以这两条支路的支路电流为未知量写入方程，由于多了两个未知量，因而需要另外添加两个支路约束条件方程，使得方程是完备的：

$$v_A = v_s(t) \tag{E3.2.14a}$$

$$v_C = -A_{v0}v_{in} = -A_{v0}v_B \tag{E3.2.14b}$$

注意，式(E3.2.14b)方程右侧 $v_B$ 是未知量，因而将它移到方程左侧，重写为

$$v_C + A_{v0}v_B = 0 \tag{E3.2.14c}$$

因而，该电路方程的矩阵形式为

$$
\begin{bmatrix}
G_1 & -G_1 & 0 & 1 & 0 \\
-G_1 & G_1+G_2 & -G_2 & 0 & 0 \\
0 & -G_2 & G_2+G_L & 0 & 1 \\
1 & 0 & 0 & 0 & 0 \\
0 & A_{v0} & 1 & 0 & 0
\end{bmatrix}
\begin{bmatrix}
v_A \\ v_B \\ v_C \\ i_s \\ i_{out}
\end{bmatrix}
=
\begin{bmatrix}
0 \\ 0 \\ 0 \\ v_s \\ 0
\end{bmatrix}
\tag{E3.2.15}
$$

矩阵求逆，可以求得解如下：

$$
\begin{bmatrix}
v_A \\ v_B \\ v_C \\ i_s \\ i_{out}
\end{bmatrix}
=
\begin{bmatrix}
1 \\
\dfrac{G_1}{(1+A_{v0})G_2 + G_1} \\
-A_{v0}\dfrac{G_1}{(1+A_{v0})G_2 + G_1} \\
-\dfrac{G_1 G_2(1+A_{v0})}{(1+A_{v0})G_2 + G_1} \\
\dfrac{G_1((1+A_{v0})G_2 + A_{v0}G_L)}{(1+A_{v0})G_2 + G_1}
\end{bmatrix}
v_s
\tag{E3.2.16}
$$

我们感兴趣的是 $v_C$，它就是我们希望获得的输出电压 $v_o$，

$$v_{o} = v_{C} = -A_{v0}\frac{G_1}{(1+A_{v0})G_2 + G_1}v_s = -\frac{R_2}{R_1}\frac{1}{1+\frac{1}{A_{v0}}\left(1+\frac{R_2}{R_1}\right)}v_s \qquad (E3.2.17)$$

显然,输出电压和输入电压之间有一个比值系数,这个比值系数为负值,其绝对值可以大于1,因而它被称为反相电压放大器。通过观察发现,如果运放增益 $A_{v0}$ 极大,$A_{v0} \gg 1+\dfrac{R_2}{R_1}$,该反相放大器的放大倍数则几乎完全由运放外部连接的两个电阻所决定:

$$A_{v} = \frac{v_o}{v_s} = -\frac{R_2}{R_1}\frac{1}{1+\frac{1}{A_{v0}}\left(1+\frac{R_2}{R_1}\right)} \approx -\frac{R_2}{R_1} \qquad (E3.2.18)$$

固然用修正结点电压法可以解决例 3.2.3 问题,用计算机编程来处理这样的事情则以程式化方式进行,然而当我们希望用手工方法尽快获得该功能电路的分析结果时,则无须这样麻烦地去列写如此多的电路方程,直接采用手工的支路电流法,就可以快速地获得解析解。

如图 E3.2.6 所示,在电阻 $R_1$ 下标注支路电流 $i$,由于运放抽象输入阻抗无穷大,运放输入端口电流为 0,故而这个电流 $i$ 流过 $R_2$ 电阻。电阻 $R_1$ 和电阻 $R_2$ 上的电流相同,由此可列方程如下:

$$\frac{v_s - v_{in}}{R_1} = i = \frac{v_{in} - (-A_{v0}v_{in})}{R_2} \qquad (E3.2.19)$$

由此获得

$$v_{in} = \frac{1}{1+(A_{v0}+1)\frac{R_1}{R_2}}v_s \qquad (E3.2.20)$$

从而输出电压为

$$v_{o} = -A_{v0}v_{in} = -\frac{R_2}{R_1}\frac{1}{1+\frac{1}{A_{v0}}\left(1+\frac{R_2}{R_1}\right)}v_s \qquad (E3.2.21)$$

显然,无须复杂的矩阵求逆,我们就可以快速获得解析解。

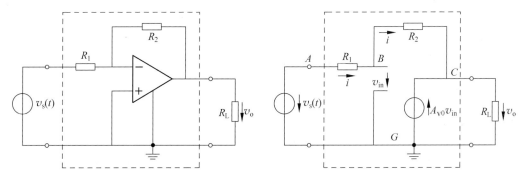

图 E3.2.6 运放电路的手工计算方法

程式化的结点电压法列写电路方程完全可以交由计算机辅助设计工具去处理,因为列写方程的规则是死的,十分适合于计算机这样的死脑筋来处理:你告诉它怎么干,它就怎么干,规则由编程的人来制定。但是作为电路设计者,在进行电路设计时,应充分理解电路的功能,将所有电路分析、电路设计的工作全部交付计算机处理是不适当的且难以执行下去。事实上,在借助于 CAD 工具进行电路设计时,整个设计流程一直被人工干预,这就需要设计者随时折中调整设计参数,以确保整个设计流程顺畅进行,这样才有可能设计出一个比较符合设计者要求的电路。人工干预设计流程时,设计者只有对电路有极为充分的理解,才能做出有效或高效的干预。

要想对电路有充分的理解,就需要对电路能够进行高度的抽象和有效的化简,以获得尽可能简洁的结论,这些简单结论有助于设计者在进行复杂电路设计时,脑袋里已经提前建立起了对该电路的直观理解。

对于本例,如果将运放输入电阻抽象为无穷大,将输出电阻抽象为零,将运放电压增益抽象为无穷大,我们将得到极为简单的结果,并由此给出如下的结论:如果你设计的运放模块具有足够高的输入电阻 $R_{in}$(可以抽象为无穷),足够小的输出电阻 $R_{out}$(可以抽象为零),足够大的电压增益 $A_{v0}$(可以抽象为无穷),那么图 E3.2.3 所示电路就是一个反相电压放大电路,该反相放大电路的电压放大倍数几乎完全由运放外部的电阻元件决定。这个结论对我们进行电压放大器设计有重大影响,我们会想方设法地去设计一个运放,即使这个运放的输入电阻、输出电阻、电压增益不那么精确,不那么稳定,但是只要其输入电阻足够大,输出电阻足够小,电压增益足够高,那么我们只需外加相对稳定、相对精密的电阻 $R_1$、$R_2$,用图 E3.2.3 的连接方式,就可以获得电压增益足够精确、足够稳定的反相电压放大器。那么输入电阻足够大,输出电阻足够小,电压增益足够高的标准是什么呢? 目前我们可以确认所谓电压增益足够高指的是 $A_{v0} \gg 1 + \dfrac{R_2}{R_1}$,那么输入电阻足够大,输出电阻足够小又指的是什么?

**练习 3.2.4**　用图 E3.2.4(b)的运放等效电路,考察图 E3.2.3 反相放大器反相电压增益近似为 $-R_2/R_1$ 几乎完全由运放外接电阻决定的条件是什么。也就是说,对运放输入电阻 $R_{in}$、输出电阻 $R_{out}$ 和本征电压增益 $A_{v0}$ 提出什么样的要求,反相电压增益就可以近似完全由运放外部电阻 $R_1$、$R_2$ 决定,$A_v \approx -R_2/R_1$?

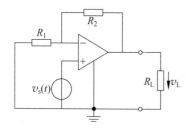

图 E3.2.7　同相电压放大电路

**练习 3.2.5**　用任意你掌握的方法列写电路方程,并求解获得如图 E3.2.7 所示电路的负载电压 $v_L(t)$,说明这是一个同相电压放大电路。已知信源激励 $v_S(t)$,运放模型为图 E3.2.4(c),首先假设有限增益,其次将增益抽象为无穷大。

## 3.3　降低分析复杂度的等效电路法

虽然支路电流法、回路电流法、结点电压法使得列写的电路方程个数大幅缩减,求解电路方程的规模大幅下降,但对包含成千上万个电路器件的大规模的或较大规模的电路进行分析时,无论是计算机辅助设计,还是设计者自己对电路系统的把握,都需要进一步降低电路分析的复杂度,至少在对电路系统进行原理分析时,有必要对子模块依据端口特性进行端口抽象,在高层对电路网络建立高层次的电路宏模型。这就是分层设计思想:高层根据低层网络端口特性进行端口抽象,将低层网络的电特性用端口伏安特性表述,而不再关注低层网络内部结构、内部工作机制,这就是等效电路法。端口描述方程是对电路网络在端口外特性的描述,同时它也是建立等效电路的依据。

降低电路分析复杂度的首要原则仍然落实在电路规模的进一步降低上,换句话说,就是想方设法地降低描述该电路网络的电路方程个数。一种有效的方法就是把具有某种功能的电路网络或者具有某种特性的电路网络封装为一个黑匣子(black box),这个黑匣子对外连接的端口数目很少,封装后我们就不再关注其内部结构,而只关注或者只需测得其端口特性即可。根据端口特性为这个黑匣子建立一个等效电路模型,只要等效电路和黑匣子具有相同的端口特性,它们对端口外电路而言就是等价的。例如,本章例3.1.1中的运算放大器,其内部包含很多器件,如图3.3.1所示的741运算放大器芯片(集成电路),其内部的BJT晶体管有20多个,电阻有10多个,还有一个30pF的补偿电容,如果再考虑晶体管的寄生电容效应,把这个电路和运放外围电路一并分析,问题将变得十分的复杂。然而在例3.1.1、例3.2.4的分析中,我们将这个运放视为一个二端口的黑匣子看待,仅针对其端口特性建立了等效电路,在这两个应用例子中,我们对运放内部电路并不关心,因为端口特性已经完全描述这个运放电路的对外电特性,其端口特性描述方程(E3.1.8~9)和其对应等效电路E3.2.4(b)是运放电路工作在线性区的等效电路的两种描述方式,它们对分析电路功能而言已经足够用了。

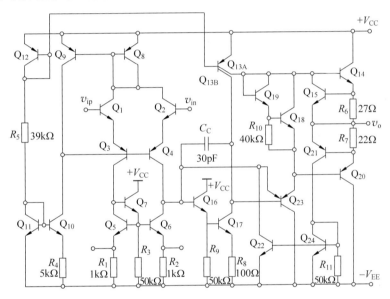

图 3.3.1　741 运算放大器内部电路

### 3.3.1　等效电路

两个电路网络如果具有完全相同的端口伏安特性关系,那么无论其内部物理结构如何,对于端口外接的电路而言,它们都是无差别的,因而对外接电路而言,它们是等效电路(equivalent circuits)。

**1. 等效电路的建立方法**

等效电路可以通过如下两种方式建立。

1) 器件结构建模等效

通过对电路实际制作的物理结构进行分析,由构成电路系统的导体、半导体、绝缘体之间的结构关系,等效为相应元件的某种连接关系。这种等效电路中的元件及其连接关系具有明确的物理结构上的对应关系,对这种等效电路的全面分析有助于电路器件、电路系统在物理结构上进行改进,以获得具有更优性能的电路器件和电路系统。这种类型的等效电路,本课程略有涉及,如基于物理结构特征的晶体管伏安特性分析及其等效电路模型,见后续第4、6、10章和附录 A12、A13、A16 相关讨论。

　　2）端口电特性等效

　　上层设计者不关心底层器件、底层电路内部的物质结构关系,他们只关注器件和电路系统的对外端口特性(对外电作用关系)。根据已知的、理论分析的或实测的端口伏安特性关系,给出等效电路,该等效电路与已知或实测的端口伏安特性关系在其应用范围内是一致(或近似一致)的,如运放的等效电路图 E3.2.4(b)就是这种类型的等效电路,它与运放的物理结构没有直接的对应关系,它仅是将对运放端口电压、电流之间关系的分析结果或测量结果以等效电路形式表述而已。

　　第一种类型的等效电路对理解电路器件工作机制、对电路器件设计都很重要,第二种类型的等效电路则往往用于电路的简化分析上或系统级设计中。本课程要求切实掌握第二种等效方法,如本章后文的戴维南定理等。掌握这种等效方法,则可在原理性分析中降低电路分析规模,电路分析和系统设计难度将会大幅下降,电路工作原理因而可以相对简单地阐述清晰。

　　**2. 等效电路的描述方法**

　　描述等效电路的方法有两种。

　　1）电路符号描述方式

　　直接用基本元件符号或基本元件的某种连接关系来描述,如电阻、电源、电容、电感等单端口元件的连接。由于单端口元件只能描述单端口自身的电压电流约束关系,为了描述一个端口对另外一个端口的控制作用,本章还会引入受控源元件。如运放等效电路图 E3.2.4(b)中输出端口的电压源和前一章讨论的独立源不同,它是受端口 1 电压控制的电压源,其实是一个受控源元件。

　　2）数学符号描述方式

　　用一系列的数学方程,或端口描述方程,或网络参量描述电路网络的电特性。

　　例如线性电阻的描述,其电路描述方式为一个有两个端点的长条矩形符号,旁边标注电阻阻值 $R$,其数学描述方式则是 $v=Ri$ 或电阻参量 $R$,后面讨论的二端口线性网络,其网络参量 $z,y,h,g,ABCD$ 等参量矩阵均属于数学描述方式。有些数学描述方式可以直接对应电路描述方式,如 $z,y,h,g$ 参量,参量矩阵的每一个元素均存在电路元件符号及其连接关系与之一一对应;有些数学描述方式则没有电路元件相对应,如 $ABCD$ 参量,此时可以画一方框,内含 $ABCD$ 矩阵参量,以此代表该二端口网络端口的对外电特性,此方框亦被认可为一种等效电路。

　　又例如,某直流电源端口电压 $v(t)$ 和端口电流 $i(t)$ 满足 $\dfrac{v(t)}{V_{\text{S0}}}+\dfrac{i(t)}{I_{\text{S0}}}=1$,这个方程本身就是对该电源等效电路的数学描述方式之一,这种数学描述方式最为关键的两个电路参量是端口开路电压 $V_{\text{S0}}$ 和端口短路电流 $I_{\text{S0}}$,同时有线性假设存在;而该电源的戴维南形式图 2.4.9 或诺顿形式图 2.4.10 则是其等效电路的电路描述方式,对应于这两种电路描述方式的等效电路,其电路参量(数学描述方式)分别为戴维南源电压 $V_{\text{S0}}$ 及戴维南源内阻 $R_{\text{s}}$,记为 $(V_{\text{S0}},R_{\text{s}})$,和诺顿源电流 $I_{\text{S0}}$ 及诺顿源内导 $G_{\text{s}}$,记为 $(I_{\text{S0}},G_{\text{s}})$。上述几种描述方式在端口位置对外是完全等价的。注意到电源的这种等效电路属端口特性等效电路(第二种类型的等效电路),与实际电源内部结构并不完全对应,故而不能根据等效电路说明实际电源内部存在着戴维南形式的恒压源与内阻的连接结点或者诺顿形式的恒流源与内导的内部回路,如果忘记了这种等效仅仅是对端口特性的等效,试图用等效电路内部结点、内部支路或回路的特性说明该网络的特性,将会出现难以解释的矛盾。如电源的戴维南等效,如果电源端口开路,戴维南电压源则没有电流输出,因而没有电能输出,但我们不能由此来说明电源内阻没有功率消耗,否则又如何解释其诺顿等效电路呢? 当诺顿等效电路端口开路时,恒流源电流通过内阻构成内部回路,难道内阻消耗了恒流源输出的所有功率? 同样地,对诺顿等效而言,如果电源端口短路,等效恒流源无功率输出,这又如何解释戴维南等效电路端口短路后,其内阻消耗了恒压源输出的所有功率? 出现这样的自相矛盾,其原因在于我们试图进入到等效电路内部,考察其内部结点和内部回路,然而这些内部结点和内部回路却没有任何实际的物理结构与之相应,它仅仅是外端口特性的一种等效而已。但是如果这样描述电源:“电源端口开路时,电源不向外端口提供能量,电源端口开路电压为 $V_{S0}$,它也是该电源的电动势大小”,那么,无论是戴维南源等效,还是诺顿源等效,或者是对电源本身,这个说法都没有任何可以被质疑的地方,因为这种说法仅针对电源的端口对外特性而言,对满足端口特性的任何形式的等效电路都是成立的。

然而对于第一种类型的等效电路,等效电路中的等效元件和实际电路系统内部物理结构具有一一对应关系,那么用等效元件的电特性来说明实际电路系统内部工作的物理机制是有可能的。对于这种基于其内部结构物理特性分析而建立的等效电路,可以进入到其内部结点和内部回路进行考察。但是要牢记一点,只有端口电压、电流是可以被测量的,内部结点和内部回路并不能被实测,除非这个内部结点被引出成为外部端点。

**3. 一些等效电路例**

下面简要说明一下本书之前章节已经出现过的等效电路例:

(1) 戴维南等效和诺顿等效,都是具有线性内阻电源的等效电路,它们的端口伏安特性关系是同一个方程,为 $\dfrac{v(t)}{V_{S0}}+\dfrac{i(t)}{I_{S0}}=1$。

(2) 理想恒压源电压为零时,与短路等效,它们具有相同的端口伏安特性关系,$v(t)=0$。

(3) 理想恒流源电流为零时,与开路等效,它们具有相同的端口伏安特性关系,$i(t)=0$。

(4) 工作在线性区的运算放大器可等效为线性二端口电阻网络,用输入电阻、输出电阻和电压增益描述,其中电压增益可用受控源元件表述。

(5) 两个串联电阻的等效电路是一个电阻,$R=R_1+R_2$,两者等效是由于它们具有相同的端口伏安特性关系,$v(t)=(R_1+R_2)i(t)$ 和 $v(t)=Ri(t)$。

(6) 两个并联电阻可等效为一个电阻,$R=\dfrac{R_1 R_2}{R_1+R_2}$,这是由于它们具有相同的端口伏安特性关系,$v(t)=\dfrac{R_1 R_2}{R_1+R_2}i(t)$ 和 $v(t)=Ri(t)$。

也可描述为:两个电导并联可等效为一个电导,$G=G_1+G_2$。

(7) 用理想整流特性(开关特性)描述实际 PN 结二极管的非线性电阻特性,这是一种高度抽象的等效电路,仅适用于大信号情况。

本书后续章节对电路网络的很多讨论都是基于等效电路法展开的,包括第一种类型的等效电路,如晶体管的交流小信号等效电路(见第 4、6、8、10 章),也包括第二种类型的等效电路,如电源的戴维南等效。

**练习 3.3.1**　图 E3.1.7 同时还给出了运算放大器三端口网络的端口描述方程,请将该运算放大器等效电路的这种数学符号描述方式转化为电路符号描述方式,即根据这三个方程画出运算放大器的三端口网络等效电路。

### 3.3.2 替代定理

替代定理(Substitution Theorem)是应用最为广泛的等效电路法之一。

有些电路规模十分庞大,我们可以对它们进行分解。如图 3.3.2 所示,假设一个大型的电路网络可以被分解为网络 $A$ 和网络 $B$ 的单端口对接关系,对接端口为 $P$ 端口。如果已经通过某种方式确知对接端口的端口电压 $v_p(t)$ 或端口电流 $i_p(t)$,则可利用替代定理进行简化分析:如果网络 $B$ 除了通过这个对接端口对网络 $A$ 起作用之外,没有其他途径对网络 $A$ 起作用,那么就可以用 $v_p(t)$ 恒压源替代网络 $B$,或者用 $i_p(t)$ 恒流源替代网络 $B$,这种替代对网络 $A$ 内部的工作没有影响。这就是替代定理。

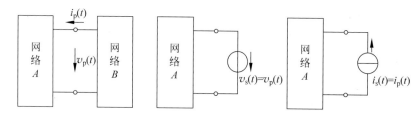

图 3.3.2　替代定理

如图 3.3.3 所示,在网络对接端口中间插入两个大小都是 $v_p(t)$ 的恒压源,这两个串联元件的总电压恒为 0,故而对外等效为短路线,显然它们对网络 $A$ 和网络 $B$ 没有任何影响。注意结点 $T$ 和结点 $Z$ 之间的电压恒为零,电压恒为零的等效电路就是短路线,当我们将 $TZ$ 短接后,网络 $A$ 和网络 $B$ 的端口电流也没有受到任何影响,显然 $TZ$ 短路对网络 $A$、$B$ 并无影响,从而替代定理成立。这里假设除了这个对接端口外,没有其他途径关联 $A$、$B$ 网络。

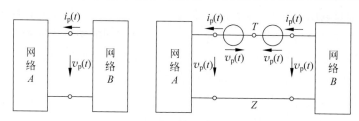

图 3.3.3　用恒压源进行替代的说明

基于同样的道理,同学可自行说明为何恒流源可以替代网络 $B$。

替代定理适用于线性电路/非线性电路,电阻电路/动态电路。如果网络 $A$ 是非线性电路,则有可能是非单调的多值函数,选择恒流源或者恒压源替代网络 $B$ 时,应选用其中的使得网络 $A$ 的端口电量具有唯一解的那个替代,以消除不确定性。如用 $v_p(t)$ 恒压源替代后有唯一的端口电流 $i_p(t)$,这种替代就是没有疑义的。但是如果用 $v_p(t)$ 恒压源替代后,除了 $i_p(t)$ 端口电流满足网络 $A$ 端口约束外,还有 $i_{p2}(t)$ 端口电流同样满足网络 $A$ 的端口约束关系,这种替代就可能带来后续分析的不确定性。

从解电路方程的角度看,替代定理就是通过列写网络 $A$ 和网络 $B$ 的电路方程,通过某种方式首先求出 $v_p$ 或 $i_p$,之后将这个解再代回到原方程(用已知量替代原未知量)求解剩下的未知量的过程。如果代回原方程有多解出现,则需判定哪些解符合实际物理意义,将不符合实际物理意义的解去除。

### 3.3.3 用等效电路简化电路分析

**1. 非线性电阻电路中的线性电阻网络等效与简化**

当电路中同时存在线性电阻元件和非线性电阻元件时,我们往往首先把它们分割为线性电阻网络和非线性电阻网络的对接,之后对线性电阻网络利用其线性性质进行端口简化,将它处理为黑匣子,不再关注其内部特性,而只关注其端口特性。由于端口数目大幅下降,电路规模降低为非线性元件的端口数目,非线性电路的分析难度大大降低。当非线性电路分析结束之后,则可用替代定理在对接端口处将非线性网络用恒压源或恒流源替代,再返回到线性电阻电路内部做线性分析即可获得电路内部所有电压、电流。

上述描述可以用如图 E3.3.1 所示的电路例进行说明。我们希望获得图 E3.3.1(a)电路的功能分析,也就是希望通过分析确认负载电阻上的电压 $v_L$ 和两个输入信号 $v_{S1}$、$v_{S2}$ 之间到底存在怎样的关系。对电路结构进行考察,发现电路中有一个非线性电阻二极管 $D$,其他都是线性电阻元件。于是处理方法就是将线性电阻网络和非线性电阻网络分割为两部分,如图 E3.3.1(b)所示,由于只有一个非线性电阻,因而线性电阻网络和非线性电阻网络的连接就是简单的单端口对接关系。只要设法对线性电阻网络进行简化(见单端口网络的戴维南-诺顿定理),用一个线性约束方程描述这个线性电阻网络的单端口电压电流约束关系:

$$i = f_L(v) \tag{E3.3.1a}$$

再加上二极管自身的非线性约束方程:

$$i = -i_D = -f_D(v_D) = -f_D(v) \tag{E3.3.1b}$$

于是用如下一个方程求解一个未知量(端口电压 $v$):

$$f_L(v) + f_D(v) = 0 \tag{E3.3.2}$$

我们总是可以通过非线性方程的某种求解方法获得最终的解 $v(t) = v_D(t)$。下一步的分析就简单了,用替代定理将非线性的二极管用恒压源 $v_D(t)$ 替代,如图 E3.3.1(c)所示,或者也可用恒流源 $i_D(t)$ 替代二极管,之后的电路分析就变成了对线性电阻网络的分析,方程求解都属于线性代数方程求解范畴。无论用什么方法,我们都很容易就可以获得负载电压 $v_L(t)$。

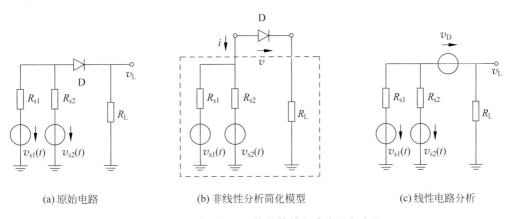

(a) 原始电路  (b) 非线性分析简化模型  (c) 线性电路分析

图 E3.3.1 线性电阻网络的等效电路处理方法 I

**2. 动态电路中的线性电阻网络等效与简化**

对于同时包含线性电阻元件和线性电容、线性电感元件的线性网络,我们往往把它们分割为线性电阻网络和纯动态元件网络的对接,之后对线性电阻网络利用其线性性质进行端口简化,同样是将其处理为黑匣子,只需描述其端口特性即可。由于端口数目完全由动态元件网络的端口个数(简单结构一般就是动态元件的个数)决定,因而电路分析规模大幅下降。对简化后的线性动态电路进行分析可获得电容电压和电感电流,之后则可用替代定理将电容用恒压源替代,将电感用恒流源替代,再返回到线性电阻电路内部,获得全电路分析结果。

以图 E3.3.2 所示电路为例说明:图 E3.3.2(a)是一个原始电路,其中 $R_D(t)$ 是一个时变线性电阻,由于这个电阻是时变的,导致电路各结点电压随着它的变化而变化。将电路中的两个动态元件和线性电阻网络分离,如果我们能够用两个线性代数方程来描述这个二端口的线性电阻网络(见二端口网络的戴维南-诺顿定理):

$$v_1(t) = f_1(i_1(t), v_2(t)) \tag{E3.3.3a}$$

$$i_2(t) = f_2(i_1(t), v_2(t)) \tag{E3.3.3b}$$

代入端口 1 的电感约束条件和端口 2 的电容约束条件:

$$v_1(t) = -L\frac{di_1(t)}{dt} \tag{E3.3.4a}$$

$$i_2(t) = -C\frac{dv_2(t)}{dt} \tag{E3.3.4b}$$

就可得到如下两个线性微分方程来求解电感电流和电容电压两个未知量:

$$\frac{di_1(t)}{dt} = -\frac{1}{L}f_1(i_1(t), v_2(t)) \tag{E3.3.5a}$$

$$\frac{dv_2(t)}{dt} = -\frac{1}{C}f_2(i_1(t), v_2(t)) \tag{E3.3.5b}$$

当我们通过某种数学方法获得 $i_1(t)$ 和 $v_2(t)$ 后,即可采用替代定理,将电感用恒流源 $i_1(t)$ 替代,将电容用恒压源 $v_2(t)$ 替代,于是关于电阻电路内部结点的电压分析就变成了纯粹的线性电阻电路分析。

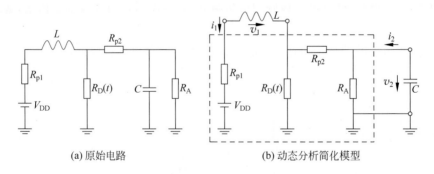

(a) 原始电路          (b) 动态分析简化模型

图 E3.3.2    线性电阻网络的等效电路处理方法 II

我们这里用了两个例子说明对于线性电阻网络,我们需要将它视为单端口、二端口或者 N 端口网络(黑匣子),如是就可以把复杂的线性电阻网络用一个、两个或 N 个端口约束方程予以描述。这些端口约束方程是对线性电阻网络的端口电特性的数学表述方法,它就是线性电阻网络等效电路的数学表述,可以直接用来驱动外围的非线性元件、动态元件,使得电路分析规模和复杂度都大大降低。

下面我们重点考察单端口和二端口线性电阻网络的等效电路法,正是由于这些等效电路方法的存在,在本书后续章节的很多电路分析中,我们都只需用最简单的线性电阻网络(戴维南等效或诺顿等效源)进行原理性分析,而不再考察具有复杂结构的电路网络。复杂的、大规模的电路分析交给计算机处理,我们只关注简单模型情况下的原理性分析,简单模型可以为我们提供电路设计的最直观思路,对电路的直观理解和认识是电路设计者必有的素质。当然,如果能够用计算机工具实现等效电路法,CAD工具的效率也必然有数量级上的大幅提高。

# 3.4　单端口线性网络的等效电路

如果线性电阻网络内部电源、电阻是简单的串并联关系,则可直接用串并联公式进行简化。纯属性的线性电阻、电容、电感、电源的串联、并联和网格状连接形成的网络,其端口等效电路仍然是纯属性的线性电阻、电容、电感和电源。

## 3.4.1　电阻串并联等效

**例 3.4.1**　如图 E3.4.1 所示,$n$ 个线性时不变电阻串联后连接一个电压源,该电压源看到的总电阻是多少?

**解**：参考电压方向定义如图 E3.4.1 所示,根据基尔霍夫电压定律,环路总电压为零,有

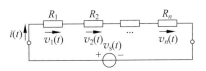

图 E3.4.1　电阻串联

$$\sum_{k=1}^{n+1} v_k(t) = \sum_{k=1}^{n} v_k(t) + v_{n+1}(t)$$
$$= \sum_{k=1}^{n} v_k(t) - v_s(t) = 0$$

其中第 $n+1$ 个支路元件为恒压源。上述表述也可以描述为：串联总电压等于分电压之和,即

$$v_s(t) = \sum_{k=1}^{n} v_k(t)$$

注意到串联支路电流只有一个,都是 $i(t)$,这是基尔霍夫电流定律决定的,流入多少电流就流出多少电流,故而

$$v_s(t) = \sum_{k=1}^{n} v_k(t) = \sum_{k=1}^{n} i(t) R_k = i(t) \sum_{k=1}^{n} R_k$$

显然,对于串联支路总端口而言,其端口电压、端口电流之间满足线性比值关系,因而从端口看入,它具有线性时不变电阻特性,故而可以定义端口等效电阻为

$$R = \frac{v_s(t)}{i(t)} = \sum_{k=1}^{n} R_k \qquad (3.4.1)$$

最后,我们得到一个结论：串联电阻从端口看等效为一个电阻,该电阻阻值等于分电阻阻值之和。

对电源而言,电阻 $R$ 和 $n$ 个电阻的串联没有任何区别,在端口看来它们是等价的,故而电阻 $R = \sum_{k=1}^{n} R_k$ 是 $n$ 个电阻 $R_k$ 串联的等效电路。有了这个结论,以后当我们看到多个电阻串联同时也不存在内部结点的对外引出(导致形成其他端口),那么完全可以暂不关注其内部结点情况,将其视为一个电阻处理即可。

**练习 3.4.1**　仿照例 3.4.1 对串联电阻等效电路的分析,说明如图 E3.4.2 所示的 $n$ 个线性时不变电阻并联后连接一个电流源,该电流源向端口看入的总电导为

$$G = \sum_{k=1}^{n} G_k \qquad (3.4.2a)$$

或者说，$n$ 个电阻并联后从总端口看可等效为一个电阻，该电阻阻值为

$$R = \frac{1}{\sum_{k=1}^{n} \frac{1}{R_k}} \tag{3.4.2b}$$

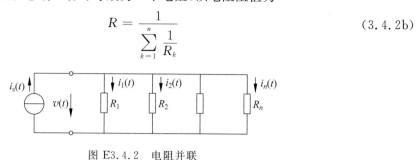

图 E3.4.2　电阻并联

让我们牢记两个电阻的串联总电阻和两个电阻并联总电阻表达式，或并联总电导表达式，这些公式应该成为我们脑袋中的常识：

$$R_+ = R_1 + R_2 \tag{3.4.3a}$$

$$R_\parallel = R_1 \parallel R_2 = \frac{R_1 R_2}{R_1 + R_2} \tag{3.4.3b}$$

$$G_\parallel = G_1 + G_2 \tag{3.4.3c}$$

**练习 3.4.2**　用串并联关系给出图 E3.4.3 所示两个单端口网络的等效电阻。

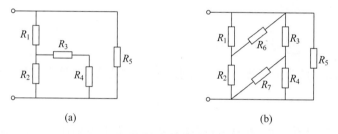

(a)　　　　　　　　　　　　(b)

图 E3.4.3　电阻串并联

### 3.4.2　电源串并联等效

具有线性内阻的电源虽然不过 $vi$ 平面的原点，但是我们只是将源电压、源电流视为信号激励源或能量供给源，因而具有线性内阻的电源仍然被视为线性元件，这里的线性元件指的是其内阻，而不是源。

下面两个论断无须特意去证明，KVL 和 KCL 决定了这两个式子的正确性：

（1）$n$ 个恒压源串联，其端口看入等效为一个恒压源，电压为

$$v_s(t) = \sum_{k=1}^{n} v_{sk}(t) \tag{3.4.4a}$$

（2）$n$ 个恒流源并联，其端口看入等效为一个恒流源，电流为

$$i_s(t) = \sum_{k=1}^{n} i_{sk}(t) \tag{3.4.4b}$$

**例 3.4.2**　对照图 E3.4.4，请说明如下两个论断：

（1）恒压源 $v_s(t)$ 和恒流源 $i_s(t)$ 并联，其端口看入等效为 $v_s(t)$ 恒压源。

（2）恒压源 $v_s(t)$ 和恒流源 $i_s(t)$ 串联，其端口看入等效为 $i_s(t)$ 恒流源。

**说明**：如图 E3.4.4 所示，当恒压源和恒流源并联时，并联端口电压被恒压源限制，而端口电流既可以由恒压源提供，也可以由恒流源提供。由于抽象出来的理想恒压源具有无限的电

流驱动能力,因而有无恒流源都不会影响端口的恒压特性,故而两个电源归并为一个恒压源。或者说,该端口的端口电压恒定确知,而端口电流由外接网络决定,这恰好就是恒压源的特性。

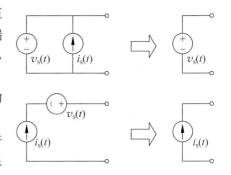

图 E3.4.4　理想电源归并

同理,恒流源和恒压源串联归并为一个恒流源的论述,请同学自行补全。

在电路中切忌出现两个不同电压值的恒压源的并联或两个不同电流值的恒流源的串联,因为它不满足基尔霍夫电压定律或基尔霍夫电流定律。如果出现这种电路,则意味着病态方程的出现,方程不可求解。两个不同电压的恒压源并联,$vi$ 平面对应的两条平行的伏安特性曲线没有交点,故而无解。如果两个电压完全相同的恒压源并联,对外可等效为一个恒压源,但是如果对内考察两个恒压源的输出电流则仍属病态问题,这是有无穷多解的问题,因为 $vi$ 平面对应的两条伏安特性曲线完全重合,两个恒压源输出电流不确定,但其总输出电流则由外接网络决定。

实际电路中不可能出现两个不同电压值恒压源的并联:如果是真实的两个电源并联,这两个电源则绝无可能被抽象为两个不同电压的恒压源;如果是真实的两个电源的串联,这两个电源也绝无可能被抽象为两个不同电流的恒流源。实际电源总是有内阻的,因而电压源并联和电流源串联在理论上是允许的,因为不相等的电压导致的电压差和不相等的电流导致的电流差可以加载到内阻上。然而这并不能成为我们尝试将两个接近理想恒压源的电压源并联或两个接近理想恒流源的电流源串联的理由。如果不是有特殊的应用需求,在电路调试中,我们应尽量避免出现让电压源并联、电流源串联的连接情况,因为这极有可能导致过大电流(电压源内阻很小导致)或过大电压(电流源内阻很大导致)出现,从而有可能对电源造成损伤,或者电源抽象不再成立,电源恒压、恒流或线性内阻等特性不再成立。

当然,为恒压源串联一个较大电阻后则可并联,恒流源并联一个较小电阻后也可串联,它们都可以实现源信号的加权求和。

**练习 3.4.3**　(1)具有线性内阻的两个戴维南形式的电源串联,其等效电路是什么?(2)具有线性内阻的两个诺顿形式的电源并联,其等效电路是什么?

**练习 3.4.4**　(1)具有线性内阻的两个戴维南形式的电源并联,其等效电路是什么?(2)具有线性内阻的两个诺顿形式的电源串联,其等效电路是什么?(3)为什么说具有线性内阻的电源的串并联可实现信号相加功能?

**提示**:可仿照图 E2.4.4 电阻串并联分析考察具有线性内阻电源的串并联等效。

### 3.4.3　单端口电阻网络的一般性等效方法

有些电阻网络不是简单的电阻串并联关系所能描述的,如图 E3.4.5(a)所示,5 个电阻之间的关系不是简单的单端口电阻元件的串并联关系,但我们只关注其对外的 $AB$ 端口。对于这样的单端口网络,我们可以通过对端口进行测试,获得其端口伏安特性,再根据端口伏安特性关系建立电路模型。

**1. 加压求流法/加流求压法**

常见的测试方法被称为加压求流法:人为地在被测端口加一个测试电压源 $v_{\text{test}}$,考察流入端口的端口电流 $i_{\text{test}}$,分析 $i_{\text{test}}$ 和 $v_{\text{test}}$ 之间的关系:①如果是线性比值关系,那么该单端口网络的等效电路就是一个线性电阻(线性电导);②如果 $i_{\text{test}}$ 中除了线性比值项外,还有与 $v_{\text{test}}$ 无关的项,那么该单端口网络可等效为诺顿源,诺顿源电流就是这个无关项,诺顿源内导就是线性比值;③如果 $i_{\text{test}}$ 和 $v_{\text{test}}$ 是非线性关系,自然就需要等效为非线性电阻了;④如果电路中存在电容、电感等动态元件,$i_{\text{test}}$ 和 $v_{\text{test}}$ 还存在微积分关系,这种动态电路在后面考察。

也可采用加流求压法,在端口加载 $i_{\text{test}}$ 测试电流源,考察端口形成的 $v_{\text{test}}$ 端口电压,通过考察两者之间的关系,以确认单端口网络的等效电路模型或是线性电阻,或是戴维南源,或是非线性电阻,甚至还需考虑动态元件的影响等。

加流求压法更适合于手工计算,因为手工计算时多采用支路电流法,同时晶体管电路的小信号等效电路中多是(受控)电流源,适宜于支路电流法手工列写。

### 2. 纯阻网络的纯阻等效

**例3.4.3**　如图 E3.4.5(a)所示,其单端口网络的等效电路是什么?

**解**：如图 E3.4.5(b)所示,我们在端口上加载测试电流源 $i_{\text{test}}$,求端口电压 $v_{\text{test}}$,研究它们之间的关系,即可获得该单端口网络的等效电路。

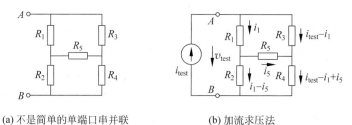

(a) 不是简单的单端口串并联　　　　(b) 加流求压法

图 E3.4.5　线性单端口电阻网络的等效电路求法

手工计算时,随手在 $R_1$ 电阻上标记支路电流 $i_1$,由 KCL 可知,$R_3$ 支路电流必然为 $i_{\text{test}} - i_1$,标记其上;$i_1$ 电流流下来后分为两支,设 $R_5$ 支路电流为 $i_5$,于是 $R_2$ 支路只能是 $i_1 - i_5$;$R_3$ 和 $R_5$ 支路电流汇聚后流入 $R_4$ 支路,故而 $R_4$ 支路电流为 $i_{\text{test}} - i_1 + i_5$。

至此,我们通过引入两个支路电流 $i_1$ 和 $i_5$ 作为未知量,KCL 方程已经隐含在支路电流标记之中,下面直接列写 KVL 方程,列写时,将支路元件约束一并代入。

$$i_1 R_1 + (i_1 - i_5) R_2 = v_{\text{test}} \qquad (i_{\text{test}} - R_1 - R_2) \qquad \text{(E3.4.1a)}$$

$$-i_1 R_1 + (i_{\text{test}} - i_1) R_3 - i_5 R_5 = 0 \qquad (R_1 - R_3 - R_5) \qquad \text{(E3.4.1b)}$$

$$-(i_1 - i_5) R_2 + i_5 R_5 + (i_{\text{test}} - i_1 + i_5) R_4 = 0 \qquad (R_2 - R_5 - R_4) \qquad \text{(E3.4.1c)}$$

由式(E3.4.1b)和式(E3.4.1c),以 $i_{\text{test}}$ 为已知量,$i_1$ 和 $i_5$ 为未知量,整理后可得

$$i_1(R_1 + R_3) + i_5 R_5 = i_{\text{test}} R_3 \qquad (R_1 - R_3 - R_5) \qquad \text{(E3.4.2a)}$$

$$i_1(R_2 + R_4) - i_5(R_2 + R_5 + R_4) = i_{\text{test}} R_4 \qquad (R_2 - R_5 - R_4) \qquad \text{(E3.4.2b)}$$

求解这个二元一次线性代数方程组,将 $i_1$ 和 $i_5$ 用 $i_{\text{test}}$ 表示,再代回式(E3.4.1a),即可用 $i_{\text{test}}$ 表述 $v_{\text{test}}$,它们之间的关系为线性比值关系,故而端口等效为一个电阻,为

$$\frac{v_{\text{test}}}{i_{\text{test}}} = \frac{R_5(R_1 + R_2)(R_3 + R_4) + R_2 R_4(R_1 + R_3) + R_1 R_3(R_2 + R_4)}{R_5(R_1 + R_2 + R_3 + R_4) + (R_2 + R_4)(R_1 + R_3)}$$

$$= R_{\text{eq}} \qquad \text{(E3.4.3)}$$

虽然这是一个令人头疼的式子,但至少我们可以确认,该单端口网络毫无疑问可以等效为一个线性电阻 $R_{\text{eq}}$。如果电阻阻值是具体的数值,上述求解过程就是简单的数值计算。

当我们对一个复杂的公式感到头疼,无法一眼看出其正确性时,重新推导确认固然可行,

但用一些简单验算佐证公式仍然是必要的。有两件事是公式推导后应该做的：①量纲验算。能够加减的物理量一定具有相同的量纲，等式、不等式两侧必须具有相同量纲，sin、exp、log 等函数运算的变量一定是无量纲的，如果不符合，表达式一定是错误的。如式(E3.4.3)，可以确认加号两侧的物理量具有一致的量纲，等号两侧具有一致的量纲，于是可以进行第二步验算。②极端验算。把表达式中的某些变量推到极端情况，而极端情况可以通过其他方式方便确认。如式(E3.4.3)，我们不妨验算 $R_5=0$ 的极端情况，

$$R_{\mathrm{eq}} \xlongequal{R_5=0} \frac{R_2 R_4 (R_1+R_3)+R_1 R_3 (R_2+R_4)}{(R_2+R_4)(R_1+R_3)} = \frac{R_2 R_4}{R_2+R_4} + \frac{R_1 R_3}{R_1+R_3} = R_2 \parallel R_4 + R_1 \parallel R_3$$

等效电阻表达式表明它是 $R_2$、$R_4$ 并联，再串联 $R_1$、$R_3$ 的并联，对照原电路，将 $R_5$ 支路短路后，等效电路就应该是这个结果。然后再走到另外一个极端，不妨再验算 $R_5 \to \infty$，$R_5$ 支路开路的极端情况：

$$R_{\mathrm{eq}} \xlongequal{R_5 \to \infty} \frac{(R_1+R_2)(R_3+R_4)}{(R_1+R_2)+(R_3+R_4)} = (R_1+R_2) \parallel (R_3+R_4)$$

等效电阻表达式表明它是 $R_1$、$R_2$ 串联，再并联 $R_3$、$R_4$ 的串联，对照原电路，将 $R_5$ 支路开路后，等效电路确实就是这个结果。

虽然量纲验算和极端验算可以证伪而不能证明，但通过了量纲验算和极端验算的公式，却可以给我们提供足够的信心支撑后续的分析。

**练习 3.4.5** 如图 E3.4.6 所示，这是一个立方体盒子，每条边为一根金属丝电阻。现在对角顶点 $AG$ 两端加一电源电压，立方体的 12 条边上有相同的热量发出，用于加热这个立方体盒子。为了达到均匀发热的目的，希望 12 个电阻发出的热量完全相同。

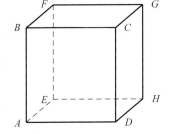

(1) 12 条边上的电阻阻值具有什么样的关系，才能达到热量均匀分布 12 条边的设计目标？

(2) 假设 $AG$ 两端所加电压为 $220\mathrm{V_{rms}}$ 的交流电，从 $A$ 到 $G$ 整体为 $1\mathrm{kW}$ 的加热器，则 12 条边上的电阻阻值分别为多大？

图 E3.4.6 立方体电阻网络

列写电路方程固然是基本功，但对电路的直观理解力也不可或缺。对于本练习题，电路拓扑结构上所具有的对称性可以帮助你轻易完成电路设计：电路如果具有某种对称结构(或平衡结构)，则可直接给出短路、开路等替代以简化电路分析——电流为零支路可开路处理，电压相等端点则可短路处理。然而这个结论并不普适，例如理想运放输入端口电压和电流均为零，虽然端口电压为零但却不能直接做短路替代，因为端口电压为零是理想运放无穷大电压增益导致的，输入端口短路替代后运放压控压源失去控制变量，端口电流为零这一特性也将被破坏。

**3. 含源线性电阻网络的戴维南源等效**

**例 3.4.4** 如图 E3.4.7(a)所示包含一个恒压源的电路，从 P 端口看的单端口网络等效电路是什么？

**解**：我们采用加流求压法，在端口 P 加载测试恒流源 $i_{\mathrm{test}}$，考察在端口形成的 $v_{\mathrm{test}}$ 电压。假设 $R_1$ 支路电流为 $i_1$，$R_3$ 支路电流为 $i_3$，那么 $R_2$ 支路电流则为 $i_1-i_{\mathrm{test}}$，$R_4$ 支路电流为 $i_3+i_{\mathrm{test}}$，$v_s$ 支路电流为 $i_1+i_3$。之后列写三个回路的 KVL 方程：

$$i_1 R_1 + (i_1-i_{\mathrm{test}})R_2 = v_s \qquad (v_s-R_1-R_2) \qquad \text{(E3.4.4a)}$$

$$-i_1 R_1 + i_3 R_3 + v_{\mathrm{test}} = 0 \qquad (R_1-i_{\mathrm{test}}-R_3) \qquad \text{(E3.4.4b)}$$

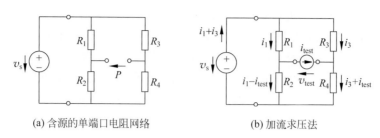

(a) 含源的单端口电阻网络　　　　　　(b) 加流求压法

图 E3.4.7　线性单端口电阻网络 II 的等效电路求法

$$i_3 R_3 + (i_3 + i_{\text{test}}) R_4 = v_s \qquad (v_s - R_3 - R_4) \qquad \text{(E3.4.4c)}$$

由式(E3.4.4a)解得 $i_1$,用 $i_{\text{test}}$ 和 $v_s$ 表示,由(E3.4.4c)解得 $i_3$,用 $i_{\text{test}}$ 和 $v_s$ 表示,分别为

$$i_1 = \frac{1}{R_1 + R_2} v_s + \frac{R_2}{R_1 + R_2} i_{\text{test}} \qquad \text{(E3.4.5a)}$$

$$i_3 = \frac{1}{R_3 + R_4} v_s - \frac{R_4}{R_3 + R_4} i_{\text{test}} \qquad \text{(E3.4.5b)}$$

代入式(E3.4.4b)获得 $v_{\text{test}}$,用 $i_{\text{test}}$ 和 $v_s$ 表示,为

$$v_{\text{test}} = i_1 R_1 - i_3 R_3 = \left( \frac{R_1}{R_1 + R_2} - \frac{R_3}{R_3 + R_4} \right) v_s + \left( \frac{R_1 R_2}{R_1 + R_2} + \frac{R_3 R_4}{R_3 + R_4} \right) i_{\text{test}} \quad \text{(E3.4.6)}$$

从 $v_{\text{test}}$ 和 $i_{\text{test}}$ 的关系看,端口 P 等效电路为一个戴维南电压源,如图 E3.4.8(b)所示,和 $i_{\text{test}}$ 无关项 $\left( \dfrac{R_1}{R_1 + R_2} - \dfrac{R_3}{R_3 + R_4} \right) v_s = \left( \dfrac{R_4}{R_3 + R_4} - \dfrac{R_2}{R_1 + R_2} \right) v_s$ 等效为源电压,和 $i_{\text{test}}$ 线性相关系数 $R_1 \parallel R_2 + R_3 \parallel R_4$ 等效为源内阻,恰好为 $R_1$、$R_2$ 并联与 $R_3$、$R_4$ 并联的串联。

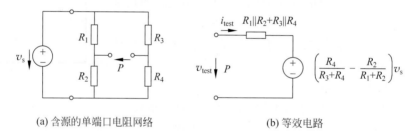

(a) 含源的单端口电阻网络　　　　　　(b) 等效电路

图 E3.4.8　线性单端口电阻网络 II 的等效电路

分析表达式(E3.4.6)可知,如果

$$R_1 R_4 = R_2 R_3 \qquad \text{(E3.4.7)}$$

则等效电路中的源电压为 0,从 P 端口看,电路为纯阻,端口位置看不到内部源的存在。该电路被称为惠斯通电桥(Wheatstone bridge),式(E3.4.7)被称为电桥的平衡条件。显而易见,桥平衡时,无论桥上 $R_5$ 支路短路(接电流计)、开路(接电压表)、接电阻,该支路电流恒为 0(所接电流计读数为 0)、该支路电压恒为 0(所接电压表读数为 0)。或者说,当电桥平衡时,P 端口无论开路、短路、接电阻,均不会对原电路工作状态产生影响;将平衡条件式(E3.4.7)代入式(E3.4.3),源看到的阻抗 $R_{\text{eq}}$ 与 $R_5$ 大小无关!

前面分析例表明:对于内部无源的单端口电阻网络,其等效电路就是一个电阻;内部含电源的单端口线性电阻网络,则可等效为戴维南电压源或者诺顿电流源,这正是戴维南定理和诺顿定理所要给出的结论。由于戴维南定理或诺顿定理的证明需要用到叠加定理,故而下面首先考察叠加定理。

### 3.4.4　叠加定理

叠加定理是对线性网络进行简化分析的最基本定理,它利用的是线性系统的叠加性和均匀性。叠加定理适用于线性电阻网络和线性动态网络,这里仅给出叠加定理在线性电阻网络的时域表述形式,线性动态网络的叠加定理往往在频域或复频域表述,也可在时域表述,动态电路的表述可直接采用电阻电路的表述推广。

叠加定理:网络 $N$ 是一个线性电阻电路,它内部包含 $n$ 个独立恒压源 $v_{s1}(t)$,$v_{s2}(t)$,$\cdots$,$v_{sn}(t)$ 和 $m$ 个独立恒流源 $i_{s1}(t)$,$i_{s2}(t)$,$\cdots$,$i_{sm}(t)$,那么该电路中的任意一个支路电压或支路电流都可以表述为如下的线性叠加形式:

$$P_1 v_{s1}(t) + P_2 v_{s2}(t) + \cdots + P_n v_{sn}(t) + Q_1 i_{s1}(t) + Q_2 i_{s2}(t) + \cdots + Q_m i_{sm}(t) \tag{3.4.5}$$

其中系数 $P_i(i=1,2,\cdots,n)$ 和 $Q_j(j=1,2,\cdots,m)$ 仅由网络 $N$ 决定,它们与独立源的源电压、源电流大小无关。

对于线性时不变电路,系数 $P$、$Q$ 为常数,对于线性时变电路,系数 $P$、$Q$ 可能随时间变化而变化,但这种变化与源电压 $v_s$、源电流 $i_s$ 随时间的变化无关。

叠加定理的证明很容易,采用 $2b$ 法列写的方程,对于线性电阻电路,方程组必然是线性代数方程,用矩阵表述后,为

$$Ax = s$$

其中矩阵 $A$ 中的元素代表了 KVL、KCL 方程描述的连接关系和线性元件的线性约束关系,$x$ 是电路中的支路电压、支路电流列向量,$s$ 是电路中的独立源作用。只要电路非病态,矩阵 $A$ 就是可逆的,那么必有唯一解:

$$x = A^{-1} s$$

显然,任意一个支路电压、支路电流都可以表述为独立源的线性叠加,叠加系数由逆矩阵 $A^{-1}$ 的元素决定,也就是由网络结构决定,与源 $s$ 的大小无关。

叠加定理表明:在线性电路中,任何支路电压和支路电流都是电路中各个独立电源单独作用时产生作用的叠加,即

$$f(v_{s1}, v_{s2}, \cdots, v_{sn}; i_{s1}, i_{s2}, \cdots, i_{sm})$$

$$= f(v_{s1}, 0, \cdots, 0; 0, 0, \cdots, 0) + f(0, v_{s2}, \cdots, 0; 0, 0, \cdots, 0) + \cdots + f(0, 0, \cdots, v_{sn}; 0, 0, \cdots, 0)$$

$$+ f(0, 0, \cdots, 0; i_{s1}, 0, \cdots, 0) + f(0, 0, \cdots, 0; 0, i_{s2}, \cdots, 0) + \cdots + f(0, 0, \cdots, 0; 0, 0, \cdots, i_{sm})$$

$$= f(1, 0, \cdots, 0; 0, 0, \cdots, 0) v_{s1} + f(0, 1, \cdots, 0; 0, 0, \cdots, 0) v_{s2} + \cdots + f(0, 0, \cdots, 1; 0, 0, \cdots, 0) v_{sn}$$

$$+ f(0, 0, \cdots, 0; 1, 0, \cdots, 0) i_{s1} + f(0, 0, \cdots, 0; 0, 1, \cdots, 0) i_{s2} + \cdots + f(0, 0, \cdots, 0; 0, 0, \cdots, 1) i_{sm}$$

$$= P_1 v_{s1}(t) + P_2 v_{s2}(t) + \cdots + P_n v_{sn}(t) + Q_1 i_{s1}(t) + Q_2 i_{s2}(t) + \cdots + Q_m i_{sm}(t) \tag{3.4.6}$$

表达式推演的基础是线性系统的叠加性和均匀性。其中,$f$ 表示电路中的独立源到该支路电压或支路电流的线性传递函数关系,恰好就是线性关系(3.4.5)。

所谓独立源单独作用,就是除了该独立源还起作用外,其他独立源不起作用。电压源不起作用(源电压置 0)即为短路,电流源不起作用(源电流置 0)即为开路。

再次强调:叠加定理仅适用于线性电路,不能应用于非线性电路。

**练习 3.4.6**　如图 E3.4.7(b)所示,在端口 P 加流求压,此时电路为具有两个独立源的电路,请用叠加定理证明,该端口等效电路为一个戴维南源。

### 3.4.5　戴维南-诺顿定理

戴维南定理(Thevenin's Theorem):一个包含独立电源的单端口线性电阻网络,其端口

等效电路可表述为一个恒压源和一个电阻的串联,源电压为端口开路电压,串联电阻为电阻网络内所有独立源置零时的端口等效电阻。

诺顿定理(Norton's Theorem):一个包含独立电源的单端口线性电阻网络,其端口等效电路可表述为一个恒流源和一个电阻的并联,源电流为端口短路电流,并联电阻为电阻网络内所有独立源置零时的端口等效电阻。

如图 3.4.1 所示,包含独立电源的单端口网络,可以表述为戴维南电压源形式或诺顿电流源形式,显然,两种等效之间具有如下关系:

$$R_{\mathrm{TH}} = R_{\mathrm{N}} \tag{3.4.7a}$$
$$v_{\mathrm{TH}} = R_{\mathrm{N}} i_{\mathrm{N}} \tag{3.4.7b}$$

所谓端口开路电压,也就是令该端口开路,然后测量该端口的电压,其大小就是端口开路电压;所谓端口短路电流,也就是令端口短路,然后测量短路线上流过的电流,其大小即为端口短路电流;所谓独立电源置零,指的是独立恒压源做短路处理,独立恒流源做开路处理。

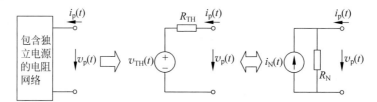

图 3.4.1    戴维南-诺顿定理

如果线性网络对外连接只有一个端口,那么戴维南-诺顿定理可以自该端口把整个线性网络等效为具有线性内阻的电源,从而可以大大简化电路分析。比如说,我们可以将线性网络和非线性网络分割开来,如果两个网络之间的连接是单端口对接关系,那么整个线性网络就可以用戴维南-诺顿定理等效为简单电源,用简单电源驱动非线性电路的分析就不那么复杂了;又比如说,我们可以将线性电阻网络和动态元件(电容或电感)分割为两部分,如果两个网络之间是单端口对接关系,那么整个无记忆网络就可以用戴维南-诺顿定理等效为简单的电源,用简单的电源驱动动态元件,整个电路分析就极度简化了。经过这种等效之后,整个系统的分析将变得简单明了,我们会在后续章节中反复应用戴维南-诺顿定理,以简化电路的分析。

戴维南-诺顿定理仅对线性网络成立,其等效利用了线性网络的叠加性和均匀性。从叠加定理很容易证明戴维南定理:假设某单端口网络中含有 $n$ 个独立恒压源($v_{\mathrm{s1}}(t), v_{\mathrm{s2}}(t), \cdots, v_{\mathrm{sn}}(t)$)和 $m$ 个独立恒流源($i_{\mathrm{s1}}(t), i_{\mathrm{s2}}(t), \cdots, i_{\mathrm{sm}}(t)$),在该单端口添加一个独立电流源 $i_{\mathrm{p}}(t)$(测试电流),根据叠加定理,该端口电压 $v_{\mathrm{p}}(t)$(测试电压)必然可以写成如下形式:

$$\begin{aligned} v_{\mathrm{p}}(t) &= P_1 v_{\mathrm{s1}}(t) + P_2 v_{\mathrm{s2}}(t) + \cdots + P_n v_{\mathrm{sn}}(t) + Q_1 i_{\mathrm{s1}}(t) \\ &\quad + Q_2 i_{\mathrm{s2}}(t) + \cdots + Q_m i_{\mathrm{sm}}(t) + R i_{\mathrm{p}}(t) \\ &= v_{\mathrm{TH}}(t) + R_{\mathrm{TH}} i_{\mathrm{p}}(t) \end{aligned} \tag{E3.4.8}$$

其中,与端口电流源 $i_{\mathrm{p}}(t)$ 无关的由网络内部独立源决定的项被定义为戴维南源 $v_{\mathrm{TH}}(t)$,与端口电流源 $i_{\mathrm{p}}(t)$ 成正比关系的比例系数 $R$ 则为戴维南内阻 $R_{\mathrm{TH}}$。

如果内部无独立源,线性电阻网络则被直接等效为一个纯电阻 $R_{\mathrm{TH}}$。

内部的独立源可能不能作用到端口,例如作用系数 $P_j$ 或 $Q_k$ 等于 0,则意味着第 $j$ 个电压源或第 $k$ 个电流源没有作用到端口 P,故而端口 P 有可能感受不到第 $j$ 个电压源或第 $k$ 个电流源的作用。如图 E3.4.8 所示,当电桥平衡时,从端口 P 看入等效电路为纯阻,在端口位置无法感受到内部源的作用。

**例 3.4.5** 如图 E3.4.9 所示,这是一个包含恒压源的线性电阻网络,只有一个端口对外开放,从这个端口向网络看,它可等效为具有线性内阻的电源,请给出等效戴维南电压源和等效诺顿电流源的参数。

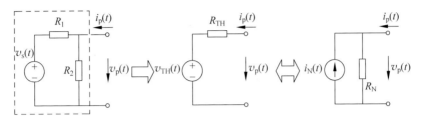

图 E3.4.9 戴维南等效和诺顿等效

**解**:计算戴维南源电压,也就是端口开路电压,显然,端口开路电压就是恒压源 $v_s(t)$ 电压在 $R_2$ 上的分压,为

$$v_{TH}(t) = v_2(t) = R_2 i_2(t) = R_2 \frac{v_s(t)}{R_1 + R_2} = \frac{R_2}{R_1 + R_2} v_s(t) \tag{E3.4.9}$$

戴维南内阻是单端口电路网络中的独立电压源 $v_s(t) = 0$ 时从端口看入的阻抗,所谓 $v_s(t) = 0$,就是该元件短路,当 $v_s$ 短路时,从端口看入阻抗显然就是 $R_1$ 和 $R_2$ 的并联电阻,故而戴维南电阻为

$$R_{TH} = R_1 \parallel R_2 = \frac{R_1 R_2}{R_1 + R_2} \tag{E3.4.10}$$

再计算诺顿源电流,也就是端口短路电流,显然,端口短路时,$R_2$ 对电路将无影响,其上没有电流流过(以确保两端电压为零这一端口短路限制),端口短路线流过的是 $R_1$ 电流,为

$$i_N(t) = \frac{v_s(t)}{R_1} \tag{E3.4.11}$$

而诺顿电阻就是戴维南电阻,戴维南电压和诺顿电流之间关系满足式(E3.4.7b)。

**例 3.4.6** 用戴维南定理重新考察图 E3.4.7(a)桥式电路的等效电路。

**解**:如图 E3.4.10 所示,以 $G$ 结点为整个电路的参考地结点,下面计算从端口 P 看入的戴维南等效电路。

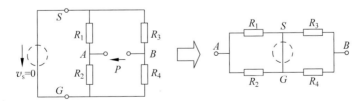

图 E3.4.10 端口电阻等效

当端口 P 开路时,结点 A 的电压是恒压源 $v_s$ 在 $R_2$ 上的分压:

$$v_A(t) = \frac{R_2}{R_1 + R_2} v_s(t) \tag{E3.4.12a}$$

结点 B 的电压是恒压源 $v_s$ 在 $R_4$ 上的分压:

$$v_B(t) = \frac{R_4}{R_3 + R_4} v_s(t) \tag{E3.4.12b}$$

于是端口 P 的开路电压——戴维南电压，就是两个结点之间的电压差，为

$$v_{TH}(t) = v_B(t) - v_A(t) = \left(\frac{R_4}{R_3 + R_4} - \frac{R_2}{R_1 + R_2}\right)v_s(t) \qquad (E3.4.13)$$

戴维南电阻是网络中电压源短路时，端口 P 的看入电阻，如图 E3.4.10 所示，为 $R_1$ 和 $R_2$ 先并联，再和 $R_3$、$R_4$ 的并联相串联，即

$$R_{TH} = R_1 \parallel R_2 + R_3 \parallel R_4 = \frac{R_1 R_2}{R_1 + R_2} + \frac{R_3 R_4}{R_3 + R_4} \qquad (E3.4.14)$$

其戴维南等效如图 E3.4.8(b)所示。

用戴维南-诺顿定理获得的等效电路与加流求压法的结论完全一致，但戴维南-诺顿定理仅适用于线性电路(电路网络中可以包括线性电阻、线性电容、线性电感、线性受控源和独立源)，而加压求流法或加流求压法则是通用方法，适用于任意网络：端口测试电压和测试电流之间具有线性关系则是线性网络，具有非线性关系则是非线性网络。

加压求流法和加流求压法脱胎自测量方法，是电路网络建模的基本方法：只要测量获得端口电压、电流之间的关系，即可对该网络进行电路建模。对单端口线性网络，

(1) 如果端口电压和端口电流之间是线性比值关系，则建模为电阻。

(2) 如果端口电压和端口电流之间除了线性比值关系外，还有无关项，则建模为戴维南源或诺顿源。

(3) 如果端口电压和端口电流之间具有微积分关系，则根据具体关系建模为电容、电感。

加压求流或加流求压法同样适用于多端口网络，见 3.7 节二端口网络的建模。

**练习 3.4.7** 采用你已掌握的电路定律和电路定理，用尽可能多的方法，求解获得如图 E3.4.11 所示电路中两个电压源的电流大小。

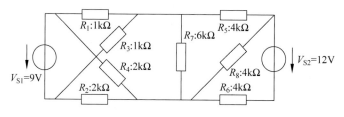

图 E3.4.11　求电源电流

本书中给出的例题和练习题尽可能地有实际应用背景，但是有时也会提供一些 trick 练习，便于同学把握电路定理。本题方法不限，随意解决，可以利用叠加定理、戴维南等效、电桥平衡、加压求流、加流求压、回路电流法、结点电压法等，都会获得一致的解。

用规范的回路电流法、结点电压法可能需要矩阵求逆，可借助计算机编程进行相关运算。而手工计算中更喜欢用等效电路法，等效电路法从数学本质上看不过是电路方程的代入化简过程的符号化体现，赋予这些数学运算过程以明确的物理意义，从而使得电路方程的求解过程变得直观简单，有法可循。

## 3.5　对偶关系

到目前为止，事实上我们已经观察到大量的对偶(duality)关系。将对偶量相互置换后，对偶电路的描述方程形式不会改变。以欧姆定律为例，$v = iR$，由于电压和电流是对偶量，电阻

和电导是对偶量,只需将欧姆定律描述方程中的电量置换为它的对偶量,把 $v$ 换成 $i$,把 $i$ 换成 $v$,把 $R$ 换成 $G$,于是得到 $i = vG$,这两个关系式在电路中都是成立的,且数学形式一致。表 3.5.1 给出了电路中常见的对偶关系。

**表 3.5.1 电路中的对偶量与对偶关系**

| 对偶量(duals)及对偶关系式(dual expression) | | | |
|---|---|---|---|
| 电压(voltage) | $v(t)$ | $i(t)$ | 电流(current) |
| 磁通(magnetic flux) | $v(t) = \dfrac{\mathrm{d}\Phi(t)}{\mathrm{d}t}$ | $i(t) = \dfrac{\mathrm{d}Q(t)}{\mathrm{d}t}$ | 电荷(electric charge) |
| 电阻(resistance)<br>欧姆定律(时域) | $v(t) = Ri(t)$ | $i(t) = Gv(t)$ | 电导(conductance)<br>欧姆定律(时域) |
| 电感(inductance) | $L = \dfrac{\mathrm{d}\Phi}{\mathrm{d}i}$ | $C = \dfrac{\mathrm{d}Q}{\mathrm{d}v}$ | 电容(capacitance) |
| 线性时不变电感 | $v(t) = L\dfrac{\mathrm{d}i(t)}{\mathrm{d}t}$<br><br>$i(t) = I_0 + \dfrac{1}{L}\displaystyle\int_0^t v(\tau)\mathrm{d}\tau$ | $i(t) = C\dfrac{\mathrm{d}v(t)}{\mathrm{d}t}$<br><br>$v(t) = V_0 + \dfrac{1}{C}\displaystyle\int_0^t i(\tau)\mathrm{d}\tau$ | 线性时不变电容 |
| 阻抗(impedance)<br>欧姆定律(频域) | $\dot{V}(\mathrm{j}\omega) = Z(\mathrm{j}\omega)\,\dot{I}(\mathrm{j}\omega)$<br>$Z = R + \mathrm{j}X$ | $\dot{I}(\mathrm{j}\omega) = Y(\mathrm{j}\omega)\,\dot{V}(\mathrm{j}\omega)$<br>$Y = G + \mathrm{j}B$ | 导纳(admittance)<br>欧姆定律(频域) |
| 电抗(reactance) | $X_L = \omega L,\ X_C = -\dfrac{1}{\omega C}$ | $B_C = \omega C,\ B_L = -\dfrac{1}{\omega L}$ | 电纳(susceptance) |
| 短路(short circuit) | $v(t) = 0$ | $i(t) = 0$ | 开路(open circuit) |
| 串联(series circuit) | $v = \displaystyle\sum_{k=1}^n v_k$<br><br>$R = \displaystyle\sum_{k=1}^n R_k$<br><br>$L = \displaystyle\sum_{k=1}^n L_k$<br><br>$\dfrac{1}{C} = \displaystyle\sum_{k=1}^n \dfrac{1}{C_k}$ | $i = \displaystyle\sum_{k=1}^n i_k$<br><br>$G = \displaystyle\sum_{k=1}^n G_k$<br><br>$C = \displaystyle\sum_{k=1}^n C_k$<br><br>$\dfrac{1}{L} = \displaystyle\sum_{k=1}^n \dfrac{1}{L_k}$ | 并联(parallel circuit) |
| 分压<br>(voltage divider) | $v_{R2} = \dfrac{R_2}{R_1 + R_2}v$ | $i_{G2} = \dfrac{G_2}{G_1 + G_2}i$ | 分流<br>(current divider) |
| 结点(node) | | | 网孔(mesh)/回路(loop) |
| KVL | $\displaystyle\sum_{k=1}^n v_k = 0$ | $\displaystyle\sum_{k=1}^n i_k = 0$ | KCL |
| 结点电压法<br>(Nodal Analysis) | $\boldsymbol{G}\boldsymbol{v}_n = \boldsymbol{i}_{\Sigma s}$ | $\boldsymbol{R}\boldsymbol{i}_l = \boldsymbol{v}_{\Sigma s}$ | 网孔/回路电流法<br>(Mesh/Loop Analysis) |
| 诺顿定理<br>(Norton's Theorem) | $\boldsymbol{i}(t) = \boldsymbol{i}_N(t) + \boldsymbol{G}_N\boldsymbol{v}(t)$ | $\boldsymbol{v}(t) = \boldsymbol{v}_{TH}(t) + \boldsymbol{R}_{TH}\boldsymbol{i}(t)$ | 戴维南定理<br>(Thevenin's Theorem) |

这里对表 3.5.1 做一个简单的说明:动态电路部分重点讨论的电容和电感是对偶量,它们的电特性描述方程是对偶的,只要电压电流互换,电感电容互换,其描述方程一模一样。在频域描述电感和电容的端口电压、端口电流关系时,采用电抗或电纳,电抗、电纳公式中的 $\mathrm{j}\omega$

对应时域中的微分运算,$1/\mathrm{j}\omega$ 对应时域中的积分运算。电阻和电抗统称阻抗,电导和电纳统称导纳,阻抗 $Z$ 和导纳 $Y$ 是对偶量,犹如电阻 $R$ 和电导 $G$ 是对偶量。关于频域方法,见第 8 章讨论。

开路和短路是对偶的,开路方程为 $i=0$,短路方程为 $v=0$,$v$、$i$ 互换后,形式完全一样。

同样的情形,串联与并联,KVL 和 KCL,网孔(回路)和结点,网孔(回路)电流法和结点电压法,戴维南等效与诺顿等效都是对偶的。

如果掌握了对偶,就只需研究其中一部分电路,其对偶电路的特性均可从对偶量的特性中推演获得。电路中的对偶关系体现了电场与磁场的对偶关系。

后文还会出现各种对偶关系,不再一一列举,碰到后仅对对偶量进行必要的说明后则直接利用对偶关系给出对偶结论的表述。

**例 3.5.1**　图 E3.5.1(a)是用来研究 RLC 串联电路中的电容分压情况,请给出其对偶电路,并说明两者确实是对偶关系。

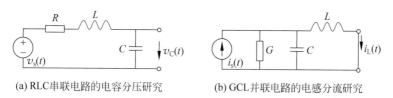

(a) RLC串联电路的电容分压研究　　　　(b) GCL并联电路的电感分流研究

图 E3.5.1　对偶电路

**说明**:根据对偶关系,串联对偶并联,电压源对偶电流源,电阻对偶电导,电感对偶电容,电容对偶电感,开路对偶短路,我们可以直接获得如图 E3.5.1(b)所示的对偶电路,它研究的是 RLC 并联电路的电感分流,与 RLC 串联电路的电容分压是对偶的,下面从电路方程的一致性上确认这种对偶性。

对于图 E3.5.1(a)所示电路,我们研究电容分压,则以电容电压 $v_\mathrm{C}$ 为响应量,以电压源电压 $v_\mathrm{s}$ 为激励量,由 KVL 关系列写其电路方程为

$$v_\mathrm{s}(t) = v_\mathrm{R}(t) + v_\mathrm{L}(t) + v_\mathrm{C}(t) = Ri(t) + L\frac{\mathrm{d}i(t)}{\mathrm{d}t} + v_\mathrm{C}(t)$$

$$= RC\frac{\mathrm{d}v_\mathrm{C}(t)}{\mathrm{d}t} + LC\frac{\mathrm{d}^2 v_\mathrm{C}(t)}{\mathrm{d}t^2} + v_\mathrm{C}(t)$$

在方程列写过程中,将电容电流等于回路电流 $i(t) = i_\mathrm{C}(t) = C\dfrac{\mathrm{d}v_\mathrm{C}(t)}{\mathrm{d}t}$ 这一条件代入,从而关于电容电压的电路方程是二阶微分方程:

$$LC\frac{\mathrm{d}^2 v_\mathrm{C}(t)}{\mathrm{d}t^2} + RC\frac{\mathrm{d}v_\mathrm{C}(t)}{\mathrm{d}t} + v_\mathrm{C}(t) = v_\mathrm{s}(t) \tag{E3.5.1a}$$

对于图 E3.5.1(b)所示电路,我们研究电感分流,则以电感电流 $i_\mathrm{L}$ 为响应量,以电流源电流 $i_\mathrm{s}$ 为激励量,由 KCL 关系列写其电路方程为

$$i_\mathrm{s}(t) = i_\mathrm{G}(t) + i_\mathrm{C}(t) + i_\mathrm{L}(t) = Gv(t) + C\frac{\mathrm{d}v(t)}{\mathrm{d}t} + i_\mathrm{L}(t)$$

$$= GL\frac{\mathrm{d}i_\mathrm{L}(t)}{\mathrm{d}t} + CL\frac{\mathrm{d}^2 i_\mathrm{L}(t)}{\mathrm{d}t^2} + i_\mathrm{L}(t)$$

在方程列写过程中,将电感电压等于结点电压 $v(t) = v_\mathrm{L}(t) = L\dfrac{\mathrm{d}i_\mathrm{L}(t)}{\mathrm{d}t}$ 这一条件代入,从而关于

电感电流的电路方程是二阶微分方程：

$$CL\frac{\mathrm{d}^2 i_\mathrm{L}(t)}{\mathrm{d}t^2} + GL\frac{\mathrm{d}i_\mathrm{L}(t)}{\mathrm{d}t} + i_\mathrm{L}(t) = i_\mathrm{s}(t) \tag{E3.5.1b}$$

我们注意到式(E3.5.1a)和式(E3.5.1b)两个电路方程中电容 $C$ 和电感 $L$ 互换，电阻 $R$ 和电导 $G$ 互换，电容电压 $v_\mathrm{C}$ 和电感电流 $i_\mathrm{L}$ 互换，电压源 $v_\mathrm{s}$ 和电流源 $i_\mathrm{s}$ 互换，两个电路方程形式一模一样，没有任何区别，显然，两个电路方程的解的形式也必然一模一样，只需把相应的对偶量互换即可。

虽然 RLC 串联对偶 GCL 并联，但我们习惯于分别称它们为"RLC 串联"和"RLC 并联"。

由于电路中大量存在着这样的对偶关系，我们只需记忆或求解其一，其二自然明了，对偶互换即可，这为我们理解电路、设计电路提供了对偶置换空间。

**练习 3.5.1** 图 E3.5.2 所示电路是用来研究 RC 串联电路的电容分压情况的，请给出其对偶电路，并通过电路描述方程确认两者确实是对偶关系。

**练习 3.5.2** 正误判断：N 型负阻伏安特性方程中的 $v/i$ 互换后对应于 S 型负阻的伏安特性方程，故而具有如是对应关系的 N 型负阻和 S 型负阻是对偶器件。

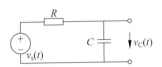

图 E3.5.2 RC 串联电路的电容分压研究

## 3.6 线性受控源

### 3.6.1 受控源元件的引入

前面考察单端口电阻网络时，我们通过加流求压法或加压求流法，将单端口线性电阻网络等效为单个电阻，或一个电阻和一个恒压源的串联，或一个电阻和一个恒流源的并联，并称之为戴维南等效和诺顿等效。如果是多端口的线性电阻网络，如何等效呢？仍然可采用加压求流法或加流求压法！只不过 $n$ 端口网络需要 $n$ 次加压或加流测试，才能获得完整的端口描述。

如图 3.6.1 所示，这是一个由两个线性时不变电阻构成的简单的二端口网络，假设这个网络被虚框封装，我们无法看到内部结构，如何通过测量获得其等效电路？图中给出了一种测试方案，在端口 1 加测试电压 $v_\mathrm{s1}$，在端口 2 加测试电流 $i_\mathrm{s2}$，之后考察端口 1 电流和端口 2 电压，端口 1 电流和端口 2 电压(作为响应)与端口 1 测试电压和端口 2 测试电流(作为激励)之间的关系可完整描述该二端口网络的端口对外电特性，这个电特性关系就是二端口网络的端口描述方程或元件约束条件，也是该二端口网络的等效电路的数学描述方式。

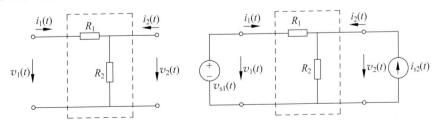

图 3.6.1 二端口网络的加压加流测试

图 3.6.1 所示虚框二端口网络内部结构确然已知，故而其端口测试结果可以通过分析获得。线性系统分析可利用叠加定理：分别加载两个独立源，获得两个独立源分别加载时的分

响应,那么两个独立源同时加载时的总响应则为分别加载时的分响应之和。于是,首先保留端口 1 测试电压源 $v_{s1}$ 的作用,端口 2 测试电流源 $i_{s2}$ 不起作用($i_{s2}=0$,开路),如图 3.6.2 所示,此时两个端口的电压、电流分别为

$$v_1(t) = v_{s1}(t) \tag{E3.6.1a}$$

$$i_1(t) = \frac{1}{R_1 + R_2} v_{s1}(t) \tag{E3.6.1b}$$

$$v_2(t) = \frac{R_2}{R_1 + R_2} v_{s1}(t) \tag{E3.6.1c}$$

$$i_2(t) = 0 \tag{E3.6.1d}$$

如何理解这组方程呢?注意此时端口 1 为输入端口(加载激励源),端口 2 为输出端口(加载开路负载),端口 2 的开路输出电压是端口 1 输入电压的分压$\left(v_{\text{out}}(t) = \frac{R_2}{R_1 + R_2} v_{\text{in}}(t)\right)$,因而以端口 1 为输入,端口 2 为输出时,这个电路具有分压功能,是一个分压电路。

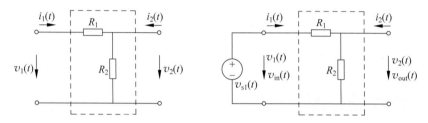

图 3.6.2　端口 1 的加压测试

之后仅保留端口 2 测试电流源 $i_{s2}$ 的作用,端口 1 测试电压源 $v_{s1}$ 不起作用($v_{s1}=0$,短路),如图 3.6.3 所示,此时两个端口的电压、电流分别为

$$v_1(t) = 0 \tag{E3.6.2a}$$

$$i_1(t) = -\frac{G_1}{G_1 + G_2} i_{s2}(t) = -\frac{R_2}{R_1 + R_2} i_{s2}(t) \tag{E3.6.2b}$$

$$v_2(t) = \frac{R_1 R_2}{R_1 + R_2} i_{s2}(t) \tag{E3.6.2c}$$

$$i_2(t) = i_{s2}(t) \tag{E3.6.2d}$$

这里以端口 2 为输入端口(加载激励源),端口 1 为输出端口(加载短路负载):显然端口 1 的短路输出电流是端口 2 输入电流的分流,$i_{\text{out}}(t) = \frac{G_1}{G_1 + G_2} i_{\text{in}}(t)$。注意 $i_{\text{out}}(t) = -i_1(t)$,这是由于 $i_1$ 以端口关联参考方向定义,而 $i_{\text{out}}$ 以对外输出为参考方向,两者恰好相反。

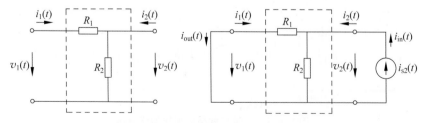

图 3.6.3　端口 2 的加流测试

根据叠加定理,两个测试源同时加载时,两个端口的电压、电流为式(E3.6.1)和式(E3.6.2)对应项之和,即

$$v_1(t) = v_{s1}(t) \tag{E3.6.3a}$$

$$i_1(t) = \frac{1}{R_1 + R_2}v_{s1}(t) - \frac{R_2}{R_1 + R_2}i_{s2}(t) \tag{E3.6.3b}$$

$$v_2(t) = \frac{R_2}{R_1 + R_2}v_{s1}(t) + \frac{R_1 R_2}{R_1 + R_2}i_{s2}(t) \tag{E3.6.3c}$$

$$i_2(t) = i_{s2}(t) \tag{E3.6.3d}$$

注意到两个端口的测试电压和测试电流作为激励是可随意变化的,换句话说,端口 1 电流、端口 2 电压可以用端口 1 电压、端口 2 电流如下表述为

$$i_1(t) = \frac{1}{R_1 + R_2}v_1(t) - \frac{R_2}{R_1 + R_2}i_2(t) \tag{E3.6.4a}$$

$$v_2(t) = \frac{R_2}{R_1 + R_2}v_1(t) + \frac{R_1 R_2}{R_1 + R_2}i_2(t) \tag{E3.6.4b}$$

这正是图中虚框所围二端口网络的两个端口描述方程,它也是该二端口网络等效电路的数学描述方式。电路分析中有时更希望用电路符号描述方式,我们可以直接将这种数学描述方式转化为电路符号描述方式。

分析式(E3.6.4a)可知,端口 1 电流是两项电流之和,故而端口 1 等效电路必然可表述为两条支路(支路 $a$ 和支路 $b$)的并联形式:支路 $a$ 电流和支路 $a$ 电压(端口 1 电压)成正比关系,故而它必然是线性电导,电导值为 $\frac{1}{R_1 + R_2}$;支路 $b$ 电流和支路 $b$ 电压(端口 1 电压)无关,因而它必然是一个恒流源,源电流为 $-\frac{R_2}{R_1 + R_2}i_2(t)$。于是端口 1 等效电路如图 3.6.4(b)所示,这是一个诺顿源形式的等效电路。同理,分析式(E3.6.4b)可知,端口 2 电压是两项电压之和,故而端口 2 等效电路必然也是两条支路,且两条支路(支路 $c$ 和支路 $d$)是一个串联形式的存在:支路 $c$ 电压和支路 $c$ 电流(端口 2 电流)无关,因而它必然是一个恒压源,源电压为 $\frac{R_2}{R_1 + R_2}v_1(t)$;支路 $d$ 电压和支路 $d$ 电流(端口 2 电流)成正比关系,故而它必然是线性电阻,电阻值为 $\frac{R_1 R_2}{R_1 + R_2}$。于是端口 2 等效电路如图 3.6.4 所示,这是一个戴维南源形式的等效电路。

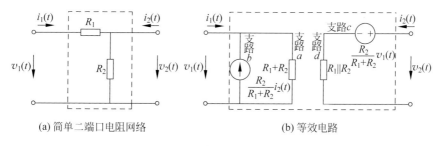

(a) 简单二端口电阻网络　　　　　(b) 等效电路

图 3.6.4　二端口网络的等效电路

我们特别注意到图 3.6.4(b)等效电路中的恒流源和恒压源等效,这两个源不是独立源,它们分别代表了端口 2 对端口 1 的作用关系和端口 1 对端口 2 的作用关系。如端口 1 的恒流源等效是端口 2 电流在端口 1 短路时的分流,显然该电流直接受控于端口 2 电流,因而它是一个流控流源,而端口 2 的恒压源等效是端口 1 电压在端口 2 开路时的分压,显然该电压直接受控于端口 1 电压,因而它是一个压控压源。这两个恒流、恒压源不同于独立源,是受控源,为了

有效区分独立源和受控源,独立源采用圆圈符号,而受控源电路符号则全部修改为菱形符号,如图 3.6.5(b)所示:端口 1 等效电路为流控流源和线性电导的并联,流控流源的电流控制系数为端口 2 电流在端口 1 的短路分流系数 $\dfrac{G_1}{G_1+G_2}=\dfrac{R_2}{R_1+R_2}$,线性电导为端口 2 开路时端口 1 看入电导,即 $R_1$ 和 $R_2$ 的串联电导 $\dfrac{1}{R_1+R_2}$;端口 2 等效电路为压控压源和线性电阻的串联形式,压控压源的电压控制系数为端口 1 电压在端口 2 的开路分压系数 $\dfrac{R_2}{R_1+R_2}$,线性电阻为端口 1 短路时端口 2 看入电阻,即 $R_1$ 和 $R_2$ 的并联电阻 $\dfrac{R_1R_2}{R_1+R_2}$。

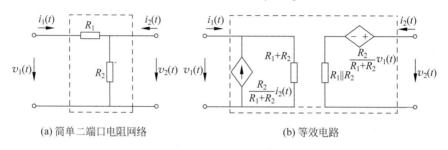

(a) 简单二端口电阻网络　　　　　　(b) 等效电路

图 3.6.5　二端口网络的等效电路(受控源符号)

由上述分析可知,这里引入的新元件:受控源元件,专门用于描述一个端口对另外一个端口的作用关系,这种作用关系被解释为控制作用,故称受控源(controlled source)。受控源与之前讨论的独立源不同,独立源(independent source)本身就具有向外输出电功率和电信号的能力,其能量来自自身,由某种能量形式转化为电能;而受控源则是非独立源(dependent source),其功率或信号输出并非自身能力,它只是其他独立源功率或信号输出在该端口影响力的一种等效表现。为了明确区分,本书后续章节出现的受控源电路符号均采用菱形符号。

事物是相互联系、相互作用的,电路网络的端口同样如此。为了描述电路中不同端口(支路)之间的相互作用关系,引入受控源元件:①受控源元件可以是四种基本电路元件(电源、电阻、电感、电容)自身约束关系和连接关系的综合等效。如采用回路电流法列写电路方程时,式(3.2.1)中就有回路互阻的定义:第 $j$ 个回路对第 $i$ 个回路的互阻 $R_{ij}$ 是回路 $j$ 的回路电流对回路 $i$ 的闭环电压的影响系数,这种作用关系则可被抽象为流控压源受控源元件。又如在结点电压法列写电路方程时,式(3.2.2)中有结点互导的定义:第 $j$ 个结点对第 $i$ 个结点的互导 $G_{ij}$ 是结点 $j$ 的结点电压对结点 $i$ 的流出电流的影响系数,这种作用关系则可被抽象为压控流源受控源元件。电路方程列写过程本身就说明了电路不同位置电量之间是相互影响相互作用的,对这种影响的描述就是引入受控源元件的根本起因。②除了前述互阻、互导、分压、分流等具有互易特性的受控源元件抽象外,还有电路器件内部物质结构导致的端口电量之间的非互易的作用关系抽象,例如 MOSFET,其栅源电压对漏源电流的控制作用是通过 MOS 电容上的电荷积累形成的,这个控制效应可以被等效为栅源电压对漏源电流实施控制的非互易的压控流源受控源元件,这是一个具有平方律关系的非线性受控源,其非互易体现在只有栅源端口对漏源端口的控制作用,而漏源端口对栅源端口并无控制作用。关于互易的严格定义见3.10.3 节,关于晶体管的受控源等效见第 4 章讨论。

### 3.6.2 理想受控源

#### 1. 四种理想受控源

对线性二端口网络而言,除了一个端口电压控制另一个端口电压的压控压源(Voltage Controlled Voltage Source,VCVS),一个端口电流控制另一个端口电流的流控流源(Current Controlled Current Source,CCCS)之外,显然还存在一个端口电压控制另一个端口电流的压控流源(Voltage Controlled Current Source,VCCS),一个端口电流控制另一个端口电压的流控压源(Current Controlled Voltage Source,CCVS),其控制系数分别定义为电压控制系数 $A_v$,电流控制系数 $A_i$,跨导控制系数 $G_m$,跨阻控制系数 $R_m$。

图 3.6.6 给出了这四种理想线性受控源的基本电路形式,它们都是线性二端口网络,受控源表述的是端口 1 对端口 2 的作用关系,$A_v$ 是端口 1 电压对端口 2 开路电压的线性作用关系,$G_m$ 是端口 1 电压对端口 2 短路电流的线性作用关系,$R_m$ 是端口 1 电流对端口 2 开路电压的线性作用关系,$A_i$ 是端口 1 电流对端口 2 短路电流的线性作用关系。在这里,电压控制系数 $A_v$ 和电流控制系数 $A_i$ 都是无量纲比例数,其值等于 1 时一般又称该二端口网络为电压缓冲器或电流缓冲器。但是跨导控制系数 $G_m$ 和跨阻控制系数 $R_m$ 都是有量纲的比值:跨导控制系数是受控端口的短路电流和控制端口的电压之比,具有电导的单位西门子(S),由于其控制作用跨在两个端口之间,故而命名为跨导(transconductance);跨阻控制系数是受控端口的开路电压和控制端口的电流之比,具有电阻的单位欧姆(Ω),由于其控制作用跨在两个端口之间,故而命名为跨阻(transresistance,半导体行业中跨阻多采用 transimpedance 一词)。

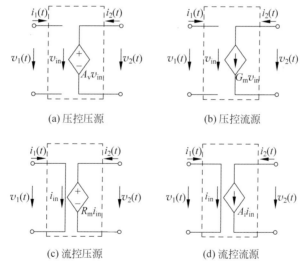

图 3.6.6　理想线性受控源

**练习 3.6.1**　图 3.6.6 所示理想受控源是二端口网络,需要两个端口描述方程才能正确描述,请给出图示四种理想受控源的端口描述方程。

**练习 3.6.2**　请分析四种理想受控源的对偶二端口网络分别是什么?

**提示**:可先给出对偶的端口描述方程,再考察对偶端口描述方程对应的对偶电路。

#### 2. 受控源抽象的必要性

如图 3.6.5 所示,图(a)为原始电路,图(b)为等效电路,原始分压电路只不过是两个电阻

$R_1$、$R_2$串联后取分压,为何用4个等效元件等效? 这个等效电路是否把问题复杂化了? 真的有等效的必要吗? 就本例而言,看似问题复杂化了,然而仅就这个电路而言,从等效电路我们可以一眼看出端口2是端口1的分压端口,端口1是端口2的分流端口,两个端口作用关系十分明确。同时,对于一般性的二端口网络,它们是封闭的黑匣子,其内部结构我们或者根本就不清楚,或者根本也不关心,因为只有它们的端口是对外开放的,因而我们只关注它们的端口电特性,这种情况下用二端口网络等效,电路分析就会极大地简化。

图3.3.1是741运算放大器芯片内部电路,如果我们要设计这个运算放大器,当然需要理解其内部晶体管的所有工作状态和连接关系,但是当我们仅仅是用741运放芯片做有源滤波器(如例3.1.1),做反相电压放大器(如例3.2.4),做同相电压放大器(如练习3.2.5),我们根本无须进入741内部,只需对741的端口进行电路等效即可。图3.3.1给出的741运放电路有7个对外端点,其中$v_{ip}$是同相输入端点,$v_{in}$是反相输入端点,$v_o$是输出端点。$R_1$、$R_2$两个电阻的两个上端点可以连接一个电位器,用来调整两个输入端的平衡。还有两个电压源端点,$V_{CC}$用来接正电源电压,$V_{EE}$用来接负电源电压,芯片本身不提供地端点,但两个电压源提供参考地端点。例3.1.1中的运放符号其实是包含了两个电压源后的等效二端口网络符号,如图3.6.7所示:在$\pm15\text{V}$电源电压加载情况下,当运放工作在线性区时,其输出端口被等效为具有很小内阻($R_{out}=75\Omega$)的压控压源,电压控制系数大约为$A_{v0}=200000$,其输入端口则被等效为大电阻($R_{in}=2\text{M}\Omega$)。

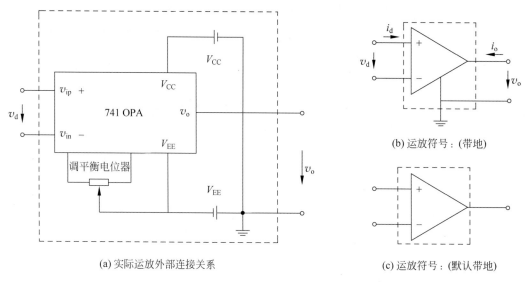

(a) 实际运放外部连接关系

(b) 运放符号:(带地)

(c) 运放符号:(默认带地)

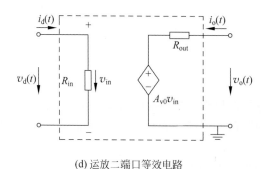

(d) 运放二端口等效电路

图3.6.7　运算放大器(Operational Amplifier)端口作用等效受控源

图 3.6.7(a)给出了 741 运放封装好的芯片的 7 个端点(芯片的 7 个管脚)对外的连接关系,用一个电位器来调整两个输入端的平衡,两个电压源为运放芯片提供直流偏置和能量供给,并为输出端点提供参考地端点,形成输出端口。例 3.1.1 的运放符号是包含了电源作用的运放二端口网络,如图 3.6.7(b)所示。然而,大部分的教科书中运放符号如图 3.6.7(c)所示,它没有标记参考地结点,原因在于对于运放的大部分应用,我们不是特别关注其输出端口的电流大小,于是很多情况下不必关注输出端口的端口条件,故而输出端口的参考地端点无须特意标明。然而我们有必要在脑袋里牢记这一点:运放输出端点电压是对参考地的电压,输出端口的一个端点是参考地。

图 3.6.7(d)是工作在线性区的运放二端口网络的等效电路,在输入端口由于两个差分支路不对称(犹如电桥不平衡)所形成的等效戴维南独立源的源电压被调平衡电位器抵偿为 0,于是端口 1 电压和端口 1 电流之间的关系中只剩下线性比值关系,线性比值系数被等效为输入电阻 $R_{in}$。端口 2 电压和端口 2 电流之间的线性比值关系则被等效为输出阻抗 $R_{out}$,端口 1 电压对端口 2 电压的控制作用被等效为压控压源,该压控压源抽象中融入了两个直流偏置电压源的供能作用,故而该受控源是有源的,具有向端口外输出电能的能力。

### 3.6.3　有源与无源

**1. 有源性来源**

**例 3.6.1**　说明理想压控流源二端口网络是有源元件。

**说明:** 根据有源性定义,如果在某种负载条件下,两个端口的功率之和小于 0,说明二端口网络可以向外提供功率,那么该二端口网络就是有源的。对于图 3.6.6(b)所示的压控流源,

$$p_\Sigma(t) = v_1(t)i_1(t) + v_2(t)i_2(t) = v_1(t) \times 0 + v_2(t) \times i_2(t) = v_2(t)i_2(t)$$

注意到,输入端口因开路故而无功率消耗或输出,而输出端口是一个内阻为无穷大的受控电流源,其端口电流由输入端口电压决定,其端口电压则由该端口外接的负载决定,我们不妨加载负载电阻 $R_L$,从而

$$v_2(t) = -R_L i_2(t) = -G_m R_L v_1(t)$$

所以,该二端口网络的端口总吸收功率为

$$p_\Sigma(t) = v_1(t)i_1(t) + v_2(t)i_2(t) = v_2(t)i_2(t)$$
$$= -R_L i_2^2(t) = -R_L G_m^2 v_1^2(t) \tag{E3.6.5}$$

由表达式可知,只要输入端口电压不为零,输出负载电阻不为零,该二端口网络就具有向外部提供功率的能力,故而该二端口元件(理想压控流源受控源元件)是有源元件。

第 4 章将非线性的二端口电阻 MOSFET 或 BJT 和直流偏置电压源共同等效为压控流源元件,与 3.6.1 节讨论的线性电阻网络所等效的受控源元件,从抽象角度看并无区别,它们都是一个端口对另一个端口作用关系的等效。但前者由于包含了内置的直流偏置电压源(独立源)的供能作用,其等效电路网络是有源的,而后者没有内部独立源的作用,故而其等效电路网络整体看是无源的。也可这样理解,图 3.6.5(b)所示等效电路中的等效受控源,其向外输出功率的能力,或者不足以抵偿两个等效内阻所消耗的功率,或者被双向互易的受控源相互抵偿,即一个受控源释放的功率抵偿了另一个受控源吸收的功率,因而该网络不具有任何向端口外提供额外功率的能力。而第 4 章讨论的 MOSFET 或 BJT 和直流偏置电压源共同等效的压控源,其向外提供的功率则自直流偏置电压源转换而来,除了供给其等效内阻消耗之外,还有额外多余的功率可以向端口外提供,故而是有源网络。图 3.6.7(d)所示压控压源,就是运

放内部 BJT 在直流偏置电压源供能作用下的等效,它是有源的。

**例 3.6.2**　说明图 3.6.5(b)所示二端口网络是无源的。

**说明:** 如果从等效电路的角度看,该二端口网络原本就是两个线性电阻连接关系的等效电路,它本来就是无源网络,下面给出数学证明。

只需证明任意的满足端口描述方程的端口电压、端口电流,该二端口网络吸收的总功率都不小于 0 即可:

$$
\begin{aligned}
p_{\Sigma}(t) &= v_1(t)i_1(t) + v_2(t)i_2(t) \\
&= v_1(t) \times \left( \frac{1}{R_1 + R_2} v_1(t) - \frac{R_2}{R_1 + R_2} i_2(t) \right) \\
&\quad + \left( \frac{R_2}{R_1 + R_2} v_1(t) + \frac{R_1 R_2}{R_1 + R_2} i_2(t) \right) \times i_2(t) \\
&= \frac{1}{R_1 + R_2} v_1^2(t) + \frac{R_1 R_2}{R_1 + R_2} i_2^2(t) \geqslant 0
\end{aligned}
\tag{E3.6.6}
$$

我们特别注意到,无论端口电压、端口电流如何取值,端口总吸收功率都不小于 0,也就是说,该二端口网络不具向外提供额外功率的能力,它是一个无源网络。

**例 3.6.3**　说明图 3.6.7(d)所示二端口网络是有源的。

**说明:** 只需证明存在某种满足元件约束条件的端口电压、电流的组合,使得该二端口网络吸收的总功率小于 0,换句话说,如果存在某种外部负载连接条件,使得该二端口网络具备向端口外部负载提供额外功率的能力,那么该网络将是有源的:

$$
\begin{aligned}
p_{\Sigma}(t) &= v_{\mathrm{d}}(t)i_{\mathrm{d}}(t) + v_{\mathrm{o}}(t)i_{\mathrm{o}}(t) \\
&= v_{\mathrm{d}}(t) \times \frac{1}{R_{\mathrm{in}}} v_{\mathrm{d}}(t) + [A_{v0} v_{\mathrm{d}}(t) + R_{\mathrm{out}} i_{\mathrm{o}}(t)] \times i_{\mathrm{o}}(t) \\
&= \frac{1}{R_{\mathrm{in}}} v_{\mathrm{d}}^2(t) + A_{v0} v_{\mathrm{d}}(t) i_{\mathrm{o}}(t) + R_{\mathrm{out}} i_{\mathrm{o}}^2(t) \\
&= R_{\mathrm{out}} \left( i_{\mathrm{o}}(t) + \frac{A_{v0} v_{\mathrm{d}}(t)}{2R_{\mathrm{out}}} \right)^2 + \frac{1}{4R_{\mathrm{out}}} \left( \frac{4R_{\mathrm{out}}}{R_{\mathrm{in}}} - A_{v0}^2 \right) v_{\mathrm{d}}^2(t)
\end{aligned}
\tag{E3.6.7}
$$

注意到,只要在输出端口接负载电阻 $R_{\mathrm{L}} = R_{\mathrm{out}}$,则必有 $i_{\mathrm{o}}(t) = -\dfrac{A_{v0} v_{\mathrm{d}}(t)}{2R_{\mathrm{out}}}$,于是只要电压控制系数足够大:

$$
A_{v0}^2 > \frac{4R_{\mathrm{out}}}{R_{\mathrm{in}}}
\tag{E3.6.8}
$$

且输入端口电压不为零($v_{\mathrm{d}}(t) \neq 0$,输入端口用恒压源激励或恒流源激励即可),那么必有

$$
p_{\Sigma}(t) = v_{\mathrm{d}}(t)i_{\mathrm{d}}(t) + v_{\mathrm{o}}(t)i_{\mathrm{o}}(t) = \frac{1}{4R_{\mathrm{out}}} \left( \frac{4R_{\mathrm{out}}}{R_{\mathrm{in}}} - A_{v0}^2 \right) v_{\mathrm{d}}^2(t) < 0
\tag{E3.6.9}
$$

也就是说,该网络是有源网络。

输入端口用恒压或恒流源激励,显然输入电阻 $R_{\mathrm{in}}$ 会消耗激励源的能量,但是输出端口向外提供的能量大于输入端口吸收的能量,故而整个二端口网络总效果仍然是向外输出能量的,故而是有源网络。

式(E3.6.8)被称为电压放大器(具有输入电阻、输出电阻的压控压源二端口网络)的有源性条件,它是否满足呢? 将 741 运放量代入: $A_{v0} = 200000$, $R_{\mathrm{out}} = 75\Omega$, $R_{\mathrm{in}} = 2\mathrm{M}\Omega$,该条件太满足了! 这说明 741 运放具有极强的有源性,当然这个向端口外部提供能量的“有源性”来自两个直流偏置电压源,两个直流偏置电压源的能量被运放内部的 BJT 晶体管转换为输出端口

的输出能量。

　　线性电阻和独立恒压、恒流源的组合,独立恒压、恒流源在端口位置的作用只能等效为独立源,内部独立恒压、恒流源无法进入到受控源等效中。受控源等效时,独立恒压源相当于短路,独立恒流源相当于开路。而线性电阻和线性电阻的连接关系形成的端口之间的作用关系可以等效为受控源,但这种受控源是双向互易的,从多个端口的总体效果看来,不具有源性,如例 3.6.2 所分析的那样,这是由于其内部独立源没有参与到受控源的等效之中,内部独立源的源输出能力无法被线性电阻转换为受控源的源输出能力,而非单调的非线性电阻或受控电阻却具有这种转换能力。

　　如图 3.6.8(a)所示,线性电阻无论被直流偏置到什么位置,它仍然是线性电阻,这是由于它是单调的,这种单调性使得它始终是无源的,体现在如果以直流偏置点 Q 为新坐标原点,电阻的伏安特性曲线仍然位于吸收能量的一、三象限内。而非线性电阻则不同,如果非线性电阻存在非单调性,如隧道二极管存在负阻区,如图 3.6.8(b)所示,则只需用直流偏置电源将其偏置到负阻区,如图中的 Q 点,以 Q 点为新坐标系原点,则伏安特性曲线从原坐标系中的只能位于一、三象限变化为新坐标系中的可以进入二、四象限,从而具有向外端口输出电能的能力,该电路可等效为负阻。对于二端口非线性电阻 MOSFET 或 BJT,它们的端口 2 都是受端口 1 控制的非线性电阻,只要用直流偏置电压源将其偏置到合适位置,一般偏置到恒流导通区,如图 3.6.8(c)所示的 Q 点,新坐标系以 Q 为坐标原点,则伏安特性从原坐标系的只能一、三象限变化为新坐标系的可以进入二、四象限,从而具有了向外端口输出电能的能力,该电路被等效为受控源。于是,新抽象出来的负阻、受控源成为了有源网络,这些有源网络的“有源性”来自直流偏置电压源提供的电能。负阻器件(如隧道二极管)、受控非线性电阻(如 MOSFET、BJT)具有将直流偏置电压源能量转换为交流电能的能力,它们都是用来实现有源功能的换能器件。

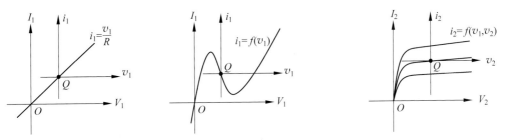

(a)线性电阻始终是线性电阻　(b)单端口非线性电阻可以等效为负阻　(c)二端口受控非线性电阻可以等效为受控电流源

图 3.6.8　非线性电阻加直流偏置源后成为有源电路

　　为什么要将直流偏置工作点 Q 点设置为新坐标系坐标原点? 负阻器件(单端口电阻)和受控非线性电阻(二端口电阻)为何被视为有源器件? 对这些问题的进一步阐述我们放到第 4 章展开。

**2. 网络边界对有源性的影响**

　　一个网络是有源的还是无源的,源是独立源还是非独立源,与网络边界(对外端口)密切相关。如图 3.6.9 所示,这是在 741 运放输入端口加激励源,在输出端口看信号输出的电路。对于有 7 个对外端点的 741 运放芯片而言,它是无源网络,其内部由无源的晶体管、电容构成;对于加了直流偏置电压源 $V_{\mathrm{CC}}$、$V_{\mathrm{EE}}$ 和调平衡电阻的运放,以虚框为边界则为二端口网络,此二端口网络等效为如图 3.6.7(d)所示的具有输入电阻、输出电阻和压控压源的电压放大器,它是有源网络,其等效电路中的压控压源为非独立源。如果再将正弦波激励信号源 $v_s(t)$ 包含其中,用图示点画线框包围,只有一个对外端口,此单端口网络则可等效为戴维南源,此源为独立源,是有源网络。

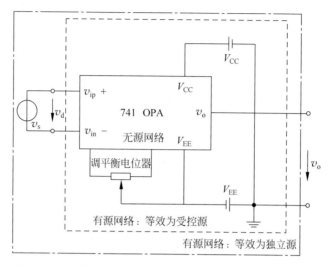

图 3.6.9  网络边界决定网络属性(有源/无源,独立/非独立)

当我们认定一个电路网络是有源网络或者无源网络,是独立源或是非独立源时,请切记首先将其边界定义清楚。后续出现的负阻电路、晶体管放大电路、二极管整流电路等,均应在网络边界定义清楚后再论述其网络属性。

### 3.6.4  含有受控源的线性电阻网络的戴维南-诺顿定理

受控源元件描述一个端口(支路)对另外一个端口(支路)的作用关系,在采用戴维南定理进行戴维南等效,或采用诺顿定理进行诺顿等效时,线性受控源的作用将始终存在。无论是计算开路电压,还是计算等效内阻,支路之间的作用关系都不会因之而变动,支路之间的作用关系始终存在,故而计算戴维南内阻或诺顿内阻时,不能像独立源那样置零取消其作用。

**例 3.6.4**  如图 E3.6.1 所示,求从如图所示单端口看入的戴维南等效。

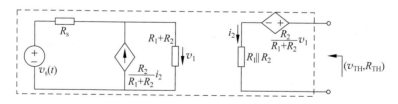

图 E3.6.1  含受控源线性电阻网络的戴维南等效

**解**:求戴维南等效源电压时,端口开路,戴维南源电压就是端口开路电压。如图 E.3.6.1 所示,当端口开路时,端口电流为 $0$,$i_2 = 0$,所以虚框内的流控流源电流 $\dfrac{R_2}{R_1+R_2}i_2 = 0$,也就是说该等效支路是开路的,显然,电压源 $v_s(t)$ 加载到电阻 $R_s$ 和电阻 $(R_1+R_2)$ 的串联电阻上,因而电阻 $(R_1+R_2)$ 上的分压为

$$v_1 = \frac{R_1 + R_2}{R_s + (R_1 + R_2)} v_s$$

对外端口的开路电压就是该端口等效压控压源产生的电压,故而戴维南源电压为

$$v_{TH} = \frac{R_2}{R_1 + R_2} v_1 = \frac{R_2}{R_1 + R_2} \frac{R_1 + R_2}{R_s + (R_1 + R_2)} v_s = \frac{R_2}{R_s + R_1 + R_2} v_s \quad (E3.6.10)$$

　　求戴维南内阻时，将电路中所有独立源的作用取消，恒压源短路，恒流源开路，但是受控源的作用必须保留。现在电路中只有一个独立源 $v_s(t)$，将其短路后，在外端口加测试电流源 $i_{test}$，从而流控流源电流为 $\frac{R_2}{R_1 + R_2} i_{test}$，这个电流流过电阻 $R_s$ 和电阻 $(R_1 + R_2)$ 的并联电阻，形成如下电压：

$$v_1 = \left( \frac{R_2}{R_1 + R_2} i_{test} \right) \cdot \frac{(R_1 + R_2)R_s}{R_s + (R_1 + R_2)} = \frac{R_2 R_s}{R_s + R_1 + R_2} i_{test} \quad (E3.6.11)$$

在外端口测试电流源 $i_{test}$ 作用下，该端口产生的 $v_{test}$ 电压为

$$v_{test} = \frac{R_2}{R_1 + R_2} v_1 + \frac{R_1 R_2}{R_1 + R_2} i_{test} = \frac{R_2}{R_1 + R_2} \frac{R_2 R_s}{R_s + R_1 + R_2} i_{test} + \frac{R_1 R_2}{R_1 + R_2} i_{test}$$

$$= \frac{R_2(R_s + R_1)}{R_s + R_1 + R_2} i_{test} = R_2 \parallel (R_s + R_1) i_{test} \quad (E3.6.12)$$

故而从外端口看入的等效电阻，即戴维南内阻，为

$$R_{TH} = \frac{v_{test}}{i_{test}} = R_2 \parallel (R_s + R_1) \quad (E3.6.13)$$

　　得到上述结果没有什么可以质疑的，如图 E3.6.2 所示，这个电路的戴维南等效结果一目了然。例 3.6.4 的目的就是确认一点：受控源代表了端口之间的作用关系，在进行戴维南等效时，这个作用并不会消失，因而在计算戴维南电压和戴维南内阻时，线性受控源都需要保留下来。

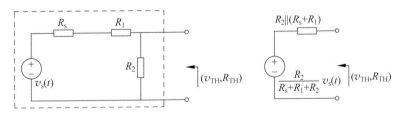

图 E3.6.2　戴维南等效

　　**例 3.6.5**　图 E3.6.3 虚框包围的二端口网络是 CB 组态晶体管及考虑直流偏置电压源、直流偏置电阻等作用后的交流小信号等效电路。所谓 CB 组态(Common Base Configuration)，就是以基极为公共端点形成的晶体管二端口网络，其中 E-B 为输入端口，C-B 为输出端口，其交流小信号等效电路的建立见第 4 章。现已知 $R_s = 50\Omega$，$R_e = 1k\Omega$，$R_c = 100k\Omega$，$R_L = 1k\Omega$，$g_m = 100mS$。求图 E3.6.3 所示负载电压与输入电压之比，即求 CB 组态放大器的电压放大倍

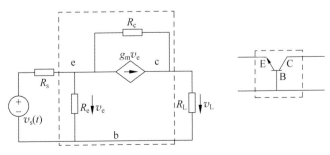

图 E3.6.3　CB 组态晶体管放大电路

数为多少。

**解**：求解方法多样，这里给出其中两个，用以说明电路定律和定理的应用。

方法 1：结点电压法，以 b 结点为参考地结点，以 e 结点电压 $v_e$ 和 c 结点电压 $v_c$ 为待求量，可以列写出如下的结点电压方程，列写时，先把压控流源视为恒流源处理，从而有

$$
\begin{bmatrix} G_s + G_e + G_c & -G_c \\ -G_c & G_c + G_L \end{bmatrix} \begin{bmatrix} v_e \\ v_c \end{bmatrix} = \begin{bmatrix} G_s v_s - g_m v_e \\ g_m v_e \end{bmatrix} \tag{E3.6.14a}
$$

注意到，方程右侧的受控源 $g_m v_e$ 中包含未知量 $v_e$，故而应移到方程左侧，重新整理后，方程可写为

$$
\begin{bmatrix} G_s + G_e + G_c + g_m & -G_c \\ -G_c - g_m & G_c + G_L \end{bmatrix} \begin{bmatrix} v_e \\ v_c \end{bmatrix} = \begin{bmatrix} G_s v_s \\ 0 \end{bmatrix} \tag{E3.6.14b}
$$

代入具体数值，为

$$
\begin{bmatrix} 20 + 1 + 0.01 + 100 & -0.01 \\ -0.01 - 100 & 0.01 + 1 \end{bmatrix} \begin{bmatrix} v_e \\ v_c \end{bmatrix} = \begin{bmatrix} 20 v_s \\ 0 \end{bmatrix}
$$

$$
\begin{bmatrix} 121.01 & -0.01 \\ -100.01 & 1.01 \end{bmatrix} \begin{bmatrix} v_e \\ v_c \end{bmatrix} = \begin{bmatrix} 20 v_s \\ 0 \end{bmatrix}
$$

其中，所有电导单位均取 mS，矩阵求逆，可得

$$
\begin{bmatrix} v_e \\ v_c \end{bmatrix} = \begin{bmatrix} 0.0083 & 0.0001 \\ 0.8250 & 0.9983 \end{bmatrix} \begin{bmatrix} 20 v_s \\ 0 \end{bmatrix} = \begin{bmatrix} 0.1666 \\ 16.50 \end{bmatrix} v_s
$$

注意到负载电压 $v_L$ 就是 $v_c$，故而

$$
v_L(t) = 16.50 v_s(t)
$$

输出电压是输入电压的 16.50 倍（电压增益 24.3dB）。

方法 2：等效电路法，首先将负载 $R_L$ 去除，如图 E3.6.4(a)所示，以 cb 端口向左侧看，将其等效为诺顿电流源，再计算负载电压。

诺顿源电流就是端口短路电流（图 E3.6.4(b,c)），负载端口短路时，我们注意到压控流源的电流 $g_m v_e$ 和它的两端电压 $v_{ec} = v_e$ 之间有线性比值关系，故而这个压控流源可等效为大小为 $g_m$ 的电导，显然，诺顿源电流为 $g_m$ 和 $G_c$ 并联支路的分流。为了计算这个分流，进一步把戴维南源($v_s, R_s$)等效为诺顿源($G_s v_s, G_s$)，如图 E3.6.4(d)所示，此时，诺顿源电流很容易获得，为

$$
i_N(t) = \frac{g_m + G_c}{G_s + G_e + g_m + G_c} G_s v_s(t) = \frac{100 + 0.01}{20 + 1 + 100 + 0.01} 20 v_s(t) = 16.53 v_s(t)
$$

注意，这里电压单位为 V，电流单位为 mA，系数 16.53 的单位为 mS。

下面求诺顿等效内阻。把电路中的所有独立源作用取消，图 E3.6.4(a)中只有恒压源 $v_s$ 为独立源，将其短路，然后在 cb 端口上加流求压，如图 E3.6.4(e)所示：端口加 $i_{test}$ 测试电流源，$R_c$ 上电流为 $i_{test} + g_m v_e$，$i_{test}$ 电流流过 $R_s$ 和 $R_e$ 的并联，形成 $v_e$ 电压，故而

$$
v_e = i_{test}(R_s \parallel R_e)
$$

至此，可以获得端口电压为

$$
v_{test} = (i_{test} + g_m v_e) R_c + v_e = (i_{test} + g_m i_{test}(R_s \parallel R_e)) R_c + i_{test}(R_s \parallel R_e)
$$

故而，cb 端口看入电阻为

$$R_{\mathrm{N}} = \frac{v_{\mathrm{test}}}{i_{\mathrm{test}}} = (1 + g_{\mathrm{m}}(R_{\mathrm{s}} \parallel R_{\mathrm{e}}))R_{\mathrm{c}} + (R_{\mathrm{s}} \parallel R_{\mathrm{e}})$$

$$= \left(1 + 0.1 \times \frac{50 \times 1000}{50 + 1000}\right) \times 100000 + \frac{50 \times 1000}{50 + 1000} = 576.2(\mathrm{k}\Omega)$$

这就是诺顿源的内阻。

最后,用这个诺顿等效源接 $1\mathrm{k}\Omega$ 负载,如图 E3.6.4(f)所示,于是负载电压为

$$v_{\mathrm{L}} = i_{\mathrm{N}} \times (R_{\mathrm{N}} \parallel R_{\mathrm{L}}) = 16.53 v_{\mathrm{s}}(t) \times \frac{1 \times 576.2}{1 + 576.2} = 16.53 v_{\mathrm{s}}(t) \times 0.998 = 16.50 v_{\mathrm{s}}(t)$$

得到和结点电压法同样的结果,输出电压是激励电压的 16.50 倍。

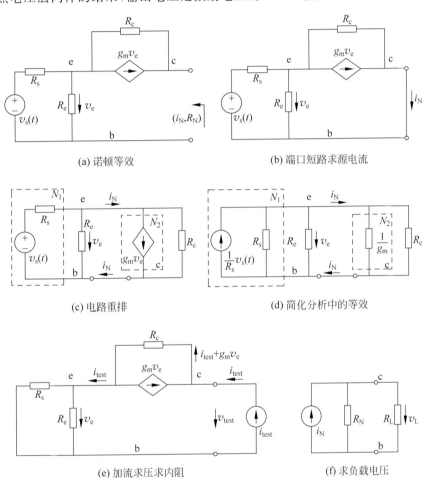

图 E3.6.4　诺顿源等效

由于我们只关注输出端负载电压,从等效角度看,只要等效不破坏端口连接关系,不破坏相互作用关系,则可大胆等效。对于本题,我们还可以做如图 E3.6.5 所示的等效,将虚框内的两个单端口网络整合为简单的戴维南源形式,从而使得整个电路变成一个单回路电路,于是很容易列写出如下的 KVL 方程,

$$\frac{R_{\mathrm{e}}}{R_{\mathrm{s}} + R_{\mathrm{e}}} v_{\mathrm{s}} + g_{\mathrm{m}} R_{\mathrm{c}} v_{\mathrm{e}} = i(R_{\mathrm{s}} \parallel R_{\mathrm{e}} + R_{\mathrm{c}} + R_{\mathrm{L}})$$

其中,$i$ 为回路电流,对单端口网络 $N_1$ 而言,其端口电压 $v_{\mathrm{e}}$ 为

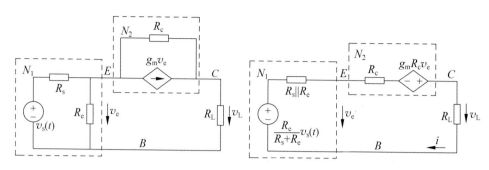

图 E3.6.5  用等效电路进行分析

$$v_e = \frac{R_e}{R_s + R_e} v_s - i(R_s \parallel R_e)$$

将其代入回路 KVL 方程中,即可获得用 $v_s$ 表述的电流 $i$,输出电压等于电流 $i$ 和负载电阻 $R_L$ 的乘积,故而有

$$
\begin{aligned}
v_L(t) = i(t)R_L &= \frac{(1+g_m R_c)(R_s \parallel R_e)}{(1+g_m R_c)(R_s \parallel R_e)+R_c+R_L} \frac{v_s(t)}{R_s} R_L \\
&= \frac{(1+100\times100)(50\parallel1000)}{(1+100\times100)(50\parallel1000)+100000+1000} \frac{1000}{50} v_s(t) \\
&= \frac{476238}{577238} \times 20 v_s(t) = 16.50 v_s(t)
\end{aligned}
$$

无论用什么方法,我们得到的结论必定是相同的,等效电路与原电路具有完全一致的特性。

**练习 3.6.3**  如图 E3.6.6 所示,这是带有并联负反馈电阻 $R_P$ 和串联负反馈电阻 $R_E$ 的晶体管放大电路。(1)请用包括结点电压法在内的各种方法列写该电路分析所需的完备的电路方程。(2)请分析点画线虚框放大器的输入电阻、输出电阻,输出端负载电阻看到的等效诺顿源。

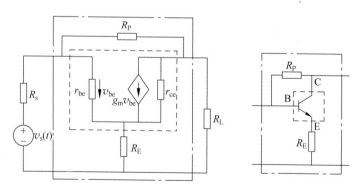

图 E3.6.6  负反馈晶体管放大电路

# 3.7  线性阻性二端口网络的等效电路

在 3.4.3 节,我们通过加压求流或者加流求压法,可获得单端口线性阻性网络端口电压和端口电流之间的关系。例如用加流求压法,获得用端口电流表示的端口电压,对于线性网络,根据叠加定理,其表达式必然是 $v_{test} = k i_{test} + v_0$,由此我们确认单端口线性阻性网络的戴维南等效形态,即戴维南源电压和源内阻的串联形式,其中戴维南源电压为 $v_{TH} = v_0$,戴维南源内

阻为 $R_{\text{TH}}=k$。

在 3.6.1 节,仍然通过加压求流或加流求压,获得了线性阻性二端口网络的等效电路,只不过二端口的戴维南等效或诺顿等效比单端口的要复杂一些。原因在于单端口只有两个变量,端口电压 $v_{\text{p}}$ 和端口电流 $i_{\text{p}}$,我们任选其一作为自变量,另外一个作为因变量,那么只有两种($C_2^1=2$)可能性:用端口电流表述端口电压,$v_{\text{p}}=R_{\text{TH}}i_{\text{p}}+v_{\text{TH}}$,此为戴维南等效;用端口电压表述端口电流,$i_{\text{p}}=G_{\text{N}}v_{\text{p}}+i_{\text{N}}$,此为诺顿等效。可见,描述单端口网络只需两套等价的参量即可,戴维南等效参量($v_{\text{TH}},R_{\text{TH}}$)和诺顿等效参量($i_{\text{N}},G_{\text{N}}$)。然而描述二端口网络却需四个变量:端口 1 的端口电压 $v_{\text{p1}}$、端口电流 $i_{\text{p1}}$,端口 2 的端口电压 $v_{\text{p2}}$、端口电流 $i_{\text{p2}}$,从中任选两个作为自变量,剩余两个作为因变量,用自变量表述因变量,那么就存在着 6 种($C_4^2=6$)可能性,因而描述线性二端口网络的等价参量有 6 套(如果存在的话),下面一一论述。

### 3.7.1 戴维南等效:阻抗参量

我们试图用两个端口电流表述两个端口电压,于是在两个端口同时加载恒流测试源,如图 3.7.1 所示,二端口网络 $N$ 的两个端口同时加载两个恒流源,之后考察其两个端口电压和端口电流的关系。

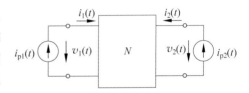

图 3.7.1 二端口网络的戴维南等效求解方法

#### 1. 戴维南等效

这里考察线性阻性二端口网络,根据叠加定理,必有如下表达式成立:

$$v_1(t) = z_{11}i_{\text{p1}}(t) + z_{12}i_{\text{p2}}(t) + v_{\text{T1}}(t) \tag{3.7.1a}$$

$$v_2(t) = z_{21}i_{\text{p1}}(t) + z_{22}i_{\text{p2}}(t) + v_{\text{T2}}(t) \tag{3.7.1b}$$

其中,$z_{11}$ 是独立恒流源 $i_{\text{p1}}$ 对端口 1 电压 $v_1$ 的作用系数,$z_{12}$ 是独立恒流源 $i_{\text{p2}}$ 对端口 1 电压 $v_1$ 的作用系数,$z_{21}$ 是独立恒流源 $i_{\text{p1}}$ 对端口 2 电压 $v_2$ 的作用系数,$z_{22}$ 是独立恒流源 $i_{\text{p2}}$ 对端口 2 电压 $v_2$ 的作用系数,这些作用系数都具有欧姆单位,这里称之为阻抗(impedance),是电阻和电抗的合称。电抗是频域或复频域内对电容和电感元件的电压电流关系的线性描述系数,对于线性电阻网络,阻抗就是电阻。由于复频域和频域的公式与时域电阻电路的公式在形式上基本一致,故而这里用时域定义考察线性阻性网络,在考察线性时不变动态系统时,则直接将这些表达式推广到频域或复频域中。

公式中的 $v_{\text{T1}}$ 是二端口网络内部独立源在端口 1 电压 $v_1$ 上线性体现的综合效果,$v_{\text{T2}}$ 是二端口网络内部独立源在端口 2 电压 $v_2$ 上线性体现的综合效果。

注意到恒流测试导致 $i_1(t)=i_{\text{p1}}(t)$,$i_2(t)=i_{\text{p2}}(t)$,因而描述该线性二端口网络的元件约束关系为

$$v_1(t) = R_{11}i_1(t) + R_{12}i_2(t) + v_{\text{T1}}(t) \tag{3.7.2a}$$

$$v_2(t) = R_{21}i_1(t) + R_{22}i_2(t) + v_{\text{T2}}(t) \tag{3.7.2b}$$

这里假设二端口网络是线性阻性网络(由线性电阻、线性阻性受控源、独立源构成的网络),故而阻抗 $z$ 全部用电阻符号 $R$ 表述,显然,两个端口都可以用戴维南形式的电源表述:以端口 1 电压 $v_1(t)$ 为例,注意到端口电压是三项之和,故而端口 1 等效电路为三个元件支路的串联形态。其一元件支路电压和支路电流(端口 1 电流)成线性比值关系,故而建模为线性电阻 $R_{11}$;其二元件支路电压和端口 2 电流成线性比值关系,故而建模为流控压源,跨阻控制系数为 $R_{12}$;其三元件支路电压与两个端口电流均无关,故而建模为独立恒压源,源电压为 $v_{\text{T1}}$。端口 2

模型同理。如图 3.7.2 所示,这就是线性阻性二端口网络的戴维南等效电路。

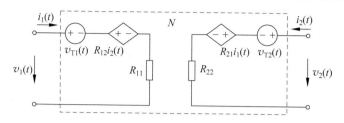

图 3.7.2　线性阻性二端口网络的戴维南等效电路

　　如何获得戴维南等效电路中的各个等效元件呢?与单端口戴维南定理表述类同,对二端口的戴维南等效电路,其等效元件可如下计算或测量获得:

　　(1) 端口 1 的戴维南源电压 $v_{T1}$ 等于两个端口同时开路时,端口 1 测得的开路电压,称之为端口 1 开路电压,

$$v_{T1} = v_1 \Big|_{i_1=0, i_2=0} \tag{3.7.3a}$$

　　(2) 端口 2 的戴维南源电压 $v_{T2}$ 等于两个端口同时开路时,端口 2 测得的开路电压,称之为端口 2 开路电压,

$$v_{T2} = v_2 \Big|_{i_1=0, i_2=0} \tag{3.7.3b}$$

　　(3) 端口 1 的戴维南源内阻 $R_{11}$ 等于网络内部所有独立源不起作用时,端口 2 开路,从端口 1 看入的等效电阻,称之为端口 1 输入阻抗,

$$R_{11} = \frac{v_1}{i_1} \Big|_{i_2=0, v_{T1}=0} \tag{3.7.3c}$$

　　(4) 端口 2 的戴维南源内阻 $R_{22}$ 等于网络内部所有独立源不起作用时,端口 1 开路,从端口 2 看入的等效电阻,称之为端口 2 输入阻抗,

$$R_{22} = \frac{v_2}{i_2} \Big|_{i_1=0, v_{T2}=0} \tag{3.7.3d}$$

　　(5) 端口 1 的流控压源受控系数 $R_{12}$,这里称之为端口 2 到端口 1 的跨阻传递系数,等于网络内部所有独立源不起作用时,端口 1 开路,端口 2 电流到端口 1 开路电压之间的线性传递关系,为

$$R_{12} = \frac{v_1}{i_2} \Big|_{i_1=0, v_{T1}=0} \tag{3.7.3e}$$

　　(6) 端口 2 的流控压源受控系数 $R_{21}$,这里称之为端口 1 到端口 2 的跨阻传递系数,等于网络内部所有独立源不起作用时,端口 2 开路,端口 1 电流到端口 2 开路电压之间的线性传递关系,为

$$R_{21} = \frac{v_2}{i_1} \Big|_{i_2=0, v_{T2}=0} \tag{3.7.3f}$$

　　**例 3.7.1**　对于如图 E3.7.1 所示二端口线性电阻网络,如果它处理的信号比较强,则无须考虑电阻热噪声,把电阻视为理想电阻即可。但是如果它处理的信号比较微弱,则有可能被电阻热噪声淹没,此时则需要考虑电阻热噪声的影响。请给出考虑了电阻热噪声的该网络的二端口戴维南等效电路。

　　**解:**如果该二端口网络处理的信号比较微弱,则需考虑网络内各元件自身附带的噪声源

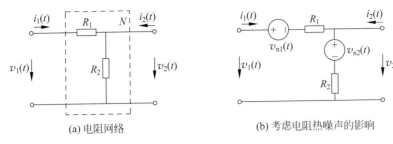

（a）电阻网络　　　　　　　（b）考虑电阻热噪声的影响

图 E3.7.1　二端口线性电阻网络的戴维南等效

影响。这里,两个电阻都有各自的热噪声,将两个电阻的热噪声源用戴维南形式添加到电路中,如图 E3.7.1(b)所示。这两个噪声源是随机噪声信号,其值变化具有不可预测性,但代表噪声功率的均方值是确定的,为

$$\overline{v_{\mathrm{n}1}^2} = 4kTR_1\Delta f$$

$$\overline{v_{\mathrm{n}2}^2} = 4kTR_2\Delta f$$

其中,$T$ 是环境温度,$\Delta f$ 是整个系统的噪声带宽。

由于热噪声是随机信号,电源中的正负标记是无所谓的,但是为了说明问题,且存在着处理等效噪声源中的相关性问题的可能性,这里仍然需要人为规定一个参考方向。注意到这两个热噪声源是该二端口网络内部的独立源,它们的作用可以等效到两个端口。下面根据二端口网络的戴维南等效方法,获得等效电路中的每一个参量:

（1）端口 1 的戴维南源电压,是两个端口同时开路时,在端口 1 测得的开路电压,显然,这个开路电压是两个噪声电压之和,为

$$v_{\mathrm{nT1}} = v_1\Big|_{i_1=0,\,i_2=0} = v_{\mathrm{n}1}(t) + v_{\mathrm{n}2}(t)$$

（2）端口 2 的戴维南源电压,是两个端口同时开路时,端口 2 测得的开路电压。由于端口 1 开路,$v_{\mathrm{n}1}$ 所有电压都加载到端口 1 的开路支路上,无法形成对端口 2 的作用,故而

$$v_{\mathrm{nT2}} = v_2\Big|_{i_1=0,\,i_2=0} = v_{\mathrm{n}2}(t)$$

（3）端口 1 的戴维南源内阻 $R_{11}$ 等于网络内部所有独立源不起作用时,端口 2 开路,从端口 1 看入的等效电阻。所有源不起作用,就是两个独立噪声电压源短路,如图 E3.7.1(a)所示,端口 2 开路,从端口 1 看入的电阻显然就是两个电阻的串联,

$$R_{11} = \frac{v_1}{i_1}\Big|_{i_2=0,\,v_{\mathrm{n}1}=0,\,v_{\mathrm{n}2}=0} = R_1 + R_2$$

（4）端口 2 的戴维南源内阻 $R_{22}$ 等于网络内部所有独立源不起作用时,端口 1 开路,从端口 2 看入的等效电阻。如图 E3.7.1(a),端口 1 开路,从端口 2 看入的电阻就是 $R_2$ 本身,

$$R_{22} = \frac{v_2}{i_2}\Big|_{i_1=0,\,v_{\mathrm{n}1}=0,\,v_{\mathrm{n}2}=0} = R_2$$

（5）端口 2 对端口 1 的跨阻控制系数 $R_{12}$,等于网络内部所有独立源不起作用时,端口 1 开路,端口 2 电流到端口 1 开路电压之间的线性受控关系。端口 1 开路,端口 2 加载电流,在 $R_2$ 上形成电压,该电压同时显现在端口 1 和端口 2。由于端口 1 开路,$R_1$ 上电流为 0,故而 $R_1$ 上电压为 0,从而

$$R_{12} = \frac{v_1}{i_2}\Big|_{i_1=0,\,v_{\mathrm{n}1}=0,\,v_{\mathrm{n}2}=0} = \frac{R_2(i_2+i_1)+R_1 i_1}{i_2} = \frac{R_2\times(i_2+0)+R_1\times 0}{i_2} = R_2$$

(6) 端口 1 对端口 2 的跨阻控制系数 $R_{21}$，等于网络内部所有独立源不起作用时，端口 2 开路，端口 1 电流到端口 2 开路电压之间的线性受控关系。端口 2 开路，端口 1 加载电流，在 $R_1$、$R_2$ 上都形成电压，但只有 $R_2$ 上的分压呈现在端口 2，故而有

$$R_{21} = \frac{v_2}{i_1}\bigg|_{i_2=0,v_{n1}=0,v_{n2}=0} = \frac{(i_1+i_2)R_2}{i_1} = \frac{(i_1+0)\times R_2}{i_1} = R_2$$

通过上述步骤，我们获得了这个电阻网络的戴维南等效电路，如图 E3.7.2(a) 所示，其中两个戴维南源电压为噪声电压，代表其功率的均方值为

$$\overline{v_{nT1}^2} = \overline{(v_{n1}(t)+v_{n2}(t))^2} = \overline{v_{n1}^2(t)} + 2\overline{v_{n1}(t)v_{n2}(t)} + \overline{v_{n2}^2(t)}$$

$$= 4kT(R_1+R_2)\Delta f \tag{E3.7.1a}$$

$$\overline{v_{nT2}^2} = \overline{(v_{n2}(t))^2} = \overline{v_{n2}^2(t)} = 4kTR_2\Delta f \tag{E3.7.1b}$$

注意，由于两个电阻噪声是完全独立的，它们不相关，因而 $\overline{v_{n1}(t)v_{n2}(t)}=0$。从结果来看，其等效电路可直接表述为图 E3.7.2(b)，只不过图 E3.7.2(a) 中的电阻是无噪声的理想电阻，而图 E3.7.2(b) 中的电阻则是有热噪声的电阻，至于这个热噪声是否可以不用考虑，则看该电路处理的信号强度是否足够大。

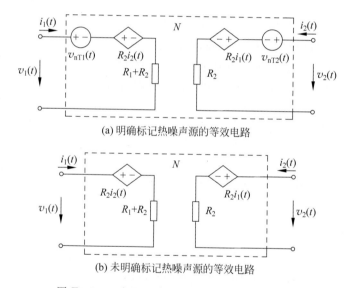

(a) 明确标记热噪声源的等效电路

(b) 未明确标记热噪声源的等效电路

图 E3.7.2　电阻二端口网络的戴维南等效电路

图 E3.7.2 所示等效电路和图 E3.7.1 所示电阻网络，如果仅从端口描述方程而言，两者完全等价，但是图 E3.7.1 所示二端口网络毕竟是三端网络，而图 E3.7.2 所示二端口网络则是四端网络，在对外连接关系中，如果出现强制性的短路、开路连接关系，破坏了端口条件，则会导致出现并不完全等价的情况。为了确保完全等价，在已知原始网络是三端网络的前提下，则有必要将等效电路两个端口的两个下端点连接为一个端点，使得它们等电位，从而整个等效电路也是一个三端网络，则两者之间的完全等价性无可置疑，如图 E3.7.3 所示。

**2. 阻抗参量矩阵**

二端口线性阻性网络的戴维南等效电路，其端口约束方程可以用矩阵形式表述为

$$\boldsymbol{v}(t) = \boldsymbol{R}_{TH}\boldsymbol{i}(t) + \boldsymbol{v}_{TH}(t) \tag{3.7.4}$$

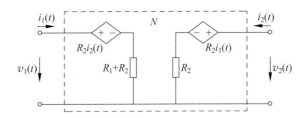

图 E3.7.3 电阻二端口网络的戴维南等效电路(三端网络形式)

其中,$\boldsymbol{v}(t) = \begin{bmatrix} v_1(t) \\ v_2(t) \end{bmatrix}$ 是端口电压向量,$\boldsymbol{i}(t) = \begin{bmatrix} i_1(t) \\ i_2(t) \end{bmatrix}$ 是端口电流向量,$\boldsymbol{v}_{\mathrm{TH}}(t) = \begin{bmatrix} v_{\mathrm{T1}}(t) \\ v_{\mathrm{T2}}(t) \end{bmatrix}$ 是戴

维南源电压向量,而二端口戴维南内阻 $\boldsymbol{R}_{\mathrm{TH}} = \begin{bmatrix} R_{11} & R_{12} \\ R_{21} & R_{22} \end{bmatrix} = \boldsymbol{z}$ 则是阻抗参量矩阵,矩阵元素的

单位均为 $\Omega$。

用矩阵形式表述戴维南等效电路,可以包容任意端口:单端口网络、二端口网络、三端口网络……只是矩阵和向量的阶数随端口数目改变而改变。

### 3.7.2 诺顿等效:导纳参量

**1. 诺顿等效**

和戴维南等效对偶的是诺顿等效。如图 3.7.3 所示,当我们对二端口线性阻性网络 $N$ 的两个端口同时加压求流,即可获得用端口电压表述的端口电流线性形式,为

$$\boldsymbol{i}(t) = \boldsymbol{G}_{\mathrm{N}} \boldsymbol{v}(t) + \boldsymbol{i}_{\mathrm{N}}(t) \qquad (3.7.5)$$

其中,$\boldsymbol{i}(t) = \begin{bmatrix} i_1(t) \\ i_2(t) \end{bmatrix}$ 是端口电流向量,$\boldsymbol{v}(t) =$

$\begin{bmatrix} v_1(t) \\ v_2(t) \end{bmatrix}$ 是端口电压向量,$\boldsymbol{i}_{\mathrm{N}}(t) = \begin{bmatrix} i_{\mathrm{N1}}(t) \\ i_{\mathrm{N2}}(t) \end{bmatrix}$ 是诺顿

源电流向量,而诺顿源内导 $\boldsymbol{G}_{\mathrm{N}} = \begin{bmatrix} G_{11} & G_{12} \\ G_{21} & G_{22} \end{bmatrix} = \boldsymbol{y}$

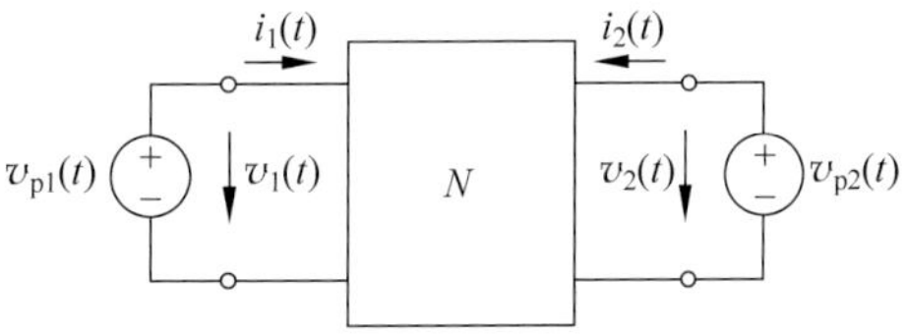

图 3.7.3 二端口网络的诺顿等效求解方法

则是导纳参量矩阵。端口电压对端口电流的作用系数都具有西门子单位,称之为导纳(admittance)是由于这些参量是电导和电纳的合称。电纳是对电容和电感元件在频域中的电流电压关系描述,对于线性电阻网络,导纳就是电导。

方程(3.7.5)是线性阻性二端口网络等效电路的数学描述方式,如果用电路符号描述形式,则如图 3.7.4 所示,两个端口等效电路均为诺顿形态的电源,这正是二端口网络的诺顿等效电路。

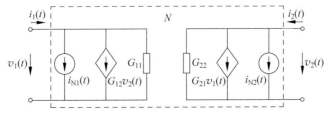

图 3.7.4 二端口线性阻性网络的诺顿等效电路

戴维南等效电路中的各个等效元件都是开路等效元件,而诺顿等效电路中的所有等效元件则都是短路等效元件。这里仅给出端口 1 的三个等效元件的描述,与单端口诺顿定理的表述类似:

(1) 端口 1 的诺顿源电流 $i_{N1}$ 等于两个端口同时短路时端口 1 测得的短路电流,

$$i_{N1} = i_1 \big|_{v_1 = 0, v_2 = 0} \tag{3.7.6a}$$

(2) 端口 1 的诺顿源内导 $G_{11}$ 等于网络内部所有独立源都不起作用时,端口 2 短路,从端口 1 看入的等效电导,

$$G_{11} = \frac{i_1}{v_1} \bigg|_{v_2 = 0, i_{N1} = 0} \tag{3.7.6b}$$

(3) 端口 2 对端口 1 的跨导传递系数 $G_{12}$,等于网络内部所有独立源都不起作用时,端口 1 短路,端口 2 电压到端口 1 短路电流之间的线性传递关系,

$$G_{12} = \frac{i_1}{v_2} \bigg|_{v_1 = 0, i_{N1} = 0} \tag{3.7.6c}$$

关于端口 2 的三个等效元件的定义,请同学自行补全。

**2. 导纳参量矩阵**

对于同一个线性电路网络,可以有戴维南等效形式,也可以有诺顿等效形式,无论哪一种等效形式,描述的都是同一个电路网络,因而这两种等效形式是等效电路,它们的端口描述方程是一致的。显然,对于 $N$ 端口网络,如果其端口描述方程是戴维南形式,

$$\boldsymbol{v}(t) = \boldsymbol{R}_{TH} \boldsymbol{i}(t) + \boldsymbol{v}_{TH}(t) \tag{3.7.7a}$$

或者是诺顿形式,

$$\boldsymbol{i}(t) = \boldsymbol{G}_{N} \boldsymbol{v}(t) + \boldsymbol{i}_{N}(t) \tag{3.7.7b}$$

这两个方程应该是同一个方程。对式(3.7.7a)进行变换,为

$$\boldsymbol{i}(t) = \boldsymbol{R}_{TH}^{-1} \boldsymbol{v}(t) - \boldsymbol{R}_{TH}^{-1} \boldsymbol{v}_{TH}(t)$$

将其与式(3.7.7b)比对,可知

$$\boldsymbol{G}_{N} = \boldsymbol{R}_{TH}^{-1}$$
$$\boldsymbol{i}_{N}(t) = - \boldsymbol{R}_{TH}^{-1} \boldsymbol{v}_{TH}(t) \tag{3.7.8a}$$

或者反之,

$$\boldsymbol{R}_{TH} = \boldsymbol{G}_{N}^{-1}$$
$$\boldsymbol{v}_{TH}(t) = - \boldsymbol{G}_{N}^{-1} \boldsymbol{i}_{N}(t) \tag{3.7.8b}$$

多端口的戴维南等效和诺顿等效是单端口戴维南等效和诺顿等效的自然推广,唯一改变的是单端口电阻参量 $R_{TH}$ 被推广为 $N$ 端口电阻矩阵 $\boldsymbol{R}_{TH}$(阻抗参量矩阵 $\boldsymbol{z}$),单端口电导参量 $G_N$ 被推广为 $N$ 端口电导矩阵 $\boldsymbol{G}_N$(导纳参量矩阵 $\boldsymbol{y}$),端口电压、端口电流被推广为端口电压向量和端口电流向量。

**练习 3.7.1** 根据导纳参量定义给出图 E3.7.1 所示二端口电阻网络的诺顿等效电路,考虑电阻热噪声。对比例 3.7.1 结论,验证式(3.7.8)的正确性。

**练习 3.7.2** 请说明式(3.7.8b)中戴维南源和诺顿源等效公式中为什么有一个负号,而单端口网络的戴维南等效和诺顿等效公式(3.4.7b)中却没有负号。

**练习 3.7.3** 当两个线性电阻网络具有完全一致的阻抗参量或导纳参量时,则可基本认定它们是等价的(等效电路)。如图 E3.7.4 所示,这是 π 型电阻网络和 T 型电阻网络,也有称之为 Δ 型电阻网络和 Y 型电阻网络的,前者是从二端口网络角度出发命名,后者则是从三端网

络角度出发命名。请从这两个二端口网络的阻抗参量矩阵或导纳参量矩阵相等这个角度出发,说明Δ-Y两个网络之间的电阻存在何种关系时,它们是完全等价的网络(等效电路)。

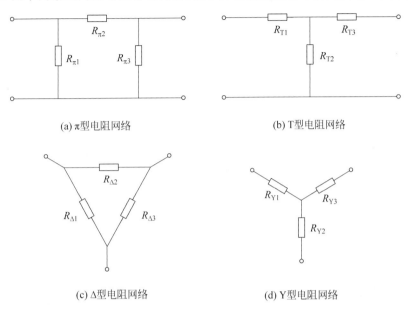

(a) π型电阻网络　　　　　　　　(b) T型电阻网络

(c) Δ型电阻网络　　　　　　　　(d) Y型电阻网络

图 E3.7.4　Δ-Y 转换

**例 3.7.2**　如图 E3.7.5 所示,这是一个三端口网络,其功能是信号合成:在端口 1 接入内阻为 $Z_0$ 的信号源 1,在端口 2 接入内阻为 $Z_0$ 的信号源 2,在端口 3 向内看入则可戴维南等效为一个新的信号源,这个信号源的内阻仍然为 $Z_0$,信号则是两个源信号的叠加。

(1) 确认从端口 3 看入内阻仍然为 $Z_0$。

(2) 端口 3 的输出信号是端口 1 信号和端口 2 信号怎样形式的合并?

(3) 给出这个三端口网络的阻抗参量矩阵或导纳参量矩阵。

**分析**:图中虚框内的三端口网络,是一个三端 Y 型电阻网络,再添加一个参考地 0 结点,形成了四端网络或三端口网络,其中 1-0 形成端口 1,2-0 形成端口 2,3-0 形成端口 3。在 1-0 端口

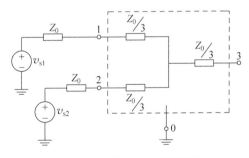

图 E3.7.5　信号合成电阻网络

接内阻为 $Z_0$ 的信号源 $v_{s1}$,在 2-0 端接内阻为 $Z_0$ 的信号源 $v_{s2}$,那么在 3-0 端口看,$v_{s1}$、$v_{s2}$ 为独立源,其余则是线性电阻网络,由戴维南定理和叠加定理可知,该端口必然可等效为一个戴维南源,源电压形式是两个独立源信号电压的加权叠加。

**解**:(1) 求戴维南内阻,需将网络中所有的独立源置零,于是 $v_{s1}$、$v_{s2}$ 短路处理,1 端口外接 $Z_0$ 和网络内部的 $Z_0/3$ 串联,形成 $4Z_0/3$ 大小的电阻,同理,2 端口外接 $Z_0$ 导致的网络内部中心点对地电阻也是 $4Z_0/3$,两者是并联关系,因而网络中心点对地总电阻为 $2Z_0/3$,这个电阻和 $Z_0/3$ 串联后,从 3 端口引出,故而 3 端口的对地电阻为 $2Z_0/3+Z_0/3=Z_0$。

(2) 求戴维南电压,就是求端口 3 的开路电压。现在有两个独立源,根据叠加定理,我们可以依次求出每个独立源在端口 3 的响应,之后相加即可获得两个独立源同时作用时的总响应。

当独立源 $v_{\mathrm{s1}}$ 单独作用时，$v_{\mathrm{s2}}$ 做短路处理，于是端口 3 的开路电压就是网络中心结点的分压，为 $0.5v_{\mathrm{s1}}$；由于结构上的对称性，很容易即可确认当 $v_{\mathrm{s2}}$ 单独作用时端口 3 的开路电压为 $0.5v_{\mathrm{s2}}$。因而端口 3 的戴维南源电压为 $0.5v_{\mathrm{s1}}+0.5v_{\mathrm{s2}}$，两个信号的叠加是等同地位的，各取一半。

（3）我们希望获得如图 E3.7.6 所示的三端口电阻网络的网络参量矩阵，注意虚框网络内部无独立源，故而有如下形式：

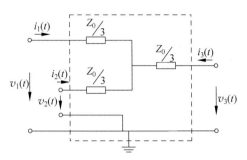

图 E3.7.6　三端口电阻网络

$$\begin{bmatrix} i_1 \\ i_2 \\ i_3 \end{bmatrix} = \begin{bmatrix} G_{11} & G_{12} & G_{13} \\ G_{21} & G_{22} & G_{23} \\ G_{31} & G_{32} & G_{33} \end{bmatrix} \begin{bmatrix} v_1 \\ v_2 \\ v_3 \end{bmatrix} \qquad \text{(E3.7.2)}$$

现在考察端口 1 电流，为

$$i_1 = G_{11}v_1 + G_{12}v_2 + G_{13}v_3 \qquad \text{(E3.7.3)}$$

显而易见，要想获得 $G_{11}$，则需 $v_2=0$（端口 2 短路），$v_3=0$（端口 3 短路），在端口 1 加 $v_1$ 电压，考察流入电流大小 $i_1$，两者之间的比值就是 $G_{11}$，为

$$G_{11} = \left. \frac{i_1}{v_1} \right|_{v_2=0,v_3=0} = \frac{1}{\dfrac{Z_0}{3} \left\| \dfrac{Z_0}{3} + \dfrac{Z_0}{3} \right.} = \frac{2}{Z_0} = 2Y_0$$

其中，$Y_0 = Z_0^{-1}$。这个表达式表明端口 2 短路，端口 3 短路时，端口 1 看入电阻为两个 $Z_0/3$ 电阻先并联，再和一个 $Z_0/3$ 电阻串联，故而总电阻为 $Z_0/2$，于是输入电导为 $2Y_0$。

从式(E3.7.3)可知，要想获得 $G_{12}$，则需 $v_1=0$（端口 1 短路），$v_3=0$（端口 3 短路），在端口 2 加 $v_2$ 电压，考察 1 端口的短路电流 $i_1$，两者之间的比值就是 $G_{12}$，

$$G_{12} = \left. \frac{i_1}{v_2} \right|_{v_1=0,v_3=0} = -\frac{\left(\dfrac{v_2}{0.5Z_0}\right)/2}{v_2} = -Y_0$$

这个控制系数的意义是，当端口 1 短路，端口 3 短路时，端口 2 的看入电阻为 $Z_0/2$，故而从端口 2 流入的电流为 $v_2/(0.5Z_0)$，这个电流流到网络中心结点时，一分为二，各分一半流出端口 1 和端口 3，故而端口 1 短路电流为 $-v_2/Z_0$，这里取负是由于端口 1 电流参考方向与实际电流流向相反，从而最终有 $G_{12}=-Y_0$。

由于这个三端口网络是完全对称的，对端口 1 而言，端口 3 和端口 2 没有什么可以区分不同的，故而 $G_{13}=G_{12}=-Y_0$。

由网络对称性，可知其他的电导参量。于是该网络的导纳参量矩阵为

$$\boldsymbol{G}_{\mathrm{N}} = \begin{bmatrix} G_{11} & G_{12} & G_{13} \\ G_{21} & G_{22} & G_{23} \\ G_{31} & G_{32} & G_{33} \end{bmatrix} = \begin{bmatrix} 2Y_0 & -Y_0 & -Y_0 \\ -Y_0 & 2Y_0 & -Y_0 \\ -Y_0 & -Y_0 & 2Y_0 \end{bmatrix} = \boldsymbol{y} \qquad \text{(E3.7.4)}$$

然而当我们试图获得该网络的阻抗参量矩阵时，发现出了大麻烦，导纳参量矩阵是奇异矩阵，它不可逆，无法获得阻抗参量矩阵，换句话说，这个三端口网络只能用导纳参量矩阵表述，而不能用阻抗参量矩阵表述。

**3. 病态网络**

对于线性二端口网络而言，如果它的所有 6 个网络参量均可表述，则为正常网络，如果存在不可描述的网络参量，则称之为病态网络。出现病态网络的原因在于我们在做电路元件的抽象时，为了简化问题分析，很多时候做极致化抽象，如短路、开路、理想恒压源、理想恒流源抽

象等,导致出现硬性约束,如 $v=0$(短路)或 $i=0$(开路)等。凡是端口约束存在硬性约束的都是病态网络。如图 E3.7.6 的三端口网络中存在硬性约束 $i_1+i_2+i_3=0$,导致 $i_1$、$i_2$、$i_3$ 不再独立,故而无法用 $i$ 表述 $v$,因其不存在 $z$ 参量而是病态网络。下面是一些病态网络的例子:

(1) 把电压源内阻抽象为零内阻,并将其推广到所有端口电流情况下,此为恒压源抽象。这种抽象情况下:①如果两个不同电压的恒压源并联,其伏安特性曲线则是平行直线,没有交点,故而无解;②如果两个相同电压的恒压源并联,其伏安特性曲线则完全重合,两个电压源的输出电流可以是任意值,一个流出多少,另外一个就吸收多少,都不违反 KVL 和 KCL,故而有无穷多个解。上述两种情况实际都不会出现,因为两个实际电源并联一定会有解,当然,这个解有可能是电源烧毁。

(2) 当我们用恒压源抽象一个电源时,该电压则无法用诺顿形式表述,因为恒压源是流控元件,任意电流对应确定的电压,源内阻为零。当我们用恒流源抽象一个电源时,该电源则无法再用戴维南形式表述,因为恒流源是压控元件,任意电压对应确定的电流,源内导为零。

(3) 当我们用零电阻抽象短接线形成"短路"(short circuit),用零电导抽象无连接形成"开路"(open circuit)时,则分别形成流控元件和压控元件,用电阻和电导表述时,短路只能用零电阻 $R=0$ 进行数学表述而无法用无穷电导表述,开路则只能用零电导 $G=0$ 进行数学表述而不能用无穷电阻表述。

(4) 正如例 3.7.2 所述,当我们添加地结点将 Y 型电阻网络(二端口网络)强行拓展为三端口网络后,它可以用电导矩阵描述,却无法用电阻矩阵描述,原因在于该网络存在硬性约束条件 $i_1+i_2+i_3=0$,该硬性约束源于三端口网络的地结点在网络内部是孤立于 Y 型网络的。

(5) 图 E3.7.7 给出的二端口网络都是病态的。这些病态网络没有 6 个网络参量。图 E3.7.7(a)所示二端口网络中两个端口为两个恒压源抽象,其阻抗参量矩阵为 $\mathbf{0}$,无法用导纳参量矩阵描述;图 E3.7.7(b)所示二端口网络两个端口为两个恒流源抽象,其导纳参量矩阵为 $\mathbf{0}$,无法用阻抗参量矩阵描述;图 E3.7.7(c)所示二端口网络存在硬性约束 $v_1=v_2$,其阻抗参量矩阵行列式为 0(奇异矩阵),无法用导纳参量矩阵描述;图 E3.7.7(d)所示二端口网络存在硬性约束 $i_1+i_2=0$,其导纳参量矩阵行列式为 0,无法用阻抗参量矩阵描述;图 E3.7.7(e)所示二端口网络两个端口分别为恒压源和恒流源抽象,既无法用阻抗参量矩阵描述,也无法用导纳参量矩阵描述,只能用后面定义的混合参量矩阵描述,且混合参量矩阵 $\mathbf{h}$ 为 $\mathbf{0}$ 矩阵;图 E3.7.7(f)所示二端口网络类同图 E3.7.7(e),既无法用阻抗参量矩阵描述,也无法用

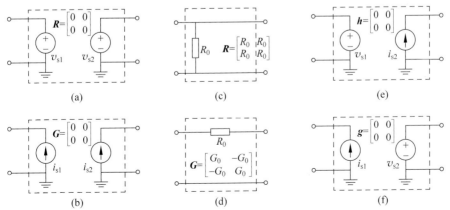

图 E3.7.7　一些病态二端口网络

导纳参量矩阵描述,只能用后面讨论的逆混参量矩阵描述,且逆混参量矩阵 $g$ 为 $0$ 矩阵。还有一些二端口网络,如理想运放,由于将其抽象为无穷大输入电阻,零输出电阻,无穷大电压增益,用阻抗参量矩阵 $z$,导纳参量矩阵 $y$,混合参量矩阵 $h$,逆混参量矩阵 $g$ 都无法描述它,只有传输参量矩阵 $ABCD=0$ 方可描述该理想运放。上述都是病态二端口网络的例子。

病态多端口网络的出现,或者是因为电路抽象中的极致化抽象,允许零电阻(短路)、无穷电阻(开路)和无穷增益这些极致化元件的存在,如恒压、恒流源,理想受控源,理想运放等;或者是将单端口网络强行拓展为二端口网络(图 E3.7.7 的(c)、(d)),将二端口网络强行拓展为三端口网络(图 E3.7.6),从而破坏了端口电压或端口电流之间的独立性。无论哪种情况,它们都使得电路中存在某种硬性约束条件,导致奇异矩阵即病态网络的形成。

当我们做这些极致化抽象或者多端口拓展时,可以使得很多电路问题的原理性分析变得简单明了,但对其进行一般性数学表述时则需小心谨慎,避免在数学表达式中出现无穷大参量而导致整个运算无法进行下去。当然,经过特殊定义允许"$\infty$"算符参与运算的运算法则可一定程度上解决诸如理想受控源、理想运放等病态网络参与的电路网络综合或设计过程中的数学问题。

### 3.7.3 戴维南-诺顿等效:混合参量

二端口线性阻性网络的戴维南等效和诺顿等效是单端口线性阻性网络戴维南等效和诺顿等效的拓展。对于单端口线性电阻网络,只有两种可能的等效,或者戴维南等效,或者诺顿等效;然而对于二端口线性电阻网络,则存在更多的等效,如图 3.7.5 所示,我们可以在端口 1 加载电流源 $i_{p1}$,在端口 2 加载电压源 $v_{p2}$,通过这种混合激励形式,考察二端口网络的端口电压、端口电流变化情况。由于端口 1 电流完全由 $i_{p1}$ 决定,$i_1 = i_{p1}$,端口 2 电压完全由 $v_{p2}$ 决定,$v_2 = v_{p2}$,因而这种情况下,我们将获得用端口 1 电流、端口 2 电压表述的端口 1 电压、端口 2 电流的混合表述形式,

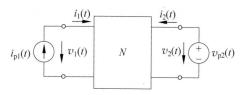

图 3.7.5 二端口线性阻性网络的混合参量测量方法

$$\begin{bmatrix} v_1(t) \\ i_2(t) \end{bmatrix} = \begin{bmatrix} h_{11} & h_{12} \\ h_{21} & h_{22} \end{bmatrix} \begin{bmatrix} i_1(t) \\ v_2(t) \end{bmatrix} + \begin{bmatrix} v_{T1}(t) \\ i_{N2}(t) \end{bmatrix} \tag{3.7.9}$$

其中,$h = \begin{bmatrix} h_{11} & h_{12} \\ h_{21} & h_{22} \end{bmatrix}$ 是描述二端口网络的混合参量矩阵,$v_{T1}(t)$ 是端口 1 戴维南等效源电压,$i_{N2}(t)$ 是端口 2 诺顿等效源电流,这两个等效源都是线性电阻网络内部独立源在端口位置作用的综合体现。

将方程(3.7.9)用等效电路描述,即可获得如图 3.7.6 所示的端口 1 用戴维南形式、端口 2 用诺顿形式表述的两个端口等效电路,这就是二端口网络的戴维南-诺顿混合形式等效电路。

如何获得戴维南-诺顿混合等效电路中的各个等效元件呢?直接对表达式(3.7.9)进行分析,其等效元件可如下获得:

(1) 端口 1 的戴维南源电压 $v_{T1}$ 等于端口 1 开路,端口 2 短路时,端口 1 测得的开路电压,

$$v_{T1} = v_1 \Big|_{i_1=0, v_2=0} \tag{3.7.10a}$$

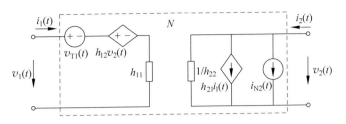

图 3.7.6　二端口线性阻性网络的混合形式等效电路

（2）端口 2 的诺顿源电流 $i_{N2}$ 等于端口 1 开路，端口 2 短路时，端口 2 测得的短路电流，

$$i_{N2} = i_2 \Big|_{i_1=0, v_2=0} \tag{3.7.10b}$$

（3）端口 1 的戴维南源内阻 $h_{11}$ 等于网络内部所有独立源不起作用时，端口 2 短路，从端口 1 看入的等效电阻，

$$h_{11} = \frac{v_1}{i_1} \Big|_{v_2=0, v_{T1}=0} \tag{3.7.10c}$$

（4）端口 2 的诺顿源内导 $h_{22}$ 等于网络内部所有独立源不起作用时，端口 1 开路，从端口 2 看入的等效电导，

$$h_{22} = \frac{i_2}{v_2} \Big|_{i_1=0, i_{N2}=0} \tag{3.7.10d}$$

（5）端口 1 的压控压源受控系数 $h_{12}$，这里称之为端口 2 到端口 1 的电压传递系数，等于网络内部所有独立源不起作用时，端口 1 开路，端口 2 电压到端口 1 开路电压之间的线性传递关系，

$$h_{12} = \frac{v_1}{v_2} \Big|_{i_1=0, v_{T1}=0} \tag{3.7.10e}$$

（6）端口 2 的流控流源受控系数 $h_{21}$，这里称之为端口 1 到端口 2 的电流传递系数，等于网络内部所有独立源不起作用时，端口 2 短路，端口 1 电流到端口 2 短路电流之间的线性传递关系，

$$h_{21} = \frac{i_2}{i_1} \Big|_{v_2=0, i_{N2}=0} \tag{3.7.10f}$$

**例 3.7.3**　对于如图 E3.7.8(a)所示二端口电阻网络，假设它处理的信号比较强，无须考虑电阻热噪声的影响，把电阻视为无噪声的理想电阻。请给出该网络的二端口混合参量等效电路。

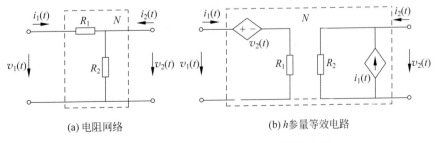

(a) 电阻网络　　　　　　　　(b) $h$ 参量等效电路

图 E3.7.8　二端口网络的混合参量等效电路

**解**：根据混合参量矩阵的定义，$h_{11}$ 是端口 2 短路时，端口 1 看入的等效电阻，一眼即可看出

$$h_{11} = R_1$$

$h_{12}$是端口 1 开路,端口 2 电压到端口 1 开路电压之间的电压传递系数,显然这个系数为 1,因为端口 1 开路时,$R_1$上没有分压,端口 1 开路电压就是 $R_2$上电压,也就是端口 2 电压,故而

$$h_{12} = 1$$

$h_{21}$是端口 2 短路,端口 1 电流到端口 2 短路电流之间的电流传递系数,显然这个系数为 $-1$,因为端口 2 短路时,$R_2$上分流为 0,所有从端口 1 进来的电流全部从端口 2 流出,由于电流流出方向与端口 2 参考电流方向相反,故而为 $-1$,

$$h_{21} = -1$$

$h_{22}$是端口 1 开路,端口 2 看入的等效电导,显然有

$$h_{22} = 1/R_2$$

于是得到其 $h$ 参量矩阵为

$$\boldsymbol{h} = \begin{bmatrix} R_1 & 1 \\ -1 & \dfrac{1}{R_2} \end{bmatrix}$$

该 $h$ 参量的等效电路如图 E3.7.8(b)所示。

### 3.7.4 诺顿-戴维南等效:逆混参量

如导纳参量是阻抗参量的对偶参量一样,逆混参量是混合参量的对偶参量,对其进行等效测量时,所加激励和混合参量测量所加激励是对偶的,端口 1 加载电压源 $v_{p1}$,在端口 2 加载电流源 $i_{p2}$,如图 3.7.7 所示,通过这种混合激励形式,考察二端口网络的端口电压、端口电流变化情况。这种情况下,我们将获得用端口 1 电压、端口 2 电流表述的端口 1 电流、端口 2 电压的混合表述形式,

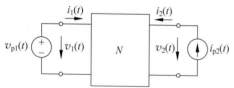

$$\begin{bmatrix} i_1(t) \\ v_2(t) \end{bmatrix} = \begin{bmatrix} g_{11} & g_{12} \\ g_{21} & g_{22} \end{bmatrix} \begin{bmatrix} v_1(t) \\ i_2(t) \end{bmatrix} + \begin{bmatrix} i_{N1}(t) \\ v_{T2}(t) \end{bmatrix} \tag{3.7.11}$$

图 3.7.7 线性二端口网络的逆混参量测量方法

其中,$\boldsymbol{g} = \begin{bmatrix} g_{11} & g_{12} \\ g_{21} & g_{22} \end{bmatrix}$ 是描述二端口网络的逆混参量矩阵,$i_{N1}(t)$是端口 1 诺顿等效源电流,$v_{T2}(t)$是端口 2 戴维南等效源电压,这两个等效源都是线性电阻网络内部独立源在端口位置作用的综合体现。

将等效电路的数学形式(3.7.11)用电路符号描述,即可获得如图 3.7.8 所示的端口 1 用诺顿形式、端口 2 用戴维南形式表述的两个端口等效电路,这就是二端口网络的诺顿-戴维南混合形式等效电路。

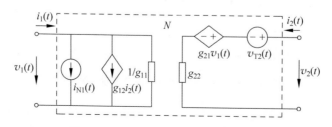

图 3.7.8 二端口网络的逆混等效电路

请同学根据对式(3.7.11)的分析,补全图 3.7.8 所示二端口网络的诺顿-戴维南混合等效电路中的 6 个等效元件的测量获取方法。

**练习 3.7.4** 例 3.7.3 给出了图 E3.7.8(a)所示电路的混合参量矩阵 $h$,请分析该电路的逆混参量矩阵 $g$,验证 $g = h^{-1}$。

### 3.7.5 传输参量

**1. 双端同时加压加流测试和一端分别加压加流测试**

在二端口网络的两个端口同时加测试电压或测试电流,如图 3.7.1 所示的流流测试获得戴维南等效电路,对应网络参量为阻抗参量 $z$ 矩阵,如图 3.7.3 所示的压压测试获得诺顿等效电路,对应网络参量为导纳参量 $y$ 矩阵,如图 3.7.5 所示的流压测试获得戴维南-诺顿等效电路,对应网络参量为混合参量 $h$ 矩阵,如图 3.7.7 所示的压流测试获得诺顿-戴维南等效电路,对应网络参量为逆混参量 $g$ 矩阵。

$z$ 参量是以 $i_1$、$i_2$ 为自变量,$v_1$、$v_2$ 为因变量的网络描述参量,$y$ 参量是以 $v_1$、$v_2$ 为自变量,$i_1$、$i_2$ 为因变量的网络描述参量,$h$ 参量是以 $i_1$、$v_2$ 为自变量,$v_1$、$i_2$ 为因变量的网络描述参量,$g$ 参量是以 $v_1$、$i_2$ 为自变量,$i_1$、$v_2$ 为因变量的网络描述参量。然而作为二端口网络的端口描述方程,任取 $v_1$、$v_2$、$i_1$、$i_2$ 四个变量中的两个作为自变量,剩余两个作为因变量,那么就有六种选择方法,前面通过在两个端口同时加压或加流获得了其中的四种网络描述参量,还有两种网络参量需要通过在一个端口分别加压、加流进行测试来获得,其中传输参量 $ABCD$ 参量需要在端口 1 加测试电压,测量端口 2 开路电压、端口 2 短路电流,再在端口 1 加测试电流,测量端口 2 开路电压、端口 2 短路电流,共四次测量获得 $A$、$B$、$C$、$D$ 四个参量。虽然数学方程形式上 $ABCD$ 参量是以 $v_2$、$i_2$ 为自变量,$v_1$、$i_1$ 为因变量,但网络参量矩阵的四个元素 $ABCD$ 代表的却是端口 1 到端口 2 的传输参量。同理,逆传参量 $abcd$ 参量需要在端口 2 分别加测试电压、测试电流,在端口 1 测试开路电压、短路电流获得,因而 $abcd$ 参量矩阵的四个元素 $abcd$ 代表了端口 2 到端口 1 的传输参量,虽然其数学描述方程形式上是以 $v_1$、$i_1$ 为自变量,$v_2$、$i_2$ 为因变量。

$z$、$y$、$h$、$g$、$ABCD$、$abcd$ 网络参量是二端口线性网络等效电路的数学符号表述方式,其中 $z$、$y$、$h$、$g$ 具有对应的电路符号表述方式,如图 3.7.2、图 3.7.4、图 3.7.6 和图 3.7.8 所示,而 $ABCD$、$abcd$ 这两种网络参量代表的二端口网络等效电路没有对应的电路符号表述形式。虽然如此,如果二端口网络具有这 6 种网络参量,它们是完全等价的。

**2. 传输参量与本征增益**

传输参量 $ABCD$ 虽然表述的是端口 1 到端口 2 的传输参量,但其数学形式却是用端口 2 电压电流来表述端口 1 电压电流,

$$
\begin{bmatrix} v_1(t) \\ i_1(t) \end{bmatrix} = \begin{bmatrix} A & B \\ C & D \end{bmatrix} \begin{bmatrix} v_2(t) \\ -i_2(t) \end{bmatrix} + \begin{bmatrix} v_{T1}(t) \\ i_{N1}(t) \end{bmatrix} \tag{3.7.12}
$$

这里特别强调,此处研究的是端口 1 到端口 2 的传输特性,因而以端口 1 为输入端口,端口 2 为输出端口。如果以流入网络为输入电流的正方向,则流出网络为输出电流的正方向,即 $i_{in}(t) = i_1(t)$,$i_{out}(t) = -i_2(t)$。注意到端口 1 流入电流方向和端口 1 关联参考方向相同,故而表达式中 $i_1(t)$ 前为正号;而端口 2 流出电流方向和端口 2 关联参考方向相反,故而表达式中 $i_2(t)$ 前有一个负号。如是定义考察网络传输参量,表明在信号传输过程中,电压参考方向自始至终定义为由上端点指向下端点,电流参考方向自始至终定义为在上端点向后级方向流动,如图 3.7.9 所示。

下面分析数学描述表达式(3.7.12)中的六个
网络参量所代表的物理含义。首先求取传输参量
矩阵的四个元素$ABCD$，这需要首先假设网络内
部的独立源全部不起作用，于是内部独立源在端
口的等效源电压和源电流均为零，即$v_{T1}=0,i_{N1}=$
$0$，故而有：

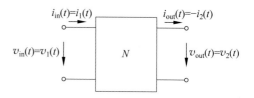

图 3.7.9　端口 1 到端口 2 的传输参量
定义中的电压、电流方向

（1）输出开路时，$i_2(t)=0$，输入电压到输出开
路电压的电压传递系数为$g_{21}$，其倒数为$A$，

$$A=\frac{1}{g_{21}}=\frac{1}{\left.\frac{v_2}{v_1}\right|_{i_2=0}}=\left.\frac{v_1}{v_2}\right|_{i_2=0}=\left.\frac{v_{in}}{v_{out}}\right|_{i_{out}=0} \qquad (3.7.13a)$$

（2）输出短路时，$v_2(t)=0$，输入电压到输出短路电流的跨导传递系数为$-y_{21}$，其倒数
为$B$，

$$B=\frac{1}{-y_{21}}=\frac{1}{\left.-\frac{i_2}{v_1}\right|_{v_2=0}}=\left.\frac{v_1}{-i_2}\right|_{v_2=0}=\left.\frac{v_{in}}{i_{out}}\right|_{v_{out}=0} \qquad (3.7.13b)$$

这里的负号是端口 2 电流$i_2(t)$参考方向与默认的输出电流$i_{out}(t)$参考方向相反导致的，
$i_{out}(t)=-i_2(t)$。

（3）输出开路时，输入电流到输出开路电压的跨阻传递系数为$z_{21}$，其倒数为$C$，

$$C=\frac{1}{z_{21}}=\frac{1}{\left.\frac{v_2}{i_1}\right|_{i_2=0}}=\left.\frac{i_1}{v_2}\right|_{i_2=0}=\left.\frac{i_{in}}{v_{out}}\right|_{i_{out}=0} \qquad (3.7.13c)$$

（4）输出短路时，输入电流到输出短路电流的电流传递系数为$-h_{21}$，其倒数为$D$，

$$D=\frac{1}{-h_{21}}=\frac{1}{\left.-\frac{i_2}{i_1}\right|_{v_2=0}}=\left.\frac{i_1}{-i_2}\right|_{v_2=0}=\left.\frac{i_{in}}{i_{out}}\right|_{v_{out}=0} \qquad (3.7.13d)$$

我们特别注意到，$A$、$B$两个网络参量是在端口 1 加载电压源，在端口 2 测量开路电压和
短路电流获得的，而$C$、$D$两个网络参量则是在端口 1 加载电流源，在端口 2 测量开路电压和
短路电流获得的，如图 3.7.10 所示。可以确认，$A$、$B$、$C$、$D$代表的是端口 1 到端口 2 的传输参
量。由于线性放大器的传输参量往往用增益描述，因而可以重新定义$A$、$B$、$C$、$D$四个网络参
量为四个本征增益的倒数，$A$是本征电压增益$A_{v0}=g_{21}$的倒数，$B$是本征跨导增益$G_{m0}=-y_{21}$
的倒数，$C$为本征跨阻增益$R_{m0}=z_{21}$的倒数，$D$为本征电流增益$A_{i0}=-h_{21}$的倒数。所谓本征
增益，就是输入端口恒压恒流激励，输出端口开路短路情况下测得的电压、跨导、跨阻、电流传
递系数。本征增益不涉及网络外部连接情况，是网络自身属性。

之后考察网络内部独立源在输入端口的体现，$v_{T1}$和$i_{N1}$。显然我们无法同时令输出端口
短路（$v_2=0$）和输出端口开路（$i_2=0$）来获得它们，但是可以通过如下方式获得两个源等效，如
图 3.7.11 所示。

（5）令输入端口短路（$v_1=0$），由于网络内部独立源的存在，即使没有输入激励，输出端口
仍然有输出，可在输出端口测量开路电压（$i_2=0$，测$v_2$）。于是，内部独立源作用在输入端口的
源电压等效为输出端口开路电压除以本征电压增益，

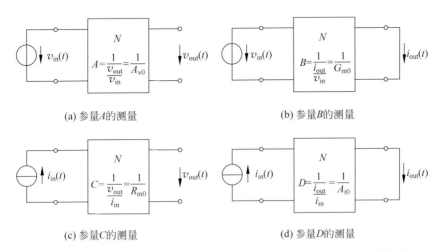

(a) 参量$A$的测量        (b) 参量$B$的测量

(c) 参量$C$的测量        (d) 参量$D$的测量

图 3.7.10 在端口 1 分别加压、加流测量 $ABCD$ 参量(消除内部独立源作用)

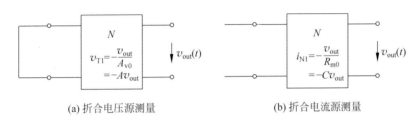

(a) 折合电压源测量        (b) 折合电流源测量

图 3.7.11 内部独立源在端口的表现(内部独立源起作用)

$$v_{T1} = -Av_2 \Big|_{v_1=0,i_2=0} = -\frac{v_2 \big|_{v_1=0,i_2=0}}{g_{21}} = -\frac{v_2 \big|_{v_1=0,i_2=0}}{A_{v0}} \qquad (3.7.13e)$$

（6）令输入端口开路（$i_1=0$），由于网络内部独立源的存在，即使没有输入激励，输出端口仍然有输出，可在输出端口测量开路电压（$i_2=0$，测 $v_2$）。于是，内部独立源作用在输入端口的源电流等效为输出端口开路电压除以本征跨阻增益，

$$i_{N1} = -Cv_2 \Big|_{i_1=0,i_2=0} = -\frac{v_2 \big|_{i_1=0,i_2=0}}{z_{21}} = -\frac{v_2 \big|_{i_1=0,i_2=0}}{R_{m0}} \qquad (3.7.13f)$$

至此，我们获得了线性二端口网络端口描述方程（3.7.12）的全部 6 个参量。注意到传输参量的倒数代表的是端口 1 到端口 2 的 4 个线性传递系数（本征增益），无法用电路符号同时一一对应这 4 个网络参量，因而 $ABCD$ 参量这种等效电路形式无法用电路符号表述，但是内部独立源作用在外端口的表现所折合的电压源和电流源可以符号化，于是可以给出如图 3.7.12(b)所示的混合形式的等效电路表述。

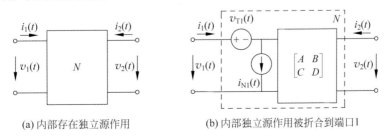

(a) 内部存在独立源作用        (b) 内部独立源作用被折合到端口1

图 3.7.12 线性二端口网络传输参量等效电路的混合形式表述

从这个等效电路很容易理解端口 1 的两个折合等效源的作用:当端口 1 开路时,$v_{T1}$ 全部加载到开路上,对其后的无独立源二端口网络 $ABCD$ 不起作用,只有 $i_{N1}$ 流入 $ABCD$ 网络输入端口,该电流源在端口 2 产生 $v_2 = R_{m0} \times (-i_{N1}) = z_{21} \times (-i_{N1})$ 的开路电压,故而 $i_{N1} = v_2/(-z_{21})$,如式(3.7.13f)所描述的那样;而当端口 1 短路时,$i_{N1}$ 电流全部从端口 1 短路线流过,不对后面的无独立源二端口网络 $ABCD$ 起作用,只有 $v_{T1}$ 加载到 $ABCD$ 网络的输入端口,该电压源在端口 2 产生的开路电压为 $v_2 = A_{v0} \times (-v_{T1}) = g_{21} \times (-v_{T1})$,故而 $v_{T1} = v_2/(-g_{21})$,如式(3.7.13e)所描述的那样。

### 3. 逆传参量

逆传参量矩阵中的四个参量 $a$、$b$、$c$、$d$ 分别是端口 2 到端口 1 的本征电压增益、本征跨导增益、本征跨阻增益和本征电流增益的倒数。所有分析同 $ABCD$ 参量,这里不再赘述。

$$\begin{bmatrix} v_2(t) \\ i_2(t) \end{bmatrix} = \begin{bmatrix} a & b \\ c & d \end{bmatrix} \begin{bmatrix} v_1(t) \\ -i_1(t) \end{bmatrix} + \begin{bmatrix} v_{T2}(t) \\ i_{N2}(t) \end{bmatrix} \tag{3.7.14}$$

在大多数的应用情况下,我们默认端口 1 为输入端口,端口 2 为输出端口,$ABCD$ 参量描述的恰好是输入到输出的本征增益,因而 $ABCD$ 参量的应用远超过 $abcd$ 参量。在后文讨论中,$abcd$ 参量几乎不再出现,因此仅 $abcd$ 参量不存在的单向网络一般也不被视为病态网络。

### 4. 噪声系数分析例

**例 3.7.4** 对于图 E3.7.9(a)虚框二端口电阻网络,假设它处理的信号比较微弱,因而需要考虑网络内部噪声的影响。假设输入信号源的信噪比为 $SNR_i$,经过该网络作用后,输出信噪比比输入信噪比下降了多少?

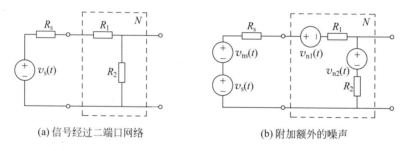

(a) 信号经过二端口网络　　　　　　　　(b) 附加额外的噪声

图 E3.7.9　信号经过处理后,信噪比因额外噪声叠加而下降

噪声系数定义:图 E3.7.9(a)虚框二端口网络是一个分压衰减网络,经过这个网络之后,信号被衰减了,但热噪声基底并未发生变化,故而信噪比一定会下降。如果不是衰减网络,而是放大网络,信号被放大了,但是输入信号中的噪声同样被放大了,同时,构成放大网络的器件还会附加额外的噪声,因而输出信号的信噪比也同样是必然下降的。故而信号越经处理,通带内信号的信噪比就越差。然而信号仍然需要被处理,如放大,有些电路系统只有足够大的信号才能驱动它,如滤波,通带外的干扰过强必须采用滤波器滤除后电路方可正常工作。诸如此类,虽然通带内的信噪比每经过一级处理,信号质量就降低一个层次,但我们仍然不得不对信号进行逐级的处理。为了描述信号经过线性系统后信噪比的恶化程度,定义线性二端口网络的噪声系数为输入信噪比与输出信噪比之比,

$$F_n = \frac{SNR_i}{SNR_o} \tag{3.7.15a}$$

用 dB 数表述,为

$$NF = 10 \log_{10} F_n \tag{3.7.15b}$$

噪声系数越大,信噪比恶化就越严重,该线性网络的噪声性能就越差;噪声系数越小,信噪比恶化就越轻微,该线性网络的噪声性能就越好。理想无噪网络的噪声系数为1,然而实际上不存在这样的无噪网络,我们只能期望并力图设计出噪声系数接近于1的低噪声放大器、滤波器等。

**解**:由于输入信号比较微弱,因而考虑噪声影响。图 E3.7.9(a)中三个电阻都有电阻热噪声,将电阻热噪声等效源添加到电路中,如图 E3.7.9(b)所示。

为了研究线性二端口网络噪声对信号的影响,我们将二端口网络的内部噪声折合到二端口网络的输入端口,根据传输参量定义,折合到输入端口的噪声电压源和噪声电流源的计算,需要对二端口网络输入端口分别短路和开路,测量输出端口的开路电压,之后将其折算到输入端即可,如图 E3.7.10 所示。

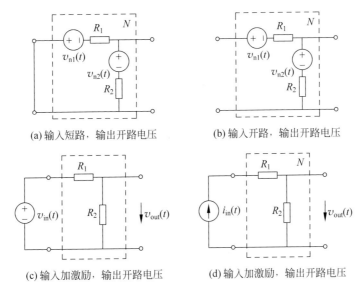

(a) 输入短路,输出开路电压　　　　　(b) 输入开路,输出开路电压

(c) 输入加激励,输出开路电压　　　　　(d) 输入加激励,输出开路电压

图 E3.7.10　输入端折合噪声电压和噪声电流计算

如图 E3.7.10(a)所示,输入短路时,输出的开路电压为

$$v_{\mathrm{no,short}} = \left(-\frac{v_{\mathrm{n1}}}{R_1} + \frac{v_{\mathrm{n2}}}{R_2}\right)\frac{R_1 R_2}{R_1 + R_2} = \frac{R_1}{R_1 + R_2}v_{\mathrm{n2}} - \frac{R_2}{R_1 + R_2}v_{\mathrm{n1}} \quad (\mathrm{E}3.7.5\mathrm{a})$$

上述计算过程是这样理解的:将两个戴维南支路等效为诺顿形式,输出开路时,两个诺顿电流之和流过两个诺顿电阻的并联,产生的输出电压正如上式。也可以用叠加定理获得相同的结论。

如图 E3.7.10(b)所示,输入开路时,$R_1$噪声对输出端不起作用,输出端的开路电压就是

$$v_{\mathrm{no,open}} = v_{\mathrm{n2}} \quad (\mathrm{E}3.7.5\mathrm{b})$$

如图 E3.7.10(c)所示,输入加激励 $v_{\mathrm{in}}(t)$,测输出开路电压 $v_{\mathrm{out}}(t)$,由此获得本征电压增益为

$$A_{\mathrm{v0}} = g_{21} = \frac{v_{\mathrm{out}}}{v_{\mathrm{in}}} = \frac{R_2}{R_1 + R_2} \quad (\mathrm{E}3.7.6\mathrm{a})$$

如图 E3.7.10(d)所示,输入加激励 $i_{\mathrm{in}}(t)$,测输出开路电压 $v_{\mathrm{out}}(t)$,由此获得本征跨阻增益为

$$R_{\mathrm{m0}} = z_{21} = \frac{v_{\mathrm{out}}}{i_{\mathrm{in}}} = R_2 \quad (\mathrm{E}3.7.6\mathrm{b})$$

代入式(3.7.13e～f),可以获得折合到输入端口的噪声电压和噪声电流分别为

$$v_n = -\frac{v_{no,short}}{g_{21}} = v_{n1} - \frac{R_1}{R_2}v_{n2} \tag{E3.7.7a}$$

$$i_n = -\frac{v_{no,open}}{z_{21}} = -\frac{v_{n2}}{R_2} \tag{E3.7.7b}$$

至此,我们获得了如图 E3.7.11 所示的等效电路,这个等效电路与图 E3.7.9(a)原始电路对比,原始电路中的电阻都是有噪电阻,而等效电路中的电阻都是无噪电阻,它们的热噪声都被抽取等效到输入端用噪声电压源 $v_n(t)$、噪声电流源 $i_n(t)$ 表述了。

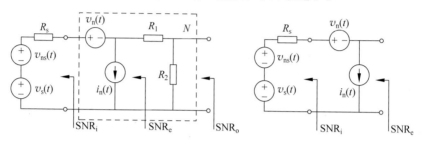

图 E3.7.11 噪声系数计算

注意,当我们把二端口网络中的噪声全部提取出来折合到输入端口后,剩下的无噪二端口网络不再对信号附加额外噪声,它对信号和噪声的放大或衰减是等同的,因而 $SNR_o = SNR_e$,所以计算输出信噪比 $SNR_o$ 就变成了计算 $SNR_e$。

计算 $SNR_i$ 很简单,直接计算源端口的等效戴维南源电压中的信号电压和噪声电压即可,信号电压为 $v_s(t)$,噪声电压为 $v_{ns}(t)$,故而输入信噪比为

$$SNR_i = \frac{P_{sim}}{P_{nim}} = \frac{\overline{v_s^2(t)}}{\overline{v_{ns}^2(t)}} = \frac{V_{s,rms}^2}{4kTR_s\Delta f} \tag{E3.7.8}$$

计算 $SNR_e$ 也很简单,如图 E3.7.11 所示,只需计算输入端口考虑了二端口折合噪声源之后,向源看入的等效戴维南源电压(端口开路电压)中的信号电压和噪声电压即可,显然信号电压仍然为 $v_s(t)$,但噪声电压却变为 $v_{ns}(t) - v_n(t) - i_n(t)R_s$,故而噪声电压均方值计算为

$$\begin{aligned}
\overline{(v_{ns}(t) - v_n(t) - i_n(t)R_s)^2} &= \overline{v_{ns}^2(t)} + \overline{(v_n(t) + i_n(t)R_s)^2} \\
&= \overline{v_{ns}^2(t)} + \overline{\left(v_{n1}(t) - v_{n2}(t)\frac{R_s + R_1}{R_2}\right)^2} \\
&= \overline{v_{ns}^2(t)} + \overline{v_{n1}^2(t)} + \overline{v_{n2}^2(t)}\left(\frac{R_s + R_1}{R_2}\right)^2 \\
&= 4kTR_s\Delta f + 4kTR_1\Delta f + 4kTR_2\Delta f\left(\frac{R_s + R_1}{R_2}\right)^2 \\
&= 4kT\left(R_s + R_1 + \frac{(R_s + R_1)^2}{R_2}\right)\Delta f
\end{aligned} \tag{E3.7.9}$$

由于信源内阻 $R_s$,两个电阻 $R_1$ 和 $R_2$ 产生的热噪声 $v_{ns}$、$v_{n1}$、$v_{n2}$ 完全不相关,因而其代数运算的均方值等于各自均方值的代数和。从而该二端口网络的噪声系数为

$$\begin{aligned}
F_n &= \frac{SNR_i}{SNR_o} = \frac{\overline{(v_{ns}(t) - v_n(t) - i_n(t)R_s)^2}}{\overline{v_{ns}^2(t)}} = \frac{R_s + R_1 + \frac{(R_s + R_1)^2}{R_2}}{R_s} \\
&= 1 + \frac{R_1}{R_s} + \frac{(R_s + R_1)^2}{R_s R_2}
\end{aligned} \tag{E3.7.10}$$

也就是说,输出信噪比下降为输入信噪比的 $1/F_n$ 倍。

上述计算噪声系数的过程是针对线性二端口网络的一般性过程,也就是将二端口网络内部噪声折合到输入端,之后综合考虑输入端等效戴维南源电压中的信号电压和噪声电压,即可获得输出信噪比,或者计算折合后输入端等效诺顿源电流中的信号电流和噪声电流,也可获得输出信噪比。如果二端口线性网络内部有电容、电感,那么噪声系数将与工作频率相关,见附录 A14。而本例中二端口网络为阻性网络,内部只有电阻,故而噪声系数和频率无关。

对于本例,上述求噪声系数的标准计算流程是自找麻烦,之所以这么做,只是熟悉电路原理的基本应用而已。对于本例,我们有更好的办法获得输出信噪比。考虑到本例二端口网络是由纯阻构成的无源网络,因而除了电阻热噪声外,没有其他噪声(不考虑极低频率下可能存在的 $1/f$ 噪声),因此只需在输出端口直接做戴维南等效,即可获得输出信噪比。如图 E3.7.12 所示,戴维南等效源电压和源内阻分别为

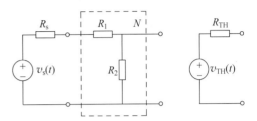

图 E3.7.12 无源网络噪声系数计算的简单方法

$$v_{TH}(t) = \frac{R_2}{R_s + R_1 + R_2} v_s(t) \tag{E3.7.11a}$$

$$R_{TH} = \frac{(R_1 + R_s)R_2}{R_s + R_1 + R_2} \tag{E3.7.11b}$$

故而输出端口的信噪比为

$$
\begin{aligned}
\mathrm{SNR_o} &= \frac{\overline{v_{TH}^2(t)}}{\overline{v_{nTH}^2(t)}} = \frac{V_{TH,rms}^2}{4kTR_{TH}\Delta f} = \frac{\left(\dfrac{R_2}{R_s + R_1 + R_2}\right)^2 V_{s,rms}^2}{4kT \dfrac{(R_1 + R_s)R_2}{R_s + R_1 + R_2}\Delta f} \\[2ex]
&= \frac{\left(\dfrac{R_2}{R_s + R_1 + R_2}\right)^2 R_s}{\dfrac{(R_1 + R_s)R_2}{R_s + R_1 + R_2}} \frac{V_{s,rms}^2}{4kTR_s\Delta f} \\[2ex]
&= \frac{R_s R_2}{(R_1 + R_s)(R_s + R_1 + R_2)} \mathrm{SNR_i} \tag{E3.7.12}
\end{aligned}
$$

因而噪声系数为

$$F_n = \frac{\mathrm{SNR_i}}{\mathrm{SNR_o}} = \frac{(R_1 + R_s)(R_s + R_1 + R_2)}{R_s R_2} = 1 + \frac{R_1}{R_s} + \frac{(R_s + R_1)^2}{R_s R_2} \tag{E3.7.13}$$

与前面的计算结果一模一样。

**练习 3.7.5** 从计算结果看,噪声系数与信源内阻 $R_s$ 密切相关:有一个最佳信源内阻,使得网络噪声系数最小。这是一般性的结论,对任意线性电路网络都成立。对于上例,请给出最佳信源内阻,使得该二端口网络的噪声系数最小,也就是说,经过该二端口网络后,信噪比恶化最小。最小噪声系数为多少?

**练习 3.7.6** 求图 E3.7.13 所示三个二端口电阻网络的 $ABCD$ 参量和噪声系数。

对于由线性电阻、线性电容、线性电感和传输线构成的无源二端口网络,噪声系数等于衰减系数,

$$F_n = \frac{\mathrm{SNR_i}}{\mathrm{SNR_o}} = \frac{P_{sim}/P_{nim}}{P_{som}/P_{nom}} = \frac{P_{sim}}{P_{som}} = L \tag{3.7.16}$$

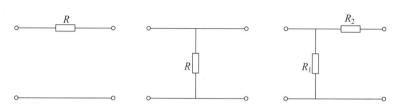

图 E3.7.13　三个简单二端口电阻网络

原因在于无源网络中除了电阻热噪声必须考虑之外，可以不考虑其他任何噪声，从而噪声额定功率在输入端和输出端始终是一致的，$P_{nim} = P_{nom} = kT\Delta f$，噪声系数在这种情况下就等于衰减系数，这里，衰减系数定义为输入端信号源的额定输出功率与输出端信号的额定输出功率之比，是资用功率增益的倒数，$L = G_A^{-1}$，

$$G_A = \frac{P_{som}}{P_{sim}} \tag{3.7.17}$$

**例 3.7.5**　已知某种电缆的衰减量为 0.082dB/m，求信号经过一段长度为 50m 的电缆后，其信噪比恶化情况。

**分析**：电缆是纯无源器件，它只提供非理想金属形成的电阻热噪声，因而其噪声系数就是衰减量，为

$$NF = L = 0.082 \times 50 = 4.1(dB)$$

也就是说，信号经过这段电缆后，信噪比恶化了 4.1dB。

这个结论是显然的，信号经过这段电缆后，信号衰减了 4.1dB，但是热噪声基底 $kT\Delta f$ 并没有改变，故而信噪比恶化了 4.1dB，信号质量下降了。

噪声系数表征的是信号通过一个线性网络后信号质量的恶化程度。

### 3.7.6　网络参量之间的相互转换

**1. 转换表格**

无论采用哪套网络参量对二端口网络进行描述，描述的都是同一个网络，因而如果这些网络参量存在，它们是等价的，可以相互转换。这六套网络参量之间的相互转换公式如表 3.7.1 所示。

表 3.7.1　二端口网络参量转换表

|  | $z$ | $y$ | $h$ | $g$ | $ABCD$ | $abcd$ |
|---|---|---|---|---|---|---|
| $z$ | $\begin{bmatrix} z_{11} & z_{12} \\ z_{21} & z_{22} \end{bmatrix}$ | $\dfrac{\begin{bmatrix} y_{22} & -y_{12} \\ -y_{21} & y_{11} \end{bmatrix}}{\Delta_y}$ | $\dfrac{\begin{bmatrix} \Delta_h & h_{12} \\ -h_{21} & 1 \end{bmatrix}}{h_{22}}$ | $\dfrac{\begin{bmatrix} 1 & -g_{12} \\ g_{21} & \Delta_g \end{bmatrix}}{g_{11}}$ | $\dfrac{\begin{bmatrix} A & \Delta_T \\ 1 & D \end{bmatrix}}{C}$ | $\dfrac{\begin{bmatrix} d & 1 \\ \Delta_t & a \end{bmatrix}}{c}$ |
| $y$ | $\dfrac{\begin{bmatrix} z_{22} & -z_{12} \\ -z_{21} & z_{11} \end{bmatrix}}{\Delta_z}$ | $\begin{bmatrix} y_{11} & y_{12} \\ y_{21} & y_{22} \end{bmatrix}$ | $\dfrac{\begin{bmatrix} 1 & -h_{12} \\ h_{21} & \Delta_h \end{bmatrix}}{h_{11}}$ | $\dfrac{\begin{bmatrix} \Delta_g & g_{12} \\ -g_{21} & 1 \end{bmatrix}}{g_{22}}$ | $\dfrac{\begin{bmatrix} D & -\Delta_T \\ -1 & A \end{bmatrix}}{B}$ | $\dfrac{\begin{bmatrix} a & -1 \\ -\Delta_t & d \end{bmatrix}}{b}$ |
| $h$ | $\dfrac{\begin{bmatrix} \Delta_z & z_{12} \\ -z_{21} & 1 \end{bmatrix}}{z_{22}}$ | $\dfrac{\begin{bmatrix} 1 & -y_{12} \\ y_{21} & \Delta_y \end{bmatrix}}{y_{11}}$ | $\begin{bmatrix} h_{11} & h_{12} \\ h_{21} & h_{22} \end{bmatrix}$ | $\dfrac{\begin{bmatrix} g_{22} & -g_{12} \\ -g_{21} & g_{11} \end{bmatrix}}{\Delta_g}$ | $\dfrac{\begin{bmatrix} B & \Delta_T \\ -1 & C \end{bmatrix}}{D}$ | $\dfrac{\begin{bmatrix} b & 1 \\ -\Delta_t & c \end{bmatrix}}{a}$ |

续表

| | $z$ | $y$ | $h$ | $g$ | $ABCD$ | $abcd$ |
|---|---|---|---|---|---|---|
| $g$ | $\dfrac{\begin{bmatrix} 1 & -z_{12} \\ z_{21} & \Delta_z \end{bmatrix}}{z_{11}}$ | $\dfrac{\begin{bmatrix} \Delta_y & y_{12} \\ -y_{21} & 1 \end{bmatrix}}{y_{22}}$ | $\dfrac{\begin{bmatrix} h_{22} & -h_{12} \\ -h_{21} & h_{11} \end{bmatrix}}{\Delta_h}$ | $\begin{bmatrix} g_{11} & g_{12} \\ g_{21} & g_{22} \end{bmatrix}$ | $\dfrac{\begin{bmatrix} C & -\Delta_T \\ 1 & B \end{bmatrix}}{A}$ | $\dfrac{\begin{bmatrix} c & -1 \\ \Delta_t & b \end{bmatrix}}{d}$ |
| $ABCD$ | $\dfrac{\begin{bmatrix} z_{11} & \Delta_z \\ 1 & z_{22} \end{bmatrix}}{z_{21}}$ | $\dfrac{\begin{bmatrix} y_{22} & 1 \\ \Delta_y & y_{11} \end{bmatrix}}{-y_{21}}$ | $\dfrac{\begin{bmatrix} \Delta_h & h_{11} \\ h_{22} & 1 \end{bmatrix}}{-h_{21}}$ | $\dfrac{\begin{bmatrix} 1 & g_{22} \\ g_{11} & \Delta_g \end{bmatrix}}{g_{21}}$ | $\begin{bmatrix} A & B \\ C & D \end{bmatrix}$ | $\dfrac{\begin{bmatrix} d & b \\ c & a \end{bmatrix}}{\Delta_t}$ |
| $abcd$ | $\dfrac{\begin{bmatrix} z_{22} & \Delta_z \\ 1 & z_{11} \end{bmatrix}}{z_{12}}$ | $\dfrac{\begin{bmatrix} y_{11} & 1 \\ \Delta_y & y_{22} \end{bmatrix}}{-y_{12}}$ | $\dfrac{\begin{bmatrix} 1 & h_{11} \\ h_{22} & \Delta_h \end{bmatrix}}{h_{12}}$ | $\dfrac{\begin{bmatrix} \Delta_g & g_{22} \\ g_{11} & 1 \end{bmatrix}}{-g_{12}}$ | $\dfrac{\begin{bmatrix} D & B \\ C & A \end{bmatrix}}{\Delta_T}$ | $\begin{bmatrix} a & b \\ c & d \end{bmatrix}$ |

$\Delta_z = z_{11}z_{22} - z_{12}z_{21}, \Delta_y = y_{11}y_{22} - y_{12}y_{21}, \Delta_h = h_{11}h_{22} - h_{12}h_{21}, \Delta_g = g_{11}g_{22} - g_{12}g_{21}, \Delta_T = AD - BC, \Delta_t = ad - bc$

**2. 转换公式**

上述转换关系有些可以用公式简单记忆如下：

$$z = y^{-1}, y = z^{-1} \tag{3.7.18a}$$

$$h = g^{-1}, g = h^{-1} \tag{3.7.18b}$$

$$\begin{bmatrix} A & B \\ C & D \end{bmatrix} = \begin{bmatrix} a & -b \\ -c & d \end{bmatrix}^{-1}, \begin{bmatrix} a & b \\ c & d \end{bmatrix} = \begin{bmatrix} A & -B \\ -C & D \end{bmatrix}^{-1} \tag{3.7.18c}$$

**练习 3.7.7**　在表 E3.7.1 中给出四种理想受控源的五种网络参量描述，假设理想压控压源本征电压增益为 $A_{v0}$，理想流控流源本征电流增益为 $A_{i0}$，理想压控流源本征跨导增益为 $G_{m0}$，理想流控压源本征跨阻增益为 $R_{m0}$。表中给出了四种理想受控源的 $z$ 参量，其他四种参量请同学自行给出。

**注**：阻抗参量矩阵是理想流控压源的 $zygh$ 参量的唯一参量表述，

$$v_1 = 0 \quad v_2 = R_{m0}i_1$$

$$\begin{bmatrix} v_1 \\ v_2 \end{bmatrix} = \begin{bmatrix} 0 & 0 \\ R_{m0} & 0 \end{bmatrix}\begin{bmatrix} i_1 \\ i_2 \end{bmatrix} \tag{E3.7.14}$$

如果试图用其他参量矩阵表述，矩阵元素中则会出现无穷量或者不确定量，这是电路方程正规求解中所不能容忍的。

**表 E3.7.1　四种理想受控源的二端口网络参量**

| 理想受控源 | VCVS | CCCS | VCCS | CCVS |
|---|---|---|---|---|
| $z$ | 无法表述 | 无法表述 | 无法表述 | $\begin{bmatrix} 0 & 0 \\ R_{m0} & 0 \end{bmatrix}$ |
| $y$ | | | | |
| $h$ | | | | |
| $g$ | | | | |
| $ABCD$ | | | | |

**练习 3.7.8**　BJT 晶体管是三端元件,可以用二端口网络建模。如果以发射极为公共端点,则称之为 CE 组态(Common Emitter Configuration),如果以基极为公共端点,则称之为 CB 组态(Common Base Configuration),如果以集电极为公共端点,则称之为 CC 组态(Common Collector Configuration)。图 E3.7.14 给出了这三种组态下 BJT 的交流小信号线性电路模型,这三种组态的电路模型本质上是一个电路模型,只是以不同的端点作为公共端点而已。图中模型的建立或抽象见第 4 章讨论。模型中有 3 个关键参量,假设某种直流偏置下,CE 组态输入电阻 $r_{be}=10k\Omega$,输出电阻 $r_{ce}=100k\Omega$,跨导增益(压控流源控制系数)$g_m=40mS$,请在表 E3.7.2 中给出三种组态的 5 种参量矩阵的符号形式和具体数值。表中已经给出了 CE、CC 组态的 $z$ 参量矩阵及 CE、CB 组态的 $y$ 参量矩阵,CB 组态的 $g$ 参量矩阵,以及 CE 组态的 $ABCD$ 参量结果,其中 $g_{be}=r_{be}^{-1}=0.1mS$,$g_{ce}=r_{ce}^{-1}=0.01mS$,其他空请同学自行计算后填入。

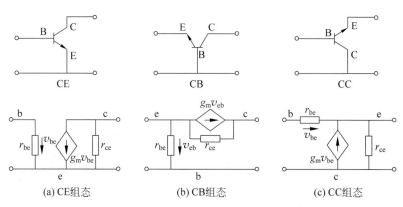

图 E3.7.14　晶体管小信号等效电路

**表 E3.7.2　晶体管小信号等效电路二端口网络参量**

| 组　　态 | CE | CB | CC |
|---|---|---|---|
| 阻抗参量矩阵 $z$ | $\begin{bmatrix} r_{be} & 0 \\ -g_m r_{be} r_{ce} & r_{ce} \end{bmatrix}$ $\begin{bmatrix} 10k\Omega & 0 \\ -40M\Omega & 100k\Omega \end{bmatrix}$ | | $\begin{bmatrix} g_m r_{be} r_{ce}+r_{be}+r_{ce} & r_{ce} \\ g_m r_{be} r_{ce}+r_{ce} & r_{ce} \end{bmatrix}$ $\begin{bmatrix} 40.11M\Omega & 100k\Omega \\ 40.1M\Omega & 100k\Omega \end{bmatrix}$ |
| 导纳参量矩阵 $y$ | $\begin{bmatrix} g_{be} & 0 \\ g_m & g_{ce} \end{bmatrix}$ $\begin{bmatrix} 0.1mS & 0 \\ 40mS & 0.01mS \end{bmatrix}$ | $\begin{bmatrix} g_m+g_{be}+g_{ce} & -g_{ce} \\ -g_m-g_{ce} & g_{ce} \end{bmatrix}$ $\begin{bmatrix} 40.11mS & -0.01mS \\ -40.01mS & 0.01mS \end{bmatrix}$ | |
| 混合参量矩阵 $h$ | | | |

续表

| 组态 | CE | CB | CC |
|---|---|---|---|
| 逆混参量矩阵 $g$ | | $\begin{bmatrix} g_{be} & -1 \\ g_m r_{ce}+1 & r_{ce} \end{bmatrix}$ $\begin{bmatrix} 0.1\mathrm{mS} & -1 \\ 4001 & 100\mathrm{k\Omega} \end{bmatrix}$ | |
| 传输参量矩阵 $ABCD$ | $\begin{bmatrix} \dfrac{1}{-g_m r_{ce}} & \dfrac{1}{-g_m} \\ \dfrac{1}{-g_m r_{be} r_{ce}} & \dfrac{1}{-g_m r_{be}} \end{bmatrix}$ $\begin{bmatrix} \dfrac{1}{-4000} & \dfrac{1}{-40\mathrm{mS}} \\ \dfrac{1}{-40\mathrm{M\Omega}} & \dfrac{1}{-400} \end{bmatrix}$ | | |

注：同学应熟练掌握从电路符号表述(见图 E3.7.14)到电路参量(数学符号)表述的转换(见表 E3.7.2)。当再次从电路参量转换为电路符号表述时，由于多采用受控源符号表述端口间的作用关系，因而等效电路形态可以与原始电路不同，但它们具有完全相同的端口方程描述，因而是等效电路。

### 3. 最适参量

一个二端口网络可以有 6 种网络参量，如果存在的话，它们是完全等价的，只是在具体应用时我们对其可能有所偏好或有所选择。为了对系统功能有更原理性的理解，或者说为了简化电路分析，我们给出一些选择网络参量的一般性准则，用这些准则选取出来的网络参量或有可能更好地表述网络功能，故而称之为最适网络参量。

(1) 系统功能自网络参量描述一目了然。如电阻分压网络(见图 E3.7.8(a))的最适参量为 $g$ 参量，$g_{21}$ 代表的分压系数表明以端口 1 为输入、端口 2 为输出此网络为分压网络，分压系数为 $R_2/(R_1+R_2)$，$-g_{12}$ 代表的分流系数表明以端口 2 为输入、端口 1 为输出此网络则为分流网络，分流系数为 $G_1/(G_1+G_2)$。而电阻衰减网络(见图 E3.1.8)的最适参量为 $s$ 参量，反射参量 $s_{11}=0$，$s_{22}=0$ 表明两个端口都是最大功率传输匹配的(无反射的)，传输参量 $s_{12}=s_{21}=0.1$ 代表它是衰减网络(功率传输增益 $G_T=20\log_{10}|s_{21}|=-20\mathrm{dB}$)，衰减系数为 20dB。$s$ 参量被称为散射参量(Scattering Parameter)，其中涉及的传输与反射概念，本书仅在 3.10.6 节略有涉及。$s$ 参量在"微波技术""微波有源电路"等后续专业课程中有详尽的案例应用，$s$ 参量和 $zyhg$ 及 $ABCD$ 参量之间可以相互转换。

(2) 有些理想网络是对实际网络的高度抽象，导致出现某些病态性，使得它们只有特定的网络参量才能予以描述。如理想流控压源，$ygh$ 参量均不存在，只有 $z$ 参量才能描述，见表 E3.7.1，网络参量矩阵中唯一不为 0 的 $z_{21}$ 代表了跨阻增益，故而理想流控压源的最适参量为 $z$ 参量。而理想运放，$zygh$ 参量均不存在，只有 $ABCD=\mathbf{0}$，表明 $v_1\equiv0$(虚短)和 $i_1\equiv0$(虚断)，见第 5 章讨论，故而理想运放的最适参量为 $ABCD$ 参量。

(3) 网络参量接近于理想网络参量。如 CE 组态 BJT 晶体管放大器，在信源内阻 $R_S\ll r_{be}$、负载电阻 $R_L\ll r_{ce}$ 的端接负载条件下，其等效电路可以用理想压控流源描述，此时 $y$ 参量是 CE 组态 BJT 的最适参量；又如 CB 组态 BJT 晶体管放大器，在负载电阻 $R_L\ll r_{ce}$ 的端接负载条件下，其本征电流增益近似为 1，其 $h$ 参量表述是最适参量表述，其 $h$ 参量在 $R_L\ll r_{ce}$ 端接负载条

件下可以化简为 $\begin{bmatrix} \dfrac{1}{g_m} & 0 \\ -1 & 0 \end{bmatrix}$，一目了然地，我们可以说 CB 组态 BJT 晶体管是输入电阻为 $\dfrac{1}{g_m}$ 的电流缓冲器，其本征电流增益为 1，且输入电阻极小，接近理想流控流源；同理，CC 组态 BJT 晶体管在 $R_s \ll r_{be}$ 端接负载条件下的最适参量为 $g$ 参量，可以直接从 $g$ 参量说明该组态晶体管为输出电阻为 $\dfrac{1}{g_m}$ 的电压缓冲器，其本征电压增益为 1，且输出电阻极小，接近理想压控压源。晶体管相关内容见第 4 章讨论。

（4）网络参量具有符合某种功能定义的明确物理含义，这种功能可以是在某种应用背景下自定义的功能，只要网络参量充分表明了该电路功能，该网络参量就是当下应用的最适参量。

后续章节会陆续出现一些线性网络，我们一般都会基于其最适网络参量予以讨论，但注意最适参量矩阵可能是与应用相关的，因而并不唯一。有时用得最多的也未必是最适参量，如 CE 组态的 BJT，器件数据手册给的网络参量多为 $h$ 参量，这是习惯的力量，大家已经习惯于以 BJT 的短路电流增益 $\beta$ 描述 BJT 的增益特性，而 $\beta$ 恰好正是 CE 组态 BJT 的短路电流增益 $h_{21}$ 参量。

# 3.8　二端口网络的连接

对单端口的电阻而言，如果是电阻串联，则总电阻等于分电阻之和，如果是电导并联，则总电导等于分电导之和。对于单端口的电源，如果是戴维南形式的两个电源串联，仍然是戴维南形式，总源电压等于分源电压之和，总源内阻等于分源内阻之和；如果是诺顿形式的两个电源并联，仍然是诺顿形式，总源电流等于分源电流之和，总源内导等于分源内导之和。上述规则可以直接推广到二端口网络的简单连接上。

## 3.8.1　串联连接：串串连接

如图 3.8.1(b)所示，两个二端口网络，在两个端口形成串联连接关系，构成了一个新的二端口网络。作为对比，图 3.8.1(a)还同时给出了两个单端口网络串联连接后形成一个新的单端口网络的情况。

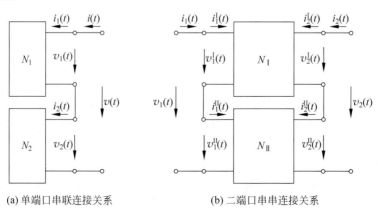

(a) 单端口串联连接关系　　　　　　(b) 二端口串串连接关系

图 3.8.1　网络串联

显然,两个二端口网络的串串连接形成的新的二端口网络,根据 KVL 和 KCL,网络端口电压和端口电流之间有如下关系,

$$\begin{bmatrix} v_1(t) \\ v_2(t) \end{bmatrix} = \begin{bmatrix} v_1^{\mathrm{I}}(t) + v_1^{\mathrm{II}}(t) \\ v_2^{\mathrm{I}}(t) + v_2^{\mathrm{II}}(t) \end{bmatrix} = \begin{bmatrix} v_1^{\mathrm{I}}(t) \\ v_2^{\mathrm{I}}(t) \end{bmatrix} + \begin{bmatrix} v_1^{\mathrm{II}}(t) \\ v_2^{\mathrm{II}}(t) \end{bmatrix} \tag{3.8.1a}$$

$$\begin{bmatrix} i_1(t) \\ i_2(t) \end{bmatrix} = \begin{bmatrix} i_1^{\mathrm{I}}(t) \\ i_2^{\mathrm{I}}(t) \end{bmatrix} = \begin{bmatrix} i_1^{\mathrm{II}}(t) \\ i_2^{\mathrm{II}}(t) \end{bmatrix} \tag{3.8.1b}$$

如果两个二端口网络内部无独立源,它们用阻抗参量矩阵表述后可有

$$\begin{bmatrix} v_1(t) \\ v_2(t) \end{bmatrix} = \begin{bmatrix} v_1^{\mathrm{I}}(t) \\ v_2^{\mathrm{I}}(t) \end{bmatrix} + \begin{bmatrix} v_1^{\mathrm{II}}(t) \\ v_2^{\mathrm{II}}(t) \end{bmatrix} = z^{\mathrm{I}} \begin{bmatrix} i_1^{\mathrm{I}}(t) \\ i_2^{\mathrm{I}}(t) \end{bmatrix} + z^{\mathrm{II}} \begin{bmatrix} i_1^{\mathrm{II}}(t) \\ i_2^{\mathrm{II}}(t) \end{bmatrix}$$

$$= (z^{\mathrm{I}} + z^{\mathrm{II}}) \begin{bmatrix} i_1(t) \\ i_2(t) \end{bmatrix} \tag{3.8.2a}$$

显然合成网络的阻抗参量矩阵等于分网络阻抗参量矩阵之和,

$$z = z^{\mathrm{I}} + z^{\mathrm{II}} \tag{3.8.2b}$$

对于内部有独立源的线性网络,除了阻抗矩阵相加外,折合到两个端口的戴维南等效源电压也各自相加即可。

　　上述证明是从数学表达式直接推导进行的,也可以用等效电路的电路符号形式证明,即将两个二端口网络各自用它们的戴维南等效电路表述,从电路图很简单地就可以看出端口 1 和端口 2 分别是两个戴维南源的串联,故而串串连接后,戴维南独立源相加,戴维南受控源相加,戴维南内阻相加,从而有 $v_{\mathrm{TH}} = v_{\mathrm{TH}}^{\mathrm{I}} + v_{\mathrm{TH}}^{\mathrm{II}}, z = z^{\mathrm{I}} + z^{\mathrm{II}}$。下面对四种基本连接方式(串串、并并、串并、并串)的等效电路表述方法均从数学表述形式进行证明,请同学自行练习电路符号表述证明,从而对网络连接有更深刻的理解和把握。

　　**例 3.8.1**　如图 E3.8.1 所示,T 型电阻衰减网络可以视为两个子网络的串串连接关系,请用串联网络阻抗相加公式求 T 型电阻网络的阻抗参量。

　　**解:**把 T 型电阻衰减网络分解为两个网络的串联连接关系,如图 E3.8.1 所示子网络 1 的两个端口是解耦的,其阻抗参量矩阵为对角阵,

$$z^{\mathrm{I}} = \begin{bmatrix} R_1 & 0 \\ 0 & R_3 \end{bmatrix} \quad \text{(E3.8.1a)}$$

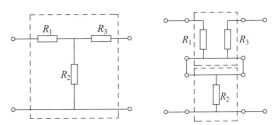

图 E3.8.1　二端口网络串串连接形成新的二端口网络

而子网络 2 的两个端口其实是简并的,任意一个端口电流对端口开路电压的影响因子都是一个 $R_2$,也就是说,其阻抗参量矩阵是奇异矩阵,

$$z^{\mathrm{II}} = \begin{bmatrix} R_2 & R_2 \\ R_2 & R_2 \end{bmatrix} \tag{E3.8.1b}$$

T 型电阻网络可视为上述两个网络的串联,故而总阻抗矩阵为分阻抗矩阵之和,

$$z = z^{\mathrm{I}} + z^{\mathrm{II}} = \begin{bmatrix} R_1 + R_2 & R_2 \\ R_2 & R_3 + R_2 \end{bmatrix} \tag{E3.8.2}$$

这个网络参量矩阵也可直接从 $z$ 参量定义获得,两种方法结果一致。

　　**练习 3.8.1**　如图 E3.8.2 所示,CE 组态 BJT 晶体管在射极添加串联负反馈电阻后,请

分析这种串串连接关系使得总的二端口网络更接近理想的压控流源。

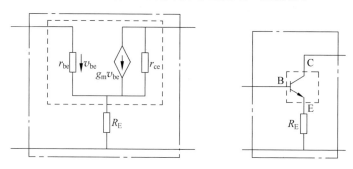

图 E3.8.2　串联负反馈晶体管更接近于理想压控流源

**提示**：首先确认这是两个网络的串串连接关系，如是可分别计算两个网络的 $z$ 参量矩阵，串串连接 $z$ 相加，获得总网络的 $z$ 参量矩阵，求逆获得总网络的 $y$ 参量矩阵，分析确认其 $y$ 参量矩阵比没有加串联负反馈电阻前的 $y$ 参量矩阵更接近理想压控流源的 $y$ 参量矩阵。实际晶体管满足 $r_{be},r_{ce}\gg R_E\gg\dfrac{1}{g_m}$，用数值计算说明问题时，可以取如下典型数值：$r_{be}=10\mathrm{k}\Omega$，$r_{ce}=100\mathrm{k}\Omega$，$g_m=40\mathrm{mS}$，$R_E=1\mathrm{k}\Omega$。

多端口网络相互连接时，最忌讳的就是连接后端口条件被破坏。如是两个网络的网络参量和电路并不对应，上述分析结论"串串连接 $z$ 相加"就是错误的。

如图 E3.8.3 所示，两个子网络具有完全相同的阻抗矩阵，它们串联后，总网络的阻抗矩阵却不是两个分网络阻抗矩阵之和。原因何在？两个网络连接后，端口条件被破坏了。从端点 $A$ 流入端口 1 的端口电流为 $i_1$，从子网络 1 流出到端点 $C$ 的电流却不是 $i_1$，于是子网络的"端口 1"已经不能称为端口了。同理可以分析确认，两个子网络的端口都不再是端口，故而建立在端口定义之上的二端口网络参量就不能再采用了。

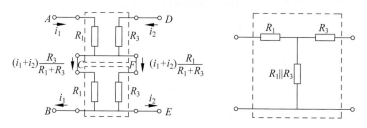

图 E3.8.3　二端口网络的连接破坏了端口条件

**练习 3.8.2**　（1）给出图 E3.8.3 所示网络的阻抗矩阵。

（2）如何修改图 E3.8.3 所示两个子网络串联连接关系，使得它们的串联总阻抗等于分阻抗之和？

后面讨论二端口网络连接时，总是假设端口连接关系不会破坏端口条件，实际网络连接时应考虑是否存在端口条件被破坏的可能性，应避免这种情况出现，因为端口条件破坏后，原网络电路功能就被破坏了。

### 3.8.2　并联连接：并并连接

如图 3.8.2(b)所示，两个二端口网络，在两个端口形成并联连接关系，构成了一个新的二端口网络。作为对比，图 3.8.2(a)还同时给出了两个单端口网络并联连接后形成一个新的单

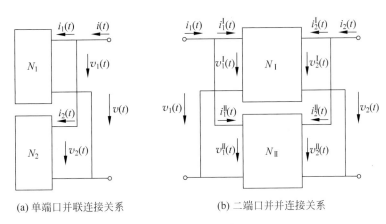

(a) 单端口并联连接关系　　　　　　　(b) 二端口并并连接关系

图 3.8.2 网络并联

端口网络的情况。

两个二端口网络的并并连接形成的新的二端口网络,根据 KVL 和 KCL,网络端口电压和端口电流之间有如下关系,

$$\begin{bmatrix} i_1(t) \\ i_2(t) \end{bmatrix} = \begin{bmatrix} i_1^{\text{I}}(t) + i_1^{\text{II}}(t) \\ i_2^{\text{I}}(t) + i_2^{\text{II}}(t) \end{bmatrix} = \begin{bmatrix} i_1^{\text{I}}(t) \\ i_2^{\text{I}}(t) \end{bmatrix} + \begin{bmatrix} i_1^{\text{II}}(t) \\ i_2^{\text{II}}(t) \end{bmatrix} \tag{3.8.3a}$$

$$\begin{bmatrix} v_1(t) \\ v_2(t) \end{bmatrix} = \begin{bmatrix} v_1^{\text{I}}(t) \\ v_2^{\text{I}}(t) \end{bmatrix} = \begin{bmatrix} v_1^{\text{II}}(t) \\ v_2^{\text{II}}(t) \end{bmatrix} \tag{3.8.3b}$$

如果两个二端口网络内部没有独立源,当它们用导纳参量矩阵表述时,则有

$$\begin{bmatrix} i_1(t) \\ i_2(t) \end{bmatrix} = \begin{bmatrix} i_1^{\text{I}}(t) \\ i_2^{\text{I}}(t) \end{bmatrix} + \begin{bmatrix} i_1^{\text{II}}(t) \\ i_2^{\text{II}}(t) \end{bmatrix} = \boldsymbol{y}^{\text{I}} \begin{bmatrix} v_1^{\text{I}}(t) \\ v_2^{\text{I}}(t) \end{bmatrix} + \boldsymbol{y}^{\text{II}} \begin{bmatrix} v_1^{\text{II}}(t) \\ v_2^{\text{II}}(t) \end{bmatrix}$$

$$= (\boldsymbol{y}^{\text{I}} + \boldsymbol{y}^{\text{II}}) \begin{bmatrix} v_1(t) \\ v_2(t) \end{bmatrix} \tag{3.8.4a}$$

显然合成网络总的导纳参量矩阵等于分网络导纳参量矩阵之和,

$$\boldsymbol{y} = \boldsymbol{y}^{\text{I}} + \boldsymbol{y}^{\text{II}} \tag{3.8.4b}$$

对于内部有独立源的线性网络,除了导纳参量矩阵相加外,两个端口的诺顿等效源电流也各自相加即可。

**例 3.8.2** 如图 E3.8.4 所示,π 型电阻衰减网络可以视为两个子网络的并并连接关系,请用并联网络导纳相加公式求 π 型电阻网络的导纳参量。

**解**:把 π 型电阻衰减网络分解为两个网络的并联连接关系,子网络 1 的两个端口是互不影响的,其导纳矩阵为对角阵,

$$\boldsymbol{y}^{\text{I}} = \begin{bmatrix} G_1 & 0 \\ 0 & G_3 \end{bmatrix} \quad \text{(E3.8.3a)}$$

而子网络 2 的两个端口电流是一个回路电流,任意一个端口电压对端口短路电流的影响因子都是一个 $G_2$,也就是说,其导纳矩阵是奇异矩阵,

$$\boldsymbol{y}^{\text{II}} = \begin{bmatrix} G_2 & -G_2 \\ -G_2 & G_2 \end{bmatrix} \quad \text{(E3.8.3b)}$$

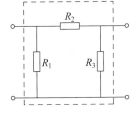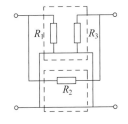

图 E3.8.4 二端口网络并并连接形成新的二端口网络

π 型电阻网络可视为上述两个网络的并联,故而总导纳矩阵为分导纳矩阵之和,

$$\boldsymbol{y} = \boldsymbol{y}^{\mathrm{I}} + \boldsymbol{y}^{\mathrm{II}} = \begin{bmatrix} G_1 + G_2 & -G_2 \\ -G_2 & G_3 + G_2 \end{bmatrix} \tag{E3.8.4}$$

### 3.8.3 混合连接

**1. 串并连接**

如图 3.8.3 所示,两个二端口网络,在两个端口形成混合连接关系,图 3.8.3(a)是串并连接关系,图 3.8.3(b)是并串连接关系,通过这种混合连接使得两个二端口网络形成一个新的二端口网络。

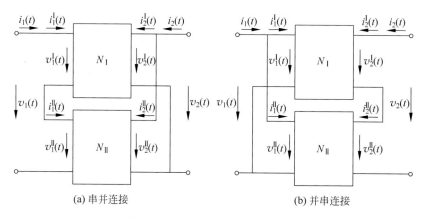

(a) 串并连接　　　　　　　　(b) 并串连接

图 3.8.3　二端口网络的混合连接

对于图 3.8.3(a)所示的串并连接,根据 KVL 和 KCL,网络端口电压和端口电流之间有如下关系,

$$\begin{bmatrix} v_1(t) \\ i_2(t) \end{bmatrix} = \begin{bmatrix} v_1^{\mathrm{I}}(t) + v_1^{\mathrm{II}}(t) \\ i_2^{\mathrm{I}}(t) + i_2^{\mathrm{II}}(t) \end{bmatrix} = \begin{bmatrix} v_1^{\mathrm{I}}(t) \\ i_2^{\mathrm{I}}(t) \end{bmatrix} + \begin{bmatrix} v_1^{\mathrm{II}}(t) \\ i_2^{\mathrm{II}}(t) \end{bmatrix} \tag{3.8.5a}$$

$$\begin{bmatrix} i_1(t) \\ v_2(t) \end{bmatrix} = \begin{bmatrix} i_1^{\mathrm{I}}(t) \\ v_2^{\mathrm{I}}(t) \end{bmatrix} = \begin{bmatrix} i_1^{\mathrm{II}}(t) \\ v_2^{\mathrm{II}}(t) \end{bmatrix} \tag{3.8.5b}$$

如果两个线性二端口网络内部都没有独立源,则均可用混合参量表述,于是有

$$\begin{bmatrix} v_1(t) \\ i_2(t) \end{bmatrix} = \begin{bmatrix} v_1^{\mathrm{I}}(t) \\ i_2^{\mathrm{I}}(t) \end{bmatrix} + \begin{bmatrix} v_1^{\mathrm{II}}(t) \\ i_2^{\mathrm{II}}(t) \end{bmatrix} = \boldsymbol{h}^{\mathrm{I}} \begin{bmatrix} i_1^{\mathrm{I}}(t) \\ v_2^{\mathrm{I}}(t) \end{bmatrix} + \boldsymbol{h}^{\mathrm{II}} \begin{bmatrix} i_1^{\mathrm{II}}(t) \\ v_2^{\mathrm{II}}(t) \end{bmatrix}$$

$$= (\boldsymbol{h}^{\mathrm{I}} + \boldsymbol{h}^{\mathrm{II}}) \begin{bmatrix} i_1(t) \\ v_2(t) \end{bmatrix} \tag{3.8.6a}$$

显然合成网络的混合参量矩阵等于分网络混合参量矩阵之和,

$$\boldsymbol{h} = \boldsymbol{h}^{\mathrm{I}} + \boldsymbol{h}^{\mathrm{II}} \tag{3.8.6b}$$

对于内部有独立源的线性网络,除了混合参量矩阵相加外,端口 1 的戴维南等效源电压和端口 2 的诺顿等效源电流也各自相加即可。

**2. 并串连接**

**练习 3.8.3**　对于图 3.8.3(b)所示的两个二端口网络并串连接形成的新二端口网络,如果连接关系未破坏端口条件,请说明总逆混矩阵等于分逆混矩阵之和:

$$\boldsymbol{g} = \boldsymbol{g}^{\mathrm{I}} + \boldsymbol{g}^{\mathrm{II}} \tag{3.8.7}$$

对于内部有独立源的线性网络,除了逆混参量矩阵相加外,端口 1 的诺顿等效源电流和端口 2 的戴维南等效源电压也各自相加。

### 3.8.4　级联连接

如图 3.8.4 所示,两个二端口网络,各自有一个端口对接并形成内部结点,剩下的两个端口作为外部端口形成新的二端口网络。$N_1$ 和 $N_2$ 的这种连接关系被称为级联(cascade),其中网络 $N_1$ 被称为前级电路,$N_2$ 被称为后级电路。由于级联连接就是网络端口的对接关系,由 KVL 和 KCL,有如下端口电压和端口电流关系成立,

$$\begin{bmatrix} v_1(t) \\ i_1(t) \end{bmatrix} = \begin{bmatrix} v_1^{\mathrm{I}}(t) \\ i_1^{\mathrm{I}}(t) \end{bmatrix} \tag{3.8.8a}$$

$$\begin{bmatrix} v_2(t) \\ -i_2(t) \end{bmatrix} = \begin{bmatrix} v_2^{\mathrm{II}}(t) \\ -i_2^{\mathrm{II}}(t) \end{bmatrix} \tag{3.8.8b}$$

$$\begin{bmatrix} v_1^{\mathrm{II}}(t) \\ i_1^{\mathrm{II}}(t) \end{bmatrix} = \begin{bmatrix} v_2^{\mathrm{I}}(t) \\ -i_2^{\mathrm{I}}(t) \end{bmatrix} \tag{3.8.8c}$$

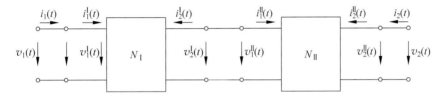

图 3.8.4　二端口网络的级联

如果两个二端口网络内部均无独立源存在,当采用传输参量表述时,则有

$$\begin{bmatrix} v_1(t) \\ i_1(t) \end{bmatrix} = \begin{bmatrix} v_1^{\mathrm{I}}(t) \\ i_1^{\mathrm{I}}(t) \end{bmatrix} = \begin{bmatrix} A & B \\ C & D \end{bmatrix}_{\mathrm{I}} \begin{bmatrix} v_2^{\mathrm{I}}(t) \\ -i_2^{\mathrm{I}}(t) \end{bmatrix} = \begin{bmatrix} A & B \\ C & D \end{bmatrix}_{\mathrm{I}} \begin{bmatrix} v_1^{\mathrm{II}}(t) \\ i_1^{\mathrm{II}}(t) \end{bmatrix}$$

$$= \begin{bmatrix} A & B \\ C & D \end{bmatrix}_{\mathrm{I}} \begin{bmatrix} A & B \\ C & D \end{bmatrix}_{\mathrm{II}} \begin{bmatrix} v_2^{\mathrm{II}}(t) \\ -i_2^{\mathrm{II}}(t) \end{bmatrix} = \begin{bmatrix} A & B \\ C & D \end{bmatrix}_{\mathrm{I}} \begin{bmatrix} A & B \\ C & D \end{bmatrix}_{\mathrm{II}} \begin{bmatrix} v_2(t) \\ -i_2(t) \end{bmatrix} \tag{3.8.9}$$

显然级联网络的传输参量矩阵等于分网络传输参量矩阵之积,

$$\begin{bmatrix} A & B \\ C & D \end{bmatrix} = \begin{bmatrix} A & B \\ C & D \end{bmatrix}_{\mathrm{I}} \begin{bmatrix} A & B \\ C & D \end{bmatrix}_{\mathrm{II}} \tag{3.8.10}$$

**练习 3.8.4**　(1)如果级联的两个二端口网络都有内部独立源,总网络的端口折合电压源和电流源和两个分网络的折合电压源和电流源有何关系?

(2)(＊选做)如果网络内部独立源都是噪声源,分析说明两个级联网络前后级哪个网络的内部噪声对总网络的噪声性能起决定性影响。

## 3.9　系统传函

我们在构建信息处理系统时,每一个功能电路都需要完成某种信号处理功能,例如放大器完成信号电平的放大,滤波器完成信号频率的选择,调制器完成低频基带信号到高频载波信号的装载,这些功能电路都是单输入单输出系统,因而都可以用二端口网络对它们建模。

对于线性放大器和滤波器,如果网络参量是常数,它们则为线性时不变系统。网络内部有

可能存在直流独立源,我们可以设法屏蔽这个直流独立源的作用(见第 4 章讨论),于是输出信号和输入信号之间满足叠加性和均匀性,故而可以定义输出信号与输入信号之比作为系统传递函数。

对于线性时不变阻性二端口网络,系统传函在时域和频域并无区别,在讨论频域或复频域之前,本章在时域内对传递函数进行定义。对于线性时不变动态系统,传递函数在频域或复频域考察更简单一些,这是由于在频域或复频域,时域微分或时域积分被转化为乘法或除法运算,从而对含线性时不变电容、电感的线性时不变动态电路,其输出信号与输入信号的比值关系就是传递函数。

对放大器而言,传递函数就是放大器的放大倍数(又称增益);对衰减器而言,传递函数的倒数是衰减器的衰减系数;对滤波器而言,传递函数表述的是不同频率正弦信号通过滤波器后幅度和相位的变化情况。

当我们说到传递函数时,则默认它是线性时不变系统的传递函数。时变系统和非线性系统输出频率和输入频率往往不同,难以定义输出信号和输入信号之间的线性比值传递关系,但是可以在时域考察输入到输出的时变或非线性转移关系。

### 3.9.1　传递函数

线性二端口网络阻抗参量矩阵中的跨阻传递系数,导纳参量矩阵中的跨导传递系数,混合参量矩阵和逆混参量矩阵中的电流传递系数、电压传递系数,本书称之为本征增益,它们考察的是输入端口为恒压、恒流激励时,输出端口的开路电压、短路电流响应情况。当我们用一个线性二端口网络进行信号处理时,例如对信号进行放大、衰减、滤波时,信号源内阻的影响则往往不能忽略不计,同时一般情况下还存在着等效负载电阻在接收信号或消耗功率,如图 3.9.1

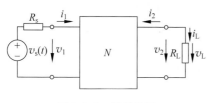

图 3.9.1　信号传递

所示,下面我们考察这种端接负载情况下的传递函数。

在电路中,绝大多数的信号处理都是以电压信号作为信息载体,因而这里的传递函数大多考察的是负载电压和源电压之间的线性比值关系,

$$H_V = \frac{v_L}{v_s} \tag{3.9.1a}$$

低频电路分析时,有些教材采用二端口网络输出端口电压和输入端口电压之比作为传递函数定义,

$$H_{V2} = \frac{v_{out}}{v_{in}} = \frac{v_L}{v_1} \tag{3.9.1b}$$

定义(3.9.1b)在电阻电路中与定义(3.9.1a)只差一个系数,采用它没有大问题,然而在动态电路中考察频率特性时两者相差很大。本书默认采用式(3.9.1a)的传递函数定义考察线性时不变系统特性,除非特别说明传递函数定义。

考察传递函数时,二端口线性时不变网络中往往要求不能有内部独立源,否则输出电压中或含有内部独立源的响应,则无法用式(3.9.1a)考察输入 $v_s$ 到输出 $v_L$ 的线性传递关系,因为此时即使激励源 $v_s=0$,内部独立源的作用也会导致 $v_L \neq 0$。注意到实际电路网络中不可避免地存在着独立源的影响,如噪声源、直流偏置源、电容初始电压等效源等,如何处理这些内部独立源的作用呢?

(1) 内部电阻的热噪声和其他器件噪声在考察传递函数时不予考虑。如果信号很微弱使

得噪声不得不考虑时,则通过考察噪声系数这个参量来描述网络内部噪声源对信号质量的影响。噪声系数的计算,可理解为将网络内部噪声源折合到输入端口,和输入端口的信号源混合一体,作为网络的总激励源来考察系统特性。

(2) 在考察复频域传递函数时,电容初始电压、电感初始电流均要求为 0,从而没有电容、电感初始储能所等效的独立源的作用。在频域考察传递函数时,则要求正弦激励且系统已经长期稳定工作,此时电容初始电压、电感初始电流的影响早已衰减为 0,因而无须关注电容、电感的初始能量。

(3) 网络内部允许有直流偏置独立源存在,于是在输入 $v_s = 0$ 时,输出中可能存在直流输出 $V_{L0}$,那么图 3.9.1 中的 $v_L$ 就需定义为扣除了 $V_{L0}$ 之后的负载电压,或者说,输出电压以 $V_{L0}$ 为参考基准进行系统行为的考察,以消除内部直流偏置电源的影响。有时在网络输出和负载之间插入一个隔直网络(如隔直电容,即互容,或隔直变压器,即互感),或者在信号源和网络输入之间插入一个隔直网络,隔直网络的作用就是隔断直流,但允许交流信号通过。通过隔直网络的作用,可以消除直流量对传递函数的影响。

于是,在进行传递函数分析时,总是假设内部独立源在外端口的影响已被有效消除,从而线性时不变系统的输出响应是输入激励在系统自身属性作用下的结果,这种网络属性就体现在传递函数上。

现在分析的二端口网络,其内部独立源的作用已经消除,因而阻抗参量矩阵、导纳参量矩阵、混合参量矩阵、逆混参量矩阵和传输参量矩阵已经完全描述了线性二端口网络的所有电特性。我们不妨假设可以用阻抗参量矩阵描述该二端口网络,注意到图 3.9.1 单入单出系统的两个端口都是简单的对接关系,于是在对接端口共同的端口电压、端口电流定义下,KVL 和 KCL 方程自动满足,只需列写 4 个元件约束方程,方程组就是完备的。首先列写两个单端口网络的元件约束条件,为

$$i_1 R_s + v_1 = v_s \tag{3.9.2a}$$

$$i_2 R_L + v_2 = 0 \tag{3.9.2b}$$

再把二端口网络自身的元件约束方程写出,为

$$v_1 - z_{11} i_1 - z_{12} i_2 = 0 \tag{3.9.3a}$$

$$v_2 - z_{21} i_1 - z_{22} i_2 = 0 \tag{3.9.3b}$$

如是,4 个方程求解 4 个未知量($v_1, i_1, v_2, i_2$),可解。现在只对 $v_2$ 感兴趣,为

$$v_L = v_2 = \frac{z_{21} R_L}{(z_{11} + R_s)(z_{22} + R_L) - z_{12} z_{21}} v_s$$

显然,输入信号 $v_s$ 通过端口 1 到端口 2 的跨阻传递系数 $z_{21}$ 的作用,将其影响传递到负载上,传递函数为

$$H_V = \frac{v_L}{v_s} = \frac{z_{21} R_L}{(z_{11} + R_s)(z_{22} + R_L) - z_{12} z_{21}} \tag{3.9.4}$$

**练习 3.9.1** 式(3.9.4)是图 3.9.1 二端口网络的传递函数,其中二端口网络用阻抗参量描述,如果二端口网络用导纳参量、混合参量或逆混参量描述,请给出传递函数表达式,与式(3.9.4)对比,分析其中内蕴的对偶关系。

如果用导纳参量矩阵、混合参量矩阵或逆混参量矩阵描述二端口网络,均可确认输入信号是通过这些矩阵的 21 元素的作用将其影响传递到负载端。这是容易理解的,因为 21 元素代表的是端口 2 的等效受控源元件参量,这个受控源参量是端口 1 对端口 2 的线性作用关系,位

于端口 1 的信号自然需要这个传递关系才能作用到端口 2 的负载上。我们注意到代表了端口 2 到端口 1 传递关系的 12 元素,也就是输出端口到输入端口的反馈项,它仅仅出现在传递函数的分母中,当 $z_{12}=0$ 时,二端口网络为单向网络,此时传递函数和 21 元素具有完全的正比关系,当 $z_{12}z_{21}\neq 0$ 时,二端口网络为双向网络,此时传递函数和 21 元素不完全是正比关系,因为分母中的 12 元素项(反馈项)的影响需要通过 21 元素构成闭环作用后才能体现出来。

**例 3.9.1** 用 $ABCD$ 传输参量描述图 3.9.1 所述二端口网络,求出基于功率传输的传递函数:

$$H_{\mathrm{T}} = 2\sqrt{\frac{R_{\mathrm{s}}}{R_{\mathrm{L}}}}\frac{v_{\mathrm{L}}}{v_{\mathrm{s}}} \tag{3.9.5}$$

**解**:端口对接只需在统一端口电压、端口电流定义下列写元件约束方程,激励源和负载的元件约束如式(3.9.2)所示,而对二端口网络的描述,这里采用传输参量替代式(3.9.3)给出的阻抗参量描述,即

$$v_1 - Av_2 + Bi_2 = 0 \tag{E3.9.1a}$$

$$i_1 - Cv_2 + Di_2 = 0 \tag{E3.9.1b}$$

联立式(3.9.2),式(E3.9.1),四个方程求四个未知量,可求得输出端口电压为

$$v_2 = \frac{R_{\mathrm{L}}}{AR_{\mathrm{L}} + B + CR_{\mathrm{s}}R_{\mathrm{L}} + DR_{\mathrm{s}}}v_{\mathrm{s}} \tag{E3.9.2}$$

代入基于功率传输的传递函数表达式,有

$$H_{\mathrm{T}} = 2\sqrt{\frac{R_{\mathrm{s}}}{R_{\mathrm{L}}}}\frac{v_{\mathrm{L}}}{v_{\mathrm{s}}} = \frac{2}{A\sqrt{\dfrac{R_{\mathrm{L}}}{R_{\mathrm{s}}}} + B\dfrac{1}{\sqrt{R_{\mathrm{s}}R_{\mathrm{L}}}} + C\sqrt{R_{\mathrm{s}}R_{\mathrm{L}}} + D\sqrt{\dfrac{R_{\mathrm{s}}}{R_{\mathrm{L}}}}} \tag{E3.9.3}$$

对于本例,有如下两点需要说明:

(1) 基于功率传输的传递函数是从功率传输定义导出的传递函数:信源能够输出的额定功率为 $P_{\mathrm{s,max}}$,负载实际吸收的功率为 $P_{\mathrm{L}}$,如果在信源和负载之间有线性二端口网络的作用,显然可以定义该二端口网络的功率传输系数为

$$G_{\mathrm{T}} = \frac{P_{\mathrm{L}}}{P_{\mathrm{s,max}}} = \frac{\dfrac{V_{\mathrm{L,rms}}^2}{R_{\mathrm{L}}}}{\dfrac{V_{\mathrm{s,rms}}^2}{4R_{\mathrm{s}}}} = 4\frac{R_{\mathrm{s}}}{R_{\mathrm{L}}}\frac{V_{\mathrm{L,rms}}^2}{V_{\mathrm{s,rms}}^2} \tag{3.9.6a}$$

因而可以定义基于功率传输的电压传递系数为式(3.9.5),这种定义下的传递函数,其幅值平方即为功率增益,

$$G_{\mathrm{T}} = |H_{\mathrm{T}}|^2 \tag{3.9.6b}$$

(2) 一般情况下我们以电压传递函数为系统传函,但也有以跨导传递函数、跨阻传递函数、电流传递函数为系统传函的。由式(E3.9.2)可知,这些系统传函与信源内阻、负载电阻均有关,仅在信源内阻为 0 或 ∞,同时负载电阻为 0 或 ∞ 时,四个系统传函恰好对应四个本征增益,如式(3.9.7)所示:

$$H_{\mathrm{V}} = \frac{v_{\mathrm{L}}}{v_{\mathrm{s}}} = \frac{R_{\mathrm{L}}}{AR_{\mathrm{L}} + B + CR_{\mathrm{s}}R_{\mathrm{L}} + DR_{\mathrm{s}}} \xrightarrow{R_{\mathrm{s}}=0,R_{\mathrm{L}}=\infty} \frac{1}{A} = A_{\mathrm{v0}} \tag{3.9.7a}$$

$$H_{\mathrm{G}} = \frac{i_{\mathrm{L}}}{v_{\mathrm{s}}} = \frac{1}{AR_{\mathrm{L}} + B + CR_{\mathrm{s}}R_{\mathrm{L}} + DR_{\mathrm{s}}} \xrightarrow{R_{\mathrm{s}}=0,R_{\mathrm{L}}=0} \frac{1}{B} = G_{\mathrm{m0}} \tag{3.9.7b}$$

$$H_{R} = \frac{v_{\mathrm{L}}}{i_{\mathrm{s}}} = \frac{R_{\mathrm{s}}R_{\mathrm{L}}}{AR_{\mathrm{L}} + B + CR_{\mathrm{s}}R_{\mathrm{L}} + DR_{\mathrm{s}}} \xrightarrow{R_{\mathrm{s}}=\infty,R_{\mathrm{L}}=\infty} \frac{1}{C} = R_{\mathrm{m0}} \tag{3.9.7c}$$

$$H_I = \frac{i_L}{i_s} = \frac{R_s}{AR_L + B + CR_sR_L + DR_s} \xrightarrow{R_s = \infty, R_L = 0} \frac{1}{D} = A_{i0} \qquad (3.9.7d)$$

其中,源激励分别以戴维南源$(v_s, R_s)$和诺顿源$(i_s, G_s)$形态出现,两种表述的激励源是等价的,即$i_s = v_s/R_s, G_s = 1/R_s$。

**练习 3.9.2** 基于功率传输的传递函数也可从电流、跨阻、跨导传递函数乘以一个系数获得,请给出对应的表述形式,并说明无论哪种表述,它们都可以用本征增益重新表述为

$$H_T = \frac{2}{\dfrac{1}{A_{v0}}\sqrt{\dfrac{R_L}{R_s}} + \dfrac{1}{G_{m0}}\dfrac{1}{\sqrt{R_sR_L}} + \dfrac{1}{R_{m0}}\sqrt{R_sR_L} + \dfrac{1}{A_{i0}}\sqrt{\dfrac{R_s}{R_L}}} \qquad (E3.9.4)$$

### 3.9.2 输入阻抗和输出阻抗

根据电路定理或单端口网络等效分析可知,从端口 1 向网络看入,网络将等效为一个电阻,该电阻被称为输入阻抗;从端口 2 向网络看入,网络将被等效为戴维南源,其戴维南内阻被称为输出阻抗,如图 3.9.2 所示:激励源$(v_s, R_s)$看到的是输入阻抗$z_{in}$,负载$R_L$看到的是戴维南源$(v_{TH}, z_{out})$。

对于电阻电路,输入阻抗就是输入电阻,输出阻抗就是输出电阻。根据单端口网络等效方法,我们很容易获得用阻抗参量表述的这些等效参量

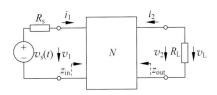

$$z_{in} = z_{11} - \frac{z_{12}z_{21}}{z_{22} + R_L} \qquad (3.9.8a)$$

$$z_{out} = z_{22} - \frac{z_{21}z_{12}}{z_{11} + R_s} \qquad (3.9.8b)$$

$$v_{TH} = \frac{z_{21}}{z_{11} + R_s}v_s \qquad (3.9.8c)$$

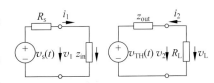

特别注意到,如果是双向网络$(z_{12}z_{21} \neq 0)$,二端口网络的输入阻抗与负载电阻$R_L$有关,输出阻抗与信源内阻

图 3.9.2 输入阻抗和输出阻抗

$R_s$有关。在定义网络参量时,$zyhg$ 矩阵的 11 元素和 22 元素也被称为输入阻抗(输入导纳)和输出阻抗(输出导纳),但这些输入阻抗和输出阻抗都是特殊负载情况下的阻抗,如 11 元素可能是输出短路($R_L = 0$)时的输入阻抗(或输入导纳),如$h_{11}$和$y_{11}$,

$$z_{in}(R_L = 0) = z_{11} - \frac{z_{12}z_{21}}{z_{22}} = \frac{1}{y_{11}} = h_{11} \qquad (3.9.9a)$$

也可能是输出开路($R_L = \infty$)时的输入阻抗(或输入导纳),如$z_{11}$和$g_{11}$,

$$z_{in}(R_L = \infty) = z_{11} = \frac{1}{g_{11}} \qquad (3.9.9b)$$

同理,22 元素分别为信源内阻为 0 和$\infty$时的输出阻抗。

**练习 3.9.3** 导纳参量是阻抗参量的对偶参量,请给出和式(3.9.8)对偶的公式表述。

**练习 3.9.4** 混合参量和逆混参量是对偶参量,请给出类似于式(3.9.8)的用混合参量和逆混参量表述的输入阻抗/导纳、输出导纳/阻抗及等效源的表达式,确认对偶性。

### 3.9.3 特征阻抗

$Z_{01}, Z_{02}, \cdots, Z_{0n}$为 $n$ 端口网络 $n$ 个端口的特征阻抗,只需满足如下条件:当其他 $n-1$ 个

端口端接各自的特征阻抗时,从第 $i$ 个端口看入的输入阻抗为 $Z_{0i}$。单端口网络的特征阻抗为其端口输入阻抗。

**例 3.9.2** 已知二端口网络的网络参量,求二端口网络的特征阻抗。

**解:** 根据特征阻抗定义,在端口 2 端接 $Z_{02}$,从端口 1 看入的输入阻抗为 $Z_{01}$,在端口 1 端接 $Z_{01}$,从端口 2 看入的输入阻抗为 $Z_{02}$,如图 E3.9.1 所示。假设阻抗参量 $z$ 矩阵已知,由式(3.9.5)可知,

$$Z_{01} = z_{11} - \frac{z_{12} z_{21}}{z_{22} + Z_{02}} \tag{E3.9.5a}$$

$$Z_{02} = z_{22} - \frac{z_{21} z_{12}}{z_{11} + Z_{01}} \tag{E3.9.5b}$$

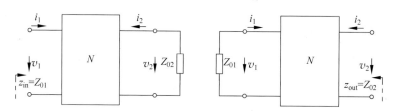

图 E3.9.1　二端口网络的特征阻抗

那么由上述两个方程可以求得两个未知量 $Z_{01}$ 和 $Z_{02}$,分别为

$$Z_{01} = \sqrt{z_{11} \frac{z_{11} z_{22} - z_{12} z_{21}}{z_{22}}} = \sqrt{\frac{z_{11}}{y_{11}}} = \sqrt{z_{\mathrm{in,short}} z_{\mathrm{in,open}}} \tag{E3.9.6a}$$

$$Z_{02} = \sqrt{z_{22} \frac{z_{11} z_{22} - z_{12} z_{21}}{z_{11}}} = \sqrt{\frac{z_{22}}{y_{22}}} = \sqrt{z_{\mathrm{out,short}} z_{\mathrm{out,open}}} \tag{E3.9.6b}$$

换句话说,二端口网络端口 1 的特征阻抗是端口 2 分别短路和开路时,从端口 1 看入的两个输入阻抗的几何平均值,端口 2 的特征阻抗则是端口 1 分别短路和开路时,从端口 2 看入的两个输入阻抗的几何平均值。

**例 3.9.3** 请确认图 E3.9.2 所示 π 型电阻衰减器可实现 50Ω 系统到 75Ω 系统之间的对接,同时具有 20dB 的功率衰减。

**说明:** 在低频电路中,两个结点之间只要用短接线连接,即可具有相同电压,也可认为短接线为理想传输系统,它可完成电压信号从一个端口到另外一个端口的理想传输,这里短接线的两个端结点和地结点被各自视为一个端口(二端口网络)。但是对于高频电路,短接线不能当成短路线处理,它存在着寄生电感和寄生

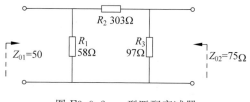

图 E3.9.2　π 型匹配衰减器

电容效应,导致高频电压信号无法有效传输。为了实现高频信号从一个端口到另外一个端口的较远距离(和信号波长有可比性)的有效传输,则需要平行双导体结构的传输线。理想传输线是一个理想传输系统(二端口网络),它可实现信号的无失真传输,信号从一个端口传输到另外一个端口只存在信号的一个与传输线长度成正比的整体延时,信号波形没有任何变化。作为二端口网络,不同物理结构的传输线具有不同的特征阻抗,在传输线和电路网络实现连接时,要求和传输线连接的电路网络的特征阻抗等于传输线的特征阻抗,否则信号将在传输线上来回反射(阻抗不匹配则反射),犹如光在镜面之间来回反射一样,导致信号长时间内无法达到

稳定,这对于高速、高频系统的工作极为不利。所谓 $50\Omega$ 系统,指的就是端口特征阻抗为 $50\Omega$ 的电路系统,它们之间的连接应采用 $50\Omega$ 特征阻抗的传输线。大多数射频系统都是 $50\Omega$ 系统,也有不是 $50\Omega$ 系统的射频系统,如有线电视电缆(传输线)的特征阻抗为 $75\Omega$,也有设计为 $300\Omega$,$600\Omega$ 特征阻抗的较低频率的射频系统。不同特征阻抗系统对接时,需要阻抗变换电路以确保阻抗匹配。本例给出的 $\pi$ 型电阻衰减器,在两端对接 $50\Omega$ 系统和 $75\Omega$ 系统时,具有 20dB 衰减。实际系统一般不采用有损匹配网络,但本例的有损匹配网络可用于电路调试中,也可应用于一些极为特殊的应用场景中。

**解**:如图 E3.9.2 所示,首先验证两个端口特征阻抗,特征阻抗等于短路输入阻抗和开路输入阻抗的几何平均,故而

$$Z_{01} = \sqrt{(R_1 \parallel R_2) \times (R_1 \parallel (R_2 + R_3))} = \sqrt{(58 \parallel 303) \times (58 \parallel (303 + 97))} = 49.7\Omega$$

$$Z_{02} = \sqrt{(R_3 \parallel R_2) \times (R_3 \parallel (R_2 + R_1))} = \sqrt{(97 \parallel 303) \times (97 \parallel (303 + 58))} = 75.0\Omega$$

可见,两个端口的特征阻抗确实为 $50\Omega$ 和 $75\Omega$。

下面求功率衰减。由式(3.9.6)可知,基于功率传输的电压传递函数的模平方为功率增益,式(E3.9.3)给出了计算该功率传递系数的方法,需要二端口网络的 $ABCD$ 参量,因而下面将首先计算 $\pi$ 型衰减网络的传输参量。注意到,这个网络可视为三个子网络的级联,并臂 $R_1$ 子网络,串臂 $R_2$ 子网络,并臂 $R_3$ 子网络,这三个子网络的传输参量都有极为简单的表述,于是总传输参量等于分传输参量之积,为

$$
\begin{bmatrix} A & B \\ C & D \end{bmatrix} = \begin{bmatrix} 1 & 0 \\ G_1 & 1 \end{bmatrix} \times \begin{bmatrix} 1 & R_2 \\ 0 & 1 \end{bmatrix} \times \begin{bmatrix} 1 & 0 \\ G_3 & 1 \end{bmatrix} = \begin{bmatrix} 1 + G_3 R_2 & R_2 \\ G_1 + G_3 + G_1 G_3 R_2 & 1 + G_1 R_2 \end{bmatrix}
$$

$$
= \begin{bmatrix} 1 + 303/97 & 303 \\ 1/58 + 1/97 + 303/(58 \times 97) & 1 + 303/58 \end{bmatrix} = \begin{bmatrix} 4.124 & 303\Omega \\ 0.0814\text{S} & 6.224 \end{bmatrix}
$$

实际应用时,端口 1 接 $50\Omega$ 系统(等效为信源内阻为 $50\Omega$ 的信源),端口 2 接 $75\Omega$ 系统(等效为 $75\Omega$ 负载电阻),故而基于功率传输的电压传递函数为

$$H_T = \cfrac{2}{A\sqrt{\cfrac{R_L}{R_s}} + B\cfrac{1}{\sqrt{R_s R_L}} + C\sqrt{R_s R_L} + D\sqrt{\cfrac{R_s}{R_L}}}$$

$$= \cfrac{2}{4.124 \times \sqrt{\cfrac{75}{50}} + 303 \times \cfrac{1}{\sqrt{75 \times 50}} + 0.0814 \times \sqrt{75 \times 50} + 6.224 \times \sqrt{\cfrac{50}{75}}}$$

$$= 0.0997 = -20.03(\text{dB})$$

可见,信号经过该系统后,功率衰减了 20dB,$G_T = |H_T|^2 = 0.00994 \approx 0.01 = -20(\text{dB})$。

**练习 3.9.5**　(1) 要求 $\pi$ 型电阻匹配衰减器在实现特征阻抗为 $Z_{01}$ 和 $Z_{02}$ 的两个系统对接的同时有 $L(\text{dB})$ 的衰减,请设计该 $\pi$ 型电阻网络的三个电阻阻值。

**注**:仿照例 3.9.3,以三个电阻阻值为变量,列写关于 $Z_{01}$、$Z_{02}$ 和 $G_T$(增益倒数为衰减系数)的三个等式,求解之,将获得如下设计公式:

$$R_2 = 0.5(\beta - \beta^{-1})\sqrt{Z_{01} Z_{02}} \tag{E3.9.7a}$$

$$R_1 = \cfrac{1}{\cfrac{1}{Z_{01}}\cfrac{\beta + \beta^{-1}}{\beta - \beta^{-1}} - \cfrac{1}{R_2}} \tag{E3.9.7b}$$

$$R_3 = \cfrac{1}{\cfrac{1}{Z_{02}}\cfrac{\beta+\beta^{-1}}{\beta-\beta^{-1}} - \cfrac{1}{R_2}}\qquad\qquad (E3.9.7c)$$

其中 $\beta = 10^{\frac{L}{20}}$。

（2）T 型电阻衰减网络是 $\pi$ 型电阻衰减网络的对偶电路，根据对偶性，可直接由 $\pi$ 型网络设计公式给出 T 型网络三个电阻的设计公式，要求它能够匹配 $Z_{01}$、$Z_{02}$ 阻抗，同时具有 $L(dB)$ 衰减。请根据对偶公式给出一个匹配 $50\Omega$ 和 $75\Omega$ 系统的 20dB 衰减 T 型电阻网络的设计取值，并计算验算你的结果是正确的。

**练习 3.9.6**　对阻性网络，当信源内阻等于 $Z_{01}$ 且负载电阻等于 $Z_{02}$ 时，二端口网络的两个端口同时最大功率传输匹配，此时该二端口网络将具有最大功率增益 $G_{pmax}$，请用 $ABCD$ 参量表述 $G_{pmax}$。

**提示**：将特征阻抗用 $ABCD$ 参量表述，将 $R_S = Z_{01}$，$R_L = Z_{02}$ 代入式（E3.9.3）。

**练习 3.9.7**　如图 E3.9.3 所示，这是带有并联负反馈电阻和串联负反馈电阻的晶体管放大电路，请用任意方法求出其两个端口的特征阻抗 $Z_{01}$、$Z_{02}$，并求在端接匹配情况下（$R_s = Z_{01}$，$R_L = Z_{02}$）的最大功率增益 $G_{pmax}$。具体计算中，取 $g_m = 40mS$，$r_{be} = 10k\Omega$，$r_{ce} = 100k\Omega$，$R_P = 1.6k\Omega$，$R_E = 25\Omega$。

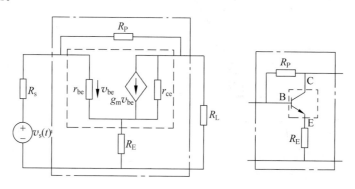

图 E3.9.3　串联-并联负反馈 CE 组态晶体管放大电路

**提示**：首先将晶体管建模为二端口网络，可用 $y$ 参量表述，计算和 $R_P$ 并联后的 $y$ 参量（并并连接 $y$ 相加），再计算和 $R_E$ 串联后的总 $z$ 参量（串串连接 $z$ 相加），根据总 $z$ 参量和总 $y$ 参量，用式（E3.9.6）计算特征阻抗。

在射频系统设计中，我们往往把一个系统分割为多个功能模块的级联连接关系。对于线性系统，我们往往要求级联模块的端口特征阻抗都是一个数值，例如都是 $50\Omega$，从而每个功能模块可以独立设计和调测。调试功能电路时，只需信源内阻和负载电阻都是 $50\Omega$，如网络分析仪、频谱分析仪、信号发生器等射频测量仪器的端口特征阻抗均为 $50\Omega$，于是该二端口网络在 $50\Omega$ 阻抗匹配情况下的信号处理特性可调试到最佳状况。之后再把这些网络一一对接级联，由于所有端口的特征阻抗都是 $50\Omega$，因而端口对接时，前后级联网络不会对本系统性能造成太大的影响。这种方法使得射频电路系统调试变成一种模块化的调试，可以一个一个地调试好功能模块之后再对接级联为一个复杂的系统。

**练习 3.9.8**　对于图 E3.9.3 电路，证明：如果 $r_{be}$ 和 $r_{ce}$ 均被建模为无穷大电阻，则带并联负反馈电阻和串联负反馈电阻的晶体管放大网络两个端口具有相同的特征阻抗，$Z_{01} = Z_{02}$。现要求该放大器具有 $Z_0 = Z_{01} = Z_{02}$ 的特征阻抗和 $G_{pmax}$ 的最大功率增益，请给出两个负反馈电阻大小的设计公式,即以 $g_m$、$Z_0$、$A_0$ 为已知量表述 $R_P$ 和 $R_E$,其中 $A_0 = \sqrt{G_{pmax}}$。具体数值计算时,可取如下数值 $g_m = 25\text{mS}, Z_0 = 1\text{k}\Omega, A_0 = 10$(或 $G_{pmax} = 100 = 20\text{dB}$)。特别注意:CE 组态晶体管放大器是反相放大器,放大倍数为负值,但这里的放大倍数 $A_0$ 参量是正数。

# 3.10　网络分类

大多数系统功能与网络属性密切相关,例如,只有有源网络(等效负阻或等效受控源)才可用来实现放大器和振荡器,只有动态网络才能实现滤波功能,只有双向网络才能用来实现阻抗变换功能,用于实现阻抗变换的网络多采用无损网络以提高系统性能,只有时变网络或非线性网络才能实现频率变换功能等。

下面根据二端口网络的属性,将其分类为阻性网络和动态网络,线性网络和非线性网络,互易网络和非互易网络,对称网络和非对称网络,有源网络和无源网络,无损网络和有损网络,单向网络和双向网络等。在分类的同时,对具有某些属性网络的应用进行简要讨论。

## 3.10.1　阻性网络和动态网络

如果网络端口电压和端口电流之间的关系只需代数方程即可完整描述,该网络则被视为电阻网络;如果网络端口电压和端口电流之间的关系还需微分方程才能完整描述,该网络则为动态网络。

也可定义无记忆系统为电阻网络,而有记忆系统为动态网络。这里动态的含义很明确,系统输出与之前系统状态有关,它是一种"动态"的变化过程。

有些用代数方程可以描述的电路具有记忆性,如 S 型负阻和 N 型负阻构成的电阻网络具有记忆性,从第一种定义看它属电阻电路,从第二种定义看它属动态电路。本书在单独研究 S 型或 N 型负阻时、在张弛振荡器分析中均视其为阻性网络(采用第一种定义),而在其存储器应用中则视其为动态网络(采用第二种定义)。

本书前五章重点讨论阻性网络,而后五章则重点讨论动态网络。

## 3.10.2　线性网络和非线性网络

端口电压和端口电流之间的关系可以用线性方程描述的网络是线性网络,不能用线性方程描述的网络则是非线性网络。如果线性网络端口位置有内部独立源的显现,应将其置零处理,即将内部独立源视为线性网络的一个激励源。扣除该内部源激励影响后,网络端口电压电流之间关系为线性则为线性网络。

本章给出的二端口网络的 6 种网络参量——$z$ 参量、$y$ 参量、$h$ 参量、$g$ 参量、$ABCD$ 参量、$abcd$ 参量,均是针对线性二端口网络给出的戴维南等效或诺顿等效参量。

线性网络中如果包括线性时不变电容、线性时不变电感,其网络参量则往往在频域或复频域描述,见第 8、9、10 章的具体应用例。

为了简化非线性网络的分析,往往做某种程度的线性化处理。第 4 章讨论的晶体管是非线性二端口电阻网络,对交流小信号而言,可以处理为线性二端口电阻网络,进而实现线性放大器。线性化方法见第 4 章讨论。

本书第 3 章大多以线性电阻网络为例引入电路定律和电路定理,第 4 章则以非线性电阻网络分析为主,再后的动态电路分析则线性、非线性混杂出现。

### 3.10.3　互易网络和非互易网络

前面的很多关于纯由线性时不变电阻构成的二端口网络的例子中,测量获得的二端口网络参量具有某种规律,例如 $z_{12}=z_{21}$,$h_{12}=-h_{21}$ 等,这些都是网络互易性(reciprocity)的体现,线性电阻网络的互易性由互易定理表述,它可由特勒根定理给予证明。

**1. 特勒根定理**

特勒根定理(Tellegen's Theorem):对于具有相同拓扑结构的两个电路网络 $N_1$ 和 $N_2$,网络 $N_1$ 的所有支路电压 $v_k$ 与网络 $N_2$ 对应支路电流 $i_k$ 之积的和为零,

$$\sum_{k=1}^{b} v_k i_k = 0 \qquad (3.10.1)$$

这里两个网络的支路电压、支路电流取一致的关联参考方向。

特勒根定理说明了具有相同拓扑结构的两个电路网络对应电量的结构关系。所谓具有相同的拓扑结构,就是说两个网络的连接关系对应且一致,它们具有相对应的结点数和支路数,支路与结点的连接关系完全一致,当然,支路上的元件可以完全不同:比如说网络 $N_1$ 的 $k$ 支路是电感,网络 $N_2$ 的 $k$ 支路可以是电源,前者亦可是电阻,后者亦可是电容,前者可为短路,后者可为开路等等,诸如此类。对应支路上的元件无须有任何关系,也就是说,支路上具有什么样的元件约束关系是随意的,只要网络连接拓扑关系相同即可满足特勒根定理。显然特勒根定理描述的是拓扑结构关系,和描述网络拓扑结构的基尔霍夫定律等价,事实上,特勒根定理(TT)、基尔霍夫电压定律(KVL)、基尔霍夫电流定律(KCL)的关系如下,任意两个组合可以推出第三个:

$$KVL + KCL \longrightarrow TT \qquad (3.10.2a)$$
$$KVL + TT \longrightarrow KCL \qquad (3.10.2b)$$
$$KCL + TT \longrightarrow KVL \qquad (3.10.2c)$$

具体推证过程涉及拓扑表述,这里略去不证。

无论是电阻电路还是动态电路,是线性电路还是非线性电路,特勒根定理都是适用的,这是由于特勒根定理仅描述拓扑结构关系,而不牵扯支路元件约束。

能量守恒:如果两个网络 $N_1$ 和 $N_2$ 是同一个网络 $N$,特勒根定理表明网络中所有支路吸收的总功率为零,换句话说,有的支路吸收功率,有的支路则释放功率,吸收的总功率等于释放的总功率,这正是能量守恒的具体体现:一个电路网络中,支路吸收多少能量,必有其他支路提供相应的能量。

然而特勒根定理所包容的内容远不止能量守恒。特勒根定理等同基尔霍夫定律,可应用于各种网络分析与设计中,如滤波器网络设计等。

**2. 互易定理**

激励和响应位置可以互换的二端口网络是互易网络,激励和响应位置不能互换的二端口网络为非互易网络。

最初研究电磁互易性的洛仑兹所考察的电磁系统为线性系统,从而互易性仅针对线性系统而言,非线性系统则一般被视为是非互易的。

互易定理:一个互易的线性二端口网络,其网络参量满足

$$z_{12} = z_{21} \qquad (3.10.3a)$$
$$y_{12} = y_{21} \qquad (3.10.3b)$$

$$h_{12} = -h_{21} \tag{3.10.3c}$$

$$g_{12} = -g_{21} \tag{3.10.3d}$$

**3. 互易网络和非互易网络**

激励和响应位置可以互换的网络是互易网络,否则为非互易网络。

互易定理表明,互易二端口网络的激励和响应位置可以互换,对于线性系统:

(1) 互易二端口网络端口 1 到端口 2 的跨导传递系数 $y_{21}$ 等于端口 2 到端口 1 的跨导传递系数 $y_{12}$:在端口 1 加一个电压源 $v_s$,测试端口 2 的短路电流 $i_o$,两者之比 $i_o/v_s$ 是端口 1 到端口 2 的跨导传递系数 $y_{21}$;它等于端口 2 到端口 1 的跨导传递系数 $y_{12}$,也就是说,如果在端口 2 将相同的电压源 $v_s$ 加上去,就可以在端口 1 获得相同的 $i_o$ 短路电流输出;这就是所谓的激励和响应可以互易位置。

(2) 互易二端口网络端口 1 到端口 2 的跨阻传递系数 $z_{21}$ 等于端口 2 到端口 1 的跨阻传递系数 $z_{12}$:在端口 1 加一个电流源 $i_s$,假设端口 2 测得的开路电压为 $1V(=z_{21}i_s)$,现在把这个电流源挪到端口 2,就会在端口 1 测得同样 $1V(=z_{12}i_s)$ 的开路电压。

(3) 互易二端口网络端口 1 到端口 2 的电压传递系数 $g_{21}$ 等于端口 2 到端口 1 的电流传递系数 $-g_{12}$。在端口 1 加一个电压源 $v_s$,在端口 2 测得开路电压 $v_o(=g_{21}v_s)$;那么在端口 2 加一个电流源 $i_s$,则端口 1 测得的短路电流 $i_o$ 就等于 $-g_{12}i_s=g_{21}i_s$。注意,这里的负号是由于我们默认输出电流方向为向外流出,而端口参考电流方向定义是向里流入,两者方向相反,导致出现负号。

(4) 互易二端口网络端口 1 到端口 2 的电流传递系数 $-h_{21}$ 等于端口 2 到端口 1 的电压传递系数 $h_{12}$。在端口 1 加一个电流源 $i_s$,假设在端口 2 测得的短路电流为 $1A(=-h_{21}i_s)$,那么在端口 2 加同样数值的电压源 $v_s(\sim i_s)$,在端口 1 将测得一个 $1V(=h_{12}v_s\sim -h_{21}i_s)$ 的开路电压。

单端口元件的端口电压和端口电流之间如果具有时不变的线性关系则为互易元件。线性电阻的电压和电流由欧姆定律约束,$v=Ri$,是时不变线性比值关系,故而是互易元件;初始电压为 0 的线性电容,其电压和电流之间是积分关系,$v(t) = \dfrac{1}{C}\displaystyle\int_0^t i(\tau)\mathrm{d}\tau$,这也是时不变线性关系,电感同理,因而线性时不变电阻、电容、电感都是互易元件。用特勒根定理可以证明:由线性时不变元件(单端口电阻、电容、电感、二端口电感即互感变压器、传输线等)构成的网络是互易网络。注意,这里的电容不能有初始电压、电感不能有初始电流,否则这些初始能量将会被等效为独立的电压源或电流源,而电源是非互易元件。

网络中包含非互易元件,该网络则往往是非互易的。但也不尽然,如受控源元件是非互易的:因为单独一个受控源,只是描述了一个端口对另一个端口的作用关系,没有互易关系。但是如果线性二端口网络两个端口关系中存在两个线性受控源使得二端口网络满足互易关系,那么该二端口网络仍然是互易网络。

3.11 节讨论的分压、分流网络和电阻衰减网络,以及后三章考察的 RC、RL、LC 滤波器等,都是最典型的互易网络。

**练习 3.10.1**　说明互易线性二端口网络的 $ABCD$ 参量满足 $AD-BC=1$。

### 3.10.4　对称网络和非对称网络

当二端口网络从两个端口看入毫无差别,则是对称网络。如果从两个端口看存在不一致,则为非对称网络。

线性网络对称则互易：如果线性对称二端口网络具有 $z$ 参量矩阵，由对称性知其 $z$ 参量必然具有如下性质：

$$z_{11} = z_{22} \tag{3.10.4a}$$

$$z_{12} = z_{21} \tag{3.10.4b}$$

式(3.10.4b)表明该二端口网络是互易的。

**练习 3.10.2**　说明对称线性二端口网络具有如下性质：

(1) $z_{11} = z_{22}, z_{12} = z_{21}$ $\tag{3.10.5a}$

(2) $y_{11} = y_{22}, y_{12} = y_{21}$ $\tag{3.10.5b}$

(3) $\Delta_h = h_{11}h_{22} - h_{12}h_{21} = 1, h_{12} = -h_{21}$ $\tag{3.10.5c}$

(4) $\Delta_g = g_{11}g_{22} - g_{12}g_{21} = 1, g_{12} = -g_{21}$ $\tag{3.10.5d}$

(5) $A = D, \Delta_{\mathrm{T}} = AD - BC = 1$ $\tag{3.10.5e}$

很多二端口网络要求其端口特征阻抗相等，因而很多无源网络都是对称的，如端口特征阻抗均为 $50\Omega$ 的滤波器可设计为对称网络，端口特征阻抗均为 $50\Omega$ 的 $\pi$ 型或 T 型电阻衰减网络、理想传输线等本身就是对称网络。

### 3.10.5　有源网络和无源网络

#### 1. 有源性定义

网络具有向端口外提供电能的能力则有源，网络不具有向端口外提供电能的能力则无源。式(2.3.14)是在时域对网络无源性的一般性定义，不满足该定义式的网络是有源网络。

如果从网络端口看其等效电路，等效电路中存在独立源，该网络则一定是有源网络。例如，具有初始电压的电容，其等效电路中存在电容初始电压等效的独立源，因而它是有源单端口网络。如果网络端口等效电路中不存在独立源，但存在受控源，那么该网络的有源性则需直接根据有源性定义考察。

端口等效电路中没有等效独立源的线性时不变动态网络，其有源性定义往往在频域考察。频域功率采用复功率定义，复功率定义见第 8 章内容。

对于不存在电容、电感的阻性网络，其有源性可以简单地描述为：端口描述方程为代数方程的阻性网络，如果其端口总吸收功率恒不小于零，

$$P = \sum_{k=1}^{n} p_k = \sum_{k=1}^{n} v_k i_k = \boldsymbol{v}^{\mathrm{T}} \boldsymbol{i} \geqslant 0 \quad (\forall \boldsymbol{v}, \boldsymbol{i}, f(\boldsymbol{v}, \boldsymbol{i}) = \boldsymbol{0}) \tag{3.10.6a}$$

该网络就是无源网络。如果存在某种负载条件，使得端口总吸收功率小于 0 的情况可以出现，该网络则是有源的，

$$P = \sum_{k=1}^{n} p_k = \sum_{k=1}^{n} v_k i_k = \boldsymbol{v}^{\mathrm{T}} \boldsymbol{i} < 0 \quad (\exists \boldsymbol{v}, \boldsymbol{i}, f(\boldsymbol{v}, \boldsymbol{i}) = \boldsymbol{0}) \tag{3.10.6b}$$

式中，$\boldsymbol{v}, \boldsymbol{i}$ 是关联参考方向定义的端口电压和端口电流向量，$f(\boldsymbol{v}, \boldsymbol{i}) = \boldsymbol{0}$ 则是该阻性网络的端口描述代数方程。

#### 2. 有源二端口网络

**例 3.10.1**　证明：纯由单端口电阻(伏安特性曲线过原点且位于一、三象限)构成的二端口网络一定是无源二端口网络，它不具任何功率放大功能。

说明：这在直观上很容易理解：网络 $N$ 是由纯电阻构成的二端口网络，显然网络的每一

条支路都在吸收功率(伏安特性位于一、三象限),从而整个网络是吸收功率的,故而无源。当该二端口网络加载如图 E3.10.1 所示的激励源和负载电阻时,由于无源网络或可吸收信源释放

的部分功率,从而负载吸收的功率 $P_L = v_L i_L$ 一定不会超过信源在端口 1 释放的功率 $P_{in} = v_{in} i_{in}$,故而功率增益 $G_p = P_L / P_{in}$ 必不超过 1,

$$G_p = \frac{P_L}{P_{in}} \leqslant 1 \qquad (\text{E3.10.1})$$

上述直观分析过于直白,下面用特勒根定理给予数学证明。

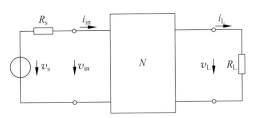

图 E3.10.1　信号源通过二端口网络
作用后驱动负载

　　证:假设图 E3.10.1 中的二端口网络 $N$ 中是 $m$ 个电阻(伏安特性曲线过原点且位于一、三象限的单端口阻性网络)的某种连接关系,也就是说,网络 $N$ 中包含 $m$ 条支路,外加网络外部的三条支路,共 $m+3$ 条支路,根据特勒根定理,有

$$0 = \sum_{k=1}^{m} v_k i_k + v_s \cdot (-i_{in}) + (R_s i_{in}) i_{in} + (R_L i_L) i_L \qquad (\text{E3.10.2})$$

故而两个端口吸收的总功率为

$$P_\Sigma = v_1 i_1 + v_2 i_2 = (v_{in})(i_{in}) + (v_L)(-i_L)$$

$$= (v_s - R_s i_{in}) i_{in} - R_L i_L i_L = \sum_{k=1}^{m} v_k i_k \geqslant 0 \qquad (\text{E3.10.3})$$

由于 $m$ 条支路伏安特性曲线均位于一、三象限,从而 $\sum_{k=1}^{m} v_k i_k \geqslant 0$,这正是无源网络的无源性条件,故而可知,

$$P_L = (R_L i_L) i_L = (v_s - R_s i_{in}) \cdot i_{in} - \sum_{k=1}^{m} v_k i_k = v_{in} i_{in} - \sum_{k=1}^{m} v_k i_k$$

$$= P_{in} - \sum_{k=1}^{m} v_k i_k \leqslant P_{in} \qquad (\text{E3.10.4})$$

从而功率增益小于等于 1,如式(E3.10.1)所示。

　　虽然伏安特性位于一、三象限的电阻是无源的,但是如果网络中有直流偏置电源,具有某些特性的电阻具有将直流电能转换为交流电能的能力,从而使得网络变成有源网络。所谓具有将直流电源电能转换为交流电能的能力,以二端口网络为例,是指如果该二端口网络的激励源为交流源,那么负载电阻获得的交流电能会超过激励源提供的交流电能,多出的这部分交流电能来自直流偏置电源,电路网络中的某些电阻将直流电能转换为了交流电能。

　　(1) 线性电阻不具有将直流电能转换为交流电能的能力,见图 3.6.8(a),扣除直流源对外端口的影响(也就是把坐标原点从 $O$ 点移到 $Q$ 点),网络仍然是无源的。

　　(2) 伏安特性单调的非线性电阻不具有这种能力,将图 3.6.8(a)中的线性电阻伏安特性换成 PN 结二极管的单调变化的伏安特性曲线即可,扣除直流源对外端口的影响,网络仍然是无源的。

　　(3) 伏安特性非单调具有负阻区的非线性电阻具有将直流电能转换为交流电能的能力,见图 3.6.8(b),扣除直流源对外端口的影响,网络变成有源网络。

　　(4) 伏安特性单调但具有受控特性的非线性电阻(如晶体管)具有将直流电能转换为交流电能的能力,见图 3.6.8(c),扣除直流源对外端口的影响,网络变成有源网络。

**例 3.10.2**　某晶体管网络被直流偏置电压源偏置后构成一个二端口网络,在输入端口和输出端口通过某种方式将直流源对外的影响扣除。当输入激励信号很微弱时,该二端口网络可被建模为线性二端口网络,且两个端口等效电路中不存在独立源等效,$v = zi$,其中阻抗网络参量为实数参量,

$$z = \begin{bmatrix} R_{11} & R_{12} \\ R_{21} & R_{22} \end{bmatrix}$$

问：该二端口网络参量满足什么条件时则是有源的? 什么条件下则是无源的?

**解**：根据有源性定义式(3.10.6b),阻性二端口网络有源意味着存在端口电压、电流,使得,

$$p_{\Sigma} = v_1 i_1 + v_2 i_2 < 0$$

将 $v = zi$ 代入,有

$$p_{\Sigma} = v_1 i_1 + v_2 i_2 = (R_{11} i_1 + R_{12} i_2) i_1 + (R_{21} i_1 + R_{22} i_2) i_2$$
$$= R_{11} i_1^2 + (R_{12} + R_{21}) i_1 i_2 + R_{22} i_2^2 \qquad (E3.10.5)$$

从上述表达式可知,

(1) 如果 $R_{11} < 0$,那么就可以令端口 2 开路,$i_2 = 0$,如是只要端口 1 有电流流入或流出,则必有 $p_{\Sigma} = R_{11} i_1^2 < 0$,也就是说,存在这样的端口电压、端口电流,使得二端口网络具有向外部输出功率的能力,于是网络有源。

(2) 同理,如果 $R_{22} < 0$,网络有源。

(3) 如果 $R_{11} > 0$,$R_{22} > 0$,重新整理端口吸收总功率表达式,有

$$p_{\Sigma} = R_{22} \left( i_2 + \frac{R_{12} + R_{21}}{2R_{22}} i_1 \right)^2 + \left( R_{11} - \frac{(R_{12} + R_{21})^2}{4R_{22}} \right) i_1^2$$

注意到表达式前一项不会小于 0,要想 $p_{\Sigma} < 0$,只能后一项小于 0,故而

$$R_{11} - \frac{(R_{12} + R_{21})^2}{4R_{22}} < 0$$

也就是说,如果通过某种方式,如通过外加某种负载使得 $i_2 + \dfrac{R_{12} + R_{21}}{2R_{22}} i_1 = 0$,于是只要 $(R_{12} + R_{21})^2 > 4R_{11}R_{22}$,该二端口网络则存在着向外提供能量的可能性,该网络则有源。

故而二端口网络 N 的有源性条件有三个：

(1) $R_{11} < 0$                                       (E3.10.6a)

(2) $R_{22} < 0$                                      (E3.10.6b)

(3) $(R_{12} + R_{21})^2 > 4R_{11}R_{22}$     $(R_{11} \geq 0, R_{22} \geq 0)$             (E3.10.6c)

三者满足其一,则有源；三者都不满足,则无源。前两个有源性条件被称为负阻有源性条件,第三个有源性条件被称为受控源有源性条件。

在证明过程中只分析了 $R_{11} > 0$,$R_{22} > 0$ 的情况,至于 $R_{11} = 0$ 或 $R_{22} = 0$ 的情况没有分析,请同学自行理解有源性条件式(E3.10.6c)中的 $R_{11} \geq 0$,$R_{22} \geq 0$ 条件。

显然,条件 1、条件 2 对应着负阻条件,也就是说,如果线性二端口中存在等效负阻,该网络则是有源的,具有向端口外提供额外功率的能力,满足这种条件的电路,如隧道二极管加直流偏置电压源等效的小信号线性负阻,为有源网络。而条件 3 则对应着受控源条件,也就是说,如果线性二端口网络中等效受控源的受控系数足够大,则说明了由直流偏置电源转换等效的受控源向外提供的功率除了可以抵偿两个端口看入内阻消耗的功率外,还可以额外向端口

外输出,从而网络有源。满足这种条件的电路,如晶体管加直流偏置电压源等效的压控流源,为有源网络。

**练习 3.10.3**　用导纳参量、混合参量、逆混参量、传输参量表述二端口网络的三个有源性条件。

### 3. 功率增益

到目前为止,我们对线性二端口网络共定义了三种功率增益,如果是正弦波激励及其稳态响应分析,功率均采用平均功率:

1) 转换功率增益

负载实际获得功率 $P_L$ 和信源输出额定功率 $P_{s,max}$ 之比:

$$G_T = \frac{P_L}{P_{s,max}} = \frac{\dfrac{V_{L,rms}^2}{R_L}}{\dfrac{V_{s,rms}^2}{4R_s}} \tag{3.10.7a}$$

如式(3.9.6a),我们由此定义了基于功率传输的传递函数式(3.9.5)。这种定义多用于射频窄带系统如射频放大器和 LC 滤波器,因为它直接对应着微波电路中常用的散射参量的 $S_{21}$ 参量,$G_T = |S_{21}|^2$。

2) 资用功率增益

输出端口等效源的额定输出功率和信源额定功率之比:

$$G_A = \frac{P_{out,max}}{P_{s,max}} \tag{3.10.7b}$$

见式(3.7.15),这种功率增益用于噪声系数计算。

3) 工作功率增益

负载获得实际功率和输入端口输入功率之比:

$$G_p = \frac{P_L}{P_{in}} \tag{3.10.7c}$$

见式(E3.10.1)。这种功率增益多用于考察低频放大器增益,也可用来定义能量转换电路(多是非线性二端口网络)的能量转换效率。

本书中,如果不做特别说明,功率增益一般指转换功率增益 $G_T$。

**练习 3.10.4**　证明:如果描述图 E3.10.1 的二端口网络 N 的阻抗参量矩阵为 $z$,那么

$$G_T = \frac{4\,|z_{21}|^2 R_L R_s}{|(z_{11}+R_s)(z_{22}+R_L)-z_{12}z_{21}|^2} \tag{E3.10.7}$$

**注**:这个公式同样适用于动态线性二端口网络,只不过动态线性二端口网络的 $z$ 参量在频域获得,为复数阻抗(包括电阻、电容、电感),而本章的证明只需针对阻性网络,即假设四个网络参量都是实数(电阻)。

**练习 3.10.5**　将式(E3.10.7)推广到 $y$ 参量、$h$ 参量和 $g$ 参量表述转换功率增益。

### 4. 最大功率增益

对于线性二端口网络,只有当输入端口和输出端口同时满足最大功率传输匹配条件时,

$$z_{in} = R_s \tag{3.10.8a}$$
$$z_{out} = R_L \tag{3.10.8b}$$

上述三种功率增益大小才是相等的,此时的功率增益被称为最大功率增益 $G_{p,max}$。

对于线性阻性网络,当信源内阻等于端口 1 特征阻抗,负载电阻等于端口 2 特征阻抗时,

$$R_s = Z_{01} \qquad\qquad (3.10.9a)$$

$$R_L = Z_{02} \qquad\qquad (3.10.9b)$$

即可确保端口 1 输入电阻等于信源内阻,同时端口 2 输出电阻等于负载电阻,也就是说,线性阻性二端口网络的匹配阻抗为其特征阻抗。这里假设特征阻抗为正值(正电阻)。

由于很多系统都是以子系统的级联形态构成,因而下面重点考察如何用 $ABCD$ 参量表述最大功率增益。根据特征阻抗定义,很容易证明用传输参量表述的特征阻抗为

$$Z_{01} = \sqrt{\frac{A}{D}} \cdot \sqrt{\frac{B}{C}} \qquad\qquad (3.10.10a)$$

$$Z_{02} = \sqrt{\frac{D}{A}} \cdot \sqrt{\frac{B}{C}} \qquad\qquad (3.10.10b)$$

如果网络是对称的,则必有 $A = D$,于是 $Z_{01} = Z_{02} = Z_0$,这是容易理解的,既然对称,两个端口具有相同的特征阻抗就是自然的。如果网络非对称,大多数情况下都有 $Z_{01} \neq Z_{02}$,但这并非必然,因为对称网络要求 $A = D$ 同时 $AD - BC = 1$(见式(3.10.5e)),有些非对称网络 $A = D$ 但 $AD - BC \neq 1$(非互易),这样的非对称网络的两个端口的特征阻抗也是相等的,如练习 3.9.8 给出的例子。

下面假设阻性线性二端口网络的特征阻抗是纯正阻,于是可令信源内阻等于端口 1 特征阻抗,负载电阻等于端口 2 特征阻抗,如式(3.10.9)所述,此时可获得最大功率增益。将 $R_s = Z_{01}$,$R_L = Z_{02}$ 代入式(E3.9.3),有

$$H_{T,0} = \frac{2}{A\sqrt{\dfrac{Z_{02}}{Z_{01}}} + B\dfrac{1}{\sqrt{Z_{02}Z_{01}}} + C\sqrt{Z_{02}Z_{01}} + D\sqrt{\dfrac{Z_{01}}{Z_{02}}}}$$

$$= \frac{1}{\sqrt{AD} + \sqrt{BC}} \qquad\qquad (3.10.11a)$$

$$G_{p,\max} = G_T(R_s = Z_{01}, R_L = Z_{02}) = |H_{T,0}|^2 = \frac{1}{|\sqrt{AD} + \sqrt{BC}|^2} \qquad (3.10.11b)$$

显然,三个功率增益与信源内阻、负载电阻有强烈的关系,但是最大功率增益却是线性二端口网络的自身属性,它完全由二端口网络参量决定。

对于线性时不变动态系统,我们往往在频域对其分析,其特征阻抗可能是复数(不是纯阻,还有电容或电感的电抗),那么最大功率增益公式(3.10.11)则可能不再有效,这是由于式(3.10.11)仅对具有纯正阻性特征阻抗的二端口网络有效。线性时不变动态二端口系统的频域特征阻抗与最大功率增益的关系,我们将在第 10 章的讨论中另行考察。

最后特别予以说明的是,对于输入电阻、输出电阻均为正阻的放大器网络,只有两种网络参量与之对应,$A \geqslant 0, B \geqslant 0, C \geqslant 0, D \geqslant 0$ 和 $A \leqslant 0, B \leqslant 0, C \leqslant 0, D \leqslant 0$,前者应取 $H_T = \dfrac{1}{\sqrt{AD} + \sqrt{BC}}$,后者应取 $H_T = -\dfrac{1}{\sqrt{AD} + \sqrt{BC}}$,这里为了简约,只取前者,后者隐含在内。其他网络参量如果导致不存在正阻特征阻抗的情况出现,这里的最大功率增益分析则不适用。

**5. 有源性与功率增益**

**练习 3.10.6**　如果线性二端口网络端口等效电路中不存在独立源,但该二端口网络仍然是有源的,即满足式(E3.10.6)所示的三个有源性条件之一,那么该二端口网络一定可以用来实现最大功率增益大于 1 的放大器,换句话说,$G_{p,\max} > 1$ 和式(E3.10.6)所给的三个有源性条

件等价。

**提示**：同学思考理解有源性的物理含义和放大器的定义。对本练习的证明，我们将在 3.10 节、3.11 节分步骤陆续给予说明，见练习 3.10.9（针对负阻条件式(E3.10.6a/b)），练习 3.10.15（针对式(E3.10.6c)，有源网络为单向网络）和例 3.11.3（针对式(E3.10.6c)，有源网络为双向网络）。

本书中，出现的无源网络有分压、分流网络，LC 滤波器，LC 阻抗变换网络，有源网络主要是放大器和振荡器。

### 3.10.6 无损网络和有损网络

**1. 无损定义**

无损网络和有损网络主要是针对无源网络定义的。对于不存在电容、电感的无源阻性网络，如果其端口总吸收功率恒等于零，则是无损网络，

$$P = \sum_{k=1}^{n} p_k = \sum_{k=1}^{n} v_k i_k = \boldsymbol{v}^{\mathrm{T}} \boldsymbol{i} \equiv 0 \quad (\forall \, \boldsymbol{v}, \boldsymbol{i}, \boldsymbol{f}(\boldsymbol{v}, \boldsymbol{i}) = \boldsymbol{0}) \tag{3.10.12}$$

否则为有损网络。

假设端口 $j$ 是向外释放功率的，$v_j i_j < 0$，式(3.10.12)成立表明必有其他端口是吸收功率的，释放的功率等于吸收的功率，该网络自身并不消耗任何功率。显然，所谓无损网络，就是自身不消耗功率的网络。它的某些端口可以吸收功率，但吸收的功率在该端口或其他端口全部被释放出去，自身并不消耗。

无损网络的某些端口吸收功率，某些端口释放功率。如果吸收的功率当时即被全部释放出去，则属阻性无损网络；如果吸收的功率在后续其他时间被释放出去，则属动态无损网络。如果多端口网络是由理想电容、理想电感或理想传输线构成的，则它们一定是动态无损网络。动态网络的无损性一般在频域考察，需要复功率定义，见第 8 章讨论。

**练习 3.10.7** 证明：分别用 $z$ 参量、$y$ 参量、$h$ 参量、$g$ 参量和 $ABCD$ 参量表述阻性无损线性二端口网络，则其无损性可分别表述为

$$(1) \; R_{11} = 0, \quad R_{22} = 0, \quad R_{12} = -R_{21} \tag{3.10.13a}$$

$$(2) \; G_{11} = 0, \quad G_{22} = 0, \quad G_{12} = -G_{21} \tag{3.10.13b}$$

$$(3) \; h_{11} = 0, \quad h_{22} = 0, \quad h_{12} = -h_{21} \tag{3.10.13c}$$

$$(4) \; g_{11} = 0, \quad g_{22} = 0, \quad g_{12} = -g_{21} \tag{3.10.13d}$$

$$(5) \; AC = 0, \quad BD = 0, \quad AD + BC = 1 \tag{3.10.13e}$$

假设这些参量存在的前提下，上述条件满足其一，即可说明该线性二端口阻性网络为无损网络。

**提示**：式(3.10.13e)等价于：$A = 0, D = 0, BC = 1$，或 $B = 0, C = 0, AD = 1$，前者恰好就是理想回旋器，后者恰好为理想变压器（见 3.11.2 节）。

**练习 3.10.8** 分析并给出所有的无损阻性单端口网络和无损阻性二端口网络，给出其端口描述方程，画出其等效电路，说明其无损性。

对于常见的多端口无损阻性网络，3.11.2 节将考察理想变压器和理想回旋器，下面例子中的理想环行器也是典型的无损网络。

**2. 理想环行器：无损网络典型例**

图 E3.10.2 是三端口环行器(Circulator)的电路符号。环行器至少是三端口且是旋转对

称的,故而其所有端口的特征阻抗都相同。当所有端口都外接其特征阻抗(匹配负载)时,$N$ 端口环行器端口 1 进入的信号功率只能流向端口 2 被端口 2 匹配负载吸收,端口 2 进入的信号功率则只能流向端口 3 被端口 3 匹配负载吸收,而从端口 $N$ 进入的信号功率则只能流向端口 1 被端口 1 匹配负载吸收。环行器是微波频段常用的无损动态网络,但在特殊情况下可抽象为无损阻性网络,如例 3.10.3,并称之为理想环行器。

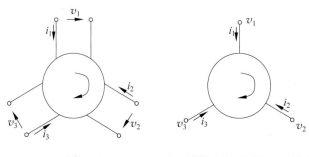

(a) 三个端口定义          (b) 默认地结点为端口一个结点

图 E3.10.2　三端口环行器

**例 3.10.3**　某三端口环行器,可以用如下的 $z$ 参量矩阵描述,

$$\begin{bmatrix} v_1 \\ v_2 \\ v_3 \end{bmatrix} = \begin{bmatrix} 0 & R & -R \\ -R & 0 & R \\ R & -R & 0 \end{bmatrix} \begin{bmatrix} i_1 \\ i_2 \\ i_3 \end{bmatrix} \tag{E3.10.8}$$

$z$ 参量为实数矩阵,这是一个被抽象为阻性网络的特殊的三端口环行器。

请证明:(1)该阻性网络是无损网络。(2)该三端口网络三个端口的特征阻抗相等,$Z_{01} = Z_{02} = Z_{03} = R$。(3)如果端口 2、端口 3 端接特征阻抗(匹配负载),端口 1 进入的功率只能被端口 2 匹配负载吸收,端口 3 吸收功率为 0。(4)如果端口 2 所接负载不等于特征阻抗(没有匹配),但端口 3 接匹配负载,那么端口 1 吸收的功率,将只能部分被端口 2 负载吸收,剩余的功率将被端口 3 匹配负载吸收。

**证**:(1)根据无损性定义,只需确认该三端口网络的端口电压、端口电流满足式(3.10.12),则说明该网络是无损的。

$$\begin{aligned} P &= \sum_{k=1}^{n} p_k = \sum_{k=1}^{n} v_k i_k = v_1 i_1 + v_2 i_2 + v_3 i_3 \\ &= (R i_2 - R i_3) i_1 + (-R i_1 + R i_3) i_2 + (R i_1 - R i_2) i_3 \\ &= R i_1 i_2 - R i_3 i_1 - R i_1 i_2 + R i_3 i_2 + R i_1 i_3 - R i_2 i_3 = 0 \end{aligned} \tag{E3.10.9}$$

显然式(3.10.12)恒成立,故而由式(E3.10.8)规定的环行器三端口网络是无损网络。

(2)证明其端口特征阻抗为 $Z_{01} = Z_{02} = Z_{03} = R$。

首先根据元件约束条件可知,三端口环行器是旋转对称的($z$ 参量矩阵是旋转对称矩阵),由对称性可知其特征阻抗相等,假设 $Z_{01} = Z_{02} = Z_{03} = Z_0$。根据特征阻抗定义,如图 E3.10.3 所示,在端口 2、端口 3 接其特征阻抗,$Z_{L2} = Z_{02} = Z_0$,$Z_{L3} = Z_{03} = Z_0$,从端口 1 看入阻抗应恰好为端口 1 特征阻抗,即 $Z_{in1} = Z_{01} = Z_0$。

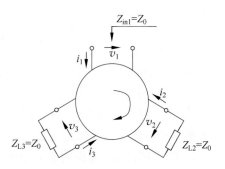

图 E3.10.3　特征阻抗计算

对于这种简单的端口对接关系,只需定义一套端口电压、端口电流,KVL 和 KCL 自动满足,列写出对接端口的元件约束条件即可求解获得端口电压和端口电流。首先列写和端口 2、端口 3 对接的单端口负载电阻的约束条件,为

$$v_2 = -i_2 Z_0 \qquad (E3.10.10a)$$

$$v_3 = -i_3 Z_0 \qquad (E3.10.10b)$$

再列写端口 1 加载测试电流源的元件约束条件,为

$$i_1 = i_{\text{test}} \qquad (E3.10.10c)$$

最后列写环行器三端口网络自身的元件约束条件,为

$$v_1 = +Ri_2 - Ri_3 \qquad (E3.10.11a)$$

$$v_2 = -Ri_1 + Ri_3 \qquad (E3.10.11b)$$

$$v_3 = +Ri_1 - Ri_2 \qquad (E3.10.11c)$$

六个方程,六个未知量($v_1$,$i_1$,$v_2$,$i_2$,$v_3$,$i_3$),可解。由于现在需求端口 1 输入电阻,只对 $v_1$,$i_1$ 感兴趣,故而消除上述方程中的其他四个未知量。将式(E3.10.10)代入式(E3.10.11b、c),可以求出用 $i_{\text{test}}$ 表述的 $i_2$ 和 $i_3$,分别为

$$i_2 = \frac{R(R+Z_0)}{Z_0^2 + R^2} i_1 = \frac{R(R+Z_0)}{Z_0^2 + R^2} i_{\text{test}} \qquad (E3.10.12a)$$

$$i_3 = \frac{R(R-Z_0)}{Z_0^2 + R^2} i_1 = \frac{R(R-Z_0)}{Z_0^2 + R^2} i_{\text{test}} \qquad (E3.10.12b)$$

代入式(E3.10.11a),可知

$$v_{\text{test}} = v_1 = Ri_2 - Ri_3 = \frac{2Z_0 R^2}{Z_0^2 + R^2} i_{\text{test}} \qquad (E3.10.13a)$$

也就是说,端口 1 输入阻抗为

$$Z_{\text{in1}} = \frac{v_{\text{test}}}{i_{\text{test}}} = \frac{2Z_0 R^2}{Z_0^2 + R^2} \qquad (E3.10.13b)$$

由旋转对称性知 $Z_{\text{in1}} = Z_0$,代入式(E3.10.13)可知

$$Z_0 = R \qquad (E3.10.14)$$

这说明环行器三个端口的特征阻抗就是网络参量 $R$。

这里假设 $R > 0$。如果 $R < 0$,则有 $Z_0 = -R$,且环行器信号传输方向逆转,由 3 指向 2,由 2 指向 1,由 1 指向 3。下面的分析只考虑 $R > 0$ 的情况,此时环行器信号传输方向如题所述,由 1 指向 2,由 2 指向 3,由 3 指向 1。

(3) 证明环行器的功率环行传输特性。

三端口环行器的特征阻抗为 $Z_0 = R$,将这个条件代回式(E3.10.12),可知在端口 2、端口 3 接特征阻抗(匹配负载)后,两个端口电流为

$$i_2 = \frac{R(R+Z_0)}{Z_0^2 + R^2} i_1 = i_1 \qquad (E3.10.15a)$$

$$i_3 = \frac{R(R-Z_0)}{Z_0^2 + R^2} i_1 = 0 \qquad (E3.10.15b)$$

也就是说,端口 1 流入电流 $i_1$ 全部显现在端口 2,$i_2 = i_1$,端口 3 没有电流流出,因而此时端口 1 输入功率全部被端口 2 匹配负载吸收,

$$P_{\text{in1}} = v_1 i_1 = (i_1 Z_{\text{in1}}) i_1 = Z_0 i_1^2 \qquad (E3.10.16a)$$

$$P_{\text{L2}} = -v_2 i_2 = -(-i_2 Z_{\text{L2}}) i_2 = Z_0 i_2^2 = Z_0 i_1^2 = P_{\text{in1}} \qquad (E3.10.16b)$$

端口 3 负载没有接收到任何功率，

$$P_{L3} = -v_3 i_3 = -(-i_3 Z_{L3}) i_3$$
$$= Z_0 i_3^2 = 0 \qquad \text{(E3.10.16c)}$$

（4）证明不匹配端口不能吸收环行器前一端口环行过来的能量，剩余能量全部环行到下一端口。如图 E3.10.4 所示，假设端口 1 信源内阻为匹配电阻（特征阻抗），端口 2 负载电阻不匹配，$R_2 \neq Z_0$，但端口 3 接匹配负载。

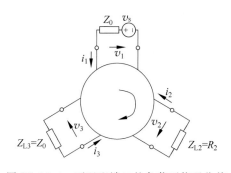

图 E3.10.4　不匹配端口的负载不能吸收前一端口吸收的全部能量

由于是对接端口，因而在共同的端口电压、端口电流定义下，只需列写出 6 个元件约束条件即可求得 6 个未知量（$v_1, i_1, v_2, i_2, v_3, i_3$），如下

$$v_1 + i_1 Z_0 = v_s \qquad \text{(E3.10.17a)}$$

$$v_2 + R_2 i_2 = 0 \qquad \text{(E3.10.17b)}$$

$$v_3 + i_3 Z_0 = 0 \qquad \text{(E3.10.17c)}$$

$$v_1 - Z_0 i_2 + Z_0 i_3 = 0 \qquad \text{(E3.10.17d)}$$

$$v_2 - Z_0 i_3 + Z_0 i_1 = 0 \qquad \text{(E3.10.17e)}$$

$$v_3 - Z_0 i_1 + Z_0 i_2 = 0 \qquad \text{(E3.10.17f)}$$

将上述方程组整理为 6 阶矩阵方程，求逆可得

$$v_1 = 0.5 v_s, \quad i_1 = 0.5 \frac{v_s}{Z_0} \qquad \text{(E3.10.18a)}$$

$$v_2 = -\frac{R_2}{Z_0 + R_2} v_s, \quad i_2 = \frac{1}{Z_0 + R_2} v_s \qquad \text{(E3.10.18b)}$$

$$v_3 = -0.5 \frac{Z_0 - R_2}{Z_0 + R_2} v_s, \quad i_3 = 0.5 \frac{Z_0 - R_2}{Z_0 + R_2} \frac{v_s}{Z_0} \qquad \text{(E3.10.18c)}$$

因而有如下的端口功率，

$$P_1 = \overline{v_1 i_1} = \frac{\overline{v_s^2}}{4 Z_0} = \frac{V_{s,\text{rms}}^2}{4 Z_0} = P_{s,\text{max}} \qquad \text{(E3.10.19a)}$$

$$P_2 = \overline{v_2 i_2} = -\frac{R_2 \overline{v_S^2}}{(Z_0 + R_2)^2} = -\frac{4 Z_0 R_2}{(Z_0 + R_2)^2} P_{s,\text{max}} \qquad \text{(E3.10.19b)}$$

$$P_3 = \overline{v_3 i_3} = -\frac{(Z_0 - R_2)^2 \overline{v_s^2}}{4 Z_0 (Z_0 + R_2)^2} = -\frac{(Z_0 - R_2)^2}{(Z_0 + R_2)^2} P_{s,\text{max}} \qquad \text{(E3.10.19c)}$$

也就是说，除了由 $P_1 + P_2 + P_3 = 0$ 再一次确认环行器无损外，还可确认端口 2 负载电阻吸收功率小于端口 1 吸收功率，

$$P_{L2} = -P_2 = \frac{4 Z_0 R_2}{(Z_0 + R_2)^2} P_{s,\text{max}} = \frac{4 Z_0 R_2}{(Z_0 + R_2)^2} P_1 \leqslant P_1 \qquad \text{(E3.10.20a)}$$

端口 3 匹配负载电阻吸收功率恰好是端口 2 负载没有吸收的功率，

$$P_{L3} = -P_3 = \frac{(Z_0 - R_2)^2}{(Z_0 + R_2)^2} P_{s,\text{max}}$$

$$= \left(1 - \frac{4 Z_0 R_2}{(Z_0 + R_2)^2}\right) P_{s,\text{max}} = P_1 - P_{L2} \qquad \text{(E3.10.20b)}$$

显然，端口 1 吸收的功率 $P_1$，将只能部分被端口 2 负载吸收，剩余的功率将被端口 3 匹配负载

吸收。

用专业术语解释上述结果：端口2由于没有接匹配负载（特征阻抗），它将无法吸收端口1环行传输过来的全部功率，而是吸收了部分功率，剩余的部分功率则反射回去，从端口2反射回去的功率对端口2而言是输入功率，环行器的环行特性使得该功率只能从端口3输出，端口3接匹配负载，故而端口2过来的功率被全部吸收。由式(E3.10.19c)可定义反射系数为

$$\Gamma = \frac{R_L - Z_0}{R_L + Z_0} \tag{3.10.14}$$

如果端口负载电阻 $R_L$ 不等于端口特征阻抗 $Z_0$，也就是该端口没有做到最大功率传输匹配，那么负载电阻将不能全部吸收该端口等效戴维南源释放的额定功率，只能吸收一部分，剩余的部分则被反射回去，反射功率为

$$P_R = P_{s,max} - P_L = |\Gamma|^2 P_{s,max} \tag{3.10.15}$$

如果端口负载电阻 $R_L$ 等于端口特征阻抗 $Z_0$，也就是该端口实现了最大功率传输匹配，那么负载电阻将全部吸收该端口等效戴维南源释放的额定功率，没有功率反射，反射系数为0。显然反射系数的定义源于阻抗不匹配导致的非最大功率传输。

定义了反射系数后，可以如是理解例3.10.3的问题(4)：

(1) 从端口1看入的电阻为环行器端口1特征阻抗 $Z_0$，故而端口1最大功率传输匹配，环行器端口1吸收了信源能够输出的最大功率，即 $P_1 = P_{s,max}$。

(2) 进入端口1的功率，由环行器环行特性，只能从端口2输出，但是端口2所接负载 $R_2$ 和端口2戴维南源内阻（环行器端口2特征阻抗 $Z_0$）不等，于是负载无法获得端口2等效信源的额定功率，$P_L < P_{s,max}$，故而有 $P_R = P_{s,max} - P_L = |\Gamma|^2 P_{s,max}$ 的功率反射回了端口2。

(3) 进入端口2的反射功率 $|\Gamma|^2 P_{s,max}$，由环行器环行特性，只能从端口3输出，端口3所接负载 $Z_0$ 恰好为端口3的特征阻抗（端口3戴维南源内阻），故而端口3负载将获得该戴维南源的额定功率，即 $P_3 = |\Gamma|^2 P_{s,max}$。

请同学进一步思考并研究：如果端口3也不匹配又会怎样？

1) 环行器应用1：反射型负阻放大器

**练习 3.10.9** 反射型负阻放大器：如图 E3.10.5 所示，自端口1过来的信号传递到端口2，由于端口2所接负载为负阻 $-r_d$（等效线性负载），它不仅不吸收从端口1传输过来的功率，还会额外释放更多的功率，和输入功率一并反射回去并被环行器引导到端口3。由于端口3接匹配负载 $Z_0$，故而端口3获得了比信源额定功率还要大的功率。注意到环行器是无损网络，因而负载获得的多余功率必定来自负阻。证明：该负阻放大器的功率增益为

$$G_T = \frac{P_L}{P_{s,max}} = |\Gamma_d|^2$$
$$= \left(\frac{Z_0 + r_d}{Z_0 - r_d}\right)^2 > 1 \tag{E3.10.21}$$

将图 E3.10.5 所示环行器的端口1作为放大器输入端口，端口3作为放大器输出端口，端口2接负阻后成为放大器内部端口（不对外），那么该放大器被称为反射型负阻放大器。

由此我们可以证明，当网络的有源性体现为负阻时，如式(E3.10.6a/b)所示，那么理论上就可以将这个等效负阻

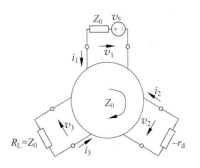

图 E3.10.5 反射型负阻放大器

接入到如图 E3.10.5 所示的反射型负阻放大器内部,如是该放大器功率增益将大于 1,由于环行器是无损网络,故而负阻的有源性不会增强或减弱,有源性条件式(E3.10.6a/b)和功率增益大于 1 等价得以验证(见练习 3.10.6)。注意,由于端口 1 和端口 3 均匹配,转换功率增益就是最大功率增益。

2)环行器应用 2:收发分离

图 E3.10.6 所示的电路是利用环行器实现的收发分离电路:天线对发射机而言等效为负载阻抗 $Z_0$,因而从发射机信源发出的信号只能被天线接收,天线将其转化为空间辐射电磁波发射到自由空间,发射机信号不会进入接收机中;天线同时接收空间电磁波将其转化为电压信号,该信源内阻仍然为 $Z_0$,该信号进入环行器后只能被接收机吸收,接收机对天线而言就是一个 $Z_0$ 负载电阻。用该电路可实现同一个天线信号的收发分离,发射机信号由天线发射出去,天线接收信号给接收机处理,两路信号互不影响。

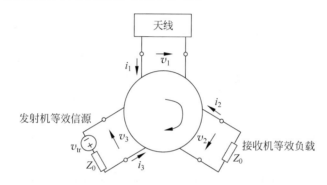

图 E3.10.6　用环行器实现收发分离

本书中出现的无损网络包括理想环行器、理想回旋器、理想变压器、LC 滤波器、LC 阻抗变换电路、理想传输线、理想开关等。其中理想环行器和理想回旋器是非互易网络,而上述的其他无损网络则为互易网络。

**练习 3.10.10**　说明非互易阻性线性 $N$ 端口网络如果无损,其纯阻性阻抗矩阵必有如下限制,

$$R_{ii} = 0, R_{ij} = -R_{ji}\quad i,j = 1,2,\cdots,N \tag{E3.10.22}$$

### 3.10.7　双向网络和单向网络

#### 1. 单向与双向

所谓单向网络,是指只存在一个端口对另外一个端口的作用关系的二端口网络。显然,对于线性二端口网络而言,如果它是单向网络,则必有

$$z_{12} = 0, z_{21} \neq 0 \text{ 或 } z_{21} = 0, z_{12} \neq 0 \tag{3.10.16a}$$
$$y_{12} = 0, y_{21} \neq 0 \text{ 或 } y_{21} = 0, y_{12} \neq 0 \tag{3.10.16b}$$
$$h_{12} = 0, h_{21} \neq 0 \text{ 或 } h_{21} = 0, h_{12} \neq 0 \tag{3.10.16c}$$
$$g_{12} = 0, g_{21} \neq 0 \text{ 或 } g_{21} = 0, g_{12} \neq 0 \tag{3.10.16d}$$

**练习 3.10.11**　只有端口 1 到端口 2 作用关系的单向网络,证明:(1)其 $abcd$ 参量不存在;(2)其 $ABCD$ 参量必然满足 $\Delta_\mathrm{T} = AD - BC = 0$。

双向二端口网络是指两个方向作用关系都存在的二端口网络,

$$z_{12} z_{21} \neq 0 \tag{3.10.17a}$$

$$y_{12}y_{21} \neq 0 \tag{3.10.17b}$$

$$h_{12}h_{21} \neq 0 \tag{3.10.17c}$$

$$g_{12}g_{21} \neq 0 \tag{3.10.17d}$$

满足以上条件之一的,即为双向线性二端口网络。

**2. 双向网络具有阻抗变换功能**

由式(3.9.8)可知,双向网络具有阻抗变换功能:它可以将 $R_L$ 通过网络双向作用变换为 $R_{in}$,同时可以将 $R_s$ 通过网络双向作用变换为 $R_{out}$。而单向网络则不具阻抗变换功能,输入阻抗和负载电阻无关,输出阻抗也和信源内阻无关。

虽然所有的双向网络都具有某种阻抗变换功能,但我们希望阻抗变换网络自身应是无损的。注意到(受控系数不为 0 的)互易一定双向,因而最常见的阻抗变换电路多为无损互易网络,如理想变压器、LC 阻抗变换网络、理想传输线等,这些阻抗变换网络将在第 10 章部分加以讨论。

**3. 基本放大器:典型的单向网络**

如图 3.10.1 所示,有四种基本放大器,分别称之为电压放大器、电流放大器、跨导放大器和跨阻放大器,它们是在四个理想受控源——压控压源、流控流源、压控流源、流控压源基础上分别添加输入电阻和输出电阻后形成的单向二端口线性网络,只不过将相应的电压控制系数、电流控制系数、跨导控制系数、跨阻控制系数另行称为电压放大倍数(电压增益)、电流放大倍数(电流增益)、跨导放大倍数(跨导增益)和跨阻放大倍数(跨阻增益)。

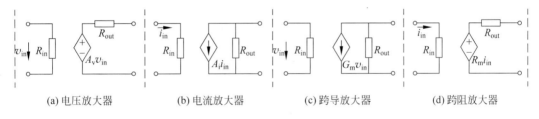

(a) 电压放大器　　　(b) 电流放大器　　　(c) 跨导放大器　　　(d) 跨阻放大器

图 3.10.1　四种基本线性放大器

这四种基本放大器,只要输入电阻和输出电阻非零非无穷,它们之间就是可以相互转换的,只是将输出端口等效电路中的戴维南形式和诺顿形式相互转换而已,转换的同时,将受控特性修改为需要的比值关系即可。

表 3.10.1 给出了四个基本放大器的网络参量,显然基本放大器的网络参量具有如下特性:代表输入电阻(或电导)和输出电阻(或电导)的 11 元素和 22 元素大于 0,代表端口 2 对端口 1 作用关系的 12 元素为 0,代表端口 1 对端口 2 作用关系的 21 元素不为 0,具有这种网络参量的二端口网络就是基本放大器。从这个表格可知,这四个基本放大器可以相互自由转换,那么在实际应用时,到底采用哪种模型(哪个参量)更好呢?前面我们曾定义过最适参量,其中一条就是如果网络参量接近理想网络参量,则为最适参量。这里定义四种基本放大器的最适参量为使得基本放大器的网络参量接近于理想受控源的网络参量。例如,在 $R_s \ll R_{in}$,$R_L \gg R_{out}$ 负载条件下,$g$ 参量的 11 元素 $G_{in} \ll G_s$,从而其影响可以忽略不计,22 元素 $R_{out} \ll R_L$,从而其影响可以忽略不计,从而基本放大器的 $g$ 参量在该负载条件下具有接近理想压控压源的特性,所以 $g$ 参量为最适参量,其 11 元素 $g_{11}$ 和 22 元素 $g_{22}$ 可抽象为 0,其 21 元素 $g_{21}$ 恰好为本征电压增益 $A_{v0}$,这种负载情况下采用电压放大器模型较佳,此时的电压传递函数 $H_V = v_L/v_s$ 近似为本征电压增益,$H_V \approx A_{v0} = g_{21} = A_v$。

**表 3.10.1　基本放大器的网络参量**

| | 电压放大器 | 电流放大器 | 跨导放大器 | 跨阻放大器 |
|---|---|---|---|---|
| $g$ 参量 | $\begin{bmatrix} G_{in} & 0 \\ A_v & R_{out} \end{bmatrix}$ | $\begin{bmatrix} G_{in} & 0 \\ -A_i G_{in} R_{out} & R_{out} \end{bmatrix}$ | $\begin{bmatrix} G_{in} & 0 \\ -G_m R_{out} & R_{out} \end{bmatrix}$ | $\begin{bmatrix} G_{in} & 0 \\ R_m G_{in} & R_{out} \end{bmatrix}$ |
| $h$ 参量 | $\begin{bmatrix} R_{in} & 0 \\ -A_v R_{in} G_{out} & G_{out} \end{bmatrix}$ | $\begin{bmatrix} R_{in} & 0 \\ A_i & G_{out} \end{bmatrix}$ | $\begin{bmatrix} R_{in} & 0 \\ G_m R_{in} & G_{out} \end{bmatrix}$ | $\begin{bmatrix} R_{in} & 0 \\ -R_m G_{out} & G_{out} \end{bmatrix}$ |
| $y$ 参量 | $\begin{bmatrix} G_{in} & 0 \\ -A_v G_{out} & G_{out} \end{bmatrix}$ | $\begin{bmatrix} G_{in} & 0 \\ A_i G_{in} & G_{out} \end{bmatrix}$ | $\begin{bmatrix} G_{in} & 0 \\ G_m & G_{out} \end{bmatrix}$ | $\begin{bmatrix} G_{in} & 0 \\ -R_m G_{in} G_{out} & G_{out} \end{bmatrix}$ |
| $z$ 参量 | $\begin{bmatrix} R_{in} & 0 \\ A_v R_{in} & R_{out} \end{bmatrix}$ | $\begin{bmatrix} R_{in} & 0 \\ -A_i R_{out} & R_{out} \end{bmatrix}$ | $\begin{bmatrix} R_{in} & 0 \\ -G_m R_{in} R_{out} & R_{out} \end{bmatrix}$ | $\begin{bmatrix} R_{in} & 0 \\ R_m & R_{out} \end{bmatrix}$ |

**练习 3.10.12**　说明如下负载条件下基本放大器的最适参量是哪个，即采用该最适参量后，相应的系统传递函数接近于本征增益。如负载条件(1)的最适参量为 $g$ 参量，采用电压放大模型，其电压传递函数即可近似用本征电压增益表述。

（1）$R_s \ll R_{in}$，$R_L \gg R_{out}$

（2）$R_s \gg R_{in}$，$R_L \ll R_{out}$

（3）$R_s \ll R_{in}$，$R_L \ll R_{out}$

（4）$R_s \gg R_{in}$，$R_L \gg R_{out}$

显然，四种基本放大器模型的选用与信源内阻、负载电阻对应。如果信源内阻和输入电阻、负载电阻和输出电阻不是远远大于或远远小于关系，任选其中你最熟悉的放大器模型即可。当信源内阻和输入电阻、负载电阻和输出电阻相当时，在射频电路中多采用散射参量 $s$ 参量矩阵进行电路分析，见微波类专业课程。很多时候，我们更多地选用惯常使用的模型，如晶体管小信号模型，CE-BJT 多采用 $h$ 参量电流放大器模型，CS-MOS 多采用 $y$ 参量跨导放大器模型，而本书对这两种晶体管均采用 $y$ 参量跨导放大器模型。

1）有源性与功率增益

放大器的传递函数又被称为增益（Gain），从增益这个命名可知，我们希望放大器负载获得的功率比信源输出的额定功率还要大，显然，真正的放大器，其最大功率增益应该大于 1。虽然图 3.10.1 所示四种单向网络被称为基本放大器，然而这个结构本身并没有要求最大功率增益大于 1，那么什么条件下它们的最大功率增益大于 1 呢？有源则功率增益大于 1！下面证明这个结论。

基本放大器是单向网络，故而有 $AD = BC$（练习 3.10.11），将其代入式（3.10.11b），可知基本放大器的最大功率增益为 1/4 的本征电压增益与本征电流增益之积，

$$G_{p,max} = \frac{1}{\left| \sqrt{AD} + \sqrt{BC} \right|^2} = \frac{1}{\left| 2\sqrt{AD} \right|^2} = \frac{1}{4} \frac{1}{AD} = \frac{1}{4} A_{v0} A_{i0} \qquad (3.10.18)$$

例如，对于图 3.10.1(a) 所示的电压放大器模型，其本征电压增益 $A_{v0} = g_{21} = A_v$，其本征电流增益 $A_{i0} = -h_{21} = A_v R_{in} G_{out}$，因而其最大功率增益为

$$G_{p,max} = \frac{1}{4} A_{v0} A_{i0} = \frac{1}{4} A_v^2 \frac{R_{in}}{R_{out}} \qquad (3.10.19)$$

由 $G_{p,max} > 1$ 推出的对电压增益的要求为

$$|A_v| > 2\sqrt{\frac{R_{out}}{R_{in}}} \qquad (3.10.20)$$

将电压放大器的 $z$ 参量代入有源性条件式(E3.10.6c)，即 $(0+A_vR_{in})^2>4R_{in}R_{out}$，同样导出式 (3.10.20)，这说明基本放大器的有源性条件和 $G_{p,max}>1$ 完全等价。

**练习 3.10.13**　说明基本放大器的特征阻抗就是其输入电阻和输出电阻。

**练习 3.10.14**　对图 3.10.1(a)所示电压放大器，在输入端口接信源内阻 $R_s=Z_{01}=R_{in}$ 的戴维南源，在输出端口接匹配负载 $R_L=Z_{02}=R_{out}$，直接从等效电路的连接关系证明：$G_{p,max}=\dfrac{1}{4}A_v^2\dfrac{R_{in}}{R_{out}}$。

**练习 3.10.15**　图 3.10.1 所示的四种基本放大器，由于存在输入电阻和输出电阻自身的耗能，要求增益(受控源受控系数)必须足够大，受控源才能有足够多的功率，除了输入电阻和输出电阻消耗外，还有额外的功率可以输出。有额外的功率输出意味着有源，意味着功率增益大于 1。前文证明了基本电压放大器的有源性条件为 $|A_v|>2\sqrt{\dfrac{R_{out}}{R_{in}}}$，请给出其他三种基本放大器的有源性条件，即考察对基本放大器的电流增益 $A_i$、跨导增益 $G_m$、跨阻增益 $R_m$ 提出什么样的要求，才能使得基本放大器的最大功率增益大于 1。

**2) 基本放大器单向网络的隔离作用**

基本放大器只有自输入端口到输出端口的前向作用，而没有输出端口到输入端口的反馈作用，这种单向性可以有效隔离负载对信源的影响。在信源和负载中间插入基本放大器：①信源看到的输入阻抗不随负载变化而变化，是固定的；②传递函数可以有效分解为多级级联形式，方便电路设计。

**例 3.10.4**　请分析如图 E3.10.7 所示电路的传递函数关系。

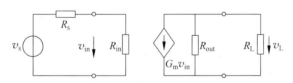

图 E3.10.7　单向放大器的隔离作用

**解**：由于不存在反馈作用项，图 E3.10.7 电路中信号传递影响只在当下，于是：

回路 1：$v_{in}$ 是 $v_s$ 在 $R_{in}$ 上的分压，

$$v_{in}=\frac{R_{in}}{R_s+R_{in}}v_s$$

单向传递：通过理想跨导作用，形成回路 2 的诺顿电流激励，

$$i_N=-G_mv_{in}$$

回路 2：$v_L$ 是诺顿电流流过 $R_{out}$ 和 $R_L$ 并联后形成的输出电压，

$$v_L=i_N(R_{out}\parallel R_L)$$

故而输出电压和输入电压之间具有如下关系，

$$v_L=(R_{out}\parallel R_L)i_N=(R_{out}\parallel R_L)(-G_mv_{in})=(R_{out}\parallel R_L)(-G_m)\left(\frac{R_{in}}{R_s+R_{in}}\right)v_s$$

即传递函数可以分解为三个子传递函数之积：

$$H_V=\frac{v_L}{v_s}=(R_{out}\parallel R_L)\cdot(-G_m)\cdot\left(\frac{R_{in}}{R_s+R_{in}}\right)=H_{R3}\cdot H_{G2}\cdot H_{V1}$$

可以如上述分析的那样理解该传递函数：激励源电压 $v_s$ 经分压关系 $H_{V1}$ 得到 $v_{in}$，$v_{in}$ 经跨导器

$H_{\mathrm{G2}} = -G_{\mathrm{m}}$ 作用得到 $i_{\mathrm{N}}$，$i_{\mathrm{N}}$ 流过 $H_{\mathrm{R3}} = R_{\mathrm{out}} \parallel R_{\mathrm{L}}$ 形成输出电压 $v_{\mathrm{L}}$。

该传递函数还可重新表述为

$$H_{\mathrm{V}} = \frac{v_{\mathrm{L}}}{v_{\mathrm{s}}} = \left( \frac{R_{\mathrm{out}}}{R_{\mathrm{L}} + R_{\mathrm{out}}} \right) \cdot \left( -G_{\mathrm{m}} R_{\mathrm{L}} \right) \cdot \left( \frac{R_{\mathrm{in}}}{R_{\mathrm{s}} + R_{\mathrm{in}}} \right) = H_{\mathrm{I3}} \cdot H_{\mathrm{V2}} \cdot H_{\mathrm{V1}}$$

从而对其可作如是理解：单向跨导放大器输入阻抗非理想无穷大，导致激励源电压 $v_{\mathrm{s}}$ 被分压后形成 $v_{\mathrm{in}} = H_{\mathrm{V1}} v_{\mathrm{s}}$，$v_{\mathrm{in}}$ 经跨导器作用，如果是理想跨导器，将形成反相电压输出，$v_{\mathrm{out}} = H_{\mathrm{V2}} v_{\mathrm{in}} = -G_{\mathrm{m}} R_{\mathrm{L}} v_{\mathrm{in}}$，然而跨导器输出阻抗非理想无穷大，导致跨导器电流输出分流后再流过负载 $R_{\mathrm{L}}$，故而还需在传递函数中乘上一个分流系数 $H_{\mathrm{I3}}$，从而总传递函数关系为非理想输出电阻导致的分流系数 $H_{\mathrm{I3}}$ 乘以理想跨导器电压增益 $H_{\mathrm{V2}}$ 乘以非理想输入电阻导致的分压系数 $H_{\mathrm{V1}}$，即 $H_{\mathrm{V}} = H_{\mathrm{I3}} H_{\mathrm{V2}} H_{\mathrm{V1}}$。

无论如何理解，单向网络的隔离作用使得总传递函数可以方便地分解为分传递函数之积，每个分传递函数都可以独立设计，从而总传递函数对应的电路设计变得简单明了。例如高阶滤波器设计，可以将高阶滤波器传递函数分解为一阶、二阶传递函数之积，从而高阶滤波器设计被简化为一阶、二阶滤波器设计，之后通过单向网络的隔离作用将这些一阶、二阶滤波器级联即可实现高阶滤波器。

实际设计时，因一阶、二阶滤波器通常和单向网络融为一体设计，从而称之为有源滤波器设计。将高阶滤波器分解为一阶、二阶滤波器级联结构是有源滤波器设计的一个重要分支，其中的一阶、二阶有源滤波器被默认为单向的，然而实际设计多采用负反馈结构从而实际网络是双向的，但是这些双向网络一般都满足单向化条件，从而可以将它们视为单向网络理解，级联结构的高阶滤波器设计方案可以成立。

3）单向化条件

单向网络是一种理想需求，实际网络多为双向，除了输入端口到输出端口的传递关系外，同时还存在着输出端口对输入端口的反馈作用关系。那么在什么条件下，双向网络的反馈作用项可以忽略不计，从而可以被当成单向网络看待呢？

以放大器为例，放大器的电压传递函数就是其电压放大倍数，它恰好正是放大器最为关键的特性参数，故而下面以放大倍数的近似一致性定义单向化条件。以 $z$ 参量为例，考察电压传递函数表达式（3.9.4），可知放大器反向作用可以忽略不计的条件为

$$\left| R_{12} R_{21} \right| \ll \left| (R_{11} + R_{\mathrm{s}})(R_{22} + R_{\mathrm{L}}) \right| \tag{3.10.21}$$

此条件被称为跨阻放大器的单向化条件，也就是说，如果 $R_{12}$ 足够小，使得式（3.10.21）条件得以满足，那么该双向放大器即可视为基本跨阻放大器，其电压传递函数可简化为基本放大器的传递函数，

$$H_{\mathrm{V}} = \frac{v_{\mathrm{L}}}{v_{\mathrm{s}}} \approx \frac{R_{21} R_{\mathrm{L}}}{(R_{11} + R_{\mathrm{s}})(R_{22} + R_{\mathrm{L}})} \tag{3.10.22}$$

这个传递函数具有十分明确的单向网络传递函数级联关系：首先输入信号 $v_{\mathrm{s}}$ 被转化为输入电流，$i_{\mathrm{in}} = \dfrac{v_{\mathrm{s}}}{R_{11} + R_{\mathrm{s}}}$，该输入电流被跨阻器（流控压源）转化为输出端口的戴维南源电压，$v_{\mathrm{out,TH}} = R_{\mathrm{m0}} i_{\mathrm{in}} = R_{21} i_{\mathrm{in}}$，而输出电压为该戴维南源电压在负载电阻上的分压，即 $v_{\mathrm{L}} = \dfrac{R_{\mathrm{L}}}{R_{\mathrm{out}} + R_{\mathrm{L}}} v_{\mathrm{out,TH}} = \left( \dfrac{R_{\mathrm{L}}}{R_{22} + R_{\mathrm{L}}} \right) \cdot (R_{21}) \cdot \left( \dfrac{1}{R_{11} + R_{\mathrm{s}}} \right) \cdot v_{\mathrm{s}} = H_{\mathrm{V3}} \cdot H_{\mathrm{R2}} \cdot H_{\mathrm{G1}} \cdot v_{\mathrm{s}}$。

**练习 3.10.16**　证明：针对线性放大器的四种参量，放大器反向作用可以忽略不计的单向

化条件分别为

$$|R_{12}R_{21}| \ll |(R_{11}+R_s)(R_{22}+R_L)| \tag{3.10.23a}$$

$$|G_{12}G_{21}| \ll |(G_{11}+G_s)(G_{22}+G_L)| \tag{3.10.23b}$$

$$|h_{12}h_{21}| \ll |(h_{11}+R_s)(h_{22}+G_L)| \tag{3.10.23c}$$

$$|g_{12}g_{21}| \ll |(g_{11}+G_s)(g_{22}+R_L)| \tag{3.10.23d}$$

双向网络如果满足上述单向化条件,则在求电压、电流、跨导、跨阻传递函数时可以直接将 12 元素的影响忽略不计,但在求输入电阻、输出电阻、特征阻抗、最大功率增益时,12 元素的影响有可能是不能忽略不计的。

**4. 弱耦合网络**

阻性二端口网络中的弱耦合网络,一般是指满足如下关系的互易网络:

$$|R_{12}R_{21}| \ll |R_{11}R_{22}| \tag{3.10.24a}$$

$$|G_{12}G_{21}| \ll |G_{11}G_{22}| \tag{3.10.24b}$$

$$|h_{12}h_{21}| \ll |h_{11}h_{22}| \tag{3.10.24c}$$

$$|g_{12}g_{21}| \ll |g_{11}g_{22}| \tag{3.10.24d}$$

**练习 3.10.17**　说明弱耦合网络的传递函数几乎与单向网络的等同。

无耦合网络(解耦网络)则是指可以分解为独立单端口网络的多端口网络。对于线性二端口网络,如果端口之间无耦合,也就没有端口间的相互作用关系,

$$z_{12}=0, z_{21}=0 \tag{3.10.25}$$

**练习 3.10.18**　假设无耦合线性二端口网络存在 $zyhg$ 参量,说明该无耦合二端口线性网络的网络参量特性。

# 3.11　典型线性阻性网络及其应用

端口约束条件可以用线性代数方程描述的网络被称为线性阻性网络。下面考察一些典型的线性阻性网络,按无源网络(有损网络、无损网络)、有源网络的顺序展开。

## 3.11.1　典型无源网络之有损网络

本节考察电阻分压器、分流器、电阻衰减器和电阻电桥电路,它们都是由线性电阻构成的最典型的有损网络,形成的二端口网络也全部都是互易网络。

**1. 分压分流与合压合流及其在 ADC/DAC 中的应用**

所谓分压器,就是用串联电阻实现分压,如图 3.11.1(a)所示,

$$v_{out} = \frac{R_2}{R_1+R_2}v_{in} \tag{3.11.1a}$$

而分流器是分压器的对偶电路,电流源 $i_{in}$ 对偶电压源 $v_{in}$,$G_1$、$G_2$ 并联对偶 $R_1$、$R_2$ 串联,短路电流 $i_{out}$ 对偶开路电压 $v_{out}$。显然,结论也是对偶表达式,

$$i_{out} = \frac{G_2}{G_1+G_2}i_{in} \tag{3.11.1b}$$

分压、分流逆向的操作则是合压、合流,如图 3.11.2 所示,通过串联实现电压求和,通过并联实现电流求和,

$$v_{out} = v_{in1} + v_{in2} \tag{3.11.2a}$$

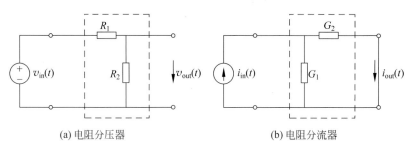

(a) 电阻分压器　　　　　　　　　　　(b) 电阻分流器

图 3.11.1　分压器和分流器

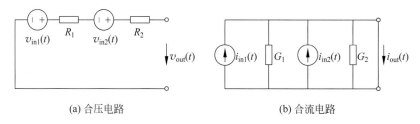

(a) 合压电路　　　　　　　　　　(b) 合流电路

图 3.11.2　串联合压与并联合流

$$i_{\text{out}} = i_{\text{in1}} + i_{\text{in2}} \tag{3.11.2b}$$

实用电路中分压和合流应用最为广泛。只需在串联电阻中间引出抽头，即可获得分压，第 4 章会举例说明电阻分压器是如何为 BJT 晶体管提供直流偏置电压的，下面还有分压器在 ADC 和 DAC 中的应用举例。合流电路在实用电路中很常见的原因在于电流合成十分简单，只需把各个支路连到一个结点上，根据 KCL，自然可以获得电流之和。

**例 3.11.1**　如图 E3.11.1 是一个 3bit DAC 电路，称之为 string DAC，请分析它是如何完成 DA 转换的。

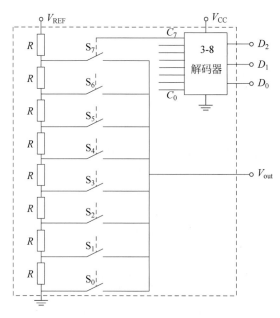

图 E3.11.1　3bit string DAC

**分析**：所谓 DAC，就是数模转换器（Digital-to-Analog Converter），它是将数字信号线性转化为模拟信号的电路。这里的数字信号指的是二进制数，以 3bit 数字为例，其输入 $D_2D_1D_0$ 只能是 8 种情况之一，000,001,010,011,100,101,110,111，对应十进制数的 0,1,2,3,4,5,6,7，要求 DAC 完成线性转换，因而对应这 8 个输入，输出电压应该为 $0,1V_0,2V_0,3V_0,4V_0,5V_0,6V_0,7V_0$，其中 $V_0$ 是数模转换线性比例系数。为了获得这个电压序列，采用电阻分压器，如图 E3.11.1 所示，用 8 个相同阻值的电阻串联，两端加载 $V_{REF}$ 电压源，于是可得到 9 个电压，$0,(1/8)V_{REF},(2/8)V_{REF},(3/8)V_{REF},(4/8)V_{REF},(5/8)V_{REF},(6/8)V_{REF},(7/8)V_{REF},V_{REF}$，我们取前 8 个电压，并在相应位置引出抽头，这些抽头通过开关和输出 $V_{out}$ 连接。当输入为 000 时，$S_0$ 开关闭合，其他开关断开，输出为 0，当输入为 001 时，$S_1$ 开关闭合，其他开关断开，输出为 $(1/8)V_{REF}$，如此控制开关，当输入为 111 时，$S_7$ 开关闭合，其他开关断开，输出为 $(7/8)V_{REF}$，如是即可完成期望的 DA 线性转换。为了实现开关的控制，需要一个 3-8 解码器（Decoder），它可以将编码 000～111 解码为相应的控制信号，使得相应开关闭合或断开。3-8 解码器完成的功能见下表，它是一个数字电路模块。

| $D_2D_1D_0$ | 000 | 001 | 010 | 011 | 100 | 101 | 110 | 111 |
|---|---|---|---|---|---|---|---|---|
| $C_7\cdots C_1C_0$ | 00000001 | 00000010 | 00000100 | 00001000 | 00010000 | 00100000 | 01000000 | 10000000 |

表中的 0 代表低电平（如 0V），表中的 1 代表高电平（如 5V），高电平使得开关闭合，低电平使得开关断开，如是即可完成如图 3.11.3 所示的 DA 转换特性。

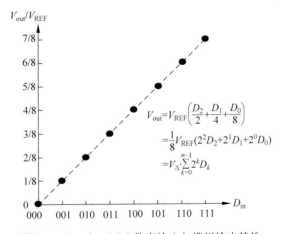

$$V_{out}=V_{REF}\left(\frac{D_2}{2}+\frac{D_1}{4}+\frac{D_0}{8}\right)$$
$$=\frac{1}{8}V_{REF}(2^2D_2+2^1D_1+2^0D_0)$$
$$=V_\Delta\cdot\sum_{k=0}^{n-1}2^kD_k$$

图 3.11.3　3bit DAC 数字输入与模拟输出特性

DAC 的核心部件是开关：开关受数字输入的控制，通过开关的拨动，使得有对应于数字输入的模拟输出。图 3.11.4 是 1bit DAC 的基本结构：单刀双掷开关在数字输入 $D_0$ 的控制下，开关要么拨向 $V_{REF}$，要么拨向 $V_{GND}$，于是模拟输出对应数字的两种输入情况，只有两种模拟电压输出，

$$V_{out}=\begin{cases}V_{REF}, & D_0=1\\ V_{GND}, & D_0=0\end{cases}\qquad(3.11.3)$$

**练习 3.11.1**　请设计一个 3bit 的数字型电位器（digital potentiometer）。所谓数字型电位器，就是用 3bit 的数字位控制，使得该电位器可提供 8 种电阻：

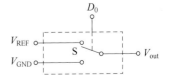

图 3.11.4　1bit DAC 原理电路

$0,R,2R,3R,4R,5R,6R,7R$。

**例 3.11.2**　图 E3.11.2 是一个 3bit ADC,称之为 Flash ADC,请分析它是如何完成 AD 转换的。

**分析**：如图 E3.11.2,根据电阻分压网络的电阻取值,可知分配给 7 个比较器反相输入端的分压分别为 $(1/16)V_{\text{REF}}$,$(3/16)V_{\text{REF}}$,$(5/16)V_{\text{REF}}$,$(7/16)V_{\text{REF}}$,$(9/16)V_{\text{REF}}$,$(11/16)V_{\text{REF}}$,$(13/16)V_{\text{REF}}$,比较器同相输入端电压为输入电压。当比较器同相输入端电压高于反相输入端电压,比较器则输出高电平(逻辑 1),当比较器同相输入端电压低于反相输入端电压,比较器输出低电平(逻辑 0)。于是当输入电压低于 $(1/16)V_{\text{REF}}$ 时,7 个比较器输出均为 0,$C_6C_5C_4C_3C_2C_1C_0=0000000$;当输入电压位于 $(1/16)V_{\text{REF}}$ 和 $(3/16)V_{\text{REF}}$ 之间时,最低位比较器输出 1,其他输出为 0,即 $C_6C_5C_4C_3C_2C_1C_0=0000001$;当输入电压位于 $(3/16)V_{\text{REF}}$ 和 $(5/16)V_{\text{REF}}$ 之间时,最低两位比较器输出 1,其他输出为 0,即 $C_6C_5C_4C_3C_2C_1C_0=0000011$······当输入电压高于 $(13/16)V_{\text{REF}}$ 时,所有比较器均输出 1,即 $C_6C_5C_4C_3C_2C_1C_0=1111111$。将比较器的这 8 种输出情况通过 7-3 编码器(数字电路)编码为二进制,如下表所示,于是就可以得到如图 3.11.5 所示的 ADC 模拟输入到数字输出的转移特性,完成了 3bit AD 转换。

| $C_6\cdots C_1C_0$ | 0000000 | 0000001 | 0000011 | 0000111 | 0001111 | 0011111 | 0111111 | 1111111 |
|---|---|---|---|---|---|---|---|---|
| $D_2D_1D_0$ | 000 | 001 | 010 | 011 | 100 | 101 | 110 | 111 |

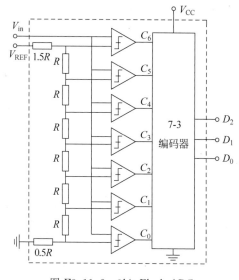

图 E3.11.2　3bit Flash ADC

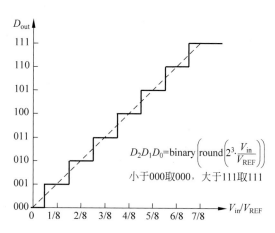

图 3.11.5　3bit ADC 模拟输入与数字输出转移特性

ADC 的核心部件是比较器(Comparator):如图 3.11.6(b)所示,这是比较器的输入和输出电压转移特性曲线。显然,当同相输入端电压高于反相输入端电压,输出则为高电平对应逻辑 1;当同相输入端电压低于反相输入端电压,输出则为低电平对应逻辑 0。于是 1bit ADC 采用一个比较器即可完成,如图 3.11.6(a)所示,将反相输入端接阈值电压 $V_{\text{TH}}$,同相输入端接输入电压 $V_{\text{in}}$,于是输入电压被量化为 1bit 数字,高于 $V_{\text{TH}}$ 的输入电压被量化为数字 1,低于 $V_{\text{TH}}$ 的输入电压被量化为数字 0,

$$D_0=\begin{cases} 1, & V_{\text{in}}>V_{\text{TH}} \\ 0, & V_{\text{in}}<V_{\text{TH}} \end{cases} \tag{3.11.4}$$

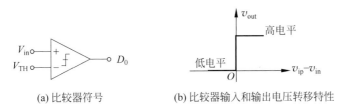

图 3.11.6　1bit ADC 原理电路

上述两个例子中的开关和比较器由晶体管电路实现,而解码器和编码器都是数字电路,第 7 章组合逻辑电路讨论结束后请同学自行设计完成。

上述两个例子均为电阻分压器的应用,下面两个练习则是合流、合压应用例。

**练习 3.11.2**　如图 E3.11.3:(1)请分析说明这是一个 3bit DAC(合流应用);(2)给出 3-7 解码器的输入输出码表;(3)如果希望输出为电压而非电流,该电路的输出端如何处理? 请给出原理框图。

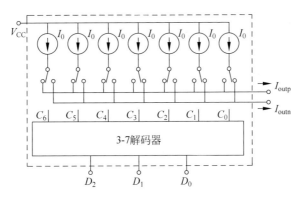

图 E3.11.3　3bit thermometer DAC

**练习 3.11.3**　如图 E3.11.4,请分析说明这是一个 4bit DAC。

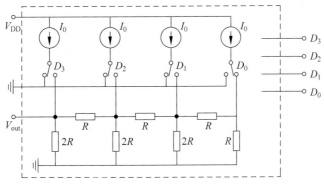

图 E3.11.4　4bit $R$-$2R$ Ladder DAC

**提示**:可以采用戴维南等效进行分析(合压合流应用)。

**2. 衰减器**

例 3.9.3 给出的 π 型电阻衰减器(图 E3.9.2)分析、练习 3.9.5 要求设计的 T 型电阻衰减器是分压、分流的混合应用,可实现匹配衰减。这里的匹配,指的是对接端口特征阻抗相等的最大功率传输匹配,故而不存在功率和信号的反射。

分压器和分流器本身也可实现功率衰减功能,但难以实现衰减系数和端口特征阻抗两个参量的同时可调。π型和T型电阻网络由于比分压、分流网络多了一个元件,也就多了一个设计自由度,故而可以使得衰减系数 $L$ 和端口特征阻抗 $Z_{01}$、$Z_{02}$ 同时满足设计需求。

**3. 电桥电路**

电桥电路不仅应用于电阻电路,也可应用于动态电路。由电阻构成的惠斯通电桥最常见的应用包括电阻测量和物理量传感等。

例 3.4.4 和例 3.4.6 中给出惠斯通电桥的桥中端口等效电路,这个电路可以理解为两个分压器中心引出抽头,如图 3.11.7 所示。

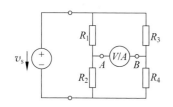

图 3.11.7 惠斯通电桥测量电阻

显然,两个抽头对地(这里以电压源负极为参考地)电压为分压,

$$v_A = \frac{R_2}{R_1 + R_2} v_s \tag{3.11.5a}$$

$$v_B = \frac{R_4}{R_3 + R_4} v_s \tag{3.11.5b}$$

当满足平衡条件时,

$$R_1 R_4 = R_2 R_3 \tag{3.11.6}$$

两个分压则相等,此时 $A$、$B$ 两个端点之间接任意阻抗,均不会有电流流过。因而当电桥平衡时,$A$、$B$ 端点之间无论是接电压表(其端口电阻很大,可抽象为开路),还是接电流表(其端口电阻很小,可抽象为短路),电表都不会有显示(桥中电压为零,电流为零)。

1) 电阻测量应用

正是这个原因,该电路可以用来测量电阻,假设 $R_1$、$R_2$ 是已知的精密电阻,$R_3$ 是可调的精密电阻,$R_4$ 是待测电阻,那么电路可以连接为如图 3.11.7 所示,调节 $R_3$,使得桥中电表读数为 0,则表明电桥达到平衡,于是 $R_4$ 可以测得,为

$$R_4 = \frac{R_2}{R_1} R_3 \tag{3.11.7}$$

当电桥平衡时,桥上电压为零,电流为零,桥上电阻可以为任意阻值,都不会影响电桥的对外特性,因而此时如果桥上有电阻,该电阻可以短路,也可以开路,于是电桥等效电路分析可以得到大大简化。

**练习 3.11.4** 求图 E3.11.5 $AB$ 端口的看入电阻。提示:电桥是平衡的。

2) 温度传感器例:用电桥检测外界物理量变化

电桥可以用来进行精密的电阻测量,原因在于电桥对不平衡十分敏感,这种敏感还可用于传感器电路中,用来检测外界物理量的微小变化,通过桥将外界物理量的变化转化为电压信号的变化。如图 E3.11.6 所示,这是一个采用电桥结构实现的温度传感器,其中,$R_1$、$R_2$、$R_3$ 都是精密电阻,它们对温度不敏感,$R_4$ 则是一个热敏电阻,这个电阻阻值随温度变化而变化。环境温度发生变化,$R_4$ 阻值则随之改变,桥右端点的电压也因而变化,桥两侧

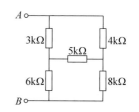

图 E3.11.5 平衡电桥等效电阻计算

的电压差发生变化,这个电压差反映的就是温度的变化。该电压差经过后级放大器(图中的压控压源是电压放大器的核心抽象元件)的信号放大,之后可能再通过模数转换器 ADC(在图 E3.11.6 中被建模为 $R_L$ 负载电阻),将模拟信号转换为数字信号,数字信号大小对应的

温度值就可以在液晶屏上显示出来。我们利用桥来检测热敏电阻阻值的变化，也就检测到了温度的变化，从而也就实现了温度传感功能。

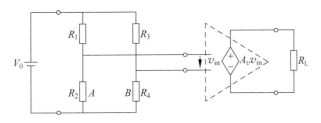

图 E3.11.6　电桥实现的温度传感器

　　放大器除了使得信号放大外，还具有隔离作用，它使得负载不影响传感器电路的工作。注意，图示电压放大器抽象为理想压控压源：输入电阻无穷大，故而放大器输入电阻不影响传感器；输出电阻为零，使得负载在很大范围内变化时，输出均不会发生变化。这就是放大器的隔离作用，使得负载不影响传感器的工作。

　　温度传感器中感应温度变化的是热敏电阻，其阻值随温度的变化而变化，电桥检测这种变化，以电压差的形式，作为信号源激励后一级放大器。放大器是传感器的负载，放大器又作为后一级 ADC 的激励源，ADC 是放大器的负载，通过这种级联方式，获取的温度信息得以进一步处理，并最终在激励器液晶屏上显示出来。在这里，我们看到了温度信息的采集、处理和发布的全过程，采集信息的传感器对后级处理器电路而言是信号源，后级处理器电路是前级传感器的负载。整个系统中，放大器是一种信号处理器，它完成信号的放大功能，ADC 是一种信号处理器，它完成的是模拟信号到数字信号的转换，这样一级一级地处理下去，前一级是后一级的激励源，后一级又是前一级的负载，最后一级激励器显示屏则是这个信息处理系统的最终的

负载。但显示屏对人而言，又是一个信息源，眼睛是人这个信息处理系统的传感器，它采集显示屏上的温度数值，从而信息处理进入到人对温度信息的采集、处理和发布流程中。信息就是这样在生命体的一生中不停地流转着，生命体的行为被各种信息所左右，温度传感器只是人们制作的用于辅助人们获得更精密、更量化的温度信息的信息处理系统。

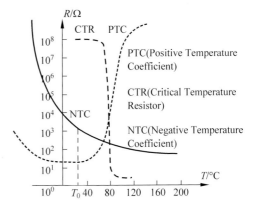

图 E3.11.7　三种热敏电阻

　　热敏电阻阻值随温度变化。图 E3.11.7 画了三种热敏电阻（thermistors）的温度特性：一种热敏电阻称为 PTC，它具有正温度系数，随着温度的升高，它的阻值是变大的；与之对应是 NTC，具有负温度系数，随着温度的升高，它的阻值是变小的；第三种称为 CTR，它的工作区域位于中间的这段敏感区。

　　**练习 3.11.5**　图 E3.11.6 温度传感器采用的热敏电阻为 NTC，其阻值随温度而变化的关系如下表所示。图中电池电压 $V_0=9V$，电桥三个电阻 $R_1$、$R_2$、$R_3$ 阻值均为 2kΩ。显然 25℃时电桥达到平衡，偏离 25℃ 电桥则不平衡，桥上将会等效出随温度变化的戴维南电压源，其中 $v_{in}$ 为戴维南源电压（开路电压），$R_{TH}$ 为戴维南内阻，请填写下表。

| 温度 $t/\text{℃}$ | 0 | 10 | 20 | 25 | 30 | 40 | 50 |
| --- | --- | --- | --- | --- | --- | --- | --- |
| 阻值 $R/\text{k}\Omega$ | 3.70 | 2.85 | 2.24 | 2 | 1.79 | 1.45 | 1.19 |
| $v_{\text{in}}/\text{V}$ | | | | | | | |
| $R_{\text{TH}}/\text{k}\Omega$ | | | | | | | |

其后级联的电压放大器放大倍数为3,问:输出电压和温度之间是线性关系吗? 如果不是,你觉得如何处理,可以使得显示屏显示温度数值和温度线性对应?

电桥实现的温度传感电路,对电压源 $V_0$ 而言,电阻电桥是有损的,它消耗了 $V_0$ 提供的电能。但如果将 $V_0$ 和电桥整体封装形成单端口网络,该单端口网络是有源网络,它可等效为戴维南源,可作为后级放大器的信号激励源,其端口输出电能来自电压源 $V_0$,但信息则来自环境温度的变化。电桥在这里的作用是将环境温度变化转换为电量(戴维南源电压)输出。

### 3.11.2 典型无源网络之无损网络

本节首先以二端口的理想变压器和理想回旋器为主,考察典型的无损网络的性质。理想变压器为无损互易网络,理想回旋器为无损非互易网络,它们是单端口线性 RLC 之外的二端口理想线性元件。典型的多端口无损网络包括理想环行器(无损非互易)、多端口理想变压器(无损互易)等,由于理想环行器已经在 3.10 节予以讨论,本节仅分析考察多端口理想变压器的信号分解与合成应用。

**1. 理想变压器:理想传输与阻抗变换**

理想变压器(Ideal Transformer)是互感变压器的理想抽象模型,二端口互感变压器是二阶动态电路,在满足一定条件下可被高度抽象,抽象的理想变压器变成了零阶电阻电路,就像高频扼流圈、隔直电容可被抽象为频率控制的开关(零阶电阻电路)一样,它们在一定频率范围内,都可以应用其理想抽象电阻电路模型以简化电路分析。

由于互感变压器是二端口电感,和高频扼流圈一样都是直流短路的,即互感变压器直流时两个端口都是短路线,因而理想变压器的所有性质仅对交流信号成立。但为了讨论方便,我们并不特意去检查信号是直流还是交流。

*1) 理想传输特性*

理想变压器是一种理想的二端口传输网络,具有理想的信号或功率传输能力,同时具有阻抗变换功能。图 3.11.8(a)为理想变压器的电路符号,$n$ 为变压比,其物理含义从理想变压器的端口描述方程一目了然,

$$v_1 = nv_2 \tag{3.11.8a}$$

$$i_1 = -\frac{1}{n}i_2 \tag{3.11.8b}$$

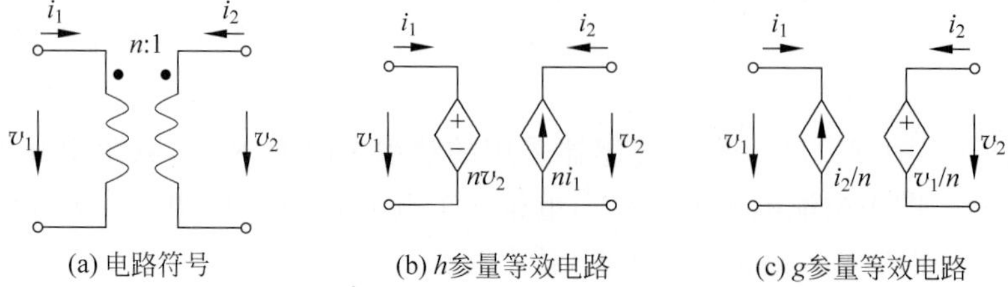

(a) 电路符号      (b) $h$参量等效电路      (c) $g$参量等效电路

图 3.11.8 理想变压器电路符号及其等效电路

这个描述方程是理想变压器的元件约束条件,它很容易用传输参量矩阵表征,为

$$\boldsymbol{ABCD} = \begin{bmatrix} n & 0 \\ 0 & \dfrac{1}{n} \end{bmatrix} \tag{3.11.9}$$

理想变压器没有 $\boldsymbol{z}$ 参量和 $\boldsymbol{y}$ 参量矩阵,但是 $\boldsymbol{h}$ 参量和 $\boldsymbol{g}$ 参量矩阵存在,分别为

$$\boldsymbol{h} = \begin{bmatrix} 0 & n \\ -n & 0 \end{bmatrix} \tag{3.11.10a}$$

$$\boldsymbol{g} = \begin{bmatrix} 0 & -\dfrac{1}{n} \\ \dfrac{1}{n} & 0 \end{bmatrix} \tag{3.11.10b}$$

显然,对应于这两个参量矩阵的等效电路如图 3.11.8 的(b)、(c)所示。虽然在等效电路中有受控源,但这个电路是互易的且是无损的,

$$p_{\Sigma} = v_1 i_1 + v_2 i_2 = (nv_2)\left(-\frac{1}{n} i_2\right) + v_2 i_2 = -v_2 i_2 + v_2 i_2 = 0 \tag{3.11.11}$$

任意时刻理想变压器吸收的总功率为 0,这表明理想变压器是理想传输系统:端口 1 吸收多少功率,端口 2 就即时释放多少功率。

2) 阻抗变换功能

理想变压器是互易(双向)无损网络,它的一个最基本的功能是阻抗变换功能:在变压器端口 2 接电阻、电容和电感,等效到端口 1 后,仍然是电阻、电容和电感,对于电阻 $R$,变换为 $n^2R$,对于电感 $L$,变换为 $n^2L$,对于电容 $C$,则变换为 $C/n^2$,图 3.11.9 给出的是纯阻变换例。

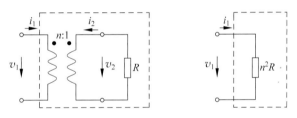

图 3.11.9　理想变压器的阻抗变换

如果端口 2 所接元件是复杂网络,理想变压器端口 1 的等效电路不改变等效网络内元件属性及其连接关系,比如说,端口 2 接的是 RLC 串联电路,那么从端口 1 看入的等效电路仍然是 RLC 串联电路,只不过 RLC 元件值发生变化,

$$\begin{aligned} v_1(t) &= nv_2(t) = n\left(-Ri_2(t) - L\frac{\mathrm{d}i_2(t)}{\mathrm{d}t} - \frac{1}{C}\int_0^t i_2(\tau)\mathrm{d}\tau\right) \\ &= n\left(Rni_1(t) + L\frac{\mathrm{d}ni_1(t)}{\mathrm{d}t} + \frac{1}{C}\int_0^t ni_1(\tau)\mathrm{d}\tau\right) \\ &= n^2Ri_1(t) + n^2L\frac{\mathrm{d}i_1(t)}{\mathrm{d}t} + \frac{n^2}{C}\int_0^t i_1(\tau)\mathrm{d}\tau \end{aligned} \tag{3.11.12}$$

RLC 并联同理。

理想变压器同样可对电源进行变换,如图 3.11.10 所示,

$$v_2 = \frac{1}{n}v_1 = \frac{1}{n}(v_s - i_1 R_s) = \frac{1}{n}\left(v_s + \frac{1}{n}i_2 R_s\right) = \frac{v_s}{n} + \frac{R_s}{n^2}i_2 \tag{3.11.13}$$

端口 2 端口电压、电流关系表明端口 2 等效电路为戴维南源,源电压为输入端电压的 $1/n$,源

内阻为输入端电阻的 $1/n^2$。由于理想变压器是无损网络，故而等效戴维南源的能力（输出额定功率）和变换前的电源一样，

$$P_{s2,max} = \frac{V_{s2,rms}^2}{4R_{s2}} = \frac{\left(\dfrac{V_{s,rms}}{n}\right)^2}{4\dfrac{R_s}{n^2}} = \frac{V_{s,rms}^2}{4R_s} = P_{s1,max} \tag{3.11.14}$$

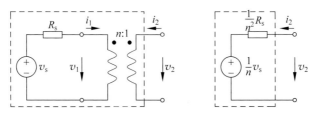

图 3.11.10　理想变压器的源变换

注意到传输参量 $B=0$，$C=0$，理想变压器的端口特征阻抗 $Z_{01}$、$Z_{02}$ 可为任意值，但它们必须满足 $n^2$ 变换关系，

$$Z_{01} = \sqrt{\frac{A}{D}\frac{B}{C}} = \sqrt{\frac{A}{D}\frac{0}{0}} = \frac{A}{D}\sqrt{\frac{D}{A}\frac{B}{C}} = \frac{A}{D}Z_{02} = n^2 Z_{02} \tag{3.11.15}$$

换句话说，理想变压器可实现任意阻抗 $Z_{01}$ 和 $Z_{02}$ 之间的变换，只要它们满足 $Z_{01}=n^2 Z_{02}$ 这一变换关系即可。

如果理想变压器两个端口所接电阻满足式（3.11.15）的关系，即 $R_L = R_s/n^2$，则两个端口匹配，可实现最大功率传输，负载电阻 $R_L$ 可以获得信源的额定功率 $P_{s,max}$，因而理想变压器可以用来实现阻抗匹配，本来不匹配的 $R_s$、$R_L$，通过理想变压器则可实现匹配。

**练习 3.11.6**　如图 E3.11.8 所示，用理想变压器实现阻抗匹配网络，请分析当 $R_L = R_s/n^2$ 时，负载可获得信源输出的额定功率。方法一：等效电路法；方法二：利用端口对接关系，列写 4 个电路方程，求解 4 个未知量（$v_1$，$i_1$，$v_2$，$i_2$），根据求解获得的端口电压电流，确认最大功率传输，并因此考察两个端口的等效电路。

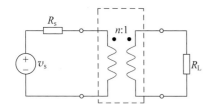

图 E3.11.8　理想变压器阻抗匹配网络

3）单双端信号转换

变压器可以方便地实现双端信号、单端信号、悬浮信号之间的相互转换：在二端口理想变压器次级线圈的中间位置引出抽头，人为地添加参考地，则可形成单双端转换的巴伦（balance to unbalance，balun，平衡不平衡转换器），如图 3.11.11（a）所示。所谓单端信号，就是其中一个端点为参考地的信号，如图 3.11.11（a）变压器左侧的信号源提供的就是单端信号；所谓双端信号，就是有两个端点，这两个端点对地电压是反相的，如图 3.11.11（a）变压器右侧的输出信号，上下两个端点对中间抽头参考地结点的电压分别为 $+0.5v_s$ 和 $-0.5v_s$，这就是双端信号，也称平衡信号或差分信号。

如果变压器输出端口不提供参考地，参考地由变压器后接的电路决定，这种信号称悬浮信号。图 3.11.11（b）就是单端信号到悬浮信号的转换，它只确保变压器输出端口两个端点之间的相对电压为 $v_s$，而两个端点对地的电压却不确定，该端口的参考地由它后接的电路决定，后接电路提供的地理论上可以是和输入端口地毫无关联的本地地。

图 3.11.11（c）实现的是双端信号到单端信号的转换。输出端的地去掉后，该电路也可实

现双端信号到悬浮信号的转换。

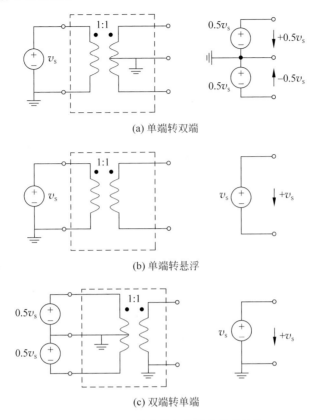

(a) 单端转双端

(b) 单端转悬浮

(c) 双端转单端

图 3.11.11　双端信号与单端信号的转换

### 2. 理想回旋器：对偶变换

**练习 3.11.7**　理想回旋器(Gyrator)是一种二端口网络,图 3.11.12 是其电路符号,它的端口描述方程为

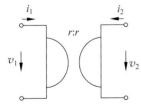

图 3.11.12　理想回旋器

$$v_1 = -r i_2 \tag{3.11.16a}$$

$$v_2 = r i_1 \tag{3.11.16b}$$

这里 $r$ 被称为回旋阻抗。

（1）请给出回旋器的 6 种网络参量(如果存在),并根据其网络参量画出其等效电路。

（2）注意到式(3.11.16)表明两个端口的电压、电流地位互换,请证明回旋器可实现对偶变换：它可将电容变换为电感,将电感变换为电容,将 RLC 并联电路变换为 RLC 串联电路,将 RLC 串联电路变换为 RLC 并联电路,将恒压源变换为恒流源,将恒流源变换为恒压源,将戴维南源变换为诺顿源,将诺顿源变换为戴维南源,将短路变开路,将开路变短路,将 S 型负阻变换为 N 型负阻……

（3）确认回旋器是无损网络。

（4）假设我们可以用晶体管电路实现接近理想的压控流源和流控压源,请给出用理想压控流源或理想流控压源实现回旋器的理论方案。

**练习 3.11.8**　证明：回旋阻抗为 $R_1$ 的回旋器和回旋阻抗为 $R_2$ 的回旋器级联后,级联二端口网络等价于一个变压比 $n = R_1/R_2$ 的理想变压器。

如果回旋器可以获得,仅从电路元件角度看,理想变压器和电感就成了多余元件,因为两个回旋器可实现理想变压器功能,电容和回旋器可实现电感功能。然而回旋器是非互易的无损元件,无法用互易无损元件实现,虽然可以用 1/4 波长传输线和 LC 谐振网络实现在特定频点上的对偶阻抗变换功能,但它们毕竟是互易网络,并非真正符合式(3.11.16)定义的回旋器。要想实现宽带的非互易的回旋器,目前多采用有源电路,即晶体管电路。例如,在集成滤波器设计中,由于电感难于集成,往往将 LC 滤波器转化为 $g_\mathrm{m}$-$C$ 滤波器或有源 RC 滤波器,原 LC 滤波器中的电感功能由电容通过晶体管电路(等效受控源实现的回旋器)实现。

注意到,理想回旋器的传输参量为

$$\boldsymbol{ABCD} = \begin{bmatrix} 0 & r \\ g & 0 \end{bmatrix} \tag{3.11.17}$$

其中 $r$ 是回旋电阻,$g=1/r$ 是回旋电导。由于 $A=0, D=0$,故而两个端口的特征阻抗可取任意值,但必须满足式(3.11.18)所示的对偶变换关系,

$$Z_{01} = \sqrt{\frac{A}{D}\frac{B}{C}} = \sqrt{\frac{0}{0}\frac{B}{C}} = \frac{1}{\sqrt{\frac{D}{A}\frac{C}{B}}} = \frac{1}{\frac{C}{B}\sqrt{\frac{D}{A}\frac{B}{C}}} = \frac{1}{g^2 Z_{02}} = \frac{r^2}{Z_{02}} \tag{3.11.18}$$

我们还注意到,理想回旋器的逆传参量为

$$\boldsymbol{abcd} = \begin{bmatrix} 0 & -r \\ -g & 0 \end{bmatrix} \tag{3.11.19}$$

和传输参量 $\boldsymbol{ABCD}$ 式(3.11.17)对比可知,如果信号从端口 1 传到端口 2 是同相的,那么信号从端口 2 传输到端口 1 则是反相的,这是理想回旋器非互易的一个具体表现。

**练习 3.11.9** 假设用理想回旋器做匹配网络,匹配 $R_1$ 和 $R_2$,(1)回旋阻抗 $r$ 如何取? (2)假设信源加载在端口 1,求基于功率传输的传递函数 $H_{\mathrm{T21}}$。(3)假设信源加载在端口 2,求基于功率传输的传递函数 $H_{\mathrm{T12}}$。(4)说明 $H_{\mathrm{T21}}$ 和 $H_{\mathrm{T12}}$ 差一个负号代表了什么? (5)如果用理想变压器而非理想回旋器,请分析并回答对应的 4 个问题。

**3. 多端口理想变压器:信号无损分解与合成**

有时我们需要实现多个信号的合成与分解。在微波频段,信号合成和分解多采用四分之一波长($\lambda/4$)传输线的组合结构,这使得信号合成都是窄带的,特定的合成器只在较窄的频段内可实现信号无损的合成或分解。低频段并不适合采用 $\lambda/4$ 传输线,因为低频信号的 $\lambda/4$ 实在太大了,我们往往通过其他方式实现信号合成,其中利用感性耦合、阻性耦合是最常见的方法。

阻性耦合网络见例 3.7.2、图 E3.7.5,可实现三个端口同时匹配的信号合成(与分解),但这个网络是电阻网络,它是有损的,信号合成或分解的同时,该网络吸收了信源输出的部分功率,虽然各个端口都是匹配的,但负载不能获得信源输出的额定功率。理想的感性耦合网络自身是无损的,在特定条件下,感性耦合网络可以抽象为多端口理想变压器。图 3.11.13(a)是三端口电感的绕制方式,线圈绕在同一个磁环上,只要磁环的磁导率足够大,绕制线圈和磁环结合足够紧密,在一定频段该三端口电感即可抽象为三端口理想变压器,它具有将信号分解和合成的功能。图 3.11.13(b)中给出的是信号分解的例子,端口 3 的输入电压信号,分解为端口 1 和端口 2 的两个输出电压信号,其中的系数 $N_1$、$N_2$ 和 $N_3$ 是线圈绕制匝数。

对前述信号分解的理解可以直接从三端口理想变压器的元件约束条件得到。三端口理想变压器和二端口理想变压器一样,无法用 $z$ 参量和 $y$ 参量矩阵予以描述,但可用混合参量矩阵

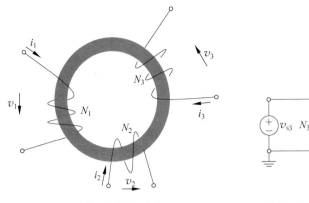

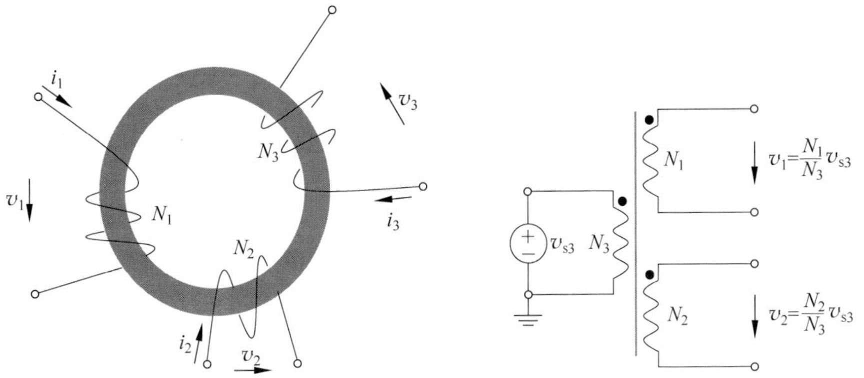

(a) 三端口电感绕制方式　　　　　　　(b) 三端口理想变压器实现的信号分解

图 3.11.13　三端口理想变压器

描述,

$$
\begin{bmatrix} v_1 \\ v_2 \\ i_3 \end{bmatrix} = \begin{bmatrix} 0 & 0 & \dfrac{N_1}{N_3} \\[2mm] 0 & 0 & \dfrac{N_2}{N_3} \\[2mm] -\dfrac{N_1}{N_3} & -\dfrac{N_2}{N_3} & 0 \end{bmatrix} \begin{bmatrix} i_1 \\ i_2 \\ v_3 \end{bmatrix} \tag{3.11.20}
$$

从这个元件约束条件可以直接推知:端口 3 电压可分解为端口 1 和端口 2 电压,分解系数如图 3.11.13(b)所示。

**练习 3.11.10**　如图 3.11.13(b),端口 1 和端口 2 分别接负载电阻 $R_{L1}$ 和 $R_{L2}$,证明用三端口理想变压器实现信号分解时,端口 3 输入多少功率,端口 1、2 就输出多少功率,三端口理想变压器是无损的理想传输网络。

**练习 3.11.11**　用如图 E3.11.9 所示电路实现信号合成。

(1) 线性网络叠加定理表明,电路中任意支路电压一定可以表述为两个独立源的线性组合形式,请给出合成端口 $v_3$ 电压线性组合表达式中的系数。

(2) 分析说明在什么条件下,负载电阻吸收的功率恰好等于两个信源输出的额定功率之和,从而可以实现功率合成功能。

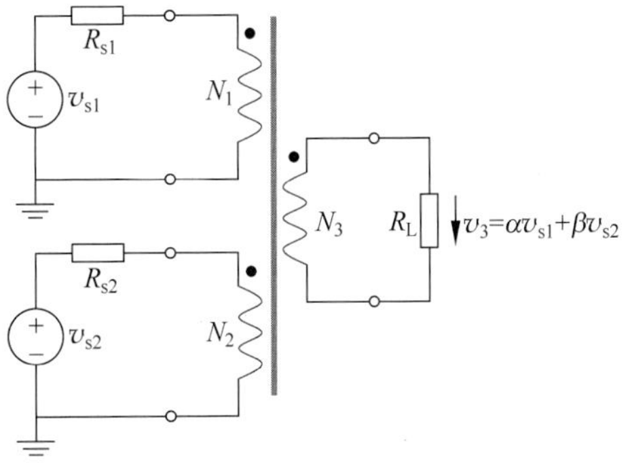

图 E3.11.9　三端口理想变压器实现信号合成

三端口理想变压器的元件约束条件式(3.11.20)默认端口 1、2 为分解端口,端口 3 为合成端口。从图 3.11.13(a)的绕制方式可知,这三个端口的地位没有任何区别,可以以任意一个端口为合成端口,剩余两个端口为分解端口。为了确认这一点,我们将三端口理想变压器的约束条件重新表述如下:

$$
\frac{v_1}{N_1} = \frac{v_2}{N_2} = \frac{v_3}{N_3} \tag{3.11.21a}
$$

$$
N_1 i_1 + N_2 i_2 + N_3 i_3 = 0 \tag{3.11.21b}
$$

该约束条件表明，三个端口之间的地位是平等的。

**练习 3.11.12** 直接由元件约束条件式(3.11.21)证明三端口理想变压器为无损网络。

### 3.11.3 典型有源网络

**1. 线性放大器**

线性放大器是这样的线性二端口网络，如图 3.11.14 所示，存在某个信源内阻 $R_s$ 和负载电阻 $R_L$，使得负载电阻 $R_L$ 获得的功率高于信源释放的功率 $P_{in}$。或者说，只要二端口网络的功率增益在某种负载情况下可大于 1，则为放大器，

$$G_p = \frac{P_L}{P_{in}} > 1 \tag{3.11.22}$$

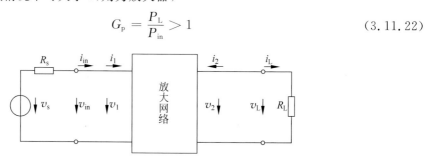

图 3.11.14　放大网络使得负载获得功率高于信源输出功率

1) 放大网络是有源网络

放大网络必然是有源网络，这是由于存在这样的外接负载，使得

$$p_\Sigma = v_1 i_1 + v_2 i_2 = v_{in} i_{in} - v_L i_L = P_{in} - P_L < 0 \tag{3.11.23}$$

放大器定义本身要求二端口网络是有源网络。

2) 放大器基本功能

线性放大器的基本功能如下：

(1) 信号放大。使得输出功率高于输入功率，这也是放大器的基本属性。要实现这个功能，需要换能器件(负阻器件和晶体管)将直流偏置电压源的直流电能转换为放大器输出端口的交流电能，从而输出功率高于输入功率。

有些放大器在实际应用中，其负载为电容负载，此时放大器虽然输出平均功率为 0，但是该放大器只要接了适当的阻性负载，就具有输出功率高于输入功率的能力，它当然属于放大器。这样的放大器也称驱动器(driver)，其后的电容负载往往是后级电路输入端等效负载，放大器可提供大电流驱动以实现快速响应，驱动后级电路使得信号处理继续进行。

(2) 信号缓冲。实现缓冲功能的放大器应为单向网络或可单向化的双向网络，这种单向性可以隔离负载和源，使得负载不影响源的工作。当单向放大器(基本放大器)接在信源和负载中间时，信源看到的放大器输入电阻和负载电阻无关，故而负载电阻不影响输入端口，也就是说单向放大器隔断了负载对信源的影响。

很多情况下需要缓冲器。例如正弦波振荡器可以输出正弦波信号，但是正弦波振荡器对负载很敏感，负载比较重时正弦波振荡器的频率稳定度下降甚至停振，因而在振荡器和实际负载中间可以加入缓冲器隔离实际负载对振荡器的影响。又比如，我们期望负载无失真地获得信号源电压波形，但是负载或信源内阻可能存在某种非线性特性，那么直接连接源和负载时，输出信号会出现因非线性导致的源信号的高次谐波分量，从而信号出现非线性失真。如果在源和负载中间接入缓冲器，该缓冲器接近理想受控源，那么无论信源内阻或负载电阻是否存在

非线性特性,负载电阻上获得的源信号失真都会很小。

电压缓冲器(voltage buffer)的电压增益一般被设定为 1,理想电压缓冲器的 $g$ 参量矩阵

为 $\begin{bmatrix} 0 & 0 \\ 1 & 0 \end{bmatrix}$,电流缓冲器(current buffer)的电流增益一般被设定为 1,理想电流缓冲器的 $h$ 参量

矩阵为 $\begin{bmatrix} 0 & 0 \\ -1 & 0 \end{bmatrix}$。如果某二端口网络的 $g$ 参量矩阵接近于 $\begin{bmatrix} 0 & 0 \\ -1 & 0 \end{bmatrix}$,它完成的是电压的反相

缓冲;如果某二端口网络的 $h$ 参量矩阵接近于 $\begin{bmatrix} 0 & 0 \\ 1 & 0 \end{bmatrix}$,它完成的是电流的反相缓冲。

(3) 信号线性转换。当前大部分的信号处理电路都属于电压模电路,也就是输入、输出均为电压信号的电路,这是由于电压更容易测量,我们更偏向于用电压来表征信息。但是有时某些电路产生电流输出,如光电二极管作为光传感器,提供电流输出体现光的变化,此时光电二极管后往往接一个跨阻放大器,将光电二极管提供的电流信号线性转换为电压信号,供后级电路进一步做电压模处理。此时跨阻放大器的功能就是线性 IV 转换器,它和直接用线性电阻实现的 IV 线性转换器对比,跨阻放大器同时具有缓冲隔离作用。同理,当我们需要将电压信号线性转换为电流信号时,可采用线性电导和跨导放大器两种方式,但后者具有缓冲隔离作用,而线性电导是互易网络,不具有缓冲隔离作用,源因而将承受到重负载或负载变化带来的影响。

**练习 3.11.13**　缓冲器(buffer)有时也称隔离器(isolator),用以表明它将负载和信源隔离开。图 E3.11.10 分别是用理想环行器实现的无源隔离器和用电压缓冲器(理想受控源)实现的有源隔离器。(1)说明它们都具有隔离负载对源影响的隔离器功能;(2)给出它们的网络参量,由此说明有源隔离器和无源隔离器的区别;(3)考察两种隔离器的特点。

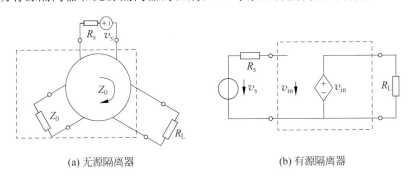

(a) 无源隔离器　　　　　　　　　(b) 有源隔离器

图 E3.11.10　隔离器

3) 实现放大功能的放大器简单模型

用来实现缓冲功能的放大器,一般要求是单向网络,因而多采用基于受控源等效的放大器,而基于负阻等效的放大器一般只用来实现功率放大。

负阻器件和晶体管实现的放大器见第 4 章讨论,下面的练习请同学确认这些虚框二端口网络均可用来实现放大功能。由于设计简单,易于控制,基于受控源等效的晶体管放大器目前占统治地位,而基于负阻等效的放大器仅在极高频率晶体管不能工作的频段内或有采用。随着现代半导体工艺的持续改进,晶体管的工作频率越来越高,基于负阻等效的放大器越发少见。然而基于负阻有源性来说明一类振荡器的工作原理仍然是简单而有效的方法,故而在第 9、10 章分析振荡器工作原理时,仍然有部分电路采用等效负阻概念进行原理性阐述。

**练习 3.11.14**　如图 E3.11.11 所示,求虚框二端口网络的 $z$ 参量或 $y$ 参量,说明二端口网络是有源的,并证明在图示负载条件下,功率增益大于 1,$G_p > 1$。

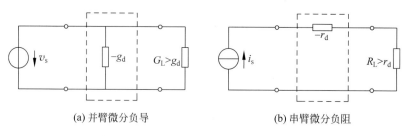

(a) 并臂微分负导　　　　　　　　(b) 串臂微分负阻

图 E3.11.11　放大器简单模型 I:基于负阻

**注**:图中的 $G_L > g_d$ 和 $R_L > r_d$ 条件应确保满足,甚至于其激励信源分别采用内阻为 0 的恒压源和内阻为无穷大的恒流源,以确保结点总电导大于 0 和回路总电阻大于 0,否则电路中的寄生电容、电感或偏置电路中的耦合电容、高频扼流圈等将会导致实际电路变成可自激振荡的振荡器或锁死在某个状态的锁存器,从而无法做交流小信号微分负阻等效,无论哪种情况,图示电路都将因而无法实现信号放大功能。振荡和锁存概念见第 9、10 章和第 7 章。

**练习 3.11.15**　如图 E3.11.12 所示:(1)求虚框二端口网络的 $z$ 参量或 $y$ 参量,说明二端口网络是有源的;(2)给出端口特征阻抗,说明图示连接关系为最大功率传输匹配,证明在图示匹配负载条件下,最大功率增益大于 1,$G_{p,max} > 1$。

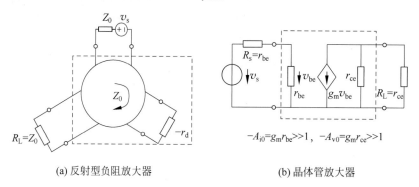

(a) 反射型负阻放大器　　　　　　(b) 晶体管放大器

图 E3.11.12　放大器简单模型 II:最大功率传输匹配

4)基本电压放大器电路符号及等效电路

满足功率增益大于 1 的受控源型放大器既可以是单向二端口网络,也可以是双向二端口网络。在放大器原理性分析中,我们仍然偏好采用单向的基本放大器,放大器设计中,也尽可能实现可单向化处理的放大器。由于低频增益容易获得,单向化措施相对容易实施,但高频增益由于寄生效应而降低,一般只能以双向网络方案进行放大器设计。下面讨论的是单向放大器,属低频模型。考虑到我们更多地是以电压作为信息载体,因而以电压放大器为例,下面给出的是以压控压源为核心的电压放大器的电路符号和单向化电路模型。

对于图 3.11.15 所示的电压放大器:(a)为单端输入、单端输出的电压放大器符号,(b)为其简化符号,因为地是公共地,因而不必单独画出,公共地作为输入端口和输出端口的一个默认端点,(c)是其基本电压放大器等效电路模型,包括输入电阻 $R_{in}$,输出电阻 $R_{out}$,压控压源,其电压控制系数 $A_v$ 就是其本征电压增益;(d)是差分输入、单端输出的电压放大器符号,741 运放就是这种类型的放大器,(e)是其简化符号,输出端口的一个端点默认为公共地,(f)为其等效电路模型；(g)是差分输入、差分输出的电压放大器符号，这种放大器被称为全差分电压放大器，(h)是其等效电路模型，为了强调其对称性，其等效电路往往画成对称结构，对称点为本地地，为了和公共地区分，这里用虚线表述。有些全差分放大器的本地地和公共地连为一体，有些全差分放大器的本地地和公共地可以分离，如果本地地和公共地可以分离，那么全差分放大器的输入端口或输出端口的一个端点可以连接公共地，从而由差分输入、差分输出变为单端输入、单端输出。(i)是电压放大器的核心元件，也就是压控压源，这也是理想电压放大器电路模型，理想电压放大器的输入电阻趋于无穷大，输出电阻趋于零。

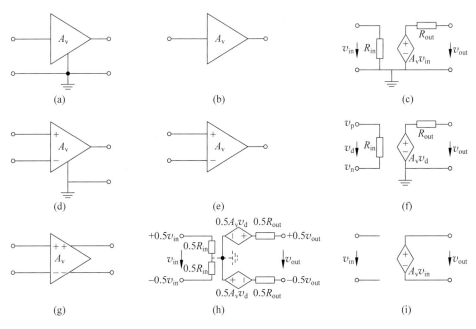

图 3.11.15 基本电压放大器电路符号和电路模型

**练习 3.11.16** 对照图 3.11.15 的电压放大器，请画出电流放大器、跨阻放大器、跨导放大器的电路符号和等效电路模型。

**提示 1**：理想电流放大器的核心元件是流控流源，理想跨阻放大器的核心元件是流控压源，理想跨导放大器的核心元件是压控流源。

**提示 2**：对于全差分放大器，可以直接从全差分电压放大器入手，用戴维南等效到诺顿等效的转换完成受控电流源输出端口电路模型的建立。

**2. 反馈项的消除：双向变单向**

式(3.11.23)表明放大器一定是有源网络，那么有源二端口网络是否一定可以用来实现放大器呢？例 3.10.2 给出了二端口网络有源性条件式(E3.10.6a/b/c)，满足这三个条件之一，则为有源二端口网络。练习 3.10.9 说明满足负阻有源性条件式(E3.10.6a/b)则可用来实现放大器，练习 3.10.14 说明满足受控源有源性条件式(E3.10.6c)的单向网络可用来实现放大器，下面的例子将证明双向网络的有源性条件可以转化为单向网络的有源性条件，从而满足受控源有源性条件式(E3.10.6c)的双向网络也可用来实现放大器。综上所述：有源二端口网络一定可以用来实现放大器，有源和放大可以认为是对等的。注意，这里的有源指的是无独立源只有受控源等效的有源，即二端口网络端口描述方程中没有戴维南独立源或诺顿独立源项，只有 $z$、$y$、$h$、$g$、$ABCD$ 等表述的输入电阻、输出电阻及受控源等效等。

**例 3.11.3** 已知某阻性网络的 $z$ 参量矩阵为 $\begin{bmatrix} R_{11} & R_{12} \\ R_{21} & R_{22} \end{bmatrix}$，其中 $R_{21}R_{12} \neq 0$ 表明它是双向网络，同时 $R_{11} > 0, R_{22} > 0$ 表明它不是负阻有源的。请将该双向网络变换为单向网络，要求变换后的单向网络具有原双向网络相同的有源性。

**分析**：题目要求变换后的单向网络具有与原双向网络相同的有源性，如果我们试图通过添加新网络将双向网络转换为单向网络，那么新添加的网络应该选用无损网络：① 添加有损网络一定会削弱原网络的有源性，有损网络自身是耗能的；② 添加有源网络对原网络的有源性是增强或减弱视情况而定。由于二端口阻性无损双向网络只有两个，理想回旋器和理想变压器，因而可通过添加这两个无损网络来实现双向网络到单向网络的有源性保持变换。

**解**：

① 添加理想回旋器

原双向阻性网络的 $z$ 参量矩阵为 $\begin{bmatrix} R_{11} & R_{12} \\ R_{21} & R_{22} \end{bmatrix}$，而理想回旋器的 $z$ 参量矩阵为 $\begin{bmatrix} 0 & -r \\ r & 0 \end{bmatrix}$，串串连接 $z$ 相加，故而只要设计一个回旋阻抗 $r = R_{12}$ 的理想回旋器，令这两个网络串串连接，形成的新网络的 $z$ 参量则为 $\begin{bmatrix} R_{11} & 0 \\ R_{21}+R_{12} & R_{22} \end{bmatrix}$，显然新网络为单向网络。注意到 $R_{11} > 0, R_{22} > 0$，因而原双向网络和新构造的单向网络的有源性是一致的，只需确认 $(R_{21}+R_{12})^2$ 和 $4R_{11}R_{22}$ 谁大谁小即可。

通过添加无损的理想回旋器在原理上说明了双向网络的有源性等同单向网络的有源性，但是目前我们只能用有源网络才能构造出回旋器，而另外一个无损二端口阻性网络理想变压器却可由无源的互感变压器抽象而来，因而下面重点考察通过添加理想变压器将双向网络转换为单向网络后，其有源性是否仍然保持。

② 添加理想变压器

注意到理想变压器的混合参量矩阵为 $\boldsymbol{h} = \begin{bmatrix} 0 & n \\ -n & 0 \end{bmatrix}$，而两个二端口网络串并连接后 $h$ 参量矩阵相加，存在着将 $h_{12}$ 抵消为 0 从而变换为单向网络的可能性，于是做如下操作。

首先，用 $h$ 参量表述该二端口网络，为

$$\boldsymbol{h}^{\mathrm{I}} = \frac{\begin{bmatrix} \Delta_z & z_{12} \\ -z_{21} & 1 \end{bmatrix}}{z_{22}} = \begin{bmatrix} \dfrac{R_{11}R_{22}-R_{12}R_{21}}{R_{22}} & \dfrac{R_{12}}{R_{22}} \\ -\dfrac{R_{21}}{R_{22}} & \dfrac{1}{R_{22}} \end{bmatrix} \tag{E3.11.1}$$

其次，在该网络上串并连接一个理想变压器，其变压比 $n = -\dfrac{R_{12}}{R_{22}}$，如图 E3.11.13 所示，串并连接 $h$ 相加，故而总二端口网络具有如下的总 $h$ 参量矩阵：

$$\boldsymbol{h} = \boldsymbol{h}^{\mathrm{I}} + \boldsymbol{h}^{\mathrm{II}} = \begin{bmatrix} \dfrac{R_{11}R_{22}-R_{12}R_{21}}{R_{22}} & \dfrac{R_{12}}{R_{22}} \\ -\dfrac{R_{21}}{R_{22}} & \dfrac{1}{R_{22}} \end{bmatrix} + \begin{bmatrix} 0 & -\dfrac{R_{12}}{R_{22}} \\ +\dfrac{R_{12}}{R_{22}} & 0 \end{bmatrix}$$

$$= \begin{bmatrix} \dfrac{R_{11}R_{22}-R_{12}R_{21}}{R_{22}} & 0 \\ \dfrac{R_{12}-R_{21}}{R_{22}} & \dfrac{1}{R_{22}} \end{bmatrix} \tag{E3.11.2}$$

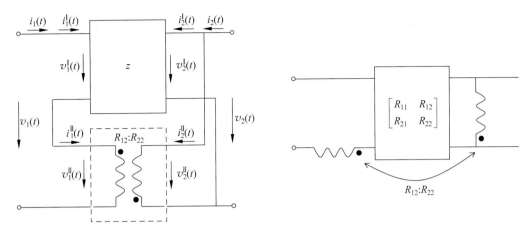

图 E3.11.13 串并连接 $h$ 相加：将双向网络变化为单向网络

由于 $h_{12}=0$，故而只要原网络非互易 $R_{12}\neq R_{21}$，则 $h_{21}\neq 0$，网络可变换为单向网络。但是如果原网络是互易的，$R_{12}=R_{21}$，变换后两个端口则完全解耦（解除耦合），$h_{12}=0$，$h_{21}=0$，变成两个独立的单端口网络。

下面考察新网络是否保持了原网络的有源性。首先考察原网络是互易网络的情况，此时 $R_{12}=R_{21}$，新网络被分解为解耦的两个单端口网络，

$$\boldsymbol{h} = \begin{bmatrix} R_{11} - \dfrac{R_{12}^2}{R_{22}} & 0 \\[3mm] 0 & \dfrac{1}{R_{22}} \end{bmatrix} \tag{E3.11.3}$$

如果原网络无源，即

$$R_{11} > 0, R_{22} > 0, (R_{21}+R_{12})^2 \leqslant 4R_{11}R_{22}$$

则必有 $R_{11}R_{22} \geqslant R_{12}^2$，于是 $h_{11}=R_{11}-\dfrac{R_{12}^2}{R_{22}}\geqslant 0$，此时新网络端口 1 等效电路为一个正电阻（或短路线），$R_{\mathrm{in}}=h_{11}\geqslant 0$，端口 2 等效电路也是一个正电阻，$R_{\mathrm{out}}=\dfrac{1}{h_{22}}=R_{22}>0$，故而新网络有源性不变，仍然保持原网络的无源特性。

如果原网络有源，即

$$R_{11} > 0, R_{22} > 0, (R_{21}+R_{12})^2 > 4R_{11}R_{22}$$

则必有 $R_{11}R_{22} < R_{12}^2$，于是 $h_{11}=R_{11}-\dfrac{R_{12}^2}{R_{22}}<0$，此时新网络端口 1 等效电路为一个负电阻，$R_{\mathrm{in}}=h_{11}<0$，端口 2 等效电路为一个正电阻，$R_{\mathrm{in}}=\dfrac{1}{h_{22}}=R_{22}>0$。新网络端口 1 等效为负阻，故而新网络是有源的，于是新网络保持了原网络的有源性。

其次考察原网络是非互易网络的情况，此时 $R_{12}\neq R_{21}$，则 $h_{21}\neq 0$，新网络是单向网络。如果原网络无源，即

$$R_{11} > 0, R_{22} > 0, (R_{21}+R_{12})^2 \leqslant 4R_{11}R_{22}$$

则必有 $4R_{11}R_{22} \geqslant (R_{21}+R_{12})^2 = R_{12}^2+R_{21}^2+2R_{12}R_{21} > 4R_{12}R_{21}$，于是 $h_{11}=R_{11}-\dfrac{R_{12}R_{21}}{R_{22}}>0$，此时新网络端口 1 等效电路为一个正电阻，$R_{\mathrm{in}}=h_{11}>0$，端口 2 等效电路为一个诺顿源，源电流

为 $h_{21}i_1 = \dfrac{R_{12}-R_{21}}{R_{22}}i_1$，源内阻为 $R_{\text{out}} = \dfrac{1}{h_{22}} = R_{22} > 0$，考察该二端口网络的有源性，由于 $h_{11} > 0$，$h_{22} > 0$，因而只要证明 $h_{21}^2 \leqslant 4h_{11}h_{22}$，则新网络保持原网络的无源性，这一点毋庸置疑，

$$h_{21}^2 = \left(\frac{R_{12}-R_{21}}{R_{22}}\right)^2 = \frac{R_{12}^2 + R_{21}^2 - 2R_{12}R_{21}}{R_{22}^2} = \frac{(R_{12}+R_{21})^2 - 4R_{12}R_{21}}{R_{22}^2}$$

$$\leqslant \frac{4R_{11}R_{22} - 4R_{12}R_{21}}{R_{22}^2} = 4h_{11}h_{22} \tag{E3.11.4}$$

证明过程中利用了原网络的无源性条件 $(R_{21}+R_{12})^2 \leqslant 4R_{11}R_{22}$。

如果原网络有源，即

$$R_{11} > 0, R_{22} > 0, (R_{21}+R_{12})^2 > 4R_{11}R_{22}$$

则存在两种可能性：

(1) $R_{11}R_{22} < R_{12}R_{21}$，于是 $h_{11} = R_{11} - \dfrac{R_{12}R_{21}}{R_{22}} < 0$，此时新网络端口 1 等效电路为一个负电阻，$R_{\text{in}} = h_{11} < 0$，故而新网络有源，于是新网络保持了原网络的有源性。

(2) $R_{11}R_{22} \geqslant R_{12}R_{21}$，于是 $h_{11} = R_{11} - \dfrac{R_{12}R_{21}}{R_{22}} \geqslant 0$，此时新网络端口 1 等效电路为正电阻（或短路线），端口 2 等效电路为诺顿源，源电流为 $h_{21}i_1 = \dfrac{R_{12}-R_{21}}{R_{22}}i_1$，源内阻为 $R_{\text{out}} = \dfrac{1}{h_{22}} = R_{22} > 0$，考察该二端口网络的有源性，由于 $h_{11} \geqslant 0$，$h_{22} > 0$，因而只要证明 $h_{21}^2 > 4h_{11}h_{22}$ 则新网络保持原网络的有源性，这一点也毋庸置疑，

$$h_{21}^2 = \left(\frac{R_{12}-R_{21}}{R_{22}}\right)^2 = \frac{R_{12}^2 + R_{21}^2 - 2R_{12}R_{21}}{R_{22}^2} = \frac{(R_{12}+R_{21})^2 - 4R_{12}R_{21}}{R_{22}^2}$$

$$> \frac{4R_{11}R_{22} - 4R_{12}R_{21}}{R_{22}^2} = 4h_{11}h_{22} \tag{E3.11.5}$$

证明过程中利用了原网络的有源性条件 $(R_{21}+R_{12})^2 > 4R_{11}R_{22}$。

**练习 3.11.17**　串并连接理想变压器后的新网络的 $z$ 参量为

$$z = \frac{\begin{bmatrix} \Delta_h & h_{12} \\ -h_{21} & 1 \end{bmatrix}}{h_{22}} = \begin{bmatrix} R_{11} - \dfrac{R_{12}R_{21}}{R_{22}} & 0 \\ R_{21} - R_{12} & R_{22} \end{bmatrix} \tag{E3.11.6}$$

请从 $z$ 参量说明该单向网络保持原双向网络的有源性。

**3. 添加反馈项：负反馈放大器**

对于放大网络，当我们默认端口 1 为输入端口，端口 2 为输出端口时，那么 $zyhg$ 参量的 21 元素一般称为本征增益，$z_{21}$ 为本征跨阻增益 $R_{m0}$，$-y_{21}$ 为本征跨导增益 $G_{m0}$，$-h_{21}$ 为本征电流增益 $A_{i0}$，$g_{21}$ 为本征电压增益 $A_{v0}$，而 12 元素则是对端口 2 输出端口对端口 1 输入端口反向作用的描述，我们往往称之为反馈项。前一小节考察了通过连接无损网络将放大网络的反馈项消除，使得双向放大网络原则上可在不改变有源性前提下转换为单向放大网络（基本放大器），而单向放大网络是我们默认的具有隔离作用的理想放大网络。这一小节则讨论通过添加负反馈项对基本放大器（或满足单向化条件即放大器自身的反馈项可忽略不计的双向放大网络，一定程度上可视其为单向放大器）进行改造，使得放大器整体具有更优良的特性，这种放大器就是负反馈放大器。

负反馈放大器是双向网络，多数应用负载条件下均可满足单向化条件，从而可视其为单向放大器。

1) 负反馈一般原理

如图 3.11.16 所示,这是负反馈放大器的原理框图:其中的放大网络为正向单向网络,而反馈网络则希望是理想反向单向的,即希望其网络参量仅 12 元素非零。然而实际反馈网络多采用线性电阻、电容构建,因而其网络参量矩阵多是互易双向的。由于放大网络从端口 1 到端口 2 的作用系数 $A_0$ 远远大于反馈网络从端口 1 到端口 2 的作用系数,因而反馈网络的从端口 1 到端口 2 的作用系数往往被忽略不计,只考虑其端口 2 到端口 1 的作用系数,就是图示的 $F$,称之为反馈系数,同时 $A_0$ 则被称为开环放大倍数(开环增益)。

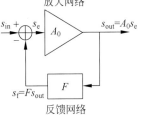

图 3.11.16 负反馈放大器
原理框图

输入信号为 $s_{in}$,从中扣除反馈信号 $s_f$,形成的误差信号 $s_e$ 送入开环放大器,

$$s_e = s_{in} - s_f \tag{3.11.24a}$$

经放大网络放大后,在放大网络输出端口输出,

$$s_{out} = A_0 s_e \tag{3.11.24b}$$

放大器输出信号 $s_{out}$ 被反馈网络线性检测,形成反馈信号 $s_f$,

$$s_f = F s_{out} \tag{3.11.24c}$$

反馈信号送回到放大网络输入端,从输入信号中扣除,形成误差信号被放大网络放大。如是构成一个闭合环路,称之为负反馈放大器。将(3.11.24)中的 $s_e$、$s_f$ 消除,只剩下 $s_{in}$ 和 $s_{out}$,两者之比就是负反馈放大器的闭环增益,

$$A_f = \frac{s_{out}}{s_{in}} = \frac{A_0}{1 + A_0 F} \tag{3.11.25}$$

其中 $T = A_0 F$ 被称为环路增益(loop gain),指信号沿闭环一周回到初始位置的信号放大倍数。如果满足深度负反馈条件,

$$T = A_0 F \gg 1 \tag{3.11.26}$$

则有如下结论:

$$A_f = \frac{A_0}{1 + A_0 F} \approx \frac{A_0}{A_0 F} = \frac{1}{F} \tag{3.11.27}$$

即,负反馈放大器的闭环增益几乎完全由反馈网络决定,近似等于反馈系数的倒数。这是负反馈放大器具有诸多优良特性的关键原因:只要负反馈网络具有优良特性,负反馈放大器即具有相应的优良特性。例如,开环放大器线性度不好,但反馈网络由线性电阻构成,那么负反馈放大器的线性度则会变好;开环放大器增益 $A_0$ 很不稳定,随温度等环境因素大幅变化,但反馈网络由稳定性很好的线性电阻构成,那么负反馈放大器的增益稳定度会变好,几乎不随环境因素变化而变化;开环放大器带宽较窄,但负反馈放大器由宽带线性电阻构成,于是负反馈放大器的带宽变宽了……这些会在后续章节一一考察。

**练习 3.11.18** 对于图 3.11.16 所示闭环结构,$A_0 F > 0$ 则为负反馈。所谓负反馈,是指闭合环路中任意位置的信号波动都会被闭环结构所抑制。如 $s_e$ 因某种原因如噪声或干扰而略有上升,经放大网络作用后,$s_{out}$ 上升(假设 $A_0 > 0$),经反馈网络作用,$s_f$ 也上升(假设 $F > 0$),于是 $s_e = s_{in} - s_f$ 则下降。初始变化的信号经环路一周后有反方向的变化,这就是负反馈,负反馈的作用是稳定系统,因为负反馈使得环路中波动的影响减弱;反之,初始信号变化经环路一周有正向的增强作用,则为正反馈。对于表 E3.11.1 所示两种结构,不同的开环增益和反馈系数情况下,判断哪种情况是正反馈,哪种情况是负反馈。放大器多采用负反馈结构以稳定放大倍数,正反馈结构有时被用来提升放大器放大倍数,但这种应用一般较为少见,仅在极为特殊

的需求下才会采用；振荡器则要求正反馈连接以形成自激振荡,同时它们还内蕴负反馈机制用以稳定周期信号的输出幅度和振荡频率。

**表 E3.11.1　负反馈和正反馈**

| 闭环结构 | （负反馈结构图） | | | | （正反馈结构图） | | | |
|---|---|---|---|---|---|---|---|---|
| 条件 | $A_0>0$, $F>0$ | $A_0>0$, $F<0$ | $A_0<0$, $F<0$ | $A_0<0$, $F>0$ | $A_0>0$, $F>0$ | $A_0>0$, $F<0$ | $A_0<0$, $F<0$ | $A_0<0$, $F>0$ |
| 反馈类型 | 负反馈 | 正反馈 | | | | | | |

图 3.11.16 所示负反馈放大器的放大网络和反馈网络是对应的：电压放大和电压反馈对应,其中输入信号 $s_{in}$,反馈信号 $s_f$,误差信号 $s_e$,输出信号 $s_{out}$ 均为电压信号；跨导放大和跨阻反馈对应,其中输入信号 $s_{in}$,反馈信号 $s_f$,误差信号 $s_e$ 为电压信号,输出信号 $s_{out}$ 为电流信号；跨阻放大和跨导反馈对应,其中输入信号 $s_{in}$,反馈信号 $s_f$,误差信号 $s_e$ 为电流信号,输出信号 $s_{out}$ 为电压信号；电流放大和电流反馈对应,其中输入信号 $s_{in}$,反馈信号 $s_f$,误差信号 $s_e$,输出信号 $s_{out}$ 均为电流信号。如表 3.11.1 所示,无论哪种情况,环路增益 $T=A_0F$ 都是无量纲比值数。

**表 3.11.1　四种负反馈放大器**

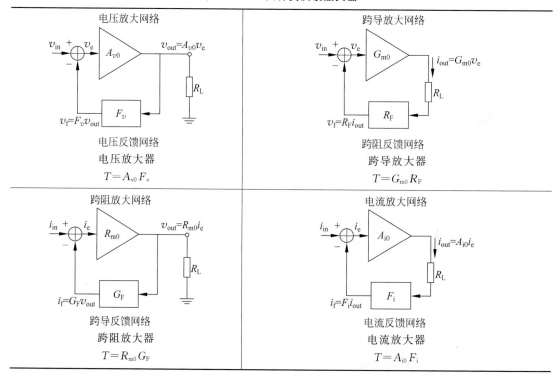

表 3.11.1 中还同时画出了负载电阻。电压输出时,负载电阻并接在放大器输出端口,从而负载电阻上可获得稳定的输出电压,这里假设放大器输出端口的一个端点为地;电流输出时,负载电阻则需串接在放大器输出端口,从而负载电阻上可获得稳定的输出电流。

2) 理想受控源需求下的负反馈网络连接方式选择

上述分析仅仅考察了放大器增益因闭环而导致的变化,并没有考察放大器输入电阻和输出电阻因闭环而导致的变化,这里先给出结论:只要开环放大器具有足够大的增益 $A_0$,深度负反馈条件式(3.11.26)则很容易满足,闭环增益变得稳定,闭环放大器的端口阻抗变化将使得它接近于理想受控源。

例如,基于理想受控源良好的缓冲隔离作用,我们希望获得一个近乎理想的流控压源,则希望该二端口网络的输入电阻和输出电阻都趋近于 0。流控压源的输出端口是受控恒压源,其输出电压应该和负载或输出电流无关,但是一般的跨阻放大器具有输出电阻,这使得输出电压和负载是相关的,输出端口电压是等效戴维南源电压在负载电阻上的分压。为了使得跨阻放大器输出端口电压近乎恒压,可以通过负反馈稳定输出端口电压。为了使得输出端口电压稳定,跨导负反馈网络需要检测输出电压的变化以形成反馈电流稳定它,显然跨导反馈网络在端口 2 和放大器输出端口的连接关系应该是并联连接关系,因为并联连接端口具有一个电压,故而可以通过并联连接检测输出电压的变化(串联连接端口具有一个电流故而可以检测输出电流的变化)。输出电压经跨导反馈网络作用后,形成的反馈电流需要从输入电流中扣除,形成的误差电流进入跨阻放大器以稳定输出电压。要想完成电流相减,显然跨导反馈网络在端口 1 和放大器输入端口的连接关系应该是并联连接,并联连接由 KCL 可自然形成电流相加或相减(串联连接由 KVL 可自然形成电压相加或相减)。

经过上述分析可知,要想通过负反馈使得开环跨阻放大器经闭环作用后具有接近理想流控压源特性,跨导反馈网络和开环跨阻放大网络的连接关系应采用并并连接方式:端口 2 并联,反馈网络直接检测放大网络的输出电压;端口 1 并联,输入电流和反馈电流可相减形成误差电流进入放大网络输入端口。通过这样的负反馈可稳定输出电压,使得输出电压接近恒定,进而抽象为恒压源。显然,端口 2 的并联连接方式使得输出电阻变小,端口 1 的并联连接方式使得输入电阻变小,最终并并连接方式可形成接近于理想流控压源的电路特性:输入电阻很小,输出电阻很小,输出电压近乎恒压。

同理分析可知:①若想获得理想压控压源,放大网络和负反馈网络应该采用串并连接关系:输入电阻变大,输出电阻变小,输出电压近乎恒定;②若想获得理想压控流源,放大网络和负反馈网络应该采用串串连接关系:输入电阻变大,输出电阻变大,输出电流近乎恒定;③若想获得理想流控压源,放大网络和负反馈网络应该采用并并连接关系:输入电阻变小,输出电阻变小,输出电压近乎恒定;④若想获得理想流控流源,放大网络和负反馈网络应该采用并串连接关系:输入电阻变小,输出电阻变大,输出电流近乎恒定。

下面以希望形成近乎理想的流控压源为例,前述分析说明应采用并并连接方式添加负反馈网络。并并连接 $y$ 相加,故而闭环后的负反馈放大器的总 $y$ 参量为

$$\boldsymbol{y}_{AF} = \boldsymbol{y}_A + \boldsymbol{y}_F = \begin{bmatrix} y_{11} & y_{12} \\ y_{21} & y_{22} \end{bmatrix} \tag{3.11.28}$$

将这个总 $y$ 参量分解为开环放大器 $y$ 参量和理想反馈网络 $y$ 参量之和,即

$$\boldsymbol{y}_{AF} = \begin{bmatrix} y_{11} & y_{12} \\ y_{21} & y_{22} \end{bmatrix} = \begin{bmatrix} y_{11} & 0 \\ y_{21} & y_{22} \end{bmatrix} + \begin{bmatrix} 0 & y_{12} \\ 0 & 0 \end{bmatrix}$$

$$
= \begin{bmatrix} g_{\mathrm{in}} & 0 \\ -R_{\mathrm{m0}}\,g_{\mathrm{in}}\,g_{\mathrm{out}} & g_{\mathrm{out}} \end{bmatrix} + \begin{bmatrix} 0 & G_{\mathrm{F}} \\ 0 & 0 \end{bmatrix}
$$

$$
= \boldsymbol{y}_{\mathrm{OpenLoop,A}} + \boldsymbol{y}_{\mathrm{Ideal,F}} \tag{3.11.29}
$$

注意,开环放大器和理想反馈网络都是单向网络,显然,开环跨阻放大器和闭环跨阻放大器的 $z$ 参量分别为

$$
\boldsymbol{z}_{\mathrm{OpenLoop,A}} = \boldsymbol{y}_{\mathrm{OpenLoop,A}}^{-1} = \begin{bmatrix} g_{\mathrm{in}} & 0 \\ -R_{\mathrm{m0}}\,g_{\mathrm{in}}\,g_{\mathrm{out}} & g_{\mathrm{out}} \end{bmatrix}^{-1} = \begin{bmatrix} r_{\mathrm{in}} & 0 \\ R_{\mathrm{m0}} & r_{\mathrm{out}} \end{bmatrix} \tag{3.11.30a}
$$

$$
\boldsymbol{z}_{\mathrm{AF}} = \boldsymbol{y}_{\mathrm{AF}}^{-1} = \begin{bmatrix} g_{\mathrm{in}} & G_{\mathrm{F}} \\ -R_{\mathrm{m0}}\,g_{\mathrm{in}}\,g_{\mathrm{out}} & g_{\mathrm{out}} \end{bmatrix}^{-1} = \frac{1}{1+R_{\mathrm{m0}}G_{\mathrm{F}}} \begin{bmatrix} r_{\mathrm{in}} & -G_{\mathrm{F}} r_{\mathrm{in}} r_{\mathrm{out}} \\ R_{\mathrm{m0}} & r_{\mathrm{out}} \end{bmatrix} \tag{3.11.30b}
$$

注意闭环后总网络参量的 12 元素和 21 元素必然一正一负,这是负反馈连接的特征,如果 21 元素和 12 元素全正或全负则是正反馈连接。

显然,闭环放大器是双向网络。一般应用情景下,闭环放大器的负载阻抗满足单向化条件式(3.10.23a), $|R_{12}R_{21}| \ll |(R_{11}+R_{\mathrm{s}})(R_{22}+R_{\mathrm{L}})|$ ,即

$$
\left| \frac{R_{\mathrm{m0}}}{1+R_{\mathrm{m0}}G_{\mathrm{F}}} \frac{G_F r_{\mathrm{in}} r_{\mathrm{out}}}{1+R_{\mathrm{m0}}G_{\mathrm{F}}} \right| \ll \left| \frac{r_{\mathrm{in}}}{1+R_{\mathrm{m0}}G_{\mathrm{F}}} + R_{\mathrm{s}} \right| \cdot \left| \frac{r_{\mathrm{out}}}{1+R_{\mathrm{m0}}G_{\mathrm{F}}} + R_{\mathrm{L}} \right| \tag{3.11.31}
$$

该单向化条件在实际电路中极易满足,从而大部分负载情况下该负反馈放大器均可视为单向网络,闭环跨阻放大器的 $z$ 参量近似为开环跨阻放大器 $z$ 参量除以 $(1+T)$ ,其中 $T$ 为环路增益,

$$
\boldsymbol{z}_{\mathrm{AF}} = \frac{1}{1+R_{\mathrm{m0}}G_{\mathrm{F}}} \begin{bmatrix} r_{\mathrm{in}} & -G_{\mathrm{F}} r_{\mathrm{in}} r_{\mathrm{out}} \\ R_{\mathrm{m0}} & r_{\mathrm{out}} \end{bmatrix}
$$

$$
\overset{\text{满足单向化条件}}{\approx} \frac{1}{1+R_{\mathrm{m0}}G_{\mathrm{F}}} \begin{bmatrix} r_{\mathrm{in}} & 0 \\ R_{\mathrm{m0}} & r_{\mathrm{out}} \end{bmatrix}
$$

$$
= \frac{1}{1+R_{\mathrm{m0}}G_{\mathrm{F}}} \boldsymbol{z}_{\mathrm{OpenLoop,A}} \tag{3.11.32}
$$

显然,负反馈放大器和开环放大器比,输入电阻和输出电阻都变小了,

$$
r_{\mathrm{inf}} = \frac{r_{\mathrm{in}}}{1+R_{\mathrm{m0}}G_{\mathrm{F}}} \tag{3.11.33a}
$$

$$
r_{\mathrm{outf}} = \frac{r_{\mathrm{out}}}{1+R_{\mathrm{m0}}G_{\mathrm{F}}} \tag{3.11.33b}
$$

同时,跨阻增益变得十分稳定,

$$
R_{\mathrm{m}f} = \frac{R_{\mathrm{m0}}}{1+R_{\mathrm{m0}}G_{\mathrm{F}}} \approx \frac{1}{G_{\mathrm{F}}} \tag{3.11.33c}
$$

故而并并负反馈确实实现了接近于理想的流控压源。式(3.11.33)除了得到和原理性分析一致的增益表达式,还得到了闭环后输入电阻和输出电阻的表达式。

**练习 3.11.19** 式(3.11.28)~式(3.11.33)是针对并并连接形成的接近理想流控压源的跨阻放大器的分析,仿照这个流程,①对串串连接形成的接近理想压控流源的跨导放大器进行分析;②对串并连接形成的接近理想压控压源的电压放大器进行分析;③对并串连接形成的接近理想流控流源的电流放大器进行分析。

**提示**: 如果记闭环放大器因连接关系导致两个参量矩阵相加后的总参量矩阵为 $\boldsymbol{p}$ ,那么在将闭环放大器分解为单向开环放大器和单向理想反馈网络时,理想反馈网络只有 $\boldsymbol{p}$ 矩阵的 12 元素,记为 $F$ ,开环放大器参量矩阵 $\boldsymbol{p}_{\mathrm{OpenLoop,A}}$ 的 11 元素记为 $p_{11}$ ,22 元素记为 $p_{22}$ ,21 元素

整合为 $-A_0 p_{11} p_{22}$，如是分解后再求逆。这里的 $A_0$，对电压放大器为开环电压增益 $A_{v0}$，对电流放大器为开环电流增益 $A_{i0}$，对跨导放大器为开环跨导增益 $G_{m0}$，对跨阻放大器为开环跨阻增益 $R_{m0}$；这里的 $F$，对电压放大器为电压反馈系数 $F_v$，对电流放大器为电流反馈系数 $F_i$，对跨导放大器为跨阻反馈系数 $R_F$，对跨阻放大器为跨导反馈系数 $G_F$，如式（3.11.29）所示。

同理分析可知，如果负反馈网络和放大网络在端口 1、2 是串联连接关系，闭环后该端口的阻抗是开环放大器该端口阻抗的 $1+T$ 倍，其中 $T=A_0 F=A_{v0} F_v$，$A_{i0} F_i$，$R_{m0} G_F$，$G_{m0} R_F$ 为环路增益，如果负反馈网络和放大网络在端口 1、2 是并联连接关系，闭环后该端口的阻抗是开环放大器该端口阻抗的 $1/(1+T)$ 倍，这个结论很容易记忆，即并联阻抗变小，串联阻抗变大。

3）负载效应

由式（3.11.28,29）可知，闭环放大器 $y_{AF}$ 分解为开环放大器 $y_{OpenLoop,A}$ 和理想反馈网络 $y_{Ideal,F}$ 时，开环放大器 $y_{OpenLoop,A}$ 一般包含了反馈网络 $y_F$ 的影响，如果开环放大器 $y_{OpenLoop,A}$ 中，反馈网络 $y_F$ 在 11 元素和 22 元素上的影响高于原放大网络 $y_A$，则称之为反馈网络的负载效应。显然，反馈网络的负载效应是指由于添加反馈网络而导致开环放大器的输入电阻或输出电阻和原始放大器相比有明显的变化，具体表现为 $y_A$ 和 $y_{OpenLoop,A}$ 的 11 元素和 22 元素差别很大。

上段描述针对的是并并连接形成的跨阻放大器。如果描述串串连接形成的跨导放大器，上述描述中的 $y$ 全部置换为 $z$ 即可；如果描述串并连接形成的电压放大器，上述描述中的 $y$ 全部置换为 $h$ 即可；如果描述并串连接形成的电流放大器，上述描述中的 $y$ 全部置换为 $g$ 即可。

4）线性流压转换器设计例

**例 3.11.4**　请设计一个跨阻增益为 $10\mathrm{k\Omega}$ 的跨阻器以实现线性流压转换，分析其输入电阻、输出电阻大小。可选用材料：741 运算放大器（输入电阻 $2\mathrm{M\Omega}$，输出电阻 $75\Omega$，电压增益 $20000\sim200000$ 不确定，该电压放大器输出端口的下端点为参考地）一个，线性电阻若干。

**分析**：为了获得接近理想流控压源特性的线性流压转换功能，根据前述分析，决定采用并并连接形式的负反馈结构，注意到运算放大器的电压增益极高，很容易满足深度负反馈条件，故而闭环增益近似为反馈系数的倒数，

$$R_{mf} = \frac{R_{m0}}{1+R_{m0}G_F} \overset{R_{m0}G_F \gg 1}{\approx} \frac{1}{G_F} = 10\mathrm{k\Omega} \qquad (E3.11.7)$$

因而需要设计一个跨导反馈网络，其 12 元素恰好就是理想反馈网络的反馈系数 $G_F=0.1\mathrm{mS}$。

回忆我们学过的电阻网络，如图 E3.11.14 所示，串臂电阻 $R$ 是一个最简单的电阻二端口网络，其 $y$ 参量为

$$y_F = \begin{bmatrix} G & -G \\ -G & G \end{bmatrix} \qquad (E3.11.8)$$

这里不考虑正负号问题，因为电压反相电路十分容易实现。于是我们获得了如图 E3.11.14 所示的反馈网络设计，其中串臂电阻 $R=10\mathrm{k\Omega}$，该反馈网络 $y$ 参量的 12 元素为 $-0.1\mathrm{mS}$，满足题设 $10\mathrm{k\Omega}$ 跨阻增益要求。下面考虑如何将这个电阻反馈网络和如图 E3.11.15 所示的电压放大器做并并连接。

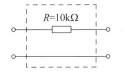

图 E3.11.14　电阻反馈网络

如图 E3.11.16 所示，电阻反馈网络和放大网络的并并连接有两种连接情况，可以判断图（a）为正反馈，因为闭环任意一点的波动经环路一周是增强的，如同相输入端电压微升，将导致放大器输出端电压上升，该点经反馈电阻到达同相输入端，输出点电压上升必导致同相输入端电压进一步上升，由于环路一周后信号变化方向相同，增强了

波动,故而是正反馈;而图(b)连接则是负反馈连接,因为闭环任意一点的波动经环路一周是抑制的,如反相输入端电压微升,将导致放大器输出端电压下降,该点经反馈电阻到达反相输入端,输出点电压下降必导致反相输入端电压下降,可见环路一周后信号变化方向相反,抑制了波动,故而是负反馈。显然,我们需要选用图(b)所示的负反馈结构。至此,我们完成了设计。下面对该设计进行分析,确认它满足题设要求。

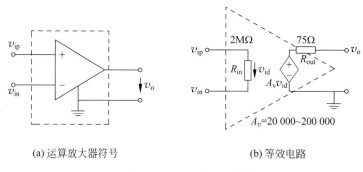

(a) 运算放大器符号　　　　　　　(b) 等效电路

图 E3.11.15　电压放大网络

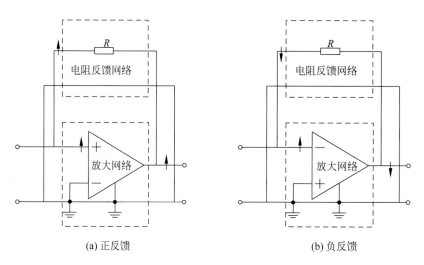

(a) 正反馈　　　　　　　　　(b) 负反馈

图 E3.11.16　两个二端口网络并并连接

**解**:如图 E3.11.17(a)所示,此图为电路设计方案图,其中,$R = 10\mathrm{k}\Omega$,运算放大器用传统的放大器三角形符号,其输出端口的下端点为地结点,图上没有画出。

用运算放大器的等效电路模型替代三角形放大器符号,如图 E3.11.17(b)所示。对于并并连接的两个线性二端口网络,总网络的 $y$ 参量矩阵是分网络 $y$ 参量矩阵之和,故而首先将放大网络和反馈网络均用其 $y$ 参量等效电路表述,如图 E3.11.17(c)所示,显而易见,端口 1 和端口 2 都是并联关系,它们的 $y$ 参量都是相加的。在研究负反馈时,我们往往将理想反馈网络抽取出来。所谓理想反馈,就是端口 2 到端口 1 的反馈,对 $y$ 参量矩阵而言,就是 $y_{12}$ 参量代表的二端口网络,如图 E3.11.17(d)所示,理想反馈网络就是 2 端口对 1 端口的压控流源 $Gv_o$。将理想反馈网络抽取出来后,剩下的网络则称为开环放大器,于是开环放大器的输入导纳为 $G_{in} + G$,输出导纳为 $G_{out} + G$,跨导增益为 $A_v G_{out} - G$。由于运放输入电阻极大,$G_{in} \ll G$,其输出电阻很小,$G_{out} \gg G$,故而端口 1 负载效应很强,不可忽略,端口 2 负载效应比较弱,可以忽略不计。如图 E3.11.17(e)所示,对开环放大器进行整理,记 $y_{11}$ 为输入导纳 $g_{in}$,记 $y_{22}$ 为其输

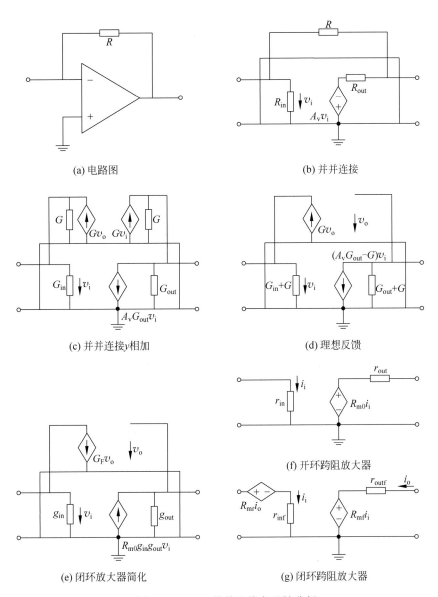

(a) 电路图

(b) 并并连接

(c) 并并连接y相加

(d) 理想反馈

(e) 闭环放大器简化

(f) 开环跨阻放大器

(g) 闭环跨阻放大器

图 E3.11.17 并并连接负反馈分析

出导纳 $g_{out}$，记 $y_{21}$ 元素为 $-R_{m0}g_{in}g_{out}$，对理想反馈网络进行整理，记 $y_{12}$ 为反馈系数 $G_F=G$。显然，开环跨阻放大器为单向网络，如图 E3.11.17(f) 所示，闭环跨阻放大器为双向网络，如图 E3.11.17(g) 所示，但是只要满足单向化条件，$R_{mr}$ 处理为 0，则可视为基本跨阻放大器。

下面用具体数值计算重现上述过程：运算放大器为电压放大器，其最适参量矩阵为 $g$ 参量矩阵，

$$\boldsymbol{g}_A = \begin{bmatrix} G_{in} & 0 \\ -A_v & R_{out} \end{bmatrix} = \begin{bmatrix} 0.5\mu\mathrm{S} & 0 \\ -200000 & 75\Omega \end{bmatrix}$$

这里取运放增益为 200000，之所以有负号，是由于同相输入端接地，反相输入端接输入信号。电阻反馈网络和运放的连接关系为并并连接关系，并并连接 $y$ 相加，故而需要获得放大网络及反馈网络的 $y$ 参量矩阵，分别为

$$\boldsymbol{y}_{\mathrm{A}} = \begin{bmatrix} G_{\mathrm{in}} & 0 \\ A_{\mathrm{v}}G_{\mathrm{out}} & G_{\mathrm{out}} \end{bmatrix} = \begin{bmatrix} 0.5\mu\mathrm{S} & 0 \\ 2667\mathrm{S} & 13.3\mathrm{mS} \end{bmatrix}$$

$$\boldsymbol{y}_{\mathrm{F}} = \begin{bmatrix} G & -G \\ -G & G \end{bmatrix} = \begin{bmatrix} 0.1\mathrm{mS} & -0.1\mathrm{mS} \\ -0.1\mathrm{mS} & 0.1\mathrm{mS} \end{bmatrix}$$

负反馈放大网络的总 $y$ 参量矩阵为

$$\boldsymbol{y}_{\mathrm{AF}} = \boldsymbol{y}_{\mathrm{A}} + \boldsymbol{y}_{\mathrm{F}} = \begin{bmatrix} G_{\mathrm{in}}+G & -G \\ A_{\mathrm{v}}G_{\mathrm{out}}-G & G_{\mathrm{out}}+G \end{bmatrix} = \begin{bmatrix} 0.1005\mathrm{mS} & -0.1\mathrm{mS} \\ 2667\mathrm{S} & 13.4\mathrm{mS} \end{bmatrix}$$

将其分解为开环放大器和理想反馈网络,为

$$\boldsymbol{y}_{\mathrm{AF}} = \begin{bmatrix} G_{\mathrm{in}}+G & 0 \\ A_{\mathrm{v}}G_{\mathrm{out}}-G & G_{\mathrm{out}}+G \end{bmatrix} + \begin{bmatrix} 0 & -G \\ 0 & 0 \end{bmatrix} = \begin{bmatrix} 0.1005\mathrm{mS} & 0 \\ 2667\mathrm{S} & 13.4\mathrm{mS} \end{bmatrix} + \begin{bmatrix} 0 & -0.1m\mathrm{S} \\ 0 & 0 \end{bmatrix}$$

$$= \boldsymbol{y}_{\mathrm{OpenLoop,A}} + \boldsymbol{y}_{\mathrm{Ideal,F}} = \begin{bmatrix} g_{\mathrm{in}} & 0 \\ -R_{\mathrm{m0}}g_{\mathrm{in}}g_{\mathrm{out}} & g_{\mathrm{out}} \end{bmatrix} + \begin{bmatrix} 0 & G_{\mathrm{F}} \\ 0 & 0 \end{bmatrix}$$

显然,开环跨阻放大器的 $z$ 参量为

$$\boldsymbol{z}_{\mathrm{OpenLoop,A}} = \boldsymbol{y}_{\mathrm{OpenLoop,A}}^{-1} = \begin{bmatrix} 0.1005\mathrm{mS} & 0 \\ 2667\mathrm{S} & 13.4\mathrm{mS} \end{bmatrix}^{-1}$$

$$= \begin{bmatrix} 9.95\mathrm{k}\Omega & 0 \\ -1.975\mathrm{G}\Omega & 74.44\Omega \end{bmatrix} = \begin{bmatrix} r_{\mathrm{in}} & 0 \\ R_{\mathrm{m0}} & r_{\mathrm{out}} \end{bmatrix}$$

注意,开环放大器输入电阻 $9.95\mathrm{k}\Omega$ 几乎完全由反馈网络决定,说明端口 1 的负载效应很强,而开环放大器的输出电阻 $74.44\Omega$ 几乎完全由运放自身输出电阻决定,说明端口 2 的负载效应很弱。同时开环跨阻增益 $R_{\mathrm{m0}} = -1.975 \times 10^9\,\Omega$ 极大,从而环路增益 $T = R_{\mathrm{m0}}G_{\mathrm{F}} = 1.975 \times 10^5 \gg 1$,满足深度负反馈条件。

闭环跨阻放大器的 $z$ 参量为

$$\boldsymbol{z}_{\mathrm{AF}} = \boldsymbol{y}_{\mathrm{AF}}^{-1} = \begin{bmatrix} g_{\mathrm{in}} & G_{\mathrm{F}} \\ -R_{\mathrm{m0}}g_{\mathrm{in}}g_{\mathrm{out}} & g_{\mathrm{out}} \end{bmatrix}^{-1} = \begin{bmatrix} 0.1005\mathrm{mS} & -0.1\mathrm{mS} \\ 2667\mathrm{S} & 13.4\mathrm{mS} \end{bmatrix}^{-1}$$

$$= \begin{bmatrix} 50.4\mathrm{m}\Omega & 0.375\mathrm{m}\Omega \\ -9.999949\mathrm{k}\Omega & 0.377\mathrm{m}\Omega \end{bmatrix} = \begin{bmatrix} r_{\mathrm{inf}} & R_{\mathrm{mr}} \\ R_{\mathrm{mf}} & r_{\mathrm{outf}} \end{bmatrix}$$

单向化条件 $|R_{\mathrm{mf}}R_{\mathrm{mr}}| \ll |(r_{\mathrm{inf}}+R_{\mathrm{s}})(r_{\mathrm{outf}}+R_{\mathrm{L}})|$,即

$$|(R_{\mathrm{s}}+0.0504)(R_{\mathrm{L}}+0.000377)| \gg 3.75$$

在实际电路应用中十分容易满足,故而闭环跨阻放大器可以视为单向网络,可视为基本跨阻放大器,

$$\boldsymbol{z}_{\mathrm{AF}} = \begin{bmatrix} 50.4\mathrm{m}\Omega & 0.375\mathrm{m}\Omega \\ -9.999949\mathrm{k}\Omega & 0.377\mathrm{m}\Omega \end{bmatrix} \approx \begin{bmatrix} 50.4\mathrm{m}\Omega & 0 \\ -9.999949\mathrm{k}\Omega & 0.377\mathrm{m}\Omega \end{bmatrix}$$

同学自行验证式(3.11.33)成立:该跨阻放大器输入电阻 $50.4\mathrm{m}\Omega$ 很小,输出电阻 $0.377\mathrm{m}\Omega$ 很小,接近理想流控压源特性,跨阻增益 $-9.999949\mathrm{k}\Omega$ 十分接近于设计值 $10\mathrm{k}\Omega$(不考虑正负号问题),从而设计成功。由于输入电阻和输出电阻极小,在大多数负载情况下它们都可以忽略不计,从而图 E3.11.18(a)所示负反馈放大器可视为理想流控压源,其等效电路如图 E3.11.18(b)所示。

**练习 3.11.20** 确认运放增益为 20000 时,例 3.11.4 设计也是成功的,换句话说,即使运放增益十分不确定,但是由于增益足够高,深度负反馈条件始终满足,于是闭环放大器具有稳

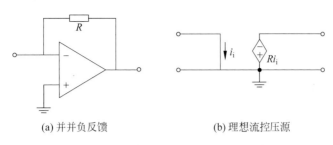

(a) 并并负反馈　　　　　　　　　(b) 理想流控压源

图 E3.11.18　并并连接形成接近理想的流控压源

定的接近于理想流控压源特性的参数。

**练习 3.11.21**　请设计一个电流放大器,其电流增益为 10,要求它足够接近于理想流控流源。可选用材料：741 运算放大器一个,线性电阻若干。

**提示**：(1)负反馈网络可以是 0.1 分流系数的电阻分流网络,电阻反馈网络中的电阻取值应远大于运放输出电阻 75Ω,远小于运放输入电阻 2MΩ；(2)负反馈网络应确保和放大网络之间具有并串连接关系。

**练习 3.11.22**　表 E3.11.2 总结了负反馈跨导放大器和负反馈电压放大器的负反馈特性,请给出负反馈电流放大器、负反馈跨阻放大器的负反馈特性。提示：输出端口并联检测输出电压,串联检测输出电流；输入端口并联形成反馈电流,串联形成反馈电压。

表 E3.11.2　负反馈放大的负反馈连接方式及负反馈特性

| 负反馈放大器 | 电压放大器 | 电流放大器 | 跨导放大器 | 跨阻放大器 |
|---|---|---|---|---|
| 反馈网络连接 | 串并连接 | | 串串连接 | |
| 检测输出信号 | 输出电压 $v_{out}$ | | 输出电流 $i_{out}$ | |
| 形成反馈信号 | 反馈电压 $v_f$ | | 反馈电压 $v_f$ | |
| 输入信号 | 输入电压 $v_{in}$ | | 输入电压 $v_{in}$ | |
| 误差信号 | 误差电压 $v_e$ | | 误差电压 $v_e$ | |
| 开环增益 $A_0$ | $A_{v0}$ | $A_{i0}$ | $G_{m0}$ | $R_{m0}$ |
| 反馈系数 $F$ | $F_v$ | $F_i$ | $R_F$ | $G_F$ |
| 环路增益 $T=A_0 F$ | $A_{v0} F_v$ | $A_{i0} F_i$ | $G_{m0} R_F$ | $R_{m0} G_F$ |
| 闭环增益 $A_f=A_0/(1+T)$ | $\dfrac{A_{v0}}{1+T}$ | | $\dfrac{G_{m0}}{1+T}$ | |
| 闭环增益： $A_f \approx 1/F$ 深度负反馈 $T \gg 1$ | $A_{vf} \approx \dfrac{1}{F_v}$ | | $G_{mf} \approx \dfrac{1}{R_F}$ | |
| 输入电阻 $r_{inf}$ 串变大,并变小 | $(1+T)r_{in}$ | | $(1+T)r_{in}$ | |
| 输出电阻 $r_{outf}$ 串变大,并变小 | $\dfrac{r_{out}}{1+T}$ | | $(1+T)r_{out}$ | |
| 分析计算过程 | $h$ 相加,求逆获得可单向化 $g$ | | $z$ 相加,求逆获得可单向化 $y$ | |
| 负反馈效果 | 更加接近于理想压控压源 | | 更加接近于理想压控流源 | |

## 3.12　列写电路方程的例子

作为前后章节的衔接,本节特别考察线性电阻电路的戴维南等效所带来的电路方程列写上的规模压缩和电路分析上的高度简化,从而后续章节对非线性电阻电路和动态电路的分析中,均采用的是简单的戴维南源驱动。

本节作为电路基本定律和基本定理章节的收尾,将:(1)回顾电路方程的基本列写方法,包括支路电压电流法和结点电压法,它们适用于线性电路和非线性电路、电阻电路和动态电路;(2)利用戴维南-诺顿定理简化线性电阻电路,使得和线性电阻电路连接的非线性电阻电路和动态电路均可视为在戴维南源的驱动下而完成某种电路功能。下面两个例子是对3.3.4节说明的延展,重点说明线性网络的单端口和二端口戴维南-诺顿等效所带来的电路分析上的简化。

### 3.12.1　线性网络简化后和非线性网络对接

**例 3.12.1**　如图 E3.12.1 所示,这是一个具有一个非线性电阻(PN 结二极管)的电阻电路,请用支路电压电流法、结点电压法和线性电阻网络戴维南-诺顿等效电路法列写电路方程。

**解**:(1) 支路电压电流法。为了简单起见,把 $v_{s1}(t)$ 和 $R_{s1}$ 整体视为一条支路,把 $v_{s2}(t)$ 和 $R_{s2}$ 整体视为另外一条支路,于是这就是一个具有 $b=4$ 条支路,$n=3$ 个结点的电路,如图 E3.12.2 所示,这 4 条支路的支路电压、支路电流为未知量,需要列写 8 个方程:

支路 1 约束方程:$v_1(t) - i_1(t) R_{s1} = v_{s1}(t)$ 　　　　　(E3.12.1a)

支路 2 约束方程:$v_2(t) - i_2(t) R_{s2} = v_{s2}(t)$ 　　　　　(E3.12.1b)

支路 3 约束方程:$i_3(t) - I_{S0} (e^{\frac{v_3(t)}{v_T}} - 1) = 0$ 　　　　　(E3.12.1c)

支路 4 约束方程:$v_4(t) - i_4(t) R_L = 0$ 　　　　　(E3.12.1d)

1-2 回路 KVL:$-v_1(t) + v_2(t) = 0$ 　　　　　(E3.12.2a)

2-3-4 回路 KVL:$-v_2(t) + v_3(t) + v_4(t) = 0$ 　　　　　(E3.12.2b)

$A$ 结点 KCL:$i_1(t) + i_2(t) + i_3(t) = 0$ 　　　　　(E3.12.3a)

$B$ 结点 KCL:$-i_3(t) + i_4(t) = 0$ 　　　　　(E3.12.3b)

求解这 8 个方程,即可获得电路解。其中,$v_L(t) = v_4(t)$。

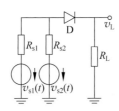

图 E3.12.1　非线性电阻电路

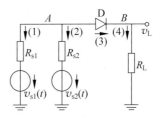

图 E3.12.2　支路电压电流法、结点电压法

(2) 结点电压法。以两个结点的结点电压为未知量,则需列写两个电路方程,分别为

$A$ 结点 KCL:$v_A \left( \dfrac{1}{R_{s1}} + \dfrac{1}{R_{s2}} \right) + I_{s0} (e^{\frac{v_A - v_B}{v_T}} - 1) = \dfrac{v_{s1}}{R_{s1}} + \dfrac{v_{s2}}{R_{s2}}$ 　　　(E3.12.4a)

$B$ 结点 KCL:$v_B \dfrac{1}{R_L} - I_{s0} (e^{\frac{v_A - v_B}{v_T}} - 1) = 0$ 　　　　　(E3.12.4b)

求解这两个电路方程,即可获得电路解,其中,$v_L(t)=v_B(t)$。

由于上述两个方程中都有非线性表达式,电路方程显得臃肿,可以采用修正结点电压法,增加一个未知量 $i_D$,再增加一个元件约束方程,使得方程整体看起来更加简约。修正结点电压法方程为

$A$ 结点 KCL:$v_A\left(\dfrac{1}{R_{s1}}+\dfrac{1}{R_{s2}}\right)+i_D=\dfrac{v_{s1}}{R_{s1}}+\dfrac{v_{s2}}{R_{s2}}$ \hfill (E3.12.5a)

$B$ 结点 KCL:$v_B\dfrac{1}{R_L}-i_D=0$ \hfill (E3.12.5b)

非线性约束方程:$i_D-I_{s0}(\mathrm{e}^{\frac{v_A-v_B}{v_T}}-1)=0$ \hfill (E3.12.5c)

求解这三个电路方程,即可获得电路解,其中,$v_L(t)=v_B(t)$。

(3) 线性电阻网络戴维南-诺顿等效电路法。

如图 E3.12.3 所示,将二极管之外的线性电阻网络等效为一个单端口网络,由于内部包含了独立源,故而等效电路为戴维南源,戴维南源电压和源内阻分别为

$$v_{TH}(t)=\left(\dfrac{v_{s1}(t)}{R_{s1}}+\dfrac{v_{s2}(t)}{R_{s2}}\right)(R_{s1}\parallel R_{s2})=\dfrac{R_{s2}}{R_{s1}+R_{s2}}v_{s1}(t)+\dfrac{R_{s1}}{R_{s1}+R_{s2}}v_{s2}(t)$$

$$R_{TH}=R_{s1}\parallel R_{s2}+R_L=\dfrac{R_{s1}R_{s2}}{R_{s1}+R_{s2}}+R_L \hfill (E3.12.6)$$

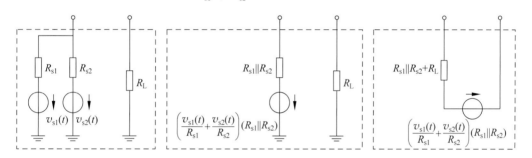

图 E3.12.3 线性电阻网络戴维南-诺顿等效电路法

之后,对于戴维南电阻和二极管的对接电路,只需列写一个电路方程即可,

$$v_D(t)+I_{s0}(\mathrm{e}^{\frac{v_D(t)}{v_T}}-1)R_{TH}=v_{TH}(t) \hfill (E3.12.7)$$

由此非线性方程,求出 $v_D(t)$,然后用替代定理将二极管 $D$ 用 $v_D(t)$ 恒压源替代,用线性电路的任意求解方程均可获得 $v_L(t)$ 电压。当然,获得 $v_D(t)$ 后,代入二极管非线性约束关系,即可获得二极管电流 $i_D(t)$,也可用恒流源 $i_D(t)$ 替代二极管 $D$,那么,$v_L(t)=R_Li_D(t)$。

显然,用线性电阻网络戴维南-诺顿等效电路法列写方程是最简单的,这是本课程要求同学必须掌握的电路方程列写方法。而对此非线性电路方程的求解方法则放到下章讨论。

### 3.12.2 线性电阻网络简化后和动态元件对接

**例 3.12.2** 如图 E3.12.4 所示,这是一个含有电感、电容动态元件的动态电路,其中,还有一个线性时变电阻 $R_D(t)$。请用支路电压电流法、结点电压法和线性电阻网络戴维南-诺顿等效电路法列写电路方程。

**解:**我们将 $V_{DD}-R_{p1}$ 整体视为一条支路,于是该电路就是一个 $b=6$ 条支路,$n=4$ 个结点的电路,如图 E3.12.5 所示。

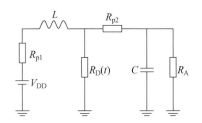

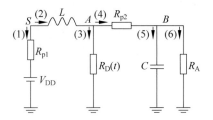

图 E3.12.4　线性动态电路　　　　　图 E3.12.5　支路电压电流法和结点电压法

（1）支路电压电流法。如果以 6 条支路的支路电压、支路电流为未知量，则需列写 12 个方程，它们分别为

支路 1 约束方程：$v_1(t) - i_1(t) R_{p1} = V_{DD}$ (E3.12.8a)

支路 2 约束方程：$v_2(t) - L \dfrac{\mathrm{d}i_2(t)}{\mathrm{d}t} = 0$ (E3.12.8b)

支路 3 约束方程：$v_3(t) - R_D(t) i_3(t) = 0$ (E3.12.8c)

支路 4 约束方程：$v_4(t) - R_{p2} i_4(t) = 0$ (E3.12.8d)

支路 5 约束方程：$C \dfrac{\mathrm{d}v_5(t)}{\mathrm{d}t} - i_5(t) = 0$ (E3.12.8e)

支路 6 约束方程：$v_6(t) - R_A i_6(t) = 0$ (E3.12.8f)

1-2-3 回路 KVL：$-v_1(t) + v_2(t) + v_3(t) = 0$ (E3.12.9a)

3-4-5 回路 KVL：$-v_3(t) + v_4(t) + v_5(t) = 0$ (E3.12.9b)

5-6 回路 KVL：$-v_5(t) + v_6(t) = 0$ (E3.12.9c)

$S$ 结点 KCL：$i_1(t) + i_2(t) = 0$ (E3.12.10a)

$A$ 结点 KCL：$-i_2(t) + i_3(t) + i_4(t) = 0$ (E3.12.10b)

$B$ 结点 KCL：$-i_4(t) + i_5(t) + i_6(t) = 0$ (E3.12.10c)

求解这 12 个方程，即可获得电路解。其中，$v_o(t) = v_6(t)$。

（2）结点电压法。以 $S$、$A$、$B$ 三个结点电压为未知量，列写电路方程如下，

$S$ 结点 KCL：$v_s(t) \dfrac{1}{R_{p1}} + I_{20} + \dfrac{1}{L} \displaystyle\int_0^t (v_s(t) - v_A(t)) \mathrm{d}(t) = \dfrac{v_{DD}}{R_{p1}}$

$A$ 结点 KCL：$-I_{20} + \dfrac{1}{L} \displaystyle\int_0^t (v_A(t) - v_s(t)) \mathrm{d}(t) + v_A(t) \left( \dfrac{1}{R_D(t)} + \dfrac{1}{R_{p1}} \right) - v_B(t) \dfrac{1}{R_{p2}} = 0$

$B$ 结点 KCL：$-v_A(t) \dfrac{1}{R_{p2}} + v_B(t) \left( \dfrac{1}{R_{p1}} + \dfrac{1}{R_A} \right) + C \dfrac{\mathrm{d}v_B(t)}{\mathrm{d}t} = 0$ (E3.12.11)

求解这 3 个电路方程，即可获得电路解。其中，$v_o(t) = v_B(t)$。

注意在 $S$ 结点和 $A$ 结点电压方程中，都出现了积分运算，电路方程显得不够规整，可以采用修正结点电压法，增加一个未知量 $i_L$，再增加一个元件约束方程，使得方程整体看起来显得更加简约。修正结点电压法方程为

$S$ 结点 KCL：$v_s(t) \dfrac{1}{R_{p1}} + i_L(t) = \dfrac{v_{DD}}{R_{p1}}$ (E3.12.12a)

$A$ 结点 KCL：$-i_L(t) + v_A(t) \left( \dfrac{1}{R_D(t)} + \dfrac{1}{R_{p1}} \right) - v_B(t) \dfrac{1}{R_{p2}} = 0$ (E3.12.12b)

$B$ 结点 KCL：$-v_A(t) \dfrac{1}{R_{p2}} + v_B(t) \left( \dfrac{1}{R_{p2}} + \dfrac{1}{R_A} \right) + C \dfrac{\mathrm{d}v_B(t)}{\mathrm{d}t} = 0$ (E3.12.12c)

元件约束方程：$v_s(t) - v_A(t) - L\dfrac{\mathrm{d}i_L(t)}{\mathrm{d}t} = 0$ (E3.12.12d)

现在方程中只有两个微分运算，方程显得更加规整和简约。求解这 4 个方程，即可获得电路解。其中，$v_o(t) = v_B(t)$。

(3) 线性电阻网络戴维南-诺顿等效电路法。

如图 E3.12.6 所示，将两个动态元件之外的线性电阻电路整合为一个二端口网络，由于电感元件约束是对电流的微分（电感电流一般情况下随时间是连续变化的状态变量），故而端口 1 以电流为测试激励量，由于电容元件约束是对电压的微分（电容电压一般情况下随时间是连续变化的状态变量），故而端口 2 以电压为测试激励量，于是该二端口网络应该采用混合参量矩阵表述，

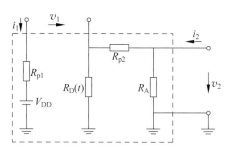

图 E3.12.6 线性电阻网络等效电路法

$$\begin{bmatrix} v_1(t) \\ i_2(t) \end{bmatrix} = \begin{bmatrix} h_{11} & h_{12} \\ h_{21} & h_{22} \end{bmatrix} \begin{bmatrix} i_1(t) \\ v_2(t) \end{bmatrix} + \begin{bmatrix} v_{T1}(t) \\ i_{N2}(t) \end{bmatrix}$$ (E3.12.13)

其中，端口 1 的戴维南源电压 $v_{T1}$ 等于端口 1 开路，端口 2 短路时，端口 1 测得的开路电压，显然

$$v_{T1} = V_{DD}$$

端口 2 的诺顿源电流 $i_{N2}$ 等于端口 1 开路，端口 2 短路时，端口 2 测得的短路电流，显然

$$i_{N2} = 0$$

端口 1 的戴维南源内阻 $h_{11}$ 等于网络内部所有独立源不起作用时，端口 2 短路，从端口 1 看入的等效电阻，

$$h_{11} = R_{p1} + R_D(t) \parallel R_{p2}$$

端口 2 的诺顿源内导 $h_{22}$ 等于网络内部所有独立源不起作用时，端口 1 开路，从端口 2 看入的等效电导，

$$h_{22} = \frac{1}{R_A} + \frac{1}{R_{p2} + R_D(t)}$$

端口 1 的压控压源受控系数 $h_{12}$，这里称之为端口 2 到端口 1 的电压传递系数，等于网络内部所有独立源不起作用时，端口 1 开路，端口 2 电压到端口 1 开路电压之间的线性传递关系，

$$h_{12} = -\frac{R_D(t)}{R_D(t) + R_{p2}}$$

端口 2 的流控流源受控系数 $h_{21}$，这里称之为端口 1 到端口 2 的电流传递系数，等于网络内部所有独立源不起作用时，端口 2 短路，端口 1 电流到端口 2 短路电流之间的线性传递关系，

$$h_{21} = \frac{R_D(t)}{R_D(t) + R_{p2}}$$

于是，约束该线性二端口电阻网络的端口约束方程为

$$\begin{bmatrix} v_1(t) \\ i_2(t) \end{bmatrix} = \begin{bmatrix} R_{p1} + R_D(t) \parallel R_{p2} & -\dfrac{R_D(t)}{R_D(t) + R_{p2}} \\[2mm] \dfrac{R_D(t)}{R_D(t) + R_{p2}} & \dfrac{1}{R_A} + \dfrac{1}{R_{p2} + R_D(t)} \end{bmatrix} \begin{bmatrix} i_1(t) \\ v_2(t) \end{bmatrix} + \begin{bmatrix} V_{DD} \\ 0 \end{bmatrix}$$

代入端口 1 的电感约束条件和端口 2 的电容约束条件，

$$v_1(t) = -L\frac{\mathrm{d}i_1(t)}{\mathrm{d}t} \tag{E3.12.14a}$$

$$i_2(t) = -C\frac{\mathrm{d}v_2(t)}{\mathrm{d}t} \tag{E3.12.14b}$$

于是得到两个线性动态方程来求解两个未知量，

$$\frac{\mathrm{d}}{\mathrm{d}t}\begin{bmatrix} i_1(t) \\ v_2(t) \end{bmatrix} = \begin{bmatrix} -\dfrac{h_{11}}{L} & -\dfrac{h_{12}}{L} \\ -\dfrac{h_{21}}{C} & -\dfrac{h_{22}}{C} \end{bmatrix}\begin{bmatrix} i_1(t) \\ v_2(t) \end{bmatrix} + \begin{bmatrix} -\dfrac{v_{T1}(t)}{L} \\ -\dfrac{i_{N1}(t)}{C} \end{bmatrix} \tag{E3.12.15}$$

其中，二端口网络混合参量见式(E3.12.13)，故而有

$$\frac{\mathrm{d}}{\mathrm{d}t}\begin{bmatrix} i_1(t) \\ v_2(t) \end{bmatrix} = \begin{bmatrix} -\dfrac{R_{p1} + R_D(t)\parallel R_{p2}}{L} & \dfrac{1}{L}\dfrac{R_D(t)}{R_D(t) + R_{p2}} \\ -\dfrac{1}{C}\dfrac{R_D(t)}{R_D(t) + R_{p2}} & -\dfrac{1}{R_A C} - \dfrac{1}{(R_{p2} + R_D(t))C} \end{bmatrix}\begin{bmatrix} i_1(t) \\ v_2(t) \end{bmatrix} + \begin{bmatrix} -\dfrac{V_{DD}}{L} \\ 0 \end{bmatrix}$$

当我们通过某种数学方法获得 $i_1(t)$ 和 $v_2(t)$ 后，即可采用替代定理，如图 E3.12.7 所示，将电感用恒流源 $i_1(t)$ 替代，将电容用恒压源 $v_2(t)$ 替代，于是关于电阻电路内部结点的电压分析就变成了纯粹的线性电阻电路分析。如果只对 $R_A$ 上电压感兴趣，显然有 $v_o(t) = v_2(t)$。

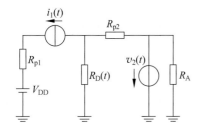

图 E3.12.7 替代定理计算线性电路

显然，用线性电阻网络的戴维南-诺顿等效电路法列写方程可得到最为简约的变系数线性微分方程组，这个方程组被称为状态方程，这是因为电感电流和电容电压均为状态变量，而变系数则缘于电路中包含的那个时变电阻。状态方程的求解方法在第 8 章将会有所讨论，这里仅给出状态方程的规范列写方法。

由上述分析可知，用线性电阻网络等效电路法列写方程，本质上就是把众多的 KVL 方程、KCL 方程、线性代数方程表述的元件约束条件用端口等效电路的方法综合成为最简单的线性方程，再和线性电阻网络之外的非线性电阻、动态元件、负载电阻连接，则可用最简约的方程求解电路问题。可见，线性电阻网络的戴维南等效电路法，其数学本质就是对线性代数方程的简约表述。

当我们采用了单端口、二端口线性电阻网络的戴维南-诺顿等效电路方法之后，具有少量非线性电阻元件和少量动态元件的电路分析就变得十分的原理化，因为我们只需分析戴维南-诺顿等效源驱动下的非线性电阻电路和线性动态电路，后续章节我们将重点研究这些简单电路的工作原理，从而对功能电路的工作原理有一个直观的理解和认识，而不再过多地将注意力放在复杂电路结构的分析上，对于具有复杂结构的功能电路，不妨交给计算机辅助设计工具去分析，我们只关注其中的核心电路的原理分析。

**练习 3.12.1** 如图 E3.12.8 给出的二阶动态系统，两个动态元件之外是线性电阻电路网络，例 3.12.2 给出了第一种网络的最适二端口描述为混合参量描述，如是列写的状态方程为 (E3.12.15)，对于第二种、第三种连接关系网络，描述线性电阻网络的最适二端口网络参量是什么？列写的状态方程形式是怎样的？

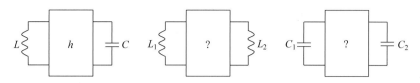

图 E3.12.8   二阶动态电路的状态方程规范列写方法

# 3.13   习题

**习题 3.1**   电路定律 KCL。基尔霍夫电流定律表明,流入一个结点的电流等于流出该结点的电流。电路结点是对空间封闭曲面的高度抽象,因而只要电路中存在封闭曲面包围的空间,该空间均可视为结点,如图 E3.13.1 所示的虚线圆框可视为超级结点。图 E3.13.1 拓扑图中的 10 条线代表 10 条支路,已知其中 5 条支路的电流,请给出剩余 5 条支路的电流,同时验证流入超级结点的电流等于流出超级结点的电流,即 KCL 同样适用于超级结点的分析。

**习题 3.2**   电路基本定律/定理的应用。如图 E3.13.2 所示,电路网络 $N$ 引出 4 个端点,其中 $G$ 端点为该网络的参考地结点,其他 3 个端点外接三个电阻之后,测量确认 $A$ 点电压为 1V,$B$ 点电压为 2V,$C$ 点电压为 4V。请问 $D$ 点电压为多少 V? 请给出详细的推导过程,对于列写的电路方程,说明你采用了什么电路定律或什么电路定理。

**习题 3.3**   电路基本定律/定理的应用。如图 E3.13.3 所示电路是一个大电路中的一部分,用电压表测量获得端口 1 和端口 2 的电压分别为 $V_1$、$V_2$,则中间位置 $A$ 点的电压 $V_A$ 为多少? 请分别采用电路基本定律、替代定理、叠加定理、戴维南-诺顿定理等求解。

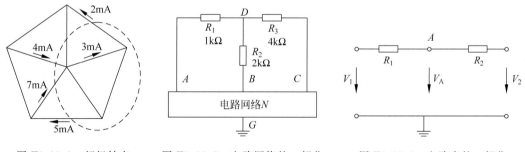

图 E3.13.1  超级结点     图 E3.13.2   电路网络的一部分     图 E3.13.3   电路中的一部分

**习题 3.4**   回路电流法列写电路方程。对于如图 E3.13.4 所示线性电阻电路,列写其回路电流法电路方程,其中三个独立回路如图虚线所示,虚线箭头代表三个回路电流的参考方向。

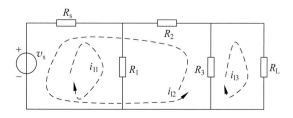

图 E3.13.4   某线性电阻电路的回路电流定义

**习题 3.5**  电路方程列写与求解，电路定律/定理的应用。对于如图 E3.13.5 所示的电路，给出详尽的数学推导过程，求：

（1）结点 $A$ 和结点 $B$ 电压 $v_A$ 和 $v_B$；

（2）三个电阻上的三个电流 $i_1, i_2, i_3$。

**习题 3.6**  电路基本定律/定理的应用。分析图 E3.13.6 所示电路，求图示 $4\text{k}\Omega$ 电阻支路电流大小。

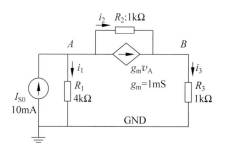

图 E3.13.5  某简单电路

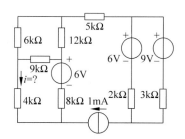

E3.13.6  某线性电阻电路

**习题 3.7**  叠加定理的应用。如图 E3.13.7 所示，这是一个线性时不变电阻电路。当开关置于位置 1 时，伏特计测量 2-3 端口电压为 5V，毫安表读数为 20mA，当开关置于位置 2 时，伏特计测量 1-3 端口电压为 15V，毫安表读数为 $-40\text{mA}$。问：当开关置于位置 3 时，伏特计测量 1-2 端口电压为多少伏？毫安表读数为多少毫安？提示：在电路中伏特计可抽象为开路，它可用来测量两点间电压；而毫安表则可抽象为短路，它可检测流经电流并显示出来。

**习题 3.8**  戴维南-诺顿定理的应用。如图 E3.13.8 所示电路，若在测试端口接电压表，测得端口电压为 3V，在测试端口接电流表，测得端口电流为 1.0mA，该端口的戴维南电压 $V_{TH}$ 为（　　　　）V，戴维南电阻 $R_{TH}$ 为（　　　　）$\Omega$。

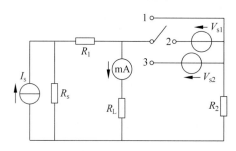

图 E3.13.7  叠加定理应用题

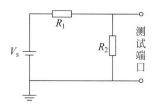

图 E3.13.8  戴维南-诺顿定理应用题

**习题 3.9**  电源的串并联。已知两个电源的内阻均为线性电阻，图 E3.13.9 给出了两个电源的端口伏安特性，请在 $vi$ 平面上给出两个电源串联后的总端口伏安特性和两个电源并联后的总端口伏安特性。

**提示**：画伏安特性图时把握如下原则：串联是在同一电流下的电压相加，并联是在同一电压下的电流相加。

**习题 3.10**  串并联简化。如果电路中的器件是简单的串并联关系，其实我们不需要列写复杂的电路方程进行电路分析，而是直接对串并联进行电路等效化简分析。

如图 E3.13.10(a) 所示的 π 型电阻衰减器，在例 3.1.2、例 3.2.1、例 3.2.2 和例 3.2.3 中，分别用支路电压电流法、支路电流法、回路电流法和结点电压法进行电路方程列写并求解，

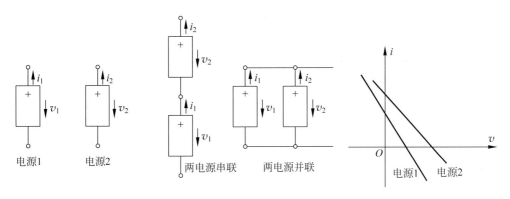

图 E3.13.9 电源伏安特性图

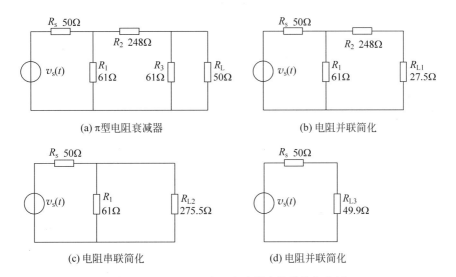

图 E3.13.10 π型电阻衰减器串并联简化分析

分析确认它是一个具有 20dB 衰减量的衰减器电路。也可以用串并联简化分析,首先将负载电阻 $R_L$ 和 $R_3$ 的并联等效为 27.5Ω 的 $R_{L1}$ 电阻,如图(b)所示,再把 $R_{L1}$ 和 $R_2$ 的串联等效为 275.5Ω 的 $R_{L2}$ 电阻,如图(c)所示,最后把 $R_{L2}$ 和 $R_1$ 的并联等效为 49.9Ω 的 $R_{L3}$ 电阻,如图(d)所示。至此电路已经简化为最简单的源驱动负载结构:显然流过 $R_{L3}$ 的电流为 $0.01v_s$(见图(d)),这个电流在 $R_{L2}$ 上的分流为 $0.0018v_s$(图(c)),这个分流流过 $R_{L1}$,其上建立 $0.0498v_s$ 的电压(图(b)),这个电压加载到 $R_L$ 电阻上(图(a)),再分析 $R_L$ 获得功率与信源额定功率之比,可知为 20dB 衰减器。

请仿照上述 π 型电阻衰减器的串并联简化分析过程,分析确认图 E3.1.10 所示的对偶结构的 T 型电阻衰减器的衰减量为 10dB。

**习题 3.11** 开关实现逻辑运算。电阻串联则总电阻为分电阻之和,电阻并联则总电导为分电导之和。开关的两种状态可抽象为短路(零电阻)和开路(无穷大电阻),可以用来实现逻辑运算。图 E3.13.11 所示开关都是受控开关,当控制电压为高电平(逻辑 1)时,开关闭合,当控制电压为低电平(逻辑 0)时,开关断开。请确认图示串联开关可实现逻辑与运算功能:当两个控制输入 $A$、$B$ 均为逻辑 1 时,两个开关均闭合,串联开关总体短路,输出为逻辑 1(高电平);两个控制输入 $A$、$B$ 只要有一个为逻辑 0,对应的那个开关即断开,串联开关总体开路,输出则为逻辑 0(低电平)，从而实现了"逻辑与运算"。通过对该电路的分析，请用开关分别设计"逻辑或运算"功能电路和"逻辑非运算"功能电路。

**习题 3.12** 平衡电桥。(1)例 3.4.3 求电桥电路端口等效电阻，在如图 E3.4.5(b)所示的激励情况下，请给出桥上电阻 $R_5$ 的支路电流 $i_5$ 表达式，说明当桥平衡时，$i_5 = 0$，$v_5 = 0$。这个结果内蕴如下结论：当电桥满足平衡条件时，$R_5$ 支路电压为 0，故而可以用短路替代，同时 $R_5$ 支路电流为 0，故而也可以用开路替代，两种替代均不会影响源看到的等效电阻大小。(2)请确认图 E3.13.12 所示电桥为平衡电桥，进而利用平衡电桥的特性，直接给出 $R_2$ 电阻上的支路电流。

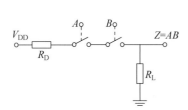

图 E3.13.11　逻辑与运算

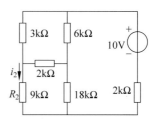

图 E3.13.12　平衡电桥可简化计算

**习题 3.13** 病态网络。当网络端口电压电流关系中出现强制性条件时，则为病态网络。病态网络可能无解、有解甚至无穷多解，和端口外接负载有关。

如图 E3.13.13 所示，并臂电阻是一个病态二端口网络，它的强制性条件为 $v_1 \equiv v_2$，现希望通过电路分析获得其两个端口电流大小。图(a)两个端口外接负载强制性地破坏了该网络自身的强制性条件，$v_1 = v_{s1} \neq v_{s2} = v_2$，因而无解；图(b)端口外接负载强制性地满足了该网络自身的强制性条件，$v_1 = v_{s1} = v_{s2} = v_2$，因而有无穷多解；图(c)外接负载自行调节满足该网络的强制性条件，$v_1 = v_{s1} = v_2 = -i_{l2}R_L$，因而有唯一解。请列出这三种情况下的回路电流法矩阵方程，由矩阵的奇异性说明无解、无穷多解和唯一解情况，并请考察回路电流法矩阵方程与并臂电阻二端口网络网络参量之间的关系。

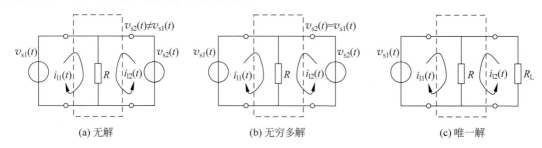

图 E3.13.13　病态网络

**习题 3.14** 网络参量的获取。对于如图 E3.13.14 所示的电阻分压网络，如果将其视为二端口网络，例 3.7.1 根据 $z$ 参量定义获得其 $z$ 参量，并可进一步求逆获得 $y$ 参量，例 3.7.3 根据 $h$ 参量定义获得其 $h$ 参量，并可进一步求逆获得其 $g$ 参量，例 3.7.4 又由其 $ABCD$ 参量等效电路考察了该网络的噪声系数。

其实，网络参量是对多端口网络的端口电特性描述，任

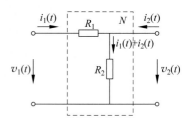

图 E3.13.14　电阻分压网络

意一个网络参量均可完全描述多端口网络的电特性,其他网络参量则可从该网络参量推演而出,见表 3.7.1 给出的二端口网络参量之间的转换关系。对于简单结构,可以直接利用电路定律获得元件约束条件,如图 E3.13.14 所示,从端口 1 和端口 2 流入的电流一定在 $R_2$ 电阻上合流(KCL),于是端口 1 电压和端口 2 电压(KVL)分别为

$$v_1 = v_{R1} + v_{R2} = i_1 R_1 + (i_1 + i_2)R_2 = i_1(R_1 + R_2) + i_2 R_2 \tag{E3.13.1a}$$

$$v_2 = v_{R2} = (i_1 + i_2)R_2 = i_1 R_2 + i_2 R_2 \tag{E3.13.1b}$$

整理为矩阵形式,恰好就是 $z$ 参量矩阵,

$$\begin{bmatrix} v_1 \\ v_2 \end{bmatrix} = \begin{bmatrix} R_1 + R_2 & R_2 \\ R_2 & R_2 \end{bmatrix} \begin{bmatrix} i_1 \\ i_2 \end{bmatrix} = \mathbf{z} \begin{bmatrix} i_1 \\ i_2 \end{bmatrix} \tag{E3.13.2}$$

可见参量矩阵元素求解不一定根据定义来求,上述过程其实是通过加流求压法获得了端口电压与端口电流之间的关系,该关系用 $z$ 参量表述。之后,$z$ 参量矩阵求逆可获得 $y$ 参量矩阵,

$$\mathbf{y} = \mathbf{z}^{-1} = \begin{bmatrix} R_1 + R_2 & R_2 \\ R_2 & R_2 \end{bmatrix}^{-1} = \frac{1}{R_1 R_2} \begin{bmatrix} R_2 & -R_2 \\ -R_2 & R_1 + R_2 \end{bmatrix}$$

$$= \begin{bmatrix} G_1 & -G_1 \\ -G_1 & G_1 + G_2 \end{bmatrix} \tag{E3.13.3}$$

直接对方程(E3.13.1)重新整理,用 $i_1, v_2$ 表述 $v_1, i_2$,即是 $h$ 参量,

$$v_2 = i_1 R_2 + i_2 R_2 \Rightarrow i_2 R_2 = v_2 - i_1 R_2 \Rightarrow i_2 = -i_1 + \frac{1}{R_2} v_2 \tag{E3.13.4a}$$

$$v_1 = i_1(R_1 + R_2) + i_2 R_2 \Rightarrow v_1 = i_1 R_1 + v_2 \tag{E3.13.4b}$$

$$\begin{bmatrix} v_1 \\ i_2 \end{bmatrix} = \begin{bmatrix} R_1 & 1 \\ -1 & G_2 \end{bmatrix} \begin{bmatrix} i_1 \\ v_2 \end{bmatrix} = \mathbf{h} \begin{bmatrix} i_1 \\ v_2 \end{bmatrix} \tag{E3.13.5}$$

$h$ 参量矩阵求逆可获得 $g$ 参量矩阵,

$$\mathbf{g} = \mathbf{h}^{-1} = \begin{bmatrix} \dfrac{1}{R_2 + R_1} & -\dfrac{R_2}{R_2 + R_1} \\ \dfrac{R_2}{R_2 + R_1} & \dfrac{R_1 R_2}{R_2 + R_1} \end{bmatrix} \tag{E3.13.6}$$

虽然 $zygh$ 这四个参量矩阵是完全等价的,但仅就本电路而言,$g$ 参量矩阵是该二端口网络的最适参量,因为从 $g$ 参量可以直接看出该网络的功能:从端口 1 到端口 2,这是一个分压网络,分压系数为 $g_{21} = \dfrac{R_2}{R_2 + R_1}$,从端口 2 到端口 1,这是一个分流网络,分流系数为 $-g_{12} = \dfrac{R_2}{R_2 + R_1} = \dfrac{G_1}{G_1 + G_2}$。

进一步地,我们整理方程(E3.13.1),用 $v_2, i_2$ 表述 $v_1, i_1$,则可获得 $ABCD$ 参量,

$$v_2 = i_1 R_2 + i_2 R_2 \Rightarrow i_1 R_2 = v_2 - i_2 R_2 \Rightarrow i_1 = \frac{1}{R_2} v_2 - i_2 \tag{E3.13.7a}$$

$$v_1 = i_1(R_1 + R_2) + i_2 R_2 \Rightarrow v_1 = \frac{R_1 + R_2}{R_2} v_2 - R_1 i_2 \tag{E3.13.7b}$$

$$\begin{bmatrix} v_1 \\ i_1 \end{bmatrix} = \begin{bmatrix} \dfrac{R_1 + R_2}{R_2} & R_1 \\ \dfrac{1}{R_2} & 1 \end{bmatrix} \begin{bmatrix} v_2 \\ -i_2 \end{bmatrix} = \begin{bmatrix} A & B \\ C & D \end{bmatrix} \begin{bmatrix} v_2 \\ -i_2 \end{bmatrix} \tag{E3.13.8}$$

将 $ABCD$ 参量矩阵的 $BC$ 参量加负号后求逆,可得 $abcd$ 参量矩阵,为

$$abcd = \begin{bmatrix} A & -B \\ -C & D \end{bmatrix}^{-1} = \begin{bmatrix} \dfrac{R_1+R_2}{R_2} & -R_1 \\ -\dfrac{1}{R_2} & 1 \end{bmatrix}^{-1} = \begin{bmatrix} 1 & R_1 \\ \dfrac{1}{R_2} & \dfrac{R_1+R_2}{R_2} \end{bmatrix} \quad \text{(E3.13.9)}$$

由上述分析可知,简单网络的参量矩阵求解并不一定从网络参量定义入手获得,从电路定律获得有时更加简单有效。图 E3.13.15 是两个最简单的电阻网络,串臂电阻和并臂电阻,请用与前述分析类似的方法,获得这两个网络的 6 个网络参量,如果存在则给出矩阵表述。特别要求记忆这两个网络的 $ABCD$ 参量,并用它们的级联获得图 E3.13.14 分压网络的 $ABCD$ 参量,对比确认结果正确无误。

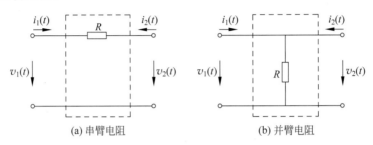

(a) 串臂电阻　　　　　　(b) 并臂电阻

图 E3.13.15　简单电阻网络

**习题 3.15**　网络参量之间的转换。已知某二端口网络的 $z$ 参量矩阵为 $z = \begin{bmatrix} z_{11} & z_{12} \\ z_{21} & z_{22} \end{bmatrix}$,已确知其 $h$ 参量矩阵肯定存在,则对 $z$ 参量有如下要求:(　　)。

**习题 3.16**　网络参量的电路符号表述。某二端口网络端口定义如图 E3.13.16(a)所示,在端口 1 加载 1mA 电流($i_1=1$mA),测得二端口短路电流为 10mA($-i_2=10$mA),测得二端口开路电压为 1V($v_2=1$V),在端口 1 加载 1V 电压($v_1=1$V),测得二端口短路电流为 100mA($-i_2=100$mA),二端口开路电压为 10V($v_2=10$V),请在图(b)位置给出该二端口网络的 $g$ 参量等效电路模型。并请确认,该二端口网络的属性是(　　)<有源网络/无源网络>,(　　)<互易网络/非互易网络>,(　　)<单向网络/双向网络>,(　　)<对称网络/非对称网络>。

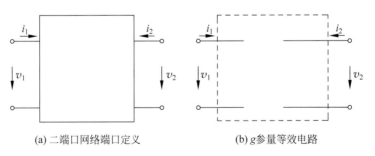

(a) 二端口网络端口定义　　　　　　(b) $g$ 参量等效电路

图 E3.13.16　二端口网络等效电路

**习题 3.17**　对接端口。如果一个电路中电路元件的连接是简单的端口对接关系,则只需在端口位置定义一套端口电压、电流,KVL 和 KCL 自然满足,只需列写对接端口位置的元件约束方程,即可获得完备的电路方程。对于图 E3.13.17 所示电路,已知二端口网络的元件约

束条件为 $\begin{bmatrix} v_1(t) \\ i_2(t) \end{bmatrix} = \begin{bmatrix} h_{11} & h_{12} \\ h_{21} & h_{22} \end{bmatrix} \begin{bmatrix} i_1(t) \\ v_2(t) \end{bmatrix}$，请列写以两个端口电压 $v_1$，$v_2$、两个端口电流 $i_1$，$i_2$ 为未知量的 4 个电路方程，这 4 个电路方程为对接端口的元件约束条件。求解这 4 个电路方程，获得电压传递函数 $H_v = \dfrac{v_L}{v_s}$，并由此说明网络单向化条件是什么。

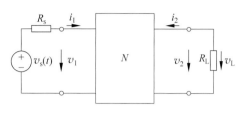

图 E3.13.17　信号经二端口网络处理后
驱动负载

**习题 3.18**　直观理解，无须方程。对于具有简单结构的电路，我们无须列写电路方程，可直接根据电路结构写出结果。如图 E3.13.18（a）所示的单向电压放大电路，在放大器输入回路，端口电压为信源电压分压，即 $v_{in} = \dfrac{R_{in}}{R_s + R_{in}} v_s$，它控制输出回路压控压源使得输出回路有电压输出，输出电压为受控源电压在负载电阻上的分压，$v_L = \dfrac{R_L}{R_L + R_{out}} A_{v0} v_{in} = \dfrac{R_L}{R_L + R_{out}} A_{v0} \dfrac{R_{in}}{R_s + R_{in}} v_s$，显然该电压放大器考虑信源内阻、负载电阻影响后的电压放大倍数为 $A_v = \dfrac{v_L}{v_s} = \dfrac{R_L}{R_L + R_{out}} A_{v0} \dfrac{R_{in}}{R_s + R_{in}}$，该表达式的物理意义十分明确，第三项 $\dfrac{R_{in}}{R_s + R_{in}}$ 为输入回路分压系数，第二项 $A_{v0}$ 为本征电压增益，第一项为输出回路分压系数。请分析图 E3.13.18（b）所示的电流放大电路考虑信源内阻和负载电阻影响后的电压放大倍数的表达式，对该表达式中各项的物理意义予以说明。

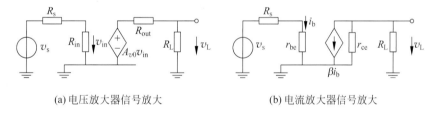

(a) 电压放大器信号放大　　　　　(b) 电流放大器信号放大

图 E3.13.18　放大器实现信号放大

**习题 3.19**　输入电阻和输出电阻。可以通过在输入和输出端口加流求压的方法求放大器输入和输出阻抗，也可以首先获得放大网络的网络参量矩阵，再通过网络参量求输入输出电阻，如式（3.9.8）所示。对图 E3.13.19 所示晶体管放大电路，请给出输入电阻、输出电阻表达

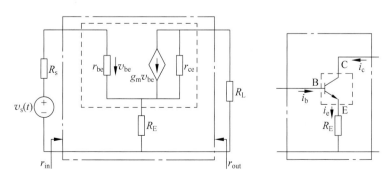

图 E3.13.19　串联负反馈 CE 组态晶体管放大电路

式,方法多选,考察哪种方法更简单。提示:如采用手工列写支路电流法,则虚框包围的 BJT 晶体管可视为一个超级结点,于是必有 $i_e = i_b + i_c$。

**习题 3.20** 最大功率增益。式(3.10.11)给出了用 $ABCD$ 参量描述的 $G_{p,\max}$ 表达式,说明用 $y$ 参量描述的 $G_{p,\max}$ 表达式为

$$G_{p,\max} = \frac{|y_{21}|^2}{|\sqrt{y_{11}y_{12} - y_{12}y_{21}} + \sqrt{y_{11}y_{22}}|^2} \tag{E3.13.10}$$

这里假设 $y_{11}, y_{22}, y_{11}y_{22} - y_{12}y_{21} > 0$。对于单向放大器,显然,

$$G_{p,\max} = \frac{1}{4}\frac{|y_{21}|^2}{y_{11}y_{22}} = \frac{1}{4}A_{v0}A_{i0} \tag{E3.13.11}$$

注意,最大功率增益是放大器网络的自身属性,和外接负载无关。只有当外接负载等于其端口特征阻抗时,才能获得最大功率增益。

**习题 3.21** 最大功率传输匹配和最大功率增益。已知信源内阻 $R_s = 50\Omega$,负载电阻 $R_L = 1k\Omega$,要求电压放大器在输入端口和输出端口均最大功率传输匹配,也就是要求放大器的 (　　),假设此时的最大功率增益为 $40dB$,测量获得信源的端口开路电压为 $v_s = 10mV$,将该信源加载到放大器输入端口后,放大器输出端负载上的电压为(　　)V。

**习题 3.22** 理想运放。工作在线性区的运算放大器可视为输入电阻为 $R_{in}$,输出电阻为 $R_{out}$,电压增益为 $A_{v0}$ 的基本电压放大器,其 $zyhg$ 参量矩阵见表 3.10.1 第一列。如果将 $R_{in}$ 抽象为无穷大,$R_{out}$ 抽象为 0,电压放大器则抽象为理想压控压源,此时只有 $g$ 参量矩阵还存在,但是理想运放进一步将 $A_{v0}$ 抽象为无穷大,此时 $g$ 参量也无法描述理想运放。注意到电压放大器的 $ABCD$ 参量矩阵为

$$ABCD = \begin{bmatrix} \dfrac{1}{A_{v0}} & \dfrac{1}{G_{m0}} \\ \dfrac{1}{R_{m0}} & \dfrac{1}{A_{i0}} \end{bmatrix} = \begin{bmatrix} \dfrac{1}{A_{v0}} & \dfrac{R_{out}}{A_{v0}} \\ \dfrac{1}{A_{v0}R_{in}} & \dfrac{R_{out}}{A_{v0}R_{in}} \end{bmatrix} \tag{E3.13.12}$$

显然,理想运放虽然无法用 $zyhg$ 参量表述,但是可以用 $ABCD$ 参量表述为

$$ABCD = \begin{bmatrix} 0 & 0 \\ 0 & 0 \end{bmatrix} = \mathbf{0} \tag{E3.13.13}$$

换句话说,理想运放输入电流和输入电压恒为 0,

$$\begin{bmatrix} v_1 \\ i_1 \end{bmatrix} = ABCD \begin{bmatrix} v_2 \\ -i_2 \end{bmatrix} = \begin{bmatrix} 0 \\ 0 \end{bmatrix} \tag{E3.13.14}$$

而理想运放的输出电压、输出电流则由两个端口的外接负载决定。这里称 $v_1 = 0$ 为虚短,即理想运放两个输入端点电压始终相等,犹如短路,但不能用短路线替代,原因在于虚断 $i_1 = 0$ 同时成立,用短路线替代无法确保虚断。将运放抽象为理想运放后,用虚短和虚断分析运放电路将变得极度简单。

如图 E3.13.20(a)所示反相电压放大器电路,由运放虚短知运放反相输入端电压等于同相输入端电压为 0,由运放虚断知电阻 $R_1$ 上电流等于电阻 $R_2$ 上电流,故而

$$i_{R1} = \frac{v_s - 0}{R_1} = i_{R2} = \frac{0 - v_L}{R_2} \tag{E3.13.15}$$

进而获得该反相放大器的负数放大倍数,为

$$A_v = \frac{v_L}{v_s} = -\frac{R_2}{R_1} \tag{E3.13.16}$$

请用虚短、虚断分析图 E3.13.20(b)所示同相电压放大器,证明其放大倍数为

$$A_v = \frac{v_L}{v_s} = 1 + \frac{R_2}{R_1} \tag{E3.13.17}$$

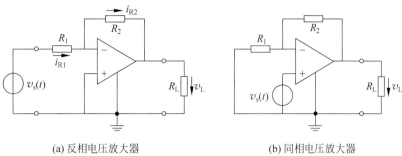

(a) 反相电压放大器　　　　　　　(b) 同相电压放大器

图 E3.13.20　运放电路

**习题 3.23**　诺顿等效。如图 E3.13.21(a)所示的运放电路,图(b)中给出了运放端口定义及对应端口定义的元件约束方程:

(1) 将运放用其等效电路替代,画出电路图,确定支路数 $b$,节点数 $n$,在每条支路上标记该支路的关联参考方向和支路编号;

(2) 用支路电压电流法列写电路方程;

(3) 将电容之外的电阻电路等效为诺顿电流源;

(4) 证明:如果将运放抽象为理想运放,电容之外的电阻电路可抽象为理想恒流源,给出恒流源电流表达式。

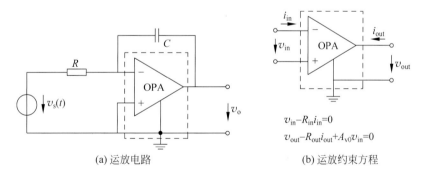

(a) 运放电路　　　　　　　　(b) 运放约束方程

图 E3.13.21　某运放电路

**习题 3.24**　负反馈放大器的闭环增益。例 3.11.4 给出了采用并并连接负反馈设计所实现的接近于理想流控压源的跨阻放大器,其中放大网络采用运算放大器,这是由于运算放大器具有极高的电压增益,很容易满足深度负反馈条件。在深度负反馈条件满足情况下,负反馈放大器的特性几乎完全由负反馈网络决定,而其中的负反馈网络多采用线性时不变电阻网络,这是由于线性时不变电阻具有线性度高、带宽高、参量稳定等优良特性,故而负反馈放大器也因此具有高线性度、较宽带宽和增益稳定等特点。图 E3.13.22 给出了该负反馈放大器的并并连接关系示意图,放大网络和反馈网络均为二端口网络,这两个二端口网络是并并连接关系。

同样地,我们可以利用运放的高增益和线性电阻的优良特性实现接近理想的压控流源、压控压源和流控流源。图 E3.13.23~E3.13.25 中,图(a)给出了连接图,图(b)给出了两个二端口网络的端口串联或并联连接关系,其中部分的电阻反馈网络内部结构被画出,部分则没有画

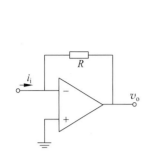
(a) 近理想流控压源的跨阻放大器

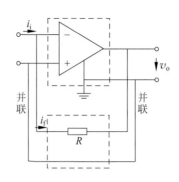
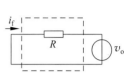
并联 并联
(b) 由并并连接关系形成

(c) 反馈系数求法

图 E3.13.22  负反馈放大器：跨阻放大器

出，请同学将没有画出的反馈网络内部结构补全。假设深度负反馈，于是负反馈放大器足够接近于理想受控源，其输入阻抗、输出阻抗和信源内阻、负载电阻比，其影响可忽略不计，我们仅对闭环增益感兴趣。由于深度负反馈条件下，闭环增益就是反馈系数的倒数，故而需要首先求得这四种负反馈放大器反馈网络的反馈系数。

对于并并连接负反馈放大器的跨导反馈系数，注意到反馈网络端口 2 并联放大网络的输出端口，用以检测其输出电压，同时反馈网络端口 1 并联放大网络输入端口，以形成反馈电流。故而求跨导反馈系数时，只需在反馈网络端口 2 加测试电压 $v_o$，同时反馈网络 1 端口短路，测量其短路电流 $i_f = -v_o/R$，即可获得跨导反馈系数 $G_F = i_f/v_o = -1/R$，如图 E3.13.22(c) 所示。深度负反馈条件下，闭环跨阻增益为跨导反馈系数的倒数，即 $R_{mf} = 1/G_F = -R$，这正是例 3.11.4 设计所要求的。

同理，对于如图 E3.13.23 所示的串串负反馈连接形成的跨导放大器：反馈网络端口 2 串联放大网络的输出端口，用以检测其输出电流，同时反馈网络端口 1 串联放大网络输入端口，以形成反馈电压。故而求跨阻反馈系数时，只需在反馈网络端口 2 加测试电流 $i_o$，同时反馈网络端口 1 开路，测量其开路电压 $v_f = i_o R$，即可获得跨阻反馈系数为 $R_F = v_f/i_o = R$，如图 E3.13.23(c) 所示。深度负反馈条件下，闭环跨导增益为跨阻反馈系数的倒数，即 $G_{mf} = 1/R_F = 1/R$。

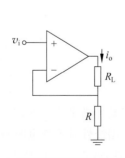
(a) 近理想压控流源的跨导放大器

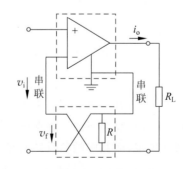
串联 串联
(b) 由串串连接关系形成

(c) 反馈系数求法

图 E3.13.23  负反馈放大器：跨导放大器

对于如图 E3.13.24 所示的串并负反馈连接形成的电压放大器：反馈网络端口 2（　　）放大网络输出端口，用以检测其（　　），同时反馈网络端口 1（　　）放大网络输入端口，以形成（　　）。故而求（　　）反馈系数时，只需在反馈网络端口 2 加（　　），同时反馈网络端口 1

（　　），测量其（　　），即可获得（　　）反馈系数为（　　），如图 E3.13.24（c）所示。深度负反馈条件下，闭环（　　）增益为（　　）反馈系数的倒数，即（　　）。

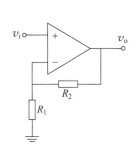

(a) 近理想压控压源的电压放大器

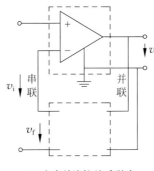
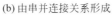

(b) 由串并连接关系形成

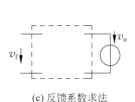

(c) 反馈系数求法

图 E3.13.24　负反馈放大器：电压放大器

对于如图 E3.13.25 所示的（　　）负反馈连接形成的（　　）放大器：反馈网络端口 2（　　）放大网络输出端口，用以检测其（　　），同时反馈网络端口 1（　　）放大网络输入端口，以形成（　　）。故而求（　　）反馈系数时，只需在反馈网络端口 2 加（　　），同时反馈网络端口 1（　　），测量其（　　），即可获得（　　）反馈系数为（　　），如图 E3.13.25（c）所示。深度负反馈条件下，闭环（　　）增益为（　　）反馈系数的倒数，即（　　）。

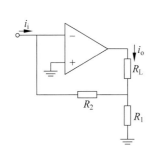

(a) 近理想流控流源的电流放大器

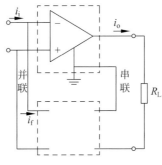

(b) 由并串连接关系形成

(c) 反馈系数求法

图 E3.13.25　负反馈放大器：电流放大器

对于电阻电路，只要电阻反馈网络反馈引回连接到运放的反相输入端，即可确认为负反馈连接，此时运放可以用理想运放的虚短、虚断进行分析。用虚短、虚断重新分析上述四种负反馈放大器，获得其增益，和前面的深度负反馈情况下增益等于反馈系数的倒数进行比对，两者应该完全等同。请考察并理解两种方法的内在关联。

**习题 3.25**　负反馈放大器分析中的开环放大器。对于深度负反馈，由于负反馈放大器接近于理想受控源，我们往往只关注其闭环增益（受控源受控系数），它几乎就是反馈系数 $F$ 的倒数，故而只需分析反馈网络即可，如习题 3.24 给出的分析流程。但是当我们对等效受控源到底有多么接近理想受控源感兴趣时，则需分析负反馈放大器的输入电阻和输出电阻到底有多么接近于开路或短路，就需要知道开环放大器的三个基本参量（开环增益、输入电阻、输出电阻），这是由于前述分析表明，负反馈放大器的输入电阻和输出电阻和开环放大器的输入电阻和输出电阻之间存在 $1+T$ 倍的关系。

数学上的分析流程是确定的：首先分析原始放大器和反馈网络的连接关系，确定反馈类型,给出合适的可相加的网络参量:并并连接 $y$ 相加,串串连接 $z$ 相加,串并连接 $h$ 相加,并串连接 $g$ 相加,下面的分析记这个相加的参量矩阵为 $p$ 参量矩阵。之后则按式(3.11.28～33)所示的标准分析流程,即可获得负反馈放大器的所有参量。然而很多负反馈放大器的晶体管放大网络和电阻反馈网络是整合一体的,尤其是电路模型中的开路、短路使得有些网络参量不存在,从而无法继续进行上述数学分析。一种解决方案是不再机械地走这个数学分析流程,而是直接进入到电路分析流程中。那么正确的电路分析流程是怎样的呢? 答案是,电路分析流程必须以数学分析流程为其坚实的基础。下面按数学标准流程再走一下,即可确定其电路分析流程,这其实就是获得开环放大器的具体操作流程。

假设某种连接关系要求 $p$ 参量矩阵相加,于是闭环后的负反馈放大器的总 $p$ 参量为

$$\boldsymbol{p}_{\mathrm{AF}} = \boldsymbol{p}_{\mathrm{A}} + \boldsymbol{p}_{\mathrm{F}} = \begin{bmatrix} p_{\mathrm{A},11} & 0 \\ p_{\mathrm{A},21} & p_{\mathrm{A},22} \end{bmatrix} + \begin{bmatrix} p_{\mathrm{F},11} & p_{\mathrm{F},12} \\ p_{\mathrm{F},21} & p_{\mathrm{F},22} \end{bmatrix} = \begin{bmatrix} p_{11} & p_{12} \\ p_{21} & p_{22} \end{bmatrix} \quad (\mathrm{E}3.13.18)$$

这里假设原始放大器为单向网络,反馈系数完全由反馈网络提供,$F = p_{12} = p_{\mathrm{F},12}$。将这个总 $p$ 参量分解为开环放大器 $p$ 参量和理想反馈网络 $p$ 参量之和,即

$$\begin{aligned} \boldsymbol{p}_{\mathrm{AF}} &= \begin{bmatrix} p_{11} & p_{12} \\ p_{21} & p_{22} \end{bmatrix} = \begin{bmatrix} p_{11} & 0 \\ p_{21} & p_{22} \end{bmatrix} + \begin{bmatrix} 0 & p_{12} \\ 0 & 0 \end{bmatrix} \\ &= \begin{bmatrix} x_{\mathrm{in}} & 0 \\ -A_0 x_{\mathrm{in}} x_{\mathrm{out}} & x_{\mathrm{out}} \end{bmatrix} + \begin{bmatrix} 0 & F \\ 0 & 0 \end{bmatrix} \\ &= \boldsymbol{p}_{\mathrm{OpenLoop,A}} + \boldsymbol{p}_{\mathrm{Ideal,F}} \end{aligned} \quad (\mathrm{E}3.13.19)$$

其中 $x_{\mathrm{in}}$ 和 $x_{\mathrm{out}}$ 是开环放大器的输入电阻/电导和输出电阻/电导,$A_0$ 为开环增益。显然,开环放大器就是闭环放大器 $p$ 参量去掉 12 元素后形成的单向网络,

$$\boldsymbol{p}_{\mathrm{OpenLoop,A}} = \begin{bmatrix} p_{11} & 0 \\ p_{21} & p_{22} \end{bmatrix} = \begin{bmatrix} p_{\mathrm{A},11} + p_{\mathrm{F},11} & 0 \\ p_{\mathrm{A},21} + p_{\mathrm{F},21} & p_{\mathrm{A},22} + p_{\mathrm{F},22} \end{bmatrix} \quad (\mathrm{E}3.13.20a)$$

对于电阻型负反馈网络,它是互易的,故而 $p_{\mathrm{F},21} = \pm p_{\mathrm{F},12} = \pm F$,它和放大器的放大倍数 $p_{\mathrm{A},21}$ 相比极小,$|p_{\mathrm{F},21}| \ll |p_{\mathrm{A},21}|$,于是开环放大器近似可表述为

$$\begin{aligned} \boldsymbol{p}_{\mathrm{OpenLoop,A}} &\approx \begin{bmatrix} p_{\mathrm{A},11} + p_{\mathrm{F},11} & 0 \\ p_{\mathrm{A},21} & p_{\mathrm{A},22} + p_{\mathrm{F},22} \end{bmatrix} \\ &= \begin{bmatrix} p_{\mathrm{A},11} & 0 \\ p_{\mathrm{A},21} & p_{\mathrm{A},22} \end{bmatrix} + \begin{bmatrix} p_{\mathrm{F},11} & 0 \\ 0 & p_{\mathrm{F},22} \end{bmatrix} \end{aligned} \quad (\mathrm{E}3.13.20b)$$

这个近似表述导致的误差很小,数值分析中无须考虑误差影响。式(E3.13.20b)给出了开环放大器的获取方法,就是在原始放大器基础上,将反馈网络的负载效应考虑在内,以并并负反馈为例,如图 E3.13.26 所示,图(b)为开环放大器,该开环放大器是在原始晶体管放大网络基础上,在输入端口并联 $y_{\mathrm{F},11}$,在输出端口并联 $y_{\mathrm{F},22}$,而 $y_{\mathrm{F},11}$ 则是电阻反馈网络端口 2 短路时端口 1 的输入导纳,$y_{\mathrm{F},22}$ 则是电阻反馈网络端口 1 短路时端口 2 的输入导纳。

对于其他三种负反馈连接方式同理,总结如下:开环放大器是原始放大器考虑电阻反馈网络负载效应后的单向放大网络,负载效应按如下方式加入。如果端口 2 是并联连接,反馈网络端口 2 短路后,端口 1 等效负载作为放大器端口 1 的负载效应;如果端口 2 是串联连接,反馈网络端口 2 开路后,端口 1 等效负载作为放大器端口 1 的负载效应。如果端口 1 是并联连接,反馈网络端口 1 短路后,端口 2 等效负载作为放大器端口 2 的负载效应;如果端口 1 是串联连接,反馈网络端口 1 开路后,端口 2 等效负载作为放大器端口 2 的负载效应。

图 E3.13.27(b)给出了串并负反馈连接的开环放大器,请在图 E3.13.28(b)和图 E3.13.29(b)位置给出并串、串串负反馈放大器分析中的开环放大器结构。

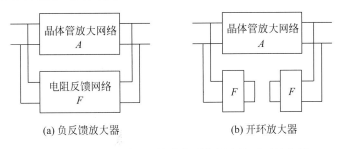

(a) 负反馈放大器　　　　　　(b) 开环放大器

图 E3.13.26　并并负反馈放大器分析中的开环放大器

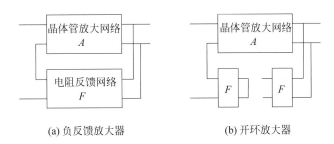

(a) 负反馈放大器　　　　　　(b) 开环放大器

图 E3.13.27　串并负反馈放大器分析中的开环放大器

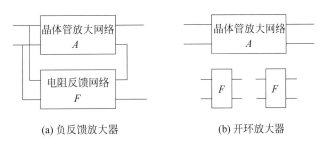

(a) 负反馈放大器　　　　　　(b) 开环放大器

图 E3.13.28　并串负反馈放大器分析中的开环放大器

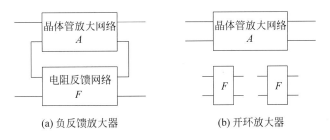

(a) 负反馈放大器　　　　　　(b) 开环放大器

图 E3.13.29　串串负反馈放大器分析中的开环放大器

**习题 3.26**　放大、衰减、缓冲、隔离。放大和衰减均属于信号电平调整电路,这里以功率高低为电平大小度量。输出功率低于输入功率则称衰减,输出功率高于输入功率则称放大。缓冲器用于信号缓冲,其主要作用是使得信号向一个方向传递而反方向则不行,因而缓冲器多为单向网络,大多是基本放大器形态,而且是接近理想受控源的基本放大器。正因为如此,缓冲器有时又称隔离器。隔离器具有隔离负载与信源的作用,从而降低负载对信源的影响,故而反向作用可忽略不计的均可做隔离器,包括基本放大器、环行器(图 E3.11.10(a))。缓冲器和隔离器还有一个区别,缓冲器具有较强的负载驱动能力(可提供功率增益),而隔离器一般不对负载驱动能力提要求(无须提供功率增益)。对于图 E3.13.30 电路,图(a)是没有缓冲器的情况,图(b)是加了电压缓冲器的情况。(1)用运放的虚短、虚断说明图(b)所示虚框二端口网络输出电压等于信号源电压;(2)用串并负反馈连接方式说明它是增益为 1 的电压缓冲器;(3)说明电压缓冲器的缓冲作用(负载信号失真小)以及负载驱动能力(负载大范围内变动输出信号几乎不变)。

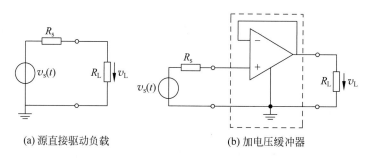

(a) 源直接驱动负载　　　　　　　(b) 加电压缓冲器

图 E3.13.30　缓冲器

**习题 3.27**　晶体管负反馈放大器。图 E3.13.31 所示虚框内二端口网络为带串串负反馈电阻网络的晶体管放大电路,已知 $g_m = 40\text{mS}$、$r_{be} = 10\text{k}\Omega$、$r_{ce} = 100\text{k}\Omega$ 确定,$R_E$ 待定。下述计算过程如果需要,后一问可取用前一问给定的条件。

(1)画出放大二端口网络和反馈二端口网络的串串连接关系。

(2)有源性分析:$R_E$ 满足什么条件时二端口网络是有源的?给出形如 $R_E > R_{E0}$ 或 $R_E < R_{E0}$ 的关于 $R_E$ 的有源性条件。

(3)取负反馈电阻 $R_E = 1\text{k}\Omega$,假设输出端口接负载电阻 $R_L = 10\text{k}\Omega$,用任意方法求得此时的网络输入电阻。

(4)如果信源为戴维南形式($v_s, R_s = 50\Omega$),求从输出端口看入的等效戴维南源。

(5)求电压放大倍数 $A_v = v_L/v_s$,其中 $v_L$ 为负载电阻上电压。

**习题 3.28**　T 型桥电阻衰减器。图 E3.13.32 所示的 T 型桥电阻衰减器是一个对称网络,现希望用该网络实现具有双端特征阻抗均为 $Z_0$ 且衰减系数为 $L$(dB)的匹配衰减网络。

(1)请给出线性电阻 $R_1$ 和 $R_2$ 的设计公式,设计公式中以 $Z_0$ 和 $\beta = 10^{\frac{L}{20}}$ 为已知量。

(2)给出 $Z_0 = 50\Omega$,$L = 10\text{dB}$ 设计要求下的 $R_1$,$R_2$ 取值。

(3)考察说明该网络是否可以实现任意特征阻抗 $Z_0$($>0\Omega$)和任意衰减系数 $L$($>0\text{dB}$)的衰减功能。

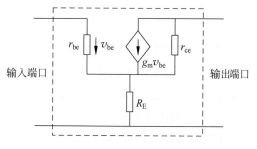

图 E3.13.31　串串负反馈晶体管放大器

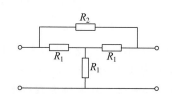

图 E3.13.32　T 型桥电阻衰减器

# 第4章

# 非线性电阻电路

　　信号产生和信号放大是信号处理的重要环节,然而完全由线性电阻构成的线性电阻网络不具备将直流能量转化为交流能量的能力,因而也无法用来实现信号的产生和放大。而非线性电阻由于不满足叠加性或(和)均匀性,因而具有一系列的非线性特性,例如可以产生高次谐波分量、组合频率分量等。更重要的是,有些非线性电阻具有某种特殊的非线性特性,如微分负阻特性、受控恒流特性,它们可以将直流电能转化为交流电能。这些具有微分负阻、受控恒流特性的非线性电阻和直流偏置电压源可共同等效为有源元件——负阻和受控源。这两个衍生元件是有源元件,可以向端口外部提供能量,从而可以用来实现信号产生或信号放大,其对外端口输出的能量源自直流偏置电压源。

　　本章将讨论具有微分负阻特性的隧道二极管和具有受控恒流特性的晶体管,它们配合直流偏置电压源,等效为可向外端口提供能量的有源的负阻和受控源,进而可实现放大器和振荡器。放大器的等效在本章论述,而振荡器的分析则放在第9、10章中考察,振荡器的振荡频率需要动态元件的参与才能予以确定。

　　非线性电阻电路的分析方法不如线性电阻电路那么简单明了,因为线性电阻电路分析的数学过程最终落实在对线性代数方程的求解上,矩阵运算足以解决此类问题。诸如叠加定理、戴维南-诺顿定理等简化分析方法针对的都是线性电阻电路,故而线性电阻电路的分析方法规范有序,而非线性电阻电路的分析则一般需要针对具体问题具体分析,本课程中予以讨论并应用的分析手法大体包括:

　　(1)解析法。针对非线性电路器件数目极少且其非线性数学表述容易记忆的情况,如晶体管自身的伏安特性约束条件(核心简化模型),如具有对称结构的差分对管输入输出转移特性方程等。

　　(2)数值法。利用计算机数值解法对非线性电路方程求解,本章讨论最常见的牛顿-拉夫逊迭代法,并由此引入非线性方程的线性化处理方法。

　　(3)局部线性化。当输入信号是交流小信号时,在直流工作点附近区域,非线性曲线可线性化处理,只要信号足够小,线性化精度就足够高。于是小信号电路分析就变成了线性电路分析。这种方法又通常被称为交直流分析法,直流分析获得直流工作点,是非线性分析,交流小信号分析则是线性分析。

　　(4)分段线性化。当输入信号比较大时,非线性曲线可采用分段折线逼近。分段折线法多用于有明确分区特性的非线性关系,每个分区都用线性拟合。如果信号被限制在某一个线性段内,则可用线性分析方法。如果信号越过不同区段,则用开关换路特性分析,即不同时段有不同的线性比值系数。分段折线线性化方法可以自局部线性化方法而来,只需将局部线性化的适用范围适当扩展即可成为分段线性化。虽然将适用范围过度扩展有可能会导致较大的误差,但在某些原理性认识上却带来了极大的简化,因而分段折线法在处理非线性时仍然被大量采用。

(5) 准线性化。如果电路中的信号是正弦信号,且电路中存在滤波机制,可以将非线性产生的高次谐波滤除,只保留基波分量,那么就可以用滤波后的基波分量和输入正弦波之间的比值作为平均线性比值关系,从而可以用线性电路分析方法获得非线性电路的原理性结论。这里的比值关系看似线性却来自于非线性,故称之为准线性。

事实上,目前很多实用的非线性电路,我们都尽可能地进行线性化处理,以暂时回避非线性中的各种问题,等主要矛盾解决后,再考虑非线性效应带来的其他影响,诸如谐波失真、功率压缩等等。

# 4.1　数值法:牛顿-拉夫逊迭代法

## 4.1.1　非线性电阻保护电路例解

下面通过一个具体的电路例子说明数值法的应用。

**例 4.1.1**　图 E4.1.1(a)表示的是一个正常的电源与负载连接关系,

$$v_s(t) = 6\sin\omega t \text{(V)} \tag{E4.1.1}$$

是一个正弦波电压源,正弦波频率为 $f = 10\text{kHz}$,电压源内阻 $R_s = 300\Omega$,负载电阻 $R_L = 300\Omega$。由于工作环境问题,电路中会时不时地混入强干扰信号。为了进行数值分析,根据强干扰信号的性质,这里假设强干扰是电流脉冲干扰,

$$i_{\text{int}}(t) = \begin{cases} +1\text{A}, & 20\mu s < t < 25\mu s \\ -1\text{A}, & 25\mu s < t < 30\mu s \\ 0, & \text{其他时间段} \end{cases} \tag{E4.1.2}$$

如果不加任何防护措施,这个强干扰信号会对电路工作造成严重干扰甚至损毁器件。为了降低干扰对信号源和负载的影响,在负载电阻两端并联了一个保护电阻 $R_G$。保护电阻 $R_G$ 是由 SiC 粉末压制而成的陶瓷电阻,其伏安特性具有双向对称的非线性特性,

$$i_G = f_G(v_G) = \begin{cases} +10^{-6} \cdot |v_G|^{4.8}, & v_G > 0 \\ -10^{-6} \cdot |v_G|^{4.8}, & v_G < 0 \end{cases} \tag{E4.1.3}$$

其中,电流单位为 A,电压单位为 V。请分析:

(1) 图 E4.1.1(a)正常情况下,负载上的电压情况。

(2) 图 E4.1.1(b)有强干扰,但没有接保护电阻,负载上的电压情况。

(3) 图 E4.1.1(b)有强干扰,接了保护电阻后,负载上的电压情况。

**解:**(1) 正常情况下,负载上的电压显然是输入信号的分压,

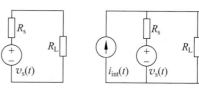

(a) 正常连接关系　　　(b) 干扰与保护

图 E4.1.1　非线性电阻保护电路

$$v_{\mathrm{L}}(t) = v_{\mathrm{L,s}}(t) = \frac{R_{\mathrm{L}}}{R_{\mathrm{L}} + R_{\mathrm{s}}} v_{\mathrm{s}}(t) = 3\sin\omega t\,(\mathrm{V}) \tag{E4.1.4}$$

（2）有强干扰，但没有接保护电阻，负载上的电压是两个独立源分别作用下响应的叠加，注意干扰源独立工作时，信号电压源短路处理，故而有

$$v_{\mathrm{L,int}}(t) = (R_{\mathrm{L}} \parallel R_{\mathrm{s}}) i_{\mathrm{int}}(t) = \begin{cases} +150\mathrm{V}, & 20\mu\mathrm{s} < t < 25\mu\mathrm{s} \\ -150\mathrm{V}, & 25\mu\mathrm{s} < t < 30\mu\mathrm{s} \\ 0, & \text{其他时间段} \end{cases} \tag{E4.1.5}$$

负载上电压为两个独立源分别作用下响应之和，

$$v_{\mathrm{L}}(t) = v_{\mathrm{L,s}}(t) + v_{\mathrm{L,int}}(t) \tag{E4.1.6}$$

**分析**：在讨论第三问之前，首先在原理上分析确认，满足式（E4.1.3）的非线性电阻具有保护作用。如图 E4.1.2 所示，这是该非线性电阻的伏安特性曲线。

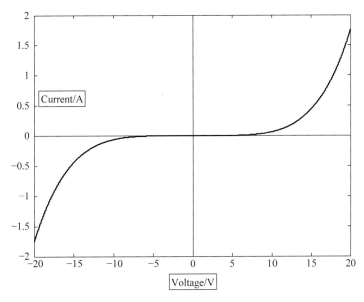

图 E4.1.2 非线性电阻伏安特性曲线

正常情况下，负载电阻分压最大值为 $\pm 3\mathrm{V}$，作用到这个非线性电阻上，产生的最大电流为 $\pm 10^{-6} \cdot |3|^{4.8}\mathrm{A} = \pm 0.195\mathrm{mA}$，而作用到负载电阻上产生的电流则为 $3/300\mathrm{A} = 10\mathrm{mA}$，非线性电阻电流和负载电阻电流相差 51 倍，可以认为非线性电阻对负载几乎没有多大的影响。然而当存在强干扰脉冲时，非线性电阻将进入其非线性伏安特性的急剧变化区，微小的电压增量即可导致极大的电流增量，于是强干扰电流将几乎全部从非线性电阻通路通过，从而形成对负载和信号源的保护作用。即使是强干扰的 1A 电流全部从非线性电阻流过，非线性电阻两端电压也将不会超过如下电压范围，$\pm (1000000)^{\frac{1}{4.8}}\mathrm{V} = \pm 17.78\mathrm{V}$。也就是说，由于保护电阻的存在，负载两端电压在 $\pm 1\mathrm{A}$ 干扰电流下被限制在 $\pm 17.78\mathrm{V}$ 之内。对比没有保护电阻的 $\pm 150\mathrm{V}$ 的电压波动，可知非线性电阻确实起到了过压保护作用：当负载电压比较低时，它几乎可视为开路，对原电路影响很小；而当负载电压很高时，它就启动导通，形成导电分流通路，从而电阻两端电压被限制而不会急剧增加。

对理解该电路工作原理而言，上述原理分析已经足够了，但是如果我们希望获得相对精确的数值解，那么就需要进一步列写电路方程，求解电路方程。

　　(3) 正如第 3 章分析的那样,对于同时含有线性电阻元件和非线性电阻元件的电路,我们总是首先把它们分离为两部分,如图 E4.1.3 所示,分离后,左侧线性电路用戴维南等效,戴维南源电压就是没有保护电阻时的负载电压,

$$v_{TH}(t) = v_{L,s}(t) + v_{L,int}(t) \tag{E4.1.7}$$

而戴维南源内阻为

$$R_{TH} = R_s \parallel R_L = 150\,\Omega \tag{E4.1.8}$$

于是非线性电路分析就是简单的图 E4.1.3(b) 所示电路分析,图中箭头所指是非线性电阻 $R_G$ 上的电压、电流关联参考方向。这个电路的电路方程为

$$f_G(v_G) = i_G = \frac{v_{TH}(t) - v_G}{R_{TH}} \tag{E4.1.9a}$$

这是一个以 $v_G$ 为未知量的非线性代数方程,这里将它整理为标准形态,

$$f(v_G) = f_G(v_G) + \frac{v_G}{R_{TH}} - \frac{v_{TH}(t)}{R_{TH}} = 0 \tag{E4.1.9b}$$

如何求解这个非线性代数方程呢? 解析解自然不要去指望,我们求助于计算机数值解法。

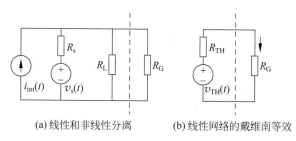

(a) 线性和非线性分离　　　　　(b) 线性网络的戴维南等效

图 E4.1.3　非线性电阻电路分析

　　在计算机数值求解方法中,牛顿-拉夫逊迭代法是非线性代数方程数值求解方法的核心算法。

　　牛顿-拉夫逊迭代法的原理概括为一句话,就是对非线性方程进行线性化处理:我们希望能够求出满足非线性方程

$$f(x) = 0 \tag{4.1.1}$$

的解 $x^*$,可以先猜想一个解,$x^{(0)}$,把猜想的解代入非线性方程 $f(x)$ 中,如果 $f(x^{(0)}) = 0$,说明猜对了,$x^* = x^{(0)}$,求解就此结束。如果发现 $f(x^{(0)})$ 离零很远,说明猜错了,那么就接着进行下一轮的猜想,$x^{(1)}$。

　　但之后的猜想就不能再是瞎猜了,它应该是在前一个猜想基础上的猜想,

$$x^{(k+1)} = x^{(k)} + \Delta x^{(k)} \tag{4.1.2}$$

当然,我们期望后一轮的猜想比前一轮猜想更接近于真实的解 $x^*$。不妨假设 $x^{(k+1)}$ 就是真实解 $x^*$,显然我们期望有 $f(x^{(k+1)}) = 0$,由于后一个猜想 $x^{(k+1)}$ 是在前一个猜想 $x^{(k)}$ 基础上再加一个增量 $\Delta x^{(k)}$,可以以前一个猜想 $x^{(k)}$ 为基础以 $\Delta x^{(k)}$ 为增量进行泰勒展开,

$$0 = f(x^{(k+1)}) = f(x^{(k)} + \Delta x^{(k)}) = f(x^{(k)}) + f'(x^{(k)})\Delta x^{(k)} + \frac{1}{2}f''(x^{(k)})(\Delta x^{(k)})^2 + \cdots \tag{4.1.3}$$

如果猜想不是很离谱,那么只需很小的增量就可获得准确的解,这里假设增量 $\Delta x^{(k)}$ 很小,于是泰勒展开中的高阶项可以忽略不计,如果只保留零次项和一次项,从式 (4.1.3) 即可获得增量表达式,并得到牛顿-拉夫逊迭代法的迭代公式,为

$$\Delta x^{(k)} = -\frac{f(x^{(k)})}{f'(x^{(k)})} \tag{4.1.4}$$

$$x^{(k+1)} = x^{(k)} - \frac{f(x^{(k)})}{f'(x^{(k)})} \tag{4.1.5}$$

这个迭代公式表明,牛顿-拉夫逊迭代法是用切线(直线)代替曲线的一种线性化处理方法,如图 4.1.1 所示,图上曲线 $f(x)$ 和横轴的交点就是我们需要求解的真实解 $x^*$,这个值是未知的,故而起始我们随意给了一个初始猜想 $x^{(0)}$,然后在曲线上 $(x^{(0)}, f(x^{(0)}))$ 这个位置做一条切线,用这条切线(直线)来替代原来的曲线,该切线和横轴的交点为 $x^{(1)}$,它虽然不是真实的解 $x^*$,但它应该比前一次猜想 $x^{(0)}$ 更接近于真实解 $x^*$。如是,我们继续在 $x^{(1)}$ 位置做切线来近似曲线 $f(x)$,得到横轴截点 $x^{(2)}$,检查 $f(x^{(2)})$:如果 $f(x^{(2)})$ 足够接近于零,就可以认为 $x^{(2)}$ 就是真实解的数值解;如果 $f(x^{(2)})$ 离零还差很远,就接着迭代,用切线和横轴的交点相继获取 $x^{(3)}$、$x^{(4)}$,直至认为迭代解 $x^{(n)}$ 足够接近于真实解,则可停止迭代。以最后一次迭代的结果 $x^{(n)}$ 作为真实解 $x^*$ 的数值解。

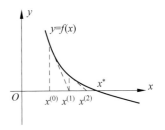

图 4.1.1　牛顿-拉夫逊迭代法:非线性方程的线性化处理

下面就具体实施上述方法,首先求出 $f(v_G)$ 的微分 $f'(v_G)$,

$$f'(v_G) = 4.8 \times 10^{-6} \times |v_G|^{3.8} + 1/R_{TH} \tag{E4.1.10}$$

这里假设 $t = 75\mu s$,那么 $v_s(t) = 6\sin\omega t = -6V$,$v_{TH}(t) = 3\sin\omega t = -3V$。我们猜想 $v_G^{(0)} = -3V$,代入方程(E4.1.9b),有

$$f(v_G^{(0)}) = f_G(v_G^{(0)}) + \frac{v_G^{(0)}}{R_{TH}} - \frac{v_{TH}(t)}{R_{TH}} = -1.9507 \times 10^{-4}(A)$$

我们人为规定 $|f(v_G)| < 1\mu A$ 作为 $f(v_G) = 0$ 的判定标准,显然,我们的猜想离标准还有一段距离,于是采用牛顿-拉夫逊迭代格式。首先代入式(E4.1.10),有

$$f'(v_G^{(0)}) = 4.8 \times 10^{-6} \times |v_G^{(0)}|^{3.8} + 1/R_{TH} = 0.0070(S)$$

故而,迭代步长为

$$\Delta v_G^{(0)} = -\frac{f(v_G^{(0)})}{f'(v_G^{(0)})} = 0.0280(V)$$

于是,得到第一步迭代结果,

$$v_G^{(1)} = v_G^{(0)} + \Delta v_G^{(0)} = -3 + 0.0280 = -2.9720(V)$$

代入方程(E4.1.9b),有

$$f(v_G^{(1)}) = f_G(v_G^{(1)}) + \frac{v_G^{(1)}}{R_{TH}} - \frac{v_{TH}(t)}{R_{TH}} = -1.5310 \times 10^{-7}(A)$$

由于初始猜想很接近真实解,因而只需一步迭代就满足了 $|f(v_G)| < 1\mu A$ 的要求,因而迭代结束,给出数值解为

$$v_G^* \approx v_G^{(1)} = -2.9720(V)$$

当然,如果不放心,可以再做一步迭代看看效果如何,

$$f'(v_G^{(1)}) = 4.8 \times 10^{-6} \times |v_G^{(1)}|^{3.8} + 1/R_{TH} = 0.0070(S)$$

$$\Delta v_G^{(1)} = -\frac{f(v_G^{(1)})}{f'(v_G^{(1)})} = 2.1972 \times 10^{-5}(V)$$

$$v_G^{(2)} = v_G^{(1)} + \Delta v_G^{(1)} = -2.9720 + 2.1972 \times 10^{-5} = -2.9720(V)$$

$$f(v_{\mathrm{G}}^{(2)}) = f_{\mathrm{G}}(v_{\mathrm{G}}^{(2)}) + \frac{v_{\mathrm{G}}^{(2)}}{R_{\mathrm{TH}}} - \frac{v_{\mathrm{TH}}(t)}{R_{\mathrm{TH}}} = -9.2957 \times 10^{-14}(\mathrm{A})$$

我们发现 $v_{\mathrm{G}}^{(1)} = -2.9720\mathrm{V}$ 和 $v_{\mathrm{G}}^{(2)} = -2.9720\mathrm{V}$ 在数值上已经没有区别,这是由于具体数值只保留小数点后 4 位,后 4 位后面的变化显示不出来,也就是说,无须再继续迭代下去。

如果没有加保护电阻,正常信源激励下负载端电压最大值为 $\pm 3V$。现在加了保护电阻,负载端电压最大值为 $\pm 2.9720\mathrm{V}$,两者之间的误差小于 $1\%$,说明正常工作情况下保护电阻对原电路影响很小,原因在于保护电阻在信号较小时呈现高阻特性,并联高阻对负载影响很小。

下面继续考察干扰情况下的解,假设 $t = 23\mu\mathrm{s}$,那么 $v_{\mathrm{s}}(t) = 6\sin\omega t = 5.9527(\mathrm{V})$,$i_{\mathrm{int}}(t) = 1\mathrm{A}$,$v_{\mathrm{TH}}(t) = 0.5v_{\mathrm{s}}(t) + R_{\mathrm{TH}}i_{\mathrm{int}}(t) = 152.9763(\mathrm{V})$。我们随意猜想 $v_{\mathrm{G}}^{(0)} = +10\mathrm{V}$,和前面一样,进行如下迭代运算

$$f(v_{\mathrm{G}}^{(0)}) = f_{\mathrm{G}}(v_{\mathrm{G}}^{(0)}) + \frac{v_{\mathrm{G}}^{(0)}}{R_{\mathrm{TH}}} - \frac{v_{\mathrm{TH}}(t)}{R_{\mathrm{TH}}} = -0.8901(\mathrm{A})$$

$$f'(v_{\mathrm{G}}^{(0)}) = 4.8 \times 10^{-6} \times |v_{\mathrm{G}}^{(0)}|^{3.8} + 1/R_{\mathrm{TH}} = 0.0370(\mathrm{S})$$

$$\Delta v_{\mathrm{G}}^{(0)} = -\frac{f(v_{\mathrm{G}}^{(0)})}{f'(v_{\mathrm{G}}^{(0)})} = 24.0871(\mathrm{V})$$

$$v_{\mathrm{G}}^{(1)} = v_{\mathrm{G}}^{(0)} + \Delta v_{\mathrm{G}}^{(0)} = 34.0871(\mathrm{V})$$

$$f(v_{\mathrm{G}}^{(1)}) = f_{\mathrm{G}}(v_{\mathrm{G}}^{(1)}) + \frac{v_{\mathrm{G}}^{(1)}}{R_{\mathrm{TH}}} - \frac{v_{\mathrm{TH}}(t)}{R_{\mathrm{TH}}} = 21.9285(\mathrm{A})$$

$$f'(v_{\mathrm{G}}^{(1)}) = 4.8 \times 10^{-6} \times |v_{\mathrm{G}}^{(1)}|^{3.8} + 1/R_{\mathrm{TH}} = 3.2062(\mathrm{S})$$

$$\Delta v_{\mathrm{G}}^{(1)} = -\frac{f(v_{\mathrm{G}}^{(1)})}{f'(v_{\mathrm{G}}^{(1)})} = -6.8395(\mathrm{V})$$

$$v_{\mathrm{G}}^{(2)} = v_{\mathrm{G}}^{(1)} + \Delta v_{\mathrm{G}}^{(1)} = 27.2476(\mathrm{V})$$

$$f(v_{\mathrm{G}}^{(2)}) = f_{\mathrm{G}}(v_{\mathrm{G}}^{(2)}) + \frac{v_{\mathrm{G}}^{(2)}}{R_{\mathrm{TH}}} - \frac{v_{\mathrm{TH}}(t)}{R_{\mathrm{TH}}} = 6.9166(\mathrm{A})$$

由于初始猜想偏离真实解太远,因而迭代过程不是一两次就可以结束的。我们不再列写具体数学表达式,而是用表格给出各次迭代结果,如表 E4.1.1 所示,在第 7 次迭代时,函数结果小于 $1\mu\mathrm{A}$,满足迭代结束条件。故而有数值解

$$v_{\mathrm{G}}^{*} = v_{\mathrm{G}}^{(8)} = 17.4118(\mathrm{V})$$

表 E4.1.1　牛顿-拉夫逊迭代法例

| 迭代次数 $k$ | 猜想值 $v_{\mathrm{G}}^{(k)}$ | 函数结果 $f(v_{\mathrm{G}}^{(k)})$ | 微分斜率 $f'(v_{\mathrm{G}}^{(k)})$ | 迭代增量 $\Delta v_{\mathrm{G}}^{(k)}$ |
|---|---|---|---|---|
| 0 | 10 | $-0.8901$ | 0.0370 | 24.0871 |
| 1 | 34.0871 | 21.9285 | 3.2062 | $-6.8395$ |
| 2 | 27.2476 | 6.9166 | 1.3728 | $-5.0384$ |
| 3 | 22.2091 | 2.0346 | 0.6348 | $-3.2050$ |
| 4 | 19.0041 | 0.4824 | 0.3541 | $-1.3623$ |
| 5 | 17.6418 | 0.0603 | 0.2685 | $-0.2245$ |
| 6 | 17.4173 | 0.0014 | 0.2561 | $-0.0055$ |
| 7 | 17.4118 | $8.1823 \times 10^{-7}$ | 0.2558 | $-3.1986 \times 10^{-6}$ |
| 8 | 17.4118 | $2.7778 \times 10^{-13}$ | | |

在不加保护电阻且有干扰的情况下，$t=23\mu s$ 这一时刻，负载和信号源上的电压为 152.9763V，这个电压有可能对负载和信号源产生不良影响（如器件被击穿烧毁等），现在加了保护电阻后，这个时刻的电压值只有 17.4118V，在负载和信号源可以承受的正常工作电压范围之内，保护了负载和信号源。

我们可以编写 MATLAB 程序，给出一个周期内的波形变化情况。

```
clear all

f = 10E3;                              % 频率为 10kHz
T = 1/f;                               % 信号周期

RS = 300;                              % 信源内阻为 300Ω
RL = 300;                              % 负载电阻为 300Ω

RTH = RS * RL/(RS + RL);               % 等效戴维南内阻

vG0 = 0;                               % 迭代初始值

k = 0;                                 % 计数
for time = 0:(T/1000):T                % 计算一个周期的结果,共 1000 个计算点
    k = k + 1;                         % 计数: 当前点
    t(k) = time;                       % 当前点时间
    vs = 6 * sin(2 * pi * t(k)/T);     % 信号源电压

    iint = 0;                          % 设置干扰源电流
    if t(k)> 20E - 6
        iint = 1;                      % 20μs 到 25μs 之间是 1A
        if t(k)> 25E - 6
            iint = - 1;                % 25μs 到 30μs 之间是 - 1A
            if t(k)> 30E - 6
                iint = 0;              % 其他时间是 0
            end
        end
    end

    vTH(k) = (vs/RS + iint) * RTH;     % 等效戴维南源电压

    vG = vG0;                          % 准备迭代,设置初始值
    fvG = 1;                           % 强迫至少进行一次迭代
    while abs(fvG)> 1E - 6             % 一直到满足函数足够接近于 0,迭代方可结束
        fGvG = 1E - 6 * abs(vG)^4.8;   % 非线性电阻伏安特性设置
        if vG < 0
            fGvG = - fGvG;
        end

        fvG = fGvG + vG/RTH - vTH(k)/RTH;  % 非线性代数方程函数值
        fpvG = 4.8E - 6 * abs(vG)^3.8 + 1/RTH; % 非线性代数方程微分斜率
        dvG = - fvG/fpvG;              % 迭代增量
        vG = vG + dvG;                 % 新值
    end

    vG0 = vG;                          % 下一次迭代初值为本次结果,可有效减少迭代次数

    vout(k) = vG;                      % 求解结果
```

```
end

t = t * 1E6;                        % 时间单位设置为 μs

figure(2)
hold on                             % 在一张图上同时显示下面两条曲线
plot(t,vTH,'r');                    % 显示没有保护电阻时负载电压变化情况
plot(t,vout,'k');                   % 显示有保护电阻时负载电压变化情况
```

　　这里没有考虑任何的编程技巧,上述程序仅为本题而设置。图 E4.1.4(a)是没有干扰源时负载上电压变化情况,两条曲线分别对应于无保护电阻和有保护电阻,两条曲线几乎完全重合,因为在最大值位置仅有低于 1% 的差别。图 E4.1.4(b)是有干扰源时负载上电压变化情

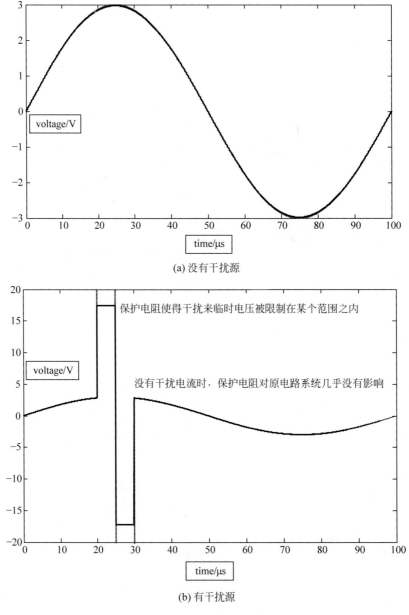

(a) 没有干扰源

(b) 有干扰源

图 E4.1.4　MATLAB 仿真结果

况,两条曲线分别对应于无保护电阻和有保护电阻。无保护电阻时,电压上升到±150V左右,图中为了显示清楚,把电压限制在±20V以内。我们得到的结论同样是:没有干扰电流时,保护电阻对原电路几乎没有影响;有强干扰电流时,保护电阻把电压限制在某个范围内,从而对负载和信号源起到限压保护作用。

**练习 4.1.1** 如图 E4.1.5(a)所示,这是一个简单二极管整流电路,其中负载电阻 $R_L =$ 1kΩ。已知二极管伏安特性方程为

$$i_D = I_{S0}\left(e^{\frac{v_D}{v_T}} - 1\right) \tag{E4.1.11}$$

其中,$I_{S0} = 10\text{fA}$,$v_T = 26\text{mV}$。

(1) 用牛顿-拉夫逊迭代法,求出当 $v_S(t) = 10\text{V}, 30\text{V}, 100\text{V}, 300\text{V}$ 时,负载电阻 $R_L$ 上的电压。

(2) 选作:编写 MATLAB 程序,画出当输入为如图 E4.1.5(b)所示正弦波形时负载电阻上的波形,根据数值计算结果,请给出二极管的简化电路模型。

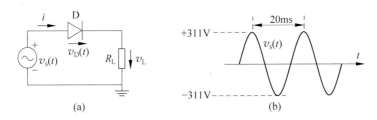

图 E4.1.5　二极管半波整流电路

**练习 4.1.2** 分析某非线性电路,获得如下非线性电路方程,$i = 5\ln\dfrac{720}{i}$,用牛顿-拉夫逊迭代法求解,首先设定非线性方程为 $f(i) = i - 5\ln\dfrac{720}{i} = 0$,给定的初始值为 $i^{(0)} = 20$,则第一次迭代结果 $i^{(1)} = ($ 　　 $)$(具体数值)。对该非线性方程,牛顿-拉夫逊迭代法的迭代格式为 $i^{(k+1)} = ($ 　　 $)$(迭代表达式)。

## 4.1.2　牛顿-拉夫逊迭代法

通过将线性电阻元件和非线性电阻元件分离,假设有 $n$ 个端口对应非线性电阻元件,根据非线性电阻特性,对线性电阻网络进行 $n$ 端口网络的戴维南-诺顿等效,之后在 $n$ 个端口以端口电压或端口电流为未知量,列写 $n$ 个非线性代数方程,为

$$f_1(x_1, x_2, \cdots, x_n) = 0 \tag{4.1.6a}$$

$$f_2(x_1, x_2, \cdots, x_n) = 0 \tag{4.1.6b}$$

$$\cdots$$

$$f_n(x_1, x_2, \cdots, x_n) = 0 \tag{4.1.6n}$$

其中,$x_1, x_2, \cdots, x_n$ 是 $n$ 个端口的端口电压或端口电流。将方程简写为向量形式,

$$f(x) = 0 \tag{4.1.7}$$

数学上,非线性方程(4.1.7)有可能无解、单解、多解或无穷多解。对于实际的非线性电阻电路而言,一般情况下是唯一解或多解两种情况。

牛顿-拉夫逊迭代法的基本思想是以直代曲。首先对非线性方程做泰勒展开,

$$
\begin{bmatrix} f_1(\boldsymbol{x}) \\ f_2(\boldsymbol{x}) \\ \vdots \\ f_n(\boldsymbol{x}) \end{bmatrix} = \begin{bmatrix} f_1(\boldsymbol{x}^{(k)}) \\ f_2(\boldsymbol{x}^{(k)}) \\ \vdots \\ f_n(\boldsymbol{x}^{(k)}) \end{bmatrix} + \begin{bmatrix} \dfrac{\partial f_1(\boldsymbol{x})}{\partial x_1} & \dfrac{\partial f_1(\boldsymbol{x})}{\partial x_2} & \cdot & \dfrac{\partial f_1(\boldsymbol{x})}{\partial x_n} \\ \dfrac{\partial f_2(\boldsymbol{x})}{\partial x_1} & \dfrac{\partial f_2(\boldsymbol{x})}{\partial x_2} & \cdot & \dfrac{\partial f_2(\boldsymbol{x})}{\partial x_n} \\ \cdot & \cdot & \cdot & \\ \dfrac{\partial f_n(\boldsymbol{x})}{\partial x_1} & \dfrac{\partial f_n(\boldsymbol{x})}{\partial x_2} & \cdot & \dfrac{\partial f_n(\boldsymbol{x})}{\partial x_n} \end{bmatrix}_{\boldsymbol{x}=\boldsymbol{x}^{(k)}} \begin{bmatrix} x_1 - x_1^{(k)} \\ x_2 - x_2^{(k)} \\ \vdots \\ x_n - x_n^{(k)} \end{bmatrix} + \text{h.o.t}
$$

$$(4.1.8)$$

或者用矩阵、向量形式表述为

$$
\boldsymbol{f}(\boldsymbol{x}) = \boldsymbol{f}(\boldsymbol{x}^{(k)}) + \boldsymbol{J}(\boldsymbol{x}^{(k)})(\boldsymbol{x} - \boldsymbol{x}^{(k)}) + \text{h.o.t} \tag{4.1.9}
$$

其中 $\boldsymbol{J}(\boldsymbol{x}^{(k)})$ 为雅可比矩阵(Jacobian matrix)。可忽略高阶项(high order term, h.o.t),保留零阶项和一阶线性项,

$$
\boldsymbol{f}(\boldsymbol{x}^{(k+1)}) \approx \boldsymbol{f}(\boldsymbol{x}^{(k)}) + \boldsymbol{J}(\boldsymbol{x}^{(k)})(\boldsymbol{x}^{(k+1)} - \boldsymbol{x}^{(k)})
$$

并假设 $\boldsymbol{f}(\boldsymbol{x}^{(k+1)}) = \boldsymbol{0}$ 时,即可转化为牛顿-拉夫逊迭代法的基本迭代公式,

$$
\boldsymbol{x}^{(k+1)} = \boldsymbol{x}^{(k)} - [\boldsymbol{J}(\boldsymbol{x}^{(k)})]^{-1} \boldsymbol{f}(\boldsymbol{x}^{(k)}) \tag{4.1.10}
$$

一般情况下,只需小于 10 次迭代即可收敛到足够接近于真实解。

个别情况下,如果初始值选取不好,迭代可能不收敛。如果方程多解,一个初始值只能收敛到其中一个解上。上述情况出现后,应多选择几组初始值,以获得新的收敛结果或找到更多的解。

后续章节中,对于 $n=1, n=2$ 这种非线性端口较少的情况,我们多采用图解法和线性化方法,以便获得原理性的解释。数值方法只能给出特定设置下的数值解,难以给出原理性解释,虽然牛顿-拉夫逊迭代法是电路 CAD 工具中求解非线性代数方程的核心算法,本书更多地是利用其线性化思想展开后续内容。

**练习 4.1.3**　请用图解法对例 4.1.1 进行原理性说明,说明具有图 E4.1.2 所示非线性特性的非线性电阻可以作为保护电路使用。

## 4.2　分段线性化之单端口非线性电阻：二极管电路

分段线性化是处理非线性的最常见手法,凡是非线性特性中有明显分区特性或激励信号有明显分区特性的,都可以对非线性特性进行分段线性化处理。下面就以例 4.1.1 非线性电阻的分段线性化进行说明。

**例 4.2.1**　对例 4.1.1 中的非线性电阻进行分段线性化,重新分析图 E4.1.1 电路。

**分析**：从非线性电阻的伏安特性曲线图 E4.1.2 可知：当电阻两端电压比较低时,明显地,伏安特性曲线接近水平,近似等效为开路；当电阻两端电压比较大时,电流增长迅速,非线性电阻启动导通,大部分电流从非线性电阻分流。伏安特性曲线大幅度范围看,可近似做线性化处理。那么什么位置作为分区的分界点呢?仿照牛顿-拉夫逊迭代法,我们用切线来替代曲线。根据前面的分析,即使 1A 干扰电流全部流过非线性电阻,也不过产生 17.78V 的电压,于是就以伏安特性曲线上的(17.78V,1A)点的切线作为对非线性的线性近似,此位置斜率为

$$
g = \frac{\mathrm{d}i_G}{\mathrm{d}v_G}\bigg|_{v_G = 17.78\mathrm{V}} = 4.8 \times 10^{-6} \cdot |17.78|^{3.8} = 0.2699(\mathrm{S})
$$

也就是说,切线方程为

$$i - 1 = g \times (v - 17.78) = 0.2699v - 4.8$$

用诺顿形式表述为

$$i = 0.27v - 3.8$$

也就是说,这段切线可等效为诺顿电流源,其源电流为 $-3.8$A,其内导为 270mS。也可用戴维南形式表述为

$$v = 3.7i + 14$$

也就是说,这个折线段被等效为内阻为 $3.7\Omega$,源电压为 14V 的戴维南电压源。

**解**: 根据上述分析,非线性电阻的非线性伏安特性曲线被三段折线化,如图 E4.2.1 所示,其近似伏安特性曲线在三段都是直线,分别记为

$$i = \begin{cases} \dfrac{v-14}{3.7}, & +14\mathrm{V} < v < +17.78\mathrm{V} \\[2mm] 0, & -14\mathrm{V} < v < +14\mathrm{V} \\[2mm] \dfrac{v+14}{3.7}, & -17.78\mathrm{V} < v < -14\mathrm{V} \end{cases} \tag{E4.2.1}$$

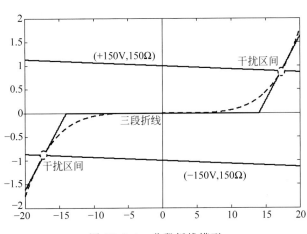

图 E4.2.1 分段折线模型

故而当 $t < 20\mu$s 或 t$>30\mu$s 没有干扰信号时,线性电阻网络等效戴维南源电压在 $\pm 3$V 之间变动,非线性电阻工作在中间区段,其等效电路为开路,如图 E4.2.2(b)所示,由于保护电阻和负载电阻并联,保护电阻电压就是负载电压,故而这种情况下的负载电压就是线性电阻网络等效戴维南电压,为

$$v_{\mathrm{L}}(t) = v_{\mathrm{G}}(t) = v_{\mathrm{TH}}(t) = 3\sin\omega t$$

再回顾图 E4.2.1,最上一条直线是源电压为 150V 源内阻为 $150\Omega$ 的戴维南源的伏安特性曲线,当 $20\mu$s$<t<25\mu$s 时,线性电阻网络等效戴维南源的源电压在 150V 附近变动,这条直线作为线性电阻网络戴维南源的近似,它和非线性电阻的非线性伏安特性曲线的交点位于右侧折线区,故而非线性电阻被等效为内阻为 $3.7\Omega$,源电压为 14V 的戴维南源,从而分析电路如图 E4.2.2(c)所示,于是回路电流为

$$i_{\mathrm{G}}(t) = \frac{v_{\mathrm{TH}}(t) - 14}{R_{\mathrm{TH}} + 3.7} = \frac{150 + 3\sin\omega t - 14}{150 + 3.7} = 0.8848 + 0.0195\sin\omega t$$

故而端口电压,也就是负载电压为

$$v_{\mathrm{L}}(t) = v_{\mathrm{G}}(t) = 14 + 3.7 \times i_{\mathrm{G}}(t) = 17.27 + 0.07\sin\omega t$$

可见负载电压被限定在 $17.34\mathrm{V}$ 左右。

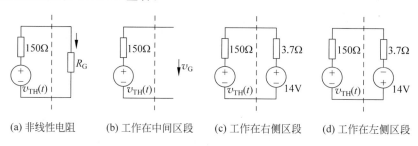

(a) 非线性电阻　　(b) 工作在中间区段　　(c) 工作在右侧区段　　(d) 工作在左侧区段

图 E4.2.2　分段折线化等效电路

图 E4.2.1 中最下一条直线是源电压为 $-150\mathrm{V}$、源内阻为 $150\Omega$ 的戴维南源伏安特性曲线，当 $25\mu\mathrm{s}<t<30\mu\mathrm{s}$ 时，线性电阻网络等效戴维南源的源电压在 $-150\mathrm{V}$ 附近变动，这条直线作为该戴维南源的近似，它和非线性电阻的非线性伏安特性曲线的交点位于左侧折线区，故而非线性电阻被等效为内阻为 $3.7\Omega$，源电压为 $-14\mathrm{V}$ 的戴维南源，从而分析电路如图 E4.2.2(d) 所示，于是回路电流为

$$i_\mathrm{G}(t)=\frac{v_\mathrm{TH}(t)+14}{R_\mathrm{TH}+3.7}=\frac{-150+3\sin\omega t+14}{150+3.7}=-0.8848+0.0195\sin\omega t$$

故而端口电压，也就是负载电压为

$$v_\mathrm{L}(t)=v_\mathrm{G}(t)=-14+3.7\times i_\mathrm{G}(t)=-17.27+0.07\sin\omega t$$

可见负载电压被限定在 $-17.20\mathrm{V}$ 左右。

图 E4.2.3 是分段折线化计算结果，和数值法比较，两者之间几乎没有什么差别，重要的是，分段折线化后，我们可以给出输出结果的近似表达式，

$$v_\mathrm{L}(t)\approx\begin{cases}3\sin\omega t, & t<20\mu\mathrm{s},t>30\mu\mathrm{s}\\ +17.27+0.07\sin\omega t\approx+17.34, & 20\mu\mathrm{s}<t<25\mu\mathrm{s}\\ -17.27+0.07\sin\omega t\approx-17.20, & 25\mu\mathrm{s}<t<30\mu\mathrm{s}\end{cases}\qquad(\mathrm{E}4.2.2)$$

这个表达式固然和精确值有偏差，但能够给人以最直观的数学表述。我们喜欢简单的数学表述，从中我们看到了最基本的变化。精确值在这里其实一点也不重要，重要的是对电路的直观理解，直观理解有助于我们设计出有意义的功能电路，仅仅是精确的数值解并不能做到这一点。请同学把握近似分析的精髓，切勿过度追求精确解，我们是人而不是计算机，人更需把握

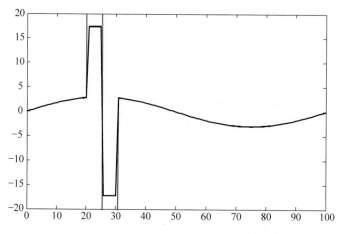

图 E4.2.3　分段折线化计算结果

的是对电路的原理性理解，以获得切实的电路设计能力。

　　非线性电阻的非线性伏安特性曲线被折线化后，由于不过原点，故而被等效为戴维南源或诺顿源，记住：这里的戴维南源等效或诺顿源等效不代表非线性电阻是有源电路，非线性电阻的伏安特性关系始终位于 $vi$ 平面的一、三象限，它始终是无源的，但是当外加激励源使得它工作在非线性区时，有可能等效为源，此时等效源的"源"来自外加激励源，这个等效源只具有"电源"的端口特性，不具备向外输出功率的能力，因为折线段仍然始终位于一、三象限，这个等效源仍然是吸收功率的。但是如果把激励源和非线性电阻包装为一体作为单端口网络，如图 E4.2.4 所示，这个单端口网络则是有源的，该单端口网络向外输出的功率来自激励源，而不是来自非线性电阻，非线性电阻提供等效源的伏安特性，激励源提供等效源向外输出的能量。

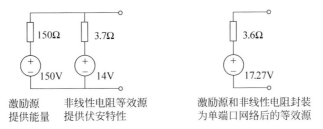

激励源　　　非线性电阻等效源　　　激励源和非线性电阻封装
提供能量　　提供伏安特性　　　　　为单端口网络后的等效源

图 E4.2.4　等效源的"源"源自独立源，伏安特性则主要源自非线性电阻

### 4.2.1　微分电阻

　　我们利用牛顿-拉夫逊迭代法中的非线性曲线线性化处理手法，把非线性伏安特性曲线

$$f(v,i) = 0 \qquad (4.2.1)$$

在其上某特定点 $Q(V_0, I_0)$ 上进行切线线性化处理，

$$f(Q) = f(V_0, I_0) = 0 \qquad (4.2.2)$$

用特性曲线在该位置的切线（直线）

$$i - I_0 = \left(\frac{\mathrm{d}i}{\mathrm{d}v}\bigg|_Q\right)(v - V_0) \qquad (4.2.3)$$

替代 $Q$ 点附近的曲线 $f(v,i)=0$。这条切线一般不会过原点，$I_0 \neq \left(\frac{\mathrm{d}i}{\mathrm{d}v}\big|_Q\right) V_0$，因而线性化后，这段直线化后的伏安特性曲线被直接对应为诺顿源或戴维南源，

$$i = \left(I_0 - \frac{\mathrm{d}i}{\mathrm{d}v}\bigg|_Q V_0\right) + \frac{\mathrm{d}i}{\mathrm{d}v}\bigg|_Q v = i_N + G_N v \qquad (4.2.4\mathrm{a})$$

$$v = V_0 - \left(\frac{\mathrm{d}i}{\mathrm{d}v}\bigg|_Q\right)^{-1} I_0 + \left(\frac{\mathrm{d}i}{\mathrm{d}v}\bigg|_Q\right)^{-1} i = v_{\mathrm{TH}} + R_{\mathrm{TH}} i \qquad (4.2.4\mathrm{b})$$

其中诺顿源内导就是伏安特性曲线的斜率 $G_N = \dfrac{\mathrm{d}i}{\mathrm{d}v}\bigg|_Q$，其倒数为戴维南源内阻。曲线斜率的倒数一般又被称为非线性电阻的动态电阻（dynamic resistance）或者微分电阻（differential resistance），

$$r_{\mathrm{d}} = \left(\frac{\mathrm{d}i}{\mathrm{d}v}\right)_Q^{-1} \qquad (4.2.5)$$

相应地，$Q$ 点的电压、电流之比则称为静态电阻（static resistance）或直流电阻（DC resistance），

$$R_{\mathrm{DC}} = \left(\frac{v}{i}\right)_Q = \frac{V_0}{I_0} \qquad (4.2.6)$$

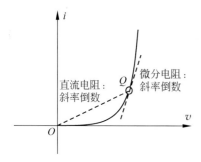

图 4.2.1　微分电阻和直流电阻

图 4.2.1 给出一个非线性特性曲线工作点 $Q$ 点微分电阻和直流电阻的说明。

微分电阻在电路分析中十分重要,无论是分段折线化,还是局部线性化,基本上都采用微分电阻。微分电阻在局部线性化中又被称为小信号电阻或交流电阻,原因在于局部线性化中要求信号幅度很小,而分段折线化可以从局部线性化扩张而来,把小信号适用范围人为扩大化,期望在较大的信号范围内仍然可以用线性方法进行电路分析,因而有较大的误差,但它直接反映了端口电压电流的趋势性变化关系,所以在电路分析中仍大量被采用。

我们虽然给出了直流电阻的定义,但很少用到它,其阻值也往往只是给人一个大概的量级上的概念,我们可以用它估算出非线性电阻的直流功耗大小,但它几乎没有其他的更多的应用。

### 4.2.2　PN 结二极管

**1. 非线性伏安特性**

图 4.2.2 给出了 PN 结的结构。在 P 型半导体和 N 型半导体的接触面上,由于 P 型半导体的多数载流子空穴和 N 型半导体的多数载流子电子向对方扩散,分别留下带负电荷和带正电荷的杂质原子,导致接触面附近空间形成由正电荷指向负电荷的内建电场,内建电场阻止多子的进一步扩散,最终在接触面形成稳定的耗尽层。耗尽层内可以近似认为可自由移动的空穴或电子相互抵偿,形成一个等价的介质层。由于这个耗尽层和内建电场的存在,PN 结呈现出非对称的"正偏导通、反偏截止"特性:正偏时外加电场抵偿内建电场作用,则呈现多子扩散的导通特性;反偏时外加电场加强内建电场作用,则呈现少子漂移的截止特性。如图 4.2.2 所示,这里给出了 PN 结二极管的电路符号,符号中的三角形方向代表电流导通的正向方向,由 P 指向 N,符号中的竖线代表 PN 结中间的势垒。二极管电流导通需要克服势垒,对于 Si 二极管,内建电场形成的势垒电压大约为 0.7V,因而大体上可认为 $v_D$ 电压高于 0.7V 则正偏导通,低于 0.7V 则反偏截止。

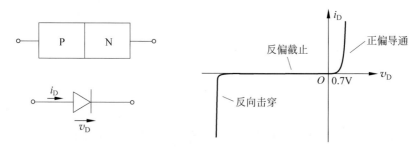

图 4.2.2　PN 结二极管结构、电路符号及其伏安特性曲线

在零偏压附近,通过对 PN 结的载流子运动规律及其分布情况进行分析,可以证明理想 PN 结的伏安特性具有指数律关系,

$$i_D = I_{S0}(e^{\frac{v_D}{v_T}} - 1) \tag{4.2.7}$$

其中 $i_D$ 为二极管电流,$v_D$ 为二极管电压,其关联参考方向都是从 P 指向 N;$I_{S0}$ 为反向饱和电流,它的数值很小,在 fA 量级。公式中参量 $v_T$ 被称为热电压(thermal voltage),

$$v_{\text{T}} = \frac{kT}{q} \tag{4.2.8}$$

这里的 $k=1.38\times10^{-23}$ J/K 为波尔兹曼常数，$T$ 是绝对温度，可将 $kT$ 理解为是一个理想气体分子的热能，自由电子在导体半导体中的热运动犹如气体分子，假设热运动使得一个电子从一点运动到另外一点，将热能 $kT$ 换算为两点间的电动势大小，这就是热电压大小。这里的 $q$ 是一个电子所带的电荷量，在室温 25℃ 时，计算出来的热电压为 26mV。

反向饱和电流 $I_{\text{S0}}$ 在 fA 量级，这里不妨假设它就是 1fA，于是我们可以考察偏置电压 $v_{\text{D}}$ 从 $-0.4$V 到 $+0.9$V 变化时，二极管电流 $I_{\text{D}}$ 的具体数值变化情况，如表 4.2.1 所示。显然，$v_{\text{D}}=0$ 时 $i_{\text{D}}=0$，这是二极管归属电阻类器件的必要条件，电阻的伏安特性曲线必然是过原点的，不过原点则属电源。二极管归类为电阻的第二个必要条件是其伏安特性曲线只能出现在纯耗能的 $vi$ 平面的一、三象限。

**表 4.2.1　理想指数律二极管伏安关系与微分电阻（$I_{\text{S0}}=1$fA，$v_{\text{T}}=26$mV）**

| $v_{\text{D}}$/V | $-0.4$ | $-0.3$ | $-0.2$ | $-0.1$ | 0 | 0.1 | 0.2 |
|---|---|---|---|---|---|---|---|
| $i_{\text{D}}$ | $-1$fA | $-1$fA | $-1$fA | $-0.98$fA | 0 | 47.85fA | 2.39pA |
| $r_{\text{d}}$/$\Omega$ | 1.3E20 | 2.7E18 | 5.7E16 | 1.2E15 | 2.6E13 | 5.6E11 | 1.2E10 |
| $v_{\text{D}}$/V | 0.3 | 0.4 | 0.5 | 0.6 | 0.7 | 0.8 | 0.9 |
| $i_{\text{D}}$ | 0.12nA | 5.69nA | 0.28$\mu$A | 13.59$\mu$A | 0.66mA | 32.42mA | 1.58A |
| $r_{\text{d}}$/$\Omega$ | 2.5E8 | 5.4M | 116k | 2.5k | 53 | 1.1 | 0.024 |

注意到，当反偏电压高于 0.1V 后，反偏电流几乎为常值 $I_{\text{S0}}=1$fA，这也是我们称 $I_{\text{S0}}$ 为反向饱和电流的原因，因为反偏电压增加时，反偏电流不再变化。电流不随电压变化而变化，这就是电流饱和（saturation）。随着正偏电压的升高，电流以指数律增长：0.1V 正偏电压对应的电流是 fA 量级，0.2V 时就变成 pA 量级了，0.3V 后又增长到 nA 量级，0.5V 则到达 $\mu$A 量级，0.7V 则为 mA 量级，0.9V 就是 A（安培）量级了。其正偏电流增加速度极快，微分电阻和正偏电流又成反比关系，

$$r_{\text{d}} = \left(\frac{\text{d}i}{\text{d}v}\right)_Q^{-1} = \left(\frac{I_{\text{S0}}}{v_{\text{T}}}\text{e}^{\frac{v_0}{v_{\text{T}}}}\right)^{-1} = \frac{v_{\text{T}}}{I_{\text{S0}}\text{e}^{\frac{v_0}{v_{\text{T}}}}} \approx \frac{v_{\text{T}}}{I_0} \tag{4.2.9}$$

故而二极管正偏时迅速导通，电流流动阻力（电阻）急剧降低。公式计算中，之所以取 $I_0 = I_{\text{S0}}\left(\text{e}^{\frac{v_0}{v_{\text{T}}}}-1\right) \approx I_{\text{S0}}\text{e}^{\frac{v_0}{v_{\text{T}}}}$，是因为正偏电流远大于反向饱和电流，$I_0 \gg I_{\text{S0}}$。

**2. 分段折线电路模型**

从实测的 PN 结二极管伏安特性曲线上看，如图 4.2.2 所示，它分为三个区：正偏导通区、反偏截止区和反向击穿区。反向击穿区的形成是齐纳效应或雪崩效应导致的。关于二极管伏安特性的形成机制，参见附录 9。

PN 结二极管的三个区有十分明显的分区特性，故而包含 PN 结二极管的电路中，很多都按分段折线化进行处理。那么分段的界点如何确定呢？

从表 4.2.1 可知，在 0.6V 时，二极管导通电流在 $\mu$A 量级，在 0.7V 时，二极管导通电流为 mA 量级，对 PN 结二极管的通常应用而言，其导通电流大多在 $\mu$A、mA、A 量级，因而有的教材取 0.6V，有的取 0.65V，而本书则统一取 0.7V 为导通电压。也就是说，对 PN 结二极管的非线性伏安特性进行分段折线时认为：当正偏电压高于 0.7V，二极管则导通，二极管建模为戴维南源，戴维南源电压为 0.7V；当正偏电压低于 0.7V，二极管则截止，二极管建模为开路。

不考虑反向击穿情况,二极管分段折线模型如图 4.2.3(b)所示,

$$i_D = \begin{cases} 0, & v_D < 0.7\text{V} \\ \dfrac{v_D - 0.7}{R_B}, & i_D > 0 \end{cases} \quad (4.2.10)$$

PN 结的电流随电压指数规律增长,故而 PN 结自身的微分电阻随电流增加急剧变小,当 PN 结正偏电阻小到可以忽略不计时,P 型区的体电阻与 N 型区的体电阻就会起主导作用。因而当二极管导通电流足够大时,二极管伏安特性将脱离指数律关系而呈现线性关系,故而可取戴维南内阻为体电阻 $R_B$。

体电阻大小位于或低于欧姆量级,在大多数应用中,体电阻远小于二极管外接的千欧姆量级的电阻,故而可以进一步抽象,将体电阻极致化为 0,于是二极管分段折线模型如图 4.2.3(c)所示,

$$\begin{cases} i_D = 0, & v_D < 0.7\text{V} \\ v_D = 0.7\text{V}, & i_D > 0 \end{cases} \quad (4.2.11)$$

如果信号很大,以至于正偏 0.7V 导通电压对信号电压而言也可以忽略不计时,二极管模型可以进一步抽象为图 4.2.3(d)的理想整流模型,

$$\begin{cases} i_D = 0, & v_D < 0 \\ v_D = 0, & i_D > 0 \end{cases} \quad (4.2.12)$$

第 2 章例 2.5.1 分析的二极管半波整流电路例中,二极管采用的就是理想整流模型。

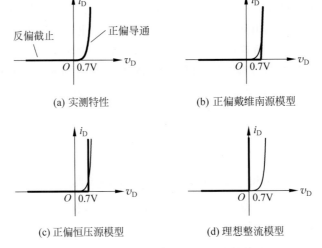

(a) 实测特性     (b) 正偏戴维南源模型

(c) 正偏恒压源模型     (d) 理想整流模型

图 4.2.3　PN 结二极管伏安特性曲线分段线性化电路模型

**练习 4.2.1**　有些运放电路比较敏感,还有其他一些芯片电路也很容易因输入信号过大而被损毁,此时可以在芯片输入端加入二极管保护电路,如图 E4.2.5 所示。请分析头尾环接的两个并联 PN 结二极管是如何保护该运放电路的。

**提示**:将头尾环接的两个并联 PN 结二极管视为一个单端口网络,考察其端口伏安特性

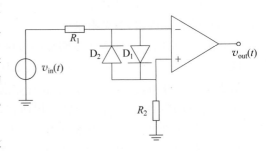

图 E4.2.5　二极管保护电路

关系,根据特性关系说明其电路保护作用的形成。这里二极管可以采用导通 0.7V 恒压源模型,即采用图 4.2.3(c)伏安特性对应的电路模型。

**3. 二极管混频器**

**例 4.2.2** 图 E4.2.6 是二极管混频电路(mixer)。所谓混频,就是获得两个输入信号的和频分量或差频分量。电路中有两个独立源,一个是被称为本地振荡器(Local Oscillator)的大信号源,

$$v_{LO}(t) = V_{LO,p}\cos\omega_{LO}t$$

这是一个单频正弦信号,其峰值幅度 $V_{LO,p}$ 很大,导致二极管或者截止,或者导通;另外一个激励源是小信号源,一般情况下,它不是单频信号,而是有一定带宽的随机信号,为了分析简便,我们取随机信号频带中间的一个正弦波替代这个随机信号,即取

$$v_s(t) = V_{s,p}\cos\omega_s t$$

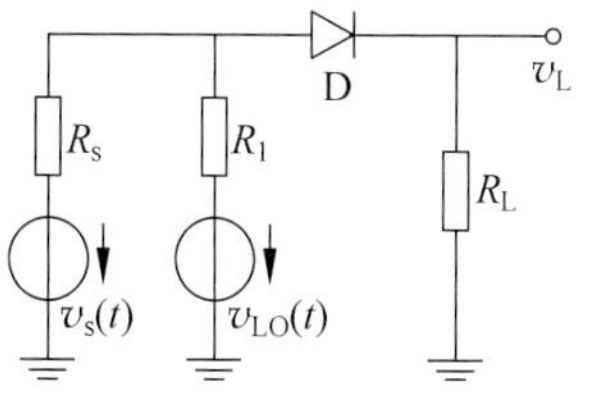

请用二极管的开关通断模型分析该电路的工作原理。

图 E4.2.6 二极管混频电路

**解**:这里假设激励信号源是幅度很小的正弦波信号,因而对开关通断起作用的是本振大信号,故而分析二极管通断时,可以忽略激励小信号的作用,取其为零,如图 E4.2.7(a)所示。之后对激励端做戴维南等效,如图 E4.2.7(b)所示。对这个电路的分析,和第 2 章例 2.5.1 半波整流分析一模一样,由于本振是大信号,故而二极管可以采用开关整流模型:当本振信号处于正半周时,二极管开关导通,如图 E4.2.7(c)所示;当本振信号处于负半周时,二极管开关截止,如图 E4.2.7(d)所示。

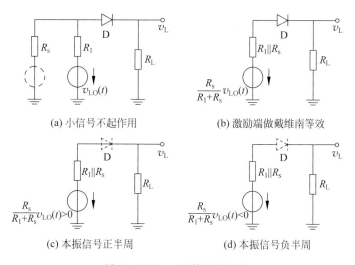

(a) 小信号不起作用      (b) 激励端做戴维南等效

(c) 本振信号正半周      (d) 本振信号负半周

图 E4.2.7 二极管通断分析

二极管的通断由本振信号决定,下面的分析再把激励小信号考虑在内,如图 E4.2.8(a)所示,当处于本振正半周时,二极管开关导通,其等效电路如图 E4.2.8(c)所示,故而

$$v_L(t) = \frac{R_L}{R_L + R_s \parallel R_1}\left(\frac{R_s}{R_1 + R_s}v_{LO}(t) + \frac{R_1}{R_1 + R_s}v_s(t)\right), \quad v_{LO}(t) > 0 \quad (E4.2.3a)$$

当处于本振负半周时,如图 E4.2.8(b)所示,二极管开关截止,其等效电路如图 E4.2.8(d),故而有

$$v_L(t) = 0, \quad v_{LO}(t) < 0 \quad (E4.2.3b)$$

此时,输入端信号全部加载到反偏二极管上。

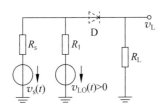

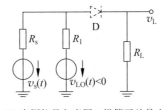

(a) 本振信号正半周二极管开关闭合 　　　(b) 本振信号负半周二极管开关截止

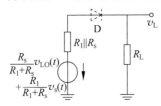

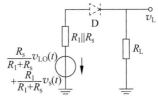

(c) 本振信号正半周戴维南等效 　　　(d) 本振信号负半周戴维南等效

图 E4.2.8　二极管通断由本振决定

重新将输出信号表述为

$$v_{\mathrm{L}}(t) = \frac{R_{\mathrm{L}}}{R_{\mathrm{L}} + R_{\mathrm{s}} \parallel R_1}\left(\frac{R_{\mathrm{s}}}{R_1 + R_{\mathrm{s}}}V_{\mathrm{LO,p}}\cos\omega_{\mathrm{LO}}t + \frac{R_1}{R_1 + R_{\mathrm{s}}}V_{\mathrm{s,p}}\cos\omega_{\mathrm{s}}t\right)S_1(\omega_{\mathrm{LO}}t) \qquad \text{(E4.2.4)}$$

其中，

$$S_1(\theta) = \begin{cases} 1, & \cos\theta > 0 \\ 0, & \cos\theta < 0 \end{cases} \qquad \text{(E4.2.5)}$$

被称为开关函数，图 E4.2.9 所示为开关函数波形。

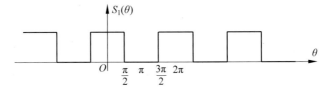

图 E4.2.9　开关函数

若要分析该电路为何具有混频功能，则需对开关函数进行傅立叶频谱分析，见附录 A5 和附录 A6。在电路中出现的周期信号，均可傅立叶级数分解，将周期信号表述为一系列正弦信号的叠加。开关函数是周期信号，它同样可以被分解为一系列正弦信号的叠加，为

$$S_1(\theta) = \frac{1}{2} + \frac{2}{\pi}\cos\theta - \frac{2}{3\pi}\cos3\theta + \frac{2}{5\pi}\cos5\theta - \cdots \qquad \text{(E4.2.6)}$$

其中：$\frac{1}{2}$ 是开关函数的平均值，也是开关信号中的直流分量；$\frac{2}{\pi}\cos\theta$ 是开关函数的基波分量，其频率和开关信号频率一致；其余的则是开关函数中的高次谐波分量，其频率是开关信号频率的整数倍。

于是负载上的信号可以表述为

$$v_{\mathrm{L}}(t) = (\alpha V_{\mathrm{LO,p}}\cos\omega_{\mathrm{LO}}t + \beta V_{\mathrm{s,p}}\cos\omega_{\mathrm{s}}t)S_1(\omega_{\mathrm{LO}}t)$$

$$= \alpha V_{\mathrm{LO,p}}\cos\omega_{\mathrm{LO}}t \cdot S_1(\omega_{\mathrm{LO}}t)$$

$$+ \beta V_{\mathrm{s,p}}\cos\omega_{\mathrm{s}}t \cdot \left(\frac{1}{2} + \frac{2}{\pi}\cos\omega_{\mathrm{LO}}t - \frac{2}{3\pi}\cos3\omega_{\mathrm{LO}}t + \frac{2}{5\pi}\cos5\omega_{\mathrm{LO}}t - \cdots\right)$$

$$= \alpha V_{\mathrm{LO,p}} \cos\omega_{\mathrm{LO}} t \cdot S_1(\omega_{\mathrm{LO}} t)$$

$$+ \frac{1}{2}\beta V_{\mathrm{s,p}} \cos\omega_{\mathrm{s}} t$$

$$+ \frac{\beta}{\pi} V_{\mathrm{s,p}} (\cos(\omega_{\mathrm{LO}} + \omega_{\mathrm{s}})t + \cos(\omega_{\mathrm{LO}} - \omega_{\mathrm{s}})t)$$

$$- \frac{\beta}{3\pi} V_{\mathrm{s,p}} (\cos(3\omega_{\mathrm{LO}} + \omega_{\mathrm{s}})t + \cos(3\omega_{\mathrm{LO}} - \omega_{\mathrm{s}})t)$$

$$+ \cdots \tag{E4.2.7}$$

表达式中的 $\alpha V_{\mathrm{LO,p}} \cos\omega_{\mathrm{LO}} t \cdot S_1(\omega_{\mathrm{LO}} t)$ 包括直流分量（$\cos^2$ 中的直流分量）、本振信号的基波分量（$\omega_{\mathrm{LO}}$ 频率分量）和偶次谐波分量（$2\omega_{\mathrm{LO}}$、$4\omega_{\mathrm{LO}}$ 等频率分量），我们对它们不感兴趣。同理，其他频率分量诸如信号的基波分量 $\frac{1}{2}\beta V_{\mathrm{s,p}} \cos\omega_{\mathrm{s}} t$、本振高次谐波分量和信号基波分量的组合频率分量，$-\frac{\beta}{3\pi} V_{\mathrm{s,p}} (\cos(3\omega_{\mathrm{LO}} + \omega_{\mathrm{s}})t + \cos(3\omega_{\mathrm{LO}} - \omega_{\mathrm{s}})t)$ 及 $\frac{\beta}{5\pi} V_{\mathrm{s,p}} (\cos(5\omega_{\mathrm{LO}} + \omega_{\mathrm{s}})t + \cos(5\omega_{\mathrm{LO}} - \omega_{\mathrm{s}})t)$，我们都不感兴趣。这些频率分量可以通过滤波器滤除，只保留和频分量或者差频分量，则可实现混频功能。经滤波器后，输出为差频分量，

$$v_{\mathrm{L,filter,1}}(t) = \frac{\beta}{\pi} V_{\mathrm{s,p}} \cos(\omega_{\mathrm{LO}} - \omega_{\mathrm{s}})t \tag{E4.2.8a}$$

或者和频分量，

$$v_{\mathrm{L,filter,2}}(t) = \frac{\beta}{\pi} V_{\mathrm{s,p}} \cos(\omega_{\mathrm{LO}} + \omega_{\mathrm{s}})t \tag{E4.2.8b}$$

依实际电路需求而定。

图 E4.2.10 给出了信号频谱：(a)第一个为激励小信号的频谱，由于是随机信号，其频谱占用一定的带宽；(b)第二个为单频正弦本振信号的频谱，由于是单频正弦信号，其频谱为单谱线；(c)第三个为由本振信号控制的开关函数的频谱，包括直流分量、基波分量、三次谐波分量、五次谐波分量等；(d)第四个为未经滤波的负载电阻上信号的频谱结构，包括直流分量、本振的二次谐波分量、本振的四次谐波分量等偶次谐波分量，还包括本振基波分量与信号频率的和频与差频，本振三次谐波分量与信号频率的和频与差频等一系列的组合频率分量；(e)第五个为经滤波器后滤取下来的本振频率和信号频率的差频分量，其他频率分量被滤除，实现了差频混频功能；(f)第六个为经滤波器后滤取下来的本振频率和信号频率的和频分量，其他频率分量被滤除，实现了和频混频功能。

实验电路如果采用同样结构，从示波器的 FFT 频谱分析可知，未经滤波的负载电阻上的频谱结构将远比图 E4.2.10(d)要复杂得多，这是真实二极管并非理想开关的缘故，我们会在示波器上观察到远多于图示频谱结构的各种组合频率分量、高次谐波分量。虽然原理性分析和实际观测有较大误差，但对于实现混频的原理性理解，简化模型足够了，无须把问题进一步复杂化。事实上，真实的混频器大多都采用开关类型，也就是说，本振信号驱动开关器件通断，激励信号则通过或通不过，以此原理实现的混频器频谱结构相对简单，噪声小。因而在实际混频电路的调试时，应确保本振为大信号而激励信号为小信号。

如果希望深度理解频谱概念，可参见附录 5 和附录 6。如果理解困难，则只需理解，电路中的时域信号均可由正弦波信号的叠加（或积分）构成，正弦波 $\cos(\omega t + \psi)$ 的频谱是位于 $\pm\omega$ 位置的单谱线，随机信号的频谱则具有一定宽度，例如语音信号，其频谱占据一定带宽。

**练习 4.2.2** （1）请分析第 2 章例 2.5.1 给出的半波整流电路的负载电阻上的半波信号

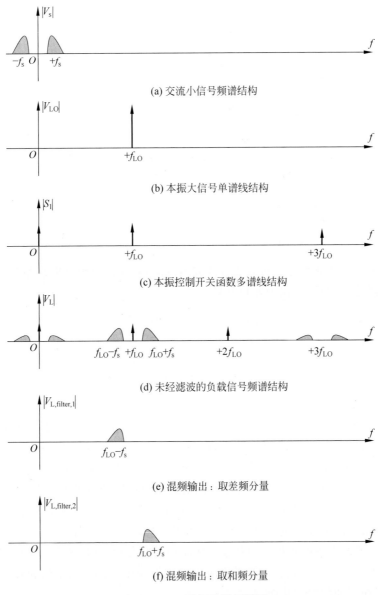

图 E4.2.10  混频信号频谱图

的频率分量都有哪些。

（2）二极管采用开关模型后，图 E4.2.10(d)频谱图中没有本振信号的奇次谐波分量，为什么？

**4. 二极管整流器**

**例 4.2.3**  请分析图 E4.2.11(b)所示全波整流电路实现整流功能的原理，并考察输出全波信号中的频谱分量。

**分析**：图 E4.2.11(a)是半波整流电路，其工作原理已经在第 2 章例 2.5.1 讨论过了，其输入输出波形如图 E4.2.12(a)和(b)，它只利用了正弦波的半个周期，故称半波。

图 E4.2.11(b)则被称为全波整流电路，它同时利用正弦波的两个半周期。输入信号首先经过一个不平衡到平衡的变换器(balun，巴伦，balance-unbalance)，在原理性分析中，采用 1∶1 的理想变压器实现巴伦(见图 3.11.11(a))。所谓不平衡,就是单端信号(single-ended signal),比如说一端为 220V,另一端为地;而平衡则是双端差分信号(differential signal),比如说一端对地是+110V,另一端对地则是－110V。输入单端信号 $v_{in}$ 经过巴伦后,变成差分信号+0.5$v_{in}$和－0.5$v_{in}$,如图 E4.2.12(c/d),这两个信号幅度相等,相位相反,分别驱动二极管 $D_1$ 和 $D_2$。在输入信号的正半周,$D_1$ 导通,同相正弦信号 0.5$v_{in}$ 正半周施加到负载电阻上;在输入信号的负半周,驱动 $D_2$ 的反相信号－0.5$v_{in}$ 处于正半周,这个正半周被施加到负载电阻上,于是负载电阻上的信号是一个全波信号,如图 E4.2.12(e),输出相当于是对输入取了一个绝对值再除以 2。

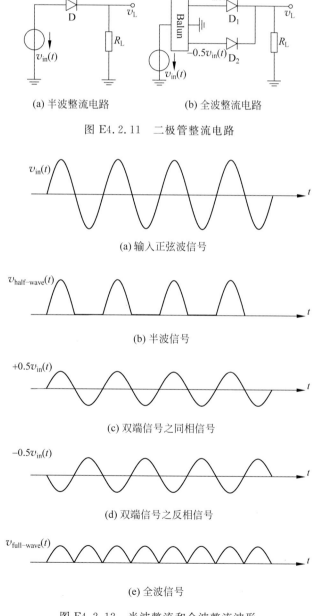

(a) 半波整流电路 (b) 全波整流电路

图 E4.2.11 二极管整流电路

(a) 输入正弦波信号

(b) 半波信号

(c) 双端信号之同相信号

(d) 双端信号之反相信号

(e) 全波信号

图 E4.2.12 半波整流和全波整流波形

**解**：二极管全波整流原理如前分析，下面考察其输出信号中的频谱分量。首先将全波信号表述出来，为

$$v_{\text{full-wave}}(t) = \begin{cases} +0.5V_{\text{p}}\cos\omega t, & \cos\omega t > 0 \\ -0.5V_{\text{p}}\cos\omega t, & \cos\omega t < 0 \end{cases} = 0.5 \cdot S_2(\omega t) \cdot v_{\text{in}}(t) \quad (\text{E4.2.9})$$

其中，$v_{\text{in}}(t) = V_{\text{p}}\cos\omega t$ 为需要整流的交流正弦信号，而 $S_2$ 则是双向开关函数，

$$S_2(\omega t) = \begin{cases} +1, & \cos\omega t > 0 \\ -1, & \cos\omega t < 0 \end{cases} \quad (\text{E4.2.10})$$

对其进行傅立叶级数展开，为

$$S_2(\omega t) = \begin{cases} +1, & \cos\omega t > 0 \\ -1, & \cos\omega t < 0 \end{cases} = 2S_1(\omega t) - 1$$

$$= \frac{4}{\pi}\cos\omega t - \frac{4}{3\pi}\cos3\omega t + \frac{4}{5\pi}\cos5\omega t - \cdots \quad (\text{E4.2.11})$$

可见，双向开关函数是一个平衡开关，它不存在直流分量，其傅立叶级数展开式中包含基波分量，三次谐波分量，高阶奇次谐波分量。故而全波信号可展开为

$$v_{\text{full-wave}}(t) = 0.5 \cdot S_2(\omega t) \cdot v_{\text{in}}(t)$$

$$= 0.5\left(\frac{4}{\pi}\cos\omega t - \frac{4}{3\pi}\cos3\omega t + \frac{4}{5\pi}\cos5\omega t - \cdots\right) \cdot V_{\text{p}}\cos\omega t$$

$$= \frac{V_{\text{p}}}{\pi} + \frac{V_{\text{p}}}{\pi}\frac{2}{1\cdot3}\cos2\omega t - \frac{V_{\text{p}}}{\pi}\frac{2}{3\cdot5}\cos4\omega t$$

$$+ \frac{V_{\text{p}}}{\pi}\frac{2}{5\cdot7}\cos6\omega t - \cdots \quad (\text{E4.2.12})$$

即，全波信号中存在直流分量，二次谐波分量，高阶偶次谐波分量。除了直流分量外，最小的频率为 $2\omega$，剩下的频率分量都是 $2\omega$ 的倍数，因而输出频率是输入频率的 2 倍。换句话说，全波信号的周期是输入正弦波周期的一半，而半波信号的周期和输入信号一致。

**练习 4.2.3**  图 E4.2.13 是二极管桥式整流电路，请分析其工作原理，并给出负载电阻上的电压波形 $v_{\text{L}}(t)$，假设输入信号 $v_{\text{in}}$ 是大信号正弦波。

桥式整流器中的巴伦，其输出端中间端点悬浮，而不是接地，于是这个巴伦只是完成单端接地到双端悬浮的转换（见图 3.11.11(b)）。仍然假设这是 1∶1 的变压器，于是变压器输出端口的电压等于输入端口电压 $v_{\text{in}}$，但这个端口的地不是变压器自身所能决定的，而是由其后级电路所决定。后级所接桥式电路，当二极管 $D_4$ 导通时，巴伦上端点接地，下端点电压为 $-v_{\text{in}}$，当二极管 $D_2$ 导通时，巴伦下端点接地，上端点电压为 $+v_{\text{in}}$。悬浮输出只保证输出端口两个端点的相对电压值，而不论参考地在哪里。

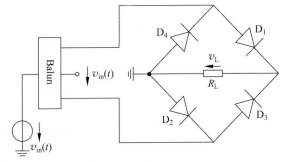

图 E4.2.13  二极管桥式整流电路

**练习 4.2.4**  计算比对半波整流、全波整流、桥式整流信号中的直流分量和有效值大小。

**练习 4.2.5**  如果上述半波整流、全波整流、桥式整流信号幅度不是特别大，二极管模型应采用导通 0.7V 恒压源模型。请画出半波和全波整流输出波形。

### 5. 二极管门电路

**练习 4.2.6**　（1）如图 E4.2.14 所示，这是二极管数字门电路。

首先定义逻辑状态：这里规定大于 3V 的电压为逻辑状态 1，小于 2V 的电压为逻辑状态 0，2～3V 之间的电压不定义逻辑状态。由于这个区间没有定义逻辑状态，因此逻辑电路设计应尽量避免进入这个区域，因为进入这个区域后，逻辑状态是不定的，最终判定为 0 或者是 1 都是可以的。

图 E4.2.14(a)所示的二极管电路为与门（AND gate），它完成的是逻辑与运算。其中，$D_1$ 和 $D_2$ 是输入端，$D_3$ 是输出端。这里将逻辑 1 对应"同意""通过"，将逻辑 0 对应"不同意""通不过"，那么 $D_1$ 与 $D_2$ 的逻辑与运算就是实现"$D_1$、$D_2$ 两个人都同意了才能通过"，或者说，"只要有一人不同意，则无法通过"。请在下面表格中填入正确的电压与

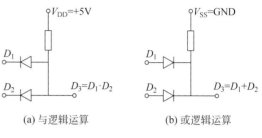

(a) 与逻辑运算　　　(b) 或逻辑运算

图 E4.2.14　二极管门电路

对应的逻辑，判定图 E4.2.14(a)确实完成了逻辑与运算。这里，$V_1$ 为 $D_1$ 端的电压，$V_2$ 为 $D_2$ 端的电压，$V_3$ 为 $D_3$ 端的电压。注意，这里所有的电压都不超过 5V，相对二极管导通电压 0.7V 不是远远大于，故而二极管导通模型应采用 0.7V 恒压源模型。

| 端点对地电压 | | | 对应逻辑 | | |
|---|---|---|---|---|---|
| $V_1$ | $V_2$ | $V_3$ | $D_1$ | $D_2$ | $D_3$ |
| 0 | 0 | | 0 | 0 | |
| 0 | 5 | | 0 | 1 | |
| 5 | 0 | | 1 | 0 | |
| 5 | 5 | | 1 | 1 | |

图 E4.2.14(b)所示的二极管电路为或门（OR gate），它完成的是逻辑或运算。所谓逻辑或，就是"两个人中有一人同意则通过"，或者"两个人都不同意才通不过"。对应于这两个逻辑运算电路，请同学们把上述表格分别填满。确认该电路确实实现了逻辑或运算。

（2）根据上述讨论，回答：联合国安理会一票否决制度采用的是逻辑与运算还是逻辑或运算？请你用二极管、电阻、开关等元件设计一个电子表决器，实现五常一票否决功能。

表决器设计好后，应给出其工作原理、工作情况的详尽分析和描述，确认你的设计是正确合理的。

### 6. 二极管 ESD 保护电路

所谓 ESD，就是静电释放（electrostatic discharge）。两个物体之间如果电位不同，又出现了直接接触，或者存在某种导电通路，则会产生静电释放，使得它们之间的电位趋同。人体带有上千伏的静电电压，当我们触摸芯片管脚时，有可能会出现数安培的瞬间电流冲击，芯片极易烧毁，半导体材料出现不可逆转的穿孔、断路等现象，晶体管被 ESD 击穿后，相关电路功能则完全丧失。

芯片内部都会有 ESD 保护电路，如图 E4.2.15 所示，ESD 保护电路实施保护策略的核心思想是令 ESD 保护区的所有器件端点等电位，只要等电位，就不会有击穿发生。具体的电路实现方案是开关导通。当任意两个 PAD 之间出现高压时，通过正电源线 $V_{DD}$ 和负电源线 $V_{SS}$

连接,相关开关导通,形成导电通路,使得两个 PAD 之间电位差不至于击穿内部电路。

　　图 E4.2.15 中 PAD 是芯片和外部电路连接的金属结点,图中 PAD 和正电压源、负电压源之间的二极管都是开关保护器件,图中还有一个电源嵌位电路(Power Clamp),其内部是一种正反馈机制形成的开关(形成如图 E2.5.7 所示的 S 型负阻形态,该形态具有开关功能),这些开关在正常工作下都是截止断开的,因而不影响电路的正常功能。但是当有强冲击电压时,这些开关则会一一导通,使得电路中相关结点等电位(电位差很小),从而避免 ESD 击穿。

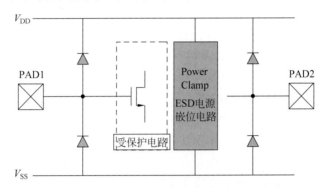

图 E4.2.15　二极管 ESD 保护电路

**7. 二极管限幅器**

　　**练习 4.2.7**　如图 E4.2.16 所示的二极管电路被称为削波器(clipper),它是一种限幅器(limiter),请给出其输入输出转移特性曲线(以 $v_{in}$ 为横轴,以 $v_{out}$ 为纵轴),以正弦输入信号($v_{in}(t)$ 为正弦波)为例说明其削波或限幅原理。

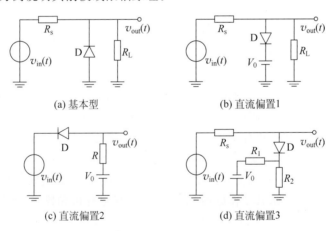

(a) 基本型　　　　　　　　　　(b) 直流偏置1

(c) 直流偏置2　　　　　　　　　(d) 直流偏置3

图 E4.2.16　二极管削波电路

　　**提示**:二极管采用导通 0.7V 恒压源模型。考察如果二极管导通或截止,对输入电压将提出什么要求,从而给出二极管导通和截止的条件。

　　**例 4.2.4**　假设图 E4.2.16(b)所示电路 $R_s = R_L = 1\text{k}\Omega$,$V_0 = 3.3\text{V}$,请分析给出该电路的输入输出转移特性曲线,说明其削波限幅原理。

　　**解**:对同时存在线性和非线性的电路,一般的措施仍然是首先将其划分为线性网络和非线性网络的对接关系,如图 E4.2.17(a)所示,注意到我们关注的输入和输出电压都是对地电压,故而 $V_0 = 3.3\text{V}$ 的直流偏置电压源被划分到非线性网络中以保持地不被移动。其次则是将线性单端口网络等效为戴维南源,如图 4.2.17(b)所示。最后分析该电路,以二极管电流 $i_D$ 为回路电流。

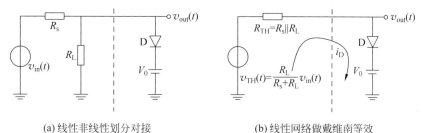

(a)线性非线性划分对接　　　　　(b)线性网络做戴维南等效

图 E4.2.17　削波器分析

如果二极管正偏,二极管则建模为 0.7V 恒压源,此时

$$i_D = \frac{v_{TH} - 0.7 - V_0}{R_{TH}} > 0$$

即 $v_{TH} > 0.7 + V_0 = 4V$ 则二极管正偏,此时

$$v_{in} = 2v_{TH} > 8V$$
$$v_{out} = 0.7 + V_0 = 4V$$

反之,$v_{in} < 8V$ 二极管则反偏,此时二极管建模为开路,于是

$$i_D = 0$$
$$v_{out} = v_{TH} - i_D R_{TH} = v_{TH} = 0.5v_{in}$$

通过上述分析,获得如下的转移特性方程,

$$v_{out} = \begin{cases} 0.5v_{in}, & v_{in} < 8V \\ 4V, & v_{in} > 8V \end{cases}$$

其转移特性曲线如图 E4.2.18 所示。

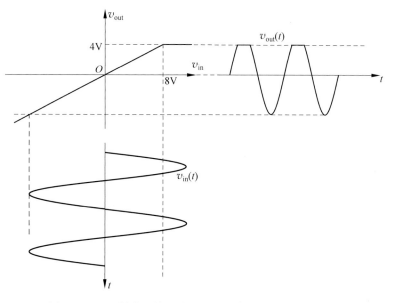

图 E4.2.18　削波器输入输出转移特性曲线及其削波原理

假设输入信号为正弦波信号,如果正弦波电压低于 8V,则幅度降半输出,如果正弦波电压高于 8V,输出则切顶保持在 4V 不动,这就是削波名称的来源,其输出幅度被限制在 4V 以内,故而又称限幅器。

**练习 4.2.8**  例 4.2.4 电路设计只有对高于 +4V 的削波处理,如果我们希望同时实现对超出 ±4V 的削波处理或实现 ±4V 内的限幅处理,电路应如何设计?

### 4.2.3  齐纳二极管稳压器

前面对 PN 结二极管的应用主要利用的是它"正偏导通和反偏截止"的整流特性,当反偏电压很高时,二极管将反向击穿。对于一般的 PN 结二极管,我们尽量避免它进入击穿区。例如整流二极管,进入击穿区则有可能热击穿:反向电流导致结温升高,结温升高导致反向电流进一步增大,这种热失控将导致二极管被烧毁,因而在电路设计中要禁止它进入击穿区。然而对于齐纳二极管,它被优化设计为可专门工作在反向击穿区,由于击穿电压近似恒定不变,故而可以实现稳压功能。

虽然反向击穿机制包括齐纳击穿和雪崩击穿,但习惯上稳压二极管均被统称为齐纳二极管。如图 4.2.4 所示,齐纳二极管的正偏导通特性和普通 PN 结二极管一致,而反向击穿电压则通过调整 PN 结掺杂浓度给予精确控制,从 1 伏左右到上千伏均可实现。描述齐纳二极管击穿区的参量包括:①测试电流 $I_{ZT}$:在该测试电流下测得的齐纳电压为 $V_Z$,$V_Z@I_{ZT}$;②拐点电流 $I_{ZK}$:反向击穿电流低于这个值,它将不再具备稳压作用,而将会进入反偏截止区;齐纳二极管要实现稳压作用,其反向电流必须大于 $I_{ZK}$;③最大电流 $I_{ZM}$:二极管反向击穿电流不应超过该值,超过该值二极管则有可能因吸收过多功率而热损毁。

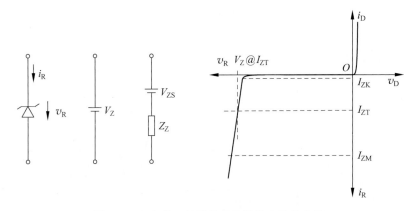

图 4.2.4  齐纳二极管符号及其伏安特性曲线

图 4.2.4 中,齐纳二极管是反偏应用的,在反向击穿区,其最简单的电路模型就是恒压源 $V_Z$,如果考虑测试点 $(V_Z, I_{ZT})$ 位置的微分电阻 $Z_Z$,那么其模型可以用带线性内阻的戴维南源表述,其戴维南源电压为 $V_{ZS} = V_Z - I_{ZT}Z_Z$。一般情况下,齐纳二极管的微分电阻在数欧姆量级,而拐点电流 $I_{ZK}$ 位置的微分电阻则在数百欧姆量级,表明已经严重脱离恒压源模型。

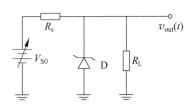

图 E4.2.19  二极管稳压电路
(Zener Voltage Regulator)

**例 4.2.5**  如图 E4.2.19 所示,这是一个二极管稳压电路。已知齐纳二极管在测试电流 $I_{ZT} = 49\text{mA}$ 下测得的齐纳电压为 $V_Z = 5.1\text{V}$,齐纳电阻 $Z_Z = 7\Omega$。齐纳二极管的拐点电流为 1mA,最大电流为 178mA。图中直流电压源 $V_{S0}$ 的电压不很确定,大略在 $7\sim12$V 之间波动。为了防止稳压二极管损毁,在电压源和二极管之间串接了一个限流电阻 $R_s=100\Omega$。问:负载电阻 $R_L$ 在多大变化范围内,可以使得稳压二极管处于稳压工作状态?

**分析:**(1)限流电阻的作用。限流电阻,顾名思义就是限制电流大小的电阻,由于电阻电路中所有电阻器件的伏安特性都在一、三象限,因而电阻电路中任意结点对地电压不会超过电源电压,任意两点之间电压差不会超过正负电源电压之差,故而限流电阻确保流过该电阻的电流不会超过 $I_{S,max}=\dfrac{V_{S0}}{R_s}\leqslant\dfrac{12V}{100\Omega}=120$mA,从而分流到稳压二极管的电流也不会超过 120mA,比稳压二极管允许的最大电流 178mA 小,显然限流电阻的存在使得稳压二极管不会受损。

(2)本题的问题是:负载电阻在多大变化范围内变化时,齐纳二极管具有预定的稳压作用。这里的负载电阻可能是一个芯片,可能是一个电路系统,这里用线性电阻 $R_L$ 替代,它需要电源为它提供稳定的电压和相应的直流电流,但如果它吸取的直流电流过大,会导致和它并联的稳压二极管分流太小,一旦灌入稳压二极管的电流小于拐点电流,二极管就脱离反向击穿区,也就不具备稳压效果了,负载电阻上的电压也就不再是稳定的电压,无法满足芯片或电路系统的要求。

**解:**由于电路中包含线性元件和非线性元件,第一步将线性电阻网络和非线性电阻分离对接,线性电阻网络用戴维南电压源等效,如图 E4.2.20(a)所示。由于稳压二极管伏安特性曲线是单调变化的,因而该电路具有唯一的电路解,我们首先假设稳压二极管工作在反向击穿区,用反向击穿区的电路模型替代二极管符号,如图 E4.2.20(b)所示,之后分析电路,确保它工作在反向击穿区即可。

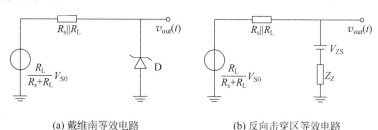

(a) 戴维南等效电路　　　　　　(b) 反向击穿区等效电路

图 E4.2.20　线性电阻网络戴维南等效电路与二极管的连接

齐纳二极管反向击穿区电压源模型成立的前提条件是 $i_Z>I_{ZK}$,故而由图 E4.2.20(b)求反向电流,有

$$i_Z=\frac{v_{TH}-V_{ZS}}{R_{TH}+Z_Z}=\frac{\dfrac{R_L}{R_s+R_L}V_{S0}-V_{ZS}}{\dfrac{R_LR_s}{R_s+R_L}+Z_Z}>I_{ZK} \tag{E4.2.13a}$$

故而有

$$R_L>\frac{V_{ZS}+I_{ZK}Z_Z}{(V_{S0}-I_{ZK}R_s)-(V_{ZS}+I_{ZK}Z_Z)}R_s=\frac{V_Z+(I_{ZK}-I_{ZT})Z_Z}{(V_{S0}-I_{ZK}R_s)-(V_Z+(I_{ZK}-I_{ZT})Z_Z)}R_s$$

$$=\frac{5.1-0.048\times7}{(7-0.001\times100)-(5.1-0.048\times7)}\times100=223(\Omega) \tag{E4.2.13b}$$

上述分析假设当反偏电流超过 1mA 时,齐纳二极管的等效电路为具有线性内阻 $Z_Z$ 的电压源,这个假设本身就是近似的,因而上述显得有些复杂的表达式或许没有必要。我们可以用

更简单的三段折线近似稳压二极管的伏安特性曲线,如图 E4.2.21(a)所示:以反偏电流大小分界,反偏电流大于 0 则为反向击穿恒压特性($V_R = V_Z$),反偏电流等于 0 则为反偏截止恒流特性($i_R = 0$,开路),反偏电流小于 0 则为正偏导通恒压特性($V_R = -0.7\mathrm{V}$)。在反向击穿区,采用恒压源模型,如图 E4.2.21(b)所示,而二极管工作在反向击穿区的条件为

$$i_Z = \frac{v_{TH} - V_Z}{R_{TH}} = \frac{\dfrac{R_L}{R_s + R_L}V_{S0} - V_Z}{\dfrac{R_L R_s}{R_s + R_L}} > 0 \qquad (\text{E4.2.14a})$$

故而有

$$R_L > \frac{V_Z}{V_{S0} - V_Z}R_s = \frac{5.1}{7 - 5.1} \times 100 = 268(\Omega) \qquad (\text{E4.2.14b})$$

这个估算结果 268$\Omega$ 和相对稍微精确的估算结果 223$\Omega$ 比,误差约为 20%,这个误差在估算中是可以容忍的。最为重要的是,这个估算公式极为简单,很容易理解和把握。我们更希望同学掌握的是如式(E4.2.14)所示的这种简单易行的估算方法,而不必把过多注意力用到如式(E4.2.13)的较为精确的估算公式上。

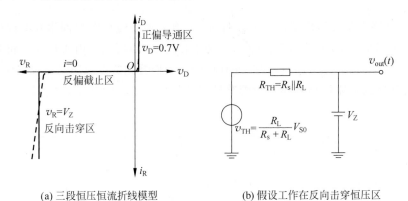

(a) 三段恒压恒流折线模型          (b) 假设工作在反向击穿恒压区

图 E4.2.21　手工简单估算模型

上述计算中,取 $V_{S0}$ 为 7V,而不是 12V,原因在于我们找的是保持稳压二极管正常稳压功能的最重负载 $R_L$,$V_{S0}$ 取 7V 是最恶劣情况。上述分析表明,$R_L$ 只有大于 223$\Omega$,齐纳二极管才具有稳压功能,换句话说,当负载电阻过重(负载分流大则称之为重负载,负载分流小则称之为轻负载),低于 223$\Omega$ 时,二极管工作区将进入反偏截止区,也就失去了稳压能力。

对具有明显分区的简单非线性电阻电路,我们可以采用分段折线模型,但是实际工作点到底位于哪个区域未知时,可以先假设它工作在某个区域,然后用这个区域的线性化电路模型替代非线性电阻,之后求解电路方程,如果所得电路解确实落在这个区域,则说明假设是成立的,如果所得电路解超出了这个区域限定的范围,则说明假设不成立,需要重新假设区域,直至找到假设前后不矛盾的解,就是真实解(的近似)。如果电路具有唯一解,找到一个解就可以结束;如果电路不具唯一解,则每个工作区域都需检查一遍,确保所有解都被找全。

**唯一解**:如果二端电阻网络的端口电压、端口电流是严格单调增加的,即伏安特性曲线上任意两点$(v_1, i_1)$,$(v_2, i_2)$满足$(v_2 - v_1)(i_2 - i_1) > 0$,那么独立电源驱动该二端电阻网络具有唯一解。

隧道二极管不满足单调增条件,因而独立电源驱动时,可能存在多解。而齐纳二极管伏安

特性具有单调增特性,因而独立电源驱动时,具有唯一解。

上述过程是从数学方程求解角度入手,对于简单非线性电阻电路,用图解法对电路的理解会更直观。

如图 E4.2.22 所示,我们在同一个 $vi$ 平面上画出线性电阻网络等效戴维南源电源的伏安特性曲线,有两条,①对应 $V_{S0}=12\text{V}$,②对应 $V_{S0}=7\text{V}$,这两条伏安特性曲线对应于无穷大负载电阻,$R_L=\infty$。之后减小 $R_L$ 阻值。注意到图解法中,线性电阻网络等效电源用诺顿等效更容易理解,因为改变 $R_L$ 改变的仅是诺顿源内阻 $R_s\parallel R_L$,而诺顿电流 $I_N=V_{S0}/R_s$ 并不会发生变化,因而当 $R_L$ 减小至 $223\Omega$ 时,对应于 $V_{S0}=7\text{V}$ 的线性电阻网络等效电源,其伏安特性曲线和二极管特性曲线的交点位于拐点 $I_{ZK}=1\text{mA}$ 位置,如④线所示;当 $R_L$ 再继续降低,交点将进入反偏截止区,二极管将失去稳压功能,如⑥线所示。图中③线对应于 $V_{S0}=12\text{V}$,$R_L=223\Omega$ 情况,图中⑤线对应于 $V_{S0}=12\text{V}$,$R_L<223\Omega$ 情况,它有可能仍然使得二极管位于反向击穿区,也有可能使得二极管进入反偏截止区。最终可以确认的是,只要 $R_L>223\Omega$,即使 $V_{S0}$ 在 $7\sim12\text{V}$ 之间有大幅的变化,$R_L$ 在 $223\Omega$ 到开路之间有大幅的变化,输出电压 $v_{out}$ 的电压变化被稳压二极管的反向击穿近似恒压特性所限,其变化范围很小,在 $4.76\sim5.23\text{V}$ 之间变化,只有 $0.47\text{V}$ 的波动,而 $V_{S0}$ 的电压波动为 $12\text{V}-7\text{V}=5\text{V}$,由于稳压二极管的作用,负载上的电压相对稳定多了,也就是说,齐纳二极管在这里确实起到了稳压作用。

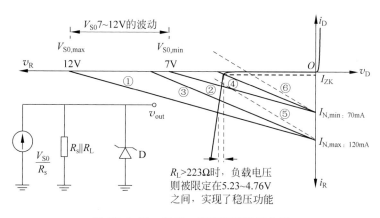

图 E4.2.22　稳压二极管稳压图解分析

当稳压二极管作为稳压电源使用时,对负载而言,它等效为电压源的前提条件是直流偏置电源对其有正确的反向击穿区偏置。对负载所谓的电压源等效是二极管和直流偏置源共同等效的结果,稳压二极管本身并不具有任何电压源所具有的功率输出能力,负载获得的功率源自直流电压源,二极管在这里的作用仅仅是提供近似恒压特性,从而电路具有稳压功能。当负载获得更多功率时,稳压二极管消耗的功率小一些,当负载获得的功率较小时,稳压二极管消耗的功率大一些,它始终是一个耗能的非线性电阻元件。

虽然齐纳二极管反向击穿时被等效为电压源,它本质上仍然是一个非线性电阻,电压源等效仅仅是它的外特性等效。要实现这个外特性,必须有直流电源,去掉这个直流电源,它就是一个电阻,加上这个直流电源,从外界看它似乎是一个直流电压源,但其实它仍然是一个消耗直流功率的电阻,这一点从二极管的电流必须是从等效电压源的正极流入就可以看出来。

**练习 4.2.9**　已知某稳压二极管的分段折线模型如图 E4.2.23(a)所示,图 E4.2.23(b)是用具有这种特性稳压二极管构成的稳压电路。已知电源电压 $V_s$ 在 $7\sim8\text{V}$ 之间波动,负载为某数字芯片,该芯片要求+5V的电压源能够提供1~5mA的电流。为了确保数字芯片电源电压始终为+5V。

（1）请给出限流电阻$R_s$的选择范围。

（2）假设$R_s=200\Omega$,芯片当前工作电流为5mA,稳压二极管是吸收电功率还是释放电功率？吸收或释放多少毫瓦的电功率？稳压电路的效率为多少？

*注：效率＝负载获得功率/直流电压源输出功率×100％。

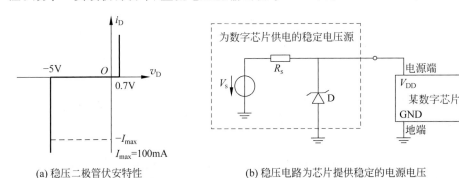

(a) 稳压二极管伏安特性                (b) 稳压电路为芯片提供稳定的电源电压

图 E4.2.23　齐纳二极管稳压电路

**练习 4.2.10**　已知某齐纳二极管的齐纳电压为5.3V,对于如图 E4.2.24 所示电路,请给出输出电压对源电压的转移特性,并画出当源电压是峰值为15V的正弦波电压时输出的电压波形。

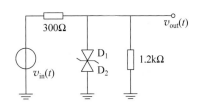

图 E4.2.24　稳压二极管限幅电路

当两个相同特性的二极管并联或串联时,会形成对称的非线性伏安特性,请同学们画出二极管头尾对接串联(图 E4.2.24)和并联(图 E4.2.5)两种情况下的总端口非线性伏安特性曲线示意图,由此说明其伏安特性曲线具有的限幅功能。

二极管非线性伏安特性是形成非线性电阻的重要机制,如本章第一个例子中的 SiC 陶瓷电阻,还有 ZnO 陶瓷电阻,它们具有的对称的非线性伏安特性曲线本质上也源于二极管特性。当众多陶瓷颗粒混凝合成时,陶瓷颗粒之间形成二极管伏安特性,众多杂乱无章、有并有串、有正有反的二极管混连在一起,最终形成具有对称特性的非线性伏安特性曲线。这些非线性电阻的英文名称为 Varistor(变阻器),又称为 VDR(Voltage Dependent Resistor,压控电阻,压敏电阻),它是对电压特别敏感的电阻：当电阻两端电压比较小时,电阻对外呈现出高阻特性,不会影响到和它并联的其他电路的性能,但是如果电阻两端电压有瞬间的冲击高压,那么这个非线性电阻就呈现出低阻特性,迅速将冲击电压产生的电流分流走,从而和该电阻并联的其他电路元件得到过压保护。

SiC 和 ZnO 非线性电阻常用于电力供应系统的过压保护电路中,其中 SiC 的非线性指数 $n$ 大体在 3~5 之间,而 ZnO 则高达 20~50,具有更强烈的非线性开关保护特性。

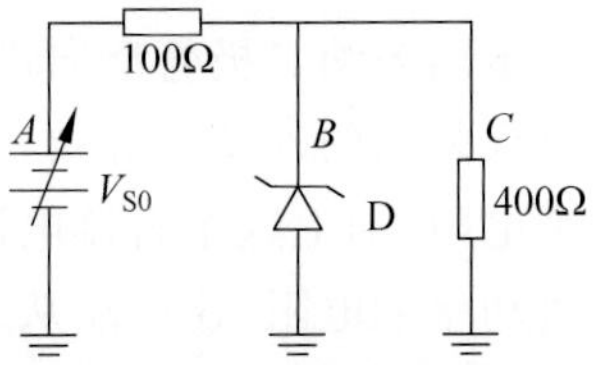

**练习 4.2.11**　如图 E4.2.25 所示,已知电源电压为20V,齐纳二极管的齐纳电压为7.3V。通过万用表测量,测得电源端 $A$ 点电压、齐纳二极管上端点 $B$ 点电压和负载电阻 $C$ 点电压,如下

图 E4.2.25　二极管稳压电路故障检测

表所示。请给出这个电路是否正常工作的判定。如果不正常,你认为电路哪里可能出问题了? 如何排查确认这个问题?

| $V_A/V$ | $V_B/V$ | $V_C/V$ | 可能故障原因 | 如何排查确认 |
|---|---|---|---|---|
| 20 | 7.3 | 7.3 | | |
| 20 | 20 | 20 | | |
| 20 | 0 | 0 | | |
| 20 | 16 | 16 | | |
| 20 | 7.3 | 0 | | |
| 0 | 0 | 0 | | |

# 4.3　分段线性化之二端口非线性电阻：反相器和电流镜

晶体管是二端口非线性电阻,最常见的是 MOSFET 和 BJT,其伏安特性都有明显的分区特性,因而它们都可以进行分段线性化处理。

## 4.3.1　晶体管分类

晶体管(transistor)是转移电阻器(transfer resistor)的简写,transistor 这个名字本身表明了晶体管是一个受控电阻。晶体管一般可以被当成是一个受第三端控制的两端电阻器,因而晶体管的中文名称又统称为三极管,指的是它有三个极,也就是有三个对外端点,其中一个端点是控制极,另外两个端点之间的伏安特性关系是受控制极控制的非线性电阻关系。中文译名为晶体管,原因在于它是在半导体晶体上实现的和电子管具有类似特性的电子器件,然而晶体管这个译名本身掩蔽了晶体管是可控电阻这一本质,这里特别强调晶体管是阻值受控的非线性电阻。

晶体管是电子电路的核心电路器件。晶体管最常见的两个应用是开关应用和受控源应用,前者可以用来实现数字门电路、数字存储器、混频电路、逆变器等信号处理功能或交直流能量转换功能,后者可以用来实现放大器、振荡器等需要向外输出交流功率的有源电路功能。

晶体管是受控的非线性电阻,其受控的导电特性是晶体管分类的依据。

**1. 双极型和单极型**

最常见的分类方法是根据导电载流子类型进行的分类,可分为双极型晶体管(bipolar transistor)和单极型晶体管(unipolar transistor)两种。

双极型晶体管中,电子和空穴两种载流子同时参与导电或者导电控制,其典型代表是 BJT (Bipolar Junction Transistor,双极结型晶体管);单极型晶体管中,只有一种载流子参与导电,或者是电子,或者是空穴,其典型代表是 MOSFET(Metal-Oxide-Semiconductor Field Effect Transistor,金属氧化物半导体场效应晶体管)。

**2. 场效应和势效应**

根据晶体管受控特性进行分类,晶体管可分为场效应晶体管(Field Effect Transistor, FET)和势效应晶体管(Potential Effect Transistor,PET)。

FET 是通过电场进行导电特性控制的晶体管,它通过电容耦合实现导电控制,如图 4.3.1(a)所示,中间控制极被称为栅极(gate),栅极和导电通道之间是通过电容实现耦合的,电容极板间加控制电压,通过改变电容结构内的电场强度来控制导电通道内半导体材料的载流子数目,也就控制了导电通道的电导率,从而实现了对漏极(drain)和源极(source)之间导电通道导电特性的控制,漏极和源极之间的导电通道则是受栅极电压控制的非线性电阻。MOSFET 是场效应晶体管,控制导电通道的电容结构是金属(Metal)氧化物(Oxide)半导体(Semiconductor),即 MOS电容。

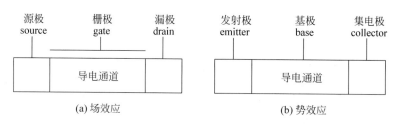

图 4.3.1　场效应和势效应

PET 是通过电势进行导电控制的晶体管,它通过直接接触实现导电控制,如图 4.3.1(b)所示,中间控制极被称为基极(base),基极和导电通道是直接接触的,在基极端输入电流,改变导电通道的电势,从而控制导电通道的导电特性。发射极(emitter)和集电极(collector)之间的导电通道是受基极电流控制的非线性电阻。BJT 是势效应晶体管,其导电通道的控制是通过对两个 PN 结的正偏和反偏的导电特性实现的。

半导体晶体管发展到今天,出现了很多种类,本课程只讨论商业开发最完全、应用最广泛的 MOSFET 和 BJT。

### 4.3.2　MOSFET 分段线性化

**1. NMOS 结构与端口伏安特性**

1) 场效应结构及其受控机制

如图 4.3.2 所示,NMOSFET 以 P 型半导体作为基底,称之为衬底(B,Bulk),在基底材料上注入五价杂质,形成两个 N 型区孤岛。P 型衬底上有很多器件,比如晶体管,为了使得这些晶体管相互隔离,需要把衬底连在电路的最低电位上,这样可以确保 N 型孤岛和 P 型衬底形成的 PN 结是反偏的,这些孤岛之间不会导电串通。

P 型衬底上形成的两个 N 型孤岛,我们分别称之为漏极(drain)和源极(source)。漏极和源极不能形成电流导通,因为漏衬、源衬两个 PN 结都是反偏的。即使在源漏之间加电压 $v_{DS}$,也无法形成电流通路。如果希望在源漏之间形成电流通路,则需在源漏之间的上方位置加一个栅极(gate)。栅极本身是导体,需要在它和基底半导体材料中间加一层绝缘体以形成支撑作用。对于 Si 衬底,中间的绝缘体为 $SiO_2$,如是就构成了金属氧化物半导体 MOS 电容结构。为什么称之为 FET 呢?因为它通过改变MOS 电容极板上的电压,来改变电容极板

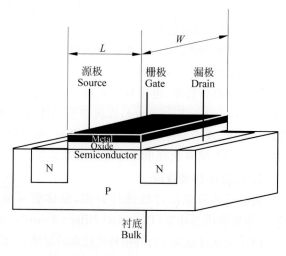

图 4.3.2　NMOSFET 立体结构示意图

间的电场强度,或者说改变了电容两个极板上的电荷量,进而改变了氧化层下方的半导体属性。当 $v_{GB} > V_{TH}$ 后,氧化层下方累积的电子使得一层 P 型半导体反型为 N 型半导体,从而 N 型漏极和 N 型源极被这个 N 型沟道所连通,从而形成了导电通道,也就形成了受 MOS 电容电压 $v_{GB}$ 控制的漏源电阻,$v_{GB}$ 越大,沟道内累积的净电子数越多,导电沟道就越厚,可控电阻就越小,故而称之为场效应晶体管,也就是由场效应实现的可控电阻器(Field-Effect Transfer-Resistor)。

2) 伏安特性的三个分区

在 MOSFET 中,导电通道被称为沟道(channel)。如图 4.3.2 所示,栅极下方的 P 型衬底在外加电压 $v_{GB}$ 的作用下,积累电子足够多,抵偿 P 型半导体中的空穴且有多余,则会反型为 N 型半导体,形成连通漏极和源极的沟道,源漏之间的距离为沟道长度 $L$,相应地,另外一条边长则被称为沟道宽度 $W$。在栅极、漏极、源极和衬底都可引出引线,用于和其他器件的连接。显然,这里的 NMOSFET 是一个四端器件,其中衬底要求连接在电路的最低电位上。为了简单起见,本书大部分情况下都假设衬底和源极连为一体,于是 MOSFET 就变成了三端器件。

附录 12 给出 NMOSFET 的端口电压、端口电流约束方程的由来,这里只给出其伏安特性曲线的具体说明。如图 4.3.3 所示,图 4.3.3(a)是 NMOSFET 的电路符号,这里的 N 代表 N 沟道(N-Channel),指的是导电沟道是 N 型的。其栅极(gate)用于控制沟道导电特性。带箭头的这一端为源极(source),之所以称之为源,是因为形成沟道电流的载流子是由这一端提供的,对于 NMOS 而言,源极提供电子,电子自源极出发,流过沟道,到达漏极。所谓漏(drain),意为自源极流过来的载流子从这里漏走了。当衬底和源极连为一体时,则在栅源(栅衬)电压控制下,漏源两端构成非线性电阻特性。图 4.3.3(b)给出了通常的二端口网络端口设定,其中栅源端口电流为 0(栅衬 MOS 电容,低频分析视为开路),漏源端口伏安特性曲线如图 4.3.3(c)所示。显见,这组 $i_D \sim v_{DS}$ 曲线是非线性电阻伏安特性曲线,它们都经过原点,且位于第一象限。

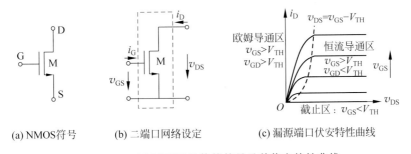

(a) NMOS符号　　　(b) 二端口网络设定　　　(c) 漏源端口伏安特性曲线

图 4.3.3　NMOSFET 晶体管符号及其伏安特性曲线

图 4.3.3(c)给出的是一系列的非线性伏安特性曲线,每一条曲线对应一个栅源电压 $v_{GS}$,也就是说,一个确定的 $v_{GS}$ 对应一条确定的曲线,或者说,漏源端口对应的非线性沟道电阻伏安特性曲线直接受控于 $v_{GS}$ 电压。观察这一组非线性伏安特性曲线,可以将其划分为三个区域:

第一个区域,截止区:$v_{GS} < V_{TH}$,其中 $V_{TH}$ 被称为阈值电压(threshold voltage)。当栅源控制电压小于阈值电压时,MOS 电容电压太小,使得衬底尚未反型,从而沟道尚未成型,漏源之间不导电,故而此时漏极电流为零,沟道可抽象为开路,

$$i_D = 0 \tag{4.3.1}$$

此区域被称为截止区(cutoff region),为图 4.3.3(c)的正横轴。此时晶体管被认为是未启动导通,漏源之间沟道电阻无穷大。

第二个区域，欧姆导通区：$v_{GS} > V_{TH}$，MOS 电容电压使得 P 型衬底反型为 N 型，导致漏源连通，形成导电沟道，晶体管启动导通，漏源之间可以有电流导通。沟道内的净电子数目和 $v_{GS} - V_{TH}$ 成正比关系，显然沟道导通电流和 $v_{GS} - V_{TH}$ 有关，这也是定义 $V_{od} = v_{GS} - V_{TH}$ 为过驱动电压的原因。

在欧姆导通区，除了 $v_{GS} > V_{TH}$ 使得晶体管启动导通，同时应确保条件 $v_{GD} > V_{TH}$ 成立，这个条件确保漏端 MOS 电容下方衬底反型且和源端反型层形成一个连通沟道，此导电沟道就是沟道电阻。显然，随着沟道电阻两端电压 $v_{DS}$ 的增加，漏端反型层沟道厚度越来越薄，沟道电阻越来越大，电流 $i_D$ 随 $v_{DS}$ 增加而增加但增加速度越来越慢，表明电阻越来越大。当 $v_{DS}$ 很小时，沟道漏源两端反型层厚度基本保持一致，可近似视沟道为线性电阻，该电阻的电导值线性受控于 $V_{od}$，

$$i_D \approx 2\beta_n(v_{GS} - V_{TH})v_{DS} = g_{on}v_{DS} \qquad (4.3.2)$$

其中 $\beta_n$ 是和晶体管尺寸有关的工艺参数，

$$\beta_n = \frac{1}{2}\mu_n C_{ox}\frac{W}{L}$$

而 $\mu_n$ 是电子迁移率，$C_{ox}$ 是单位面积的 MOS 电容，$(W/L)$ 为 NMOSFET 沟道宽长比。显然，可以通过调整 MOS 晶体管尺寸以调整晶体管的工艺变量 $\beta_n$。

然而随着沟道电阻两端电压 $v_{DS}$ 的持续增加，MOS 电容栅漏电压 $v_{GD} = v_{GS} - v_{DS}$ 持续降低，导致漏端反型层越来越薄，电子通过沟道的阻力加大，沟道电阻变大。显然，沟道电阻和沟道两端电压是相关的，故而沟道电阻必然是非线性电阻。此非线性电阻的伏安特性曲线过原点且位于第一象限，故而称此区域为欧姆导通区（Ohmic region）。细致分析（附录12）表明，欧姆导通区非线性电阻端口电压 $v_{DS}$ 和端口电流 $i_D$ 之间的关系为抛物线形式，

$$i_D = 2\beta_n(v_{GS} - V_{TH})v_{DS} - \beta_n v_{DS}^2 \qquad (4.3.3)$$

沟道电阻端口电压 $v_{DS}$ 增加使得端口电流以抛物线形式上升，当上升到抛物线顶点（$v_{DS} = v_{GS} - V_{TH}$）后，则进入到恒流导通区。

第三个区域，恒流导通区：当 $v_{DS}$ 增加到 $V_{DS,sat} = v_{GS} - V_{TH}$ 时，MOS 电容栅漏电压恰好等于阈值电压，$v_{GD} = V_{TH}$，继续增加 $v_{DS}$，MOS 电容栅漏电压将小于阈值电压 $V_{TH}$ 从而漏端沟道夹断，这将使得沟道电阻端口电流 $i_D$ 不再随沟道电阻端口电压 $v_{DS}$ 的增加而增加，此时 MOSFET 漏源端口电流即沟道电阻电流近似恒定不变，其伏安特性曲线近似为一条水平直线，此区域故而被称为恒流导通区（constant current region）

$$i_D = \beta_n(v_{GS} - V_{TH})^2 \qquad (4.3.4)$$

式(4.3.4)表明工作在恒流区的晶体管是一个平方律受控关系的压控流源（$v_{GS}$ 电压控制 $i_D$ 电流）。如果加入直流偏置电压源，晶体管可以等效为小信号的线性压控流源，进而可实现放大器应用，因而恒流区又被称为有源区（active region）。由于恒流区的漏极电流几乎不随 $v_{DS}$ 电压增加而变化，故而又称饱和区（saturation region），同时称 $V_{DS,sat} = v_{GS} - V_{TH}$ 为饱和电压，当 $v_{DS} > V_{DS,sat}$ 时，$v_{GD} < V_{TH}$，沟道夹断，晶体管则进入饱和区，即恒流区或有源区。

3）元件约束方程

NMOSFET 是二端口电阻网络，其两个端口电流可以用两个端口电压表述为

$$i_G = 0 \qquad (4.3.5a)$$

$$i_D = \begin{cases} 0, & v_{GS} < V_{TH} \\ 2\beta_n((v_{GS} - V_{TH})v_{DS} - 0.5v_{DS}^2), & v_{GS} > V_{TH}, v_{GD} > V_{TH} \\ \beta_n(v_{GS} - V_{TH})^2, & v_{GS} > V_{TH}, v_{GD} < V_{TH} \end{cases} \qquad (4.3.5b)$$

对应于图 4.3.3 描述的伏安特性曲线上的虚线，$v_{DS} = V_{DS,sat} = v_{GS} - V_{TH}$，这条虚线是恒流导通区和欧姆导通区的分界线 $v_{GD} = V_{TH}$，欧姆区 $v_{GD} > V_{TH}$，或者记为 $v_{DS} < v_{GS} - V_{TH}$，恒流区 $v_{GD} < V_{TH}$，或者记为 $v_{DS} > v_{GS} - V_{TH}$。

事实上，恒流区并非绝对恒流，漏极电流随着 $v_{DS}$ 增加略有增加，这被称为厄利效应（或沟道长度调制效应）。考虑了厄利效应的 NMOSFET 的元件约束关系为

$$i_G = 0 \tag{4.3.6a}$$

$$i_D = \begin{cases} 0, & v_{GS} < V_{TH} \\ 2\beta_n ((v_{GS} - V_{TH})v_{DS} - 0.5v_{DS}^2), & v_{GS} > V_{TH}, v_{GD} > V_{TH} \\ \beta_n (v_{GS} - V_{TH})^2(1 + \lambda v_{DS}), & v_{GS} > V_{TH}, v_{GD} < V_{TH} \end{cases} \tag{4.3.6b}$$

其中 $V_E = \dfrac{1}{\lambda}$ 被称为厄利电压。

式(4.3.6)是对式(4.3.5)的简单修正，导致欧姆导通区和恒流导通区电流不连续，在 $v_{DS} = V_{DS,sat}$ 位置电流发生跳变，进一步的电流连续修正会使得方程复杂化，后续分析将忽略这个问题。

4) PMOS 是 NMOS 的互补

PMOSFET 的结构与特性和 NMOSFET 完全互补，其衬底是 N 型半导体，其源极、漏极是 P 型孤岛，通过 MOS 电容作用，栅极下方的 N 型衬底反型为 P 型，从而形成连通漏源的 P 型导电沟道，于是漏源之间成为受栅源电压控制的非线性电阻。

图 4.3.4 对比给出了 NMOSFET 和 PMOSFET 的结构和电路符号。在栅极电压控制下，NMOSFET 的 N 型源极提供电子（负电荷），经过栅极下方的 N 型沟道，从 N 型漏极流走，因而 NMOSFET 的漏极电压高于源极电压，$v_{DS} \geqslant 0$。一般正常工作状态下，NMOSFET 的两个端口电压、端口电流满足 $v_{GS} \geqslant 0, i_G = 0, v_{DS} \geqslant 0, i_D \geqslant 0$，端口电压电流方向定义如图 4.3.4(a) 所示。

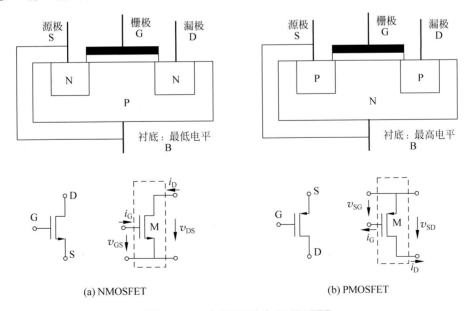

图 4.3.4　NMOSFET 和 PMOSFET

对应的，在栅极电压控制下，PMOSFET 的 P 型源极提供空穴（正电荷），经过栅极下方的 P 型沟道，从 P 型漏极流走，因而 PMOSFET 的源极电压高于漏极电压，$v_{SD} \geqslant 0$。一般正常工

作状态下,PMOSFET 的两个端口电压、端口电流满足 $v_{SG} \geqslant 0, i_G = 0, v_{SD} \geqslant 0, i_D \geqslant 0$,端口电压电流方向定义如图 4.3.4(b)所示。

集成电路内部 NMOS 衬底为各端点的最低电位,PMOS 衬底则是各端点的最高电位。本课程中为了简化分析,认为晶体管的衬底和源极是连为一体的。

PMOS 的元件约束方程和 NMOS 的基本一致,方程中只要将 NMOS 方程中的 $v_{GS}$ 换成 $v_{SG}$,将 $v_{DS}$ 换成 $v_{SD}$,将 $\beta_n$ 换成 $\beta_p$,将 $\mu_n$ 换成 $\mu_p$,将 $v_{TH,n}$ 换成 $v_{TH,p}$,将 $\lambda_n$ 换成 $\lambda_p$,将 $v_{E,n}$ 换成 $v_{E,p}$,方程形式没有任何其他变化。

例如,欧姆区的 NMOSFET 伏安特性方程和 PMOSFET 伏安特性方程可分别列写如下:

NMOSFET

$$\begin{cases} i_G = 0 \\ i_D = 2\beta_n \left( (v_{GS} - V_{TH,n})v_{DS} - \frac{1}{2}v_{DS}^2 \right) \end{cases} \quad (v_{GS} > V_{TH,n}, v_{DS} < v_{GS} - V_{TH,n}) \quad (4.3.7a)$$

PMOSFET

$$\begin{cases} i_G = 0 \\ i_D = 2\beta_p \left( (v_{SG} - V_{TH,p})v_{SD} - \frac{1}{2}v_{SD}^2 \right) \end{cases} \quad (v_{SG} > V_{TH,p}, v_{SD} < v_{SG} - V_{TH,p}) \quad (4.3.7b)$$

其中,$\beta_p = \frac{1}{2}\mu_p C_{ox} \frac{W}{L}$,$\mu_p$ 是空穴迁移率,$C_{ox}$ 是单位面积的 MOS 电容,$(W/L)$ 为 PMOSFET 沟道宽长比。

**练习 4.3.1** 请同时写出 NMOSFET 和 PMOSFET 在截止区、欧姆区和恒流区的元件约束方程。

**2. NMOSFET 分段线性化电路模型**

无论是受控机制分析(附录 12),还是直接从端口电压、端口电流伏安特性看,NMOSFET 都有截然分明的三个工作区域:截止区、欧姆区、恒流区。因为有明确的分区特性,NMOSFET 可以进行分段折线化处理。

1) 截止区电路模型

当 $v_{GS} < V_{TH}$ 时,NMOSFET 截止,两个端口电流均为 0,故而电路模型为开路模型,如图 4.3.5 所示。

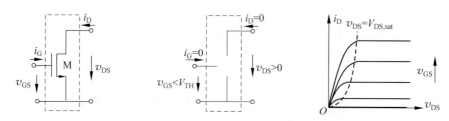

图 4.3.5　NMOSFET 截止区电路模型

2) 欧姆区电路模型

当 $v_{GS} > V_{TH}$ 且 $v_{DS} < V_{DS,sat}$ 时,NMOSFET 处于欧姆区,端口 1 开路,端口 2 近似为线性电阻,

$$i_D = 2\beta_n(v_{GS} - V_{TH})v_{DS} - \beta_n v_{DS}^2 \approx 2\beta_n(v_{GS} - V_{TH})v_{DS} = v_{DS}/r_{on} \quad (4.3.8)$$

以原点处切线为折线进行线性化的线性电阻称为导通电阻,

$$r_{\mathrm{on}} = \left(\frac{\mathrm{d}i_{\mathrm{D}}}{\mathrm{d}v_{\mathrm{DS}}}\right)^{-1}_{v_{\mathrm{DS}}=0} = \frac{1}{2\beta_{\mathrm{n}}(v_{\mathrm{GS}}-V_{\mathrm{TH}})} \tag{4.3.9}$$

导通电导线性受控于栅源电压。

欧姆区折线化模型为受控线性电阻,其电路模型如图 4.3.6 所示。

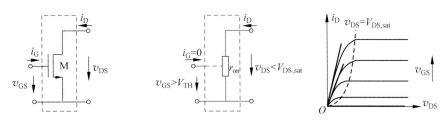

图 4.3.6 NMOSFET 欧姆区电路模型

3) 开关模型

当 $v_{\mathrm{GS}}$ 很大时,欧姆区导通电阻很小,可以极致化为零电阻,于是 MOSFET 可以抽象为开关:当 $v_{\mathrm{GS}}$ 是低电平时(小于阈值电压),开关断开;当 $v_{\mathrm{GS}}$ 是高电平时,开关闭合,

$$i_{\mathrm{D}} = 0 \quad (v_{\mathrm{GS}} \text{ 低电平}) \tag{4.3.10a}$$

$$v_{\mathrm{DS}} = 0 \quad (v_{\mathrm{GS}} \text{ 高电平}) \tag{4.3.10b}$$

如图 4.3.7 所示,这是 NMOSFET 的开关模型。

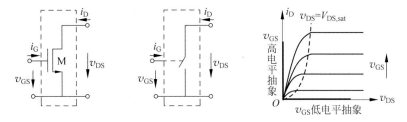

图 4.3.7 NMOSFET 开关电路模型

4) 恒流区电路模型

当 $v_{\mathrm{GS}}>V_{\mathrm{TH}}$ 且 $v_{\mathrm{DS}}>V_{\mathrm{DS,sat}}$ 时,NMOSFET 处于恒流区,端口 1 开路,端口 2 伏安特性具有恒流特性,故而可等效为恒流源,但它是一个非线性的压控流源,

$$i_{\mathrm{D}} = I_{\mathrm{D0}} = \beta_{\mathrm{n}}(v_{\mathrm{GS}}-V_{\mathrm{TH}})^2 \tag{4.3.11}$$

其电路模型如图 4.3.8 所示。

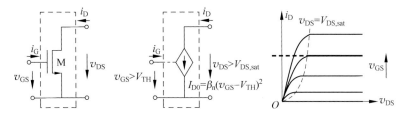

图 4.3.8 NMOSFET 受控电流源模型

如果考虑沟道长度调制效应(厄利效应),恒流区伏安特性曲线不是水平线,而是微微上翘的直线,直线延长线和横轴的交点对应厄利电压负值 $-V_{\mathrm{E}}$,此时,端口 2 电路模型为具有线性内阻的压控流源,

$$i_D = \beta_n (v_{GS} - V_{TH})^2 \left(1 + \frac{v_{DS}}{V_E}\right) = I_{D0} + \frac{I_{D0}}{V_E} v_{DS} = I_{D0} + \frac{v_{DS}}{r_{ds}} \tag{4.3.12}$$

其电路模型如图 4.3.9 所示。

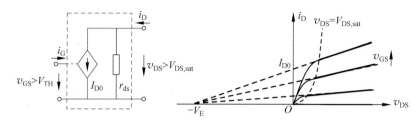

图 4.3.9　NMOSFET 受控电流源模型(考虑厄利效应)

图 4.3.9 中为了看清楚厄利电压 $V_E$，故意将恒流区微微上翘的恒流区伏安特性曲线的斜率变大了，通过故意减小厄利电压 $V_E$ 的值便于在一张图上将等效电路看清楚。等效电路是一个诺顿源，源电流是非线性的压控流源，

$$I_{D0} = \beta_n (v_{GS} - V_{TH})^2 \tag{4.3.13a}$$

源内阻是线性内阻，

$$r_{ds} = \frac{V_E}{I_{D0}} \tag{4.3.13b}$$

实际 MOSFET 器件的 $r_{ds}$ 是非线性内阻，但是采用厄利电压 $V_E$ 表述恒流区伏安特性变化本身就是一种线性内阻抽象。

**练习 4.3.2**　给出 PMOSFET 在截止区、欧姆区和恒流区的折线化电路模型，并给出在截止区和欧姆区之间来回转换的开关电路模型。

**练习 4.3.3**　某 NMOSFET 的 $V_{TH} = 0.7V$，源极接地，栅极电压为 2V。下面三种情况下，NMOSFET 工作在哪个区？ (a) $V_D = 0.5V$；(b) $V_D = 1.5V$；(c) $V_D = 2.5V$。

**练习 4.3.4**　某 PMOSFET 的 $V_{TH} = 0.6V$，$\beta_p = 200\mu A/V^2$。已知源极连在直流电压 3.3V 上，而栅极电压为 2V。在漏极电压为下面三种情况下，求漏极电流。 (a) $V_D = 0.8V$；(b) $V_D = 1.8V$；(c) $V_D = 2.8V$。

**练习 4.3.5**　某 NMOSFET 的过驱动电压为 0.5V，其饱和电压为多少？该晶体管的 $\beta_n = 2mA/V^2$，厄利电压为 $V_E = 50V$，则在 $V_{DS} = 1V$ 时，漏极电流为多少？其等效电路模型中的源电流为多少？源内阻为多少？

5) 通过直流偏置使 MOSFET 工作于恒流区

**例 4.3.1**　设计如图 E4.3.1 所示的电路，使得晶体管工作点为 $I_D = 1mA$，$V_D = 1V$。已知 NMOSFET 的 $V_{TH} = 0.7V$，$\beta_n = 2mA/V^2$，忽略沟道长度调制效应。

**分析**：(1) 图 E4.3.1 中标记了各个结点的电压，题目给出了 MOSFET 参量，我们已知 MOSFET 和电阻的元件约束关系，因而要求的就是电阻参量，或者说，这里设计的就是两个电阻阻值大小，使得 $R_D$—M—$R_S$ 电阻分压支路电流为 1mA，同时获得分压 $V_D = 1V$。

(2) 由于这是直流分析，因而所有电压、电流符号都是大写，如 $V_D$、$I_D$，如果电量中同时有直流分量和交流分量，则标记为 $v_D$、$i_D$，如果电量中没有直流分量，只有交流分量，则标记为 $v_d$、$i_d$。

(3) 图 E4.3.1 中标记 $V_{DD} = +3.3V$，$V_{SS} = -3.3V$，这是 MOSFET 管的外加直流偏置电压源，其作用就是为 MOSFET 提供直流工作点。BJT 的外加直流偏置电压源一般标记为 $V_{CC}$ 和 $V_{EE}$。

（4）把默认的偏置电压源电路符号画上，其分析电路如图 E4.3.1(b) 电路所示，栅极电流自参考地流入栅极，但是由于 MOS 电容直流开路的缘故，因而 $I_G = 0$，所以源极电流 $I_S$ 等于漏极电流 $I_D$。

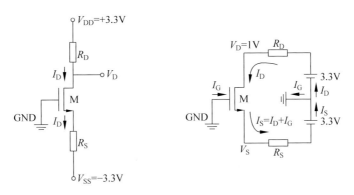

(a) 一般标记方法　　　　(b) 直流电压源补全后的电路形式

图 E4.3.1　MOSFET 的直流偏置

**解**：由图 E4.3.1(b) 可知，$V_G = 0$，$V_D = 1V$，故而 $V_{GD} = -1V < 0.7V = V_{TH}$，由此可以判定 NMOSFET 工作于恒流区。由于不考虑沟道调制效应，故而

$$I_D = \beta_n V_{od}^2 = 2V_{od}^2 = 1(\text{mA}) \tag{E4.3.1}$$

由此可知过驱动电压为

$$V_{od} = \sqrt{\frac{1}{2}} = 0.71(\text{V})$$

由于过驱动电压为 $V_{od} = V_{GS} - V_{TH} = 0 - V_S - 0.7$，可知源极电压为

$$V_S = -0.7 - 0.71 = -1.41(\text{V})$$

于是源极偏置电阻为

$$R_S = \frac{V_S - V_{SS}}{I_S} = \frac{-1.41\text{V} - (-3.3)\text{V}}{I_D} = \frac{1.89\text{V}}{1\text{mA}} = 1.89\text{k}\Omega$$

同理，漏极偏置电阻为

$$R_D = \frac{V_{DD} - V_D}{I_D} = \frac{(3.3-1)\text{V}}{1\text{mA}} = 2.3\text{k}\Omega$$

至此，我们设计出了偏置电路，两个偏置电阻应取值 $R_D = 2.3\text{k}\Omega$，$R_S = 1.89\text{k}\Omega$。

针对上述分析：

（1）如果是分立器件电路，电阻取值需按系列取。例如 E24 系列的电阻，其取值只有 24 种可能性，分别为 1.0,1.1,1.2,1.3,1.5,1.6,1.8,2.0,2.2,2.4,2.7,3.0,3.3,3.6,3.9,4.3, 4.7,5.1,5.6,6.2,6.8,7.5,8.2,9.1,因而如果在实验室做实验，上述两个电阻可以取值 $R_D = 2.4\text{k}\Omega$，$R_S = 1.8\text{k}\Omega$。本书为了分析方便，不考虑实际实验电路取值问题。

这里的计算取小数点后两位有效位数，在进行数值估算时，这已经足够了，因为实际电阻本身的误差就很大，没有任何必要给出小数点后数位精度，实际上或者无法实现这种精度的电阻，或者用很高的成本实现了，却得不偿失。

（2）分析中，我们没有也不必画受控源等效电路，因为 MOSFET 的非线性受控源电路模型已经体现在端口描述方程上。

6）二极管连接方式：恒流区

**例 4.3.2** 已知 NMOSFET 的 $V_{TH}=0.6V$，$\beta_n=2mA/V^2$，忽略沟道长度调制效应。请设计如图 E4.3.2 所示电路，使得支路电流为 $I_D=1mA$。

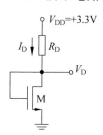

图 E4.3.2　MOSFET 的二极管连接方式

**解：** 注意到 MOSFET 的栅极和漏极是连为一体的，故而 $V_{GD}=0<V_{TH}$，因而 MOSFET 工作于恒流区，不考虑沟道长度调制效应，有

$$I_D = \beta_n V_{od}^2 = 2V_{od}^2 = 1(mA)$$

故而过驱动电压 $V_{od}=0.71V$，因而

$$V_D = V_G = V_{GS} = V_{od} + V_{TH} = 0.71 + 0.6 = 1.31(V)$$

由此得到偏置电阻为

$$R_D = \frac{V_{DD} - V_D}{I_D} = \frac{3.3 - 1.31}{1m} = 1.99(k\Omega)$$

当 MOSFET 的漏极和栅极连为一体时，工作在恒流区的 MOSFET 就变成了二端器件，显然，该二端器件是一个单端口非线性电阻，

$$I_D = \begin{cases} 0, & V_D < V_{TH} \\ \beta_n(V_D - V_{TH})^2, & V_D > V_{TH} \end{cases} \tag{4.3.14}$$

端口伏安特性具有平方律关系，它也可被称为"二极管"，因为它也具有反偏截止（$V_D<V_{TH}$）、正偏导通（$V_D>V_{TH}$）的二极管特性，其导通电压为 $V_{TH}$。

**3. MOS 电流源**

工作在恒流区的 MOSFET 可等效为恒流源，故而只要将 MOSFET 偏置在恒流导通区，DS 端口对外就可等效为电流源。

1）二极管提供直流偏置：电流镜结构

**例 4.3.3** 已知 PMOSFET 的 $V_{TH}=0.8V$，$\mu_p C_{ox}=100\mu A/V^2$，图 E4.3.3(a) 两个晶体管均工作在恒流区，忽略沟道长度调制效应。请设计如图所示电路，使得输出电流为 $I_{out}=1mA$。已知 $M_1$ 的宽长比 $(W/L)_1=10$，$M_2$ 的宽长比为 $(W/L)_2=50$。

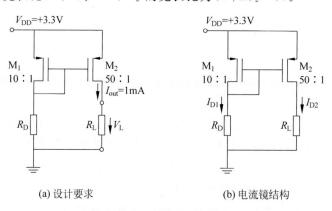

(a) 设计要求　　　　　　　　(b) 电流镜结构

图 E4.3.3　电流镜电路

**解：** 已知两个晶体管都位于恒流区，且不考虑沟道长度调制效应，显然有

$$I_{D1} = \frac{1}{2}\mu_p C_{ox}\left(\frac{W}{L}\right)_1 (V_{SG1} - V_{TH})^2 \tag{E4.3.2a}$$

$$I_{D2} = \frac{1}{2}\mu_p C_{ox}\left(\frac{W}{L}\right)_2 (V_{SG2} - V_{TH})^2 \qquad (E4.3.2b)$$

我们注意到,两个晶体管的源极和栅极都是连接在一起的,故而

$$V_{SG1} = V_{SG2}$$

于是

$$\frac{I_{D2}}{I_{D1}} = \frac{\left(\dfrac{W}{L}\right)_2}{\left(\dfrac{W}{L}\right)_1} = \frac{50}{10} = 5 \qquad (E4.3.3)$$

已知 $I_{D2} = I_{out} = 1\text{mA}$,故而

$$I_{D1} = \frac{I_{D2}}{5} = 200(\mu A)$$

于是有

$$V_{od1} = V_{SG1} - V_{TH} = \sqrt{\frac{I_{D1}}{\dfrac{1}{2}\mu_p C_{ox}\left(\dfrac{W}{L}\right)_1}} = \sqrt{\frac{200}{\dfrac{1}{2}\times 100 \times 10}} = 0.63(V)$$

$$V_{SG1} = V_{od1} + V_{TH} = 0.63 + 0.8 = 1.43(V)$$

$$V_{G2} = V_{D1} = V_{G1} = V_{DD} - V_{SG1} = 3.3 - 1.43 = 1.87(V)$$

$$R_D = \frac{V_{D1}}{I_{D1}} = \frac{1.87V}{0.2mA} = 9.3(k\Omega)$$

至此,我们设计出了偏置电阻 $R_D = 9.3\text{k}\Omega$,可使得输出电流为 1mA。

我们称如图 4.3.10 所示的双 MOSFET 电路为电流镜(Current Mirror)电路,原因在于 $M_2$ 电流是 $M_1$ 电流的镜像:两个电流之比是晶体管宽长比之比,

$$\frac{I_{D2}}{I_{D1}} = \frac{\left(\dfrac{W}{L}\right)_2}{\left(\dfrac{W}{L}\right)_1} \qquad (4.3.15)$$

如果两个晶体管尺寸完全一致 $(W/L)_2 = (W/L)_1$,则 $M_2$ 电流等于 $M_1$ 电流,$I_{D2} = I_{D1}$。

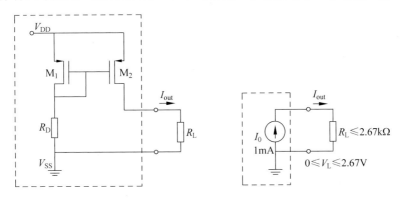

图 4.3.10 用电流镜结构实现电流源

对电流镜而言,$M_1$ 支路称为参考电流支路,通过设置正确的偏置电阻 $R_D$,可以得到期望的参考电流 $I_{D1}$,而输出电流则是参考电流的某个倍数。

由于输出电流和负载无关,于是虚框内电路可等效为恒流源,如图 4.3.10 所示。但是这个等效恒流源和理想恒流源不同,理想恒流源端口电压可以是任意大小,而这个恒流源两端电

压有确定的范围，超过这个范围，晶体管 $M_2$ 则有可能进入到欧姆区，上述推导中的 $M_2$ 晶体管工作于恒流区假设不再成立，则无法用理想恒流源等效。

对于例 4.3.3 电路，注意到上述推导过程假设 $M_2$ 在恒流区，这就要求

$$V_{SD2} \geqslant V_{SD2,sat} = V_{SG2} - V_{TH} = 0.63 \,(V)$$

$$V_{D2} = V_{DD} - V_{SD2} \leqslant 3.3 - 0.63 = 2.67 \,(V)$$

输出电流和负载电阻无关，但输出端口电压和负载电阻有关，即

$$V_{D2} = V_{out} = I_{out} R_L$$

因而

$$R_L \leqslant \frac{V_{D2,max}}{I_{out}} = 2.67 \,(k\Omega)$$

换句话说，负载电阻不能超过 $2.67\text{k}\Omega$，否则 $M_2$ 将进入欧姆区，上述恒流源等效将不再成立。

事实上，只要晶体管 $M_2$ 被偏置在恒流区，它就可以被等效为恒流源，电流镜结构只是为 $M_2$ 提供一个栅极直流偏置电压 $V_{G0}$。如图 4.3.11 所示，我们可以通过任何方式设定 $V_{G0}$，只要 $V_{G0} < V_{DD} - V_{TH}$，晶体管 $M_2$ 则启动导通，只要外加负载 $R_L$ 不是特别大，使得满足 $V_D = V_L < V_{G0} + V_{TH}$，那么 $M_2$ 就位于恒流区，其等效电路就是恒流源 $I_0 = \beta_p(V_{DD} - V_{G0} - V_{TH})^2$。我们特别强调一点，恒流源等效必须有直流偏置电压源参与，单看晶体管 $M_2$，它仅仅是一个非线性电阻，无法向外提供能量，向端口外负载提供能量的是直流偏置电压源。晶体管在这里提供的是恒流特性，其前提条件是负载电阻不能过大，否则晶体管将进入欧姆区，无法提供恒流特性，也就不能等效为恒流源。

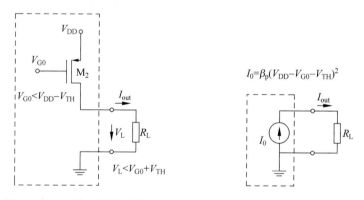

图 4.3.11 工作于恒流区的 MOSFET 和偏置电压源共同等效为恒流源

2）电阻分压电路提供直流偏置

既然只要提供一个合适的 $V_{G0}$ 直流偏置电压就可以获得恒流源等效，为何还采用电流镜结构呢？我们首先给出一个电阻分压偏置的例子，和它对比，之后说明电流镜的好处。

**例 4.3.4** 如图 E4.3.4 所示，通过电阻分压网络为晶体管 M 提供栅极直流偏置电压 $V_{G0}$，给出晶体管等效为恒流源的条件。

**解**：对于图 E4.3.4 所示电路，只要满足如下条件，即可使得晶体管工作在恒流区，从而从外端口看，虚框内电路等效为恒流源：

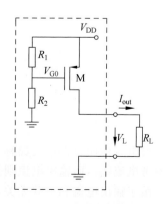

图 E4.3.4 电阻分压偏置电路

$$V_{G0} = \frac{R_2}{R_1 + R_2} V_{DD} < V_{DD} - V_{TH} \quad (V_{SG} > V_{TH}) \tag{E4.3.4a}$$

$$V_{DG} = V_D - V_{G0} = V_L - V_{G0} < V_{TH} \quad (V_{DG} < V_{TH}) \tag{E4.3.4b}$$

即网络内两个电阻 $R_1$、$R_2$ 满足

$$\frac{R_1}{R_2} > \frac{V_{TH}}{V_{DD} - V_{TH}} \tag{E4.3.5a}$$

同时端口外接电阻 $R_L$ 使得端口电压较小,

$$V_L < \frac{R_2}{R_1 + R_2} V_{DD} + V_{TH} \tag{E4.3.5b}$$

晶体管即可工作在恒流区,从而从端口看入等效电路为恒流源。

3) 稳定恒流输出:电流镜和负反馈

我们确实可以通过其他手段如使用电阻分压偏置电路对晶体管进行合适的直流偏置,使得它工作在恒流区,从而等效为恒流源。然而在集成电路内部,实现恒流源的方法基本上都采用电流镜方法,而不是电阻分压偏置方法,原因在于工艺上无法确保晶体管工艺参数如 $\mu_0$、$V_{TH}$ 等的绝对稳定和一致,同时这些工艺参量随着外界环境如温度的变化而变化,于是设计好的电路很可能偏离预先设定的工作点而无法正常工作。电流镜结构很好地解决了这个问题:在一次芯片制作过程中,两个紧邻的晶体管可以大致保证其工艺参量的几乎完全一致性,其随温度变化而变化的趋势大小也基本一致,同时注意到电流镜输出电流和参考电流之比是晶体管宽长比之比,而晶体管尺寸的相对比值可以做得相对比较精确,且和外界温度几乎无关,只要通过特殊设计使得参考电流具有高度的稳定性,那么电流镜提供的恒流源将十分的稳定可靠。因而电流镜电路通常被作为集成电路的直流偏置电路。

电流镜结构在集成电路内部是基本单元电路,可以用来实现直流偏置,可以用来实现有源负载。然而实现由分立晶体管器件搭建的电路时,采用分压偏置电路则简单且容易调试。由于分立晶体管的工艺参量很不确定,为了降低晶体管工艺参量不确定带来的电路调试难度,往往在晶体管的源极加入负反馈电阻 $R_S$,如图 4.3.12(a) 所示,使得晶体管具有更稳定的恒流输出。

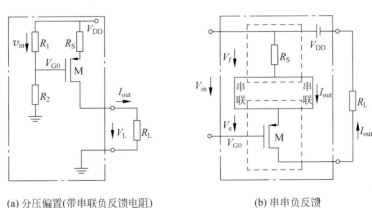

(a) 分压偏置(带串联负反馈电阻)　　　(b) 串串负反馈

图 4.3.12　分压偏置电路

首先判断这是一个负反馈:假设晶体管 M 栅极有一个外加扰动,使得栅极电压 $V_G$ 变高了,那么 PMOS 的 $V_{SG}$ 则变小,晶体管的 $I_D$ 也随之变小,于是 $R_S$ 上的分压 $I_D R_S$ 也变小,故而 PMOS 的源极电压 $V_S$ 抬升,$V_S$ 的抬升抵偿了 $V_G$ 的抬升,这就是负反馈。所谓负反馈就是使

得外加扰动影响力降低的反馈。

其次判断负反馈类型,这里判定它是一个串串负反馈:如图 4.3.12(b)所示,将晶体管视为一个二端口放大网络,将反馈电阻 $R_S$ 视为电阻反馈网络,两个二端口网络的连接关系为串串连接关系。串串连接形成的负反馈将形成接近理想的压控流源:反馈网络检测晶体管的输出电流 $I_{out}$,$I_{out}$ 的任何变动都会通过反馈电阻 $R_S$ 的作用形成反馈电压 $V_f = R_S \cdot I_{out}$,输入电压 $V_{in}$ 为 $R_1$、$R_2$ 电阻分压网络在 $R_1$ 上形成的分压 $V_{in} = V_{DD} \cdot R_1/(R_1 + R_2)$,将反馈电压从输入电压中扣除,形成误差电压 $V_e = V_{in} - V_f$ 加载到晶体管的栅源控制端口,如果假设 $I_{out}$ 上的扰动使之增加,这将导致 $V_e = V_{SG}$ 的降低,进而降低 $I_D = I_{out}$,可见负反馈导致 $I_{out}$ 其波动被抑制而变得十分的稳定,即流过负载 $R_L$ 的电流 $I_{out}$ 变得十分的稳定,接近于理想的恒流输出。如是,串串负反馈连接使得图 4.3.12(b)点画线虚框二端口网络接近理想压控流源,其中分压网络提供输入电压,晶体管漏极提供稳定的恒流输出,从而外接负载电阻上的电流几乎不随负载电阻的变化而变化。

注意图 4.3.12 点画线虚框封装了 $V_{DD}$ 在内,输出端口等效恒流源的能量来自该直流偏置电压源,恒流特性则来自晶体管恒流区恒流特性。

**练习 4.3.6** 假设图 E4.3.12(a)所示电路中的扰动使得输出电流 $I_{out}$ 变小,请分析说明负反馈电阻 $R_S$ 的作用使得扰动的影响降低。

**例 4.3.5** 已知 PMOSFET 的 $V_{TH} = 0.8\text{V}$,$\mu_p C_{ox} = 100\mu\text{A/V}^2$,图 E4.3.4 和图 4.3.12(a)中的晶体管工作在恒流区,忽略沟道长度调制效应。请设计两个分压偏置电路的偏置电阻阻值,使得输出电流为 $I_{out} = 1\text{mA}$。已知 M 的宽长比为 $W/L = 50$,电源电压 $V_{DD} = 3.3\text{V}$。

**解:** 由例 4.3.3 可知,只需提供 1.43V 的源栅电压 $V_{SG}$,即可实现 1mA 的恒流输出。故而对于图 E4.3.4 所示的无反馈的分压偏置电路,只需

$$\frac{R_1}{R_1 + R_2} = \frac{V_{SG}}{V_{DD}}$$

$$\frac{R_1}{R_2} = \frac{V_{SG}}{V_{DD} - V_{SG}} = \frac{1.43}{3.3 - 1.43} = 0.76$$

$R_1$ 和 $R_2$ 的可选择范围很宽。由于 $R_1$、$R_2$ 支路是参考支路,其功耗应远小于主支路(M 的漏源支路),这里假设 $R_1$、$R_2$ 支路电流只有主支路电流的 $1/10$,

$$\frac{V_{DD}}{R_1 + R_2} = \frac{1}{10} I_{out} = 100(\mu\text{A})$$

$$R_1 + R_2 = \frac{3.3\text{V}}{100\mu\text{A}} = 33(\text{k}\Omega)$$

联立两个方程,可取

$$R_1 = 14.3\text{k}\Omega$$

$$R_2 = 18.7\text{k}\Omega$$

而对于图 4.3.12(a)所示的带串联负反馈电阻的分压偏置电路,由于 M 漏源支路电流 1mA 流过 $R_S$,$R_S$ 取值不能过大,否则 $R_S$ 分压过大,将导致输出端口电压空间过度压缩,负载电阻可变化的范围变小。这里暂时人为设定

$$R_S = 500\Omega$$

从而,$V_{G0} = V_{DD} - I_S R_S - V_{SG} = 3.3 - 0.5 - 1.43 = 1.37(\text{V})$;于是可取

$$R_1 = 19.3\text{k}\Omega$$

$$R_2 = 13.7\text{k}\Omega$$

注意由于 $R_S$ 的存在,输出端口的电压空间被压缩了 $0.5V$,输出端所接负载电阻必须小于 $2.17\mathrm{k\Omega}$ 才能确保晶体管处于恒流区。

**例 4.3.6** 同例 4.3.5,电阻取值见计算结果。工艺参数不确定及环境温度的变化,使得 PMOSFET 的阈值电压 $V_{\mathrm{TH}}$ 偏离设计值 $0.8V+5\%$,请分析确认,没有负反馈和有负反馈的两个分压偏置电流源的等效恒流输出,有负反馈的比没有负反馈的更加稳定,更接近于设计值 $1\mathrm{mA}$。

**解:**(1)对于图 E4.3.4 所示无源极串联负反馈的恒流源,其恒流输出为

$$I_{\mathrm{out}} = I_{\mathrm{D}} = \beta_{\mathrm{p}} V_{\mathrm{od}}^2 = \beta_{\mathrm{p}} (V_{\mathrm{DD}} - V_{\mathrm{G0}} - V_{\mathrm{TH}})^2$$
$$= \frac{1}{2} \mu_{\mathrm{p}} C_{\mathrm{ox}} \frac{W}{L} \left( \frac{R_1}{R_1 + R_2} V_{\mathrm{DD}} - V_{\mathrm{TH}} \right)^2 \tag{E4.3.6}$$

可见,晶体管工艺参量 $\mu_{\mathrm{p}} C_{\mathrm{ox}}$、$\dfrac{W}{L}$、$V_{\mathrm{TH}}$ 的偏差,偏置电阻 $R_1$、$R_2$ 的偏差都会导致恒流输出电流 $I_{\mathrm{out}}$ 偏离设计值。题目假设其他参量都没有偏差,只有阈值电压偏离设计值 $+5\%$,由

$$\frac{\partial I_{\mathrm{out}}}{\partial V_{\mathrm{TH}}} = \frac{\partial I_{\mathrm{out}}}{\partial V_{\mathrm{od}}} \frac{\partial V_{\mathrm{od}}}{\partial V_{\mathrm{TH}}} = 2\beta_{\mathrm{p}} V_{\mathrm{od}} \times (-1) = -2\beta_{\mathrm{p}} V_{\mathrm{od}} = -g_{\mathrm{m}} \tag{E4.3.7a}$$

其中,

$$g_{\mathrm{m}} = 2\beta_{\mathrm{p}} V_{\mathrm{od}} = \frac{2 I_{\mathrm{out}}}{V_{\mathrm{od}}} = \frac{2 \times 1\mathrm{mA}}{0.63V} = 3.17\mathrm{mS} \tag{E4.3.7b}$$

是 MOSFET 的跨导增益,其物理含义就是栅源端口的输入电压对漏源端口输出电流的小信号线性控制系数(压控流源跨导控制系数),在局部线性化中对该参量有确定的定义。

最终计算结果表明,输出电流偏离设计值 $-12.7\%$,

$$\frac{\Delta I_{\mathrm{out}}}{I_{\mathrm{out}}} = \frac{\dfrac{\partial I_{\mathrm{out}}}{\partial V_{\mathrm{TH}}} \Delta V_{\mathrm{TH}}}{I_{\mathrm{out}}} = -\frac{g_{\mathrm{m}} V_{\mathrm{TH}}}{I_{\mathrm{out}}} \frac{\Delta V_{\mathrm{TH}}}{V_{\mathrm{TH}}}$$
$$= \frac{-3.17 \times 0.8}{1} \times 5\% = -12.7\% \tag{E4.3.8}$$

(2)对于图 4.3.12(a)有串串负反馈电阻的恒流源电路,其恒流输出为

$$I_{\mathrm{out}} = I_{\mathrm{D}} = \beta_{\mathrm{p}} V_{\mathrm{od}}^2 = \beta_{\mathrm{p}} (V_{\mathrm{DD}} - I_{\mathrm{D}} R_{\mathrm{S}} - V_{\mathrm{G0}} - V_{\mathrm{TH}})^2$$
$$= \frac{1}{2} \mu_{\mathrm{p}} C_{\mathrm{ox}} \frac{W}{L} \left( \frac{R_1}{R_1 + R_2} V_{\mathrm{DD}} - I_{\mathrm{out}} R_{\mathrm{S}} - V_{\mathrm{TH}} \right)^2 \tag{E4.3.9}$$

显然,晶体管工艺参量 $\mu_{\mathrm{p}} C_{\mathrm{ox}}$、$\dfrac{W}{L}$、$V_{\mathrm{TH}}$ 的偏差以及偏置电阻 $R_1$、$R_2$ 的偏差仍然会导致输出电流 $I_{\mathrm{out}}$ 偏离设计值。注意到负反馈电阻 $R_{\mathrm{S}}$ 的作用是通过检测 $I_{\mathrm{out}}$ 形成负反馈电压 $-I_{\mathrm{out}} R_{\mathrm{S}}$,从而降低了电路的敏感度。这里假设其他参量都没有偏差,只有阈值电压偏离设计值 $+5\%$,方程两侧对 $V_{\mathrm{TH}}$ 求偏微分,有

$$\frac{\partial I_{\mathrm{out}}}{\partial V_{\mathrm{TH}}} = \frac{\partial I_{\mathrm{out}}}{\partial V_{\mathrm{od}}} \frac{\partial V_{\mathrm{od}}}{\partial V_{\mathrm{TH}}} = 2\beta_{\mathrm{p}} V_{\mathrm{od}} \times \left( -\frac{\partial I_{\mathrm{out}}}{\partial V_{\mathrm{TH}}} R_{\mathrm{S}} - 1 \right)$$
$$= -g_{\mathrm{m}} \left( \frac{\partial I_{\mathrm{out}}}{\partial V_{\mathrm{TH}}} R_{\mathrm{S}} + 1 \right) \tag{E4.3.10a}$$

$$\frac{\partial I_{\mathrm{out}}}{\partial V_{\mathrm{TH}}} = -\frac{g_{\mathrm{m}}}{1 + g_{\mathrm{m}} R_{\mathrm{S}}} \tag{E4.3.10b}$$

可知,输出电流偏离设计值降低为 $-4.9\%$,

$$\frac{\Delta I_{\text{out}}}{I_{\text{out}}} = \frac{\frac{\partial I_{\text{out}}}{\partial V_{\text{TH}}}\Delta V_{\text{TH}}}{I_{\text{out}}} = \left(-\frac{g_m V_{\text{TH}}}{I_{\text{out}}}\frac{\Delta V_{\text{TH}}}{V_{\text{TH}}}\right)\frac{1}{1+g_m R_S}$$

$$= \frac{-12.7\%}{1+3.17\text{mS}\times 0.5\text{k}\Omega} = \frac{-12.7\%}{2.59} = -4.9\% \qquad \text{(E4.3.11)}$$

显然,有负反馈电阻后,输出电流由于工艺偏差导致的输出偏差变小了。

由于有了负反馈电阻,阈值电压偏差导致的输出电流偏差降低为无负反馈电阻情况的 $1/(1+g_m R_S)$ 倍,这就是负反馈电阻的稳定作用。显然,如果希望负反馈稳定效应更强,那么就应该增大 $g_m R_S$ 的值。本例给定的数值不是很好,导致负反馈作用不是很强,实际电路往往采用深度负反馈($T=g_m R_S \gg 1$)以达到高度的稳定性,其中一种方式就是采用有极高阻值的有源负载(晶体管非线性电阻,等效微分线性电阻很大但占用的直流电压空间却很小)替代线性电阻 $R_S$,关于这个问题,见后续章节讨论。

**练习 4.3.7** 同例 4.3.5,电阻取值同例 4.3.5 计算结果。由于工艺参数不确定及环境温度的变化,PMOSFET 的工艺参量 $\mu_p C_{\text{ox}}$ 偏离设计值 $100\mu\text{A/V}^2 - 5\%$,请分析确认,无负反馈和有负反馈的两个分压偏置电流源的等效恒流输出,有反馈的比没有负反馈的输出电流更稳定,更接近设计值 1mA。请给出两个输出偏差之比,并由此给出你的降低输出电流偏差的方法。

**练习 4.3.8** 从例 4.3.3 开始,题目要求不是"$I_{\text{out}}=1\text{mA}$"而是"$I_{\text{out}}=100\mu\text{A}$",请重做例 4.3.3、例 4.3.5、例 4.3.6。

前述分析表明,晶体管工艺参量偏差有可能会导致严重的设计偏差,但是采用电流镜结构,由于集成电路内部制作时,两个晶体管紧邻一起,其工艺偏差是一致的,而电流镜的两个支路电流之比为宽长比之比,而其他工艺参量的变化则相互抵偿,因而这种设计可以确保实际输出偏离设计值很小,这就是集成电路内部多采用电流镜结构的根本原因。

**4) 厄利效应影响被忽略不计**

上述分析中没有考虑沟道长度调制效应,是由于漏极支路外接负载电阻 $R_D$ 和 $R_L$ 相对晶体管恒流区微分电阻 $r_{ds}$ 很小,故而和恒流源并联的 $r_{ds}$ 的影响可以忽略不计。但是如果漏极支路外接负载电阻很大,可以和 $r_{ds}$ 大小相提并论,那么电路的数值分析中就有必要考虑 $r_{ds}$ 的影响,否则有可能无法给出有意义的数值解,但原理分析中仍然可以接受将 $r_{ds}$ 抽象为无穷大的恒流源模型,因为我们可以把 $r_{ds}$ 的影响折合(并联)到 $R_L$ 中,视其为 $R_L$ 的一部分即可。

例 4.3.7 是例 4.3.3 的延续,考虑沟道长度调制效应后,发现确实影响不大,在这种情况下,忽略沟道长度调制效应对原理性分析没有多大影响;而例 4.3.8 略有不同,如果不考虑沟道长度调制效应,则会出现垂直的转移特性曲线,换句话说,一个输入可对应无穷多个输出,然而这种情况在原理性分析中仍然是可以接受的,我们接受这种高度抽象的无穷大增益。也就是说,我们仍然接受沟道长度调制效应被忽略不计的原理性分析,只是在计算机数值分析中,为了确保有数值解,则有必要考虑沟道长度调制效应的影响。

**例 4.3.7** 所有参量同例 4.3.3,只是需要考虑沟道长度调制效应。假设两个晶体管的沟道长度相等,因而其厄利电压相同,这里假设厄利电压为 $V_E=50\text{V}$。请设计如图 E4.3.3 所示电路,使得输出电流为 $I_{\text{out}}=1\text{mA}$,同时考察恒流源等效电路适用的负载电阻 $R_L$ 的范围。

**解:** 已知两个晶体管都位于恒流区,这里考虑沟道长度调制效应,故而有

$$I_{D1} = \frac{1}{2}\mu_p C_{\text{ox}}\left(\frac{W}{L}\right)_1 (V_{\text{SG1}}-V_{\text{TH}})^2\left(1+\frac{V_{\text{SD1}}}{V_E}\right) \qquad \text{(E4.3.12a)}$$

$$I_{D2} = \frac{1}{2}\mu_p C_{ox}\left(\frac{W}{L}\right)_2 (V_{SG2} - V_{TH})^2 \left(1 + \frac{V_{SD2}}{V_E}\right) \tag{E4.3.12b}$$

两个晶体管的源极和栅极都是连接在一起的,故而 $V_{SG1} = V_{SG2}$,于是

$$\frac{I_{D2}}{I_{D1}} = \frac{\left(\frac{W}{L}\right)_2 \left(1 + \frac{V_{SD2}}{V_E}\right)}{\left(\frac{W}{L}\right)_1 \left(1 + \frac{V_{SD1}}{V_E}\right)} = 5 \frac{1 + \frac{V_{SD2}}{V_E}}{1 + \frac{V_{SD1}}{V_E}} \tag{E4.3.13}$$

已知 $I_{D2} = I_{out} = 1\text{mA}$,由于等效电流源有内阻,故而这里的 1mA 电流特指输出短路电流(等效诺顿源电流),即取 $R_L = 0$,则有 $V_{SD2} = V_{DD} = 3.3\text{V}$。于是有

$$\frac{I_{D1}}{1 + \frac{V_{SD1}}{V_E}} = \frac{I_{D2}}{5\left(1 + \frac{V_{SD2}}{V_E}\right)} = \frac{1\text{mA}}{5 \times \left(1 + \frac{3.3}{50}\right)} = 0.188\text{mA} = 188\mu\text{A}$$

故而有

$$V_{od1} = V_{SG1} - V_{TH} = \sqrt{\frac{I_{D1}}{\frac{1}{2}\mu_p C_{ox}\left(\frac{W}{L}\right)_1 \left(1 + \frac{V_{SD1}}{V_E}\right)}} = \sqrt{\frac{188}{\frac{1}{2} \times 100 \times 10}} = 0.61(\text{V})$$

$$V_{SG1} = V_{od1} + V_{TH} = (0.61 + 0.8)\text{V} = 1.41\text{V}$$

$$V_{G2} = V_{D1} = V_{G1} = V_{DD} - V_{SG1} = (3.3 - 1.41)\text{V} = 1.89\text{V}$$

$$V_{SD1} = V_{SG1} = 1.41\text{V}$$

$$I_{D1} = 188\mu\text{A} \times \left(1 + \frac{V_{SD1}}{V_E}\right) = 188\mu\text{A} \times \left(1 + \frac{1.41}{50}\right) = 193\mu\text{A}$$

$$R_D = \frac{V_{D1}}{I_{D1}} = \frac{1.89\text{V}}{0.193\text{mA}} = 9.8\text{k}\Omega$$

至此,我们设计出了偏置电阻 $R_D = 9.8\text{k}\Omega$,可使得输出短路电流为 1mA。

为了确保 $M_2$ 工作在恒流区使得电路等效为电流源,这就要求

$$V_{SD2} \geqslant V_{SD2,sat} = V_{SG2} - V_{TH} = (1.41 - 0.8)\text{V} = 0.61\text{V}$$

$$V_{D2} = V_{DD} - V_{SD2} \leqslant (3.3 - 0.61)\text{V} = 2.69\text{V}$$

$$R_L \leqslant \frac{V_{D2,max}}{I_{out}} = 2.69(\text{k}\Omega)$$

换句话说,负载电阻不能超过 2.69kΩ,才能确保电流源等效成立。其中,等效电流源的源内阻和源电流分别为

$$r_{ds} = \frac{V_E}{I_{D20}} = \frac{V_E}{\frac{1}{2}\mu_p C_{ox}\left(\frac{W}{L}\right)_2 (V_{SG2} - V_{TH})^2}$$

$$= \frac{50}{\frac{1}{2} \times 0.1 \times 50 \times (1.41 - 0.8)^2} = 54(\text{k}\Omega)$$

$$I_{D20} = \frac{1}{2}\mu_p C_{ox}\left(\frac{W}{L}\right)_2 (V_{SG2} - V_{TH})^2 = 5 \times 188(\mu\text{A}) = 0.94\text{mA}$$

如图 E4.3.5 所示。

例 4.3.3 不考虑沟道长度调制效应,例 4.3.7 考虑沟道调制效应,从设计结果看,前者要求 $R_D$ 取值为 9.3kΩ,后者为 9.8kΩ,两者相差 5%,前者要求负载电阻不得高于 2.67kΩ,后者要求负载电阻不得高于 2.69kΩ,两者相差 1%。这种差别对于估算来说足够精确,在 $r_{ds}$ 超过

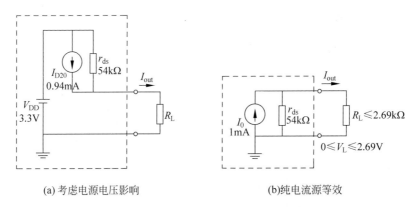

(a) 考虑电源电压影响      (b) 纯电流源等效

图 E4.3.5 例 4.3.3 电流镜等效电路

10 倍 $R_L$ 的情况下, 一般可以不用考虑沟道长度调制效应的影响。

**4. MOS 反相器**

晶体管反相器是晶体管电路的最核心单元电路, 是理解晶体管工作原理的最基本电路。

1) 线性/非线性偏置电阻: 图解法

**例 4.3.8** 第 2 章例 2.5.2, 给出了如图 E4.3.6(a)(图 E2.5.8)所示的反相器电路, 它是用线性电阻 $R_D$ 作为偏置电路的反相器。这里还同时给出了用 PMOS 晶体管非线性电阻作为偏置电路的反相器电路, 如图 E4.3.6(b)所示。请用图解法对比分析这两个电路的差别。

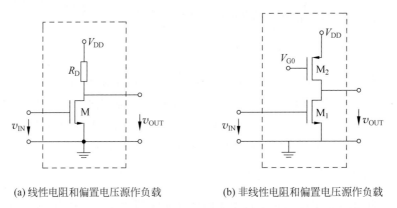

(a) 线性电阻和偏置电压源作负载      (b) 非线性电阻和偏置电压源作负载

图 E4.3.6 反相器电路

**分析**: 为了能用图解法作图说清楚问题, 这里设定如下的晶体管参量, 对于 NMOSFET, 有 $\beta_n = 2.5\,\mathrm{mA/V^2}$, $V_{THn} = 0.8\,\mathrm{V}$, $V_{En} = 50\,\mathrm{V}$; 而对于 PMOSFET, $\beta_p = 1\,\mathrm{mA/V^2}$, $V_{THp} = 0.7\,\mathrm{V}$, $V_{Ep} = 50\,\mathrm{V}$; 偏置电阻 $R_D = 3.3\,\mathrm{k\Omega}$, 电源电压 $V_{DD} = 3.3\,\mathrm{V}$, $R_D$ 和 $V_{DD}$ 共同构成 NMOSFET 漏源端口外接的线性电阻负载网络。

假设通过某种偏置方式, 使得图 E4.3.6(b)所示 PMOSFET 的栅极电压被设置为 $V_{G0} = 1.81\,\mathrm{V}$, 源栅电压为 $V_{SGp} = V_{DD} - V_{G0} = 1.49\,\mathrm{V}$, 过驱动电压为 $V_{odp} = V_{SGp} - V_{THp} = 0.79\,\mathrm{V}$, PMOSFET 漏源沟道电阻和电源 $V_{DD}$ 共同构成 NMOSFET 漏源端口外接的非线性电阻负载网络。

图 E4.3.7 给出了 NMOSFET 的漏源端口伏安特性曲线组, 取 $V_{GSn} = 0.8, 0.9, 1.0,$ $1.1, \cdots, 1.8\,\mathrm{V}$ 共 11 条曲线, 图上同时给出欧姆区和恒流区分界线(虚线)。图中直线对应于图 E4.3.6(a)所示的线性电阻负载线, 它和 NMOSFET 伏安特性曲线的交点对应的 $V_{GSn}$ 就是

$v_{IN}$,对应的 $V_{DSn}$ 就是 $v_{OUT}$,对应的 $I_{Dn}$ 就是流过 NMOSFET 沟道和 $R_D$ 电阻支路的支路电流。从图中可知,当 $v_{IN} < 0.8V$ 时,NMOSFET 处于截止区,$v_{OUT} = V_{DD}$;当 $v_{IN} > 0.8V$ 时,NMOSFET 首先进入恒流区,随着 $v_{IN}$ 增加,$v_{OUT}$ 下降;当 $v_{IN}$ 增加到 $1.37V$ 时,$v_{OUT}$ 下降到 $0.57V$,$v_{GD} = 0.8V = V_{THn}$,$v_{IN}$ 继续增加,沟道脱离夹断从恒流区进入欧姆区。

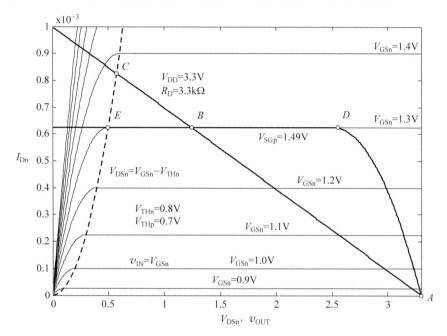

图 E4.3.7　负载线与 NMOSFET 伏安特性曲线的交点(不考虑厄利效应)

图 E4.3.7 中同时还给出了 PMOSFET 非线性电阻负载线,它和 NMOSFET 伏安特性曲线的交点对应的 $V_{GSn}$ 就是 $v_{IN}$,对应的 $V_{DSn}$ 就是 $v_{OUT}$,对应的 $I_{Dn}$ 就是流过 NMOSFET 和 PMOSFET 非线性电阻的支路电流。注意到,PMOSFET 的过驱动电压为 $0.79V$,对应的恒流区恒定电流为 $\beta_p V_{od}^2 = 0.625(mA)$ 恰好对应于 PMOSFET 栅源电压等于 $V_{GSn} = 1.3V$ 时的恒流区恒流 $\beta_n (V_{GSn} - V_{THn})^2 = 0.625(mA)$,故而如果不考虑沟道长度调制效应,PMOSFET 负载线和 NMOSFET 伏安特性曲线有无穷多个交点,在 $v_{IN} = 1.3V$ 时,输出电压 $v_{OUT}$ 可以位于 $0.5 \sim 2.51V$ 之间任意一个位置。

从图 E4.3.7 中可知,当 $v_{IN} < 0.8V$ 时,NMOSFET 处于截止区,PMOSFET 则位于欧姆区,$v_{OUT} = V_{DD} = 3.3V$,$v_{SDp} = 0$;当 $v_{IN} > 0.8V$ 时,NMOSFET 首先进入恒流区,而 PMOSFET 则由于源漏电压过低,仍然处于欧姆区;随着 $v_{IN}$ 增加,$v_{OUT}$ 下降;当 $v_{IN}$ 增加到 $1.3V$ 时,$v_{OUT}$ 下降到 $2.51V$,$V_{DGp} = 2.51 - 1.81 = 0.7V = V_{THp}$,PMOSFET 沟道夹断进入恒流区,由于不考虑沟道长度调制效应,NMOS 和 PMOS 具有相同的恒流输出,和漏源电压无关,故而 $v_{OUT}$ 可以位于 $0.5 \sim 2.51V$ 之间任意一个位置。当 $v_{IN} > 1.3V$ 后,$v_{OUT} < 0.5V$,$V_{GDn} = v_{IN} - v_{OUT} > 0.8V = V_{THn}$,NMOSFET 沟道脱离夹断从恒流区进入欧姆区。

图 E4.3.8 则将 $v_{OUT}$ 随 $v_{IN}$ 变化的输入输出转移特性曲线描述了出来。图 E4.3.7 和图 E4.3.8 中的五个圆圈点 $A$、$B$、$C$、$D$、$E$ 一一对应,请同学逐点领会。明显地,无论是线性电阻 $R_D$ 作负载,还是非线性电阻 PMOSFET 作负载,输出电压随输入电压增加而减小的"电压反相"功能都是一样的。只不过由于 PMOSFET 在恒流区的微分电阻无穷大(不考虑沟道长度调制效应),故而在两个晶体管都处于恒流区时,转移特性曲线是垂直线,有无穷大的微分电压

增益，

$$A_{\mathrm{v}} = \frac{\mathrm{d}v_{\mathrm{OUT}}}{\mathrm{d}v_{\mathrm{IN}}} \tag{4.3.16}$$

而线性电阻负载的转移特性曲线斜率就小多了，其电压增益也较小。

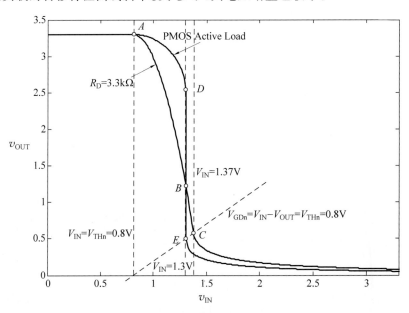

图 E4.3.8　反相器电路转移特性曲线（不考虑厄利效应）

实际由于存在沟道长度调制效应，NMOSFET 反相器以 PMOSFET 作负载，其微分电压增益仍然是有限的值。图 E4.3.9 给出了考虑沟道长度调制效应的 NMOSFET 伏安特性曲线和 PMOSFET 负载线，可见每一个输入电压，对应唯一的输出电压，真实情况不存在无穷大

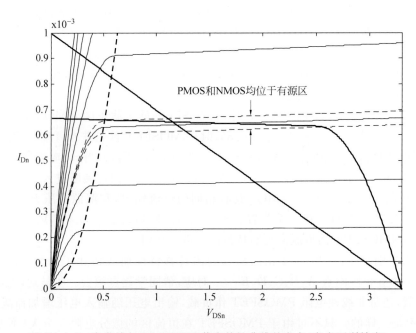

图 E4.3.9　负载线与 NMOSFET 伏安特性曲线的交点（考虑厄利效应）

增益。但是只要 PMOSFET 进入恒流区,输入电压微小的增加(两条虚线间的微小变化),即导致输出电压产生极大的下降,使得 NMOSFET 快速进入欧姆区。这种输入输出转移特性曲线的快速变化,在原理性分析中,可以被抽象为无穷大增益,也就是说,在原理性分析中,大多数情况下,我们仍然可以不考虑沟道长度调制效应。

**练习 4.3.9**　例 4.3.8 中线性电阻 $R_D$ 和 $V_{DD}$ 构成的负载,其负载线方程为

$$I_{Dn}R_D + V_{DSn} = V_{DD} \tag{E4.3.14}$$

请给出该例中 PMOSFET 和 $V_{DD}$ 构成负载的负载线方程,用 $I_{Dn}$(纵坐标)和 $V_{DSn}$(横坐标)表述。并请在 $vi(V_{DSn}\text{-}I_{Dn})$ 平面上画出这两条负载线。

**提示:**$I_{Dp} = I_{Dn}$,$V_{SDp} + V_{DSn} = V_{DD}$,而 $V_{SGp} = V_{DD} - V_{G0}$ 为恒定值。

2)线性/非线性偏置电阻:分段折线法

例 4.3.8 给出的转移特性曲线图 E4.3.8 是通过分析 MOSFET 的端口约束方程获得的,这是一个非线性方程的求解过程。例 4.3.8 用图解法步骤进行了原理性描述。本课程要求同学可以利用分段折线法给出原理性分析,画出示意图即可,不要求给出精确的解。

**例 4.3.9**　请用分段折线化模型分析图 E4.3.6 两个反相器,并给出其输入输出转移特性曲线。

NMOSFET 参量为 $\beta_n = 2.5\text{mA/V}^2$,$V_{THn} = 0.8\text{V}$,$V_{En} = 50\text{V}$;PMOSFET 参量为 $\beta_p = 1\text{mA/V}^2$,$V_{THp} = 0.7\text{V}$,$V_{Ep} = 50\text{V}$;偏置电阻 $R_D = 3.3\text{k}\Omega$,电源电压 $V_{DD} = 3.3\text{V}$,$R_D$ 和 $V_{DD}$ 共同构成 NMOSFET 漏源端口外接的线性电阻负载。假设通过某种偏置方式,使得图 E4.3.6(b) 所示 PMOSFET 的栅极电压被设置为 $V_{G0} = 1.81\text{V}$,源栅电压为 $V_{SGp} = V_{DD} - V_{G0} = 1.49\text{V}$,过驱动电压为 $V_{odp} = V_{SGp} - V_{THp} = 0.79\text{V}$,PMOSFET 和电源 $V_{DD}$ 共同构成 NMOSFET 漏源端口外接的非线性电阻负载。

**解:**首先分析图 E4.3.6(a),$R_D$ 和 $V_{DD}$ 共同构成 NMOSFET 漏源端口外接线性电阻负载。

(1) $v_{IN} < V_{THn}$,NMOSFET 截止,其等效电路为开路,如图 E4.3.10(a) 所示,显然,此时

$$v_{OUT} = V_{DD} \tag{E4.3.15a}$$

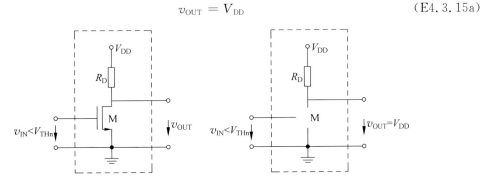

图 E4.3.10(a)　晶体管截止:开路模型

(2) $v_{IN} > V_{THn}$,NMOSFET 启动导通,MOSFET 漏极电压稍微偏离 $V_{DD}$,显然 $V_{DS}$ 很大,故而晶体管处于恒流导通区,其等效电路如图 E4.3.10(b) 所示,

$$I_{D0} = \beta_n(v_{GS} - V_{THn})^2 = \beta_n(v_{IN} - V_{THn})^2$$

$$r_{ds} = \frac{V_E}{I_{D0}}$$

显然,输出电压可视为两个源共同作用下的结果,根据叠加定理,有

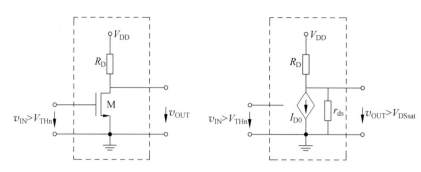

图 E4.3.10(b) 　晶体管恒流导通：受控电流源模型

$$v_{OUT} = \frac{r_{ds}}{r_{ds}+R_D}V_{DD} - I_{D0}\frac{r_{ds}R_D}{r_{ds}+R_D} = \frac{r_{ds}}{r_{ds}+R_D}(V_{DD} - I_{D0}R_D)$$

注意，$I_{D0}$ 最大不会超过 $V_{DD}/R_D = 3.3V/3.3k\Omega = 1mA$，因而 $r_{ds} > 50V/1mA = 50k\Omega$，换句话说，$1 > \dfrac{r_{ds}}{r_{ds}+R_D} > \dfrac{50k}{50k+3.3k} = 0.94$，因而估算时无须考虑沟道长度调制效应，图 E4.3.10(b) 中的 $r_{ds}$ 直接抽象为无穷大即可，于是

$$v_{OUT} = V_{DD} - I_{D0}R_D = V_{DD} - \beta_n(v_{IN}-V_{THn})^2 R_D \tag{E4.3.15b}$$

（3）式（E4.3.15b）表明，随着输入电压 $v_{IN}$ 的增加，输出电压 $v_{OUT}$ 随之而下降。当输出电压下降到低于饱和电压 $V_{DS,sat} = v_{GS} - V_{THn}$ 时，MOSFET 即进入欧姆导通区，故而恒流区和欧姆区的分界点为

$$v_{OUT} = V_{DD} - \beta_n(v_{IN0}-V_{THn})^2 R_D = v_{IN0} - V_{THn}$$

代入具体数值，有

$$\begin{aligned}
v_{IN0} &= V_{THn} + \frac{-1+\sqrt{1+4\beta_n R_D V_{DD}}}{2\beta_n R_D} = 0.8 + \frac{-1+\sqrt{1+4\times2.5\times3.3\times3.3}}{2\times2.5\times3.3} \\
&= 1.37(V)
\end{aligned}$$

也就是说，当 $v_{IN} > v_{IN0} = 1.37V$ 时，NMOSFET 进入欧姆导通，NMOSFET 分段折线化等效电路为线性受控电阻，如图 E4.3.10(c) 所示，

$$r_{on} = \left(\frac{di_D}{dv_{DS}}\right)_{v_{DS}=0}^{-1} = \frac{1}{2\beta_n(v_{GS}-V_{THn})} = \frac{1}{2\beta_n(v_{IN}-V_{THn})}$$

图 E4.3.10(c) 　晶体管欧姆导通：受控线性电阻模型

于是，输出电压为导通电阻分压，

$$v_{OUT} = \frac{r_{on}}{r_{on}+R_D}V_{DD} = \frac{1}{1+2\beta_n(v_{IN}-V_{THn})R_D}V_{DD} \tag{E4.3.15c}$$

最后,将上述分析结果罗列如下:

$$v_{\text{OUT}} = \begin{cases} V_{\text{DD}}, & v_{\text{IN}} < V_{\text{THn}} = 0.8\text{V} \\ V_{\text{DD}} - \beta_{\text{n}}(v_{\text{IN}} - V_{\text{THn}})^2 R_{\text{D}}, & 0.8\text{V} < v_{\text{IN}} < 1.37\text{V} \\ \dfrac{V_{\text{DD}}}{1 + 2\beta_{\text{n}}(v_{\text{IN}} - V_{\text{THn}})R_{\text{D}}}, & v_{\text{IN}} > 1.37\text{V} \end{cases} \tag{E4.3.16}$$

如图 E4.3.11 所示,图中实线为直接对非线性方程进行分析获得的结果,而图中虚线为分段折线分析结果,在 $v_{\text{IN}} = v_{\text{IN0}} = 1.37\text{V}$ 时,分段折线分析结果输出有跳变,这是前述分段折线不彻底导致的问题。实际上,欧姆导通区折线和恒流导通区折线并不是在饱和电压位置相交,而上述分段折线分析时,却是以饱和电压为欧姆导通区和恒流导通区分界。虽然如此,输入输出转移特性曲线的形态基本完整,对于我们理解该电路的反相功能已经足够了。

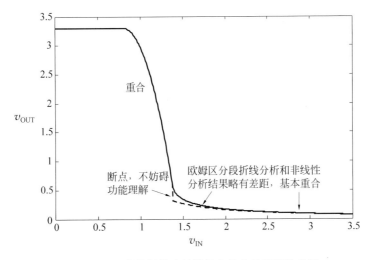

图 E4.3.11　分段折线法计算输入输出转移特性曲线

其次分析图 E4.3.6(b),PMOSFET 和 $V_{\text{DD}}$ 共同构成 NMOSFET 漏源端口外接的非线性电阻负载情况。

(1) $v_{\text{IN}} < V_{\text{THn}}$,NMOSFET 截止,其等效电路为开路,PMOSFET 在欧姆区,其等效电路为受控电阻,如图 E4.3.12(a)所示,显然,此时

$$v_{\text{OUT}} = V_{\text{DD}} \tag{E4.3.17a}$$

(2) $v_{\text{IN}} > V_{\text{THn}}$,NMOSFET 启动导通,由于输出电压接近电源电压,故而 NMOSFET 为恒流导通,其等效电路为压控流源,而 PMOSFET 则欧姆导通,其等效电路为受控电阻,如

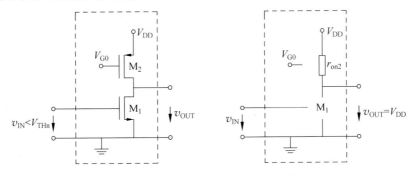

图 E4.3.12(a)　NMOS 截止,PMOS 欧姆导通

图 E4.3.12(b)所示，其中

$$r_{\mathrm{on2}} = \frac{1}{2\beta_{\mathrm{p}}(v_{\mathrm{SG2}} - V_{\mathrm{THp}})} = \frac{1}{2\beta_{\mathrm{p}}V_{\mathrm{odp}}}$$

$$I_{\mathrm{D01}} = \beta_{\mathrm{n}}(v_{\mathrm{IN}} - V_{\mathrm{THn}})^2$$

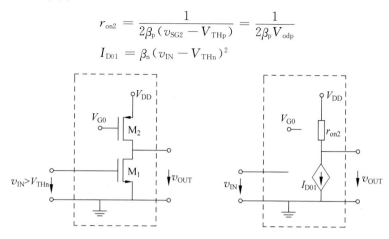

图 E4.3.12(b)　NMOS 恒流导通，PMOS 欧姆导通

如果考虑厄利效应，和受控电流源 $I_{\mathrm{D01}}$ 并联的还有 $r_{\mathrm{ds1}}$，它远大于 $r_{\mathrm{on2}}$，因而其影响可以忽略不计，因而图中没有画出，可以根据等效电路图直接写出输出电压

$$v_{\mathrm{OUT}} = V_{\mathrm{DD}} - I_{\mathrm{D01}} r_{\mathrm{on2}} = V_{\mathrm{DD}} - \frac{\beta_{\mathrm{n}}}{2\beta_{\mathrm{p}}} \frac{(v_{\mathrm{IN}} - V_{\mathrm{THn}})^2}{V_{\mathrm{odp}}} \tag{E4.3.17b}$$

（3）式（E4.3.17b）表明，随着输入电压 $v_{\mathrm{IN}}$ 的上升，输出电压 $v_{\mathrm{OUT}}$ 下降，当输出电压下降到使得 PMOS 的源漏电压高于饱和电压 $V_{\mathrm{SDp,sat}} = V_{\mathrm{SGp}} - V_{\mathrm{THp}}$，PMOS 则进入恒流导通区，故而 PMOS 从欧姆区进入恒流区的电压为

$$v_{\mathrm{OUT}} = V_{\mathrm{DD}} - V_{\mathrm{SDp,sat}} = V_{\mathrm{DD}} - V_{\mathrm{odp}} = (3.3 - 0.79)\mathrm{V} = 2.51\mathrm{V}$$

如果不考虑厄利效应，PMOS 恒流必须等于 NMOS 恒流，如图 E4.3.12(c)所示，否则这条支路将无法满足 KCL，故而此时输入电压为

$$I_{\mathrm{D01}} = \beta_{\mathrm{n}}(v_{\mathrm{IN0}} - V_{\mathrm{THn}})^2 = I_{\mathrm{D02}} = \beta_{\mathrm{p}}V_{\mathrm{odp}}^2$$

$$v_{\mathrm{IN0}} = V_{\mathrm{THn}} + \sqrt{\frac{\beta_{\mathrm{p}}}{\beta_{\mathrm{n}}}}V_{\mathrm{odp}} = 0.8 + \sqrt{\frac{1}{2.5}} \times 0.79 = 1.3(\mathrm{V})$$

也就是说，当 $v_{\mathrm{IN}} = v_{\mathrm{IN0}} = 1.3\mathrm{V}$ 时，PMOS 和 NMOS 都位于恒流导通区，其等效电路如图 E4.3.12(c)所示，注意，$v_{\mathrm{OUT}}$ 的值在很宽范围内，两个晶体管都是恒流导通的，因而不考虑厄利效应时，输出电压 $v_{\mathrm{OUT}}$ 在输入电压 $v_{\mathrm{IN}} = 1.3\mathrm{V}$ 这一个点上有无穷多个可能的输出，也就是说，这个位置有无穷大电压增益，输入电压变化为 0，输出变化不为 0（见图 E4.3.7，图 E4.3.8

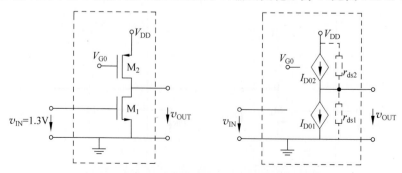

图 E4.3.12(c)　NMOS 恒流导通，PMOS 恒流导通

的 *DE* 区段)。实际情况应考虑厄利效应(见图 E4.3.9 两条虚线范围),等效电路中则会出现如图 E4.3.12(c)虚线所示的两个 $r_{ds}$ 电阻,如果考虑这两个电阻,电压增益则有限,这个问题我们放在局部线性化中分析,原理性分析中允许无穷大增益。

(4) 当 $v_{IN} > v_{IN0} = 1.3V$,输出电压将从 2.51V 下降到某个电压,使得 NMOSFET 从恒流区进入到欧姆区,此时显然

$$v_{GD1} = v_{IN} - v_{OUT} > V_{THn}$$

故而 NMOSFET 脱离恒流区进入欧姆区的输出电压为

$$v_{OUT} = v_{IN0} - V_{THn} = 1.3 - 0.8 = 0.5(V)$$

此时等效电路如图 E4.3.12(d)所示,其中

$$I_{D02} = \beta_p V_{odp}^2$$

$$r_{on1} = \frac{1}{2\beta_n(v_{GS1} - V_{THn})} = \frac{1}{2\beta_n(v_{IN} - V_{THn})}$$

于是输出电压表达式为

$$v_{OUT} = I_{D02} r_{on1} = \frac{\beta_p}{2\beta_n} \frac{V_{odp}^2}{(v_{IN} - V_{THn})} \tag{E4.3.17c}$$

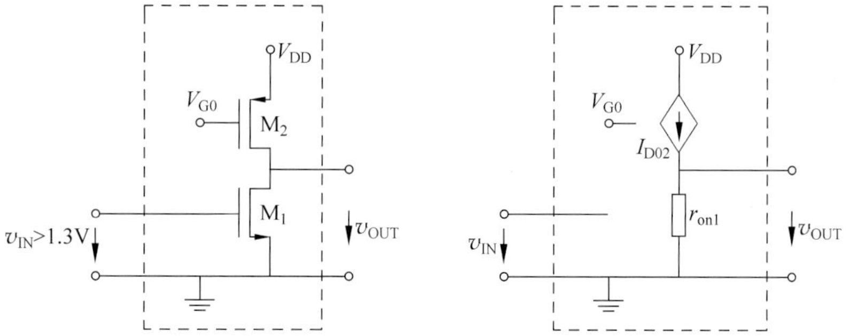

图 E4.3.12(d)  NMOS 欧姆导通,PMOS 恒流导通

最后,将分段折线分析结果罗列如下:

$$v_{OUT} = \begin{cases} V_{DD}, & v_{IN} < V_{THn} = 0.8V \\ V_{DD} - \dfrac{\beta_n}{2\beta_p} \dfrac{(v_{IN} - V_{THn})^2}{V_{odp}}, & 0.8V < v_{IN} < 1.3V \\ 2.51 \sim 0.5V, & v_{IN} = 1.3V \\ \dfrac{\beta_p}{2\beta_n} \dfrac{V_{odp}^2}{(v_{IN} - V_{THn})}, & v_{IN} > 1.3V \end{cases} \tag{E4.3.18}$$

如图 E4.3.13 所示,图中实线为非线性分析结果,而图中虚线为分段折线分析结果,在 $v_{IN} = 1.3V$ 时,分段折线分析结果输出有跳变,该现象缘于欧姆区分段折线和恒流区分段折线未在饱和电压位置相交。但输入输出转移特性曲线的形态基本完整,对于我们理解该电路的反相功能已经足够了。更重要的是,我们给出了易于理解的输入输出转移特性公式(E4.3.18),这个公式虽然不十分精确,但足以说明该电路的反相功能。

3) NMOS 反相器工作原理

如图 4.3.13(a)所示,这是 NMOS 反相器的一般结构,共源组态(以源极作为公共端点形成二端口网络)的 NMOS 作为反相器的基本反相器件,其漏极和直流偏置电压源 $V_{DD}$ 之间有一个负载,这个负载可能是线性电阻 $R_D$,可能是非线性电阻,如固定偏置的 PMOS,也可以是

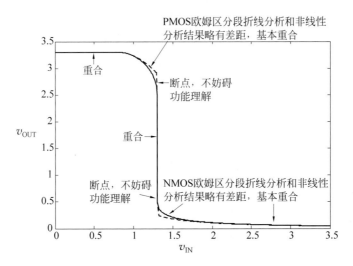

图 E4.3.13　分段折线法计算输入输出转移特性曲线

二极管形态偏置的 NMOS 或 PMOS 等,这些电阻负载和直流偏置电压源共同形成"有源负载(active load)",这些有源负载所形成的负载线和 NMOS 的 DS 端口伏安特性曲线的交点(图 E4.3.7,9)就是 NMOS 反相器随输入电压变化的 DS 端口电压、端口电流。随着输入电压 $v_{IN}=v_{GS}$ 的增加,交点向输出电压 $v_{OUT}=v_{DS}$ 变小的方向移动,从而形成反相功能。

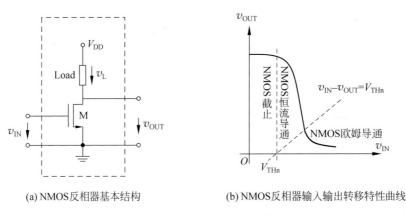

(a) NMOS反相器基本结构　　　　(b) NMOS反相器输入输出转移特性曲线

图 4.3.13　NMOS 反相器

　　NMOS 反相器的反相功能可以做如是直观解释:NMOS 漏极电流随栅源电压增加具有单调增长规律,因而随着输入电压 $v_{IN}=v_{GS}$ 的增加,漏极电流 $i_D$ 增加,而 NMOS 漏极和直流偏置电压源之间的负载电阻选取的都是具有单调增变化规律的电阻负载,因而随着流经这些负载电阻的电流 $i_L=i_D$ 的增加,负载上的分压 $v_L$ 越来越大,故而输出电压 $v_{OUT}=v_{DS}=V_{DD}-v_L$ 越来越小,从而实现了反相功能:输出电压随输入电压增加而单调下降。也可做如是理解:输出电压是 $V_{DD}$ 在 NMOSFET 沟道电阻上的分压,随着输入电压增加,沟道电阻变小,故而其上分压越来越小,呈现出随输入电压增加而输出电压下降的反相特性。

　　无论哪种情况,都将形成如图 4.3.13(b)所示的输入输出转移特性曲线形态,随着输入电压的增加,输出电压减小,这个反相的输入输出转移特性曲线上,明显有 3 个分区:当 $v_{IN}<V_{THn}$ 时,NMOS 工作于截止区,漏极电流为 0,负载电阻分压为 0,输出电压等于电源电压,$v_{OUT}=V_{DD}$;$v_{IN}>V_{THn}$ 伊始,NMOS 漏源电压还比较高,NMOS 启动导通后首先进入的是恒流区,此时漏极电流和输入电压之间具有平方律增长规律,也就是说,随着输入电压增加,漏极电流以平方律增长,故而负载电阻分压 $v_L$ 迅速上升,输出电压 $v_{OUT} = V_{DD} - v_L$ 迅速下降;由于输出电压迅速下降,导致 NMOS 在输入电压不大的增长空间内,输出电压迅速降低到小于 NMOS 的饱和电压,如图 4.3.13(b)中虚斜线所示,$v_{IN} - v_{OUT} = v_{GS} - v_{DS} = v_{GD} = V_{TH}$,它是 NMOS 恒流导通区和欧姆导通区的分界线。当输出电压下降使得 NMOS 进入欧姆导通区后,NMOS 漏极电流 $i_D$ 和输入电压 $v_{IN} = v_{GS}$ 之间关系仅是线性关系,且线性比值系数和 $v_{DS} = v_{OUT}$ 成正比关系,因而 $i_D$ 随 $v_{IN}$ 的增加速度缓慢,故而 $v_{OUT}$ 的下降速度也很缓慢,$v_{OUT}$ 随 $v_{IN}$ 增加只是缓缓下降。

图 4.3.14 同时给出了 NMOS 反相器的输入输出反相转移特性曲线和伴随的 NMOS 电流,也是明显地分为三个区域:NMOS 截止区,NMOS 漏源支路电流为 0;NMOS 有源区,NMOS 漏源支路电流和输入电压具有平方律关系;NMOS 欧姆区,NMOS 漏源支路电流几乎稳定不变。无论是图 4.3.14(a)所示的 $R_D$ 线性电阻负载,还是图 4.3.14(b)所示的固定偏置 PMOS 非线性电阻,都是这样的规律,其中固定偏置的 PMOS 由于进入恒流区,支路电流近乎完全不变。

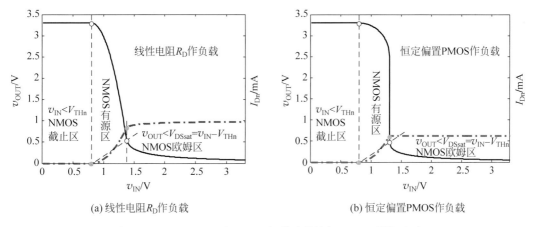

(a) 线性电阻$R_D$作负载　　　　　　　　　　(b) 恒定偏置PMOS作负载

图 4.3.14　NMOS 反相器:反相转移特性与 NMOS 漏极电流

**练习 4.3.10**　请用分段折线法分析如图 E4.3.14 所示 PMOS 反相器电路,画出其转移特性曲线示意图,说明不同输入情况下的功耗情况。

NMOSFET　参量为 $\beta_n = 2.5\text{mA/V}^2$,$V_{THn} = 0.8\text{V}$,$V_{En} = 50\text{V}$;PMOSFET　参量为 $\beta_p = 1\text{mA/V}^2$,$V_{THp} = 0.7\text{V}$,$V_{Ep} = 50\text{V}$;偏置电阻 $R_D = 3.3\text{k}\Omega$,电源电压 $V_{DD} = 3.3\text{V}$。假设通过某种偏置方式,使得图 E4.3.14(b)所示 NMOSFET 的栅极电压被设置为 $V_{G0} = 1.3\text{V}$,源栅电压为 $V_{GSn} = 1.3\text{V}$,过驱动电压为 $V_{odn} = V_{GSn} - V_{THn} = 0.5\text{V}$。

4) CMOS 反相器

无论是 NMOS 反相器,还是 PMOS 反相器,它们都可以实现逻辑求非功能,但它们具有相同的问题,就是在某个逻辑状态下,反相器(逻辑非门)功耗很大。对 NMOS 反相器,当输入为低电平(逻辑 0)输出为高电平(逻辑 1,是输入逻辑 0 的非)时,由于支路电流为 0,故而反相器不消耗功率,然而当输入为高电平(逻辑 1)输出为低电平(逻辑 0)时,支路电流很大,故而有很大的功率消耗。而 PMOS 则反之,当输入为高电平输出为低电平时,PMOS 截止,支路电流为 0,PMOS 反相器不消耗功率,然而当输入为低电平输出为高电平时,PMOS 进入欧姆导通区,有很大的支路电流从电源流到地,也就是有很大的功率消耗。要解决这个问题,则需要结

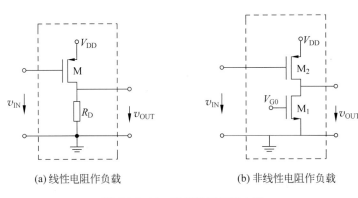

(a) 线性电阻作负载　　　　　　(b) 非线性电阻作负载

图 E4.3.14　PMOS 反相器电路

合 NMOS 和 PMOS 截止时不耗电的优点,采用 NMOS 和 PMOS 互补的 CMOS 反相电路,则可在两个确定逻辑状态下,整个电路要么 NMOS 截止,要么 PMOS 截止,从而数字非门在静态逻辑状态下不消耗功率。

**例 4.3.10**　请用分段折线化模型分析图 E4.3.15 所示 CMOS 反相器电路,给出其输入输出转移特性曲线。

NMOSFET 参量为 $\beta_n = 2.5\text{mA/V}^2$,$V_{\text{THn}} = 0.8\text{V}$,$V_{\text{En}} = 50\text{V}$;PMOSFET 参量为 $\beta_p = 1\text{mA/V}^2$,$V_{\text{THp}} = 0.7\text{V}$,$V_{\text{Ep}} = 50\text{V}$;电源电压 $V_{\text{DD}} = 3.3\text{V}$。

**分析**:所谓 CMOS(Complementary MOS),就是互补的 PMOS 和 NMOS 以上 P 下 N 结构形成某种功能电路。图 E4.3.15 给出的是 CMOS 反相器电路结构,PMOS 和 NMOS 互为负载,其反相功能可以如是直观理解:当输入信号是低电平时,NMOS 截止,PMOS 欧姆导通,使得输出电压为高电平;当输入信号为高电平时,PMOS 截止,NMOS 欧姆导通,使得输出电压为低电平;显然,它完成了电压反相功能,且在两种逻辑状态(输出高电平逻辑 1 状态,输出低电平逻辑 0 状态)下,两个晶体管中总有一个是截止的,电源到地的通路被截断,故而静态情况下没有功率消耗。

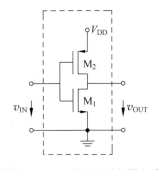

图 E4.3.15　CMOS 反相器电路

**图解法**:如图 E4.3.16 所示,我们在一张图上画出了 NMOS 的漏源端口伏安特性曲线和 $V_{\text{DD}}$ 加 PMOS 形成的负载线,由于 PMOS 的栅极电压就是输入电压,因而对应不同输入电压,有不同的负载线。如图所示:❶当 $v_{\text{IN}} < V_{\text{THn}}$ 时,NMOS 截止,PMOS 欧姆导通,NMOS 伏安特性曲线($V_{\text{GSn}} = v_{\text{IN}}$)和 PMOS 负载线($V_{\text{SGp}} = V_{\text{DD}} - v_{\text{IN}}$)交点为(3.3V,0mA),也就是说,此时输出 $v_{\text{OUT}} = v_{\text{DSn}} = V_{\text{DD}} = 3.3\text{V}$;❷当 $v_{\text{IN}} > V_{\text{THn}}$ 后,NMOS 启动导通,此时输出电压还比较高,NMOS 为恒流导通,而 PMOS 为欧姆导通,图中画出了 $v_{\text{IN}} = 0.9\text{V}$,$V_{\text{GSn}} = 0.9\text{V}$,$V_{\text{SGp}} = 2.4\text{V}$ 和 $v_{\text{IN}} = 1.2\text{V}$,$V_{\text{GSn}} = 1.2\text{V}$,$V_{\text{SGp}} = 2.1\text{V}$ 对应的交点,它们都是 NMOS 恒流导通而 PMOS 欧姆导通;❸当 $v_{\text{IN}} = 1.5\text{V}$ 时,$V_{\text{GSn}} = 1.5\text{V}$,$V_{\text{SGp}} = 1.8\text{V}$,输出电压降低到恰好令 PMOS 进入恒流导通,而 NMOS 仍然是恒流导通,此时两个恒流相同都是 1.225mA 以满足 KCL。由于不考虑厄利效应,故而 NMOS 伏安特性曲线和 PMOS 负载线都是水平的,有无穷多个交点,意味着当 $v_{\text{IN}} = 1.5\text{V}$ 时,$v_{\text{OUT}}$ 可以在一个范围内变化,由图可知,$v_{\text{OUT}}$ 变化范围为 2.2~0.7V,图中画了三个圆点,分别对应 $v_{\text{OUT}} = 2.2\text{V}$,1.5V,0.7V;❹当 $v_{\text{IN}} > 1.5\text{V}$ 后,输出

电压低于 $0.7V$,此时 $V_{GDn}=v_{IN}-v_{OUT}<0.8V=V_{THn}$,故而 NMOS 进入欧姆导通区,图上三个圆点对应 $v_{IN}=1.8V,2.1V,2.4V$ 三种情况,也就是 $V_{GSn}=1.8V,2.1V,2.4V$ 和 $V_{SGp}=1.5V,$ $1.2V,0.9V$ 三种情况下 NMOS 伏安特性曲线和 PMOS 负载线交点;❺当 $v_{IN}>2.6V$ 后,$V_{SGp}=V_{DD}-v_{IN}<0.7=V_{THp}$,此时 PMOS 截止,NMOS 欧姆导通,NMOS 伏安特性曲线和 PMOS 负载线交点为 $(0V,0mA)$,如图原点位置的圆点。

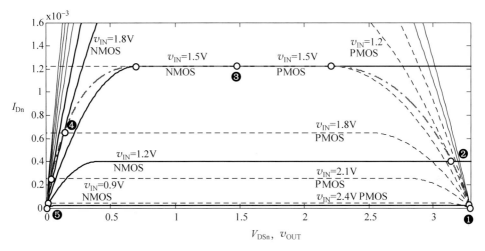

图 E4.3.16　CMOS 反相器负载线

图 E4.3.17 画出了输出 $v_{OUT}$ 随输入 $v_{IN}$ 变化的转移特性曲线,曲线上 10 个圆点对应图 E4.3.16 负载线上的 10 个圆点。这个转移特性曲线明显分为 5 个区:❶区,$v_{IN}<V_{THn}$,NMOS 截止,PMOS 欧姆导通;❷区,$v_{IN}>V_{THn}$,$v_{OUT}>v_{IN}+V_{THp}$,故而 $V_{DGp}>V_{THp}$,PMOS 欧姆导通,而 NMOS 恒流导通;❸区,PMOS 和 NMOS 都恒流导通;❹区,$v_{OUT}<v_{IN}-V_{THn}$,故而 $V_{GDn}>V_{THn}$,NMOS 欧姆导通,而 PMOS 恒流导通;❺区,$V_{SGp}<V_{THp}$,PMOS 截止,NMOS 欧姆导通。

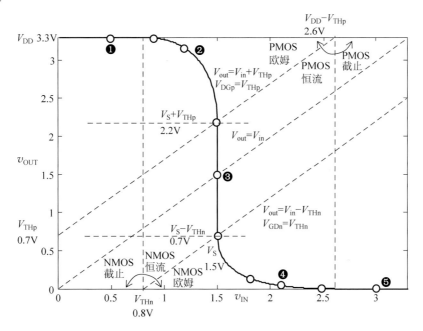

图 E4.3.17　CMOS 反相器输入输出特性曲线

　　图 E4.3.17 中三条斜率为 1 的虚线：$v_{\text{OUT}} = v_{\text{IN}} + V_{\text{THp}}$，虚线上方 PMOS 欧姆导通，虚线下方 PMOS 恒流导通；$v_{\text{OUT}} = v_{\text{IN}} - V_{\text{THn}}$，虚线上方 NMOS 恒流区导通，虚线下方 NMOS 欧姆导通；$v_{\text{OUT}} = v_{\text{IN}}$，这是人为定义的反相器高低电平分界点，$v_{\text{IN}} < 1.5\text{V}$ 则 $v_{\text{OUT}} > 1.5\text{V}$，而 $v_{\text{IN}} > 1.5\text{V}$ 则 $v_{\text{OUT}} < 1.5\text{V}$，因而定义 $V_{\text{S}} = 1.5\text{V}$ 是反相器的翻转点。图中还画了两条垂直虚线：$v_{\text{IN}} = V_{\text{THn}} = 0.8\text{V}$，虚线左侧 NMOS 截止，虚线右侧 NMOS 导通；$v_{\text{IN}} = V_{\text{DD}} - V_{\text{THp}} = 2.6\text{V}$，虚线左侧 PMOS 导通，虚线右侧 PMOS 截止。图中两条水平虚线，是 PMOS 欧姆导通和恒流导通输出电压分界电压 $v_{\text{OUT}} = 2.2\text{V}$，NMOS 恒流导通和欧姆导通输出电压分界电压 $v_{\text{OUT}} = 0.7\text{V}$。

　　**分段折线法**：虽然我们可以用解析法获得输入输出转移特性曲线的数学表达式，但这就变成了纯粹的非线性方程求解的数学过程，看似精确，但却不直观，容易陷入公式的迷宫，这不是本课程的本意，本课程不是数学公式推导课，而是在数学公式推导基础上的电路抽象课程，用简单的电路符号替代复杂的数学推导，便于我们把握电路工作原理。因而下面将用等效电路的元件符号表述方式进行分析，即使分析结果有一定的误差，其物理意义却是明确直观的，精确的计算交给计算机，直观的理解交给我们的头脑。下面采用分段线性化电路模型进行近似分析，这个过程是要求同学必须掌握的，而前述分析中的图解法，要求同学理解，理解了图 E4.3.16、17，也就理解了 CMOS 反相器工作原理。

　　**解**：(1) 当 $v_{\text{IN}} < V_{\text{THn}} = 0.8\text{V}$ 时，NMOS 截止（$v_{\text{GSn}} < V_{\text{THn}}$），PMOS 欧姆导通（$v_{\text{SGp}} > V_{\text{THp}}$），其等效电路如图 E4.3.18(a) 所示。

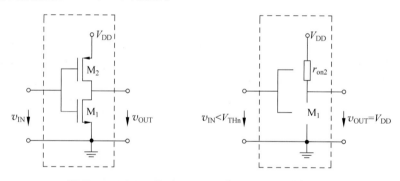

图 E4.3.18(a)　❶区：NMOS 截止，PMOS 欧姆导通

　　NMOS 截止，等效电路为开路，PMOS 欧姆导通，等效电路为受控电阻，显然，输出电压必为电源电压，

$$v_{\text{OUT}} = V_{\text{DD}} \quad (v_{\text{IN}} < V_{\text{THn}}) \tag{E4.3.19a}$$

　　(2) 当输入电压增加到使得 $v_{\text{IN}} > V_{\text{THn}}$，PMOS 仍然是欧姆导通的，因为输出电压接近电源电压，故而 NMOS 恒流导通，其等效电路如图 E4.3.18(b) 所示。

　　PMOS 欧姆导通，其等效电路为受控电阻，

$$r_{\text{on2}} = \frac{1}{2\beta_{\text{p}}(v_{\text{SG2}} - V_{\text{THp}})} = \frac{1}{2\beta_{\text{p}}(V_{\text{DD}} - v_{\text{IN}} - V_{\text{THp}})}$$

NMOS 恒流导通，其等效电路为压控流源，

$$I_{\text{D01}} = \beta_{\text{n}}(v_{\text{GSn}} - V_{\text{THn}})^2 = \beta_{\text{n}}(v_{\text{IN}} - V_{\text{THn}})^2$$

故而输出电压为

$$v_{\text{OUT}} = V_{\text{DD}} - I_{\text{D01}} r_{\text{on2}} = V_{\text{DD}} - \frac{\beta_{\text{n}}}{2\beta_{\text{p}}} \frac{(v_{\text{IN}} - V_{\text{THn}})^2}{(V_{\text{DD}} - v_{\text{IN}} - V_{\text{THp}})} \tag{E4.3.19b}$$

显然，输出电压随输入电压增加而降低。

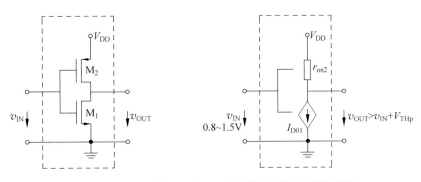

图 E4.3.18(b) ❷区：NMOS 恒流导通,PMOS 欧姆导通

（3）当输出电压低到使得 PMOS 进入恒流导通时,两个晶体管都恒流导通,其等效电路如图 E4.3.18(c)所示,这里不考虑厄利效应,于是必有

$$I_{D02} = \beta_p(V_{DD} - v_{IN0} - V_{THp})^2 = I_{D01} = \beta_n(v_{IN0} - V_{THn})^2$$

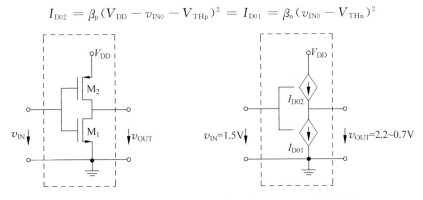

图 E4.3.18(c) ❸区：NMOS 恒流导通,PMOS 恒流导通

故而此时输入电压为

$$v_{IN0} = \frac{V_{DD} - V_{THp} + \sqrt{\dfrac{\beta_n}{\beta_p}}\, V_{THn}}{1 + \sqrt{\dfrac{\beta_n}{\beta_p}}} = \frac{3.3 - 0.7 + \sqrt{\dfrac{2.5}{1.0}} \times 0.8}{1 + \sqrt{\dfrac{2.5}{1.0}}}$$

$$= 1.50(V) = V_s \tag{E4.3.19c}$$

而此时的输出电压可以在一个范围内变化,这个范围只要确保 PMOS 和 NMOS 都位于恒流区即可,于是

$$v_{DGp} < V_{THp} \Rightarrow v_{out} < v_{IN0} + V_{THp} = 1.5V + 0.7V = 2.2V$$

$$v_{GDn} < V_{THn} \Rightarrow v_{out} > v_{IN0} - V_{THn} = 1.5V - 0.8V = 0.7V$$

故而,此时输出电压可以是 0.7~2.2V 之间的任意一个值(不考虑厄利效应)。

（4）当 $v_{IN} > 1.50V$ 时,PMOS 仍然是恒流导通,只是由于输出电压小于 NMOS 饱和电压,NMOS 欧姆导通,其等效电路如图 E4.3.18(d)所示。

PMOS 恒流导通,其等效电路为压控流源,

$$I_{D02} = \beta_p(V_{DD} - v_{IN} - V_{THp})^2$$

NMOS 欧姆导通,其等效电路为受控电阻

$$r_{on1} = \frac{1}{2\beta_n(v_{IN} - V_{THn})}$$

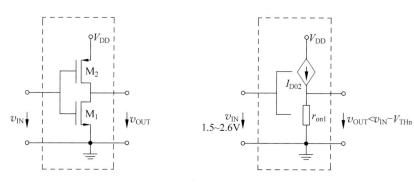

图 E4.3.18(d)　❹区：NMOS 欧姆导通, PMOS 恒流导通

故而输出电压为

$$v_{\text{OUT}} = I_{\text{D02}} r_{\text{on1}} = \frac{\beta_{\text{p}}}{2\beta_{\text{n}}} \frac{(V_{\text{DD}} - v_{\text{IN}} - V_{\text{THp}})^2}{(v_{\text{IN}} - V_{\text{THn}})} \qquad (\text{E4.3.19d})$$

随着输入电压 $v_{\text{IN}}$ 增加, 输出电压 $v_{\text{OUT}}$ 一直下降。

（5）当 $v_{\text{IN}} > 2.60\text{V}$ 时, PMOS 源栅电压小于阈值电压, 故而截止, 其等效电路为开路, 而 NMOS 仍然为欧姆导通, 其等效电路为受控电阻, 如图 E4.3.18(e) 所示, 显然, 此时输出电压为零,

$$v_{\text{OUT}} = 0 \qquad (\text{E4.3.19e})$$

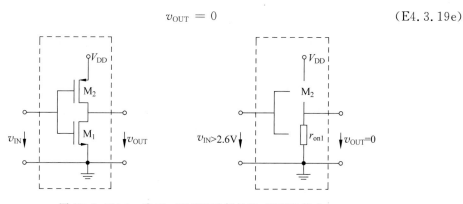

图 E4.3.18(e)　❺区：NMOS 欧姆导通, PMOS 截止

最后, 将上述分段线性化分析结果罗列如下：

$$v_{\text{OUT}} = \begin{cases} V_{\text{DD}}, & v_{\text{IN}} < V_{\text{THn}} \\ V_{\text{DD}} - \dfrac{\beta_{\text{n}}}{2\beta_{\text{p}}} \dfrac{(v_{\text{IN}} - V_{\text{THn}})^2}{(V_{\text{DD}} - v_{\text{IN}} - V_{\text{THp}})}, & V_{\text{THn}} < v_{\text{IN}} < V_{\text{S}} \\ V_{\text{S}} + V_{\text{THp}} \sim V_{\text{S}} - V_{\text{THn}}, & v_{\text{IN}} = V_{\text{S}} \\ \dfrac{\beta_{\text{p}}}{2\beta_{\text{n}}} \dfrac{(V_{\text{DD}} - v_{\text{IN}} - V_{\text{THp}})^2}{(v_{\text{IN}} - V_{\text{THn}})}, & V_{\text{S}} < v_{\text{IN}} < V_{\text{DD}} - V_{\text{THp}} \\ 0, & v_{\text{IN}} > V_{\text{DD}} - V_{\text{THp}} \end{cases} \qquad (\text{E4.3.20})$$

并将上述分析结果画在图上, 如图 E4.3.19 所示, 图中虚线为分段折线法分析出来的反相器输入输出转移特性曲线, 和用非线性方程解析求解出来的实线对比, 并不影响我们对反相器功能的理解, 我们接受并采用这种分析方法。

图中同时画出了 CMOS 反相器随输入电压变化时两个晶体管的漏极电流变化情况, 可以确认, 在❶区由于 NMOS 截止, 故而漏极电流为 0, ❺区则由于 PMOS 截止, 故而漏极电流也

为 0,这两个区域正是 CMOS 数字非门静态工作区域:数字非门理论上不耗电,实际 CMOS
数字非门有很小的静态功耗。

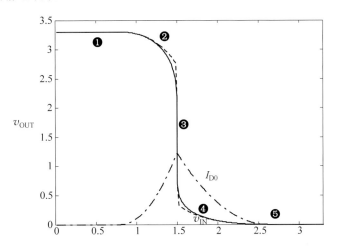

图 E4.3.19　CMOS 反相器输入输出转移特性曲线(虚线为分段折线分析结果)

**练习4.3.11**　已知 PMOSFET 的阈值电压为 $V_{THp}$,NMOSFET 的阈值电压为 $V_{THn}$,电子
迁移率是空穴迁移率的 2.5 倍,$\mu_n = 2.5\mu_p$,请问 PMOSFET 和 NMOSFET 的宽长比具有什么
样的关系时,可使得 CMOS 反相器的翻转电压 $V_S = 0.5V_{DD}$?

**5) 不同电阻偏置比较:有源的负载**

图 4.3.15 是前面例子中给出的三种有源负载线:

(1) 斜直线负载线为线性电阻 $R_D$ 和 $V_{DD}$ 作为 NMOS 漏源端口外接有源的负载,显然随
着输入电压的增加,输出电压降低,同时支路电流增加,如图中箭头①所示;

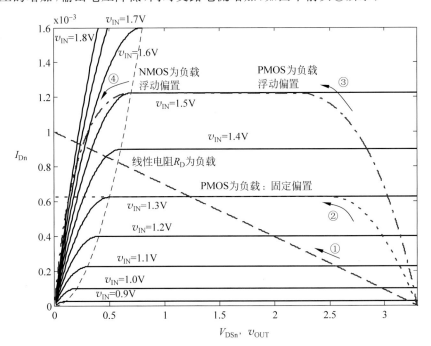

图 4.3.15　不同电阻形成的"有源负载"线

（2）以固定偏置的 PMOS 和 $V_{DD}$ 为 NMOS 漏源端口外接负载,固定偏置的 PMOS 为非线性电阻负载,随着输入电压的增加,PMOS 起始阶段位于欧姆区,输出电压下降较慢,但支路电流却增加很快,如图中箭头②所示;而 PMOS 一旦进入恒流区,输出电压则迅速下降,而支路电流则不再变化;当输出电压下降到使得 NMOS 进入欧姆区后,随着输入电压的上升,输出电压将下降很慢,支路电流保持几乎不变状态;

（3）以浮动偏置的 PMOS 和 $V_{DD}$ 为 NMOS 漏源端口外接负载(CMOS 反相器)。当输入电压比较小时,PMOS 为浮动偏置的非线性电阻负载,随着输入电压的增加,输出电压下降在三种情况下最慢,然而支路电流上升却是三种情况下最快的,如图中箭头③所示;当输出电压下降到 PMOS 进入恒流导通后,输出电压迅速下降,而支路电流不变;当输出电压下降到使得 NMOS 进入欧姆区后,NMOS 则反过来成为 PMOS 反相器的非线性电阻负载,随着输入电压的上升,输出电压下降很慢,但支路电流下降较快,如图中箭头④所示;最后当输入电压上升到 PMOS 进入截止区,支路电流再次为 0。

6）反相器基本应用：逻辑求非与反相放大

我们发现三种反相器都完成了反相功能,最大的区别在于,CMOS 反相器在输入电压较小和较大时,支路电流都可以等于 0,这个特点是 CMOS 成为数字集成电路主流工艺的最大依仗：当定义低电平为逻辑 0,高电平为逻辑 1 时,无论位于逻辑 0 状态,还是位于逻辑 1 状态,CMOS 都是不耗电的,如果不考虑寄生电容效应,CMOS 反相器在工作时,可以用两个理想开关抽象,而理想开关不耗电,故而 CMOS 反相器在理想开关抽象下不消耗功率。

图 4.3.16 是 MOS 反相器在数字逻辑求非(反相)中的工作情况,输入为逻辑 0,输出则求非为逻辑 1,输入为逻辑 1 时,输出则求非为逻辑 0,无论是哪种情况,只要输入和输出都是瞬变的,CMOS 反相器导通区就是瞬间通过的(不考虑寄生电容效应),这样导通电流存在的时间为 0,于是两个晶体管即可等效为不耗电的理想开关,其输入输出转移特性曲线也可抽象为理想反相特性曲线,如图 4.3.17 所示。

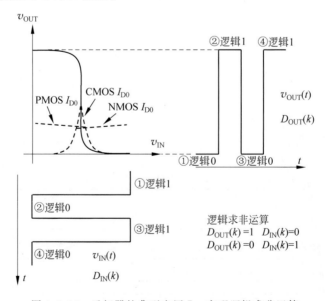

图 4.3.16 反相器的典型应用 I：实现逻辑求非运算

如果考虑晶体管的寄生电容效应,并将寄生电容抽象为 CMOS 输出端点对地电容(见9.3.2 节分析),如是反相器输出从逻辑 0 变化到逻辑 1 时,$V_{DD}$ 通过 PMOS 对寄生电容充电,

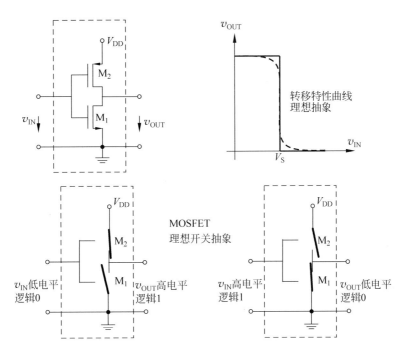

图 4.3.17 CMOS 数字非门理想开关抽象及理想转移特性曲线数字抽象

寄生电容获得了 $V_{DD}$ 提供的电荷,当反相器输出从逻辑 1 变化到逻辑 0 时,寄生电容上积累的电荷则通过 NMOS 释放到地。如是可知,数字门电路存在动态功耗:动态功耗显然和 $V_{DD}$、寄生电容容值 $C_p$ 正相关,$V_{DD}$、$C_p$ 越大,寄生电容上积累的电荷量就越大,一充一放所耗散的电能就越多;同时动态功耗还和工作频率成正比,工作频率越高,充放电次数越多,功耗越大。

用作数字非门是 MOS 反相器的最典型应用,其中 CMOS 反相器具有低功耗的优良特性,因而 CMOS 成为了数字门电路的主流工艺。如果 MOS 工作在恒流区,此时的反相器则具有反相放大功能,这是 MOS 反相器的第二个典型应用,如图 4.3.18 所示,这是 NMOS 反相器作为反相放大器使用的示意图。

注意到,NMOS 的三个工作区域:NMOS 截止区,输入输出转移特性曲线斜率为 0;NMOS 恒流区,输入输出转移特性曲线斜率值(负值)最大;NMOS 欧姆区,输入输出转移特性曲线斜率值(负值)比较小。显然,如果希望实现反相放大器:①NMOS 应工作在恒流区,以获得足够大的电压增益;②NMOS 不能工作在截止区,此区域没有放大倍数(放大倍数为 0);③NMOS 不宜工作在欧姆区,此区域放大倍数比较小。MOSFET 晶体管在放大器应用中,绝大多数情况下晶体管都工作在有源区,极个别的情况下(如对线性度有特殊要求的放大器)有可能令其工作在欧姆区。

这里定义增益为输入输出转移特性曲线的斜率,如图 4.3.18 所示:我们把直流工作点偏置在 NMOS 的恒流导通区,此区域输入输出转移特性曲线具有最大斜率,当输入信号为

$$v_{IN}(t) = V_{IN0} + v_{in}(t) = V_{IN0} + V_{im}\sin\omega t \qquad (4.3.17a)$$

只要 $V_{im}$ 足够小,输出必可近似写为

$$v_{OUT}(t) = V_{OUT0} + v_{out}(t) = V_{OUT0} - V_{om}\sin\omega t \qquad (4.3.17b)$$

其中,$Q(V_{IN0}, V_{OUT0})$ 是通过选择合适的负载电阻、合适的输入信号中的直流电压 $V_{IN0}$ 偏置的直流工作点,只要交流信号足够小,在直流工作点上,输入输出转移特性曲线即可线性化,只取

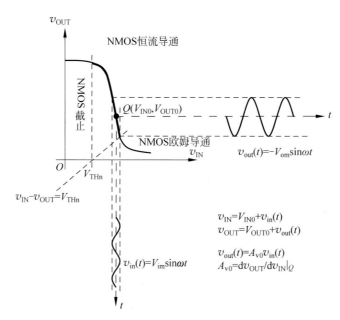

图 4.3.18  反相器典型应用Ⅱ：实现交流小信号的反相放大

泰勒展开的零阶项和一阶项，其中零阶项就是直流工作点，而一阶项则是线性项，其中线性比值系数为直流工作点位置的斜率：

$$A_{v0} = -\frac{V_{om}}{V_{im}} = \frac{dv_{OUT}}{dv_{IN}}\bigg|_Q \tag{4.3.18}$$

仅就交流小信号而言，反相器就是反相放大器，因为

$$v_{out}(t) = -V_{om}\sin\omega t = A_{v0}V_{im}\sin\omega t = A_{v0}v_{in}(t) \tag{4.3.19}$$

### 4.3.3  BJT 分段线性化

**1. BJT 结构与端口伏安特性**

1）BJT 结构及其伏安特性分区特点

晶体管的受控特性取决于其物理结构，MOSFET 依靠 MOS 电容形成对导电沟道的控制，而 BJT 则是依靠导体和导电通道（基区）的直接接触，通过注入电流进而控制导电通道的电压而最终形成对导电通道的控制。前者是压控流源控制特性，后者则是流控流源控制特性，也可等效为压控流源控制特性。

BJT 是 Bipolar Junction Transistor（双极结型晶体管）的缩写简称，其控制与受控的核心要素在于两个 PN 结中间的导电通道，也就是基区。基区具有掺杂浓度低和宽度小的特点，这导致 BJT 具有较高的电流增益 $\beta$。如图 4.3.19 所示，这是两种类型 BJT 的结构，左侧是 NPN 型，右侧是 PNP 型。

NPN-BJT，其名称就是其结构：N 型半导体—P 型半导体—N 型半导体，NPN，中间的 P 型半导体被称为基区，基区是 BJT 的导电通道，对它的控制形成了 BJT 的受控特性。重掺杂一侧的 $N^+$ 型半导体，被称为发射区，这是因为形成 NPN-BJT 导电的主要载流子电子是从它这里发出的，另一侧的 N 型半导体则称为集电区，是因为它收集发射区发射过来的电子，而中间的基区则是发射区发射电子的导电通道，电子通过它到达集电区。

发射区、基区和集电区引出的连接点被称为发射极（emitter）、基极（base）和集电极

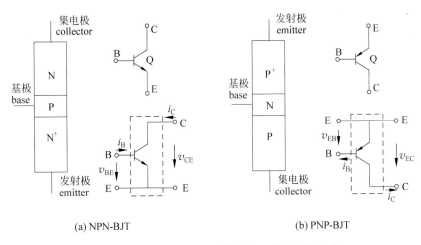

(a) NPN-BJT

(b) PNP-BJT

图 4.3.19　BJT 结构、电路符号与二端口网络定义

(collector)。电子通过导电通道从发射极到达集电极,中间形成的是一个电阻性的导电特性,由于通过两个 PN 结,故而这个特性是非线性的。基极和发射极 PN 结被称为发射结,基极和集电极 PN 结被称为集电结,这两个 PN 结头对头的串接,尤其是发射结的导通与截止,形成了晶体管的非线性电阻特性,这个电阻特性受控于基极电流或基极电压。

这里以 NPN-BJT 的发射极为公共端点,BE 端口作为输入端口,其端口伏安特性曲线是简单的二极管伏安特性曲线,具有正偏导通、反偏截止特性,这里不再讨论。CE 端口作为输出端口,有如图 4.3.20 所示的 CE 端口伏安特性曲线,这里以 $i_B$ 为参变量:随着 $i_B$ 的增加,$i_C$ 也是相应增加的。

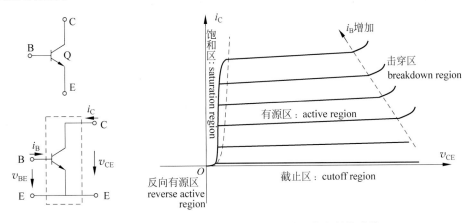

图 4.3.20　NPN-BJT 电路符号与 CE 端口伏安特性曲线

图 4.3.20 所示的 CE 端口伏安特性曲线有明显的四个分区特性,这是由于 CE 端口是 CB 结二极管和 BE 结二极管的对接,CE 端口电压不同,两个结具有不同的正偏、反偏特性,对应于四种工作模式:

(1) 有源区(active region):对应于 BE 结正偏,CB 结反偏的情况。BE 结正偏,BE 端口二极管导通,发射区掺杂浓度高,从而发射极发射大量的电子到达基区,但是基区很薄,且掺杂浓度低,因而发射极发射过来的电子只有少量被基区空穴复合。注意此时 CB 结反偏,在 CB 结反偏强场作用下,发射极发射到基区的电子绝大多数被强场拉到集电区而被集电极收集,故

而集电极电流近似等于发射极电流，$i_C=\alpha i_E$，$\alpha\approx1$。发射极发射的电子只有少部分在基区和基区多子空穴复合，$i_B=i_E-i_C\ll i_E$，形成的基极电流和集电极电流近似成正比关系，$i_C=\beta i_B$。发射区高掺杂，基区低掺杂，基区很薄等特点导致$\beta\gg1$。此时，CE端口可视为受控电流源，CE端口电流$i_C$受BE端口电流$i_B$的控制，控制系数为$\beta$。

有源区CE端口的伏安特性曲线近似水平，可等效为恒流源；如果考虑基区宽度调制效应（厄利效应），伏安特性曲线则微微上翘，可等效为具有线性内阻的受控电流源。此区域晶体管等效电路为流控电流源或压控电流源，故而被称有源区。

但是如果CE端口电压$v_{CE}$过大，CB结反偏电压过高，CB结反偏二极管则会出现反向雪崩击穿，集电区电流迅速上升。这个区被称为击穿区，在有源区工作的晶体管应避免进入击穿区（breakdown region）。

（2）截止区（cutoff region）：对应于BE结反偏，CB结反偏情况。BE结反偏，BE端口二极管截止，BE端口电流为0，CB结反偏，CE端口电流为0，因而BJT对外等效为开路。伏安特性曲线对应$vi$平面的横轴正半轴。

（3）饱和区（saturation region）：对应于BE结正偏，CB结正偏情况。这个区域和MOSFET的欧姆区对应。BE结正偏，正偏电压大约为0.7V，BE端口二极管导通，发射极发射电子到基区。而此时CE端口电压小于0.7V，于是CB电压小于0，CB结二极管正偏，此时CB结内电场因施加正偏电压而变小，集电极收集发射极发射到基极的电子的能力大大下降，集电极在饱和区的电流较有源区电流大大降低，CE端口电压越小，CB结正偏电压越高，集电极收集电子能力越小，当$v_{CE}=0$时，$i_C=0$。

虽然$v_{CE}=0.7$V左右时$v_{CB}=0$，如图4.3.20中虚线所示，但此时的CB结并未正偏导通，因而集电极收集电子能力基本和有源区持平，只当$v_{CE}$下降到约等于0.2V时，CB结正偏电压大约是0.5V，集电结导通电流则不可忽视，虽然此时集电结正偏导通电流还很小，但其对集电极收集电子的影响却很大，$i_C$电流呈现迅猛下降势态：由于$i_C$电流的下降很迅猛，$v_{CE}$电压看起来在0.2V左右几乎不变，正是由于存在这个电压饱和特性，该区域被称为饱和区。当$i_C$下降到足够小时，$i_C$和$v_{CE}$都向原点位置移动。

理论上我们以$v_{CB}=0$作为饱和区和有源区的分界线，如图4.3.20中虚线所示，然而在实际电路等效时，则认为饱和区电路模型为0.2V恒压源，更简单地说，当$v_{CE}>0.2$V，BJT则认为进入有源区。

（4）反向有源区（reverse active region）：对应于CB结正偏，BE结反偏的情况。这种情况在图上没有画，在$vi$平面的第三象限，该区域被称为反向有源区。由于集电区掺杂浓度不够高，现在却以它作为发射极，它发射的电子数目不够多，导致反向有源工作时的电流增益$\beta_R$只有正向有源区电流增益$\beta$（或记为$\beta_F$）的1/3或更低，因而一般不采用这种偏置。

BJT的伏安特性曲线出现在$vi$坐标系的一、三象限之中，说明BJT集射端口或者NPN导电通道是一个吸收功率的非线性电阻。

2）NPN-BJT和NMOSFET伏安特性分区对应关系

NPN-BJT工作区域，与NMOSFET十分类似，两者之间有十分明确的对应关系，如表4.3.1所示。这里强调如下几点：

（1）MOSFET的有源区习惯上被称为饱和区，指的是DS端口电流$i_D$饱和，不随DS端口电压$v_{DS}$变化而变化；BJT的饱和区对应MOSFET的欧姆区，指的是$v_{CE}$电压饱和，$i_C$电流发生很大变化,但 $v_{CE}$ 电压几乎维持在 0.2V 附近不变。

**表 4.3.1 NPN-BJT 和 NMOSFET 分区对比**

| NPN-BJT 工作区 | CB 结反偏 | CB 结正偏 |
| --- | --- | --- |
| BE 结正偏 | 有源区 | 饱和区 |
| BE 结反偏 | 截止区 | 反向有源区 |

| NMOSFET 工作区 | $v_{GD} < V_{TH}$ | $v_{GD} > V_{TH}$ |
| --- | --- | --- |
| $v_{GS} > V_{TH}$ | 有源区(饱和区) | 欧姆区 |
| $v_{GS} < V_{TH}$ | 截止区 | 不允许出现 |

\* NMOSFET 源衬相连,$v_{DS} \geq 0$。

| NMOSFET 工作区 | $v_{GD} < V_{TH}$ | $v_{GD} > V_{TH}$ |
| --- | --- | --- |
| $v_{GS} > V_{TH}$ | 有源区 | 欧姆区 |
| $v_{GS} < V_{TH}$ | 截止区 | 漏源互换,有源区 |

\* NMOSFET 源衬分离,衬底接最低电位,$v_{DS}$ 可正可负,D、S 哪个端点电压高,哪个端点就是漏极;哪个端点电压低,哪个端点就是源极。

(2) 对于 NMOSFET,如果假设源极和衬底连为一体,为了确保衬漏、衬源 PN 结反偏,漏极电压必须总是高于源极电压,也就是说,$v_{DS} \geq 0$,因而不存在 $v_{GS} < V_{TH}$ 同时 $v_{GD} > V_{TH}$ 的情况,因为这种情况对应 $v_{DS} < 0$。

然而集成电路内部 NMOSFET 的衬底连在电路最低电位,如果源极并未和衬底连为一体,那么漏源在结构上就是对称的,可以出现 $v_{DS} < 0$ 的情况,一旦出现这种情况,漏变成源,源变成漏,则存在 $v_{GS} < V_{TH}$ 同时 $v_{GD} > V_{TH}$ 的情况,此时仍然是有源区。如果在一个 $vi$ 坐标系下画全此时的 MOSFET 的伏安特性曲线,该区域则位于 $vi$ 平面的第三象限,和第一象限有源区奇对称。而 BJT 一、三象限伏安特性曲线不具对称性,这是由于 BJT 集电区和发射区掺杂浓度上不具对称性,因而 BJT 的反向有源区电流增益很低,BJT 不应工作在反向有源区。

3) NPN-BJT 有源区端口描述方程

对于 NPN-BJT 的电流控制关系的分析,请参见附录 13。下面仅就其端口伏安特性方程简要说明并将其转换为电路符号表述。

NPN-BJT 以发射极为公共端点时,其有源区等效电路如图 4.3.21 所示,BE 输入端口是一个正偏二极管,CE 输出端口则是一个流控流源,因而其端口描述方程为

$$i_B = I_{BS0}(e^{\frac{v_{BE}}{v_T}} - 1) \tag{4.3.20a}$$

$$i_C = \beta i_B \tag{4.3.20b}$$

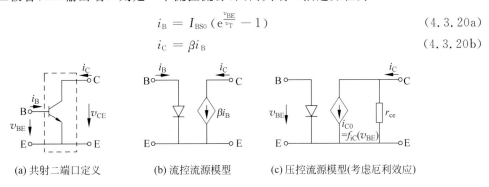

(a) 共射二端口定义     (b) 流控流源模型     (c) 压控流源模型(考虑厄利效应)

图 4.3.21 NPN-BJT 有源区电路模型

其中，$I_{BS0}$ 是 BE 端口等效二极管的反向饱和电流，而 $\beta$ 则是 BJT 的电流增益。这组方程采用流控流源模型。有时候我们更偏好用压控流源模型，如果同时考虑厄利效应，那么端口电压、电流描述方程则可写为

$$i_B = I_{BS0}\left(e^{\frac{v_{BE}}{v_T}} - 1\right) \tag{4.3.21a}$$

$$i_C = \beta I_{BS0}\left(e^{\frac{v_{BE}}{v_T}} - 1\right)\left(1 + \frac{v_{CE}}{V_A}\right) \tag{4.3.21b}$$

其中，$V_A$ 为厄利电压。

图 4.3.21 压控流源等效电路模型中，受控源内阻 $r_{ce}$ 是这样推算的，

$$i_C = \beta I_{BS0}\left(e^{\frac{v_{BE}}{v_T}} - 1\right)\left(1 + \frac{v_{CE}}{V_A}\right) = I_{C0}\left(1 + \frac{v_{CE}}{V_A}\right) = I_{C0} + \frac{v_{CE}}{r_{ce}}$$

也就是说，

$$I_{C0} = \beta I_{BS0}\left(e^{\frac{v_{BE}}{v_T}} - 1\right) = I_{CS0}\left(e^{\frac{v_{BE}}{v_T}} - 1\right) = f_{iC}(v_{BE}) \tag{4.3.22a}$$

$$r_{ce} = \frac{V_A}{I_{C0}} \tag{4.3.22b}$$

**4）PNP-BJT 和 NPN-BJT 是互补的**

PNP-BJT 和 NPN-BJT 是互补的，因而其端口电压、电流和描述方程均有互补特性，只需将 NPN-BJT 中的 $v_{BE}$、$v_{CE}$ 置换为 $v_{EB}$、$v_{EC}$ 即可，而相应的工艺参量全部用下标 p 标记，以区别于 n，以下是 NPN 和 PNP 有源区端口描述方程的对比：

NPN-BJT：

$$i_{Bn} = I_{BSn0}\left(e^{\frac{v_{BE}}{v_T}} - 1\right) \tag{4.3.23a}$$

$$i_{Cn} = \beta_n I_{BSn0}\left(e^{\frac{v_{BE}}{v_T}} - 1\right)\left(1 + \frac{v_{CE}}{V_{An}}\right) \tag{4.3.23b}$$

PNP-BJT：

$$i_{Bp} = I_{BSp0}\left(e^{\frac{v_{EB}}{v_T}} - 1\right) \tag{4.3.24a}$$

$$i_{Cp} = \beta_p I_{BSp0}\left(e^{\frac{v_{EB}}{v_T}} - 1\right)\left(1 + \frac{v_{EC}}{V_{Ap}}\right) \tag{4.3.24b}$$

同学们可以把 BJT 的电路符号和 MOSFET 的电路符号放到一起以方便记忆，如图 4.3.22 所示。在电路原理性分析中，NPN-BJT 和 NMOS 可以互换，PNP-BJT 和 PMOS 可以互换，它们的电路符号具有可比性，它们的三个极具有对应关系，它们的等效电路特性也基本一致，原因在于它们的非线性电阻导电模式类似，一个是从发射极发射多子集电极收集多子，一个是从源极发射多子漏极收集多子。区别在于 BJT 的导电通道基区和它两侧的发射区、集电区是反属性半导体，因而导电载流子是导电通道基区中的少子，而 MOSFET 的导电沟道和两侧源极区、漏极区的半导体属性相同（反型后相同），因而导电载流子是导电通道中的多子。

**练习 4.3.12** 请同学对照图 4.3.21、图 4.3.22，对应于图 4.3.21 所示的 NPN-BJT 有源区电路模型，请画出 PNP-BJT 的有源区电路模型。

**2. NPN-BJT 分段线性化电路模型**

NPN-BJT 分段线性化模型和 NMOSFET 的可以对应理解，它们之间类同但同时具有比较明显的差别。

**1）截止区电路模型**

当 BE 结反偏、CB 结反偏，NPN-BJT 截止，两个端口电流为 0，故而电路模型为开路模型，

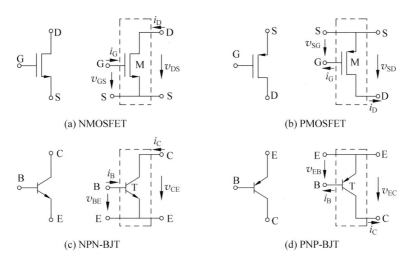

图 4.3.22 NMOS/PMOS/NPN-BJT/PNP-BJT 符号一致性和电路特性一致性

如图 4.3.23 所示。

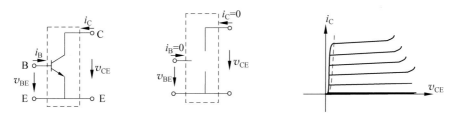

图 4.3.23 NPN-BJT 截止区电路模型

2) 饱和区电路模型

当 BE 结正偏，CB 结正偏，NPN-BJT 饱和导通，位于饱和区，BE 端口 BE 结正偏导通，二极管导通电压为 $V_{BEon}=0.7V$，CE 端口饱和导通，饱和导通电压设定为 $V_{CEsat}=0.2V$，于是其等效电路如图 4.3.24 所示，两个端口电流由外接器件决定，但是请确保外接器件不能使得 BJT 脱离饱和区，否则这个电路模型将不能采用。

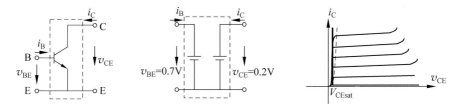

图 4.3.24 NPN-BJT 饱和区电路模型

这里特别提醒：虽然等效电路是两个恒压源，但 BJT 仍然是无源的，注意两个端口电流都是向端口内部流入的，因而两个端口都是消耗功率的。事实上，恒压源等效只是由于伏安特性曲线具有近乎垂直的恒压特性，必须在端口外施加电压或电流激励，由端口外提供能量后，它才具有恒压特性并等效为恒压源。

3) 开关模型

当 BE 端口电压或端口电流有较大变化时，或者 BE 结反偏截止，或者 BE 结正偏大电流使得 CE 端口饱和导通,此时 NPN-BJT 则可抽象为开关:当 $i_B = 0$ 时,开关断开;当 $i_B$ 很大时,开关闭合,

$$i_C = 0 \quad (i_B = 0, \text{BE 结反偏}) \tag{4.3.25a}$$

$$v_{CE} = 0.2\text{V} \quad (i_B \text{ 很大}, \text{BE 结正偏}) \tag{4.3.25b}$$

如图 4.3.25 所示,这是 NPN-BJT 工作在开关模式下,伏安特性曲线的分段折线化理解,其等效电路为图 4.3.23 的开关断开"开路电路模型"与图 4.3.24 的开关闭合后"饱和恒压源模型"的交替,这种交替由输入电流或输入电压控制。

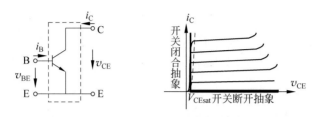

图 4.3.25 NPN-BJT 开关电路模型

4) 有源区电路模型

当 BE 结正偏,CB 结反偏时,NPN-BJT 处于有源区,BE 端口二极管导通,用 0.7V 恒压源建模,CE 端口用流控流源建模,如图 4.3.26 所示。

$$I_{C0} = \beta I_{B0} \tag{4.3.26}$$

如果考虑厄利效应,电流源还有一个内阻 $r_{ce}$,

$$r_{ce} = \frac{V_A}{I_{C0}}$$

除非需要计算交流小信号电压增益,大多数情况下,我们不考虑 $r_{ce}$ 的影响。

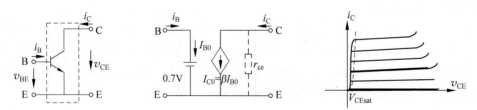

图 4.3.26 NPN-BJT 受控电流源模型

对照有源区方程(4.3.26),显然,晶体管如果位于饱和区,必有 $i_C < \beta i_B$。

**练习 4.3.13** 对照 NPN-BJT 不同工作区域的电路模型,给出互补的 PNP-BJT 在相应工作区域的电路模型。

**3. 分压偏置电路**

分压偏置电路是分立 BJT 晶体管电路的最常见直流偏置电路,由于串联负反馈电阻的存在,使得电路直流工作点的稳定性很高。

1) 三种典型偏置电路比较

**例 4.3.11** 某 BJT 晶体管是分立器件,其电流增益 $\beta$ 不确定,任取一个该型号的晶体管,其 $\beta$ 值有可能是 $200 \sim 450$ 的任意某个值。请分析说明图 E4.3.20 中三种偏置电路,哪种偏置电路的直流工作点更加稳定,不会因晶体管不同而有大的变化。其中,电源电压 $V_{CC} = 12\text{V}$,$R_C = 6.8\text{k}\Omega$,$R_B = 3.3\text{M}\Omega$,$R_{BP} = 1.5\text{M}\Omega$,$R_{B1} = 36\text{k}\Omega$,$R_{B2} = 12\text{k}\Omega$,$R_{C0} = 4.7\text{k}\Omega$,$R_E = 2.2\text{k}\Omega$。

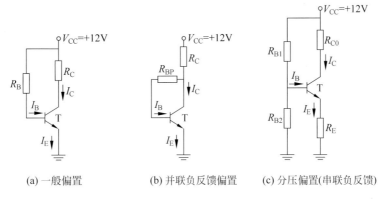

(a) 一般偏置     (b) 并联负反馈偏置     (c) 分压偏置(串联负反馈)

图 E4.3.20 BJT 偏置电路

**分析**：当我们不知道晶体管工作在哪个区域时，可以先假设它工作在某个区域，然后按这个区域的电路模型进行计算，如果发现计算结果确实落在这个区域，说明假设正确；如果发现计算结果没有落在假设区域，那么假设就是错误的，需要重新假设工作区域。

一般情况下，晶体管都是工作在有源区用作放大器，因而当我们看到如图 E4.3.20 所示电路结构时，我们一般都首先假设它们工作在有源区，按有源区电路模型计算，如果计算结果证实它们确实工作在有源区，那么计算即可完成。

这种假设求证的方法，只适用于单解问题，除非电路中出现正反馈闩锁(等效为 S 型或 N 型负阻，从而有多解)。通常的 MOSFET 和 BJT 电路大多都属于单解问题。

当然，如果能够给出一个定性的原理性分析之后再假设工作在有源区就更加理直气壮了。对于如图 E4.3.20(a)所示的一般直流偏置电路，所谓一般，是指偏置方法是最通常的：用电压源 $V_{CC}$ 和线性电阻 $R_B$ 对 BE 端口进行偏置，用 $V_{CC}$ 和线性电阻 $R_C$ 对 CE 端口进行偏置，这两个端口的偏置用图解法则很容易理解。

如图 E4.3.21(b)所示，这是 BE 端口的伏安特性曲线和负载线，伏安特性曲线为二极管伏安特性曲线，负载线为戴维南源($V_{CC}$，$R_B$)伏安特性曲线，两者的交点 $Q_B(V_{BEQ}，I_{BQ})$ 就是 BE 端口的端口电压和端口电流。从图中看，BE 端口二极管导通，$V_{BEQ} \approx 0.7V$。之后查看 CE 端口晶体管伏安特性曲线中 $i_B = I_{BQ}$ 那条线，它和戴维南源($V_{CC}$，$R_C$)负载线的交点 $Q_C(V_{CEQ}$，$I_{CQ})$ 就是 CE 端口的端口电压和端口电流。从图中看，只要电阻 $R_C$ 不是特别大，其交点 $Q_C$ 就应该位于有源区，但是如果电阻 $R_C$ 特别大，如图中虚斜线所示，则有可能进入饱和区。

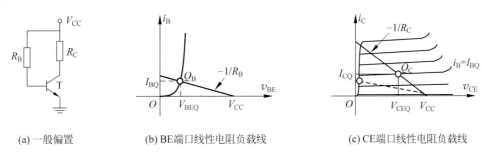

(a) 一般偏置     (b) BE端口线性电阻负载线     (c) CE端口线性电阻负载线

图 E4.3.21 BE 端口和 CE 端口线性电阻偏置电路

**解**：(a) 对于图 E4.3.20(a)所示的一般偏置电路，假设 BJT 工作在有源区，于是用其有源区等效电路替代 BJT 符号，如图 E4.3.22(b)所示。

显然，对 BE 端口所在回路列写方程，有

$$I_B = \frac{V_{CC} - V_{BEQ}}{R_B} = \frac{12 - 0.7}{3.3 \times 10^6} = 3.42 \times 10^{-6} = 3.42(\mu A)$$

不同的分立 BJT 器件，有不同的 $\beta$，假设 $\beta$ 位于 200～450 之间，于是输出回路电流是 0.685～1.54mA 之间的某个值，

$$I_C = \beta I_B = 0.685 \sim 1.54 mA$$

对应的 CE 端口电压则是 7.3～1.5V 之间的某个值，

$$V_{CE} = V_{CC} - I_C R_C = 7.3 \sim 1.5(V)$$

可见，当我们随手取一个 BJT 晶体管时，其工作点相当的不确定。

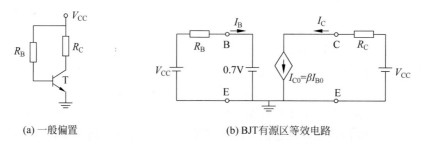

(a) 一般偏置　　　　　　　　(b) BJT有源区等效电路

图 E4.3.22　BE 端口和 CE 端口线性电阻做直流偏置电路

BJT 分段折线模型过于简单，因而我们通常无须画出等效电路，直接可以在原图上进行电路分析，如图 E4.3.23(a)所示，直接由图上列写 KVL 方程和 BJT 元件约束方程即可，为

$$V_{BE} = V_{BEon} = 0.7V$$

$$I_B = \frac{V_{CC} - V_{BE}}{R_B} \tag{E4.3.21a}$$

$$I_C = \beta I_B = \beta \frac{V_{CC} - V_{BE}}{R_B} \tag{E4.3.21b}$$

$$V_{CE} = V_{CC} - I_C R_C = V_{CC} - (V_{CC} - V_{BE}) \frac{\beta R_C}{R_B} \tag{E4.3.21c}$$

这四个方程一目了然，无须画等效电路去配合列写这些方程。同样的道理，其后的两个电路分析，我们不再画 BJT 的等效电路。

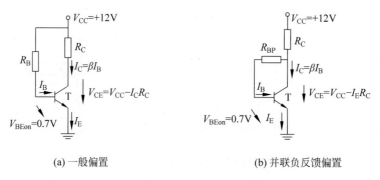

(a) 一般偏置　　　　　　　　(b) 并联负反馈偏置

图 E4.3.23　直流工作点计算无须画等效电路

（b）对于图 E4.3.20(b)所示的并联负反馈偏置电路，假设 BJT 工作在有源区，那么 BE 端口电压为 0.7V，$V_{BE} = 0.7V$，同时集电极电流为基极电流的 $\beta$ 倍，$I_C = \beta I_B$，如图 E4.3.23(b)所

示,可以列写 KVL 方程如下,

$$V_{CE} = V_{CC} - (I_B + I_C)R_C$$

$$I_B = \frac{V_{CE} - V_{BE}}{R_{BP}} = \frac{V_{CC} - (I_B + \beta I_B)R_C - 0.7}{R_{BP}} = \frac{V_{CC} - (\beta + 1)R_C I_B - 0.7}{R_{BP}}$$

故而

$$I_B = \frac{V_{CC} - 0.7}{R_{BP} + (\beta + 1)R_C} = \frac{12 - 0.7}{1.5 \times 10^6 + (201 \sim 451) \times 6.8 \times 10^3} = 3.94 \sim 2.47(\mu A)$$

$$I_C = \beta I_B = \beta \frac{V_{CC} - 0.7}{R_{BP} + (\beta + 1)R_C} = \frac{V_{CC} - 0.7}{R_C + \frac{R_C + R_{BP}}{\beta}} = \frac{12 - 0.7}{6.8 \times 10^3 + \frac{6.8 \times 10^3 + 1.5 \times 10^6}{200 \sim 450}}$$

$$= \frac{12 - 0.7}{6.8 \times 10^3 + (7.53 \sim 3.35) \times 10^3} = 0.788 \sim 1.11(mA) \tag{E4.3.22a}$$

$$V_{CE} = V_{CC} - (\beta + 1)I_B R_C = 6.6 \sim 4.4(V) \tag{E4.3.22b}$$

我们发现,这个偏置电路的直流工作点相对稳定多了,集电极电流变化范围小,基射电压 $V_{CE}$ 也在很小的范围内波动。

(c) 对于如图 E4.3.20(c)所示的分压偏置电路,对 BE 端口外接的线性电阻分压网络采用戴维南等效,如图 E4.3.24(b)所示,有

$$V_{BB} = \frac{R_{B2}}{R_{B1} + R_{B2}}V_{CC} = \frac{12}{36 + 12} \times 12 = 3(V) \tag{E4.3.23a}$$

$$R_B = R_{B1} \parallel R_{B2} = \frac{36 \times 12}{36 + 12} = 9(k\Omega) \tag{E4.3.23b}$$

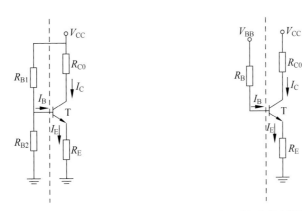

(a) 分压偏置(串联负反馈)　　　(b) BE端口外部线性电阻网络戴维南等效

图 E4.3.24　BJT 分压偏置电路分析

之后,假设 BJT 工作在有源区,则 $V_{BE} = 0.7V$,$I_C = \beta I_B$,直接列写 KVL 方程,为

$$V_{BB} = I_B R_B + V_{BE} + (\beta + 1)I_B R_E \tag{E4.3.24a}$$

$$V_{CC} = \beta I_B R_{C0} + V_{CE} + (\beta + 1)I_B R_E \tag{E4.3.24b}$$

由第一个 KVL 方程,可得

$$I_B = \frac{V_{BB} - V_{BE}}{R_B + (\beta + 1)R_E} = \frac{3 - 0.7}{9 \times 10^3 + (201 \sim 451) \times 2.2 \times 10^3}$$

$$= 5.10 \sim 2.30(\mu A)$$

进而获得 CE 端口电流和端口电压分别为

$$I_C = \beta I_B = \frac{V_{BB} - V_{BE}}{R_E + \dfrac{R_B + R_E}{\beta}} = \frac{3 - 0.7}{2.2 \times 10^3 + \dfrac{9 \times 10^3 + 2.2 \times 10^3}{200 \sim 450}} \quad (E4.3.25a)$$

$$= \frac{3 - 0.7}{2.2 \times 10^3 + (0.056 \sim 0.025) \times 10^3} = 1.02 \sim 1.03 (\text{mA})$$

$$V_{CE} = V_{CC} - \beta I_B R_{C0} - (\beta + 1) I_B R_E = 5.0 \sim 4.9 (\text{V}) \quad (E4.3.25b)$$

用分压偏置电路,晶体管工作点的波动范围更小,工作点几乎不变。

2) 灵敏度分析

没有哪个实际电路的实现可以与设计完全相符,原因有很多,包括电路制造工艺中的随机偏离导致的电路器件参量不确定,环境如温度、湿度、辐射等变化导致器件参量发生变化,电路长期工作后器件老化等。一个良好的设计必须考虑器件参量变动导致电路性能参量的变化。所谓电路性能参量,如放大器的放大倍数,如滤波器的中心频率和带宽,如振荡器的振荡频率和频率稳定度,电路的直流工作点直接决定放大器的放大倍数和线性范围,因而也可视为性能参量。假设电路系统的性能参量 $y$ 由诸多因素 $x_1, x_2, \cdots, x_n$ 共同影响,其关系可用函数表述为

$$y = f(x_1, x_2, \cdots, x_n) \quad (4.3.27)$$

系统设计时,一般设定典型的因素为 $x_{10}, x_{20}, \cdots, x_{n0}$,在此条件下的 $y_0$ 是设计的或预期的性能参量,

$$y_0 = f(x_{10}, x_{20}, \cdots, x_{n0}) \quad (4.3.28)$$

它符合某种实际应用需求。但是影响实际电路系统性能的因素不大可能完全与设计者预想一致,故而实际性能参量将偏离设计性能参量,

$$y = f(x_{10} + \Delta x_1, x_{20} + \Delta x_2, \cdots, x_{n0} + \Delta x_n)$$

$$= f(x_{10}, x_{20}, \cdots, x_{n0}) + \frac{\partial f}{\partial x_1} \Delta x_1 + \frac{\partial f}{\partial x_2} \Delta x_2 + \cdots + \frac{\partial f}{\partial x_n} \Delta x_n + h.o.t$$

$$\approx y_0 + \frac{\partial f}{\partial x_1} \Delta x_1 + \frac{\partial f}{\partial x_2} \Delta x_2 + \cdots + \frac{\partial f}{\partial x_n} \Delta x_n \quad (4.3.29)$$

如果偏离过大,电路系统可能无法行使正常电路功能。这里假设偏离量不是特别的大,那么可以忽略泰勒展开的高阶项影响,只保留零阶项和一阶项,从而可以从影响因素 $x$ 的偏离量线性预测性能参量 $y$ 的偏离量,

$$\Delta y = y - y_0 \approx \frac{\partial f}{\partial x_1} \Delta x_1 + \frac{\partial f}{\partial x_2} \Delta x_2 + \cdots + \frac{\partial f}{\partial x_n} \Delta x_n \quad (4.3.30)$$

有时我们更关注当某个影响因素偏离设定值某个百分量时所导致的性能参量偏离设计值多少个百分量,由是定义灵敏度,

$$S_{x_i}^{y} = \frac{x_{i0}}{y_0} \frac{\partial y}{\partial x_i} \quad (4.3.31)$$

显然,性能参量偏离设计值的百分量和影响因素偏离百分量之间可由灵敏度线性关联,

$$\frac{\Delta y}{y_0} \approx \frac{x_{10}}{y_0} \frac{\partial f}{\partial x_1} \frac{\Delta x_1}{x_{10}} + \frac{x_{20}}{y_0} \frac{\partial f}{\partial x_2} \frac{\Delta x_2}{x_{20}} + \cdots + \frac{x_{n0}}{y_0} \frac{\partial f}{\partial x_n} \frac{\Delta x_n}{x_{n0}}$$

$$= S_{x_1}^{y} \frac{\Delta x_1}{x_{10}} + S_{x_2}^{y} \frac{\Delta x_2}{x_{20}} + \cdots + S_{x_n}^{y} \frac{\Delta x_n}{x_{n0}} \quad (4.3.32)$$

灵敏度的概念十分简单,假设灵敏度 $S_{x_i}^{y} = 0.1$,那么电路影响因素 $x_i$ 出现 1% 的波动将导致性

能参量 $y$ 的波动只有 $0.1\%$，如果 $S_{x_j}^y = 10$，那么电路参量 $x_j$ 出现 $1\%$ 的波动导致性能参量 $y$ 的波动将高达 $10\%$，显然 $x_j$ 是该电路中的敏感因素，需要在电路设计阶段进行特别精致的设计。

从式(4.3.32)可知，影响电路性能参量 $y$ 变化的原因有两个：一是灵敏度 $S_{x_i}^y$ 自身，我们希望它越小越好；二是影响因素 $x_i$，它自身的波动范围直接影响电路性能参量 $y$，我们希望它的波动范围 $\dfrac{\Delta x_i}{x_i} \times 100\%$ 越小越好。在电路设计中，至少确保上述两者之一足够的小，以获得稳定的性能参量 $y$。

一个电路系统是否可以实用化，很大程度上看该电路系统关键性能参量对器件参量的灵敏度大小。如果灵敏度小，则说明电路稳定，可以大批量生产；如果灵敏度大，电路系统对电路器件的要求就很高，要想保持电路的可用性、可靠性，必须精心选择具有稳定参量的器件，电路系统生产成本必然大幅上升，该产品的生命力也将因而下降。

对于 BJT 晶体管，它的电流增益 $\beta$ 很不确定，这是集成电路制造工艺难以回避的问题，我们只能通过电路结构来降低 $\beta$ 不确定性对电路性能的影响。如 MOSFET 电流源讨论一样，有两种电路结构可以帮助我们消除电路参量不确定性对电路性能的影响，一种是平衡结构如电流镜结构，一种是负反馈结构，前者通过一对相似参量晶体管的参量平衡对消机制消除不确定性影响，后者通过负反馈的稳定作用消除不确定性影响。就以例 4.3.11 三种偏置为例，考察影响因素 $\beta$ 对其直流工作点性能参量的灵敏度，作用关系函数和灵敏度分别为

| | 作　用　关　系 | 灵　敏　度 |
|---|---|---|
| 一般偏置 | $I_C = \beta \dfrac{V_{CC} - V_{BE}}{R_B}$ | $S_\beta^{I_C} = \dfrac{\beta}{I_C} \dfrac{\partial I_C}{\partial \beta} = 1$ |
| 并联负反馈 | $I_C = \dfrac{V_{CC} - V_{BE}}{R_C + (R_C + R_{BP})/\beta}$ | $S_\beta^{I_C} = \dfrac{\beta}{I_C} \dfrac{\partial I_C}{\partial \beta} = \dfrac{(R_C + R_{BP})/\beta}{R_C + (R_C + R_{BP})/\beta} = 0.425$ |
| 串联负反馈分压偏置 | $I_C = \dfrac{\eta V_{CC} - V_{BE}}{R_E + (R_B + R_E)/\beta}$ | $S_\beta^{I_C} = \dfrac{\beta}{I_C} \dfrac{\partial I_C}{\partial \beta} = \dfrac{(R_B + R_E)/\beta}{R_E + (R_B + R_E)/\beta} = 0.0167$ |

\* 以 $\beta = \beta_0 = 300$ 为典型电流增益。　　　　　　　　　　　　　　　　　　　　　　　(E4.3.26)

显而易见，一般偏置方式直流偏置电流 $I_C$ 中 $\beta$ 的影响力或灵敏度为 1，因而 $\beta$ 值 $1\%$ 的波动将导致输出电流 $1\%$ 的波动；而并联负反馈偏置方式的灵敏度则较低，$\beta$ 值 $1\%$ 的波动将导致输出电流 $0.425\%$ 的波动；包含串联负反馈的分压偏置电路的 $\beta$ 灵敏度最低，$\beta$ 值 $1\%$ 的波动导致输出电流仅有 $1.67\text{‰}$ 的变化。考虑到实际晶体管的 $\beta$ 变动范围可能在 $200 \sim 450$ 之间，如此大的变动范围，只能采用灵敏度极低的分压偏置电路，晶体管电路的直流工作点才是稳定的。

特别地，对于分压偏置电路，

$$I_C = \frac{V_{BB} - V_{BE}}{R_E + \dfrac{R_B + R_E}{\beta}} \tag{E4.3.27a}$$

电流增益 $\beta$ 对直流偏置电流 $I_C$ 的影响很小，$S_\beta^{I_C} = 0.0167$，$\beta$ 在 $200 \sim 450$ 大范围内取值时，集电极电流基本保持不变，$1.02 \sim 1.03\text{mA}$，波动范围只有 $1\%$，也就是说，这一组晶体管任意选取一个，置入这个电路后，其工作点基本上是确定的，$I_C \approx 1\text{mA}$，$V_{CE} \approx 5\text{V}$。分压偏置电路具有

如此好的特性,其主要原因在于采用了串串负反馈,负反馈电阻 $R_E$ 检测输出电流 $I_C$ 的波动进而通过负反馈作用稳定输出电流 $I_C$。仅从表达式上看,BE 端口采用分压偏置,使得 BE 端口偏置电阻(戴维南等效电阻)$R_B$ 可以取值很小,从而 $R_E \gg \dfrac{R_B + R_E}{\beta}$ 很容易保障,故而集电极电流近似和 $\beta$ 无关,

$$I_C \approx \frac{V_{BB} - V_{BE}}{R_E} \tag{E4.3.27b}$$

输出电流几乎完全由负反馈网络决定。但是代价是分压偏置网络的额外功率消耗,为了降低 $\beta$ 的影响力,需要小的偏置电阻 $R_B$,而小的 $R_B$ 意味着大的电流,

$$I_{BIAS} \approx \frac{V_{CC}}{R_{B1} + R_{B2}} = \frac{12}{36k + 12k} = 0.25(mA)$$

主支路(晶体管 CE 端口)电流为 1mA,分压偏置支路电流为 0.25mA,两者只差 4 倍,说明这个偏置电路通过多消耗 25% 的功率使得电路更加稳定,这是该电路稳定的代价。

有时希望偏置电路不要过度消耗功率,那么可以人为规定分压支路电流为主支路电流的 1/10 以下,于是两个分压电阻取值可以设置为 $R_{B1} = 150k\Omega$,$R_{B2} = 50k\Omega$,这样的偏置电路设计对 $\beta$ 波动的抵抗力将会有所下降,真实电路设计最终都是权衡后做出的选择。

**练习 4.3.14** BJT 分压偏置电路如图 E4.3.20(c)所示,其中 $R_{B1} = 150k\Omega$,$R_{B2} = 50k\Omega$,其他参量同例 4.3.11,请分析 $\beta$ 在 200~450 之间不确定时,BJT 的直流工作点波动范围。这种偏置情况下,集电极电流 $I_C$ 中 $\beta$ 的灵敏度为多少?

3) 两种负反馈偏置的灵敏度分析

图 E4.3.20(b/c)两种负反馈分别称为并联负反馈和串联负反馈,是并并连接负反馈和串串连接负反馈的简称,下面确认这两种负反馈连接关系。

首先把反馈电阻单独抽出,视为二端口网络,如图 E4.3.25(a)所示:工作于恒流区可等效为压控流源的晶体管这里被称为"晶体管网络",而负反馈电阻则称为"线性电阻反馈网络",显然这两个二端口网络是并并连接方式:线性电阻反馈网络检测晶体管网络的输出电压 $v_O$,形成反馈电流 $i_F$,于是输入电流 $i_{IN}$(本例中 $i_{IN} = 0$)中一部分被反馈网络分流,剩余的误差电流 $i_E = i_{IN} - i_F$ 流入晶体管压流网络,驱动晶体管。假设输出电压有微小的向上的扰动,于是反馈电流 $i_F$ 降低,那么误差电流 $i_E$ 上升,晶体管基极电流 $i_B$ 随之上升,故而晶体管集电极电流 $i_C = \beta i_B$ 上升,负载电阻 $R_C$ 分压 $V_C = i_C R_C$ 上升,晶体管输出电压 $v_O = v_{CE} = V_{CC} - V_C$ 下降。显然,这个反馈是一个负反馈,输出电压的微小波动会通过负反馈网络在输入端口形成反馈电流信号,进而在输出端形成反方向的电压变化,抵偿输出电压的波动,故而并并负反馈连接方式通过反馈电流稳定了输出电压。

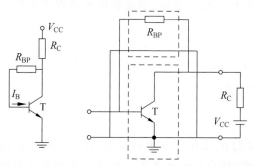
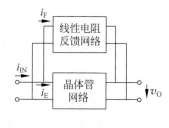

图 E4.3.25(a) 晶体管并并连接负反馈

既然并联负反馈稳定输出电压,这里就考察影响输出电压的诸多因素的灵敏度大小,制表于表 4.3.2 中。为了有一个直观的数值概念,我们代入了具体数值,其中 $\beta$ 取值 $\beta_0=300$。我们发现,并联负反馈偏置比一般偏置而言,其输出电压除了对电源电压的灵敏度略有变大,对其他因素的灵敏度都是变小的,尤其是变化最大的 $\beta$,其灵敏度明显下降,故而电路参数不确定性导致的输出电压不确定性降低了,这就是负反馈的作用。

假设我们取 $\beta=\beta_0=300$ 进行电路设计,但是当我们随手拿一个晶体管进行电路调试时,该晶体管的 $\beta$ 可能为 320,也就是说,$\Delta\beta=20=+6.67\%\beta_0$,那么一般偏置的输出电压则有大约 $-1.39\times6.67\%=-9.27\%$ 的设计值偏离,而并并负反馈的输出电压偏离只有大约 $-0.502\times6.67\%=-3.35\%$;当然,我们可以精心选择晶体管,使得它的 $\beta$ 恰好等于 300,然而由于环境温度变化或者电路长时间工作导致晶体管结温升高,$\beta$ 随之升高为 $330=(1+10\%)\beta_0$,那么一般偏置的输出电压将随之下降 13.9%,而并并负反馈偏置的输出电压只下降 5.02%。

表 4.3.2 并并负反馈使得输出电压的不确定性降低了

| | 一 般 偏 置 | 并联负反馈偏置 |
|---|---|---|
| 输出电压 $V_{CE}$ | $V_{CE}=V_{CC}-(V_{CC}-V_{BE})\dfrac{\beta R_C}{R_B}=5.01(\mathrm{V})$ | $V_{CE}=\dfrac{(\beta+1)R_C V_{BE}+R_{BP}V_{CC}}{(\beta+1)R_C+R_{BP}}=5.48(\mathrm{V})$ |
| $S_{V_{CC}}^{V_{CE}}=\dfrac{\partial V_{CE}}{\partial V_{CC}}\dfrac{V_{CC}}{V_{CE}}$ | $=\left(1-\dfrac{\beta R_C}{R_B}\right)\dfrac{V_{CC}}{V_{CE}}=0.914$ | $=\dfrac{R_{BP}}{(\beta+1)R_C+R_{BP}}\dfrac{V_{CC}}{V_{CE}}=0.926$ |
| $S_{\beta}^{V_{CE}}=\dfrac{\partial V_{CE}}{\partial\beta}\dfrac{\beta}{V_{CE}}$ | $=-(V_{CC}-V_{BE})\dfrac{R_C}{R_B}\dfrac{\beta}{V_{CE}}=-1.39$ | $=-\dfrac{V_{CE}-V_{BE}}{\beta+1+\dfrac{R_{BP}}{R_C}}\dfrac{\beta}{V_{CE}}=-0.502$ |
| $S_{R_C}^{V_{CE}}=\dfrac{\partial V_{CE}}{\partial R_C}\dfrac{R_C}{V_{CE}}$ | $=-(V_{CC}-V_{BE})\dfrac{\beta}{R_B}\dfrac{R_C}{V_{CE}}=-1.39$ | $=-\dfrac{V_{CE}-V_{BE}}{R_C+\dfrac{R_{BP}}{\beta+1}}\dfrac{R_C}{V_{CE}}=-0.503$ |
| $S_{R_B}^{V_{CE}}=\dfrac{\partial V_{CE}}{\partial R_B}\dfrac{R_B}{V_{CE}}$ | $=(V_{CC}-V_{BE})\dfrac{\beta R_C}{R_B^2}\dfrac{R_B}{V_{CE}}=1.39$ | $=\dfrac{V_{CC}-V_{CE}}{(\beta+1)R_C+R_{BP}}\dfrac{R_{BP}}{V_{CE}}=0.503$ |

\* $\beta=300,V_{CC}=12\mathrm{V},R_C=6.8\mathrm{k\Omega},R_B=3.3\mathrm{M\Omega},R_{BP}=1.5\mathrm{M\Omega}$。

晶体管的并联负反馈偏置电路对直流工作点的稳定效果并不很好,原因在于工作于恒流区的晶体管具有压控流源特性,但并并负反馈实现的却是流控压源特性,和晶体管的控制特性不符合,这意味着负反馈网络的负载效应很强。但是晶体管的串联负反馈恰好实现的就是压控流源,和晶体管自身的压控流源特性完全相符,这意味着负反馈网络的负载效应很小,负反馈效果显得更好。如图 E4.3.25(b)所示,晶体管网络和线性电阻反馈网络之间显然是一种串串连接关系:线性电阻反馈网络检测晶体管恒流网络的输出电流 $i_O$,形成反馈电压 $v_F$,于是输入电压 $v_{IN}$ 中一部分被反馈网络分压,剩余的误差电压 $v_E=v_{IN}-v_F$ 加载到晶体管输入端口,驱动晶体管。假设输出电流有微小的向上的扰动,于是反馈电压 $v_F$ 增加,故而误差电压 $v_E$ 下降,晶体管基射电压 $v_{BE}$ 随之下降,故而晶体管集电极电流 $i_C$ 下降,这正是输出电流 $i_O$,显然,这个反馈是一个负反馈,输出电流的微小波动会通过负反馈网络在输入端口形成反馈电压信号,进而在输出端形成反方向的电流变化,抵偿输出电流的波动,故而串串负反馈连接方式稳定了输出电流。

我们把一般偏置和串串负反馈的输出电流(直流偏置电流)$I_C$ 表达式,以及直流偏置电流对各自电路参数的灵敏度制表于表 4.3.3,通过代入具体数值,可以确认,变动范围极大的 $\beta$

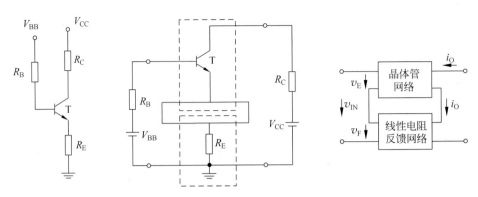

图 E4.3.25(b)　晶体管串串连接负反馈

的不确定性被串串负反馈结构基本屏蔽,直流偏置电流对 $\beta$ 的灵敏度极小。

表 4.3.3　串串负反馈使得输出电流的不确定性降低了

| | 一 般 偏 置 | 串联负反馈分压偏置 |
|---|---|---|
| 输出电流 $I_C$ | $I_C=\beta\dfrac{V_{CC}-V_{BE}}{R_B}=1.03(\text{mA})$ | $I_C=\dfrac{\eta V_{CC}-V_{BE}}{R_E+(R_{BB}+R_E)/\beta}=1.03(\text{mA})$ |
| $S_{V_{CC}}^{I_C}=\dfrac{\partial I_C}{\partial V_{CC}}\dfrac{V_{CC}}{I_C}$ | $=\dfrac{\beta}{R_B}\dfrac{V_{CC}}{I_C}=1.06$ | $=\dfrac{\eta}{R_E+(R_{BB}+R_E)/\beta}\dfrac{V_{CC}}{I_C}=1.30$ |
| $S_{\beta}^{I}=\dfrac{\partial I_C}{\partial\beta}\dfrac{\beta}{I_C}$ | $=\dfrac{V_{CC}-V_{BE}}{R_B}\dfrac{\beta}{I_C}=1$ | $=\dfrac{(R_{BB}+R_E)/\beta^2}{R_E+(R_{BB}+R_E)/\beta}I_C\dfrac{\beta}{I_C}=0.0167$ |
| $S_{R_C}^{I_C}=\dfrac{\partial I_C}{\partial R_C}\dfrac{R_C}{I_C}$ | $=0$(未考虑厄利效应) | $=0$(未考虑厄利效应) |
| $S_{R_B}^{I_C}=\dfrac{\partial I_C}{\partial R_B}\dfrac{R_B}{I_C}$ | $=-\beta\dfrac{V_{CC}-V_{BE}}{R_B^2}\dfrac{R_B}{I_C}=-1$ | $S_{R_{B1}}^{I_C}=\dfrac{\partial I_C}{\partial R_{B1}}\dfrac{R_{B1}}{I_C}=-0.982$ $S_{R_{B2}}^{I_C}=\dfrac{\partial I_C}{\partial R_{B2}}\dfrac{R_{B2}}{I_C}=0.968$ |

\* $\beta=300$,$V_{CC}=12V$,$R_C=6.8k\Omega$,$R_B=3.3M\Omega$,$R_{B1}=36k\Omega$,$R_{B2}=12k\Omega$,$R_{C0}=4.7k\Omega$,$R_E=2.2k\Omega$。$\eta=R_{B2}/(R_{B1}+R_{B2})=0.25$,$R_{BB}=R_{B1}\parallel R_{B2}=9k\Omega$。

对表 4.3.3,还有几点需要补充说明:①采用带串联负反馈的分压偏置电路(简称分压偏置电路),由 $\beta$ 不确定性导致的输出电流波动很小,这是该电路最大的优势。BJT 分立器件的 $\beta$ 相当的不确定,分压偏置电路因串联负反馈使得其工作点受到的影响很小,因而这种偏置在分立元件电路中极为常见。②由于没有考虑厄利效应,因而输出电流和负载电阻 $R_C$ 无关,如果考虑厄利效应,串串负反馈输出电流对负载电阻 $R_C$ 的灵敏度将明显降低。③输出电流对电源电压的灵敏度,分压偏置电路略高,但这种略高和分压偏置电路对 $\beta$ 变化的抑制来比,可以容忍不计,我们可以通过其他方式稳定电源电压。

**练习 4.3.15**　现在考虑 BJT 的厄利效应,分析一般偏置(图 E4.3.20(a))和分压偏置(图 E4.3.20(c))两个晶体管电路的输出电流表达式,以及输出电流的 $R_C$ 灵敏度大小。

**练习 4.3.16**　PNP-BJT 晶体管是分立器件,其电流增益 $\beta$ 不确定,任取某型号的一个晶体管,其 $\beta$ 值有可能是 $150\sim400$ 之间的任意某个值。请分析说明图 E4.3.26 中三种偏置电路,哪种偏置电路的直流工作点更加稳定,不会因晶体管不同而有大的变化。其中,电源电压

$V_{CC} = 12V, R_C = 6.8k\Omega, R_B = 3.6M\Omega, R_{BP} = 1.8M\Omega, R_{B1} = 150k\Omega, R_{B2} = 50k\Omega, R_{C0} = 4.7k\Omega,$
$R_E = 2.0k\Omega_\circ$

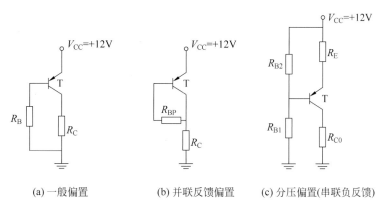

(a) 一般偏置　　　　(b) 并联反馈偏置　　　(c) 分压偏置(串联负反馈)

图 E4.3.26　分立 PNP-BJT 偏置电路

### 4. BJT 电流源

1) 有源区恒流源等效

只要 BJT 有合适的直流偏置(图 4.3.27(a)),使得它工作在有源区,由于其伏安特性曲线是平直的,它就可以在该区域内被等效为电流源,如图 4.3.27(b)所示。根据叠加定理,负载上获得电流为

$$I_{out} = \frac{r_{ce}}{r_{ce} + R_L} I_0 + \frac{V_{CC}}{r_{ce} + R_L} \tag{4.3.33}$$

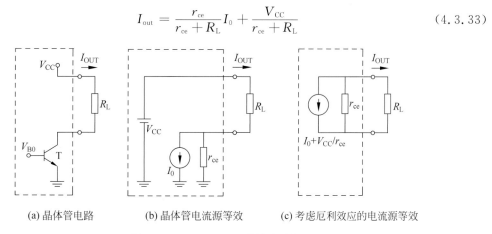

(a) 晶体管电路　　　(b) 晶体管电流源等效　　(c) 考虑厄利效应的电流源等效

图 4.3.27　NPN-BJT 等效电流源

从虚框单端口网络而言,可做诺顿等效,其诺顿电流为

$$I_N = I_{out}(R_L = 0) = I_0 + \frac{V_{CC}}{r_{ce}} \tag{4.3.34}$$

诺顿内阻为 $r_{ce}$,其等效电路如图 4.3.27(c)所示。当 $r_{ce}$ 电阻被抽象为无穷大时,虚框单端口网络则被抽象为理想恒流源,$I_N \xrightarrow{r_{ce} \to \infty} I_0$。

由于偏置电压 $V_{B0} = V_{BE}$ 对输出电流的控制作用是指数律关系,

$$I_C = \beta A_J J_{BS0} \left( e^{\frac{v_{BE}}{v_T}} - 1 \right) \left( 1 + \frac{V_{CE}}{V_A} \right) \quad (V_{CE} > V_{CE,sat})$$

其中,$\beta$ 是电流增益,$A_J$ 是 BE 端口等效二极管的等效结面积,$J_{BS0}$ 是反向饱和电流密度,$I_{CS0} =$

$\beta A_{\mathrm{J}} J_{\mathrm{BS0}}$ 是集电极反向饱和电流，$v_{\mathrm{T}} = \dfrac{kT}{q}$ 是由环境温度决定的热电压，$V_{\mathrm{A}}$ 是厄利电压。

图 4.3.27 中等效电路中的源电流和源内阻分别为

$$I_0 = \beta A_{\mathrm{J}} J_{\mathrm{BS0}} \left( \mathrm{e}^{\frac{v_{\mathrm{B0}}}{v_{\mathrm{T}}}} - 1 \right)$$

$$r_{\mathrm{ce}} = \frac{V_{\mathrm{A}}}{I_0}$$

可见，要获得理想的恒流输出，有几个问题需要解决：①如何获得精确控制的偏置电压 $V_{\mathrm{B0}}$？②即使获得了精准的偏置电压，精准的恒流是否就可得到保证呢？事实上是不能，半导体器件受温度影响很大，BJT 指数律控制关系中，热电压 $v_{\mathrm{T}}$ 和温度成正比关系，反向饱和电流密度 $J_{\mathrm{BS0}}$ 和温度呈正相关，即使给出了一个准确的偏置电压，也无法得到精准的恒定电流。那么如何消除或降低温度敏感度呢？③由于基区宽度调制效应，也就是俗称的厄利效应，输出电流同时和输出电压有关，如何降低厄利效应的影响呢？

2）分压偏置：串联负反馈结构

前面已经给出了一个方案，就是分压偏置（串联负反馈）方案，如图 4.3.28（a）所示。该方案可以提供一个稳定的偏置电流，同时各种非理想效应包括温度敏感和厄利效应均被有效抑制。

为了分析方便，这里假设电流增益 $\beta$ 足够大，或 $R_{\mathrm{B1}}$、$R_{\mathrm{B2}}$ 电阻足够小，基极电流影响可忽略，等效戴维南内阻影响可忽略，可用恒压源 $V_{\mathrm{B0}} = V_{\mathrm{BB}}$ 抽象分压偏置电路等效戴维南源，如图 4.3.28（b）所示。

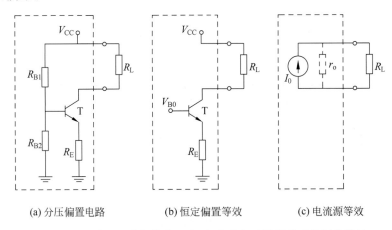

(a) 分压偏置电路　　　　(b) 恒定偏置等效　　　　(c) 电流源等效

图 4.3.28　分压电路提供偏置电压，串联负反馈提供理想恒流特性

首先考察未加负反馈电阻的情况，即

$$I_{\mathrm{C}} = f(V_{\mathrm{BE}}, V_{\mathrm{CE}}) = I_{\mathrm{CS0}} \left( \mathrm{e}^{\frac{V_{\mathrm{BE}}}{v_{\mathrm{T}}}} - 1 \right) \left( 1 + \frac{V_{\mathrm{CE}}}{V_{\mathrm{A}}} \right) \tag{4.3.35a}$$

其等效电流源内导为 $g_{\mathrm{ce}}$，

$$g_{\mathrm{o}} = \frac{\partial I_{\mathrm{C}}}{\partial V_{\mathrm{C}}} = \frac{\partial f(V_{\mathrm{BE}}, V_{\mathrm{CE}})}{\partial V_{\mathrm{CE}}} = \frac{\partial f}{\partial V_{\mathrm{CE}}} = \frac{I_0}{V_{\mathrm{A}}} = g_{\mathrm{ce}} \tag{4.3.35b}$$

现在添加了负反馈电阻，集电极电流对 $V_{\mathrm{BE}}$ 有负反馈作用，

$$I_{\mathrm{C}} = f(V_{\mathrm{BE}}, V_{\mathrm{CE}}) = f(V_{\mathrm{B0}} - I_{\mathrm{C}} R_{\mathrm{E}}, V_{\mathrm{C}} - I_{\mathrm{C}} R_{\mathrm{E}}) \tag{4.3.36a}$$

这里忽略基极电流 $I_{\mathrm{B}}$ 影响，假设 $I_{\mathrm{E}} = I_{\mathrm{C}}$，此时恒流源内导在负反馈作用下变小了，

$$g_o = \frac{\partial I_C}{\partial V_C} = \frac{\partial f(V_{BE}, V_{CE})}{\partial V_C} = \frac{\partial f}{\partial V_{BE}} \frac{\partial V_{BE}}{\partial V_C} + \frac{\partial f}{\partial V_{CE}} \frac{\partial V_{CE}}{\partial V_C}$$

$$= g_m\left(-\frac{\partial I_C}{\partial V_C} R_E\right) + g_{ce}\left(1 - \frac{\partial I_C}{\partial V_C} R_E\right)$$

$$= -g_m R_E g_o + g_{ce}(1 - g_o R_E) \tag{4.3.36b}$$

$$g_o = \frac{g_{ce}}{1 + (g_m + g_{ce})R_E} \approx \frac{g_{ce}}{1 + g_m R_E} \tag{4.3.37a}$$

其中,$g_m = \frac{\partial f}{\partial V_{BE}}$是晶体管 BE 端口电压对 CE 端口电流的微分控制系数,这里称之为微分跨导增益,$g_{ce} = \frac{\partial f}{\partial V_{CE}}$是 CE 端口电压对 CE 端口电流的微分控制系数,它正是晶体管的 CE 端口伏安特性曲线斜率(BJT 电流源微分内导)。在局部线性化分析中可以确认,$g_m \approx \frac{I_0}{v_T} \gg g_{ce} \approx \frac{I_0}{V_A}$,这是由于厄利电压 $V_A$ 在百伏量级而热电压 $v_T$ 仅为 26mV,故而式(4.3.37a)中取 $g_m + g_{ce} \approx g_m$ 以简化分析。显然,加了负反馈电阻后,恒流源内阻是未加负反馈时的$(1+g_m R_E)$倍,

$$r_o = (1 + g_m R_E)r_{ce} \tag{4.3.37b}$$

将例 4.3.11 的数值结果代入,有

$$g_m = \frac{\partial f}{\partial V_{BE}} \approx \frac{I_{C0}}{v_T} = \frac{1.03\text{mA}}{26\text{mV}} = 39.6\text{mS}$$

$$r_{ce} = \left(\frac{\partial f}{\partial V_{CE}}\right)^{-1} = \frac{V_A}{I_{C0}} = \frac{50\text{V}}{1.03\text{mA}} = 48.5\text{k}\Omega$$

$$r_o = (1 + g_m R_E)r_{ce} = (1 + 39.6\text{mS} \times 2.2\text{k}\Omega) \times 48.5\text{k}\Omega$$
$$= 88 \times 48.5\text{k}\Omega = 4.28\text{M}\Omega$$

也就是说,加了串联负反馈电阻后,晶体管等效电流源的内阻从原来的 48.5kΩ 变成了 4.28MΩ,从而更接近于理想恒流源,故而其等效电路可以画为如图 4.3.28(c)所示,恒流源内阻大多数情况下无须画出,因为外部负载电阻 $R_L \ll r_o$,不必再考虑恒流源内阻和 $V_{CC}$ 对输出电流的影响,或者说,可以认为负载电阻上获得的是恒流输出,当然前提条件是晶体管必须工作在恒流区,即 $V_{CE} > V_{CEsat}$,请同学由此估算这里对 $R_L$ 的限制条件是什么。

同理,可以计算获得未加负反馈时的温度敏感度大约为

$$S_T^{I_C} = \frac{T}{I_C} \frac{\partial I_C}{\partial T} \approx -\frac{V_{BE}}{v_T} \approx -27 \tag{4.3.38a}$$

加了串联负反馈电阻后,温度敏感度下降为原来的 $1/(1+g_m R_E) = 1/88$,

$$S_T^{I_C} = \frac{T}{I_C} \frac{\partial I_C}{\partial T} \approx -\frac{V_{BE}/v_T}{1 + g_m R_E} \approx -0.3 \tag{4.3.38b}$$

这里假设 $R_E$ 不随温度改变而改变。

3)二极管偏置:电流镜结构

电阻分压电路只是提供了一个恒定偏置 $V_{B0}$,使得电流源更接近理想恒流源的关键是串联负反馈。还有一种方法可以提供稳定的恒流输出,这就是如图 4.3.29 所示的电流镜方式,这种方式利用同参量的二极管(晶体管)作为偏置电路,由于二极管和晶体管的参量可以对消,从而参量变化不再影响输出电流,决定输出电流的因素是器件尺寸之比。

如图 4.3.29 所示,我们要求两个晶体管 $T_1$ 和 $T_2$,其工艺参数保持一致,这是通过集成电路实现的:在同一个基片上制作,两个晶体管紧靠一起,同一环境条件下制作,故而其工艺参

数可保证基本一致。

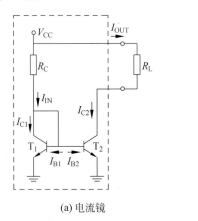
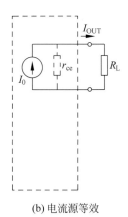

(a) 电流镜　　　　　　　　　(b) 电流源等效

图 4.3.29　NPN-BJT 电流镜

现在把 $T_1$ 晶体管的集电极和基极连到一起,于是 $V_{BC}=0$。在分析晶体管工作区时,以 $V_{BC}=0$ 作为 BJT 有源区和饱和区的分界,实际晶体管 $V_{BC}=0$ 时仍然处于有源区,因为 BJT 的饱和电压大约为 $V_{CE,sat}=0.2V$,而这种连接方式确保 $V_{CE}$ 大约为 $0.7V > V_{CE,sat}$,故而晶体管电流方程仍然符合有源区控制方程,或者说,此时 $T_1$ 晶体管就是一个二极管 $D_1$。

此时,自 $T_1$ 集电极端点位置流入的电流 $I_{IN}$ 包括 $I_{B1}$、$I_{B2}$ 和 $I_{C1}$,自 $T_2$ 集电极流入电流 $I_{OUT}$ 为 $I_{C2}$,其中 $I_{C1}=\beta I_{B1}$,$I_{C2}=\beta I_{B2}$,且都和 $V_{BE}$ 具有指数律关系。注意,现在两个晶体管的 $V_{BE}$ 是同一个 $V_{BE}$,如果电流增益足够高,$\beta$ 足够大,那么两个基极电流 $I_{B1}$ 和 $I_{B2}$ 可忽略不计,如果也不考虑厄利效应,那么两个晶体管的集电极电流之比就是两个等效 PN 结的结面积之比,

$$A_1 = \frac{I_{OUT}}{I_{IN}} = \frac{I_{C2}}{I_{C1}+I_{B1}+I_{B2}}$$

$$\stackrel{\beta \text{极大}}{\approx} \frac{I_{C2}}{I_{C1}} = \frac{\beta A_{J2}J_{BS0}\left(e^{\frac{v_{BE2}}{v_T}}-1\right)\left(1+\frac{v_{CE2}}{V_A}\right)}{\beta A_{J1}J_{BS0}\left(e^{\frac{v_{BE1}}{v_T}}-1\right)\left(1+\frac{v_{CE1}}{V_A}\right)} \stackrel{V_A \text{极大}}{\approx} \frac{A_{J2}}{A_{J1}} \tag{4.3.39}$$

这种比值关系屏蔽了其他所有工艺参量的影响,使得电流之比变成物理尺寸之比,只要控制输入端电流 $I_{IN}$ 大小,输出端电流即可比例输出,

$$I_{IN} = \frac{V_{CC}-V_{BE}}{R_C} \approx \frac{V_{CC}-0.7}{R_C} \tag{4.3.40}$$

二极管导通电压随电流在 0.7V 附近有变化,但变化不是很大,故而调整偏置电阻 $R_C$ 的值即可比较精准地调整输出电流 $I_{OUT}$。

上述推导中,有三个假设:①两个晶体管工艺参量完全一致,做比值时对应工艺参量如电流密度、电流增益、与热电压相关的指数律关系均可对消;②电流增益足够大,基极电流影响可忽略;③厄利电压足够大,厄利效应可忽略。

上述假设是理想情况,真实晶体管并不理想,或多或少偏离理想,为了降低这些非理想效应,使得 $I_{OUT}$ 尽量和 $I_{IN}$ 相等的同时,$I_{OUT}$ 端口的等效电流源内阻尽可能大,我们需要采取进一步的改进措施。第一个改进措施就是负反馈,如图 4.3.30(a) 所示,在两个晶体管发射极加入串联负反馈电阻,其优点前面已经论述,它使得 $I_{OUT}$ 端口的等效电流源内阻加大 $g_{m2}R_{E2}$ 倍,同时,两侧不对称性导致的不完全对消中的各种参量变化如温度灵敏度也将随之下降。注意,为

了确保对称性,要求

$$\frac{R_{E1}}{R_{E2}} = \frac{A_{J2}}{A_{J1}} = A_I \tag{4.3.41}$$

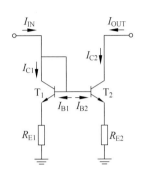

(a) 电流镜:串联负反馈

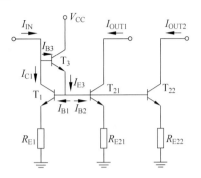

(b) 电流镜:负反馈+电流增益倍增电路

图 4.3.30　NPN-BJT 电流镜改进

**练习 4.3.17**　分析考察没有串联负反馈电阻的 BJT 电流镜和添加了串联负反馈电阻的 BJT 电流镜,两者的输出电压限定性条件分别是什么?

**提示**:从如何确保电流镜提供恒流输出这一角度出发考察。

为了降低电流增益 $\beta$ 非无穷带来的镜像非对称影响,可以采用如图 4.3.30(b)所示的电流增益倍增措施,增加 $T_3$ 晶体管,该晶体管的加入使得输入电流 $I_{IN}$ 更加接近于 $T_1$ 的集电极电流 $I_{C1}$,

$$I_{IN} = I_{C1} + I_{B3} = I_{C1} + \frac{I_{E3}}{\beta_3 + 1} = I_{C1} + \frac{I_{B1} + I_{B2}}{\beta_3 + 1} \approx I_{C1} \tag{4.3.42}$$

也就是说,$T_1$ 和 $T_2$ 基极电流的影响被压缩为原来的 $1/(1+\beta_3)$,这里,$T_3$ 被称为 $\beta$ helper,它的存在使得构成电流镜的两个晶体管等效电流增益增加,BJT 电流镜的基极电流影响大大降低。

恒压输出端一个结点引出可以为很多电路提供相同电压(相对参考地),而恒流输出则需要在一个回路中,才能确保电流相同。而实际应用中,多个回路有可能要求相同电流或比例电流,则可用图 4.3.30(b)所示多支路电流镜结构,多引出几个电流输出回路即可。

**练习 4.3.18**　如果希望使得 $I_{OUT1} = 2I_{IN}$,$I_{OUT2} = 3I_{IN}$,对图 4.3.30(b)电路应提出什么要求?

**练习 4.3.19**　图 4.3.30(b)的 $I_{OUT}$ 电流是从电流镜外部自端口非地结点流入,现在希望 $I_{OUT3}$ 电流是从电流镜内部自端口非地结点流出,请设计电路实现这一要求。

**5. BJT 反相器**

**例 4.3.12**　如图 E4.3.27 所示,这是一个 BJT 反相电路,图中 $R_C$ 和 $V_{CC}$ 是集射端口的带源负载,$R_B$ 是基极限流电阻。请用图解法和分段折线法分析该电路的输入输出电压转移特性。

**分析**:由于晶体管的 BE 结是二极管,其伏安特性具有指数律关系,因而极为微小的电压变化将导致极大的电流变化。为了防止因过流而导致晶体管烧毁,电路中添加限流电阻 $R_B$,该电阻使得基极电流受到限制。MOSFET 的栅极没有电流流入,因而

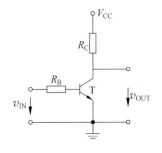

图 E4.3.27　BJT 反相电路

MOSFET 反相器无须栅极限流电阻。

**解**：（1）图解法便于直观理解：

图 E4.3.28(a)是晶体管 BE 端口的伏安特性曲线和负载线，图 E4.3.28(b)是晶体管 CE 端口伏安特性曲线和负载线。

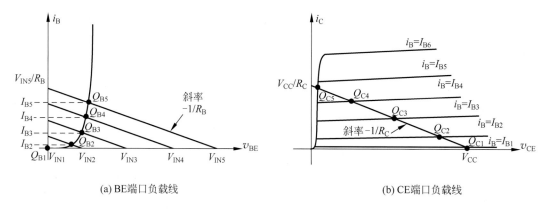

(a) BE端口负载线　　　　　　　　(b) CE端口负载线

图 E4.3.28　负载线与 BJT 伏安特性曲线的交点

假设输入电压是恒压激励，于是 BE 端口的负载就是戴维南源$(v_{IN}, R_B)$。依小到大，分别取 $v_{IN} = V_{IN1}, V_{IN2}, V_{IN3}, V_{IN4}, V_{IN5}$，由于限流电阻 $R_B$ 不变，故而负载线斜率 $-1/R_B$ 不变。这 5 条负载线和晶体管 BE 端口伏安特性曲线的交点为 $Q_{B1}$、$Q_{B2}$、$Q_{B3}$、$Q_{B4}$、$Q_{B5}$，这 5 个交点对应的电压就是 BE 端口电压 $v_{BE}$，对应的电流就是 BE 端口电流 $i_B$。

CE 端口的带源负载是戴维南源$(V_{CC}, R_C)$，因而负载线是斜率为 $-1/R_C$ 的斜直线，这个直线在横轴的截距为 $V_{CC}$。在 CE 端口伏安特性曲线上找到对应 $I_{B1}$、$I_{B2}$、$I_{B3}$、$I_{B4}$、$I_{B5}$ 的 5 条伏安特性曲线，这五条伏安特性曲线和负载线的交点 $Q_{C1}$、$Q_{C2}$、$Q_{C3}$、$Q_{C4}$、$Q_{C5}$ 对应的坐标就是 CE 端口的端口电压 $v_{CE} = v_{OUT}$ 和端口电流 $i_C$。

注意这 5 个点分别对应 $V_{IN1}, V_{IN2}, V_{IN3}, V_{IN4}, V_{IN5}$ 和 $V_{OUT1}, V_{OUT2}, V_{OUT3}, V_{OUT4}, V_{OUT5}$，将其描点画在图 E4.3.29(a)中，则可获得 BJT 反相器的输入输出电压转移特性曲线，这是反相器的典型转移特性曲线形态。

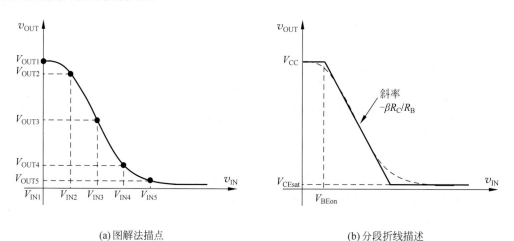

(a)图解法描点　　　　　　　　(b)分段折线描述

图 E4.3.29　BJT 反相器反相特性曲线

（2）分段折线法可以给出反相转移曲线近似表达式：

① $v_{IN} < V_{BEon} = 0.7V$，BJT 截止，其等效电路为开路，如图 E4.3.30(a)所示。显然，此时

$$v_{OUT} = V_{CC} \tag{E4.3.28a}$$

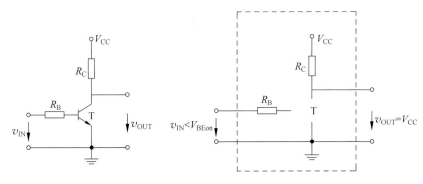

图 E4.3.30(a)　晶体管截止：开路模型

② $v_{IN} > V_{BEon} = 0.7V$，BJT 启动导通，BJT 集电极电压稍微偏离 $V_{CC}$，此时 $V_{CE}$ 很大，故而晶体管处于恒流导通区，其等效电路为流控流源，如图 E4.3.30(b)所示，这里忽略了厄利效应，即

$$I_{C0} = \beta I_{B0} = \beta \frac{v_{IN} - V_{BEon}}{R_B}$$

$$v_{OUT} = V_{CC} - I_{C0}R_C = V_{CC} - \beta \frac{v_{IN} - V_{BEon}}{R_B} R_C$$

$$= V_{CC} + \beta \frac{R_C}{R_B} V_{BEon} - \beta \frac{R_C}{R_B} v_{IN} \tag{E4.3.28b}$$

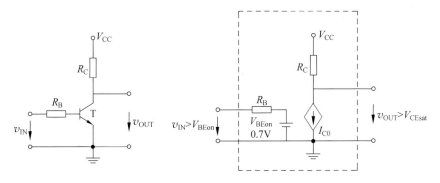

图 E4.3.30(b)　晶体管恒流导通：受控电流源模型

显然，BJT 处于恒流区时，输入输出电压之间近似为线性关系。BJT 位于恒流区的条件是 $V_{CE} = v_{OUT} > V_{CEsat}$，故而要求

$$V_{BEon} < v_{IN} < \frac{V_{CC} - V_{CEsat}}{\beta \dfrac{R_C}{R_B}} + V_{BEon}$$

③ 当 $v_{IN} > \dfrac{V_{CC} - V_{CEsat}}{\beta \dfrac{R_C}{R_B}} + V_{BEon}$ 时，BJT 进入饱和导通区，其分析电路如图 E4.3.30(c)所示，其输出端为恒压输出，即

$$v_{\text{OUT}} = V_{\text{CEsat}} \tag{E4.3.28c}$$

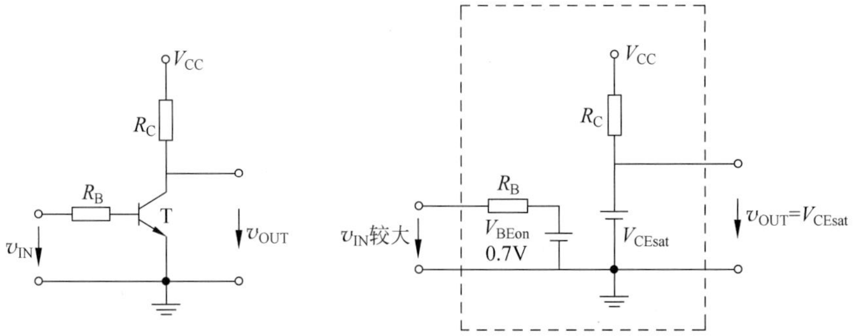

图 E4.3.30(c)　晶体管饱和导通：饱和电压输出

最后，将分段折线分析结果罗列如下：

$$v_{\text{OUT}} = \begin{cases} V_{\text{CC}}, & v_{\text{IN}} < V_{\text{BEon}} \\[2mm] V_{\text{CC}} + \beta \dfrac{R_{\text{C}}}{R_{\text{B}}} V_{\text{BEon}} - \beta \dfrac{R_{\text{C}}}{R_{\text{B}}} v_{\text{IN}}, & V_{\text{BEon}} < v_{\text{IN}} < \dfrac{V_{\text{CC}} - V_{\text{CEsat}}}{\beta \dfrac{R_{\text{C}}}{R_{\text{B}}}} + V_{\text{BEon}} \\[5mm] V_{\text{CEsat}}, & v_{\text{IN}} > \dfrac{V_{\text{CC}} - V_{\text{CEsat}}}{\beta \dfrac{R_{\text{C}}}{R_{\text{B}}}} + V_{\text{BEon}} \end{cases} \tag{E4.3.29}$$

分段线性转移特性曲线如图 E4.3.29(b)所示，这个分段折线描述对我们理解反相器工作原理足够用了。

BJT 反相器同样可以作为数字非门和反相放大器使用。请牢记如下结论：如果我们希望用 BJT 晶体管实现放大器电路，请确保 BJT 晶体管工作在有源区。

# 4.4　局部线性化之单端口非线性电阻：负阻放大器

## 4.4.1　局部线性化原理

### 1. 泰勒展开线性项

局部线性化，用数学语言描述，就是保留泰勒展开的零阶项和一阶线性项的近似分析方法。当信号足够小时，高阶非线性项是可以忽略不计的高阶小项。换句话说，当信号足够小时，描述方程具有连续导数的非线性器件对小信号而言可视为线性器件。

假设电路中只存在一个非线性的单端口电阻器件 $R_{\text{NL}}$，剩余的线性阻性元件（线性电阻、线性受控源）和独立源则可采用戴维南定理等效为戴维南源，如图 4.4.1 所示，这种情况下的非线性电阻端口电压、端口电流分析可以用戴维南源和非线性器件的对接进行分析。

这里有两个假设：① 线性网络中包含直流偏置电源和交流小信号激励源，故而戴维南等效源中包含两部分，直流分量和交流小信号分量，

$$v_{\text{TH}}(t) = V_{\text{TH0}} + v_{\text{THac}}(t) \tag{4.4.1}$$

② 不妨假设该单端口非线性电阻是压控器件，且可幂级数展开，

$$i = f(v) = f(V_0 + \Delta v)$$

$$= f(V_0) + f'(V_0)\Delta v + \frac{1}{2!}f''(V_0)\Delta v^2 + \frac{1}{3!}f'''(V_0)\Delta v^3 + \cdots \tag{4.4.2}$$

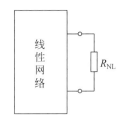

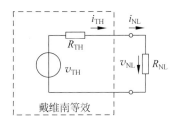

(a) 一个单端口非线性电路　　　　　(b) 线性阻性网络的戴维南等效

图 4.4.1　简单非线性电阻电路

显然,只要在工作点 $V_0$ 位置的偏移量 $\Delta v$ 足够小,高阶非线性项都是高阶小量,其影响可以忽略不计,于是有

$$i = f(v) = f(V_0 + \Delta v) \approx f(V_0) + f'(V_0)\Delta v = I_0 + \Delta i \qquad (4.4.3)$$

其中,$I_0 = f(V_0)$ 是流经非线性电阻的直流电流,$\Delta i = f'(V_0)\Delta v$ 是在直流电流上附加的交流小信号电流,它和交流小信号电压 $\Delta v$ 之间是线性比值关系,也就是线性电阻关系,

$$r_d = \frac{\Delta v}{\Delta i} = (f'(V_0))^{-1} \qquad (4.4.4)$$

这个线性电阻是直流工作点 $(V_0, I_0)$ 位置伏安特性曲线斜率的倒数,也就是直流工作点位置的微分电阻。

**2. 交直流分析**

对图 4.4.1,可以列写如下电路方程,

$$\frac{v_{TH} - v_{NL}}{R_{TH}} = i_{TH} = i_{NL} = f(v_{NL}) \qquad (4.4.5)$$

戴维南源中包含直流分量和交流小信号分量,这里假设交流小信号分量很小,使得整个电路都是在直流工作点附近做小幅度的波动。显然,电路中的所有电量均可分解为直流分量与交流小信号分量之和,非线性电阻的端口电压亦是如此,

$$v_{NL} = V_0 + v_{ac}(t) \qquad (4.4.6)$$

于是电路方程(4.4.5)可以重新描述为

$$\frac{V_{TH0} + v_{THac} - (V_0 + v_{ac})}{R_{TH}} = f(V_0 + v_{ac}) \approx f(V_0) + f'(V_0)v_{ac}$$

这里假设交流小信号足够小,于是对非线性电路方程的分析可以分解为两部分:

和时间变化无关的直流非线性分析:

$$\frac{V_{TH0} - V_0}{R_{TH}} = f(V_0) = I_0 \qquad (4.4.7a)$$

和时间变化相关的交流小信号线性分析:

$$\frac{v_{THac} - v_{ac}}{R_{TH}} = f'(V_0)v_{ac} = i_{ac} = \frac{v_{ac}}{r_d} \qquad (4.4.7b)$$

对于具有连续非线性特性的非线性电阻,如果交流激励源幅度很小,这种电路的分析步骤是先直流分析,再交流小信号线性分析。如图 4.4.2 所示,直流分析时,去除交流源作用(交流恒压源短路,交流恒流源开路),用解析法、图解法、分段线性法、数值法等非线性求解方法获得非线性器件的直流工作点 $(V_0, I_0)$,获得直流工作点位置的微分参量,对于单端口非线性电阻器件,就是求取直流工作点位置的微分电阻;交流分析时,去除直流源作用(直流恒压源

短路,直流恒流源开路),用微分元件替代非线性元件,于是交流小信号分析就成为线性电路分析。

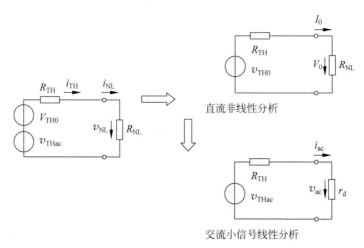

直流非线性分析

交流小信号线性分析

图 4.4.2　单端口非线性电阻电路的直流分析和交流小信号分析电路

为了说明问题,图 4.4.3 给出了交直流分析的图解法示意图。本章分析为了简单起见,一般假设交流小信号都是正弦波信号,即假设

$$v_{THac} = V_{im}\sin\omega t \tag{4.4.8}$$

由图示可知,只要 $V_{im}$ 足够小,在非线性特性曲线直流工作点 $(V_0, I_0)$ 附近的工作区域内,非线性特性曲线可以简单地视为直线,用直流工作点上的切线替代,故而非线性器件端口的交流小信号也是正弦波,为

$$v_{ac} = V_{om}\sin\omega t \tag{4.4.9a}$$

$$i_{ac} = \frac{V_{om}}{r_d}\sin\omega t \tag{4.4.9b}$$

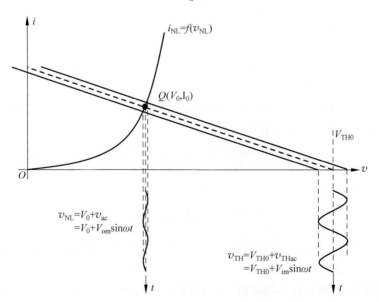

图 4.4.3　交直流分析图解示意图

故而局部线性化方法也被称为交直流分析方法,需要先直流后交流两个分析步骤。

1) 先直流非线性分析获得直流工作点

第一个步骤是直流分析,如图 4.4.4(a)所示,去除交流小信号激励,只保留直流源的作用。获得直流工作点 $Q(V_0,I_0)$ 的方法不限,可以是解析法、数值法、图解法,如果精度要求不很高,也可采用分段折线法。

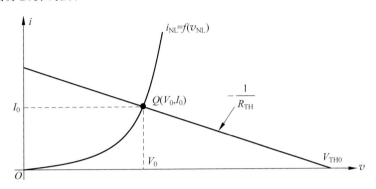

图 4.4.4(a) 直流分析图解示意图

2) 再在直流工作点上做交流小信号分析

第二个步骤就是交流分析,如图 4.4.4(b)所示。注意,交流分析时的等效电路中去除了直流源的作用,同时用微分电阻替代非线性电阻,这种替代本身包含了直流源的作用在内。在图 4.4.4(b)中,直流源的作用体现在交流分析的坐标系的搬移上,坐标原点从 $O(0,0)$ 搬移到了 $Q(V_0,I_0)$,也就是说,交流小信号分析的坐标系 $(v_{ac},i_{ac})$ 的坐标原点是 $Q$。

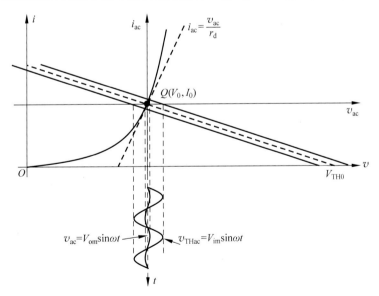

图 4.4.4(b) 交流小信号线性分析图解示意图

电路中用微分电阻替代非线性电阻,也就是在 $Q$ 点用 $Q$ 的切线(直线)替代非线性曲线,

$$i_{ac} = \frac{v_{ac}}{r_d} \tag{4.4.10}$$

这个切线的斜率倒数就是微分电阻 $r_d$。由图 4.4.2 给出的小信号等效电路可知,非线性器件端口电压中的交流小信号为

$$v_{ac} = \frac{r_d}{R_{TH} + r_d} v_{THac} \tag{4.4.11a}$$

或者说,交流小信号正弦波的幅度为

$$V_{om} = \frac{r_d}{R_{TH} + r_d} V_{im} \tag{4.4.11b}$$

图 4.4.3、4 给出的非线性伏安特性曲线在直流工作点位置的斜率比较陡峭,也就是说 $r_d$ 比较小,故而 $V_{om}$ 较 $V_{im}$ 而言很小。

**练习 4.4.1**　如图 E4.4.1 所示,假设某非线性电路中包含两个单端口的非线性电阻器件,剩余的电路则是线性电阻电路和理想电源构成的线性网络。(1)假设两个非线性电阻器件

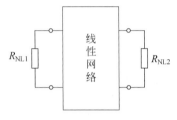

图 E4.4.1　非线性电阻电路:两个单端口非线性元件

都是压控器件,则二端口的线性网络应该采用什么参量描述比较适当?(2)假设两个非线性电阻器件都是流控器件,则二端口的线性网络应该采用什么参量描述比较适当?(3)假设两个非线性电阻器件一个是压控器件,一个是流控器件,则二端口的线性网络应该采用什么参量描述比较适当?(4)不妨假设两个非线性电阻器件都是流控器件,并且假设线性网络中的源等效中包含直流分量和交流小信号分量,请描述该网络的交直流分析全过程。

**提示**:二端口线性阻性网络可采用二端口的戴维南-诺顿等效电路,$z$、$y$、$g$、$h$ 四种参量有明确的电路模型对应。

**例 4.4.1**　如图 E4.4.2 所示,这是一个包含直流电压源 $V_B = 5V$,交流信号源 $v_s = 3\cos\omega t$(V),线性电阻 $R_1 = 15k\Omega$、$R_2 = 1k\Omega$ 和一个二端非线性电阻(二极管 D)的电路,求负载电阻 $R_L = 1k\Omega$ 上的电压。假设二极管满足指数律关系,其反向饱和电流 $I_{S0} = 10fA$。

**分析**:本例中的直流电源是一个控制电压,当这个电压为 5V 时,二极管正偏导通,其微分电阻近似为 0,二极管可视为开关闭合导通,于是交流小信号可以通过,当然通过时信号被分压衰减了;当 $V_B = 0V$ 时,二极管截止,其微分电阻近似无穷大,二极管可视为开关断开,于是交流小信号无法通过。这里分析的是二极管开关导通时的情况,负载电阻上获得了交流小信号的分压信号。

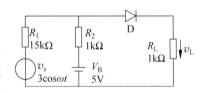

图 E4.4.2　二极管开关例
(二极管开关导通)

**解**:本题可以采用图解法、数值法或者交直流分析法,其中,交直流分析方法可以快速给出近似解析表达式。

第一步,将线性和非线性分离,如图 E4.4.3 所示,其中线性网络可以进行戴维南等效,注意到负载电流等于二极管电流,因而只需获得二极管端口电流,即可获得负载电压。

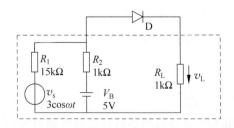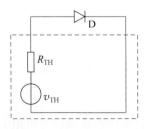

图 E4.4.3　戴维南等效

在进行戴维南等效时,可以根据叠加定理,首先考察 $V_B$ 单独作用时的端口开路电压。端口开路,故而负载电阻上无电流,负载电阻上电压为 0,故而端口开路电压就是 $V_B$ 在 $R_1$ 上的分压,

$$V_{TH0} = \frac{R_1}{R_1 + R_2} V_B = \frac{15}{15 + 1} \times 5 = 4.6875(V)$$

其次考察 $v_s$ 单独作用时的端口开路电压,显然等于 $v_s$ 在 $R_2$ 上的分压,

$$v_{THac} = \frac{R_2}{R_1 + R_2} v_s = \frac{1}{15 + 1} \times 3\cos\omega t = 0.1875\cos\omega t(V)$$

故而戴维南等效电压为两个端口开路电压之和,

$$v_{TH} = V_{TH0} + v_{THac} = (4.6875 + 0.1875\cos\omega t)(V)$$

而戴维南内阻则等于所有独立源不起作用时的端口看入电阻,由于两个独立源都是恒压源,故而短路处理,于是戴维南内阻为

$$R_{TH} = R_L + R_1 \parallel R_2 = 1k + 15k \parallel 1k = 1.9375(k\Omega)$$

第二步,进行交直流分析。首先是直流分析,最简单的直流分析是采用分段折线法,用 0.7V 恒压源替代图 E4.4.4(a)中的二极管,于是可以获得

$$I_{D0} = \frac{V_{TH0} - 0.7}{R_{TH}} = \frac{4.6875 - 0.7}{1.9375k} = 2.058(mA)$$

故而二极管微分电阻为

$$r_d = \frac{v_T}{I_{D0}} = \frac{26mV}{2.058mA} = 12.63\Omega$$

之后是交流小信号线性分析,这里,用 $r_d$ 微分电阻替代图 E4.4.4(b)中的二极管,显然二极管小信号电流为

$$i_d = \frac{v_{THac}}{R_{TH} + r_d} = \frac{0.1875\cos\omega t}{1937.5 + 12.63} = 96.15\cos\omega t(\mu A)$$

于是二极管总电流包含直流分量和交流分量,为

$$i_D = I_{D0} + i_d = (2058 + 96\cos\omega t)\mu A$$

负载电压为

$$v_L = i_L R_L = i_D R_L = (2058 + 96\cos\omega t)mV = (2.058 + 0.096\cos\omega t)V$$

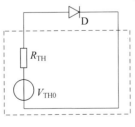

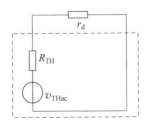

(a) 直流非线性分析    (b) 交流线性分析

图 E4.4.4 直流分析和交流分析

上述分段折线法中,由于二极管直流电流在 mA 量级,二极管微分电阻则在 $10^1\Omega$ 量级,和外围 k$\Omega$ 量级的线性电阻相比,可以抽象为 0 电阻,于是二极管微分电阻也可以采用 0.7V 恒压源分段折线的 $0\Omega$ 内阻抽象以简化计算。但是对于 BJT 的 BE 结,其直流电流在 $\mu A$ 量

级,BE 结微分电阻在 kΩ 量级,和 BJT 外围 kΩ 量级的线性偏置电阻比,其影响则不能忽略不计,故而不能用 0Ω 短路线看待 BJT 的 BE 结微分电阻,而必须用 $v_T/I_{B0}$ 来计算 BE 结微分电阻,见 4.5 节。

如果同学对分段折线法求取直流工作点有疑问,请用数值法精确求解获得直流工作点,再进行交流小信号线性分析,由此确认分段折线法的有效性。

**3. 交直流分析不同于叠加定理**

我们注意到交直流分析中,有两类独立源,直流偏置源和交流激励源。当交流激励源信号幅度比较小时,问题分析可以简化为直流分析和交流小信号线性分析。如对于非线性电阻 $i = f(v)$,其交直流分析可表述为

$$i = f(v) = f(V_0 + v_{ac}) \approx f(V_0) + f'(V_0)v_{ac} = I_0 + \frac{v_{ac}}{r_d} = I_0 + i_{ac} \qquad (4.4.12)$$

其直流电阻和交流电阻明显不同。不能将针对非线性电路适用的交直流分析和针对线性电路适用的叠加定理相混淆。对于线性电阻电路,其叠加定理可表述为

$$i = f(v) = \frac{v}{R} = f(V_0 + v_{ac}) = \frac{V_0}{R} + \frac{v_{ac}}{R} = f(V_0) + f(v_{ac}) = I_0 + i_{ac} \qquad (4.4.13)$$

其直流电阻和交流电阻是同一个电阻。在交流分析中,所有电阻元件都用其微分元件替代,而线性电阻的微分电阻就是线性电阻本身。

非线性电路的交直流分析要求交流小信号的幅度很小,从而对交流小信号而言,非线性的局部特性可以被线性化处理,直流分析和交流分析是在两个不同的坐标系下分别完成的,交流分析的坐标系原点是直流分析的直流工作点 $Q$。而叠加定理则针对线性电路,在线性电路适用的范围内,对信号幅度没有限制,只要线性还成立,叠加定理就适用;此时两个激励下的两个响应的计算可在同一坐标系下完成,也可在不同坐标系下完成,因为线性,坐标系原点的平移仅是在直线上滑动而已,线性特性不会因此而改变。

线性是相对的,而非线性却是绝对的。只有在一定条件下,才可用线性处理非线性问题,如果超过了线性适用的范围,系统将会呈现出非线性特性来。我们一般用线性度或线性范围来描述线性的适用范围。对于下面的负阻放大器,我们将考察其线性放大的线性范围。

### 4.4.2　负阻放大器

具有负阻区或负阻特性的二极管可以将直流电能转换为交流电能,从而实现可对外提供交流能量的有源功能,即可用来实现放大电路和振荡电路。由于晶体管具有更好的可控性,当前大多数放大器和振荡器都是晶体管电路,已经很少见到负阻器件实现的放大器了。然而在进行晶体管电路分析时,有时可将带正反馈的晶体管等效为负阻,因为这种等效使得分析变得十分的简单,故而负阻概念仍然需要建立起来,虽然负阻放大器本身被逐渐淘汰,前景也不明朗。

下面仅举一个例子说明负阻放大原理,本书中放大电路的重点仍然是晶体管放大器,在下一节将详尽论述。这里仅利用负阻放大的一个例子,建立起负阻、高频扼流圈、耦合电容、交直流分析、线性范围等诸多概念。

**1. 交直流分析**

**例 4.4.2**　如图 E4.4.5 所示,这是一个包含有负阻器件(隧道二极管)的电路。图中的电感被称为射频扼流圈(Radio Frequency Choke),具有直流短路、交流开路特性,图中的电容被

称为耦合电容(Coupling Capacitor),具有直流开路、交流短路特性。求负载电阻获得的交流功率、交流小信号电压源发出的交流功率,以及两个功率之比(功率增益)。

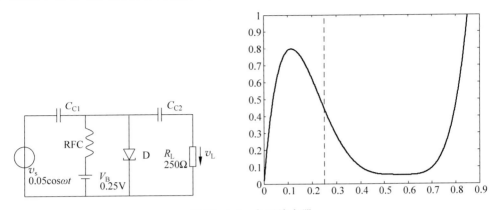

图 E4.4.5 负阻放大器

本例中的隧道二极管的伏安特性曲线在负阻区附近可以用如下多项式方程拟合:

$$i = f(v) = 17.05v - 119.57v^2 + 317.42v^3 - 375.42v^4 + 166.66v^5$$

其中二极管端口电压 $v$ 的单位为伏特,端口电流 $i$ 的单位为毫安。

**分析:** 由于高频扼流圈直流短路、交流开路,而耦合电容直流开路、交流短路,故而进行交直流分析时,线性网络的等效电路完全不同:其直流分析电路如图 E4.4.6(a)所示,直流恒压源直接为隧道二极管提供直流偏置电压,此时高频扼流圈短路处理,耦合电容开路处理;其交流分析电路则如图 E4.4.6(b)所示,交流小信号电压源驱动隧道二极管微分电阻和负载电阻的并联,此时直流电压源、耦合电容均短路处理,而高频扼流圈开路处理,二极管被其直流工作点位置的微分线性负阻替代。

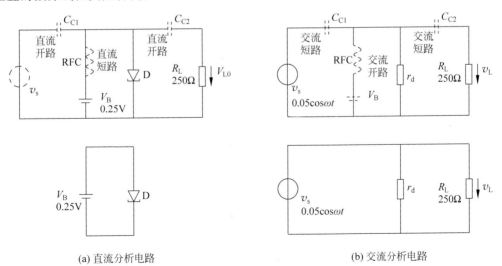

(a) 直流分析电路    (b) 交流分析电路

图 E4.4.6 直流分析电路和交流分析电路

首先将负阻区的伏安特性曲线画出,发现 250mV 恰好位于负阻区中心位置,而直流电路确保隧道二极管恰好工作在 250mV 直流工作点位置,此处的直流电流为 $I_0 = f(V_0) = 445\mu A$,该位置的微分电阻为

$$r_d = \frac{1}{f'(v)}\bigg|_{V_0}$$

$$= \frac{1}{17.05 - 119.57 \times 2v + 317.42 \times 3v^2 - 375.42 \times 4v^3 + 166.66 \times 5v^4}\bigg|_{v=V_0=0.25}$$

$$= \frac{1}{-3.4274\text{mS}} = -292(\Omega)$$

小信号电压源分别为两个微分电阻提供的电流为

$$i_d = \frac{v_s}{r_d} = -0.1714\cos\omega t\,(\text{mA})$$

$$i_L = \frac{v_s}{R_L} = 0.2000\cos\omega t\,(\text{mA})$$

故而小信号电压源总共向外提供的电流为

$$i_s = i_d + i_L = 0.0286\cos\omega t\,(\text{mA})$$

由此可以计算获得小信号电压源向外提供的交流功率为

$$\overline{p_s} = \frac{1}{2}V_{sp}I_{sp} = 0.5 \times 0.05 \times 0.0286\text{m} = 0.715(\mu\text{W})$$

而负载电阻获得的交流功率为

$$\overline{p_L} = \frac{1}{2}I_{Lp}^2 R_L = 0.5 \times (0.20\text{m})^2 \times 250 = 5(\mu\text{W})$$

故而功率增益为

$$G_p = \frac{\overline{p_L}}{\overline{p_s}} = \frac{5}{0.715} = 7 = 8.4(\text{dB})$$

**2. 耦合电容和射频扼流圈**

耦合电容就是大电容,大电容对较高的频率呈现短路形态,从而高频信号很容易通过电容,故而称之为耦合电容。所谓耦合,就是能量(信号)通过,从信源加载到了负载,负载获得了信源提供的能量。为什么耦合电容具有高频短路、直流开路特性呢?

假设加载在电容两端的电压包含直流电压和正弦交流电压,

$$v_C(t) = V_0 + V_m\cos\omega t \tag{E4.4.1a}$$

那么流过电容的电流则为

$$i_C(t) = C\frac{dv_C(t)}{dt} = -C\omega V_m\sin\omega t = \omega C V_m\cos\left(\omega t + \frac{\pi}{2}\right) \tag{E4.4.1b}$$

注意到直流电流无法通过电容,这就是所谓的直流开路(直流电流为0)。那么交流短路呢?我们注意到,电流幅度 $\omega C V_m$ 随正弦频率 $\omega$ 升高而升高,如果暂不关注电流相位超前电压相位 $90°$,而只考虑幅度的变化,则可定义与电导具有相同西门子单位的电容电纳为电容电流幅度和电压幅度之比,

$$B = \frac{I_m}{V_m} = \omega C \tag{E4.4.2}$$

对于直流情况,频率为 $0$,$\omega=0$,电纳 $B=0$,或者说直流电流恒为 $0$,故而电容的直流电路模型就是开路模型。对于高频情况,频率 $\omega$ 越高或电容 $C$ 越大,电纳 $B=\omega C$ 就越大,而电纳 $B$ 越大,电流幅度 $I_m=BV_m$ 就越大。反过来说,如果电流幅度 $I_m$ 被限定在某个范围之内,那么频率 $\omega$ 越高,电容 $C$ 越大,电纳 $B$ 越大,电压幅度 $V_m=I_m/B$ 就越小,当电压幅度 $V_m$ 小到一定程度后,就可以被抽象为 $v=0$,于是电容的高频电路模型就是短路。

耦合电容在直流分析中用开路电路模型,在交流分析中用短路电路模型,那么多高的频率 $\omega$ 才算是交流呢？这个问题留在第 8、9 章讨论,本章出现的耦合电容在交流分析时均按短路处理即可。

如果进行的电路分析是交直流混合分析,那么电容在电阻电路分析中的电路模型为恒压源模型,下面给出具体分析。

重新整理式(E4.4.1),有

$$\left(\frac{v_{\mathrm{C}}(t)-V_0}{V_{\mathrm{m}}}\right)^2+\left(\frac{i_{\mathrm{C}}(t)}{\omega CV_{\mathrm{m}}}\right)^2=(\cos\omega t)^2+(-\sin\omega t)^2=1 \tag{E4.4.3}$$

显然这是一个椭圆方程,我们可以在 $vi$ 平面上画出一个顺时针旋转的椭圆曲线表述电容端口电压和端口电流随时间变化的关系图,如图 E4.4.7 所示。

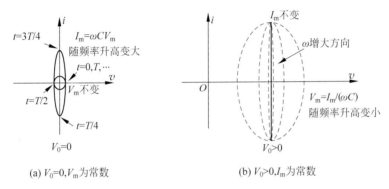

(a) $V_0=0,V_{\mathrm{m}}$ 为常数　　　　(b) $V_0>0,I_{\mathrm{m}}$ 为常数

图 E4.4.7　电容伏安关系抽象

图 E4.4.7(a)画的情况是电容两端直流电压为 0、两端正弦电压信号幅度 $V_{\mathrm{m}}$ 不变的情况,随着频率 $\omega$ 升高,电流幅度 $I_{\mathrm{m}}=\omega CV_{\mathrm{m}}$ 升高,故而椭圆在纵向越来越长。当伏安曲线位于第一象限时($-T/4<t<0$),电容吸收能量 $\left(E_1=\displaystyle\int vi\,\mathrm{d}t>0\right)$,当伏安曲线进入第四象限时($0<t<T/4$)时,电容又向外释放能量 $\left(E_4=\displaystyle\int vi\,\mathrm{d}t<0\right)$,随着时间增加,伏安曲线进入第三象限($T/4<t<T/2$),电容再次吸收能量 $\left(E_3=\displaystyle\int vi\,\mathrm{d}t>0\right)$,然后又在下 1/4 个周期($T/2<t<3T/4$)进入第二象限,电容再次将吸收能量全部释放出来 $\left(E_2=\displaystyle\int vi\,\mathrm{d}t<0\right)$。一个正弦波周期后,电容没有消耗任何能量($E_1+E_4+E_3+E_2=0$)。注意到电容伏安关系不确定,与信号幅度 $V_{\mathrm{m}}$、信号频率 $\omega$ 和时间 $t$ 密切相关,因而无法像电阻那样画出确定的伏安特性曲线,电阻的伏安特性曲线始终位于一、三象限,故而电阻始终耗能;而电容的伏安关系在四个象限来回移动,从而将吸收(存储)的能量又释放出去,电容是无损元件。

图 E4.4.7(b)画的情况则是电容两端直流电压 $V_0>0$、两端正弦电流信号幅度 $I_{\mathrm{m}}$ 不变的情况,随着频率 $\omega$ 升高,电压幅度 $V_{\mathrm{m}}=I_{\mathrm{m}}/(\omega C)$ 越来越小,故而椭圆在横向越来越窄,当频率足够高时,可以把这个细条椭圆抽象为垂直线,故而电容的等效电路模型为恒压源 $V_0$。

当电容用恒压源 $V_0$ 替代后,对于直流分析,根据替代定理,电容支路的电流不会发生变化,仍然保持直流零电流,和电容直流开路模型没有矛盾,也没有直流电能的提供或消耗;对于交流分析,恒压源的微分电阻为 0,和电容高频短路模型也无矛盾,也无交流能量的消耗或提供(一个周期的平均效果);正是这个原因,在交直流混合分析中,可以用恒压源替代耦合电容,从而将包含耦合电容的动态电路分析转化为简单的电阻电路分析,当然这种替代的前提是交流小信号的频率很高,交流小信号的幅度很小,且电路已经进入稳态。

**练习 4.4.2** 仿照对耦合电容的分析,请分析确认高频扼流圈(大电感)的直流分析模型为短路,交流分析模型为开路,交直流混合分析模型为恒流源。

**注**:和电容电纳对偶的是电感电抗 $X = \omega L$,电抗具有欧姆单位。

### 3. 直流功率到交流功率的转换

如图 E4.4.8 所示,我们可以将耦合电容、射频扼流圈、隧道二极管、直流偏置电压源的连接视为一个二端口网络,显然这个虚框二端口网络具有功率放大功能,这个网络也可称为负阻放大器。之所以称之为放大器,是因为这个二端口网络的输出端口输出功率高于输入端口接收的功率,

$$G_{p} = \frac{\overline{p_{\text{out}}}}{\overline{p_{\text{in}}}} > 1 \tag{E4.4.4}$$

放大器功率增益大于 1 等价于该二端口网络的有源性条件,即端口消耗总功率小于 0,

$$\sum p_{i} = \overline{p_{1}} + \overline{p_{2}} = \overline{p_{s}} - \overline{p_{L}} = \overline{p_{s}}(1 - G_{p}) < 0 \tag{E4.4.5}$$

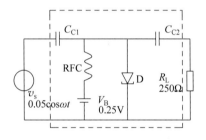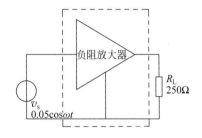

图 E4.4.8  放大器抽象

这个二端口网络之所以有源,其根本原因就在于这个二端口网络中包含了直流电压源,同时该二端口网络内部具有负阻器件,该负阻器件将直流偏置电压源提供的直流能量转化为交流能量输出,如是形成的放大器其输出交流功率可大于输入交流功率。

下面分析隧道二极管的能量转化情况。为了分析方便,这里用两个恒压源替代两个耦合电容,用恒流源替代高频扼流圈,如图 E4.4.9 所示。图 E4.4.9(a)给出了电路中的电压 KVL 关系,图 E4.4.9(b)给出了电路中的电流 KCL 关系。注意,电感等效恒流源 445μA 直流电流全部从二极管流过,两个耦合电容等效的恒压源中没有直流电流流过,但有交流电流流过,这两个耦合电容等效恒压源不释放功率不消耗功率(周期平均效果)。同时恒流源 $I_0$ 的直流电压为 0,同时有交流电压 $v_s$,这个电感等效恒流源不释放功率也不消耗功率(周期平均效果)。

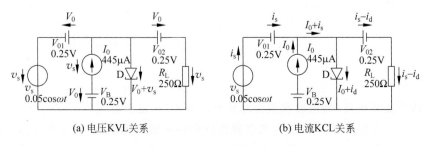

图 E4.4.9  交直流混合分析电路

直流偏置电压源 $V_{\mathrm{B}}$ 有直流电流流出,故而它向外部提供直流功率,

$$P_{\mathrm{B}} = V_{\mathrm{B}} I_0 = 250\mathrm{mV} \times 445\mu\mathrm{A} = 111\mu\mathrm{W}$$

如果没有交流小信号激励,这个直流功率将全部被隧道二极管所吸收,

$$P_{\mathrm{D0}} = V_0 I_0 = 250\mathrm{mV} \times 445\mu\mathrm{A} = 111\mu\mathrm{W}$$

现在添加交流小信号激励 $v_{\mathrm{s}}$ 后,直流偏置电压源 $V_{\mathrm{B}}$ 仍然提供相同的直流功率 $111\mu\mathrm{W}$,但是隧道二极管吸收的功率却减少了,

$$\begin{aligned}
P_{\mathrm{D}} &= \overline{(V_0 + v_{\mathrm{s}})(I_0 + i_{\mathrm{d}})} = \overline{(250 + 50\cos\omega t)\mathrm{mV} \times (445 - 171\cos\omega t)\mu\mathrm{A}} \\
&= \overline{(250 \times 445 + (445 \times 50 - 250 \times 171)\cos\omega t - 50 \times 171\cos^2\omega t)\mathrm{nW}} \\
&= \overline{(250 \times 445 + 0 - 0.5 \times 50 \times 171)\mathrm{nW}} = \overline{(111 + 0 - 4.28)\mu\mathrm{W}} \\
&= 106.72\mu\mathrm{W}
\end{aligned}$$

这种减少可以理解为隧道二极管吸收了 $111\mu\mathrm{W}$ 的直流功率,但是却向外释放了 $4.28\mu\mathrm{W}$ 的交流功率。注意到交流小信号激励源输出的交流功率很小,

$$P_{\mathrm{s}} = \overline{p_{\mathrm{s}}} = \frac{1}{2} V_{\mathrm{sp}} I_{\mathrm{sp}} = 0.5 \times 50\mathrm{mV} \times 28.6\mu\mathrm{A} = 0.72\mu\mathrm{W}$$

负载吸收的总功率却很大,原因在于负载同时吸收了交流小信号激励源释放的 $0.72\mu\mathrm{W}$ 功率和隧道二极管(负阻)释放的 $4.28\mu\mathrm{W}$ 功率,

$$P_{\mathrm{L}} = 0.72\mu\mathrm{W} + 4.28\mu\mathrm{W} = 5\mu\mathrm{W}$$

从而有功率增益为

$$G_{\mathrm{p}} = \frac{P_{\mathrm{L}}}{P_{\mathrm{s}}} = \frac{\frac{1}{2} V_{\mathrm{Lp}} I_{\mathrm{Lp}}}{\frac{1}{2} V_{\mathrm{sp}} I_{\mathrm{sp}}} = \frac{I_{\mathrm{Lp}}}{I_{\mathrm{sp}}} = \frac{I_{\mathrm{Lp}}}{I_{\mathrm{Lp}} + I_{\mathrm{dp}}} = \frac{\dfrac{V_{\mathrm{sp}}}{R_{\mathrm{L}}}}{\dfrac{V_{\mathrm{sp}}}{R_{\mathrm{L}}} + \dfrac{V_{\mathrm{sp}}}{r_{\mathrm{d}}}}$$

$$= \frac{G_{\mathrm{L}}}{G_{\mathrm{L}} + g_{\mathrm{d}}} = \frac{\dfrac{1}{250}}{\dfrac{1}{250} - \dfrac{1}{292}} = 7 = 8.4(\mathrm{dB})$$

显然,功率增益的获得是由于隧道二极管的微分电阻是负阻。换句话说,如果单端口的非线性电阻不具有负阻特性,则不具将直流能量转换为交流能量的能力,即使有直流偏置电压源为非线性电阻进行偏置,它也不具有交流小信号放大能力,如例 4.4.1 给出的普通 PN 结二极管,它就不具备将直流能量转换为交流能量的能力,因而无法实现放大器或振荡器,而隧道二极管却可以,本例是放大器例,如果本例中的负载比较轻($R_{\mathrm{L}}$ 较 $292\Omega$ 大很多)且移除交流小信号电压源(小信号电压源支路开路或短路),那么它将可能成为一个振荡器电路,自发地将直流偏置电压源电能转换为周期信号电能,向负载电阻提供交流功率输出。关于其振荡器原理,第 9、10 章结束后请同学自行完成分析并仿真验证。

如图 E4.4.10(a)所示,对于普通 PN 结二极管,由于其伏安特性曲线是单调增的,故而即使有直流偏置电源将其工作点偏置在 $Q$ 点,对于以 $Q$ 为坐标原点的小信号坐标系,伏安特性曲线仍然位于一、三象限,也就是说,这种非线性电阻既吸收直流功率也吸收交流功率,和线性电阻一样;而对于如图 E4.4.10(b)所示的隧道二极管,只要将直流工作点偏置在负阻区,那么在以 $Q$ 为坐标原点的小信号坐标系中,伏安特性曲线则会进入二、四象限,也就是说,这种非线性电阻吸收直流功率(对以 $O$ 为坐标原点的伏安特性曲线位于一、三象限),但是却释放交流功率(对以 $Q$ 做坐标原点的伏安特性曲线位于二、四象限),换句话说,这种具有负阻区的

单端口非线性电阻具有将直流功率转换为交流功率的能力,因而可以作为放大器、振荡器的基本构件。

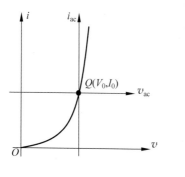 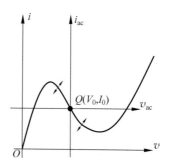

(a) 吸收直流功率,吸收交流功率　　　　　(b) 吸收直流功率,释放交流功率

图 E4.4.10　直流功率与交流功率

对于光敏二极管,如图 E4.4.11 所示,其伏安特性曲线是单调的,但这个单调的伏安特性曲线是受光照控制的,这和晶体管非线性电阻受栅极(基极)电压控制可以相互比拟。其工作点偏置在反偏恒流区,当光照强度发生变化时,伏安特性曲线会进入小信号坐标系的二、四象限,从而可等效为交流信号源(恒流源)。这个光传感器等效信号源的信号变化取决于光强变化,其能量则主要来自直流偏置电压源。

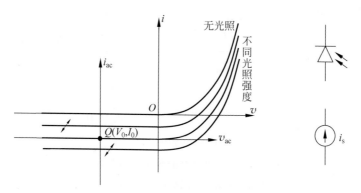

图 E4.4.11　光敏二极管等效信号源

### 4. 线性度描述:总谐波失真与 1dB 线性范围

本例中我们选取直流工作点为 $V_0 = 250\text{mV}$,正弦交流小信号幅度为 $50\text{mV}$,$v_s(t) = 50\cos\omega t(\text{mV})$,这里假设交流小信号幅度很小,故而当激励电压为

$$v = V_0 + v_s = 250 + 50\cos\omega t\,(\text{mV})$$

交直流分析的结果如下,为

$$i = f(v) \approx f(V_0) + f'(V_0)v_s = 445 - 171\cos\omega t\,(\mu\text{A})$$

那么真实情况是否确实是这样的呢?将隧道二极管两端电压表达式代入隧道二极管的伏安特性方程中,可获得隧道二极管的电流为

$$i = f(v) = 17.05v - 119.57v^2 + 317.42v^3 - 375.42v^4 + 166.66v^5\,|_{v=V_0+v_s}\,(\text{mA})$$

$$= 445 - 171\cos\omega t + 9.38\cos^2\omega t + 5.77\cos^3\omega t - 1.04\cos^4\omega t + 0.052\cos^5\omega t\,(\mu\text{A})$$

$$= 450 - 167\cos\omega t + 4.17\cos2\omega t + 1.46\cos3\omega t - 0.13\cos4\omega t + 0.003\cos5\omega t\,(\mu\text{A})$$

交直流分析时,忽略了二阶以上的高阶小项的影响,只取零阶项(直流分析)和一阶线性项(交流小信号线性分析)。然而,真实情况却是交流小信号出现了非线性失真,线性分析期望的 $-171\cos\omega t\,(\mu A)$ 电流变成了

$$-167\cos\omega t + 4.17\cos2\omega t + 1.46\cos3\omega t - 0.13\cos4\omega t + 0.003\cos5\omega t$$

除了期望的基波分量 $\cos\omega t$ 之外,还出现了二次谐波分量 $\cos2\omega t$,三次、四次、五次谐波分量 $\cos3\omega t$、$\cos4\omega t$、$\cos5\omega t$,为了描述这种非线性失真,可以用总谐波失真(Total Harmonic Distortion,THD)参量描述非线性大小,

$$\text{THD} = 10\log_{10}\frac{I_2^2 + I_3^2 + \cdots}{I_1^2} \tag{E4.4.6}$$

代入上述数值,有

$$\text{THD} = 10\log_{10}\frac{4.17^2 + 1.46^2 + 0.13^2 + 0.003^2}{167^2} = -31.5\,(\text{dB})$$

总谐波失真为 $-31.5$dB,基本上可以认为在线性范围之内。

对于一个非线性器件,如果希望它具有最大的线性工作范围,如何选取工作点呢?一般而言,工作点应选取在微分斜率极大值(或极小值)点附近,此处线性度最高,原因在于理想线性的微分斜率是不变的常值,极大值或极小值附近具有最大的"不变"特性。对于本例,我们将非线性伏安特性曲线和微分斜率曲线画在一张图上,如图 E4.4.12 所示,我们发现电压在 $(115\text{mV},545\text{mV})$ 范围内,伏安特性曲线斜率为负,也就是说,该区域为隧道二极管的负阻区。在该负阻区,可以找极值点。当 $V_0 = 227\text{mV}$ 具有最大负导 $-3.518\text{mS}$(对应负阻为 $-284\Omega$),我们定义 1dB 线性范围为与极值差 1dB 的范围(比极大值小 1dB 或比极小值大 1dB 的范围),比极大值 3.518mS 小 1dB 的值为 3.136mS($20\log_{10}(3.136/3.518) = -1$dB),从图上可知,负电导为 $-3.136$mS 对应的两个电压为 185mV 和 277mV,因此本例非线性电阻负阻区的 1dB 线性范围为 $(185\text{mV},277\text{mV})$。显然,如果希望获得尽可能大的线性度时,应取直流工作点为 227mV(极大值点)或 231mV(1dB 线性范围中心),只要正弦交流信号波动在 1dB 线性区之内,一般情况下大致对应总谐波失真在 $-40$dB 以下。对本例,如果取

$$v(t) = 231 + 46\cos\omega t\,(\text{mV})$$

使得信号变动不超出 1dB 线性范围,则有

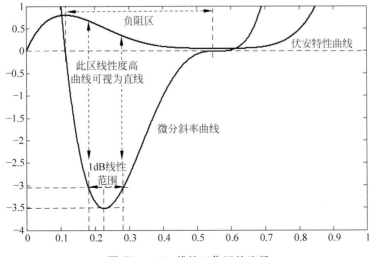

图 E4.4.12 线性工作区的选择

$$i(t) = 512 - 162\cos\omega t + 1.58\cos^2\omega t + 5.79\cos^3\omega t + 0.82\cos^4\omega t + 0.03\cos^5\omega t$$

$$= 512 - 157\cos\omega t + 0.38\cos2\omega t + 1.46\cos3\omega t + 0.10\cos4\omega t + 0.002\cos5\omega t(\mu A)$$

其总谐波失真为

$$\text{THD} = 10\log_{10}\frac{0.38^2 + 1.46^2 + 0.10^2 + 0.002^2}{157^2} = -40.3(\text{dB})$$

总谐波失真在 $-40$dB 以下，肉眼则看不出正弦波激励下的示波器上显示的非线性失真波形，因而 1dB 线性范围可以作为对非线性电路线性化后线性范围的度量，在 1dB 线性范围内，交流小信号看到的电路基本上可视为线性电路。

**练习 4.4.3** 适当选取直流工作点可获得较大的线性范围，相应的功率增益一般情况下也是比较大的。请分析例 4.4.2 中，当直流偏置电压取 231mV，正弦波激励电压幅度为 46mV 时，该负阻放大器的功率增益。

**练习 4.4.4** 已知两个非线性器件的伏安特性曲线或输入输出转移特性曲线具有如下特性：

(1) $i = I_0\tanh\dfrac{v}{2v_T}$  （$v$ 为激励量，$i$ 为响应量）

(2) $v_o = K_d\sin\dfrac{v_i}{V_{i0}}$  （$v_i$ 为激励量，$v_o$ 为响应量）

请给出这两个非线性器件的线性范围最大时的直流工作点位置，以及 1dB 线性范围大小。

# 4.5 局部线性化之二端口非线性电阻：晶体管放大器

## 4.5.1 局部线性化原理

### 1. 泰勒展开与交直流分析

我们已经讨论了单端口非线性电阻的局部线性化问题，下面就以单晶体管电路为例，说明二端口非线性电阻的局部线性化。如图 4.5.1(a) 所示，假设电路中除了单晶体管是非线性电阻之外，其他电路元件都是线性元件或独立源，它们构成三端线性网络，和三端晶体管非线性电阻网络对接。

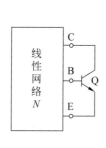
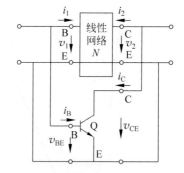

(a) 将单晶体管和线性电阻网络分离　　(b) 视为两个二端口网络对接或并并连接

图 4.5.1　单晶体管电路

为了方便讨论，这里将晶体管和线性网络都用二端口网络表述，如图 4.5.1(b) 所示，于是单晶体管电路就变成了两个二端口网络在两个端口的对接。由于晶体管被建模为压控器件，

因而也可视为两个二端口网络的并并连接关系,只是总网络端口开路,故而有如下的端口连接关系(KVL、KCL),

$$\begin{bmatrix} i_1 \\ i_2 \end{bmatrix} + \begin{bmatrix} i_B \\ i_C \end{bmatrix} = \begin{bmatrix} i_{\Sigma 1} \\ i_{\Sigma 2} \end{bmatrix} = \begin{bmatrix} 0 \\ 0 \end{bmatrix} \tag{4.5.1a}$$

$$\begin{bmatrix} v_1 \\ v_2 \end{bmatrix} = \begin{bmatrix} v_{BE} \\ v_{CE} \end{bmatrix} \tag{4.5.1b}$$

再将两个二端口网络的元件约束方程(广义欧姆定律)表述出来,即可给出完整的电路方程。对于晶体管,无论是 MOSFET,还是 BJT,本书均采用压控形式表述,即用端口电压表述端口电流,为

$$\begin{bmatrix} i_B \\ i_C \end{bmatrix} = \begin{bmatrix} f_B(v_{BE}, v_{CE}) \\ f_C(v_{BE}, v_{CE}) \end{bmatrix} \tag{4.5.2a}$$

而二端口线性电阻网络则采用线性二端口网络的诺顿定理表述为

$$\begin{bmatrix} i_1 \\ i_2 \end{bmatrix} = \begin{bmatrix} y_{11} & y_{12} \\ y_{21} & y_{22} \end{bmatrix} \begin{bmatrix} v_1 \\ v_2 \end{bmatrix} + \begin{bmatrix} i_{N1} \\ i_{N2} \end{bmatrix} \tag{4.5.2b}$$

将 KVL、KCL 和元件约束方程联立,有

$$\begin{bmatrix} i_B \\ i_C \end{bmatrix} + \begin{bmatrix} i_1 \\ i_2 \end{bmatrix} = \begin{bmatrix} f_B(v_1, v_2) \\ f_C(v_1, v_2) \end{bmatrix} + \begin{bmatrix} y_{11} & y_{12} \\ y_{21} & y_{22} \end{bmatrix} \begin{bmatrix} v_1 \\ v_2 \end{bmatrix} + \begin{bmatrix} i_{N1} \\ i_{N2} \end{bmatrix} = 0 \tag{4.5.3}$$

方程(4.5.3)中,偏置源和激励源体现在等效诺顿源 $i_{N1}$ 和 $i_{N2}$ 中,线性电阻电路的结构体现在 $y$ 参量中,而非线性端口方程 $f_B$、$f_C$ 描述的是非线性电阻晶体管的非线性约束关系,两个端口电压 $v_1$ 和 $v_2$ 是待求量。

假设等效诺顿源中包含直流偏置分量和交流小信号激励分量,

$$\begin{bmatrix} i_{N1} \\ i_{N2} \end{bmatrix} = \begin{bmatrix} I_{N10} \\ I_{N20} \end{bmatrix} + \begin{bmatrix} \Delta i_{N1}(t) \\ \Delta i_{N2}(t) \end{bmatrix} \tag{4.5.4a}$$

端口电压中同样包含直流分量和交流分量,为

$$\begin{bmatrix} v_1 \\ v_2 \end{bmatrix} = \begin{bmatrix} V_{10} \\ V_{20} \end{bmatrix} + \begin{bmatrix} \Delta v_1 \\ \Delta v_2 \end{bmatrix} \tag{4.5.4b}$$

如果线性网络中包含耦合电容和射频扼流圈,那么该线性网络对应直流分析和交流分析用的诺顿等效($y$ 参量)不同。对于直流分析,有

$$\begin{bmatrix} f_B(V_{10}, V_{20}) \\ f_C(V_{10}, V_{20}) \end{bmatrix} + \begin{bmatrix} Y_{11} & Y_{12} \\ Y_{21} & Y_{22} \end{bmatrix} \begin{bmatrix} V_{10} \\ V_{20} \end{bmatrix} + \begin{bmatrix} I_{N10} \\ I_{N20} \end{bmatrix} = 0 \tag{4.5.5a}$$

这是一个二阶非线性代数方程,可以采用牛顿-拉夫逊迭代法获得数值解,或者采用分段折线法或其他简化方法求解。获得直流工作点后,在直流工作点上获得微分参量,即可进行交流小信号线性分析,为

$$\begin{bmatrix} \dfrac{\partial f_B}{\partial v_1} & \dfrac{\partial f_B}{\partial v_2} \\ \dfrac{\partial f_C}{\partial v_1} & \dfrac{\partial f_C}{\partial v_2} \end{bmatrix}_{v_1 = V_{10}, v_2 = V_{20}} \begin{bmatrix} \Delta v_1 \\ \Delta v_2 \end{bmatrix} + \begin{bmatrix} y_{11} & y_{12} \\ y_{21} & y_{22} \end{bmatrix} \begin{bmatrix} \Delta v_1 \\ \Delta v_2 \end{bmatrix} + \begin{bmatrix} \Delta i_{N1} \\ \Delta i_{N2} \end{bmatrix} = 0 \tag{4.5.5b}$$

式(4.5.5b)表明,由于晶体管方程是压控形式的,故而交流小信号交流分析中,两个微分线性网络的连接关系被视为并并连接关系,从而两个微分 $y$ 参量矩阵相加,即可获得交流小信号

分析用总线性网络的 $y$ 参量矩阵，而总网络的端口处于开路状态，从而获得的 $\begin{bmatrix} \Delta v_1 \\ \Delta v_2 \end{bmatrix}$ 可视为总网络的端口开路电压(交流小信号)。

**2. 有源区晶体管交直流分析电路模型**

上述分析是从数学原理上说明了二端口电阻的局部线性化方法，实际电路分析时，用对应的微分元件电路模型替代晶体管即可进行小信号分析，无须再走一遍上述分析流程，也不一定要采用上述的二端口网络参量表述方式。

大多数应用情况下，晶体管进行局部线性化分析时，晶体管都是位于有源区做放大器(或振荡器)使用，因而下面的讨论主要集中在晶体管有源区的局部线性化等效电路模型分析上。

1) BJT 电路模型

位于有源区的 NPN-BJT，其元件约束条件为式(4.3.21)，重写如下，

$$i_B = I_{BS0}\left(e^{\frac{v_{BE}}{v_T}} - 1\right) \tag{4.5.6a}$$

$$i_C = \beta I_{BS0}\left(e^{\frac{v_{BE}}{v_T}} - 1\right)\left(1 + \frac{v_{CE}}{V_A}\right) \tag{4.5.6b}$$

直流分析时，晶体管可采用如图 4.5.2(b)所示的分段折线线性受控源模型。模型中没有画厄利效应等效内阻 $r_{ce}$，这种模型大多应用在晶体管 CE 端口对接的外部等效电路的等效电阻远远小于 $r_{ce}$ 的情况，如本节给出的所有例子。但是如果该晶体管 CE 端口外接电路为其他晶体管，且其等效电阻大小和 $r_{ce}$ 相当，那么直流分析时 $r_{ce}$ 的影响应该考虑在内，否则无法获得正确的直流工作点。

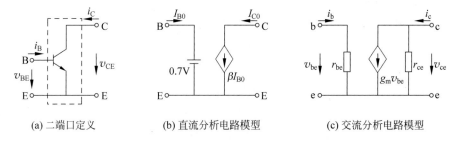

(a) 二端口定义　　　　　(b) 直流分析电路模型　　　　　(c) 交流分析电路模型

图 4.5.2　NPN-BJT 晶体管交直流分析电路模型

在直流分析的基础上，获取直流工作点上的交流小信号分析用 $y$ 参量矩阵，为

$$\mathbf{y}_{\mathrm{BJT}} = \begin{bmatrix} \dfrac{\partial f_B}{\partial v_{BE}} & \dfrac{\partial f_B}{\partial v_{CE}} \\ \dfrac{\partial f_C}{\partial v_{BE}} & \dfrac{\partial f_C}{\partial v_{CE}} \end{bmatrix}_{v_{BE}=V_{BE0},\,v_{CE}=V_{CE0}} = \begin{bmatrix} g_{be} & 0 \\ g_m & g_{ce} \end{bmatrix} \tag{4.5.7}$$

其等效电路如图 4.5.2(c)所示，其中 $g_m$ 被称为 BJT 的跨导增益，$r_{be}=1/g_{be}$ 被称为输入电阻，$r_{ce}=1/g_{ce}$ 被称为输出电阻，它们都由集电极直流电流 $I_{C0}$ 决定

$$g_m = \left.\frac{\partial f_C}{\partial v_{BE}}\right|_{v_{BE}=V_{BE0},\,v_{CE}=V_{CE0}} = \frac{\beta I_{BS0}}{v_T}e^{\frac{V_{BE0}}{v_T}}\left(1 + \frac{V_{CE0}}{V_A}\right) \approx \frac{I_{C0}}{v_T}$$

$$g_{be} = \left.\frac{\partial f_B}{\partial v_{BE}}\right|_{v_{BE}=V_{BE0},\,v_{CE}=V_{CE0}} = \frac{I_{BS0}}{v_T}e^{\frac{V_{BE0}}{v_T}} \approx \frac{I_{B0}}{v_T} = \frac{1}{\beta}\frac{I_{C0}}{v_T} \approx \frac{g_m}{\beta}$$

$$g_{ce} = \frac{\partial f_C}{\partial v_{CE}}\bigg|_{v_{BE}=V_{BE0}, v_{CE}=V_{CE0}} = \beta I_{BS0}(e^{\frac{v_{BE0}}{v_T}}-1)\frac{1}{V_A} = \frac{I_{C0}}{V_A} \tag{4.5.8a}$$

请同学牢记如下公式,

$$g_m \approx \frac{I_{C0}}{v_T}, \quad r_{be} \approx \beta\frac{1}{g_m}, \quad r_{ce} = \frac{V_A}{I_{C0}} \tag{4.5.8b}$$

其中 $I_{C0} = \beta I_{B0} = \beta I_{BS0}(e^{\frac{v_{BE0}}{v_T}}-1)$ 是直流分析获得的集电极直流电流。这是 BJT 小信号 $y$ 参量电路模型的最关键的三个微分参量,其等效电路图 4.5.2(c)则用于交流小信号线性分析,而图 4.5.2(b)所示的分段折线电路模型则用于直流工作点分析。

2)MOSFET 电路模型

而对于 NMOSFET,其有源区元件约束为式(4.3.6),重写如下,为

$$i_G = 0 \tag{4.5.9a}$$

$$i_D = \beta_n(v_{GS}-V_{TH})^2\left(1+\frac{v_{DS}}{V_A}\right) \tag{4.5.9b}$$

直流分析时,晶体管可采用如图 4.5.3(b)所示的非线性受控源模型。这个模型中厄利效应影响被忽略不计,适用于 DS 端口外接电路等效电阻远小于 $r_{ds}$ 的情况。如果 DS 端口外接电路等效电阻大小和 $r_{ds}$ 相当,直流工作点分析时应将 $r_{ds}$ 置于电路模型之中,以确保获得正确的直流工作点。直流分析的基础上,可获得直流工作点上的交流小信号分析需要的小信号 $y$ 参量矩阵,为

$$y_{MOSFET} = \begin{bmatrix} \dfrac{\partial f_G}{\partial v_{GS}} & \dfrac{\partial f_G}{\partial v_{DS}} \\ \dfrac{\partial f_D}{\partial v_{GS}} & \dfrac{\partial f_D}{\partial v_{DS}} \end{bmatrix}_{v_{GS}=V_{GS0}, v_{DS}=V_{DS0}} = \begin{bmatrix} 0 & 0 \\ g_m & g_{ds} \end{bmatrix} \tag{4.5.10}$$

其对应等效电路如图 4.5.3(c)所示,其中 $g_m$ 被称为 MOSFET 的跨导增益,$r_{ds} = 1/g_{ds}$ 被称为输出电阻,它们都由漏极直流电流 $I_{D0}$ 决定

$$g_m = \frac{\partial f_D}{\partial v_{GS}}\bigg|_{v_{GS}=V_{GS0}, v_{DS}=V_{DS0}} = 2\beta_n(V_{GS0}-V_{TH})\left(1+\frac{V_{DS0}}{V_A}\right) \approx \frac{2I_{D0}}{V_{GS0}-V_{TH}}$$

$$g_{ds} = \frac{\partial f_D}{\partial v_{DS}}\bigg|_{v_{GS}=V_{GS0}, v_{DS}=V_{DS0}} = \beta_n(V_{GS0}-V_{TH})^2\frac{1}{V_A} = \frac{I_{D0}}{V_A} \tag{4.5.11a}$$

由于 MOSFET 栅极电流为零,是开路状态,故而其输入电阻为无穷大,对应的 $y_{11}=0$。请同学牢记如下公式,

$$g_m \approx \frac{2I_{D0}}{V_{od}}, \quad r_{ds} = \frac{V_A}{I_{D0}} \tag{4.5.11b}$$

其中 $I_{D0} = \beta_n(V_{GS0}-V_{TH})^2$ 是直流分析获得的漏极电流。这是 MOSFET 小信号电路模型的

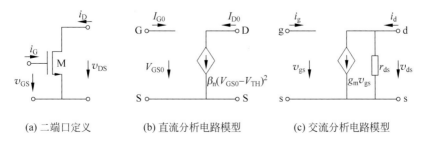

(a) 二端口定义        (b) 直流分析电路模型        (c) 交流分析电路模型

图 4.5.3 NMOSFET 晶体管交直流分析电路模型

最关键的两个微分参量,其等效电路图 4.5.3(c)则用于交流小信号线性分析,而图 4.5.3(b)所示的分段折线电路模型则用于直流工作点分析。

**练习 4.5.1** 给出 PNP-BJT 和 PMOSFET 有源区的直流分析分段折线电路模型和交流小信号微分元件电路模型。

**练习 4.5.2** 给出 BJT 和 MOSFET 截止区、饱和区/欧姆区的直流分析分段折线电路模型和交流小信号微分元件电路模型。

**3. 交直流分析的一般工作流程**

交流小信号分析是在直流分析的基础上完成的,因而首先进行直流分析。直流分析是非线性分析,可以采用图解法、数值法、分段折线法等方法。计算直流工作点时,直流电源保留,交流小信号激励源不作用,电路中的电容开路处理,电感短路处理。获得直流工作点后,在直流工作点上做微分处理,获得微分元件。除了交流小信号激励源保留外,其他所有元件都采用微分元件:直流电压源短路、直流电流源开路、线性电阻仍然是它自身、非线性电阻则采用微分线性电阻,如果是多端口非线性电阻,则采用多端口微分线性电阻,这些多端口微分电阻属线性网络,根据它们的控制类型,可以分别采用不同的网络参量描述。如二端口网络,压控器件用 $y$ 参量,流控器件用 $z$ 参量,混合控制器件用 $h$、$g$ 参量描述。交流分析中,大电容如耦合电容短路处理,大电感如高频扼流圈开路处理。

图 4.5.1,式(4.5.1-5)的描述,给出的是一般性的原理性分析,由此我们还给出了 NPN-BJT 和 NMOSFET 的交直流分析中的小信号微分元件电路模型,如图 4.5.2(c)和图 4.5.3(c)所示。当我们给出了这些电路模型后,一般不再会按照图 4.5.1 和式(4.5.1-5)的流程进行分析,虽然这个流程十分的规范,但它实在显得有些怪异,因为大家已经习惯用电路符号表述和分析,用 $z$、$y$、$h$、$g$ 参量这种数学符号描述方式就显得不那么直观明了。

下面的例子中,我们直接用晶体管的直流电路模型(分段折线化电路模型)替代晶体管进行直流分析,用晶体管的交流电路模型(局部线性化微分元件模型)替代晶体管进行交流小信号线性分析。

### 4.5.2 晶体管放大器

**1. CE 组态放大器交直流分析例**

以发射极(源极)作为公共端点形成的晶体管二端口网络,其微分元件模型为压控流源,是跨导放大器的核心元件,从而晶体管可以实现放大器、振荡器等有源应用。晶体管放大器是晶体管最为重要的应用,是本章重点考察内容。

发射极交流接地,则称之为 CE 组态(Common Emitter Configuration),BJT 的 CE 组态对应 MOSFET 的 CS 组态(Common Source Configuration,共源组态)。

**例 4.5.1** 如图 E4.5.1 所示,这是一个晶体管放大器电路。已知电源电压 $V_{CC} = 12V$,分压偏置电阻 $R_{B1} = 56k\Omega$,$R_{B2} = 10k\Omega$,集电极直流负载电阻 $R_C = 5.6k\Omega$,发射极串联负反馈电阻 $R_E = 1k\Omega$,信源内阻 $R_s = 100\Omega$,负载电阻 $R_L = 6.2k\Omega$。NPN-BJT 晶体管的厄利电压为 $V_A = 100V$,电流增益为 $\beta = 300$。图中三个电容都是大电容,直流分析时开

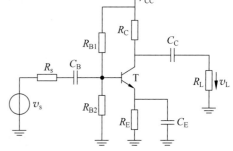

图 E4.5.1　CE 组态晶体管放大器(分立元件)

路处理,交流分析时短路处理。请给出该放大器的小信号电压增益 $A_v = v_L/v_s$ 的具体数值。

**分析**:首先进行直流分析,获得直流工作点后,进行交流分析。直流分析时,将电路图中的所有电容都开路处理,如图 E4.5.2(a)所示,这样电路就被分解为独立的三部分:激励源部分,晶体管放大器部分和负载部分。由于 $C_B$、$C_C$ 耦合电容的存在,三部分的直流通路被隔离开来,可以分别独立调试,故而 $C_B$、$C_C$ 两个用于耦合交流信号的耦合电容(Coupling Capacitor)又被称为隔直电容(DC-Blocking Capacitor)。图中 $C_E$ 则被称为旁路电容(Bypass Capacitor),是由于晶体管的发射极高频时被该电容短接于地,交流电流从此路径流入地下,故称旁路。旁路电容的存在使得交流增益提高,见后面的分析。注意到信源和负载在这里都被假设为简单的线性单端口网络(是放大器前后级网络的单端口微分等效模型),它们的直流工作点和晶体管放大器没有关联,因而直流分析仅对晶体管放大器而言,而交流分析则耦合电容短路,信源、放大器和负载被连为一体,一并考察,由此可获得放大器的特性,包括放大倍数,输入电阻和输出电阻。

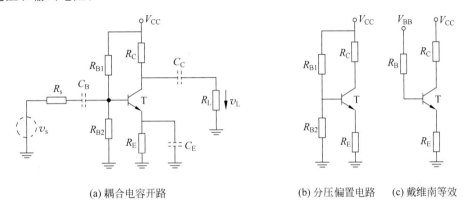

(a) 耦合电容开路      (b) 分压偏置电路    (c) 戴维南等效

图 E4.5.2 晶体管放大器直流分析

直流分析如图 E4.5.2(a),电容全部开路处理,显然晶体管放大器部分如图 E4.5.2(b)所示,这是典型的分压偏置结构。对电阻分压网络采用戴维南等效,如图 E4.5.2(c)所示。之后的分析,晶体管可以采用分段线性模型。这里假设晶体管位于有源区,故而采用有源区的流控流源模型。等计算结果出来后,务必检查直流工作点是否确实位于有源区:如果确实在有源区,则直流分析结束;如果没有位于有源区,则"位于有源区"的假设不成立,需要重新假设晶体管的工作区域,重新进行直流分析。

**解**:假设晶体管位于有源区,采用分段线性模型,有

$$V_{BE0} = 0.7V, \quad I_{C0} = \beta I_{B0}$$

于是,图 E4.5.2(c)中,晶体管 BE 端口所在回路的 KVL 方程为

$$V_{BB} = I_{B0} R_B + 0.7 + (\beta + 1) I_{B0} R_E$$

其中戴维南源电压和源内阻为

$$V_{BB} = \frac{R_{B2}}{R_{B1} + R_{B2}} V_{CC} = \frac{10k}{56k + 10k} \times 12 = 1.82(V)$$

$$R_B = R_{B1} \parallel R_{B2} = \frac{10k \times 56k}{10k + 56k} = 8.48(k\Omega)$$

由此可获得基极直流偏置电流为

$$I_{B0} = \frac{V_{BB} - 0.7}{R_B + (\beta + 1) R_E} = \frac{1.82 - 0.7}{8.48k + 301 \times 1k} = 3.61(\mu A)$$

由 CE 端口所在回路的 KVL 方程,

$$V_{CC} = \beta I_{B0} R_C + V_{CE0} + (\beta + 1) I_{B0} R_E$$

可知

$$V_{CE0} = V_{CC} - \beta I_{B0} R_C - (\beta + 1) I_{B0} R_E$$
$$= 12 - (300 \times 5.6k + 301 \times 1k) \times 3.61\mu$$
$$= 4.84(V)$$

注意到 $V_{CE0} = 4.84V \gg V_{CEsat} = 0.2V$,说明晶体管确实位于有源区。前面的直流分析无误,进而交流分析则采用有源区微分元件电路模型,而有源区微分元件由集电极直流电流 $I_{C0}$ 决定,

$$I_{C0} = \beta I_{B0} = 300 \times 3.61\mu A = 1.08mA$$

对应的交流小信号电路模型的微分元件参量为

$$g_m = \frac{I_{C0}}{v_T} = \frac{1.08mA}{26mV} = 41.5mS$$

$$r_{be} = \beta \frac{1}{g_m} = 300/41.5mS = 7.22k\Omega$$

$$r_{ce} = \frac{V_A}{I_{C0}} = \frac{100V}{1.08mA} = 92.6k\Omega$$

下面进行交流小信号电路分析,如图 E4.5.3(a)所示,耦合电容、旁路电容都是大电容,在交流分析时短路处理。直流电压源的微分内阻为 0,故而交流分析时短接于地,于是就得到了如图 E4.5.3(b)所示的交流电路。在做小信号交流分析时,需要将其中的晶体管 T 用它的微分线性元件电路模型替代,得到如图 E4.5.3(c)所示的交流小信号分析用电路。

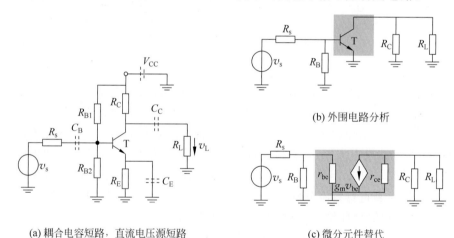

(b) 外围电路分析

(a) 耦合电容短路,直流电压源短路

(c) 微分元件替代

图 E4.5.3  晶体管放大器交流分析

对于微分线性元件电路模型图 E4.5.4(a),可以将晶体管外围电路进一步用戴维南等效为单端口网络,如图 E4.5.4(b)所示,其中

$$v_S' = \frac{R_B}{R_B + R_s} v_s = \frac{8.48k}{8.48k + 0.1k} v_s = 0.988 v_s$$

$$R_S' = R_B \parallel R_s = \frac{0.1k \times 8.48k}{8.48k + 0.1k} = 98.8(\Omega)$$

$$R_L' = R_L \parallel R_C = \frac{6.2k \times 5.6k}{6.2k + 5.6k} = 2.94(k\Omega)$$

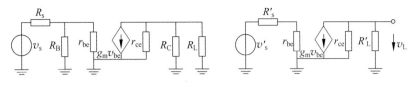

(a) 微分线性元件电路模型　　　　　　　　(b) 外围电路戴维南等效

图 E4.5.4　晶体管放大器交流分析

显然,有

$$v_{be} = \frac{r_{be}}{r_{be} + R'_s} v'_s = \frac{7.22k}{7.22k + 0.0988k} \times 0.988v_s = 0.975v_s$$

$$v_L = -g_m v_{be} \times (r_{ce} \parallel R'_L) = -41.5m \times 0.975v_s \times 2.85k = -115v_s$$

于是,该放大器的电压放大倍数(电压增益)为

$$A_v = \frac{v_L}{v_s} = -115$$

这里的负号表示输出正弦波信号比输入正弦波信号相位差了 $180°$,故而是反相电压放大,该放大器具有 115 倍的反相电压放大倍数,也就是说,它具有 41.2dB 的反相电压增益。

**2. CE 组态晶体管理想跨导器模型**

考虑到 $R_B, r_{be} \gg R_s, r_{ce} \gg R_L \parallel R_C$,故而原理性估算时可以把中间放大器部分($R_B$ 偏置网络和晶体管)抽象为理想压控流源,如图 E4.5.5(b)所示,那么电压放大倍数一目了然,为

$$A_v = \frac{v_L}{v_s} = -g_m R'_L = -41.5mS \times 2.94k\Omega = -122$$

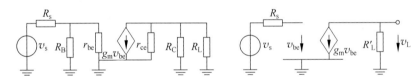

(a) 微分线性元件电路模型　　　　　　　　(b) 理想压控流源抽象

图 E4.5.5　理想压控流源抽象

快速估算结果为 122 倍(41.7dB)的反相电压放大,和相对比较精确的 115 倍(41.2dB)的反相放大相比,估算误差只有 0.5dB,远远低于不能容忍的程度。因而在大致估算中,只要粗略估算集电极电流,获得晶体管跨导增益,在信源内阻、负载电阻都比较小的情况下,直接给出电压增益的估算结果 $-g_m R'_L$ 是适当的。$A_v = -g_m R'_L$ 是 CE 组态 BJT 晶体管放大器电压增益的最简单表述,其原理性电路如图 E4.5.5(b)所示,请牢记这个结论。

如果把图 E4.5.5(b)和公式 $A_v = -g_m R'_L$ 视为 CE 组态晶体管放大器的核心模型,那么稍微精确一点的计算结果可以这样理解,

$$v_L = -g_m v_{be} \times (r_{ce} \parallel R'_L) = -g_m \left( \frac{R_B \parallel r_{be}}{R_B \parallel r_{be} + R_s} v_s \right) \times \frac{r_{ce} R'_L}{r_{ce} + R'_L}$$

$$= (-g_m (R_L \parallel R_C) v_s) \times \frac{R_B \parallel r_{be}}{R_B \parallel r_{be} + R_s} \times \frac{r_{ce}}{r_{ce} + R_L \parallel R_C} \tag{E4.5.1a}$$

这个表达式看似有点复杂,但物理意义十分明确:表达式中的 $-g_m(R_L \parallel R_C)v_s$ 是晶体管放大器作为理想跨导器(压控流源)的理想电压放大,而 $\dfrac{R_B \parallel r_{be}}{R_B \parallel r_{be} + R_s}$ 则是输入回路的分压系数,

$\dfrac{r_{ce}}{r_{ce}+R_L \parallel R_C}$ 是输出回路的分流系数,由于输入回路信源内阻比较小,故而输入回路分压系数接近于1,输出回路负载电阻 $R'_L = R_L \parallel R_C$ 比较小,故而输出回路分流系数接近于1,从而可以用理想跨导器模型直接给出输出电压近似公式为

$$v_L = (-g_m (R_L \parallel R_C) v_s) \frac{R_B \parallel r_{be}}{R_B \parallel r_{be} + R_s} \frac{r_{ce}}{r_{ce}+R_L \parallel R_C} \approx -g_m (R_L \parallel R_C) v_s = -g_m R'_L v_s$$

$$\text{(E4.5.1b)}$$

很多情况下,信源内阻和负载电阻和 CE 组态晶体管放大器的输入电阻、输出电阻比,都足够的小,因而用晶体管理想跨导模型进行估算是常见的手段。

### 3. 放大器的二端口网络抽象

如图 4.5.4(a)所示,如果把 $C_B$ 耦合电容到 $C_C$ 耦合电容之间的晶体管放大器视为一个整体,那么整个电路可以建模为信源-放大器-负载的级联对接结构,如图 4.5.4(b)所示,这里的放大器(Amplifier)是一个二端口网络。

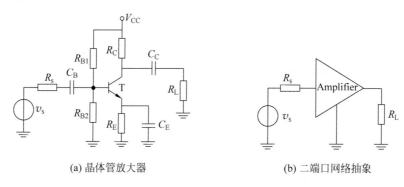

(a) 晶体管放大器　　　　　　　　(b) 二端口网络抽象

图 4.5.4　晶体管放大器:二端口网络

有四种完全等价的基本放大器模型可以用来描述该二端口网络,采用哪个模型更适当一些呢?注意到 CE 或 CS 组态晶体管自身的受控机制是压控流源,采用跨导器模型是顺便之举,然而这个跨导器远远偏离理想压控流源,

$$R_{in} = R_B \parallel r_{be} = 8.48k \parallel 7.22k = 3.90(k\Omega)$$
$$R_{out} = R_C \parallel r_{ce} = 5.60k \parallel 92.6k = 5.28(k\Omega)$$
$$G_{m0} = -g_m = -41.5mS$$

原因在于其输出电阻 $R_{out} = 5.28k\Omega$ 和负载电阻 $R_L = 6.2k\Omega$ 十分接近,不满足输出电阻远大于负载电阻的理想跨导器模型。当采用这个放大器模型后,我们可以直接给出电压放大倍数,为

$$\frac{v_L}{v_s} = (G_{m0} R_L) \frac{R_{in}}{R_{in}+R_s} \frac{R_{out}}{R_{out}+R_L}$$
$$= (-41.5m \times 6.2k) \times \frac{3.90k}{3.90k+0.1k} \times \frac{5.28k}{5.28k+6.2k}$$
$$= -257.3 \times 0.975 \times 0.460 = -115$$

其中,理想跨导器电压增益为 $-257.3$,输入端口分压系数为 $0.975$,很接近于1,说明输入端口接近理想,而输出端口分流系数只有 $0.46$,说明输出端口偏离理想跨导器较大,使得最终电压增益下降为 $-115$,与前面的计算结果相同。

#### 4. 有源性来源

我们确认上述放大器是真正的放大器,或者说是有源的,练习 3.10.15 指出,基本放大器的有源性条件和 $G_{\mathrm{p,max}} > 1$ 等价。CE 组态的晶体管放大器,其电路模型为跨导放大器,由于是单向网络,其最大功率增益可表述为

$$G_{\mathrm{p,max}} = \frac{1}{4} A_{v0} A_{i0} = \frac{1}{4}(G_{m0} R_{\mathrm{out}})(G_{m0} R_{\mathrm{in}}) = \frac{1}{4} G_{m0}^2 R_{\mathrm{in}} R_{\mathrm{out}} \qquad (E4.5.2)$$

对于晶体管自身,

$$G_{\mathrm{p,max}} = \frac{1}{4} g_m^2 r_{\mathrm{be}} r_{\mathrm{ce}} = \frac{1}{4} \times (41.5\mathrm{m})^2 \times 7.22\mathrm{k} \times 92.6\mathrm{k} = 2.88 \times 10^5 = 54.6(\mathrm{dB})$$

其有源性无须质疑,

$$G_{\mathrm{p,max}} = \frac{1}{4} g_m^2 r_{\mathrm{be}} r_{\mathrm{ce}} = \frac{1}{4} \times \left(\frac{I_{\mathrm{C0}}}{v_{\mathrm{T}}}\right)^2 \times \beta \frac{v_{\mathrm{T}}}{I_{\mathrm{C0}}} \times \frac{V_{\mathrm{A}}}{I_{\mathrm{C0}}} = \frac{1}{4} \beta \frac{V_{\mathrm{A}}}{v_{\mathrm{T}}} \gg 1 \qquad (E4.5.3)$$

考虑偏置电阻的影响后,仍然保持有源,

$$G_{\mathrm{p,max}} = \frac{1}{4} G_m^2 R_{\mathrm{in}} R_{\mathrm{out}} = \frac{1}{4}(-41.5\mathrm{m})^2 \times 3.90\mathrm{k} \times 5.28\mathrm{k} = 8.87 \times 10^3 = 39.5(\mathrm{dB})$$

由于偏置电阻也消耗能量,故而最大功率增益变小了很多。

既然 BJT 和 MOSFET 都是非线性电阻,它们两个端口的伏安特性曲线都位于一、三象限,故而必有 $p_\Sigma > 0$,即晶体管本身是无源网络,然而为何它们的小信号等效电路却又是有源的呢?原因就在于其小信号等效电路是晶体管和直流偏置电压源的共同效果,其有源性来自直流偏置电压源。

以 NMOSFET 为例,如图 4.5.5 所示,其 DS 端口的伏安特性曲线只能在一、三象限,因而 MOSFET 自身是耗能的非线性电阻,无论是用 PMOS 非线性电阻作为偏置电路(图(a)),还是以 $R_\mathrm{D}$ 线性电阻作为偏置电路(图(b)),都需要直流偏置电压源 $V_\mathrm{DD}$ 为其提供能量,适当设置直流工作点,使得直流工作点位于有源区,如图 4.5.5 中的 $Q$ 点,之后的交流小信号电路分析则是以 $Q$ 为原点建立新的坐标系,如图 4.5.5(c)所示。显然对于新的坐标系,伏安特性曲线已经进入了二、四象限。注意负载线恰好位于二、四象限,这就意味着只要输入交流小信号不为零,交流小信号必然在 $Q$ 点附近沿负载线在二、四象限运动。故而对交流小信号而言,"NMOSFET+偏置电阻+偏置电压源"共同形成了有源电路,其中偏置电压源提供能量,偏置电阻确保小信号运动轨迹位于交流小信号坐标系的二、四象限,从而它们被综合等效为跨导放大器,如图 4.5.2(c),图 4.5.3(c)所示。

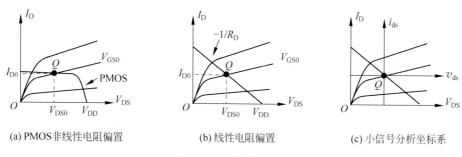

(a) PMOS非线性电阻偏置　　　(b) 线性电阻偏置　　　(c) 小信号分析坐标系

图 4.5.5　有源性的来源

我们回顾上节考察的负阻器件,它也有将直流能量转化为交流能量的能力,因而和晶体管一样,可以用来实现放大器、振荡器和其他有源单元电路,具有向外部提供电能的能力。负阻

实现能量转化的原理和晶体管类同,也是通过直流偏置电路将工作点偏置在负阻区,从而对于交流小信号而言,其运动轨迹在二、四象限,如图 E4.4.10(b)所示,从而对交流小信号而言,它是有源的。

微分线性负阻和微分线性受控源是放大器、振荡器设计的核心元件,它们是能量转换的直接体现,因而放大功能和振荡功能是信号处理电路中不能被数字化的两个功能单元电路。如果信号处理本身就是能量转化,或者是纯能量转化电路,则不能通过数字逻辑实现。能够数字化或可以用数字逻辑处理的信号处理功能都是那些不必涉及能量转化的纯信号处理,如滤波、频率变换等。虽然如此,实际功能电路在完成信号处理的同时,一定伴随着能量转化。

**练习 4.5.3**　(1)请给出图 E4.4.8 所示负阻放大器的 $zyhg$ 网络参量(如果存在的话),分别针对不同参量说明它是有源网络。

(2)请给出图 4.5.4 所示晶体管放大器的 $zyhg$ 网络参量,分别针对不同参量说明它是有源网络。

**5. 负反馈分析**

电路中的两个耦合电容 $C_B$、$C_C$ 直流开路用于隔离信源、放大器和负载之间的直流通路,使得信源、放大器、负载的直流通路或直流工作点独立调试。这些耦合电容交流是短路的,交流信号因而顺畅连通,从信源耦合到放大器进行信号的放大处理,之后再耦合到负载(后级放大器、调制解调器、天线等功能电路的等效)做进一步的其他的信号处理。采用耦合电容是分立器件电路中常见的交流耦合手法。电路中还有一个旁路电容 $C_E$,它同样是一个大电容,直流开路,则负反馈电阻 $R_E$ 起到直流负反馈作用,用于稳定晶体管放大器的直流工作点,而交流它则是短路的,使得负反馈电阻 $R_E$ 在交流信号放大时不起作用,放大特性由晶体管自身决定。在上节的分段折线法中已经分析了射极串联负反馈电阻 $R_E$ 是如何稳定直流工作点的,下面进一步分析如果没有旁路电容的交流短路作用,$R_E$ 又是如何影响晶体管交流小信号放大特性的。

如图 4.5.6 所示,把晶体管 T 和射极负反馈电阻 $R_E$ 视为一个整体的二端口网络。如果没有 $R_E$(或者 $R_E$ 因 $C_E$ 交流短路不起作用),那么这个二端口网络就是晶体管自身的作用,它是一个输入电阻为 $r_{be}$,输出电阻为 $r_{ce}$,跨导增益为 $g_m$ 的跨导放大器。现在有了 $R_E$ 的作用,其等效电路如图 4.5.6(b)所示,显然晶体管 T 和 $R_E$ 的连接关系可视为两个二端口网络的串串连接,由于它们都是线性二端口网络,因而组合后的线性二端口网络的网络参量可以采用 $z$ 参量矩阵,总 $z$ 参量矩阵等于分 $z$ 参量矩阵之和,

$$z_A = y_A^{-1} = \begin{bmatrix} g_{be} & 0 \\ g_m & g_{ce} \end{bmatrix}^{-1} = \begin{bmatrix} r_{be} & 0 \\ -g_m r_{be} r_{ce} & r_{ce} \end{bmatrix} \tag{4.5.12a}$$

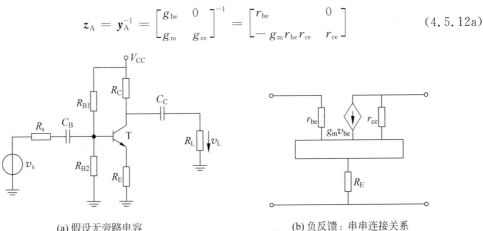

　(a)假设无旁路电容　　　　　　　　(b)负反馈:串串连接关系

图 4.5.6　射极串联负反馈

$$\boldsymbol{z}_{\mathrm{F}} = \begin{bmatrix} R_{\mathrm{E}} & R_{\mathrm{E}} \\ R_{\mathrm{E}} & R_{\mathrm{E}} \end{bmatrix} \tag{4.5.12b}$$

$$\boldsymbol{z}_{\mathrm{AF}} = \boldsymbol{z}_{\mathrm{A}} + \boldsymbol{z}_{\mathrm{F}} = \begin{bmatrix} r_{\mathrm{be}} & 0 \\ -g_{\mathrm{m}}r_{\mathrm{be}}r_{\mathrm{ce}} & r_{\mathrm{ce}} \end{bmatrix} + \begin{bmatrix} R_{\mathrm{E}} & R_{\mathrm{E}} \\ R_{\mathrm{E}} & R_{\mathrm{E}} \end{bmatrix}$$

$$= \begin{bmatrix} r_{\mathrm{be}} + R_{\mathrm{E}} & R_{\mathrm{E}} \\ -g_{\mathrm{m}}r_{\mathrm{be}}r_{\mathrm{ce}} + R_{\mathrm{E}} & r_{\mathrm{ce}} + R_{\mathrm{E}} \end{bmatrix} \tag{4.5.12c}$$

上述矩阵相加运算的电路等效如图 4.5.7 所示,首先将两个网络都用 $z$ 参量矩阵对应的等效电路表述,如图 4.5.7(b)所示,显然输入端口是串联关系,故而两个电阻相加,输出端口也是串联关系,故而两个电阻相加,两个电压源相加,得到图 4.5.7(c)所示电路,这个等效电路对应总阻抗参量矩阵式(4.5.12c)。

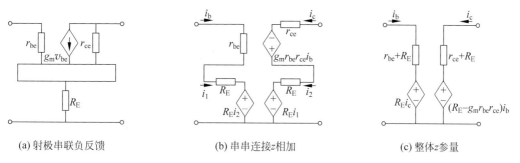

(a) 射极串联负反馈　　　　　(b) 串串连接 $z$ 相加　　　　　(c) 整体 $z$ 参量

图 4.5.7　射极串联负反馈交流小信号电路模型

下一步则将负反馈放大器分解为单向的开环放大器和单向的理想反馈网络的串串连接,

$$\boldsymbol{z}_{\mathrm{AF}} = \begin{bmatrix} r_{\mathrm{be}} + R_{\mathrm{E}} & R_{\mathrm{E}} \\ -g_{\mathrm{m}}r_{\mathrm{be}}r_{\mathrm{ce}} + R_{\mathrm{E}} & r_{\mathrm{ce}} + R_{\mathrm{E}} \end{bmatrix} = \begin{bmatrix} r_{\mathrm{be}} + R_{\mathrm{E}} & 0 \\ -g_{\mathrm{m}}r_{\mathrm{be}}r_{\mathrm{ce}} + R_{\mathrm{E}} & r_{\mathrm{ce}} + R_{\mathrm{E}} \end{bmatrix} + \begin{bmatrix} 0 & R_{\mathrm{E}} \\ 0 & 0 \end{bmatrix}$$

$$= \boldsymbol{z}_{\mathrm{OpenLoop,A}} + \boldsymbol{z}_{\mathrm{Ideal,F}} = \begin{bmatrix} r_{\mathrm{in}} & 0 \\ G_{\mathrm{m0}}r_{\mathrm{in}}r_{\mathrm{out}} & r_{\mathrm{out}} \end{bmatrix} + \begin{bmatrix} 0 & -R_{\mathrm{F}} \\ 0 & 0 \end{bmatrix} \tag{4.5.13}$$

分解结果如图 4.5.8(b)所示。注意到串串负反馈检测输出电流的波动,形成反馈电压,通过负反馈结构稳定输出电流,故而最终将形成接近理想的压控流源,而压控流源的最适参量为 $y$ 参量,故而下面先后给出开环放大器和闭环放大器的 $y$ 参量,分别为

$$\boldsymbol{y}_{\mathrm{OpenLoop,A}} = \boldsymbol{z}_{\mathrm{OpenLoop,A}}^{-1} = \begin{bmatrix} r_{\mathrm{in}} & 0 \\ G_{\mathrm{m0}}r_{\mathrm{in}}r_{\mathrm{out}} & r_{\mathrm{out}} \end{bmatrix}^{-1} = \begin{bmatrix} g_{\mathrm{in}} & 0 \\ -G_{\mathrm{m0}} & g_{\mathrm{out}} \end{bmatrix} \tag{4.5.14a}$$

$$\boldsymbol{y}_{\mathrm{AF}} = \boldsymbol{z}_{\mathrm{AF}}^{-1} = \begin{bmatrix} r_{\mathrm{in}} & -R_{\mathrm{F}} \\ G_{\mathrm{m0}}r_{\mathrm{in}}r_{\mathrm{out}} & r_{\mathrm{out}} \end{bmatrix}^{-1} = \frac{1}{1 + G_{\mathrm{m0}}R_{\mathrm{F}}} \begin{bmatrix} g_{\mathrm{in}} & R_{\mathrm{F}}g_{\mathrm{in}}g_{\mathrm{out}} \\ -G_{\mathrm{m0}} & g_{\mathrm{out}} \end{bmatrix} \tag{4.5.14b}$$

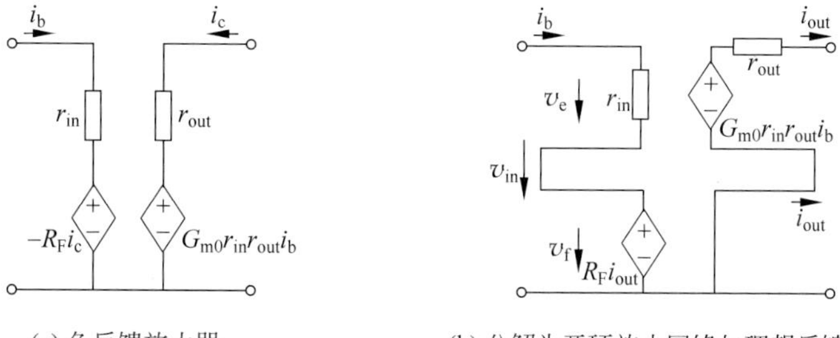

(a) 负反馈放大器　　　　　　　　(b) 分解为开环放大网络与理想反馈网络

图 4.5.8　负反馈分析:开环放大器与理想反馈网络

在大多数负载应用情况下都满足单向化条件 $|G_{12}G_{21}| \ll |(G_{11}+G_S)(G_{22}+G_L)|$，即

$$\left| \frac{G_{m0}R_F}{(1+G_{m0}R_F)^2 r_{in}r_{out}} \right| \ll \left| \left( \frac{1}{(1+G_{m0}R_F)r_{in}} + \frac{1}{R_S} \right) \left( \frac{1}{(1+G_{m0}R_F)r_{out}} + \frac{1}{R_L} \right) \right| \quad (4.5.15)$$

于是闭环放大器的 $y$ 参数和开环放大器的 $y$ 参量之间可以认为只差一个系数，

$$\mathbf{y}_{AF} = \frac{1}{1+G_{m0}R_F} \begin{bmatrix} g_{in} & R_F g_{in} g_{out} \\ -G_{m0} & g_{out} \end{bmatrix}$$

$$\overset{\text{单向化条件}}{\approx} \frac{1}{1+G_{m0}R_F} \begin{bmatrix} g_{in} & 0 \\ -G_{m0} & g_{out} \end{bmatrix} = \frac{1}{1+G_{m0}R_F} \mathbf{y}_{\text{OpenLoop,A}} \quad (4.5.16)$$

对于晶体管串串负反馈放大器，由于晶体管本身就是输入电阻和输出电阻较大的跨导器模型，而串串负反馈连接又将形成更加接近理想的跨导器（理想压控流源，输入电阻和输出电阻趋于无穷），对应负反馈网络的负载效应相对较弱，

$$r_{in} = r_{be} + R_E \approx r_{be}$$

$$r_{out} = r_{ce} + R_E \approx r_{ce}$$

$$T = G_{m0}R_F \approx g_m R_E$$

从而在做简化记忆时可忽略反馈网络的负载效应，于是有如下估算公式，

$$r_{inf} \approx (1+g_m R_E)r_{be} \quad (4.5.17a)$$

$$r_{outf} \approx (1+g_m R_E)r_{ce} \quad (4.5.17b)$$

$$G_{mf} \approx \frac{-g_m}{1+g_m R_E} \quad (4.5.17c)$$

如果满足深度负反馈条件 $T \approx g_m R_E \gg 1$，其跨导增益则几乎完全等于跨阻反馈系数的倒数，

$$G_{mf} \approx \frac{-g_m}{1+g_m R_E} \overset{g_m R_E \gg 1}{\approx} -\frac{1}{R_E} \quad (4.5.18)$$

注意反馈电阻 $R_E$ 的稳定性远高于 $g_m$，因为 $g_m = I_{C0}/v_T$ 严重依赖于直流工作点的稳定性和温度，而 $R_E$ 则不然，因而从高增益角度看，交流负反馈需要取消，但从增益稳定性角度看，则有必要保留负反馈。

在进行进一步讨论之前，我们代入具体的数值，

$$T \approx g_m R_E = 41.5\text{mS} \times 1\text{k}\Omega = 41.5$$

$$r_{inf} \approx (1+T)r_{be} = 42.5 \times 7.22\text{k} = 307(\text{k}\Omega)$$

$$r_{outf} \approx (1+T)r_{ce} = 42.5 \times 92.6\text{k} = 3.94(\text{M}\Omega)$$

$$G_{mf} \approx \frac{-g_m}{1+T} = \frac{-41.5\text{m}}{42.5} = -0.976(\text{mS}) \left( \approx -\frac{1}{R_E} = -1(\text{mS}) \right)$$

$$A_{vf} \approx G_{mf}R_L' = -0.976\text{mS} \times 2.94\text{k}\Omega = -2.87$$

注意，单向化条件的满足，

$$\left| \frac{g_m R_E}{r_{inf}r_{outf}} \right| = 3.51 \times 10^{-13}(\text{S}^2) \ll \left| \left( \frac{1}{r_{inf}} + \frac{1}{R_S} \right) \left( \frac{1}{r_{outf}} + \frac{1}{R_L'} \right) \right| = 3.41 \times 10^{-6}(\text{S}^2)$$

使得上述结论无须过多被质疑。对于放大器的重要增益参量，如果没有旁路电容 $C_E$，交流小信号电压增益只有 $2.87(9.2\text{dB})$，如果加上旁路电容 $C_E$，交流小信号电压增益则有 $115(41.2\text{dB})$，两者相差 32dB，显然旁路电容的作用就是增加交流小信号增益。

没有旁路电容，交流增益过度下降；旁路电容将 $R_E$ 交流短路，虽然提高了交流增益，但交流增益的稳定性下降。综合两者的优势，可以对图 4.5.6(a) 所示的晶体管放大电路做如

图 4.5.9 所示的修正，将 $1\text{k}\Omega$ 的负反馈电阻 $R_E$ 分解为两个，$R_{E1} = 91\Omega$，$R_{E2} = 910\Omega$，于是直流负反馈保持不变，使得直流工作点和前面例子分析的结果一致，具有很高的直流工作点稳定性，且同时保留一定的交流负反馈，

$$T = g_m R_{E1} = 41.5\text{mS} \times 0.091\text{k}\Omega = 3.78$$

由于负反馈深度不很高，闭环跨导增益下降不是特别的严重，

$$G_{mf} = \frac{-g_m}{1+T} = \frac{-41.5\text{m}}{1+3.78} = -8.69(\text{mS})$$

$$A_{vf} \approx G_{mf} R_L' = -8.69\text{mS} \times 2.94\text{k}\Omega = -25.5$$

增益只下降了 13dB，同时增益稳定性比没有负反馈也提高了许多。

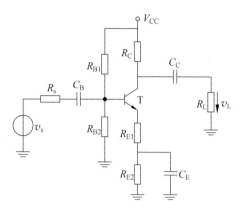

图 4.5.9 晶体管放大器修正
（分立器件实验电路）

**6. 有源负载**

前面讨论单晶体管的负反馈时，为了使得闭环增益不至过低，负反馈深度做浅了一些，这样闭环增益的稳定性不是很高。为了获得足够稳定且足够高的闭环增益，那么必须使得开环增益做到极高，如运算放大器开环电压增益高达 20 万倍那样，闭环后很容易满足深度负反馈条件，从而闭环增益几乎完全由高性能的负反馈网络决定。

注意到绝大多数的电路都是以电压信号作为信息载体，因而大多数电路都是电压模电路，故而下面考察如何提高放大器的电压增益。例 4.5.1 中，采用了将射极负反馈（源极负反馈）电阻通过旁路电容全部交流短路的方式，从而提高了交流增益。如果纯粹从 CE 组态晶体管放大器的电压增益表达式 $A_v = -g_m R_L$ 看，提高这种类型放大器电压增益的办法无外乎提高跨导增益 $g_m$ 和负载电阻 $R_L$ 两种途径。

从跨导增益公式 $g_m = I_{C0}/v_T$ 可知，提高跨导增益的简单方法是提高直流偏置电流 $I_{C0}$，通过消耗更多的直流功率从而转换出更多的交流功率，这是以功耗为代价获得高增益，因而并不经常被采用，更常见的方法是提高负载电阻的阻值。

（1）以非线性电阻作为放大管的偏置电路，如以 PMOS 晶体管作为 NMOS 晶体管的偏置电路，两个晶体管都偏置在有源区时，偏置用 PMOS 晶体管的微分电阻为 $r_{ds}$，此处 PMOS 被称为有源负载。有源负载可提供大的微分电阻以获得高电压增益，同时它占用的直流电压空间却很小，其 $V_{SD}$ 只需高于饱和电压 $V_{SDsat}$ 即可，其效果远远优于线性电阻，是集成电路中获得高电压增益最常用的方法。

（2）在放大器和负载之间添加缓冲器（buffer）隔离负载的影响，电压缓冲器往往是高增益电压放大器的最后一级，其输入阻抗高使得前级跨导放大器增益不会过多下降，其输出阻抗低使得可以驱动重负载（小电阻、大电容）。

（3）多级放大器级联，总增益等于级联分增益之积。运算放大器采用两级有源负载的跨导放大器级联获得高增益，最后一级采用电压缓冲器隔离实际负载对跨导放大器增益的影响，多种措施共同作用下获得了 20 万倍以上的电压增益。

（4）用无损的高频扼流圈（大电感，高频开路）替代有损的 $R_C$ 从而去除 $R_C$ 的影响，这是分立器件电路中可以采用的方法，频率极高的射频集成电路也可采用这种方法。电感自身不消耗功率，因而采用高频扼流圈可以有效提高晶体管将直流能量转换为交流能量的转换效率。

**例 4.5.2** 有源负载：如图 E4.5.6 所示，假设两个晶体管都工作在有源区，该放大器的小信号开路电压增益为多少？

**分析**：以图 E4.5.6(a)所示的 MOSFET 放大器为例，这个电路我们在例 4.3.8、例 4.3.9 的反相器电路分析中给出了图解法和分段折线法分析结果。分析结果表明，只要两个晶体管都位于有源区，该反相器则可作为反相放大器，具有很高的电压增益。于是电路设计时就必须精确地设定直流工作点，使得两个晶体管都工作在有源区。这里不讨论如何设计偏置电路使得晶体管工作在有源区，而是直接假设直流工作点已经被设定在有源区，于是在进行交流小信号分析时，可直接采用有源区微分电路模型，如图 E4.5.7 所示，注意这里考虑了厄利效应。分段折线分析时为了分析简便不考虑厄利效应，导致出现垂直的电压转移特性曲线，即有无穷大的电压增益，这里的小信号分析则必须考虑厄利效应以避免非真实出现的无穷大电压增益。

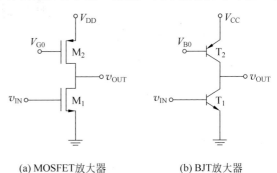

(a) MOSFET放大器　　　　(b) BJT放大器

图 E4.5.6　晶体管放大器：有源负载

假设通过合理的直流偏置，两个晶体管都工作在有源区，于是交流小信号分析等效电路如图 E4.5.7(c)所示。当我们熟悉这类电路后，可以直接画出 E4.5.7(c)所示的交流小信号等效电路，然而当我们对这个电路尚有疑问时，可以用下面的步骤获得：图 E4.5.7(a)中，首先将直流偏置电压源短接于地，因为直流恒压源的微分电阻为 0，将恒压偏置 $V_{G0}$ 交流接地，$V_{G0}$ 可能是恒压源，也可能是恒压源的分压偏置，也可能是电流镜偏置，无论如何，$M_2$ 的栅极都可视为无交流信号，也就是交流接地。图 E4.5.7(b)中，将两个工作于有源区的晶体管用其有源区交流小信号微分元件电路模型替代，但是注意到 $M_2$ 的栅源都接地，故而 $v_{sg2}=0$，这意味着 $M_2$ 的交流小信号压控流源电流 $i_{d2}=g_{m2}v_{sg2}=0$，电流为零即为开路，故而 $M_2$ 的 DS 端口只剩下一个微分电阻 $r_{ds2}$ 交流接地，它就是有源负载提供的大的微分电阻，于是最终获得了图 E4.5.7(c)所示的交流小信号分析电路图。

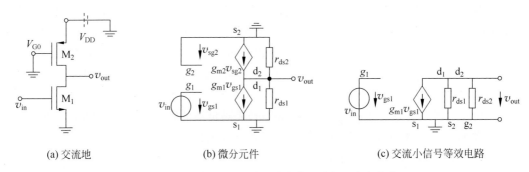

(a) 交流地　　　　　　(b) 微分元件　　　　　　(c) 交流小信号等效电路

图 E4.5.7　MOSFET 放大器小信号分析：有源负载

**解**：对于图 E4.5.7(c)电路图，可以直接给出其交流小信号电压增益为

$$A_v = \frac{v_{out}}{v_{in}} = -g_{m1}(r_{ds1} \parallel r_{ds2}) = -\frac{2I_{D0}}{V_{GS01}-V_{TH1}} \cdot \left(\frac{V_{A1}}{I_{D0}} \parallel \frac{V_{A2}}{I_{D0}}\right) = -\frac{\dfrac{2V_{A1}V_{A2}}{V_{A1}+V_{A2}}}{V_{GS01}-V_{TH1}} \quad (E4.5.4a)$$

厄利电压和沟道长度成正比,估算时一般取几十伏特量级,例如取 20V,而过驱动电压 $V_{od1} = V_{GS01} - V_{TH1}$ 估值时可取 0.2V,于是以 PMOSFET 作为 NMOSFET 反相放大器有源负载时的开路电压增益大体可达$-100$(40dB 反相放大),如此大的增益,使得图 E4.3.8(及图 E4.3.13)给出的反相器电压转移特性曲线的中间区段(两个晶体管均位于有源区时)十分陡峭,这个区段上工作点位置的微分斜率大体在$-100$量级,正对应着交流小信号电压增益。

**练习 4.5.4** 对于图 E4.5.6(b)所示的 BJT 放大器,同学自行画出交流小信号等效电路并分析验证其小信号电压增益为

$$A_v = \frac{v_{out}}{v_{in}} = -g_{m1}(r_{ce1} \parallel r_{ce2}) = -\frac{I_{C0}}{v_T} \cdot \left( \frac{V_{A1}}{I_{C0}} \parallel \frac{V_{A2}}{I_{C0}} \right) = -\frac{\dfrac{V_{A1}V_{A2}}{V_{A1}+V_{A2}}}{v_T} \quad (E4.5.4b)$$

由于热电压大致为 25mV,在相同直流偏置电流并假设厄利电压大体一致的前提下,BJT 的电压增益明显高于 MOSFET。

估算时取 MOSFET 的过驱动电压为 0.2V,是由于一旦过驱动电压低于 0.2V,本书所给的 MOSFET 恒流区的理想平方律控制关系将偏离实际 MOSFET 的恒流区伏安特性,为了以平方律控制关系为基础的估算结果有效,之后的数值估算中一般取 MOSFET 的过驱动电压为 0.2V。实际电路设计中,过驱动电压可以低于 0.2V 以获得较大的跨导增益,也可以高于 0.2V 以获得较大的线性范围。

**缓冲器隔离负载影响**:例 4.5.2 所示有源负载 CS 组态晶体管放大电路虽然有较高的电压增益,但这个电压增益是开路电压增益(本征电压增益),也就是说,它是没有外接负载电阻时的电压增益。如果后接电阻负载,电压增益将迅速由 $A_v = -g_{m1}r_{out}$ 下降为 $A_v = -g_{m1}R_L$,这是由于一般情况下 $R_L \ll r_{out}$ 总是成立。正是由于 CS 组态晶体管是跨导放大器,其输出电阻较大,从电压放大角度看,它无法有效驱动重负载(分流极大的负载,如小的电阻或大的电容),当负载电阻较小时,电压增益随着负载的接入将严重下降。为了隔离负载电阻对电压增益的影响,我们往往在跨导放大器和负载中间加入电压缓冲器,如图 4.5.10 所示。理想电压缓冲器就是电压增益为 1 的压控压源,这个电压缓冲器的存在使得即使接入了小的负载电阻,整个放大网络却仍然保持高的电压增益,$A_v = -g_{m1}r_{out}$。

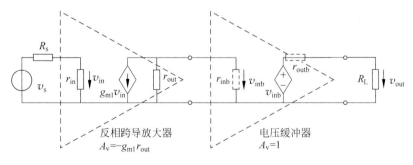

图 4.5.10 电压缓冲器隔离负载

如何实现电压缓冲器呢?图 E3.13.30(b)采用电压反馈系数为 1 的串并负反馈实现接近理想压控压源的电压缓冲器,事实上,用单晶体管就可以近似实现接近理想的电压缓冲器乃至电流缓冲器,只需晶体管的公共端点分别取用集电极和基极即可。

**7. 三种组态**

如图 4.5.11 所示,如果以晶体管的发射极(源极)作为公共端形成二端口网络,则称之为

CE 组态(对 BJT 晶体管为共射组态,Common Emitter,CE,对 FET 晶体管为共源组态,Common Source,CS);如果以晶体管的基极(栅极)作为公共端形成二端口网络,则称之为 CB 组态(对 BJT 晶体管为共基组态,Common Base,CB,对 FET 晶体管为共栅组态,Common Gate,CG);如果以晶体管的集电极(漏极)作为公共端形成二端口网络,则称之为 CC 组态(对 BJT 晶体管为共集组态,Common Collector,CC,对 FET 晶体管为共漏组态,Common Drain,CD)。

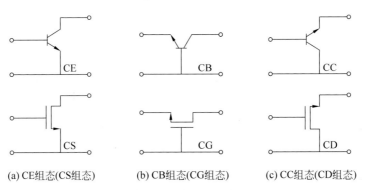

(a) CE组态(CS组态)　　　(b) CB组态(CG组态)　　　(c) CC组态(CD组态)

图 4.5.11　工作于有源区的晶体管的三种组态

这里假设晶体管始终工作在有源区,那么 CE/CS 组态为跨导放大器,CB/CG 组态为电流缓冲器,CC/CD 组态为电压缓冲器,其原理性解释很简单:

(1) CE/CS 组态的晶体管是典型的跨导放大器,其核心模型是压控流源,其输入电阻和输出电阻阻值都比较大,前面讨论晶体管工作机制时,都是基于这种组态展开讨论的,这里不再赘述。

(2) CB/CG 组态的晶体管是电流缓冲器,这很容易理解,因为 BJT 基极电流 $i_B$ 很小(MOSFET 栅极电流 $i_G=0$),因而集电极电流和发射极电流可以认为等同,故而可以说,BJT 发射极发射的电子或空穴几乎全部被集电极收集(MOSFET 源极送出的电子或空穴则全部从漏极漏走),因而 BJT 发射极电流的任何变动都会几乎原样不动地显现在集电极(MOSFET 源极电流的变化也会原样显现在漏极),这就是电流缓冲器的基本来由。但是作为电流缓冲器,其核心模型是电流控制系数为 1 的流控流源,要求其输入电阻很小,输出电阻很大,这一点是否满足呢?

(3) CC/CD 组态的晶体管是电压缓冲器,在原理上也很容易解释:因为 BJT 的 BE 结导通电压是几乎恒定不变的 0.7V,故而以集电极为参考地时,基极电压的任何变化,都会几乎原样不动地显现在发射极,故而这是一个电压缓冲器。对于 MOSFET,如果以恒流源 $I_{D0}$ 为其做直流偏置,因为 $I_{D0}$ 恒定,故而 $V_{GS0}$ 恒定,因而以漏极为参考地时,栅极电压的任何变化,都会原样显现在源极,故而这是一个电压缓冲器。但是作为电压缓冲器,其核心模型是电压控制系数为 1 的压控压源,要求其输入电阻很大,输出电阻很小,这一点是否满足呢?

1) CE 组态:跨导器模型

在进一步用公式或网络参量描述上述事实前,我们以 BJT 为例,给出具体的数值,用这些数值说明哪些项可以忽略不计,哪些项则需要保留下来。

$$I_{C0} = 1\text{mA}, \quad \beta = 400, \quad V_A = 100\text{V}$$

$$g_m = \frac{I_{C0}}{v_T} = 40(\text{mS}) \quad (\text{取 } v_T = 25\text{mV})$$

$$r_{be} = \beta \frac{1}{g_m} = \frac{v_T}{I_{B0}} = 10(\text{k}\Omega)$$

$$r_{ce} = \frac{V_A}{I_{C0}} = 100(\text{k}\Omega)$$

跨导器模型适用于所有组态,如图 4.5.12 所示,都是这三个微分元件,其区别就是如何看待这个三端元件,以发射极为公共端即是 CE,以基极为公共端即是 CB,以集电极为公共端即是 CC。我们在二端口非线性电阻晶体管的局部线性化原理分析中给出的图 4.5.1 中,晶体管的公共地并没有特别指明在哪里,因而无论公共地端是哪个极,采用这三个元件的跨导器模型都是正确的,然而只有 CE 组态最为适当,因为压控流源恰好对应端口 1(BE 端口)对端口 2(CE 端口)的控制关系,该模型是基本放大器形态,是单向网络。然而对于 CB 组态、CC 组态用跨导器模型不是最适当,这是由于这两种组态的端口 1 和端口 2 的控制关系并非一目了然,此时的二端口网络是双向网络。

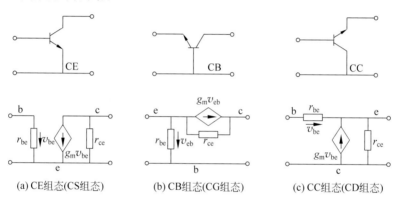

(a) CE组态(CS组态)    (b) CB组态(CG组态)    (c) CC组态(CD组态)

图 4.5.12 三种组态均可采用跨导器模型:CE 组态最适

为了一目了然地把握 CB 和 CC 组态两个端口的控制关系,我们可以选取其他的电路模型。前面从原理上已经说明 CB 组态是电流缓冲器,电流缓冲器的核心模型是流控流源,故而我们用它的最适参量 $h$ 参量矩阵表述,而 CC 组态是电压缓冲器,故而我们用它的最适参量 $g$ 参量矩阵表述。

2) CB 组态:电流缓冲器模型

对于图 4.5.13(a)所示的 CB 组态,考虑到它具有电流缓冲机制,因而考察其最适 $h$ 参量矩阵,根据定义,由图 4.5.13(b)可知,

$$h_{11} = \frac{v_1}{i_1}\bigg|_{v_2=0} = r_{be} \parallel r_{ce} \parallel \frac{1}{g_m} \quad h_{21} = \frac{i_2}{i_1}\bigg|_{v_2=0} = -\frac{g_{ce}+g_m}{g_{be}+g_{ce}+g_m}$$

$$h_{12} = \frac{v_1}{v_2}\bigg|_{i_1=0} = \frac{r_{be}}{r_{be}+r_{ce}+g_m r_{be} r_{ce}} \quad h_{22} = \frac{i_2}{v_2}\bigg|_{i_1=0} = \frac{1}{r_{be}+r_{ce}+g_m r_{be} r_{ce}} \tag{4.5.19a}$$

代入具体数值,有

$$\boldsymbol{h}_{CB} = \begin{bmatrix} r_{be} \parallel r_{ce} \parallel \dfrac{1}{g_m} & \dfrac{r_{be}}{r_{be}+r_{ce}+g_m r_{be} r_{ce}} \\ -\dfrac{g_m+g_{ce}}{g_m+g_{be}+g_{ce}} & \dfrac{1}{r_{be}+r_{ce}+g_m r_{be} r_{ce}} \end{bmatrix} = \begin{bmatrix} 24.9\Omega & 0.000249 \\ -0.9975 & 24.9\text{nS} \end{bmatrix}$$

$$\overset{\text{单向化条件}}{\approx} \begin{bmatrix} 25\Omega & 0 \\ -1 & 25\text{nS} \end{bmatrix} = \begin{bmatrix} \dfrac{1}{g_m} & 0 \\ -1 & \dfrac{1}{g_m r_{be} r_{ce}} \end{bmatrix} \approx \begin{bmatrix} 25\Omega & 0 \\ -1 & 0 \end{bmatrix} = \begin{bmatrix} \dfrac{1}{g_m} & 0 \\ -1 & 0 \end{bmatrix} \tag{4.5.19b}$$

CB组态 $h$ 参量矩阵的 12 元素并不为 0,说明 2 端口对 1 端口有反向作用,CB 组态是双向网络。但是由于 12 元素实在是太小了,外接负载很容易满足单向化条件(其中一个单向化充分条件为 $R_L \ll r_{ce} = 100\mathrm{k}\Omega$,这个条件在很多情况下都是满足的),故而可忽略其影响,将 CB 组态视为单向网络,如是,通过其 $h$ 参量矩阵,可知它是一个输入电阻为 $1/g_m$ 的电流缓冲器,如图 4.5.13(e)所示。

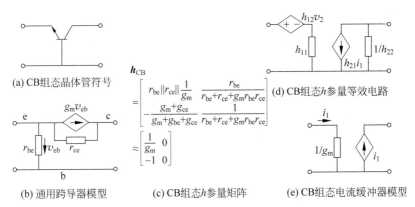

(a) CB组态晶体管符号

(b) 通用跨导器模型

$$h_{CB} = \begin{bmatrix} r_{be} \| r_{ce} \| \dfrac{1}{g_m} & \dfrac{r_{be}}{r_{be} + r_{ce} + g_m r_{be} r_{ce}} \\ -\dfrac{g_m + g_{ce}}{g_m + g_{be} + g_{ce}} & \dfrac{1}{r_{be} + r_{ce} + g_m r_{be} r_{ce}} \end{bmatrix}$$

$$\approx \begin{bmatrix} \dfrac{1}{g_m} & 0 \\ -1 & 0 \end{bmatrix}$$

(c) CB组态 $h$ 参量矩阵

(d) CB组态 $h$ 参量等效电路

(e) CB组态电流缓冲器模型

图 4.5.13 CB 组态电流缓冲器模型的由来

**练习 4.5.5** 请分析 CB 组态 $h$ 参量的单向化条件,说明其中有一个单向化充分条件为 $R_L \ll r_{ce}$,或者说,只要 $R_L \ll r_{ce}$ 即可采用如图 4.5.13(e)所示电流缓冲器模型进行交流小信号分析。

**例 4.5.3** CB 组态放大器:如图 E4.5.8 所示,这是一个 CB 组态的晶体管放大器电路。直流偏置电路同例 4.5.1,不同的是本电路的基极用旁路电容 $C_B$ 交流接地,使得晶体管交流呈现 CB 组态,同时信源通过耦合电容 $C_E$ 自发射极加载到晶体管,通过耦合电容 $C_C$ 自晶体管驱动负载 $R_L$。信源内阻 $R_S = 100\Omega$,负载电阻 $R_L = 6.2\mathrm{k}\Omega$ 同例 4.5.1。NPN-BJT 晶体管的工艺参量厄利电压 $V_A = 100\mathrm{V}$,电流增益 $\beta = 300$ 同例 4.5.1。请给出该放大器的小信号电压增益 $A_v = v_L/v_s$ 的具体数值。

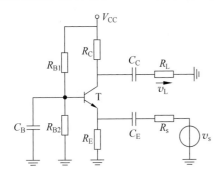

图 E4.5.8 CB组态单晶体管放大器
(分立元件)

**分析:** 直流分析时电容开路处理,从而晶体管放大器的直流通路同例 4.5.1,因而直流分析无须再做一遍,直接采用例 4.5.1 的直流分析结论,并在该直流工作点上做交流小信号分析。交流小信号分析时,晶体管呈现 CB 组态,其微分元件模型可以采用通用的跨导器模型,也可采用电流缓冲器模型,下面用两种方案分别考察,加以对比。

**解:** 直流分析同例 4.5.1,其交流小信号分析如图 E4.5.9 所示:图(a)交流分析第一步,将其中的耦合、旁路大电容短路,将直流偏置电压源短路,于是就获得了图(b)所示的交流小信号分析电路,显然晶体管呈现 CB 组态。之后对晶体管,可以采用通用的微分跨导器模型,如图(c)所示,同时考虑到 $R_L' \ll r_{ce}$,满足单向化充分条件,故而也可以采用电流缓冲器模型,如图(d)所示。

首先考察晶体管采用通用跨导器模型,如图 E4.5.9(c)所示。图中的信源是对图 E4.5.9(b)进行的戴维南等效,为

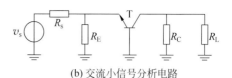

(b) 交流小信号分析电路

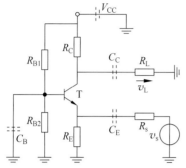

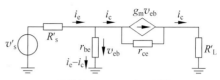

(c) 晶体管采用通用跨导器模型

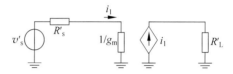

(a) 耦合电容、直流偏置电压源交流短路　　　(d) 晶体管采用CB组态电流缓冲器模型

图 E4.5.9 　CB 组态单晶体管放大器交流小信号分析

$$v'_s = \frac{R_E}{R_E + R_s} v_s = \frac{1k}{1k + 0.1k} v_s = 0.909 v_s \tag{E4.5.5a}$$

$$R'_s = R_s \parallel R_E = \frac{R_E R_s}{R_E + R_s} = \frac{1k \times 0.1k}{1k + 0.1k} = 90.9(\Omega) \tag{E4.5.5b}$$

在图上标记电流 $i_e$ 和 $i_c$，即可列写两个回路的 KVL 方程，为

$$v'_s = R'_s i_e + (i_e - i_c) r_{be} \tag{E4.5.6a}$$

$$v'_s = R'_s i_e + (i_c - g_m(i_e - i_c) r_{be}) r_{ce} + i_c R'_L \tag{E4.5.6b}$$

由这两个方程可得 $i_c$ 和 $i_e$，我们只对 $i_c$ 感兴趣，求出后乘以 $R'_L$ 即可获得 $v_L$ 为

$$v_L = \frac{(1 + g_m r_{ce}) r_{be} R'_L}{R'_s (r_{be} + r_{ce} + g_m r_{be} r_{ce} + R'_L) + r_{be}(r_{ce} + R'_L)} v'_s$$

$$= \frac{(1 + 41.5m \times 92.6k) \times 7.22k \times 2.94k}{90.9 \times (7.22k + 92.6k + 41.5m \times 7.22k \times 92.6k + 2.94k) + 7.22k \times (92.6k + 2.94k)} v'_s$$

$$= 25.3 \times v'_s = 25.3 \times 0.909 v_s = 23 v_s \tag{E4.5.7}$$

可见，这是一个同相电压放大器，放大倍数为 $23(27.2\text{dB})$。

其次考察用 CB 组态 BJT 的电流缓冲器模型进行分析，如图 E4.5.9(d)所示，有

$$i_1 = \frac{v'_s}{R'_s + \dfrac{1}{g_m}} = \frac{g_m}{1 + g_m R'_s} v'_s = g_{mf} v'_s \tag{E4.5.8}$$

$$v_L = i_1 R'_L = \frac{g_m R'_L}{1 + g_m R'_s} v'_s = g_{mf} R'_L v'_s \tag{E4.5.9}$$

代入具体数值，有

$$v_L = \frac{g_m R'_L}{1 + g_m R'_s} v'_s = \frac{41.5m \times 2.94k}{1 + 41.5m \times 0.091k} \times 0.909 v_s = 23.2 v_s \tag{E4.5.10}$$

表明该放大器是一个增益为 $23.2(27.3\text{dB})$ 的同相电压放大器。

采用不同的模型，计算结果仅差 0.1dB，显然我们更喜欢用 CB 组态电流缓冲器模型，因为它给出的结果十分简单，容易记忆。

$$A_v = \frac{v_L}{v_s'} = g_{mf}R_L' = \frac{g_m R_L'}{1 + g_m R_s'} \tag{4.5.20}$$

这个结果和 CE 组态放大器的表达式几乎一致,差别在于 CB 组态是同相电压放大器,而 CE 组态却是反相电压放大器。当信源内阻 $R_s \neq 0$ 时,相当于晶体管发射极接了射极负反馈电阻 $R_s'$,故而等效跨导为 $g_{mf}$,当信源为理想电压源时,$R_s = 0$,则无负反馈存在,此时 $g_{mf} = g_m$。

我们也可以从通用跨导器模型分析结果化简得到电流缓冲器简化结果,

$$\frac{v_L}{v_s'} = \frac{(1 + g_m r_{ce}) r_{be} R_L'}{R_s'(r_{be} + r_{ce} + g_m r_{be} r_{ce} + R_L') + r_{be}(r_{ce} + R_L')}$$

$$\stackrel{R_L' \ll r_{ce}}{\approx} \frac{(1 + g_m r_{ce}) r_{be} R_L'}{R_s'(r_{be} + r_{ce} + g_m r_{be} r_{ce}) + r_{be} r_{ce}}$$

$$\stackrel{g_m r_{be} r_{ce} \gg r_{be}, r_{ce}}{\approx} \frac{g_m r_{ce} r_{be} R_L'}{R_s' g_m r_{be} r_{ce} + r_{be} r_{ce}} = \frac{g_m R_L'}{1 + g_m R_s'} = g_{mf} R_L'$$

这里的化简有两步:第一步,假设 $R_L' \ll r_{ce}$,这正是电流缓冲器等效的单向化充分条件,于是表达式中和 $r_{ce}$ 相加的 $R_L'$ 都可以忽略不计;第二步,根据有源区晶体管自身的属性,本征电流增益 $|A_{i0}| = \beta = g_m r_{be} \gg 1$,本征电压增益 $|A_{v0}| = g_m r_{ce} \gg 1$,于是和 $g_m r_{be} r_{ce}$ 相加的 $r_{be}$ 和 $r_{ce}$ 都可以忽略不计。经过这两步化简后,就得到了和电流缓冲器模型一模一样的结果。

上述化简过程也可以直接体现在电路模型中,如图 E4.5.10 所示,首先假设电流增益 $\beta$ 很大,于是基极分流很小,$r_{be}$ 的影响可以忽略不计(开路处理),于是 $i_c = i_e$,这正是电流缓冲器方程;其次假设 $R_L' \ll r_{ce}$,从而 $r_{ce}$ 的影响也可以忽略不计(开路处理)。经过这两次化简后,就得到了图 E4.5.10(b)所示电路,对该电路,有

$$v_s' = R_s' i_e + v_{eb} = R_s' g_m v_{eb} + v_{eb} = (1 + g_m R_s') v_{eb} \tag{E4.5.11a}$$

故而

$$v_L = g_m v_{eb} R_L' = g_m \frac{v_s'}{1 + g_m R_s'} R_L' = \frac{g_m}{1 + g_m R_s'} R_L' v_s' = g_{mf} R_L' v_s' \tag{E4.5.11b}$$

和电流缓冲器模型结果一样。显然,CB 组态电流缓冲器模型是通用跨导器模型对 $r_{be} \to \infty$,$r_{ce} \to \infty$ 的二次抽象,这一点从式(4.5.19)可知。

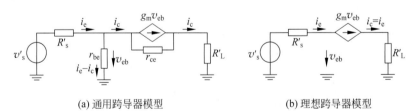

(a) 通用跨导器模型　　　　　　　　　(b) 理想跨导器模型

图 E4.5.10　CB 组态单晶体管放大器交流小信号分析

3) CC 组态:电压缓冲器模型

对于图 4.5.14(a)所示的 CC 组态,考虑到它具有电压缓冲机制,因而考察其最适 $g$ 参量矩阵,根据定义,由图 4.5.14(b)可知

$$g_{11} = \frac{i_1}{v_1}\bigg|_{i_2=0} = \frac{1}{r_{be} + r_{ce} + g_m r_{be} r_{ce}} \qquad g_{21} = \frac{v_2}{v_1}\bigg|_{i_2=0} = \frac{r_{ce} + g_m r_{be} r_{ce}}{r_{be} + r_{ce} + g_m r_{be} r_{ce}}$$

$$g_{12} = \frac{i_1}{i_2}\bigg|_{v_1=0} = -\frac{r_{ce}}{r_{be} + r_{ce} + g_m r_{be} r_{ce}} \qquad g_{22} = \frac{v_2}{i_2}\bigg|_{v_1=0} = r_{be} \parallel r_{ce} \parallel \frac{1}{g_m} \tag{4.5.21a}$$

代入具体数值,有

$$\boldsymbol{g}_{\mathrm{CC}} = \begin{bmatrix} \dfrac{1}{r_{\mathrm{be}} + r_{\mathrm{ce}} + g_{\mathrm{m}} r_{\mathrm{be}} r_{\mathrm{ce}}} & -\dfrac{r_{\mathrm{ce}}}{r_{\mathrm{be}} + r_{\mathrm{ce}} + g_{\mathrm{m}} r_{\mathrm{be}} r_{\mathrm{ce}}} \\ \dfrac{g_{\mathrm{m}} + g_{\mathrm{be}}}{g_{\mathrm{m}} + g_{\mathrm{be}} + g_{\mathrm{ce}}} & r_{\mathrm{be}} \parallel r_{\mathrm{ce}} \parallel \dfrac{1}{g_{\mathrm{m}}} \end{bmatrix} = \begin{bmatrix} 24.9\mathrm{nS} & -0.00249 \\ 0.9998 & 24.9\Omega \end{bmatrix}$$

$$\overset{\text{单向化条件}}{\approx} \begin{bmatrix} 25\mathrm{nS} & 0 \\ 1 & 25\Omega \end{bmatrix} = \begin{bmatrix} \dfrac{1}{g_{\mathrm{m}} r_{\mathrm{be}} r_{\mathrm{ce}}} & 0 \\ 1 & \dfrac{1}{g_{\mathrm{m}}} \end{bmatrix} \approx \begin{bmatrix} 0 & 0 \\ 1 & 25\Omega \end{bmatrix} = \begin{bmatrix} 0 & 0 \\ 1 & \dfrac{1}{g_{\mathrm{m}}} \end{bmatrix} \tag{4.5.21b}$$

CC 组态的 $g$ 参量矩阵的 12 元素不为 0,说明端口 2 对端口 1 同样具有反向作用,即 CC 组态为双向网络,但是 12 元素极小,很容易满足单向化条件(有一个单向化充分条件为 $R_{\mathrm{s}} \ll r_{\mathrm{be}} = 10\mathrm{k}\Omega$,这个条件在很多情况下都是满足的),从而可以忽略 2 端口对 1 端口的反向作用,于是其 $g$ 参量矩阵对应的电路模型就变成了输出电阻为 $1/g_{\mathrm{m}}$ 的电压缓冲器(电压控制系数为 1),如图 4.5.14(e)所示。

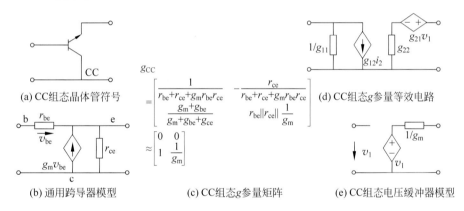

图 4.5.14 CC 组态电压缓冲器模型的由来

**练习 4.5.6** 请考察 CC 组态 $g$ 参量的单向化条件,说明有一个单向化充分条件为 $R_{\mathrm{S}} \ll r_{\mathrm{be}}$。即当 $R_{\mathrm{S}} \ll r_{\mathrm{be}}$ 时,CC 组态即可采用如图 4.5.14(e)所示电压缓冲器模型进行交流小信号分析。

**练习 4.5.7** 例 4.5.2 讨论用工作于有源区的 PMOS 晶体管做有源负载时,CS 组态的 NMOS 晶体管是跨导放大器模型,无法接重负载,需要添加电压缓冲器才能接重负载,而 CD 组态的 MOSFET 就是电压缓冲器,因而可以如图 E4.5.11 所示的那样,在跨导放大器后接电压缓冲器,使得整体上形成一个高增益的电压放大电路。图中,$M_1$ 为 CS 组态晶体管形成的跨导放大器,$M_2$ 为其有源负载,$M_4$ 为 CD 组态晶体管,它完成电压缓冲功能,$M_3$ 为其提供直流偏置,被称为偏置电流源,所有晶体管都要求工作在有源区。为了避免负载电阻影响电压缓冲器的直流工作点,两者之间接了隔直电容。请分析图 E4.5.11 所示四个晶体管形成的电压放大器的输入电阻、输出电阻和电压增益分别为多少?

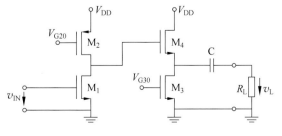

图 E4.5.11 跨导放大器后接电压缓冲器＝高增益电压放大器

**练习 4.5.8** CC 组态单晶体管放大器：如图 E4.5.12 所示，这是一个 CC 组态的单晶体管放大器。已知直流偏置电压源 $V_{CC} = 12V$，分压偏置电阻 $R_{B1} = 100k\Omega$，$R_{B2} = 27k\Omega$，射极负反馈电阻 $R_E = 1k\Omega$。晶体管的工艺量厄利电压为 $V_A = 100V$，电流增益为 $\beta = 300$。已知信源内阻 $R_s = 100\Omega$，负载电阻 $R_L = 2k\Omega$。(1) 请对该电路做直流分析和交流小信号分析，求出交流小信号电压增益、电流增益和功率增益。交流小信号电路分析时，请分别采用通用跨导器模型和 CC 组态电压缓冲器模型。(2) 如果期望获得最大功率增益，信源内阻和负载电阻应如何取值？此时电压增益和电流增益分别为多少？

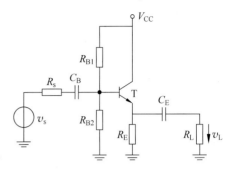

**练习 4.5.9** 线性放大器二端口网络的 $ABCD$ 参量矩阵的四个元素的倒数被称为该放大器的本征增益。请通过研究 CE、CB、CC 组态(通用跨导器模型)的 $ABCD$ 参量矩阵，补全表 E4.5.1。

图 E4.5.12 CC 组态单晶体管放大器（分立元件）

**表 E4.5.1 工作于有源区的晶体管三种组态：交流小信号电路模型总结**

| 晶体管组态 | | CE | CB | CC |
|---|---|---|---|---|
| 最适参量电路模型 | 放大器类型 | 跨导放大器 | 电流缓冲器 | |
| | 最适参量 | $y$ | $h$ | $g$ |
| | 输入电阻 | $r_{be}$ | $1/g_m$ | $g_m r_{be} r_{ce}$，近似开路 |
| | 输出电阻 | $r_{ce}$ | $g_m r_{be} r_{ce}$，近似开路 | $1/g_m$ |
| | 放大倍数 | $g_m$ 跨导增益 | 1 电流增益 | 1 电压增益 |
| 本征增益 | $1/A$ 电压增益 | $-g_m r_{ce}$ | $g_m r_{ce}$ | |
| | $1/B$ 跨导增益 | $-g_m$ | $g_m$ | |
| | $1/C$ 跨阻增益 | $-g_m r_{be} r_{ce}$ | $g_m r_{be} r_{ce}$ | |
| | $1/D$ 电流增益 | $-g_m r_{be}$ | 1 | |

4) 三种组态小结

表 4.5.1 给出了三种组态放大器的总结，同学对其中结论感兴趣者，自行根据交流小信号等效电路进行确认。对这个表有几点需要说明：

(1) 以发射极为公共端点，晶体管微分元件电路模型是跨导放大器模型，故而和发射极串联的电阻均可视为串串负反馈电阻 $R_F$，将晶体管和串串负反馈电阻视为一体，其闭环跨导增益为 $g_{mf} = \dfrac{g_m}{1 + g_m R_F}$，这个结论对三种组态全部成立，只不过 CE 组态的负反馈电阻为 $R_E$，CB 组态的负反馈电阻为 $R_E \parallel R_s$，CC 组态的负反馈电阻为 $R_E \parallel R_L$。

(2) CE 组态跨导放大器模型为单向网络，其输入电阻、输出电阻不随端口所接负载变化而变化；而 CB、CC 组态为双向网络，其输入电阻、输出电阻和端口所接负载有关。表中 $r_1 \langle g_m \rangle r_2$ 符号代表 $r_1 + r_2 + g_m r_1 r_2$，它是晶体管 bc 端口阻抗的统一表达式。

表 4.5.1 三种组态小结

| | CE 组态 | CB 组态 | CC 组态 |
|---|---|---|---|
| 最适模型 | 跨导放大器 | 电流缓冲器 | 电压缓冲器 |
| 模型适用条件 | 不考虑反偏 CB 结影响 | $R'_L \ll r_{ce}$ | $R'_s \ll r_{be}$ |
| 反馈电阻 $R_F$ | $R_E$ | $R_E \parallel R_s$ | $R_E \parallel R_L$ |
| 反馈跨导增益 | $g_{mf} = \dfrac{g_m}{1 + g_m R_F}$ | | |
| 电压增益 | $-g_{mf} R'_L$ | $g_{mf} R'_L$ | $g_{mf} R'_L$ |
| 输入电阻 | $r_{be}$ | $r_{be} \parallel \dfrac{R'_L + r_{ce}}{1 + g_m r_{ce}}$ | $r_{be} \langle g_m \rangle (r_{ce} \parallel R'_L)$ |
| 输出电阻 | $r_{ce}$ | $(r_{be} \parallel R'_s) \langle g_m \rangle r_{ce}$ | $r_{ce} \parallel \dfrac{r_{be} + R'_s}{1 + g_m r_{be}}$ |
| 输入端口特征阻抗 | $r_{be}$ | $\sim \dfrac{r_{be}}{\sqrt{\beta}}$ | $\sim r_{be} \sqrt{A_{v0}}$ |
| 输出端口特征阻抗 | $r_{ce}$ | $\sim r_{ce}\sqrt{\beta}$ | $\sim \dfrac{r_{ce}}{\sqrt{A_{v0}}}$ |
| 最大功率增益 | $\dfrac{1}{4} g_m^2 r_{be} r_{ce} = \dfrac{1}{4} A_{v0}\beta$ | $\sim A_{v0} = g_m r_{ce}$ | $\sim \beta = g_m r_{be}$ |

**练习 4.5.10** 假设如图 E4.5.13 所示跨导放大器的输入端点和输出端点构成一个对外端口,证明该端口的端口看入阻抗为

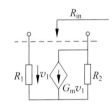

$$R_{in} = R_1 \langle G_m \rangle R_2 = R_1 + R_2 + G_m R_1 R_2 \qquad (4.5.22)$$

**练习 4.5.11** 说明 CB 组态和 CC 组态,从晶体管发射极看入电阻(发射极和公共地形成的端口看入电阻)约等于 $\dfrac{1}{g_m}$ 的条件分别是什么?

图 E4.5.13 跨导放大器跨接端口输入电阻

**练习 4.5.12** 用晶体管的微分跨导器模型——证明表 4.5.1 中所给的三种组态的特性。

在原理性分析中,请记住如图 4.5.15 所示的三种组态的简化电路模型:CE 组态为理想跨导器,CB 组态为电流缓冲器,CC 组态为电压缓冲器,它们都是对晶体管跨导器模型以

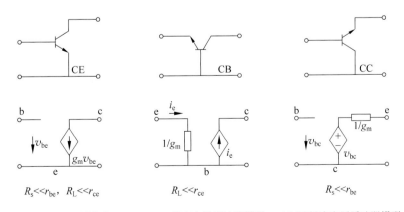

(a) CE组态跨导器模型　　(b) CB组态电流缓冲器模型　　(c) CC组态电压缓冲器模型

图 4.5.15 三种组态的最适简化电路模型

$r_{be} \to \infty$, $r_{ce} \to \infty$ 作为二次抽象的简化模型。

### 8. 典型双晶体管跨导器

前面举的几个放大器例子多是分立器件搭建的放大器,这些电路除了有实际应用价值外,在实验室也通常被用来作为实验电路,同学们通过调试这种放大电路以充分理解晶体管的工作原理。在集成电路内部,除了射频集成电路中有可能采用诸如耦合电容、互感变压器这些交流耦合器件外,低频电路或宽带电路基本上都采用前后级直接短接的直流耦合方式,前后级电路之间的交直流全部耦合在一起,放大器应用中一般要求几乎所有的晶体管都应工作在有源区,因而用来设置晶体管直流工作点的偏置电路需要精心设计。集成电路内部大多采用电流镜电路作为直流偏置电流源,本书对此不做过多的涉及,仅在下节通过描述 741 内部电路进行简要的说明,同学可在后续的集成电路专业课中重点考察集成电路中常见的电路结构及其直流工作点偏置电路。

下面我们再举几个简单的双晶体管组合结构,它们基本上和单管跨导器没有本质区别,但是其输入电阻或输出电阻比单管更大,因而更接近于理想跨导器。为了简化分析,其直流偏置电路不再论述,而是直接假设其直流工作点都已正确偏置在有源区,因而这里仅做交流小信号分析。

集成电路中最常见的双晶体管组合结构有差分对(differential pairs)、电流镜(current mirror)和共源共栅级联(cascode,对 BJT 则称共射共基级联)。关于差分对我们放在下节"非线性电阻的解析法"中讨论,电流镜在上节"非线性电阻的分段折线法"中已经讨论过,本节则在 cascode 结构讨论后以练习的方式进一步考察如何利用 cascode 结构提高电流镜输出电阻,之后再考察其他数个 BJT 集成电路中常见的双管结构,包括 CC-CB 级联、CC-CE 级联和达林顿复合管。

#### 1) cascode 结构(CS-CG 级联)

图 4.5.16 是 MOSFET 的 cascode 结构:这种结构的最大好处是只消耗一个支路电流,但提供的本征电压增益是两个晶体管的级联增益。虽然形态上 cascode 是共源共栅级联结构,但在电路分析中 cascode 结构一般被视为单级放大器,而不是级联放大器。下面分析并给

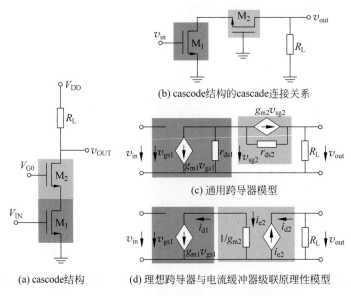

(b) cascode结构的cascade连接关系

(a) cascode结构

(c) 通用跨导器模型

(d) 理想跨导器与电流缓冲器级联原理性模型

图 4.5.16　MOSFET 的 cascode 结构小信号分析

出 cascode 等效电路,可表明它和单管晶体管的等效电路基本一致,只不过是输出电阻变大了很多,故而更接近于理想跨导器。

图 4.5.16(a)是 cascode 的基本结构,图 4.5.16(b)表明交流小信号分析时,它是共源晶体管 $M_1$ 和共栅晶体管 $M_2$ 的级联结构,图 4.5.16(c)将晶体管用通用跨导器模型替代,可以用来分析这个电路的输入电阻、输出电阻和跨导增益,图 4.5.16(d)将 CS 组态晶体管用理想跨导器、CG 组态晶体管用电流缓冲器替代,其最大的特点是原理简单,主要用于分析该结构的功能。

首先从图 4.5.16(d)入手分析其跨导放大原理:输入电压 $v_{in} = v_{gs1}$ 被 CS 组态 $M_1$ 这个跨导器转换为电流 $i_{d1} = g_{m1} v_{in}$,这个电流原封不动地被 $M_2$ 这个电流缓冲器缓冲后在 $M_2$ 漏极输出,$i_{d2} = i_{d1} = g_{m1} v_{in}$,$M_2$ 漏极电流驱动负载 $R_L$,获得输出电压 $v_{out} = -i_{d2} R_L = -g_{m1} R_L v_{in}$,其跨导增益 $g_{m1}$ 和电压增益 $-g_{m1} R_L$ 犹如单管 $M_1$ 一样,故而整体来看,cascode 结构和 CS 组态单管一样,是一个跨导放大器。

Cascode 跨导器更接近于理想压控流源这一点,需要从图 4.5.16(c)入手考察。对于 MOSFET 结构,显然 $r_{in}$ 为无穷大(开路),求 $r_{out}$ 时,首先将电路中的独立源置零,$v_{in} = 0$,这将导致电路中的压控流源支路电流为 0,$g_{m1} v_{gs1} = g_{m1} v_{in} = 0$,故而该跨导器支路做开路处理,注意到跨导器输出端口恰好是 $M_2$ 的 gd 端口,根据式(4.5.22),gd 端口阻抗为

$$r_{out} = r_{ds2} + r_{ds1} + g_{m2} r_{ds2} r_{ds1} = r_{ds2} \langle g_{m2} \rangle r_{ds1} \tag{4.5.23}$$

显然,这个跨导器比单晶体管更接近于理想压控流源,原因在于其输出电阻远大于单晶体管的输出电阻 $r_{ds1}$。

采用 cascode 结构的本意是提高本征电压增益(输出开路电压增益),显然 cascode 跨导放大器直接接 $R_L$ 负载是不适当的,因为 $R_L$ 的存在使得电压增益只有 $-g_{m1} R_L$,严重受限于 $R_L$。为了获得高的本征电压增益,其 PMOS 有源负载也应采用微分电阻相当的 cascode 结构,如图 4.5.17(a)所示,注意应合理进行直流偏置,通过适当的 $V_{G20}$、$V_{G30}$、$V_{G40}$ 直流偏压,以及输入信号中适当的直流分量 $V_{GS01}$,使得四个晶体管都工作在有源区。

**练习 4.5.13**　对于图 4.5.17(a)所示电路:(1)说明它是一个跨导放大器;(2)证明其本征电压增益为

$$A_{v0} \approx -g_{m1} r_{out} = -g_{m1} ((r_{ds2} \langle g_{m2} \rangle r_{ds1}) \parallel (r_{ds3} \langle g_{m3} \rangle r_{ds4}))$$
$$\approx -0.5 g_{m1} r_{ds1} g_{m2} r_{ds2} = -0.5 A_{v01} A_{v02} \tag{E4.5.12}$$

对比图 4.5.17(b)所示的经典级联结构(前一级放大器级联后一级放大器),试分析两种电路的优缺点。提示:从功耗、线性范围等角度入手考察。

**练习 4.5.14**　对于如图 E4.5.14 所示的 BJT-cascode 结构,试用两种方法分析其等效电路模型:

(1)用通用跨导器模型替代晶体管,直接根据定义求小信号放大器的跨导增益、输入电阻、输出电阻。

(2)分别求出 $T_1$、$T_2$ 两个晶体管的小信号 $ABCD$ 矩阵,两者级联总 $ABCD$ 矩阵为分 $ABCD$ 矩阵之积,再将 $ABCD$ 矩阵转化为 $y$ 参量矩阵,为

$$\boldsymbol{y}_{cascode} = \begin{bmatrix} \dfrac{1}{r_{be1}} & 0 \\[3mm] g_{m1} \dfrac{r_{ce1} \parallel r_{be2}}{r_{ce1} \parallel r_{be2} + r_{ce2} \parallel \dfrac{1}{g_{m2}}} & \dfrac{1}{r_{ce2} \langle g_{m2} \rangle (r_{ce1} \parallel r_{be2})} \end{bmatrix} \tag{4.5.24}$$

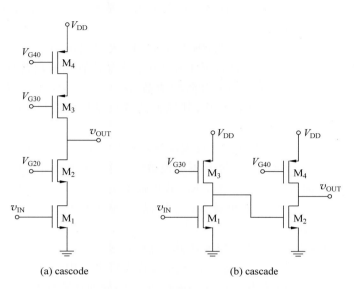

图 4.5.17　级联结构实现高电压增益

对该 cascode 放大器具有如是表述的跨导增益、输入电阻和输出电阻进行说明。

（3）理解 cascode 跨导器的跨导增益（$y_{21}$ 元素），说明它近似等于 $g_{m1}$，并将 BJT 通用跨导器模型中的 $r_{be}$ 开路、$r_{ce}$ 用 $r_{ds}$ 替代以转化为 MOSFET 的通用跨导器模型，说明 MOSFET cascode 跨导器的跨导增益近似为 $g_{m1}$，并简单记忆其等于 $g_{m1}$，如式（E4.5.12）所示。

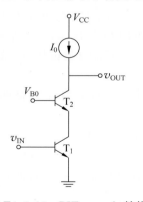

图 E4.5.14　BJT-cascode 结构

偏置在恒流区的 CS 组态晶体管是一个跨导放大器，如果其输入端接恒压使得晶体管偏置在恒流区，其 DS 端口对外则等效为电流源，电流源内阻为 $r_{ds}$。对于 cascode 跨导器，如果其输入端接恒压使其偏置在恒流区，其输出端口同样将是一个电流源，电流源内阻 $r_{ds,CG}\langle g_{m,CS}\rangle r_{ds,CS}$ 远大于单管内阻 $r_{ds}$，从而更接近于理想恒流源。图 4.5.18(a) 是 cascode 电流源的通常偏置方法，左侧晶体管 $M_1$、$M_3$ 被连接为二极管形式，为右侧 cascode 电流源提供直流偏置。假设阈值电压 $V_{TH}=0.7V$，过驱动电压 $V_{od}=0.2V$，显然，每个晶体管的栅源电压均需 0.9V，于是输入端电压为 1.8V，$M_4$ 源极电压为 $V_{S4}=V_{G4}-V_{GS4}=1.8V-0.9V=0.9V$，为了使得 $M_3$、$M_4$ 均工作于恒流区，则要求输出端点电压高于 1.1V，才能确保 $V_{DS4}\geqslant 0.2V=V_{DSsat}$。为了有效提高电流源的输出端点的电压空间，可以采用图 4.5.18(b) 所示的偏置方法，左侧 $M_1/M_3$-cascode 结构采用负反馈连接为一个复合二极管，于是输入端点电压只需一个 $V_{GS}=0.9V$ 即可，此时将 $M_3$、$M_4$ 栅极电压偏置在 1.1V，即可确保 $M_1$、$M_2$ 漏源电压 $V_{DS1,2}\geqslant 0.2V$ 而工作于恒流区，此时输出端点电压只要高于 0.4V，即可确保 $V_{DS4}\geqslant 0.2V$ 使得 $M_4$ 也工作于恒流区，显然图 4.5.18(b) 所示结构可以使得电流源输出端点有更大的电压摆幅，因为它为负载电阻留下了更大的电压空间。图 4.5.18 所示 cascode 电流镜的最大特点就是输出电阻更大，使得这种电流镜更接近理想电流源，而单管 CS 组态电流源的优点是其输出端点的电压只要高于 0.2V 即可确保晶体管工作于恒流区，为负载留下更大的电压空间。

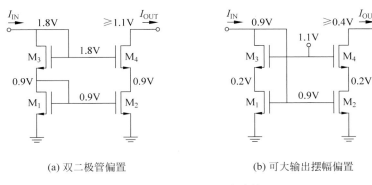

(a) 双二极管偏置    (b) 可大输出摆幅偏置

图 4.5.18   cascode 电流镜

**练习 4.5.15**   电流镜电路均可视为电流放大器,如图 4.5.18 所示的 cascode 电流镜,假设 4 个晶体管具有相同的工艺参量,在直流工作点上做微分线性化处理,求这两个结构形成的电流放大器(交流小信号分析)的输入电阻、输出电阻、电流增益各为多少? 假设所有晶体管除了宽长比外其他工艺参量一致。

2)CC-CB 双管组合结构

如图 4.5.19(a)所示,这是一个 CC-CB 晶体管组合结构,恒流源 $I_0$(可以用晶体管实现)为其提供直流偏置,图 4.5.19(b)表明它的 CC-CB 级联连接关系。分析这个组合电路的功能时,可以简单地将 CC 组态视为一个电压缓冲器,将 CB 组态视为一个电流缓冲器,如图 4.5.19(c)所示,于是

$$i_{\text{out}} = i_{e2} = \frac{v_{ec1}}{\dfrac{1}{g_{m1}} + \dfrac{1}{g_{m2}}} = \frac{v_{\text{in}}}{\dfrac{2}{g_m}} = 0.5 g_m v_{\text{in}}$$

显然这是一个本征跨导增益为 $0.5g_m$ 的跨导放大器。由于两个晶体管具有完全相同的直流偏置电流,故而其跨导增益 $g_{m1} = g_{m2} = g_m$。

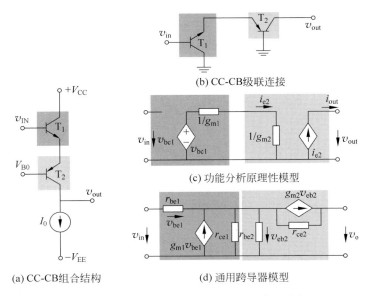

(b) CC-CB级联连接

(a) CC-CB组合结构    (c) 功能分析原理性模型

(d) 通用跨导器模型

图 4.5.19   BJT 的 CC-CB 组合结构小信号分析

上述功能性原理分析虽然确定了这个结构是一个本征跨导增益为 $0.5g_\mathrm{m}$ 的跨导放大器，但这个跨导放大器的输入电阻和输出电阻情况并不明了。为了清晰地获得该跨导放大器的输入电阻和输出电阻，两个晶体管可以直接用通用跨导器模型替代，如图 4.5.19(d)所示。对这个电路，可以根据定义求出其跨导增益、输入电阻和输出电阻，也可以用线性二端口网络参量来表述。由于前述原理性分析已经表明这是一个跨导放大器，因而我们需要用其最适 $y$ 参量矩阵表述。考虑到它本身是一个 CC-CB 级联连接关系，因而下面用 $ABCD$ 矩阵求总 $y$ 参量矩阵。

首先根据定义，直接从通用跨导器模型获得 CC 组态 $\mathrm{T_1}$ 和 CB 组态 $\mathrm{T_2}$ 的 ABCD 参量矩阵，分别为

$$\boldsymbol{ABCD}_{\mathrm{CC1}} = \frac{1}{1+g_\mathrm{m}r_\mathrm{be1}}\begin{bmatrix} 1+g_\mathrm{m}r_\mathrm{be1}+\dfrac{r_\mathrm{be1}}{r_\mathrm{ce1}} & r_\mathrm{be1} \\ \dfrac{1}{r_\mathrm{ce1}} & 1 \end{bmatrix} \approx \begin{bmatrix} 1 & \dfrac{1}{g_\mathrm{m}} \\ 0 & \dfrac{1}{g_\mathrm{m}r_\mathrm{be1}} \end{bmatrix}$$

$$\boldsymbol{ABCD}_{\mathrm{CB2}} = \frac{1}{1+g_\mathrm{m}r_\mathrm{ce2}}\begin{bmatrix} 1 & r_\mathrm{ce2} \\ \dfrac{1}{r_\mathrm{be2}} & 1+g_\mathrm{m}r_\mathrm{ce2}+\dfrac{r_\mathrm{ce2}}{r_\mathrm{be2}} \end{bmatrix} \approx \begin{bmatrix} \dfrac{1}{g_\mathrm{m}r_\mathrm{ce2}} & \dfrac{1}{g_\mathrm{m}} \\ 0 & 1 \end{bmatrix}$$

这里的约等于号取值是基于晶体管的属性，即本征电流增益 $\beta=g_\mathrm{m}r_\mathrm{be}\gg1$，本征电压增益 $A_\mathrm{v0}=g_\mathrm{m}r_\mathrm{ce}\gg1$。于是级联总 $ABCD$ 参量矩阵为

$$\boldsymbol{ABCD}_{\mathrm{CC-CB}} = \boldsymbol{ABCD}_{\mathrm{CC1}}\cdot\boldsymbol{ABCD}_{\mathrm{CB2}} \approx \begin{bmatrix} 1 & \dfrac{1}{g_\mathrm{m}} \\ 0 & \dfrac{1}{g_\mathrm{m}r_\mathrm{be1}} \end{bmatrix}\cdot\begin{bmatrix} \dfrac{1}{g_\mathrm{m}r_\mathrm{ce2}} & \dfrac{1}{g_\mathrm{m}} \\ 0 & 1 \end{bmatrix} = \begin{bmatrix} \dfrac{1}{g_\mathrm{m}r_\mathrm{ce2}} & \dfrac{2}{g_\mathrm{m}} \\ 0 & \dfrac{1}{g_\mathrm{m}r_{be1}} \end{bmatrix}$$

再由 $ABCD$ 矩阵，转化为 $y$ 参量矩阵，有

$$\boldsymbol{y} = \frac{1}{B}\begin{bmatrix} D & BC-AD \\ -1 & A \end{bmatrix} \approx \begin{bmatrix} \dfrac{1}{2r_\mathrm{be1}} & -\dfrac{1}{2g_\mathrm{m}r_\mathrm{be1}r_\mathrm{ce2}} \\ -\dfrac{g_\mathrm{m}}{2} & \dfrac{1}{2r_\mathrm{ce2}} \end{bmatrix} \tag{4.5.25}$$

显然，CC-CB 组合结构是一个双向网络，存在反向跨导增益 $y_{12}=-0.5/(g_\mathrm{m}r_\mathrm{be1}r_\mathrm{ce2})$，但是外接负载使得单向化条件一般都是成立的，

$$\left|\frac{1}{4r_\mathrm{be1}r_\mathrm{ce2}}\right| \ll \left|\frac{1}{2r_\mathrm{be1}}+\frac{1}{R_\mathrm{S}}\right|\left|\frac{1}{2r_\mathrm{ce2}}+\frac{1}{R_\mathrm{L}}\right| \tag{4.5.26}$$

事实上，只要

$$R_\mathrm{S} \ll 2r_\mathrm{be1} \quad \text{或} \quad R_\mathrm{L} \ll 2r_\mathrm{ce2} \tag{4.5.27}$$

单向化条件即可满足，此时 CC-CB 组合结构可视为单向跨导放大器，

$$\boldsymbol{y} \approx \begin{bmatrix} \dfrac{1}{2r_\mathrm{be1}} & -\dfrac{1}{2g_\mathrm{m}r_\mathrm{be1}r_\mathrm{ce2}} \\ -\dfrac{g_\mathrm{m}}{2} & \dfrac{1}{2r_\mathrm{ce2}} \end{bmatrix} \overset{\text{单向化条件}}{\approx} \begin{bmatrix} \dfrac{1}{2r_\mathrm{be1}} & 0 \\ -\dfrac{g_\mathrm{m}}{2} & \dfrac{1}{2r_\mathrm{ce2}} \end{bmatrix} \tag{4.5.28}$$

此跨导放大器的本征跨导增益为 $-y_{21}=0.5g_\mathrm{m}$，输入电阻为 $r_\mathrm{in}=1/y_{11}=2r_\mathrm{be1}$，输出电阻为 $r_\mathrm{out}=1/y_{22}=2r_\mathrm{ce2}$。

CC-CB 双晶体管组合结构犹如一个直流偏置电流减小了一半的单晶体管 CE 组态，使得跨导增益降半，输入、输出电阻增倍。但是特别注意：①CC-CB 组合结构输出电流和单管 CE

组态输出电流反向;②CC-CB组合是双向网络,不满足单向化应用条件时,其输入、输出阻抗与另外一个端口所接负载有关。

**练习 4.5.16** 请分析图 E4.5.15(a)、(b)两个电路的放大器类型,它们的放大倍数、输入电阻、输出电阻分别为多少?

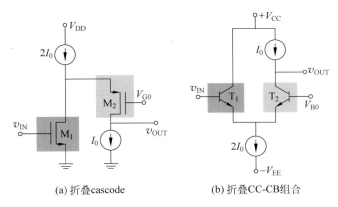

(a) 折叠cascode    (b) 折叠CC-CB组合

图 E4.5.15 双晶体管组合放大器分析

3) CC-CE 级联结构

**练习 4.5.17** 请说明如图 E4.5.16 所示的 CC-CE 双晶体管组合放大器是跨导放大器,证明其最适 $y$ 参量矩阵为

$$\boldsymbol{y} \approx \begin{bmatrix} \dfrac{1}{g_{m1} r_{be1} (r_{ce1} \parallel r_{be2})} & 0 \\[2mm] g_{m2} & \dfrac{1}{r_{ce2}} \end{bmatrix} \tag{4.5.29}$$

该跨导放大器的输入电阻、输出电阻和跨导增益分别为多少?如何对其放大原理进行原理性解释?

4) Darlington 复合管

图 4.5.20 所示双晶体管结构被称为达林顿复合管。达林顿复合管可视为单晶体管,双管复合的主要目的是提高输入电阻(或者说电流增益)。由于 BJT 的电流增益 $\beta$ 并非常数,而是与直流偏置电流有关,为了得到较大的稳定的 $\beta_1$,$T_1$ 需要有偏置电流源,有时为了电路简单,在 $T_2$ 的 BE 结并联 $R_B$ 电阻为 $T_1$ 提供直流通路,使得 $T_1$ 具有较大的直流电流和足够高的电流增益 $\beta_1$。

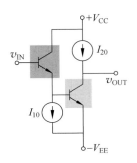

图 E4.5.16 CC-CE 双晶体管组合放大器

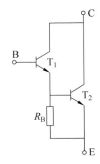

图 4.5.20 Darlington 复合管

可以证明如图 4.5.20 所示的达林顿复合管的 $y$ 参量矩阵为

$$y = \begin{bmatrix} \dfrac{1}{r_{\text{be1}}\langle g_{\text{m1}}\rangle r_{\text{1o}}} & -\dfrac{r_{\text{1o}}/r_{\text{ce1}}}{r_{\text{be1}}\langle g_{\text{m1}}\rangle r_{\text{1o}}} \\ (g_{\text{m2}}-g_{\text{ce1}}) + \dfrac{g_{\text{m1}}-(g_{\text{m2}}-g_{\text{ce1}})}{r_{\text{be1}}\langle g_{\text{m1}}\rangle r_{\text{1o}}}r_{\text{be1}} & g_{\text{ce2}} + g_{\text{ce1}}\dfrac{r_{\text{be1}}\langle g_{\text{m2}}-g_{\text{ce1}}\rangle r_{\text{1o}}}{r_{\text{be1}}\langle g_{\text{m1}}\rangle r_{\text{1o}}} \end{bmatrix} \qquad (4.5.30a)$$

其中 $r_{\text{1o}} = R_{\text{B}} \parallel r_{\text{be2}} \parallel r_{\text{ce1}}$。

上述结果难以记忆,这里直接给出如下的简化结论用于记忆:达林顿复合管可视为单管跨导器,其输入电阻近似为 $\beta_1 r_{\text{1o}}$,其输出电阻近似为 $0.5 r_{\text{ce2}}$,其本征跨导增益近似为 $-g_{\text{m2}}$,

$$y_{\text{Darlington}} \approx \begin{bmatrix} \dfrac{1}{\beta_1 r_{\text{1o}}} & 0 \\ g_{\text{m2}} & \dfrac{1}{0.5 r_{\text{ce2}}} \end{bmatrix} \qquad (4.5.30b)$$

与单管 CE 组态跨导放大器对比,输出电阻降半,但输入电阻增大很多。

cascode 结构主要用于提高跨导器的输出电阻,可用于 BJT 和 MOSFET。CC-CB 组合结构、CC-CE 组合结构和 Darlington 复合管则主要用于提高跨导器输入电阻,仅用于 BJT。MOSFET 输入电阻已经很大了(被建模为无穷大),无须再通过双管组合结构提高其输入电阻。然而当 CC-CB 组合跨导器作为具有开关特性的大信号受控电流源使用时,可推广为 MOSFET 晶体管的 CD-CG 组态,此时 $M_2$ 栅极接固定偏压,$M_1$ 栅极接输入控制电压。

# 4.6 解析法:差分对放大器

我们有一种偏执,就是希望能够用最简单的数学解析表达式描述电路功能,简单解析式将会清晰地表明一个电路具有怎样的电路功能,并且可以方便地进行数学操作,即进行信号解析或进一步信号处理。事实上,前述的分段折线法、局部线性法,以及第 10 章讨论并应用的准线性法,都是充分利用线性的简单性,将难以给出解析表达式的非线性电路尽可能地利用线性给出简单的解析表述,从而给出一目了然的电路功能表述。

对于一些特殊的电路,如对称结构的差分对管,我们可以通过非线性的解析表达式来描述其电路特性。能用解析法分析的电路,往往是那些具有简单的或对称(平衡)结构的电路。在解析表达式理解的基础上,可以进一步地进行分段线性、局部线性和准线性分析。

差分对(Differential Pairs)结构和电流镜(Current Mirror)结构是集成电路的特征结构,原因在于同一基片、同一工艺流程下可以做到晶体管较高的一致性,确保差分对和电流镜的性能。集成电路中存在大量的差分对结构和电流镜结构,电流镜可用于直流偏置、电流换向、电流相加和电流放大,而差分对则是跨导放大器,具有跨导放大器高电压增益特点(有源负载),更重要的是它自身的对称性使得它对共模干扰具有强大的抑制能力,在当前数模混合应用、低电压强干扰环境下,差分结构放大器是首选这一特征尤为突出。

## 4.6.1 差分放大的基本概念

如图 4.6.1 所示,这是差分电压放大器的电路符号,其中图 4.6.1(a)是全差分放大器(Fully Differential Amplifier,FDA),输入和输出都是双端的,图 4.6.1(b)是诸如 741 运放那样双端输入、单端输出的差分放大器。

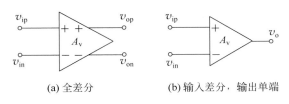

(a) 全差分　　　　　　(b) 输入差分，输出单端

图 4.6.1  差分电压放大器

**1. 差模与共模**

如图 4.6.1 所示，当我们在某个端点上标注电压符号时，是指这个端点的对地电压，虽然地的符号并没有出现。这里标注同相输入端电压为 $v_{\text{ip}}$，反相输入端电压为 $v_{\text{in}}$，于是定义差模信号和共模信号分别为

$$v_{\text{id}} = v_{\text{ip}} - v_{\text{in}} \tag{4.6.1a}$$

$$v_{\text{ic}} = 0.5(v_{\text{ip}} + v_{\text{in}}) \tag{4.6.1b}$$

换句话说，差模信号就是两个端点之间的电压差，共模信号则是两个端点对地电压的平均值。

图 4.6.2(b) 给出了差模信号与共模信号明确的物理含义，显然，共模信号是两个输入端点共有的对地信号，而差模信号则以共模信号为基础在两个端点各分一半且反相，它们共同构成两个输入端点各自的对地电压，

$$v_{\text{ip}} = v_{\text{ic}} + 0.5 v_{\text{id}} \tag{4.6.2a}$$

$$v_{\text{in}} = v_{\text{ic}} - 0.5 v_{\text{id}} \tag{4.6.2b}$$

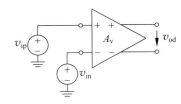 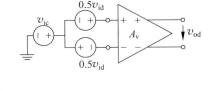

(a) 两个端点分别加载信号 $v_{\text{ip}}$ 和 $v_{\text{in}}$　　　　(b) 共模信号 $v_{\text{ic}}$ 与差模信号 $v_{\text{id}}$

图 4.6.2  共模信号与差模信号

**2. 共模抑制**

理想差分放大器由其绝对对称的平衡电桥结构使得它只放大差模信号，

$$v_{\text{od}} = A_{\text{dd}} v_{\text{id}} \tag{4.6.3a}$$

然而实际制作工艺无法实现绝对的对称，故而实际放大器不仅放大差模信号，还同时放大共模信号，由叠加定理，可写出如下表述结果，

$$v_{\text{od}} = A_{\text{dd}} v_{\text{id}} + A_{\text{dc}} v_{\text{ic}} \tag{4.6.3b}$$

常用共模抑制比（Common Mode Rejection Ratio，CMRR）这个指标来描述实际差分放大器偏离理想差分放大器的程度大小，

$$\text{CMRR} = \left| \frac{A_{\text{dd}}}{A_{\text{dc}}} \right| \tag{4.6.4a}$$

CMRR 多用 dB 数表述，则为

$$\text{CMRR} = 20 \log_{10} \left| \frac{A_{\text{dd}}}{A_{\text{dc}}} \right| \tag{4.6.4b}$$

理想差分放大器的 CMRR 为无穷大，实际差分放大器的 CMRR 由电路差分结构的对称程度

决定,对称程度越高,CMRR 越大。

CMRR 越大,表明差分放大器对共模信号的抑制能力就越强。那么为什么要抑制共模信号呢?原因在于电路中的干扰信号多属共模信号。所谓共模干扰,是指通过公共地、公共电源线或互连线等介质,以互阻、互导、互容或互感等途径耦合的干扰,这种干扰在数模混合电路中尤为严重。数模混合电路中的数字电路实现逻辑功能时需要完成大量的逻辑 0、1 状态翻转,对应的逻辑电平跳变将导致极为丰富的高频杂散分量,这些杂散分量很容易通过互连线、地线或电源线混杂到模拟电路的有用信号中,模拟电路难以承受这些干扰信号对有用信号的污染,差分放大器以其共模抑制能力成为数模混合电路中模拟信号放大的首选方案。

如图 4.6.3 所示,方波时钟信号是数字电路中跳变最快的信号,这个信号在 0、1 跳变点产生的高频分量可通过互容自时钟线或通过互阻自地线耦合到模拟信号线上,本来干净的模拟信号被污染了,这种污染仅靠滤波器极难消除。于是我们可以在物理对称的位置布置一个差分信号线,该信号线上传输的模拟信号是反相信号,由于结构上的对称,这两根信号线将耦合到相同的干扰信号,相同的干扰信号被称为共模干扰信号。其后的模拟信号处理需首先通过全差分放大器将共模干扰信号抑制掉,只让差分信号通过,再送达后续的信号处理功能模块做进一步的信号处理。

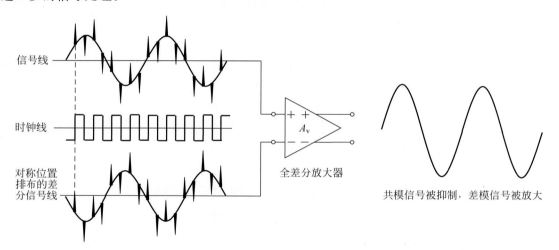

图 4.6.3  共模干扰信号的产生与抑制

对于单端放大器,输入信号为 $v_i = v_s + v_{INT} + v_n$,其中 $v_s$ 为有用信号,$v_{INT}$ 为干扰信号,$v_n$ 为伴随有用信号的随机噪声信号(如热噪声)。单端放大器没有能力区分有用信号 $v_s$ 和干扰信号 $v_{INT}$ 以及噪声信号 $v_n$,对它们将一视同仁地放大,于是输入中的干扰和噪声同有用信号一样被放大,同时还会额外附加放大器自身器件产生的噪声 $v_{nA}$,故而其输出为 $v_o = A_v v_s + A_v v_{INT} + A_v v_n + v_{nA}$。但是对于差分放大器,其同相输入端信号 $v_{ip} = v_{ic} + 0.5 v_{id} + v_{np} + v_{INT}$ 和反相输入端信号 $v_{in} = v_{ic} - 0.5 v_{id} + v_{nn} + v_{INT}$ 中,干扰信号 $v_{INT}$ 来自同一位置,以共模形态出现,差分放大器将抑制该共模干扰信号,假设是理想差分放大器,其差分输出电压中的所有共模信号将全部被抑制,$v_{od} = A_{vd} v_{id} + A_{vd}(v_{np} - v_{nn}) + v_{nA,DP}$。

当处理的信号幅度较大时,随机噪声的影响可以忽略不计,显然差分放大器输出 $v_{od} = A_{vd} v_{id}$ 比单端放大器输出 $v_o = A_v v_s + A_v v_{INT}$ 要干净许多。这就是差分放大器明显优于单端放大器的地方,它适用于干扰信号很多很强的场合,如数模混合电路应用中。如果电路中不存在强的共模干扰信号，且有用信号比较微弱必须考虑噪声影响时，单端放大器由于其器件数量少，其噪声性能（用噪声系数描述）一般会优于器件数目多一倍的差分放大器。

### 4.6.2　差分对管实现的差分跨导放大

#### 1. 共模抑制与差模放大的电桥理解

图 4.6.4 所示的双晶体管结构被称为差分对，差分对管具有完全一致的工艺参数。NPN-BJT 差分对管的两个射极连在一个结点上，下接直流偏置电流源（也称尾电流源）为差分对管提供直流偏置通路。两个晶体管的基极是差分输入的两个端点，两个晶体管的集电极是差分输出的两个端点。差分对管是跨导放大器，在其输出端点各自对直流偏置电压源 $V_{CC}$（交流地）接相同的负载电阻 $R_C$，$V_{CC}$ 直流偏置电压源为整个电路提供能量。尾电流源一般由工作于有源区的晶体管实现，它提供恒流特性用于偏置。NMOSFET 差分对的结构和 NPN-BJT 差分对一致，左右完全对称。

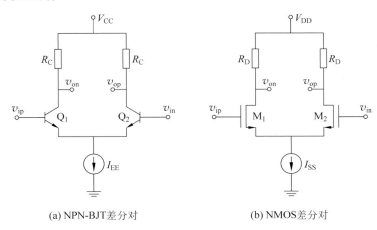

(a) NPN-BJT差分对　　　　　　　　(b) NMOS差分对

图 4.6.4　差分对放大器

差分放大器输入级多采用差分对结构，差分放大器所具有的共模抑制能力将主要来自输入差分对的对称性。如何理解差分对管所具有的差模放大、共模抑制能力呢？如图 4.6.5(a) 所示，当输入信号为共模信号时，两条支路完全对称，$R_D$ 电阻-$M_1$ 沟道电阻支路和 $R_D$ 电阻-$M_2$ 沟道电阻支路构成一个平衡电桥，于是桥中端口无法看到电压源 $V_{DD}$ 的作用，$v_{od} = 0$，差分输出端口看到的是纯电阻，可见差分对管的共模抑制能力来自电桥的平衡性，或者说来自差分对两条支路的完全对称性上。当输入信号为差模信号时，如图 4.6.5(b) 所示，两个输入端点电压在共模电压 $v_{ic}$ 基础上，一个向上偏 $0.5v_{id}$，一个向下偏 $0.5v_{id}$，在这两个不同栅极电压作用下，两个晶体管的工作点产生差异，两个晶体管的漏源沟道电阻将呈现出不一致的电阻，从而电桥的两条支路不再平衡，桥中端口将会看到电压源 $V_{DD}$ 的作用，等效电路中的戴维南源电压（端口开路电压）$v_{od} \neq 0$。差模信号 $v_{id}$ 越大，电桥不平衡就越严重，$v_{od}$ 就越大，显然 $v_{od}$ 源自 $V_{DD}$（或由 $V_{DD}$ 供电的 $I_{SS}$ 尾电流源），但其大小却是由差模信号 $v_{id}$ 决定的。当 $v_{id}$ 和 $v_{od}$ 都比较小时，输入电压到输出电压的转移特性曲线可近似视为直线，$v_{od}$ 和 $v_{id}$ 之间的线性比值关系，即转移特性曲线的微分斜率被定义为差模放大倍数 $A_{vd}$（式(4.6.3)中的 $A_{dd}$）。

除了上述的共模干扰抑制能力之外，差分对结构还有其他的优点，使得差分对结构成为集成电路的最重要构件：

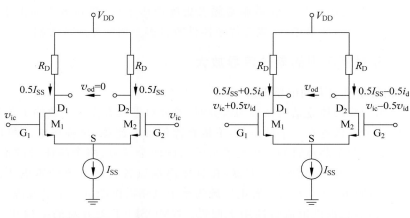

(a) 共模输入(差模输入为0)　　　　　(b) 实际输入信号为共模加差模

图 4.6.5　差分对的共模输入和差模输入

（1）前后级的直接耦合。在分立的单管放大器讨论中,前后级是通过大容值的耦合电容、大感值的变压器等器件实现交流耦合,前后级的直流是完全独立调整的。但是在集成电路内部,大容值的耦合电容和变压器结构实现十分的困难,而差分对由于其共模输入范围很大,且几乎不需要输入电流(输入阻抗大),因而前后级级联时,可以不通过互容、互感实现耦合,而是以直流耦合方式前后级直连,良好的设计可使得这种直连不会导致直流工作点设置问题。

（2）差分对管由于具有对称平衡结构,两管配合可以消除偶次非线性,使得差分对差模跨导放大器的线性范围比单管跨导器的线性范围大了很多。

（3）差分对的偏置电路很容易实现,其偏置尾电流源就是工作于恒流区的晶体管,可以用电流镜电路实现。

那么什么是"共模输入范围"?"差模放大的线性范围"有多大?我们就上述话题展开进一步的讨论。

**2. 共模输入范围**

差分放大器的输入电压是在共模基础上的差模输入,故而应首先确保共模输入电压不会使得晶体管脱离有源区,这个令差分对结构中所有晶体管都工作于有源区的共模输入电压范围被称为共模输入范围。

这里以 MOSFET 为例,如图 4.6.5(a)所示:首先假设差模输入为 0,于是两个输入端电压相等,都是 $v_{ic}$。在设计电路和制作电路时都尽量确保晶体管的对称性,这里假设两个晶体管完全对称,包括外加偏置电阻同样如此,$R_{D1} = R_{D2} = R_D$。由于完全的对称性,尾电流源提供的偏置电流 $I_{SS}$ 被均分到差分对两条支路上,

$$0.5I_{SS} = \beta_n (V_{GS0} - V_{TH})^2 = \beta_n V_{od0}^2$$

这里忽略厄利效应的影响。由此可以推知两个晶体管在 $v_{id} = 0$ 时的过驱动电压为

$$V_{od0} = V_{GS0} - V_{TH} = \sqrt{\frac{I_{SS}}{2\beta_n}} \qquad (4.6.5)$$

要求两个晶体管工作在有源区,必须确保 $V_{GD} \leqslant V_{TH}$,已知 $V_G = v_{ic}$,$V_D = V_{DD} - 0.5I_{SS}R_D$,故而可获得共模输入电压的上限,为

$$v_{ic} \leqslant (V_{DD} - 0.5I_{SS}R_D) + V_{TH} = V_{I,CM,max} \qquad (4.6.6)$$

也就是说,共模电压不能高于该值,如果高于该值,则无法保证 $M_1$ 和 $M_2$ 晶体管的 $V_{GD} \leqslant V_{TH}$,

这两个晶体管则会进入欧姆区,晶体管电压放大倍数急剧下降,这对高增益放大器设计而言是不可容忍的。

同样地,$v_{ic}$ 也有最小值的限制:由于两个晶体管电流维持不变,一直都是 $0.5I_{SS}$,故而两个有源区晶体管的 $V_{GS}$ 将维持不变,一直都是 $V_{od0} + V_{TH}$,当晶体管栅极电压 $V_G = v_{ic}$ 下降时,晶体管源极电压 $V_S$ 将同步下降,$V_S$ 的持续下降将使得尾电流源无法正常工作。集成电路中尾电流源是用 CS 组态的晶体管实现的,其正常电流源等效要求其漏源端口电压高于饱和电压,故而差分对源极电压 $V_S$ 即尾电流源 DS 端口电压必须满足 $V_S \geqslant V_{DS, sat, tail}$。由此可知,输入共模电压的下限为

$$v_{ic} \geqslant V_{DS, sat, tail} + V_{TH} + V_{od0} = V_{I, CM, min} \qquad (4.6.7)$$

低于该值后,尾电流源(晶体管)进入欧姆区,无法提供期望的恒流偏置,差分对放大器的跨导增益及 $CMRR$ 将因此而下降。

$V_{I, CM, min}$ 和 $V_{I, CM, max}$ 是对输入共模电压的限制,被称为共模输入范围。将输入信号中的共模信号 $v_{ic}$ 限制在该范围内,

$$V_{I, CM, max} \geqslant v_{ic} \geqslant V_{I, CM, min} \qquad (4.6.8)$$

差分对结构中的所有晶体管都将位于有源区,这符合我们的初始设计要求。

**练习 4.6.1** 图 4.6.5 所示的 MOSFET 差分对,$\beta_n = 1.25\,mA/V^2$,$V_{TH} = 0.7V$,$I_{SS} = 100\mu A$。尾电流源为 NMOS 电流源,它的宽长比是差分对管宽长比的两倍。已知 $V_{DD} = 3.3V$,$R_D = 20k\Omega$,求该差分对的共模输入范围。

**练习 4.6.2** 请分析图 4.6.4(a)所示 BJT 差分对放大器的共模输入范围。

**3. 差模跨导转移特性**

当共模输入信号位于共模输入范围内,且差模输入为 0 时,无论共模电压怎么变,由于差分对两条支路的对称性,电桥始终是平衡的,故而输出差模电压 $v_{od} = 0$,换句话说,具有绝对对称特性的理想差分对不放大共模信号,即 $A_{dc} = 0$。

现将位于共模输入范围之内的共模信号首先确定下来,在共模信号的基础上添加差模信号,如图 4.6.5(b)所示,这里以 NMOSFET 差分对为例。只要共模信号取得适当,在差模信号变化范围内,所有晶体管均假设位于有源区。

将 MOSFET 视为一个超级结点,那么流入晶体管的电流等于流出晶体管的电流,由于 NMOSFET 的栅极电流为 0,故而漏极电流和源极电流相等,注意到两个源极电流之和等于流出的尾电流,故而两条支路的共模电流为 $0.5I_{SS}$,

$$i_c = 0.5(i_{D1} + i_{D2}) = 0.5(i_{S1} + i_{S2}) = 0.5I_{SS} \qquad (4.6.9a)$$

定义两条支路的差模电流为

$$i_d = i_{D1} - i_{D2} \qquad (4.6.9b)$$

显然,两条支路电流同样可表述为共模电流与差模电流之和,

$$i_{D1} = i_c + 0.5i_d = 0.5I_{SS} + 0.5i_d \qquad (4.6.10a)$$

$$i_{D2} = i_c - 0.5i_d = 0.5I_{SS} - 0.5i_d \qquad (4.6.10b)$$

我们还注意到,晶体管漏极电流由它们的栅源电压各自决定,

$$i_{D1} = \beta_n(v_{GS1} - V_{TH})^2 \qquad (4.6.11a)$$

$$i_{D2} = \beta_n(v_{GS2} - V_{TH})^2 \qquad (4.6.11b)$$

这里为了简化分析,不考虑厄利效应。于是对应于两个漏极电流的两个栅源电压分别为

$$v_{GS1} = \sqrt{\frac{i_{D1}}{\beta_n}} + V_{TH} = \sqrt{\frac{0.5I_{SS} + 0.5i_d}{\beta_n}} + V_{TH} \tag{4.6.12a}$$

$$v_{GS2} = \sqrt{\frac{i_{D2}}{\beta_n}} + V_{TH} = \sqrt{\frac{0.5I_{SS} - 0.5i_d}{\beta_n}} + V_{TH} \tag{4.6.12b}$$

而两个栅源电压之差恰好就是差模输入电压,

$$v_{GS1} - v_{GS2} = (v_{ip} - V_S) - (v_{in} - V_S) = v_{ip} - v_{in} = v_{id} \tag{4.6.13}$$

如是我们获得了差分输出电流和差分输入电压之间的关系方程,为

$$v_{id} = \sqrt{\frac{0.5I_{SS} + 0.5i_d}{\beta_n}} - \sqrt{\frac{0.5I_{SS} - 0.5i_d}{\beta_n}} \tag{4.6.14}$$

然而这个表述并非我们需要的,我们需要的是用输入 $v_{id}$ 表述输出 $i_d$,对该方程进行简化,有

$$i_d = f(v_{id}) = v_{id} \cdot \sqrt{2\beta_n I_{SS} - \beta_n^2 v_{id}^2} \tag{4.6.15}$$

这就是 MOSFET 差分对的差分输出电流和差分输入电压之间的非线性跨导转移特性关系。

工作于恒流区的差分对管是非线性差分跨导器,图 4.6.5(b)所示差分对放大器的差分输出电流可线性转换为差分输出电压,

$$v_{od} = v_{op} - v_{on} = (V_{DD} - i_{D2}R_D) - (V_{DD} - i_{D1}R_D)$$
$$= (i_{D1} - i_{D2})R_D = i_d R_D = R_D v_{id} \sqrt{2\beta_n I_{SS} - \beta_n^2 v_{id}^2} \tag{4.6.16}$$

**练习 4.6.3** 请从式(4.6.14)转换为式(4.6.15)。

**练习 4.6.4** 仿照 MOSFET 差分对的推导过程,请证明 BJT 差分对是一个非线性的差分跨导器,在共模输入范围内,其输出差分电流和输入差分电压之间的跨导转移特性关系为双曲正切关系,

$$i_d = i_{C1} - i_{C2} = f(v_{id}) = I_{EE} \tanh \frac{v_{id}}{2v_T} \tag{4.6.17}$$

**提示**:工作在有源区的 BJT,其偏置电流远大于反向饱和电流,故而可忽略其影响,于是工作在有源区的单 BJT 晶体管的非线性跨导控制关系可设定为指数律关系,$i_C = I_{CS0}(e^{\frac{v_{BE}}{v_T}} - 1) \approx I_{CS0} e^{\frac{v_{BE}}{v_T}}$,这里厄利效应也不予考虑,同时,假设 BJT 电流增益很大,从而 $i_B$ 的影响也可忽略不计,于是 $i_E \approx i_C$。

**4. 差模输入范围**

一般情况下,我们均假定晶体管工作在有源区,如我们获得式(4.6.15,17)差分对的非线性跨导转移关系时,首先假设两个晶体管均工作于有源区。换句话说,只有两个晶体管都工作在有源区时,这个跨导转移关系才是成立的,因为这个跨导转移关系是从晶体管有源区方程获得的,显然这个跨导转移关系的适用范围不能无限制地扩大。那么输入差分电压在什么范围内,才能确保两个晶体管都工作在有源区呢?

仍然以 MOSFET 差分对为例,首先假设将共模输入电压 $v_{ic}$ 设置在共模输入范围中间的某个确定位置上,$v_{ic} = V_{I0,CM}$,使得差模电压可以有足够大的变化空间,用以考察差分电压变化到多大时晶体管有可能脱离有源区。

这里假设共模输入范围足够的宽,从而差模变化还不至于将晶体管拉入欧姆区,那么是否存在晶体管进入截止区的可能性呢? 只要晶体管是导通的,即晶体管漏极电流大于 0,晶体管就不在截止区,

$$i_{D1} > 0 \tag{4.6.18a}$$

$$i_{D2} > 0 \tag{4.6.18b}$$

否则晶体管将进入截止区,代入式(4.6.10)可知,晶体管在导通区的前提条件是

$$|i_d| \leqslant I_{SS} \tag{4.6.19}$$

换句话说,随着 $v_{id}$ 的增加,$i_d$ 增加,但当 $i_d$ 增加到 $I_{SS}$ 后,就无法再增加了,因为此时 $M_2$ 晶体管已经截止了,由 $i_d = v_{id} \cdot \sqrt{2\beta_n I_{SS} - \beta_n^2 v_{id}^2} = I_{SS}$ 可知,使得 $i_d$ 增加到 $I_{SS}$ 对应的 $v_{id}$ 为 $\sqrt{2} V_{od0}$;同理,随着 $v_{id}$ 的降低,$i_d$ 降低,但当 $i_d$ 降低到 $-I_{SS}$ 后,就无法再降低了,因为此时 $M_1$ 晶体管已经截止了,$I_{SS}$ 电流全部从 $M_2$ 沟道流过,由 $i_d = v_{id} \cdot \sqrt{2\beta_n I_{SS} - \beta_n^2 v_{id}^2} = -I_{SS}$ 可知对应的 $v_{id}$ 为 $-\sqrt{2} V_{od0}$,故而可知输入差模范围为

$$\pm v_{id,max} = \pm\sqrt{2} V_{od0} \tag{4.6.20}$$

当 $v_{id} \geqslant v_{id,max} = \sqrt{2} V_{od0}$ 时,$M_1$ 漏极电流将保持恒流 $I_{SS}$ 不变,于是 $V_{GS1}$ 也将保持不变,栅极电压的上升意味着源极电压随之上升,这将导致 $M_2$ 的 $V_{GS2}$ 进一步降低从而小于 $V_{TH}$,故而 $M_2$ 更加深度地进入截止区,其漏极电流将始终保持为 0。反之,当 $v_{id} \leqslant -v_{id,max} = -\sqrt{2} V_{od0}$ 时,$M_1$ 截止,其漏极电流为 0,而 $M_2$ 则有源导通且保持恒流 $I_{SS}$ 不变。

至此可知,MOSFET 差分对输入电压到输出电流的跨导转移关系可以分为三个区域分别描述,为

$$i_d = f(v_{id}) = \begin{cases} -I_{SS}, & v_{id} \leqslant -\sqrt{2} V_{od0} \\ I_{SS} \dfrac{v_{id}}{V_{od0}} \cdot \sqrt{1 - \dfrac{1}{4}\left(\dfrac{v_{id}}{V_{od0}}\right)^2}, & -\sqrt{2} V_{od0} < v_{id} < +\sqrt{2} V_{od0} \\ +I_{SS}, & v_{id} \geqslant +\sqrt{2} V_{od0} \end{cases} \tag{4.6.21}$$

表达式中,用过驱动电压 $V_{od0}$ 和尾电流源 $I_{SS}$ 替代工艺参量 $\beta_n$ 以方便电压、电流归一化处理。这个转移特性曲线如图 4.6.6 所示,图 4.6.6(a) 是 MOSFET 差分对管输入差分电压到输出差分电流的跨导转移特性曲线,图 4.6.6(b) 是两个晶体管漏极电流和输入差分电压之间的关系曲线。

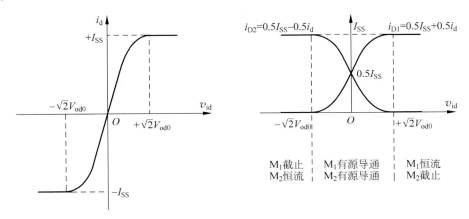

(a) 差分输出电流vs差分输入电压      (b) 晶体管漏极电流vs差分输入电压

图 4.6.6 MOSFET 差分对跨导转移关系曲线

由于模型原因,MOSFET 进入截止区则漏极电流为 0,故而其转移特性曲线有明确的分区,分别对应"$M_1$ 截止,$M_2$ 恒流"($v_{id} \leqslant -\sqrt{2} V_{od0}$),"$M_1$ 有源,$M_2$ 有源"($-\sqrt{2} V_{od0} < v_{id} <$

$+\sqrt{2}V_{\text{od0}}$），"$M_1$ 恒流，$M_2$ 截止"（$v_{\text{id}} \geqslant +\sqrt{2}V_{\text{od0}}$），三个分区有不同的转移特性曲线，其中，只有中间区域是有效转移（曲线斜率不为 0），两侧区域具有饱和特性（电流不随电压变化而变化），不是有效转移（曲线斜率为 0）。在原理性分析中，我们往往取过驱动电压为 $V_{\text{od0}} = 200\text{mV}$，于是三个分区的界点为 $\pm\sqrt{2}V_{\text{od0}} \approx \pm 280\text{mV}$。

对于 BJT 差分对，其双曲正切转移特性曲线似乎可以向两侧无限延拓，但目测的饱和特性仍然存在。为了方便描述，我们人为地将转移特性曲线分为三个区，"$T_1$ 截止，$T_2$ 恒流"，"$T_1$ 有源，$T_2$ 有源"，"$T_1$ 恒流，$T_2$ 截止"。如何对这三个区域进行分界呢？注意到 $\tanh 2.3 = 0.98$，因而可以用 $\pm 2.3 \times (2v_T) \approx \pm 120\text{mV}$ 为两个界点：当 $v_{\text{id}} < -120\text{mV}$ 时，$T_1$ 集电极电流低于 $T_2$ 集电极电流近 100 倍，可以认为 $T_1$ 集电极电流为 0 而截止，而 $T_2$ 集电极电流几乎等于尾电流而恒流导通；当 $v_{\text{id}} > +120\text{mV}$ 时，可以认为 $T_1$ 恒流导通而 $T_2$ 截止；差模电压在 $\pm 120\text{mV}$ 之间时，两个晶体管都是有源导通的，差分电压的变化可以有效传递到差分电流的变化上。

前述分析表明，MOSFET 差分对有效跨导转移区间为

$$\pm v_{\text{id,max}} = \pm\sqrt{2}V_{\text{od0}} \approx \pm 280\text{mV} \tag{4.6.22a}$$

BJT 差分对有效跨导转移区间为

$$\pm v_{\text{id,max}} = \pm 4.6 v_T \approx \pm 120\text{mV} \tag{4.6.22b}$$

这正是保证两个晶体管都位于有源区的差模输入范围，超出此范围，其中一个晶体管截止，跨导转移特性曲线饱和，差模输出电流不再随差模输入电压的变化而变化。

**练习 4.6.5** 请画出和图 4.6.6 类同的关于 BJT 差分对的跨导转移特性曲线以及两个晶体管集电极电流和差分电压转移关系曲线，并给出相应转移关系方程。

**5. 尾电流源的作用**

如图 4.6.7(a) 所示，如果没有尾电流源，这不也是差分放大器吗？为什么实际的差分放大器都有一个尾电流源呢？尾电流源起到了分离差模和共模信号的作用，可有效提高共模抑制比。

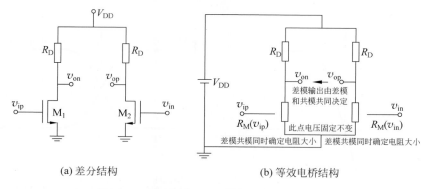

(a) 差分结构　　　　　　　(b) 等效电桥结构

图 4.6.7　无尾电流源差模和共模则无法分离

1）分离差模和共模

对于如图 4.6.7(a) 所示的没有尾电流源的差分放大器，显然两个晶体管应工作于有源区以获得高的电压增益，其输出差模电压为

$$v_{\text{od}} = v_{\text{op}} - v_{\text{on}}$$
$$= (V_{\text{DD}} - \beta_n(v_{\text{ic}} - 0.5v_{\text{id}} - V_{\text{TH}})^2 R_D) - (V_{\text{DD}} - \beta_n(v_{\text{ic}} + 0.5v_{\text{id}} - V_{\text{TH}})^2 R_D)$$
$$= (2\beta_n(v_{\text{ic}} - V_{\text{TH}})R_D)v_{\text{id}} = A_{\text{vd}}(v_{\text{ic}})v_{\text{id}} \tag{4.6.23}$$

该差分放大器的差模电压增益竟然需要由共模电压决定，$A_{\mathrm{vd}}=2\beta_{\mathrm{n}}(v_{\mathrm{ic}}-V_{\mathrm{TH}})R_{\mathrm{D}}$，这个结论表明这种差分放大器的差模输入信号和共模输入信号无法有效分离，当共模信号不是直流信号时，将会产生差模和共模相乘导致的和频和差频分量。

而对于有尾电流源偏置的差分放大器，如图 4.6.8 所示，其差模输出电压和共模电压无关，

$$v_{\mathrm{od}}=v_{\mathrm{op}}-v_{\mathrm{on}}=(V_{\mathrm{DD}}-(0.5I_{\mathrm{SS}}-0.5i_{\mathrm{d}})R_{\mathrm{D}})-(V_{\mathrm{DD}}-(0.5I_{\mathrm{SS}}+0.5i_{\mathrm{d}})R_{\mathrm{D}})$$
$$=i_{\mathrm{d}}R_{\mathrm{D}}=f(v_{\mathrm{id}})R_{\mathrm{D}} \tag{4.6.24}$$

而式(4.6.15)表明，$i_{\mathrm{d}}$ 仅和 $v_{\mathrm{id}}$ 有关，也就是说，差模电压输出和共模输入电压无关，仅由差模输入电压决定，从而差模信号和共模信号有效分离，无论共模信号是直流或交流信号，差模输出信号只对差模输入信号有响应。

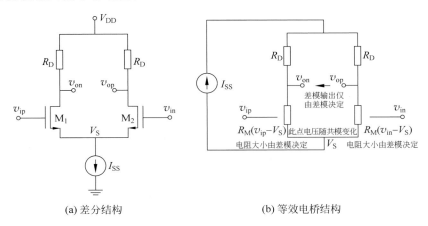

(a) 差分结构　　　　　　　　(b) 等效电桥结构

图 4.6.8　尾电流源将差模和共模有效分离

如图 4.6.9(a)所示，没有尾电流源偏置的差分放大器，差模共模无法有效分离，很小的共模电压变化即可导致差分对晶体管进入截止区或欧姆区，从而差分放大功能失效或减弱，即使晶体管在有源区，差分放大倍数由共模电压决定也是让人难以接受的。而图 4.6.9(b)所示的有尾电流源偏置的差分放大器，只要在共模输入范围内，即可确保两个差分对管工作在有源区（恒流区），无论共模电压如何变化，差模放大仅在共模基础上独立完成，两者有效分离。

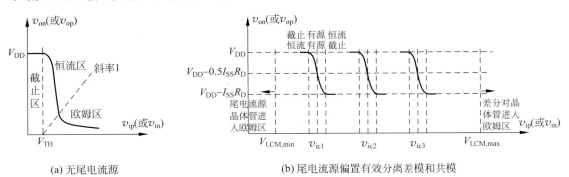

(a) 无尾电流源　　　　　　　(b) 尾电流源偏置有效分离差模和共模

图 4.6.9　尾电流源偏置对差分对管输入输出转移特性的影响

如图 4.6.8(b)所示，由于尾电流源的存在，差分对管的源极电压 $V_{\mathrm{S}}$ 将随着共模电压 $v_{\mathrm{ic}}$ 的升高而升高，或随其下降而下降，从而使得单独看差分对管中的一个晶体管，其栅源电压中只

有差模电压在起作用,差分放大倍数和共模电压无关,其共模输入范围很大,导致差分放大器在很大的共模信号范围内都是有效工作的,如图 4.6.9(b)所示。而无尾电流源的差分放大器,如图 4.6.7(b)所示,差分对管的源极电压 $V_s$ 接地固定不变,从而使得单独看差分对管中的一个晶体管,其栅源电压中共模电压和差模电压总是同时起作用,两者无法有效分离,导致其共模输入范围极小,如图 4.6.9(a)的转移特性曲线显示的那样,其信号可变化的范围极窄,从而其实用性打了很大的折扣。同时,尾电流源的存在,还将有效提高共模抑制比。

2) 提高共模抑制比

对于没有尾电流源的图 4.6.7(a)差分放大器,式(4.6.23)表明共模信号决定差模放大倍数,共模信号将直接渗透到差模输出中,而添加了尾电流源的差分放大器图 4.6.8(a),式(4.6.24)表明差模输出中完全消除了共模信号的影响。然而上述分析却是建立在理想差分放大器两条支路具有完全对称性这一点上,而实际差分放大器因工艺偏差使得电路制作完成后两条支路不可能完全一致,于是共模信号变化时,差模输出也将随之变化,此时尾电流源所具有的大的内阻将对这种共模变化导致的差模变化起到极大的抑制作用。

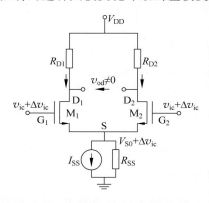

图 4.6.10 支路不完全对称的差分对放大器的共模抑制比非无穷大

如图 4.6.10 所示,这里仍以 MOSFET 差分对放大器为例,由于工艺偏差,两条支路不完全对称,为了简化分析,暂假定两条支路的不对称性仅体现在两个电阻的不对称上,即 $R_{D1} \neq R_{D2}$,而两个晶体管仍然假设是完全对称的。

分析仅存在共模输入 $v_{ic}$,而 $v_{id}=0$ 时的情况,那么尾电流源提供的电流仍将均分两路,即

$$i_{D1} = i_{D2} = 0.5\left(I_{SS} + \frac{V_{S0}}{R_{SS}}\right) \qquad (4.6.25)$$

注意,这里需要考虑形成尾电流源的有源区晶体管的厄利效应,于是尾电流源上添加了并联内阻 $R_{SS}$(即有源区晶体管的 $r_{ds}$)。尾电流源由于存在内阻,导致它提供给两条支路的偏置电流和源极电压 $V_{S0}$ 有关,$V_{S0}$ 指的是 $v_{id}=0$ 时的源极电压,在 $R_{SS}$ 很大的情况下,可以认为它完全跟随 $v_{ic}$ 的变化,

$$V_{S0} = v_{ic} - V_{TH} - V_{od0} \qquad (4.6.26)$$

虽然现在差分输入 $v_{id}=0$,但差模输出电压 $v_{od}$ 却不为零,

$$v_{od} = i_{D1}R_{D1} - i_{D2}R_{D2} = 0.5\left(I_{SS} + \frac{V_{S0}}{R_{SS}}\right)\Delta R_D \qquad (4.6.27)$$

零差模输入但却有非零的差模输出,这种现象被称为失调(offset),导致失调的根本原因在于两条差分支路的不对称性上,如式(4.6.27)中的 $\Delta R_D \neq 0$。

进一步地假设共模输入信号有一个极为微小的变化 $\Delta v_{ic}$,差分对管的源极电压跟随这种变化,有同样 $\Delta v_{ic}$ 大小的变化,于是总源极电流变化 $\dfrac{\Delta v_{ic}}{R_{SS}}$,两个一致的差分对管导致这个电流变化均分两路,于是两个晶体管漏极电流有相等的变化 $\Delta i_D = \dfrac{\Delta v_{ic}}{2R_{SS}}$,由于 $R_D$ 电阻不等,导致输出差模电压变化 $\Delta v_{od} = \dfrac{\Delta v_{ic}}{2R_{SS}}\Delta R_D = \dfrac{\Delta R_D}{2R_{SS}}\Delta v_{ic}$,于是推知,共模输入电压的变化 $\Delta v_{ic}$ 导致差模输出电压变化了 $\Delta v_{od}$,故而可知

$$A_{dc} = \frac{\Delta v_{od}}{\Delta v_{ic}} = \frac{\Delta R_D}{2R_{SS}} \tag{4.6.28}$$

根据共模抑制比定义式(4.6.4)可知,共模抑制比不再是无穷大,而是

$$\text{CMRR} = \left| \frac{A_{dd}}{A_{dc}} \right| = \frac{g_{m0}R_D}{|\Delta R_D/2R_{SS}|} = \frac{2g_{m0}R_{SS}}{|\Delta R_D/R_D|} \tag{4.6.29}$$

这里,假设 $R_{D1} = R_D + 0.5\Delta R_D, R_{D2} = R_D - 0.5\Delta R_D$,小信号差模增益为 $A_{dd} = g_{m0}R_D$(见 4.6.3 节差模小信号分析)。

上述分析假设两个晶体管完全一致,仅电阻不一致,实际情况是两个晶体管也无法做到一致,考虑晶体管的不一致性,根据两条支路电路方程中电路参量的不一致性,和前述分析类似的分析可以证明共模输入电压变化 $\Delta v_{ic}$ 将导致差模输出电压变化 $\Delta v_{od}$,由此获得的共模抑制比和所有不对称性都相关,

$$\text{CMRR} = \frac{2g_{m0}R_{SS}}{\left| \dfrac{\Delta R_D}{R_D} + \dfrac{\Delta K}{K} + \dfrac{\Delta(W/L)}{W/L} - \dfrac{2\Delta V_{TH}}{V_{od0}} \right|} \tag{4.6.30}$$

这里两个恒流区工作差分对管的漏极电流不考虑厄利效应,$i_D = K\dfrac{W}{L}(v_{GS} - V_{TH})^2$,两个晶体管工艺参量因实际制作不一致而互有偏离,分别记为 $K_1 = K + 0.5\Delta K, K_2 = K - 0.5\Delta K$,$\left(\dfrac{W}{L}\right)_1 = \dfrac{W}{L} + 0.5\Delta\dfrac{W}{L}, \left(\dfrac{W}{L}\right)_2 = \dfrac{W}{L} - 0.5\Delta\dfrac{W}{L}, V_{TH1} = V_{TH} + 0.5\Delta V_{TH}, V_{TH2} = V_{TH} - 0.5\Delta V_{TH}$。可见,差分放大器中的失调和有限共模抑制比都是由于差分对两条支路不完全对称所导致的,即由式(4.6.30)中的 $\Delta$ 不为零导致。

式(4.6.30)还表明,共模抑制比和尾电流源的并联内阻成正比关系,由于这个电阻是晶体管厄利效应电阻 $r_{ds}$,一般情况下都是很大的电阻,故而一般情况下差分对放大器的 CMRR 也较大。显然,尾电流源极大的并联电阻可有效提高共模抑制比。当尾电流源是理想恒流源时,$R_{SS}$ 趋于无穷大,导致 CMRR 趋于无穷大,此时即使共模信号有变化,这种变化也无法传导到差模输出变化中,不对称性仅仅会导致输出差模电压中出现直流失调。

**练习 4.6.6** (1) 由 MOSFET 差分对两条支路的电流关系证明式(4.6.30);

(2) 请给出和式(4.6.30)类似的 BJT 差分对的共模抑制比表达式;

(3) 分析如何提高共模抑制比;

(4) 分析消除直流失调的措施。

**6. 双端输出转单端输出**

正如图 4.6.1 所示的那样,差分放大器有时需要提供差分输出,但有时也会要求提供如 741 运放那样的单端输出。前面讨论的差分对例子中,为了讨论简便,全部都是以线性电阻 $R_D$ 为负载的差分输出,也可以是如图 4.6.11(a)所示的以非线性电阻(工作于有源区的 PMOS)为有源负载的差分输出,由于有源负载可提供很大的微分电阻,从而该跨导放大器可具有较高的开路电压增益。当我们期望提供单端输出时,虽然可以放弃差分输出的一端,仅以其中一端对地作为单端输出,但这种单端输出方式毕竟丢弃了一半的差分电流,增益因而损失一半。为了补回这一半丢失的差分电流,可以利用电流镜的电流镜像作用,将不作为输出端的那一侧支路上的那一半差分电流折合汇总到输出端点,从而总输出电流保持差分电流大小不变。

如图 4.6.11(b)所示,由于 $M_3$ 和 $M_1$ 的漏极在一条支路上,故而

$$i_{D3} = i_{D1} \tag{4.6.31a}$$

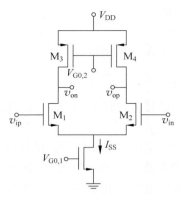 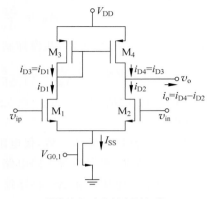

(a) 差分输出(有源负载)      (b) 单端输出(电流镜有源负载)

图 4.6.11    MOSFET 差分放大器

这里没有考虑厄利效应的影响。$M_3$ 和 $M_4$ 构成的电流镜将该电流镜像到 $M_4$ 一侧,

$$i_{D4} = i_{D3} = i_{D1} \tag{4.6.31b}$$

输出电流是 $M_2$ 漏极电流与 $M_4$ 漏极电流之差,它恰好就是差分对的差分电流,

$$i_o = i_{D4} - i_{D2} = i_{D1} - i_{D2} = i_d = f(v_{id}) \tag{4.6.32}$$

如是通过电流镜,可完成双端输出到单端输出的转换。

### 4.6.3    非线性转移特性的线性化处理

前面讨论的差分对,我们给出了它的差分跨导转移特性方程和特性曲线,虽然这个非线性特性曲线看似比较简单,但在原理性分析中,有时我们仍然喜欢用线性化模型,毕竟没有比线性更简单的关系了。

**1. 分段折线化**

从图 4.6.6 可知,差分对非线性的跨导转移特性曲线明显分为三个区,因而可以用三段折线描述。

注意到 $v_{id} = 0$ 位置是最佳的线性工作点(1dB 线性范围最大),首先在该点对非线性转移特性曲线进行泰勒展开,对 MOSFET 和 BJT 差分对,分别为

$$i_d = I_{SS} \frac{v_{id}}{V_{od0}} \sqrt{1 - \frac{1}{4}\left(\frac{v_{id}}{V_{od0}}\right)^2} = I_{SS}\left[\frac{v_{id}}{V_{od0}} - \frac{1}{8}\left(\frac{v_{id}}{V_{od0}}\right)^3 - \frac{1}{128}\left(\frac{v_{id}}{V_{od0}}\right)^5 + \cdots\right] \tag{4.6.33a}$$

$$i_d = I_{EE} \tanh\frac{v_{id}}{2v_T} = I_{EE}\left[\frac{v_{id}}{2v_T} - \frac{1}{3}\left(\frac{v_{id}}{2v_T}\right)^3 + \frac{2}{15}\left(\frac{v_{id}}{2v_T}\right)^5 + \cdots\right] \tag{4.6.33b}$$

注意差分对的对称性导致非线性跨导转移特性中不存在偶次非线性项,只有奇次非线性项存在。只保留线性项是局部线性化的手法,线性系数为微分增益 $g_{m0}$,

$$i_d = I_{SS} \frac{v_{id}}{V_{od0}} \sqrt{1 - \frac{1}{4}\left(\frac{v_{id}}{V_{od0}}\right)^2} \approx \frac{I_{SS}}{V_{od0}} v_{id} = g_{m0} v_{id} \quad (v_{id} \text{ 很小}) \tag{4.6.34a}$$

$$i_d = I_{EE} \tanh\frac{v_{id}}{2v_T} \approx \frac{I_{EE}}{2v_T} v_{id} = g_{m0} v_{id} \quad\quad\quad (v_{id} \text{ 很小}) \tag{4.6.34b}$$

分段折线处理时,可将局部线性化的线性关系扩展到超出其线性范围之外。考虑到当其中一个晶体管截止,另一个晶体管恒流导通时,其折线化模型为

$$i_d = \pm I_{SS} \quad (|v_{id}| > v_{id,max}) \tag{4.6.35a}$$

$$i_{\mathrm{d}} \approx \pm I_{\mathrm{EE}} \quad (\mid v_{\mathrm{id}} \mid > v_{\mathrm{id,max}}) \tag{4.6.35b}$$

于是可以以这三段直线的交点作为折线成立的分界点,最终可得到如下的分段折线模型,

$$i_{\mathrm{d,MOSFET,DP}} = \begin{cases} -I_{\mathrm{SS}}, & v_{\mathrm{id}} \leqslant -V_{\mathrm{od0}} \\ \dfrac{I_{\mathrm{SS}}}{V_{\mathrm{od0}}} v_{\mathrm{id}}, & -V_{\mathrm{od0}} \leqslant v_{\mathrm{id}} \leqslant +V_{\mathrm{od0}} \\ +I_{\mathrm{SS}}, & v_{\mathrm{id}} \geqslant +V_{\mathrm{od0}} \end{cases} \tag{4.6.36a}$$

$$i_{\mathrm{d,BJT,DP}} = \begin{cases} -I_{\mathrm{EE}}, & v_{\mathrm{id}} \leqslant -2v_{\mathrm{T}} \\ \dfrac{I_{\mathrm{EE}}}{2v_{\mathrm{T}}} v_{\mathrm{id}}, & -2v_{\mathrm{T}} \leqslant v_{\mathrm{id}} \leqslant +2v_{\mathrm{T}} \\ +I_{\mathrm{EE}}, & v_{\mathrm{id}} \geqslant +2v_{\mathrm{T}} \end{cases} \tag{4.6.36b}$$

**练习 4.6.7** 在一张图上同时画出 MOSFET 差分对的非线性跨导转移特性曲线和三段折线化跨导转移特性曲线;在一张图上同时画出 BJT 差分对的非线性跨导转移特性曲线和三段折线化跨导转移特性曲线。

假设差分输入信号为正弦信号 $v_{\mathrm{id}}(t) = V_{\mathrm{im}} \cos \omega t$ 且幅度极大,$V_{\mathrm{im}} \gg v_{\mathrm{id,max}}$,如图 4.6.12 所示,则差模输出电流接近于双向切顶信号,由于 $V_{\mathrm{im}} \gg v_{\mathrm{id,max}}$,切顶信号大部分波形都位于切顶饱和区,从而十分接近于方波信号,如果将输出电流抽象为方波信号,那么对应的跨导转移特性曲线可做如下的开关抽象,

$$i_{\mathrm{d}} = \begin{cases} -I_{\mathrm{SS}}, & v_{\mathrm{id}} < 0 \\ +I_{\mathrm{SS}}, & v_{\mathrm{id}} > 0 \end{cases} \tag{4.6.37}$$

它实现了一个比较器的比较功能,其电路模型为单刀双掷开关,对应的三段折线转移特性曲线的中间区段被抽象为垂直线,即将有限增益 $g_{\mathrm{m0}}$ 抽象为了无穷大。

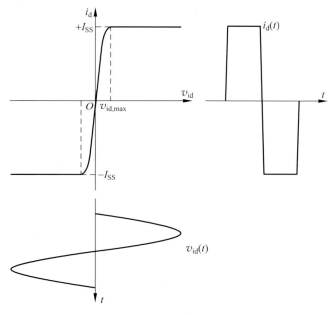

图 4.6.12 大信号驱动时差分对管可做单刀双掷开关抽象

**练习 4.6.8** 请给出差分对管的单刀双掷开关电路模型,并给出对应的三段折线转移特性曲线。

**2. 负反馈扩大线性范围**

如果希望利用差分对转移特性曲线的中间区段做线性放大,则需考察其线性范围大小,只有在线性范围内,局部线性化才是有效的。

注意到差模转移特性曲线的最佳直流工作点为 $V_{id0}=0$,原因在于该点的微分跨导具有最大值。以 BJT 差分对为例,对应于双曲正切跨导转移特性曲线的微分跨导线性关系为

$$g_{\mathrm{m}}=\frac{di_{\mathrm{d}}}{dv_{\mathrm{id}}}=I_{\mathrm{EE}}\frac{1}{\cosh^2\frac{v_{\mathrm{id}}}{2v_{\mathrm{T}}}}\frac{1}{2v_{\mathrm{T}}}=\frac{I_{\mathrm{EE}}}{2v_{\mathrm{T}}}\frac{1}{\cosh^2\frac{v_{\mathrm{id}}}{2v_{\mathrm{T}}}} \qquad (4.6.38\mathrm{a})$$

显然,$v_{\mathrm{id}}=0$ 位置的跨导为最大,

$$g_{\mathrm{m}}(v_{\mathrm{id}}=0)=\frac{I_{\mathrm{EE}}}{2v_{\mathrm{T}}}=g_{\mathrm{m0}} \qquad (4.6.38\mathrm{b})$$

找到比这个最大值低 1dB 的两个输入电压,$1(\mathrm{dB})=20\log_{10}\frac{g_{\mathrm{m0}}}{g_{\mathrm{m}}}=20\log_{10}\cosh^2\frac{v_{\mathrm{id},1\mathrm{dB}}}{2v_{\mathrm{T}}}$,即

$$v_{\mathrm{id},1\mathrm{dB}}=\pm 2v_{\mathrm{T}}\cdot\mathrm{arccosh}\sqrt{10^{\frac{1}{20}}}=\pm 0.69v_{\mathrm{T}}=\pm 18(\mathrm{mV}) \qquad (4.6.39)$$

也就是说,当 $v_{\mathrm{id}}$ 位于 $\pm 18\mathrm{mV}$ 范围之内,微分跨导增益的变化不超过 1dB,故而 $\pm 18\mathrm{mV}$ 是 BJT 差分对的 1dB 线性范围。只要信号幅度位于线性范围内,我们就可以放心大胆地对其进行局部线性化,只需保留泰勒展开的线性项即可,

$$i_{\mathrm{d}}=g_{\mathrm{m0}}v_{\mathrm{id}}=\frac{I_{\mathrm{EE}}}{2v_{\mathrm{T}}}v_{\mathrm{id}}\quad (-18\mathrm{mV}\leqslant v_{\mathrm{id}}\leqslant+18\mathrm{mV}) \qquad (4.6.40)$$

此时差分对可视为线性跨导器。

**练习 4.6.9** 请分析确认 MOSFET 差分对的 1dB 线性范围为 $\pm 0.53V_{od0}$。

分析表明,BJT 差分对和 MOSFET 差分对的 1dB 线性范围分别为

$$v_{\mathrm{id},1\mathrm{dB}}=\begin{cases}\pm 0.69v_{\mathrm{T}}, & \mathrm{BJT\text{-}DP}\\[2mm]\pm 0.53V_{od0}, & \mathrm{MOSFET\text{-}DP}\end{cases} \qquad (4.6.41)$$

对于 MOSFET,一般取过驱动电压为 200mV,其 1dB 线性范围大体为 $\pm 106\mathrm{mV}$。

如果定义跨导器的跨导效率为微分跨导增益与消耗的直流电流之比,

$$\eta_{\mathrm{g}}=\frac{g_{\mathrm{m0}}}{I_{\mathrm{DC}}} \qquad (4.6.42\mathrm{a})$$

显然差分对跨导器的跨导效率和线性范围成反比关系,

$$\eta_{\mathrm{g}}=\frac{g_{\mathrm{m0}}}{I_{\mathrm{tail}}}=\begin{cases}\dfrac{1}{2v_{\mathrm{T}}}, & \mathrm{BJT\text{-}DP}\\[3mm]\dfrac{1}{V_{od0}}, & \mathrm{MOSFET\text{-}DP}\end{cases} \qquad (4.6.42\mathrm{b})$$

BJT 的热电压 $v_{\mathrm{T}}$ 不好做人工调整,但 MOSFET 的过驱动电压 $V_{od0}$ 却可以在设计阶段通过对晶体管尺寸、偏置电路调整等方式进行人为的干预,从表达式可知,增加一倍的 $V_{od0}$,则可增加一倍的线性范围,但跨导效率则降低为原来的 $1/2$。有没有更好的办法在提高线性范围的同时,跨导效率降低得少一些或不降低呢?

前文讨论负反馈时有如下结论:如果满足深度负反馈条件,$T\gg 1$,那么闭环负反馈放大器的增益将几乎等于反馈系数的倒数,也就是说,增益几乎由负反馈网络决定,闭环放大器的性质将很大程度上取决于反馈网络。现在希望扩大放大器的线性范围,那么只需采用线性电阻做反馈网络,则在深度负反馈条件下,闭环放大器的线性范围一定会因而变宽。

对于 CE 组态的单晶体管,其小信号等效电路为跨导器模型,故而采用串串负反馈可以获得更加接近于理想压控流源的跨导器,而差分对管中的晶体管在小信号模型中,同样属于 CE 组态,其交流小信号电路模型中,发射极是差模地(见下一小节的讨论),因而差分对也是跨导器模型,故而也可采用串串负反馈实现接近于理想压控流源的跨导器,该跨导器将具有线性电阻负反馈网络的优良特性:高线性度,高稳定性,大带宽。

如图 4.6.13 所示,这是 BJT 差分对的射极串联负反馈连接形式,当然,所加的两个负反馈电阻也是对称的。未加负反馈电阻时,输入差分电压为两个基射电压之差,

$$v_{id} = v_{BE1} - v_{BE2} \tag{4.6.43a}$$

它可视为开环放大器的输入电压。加入负反馈电阻之后,输入差分电压还需要考虑负反馈电阻上的分压,

$$v_{id} = (v_{BE1} + i_{C1}R_E) - (v_{BE2} + i_{C2}R_E) = (v_{BE1} - v_{BE2}) + (i_{C1} - i_{C2})R_E$$
$$= (v_{BE1} - v_{BE2}) + i_d R_E \tag{4.6.43b}$$

显然,闭环后加载到跨导放大网络输入端的误差电压是总电压扣除反馈电压

$$v_e = v_{BE1} - v_{BE2} = v_{id} - i_d R_E = v_{id} - v_f \tag{4.6.44a}$$
$$v_f = i_d R_E \tag{4.6.44b}$$

不考虑输入电阻和输出电阻的影响,表达式(4.6.44)则直接对应于图 4.6.13(b)所示的负反馈原理框图,这里的开环差分跨导放大器不再是线性放大器,而是非线性跨导放大器,其非线性跨导转移关系正是式(4.6.17)描述的 BJT 差分对双曲正切关系。

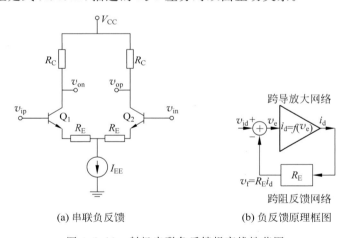

(a) 串联负反馈       (b) 负反馈原理框图

图 4.6.13 射极串联负反馈提高线性范围

直接从双曲正切关系考察线性度改善有一定的难度,但考虑到描述线性度的 1dB 线性范围比较小,在 1dB 线性范围内,差分电压偏离最佳值 $v_{id} = 0$ 不是很大,因而可以只保留到双曲正切转移特性关系泰勒展开的三次非线性项即可,五次、七次及更高的非线性影响暂时被忽略不计,

$$i_d = I_{EE} \tanh \frac{v_{id}}{2v_T} = I_{EE}\left[\frac{v_{id}}{2v_T} - \frac{1}{3}\left(\frac{v_{id}}{2v_T}\right)^3 + \frac{2}{15}\left(\frac{v_{id}}{2v_T}\right)^5 + \cdots\right]$$
$$\approx \frac{I_{EE}}{2v_T}v_{id} - \frac{1}{3}\frac{I_{EE}}{(2v_T)^3}v_{id}^3 = a_1 v_{id} + a_3 v_{id}^3 \tag{4.6.45}$$

为了确信这一点,我们研究 $i_d = a_1 v_{id} + a_3 v_{id}^3$ 的 1dB 线性范围,考察它是否符合直接用双曲正切关系获得的 1dB 线性范围式(4.6.39),如果相差甚远,五次以上的非线性影响则需考虑在内。

由微分跨导表达式可知，

$$g_{\mathrm{m}}(v_{\mathrm{id}}) = \frac{\mathrm{d}i_{\mathrm{d}}}{\mathrm{d}v_{\mathrm{id}}} = a_1 + 3a_3 v_{\mathrm{id}}^2 \tag{4.6.46}$$

注意到 $a_1 > 0$，$a_3 < 0$，可知微分跨导的极大值出现在 $v_{\mathrm{id}} = 0$ 位置，

$$g_{\mathrm{m}0} = g_{\mathrm{m}}(v_{\mathrm{id}} = 0) = a_1$$

1dB 线性范围界点上的微分跨导比极大值低 1dB，

$$1\mathrm{dB} = 20\log_{10} \frac{g_{\mathrm{m}0}}{g_{\mathrm{m}}(v_{\mathrm{id},1\mathrm{dB}})} = 20\log_{10} \frac{a_1}{a_1 + 3a_3 v_{\mathrm{id},1\mathrm{dB}}^2}$$

由此可以获得 1dB 线性范围为

$$v_{\mathrm{id},1\mathrm{dB}} = \pm\sqrt{\frac{1}{3}(1 - 10^{-\frac{1}{20}})\frac{a_1}{-a_3}} = \pm 0.19\sqrt{\left|\frac{a_1}{a_3}\right|} \tag{4.6.47}$$

将 $a_1 = \dfrac{I_{\mathrm{EE}}}{2v_{\mathrm{T}}}$，$a_3 = -\dfrac{1}{3}\dfrac{I_{\mathrm{EE}}}{(2v_{\mathrm{T}})^3}$ 代入，有

$$v_{\mathrm{id},1\mathrm{dB}} = \pm 0.19\sqrt{\left|\frac{a_1}{a_3}\right|} = \pm 0.67 v_{\mathrm{T}} = \pm 17\mathrm{mV}$$

和直接用双曲正切函数计算获得的 $\pm 18\mathrm{mV}$ 计算结果相比，两者十分接近，因而简化分析时忽略五次以上的非线性项后的原理性分析带来的误差在 $v_{\mathrm{id}}$ 比较小时是可以容忍的。

将考虑线性项、三次非线性项的非线性关系代入图 4.6.13(b) 负反馈原理框图中，有

$$i_{\mathrm{d}} = f_{\mathrm{OpenLoop}}(v_{\mathrm{e}}) = a_1 v_{\mathrm{e}} + a_3 v_{\mathrm{e}}^3 = a_1(v_{\mathrm{id}} - i_{\mathrm{d}}R_{\mathrm{E}}) + a_3(v_{\mathrm{id}} - i_{\mathrm{d}}R_{\mathrm{E}})^3 \tag{4.6.48}$$

由此可获得闭环后 $i_{\mathrm{d}}$ 和 $v_{\mathrm{id}}$ 关系的泰勒展开表述，

$$i_{\mathrm{d}} = f_{\mathrm{CloseLoop}}(v_{\mathrm{id}}) = \frac{a_1}{1+T}v_{\mathrm{id}} + \frac{a_3}{(1+T)^4}v_{\mathrm{id}}^3 + \cdots \tag{4.6.49}$$

其中，$T = g_{\mathrm{m}0}R_{\mathrm{E}}$ 为环路增益。

由式(4.6.49)可知，加入串联负反馈电阻 $R_{\mathrm{E}}$ 后，跨导增益（$a_1$ 项）下降为原来的 $1/(1+T)$，

$$g_{\mathrm{mf}} = \frac{g_{\mathrm{m}0}}{1+T} \tag{4.6.50}$$

这一点我们早有预期，我们更感兴趣的是非线性项系数 $a_3$ 降低的程度远大于线性项系数 $a_1$ 降低的程度，导致 1dB 线性范围大大扩张，

$$v_{\mathrm{id},1\mathrm{dB},\mathrm{f}} \approx \pm 0.19\sqrt{\left|\frac{a_{1\mathrm{f}}}{a_{3\mathrm{f}}}\right|} = \pm 0.19\sqrt{\frac{\dfrac{a_1}{1+T}}{\dfrac{a_3}{(1+T)^4}}}$$

$$= (1+T)^{1.5}\cdot\left(\pm 0.19\sqrt{\left|\frac{a_1}{a_3}\right|}\right) = (1+T)^{1.5}v_{\mathrm{id},1\mathrm{dB}} \tag{4.6.51}$$

1dB 线性范围扩张速度高于跨导增益下降速度。例如，取负反馈电阻使得环路增益 $T = 9$，那么闭环后的跨导增益将下降 20dB，$g_{\mathrm{mf}} = 0.1g_{\mathrm{m}0}$，但线性范围却扩展了 30dB，$v_{\mathrm{id},1\mathrm{dB},\mathrm{f}} = 31.6v_{\mathrm{id},1\mathrm{dB}}$，这种不对等交换是我们期待的。

当然，当负反馈电阻 $R_{\mathrm{E}}$ 足够大使得线性范围也足够大时，此时再增加 $R_{\mathrm{E}}$，20dB 增益下降将只能再扩展 20dB 线性范围，毕竟输出电流被两个饱和特性所限定，永远无法超出这个范围。

**练习 4.6.10** 本节负反馈扩展线性范围的讨论同样适用于 MOSFET 差分对。如果非线性只考虑到三次为止，MOSFET 差分对的 1dB 线性范围为多少？与式(4.6.41)给出的 $0.53V_{\mathrm{od}0}$ 相比是否很接近？

**练习 4.6.11**　请考察 $i_d$ 和 $v_{id}$ 的关系，如何由隐式表述式(4.6.48)转化为显式表述式(4.6.49)？

### 3. 局部线性化

#### 1）交流小信号电路模型

只要信号幅度位于 1dB 线性范围内，我们就可以放心大胆地对其进行局部线性化处理，也就是只保留泰勒展开的线性项即可，如式(4.6.40)所示，此时差分对被视为线性跨导器，其原理性电路模型如图 4.6.14 所示，这正是局部线性化给出的交流小信号电路模型。如果添加射极负反馈电阻 $R_E$ 以增加跨导器线性范围，该电路模型图中 $g_{m0}$ 被 $g_{mf}$ 替代，$r_{be}$ 和 $r_{ce}$ 分别增加 $T = g_{m0}R_E$ 倍即可。

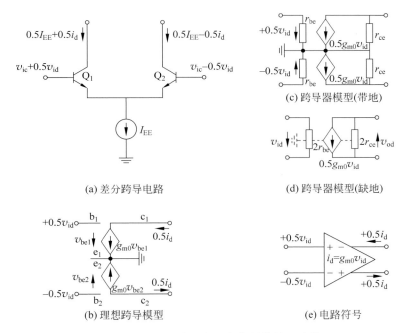

图 4.6.14　BJT 差分对交流小信号等效电路模型

图 4.6.14(a)是 BJT 差分对跨导器电路结构，图 4.6.14(b)则是其理想跨导模型，这里假设晶体管电流增益 $\beta$ 无穷大从而跨导器输入电阻 $2r_{be}$ 无穷大，厄利电压 $V_A$ 无穷大从而输出电阻 $2r_{ce}$ 无穷大，故而理想跨导模型就是理想压控流源。我们特别注意到，晶体管的发射极在差模交流小信号分析中被认为是差模小信号交流地，这是由于以 $V_{id0} = 0$ 为直流工作点做交流小信号分析时，所有等效电路元件都视为线性且两条支路元件完全对称相等，因而两个输入端各自 $\pm 0.5v_{id}$ 的输入，其中间位置的发射极平均差模电压为 0（差模地）。注意到尾电流源交流开路，故而自晶体管 $Q_1$ 集电极流入自发射极流出的差分电流 $0.5i_d = 0.5g_{m0}v_{id}$ 不会流入差模地中，而是通过差模地从 $Q_2$ 发射极流入自其集电极再流出，也就是说，两个跨导器产生大小一致的差模电流，形成一条电流通路。图 4.6.14(c)等效电路则考虑了电流增益 $\beta$ 非无穷导致的 $r_{be}$ 电阻，考虑厄利电压 $V_A$ 非无穷导致的 $r_{ce}$ 电阻。注意到压控流源和 $r_{ce}$ 电阻构成的电桥是平衡电桥，故而桥中短路线（差模地）可以开路处理，如图 4.6.14(d)所示，可知差分跨导放大器的输入电阻为 $2r_{be}$，输出电阻为 $2r_{ce}$，压控流源跨导增益为 $0.5g_{m0}$，其中 $g_{m0}$ 为晶体管 $M_1$ 和 $M_2$ 的微分跨导增益，也是差分对跨导器自身的跨导增益。

图 4.6.14(e)为该差分跨导放大器的电路符号,注意到其两端输入为差分电压 $\pm 0.5 v_{\mathrm{id}}$,其两端输出为差分电流 $\pm 0.5 i_{\mathrm{d}} = \pm (0.5 g_{\mathrm{m0}}) v_{\mathrm{id}}$,故而图 4.6.14(b/c/d)模型中的压控流源全部都是跨导增益为 $0.5 g_{\mathrm{m0}}$ 的跨导器。如果采用电流镜将双端输出转换为单端输出,如图 4.6.11(b)所示,则单端输出电流 $i_{\mathrm{d}} = g_{\mathrm{m0}} v_{\mathrm{id}}$,$g_{\mathrm{m0}}$ 正好对应前文所述的跨导器跨导增益。对图 4.6.11(b)所示单端输出电路,如果其输出端外接小的电阻负载 $R_{\mathrm{L}}$,单端差分输出电流将流入该负载形成较小的电压增益 $A_{\mathrm{v}} = g_{\mathrm{m0}} R_{\mathrm{L}}$;但是如果输出开路,这个电流就流不出去了,如果不考虑晶体管厄利效应,将会导致无穷大开路电压增益,考虑厄利效应后,压控流源产生的 $i_{\mathrm{o}} = i_{\mathrm{d}}$ 电流将流入两个晶体管的等效微分电阻 $r_{\mathrm{ds}}$(或 $r_{\mathrm{ce}}$),形成高的本征电压增益,即

$$v_{\mathrm{o}} = i_{\mathrm{o}} \cdot (r_{\mathrm{ds2}} \parallel r_{\mathrm{ds4}}) = g_{\mathrm{m0}} (r_{\mathrm{ds2}} \parallel r_{\mathrm{ds4}}) \cdot v_{\mathrm{id}} \tag{4.6.52}$$

**练习 4.6.12** 说明图 4.6.11(b)单端输出差分放大器的本征电压增益和图 4.6.11(a)双端输出差分放大器的本征电压增益相同,都是 $g_{\mathrm{m0}} (r_{\mathrm{ds2}} \parallel r_{\mathrm{ds4}})$。

**练习 4.6.13** 图 E4.6.1 是一个两级级联的 CMOS 跨导放大器。

(1)请说明图中每一个器件(晶体管、电阻、电源)的作用;

(2)给出该放大器的小信号电压增益表达式,公式中可以出现 MOSFET 小信号微分元件参量。

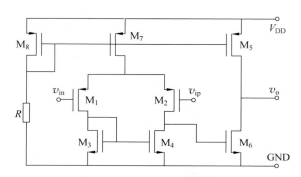

图 E4.6.1 CMOS 跨导放大器(二级级联)

**练习 4.6.14** 通过电流镜的镜像作用,可以将差分双端输出转换为单端输出。如果期望实现单端信号到双端信号的转换,方法之一是采用变压器,如图 3.11.11(a)所示,方法之二则如图 E4.6.2 所示,利用全差分放大器,将其一端接地,另一端接单端信号,则可将单端输入信号转换为双端差分输出信号。对于图 4.6.4(a)所示的 BJT 差分对放大器,已知电源电压为 $\pm 10\mathrm{V}$($+V_{\mathrm{CC}} = +10\mathrm{V}$,尾电流源下端接 $-V_{\mathrm{EE}} = -10\mathrm{V}$),差分对管不考虑有限电流增益 $\beta$ 和厄利电压 $V_{\mathrm{A}}$ 的影响,$R_{\mathrm{C}} = 3\mathrm{k}\Omega$,将 $v_i(t)$ 接在同相输入端,$v_{\mathrm{ip}} = v_i(t)$,而反相输入端口接地,$v_{\mathrm{in}} = 0$,请画出 $v_{\mathrm{op}}(t)$ 和 $v_{\mathrm{on}}(t)$ 的信号波形,其中输入信号是下面三种情况:

(1)$v_i(t) = 10\sin(2\pi \times 10^3 t)\,(\mathrm{mV})$

(2)$v_i(t) = 0.5\sin(2\pi \times 10^3 t)\,(\mathrm{V})$

(3)$v_i(t) = 50 + 100\sin(2\pi \times 10^3 t)\,(\mathrm{mV})$

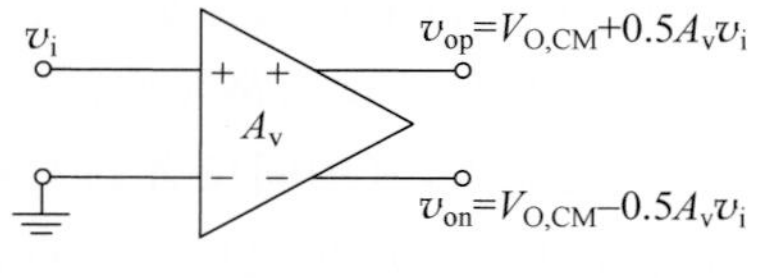

图 E4.6.2 利用全差分运放实现单端信号到双端信号的转换

2)差模地

前述分析声称差分对晶体管发射极(源极)为差模地,是从小信号器件呈现线性且对称故而发射极(源极)电压为两个差模信号平均值零电压这个角度判定该点为差模地。下面以 MOSFET 差分对为例,在不作小信号假设前提下,求出差分对晶体管源极位置的电压,说明它

在 1dB 线性范围内确实几乎不动,从而小信号分析时应该被视为差模地。

首先假设输入差模信号位于差模范围之内,如是差分对两个栅源电压如式(4.6.12)所示,之后求取差分对两个栅源电压的平均值,$0.5(v_{GS1}+v_{GS2})=v_{ic}-V_S$,即可获得发射极电压 $V_S$ 表述,为

$$V_S = v_{ic} - V_{TH} - \frac{V_{od0}}{2}\left(\sqrt{1+\frac{i_d}{I_{SS}}}+\sqrt{1-\frac{i_d}{I_{SS}}}\right) \tag{4.6.53a}$$

这个表达式成立的前提是 $|v_{id}| \leqslant \sqrt{2}V_{od0}$。如果差模信号超出差模范围,$|v_{id}| > \sqrt{2}V_{od0}$,其中一个晶体管截止,其栅极电压不对源极电压起作用,源极电压由 $I_{SS}$ 恒流导通的那个晶体管决定,等于该管栅极电压减去栅源电压 $V_{GS,(i_d=I_{SS})}=\sqrt{2}V_{od0}+V_{TH}$

$$V_S = v_{ic} + 0.5\,|v_{id}| - V_{TH} - \sqrt{2}V_{od0} \tag{4.6.53b}$$

我们可以将上述 $V_S$ 和 $i_d$ 随 $v_{id}$ 的变化规律画在图 4.6.15 中,十分明显地,$v_{id}$ 在 1dB 线性范围内变化时,$V_S$ 变化范围 $V_{S0} \sim V_{S0}+0.036V_{od0}$ 很小,其中,$V_{S0}$ 是 $v_{id}=0$ 时的源极电压,$V_{S0}=v_{ic}-V_{TH}-V_{od0}$,从而可以近似认为 1dB 线性范围内源极电压为恒定不变的电压,于是图 4.6.14 所示的以 $V_{id0}=0$ 为直流工作点的差模交流小信号分析将该点视为差模地无须置疑。

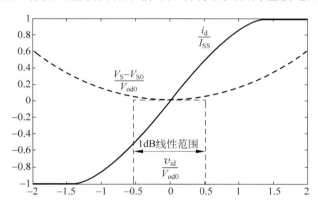

图 4.6.15 差分对晶体管源极电压几乎不随 $v_{id}$ 改变而被抽象为差模地

## 4.6.4 差分对乘法器

**1. 乘法器实现方案:可变增益放大器**

模拟乘法器的电路符号及其电路模型,如图 4.6.16 所示,它是一个三端口网络,其输出端口和两个输入端口的电压关系为乘法关系,

$$v_o(t) = Kv_{i1}(t)v_{i2}(t) \tag{4.6.54}$$

其中 $K$ 被称为乘法系数。

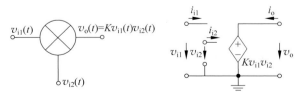

(a) 模拟乘法器符号(默认地)　　　(b) 理想受控源模型

图 4.6.16 模拟乘法器

直接从式(4.6.54)所要求的乘法功能可知,乘法器可视为一种可变增益的放大器,即

$$v_o(t) = Kv_{i1}(t)v_{i2}(t) = [Kv_{i1}(t)]v_{i2}(t) = A_v(v_{i1}(t)) \cdot v_{i2}(t) \tag{4.6.55}$$

将 $v_{i2}$ 视为放大器输入,将 $Kv_{i1}$ 视为放大器增益,显然该放大器的增益线性受控于 $v_{i1}$,

$$A_v(v_{i1}(t)) = Kv_{i1}(t)$$

这种理解可成为模拟乘法器设计的基本思想。

**练习 4.6.15** 以 $v_{i1}(t)$ 为控制信号,以 $v_{i2}(t)$ 为输入信号,满足式(4.6.54)关系的乘法器的系统属性(线性/非线性,时变/时不变等)是怎样的?

**练习 4.6.16** 乘法器实现的另外一个思路是首先将两路输入信号相加通过一个具有二次非线性的非线性元件,即可获得两路输入信号的相乘。请分析图 4.6.7(a)所示电路可实现乘法器的乘法功能。

**2. 单差分对乘法器**

我们意欲用差分对放大器实现乘法器,就要分析如何线性控制差分对的增益。以 BJT 差分对为例,其小信号线性跨导为

$$g_{m0} = \frac{I_{EE}}{2v_T} \tag{4.6.56}$$

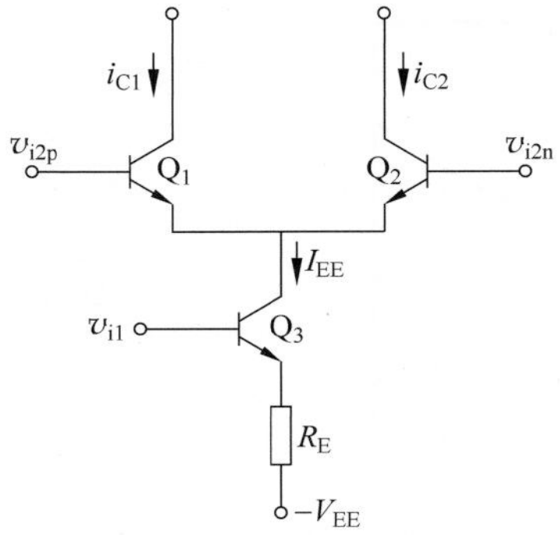

图 4.6.17 单差分对乘法器

显然,如果希望跨导增益 $g_{m0}$ 线性受控,就需要尾电流源提供的电流 $I_{EE}$ 是线性受控的,图 4.6.17 采用源极负反馈晶体管电流源实现尾电流 $I_{EE}$ 的线性受控。

如果没有负反馈电阻,电流源产生的 $I_{EE}$ 和输入电压 $v_{i1}$ 之间是指数律的非线性控制关系,加入负反馈电阻后,电流源产生的尾电流 $I_{EE}$ 和输入电压 $v_{i1}$ 之间的关系几乎直接由反馈电阻线性控制,为

$$I_{EE} = \frac{v_{i1} + V_{EE} - V_{BE3}}{R_E}$$

$$\approx \frac{v_{i1}}{R_E} + \frac{V_{EE} - 0.7}{R_E} \tag{4.6.57}$$

如是可实现两个信号的相乘功能,

$$i_d = g_{m0}v_{i2} = \frac{I_{EE}}{2v_T}v_{i2} \approx \frac{1}{2v_T R_E}v_{i1}v_{i2} + \frac{V_{EE} - 0.7}{2v_T R_E}v_{i2} = K_i v_{i1}v_{i2} + G_{m0}v_{i2} \tag{4.6.58}$$

但是差分输出电流中除了我们期望的乘法项之外,还有不希望存在的放大项。

**3. 双差分对乘法器:Gilbert 单元**

我们可以再次利用差分对的对称结构,采用双差分对结构去除式(4.6.58)中的放大项的影响,只保留乘法项,这就是双差分对乘法器。

双差分对乘法器又称 Gilbert 单元,如图 4.6.18 所示,$Q_7$、$Q_8$ 晶体管为电流镜,为乘法器提供直流偏置,

$$I_0 \approx \frac{V_{CC} + V_{EE} - 0.7}{R_{C0} + R_E} \tag{4.6.59}$$

对于 $Q_5$、$Q_6$ 差分对管,其差分输出电流和差分输入电压满足双曲正切关系,

$$i_{C5} - i_{C6} = I_0 \tanh \frac{v_{i1}}{2v_T} \tag{4.6.60}$$

其中,$v_{i1} = v_{i1p} - v_{i1n}$ 为第一个输入信号。对于 $Q_1$、$Q_2$ 和 $Q_3$、$Q_4$ 构成的两个差分对管,也分别

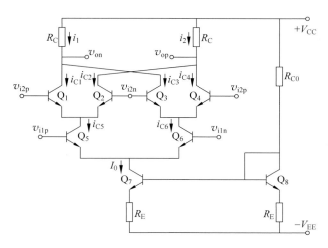

图 4.6.18 双差分对乘法器

满足双曲正切跨导转移函数关系，

$$i_{C1} - i_{C2} = i_{C5} \tanh \frac{v_{i2}}{2v_T} \tag{4.6.61a}$$

$$i_{C4} - i_{C3} = i_{C6} \tanh \frac{v_{i2}}{2v_T} \tag{4.6.61b}$$

其中，$v_{i2} = v_{i2p} - v_{i2n}$ 为第二个输入信号。由此获得输出电压为

$$
\begin{aligned}
v_o &= v_{op} - v_{on} = (V_{CC} - i_2 R_c) - (V_{CC} - i_1 R_c) \\
&= (i_1 - i_2)R_C = ((i_{C1} + i_{C3}) - (i_{C2} + i_{C4}))R_C \\
&= R_C((i_{C1} - i_{C2}) - (i_{C4} - i_{C3})) = R_C(i_{C5} - i_{C6})\tanh\frac{v_{i2}}{2v_T} \\
&= R_c I_0 \tanh\frac{v_{i1}}{2v_T}\tanh\frac{v_{i2}}{2v_T} \tag{4.6.62}
\end{aligned}
$$

只要两个输入电压都在线性范围之内，$-18\mathrm{mV} \leqslant v_{i1}, v_{i2} \leqslant +18\mathrm{mV}$，就可以得到较为理想的乘法功能

$$v_o \approx \frac{R_c I_0}{4v_T^2} v_{i1} v_{i2} = K v_{i1} v_{i2} \tag{4.6.63}$$

**练习 4.6.17** 如果将图 4.6.18 中的 NPN-BJT 晶体管都用 NMOSFET 替代，请给出输入信号在线性范围之内的乘法系数 $K$。

**4. 模拟乘法器典型应用**

模拟乘法器可以用来实现信号的乘法、平方、除法等数学运算功能，但其数学运算功能目前已经被数字计算机完全取代，因而模拟乘法器的主要应用并不在数学运算上，更多的是在通信电路中做频率变换等。

所谓频率变换，就是当两个信号相乘后，可以产生信号的和频分量和差频分量。为了讨论方便，这里假设两个输入信号都是正弦信号，通过积化和差可以确认两个正弦信号的相乘是两个正弦波之和，

$$
\begin{aligned}
v_o &= K v_{i1} v_{i2} = K \cdot V_{im1}\cos\omega_1 t \cdot V_{im2}\cos\omega_2 t \\
&= \frac{K V_{im1} V_{im2}}{2}\left[\cos(\omega_1 t + \omega_2 t) + \cos(\omega_1 t - \omega_2 t)\right] \\
&= V_{om}\left[\cos(\omega_1 + \omega_2)t + \cos(\omega_1 - \omega_2)t\right] = V_{om}\cos\omega_{os} t + V_{om}\cos\omega_{od} t \tag{4.6.64}
\end{aligned}
$$

其中，$V_{om}\cos\omega_{os}t$ 被称为和频分量，其信号频率是两个输入信号频率之和，而 $V_{om}\cos\omega_{od}t$ 则被称为差频分量，其信号频率是两个输入信号频率之差。这两个频率分量之间有很大的间距，因而可以用滤波器，将其中之一滤除掉，而将另外一个保留下来。

1）二倍频

一般而言，实现 $N$ 倍频则需要 $N$ 次非线性，实现二倍频需要二次非线性，

$$a_2 v_i^2 = a_2 V_{im}^2 \cos^2\omega t = 0.5 a_2 V_{im}^2 (1 + \cos 2\omega t) \tag{4.6.65}$$

乘法器的两个输入信号连接为一个输入，即可实现求平方功能，之后再接滤波器去除直流分量，则可得到输入信号的二倍频信号，最终实现二倍频功能。

如果后接滤波器滤除掉的是二倍频分量，保留下来的是直流分量，这个直流分量因为和输入信号幅度平方成正比，故而和输入信号功率成正比，于是输出信号可以作为输入信号功率的标志，这种电路可用于功率检测。

**练习 4.6.18** 请给出你的三倍频实现方案。

2）二分频

图 4.6.19 所示为再生式分频器（regenerative frequency divider）的原理框图，它的本质是正反馈机制形成的振荡器，用正反馈振荡器工作原理才能真正理解它的工作原理，这里只给出其二分频的表象分析：乘法器后接带通滤波器，该带通滤波器的通带包含输入频率 $\omega$ 的 $1/2$，允许 $\omega/2$ 频率分量通过，于是乘法器输出中 $\omega/2$ 的差频分量通过，$3\omega/2$ 的和频分量则不允许通过，于是整个环路输出为输入的二分频恰好满足整个系统方程。

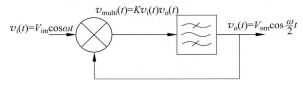

图 4.6.19　再生式二分频器

**练习 4.6.19** 请给出你的三分频实现方案。

3）幅度调制与解调

第 1 章式（1.2.5a）给出了幅度调制的数学表达式，重新表述如下，

$$v_{AM}(t) = (V_0 + k_{AM}v_b(t))\cos\omega_c t \tag{4.6.66}$$

显然，它可以通过乘法器和放大器实现，图 4.6.20 给出了其原理框图。具体实现时，加法器无须特意制作，KCL 满足电流自然相加，KVL 满足电压自然相加，通过合适的电路结构即可实现信号相加，见 3.11.1 节合压合流电路。

幅度解调同样可以用乘法器实现，如图 4.6.21 所示。令调幅波信号和本地振荡信号相乘，只要本地振荡信号的频率恰好等于调幅波中心频率且同相位，乘法器的输出信号则为

$$K \cdot v_{AM}(t) \cdot \cos\omega_c t = K(V_0 + k_{AM}v_b(t))\cos\omega_c t \cdot \cos\omega_c t$$
$$= 0.5K(V_0 + k_{AM}v_b(t))(1 + \cos 2\omega_c t) \tag{4.6.67}$$

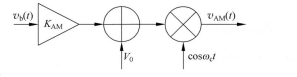

图 4.6.20　幅度调制器

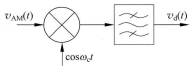

图 4.6.21　幅度解调器

滤除其中的 2 倍频分量,剩下的差频分量(低频分量)移除直流分量后,就是解调输出,

$$v_{\mathrm d}(t) = 0.5K \cdot k_{\mathrm{AM}} \cdot v_{\mathrm b}(t) \tag{4.6.68}$$

4) 窄带角度调制与解调

正弦波调频和调相都是对正弦波的角度进行调制,因而可通称为角度调制。角度调制往往利用压控振荡器,控制电压端接调制信号 $v_{\mathrm b}(t)$,即可使得振荡器的频率随 $v_{\mathrm b}(t)$ 的改变而改变,从而实现角度调制,振荡器见第 10 章讨论。但是对于窄带角度调制,可以利用乘法器实现。

以调相波为例,其表达式如式(1.2.5c)所示,这里重写如下,

$$v_{\mathrm{PM}}(t) = V_0 \cos(\omega_{\mathrm c} t + k_{\mathrm{PM}} v_{\mathrm b}(t)) \tag{4.6.69}$$

所谓窄带调制,指的是 $|k_{\mathrm{PM}} v_{\mathrm b}(t)| < \dfrac{\pi}{12}$,于是可对 cos 函数进行泰勒展开,将 $k_{\mathrm{PM}} v_{\mathrm b}(t)$ 视为小量,那么只需保留零次直流项和一次线性项即可,

$$
\begin{aligned}
v_{\mathrm{PM}}(t) &= V_0 \cos(\omega_{\mathrm c} t + k_{\mathrm{PM}} v_{\mathrm b}(t)) \\
&= V_0 \cos\omega_{\mathrm c} t + V_0 (\cos\omega_{\mathrm c} t)' k_{\mathrm{PM}} v_{\mathrm b}(t) + \frac{1}{2} V_0 (\cos\omega_{\mathrm c} t)'' (k_{\mathrm{PM}} v_{\mathrm b}(t))^2 + \cdots \\
&\approx V_0 \cos\omega_{\mathrm c} t + V_0 (\cos\omega_{\mathrm c} t)' k_{\mathrm{PM}} v_{\mathrm b}(t) \\
&= V_0 \cos\omega_{\mathrm c} t + k_{\mathrm{PM}} V_0 v_{\mathrm b}(t) \sin\omega_{\mathrm c} t
\end{aligned}
\tag{4.6.70}
$$

因而可以用如图 4.6.22 所示的原理框图实现窄带调相,图中 90°移相器将 cos 函数变换为 sin 函数,移相器见第 8 章讨论。

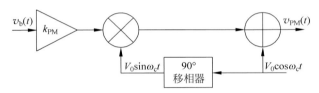

图 4.6.22　窄带调相

如果是窄带调频,只需首先将调制信号 $v_{\mathrm b}(t)$ 经过积分器后再进入窄带调相器,即可实现窄带调频,

$$v_{\mathrm{FM}}(t) = V_0 \cos\left(\omega_{\mathrm c} t + k_{\mathrm{FM}} \int_0^t v_{\mathrm b}(\tau)\mathrm{d}\tau\right) \tag{4.6.71}$$

当然,如果希望将窄带调频或窄带调相变换为宽带调频或宽带调相,只需再经过倍频和变频电路即可。

鉴相器可以用来实现窄带调相波的解调。鉴相器可以用乘法器级联低通滤波器实现,其中乘法器的两个输入信号具有相同的频率,但有固定的 90°相差,

$$v_{\mathrm{i1}}(t) = V_{\mathrm{im1}} \sin(\omega_0 t + \theta_1(t)) \tag{4.6.72a}$$

$$v_{\mathrm{i2}}(t) = V_{\mathrm{im2}} \cos(\omega_0 t + \theta_2(t)) \tag{4.6.72b}$$

$$v_{\mathrm o}(t) = 0.5K V_{\mathrm{im1}} V_{\mathrm{im2}} (\sin(2\omega_0 t + \theta_1(t) + \theta_2(t)) + \sin(\theta_1(t) - \theta_2(t))) \tag{4.6.73}$$

乘法器后接的低通滤波器将其中的低频分量取出,于是整个电路将成为一个具有正弦鉴相特性的鉴相器,

$$v_{\mathrm d}(t) = 0.5K V_{\mathrm{im1}} V_{\mathrm{im2}} \sin(\theta_1(t) - \theta_2(t)) = K_{\mathrm d} \sin(\theta_1(t) - \theta_2(t)) \tag{4.6.74}$$

之所以称之为鉴相器,是因为它将两个正弦信号的相位差转化为了电压,完成了相位鉴别。

我们往往希望鉴相器具有线性鉴相特性。考察 sin 函数,它的最佳工作点为 $\theta_{\mathrm e}(t) = \theta_1(t) -$

$\theta_2(t)=0$,此位置具有斜率极大值,由 sin 函数特性推知其 1dB 线性范围大约是 $\pm\pi/6$,也就是说,只要误差相位 $|\theta_e(t)|<\dfrac{\pi}{6}$,正弦鉴相特性即可视为线性鉴相特性,

$$v_d(t) = K_d\sin(\theta_1(t)-\theta_2(t)) \approx K_d(\theta_1(t)-\theta_2(t)) = K_d\theta_e(t) \qquad (4.6.75)$$

其中,$K_d$ 被称为鉴相灵敏度。

**练习 4.6.20**　鉴相器可以用来实现窄带调相波的解调,请画出窄带调相解调电路的原理框图。

**5）变频器**

一般来说,频率越高,电路设计成本就越高,主要原因在于高频寄生电容、寄生电感等的影响不可忽视,因而电路的许多特性都会严重受限:由于寄生效应,放大器在高频的增益会下降,数字非门实现逻辑反相需要一定延时才能完成,通过寄生电容形成干扰耦合,形成正反馈通路导致振荡,诸如此类的问题,使得一旦进入到高频领域,电路设计和调试难度大大提高,因而我们更喜欢在较低的频率上进行信号处理。如果一定需要工作在高频,例如射频通信必须在很高的频率上完成电磁波的发射和接收,我们也往往把主要的信号处理功能放在较低的频率上完成,例如发射机的调制功能在较低的中频上完成后,再上变频到射频,接收机在射频对接收到的射频信号完成低噪声放大后,下变频到中频完成解调功能。如图 4.6.23 所示,这是对图 1.2.2 的修正,这种修正使得收发信机的性能得到极大的提高,因为大部分信号处理功能(放大、滤波、调制解调)都被下放到较低的固定中频上,系统设计难度降低了很多。

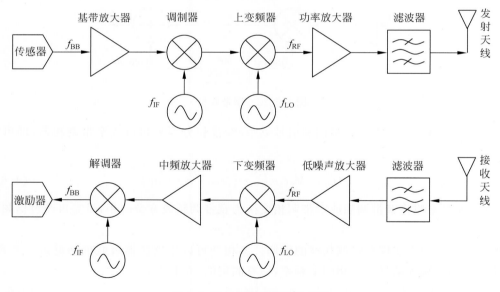

图 4.6.23　超外差式收发信机

图 4.6.23 所示收发信机结构被称为超外差式结构,其名称来源就在于它包含有上下变频环节,取用乘法功能实现的和频或差频分量作为其输出。由于这里只是为了说明上下变频作用,故而没有将系统中的所有功能单元电路画全,例如滤波器在所有其他功能电路前后都存在以消除电路中的各种干扰信号,或者是专门设计的滤波器,或者是功能电路内部自带的滤波器,以确保只有通带内信号才能通过;又如驱动激励器的低频功率放大器也没有画出等。

调制解调器和上下变频器的符号看似相同,但不完全一致。调制解调器完成的是将低频

的基带信号装载到中频载波信号上或者从上卸载下来,而上下变频器是对已调制信号进行频谱的线性搬移。

例如对于发射机,假设在中频已经完成调制,已调波信号可以表述为

$$v_{IF}(t) = A(t)\cos(\omega_{IF}t + \theta(t)) \tag{4.6.76}$$

其中,低频基带信号可能调制在幅度上,用 $A(t)$ 表述,也可能调制在角度(频率或相位)上,用 $\theta(t)$ 表述,或者两者兼有。图 4.6.23 中用乘法器和振荡器的组合代表了调制解调过程,真实的调制解调器可能采用其他电路方案。

上变频器完成的功能是上变频,

$$v_{RF}(t) = A(t)\cos((\omega_{LO} + \omega_{IF})t + \theta(t)) \tag{4.6.77}$$

注意到除了中心频率发生变化外,代表调制信息的幅度和相位都保留了下来,因而上变频用乘法器加滤波器滤取和频分量即可实现,它完成的是将中频已调波频谱在频率轴上平移到了射频,$\omega_{RF} = \omega_{LO} + \omega_{IF}$。

**练习 4.6.21** 所谓上变频,就是将位于中频的频谱平移到射频,而下变频则将位于射频的频谱平移到中频。请给出你的下变频方案。

本节电路中出现的滤波器、90°移相器、积分器等电路,需要动态元件电容、电感的参与才能实现,这些功能电路的实现见第 8～10 章的相关讨论。

## 4.7 741 运算放大器内部电路直流分析和交流分析

图 4.7.1 是 741 运放的内部电路,20 多个晶体管使得电路显得十分复杂,但是如果分出里面的功能模块做分层抽象分析,就很容易理解了。

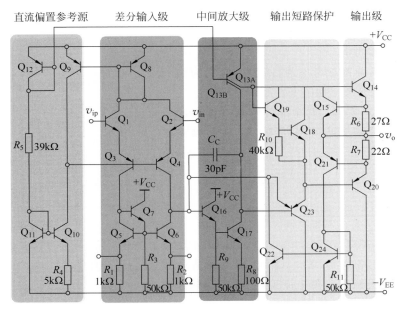

图 4.7.1 741 运放内部功能模块划分

首先对它进行功能单元的划分,这里起主导作用的有四个功能模块,如图 4.7.1 所示:

(1) 直流偏置参考电流源:$Q_{12}$、$R_5$、$Q_{11}$、$Q_9$、$Q_{10}$、$R_4$ 构成电流镜电路,以它们为基础形成

的电流镜电路为系统的其他功能模块提供偏置电流。

（2）差分输入级：$Q_1 \sim Q_8$、$R_1 \sim R_3$，这是一个以 $Q_1$、$Q_2$ 基极作为差分输入，以 $Q_6$ 集电极作为单端输出的跨导放大器。

（3）中间放大级：$Q_{13B}$、$Q_{16}$、$Q_{17}$、$R_8$、$R_9$，其中 $Q_{13}$ 和 $Q_{12}$ 构成电流镜电路，以晶体管电流源形态为 $Q_{17}$ 提供直流偏置和有源负载。$Q_{13}$ 是双集电极晶体管，可视为发射极并联的两个晶体管，$Q_{13B}$ 为 $Q_{17}$ 提供直流偏置电流，$Q_{13A}$ 为输出级提供直流偏置电流。

（4）输出缓冲级：$Q_{14}$、$Q_{20}$、$R_6$、$R_7$ 构成输出缓冲器，$Q_{18}$、$Q_{19}$ 导通后，形成两个 $V_{BE}$ 的叠加，给输出管 $Q_{14}$ 和 $Q_{20}$ 提供这两个晶体管 BE 结导通所需的直流偏置电压，$Q_{23}$ 是共集组态，将中间放大级的输出信号缓冲引导给输出管 $Q_{20}$ 和 $Q_{14}$。

（5）输出保护电路：除了上述描述的功能模块之外，$Q_{15}$、$R_6$、$R_7$、$Q_{21}$、$Q_{24}$、$Q_{22}$ 还构成了输出短路保护电路。在正常放大时，这四个晶体管是截止的，因而下面的分析中不考虑它们的作用。但是当输出短路或接很小电阻负载时，将会有很大电流流出或流入输出端点，这些晶体管就会启动保护，避免输出管 $Q_{14}$、$Q_{20}$ 由于过大电流导致发热无法耗散而烧毁。

下面我们对整个电路的工作情况进行简单估算，这里做几个基本设定，这些设定不必真实，仅是为了数值估算可以进行下去而已：

（1）电源电压为 $\pm 15V$。

（2）标准 NPN 和 PNP 晶体管的饱和电流为 10fA，NPN 的电流增益 $\beta_n = 200$，厄利电压 $V_{An} = 120V$，PNP 的电流增益 $\beta_p = 50$，厄利电压 $V_{Ap} = 50V$。

（3）非标准晶体管 $Q_{13}$ 分为 $Q_{13A}$ 和 $Q_{13B}$，它们将标准晶体管的电流按 $1:3$ 的比例分配。

（4）$Q_{14}$ 和 $Q_{20}$ 是输出晶体管，为了可向外提供大电流驱动，它们的面积较标准晶体管要大，这里估算时取 3 倍。

### 4.7.1 直流偏置

**1. 直流偏置参考源**

首先考察直流偏置参考电流源的情况，它为整个电路提供直流偏置参考。如图 E4.7.1(a)所示：

（1）$Q_{12}$、$R_5$、$Q_{11}$ 支路：两个晶体管均被连接成二极管形式，假设其上导通电压各为 0.7V，故而该支路电流可以估算为

$$I_{REF} = \frac{(V_{CC} + V_{EE}) - V_{EB12} - V_{BE11}}{R_5}$$

$$= \frac{15 + 15 - 0.7 - 0.7}{39k}$$

$$= 0.733 (mA) \qquad (E4.7.1)$$

（2）$Q_9$、$Q_{10}$ 支路电流：$Q_{10}$、$Q_{11}$ 电流镜不是对称电流镜，这种电流镜被称为微电流镜，它可以产生微小的电流。微小电流的产生是通过一个不算很大的 5kΩ 电阻 $R_4$ 获得的，由于 $R_4$ 分压加 $V_{BE10}$ 等于 $V_{BE11}$，$V_{BE11} = V_{BE10} + I_{E10}R_4$，而两个 BE 结电压和各自集电极电流具有对数关系，$v_T \ln \dfrac{I_{C11}}{A_{J11}J_{CS}} = v_T \ln \dfrac{I_{C10}}{A_{J10}J_{CS}} + I_{E10}R_4$，故而

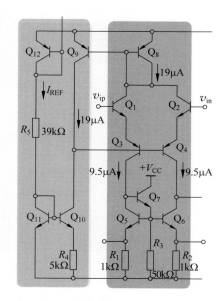

图 E4.7.1(a)　直流偏置参考源对差分输入级的偏置

很容易获得关于 $I_{C10}$ 的非线性方程，

$$v_T \ln \frac{I_{C11}}{I_{C10}} = I_{E10}R_4 \approx I_{C10}R_4 \tag{E4.7.2}$$

把 $v_T = 26\mathrm{mV}$，$I_{C11} \approx I_{REF} = 733\mu A$，$R_4 = 5\mathrm{k}\Omega$ 代入，式(E4.7.2)就是以 $I_{C10}$ 为未知量的非线性代数方程，其求解可以采用牛顿-拉夫逊迭代法或其他简单迭代方法求解，估算结果为

$$I_{C10} \approx 19\mu A \tag{E4.7.3}$$

至此，直流偏置参考源的两个支路电流已经确认，下面考察它是如何对其他功能电路进行直流偏置的。

**2. 差分输入级**

如图 E4.7.1(a)所示：$Q_8$、$Q_9$ 构成电流镜结构，因而两个晶体管电流应该相同，从 $Q_8$ 流下来的 $19\mu A$ 电流，被均分给 $Q_1$ 和 $Q_2$，各为 $9.5\mu A$，一路流下来，分别经过 $Q_3$、$Q_4$，到达 $Q_5$、$Q_6$。注意输入级的直流偏置电流很小，只有 $9.5\mu A$，之所以这么小的原因就是为了获得足够大的 $r_{be} = \beta v_T / I_C \approx 547\mathrm{k}\Omega$，从而运放的输入电阻可以做得比较大。同时这是第一级电路，后接第二级放大器，第一级放大器无须驱动重负载，故而采用很小的偏置电流即可完成高增益放大。

$Q_8$、$Q_9$ 构成的电流镜结构作为电流放大器看待时，$Q_8$ 一侧为输入端，$Q_9$ 一侧为输出端，故而应该是 $Q_8$ 电流决定 $Q_9$ 电流，然而上述分析却是先定下来 $Q_9$ 支路电流（$Q_{10}$ 电流），再由输出定输入（$Q_8$ 电流），这种由输出定输入的分析或电路设计是否错了呢？电路设计并无错误，本结构中还存在着一个负反馈连接，导致电流镜输出支路电流可以通过负反馈环路反过来确定电流镜的输入支路电流。$Q_3$、$Q_4$ 的基极连接在 $Q_9$、$Q_{10}$ 的集电极，构成了负反馈环路，该负反馈环路确保 $Q_3$、$Q_4$ 两条支路的电流和（电流镜输入支路电流）必须为 $19\mu A$（电流镜输出支路电流）：如果 $Q_3$、$Q_4$ 两条支路的电流和小于 $19\mu A$，$Q_8$、$Q_9$ 电流镜结构导致 $Q_9$ 电流等于 $Q_8$ 电流小于 $19\mu A$，而 $Q_{10}$ 电流为 $19\mu A$，欠缺的电流将从 $Q_3$、$Q_4$ 基极抽取（KCL 方程），这将导致 $Q_3$、$Q_4$ 基极电压下降，进而导致 $Q_1$-$Q_3$，$Q_2$-$Q_4$ 两条支路 4 个晶体管的 BE 结电压上升，于是 $Q_1$-$Q_3$，$Q_2$-$Q_4$ 晶体管电流上升，直至上升到等于 $19\mu A$ 电流后，$Q_{10}$ 不再从 $Q_3$、$Q_4$ 基极抽取电荷，$Q_3$、$Q_4$ 基极电压不再下降，负反馈环路调整结束；同理，如果 $Q_3$、$Q_4$ 两条支路的电流和大于 $19\mu A$，上述负反馈环路作用下，$Q_3$、$Q_4$ 基极电压上升调整 $Q_3$、$Q_4$ 两条支路的电流和到等于 $19\mu A$ 后，负反馈环路调整结束。

上述负反馈机制始终确保 $I_{C3}$ 和 $I_{C4}$ 之和等于 $19\mu A$，该反馈控制机制也同时确保输入级有较大的共模输入范围：当输入共模电压发生变化时，为了确保 $I_{C3}$ 和 $I_{C4}$ 之和等于 $19\mu A$，$Q_3$、$Q_4$ 基极电压在负反馈机制的作用下将相应地随共模电压的上下变化而变化，注意到 $Q_3$、$Q_4$ 基极电压为 $Q_9$、$Q_{10}$ 集电极电压，该电压可以在很大范围内变化，从而导致该结构具有很大的输入共模电压范围。

**3. 中间放大级**

如图 E4.7.1(b)所示：$Q_{13}$ 和 $Q_{12}$ 构成一个电流镜，因而 $Q_{13}$ 发射极流下来的电流也是 $733\mu A$，由于 $Q_{13}$ 是双集电极晶体管，其集电极电流按 $1:3$ 分两路，$183\mu A$ 这一路给输出级做直流偏置，$550\mu A$ 这一路则给 $Q_{17}$ 做直流偏置。

**4. 输出缓冲级**

如图 E4.7.2 所示：$Q_{15}$、$Q_{21}$ 在正常工作情况下是截止的，这条支路对输出级的影响暂不予考虑，于是 $Q_{13A}$ 提供的 $183\mu A$ 电流将流过 $Q_{19}$、$Q_{18}$。

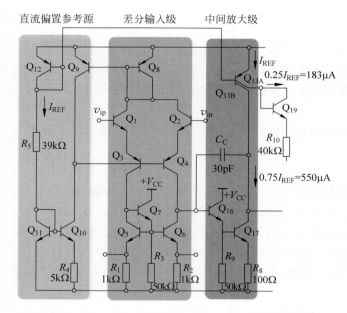

图 E4.7.1(b)　直流偏置参考源对中间放大器级的偏置

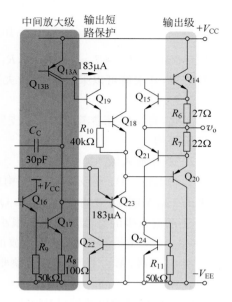

图 E4.7.2　输出缓冲级及其短路保护

人为地先预估 $V_{BE18}$ 大约等于 0.6V，于是 $R_{10}$ 上的电流就是 $I_{R10} = 0.6\text{V}/40\text{k}\Omega = 15\mu\text{A}$，这个电流可视为 $Q_{19}$ 的发射极电流，于是 $Q_{18}$ 分流为 $I_{E18} = 183\mu\text{A} - 15\mu\text{A} = 168\mu\text{A}$，故而可估算其 BE 结电压为

$$V_{BE18} = v_T \ln \frac{I_{C18}}{I_{CS}} \approx 26\text{mV} \times \ln \frac{168\mu\text{A}}{10\text{fA}} = 612\text{mV} \tag{E4.7.4}$$

估算的 $V_{BE18} = 0.612\text{V}$ 和刚开始的预估 0.6V 几乎一致，说明上述计算可以成立。如果不放心，可以把 $V_{BE18} = 0.612\text{V}$ 作为最开始的预估值重走一遍上述过程，得到的结果仍然是 $V_{BE18} = 612\text{mV}$，于是下面的估算就以该值为准。我们进而可以获得较为准确的 $Q_{19}$ 的发射极电流为 $16\mu\text{A}$

$$I_{E19} = \frac{0.612\text{V}}{40\text{k}\Omega} + \frac{168\mu\text{A}}{200} \approx 16\mu\text{A} \tag{E4.7.5}$$

并由此计算出 Q19 的 BE 结电压大约为 551mV，

$$V_{BE19} = v_T \ln \frac{I_{C19}}{I_{CS}} \approx 26\text{mV} \times \ln \frac{16\mu\text{A}}{10\text{fA}} = 551\text{mV} \tag{E4.7.6}$$

$Q_{18}$ 和 $Q_{19}$ 的两个 BE 结电压为 $Q_{14}$ 和 $Q_{20}$ 的 BE 结提供微微导通的偏置电压 1.163V，

$$\begin{aligned} V_{BE19} + V_{BE18} &= v_T \ln \frac{I_{C18}}{I_{CS}} + v_T \ln \frac{I_{C19}}{I_{CS}} = 1.163(\text{V}) \\ &= V_{BE14} + V_{EB20} + I_Q(R_6 + R_7) \\ &= 2v_T \ln \frac{I_Q}{3I_{CS}} + I_Q(R_6 + R_7) \end{aligned} \tag{E4.7.7}$$

可以首先忽略 $R_6$、$R_7$ 的影响，获得 $Q_{14}$ 和 $Q_{20}$ 的集电极电流 $I_Q$ 为

$$I_Q = 30\text{fA} \times e^{\frac{1163\text{mV}}{2 \times 26\text{mV}}} = 155\mu\text{A}$$

之后把 $R_6$、$R_7$ 的影响考虑在内，经过两次迭代后，即可确认输出级两个晶体管 $Q_{14}$ 和 $Q_{20}$ 的直流电流为 $137\mu\text{A}$，

$$I_Q = 30\text{fA} \times \text{e}^{\frac{1163\text{mV} - 155\mu\text{A} \times 49\Omega}{2 \times 26\text{mV}}} = 134\mu\text{A}$$

$$I_Q = 30\text{fA} \times \text{e}^{\frac{1163\text{mV} - 134\mu\text{A} \times 49\Omega}{2 \times 26\text{mV}}} = 137\mu\text{A} \qquad (\text{E}4.7.8)$$

**5. 输出短路保护**

我们已经获得了正常放大通路的所有直流偏置电流,下面考察输出短路保护电路是如何启动保护的。假设输出短路,如果运放输入差分信号为正,则会有很大的电流从输出端点抽出,$Q_{14}$ 由于提供过大电流而有可能烧毁。现在输出晶体管支路添加 $R_6$ 检测电阻,它检测 $Q_{14}$ 提供的电流大小,如果电流超过 20mA,$R_6$ 上分压则会超过 540mV,于是 $Q_{15}$ 则会启动,

$$I_{E14} = 20\text{mA}$$

$$V_{R6} = R_6 I_{E14} = 540(\text{mV})$$

$$I_{C15} = I_{CS15}\, \text{e}^{\frac{V_{BE115}}{v_T}} = 10\text{fA} \times \text{e}^{\frac{540\text{mV}}{26\text{mV}}} \approx 10.5\mu\text{A}$$

$Q_{13A}$ 提供的 $183\mu\text{A}$ 电流将部分从 $Q_{15}$ 集电极流走并从 $Q_{15}$ 发射极流出到输出端。当 $I_{C14} = 20\text{mA}$ 时,$Q_{15}$ 抽走的 $10.5\mu\text{A}$ 电流尚不足以对原电路造成重大影响,但是当 $I_{C14} = 22.5\text{mA}$ 时,$Q_{15}$ 抽走 $140\mu\text{A}$ 电流将使得电路不再正常工作,

$$I_{E14} = 22.5\text{mA}$$

$$V_{R6} = R_6 I_{E14} = 608(\text{mV})$$

$$I_{C15} = I_{CS15}\, \text{e}^{\frac{V_{BE15}}{v_T}} = 10\text{fA} \times \text{e}^{\frac{608\text{mV}}{26\text{mV}}} \approx 140\mu\text{A}$$

换句话说,当 $Q_{14}$ 输出电流比较大时,$Q_{15}$ 启动导通,将 $Q_{13A}$ 提供的 $183\mu\text{A}$ 分流,于是 $Q_{18}$、$Q_{19}$ 这两个为 $Q_{14}$、$Q_{20}$ 提供直流偏置电压的晶体管就会截止,同时 $Q_{14}$ 的基极电流也将会受到限制,故而 $Q_{14}$ 向外输出的电流不可能再增加了,大体上可以说,$Q_{14}$ 最多向外提供 23mA 电流。如是输出短路时 $Q_{14}$ 不会因过大电流而损毁,因为短路保护电路限制了它的最大输出电流。

同理,当输出短路时,如果输入差分电压小于零,则会有很大的电流灌入输出端点进入芯片,自 $Q_{20}$ 流入负电源 $-V_{EE}$,$Q_{20}$ 则会发热烧毁。现在添加检测电阻 $R_7$,当注入电流超过 20mA 后,$Q_{21}$ 则会启动导通并进而启动 $Q_{24}$、$Q_{22}$,$Q_{22}$ 导通后将从 $Q_{16}$ 基极抽取电流,导致 $Q_{16}$ 基极电压迅速下降,于是 $Q_{17}$ 集电极电压提升,$Q_{23}$ 发射极电压、$Q_{20}$ 基极电压提升,最终迫使 $Q_{20}$ 电流不再增加,从而 $Q_{20}$ 得到短路保护。

**6. 静态功耗**

到此为止,我们已经分析了 741 全部支路的静态电流。所谓静态电流,是指输入差分电压为 0,输出差分电压为 0,没有电流向负载流出或自负载流入时的 741 芯片自身消耗的电流。从正电源 $+V_{CC}$ 看,有 7 条支路从它抽取电流,$Q_{12}$ 支路抽取 $733\mu\text{A}$,$Q_9$ 支路抽取 $19\mu\text{A}$,$Q_8$ 支路抽取 $19\mu\text{A}$,$Q_{13}$ 支路抽取 $733\mu\text{A}$,$Q_{14}$ 支路抽取 $137\mu\text{A}$,$Q_7$ 支路抽取 $10.9\mu\text{A}$,$Q_{16}$ 支路抽取 $16.7\mu\text{A}$,所有支路电流相加为 1.67mA,总电源电压为 30V,故而功耗为 50mW,这是 741 的静态功耗。741 的三个放大支路消耗的静态功率小于一半,静态功耗中超过一半是被偏置电路消耗掉的。

当运放输出端接负载,输入加激励信号时,输出端可以流出或流入的电流不会超过 23mA,这是运放的输出短路保护电路所设定的输出短路电流。

**练习 4.7.1** 上述估算过程漏算了两个电流,$Q_7$ 集电极电流和 $Q_{16}$ 集电极电流,请确认这两条支路的静态电流大体为 $10.9\mu\text{A}$ 和 $16.7\mu\text{A}$。

**练习 4.7.2** 请估算 741 运放的共模输入范围。

**练习 4.7.3** 我们希望能够产生微小的电流,这里有两种方法,图 E4.7.3(a) 所示为经典

的电流镜结构，图 E4.7.3(b)为微电流镜结构，请给出你的设计，要求电流镜能够输出 $12\mu A$ 的微电流，请给出这些电阻的具体阻值。假设晶体管在 $I_C=1mA$ 时的 $V_{BE}=0.7V$。请分析用微电流镜产生微小电流的好处有哪些。

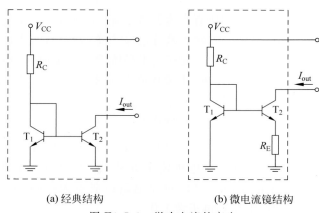

(a) 经典结构　　　　　　　　(b) 微电流镜结构

图 E4.7.3　微小电流的产生

## 4.7.2　小信号交流分析

**1. 差分输入级**

$Q_1$ 和 $Q_3$ 是典型的 CC-CB 组合形态，因而它是一个输入阻抗为 $2r_{be1}$，输出阻抗为 $2r_{ce3}$，跨导增益为 $0.5g_m$ 的跨导放大器。由式(4.5.25)可知，该组合结构的 $y$ 参量矩阵的 $y_{12}$ 元素并非为 0，因而输入电阻和负载电阻有关，输出电阻和信源内阻有关，但这里的估算不再过多牵扯这类问题，而是直接给出简单估值。

$$r_{be1} = \beta \frac{v_T}{I_{C1}} = 200 \times \frac{26mV}{9.5\mu A} = 547k\Omega$$

$Q_1$、$Q_3$ 形成的 CC-CB 组合形态的输入电阻($B_1$ 端点对地电阻)为 $2r_{be1}$，而 $Q_1$、$Q_2$、$Q_3$、$Q_4$ 整体又构成差分结构，故而差分输入端电阻为 $4r_{be1}$，

$$r_{in,I} = 4r_{be1} = 4 \times 547k\Omega = 2.19M\Omega \tag{E4.7.9}$$

CC-CB 组合形态跨导器的跨导为 $0.5g_m$，

$$G_{m,I} = 0.5g_m = 0.5 \times \frac{I_{C1}}{v_T} = 0.5 \times \frac{9.5\mu A}{26mV} = 0.183mS \tag{E4.7.10}$$

差分输出电流被 $Q_5$、$Q_6$ 电流镜镜像后在 $Q_6$ 集电极合成，因而只要获得 $Q_6$ 集电极位置的等效输出阻抗，即可获得该跨导放大器的电压放大倍数。

$Q_6$ 集电极位置对地总电阻是下述三个电阻的并联：一个是 $Q_4$ 集电极对地电阻，一个是 $Q_6$ 电流源的输出电阻，一个是向 $Q_{16}$ 基极看入的中间放大级的输入电阻，下面分别计算。

$Q_4$ 集电极对地电阻是 $Q_2$、$Q_4$ 形成的 CC-CB 组态输出电阻，为 $2r_{ce4}$

$$r_{out,Q4} = 2r_{ce4} = 2 \times \frac{V_{Ap}}{I_{C4}} = 2 \times \frac{50V}{9.5\mu A} = 10.5M\Omega \tag{E4.7.11a}$$

由于存在串串负反馈，$Q_6$ 电流源输出电阻变大了一些，为

$$r_{out,Q6} = (1+g_{m6}R_2)r_{ce6} = \left(1 + \frac{I_{C6}}{v_T}R_2\right)\frac{V_{An}}{I_{C6}}$$

$$= \left(1 + \frac{9.5\mu A}{26mV} \times 1k\Omega\right) \times \frac{120V}{9.5\mu A}$$

$$= 1.37 \times 12.6M\Omega = 17.2M\Omega \tag{E4.7.11b}$$

$Q_{16}$ 基极对地电阻其实就是 $Q_{16}$ 的 bc 端口电阻,如式(4.5.22)所示,为

$$r_{\mathrm{in,II}} = r_{\mathrm{be16}} \langle g_{\mathrm{m16}} \rangle r_{\mathrm{o16}} \tag{E4.7.11c}$$

其中 $r_{\mathrm{o16}}$ 为 $Q_{16}$ 发射极对地总电阻,是三个电阻的并联,

$$r_{\mathrm{o16}} = r_{\mathrm{ce16}} \parallel R_9 \parallel r_{\mathrm{in17}}$$

其中 $r_{\mathrm{in17}}$ 是 $Q_{17}$ 跨导放大器的输入电阻,由于负反馈电阻 $R_8$ 的存在,为

$$r_{\mathrm{in17}} = r_{\mathrm{be17}}(1 + g_{\mathrm{m17}} R_8) = 200 \times \frac{26\mathrm{mV}}{550\mu\mathrm{A}} \times \left(1 + \frac{550\mu\mathrm{A}}{26\mathrm{mV}} \times 100\Omega\right)$$

$$= 9.45\mathrm{k}\Omega \times 3.12 = 29.5\mathrm{k}\Omega$$

故而

$$r_{\mathrm{o16}} = r_{\mathrm{ce16}} \parallel R_9 \parallel r_{\mathrm{in17}} = \frac{120\mathrm{V}}{16.7\mu\mathrm{A}} \parallel 50\mathrm{k}\Omega \parallel 29.5\mathrm{k}\Omega$$

$$= 7.19\mathrm{M}\Omega \parallel 50\mathrm{k}\Omega \parallel 29.5\mathrm{k}\Omega = 18.5\mathrm{k}\Omega$$

$$r_{\mathrm{in,II}} = r_{\mathrm{be16}} \langle g_{\mathrm{m16}} \rangle r_{\mathrm{o16}} = \left(200 \times \frac{26\mathrm{mV}}{16.7\mu\mathrm{A}}\right) \left\langle \frac{16.7\mu\mathrm{A}}{26\mathrm{mV}} \right\rangle 18.5\mathrm{k}\Omega$$

$$= 311\mathrm{k}\Omega \langle 0.642\mathrm{mS} \rangle 18.5\mathrm{k}\Omega = 311\mathrm{k}\Omega + 18.5\mathrm{k}\Omega + 0.642\mathrm{mS} \times 311\mathrm{k}\Omega \times 18.5\mathrm{k}\Omega$$

$$= 311\mathrm{k}\Omega + 18.5\mathrm{k}\Omega + 3696\mathrm{k}\Omega = 4.03\mathrm{M}\Omega$$

于是 $Q_6$ 集电极对地的总电阻为

$$r_{\mathrm{out,I}} = r_{\mathrm{out,Q4}} \parallel r_{\mathrm{out,Q6}} \parallel r_{\mathrm{in,II}} = 10.5\mathrm{M}\Omega \parallel 17.2\mathrm{M}\Omega \parallel 4.03\mathrm{M}\Omega = 2.49\mathrm{M}\Omega \tag{E4.7.12}$$

故而第一级差分跨导放大器的电压放大倍数为

$$A_{\mathrm{v,I}} = -G_{\mathrm{m,I}} \times r_{\mathrm{out,I}} = -0.183\mathrm{mS} \times 2.49\mathrm{M}\Omega = -455 \tag{E4.7.13}$$

至此,我们可以看出为什么第二级跨导放大器 $Q_{17}$ 和第一级跨导放大器之间加 CC 组态 $Q_{16}$ 电压缓冲器,它用于隔离第一级跨导放大器和 $Q_{17}$ 跨导放大器,如果没有这个缓冲器,第一级跨导放大器所接负载过重($r_{\mathrm{in17}} = 29.5\mathrm{k}\Omega$ 太小),由于 $Q_{16}$ 的隔离作用,第二级的输入电阻由 $r_{\mathrm{in17}} = 29.5\mathrm{k}\Omega$ 变成 $r_{\mathrm{in,II}} = 4.03\mathrm{M}\Omega$,从而第一级跨导放大器的电压增益可以提高很多。

**2. 中间放大级**

中间放大级由 $Q_{16}$ 和 $Q_{17}$ 完成放大功能,$Q_{16}$ 射极跟随器(CC 组态晶体管放大器又称射极跟随器,Emitter Follower)起到一个电压缓冲作用,其输入阻抗 $4.03\mathrm{M}\Omega$ 足够的大,从而确保第一级放大器的增益不会因第二级的负载效应而严重下降。$Q_{17}$ 则是带有负反馈电阻的跨导放大器,因而整体看,第二级整体上仍然是一个跨导放大器。

该跨导放大器的输入电阻已归总到第一级输出电阻中,下面考察它的跨导增益和输出电阻。由于 $Q_{16}$ 是射极跟随器,是电压缓冲器,仅仅是对输入电压做一个缓冲,因而它对跨导增益没有影响,跨导增益由 $Q_{17}$ 跨导器决定,而 $Q_{17}$ 是带串联负反馈电阻的跨导放大器,故而其跨导增益为

$$G_{\mathrm{m,II}} = g_{\mathrm{mf17}} = \frac{g_{\mathrm{m17}}}{1 + g_{\mathrm{m17}} R_8} \tag{E4.7.14}$$

而 $Q_{17}$ 的跨导增益由其直流偏置电流决定,为

$$g_{\mathrm{m17}} = \frac{I_{\mathrm{C17}}}{v_{\mathrm{T}}} = \frac{550\mu\mathrm{A}}{26\mathrm{mV}} = 21.2\mathrm{mS}$$

故而闭环跨导增益为

$$G_{\mathrm{m,II}} = g_{\mathrm{mf17}} = \frac{g_{\mathrm{m17}}}{1 + g_{\mathrm{m17}} R_8} = \frac{21.2\mathrm{mS}}{1 + 21.2\mathrm{mS} \times 0.1\mathrm{k}\Omega} = \frac{21.2\mathrm{mS}}{3.12} = 6.79\mathrm{mS}$$

而该跨导器的输出电阻是 $Q_{17}$ 的集电极端点对地总电阻,是如下三个电阻的并联:$Q_{17}$ 跨导器输出电阻,$Q_{13B}$ 集电极输出电阻 $r_{ce13B}$,$Q_{23}$ 射极跟随器输入电阻。

首先考察 $Q_{17}$ 跨导器输出电阻,射极负反馈导致其输出电阻较大,为

$$
\begin{aligned}
r_{out,Q17} &= r_{ce17}(1 + g_{m17}R_8) = \frac{V_{A,n}}{I_{C17}}\left(1 + \frac{I_{C17}}{v_T}R_8\right) \\
&= \frac{120V}{550\mu A} \times \left(1 + \frac{550\mu A}{26mV} \times 100\Omega\right) \\
&= 218k\Omega \times 3.12 = 680k\Omega
\end{aligned}
\tag{E4.7.15a}
$$

$Q_{13B}$ 集电极输出电阻 $r_{ce13B}$ 为

$$
r_{out,Q13B} = \frac{V_{A,p}}{I_{C13B}} = \frac{50V}{550\mu A} = 90.9k\Omega
\tag{E4.7.15b}
$$

而 CC 组态的 $Q_{23}$ 射极跟随器是隔离第二级和输出级的电压缓冲器,其输入电阻见 $Q_{16}$ 射极跟随器输入电阻计算过程,这里不再详述。由于它在数 $M\Omega$ 量级,和 $Q_{13B}$ 集电极输出电阻 $r_{ce13B} = 90.9k\Omega$ 并联,其影响可以忽略不计,故而

$$
r_{out,II} = r_{out,Q17} \parallel r_{out,Q13B} \parallel r_{in,III} \approx 680k\Omega \parallel 90.9k\Omega = 80k\Omega
\tag{E4.7.16}
$$

于是第二级跨导放大器的电压放大倍数为

$$
A_{v,II} = -G_{m,II} \times r_{out,II} = -6.79mS \times 80k\Omega = -544
\tag{E4.7.17}
$$

可见,第二级跨导放大器的增益被其有源负载 $Q_{13B}$ 的微分电阻 $r_{ce13B}$ 所限定。

### 3. 输出缓冲级

第二级跨导放大器自 $Q_{17}$ 集电极输出,在进入由 $Q_{14}$、$Q_{20}$ 构成的输出缓冲级之前,中间插入了 $Q_{23}$ 这个射极跟随器,用以确保第二级放大器增益的稳定性。$Q_{14}$、$Q_{20}$ 输出缓冲器作为放大器的最后一级,信号往往很大,故而它们本质上处于非线性工作状态,其输入、输出电阻随大信号波动而波动,而 $Q_{23}$ 则将输出缓冲级的阻抗波动隔离开,从而第二级跨导放大器的电压放大倍数和 $Q_{14}$、$Q_{20}$ 输出缓冲级几乎无关。

$Q_{14}$、$Q_{20}$ 输出缓冲级的原理框图见图 4.7.2,用来实现偏置的 $Q_{19}$、$Q_{18}$ 被建模为 1.163V 的恒压源,原因在于 $Q_{19}$、$Q_{18}$ 达林顿复合管的基极和集电极连为一体后,可视为具有恒流的两个二极管的串联,由于恒流故而二极管两端电压恒定且二极管微分电阻(等效电压源内阻)很小,从而被建模为恒压源。图 4.7.2(a)所示的输出缓冲器被称为 AB 类电压缓冲器,而前面讨论的 CC 组态晶体管也就是射极跟随器,则被称为 A 类电压缓冲器。图 4.7.2(b)是用 NPN 晶体管实现的 A 类射随器,其中 $Q_1$ 为偏置电流源,$Q_2$ 为 CC 组态电压缓冲器;而图 4.7.2(c)则是用 PNP 晶体管实现的 A 类射随器,其中 $Q_2$ 为偏置电流源,$Q_1$ 为 CC 组态的电压缓冲器。

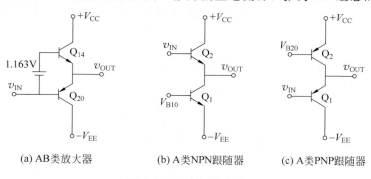

(a) AB类放大器  (b) A类NPN跟随器  (c) A类PNP跟随器

图 4.7.2  输出缓冲器

1）A 类缓冲器

以图 4.7.2(b)的 NPN-A 类射随器为例：$V_{\mathrm{B10}}$ 是通过某种方式获得的固定偏置电压，工作在有源区的 $Q_1$ 被建模为电流源，如图 4.7.3 所示，假设 $Q_2$ 的 BE 结电压在导通时恒为 0.7V，那么则必有

$$v_{\mathrm{OUT}} = v_{\mathrm{IN}} - 0.7 \tag{4.7.1}$$

这就是射极跟随器名称的来源，$v_{\mathrm{IN}}$ 的任何变化，都会原样反映到 $v_{\mathrm{OUT}}$ 上。

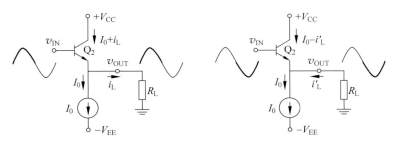

图 4.7.3  A 类 NPN 跟随器在信号正负半周的工作情况

现在假设输入信号为正弦波，$v_{\mathrm{IN}} = 0.7 + V_{\mathrm{m}}\cos\omega t$，于是输出就是正弦波，$v_{\mathrm{OUT}} = v_{\mathrm{IN}} - 0.7 = V_{\mathrm{m}}\cos\omega t$。

（1）当正弦信号位于正半周时，$V_{\mathrm{m}}\cos\omega t > 0$，负载 $R_{\mathrm{L}}$ 从 $Q_2$ 发射极吸收电流 $i_{\mathrm{L}} = V_{\mathrm{m}}\cos\omega t / R_{\mathrm{L}} > 0$，通过 $R_{\mathrm{L}}$ 流入参考地，这就要求 $Q_2$ 提供 $I_0 + i_{\mathrm{L}}$ 的电流，其中 $I_0$ 给恒流源，$i_{\mathrm{L}}$ 给负载电阻。

（2）当正弦信号位于负半周时，$V_{\mathrm{m}}\cos\omega t < 0$，电流 $i'_{\mathrm{L}} = -V_{\mathrm{m}}\cos\omega t / R_{\mathrm{L}}$ 自参考地通过 $R_{\mathrm{L}}$ 流入射随器输出端点，于是 $Q_2$ 只需提供 $I_0 - i'_{\mathrm{L}}$ 的电流，加上负载电阻提供的 $i'_{\mathrm{L}}$ 电流，两者合流后送到 $I_0$ 恒流源。

晶体管电流必须大于 0，晶体管才是导通的，即 $I_0 - i'_{\mathrm{L}} = I_0 + V_{\mathrm{m}}\cos\omega t / R_{\mathrm{L}} > 0$，由此可知，正弦波幅度必须满足

$$V_{\mathrm{m}} < I_0 R_{\mathrm{L}} \tag{4.7.2}$$

才能确保输出是完整不切顶的正弦波。

假设负载电阻为 1kΩ，正负电源电压为 ±15V，我们希望能够输出幅度为 13V 的正弦波，那么偏置电流必须足够大，

$$I_0 > \frac{V_{\mathrm{m}}}{R} = \frac{13V}{1\mathrm{k}\Omega} = 13\mathrm{mA} \tag{4.7.3}$$

因而对于重负载，A 类射随器显得力不从心，它必须自身先消耗足够大的静态功率，才有可能向外部负载提供足够大的信号激励，

$$P_{\mathrm{L}} = \frac{1}{2}\frac{V_{\mathrm{m}}^2}{R_{\mathrm{L}}} = \frac{1}{2} \times \frac{13^2}{1\mathrm{k}} = 84.5(\mathrm{mW})$$

$$P_{\mathrm{DC}} = (V_{\mathrm{CC}} + V_{\mathrm{EE}})I_0 = 30V \times 13\mathrm{mA} = 390\mathrm{mW}$$

$$\eta = \frac{P_{\mathrm{L}}}{P_{\mathrm{DC}}} = \frac{84.5}{390} = 21.7\% < 25\% = \eta_{\mathrm{max}} \tag{4.7.4}$$

这里，A 类缓冲器将直流功率转换为交流功率的最大效率为 25%，是在假设晶体管饱和电压为 0 的前提下计算的。当晶体管饱和电压为 0 时，输出电压幅度可以达到电源电压 15V，将 $I_0 = 15\mathrm{mA}$，$V_{\mathrm{m}} = 15V$ 代入，即可获得理论上的最大效率 $\eta_{\mathrm{max}}$。

　　A 类缓冲器如此小的功率转换效率在于两点：①整个正弦波周期内，晶体管均工作于有源区，也就是说，必须给晶体管一个很大的直流偏置电流，导致功耗很大；②偏置电流源 $I_0$ 用晶体管 $Q_1$ 实现，$Q_1$ 是耗能电阻，它首先消耗了直流功率的 50%，剩余 50% 直流功率被 CC 组态的 $Q_2$ 吸收，$Q_2$ 本身消耗其中的 25%，剩余 25% 以交流功率形态提供给负载。注意到 $Q_2$ 自身的功率转换能力为 50%，因而如果将偏置电流源 $I_0$ 用高频扼流圈实现，高频扼流圈为不耗能的电感，那么 A 类缓冲器（放大器）的最高功率转换效率可高达 50%。

　　2）AB 类缓冲器

　　为了提高晶体管换能器件的功率转换能力，晶体管在一个正弦波周期内不应全部导通，AB 类放大器就是通过这种方式提高效率的。对于图 4.7.2(a) 所示的 AB 类缓冲器，在没有输入信号的静态时，1.163V 的等效偏置电压源使得两个晶体管微微导通，只有 $155\mu A$ 的静态电流，因而静态功耗很小。但是其动态电流却可以很大，如图 4.7.4(a) 所示：当输入正弦波位于正半周时，输出电压随输入电压上升高于地电压，故而电流流入负载，这个电流由 $Q_{14}$ NPN 晶体管提供，由于 NPN 提供大电流给负载电阻，故而其 PN 结电压进入正常导通的 0.7V，$Q_{20}$ PNP 晶体管的 PN 结电压则只剩下 0.463V 的电压，PNP 晶体管可以认为截止了。也就是说，当位于正弦波的正半周时，$Q_{14}$ 晶体管导通以 CC 组态为负载电阻提供电流，$Q_{20}$ 晶体管截止。同理，如图 4.7.4(b) 所示：当位于正弦波的负半周时，$Q_{14}$ 晶体管截止，$Q_{20}$ 晶体管导通以 CC 组态为负载提供电流通路。两个晶体管交替导通，使得输出保持为完整的正弦波，因而虽然 AB 类放大器的两个晶体管都有一半正弦周期位于非线性的截止区，但两个晶体管配合整体仍然被视为线性放大器。

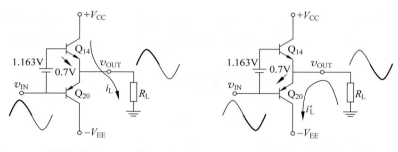

(a) 正弦波正半周，NPN导通　　　　　(b) 正弦波负半周，PNP导通

图 4.7.4　AB 类输出缓冲器在信号正负半周的工作情况

　　下面估算 AB 类缓冲器的功率转换效率。负载获得功率不变，

$$P_{\mathrm{L}} = \frac{1}{2}\frac{V_{\mathrm{m}}^2}{R_{\mathrm{L}}} = \frac{1}{2}\times\frac{13^2}{1\mathrm{k}} = 84.5(\mathrm{mW})$$

但电源提供的功率小了很多，

$$P_{\mathrm{CC\text{-}EE}} = \frac{1}{2\pi}\int_0^{2\pi} I_{\mathrm{C}14} V_{\mathrm{CC}}\,\mathrm{d}\omega t + \frac{1}{2\pi}\int_0^{2\pi} I_{\mathrm{C}20} V_{\mathrm{EE}}\,\mathrm{d}\omega t$$

$$\approx \frac{1}{2\pi}\int_0^{\pi} 13\sin\omega t \times 15\,\mathrm{d}\omega t - \frac{1}{2\pi}\int_{\pi}^{2\pi} 13\sin\omega t \times 15\,\mathrm{d}\omega t$$

$$= \frac{15}{2\pi}(-13\cos\omega t)\,\Big|_0^{\pi} - \frac{15}{2\pi}(-13\cos\omega t)\,\Big|_{\pi}^{2\pi} = 124(\mathrm{mW})$$

从而效率提高了，

$$\eta = \frac{84.5\,\text{mW}}{124\,\text{mW}} = 68\% \leqslant \frac{\pi}{4} = 78.5\% = \eta_{\max} \tag{4.7.5}$$

AB 类缓冲器的最高效率 78.5% 也是在假设饱和电压为 0,输出正弦波幅度可达电源电压前提下计算获得的。

741 运放的输出级为 AB 类缓冲器,两个晶体管交替导通,晶体管各自导通时,都是 CC 组态的射随器,因而其输出电阻为射随器输出电阻。我们讨论输入电阻和输出电阻并给出具体阻值时,往往都是针对小信号线性电路,对于图 4.7.2 所示的射随器,如果是正弦交流小信号,其输出电阻取如图 4.5.14 所示的 $1/g_m$ 是适当的,但是对于 741 这种输出大信号的情况,晶体管在正弦波全周期内不全在有源区,即使在有源区但信号电流的大幅度波动使得输出电阻随输出负载电流波动而波动。故而本质上很难给出一个具体的输出阻抗数值,但是为了简单描述起见,我们勉强给出一个线性电阻的估算,取负载电流为 2mA 时的微分电阻作为估算标准,输出电阻估值大约为 50Ω。输出电阻其实不很重要,它只是给出运放输出电阻的一个大概量级,下一章考察运放应用时,这个电阻往往被抽象为 0。

### 4.7.3 二端口电路模型

至此,我们获得了 741 运放内部电路的分析结果:差分输入级为跨导放大器,其输入电阻为 2.2MΩ,其电压增益为 −455;中间放大级也是跨导放大器,其电压增益为 −544;输出缓冲级的电压增益为 1,输出电阻大约为 50Ω。显然运放具有如图 4.7.5 所示的基本放大结构,但从外端口看,它被建模为 2.2MΩ 输入电阻、50Ω 输出电阻和 25 万倍电压增益的电压放大器。

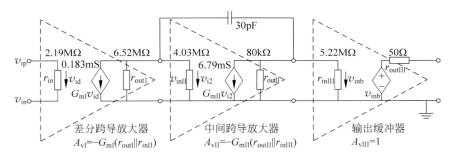

(a) 741运放三级放大模块级联模型

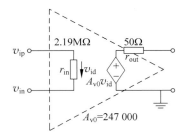

(b) 741运放外端口电压放大器模型(电阻电路模型,未考虑MILLER电容影响)

图 4.7.5 运放电路模型

741 运放商用芯片的 datasheet 中给出的指标如下:输入电阻典型值为 2MΩ,输出电阻典型值为 75Ω,电压放大倍数的典型值为 20 万倍。

运放内部还有一个电容,$C_C = 30\mathrm{pF}$,它被称为 MILLER 补偿电容,它屏蔽了晶体管寄生电容的影响,从而使得运放在负反馈应用条件下是稳定的。为何寄生电容会导致运放负反馈出现不稳定?为何 MILLER 补偿电容可以稳定负反馈运放?这个电容是如何稳定运放的?这些问题我们将放到第 10.5.3 节考察分析。

## 4.8　习题

**习题 4.1**　非线性方程求解的简单迭代法。牛顿-拉夫逊迭代法收敛速度较快,但它需要做微分运算,有些简单非线性方程可直接做简单迭代即可。如图 E4.8.1 所示,假设二极管伏

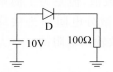

图 E4.8.1　二极管电路

安特性为理想 PN 结的指数律关系,$i_D = f_D(v_D) = I_{S0}(\mathrm{e}^{\frac{v_D}{v_T}} - 1)$,其中反向饱和电流为 10fA。假设电源电压为 10V,负载电阻为 $100\Omega$,可以列写如下以回路电流 $i_D$ 为未知量的电路方程,

$$i_D = I_{S0}(\mathrm{e}^{\frac{v_D}{v_T}} - 1) = I_{S0}(\mathrm{e}^{\frac{V_{S0} - i_D R_L}{v_T}} - 1) \tag{E4.8.1}$$

显然这是一个以 $i_D$ 为待求量的非线性方程。注意到对数函数具有压缩特性,大的变量变化经对数运算后其变化被压缩,由此将电路方程的指数形式先转化为对数形式,即可获得如下的简单迭代格式:

$$i^{(k+1)} = \frac{V_{S0} - v_T \ln\left(1 + \frac{i^{(k)}}{I_{S0}}\right)}{R_L} \tag{E4.8.2}$$

请同学用上述迭代格式求出回路电流和负载电压,初始回路电流可如是选取:

$$i^{(0)} = \frac{V_{S0} - 0.7}{R_L} = \frac{10 - 0.7}{100} = 93(\mathrm{mA})$$

$$i^{(1)} = \frac{V_{S0} - v_T \ln\left(1 + \frac{i^{(0)}}{I_{S0}}\right)}{R_L} = \frac{10 - 0.026 \times \ln\left(1 + \frac{93\mathrm{mA}}{10\mathrm{fA}}\right)}{100}$$

$$= \frac{10 - 0.776}{100} = 92.2(\mathrm{mA})$$

请按如上格式迭代直至认可迭代结束,求二极管分压和负载电阻上分压,求此时二极管的直流电阻和微分电阻分别为多少?

**习题 4.2**　二极管开关。如图 E4.8.2 所示为二极管开关控制的信号传输电路,这里假设耦合电容 $C$ 对直流信号是开路的,对交流小信号 $v_S(t)$ 是短路的,分别给出控制电压 $V_C = 0\mathrm{V}$ 和 5V 时的负载电压情况,二极管可采用正偏 0.7V 恒压源模型。

**习题 4.3**　二极管电路的分段折线分析。某二极管 D 的反向击穿电压为 5V,正向导通电压为 0.7V,该二极管则可分段折线分析,见图 E4.8.3(a)所示的三段折线伏安特性曲线。图 E4.8.3(b)所示二极管削波器中采用该二极管,网络内部独立源 $V_s = 2\mathrm{V}$,输出端带负载 $R_L = 1\mathrm{k}\Omega$,输入端为理想恒压源 $v_{IN}$。请在图 E4.8.3(c)位置画出该带载二端口网络的输入电压和输出电压转移特性曲线,如果转移特性曲线上有明显的转折点,请标记清楚这些转折点的纵横坐标。假设输入端电压

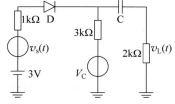

图 E4.8.2　二极管开关电路

信号为 $v_{\text{IN}}(t) = V_{\text{IN0}} + V_{\text{m}}\cos\omega t$，则当 $V_{\text{IN0}} = ($　$)$V 时该二端口网络具有最大的线性范围，此时输入正弦电压信号的幅值可取得最大值 $V_{\text{m}} = V_{\text{m,max}} = ($　$)$V。

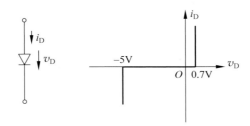

(a) 二极管伏安特性分段折线化

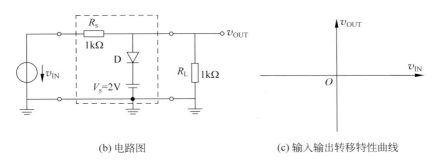

(b) 电路图　　　　　　　　　(c) 输入输出转移特性曲线

图 E4.8.3　二极管削波电路

**习题 4.4**　二极管稳压电路。对于如图 E4.2.19 所示二极管稳压电路，假设其输入电压 $V_{\text{s}}$ 在 $16\sim20$V 之间变动，齐纳二极管齐纳电压为 $V_{\text{Z}} = 5.1$V，负载电阻 $R_{\text{L}}$ 要求的负载电流在 $6\sim20$mA 之间变动。

(1) 限流电阻 $R_{\text{s}}$ 的取值范围是多少？

(2) 取限流电阻范围内的中间值，取输入电压范围内的中间值，取负载电流范围内的中间值，此时所有器件上释放或消耗的功率大小各为多少？

**习题 4.5**　用分段折线法分析两个反相电路。如图 E4.8.4 所示的两个单晶体管电路均可用来实现反相电压放大功能。

(1) 晶体管采用分段折线模型，请分别分析并给出两个电路的输入输出电压转移特性关系方程。

(2) 画转移特性曲线，为了方便作图，取 $V_{\text{CC}} = +12$V，$R_{\text{C}} = 10$k$\Omega$，其中 $R_{\text{B}}$ 或 $R_{\text{E}}$ 的取值使

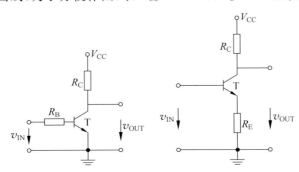

图 E4.8.4　两个反相电路

得这两个电路做反相电压放大器使用时,电压增益为$-10$,请说明$R_B$和$R_E$的具体取值,其中晶体管的$\beta=500$,不考虑厄利效应。画特性曲线时,图上标清楚关键点的坐标数值。

（3）当输入信号中同时有直流分量和交流分量时,$v_{IN}=V_{IN0}+v_{in}(t)$,分别说明两个电路的输入直流分量取多大时,反相电压放大器具有最大的线性范围。其中具体电路参量设定同（2）问。

（4）图示两个电路做反相电压放大器使用时,哪个具有稳定的电压增益?

**习题 4.6**　含源负载线。在考察 NMOS 反相器时,有两种偏置电阻,一种是线性电阻,一种是非线性电阻。如图 E4.8.5(a) 所示,对于线性电阻,其自身伏安特性为 $i=v/R$,加 $V_{DD}$ 电压源后,形成戴维南源,其伏安特性为 $i=(V_{DD}-v_{out})/R$,恰好为 NMOS 反相器的负载线方程,其中图 E4.8.5(a) 所示的 $v_{out}$ 端口对接 NMOS 的 DS 端口。对于图 E4.8.5(b) 所示的 PMOS 非线性电阻,请给出其自身伏安特性 $i_D=f_{PMOS}(v_{SD},V_{SG0})$ 的表达式,再给出负载线方程 $i_D=f_{PMOS}(V_{DD}-v_{out},V_{SG0})$ 的表达式,其中 $v_{out}$ 端口对接 NMOS 的 DS 端口。图 E4.8.5(b) 中已画出了 PMOS 的 SD 端口伏安特性曲线 $i_D=f_{PMOS}(v_{SD},V_{SG0})$,请画出 $v_{out}$ 端口的负载线曲线 $i_D=f_{PMOS}(V_{DD}-v_{out},V_{SG0})$,在同一个 $vi$ 坐标系中同时画出 NMOS 的伏安特性曲线,由此说明 NMOS 反相器输出电压随输入电压上升而下降的反相特性。

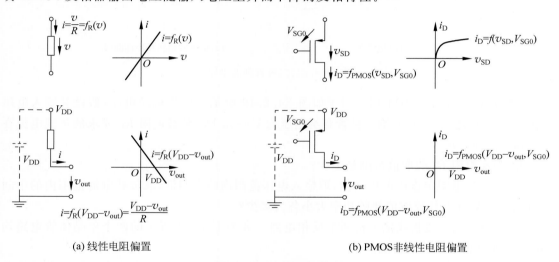

(a) 线性电阻偏置　　　　　　　　　　(b) PMOS非线性电阻偏置

图 E4.8.5　含源负载线

**习题 4.7**　NMOS 反相器用作反相放大器。如图 E4.3.6(b) 所示的 NMOS 反相器电路以 PMOS 非线性电阻为其负载,已知 $V_{THn}=0.8V$,$V_{THp}=0.7V$,$V_{DD}=5V$,$V_{G0}=4.1V$。经过对晶体管 $M_1$ 和 $M_2$ 尺寸的调整,使得 PMOS 和 NMOS 具有如下相同的工艺参量,$\beta_n=\beta_p=2mA/V^2$,$V_{En}=V_{Ep}=50V$。已知 NMOS 晶体管工作于有源区的漏极电流方程为 $i_{Dn}=\beta_n(v_{GSn}-V_{THn})^2\left(1+\dfrac{v_{DSn}}{V_{En}}\right)$。现希望用该反相器电路实现反相电压放大,已知 $v_{IN}=V_{IN0}+v_{in}(t)$,$v_{OUT}=V_{OUT0}+v_{out}(t)$。

（1）分析输入直流电压 $V_{IN0}$ 设置为多大时,输出直流电压位于半电源电压位置,即 $V_{OUT0}=0.5V_{DD}$。

（2）在上述直流工作点位置,交流小信号本征电压增益为多大?

（3）当交流小信号 $v_{in}(t)=V_m\cos\omega t$ 的幅度 $V_m=V_{m0}$ 时,两个晶体管中的一个或两个将会从恒流导通区进入欧姆导通区,求 $V_{m0}$。

**习题 4.8** MOSFET 偏置于恒流区。请牢记 NMOSFET 的工作区条件,如下表所示。

| 截止区 | 导通区 | |
|---|---|---|
| | $v_{GS} > V_{TH}$ | |
| $v_{GS} < V_{TH}$ | 欧姆导通 | 恒流导通 |
| | $v_{GD} > V_{TH}$ | $v_{GD} < V_{TH}$ |

| 截止区 | 导通区 | |
|---|---|---|
| | $V_{od} > 0$ | |
| $V_{od} < 0$ | 欧姆导通 | 恒流导通 |
| | $v_{DS} < V_{DS,sat}$ | $v_{DS} > V_{DS,sat}$ |

晶体管的宽长比 $W/L$ 是可设计参量,在设计阶段设计合适的 $W/L$ 以期获得期望的电路性能,电路一旦制作完成,$W/L$ 则被固定,此时可通过改变直流偏置工作点改变晶体管的受控非线性电阻特性。已知某 NMOSFET 的 $\mu_n C_{ox} = 100\mu A/V^2$,$V_{TH} = 0.7V$,现希望该 NMOSFET 工作在恒流导通区,设计时希望其在恒流导通 $I_D = 2mA$ 工作时的过驱动电压为 $0.2V$,那么设计电路时应取该晶体管的 $W/L = ($    $)$。该晶体管在某应用电路中其源极电压被设置为 $1.0V$,其栅极电压为 $($    $)V$ 且其漏极电压大于 $($    $)V$ 时,可确保其恒流导通且 $I_D = 1mA$。上述分析中均不考虑厄利效应。

**习题 4.9** 欧姆区跨导器模型。晶体管位于不同的工作区域有不同的应用,一般情况下截止区被建模为开关断开,欧姆区被建模为开关闭合,恒流区被建模为压控流源做放大器使用。在极个别的情况下,欧姆导通区晶体管也可做放大器使用,请建立欧姆导通区 CS 组态 NMOSFET 的交流小信号跨导器电路模型,比对恒流区跨导器模型,从本征电压增益、线性范围等方面比对两者各自的优势。

**习题 4.10** 晶体管放大器直流工作点与线性范围。晶体管放大器简化分析中,只要确保晶体管始终位于有源区,即可假定晶体管位于线性放大区,无须给出转移特性方程后再计算 1dB 线性范围。对于如图 E4.8.6(a)所示的分压偏置 CE-BJT 放大器,图 E4.8.6(c)给出其直流负载线(实线)和两种直流工作点下的交流负载线(虚线)。工作点 $Q$ 的调整是通过调整图 E4.8.6(a)所示电位器 $R_W$ 实现的。图 E4.8.6(c)中的直流负载线和交流负载线不同,其原因在于晶体管直流工作情况和交流工作情况因耦合电容的存在而不同。对于直流情况,负反馈电阻对 CE 端口电压有影响,在 $I_C \approx I_E$ 假定下,直流负载线方程为 $V_{CE} = V_{CC} - I_C(R_C + R_E)$;而对于交流工作情况,是在直流工作点基础上的变化,即以直流工作点为交流小信号分析坐标系原点,考察端口电压 $v_{ce}$ 和端口电流 $i_c$ 关系,如图 E4.8.6(b)所示,其交流负载线方程为 $v_{ce} = -i_c(R_C \parallel R_L)$。图 E4.8.6(c)给出的两个直流工作点都非最佳,工作点 $Q_1$ 使得输出电压 $v_{ce}(t)$ 出现上切顶现象,即正弦波信号幅度太大导致晶体管进入截止区而出现的信号波形失真,而工作点 $Q_2$ 则使得输出电压 $v_{ce}(t)$ 出现下切顶现象,即正弦波信号幅度太大导致晶体管进入饱和区而出现的信号波形失真。通过调整 $R_W$,可获得最大线性范围直流工作点,即正弦波上切顶和下切顶同时出现,在出现之前正弦波整个周期都位于晶体管的有源区。请在图 E4.8.6(d)上找出并画出最大线性范围直流工作点。

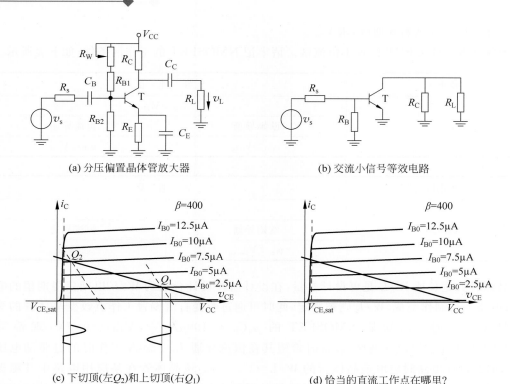

(a) 分压偏置晶体管放大器   (b) 交流小信号等效电路

(c) 下切顶(左$Q_2$)和上切顶(右$Q_1$)   (d) 恰当的直流工作点在哪里?

图 E4.8.6   设置恰当的直流工作点可使线性范围足够大

图 E4.8.7(a)是某 NPN-BJT-CE 组态放大电路,图 E4.8.7(b)是在晶体管伏安特性曲线图上画的直流负载线,其上给出了直流工作点位置:$V_{CE0}=6\text{V},I_{C0}=1\text{mA}$。

(1) 请在图上直接画交流负载线,图上标明交流负载线在两个坐标轴上的截距大小。

(2) 该放大器线性放大输出正弦波的最大峰值电压为(　　)V。

(3) 该放大器的电压放大倍数为(　　)dB,计算可取热电压 $v_T=25\text{mV}$。

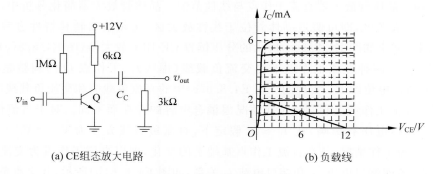

(a) CE组态放大电路   (b) 负载线

图 E4.8.7   CE 组态反相放大器

**习题 4.11**　CG 组态 MOS 放大器。本书对分立器件晶体管放大器举例时,均以 BJT 为例,原因在于分立 BJT 器件很容易获得,其简化电路模型比 MOS 简化模型也更具一般性。图 E4.8.8 为用分立 MOSFET 器件搭建的 CG 组态放大器。已知工作于恒流区的 NMOSFET 的漏源电流方程为 $i_D=\beta(v_{GS}-V_{TH})^2\left(1+\dfrac{v_{DS}}{V_E}\right)$,其中,工艺参量已知如下,$\beta=5\text{mA/V}^2$,$V_{TH}=$

0.8V, $V_E = 40$V, 请确认图示电路的直流工作点确实在 MOS 的有源区, 由此计算电压放大倍数, 研究各个器件提供或消耗的功率大小。提示: CG 组态 MOSFET 放大器和 CB 组态 BJT 放大器对应, 可采用通用跨导器模型或电流缓冲器模型(如果满足单向化条件)。

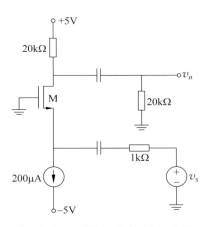

图 E4.8.8 CG 组态 MOS 放大器

**习题 4.12** 数字非门做放大器。CMOS 数字门电路成本极低, 而模拟放大器在成熟的 CMOS 数字工艺下设计有一定难度, 例如其直流工作点比较难以稳定。如图 E4.8.9 所示, 我们可以通过负反馈方式将 CMOS 非门工作点稳定在 CMOS 两个晶体管均位于有源区的中间区段, 从而实现反相放大。(1)请依照图 E4.8.9(c)提示, 说明该反相放大电路的直流工作点是如何通过负反馈确定的。(2)请给出该放大器的交流小信号电路模型。提示: 假设该放大器输入和输出端口均被隔直电容和外界隔离, 负反馈电阻可确保输入直流电压等于输出直流电压。

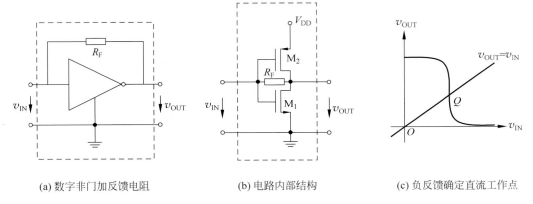

(a) 数字非门加反馈电阻        (b) 电路内部结构        (c) 负反馈确定直流工作点

图 E4.8.9 数字非门通过负反馈实现反相放大

**习题 4.13** 负反馈放大器二端口网络分析流程。负反馈放大器的二端口网络分析有统一规整的流程。

下面以图 E4.8.10(b)所示串串负反馈为例进行描述:

(1) 原理: 串串负反馈连接方式, 反馈网络输入端口和放大网络的输出端口串联, 用以检测放大网络的输出电流 $i_o$, 最终形成反馈网络的输出即反馈电压 $v_f$, 和放大网络的输入端口串联, 于是输入电压 $v_{in}$ 扣除反馈电压 $v_f$, 形成误差电压 $v_e$, 直接作用到放大网络输入端口, 用以稳定放大网络的输出电流 $i_o$。注意到串串负反馈通过负反馈电压稳定输出电流, 故而串串负反馈连接将形成接近理想的压控流源。

(2) 分析: 串串连接 $z$ 相加, $z_{12}$ 元素为理想反馈网络的反馈系数 $R_F$, 扣除反馈系数作用后的单向放大网络称为开环放大器, 开环放大器输入电阻 $r_{in} = z_{11}$, 输出电阻 $r_{out} = z_{22}$, 开环跨导增益 $G_{m0} = -z_{21}/(z_{11}z_{22})$。闭环放大器接近理想压控流源, 其最适参量矩阵为 $\boldsymbol{y}$, 故而对 $z$ 求逆, $\boldsymbol{y} = \boldsymbol{z}^{-1}$。

$$\mathbf{z}_{\mathrm{AF}} = \mathbf{z}_{\mathrm{A}} + \mathbf{z}_{\mathrm{F}} = \begin{bmatrix} z_{11} & z_{12} \\ z_{21} & z_{22} \end{bmatrix} = \begin{bmatrix} r_{\mathrm{in}} & R_{\mathrm{F}} \\ -G_{m0}\,r_{\mathrm{in}}\,r_{\mathrm{out}} & r_{\mathrm{out}} \end{bmatrix}$$

$$= \begin{bmatrix} r_{\mathrm{in}} & 0 \\ -G_{m0}\,r_{\mathrm{in}}\,r_{\mathrm{out}} & r_{\mathrm{out}} \end{bmatrix} + \begin{bmatrix} 0 & R_{\mathrm{F}} \\ 0 & 0 \end{bmatrix} = \mathbf{z}_{\mathrm{OpenLoop,A}} + \mathbf{z}_{\mathrm{Ideal,F}} \tag{E4.8.3a}$$

$$\mathbf{y}_{\mathrm{AF}} = \mathbf{z}_{\mathrm{AF}}^{-1} = \frac{1}{1 + G_{m0}R_{\mathrm{F}}} \begin{bmatrix} g_{\mathrm{in}} & -R_{\mathrm{F}}\,g_{\mathrm{in}}\,g_{\mathrm{out}} \\ G_{m0} & g_{\mathrm{out}} \end{bmatrix} \approx \frac{1}{1 + G_{m0}R_{\mathrm{F}}} \begin{bmatrix} g_{\mathrm{in}} & 0 \\ G_{m0} & g_{\mathrm{out}} \end{bmatrix} \tag{E4.8.3b}$$

（3）结果：闭环放大器环路增益 $T = G_{m0}R_{\mathrm{F}}$，输入电阻由于输入端口串联连接而变大 $r_{\mathrm{inf}} = r_{\mathrm{in}}(1+T)$，输出电阻因输出端口串联连接而变大 $r_{\mathrm{outf}} = r_{\mathrm{out}}(1+T)$，闭环跨导增益 $G_{\mathrm{mf}} = G_{m0}/(1+T)$ 变得稳定了，在深度负反馈条件 $T \gg 1$ 下，闭环跨导增益几乎是反馈系数的倒数，$G_{\mathrm{mf}} \approx 1/R_{\mathrm{F}}$。

仿照上述说法，给出图 E4.8.10(a) 并并负反馈连接形成的跨阻放大器，图 E4.8.10(c) 并串负反馈连接形成的电流放大器，图 E4.8.10(d) 串并负反馈连接形成的电压放大器各自的规范分析流程。最终的结论是明确的：负反馈使得放大器接近理想受控源，端口串联则端口电阻变大为开环端口电阻的 $(1+T)$ 倍，端口并联则端口电阻变小为开环端口电阻的 $1/(1+T)$ 倍，闭环增益都是开环增益的 $1/(1+T)$ 倍。

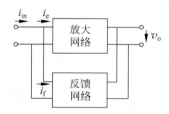

(a) 并并负反馈检测输出电压，形成反馈电流

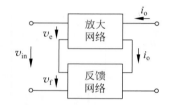

(b) 串串负反馈检测输出电流，形成反馈电压

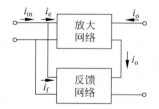

(c) 并串负反馈检测输出电流，形成反馈电流

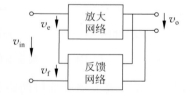

(d) 串并负反馈检测输出电压，形成反馈电压

图 E4.8.10　四种负反馈类型

**习题 4.14**　负反馈放大器的单向化条件。负反馈放大器是双向网络，但是当我们期望负反馈放大器接近理想受控源特性时，首要地它应充分接近单向网络。以并并连接负反馈形成的跨阻放大器为例，我们期望它充分接近理想流控压源，显然它首先应该满足单向化条件。

并并连接 $y$ 相加，将并并连接的负反馈放大器的 $y$ 参量整理为

$$\mathbf{y}_{\mathrm{AF}} = \mathbf{y}_{\mathrm{A}} + \mathbf{y}_{\mathrm{F}} = \begin{bmatrix} y_{11} & y_{12} \\ y_{21} & y_{22} \end{bmatrix} = \begin{bmatrix} g_{\mathrm{in}} & G_{\mathrm{F}} \\ -R_{m0}\,g_{\mathrm{in}}\,g_{\mathrm{out}} & g_{\mathrm{out}} \end{bmatrix}$$

$$= \begin{bmatrix} g_{\mathrm{in}} & 0 \\ -R_{m0}\,g_{\mathrm{in}}\,g_{\mathrm{out}} & g_{\mathrm{out}} \end{bmatrix} + \begin{bmatrix} 0 & G_{\mathrm{F}} \\ 0 & 0 \end{bmatrix} = \mathbf{y}_{\mathrm{OpenLoop,A}} + \mathbf{y}_{\mathrm{Ideal,F}} \tag{E4.8.4}$$

显然，开环跨阻放大器和闭环跨阻放大器的最适 $z$ 参量分别为

$$\boldsymbol{z}_{\mathrm{OpenLoop,A}} = \boldsymbol{y}_{\mathrm{OpenLoop,A}}^{-1} = \begin{bmatrix} g_{\mathrm{in}} & 0 \\ -R_{m0}\,g_{\mathrm{in}}\,g_{\mathrm{out}} & g_{\mathrm{out}} \end{bmatrix}^{-1} = \begin{bmatrix} r_{\mathrm{in}} & 0 \\ R_{m0} & r_{\mathrm{out}} \end{bmatrix} \tag{E4.8.5a}$$

$$\boldsymbol{z}_{\mathrm{AF}} = \boldsymbol{y}_{\mathrm{AF}}^{-1} = \begin{bmatrix} g_{\mathrm{in}} & G_{\mathrm{F}} \\ -R_{m0}\,g_{\mathrm{in}}\,g_{\mathrm{out}} & g_{\mathrm{out}} \end{bmatrix}^{-1} = \frac{1}{1+R_{m0}G_{\mathrm{F}}} \begin{bmatrix} r_{\mathrm{in}} & -G_{\mathrm{F}}\,r_{\mathrm{in}}\,r_{\mathrm{out}} \\ R_{m0} & r_{\mathrm{out}} \end{bmatrix} \tag{E4.8.5b}$$

如果希望并并负反馈跨阻放大器可单向化分析,则要求满足单向化条件

$$\left| \frac{R_{m0}\,G_{\mathrm{F}}\,r_{\mathrm{in}}\,r_{\mathrm{out}}}{(1+R_{m0}G_{\mathrm{F}})^2} \right| \ll \left| R_s + \frac{r_{\mathrm{in}}}{1+R_{m0}G_{\mathrm{F}}} \right| \cdot \left| R_{\mathrm{L}} + \frac{r_{\mathrm{out}}}{1+R_{m0}G_{\mathrm{F}}} \right| \tag{E4.8.6}$$

特别注意到,要想形成接近理想受控源特性的,必然是深度负反馈,显然闭环输入电阻和输出电阻 $r_{\mathrm{inf}} = \dfrac{r_{\mathrm{in}}}{1+R_{m0}G_{\mathrm{F}}}$,$r_{\mathrm{outf}} = \dfrac{r_{\mathrm{out}}}{1+R_{m0}G_{\mathrm{F}}}$ 都极小,于是单向化条件可以分解为如下三个充分条件,满足其一,就可以确保单向化条件式(E4.8.6)成立,

$$R_s R_{\mathrm{L}} \gg \left| \frac{R_{m0}\,G_{\mathrm{F}}\,r_{\mathrm{in}}\,r_{\mathrm{out}}}{(1+R_{m0}G_{\mathrm{F}})^2} \right|$$

$$R_s \frac{r_{\mathrm{out}}}{1+R_{m0}G_{\mathrm{F}}} \gg \left| \frac{R_{m0}\,G_{\mathrm{F}}\,r_{\mathrm{in}}\,r_{\mathrm{out}}}{(1+R_{m0}G_{\mathrm{F}})^2} \right|$$

$$R_{\mathrm{L}} \frac{r_{\mathrm{in}}}{1+R_{m0}G_{\mathrm{F}}} \gg \left| \frac{R_{m0}\,G_{\mathrm{F}}\,r_{\mathrm{in}}\,r_{\mathrm{out}}}{(1+R_{m0}G_{\mathrm{F}})^2} \right|$$

重新整理后,为

$$R_s R_{\mathrm{L}} \gg \frac{r_{\mathrm{in}}\,r_{\mathrm{out}}}{T} \tag{E4.8.7a}$$

$$R_s \gg r_{\mathrm{in}} \tag{E4.8.7b}$$

$$R_{\mathrm{L}} \gg r_{\mathrm{out}} \tag{E4.8.7c}$$

也就是说,当信源内阻和负载电阻足够大时,或者是两者之积大于开环输入电阻和开环输出电阻之积除以环路增益 $T$,或者是信源内阻本身就已经远大于开环输入电阻,或者是负载电阻本身就远大于开环输出电阻,三者满足其一,就可以大胆地做单向化处理,闭环后的跨阻放大器可视为单向网络,

$$\boldsymbol{z}_{\mathrm{AF}} = \frac{1}{1+R_{m0}G_{\mathrm{F}}} \begin{bmatrix} r_{\mathrm{in}} & -G_{\mathrm{F}}\,r_{\mathrm{in}}\,r_{\mathrm{out}} \\ R_{m0} & r_{\mathrm{out}} \end{bmatrix}$$

$$\approx \frac{1}{1+R_{m0}G_{\mathrm{F}}} \begin{bmatrix} r_{\mathrm{in}} & 0 \\ R_{m0} & r_{\mathrm{out}} \end{bmatrix} = \frac{1}{1+R_{m0}G_{\mathrm{F}}} \boldsymbol{z}_{\mathrm{OpenLoop,A}} \tag{E4.8.8}$$

至于是否足够接近理想流控压源,还要看闭环输入电阻是否远小于信源内阻,同时闭环输出电阻远小于负载电阻,只要同时满足,则负反馈放大器可抽象为理想受控源。

仿照对并并负反馈跨阻放大器的分析,请证明:四种连接的负反馈放大器,其单向化充分条件分别可表述为

(1) 并并连接负反馈形成的跨阻放大器

$$R_s R_{\mathrm{L}} \gg \frac{r_{\mathrm{in}}\,r_{\mathrm{out}}}{T} \quad 或 \quad R_s \gg r_{\mathrm{in}} \quad 或 \quad R_{\mathrm{L}} \gg r_{\mathrm{out}} \tag{E4.8.9a}$$

(2) 串串连接负反馈形成的跨导放大器

$$G_s G_{\mathrm{L}} \gg \frac{g_{\mathrm{in}}\,g_{\mathrm{out}}}{T} \quad 或 \quad G_s \gg g_{\mathrm{in}} \quad 或 \quad G_{\mathrm{L}} \gg g_{\mathrm{out}} \tag{E4.8.9b}$$

（3）串并连接负反馈形成的电压放大器

$$G_s R_L \gg \frac{g_{in} r_{out}}{T} \quad \text{或} \quad G_s \gg g_{in} \quad \text{或} \quad R_L \gg r_{out} \quad\quad (E4.8.9c)$$

（4）并串连接负反馈形成的电流放大器

$$R_s G_L \gg \frac{r_{in} g_{out}}{T} \quad \text{或} \quad R_s \gg r_{in} \quad \text{或} \quad G_L \gg g_{out} \quad\quad (E4.8.9d)$$

**习题 4.15** 深度负反馈放大器的闭环增益由反馈系数决定。深度负反馈放大器接近于理想受控源,其输入电阻和输出电阻与信源内阻和负载电阻相比,其影响可以忽略不计,因而很多时候我们只关注负反馈放大器的闭环增益,而深度负反馈放大器的闭环增益等于反馈系数的倒数,因而我们只需获得反馈网络反馈系数即可。

对于并并负反馈连接形成的流控压源,放大器输出端口和反馈网络并联连接,故而反馈网络检测放大网络的输出电压,形成反馈电流,于是求跨导反馈系数时,只需在反馈网络端口 2 接测试电压 $v_o$,在反馈网络端口 1 测短路电流 $i_f$,即可获得跨导反馈系数 $G_F = i_f/v_o$,其倒数就是闭环跨阻增益 $R_{mf} = 1/G_F$。

对于（　　）负反馈连接形成的压控流源,放大器输出端口和反馈网络（　　）连接,故而反馈网络检测放大网络的输出（　　）,形成反馈（　　）,于是求（　　）反馈系数时,只需在反馈网络端口 2 接测试（　　）,在反馈网络端口 1 测（　　）,即可获得（　　）反馈系数（　　）,其倒数就是闭环（　　）增益（　　）。

对于（　　）负反馈连接形成的流控流源,放大器输出端口和反馈网络（　　）连接,故而反馈网络检测放大网络的输出（　　）,形成反馈（　　）,于是求（　　）反馈系数时,只需在反馈网络端口 2 接测试（　　）,在反馈网络端口 1 测（　　）,即可获得（　　）反馈系数（　　）,其倒数就是闭环（　　）增益（　　）。

对于（　　）负反馈连接形成的压控压源,放大器输出端口和反馈网络（　　）连接,故而反馈网络检测放大网络的输出（　　）,形成反馈（　　）,于是求（　　）反馈系数时,只需在反馈网络端口 2 接测试（　　）,在反馈网络端口 1 测（　　）,即可获得（　　）反馈系数（　　）,其倒数就是闭环（　　）增益（　　）。

可见正确判断负反馈放大器的端口连接关系是最为关键的一个步骤。大部分情况下,负反馈放大器都是单端放大器,如图 E4.8.11 所示:对于放大器输入端,只需判定反馈输出点(实线圆圈)和放大器输入点(虚线圆圈)是否一个点,如果是一个点,则判定为输入并联,如图 E4.8.11(a/c),如果不是一个点,则判定为输入串联,如图 E4.8.11(b/d);放大器输出端同样的判断方法,只需判定反馈接入点(实线菱形)和放大器输出点(虚线菱形)是否一个点,如果是一个点,则判定为输出并联,如图 E4.8.11(a/d),如果不是一个点,则判定为输出串联,如图 E4.8.11(b/c)。

图 E4.8.12 所示两个电路均为深度负反馈放大电路。

（1）请确认它们是负反馈连接。

（2）图 E4.8.12(a)是（　　）＜串串/并并/串并/并串＞连接方式,假设深度负反馈条件满足,则闭环本征（　　）＜电压/电流/跨导/跨阻＞增益近似完全由稳定性高的电阻决定,等于（　　）。

（3）图 E4.8.12(b)是（　　）＜串串/并并/串并/并串＞连接方式,假设深度负反馈条件满足,则闭环本征（　　）＜电压/电流/跨导/跨阻＞增益近似完全由稳定性高的电阻决定,等于（　　）。

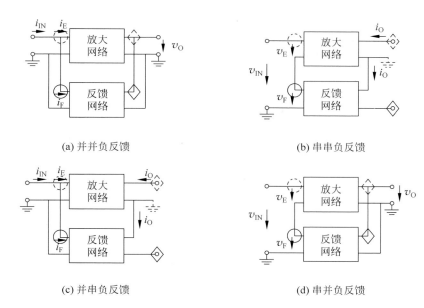

(a) 并并负反馈　　　　　　　　　　　　　　(b) 串串负反馈

(c) 并串负反馈　　　　　　　　　　　　　　(d) 串并负反馈

图 E4.8.11　四种负反馈端口连接关系判定

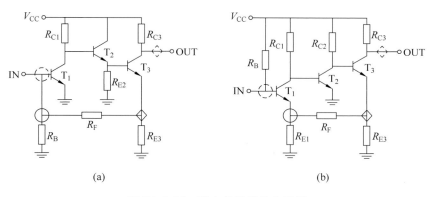

(a)　　　　　　　　　　　　　　(b)

图 E4.8.12　两个负反馈放大器例

**习题 4.16** 深度负反馈视角下的 CB 组态晶体管和 CC 组态晶体管。CB 组态晶体管是双向网络,观察其 $g$ 参量,为

$$\boldsymbol{g}_{\mathrm{CB}} = \begin{bmatrix} g_{\mathrm{be}} & -1 \\ g_{\mathrm{m}}r_{\mathrm{ce}}+1 & r_{\mathrm{ce}} \end{bmatrix} \tag{E4.8.10}$$

特别注意到,11 元素和 22 元素大于 0,即放大器输入和输出阻抗(或导纳)大于 0,表明这是一个受控源型的放大器(而不是负阻型的放大器),同时 12 元素和 21 元素一正一负,恰好可抽象为负反馈连接方式(如果两个都是正值或都是负值,则可抽象为正反馈连接)。既然其 $g$ 参量矩阵具有负反馈放大器特有的参量矩阵特点,那么 CB 组态应该可以用负反馈放大器来理解:显然,$g_{12}$ 代表的电流负反馈系数为 $F_{\mathrm{i}} = g_{12} = -1$,如果是深度负反馈,那么闭环后电流放大倍数为电流反馈系数的倒数,$A_{\mathrm{if}} \approx 1/F_{\mathrm{i}} = -1$,这不正解释了 CB 组态晶体管是深度负反馈形成的电流缓冲器了吗?那么这个 $-1$ 大小的电流反馈系数来自何处?

图 E4.8.13(a)是 CB 组态晶体管符号,图(b)是通用跨导器模型。注意到虚框所围可视为超级结点,故而从右侧端点 c 流入的电流 $i_{\mathrm{c}}$,在左侧端点 e 全部流出,因而在本来是一个结

点的 $e_b$ 和 $e_c$ 两个点之间的短路线上添加一个流控流源 $1 \cdot i_c$，如图（c）所示，对等效电路的两个端口而言，是没有任何影响的，这个电路仍然是 CB 组态晶体管的等效电路，添加的流控流源 $1 \cdot i_c$ 是一个冗余元件，有它没它均不会影响 CB 组态二端口网络的两个端口特性。

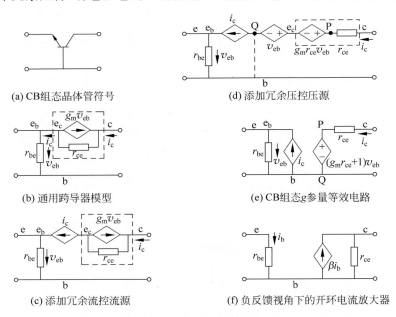

(a) CB组态晶体管符号

(d) 添加冗余压控压源

(b) 通用跨导器模型

(e) CB组态g参量等效电路

(c) 添加冗余流控流源

(f) 负反馈视角下的开环电流放大器

图 E4.8.13　负反馈放大视角下的 CB 组态晶体管等效电路

注意到图（c）的流控流源 $1 \cdot i_c$ 是 $e_b - e_c$ 短路线的替代，故而其两端电压为 0，即 $e_c$ 点电压为 $v_{eb}$，于是可将图（c）的流控流源用图（d）的 $1 \cdot i_c$ 的流控流源和 $1 \cdot v_{eb}$ 的压控压源的串联替代，如是其内部结点 Q 电压为 0；再把图（c）虚框内的诺顿源形态转化为图（d）所示的戴维南源形态，于是受控源变化为压控压源 $g_m r_{ce} v_{eb}$，将两个压控压源合并，再将两个等电位点 Q 和 b 连接（图（d）中用虚线连接），即可获得图（e）所示的等效电路。图（b、c、d、e）的一系列操作，均是完全等价的，它们的 $g$ 参量矩阵全部都是 $\boldsymbol{g}_{CB} = \begin{bmatrix} g_{be} & -1 \\ g_m r_{ce}+1 & r_{ce} \end{bmatrix}$。显然，图（e）端口 1 的流控流源 $1 \cdot i_c$ 恰好就是反馈系数 $-1$ 的来由，它来自于晶体管导电通道两端电流的一致性上。把这个理想反馈网络（流控流源）扣除，剩下的就是开环放大器，

$$
\boldsymbol{g}_{CB} = \begin{bmatrix} g_{be} & -1 \\ g_m r_{ce}+1 & r_{ce} \end{bmatrix} = \begin{bmatrix} g_{be} & 0 \\ g_m r_{ce}+1 & r_{ce} \end{bmatrix} + \begin{bmatrix} 0 & -1 \\ 0 & 0 \end{bmatrix}
$$

$$
= \begin{bmatrix} g_{be} & 0 \\ -A_{i0} g_{be} r_{ce} & r_{ce} \end{bmatrix} + \begin{bmatrix} 0 & F_i \\ 0 & 0 \end{bmatrix} = \boldsymbol{g}_{\text{OpenLoop,A}} + \boldsymbol{g}_{\text{Ideal,F}} \tag{E4.8.11a}
$$

$$
\boldsymbol{h}_{\text{OpenLoop,A}} = \boldsymbol{g}_{\text{OpenLoop,A}}^{-1} = \begin{bmatrix} g_{be} & 0 \\ -A_{i0} g_{be} r_{ce} & r_{ce} \end{bmatrix}^{-1}
$$

$$
= \begin{bmatrix} r_{be} & 0 \\ A_{i0} & g_{ce} \end{bmatrix} = \begin{bmatrix} r_{be} & 0 \\ -(g_m+g_{ce})r_{be} & g_{ce} \end{bmatrix} \approx \begin{bmatrix} r_{be} & 0 \\ -g_m r_{be} & g_{ce} \end{bmatrix} = \begin{bmatrix} r_{be} & 0 \\ -\beta & g_{ce} \end{bmatrix}
$$

$$
\tag{E4.8.11b}
$$

由于开环放大器和理想反馈网络是并串连接关系，最终形成的是电流放大器，故而将开环放大器用电流放大器表述，如图（f）所示，可知开环电流放大器的输入电阻为 $r_{be}$，输出电阻为 $r_{ce}$，开

环电流增益近似为 $\beta=g_m r_{be}$,由于 $g_m r_{ce}\gg 1$ 总是成立,故而取 $g_m+g_{ce}\approx g_m$。

由于环路增益 $T=A_{i0}F_i=(-\beta)\times(-1)=\beta\gg 1$,故而满足深度负反馈条件,于是闭环后电流增益、输入阻抗和输出阻抗分别为

$$A_{if}=\frac{A_{i0}}{1+A_{i0}F_i}\approx\frac{1}{F_i}=-1 \tag{E4.8.12a}$$

$$r_{inf}=\frac{r_{in}}{1+A_{i0}F_i}=\frac{r_{be}}{1+\beta}\approx\frac{r_{be}}{g_m r_{be}}=\frac{1}{g_m} \tag{E4.8.12b}$$

$$r_{outf}=(1+A_{i0}F_i)r_{out}=(1+\beta)r_{ce}\approx\beta r_{ce}=g_m r_{be}r_{ce} \tag{E4.8.12c}$$

由式(E4.8.9d)给出的由并串负反馈形成电流放大器的单向化充分条件为

$$R_s G_L\gg\frac{r_{in}g_{out}}{T}\quad\text{或}\quad R_s\gg r_{in}\quad\text{或}\quad G_L\gg g_{out}$$

代入 CB 组态设定,为

$$\frac{R_s}{R_L}\gg\frac{1}{g_m r_{ce}} \tag{E4.8.13a}$$

$$R_s\gg r_{be} \tag{E4.8.13b}$$

$$R_L\ll r_{ce} \tag{E4.8.13c}$$

上述三个条件满足其一即可单向化处理,本书中只保留了最容易记忆也最容易满足的条件式(E4.8.13c),即满足 $R_L\ll r_{ce}$ 时,即可采用电流缓冲器模型。

仿照对 CB 组态晶体管负反馈视角下的讨论,说明 CC 组态晶体管也可以用负反馈视角理解,如图 E4.8.14 所示,它可视为电压反馈系数为 1 的负反馈放大器。那么电压反馈系数为 1 的反向压控压源如何添加到原始电路图 E4.8.14(b)中?电路上如何操作,使得它变化为两个端口的戴维南或诺顿等效形态?闭环后电压增益、输入阻抗和输出阻抗分别为多少?单向化充分条件是什么?请同学仿照图 E4.8.13 的分析过程补全图 E4.8.14,并回答上述问题。注意 $g_m r_{be}\gg 1$ 和 $g_m r_{ce}\gg 1$ 始终成立。

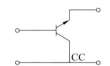

(a) CC组态晶体管符号

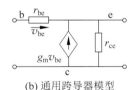

(b) 通用跨导器模型

图 E4.8.14 负反馈放大视角下的 CC 组态晶体管等效电路(请补全)

**习题 4.17** CB 组态和 CC 组态晶体管输入电阻和输出电阻。CB 组态晶体管和 CC 组态晶体管都是双向网络,它们的输入电阻和输出电阻均和负载有关。其中,CB 组态晶体管二端口网络的输入电阻和输出电阻分别为

$$r_{in}=r_{be}\Big\|\frac{R_L+r_{ce}}{1+g_m r_{ce}} \tag{E4.8.14a}$$

$$r_{out}=(r_{be}\|R_s)\langle g_m\rangle r_{ce}=r_{be}\|R_s+r_{ce}+g_m(r_{be}\|R_s)r_{ce} \tag{E4.8.14b}$$

而 CC 组态晶体管二端口网络的输入电阻和输出电阻与 CB 组态的高度关联,

$$r_{in}=r_{be}\langle g_m\rangle(r_{ce}\|R_L)=r_{be}+r_{ce}\|R_L+g_m r_{be}(r_{ce}\|R_L) \tag{E4.8.15a}$$

$$r_{out}=r_{ce}\Big\|\frac{r_{be}+R_s}{1+g_m r_{be}} \tag{E4.8.15b}$$

我们注意到,CB 组态输出电阻和 CC 组态输入电阻都是晶体管 bc 端口阻抗,因而都符合晶体管 bc 端口阻抗的通用表达式(4.5.22),

$$r_{bc}=r_1\langle g_m\rangle r_2=r_1+r_2+g_m r_1 r_2 \tag{E4.8.16}$$

其中,$r_1$ 是晶体管 be 端口电阻,考察 CB 组态输出电阻时其为 $r_{be} \parallel R_S$,考察 CC 组态输入电阻时其为 $r_{be}$,$r_2$ 则是晶体管 ce 端口电阻,考察 CB 组态输出电阻是其为 $r_{ce}$,考察 CC 组态输入电阻时其为 $r_{ce} \parallel R_L$。

我们又注意到,CB 组态输入电阻是发射极端点与公共地端点形成端口的看入电阻,CC 组态输出电阻也是发射极端点与公共地端点形成端口的看入电阻,因而统称为发射极看入电阻(就是发射极和公共地端口电阻),它们具有类似的表达式。以 CB 组态为例,其表达式(4.8.14a)可以分区简化为

$$r_{\text{in,CB}} = r_{be} \left\| \frac{R_L + r_{ce}}{1 + g_m r_{ce}} \approx \begin{cases} \dfrac{1}{g_m}, & R_L < r_{ce} \\[2mm] \dfrac{R_L}{g_m r_{ce}}, & g_m r_{be} r_{ce} > R_L > r_{ce} \\[2mm] r_{be}, & R_L > g_m r_{be} r_{ce} \end{cases} \right. \tag{E4.8.17}$$

换句话说,CB 组态输入电阻和负载电阻 $R_L$ 密切相关,其变化趋势分段折线表述如图 E4.8.15(a)所示(对数坐标)。同理 CC 组态输出电阻和信源内阻 $R_s$ 的关系如图 E4.8.15(b)所示。注意到晶体管 $r_{ce}$ 大多数情况下在 $100\text{k}\Omega$ 量级,而 $r_{be}$ 在 $10\text{k}\Omega$ 量级,在分立器件搭建的放大器电路中,$R_L \ll r_{ce}$,$R_s \ll r_{be}$ 大多数情况下都是满足的,故而我们经常听到如下论述:发射极看入电阻为 $1/g_m$。但是提请注意,这个论断仅是特定负载条件下的结论,在其他负载条件下则是错误的。

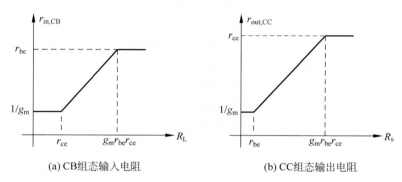

(a) CB 组态输入电阻　　　　　　　(b) CC 组态输出电阻

图 E4.8.15　发射极看入电阻变化趋势

下面直接利用 CB 组态和 CC 组态输入电阻、输出电阻的结论,分析 cascode 结构。如图 E4.8.16,这是 BJT 晶体管形成的 cascode 结构。原理上已经清楚它是一个跨导器,其最适参量为 $y$ 参量,下面分析其 $y$ 参量各元素大小:

$y_{11}$:输出端口短路时的输入端口导纳。注意 CE 组态的 $T_1$ 是单向网络,其输入端口阻抗不会随输出改变,故而 $y_{11} = g_{be1}$。

$y_{12}$:输出电压对输入短路电流的反向跨导控制系数。注意到 $T_1$ 是单向网络,输出端口的变化无法影响到输入端口,故而 $y_{12} = 0$。

$y_{21}$:输入电压对输出短路电流的跨导控制系数。注意到输出短路时,跨导器 $g_{m2} v_{eb2}$ 电流和两端电压 $v_{eb2}$ 成正比关系,故而等效为 $1/g_{m2}$ 的电阻(发射极看入电阻等于 $1/g_m$ 的来源),于是输出短路电流是跨导器 $g_{m1} v_{be1}$ 电流在 $(1/g_m) \parallel r_{ce}$ 上的分流,显然,$y_{21}$ 等于 $g_{m1}$ 乘以这个分流系数,为

$$y_{21} = g_{m1} \frac{g_{m2} + g_{ce2}}{g_{m2} + g_{ce2} + g_{ce1} + g_{be2}} \approx g_{m1}$$

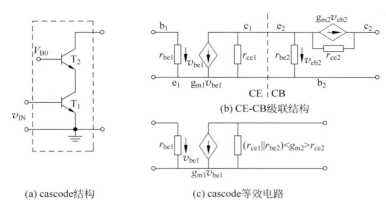

(a) cascode结构　(b) CE-CB级联结构　(c) cascode等效电路

图 E4.8.16　BJT-cascode 分析

$y_{22}$：输入端口短路时，输出端口看入导纳。注意到输入短路时，跨导器 $g_{m1}v_{be1}$ 电流为 0，等价于开路。显然输出端口为 bc 端口，其输出电阻必为

$$r_{out}=(r_{ce1}\parallel r_{be2})\langle g_{m2}\rangle r_{ce2}$$

如是，我们获得了 BJT-cascode 的 y 参量矩阵为

$$\boldsymbol{y}\approx\begin{bmatrix} g_{be1} & 0 \\ g_{m1} & \dfrac{1}{(r_{ce1}\parallel r_{be2})\langle g_{m2}\rangle r_{ce2}}\end{bmatrix}\tag{E4.8.18}$$

其等效电路如图 E4.8.16(c)所示。

而对于如图 E4.8.17 所示的 CC-CB 组合结构，本书已经给出如下说明：其 $y$ 参量等效电路的输入电阻为 $2r_{be1}$，输出电阻为 $2r_{ce2}$。这里仅对输入电阻为 $2r_{be1}$ 做出说明：求 $y$ 参量时，输出端口短路，故而 CB 组态的 $T_2$ 输出端口短路，CB 组态的 $T_2$ 的输入电阻为 $1/g_{m2}$，它恰好是 CC 组态 $T_1$ 的负载电阻，而 CC 组态 $T_1$ 的输入电阻为 bc 端口电阻，故而有

$$\begin{aligned} r_{in}&=r_{be1}\langle g_{m1}\rangle(r_{in2}\parallel r_{ce1})\approx r_{be1}\langle g_{m1}\rangle\left(\frac{1}{g_{m2}}\parallel r_{ce1}\right)\\ &\approx r_{be1}\langle g_{m1}\rangle\frac{1}{g_{m2}}\\ &=r_{be1}+\frac{1}{g_{m2}}+g_{m1}r_{be1}\frac{1}{g_{m2}}\\ &=2r_{be1}+\frac{1}{g_{m2}}\approx 2r_{be1}\end{aligned}\tag{E4.8.19}$$

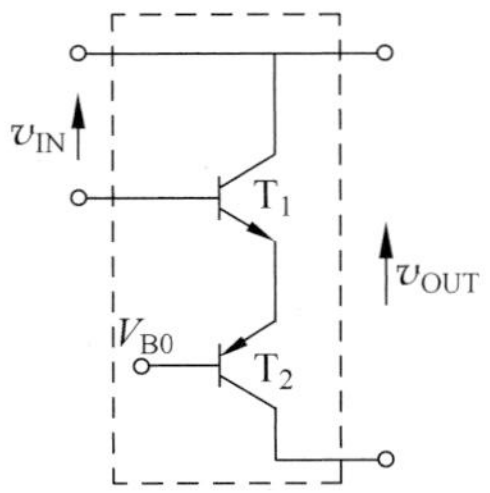

图 E4.8.17　CC-CB 组合结构分析

其中用到了 $g_{m1}=g_{m2}$，这是由于两个晶体管具有相同支路电流的缘故。

请同学利用对 CC、CB 组态输入电阻、输出电阻的理解，说明为何 CC-CB 组合结构 $y$ 参量等效电路的输出电阻为 $2r_{ce2}$？

**习题 4.18**　cascode 差分放大器。图 4.5.17 所示的 cascode 结构可以有效提高晶体管跨导器的输出电阻，从而可以获得高的本征电压增益，它是一个单端输入单端输出的 cascode 反相器。图 E4.3.6(b)的单管反相器可直接变形为图 4.6.11 所示的差分对放大器，图 4.5.17 所示的 cascode 反相器同样可以直接变形为 cascode 差分放大器，如图 E4.8.18 所示，其中图 E4.8.18(a)为差分输出，图 E4.8.18(b)是则通过图 4.5.18(b)所示的 cascode 电流镜将双

端输出转换为了单端输出。请说明图中每个器件（$V_{DD}$，$M_1 \sim M_5$）在该放大器中起到什么作用？并说明双端输出和单端输出的本征电压增益各为多少？

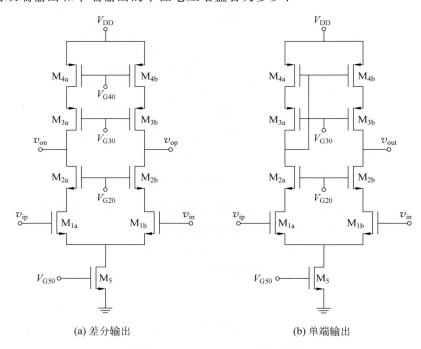

(a) 差分输出        (b) 单端输出

图 E4.8.18  cascode 差分放大器

**习题 4.19**  电流镜做电流放大器。如图 E4.8.19 所示虚框所围电路可以作为电流放大器使用，其基本原理可以这样理解：工作于恒流区的晶体管可以将电压转换为电流，于是可以首先将输入电流 $i_{IN}$ 通过二极管 $M_1$ 转换为电压 $v_{GS1}$，该电压加载到晶体管 $M_2$ 控制端，$v_{GS2} = v_{GS1}$，$M_2$ 将其转换输出电流 $i_{OUT}$，只要第一次流压转换和第二次压流转换的非线性关系是互逆的，就可以实现线性电流放大。假设图示所有晶体管的厄利电压均为 50V，过驱动电压均为 0.2V，左支路直流电流为 $100\mu A$，右支路晶体管宽长比是左支路晶体管宽长比的 10 倍，则右支路直流电流为（　　　）mA。如图所示的虚框二端口网络如果作为交流小信号电流放大器，其输入电阻 $r_{in} =$（　　　）k$\Omega$，输出电阻 $r_{out} =$（　　　）k$\Omega$，本征电流增益 $A_{i0} =$（　　　）。

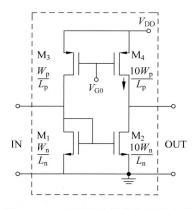

图 E4.8.19  用电流镜做电流放大器

**习题 4.20**  A 类、B 类、AB 类缓冲器。A 类缓冲器的直流工作点偏置在恒流区，假设输入激励为正弦波信号，只要正弦波幅度被限定在一定范围内，那么正弦波的一个完整周期变化，晶体管均位于恒流导通区，此时的晶体管放大器可被视为线性放大器。

对于图 E4.8.20(a) 所示的 A 类缓冲器，所有 3 个 PNP 晶体管具有相同的工艺参量。该电路中的晶体管 $Q_3$ 和电阻 $R$ 形成参考电流通路，参考电流大小为（　　　）mA，晶体管 $Q_2$ 将参考电流镜像到放大支路，为放大管 $Q_1$ 提供直流偏置，请用分段折线法分析输入电压输出电压转移特性曲线，并画在图 E4.8.20(b) 位置。已知输入电压直流分量为 $-0.7V$，交流分量正弦波的峰值最大为（　　　）V 时，输出电压还能基本保持正弦波形。

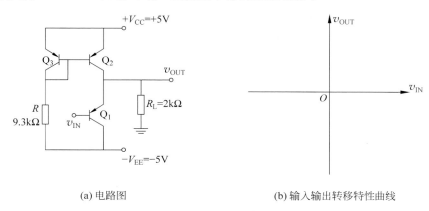

(a) 电路图　　　　　　　　　　　　　　(b) 输入输出转移特性曲线

图 E4.8.20　A 类缓冲器

图 E4.8.21(a)是 B 类缓冲器，和图 E4.8.21(b)所示的 AB 类缓冲器比，它没有偏置电压源 $V_{B0}$，这将导致正弦波激励在 ±0.7V 区间时，两个晶体管是不导通的，从而输出波形在正弦波过零点位置出现严重失真，这个失真被称为交越失真(crossover distortion)。AB 类放大器通过添加一个微小的直流偏置 $V_{B0} \approx 1.1\text{V}$，直流情况下两个晶体管微微导通，输入端加载正弦激励时，具有推挽(push-pull)结构的两个晶体管能够快速反应：在正弦波的正半周，NPN-BJT 晶体管 $Q_1$ 迅速启动导通($V_{BE1} \approx 0.7\text{V}$)为负载提供电流通路，而 PNP-BJT 晶体管 $Q_2$ 则基本截止($V_{EB2} \approx 0.4\text{V}$)，在正弦波的负半周，PNP-BJT 晶体管 $Q_2$ 迅速启动导通($V_{EB2} \approx 0.7\text{V}$)为负载提供电流通路，而 NPN-BJT 晶体管 $Q_1$ 则基本截止($V_{BE1} \approx 0.4\text{V}$)，于是两个晶体管各自提供正弦波的正负半周信号，从而消除了交越失真，故而 AB 类放大器也被视为线性放大器。请用分段折线法给出 B 类放大器和 AB 类放大器大致的输入输出转移特性曲线。

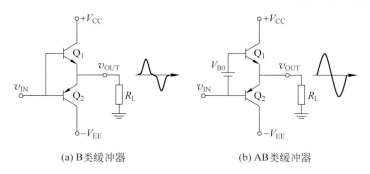

(a) B 类缓冲器　　　　　　　　　　　(b) AB 类缓冲器

图 E4.8.21　B 类和 AB 类缓冲器

图 E4.8.21(b)采用微微导通的直流偏置将 B 类放大器转化为 AB 类放大器以消除交越失真，这种方法仍然存在较大的非线性失真：输入为单频正弦波时，输出看似正弦波但并非真正的单频正弦波，这一点从其转移特性可知。考虑到负反馈可以提高线性度，则可在 B 类放大器前加一个电压增益极高可抽象为无穷大的运算放大器，并如图 E4.8.22 所示的那样负反馈连接，其电压反馈系数为 1，在深度负反馈的强烈作用下，正弦波正半周运放输出 $v_B$ 将自动调整为 $v_B = v_{IN} + 0.7$，正弦波负半周运放输出 $v_B$ 自动调整为 $v_B = v_{IN} - 0.7$，无论如何，只要运放增益足够高，深度负反馈条件始终满足，那么就近似恒有 $v_{OUT} = (1/F)v_{IN} = v_{IN}$ 成立，这里负反馈提供近乎完全线性的跟随特性，推挽结构则提供功率输出给负载电阻。分析为何运放输

出 $v_B$ 会自动调整使得 $v_{OUT}=v_{IN}$ 成立？

**习题 4.21** A 类放大器理论最高效率为 50%。图 E4.8.23 所示晶体管放大器用高频扼流圈(等效恒流源)为其提供偏置,高频扼流圈是不耗能的大电感,故而晶体管可以将其吸收的直流电能中的 50% 全部转换为交流能量输出,即该放大器理论上可以获得最高 50% 的效率。假设该晶体管的直流偏置电流为 $I_{C0}$,请通过画直流负载线和交流负载线,说明负载电阻取多大时,在正弦波激励下负载电阻上可以获得完整正弦波波形且获得 50% 的转换效率。分析时,可将晶体管的饱和电压抽象为 0 以获得理论上的最大效率。

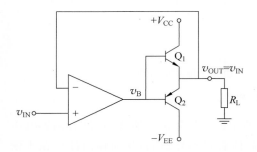 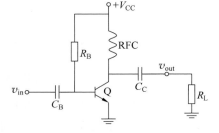

图 E4.8.22  用负反馈消除交越失真   图 E4.8.23  A 类放大器最大线性功率输出的最佳负载

**习题 4.22** 差分对的单刀双掷开关抽象。当差分对输入差模信号比较大时,两个差分对可被驱动为一个截止,一个恒流导通,于是差分对管可被抽象为单刀双掷开关。图 E4.8.24 电路中,差分对管一个输入端接固定电压 $V_{B0}$,另一端则接数字逻辑 0、1 对应电压 $V_{Di}$,使得在不同逻辑状态下单刀双掷开关有不同的拨向,请画出该电路的等效电路,分析说明它完成的是一个 4bit DAC 功能。其中,$V_{D3}$、$V_{D2}$、$V_{D1}$、$V_{D0}$ 为数字输入 $D_3$、$D_2$、$D_1$、$D_0$ 对应的逻辑电平,高电平代表二进制 1,低电平代表二进制 0,$V_{out}$ 为模拟输出电压。

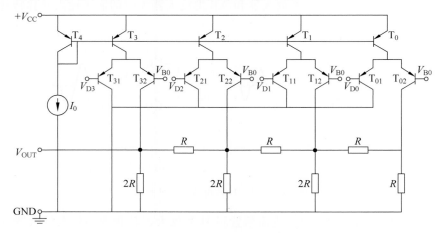

图 E4.8.24  差分对管被驱动为单刀双掷开关

**习题 4.23** 一个负反馈放大器的分析。对于如图 E4.8.25 所示负反馈放大电路。

(1) 找到负反馈闭合环路并加以描述,说明闭环上某一点电压的波动,环路一周后其波动被抑制,从而说明这是一个负反馈连接形式。

(2) 判定其负反馈连接方式,说明该负反馈连接方式决定的受控源类型,进而获得反馈系数表达式,并给出深度负反馈情况下的闭环增益表达式。

（3）假设两个晶体管在恒流区的交流小信号电路模型为理想压控流源，其跨导增益分别为 $g_{m1}$ 和 $g_{m2}$，请给出开环增益表达式。提示：开环放大器分析见习题 3.25 流程。

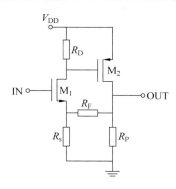

图 E4.8.25 负反馈放大器分析

# 第5章

# 运算放大器

运算放大器(Operational Amplifier,OPA)是一种具有特殊性质的电压放大器。通过恰当地选择 OPA 的外围连接器件,我们可以构造出各种各样的运算单元,包括放大器、振荡器、触发器、比较器、加法/减法器、积分/微分器、对数/指数运算电路等,其运放名称亦源于此,它也是应用最广泛的模拟集成单元电路。运算放大器在 1947 年被命名,1968 年仙童公司推出 $\mu$A741,通过添加一个 30pF 补偿电容替代外部补偿使得它稳定可靠,$\mu$A741 从而成为之后运算放大器设计的一个参照标准。

运算放大器的特殊性体现在该电压放大器具有足够高的电压增益(如 741 运放,电压增益典型值为 20 万倍),足够大的输入电阻(2MΩ)和足够小的输出电阻(75Ω),尤其是高电压增益,使得它在负反馈线性应用中,具有足够高的环路增益,很容易形成深度负反馈,故而整个电路的放大性能几乎完全由负反馈电阻网络决定:当负反馈电阻网络和运放为串串连接关系时,总网络呈现出接近理想的压控流源特性,相应地,并并连接关系形成接近理想的流控压源特性,串并连接关系形成接近理想的压控压源特性,并串连接关系形成接近理想的流控流源特性。正是由于负反馈连接的运放具有接近理想受控源的特性,运放的诸多负反馈结构呈现出强大的运算能力和级联驱动能力。

固然可以采用二端口网络在不同连接关系下对应网络参量相加这一规范方法对负反馈进行分析,但是考虑到运放具有的极高电压增益所导致的极深负反馈,只要确保运放工作在线性区,运放的负反馈应用分析就可以进一步抽象出更加简单的黄金分析法则:"虚短"和"虚断"。虚短源于将运放电压高增益极致化为无穷大,故而输入差分电压为零,同相输入端和反相输入端电压相等犹如短接;虚断同样源于高增益,两个输入端电流因高电压增益(及高输入电阻)而近似为零,犹如断路;同时将小输出电阻极致化为零电阻,那么运放负反馈线性应用分析时不必过多顾忌外接负载大小,因为零输出电阻的电压源具有无限驱动能力。正是这些极致化抽象,使得运放负反馈线性分析极度简化。虚短、虚断是运放电路抽象精髓的体现,同学应掌握这种极致化抽象实现的简化分析,同时牢记黄金法则应用的限定性条件是运放工作于线性区。

除了线性器件负反馈网络使得运放负反馈应用闭环系统整体呈现线性网络特性之外,运放还有很多非线性应用,包括非线性负反馈应用、开环应用和正反馈应用,这些电路从整体外端口看都呈现出强烈的非线性特性。

本章由运放的外端口电压转移特性曲线的分段折线化电路模型入手,之后重点考察工作在线性区运放的负反馈线性应用,多采用虚短、虚断进行简化分析,最后讨论运放的非线性应用。

# 5.1 电压转移特性曲线的分段折线化模型

## 5.1.1 运放二端口网络封装与外端口特性

第 4 章 4.7 节对 741 运算放大器的内部电路工作进行了简要说明：图 4.7.1 给出了 741 运放内部的晶体管连接关系，图 4.7.5(a)给出了运放的三级放大级联结构的各级等效电路，图 4.7.5(b)给出了运放的外端口等效电路，这两个等效电路都是线性化电路模型，它们的有源性来自直流偏置电压源的供能(见 3.6.3 节)。

下面考察实际运放的外端口特性，这个外端口特性包含了直流偏置电压源的供能，如图 5.1.1 所示。741 运放有 7 个对外端点，其中 $v_{ip}$ 是同相输入(noninverting input)端点，$v_{in}$ 是反相输入(inverting input)端点，$v_o$ 是输出端点。图 4.7.1 中的 $R_1$、$R_2$ 两个电阻的两个上端点连出芯片外部，这两个外端点可以连接一个电位器，调节电位器则相当于调节 $R_1$、$R_2$ 两个电阻的阻值，使得运放输入级等效电桥平衡，确保当输入 $v_{id} = v_{ip} - v_{in} = 0$ 时，$v_o = 0$，即调零电路使得运放二端口网络戴维南等效中输入端口的等效独立源被外加补偿置零，因而这两个端点被称为调零端，实现失调调零(offset null)。所谓失调(offset)，就是 $v_{id} = 0$ 时 $v_o \neq 0$。失调是由运放内部电路差分输入级两条支路上晶体管电路的不平衡导致的，见 4.6.2 节分析。调零电路则是通过外在不对称抵偿或平衡内部不对称。

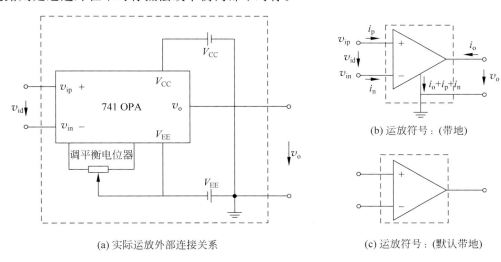

(a) 实际运放外部连接关系     (b) 运放符号：(带地)

(c) 运放符号：(默认带地)

图 5.1.1 运放端口定义

两个电压源端点，$+V_{CC}$ 用来接正电源电压，$-V_{EE}$ 用来接负电源电压，芯片本身不提供地端点，但两个电压源提供参考地端点。如是可以将图 5.1.1(a)虚框视为图 5.1.1(b)的放大器，该放大器本质上是三端口网络，但为了简化分析，两个输入端点被建模为一个差分输入端口，即假设 $i_p = -i_n$。如是运放电路就被等效为一个二端口网络，这个二端口网络的输入电压和输出电压之间的转移关系是非线性的，如图 5.1.2(a)所示：当同相输入端电压 $v_{ip}$ 比反相输入端电压 $v_{in}$ 稍小时，输出为负饱和电压 $-V_{sat}$，当 $v_{ip}$ 比 $v_{in}$ 稍大时，输出则为正饱和电压 $+V_{sat}$。当 $v_{ip}$ 和 $v_{in}$ 十分接近差不多相等时，输出输入转移特性变化剧烈且是非线性的，在 $v_{id} = v_{ip} - v_{in} = 0$ 位置的微分斜率大约有 20 万倍。可以如是三段折线化描述其特性：在 $v_{id} = v_{ip} - v_{in} = 0$ 附近，输出电压和输入电压具有线性转移关系，斜率也就是电压增益 $A_{v0} = 200\,000$；

当输出电压达到 $\pm V_{sat}$ 时,则进入饱和区,如图 5.1.2(b)所示。所谓饱和区,就是当输入电压再增加时,输出电压却不再变化。正负饱和电压由正负电源电压和内部晶体管结构决定。741 运放用 BJT 晶体管实现,其饱和电压比电源电压低 1~2V,本书计算中在正负电源电压为 $\pm 15V$ 时取饱和电压为 $\pm 13V$。

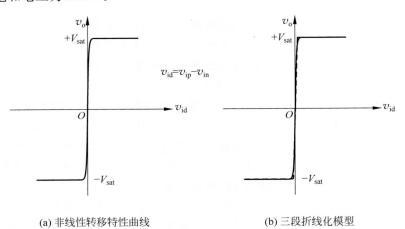

(a) 非线性转移特性曲线　　　　　　(b) 三段折线化模型

图 5.1.2　运放输入电压输出电压转移特性曲线

**练习 5.1.1**　假设运放的电压增益为 200000,饱和电压为 $\pm 13V$,请给出其三段折线化电压转移特性曲线描述方程。

## 5.1.2　分段折线电路模型

图 4.7.5(b)给出的运放外端口等效电路模型可以视为三段折线化中间线性区的等效电路,重画如图 5.1.3(a)所示,电路元件参数取 datasheet 给的典型值数据。

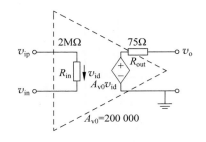

(a) 线性区运放:电压放大器模型

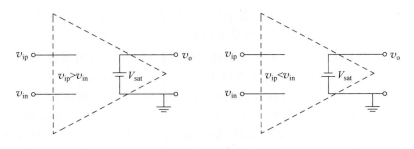

(b) 饱和区运放:恒压源模型

图 5.1.3　运放等效电路

Texas Instruments 提供的 $\mu A741$ datasheet(数据手册)中的相关参量如下:①差分电压放大倍数 $A_{VD}$,就是这里定义的 $A_{v0}$,其典型值为 200000,741C 的电压增益最小值为 20000,数据手册中没有给最大值,这是由于我们希望运放的电压放大倍数越大越好,于是给定最小值限制,低于该最小值则意味着芯片为不合格产品。②输入电阻的典型值是 $2M\Omega$,最小值是 $300k\Omega$,这个值也很大,对于运放电路而言,输入电阻越大则越接近理想压控压源。③输出电阻只给了典型值 $75\Omega$。由于输出为 AB 类缓冲器,大信号输出时,其输出电阻随信号幅度变化而变化,故而是非线性的,$75\Omega$ 只是对非线性电阻的一种平均线性描述。

当处于饱和区(非线性工作区)时,由于输出为恒定的饱和电压,因而可等效为恒压源,如图 5.1.3(b)所示。注意由于输入电阻比较大,为了简化分析,输入电阻往往被抽象为无穷大电阻(开路);输出电流在其短路保护电流 23mA 范围以内,输出端口被抽象为内阻等于 0 的恒压源,电压为 $\pm V_{sat}$。

### 5.1.3 线性区电压放大器模型

**例 5.1.1** 如图 E5.1.1 所示,这是用运放实现的反相电压放大电路,请分析其电压放大倍数。

**分析**:图 E5.1.1 电路中运算放大器的输出端点和反相输入端点之间连接了一个 $R_2$ 电阻,这是一个负反馈连接方式:假设反相输入端有一个向上的电压扰动,经放大器作用,其输出端电压必然向下波动,通过 $R_2$ 电阻作用后,反馈到反相输入端是向下的电压波动,和初始的向上电压扰动方向相反,故而为负反馈连接。确认负反馈连接后则可假设运放工作在线性区,用线性区电压放大器模型替代运放进行分析。之后考察信号幅度大小,如果确认运放输出电压在正负饱和电压之间,则分析无误;如果发现运放输出电压超过正负饱和电压,则取运放输出电压等于正负饱和电压即可。下面的分析均假设信号幅度足够小,从而运放输出始终在正负饱和电压之间,或者说运放始终工作在线性区。

**解**:由于是负反馈连接,故而假设运放工作在线性区,采用线性区电压放大器模型替代运放符号,如图 E5.1.2 所示,将 $v_{in}$ 和 $R_1$ 视为一条支路,将 $A_{v0}v_i$ 受控源和 $R_{out}$ 视为一条支路,则该电路结构具有 4 条支路,3 个结点,以 $A$(反相输入端)、$B$(输出端)的结点电压 $v_A$,$v_B$ 为未知量,可列写结点电压法方程如下,

$$\begin{bmatrix} \dfrac{1}{R_1}+\dfrac{1}{R_2}+\dfrac{1}{R_{in}} & -\dfrac{1}{R_2} \\ -\dfrac{1}{R_2} & \dfrac{1}{R_2}+\dfrac{1}{R_{out}} \end{bmatrix}\begin{bmatrix} v_A \\ v_B \end{bmatrix}=\begin{bmatrix} \dfrac{v_{in}}{R_1} \\ -\dfrac{A_{v0}v_A}{R_{out}} \end{bmatrix} \tag{E5.1.1a}$$

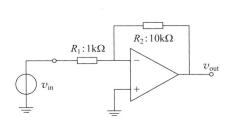

图 E5.1.1 反相电压放大电路

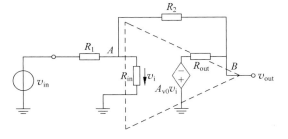

图 E5.1.2 结点电压法列写方程

注意到，$v_A$ 为未知量，将方程右侧的未知量全部移到方程左侧，为

$$\begin{bmatrix} \dfrac{1}{R_1} + \dfrac{1}{R_2} + \dfrac{1}{R_{in}} & -\dfrac{1}{R_2} \\[3mm] \dfrac{A_{v0}}{R_{out}} - \dfrac{1}{R_2} & \dfrac{1}{R_2} + \dfrac{1}{R_{out}} \end{bmatrix} \begin{bmatrix} v_A \\ v_B \end{bmatrix} = \begin{bmatrix} \dfrac{v_{in}}{R_1} \\ 0 \end{bmatrix} \tag{E5.1.1b}$$

代入具体数值，$R_1 = 1\text{k}\Omega, R_2 = 10\text{k}\Omega, R_{in} = 2\text{M}\Omega, R_{out} = 75\Omega, A_{v0} = 200000$，

$$\begin{bmatrix} 0.0011005 & -0.0001 \\ 2666.6666 & 0.0134 \end{bmatrix} \begin{bmatrix} v_A \\ v_B \end{bmatrix} = \begin{bmatrix} 0.001 \\ 0 \end{bmatrix} v_{in}$$

矩阵求逆，有

$$\begin{bmatrix} v_A \\ v_B \end{bmatrix} = \begin{bmatrix} 0.0001 \\ -9.9994 \end{bmatrix} v_{in}$$

故而输出电压为

$$v_{out} = v_B = -9.9994 v_{in}$$

故而可知这是一个电压放大倍数为 9.9994 的反相电压放大器。

　　分析上述结点电压法给出的数值解，发现结点 $A$（反相输入端）电压很小，只有 $0.5\text{‰} v_{in}$，四舍五入为 $1\text{‰} v_{in}$，而结点 $B$（输出端）电压 $v_{out}$ 大约为输入电压 $v_{in}$ 的 $-10$ 倍，这些具体的数值只是一个直观的数值印象，其电路原理性理解的关键还需解析表述。直接对式(E5.1.1b)导纳矩阵符号求逆表达式很复杂，但是注意到外围电阻的配置使得 $R_{in} \gg R_1, R_2$ 且 $R_{out} \ll R_2$，因而导纳矩阵可以化简为

$$\boldsymbol{G} = \begin{bmatrix} \dfrac{1}{R_1} + \dfrac{1}{R_2} + \dfrac{1}{R_{in}} & -\dfrac{1}{R_2} \\[3mm] \dfrac{A_{v0}}{R_{out}} - \dfrac{1}{R_2} & \dfrac{1}{R_2} + \dfrac{1}{R_{out}} \end{bmatrix} \approx \begin{bmatrix} \dfrac{1}{R_1} + \dfrac{1}{R_2} & -\dfrac{1}{R_2} \\[3mm] \dfrac{A_{v0}}{R_{out}} & \dfrac{1}{R_{out}} \end{bmatrix} \tag{E5.1.2}$$

由结点 $B$ 的 KCL 方程 $\dfrac{A_{v0}}{R_{out}} v_A + \dfrac{1}{R_{out}} v_B \approx 0$，易得

$$v_A \approx -\frac{1}{A_{v0}} v_B \tag{E5.1.3a}$$

代入结点 $A$ 的 KCL 方程 $\left( \dfrac{1}{R_1} + \dfrac{1}{R_2} \right) v_A - \dfrac{1}{R_2} v_B \approx \dfrac{1}{R_1} v_{in}$，可得

$$v_B \approx -\frac{R_2}{R_1} \frac{1}{1 + \dfrac{1}{A_{v0}} \left( \dfrac{R_2}{R_1} + 1 \right)} v_{in} \tag{E5.1.3b}$$

注意到 $A_{v0} = 200000 \gg 11 = 1 + \dfrac{R_2}{R_1}$，因而

$$v_B \approx -\frac{R_2}{R_1} v_{in} = -10 v_{in} \tag{E5.1.4a}$$

$$v_A \approx -\frac{1}{A_{v0}} v_B \approx 0.00005 v_{in} \tag{E5.1.4b}$$

这正是数值分析结果的近似公式表述。

　　线性区运放采用电压放大器模型分析，除了结点电压法之外，另外一种常用的方法是利用二端口网络参量。如图 E5.1.3(a)所示，将 $R_2$ 两个端点和地端点形成的两个端口视为二端口网络的两个端口，图中两个虚框则分别对应电阻反馈网络和放大网络，这两个二端口网络则是以并并负反馈连接方式连接的。并并连接 $y$ 相加，其后的分析如例 3.11.4 所示，其

中图 E3.11.17 给出了对该并并负反馈连接分析流程的电路示意图。分析可知,由于运放电压增益很高,从而它是一个深度负反馈连接方式,可形成接近于理想的流控压源,如图 E5.1.3(b)所示。故而该反相电压放大器从 $v_{in}$ 输入到 $v_{out}$ 输出的等效电路可如图 E5.1.3(d)所示,整体上它可视为一个输入电阻为 $R_1$,跨阻增益为 $-R_2$ 的跨阻放大器,显然其电压增益为 $-R_2/R_1$。

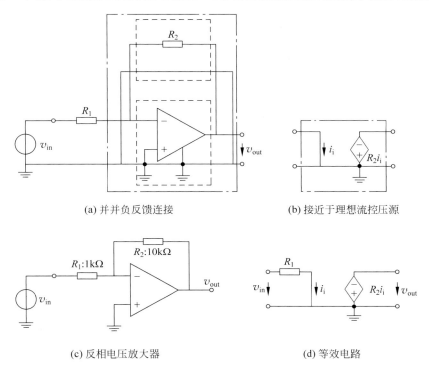

(a) 并并负反馈连接                      (b) 接近于理想流控压源

(c) 反相电压放大器                      (d) 等效电路

图 E5.1.3  反相电压放大器的等效电路

### 5.1.4  理想运放模型

**1. 线性区:虚短和虚断**

前述结点电压法和二端口网络参量法对运放电路的分析固然有效,但是显得较为烦琐,原因在于线性区运放的电压放大器电路模型考虑的因素太多。事实上,运放 20 万倍的电压增益使得负反馈连接很容易形成深度负反馈,从而使得负反馈电路接近理想受控源,故而可将电压增益抽象为无穷大。同时,考虑到运放的 $2M\Omega$ 大的输入电阻,只要运放外接电阻远小于它,其影响则和开路相当,故而可抽象为无穷大,运放 $75\Omega$ 左右的小的输出电阻,只要运放外接电阻远大于它,其影响则可忽略不计,进而可抽象为零电阻。如是或零或无穷的极致化抽象,运放负反馈应用电路的分析将变得极度简单。

(1)虚短特性抽象:运放工作在线性区时,其输出电压在 $\pm V_{sat}$ 之间,其电压增益一旦抽象为无穷大,那么其差分输入电压就只能为 0,即图 5.1.2(b)所示的中间线性区的转移特性曲线为垂直线。由于 $v_{id}=0$,意味着 $v_{ip}=v_{in}$,同相输入端电压等于反相输入端电压,两个端点犹如短接,但实际并未短接,称之为虚短。

(2)虚断特性抽象:运放输入电阻远大于运放外围电阻而可被抽象为无穷大,于是运放输入端口电流可视为 0,即同相输入端和反相输入端电流均视为 0,两个端点犹如开路,称之为虚断。事实上，高电压增益和高输入电阻形成的高跨阻增益是导致虚断抽象的深层原因。

（3）无限驱动能力抽象：运放输出电阻远远小于运放外围电阻，故而运放输出电阻可抽象为0，于是运放输出受控源具有无限的驱动能力，从而我们不再关注运放外围电阻大小。当然这个所谓的"无限驱动能力"并不存在，只要外围电阻远大于运放输出电阻、远小于运放输入电阻，在一定的信号范围内，我们就不特意关注它们到底有多大。

理想受控源可以驱动任意负载，但是由运放负反馈形成的受控源，由于运放自身的限制，运放输出电压不能超过$\pm V_{sat}$（$=\pm 13\text{V}$），输出电流不能超过短路电流$\pm I_{sc}$（$=\pm 23\text{mA}$），因此对激励源、负载电阻$R_L$和反馈网络的电阻阻值，都会提出一定的适用范围，超出这个范围，负反馈运放电路将严重偏离理想受控特性。

**例 5.1.2**　对图 E5.1.1 所示的反相电压放大器，假设运放为理想运放，用虚短、虚断特性分析该电路的电压放大倍数。

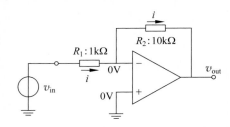

图 E5.1.4　反相电压放大电路的虚短虚断分析

**解：**如图 E5.1.4 所示，注意到运放同相输入端接地（电压为 0），根据虚短特性，运放反相输入端电压为 0，显然流过电阻 $R_1$ 的电流为 $i=v_{in}/R_1$。考虑到运放虚断特性，没有电流可以流入流出运放的反相输入端，故而流过 $R_1$ 电阻的电流全部流过 $R_2$ 电阻，从而产生输出电压为 $0-v_{out}=iR_2=(R_2/R_1)v_{in}$，我们直接就获得了输出电压和输入电压之间的简单关系，为 $v_{out}=(-R_2/R_1)v_{in}$，显然这是一个反相电压放大器，电压放大倍数为 $A_v=-\dfrac{R_2}{R_1}$。

**练习 5.1.2**　由式(E5.1.1b)给出反相电压放大器输出电压的相对精确的表达式，由此说明如下的极致化抽象条件：

（1）当 $R_{in}\gg R_1,R_2$ 时，$R_{in}$ 可抽象为无穷大。

（2）当 $R_{out}\ll R_2$ 时，$R_{out}$ 可抽象为零。

（3）当 $A_{v0}\gg 1+\dfrac{R_2}{R_1}$ 时，$A_{v0}$ 可抽象为无穷大。

**练习 5.1.3**　用理想运放的虚短、虚断特性，证明图 E5.1.5 所示三个放大电路的增益分别为：

图(a)，串并负反馈连接：电压放大倍数 $A_v=\dfrac{v_{out}}{v_{in}}=1+\dfrac{R_2}{R_1}$

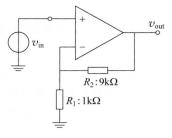

(a) 同相电压放大器

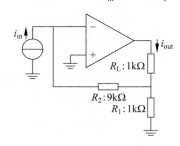

(b) 电流放大器

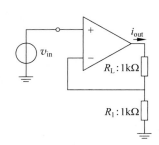

(c) 跨导放大器

图 E5.1.5　运放放大电路

图(b),并串负反馈连接:电流放大倍数 $A_\mathrm{i} = \dfrac{i_\mathrm{out}}{i_\mathrm{in}} = -\dfrac{R_2}{R_1} - 1$

图(c),串串负反馈连接:跨导放大倍数 $G_\mathrm{m} = \dfrac{i_\mathrm{out}}{v_\mathrm{in}} = \dfrac{1}{R_1}$

实际运放的高电压增益和高输入电阻被抽象为理想运放的无穷大跨阻增益,由是理想运放的输入端口被抽象为开路,其元件约束方程之一为"虚断",即

$$i_1 = 0 \tag{5.1.1a}$$

线性区理想运放的电压增益被抽象为无穷大,导致其输出电压位于正负饱和电压之间时,差分输入电压为 0,故而其第二个元件约束方程为"虚短",即

$$v_1 = 0 \tag{5.1.1b}$$

如是,线性区理想运放(线性二端口网络)只有零 $ABCD$ 参量矩阵可以描述它,

$$\boldsymbol{ABCD}_{\mathrm{idealOPA}} = \boldsymbol{0} = \begin{bmatrix} 0 & 0 \\ 0 & 0 \end{bmatrix} \tag{5.1.2}$$

为了符合实际电路情况,上述描述必须添加线性区工作条件,

$$v_2 \in (-V_\mathrm{sat}, +V_\mathrm{sat}) \tag{5.1.3a}$$

有时可能还会添加实际运放的最大电流条件,

$$i_2 \in (-I_\mathrm{sc}, +I_\mathrm{sc}) \tag{5.1.3b}$$

对 741 运放,本书取饱和电压 $V_\mathrm{sat}$ 为 $13V$,输出短路电流 $I_\mathrm{sc}$ 为 $23\mathrm{mA}$。

理想运放虚短特性对应的是图 5.1.4(b)所示的极致化抽象。所谓极致化,就是推到极端。既然运放的输入电压为 20 万倍,如此之大则不妨极致化为无穷大,理想运放由是具有虚短和虚断特性。

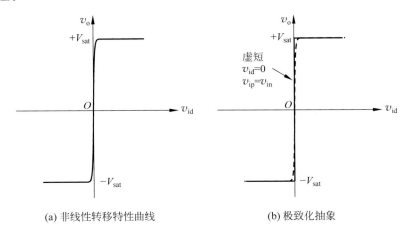

(a) 非线性转移特性曲线　　　　　(b) 极致化抽象

图 5.1.4　运放输入电压输出电压转移特性曲线的极致化抽象

**2. 饱和区:比较器**

图 5.1.4(b)同时给出了极致化抽象后非线性区(饱和区)工作运放的端口 2 描述方程,为

$$v_2 = \begin{cases} +V_\mathrm{sat}, & v_1 > 0 \\ -V_\mathrm{sat}, & v_1 < 0 \end{cases} \tag{5.1.4}$$

这个描述方程表明理想运放同时是一个比较器电路,例如在反相输入端加电压 $V_\mathrm{TH}$,将正饱和电压视为逻辑 1,负饱和电压视为逻辑 0,于是有

$$D_{\text{out}} = \begin{cases} 1, & v_{\text{ip}} > V_{\text{TH}} \\ 0, & v_{\text{ip}} < V_{\text{TH}} \end{cases} \tag{5.1.5}$$

实际比较器电路与运放电路类似,但内部结构略有差别。例如运放电路中的 MILLER 补偿电容确保运放负反馈应用的稳定性,但比较器应用属开环应用,无须这个补偿电容;为了实现快速翻转,比较器还有可能采用正反馈锁存机制。

# 5.2　运放负反馈线性应用

运放要稳定地工作在线性区,一般都需要采用负反馈措施。如果是正反馈应用,或者开环应用,运放极大可能地工作于饱和区。当运放开环时,很难工作在线性区,因为线性区输入电压范围实在太小了,实际电路的噪声和漂移将导致开环情况下电路难以维持在线性区。当运放正反馈时,闭环中的任意波动都会因正反馈而增强,信号越来越大,即使起始假设工作在线性区也不可避免地会跳入到饱和区中,如果正反馈同时还存在电感、电容等元件的延时效应,则有可能导致振荡现象出现。如果电路中同时存在负反馈和正反馈,负反馈高于正反馈,则可视同负反馈进行分析,即可假设运放工作于线性区;如果正反馈高于负反馈,则不能随意假设运放工作在线性区,纯电阻电路分析则直接假定运放工作在正负饱和区,动态电路分析则需更精细的分析才能确定运放工作区情况。

## 5.2.1　负反馈连接

对于电阻反馈网络,只要反馈点连接到运放的反相输入端,就是负反馈连接。当运放为负反馈连接时,闭环中的任意波动都会被有效抑制,从而放大器可稳定工作于线性区。

**1. 负反馈确保运放直流工作点可位于线性区**

以如图 5.2.1(a)所示的反相放大器为例,我们考察负反馈网络的作用。为了简单起见,运放假设为理想运放,将这个理想运放从电路中剥离,即可看到包括负反馈网络在内的运放外围电路的作用,$v_{\text{id}} = v_{\text{ip}} - v_{\text{in}} = 0 - \left( \dfrac{v_i}{R_1} + \dfrac{v_o}{R_2} \right)(R_1 \parallel R_2)$,整理后可描述为

$$v_o = -\frac{R_1 + R_2}{R_1} v_{\text{id}} - \frac{R_2}{R_1} v_i \tag{5.2.1}$$

注意到包括反馈网络在内的运放外围电路导致的 $v_o$ 和 $v_{\text{id}}$ 之间的线性比值系数为负数 $-\dfrac{R_1 + R_2}{R_1}$,这正是负反馈在数学描述上的具体体现。

方程(5.2.1)是运放外围电路描述方程,和运放输入输出转移特性方程联立,即可获得运放的输入端口电压 $v_{\text{id}}$ 和输出电压 $v_o$。我们将这两个方程的联立用图解法画于图 5.2.1(b)位置。图中,粗实线(三段折线)为理想运放输入输出转移特性曲线,细虚线(斜率为负的直线)为运放外围电路描述方程,之所以画 5 条虚线,是由于运放外围电路描述方程中有一个变量 $-\dfrac{R_2}{R_1} v_i$,它随输入信号 $v_i$ 的变化而变化:

❶ 当 $v_i = 0$ 时,运放外围电路描述方程 $v_o = -\dfrac{R_1 + R_2}{R_1} v_{\text{id}}$ 为过原点的负斜率直线,它和运放转移特性曲线的交点就是原点,该点可视为取 $V_{I,0} = 0$ 的直流工作点。显然 $v_i = 0$ 时,$v_o = 0$,即该放大器的直流工作点位于运放线性区,对应的 $v_{\text{id}} = 0$,故而可以采用虚短特性进行分

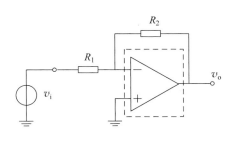
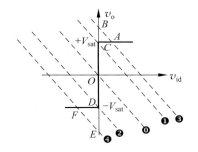

(a) 负反馈连接      (b) 方程联立求输出电压

图 5.2.1 负反馈具有唯一解:线性区工作的保证

析;而虚断特性对理想运放而言,无论是线性区还是饱和区,均可直接采用。

❶ 当 $v_i = -\dfrac{R_1}{R_2}V_{sat}$ 时,运放外围电路描述方程和运放特性方程联立后有唯一解,这个解恰好为运放线性区和正饱和区的分界点 $C$,即 $v_o = +V_{sat}$,同时 $v_{id} = 0$。

❷ 当 $v_i = +\dfrac{R_1}{R_2}V_{sat}$ 时,运放外围电路描述方程和运放特性方程联立后有唯一解,这个解恰好为运放线性区和负饱和区的分界点 $D$,即 $v_o = -V_{sat}$,同时 $v_{id} = 0$。

前面的分析表明,只要 $-\dfrac{R_1}{R_2}V_{sat} < v_i < +\dfrac{R_1}{R_2}V_{sat}$,运放输出电压则位于正负饱和电压之间,即运放工作在线性区,此时必有 $v_{id} = 0$,于是可采用虚短、虚断特性进行电路分析。如果输入超过这个范围,仍然可以假设运放工作在线性区,用虚短、虚断特性进行分析,分析结果一定会导致输出 $v_o$ 超过正负饱和电压范围,此时说明运放已经进入饱和区。如果分析结果 $v_o > +V_{sat}$ 则直接设定 $v_o = +V_{sat}$,如果分析结果 $v_o < -V_{sat}$ 则直接设定 $v_o = -V_{sat}$ 即可。

❸ 当 $v_i < -\dfrac{R_1}{R_2}V_{sat}$ 时,如果假设运放工作在线性区,采用虚短、虚断进行电路分析,其交点为图 5.2.1(b) 中的 $B$ 点,然而 $B$ 点电压 $v_o > +V_{sat}$,不在运放转移特性曲线上,此时直接设定输出为正饱和电压即可,$v_o = +V_{sat}$,这种设定没有任何疑问,因为真实的交点为图中 $A$ 点,而 $A$ 点电压 $v_o = +V_{sat}$。此时 $v_{id} > 0$,表明运放确实工作在正饱和区。

❹ 当 $v_i > +\dfrac{R_1}{R_2}V_{sat}$ 时,如果假设运放工作在线性区,采用虚短、虚断进行电路分析,其交点为图 5.2.1(b) 中的 $E$ 点,然而 $E$ 点电压 $v_o < -V_{sat}$,不在运放转移特性曲线上,此时直接设定输出为负饱和电压即可,$v_o = -V_{sat}$,这种设定是合理的,因为真实的交点为图中的 $F$ 点,而 $F$ 点电压 $v_o = -V_{sat}$。此时 $v_{id} < 0$,表明运放确实工作在负饱和区。

通过上述分析,可以获得反相电压放大器的输入输出转移特性曲线,如图 5.2.2 所示。可见,在一定范围内,它是一个反相电压放大器,但是当输入信号比较大时,运放则会进入饱和区。无论如何,对于负反馈放大器,我们刚开始都可以假设运放工作在线性区,利用虚短、虚断特性进行分析,分析结果如果表明输出电压超出正/负饱和电压(如图中 $B$ 点和 $E$ 点),则直接设定输出为正/负饱和电压即可(对应图中 $A$ 点和 $F$ 点)。

电路调试中,如果在连线时不小心把运放的同相输入端和反相输入端接反了,设计的反相电压放大器被连接为如图 5.2.3 所示的形式,电阻网络的反馈点被接在了同相输入端点,那么运放将无法工作于线性区。为什么有这个结论?原因就在于这是一个正反馈连接。仍然假设

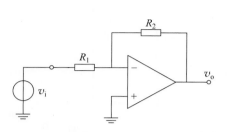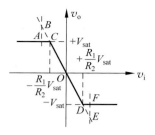

图 5.2.2 反相电压放大器输入输出转移特性曲线

运放为理想运放,将这个理想运放从电路中剥离,即可看到包括正反馈网络在内的运放外围电路的作用,$v_{id} = v_{ip} - v_{in} = \left(\dfrac{v_i}{R_1} + \dfrac{v_o}{R_2}\right)(R_1 \parallel R_2) - 0$,整理后可描述为

$$v_o = \frac{R_1 + R_2}{R_1} v_{id} - \frac{R_2}{R_1} v_i \tag{5.2.2}$$

特别注意到包括反馈网络在内的运放外围电路导致的 $v_o$ 和 $v_{id}$ 之间的线性比值系数为正数 $\dfrac{R_1 + R_2}{R_1}$,这恰好就是正反馈在数学描述上的具体体现。

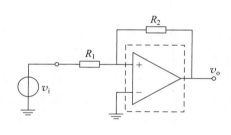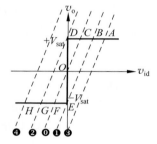

(a) 正反馈连接      (b) 方程联立求输出电压

图 5.2.3 正反馈具有多解:线性区是不稳定区

方程(5.2.2)是运放外围电路描述方程,和运放输入输出转移特性方程联立,即可获得运放的输入端口电压 $v_{id}$ 和输出电压 $v_o$。我们将这两个方程的联立用图解法画于图 5.2.3(b)位置。图中,粗实线(三段折线)为理想运放输入输出转移特性曲线,细虚线(斜率为正的直线)为运放外围电路描述方程,5 条虚线代表 5 个不同的输入 $v_i$:

❶ 当 $v_i = 0$ 时,运放外围电路描述方程 $v_o = \dfrac{R_1 + R_2}{R_1} v_{id}$ 为过原点的正斜率直线,它和运放转移特性曲线的交点有三个,分别为 $C$、$O$、$F$,这三个点均可视为取 $V_{I,o} = 0$ 时的直流工作点,显然该电路有三个直流工作点,也就是说,正反馈连接将导致多解,其中交点 $O$ 说明运放工作在线性区,交点 $C$ 说明运放工作在正饱和区,交点 $F$ 说明运放工作在负饱和区。既然数学分析表明正反馈连接的运放可工作在三个区域,那么实际电路中的运放到底工作在哪个区呢?毕竟不可能在同一时刻同时位于三个区域。

纯粹从数学方程求解而言,运放可以工作在线性区。然而实际电路却无法观测到该正反馈电路的运放能够停留在线性区,原因在于正反馈导致线性区直流工作点 $O$ 是不稳定平衡点。我们假设运放确实被偏置在 $O$ 点,由于电路器件中不可避免地存在噪声如电阻热噪声,

这里假设该噪声使得运放同相输入端电压微微向上波动,通过运放作用后,运放输出端电压 $v_o$ 向正饱和电压方向移动,考虑到虚断,运放同相输入端没有电流流入流出,故而输出电压的任意波动在同相输入端体现为同相波动,$v_{ip} = \dfrac{R_1}{R_1+R_2} v_o + \dfrac{R_2}{R_1+R_2} v_i = \dfrac{R_1}{R_1+R_2} v_o$,这种同相波动即正反馈,它将导致运放输出越来越大,直至进入正饱和区,$v_o = +V_{sat}$,最终稳定在 $C$ 点,即 $v_{id} = v_{ip} - v_{in} = +\dfrac{R_1}{R_1+R_2} V_{sat} > 0$,$v_o = +V_{sat}$。如果电路器件的噪声使得同相输入端电压微微向下波动,正反馈则促使运放输出电压反方向越来越大而最终稳定在 $F$ 点,即运放进入负饱和区。正是由于正反馈和电路噪声的存在,使得数学上存在的三个直流工作点(平衡点),在物理上却只能观测到两个稳定平衡点 $C$ 和 $F$ 中的一个,而不稳定平衡点 $O$ 则观测不到。

❶ 当 $v_i = +\dfrac{R_1}{R_2} V_{sat}$ 时,运放外围电路描述方程和运放特性方程联立后有两个交点 $B$ 和 $E$。其中 $B$ 点表明运放工作在正饱和区,$E$ 点表明运放工作在线性区和负饱和区的交界位置。

❷ 当 $v_i = -\dfrac{R_1}{R_2} V_{sat}$ 时,运放外围电路描述方程和运放特性方程联立后有两个交点 $D$ 和 $G$。其中 $G$ 点表明运放工作在负饱和区,$D$ 点表明运放工作在线性区和正饱和区的交界位置。

❸ 当 $v_i > +\dfrac{R_1}{R_2} V_{sat}$ 时,运放外围电路描述方程和运放特性方程联立后有唯一交点 $A$ 点,表明运放工作在正饱和区。

❹ 当 $v_i < -\dfrac{R_1}{R_2} V_{sat}$ 时,运放外围电路描述方程和运放特性方程联立后有唯一交点 $H$ 点,表明运放工作在负饱和区。

上述分析表明,对于正反馈连接的运放,当其外围电路为电阻电路时,运放输出只能是正饱和电压或负饱和电压。其输入输出转移特性曲线,请同学仔细分析后自行画出。正反馈连接的运放电路显然不能采用虚短、虚断特性进行分析。因而对运放电路进行分析时,请首先确认运放的反馈类型,只有负反馈连接才能确保运放稳定工作于线性区,虚短、虚断特性方可应用。

**练习 5.2.1** 请分析给出图 5.2.3 所示电路的输入输出转移特性曲线:以 $v_i$ 为横坐标,以 $v_o$ 为纵坐标,画出 $v_o$ 和 $v_i$ 之间的转移关系曲线。

**练习 5.2.2** 如图 5.2.1(a)所示反相放大电路,已知运放饱和电压为 $\pm 13\text{V}$,$R_1 = 1\text{k}\Omega$,$R_2 = 10\text{k}\Omega$。分别画出如下两种输入信号下的输出信号 $v_o(t)$ 的时域波形。

(a) $v_i(t) = 0.5\cos\omega t$

(b) $v_i(t) = 5\cos\omega t$

其中输入电压信号的单位为伏特。

**练习 5.2.3** 注意到图 E5.1.5(b)所示的电流放大器和图 E5.1.5(c)所示的跨导放大器,它们的负载都是悬浮的,不是通常的一端接地的单端负载。而图 E5.2.1 所示的 Howland 电流源,其负载 $R_L$ 是单端的,电路中的 $R_1 = R_2 = R_3 = R_4 = R$。将理想运放剥离后,其外围电路正反馈和负反馈同存,即运放输出电压 $v_{Ao}$ 的变化将同时影响运放反相输入端电压 $v_{in}$ 和同相输入端电压 $v_{ip}$,

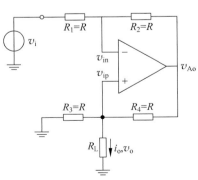

图 E5.2.1 Howland 电流源

$$v_{\text{in}} = \frac{R_1}{R_1 + R_2} v_{\text{Ao}} + \frac{R_2}{R_1 + R_2} v_i$$

$$v_{\text{ip}} = \frac{R_3 \parallel R_L}{R_3 \parallel R_L + R_4} v_{\text{Ao}}$$

影响因子即反馈系数,显然负反馈系数大于正反馈系数,

$$F_n = \frac{R_1}{R_1 + R_2} = 0.5 > F_p = \frac{R_3 \parallel R_L}{R_3 \parallel R_L + R_4}$$

于是整个电路仍然可视为负反馈放大器,从而可假设该电路的工作点稳定工作于线性区,即可用理想运放线性区的虚短和虚断特性进行分析。

(1) 请用理想运放的虚短、虚断性质,推导确认输出电流和输入电压之间的线性跨导系数;

(2) 请分析该电路的输入电阻、输出电阻大小;

(3) 运放本身有两个限制,一是运放输出电压必须在 $\pm V_{\text{sat}}$ 之间,二是运放输出电流不能超过短路电流 $\pm I_{\text{sc}}$,请给出该跨导器的负载限制,即负载满足什么条件时,该电路还具有线性跨导特性?

**2. 负反馈判定**

负反馈早就为人认识并应用,但是直到 1920 年反馈(feedback)这个词才被正式提出。1927 年 Harold Black 提出了用负反馈设计放大器的想法,并于 1928 年提交了专利。后来,Nyquist 和 Bode 建立了负反馈放大器稳定性的理论,负反馈得以广泛应用于各种人造系统之中。事实上,真实系统中尤其是大型或复杂系统中,总是存在着某种负反馈,以确保系统的稳定运行。人们在深入理解负反馈运行机制后,有意识地采用负反馈以降低系统中各种非理想因素的影响,通过负反馈的自动调节作用改善系统性能。

如图 5.2.4 所示,假设系统 $h$ 是一个没有负反馈或者负反馈深度不够的系统,对这个系统施加激励后,系统可能有极为剧烈的响应。我们举一个生活中的例子,比如说我站在公共汽车上,公共汽车向前方行进。突然前面有人横穿马路,公共汽车紧急刹车,车速发生变化,产生一个加速度,站在车上的人受到一个加速度导致的惯性力的作用,这个力对人这个系统而言就是一个输入激励。如果我是个年轻人,身体系统做出的反应就是伸腿向前稳住、伸手抓竖杆等动作以保持身体的平衡;但是如果我是个老年人,身体系统的反应速度则会比较慢,结果可能就是摔倒在地,甚至推倒前面的人,导致更多的人摔倒在地。图 5.2.4(a)中两个差异巨大的输出响应波形代表两个有差异的系统的不同响应:年轻人虽然身体晃了一下,幅度有可能很大,但最终保持了站立的平衡(原平衡态,实线),而老年人则因为摔倒在地而进入倒地的平衡(新平衡态,虚线)。

现在对乘公交车并站立的人统一加一个反馈系统:要求每个站立的人都必须抓住横杠上的把手,这个把手对人的身体系统而言就是一个反馈系统。抓住把手的人手及手臂感应人身体的运动,人的身体姿态因此也做出适当调整。如果紧急刹车,人体就会往前倾斜,这个倾斜运动被手感应到,手只要抓的足够紧,就会产生一个反向的力,从而人只是晃一下就回到了原站立的平衡状态。无论是老年人,还是年轻人,只要施加的是相同的反馈系统,他的反应(系统响应)都是差不多的,原因在于反馈系统(把手、臂长等)一致,即使原系统(老年人、年轻人)有巨大的差别,反馈系统的一致性也会导致加了负反馈的新系统的响应基本一致。这里所谓的反馈系统具有一致性,是假定老年人和年轻人具有基本相同长度的胳膊,相当的身高,相同高

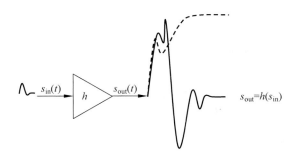

(a) 没有外部负反馈，不同系统反应各异

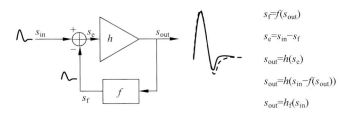

(b) 外加深度负反馈使得响应几乎完全由反馈网络决定

图 5.2.4　负反馈效应

度的把手,因而人的晃动动作、晃动幅度(响应)也会基本保持一致。换句话说,无论原系统如何,只要反馈网络一致,加了负反馈网络的系统就是稳定的,稳定体现在:①响应不再那么剧烈;②只要反馈网络一致,性能参量差异很大的系统响应将基本一致。如图 5.2.4(b)所示,这是加了负反馈网络的系统,两个输出代表的年轻人和老年人的响应曲线基本一致,这就是负反馈系统对原系统起稳定性作用后的结果。

用数学表达式来描述,原系统函数为 $h$,$s_{out}=h(s_{in})$,这里 $s$ 代表信号,对电路而言,可能是电压信号,也可能是电流信号。加了反馈系统后,施加到原系统的输入激励不再是 $s_{in}$,而是 $s_e=s_{in}-s_f$,对车上的人,就是惯性力和把手拉力的合力,这两个力是反向的,因而是一种负反馈。注意,反馈信号 $s_f$ 是输出响应(人体动作)的函数,$s_f=f(s_{out})$,这里的 $f$ 代表反馈系统的系统函数。于是整个闭环系统,其输出 $s_{out}$ 和输入 $s_{in}$ 之间的关系就是原系统函数 $h$ 和反馈系统函数 $f$ 共同作用的结果,$s_{out}=h(s_{in}-f(s_{out}))$,简化表述为 $s_{out}=h_f(s_{in})$。

上述描述中指出:为了稳定系统,要求反馈信号和原信号反向,这就是负反馈。对负反馈的基本判定方法如下:闭合环路中任意位置的信号波动,经环路作用(转一圈)后,其方向和初始波动方向相反,则为负反馈。如果波动方向和初始方向相同,则为正反馈。

**3. 深度负反馈**

我们希望闭环系统函数 $h_f$ 比原系统函数 $h$ 更加稳健,那么就必须满足一定的条件,如深度负反馈条件。下面以运放实现的反相放大器为例进行说明。

表 5.2.1 是从商用 741 运放数据手册(datasheet)中摘录的运放参量,其中,$\mu A741C$ 运放的电压放大倍数的最小值是 2 万,典型值是 20 万,我们购买到手的运放,电压增益只要高于2 万就是合格产品,因而其增益有可能是 2 万,有可能是 20 万,假设甚至还有可能是 30 万。现在对这三个运放施加相同的电压激励,假设第一个运放输出为 1V,那么第二个运放则输出10V,第三个运放呢? 15V? 注意电源电压只有 ±15V,因此输出电压只能到达其饱和电压

13V。完全相同的外在条件和激励,不同的运放具有完全不同的输出,因而直接用运放实现信号放大不具实用性,因为大批量生产时,运放参量是不确定的。而且运放内部都是晶体管电路,它们对环境温度十分敏感,当温度发生变化时,放大倍数、直流工作点等都会随之改变。一句话,运放增益很不确定!怎么办才能获得稳定增益的放大器?加负反馈网络。只要运放增益足够高,反馈深度就会足够的深,放大器的增益则几乎完全由外部元件决定,只要外部元件是稳定的,放大器就是稳定的。

表 5.2.1　741 数据手册提供的 μA741C 参量

| PARAMETER | | TEST CONDITIONS | $T_A$ | μA741C | | | μA741I, μA741M | | | UNIT |
|---|---|---|---|---|---|---|---|---|---|---|
| | | | | MIN | TYP | MAX | MIN | TYP | MAX | |
| $A_{VD}$ | Large-signal differential voltage amplification | $R_L \geqslant 2\text{k}\Omega$ | 25℃ | 20 | 200 | | 50 | 200 | | V/mV |
| | | $V_O = \pm 10\text{V}$ | Full range | 15 | | | 25 | | | |
| $r_i$ | Input resistance | | 25℃ | 0.3 | 2 | | 0.3 | 2 | | MΩ |
| $r_o$ | Output resistance | $V_O = 0$, See Note 5 | 25℃ | | 75 | | | 75 | | Ω |

为了单独考察运放增益对具有负反馈网络的反相放大器增益的影响,这里忽略运放输入电阻和输出电阻的影响,如式(E5.1.3b)所示,由于将非无穷大运放增益考虑在内,该反相放大倍数将不仅由 $R_2/R_1$ 决定了,而是

$$A_v = \frac{v_{out}}{v_{in}} = -\frac{R_2}{R_1}\frac{1}{1 + \frac{1}{A_{v0}}\left(\frac{R_2}{R_1} + 1\right)} \tag{5.2.3}$$

例如我们要实现一个 10 倍增益的放大器,对于理想运放,则应取 $R_2/R_1 = 10$。但是实际选用的运放其增益则并非无穷大,比如说选用的运放增益只有 2 万倍,反相放大器的增益则为 9.9945;如果选用的运放其增益达到 20 万倍,反相放大器增益则为 9.99945;如果选用运放增益高达 30 万倍,反相放大器增益则为 9.99963。这三个放大倍数数值和理想运放抽象下的设计值 10 有多大区别呢?可见,加了稳定的反馈网络后,深度负反馈条件下,反馈放大器的增益由于几乎完全由反馈网络决定,故而变得十分的稳定,即使原运算放大器的增益十分的不确定,但反馈放大器的增益也基本确定在设计值附近,仅有些许可忽略的微小变化。

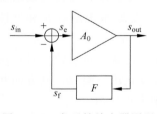

图 5.2.5　负反馈放大器原理

对于放大器而言,什么是深度负反馈?如图 5.2.5 所示,这是一个反馈放大器的原理框图。注意,原理框图中只考虑了两个端口之间的作用系数(对应于 z、y、g、h 参量的 21 元素和 12 元素),没有考虑输入电阻和输出电阻(z、y、g、h 参量的 11 元素和 22 元素)的影响。

开环放大器的增益为 $A_0$,这个增益可能是电压增益 $A_{v0}$,可能是电流增益 $A_{i0}$,可能是跨导增益 $G_{m0}$,也可能是跨阻增益 $R_{m0}$。显然,反馈网络反馈回到输入端的信号 $s_f$ 必须和 $s_{in}$ 同属电压或同属电流,故而对应上述四种放大器的四个反馈系数 $F = s_f/s_{out}$ 分别为电压反馈系数 $F_v$,电流反馈系数 $F_i$,跨阻反馈系数 $R_F$,跨导反馈系数 $G_F$,对应的环路增益 $T = A_0F$ 分别等于 $A_{v0}F_v$,$A_{i0}F_i$,$G_{m0}R_F$,$R_{m0}G_F$,它们都是没有量纲的纯倍数关系,环路增益 $T$ 代表信号经过放大网络和反馈网络一圈后的增益,

$$T = \frac{s_f}{s_e} = A_0F \tag{5.2.4}$$

如是,闭环放大器增益为

$$A_\mathrm{f} = \frac{s_\mathrm{out}}{s_\mathrm{in}} = \frac{A_0 s_\mathrm{e}}{s_\mathrm{f} + s_\mathrm{e}} = \frac{A_0 s_\mathrm{e}}{T s_\mathrm{e} + s_\mathrm{e}} = \frac{A_0}{1 + T} = \frac{A_0}{1 + A_0 F} \tag{5.2.5}$$

该表达式说明,只要环路增益远远大于1,

$$T = A_0 F \gg 1 \tag{5.2.6}$$

反馈放大器的增益则几乎完全由反馈网络决定,大体等于反馈系数的倒数,

$$A_\mathrm{f} = \frac{A_0}{1 + A_0 F} \stackrel{A_0 F \gg 1}{\approx} \frac{1}{F} \tag{5.2.7}$$

式(5.2.6)$A_0 F \gg 1$ 被称为负反馈放大器的深度负反馈条件。

当满足深度负反馈条件时,反馈放大器的增益则几乎完全由反馈系数 $F$ 决定,与放大器增益 $A_0$ 几乎无关。希望设计出具有一致放大倍数 $A_\mathrm{v0}$ 的运放,这是不可实现的目标,成本过高了,但是反馈网络仅仅是由低成本元件如电阻、电容实现的,有了深度负反馈,则可用具有高精度的低成本的电阻器件配合确定性不高的低成本的集成运放来实现高精度的低成本的放大器。

式(5.2.7)表明,深度负反馈放大器的信号转换关系几乎完全由反馈网络决定,但需要特别提示的是,放大器输出端口向外界释放的能量是由放大网络提供的。放大网络将直流功率转化为交流功率,最后输出到负载上,这是能量转换关系,而信号传递关系则由反馈网络决定,放大网络和反馈网络缺一不可,两者的配合实现了性能良好的负反馈放大器。

深度负反馈放大器的性能几乎由反馈网络决定,但是如果反馈深度不够深,就会带来误差,这里的误差指的是实际增益和理想增益之间的差别。理想增益就是理想运放增益,如果不考虑放大器输入阻抗、输出阻抗的影响,只考虑增益带来的误差,则有

$$A_\mathrm{f} = \frac{A_0}{1 + A_0 F} = \frac{1}{F} \frac{1}{1 + \dfrac{1}{T}} \approx \frac{1}{F}\left(1 - \frac{1}{T}\right) = A_\mathrm{f,ideal}(1 - \varepsilon) \tag{5.2.8}$$

也就是说,环路增益 $T$ 非无穷大带来的增益误差大略为 $100\%/T$,显然要降低增益误差,就需要足够高的环路增益。

这里对前面讨论的负反馈放大器中出现的数学符号、术语进行规范:

(1) 开环增益 $A_0$。负反馈构成的是一个闭环,将环路打开,从输入到输出的增益就是开环增益,$A_0 = s_\mathrm{out}/s_\mathrm{e} = s_\mathrm{out}/s_\mathrm{in}$。

(2) 闭环增益 $A_\mathrm{f}$。负反馈环路闭合后,从输入到输出的增益为闭环增益,$A_\mathrm{f} = s_\mathrm{out}/s_\mathrm{in}$。

(3) 反馈系数 $F$。以输出信号 $s_\mathrm{out}$ 为输入,以反馈信号 $s_\mathrm{f}$ 为输出的反馈网络的线性转换系数,$F = s_\mathrm{f}/s_\mathrm{out}$。放大网络和反馈网络在端口1并联则 $s_\mathrm{f}$ 为短路电流,串联则 $s_\mathrm{f}$ 为开路电压,放大网络和反馈网络在端口2并联则 $s_\mathrm{out}$ 为输出电压,串联则 $s_\mathrm{out}$ 为输出电流。反馈系数的量纲和开环增益量纲互为倒数,闭环增益和开环增益具有相同的量纲。

(4) 环路增益 $T$。自反馈信号位置将环路打开,以 $s_\mathrm{in}$ 作为输入,以 $s_\mathrm{f}$ 作为输出,代表信号转一圈后的增益,显然环路增益是开环放大器增益和反馈系数之积,$T = A_0 F$。环路增益是一个无量纲的纯倍数。

(5) 输入信号 $s_\mathrm{in}$,输出信号 $s_\mathrm{out}$,反馈信号 $s_\mathrm{f}$,误差信号 $s_\mathrm{e}$。

**4. 负反馈好处**

以负反馈放大器为例,负反馈可带来如下好处:

(1) 降低增益灵敏度,增强系统稳定性。没有负反馈网络作用的运放,其电压增益 $A_\mathrm{v0}$ 有剧烈的变化,是不确定参量,并不适合直接使用它的电压增益对电压信号进行放大。加上负反

馈网络之后,闭环增益 $A_{vf}$ 则几乎完全由反馈网络决定,只要反馈网络是稳定的,整个反馈放大器就是稳定的。

(2) 加了负反馈网络后,放大器更接近于理想受控源。放大网络和反馈网络端口 2 并联,反馈网络则检测放大网络的输出电压,负反馈网络稳定输出电压,故而形成受控电压源;放大网络和反馈网络端口 2 串联,反馈网络则检测放大网络的输出电流,负反馈网络稳定输出电流,故而形成受控电流源。放大网络和反馈网络端口 1 并联,反馈网络引回的是反馈电流,从输入电流扣除,形成的误差电流作用到放大网络,故而形成流控作用;放大网络和反馈网络端口 1 串联,反馈网络引回的是反馈电压,从输入电压扣除,形成的误差电压作用到放大网络,故而形成压控作用。故而串串负反馈形成压控流源,并并负反馈形成流控压源,并串负反馈形成流控流源,串并负反馈形成压控压源。

(3) 非线性失真降低,线性度提高。只要反馈网络是线性的,闭环后放大器的线性范围可提高,如 4.6.3 节考察的差分放大器的源极负反馈电阻的作用。

(4) 带宽增加。只要负反馈网络是理想线性电阻网络(其寄生效应远小于晶体管),闭环系统的带宽就可大大提高。构成运放的晶体管有很大的寄生电容效应,当运放闭环时存在不稳定性,因而运放电路中添加了 MILLER 补偿电容,导致运放带宽由 MILLER 补偿电容决定,开环运放的带宽很窄,在 Hz 量级,闭环后可高达“MHz”量级或更高,见 10.5.3 节讨论。

负反馈带来的诸多好处,线性度提高,稳定性提高,带宽提高,都是负反馈网络自身良好性质的体现。但性能的提高是有代价的,代价就是放大倍数下降了很多。负反馈网络还可能增加部分噪声,但这些代价是我们愿意付出的,它可以换来很多其他的优良特性。

### 5.2.2　负反馈应用

**1. 理想受控源**

图 E5.1.4、图 E5.1.5 给出的四种连接方式的负反馈放大器,由于运放电压增益 $A_{v0}$ 极高,使得其环路增益远大于 1,$T \gg 1$,从而串联端口的阻抗变得极大,是开环放大器端口阻抗的 $(1+T)$ 倍,并联端口的阻抗变得极小,是开环放大器端口阻抗的 $1/(1+T)$ 倍,这都使得负反馈放大器具有接近于理想受控源的端口阻抗特性。

理想受控源可以作为放大器,缓冲器或者压流、流压转换器使用。

1) 电压放大器例

虽然四种受控源对应四种基本放大器,但是我们更习惯于电压放大,这是由于电压信号在表述信息时具有更好的可测性,因而目前大部分电路都属于电压模电路。所谓电压模电路,就是以电压信号为处理对象(输入、输出)的电路。

四种受控源中,压控压源和流控压源是电压输出,因而这两种受控源实际应用最为广泛。我们经常使用的同相电压放大器和反相电压放大器,就是基于这两种受控源分别实现的,分别对应于图 E5.1.5(a)串并负反馈连接方式和图 E5.1.1 并并负反馈连接方式。在并并负反馈连接形成的流控压源前串接电阻 $R_1$,输入电压首先通过 $R_1$ 形成输入电流,该电流再通过流控压源形成输出电压,如图 E5.1.3(d)所示,最终则形成了反相电压放大功能。

这两种放大器还可以换一个角度来理解,如图 5.2.6 所示,它们可以视为同一结构的两种应用,只是激励源位于不同位置而已:同相电压放大器的激励位于同相输入端和地之间,反相电压放大器的激励位于 $R_1$ 左端和地之间。

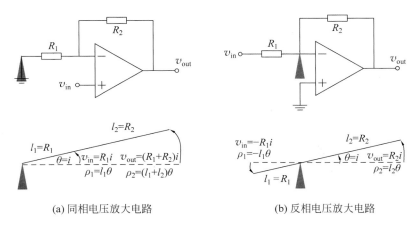

(a) 同相电压放大电路　　　　　　　　　　　(b) 反相电压放大电路

图 5.2.6　运放实现的电压放大器与两种类型杠杆的比对

由于虚短,故而反相输入端电压和同相输入端电压相等,由于虚断,流经 $R_2$ 的电流和流经 $R_1$ 的电流相等,由此易得两个放大器的电压增益分别为

同相电压放大电路:

$$\frac{v_{\text{out}} - v_{\text{in}}}{R_2} = i_2 = i_1 = \frac{v_{\text{in}}}{R_1} \Rightarrow A_v = \frac{v_{\text{out}}}{v_{\text{in}}} = 1 + \frac{R_2}{R_1} \tag{5.2.9a}$$

反相电压放大电路:

$$\frac{v_{\text{out}} - 0}{R_2} = i_2 = i_1 = \frac{0 - v_{\text{in}}}{R_1} \Rightarrow A_v = \frac{v_{\text{out}}}{v_{\text{in}}} = -\frac{R_2}{R_1} \tag{5.2.9b}$$

对于这两个放大器,我们可以用两类杠杆的运动来理解和记忆,如图 5.2.6 所示:我们用电阻阻值比拟杠杆长度,用电压比拟杠杆端点移动距离(弧长),用电流比拟杠杆转角,用不变的地电压比拟不动的杠杆支点,虚断、虚短比拟杠杆的刚性运动。那么对于同相电压放大器,杠杆支点位于左端点,中间力作用点即输入端位置(电压)抬升,导致右端点输出位置(电压)的同向比例上升,比例系数为作用点到支点距离之比 $(R_2 + R_1)/R_1$;对于反相电压放大器,杠杆支点位于中间位置,左端点的力作用点输入端位置(电压)下压,导致右端点输出端位置(电压)的反向比例上抬,比例系数为端点到支点距离之比 $R_2/R_1$。之所以是比例关系,在于杠杆是刚性的(虚短+虚断),杠杆绕支点旋转的角度(电流)对两个作用点而言是同一角度,因而位置(电压)变化是角度(电流)乘以半径(电阻),故而两个作用点位移(电压)变化关系就是绕支点旋转的半径(电阻)之比。

### 2) 电压缓冲器例

如图 5.2.7(a)所示的用运放实现的电压缓冲器是同相电压放大器的变形:只需令 $R_2$ 短路即可,此时 $R_1$ 则变化为缓冲器输出端的一个负载,这种负反馈被称为单位增益负反馈,这是由于其电压反馈系数和闭环电压增益为 1 的缘故,

$$A_v = 1 + \frac{R_2}{R_1} \xrightarrow{R_2 = 0} 1 \tag{5.2.10}$$

这也是电压跟随器名称的来源,输出电压跟随输入电压的变化而变化,输出完全跟随输入。

用负反馈原理分析可获得电压跟随器输入电阻 $r_{\text{inf}}$ 为运放输入电阻 $R_{\text{in}}$ 的 $(1 + A_{v0})$ 倍,如果代入 $R_{\text{in}} = 2\text{M}\Omega$,$A_{v0} = 200000$,则有 $r_{\text{inf}} = 400\text{G}\Omega$。这个结果并不真实,我们在分析运放电路时,忽略了很多非理想因素,这些非理想因素包括失调、噪声、共模抑制等。这里的输入电阻仅

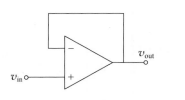 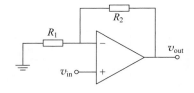

(a) 电压跟随器(Voltage Follower)　　　　　(b) 同相电压放大电路的变形

图 5.2.7　电压缓冲器（Voltage Buffer）

仅是输入差模电阻，并没有考虑输入共模电阻，如果考虑两个输入端对地存在的共模输入电阻，那么运放输入电阻将是 $r_{inf}$ 和共模电阻 $R_{inc}$ 的并联，从而使得电压缓冲器的输入电阻最终实际受限于共模电阻大小。关于共模电阻，见习题 5.14 图 E5.4.14 运放模型。

跟随器的输出电压始终等于输入电压，那么跟随器有什么用处？把输入、输出直接连在一起不就可以了吗？如图 5.2.8(a)所示，对于负载和电压源直接连接，负载电压为信源电压的分压，

$$v_{\mathrm{L}} = \frac{R_{\mathrm{L}}}{R_{\mathrm{s}} + R_{\mathrm{L}}} v_{\mathrm{s}} \tag{5.2.11}$$

有时我们需要原样保留源电压，当负载电阻比较小时，输出电压会很小，不足以满足要求。同时式(5.2.11)表述的是线性电阻情况，负载对源电压的信号形态没有影响，然而很多情况下，源内阻与负载电阻，或者其一、或者全部都存在非线性，源和负载的直接连接，会导致输出电压中产生源电压中不存在的非线性失真分量。对于有些信源，例如振荡器电路，它们对负载很敏感，当负载很重时，输出信号可能出现变形，甚至停振而不再有信号输出。当出现上述情况时，则需要在信源和负载中间加入缓冲器，如图 5.2.8(b)所示，加入电压缓冲器后，负载电压等于源电压，

$$v_{\mathrm{L}} = v_{\mathrm{s}} \tag{5.2.12}$$

这是由于缓冲器本身的输入电阻极大，故而信源电压几乎原样出现在缓冲器输入端，缓冲器电压增益为 1，故而该电压再次转移到输出端，而缓冲器输出电阻极小，其驱动能力极大，故而源电压信号几乎原样不动地反映到负载电阻上，即使源内阻和负载电阻都是非线性的，负载电阻较小（负载较重），负载电压相对源电压而言也几乎没有失真，缓冲器隔离了负载对源的影响。

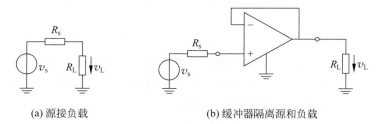

(a) 源接负载　　　　　　　　(b) 缓冲器隔离源和负载

图 5.2.8　电压缓冲器应用：隔离源和负载

3）流压转换例：光传感器

用深度负反馈实现的接近理想的压控压源、流控流源、压控流源、流控压源都具有缓冲作用，可分别实现电压缓冲、电流缓冲、压流线性转换、流压线性转换功能。下面举一个流压转换的例子。

**例 5.2.1** 如图 E5.2.2 所示,这是一个光传感器电路。已知光信号变化频率在 100kHz～10MHz 范围之内,光电二极管产生的电流有效值为 1μA,跨阻放大器跨阻增益为 10kΩ。请分析跨阻放大器造成的噪声恶化情况,假设运放电路的噪声特性如图 E5.2.3 所示。

**分析**:首先对图 E5.2.3 进行说明。在第 3 章讨论用 $ABCD$ 参量表述线性二端口网络的等效电路时,我们举了一个例子,说明如何将一个线性二端口网络内部的噪声源等效到二端口网络的输入端。事实上,任何线性二端口网络,只要内部存在噪声源,如工作在线性区的运算放大器,其内部的电阻和晶体管都会产生噪声,这些噪声源都可以如例 3.7.4 那样,被折合到二端口网络的输入端,如图 E5.2.4 所示,实际运放内部存在的噪声,被折合为输

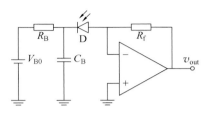

图 E5.2.2 光传感器例

入端的噪声电压源和噪声电流源后,剩下的就是无噪声的理想运放。

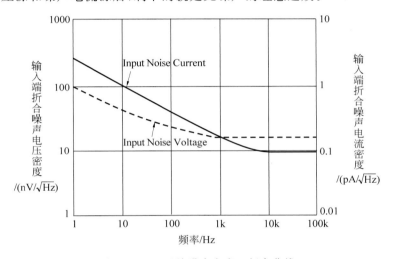

图 E5.2.3 运放噪声密度－频率曲线

由于噪声是随机的,因而很多文献中的等效噪声源都不做方向性标记,如图 E5.2.4 所示的那样,只是在噪声源上标记 $v_n$、$i_n$ 说明这是噪声电压源和噪声电流源。这种标记本身假设两个噪声源之间不相关,如果考虑两个等效噪声源之间的相关性,则有必要将源的参考方向标记清楚。

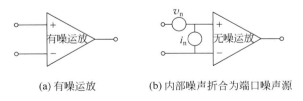

(a) 有噪运放    (b) 内部噪声折合为端口噪声源

图 E5.2.4 运放噪声模型

如果运放电路处理的信号比较大,噪声影响可以忽略不计,但是如果运放电路处理的信号比较小,则必须考虑运放在处理信号时附加的额外噪声,因而在低噪声设计中,商用的低噪声运放应提供如图 E5.2.3 所示的运放噪声特性。

图 E5.2.3 中有两条曲线,分别代表折合到输入端的噪声电压源和输入噪声电流源大小。

我们注意到电阻热噪声 $\overline{v_{n,R}^2}=4kTR\Delta f$ 和带宽 $\Delta f$ 成正比,因而单位带宽内的热噪声,也就是热噪声密度为 $\dfrac{\overline{v_{n,R}^2}}{\Delta f}=4kTR$。图 E5.2.3 给出的就是运放的输入噪声电压密度和噪声电流密度,分别记为

噪声电压密度 $\sqrt{\dfrac{\mathrm{d}\,\overline{v_n^2}}{\mathrm{d}f}}$,图 E5.2.3 中给出的单位为 $\mathrm{nV}/\sqrt{\mathrm{Hz}}$;

噪声电流密度 $\sqrt{\dfrac{\mathrm{d}\,\overline{i_n^2}}{\mathrm{d}f}}$,图 E5.2.3 中给出的单位为 $\mathrm{pA}/\sqrt{\mathrm{Hz}}$。

对于热噪声而言,噪声密度是与频率无关的常量,这种噪声被称为白噪声。图 E5.2.3 中水平曲线部分对应的就是电路中的白噪声,包括电阻热噪声及 PN 结散粒噪声。与频率相关的噪声被称为有色噪声,图中低频部分随频率降低而升高的噪声被称为闪烁噪声,或者 $1/f$ 噪声,这部分噪声与频率成反比关系。闪烁噪声和电阻热噪声一样,存在于所有电路器件中。

其次再对图 E5.2.2 所示的光传感器进行说明。图中的二极管为光电二极管,直流偏置电压源 $V_{B0}$ 通过偏置电阻 $R_B$ 对它进行直流偏置。注意到运放是负反馈连接方式,故而运放工作在线性区,根据虚短特性,运放反相输入端电压等于同相输入端电压为零电压,显然光电二极管是反偏偏置的。正如 2.6.3 节所示,反偏的光电二极管可等效为电流源,电流源输出电流变化由 PN 结接收的光强变化决定。图中 $C_B$ 为交流接地的旁路电容,因而该光传感器的等效电路如图 E5.2.5(a)所示,为电流源驱动跨阻器。由于我们习惯于处理电压信号,对于电流型的光传感器,则需要通过一个线性流压转换器将电流信号线性转换为电压信号,运放和负反馈电阻 $R_f$ 形成接近理想的流控压源,也就是接近理想的线性流压转换器。

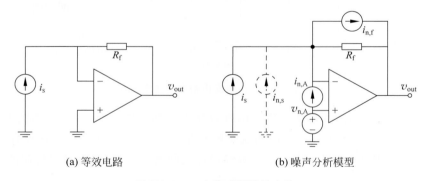

(a) 等效电路　　　　　　　　　　(b) 噪声分析模型

图 E5.2.5　光传感器等效电路

**解**:描述信号质量的指标为信噪比,因而需要计算输出信号中的有用信号功率与噪声功率之比。如图 E5.2.5(b)所示,电路中除了信号源外,还有 4 个噪声源:

(1) 信源内部的噪声 $i_{n,s}$:这是 PN 结光电二极管自身产生的噪声,由于题目中没有给出这一项,故而用虚线表述;

(2) 反馈电阻的噪声 $i_{n,f}$:它是反馈电阻的热噪声电流,其有效值为 3.98nA:

$$\overline{i_{n,f}^2}=4kTG_f\Delta f=4\times1.38\times10^{-23}\times290\times\frac{1}{10^4}\times9900\times10^3$$

$$=15.85\times10^{-18}\,\mathrm{A}^2=(3.98\mathrm{nA})^2 \tag{E5.2.1}$$

其中,$\Delta f=10\mathrm{MHz}-100\mathrm{kHz}=9.9\mathrm{MHz}$ 为信号带宽。这里的噪声源采用的是诺顿形式,也可采用戴维南形式。

（3）运放内部噪声折合到输入端的噪声电流源 $i_{n,A}$：由图 E5.2.3 可知，在 100kHz 以上，噪声电流密度为常值 $0.1pA/\sqrt{Hz}$，可知该噪声电流的有效值为 0.315nA：

$$\overline{i_{n,A}^2} = \left(\sqrt{\frac{d\,\overline{i_{n,A}^2}}{df}}\right)^2 \Delta f = (0.1 \times 10^{-12})^2 \times 9900 \times 10^3$$

$$= 9.9 \times 10^{-20}\,A^2 = (0.315nA)^2 \tag{E5.2.2}$$

（4）运放内部噪声折合到输入端的噪声电压源 $v_{n,A}$：由图 E5.2.3 可知，在 100kHz 以上，噪声电压密度为常值 $20nV/\sqrt{Hz}$，可知该噪声电压的有效值为 $62.9\mu V$：

$$\overline{v_{n,A}^2} = \left(\sqrt{\frac{d\,\overline{v_{n,A}^2}}{df}}\right)^2 \Delta f = (20 \times 10^{-9})^2 \times 9900 \times 10^3$$

$$= 39.6 \times 10^{-10}\,V^2 = (62.9\mu V)^2 \tag{E5.2.3}$$

噪声本身是随机信号，因而其方向可以随意。为了方便计算，图中任意定了方向，如图 E5.2.5(b) 所示。运放内部折合到输入端的两个噪声源是相关源，但是这里没有给出任何相关信息，为了计算能够进行下去，这里假设它们不相关。运放工作在线性区，所有源都是小信号源，因而整个电路属于线性电路，可利用叠加定理：分别计算每个源单独作用时的输出，其他源不起作用（电流源开路，电压源短路），同时利用理想运放的虚短、虚断特性，可得

$$v_{out,s} = -R_f i_s \tag{E5.2.4a}$$

$$v_{out,n,s} = -R_f i_{n,s} \tag{E5.2.4b}$$

$$v_{out,n,f} = R_f i_{n,f} \tag{E5.2.4c}$$

$$v_{out,n,A,i} = -R_f i_{n,A} \tag{E5.2.4d}$$

$$v_{out,n,A,v} = v_{n,A} \tag{E5.2.4e}$$

由叠加定理可知，输出电压为

$$v_{out} = v_{out,s} + v_{out,n,s} + v_{out,n,f} + v_{out,n,A,i} + v_{out,n,A,v}$$

$$= -R_f i_s - R_f(i_{n,s} - i_{n,f} + i_{n,A}) + v_{n,A} \tag{E5.2.5}$$

输出信号中包含有用信号和无用的噪声，有用信号被无用噪声污染，信号质量下降。下面计算的输出电压均方值代表信号功率，包括有用信号功率和噪声功率，

$$\overline{v_{out}^2} = \overline{(-R_f i_s - R_f(i_{n,s} - i_{n,f} + i_{n,A}) + v_{n,A})^2}$$

$$= R_f^2\,\overline{i_s^2} + \overline{(R_f(i_{n,s} - i_{n,f} + i_{n,A}) - v_{n,A})^2}$$

$$= R_f^2\,\overline{i_s^2} + R_f^2\,\overline{i_{n,s}^2} + R_f^2\,\overline{i_{n,f}^2} + R_f^2\,\overline{i_{n,A}^2} + \overline{v_{n,A}^2}$$

$$= (10 \times 10^3 \times 1 \times 10^{-6})^2 + R_f^2\,\overline{i_{n,s}^2} + (10 \times 10^3)^2(15.85 \times 10^{-18} + 9.9 \times 10^{-20})$$

$$\quad + 39.6 \times 10^{-10}$$

$$= (0.0001 + R_f^2\,\overline{i_{n,s}^2} + 55.549 \times 10^{-10})\,(V^2)$$

$$= (10mV)^2 + (v_{n,s,rms})^2 + (74.5\mu V)^2 \tag{E5.2.6}$$

上述计算中假设所有信号之间都是不相关的，由此可以确认：输出电压中的有用信号的有效值为 10mV，源噪声在输出电压中的有效值 $v_{n,s,rms}$ 未知。激励源后面的跨阻器实现流压线性转换，它将在输出信号中额外附加噪声，额外附加的噪声电压有效值为 $74.5\mu V$，于是因跨阻器额外附加噪声使得输出信噪比不可能高于 42.6dB，

$$SNR_{o,max} = 20\log_{10}\frac{10mV}{74.5\mu V} = 42.6dB \tag{E5.2.7}$$

跨阻器的作用是将光电二极管的电流线性转换为电压,但它在有用信号上额外附加了 $74.5\mu\mathrm{V}$ 的噪声。如果源内部噪声在输出端的有效值 $v_{\mathrm{n,s,rms}} \ll 74.5\mu\mathrm{V}$,则输出信噪比几乎完全由跨阻器附加噪声决定,大约在 42dB;如果源内部噪声在输出端的有效值 $v_{\mathrm{n,s,rms}} \gg 74.5\mu\mathrm{V}$,则说明跨阻器附加的额外噪声对信号质量影响不大,信号质量由光电二极管自身决定。

本例中假设等效输入噪声谱密度在高频段是平坦的,实际高频段器件中的有色噪声机制会导致噪声密度变大,这将导致高频信号中会附加更多的噪声。

4) 信号相加例:调音器

并并负反馈实现的流控压源除了可以用来实现上述反相电压放大器、流压线性转换光传感器外,还被很多其他应用所采用。其原因之一在于实现电流相加极为简单,只需将需要相加的信号转换为电流信号后并接于一点,KCL 决定了这些并接于一点的电流只能相加,将相加后的电流信号导入流控压源输入端,流控压源将其转换为电压信号输出,即可实现期望的信号相加功能。图 5.2.9 所示电路就是这样一个信号相加电路:它的 4 路输入电压信号通过 4 个电阻连接到由运放和 $R_{\mathrm{f}}$ 电阻形成的流控压源输入端,由于理想流控压源输入端短接于地,故而 4 路电压信号首先被电阻转化为电流,这些电流在跨阻器输入端自然合成相加,之后被跨阻器(流控压源)转化为输出电压,即

$$v_{\mathrm{out}} = -R_{\mathrm{f}} \cdot i_\Sigma = -R_{\mathrm{f}}\left(\frac{v_{\mathrm{in1}}}{R_1} + \frac{v_{\mathrm{in2}}}{R_2} + \frac{v_{\mathrm{in3}}}{R_3} + \frac{v_{\mathrm{in4}}}{R_4}\right)$$

$$= -\frac{R_{\mathrm{f}}}{R_1}v_{\mathrm{in1}} - \frac{R_{\mathrm{f}}}{R_2}v_{\mathrm{in2}} - \frac{R_{\mathrm{f}}}{R_3}v_{\mathrm{in3}} - \frac{R_{\mathrm{f}}}{R_4}v_{\mathrm{in4}} = \sum_{k=1}^{4} a_k v_{\mathrm{in}k} \qquad (5.2.13)$$

上述结论也可直接利用理想运放的虚短、虚断特性分析获得:由于虚短,故而运放反相输入端电压为 0,于是 4 路电压信号产生 4 路电流,在反相输入端汇聚后,由于虚断,没有分流进入运放,只能全部流过反馈电阻 $R_{\mathrm{f}}$,从而在输出端形成反相合成电压信号。

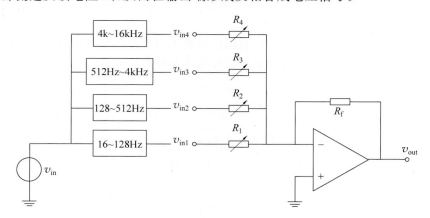

图 5.2.9  信号相加电路的调音器应用

图中还同时给出了这个信号相加电路的一种应用——调音器(Mixer)应用:将频带为 20Hz～15kHz 的音乐信号,首先经过 4 个滤波器分解为位于不同频段的 4 路信号,这 4 路信号分别从低音到高音分布,之后令这 4 路信号通过信号相加电路再合成。四个电阻 $R_1 \sim R_4$ 用 4 个电位器实现,即可实现求和系数的手工旋钮调整,于是可以增强或降低音乐信号中的低音、中音或者高音部分。

5）数模转换例

**例 5.2.2** 如图 E5.2.6 所示电路完成 4 路信号的相加,请分析其功能。

**分析**：图中 4 个开关受 4 路信号控制,这里假定控制信号高电平(逻辑 1)则开关闭合,控制信号低电平(逻辑 0)则开关断开,为了方便起见,记 $D_i=1$ 则第 $i$ 个开关闭合,$D_i=0$ 则第 $i$ 个开关断开。$i$ 路开关闭合则接恒压 $V_0$,$i$ 路则向跨阻器输入端贡献 $V_0/R_i$ 的电流,如果该路开关断开,这条支路则不贡献电流,故而第 $i$ 支路向运放反相输入端点贡献的电流可记为 $D_iV_0/R_i$。注意到 4 条支路的电阻 $R_i$ 具有 2 等比关系,故而 4 条支路贡献的总电流为

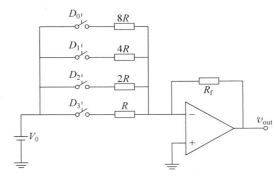

图 E5.2.6　信号相加电路的 DAC 应用

$$i_\Sigma = i_0 + i_1 + i_2 + i_3 = \frac{D_0 V_0}{8R} + \frac{D_1 V_0}{4R} + \frac{D_2 V_0}{2R} + \frac{D_3 V_0}{R}$$

$$= \frac{V_0}{8R}(D_0 + 2^1 D_1 + 2^2 D_2 + 2^3 D_3) \tag{E5.2.8}$$

这个合成电流被之后级联的跨阻器转化为输出电压,

$$v_{\text{out}} = -R_f i_\Sigma = -\frac{R_f}{8R}V_0(D_0 + 2^1 D_1 + 2^2 D_2 + 2^3 D_3)$$

$$= V_{\text{REF}}(D_0 + 2^1 D_1 + 2^2 D_2 + 2^3 D_3) \tag{E5.2.9}$$

显然,这是一个 4bit 的数模转换电路,将数字信号 $D_3 D_2 D_1 D_0$ 线性转换为模拟电压信号。

图 E5.2.6 电路被称为二进制加权 DAC(Binary-weighted D/A converter),它要求各条数控支路的电阻具有精密的 2、4、8、16、…倍关系,工艺上严格做到这一点相对比较困难,于是就有了如图 E5.2.7 所示的 $R/2R$ 梯形网络 DAC 电路($R/2R$ Ladder DAC),这里只需两类电阻,$R$ 和 $2R$,工艺上相对比较容易实现。

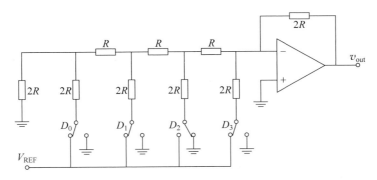

图 E5.2.7　$R/2R$ Ladder DAC(通过电阻网络实现信号的加权相加)

**练习 5.2.4** 请分析确认图 E5.2.7 所示电路具有 4bit DA 转换功能。

**提示**：数字量 $D_i$ 为 1 开关 $i$ 则接通参考电压源 $V_{\text{REF}}$,数字量 $D_i$ 为 0 开关 $i$ 则短接于地。可以采用戴维南等效方法自左向右依次完成等效,考察数字量 $D_3 D_2 D_1 D_0$ 在戴维南等效源表述中的权重,确认其 DAC 功能。

图 5.2.10 是将二进制加权和 $R/2R$ 梯形电阻网络结合的实用 4bit DAC 芯片内部电路的

一个例子。四个晶体管(电流源)下方的电阻可以是二进制加权电阻,如最高位 $D_3$ 开关下方的晶体管电流源接负反馈电阻 $R$,次高位 $D_2$ 则接 $2R$,如此类推,最低位 $D_0$ 支路则需接 $2^{n-1}R = 8R$ 的电阻,对应的四个晶体管电流源的 PN 结面积则分别取 $A, A/2, A/4, A/8$,如是可确保每个晶体管的 PN 结电流密度相同,故而它们将具有完全相同的 $V_{BE}$ 电压。然而图 5.2.10 实际电路中的电阻网络并没有采用二进制加权电阻,而是采用更为容易实现的 $R/2R$ 梯形网络,它们具有和二进制加权电阻网络相同的功能。假设 $D_0$ 支路晶体管电流源的电流为 $I_0$,那么 $D_1$ 支路晶体管电流源电流一定是 $2I_0$,其后依此递增,$D_3$ 支路对应的晶体管电流源电流则为 $8I_0$,原因在于这些晶体管的基极连接在一起,具有相同的 $V_{BE}$ 电压,这些晶体管面积具有 2 倍关系,因而电流是 2 倍关系,以确保整个电路的平衡。

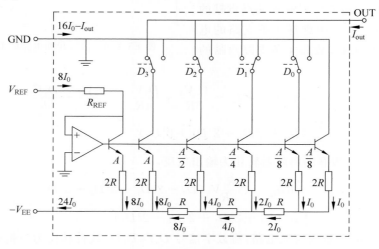

图 5.2.10　4bit DAC(通过电阻网络实现信号的加权相加)

**练习 5.2.5**　请标注图 5.2.10 电路中各个结点的电压,确认每个晶体管的 $V_{BE}$ 结电压相同。

上述电路中,参考电流的确定通过一个负反馈运放来实现:如图 5.2.10 所示,运放反相输入端接地,同相输入端则虚地,故而 $R_{REF}$ 两端电压为 $V_{REF}$,于是参考电流 $I_{REF} = V_{REF}/R_{REF}$,这个参考电流和前面论述的 $I_0$ 具有 8 倍关系,$I_{REF} = 8I_0$,于是整个系统电流则可被确定下来。

4 位数字输入导致四个单刀双掷开关拨向不同,最终输出电流恰好是二进制加权电流之和。电流输出端 OUT 可以外接跨阻器(并并负反馈实现的流控压源)将电流输出线性转换为电压输出。

图 5.2.11 是单刀双掷开关的设计方案,它就是差分对结构,其中晶体管 $Q_{2k}(k=0,1,2,3)$ 的基极接固定偏置电压 $V_B$,晶体管 $Q_{1k}$ 的基极则接数字逻辑电平 $V_{Dk}$,当逻辑 $D_k = 1$ 时,$V_{Dk} >$

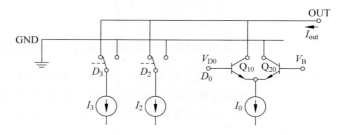

图 5.2.11　单刀双掷开关方案

$V_B$,从而晶体管 $Q_{1k}$ 恒流导通,晶体管 $Q_{2k}$ 截止,于是开关拨向输出端,输出电流中包括 $I_k$,当逻辑 $D_k=0$ 时,$V_{Dk}<V_B$,从而 $Q_{2k}$ 恒流导通,$Q_{1k}$ 截止,于是开关拨向地端,输出中没有 $I_k$ 分量。

**练习 5.2.6**　请标注图 E5.2.8 所示电路各支路电流,说明它实现的是 8bit DAC 功能。

**提示**:图 E5.2.8 用两个 4bit DAC 的连接形成一个 8bit DAC,对于低 4 位,其权重比高 4 位低 16 倍,故而两个 4bit DAC 之间的电流基准差 16 倍。

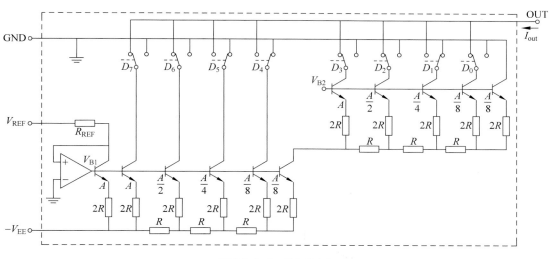

图 E5.2.8　8bit DAC

**2. 差模放大与共模抑制**

**例 5.2.3**　如图 E5.2.9 所示,请分析证明该放大器完成差分放大功能

$$v_{out} = \frac{R_2}{R_1}(v_{in2} - v_{in1}) \tag{E5.2.10}$$

其中,$R_3=R_1$,$R_4=R_2$。

**分析**:注意到图示电路为负反馈连接方式,故而可假设运放工作在线性区,该电路则是一个线性电路,故而对两个输入信号可利用叠加定理。

首先仅 $v_{in1}$ 起作用,$v_{in2}$ 不起作用(短路),该电路则是一个反相放大电路。虽然和熟知的反相放大电路结构不全一样,其同相输入端不是直接接地,但是由于虚断,同相输入端没有电流流入流出,故而同相输入端电压为 0,直接用地替代即可(替代定理),故而仅 $v_{in1}$ 起作用时,输出为

$$v_{out1} = -\frac{R_2}{R_1}v_{in1} \tag{E5.2.11}$$

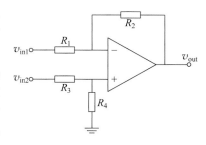

图 E5.2.9　差分放大电路

然后令 $v_{in1}$ 短路,仅 $v_{in2}$ 起作用,该电路则是一个同相放大电路。虽然与经典的同相放大电路结构不全一样,这里的同相输入端不是直接接恒压源,但是由于虚断,同相输入端没有电流流入流出,故而同相输入端电压为向源端看入的戴维南电压,$v_p = \frac{R_4}{R_3+R_4}v_{in2}$,用具有该电压的恒压源替代戴维南源(替代定理),即可获得 $v_{in2}$ 单独起作用时的输出,

$$v_{out2} = \left(1 + \frac{R_2}{R_1}\right)v_p = \frac{R_1+R_2}{R_1}\frac{R_4}{R_3+R_4}v_{in2} \tag{E5.2.12a}$$

只要满足 $R_3 = R_1, R_4 = R_2$,则有

$$v_{\text{out2}} = \frac{R_2}{R_1} v_{\text{in2}} \tag{E5.2.12b}$$

由线性电路的叠加定理可知,当两个输入同时作用时,输出为两个输入单独作用时两个输出的叠加,为

$$v_{\text{out}} = v_{\text{out1}} + v_{\text{out2}} = \frac{R_2}{R_1}(v_{\text{in2}} - v_{\text{in1}}) \tag{E5.2.13}$$

**解:** 由于虚断,运放同相输入端无电流流入流出,故而

$$v_{\text{p}} = \frac{R_4}{R_3 + R_4} v_{\text{in2}} \tag{E5.2.14}$$

由虚短知

$$v_{\text{n}} = v_{\text{p}} = \frac{R_4}{R_3 + R_4} v_{\text{in2}} \tag{E5.2.15}$$

由于虚断,运放反相输入端无电流流入流出,故而

$$\frac{v_{\text{in1}} - v_{\text{n}}}{R_1} = \frac{v_{\text{n}} - v_{\text{out}}}{R_2} \tag{E5.2.16}$$

将式(E5.2.15)代入,有

$$v_{\text{out}} = \left(1 + \frac{R_2}{R_1}\right) \frac{R_4}{R_3 + R_4} v_{\text{in2}} - \frac{R_2}{R_1} v_{\text{in1}} \tag{E5.2.17}$$

将 $R_3 = R_1, R_4 = R_2$ 代入,则有

$$v_{\text{out}} = \frac{R_2}{R_1}(v_{\text{in2}} - v_{\text{in1}}) \tag{E5.2.18}$$

得证。

第 4 章考察晶体管差分对放大电路时,我们定义了共模抑制比 CMRR,它与失调(offset)一样,都是由差分输入端的不对称性导致的(见 4.6.2 节)。运放输入为差分输入,差分输入级的不对称性导致的 CMRR 属于运放内部的 CMRR。如果差分放大器外围网络有不对称性,这种不对称性同样会导致外部 CMRR。一般而言,内外 CMRR 共同作用,差分放大器总的共模抑制度将会变差。

对于如图 E5.2.9 所示的差分放大器,如果外部电路对称,也就是 $R_1 = R_3, R_2 = R_4$,同时又假设运放内部电路完全对称,内部 CMRR 为无穷,那么外部的对称性可以确保外部 CMRR 也是无穷大,于是整体 CMRR 无穷大,此时输出只是输入差分电压的放大,$v_{\text{out}} = (R_2/R_1) * (v_{\text{in2}} - v_{\text{in1}})$,与共模输入电压 $0.5(v_{\text{in2}} + v_{\text{in1}})$ 无关。

实现完全对称的电路是不太可能的,标称值一样的两个电阻总是存在差异,既然电阻并不能保证严格相等,那么输出就不仅与差分电压有关,与共模电压也必然有关系。下面我们假设运放内部是绝对对称的,只分析考察外部电阻不对称性导致的 CMRR 有多大。由于外围电阻不太可能完全一致,这里假设

$$R_1 = R_{10}(1 + \delta_1), \quad R_3 = R_{10}(1 + \delta_3)$$
$$R_2 = R_{20}(1 + \delta_2), \quad R_4 = R_{20}(1 + \delta_4) \tag{E5.2.19}$$

其中,$R_{10}$ 是 $R_1$ 和 $R_3$ 的标称值,$R_{20}$ 是 $R_2$ 和 $R_4$ 的标称值,但是实际电阻偏离标称值,$\delta_1$、$\delta_2$、$\delta_3$、$\delta_4$ 则代表随机取用电阻的随机偏差。由于随机取用的电阻不再满足 $R_3 = R_1, R_4 = R_2$,因而输出表达式只能用式(E5.2.17)而不是式(E5.2.18)。将两个输入用共模信号和差模信号表述为

$$v_{in2} = v_{ic} + 0.5v_{id} \tag{E5.2.20a}$$

$$v_{in1} = v_{ic} - 0.5v_{id} \tag{E5.2.20b}$$

和式(E5.2.19)一起代入式(E5.2.17),即可求出

$$v_{out} = A_{dd}v_{id} + A_{dc}v_{ic} \tag{E5.2.21}$$

也就是说,输出电压不仅与差模输入信号 $v_{id}$ 有关,还与共模输入信号 $v_{ic}$ 有关,由此可计算获得 CMRR,为

$$\text{CMRR} = 20\log_{10}\left|\frac{A_{dd}}{A_{dc}}\right| \tag{E5.2.22}$$

**练习 5.2.7** 假设图 E5.2.9 差分放大电路中的运放是理想运放,只有电阻反馈网络的非对称导致 CMRR,请证明 CMRR 的最小值由外围电阻的最大偏差决定,

$$\text{CMRR}_{\min} = 20\log_{10}\frac{1}{4\delta_{\max}} \tag{E5.2.23}$$

其中,选用电阻阻值偏离标称值的偏差 $|\delta_1|$,$|\delta_2|$,$|\delta_3|$,$|\delta_4| < \delta_{\max}$。如果希望获得超过 80dB 的 CMRR,请问对外部电阻提出怎样的精度要求?

我们可以通过选用高精度的电阻,即电阻阻值最大偏差 $\delta_{\max}$ 足够小的电阻,来确保运放外围电阻导致的 CMRR 足够大。事实上,我们可以通过外围电路的不对称性抵偿内部不对称性造成的失调和 CMRR,如调零电路那样。然而这种补偿往往只针对特定环境,当环境温度发生变化时,由于运放内部晶体管对温度的高度敏感性,在某温度下调零好的电路,在另外一个温度下则失效。

**练习 5.2.8** 图 E5.2.10 是在差分放大器的基础上增加了一个可变电阻器 $R_G$,请说明该电路功能。图中,$R_1 = R_2 = R_{01}$,$R_3 = R_4 = R_5 = R_6 = R_{02}$。

**提示 1:** 由于增加了 $R_G$ 支路,该电路负反馈和正反馈将同时存在,应首先说明负反馈大于正反馈,否则不能随意应用理想运放的虚短、虚断特性进行电路分析。

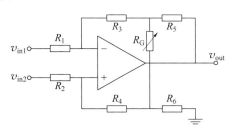

图 E5.2.10 差分放大电路:可调

**提示 2:** 当电路结构比较复杂,平面上画电路图时会出现线的交叉现象,图 E5.2.11 的几种画法分别代表了两条连线是短接的(连在同一结点上)或者是交叉而过的两条线(分属两个不同的结点)。

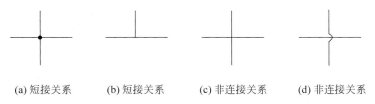

(a) 短接关系  (b) 短接关系  (c) 非连接关系  (d) 非连接关系

图 E5.2.11 交叉的两条线的连接关系

对称性良好的差分放大器可有效抑制共模信号,然而对于单端输出,如果地上有强干扰,输出电压中仍然存在较大的共模信号,因而在共模干扰严重的数模混合电路中,差分放大器多采用全差分结构(输入信号和输出信号均为双端信号)。图 5.2.12 为全差分运放实现的负反馈放大器,其差分输出电压和差分输入电压之间是线性比值关系,这里同样要求 $R_3 = R_1$,$R_4 = R_2$。

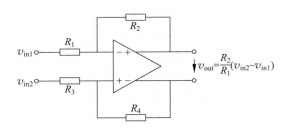

图 5.2.12 全差分放大电路

### 3. 多运放负反馈应用

前述电路多为采用单运放负反馈实现的功能电路,有时需要多个运放配合形成某种功能电路。如果每个运放都是各自负反馈的,则可直接假设运放工作在线性区。如果多个运放首尾环接在一个闭合环路中,则应首先判定这个闭合环路整体为负反馈环路,然后才能运用线性区理想运放的虚短、虚断性质进行分析。为了简化问题,这里建议不要试图分析负反馈的连接方式,而是在判断为负反馈连接后直接利用虚短、虚断性质给出分析结果即可。

**例 5.2.4** 如图 E5.2.12 所示,这是一个双运放实现的差分放大电路,请分析其差分放大功能。

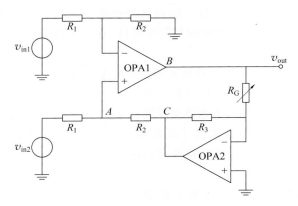

图 E5.2.12 双运放差分放大器

**解**:首先确认两个运放都是负反馈连接的。

OPA2 自身由负反馈电阻 $R_3$ 形成负反馈连接,因而可以假设其工作在线性区,于是从 $B$ 点到 $C$ 点,OPA2 和 $R_G$、$R_3$ 构成一个反相电压放大器。对于 OPA1,如图所示,$A$-$B$-$C$-$A$ 形成一个闭环,假设 $A$ 点有向上的扰动电压,通过 OPA1 的作用 $B$ 点电压上升,通过 OPA2 形成的反相电压放大器作用,$C$ 点电压下降,$A$ 点电压是 $C$ 点电压的分压(负反馈环路判断时,可假设输入激励不起作用,$v_{in2}$ 短路处理),故而 $A$ 点电压下降,闭环一周分析可知,OPA1 也是负反馈连接关系,从而可以假设它也工作在线性区。由于两个运放均是负反馈连接,均可假设工作于线性区,因而可采用运放的虚短、虚断性质分析如下:

OPA1 反相输入端电压:$v_{n1} = \dfrac{R_2}{R_1 + R_2} v_{in1}$　　　　　　　　（OPA1 反相端虚断）

OPA1 同相输入端电压:$v_A = v_{p1} = v_{n1} = \dfrac{R_2}{R_1 + R_2} v_{in1}$　　　　（OPA1 输入端虚短）

AC 支路电流:$i = \dfrac{v_A - v_{in2}}{R_1} = \dfrac{v_C - v_A}{R_2}$　　　　　　　　（OPA1 同相端虚断）

故而有

$$v_{\mathrm{C}} = \left(1 + \frac{R_2}{R_1}\right)v_{\mathrm{A}} - \frac{R_2}{R_1}v_{\mathrm{in2}} = \frac{R_2}{R_1}(v_{\mathrm{in1}} - v_{\mathrm{in2}})$$

从 $B$ 点到 $C$ 点通过 OPA2 形成反相电压放大,故而

$$v_{\mathrm{C}} = -\frac{R_3}{R_{\mathrm{G}}}v_{\mathrm{B}} = -\frac{R_3}{R_{\mathrm{G}}}v_{\mathrm{out}} \quad （\mathrm{OPA2} \text{ 虚短、虚断分析结果}）$$

上述两方程联立,有

$$v_{\mathrm{C}} = \frac{R_2}{R_1}(v_{\mathrm{in1}} - v_{\mathrm{in2}}) = -\frac{R_3}{R_{\mathrm{G}}}v_{\mathrm{out}}$$

故而输出为两个输入的差分放大,

$$v_{\mathrm{out}} = \frac{R_{\mathrm{G}}}{R_3}\frac{R_2}{R_1}(v_{\mathrm{in2}} - v_{\mathrm{in1}}) \tag{E5.2.24}$$

由于 $R_{\mathrm{G}}$ 可调,故而此为可调增益差分放大电路。

**例 5.2.5** 分析图 E5.2.13 所示三运放电路功能,说明构成该电路各个电路器件的作用。

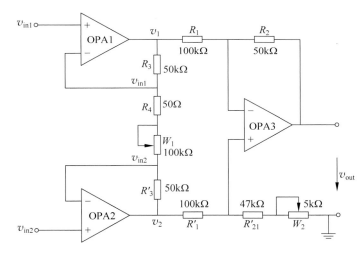

图 E5.2.13 仪表放大器(Instrumentation Amplifier,INA)

**分析**:(1)这个电路显然是一个两级级联网络,第一级输入为 $v_{\mathrm{in1}}$ 和 $v_{\mathrm{in2}}$,输出为 $v_1$ 和 $v_2$,第二级输入为 $v_1$ 和 $v_2$,输出为 $v_{\mathrm{out}}$,第二级明显是一个差分放大器。

(2)每一个运放都是通过电阻从输出端反馈到其反相输入端,故而都是负反馈连接,所以可以假设它们都工作在线性区,即可以运用理想运放的虚短、虚断特性进行分析。

(3)假设 OPA1 的输出电压为 $v_1$,OPA2 的输出电压为 $v_2$,由于运放输入端虚断,故而 OPA1 输出端点到 OPA2 输出端点这一条支路上的所有电阻上的电流都是一个电流,将 $R_4$ 电阻和 $W_1$ 电位器视为一个可变电阻 $R_{\mathrm{G}}$,由于虚短,$R_{\mathrm{G}}$ 两端电压分别为 $v_{\mathrm{in1}}$ 和 $v_{\mathrm{in2}}$,故而这条支路上的电流为

$$i = \frac{v_{\mathrm{in1}} - v_{\mathrm{in2}}}{R_{\mathrm{G}}} = \frac{v_1 - v_2}{R_3 + R_3' + R_{\mathrm{G}}} = \frac{v_1 - v_2}{2R_3 + R_{\mathrm{G}}}$$

故而第一级差模输出电压和差模输入电压之间的关系为线性放大关系

$$v_1 - v_2 = \left(1 + 2\frac{R_3}{R_{\mathrm{G}}}\right)(v_{\mathrm{in1}} - v_{\mathrm{in2}})$$

（4）第二级为差分放大器，输出电压和输入电压之间的关系为

$$v_{\text{out}} = -\frac{R_2}{R_1}(v_1 - v_2) = \frac{R_2}{R_1}\left(1 + 2\frac{R_3}{R_G}\right)(v_{\text{in2}} - v_{\text{in1}}) \tag{E5.2.25}$$

可见该电路整体为可变增益的差分放大器。

（5）组成该电路的器件作用：第一级电路中 OPA1 和 OPA2 的输入端负反馈连接关系是串联关系，故而输入电阻极大，使得本电路对前级电路的负载效应（相当于开路）可以忽略不计；第二级是差分放大器，OPA3 的输出端负反馈连接关系是并联关系，故而输出电阻极小，使得本电路对后级电路的驱动能力很强，后级电路对本电路的负载效应在一定程度上可忽略不计。两级级联总效果，该电路是一个接近于理想压控压源的电压放大器，差分输入电阻极大，输出电阻极小，放大倍数可调整。由于深度负反馈，运放外部电阻负反馈网络决定了电压放大倍数，也就是说，电路外部电阻阻值决定了放大倍数。由于 $W_1$ 可以在 $0\Omega \sim 100\text{k}\Omega$ 之间调整，也就是说，$R_G$ 可以在 $50\Omega \sim 100.05\text{k}\Omega$ 之间调整，故而电压放大倍数的调整范围为 $1 \sim 1000$ 之间，

$$\frac{R_2}{R_1}\left(1 + 2\frac{R_3}{R_G}\right) = \frac{50\text{k}}{100\text{k}}\left(1 + 2\frac{50\text{k}}{0.05\text{k} \sim 100.05\text{k}}\right) = 1000.5 \sim 0.99975$$

由于电路器件参数不可避免地存在不确定性，两路信号之间的对称性遭到破坏，通过电位器 $W_2$ 的微调，人为附加的这个外部不对称性可以抵偿运放、其他电阻不对称性导致的 CMRR 恶化，整个电路的 CMRR 因而提高。

图 E5.2.13 所示电路具有如下特点：①极高的输入阻抗；②极低的输出阻抗；③精确而稳定的大范围可调的增益；④高共模抑制比（CMRR）。这种放大器又被称为仪表放大器（Instrumentation Amplifier，INA）。

**练习 5.2.9** 分析图 E5.2.14 所示双运放仪表放大器输入输出转移关系式。

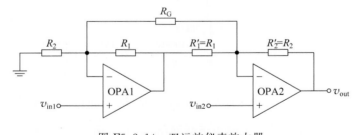

图 E5.2.14 双运放仪表放大器

# 5.3 运放非线性应用

前面的运放应用例中，运放均采用负反馈连接方式，并且包括负反馈网络在内的运放外部器件均为线性电阻器件，因而在信号没有大到超出运放线性区的情况下，电路整体上呈现出线性电路特性。而运放电路的非线性应用有如下三种情况：

（1）负反馈：通过负反馈连接方式使得运放工作在线性区，但是运放外围器件含有非线性器件，从而电路整体上呈现出非线性特性。这类电路包括指数、对数运算电路，输出限幅电路，半波信号产生电路等。

（2）开环：由于运放线性范围很窄，开环应用时运放基本上不太可能持续稳定地停留在线性区，因而开环应用情况下，输入信号的幅度往往被设置得很大，使得运放稳定地在正负饱

和电压之间来回转化,在线性区停留的时间极短可抽象为 0 而不必关注。开环应用时,运放多被建模为比较器。

(3) 正反馈:当正反馈运放被设置在线性区工作时,运放可等效为线性负阻,当然需要负反馈同时存在才能稳定地待在线性区。如果去掉这些负反馈,仅正反馈的正向促进作用,运放一般都会自行脱离不稳定的线性区进入到稳定的饱和区,此时则形成状态记忆,如施密特触发器。等效负阻也可以和外部动态器件构成振荡电路从而周期性地向外部释放能量,如 RC 张弛振荡器等。本章只讨论到电阻电路如施密特触发器和等效负阻,而振荡电路的讨论见第 9、10 章。

### 5.3.1 负反馈结构

**1. 对数运算**

图 5.3.1 是实现对数运算的运放电路,又被称为对数放大器(Logarithmic Amplifier)。图 5.3.1(a)是由运放和二极管形成的基本结构,图 5.3.1(b)则是由运放和 BJT 晶体管组成的转移二极管结构(transdiode configuration)。这两种结构,都是将非线性电阻置于负反馈通路中,运放由于负反馈通路的存在而工作在线性区,于是可以利用运放的虚短和虚断特性进行分析。

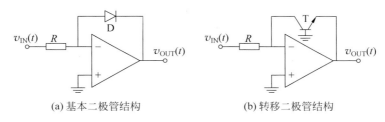

(a) 基本二极管结构        (b) 转移二极管结构

图 5.3.1 对数放大器

当输入信号 $v_{IN}(t) > 0$ 时,二极管正向导通,形成运放负反馈通路,此时利用虚短、虚断特性,有

$$\frac{v_{IN} - 0}{R} = i = I_{S0}(e^{\frac{0 - v_{OUT}}{v_T}} - 1) \approx I_{S0}e^{\frac{-v_{OUT}}{v_T}} \tag{5.3.1}$$

即

$$v_{OUT} = -v_T \ln \frac{v_{IN}}{I_{S0}R} = -v_T \ln \frac{i_{IN}}{I_{S0}} \tag{5.3.2}$$

对上述分析有如下说明:

(1) 式(5.3.1~2)是针对基本二极管结构进行的推导,请同学自行分析转移二极管结构,两者具有相同的对数运算结论。

(2) 获得对数运算表达式(5.3.2)的前提假设是二极管电压、电流具有指数律关系,在 0.1nA~0.1mA(近 120dB)二极管正向电流范围内,二极管伏安特性和指数律关系公式吻合得都很好。

(3) 对数放大器可以应用于动态范围极大的信号处理中,如数据压缩。例如光传感器输出电流在 10nA~100μA 之间变化,变化范围 80dB,假设我们要求 ADC 引入的量化误差小于 1%,那么就要求 ADC 能够区分 0.1nA~100μA 的电流变化,对 ADC 的动态范围要求高达 120dB,由于 1bit 对应 6dB 动态范围(20log₁₀2=6dB),因而 ADC 的位数则需要达到 20bit 才能满足要求。如果将光传感器输出电流经过转移二极管对数放大器,那么输出电压变化范围被压缩为 $v_T \ln \dfrac{i_{IN,max}}{i_{IN,min}}$,而 1% 的误差则要求采样步长为 $v_T \ln \dfrac{1+0.01}{1}$,故而只需 $\dfrac{\ln i_{IN,max}/i_{IN,min}}{\ln 1.01/1} = \dfrac{\ln 10000}{\ln 1.01} = 926 = 2^{9.85} < 2^{10}$ 个间隔即可,也就是说,10bit ADC 即可满足系统的 1% 误差模数转换需求。

**练习 5.3.1** 对图 5.3.1(a)所示的对数放大器,二极管正向导通时,运放负反馈通路才能建立,这要求输入电压必须大于 0。为了确保这一点,有必要在输入端加入整流电路,使得只有大于 0 的信号才能通过,小于 0 的信号不能通过。分析当输入信号 $v_{IN}(t) < 0$ 时的运放工作状态,并考察当信号从大于 0 到小于 0、从小于 0 到大于 0 转换时,运放工作状态的变化情况。

**例 5.3.1** 由式(5.3.2)可知,温度对对数放大电路的影响很大:不仅热电压 $v_T = kT/q$ 和温度相关,反向饱和电流也和温度相关。可以通过补偿措施消除温度的影响。如图 E5.3.1 所示,这是一个有温度补偿的对数放大器。请分析它是如何补偿使得对数运算中的温度影响被消除。

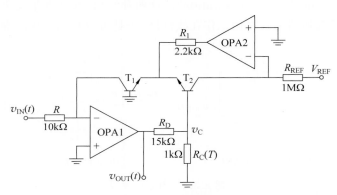

图 E5.3.1 温度补偿对数放大器

**分析**:(1)原理上讲,OPA1 和 $T_1$ 构成一个对数放大结构,OPA2 和 $T_2$ 构成一个对数放大结构,两个对数放大结构可以相互补偿。

(2)首先确认两个运放都是负反馈连接的,确认正负反馈连接时,激励源可置零或接固定不变的电压,为了确保 $T_1$ 导通,接固定正压,接 $v_{IN}(t) = V_0$:假设 OPA1 反相输入端有一个向上的扰动,经 OPA1 作用后,$v_{OUT}$ 下降,其分压 $v_C$ 下降,$T_2$ 射极电压下降,$T_1$ 共基组态为同相电压放大器,故而 $T_1$ 集电极电压下降,可见环路一周后,向上的扰动被抑制,故而 OPA1 属负反馈连接关系。假设 OPA2 反相输入端电压有一个向上的扰动,经 OPA2 作用后,OPA2 输出电压下降,故而 $T_2$ 射极电压随之下降,注意到 $v_{IN}(t) = V_0$ 不变继而 $v_C$ 不变,故而可视 $T_2$ 为基极电压不动的 CB 组态同相电压放大器,$T_2$ 射极电压的下降将导致 $T_2$ 集电极电压的下降,可见环路一周后,向上的扰动被抑制,故而 OPA2 也属负反馈连接关系。由于两个运放均是负反馈连接方式,故而可利用虚短、虚断特性进行分析。

(3)考察图中的 $v_C$ 电压,它为输出电压的分压,

$$v_C = \frac{R_C}{R_C + R_D} v_{OUT}$$

这里假设 $T_2$ 基极电流影响可以忽略不计。$v_C$ 电压作用到两个晶体管的 BE 结上,

$$v_{\mathrm{C}} = V_{\mathrm{BE2}} - V_{\mathrm{BE1}} = v_{\mathrm{T}} \ln \frac{I_{\mathrm{C2}}}{I_{\mathrm{CS0}}} - v_{\mathrm{T}} \ln \frac{I_{\mathrm{C1}}}{I_{\mathrm{CS0}}} = v_{\mathrm{T}} \ln \frac{I_{\mathrm{C2}}}{I_{\mathrm{C1}}}$$

两个 PN 结的级联消除了反向饱和电流 $I_{\mathrm{CS0}}$ 的影响,这里假设两个晶体管具有相同的 $I_{\mathrm{CS0}}$。

(4) 由于运放工作在线性区,虚短和虚断分析表明,

$$I_{\mathrm{C2}} = \frac{V_{\mathrm{REF}}}{R_{\mathrm{REF}}} = I_{\mathrm{REF}}, \quad I_{\mathrm{C1}} = \frac{v_{\mathrm{IN}}}{R} = i_{\mathrm{IN}}$$

故而有

$$v_{\mathrm{OUT}} = -\frac{R_{\mathrm{C}} + R_{\mathrm{D}}}{R_{\mathrm{C}}} v_{\mathrm{T}} \ln \frac{i_{\mathrm{IN}}}{I_{\mathrm{REF}}} \approx -R_{\mathrm{D}} \frac{v_{\mathrm{T}}}{R_{\mathrm{C}}} \ln \frac{i_{\mathrm{IN}}}{I_{\mathrm{REF}}} \qquad (\text{E5.3.1})$$

上式约等于号来自 $R_{\mathrm{D}} \gg R_{\mathrm{C}}$。如果希望消除 $v_{\mathrm{T}}$ 中温度的影响,只需热敏电阻 $R_{\mathrm{C}}$ 在一定温度范围内与绝对温度 $T$ 成正比关系即可。

对比式(E5.3.1)和式(5.3.2)可知,温度的影响被有效抵偿。

和对数放大器功能相逆的电路被称为反对数放大器,它完成的是指数运算。图 5.3.2 是实现指数运算的基本电路结构,请同学自行完成其功能分析。

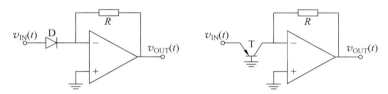

图 5.3.2　反对数放大器的基本形态

**练习 5.3.2**　请给出图 5.3.2 所示电路输出电压和输入电压之间的关系式,说明该电路实现的是指数运算,并说明对输入信号的限制。

**提示**:反对数放大器首先通过二极管将输入电压转化为输入电流,电流是电压的指数运算关系,之后再经跨阻器线性转化为输出电压,使得输出电压和输入电压之间具有指数运算规律。

**练习 5.3.3**　分析图 E5.3.2 所示电路的电路功能。

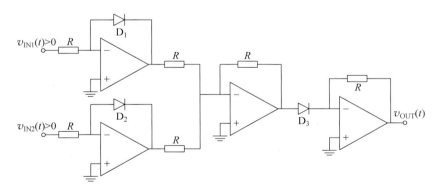

图 E5.3.2　运放负反馈非线性应用

**练习 5.3.4**　请给出图 E5.3.3 所示电路输出电压和输入电压之间的关系式,说明该电路实现的是指数运算,并说明它是如何通过温度补偿消除温度影响的。

**2. 限幅电路**

如图 5.3.3 所示,这是一个限幅电路,面对面串接的两个稳压二极管作为运放的负反馈通

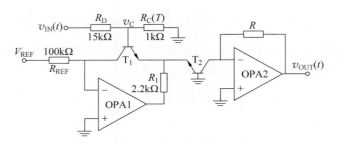

图 E5.3.3　具有温度补偿措施的反对数放大器

路。这里不妨假设二极管正向导通电压为 $0.7V$,反向击穿电压为 $4.3V$,则当对接二极管支路两端电压低于 $5V$ 时,该支路开路,当对接二极管两端电压高于 $5V$,该支路二极管击穿,支路两端电压被钳制在 $5V$。对接二极管支路伏安特性方程可描述如下

$$\begin{cases} v_D = +5V, & i_D > 0 \\ i_D = 0, & |v_D| < 5V \\ v_D = -5V, & i_D < 0 \end{cases} \tag{5.3.3}$$

于是对于图 5.3.3 所示电路,当输入信号 $v_{IN} > 0$ 或 $< 0$ 时,对接二极管支路必然导通,因为如果不导通则无电流,运放反相输入端电压则等于输入电压,$v_{in} = v_{IN}$,而运放同相输入端接地,故而运放输出端电压或者负饱和或者正饱和,这都将使得对接二极管支路击穿,从而形成负反馈通路。负反馈通路形成后,运放分析可采用虚短、虚断特性,由运放反相输入端电压虚短为 0,可知运放输出电压为 $-5V$ 或 $+5V$,于是将获得如图 5.3.3 所示的输入输出信号波形对应关系。

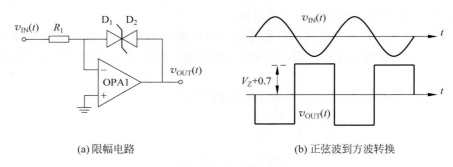

(a) 限幅电路　　　　　　　　　　　(b) 正弦波到方波转换

图 5.3.3　限幅电路

**练习 5.3.5**　如图 E5.3.4 所示,将图 5.3.3 所示的正弦波到方波转换电路的非线性元件抽出,从虚线包围的线性单端口网络端口看入,其等效电路是什么?用图解法说明 $v_{OUT}(t)$ 只能是 $\pm 5V$。提示:可加压求流获得虚框单端口网络伏安特性关系且同时保持运放负反馈通路存在。齐纳二极管可采用三段折线模型:正偏导通则 $0.7V$ 恒压,反偏截止则开路,反向击穿则 $4.3V$ 恒压。

**3. 半波信号产生电路**

图 5.3.4(a) 是二极管半波整流电路,可以使得

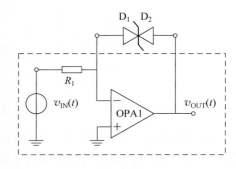

图 E5.3.4　限幅电路的线性网络与非线性网络对接分解

输出电压波形是输入正弦波的半个周期(半波信号),这是理想整流二极管的结论。而实际二极管存在 0.7V 的导通电压,故而输出信号并非真正的半波信号,只有输入信号大于 0.7V 才能导通,输出电压等于输入电压减去二极管导通电压 0.7V,显然导通角小于半个周期。而图 5.3.4(b)电路则通过运放的深度负反馈作用,使得二极管的正向导通和反向截止特性接近理想整流二极管,从而可获得接近理想的半波信号。

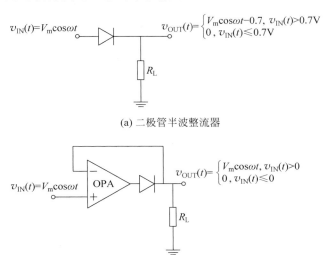

(a) 二极管半波整流器

(b) 超级二极管半波信号发生器

图 5.3.4 半波信号产生电路

对含有二极管在负反馈通路内的运放电路,当二极管采用正偏导通 0.7V 恒压源开关模型时,基于负反馈连接情况下解的唯一性,对这种电路的分析步骤如下:首先假设二极管截止,二极管支路做开路处理。如是分析运放电路,如果分析结果表明断开的二极管支路正向电压<0.7V,则说明二极管截止这个假设是成立的,分析就此可以结束;如果分析结果表明断开的二极管支路正向电压>0.7V,则说明二极管截止这个假设不成立,则需重新假设二极管导通,以 0.7V 恒压源替代二极管,再进行分析并给出相应的分析结果。

对图 5.3.4(b)所示电路,利用上述步骤分析如下:假设二极管截止,二极管支路开路处理,注意到运放输入端虚断,故而整个电路没有为负载电阻提供驱动电流的源,于是负载电阻上的电压为 0,$v_{OUT}=0$,进而运放反相输入端电压为 0。于是,当输入电压 $v_{IN}>0$ 时,运放输出则为正饱和电压,二极管截止的假设不成立,二极管应正向导通处理,从而形成负反馈通路,利用运放虚短特性,知此时 $v_{OUT}=v_{IN}$。而当输入电压 $v_{IN}<0$ 时,运放输出则为负饱和电压,二极管截止假设是成立的,此时 $v_{OUT}=0$。上述分析表明,当输入为正弦信号时,输出为理想半波信号。

由于图 5.3.4(b)所示电路可以形成理想的正向导通、反向截止特性,运放和二极管的这种组合又被称为超级二极管。但是我们同时注意到,图 5.3.4(a)所示的普通二极管半波整流电路中,负载电阻获得的功率源自输入信号,故而该电路可实现交流能量到直流能量转换的整流功能;而图 5.3.4(b)所示的超级二极管半波"整流"电路,其负载电阻获得的功率则源自运放输出,因而这个电路无法实现输入交流能量到输出直流能量转换的整流功能,它仅仅应用于半波信号的产生,或者用来实现对输入信号的留正去负信号削平功能。

**练习 5.3.6** (1) 对图 5.3.4(b)所示的半波信号产生电路,说明二极管两种状态下,运放分别处于什么工作状态？其输出电压分别为多少？

图 5.3.4(b)所示半波电路有一个缺点,就是当输入信号由负变正瞬间,运放从开环负饱和区进入闭环线性区,运放输出电压瞬间从$-V_{\text{sat}}$跳变到$v_{\text{IN}}+0.7\text{V}\approx0.7\text{V}$,如果是理想运放,这种跳变是成立的,但是实际运放内部有电容的充放电过程,这个过程需要一定的时间才能完成,因而输出信号在这个位置会不可避免地出现较大的失真,需要一段时间后输出信号才能跟上输入信号的变化。图 E5.3.5 电路通过增加一个二极管 $D_1$,使得运放输出电压不会降低到负饱和电压$-V_{\text{sat}}$,运放输出低于$-0.7\text{V}$则 $D_1$ 导通,形成负反馈通路使得运放输出的负电压被钳制在$-0.7\text{V}$,于是在输出 $v_{\text{OUT}}$ 由 0 变化为正值时,运放输出仅由$-0.7\text{V}$跳变为$+0.7\text{V}$,由于运放输出电压变化很小,且运放始终工作在线性区,故而这个过程中 741 运放内部 MILLER 补偿电容可以很快完成充放电过程,于是输出半波信号的失真较小。

**练习 5.3.7** (1) 分析图 E5.3.5 电路工作原理,说明它可以产生反相的半波信号。(2)画出图 E5.3.5 所示电路输入电压输出电压转移特性曲线。(3)画出运放输出电压随输入电压的变化情况。

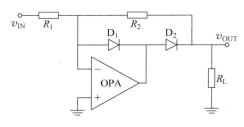

图 E5.3.5　改进后的半波整流电路

**提示 1**:分析时,首先假设两个二极管截止,……

**提示 2**:当存在负反馈通路时,可虚短、虚断分析,但虚短、虚断的前提是运放工作在线性区,因而当虚短、虚断分析表明运放输出电压超出正负饱和电压,运放输出电压则只能等于正负饱和电压,此时负反馈的作用则不复存在,运放输出端口以正负饱和电压恒压源模型对电路进行分析。

**练习 5.3.8** 分析说明图 E5.3.6 所示电路完成了什么功能:

(1)画出输入电压输出电压转移特性曲线;(2)假设输入为正弦波信号,输出是什么信号?(3)说明两个运放输出电压随输入信号的变化情况。(4)$R_4$ 在这里起什么作用?

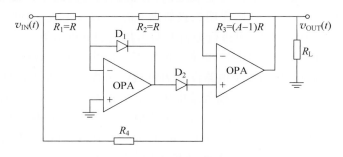

图 E5.3.6　双二极管双运放电路

**4. PSK 调制电路**

如图 5.3.5 所示,这是一个数字调制电路的简单实现方案,调制的完成是通过开关改变电路结构实现的。输入数字信号控制开关的通断,因而开关在这里归类为非线性器件:当输入信号是逻辑 1(高电平)时,开关闭合,运放同相输入端接地,于是输出 $v_{\text{out}}$ 等于载波信号 $v_{\text{c}}$ 的反相信号;当输入信号是逻辑 0(低电平)时,开关断开,同相输入端虚断,故而其电压为 $v_{\text{c}}$,虚短故而反相输入端也是 $v_{\text{c}}$,因而上支路无电流,输出 $v_{\text{out}}$ 也必然是 $v_{\text{c}}$,可见,输出 $v_{\text{out}}$ 要么是$+v_{\text{c}}$,要么是$-v_{\text{c}}$,视输入信号 $v_{\text{in}}$ 而定,于是就完成了正弦载波的相位调制。图 5.3.5 中表明:

输入为逻辑 1 时,正弦载波相位 180°;输入为逻辑 0 时,正弦载波相位为 0°。这种调制被称为 PSK(移相键控,Phase Shift Keying)调制,即 0、1 逻辑代表的数字信号被调制到了正弦载波的相位上。

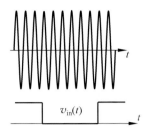 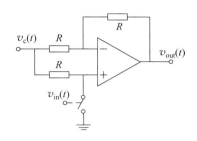 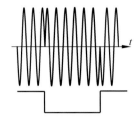

图 5.3.5　PSK 调制电路

**练习 5.3.9**　理解图 5.3.5,请给出 PSK 解调电路原理框图。

**提示**:对于尚不知道其具体电路实现方案的功能电路,如滤波器,只需画出其符号说明其功能即可,也就是说,在更高一层次完成电路设计即可。如果不知道功能电路对应的电路符号,只需画出方框,内部标记功能电路名称亦可。

### 5.3.2　开环结构:比较器

前面的运放非线性例子中大多都存在着负反馈通路,分析时则可利用理想运放的虚短、虚断特性。但有的应用中运放是开环的,开环运放可视为比较器。比较器内部电路及静态转移特性曲线和运放的都差不多,转移特性曲线的原点位置具有足够高的微分电压增益,因而输入信号稍微偏离原点大于零,输出就正饱和,输入信号稍微偏离原点小于零,输出就负饱和。如图 5.3.6 所示,由于增益极大,因而只要比较器的一个输入端接地,运放输出电压则随另一个输入信号的正负或者正饱和或者负饱和,故而可以认为这是一个过零比较器,输入电压过零输出就发生正负饱和电压之间的翻转。

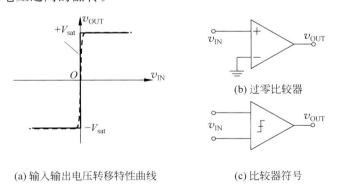

(a) 输入输出电压转移特性曲线　　　　(c) 比较器符号

图 5.3.6　比较器

实用的比较器和负反馈应用的运放,对两者提出的要求很不一致。虽然开环运放可以当作比较器使用,但实用的比较器一般都是专门设计的,这是由于运放设计主要是为了闭环负反馈的线性应用,而比较器应用则属开环结构,其设计是为了在正负饱和电压之间实现快速转换,两者的设计理念不同,内部电路大体一致,但细节上可能有较大的差异,例如 741 运放内部电路中的 30pF MILLER 补偿电容,在比较器中则不会出现,这个电容使得运放单位负反馈是稳定的,但它严重限制了运放的响应速度。将普通运放电路当做比较器使用,在速度、灵敏度等方面都没有专用比较器好。为了区分,比较器符号一般在运放符号上添加一个比较的符号,如图 5.3.6(c)所示。

**1. Flash ADC 例**

比较器是 ADC 电路的核心电路,如 3.11.1 节所描述的那样。

**练习 5.3.10**　图 E5.3.7 所示为 2bit Flash ADC,请分析其 AD 功能的实现,画出 3-2 编码器的码表,画出输入模拟电压到输出数字二进制代码之间的转移关系图表。

**2. PWM 调制例**

**例 5.3.2**　已知比较器同相输入端信号是频率为 1kHz 幅度为 $\pm 2$V 的正弦波信号,反相输入端是频率为 10kHz 幅度为 $\pm 3$V 的三角波信号,比较器输出高电平为 $+5$V,输出低电平为 $-5$V,如图 E5.3.8 所示,请画出其输出信号的时域波形。

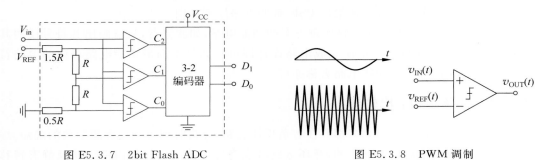

图 E5.3.7　2bit Flash ADC　　　　　　图 E5.3.8　PWM 调制

**解:**　这里直接用 MATLAB 进行作图,作图结果见图 E5.3.9。

```
F = 1E3;                          % 输入信号频率
fc = 10E3;                        % 载波信号频率
Omg = 2 * pi * F;                 % 输入信号角频率
Tc = 1/fc;                        % 载波信号周期

deltat = 1E - 6;                  % 时间步长
N = Tc/deltat;                    % 一个周期的分析点数

for k = 1:3000
    t(k) = k * deltat;            % 时间步长
    vin(k) = 2 * cos(Omg * t(k)); % 正弦波输入信号大小

    tt = mod(k,N);                % 三角波载波信号大小
    if tt < N/2
        vref(k) = + 3 - 12 * tt/N;
    else
        vref(k) = - 9 + 12 * tt/N;
    end

    if vin(k) > vref(k)           % 比较器输出
        vout(k) = + 5;
    else
        vout(k) = - 5;
    end
end
```

```
figure(1)
hold on                                      % 把时域波形画在一张图上
plot(t,vin)
plot(t,vref)
plot(t,vout)
```

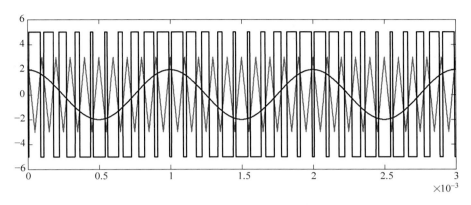

图 E5.3.9 PWM 调制波形

　　直接传输模拟信号容易受到噪声污染,接收端无法区分有用信号和噪声信号,但是通过脉冲宽度调制(Pulse Width Modulation,PWM)将低频模拟信号转换为高频 0、1 变化的数字信号,对噪声的抵抗能力将大大增加,接收端只需通过比较器判断 0、1 即可,只有噪声很大时,才会出现误判。之后再通过一个低通滤波器即可还原低频模拟信号,因为脉冲宽度平均值大小代表了低频模拟信号大小,而低通滤波器实现的正是信号求平均功能。

### 5.3.3　正反馈结构

　　在数字信号传输过程中 0、1 电平信号受到噪声污染,接收信号则会出现波形失真和严重的杂散,此时如果直接采用过零比较器判断数字 0、1,输出中将会出现很多的毛刺,如图 5.3.7 所示,这些毛刺将使得 0、1 判断错误,进而获得错误的数字信号,很多情况下这是接收端无法接受的。采用具有滞回特性的施密特触发器(Schmitt Trigger)做比较器可消除这些毛刺。

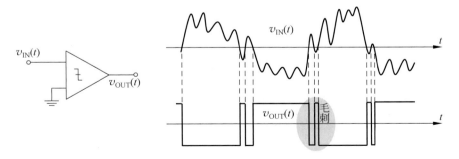

图 5.3.7　过零比较器的毛刺问题

**1. 施密特触发器:滞回比较器**

　　图 5.3.8(a)所示反相施密特触发器,采用正反馈连接方式,输出端和同相输入端通过电阻 $R_2$ 连接,反相输入端作为信号输入端,形成了如图 5.3.8(b)所示的反相滞回比较特性。

　　正反馈连接使得运放难以稳定工作于线性区:如果假设运放工作在线性区,则可虚短、虚

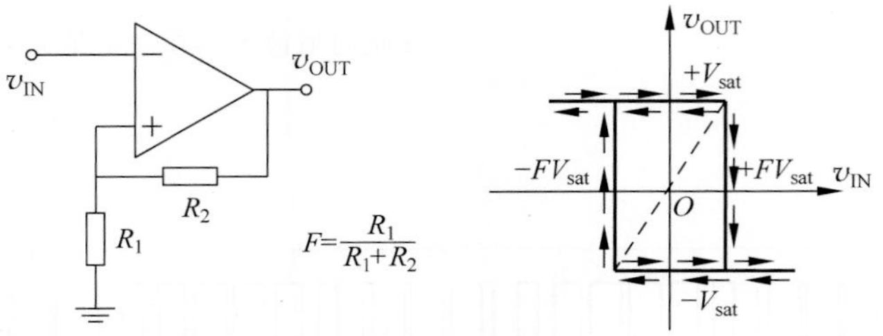

(a) 反相施密特触发器电路　　　(b) 反相滞回曲线

图 5.3.8　反相施密特触发器

断分析,此时运放的输入输出转移特性曲线与同相电压放大器完全相同

$$\frac{v_{\text{OUT}}}{R_1 + R_2} = \frac{v_{\text{IN}}}{R_1} \Rightarrow v_{\text{OUT}} = \left(1 + \frac{R_2}{R_1}\right) v_{\text{IN}} \tag{5.3.4}$$

如图 5.3.8(b)中的虚线所示,但是这个虚线在真实电路中测量不到,根本原因在于正反馈导致线性区变成不稳定区。实际电路中总是存在噪声,如电阻热噪声,噪声的存在将导致电路中的结点电压出现微小波动。假设噪声波动导致运放同相输入端电压略有上升,运放放大作用下运放的输出电压将上升,通过电阻分压器的正反馈作用,运放同相输入端将进一步上升,这种正反馈机制导致运放输出端急剧变化迅速进入正饱和电压区而无法待在线性区。同理,如果噪声波动导致运放同相输入端电压略有下降,正反馈作用将进一步使其下降,最终运放必将快速进入负饱和区。换句话说,当输入电压 $v_{\text{IN}}$ 位于$(-F \cdot V_{\text{sat}}, +F \cdot V_{\text{sat}})$区间时,其中 $F = R_1/(R_1 + R_2)$ 为电阻分压器的分压系数,它同时也是正反馈的电压反馈系数,求解图 5.3.8(a)的电路方程,在数学上存在三个解,$v_{\text{OUT}} = -V_{\text{sat}}$、$v_{\text{IN}}/F$ 或 $+V_{\text{sat}}$(练习 5.3.11),分别对应运放工作于负饱和区、线性区和正饱和区。这三个电路解也被称为系统的平衡点,但三个平衡点中有两个是稳定平衡点,$v_{\text{OUT}} = -V_{\text{sat}}$、$+V_{\text{sat}}$,系统位于稳定平衡点时,外来扰动消失后,系统将会回到初始平衡点位置,而 $v_{\text{OUT}} = v_{\text{IN}}/F$ 则是不稳定平衡点,电路中的噪声扰动将导致电路自行脱离不稳定平衡点而进入其中的某个稳定平衡点。故而实际电路无法测量到图 5.3.8(b)所示的虚线(这个数学上存在的解是不稳定平衡点),而只能测量到图 5.3.8(b)所示的滞回曲线(稳定平衡点),分析如下:前述分析说明了运放无法在线性区停留,因而这里假设运放工作在正饱和区或负饱和区。当运放工作在正饱和区时,其输出电压为正饱和电压,运放同相输入端电压为$+F \cdot V_{\text{sat}}$,此时只要输入信号低于该电压,$v_{\text{IN}} < +F \cdot V_{\text{sat}}$,运放反相输入端电压低于同相输入端电压,运放则维持工作在正饱和区。只有当输入电压升高超越$+F \cdot V_{\text{sat}}$,在超越瞬间,运放反相输入电压高于同相输入端电压,运放瞬间(不考虑动态效应)从正饱和区跳变到负饱和区,于是运放输出电压从正饱和电压跳变为负饱和电压,此时运放同相输入端电压也跳变为$-F \cdot V_{\text{sat}}$,此时只要输入信号高于该电压,$v_{\text{IN}} > -F \cdot V_{\text{sat}}$,运放反相输入电压则高于同相输入端电压,运放将维持工作在负饱和区。只有当输入电压降低并超越$-F \cdot V_{\text{sat}}$,在超越瞬间,运放反相输入端电压低于同相输入端电压,运放瞬间从负饱和区跳变到正饱和区。如是,形成了如图 5.3.8(b)所示的滞回比较特性曲线,图中箭头表示输入电压变化时,输出电压随之变化的方向。

**练习 5.3.11**　对于图 E5.3.10(a)所示的反相施密特触发器电路,采用类似图 5.2.3 所示的图解法,说明在数学上求解电路方程,该电路的输入输出转移特性曲线将是如图 E5.3.10(b)所示的 Z 形特性曲线,但物理上形成的却是如图 E5.3.10(c)所示的反相滞回比较特性曲线,原因在于 Z 形特性曲线中间段是不稳定区。

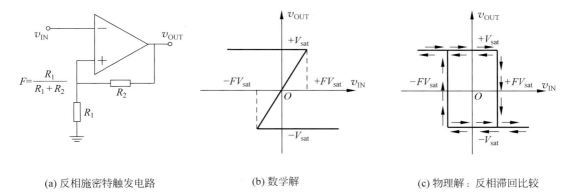

(a) 反相施密特触发电路      (b) 数学解      (c) 物理解：反相滞回比较

图 E5.3.10   反相施密特触发器输入输出转移特性曲线

**练习 5.3.12**   如图 E5.3.11(a)所示，这是同相施密特触发器电路，请对照图 5.2.3 所示的图解法，说明在数学上求解电路方程，该电路的输入输出转移特性曲线将为如图 E5.3.11(b)所示的反 Z 形特性曲线，但物理上形成的却是如图 E5.3.11(c)所示的同相滞回比较特性曲线。

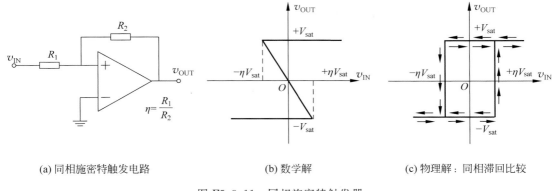

(a) 同相施密特触发电路      (b) 数学解      (c) 物理解：同相滞回比较

图 E5.3.11   同相施密特触发器

**练习 5.3.13**   画出同相电压放大器和反相电压放大器的输入输出转移特性曲线，与反相施密特触发器和同相施密特触发器的输入输出转移特性曲线进行比对。说明前两者是负反馈应用，数学解具有唯一性，后两者是正反馈应用，数学解不具唯一性；前者形成单调的转移特性曲线，后者形成滞回比较特性曲线；前两者作为放大器使用，后两者作为滞回比较器或双稳记忆单元使用。注：所谓双稳，就是具有两个稳定状态，在两个稳定状态之间，还有一个不稳定状态。双稳器件具有记忆功能，可用来实现状态记忆单元。

**练习 5.3.14**   图 E5.3.12 所示施密特触发器的滞回曲线位置由 $V_{BIAS}$ 电压调整，假设运放线性区电压增益无穷大，饱和电压为 $\pm 12\text{V}$，偏置电压 $V_{BIAS}=4\text{V}$，外围电阻分别为 $R_1=1\text{k}\Omega$，$R_2=10\text{k}\Omega$，$R_3=2\text{k}\Omega$。请分析输出 $v_{OUT}$ 输入 $v_{IN}$ 关系，$v_{OUT}=f(v_{IN})$，并画出输入输出转移特性曲线 $v_{OUT}=f(v_{IN})$。

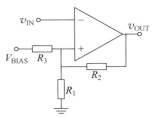

图 E5.3.12   滞回偏移施密特触发器

具有滞回比较特性曲线说明了施密特触发器具有记忆能力，当输入信号在零附近时，输出保持原状态不变，故而如果用施密特触发器替代过零比较器，仍然是相同的带噪声输入，但此时输出中没有了毛刺,如图 5.3.9 所示。施密特触发器消除毛刺的原因在于它有记忆功能,它记住了之前的状态,只有信号变化超过滞回范围时,状态才会改变。

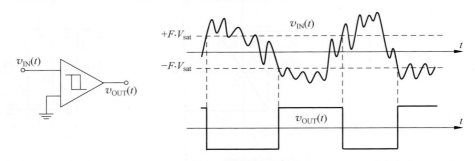

图 5.3.9    施密特触发器做比较器可消除毛刺

**2. 等效负阻**

施密特触发器的记忆功能来自正反馈,正反馈配合负反馈可形成等效负阻。如图 5.3.10 所示虚框所围单端口网络中,如果没有负反馈电阻 $R$,它可形成如图 E5.3.10(a) 所示的反相施密特触发器或者如图 E5.3.11(a) 所示的同相施密特触发器。然而当我们添加了负反馈电阻 $R$ 后,如果是加流测试,反馈网络形成的负反馈将大于正反馈

$$v_{in} = i_{test}R + v_{out} \qquad (5.3.5a)$$

$$v_{ip} = \frac{R_1}{R_1 + R_2}v_{out} \qquad (5.3.5b)$$

可见,运放输出电压 $v_{out}$ 的任意变化将导致运放反相输入端电压 $v_{in}$ 和同相输入端电压 $v_{ip}$ 随之变化,但变化系数 $F_n = 1 > F_p = \dfrac{R_1}{R_1 + R_2}$,说明负

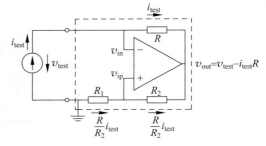

图 5.3.10    因正反馈存在而形成 S 型负阻

反馈大于正反馈,故而运放可以稳定工作在线性区。

于是不妨假设运放就工作在线性区,从而可运用理想运放的虚短、虚断性质分析其端口伏安特性:在端口加测试电流 $i_{test}$ 确保负反馈高于正反馈,假设该测试电流在端口产生了 $v_{test}$ 的测试电压。由于虚断,故而测试电流 $i_{test}$ 将全部流过电阻 $R$,在电阻 $R$ 上形成 $i_{test}R$ 的分压,故而运放输出端电压为 $v_{test} - i_{test}R$。由虚短可知,运放同相输入端电压等于反相输入端电压 $v_{test}$,可知电阻 $R_2$ 两端电压为 $i_{test}R$,故而其上形成 $i_{test}R/R_2$ 的电流,由于虚断可知该电流全部流过 $R_1$ 电阻,在 $R_1$ 电阻两端形成 $(i_{test}R/R_2)R_1$ 的电压,这个电压由地指向同相输入端,即 $(i_{test}R/R_2)R_1 = 0 - v_{ip} = -v_{test}$,从而可知该单端口网络的端口伏安特性关系为线性负阻关系,

$$R_{in} = \frac{v_{test}}{i_{test}} = -\frac{R_1}{R_2}R \qquad (5.3.6)$$

**练习 5.3.15**    图 5.3.10 虚框单端口网络上端点流入电流 $i_{test}$,下端点必流出 $i_{test}$ 电流,然而 $R_1$ 电阻电流为 $i_{test}R/R_2$ 且方向朝里,为何?请分析该电路中的 KCL 关系。

**练习 5.3.16**    (1)上述分析假设运放工作在线性区,请继续用加流求压法分析,并假设运放分别工作在负饱和区和正饱和区情况,综合运放在三个区工作情况,说明图 5.3.10 所示单端口网络为一个 S 型负阻。

(2)S 型负阻是流控网络,因而用加流求压法可以获得完整的 S 型负阻特性曲线。如果

对该 S 型负阻用加压求流法获取其端口伏安特性,请分析获得的伏安特性曲线是怎样的? 提示:加压求流,测试电压源的存在使得正反馈高于负反馈,S 型负阻的负阻区无法测量获得,只能测得具有滞回特性的转移特性曲线。

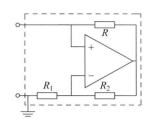

**练习 5.3.17** 图 E5.3.13 虚框单端口网络将形成 N 型负阻,它与图 5.3.10 所示的 S 型负阻的区别在于运放的两个输入端接反了。请用加压求流法(确保负反馈高于正反馈)确认它是一个 N 型负阻。同时分析如果用加流求压法,导致正反馈高于负反馈,将测量获得怎样的端口伏安特性曲线?

图 E5.3.13 因正反馈存在而形成 N 型负阻

## 5.4 习题

**习题 5.1** 运放负反馈连接方式的简单判断。四种负反馈连接方式将形成四种接近理想的受控源,这里假设运放电路的负反馈网络是纯线性电阻网络,显然正确判断反馈网络和运算放大器网络的端口连接关系是判断负反馈放大器受控源性质的第一步。下表给出了单运放和电阻反馈网络端口连接情况的判断方法。

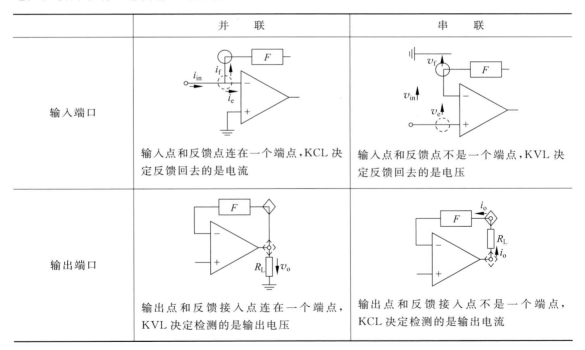

|  | 并 联 | 串 联 |
|---|---|---|
| 输入端口 | 输入点和反馈点连在一个端点,KCL 决定反馈回去的是电流 | 输入点和反馈点不是一个端点,KVL 决定反馈回去的是电压 |
| 输出端口 | 输出点和反馈接入点连在一个端点,KVL 决定检测的是输出电压 | 输出点和反馈接入点不是一个端点,KCL 决定检测的是输出电流 |

对照上表,很容易判定图 E5.4.1 所示四种负反馈放大器的负反馈类型:

对图 E5.4.1(a)而言,放大器输出端点和反馈网络输入端点是同一个点,属并联连接,因此反馈网络检测放大器的输出电压;放大器输入端点和反馈网络输出端点是同一个点,属并联连接,因此反馈网络形成的是反馈电流,从而这是一个并并连接的负反馈,检测输出电压,形成反馈电流,故而负反馈放大器将形成接近理想的流控压源。

对图 E5.4.1(b)而言,放大器输出端点和反馈网络输入端点是同一个点,属( )连接,因此反馈网络检测放大器的（　　），放大器输入端点和反馈网络输出端点不是同一个点，属串联连接，因此反馈网络形成的是反馈电压，从而这是一个串并连接的负反馈，检测（　　），形成反馈电压，故而负反馈放大器将形成接近理想的压控（　　）。

对图 E5.4.1(c)而言，放大器输出端点和反馈网络输入端点（　　）同一个点，属（　　）连接，因此反馈网络检测放大器的（　　），放大器输入端点和反馈网络输出端点（　　）同一个点，属（　　）连接，因此反馈网络形成的是（　　），从而这是一个（　　）连接的负反馈，检测（　　），形成（　　），故而负反馈放大器将形成接近理想的（　　）。

对图 E5.4.1(d)而言，放大器输出端点和反馈网络输入端点（　　）同一个点，属（　　）连接，因此反馈网络检测放大器的（　　），放大器输入端点和反馈网络输出端点（　　）同一个点，属（　　）连接，因此反馈网络形成的是（　　），从而这是一个（　　）连接的负反馈，检测（　　），形成（　　），故而负反馈放大器将形成接近理想的（　　）。

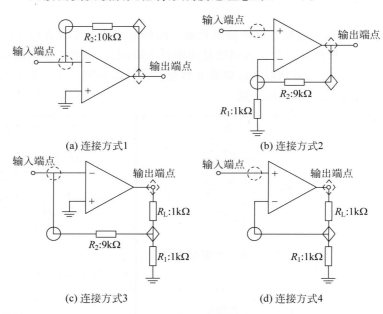

(a) 连接方式1　　　　　　　　　(b) 连接方式2

(c) 连接方式3　　　　　　　　　(d) 连接方式4

图 E5.4.1　运放的四种负反馈连接方式典型形态

如果不关注深度负反馈放大器的输入电阻、输出电阻，只关注闭环增益，则只需获得反馈系数，反馈系数的倒数就是闭环增益。反馈系数求取规则为：

并并负反馈：在反馈网络右侧输入端加激励电压源，求左侧输出短路电流，左侧短路电流和右侧激励电压源之比为跨导反馈系数 $G_F$，其倒数为闭环跨阻增益 $R_{mf}$。对图 E5.4.1(a)，跨导反馈系数为 $G_F = i_F / v_o = -1/R_2$，故而闭环跨阻增益 $R_{mf} = -R_2$。

串并负反馈：在反馈网络右侧输入端加激励电压源，求左侧输出开路电压，左侧开路电压和右侧激励电压源之比为电压反馈系数 $F_v$，其倒数为闭环电压增益 $A_{vf}$。对图 E5.4.1(b)，电压反馈系数为 $F_v = v_F / v_o = R_1/(R_1 + R_2)$，故而闭环电压增益 $A_{vf} = 1 + R_2/R_1$。

并串负反馈：在反馈网络右侧输入端加激励电流源，求左侧输出短路电流，左侧短路电流和右侧激励电流源之比为电流反馈系数 $F_i$，其倒数为闭环电流增益 $A_{if}$。对图 E5.4.1(c)，电流反馈系数为 $F_i = i_F / i_o = -(G_2/(G_2 + G_1))$，故而闭环电流增益 $A_{if} = -1 - G_1/G_2 = -1 - R_2/R_1$。

串串负反馈:在反馈网络右侧输入端加激励电流源,求左侧输出开路电压,左侧开路电压和右侧激励电流源之比开跨阻反馈系数 $R_F$,其倒数为闭环跨导增益 $G_{mf}$。对图 E5.4.1(d),跨阻反馈系数为 $R_{mf}=v_F/i_o=R_1$,故而闭环跨导增益 $G_{mf}=1/R_1$。

根据上述描述,请在图 E5.4.1 上标注输入电压 $v_{in}$ 或输入电流 $i_{in}$,反馈电压 $v_f$ 或反馈电流 $i_f$,输出电压 $v_o$ 或输出电流 $i_o$,其参考方向和符号。

**习题 5.2** 虚短和虚断。事实上,对于运放电路,只要判定其为负反馈连接,即可假设运放工作于线性区,进而可利用虚短、虚断性质进行分析。(1)请用虚短、虚断性质分析图 E5.4.1 四种放大器的增益,确认和前述分析结果完全一致。(2)对图 E5.4.2 所示电路,说明 OPA2 和 OPA1 都是负反馈连接的,之后则可假设信号有限的情况下两个运放均工作于线性区,如是可以直接利用理想运放的虚短、虚断特性进行分析,并请给出图示 6 个电阻上的电流大小,填在图示空中。(3)检查该电路图上每个结点上的 KCL。

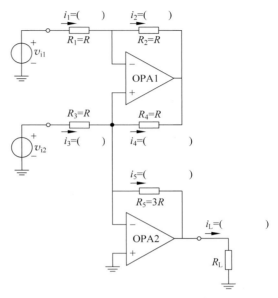

图 E5.4.2  运放电路的负反馈判断与分析

**习题 5.3** 反相电压放大器输入电阻的调整。同相电压放大器由于采用了串并负反馈故而形成了接近理想的压控压源,其输入电阻极大,其输出电阻极小。而反相电压放大器则采用了并并负反馈首先形成流控压源,在流控压源前级联串臂电阻 $R_1$,如图 E5.1.3(d)所示,故而反相电压放大器的输入阻抗就是串臂电阻 $R_1$,它并非无穷大。

作为电压放大器,如果反相电压放大器期望于接近理想压控压源,有一种方案确实可以将反相电压放大器的输入阻抗变成无穷大。如图 E5.4.3(a)所示,只需在反相放大器输入端另外添加一条支路,这条支路提供 $v_{in}/R_1$ 大小的电流,使得激励源 $v_{in}$ 无须提供任何电流,于是反相放大器输入端口加 $v_{in}$ 电压求得零电流,说明这个反相放大器的输入端阻抗为无穷大。如何让这条支路提供 $v_{in}/R_1$ 大小的电流呢?可以先用压控压源产生一个 $\alpha v_{in}$ 的电压,其输出和反相放大器输入端串接 $R_3=(\alpha-1)R_1$ 大小的电阻,则 $R_3$ 上必然产生 $v_{in}/R_1$ 大小的电流。图 E5.4.3(b)给出了一种产生压控压源的方案,它将 $v_{out}=(-R_2/R_1)v_{in}$ 再次反相放大,$v_3=(-2R_1/R_2)v_{out}=2v_{in}$,显然如果 $R_3=R_1$ 则必有 $R_{in}=\infty$ 的结论。

(1)分析图 E5.4.3(b)所示反相电压放大器的输入电阻 $R_{in}$ 表达式,由表达式说明当 $R_3=R_1$ 时,$R_{in}=\infty$。

(2)你是否可以提出其他方案产生期望的压控压源?分析你的设计方案确实可以使得反相电压放大器的输入阻抗变成无穷大。

**习题 5.4** 双运放实现的一个电流源。图 E5.4.4 是一个用双运放实现的电流源电路,请分析 $R_1$、$R_2$、$R_3$、$R_4$、$R_5$ 电阻有何约束,可使得电流源内阻为无穷大?此时,双端输入电压转换为单端电流输出的跨导系数为多少?

**习题 5.5** 接单端负载的电流放大器。图 E5.4.1(c)电流放大器的负载电阻 $R_L$ 为悬浮

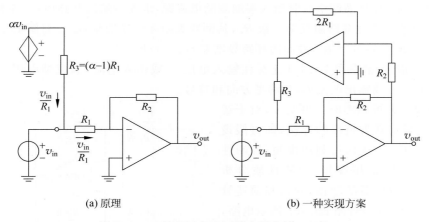

(a) 原理　　　　　　　　　　(b) 一种实现方案

图 E5.4.3　调整反相电压放大器的输入阻抗

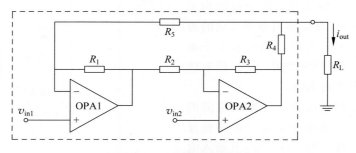

图 E5.4.4　电流源输出阻抗

负载,图 E5.4.5 所示电流放大器可接单端负载。请分析该电流放大器的电流放大倍数、输入电阻和输出电阻。

**习题 5.6**　单电源供电。本章默认运放都是双电源供电,$+V_{CC}$ 和 $-V_{EE}$,如图 E5.4.6(a)所示,但是在没有负电源只有正电源的情况下,运放是否就不能使用了呢? 并非如此,如果只有正电源 $+V_{CC}$,可以采用如图 E5.4.6(b)所示的电源接法,为了与双电源有所区别,其电路符号上应将单电源端点也同时标上。那么单电源供电与双电源供电的区别在哪里?

这里以反相电压放大器为例,如图 E5.4.6(c)是双电源供电的反相电压放大器,注意输入 $v_i$ 和输出 $v_o$ 都是以 0 电压为中心上下波动,同时运放同相输入端

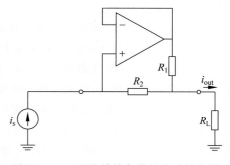

图 E5.4.5　可接单端负载的电流放大器

电压为 0。上述双电源的 0 电压($0=0.5(V_{CC}-V_{EE})$)在单电源供电情况下都需平移到半电源电压($0.5V_{CC}=0.5(V_{CC}-V_{EE})$)上,因而可在同相输入端加电阻分压网络,只要 $R_4=R_3$,即可确保 $v_{ip}=0.5V_{CC}$,由负反馈虚短则可强制使得 $v_{in}=0.5V_{CC}$,这显然要求 $v_i$ 和 $v_o$ 中包含 $0.5V_{CC}$ 的直流分量。对于输入信号而言,或许信号源本身可以自行添加直流分量,但对于输出信号而言,其中包含 $0.5V_{CC}$ 的直流分量导致输出端难以接单端负载 $R_L$,因为这需要运放同时提供 $0.5V_{CC}/R_L$ 的直流电流,对运放而言这是一个巨大的压力。因而对图 E5.4.6(d)所示的单电源供电反相电压放大器,往往在输入端和输出端接大容值的隔直电容,以尽可能降低因

隔直电容存在而无法直流放大的低频段损失。

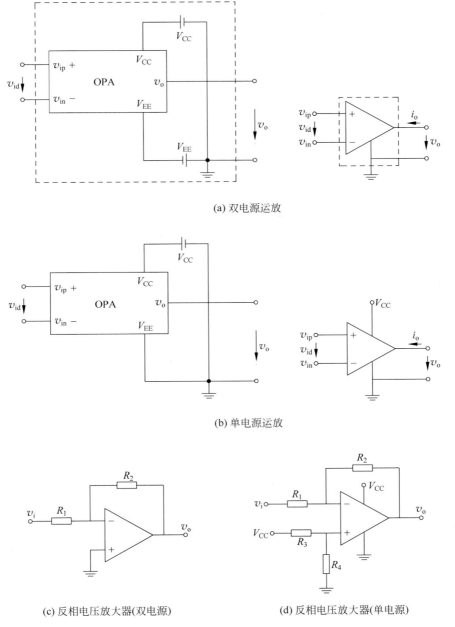

(a) 双电源运放

(b) 单电源运放

(c) 反相电压放大器(双电源)　　　　　(d) 反相电压放大器(单电源)

图 E5.4.6　双电源供电和单电源供电

（1）请在图 E5.4.6(d)基础上,添加隔直电容器件,使得单电源供电的反相电压放大器可以正常工作。

（2）对图 E5.4.1(b)所示的同相电压放大器,添加必要的外围器件,使得单电源供电的运放可以使用。

**习题 5.7**　方程列写的练习。如图 E5.4.7 所示,假设运放是理想运放,则该电路为一阶动态电路,请利用理想运放的虚短和虚断特性列写以 $v_{in}(t)$ 为激励量,$v_{out}(t)$ 为响应量的一阶微分电路方程。对含有动态元件的电路,可以将电路分割为电阻网络和动态网络的对接关系,请将电容之外的电阻电路做戴维南等效或诺顿等效,以等效源驱动电容的形式进行分析,请列写关于电容电压 $v_c(t)$ 的电路方程。

**习题 5.8** 可变增益差分放大器。图 E5.4.8 是在图 E5.2.9 所示差分放大电路基础上的修改。

(1)请确认这是一个可变增益差分放大器,并给出其电压放大倍数。

(2)请给出每条支路的电流,确认每个结点的 KCL 方程都是满足的。

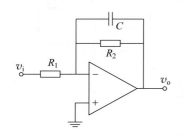
图 E5.4.7 一阶动态电路方程列写

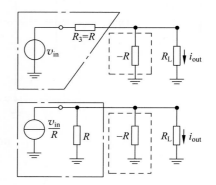
图 E5.4.8 可调增益差分放大电路

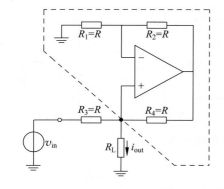

图 E5.4.9 Howland 电流源

**习题 5.9** 与图 E5.2.1 所示的 Howland 电流源对比,图 E5.4.9 是在运放同相输入端一侧加载输入信号的 Howland 电流源,请说明该电流源输出电阻为无穷大。提示:运放+$R_1$+$R_2$+$R_4$ 为 N 型负阻,负反馈大于正反馈时,可工作在 N 型负阻的负阻区,其等效电路为对地的负阻-$R$。其次将 $v_{in}$ 和 $R_3$ 戴维南形式等效为诺顿形式,于是从负载看入等效电流源的内阻,正阻 $R$ 和负阻-$R$ 抵偿,犹如开路,故而等效电流源内阻为无穷大。

**习题 5.10** 电流源。图 E5.4.10 是一个电流源,其中晶体管 Q 的作用是提供高等效内阻的恒流特性。(1)说明运放是负反馈连接的,它起到什么作用?(2)输出电流源电流为多少?(3)输出可等效为电流源的负载条件是什么?(4)说明图中所有器件的作用分别是什么?

**习题 5.11** 线性稳压电源。稳压电源就是可

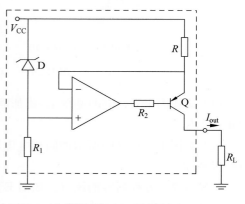
图 E5.4.10 电流源

以输出恒定电压的电压源,有两种常见方式实现它。一种是采用负反馈结构实现的线性稳压电源,一种是采用开关和滤波电容、电感实现的开关稳压电源(见 10.6.2 节),图 E5.4.11 是一个串联型的线性稳压电源。能够提供大电流输出的晶体管,其电流增益一般都较小,故而这里采用达林顿结构以提高电流增益。反馈网络 $R_1$ 和 $R_2$ 对输出电压 $V_O$ 采样,将其反馈回去和基准电压 $V_{REF}$ 进行比较,串并负反馈连接使得我们获得如下的稳压输出

$$V_O = \left(1 + \frac{R_2}{R_1}\right) \cdot V_{REF} \tag{E5.4.1}$$

其中带隙基准源可提供温度系数很小的高精度基准电压 $V_{REF}$,电路中的所有能量均来自不太稳定的输入直流电压 $V_I$,经过虚框稳压电源的作用后,输出的是稳定的直流电压。

达林顿结构中的 $Q_2$ 是低功率管,其 BE 结导通电压为 0.7V,CE 端口饱和电压 0.2V,$Q_1$ 是功率管,其 BE 结导通电压为 1V,CE 端口饱和电压 0.6V。由于达林顿管的电流增益很大,因而运放只需提供很小的电流即可驱动达林顿管正常工作,同时假设 $R_1$、$R_2$ 电阻很大,与负载获得功率相比,带隙基准源、运放、分压网络的功率消耗可以忽略不计,请分析图 E5.4.11 稳压电源的电能转换效率 $\eta$ 为多少?

$$\eta = \frac{P_O}{P_I} \tag{E5.4.2}$$

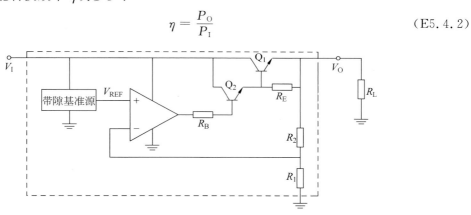

图 E5.4.11 串联型线性稳压电源

**习题 5.12** rms 计算电路。图 E5.4.12 电路是 rms 计算电路,其输出为输入的有效值

$$V_O = V_{IN,rms} = \sqrt{\overline{v_{IN}^2}} \tag{E5.4.3}$$

对该电路,可按如下步骤分析:

(1) 证明 OPA1 及其外围电路实现了全波信号输出,

$$i_{C1} = \frac{|v_{IN}|}{R} \tag{E5.4.4}$$

(2) 四个晶体管的 BE 结构成一个闭环,即 $v_{BE1} + v_{BE2} = v_{BE3} + v_{BE4}$,由此证明

$$i_{C3} = \frac{i_{C1}^2}{i_{C4}} \tag{E5.4.5}$$

(3) OPA3 和 $R_5$ 构成跨阻器,将 $i_{C3}$ 转化为输出电压,电容 $C$ 起到低通滤波作用。低通滤波可理解为求平均,故而

$$V_o = \overline{i_{C3} R_5} = R \overline{i_{C3}} \tag{E5.4.6}$$

(4) 最后请证明该电路实现了求取有效值的功能,

$$V_O = \sqrt{\overline{v_{IN}^2}} \tag{E5.4.7}$$

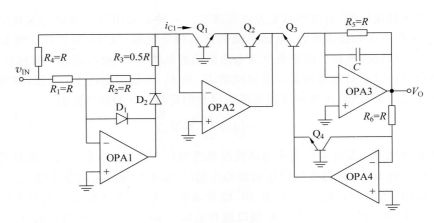

图 E5.4.12　rms 计算电路

（5）分析四个负反馈运放及其外围电路完成了什么运算功能？

**习题 5.13**　两个超级二极管。如图 E5.4.13 所示的运放电路，假设所有运放都为理想运放，线性区增益无穷大，设定它们的饱和电压均为 $\pm13\text{V}$。显然，图中两个二极管和运放的负反馈连接方式可形成导通电压为 0 的超级二极管，这两个二极管起到什么作用呢？（1）请分析并给出其输入电压输出电压转移特性表达式，并画出输入输出转移特性曲线；（2）请回答图中 $R_3$ 电阻起什么作用？

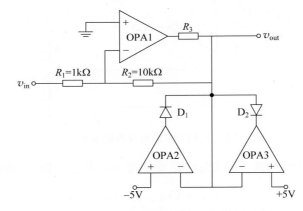

图 E5.4.13　两个超级二极管

**习题 5.14**　理想运放抽象与运放模型。电路分析中经常采用高度抽象，把复杂问题简单化，使得电路原理可以用极为简单的数学语言或电路语言描述出来，便于人们快速理解和掌握。对于工作于线性区的运放电路，其典型电路模型是输入电阻为 $R_{\text{in}}$，输出电阻为 $R_{\text{out}}$，电压增益为 $A_{v0}$ 的电压放大器。这个模型在很多情况下可以进一步抽象为理想运放的虚短、虚断特性，使得分析进一步高度简化。然而当我们购买到一个商用的运放芯片后，生成厂商提供的数据手册中会提供大量的测试参量供设计参考用，如失调电压、偏置电流、共模抑制比、噪声电压、噪声电流、增益带宽积等，这些参量其实是对运放电压放大器模型的补充，即电压放大器抽象之外在一些高精度应用中还必须考虑的非理想因素。图 E5.4.14 是考虑了部分参量后的线性区电路模型，我们对其中的一些参量予以简要说明。

（1）噪声参量：电路内部器件噪声被抽象到二端口网络输入端口，以噪声电压源 $v_{\text{n}}$ 和噪

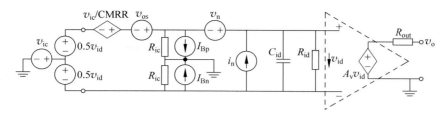

图 E5.4.14 考虑非理想因素的运放线性区电路模型

声电流源 $i_n$ 的形式出现,见 3.7 节 $ABCD$ 参量讨论。由于这两个等效噪声源有可能来自电路内部同一噪声源,因而它们是相关噪声,如果考虑相关性能,则需标记清楚参考方向,如果假定这两个噪声源不相关,则无须标记其参考方向,这是由于噪声是随机信号,我们更关注它们的功率而非瞬时波形。

(2) 阻抗参量:5.1 节线性区模型中给的阻抗参量为 $R_{in}$ 和 $R_{out}$,在这里,$R_{in}$ 被重新标记为 $R_{id}$,表明这是差模输入电阻,因为运放还存在共模输入电阻 $R_{ic}$。频率较高时,还应考虑输入电容 $C_{id}$ 的影响。

(3) 失调电压:运放设计时考虑两个差分输入支路的对称性,如果严格对称,则是平衡电桥,当 $v_{id}=0$ 时,$v_o=0$。实际工艺无法确保严格的对称性,导致 $v_{id}=0$ 时,$v_o \neq 0$,这是由于非平衡电桥在输入端口等效出了戴维南源,这个等效戴维南源电压就是失调电压 $v_{os}$。失调可以通过调零电路消除,如 741 运放提供的调零机制是通过外加不对称性抵偿运放内部差分支路不对称性,以使得等效到输入端口的戴维南源电压调零。如果电路设计严格对称,实际运放的失调电压则可正可负,对确定的一个运放,它可能为正,但对另外一个运放,则可能为负。如果电路设计本身存在不对称性,对某类型的设计,实际运放的失调电压则基本为正或基本为负。

(4) 偏置电流:图中的 $I_{Bp}$ 和 $I_{Bn}$,是对输入端口输入偏置电流的抽象。对 BJT 晶体管而言,由于电流增益 $\beta$ 并非无穷,因而存在基极电流,图中的两个偏置电流源是对晶体管基极电流的抽象。如果是 MOSFET 运放,其栅极为 MOS 电容结构,偏置电流则极小。如果两个输入晶体管不严格对称,$I_{Bp}$ 和 $I_{Bn}$ 则不相等,此时定义偏置电流为

$$I_{B0} = 0.5(I_{Bp} + I_{Bn}) \tag{E5.4.8a}$$

它们之间的差值则定义为失调电流,

$$i_{os} = I_{Bp} - I_{Bn} \tag{E5.4.8b}$$

(5) 共模抑制比:如果差分输入两条支路严格对称,运放则只放大差模信号,不放大共模信号,但是工艺上无法保证两条支路的严格对称,如 4.6.2 节分析的那样,输出信号中将会有共模信号的影响。

(6) 增益带宽积:当考虑了晶体管寄生电容效应后,运放在高频的增益会严重下降,增益带宽积是描述运放工作带宽的参量,见 10.5.3 节。

下面重点考察失调参量的影响。如图 E5.4.15,这里忽略其他非理想因素的影响,而只考察失调电压的影响,请同学给出反相电压放大器的输出电压表达式,确认输出中除了有 $v_{in}$ 的影响外,还有 $v_{os}$ 的影响。

图 E5.4.16 是同样的反相电压放大器,但这里只考虑了偏置电流的影响。为了消除偏置电流影响,在同相输入端增加了一个电阻 $R_p$,下面分析 $R_p$ 如何取值,可以消除偏置电流的影响。图中运放仍然是理想运放,由于负反馈,可以用虚短和虚断进行分析:同相输入端虚断,故而同相输入端电压为

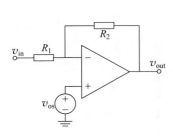

图 E5.4.15　失调电压的影响

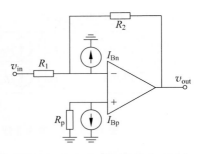

图 E5.4.16　消除偏置电流的影响

$$v_{\mathrm{p}} = -I_{\mathrm{Bp}}R_{\mathrm{p}} = -(I_{\mathrm{B0}} + 0.5i_{\mathrm{os}})R_{\mathrm{p}}$$

由虚短可知,反相输入端电压等于同相输入端电压,

$$v_{\mathrm{n}} = v_{\mathrm{p}} = -I_{\mathrm{Bp}}R_{\mathrm{p}} = -(I_{\mathrm{B0}} + 0.5i_{\mathrm{os}})R_{\mathrm{p}}$$

反相输入端虚断,故而

$$\frac{v_{\mathrm{in}} - v_{\mathrm{n}}}{R_1} = \frac{v_{\mathrm{n}} - v_{\mathrm{out}}}{R_2} + I_{\mathrm{Bn}}$$

代入后可获得如下结论,

$$v_{\mathrm{out}} = -\frac{R_2}{R_1}v_{\mathrm{in}} - \left(\frac{R_{\mathrm{p}}}{R_1 \parallel R_2} - 1\right)R_2 I_{\mathrm{B0}} - 0.5\left(\frac{R_{\mathrm{p}}}{R_1 \parallel R_2} + 1\right)R_2 i_{\mathrm{os}} \qquad (\mathrm{E}5.4.9)$$

显而易见,当 $R_{\mathrm{p}} = R_1 \parallel R_2$ 时,偏置电流的影响可以消除,

$$v_{\mathrm{out}} \xrightarrow{R_{\mathrm{p}} = R_1 \parallel R_2} -\frac{R_2}{R_1}v_{\mathrm{in}} - R_2 i_{\mathrm{os}} \qquad (\mathrm{E}5.4.10)$$

这是容易理解的电阻选择:既然反相输入端外接了两个电阻 $R_1$ 和 $R_2$,从差分放大要求的对称性上讲,同相输入端自然也应该外接这两个电阻。外接电阻的对称性虽然消除了偏置电流的影响,但不能消除内部不对称性导致的失调电流的影响,如式(E5.4.10)所示。失调电流和失调电压一样,其消除必须靠外部不对称抵偿内部不对称来实现。741 运放外引了调零管脚用于失调调零,还有很多其他商用芯片没有对外引出失调调零端,因而需要其他的措施调零。请分析图 E5.4.17 的失调调零原理,说明它为什么可以实现失调调零?

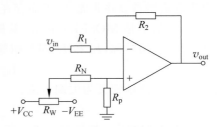

图 E5.4.17　没有调零端的失调调零电路

# 第6章

# 电 路 抽 象

　　电子技术对各种产业具有强大的渗透力,其他产业一旦和电子技术相结合形成新的产业,旧产业则大多因此没落。电路作为各种电子信息和能量处理系统的物理层基础,之所以能够有如此强大的渗透力,除了电子技术自身内在属性使然,人的因素则体现在对其高度的抽象使得电路设计以符号化的形态被人充分理解和运用。

　　本章首先给出抽象的基本含义,对基本的电路抽象行为进行说明。然后讨论电路抽象的三个基本原则,并给出之前章节讲过的几个电路抽象的例子,说明三个电路抽象原则是如何体现在这些电路抽象中的。之后考察如何将电磁场的 Maxwell 方程抽象为电路基本定律 Kirchhoff 定律,在这个抽象过程中,电路基本元件如 RLC 同时被抽象出来,尤其是 LC 元件的抽象,使得电路基本定律在更高的频段也得以应用。

　　这里强调一点,电路理论发展历史中,实际电路抽象并非以从场到路的过程呈现,而是首先从实验结果抽象出电路基本定律,电路基本定律基尔霍夫定律(1845 年)和欧姆定律(1827 年)的出现早于电磁场方程(1861 年)的提出,这也符合从简单到复杂的人类认知过程。本书之所以考察从场到路的抽象,是试图将场和路之间的关系说清楚,并由此确认电路分析方法的限定性条件,说明电路设计中出现的很多问题是属于场路抽象条件不再满足导致的问题。

　　本章最后将考察数字抽象。正是数字抽象与 CMOS 数字电路本身的特点,奠定了计算机技术高速发展的基础,成就了当前的信息化社会。

## 6.1　电路抽象原则

### 6.1.1　抽象概念

　　抽象的英文为 abstract,字典给出的解释是 extract or remove,也就是说,抽象就是提取或者去除:提取出部分东西,去掉其他部分。从"抽象"的中文字面意思看,抽象就是抽取特性以表象。

　　抽象的目的是降低系统分析与设计的复杂度:事物在某一方面运动规律的共性特征被抽取出来并被表象为一个符号、一个描述或一组公式,于是对事物该特性的描述就变得简单明了,与抽象特征相关的问题分析得以大大简化,因为我们可以不必关注其他特性,只关注抽象特性从而只解决这一类问题。抽象使得原来看起来千头万绪难以入手的问题有了一个落脚点,因此可以继续迈步走下去,原来不知道怎么做才能解决的问题有了解决的把手或头绪。当然,问题得以解决的深度、难易程度则取决于抽象的适当性和概括性。

### 6.1.2 电路抽象

电路抽象则是将描述电路电特性的关键特征抽取出来,并将其扩大化为描述电路元件、电路网络、电路系统的"唯一"特征,这个扩大化的唯一特征掩盖了电路的其他物理特征,从而使得我们可以用最简单的电路概念、电路公式、电路原理来强化对电路功能的理解,电路分析和设计由此变得简单明了。

例如,本书第 1 章图 1.2.3 给出的放大器输入输出转移特性就是对线性放大器的极端抽象,这个转移特性表明放大器输出电压(或电流)线性受控于输入电压(或电流),在电路中则可以用线性受控源元件来表述这种线性控制机制,线性控制系数则被称为放大倍数。这个高度的抽象掩盖了真实放大器的噪声、非线性、输入电阻、输出电阻、频率特性、温度特性、制作材料等特性。

再例如,理想线性电阻元件的抽象,使得我们仅用一个公式,$i=v/R$(欧姆定律),就将这一类被称为"电阻器"的线性电阻的电特性描述了出来。在这里,电阻阻值 $R$ 是理想线性电阻抽象抽取出来的唯一电参量,有了这个电参量,我们就不再关注电阻器是用什么材料做的,这个电阻器的尺寸大小等,换句话说,无论这个器件是如何制作的,无论其内部材料和物理结构怎样,只要端口电压和端口电流满足线性比值关系,它就被视为线性电阻器。在电路电功能分析中,其他因素不再是我们关注的特征,我们只关注 $R$ 这个理想线性电阻的电量参数。在进行电路电特性分析时,它被扩大化为电阻器的唯一特征,对它的描述用一个简单的欧姆定律就足够了。同样地,理想线性时不变电容的唯一电参量为电容容值 $C$,其端口描述方程为 $i=C\cdot dv/dt$,理想线性时不变电感的唯一电参量为电感感值 $L$,其端口描述方程为 $v=L\cdot di/dt$。这种抽象使得我们无须关注电阻器、电容器、电感器的其他物理特性,只需关注其唯一电特性参量对电路功能的作用。这种简单的电参量描述极大地降低了对电路原理的理解难度,推动了电路设计的发展。

当然,电路分析或电路设计的有效性在于上述描述方程的适用范围是否符合实际情况,这就是限定性原则,超出其应用限定范围的,上述抽象扩大化的"唯一"特性则不再可靠。例如真实电阻器仅在低频且信号幅度在一定范围内时近似可用理想电阻元件的欧姆定律描述,高频则寄生电容、寄生电感效应显现,信号幅度过小电阻热噪声则有可能淹没有用信号,信号幅度过大器件本体则有可能直接烧毁熔化或其支撑介质被高压击穿等。又如,线性放大器的理想受控源抽象只关注放大器输入端口对输出端口信号的控制关系,而忽略了放大器端口的其他作用关系。如果其他作用关系不可忽略,那么则需根据实际情况,进一步在受控源基础上添加输入电阻用于描述输入端口电压和输入端口电流之间的线性作用关系,输出电阻用于描述输出端口电压和输出端口电流之间的线性作用关系,以及反向受控关系用于描述输出端口对输入端口的线性作用关系,对应于线性二端口网络参量矩阵的 11、22、12 元素,而放大倍数则对应于 21 元素。如果进一步考虑高频寄生效应,端口电压、端口电流作用关系则不再是简单的代数关系,还有微积分作用关系,则需在电路模型中添加寄生电容或寄生电感元件。如果信号比较大,还需考虑非线性效应,等等。总之,晶体管放大器模型的核心元件是线性受控源元件,电阻器模型的核心元件是电阻元件,在电路分析中首先抽取出关键作用因素建立起核心元件电路模型,其他因素在一定条件下可以暂时不予考虑,电路原理性分析由此就变得极度简单。当我们不得不考虑核心元件之外的非理想效应对功能电路性能的影响时,这些非理想效应可以通过添加其他元件或对电路参量进行修正甚至修改电路模型结构来描述,如习题 5.14 中关于运放电路模型的讨论。换句话说,高度抽象使得我们能够快速有效地进行电路功能的设计,电路功能由高度抽象的核心模型确定,但非理想效应则决定了电路系统的性能,即电路系统在多大程度上接近于理想核心模型给定的电路功能,因而电路系统的性能设计则必须考察诸多非理想效应是如何影响电路使其偏离设定电路功能的。

电路抽象应用中,最核心的抽象是端口抽象和分层抽象。

**1. 端口抽象**

端口是一个电路系统和另外一个电路系统相互作用的界面(interface)。计算机和人相互作用时,计算机提供的输出界面为显示屏,提供的输入界面为键盘、鼠标和触摸屏,人提供的输入界面为眼睛,提供的输出界面为手,这些系统之间相互作用的界面是广义的端口。对于电路系统而言,端口指的则是一个电路系统和另外一个电路系统的电特性作用界面:通过端口的串接、并接或对接连接关系,一个电路系统和另外一个电路系统通过这些端口的端口电压、端口电流相互作用、相互影响,形成具有更复杂功能的电路系统。

网络端口是这样定义的:如图 6.1.1(a)所示,如果从端点 $A$ 进入电路网络 $N$ 的电流 $i_A$ 和自端点 $B$ 流出电路网络 $N$ 的电流 $i_B$ 始终相等,$i_A = i_B$,端点 $A$ 和端点 $B$ 则构成一个端口,其端口电压、端口电流关联参考方向如图 6.1.1(b)所示。

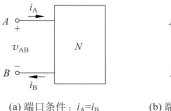
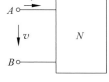

(a) 端口条件:$i_A = i_B$      (b) 端口电压电流关联参考方向

图 6.1.1 电路网络的端口定义

流入端点 $A$ 和流出端点 $B$ 的电流相等是端点 $A$、$B$ 形成端口的端口条件。显然这个端口条件成立要求 $A$ 点到 $B$ 点之间的空间距离 $d_{AB}$ 和信号波长 $\lambda$ 相比很短,$d_{AB} \ll \lambda$,否则即使 $i_A$ 和 $i_B$ 是一条短路导线,其流入和流出的电流经过和波长可比的空间距离后,由于电磁波传播速度光速并非无穷大,信号必有延时,从而导致 $i_A$ 和 $i_B$ 两个电流不再即时相等,$A$、$B$ 两点也就无法构成一个端口。显然,电路的端口条件就是电磁作用下实体物质可以用电路建模为某种电路器件、电路网络并进行电路分析的前提条件。换句话说,如果某电磁系统无法定义端口,端点之间的空间间距不满足远远小于波长这一准静态条件,则不能用电路方法解析该电磁系统;反之,如果可以并因此定义了电路端口,那么无论电磁系统内部的实体物质如何排布、电磁场如何与之相互作用,我们都可以用端口电压、端口电流之间的关系描述其端口电特性,该系统则可以端口为界面用电路理论进行电特性分析和电路系统的高层设计。当然,这些具有某种特定功能的电路系统,其内部物质结构并非随意排布。例如天线,其尺寸以 $\lambda/4$ 为度量,但由于形成天线端口的两个端点距离远小于波长,从而可以定义端口,于是天线在电路中自端口位置看入可等效为电路器件。在特定频点上,接收天线自端口看入可等效为有内阻的激励信号源,因为它提供电激励信号和电功率,发射天线自端口看入则等效为负载电阻,因为它吸收电功率。又如波导滤波器,波导尺寸比较大,其内部场分布只能通过电磁场理论分析获得,但其对外的界面却是两个电路端口,因而它可应用于电路系统,对其用电路理论分析时它被建模为二端口网络,用二端口网络参量足以表述其内部电磁场与波导物质相互作用在端口所体现的滤波这一电特性。对系统应用而言,我们只关注滤波器的端口电特性,只要它具有设定的滤波特性,即可将该滤波器应用到系统架构中。或者说,波导滤波器的设计者,必须理解其内部结构对电磁场分布的影响,方可设计出具有期望功能和性能的波导滤波器,但对滤波器的使用者而言,他只需关注外端口是否具有设定的滤波特性即可进行高层的系统设计。

端口定义是电路抽象中最为核心的抽象,体现在如下两点:

(1) 电路网络的端口定义,使得我们不再关注器件内部电磁场和实体物质是如何交换能量而形成电特性的,而只需关注电特性的外在表现,即端口电压和端口电流关系。于是就有了电源、电阻、电容、电感等元件抽象以及放大器、滤波器等单元电路抽象,它们的端口描述方程是器件实体物质和叠加其中的电磁场物质相互作用、能量交换在端口位置的外在体现的抽象,也是对电路器件功能的数学抽象。器件端口的连接形成器件之间的相互作用关系,这种连接关系或相互作用关系用基尔霍夫定律 KVL 方程和 KCL 方程描述,而器件自身的电特性用该器件的端口描述方程(广义欧姆定律 GOL)描述,列写 KVL 方程+KCL 方程+GOL 方程,整个电路系统的分析则可由此建立。

(2) 一个网络端口就是一条电路支路,只有定义了端口才有电路定律的应用,因为电路定律都是建立在支路(端口)电压电流关系上的。器件自身由端口电压电流关系描述,多个器件通过端口连接(串接、并接或对接)形成相互作用关系,进而形成更高层次的电路功能,这种功能模块在高层次封装后形成高层次的对外端口,其端口电压电流关系(端口描述方程)体现其功能所在。因而电路系统的设计可以分层设计,在底层由实体物质和场物质相互作用形成基本器件,基本器件相互连接形成功能单元电路,功能单元电路相互连接形成子系统,子系统相互连接形成大系统,进而形成更大的系统。而每一层的基本器件、基本功能电路、子系统、大系统,其连接均通过端口连接,其功能均以其端口电压与端口电流关系表述,其分析均采用基于支路(端口)电压、电流的电路定律。

**2. 分层抽象**

电子信息系统能够最终渗透到人类生活的方方面面,分层抽象和分层设计思想在其中起到关键核心的作用,其根本原因在于我们可以利用分层抽象构造出极度复杂的系统。通过分层抽象,可有效地规划并推进系统设计进程:对上层设计者而言,他只需设计下层模块的连接关系和具体连接实施方案,同时对下层设计者提出对下层模块的各种规范要求。下层设计者可以采用任何结构、任何方法实现上层设计者的规范要求,包括直接购买满足规范的商用芯片,上层设计者在提出规范要求时也可综合评估折中修正规范要求,使得成熟的商用芯片可以直接被利用。

以手机为例,不同层次的设计者或应用者在各自层次上对系统界面提出要求:手机使用者的界面是显示屏、扬声器、数字键盘和麦克风等,他们提出的要求是易于使用,方便实用,美观大方,如显示屏尽量大、尽量清晰,扬声器声音音质好,麦克风足够灵敏,键盘尽量大、容易操作,总体尺寸尽量小、方便携带,待机时间长,功能上除了通话、短信外,还希望能够接入因特网等。用户不会对手机内部电路端口提出要求,他只对和自己交互的界面提出要求。用户提出的要求是人性化的,手机设计者则需根据用户人性化的要求提出可执行的手机产品规范要求,使其满足上一层的用户体验,同时对下一层的手机内部子系统结构及其连接接口提出要求,下一层的模块设计者在设计子系统时则需满足这些要求,低层设计者同时对更低一层的子电路、子系统、电路器件提出规范要求,便于直接采购或自行设计。只要每一层次都提出良好的端口

(界面,接口)定义,就可以如是分层次地构造出复杂的系统。对电路系统而言,分层界面要求就是分层端口抽象,分层端口抽象隐藏了低层系统的内部细节,提取出的是高层端口电特性,端口电特性表述的是该系统在高层所要求的电路功能,只要定义清晰,我们就能够在不同层次上表达系统,进而分层次地构造出任意复杂的电子系统。

端口抽象使得系统可以被划分为若干模块,模块与模块通过端口连接。这些模块对上层设计者而言可以是一个黑匣子,它的名字代表了它的功能,其行为特性体现在端口电压电流关系上。至于其内部如何构造从而在端口处具有这种电路功能,则是下层设计需要考虑的问题。这种分层设计思想使得上层设计者不必深入到下层的具体细节方案,但最优秀的系统设计者应对下层模块有基本的认识,否则提出的子系统要求或有可能是不合理的,导致下层设计者难以实现他提出的规范要求。

**3. 电路抽象三原则**

抽象是为了降低解决问题的复杂度,因而实施抽象的最基本原则就是抓住主要矛盾并予以解决。抽象使得主要矛盾凸显出来,从而问题的解决有了一个可以把握的抓手,基于这个抓手可以在一定程度上解决大部分问题,当然问题的解决都有其限制条件。

电路抽象则通过建立电路模型进行电路系统分析,电路模型是电路抽象的表象结果。建立电路模型或者在电路抽象过程中用到的一些基本抽象原则可具体化为三个:离散化原则、极致化原则和限定性原则。前述的端口抽象和分层抽象大体可视为离散化原则的具体应用。

1) 离散化原则

所谓离散,就是可数。离散化原则就是用可数的离散来抽象描述不可数的连续,或用少量代表多量。

对电路而言,用可数的离散端口的端口电压、端口电流对电路特性进行描述,于是我们不再关注电路内部连续的物质是如何排布的,其内部连续的电磁场又是如何分布的,我们只关注可数的有限个端口电压和端口电流之间的关系。端口数目是有限的(离散的),电路内部物质构成、电磁场作用是连续的,用有限个端口电压、电流之间的关系来描述电路系统内部连续的场与物质相互作用关系,这本身就是电路的最大抽象。

有了这些端口伏安特性后,我们在构建更大系统时,只需正确描述这些端口的约束关系并给出合适的端口间连接关系即可。所构建的系统对外也只提供有限个离散端口,从而屏蔽系统内部结构或内部作用关系,便于更高级别的系统构造。例如,当我们用运算放大器构造一个滤波器时,无须事先知道运放内部的晶体管的连接关系,只需利用运放的端口特性,如足够大的输入电阻、足够小的输出电阻和足够高的电压增益,就足以设计出具有良好特性的滤波器。端口抽象屏蔽了内部结构,从而电路设计得到大大简化。

端口抽象是电路的核心抽象,是离散化原则的体现。电路中运用离散化原则抽象的还包括开关特性抽象:①0、1数字化,数字化本身就是离散化;②非线性的分段折线化。例如二极管的非线性伏安特性是连续的,但我们可以将其分段折线化为三段,正偏导通则$0.7\text{V}$恒压,反偏截止则开路,反向击穿则齐纳恒压。于是在每一个区段,二极管都是线性的,这种分区段的线性化处理,也是离散化原则的一种体现。

抽象离散化原则的重要性无论如何强调都不过分。例如信息在人类社会中的表征形式是符号,这些符号承载了信息。符号化表征就是离散化表征,只有离散化表征后,信息量才会被限定至可存储(记录)、可传递(传承)、可处理(演绎)。如单个历史事件的文字记录可能寥寥数语,但后人可以大体把握整个历史脉络。离散化的后果是不完整(存在误差),但不离散化(不符号化)人类历史则不可记录,人类文明则难以传承。

2)极致化原则

何谓极致?走极端,追求完美,这里的完美指的是舍弃了细节的本质特征。

可以如是简单地用数学来表述极致化原则:如果数 $a$ 远远大于数 $b$,$|a| \gg |b|$,那么工程上可做如是近似,$a+b \approx a$,这里数 $b$ 的影响很小,数 $b$ 被极致化为数的一个极端 0;同时,工程上还可做如是近似,$\frac{1}{a} + \frac{1}{b} \approx \frac{1}{b}$,这里 $1/a$ 的影响很小,数 $a$ 被极致化为数的另外一个极端 $\infty$。显然,极致化是一种留大弃小的策略,这种策略可以排除细枝末节对视线的干扰。

例如,晶体管的开关模型就是一种极致化模型:晶体管欧姆导通时其导电通道电阻和通道连接的负载比很小,小的极致就是零,故而将其欧姆导通极致化为零电阻——短路;晶体管截止时其导电通道电阻和通道连接的负载比很大,大的极致就是无穷,故而将其截止极致化为无穷大电阻——开路。于是晶体管模型可被极致化为理想开关模型,正是这种极致化抽象,使得晶体管开关电路(能量转换电路、数字门电路)的分析变得极度简单,因为我们只需判断开关通断即可,极致化的结果使得我们只需关注两个极致状态,暂时忽略了状态转换的中间变化过程,由理想开关不耗能很容易理解开关型能量转换电路的高效率转换,用开关的串联、并联、旁路亦可方便说明数字逻辑与、或、非的电路实现方案。

再例如,理想运放是实际运放的极致化抽象:运放由于具有很大的跨阻增益,被极致化为无穷大跨阻增益,于是输入端口电流为零;具有很小的输出电阻被极致化为零输出电阻,输出端口则被抽象为理想受控恒压源;具有很高的电压增益被极致化为无穷大电压增益,于是输入端口电压为零。这种极致化处理是在与运放有连接关系的外围电阻远小于运放输入电阻远大于运放输出电阻、运放处于线性放大区等情况下实施的,否则这种极致化处理有可能会带来难以忽视的误差甚至谬误。于是大多数实用电路的设计者都有意识地满足上述条件,使得上述极致化抽象,可用在原理性分析中,运放可采用理想运放模型,利用其虚短虚断(无穷大增益)特性和无限驱动能力(理想受控恒压源),运放参与的各种功能电路的分析和理解变成了易于解决的简单问题,这是由于 0 和 $\infty$ 的极致化使得模糊视线的细枝末节被有效清除了。

极致化原则在电路分析中的应用使得我们往往只关注电路器件或电路网络的一个基本特征,而将其他特征视为细枝末节或寄生效应。在不考虑寄生效应时,电路的某个基本特征被扩大化为唯一特征。例如:①当我们不考虑电阻器的寄生效应时,电阻器则可视为理想线性电阻。理想线性电阻仅仅是一个理想抽象模型,实际上并不存在理想线性电阻,实际电阻器中一定既有电阻效应,同时还有电感、电容效应和噪声问题,只是在低频时,寄生电感、寄生电容的影响和电阻相比可以忽略不计,在施加信号比较大时,噪声影响可以被忽略不计,于是我们就认为电阻器是一个满足欧姆定律的理想线性电阻。②同样地,不考虑电容器、电感器的寄生效应,它们就是纯电容和纯电感,纯电容和纯电感其实是抽象出来的理想元件,实际的电容器和电感器都存在寄生效应,如高频段的电容器可能具有感性而电感器却可能具有容性,从而失去其正常的电容、电感功用。③在做负反馈原理性分析时,我们可以暂不考虑放大器的输入阻抗和输出阻抗,于是负反馈分析可变成两个简单理想受控源的连接关系分析。④电源如果不考虑其内阻影响,它就是恒压源或者恒流源。⑤开关不考虑导通后的导通电阻、不考虑断开后的寄生电容,它就是理想开关。

极致化电路抽象后,理想元件、理想单元电路、理想电路网络则会呈现出某些极为特殊或优良的特性,于是该功能电路模块的设计就有了一个标杆,实际功能电路应尽量接近这种极致化抽象后的理想电路。例如运放极致化为理想运放后,线性区工作具有虚短虚断特性,可大大简化电路分析和电路设计,故而在设计运放电路模块时,则应尽可能地实现极高电压增益以获得虚短效果,尽可能地实现极高输入电阻(或者说是极高跨阻增益)以获得虚断效果。这里,极高增益由可容忍的误差决定,极高输入电阻由运放外围负载电阻大小决定。又如电源,在其被极致化为恒压源和恒流源后,恒压源和恒流源具有良好的电路特性:①没有内阻的能耗,恒压源内阻为零无内耗,恒流源内阻为无穷无内耗;②分析简单,恒压源电压、恒流源电流不随外接器件变化而变化,恒压源内阻为零,交流分析时短路处理,恒流源内阻为无穷,交流分析时开路处理,无论直流分析还是交流小信号分析,电源处理都极度简单。正是由于理想电源具有这些良好的特性,因而我们就试图通过器件工艺、电路结构等工艺、电路的技术尽可能实现理想恒压特性和理想恒流特性,即通过某种技术使得电压源的伏安特性尽量陡直,电流源的伏安特性尽量水平,于是在很宽的负载范围内,它们可以被抽象为理想恒压源和理想恒流源。

上述这些理想的纯阻元件、纯容元件、纯感元件、纯受控源元件、纯电源元件、纯开关元件都是极致化抽象结果,实际电路器件不具纯理想元件特性,但在一定限定性条件下近似具有理想元件特性。

3) 限定性原则

所谓限定,就是指任何一个抽象都有它自身的适用范围,超出抽象的适用范围来应用该抽象,必然得出错误的结论。

事实上,我们在运用抽象解决问题时,并不打算用这一个抽象、一个概念、一个公式、一个原理来解决所有的问题,我们只是用这个抽象解决其中的一部分问题,而且确确实实地用这个抽象解决了这部分问题。如果问题范围扩大了,超出了抽象的适用范围,那么就有必要采用新的思想、新的概念对适用范围之外的问题重新进行抽象。或者在原模型上添加新特性,这些新特性往往被视为理想抽象基础上的寄生效应,或者重新给定新的模型。修正模型同样有它的适用范围,或者是原范围的延拓,或者是限定在新的一个局部范围。如果应用范围再次出界,新模型可能又不适用了。

所有的模型都有其适用范围或适用条件,尤其是最核心的简单的理想模型。这些理想模型往往被用来给出电路的原理性解释,之后再进一步在理想模型上添加非理想效应解释实际电路和理想模型之间的偏离,这些偏离往往被称为技术指标,偏离理想模型小的技术指标高,性能好。理想模型的建立,使得我们能够抓住主要矛盾,由此电路设计变得有序,先解决什么问题(主要矛盾),后解决什么问题(次要矛盾),电路分析和设计流程变得具有可操作性。

**练习 6.1.1**　考察并补全如下电路模型的限定性条件。

(1) 恒压源:(电压源内阻远小于负载电阻);

(2) 恒流源:(　　　　);

(3) CB 组态晶体管是电流缓冲器:($R_L \ll r_{ce}$);

(4) CC 组态晶体管是电压缓冲器:(　　　　);

(5) 741 运放可采用理想运放模型分析:(运放外围电阻远大于运放输出电阻同时远小于运放输入电阻,形成的放大器增益远小于运放增益,信号频率远低于 1MHz);

(6) BJT 差分对管采用线性跨导器模型:($|v_{id}| < 18mV$);

(7) BJT 差分对管采用单刀双掷开关模型:(　　　　);

(8) 电压源驱动 RC 串联电路,电容视为开路:(　　　　);

(9) 电压源驱动 RC 串联电路,电容视为短路:(　　　　)。

练习题第(5)问 741 理想运放模型限定频率远低于 1MHz,是在理解电路中的 30pF 的 MILLER 补偿电容如何起作用后才能给出的回答,见 10.5.3 节。第(8)、(9)问可以在第 8 章或第 9 章结束时给予回答。

### 6.1.3 电路分析中的抽象例

本课程其实一直在讨论电路抽象及其应用,也就是如何将复杂问题简单化,如何用简单模型简化复杂电路的分析。下面举几个前述几章已经出现过的例子。

**1. 等效电路法**

本书第 3 章讨论的降低分析复杂度的等效电路法,就是将线性网络封装为单端口、二端口或 $n$ 端口线性网络,之后仅从端口特性描述网络:单端口线性网络只需一个端口描述方程即可完全描述其对外端口特性,其端口看入的等效电路为戴维南电压源或诺顿电流源,其描述参量为戴维南源电压和源内阻,或诺顿源电流和源内阻;二端口线性网络则需两个端口描述方程方可完全描述其对外端口特性,其端口看入等效电路可用 6 套参量描述,分别为阻抗参量、导纳参量、混合参量、逆混参量、传输参量、逆传参量,这些参量是二端口线性网络戴维南-诺顿定理的源内阻参量或端口间的传输参量。正是这种等效电路法,使得内部无论多么复杂的线性网络只需一个端口方程或两个端口方程即可完全描述,因为它们对外的界面只有这些端口,端口描述方程足以描述整个线性网络的对外特性,或者说,外接的任意器件,包括非线性器件、动态器件、激励源、负载等都只能看到端口,它们只能感受到端口特性。

等效电路法可归类到分层抽象方法中,将一个复杂的网络封装后只考察数个对外端口,用尽可能少的端口描述整个网络特性,从而使得高层设计者无须关注其内部设计问题。

**2. 分段折线法**

本书第 4 章讨论非线性电阻电路时,对非线性电阻的分段折线法是其中极为重要的大信号处理方法,包括二极管伏安特性、晶体管伏安特性,乃至第 5 章运放转移特性曲线,基本上都采用了三段折线描述方法。

分段折线的最大好处是每一段都是线性的(伏安特性可用直线描述),于是可根据工作点位置和信号大小分段分析,在每一个折线段,电路模型基于该折线段的直线伏安特性而定。

分段折线是离散化原则和极致化原则的综合运用,把连续的一条曲线用数段折线近似描述,折线斜率在可能情况下多极致化为 0 或无穷大,从而进一步简化分析过程。

**3. 局部线性化**

本书第 4 章讨论非线性时,局部线性化是放大器分析的基本方法。局部线性化是极致化原则和限定性原则运用的综合体现,在交流信号位于线性范围内这个限定性条件下,将直流工作点这一个点的切线扩展到整个线性范围内,认为整个线性范围内的关系都是线性的,从而非线性电路的交流小信号分析成为线性电路分析。在线性分析基础上,可以进一步考察信号大到突破线性范围后不可忽视的非线性失真的影响,以及如何降低非线性失真或利用非线性完成其他电路功能,如变频。

# 6.2 从场到路的抽象

电路理论的建立,或者说最初的电路抽象,是从对测量结果的分析,总结出电路定律(law),并进一步演绎出电路定理(theorem)。诸如基尔霍夫定律、欧姆定律、戴维南定理等电路基本定律、定理都是通过这种测量、分析、归纳、演绎出来的,成为了电路分析与设计的基石。虽然基于电压、电流的测量是电路抽象的起始点,但诸多理论建立后,我们总是试图理顺、澄清这些理论之间的关联。因而下面我们并不是从测量角度阐述电路抽象,而是试图从理论化的角度重新审视电路抽象,即考察从电磁场分析的麦克斯韦方程到电路分析的基尔霍夫定律的抽象,在这个场到路的抽象过程中,同时会引入电路的基本元件(电阻、电容、电感和电源)和衍生元件(受控源、开关、短接线或传输线)的抽象,它们的描述方程这里统称为广义欧姆定律或元件约束方程。

### 6.2.1 Maxwell 方程与 Kirchhoff 定律

**1. Maxwell 方程**

麦克斯韦方程组是英国物理学家詹姆斯·麦克斯韦(James Clerk Maxwell)于 1862 年前后建立的一组描述电场、磁场与激发电场、磁场的电荷和电流之间关系的偏微分方程。它们分别为:

1)高斯定律

电荷产生电场,电力线由正电荷指向负电荷。

$$\nabla \cdot \boldsymbol{D} = \rho \qquad (6.2.1)$$

其中,$\rho$ 为自由电荷密度(free charge density,单位:库仑/米$^3$),$\boldsymbol{D}$ 为电位移(electric displacement,electric flux density,电通量密度,单位:库仑/米$^2$)。$\nabla \cdot$ 是对矢量进行散度运算的算符(divergence operator),散度运算是一种空间偏微分运算。

2)磁高斯定律

不存在磁荷,磁力线闭合。

$$\nabla \cdot \boldsymbol{B} = 0 \qquad (6.2.2)$$

其中,$\boldsymbol{B}$ 为磁感应强度(magnetic induction,magnetic flux density,磁通量密度,单位:韦伯/米$^2$)。

3)全电流安培定律

电流产生磁场。

$$\nabla \times \boldsymbol{H} = \boldsymbol{J} + \frac{\partial \boldsymbol{D}}{\partial t} \qquad (6.2.3)$$

其中,$\boldsymbol{H}$ 为磁场强度(magnetic field,单位:安培/米),$\boldsymbol{J}$ 为电流密度(free current density,单位:安培/米$^2$),一般是导体中的传导电流,也可能是其他能量转换机制产生的电流源激励。时变电场变化率$\frac{\partial \boldsymbol{D}}{\partial t}$是麦克斯韦针对安培定律添加的修正项,被称为位移电流(displacement current)。$\nabla \times$是对矢量进行旋度运算的算符(curl operator),旋度运算是另一种空间偏微分运算。

4)法拉第电磁感应定律

时变磁场产生感生电动势(电场)。

$$\nabla \times \boldsymbol{E} = -\frac{\partial \boldsymbol{B}}{\partial t} \qquad (6.2.4)$$

其中,$\boldsymbol{E}$ 是电场强度(electric field,单位:伏特/米)。

除了上述方程外,还需补充如下三个描述空间物质(介质)分布情况的结构方程(constitutive relation)。对于各向同性线性介质,为

$$\boldsymbol{D} = \varepsilon \boldsymbol{E} \qquad (6.2.5a)$$

$$B = \mu H \tag{6.2.5b}$$

$$J = \sigma E \tag{6.2.5c}$$

其中，$\varepsilon$ 为空间物质（介质）在该位置点的介电常数（permittivity，electric constant，单位：法拉/米），$\mu$ 为磁导率（permeability，magnetic constant，单位：亨利/米），$\sigma$ 为电导率（electrical conductivity，单位：西门子/米）。上述三个参量是对电磁场和实体物质能量交换、相互作用关系的宏观描述参量。

Maxwell 方程组的四个方程，其右侧可视为激励量，左侧可视为响应量，显然，全电流安培定律表明变化的电场可产生磁场，而法拉第电磁感应定律则表明变化的磁场可产生电场，如是电磁相互产生可形成电磁波。麦克斯韦在没有任何实验基础的前提下，纯粹地从数学美的角度出发在安培定律中添加了一个位移电流项，预言了电磁波的存在，并由电磁波传播速度为光速宣示光波也属电磁波。麦克斯韦是继牛顿之后的第二位最伟大的理论物理学家。

**2. Kirchhoff 定律**

1）基尔霍夫电压定律

基尔霍夫电压定律给出的 KVL 方程为

$$\sum_{k=1}^{n} v_k = 0 \tag{6.2.6a}$$

其含义是一个闭合环路上的电压之和为 0。

2）基尔霍夫电流定律

基尔霍夫电流定律给出的 KCL 方程

$$\sum_{k=1}^{m} i_k = 0 \tag{6.2.6b}$$

表明流入一个结点的总电流之和等于 0。

基尔霍夫定律（KVL 方程和 KCL 方程）可以从麦克斯韦方程抽象而来，但基尔霍夫定律却是古斯塔夫·基尔霍夫（Gustav Robert Kirchhoff）在更早的时间 1845 年提出的，他的这种纯粹的电压、电流视角将电磁场始终束缚在导体周围空间，从而没有能够进一步深入触摸到电磁波的波动传播本质。

### 6.2.2 对电场与磁场的空间离散化抽象：电压与电流

所谓静电场或静磁场，指电场和磁场是不随时间变化的静场。无论激发电场的电荷不动或不变化，还是激发磁场的电流不变化，都属电路中的直流情况。

**1. 电场离散化抽象为电压**

静电学中，空间某点的电势是该点单位电荷所具有的电势能，这个电势能由空间静电场分布决定。电势是相对的，为了简单起见，不妨假设无穷远点为零电势参考点（参考地）。现在假设将单位电荷缓慢地从无穷远点电势能为 0 的位置移动到当前位置，那么电荷必然获得了电势能，这个电势能是外力移动电荷所做的功。移动电荷需要施加外力 $F$，这个外力应恰好抵消电场力 $qE$，即

$$F = -qE$$

外力做功为外力的路径积分

$$W = \int_{-\infty}^{r} F \cdot \mathrm{d}l = -q \int_{-\infty}^{r} E \cdot \mathrm{d}l$$

显然移动电荷所做的功就是该电荷获得的能量或者说是电荷在该点当前的电势能大小。定义某点的电势为从零电势位置移动单位电荷到该点所做的功,即

$$\phi = \frac{W}{q} = -\int_{-\infty}^{r} \boldsymbol{E} \cdot d\boldsymbol{l} \tag{6.2.7a}$$

两点之间的电压为两点的电势之差(电位差),即

$$V_{AB} = \phi_A - \phi_B = \left(-\int_{-\infty}^{r_A} \boldsymbol{E} \cdot d\boldsymbol{l}\right) - \left(-\int_{-\infty}^{r_B} \boldsymbol{E} \cdot d\boldsymbol{l}\right)$$

$$= \int_{r_A}^{r_B} \boldsymbol{E} \cdot d\boldsymbol{l} = \int_A^B \boldsymbol{E} \cdot d\boldsymbol{l} \tag{6.2.7b}$$

也就是说,$A$、$B$ 两点之间的电压 $V_{AB}$ 为空间电场在两点路径上的线积分。

式(6.2.7)电压定义本身就是对空间连续电场的离散化表述,将空间连续的电场分布用两点之间的一个电压数值表述,我们不再关注空间电场连续分布情况如何,而只关注两点之间的电压(电位差),如端口两个端点之间的电压。

**2. 磁场离散化抽象为电流**

流过导线的传导电流显然是导线横截面上电流密度的面积分,

$$I = \int_S \boldsymbol{J} \cdot d\boldsymbol{S} \tag{6.2.8a}$$

在静场假设下,不存在位移电流,只有传导电流,将安培定律 $\nabla \times \boldsymbol{H} = \boldsymbol{J}$ 代入式(6.2.8a),由斯托克斯定理知,流过导线横截面的电流是该横截面所在某曲面边界上磁场的环路积分,环路方向符合右手规则,

$$I = \int_S \boldsymbol{J} \cdot d\boldsymbol{S} \xrightarrow{\text{安培定律}} \int_S \nabla \times \boldsymbol{H} \cdot d\boldsymbol{S} \xrightarrow{\text{斯托克斯定理}} \oint_C \boldsymbol{H} \cdot d\boldsymbol{l} \tag{6.2.8b}$$

注意,与电压初始定义一样,电流初始定义也是静场假设下给出的,也就是说,电压和电流的初始定义都是在电场和磁场不随时间变化前提下进行的。

电流是磁场的环路线积分表明导线上传导电流是导线周围空间连续分布磁场的离散化表述,我们无须在意导线周围磁场在空间是如何连续分布的,只在意流过导线截面的电流大小。

**3. 场到路抽象的限定性条件**

上述电压、电流的初始定义均基于静场假设。如果不是绝对的静场,即电场、磁场随时间发生变化,但是我们仍然希望还能够用电压、电流表征电场、磁场,则需引入电容和电感器件表征随时间变化的电场和磁场,这个问题见后文讨论。除此之外,还必须要求定义端口的两个端点 $A$、$B$ 之间的空间距离远远小于波长,

$$d_{AB} \ll \lambda \tag{6.2.9a}$$

这个电路抽象的限定性条件被称为准静态条件。只有满足了这个准静态条件,端点 $A$ 到端点 $B$ 的电磁波传播延时才能远远小于信号周期,

$$\tau_{AB} = \frac{d_{AB}}{c} \ll \frac{\lambda}{c} = T \tag{6.2.9b}$$

式中 $c$ 为光速(电磁场传播速度)。只有两点电磁传播延时远小于信号周期,流入端点 $A$ 的电流 $i_A$ 等于流出端点 $B$ 的电流 $i_B$ 这个结论的误差才有可能被忽略不计,否则信号延时将导致瞬时 $i_A$ 和瞬时 $i_B$ 相差极大,无法满足电路网络的端口条件,也就无法定义网络端口(支路)。

显然准静态条件是端口条件的充分条件,准静态条件满足,电路端口方可定义,电路抽象才能成立,毕竟所有电路定律(基尔霍夫定律和欧姆定律)都是基于支路(端口)而建立起来的,因而准静态条件被视为电路抽象的限定性条件。

当信号频率 $f=1/T$ 很高时,信号波长 $\lambda=c/f$ 将变得很短,于是器件尺寸 $l$ 和波长 $\lambda$ 可以相比拟(不再满足 $l\ll\lambda$),此时电路极有可能会出现电路设计预期之外的现象,如信号中出现各种干扰乃至振荡甚至整个系统不再正常工作,原因就在于器件尺寸过大,电路中将会形成设计预期之外的寄生端口,或者因为器件尺寸过大形成开放结构导致出现难以用简单的电路端口描述的电磁耦合或电磁辐射现象。实际和设计不符的原因在于采用的电路模型已经超出了其适用范围(限定性条件),此时若想获得满意的设计,则需进一步改进电路模型,如需建立高频电路模型,在已有核心模型基础上添加影响重大的寄生参量元件(寄生电容、寄生电感、寄生电阻等),用分布参量元件(如传输线、分段 RC 等效等)描述长的互连线,甚至不得不放弃通常的电路分析方法而直接采用电磁场分析方法进行系统分析和设计。有时为了预防系统工作环境对电路寄生效应的不可控影响,在高频、高速电路设计阶段就需要提前考虑做好屏蔽、隔离等措施,这些措施是为电路系统提供一个不随外界环境变化而变化的稳定的内环境,使得电路模型更为可靠。

### 6.2.3　静场电阻电路抽象

静场(直流)情况下,由于电场和磁场不随时间变化而变化,或者频率很低,电磁场随时间变化率极小,麦克斯韦方程中的时间偏微分项极小,其影响可忽略不计而被抽象为 0。通过式(6.2.7)和式(6.2.8)的离散化操作,麦克斯韦方程中的空间微分运算(散度运算和旋度运算)被空间线积分消除,从而麦克斯韦偏微分方程变成了代数方程,这些可以用代数方程描述的电路系统在本教材中被统称为电阻电路。

**1. 安培定律离散化为基尔霍夫电流定律**

基尔霍夫电流定律 KCL 方程可从安培定律经电场、磁场离散化抽象而来。

将矢量恒等式 $\nabla\cdot(\nabla\times\boldsymbol{H})=0$ 代入全电流安培定律(6.2.3),有 $\nabla\cdot\left(\boldsymbol{J}+\dfrac{\partial\boldsymbol{D}}{\partial t}\right)=0$,或者说

$$\nabla\cdot\boldsymbol{J}=-\frac{\partial}{\partial t}(\nabla\cdot\boldsymbol{D})=-\frac{\partial\rho}{\partial t} \tag{6.2.10a}$$

上式推导中代入了高斯定律(6.2.1)。根据散度定理,矢量外法向分量的面积分等于向外的总通量,故而

$$\oint_s\boldsymbol{J}\cdot\mathrm{d}\boldsymbol{S}=\int_V(\nabla\cdot\boldsymbol{J})\mathrm{d}V=\int_V\left(-\frac{\partial\rho}{\partial t}\right)\mathrm{d}V=-\frac{\partial}{\partial t}\left(\int_V\rho\mathrm{d}V\right)=-\frac{\partial q}{\partial t} \tag{6.2.10b}$$

其中, $q=\displaystyle\int_V\rho\mathrm{d}V$ 为封闭曲面包围空间内的总电荷,如图 6.2.1 所示,封闭曲面 $S$ 包围的空间 $V$ 在电路中被抽象为一个结点,这个结点可能是广义结点。方程(6.2.10b) $\displaystyle\oint_s\boldsymbol{J}\cdot\mathrm{d}\boldsymbol{S}=-\frac{\partial q}{\partial t}$ 被称为电流连续性方程。方程左侧是电流密度在封闭曲面上的积分,它代表了流出该封闭曲面(结点)的总电流,而方程右侧的 $-\partial q/\partial t$ 则代表封闭曲面包围空间(结点)的电荷流失速度。显然,电流连续性方程的物理意义十分明确:流出某结点的总电流等于该结点的电荷流失速度,这正是电荷守恒定律的一种表述形式。

对于静场情况,结点总电荷量不变,对应直流或很低的频率,此时 $\partial q/\partial t$ 被抽象为 0,换句话说,位移电流被抽象为 0,只考虑传导电流。于是考察从导线流入结点和流出结点的电流,既然电荷守恒,从某个导线流入多少电流就必然从其他导线流出多少电流。由 $\boldsymbol{J}=\sigma\boldsymbol{E}$ 可知,有导体的地方($\sigma\neq0$)才有电流流出,于是对于这个封闭曲面,只要找全穿通这个封闭曲面的导

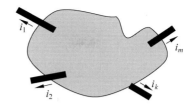

(a) 封闭曲面　　　　　　　　　　　(b) 结点流出总电流为0

图 6.2.1　封闭曲面包围空间可视为一个结点

线（或等价导线），如图 6.2.1（b）所示，假设在曲面上有 $m$ 个穿通点，那么对这个封闭曲面的电流密度的积分，就是这 $m$ 个穿通点导线上的总的流出电流，显然总的流出电流为 0，这正是 KCL 所述

$$\oint_S \boldsymbol{J} \cdot \mathrm{d}\boldsymbol{S} = \sum_{k=1}^m \int_{S_k} \boldsymbol{J} \cdot \mathrm{d}\boldsymbol{S} = \sum_{k=1}^m i_k = 0 \Rightarrow \sum_{k=1}^m i_k = 0 \qquad (6.2.11)$$

式中，$i_k = \int_{S_k} \boldsymbol{J} \cdot \mathrm{d}\boldsymbol{S}$ 是第 $k$ 根导线流出电流，为第 $k$ 根导线被封闭曲面切割的截面 $S_k$ 上的电流密度 $\boldsymbol{J}$ 的面积分，其数值可正可负。数值为正，表示电流流出结点；数值为负，表示电流流入结点；总和为 0，表明流入流出电流相等，电荷守恒。

**2. 法拉第电磁感应定律离散化为基尔霍夫电压定律**

基尔霍夫电压定律 KVL 方程可从法拉第电磁感应定律推导而来。

斯托克斯定理表明：矢量的环线积分等于矢量旋度在这个环线围住的曲面上的曲面积分，$\oint_{\partial S} \boldsymbol{E} \cdot \mathrm{d}\boldsymbol{l} = \int_S (\nabla \times \boldsymbol{E}) \cdot \mathrm{d}\boldsymbol{S}$，将法拉第电磁感应定律（6.2.4）代入，有

$$\oint_{\partial S} \boldsymbol{E} \cdot \mathrm{d}\boldsymbol{l} = \int_S (\nabla \times \boldsymbol{E}) \cdot \mathrm{d}\boldsymbol{S} = -\int_S \left( \frac{\partial \boldsymbol{B}}{\partial t} \right) \cdot \mathrm{d}\boldsymbol{S}$$

$$= -\frac{\partial}{\partial t} \int_S \boldsymbol{B} \cdot \mathrm{d}\boldsymbol{S} = -\frac{\partial \Phi_{\mathrm{BS}}}{\partial t} \qquad (6.2.12)$$

这里，磁感应强度 $\boldsymbol{B}$ 在曲面 $S$ 上的曲面积分为流过该曲面的磁通量大小

$$\Phi_{\mathrm{BS}} = \int_S \boldsymbol{B} \cdot \mathrm{d}\boldsymbol{S}$$

于是方程 $\oint_{\partial S} \boldsymbol{E} \cdot \mathrm{d}\boldsymbol{l} = -\frac{\partial \Phi_{\mathrm{BS}}}{\partial t}$ 的左侧是在一个闭环环线上对电场的线积分，也就是这个闭合环线转一圈的总电压，如图 6.2.2 所示，而方程右侧 $-\partial \Phi_{\mathrm{BS}}/\partial t$ 则代表磁通流失速度。因而方程（6.2.12）的含义就是：一个闭合环线转一圈的总电压等于这个闭环形成曲面上的磁通流失速度。流过曲面的磁通代表了该环线系统中存储的磁能，如果有电荷 $q$ 绕环线一圈获得了电能 $qV_\Sigma$，必然是曲面磁通减小，环线系统中存储的磁能被转换为了电荷的电能，故而该方程是对能量守恒定律的一种表述。

对于稳恒电流或直流情况，曲面总磁通不变，即 $\partial \Phi_{\mathrm{BS}}/\partial t = 0$，频率很低时 $\partial \Phi_{\mathrm{BS}}/\partial t$ 可抽象为 0，于是闭合环路绕一圈的总电压等于 0，如图 6.2.2（b）所示，构成封闭曲线的 $n$ 条支路的电压总和为 0，这正是 KVL 所述

$$\oint_{\partial S} \boldsymbol{E} \cdot \mathrm{d}\boldsymbol{l} = \sum_{k=1}^n \int_{l_k} \boldsymbol{E} \cdot \mathrm{d}\boldsymbol{l} = \sum_{k=1}^n v_k = 0 \Rightarrow \sum_{k=1}^n v_k = 0 \qquad (6.2.13)$$

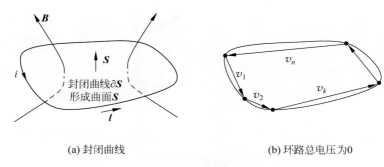

(a) 封闭曲线　　　　　　　　　(b) 环路总电压为0

图 6.2.2　封闭曲线构成一个环路

式中，$v_k = \int_{l_k} \boldsymbol{E} \cdot \mathrm{d}\boldsymbol{l}$ 是环线上第 $k$ 条支路电压，为第 $k$ 条支路（端口）两个端点之间的电场环线路径线积分，静场情况下该值与积分路径无关，我们称这个电压为电势差电压，故而静场假设下，KVL 说明闭环电势差电压之和为 0。

### 3. 传导电流：电阻元件抽象

#### 1) 金属导线：线性电阻例

电阻元件的抽象可以自全电流定律方程右侧的电流密度项 $\boldsymbol{J}$ 以及结构方程 $\boldsymbol{J} = \sigma \boldsymbol{E}$ 抽象而来，传导电流项 $\boldsymbol{J} = \sigma \boldsymbol{E}$ 和欧姆定律 $i = Gv$ 相对应。

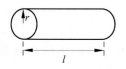

$$R = \rho \frac{l}{\pi \cdot r^2}$$

图 6.2.3　直导线电阻模型

如图 6.2.3 所示，这是一段直导线，在导线两端施加电压 $v$，假设导线长度 $l$ 和导线半径 $r$ 都远远小于信号波长 $\lambda$，$l \ll \lambda$，$r \ll \lambda$，于是可假定该电压 $v$ 在导体内部产生的电场 $\boldsymbol{E}$ 是处处均匀的

$$\boldsymbol{E} = \frac{v}{l} \hat{z} \qquad (6.2.14)$$

其中，$v$ 为导线两端施加电压，$l$ 为直导线长度，$\hat{z}$ 为导线方向或者说为导线两端电压施加方向，也就是电场方向。导线很短，沿 $z$ 方向从导线一端流入的电流等于导线另一端流出的电流，于是整根导线从两端看则被建模为一个单端口网络。导线任意位置横截面上都将具有相同的电流密度 $\boldsymbol{J} = \sigma \boldsymbol{E}$，在某横截面上对电流密度进行面积分，即可获得穿过该导体截面的电流 $i$，显然对于短导线而言，$i$ 在导线两端之间任意位置处处相等

$$i = \int_s \boldsymbol{J} \cdot \mathrm{d}\boldsymbol{S} = \sigma \int_s \boldsymbol{E} \cdot \mathrm{d}\boldsymbol{S} = \sigma ES = \sigma \frac{v}{l} S$$

$$= \left( \sigma \frac{S}{l} \right) v = Gv \qquad (6.2.15)$$

注意到，对电流密度 $\boldsymbol{J}$ 的积分被转化为对电场强度 $\boldsymbol{E}$ 的积分，由于电场处处均匀，或者说它在横截面上是一个常数，故而可以提出积分号，面积分的结果就是电场强度大小和横截面面积 $S$ 的乘积。于是，积分的结果就变成了欧姆定律，$i = Gv$，其中该导线的电导值 $G$ 为

$$G = \sigma \frac{S}{l} \qquad (6.2.16a)$$

其倒数就是电阻 $R$

$$R = \frac{1}{G} = \rho \frac{l}{S} \qquad (6.2.16b)$$

也可称 $v = Ri$ 为欧姆定律，它和 $i = Gv$ 完全等价。

上述推导可知,直导线电阻和电阻率 $\rho = \sigma^{-1}$ 成正比,和导线长度 $l$ 成正比,和导线横截面面积 $S$ 成反比关系。反之,直导线电导和电导率 $\sigma$ 成正比,和导线长度 $l$ 成反比,和导线横截面面积 $S$ 成正比关系。这是很容易理解的:代表载流子运动通畅程度的电导率越大,电子导体内运动的横截面面积越大,电流就越容易导通,而通行长度越长,电流流通受到的阻碍程度就越大。

2) PN 结二极管:非线性电阻例

P 型半导体和 N 型半导体接触后,P 型区中的多子空穴向 N 型区扩散,N 型区的多子电子向 P 型区扩散,导致原来电中性的 P 型半导体因失去空穴呈现电负性,原来电中性的 N 型半导体因失去电子呈现电正性,从而形成了由 N 指向 P 的内建电场,该内建电场阻止了空穴和电子的进一步扩散。当浓度差导致的载流子扩散运动和内建电场导致的载流子漂移运动达到平衡时,PN 结也就成形了。显然 PN 结是不对称的,其内建电场的方向性导致两个方向流动的电流具有不对称性。详尽的理论分析和数学推导见半导体物理相关教材,这里直接给出将 PN 结视为单端口网络时,PN 结端口电压和端口电流之间的指数律伏安特性关系,为

$$i = I_{S0}(e^{\frac{v}{v_T}} - 1) \tag{6.2.17}$$

其中,电压 $v$ 和电流 $i$ 的关联参考方向是 P 指向 N。伏安特性方程中的两个参量中,$v_T = \dfrac{kT}{q}$ 是和温度成正比关系的热电压,在室温时其大小近似为 26mV,有时为方便计算取 25mV,而 $I_{S0}$ 则是反向饱和电流,其大小可表述为

$$I_{S0} = q\left(\frac{D_p}{L_p}p_{n0} + \frac{D_n}{L_n}n_{p0}\right)A \tag{6.2.18}$$

其中,$q$ 为电子和空穴所带电荷电量大小 $q = 1.6 \times 10^{-19}$C,$D_p$ 和 $D_n$ 为空穴和电子的扩散系数,和它们在电场作用下沿电场方向运动的速度成正比关系,$L_p$ 和 $L_n$ 是少子(N 区的空穴和 P 区的电子)的扩散长度,$p_{n0}$ 是 N 区空穴浓度,$n_{p0}$ 是 P 区电子浓度,$A$ 为结区面积,注意两项之和说明 PN 结中同时存在空穴电流和电子电流。与式(6.2.16a)的线性电导相对比,将表达式分子中的面积 $A$、分母中的长度 $L_p$ 或 $L_n$ 拿出后,剩下的系数 $qD_p p_{n0}$ 或 $qD_n n_{p0}$ 恰好与空穴运动及电子运动对应的电导率 $\sigma_p$ 和 $\sigma_n$ 有正比对应关系,因为电导率正比于载流子电荷量、载流子运动速度和载流子浓度。

换句话说,PN 结形成的非线性电阻伏安特性方程是欧姆定律针对 PN 结结构的一种非线性描述形式,这里称之为广义欧姆定律。

**4. 场源激励:电源元件的抽象**

在麦克斯韦方程中,能激励起电场的源除了时变磁场外(如法拉第电磁感应定律表述),还有自由电荷(如高斯定律表述),如果存在某种能量转换机制能够将其他形式的能量转换为电能,如化学电池将化学键合能转换为电能,在化学能耗尽之前,它将源源不断地提供激发电场的激励电荷,具有这种机制的能量转换器件如化学电池即可抽象为恒压源。

同时,全电流安培定律表明,除了时变电场(位移电流)可以激励起磁场外,自由电流也可以激励起磁场。自由电流中包含的传导电流项可被抽象为电阻,如果还存在其他能量转换机制能够将其他形式的能量转换为源源不断的可激发磁场的激励电流,如太阳能电池通过 PN 结吸收光能同时将其转换为电流输出(电子、空穴在闭合回路中的定向运动),具有这种机制的能量转换器件即可抽象为恒流源。

**5. 电阻电路抽象**

前面由电场、磁场离散化抽象为电压、电流,进而将麦克斯韦方程离散化为基尔霍夫定律

（KVL 方程和 KCL 方程），这个离散化抽象过程中，运用了三个限定性条件

$$d_{AB} \ll \lambda \tag{6.2.19a}$$

$$\frac{\partial q}{\partial t} = 0 \tag{6.2.19b}$$

$$\frac{\partial \Phi_{BS}}{\partial t} = 0 \tag{6.2.19c}$$

式(6.2.19a)为准静态条件，而式(6.2.19b/c)代表了稳恒电流条件。

当频率为 0 或很低时，这三个条件均自然满足。换句话说，前述电路抽象分析针对的是直流信号或频率足够低可视为直流的低频信号，此时式(6.2.19b/c)不严格成立但近似成立，如是麦克斯韦方程中的时间微分项的影响即使存在也被忽略不计，此时从麦克斯韦方程中抽象出的基尔霍夫定律本身是代数方程，同时只能抽象出用代数方程欧姆定律描述的两个元件，电阻和电源，于是直流或低频情况下，电路方程（基尔霍夫定律＋欧姆定律）全部都是代数方程，用代数方程可描述的电路本书称之为电阻电路，纯电阻电路是静场假设抽象。

### 6.2.4　非静场动态电路抽象

在非静场情况下，电场和磁场随时间变化而变化，麦克斯韦方程中的时间偏微分项的影响不可忽略。这将导致两个问题：①前述基尔霍夫定律推导过程中的稳恒电流条件不再满足，基尔霍夫定律是否还成立？②非稳恒电流影响所体现的时间偏微分项如何处理？这两个问题其实是一个，将位移电流项抽象为电容元件，多了电容的电荷存储效应，电荷守恒定律不会被破坏，KCL 方程得以继续成立；将感生电动势项抽象为电感元件，多了电感的磁通（能量）存储效应，能量守恒定律不会被破坏，KVL 方程得以继续满足。

**1. 位移电流支路纳入 KCL 方程：电容元件抽象**

1）电荷守恒与 KCL 方程

不满足稳恒电流条件，则有 $\partial q/\partial t \neq 0$，其物理含义是：封闭曲面空间内（结点）的电荷量随时间发生变化，显然和该结点连接的所有导线电流之和不再等于 0，式(6.2.11)抽象的传导电流 KCL 方程则不再成立，电荷守恒定律似乎被破坏，其原因在于位移电流没有计入其中。只有将位移电流纳入其中，才能让 KCL 方程继续成立，而位移电流的纳入则将导致电容元件的引入，如图 6.2.4 所示。

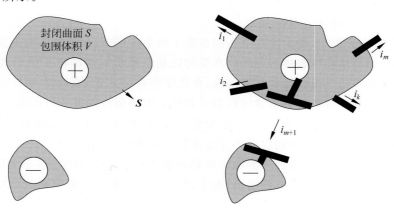

(a) 此结点多一个正电荷，彼结点必多一个负电荷　　　　(b) 引入新的电容支路

图 6.2.4　引入电容支路以满足 KCL 方程（电荷守恒）

$\partial q/\partial t \neq 0$ 意味着随着时间的增长,结点内有了电荷的变化,这里不妨假定在这个封闭曲面内(结点上)多了一个正电荷,这个正电荷可能是从某根传导电流支路流入的,由于电荷是守恒的(电荷守恒定律),这个结点多一个正电荷,必然意味着其他位置的结点上多了一个负电荷(或者说少了一个正电荷)。注意到两个结点都是导体形态的,当两个导体结点上出现了一正一负的电荷后,也就形成了电容的电荷累积效应,如图 6.2.4(b)所示。

对于这个电容结构,由于电容极板上出现了电荷的变化,故而可认为电容支路上存在位移电流,其大小为

$$i_{\mathrm{d}} = \frac{\partial q}{\partial t} \tag{6.2.20}$$

虽然这两个结点之间没有导线连通的传导电流,但存在电容极板电荷量变化(或电容空间电场变化)导致的位移电流,因而只需在该结点多引入一条电容支路,KCL 方程仍将满足

$$\oint_S \boldsymbol{J} \cdot \mathrm{d}\boldsymbol{S} = \sum_{k=1}^m \int_{S_k} \boldsymbol{J} \cdot \mathrm{d}\boldsymbol{S} = \sum_{k=1}^m i_k = -\frac{\partial q}{\partial t} = -i_{\mathrm{d}} = -i_{m+1}$$
$$\Rightarrow \sum_{k=1}^{m+1} i_k = 0 \tag{6.2.21}$$

其中,电容支路被定义为第 $m+1$ 条支路。

实际电路中被介质隔离的导体很多,因而一个导体结点上的电荷积累,可能对应着多个其他导体结点上电荷相应的变化,那么就需要在该结点上引入多个电容支路以描述电荷守恒,从而最终 KCL 方程仍然保持成立。KCL 方程表述的就是电荷守恒定律。

2) 单端口电容:平板电容例

电路中存在导体结点,则存在电荷积累效应,导体结点之间就有可能存在着电容效应,因而实际电路系统中的寄生电容是复杂的网络结构。有两种情况我们只需考虑单端口电容:①虽然有很多寄生电容存在,但是其中一个寄生电容的电容效应是电路中影响力最大的,或者多个电容的影响被等价为一个电容的影响,或者是电容之间的电场耦合(互容)可以忽略不计;②人工制作的单端口电容,其电容值很大,加入电路后电路功能、性能几乎由该电容决定,其他的寄生电容的影响可以忽略不计。

下面以人工制作的平板电容为例,说明电容大小和电容结构的关系。如图 6.2.5 所示,这是最典型的平板电容结构:为了简单起见,假设加载到两个极板上的电压在平行板中产生的电场仅存在于两个极板对应的柱形空间且是均匀的,极板中间所夹介质中的位移电流密度 $\boldsymbol{J}_{\mathrm{d}} = \dfrac{\partial \boldsymbol{D}}{\partial t}$ 则处处相等,显然,位移电流和电场强度时间变化率成正比关系。由于这里假设电场是均匀的,该电场则可表示为极

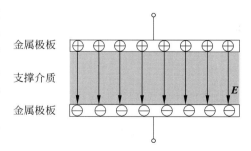

图 6.2.5　平板电容

板两端的电压 $V$ 除以极板间距 $d$,电场方向从上极板正电荷指向下极板负电荷

$$\boldsymbol{J}_{\mathrm{d}} = \frac{\partial \boldsymbol{D}}{\partial t} = \frac{\partial \varepsilon \boldsymbol{E}}{\partial t} = \varepsilon \frac{\partial \boldsymbol{E}}{\partial t} = \varepsilon \frac{\partial \frac{v}{d} \hat{z}}{\partial t} = \frac{\varepsilon}{d} \frac{\partial v}{\partial t} \hat{z} \tag{6.2.22a}$$

位移电流密度 $\boldsymbol{J}_{\mathrm{d}}$ 的面积分就是通过电容介质空间的位移电流,由于假设位移电流均匀且仅存在于极板之间的柱形介质空间,于是有

$$i_{\mathrm{d}} = \int_S \boldsymbol{J}_{\mathrm{d}} \cdot \mathrm{d}\boldsymbol{S} = \int_s \frac{\varepsilon}{d} \frac{\partial v}{\partial t} \hat{z} \cdot \mathrm{d}\boldsymbol{S} = \frac{\varepsilon}{d} \frac{\partial v}{\partial t} S = \varepsilon \frac{S}{d} \frac{\partial v}{\partial t} = C \frac{\mathrm{d}v}{\mathrm{d}t} \qquad (6.2.22\mathrm{b})$$

式中,$S$ 为极板面积。式中的偏微分被修正为微分,原因在于麦克斯韦方程中的空间微分算子(散度、旋度)经空间离散化抽象后,空间线积分运算(式(6.2.7)和式(6.2.8))将空间微分运算抵消,方程中就只剩下时间微分项,于是电路描述无须再用偏微分。

显然,麦克斯韦方程中的位移电流项可以被抽象为电容元件,电容容值由电容结构决定。当电容结构被抽象为平板电容时,电容容值为

$$C = \varepsilon \frac{S}{d} \qquad (6.2.23)$$

其中 $\varepsilon$ 为电容极板间介质的等效介电常数,$S$ 为等效极板面积,$d$ 为等效极板间距。

位移电流不是传导电流,电荷不会穿过电容介质,而是在电容极板上累积,电容极板上累积的电荷量为位移电流的时间积分

$$q = \int i_{\mathrm{d}} \mathrm{d}t = \int C \mathrm{d}v = Cv \qquad (6.2.24)$$

可见电容量 $C$ 描述的是电容结构积累电荷量 $Q$ 多少的能力,电容量 $C$ 越大,电容结构在相同电压下累积的电荷量就越多。

$$C = \frac{q}{v} \qquad (6.2.25\mathrm{a})$$

$$C = \frac{\mathrm{d}q}{\mathrm{d}v} \qquad (6.2.25\mathrm{b})$$

式(6.2.25a)是静态电容定义,式(6.2.25b)是微分电容定义,与静态电阻、微分电阻定义对应。对于线性电容,两种定义下的电容容值一致,如线性电阻一样,线性电阻的静态电阻定义和微分电阻定义获得一致的阻值大小。

3) 多端口电容

电路中各个导体结点之间存在寄生电容效应,如果将这些结点相互作用下的电荷积累效应全部描述清楚,则需建立多端口电容模型。

对于单端口电容,前面已经确认其极板电荷和电容之间的关系为

$$q = Cv \qquad (6.2.26\mathrm{a})$$

线性时不变单端口电容端口伏安特性方程为

$$i = \frac{\mathrm{d}q}{\mathrm{d}t} = C \frac{\mathrm{d}v}{\mathrm{d}t} \qquad (6.2.26\mathrm{b})$$

线性时不变多端口电容可以直接从线性时不变单端口电容推广而来:假设有 $n+1$ 个独立的导体结点,编号为 $0, 1, 2, \cdots, n$,其中结点 0 为参考地导体。假设导体结点 $k$ 的对地电位为 $v_k$,则导体 $k$ 上累积的电荷 $q_k$ 由所有导体电压共同决定

$$\boldsymbol{q} = \boldsymbol{Cv} \qquad (6.2.27\mathrm{a})$$

$$\begin{bmatrix} q_1 \\ q_2 \\ . \\ q_n \end{bmatrix} = \begin{bmatrix} C_{11} & C_{12} & . & C_{1n} \\ C_{21} & C_{22} & . & C_{2n} \\ . & . & . & . \\ C_{n1} & C_{n2} & . & C_{nn} \end{bmatrix} \begin{bmatrix} v_1 \\ v_2 \\ . \\ v_n \end{bmatrix} \qquad (6.2.27\mathrm{b})$$

其中,电容矩阵 $\boldsymbol{C}$ 由导体及其周围空间介质结构决定。矩阵元素 $C_{kk}$ 为 $k$ 导体结点的自电容,$C_{jk}$ 为导体 $k$ 对导体 $j$ 的互电容。设定导体 $k$ 的电压为 1V,其他导体电压为 0V(和地导体短

接),此时导体 $k$ 上的电荷量 $q_k$ 大小就是自容 $C_{kk}$ 大小,导体 $j$ 上的电荷量 $q_j$ 大小就是互容 $C_{jk}$ 大小,注意此时导体 $j$ 带的是负电荷,故而 $C_{jk}<0$,故而一般性地我们称 $-C_{jk}$ 为互电容容值。

对应的线性时不变多端口电容的伏安特性方程为

$$i = C \frac{\mathrm{d}v}{\mathrm{d}t} \tag{6.2.28}$$

以二端口电容为例,其二端口电容矩阵为

$$C = \begin{bmatrix} C_{11} & C_{12} \\ C_{21} & C_{22} \end{bmatrix} \tag{6.2.29}$$

由构成电容的导体、介质等物质的互易性,有 $C_{12}=C_{21}=-C_{\mathrm{M}}$。整理电流方程,有

$$
\begin{aligned}
i_1 &= C_{11} \frac{\mathrm{d}v_1}{\mathrm{d}t} + C_{12} \frac{\mathrm{d}v_2}{\mathrm{d}t} \\
&= (C_{11} + C_{12}) \frac{\mathrm{d}v_1}{\mathrm{d}t} - C_{12} \frac{\mathrm{d}(v_1 - v_2)}{\mathrm{d}t} = C_{10} \frac{\mathrm{d}v_1}{\mathrm{d}t} + C_{\mathrm{M}} \frac{\mathrm{d}v_{12}}{\mathrm{d}t}
\end{aligned} \tag{6.2.30a}
$$

$$
\begin{aligned}
i_2 &= C_{21} \frac{\mathrm{d}v_1}{\mathrm{d}t} + C_{22} \frac{\mathrm{d}v_2}{\mathrm{d}t} \\
&= -C_{21} \frac{\mathrm{d}(v_2 - v_1)}{\mathrm{d}t} + (C_{22} + C_{21}) \frac{\mathrm{d}v_2}{\mathrm{d}t} = C_{\mathrm{M}} \frac{\mathrm{d}v_{21}}{\mathrm{d}t} + C_{20} \frac{\mathrm{d}v_2}{\mathrm{d}t}
\end{aligned} \tag{6.2.30b}
$$

上述方程对应的等效电路模型如图 6.2.6 所示,其中结点 0 被默认为该二端口网络的地结点(地导体),于是 $C_{\mathrm{M}}=-C_{12}=-C_{21}$ 为结点 1(导体 1)和结点 2(导体 2)之间的互容,$C_{11}=$ $C_{10}+C_{\mathrm{M}}$ 为结点 1 自容,$C_{22}=C_{20}+C_{\mathrm{M}}$ 为结点 2 自容。注意到多导体结点之间的多端口电容模型中的电容都是结点对结点的单端口电容,故而经典电路分析中均采用单端口电容建立电容模型,而不采用多端口电容这个概念,因而传统教材中没有对多端口电容的分析。第 4 章出现的耦合电容恰好正是一个互电容,耦合电容是二端口电容,对应图 6.2.6,有 $C_{10}=0$,$C_{20}=0$,$C_{\mathrm{M}}$ 为耦合电容,可用于实现信号传输。

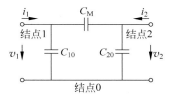

图 6.2.6 三导体结点的二端口电容模型

### 2. 感生电动势支路纳入 KVL 方程: 电感元件抽象

#### 1) 能量守恒与 KVL 方程

如果不满足稳恒电流条件,则 $\partial \Phi_{\mathrm{BS}}/\partial t \neq 0$,也就是说,环路曲面总磁通随时间而变,显然,沿闭环转一圈后,总的电势差电压之和不等于零,式(6.2.13)描述的 KVL 方程不再成立,也就意味着能量不守恒了,因为一个电荷环路一周回到起始点后,其电势能变化 $qV_\Sigma$ 不为 0,获得的电势能(大于 0)从何而来? 丢失的电势能(小于 0)到了哪里? 我们必须将感生电动势考虑在内,通过引入电感元件,说明电荷获得的电势能来自电感储能或电荷丢失的电势能存储到了电感结构中,由此能量守恒定律得以维护,对应的 KVL 方程在非稳恒电流条件下仍保持成立。

磁通 $\Phi$ 是磁感应强度 $B$ 的曲面积分,根据安培定律,磁场由电流产生,故而环路磁通的变化意味着环路电流发生了变化。根据法拉第电磁感应定律,环路电流变化或环路曲面磁通变化会在环路中产生一个感生电动势

$$\mathfrak{F} = -\frac{\partial \Phi_{\mathrm{BS}}}{\partial t} \tag{6.2.31}$$

这个感生电动势将阻止电流的进一步变化,环路电流和感生电动势乘积代表功率,其正负从能

量角度说，这个感生电动势在释放或吸收能量。

如图 6.2.7 所示，磁场变化是由环路电流变化导致的，有可能是本环路电流的变化导致的，也可能是旁侧其他环路电流变化所导致的，只要环路电流引起的磁场穿通该环线围绕的曲面，电流变化则会导致曲面穿通磁场变化，进而导致曲面磁通变化。只要在闭环中引入一个电感元件支路表征这个磁通变化形成的感生电动势，KVL 方程将继续保持

$$\oint_{\partial S} \boldsymbol{E} \cdot \mathrm{d}\boldsymbol{l} = \sum_{k=1}^{n} \int_{l_k} \boldsymbol{E} \cdot \mathrm{d}\boldsymbol{l} = \sum_{k=1}^{n} v_k = -\frac{\partial \Phi_{\mathrm{BS}}}{\partial t} = \mathfrak{I} = -v_{n+1}$$
$$\Rightarrow \sum_{k=1}^{n+1} v_k = 0 \tag{6.2.32}$$

其中，环路中的第 $n+1$ 条支路为电感支路。如果仅是本环路电流变化导致，此支路电动势仅为本环路自感感生电动势，如果还有其他环路电流变化导致，此支路电动势还需包含互感感生电动势在内。

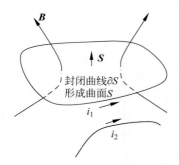
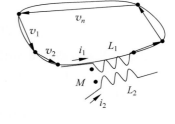

(a) 闭环磁通变化可能是多个回路电流变化导致的　　　　(b) 回路中引入电感元件

图 6.2.7　引入电感满足 KVL 方程（能量守恒）

### 2) 单端口电感：绕线磁芯电感例

电路中一定存在电流环路，而环路自身以及环路与环路之间就有可能存在着电感效应，因而实际电路系统中的寄生电感是一个复杂的网络作用关系。有两种情况我们只需考虑单端口电感：①环路之间的互感效应很微弱，例如两个环路物理方向是正交的，从而一个环路产生的磁力线理论上并不穿通另一个环路，此时则只需考虑环路对自身的自感效应，自感均可建模为单端口电感；②人工制作的单端口电感，其感值很大，加入电路后电路功能和性能几乎由该电感决定，使得其他的寄生电感效应可以被忽略不计。

如图 6.2.8 所示，我们以人工制作的绕线磁芯电感为例，说明电感感值与导线结构的关系。图中环状物体是磁芯，导线在上面绕几圈，导线两端就可形成较大感值的电感。如果没有磁芯，导线中有时变电流流过时，同样会有电感的感生电动势效应，但是电感量会小很多。

根据安培定律，可以证明无限长螺线管中心的磁感应强度为

$$B = \mu n i \tag{6.2.33}$$

其中 $\mu$ 是无限长螺线管芯的磁导率，$n$ 为单位长度上的绕线匝数，$i$ 是导线电流。为了简单起见，这里把无

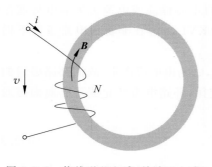

图 6.2.8　绕线磁芯电感（单端口电感）

限长螺线管的情况作为图示环形磁芯绕线的近似,将其视为无限长螺线管,于是环内中心位置的磁感应强度具有同样的表达式,其中单位长度的绕线匝数为

$$n = \frac{N}{p} \tag{6.2.34}$$

其中 $N$ 为绕线总匝数,$p$ 为磁环周长。

如果磁芯的磁导率 $\mu$ 足够的大,可以认为所有的磁力线(磁通能量)都被限定在磁芯之内,且磁感应强度 $B$ 在磁芯内是均匀的。根据磁通定义,环内磁通为磁感应强度的面积分,既然磁芯内磁感应强度 $B$ 为常值,只需乘以环的横截面面积 $S$ 就是环内磁通量大小

$$\Phi_0 = \int_s \boldsymbol{B} \cdot \mathrm{d}\boldsymbol{S} = BS = \mu \frac{N}{p} iS = N \cdot \mu \frac{S}{p} \cdot i \tag{6.2.35}$$

由于绕在环上的导线有 $N$ 匝,故而这 $N$ 匝导线链接的总磁通为

$$\Phi = N\Phi_0 = N^2 \cdot \mu \frac{S}{p} \cdot i \tag{6.2.36}$$

由感生电动势抽象出的电感元件两端电压等于负的感生电动势(见式(6.2.31)),由此可以推衍出电感的伏安特性方程为

$$v = -\mathfrak{I} = \frac{\partial \Phi}{\partial t} = N^2 \cdot \mu \frac{S}{p} \cdot \frac{\mathrm{d}i}{\mathrm{d}t} = L \cdot \frac{\mathrm{d}i}{\mathrm{d}t} \tag{6.2.37}$$

其中电感感值为

$$L = N^2 \mu \frac{S}{p} = N^2 \Xi \tag{6.2.38}$$

显然电感感值由导线结构决定:对绕线电感,其感值 $L$ 和绕线匝数 $N$ 的平方成正比,和绕线所围面积 $S$ 成正比,和介质等效磁导率 $\mu$ 成正比,同时和等效磁力线长度 $p$ 成反比关系。

磁导率 $\mu$ 描述的是介质内部空间形成磁场/磁通的能力大小,该结构的磁环磁导 $\Xi = \mu \frac{S}{p}$ 代表了一匝线圈的电感量大小。

定义电感之后,式(6.2.36)可重新表述为

$$\Phi = Li \tag{6.2.39}$$

这说明电感量描述的是回路电流链接磁通能力的大小,电感量越大,相同电流下链接的磁通量就越大。

与电阻、电容类似,可以定义静态电感和微分电感如下

$$L = \frac{\Phi}{i} \tag{6.2.40a}$$

$$L = \frac{\mathrm{d}\Phi}{\mathrm{d}i} \tag{6.2.40b}$$

线性时不变电感的微分电感和静态电感一致,空芯绕线电感为线性时不变电感,磁芯电感在不考虑磁滞效应的情况下也可简单处理为线性时不变电感。

3)多端口电感

电路中存在很多的电流环路,这些环路之间均存在寄生电感效应,如果将这些环路电流产生和链接的磁通效应全部描述清楚,则需建立多端口电感模型。

单端口线性电感链接的磁通和电流之间为线性关系

$$\Phi = Li$$

线性多端口电感的定义可以直接从线性单端口电感推广而来:假设有 $m$ 个独立的电流回路,

编号为 $1,2,\cdots,m$。假设回路 $k$ 的回路电流为 $i_k$，由于互感效应，回路 $k$ 的磁通 $\Phi_k$ 由所有回路的回路电流共同决定，

$$\boldsymbol{\Phi} = \boldsymbol{L}\boldsymbol{i} \tag{6.2.41a}$$

$$\begin{bmatrix} \Phi_1 \\ \Phi_2 \\ . \\ \Phi_m \end{bmatrix} = \begin{bmatrix} L_{11} & M_{12} & . & M_{1m} \\ M_{21} & L_{22} & . & M_{2m} \\ . & . & . & . \\ M_{m1} & M_{m2} & . & L_{mm} \end{bmatrix} \begin{bmatrix} i_1 \\ i_2 \\ . \\ i_m \end{bmatrix} \tag{6.2.41b}$$

其中，$L_{kk}$ 为第 $k$ 个回路的自感，$M_{jk}$ 为回路 $k$ 电流对回路 $j$ 磁通的互感系数。设定回路 $k$ 的回路电流为 1A，其他回路电流为 0A（开路），此时回路 $k$ 环绕曲面磁通量就是自感量 $L_{kk}$ 大小，回路 $j$ 环绕曲面磁通量就是互感量 $M_{jk}$ 大小。

如果是线性时不变多端口电感，其伏安特性方程可以简单地表述为

$$\boldsymbol{v} = \boldsymbol{L}\,\frac{\mathrm{d}\boldsymbol{i}}{\mathrm{d}t} \tag{6.2.42}$$

以二端口电感为例，其二端口电感矩阵为

$$\boldsymbol{L} = \begin{bmatrix} L_{11} & M_{12} \\ M_{21} & L_{22} \end{bmatrix} \tag{6.2.43}$$

由构成电感的导线与介质等物质的互易性，知 $M_{12} = M_{21} = M$。

互感的形成有两种方式，一种是两个回路有共用支路，如图 6.2.9（a）所示，这种情况下共用支路的自感就是两个回路互感。图中三个支路自感与式（6.2.43）的二端口电感矩阵元素的回路自感和互感的关系为

$$L_{11} = L_{10} + M \tag{6.2.44a}$$

$$L_{22} = L_{20} + M \tag{6.2.44b}$$

$$M_{12} = M_{21} = M \tag{6.2.44c}$$

也就是说，回路自感是形成该回路的所有支路的自感之和，回路共用支路自感就是两个回路的互感。对于图 6.2.9（a）所示的两个端口关联参考方向定义，回路互感 $M_{12} = M_{21} = M > 0$，如果端口 2 的端口电压 $v_2$ 和端口电流 $i_2$ 全部反向定义，回路互感则为负值，$M_{12} = M_{21} = -M$，原因在于两个回路电流流过 $M$ 支路的参考方向是相反的。

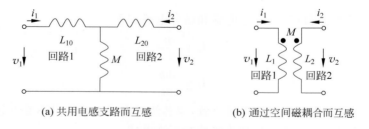

(a) 共用电感支路而互感　　　　(b) 通过空间磁耦合而互感

图 6.2.9　二端口电感

实际电路中的大多数互感并非是共用支路自感形成的，而是通过空间磁耦合形成的互感，其二端口基本模型或电路符号如图 6.2.9（b）所示，其名称为互感变压器。互感变压器两个回路无共同支路电流，但一个回路电流产生的磁力线会穿通到另一个回路环面形成磁通，进而形成互感效应。对于图 6.2.9（b）所示的互感变压器，图中标记的自感和互感则直接对应式（6.2.43）的二端口电感矩阵元素，为

$$L_{11} = L_1 \tag{6.2.45a}$$

$$L_{22} = L_2 \tag{6.2.45b}$$

$$M_{12} = M_{21} = M \tag{6.2.45c}$$

此时互感 $M$ 可能大于 0，可能小于 0。以磁芯互感为例，两种互感分别对应如图 6.2.10(a)和图 6.2.10(b)所示的不同绕线方法。图 6.2.10(a)的绕法，两个回路电流按参考方向进入后产生的磁通在磁芯中是加强的，对应 $M>0$；而图 6.2.10(b)的绕法，两个回路电流按参考方向进入后产生的磁通在磁芯中是抵消的，对应 $M<0$。对于图 6.2.10(b)，如果端口 2 端口电压 $v_2$ 和端口电流 $i_2$ 同时反向，则 $M>0$，因为此时两个端口电流按照定义的参考方向流入，产生的磁通在磁芯内是加强的。

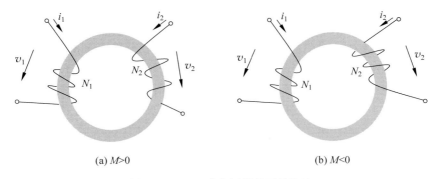

(a) $M>0$　　　　　　　　　　　　　　　(b) $M<0$

图 6.2.10　互感变压器的两种绕法

### 3. 动态电路抽象

电阻电路抽象时，忽略了麦克斯韦方程中的时间偏微分项的影响，换句话说，这只能在稳恒电流假设下或频率足够低稳恒电流条件式(6.2.19b/c)近似成立情况下方可采用。当稳恒电流条件不再满足，或者说麦克斯韦方程中的时间偏微分项的影响不可忽视时，则需引入电容元件将位移电流影响纳入，从而电荷守恒定律不被违背，缺失或多余的电荷其实是存储于电容结构或自电容结构中释放，KCL 方程继续得以满足。还需引入电感元件将感生电动势影响纳入，从而能量守恒定律不被违背，缺失或多余的能量其实是存储于电感结构或自电感结构中释放，KVL 方程继续得以满足。由于电容和电感的端口电压、电流描述方程是微分方程，存在时间滞后效应和频率效应，输出响应不再是输入激励的即时响应，故而称之为动态电路。

电路中的导体结点上的电荷积累形成的电容效应无所不在，电路中的电流回路在电流流通时回路自身和回路之间形成的电感效应无所不在，因而电容、电感元件的等效是对这些实际电路中必然存在效应的描述。如果这些效应不是在电路设计期间就予以考虑的，它们则被归类于寄生效应。低频时这些寄生效应往往可以忽略不计，因为寄生电感和寄生电容都比较小，故而低频时寄生电容可视为开路，寄生电感可视为短路。但是随着频率的上升，这些低频时不予考虑的寄生电容、寄生电感的作用则不能忽视，寄生电容不能视为开路，寄生电感不能视为短路，于是设计阶段没有考虑的这些寄生效应，将使得电路在高频时出现设计预期之外的各种现象：如串扰、振荡、增益下降、信号失真等，导致电路设计功能失效。如果在设计阶段就将这些寄生效应考虑在内，那么上述各种问题则有可能找到相应的补偿措施，设计虽然变得复杂和困难，但是设计成功的电路，其实际实现的电路功能和预期（理论计算结果或仿真结果）可以很好地符合。

### 6.2.5　多端口网络与受控源抽象

**1. 单端口元件抽象**

电源(独立源)、电阻、电容、电感四个基本电路元件和麦克斯韦方程有直接对应关系：①高斯定律中的自由电荷密度,如果某种物理机制由其他能量形式转换为电能而提供该自由电荷密度,则可在电路中被抽象为电压源；②全电流定律中的自由电流密度,如果是某种物理机制由其他能量形式转换为电能而提供该自由电流密度,则可在电路中被抽象为电流源；③全电流定律中的自由电流如果是电场导致的传导电流,$J = \sigma E$,其中 $\sigma$ 是描述带电粒子在导体中运动状况的宏观参量电导率(单位长度上的电导),该项则可抽象为电阻或电导,电阻电导公式见式(6.2.16)；④全电流定律中的位移电流项,$J_d = \partial D / \partial t$,可抽象为电容,其容值大小和结构方程 $D = \varepsilon E$ 中描述导体间介质极化及其对导体容纳电荷能力大小的介电常数 $\varepsilon$ 正相关,见式(6.2.23),$\varepsilon$ 又称之为电容率(单位长度上的电容)；⑤法拉第电磁感应定律中的感生电动势,$\mathfrak{I} = -\partial \Phi_{BS} / \partial t$,被抽象为电感。其中,磁通 $\Phi_{BS}$ 是磁感应强度 $B$ 的环线曲面面积分,显然电感量和结构方程 $B = \mu H$ 中描述电流回路所在空间介质的磁导率 $\mu$(单位长度上的电感)正相关,如式(6.2.38)所示。上述三个基本元件电导(电阻)、电容、电感直接和描述空间物质结构分布情况的宏观参量 $\sigma$、$\varepsilon$、$\mu$ 成正比关系,其大小和空间物质结构关系具有高度一致性的表述形式

$$G = \sigma \frac{S}{l} \tag{6.2.46a}$$

$$C = \varepsilon \frac{S}{d} \tag{6.2.46b}$$

$$L = N^2 \mu \frac{S}{p} \tag{6.2.46c}$$

说明了空间物质结构(传导电流流经导体横截面积 $S$/导线长度 $l$,位移电流等效横截面积 $S$/结点间等效间距 $d$,磁通环线曲面面积 $S$/磁力线等效路径 $p$,绕线匝数 $N$)直接决定了基本电路器件的存在性及其量值大小。

从能量的角度看,凡是消耗电能的物质在电路分析中均可等效为电阻,凡是提供电能的物质则可被等效为电源,而电容、电感则是储能元件,它们可以将存储的电能和磁能释放出来,因而具有初始电荷的电容、具有初始电流的电感可以进一步抽象出串联的电压源或并联的电流源,见第 8 章讨论。

**练习 6.2.1**　电路基本定律基尔霍夫定律和麦克斯韦方程的哪个方程对应? 电路的四个基本元件电源、电阻、电容、电感和麦克斯韦方程中的哪些项一一对应?

除了电源(独立源)、电阻、电容、电感这 4 种基本元件之外,受控源是电路理论中最为重要的一个电路元件,然而它在麦克斯韦方程中却找不到直接对应项,它是如何抽象出来的呢? 受控源是描述多端口网络端口之间作用关系的衍生元件,只要电路网络端口之间存在作用关系,则可抽象为受控源元件。

**2. 二端口线性元件描述**

1) 二端口线性电阻

如图 6.2.11(a/b)所示,分别为单端口线性电阻和二端口线性电阻,其端口描述方程是一致的,分别为

$$v = Ri \tag{6.2.47a}$$

$$v = zi \qquad (6.2.47\text{b})$$

其中，$v = \begin{bmatrix} v_1 \\ v_2 \end{bmatrix}$，$i = \begin{bmatrix} i_1 \\ i_2 \end{bmatrix}$ 是端口电压向量和端口电流向量，而 $z$ 则是二端口电阻矩阵

$$z = \begin{bmatrix} z_{11} & z_{12} \\ z_{21} & z_{22} \end{bmatrix} = \begin{bmatrix} R_1 + R_m & R_m \\ R_m & R_2 + R_m \end{bmatrix} \qquad (6.2.48)$$

其中，互阻 $R_m$ 是两个回路的共用电阻。所谓互阻(mutual resistance)，就是此回路电流变化导致彼回路电压变化，且这种影响是互易的，$z_{12} = z_{21} = R_m$。回路自阻 $z_{11}$ 和 $z_{22}$ 是该回路所有支路自阻之和，回路间互阻 $R_m$ 则是两个回路的共有支路电阻。

二端口网络的 $z$ 参量矩阵如果为实数矩阵(没有微分方程，只有代数方程)，则可视为二端口电阻。$z$ 参量矩阵对应于回路电流法方程列写中的阻抗矩阵，其中互阻是两个回路电流共同流过的电阻。

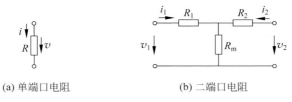

(a) 单端口电阻　　　　　　　　　(b) 二端口电阻

图 6.2.11　线性电阻

2) 二端口线性电导

如图 6.2.12(a/b)所示，分别为单端口线性电导和二端口线性电导，其端口描述方程是一致的，分别为

$$i = Gv \qquad (6.2.49\text{a})$$

$$i = yv \qquad (6.2.49\text{b})$$

其中，$y$ 则是二端口电导矩阵，

$$y = \begin{bmatrix} y_{11} & y_{12} \\ y_{21} & y_{22} \end{bmatrix} = \begin{bmatrix} G_1 + G_m & -G_m \\ -G_m & G_2 + G_m \end{bmatrix} \qquad (6.2.50)$$

其中，互导 $G_m$ 是连接两个非地结点的共用电导。所谓互导(mutual conductance)，就是此结点(和地结点形成此端口)电压变化导致彼结点(和地结点形成彼端口)电流变化，且这种影响是互易的，$y_{12} = y_{21} = -G_m$，之所以有负号的原因是此结点对地电压导致彼结点短路电流的方向和参考方向相反。结点自导 $y_{11}$ 和 $y_{22}$ 是连接该结点的所有支路自导之和，结点间互导 $G_m$ 则是两个结点的共有支路电导。

二端口网络的 $y$ 参量矩阵如果为实数(只有代数方程，没有微分方程)，可视为二端口电导。$y$ 参量矩阵对应于结点电压法方程列写中的导纳矩阵，互导是两个结点电压均可施加其上的共用电导。

单端口电阻和电导是对同一单端口电阻网络的两种表述，前者是流控表述，后者是压控表述。同样地，二端口电阻网络也可有电阻和电导两种流控和压控表述，它们互逆

$$G = R^{-1} \qquad (6.2.51\text{a})$$

$$y = z^{-1} \qquad (6.2.51\text{b})$$

**练习 6.2.2**　如果二端口电阻和二端口电导内部结构未知，它们被封装为黑匣子，那么可根据实际需求选用阻抗参量和导纳参量表述，则图 6.2.11(b)和图 6.2.12(b)可视为对应于互

易网络参量矩阵元素的等效电路。请分析并给出图 6.2.11(b)和图 6.2.12(b)二端口电阻和二端口电导的转换公式。

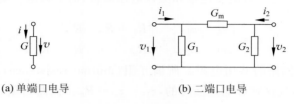

(a) 单端口电导　　　　　　　　(b) 二端口电导

图 6.2.12　线性电导

### 3) 二端口线性电容

如图 6.2.13(a/b)所示,分别为单端口线性电容和二端口线性电容,其端口描述方程是一致的,分别为

$$i = C\frac{\mathrm{d}v}{\mathrm{d}t} \tag{6.2.52a}$$

$$\boldsymbol{i} = \boldsymbol{C}\frac{\mathrm{d}\boldsymbol{v}}{\mathrm{d}t} \tag{6.2.52b}$$

其中,$\boldsymbol{C}$ 则是二端口电容矩阵

$$\boldsymbol{C} = \begin{bmatrix} C_{11} & C_{12} \\ C_{21} & C_{22} \end{bmatrix} = \begin{bmatrix} C_{10} + C_{\mathrm{M}} & -C_{\mathrm{M}} \\ -C_{\mathrm{M}} & C_{20} + C_{\mathrm{M}} \end{bmatrix} \tag{6.2.53}$$

其中,互容 $C_{\mathrm{M}}$ 是连接两个非地结点的共用电容。所谓互容(mutual capacitance),就是此结点(和地结点形成此端口)电压变化导致彼结点(和地结点形成彼端口)电流产生,且这种影响是互易的,$C_{12} = C_{21} = -C_{\mathrm{M}}$,之所以有负号的原因是此结点对地电压变化导致彼结点短路电流的方向和参考方向相反。结点自容 $C_{11}$ 和 $C_{22}$ 是连接该结点的所有支路电容之和,结点间互容 $C_{\mathrm{M}}$ 则是两个结点的共有支路电容。

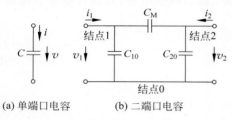

(a) 单端口电容　　(b) 二端口电容

图 6.2.13　线性电容

第 8 章相量法分析中,时域微分算子 $\dfrac{\mathrm{d}}{\mathrm{d}t}$ 被变换为频域的乘 $\mathrm{j}\omega$ 运算,因而自频域看,二端口电容的 $Y$ 参量矩阵为复数矩阵

$$\boldsymbol{i}(t) = \boldsymbol{C}\frac{\mathrm{d}\boldsymbol{v}(t)}{\mathrm{d}t} \rightarrow \dot{\boldsymbol{I}}(\mathrm{j}\omega) = \mathrm{j}\omega\boldsymbol{C}\,\dot{\boldsymbol{V}}(\mathrm{j}\omega) = \boldsymbol{Y}\,\dot{\boldsymbol{V}}(\mathrm{j}\omega) \tag{6.2.54}$$

其中,端口电流 $\boldsymbol{i}(t) = \begin{bmatrix} i_1(t) \\ i_2(t) \end{bmatrix}$,$\dot{\boldsymbol{I}}(\mathrm{j}\omega) = \begin{bmatrix} \dot{I}_1(\mathrm{j}\omega) \\ \dot{I}_2(\mathrm{j}\omega) \end{bmatrix}$ 分别为时域表述形式和频域表述形式,前者以时间 $t$ 为参变量考察端口电流的变化,后者以频率 $\omega = 2\pi f$ 为参变量考察端口电流的变化,端口电压 $\boldsymbol{v}(t) = \begin{bmatrix} v_1(t) \\ v_2(t) \end{bmatrix}$,$\dot{\boldsymbol{V}}(\mathrm{j}\omega) = \begin{bmatrix} \dot{V}_1(\mathrm{j}\omega) \\ \dot{V}_2(\mathrm{j}\omega) \end{bmatrix}$ 同理。

### 4) 二端口线性电感

如图 6.2.14(a/b)所示,分别为单端口线性电感和二端口线性电感,其中二端口线性电感有两种形态,一种是通过两个回路共用电感形成互感,一种是通过空间磁耦合形成互感,如

图 6.2.9 所示,这里给出的是前一种情况。单端口电感和二端口电感的端口描述方程是一致的,分别为

$$v = L \frac{\mathrm{d}i}{\mathrm{d}t} \tag{6.2.55a}$$

$$\boldsymbol{v} = \boldsymbol{L} \frac{\mathrm{d}\boldsymbol{i}}{\mathrm{d}t} \tag{6.2.55b}$$

其中,$\boldsymbol{L}$ 则是二端口电感矩阵

$$\boldsymbol{L} = \begin{bmatrix} L_{11} & M_{12} \\ M_{21} & L_{22} \end{bmatrix} = \begin{bmatrix} L_{10} + M & M \\ M & L_{20} + M \end{bmatrix} \tag{6.2.56}$$

其中,互感 $M$ 是两个回路的共用支路电感。所谓互感(mutual inductance),就是此回路电流变化导致彼回路电压产生,且这种影响是互易的,$M_{12} = M_{21} = M$。回路自感 $L_{11}$ 和 $L_{22}$ 是对应回路所有支路自感之和,回路间互感 $M$ 则是两个回路的共有支路电感,也可以是通过空间磁耦合形成的互感。

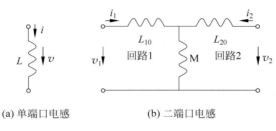

(a) 单端口电感　　　　　(b) 二端口电感

图 6.2.14　线性电感

第 8 章的相量法分析是频域分析方法,从频域看,二端口电感的 $Z$ 参量矩阵为复数矩阵,

$$\boldsymbol{v}(t) = \boldsymbol{L} \frac{\mathrm{d}\boldsymbol{i}(t)}{\mathrm{d}t} \rightarrow \dot{\boldsymbol{V}}(\mathrm{j}\omega) = \mathrm{j}\omega \boldsymbol{L} \, \dot{\boldsymbol{I}}(\mathrm{j}\omega) = \boldsymbol{Z} \dot{\boldsymbol{I}}(\mathrm{j}\omega) \tag{6.2.57}$$

**练习 6.2.3**　相量域方程和时域方程变换对应时,将时域电压电流 $v(t)$ 和 $i(t)$ 变换为频域电压电流 $\dot{V}(\mathrm{j}\omega)$ 和 $\dot{I}(\mathrm{j}\omega)$,其中 $\mathrm{j} = \sqrt{-1}$ 是虚数单元,将时域微分算子 $\frac{\mathrm{d}}{\mathrm{d}t}$ 变换为频域乘 $\mathrm{j}\omega$ 运算。请分析给出二端口电阻、电导、电感、电容的 $Z$ 参量矩阵和 $Y$ 参量矩阵。

**3. 多端口网络描述与受控源抽象**

1)互易二端口网络

对于线性时不变电路,可以通过傅立叶变换,将微分电路方程变换为复数代数方程,从而大大简化电路分析难度,第 8 章的相量法讨论的就是这种频域分析方法。频域分析中,线性时不变的电容可视为和电导同等地位的电纳元件

$$\dot{I} = G\dot{V} \quad \text{(电导元件频域约束方程)} \tag{6.2.58a}$$

$$\dot{I} = \mathrm{j}\omega C \dot{V} \quad \text{(电容元件频域约束方程)} \tag{6.2.58b}$$

单端口导纳 $Y$ 的实部 $G$ 被称为电导,虚部 $B$ 被称为电纳

$$\dot{I} = Y\dot{V} = (G + \mathrm{j}B)\dot{V} \tag{6.2.59a}$$

导纳的对偶元件为阻抗,单端口阻抗 $Z$ 的实部 $R$ 被称为电阻,虚部 $X$ 被称为电抗

$$\dot{V} = Z\dot{I} = (R + \mathrm{j}X)\dot{I} \tag{6.2.59b}$$

同一单端口阻抗网络,其阻抗与导纳互为倒数

$$Z = Y^{-1} \tag{6.2.60}$$

显然，频域分析中，线性时不变的电感可视为和电阻同等地位的电抗元件

$$\dot{V} = R\dot{I} \quad （电阻元件频域约束方程） \tag{6.2.61a}$$

$$\dot{V} = j\omega L\dot{I} \quad （电感元件频域约束方程） \tag{6.2.61b}$$

线性时不变电阻、电容、电感均属互易元件，由它们构成的多端口网络，其 $Z$ 参量和 $Y$ 参量矩阵都是对称矩阵，即 $Z_{ij} = Z_{ji}$，$Y_{ij} = Y_{ji}$，这是互易性的体现。

对于互易二端口网络，其等效电路比较简单，如某互易的二端口阻抗网络的阻抗参量矩阵为 $Z$

$$\dot{V} = Z\dot{I} \tag{6.2.62a}$$

$$Z = \begin{bmatrix} Z_{11} & Z_{12} \\ Z_{21} & Z_{22} \end{bmatrix} = \begin{bmatrix} Z_{11} & Z_M \\ Z_M & Z_{22} \end{bmatrix} \tag{6.2.62b}$$

其等效电路可如图 6.2.15 所示。

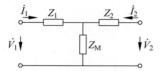

图 6.2.15　互易二端口阻抗网络等效电路

其中，互阻抗 $Z_M = Z_{12} = Z_{21}$ 是两个回路的共有支路阻抗，自阻抗 $Z_{11} = Z_1 + Z_M$，$Z_{22} = Z_2 + Z_M$ 是两个回路所有支路阻抗之和，即等效电路中的三个阻抗和阻抗矩阵元素关系为

$$Z_M = Z_{12} = Z_{21} \tag{6.2.63a}$$

$$Z_1 = Z_{11} - Z_M \tag{6.2.63b}$$

$$Z_2 = Z_{22} - Z_M \tag{6.2.63c}$$

**练习 6.2.4**　某二端口阻抗网络的导纳参量矩阵为 $Y$

$$\dot{I} = Y\dot{V} \tag{6.2.64a}$$

$$Y = \begin{bmatrix} Y_{11} & Y_{12} \\ Y_{21} & Y_{22} \end{bmatrix} = \begin{bmatrix} Y_{11} & -Y_M \\ -Y_M & Y_{22} \end{bmatrix} \tag{6.2.64b}$$

请给出其互导纳形式的等效电路图。

**2）非互易二端口网络**

对于互易网络，其等效电路可以用互阻抗或互导纳的形态表现其端口之间的互易的作用关系，但是对于非互易网络，其端口之间的作用关系非互易，互阻抗或互导纳无法描述这种非互易的作用关系，其等效电路则不得不引入受控源元件来描述其端口之间的作用关系。

对于非互易的二端口网络，假设存在二端口阻抗参量矩阵 $Z$，显然 $Z_{21} \neq Z_{12}$，于是可将其分解为互易网络和理想流控压源网络的串串连接关系

$$Z = \begin{bmatrix} Z_{11} & Z_{12} \\ Z_{21} & Z_{22} \end{bmatrix} = \begin{bmatrix} Z_{11} & Z_{12} \\ Z_{12} & Z_{22} \end{bmatrix} + \begin{bmatrix} 0 & 0 \\ Z_{21} - Z_{12} & 0 \end{bmatrix} \tag{6.2.65}$$

其等效电路图 6.2.16 中则不得不引入一种新的电路元件，理想流控压源（理想受控源）元件描述扣除人为互易 $Z_{12}$ 作用后多余的端口 1 对端口 2 的跨阻 $Z_{21} - Z_{12}$ 作用。

显然，在麦克斯韦方程中找不到对应项的受控源元件是用来描述电路网络端口之间作用关系的衍生元件，只要端口之间具有某种作用关系，则可用受控源元件描述这种作用关系。当

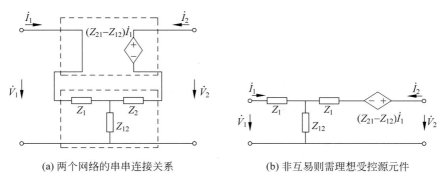

(a) 两个网络的串串连接关系　　(b) 非互易则需理想受控源元件

图 6.2.16　非互易二端口阻抗网络等效电路

我们定义了四种受控源元件后,无论互易、非互易,均可用图 6.2.17 所示等效电路描述(假设 $Z$ 参量矩阵存在),

**练习 6.2.5**　根据 $Y$ 参量、$g$ 参量和 $h$ 参量的数学表述,给出用压控流源、压控压源和流控流源描述的线性时不变二端口网络的等效电路。

前面为了简单起见,用频域网络参量描述线性时不变网络,受控源也可在时域描述,同时也可用来描述非线性网络。如二端口线性时不变电容,其

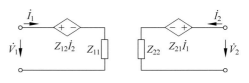

图 6.2.17　$Z$ 参量等效电路(流控压源)

时域和频域等效电路分别见式 6.2.18(b/c),时域的微分算子和频域的复数代数乘代表了动态元件的存在。

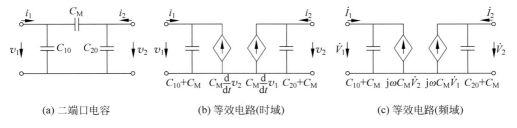

(a) 二端口电容　　　　(b) 等效电路(时域)　　　　(c) 等效电路(频域)

图 6.2.18　二端口线性时不变电容及其 $Y$ 参量等效电路(压控流源)

**练习 6.2.6**　给出线性时不变二端口电感的 $Z$ 参量等效电路,包括时域和频域。

**练习 6.2.7**　请给出线性时不变二端口电容和电感的 $g$ 参量和 $h$ 参量等效电路。

3) 晶体管:非互易二端口网络例

下面以 MOSFET 为例,说明非线性的受控源及其局部线性化后的线性受控源模型。对于如图 6.2.19 所示的 NMOSFET,分别回顾第 4 章及附录 A12 内容,说明其工作原理及等效电路模型:

(a) NMOSFET 的基本结构是通过 MOS 电容对 P 型半导体衬底上的两个 N 型岛区的连通进行控制,从而控制它们之间的电流导通情况。两个 N 型岛区分别为漏极和源极,作为两个导体结点可以形成一个端口,该端口对外是一个受控的非线性电阻,其物理结构是 N 型沟道。MOS 电容的两个端点分别为栅极和衬底,这两个导体结点可以形成一个端口,该端口是一个电容结构。本书为了简化问题,假设衬底和源极是连为一体的一个结点。于是在栅源端口(MOS 电容端口)施加电压,则可控制 MOS 电容极板上的电荷量,进而控制漏源之间的沟

道形成及沟道厚度,即可控制沟道电阻大小或沟道中载流子运动通畅程度。

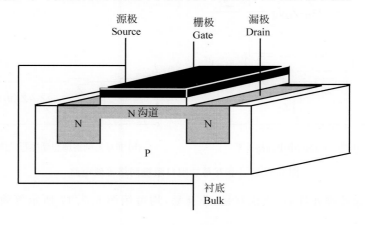

(a) NMOSFET结构

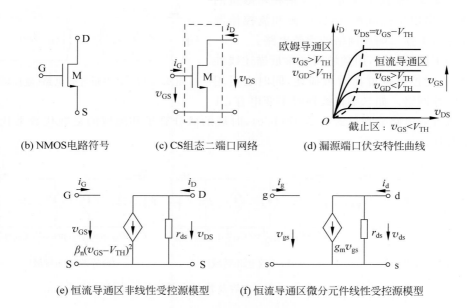

(b) NMOS电路符号　　(c) CS组态二端口网络　　(d) 漏源端口伏安特性曲线

(e) 恒流导通区非线性受控源模型　　(f) 恒流导通区微分元件线性受控源模型

图 6.2.19　NMOSFET 受控源等效

（b）这是 NMOSFET 的电路符号,其中衬底和源极连为一个端点,故而这个三端符号没有标记衬底端,只标记了栅极、漏极和源极。

（c）以栅源端口、漏源端口作为二端口网络,这是 NMOSFET 的共源组态,即以源极作为公共端点形成二端口网络。

（d）栅源端口为 MOS 电容,而漏源端口则是一个受控的非线性电阻:非线性电阻特性体现在端口伏安特性曲线是过原点的曲线,受控性体现在非线性电阻伏安特性曲线由栅源电压(MOS 电容电压)确定,不同栅源电压对应不同的非线性电阻特性曲线。当栅源电压小于阈值电压时,$v_{GS}<V_{TH}$,MOS 电容下极板累积的负电荷还不足以改变 P 型衬底属性,漏源之间是两个反偏的 PN 结,故而漏源端口可视为开路,$i_D=0$;当栅源电压大于阈值电压时,$v_{GS}>V_{TH}$,MOS 电容下极板 P 型半导体累积的负电荷足以改变其属性,过量的负电荷累积导致氧化物层下方的一层 P 型半导体反型为 N 型半导体,从而将漏源两个 N 型岛区连通,由于 N 型沟道的存在,漏源端口是导通的,即 $v_{DS}>0$,则 $i_D>0$。漏源端口的阻性导通又分为两种情况:当 $v_{DS}$ 很小时,漏源间 N 型沟道形状变化很小,从而可视其为线性电阻;然而当 $v_{DS}$ 稍大时,N 型沟道的形状发生变化,源端和漏端厚度相差较大,漏端沟道厚度随 $v_{DS}$ 增加越来越薄,即电阻随 $v_{DS}$ 增加越来越大,电阻随端口电压变化而变化则属非线性电阻特性。只要 $v_{DS}<v_{GS}-V_{TH}$(或 $v_{GD}>V_{TH}$),漏端沟道仍然保持,于是漏源之间保持欧姆导通,形成的抛物线形状的伏安特性曲线被称为欧姆导通区;当 $v_{DS}>v_{GS}-V_{TH}$(或 $v_{GD}<V_{TH}$)后,MOS 电容下极板漏端位置的沟道夹断,此时漏源电流则几乎不再随 $v_{DS}$ 增加而增加,形成的近乎水平的伏安特性曲线被称为恒流导通区。当沟道夹断后,如果进一步考虑沟道有效长度随 $v_{DS}$ 电压增加而减小,沟道电阻物理长度的减小将使得电阻略微变小,故而漏源电流随 $v_{DS}$ 增加略有抬升,此效应被称为厄利效应(沟道长度调制效应)。实测和理论分析均表明 NMOSFET 二端口网络在低频情况下的端口描述方程可近似表述为

$$i_G = 0 \tag{6.2.66a}$$

$$i_D = \begin{cases} 0, & v_{GS} < V_{TH} \\ 2\beta_n((v_{GS}-V_{TH})v_{DS}-0.5v_{DS}^2), & v_{GS}>V_{TH}, v_{DS}<v_{GS}-V_{TH} \\ \beta_n(v_{GS}-V_{TH})^2\left(1+\dfrac{v_{DS}}{V_E}\right), & v_{GS}>V_{TH}, v_{DS}>v_{GS}-V_{TH} \end{cases} \tag{6.2.66b}$$

式中,$V_{TH}$ 为判定沟道形成与否的阈值电压,$V_E$ 为描述恒流区沟道长度调制效应的厄利电压,$\beta_n=\dfrac{1}{2}\mu_n C_{ox}\dfrac{W}{L}$ 是工艺参量,其中 $\mu_n$ 为描述 N 型沟道内电子运动情况的迁移率,$C_{ox}$ 是单位面积的 MOS 电容,该值越大,沟道内的自由电子数目就越多,导电就越容易,因而 $\mu_n C_{ox}$ 是对沟道电导率的一种表述。而 $W$ 和 $L$ 是沟道宽度和沟道长度,沟道宽度 $W$ 越大,沟道电阻横截面面积就越大,电导就越大,沟道长度 $L$ 越大,沟道电阻的长度就越大,电阻就越大,因而沟道电流 $i_D$ 和 $\beta_n$ 成正比关系按欧姆定律理解即可。在欧姆导通区,沟道电流 $i_D$ 和沟道两端电压 $v_{DS}$ 是非线性关系,原因在于 $v_{DS}$ 改变了沟道均匀程度,$v_{DS}$ 越大,沟道越不均匀,故而沟道电阻同时和 $v_{DS}$ 有关,呈现出非线性电阻特性。当 $v_{DS}$ 很小时,$v_{DS}$ 对沟道的形状影响不大,沟道可视为线性电阻,$r_{DS}=1/(2\beta_n V_{od})$,其中 $V_{od}=v_{GS}-V_{TH}$ 为过驱动电压,它直接决定 N 型沟道内的自由电子数目大小,故而也直接控制电阻阻值大小。当 $v_{DS}$ 大于饱和电压后,$v_{DS}>V_{DS,sat}=v_{GS}-V_{TH}$,沟道夹断,$v_{DS}$ 对沟道的影响力严重下降,沟道电流近似恒流。

**练习 6.2.8**　当漏源电压 $v_{DS}$ 远小于饱和电压 $V_{DS,sat}=v_{GS}-V_{TH}$ 时,漏源沟道可视为线性电阻,请分析确认此线性电阻的电导值可表述为式(6.2.16a)形式。提示:N 沟道电导率 $\sigma_n$ 的表达式为 $\sigma_n=\mu_n ne$,其中 $\mu_n$ 为电子迁移率,$n$ 为 N 沟道中的电子浓度(单位体积内的电子数目),$e$ 为电子电荷量。

(e)当晶体管作为有源器件(放大、振荡)使用时,晶体管多被直流偏置于恒流导通区,工作在恒流区的晶体管,其漏源端口对外可等效为受控电流源,其中源电流是非线性受控源,源内阻则可以表述为线性受控电阻

$$i_{D0} = \beta_n(v_{GS}-V_{TH})^2 \tag{6.2.67a}$$

$$r_{ds} = \frac{V_E}{i_{D0}} = \frac{V_E}{\beta_n(v_{GS}-V_{TH})^2} \tag{6.2.67b}$$

$r_{ds}$ 的线性体现在它与漏源端口电压 $v_{DS}$ 无关,其受控性体现在它直接受控于栅源电压 $v_{GS}$。

(f)偏置在恒流导通区的晶体管,如果做小信号放大器使用,其栅源端口激励电压中一定

同时包含直流分量和交流分量,$v_{GS} = V_{GS0} + v_{gs}$,只要交流分量 $v_{gs}$ 足够小,那么恒流区工作的晶体管可以拆分为直流等效电路和交流小信号线性等效电路,直流等效电路同图 6.2.19(e),只是 $v_{GS}$、$i_{D0}$ 用 $V_{GS0}$ 和 $I_{D0}$ 替代,交流等效电路见图 6.2.19(f),其中压控流源是线性受控源,线性受控系数和线性内阻分别为

$$g_m = \frac{\partial i_D}{\partial v_{GS}}\bigg|_{v_{GS} = V_{GS0}} \approx \frac{2I_{D0}}{V_{GS0} - V_{TH}} \tag{6.2.68a}$$

$$r_{ds} = \left(\frac{\partial i_D}{\partial v_{DS}}\bigg|_{v_{GS} = V_{GS0}}\right)^{-1} \approx \frac{V_E}{I_{D0}} \tag{6.2.68b}$$

其中 $I_{D0} = \beta_n(V_{GS0} - V_{TH})^2$。

通过对 NMOSFET 物理结构和受控机制的分析可知,晶体管是一个非互易的二端口网络,其漏源端口受控于栅源端口,而栅源端口的工作情况和漏源无关,对于这种非互易的网络,电路模型中只能引入受控源元件。基于对晶体管受控机制的分析,我们采用的是压控流源模型,如图 6.2.19(f)所示。如果存在输入电阻和输出电阻,如图 6.2.20 所示的 BJT 晶体管,其初始的压控流源模型(图(a))对应跨导增益 $g_m$,由于存在输入电阻 $r_{be}$ 和输出电阻 $r_{ce}$,它还可进一步转换为压控压源模型(图(b))、流控流源模型(图(c))和流控压源模型(图(d)),这四种模型分别对应于 $y$ 参量、$g$ 参量、$h$ 参量和 $z$ 参量描述,这些矩阵的 21 参量被称为本征增益,它们是栅源端口电压、电流对漏源端口短路电流、开路电压的小信号线性控制系数。

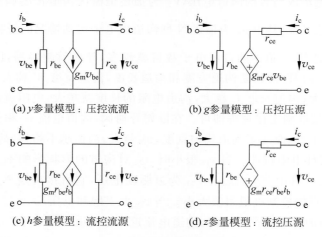

(a) $y$ 参量模型:压控流源

(b) $g$ 参量模型:压控压源

(c) $h$ 参量模型:流控流源

(d) $z$ 参量模型:流控压源

图 6.2.20  BJT 受控源等效

当上述放大网络外接信源激励和负载电阻后,当外接信源内阻较输入电阻影响很小,如压控源输入端口获得激励电压的大部分(输入电阻远大于信源内阻),流控源输入端口获得激励电流的大部分(输入电阻远小于信源内阻),同时负载电阻较输出电阻影响很大,如受控压源产生的电压绝大部分加载到负载电阻上(输出电阻远小于负载电阻),受控流源产生的电流绝大部分加载到负载电阻上(输出电阻远大于负载电阻),此时上述受控源等效可进一步极致化抽象为理想受控源,如图 6.2.21 所示。

除了上述极致化抽象获得之外,理想受控源还可以通过数学操作(原理分析)获得,如式(6.2.65)和图 6.2.16 所示。总而言之,当我们描述一个端口(支路)对另外一个端口(支路)的作用关系时,受控源元件便自然而然地被引入到电路模型中,无论互易与否,均可用受控源元件表述端口间的作用关系。

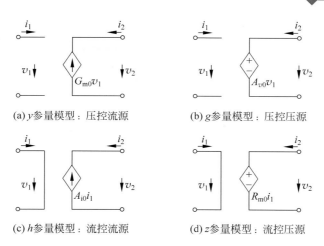

(a) $y$ 参量模型：压控流源　　　　(b) $g$ 参量模型：压控压源

(c) $h$ 参量模型：流控流源　　　　(d) $z$ 参量模型：流控压源

图 6.2.21　四种理想受控源

## 6.2.6　开关抽象

信号通过电阻、电容、电感、受控源等元件作用后会发生变化。如果我们期望信号没有任何变化地完全通过，可采用短路线元件做连通，如图 6.2.22(a) 所示，两个端口的电压电流完全一致；如果我们期望电压信号完全被截断，则采用开路模型，如图 6.2.22(b) 所示，两个端口电流为 0，两个端口电压随意而无关联；当我们期望信号的通过与否是可控的，则需引入开关元件，如图 6.2.22(c) 所示，开关闭合则如短路，开关打开则如开路。

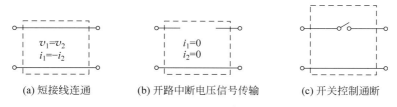

(a) 短接线连通　　　(b) 开路中断电压信号传输　　　(c) 开关控制通断

图 6.2.22　开关控制电压信号的通与断

开关有两个状态，或开或关，因而凡是电路中的器件具有多个截然可分的状态，且可通过某种方式来回转换，则可以采用开关模型。这里以两个常见的开关为例：图 6.2.23(a) 所示为单刀单掷开关，开关闭合则允许电流通过，两个端点电压完全一致，开关断开则不允许电流通过，两个端点电压无关；图 6.2.23(b) 所示为单刀双掷开关，开关拨到一侧则此侧电流导通，开关拨向另一侧则彼侧电流导通。

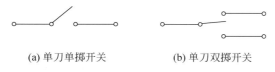

(a) 单刀单掷开关　　　　(b) 单刀双掷开关

图 6.2.23　两种常见开关

晶体管在一些应用中可被抽象为开关：如 NMOSFET，其栅源电压低于阈值电压则截止，高于阈值电压则导通，两种截然可分的状态，使得 NMOSFET 可等效为单刀单掷开关，开关的闭合与断开则受控于栅源电压。图 6.2.24 是 NMOS 反相电路的开关抽象情况：图 6.2.24(a) 是 NMOS 反相器电路，图 6.2.24(b) 是其输入输出转移特性曲线，具有明确的反相转移特性，

图 6.2.24(c) 是 NMOS 的开关抽象，由于开关控制是通过栅源端口电压实现的，因而开关上引入控制端点（栅极，虚线标注表明控制，和开关短接线无短接关系，栅极和源极构成控制端口），端点对地电压（栅源端口电压）标注 $v_{IN}$，$v_{IN}$ 低电平开关断开，$v_{IN}$ 高电平开关闭合；图 6.2.24(d) 是开关抽象后的输入输出转移特性曲线，$V_S$ 是控制电压 $v_{IN}$ 控制开关闭合与断开的翻转电压。此例说明，具有明显的状态区分是开关抽象的基础。

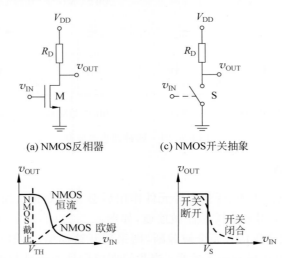

(a) NMOS 反相器　　　　(c) NMOS 开关抽象

(b) 输入输出转移特性曲线：反相器　　(d) 转移特性曲线：开关抽象

图 6.2.24　NMOS 反相器：单刀单掷开关抽象

单刀双掷开关的抽象例如图 6.2.25 所示的差分对管。当差分输入电压较大时，差分对一个晶体管恒流导通，一个晶体管截止，对应单刀双掷开关的一侧电流导通、一侧电流断开的情况，故而差分对在大输入电压情况下可等效为单刀双掷开关：图 6.2.25(a) 是 MOSFET 差分对电路结构，图 6.2.25(b) 是其差分输入差分输出转移特性曲线，当差分输入信号较大时，明显地存在两个状态，或者 $M_1$ 恒流 $M_2$ 截止，或者 $M_1$ 截止 $M_2$ 恒流，于是可以抽象为图 6.2.25(c) 所示的单刀双掷开关，图 6.2.25(d) 是开关抽象后的转移特性曲线，该曲线强化了两个状态，两个状态中间的过渡区被抽象为直上直下的理想开关转移特性。

### 6.2.7　短接线与传输线抽象

电路中电路器件相互连接构成电路系统，器件之间的连接或器件端口之间的连接在电路模型上都是通过短接线实现的，短接线可视为阻值为 0 的极端的电阻（对电流没有阻力），它确保被连接的两个端点的电平完全一致。在电路分析中，由短接线连接的两个端点可处理为一个结点，具有同一结点电压，短接线上的电流由具体连接关系决定。短接线在实际电路实现时，可采用接头硬连接、导线直通等连接方式。

如图 6.2.26(a) 所示，假设两个端点 $A$、$B$ 用导线直通，低频情况下，这两个端点即可视为被短接，导线就是短接线，理想短接线（单端口网络）的端口描述方程为

$$v_{AB} = 0 \qquad (6.2.69a)$$

或者说 $AB$ 间阻抗为 0

$$Z_{AB} = 0, \quad R_{AB} = 0 \qquad (6.2.69b)$$

$A$ 点到 $B$ 点的电流流动无任何阻力，电流从此路径无阻碍通过，故称短路。

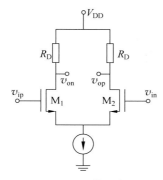

(a) NMOS差分对

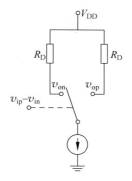

(b) 单刀双掷开关抽象

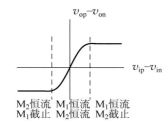

(c) 输入输出转移特性曲线：差分对

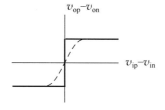

(d) 转移特性曲线：开关抽象

图 6.2.25　MOSFET 差分对：单刀双掷开关抽象

图 6.2.26(b) 是将参考地结点 $G$ 引入，以 $AG$ 为输入端口，$BG$ 为输出端口，短接线被视为二端口网络。显然该二端口网络是理想传输网络

$$v_1 = v_2$$
$$i_1 = -i_2 \tag{6.2.70a}$$

对应的传输矩阵为

(a) 短路线：单端口视角

(b) 短路线：二端口视角

(c) 连接导线高频电感效应：单端口

(d) 连接导线高频电感效应：二端口

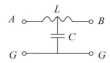

(e) 连接导线高频寄生效应

图 6.2.26　连接导线等效电路

$$\boldsymbol{ABCD} = \begin{bmatrix} 1 & 0 \\ 0 & 1 \end{bmatrix} \tag{6.2.70b}$$

代表了理想无损无失真传输。

当频率较高时,导线的电感效应则不可忽视。只要导线上有电流通过,电流回路效应则一定产生电感效应,原因在于导线上流过的时变电流形成的时变磁场一定会在导线回路上形成感生电动势,故而连接导线被等效为一个电感,其单端口视角(图 6.2.26(c))和二端口视角(图 6.2.26(d))对应的端口描述方程分别为

$$v_{AB} = L \frac{\mathrm{d} i_{AB}}{\mathrm{d} t} \tag{6.2.71a}$$

$$\begin{bmatrix} v_1 \\ i_1 \end{bmatrix} = \begin{bmatrix} 1 & L \dfrac{\mathrm{d}}{\mathrm{d} t} \\ 0 & 1 \end{bmatrix} \begin{bmatrix} v_2 \\ -i_2 \end{bmatrix} \tag{6.2.71b}$$

显然,此时 $AB$ 两点之间不再是短接关系,其阻抗不为 $0$,而是和频率正相关

$$Z_{AB} = \mathrm{j}\omega L \tag{6.2.72}$$

其中,$L$ 是导线电感。

考虑电感效应后,连接导线作为二端口传输网络则不再是理想传输网络了:端口 1 电压不再严格等于端口 2 电压,还需考虑和端口 2 电流 $i_2$ 变化相关的感生电动势的影响。只有当频率足够低时,电流对时间的微分数值极小,寄生电感效应被忽略,连接导线方可视为短接线。事实上,随着频率的进一步提高,短接导线作为导体,该导体和地导体之间的电容效应(电荷积累效应)也将不可忽视,其等效电路将如图 6.2.26(e)所示。

上面讨论的电路模型都是对导体连接线的简单抽象模型,而事实上如果电路设计不合理,低频下"导线连通的两点即为一个结点"的规则在高频完全不成立。同学实验中的连接线乱飞,在高频时这些长连接线的自感,导线与导线之间的互感和互容使得连接线用简单的单端口或二端口网络已经不能描述,低频下连接导线的短接功能不复存在,此时如何实现空间有一定距离的两个端口之间的信号或能量传输(连接)呢?需要采用传输线结构,传输线在高频可以实现两个端口之间的信号和能量传输(连接)。

图 6.2.27 是三个典型的双导体传输线结构,它们的共同点是介质支撑两个导体使得两个导体具有均匀的平行空间结构:图(a)平行双线的两个导体可以连接双端信号,也可以连接单端信号;图(b)同轴电缆接单端信号,其中外导体接参考地;图(c)微带线接单端信号,地导体就是参考地结点。传输线可以很长,但两个导体之间的距离远远小于波长,满足电路抽象的准静态条件,故而可以做端口抽象,从而可以对传输线建立二端口网络模型。

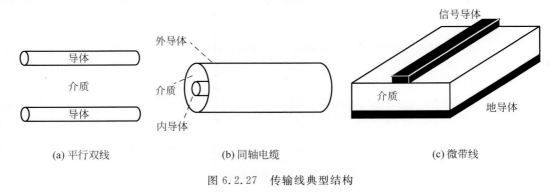

(a) 平行双线      (b) 同轴电缆      (c) 微带线

图 6.2.27　传输线典型结构

　　双导体均匀传输线二端口网络的电路符号如图 6.2.28(a)所示,在传输线上任取很小一段 $\Delta z$,这一小段传输线的等效电路如图 6.2.28(b)所示,其中,$L$、$C$、$R$、$G$ 分别为双导体传输线单位长度电感、电容、电阻和电导,表征双导体回路磁通、上下导体电荷变化,以及导体损耗和介质损耗。列写该小段二端口网络的电路方程,并令 $\Delta z \rightarrow 0$,则可获得如下偏微分方程组

$$\frac{\partial v(z,t)}{\partial z} = -Ri(z,t) - L\frac{\partial i(z,t)}{\partial t} \tag{6.2.73a}$$

$$\frac{\partial i(z,t)}{\partial z} = -Gv(z,t) - C\frac{\partial v(z,t)}{\partial t} \tag{6.2.73b}$$

可见,传输线上任意位置 $z$ 的电压、电流将和位置 $z$ 相关,这正是分布参数电路元件的特点。

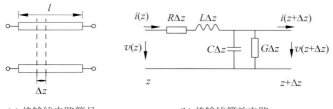

(a) 传输线电路符号　　　　　(b) 传输线等效电路

图 6.2.28　传输线电路模型

　　对此方程的求解以及对传输线的讨论超出了本书要求,这里只给出理想传输线的最简单结论:

　　(1) 不考虑金属损耗和介质损耗,$R=0$,$G=0$,此时的传输线被称为理想传输线。

　　(2) 长度为 $l$ 的理想传输线二端口网络,由其对称性,该二端口网络两个端口的特征阻抗相等,经分析,特征阻抗大小为

$$Z_0 = \sqrt{\frac{L}{C}} \tag{6.2.74}$$

　　(3) 如果理想传输线输出端口端接匹配负载,即 $R_L = Z_0$,那么从输入端口看入的阻抗任意时刻都为 $Z_0$,$R_{in} = Z_0$。这意味着如果此时的输入端口电压为 $v_{in}(t) = V_m \cos\omega t$,那么输入端口电流则为 $i_{in}(t) = \dfrac{V_m}{Z_0}\cos\omega t$,端接匹配的理想传输线对信源而言犹如一个纯电阻 $Z_0$。

　　(4) 如果理想传输线输出端口端接匹配负载,即 $R_L = Z_0$,那么输出端口信号是输入端口信号的简单延时,$v_{out}(t) = v_{in}(t - T_D)$,其中延时和传输线长度成正比

$$T_D = l\sqrt{LC} \tag{6.2.75}$$

理想传输线可以实现信号的无失真传输,可以实现能量的无损传输。

　　(5) 如果传输线输出端口没有端接匹配负载,$R_L \neq Z_0$,输入信号经传输线到达输出端后会产生电压反射和功率反射,除非是正弦稳态分析,其他形式的信号都有可能出现相当严重的波形失真问题。

　　关于传输线上信号的传输与反射,后续专业课微波技术相关课程将详尽讨论。针对传输线,最后还有如下两点特别强调说明:

　　(1) 传输线两个端口的地可以分别是信源和负载的本地地,信号沿传输线传输时,良好的系统设计可确保信号能量被束缚在双导体空间。

　　(2) 传输线长度可能远远大于波长,但是要求传输线端口尺寸远远小于信号波长,在传输线的两端仍然可以抽象为电路端口,并将传输线视为二端口网络,从而可用电路理论分析含传输线的电路系统。

### 6.2.8 从场到路的抽象

**1. 从麦克斯韦方程到电路基本定律**

电磁场问题的求解，是对麦克斯韦方程（电磁转换规律）和结构方程（空间物质分布对电磁场的作用关系）的求解，最终获得的是电磁系统空间任意位置的电场和磁场随时间的变化规律，这是一个连续空间求解问题。而我们设计的电路系统则是满足准静态条件的电磁系统，这样的电磁系统可以用电路理论进行分析，原因在于我们可以进行端口抽象，空间离散化后无须再次进入器件内部考察其内部连续的电磁场分布情况，仅仅从有限个端口考察该系统端口特性即可，电路系统分析相对电磁系统分析而言则是一个相对极为简单的离散空间分析。

从场到路的抽象，三个抽象原则同样在应用：

（1）离散化原则：电路抽象将连续空间离散化为有限可数个离散空间点，这些离散空间点在电路中被称为结点，于是原来连续空间的电磁场分析问题被转换为有限个离散空间结点电压以及结点间支路电流（端口电流）的分析。离散化后问题分析大大简化，从数学方程上看，我们只需求解有限个电压和电流，麦克斯韦方程中对空间的微分运算（旋度和散度）被电压求和、电流求和替代，辅以元件约束方程（空间物质结构方程）即可获得电路分析结果。

（2）极致化原则：结点被极致化为没有空间大小的数学意义上的点。点与点之间支路（端口）上电压与电流关系被抽象为电阻、电容、电感、电源等理想元件约束关系。可以对其中某些元件进一步极致化，如某些原理性分析中将电阻极致化为零阻（短路）和无穷电阻（开路）等。

（3）限定性原则：只有端口尺寸远小于信号波长，方可用电路理论对电路系统进行分析，否则分析结果就是不可信的。

表 6.2.1 给出了从场到路的电路抽象，包括基尔霍夫定律（元件连接关系）和广义欧姆定律（元件约束方程，元件伏安特性）与麦克斯韦方程的对应关系。

表 6.2.1 从场到路的抽象

| 电 磁 场 分 析 | 电 路 分 析 | |
|---|---|---|
| 空间离散化：$v_{AB} = \int_A^B \boldsymbol{E} \cdot \mathrm{d}\boldsymbol{l},\ i = \oint_C \boldsymbol{H} \cdot \mathrm{d}\boldsymbol{l}\left( i = \int_S \boldsymbol{J} \cdot \mathrm{d}\boldsymbol{S} \right)$ | | |
| 电路抽象限定性条件：$d_{AB} \ll \lambda$ | | |
| 麦克斯韦方程（Maxwell's Equation） | 基尔霍夫定律（Kirchhoff's Law） | |
| $\nabla \times \boldsymbol{H} = \boldsymbol{J} + \dfrac{\partial \boldsymbol{D}}{\partial t}$<br>全电流安培定律<br>（Ampere's Law with total current） | $\sum_{k=1}^{m} i_k = 0$<br><br>基尔霍夫电流定律<br>（Kirchhoff's Current Law） | 电荷守恒<br>（Charge Conservation） |
| $\nabla \cdot \boldsymbol{D} = \rho$<br>高斯定律<br>（Gauss's Law） | | |
| $\nabla \times \boldsymbol{E} = -\dfrac{\partial \boldsymbol{B}}{\partial t}$<br>法拉第电磁感应定律<br>（Faraday's Law of Induction） | $\sum_{k=1}^{n} v_k = 0$<br><br>基尔霍夫电压定律<br>（Kirchhoff's Voltage Law） | 能量守恒<br>（Conservation of Energy） |
| $\nabla \cdot \boldsymbol{B} = 0$<br>磁高斯定律<br>（Gauss's Law for Magnetism） | | |

续表

| 电 磁 场 分 析 | 电 路 分 析 | |
|---|---|---|
| 结构方程（Constitutive Relations） | 伏安特性（Current-Voltage Characteristics） | |
| $\boldsymbol{J}=\sigma\boldsymbol{E}$：传导电流密度<br>欧姆定律（Ohm's Law） | $i=Gv$（欧姆定律）<br>$G=\sigma\dfrac{S}{l}$（导线电阻） | 基本线性元件伏安特性方程，广义欧姆定律<br>非线性元件伏安特性为非线性描述方程 |
| $\boldsymbol{J}_{\mathrm{D}}=\dfrac{\partial\boldsymbol{D}}{\partial t}$：位移电流密度<br>$\boldsymbol{D}=\varepsilon\boldsymbol{E}$ | $i=C\dfrac{\mathrm{d}v}{\mathrm{d}t}$<br>$C=\varepsilon\dfrac{S}{d}$（平板电容） | |
| $\boldsymbol{J}_{\mathrm{m}}=\dfrac{\partial\boldsymbol{B}}{\partial t}$：磁流密度<br>$\boldsymbol{B}=\mu\boldsymbol{H}$ | $v=L\dfrac{\mathrm{d}i}{\mathrm{d}t}$<br>$L=\mu\dfrac{S}{p}N^{2}$（磁芯电感） | |
| 求解获得连续空间位置的电磁场 | 求解获得离散空间结点间的支路电压和支路电流 | |
| 源激励下的空间电磁场分布<br>$\boldsymbol{E}(\boldsymbol{r},t),\boldsymbol{H}(\boldsymbol{r},t)$ | $i_k,v_k,k=1,2,\cdots,b$（$b$ 条支路，$n$ 个结点，$n$ 个结点电压可由 $b$ 个支路电压用 KVL 确定） | |

**例 6.2.1** 现代 CMOS 工艺，电路器件尺寸在 100nm 量级。我们期望电路器件可以工作在 100GHz，设计出来的电路器件是否可以用电路理论进行分析？

**分析**：电路理论是否适用的关键就在于器件尺寸是否满足电路抽象的限定性条件：100GHz 电磁波的波长是 3mm，考虑到硅基底半导体材料的影响，其中的电磁波波长会变短，大概是空气中波长的 0.4 倍，也就是 1.2mm，这里近似为 1mm。也就是说，硅基芯片上 100GHz 信号的波长大略是 1mm，器件（如晶体管）的尺寸在 100nm 量级，100nm 为万分之一波长，显然满足电路抽象限定性条件，故而百纳米工艺下的 CMOS 电路在 100GHz 上仍然可以用电路理论进行分析。

**2. 电路器件的寄生效应**

基于物质电属性（体现为宏观参量 $\sigma$、$\varepsilon$ 和 $\mu$）实现的诸多电路器件在一定频段范围内接近理想元件特性，但是频率超出限定频率范围尤其是频率较高时，各种寄生效应有可能改变器件的预期设计功能，这些寄生效应和器件结构密切相关，因而不同结构的器件有不同的寄生效应。

如金属膜电阻，通过真空蒸发镀膜、磁控溅射等方式在基片上形成金属薄膜制备成电阻，其两端较长的引线在高频很容易呈现电感特性，因而这种类型的电阻在频率稍高时就需考虑其寄生电感效应，其等效电路则是电阻串联一个寄生电感，实际应用时可能还需考虑寄生电容效应，如图 2.4.6(c) 所示。

又如贴片电容，如图 6.2.29 所示，采用多层陶瓷（氧化物）介质多层平板交叉结构以加大电容量，设计电容时期望它具有理想电容 $C$ 的特性，然而其实际电路特性更多体现为图 6.2.29(c) 所示等效电路的电特性，其中 $C$ 是设计所期望的电容，串联电阻 $R$ 则是实现该电容结构的金属损耗和介质损耗折合等效电阻，串联电感 $L$ 则是金属连接等效电感。该电路模型下，贴片电容的阻抗大小为

$$Z_C = \frac{1}{\mathrm{j}\omega C} + \mathrm{j}\omega L + R \tag{6.2.76}$$

显然，当频率很低时，它呈现的阻抗特性（端口电压电流关系）确实接近理想电容

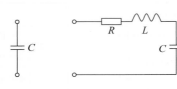

(a) 贴片电容　　　　(b) 理想电容模型　　(c) 考虑寄生效应

图 6.2.29　贴片电容及其等效电路

$$Z_C = \frac{1}{j\omega C} + j\omega L + R \overset{频率 \omega = 2\pi f \text{很小}}{\approx} \frac{1}{j\omega C} \tag{6.2.77}$$

然而明显地,还存在着一个频率点

$$\omega_0 = \frac{1}{\sqrt{LC}} \tag{6.2.78}$$

当加载的信号频率等于该频率时,电容电抗 $\frac{1}{j\omega C}$ 被寄生电感电抗 $j\omega L$ 完全抵偿,电容在该频点呈现出纯阻特性(很小的电阻)

$$Z_C = \frac{1}{j\omega C} + j\omega L + R \overset{\omega = \omega_0}{=\!=\!=} R \tag{6.2.79}$$

此频点被称为电容的自谐振频率。当信号频率高于电容的自谐振频率时,电容的容性完全被掩盖,而是呈现出电感特性

$$Z_C = \frac{1}{j\omega C} + j\omega L + R \overset{\omega \gg \omega_0}{\approx} j\omega L \tag{6.2.80}$$

电路中诸多期望用电容"高频短路"特性实现的信号旁路、信号耦合等功能,则会完全脱离预期设计目标。显然,购买电容时应确认它的自谐振频率高低,只有信号频率远远低于自谐振频率时,该电容才能当作电容使用。

再如磁芯绕线电感,如图 6.2.30(a)所示,我们期望获得如图 6.2.30(b)所示的理想电感特性,然而绕线金属之间的寄生电容效应可折合为图 6.2.30(c)中的电容 $C$,绕线自身的导体损耗折合为图 6.2.30(c)中的电阻 $R_S$,磁芯损耗及辐射损耗等可折合为图 6.2.30(c)中的电阻 $R_P$,导致其端口特性并非纯感特性。为了简化分析,这里将导线损耗也折合为并联电阻,那么磁芯绕线电感简化模型则如图 6.2.30(d)所示,其端口导纳特性为

$$Y_L = \frac{1}{j\omega L} + j\omega C + G \tag{6.2.81}$$

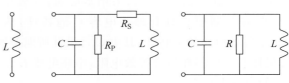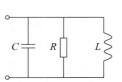

(a) 磁芯绕线电感　　(b) 理想电感　　(c) 考虑寄生效应　　(d) 简单分析模型

图 6.2.30　磁芯绕线电感及其等效电路

显然,当频率很低时,它呈现的阻抗特性(端口电压电流关系)十分接近理想电感(忽略极低频率下电阻 $R_S$ 的影响)

$$Y_L = \frac{1}{j\omega L} + j\omega C + G \overset{\text{频率}\omega=2\pi f\text{很小}}{\approx} \frac{1}{j\omega L} \tag{6.2.82}$$

同样它也存在着一个自谐振频点

$$\omega_0 = \frac{1}{\sqrt{LC}} \tag{6.2.83}$$

当加载的信号频率等于该频率时,电感电纳 $\frac{1}{j\omega L}$ 被寄生电容电纳 $j\omega C$ 完全抵偿,电感在该频点呈现出纯阻特性(较大的电阻)

$$Y_L = \frac{1}{j\omega L} + j\omega C + G \xrightarrow{\omega = \omega_0} G \tag{6.2.84}$$

显然,当信号频率高于电感的自谐振频率时,电感的感性完全被掩盖,而是呈现出电容特性

$$Y_L = \frac{1}{j\omega L} + j\omega C + G \overset{\omega\gg\omega_0}{\approx} j\omega C \tag{6.2.85}$$

电路中期望用电感实现的诸多功能可能因而失效。为了降低寄生电容效应,高频线绕电感往往稀绕、少绕甚至不绕(直导线),但电感量将因而下降。

最后以 NMOSFET 晶体管为例,说明其寄生效应。NMOSFET 通过 MOS 电容形成对沟道厚度(导电特性)的控制,从而其漏源端口(沟道)是一个受控的非线性电阻。其恒流区交流小信号分析微分线性元件模型如图 6.2.19(e)所示。MOS 电容的设计是用来控制沟道的,但是 MOS 电容在高频时会直接影响晶体管特性。

如图 6.2.31 所示,这是考虑了寄生电容影响后的恒流区晶体管的小信号电路模型,可以视为在二端口电阻网络基础上并联一个二端口电容,其 $Y$ 参量矩阵为

$$\boldsymbol{Y} = \begin{bmatrix} 0 & 0 \\ g_m & g_{ds} \end{bmatrix} + \begin{bmatrix} j\omega(C_{gs}+C_{gd}) & -j\omega C_{gd} \\ -j\omega C_{gd} & j\omega(C_{db}+C_{gd}) \end{bmatrix} \tag{6.2.86}$$

其中,栅源 GS 之间的寄生电容 $C_{gs}$ 基本上由 MOS 电容贡献,因而其数值是最大的,栅漏 GD 之间的电容 $C_{gd}$ 由于沟道夹断导致 MOS 电容的贡献很小,主要是栅极和漏极结点间的寄生效应电容,其数值相对较小,而漏衬 DB 之间的电容 $C_{db}$ 则是反偏 PN 结势垒电容,其数值也相对较小。本书中不加说明的话晶体管的衬底 B 和源极 S 被默认为短接,故而衬源之间的反偏 PN 结电容 $C_{bs}$ 由于两个极板的短接而不起作用。这里特别说明的是,交流小信号电路模型中的所有电路参量,包括阻性参量和容性参量,它们都是直流工作点上的微分元件参量。

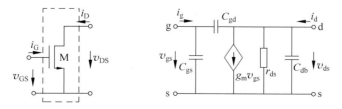

图 6.2.31　考虑寄生电容效应的 MOSFET 小信号电路模型

再如 BJT 晶体管,其交流小信号等效电路如图 6.2.20(a)所示,然而高频时则需考虑寄生电容效应,如图 6.2.32 所示:①核心模型:输入电阻 $r_{be}$,压控流源 $g_m$,输出电阻 $r_{ce}$,是未考虑寄生效应的电阻电路微分元件模型。②该核心模型和二端口电容并联,其中 $C_{bc}$ 是反偏 BC 结

的反偏势垒电容,$C_{be}$是正偏 BE 结的扩散电容,一般情况下 $C_{be} \gg C_{bc}$。有时电路模型中还会画出 $C_{ce}$ 电容,即集电极和发射极两个结点的寄生电容,这个电容一般较小且对高频特性影响较小,因而这里被忽略未计。我们特别注意到电路中还有一个电阻 $r_b$,它是基极体电阻等效,这个电阻远远小于 $r_{be}$,$r_b \ll r_{be}$,故而在低频电阻电路分析时可以抽象为 0,但是在高频分析时,该电阻和寄生电容 $C_{be}$、$C_{bc}$ 共同作用,使得晶体管高频增益(有源性)严重受限,如 10.4.3 节讨论,故而必须予以考虑。事实上,集电极和发射极也有对应的体电阻 $r_c$ 和 $r_e$,这两个体电阻的阻值较小,其影响较 $r_b$ 而言也较小,故而分析晶体管高频量时,我们往往只考虑 $r_b$ 的影响,如图 6.2.32(b)所示。③分立晶体管是交付用户使用的封装好的单独的一个晶体管,实验室做实验用的晶体管大多都是分立器件。分立微波晶体管工作在微波频段(百兆赫兹及其以上),此时封装寄生参量对晶体管有很大的影响,如图 6.2.32(c)所示,这是考虑了封装引线电感的高频小信号等效电路模型,其中 $L_b$、$L_c$、$L_e$ 是基极、集电极和发射极引线电感,而 $r_b$、$r_c$、$r_e$ 则包含了引线电阻和体电阻的综合影响。

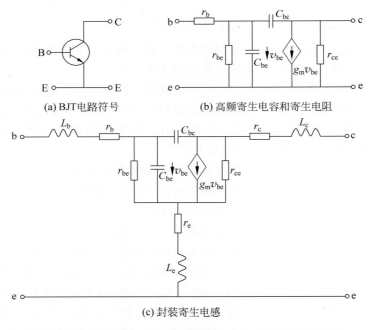

(a) BJT电路符号　　(b) 高频寄生电容和寄生电阻

(c) 封装寄生电感

图 6.2.32　考虑寄生引线电感的分立 BJT 小信号电路模型

**练习 6.2.9**　请说明在分析图 6.2.32(c)所示等效电路时,可视其为跨导放大器($r_{be}$,$r_{ce}$,$g_m$)和二端口电容($C_{be}$,$C_{bc}$,$C_{ce}$)先并联,再和二端口电阻($r_b$,$r_c$,$r_e$)和二端口电感($L_b$,$L_c$,$L_e$)串联。

最后需要说明的是:载流子在导体物质中运动形成电流,非理想导体的导电率并非无穷大,则一定存在电阻效应,也就是说,载流子的运动会受到导体物质的阻碍,从而电路中的电阻效应处处存在。电路中只要存在电流回路,就有感生电动势的产生,因而电路中电感效应处处存在。电路的结点均为导体结点,导体结点上一定存在电荷的累积和消散过程,故而电路中电容效应处处存在。换句话说,电路中电阻、电感和电容几乎是处处存在且共生,只不过在特定频率考察范围内,其中的某一个效应可能占主导地位,从而其他效应被忽略不计。但是一旦其应用超出其模型的限定性条件,则必须将这些原来非主导地位的寄生效应考虑在内,因为它们有可能成为电路在新的应用条件下的主导属性。如前述的电容器在高频呈现感性,电感器在高频呈现容性,晶体管高频有源性严重下降而无法提供正常的放大、振荡功能,且本来单向控制的晶体管由于二端口电容、电感的存在而有反向作用,有可能形成正反馈机制而自激振荡等等,这些问题都使得高频、高速电路的设计变得相对困难。然而如果充分理解了电路元件的形成机制,在分析与设计时将这些寄生效应考虑在内,制作出来的电路系统将会与设计预期保持一致。

# 6.3　数字抽象

信息表征的是物质或能量的运动状态,故而信息对物质和能量存在某种依赖性。但是表征物质或能量运动的信息可以脱离其表征的物质能量形态,以其他形式的物质或能量形式被人们采集、传输、处理和发布,这也是信息处理系统能够进行信息处理的根本原因。

电子信息处理系统的基本组成是传感器、处理器和激励器,其中传感器、激励器完成信息的能量形态转换,而处理器则以电信号或电能量的形式对电子信息进行各种处理。

大部分的信号处理单元电路都可以数字化,或者说它们的功能可以用数字信号处理技术实现,如滤波器、变频器、调制解调器等实现的滤波、变频、调制解调功能。但是某些功能电路,如放大器、振荡器,它们实现的信号放大、信号产生功能本身完全依赖于一种电能量形式转换为另一种电能量形式,这两种信息处理无法脱离电能量形态,因而无法用数字信号处理技术(即对 0、1 的逻辑处理)来实现。

数字信号处理电路不仅能实现相当部分的模拟信号处理电路可实现的功能,还能实现模拟信号处理电路难以实现的功能,如编解码、加解密、压缩等。

## 6.3.1　数字化的必要性

数字化就是离散化,离散化可视为某种形式的特征提取,最简单的理解就是用有限位数表示数,如将 3.141 和 3.142 的共性特征 3.14 提取出来进行截断离散化,即可用同一个三位有效位数 3.14 来表征它们。

特征提取可以降低对信息的表述量,使得信息可以被有限个离散符号所表征,这也是为什么要数字化的一个根本原因:

(1) 数字化(离散化)后,信号的表示成为有限可数,从而信息变得可存储,毕竟存储空间有限。只要离散化信息的载体不损失,信息即可长期留存,而模拟信号很难实现长时间的不损失的存储。

(2) 数字信号的抗干扰能力比模拟信号强,利于传输。模拟信号上面叠加噪声后很难分离噪声和有用信号,但是数字信号的表述是离散的,这种离散化除了可以容忍很大范围的误差外,还可以通过编解码技术实现检错和纠错,从而进一步增强其抗干扰能力。

(3) 数字化后,信号处理变得丰富多彩。除了放大、振荡等特殊的信号处理只能用模拟电路实现外,其他诸如滤波、变频、调制解调等都可以用数字电路实现,同时数据压缩、编解码等在模拟域中难以实现的信号变换功能在数字域内都可灵活方便地实现。

(4) 数字化后,信号处理可软件化,即在硬件基础上通过编程实现各种信号处理功能,信号处理变得极为灵活,在程序中修改一个参数即可完成调整,而用模拟电路实现的信号处理很难实现这样方便的变动。

数字化使得原来时间上连续、幅度上连续的模拟信号被离散化为时间上离散、幅度上离散的数字信号。无论从哪个角度看,数字化都是部分抽取,从而丢失了部分东西,既然有丢弃,就意味着信息受损,那么信息受损是否可以接受呢?

对于时间离散,只要满足奈奎斯特采样定理(Nyquist-Shannon sampling theorem),即采样频率足够高,采样点数足够密,采样频率半值带宽内的信号频谱则可无损恢复。实用的模数转换一般都会前置一个抗混叠滤波器(anti-aliasing filter),它选出需要处理信号的频谱,只要滤波后的信号频谱宽度不大于 0.5 倍的采样率,采样后就具有完全恢复的可能,显然时间离散化后信息受损是可控的。

对于幅度离散,就是用有限位数表示位于某个范围内的某个数值,例如圆周率,$\pi = 3.1415926\cdots$,它是一个无理数,小数点后具有无穷无尽的非周期的数字序列,我们用符号 $\pi$ 当然可以表述它,但用数字量表述时,则只能取有限位数(视为一种离散化或数字化),例如规定 4 位有效位数,则有两种方法取值,一种是截断(truncation),于是圆周率取值为 3.141,一种是四舍五入(rounding),于是圆周率取值为 3.142,无论是截断还是四舍五入,都会带来误差,前者误差为万分之 1.89,后者误差为万分之 1.30。误差代表了信息的受损程度,显然这个受损是可控的,我们只需多保留几位有效数位,即可降低信息受损程度。电子信息处理系统的数制多采用二进制,二进制模数转换的幅度离散误差又被称为量化误差或量化噪声,它取决于比特位数。比特位数越高,量化噪声越低。只要量化误差低于实际信号中业已存在的噪声,数字化引入的信息受损则可忽略不计。

### 6.3.2　电压状态离散化

电子信息系统的数制多采用二进制,而电子信息多用电压表征,因而对模拟电压的离散化就是抽象形成 0、1 两个可区分状态或两个逻辑电平。

我们以如图 6.2.24(a)所示的 NMOS 反相器为例:其输入输出转移特性曲线图 6.2.24(b)具有反相特性,随着输入电压升高,输出电压下降。我们注意到这个转移特性曲线具有明显的分区特性,分别对应于 NMOSFET 的截止区、恒流区和欧姆区,其中在 NMOS 恒流区,反相特性变化最剧烈,输入电压很小的增加,导致输出电压剧烈的下降,而在晶体管的截止区和欧姆区,反相特性变化缓慢,这种特性可以被离散化为两个截然分明的状态之间的突变,如图 6.2.24(d)所示,这是理想数字非门的输入输出转移特性曲线

$$v_{OUT} = \begin{cases} V_{DD}, & v_{IN} < V_S \\ 0, & v_{IN} > V_S \end{cases} \tag{6.3.1}$$

其中,$V_S$ 为翻转电压,输出高电平则代表输出逻辑 1,输出低电平则代表输出逻辑 0。图 6.2.24(c)是实现该理想转移特性曲线的开关电路等效。

显然,晶体管截止区对应开关的断开状态,被抽象为无穷大电阻(开路),晶体管欧姆区对应开关的闭合状态,小的欧姆导通电阻被抽象为 0 电阻(短路)。

### 6.3.3　逻辑电平的传递

如图 6.3.1 所示,这是简单的数字逻辑电平的传递连接示意图:接收机接收发射机通过传输媒质发送过来的逻辑电平,为了简单起见,发射机(transmitter,source,发信者)最后一级和接收机(receiver,sink,受信者)最前一级均采用反相器(数字非门)作为缓冲器,输出缓冲

器输出逻辑电平为 $v_t$，经过短接线、传输线或其他媒质，传递到接收机缓冲器时其电平为 $v_r$

$$v_r(t) = \alpha \cdot v_t(t - \tau) + v_n(t) \tag{6.3.2}$$

这里假设传输媒质对信号的影响包括衰减、延时和噪声，分别用衰减系数 $\alpha$、延时 $\tau$ 和噪声电压 $v_n$ 表述。为了简单起见，进一步假设衰减可以去除，因为我们总是可以假设通过某种方式如放大器等将电平调整到需要的电平上，于是考察受信者接收发信者发送的逻辑电平时，需要特别关注的就只剩下噪声了。

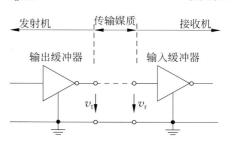

图 6.3.1  逻辑电平传递

对于位于同一个基板上的发射机和接收机，干扰信号多源自电路中的其他功能电路所处理信号的耦合，尤其是数字电路，由于逻辑电平的翻转，会在地线上、电源线上、电路板介质空间中、外部空间中产生大量的杂散信号，这些杂散信号会通过各种耦合机制混入有用信号之中，这些耦合机制可以等效为互感、互容、互阻等耦合效应。

当噪声叠加到模拟信号上时，我们无法区分何者是噪声、何者是信号，虽然可以通过滤波器滤取一个频带内的信号，但这个频带内的噪声无法滤除且滤波器同时还会附加额外的带内噪声。然而对于数字信号而言，因为我们确知它只有两种状态，非 0 即 1，即使逻辑电平上附加了噪声，只要噪声不是特别的大，我们就很容易通过判决将 0、1 再生出来。

显然，接收机判断逻辑 0、1 需要确定的逻辑电平映射规范，也就是需要确定性地给出电压到逻辑 0、1 之间的映射关系，接收机才可能正确地判别发射机发射的逻辑电平是 0 还是 1。

### 6.3.4  逻辑电平的映射

所有需要互连的数字器件都需要满足一定的电平逻辑映射关系，只要满足了这种映射关系，就可以使得所有的数字器件可以相互连接。受信者因满足这种静态约束而可以正确地解释发信者发出的电平是逻辑 0 还是逻辑 1。如是，只要所有数字器件均满足一致的静态约束条件，那么不同工艺、不同生产商提供的数字器件就可以相互通信，可以相互连接。因为它们有一个共同的约定，从而可以相互理解，正确解释对方发信电平对应逻辑。

最简单的映射如图 6.3.2 所示：假设电源电压为 +5V，这个简单映射将 0～2.5V 映射为逻辑 0，将 2.5～5V 映射为逻辑 1。发信者发送逻辑 1 时，它可以输出 2.5～5V 之间的任意电压，如果要发送逻辑 0，则输出 0～2.5V 之间的任意电压。受信者如果接收到 0～2.5V 之间的任意电压，则认为发信者发送的是逻辑 0，如果接收到 2.5～5V 的电压，则认为发信者发送的是逻辑 1。

然而图 6.3.2 所示的这种简单映射抗干扰能力太差：比如发信者发送 2.4V 电压代表逻辑 0，但是在传输过程中附加了一个 0.2V 的噪声，使得受信者接收到了 2.6V 的电压，于是受信者判断发信者发送的是逻辑 1，则会出现误判。原因在于发信者发送逻辑 0、1 时，逻辑 0、1 之间的区别太小，很小的噪声就可以令电平越过 2.5V 这个界限，使得逻辑从 1 变 0，从 0 变 1。换句话说，这种简单映射不具抗噪声性能，显然改进的第一步就是令发信者发出截然不同相差较大的电压代表逻辑 0、1。

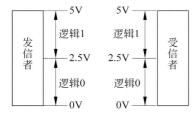

图 6.3.2  简单映射关系

图 6.3.3 中,规定发信者不能用 $0.5V_{DD}=2.5V$ 作为区分阈值,而是规定逻辑 1 电平位于 $V_{OH}$ 之上,逻辑 0 电平位于 $V_{OL}$ 之下。在这种约定下,发信者发逻辑 0 时,电平不得高于 $V_{OL}$,

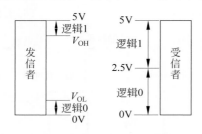

图 6.3.3　发信者发出逻辑电平需远离

发逻辑 1 时,电平不得低于 $V_{OH}$。最坏情况下,假设发信者发送 $V_{OL}$ 代表逻辑 0,传输过程中混入了噪声,只要噪声不大于 $2.5V-V_{OL}$,那么受信者收到的电平就一定小于 $2.5V$,于是可以正确判定为逻辑 0。也就是说,发送逻辑 0 时系统可容忍 $2.5V-V_{OL}$ 大小的噪声;同理,发送逻辑 1 时,系统可容忍的噪声为 $V_{OH}-2.5V$。$2.5V-V_{OL}$ 和 $V_{OH}-2.5V$ 被称为该规定的噪声容限。

注意到电阻电路任意位置的电压均位于电源电压之间,故而最大的噪声容限发生在 $V_{OH}=V_{DD}=5V$,$V_{OL}=GND=0V$,此时上下具有最大噪声容限为 $0.5V_{DD}=2.5V$,数字系统的抗干扰能力最强。发信者发送 0 电压代表逻辑 0,用发送 $V_{DD}$ 电源电压代表逻辑 1,而受信者用半电源电压 $0.5V_{DD}$ 为阈值门限判决逻辑 0、1,这是理想映射关系。图 6.3.4 给出了这种理想映射关系所要求的反相器理想转移特性曲线,与图 6.2.24(d) 对比:① 理想反相器输出只能是 0V 和 $V_{DD}$;② 理想反相器的翻转电压为 $0.5V_{DD}$。

理想映射要求反相器的转移特性曲线在 $0.5V_{DD}$ 位置输出电压从 $V_{DD}$ 到 0 发生突变,这个突变意味着无穷大电压增益。实际反相器无法实现这种转移特性曲线,如 MOSFET 反相器在翻转电压位置的斜率可能很大,但不会无限大,从逻辑 1 电平到逻辑 0 电平的反相转移特性曲线是连续的变化而非突变曲线。图 6.3.5 所示的是实际反相转移特性曲线示意图,上面标记了数个特征点,说明如下:

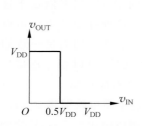

图 6.3.4　理想反相转移特性曲线

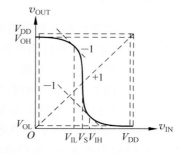

图 6.3.5　实际反相转移特性曲线上的特征点

(1) 翻转点:转移特性曲线和 $v_{OUT}=v_{IN}$ 直线的交点 $(V_S, V_S)$,此点为翻转点。如果输入电平小于 $V_S$,输出电平则高于 $V_S$,如果输入电平高于 $V_S$,输出电平则低于 $V_S$。如果把小于 $V_S$ 电平视为逻辑 0,高于 $V_S$ 电平视为逻辑 1,该反相器完成的则是由 0 到 1,由 1 到 0 的逻辑求非功能,因而 $V_S$ 被称为翻转电压。

(2) 逻辑 1 输出电平 $V_{OH}$:门电路输出逻辑 1 时的电平,该电平小于等于电源电压 $V_{DD}$。

(3) 逻辑 0 输出电平 $V_{OL}$:门电路输出逻辑 0 时的电平,该电平大于等于地电压。

也有做如下规定:当输入为 $V_{OL}$ 时,输出为 $V_{OH}$,当输入为 $V_{OH}$ 时,输出为 $V_{OL}$,如是多级完全相同的反相器级联且无噪声加入,输出电平或为 $V_{OH}$,或为 $V_{OL}$,是为该数字非门的两个逻辑电平。

**练习 6.3.1**　如图 E6.3.1 所示,两个相同的数字非门头尾环接,请用图解法说明两个数字非门的输出电压一个为 $V_{OL}$，一个为 $V_{OH}$。提示：（a）图中没有画地结点；（b）说明这种连接存在一个不稳定平衡点和两个稳定平衡点。

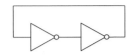

图 E6.3.1　两个非门头尾环接

（4）逻辑 0 输入电平 $V_{IL}$：门电路认定输入为逻辑 0 低电平的最大值。当输入电压 $v_{IN} < V_{IL}$ 时，门电路则认为输入为逻辑 0，否则不认可输入为逻辑 0，即使输入小于 $V_s$。

（5）逻辑 1 输入电平 $V_{IH}$：门电路认定输入为逻辑 1 高电平的最小值。当输入电压 $v_{IN} > V_{IH}$ 时，门电路则认为输入为逻辑 1，否则不认可输入为逻辑 1，即使输入大于 $V_s$。

理论上做如下规定：在反相器转移特性曲线坐标系中，画斜率为 $-1$ 的直线，在两个位置处，斜率为 $-1$ 的直线和转移特性曲线有切点，横坐标小的切点对应的横坐标就是 $V_{IL}$，横坐标大的切点对应横坐标为 $V_{IH}$。

用 $-1$ 斜率切线切点定义 $V_{IL}$ 和 $V_{IH}$ 的原因在于我们希望在低于 $V_{IL}$（输入逻辑 0）和高于 $V_{IH}$（输入逻辑 1）的区域，反相器对噪声不敏感。这是显然的，因为这两个区域的斜率在 0 到 $-1$ 之间，故而这两个区域的输入噪声波动，$v_{IN} = v_{IN0} + v_{nin}$，在输出端引起的输出电压抖动小于输入噪声波动，$|v_{nout}| = |v_{OUT} - v_{OUT0}| \approx |f'(V_{in0})v_{nin}| < |v_{nin}|$，故而反相器的求非逻辑判决是稳定的，输出的逻辑 0 电平或逻辑 1 电平不会因输入噪声抖动而有大的变化，仍然是逻辑 0 和逻辑 1。

显然 $(V_{IL}, V_{IH})$ 区域是输入电压的禁区，原因在于该区域的曲线斜率绝对值大于 1（翻转点斜率数值在 $10^2$ 或更高量级），此区间微小的输入噪声抖动将会在输出端被放大，造成后级逻辑判断易于出错。故而理论上对 $V_{IL}$ 和 $V_{IH}$ 的定义以斜率为 $-1$ 的切线切点为准。

### 6.3.5　反相器的噪声容限

图 6.3.6 给出了反相器的噪声容限。这里不妨假设所有互连的数字门电路具有相同的 $V_{OL}$ 和 $V_{OH}$，于是在没有干扰的情况下（整个电路静止于某一状态，无进一步的 0、1 翻转动作），这些器件的输出要么是 $V_{OL}$，要么是 $V_{OH}$，分别代表逻辑 0 和逻辑 1。

当门电路输出为 $V_{OH}$ 时，它发出的是逻辑 1，在传输过程中，如果有噪声附加，但噪声较小，使得电平不会小于 $V_{IH}$，下一级门电路将由于其输入电平高于 $V_{IH}$ 而判定输入为逻辑 1。但是如果噪声较大，使得下一级门电路接收的输入电平低于 $V_{IH}$，那么就会进入到转移特性曲线的大斜率禁区，禁区内无法有效进行逻辑 0、1 的判断，因而发出逻辑 1 接收判定逻辑 1 的噪声容限为 $NM_H = V_{OH} - V_{IH}$。

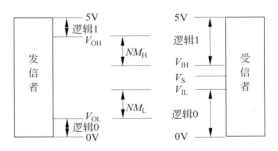

图 6.3.6　反相器噪声容限

同样的道理，当门电路输出为 $V_{OL}$ 时，它发出的是逻辑 0，在传输过程中，如果叠加噪声较小，使得电平不会大于 $V_{IL}$，下一级门电路由于其输入电平低于 $V_{IL}$ 而判定输入为逻辑 0。但是如果噪声较大，使得下一级门电路得到的输入电平高于 $V_{IL}$，那么就会进入到转移特性曲线的大斜率禁区，禁区内无法有效进行逻辑 0、1 的判决，因而发出逻辑 0 接收判定逻辑 0 的噪声容限为 $NM_L = V_{IL} - V_{OL}$。

$(V_{IL}, V_{IH})$ 区域是输入逻辑电平的禁区，如果逻辑门电路的输入电平进入这个区域，导致的数字门电路的逻辑错误属于超出门电路能力的错误。

　　这里分析的噪声容限属数字门电路的静态属性,数字门电路的动态特性,即考虑晶体管寄生电容效应后形成的延时对逻辑判断的影响等动态特性,则在后续专业课程中讨论。无论是静态特性还是动态特性,都是对数字非门性能的描述,它们都是对实际数字门电路偏离理想数字抽象门电路的描述。

　　理想开关抽象及对开关的串联、并联、旁路等操作可获得逻辑形态上的逻辑功能运算,这在第 7 章将会给予重点描述,而导致偏离理想 0、1 逻辑功能运算之外的静态特性和动态特性,提供数字门电路的生产商都将同时提供相应的 datasheet 予以说明,实际电路应用时需理解这些功能之外的性能指标。

### 6.3.6　数字和模拟

　　前述分析以 NMOS 反相器为例,而实用的数字电路多为 CMOS 工艺,原因在于 CMOS 数字电路有如下诸多特点,使得它可以被大规模集成为 VLSI(Very Large Scale Integrated Circuit)。

　　(1) 低功耗:PMOS 和 NMOS 晶体管在 CMOS 数字电路中均可等效为开关,理想开关的功耗为零,因此 CMOS 数字电路的静态功耗极小。而模拟电路,尤其是线性电路,则需要有直流工作点,直流工作点位置的静态功耗等于直流电流乘以电源电压,这个功耗一般很大。因此模拟电路大规模集成时,产生的热量无法耗散,使得集成规模不可能做大。

　　(2) 容差性强:模拟电路对外界干扰十分敏感,当大规模集成时,稍微的设计偏差有可能导致整个电路完全偏离设计工作点,因而模拟电路大多采用负反馈结构稳定工作点,然而寄生效应有可能导致负反馈变成正反馈使得整个电路完全失常,还需考虑负反馈的稳定性等问题。而 CMOS 数字电路只有两个状态,前一级即使略有偏离,后一级也会自动将其修正,使得大规模集成成为可能。

　　(3) 面积小:模拟电路中出现的电感、电阻在集成电路硅基片上实现时,会占用极大的面积,被占用面积有可能可以容纳数百上千个晶体管;而 CMOS 数字电路全部由晶体管(和互连线)构成,完成数字状态翻转所需的晶体管面积可以做到最小,从而数字大规模集成电路的面积很小。

　　低功耗、容差性强(可靠性强)、面积小都意味着高集成度和低成本,如目前的四核处理器含有 10 亿多个晶体管,正是这种高集成度使得数字系统可以实现极为复杂的运算、处理和控制功能。而模拟电路要完成一个信号处理功能,在一个硅基片上晶体管数目能够成千上百是极为难得的,因此用模拟电路只能完成功能较为单一的运算、处理和控制功能。这也是现代信息处理系统数字化趋势的主要原因。

　　最后我们强调一点,虽然数字化是趋势,但模拟电路却不可被数字电路所替代:

　　(1) 本质上能量转换即信号处理的单元电路无法数字化实现,如放大器、振荡器和绝大多数的传感器;在 ADC 和 DAC 接口位置,模拟端的滤波器必须是模拟的,如信号进入 ADC 之前需要将带外信号滤除,否则会形成频谱混叠,ADC 之前的这个滤波器则必须是模拟滤波器。

　　(2) 频率很高的信号,数字化处理成本太高,功耗及处理速度都成为设计和实现的瓶颈,因此频率很高的射频电路仍然是模拟的。

　　(3) 当数字电路的工作频率很高时,由于寄生电容、电感效应,数字电路工作状态和模拟电路差别不大,需要用模拟电路的知识来处理或设计高速数字电路,方可获得预期的数字处理效果。

（4）某些信息处理量极大，信息处理经 AD 转换、数字处理、DA 转换，需要极大的功耗和时耗，如果对信息处理精度要求不是很高，如对于人的视觉这种即使略有偏差也不会影响有效识别的情形，在模拟域直接进行相对低精度的信号处理，反而有可能突破数字信号处理的功耗和时耗瓶颈。

上述并非是全部的原因，模拟电路技术在数字化浪潮的前、中、后，自始至终地占据着电路设计者必须掌握的最核心电路知识的地位，即使计算机和其他数字信号处理技术已经占据了当前信息处理的绝对主导地位。同学们对本教材讨论的模拟和数字电路基础知识，当细嚼慢咽真消化，以期能够使作为信息处理系统物理层基础的电路能够成为你们在即将到来的信息化社会中的一个坚实的立足点。

# 6.4　习题

请在网络上查询并下载关于电阻、电容、二极管、晶体管、运算放大器、数字非门等基本器件或单元电路的 datasheet，与老师、同学共同探讨数据手册中的性能指标，说明这些参量是如何描述实际器件偏离理想器件的。

# 第7章

# 数字逻辑电路

由于数字信号处理的高度灵活性，以及数字电路本身的巨大优势，目前大部分的信号处理环节都在数字域完成。数字信息处理中的数制多采用二进制，二进制表述只需两个符号 0 和 1，自然地对应着逻辑 0、1，数字信号处理可以转换为对逻辑 0、1 的逻辑运算，本章将简要讨论数字逻辑电路的晶体管实现方案。

数字逻辑电路大体分为两大类：一类是组合逻辑电路，对应模拟电路中的电阻电路；一类是时序逻辑电路，对应模拟电路中的动态电路。如果不考虑晶体管的寄生电容效应，组合逻辑电路输出即时响应输入，其输出逻辑仅是当前输入逻辑的即时响应，而时序逻辑电路的输出不仅与当前输入逻辑有关，还与之前的输入逻辑或输出逻辑有关。

为了说清楚组合逻辑和时序逻辑之间的关系，我们用最简单的一阶 RC 动态电路和电阻电路与之相比拟。如图 7.0.1(a)所示，这是一个一阶 RC 电路，由于有电容的存在，它是动态电路。对该动态电路的工作情况可以描述如下：

(1) 输入激励 $v_i$ 加载后，电阻 $R$ 两端加载电压 $v_R$ 是激励电压 $v_i$ 和电容电压 $v_C$ 之差，由电阻的阻性伏安特性获得回路电流 $i_O$ 为

$$i_O(t) = \frac{v_R(t)}{R} = \frac{v_i(t) - v_C(t)}{R} \tag{7.0.1}$$

(2) 该回路电流流过电容 $C$，由电容的动态伏安特性（积分）获得电容电压 $v_C$ 为

$$v_C(t) = v_{C0} + \frac{1}{C}\int_0^t i_O(\tau)\mathrm{d}\tau \tag{7.0.2}$$

其中 $v_{C0}$ 是 $t=0$ 时刻的电容初始电压。

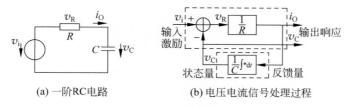

(a) 一阶RC电路　　　　(b) 电压电流信号处理过程

图 7.0.1　一阶 RC 动态电路

式(7.0.1)和式(7.0.2)就是一阶 RC 电路的电路方程，由于这里有两个未知量 $i_O(t)$ 和 $v_C(t)$ 需要求取，因而列写了两个电路方程。可以将这两个电路方程对应的信号处理流程画在图 7.0.1(b)中，很显然，一阶 RC 动态电路被分解为电阻电路（串臂电阻 $R$）加反馈路径上的记忆单元（电容 $C$）。将动态电路的信号处理过程总结如图 7.0.2(a)所示：当外加激励和记忆单

元的状态量(电容电压、电感电流同时也是一种能量的体现,也可等效为源激励,见第8、9章)作为电阻电路的输入加载时,即时获得响应,取出部分响应作为输出,部分响应作为反馈量引回到记忆单元。模拟电路中的记忆单元(电容、电感)实现的是积分功能,它对反馈量积分后形成状态量,这个状态量可作为电阻电路的激励源,也可通过短路线(电阻电路)直接输出。同样的结构,在数字电路中,时序逻辑电路是组合逻辑电路加反馈路径上的记忆单元构成的,数字逻辑电路中的记忆单元(触发器、存储器)实现的是延时功能,于是外加激励和记忆单元的状态输出作为组合逻辑电路的输入,组合逻辑即时响应,部分响应作为输出,部分响应作为记忆单元的反馈量。显而易见的是,动态电路和时序逻辑电路的输出不再是当前输入激励的即时响应,它不仅和当前输入激励有关,还和之前的输出(或输入)有关,因而其响应是一种动态的响应,当前的响应和之前的状态有关。

(a) 电阻电路加记忆单元为动态电路    (b) 组合逻辑电路加记忆单元为时序逻辑电路

图 7.0.2  模拟电路 vs 数字电路

由于动态电路是电阻电路加记忆单元形成的,因而本书后续的课程安排在第 8 章讨论两个基本记忆元件电容和电感,第 9 章和第 10 章分别讨论一阶动态电路和二阶动态电路。对于数字逻辑电路,同样的次序安排,在 7.1 节典型组合逻辑电路加法器设计例子讨论结束后,7.2节将首先考察状态记忆单元,包括锁存器、触发器等,之后给出计数器这个最典型的时序逻辑电路的设计例子。

# 7.1  组合逻辑电路

在不考虑寄生效应的情况下,组合逻辑电路是即时响应的阻性电路,其基本原理就是用开关实现逻辑运算。故而本节首先考察与或非三种逻辑运算、逻辑运算规则与卡诺图化简方法,之后考察逻辑运算的开关实现原理,最后给出 CMOS 门电路结构,并举几个简单的组合逻辑电路例子。

### 7.1.1  与或非逻辑运算

所谓逻辑(logic),就是关于争执的学问——谁对谁错? 孰真孰假? 在大多数情况下,我们把二值逻辑的 1 和 0 分别对应真与假,对与错,正与反,是与否,许可与不许可,同意与反对,通过与否决,高电平与低电平……这种正逻辑对应关系是默认的,如果是负逻辑对应关系,需要予以特别说明。

针对二值逻辑的两个值的运算被称为布尔逻辑运算,它是由 George Boole 于 19 世纪中叶定义的运算,包括三种基本运算:非、与、或。如表 7.1.1 所示,其中 $A$、$B$ 为逻辑变量,$\overline{A}$ 是对逻辑变量 $A$ 的逻辑非运算,称之为"非 $A$";$AB$ 是对逻辑变量 $A$ 和 $B$ 的与运算,称之为"$A$ 与 $B$";$A+B$ 是对逻辑变量 $A$ 和 $B$ 的或运算,称之为"$A$ 或 $B$"。

表 7.1.1 非、与、或三种逻辑运算

| 非 运 算 | | 与 运 算 | | | 或 运 算 | | |
|---|---|---|---|---|---|---|---|
| $A$ | $\overline{A}$ | $A$ | $B$ | $AB$ | $A$ | $B$ | $A+B$ |
| 0 | 1 | 0 | 0 | 0 | 0 | 0 | 0 |
| 1 | 0 | 0 | 1 | 0 | 0 | 1 | 1 |
| | | 1 | 0 | 0 | 1 | 0 | 1 |
| | | 1 | 1 | 1 | 1 | 1 | 1 |

非运算,在争执中就是对着干,反着来,你同意的我就反对($\overline{1}=0$),你反对的我就同意($\overline{0}=1$),这里非运算的输入是你的意见,输出则是我的意见。

与运算则是多人表决机制,只有所有人都同意了方案才能通过($1 \cdot 1 = 1$),有一个人不同意方案就被否决($0 \cdot 0 = 0, 0 \cdot 1 = 0, 1 \cdot 0 = 0$)。

或运算是与运算的对偶表决机制,只要有一个人同意方案就可以通过($0+1=1, 1+0=1, 1+1=1$),所有人都不同意方案才会被否决($0+0=0$)。

表 7.1.2 所示为三种基本逻辑运算的逻辑表达式及门电路符号。对于非运算,逻辑表达式表述方法就是在逻辑变量上方划一横杠。如 $Z=\overline{A}$,对 $A$ 的求非结果为 $Z$,显然 $A$ 为 1 时 $Z$ 为 0,$A$ 为 0 时 $Z$ 为 1。关于非的逻辑表述,还可以用 $Z=\neg A, Z=\text{not } A$ 表示。与运算,其逻辑表达式也有三种方式:第一种方式,$Z=AB$ 或者 $Z=A \cdot B$,也就是用数学上的乘形式表示 $A$ 和 $B$ 之间的与运算。另外两种方式为 $Z=A \wedge B, Z=A \text{ and } B$。或运算,其逻辑表达式的第一种方式是采用数学上的加形式,$Z=A+B$,来表示 $A$ 和 $B$ 之间的或运算。另外两种方式为 $Z=A \vee B, Z=A \text{ or } B$。在数字电路逻辑运算中,多采用第一种表示方法。

三种逻辑基本运算的门电路符号,常见的有两种,前一种为美式符号(ANSI symbol),后一种为欧式符号(IEC symbol),也称方块符号。可以依照个人习惯选择其一,本书选择前一种门电路符号。

表 7.1.2 非、与、或三种逻辑运算的电路符号

| 逻 辑 运 算 | 逻 辑 表 达 式 | 美 式 符 号 | 欧 式 符 号 |
|---|---|---|---|
| 非 | $Z=\overline{A}$<br>$Z=\neg A$<br>$Z=\text{not } A$ | NOT gate | 非门 |
| 与 | $Z=AB, Z=A \cdot B$<br>$Z=A \wedge B$<br>$Z=A \text{ and } B$ | AND gate | 与门 |
| 或 | $Z=A+B$<br>$Z=A \vee B$<br>$Z=A \text{ or } B$ | OR gate | 或门 |

注意这些门电路只画了输入端点或输出端点,它们和图上没有画出的地端点分别构成电路的输入和输出端口。一般情况下,电路端口电压或端点对地电压为高电平时(接近或等于正电源电压)对应逻辑 1,端口电压或端点对地电压为低电平时(接近或等于地电压)对应逻辑 0。

### 7.1.2　逻辑运算的真值表

真值表就是逻辑运算的所有可能性及其结果所列的表。表 7.1.1 其实就是关于非运算、与运算和或运算的真值表,其中非运算是单变量输入,故而输入逻辑只有两种可能性,图示的与运算和或运算都是二变量输入,故而输入逻辑有四种可能性。下面举一个三变量输入八种输入逻辑可能性的例子。

**例 7.1.1**　某组合逻辑电路的门级电路如图 E7.1.1 所示,请给出其逻辑表达式和真值表。

**分析**:图中除了较为熟悉的与门符号和或门符号外,还有两个圆圈:一个在或门输出,表示先有一个或运算,之后则有一个求非运算,这个求非运算可能是另加一个非门,也可能是或门电路内部结构设计时特意形成的求非运算功能。另外一个圆圈在与门的一个输入端,它同样代表

图 E7.1.1　某组合逻辑电路

了求非运算,即逻辑变量 $C$ 先求非,之后再和逻辑变量 $B$ 进行与运算。这里的求非同样可能是外加一个非门,也可能是与门电路内部结构设计时特意形成的求非运算功能。

于是该组合逻辑电路完成如下逻辑运算:$C$ 求非后和 $B$ 进行与运算,再和 $A$ 进行或运算,求非后输出。

**解**:图 E7.1.1 所示组合逻辑电路的电路功能可以用逻辑表达式表述为

$$Z = \overline{A + B \cdot \overline{C}} \qquad (E7.1.1)$$

由于这是一个三输入变量情况,共有 8 种输入可能性,其真值表如表 E7.1.1 所示。

表 E7.1.1　真值表

| 输入逻辑变量 | | | 输出逻辑变量 |
|---|---|---|---|
| $A$ | $B$ | $C$ | $Z$ |
| 0 | 0 | 0 | 1 |
| 0 | 0 | 1 | 1 |
| 0 | 1 | 0 | 0 |
| 0 | 1 | 1 | 1 |
| 1 | 0 | 0 | 0 |
| 1 | 0 | 1 | 0 |
| 1 | 1 | 0 | 0 |
| 1 | 1 | 1 | 0 |

由逻辑门级电路图 E7.1.1 很容易写出逻辑表达式 E7.1.1,再由逻辑表达式也很容易给出真值表 E7.1.1,例如当 $ABC=000$ 时,则 $C$ 非为 1,和 $B$ 与运算后为 0,再和 $A$ 或运算后也为 0,再求非则为 1,即

$$Z = \overline{A + B \cdot \overline{C}} = \overline{0 + 0 \cdot \overline{0}} = \overline{0 + 0 \cdot 1} = \overline{0 + 0} = \overline{0} = 1$$

故而表 E7.1.1 对应 $ABC=000$ 的 $Z=1$,其他 7 种情况类同。显然真值表 E7.1.1 代表了图 E7.1.1 逻辑电路的功能。

然而当逻辑电路是一个黑匣子时,我们看不到其内部电路结构,而仅能看到其外部的三个输入端口和一个输出端口,经测量获得一个真值表,或者我们期望某种功能从而事先拟定了一

个真值表,要求你来设计这个逻辑电路,那就需要上述过程的逆过程:由真值表写出逻辑表达式,由逻辑表达式画出逻辑电路图。

**例 7.1.2** 请设计一个组合逻辑电路,其真值表如表 E7.1.1 所示。

**分析**:考察表 E7.1.1,输出逻辑变量 $Z=1$ 只有三种情况,即 $ABC=000$、$001$、$011$,剩下五种输入情况下 $Z=0$。显然可以将输出视为仅 $ABC=000$ 时 $Z=1$,仅 $ABC=001$ 时 $Z=1$,仅 $ABC=011$ 时 $Z=1$ 三种情况的或。

仅 $ABC=000$ 时 $Z=1$,其他输入 $Z=0$,对应 $Z=\overline{A}\cdot\overline{B}\cdot\overline{C}$

仅 $ABC=001$ 时 $Z=1$,其他输入 $Z=0$,对应 $Z=\overline{A}\cdot\overline{B}\cdot C$

仅 $ABC=011$ 时 $Z=1$,其他输入 $Z=0$,对应 $Z=\overline{A}\cdot B\cdot C$

而表 E7.1.1 中 $Z=1$ 是这三种特殊情况的或,故而对应表 E7.1.1 的逻辑表达式为

$$Z=\overline{A}\cdot\overline{B}\cdot\overline{C}+\overline{A}\cdot\overline{B}\cdot C+\overline{A}\cdot B\cdot C$$

**解**:考察表 E7.1.1,输出逻辑变量 $Z=1$ 只有三种情况,即 $ABC=000$、$001$、$011$,剩下五种输入情况下 $Z=0$,故而对应该真值表的逻辑表达式为

$$Z=\overline{A}\cdot\overline{B}\cdot\overline{C}+\overline{A}\cdot\overline{B}\cdot C+\overline{A}\cdot B\cdot C \qquad (E7.1.2)$$

对应这个逻辑表达式,很容易给出逻辑电路图,如图 E7.1.2 所示。

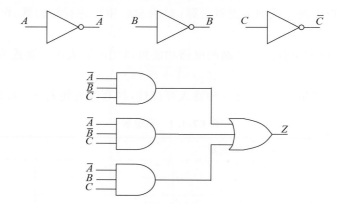

图 E7.1.2 对应真值表的组合逻辑电路

图 E7.1.2 所示的逻辑电路是这样实现的:首先通过 3 个非门,分别获得 $\overline{A}$、$\overline{B}$ 和 $\overline{C}$,之后用 3 个三输入与门,分别获得 $\overline{A}\cdot\overline{B}\cdot\overline{C}$、$\overline{A}\cdot\overline{B}\cdot C$ 和 $\overline{A}\cdot B\cdot C$,最后再用一个三输入或门,获得 $Z=\overline{A}\cdot\overline{B}\cdot\overline{C}+\overline{A}\cdot\overline{B}\cdot C+\overline{A}\cdot B\cdot C$。

我们注意到,图 E7.1.1 所示组合逻辑电路和图 E7.1.2 所示组合逻辑电路如果各自封装为一个黑匣子,对外只有 3 个输入端口和一个输出端口,那么这两个黑匣子具有完全一致的功能,它们都对应着表 E7.1.1 所示的真值表功能,因而这两个电路是完全等价的。那么哪个实现方案更优呢? 如果纯粹从成本上讲,显然图 E7.1.1 电路成本远远低于图 E7.1.2 电路,我们如是估算:后续章节讨论可知,CMOS 门电路一个输入对应 PMOS 和 NMOS 两个晶体管,由于反相求非功能可以通过电路内在结构实现,为了简单起见,这里忽略所有非门电路的影响。图 E7.1.1 所示组合逻辑电路,一个二输入与门需要 4 个晶体管,一个二输入或门需要 4 个晶体管,故而该组合逻辑电路估算需要 8 个晶体管;而图 E7.1.2 所示组合逻辑电路,3 个三输入与门,每个与门则需 6 个晶体管共 18 个晶体管,一个三输入或门需要 6 个晶体管,故而该组合逻辑电路共需要 24 个晶体管。显然从成本上看,图 E7.1.1 所示组合逻辑电路远远优

于图 E7.1.2 所示电路。

实现同一逻辑功能的电路并不唯一,哪种实现方案更优呢? 实际电路可能不是图 E7.1.1,也不是图 E7.1.2,而是其他方案,因为实际电路可能还需要考虑其他问题。作为基础课程教材,我们暂不考虑其他因素,仅仅从降低成本这个角度,希望能够将式(E7.1.2)所示的逻辑表达式 $Z = \overline{A} \cdot \overline{B} \cdot \overline{C} + \overline{A} \cdot \overline{B} \cdot C + \overline{A} \cdot B \cdot C$ 化简为式(E7.1.1)所示的逻辑表达式 $Z = \overline{A + B \cdot C}$,因为它们两个逻辑表达式代表同一功能,后者成本上占优。如何才能实现逻辑表达式的简化呢? 下面我们从两个途径进入,一是用逻辑运算规则进行化简,另外一个则用卡诺图规则进行化简。

### 7.1.3　逻辑运算的基本规则

下面给出的运算规则均属布尔代数规则:

双反律(double negation)

$$\overline{\overline{A}} = A \tag{7.1.1}$$

结合律(associativity)

$$A + (B + C) = (A + B) + C \tag{7.1.2a}$$

$$A \cdot (B \cdot C) = (A \cdot B) \cdot C \tag{7.1.2b}$$

交换律(commutativity)

$$A + B = B + A \tag{7.1.3a}$$

$$A \cdot B = B \cdot A \tag{7.1.3b}$$

分配律(distributivity)

$$A \cdot (B + C) = A \cdot B + A \cdot C \tag{7.1.4}$$

恒等律(identity)

$$A + 0 = A \tag{7.1.5a}$$

$$A \cdot 1 = A \tag{7.1.5b}$$

幂等律(idempotence)

$$A + A = A \tag{7.1.6a}$$

$$A \cdot A = A \tag{7.1.6b}$$

湮灭律(annihilator)

$$A + 1 = 1 \tag{7.1.7a}$$

$$A \cdot 0 = 0 \tag{7.1.7b}$$

互补律(complementation)

$$A + \overline{A} = 1 \tag{7.1.8a}$$

$$A \cdot \overline{A} = 0 \tag{7.1.8b}$$

吸收律(absorption)

$$A \cdot (A + B) = A \tag{7.1.9a}$$

$$A + A \cdot B = A \tag{7.1.9b}$$

$$A + \overline{A} \cdot B = A + B \tag{7.1.10a}$$

$$A \cdot (\overline{A} + B) = A \cdot B \tag{7.1.10b}$$

德摩根律(De Morgan's Law)

$$\overline{A + B} = \overline{A} \cdot \overline{B} \tag{7.1.11a}$$

$$\overline{A \cdot B} = \overline{A} + \overline{B} \qquad\qquad (7.1.11b)$$

如果将逻辑求非和代数符号对应,将逻辑求与和代数乘对应,将逻辑求或和代数加对应,那么双反律、结合律、交换律、分配律、恒等律均很容易记忆,幂等律、湮灭律、互补律相对容易理解和记忆,而吸收律和德摩根律则不太容易理解。对难以理解的逻辑表达式,可以对表达式左侧和右侧分别做真值表,如果两个真值表完全一致,则说明表达式左右两侧确实恒等。例如对于吸收律表达式 $A + \overline{A} \cdot B = A + B$,我们可以分别列写左侧表达式和右侧表达式的真值表,如表 7.1.3 所示。发现它们确实完全一致,由此确认该表达式的正确性。

表 7.1.3　吸收律 $A + \overline{A} \cdot B = A + B$ 的真值表验证

| 输入逻辑变量 | | 中间逻辑变量 | | 表达式左侧 | 表达式右侧 |
|---|---|---|---|---|---|
| $A$ | $B$ | $\overline{A}$ | $\overline{A} \cdot B$ | $A + \overline{A} \cdot B$ | $A + B$ |
| 0 | 0 | 1 | 0 | 0 | 0 |
| 0 | 1 | 1 | 1 | 1 | 1 |
| 1 | 0 | 0 | 0 | 1 | 1 |
| 1 | 1 | 0 | 0 | 1 | 1 |

**练习 7.1.1**　请画出德摩根律左右两侧表达式的真值表,确认德摩根律。

后文给出的 CMOS 门电路内部晶体管结构是德摩根律的具体表现形式,这里对德摩根律特别予以说明。

对德摩根律的两个表达式求非,由双反给出德摩根律的变形表达式为

$$A + B = \overline{\overline{A} \cdot \overline{B}}, \quad A \cdot B = \overline{\overline{A} + \overline{B}}$$

$A \cdot B = \overline{\overline{A} + \overline{B}}$ 如何给予直观的理解呢? $A \cdot B$ 代表的表象含义是:$A$ 和 $B$ 两个人都同意则通过;$\overline{\overline{A} + \overline{B}}$ 则是同一句话反着说:两个人中只要有一个不同意则通不过。如图 7.1.1(a) 所示,"与门"代表"都同意则通过","或门"代表"一个同意则通过",圆圈代表非,不同意,或不通过,其中 $Z = A \cdot B$ 代表两个人都同意则通过,$Z = \overline{\overline{A} + \overline{B}}$ 则代表两个人中有一个不同意则通不过,正说反说,这两句话代表的是一个意思。

$A + B = \overline{\overline{A} \cdot \overline{B}}$ 的解释类同:$A + B$ 代表的含义是:$A$ 和 $B$ 两个人中只要有一个同意则通过;$\overline{\overline{A} \cdot \overline{B}}$ 则是话反着说:两个人都不同意则通不过。如图 7.1.1(b) 所示,从电路符号图的等同性也一样看出,$Z = A + B$ 代表两个输入中有一个为 1 输出则为 1,而 $Z = \overline{\overline{A} \cdot \overline{B}}$ 则代表两个输入都为 0 输出则为 0,这完全表述的是同一运算规则。

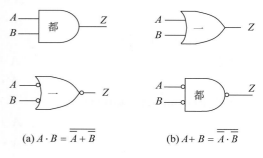

(a) $A \cdot B = \overline{\overline{A} + \overline{B}}$　　　(b) $A + B = \overline{\overline{A} \cdot \overline{B}}$

图 7.1.1　对德摩根律的理解

德摩根律说明了逻辑与运算和逻辑或运算并不独立,我们可以用三个非门和一个或门实现与门功能,也可以用三个非门和一个与门实现或门功能。

**例 7.1.3**　请将逻辑表达式 $Z = \overline{A} \cdot \overline{B} \cdot \overline{C} + \overline{A} \cdot \overline{B} \cdot C + \overline{A} \cdot B \cdot C$ 化简为式 $Z = \overline{A + B \cdot \overline{C}}$。

**解:**利用布尔代数的逻辑运算规则,化简步骤如下:

$$Z = \overline{A} \cdot \overline{B} \cdot \overline{C} + \overline{A} \cdot \overline{B} \cdot C + \overline{A} \cdot B \cdot C$$

$$\xlongequal{\text{幂等律}} \overline{A} \cdot \overline{B} \cdot \overline{C} + (\overline{A} \cdot \overline{B} \cdot C + \overline{A} \cdot \overline{B} \cdot C) + \overline{A} \cdot B \cdot C$$

$$\xlongequal{\text{结合律}} (\overline{A} \cdot \overline{B} \cdot \overline{C} + \overline{A} \cdot \overline{B} \cdot C) + (\overline{A} \cdot \overline{B} \cdot C + \overline{A} \cdot B \cdot C)$$

$$\xlongequal{\text{分配律}} \overline{A} \cdot \overline{B} \cdot (\overline{C} + C) + \overline{A} \cdot C \cdot (\overline{B} + B)$$

$$\xlongequal{\text{互补律}} \overline{A} \cdot \overline{B} \cdot 1 + \overline{A} \cdot C \cdot 1$$

$$\xlongequal{\text{恒等律}} \overline{A} \cdot \overline{B} + \overline{A} \cdot C$$

$$\xlongequal{\text{分配律}} \overline{A} \cdot (\overline{B} + C)$$

$$\xlongequal{\text{德摩根律}} \overline{\overline{\overline{A}} + \overline{\overline{B} \cdot C}}$$

$$\xlongequal{\text{双反律}} \overline{A + B \cdot \overline{C}}$$

$$\tag{E7.1.3}$$

上述逻辑表达式化简的最关键的一步是第一步,利用幂等律规则将 $\overline{A} \cdot \overline{B} \cdot C$ 一分为二, $\overline{A} \cdot \overline{B} \cdot C \xlongequal{\text{幂等律}} \overline{A} \cdot \overline{B} \cdot C + \overline{A} \cdot \overline{B} \cdot C$,后续的逻辑运算规则应用就是自然而然的选择。在我们知道目标表达式的前提下做一些凑数的操作尚可理解,但是如果不知道化简目标表达式而仅要求获得最简表达式,又如何利用这些运算规则呢? 下面我们介绍一种方法,它被称为卡诺图(Karnaugh Maps)法。

### 7.1.4　用卡诺图进行逻辑表达式化简

卡诺图是将真值表重新排列的一个方阵,充分利用人脑的模式识别能力,直接从图形上找出相邻的可合并的逻辑项,从而实现逻辑表达式的化简。

**例 7.1.4**　请用卡诺图法实现逻辑表达式 $Z = \overline{A} \cdot \overline{B} \cdot \overline{C} + \overline{A} \cdot \overline{B} \cdot C + \overline{A} \cdot B \cdot C$ 的化简。

**解**: 注意到表达式 $Z = \overline{A} \cdot \overline{B} \cdot \overline{C} + \overline{A} \cdot \overline{B} \cdot C + \overline{A} \cdot B \cdot C$ 有三个输入变量,于是可形成如表 E7.1.2 所示的 $4 \times 2$ 方阵,方阵的行以 $AB$ 按 00-01-11-10 排序,方阵的列以 $C$ 按 0-1 排序,将逻辑表达式对应的真值表 E7.1.1 结果填入这个方阵,其中 $ABC$ 在 000、001、011 三个方格内填 1,其他方格内填 0。观察该表格,注意到 001 和 011 两个方格内的 1 紧邻,画一个圆角方框将其框住,说明这两项可以合并,注意到这两项对应的 $C$ 为 1,对应的 $A$ 为 0,对应的 $B$ 则可 0 可 1 并无要求,于是这两项可以合并为 $\overline{A} \cdot C$。同样,我们发现 000 和 001 两个方格内紧邻的两个 1 亦可合并,可以画另外一个圆角方框将其框住,注意到这两项对应的 $A$ 为 0,对应的 $B$ 为 0,而对应的 $C$ 则可 0 可 1 并无要求,于是这两项可以合并为 $\overline{A} \cdot \overline{B}$。表格中所有的 1 全部被圆角方框框住,没有可以再化简的,卡诺图化简过程结束,结论为

$$Z = \overline{A} \cdot C + \overline{A} \cdot \overline{B} \tag{E7.1.4a}$$

在实际电路实现时,可以进一步用分配律重新表述该表达式,以降低晶体管个数

$$Z = \overline{A} \cdot C + \overline{A} \cdot \overline{B} = \overline{A} \cdot (C + \overline{B}) \tag{E7.1.4b}$$

**表 E7.1.2　卡诺图例**

| $C$ \ $AB$ | 00 | 01 | 11 | 10 |
|---|---|---|---|---|
| 0 | 1 | 0 | 0 | 0 |
| 1 | 1 | 1 | 0 | 0 |

**练习 7.1.2** 请用门电路分别实现三个逻辑功能完全一致的表达式并对比。

$$Z = \overline{A} \cdot C + \overline{A} \cdot \overline{B}$$
$$Z = \overline{A} \cdot (C + \overline{B})$$
$$Z = \overline{A + B \cdot \overline{C}}$$

(E7.1.5)

卡诺图中逻辑变量按格雷码(Gray Code)00-01-11-10 排序,而非经典的二进码(Binary Code)排序 00-01-10-11,其原因在于格雷码前后码之间具有最小的变化且是循环的,如从 00 到 01 只有第二变量由 0 变 1,从 01 到 11 只有第一个变量由 0 变 1,从 11 到 10 只有第二个变量由 1 变 0,从 10 到 00 只有第一个变量由 1 变 0。格雷码的排序使得相邻的 2 项、4 项、8 项、16 项可以合并化简。特别注意到格雷码的循环结构,使得卡诺图最后一列和第一列是相邻的,最后一行和第一行是相邻的,相邻的 2、4、8、16 个 1 可以合并。

**例 7.1.5** 请对表 E7.1.3 所示的两个 4 输入逻辑变量卡诺图进行化简,获得最简逻辑表达式。

**表 E7.1.3 四输入卡诺图例**

(a) 例 1

| CD<br>AB | 00 | 01 | 11 | 10 |
|---|---|---|---|---|
| 00 | 1 | 0 | 0 | 0 |
| 01 | 1 | 1 | * | 1 |
| 11 | 1 | 1 | 1 | 1 |
| 10 | 1 | 1 | 1 | 1 |

(b) 例 2

| CD<br>AB | 00 | 01 | 11 | 10 |
|---|---|---|---|---|
| 00 | 1 | 0 | 0 | 1 |
| 01 | 1 | 0 | * | * |
| 11 | 1 | 0 | 1 | 1 |
| 10 | 1 | 0 | 1 | 1 |

**解:** 卡诺图中出现 *,说明该项可 0 可 1,无论 0、1,对电路功能没有影响,或者说,这一项是电路输出不关注的项,在化简时 * 取 0 或取 1,一般以获得最简式为目标。

| CD<br>AB | 00 | 01 | 11 | 10 |
|---|---|---|---|---|
| 00 | 1 | 0 | 0 | 0 |
| 01 | 1 | 1 | * | 1 |
| 11 | 1 | 1 | 1 | 1 |
| 10 | 1 | 1 | 1 | 1 |

| CD<br>AB | 00 | 01 | 11 | 10 |
|---|---|---|---|---|
| 00 | 1 | 0 | 0 | 1 |
| 01 | 1 | 0 | * | * |
| 11 | 1 | 0 | 1 | 1 |
| 10 | 1 | 0 | 1 | 1 |

对于例 1,可以用三个圆边方框将方阵中的所有 1 全部框住:(1)第一方框是最下面两行的 8 个相邻的 1,这 8 个 1 的共同特征是 $A=1,B、C、D$ 可 0 可 1 并无要求,故而这 8 个相邻的 1 可合并为 $A$;(2)第二个方框是中间两行的 8 个相邻的 1,这里 * 取 1,这 8 个 1 的共同特征是 $B=1,A、C、D$ 则可 0 可 1 没有要求,故而这 8 个相邻的 1 可合并为 $B$;(3)第三个方框是最左侧的一列,这 4 个 1 共同的特征是 $C=0、D=0$,对 $A、B$ 则无要求,故而这 4 个 1 被合并为 $\overline{C} \cdot \overline{D}$。方阵中所有的 1 全部被这三个方框容纳,故而最终获得的化简逻辑表达式为

$$Z = A + B + \overline{C} \cdot \overline{D}$$

(E7.1.6)

对于例 2,可以用两个圆边方框将方阵中的所有 1 全部框住:(1)第一方框是右下角的 4 个连 1,它们的共同特征是 $A=1,C=1,B、D$ 则可 0 可 1 没有要求,故而这 4 个连 1 可合并化

简为 $A \cdot C$；(2)第二个方框是最右一列的 4 个连 1 和最左一列的 4 个连 1，它们是相邻的 8 个连 1，它们的共同特征是 $D=0$，对 $A$、$B$、$C$ 均无特别要求，故而这 8 个连 1 可合并化简为 $\overline{D}$。方阵中的所有 1 均被方框框住，故而该卡诺图化简过程结束，给出的最简逻辑表达式为

$$Z = A \cdot C + \overline{D} \tag{E7.1.7}$$

**练习 7.1.3**　某四输入逻辑变量的卡诺图方阵的四个角为 1，其他方格内均为 0，请给出该卡诺图的化简逻辑表达式。

### 7.1.5　逻辑运算的开关实现方案

逻辑表达式被充分化简后，其电路实现成本将大大降低。那么如何用电路实现这些逻辑运算呢？开关。逻辑 0、1 恰好对应开关的断开和闭合两种状态，因而逻辑运算可以用开关电路实现。

**1. 二端口开关**

我们定义如图 7.1.2 所示的二端口开关网络，输入电压为高电平对应逻辑 1 输入时，开关闭合导通，输出端口短路；输入电压为低电平对应逻辑 0 输入时，开关断开，输出端口开路。

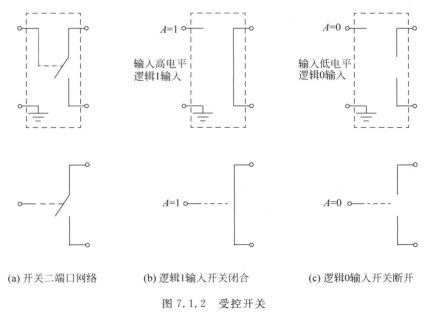

  (a) 开关二端口网络   (b) 逻辑1输入开关闭合   (c) 逻辑0输入开关断开

图 7.1.2　受控开关

图 7.1.2 有两行，上一行为二端口网络定义方式，下一行是简化的三端网络定义方式，其第 4 个端点地端点是默认存在的而没有特意画出。

**2. 开关串联与运算**

如图 7.1.3 所示，两个开关串联后接在电压源和电灯泡(电阻)之间。两个开关均为逻辑 1 输入时，两个开关同时闭合，电流通路形成，电灯泡点亮(输出 $Z$ 高电平对应逻辑 1)；只要有一个开关为逻辑 0 输入，该开关则断开，无法建立电流通路，电灯泡是暗灭的(输出 $Z$ 低电平对应逻辑 0)。显而易见，两个开关串联可实现逻辑与功能。

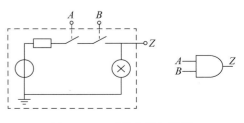

图 7.1.3　开关串联与运算

### 3. 开关并联或运算

如图 7.1.4 所示,两个开关并联后接在电压源和电灯泡之间。两个开关有一个是逻辑 1 输入时,即可形成电流通路,电灯泡点亮;只有两个开关同时为逻辑 0 输入时,才无法建立电流通路,电灯泡则是暗灭的。显而易见,两个开关并联可实现逻辑或功能。

### 4. 开关旁路非运算

如图 7.1.5 所示,将开关和电灯泡并联,这种开关被称为旁路开关,也就是说,开关闭合后,由于其阻值为 0,没有电流阻力,故而电流将全部从该路径流过,故称旁路。当输入逻辑为 1 时,开关闭合,电流自开关通路流过,电灯泡暗灭;而当输入逻辑为 0 时,开关断开,电流自电灯泡路径流过,电灯泡点亮。显而易见,旁路开关实现的是逻辑非功能。

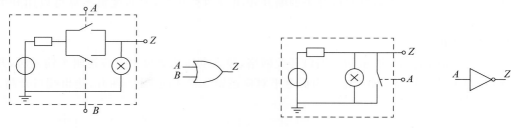

图 7.1.4　开关并联或运算　　　　　　图 7.1.5　开关旁路非运算

在实际晶体管电路应用中,由于和输出负载之间是并联关系,旁路开关的形式十分常见,于是串联开关如果同时旁路则实现与非运算,而并联开关同时旁路则实现或非运算,如图 7.1.6 所示。

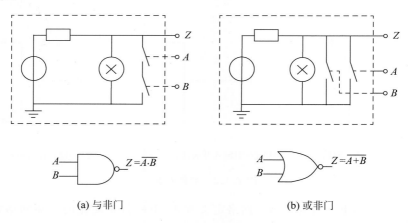

(a) 与非门　　　　　　　　　　(b) 或非门

图 7.1.6　开关旁路后求非

**练习 7.1.4**　描述图 7.1.6(a) 和图 7.1.6(b) 所示开关电路的工作情况,由此列写出两输入与非门和或非门的真值表。与非运算,先求与再求非;或非运算,先求或后求非。

**练习 7.1.5**　我们手头只有或非门电路,是否只需一种或非门电路,即可用来搭建出非门、与门和或门电路? 如果是,如何连接搭建?

### 7.1.6　CMOS 门电路

CS 组态的 MOSFET 晶体管,或 CE 组态的 BJT 晶体管,当输入端口(GS 或 BE 端口)电压有大幅变化时,其输出端口(DS 端口或 CE 端口)可在截止区和欧姆区之间变化。当在截止区工作时,输出端口可视为开关断路,当在欧姆区工作时,输出端口可视为开关短路,恰好对应二端口开关模型,因而用晶体管很容易实现逻辑门电路。

**1. 非门**

关于 MOS 反相器做数字非门的讨论,见 4.3.2 节第 4 部分反相器内容,对 NMOS 反相器和 CMOS 反相器均有详尽的论述。

如图 7.1.7(a)所示,这是一个 NMOS 反相器:当输入电平为高电平,NMOSFET 工作于欧姆导通区,其沟道(DS 端口)等效电阻很小,从而输出分压很小,可将 NMOSFET 抽象为开关短路状态;当输入电平为低电平,NMOSFET 工作于截止区,其沟道等效电阻很大,从而输出分压几乎等于电源电压,可将 NMOSFET 抽象为开关断路状态。于是其开关等效电路如图 7.1.7(b)所示,显然,它完成的是数字非门功能,如图 7.1.7(c)所示。

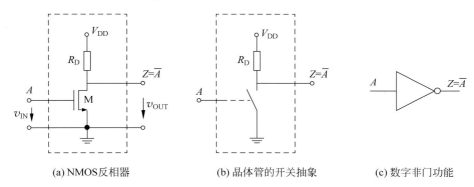

(a) NMOS反相器　　　　(b) 晶体管的开关抽象　　　　(c) 数字非门功能

图 7.1.7　NMOS 反相器做数字非门

从功能上讲 NMOS 反相器做数字非门没有任何问题,但是实际应用中还有很多问题需要考虑,比如说功耗问题。大量的门电路拥挤一团,消耗电能所产生的热量无法有效地热传导到周围空间,数字系统将会热损毁。NMOS 反相器在输入为低电平时,NMOSFET 开关断开,非门几乎没有电流自电源到地流通,然而当输入为高电平时,NMOSFET 开关闭合,电源电压加载到偏置电阻和 NMOS 沟道上,有大电流流过,功耗极大,其中偏置电阻消耗了绝大多数功率。

**练习 7.1.6**　请给出 PMOS 反相器电路及其开关等效电路,说明它可以完成数字非门功能,但是存在功耗大的问题。

NMOS 反相器和 PMOS 反相器做数字非门时,前者在输入逻辑 1 时有大的功耗,NMOS 开关闭合有通路电流,而输入逻辑 0 时几乎没有功耗,NMOS 开关断开无通路电流;而后者在输入逻辑 0 时有大的功耗,PMOS 开关闭合有通路电流,而输入逻辑 1 时几乎没有功耗,PMOS 开关断开无通路电流。那么是否可以利用两者的互补特性,形成 NMOS 开关＋PMOS 开关形式?在输入逻辑 1 时虽然 NMOS 闭合但 PMOS 断开没有电流通路,在输入逻辑 0 时虽然 PMOS 闭合但 NMOS 断开也没有电流通路,如是在两种逻辑状态情况下,总有一个开关是断开的从而不能形成电流通路。这恰好就是 CMOS 反相器静态功耗极低的原因。

如图 7.1.8(a)所示,CMOS 非门由 CS 组态的 PMOS 二端口开关和 CS 组态的 NMOS 二端口开关并并连接构成。注意到图 7.1.8(b)所示的开关等效电路中,PMOS 开关控制端栅极画了一个圆圈,这个圆圈表示 PMOS 开关和 NMOS 开关不同。NMOS 开关是正相开关,控制电压高则开关闭合,控制电压低则开关断开;而 PMOS 开关是反相开关,控制电压高则开关断开,控制电压低则开关闭合。正是由于这个原因,在 CMOS 数字门电路的晶体管级电路图中,NMOS 和 PMOS 电路符号不是通过箭头区分,而是通过在 PMOS 的栅极添加一个圆圈区分,如图 7.1.8(c)所示。

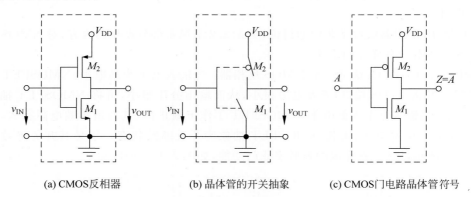

(a) CMOS反相器　　　　(b) 晶体管的开关抽象　　　　(c) CMOS门电路晶体管符号

图 7.1.8　CMOS 反相器做数字非门

特别说明:①对 PMOS,高电压端为源极,低电压端为漏极;而 NMOS 则相反,高电压端为漏极,低电压端为源极。②上 P 下 N 结构的标准 CMOS 门电路中,PMOS 和 NMOS 都是共源组态。③后文出现数字门电路晶体管级电路时,晶体管符号采用数字门电路习惯用符号,而模拟电路则采用模拟电路习惯用符号。

**2. 与非门**

开关串联与运算,CS 组态 NMOS 开关是旁路开关,因而还有一个自然求非的过程,如图 7.1.9(a)所示,这个 NMOS 数字门电路实现的是与非门功能:$Z = \overline{A \cdot B}$。

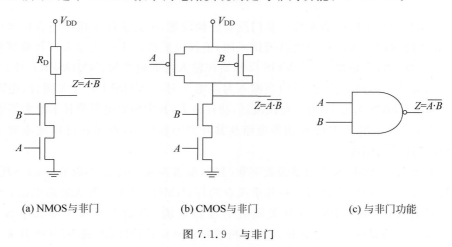

(a) NMOS与非门　　　　(b) CMOS与非门　　　　(c) 与非门功能

图 7.1.9　与非门

同样的问题,NMOS 和 PMOS 与非门都存在高功耗问题,如果采用互补的 CMOS 结构,如图 7.1.9(b)所示,其静态功耗则很低。所谓静态功耗,是指输入是确定的 0 或 1 输出也是确定的 0 或 1 时的功耗,与之相应的动态功耗则指的是当输入从 0 变 1 或从 1 变 0 过程中,开关由开到关或由关到开切换过程中的功耗。CMOS 门电路的静态功耗很低,而动态功耗相较静态功耗而言则显得比较大。关于动态功耗的分析,见 9.3.2 节讨论,CMOS 门电路的动态功耗主要因晶体管的寄生电容而产生。

我们特别注意到,两个 NMOS 开关串联以实现与逻辑运算,但是两个 PMOS 开关却是并联的,它又是如何实现与运算的呢? PMOS 开关是反相开关,输入逻辑有一个自然的先求非过程,因而两个 PMOS 开关实现的功能是先非后或功能:$\overline{A}+\overline{B}$,根据德摩根律,非或就是与非,$\overline{A}+\overline{B}=\overline{A \cdot B}$,因而两个并联的 PMOS 开关和两个串联的 NMOS 开关实现的是同一个与非功能:只有两个输入逻辑 $A$ 和 $B$ 都是 1 时,串联 NMOS 开关导通接地,并联 PMOS 开关断开,输出低电平,输出逻辑 $Z=0$;只要有一个输入逻辑 $A$ 或者 $B$ 为 0,串联 NMOS 开关则断开,而并联 PMOS 开关至少一路导通连接电源,输出高电平,输出逻辑 $Z=1$。

**3. 或非门**

开关并联或运算,CS 组态 NMOS 开关作为旁路开关有一个自然求非的过程,如图 7.1.10 所示,NMOS 或非门的两个 NMOS 晶体管是并联结构:$Z=\overline{A+B}$,而 CMOS 或非门综合了 NMOS 或非门和 PMOS 或非门的优点,静态功耗极低。

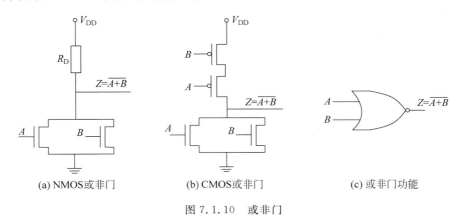

图 7.1.10 或非门

CMOS 或非门中,两个 NMOS 开关并联以实现或逻辑运算,而两个 PMOS 开关串联实现的却是与运算,前者是先或(并联)后非(旁路开关),后者是先非(反相开关)后与(串联),根据德摩根律,两者实现的是同一或非逻辑运算功能:$\overline{A+B}=\overline{A} \cdot \overline{B}$。两个输入逻辑 $A$ 和 $B$ 只要有一个是 1,并联 NMOS 开关将导通接地,串联 PMOS 开关断开,输出低电平,输出逻辑 $Z=0$;两个输入逻辑 $A$ 和 $B$ 都为 0 时,并联 NMOS 开关双双断开,而串联 PMOS 开关则双双导通连接电源,输出高电平,输出逻辑 $Z=1$。

**4. 标准 CMOS 门电路基本结构**

标准 CMOS 门电路,指的是上 P 下 N 结构,无论是 PMOS 还是 NMOS,均为 CS 组态,因为只有 CS 组态才能实现二端口开关功能。下面以 CMOS 或非门为例,说明标准 CMOS 电路的内部基本结构。

如图 7.1.11(a)所示,这是 CMOS 或非门的晶体管电路结构,图 7.1.11(b)则是它的 NMOS 部分,7.1.11(c)是它的 PMOS 部分,这两部分在输入端口和输出端口均是并联连接关系,即 NMOS 输入端点和 PMOS 相应输入端点连接为同一输入结点,NMOS 输出端点和 PMOS 输出端点连接为同一输出结点,输入输出结点和地结点共同构成输入输出端口。特别注意到 NMOS 开关是正相旁路开关,两个 NMOS 开关是并联结构,而 PMOS 开关是反相开关,两个 PMOS 开关是串联结构,我们称之为互补结构。

单看 NMOS 部分:输出逻辑 $Z$ 在 $A+B=1$ 时为 0,此时输出端通过其中一个开关短接于地;而在 $A+B=0$ 时两个开关都断开,于是输出端点处于悬浮状态。所谓悬浮状态,就是该结点和地结点之间没有任何连接关系,对地电阻为无穷大,在数字电路中称之为高阻态,即输出端口看入阻抗极大,视为开路。

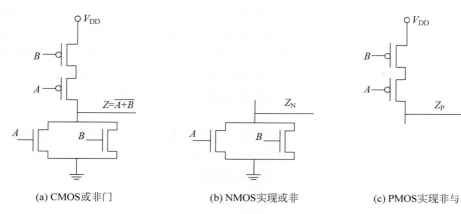

(a) CMOS或非门　　　　　(b) NMOS实现或非　　　　(c) PMOS实现非与

图 7.1.11　或非门结构分析

$$Z_N = \begin{cases} \overline{A+B} = 0, & A+B = 1 \\ 悬浮高阻态, & A+B = 0 \end{cases} \tag{7.1.12a}$$

再单看 PMOS 部分：输出逻辑 $Z$ 在 $A+B=0$ 时，两个开端都闭合，于是输出端点和电源端点连通为高电平逻辑 1；而在 $A+B=1$ 时总有一个开关断开，从而输出端点悬浮，即

$$Z_P = \begin{cases} 悬浮高阻态, & A+B = 1 \\ \overline{A} \cdot \overline{B} = \overline{A+B} = 1, & A+B = 0 \end{cases} \tag{7.1.12b}$$

当 NMOS 部分和 PMOS 部分并并连接时，完成或非功能，

$$Z = Z_P \text{ 并接 } Z_N = \left\{ \begin{matrix} \overline{A+B} = 0, & A+B = 1 \\ \overline{A} \cdot \overline{B} = \overline{A+B} = 1, & A+B = 0 \end{matrix} \right\} = \overline{A+B} \tag{7.1.12c}$$

因为悬浮高阻态相当于开路，总输出逻辑由逻辑电平确定的那个输出逻辑决定。

　　特别提醒：两个数字电路输出可以并联的前提是两个输出没有任何逻辑上的矛盾，要么逻辑完全一致，要么其中一个为悬浮高阻态，总输出逻辑由另外一个输出逻辑决定。

　　**练习 7.1.7**　请将 CMOS 反相器、CMOS 与非门分解为 PMOS 部分和 NMOS 部分的并并连接关系，说明两部分的逻辑输出不矛盾，其并联输出可以获得期望的逻辑运算功能。

　　上述对三个典型 CMOS 门电路内部晶体管结构分析，可以总结出如下的标准 CMOS 门电路晶体管结构，如图 7.1.12 所示。

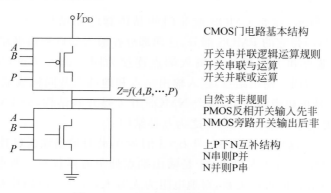

CMOS门电路基本结构

开关串并联逻辑运算规则
开关串联与运算
开关并联或运算

自然求非规则
PMOS反相开关输入先非
NMOS旁路开关输出后非

上P下N互补结构
N串则P并
N并则P串

图 7.1.12　CMOS 门电路基本结构

（1）所有 PMOS 开关均位于 NMOS 开关之上，即 PMOS 开关源端朝上，最上端接电源正端，而 NMOS 开关源端朝下，最下端接电源负端，是一种上 P 下 N 结构。这种结构确保非悬浮情况下所有晶体管都是共源组态，只有共源组态的晶体管才能简单地等效为二端口开关。

（2）如果 NMOS 开关串联，对应 PMOS 开关则并联；如果 NMOS 开关并联，对应 PMOS 开关则串联。这种互补结构是德摩根律的自然表现，使得 NMOS 悬浮时 PMOS 导通所完成的逻辑功能和 PMOS 悬浮时 NMOS 导通所完成的逻辑功能是同一逻辑功能或 1 或 0 输出的互补的两面。

**例 7.1.6** 请分析图 E7.1.3 所示 CMOS 门电路所实现的逻辑运算功能。

**解：** 如图所示，晶体管具有上 P 下 N 的标准的互补结构：NMOS 开关 $A$、$B$ 串联再并联 $C$，其互补 PMOS 开关则 $A$、$B$ 并联再串联 $C$，前者完成 $Z = \overline{A \cdot B + C}$（或 0 或悬浮）功能，后者完成 $Z = \overline{(\overline{A} + \overline{B})\overline{C}} = \overline{A \cdot B + C}$（或悬浮或 1）功能，故而该 CMOS 电路实现的逻辑运算功能为 $Z = \overline{A \cdot B + C}$（或 0 或 1）

$$Z = \overline{A \cdot B + C} \qquad (E7.1.8)$$

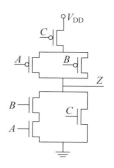

图 E7.1.3 某 CMOS 门电路

**练习 7.1.8** 请用 CMOS 门电路实现真值表 E7.1.1 所示逻辑功能。有多种实现方案，请对比说明哪种实现方案可能是相对优的。

**练习 7.1.9** （1）请对如下的卡诺图进行化简，并给出其 CMOS 晶体管级电路设计。

| $AB$ \ $CD$ | 00 | 01 | 11 | 10 |
|---|---|---|---|---|
| 00 | 1 | 0 | 0 | 1 |
| 01 | 0 | 1 | * | * |
| 11 | 1 | 1 | * | * |
| 10 | 1 | * | 0 | 1 |

（2）卡诺图化简时，也可将连 0 合并化简，得到的是 $\overline{Z}$，其后对化简结果再求非，即可获得最终化简结果。请对该卡诺图连 0 化简所得逻辑表达式进行 CMOS 晶体管级电路设计。

（3）思考：卡诺图连 1 化简和连 0 化简所得两种逻辑表达式一定相等吗？如不相等，请给出一个不相等的例子。

### 7.1.7 CMOS 门电路设计例：加法器

逻辑与、或、非除了可以实现逻辑判断功能，还可以转化为对二进制数值的数学运算。下面考察实现两个 8bit 二进制数加法的二进制加法器的 CMOS 电路实现方案，说明 CMOS 电路设计的过程。

**1. 加法器结构设计**

我们的目标是实现一个 8bit 二进制加法器，在实现之前，首先分析并理解十进制数加法实现的过程。例如我们希望获得十进制数 180 和 237 的加和结果，可以列竖式如下：

$$
\begin{array}{r}
\overset{\centerdot}{1}80 \\
+237 \\
\hline
417
\end{array}
$$

其计算过程是：①先个位 $0+7$，得和 7，在结果个位写 7；②再十位 $8+3$，得和 11，在结果十位写 1，在百位上方添一个点，表示进位 1；③百位加和时，除了 $1+2$ 加数求和外，还需另外加上进位 1，得 4，在结果百位写 4。竖式求和结论是 $180+234=417$。

二进制数加法同理，将 180 和 237 分别转化为二进制数 10110100 和 11101101，其加和竖式如下：

$$
\begin{array}{r}
\overset{\centerdot\centerdot\centerdot\centerdot\centerdot}{10110100} \\
+11101101 \\
\hline
110100001
\end{array}
$$

得到与十进制完全一致的结果。

无论是十进制还是二进制，竖式加法过程都可以描述为：从低位到高位逐位相加，若有进位则并入加和。对两个 8bit 二进制数求和过程，可列写符号竖式形式如下：

$$
\begin{array}{rccccccccc}
C_8 & C_7 & C_6 & C_5 & C_4 & C_3 & C_2 & C_1 & 0 \\
& A_7 & A_6 & A_5 & A_4 & A_3 & A_2 & A_1 & A_0 \\
+ & B_7 & B_6 & B_5 & B_4 & B_3 & B_2 & B_1 & B_0 \\
\hline
C_8 & S_7 & S_6 & S_5 & S_4 & S_3 & S_2 & S_1 & S_0
\end{array} \tag{7.1.13}
$$

其中 $A_7 A_6 A_5 A_4 A_3 A_2 A_1 A_0$ 代表第一个 8bit 加数，$B_7 B_6 B_5 B_4 B_3 B_2 B_1 B_0$ 代表第二个 8bit 加数，$C_8 S_7 S_6 S_5 S_4 S_3 S_2 S_1 S_0$ 代表 9bit 和数，其中最高位 $C_8$ 是 8bit 数最高位加和的进位，可能为 0 或 1，同时把进位 $C_8 C_7 C_6 C_5 C_4 C_3 C_2 C_1 C_0$ 列在最上一行。对于上面描述的两个二进制数相加，最低位相加没有进位，故取 $C_0=0$，其他进位可能为 0 或 1。

由上述竖式运算过程可以提出如图 7.1.13 所示的 8bit 二进制加法器结构：用 8 个一位全加器级联获得八位全加器，其中一位全加器完成 $A_i+B_i+C_i$ 求和功能，求和产生输出和位 $S_i$ 和进位 $C_{i+1}$，其中 $i=0,1,\cdots,7$。

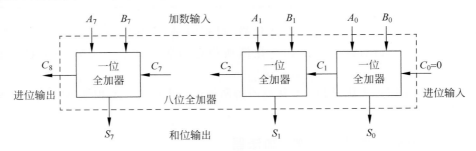

图 7.1.13　加法器结构设计

### 2. 一位全加器设计

一位全加器完成 $A_i+B_i+C_i$ 求和功能，求和产生输出和位 $S_i$ 和进位 $C_{i+1}$。将逻辑 1 对应二进制数 1，逻辑 0 对应二进制数 0，于是运算结果可以列于表 7.1.4 中，这个表其实就是一位全加器数学运算转换为逻辑运算后的真值表。对应真值表的逻辑运算表达式分别为

$$
S_i = \overline{A_i} \cdot \overline{B_i} \cdot C_i + \overline{A_i} \cdot B_i \cdot \overline{C_i} + A_i \cdot \overline{B_i} \cdot \overline{C_i} + A_i \cdot B_i \cdot C_i \tag{7.1.14a}
$$

$$C_{i+1} = \overline{A_i} \cdot B_i \cdot C_i + A_i \cdot \overline{B_i} \cdot C_i + A_i \cdot B_i \cdot \overline{C_i} + A_i \cdot B_i \cdot C_i \qquad (7.1.14b)$$

显然不做任何化简直接用 CMOS 电路实现上述逻辑表达式成本过高,因而第一步是进行逻辑运算表达式的化简,使得逻辑表达式表述越简单越好。

表 7.1.4　一位全加器加法数学运算表(逻辑运算真值表)

| 输　　入 | | | 输　　出 | |
| --- | --- | --- | --- | --- |
| 加数 $A_i$ | 加数 $B_i$ | 进位 $C_i$ | 进位 $C_{i+1}$ | 和位 $S_i$ |
| 0 | 0 | 0 | 0 | 0 |
| 0 | 0 | 1 | 0 | 1 |
| 0 | 1 | 0 | 0 | 1 |
| 0 | 1 | 1 | 1 | 0 |
| 1 | 0 | 0 | 0 | 1 |
| 1 | 0 | 1 | 1 | 0 |
| 1 | 1 | 0 | 1 | 0 |
| 1 | 1 | 1 | 1 | 1 |

化简用卡诺图如图 7.1.14 所示,和位的 4 个 1 互不相邻,因而无法进一步化简,而进位的 4 个 1 两两相邻,可以化简为三个与逻辑的并,即

$$S_i = \overline{A_i} \cdot \overline{B_i} \cdot C_i + \overline{A_i} \cdot B_i \cdot \overline{C_i} + A_i \cdot \overline{B_i} \cdot \overline{C_i} + A_i \cdot B_i \cdot C_i \qquad (7.1.15a)$$

$$C_{i+1} = A_i \cdot B_i + B_i \cdot C_i + A_i \cdot C_i \qquad (7.1.15b)$$

| 和位 $S_i$ | | | | | 进位 $C_{i+1}$ | | | | |
| --- | --- | --- | --- | --- | --- | --- | --- | --- | --- |
| $C_i$ \ $A_i B_i$ | 00 | 01 | 11 | 10 | $C_i$ \ $A_i B_i$ | 00 | 01 | 11 | 10 |
| 0 | 0 | 1 | 0 | 1 | 0 | 0 | 0 | 1 | 0 |
| 1 | 1 | 0 | 1 | 0 | 1 | 0 | 1 | 1 | 1 |

图 7.1.14　和位和进位的卡诺图化简

假设可用的逻辑门包括与门、或门、非门以及与非门、或非门,一位全加器的逻辑表达式(7.1.15)对应的逻辑门级设计结果则如图 7.1.15 所示。估算其晶体管个数时,仍然暂时不考虑非运算的影响,仅数与门和或门的输入个数,共 25 个,因而大约需要用 50 个晶体管可实现图 7.1.15 所示一位全加器电路的运算功能。

**3. 一位全加器的一种晶体管级电路设计方案**

图 7.1.15 所示一位全加器的门级电路设计大体需要 50 个晶体管,也可以直接进入到晶体管级设计,设计目标是实现该逻辑功能的同时尽可能降低所用晶体管的个数(成本)。

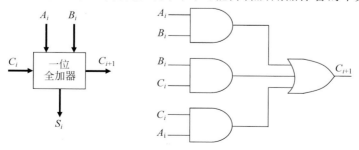

图 7.1.15　一位全加器的门级组合逻辑电路设计

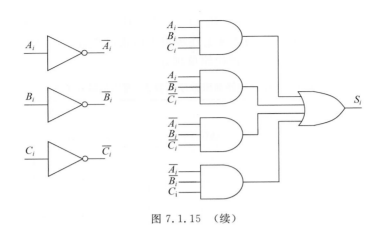

图 7.1.15 （续）

首先考察进位逻辑运算的实现,实现结果如图 7.1.16 所示,设计过程如下:

(1) 对逻辑表达式采用分配律合并,可降低输入晶体管个数

$$C_{i+1} = A_i \cdot B_i + B_i \cdot C_i + A_i \cdot C_i = (A_i + B_i) \cdot C_i + A_i \cdot B_i \qquad (7.1.16)$$

(2) 针对逻辑表达式中的 $A_i + B_i$ 或运算用 NMOS 开关并联实现(或则并)。

(3) 对进一步的与运算,$(A_i + B_i) \cdot C_i$,再串联一个 NMOS 开关即可实现(与则串)。

(4) 针对表达式中的 $A_i \cdot B_i$,与则串,用两个 NMOS 开关串联实现。

(5) 对表达式最后的或运算,$(A_i + B_i) \cdot C_i + A_i \cdot B_i$,或则并,把前面的两组开关并联即可。

(6) 这些 NMOS 开关都是旁路开关,因而在逻辑输出时有自然求非的功能(旁则非),故而上述开关组合的输出为$\overline{(A_i + B_i) \cdot C_i + A_i \cdot B_i}$。

(7) 进位逻辑的下方 NMOS 正向旁路开关电路已经实现,下面用互补特性直接给出 PMOS 开关电路,由于 PMOS 开关是反相开关,由互补特性可采用 N 串则 P 并,N 并则 P 串的规则画出 PMOS 开关电路来。对其中的 $A_i + B_i$,两个 NMOS 开关并联,N 并则 P 串,因而用两个 PMOS 开关的串联实现。

(8) 其后进一步的与运算,$(A_i + B_i) \cdot C_i$,NMOS 通过再串联一个开关实现,N 串则 P 并,PMOS 则通过再并联一个开关实现。

(9) 对其中的 $A_i \cdot B_i$,NMOS 是通过两个开关的串联实现,N 串则 P 并,因而 PMOS 通过两个开关的并联实现。

(10) 对表达式最后的或运算,$(A_i + B_i) \cdot C_i + A_i \cdot B_i$,NMOS 是通过将两组开关并联起来实现的,N 并则 P 串,PMOS 则需将两组开关串联起来。

(11) 至此,NMOS 开关电路和互补的 PMOS 开关电路都已实现,它们的输出没有矛盾,可以并接在一起。由于它们在实现中有自然求非的功能,因而最终的电路还需级联一个 CMOS 非门完成双非功能,才能获得最终的进位逻辑,最后的这个非门(反相器)还具有输出缓冲作用。

之后我们再考察和位逻辑运算,$S_i = \overline{A_i} \cdot \overline{B_i} \cdot C_i + \overline{A_i} \cdot B_i \cdot \overline{C_i} + A_i \cdot \overline{B_i} \cdot \overline{C_i} + A_i \cdot B_i \cdot C_i$,这个逻辑运算难以进一步化简,如果直接用众多晶体管实现该逻辑表达式电路则显得十分繁杂,注意到进位逻辑 $C_{i+1}$ 已经获得,可以作为和位运算的一个输入变量,从而和位逻辑运算可以化简为

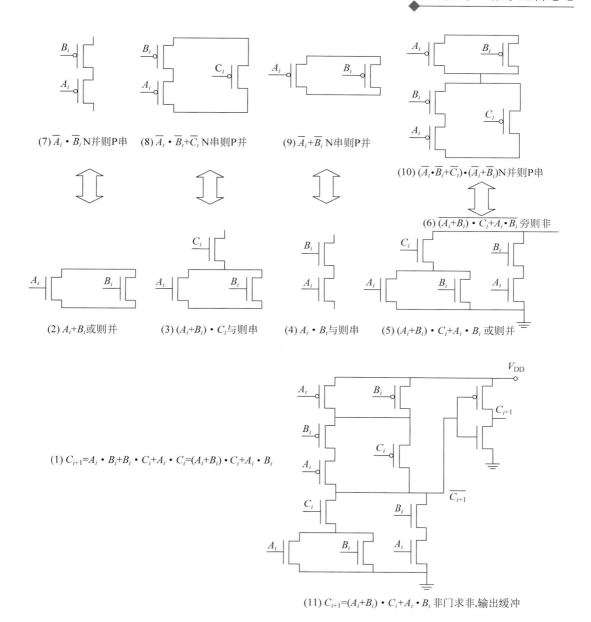

(7) $\overline{A_i} \cdot \overline{B_i}$ N并则P串　(8) $\overline{A_i} \cdot \overline{B_i} + \overline{C_i}$ N串则P并　(9) $\overline{A_i} + \overline{B_i}$ N串则P并

(10) $(\overline{A_i} \cdot \overline{B_i} + \overline{C_i}) \cdot (\overline{A_i} + \overline{B_i})$ N并则P串

(6) $\overline{(A_i + B_i) \cdot C_i + A_i \cdot B_i}$ 旁则非

(2) $A_i + B_i$ 或则并　(3) $(A_i + B_i) \cdot C_i$ 与则串　(4) $A_i \cdot B_i$ 与则串　(5) $(A_i + B_i) \cdot C_i + A_i \cdot B_i$ 或则并

(1) $C_{i+1} = A_i \cdot B_i + B_i \cdot C_i + A_i \cdot C_i = (A_i + B_i) \cdot C_i + A_i \cdot B_i$

(11) $C_{i+1} = \overline{(A_i + B_i) \cdot C_i + A_i \cdot B_i}$ 非门求非,输出缓冲

图 7.1.16　进位逻辑的晶体管级 CMOS 电路设计

$$S_i = \overline{A_i} \cdot \overline{B_i} \cdot C_i + \overline{A_i} \cdot B_i \cdot \overline{C_i} + A_i \cdot \overline{B_i} \cdot \overline{C_i} + A_i \cdot B_i \cdot C_i$$
$$= A_i \cdot B_i \cdot C_i + (A_i + B_i + C_i) \cdot \overline{C_{i+1}} \qquad (7.1.17)$$

和位逻辑表达式化简后的 CMOS 电路实现同进位一致,如图 7.1.17(a)所示,下面仅详细描述 NMOS 开关的实现,PMOS 开关是其互补:

(1) $A_i + B_i + C_i$,或则并,三个 NMOS 开关并联实现。

(2) $(A_i + B_i + C_i) \cdot \overline{C_{i+1}}$,与则串,再串一个 NMOS 开关即可。

(3) $A_i \cdot B_i \cdot C_i$,与则串,用三个 NMOS 开关串联即可。

(4) $A_i B_i C_i + (A_i + B_i + C_i)\overline{C_{i+1}}$,或则并,将两组开关并联即可实现或运算。

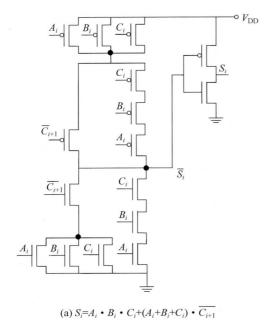
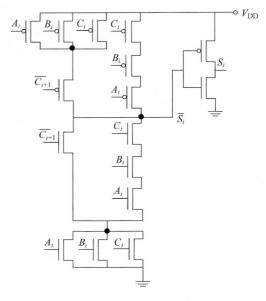

(a) $S_i = A_i \cdot B_i \cdot C_i + (A_i + B_i + C_i) \cdot \overline{C_{i+1}}$　　　　　(b) $S_i = (A_i + B_i + C_i) \cdot (A_i \cdot B_i \cdot C_i + \overline{C_{i+1}})$

图 7.1.17　和位逻辑的晶体管级 CMOS 电路设计

（5）NMOS 是旁路开关，输出自然求非，$\overline{A_i B_i C_i + (A_i + B_i + C_i)\overline{C_{i+1}}}$。

（6）PMOS 开关互补，N 串则 P 并，N 并则 P 串。

（7）NMOS 开关电路和 PMOS 开关电路输出无矛盾，输出可以并接。NMOS 旁路开关和 PMOS 反相开关使得输出有自然求非的运算过程，故而需再级联一个 CMOS 非门进行双非运算，获得最终的和位逻辑，$S_i = A_i \cdot B_i \cdot C_i + (A_i + B_i + C_i) \cdot \overline{C_{i+1}}$。

逻辑表达式可以有很多形式，因而最终实现电路并不唯一，例如和位逻辑表达式还可以利用已有的进位逻辑化简为如下形式

$$S_i = \overline{A_i} \cdot \overline{B_i} \cdot C_i + \overline{A_i} \cdot B_i \cdot \overline{C_i} + A_i \cdot \overline{B_i} \cdot \overline{C_i} + A_i \cdot B_i \cdot C_i$$
$$= (A_i + B_i + C_i) \cdot (A_i \cdot B_i \cdot C_i + \overline{C_{i+1}}) \tag{7.1.18}$$

对应该逻辑表达式的和位逻辑晶体管级 CMOS 电路如图 7.1.17（b）所示。这两个电路具有完全一致的逻辑运算功能，它们的结构也都是互补 PMOS 开关配合相应的 NMOS 开关实现同一个逻辑表达式。这两个电路从电源到地都需要 7 层晶体管摞在一起，注意到晶体管开关不是理想开关，理想开关闭合后开关两端电压为 0，而晶体管开关闭合后两端存在非零导通电阻（欧姆区工作晶体管）的分压，因而电源电压必须足够高才能实现有效驱动，以正常行使期望的逻辑功能，同时考虑到晶体管寄生电容的延时效应，也是希望层数少以提高反应速度。注意到图 7.1.17（a）中 PMOS 开关 4 层而 NMOS 开关只有 3 层，而图 7.1.17（b）中 PMOS 开关只有 3 层而 NMOS 开关却有 4 层，是否可以将图 7.1.17（a）的 NMOS 开关配合图 7.1.17（b）的 PMOS 开关形成总层数只有 6 层的 CMOS 电路，从而使得输出电压摆动空间有效扩展呢？答案是可以，这是由于两个电路本质上实现的是同一逻辑功能，PMOS 开关阵列和 NMOS 开关阵列的输出没有任何矛盾，输出点并接在一起并不会出现 PMOS 开关输出 1 而 NMOS 开关却输出 0 这样不可调和的矛盾，于是我们给出的一位全加器 CMOS 电路的最终设计方案如图 7.1.18 所示：其中，和位逻辑 CMOS 电路 PMOS 开关和 NMOS 开关在结构上不是互补但

功能上是互补的,进位逻辑与和位逻辑共使用了 28 个晶体管,同时进位逻辑与和位逻辑均有反相器(非门)作为输出缓冲器。

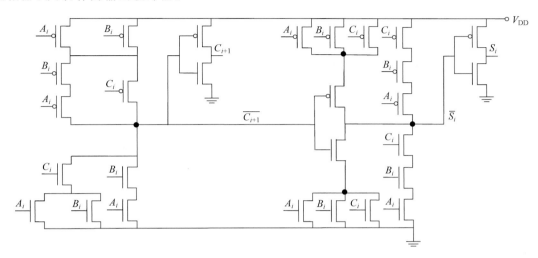

图 7.1.18 一位全加器的一种 CMOS 电路设计方案

**练习 7.1.10** (1)证明和位逻辑表达式(7.1.17)和式(7.1.18)。

(2)思考:如果我们以使用尽可能少的晶体管数目为设计的一个重要考量指标,请给出一位全加器的其他电路设计方案,如果可能,该方案的晶体管个数应不多于图 7.1.18 方案。

**练习 7.1.11** 如图 E7.1.4 所示,这是一个 2bit-Flash-ADC 电路方案,输入模拟电压 $v_{in}$ 和由电阻分压网络产生的三个基准信号比较,三个比较器的输出代表了对输入电压范围的判断,其后比较器输出 $C_2 C_1 C_0$ 被编码为 2bit 的数字输出。

(1)分析图 E7.1.4 电路工作原理,将表 E7.1.4 补全。

(2)根据表 E7.1.4,画出输出 $D_1$ 和 $D_0$ 的卡诺图,获得以 $C_2 C_1 C_0$ 为输入的逻辑表

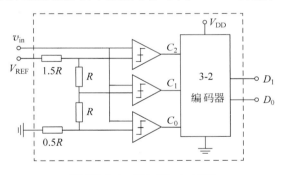

图 E7.1.4 2bit-Flash-ADC

达式。注意三个输入端对应 8 种输入情况,但是表格中只给了 4 种情况,还有 4 种情况在理想电路中不可能出现,因而在卡诺图中可以标识为不在意(＊),取 0 或取 1 以方便化简为准。

(3)设计 3-2 编码器,将 3 输入 $C_2 C_1 C_0$ 编码为 2 输出 $D_1 D_0$,给出其晶体管级 CMOS 电路设计方案。

表 E7.1.4 2bit-Flash-ADC 工作原理列表

| 输入模拟电压范围 | 比较器输出 | | | 数 字 输 出 | |
|---|---|---|---|---|---|
| $v_{in}/V_{REF}$ | $C_2$ | $C_1$ | $C_0$ | $D_1$ | $D_0$ |
| <1/8 | 0 | 0 | 0 | 0 | 0 |
| | | | | 0 | 1 |
| | | | | 1 | 0 |
| | | | | 1 | 1 |

### 7.1.8　奇偶校验例：异或与同或

信号在传输过程中，不可避免地存在干扰和噪声对信号的污染，从而接收端有可能误判 0、1。为了能够检查出这种错误，在发送之前一般都需要对数据进行编码，编码后数据序列具有某种可检测的规律，接收端接收到数据后检查这个规律是否还满足，如果规律还满足则认可这次传输是正确的，如果设定的规律没有得到满足，那么就可以肯定传输过程一定出错了，要么要求发送端重新发送，要么编码本身就具有某种纠错能力从而接收端可自行纠错，或者接收端直接舍弃这次传输接收。下面我们考察最简单的对两位数据传输的奇偶校验检错编码，这种编码具有检测奇数个错误的能力。它首先在两位数据后加一位奇偶校验位，变成三位数据再传输，奇偶校验位的加入，使得连着的三位数据具有如下规律：三个数据位中必须有偶数个 1，如果接收端发现三位数据中有一个 1 或者三个 1，那么这次传输肯定出错了；如果接收端发现三位数据中没有 1 或者有两个 1，接收端则认可这次数据传输。

如何产生出奇偶校验位呢？我们给出如表 7.1.5 所示的真值表，两位数据 $A_1 A_0$，只有 4 种可能性，这 4 种可能性中，00，11 已经是偶数个 1 了，因而奇偶校验位为 0，另外两种情况 01、10 则只有一个 1，故而奇偶校验位为 1，使得三位数据有两个 1。

**表 7.1.5　奇偶校验位生成：真值表**

| 两位待传输数据 | | 奇偶校验位 |
| --- | --- | --- |
| $A_1$ | $A_0$ | $J$ |
| 0 | 0 | 0 |
| 0 | 1 | 1 |
| 1 | 0 | 1 |
| 1 | 1 | 0 |

同学自行验证该真值表转化为卡诺图后无法化简，因为卡诺图中的两个 1 并不相邻。观察真值表 7.1.5，列写逻辑表达式，定义奇偶校验完成的这种操作或运算为"异或 $\oplus$"运算：只有两个输入不同（异）时，输出才为逻辑 1

$$J = \overline{A_0} \cdot A_1 + A_0 \cdot \overline{A_1} = A_0 \oplus A_1 \qquad (7.1.19)$$

数字电路中有异或门符号，如表 7.1.6 所示，表中同时还给出了同或门电路符号。同或也称异或非：只有当两个输入相同时，输出为逻辑 1，两个输入不同时，输出则为逻辑 0。

**表 7.1.6　异或和同或逻辑运算的电路符号**

| 逻 辑 运 算 | 逻辑表达式 | 美式符号 | 欧式符号 |
| --- | --- | --- | --- |
| 异或 | $Z = A \oplus B$ | XOR gate<br> | 异或门<br> |
| 同或 | $Z = \overline{A \oplus B}$ | XNOR gate<br>  | 异或非门<br> |

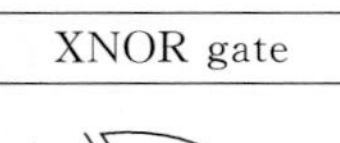

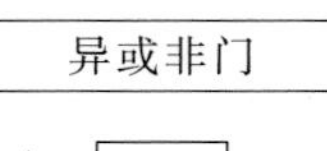

**练习 7.1.12**　请给出异或运算和同或运算的真值表,并给出用非门、与门及或门实现的门级异或、同或逻辑电路设计。

现在,我们把添加了奇偶校验位的三位数据 $A_1A_0J$ 发出去,接收端如何处理才能确认传输正确呢? 接收端将检查接收到的三位数据中有多少个 1。如果 1 的个数为奇数,则报警“传输错误”。假设报警输出为 $M$,显然三位数据为 001、010、100、111 时会报警,$M=1$,显然关于报警输出 $M$ 的逻辑表达式为

$$M = \overline{A_0} \cdot \overline{A_1} \cdot J + \overline{A_0} \cdot A_1 \cdot \overline{J} + A_0 \cdot \overline{A_1} \cdot \overline{J} + A_0 \cdot A_1 \cdot J$$

通过卡诺图可以发现该逻辑表达式无法化简,但这种在卡诺图中交错出现的 1 可以用“异或”或者“同或”表述,逻辑化简过程如下:

$$
\begin{aligned}
M &= \overline{A_0} \cdot \overline{A_1} \cdot J + \overline{A_0} \cdot A_1 \cdot \overline{J} + A_0 \cdot \overline{A_1} \cdot \overline{J} + A_0 \cdot A_1 \cdot J \\
&= J \cdot (\overline{A_0} \cdot \overline{A_1} + A_0 \cdot A_1) + \overline{J} \cdot (\overline{A_0} \cdot A_1 + A_0 \cdot \overline{A_1}) \\
&= J \cdot (\overline{A_0 \oplus A_1}) + \overline{J} \cdot (A_0 \oplus A_1) \\
&= J \oplus (A_0 \oplus A_1) \quad\quad\quad\quad\quad\quad\quad\quad\quad\quad\quad (7.1.20)
\end{aligned}
$$

该逻辑表达式的物理意义是明确的,在接收端,我们对 $A_0A_1$ 做异或操作,产生出该两位数据的奇偶校验位,这个计算出来的奇偶校验位和接收到的奇偶校验位 $J$ 比较,相同则认为无错,不同则认为传输错误而报警,故而这又是一个异或运算。图 7.1.19 给出了发送端两位数据产生奇偶校验位、接收端接收到三位数据后报警信号产生的门级电路设计方案。

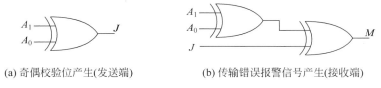

(a) 奇偶校验位产生(发送端)　　　　　(b) 传输错误报警信号产生(接收端)

图 7.1.19　两位数据传输的奇偶校验门级电路设计

奇偶校验方法是最简单的检错编码,它只能检测传输过程中的奇数个错误,偶数个错误则无法检测到,也就是说,如果传输的三位数据中有两个同时出错,这种错误无法检出。

**练习 7.1.13**　(1) 本节分析了两位数据传输添加一位奇偶校验的发送端和接收端门级电路方案,请给出三位数据传输添加一位奇偶校验的发送端奇偶校验位产生和接收端传输错误报警信号产生门级电路设计方案。

(2) 请分析并给出八位数据传输添加一位奇偶校验的发送端奇偶校验位产生和接收端传输错误报警信号产生门级电路设计方案,可采用异或和同或门。

### 7.1.9　CMOS 传输开关

前述标准 CMOS 晶体管级电路都是上 P 下 N 结构,这种结构确保 PMOS 的源极上接电源正端,NMOS 的源极下接电源负端,确保 PMOS 和 NMOS 都处于共源组态,从而可以等效为受控开关使用:PMOS 的源极电压一定高于漏极电压,当 PMOS 开关连通时,可将高的电源电压由源端传输至漏端(输出端);NMOS 的源极电压一定低于漏极电压,当 NMOS 开关连通时,可将低的地电压由源端传输至漏端(输出端)。然而在有些电路设计中,我们期望存在两端电压孰高孰低并不太确定的双向传输开关,电压无论高低,既可由 $A$ 端传输至 $B$ 端,也可由

$B$ 端传输至 $A$ 端,单纯的 PMOS 开关或 NMOS 开关在这种双向传输应用中,难以确保开关闭合时属低阻连通,于是可以将 PMOS 和 NMOS 开关的两端并联,如图 7.1.20(a)所示,则形成可双向传输的传输开关。其中,当控制端 $C=1$ 时,NMOS 开关控制 $C$ 为高电平,PMOS 开关控制 $\overline{C}$ 为低电平,开关则闭合连通;当控制端 $C=0$ 时,NMOS 开关控制 $C$ 为低电平,PMOS 开关控制 $\overline{C}$ 为高电平,开关则断开。

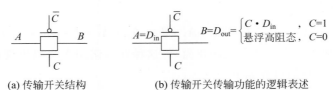

(a) 传输开关结构　　　　　(b) 传输开关传输功能的逻辑表述

图 7.1.20　CMOS 双向传输开关

对于该双向传输开关,PMOS 的 N 型衬底连接在电路中的最高电位上,而 NMOS 的 P 型衬底则连接在电路中的最低电位上,因而 $A$ 端和 $B$ 端到底是 MOS 的源端还是漏端则需依两端电压高低而定:

(1) 当 $A$ 端电压高于 $B$ 端时,PMOS 的 $A$ 端为源端,$B$ 端为漏端,NMOS 的 $A$ 端为漏端,$B$ 端为源端。如果是由 $A$ 传输至 $B$ 则 PMOS 起低阻连通作用($A$ 端为高电压激励源,可视其为 CS 组态),NMOS 则由于是 CD 组态无法起到低阻连通作用;如果是由 $B$ 传输至 $A$ 则 NMOS 起低阻连通作用($B$ 端为地电压激励源,可视其为 CS 组态),PMOS 此时则由于是 CD 组态而无法起到低阻连通作用。

(2) 当 $A$ 端电压低于 $B$ 端时,PMOS 的 $A$ 端为漏端,$B$ 端为源端,NMOS 的 $A$ 端为源端,$B$ 端为漏端。如果是由 $A$ 传输至 $B$ 则 NMOS 起低阻连通作用($A$ 端为地电压激励源,可视其为 CS 组态),PMOS 则由于是 CD 组态无法起到低阻连通作用;如果是由 $B$ 传输至 $A$ 则 PMOS 起低阻连通作用($B$ 端为高电压激励源,可视其为 CS 组态),NMOS 则由于是 CD 组态而无法起到低阻连通作用。

无论情况是由 $A$ 传输至 $B$($A$ 端为激励端,$B$ 端为负载端),还是由 $B$ 传输至 $A$($B$ 端为激励端,$A$ 端为负载端),无论 $A$ 端、$B$ 端起始电压孰高孰低,在开关连通时,PMOS 开关和 NMOS 开关总有一个低阻欧姆连通的,从而可等效为开关闭合短接,负载端电压向激励端电压靠拢拉平,完成信号传输功能。注意,这里的负载可以是负载电阻、负载电容甚至开路状态,无论如何,其静态等效电阻均应远远大于晶体管欧姆导通电阻,如是晶体管欧姆导通则被抽象为短路连通。

现在假设 $A$ 端为激励端,$B$ 端为负载端,如图 7.1.20(b)所示,当 $A$ 端输入逻辑为 $D_{in}$ 时,$B$ 端输出逻辑 $D_{out}$ 则为

$$D_{out} = \begin{cases} C \cdot D_{in}, & C = 1 \\ \text{悬浮高阻态}, & C = 0 \end{cases} \tag{7.1.21}$$

也就是说,只要控制逻辑为 $1$,$C=1$,则有 $D_{out}=D_{in}$,但是如果控制逻辑为 $0$,$C=0$,则负载端 $B$ 端属悬空高阻状态,其逻辑由和 $B$ 连接的其他电路决定:如果此时 $B$ 端接电阻负载,则有 $D_{out}=0$;如果 $B$ 端接电容负载,电容则保持其电压或原逻辑电平不变;如果 $B$ 端和其他逻辑运算单元的输出并联,则由其他逻辑的输出逻辑最终决定。

**练习 7.1.14**　写出图 E7.1.5 所示电路的输出逻辑表述,特别注意,PMOS 控制端连接 C 而 NMOS 控制端连接 $\bar{C}$。

**练习 7.1.15**　分析说明图 E7.1.6 所示的 CMOS 晶体管级电路实现的是异或功能还是同或功能,或者是其他逻辑功能? 如果实现的是异或功能,如何修改可实现同或功能? 如果实现的是同或功能,如何修改可实现异或功能? 图中有两个非门和两个传输开关,其他均为连线,特别注意,电路中如果出现交叉连线时,连线十字交叉上打了黑点才表示两个连线是连接在一起的,如果没有黑点两条连线则是分开的两条线。

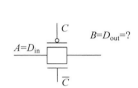

图 E7.1.5　传输开关的传输功能

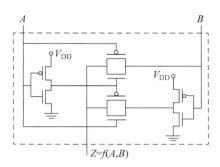

图 E7.1.6　同或门还是异或门

## 7.1.10　多路选择器

多路选择器在多个输入中选择一个作为输出,图 E7.1.6 中的两个开关实现的就是一个双路选择功能,如图 7.1.21(a)所示,$D_1$、$D_0$ 作为输入逻辑,经过开关作用后,两个输出分别为

$$Z_1 = \begin{cases} C \cdot D_1 = D_1, & C = 1 \\ \text{悬浮高阻态}, & C = 0 \end{cases} \tag{7.1.22a}$$

$$Z_0 = \begin{cases} \text{悬浮高阻态}, & C = 1 \\ \bar{C} \cdot D_0 = D_0, & C = 0 \end{cases} \tag{7.1.22b}$$

注意到两个输出没有任何矛盾之处,$C=1$ 时 $Z_1$ 有输出,$Z_0$ 则为悬浮高阻态,$C=0$ 时 $Z_0$ 有输出,$Z_1$ 则悬浮高阻态,故而两个输出可以并接,形成如下的总输出逻辑:

$$Z = Z_1 \text{ 并接 } Z_0 = C \cdot D_1 + \bar{C} \cdot D_0 = \begin{cases} D_1, & C = 1 \\ D_0, & C = 0 \end{cases} \tag{7.1.23}$$

显然,它完成的是双路选择功能:当控制逻辑 $C=0$ 时,选择 $D_0$ 路逻辑作为输出;当控制逻辑

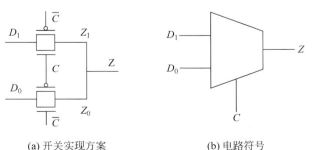

(a) 开关实现方案　　　　　　　　　(b) 电路符号

图 7.1.21　双路选择器

$C=1$ 时,选择 $D_1$ 路逻辑作为输出。

　　**练习 7.1.16**　请用 CMOS 传输开关实现四路选择器,其逻辑功能为

$$Z = C_1 \cdot C_0 \cdot D_3 + C_1 \cdot \overline{C_0} \cdot D_2 + \overline{C_1} \cdot C_0 \cdot D_1 + \overline{C_1} \cdot \overline{C_0} \cdot D_0$$

$$= \begin{cases} D_3, & C_1 C_0 = 11 \\ D_2, & C_1 C_0 = 10 \\ D_1, & C_1 C_0 = 01 \\ D_0, & C_1 C_0 = 00 \end{cases} \tag{7.1.24}$$

　　多路选择器除了用于正常的数据选择外,还可以用来实现任意的组合逻辑功能。

　　**例 7.1.7**　请用八路选择器实现一位全加器的和位逻辑功能。

　　**解**：将 $A_i, B_i, C_i$ 按三位控制顺序排列,将和位逻辑表达式表述为八路选择形式

$$S_i = \overline{A_i} \cdot \overline{B_i} \cdot C_i + \overline{A_i} \cdot B_i \cdot \overline{C_i} + A_i \cdot \overline{B_i} \cdot \overline{C_i} + A_i \cdot B_i \cdot C_i$$

$$= (A_i \cdot B_i \cdot C_i) \cdot 1 + (A_i \cdot B_i \cdot \overline{C_i}) \cdot 0 + (A_i \cdot \overline{B_i} \cdot C_i) \cdot 0 + (A_i \cdot \overline{B_i} \cdot \overline{C_i}) \cdot 1$$

$$+ (\overline{A_i} \cdot B_i \cdot C_i) \cdot 0 + (\overline{A_i} \cdot B_i \cdot \overline{C_i}) \cdot 1 + (\overline{A_i} \cdot \overline{B_i} \cdot C_i) \cdot 1 + (\overline{A_i} \cdot \overline{B_i} \cdot \overline{C_i}) \cdot 0$$

显然,八路选择器八个输入分别接 1、0、0、1、0、1、1、0 即可,如图 E7.1.7 所示。

　　**练习 7.1.17**　请用四路选择器实现一位全加器的和位逻辑功能,可以配合非门、与门和或门。

　　**练习 7.1.18**　图 E7.1.8 电路的输入逻辑为 $D$ 和 $CLK$,输出逻辑为 $Q$。电路中包含三个非门,一个双路选择器。注意到电路中存在从输出端引回到输入端的反馈路径,因而这个电路已经归属于时序逻辑电路的范畴,请同学尝试分析该电路可能完成的电路功能是怎样的。

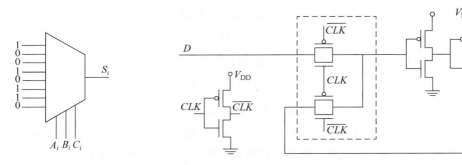

图 E7.1.7　用八路选择器实现的　　　　图 E7.1.8　含有双路选择器的某时序逻辑电路
　　　　　　和位逻辑

## 7.2　时序逻辑电路

　　数字逻辑电路中如果存在反馈路径则会形成时序上的动态行为,时序逻辑电路是在组合逻辑电路基础上添加反馈路径形成的。如果在反馈路径上添加双稳状态记忆单元则可形成易于控制的时序逻辑。下面我们将首先考察三种状态记忆单元,无稳、单稳和双稳,之后重点研究基于双稳的一系列记忆单元,包括锁存器、触发器和存储器。同时还会给出典型时序逻辑电路计数器的设计案例,最后则对数字系统综合予以简要说明。

### 7.2.1　状态记忆

　　有多种方式可形成状态记忆能力,进而可被用来实现 0、1 状态记忆单元:

（1）材料本身的滞回特性：如铁磁材料的磁滞回线和铁电材料的电滞回线,滞回特性可体现0、1双稳,故而可被用来实现0、1状态记忆。

（2）N型负阻或S型负阻：N型负阻用电流源驱动,S型负阻用电压源驱动时,端口电压、电流特性具有滞回特性,负阻可用来实现状态记忆。

（3）正反馈：放大器输出和输入间形成正反馈通路时,在正反馈作用下往往会迅速脱离线性放大区进入非线性区,从而形成确定的0、1状态。内蕴正反馈的放大器从单端口视角看可等效为负阻。

（4）导体结点的电荷存储能力和导线回路的磁通存储能力,在电路中被等效为电容或电感元件的储能能力,电容和电感元件具有状态记忆能力,可以用来实现状态记忆。

（5）其他。

上述第（2）、（3）种情况形成的电路器件可统称为双稳器件(bistable device),因为它们可以有两个确定的稳定状态,配合工作点设置和其他外围器件,除了可形成双稳(bistable)记忆单元外,还可形成单稳(monostable)和无稳(astable)记忆单元。

双稳记忆单元有0、1两个稳定状态可以长久停留,是计算机存储器的核心单元；单稳记忆单元则只有一个状态是稳定可长久停留的,另一个状态则属暂稳状态,在该状态上无法长久停留,从而单稳多用于计时应用场景；无稳则没有可以长久停留的状态,只能在两个暂稳状态之间来回翻转,显然无稳记忆单元就是一种形式的振荡器电路。

**1. 无稳**

无稳没有可以稳定停留的状态,它只能在两个暂稳状态之间自行来回翻转,故而无稳记忆单元就是振荡器。

如图7.2.1所示,这是用三个数字非门(反相器)头尾环接形成反馈通路后得到的环形振荡器(ring oscillator)。如果数字非门是理想的电阻型器件,也就是说,假设不存在寄生电容导致的延时效应,那么三个数字非门头尾环接是一种负反馈连接：假设扰动导致$V_A$电压向上,$V_B$电压则向下,进而$V_C$电压向上,进而$V_A$电压向下,可见环路一周后,扰动被抑制了,故而三个反相器将工作在翻转点位置,三个反相器输入和输出电压都是同一个$V_S$翻转电压,三个反相器将工作于线性放大区。

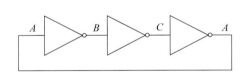
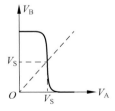

图7.2.1　负反馈连接？

然而上述分析并不成立,原因在于实际电路器件一定存在寄生电容效应,电容充放电需要时间,从而反相器输入发生变化导致输出随之反相变化并非即时响应,而是延时一段时间后才能有效响应,三个或更多的反相器的延时效应累计将导致180°的相位翻转,看似负反馈连接却因这多余的180°相移而被转化成正反馈连接(10.5.3节负反馈稳定性分析),最终形成振荡波形,如图7.2.2所示。

❶ 假设$v_A$电压由0变1,这个过程不是突变过程,而是缓变过程,原因在于寄生电容效

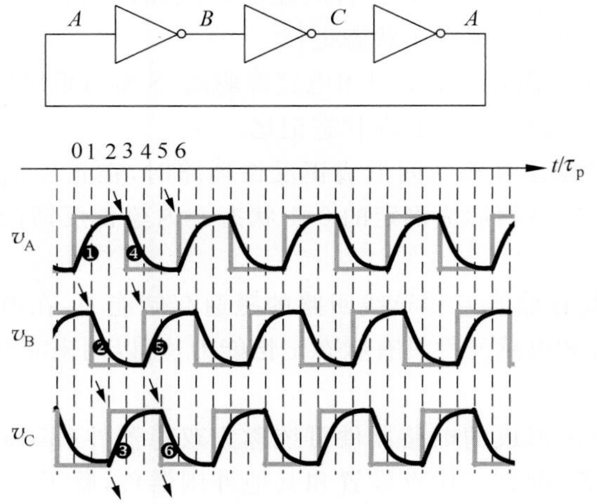

图 7.2.2　环形振荡器：负反馈变成了正反馈

应，$v_A$ 电压升高可视为第三个反相器对其输出端等效寄生电容的充电过程，电容电压缓慢上升而非突升（见 9.3.2 节）。

❷ $v_A$ 同时是第一个反相器的输入电压，当 $v_A$ 电压升高到一定电压值后，第一个反相器输出 $V_B$ 启动变化，从 1 开始变化为 0，这段延时就是反相器的传输延时 $\tau_P$。换句话说，一个 $\tau_P$ 后，第一反相器输出电压 $v_B$ 开始由 1 变化为 0，这个过程仍然是缓变而非突变，它可视为第一反相器输出端对其等效寄生电容的放电过程，电容电压缓慢下降而非突降。

❸ 第一反相器输出为第二反相器输入，当 $v_B$ 电压下降到一定程度后，第二反相器输出电压 $v_C$ 开始启动变化，由 0 向 1 方向变化，这是第二个 $\tau_P$ 延时后的结果。这里为了简单起见，假设上升延时和下降延时都是 $\tau_P$。

❹ 第二反相器输出是第三反相器输入，故而第三个 $\tau_P$ 延时后，第三反相器输出 $v_A$ 启动从 1 向 0 的变化。

❺ 继而，第四个 $\tau_P$ 延时后，第一反相器输出 $v_B$ 启动由 0 到 1 的变化。

❻ 第五个 $\tau_P$ 延时后，第二反相器输出 $v_C$ 启动由 1 到 0 的变化。

第六个 $\tau_P$ 延时后，第三反相器输出 $v_A$ 启动由 0 到 1 的变化，上述过程构成一个轮回，之后各反相器的输出电压变化如前循环往复，形成周期性的输出波形。

如果定义电压升高和高电压为状态 1，电压降低和低电压为状态 0，那么每一个反相器在一个状态可停留的时间为 $3\tau_P$，两个状态转换一个来回共 $6\tau_P$，也就是说，振荡周期为 $6\tau_P$。因而由三个反相器构成的环振振荡频率为 $1/(6\tau_P)$，由 $N$ 个反相器构成的环振振荡频率则为 $1/(2N\tau_P)$。

**练习 7.2.1**　反相器如果是单端输入输出，$N$ 必须是奇数才可构成环形振荡器，如果是双端输入输出（差分输入输出），$N$ 可以是偶数个。如四个全差分的反相器，可以形成具有正交输出和差分输出的环振，请同学思考，如何确保四个反相器的环接不锁死在确定状态（双稳）而是在两个状态之间来回转换（无稳）？所谓正交输出，从相位上看，就是两个形式一样的输出信号相差 90°；所谓差分输出，从相位上看，就是两个形式一样的输出信号相差 180°。

**2. 单稳**

单稳记忆单元只有一个稳定状态，记忆单元的记忆可以长期停留在这个状态上，另外一个状态则是准稳态。我们可以通过某种操作使得它进入准稳态,然而记忆单元只能短时间内在准稳态停留,过一段时间后,一定会自行脱离准稳态,重新回到稳定状态。

我们可以用一个触发事件导致记忆单元进入准稳态,过一段时间后它会自动回到稳态,如是可形成一个脉宽确定的单脉冲波形,因而单稳记忆单元又被称为单脉冲(one-shot)电路。图 7.2.3 是单脉冲电路的原理框图:异或门检测两个输入,如果两个输入具有相同的逻辑状态,输出则为 0,两个输入具有不同的逻辑状态,输出则为 1。现在将异或门的两个输入,一个直接连通触发信号 $T$,另一个则通过延时电路连通触发信号 $T$,于是该单脉冲电路就具有了检测上升沿和下降沿的功能。图示为一个上升沿来临,异或门的一个输入已经改变为 1,但另外一个输入却需要等待 $\tau_W$ 的延时后才能由逻辑 0 转换为逻辑 1,于是在这个 $\tau_W$ 的时间段内,异或门两个输入具有不同逻辑,故而产生了一个 $\tau_W$ 宽度的脉冲。

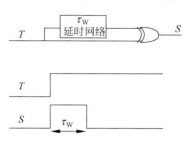

图 7.2.3　单脉冲电路原理框图

可见单脉冲电路的基本用途就是通过输出一个脉冲用以显示上升沿、下降沿、窄脉冲等状态变化,产生的这个脉冲可以用来启动一个操作,完成某个动作,脉冲宽度可用于计时或定时。单脉冲电路也可用来构成振荡电路,只要再增加一个反馈判断机制,一旦判断其输出回到了稳定状态,则激发它再次进入准稳状态,如是反复,即可形成振荡输出波形。

单稳记忆单元的核心是延时网络,延时就是记忆,因为延时输出的是之前某时刻的输入。单脉冲电路的延时网络大多通过电容充放电实现,因而我们会在第 9 章电容充放电讨论结束后布置几个单脉冲电路的练习题,供同学分析这些具体电路的工作原理。

**3. 双稳**

双稳记忆单元具有两个稳定状态,分别用于记忆状态 0 和状态 1。这个记忆可以改变,但是没有改变记忆操作时,它可以稳定地位于其中某个状态上。

图 7.2.4 是数字电路中双稳记忆单元的核心电路,它由两个数字非门(反相器)头尾环接形成,可以将两个反相器的输入输出转移特性曲线画在一张图中,实线转移特性曲线是 $N_1$ 反相器的,虚线转移特性曲线是 $N_2$ 反相器的,两条特性曲线有三个交点,对应三个直流工作点(平衡点):

(1) 假设两个反相器均处于放大区,对应图示的 $Q_u$ 点,两个反相器环接构成正反馈结构:假设 $N_1$ 反相器输入电压 $V_A$ 有一个向上的扰动,其输出电压 $V_B$ 通过 $N_1$ 作用则向下变动,$V_B$ 向下变动通过 $N_2$ 的作用,导致 $V_A$ 向上变动,$V_A$ 向上变动加强,环路一周后扰动加强,最终其工作点一定会进入到 $Q_1$ 点。这种环路一周后信号扰动被加强表明了正反馈,此时的 $Q_u$ 点是不稳定工作点,因为电路中不可避免的噪声扰动被正反馈加强,导致该单元要么进入到 $Q_1$ 点,要么进入到 $Q_0$ 点。

(2) 假设工作点位于 $Q_0$,此时 $V_A$ 为低电平逻辑 0,$V_B$ 为高电平逻辑 1,此状态是两个反相器的死锁状态,可以以 $V_A$ 为输出记该状态为状态 0。

(3) 假设工作点位于 $Q_1$,此时 $V_A$ 为高电平逻辑 1,$V_B$ 为低电平逻辑 0,此状态也是两个反相器的死锁状态,可以以 $V_A$ 为输出记该状态为状态 1。

**练习 7.2.2**　请回顾本书第 2 章关于负阻形成状态记忆的讨论,对照图 7.2.4,分析说明以 A 端点和地端点形成的单端口网络是 N 型负阻,还是 S 型负阻。如果用负阻概念,如何解释这三个工作点的不可停留或锁死?请说明电路中的微小噪声不足以使得双稳器件自行脱离状态 0 或状态 1 锁死状态。

### 7.2.2 SR 锁存器

图 7.2.4 所示的基本双稳单元是两个反相器头尾环接,要么锁死在状态 0,要么锁死在状态 1,如果希望改变记忆状态,则需对 $A$ 或 $B$ 强行施加相反的外部激励电压,才可能促使状态翻转,从 $Q_0$ 工作点转移到 $Q_1$ 工作点或反之。这种状态改变不太容易控制,激励源需提供较大的电流强行改变状态。对该基本双稳单元进行些微修正,将数字非门用或非门置换,则可实现容易控制的 SR 锁存器结构。

如图 7.2.5 所示:①重新整理电路图,把头尾环接的连接方式,重画为两个反相器齐头并进,但它们的头尾连接方式仍然是环接的,画图时环接线出现交叉。②将非门置换为或非门,于是在闭环之外多了两个输入端可用于状态转换的控制端,分别记为 $S$ 和 $R$。如果 $S$ 和 $R$ 恒为 0,那么或非门和原先的非门并无任何区别,然而,$S$ 和 $R$ 可以改变,从而就形成了对上述双稳记忆单元的控制作用,我们称之为 SR 锁存器(SR Latch),其中 $S$ 代表 Set 置位(置 1),$R$ 代表 Reset 复位(清 0),而锁存 latch 则代表其输出要么锁死在状态 0,要么锁死在状态 1,可由置位端或复位端改变其锁死状态。

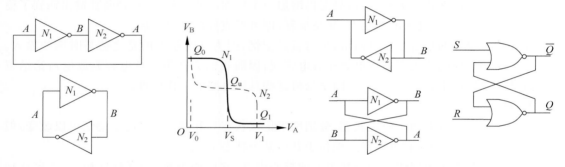

图 7.2.4　基本双稳单元　　　　图 7.2.5　基于或非门的 SR 锁存器

SR 锁存器是如何锁死在状态 0 或状态 1? 又是如何改变锁死状态的呢? 定义两个或非门及其输出:$S$ 端输入的或非门,其输出记为 $\bar{Q}$,并称其为 $Q$ 非或非门;$R$ 端输入的或非门,其输出记为 $Q$,并称其为 $Q$ 或非门。

(1) $S=0,R=0$。此时两个或非门就是两个非门的环接,原来是什么状态,就保持原状态不变:对 $Q$ 非或非门而言,$Q$ 和 $S$ 求或等于 $Q$,再求非为 $\bar{Q}$(不变);对 $Q$ 或非门,$\bar{Q}$ 和 $R$ 求或等于 $\bar{Q}$,再求非为 $Q$(不变)。由于其状态不变,这种情况是保持功能,$Q$ 还是 $Q$,$\bar{Q}$ 仍然是 $\bar{Q}$,也称保持态。

(2) $S=1,R=0$。无论原来 $Q$ 是什么,$Q$ 和 $S$ 的或一定是 1,求非后一定为 0,故而 $\bar{Q}=0$;$\bar{Q}$ 和 $R$ 都是 0,或非后则为 1,故而 $Q=1$。显然,这种状态将 $Q$ 置 1,故而称之为置位操作。$S$ 置位完成后可再返回保持态,置位状态 $Q=1$ 保持不变。

(3) $S=0,R=1$。无论原来 $Q$ 是什么,$Q$ 和 $R$ 的或非一定是 0,故而 $Q=0$;$Q$ 和 $S$ 都是 0,其或非则为 1,故而 $\bar{Q}=1$。显然,这种状态将 $Q$ 清零,故而称之为复位操作。$R$ 复位完成后可再次返回保持态,复位状态 $Q=0$ 保持不变。

(4) $S=1,R=1$。无论原来的状态如何,此时一定有 $Q=0$ 和 $\bar{Q}=0$。这种情况出现后,如果两个输入端同时返回保持态,之后 $Q$ 或 0 或 1 则是随机的,故而这种操作是禁止出现的行为:

我们要求锁存器的状态是确定性的 0 或 1。

图 7.2.6 给出了 SR 锁存器的电路符号及其真值表,可见 RS 锁存器有三种基本功能或操作:保持、置位和复位,还有一个禁态。为了更清晰地说明其工作原理,图 7.2.7 还给出了置位端和复位端发出脉冲触发信号后,基于或非门的 SR 锁存器的时序波形图:假设锁存器起始状态是复位状态,置位端发出"置位"脉冲(❶),$\overline{Q}$ 非或非门对该信号首先响应,其输出端由 1 跳 0(❷),继而 $Q$ 或非门对 $\overline{Q}$ 非下跳做出响应,$Q$ 或非门输出由 0 跳 1(❸),完成置位操作,$Q=1$。脉冲结束后,置位端信号恢复为 0,复位端信号也为 0,保持置位状态($Q=1$)不变。之后如果出现复位脉冲(❹),$Q$ 或非门则首先做出响应,从 1 跳 0(❺),继而 $\overline{Q}$ 非或非门做出响应,从 0 跳 1(❻),完成了复位操作($Q=0$)。在复位状态,如果再次发出复位脉冲(❼),因为已经是复位状态,SR 锁存器没有特别的响应。在复位状态,如果出现置位脉冲(❽),两个或非门会相继做出响应(❾,❿),完成置位操作。图 7.2.7 时序波形没有考虑寄生电容效应,假设或非门的输出跳变是输入跳变的即时响应。

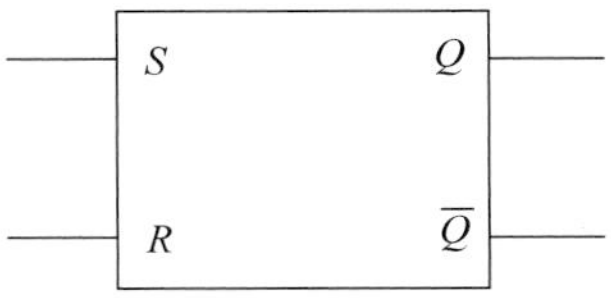

| $S$ | $R$ | $Q$ | $\overline{Q}$ | 功能 |
|---|---|---|---|---|
| 0 | 0 | $Q_{prev}$ | $\overline{Q_{prev}}$ | 保持 |
| 1 | 0 | 1 | 0 | 置位 |
| 0 | 1 | 0 | 1 | 复位 |
| 1 | 1 | 0 | 0 | 禁态 |

图 7.2.6　SR 锁存器电路符号及其真值表

**练习 7.2.3**　图 E7.2.1 是基于与非门的 SR 锁存器。注意,这个 SR 锁存器的符号和基于或非门的 SR 锁存器略有不同,它在两个输入端各加了一个圆圈表示低电平有效,也就是说,$S$ 置位操作要求 $S=0$,$R=1$,$R$ 清零操作要求 $R=0$,$S=1$。其电路符号也有不加圈而在图中用符号标记 $\overline{S}$,$\overline{R}$ 表征输入低电平有效的。请将图中真值表填全,并画出和图 7.2.7 相应的基于与非门的 SR 锁存器的时序图。

**练习 7.2.4**　请分别画出基于或非门的 SR 锁存器和基于与非门的 SR 锁存器的 CMOS 晶体管级电路图。

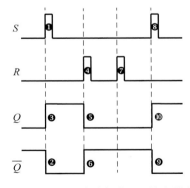

图 7.2.7　基于或非门的 SR 锁存器的时序图

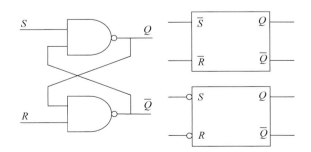

| $S$ | $R$ | $Q$ | $\overline{Q}$ | 功能 |
|---|---|---|---|---|
| 1 | 1 | $Q_{prev}$ | $\overline{Q_{prev}}$ | 保持 |
| 0 | 1 | 1 | 0 | 置位 |
| | | | | 复位 |
| | | | | 禁态 |

图 E7.2.1　基于与非门的 SR 锁存器及其真值表

### 7.2.3　D 锁存器

图 7.2.8 是 D 锁存器(D latch)的电路符号、真值表及其门级电路实现。D 锁存器有一个数据输入端 $D$ 和一个驱动时钟 $CLK$,时钟信号用于控制数据的传输。由图示门级电路可知:数据 $D$ 进入后分两路,一路和时钟 $CLK$ 与运算后作为 SR 锁存器的 $S$ 输入,一路求非后和 $CLK$ 再求与,作为 SR 锁存器的 $R$ 输入。如果 $CLK$ 为 0,无论输入 $D$ 是什么,$S$、$R$ 都是 0,其后的 SR 锁存器将保持原状态不变;如果 $CLK$ 为 1,那么 $S=D$,$R=\overline{D}$,故而 SR 锁存器输出 $Q=D$,$\overline{Q}=\overline{D}$,换句话说,在 $CLK=1$ 期间,D 锁存器完成数据透明传输功能。

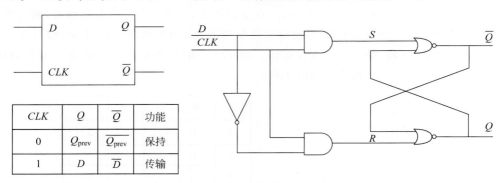

| $CLK$ | $Q$ | $\overline{Q}$ | 功能 |
|---|---|---|---|
| 0 | $Q_{prev}$ | $\overline{Q_{prev}}$ | 保持 |
| 1 | $D$ | $\overline{D}$ | 传输 |

图 7.2.8　D 锁存器电路符号、真值表和门级电路实现方案

D 锁存器的 D 有两个含义,一个就是数据 Data 的传输,一个是传输需要延时 Delay。之所以有延时,是因为驱动时钟 $CLK$ 是一个方波信号,在 $CLK=0$ 时它没有任何反应(保持原状态不变),只在 $CLK$ 从 0 跳 1 后数据才开始传输,数据的传输存在半个周期的延时。

图 7.2.9 给出了 D 锁存器的时序图:假设 $Q$ 的初始值为 1,在 $CLK=0$ 期间,$D$ 的任何变化(❶),都不会影响到 $Q$ 输出,只有当 $CLK=1$ 后(❷),$D$ 的任何变化(❸)才会显现在 $Q$ 输出端(❹);当 $CLK$ 再次下跳为 0 后(❺),$D$ 的任何变化(❻)都不会导致 $Q$ 输出变化,$Q$ 输出保持 $CLK$ 由 1 跳 0 时刻的状态;当 $CLK$ 再次由 0 跳 1 时(❼),不考虑寄生电容效应,$Q$ 输出将即时输出 $D$ 值(❽),且即时反映 $D$ 的任何变化,直至 $CLK$ 再次由 1 跳 0(❾),其后 $CLK=0$ 期间 $Q$ 对 $D$ 的任何变化(❿)均无响应,$Q$ 输出保持跳变时刻的状态。

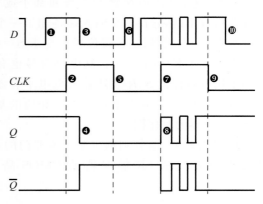

图 7.2.9　D 锁存器的时序图

如果我们用 CMOS 晶体管实现图 7.2.8 所示 D 锁存的门级电路,一个非门需要两个晶体管,一个与门可以用与非门和非门实现,则需要 6 个晶体管,一个或非门需要 4 个晶体管,则共需 22 个晶体管。而图 7.2.10 则给出了 D 锁存的八管实现方案,它利用双路选择器减少了晶体管个数。$CLK$ 控制双路选择器,实现了 D 锁存功能:当 $CLK=1$ 时,它选通输入 $D$,$D$ 通过后面的两个非门到达 $Q$ 输出,$Q=D$;当 $CLK=0$ 时,它选通 $Q$,两个非门环接形成状态锁存,输出 $Q$ 维持不变。

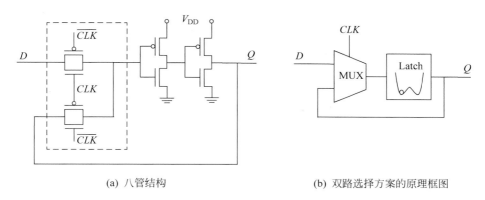

(a) 八管结构        (b) 双路选择方案的原理框图

图 7.2.10 八管结构的 D 锁存器

### 7.2.4 D 触发器

图 7.2.11 给出了一个 D 触发器(D flip-flop)的电路符号,它与图 7.2.8 所示的 D 锁存器(D Latch)有何区别? 锁存器是透明传输机制,只要 $CLK=1$,输出 $Q$ 即时反映输入 $D$ 的变化,$Q=D$。这里所谓的即时反映,是假设不存在寄生电容效应时的说辞,其实输入到输出由于寄生电容效应而有所延时,可能导致的问题在后续数字逻辑与处理器基础课程中将深入探讨,本书则暂不考虑延时效应以简化分析。锁存器是透明传输机制,而触发器则是边沿触发机制,需要在 $CLK$ 从 0 跳 1,或者由 1 跳 0 的边沿位置,将输入打入并传输至输出端。

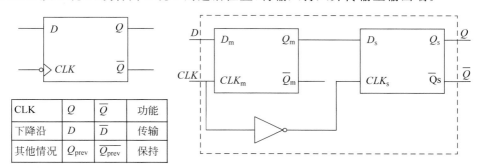

| CLK | $Q$ | $\overline{Q}$ | 功能 |
|---|---|---|---|
| 下降沿 | $D$ | $\overline{D}$ | 传输 |
| 其他情况 | $Q_{prev}$ | $\overline{Q_{prev}}$ | 保持 |

图 7.2.11 D 触发器电路符号、真值表及其主从结构实现

图 7.2.11 所示 D 触发器的电路符号中,$CLK$ 输入端口画了一个三角形,这个三角形代表边沿触发,至于是从 0 到 1 的上升沿触发,还是从 1 到 0 的下降沿触发,则看方框外是否画了圆圈或标记符 $CLK$ 上方是否有横杠。图示的电路符号有圆圈(或 $CLK$ 上画横杠),则代表下降沿触发,如果没有画圆圈,则代表上升沿触发。图中还给出这种下降沿触发的 D 触发器的一种主从结构的实现方案,它由两个 D 锁存器加一个数字非门构成。前级的 D 锁存为主(master),后级的 D 锁存为从(slave),两者级联,且驱动时钟反相。显然 $CLK=1$ 时 $D$ 经过主锁存传输到 $Q_m$,$CLK=0$ 时 $Q_m$ 经从锁存传输到 $Q_s$,这正是 D 触发器的 $Q$ 输出。如是,D 触发器的 $Q$ 输出仅在时钟下降沿将数据 $D$ 打入并锁存:$CLK=1$ 时主锁存传输而从锁存保持,$CLK=0$ 时主锁存保持而从锁存传输,从而仅在 $CLK$ 由 1 跳 0 的瞬间,$D$ 输入可穿透到 $Q$ 输出(不考虑寄生电容延时效应)。图 7.2.12 给出了 D 触发器比对图 7.2.9 所示 D 锁存的时序图,请同学自行对该时序图进行说明。

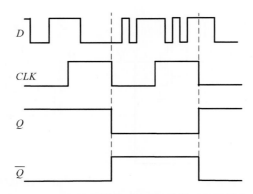

图 7.2.12　D 触发器的时序图(时钟下降沿触发)

### 7.2.5　时序逻辑电路设计例：计数器

下面通过一个最简单的计数器设计例子来说明时序逻辑电路设计的基本过程。

**例 7.2.1**　请设计一个计数器,该计数器在时钟驱动下,可以依次循环输出 5-7-3-2-6-…

**解:** 设计第一步,根据功能要求画状态转移图,填状态转移表。

根据设计要求,该计数器在时钟驱动下循序输出 5-7-3-2-6-…,因而可以确认如图 E7.2.2 所示的状态转移图。注意到该计数器只有 5 个状态,用 3 个二进制状态变量(3 个逻辑状态变

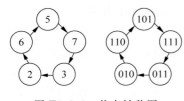

图 E7.2.2　状态转移图

量,3 个记忆单元)就可以完全表述。首先对这 5 个状态进行二进制编码,这里直接采用 5、7、3、2、6 的三位二进制代码表述,进而可以获得表 E7.2.1 所示的状态转移表。注意到当前起始状态共有 8 种情况,如果起始是 000,下一个状态没有给出明确定义。对于这种没有明确定义的状态,表中以 * 表示。根据状态转移图,可知起始状态 001 的下一状态未定义,起始状态 010 的下一状态为 110,011 的下一状态为 010,

100 的下一状态未定义,101 的下一状态为 111,110 的下一状态为 101,111 的下一状态为 011。

表 E7.2.1　状态转移表

| 当 前 状 态 | | | | 后 一 状 态 | | | |
|---|---|---|---|---|---|---|---|
| 编码 | $S_2$ | $S_1$ | $S_0$ | 编码 | $S_2$ | $S_1$ | $S_0$ |
| 0 | 0 | 0 | 0 | * | * | * | * |
| 1 | 0 | 0 | 1 | * | * | * | * |
| 2 | 0 | 1 | 0 | 6 | 1 | 1 | 0 |
| 3 | 0 | 1 | 1 | 2 | 0 | 1 | 0 |
| 4 | 1 | 0 | 0 | * | * | * | * |
| 5 | 1 | 0 | 1 | 7 | 1 | 1 | 1 |
| 6 | 1 | 1 | 0 | 5 | 1 | 0 | 1 |
| 7 | 1 | 1 | 1 | 3 | 0 | 1 | 1 |

设计第二步,选择某种类型的触发器作为记忆单元,根据触发器类型设计组合逻辑电路,如图 E7.2.3 所示。该计数器没有输入激励变量,只有驱动时钟,要求在时钟边沿实现状态转

移,状态记忆单元的状态量在这里可以直接作为输出响应,也可通过组合逻辑运算单元的作用后作为输出响应。可选用的触发器除了 D 触发器之外,另外一个常见的典型触发器为 JK 触发器,选用不同的触发器作为状态记忆单元,状态记忆单元之外的组合逻辑电路设计则有不同。本教材只分析了 D 触发器的功能,这里选择 D 触发器。D 触发器的功能是在时钟沿位置实现数据的传输,因而对图 E7.2.3 中的组合逻辑电路提出如下要求:在时钟沿来临之前,将下一个状态量准备好,时钟沿到来后,直接打入 D 触发器,下一个状态量则可直接输出。通过上述分析,可给出组合逻辑电路的真值表如表 E7.2.2 所示,组合逻辑电路的输入就是 3 个 D 触发器的当前状态量 $S_2 S_1 S_0$,其

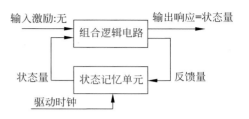

图 E7.2.3 时序逻辑电路原理框图

输出(反馈量)直接连接到 3 个 D 触发器的输入端 $D_2 D_1 D_0$,它必须是下一个状态量,以确保时钟沿到来之后,可以直接将 $D_2 D_1 D_0$ 打入 D 触发器,使其输出端显现出下一个状态量。

表 E7.2.2 组合逻辑电路的真值表

| 组合逻辑电路输入 | | | | 组合逻辑电路输出 | | | |
|---|---|---|---|---|---|---|---|
| 当前状态量 | | | | 下一状态量作为反馈量加载到 D 触发器输入端 | | | |
| 编码 | $S_2$ | $S_1$ | $S_0$ | 编码 | $D_2$ | $D_1$ | $D_0$ |
| 0 | 0 | 0 | 0 | * | * | * | * |
| 1 | 0 | 0 | 1 | * | * | * | * |
| 2 | 0 | 1 | 0 | 6 | 1 | 1 | 0 |
| 3 | 0 | 1 | 1 | 2 | 0 | 1 | 0 |
| 4 | 1 | 0 | 0 | * | * | * | * |
| 5 | 1 | 0 | 1 | 7 | 1 | 1 | 1 |
| 6 | 1 | 1 | 0 | 5 | 1 | 0 | 1 |
| 7 | 1 | 1 | 1 | 3 | 0 | 1 | 1 |

根据真值表 E7.2.2,分别针对 3 个输出 $D_2$、$D_1$ 和 $D_0$,对应有如下的卡诺图。

| $D_2$ $\diagdown$ $S_0$ | | |
|---|---|---|
| $S_2 S_1$ | 0 | 1 |
| 00 | * | * |
| 01 | 1 | 0 |
| 11 | 1 | 0 |
| 10 | * | 1 |

| $D_1$ $\diagdown$ $S_0$ | | |
|---|---|---|
| $S_2 S_1$ | 0 | 1 |
| 00 | * | * |
| 01 | 1 | 1 |
| 11 | 0 | 1 |
| 10 | * | 1 |

| $D_0$ $\diagdown$ $S_0$ | | |
|---|---|---|
| $S_2 S_1$ | 0 | 1 |
| 00 | * | * |
| 01 | 0 | 0 |
| 11 | 1 | 1 |
| 10 | * | 1 |

由卡诺图可知,组合逻辑电路需要完成的逻辑功能为

$$D_2 = \overline{S_0} + \overline{S_1} = \overline{S_0 \cdot S_1}$$

$$D_1 = \overline{S_2} + S_0 = \overline{S_2 \cdot \overline{S_0}}$$

$$D_0 = S_2$$

　　于是组合逻辑电路设计完毕,将该组合逻辑电路和 3 个状态记忆单元(D 触发器)连接,即可形成我们需要的计数器(时序逻辑电路),如图 E7.2.4 所示。其中,组合逻辑电路在时钟上升沿到来前,将下一个状态计算出来并送到 D 触发器的输入端,时钟上升沿到来后,则直接打入 D 触发器,D 触发器输出状态转移到下一状态,之后组合逻辑电路再计算下一个状态并送至 D 触发器输入端,等候时钟边沿来临。

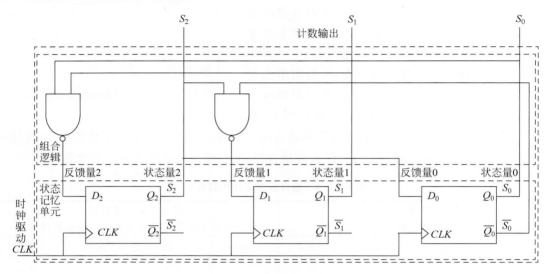

图 E7.2.4　计数器:门级电路设计

　　**练习 7.2.5**　例 7.2.1 设计的五状态计数器,采用 3 个 D 触发器作为状态记忆单元。3 个 D 触发器共有 8 个状态,其中只有 5 个是预设状态,还有剩余的 3 个状态是不用的,请同学确认剩下的 3 个状态可以并入到设计状态转移图中,进入五状态转移图后则可进入正常计数循环。如果剩余的 3 个状态不能并入五状态循环计数状态转移图,就有可能出现开机启动后,无法进入正常计数循环的问题。请确认是否存在这个问题,如果有则需要对设计进行修正,使得剩余的 3 个状态可自行进入到五状态计数循环圈中。

　　**练习 7.2.6**　请采用和例 7.2.1 完全相同的步骤,用 D 触发器设计一个 4bit 的十计数器,其状态转移为 0-1-2-3-4-5-6-7-8-9-…,循环计数输出。设计结束后,确认在设计之外的剩余的状态可并入到状态图计数循环圈中。

　　**练习 7.2.7**　请用 D 触发器实现二分频,如图 E7.2.5 所示的那样,输出波形是输入波形的二分频波形。

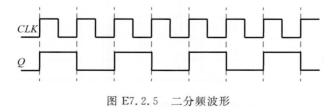

图 E7.2.5　二分频波形

　　**练习 7.2.8**　分析确认用四个二分频器的级联可实现 0~15 的循环计数。

　　**练习 7.2.9**　时钟 CLK 波形为方波,画出如图 E7.2.6 所示两个电路的时序图,由输出 S 的波形图说明其电路功能。

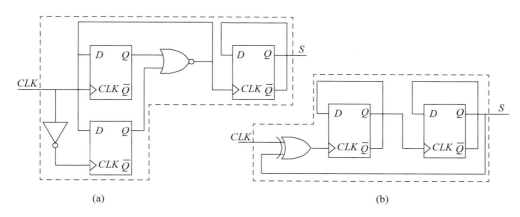

图 E7.2.6　两个时序逻辑电路

**练习 7.2.10**　请设计一个时序逻辑电路,完成如图 E7.2.7 所示的状态转移。其中 $M$ 是模式控制字,$M=0$ 时按 00-10-11-01-… 顺序循环计数,$M=1$ 时按 00-01-11-10-… 顺序循环计数。

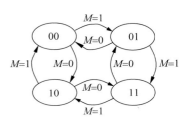

图 E7.2.7　状态转移图

### 7.2.6　存储器

用于存储信息的设备或器件被称为存储器(memory),存储器存储的信息可在其后的某个时间段内被读取使用。

存储器按存储介质(storage media)分类,包括半导体存储器(semiconductor memory)、磁介质存储器(magnetic storage,磁带 magnetic tape、软盘 floppy disk、机械硬盘 hard disk 等)、根据反射率差异利用激光进行读写的光盘(optical disc)、以卡带等形式呈现的纸质存储器(paper data storage)等。本节只讨论半导体存储器。

按存取方式(accessibility)分类,存储器可分为随机存取(random access)和顺序存取(sequential access)两种。随机存储器存储的内容能被随机存取,与具体物理位置无关,如 RAM(Random Access Memory)。而顺序存储器则只能按某种顺序存取,存取时间与单元位置有关,如 FIFO(First In First Out)和 LIFO(Last In First Out)。

按读写功能(read/write mutability)分类,可分为只读存储器 ROM(Read Only Memory)和可读可写存储器 RWM(Read Write Memory),前面的 RAM、FIFO、LIFO 均属可读可写存储器。

按掉电后信息是否挥发(volatility)而不可恢复来分类,可分为易失性存储器(Volatile Memory)和非易失性存储器(Non-Volatile Memory)。前面的 RAM、FIFO、LIFO 属易失性存储器,掉电后存储单元内的信息丢失,而 ROM 则属非易失性存储器,掉电后内部存储信息并不会丢失,加电后原信息可完全恢复。ROM 是只读的非易失存储器,可读可写的非易失半导体存储器包括 PROM(Programmable ROM,可编程 ROM)、EPROM(Erasable PROM,紫外线擦除,允许重复擦除和编程写入)、$E^2PROM$(Electrically Erasable PROM)、FLASH(闪存,与 $E^2PROM$ 类似,属电可擦除,FLASH 可用于实现固态硬盘)和 FeRAM(Ferroelectric RAM,铁电存储器,利用铁电电容的滞回特性形成非易失的记忆)等。

按计算机存储架构(storage hierarchy)分类,可分为与 CPU 一体集成的寄存器(Processor

Registers)，及高速缓存（Cache）、主存（Main Memory）和辅存（Auxiliary Memory）。其中，寄存器寄存 CPU 正在操作的数据或指令，高速缓存则缓存当前指令前后已经、正在或将要存取的指令和数据，而主存则存放计算机或将调用的大量的程序和数据，外存则存放系统程序、大型数据文件及数据库。主存和 CPU 同步加电，CPU 随时调用主存内的数据或程序，外存可在获得数据读写请求后启动运转。寄存器需要在一个 CPU 周期内完成读写，多采用主时钟直接驱动的 D 触发器实现，而高速缓存则多采用 SRAM（Static RAM）以确保高速存取，主存多采用 DRAM（Dynamic RAM）以确保低成本和大容量，辅存通常也称为外存（External Memory），多为大容量的硬盘。寄存、缓存、主存、外存，读写速度依次递减，而容量则依次递增。

　　显然容量和读写速度是描述存储器性能的重要指标。容量是存储器可以存储的比特数或字节数，其单位如 kbyte，Mbyte，Gbyte 等。读写速度是时序关系中的一个重要参数，表明存储器需要多长的时间才能完成读或写的操作。

**1. 寄存器**

　　所谓寄存，就是暂存，便于之后的快速调用。访问寄存器是计算机系统获得操作数据的最快途径。

　　图 7.2.13 是一个 4bit 的基本寄存器，由四个 D 触发器构成，$W$（Write）连接在 $CLK$ 端，在 $W$ 的上升沿，4bit 的输入数据 $I_3 I_2 I_1 I_0$ 被打入，显现在输出端 $O_3 O_2 O_1 O_0$，这些数据就暂存在这里，只要 $W$ 没有上升沿变化，输入端的任何变化都不会影响到输出端，输出端的数据却可以在其后的时间内被随时取用，直至新的写入（$W$ 上升沿）改变这些数据。

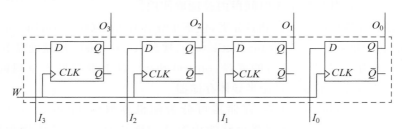

图 7.2.13　基本寄存器结构

**练习 7.2.11**　图 E7.2.8 是 4bit 的移位寄存器，请分析其移位寄存功能。

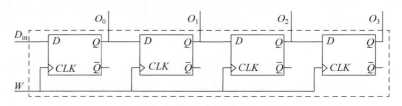

图 E7.2.8　移位寄存器结构

**2. RAM 阵列结构**

　　如果采用主从结构的 D 触发器，每个 D 触发器则需要近 20 个晶体管，换句话说，1bit 的记忆需要 20 个左右的晶体管，显然寄存方式实现的存储器成本过高。当需要大容量的存储单元处理数据时，寄存方式并不适当，大容量半导体存储器采用的是阵列结构，如图 7.2.14 所示，这是 RAM 的典型阵列结构，阵列中的每一个记忆单元 cell 均可存储一个比特，或 0 或 1，其中,实现每个 1bit 记忆单元 cell 使用的晶体管个数远低于 D 触发器的 20 个。

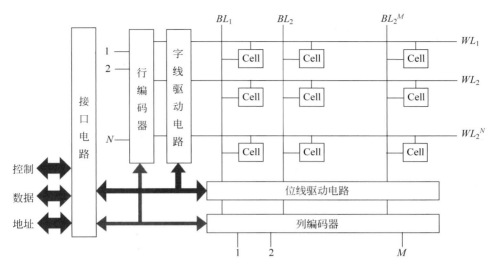

图 7.2.14　RAM 阵列结构

每个 cell 有两组线对外连接,一组线被称为字线(word line),用于控制 cell 对外是打开的还是关上的,打开则允许外部对其进行写入或读出操作,如果关上,它则独立于外界,只要不掉电,其内部记忆数据将保持不变。另一组线是位线(bit line),在写数据时,如果需要写 1,位线则被位线驱动电路置 1,如果需要写 0,位线则被驱动电路置 0,在读数据时,驱动电路从位线读取电平,超过某个阈值则认为该 cell 内存的是 1,如果低于该阈值则认为 cell 内存的是 0。

注意,这里字线和位线都有驱动电路,字线驱动电路用于驱动记忆单元的开启与关闭,位线驱动电路则通过对位线置 1 置 0 写数据,通过比较位线电平读数据。那么到底是哪个 cell 被选中写入数据或读出数据呢? 显然需要编码,这里有 N 位行编码器和 M 位列编码器,可以选中 $2^N \times 2^M$ 中的任意一个 cell,对其进行读写操作。

读写操作需要外部电路如 CPU 对其进行读写控制,控制线、数据线、地址线通过接口电路实现对 RAM 数据的写入或读取。

舍弃 D 触发器作为存储单元而采用阵列结构实现 RAM 的主要原因在于现代集成电路系统对存储器的需求很大,很多集成电路内部的绝大部分面积都是被存储器所占用,很多信息处理系统需要大量的内存用于数据处理。对于集成电路而言,面积就是成本,面积越大成本就越高。为了降低成本,就需要降低每个记忆单元的面积。如果采用 D 触发器实现记忆单元,则需 20 个左右的晶体管实现 1bit 记忆,而采用阵列结构后,实现 1bit 记忆的 cell 的晶体管个数会迅速下降,例如用 6 个晶体管可实现 SRAM 的 cell,用 4 个、3 个、2 个或 1 个晶体管可实现 DRAM 的 cell。由于一个记忆单元需要的晶体管个数少了,就可以用相同的面积实现更多的记忆单元,存储器的存储容量可以大大扩展。

虽然阵列结构降低了存储器实现的面积和成本,但它是有代价的,它是通过降低记忆单元的某些数字特性来实现高密度的记忆单元,如噪声容限降低,它很容易受到外界干扰,其扇出能力将会降低,难以有效驱动后级电路,等等。既然阵列结构使得记忆单元的某些数字电路特性变差,那么就必须有良好的驱动电路和接口电路,确保这些单元能够维持正常记忆,隔离外部环境对其的影响,通过驱动电路和接口电路可将变坏了的特性补偿回来,代价是读写速度变慢了很多。

### 3. SRAM

图 7.2.15(a)是 SRAM 典型的六管结构 cell,其原理如图 7.2.15(b)所示,其核心是两个反相器头尾环接构成的基本双稳记忆单元,并通过两个晶体管开关和外部连接,两个开关的通断由字线控制。如果要写入逻辑 0、1,字线置高电平将开关闭合,然后在位线上置 0 或置 1,等待基本双稳单元状态锁定后,字线置低电平,记忆单元锁存(记忆)数据保持不变。如果要读数据,仍然是字线置高电平将开关闭合,记忆单元通过开关连通位线,位线驱动电路读取位线电平,判断其数据是 0 或 1,确定记忆数据之后,字线置低电平将开关断开,记忆单元和外界隔离,保持其记忆数据不变。为了确保数据读取速度和稳定性,位线采用差分结构。

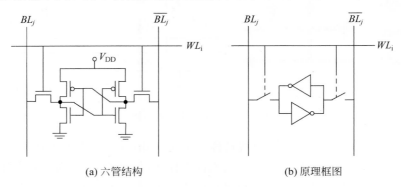

(a) 六管结构　　　　　　(b) 原理框图

图 7.2.15　SRAM 的六管 cell

### 4. DRAM

SRAM 通过正反馈机制形成双稳记忆,只要不掉电其状态记忆则自行锁死在 0 或 1。但是 DRAM 却通过电容的电荷存储形成记忆,电容电荷会发生变化,在没有读写操作时,电容虽然被开关隔离,但仍然不可避免地存在着泄漏电流对电容的放电,电容电荷并不能长期保持,在进行读操作时,电容电荷和位线电荷会重新分布,其电荷量也会发生变化。由于 DRAM 的记忆是电容电荷量,为了保持可区分的 0、1 记忆,DRAM 需要经常性地动态刷新,使得其电荷量维持在一定水平上,才能稳定可区分的 0、1 记忆,这也是 DRAM 名称的来由。

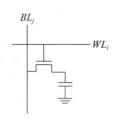

图 7.2.16　DRAM 的单管 cell

图 7.2.16 是 DRAM 的单管 cell 示意图,一个 cell 只需一个晶体管和一个电容。电容用来实现记忆,而晶体管实现的是开关功能,用来控制电容和位线的通断,开关断开则隔离,电容保持记忆,开关闭合电容和位线则连接,电荷重新分配,从而可以完成读写操作。写操作时,只需将 0、1 电平置于位线即可对电容充放电,把逻辑 0、1 写入,之后开关断开即可保持记忆。注意位线是一条长线,有很大的对地寄生电容,因而读操作其实就是感应记忆电容和位线电容的电荷重新分布情况,如果记忆电容原始电荷量大,开关闭合电荷重新分布后位线电压高,则认为内部记忆为逻辑 1;如果记忆电容原始电荷量小(理想情况没有),开关闭合电荷重新分布后位线电压低,则认为内部记忆为逻辑 0。电荷的重新分布会导致记忆电容的电荷量发生变化,因而读操作后,立即就应再做一次回写操作(刷新),将读取的逻辑重新写回,确保电容记忆不变。

显然,DRAM 的控制电路要复杂一些,因为它必须通过经常性的动态刷新,即读出再回写以保持记忆。

**5. NVM**

前面讨论的寄存器和 RAM 都是易失性存储器(Volatile Memory),系统掉电后记忆挥发,重新加电后内部状态不定,需要重新写入后才能确定。在很多时候,我们需要非易失性存储器 NVM,系统掉电后记忆不会丢失,重新上电后 NVM 中的状态记忆不会改变。

图 7.2.17 给出了几种 NVM cell 的示意简图:①MASK ROM,开关一端接位线,另一端接地代表记忆 0,悬空代表记忆 1。MASK ROM 属一次性编程的 PROM,生产商在批量流片生产过程中完成一次性编程,编程后存储信息不可更改。②EPROM 和 FLASH 属浮栅结构。通常的晶体管用一个栅极控制沟道,浮栅结构则有两个栅极,其中一个栅极浮空,可以通过某种物理机制对浮栅上的电荷(自由电子)进行控制,浮栅上不同电荷量的自由电子会导致沟道有不同的导通性质,由导通性质判断其 0、1 记忆状态。$E^2PROM$ 也是浮栅结构,但其工作需要多用一个晶体管。③FeRAM 的结构和 DRAM 差不多,这里的电容是铁电电容,由铁电材料的滞回保持特性形成非易失的记忆。

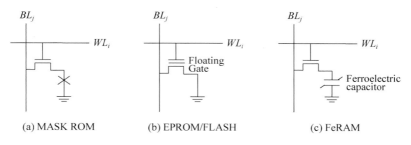

(a) MASK ROM　　　(b) EPROM/FLASH　　　(c) FeRAM

图 7.2.17　NVM cell

**6. 半导体存储器对比**

表 7.2.1 对前述的常用的半导体存储器进行了总结,从数据易失性,是否需要刷新操作,基本单元结构(单元密度,成本),功耗高低,读取速度,写入速度,供电电源,应用范例等方面进行了比对。

表 7.2.1　半导体存储器特性

|  | DRAM | SRAM | EPROM | $E^2PROM$ | FLASH | FeRAM |
|---|---|---|---|---|---|---|
| 数据易失性 | 是 | 是 | 否 | 否 | 否 | 否 |
| 刷新操作 | 需 | 不需 | 不需 | 不需 | 不需 | 不需 |
| 单元结构 | 1T+1C | 6T | 1T | 2T | 1T | 1T+1C |
| 单元密度 | 高 | 低 | 高 | 低 | 高 | 高 |
| 功耗 | 高 | 高/低 | 低 | 低 | 低 | 高 |
| 读取速度 | 50ns | 10~70ns | 50ns | 50ns | 50ns | 100ns |
| 写入速度 | 40ns | 5~40ns | $10\mu s$ | 5ms | $10\mu s$~1ms | 100ns |
| 成本 | 低 | 高 | 低 | 高 | 低 | 低 |
| 系统内写入 | 可 | 可 | 否 | 可 | 可 | 可 |
| 供电电源 | 单 | 单 | 单 | 多 | 单 | 单 |
| 应用例 | 主存 | 缓存 | 游戏机 | ID 卡 | U 盘 | 照相机 |

其中,单元结构决定单元密度,也决定了成本,显然 SRAM 用的晶体管数目最多,其密度最低,成本最高。其次是 $E^2PROM$,用了两个晶体管,其他的存储器只用一个晶体管,DRAM

和 FeRAM 还会用到电容。DRAM 功耗高的原因是它需要经常性地刷新操作。$E^2$PROM 的缺点是写操作太慢,且需要多电源供电。EPROM 的缺点是无法在系统内写入擦除,需要从系统拿出用紫外线擦除数据。

### 7.2.7　数字系统综合

信息处理系统以信号处理的形式完成信息处理,数字系统综合则是将某种信号处理的要求转换成数字电路的实现。

如表 7.2.2 所示,数字系统综合大体可分为 4 个层次:体系结构级综合、逻辑级综合、电路级综合和版图级综合。不管是哪个层次的综合,都需要经过相同的过程,那就是将行为描述转换为结构描述。

表 7.2.2　数字系统综合

| | 体系结构级 | 逻辑级 | 电路级 | 版图级 |
|---|---|---|---|---|
| 行为描述 | for i=1:100<br>　　sum=sum+a[i] ∗ b[i]<br>end | | <br>$Z=\overline{A \cdot B}$ | |
| 结构描述 | | | | |

(1) 体系结构级综合:例如我们希望完成两个数组矢量的内积,其计算机语言描述如表 7.2.2 所示,这是我们期望实现的信号处理过程,这就是行为描述,这个行为描述需要转化为结构描述。实现该信号处理的结构是一个计算机处理器的基本结构,包括 ALU (Arithmetic Logic Unit,数学逻辑运算单元,实现基本的数学运算和逻辑运算)、MEM (memory,存储器,保存计算数据)、FSM(Finite State Machine,有限状态机,实现控制流程)。这些模块的有效配合,可以实现上述乘法和累加运算。例如,FSM 给出不同状态,每一个状态完成一个动作,如从 MEM 中将 $a$ 取出置入寄存器 1,再从 MEM 中将 $b$ 取出置入寄存器 2,然后 ALU 中的乘法器完成 $a$ 和 $b$ 的相乘,再完成累加,存于寄存器中,循环结束后,将计算结果送回 MEM,这个过程需要严格的时序控制,精心设计的计算机处理器结构可以完成所有上述时序控制和运算功能。

(2) 逻辑级综合:对处理器中的 FSM、ALU 等模块进行逻辑级设计,首先需要将 FSM、ALU 的行为描述清晰,如表 7.2.2 中给的状态转移图描述的是一个 FSM 控制流程,将此状态转移图转化为逻辑门级电路和记忆单元的连接,就完成了逻辑级综合。

(3) 电路级综合:逻辑级综合实现了门级电路,例如需要实现一个与非门功能,电路级综合的行为描述就是两个逻辑变量的与非运算功能,其结构描述则是 4 个 CMOS 晶体管开关的串并连接关系。

（4）版图级综合：版图级综合的行为描述是晶体管的连接关系，结构描述则是晶体管的物理结构及其连接关系的具体版图实现。

版图级综合完成后，经检查无误则可流片制作形成该信号处理器，配合外围的存储器、主板和操作系统，形成的数字信号处理系统则可完成需要的信号处理功能。

## 7.3　习题

**习题 7.1**　数的表示。我们日常熟悉且使用的是十进制数，它需要 0123456789 十个数字符号表述，而数字系统处理的数据则采用二进制数，只需 0、1 两个数字符号表述。二进制位数太多，不易一目了然，为了方便表述，多采用十六进制方便描述，用 0123456789ABCDEF 十六个字符表述。在有些数字系统尤其是数字显示系统中，多用 BCD 码，BCD 码就是使用 4 位二进制数表示十进制数。下表给出了 0~18 的十进制、二进制、十六进制和 BCD 码表述，请填写剩余空格。

| 十 进 制 数 | 二 进 制 数 | 十六进制数 | BCD 码 |
|:---:|:---:|:---:|:---:|
| 0 | 0 | 0 | 0000 |
| 1 | 1 | 1 | 0001 |
| 2 | 10 | 2 | 0010 |
| 3 | 11 | 3 | 0011 |
| 4 | 100 | 4 | 0100 |
| 5 | 101 | 5 | 0101 |
| 6 | 110 | 6 | 0110 |
| 7 | 111 | 7 | 0111 |
| 8 | 1000 | 8 | 1000 |
| 9 | 1001 | 9 | 1001 |
| 10 | 1010 | A | 0001 0000 |
| 11 | 1011 | B | 0001 0001 |
| 12 | 1100 | C | 0001 0010 |
| 13 | 1101 | D | 0001 0011 |
| 14 | 1110 | E | 0001 0100 |
| 15 | 1111 | F | 0001 0101 |
| 16 | 10000 | 10 | 0001 0110 |
| 17 | 10001 | 11 | 0001 0111 |
| 18 | 10010 | 12 | 0001 1000 |
| 19 | | | |
| 20 | | | |
| ... | ... | ... | ... |
| 76 | | | |
| ... | ... | ... | ... |
| 100 | | | |
| ... | ... | ... | ... |
| 135 | | | |

**习题 7.2** 时序图。逻辑变量随时间变化的波形图被称为时序图。时序逻辑电路一般会给出其时序图以直观理解其功能,组合逻辑电路也可采用时序图说明其逻辑运算功能。在这里,真值表、逻辑表达式、逻辑级电路图和时序图四种表述方式等效且可相互转换。图 E7.3.1(a)画出了或门的时序图,请给出与门的时序图。对于图 E7.3.1(b)所示的三输入表决器时序图,请描述其表决规则,画出其真值表,用卡诺图化简逻辑表达式,给出门级电路和 CMOS 晶体管级电路实现方案。

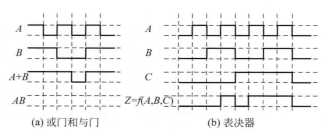

(a) 或门和与门          (b) 表决器

图 E7.3.1　组合逻辑电路的时序图

**习题 7.3** 门控时钟。CMOS 数字电路静态功耗很低,动态功耗相对则很大。动态功耗指的是门电路逻辑由 0 变 1 或由 1 变 0 对电容充电和放电导致电荷自电源到电容再由电容到地流失而消耗电能,显然 CMOS 数字电路的动态功耗和时钟频率成正比关系,因为时钟频率越高,数字电路 01 逻辑翻转越频繁,电荷转移就越频繁,功耗就越大。故而在某些电路功能不需要时,其时钟应该关停,这被称为门控时钟。图 E7.3.2 是门控时钟的时序图,请给出该门控时钟的电路实现方案。

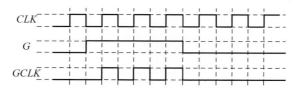

图 E7.3.2　门控时钟

**习题 7.4** 逻辑化简。同一逻辑功能可能有很多实现方案,在大多数情况下,我们期望用尽可能少的逻辑门或晶体管实现方案以降低电路成本。图 E7.3.3 是某同学实现的一个逻辑电路,请分析其逻辑功能,给一个等价的电路实现方案,用尽可能少的门级电路,如果用 CMOS 晶体管级实现,如何实现用的晶体管数目最少?

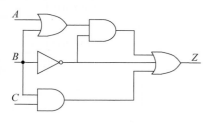

图 E7.3.3　某组合逻辑电路

**习题 7.5** 德摩根律。对于更多输入变量,德摩根律形式不变,如三输入变量的德摩根律表达式为

$$\overline{A \cdot B \cdot C} = \overline{A} + \overline{B} + \overline{C} \qquad (E7.3.1a)$$

$$\overline{A + B + C} = \overline{A} \cdot \overline{B} \cdot \overline{C} \qquad (E7.3.1b)$$

德摩根律表明与门和或门可以相互替换。有时我们可以用德摩根律进行电路化简,例如,对于图 E7.3.4(a)所示全用与非门实现的逻辑电路,要求列写其逻辑表达式,可以依据德摩根律直接在电路图上进行简化,如图 E7.3.4(b)所示,通过将"与非门"重画为"非或门",再利用双反律将一条连接线上的两个圆圈(代表非运算)去除,则可

获得如图 E7.3.4(c)所示电路,由该电路可直接写出其逻辑表达式为 $Z=AC+B\overline{C}$,进而判断其功能为双路选择功能。请用类同的方法,采用两输入的与非门实现如图 E7.3.1(b)所示的表决器电路。

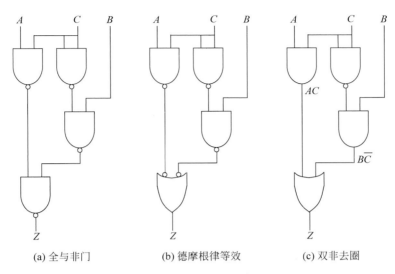

(a) 全与非门  (b) 德摩根律等效  (c) 双非去圈

图 E7.3.4 与非门实现的双路选择器

**习题 7.6** 异或和同或。异或和同或(异或非)运算用于比较两个逻辑电平是否一致,因而可以用来实现比较功能。请设计一个如图 E7.3.5 所示的比较器,其输入为二进制数 $A=A_1A_0$ 和 $B=B_1B_0$,如果 $A>B$,则 $G=1$,如果 $A=B$,则 $E=1$,如果 $A<B$,则 $L=1$,其他情况 $G$、$E$、$L$ 均为 0。请给出逻辑级电路,允许使用同或门和异或门及与、或、非门。

**习题 7.7** 格雷码。卡诺图表格顺序采用了格雷码排序以方便合并。格雷码连续两个码字之间只有一位变化,最后一个码字和第一个码字也是只有一位变化,故而又称循环码。格雷码编码可减少通信错误,也可用于降低逻辑电平的翻转率。图 E7.3.6 是用异或门实现的 4bit 二进制码和格雷码转换器,可将二进制码转换为格雷码,将格雷码转换为二进制码。(1)请根据两个转换电路,列表写出

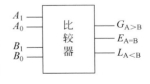

图 E7.3.5 比较器

4bit 格雷码和二进制码的对应关系,确认相邻两个码字之间只有 1 位之差。(2)请设计 3bit 格雷码译码电路和编码电路,并列表给出 3bit 格雷码和二进制码的对应关系。

**习题 7.8** 互换。仔细研究格雷码编码电路和译码电路,发现逻辑变量异或再异或同一变量则恢复如初,如 $B_2=G_2\oplus G_3=(B_3\oplus B_2)\oplus B_3$,$B_2$ 两次和 $B_3$ 异或后恢复为 $B_2$,原因在于 $(B_3\oplus B_2)\oplus B_3=B_3\oplus B_2\oplus B_3=B_2\oplus B_3\oplus B_3=B_2\oplus(B_3\oplus B_3)=B_2\oplus 0=B_2$,基于此分析,假设两个 8bit 数 $A=A_7A_6A_5A_4A_3A_2A_1A_0$ 和 $B=B_7B_6B_5B_4B_3B_2B_1B_0$,定义它们的异或是对应位比特的异或,并假设某计算机高级语言可以识别异或运算符,请分析该高级语言执行完如下操作后,获得什么结果。

$$A = A \oplus B$$
$$B = B \oplus A$$
$$A = A \oplus B$$

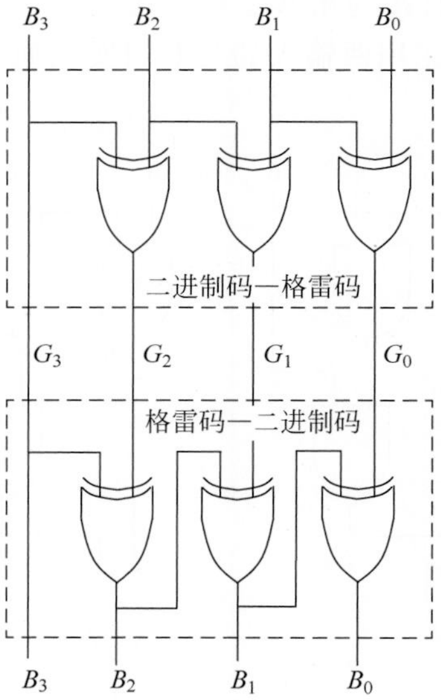

| 二进制码 | 格雷码 |
|---|---|
| $B_3B_2B_1B_0$ | $G_3G_2G_1G_0$ |
| 0000 | |
| 0001 | |
| 0010 | |
| 0011 | |
| 0100 | |
| 0101 | |
| 0110 | |
| 0111 | |
| 1000 | |
| 1001 | |
| 1010 | |
| 1011 | |
| 1100 | |
| 1101 | |
| 1110 | |
| 1111 | |

图 E7.3.6  4bit 格雷码编码器和译码器

**习题 7.9**  加法器。7.1.7 节给出了 8bit 加法器电路,它可由 1bit 全加器级联形成。如果允许使用异或门,请确认如图 E7.3.7 所示电路可实现 1bit 全加器功能。

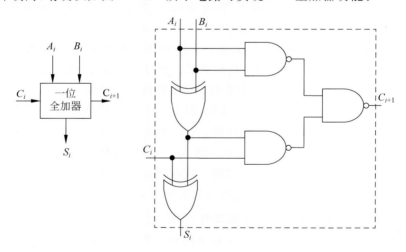

图 E7.3.7  1bit 全加器电路

**习题 7.10**  加法运算和减法运算。对于 8bit 加法器电路,我们在该电路基础上添加如图 E7.3.8 所示异或门电路,说明该电路可通过控制位 $AS$ 实现加减控制:当 $AS=0$ 时实现加法运算 $S=A+B$,当 $AS=1$ 时实现减法运算 $S=A-B$。

**习题 7.11**  4bit 的 BCD 码加法器。现希望实现两个 4bit 的 BCD 码相加,可以用两个 4bit 二进制加法器实现,如图 E7.3.9 所示。例如:要实现 $6+8=14$ 的运算功能,则 $A=0110$,$B=1000$,于是上侧 4bit 加法器输出为 (0)1110,中间的组合逻辑电路判定计算结果是否大于 9,结论是大于 9,故而输出进位 $C_{out}=1$,该逻辑导致下侧 4bit 加法器需要在和数基础上再加 0110,即加 6,获得更新后的和数 $14+6=20$,即 (1)0100,下侧 4bit 加法器的进位不考虑,于是最终获得的 BCD 和数为 4,同时有进位 $C_{out}=1$。请设计和数大于 9 的判断电路,并分析当和数大于 9 时,为何再加 6 即可修正为希望的 BCD 码输出?

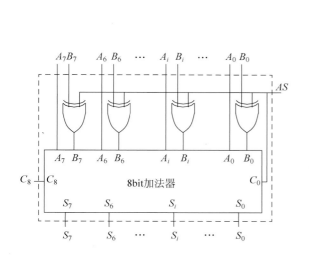

图 E7.3.8　用加法器电路实现加法和减法

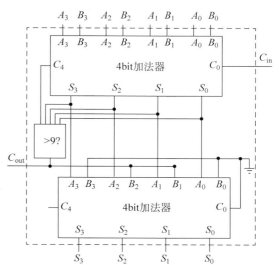

图 E7.3.9　BCD 码加法器

**习题 7.12**　相位检测。如果把逻辑 1 视为电平 $+1$,逻辑 0 视为电平 $-1$,那么异或非(同或)可对应乘法功能:

| 异或非运算 | 对应乘法运算 |
| --- | --- |
| $\overline{0\oplus0}=1$ | $(-1)\times(-1)=(+1)$ |
| $\overline{0\oplus1}=0$ | $(-1)\times(+1)=(-1)$ |
| $\overline{1\oplus0}=0$ | $(+1)\times(-1)=(-1)$ |
| $\overline{1\oplus1}=1$ | $(+1)\times(+1)=(+1)$ |

在 4.6.4 节考察模拟相乘器时,它的一个应用是两个同频正弦波相乘后经过低通滤波器即可获得正弦波相位差信息,这里可以用异或非门的相乘功能获得两个同频方波的相位差。请在图 E7.3.10 空位画出 $C$ 端波形图,假设低通滤波器实现的功能是求平均获得直流分量,请画出方波相位差和滤波器输出电压之间的鉴相特性关系曲线。这里假设异或门是双电源工作,其输出逻辑 1 电平为 $+V_0$,输出逻辑 0 电平为 $-V_0$。

**习题 7.13**　BCD 译码器。译码是将代码如二进制码、BCD 码等转换为单一有效输出。请设计如图 E7.3.11 所示的 BCD 码译码器,它有四个输入端代表 4bit 的 BCD 码输入,它有十个输出端分别代表 0123456789,例如当 $BCD=0110$,那么第⑥输出为 1,点亮相应的灯泡,其他输出为 0。如果输入端超出 BCD 码范围($1010\sim1111$),则要求方案一为十个输出中有两个或以上输出为 1(灯泡亮),表明输入非 BCD 码;方案二为十个输出均为 0(所有灯灭),表明输入非 BCD 码。请给出两种设计方案的逻辑级电路图和 CMOS 晶体管级电路图。

**习题 7.14**　BCD 编码器。编码是译码的逆过程,可以将单一有效输入转换为某种代码。图 E7.3.12 所示为 BCD 码编码器电路。(1)分析:如果十路输入信号只有一路为 1,其他为 0,图示四个或门即可实现 BCD 编码;(2)现希望有一个"编码是否有效"的告示机制:当十路输入信号全为 0,则 $A_1A_0=10$;当十路输入中有两路以上信号出现同时为 1,则 $A_1A_0=01$;当十路输入信号中只有一路信号为 1,则 $A_1A_0=11$,表示此时的编码输出是正常 BCD 编码输出。请给出这个编码有效告示电路的设计方案。

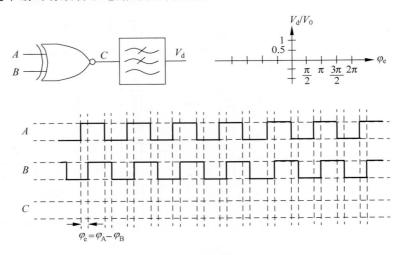

图 E7.3.10  鉴相器的鉴相特性

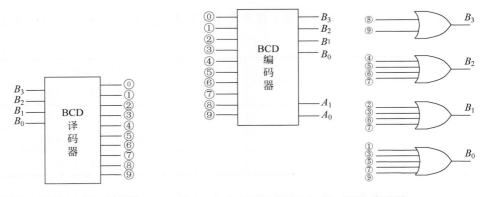

图 E7.3.11  BCD 译码器                    图 E7.3.12  BCD 编码器

**习题 7.15**  优先编码器。有时无须要求多路输入中只能有一个为 1,如果多路输入中有多个 1,则权重大的那路 1 有效,此为优先的含义。下表是 4 线-2 线优先编码器的码表,它将多位输入 $I_3I_2I_1I_0$ 编码为少位输出 $O_1O_0$。此编码器同时输出有效位 $V$ 指示:当 $V=1$ 时则表示输出 $O_1O_0$ 有效:输出 $O_1O_0$ 为输入 $I_3I_2I_1I_0$ 中权重最大的 1 出现在哪个位置;当 $V=0$ 时则表示输出 $O_1O_0$ 无效:此时输入 $I_3I_2I_1I_0$ 全零(没有 1 出现)。请画出该编码器的卡诺图,并用标准 CMOS 门电路格式(上 PMOS 下 NMOS)实现图 E7.3.13 方框内部电路。

**习题 7.16**  血型匹配。人的血型有四种,A 型、B 型、AB 型和 O 型。一般情况下,应同型血输血,紧急情况下,可异型血输血。如图 E7.3.14(a)所示,图中实线箭头代表危险性低的同型血输血,虚线箭头代表危险性高的异型血输血。无论同型血输血,还是异型血输血,都应先进行交叉配血实验以确保输血安全。请设计一个血型匹配电路,其输入为授血者血型和受血者血型,血型编码如图 E7.3.14(b)所示。血型匹配器输出有三种情况,分别为"同型血可配(实线连接)、异型血可配(虚线连接)、异型血不可配(无线连接)",其输出编码如图 E7.3.14(c)定义。

| 4输入 | | | | 2输出 | | 有效指示位 |
|---|---|---|---|---|---|---|
| $I_3$ | $I_2$ | $I_1$ | $I_0$ | $O_1$ | $O_0$ | $V$ |
| 0 | 0 | 0 | 0 | * | * | 0(无效) |
| 0 | 0 | 0 | 1 | 0 | 0 | 1(有效) |
| 0 | 0 | 1 | * | 0 | 1 | 1 |
| 0 | 1 | * | * | 1 | 0 | 1 |
| 1 | * | * | * | 1 | 1 | 1 |

图 E7.3.13　4-2 优先编码器

(1) 请将图 E7.3.14(d)的真值表补全,其中备注栏缺失可以不填。

(2) 画出血型匹配逻辑的卡诺图,由此给出血型匹配器组合逻辑表达式。

(3) 画出血型匹配器的 CMOS 标准(上 P 下 N)实现方案。

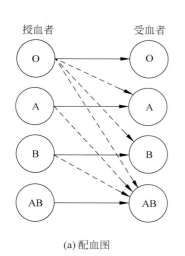

(a) 配血图

| 血型 | 编码 |
|---|---|
| O | 00 |
| A | 10 |
| B | 01 |
| AB | 11 |

(b) 血型编码

| 配血 | 编码 | 可配性 |
|---|---|---|
| 同型血可配 | 11 | √ |
| 异型血可配 | 10 | v |
| 异型血不可配 | 0* | × |

(c) 配血可行性

| 授血者 | | 受血者 | | 配血器输出 | | 备注 |
|---|---|---|---|---|---|---|
| $D_1$ | $D_2$ | $R_1$ | $R_2$ | $Y$ | $Z$ | (可不填) |
| 0 | 0 | 0 | 0 | 1 | 1 | O→O, √ |
| 0 | 0 | 0 | 1 | 1 | 0 | O→B, v |
| 0 | 0 | 1 | 0 | 1 | 0 | O→A, v |
| 0 | 0 | 1 | 1 | 1 | 0 | O→AB, v |
| 0 | 1 | 0 | 0 | 0 | * | B→O, × |
| 0 | 1 | 0 | 1 | 1 | 1 | B→B, √ |
| 0 | 1 | 1 | 0 | 0 | * | B→A, × |
| 0 | 1 | 1 | 1 | 1 | 0 | B→AB, v |
| 1 | 0 | 0 | 0 | 0 | * | A→O, × |
| 1 | 0 | 0 | 1 | 0 | * | A→B, × |
| 1 | 0 | 1 | 0 | 1 | 1 | A→A, √ |
| 1 | 0 | 1 | 1 | 1 | 0 | A→AB, v |
| 1 | 1 | 0 | 0 | | | |
| 1 | 1 | 0 | 1 | | | |
| 1 | 1 | 1 | 0 | | | |
| 1 | 1 | 1 | 1 | | | |

(d) 真值表

图 E7.3.14　血型匹配器

**习题 7.17** 多路选择器。多路选择器可用于多路数据采集与传输,7.1.10 节用传输开关方案实现多路选择功能,而图 E7.3.15 则是用与或非门实现的四路选择器。(1)请在此电路基础上,添加一个使能输入端 $E$,当 $E=1$ 时正常完成四路选择功能,$E=0$ 时则四路输出均为 0;(2)已有两个四路选择器芯片,在此基础上,如何添加与或非门以实现八路选择?

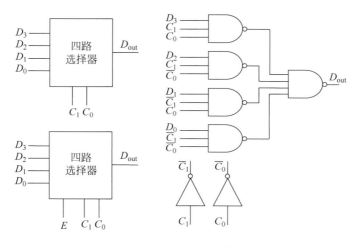

图 E7.3.15　四路选择器

**习题 7.18**　多路分配器。多路分配是多路选择的逆运算,它可将单一数据根据要求分配给某一路输出。请设计一个四路分配器,给出其逻辑电路图和 CMOS 晶体管实现方案。

**习题 7.19**　SR 锁存。我们期望用图 E7.3.16 所示电路图实现如下功能:将 $t_0$ 时刻的输入数据锁存于 SR 锁存器中,便于后续处理。请设计控制 $CS$ 和 $CR$ 的波形,在 $t_0$ 时刻前 $6\mu s$ 时间内启动准备读入,$t_0$ 时刻后输入端 $I_3 I_2 I_1 I_0$ 的任意变化均不能影响输出端 $O_3 O_2 O_1 O_0$。

**习题 7.20**　双模计数器。用 D 触发器作为状态记忆单元,设计一个如图 E7.3.17 所示的双模四状态计数器:其中 $M$ 为模式控制输入端,$CLK$ 为驱动时钟,$S_1 S_0$ 为状态输出端。当模式控制端 $M=0$ 时,计数器实现在 $CLK$ 驱动下的加法计数 $00\rightarrow01\rightarrow10\rightarrow11\rightarrow\cdots$ 四状态循环转移计数;当模式控制端 $M=1$ 时,计数器实现在 $CLK$ 驱动下减法计数的 $11\rightarrow10\rightarrow01\rightarrow00\rightarrow\cdots$ 四状态循环转移计数。设计步骤:(1)画状态转移图;(2)根据状态转移情况画组合逻辑电路的卡诺图,给出组合逻辑电路设计的逻辑表达式;(3)给出该双模计数器逻辑电路设计图,电路图中只需画出逻辑器件符号(与、或、非、或非、与非、异或、异或非等门电路符号均可选用,状态记忆单元选用 D 触发器)及其连接关系即可。

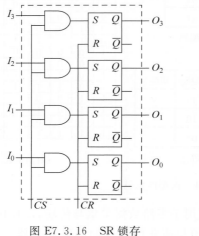

图 E7.3.16　SR 锁存　　　　图 E7.3.17　双模计数器

**习题 7.21**　格雷码计数器。用 D 触发器作为状态记忆单元,设计一个 4bit 格雷码计数器。

**习题 7.22**　已知反相器的输入电压输出电压静态转移特性曲线如图 E7.3.18(a)所示,在中间斜率陡峭区域,扣除直流工作点影响后该反相器的交流小信号电路模型是跨导增益为 $g_m$ 的理想压控流源。请分析图 E7.3.18(b)所示反相器的三种反馈连接方式,在图下空中填写该

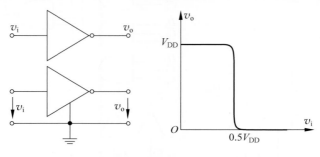

图 E7.3.18(a)　反相器端口定义及输入输出转移特性曲线

反馈连接方式的反相器电路的等效电路,或者填写它们可能具有什么样的电路功能,分析时可考虑反相器中存在的寄生电容导致的特殊效应。当我们用示波器观测这些电路的输出端电压时,示波器显示的波形应该是怎样的,请在旁边图上画出示波器显示波形的示意图。

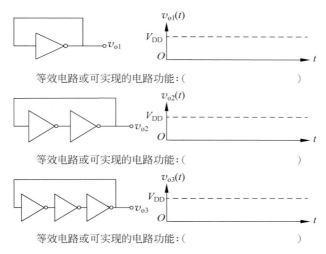

等效电路或可实现的电路功能:(　　　　　　　　　　　　　　)

等效电路或可实现的电路功能:(　　　　　　　　　　　　　　)

等效电路或可实现的电路功能:(　　　　　　　　　　　　　　)

图 E7.3.18(b)　有反馈连接的反相器:可实现的功能,示波器测量的端口波形

# 第8章

# 电容和电感

本书第 2～5 章主要讨论的是电阻电路,其中线性电阻电路和具有单调特性的非线性电阻电路是即时电路,当前输出仅由当前输入决定。非单调的非线性电阻电路如负阻器件可形成记忆功能,当前输出不仅与当前输入有关,还与之前的经历有关,在第 2、5、7 章有对负阻器件(双稳器件)形成状态记忆单元的讨论。本书第 6 章电路抽象中探讨了电阻、电容、电感等基本元件的抽象,指出实际电路的电路模型中这三个电路元件一定都是存在的,换句话说,实际电路都是动态的,只是在某些条件下,如被处理的信号频率比较低时,寄生电容、寄生电感形成的动态效应可忽略不计,又如测试仪器带宽限制使得电路的动态效应无法显现和观测,电路则多被抽象为电阻电路,寄生电容被处理为开路,寄生电感被处理为短路。从本章开始,将详尽分析考察电容、电感导致的动态效应,这些动态效应不能忽视的原因主要是被处理信号的频率超出了电阻电路抽象的适用范围,导致寄生电容、电感效应不可忽视,或者是我们有意识地在电路中添加并利用电容、电感的动态效应完成某些电路功能,例如滤波、延时、振荡等。人为制作的电容容值、电感感值较大且十分稳定,寄生电容、电感一般不很稳定,但正确的建模仍然可以确保它们的动态效应能够与理论分析良好符合。

动态电路是有记忆的电路,当前输出不仅由当前输入决定,还受之前的输入与输出的影响。第 7 章数字逻辑电路中的时序逻辑电路属动态电路,组合逻辑电路属电阻电路。时序逻辑电路可视为组合逻辑电路在反馈路径上添加状态记忆单元形成,相应地,模拟电路中的动态电路可视为电阻电路在反馈路径上添加电容、电感等记忆单元所形成。

动态电路由电阻电路添加记忆单元形成,记忆单元的记忆可视为除了电路系统外加激励之外的电路内在蕴含的激励源,在内外激励源共同作用下,记忆单元的记忆可被修改,从而形成电路的动态特性。电路分析中,记忆单元的记忆,如电容电压(电荷)、电感电流(磁通)、D 触发器 Q 端输出等,均被称为状态,动态电路分析和设计的实质是记忆单元上的状态的转移分析和设计。

动态电路的这种状态随时间的推进而转移的动态行为是一种时域描述,然而对于线性时不变电路,我们更愿意在频域对其动态行为进行设计,原因在于有成熟的数学理论支持,通过傅立叶变换或拉普拉斯变换将动态线性时不变模拟电路的常系数微分方程变换为频域或复频域的代数方程,动态电路分析则转化为犹如电阻电路线性代数分析一样简单,频域分析结束后再通过逆傅立叶变换或逆拉普拉斯变换则可方便地返回时域。同时考虑到诸如滤波等信号处理功能在频域进行设计更加自然,于是频域分析和设计成为线性时不变电路分析和设计的核心要求。

注意到动态电路可视为电阻电路以记忆元件为反馈路径所形成,因而本章首先考察最基本的两个记忆元件,电容和电感。首先考察其基本特性,之后考察动态电路的状态方程时域数值分析方法,由数值法结果感性地认识动态电路时域中的状态转移特性,之后再考察针对线性时不变电路的频域相量分析方法。虽然相量法仅对线性时不变电路可用,但是它却是动态电路分析的最核心方法。应用极为广泛的滤波器是线性时不变电路,相量法分析可获得滤波器的滤波特性,对于非线性电路如放大器、振荡器,也可将它们线性化后用相量法对其进行频域分析。本章将在频域对晶体管高频小信号微分元件模型进行相量法分析,考察晶体管寄生电容对其高频增益的影响。

在本章讨论的基础上,第 9 章将重点考察一阶动态电路及其典型应用,第 10 章重点考察二阶动态电路及其典型应用。更高阶的线性时不变动态电路可分解为一阶、二阶线性时不变动态电路的级联或相加,而高阶的非线性动态电路分析和综合难度很大,只能在其他相关专业课程中具体问题具体分析。

# 8.1 电容和电感的特性

第 6 章电路抽象中,我们讨论了电容、电感元件的抽象,这两个元件的抽象基于时变电场产生磁场(交变电压产生位移电流)、时变磁场产生电场(交变电流产生感生电动势)的电磁转换效应。这种电磁相互转换既可形成自由空间中的电磁传播特性,也可形成导体、介质束缚空间中的电容、电感及其时间滞后效应,换句话说,时变电磁场的相互转换形成了记忆,因为之后的状态(电容电压、电感电流)依赖于之前的状态,是在之前状态基础上转移过来的。

电感和电容是对偶元件,其特性描述也是对偶的,故而下面对电容和电感的讨论是并列的。有时分别描述,有时则只描述电容,电感不予描述,对电感的描述请读者自行补全,只需将对偶量置换即可。表 8.1.1 是相关对偶量。

**表 8.1.1　电容、电感对偶量**

| 电感 | $L$ | $C$ | 电容 |
|---|---|---|---|
| 磁通 | $\varPhi$ | $Q$ | 电荷 |
| 电感电流、回路电流 | $i$ | $v$ | 电容电压、结点电压 |

## 8.1.1　单端口电容和电感

**1. 定义**

1) 电容定义

导体上存在电荷积累和消散的可能,故而有导体存在则有电容效应。电容描述的是导体结点结构积累电荷的能力或者存储电能的能力。电容量 $C$ 等于单位电压作用下导体存储的电荷量大小,

$$C = \frac{Q}{v} \tag{8.1.1a}$$

电容量大小描述的是导体保持自由电荷能力或存储电能能力的大小。所谓自由电荷,就是可移动的电荷,如金属中的自由电子,半导体中的两种载流子。当自由电荷在导体上积累或消散时,电荷在空间形成的电场则随时间变化,这种时变空间电场将形成位移电流,电容可用来描

述导体电荷变化形成的导体间介质空间中电场变化所对应的位移电流大小，

$$i = \frac{\mathrm{d}Q}{\mathrm{d}t} = C \frac{\mathrm{d}v}{\mathrm{d}t} \tag{8.1.2a}$$

公式中的 $i$、$v$ 是抽象出的理想单端口线性时不变电容的端口电流和端口电压，$C$ 是线性时不变电容量。

2) 电感定义

电流产生磁场，磁场穿通该电流回路所在平面(曲面)则形成磁通，故而只要有导线形成电流回路，则必存在电感效应。电感描述的是导线回路结构中流通电流产生和链接磁通的能力或者存储磁能的能力。电感量 $L$ 等于单位电流作用下电流回路所链接的磁通大小，

$$L = \frac{\Phi}{i} \tag{8.1.1b}$$

当导线中有电流 $i$ 流过的时候，该电流产生的磁场 $B$ 就会穿通导线所在平面而形成磁通 $\Phi$。如果电流是时变的，磁通则是时变的，这种时变性将形成感生电动势，以阻碍电流的变化。电感被用来描述因电流(磁场)随时间变化所导致的感生电动势大小，

$$v = \frac{\mathrm{d}\Phi}{\mathrm{d}t} = L \frac{\mathrm{d}i}{\mathrm{d}t} \tag{8.1.2b}$$

电感越大，产生的感生电动势就越大。公式中的 $v$、$i$ 是抽象出的理想单端口线性时不变电感的端口电压和端口电流，$L$ 是线性时不变电感量。

从本章开始，公式中给出的时域电压、电流符号基本上都采用小写符号，这是为了与频域变量、直流变量有所区别。下面做如下规定：① 小写的 $v$、$i$ 代表时域电压、电流信号，多用 $v(t)$、$i(t)$ 表示；② 大写的 $V$、$I$ 有两种含义：一种代表直流电压、电流，经常加下标提示，如 $V_0$、$I_0$ 或 $V_{S0}$、$I_{S0}$ 等，下标 0 一般代表直流工作点或直流；大写符号还可代表复频域信号，如 $V(s)$、$I(s)$，其中 $s$ 是复频率；大写电量符号上打点代表复数相量，如 $\dot{V}(\mathrm{j}\omega)$、$\dot{I}(\mathrm{j}\omega)$，这是频域内对电压相量、电流相量的符号表述。

**2. 平板电容和磁环电感例**

1) 平板电容例

电容量由构成电容的导体及导体周边介质的空间结构决定。图 8.1.1(a)所示平板电容的分析见第 6 章，其容值大小为

$$C = \varepsilon \frac{S}{d} \tag{8.1.3a}$$

其中 $\varepsilon$ 为电容极板间均匀介质的介电常数，$S$ 为极板面积，$d$ 为极板间距。

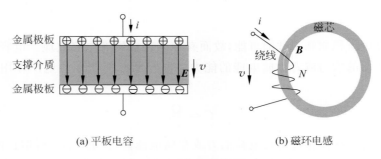

(a) 平板电容      (b) 磁环电感

图 8.1.1 平板电容和磁环电感

2）磁环电感例

电感量由构成电感的导线及导线周边介质空间结构决定。图8.1.1(b)所示磁环电感分析见第6章，其感值大小为

$$L = \mu \frac{S}{p} N^2 \tag{8.1.3b}$$

其中$\mu$为磁通平面（磁环）的磁导率，$S$为绕线环路所围面积（磁环横截面面积），$p$为磁力线等效路径长度（磁环周长），$N$为绕线匝数。

平板电容和磁环电感是人为制作电容、电感的最典型结构。实际电路中，导体结点之间都会存在着某种形式的寄生电容效应，即存在寄生的空间位移电流路径，导线电流回路自身和回路之间都会存在着某种形式的感生电动势寄生电感效应。在较低频率下，它们对所设计电路的影响一般都可以被忽略不计。但是当频率较高时，这些寄生效应的影响一般都不可忽视，电路设计初期就应考虑这些寄生效应的存在，否则设计出的电路会呈现出与设计预期完全不一致的现象，如设计的放大器不具放大作用或者变成了某种形式的振荡器，设计的振荡器不起振，设计的功能电路中出现诸多不清不楚的干扰等。这些难以琢磨的现象在高频、高速电路中十分常见，产生这些现象的原因大多可归结到低频下的开路在高频视角则存在位移电流通路，低频下的短路在高频视角下存在感生电动势。

**3. 电容、电感的三个基本特性**

线性时不变理想单端口电容、电感元件的线性时不变关系如图8.1.2所示。

线性时不变电容的线性体现在电容极板上的电荷量$Q$和电容端口电压$v$之间具有线性比值关系，否则为非线性电容，其时不变特性体现在描述$Q\text{-}v$特性曲线的斜率参量$C$是不随时间变化的常数，否则为时变电容。线性时不变电感同理，其线性体现在电感环面空间中的磁通量$\Phi$和电感端口电流$i$之间具有线性关系，其时不变特性体现在描述$\Phi\text{-}i$特性曲线的参量斜率$L$是不随时间变化的常数，否则分别为非线性电感和时变电感。

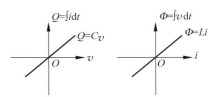

图8.1.2　线性时不变电容、电感

本书重点考察线性时不变电容电感，式(8.1.2)是它们的元件约束方程，可见线性时不变电容和电感实现的信号处理就是简单的线性微分处理。我们从该约束方程来考察电容、电感在进行电信号处理时所具有的三个基本特性：记忆性、连续性和无损性。

1）记忆性

对式(8.1.2)的微分运算进行逆运算，也就是积分运算，有

$$v(t) = \frac{1}{C} \int_{-\infty}^{t} i(\tau)\mathrm{d}\tau = V_0 + \frac{1}{C} \int_{0}^{t} i(\tau)\mathrm{d}\tau \tag{8.1.4a}$$

$$i(t) = \frac{1}{L} \int_{-\infty}^{t} v(\tau)\mathrm{d}\tau = I_0 + \frac{1}{L} \int_{0}^{t} v(\tau)\mathrm{d}\tau \tag{8.1.4b}$$

在对微分运算求逆运算时，积分限从负无穷到当前时间$t$。实际电路中的电容电压（电容电荷）、电感电流（电感磁通）的积累自它们形成之时开始。然而在很多时候，我们都是从某个特定的时间点开始考察系统行为，这个时间点很多情况下被人为设定为$t=0$，对于$t<0$的情况则不予关注。如是，我们就有必要假设从负无穷到0这一段时间的积分结果为$V_0$（和$I_0$），它们被称为电容的初始电压（电感的初始电流），或者被称为初始状态，即$t=0$时刻电容电压为$V_0 = v(0)$（电感电流为$I_0 = i(0)$）。

电容电压是状态变量(state variable)。状态变量是描述动态系统行为的变量。我们注意到,状态(电容电压)不仅由当前的输入(电容电流)决定,还与以前的输入(电容电流)及初始状态(电容初始电压)有关,当前状态由它所经历过的状态和当前输入决定。这就是记忆性的体现,因为电容电压依赖于之前的电容电压,下一时刻电容电压是在上一时刻电容电压基础上多了一个增量,该电压增量由两个时刻之间这个时间段内累积的电荷增量决定,而电荷增量是输入电流在这个时间段的积分

$$\Delta v = \frac{1}{C} \int_t^{t+\Delta t} i(\tau) \mathrm{d}\tau = \frac{\Delta Q}{C} \tag{8.1.5a}$$

$$\Delta i = \frac{1}{L} \int_t^{t+\Delta t} v(\tau) \mathrm{d}\tau = \frac{\Delta \Phi}{L} \tag{8.1.5b}$$

电感电流是状态变量,当前状态由之前状态和当前输入共同决定。

作为比较,电阻不具记忆性,电阻电压仅由流经电阻的当前电流决定,与之前的电流、电压均无关:$v(t) = Ri(t)$。

2) 连续性

考察式(8.1.5)$t$ 到 $t+\Delta t$ 时间段的电容电压变化,如果电容电流有界,即

$$| i_\mathrm{C}(\tau) | \leqslant I_\mathrm{M}, \quad \tau \in [t, t+\Delta t] \tag{8.1.6a}$$

$$| v_\mathrm{L}(\tau) | \leqslant V_\mathrm{M}, \quad \tau \in [t, t+\Delta t] \tag{8.1.6b}$$

那么电容电压变化量也是有界的,其上界和时间增量 $\Delta t$ 成正比

$$0 \leqslant | v_\mathrm{C}(t+\Delta t) - v_\mathrm{C}(t) | = \left| \frac{1}{C} \int_t^{t+\Delta t} i_\mathrm{C}(\tau) \mathrm{d}\tau \right|$$

$$\leqslant \frac{1}{C} \int_t^{t+\Delta t} | i_\mathrm{C}(\tau) | \mathrm{d}\tau \leqslant \frac{I_\mathrm{M}\Delta t}{C} \tag{8.1.7a}$$

$$0 \leqslant | i_\mathrm{L}(t+\Delta t) - i_\mathrm{L}(t) | = \left| \frac{1}{L} \int_t^{t+\Delta t} v_\mathrm{L}(\tau) \mathrm{d}\tau \right|$$

$$\leqslant \frac{1}{L} \int_t^{t+\Delta t} | v_\mathrm{L}(\tau) | \mathrm{d}\tau \leqslant \frac{V_\mathrm{M}\Delta t}{L} \tag{8.1.7b}$$

显然,如果时间区段 $\Delta t \to 0$,则必有

$$0 \leqslant | v_\mathrm{C}(t+\Delta t) - v_\mathrm{C}(t) | \leqslant \frac{I_\mathrm{M}\Delta t}{C} \to 0$$

$$0 \leqslant | i_\mathrm{L}(t+\Delta t) - i_\mathrm{L}(t) | \leqslant \frac{V_\mathrm{M}\Delta t}{L} \to 0$$

也就是说,电容电压(电感电流)不能在该区段起始时间点上发生突变

$$v_\mathrm{C}(t^+) = v_\mathrm{C}(t^-) \tag{8.1.8a}$$

$$i_\mathrm{L}(t^+) = i_\mathrm{L}(t^-) \tag{8.1.8b}$$

这就是电容电压(电感电流)的连续性表现,前提条件是电容电流(电感电压)有界。真实电路不存在无界(无穷大)电流(电压),故而实际电路处理中,请牢记"电容电压(电感电流)是连续的"这一结论并充分利用它进行电路分析。

理论上存在无界的电容电流(电感电压),导致电容电压(电感电流)发生突变。我们将在第 9 章讨论冲激函数这个理想抽象信号,它可以瞬间完成对电容的充电(对电感的充磁),使得电容电压(电感电流)发生突变。然而冲激信号只是高度抽象的理论存在,真实电路中无法产生这种理论上的冲激信号。

3）无损性

电容、电感不消耗功率,具有无损性,而电阻(电导)是有损的。为了说明这一点,下面成对列写电容和电导的相关公式如下。为了明确区分,有时相关电量下标用 L、C、R、G 分别代表这些电量是电感、电容、电阻和电导的电量。

$$i(t) = C\frac{\mathrm{d}v(t)}{\mathrm{d}t}$$

$$P_C(t) = v(t)i(t) = Cv(t)\frac{\mathrm{d}v(t)}{\mathrm{d}t}$$

$$E_C(t) = \int_{-\infty}^{t} P_C(\tau)\mathrm{d}\tau = \int_{-\infty}^{t}\left(Cv(\tau)\frac{\mathrm{d}v(\tau)}{\mathrm{d}\tau}\right)\mathrm{d}\tau$$

$$= \int_{v(-\infty)}^{v(t)} Cv(\tau)\mathrm{d}v(\tau) = \frac{1}{2}Cv^2(\tau)\Big|_{-\infty}^{t}$$

$$= \frac{1}{2}Cv^2(t) \tag{8.1.9a}$$

$$i(t) = Gv(t)$$

$$P_G(t) = v(t)i(t) = Gv^2(t)$$

$$E_G(t) = \int_{-\infty}^{t} P_G(\tau)\mathrm{d}\tau = G\int_{-\infty}^{t} v^2(\tau)\mathrm{d}\tau \tag{8.1.9b}$$

(1) 首先是元件约束方程,电容 $iv$ 关系是微分线性关系,电导 $iv$ 关系则是比例线性关系。

(2) 元件吸收电功率都是端口电压和端口电流之积,电容吸收功率可正可负,说明它可吸收功率也可释放功率,电导则只能吸收电功率而不能对外释放电功率。

(3) 对瞬时功率求时间积分,即可获得元件在这段时间吸收的总能量大小。注意积分时限从 $-\infty$ 开始,代表电容自成形起到当前吸收的总能量,这也是电容存储的电能大小,为 $E_C(t) = 0.5Cv^2(t)$,由电容两端的瞬时电压决定,或者由电容上积累的电荷决定

$$E_C(t) = \frac{1}{2}Cv^2(t) = \frac{1}{2}\frac{Q^2(t)}{C} \tag{8.1.10a}$$

$$E_L(t) = \frac{1}{2}Li^2(t) = \frac{1}{2}\frac{\Phi^2(t)}{L} \tag{8.1.10b}$$

这里假设电容在负无穷远时间点(电容形成起始时间点)上的电压为零,这是一个合理假设,假设电容起始没有电荷积累(电能)。相应地,电导上吸收的能量则是一个积分形式,$E_G(t) = G\int_{-\infty}^{t} v^2(\tau)\mathrm{d}\tau$,只要其中有一段时间电导电压不为 0,则电导吸收能量恒大于 0,这说明电导是耗能元件。

而电容为无损元件,原因在于如果电容起始电压为 $V_0$,它存储了 $E_C = 0.5CV_0^2$ 的初始电能,但是当经历一段时间后,当电容电压下降为 0 时,它当前存储电能为 0,这段时间内,电容不是在吸收电能,而是自端口向外释放电能,它释放的电能就是它存储的初始能量

$$\Delta E_C(t) = \frac{1}{2}Cv^2(t) - \frac{1}{2}Cv^2(0) = -\frac{1}{2}CV_0^2 \tag{8.1.11a}$$

$$\Delta E_L(t) = \frac{1}{2}Li^2(t) - \frac{1}{2}Li^2(0) = -\frac{1}{2}LI_0^2 \tag{8.1.11b}$$

式(8.1.11a)表明此段时间内电容吸收能量为负值,也就是释放能量。可见电容(电感)本身不消耗电能量,它既可以吸收电能量,也可以释放电能量,吸收存储的电能量可以全部释放出去。电导(电阻)则不同,只要这段时间内电压(电流)不全为零,电导在这段时间内则只能吸收

而不可能释放电能量

$$\Delta E_{\mathrm{G}}(t) = G\int_0^t v^2(\tau)\mathrm{d}\tau \geqslant 0 \tag{8.1.12a}$$

$$\Delta E_{\mathrm{R}}(t) = R\int_0^t i^2(\tau)\mathrm{d}\tau \geqslant 0 \tag{8.1.12b}$$

对于导体材料形成的电导(电阻),其吸收的电能被转化为热能耗散到周围空间。

**练习 8.1.1**　N 型负阻或 S 型负阻存在释放电能的可能性,请说明如何使得 N 型负阻(如隧道二极管)向外释放电能? 对外释放的电能自何而来?

为了进一步说明电容的无损性和电阻的有损性,我们在元件端口施加正弦电压 $v(t) = V_{\mathrm{m}}\sin\omega t$,分别考察电容和电阻(电导)端口的电流变化,为

$$i_{\mathrm{C}}(t) = C\frac{\mathrm{d}v(t)}{\mathrm{d}t} = \omega C V_{\mathrm{m}}\cos\omega t \tag{8.1.13a}$$

$$i_{\mathrm{G}}(t) = Gv(t) = G V_{\mathrm{m}}\sin\omega t \tag{8.1.13b}$$

并由此考察在 $vi$ 平面上的端口电压电流随时间变化的运动轨迹,如图 8.1.3 所示。图 8.1.3(a) 是电容的椭圆形 $vi$ 轨迹,$\left(\dfrac{i(t)}{\omega C V_{\mathrm{m}}}\right)^2 + \left(\dfrac{v(t)}{V_{\mathrm{m}}}\right)^2 = 1$,两个椭圆对应两个不同的正弦波频率,正弦频率越高,椭圆的电流轴长 $\omega C V_{\mathrm{m}}$ 就越大。图上箭头代表随时间推进 $vi$ 运动方向,旁边的①、②、③、④表示正弦信号的 1/4、2/4、3/4、4/4 周期。在 $t=0$ 时,电容电压为 0,电容储能为 0,但电容电流最大为 $\omega C V_{\mathrm{m}}$,于是电容开始正向充电,电容电压上升。$t=T/4$ 时,电容电流下降为 0,此时电容电压升至最高值 $V_{\mathrm{m}}$,具有最大的储能 $0.5 C V_{\mathrm{m}}^2$。之后电流反方向充电(可以视为自端口对外放电),电容电压下降,当电流达到反向最大 $-\omega C V_{\mathrm{m}}$ 时,$t=2T/4$ 时,电容电压下降为 0,电容上的电能全部释放了出去。电流继续反向充电,直至 $t=3T/4$,电容反向充电电流下降为 0,电容电压反向充至最高 $-V_{\mathrm{m}}$,电容再次获得最大电能 $0.5 C V_{\mathrm{m}}^2$。之后电流从 0 开始上升,电流对电容充电(可视为反向放电),直至 $t=T$ 时,电流上升至最大 $\omega C V_{\mathrm{m}}$,电容反向放电结束,电容电压再次下降为 0,电容能量全部释放出去。可见在一个正弦波的周期内,电容持续吸能、释能、吸能、释能,吸收的能量总是可以全部释放出去,电容自身不消耗能量。

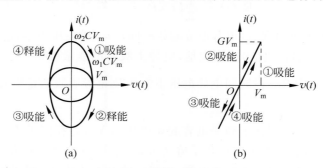

图 8.1.3　电容、电导正弦电压激励下在 $vi$ 平面上的轨迹

图 8.1.3(b)则是电阻(电导)的 $vi$ 轨迹,就是斜率为 $G$ 的过原点的直线 $i(t) = Gv(t)$ 的一段 $-V_{\mathrm{m}} \leqslant v(t) \leqslant +V_{\mathrm{m}}$,该直线段与频率无关,在正弦波的 1/4、2/4、3/4、4/4 全周期内,$vi$ 轨迹仅在 $vi$ 平面的一、三象限沿直线往复运动,持续不断地吸收电能,该直线段轨迹没有进入二、四象限,故而不会向端口外释放电能。电阻吸收电能的去向与形成电阻的物理机制有关:如果电阻是金属膜电阻,形成电流阻力的机制来自于原子晶格对自由电子运动的阻碍,电能被转化为电子运动动能继而电子碰撞原子晶格转化为热能耗散到周围空间;如果电阻是发光二

极管,则吸收的电能除了部分因自由电子碰撞原子晶格转化为热能外,还有部分以释放光子的形式转化为光能辐射到周围空间;如果电阻是发射天线端口电阻,天线端口等效电阻吸收的能量除了少部分转化为热能外,大部分以辐射电磁波的形式辐射到周围空间;如果电阻是输出端口端接匹配负载的理想传输线的输入端口看入电阻(理想传输线特征阻抗),传输线输入端口吸收的能量则沿传输线传输到传输线的输出端口,被输出端匹配负载吸收并转换为其他形式的能量。无论如何,等效电阻的端口电压、端口电流始终位于一、三象限之内,$vi \geqslant 0$ 恒成立,故而它一直在吸收能量,并将吸收的电能转化为其他能量形式。

**练习 8.1.2** 假设在元件端口施加正弦电流 $i(t) = I_{\mathrm{m}}\sin\omega t$,考察电感和电阻端口电压,并画出 $vi$ 平面的随时间变化的 $vi$ 轨迹,由此说明电感存在吸收、释能过程,释放的能量等于吸收的能量故而是无损元件,而电阻始终在吸能,它是耗能元件。

4) 基于器件特性的元件分类说明

基于电容、电感的无损性和记忆性讨论,对基本电路元件进一步说明如下:

(1) 从能量角度看,电路元件可以分为四类。

(a) 耗能元件电阻:只要有电压电流加载,它就消耗能量,最常见的电阻器件包括电阻器、二极管和晶体管。

(b) 供能元件电源:只要加载合适的负载,电源就可以为负载提供能量。有些非线性电阻,如具有负阻区的隧道二极管和具有可控非线性导电通道的晶体管,它们具有将直流电能转化为交流电能的能力,因而这些器件配合直流偏置源,对外可等效为负阻和受控源,负阻和受控源也可归类到供能元件中,因为它们具有向外提供交流能量的能力,但它们向外提供的交流能量,都来自直流偏置电源。

(c) 储能元件电容和电感:电容通过积累电荷储存电能,电感通过积累磁通储存磁能。储能元件吸收电能后将其存储下来,之后可再释放出去,因而在一定时段内储能元件可视为释放能量的电源。具有初始电压的电容和具有初始电流的电感可等效为电源。

(d) 传能元件开关和传输线:理想开关通则短路,信号和能量无损失通过,开关断则开路,信号和能量均被阻断而无法通过。传输线在低频可视为短接线,信号和能量无损失无延时通过,高频或高速信号则需要考虑延时,理想传输线可实现确定延时的信号和能量的无损失通过。延时效应说明传输线也同时具有能量存储能力。

(2) 从记忆性角度看,电路元件可以分为两类。

(a) 无记忆元件:具有单调特性的电阻、理想电源是无记忆元件,其端口电压、端口电流与经历无关,由当下决定。

(b) 有记忆元件:电容、电感、非单调电阻是记忆元件,其端口电压或端口电流除了当前激励外,还与之前的经历有关。

当系统某个物理量当前的取值与它之前的取值相关时,该物理量则被称为该系统的一个状态变量。电容电压是状态变量,电容电压由初始电压和期间端口电流决定;电感电流是状态变量,电感电流由初始电流和期间端口电压决定。S 型负阻的端口电流是状态变量,当用电压源激励时,其端口电流与之前的端口电流有关;N 型负阻的端口电压是状态变量,当用电流源激励时,其端口电压与之前的端口电压有关。N 型负阻可形成电压记忆,故而可用来实现 0、1 状态记忆单元,低电平代表状态 0,高电平代表状态 1;S 型负阻可形成电流记忆,故而可以用来实现有记忆的开关,大电流则开关闭合,小电流则开关断开,但开关的闭合与断开和之前的开关状态有关。

核心模型为受控源元件的器件,如晶体管放大器,添加正反馈可形成记忆。如头尾环接的两个反相器,该正反馈结构可等效为 N 型负阻,可形成 0、1 状态记忆单元。如运放电路施加正反馈形成的施密特触发器,具有滞回转移特性曲线,同样可形成 0、1 状态记忆单元。

负阻、施密特触发器、SR 锁存器等均可归类为双稳器件,双稳器件可形成 0、1 状态记忆。

**例 8.1.1** 某电容器电容容值为 $1\mu F$,电容初始电压为 5V,如果电容端口电流变化规律

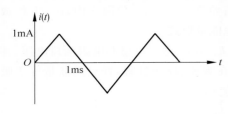

图 E8.1.1 电容端口电流时域波形

如图 E8.1.1 所示,在 3ms 后电流为 0 时不再加载电流。求电容上最终存储的电荷量为多少? 电容上的电能是如何变化的?

**解:** 这里首先计算 $t=1ms$ 时刻的电容电压,是在 5V 初始电压基础上的增量,增量电压为增量电荷除以电容,而增量电荷为 0~1ms 这段时间对应的三角形面积(对电流的时间积分),底(1ms)乘以高(1mA)除以 2,即 1ms 内的增量电荷为 $0.5\mu C$

$$\Delta Q_{0\sim 1ms} = \int_0^{1ms} i(\tau)\mathrm{d}\tau = \frac{1}{2}(1\times 10^{-3}\times 1\times 10^{-3}) = 0.5(\mu C)$$

对应的电压增量则为 0.5V

$$\Delta v_{0\sim 1ms} = \frac{\Delta Q_{0\sim 1ms}}{C} = \frac{0.5\mu C}{1\mu F} = 0.5V$$

故而电容电压由 0ms 的 5V 变化为 1ms 的 5.5V

$$v(1ms) = V_0 + \frac{1}{C}\int_0^{1ms} i(\tau)\mathrm{d}\tau = V_0 + \frac{\Delta Q_{0\sim 1ms}}{C}$$

$$= 5 + \frac{1}{1\times 10^{-6}}\frac{1}{2}(1\times 10^{-3}\times 1\times 10^{-3}) = 5.5(V)$$

之后 2ms 内电流先下后上,累积电荷量相反抵消,故而 3ms 时,累积的电荷量与 1ms 相同,都是 $5.5\mu C$

$$Q(3ms) = Q(1ms) + \int_{1ms}^{3ms} i(\tau)\mathrm{d}\tau = Q(1ms) + \Delta Q_{1\sim 3ms} = Q(1ms) + 0$$

$$= Q(1ms) = Q(0ms) + \Delta Q_{0\sim 1ms} = 5\mu C + 0.5\mu C = 5.5\mu C$$

3ms 后电流为零(开路),电容不再累积电荷,故而结论就是,电容上最终存储的电荷量为初始电荷量 $5\mu C$ 加上增量 $0.5\mu C$,共 $5.5\mu C$ 的电荷量

$$Q(t)_{t\geqslant 3ms} = Q(3ms) = 5.5\mu C$$

第 2 问作为练习,请同学自行给出数学表达式。

**练习 8.1.3** 图 E8.1.2 是电容端口电流、极板电荷、端口电压、存储电能的时域波形。请给出电容端口电流、电容极板上累积电荷、端口电压和存储电能的时域数学表达式。

**练习 8.1.4** 请分析说明如下事实:

(1) 如果电容端口电流为恒流,$i(t)_{t\geqslant 0} = I_0$,则电容端口电压随时间线性增长,$v(t)_{t\geqslant 0} = V_0 + \frac{I_0}{C}t$。

(2) 如果电容端口电流为正弦信号,$i(t)_{t\geqslant 0} = I_p\cos\omega t$,则电容端口电压随时间变化规律也是正弦规律,$v(t)_{t\geqslant 0} = V_0 + \frac{I_p}{\omega C}\sin\omega t$。

(3) 如果电容端口电流有低频分量和高频分量,$i(t)_{t\geqslant 0} = I_{p1}\cos\omega t + I_{p2}\cos 100\omega t$,电容端

口电压中高频分量将严重衰减,$v(t)_{t \geqslant 0} = V_0 + \dfrac{I_{p1}}{\omega C} \sin \omega t + \dfrac{I_{p2}}{100 \omega C} \sin 100 \omega t$。

(4) 如果电容端口电流是 $\pm I_0$ 跳变的对称方波,则电容端口电压随时间变化规律是三角波规律,请给出数学表达式,并作图说明。

### 4. 电容、电感的基本用途

下面以电容在电路中的常见用法说明电容的用途:

(1) 隔直(DC-blocking)电容。如果电容两端是直流电压 $v(t) = V_0$,由于对常量的时间微分等于 0,电容电流为 0,$i(t) = 0$,也就是说,电容不允许直流电流通过,换句话说,电容是直流开路的。因而电容可以用来隔断两个电路网络的直流通路,使得它们的直流偏置互不影响。例如级联放大器用隔直电容实现直流隔断,前后两级放大器的直流工作点可以分别调整到适当位置而互不影响,交流信号可以通过隔直电容,从而实现高频上的信号和能量耦合。

(2) 耦合(coupling)电容。用隔直电容隔断两个网络的直流通路,同时我们允许交流信号通

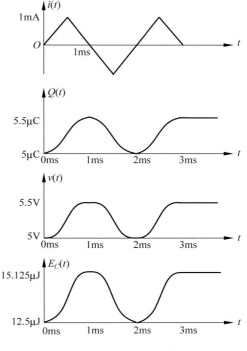

图 E8.1.2 电容电流、电荷、电压、储能时域波形

过,因为电容具有耦合交流信号的能力。如果假设加载到电容两端的交流电压为正弦波信号,$v(t) = V_m \cos \omega_0 t$,那么电容电流也是正弦波信号,$i(t) = -\omega_0 C V_m \sin \omega_0 t$。正弦信号的频率 $\omega_0$ 越大,电流就越大,当频率趋于无穷大时,电流就趋于无穷。什么时候恒定电压下电流趋于无穷?显然是短路线。反过来看,当频率很高时,如果电容电流幅度恒定,$\omega_0 C V_m = I_0$,那么电容两端的电压就趋于 0,$V_m = I_0 / \omega_0 C$,故而电容在很高频率时可用短路线抽象。

于是有如下结论:电容具有隔直通交特性,直流不允许通过,直流分析时电容视同开路,而交流时则短路处理。如第 4 章的放大器分析,耦合电容就是采用直流开路、交流短路的方式进行处理的,电容在电阻电路中被简单抽象为频控开关。

(3) 解耦(decoupling)电容。所谓解耦,就是解除耦合的意思,下面我们以电源的滤波电容为例,说明它具有解耦功能。在一个大的 PCB 板上,所有芯片或者单元电路(如放大器、振荡器等)自身的电源引脚和地引脚之间一般都会加一个或一组并联滤波电容,尤其是高速、高频电路,电源滤波电容必须存在,否则就有可能导致芯片(单元电路)之间的相互耦合。为什么?芯片各自的电源端点通过电源线互连说明这些端点间存在互导耦合,频率较高时,电源线寄生电感效应导致这些互导和频率相关。实际电压源并非理想恒压源,它存在内阻,同时配合电源线的寄生电感和寄生电阻,当该电源为多个芯片提供电流时,这些芯片电流同时通过电源内阻、电源线寄生电阻和寄生电感,从而形成互阻耦合。互阻耦合使得 A 芯片因信号处理导致的电源引脚电流急剧变化耦合到 B 芯片电源引脚,使得 B 芯片电源引脚电压发生变化,B 芯片和 C 芯片之间还可通过互导传递电压变化,换句话说,由于芯片之间互阻和互导的存在,其电源引脚电压将偏离设计的恒压特性,而是随着芯片内部信号处理导致的电流急剧变化而变

化，即芯片之间因互阻、互导产生耦合，从而相互干扰。为了消除芯片间互阻、互导耦合，可以在每个芯片自身的电源和地之间加滤波电容用于芯片之间的解耦。解耦电容的存在使得单个芯片电源和地之间有足够大的电荷储备的支撑，即使芯片的电流发生急剧变化，电容上存储的电荷由于不能突变而导致电源电压可以维持一段时间几乎保持不变，其他芯片通过互导、互阻传导过来的电压急剧变化也被滤除（电容电压不能突变）。解耦电容有时也可加在电源线中间某些特定位置。无论如何，由于解耦电容的存在，多个芯片之间通过互阻、互导（电源线、电源内阻等）耦合导致的干扰很大程度上被去除，解耦电容因而也被译为去耦电容。

（4）旁路（by-pass）电容。在讨论 CE 组态放大器时，为了使得 CE 组态晶体管放大器的直流工作点稳定，我们在发射极添加一个串联负反馈电阻，这个负反馈电阻虽然稳定了直流工作点，但它同时导致放大器交流增益严重下降，于是在负反馈电阻上并联一个旁路电容，在高频时，该电容短路，使得 CE 组态晶体管的发射极直接短路接地，消除了负反馈电阻在高频下的影响，放大器交流增益可以很大。通过负反馈电阻和旁路电容的配合，晶体管放大器既稳定了直流工作点，又可获得较高的交流增益。旁路，就是旁边另外开了一条路径，电流可以从这个路径流走。旁路电容一般指一端接地的电容，交流电流通过旁路电容这个路径流入到地结点，旁路电容的另一端则可视为交流接地。

（5）调谐（resonant）电容。主要是针对 LC 谐振回路。LC 谐振回路中只允许某一特定的频率存在。调谐电容一般是可调电容，可通过改变调谐电容的容值来调整 LC 谐振频率，从而实现选频功能，进而实现带通、带阻滤波，以及调谐放大、正反馈振荡等频率选通功能。

（6）滤波（filtering）电容。这个概念比较宽泛，因为电容对不同频率具有不同的响应，频率越高，电流越容易通过，故而电路中有电容存在时，电路从整体性能上看将会对不同频率有不同的响应，故而电容在其他元件配合下可实现某种滤波效果。例如电源和地之间的解耦电容，也被称为电源滤波电容。说解耦时，电容一般指一系列的多容值的并联电容组，导致在很宽的频段内并联电容都具有很小阻抗（使得电源和地可视为短路连通）。说电源滤波电容时，一般指的是较大的电容，当电容比较大时，其存储的电荷量也大，因而可以作为临时电池使用，因为大电容存储了大量的电荷（电能），其上电流即使存在急剧波动，也不会导致电容电压的急剧变化，这就是电源滤波的效果：犹如大海（大电容），用杯子取走其中一杯海水（电荷），海平面（电压）不会因为这杯水的取走而下降，但是对于水盆（小电容），用杯子取一杯水后，盆中水面会有明显下降；同理，对于大电容，波动电流的注入和流出，不会导致电容两端电压有多大变化，因而电源滤波电容都是很大容值的电容，如电解电容。

人为设计的信号滤波器中的电容，往往须和其他元件配合完成滤波功能，如串在信号通路上的电容具有高通滤波特性，并在信号通路上的电容具有低通滤波特性等，电容和电感谐振可形成带通或带阻滤波特性，具体容值大小由滤波器特性和滤波器结构决定。

（7）电容还可用来实现闪光灯等应用中的脉冲电流产生。首先对电容充电，充电的结果是电容累积了大量的电荷。然后突然对电容实施小电阻放电，很短的时间内电容极板上累积的电荷即被释放清空，从而获得很大的脉冲电流。

（8）容性传感器（sensor）。举一个简单的例子，假设电容的两个极板因为某种压力产生移动，极板间距减小，于是电容量增加，电容改变则极板电荷量改变（假设电压不变），通过对电荷量变化（电流）的检测可确定压力变化，即可制作出压力传感器。如话筒，它利用声波产生的压力导致的电容量的改变，将人的语音信号转化为电信号，从而完成声音的传感。由于电容量与介电常数成正比，与距离成反比，显然电容传感器不仅可以用来传感压力，还可用来传感材料的变化,如触觉开关,当手指探入电容结构的中间介质区,因介质介电常数的改变,本来是空气现在是手指,容值发生了变化,电路可以由此感应手指的探入而触发开关。也可由介质介电常数的改变实现湿度传感应用等。

(9) 微积分运算。电容伏安特性具有微积分运算关系,故而可以用电容实现微积分运算功能。

电容的应用很多,不再一一列举。

电感是电容的对偶元件,其应用可以和电容的应用直接类比。但电容更容易制作,而电感则占用更大的空间体积或面积,且由于磁力线穿通电感外部空间而易受外界干扰,寄生效应严重而导致工作频率低或电阻损耗大,故而实际电路中电容的应用较电感更广泛一些。但电感也是电路的最基本器件,下面略述电感的用途。

第 4 章放大器分析中出现的射频扼流圈(RF Choke)是感值较大的电感,在电阻电路中被建模为频控开关:直流短路,交流开路。所谓射频扼流,就是不让频率很高的射频信号电流流过。如果电感电流为直流电流,$i(t) = I_0$,则电感电压为 $0$,$v(t) = L \dfrac{\mathrm{d}i(t)}{\mathrm{d}t} = 0$,故而电感"直流短路"。对于交流信号,这里假设电感两端电源为正弦信号,$v(t) = V_m \sin \omega_0 t$,电感电流为其积分,为 $i(t) = I_0 - \dfrac{V_m}{\omega_0 L} \cos \omega_0 t$,可见电感电流中可存在直流分量 $I_0$,而交流分量和频率成反比关系,频率越高交流电流越小,很高频率时则可抽象为交流开路。

电感伏安特性方程和电容伏安特性方程是对偶关系,故而电感和电容一样可以用来实现低通、高通滤波;电感和电容配合可以实现调谐,使得只有特定的频率能够通过,从而实现带通、带阻滤波。

电感以磁通的形式存储磁能,在电源滤波电路中,这种能量存储能力确保电感犹如一个恒流源,电感两端电压发生急剧波动时,电感电流不会突变。故而大电感是开关电源中的常用器件,它吸取直流电源的能量后再释放给负载,这个吸能释能过程中,电感电流维持其连续性,在电容配合下,负载可获得稳定的直流电压,该直流电压可以高于输入直流电压,这是由于电感为维持其电流的连续性,其电压则被允许发生剧烈变化。

如果电感存储的磁能瞬间释放,电感两端将形成极大的脉冲电压。如果这种脉冲电压不是人为设计,则有可能造成与其相连的器件高压击穿损毁,因而在存在电感的电路中应添加保护回路使得正常电感回路电流突然中断(如开关断开)后,保护回路启动将电感电流引走,从而不会产生击穿其他器件的脉冲电压。

寄生电容的存在导致放大器高频增益严重下降,射频电路设计中有用电感补偿电容的措施,可使得放大器工作在更高的频段。射频电路中,电感和电容形成的谐振腔是最常见的滤波机制,配合晶体管可形成窄带放大器和正弦波振荡器。

## 8.1.2　二端口电感和电容

当电路中非地导体结点上存在相关联的电荷累积或消散效应时,这些非地结点之间则可抽象出电容(位移电流)支路,这种电容可称之为互容,互容可用来描述非地结点之间的电容效应。当电路中的电流回路间存在相关联的磁通累积或消散效应时,在这些回路中可抽象出互感支路或在回路之间抽象出互感变压器,互感可用来描述回路相互作用产生的感生电动势。

互容(非地结点之间)和自容(结点和地结点之间)都是结点导体之间的电容,因而都可以用单端口电容描述其性质,只是多端口网络描述时需要互容概念而已,互容作为电容其本身无须特别予以关注。互感则不同,互感描述的是回路之间的相互作用,即此回路电流变化在彼回路中产生了多大的感生电动势,很多情况下无法用单端口电感予以描述,因而本节重点对包含互感的互感变压器进行特别的说明,之后连带对互容的作用进行简要的论述。

**1. 互感变压器**

如第 6 章所示,人为构造大电感时,可以将线圈在磁环上绕 $N_1$ 圈,线圈电流 $i_1$ 则在磁环内产生 $N_1 \Xi i_1$ 大小的磁通,其中 $\Xi$ 为磁环磁导

$$\Xi = \mu \frac{S}{p} \tag{8.1.14}$$

$N_1$ 圈的线圈链接的总磁通则为 $N_1 \cdot N_1 \Xi i_1$,故而电感量为线圈链接总磁通 $\Phi$ 除以电流 $i_1$,也就是 $N_1^2 \Xi$

$$L_1 = \frac{\Phi_1}{i_1} = N_1^2 \Xi \tag{8.1.15}$$

如果在同一个磁环上再另外绕一个 $N_2$ 圈的线圈,如图 8.1.4 所示,先假设这个线圈的两端开路,即第二个线圈电流为 0,磁环中只有第一个线圈电流产生的磁通,第二个线圈绕了 $N_2$ 圈,如果线圈 1 产生的磁通(磁力线)全部被禁锢在磁环内,那么第二个线圈链接的磁通为 $N_2 N_1 \Xi i_1$,然而线圈 1 产生的磁力线不可能完全被禁锢在磁环内,一定有部分磁力线经磁环外空气闭合,这部分磁力线未必穿通线圈 2,或者说线圈 2 无法完全链接线圈 1 产生的磁通,定义 $k$ 为磁通链接百分比,那么第二线圈链接的总磁通为 $k N_2 N_1 \Xi i_1$,定义第二线圈链接总磁通 $k N_2 N_1 \Xi i_1$ 与第一线圈电流 $i_1$ 之间的比值关系为互感

$$M = \frac{\Phi_2}{i_1} \bigg|_{i_2=0} = k N_1 N_2 \Xi \tag{8.1.16}$$

磁通链接百分比 $k$ 和线圈位置、线圈绕制方式、磁环结构等有关,显然有 $0 \leqslant k \leqslant 1$。$k$ 又称为耦合系数,$k=1$ 为全耦合,$k=0$ 为无耦合,$k>0.7$ 可视为强耦合,$k<0.1$ 可视为弱耦合。实用的磁芯互感变压器耦合系数可高达 0.9 以上,接近于全耦合,电路中的诸多寄生磁耦合多为弱耦合情况。

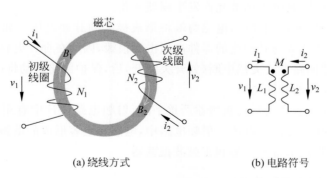

(a) 绕线方式　　　　(b) 电路符号

图 8.1.4　互感变压器

由于自感和互感的存在,当线圈 1 中电流 $i_1$ 发生变化时,线圈 1 和线圈 2 会同时出现感生电动势,导致端口电压分别为 $v_1 = \mathrm{d}\Phi_1/\mathrm{d}t = L_1 \mathrm{d}i_1/\mathrm{d}t$,$v_2 = \mathrm{d}\Phi_2/\mathrm{d}t = M \mathrm{d}i_1/\mathrm{d}t$。同理,如果线圈 2 中也出现了电流变化,空间磁通变化同样在线圈 1 和线圈 2 产生感生电动势。这里假设系统是线性的,由叠加定理可知,当两个端口电流同时发生变化时,两个端口的电压为各自单独变化端口电压之和

$$v_1 = L_1 \frac{\mathrm{d}i_1}{\mathrm{d}t} + M_{12} \frac{\mathrm{d}i_2}{\mathrm{d}t} \quad v_2 = L_2 \frac{\mathrm{d}i_2}{\mathrm{d}t} + M_{21} \frac{\mathrm{d}i_1}{\mathrm{d}t}$$

其中两个互感相等，$M_{12}=M_{21}=M=kN_1N_2\,\Xi$，原因是构成互感变压器的所有材料都是互易的，从而两个互感变换器可视为一个二端口电感，其元件约束方程为

$$\begin{bmatrix} v_1 \\ v_2 \end{bmatrix} = \begin{bmatrix} L_1 & M \\ M & L_2 \end{bmatrix} \frac{\mathrm{d}}{\mathrm{d}t} \begin{bmatrix} i_1 \\ i_2 \end{bmatrix} \tag{8.1.17}$$

其中 $L_2=N_2{}^2\,\Xi$。

　　这里以多线圈绕在磁环上为例讨论互感产生机制，然而电感效应并不需要铁磁介质，铁磁介质仅仅是使得人为制作的电感感值及耦合系数变得更大一些而已，只要有电流流过导线，该导线就会有自感效应，如果两根导线有磁通的交链，就存在互感效应。

　　我们可以利用互感效应来传递信号或传递能量，这是人为设计的信号耦合和能量传递。也有非人为设计不希望存在但却真实存在的寄生耦合，如电路设计阶段未考虑的回路间互感，如平行互连线结构，低频下它们被视为多条短接线而已，然而在高速数字电路中，逻辑电平状态转换过程中电流变化较大，一条互连线上的电流急剧变化会因互感的存在导致相邻互连线上产生较大的感生电动势，极有可能导致相邻互连线连接的数字器件发生逻辑误判。

**2. 同名端**

　　我们特别注意到，图 8.1.4(b) 互感变压器电路符号中，两个自感符号的一端标记圆点和互感字母 $M$ 代表互感，其中两个圆点代表同名端。所谓同名端，就是从这两个端点流入的电流，在磁环中产生的磁场方向相同，产生的磁通是叠加的。如果定义端口参考电流方向都是自同名端流入，电压关联定义，那么端口 2 电流增加，将使得端口 2 产生正电压，同时在端口 1 产生正电压，此时元件约束方程 (8.1.17) 中的 $M>0$。如果一个线圈端口参考电流定义从同名端流入，另一个线圈端口参考电流定义自同名端流出，如图 8.1.5(a) 所示，同时端口电压关联定义，其对应的电路符号则如图 8.1.5(b) 所示，此时如果端口的真实电流与参考电流方向一致，那么两个端口电流在磁环中产生的磁场反向相消，存储的磁通（磁能）下降，元件约束方程 (8.1.17) 中的 $M$ 应取 $-M$。

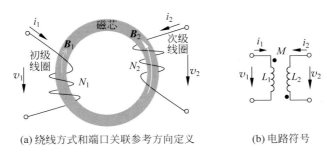

(a) 绕线方式和端口关联参考方向定义　　　　　(b) 电路符号

图 8.1.5　互感变压器的同名端

　　流入电流使得磁通加强的两个端点是同名端，如果两个端口的电流参考方向与同名端一致，同为流入或同为流出，二端口电感 12 和 21 元素取正值 $M$，如果两个端口的电流参考方向，于同名端点一个流入一个流出，二端口电感 12 和 21 元素取负值 $-M$。为了符号的统一，无论哪种情况，二端口电感 12 和 21 元素的符号均可记为 $M$，但需要允许 $M$ 值可正可负，$M$ 为正值则端口电流参考方向自同名端同时流入或同时流出，$M$ 为负值则端口电流参考方向自同名端一个流入一个流出。两种情况统一表述后，数学分析中可以假定耦合系数在 $\pm 1$ 之间，$-1\leqslant$

$k \leqslant +1$。

**练习 8.1.5** 如果绕线方式已知,同名端很容易判断。如果二端口电感被封装为黑匣子,我们只能看到两个端口,请设计一个测量方案,判断出该二端口电感(互感变压器)的同名端。提示:由 $M$ 的正负取值决定。

**3. 储能关系**

对于二端口电感,其端口吸收总功率为两个端口吸收功率之和

$$p(t) = v_1(t)i_1(t) + v_2(t)i_2(t)$$
$$= \frac{1}{2}L_1 \frac{\mathrm{d}}{\mathrm{d}t}i_1^2(t) + M \frac{\mathrm{d}}{\mathrm{d}t}(i_1(t)i_2(t)) + \frac{1}{2}L_2 \frac{\mathrm{d}}{\mathrm{d}t}i_2^2(t) \quad (8.1.18\text{a})$$

对其积分即可获得互感变压器吸收能量大小,为

$$E(t) = \int_{-\infty}^{t} p(\tau)\mathrm{d}\tau = \frac{1}{2}L_1 i_1^2(t) + Mi_1(t)i_2(t) + \frac{1}{2}L_2 i_2^2(t) \quad (8.1.18\text{b})$$

由于电感不消耗能量,故而这就是互感变压器的储能大小,显然互感变压器储能由当前的两个端口电流(状态)决定。

注意到,储能表达式三项中,第一项和第三项都大于 0,而中间一项则可正可负,导致其出现负值的可能性包括:①$i_1$、$i_2$ 同相(同正同负),但 $M < 0$,这是同名端和端口电流参考方向不一致的情况;②$M > 0$,但 $i_1$、$i_2$ 反相(一正一负),这是同名端和端口电流参考方向一致,但是从一个端口流入电流,从另一个端口流出电流的情况。这两种情况其实是一种情况,即一个端口的电流自同名端流入,另一个端口的电流自同名端流出,可理解为一个端口吸收的能量,有部分在另一个端口释放了出去,故而导致电感内存储的总磁能下降,互感在这里起到一个能量耦合,将部分能量从一个端口传递到另一个端口的作用。反之,当中间项 $Mi_1(t)i_2(t) > 0$ 时,两个端口吸收的电能则是以磁通累加的形态存储于变压器结构中。

**4. 理想变压器抽象**

当互感变压器满足如下条件时,互感变压器(二端口二阶动态元件)退化为理想变压器(二端口零阶阻性元件)

$$k = 1 \quad (\text{全耦合}) \quad (8.1.19\text{a})$$
$$M_0 \to \infty \quad (\text{无穷电感}) \quad (8.1.19\text{b})$$

其中最大互感 $M_0$ 是 $k=1$ 时的互感

$$M_0 = N_1 N_2 \Xi = \sqrt{L_1 L_2} \quad (8.1.20\text{a})$$

显然,耦合系数为真实互感和最大互感的比值

$$k = \frac{M}{M_0} \quad (8.1.20\text{b})$$

进而定义绕线匝数比为 $n$

$$n = \frac{N_1}{N_2} = \sqrt{\frac{N_1^2 \Xi}{N_2^2 \Xi}} = \sqrt{\frac{L_1}{L_2}} \quad (8.1.20\text{c})$$

于是二阶的互感变压器的元件约束方程可以用 $M_0$、$n$、$k$ 作为网络基本参量表述如下

$$\begin{bmatrix} v_1 \\ v_2 \end{bmatrix} = \begin{bmatrix} L_1 & M \\ M & L_2 \end{bmatrix} \frac{\mathrm{d}}{\mathrm{d}t} \begin{bmatrix} i_1 \\ i_2 \end{bmatrix} = M_0 \begin{bmatrix} n & k \\ k & \dfrac{1}{n} \end{bmatrix} \frac{\mathrm{d}}{\mathrm{d}t} \begin{bmatrix} i_1 \\ i_2 \end{bmatrix} \quad (8.1.21)$$

所谓二阶,就是网络端口描述方程(元件约束方程)需要用两个独立的一阶微分方程(或一个二阶微分方程)方可完全表述。然而当 $k=1$ 全耦合时,互感变压器的元件约束方程则退化

为一个一阶微分方程和一个代数方程的联立,即互感变压器在 $k=1$ 时退化为一阶动态元件

$$v_1 = nv_2 \tag{8.1.22a}$$

$$v_2 = M_0 \frac{\mathrm{d}i_1}{\mathrm{d}t} + \frac{M_0}{n} \frac{\mathrm{d}i_2}{\mathrm{d}t} = M_0 \frac{\mathrm{d}}{\mathrm{d}t}\left(i_1 + \frac{i_2}{n}\right) \tag{8.1.22b}$$

如果进一步地令 $M_0 \to \infty$,即电感量超大,式(8.1.22b)成立唯有 $i_1 + \dfrac{i_2}{n} = I_0$,由于直流分量 $I_0$ 不随时间变化从而不可能产生感生电动势,对于直流 $I_0$ 而言两个线圈可视为两个短路线,故而将直流分量 $I_0$ 扣除,仅考虑交流分量之间的关系,从而全耦合互感变压器进一步退化为只需两个代数方程即可完全描述的零阶阻性元件

$$v_1 = nv_2 \tag{8.1.23a}$$

$$i_1 = -\frac{i_2}{n} \tag{8.1.23b}$$

这正是理想变压器的元件约束方程,其中匝数比 $n$ 就是电压比。

显然,理想变压器抽象不包括直流分量。如果互感变压器两个线圈中有直流电流,这两个直流电流可以没有任何关系,此时两个线圈就是两根短路线。互感变压器两个线圈直流互不影响,但交流却存在耦合关系,从能量耦合角度看,同耦合电容隔直通交异曲同工。见本节第6部分的讨论,电阻电路中出现过的耦合电容是互容,高频扼流圈是互感。

**5. 等效电路**

虽然互感变压器可以退化为理想变压器,但退化条件式(8.1.19)很难真实满足,真实互感变压器功能并不能用理想变压器功能替代。虽然互感变压器元件约束式(8.1.17)足以描述其电特性,但是我们有时更喜欢用等效电路符号而非数学表达式表述其功能。下面我们试图用单端口电感配合理想变压器对互感变压器进行电路表述,获得其等效电路形式。

首先考虑到互感变压器是互易的,$M_{12} = M_{21} = M$,因而互感可以变换为两个端口电流回路的公共支路自感,如图 8.1.6 所示,将互感变压器变换为 T 型网络,其中两个回路的公共支路为电感 $M$。请同学自证这两个电路是等效电路,只需确认它们具有相同的二端口网络元件约束方程即可。

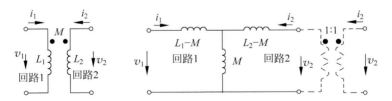

图 8.1.6　互感变压器等效电路形式 1

考虑到互感变压器两个线圈之间可能没有任何直连关系,而 T 型网络两个端口具有公共端点,故而在 T 型网络后级联一个 1:1 的理想变压器,即可使得两个端口的下端点之间不具直连关系。然而还有一个问题没有得到解决:互感 $M$ 可能大于自感,于是 $L_1 - M$ 或 $L_2 - M$ 有可能是负值,同时 $M$ 也有可能是负值,无论怎样,等效 T 型网络可能会出现负电感。例如 $L_1 = 1\mu H$,$L_2 = 100\mu H$,于是最大互感 $M_0 = 10\mu H$,假设耦合系数 $k = 0.5$,实际互感为 $M = 5\mu H$,注意到等效电路中会出现 $L_1 - M = -4\mu H$ 的负电感。负电感在实际电路中并不存在,虽然可以被等效出来,但看起来不太自然。

将图 8.1.6 所示的等效电路中的理想变压器变压比由 1:1 修改为 $a:1$,则相应的等效

电路如图 8.1.7 所示，可以证明它确实是互感变压器的等效电路，因为它们具有完全相同的二端口元件约束方程

$$v_1 = (L_1 - aM)\frac{\mathrm{d}i_1}{\mathrm{d}t} + aM\frac{\mathrm{d}}{\mathrm{d}t}\left(i_1 + \frac{i_2}{a}\right) = L_1\frac{\mathrm{d}i_1}{\mathrm{d}t} + M\frac{\mathrm{d}i_2}{\mathrm{d}t} \tag{8.1.24a}$$

$$av_2 = (a^2 L_2 - aM)\frac{\mathrm{d}\frac{i_2}{a}}{\mathrm{d}t} + aM\frac{\mathrm{d}}{\mathrm{d}t}\left(i_1 + \frac{i_2}{a}\right) = a\left(L_2\frac{\mathrm{d}i_2}{\mathrm{d}t} + M\frac{\mathrm{d}i_1}{\mathrm{d}t}\right) \tag{8.1.24b}$$

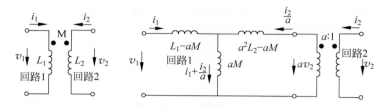

图 8.1.7　互感变压器等效电路形式 2

显然，图 8.1.6 等效电路是图 8.1.7 等效电路取 $a=1$ 的特例。我们可以通过修改 $a$ 值大小，使得等效电路中不出现负电感。考虑到互感变压器是二阶动态元件，两个独立支路电感就足以表述其动态特性，显然令两个串臂电感中的一个为 0，即可消除等效电路中的多余电感，故而 $a$ 有两种特殊取法：一是令 $a=L_1/M=n/k$，使得左侧串臂电感为 0；二是令 $a=M/L_2=kn$，使得右侧串臂电感为 0。如图 8.1.8(a)、图 8.1.8(b)，是分别令 $a=n/k$ 和 $a=nk$ 时的互感变压器等效电路，无论哪种情况，T 型电感网络中的一个电感被消除，变成具有两个独立电感的 L 型网络，这进一步确认了互感变压器确实是一个二阶动态元件。

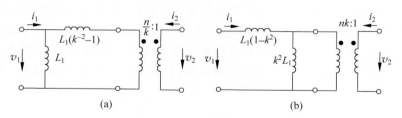

图 8.1.8　互感变压器等效电路形式 3 和形式 4

**练习 8.1.6**　请将图 8.1.8 中的两个独立电感分置于理想变压器两侧，并将该等效电路中的并臂电感称为励磁电感，串臂电感称为漏磁电感，请分析漏磁电感和励磁电感分别如何通过测量获得。

图 8.1.6 的 T 型等效电路，有无理想变压器均应熟练掌握；图 8.1.8 等效电路的全耦合 $k=1$ 情况需要记忆，其等效电路如图 8.1.9 所示，由于第一个线圈回路产生的磁通被第二线圈回路全部链接，没有任何的能量泄漏，全耦合使得两个线圈可视为一体，互感变压器退化为

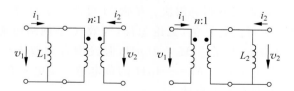

图 8.1.9　全耦合互感变压器等效电路形式($k=1$)

一阶元件,电路方程只需一个一阶微分方程即可完整描述其动态特性,如式(8.1.22)所示。

**6. 二端口电容**

由于互容和自容都是结点间电容,故而一般教材并不特意讨论互容。作为互感的对偶元件,这里对互容的作用略作分析。互容称呼本身就说明了它是一个多端口电容,以二端口为例,和 T 型二端口电感网络对偶的是 Π 型电容网络,如图 8.1.10 所示。

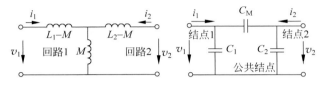

图 8.1.10　互感与互容

结构上的对偶性同时体现在二端口网络端口描述方程上,描述互感变压器的是 $z$ 参量矩阵形式,$\begin{bmatrix} v_1 \\ v_2 \end{bmatrix} = \begin{bmatrix} L_1 & M \\ M & L_2 \end{bmatrix} \dfrac{\mathrm{d}}{\mathrm{d}t} \begin{bmatrix} i_1 \\ i_2 \end{bmatrix}$,对偶地,描述电容耦合网络的方程

$$i_1 = C_1 \frac{\mathrm{d}}{\mathrm{d}t} v_1 + C_M \frac{\mathrm{d}}{\mathrm{d}t}(v_1 - v_2) = (C_1 + C_M)\frac{\mathrm{d}v_1}{\mathrm{d}t} - C_M \frac{\mathrm{d}v_2}{\mathrm{d}t}$$

$$i_2 = C_2 \frac{\mathrm{d}}{\mathrm{d}t} v_2 + C_M \frac{\mathrm{d}}{\mathrm{d}t}(v_2 - v_1) = (C_2 + C_M)\frac{\mathrm{d}v_2}{\mathrm{d}t} - C_M \frac{\mathrm{d}v_1}{\mathrm{d}t}$$

可表述为 $y$ 参量矩阵形式

$$\begin{bmatrix} i_1 \\ i_2 \end{bmatrix} = \begin{bmatrix} C_1 + C_M & -C_M \\ -C_M & C_2 + C_M \end{bmatrix} \frac{\mathrm{d}}{\mathrm{d}t} \begin{bmatrix} v_1 \\ v_2 \end{bmatrix} \tag{8.1.25}$$

既然二端口电感具有耦合系数概念,二端口电容对应地也可定义相应的耦合系数,它们均为 $Z$、$Y$ 参量矩阵 12、21 元素乘积与 11、22 元素乘积之比的开方,分别记为

$$-1 \leqslant k = \frac{M}{\sqrt{L_1 L_2}} \leqslant 1 \tag{8.1.26a}$$

$$0 \leqslant k = \frac{C_M}{\sqrt{(C_1 + C_M)(C_2 + C_M)}} \leqslant 1 \tag{8.1.26b}$$

考察两种极端情况,$k=0$ 无耦合和 $k=1$ 全耦合的情况。如图 8.1.11 所示,显然,当互容 $C_M = 0$ 时,$k=0$,此为无耦合,即两个端口的上结点是解耦的,两个端口之间没有耦合。两个芯片电源结点与地结点之间的解耦电容可视为 $C_1$、$C_2$ 极大情况下形成的弱耦合情况,降低了原始导线等效导纳互导耦合的影响。

当 $C_1 = 0$ 且 $C_2 = 0$ 时,对应的则是全耦合情况 $k=1$,全耦合就是前面章节讨论过的耦合电容。实际电路中,耦合电容两侧存在寄生电容 $C_1$、$C_2$,由于 $C_1$、$C_2 \ll C_M$,这种强耦合可视为全耦合。

对偶地,我们在图 8.1.11 中还给出了二端口电感的无耦合和全耦合情况,其中全耦合情况属特殊的 $n=1$ 的情况,此时 T 型网络退化为高频扼流圈,它和耦合电容对偶。

第 4 章小信号放大器电路中的耦合电容和高频扼流圈都被抽象为无损即时元件,除了直流频点以外,它们都可视为 1:1 的理想变压器,交流信号可以传输通过二端口网络,而直流信号则无法传输通过。

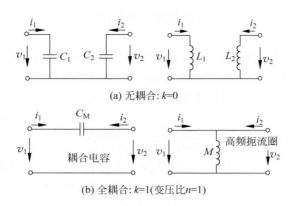

图 8.1.11　二端口电感与二端口电容：无耦合与全耦合

### 8.1.3　纯容和纯感网络的化简

有时会出现对纯电容网络（很多导体结点，但只有少量结点对外形成端口）或纯电感网络（很多导线回路，但只有少量回路对外开放形成端口）的分析要求，只要确认是纯容或纯感网络，均可由其对外端口数目 $n$ 将该网络化简为 $n$ 端口电容或 $n$ 端口电感。$n$ 端口电容中的独立电容数目不会超过 $n$，$n$ 端口电感中的独立电感数目也不会超过 $n$，换句话说，用 $k$ 个微分方程和 $n-k$ 个代数方程可完整描述 $n$ 端口电容或 $n$ 端口电感的端口对外电特性，其中 $1 \leqslant k \leqslant n$。

#### 1. 串并联分析

实际的电容器具有最大耐压这个指标，超过最大耐压，支撑电容极板的绝缘体介质则可能被高压击穿而烧毁。此时可通过串联分压，使得每个电容上承受的电压降低，整体上看，等效电容具有更高的耐压，因而有时存在电容串联的要求。同样有时存在电容并联的要求，通过并联分流，使得电容极板可以累积更多的电荷量，即通过并联实现大电容。作为定性分析，我们不妨假设并联或者串联的两个电容完全相同：于是当两个一模一样的电容并联时，对外而言就是极板面积加倍，显然电容量将加倍，故而两个 $C$ 并联可构成 $2C$ 的电容；当两个一模一样的电容串联时，新电容和原电容相比，极板间距相当于增加了一倍，故而电容量是原来的二分之一，故而两个 $C$ 串联构成 $0.5C$ 的电容。

**练习 8.1.7**　请根据 KVL、KCL 和元件约束方程，确认 $n$ 个电容串联、并联，$n$ 个电感串联、并联，从外端口看入的总电容 $C$、总电感 $L$ 表达式为

$$n \text{ 个电容串联：} \frac{1}{C} = \sum_{k=1}^{n} \frac{1}{C_k} \tag{E8.1.1a}$$

$$n \text{ 个电容并联：} C = \sum_{k=1}^{n} C_k \tag{E8.1.1b}$$

$$n \text{ 个电感串联：} L = \sum_{k=1}^{n} L_k \tag{E8.1.2a}$$

$$n \text{ 个电感并联：} \frac{1}{L} = \sum_{k=1}^{n} \frac{1}{L_k} \tag{E8.1.2b}$$

**练习 8.1.8**　假设在磁环上密绕了 $N$ 圈线圈，形成的电感量为 $L = N^2 \Xi$，现将线圈中间位置截断，则分割为 $N_1$ 圈和 $N_2 = N - N_1$ 圈两个线圈，各自形成 $L_1 = N_1^2 \Xi$ 和 $L_2 = N_2^2 \Xi$ 的

电感,再把断点连接起来。有两种观点看待这个电感:(1)这是一个 $N$ 圈线圈的电感,因而电感量为 $L$;(2)这是两个电感的串联,故而电感量为 $L_1+L_2$。问题出现了,$L \neq L_1+L_2$,请确认上述论述过程中哪里出了问题? 如何解释才能让两种解释获得一致大小的电感?

**2. 加流求压或加压求流**

式(E8.1.1~2)纯容、纯感网络串并联形成单端口电容和单端口电感的公式很简单。但是如果纯容、纯感网络内的电容、电感连接关系复杂,或者存在互容、互感,不容易处理时,可采用在网络端口加压求流或加流求压的方法,获得端口电压、电流微分关系,由微分关系给出等效电路的各个元件参量。

**例8.1.2**　请给出图 E8.1.3 所示单端口网络的简化等效电路。

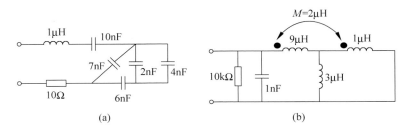

图 E8.1.3　纯容、纯感网络等效

**分析**:虽然图 E8.1.3(a)中有 5 个电容,但这些电容对电容网络外电路而言只有一个对外端口,因而这 5 个电容并非独立电容,它们可以合并为 1 个单端口电容,其等效电路如图 E8.1.4(a)所示,电路简化后,可知该电路是二阶动态电路,它有两个独立的动态元件,$1\mu$H 的电感和 5nF 的电容。

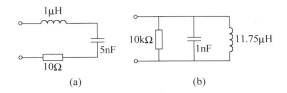

图 E8.1.4　纯容、纯感网络化简后的等效电路

图 E8.1.3(b)中有一个互感变压器和一个单端口电感,但这些电感只有一个对外端口,故而它们是非独立电感,可以合并为一个单端口电感,其等效电路如图 E8.1.4(b)所示,电路简化后,可知该电路也是一个二阶动态电路,有两个独立的动态元件,1nF 电容和 $11.75\mu$H 电感。

**解**:图 E8.1.3(a)中 5 个电容可等效为图 8.1.4(a)中的单电容,其大小为

$$C = (((2\text{nF} \parallel 4\text{nF})\ \text{串}\ 6\text{nF}) \parallel 7\text{nF})\ \text{串}\ 10\text{nF}$$
$$= ((6\text{nF}\ \text{串}\ 6\text{nF}) \parallel 7\text{nF})\ \text{串}\ 10\text{nF} = (3\text{nF} \parallel 7\text{nF})\ \text{串}\ 10\text{nF}$$
$$= 10\text{nF}\ \text{串}\ 10\text{nF} = 5\text{nF}$$

对于图 E8.1.3(b)所示电路,其电感网络对外只有一个端口,因而可等效为单电感。为了获得该电感的大小,可以在其端口加测试电流 $i$,求端口电压 $v$。如图 E8.1.5 所示,将三个电感上的电压、电流分别记为 $v_1$、$v_2$、$v_3$ 和 $i_1$、$i_2$、$i_3$,注意到电感1和电感2之间存在互感,故而

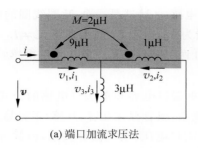 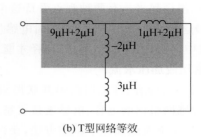

(a) 端口加流求压法　　　　　(b) T型网络等效

图 E8.1.5　纯感网络等效

$$v_1 = L_1 \frac{\mathrm{d}i_1}{\mathrm{d}t} - M \frac{\mathrm{d}i_2}{\mathrm{d}t}, \quad v_2 = -M \frac{\mathrm{d}i_1}{\mathrm{d}t} + L_2 \frac{\mathrm{d}i_2}{\mathrm{d}t}$$

其中，$L_1 = 9\mu\mathrm{H}$，$L_2 = 1\mu\mathrm{H}$，$M = 2\mu\mathrm{H}$。$M$ 前取负号的原因是两个电感端口电流参考方向一个自同名端入，一个自同名端出。

第三个电感 $L_3 = 3\mu\mathrm{H}$ 是单端口电感，其伏安关系为

$$v_3 = L_3 \frac{\mathrm{d}i_3}{\mathrm{d}t} = L_3 \frac{\mathrm{d}(i_1 + i_2)}{\mathrm{d}t} = -v_2 = M \frac{\mathrm{d}i_1}{\mathrm{d}t} - L_2 \frac{\mathrm{d}i_2}{\mathrm{d}t}$$

这里取 $i_3 = i_1 + i_2$ 是利用了中间结点处的 KCL 方程，同时取 $v_3 = -v_2$ 则是利用了内部回路的 KVL 方程。由此联立方程可以获得 $i_1$、$i_2$ 电流之间的如下关系

$$\frac{\mathrm{d}i_2}{\mathrm{d}t} = -\frac{(L_3 - M)}{(L_2 + L_3)} \frac{\mathrm{d}i_1}{\mathrm{d}t}$$

代入二端口电感元件约束，有

$$v_1 = L_1 \frac{\mathrm{d}i_1}{\mathrm{d}t} - M \frac{\mathrm{d}i_2}{\mathrm{d}t} = \left(L_1 + M \frac{(L_3 - M)}{(L_2 + L_3)}\right) \frac{\mathrm{d}i_1}{\mathrm{d}t} = \left(L_1 + M \frac{(L_3 - M)}{(L_2 + L_3)}\right) \frac{\mathrm{d}i}{\mathrm{d}t}$$

$$v_2 = -M \frac{\mathrm{d}i_1}{\mathrm{d}t} + L_2 \frac{\mathrm{d}i_2}{\mathrm{d}t} = \left(-M - L_2 \frac{(L_3 - M)}{(L_2 + L_3)}\right) \frac{\mathrm{d}i_1}{\mathrm{d}t} = \left(-M - L_2 \frac{(L_3 - M)}{(L_2 + L_3)}\right) \frac{\mathrm{d}i}{\mathrm{d}t}$$

纯感网络对外端口总电压通过 KVL 方程获得，为

$$v = v_1 + v_3 = v_1 - v_2 = \left(L_1 + M + (L_2 + M) \frac{(L_3 - M)}{(L_2 + L_3)}\right) \frac{\mathrm{d}i}{\mathrm{d}t}$$

由端口电压和端口电流之间的微分关系，可知该纯感网络的单端口等效电感为

$$L = L_1 + M + (L_2 + M) \frac{(L_3 - M)}{(L_2 + L_3)} = 9 + 2 + (1 + 2) \frac{3 - 2}{3 + 1} = 11.75 (\mu\mathrm{H})$$

故而图 E8.1.3(b) 所示电路的等效电路如图 E8.1.4(b) 所示。

对纯感网络加流求压，对纯容网络加压求流，是获得其等效电路的通用方法。但是对于二端口电感，采用 T 型网络等效，有时可以极大地简化化简过程，如图 E8.1.5(b) 所示，将图 E8.1.5(a) 中的二端口电感转化为 T 型电感网络，于是端口总电感为多个电感的串并联关系，可获得单端口等效电感为

$$L = (L_1 + M) \text{串} ((L_3 - M) \text{并} (L_2 + M)) = (L_1 + M) + \frac{(L_2 + M)(L_3 - M)}{L_2 + L_3}$$

$$= 9 + 2 + (1 + 2) \frac{3 - 2}{3 + 1} = 11.75 (\mu\mathrm{H})$$

**练习 8.1.9**　求如图 E8.1.6 所示纯电感网络的等效电感。

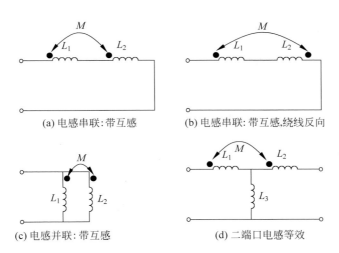

图 E8.1.6 带互感的纯电感网络等效

### 8.1.4 非线性和时变

前面讨论的电容和电感都是线性时不变元件,本书对动态电路分析时,也只考察线性时不变电容、电感构成的动态电路,然而同学仍需对非线性电容、时变电容有所了解,请同学自行学习附录 15 内容。

# 8.2 时域分析:数值法和状态转移相图

带有动态元件的电路,其电路方程列写方法同电阻电路,可以采用支路电压电流法或结点电压法等,只是描述动态元件的元件约束方程是微分方程而已。也可以将动态元件之外的电阻电路建模为多端口电阻网络,于是整个电路系统可视为电阻网络和动态元件网络的对接关系,如是可以分别列写电阻网络端口描述方程和动态元件网络端口描述方程,根据对接关系列写出具有与阶数等量的最简微分方程组,这里的阶数就是独立动态元件的个数。3.12 节给出了一个二阶动态电路的线性二端口网络建模和状态方程列写过程的例子,请同学回顾考察,结合本节例子,理解并掌握动态电路系统电路方程的列写方法。

动态方程列写出来后,如何求解,并对结果进行分析,获得该电路的功能解析呢?本节将要讨论的数值解法对系统属性并无特殊要求,但是我们更偏爱理论解析解,解析解表达式尤其是简单表达式总是能够给人一个一目了然的结论。

(1) 对于线性时不变系统,有经典的理论方法可以给出解析解,这些方法包括时域积分法、特征函数待定系数法、变换域方法(拉普拉斯变换对应的复频域分析方法,傅立叶变换对应的频域相量分析方法)。复频域方法将在后续课程"信号与系统"中讨论,其他的方法则在本书后续章节陆续呈现。

(2) 对于线性时变系统,本书只讨论诸如开关换向这样的简单线性时变系统:时间可以分区段,在时间的每个区段系统都可以视为线性时不变系统,则可利用线性时不变系统分析方法分时段分析,将前一个时段末端状态变量值作为下一个时段的初始状态即可。

(3) 对于非线性系统,本书只讨论来自电阻的非线性,电容和电感均是线性时不变元件。对于非线性电阻,可以采用第 4 章讨论过的分段线性化、局部线性化处理方法,第 10 章还将引入准线性方法分析正弦波振荡器,从而在满足可线性化的限定性条件下,用线性动态系统的方法处理非线性动态系统。

对含有非线性器件的动态系统,很难给出解析解,虽然线性化后可以给出近似解析解,但大多数近似解析解仅仅在平衡点或极限环附近局部有效或近似有效,并不能完全表征非线性动态系统的动态特性。因而在进入后续线性时不变系统这个核心内容讨论之前,我们将首先考察无关系统属性的数值解方法,由数值结果建立起对动态电路行为的直观理解,形成对动态系统动态行为的基本认识。数值解方法对线性/非线性、时变/时不变动态系统均可应用,本节在分别对一个线性时不变、一个非线性时不变电路数值分析之后引入相图概念。相图是模拟电路动态系统的状态转移图,对包括一阶、二阶这样的低阶动态电路,相图给出了动态系统从前一状态转移到后一状态的最为直观的描述。

### 8.2.1　动态系统状态方程的一般形式

为了简化分析,本书讨论的动态系统,无论线性/非线性、时变/时不变,其中的电容和电感均为线性时不变电容、电感。如是,当我们以电容电压、电感电流为待求状态变量时,对于具有 $n$ 个独立的线性时不变电容、电感的 $n$ 阶动态电路系统,一定可以列写出如下的状态方程形式

$$\frac{\mathrm{d}\boldsymbol{x}(t)}{\mathrm{d}t} = \boldsymbol{f}(\boldsymbol{x}(t),t) \tag{8.2.1}$$

其中,$\boldsymbol{x}(t) = \begin{bmatrix} v_{C1}(t) \\ i_{L2}(t) \\ \vdots \\ v_{Cn}(t) \end{bmatrix}$ 是状态变量(电容电压、电感电流)构成的 $n$ 阶列向量,$\boldsymbol{f}$ 是 $n$ 个代数方程,表述了电阻电路内部器件自身电特性关系及其连接关系。如果这 $n$ 个代数方程全部是线性代数方程,该电路系统则是 $n$ 阶线性动态系统,但是只要其中有一个是非线性代数方程,该电路系统则是 $n$ 阶非线性动态系统。如果 $\boldsymbol{f}$ 随时间变化完全由 $\boldsymbol{x}$ 随时间变化决定,则为时不变系统,函数关系简记为 $\boldsymbol{f}(\boldsymbol{x}(t))$,如果 $\boldsymbol{f}$ 随时间变化并不能完全由 $\boldsymbol{x}$ 随时间的变化所决定,系统则为时变系统,函数关系记为 $\boldsymbol{f}(\boldsymbol{x}(t),t)$,后一个 $t$ 表述时变性。如果系统外加的激励源被视为系统构成的一部分,激励源的作用可视为时变性的一种表现。

图 8.2.1 是上述动态电路的结构框图与对应的数学模型框图。如图 8.2.1(a)所示,动态电路的基本结构可视为电阻电路网络和动态元件网络的 $n$ 端口对接关系,作为可用的系统,还有激励源需从输入端口加载,输出端口可实现对外信号输出。在图 8.2.1(b)所示的数学模型中,电阻电路网络有两组激励源,一组为外加的激励源 $\boldsymbol{s}(t)$,一组为内蕴的激励源 $\boldsymbol{x}(t)$,状态变量(电容电压、电感电流)是系统内蕴的激励源。在这两组激励源的作用下,一部分响应用于和动态元件网络实现对接,即图示的 $\frac{\mathrm{d}}{\mathrm{d}t}\boldsymbol{x}(t)$(电容电流、电感电压),另一部分响应则作为输出,即图示的 $\boldsymbol{r}(t)$。这两部分响应和激励的作用函数关系分别记为 $\boldsymbol{f}(\boldsymbol{x}(t),t)$ 和 $\boldsymbol{g}(\boldsymbol{x}(t),t)$,其中,外加激励源 $\boldsymbol{s}(t)$ 的作用可以在这里以时变性体现在函数自变量中的第二个 $t$ 上。在该数学模型中,电阻电路用两个代数关系 $\boldsymbol{f}(\cdot)$ 和 $\boldsymbol{g}(\cdot)$ 表述,而动态元件网络则用积分运算 $\int \cdot \mathrm{d}t$ 表述,积分运算描述的是电容电流积分形成电容电压状态变量和电感电压积分形成电感电流状态变量这两个基本运算过程。

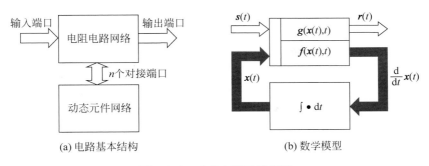

(a) 电路基本结构　　　　(b) 数学模型

图 8.2.1　动态电路系统框图

事实上，只要完成状态方程式(8.2.1)的求解，之后的电路系统分析将变得十分的简单：将获取的状态变量用相应的源替代，即根据替代定理，将电容用电容电压大小的电压源替代，电感用电感电流大小的电流源替代，电路系统的输出 $r(t) = g(x(t), t)$ 就是简单的电阻电路分析，或者说，简单的代数方程求解，因而本节后续的数值法求解仅讨论到状态方程的求解为止。

**例 8.2.1**　电路如图 E8.2.1 所示。其中图 E8.2.1(a) 是一阶 RC 电路，其中 $R$、$C$ 均为线性时不变元件，如果视源 $v_s(t)$ 为系统外加激励，此电路系统则为一阶线性时不变动态系统，如果视源 $v_s(t)$ 为系统内部元件，此电路系统则为一阶线性时变动态系统。图 E8.2.1(b) 为二阶 RLC 串联谐振回路，其中 LC 为线性时不变元件，而电阻则是非线性电阻，它具有 S 型负阻特性，其非线性伏安特性方程为流控形式

$$v_{NL} = -Ri_{NL} + \frac{R}{3I_0^2} i_{NL}^3 \tag{E8.2.1}$$

其中 $-R$ 是特性曲线在原点位置的斜率，是小信号微分负阻。如图 E8.2.1(c) 所示，在 $\pm I_0$ 范围内，S 型负阻具有微分负阻特性，超出这个范围后，S 型负阻器件则具有微分正阻特性。注意到所有的元件描述参量均为不随时间变化的常量，故而此电路系统为二阶非线性时不变动态系统。请列写出这两个动态电路的状态方程。

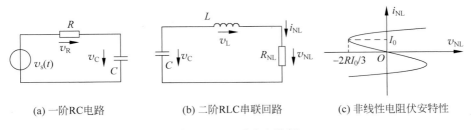

(a) 一阶RC电路　　　　(b) 二阶RLC串联回路　　　　(c) 非线性电阻伏安特性

图 E8.2.1　动态电路例

**解**：在图 E8.2.1 中，为了图例简单，图中只标记了电压参考方向，未标注的电流参考方向为默认的关联参考方向。

对于图 E8.2.1(a) 所示的一阶 RC 电路，由于是串联结构，故而列写 KVL 方程是简单的，为

$$v_s = v_R + v_C = Ri_R + v_C = Ri_C + v_C = RC \frac{dv_C}{dt} + v_C$$

故而以电容电压 $v_C$ 这个状态变量作为未知量的微分方程为

$$RC \frac{dv_C}{dt} + v_C = v_s$$

转换为状态方程式(8.2.1)的标准格式,为

$$\frac{\mathrm{d}v_C(t)}{\mathrm{d}t} = -\frac{1}{RC}v_C(t) + \frac{1}{RC}v_S(t) \tag{E8.2.2}$$

左侧为状态变量的一阶时间微分,右侧为关于状态变量的代数方程,包括激励源的影响。

对于图 E8.2.1(b)所示的二阶 RLC 电路,由于是串联结构,故而列写 KVL 方程较为简单,为

$$v_C = v_L + v_R = L\frac{\mathrm{d}i_L}{\mathrm{d}t} + v_{NL} = L\frac{\mathrm{d}i_L}{\mathrm{d}t} - Ri_{NL} + \frac{R}{3I_0^2}i_{NL}^3 = L\frac{\mathrm{d}i_L}{\mathrm{d}t} - Ri_L + \frac{R}{3I_0^2}i_L^3$$

由于是二阶系统,状态变量除了电容电压外,还有电感电流

$$i_L = -i_C = -C\frac{\mathrm{d}v_C}{\mathrm{d}t}$$

将这两个微分方程整理为状态方程(8.2.1)的标准格式,为

$$\frac{\mathrm{d}}{\mathrm{d}t}\begin{bmatrix} v_C(t) \\ i_L(t) \end{bmatrix} = \begin{bmatrix} 0 & -\dfrac{1}{C} \\ \dfrac{1}{L} & \dfrac{R}{L} \end{bmatrix}\begin{bmatrix} v_C(t) \\ i_L(t) \end{bmatrix} + \begin{bmatrix} 0 & 0 \\ 0 & -\dfrac{R}{3I_0^2 L} \end{bmatrix}\begin{bmatrix} v_C^3(t) \\ i_L^3(t) \end{bmatrix} \tag{E8.2.3}$$

该状态方程以两个状态变量为未知量,左侧是状态变量的一阶时间微分,右侧是状态变量的代数方程,方程中包含电感电流的三次非线性项,表明这是一个二阶非线性动态系统。

### 8.2.2　状态方程的数值解法

用计算机对动态系统进行状态转移的数值求解需首先对时间进行离散化,之后由前一个时间点 $t_{k-1}$ 的状态 $\boldsymbol{x}(t_{k-1})$ 推算后一个时间点 $t_k$ 的状态 $\boldsymbol{x}(t_k)$。为了简单起见,这里对时间做均匀离散化处理,并假设时间步长为 $\Delta t$,如是有

$$t_k = t_{k-1} + \Delta t = t_0 + k\Delta t, \quad k = 1,2,3,\cdots \tag{8.2.2}$$

在时间区段 $[t_{k-1}, t_k]$ 对状态方程(8.2.1)求积分运算,为

$$\int_{t_{k-1}}^{t_k} \frac{\mathrm{d}\boldsymbol{x}(t)}{\mathrm{d}t}\mathrm{d}t = \int_{t_{k-1}}^{t_k} \boldsymbol{f}(\boldsymbol{x}(t),t)\mathrm{d}t \tag{8.2.3}$$

显然,只要时间步长 $\Delta t$ 足够小,则在积分时间区段 $[t_k, t_{k+1}]$ 内,函数 $\boldsymbol{f}$ 几乎可视为常值,从而式(8.2.3)积分结果可转化为如下形式

$$\boldsymbol{x}(t_k) - \boldsymbol{x}(t_{k-1}) = \int_{t_{k-1}}^{t_k} \boldsymbol{f}(\boldsymbol{x}(t),t)\mathrm{d}t \approx \begin{cases} \boldsymbol{f}(\boldsymbol{x}(t_{k-1}),t_{k-1})\Delta t \\ \boldsymbol{f}(\boldsymbol{x}(t_k),t_k)\Delta t \end{cases}$$

如果将该时间段内的所有函数值均近似为时间起点值 $\boldsymbol{f}(\boldsymbol{x}(t_{k-1}),t_{k-1})$,由此获得的递进格式数值解方法被称为前向欧拉法(The Forward Euler Method)

$$\boldsymbol{x}(t_k) = \boldsymbol{x}(t_{k-1}) + \boldsymbol{f}(\boldsymbol{x}(t_{k-1}),t_{k-1})\Delta t \tag{8.2.4a}$$

如果将该时间段内的所有函数值均近似为时间终点值 $\boldsymbol{f}(\boldsymbol{x}(t_k),t_k)$,由此获得的递进格式数值解方法被称为后向欧拉法(The Backward Euler Method)

$$\boldsymbol{x}(t_k) = \boldsymbol{x}(t_{k-1}) + \boldsymbol{f}(\boldsymbol{x}(t_k),t_k)\Delta t \tag{8.2.4b}$$

显然,前向欧拉法递进格式是显式递进,在知道前一个时刻 $t_{k-1}$ 的状态 $\boldsymbol{x}(t_{k-1})$ 后,推算后一个时刻 $t_k$ 的状态 $\boldsymbol{x}(t_k)$ 十分的简单,直接代入式(8.2.4a)递进格式即可。然而后向欧拉法却是隐式递进,我们期望用已知量 $\boldsymbol{x}(t_{k-1})$ 表述未知量 $\boldsymbol{x}(t_k)$,则需要对式(8.2.4b)做进一步的方程求解。如果 $\boldsymbol{f}$ 是线性代数关系,式(8.2.4b)的求解可转化为简单的矩阵求逆,但如果 $\boldsymbol{f}$ 是非线

性代数关系,式(8.2.4b)的求解则是一个非线性代数方程组的求解过程,可以利用牛顿-拉夫逊迭代法获得数值解。

如是,当我们知道了初始时间 $t_0$ 时刻的初始状态 $\boldsymbol{x}(t_0)$,代入式(8.2.4),则可获得 $t_1 = t_0 + \Delta t$ 时刻的状态 $\boldsymbol{x}(t_1)$。当 $\boldsymbol{x}(t_1)$ 求得后,代入式(8.2.4)则进一步获得 $t_2 = t_1 + \Delta t = t_0 + 2\Delta t$ 时刻的状态 $\boldsymbol{x}(t_2)$。如是推进,代入式(8.2.4)可由前一个时间点 $t_{k-1}$ 的状态 $\boldsymbol{x}(t_{k-1})$ 推算后一个时间点 $t_k$ 的状态 $\boldsymbol{x}(t_k)$,从而递进获得 $t_0, t_0 + \Delta t, t_0 + 2\Delta t, \cdots, t_0 + k\Delta t, \cdots$ 这些离散时间点上的状态 $\boldsymbol{x}(t_0), \boldsymbol{x}(t_0 + \Delta t), \boldsymbol{x}(t_0 + 2\Delta t), \cdots, \boldsymbol{x}(t_0 + k\Delta t), \cdots$。

还有很多其他数值方法可以对状态方程进行数值求解,本书只讨论理解最为简单的前向欧拉和后向欧拉法。

**1. 前向欧拉法**

**例 8.2.2**　用前向欧拉法获取图 E8.2.1(a)所示一阶 RC 电路 $t \geqslant 0$ 的数值解。已知 $v_s(t) = 0, R = 10\text{k}\Omega, C = 1\mu\text{F}, v_C(0) = 1\text{V}$。

**分析**：图 E8.2.1(a)中的 $v_s(t) = 0$ 表示短路,电容有初始电压 $v_C(0) = 1\text{V}$ 代表系统内部具有初始能量。电容初始电压加载到电阻两端,必产生电流,电流方向使得电容两端电荷减少(放电),故而电容电压随时间增长是一个下降过程,根据理论分析(见第 9 章),这是一个指数衰减过程

$$v_C(t) = v_C(0)\text{e}^{-\frac{t}{RC}} = V_0 \text{e}^{-\frac{t}{\tau}} \tag{E8.2.4}$$

其中 $V_0 = v_C(0)$ 为电容初始电压,$\tau = RC$ 具有时间单位 s,被称为时间常数。

**解**：图 E8.2.1(a)一阶 RC 电路的状态方程如式(E8.2.2)所示,对该状态方程采用前向欧拉法,递进格式为

$$v_C(t_k) = v_C(t_{k-1}) + f(v_C(t_{k-1}), t_{k-1})\Delta t$$

$$= v_C(t_{k-1}) - \frac{1}{RC}v_C(t_{k-1})\Delta t = \left(1 - \frac{\Delta t}{\tau}\right)v_C(t_{k-1}) \tag{E8.2.5}$$

其中时间常数 $\tau = RC = 10\text{k}\Omega \times 1\mu\text{F} = 10\text{ms}$,离散化时间间隔分别取 $\Delta t = 0.1\text{ms}, 1\text{ms}, 10\text{ms}$,理论值和数值解如表 E8.2.1 和图 E8.2.2 所示。从图表可知,如果递进时间步长足够小,如取 $\Delta t = 0.01\tau = 0.1\text{ms}$,数值解和理论解之间的绝对误差就足够的小;当时间步长稍大,如取 $\Delta t = 0.1\tau = 1\text{ms}$,数值解和理论解之间有较大的误差,但整体趋势仍然保持。注意到数值解形式为

$$v_C(t_k) = \left(1 - \frac{\Delta t}{\tau}\right)^k v_C(t_0) \tag{E8.2.6}$$

**表 E8.2.1　前向欧拉法数值解**

| $t/\text{ms}$ | $v_C(t)/V_0$：理论解 | $v_C(t)/V_0$：前向欧拉法数值解 | | |
|---|---|---|---|---|
| | | $\Delta t = 0.1\text{ms}$ | $\Delta t = 1\text{ms}$ | $\Delta t = 10\text{ms}$ |
| 0 | 1 | 1 | 1 | 1 |
| 0.1 | 0.9900 | 0.9900 | | |
| 0.2 | 0.9802 | 0.9801 | | |
| 0.3 | 0.9704 | 0.9703 | | |
| 0.4 | 0.9608 | 0.9606 | | |
| 0.5 | 0.9512 | 0.9510 | | |
| ... | | | | |

| $t/\mathrm{ms}$ | $v_C(t)/V_0$：理论解 | $v_C(t)/V_0$：前向欧拉法数值解 | | |
|---|---|---|---|---|
| | | $\Delta t=0.1\mathrm{ms}$ | $\Delta t=1\mathrm{ms}$ | $\Delta t=10\mathrm{ms}$ |
| 0.9 | 0.9139 | 0.9135 | | |
| 1.0 | 0.9048 | 0.9044 | 0.9000 | |
| 1.1 | 0.8958 | 0.8953 | | |
| ⋮ | | | | |
| 2 | 0.8187 | 0.8179 | 0.8100 | |
| ⋮ | | | | |
| 3 | 0.7408 | 0.7397 | 0.7290 | |
| ⋮ | | | | |
| 10 | 0.3679 | 0.3660 | 0.3487 | 0 |
| ⋮ | | | | |
| 20 | 0.1353 | 0.1340 | 0.1216 | 0 |
| ⋮ | | | | |
| 30 | 0.0498 | 0.0490 | 0.0424 | 0 |
| ⋮ | | | | |
| 40 | 0.0183 | 0.0180 | 0.0148 | 0 |

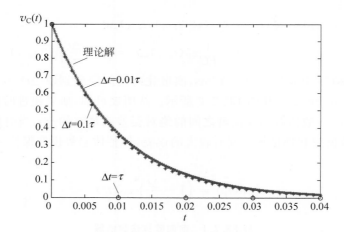

图 E8.2.2　前向欧拉法获得的数值解

可知当时间步长 $\Delta t<\tau$ 时，数值解虽有误差，但其时域波形的指数衰减趋势与理论解一致；如果时间步长 $\tau<\Delta t<2\tau$ 时，数值解将出现振荡衰减波形；但是当时间步长 $\Delta t>2\tau$ 时，数值解将出现不收敛的振荡发散波形。图 E8.2.3 给出了理论解，$\Delta t=\tau,1.5\tau,2.5\tau$ 的前向欧拉法数值解结果。

虽然前向欧拉法存在不收敛、不稳定的现象，但用它做微分方程数值求解的原理性方案却很简单。我们可以直接设计一个数字系统替代计算机编程来实现对特定状态方程（8.2.1）的求解，对应于前向欧拉法和后向欧拉法的数字电路系统结构分别如图 8.2.2 所示，可以采用组

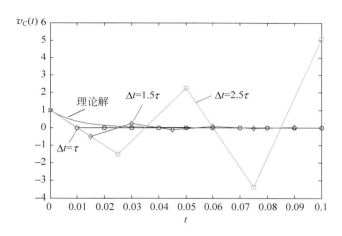

图 E8.2.3　前向欧拉法数值求解存在不收敛问题

合逻辑电路实现两个代数方程的运算功能,用一个加法器和 D 触发器实现积分运算功能。对于前向欧拉法,可以将加法器归并到组合逻辑电路中,如是图 8.2.2(a)所示的前向欧拉法数字电路恰好就是典型的组合逻辑电路(点画线上方)加反馈路径上的状态记忆单元(点画线下方)这样的时序逻辑电路结构,这里状态记忆单元 D 触发器实现的是一个 $\Delta t$(时钟周期)的延时。

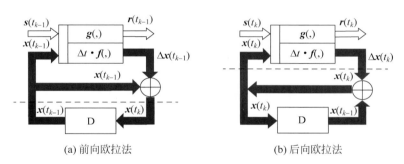

(a) 前向欧拉法　　　　　　　　　　　　(b) 后向欧拉法

图 8.2.2　欧拉法的数字系统实现方案

后向欧拉法的数字系统实现方案图 8.2.2(b)中,无法将加法器归并到组合逻辑电路中,因为通过加法器存在一个直通反馈路径,这个反馈路径将导致整个电路演变为一个时序逻辑电路,即点画线上方的组合逻辑电路和加法器在直通反馈路径的作用下,将形成不受 D 触发器时钟控制的双稳、单稳或无稳状态。

虽然图 8.2.2(b)所示的后向欧拉法数字系统方案无法实施,但对于计算机编程求解而言并不存在这个问题。由于后向欧拉法是内在收敛的数值解法,如果原连续时间模拟电路是稳定的,后向欧拉法的数值解一定是收敛的,因而本书之后出现的数值仿真计算均采用后向欧拉法。

**2. 后向欧拉法**

**例 8.2.3**　用后向欧拉法获取图 E8.2.1(a)所示一阶 RC 电路 $t \geqslant 0$ 的数值解。已知 $v_s(t) = 0, R = 10\text{k}\Omega, C = 1\mu\text{F}, v_C(0) = 1\text{V}$,同例 8.2.2。

**解:**　图 E8.2.1(a)一阶 RC 电路的状态方程如式(E8.2.2)所示,对该状态方程采用后向欧拉法数值计算,递进格式为

$$v_C(t_k) = v_C(t_{k-1}) + f(v_C(t_k), t_k) \Delta t = v_C(t_{k-1}) - \frac{1}{RC} v_C(t_k) \Delta t$$

将未知量 $v_C(t_k)$ 归整到方程左侧,获得如下递进格式

$$v_C(t_k) = \frac{1}{1 + \frac{\Delta t}{RC}} v_C(t_{k-1}) \tag{E8.2.7}$$

与前向欧拉法递进格式 $v_C(t_k) = \left(1 - \frac{\Delta t}{RC}\right) v_C(t_{k-1})$ 比,后向欧拉法数值结果是绝对收敛和稳定的,而无论时间步长 $\Delta t$ 如何取值,其数值结果都具有理论解(E8.2.4)那样的指数衰减形态

$$v_C(t_k) = \frac{v_C(t_0)}{\left(1 + \frac{\Delta t}{\tau}\right)^k} \tag{E8.2.8}$$

表 E8.2.2 给出了 $\Delta t = 0.01\tau, 0.1\tau, \tau, 3\tau$ 时的数值解与理论值的对比,图 E8.2.4 给出后向欧拉法数值解的时域波形图。

表 E8.2.2　后向欧拉法数值解

| $t/\text{ms}$ | $v_C(t)/V_0$：理论解 | $v_C(t)/V_0$：后向欧拉法数值解 | | | |
|---|---|---|---|---|---|
| | | $\Delta t = 0.1\text{ms}$ | $\Delta t = 1\text{ms}$ | $\Delta t = 10\text{ms}$ | $\Delta t = 30\text{ms}$ |
| 0 | 1 | 1 | 1 | 1 | 1 |
| 0.1 | 0.9900 | 0.9901 | | | |
| 0.2 | 0.9802 | 0.9803 | | | |
| 0.3 | 0.9704 | 0.9706 | | | |
| 0.4 | 0.9608 | 0.9610 | | | |
| 0.5 | 0.9512 | 0.9515 | | | |
| ⋮ | | | | | |
| 0.9 | 0.9139 | 0.9143 | | | |
| 1.0 | 0.9048 | 0.9053 | 0.9091 | | |
| 1.1 | 0.8958 | 0.8963 | | | |
| ⋮ | | | | | |
| 2 | 0.8187 | 0.8195 | 0.8264 | | |
| ⋮ | | | | | |
| 3 | 0.7408 | 0.7419 | 0.7513 | | |
| ⋮ | | | | | |
| 10 | 0.3679 | 0.3697 | 0.3855 | 0.500 | |
| ⋮ | | | | | |
| 20 | 0.1353 | 0.1367 | 0.1486 | 0.2500 | |
| ⋮ | | | | | |
| 30 | 0.0498 | 0.0505 | 0.0573 | 0.1250 | 0.2500 |
| ⋮ | | | | | |
| 40 | 0.0183 | 0.0187 | 0.0221 | 0.0625 | |

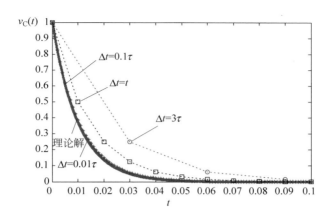

图 E8.2.4　后向欧拉法数值求解过程收敛

从图、表可知,如果时间递进步长足够小,如取 $\Delta t = 0.01\tau$,数值解和理论解两者之间就足够接近;当时间步长增大,数值解和理论解误差将随之增大,但整体的指数衰减趋势仍然保持,数值计算可能存在较大的误差,但是数值求解过程却是收敛的。

实际电路中微小的寄生电容很多,如果考虑这些寄生电容效应,数值求解时间步长 $\Delta t$ 的选择就相当的困难。如果照顾考察小电容的动态行为,应取很小的 $\Delta t$,但是电路中存在的大电容,其行为需要很长的时间才能反应出来,仿真时段必须取得很长才能看到大电容的作用,整个电路的仿真时间让人无法容忍。如果希望快速地看到大电容的影响,时间步长 $\Delta t$ 则需选择得大一些,以确保较短的仿真时间。但是如果数值方法选择不适当,较大的时间步长 $\Delta t$ 有可能导致计算结果不收敛,整个数值仿真以失败告终。因而为电路数值仿真器选择一个内在收敛的数值解法十分的重要,即使 $\Delta t$ 选择的比较大,仿真精度可能不很高,但是仿真是收敛的。大多数情况下,仿真结果与真实结果形态上基本保持一致,即使有较大的误差,在某种程度上我们仍然可以接受这种仿真结果。

**1) 后向欧拉法的电阻电路理解**

对式(8.2.4b)所示的后向欧拉法递进格式,有简单明了的等效电路观点可用来理解它。假设电路中只有线性时不变电容和电感,仅从电容、电感角度看,有

$$v_C(t_k) = v_C(t_{k-1}) + \frac{1}{C}\int_{t_{k-1}}^{t_k} i_C(t)\,\mathrm{d}t \approx v_C(t_{k-1}) + \frac{i_C(t_k)\Delta t}{C}$$
$$= v_C(t_{k-1}) + R_C i_C(t_k) \tag{8.2.5a}$$

$$i_L(t_k) = i_L(t_{k-1}) + \frac{1}{L}\int_{t_{k-1}}^{t_k} v_L(t)\,\mathrm{d}t \approx i_L(t_{k-1}) + \frac{v_L(t_k)\Delta t}{L}$$
$$= i_L(t_{k-1}) + G_L v_L(t_k) \tag{8.2.5b}$$

其中

$$R_C = \frac{\Delta t}{C} \tag{8.2.6a}$$

$$G_L = \frac{\Delta t}{L} \tag{8.2.6b}$$

换句话说,由于电容电压和电感电流这两个状态变量代表了电容和电感上的储能,因而 $t_k$ 时刻的电路分析,可以将 $t_{k-1}$ 时刻的电容电压、电感电流视为初始激励恒压源和恒流源,$t_k$ 时刻电路中的电容、电感则可以用戴维南电压源、诺顿电流源替代。其中,$t_k$ 时刻电路中的电容,

用源电压为 $v_C(t_{k-1})$，源内阻为 $R_C = \Delta t/C$ 的戴维南源替代，$t_k$ 时刻电路中的电感，用源电流为 $i_L(t_{k-1})$，源内导为 $G_L = \Delta t/L$ 的诺顿源替代，这恰就是方程（8.2.5）的等效电路物理意义。

**例 8.2.4** 从后向欧拉法的等效电路而非从状态方程获取图 E8.2.1(a) 所示一阶 RC 电路的后向欧拉法递进格式。

**分析**：对于图 E8.2.1(a) 所示的一阶 RC 电路，重画图于图 E8.2.5(a)，在计算第 $k$ 个时间点（即 $t_0 + k\Delta t$ 时刻）的数值解时，可以将电容 $C$ 用戴维南源替代，如图 E8.2.5(b) 所示：戴维南源的源电压为第 $k-1$ 个时间点的电容电压 $v_C(t_{k-1})$，这是由于它代表了 $t_{k-1}$ 时刻电容上的储能，具有向外释放电能的能力；戴维南源的源内阻为 $R_C = \Delta t/C$，显然电容容值 $C$ 越大，时间间隔 $\Delta t$ 越小，电容新增的电荷 $\Delta Q_k = i_k \Delta t$ 导致的电容电压变化 $\Delta v_k = \Delta Q_k/C = i_k R_C$ 就越小，电容被视为理想恒压源就越接近于真实的电容电压变化情况。

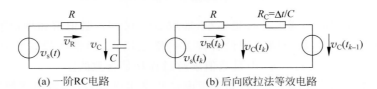

(a) 一阶RC电路　　　　(b) 后向欧拉法等效电路

图 E8.2.5　后向欧拉法等效电路：动态电路分析转换为电阻电路分析

**解**：图 E8.2.5(a) 所示一阶 RC 动态电路在时间离散化后可等效为图 E8.2.5(b) 所示的电阻电路。如图所示，$t_k$ 时刻的电容电压显然是两个恒压源电压的加权平均，用叠加定理可以给出如下结果：

$$v_C(t_k) = \frac{R}{R+R_C} v_C(t_{k-1}) + \frac{R_C}{R+R_C} v_S(t_k) \tag{E8.2.9}$$

该表达式与直接对状态方程（E8.2.2）进行后向欧拉分析一致，尤其是当 $v_S(t)=0$ 时，该表达式等同式（E8.2.7）

$$v_C(t_k) = \frac{R}{R+R_C} v_C(t_{k-1}) = \frac{1}{1+\dfrac{R_C}{R}} v_C(t_{k-1}) = \frac{1}{1+\dfrac{\Delta t}{RC}} v_C(t_{k-1}) \tag{E8.2.10}$$

**2）负阻型 LC 正弦波振荡器时域仿真例**

**例 8.2.5** 用后向欧拉法获取图 E8.2.1(b) 所示二阶非线性 RLC 动态电路 $t \geqslant 0$ 的数值解。已知 $L = 100\mu H, C = 20pF, R = 100\Omega, I_0 = 1mA, v_C(0) = 10mV, i_L(0) = 0$。

**分析**：图 E8.2.1(b) 是二阶非线性动态系统。非线性动态系统具有诸多新奇的动态行为，本例则是一个正弦波振荡器。对该电路的原理性分析见第 10 章，这里给出 MATLAB 编程的数值解，是为了说明后向欧拉法数值分析过程。商用电路仿真器可能采用其他更精巧的微分方程数值解法如龙格库塔法获得仿真结果。

**解**：我们将图 E8.2.1(b) 所示电路重画于图 E8.2.6(a)，固然可以自该电路的状态方程（E8.2.3）获得后向欧拉法递进格式，但本例则采用等效电路法进行分析，两者结果完全一致。如图 E8.2.6(b) 所示，将电容用戴维南源、电感用诺顿源替代，以前一时刻的电容电压 $v_C(t_{k-1})$、电感电流 $i_L(t_{k-1})$ 作为当前时刻 $t_k$ 时的激励源，从而动态电路分析被转换为了电阻电路分析。

图 E8.2.6(b) 是典型的非线性电阻电路，由于非线性电阻是流控的，因而以回路电流为未

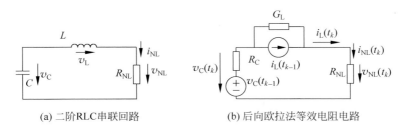

(a) 二阶RLC串联回路　　　　　　(b) 后向欧拉法等效电阻电路

图 E8.2.6　后向欧拉法：动态电路转换为电阻电路

知量列写方程如下，

$$-Ri_{NL}(t_k) + \frac{R}{3I_0^2}i_{NL}^3(t_k) = v_{NL}(t_k) = (v_C(t_{k-1}) - R_C i_{NL}(t_k)) - \left(\frac{i_{NL}(t_k) - i_L(t_{k-1})}{G_L}\right)$$

整理后，得到如下非线性代数方程

$$f(i_{NL}(t_k)) = (R - R_C - R_L)i_{NL}(t_k) - \frac{R}{3I_0^2}i_{NL}^3(t_k)$$
$$+ v_C(t_{k-1}) + R_L i_L(t_{k-1}) = 0 \qquad (E8.2.11)$$

其中 $i_{NL}(t_k)$ 为待求未知变量，前一时刻状态 $v_C(t_{k-1})$、$i_L(t_{k-1})$ 作为已知的激励量。获得当前 $i_{NL}(t_k)$ 后，即可获得下一个时间点 $t_{k+1}$ 的激励量 $v_C(t_k)$、$i_L(t_k)$，分别为

$$v_C(t_k) = v_C(t_{k-1}) - R_C i_{NL}(t_k) \qquad (E8.2.12a)$$
$$i_L(t_k) = i_{NL}(t_k) \qquad (E8.2.12b)$$

它们作为下一时间点 $t_{k+1}$ 时刻的激励源，进而获得下一时刻的状态。

　　方程(E8.2.11)是非线性方程，可以采用牛顿-拉夫逊迭代法数值求解，以上一个时间点的电流作为初始值是适当的，因为电感电流不会突变，当时间步长比较小时，其变化是微小的，这个初始值足够接近真实值，一般情况下一两次迭代即可获得足够精确的解从而迭代结束

$$i_{NL}^{(0)}(t_k) = i_{NL}(t_{k-1}) = i_L(t_{k-1}) \qquad (E8.2.13a)$$

$$i_{NL}^{(j+1)}(t_k) = i_{NL}^{(j)}(t_k) - \frac{f(i_{NL}^{(j)}(t_k))}{f'(i_{NL}^{(j)}(t_k))} \qquad (E8.2.13b)$$

$$f'(i_{NL}^{(j)}(t_k)) = (R - R_C - R_L) - R\left(\frac{i_{NL}^{(j)}(t_k)}{I_0}\right)^2 \qquad (E8.2.13c)$$

　　下面是上述分析过程的 MATLAB 程序实现，同学们可用 SPICE 电路仿真工具确认这个仿真结果。

```
% Backward Euler Method for an Oscillator Example
clear all
                                    % 电路参量设置
R = 100;                            % S 型负阻参量
I0 = 1E - 3;
L = 100E - 6;                       % 串联电感
C = 20E - 12;                       % 串联电容

vC(1) = 10E - 3;                    % 电容初始电压
iL(1) = 0;                          % 电感初始电流
tt(1) = 0;                          % 时间起点

Dt = 1E - 10;                       % 时间步长
RC = Dt/C;                          % 后向欧拉法时间离散化电容等效电压源内阻
```

```
RL = L/Dt;                                    % 后向欧拉法时间离散化电感等效电流源内阻

k = 1;
for t = Dt:Dt:2E - 5                          % 后向欧拉法时间步进计算
    k = k + 1;
    tt(k) = t;
                                              % 非线性代数方程的牛顿－拉夫逊迭代法求解
    iL(k) = iL(k - 1);                        % 迭代初始值设置为上个时间点的数值解
    flag = 0;
    while flag == 0
        f = (R - RC - RL) * iL(k) - R/3/I0 ^ 2 * iL(k)^3 + vC(k - 1) + RL * iL(k - 1);  % 非线性方程函数值
        fp = R - RC - RL - R * (iL(k)/I0)^2;  % 微分斜率值
        iL(k) = iL(k) - f/fp;                 % 牛顿－拉夫逊迭代

        if abs(f)< 1E - 9                     % 迭代结束标记
            flag = 1;
        end
    end

    vC(k) = vC(k - 1) - RC * iL(k);           % 电容电压计算
end

figure(1)
hold on
plot(tt,vC,'r')                               % 电容电压时域波形(单位 V)
plot(tt,iL * 1E3,'k')                         % 电感电流时域波形(单位 mA)

figure(2)                                     % 相图
plot(vC,iL)
```

图 E8.2.7 给出了仿真结果,这是电容电压、电感电流的时域波形图。图 E8.2.7(a)给出了从 $t=0$ 到 $t=20\mu s$ 时段的波形,完整描述了振荡器的起振过程,振荡幅度越来越大,最后达到稳定输出。图 E8.2.7(b)给出了 $t=19\sim20\mu s$ 时段的时域波形,此时波形已经稳定,输出波形为正弦波波形,表明这个动态系统是一个正弦波振荡器。

图 8.2.7(b)中电感电流滞后电容电压 90°,这是容易理解的,因为电容电流为电感电流的负值,而电容电流是电容电压的微分:当电容电压是 $\sin\omega t$ 时,电容电流则为 $\cos\omega t$,电感电流为 $-\cos\omega t = \sin(\omega t - 90°)$,相位确实应该滞后 90°。

第 10 章结束后,同学可理论分析论证该正弦振荡的振荡频率为

$$f_0 = \frac{1}{2\pi \sqrt{LC}} = \frac{1}{2 \times 3.14 \times \sqrt{100\mu H \times 20pF}}$$

$$= \frac{1}{281ns} = 3.56MHz \tag{E8.2.14}$$

振荡幅度为

$$I_{Lm} = 2I_0 = 2mA \tag{E8.2.15a}$$

$$V_{Cm} = \frac{2I_0}{2\pi f_0 C} = 4.47(V) \tag{E8.2.15b}$$

这些理论分析结果可以从仿真曲线上得以确认。

**练习 8.2.1** 同学直接运行上述程序,发现仿真耗时很大。修改上述程序中的时间步长 $\Delta t$,降低一个量级取 $\Delta t = 1ns$,重新仿真,与前者相比,仿真用时如何变化? 仿真结果有何变

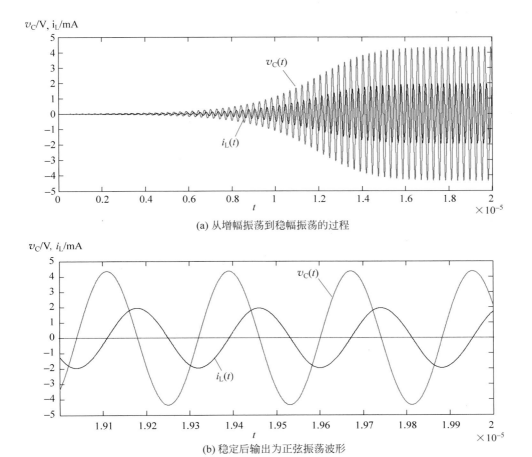

(a) 从增幅振荡到稳幅振荡的过程

(b) 稳定后输出为正弦振荡波形

图 E8.2.7 后向欧拉法获得的数值解

化？同学用不同的商用软件甚至相同的仿真工具仿真出不同的振荡波形是正常的，因为这是数值法仿真结果，采用不同的数值方法、采用不同的步长会得到完全不同的波形。数值法是对时间的离散化处理，不同的数值法对积分的实现方式不同则有不同的精度。当然，无论哪种方法，时间步长越小，仿真精度就越高，对应的仿真耗时也越大。

### 8.2.3 相图

动态系统的独立状态变量可构成该动态系统的一个状态空间（phase space），状态空间中的一个点被称为一个状态。从某个初始状态出发，随着时间的推进，状态发生转移，进入下一个状态，将空间中的这些随时间变化而转移的状态点连成曲线，这条曲线被称为相轨迹（trajectory）。不同初始状态点出发形成的所有相轨迹的集合就是该动态系统的相图（phase portrait）。在实际描述相图时，可以只画数条相轨迹来说明相图的特性，或者画出密集状态点的状态转移方向箭头说明状态转移情况。

**1. 二阶动态系统**

图 8.2.3 是例 8.2.5 正弦波振荡器数值仿真例中的由初始状态点出发形成的那条相轨迹，我们仅在其中部分状态点上标记了箭头，这些箭头表明随时间推进状态转移的方向，动态系统就是沿着这个相轨迹按箭头指示的方向随时间作状态转移。图示的相轨迹为圆形（正弦

振荡)螺旋状,螺旋半径随时间增长而增加(增幅正弦振荡)。当等待足够长的时间后,相轨迹则收敛到一个圆上(等幅正弦振荡),此圆方程为

$$\left(\frac{i_L(t)}{I_{Lm}}\right)^2 + \left(\frac{v_C(t)}{V_{Cm}}\right)^2 = 1 \tag{8.2.7a}$$

这个圆被称为极限环(limit cycle)。该极限环圆方程还可表述为

$$\frac{1}{2}Li_L^2(t) + \frac{1}{2}Cv_C^2(t) = E_L(t) + E_C(t) = \text{Constant} \tag{8.2.7b}$$

对例 8.2.5,Constant＝200pJ,这意味着在极限环上,电容电能和电感磁能以正弦形态相互转换且没有任何其他损耗或增益。

　　为何会形成如图 8.2.3 所示的相轨迹或状态转移图呢? 对图 E8.2.1(b)所示的 RLC 电路的工作原理大致可以描述如下:电容具有初始储能,电容电能外在体现为电容电压(极板结点电荷)。形成回路后,电容电压为电感充磁,形成回路电流为电容放电,当电容放电使得电容电压下降为 0 时,电容储能完全被释放出去,转化为了电感磁能。电感磁能的外在体现是回路电流,该回路电流为该回路中的电容反向充电,直至电感储能完全释放出去,再次转化为电容电能。如是电容电能、电感磁能两种能量形式来回转换,以正弦振荡的形态出现,正弦振荡频率完全由电感 $L$ 和电容 $C$ 共同决定,如式(E8.2.14)所示,该频率被称为 LC 谐振频率。注意到在该例中,起始

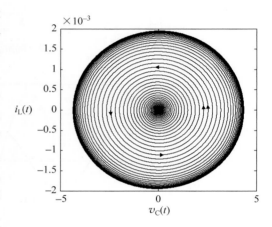

图 8.2.3　例 8.2.5 正弦波振荡器相图中的
　　　　　一条相轨迹

阶段回路电流很小,小的回路电流流过 S 型负阻时,S 型负阻呈现出微分线性负阻特性,该负阻向外提供能量,导致电感磁能和电容电能来回以正弦形态转换过程中,有多余的能量可以被电感和电容吸收,从而在电容放电电感充磁、电感放磁电容充电过程中,电感电流和电容电压随时间推进越来越大,故而形成增幅正弦振荡波形,相轨迹呈现发散的螺旋圆形扩张。随着回路增幅正弦电流幅度的增加,当电流幅度超出 $I_0$ 后,增幅正弦电流的上下顶部将会进入 S 型负阻的正阻区,导致 S 型负阻在正弦电流一个周期内有部分进入其两侧的正阻区,这种严重的非线性导致较大的高次谐波电压分量产生,这些高次谐波电压分量将几乎完全加载到高频近乎开路的电感上,而高频近乎短路的电容上则几乎看不到高次谐波电压的影响,故而回路电流几乎仍然维持正弦电流形态不变,然而正弦回路电流激励下 S 型负阻产生的基波电压分量由于强非线性则不可避免地减小了,即 S 型负阻的等效负阻(基波电压/基波电流)越来越小,其负阻效应越来越弱,其向外提供能量的能力越来越弱,正弦振荡幅度的增长速度从而明显变得缓慢。当回路正弦电流的幅度上升到 $2I_0$ 时,正弦电流进入正阻区的顶部区段导致的正阻效应和位于负阻区的中间区段导致的负阻效应完全相互抵偿,此时正弦电流激励下 S 型负阻提供的基波电压分量为 0,其等效负阻(基波电压/基波电流)为 0,它无法为 LC 谐振回路再提供额外的能量,于是振荡幅度不再上升,表现为相轨迹稳定于极限环式(8.2.7),电容电压和电感电流呈现出等幅正弦波形态

$$v_C(t) = V_{Cm}\sin(\omega_0 t + \varphi_0) \tag{8.2.8a}$$

$$i_L(t) = -I_{Lm}\cos(\omega_0 t + \varphi_0) \tag{8.2.8b}$$

其中，$I_{Lm} = 2I_0$。极限环振幅 $V_{Cm}$、$I_{Lm}$ 和振荡频率 $f_0$ 理论表达式见式（E8.2.14～15），而初始相位 $\varphi_0$ 则由系统初始状态决定。在极限环上，S 型负阻在 LC 基波频率（谐振频点）上正阻效应和负阻效应抵偿，呈现零阻短路特性，整个电路则可视为纯电感和纯电容构成的 LC 谐振腔，电容电能、电感磁能两种能量相互转换，电容电压、电感电流均以式（8.2.8）所示的等幅正弦波形态呈现。

**练习 8.2.2**　将初始状态设置在极限环外，例如取 $v_C(0) = 5V$，$i_L(0) = 2mA$，请用 MATLAB 或 SPICE 仿真获得例 8.2.5 正弦波振荡器电路的相轨迹，考察相轨迹是螺旋收缩还是螺旋扩张。其方向是否与例 8.2.5 一致（顺时针、逆时针）？

如果是非圆形或非椭圆形的极限环，动态系统则对应于多谐振荡器。所谓多谐振荡，指的是周期振荡波形不是单频正弦波形的振荡器，其周期波形可傅立叶分解为基波分量和高次谐波分量正弦波的叠加，故而称之为多谐振荡。

**例 8.2.6**　电路结构同例 8.2.5，已知电路参量为 $C = 20pF$，$R = 100\Omega$，$I_0 = 1mA$。初始状态取值为 $v_C(0) = 3V$，$i_L(0) = 0$。考察电感参量 $L$ 取 $100\mu H$、$1\mu H$、$10nH$、$0.1nH$ 四种情况下的电容电压和电感电流时域波形及对应相轨迹。

**解**：（1）$L = 100\mu H$，$\Delta t = 20ps$。

仿真结果见图 E8.2.8，图（a）为时域波形，图（b）为相轨迹。初始状态 $v_C(0) = 3V$，$i_L(0) = 0$ 位于极限环内，相轨迹呈现螺旋扩张形态。极限环为圆形，说明两个状态稳定后为正弦变化规律。

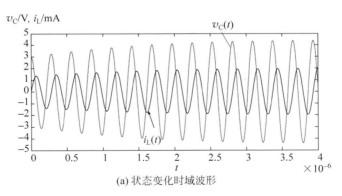

(a) 状态变化时域波形

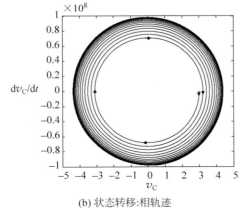

(b) 状态转移:相轨迹

图 E8.2.8　电感取值 $L = 100\mu H$

（2）$L=1\mu H, \Delta t=2ps$。

仿真结果见图 E8.2.9：图（a）为时域波形，图（b）为相轨迹。初始状态 $v_C(0)=3V, i_L(0)=0$ 位于极限环外，相轨迹呈现螺旋收缩形态。极限环近似为圆形，说明两个状态近似为正弦规律变化。从图（a）的时域波形和图（c）的极限环均可看出，稳定后两个状态的变化规律已经偏离了正弦变化规律。

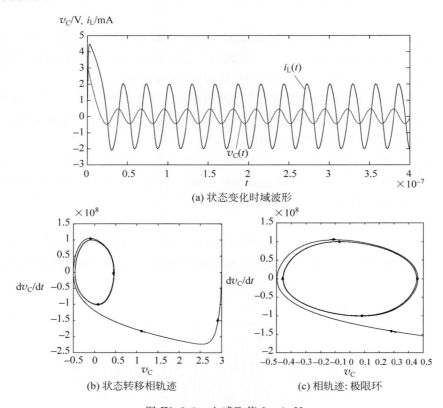

图 E8.2.9　电感取值 $L=1\mu H$

（3）$L=10nH, \Delta t=0.2ps$。

仿真结果见图 E8.2.10：图（a）为时域波形，图（b）给出了电感电流在初始时间点的变化情况，波形变化说明由于电感量过小，电感无法全部吸收电容释放的电能，微小的充能即导致电感电流迅猛增加，从而进入到非线性电阻的正阻区，正阻耗能机制作用下，电感、电容同时向外释放能量。

图 E8.2.10(a) 的时域波形表明，状态稳定后，电容电压变化相对平缓，但电感电流变化相对比较剧烈，这是由于电感量过小，电感产生的感生电动势用以抑制电流变化的能力严重下降。

图 E8.2.10(c) 给出了相轨迹，初始状态 $v_C(0)=3V, i_L(0)=0$ 位于极限环外，相轨迹呈现收缩形态，但几乎是一次性地直接进入到极限环周期循环之中。而极限环已经严重偏离圆形，几乎完全由非线性电阻特性 $i_{NL}=g(v_{NL})$ 决定。图 E8.2.10(d) 给出的极限环细节图中除了极限环之外，还画出了 $y=-g(x)/C$ 虚线，非线性电阻的负阻区被极限环包围，极限环形状几乎由非线性电阻正阻区伏安特性完全决定。状态变化情况说明这是一个多谐振荡器，输出波形中除了基波分量外，还有极为丰富的高次谐波分量。

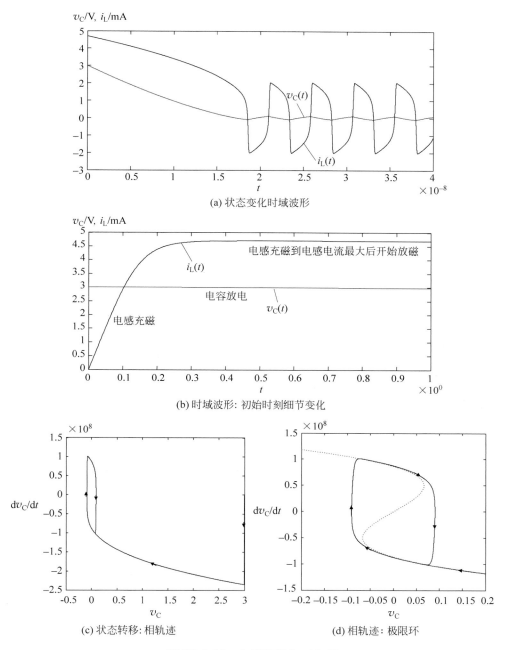

(a) 状态变化时域波形

(b) 时域波形: 初始时刻细节变化

(c) 状态转移: 相轨迹

(d) 相轨迹: 极限环

图 E8.2.10　电感取值 $L=10\text{nH}$

（4）$L=0.1\text{nH}, \Delta t=0.2\text{ps}$。

仿真结果如图 E8.2.11 所示: 图(a)为时域波形。这里的电感量实在是太小了，导致电感在吸收了极少的电容释能后就形成了极大的电感电流，从而几乎瞬间就进入了非线性电阻的正阻区，在非线性电阻耗能作用下，电感、电容同时释放能量被非线性电阻吸收，故而电容电压、电感电流都随时间增加而下降。当状态变化稳定后，电容电压变化几乎完全由非线性电阻对电容的充放电决定，由于电感过小，已经失去了对电流变化的抵抗能力，电感电流变化剧烈，图上显现出了近乎跳变的时域波形。

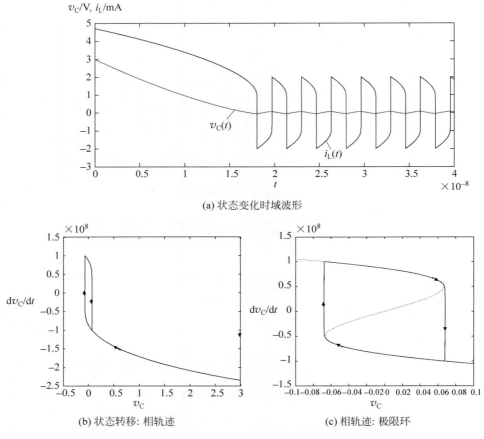

(a) 状态变化时域波形

(b) 状态转移: 相轨迹

(c) 相轨迹: 极限环

图 E8.2.11　电感取值 $L=0.1\text{nH}$: 可极致化抽象为零电感

　　图 E8.2.11(b) 的相轨迹表明,初始状态 $v_C(0)=3\text{V}$, $i_L(0)=0$ 位于极限环外,相轨迹呈现收缩形态,一次性地进入到极限环周期循环之中。极限环形状几乎完全由非线性电阻特性 $i_{NL}=g(v_{NL})$ 决定。图 E8.2.11(c) 极限环细节图中还画出了 $y=-g(x)/C$ 曲线,非线性电阻的负阻区被极限环包围,极限环形态完全由非线性电阻正阻区伏安特性决定。

　　**练习 8.2.3**　和图 E8.2.12(a) 所示串联 LC＋S 型负阻对偶的电路如图 E8.2.12(b) 所示,为并联 LC＋N 型负阻,其中,电容和电感对偶,电感和电容对偶,S 型负阻和 N 型负阻对偶,串联和并联对偶。对 N 型负阻,其伏安特性为压控形式

$$i_{N,NL} = -Gv_{N,NL} + \frac{G}{3V_0^2}v_{N,NL}^3 \qquad (\text{E8.2.16})$$

其中 $-G$ 是特性曲线在原点位置的小信号微分负导。如图 E8.2.12(c) 所示,在 $\pm V_0$ 范围内,N 型负阻具有微分负阻特性,超出这个范围后,N 型负阻器件则具有微分正阻特性。请用后向欧拉法数值仿真图 E8.2.12(b) 所示振荡器电路的时域波形和相轨迹,其中 $C=100\text{pF}$, $L=20\mu\text{H}$, $G=100\mu\text{S}$, $V_0=1\text{V}$, $v_C(0)=0$, $i_L(0)=10\text{mA}$,确认这是一个正弦波振荡器,由于初始状态在极限环外,其相轨迹呈现螺线收缩形态。将电容 $C$ 由 100pF 置换为 0.1fF 的小电容,仿真确认这是一个多谐振荡器。

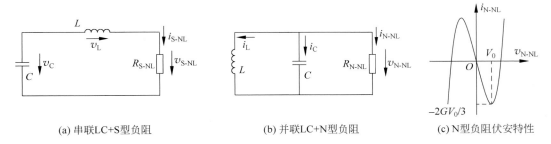

(a) 串联LC+S型负阻　　　　　　(b) 并联LC+N型负阻　　　　　　(c) N型负阻伏安特性

图 E8.2.12　LC 并联谐振对接 N 型负阻形成的振荡器

**练习 8.2.4**　RLC 串联谐振电路结构如图 E8.2.12(a) 所示,其中电阻为线性电阻。取 $L=10\mu H$,$C=200pF$,而线性电阻 $R$ 分别取 $10\Omega$、$100\Omega$、$447\Omega$、$4k\Omega$ 四种情况,请用后向欧拉法数值仿真对应四种情况下的电容电压和电感电流时域波形图和相轨迹。仿真时取 $v_C(0)=5V$,$i_L(0)=0mA$。你观察到什么样的时域波形?是否可以对这样的波形给予物理上的定性的解释?

我们注意到例 8.2.6 给出的相图横坐标 $x$ 取电容电压 $v_C(t)$,纵坐标 $y$ 取 $dv_C/dt$ 而非二阶系统状态空间所要求的 $i_L(t)$。然而当我们注意到 $i_L=i_C=Cdv_C/dt$ 时,可知纵坐标 $y=dv_C/dt$ 代表的其实就是状态变量 $i_L(t)$。我们用 $dv_C/dt$ 替代 $i_L$ 后,为什么当 RLC 串联谐振回路中的电感很小时,相轨迹方程在很短的时间后就可近似表述为 $y=-g(x)/C$?其中 $i=g(v)$ 是 RLC 串联谐振电路中电阻的端口伏安特性关系。上述问题的回答需要对一阶系统的相图表述有进一步的了解。

**2. 一阶动态系统**

如果严格按状态空间的定义考察一阶系统的相图,则只能在一维空间(单个坐标轴上)考察状态变化,在一维空间对一阶系统进行相图分析,对一阶系统动态行为的认识不够直观,难以深入。为了更加直观地理解一阶动态系统行为,我们将一阶系统视为二阶系统的退化,即用二阶系统的相图形态考察一阶系统。

首先将一阶系统进化为二阶系统,之后再退化为一阶系统,图 8.2.4 是进化退化示意图:对于只有单电容的一阶动态系统,只需在电容一端串联一个电感,这个电感可理解为实际电容真实存在的寄生电感,如是一阶系统就进化为二阶系统。对于这个二阶系统,有两个状态变量,$v_C$ 和 $i_L$,注意到串联关系使得 $i_L=i_C=Cdv_C/dt$,于是当我们将极小的寄生电感抽象为 0 时,二阶系统则退化为一阶系统,但我们仍然保留二阶系统的两个状态,以电容电压 $v_C$ 和代表电感电流 $i_L$ 的

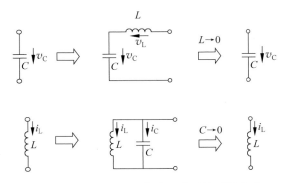

图 8.2.4　一阶系统进化为二阶系统再退化为一阶系统

$dv_C/dt$ 作为横坐标 $x$ 和纵坐标 $y$,在二维平面研究单电容一阶动态系统的相轨迹,考察一阶系统的动态行为。同理,对于只有单电感的一阶动态系统,只需在电感两端并联一个电容,这个电容可理解为实际电感真实存在的寄生电容,如是一阶系统就进化为二阶系统。对于这个二阶系统,有两个状态变量,$i_L$ 和 $v_C$,注意到并联关系使得 $v_C=v_L=Ldi_L/dt$,于是当我们将极小

的寄生电容抽象为 0,二阶系统则退化为一阶系统,但我们仍然以电感电流 $i_L$ 和代表电容电压 $v_C$ 的 $\mathrm{d}i_L/\mathrm{d}t$ 作为横纵两个坐标 $x$ 和 $y$,如是我们就可以在二维相平面上对单电感一阶动态系统的相轨迹进行分析。

综上所述,对于只有一个独立状态变量 $x(t)$ 的一阶动态系统,可以用 $x(t)$ 和 $\mathrm{d}x(t)/\mathrm{d}t$ 作为相平面的坐标轴研究其相轨迹,这个相轨迹可如是理解:一阶系统是二阶系统的极端情况,即图 8.2.4 所示的串联 LC 中的 $L \to 0$ 的极端情况,或并联 LC 中的 $C \to 0$ 的极端情况。

事实上,对于具有两个状态变量 $x_1(t),x_2(t)$ 的二阶系统,有时也可选取 $x_1(t)$ 和 $\mathrm{d}x_1(t)/\mathrm{d}t$ 作为相平面坐标轴研究其相轨迹,对于实际的二阶系统,很多情况下 $\mathrm{d}x_1(t)/\mathrm{d}t$ 在某种程度上可代表 $x_2(t)$。

为了更加深入地理解一阶系统的动态行为,我们以图 8.2.5 的单电容一阶动态电路为例,将电容之外的电阻电路抽象为一个单端口网络,该单端口网络的端口描述方程是代数方程,这里以压控形式表述为

$$i = g(v) \tag{8.2.9}$$

图 8.2.6 是为了方便说明给出的一个单端口电阻的伏安特性示意图。注意到电容是直流开路的,因而可以在该伏安特性图中找到 $O$、$A$、$B$、$C$、$D$ 五个直流工作点,其中 $O$、$A$、$C$ 直流工作点处微分斜率为负,此位置小信号微分电阻为负阻,而 $B$、$D$ 直流工作点处微分斜率为正,此位置小信号微分电阻为正阻。注意到 $O$ 点附近伏安特性呈现 S 型负阻特性,虽然它并非压控特性,但为了数学表述方便,这里仍然用压控形式的数学表达式(8.2.9)予以描述,只不过此时函数 $g$ 为非单值函数,一个输入允许对应多个输出。

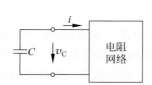
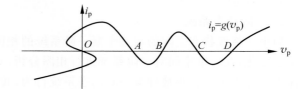

图 8.2.5　单电容一阶动态系统示意图　　　　图 8.2.6　单端口电阻网络伏安特性示意图

针对图 8.2.5 所示单电容一阶电路系统,其状态方程很容易列写,为

$$\frac{\mathrm{d}v_C}{\mathrm{d}t} = \frac{1}{C}i_C = -\frac{1}{C}i_R = -\frac{1}{C}g(v_R) = -\frac{1}{C}g(v_C) \tag{8.2.10}$$

以 $\dfrac{\mathrm{d}v_C}{\mathrm{d}t}$ 为 $y$ 轴,以 $v_C$ 为 $x$ 轴建立该一阶动态系统的相平面,相轨迹方程为

$$y = -\frac{1}{C}g(x) \tag{8.2.11}$$

如图 8.2.7 所示,其对应的单端口电阻伏安特性如图 8.2.6 所示。

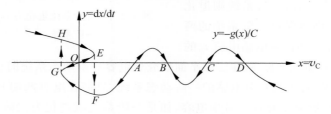

图 8.2.7　单电容一阶动态系统相轨迹分析

我们考察图 8.2.7 所示的一阶动态系统相轨迹上的状态点随时间的转移情况：对于位于横轴上方的相轨迹状态点，$\dfrac{\mathrm{d}x}{\mathrm{d}t}>0$，说明随着时间 $t$ 增长 $x$ 是增加的，故而状态点朝着 $x$ 增加的方向转移；对于位于横轴下方的相轨迹状态点，$\dfrac{\mathrm{d}x}{\mathrm{d}t}<0$，说明随着时间 $t$ 增长 $x$ 是减小的，故而状态点朝着 $x$ 减小的方向转移（图中我们用箭头表示状态转移方向）。而对于相轨迹和横轴的交点，$\dfrac{\mathrm{d}x}{\mathrm{d}t}=0$，说明随着时间 $t$ 的增长 $x$ 不变，故而称这些状态点为平衡点。显然，平衡点恰好对应着电阻电路的直流工作点。

假设初始状态位于 $AB$ 区段的任意一点，那么随着时间增长，状态必然向 $B$ 点移动，等待足够长时间，状态将转移到 $B$ 点不动，这可以理解为在足够大的时间尺度上看，电容呈现直流开路属性，此时电路将稳定在直流工作点 $B$。当初始状态位于 $BC$ 区段上的任意一点时，最终状态也将进入 $B$ 点不动。注意到直流工作点 $B$ 点的微分电阻为正阻，一阶动态系统呈现耗散收敛行为，外在扰动导致状态偏离平衡点 $B$ 后，系统的耗散行为将导致系统自动收敛重新回到 $B$ 点，$B$ 点故而被称为稳定平衡点。相应地，$O$ 点、$A$ 点和 $C$ 点三个直流工作点由于其微分电阻为负阻，一阶动态系统在这些平衡点附近呈现发散行为，微小的扰动（如电路中始终存在的热噪声）导致状态略微偏离这些平衡点后，状态转移呈现发散行为，状态朝远离平衡点方向运动，故而它们被称为不稳定平衡点。从相轨迹上的状态转移箭头看，稳定平衡点 $B$、$D$ 两侧的箭头指向 $B$、$D$ 点，而不稳定平衡点 $O$、$A$、$C$ 两侧的箭头背离 $O$、$A$、$C$ 点。

我们特别注意到，$O$ 点附近区段对应的是 S 型负阻特性，如果初始状态位于 $HE$ 区段，状态则朝 $E$ 点转移，如果初始状态位于 $OE$ 区段，状态同样朝 $E$ 点转移，那么当状态转移到 $E$ 点后，下一状态点在哪里呢？从图 E8.2.10(d)、图 E8.2.11(c) 仿真结果可知，下一状态将朝 $F$ 点移动，在微小的寄生电感作用下，相轨迹以略微外凸的弧线形式从 $E$ 点转移到 $F$ 点，但是对于单电容一阶系统而言，串联的寄生电感被抽象为 0，从状态点 $E$ 转移到状态点 $F$ 则是瞬间完成的，相轨迹从 $E$ 垂直下落到 $F$，对电容而言，这个状态转移过程的状态变量（电容电压）并没有发生任何变化，改变的仅仅是电容电流。$F$ 点电容电流和 $E$ 点电容电流反向，导致其后的状态转移方向反向，是朝着 $G$ 点运动，到达 $G$ 点后，状态瞬间转移到 $H$ 点，之后则以 $H\rightarrow E\rightarrow F\rightarrow G\rightarrow H\rightarrow\cdots$ 这样的极限环形式循环不已，形成多谐振荡。

直流工作点位于负阻区的 S 型负阻和对接电容形成的多谐振荡器又称张弛振荡器（relaxation oscillator）。从字面意思看，relaxation 为"再次进入松弛状态"，这里的松弛状态指的是 S 型负阻的两个正阻区位置的状态转移相轨迹，张弛振荡在两个正阻区来回翻转，一次又一次地"再次回到松弛状态"，形成的电容电压为连续的近三角波形态，电容电流为跳变的近方波形态。

上述分析解释了例 8.2.6 数值仿真中电感很小（可抽象为 0）时的振荡波形。

**练习 8.2.5** 如果图 8.2.5 所示单电容一阶动态系统中的单端口电阻网络分别为如下五种情况，请画出这些单电容一阶系统的相轨迹，并说明平衡点是否稳定。是否会出现振荡现象。

（1）线性电阻 $R$；

（2）线性负阻 $-R$；

（3）戴维南源，源电压为 $V_{s0}$，源内阻为 $R_s$；

（4）如图 E8.2.1(c) 所示的 S 型负阻；

(5) 如图 E8.2.12(c)所示的 N 型负阻。

**练习 8.2.6** 请分析和图 8.2.5 对偶的单电感一阶动态系统,给出对相轨迹方程的描述,根据如下五种单端口电阻网络的相图,分析单电感一阶动态系统的动态行为:

(1) 线性电阻 $R$;

(2) 线性负阻 $-R$;

(3) 诺顿源,源电流为 $I_{S0}$,源内阻为 $R_s$;

(4) 如图 E8.2.1(c)所示的 S 型负阻;

(5) 如图 E8.2.12(c)所示的 N 型负阻。

### 3. 高阶动态系统

对于一阶和二阶动态系统,在二维相平面上的相图分析是方便的直观的动态系统行为分析,相平面上的相轨迹表明了动态系统状态转移特性,典型的一阶和二阶动态系统行为包括耗散收敛(趋于并稳定在稳定平衡点,如晶体管放大器的直流工作点)、发散(背离不稳定平衡点,如施密特触发器的不稳定解)和极限环(围绕位于 S 型负阻或 N 型负阻负阻区的不稳定平衡点周期往复运动,如振荡器),动态系统的状态转移则呈现指数衰减、指数增长和周期振荡的时域波形。

三阶动态系统的相轨迹在计算机辅助作图下可以被画出来,高于三阶的动态系统,其状态空间需要投影到三维以下进行考察,例如某 4 阶动态系统有 $x_1,x_2,x_3,x_4$ 四个独立状态变量,我们可以同时考察 $x_1,x_2,x_3$ 形成的相轨迹、$x_1,x_2,x_4$ 形成的相轨迹、$x_2,x_3,x_4$ 形成的相轨迹、$x_3,x_4,x_1$ 形成的相轨迹,综合考察上述相轨迹投影,可一定程度上理解高阶动态系统的动态行为。

高阶非线性动态系统有可能出现混沌现象,形成的相轨迹或光彩炫目。

**练习 8.2.7** 不同的非线性电阻特性,不同的电路元件参量,将会呈现不同的电路行为。图 E8.2.13(a)是一个可产生混沌现象的非线性动态电路,其元件参量为:$C_1=0.1\mathrm{F}$,$C_2=2\mathrm{F}$,$L=0.143\mathrm{H}$,$G=0.7\mathrm{S}$,其中非线性电阻具有 N 型负阻伏安特性,如图 E8.2.13(b)所示。

(1) 请列出该三阶非线性电路的状态方程;

(2) 画出后向欧拉法步进计算等效电阻电路图;

(3) 用 MATLAB 或 SPICE 仿真,考察混沌现象。

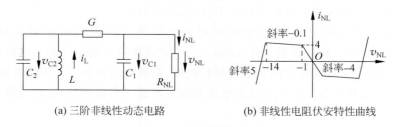

(a) 三阶非线性动态电路　　(b) 非线性电阻伏安特性曲线

图 E8.2.13　一个可形成混沌现象的非线性动态电路

例 8.2.5 是 LC 串联谐振腔串接 S 型负阻形成的正弦波振荡器,对偶地,LC 并联谐振腔并接 N 型负阻也可形成正弦波振荡器。图 E8.2.13(a)可理解为一个正弦波振荡器的设计,期望用 N 型负阻和并联 LC 谐振腔的并联形成正弦振荡波形,但设计出来的 N 型负阻不太理想,存在着较大的寄生电容($C_1$)和寄生电阻($1/G$),导致该正弦波振荡器不能稳定输出正弦波形。串联 LC 接 S 型负阻将形成正弦振荡回路电流,对偶地,并联 LC 接 N 型负阻将形成正弦振荡结点电压,因而观察 $v_{C2}$ 电压波形,如图 E8.2.14(a)所示,$v_{C2}$ 相当接近于正弦波形但其幅度、频率和相位却一直无法稳定下来。进而观察 $v_{C1}$ 和 $i_L$ 波形,发现明显的近乎跳变的时域波形,这个跳变发生于 N 型负阻在它的两个 $-0.1S$ 斜率的负阻区快速通过 $-4S$ 斜率负阻区期间,犹如张弛振荡在两个区域来回跳变,这种现象在经典电路分析中被称为寄生振荡。然而我们进一步考察其三维状态空间中的相轨迹时,如图 E8.2.14(b)所示,发现其相轨迹是在两个类正弦振荡螺线扩张的相轨迹之间来回转换,相轨迹始终没有稳定的极限环故而难以给予确定性的描述,这种相轨迹形态表明电路出现了混沌(chaos)现象,两个类正弦振荡螺旋相轨迹形态被称为奇怪吸引子(strange attractor),以区别于稳定平衡点或极限环(不稳定平衡点)这样的可给出确定性描述的吸引子。

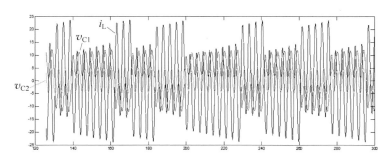

(a) 正弦波振荡器设计中的寄生振荡现象

(b) 相轨迹表明它是一个混沌电路

图 E8.2.14 一个混沌电路的时域波形和相轨迹

混沌相轨迹不具可重复性,微小的扰动导致的偏差无法预估。某些非线性形态加高阶记忆即可形成混沌,而真实世界恰恰是非线性和有记忆的,真实世界的诸多运动是混沌的,诸如风云变幻。

本课程后续章节仅考察具有确定性信号处理的一阶/二阶线性/非线性动态系统和高阶线性动态系统,对高阶非线性动态系统本课程不再进一步探讨。

## 8.3 频域分析:相量法分析

**例 8.3.1** 如图 E8.3.1 所示,在 $t=0$ 时刻将开关闭合,正弦波电压激励源加载到一阶 RC 串联电路端口的电压为 $v_s(t)=2\cos\omega_0 t$,其中 $\omega_0=2\pi f_0$,$f_0=500$Hz。假设电容初始电压为 0,$v_C(0)=0$,请给出电容电压的时域波形数值仿真结果。

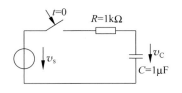

图 E8.3.1 一阶 RC 电路

**解:** $t=0$ 时开关闭合,$t>0$ 时段,电路如图 E8.3.2(a)所

示,用后向欧拉法进行数值求解,其步进等效电路如图 E8.3.2(b)所示。

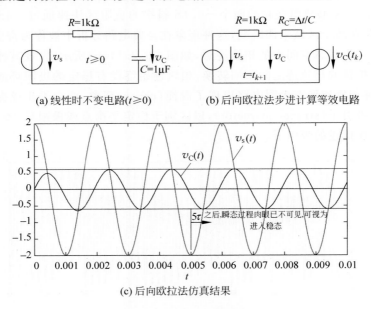

(a) 线性时不变电路($t\geqslant 0$)  (b) 后向欧拉法步进计算等效电路

(c) 后向欧拉法仿真结果

图 E8.3.2  一阶 RC 电路数值解法

为了获得足够精确的分析结果,取 $\Delta t=0.001RC=1\mu\mathrm{s}$,故而有 $R_\mathrm{C}=\dfrac{\Delta t}{C}=1\Omega$,于是 $t=t_{k+1}$ 时间点的电容电压为

$$v_\mathrm{C}(t_{k+1})=\frac{R_\mathrm{C}}{R_\mathrm{C}+R}v_\mathrm{s}(t_{k+1})+\frac{R}{R_\mathrm{C}+R}v_\mathrm{C}(t_k)=\frac{1}{1001}v_\mathrm{s}(t_{k+1})+\frac{1000}{1001}v_\mathrm{C}(t_k)$$

其中 $v_\mathrm{C}(t_0)=v_\mathrm{C}(0)=0$,$v_\mathrm{s}(t_{k+1})=2\cos\omega_0 t_{k+1}$。采用上述步进格式可获得如图 E8.3.2(c)所示的仿真结果。

对上述数值仿真结果进行分析,有如下结论:

(1) 单频正弦激励下,电容电压在足够长时间后进入稳态,稳态波形保持正弦波形态,数值解表明,该正弦波电压幅度 0.6064V 低于信源电压幅度 2V,其相位也滞后于信源电压 72.36°。

(2) 在起始阶段,电容电压偏离稳态正弦波形式,这段过程被称为瞬变过程。从仿真图上看,$5\tau$ 时间后瞬变过程肉眼几乎不可觉察,可以认为 $5\tau$ 后瞬变过程结束而进入稳态,其中 $\tau=RC$ 为一阶 RC 电路的时间常数。

所谓瞬态解,就是 $t\to\infty$ 后消失(等于 0)的解;而稳态解则是 $t\to\infty$ 后仍然有不为零值的解,稳态解时域波形具有与激励源基本一致的形态。

相量法是求解线性时不变电路正弦激励下稳态响应的简便方法。相量法的相量表述恰好对应信号时域波形傅立叶变换后频域内的频谱分量的幅度和相位,因而相量法是针对线性时不变系统的频域分析方法。

### 8.3.1  相量表述

线性时不变电路系统,除了激励电源外,其构成都是线性时不变元件,包括以线性时不变电阻、线性时不变受控源为代表的即时元件,以线性时不变电感、线性时不变电容为代表的动态元件。只要构成电路的电阻阻值 $R$、受控源受控系数 $G_{ain}$、电容值 $C$、电感值 $L$ 都是常数,则电路系统为线性时不变系统。

对于线性时不变电路系统,如果电路中的激励信号是单频正弦信号,那么系统稳定后,电路中所有支路的电压、电流都是和激励源同频的正弦信号。由于线性时不变元件作用下不会有新的频率分量产生,从而在表述这些电信号时,只需用幅度和相位,而默认其频率等于信号源频率 $\omega$。

实际电路中的信号都可以傅立叶分解为正弦信号的叠加(积分)形式,因而只要将单频正弦信号激励下的稳态响应分析清楚,由线性电路的叠加定理可知,实际电路信号激励下的响应可表述为单频正弦信号稳态响应的叠加(积分)形式。之所以是稳态响应,是由于傅立叶变换公式中的时间积分限为 $\pm\infty$,时间 $t$ 从 $-\infty$ 开始积分到当前时间点时已经看不到瞬态过程了,剩下的只有稳态响应。而相量法正是针对线性时不变系统正弦激励下正弦稳态响应分析的简化方法,它消除了微分、积分运算,而代之以犹如电阻电路分析一样的代数运算,只不过变成了复数代数运算而已。

以电路中的正弦电压信号为例

$$v(t) = V_{p}\cos(\omega t + \varphi_{v}) \tag{8.3.1}$$

它是如下的旋转矢量在 $x$ 轴上的投影

$$\vec{v}(t) = V_{p}e^{j(\omega t + \varphi_{v})} = V_{p}e^{j\varphi_{v}}e^{j\omega t} \tag{8.3.2}$$

由于线性时不变电路正弦激励下的稳态电压、稳态电流都是同频正弦波,因而所有旋转矢量中都有共同的单位旋转矢量 $e^{j\omega t}$。针对线性系统的数学分析而言,舍弃共有乘法项不会影响运算的结果表述,于是将电路方程中的单位旋转矢量 $e^{j\omega t}$ 一并去除,剩下的就只有电压、电流向量了

$$\dot{V} = V_{p}e^{j\varphi_{v}} \tag{8.3.3}$$

式(8.3.3)所示的电压相量和正弦电压信号代表同一信号,只不过式(8.3.1)是时域表述方式,式(8.3.3)是相量域表述方式。相量域表述就是频域表述,因为该电压时域函数的傅立叶变换为

$$\mathscr{F}(v(t)) = \pi A_{p}e^{j\varphi_{v}}\delta(\omega - \omega_{0}) + \pi A_{p}e^{-j\varphi_{v}}\delta(\omega + \omega_{0})$$
$$= \pi\dot{V}\delta(\omega - \omega_{0}) + \pi\dot{V}^{*}\delta(\omega + \omega_{0}) \tag{8.3.4}$$

相量表述式(8.3.3)恰好代表了该正弦电压在频域内的幅度和相位大小。

**1. 时域微分在相量域是乘 $j\omega$ 运算**

时域内对正弦电压式(8.3.1)进行微分运算,其结果为

$$\frac{dv(t)}{dt} = -\omega V_{p}\sin(\omega t + \varphi_{v}) \tag{8.3.5}$$

如果对旋转矢量式(8.3.2)进行微分运算,其结果为

$$\frac{d\vec{v}(t)}{dt} = j\omega V_{p}e^{j\varphi_{v}}e^{j\omega t} = j\omega\dot{V}e^{j\omega t} \tag{8.3.6}$$

去掉共有的单位旋转矢量 $e^{j\omega t}$,可知时域内的时间微分运算 $\dfrac{d}{dt}$ 在相量域就是简单的乘 $j\omega$ 运算,

$$\frac{dv(t)}{dt} \leftrightarrow j\omega\dot{V} \tag{8.3.7}$$

其中,虚数单位 $j = \sqrt{-1} = (\angle 180°)^{\frac{1}{2}} = \angle 90°$ 代表时间微分引入的 $90°$ 相位超前

$$\frac{\mathrm{d}v(t)}{\mathrm{d}t} = -\omega V_p \sin(\omega t + \varphi_v) = \omega V_p \cos(\omega t + \varphi_v + 90°)$$

而 $\omega$ 则代表时间微分所导致的正弦信号频率到幅度上的转移。

同理,时域内的时间积分运算 $\int_{-\infty}^{t} \cdot \mathrm{d}t$ 在相量域则是简单的除 $\mathrm{j}\omega$ 运算,

$$\int_{-\infty}^{t} v(t)\mathrm{d}t \leftrightarrow \frac{\dot{V}}{\mathrm{j}\omega} \tag{8.3.8}$$

正是由于时域微积分运算在相量域被简化为乘除 $\mathrm{j}\omega$ 运算,线性时不变电路系统的时域常系数微积分电路方程在相量域则变成复数线性代数方程,其分析难度大大降低,故而对于线性时不变系统的大多数分析,我们都试图转换到频域进行。

1893 年,斯坦梅茨(Charles Proteus Steinmetz)发表了一篇论文,将复数运算应用到交流电路的分析之中,从而使得正弦激励下稳态响应分析大大简化。注意到 1893 年前后,正好是交流电和直流电针锋相对争论孰优孰劣的年代,相量法工具的推出一定程度上可理解为是对直流电的重重一击。

**2. 相量域的电容和电感**

线性时不变电容的时域伏安特性方程为

$$i(t) = C\frac{\mathrm{d}v(t)}{\mathrm{d}t} \tag{8.3.9a}$$

在相量域,微分运算被转化为乘 $\mathrm{j}\omega$ 运算,故而相量域伏安特性方程为

$$\dot{I} = C\mathrm{j}\omega \dot{V} = \mathrm{j}\omega C \dot{V} \tag{8.3.9b}$$

与线性时不变电导伏安特性方程对比

$$i(t) = Gv(t) \tag{8.3.10a}$$

$$\dot{I} = G\dot{V} \tag{8.3.10b}$$

两者在相量域具有相同的方程形式。这里称 $G$ 为电导(conductance),称 $B = \omega C$ 为电纳(susceptance),统称为导纳(admittance)。

单端口线性时不变网络的导纳定义为相量域端口电流与端口电压之比

$$Y = \frac{\dot{I}}{\dot{V}} = G + \mathrm{j}B \tag{8.3.11}$$

其实部为电导 $G = \mathrm{Re}Y$,其虚部为电纳 $B = \mathrm{Im}Y$。

同理,线性时不变电感的时域和相量域伏安特性方程分别为

$$v(t) = L\frac{\mathrm{d}i(t)}{\mathrm{d}t} \tag{8.3.12a}$$

$$\dot{V} = \mathrm{j}\omega L \dot{I} \tag{8.3.12b}$$

与线性时不变电阻的伏安特性方程对比

$$v(t) = Ri(t) \tag{8.3.13a}$$

$$\dot{V} = R\dot{I} \tag{8.3.13b}$$

两者在相量域具有相同的方程形式。这里称 $R$ 为电阻(resistance),称 $X = \omega L$ 为电抗(reactance),统称为阻抗(impedance)。

单端口线性时不变网络的阻抗定义为相量域端口电压与端口电流之比

$$Z = \frac{\dot{V}}{\dot{I}} = R + jX \tag{8.3.14}$$

其实部为电阻 $R = \mathrm{Re}Z$,其虚部为电抗 $X = \mathrm{Im}Z$。

显然,同一个单端口线性时不变网络的端口阻抗 $Z$ 和端口导纳 $Y$ 互为倒数

$$Z = \frac{1}{Y} \tag{8.3.15a}$$

$$Y = \frac{1}{Z} \tag{8.3.15b}$$

与单端口电阻表述 $R$ 和 $G$ 互为倒数不完全相同,电容与电感的电抗和电纳除了倒数关系外,还差一个负号

$$X_{\mathrm{L}} = \omega L, \quad B_{\mathrm{L}} = -\frac{1}{\omega L} \tag{8.3.16a}$$

$$X_{\mathrm{C}} = -\frac{1}{\omega C}, \quad B_{\mathrm{C}} = \omega C \tag{8.3.16b}$$

**3. 相量域电路定律和定理及其应用**

相量域分析十分简单,只需把线性时不变电容 $C$ 用导纳 $j\omega C$、电感 $L$ 用阻抗 $j\omega L$ 表述,其他运算与电阻电路没有任何区别。电阻电路中应用过的所有电路定律包括基尔霍夫定律和广义欧姆定律,电路定理包括替代定理、叠加定理、戴维南定理等,所有的电路方程列写方法包括支路电压电流法、结点电压法、回路电流法等,在相量域同样应用,唯一的差别在于电阻电路数学分析是实数代数运算,而相量域动态电路数学分析是复数线性代数运算。

相量域电路定律、定理应用时,时域电量 $v(t)$、$i(t)$ 用相量域电量 $\dot{V}$、$\dot{I}$ 替代,微分 $\frac{\mathrm{d}}{\mathrm{d}t}$ 用 $j\omega$ 替代,积分 $\int \mathrm{d}t$ 用 $\frac{1}{j\omega}$ 替代,电阻 $R$、电感 $L$、电容 $C$ 用阻抗 $Z$、导纳 $Y$ 表述,阻抗串并联犹如电阻串并联一样。

**例 8.3.2** 利用时域和相量域之间的转换关系,将如下的时域电路方程转换为相量域方程,并给出未知电量 $i$ 的正弦稳态响应。

$$4i + 8\int i\mathrm{d}t + 3\frac{\mathrm{d}i}{\mathrm{d}t} = 50\cos(2t + 75°)$$

**解**:方程中的未知量为 $i(t)$,把该时域电量用相量域电量 $\dot{I}$ 替代,同时时域积分运算用除 $j\omega$ 运算替代,时域微分运算用乘 $j\omega$ 运算替代,正弦激励用其相量表述,如是获得如下的相量域的复数代数方程

$$4\dot{I} + \frac{8}{j\omega}\dot{I} + 3j\omega\dot{I} = 50\angle 75°$$

从激励源确知 $\omega = 2$,故而可做如下复数线性代数运算

$$4\dot{I} + \frac{8}{j2}\dot{I} + 3 \cdot j2 \cdot \dot{I} = 50\angle 75° = (4 - j4 + j6)\dot{I} = (4 + j2)\dot{I} = \dot{I}4.472\angle 26.6°$$

简单的复数运算即可得到

$$\dot{I} = 11.18\angle 48.4°$$

将其转换到时域,即可确知系统稳态解为

$$i(t) = 11.18\cos(2t + 48.4°)$$

如果用弧度而非角度表述,则为

$$i(t) = 11.18\cos(2t + 0.845)$$

**练习 8.3.1** 已知有三条支路连接到结点 $A$,两条支路流入电流分别为 $i_1(t)$ 和 $i_2(t)$,求第三条支路流出电流,分别在时域和相量域用 KCL 方程求解。

$$i_1(t) = 4\cos(\omega t + 30°), \quad i_2(t) = 5\sin(\omega t - 20°)$$

1) 单端口网络的阻抗与导纳

**例 8.3.3** 请分析图 E8.3.3 所示 RC 并联单端口网络的端口导纳与端口阻抗。

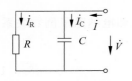

图 E8.3.3 RC 并联电路

**解**:单端口网络内部是电阻 $R$ 和电容 $C$ 的并联,由 KCL 方程,可知端口总电流为并联支路分电流之和

$$\dot{I} = \dot{I}_R + \dot{I}_C \tag{E8.3.1}$$

将两条支路的元件约束方程代入

$$\dot{I} = \dot{I}_R + \dot{I}_C = G\dot{V}_R + j\omega C\dot{V}_C$$

由 KVL 知两条支路的支路电压等于总端口电压,即

$$\dot{V}_R = \dot{V}_C = \dot{V} \tag{E8.3.2}$$

故而有

$$\dot{I} = \dot{I}_R + \dot{I}_C = G\dot{V}_R + j\omega C\dot{V}_C = G\dot{V} + j\omega C\dot{V} = (G + j\omega C)\dot{V}$$

根据端口导纳定义,知

$$Y = \frac{\dot{I}}{\dot{V}} = G + j\omega C = Y_R + Y_C \tag{E8.3.3}$$

换句话说,并联总导纳为并联支路分导纳之和。由于导纳是复数,除了实部虚部表述外,还可表述为幅度相位形式

$$Y = G + j\omega C = \sqrt{G^2 + (\omega C)^2}\, e^{j\arctan\frac{\omega C}{G}} = \frac{1}{R}\sqrt{1 + (\omega RC)^2}\angle\arctan\omega RC = |Y|\angle\varphi_Y$$

其中,导纳幅度$|Y|$和相位 $\varphi_Y$ 分别为

$$|Y| = \frac{1}{R}\sqrt{1 + (\omega RC)^2} \tag{E8.3.4a}$$

$$\varphi_Y = \arctan\omega RC \tag{E8.3.4b}$$

阻抗为导纳的倒数,故而 RC 并联单端口网络的阻抗为

$$Z = \frac{1}{Y} = \frac{1}{G + j\omega C} = \frac{R}{1 + j\omega RC} \tag{E8.3.5}$$

可以进一步分解为实部虚部表述方法,为

$$Z = \frac{1}{G + j\omega C} = \frac{G}{G^2 + (\omega C)^2} - j\omega\frac{C}{G^2 + (\omega C)^2}$$

$$= \frac{R}{1 + (\omega RC)^2} - j\frac{1}{\omega C}\frac{(\omega RC)^2}{1 + (\omega RC)^2} = R' - j\frac{1}{\omega C'}$$

换句话说,并联 RC 可以转化为串联 RC,等效串联电阻 $R'$ 和等效串联电容 $C'$ 等于

$$R' = \frac{R}{1 + (\omega RC)^2} \tag{E8.3.6a}$$

$$C' = C(1 + (\omega RC)^{-2}) \tag{E8.3.6b}$$

并联 RC 单端口网络的阻抗也可以表述为幅度相位形式,为

$$Z = \frac{1}{G + j\omega C} = \frac{1}{\sqrt{G^2 + (\omega C)^2}} e^{-j\arctan\frac{\omega C}{G}} = \frac{R}{\sqrt{1 + (\omega RC)^2}} \angle - \arctan\omega RC$$

其中,阻抗幅度$|Z|$和相位$\varphi_Z$分别为

$$|Z| = \frac{R}{\sqrt{1 + (\omega RC)^2}} \qquad (E8.3.7a)$$

$$\varphi_Z = -\arctan\omega RC \qquad (E8.3.7b)$$

显而易见,有

$$|Z| = \frac{1}{|Y|} \qquad (E8.3.8a)$$

$$\varphi_Z = -\varphi_Y \qquad (E8.3.8b)$$

这个结论是$Z = \dfrac{1}{Y}$公式的必然推论结果。

例 8.3.3 中,我们直接将时域的 KVL、KCL 方程推广到相量域,并得到与线性电阻电路几乎类同的结论:并联总导纳等于并联分支路导纳之和,该论断的对偶表述,串联总阻抗等于串联分支路阻抗之和。

注意到 RC 并联支路电压完全相同,但 RC 两条支路电流差 90° 相位,相位差 90° 电流求和可以用矢量叠加图加以理解,如图 8.3.1(b)所示,这是两个支路电流相加的矢量叠加图。由于两条支路电流和支路导纳成正比关系,因而两条并联支路导纳相加也可用矢量叠加图表述为图 8.3.1(c),图中我们可以清晰地看到总导纳实部、虚部、幅度、相位关系,这些关系列于图 8.3.1(d)中。

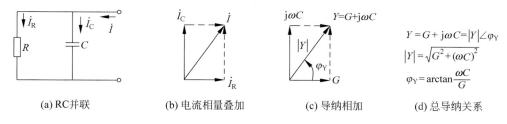

(a) RC并联　　　(b) 电流相量叠加　　　(c) 导纳相加　　　(d) 总导纳关系

图 8.3.1　矢量叠加示意图

**练习 8.3.2**　请分析串联 RC 单端口网络的端口阻抗和端口导纳,并给出串联支路电压相量叠加,阻抗相加矢量图。

2)分压例

**例 8.3.4**　如图 E8.3.4(a)所示,该电路为一阶 RC 串联电路,端口所加激励源为正弦波电压源,$v_s(t) = 2\cos\omega_0 t$,其中 $\omega_0 = 2\pi f_0$,$f_0 = 500\,\mathrm{Hz}$。求电容电压稳态解。

**解**:对于线性时不变动态电路的正弦激励下的稳态解,我们均可放到相量域去求解。在相量域,电阻 $R$ 表述不变,而电容 $C$ 则用导纳 $j\omega C$ 或阻抗 $1/j\omega C$ 表述,如图 E8.3.4(b)所示。

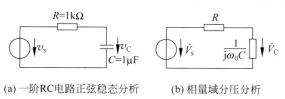

(a) 一阶RC电路正弦稳态分析　　　(b) 相量域分压分析

图 E8.3.4　一阶 RC 电路:正弦稳态解

显然,电容电压是信源电压在电容上的分压,分压系数为电容阻抗与总阻抗之比,即

$$\dot{V}_C = \frac{\dfrac{1}{j\omega_0 C}}{R + \dfrac{1}{j\omega_0 C}} \dot{V}_s = \frac{1}{1 + j\omega_0 RC} \dot{V}_s \qquad (E8.3.9)$$

代入具体数值,有

$$\dot{V}_C = \frac{1}{1 + j\omega_0 RC} \dot{V}_s = \frac{1}{1 + j \times 2\pi \times f_0 \times R \times C} \dot{V}_s$$

$$= \frac{1}{1 + j \times 2\pi \times 500 \times 1000 \times 0.000001} \times 2e^{j0°}$$

$$= \frac{2}{1 + j3.14} = 0.6066 e^{-j72.34°}$$

该结果表明,如果信源正弦波的幅度为 2,相位为 0°,那么电容电压的稳态解是同一频率的正弦波,其幅度为 0.6066,其相位为 −72.34°,其时域表达式为

$$v_{C\infty}(t) = 0.6066\cos(\omega_0 t - 72.34°)$$

例 8.3.1 数值仿真结果表明,正弦激励稳态解为 $v_{C\infty}(t) = 0.6064\cos(\omega_0 t - 72.36°)$,而例 8.3.4 用相量法给出的正弦激励稳态解为 $v_{C\infty}(t) = 0.6066\cos(\omega_0 t - 72.34°)$,相量法给出的是解析理论解,显然数值计算存在一定的数值计算误差,但这些误差在时域波形上的差别已非肉眼所能分辨。

3) 电桥例

电桥可被用来测试阻抗大小、实现传感输入等。在第 3 章电阻电路分析中,我们讨论过由纯阻构成的电桥。在输入端口加电压或电流,如果电桥是平衡的,那么桥中支路的电压、电流均为零,该位置放置一个电压表或电流表,通过电压读数或电流读数为 0 可知电桥达到平衡。对于线性时不变动态元件构成的电桥有同样的结论,这里的激励源是单频正弦波信号。交流电表读数为 0 意味着电桥平衡,两个结点的分压相等,由此可得平衡方程。

例 8.3.5　如图 E8.3.5 所示,这是一个电桥电路。已知 $Z_1$ 是 10kΩ 纯阻,$Z_2$ 是 40kΩ 纯阻,阻抗 $Z_3$ 可调整,当 $Z_3$ 调整为 15kΩ 电阻和 1.2nF 电容的并联时,电桥在 2kHz 频点上达到了平衡,问阻抗 $Z_4$ 是什么?

**解**:电桥平衡时有 $Z_1 Z_4 = Z_2 Z_3$,故而

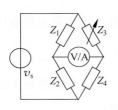

图 E8.3.5　电桥电路

$$Z_4 = \frac{Z_2 Z_3}{Z_1} = \frac{R_2}{R_1}\left(\frac{1}{G_3 + j\omega C_3}\right)$$

$$= \frac{40 \times 10^3}{10 \times 10^3} \frac{1}{\dfrac{1}{15 \times 10^3} + j\omega \times 1.2 \times 10^{-9}}$$

$$= \frac{1}{\dfrac{1}{60 \times 10^3} + j\omega \times 0.3 \times 10^{-9}} = 60\text{k}\Omega \parallel 0.3\text{nF}$$

如果 $Z_4$ 是 60kΩ 电阻和 300pF 电容的并联,则在任意频点电桥均平衡。题目中指出在 2kHz 达到平衡,因而可给出 2kHz 频点下的阻抗为

$$Z_4 = \frac{1}{\dfrac{1}{60 \times 10^3} + j2\pi \times 2000 \times 0.3 \times 10^{-9}} = 58.5\angle -12.75°\,(\text{k}\Omega)$$

我们无法判断 $Z_4$ 的电路模型到底是怎样的,只能确知在 2kHz 频点下 $Z_4$ 支路具有阻容特性。

**练习 8.3.3**　如果图 E8.3.5 电桥中 $Z_4$ 确知为电阻 $R_4$ 和电容 $C_4$ 的串联,请问 $R_4$ 等于多

少？$C_4$ 等于多少？在中心频点 $3\,\mathrm{kHz}$ 下，可调阻抗 $Z_3 = R_3 \parallel C_3$ 如何调整可以使得电桥再次达到平衡？

　　4）戴维南等效分析例

　　**例 8.3.6**　请分析图 E8.3.6 所示电路在虚框单端口位置的戴维南等效电路，已知信源频率为 $10\,\mathrm{MHz}$ 正弦波，其幅度为 $10\,\mathrm{mV_{rms}}$，初始相位为 $120°$。

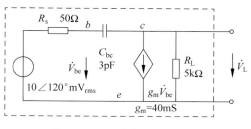

图 E8.3.6　戴维南等效分析

　　**解：**根据戴维南定理，单端口网络的戴维南电压为端口开路电压，戴维南内阻为内部独立源置零后的端口看入阻抗。

　　首先分析端口开路电压，如图 E8.3.6 所示，以结点 $E$ 为参考地结点，以结点 $B$、$C$ 的结点电压为未知量，列写结点电压法电路方程如下

$$\begin{bmatrix} G_{\mathrm{s}} + \mathrm{j}\omega C_{\mathrm{bc}} & -\mathrm{j}\omega C_{\mathrm{bc}} \\ -\mathrm{j}\omega C_{\mathrm{bc}} & G_{\mathrm{L}} + \mathrm{j}\omega C_{\mathrm{bc}} \end{bmatrix} \begin{bmatrix} \dot V_{\mathrm{be}} \\ \dot V_{\mathrm{L}} \end{bmatrix} = \begin{bmatrix} G_{\mathrm{s}} \dot V_{\mathrm{s}} \\ -g_{\mathrm{m}} \dot V_{\mathrm{be}} \end{bmatrix}$$

将未知量移动到方程左侧，为

$$\begin{bmatrix} G_{\mathrm{s}} + \mathrm{j}\omega C_{\mathrm{bc}} & -\mathrm{j}\omega C_{\mathrm{bc}} \\ g_{\mathrm{m}} - \mathrm{j}\omega C_{\mathrm{bc}} & G_{\mathrm{L}} + \mathrm{j}\omega C_{\mathrm{bc}} \end{bmatrix} \begin{bmatrix} \dot V_{\mathrm{be}} \\ \dot V_{\mathrm{L}} \end{bmatrix} = \begin{bmatrix} G_{\mathrm{s}} \dot V_{\mathrm{s}} \\ 0 \end{bmatrix}$$

直接代入具体数值，方程求逆后很容易得到端口开路电压。这里为了获得更清晰的戴维南源电压和内部独立源及内部电路元件之间的关系，对上式进行符号运算，获得如下解析解

$$\begin{bmatrix} \dot V_{\mathrm{be}} \\ \dot V_{\mathrm{L}} \end{bmatrix} = \begin{bmatrix} G_{\mathrm{s}} + \mathrm{j}\omega C_{\mathrm{bc}} & -\mathrm{j}\omega C_{\mathrm{bc}} \\ g_{\mathrm{m}} - \mathrm{j}\omega C_{\mathrm{bc}} & G_{\mathrm{L}} + \mathrm{j}\omega C_{\mathrm{bc}} \end{bmatrix}^{-1} \begin{bmatrix} G_{\mathrm{s}} \dot V_{\mathrm{s}} \\ 0 \end{bmatrix}$$

$$= \frac{\begin{bmatrix} G_{\mathrm{L}} + \mathrm{j}\omega C_{\mathrm{bc}} & \mathrm{j}\omega C_{\mathrm{bc}} \\ -g_{\mathrm{m}} + \mathrm{j}\omega C_{\mathrm{bc}} & G_{\mathrm{s}} + \mathrm{j}\omega C_{\mathrm{bc}} \end{bmatrix} \begin{bmatrix} G_{\mathrm{s}} \dot V_{\mathrm{s}} \\ 0 \end{bmatrix}}{(G_{\mathrm{s}} + \mathrm{j}\omega C_{\mathrm{bc}})(G_{\mathrm{L}} + \mathrm{j}\omega C_{\mathrm{bc}}) - (g_{\mathrm{m}} - \mathrm{j}\omega C_{\mathrm{bc}})(-\mathrm{j}\omega C_{\mathrm{bc}})}$$

其中，

$$\dot V_{\mathrm{TH}} = \dot V_{\mathrm{L}} = \frac{(-g_{\mathrm{m}} + \mathrm{j}\omega C_{\mathrm{bc}}) G_{\mathrm{s}}}{G_{\mathrm{s}} G_{\mathrm{L}} + \mathrm{j}\omega C_{\mathrm{bc}}(G_{\mathrm{s}} + G_{\mathrm{L}} + g_{\mathrm{m}})} \dot V_{\mathrm{s}}$$

$$= -g_{\mathrm{m}} R_{\mathrm{L}} \frac{1 - \mathrm{j}\omega \dfrac{C_{\mathrm{bc}}}{g_{\mathrm{m}}}}{1 + \mathrm{j}\omega C_{\mathrm{bc}}(R_{\mathrm{s}} + R_{\mathrm{L}} + g_{\mathrm{m}} R_{\mathrm{s}} R_{\mathrm{L}})} \dot V_{\mathrm{s}}$$

代入具体数值，为

$$\dot V_{\mathrm{TH}} = -g_{\mathrm{m}} R_{\mathrm{L}} \frac{1 - \mathrm{j}\omega C_{\mathrm{bc}}/g_{\mathrm{m}}}{1 + \mathrm{j}\omega C_{\mathrm{bc}}(R_{\mathrm{s}} + R_{\mathrm{L}} + g_{\mathrm{m}} R_{\mathrm{s}} R_{\mathrm{L}})} \dot V_{\mathrm{S}}$$

$$= -40\mathrm{m} \times 5\mathrm{k} \times \frac{1 - \mathrm{j} \times 2\pi \times 10\mathrm{M} \times 3\mathrm{p}/40\mathrm{m}}{1 + \mathrm{j} \times 2\pi \times 10\mathrm{M} \times 3\mathrm{p} \times (50 + 5\mathrm{k} + 40\mathrm{m} \times 5\mathrm{k} \times 50)} \times 10\mathrm{m}\angle 120°$$

$$= -200 \times \frac{1 - \mathrm{j}0.0047}{1 + \mathrm{j}2.8369} \times 10\mathrm{m}\angle 120° = -200 \times 0.3325\angle -70.85° \times 10\mathrm{m}\angle 120°$$

$$= 66.49\angle -250.85° \times 10\mathrm{m}\angle 120° = 664.9\angle -130.85° (\mathrm{mV_{rms}})$$

求戴维南内阻时，将独立源$\dot{V}_s$置零（短路），在端口上加测试电压$\dot{V}_{test}$，求端口测试电流$\dot{I}_{test}$，很显然，它是三条支路分流之和，为

$$\dot{I}_{test} = \dot{I}_L + \dot{I}_C + g_m \dot{V}_{be} = \frac{\dot{V}_{test}}{R_L} + \frac{\dot{V}_{test}}{R_s + 1/j\omega C_{bc}} + g_m\left(\frac{\dot{V}_{test}}{R_s + 1/j\omega C_{bc}} R_S\right)$$

故而戴维南内阻为

$$Z_{TH} = \frac{\dot{V}_{test}}{\dot{I}_{test}} = \left(\frac{1}{R_L} + \frac{1 + g_m R_S}{R_s + 1/j\omega C_{bc}}\right)^{-1}$$
$$= \left(\frac{1}{5k} + \frac{1 + 40m \times 50}{50 + 1/(j2\pi \times 10M \times 3p)}\right)^{-1}$$
$$= (0.2053m + j0.5654m)^{-1}$$
$$= (0.6016m\angle 70.04°)^{-1} = 1.662\angle -70.04°(k\Omega)$$

例8.3.6是晶体管跨导器模型，如果不考虑寄生电容$C_{bc}$的影响，按电阻电路分析，其戴维南源电压为$v_{TH} = -g_m R_L v_s = -200v_s$，其戴维南内阻为$R_{TH} = R_L = 5k\Omega$，考虑寄生电容$C_{bc}$影响后，戴维南源电压幅度明显下降，说明晶体管放大器增益因寄生电容影响下降，戴维南内阻明显下降且显现容性，这些改变均是电容高频短路（高频阻抗变小）的直接后果。而低频时电容直流开路，其结果与电阻电路分析结果一致。

**4. 功率**

1）瞬时功率

瞬时功率（Instantaneous Power）是时域定义的功率，以单端口网络为例，它指的是当前时刻$t$端口（或支路）吸收的功率大小

$$p(t) = v(t)i(t) \tag{8.3.17}$$

瞬时功率代表了端口吸收电能的速度。将关联参考方向定义下的端口电压、端口电流代入式(8.3.17)，如果瞬时功率$p(t)$大于0，则代表该端口在$t$时刻是吸收电能的，$p(t)$小于0则表明该端口在$t$时刻释放电能。

考察正弦激励下的线性时不变单端口网络，系统稳定后，其端口电压和端口电流均为单频正弦波，分别记为

$$v(t) = V_p \cos(\omega t + \varphi_v) \tag{8.3.18a}$$
$$i(t) = I_p \cos(\omega t + \varphi_i) \tag{8.3.18b}$$

那么该端口吸收的瞬时功率为

$$p(t) = v(t)i(t) = V_p I_p \cos(\omega t + \varphi_v)\cos(\omega t + \varphi_i)$$
$$= \frac{1}{2}V_p I_p \cos(\varphi_v - \varphi_i) + \frac{1}{2}V_p I_p \cos(2\omega t + \varphi_v + \varphi_i) \tag{8.3.19}$$

可见瞬时功率此时可分为直流项$\frac{1}{2}V_p I_p \cos(\varphi_v - \varphi_i)$和交流项$\frac{1}{2}V_p I_p \cos(2\omega t + \varphi_v + \varphi_i)$，交流项以直流项为中心上下波动，交流项变化频率为$2\omega$。

2）平均功率

瞬时功率随时间变化不易测量获取，尤其是高频信号。因而对交流信号尤其是高频信号的功率进行测量时，测量的基本上都是其平均功率。平均功率（Average Power）是指在很长一段时间内瞬时功率的平均值。线性时不变单端口网络的端口平均功率只需对式(8.3.19)求一个周期内的平均值即可获得，这恰好就是其中的直流项

$$P = \overline{p(t)} = \frac{1}{T} \int_0^T p(t)\,\mathrm{d}t = \frac{1}{2} V_{\mathrm{p}} I_{\mathrm{p}} \cos(\varphi_{\mathrm{v}} - \varphi_{\mathrm{i}})$$

$$= \frac{V_{\mathrm{p}}}{\sqrt{2}} \frac{I_{\mathrm{p}}}{\sqrt{2}} \cos(\varphi_{\mathrm{v}} - \varphi_{\mathrm{i}}) = V_{\mathrm{rms}} I_{\mathrm{rms}} \cos(\varphi_{\mathrm{v}} - \varphi_{\mathrm{i}}) \tag{8.3.20}$$

下标 p 代表峰值(peak value),下标 rms 代表有效值(root mean square,均方根值),正弦波信号的有效值是峰值的 0.707 倍。

对于纯阻元件,$\varphi_{\mathrm{v}} = \varphi_{\mathrm{i}}$,于是电阻元件的平均功率为 $0.5 V_{\mathrm{p}} I_{\mathrm{p}} = V_{\mathrm{rms}} I_{\mathrm{rms}}$,这意味着电阻始终是耗能的。对于纯容元件,$\varphi_{\mathrm{v}} = \varphi_{\mathrm{i}} - 90°$,表明电容元件平均耗能为 0,电容可以在 1/4 周期吸收电能,在之后的下一个 1/4 周期又将上 1/4 周期吸收的电能全部释放出去,再后的 1/4 周期则反向充电吸能,再一个 1/4 周期又反向放电释能,连续两个 1/4 周期释放的电能和吸收的电能一样多,综合效果是其平均耗能为 0。对于纯感元件,$\varphi_{\mathrm{v}} = \varphi_{\mathrm{i}} + 90°$,其平均功率也等于 0,这是由于电感也是 1/4 周期吸能存储,1/4 周期释能,电感本身不消耗任何能量。电容、电感均属储能元件、无损元件,而电阻为耗能元件、有损元件。

3) 视在功率

假设我们分别测量获得了某个端口的端口电压有效值 $V_{\mathrm{rms}}$ 和端口电流有效值 $I_{\mathrm{rms}}$,在没有端口电压、端口电流相位信息时,定义 $V_{\mathrm{rms}} I_{\mathrm{rms}}$ 为视在功率(Apparent Power)

$$S = V_{\mathrm{rms}} I_{\mathrm{rms}} = \frac{1}{2} V_{\mathrm{p}} I_{\mathrm{p}} \tag{8.3.21}$$

视在功率并非网络消耗的真正功率,平均功率才是网络真正消耗的功率。为了区分这两个功率,在单位上给予区别,瞬时功率和平均功率都是实际功率,其单位是功率单位瓦(W),而视在功率并非真实消耗的功率,但它具有功率的量纲,为了区分,其单位采用伏安(VA)。

视在功率是把端口视为电阻性端口,看起来好像有这么大的功率,但是实际消耗的功率还与电压、电流之间的相差有关,把因相差导致的平均功率和视在功率之比 $\cos(\varphi_{\mathrm{v}} - \varphi_{\mathrm{i}})$ 定义为功率因数(power factor,pf),其中 $(\varphi_{\mathrm{v}} - \varphi_{\mathrm{i}})$ 被称为功率因数角。

功率因数角有正有负,但余弦函数是偶函数,看不出电压和电流谁超前谁落后。因而在描述时还应加上"超前(leading)"和"滞后(lagging)"信息,这里的超前和滞后是电流对电压关系而言。例如某个端口的功率因数角是 80° 超前,也就是说端口电流超前端口电压 80°,显然该端口阻抗呈现容性,如果端口阻抗呈现感性,则功率因数角是滞后的,如果端口阻抗是纯阻,功率因数角则为零。

对电气设备,功率因数小则说明该电气设备并没有有效吸收或利用电能:①感性负载或容性负载吸收存储的电能会对源释放,源在回收这部分功率时因其并非理想源而不能全部回收,其中部分将折损在供电线路中;②源在回收电抗或电纳负载释放功率时,电抗负载会分压(电纳负载会分流)从而占用源自身的电压(或电流)资源,使得源端口对外提供的电压(或电流)不能全部加载到真实耗能的电阻(或电导)上,从而不能有效对外提供能量。故而功率因数体现的是电气设备对电能的利用效率高低,一般要求电气设备的功率因数应超过 0.9 以降低供电线路系统的电能折损,同时提高负载自身消耗电能的效率。

**练习 8.3.4** 某电气设备对供电线路而言呈现出感性负载,功率因数较低,请分析在电路上采取什么样的措施可提高该电气设备的功率因数?假设功率因数被调整为 1,感性负载吸收又释放的电能则不会返回供电线路,它到了哪里?

4) 复功率

复功率(Complex Power)是相量域的功率定义。假设某个端口的端口电压和端口电流已

知,在关联参考方向定义下,该端口吸收的复功率定义为

$$\hat{S} = \frac{1}{2}\dot{V}\dot{I}^*$$

$$= \frac{1}{2}(V_p\angle\varphi_v)(I_p\angle\varphi_i)^* = \frac{1}{2}(V_p\angle\varphi_v)(I_p\angle-\varphi_i)$$

$$= \frac{1}{2}V_pI_p\angle(\varphi_v-\varphi_i) = Se^{j(\varphi_v-\varphi_i)}$$

$$= S\cos(\varphi_v-\varphi_i) + jS\sin(\varphi_v-\varphi_i)$$

$$= P_{Re} + jP_{Im} \tag{8.3.22}$$

复功率是一个复数,其幅值为视在功率,故而复功率单位也是伏安,其相角为功率因数角。其实部功率 $P_{Re}$ 恰好就是平均功率,又被称为有功功率(active power)或实功(real power),其虚部 $P_{Im}$ 并非真实消耗的功率,又被称为无功功率(reactive power)或虚功(wattless power)。无功或虚功的名称说明这种功率并非被网络(负载)真正消耗的功率,电抗元件如电容、电感在 1/4 周期吸收多少电能,其后的 1/4 周期则将这些吸收的电能全部释放出去,虚功是对这些电抗吸收又释放且最终被理想电源回收的那部分功率的描述,为了与负载真正消耗的实功相区分,无功功率的单位记为乏(var,volt-ampere reactive)。

**例 8.3.7** 例 8.3.4 中电源电压 $v_S(t) = 2\cos\omega_0 t$ 的单位为伏特,请分析图 E8.3.4 所示 RC 串联电路功率情况。

**解**:计算 RC 串联端口总阻抗,为串联支路分阻抗之和

$$Z = R + \frac{1}{j\omega C} = |Z|e^{j\varphi_Z} = |Z|\cos\varphi_Z + j|Z|\sin\varphi_Z = R + jX$$

假设端口电流为

$$\dot{I} = I_p e^{j\varphi_i}$$

端口电压则为

$$\dot{V} = Z\dot{I} = |Z|I_p e^{j(\varphi_i+\varphi_Z)} = V_p e^{j\varphi_v}$$

故而端口复功率为

$$\hat{S} = \frac{1}{2}\dot{V}\dot{I}^* = \frac{1}{2}V_pI_p\angle(\varphi_v-\varphi_i) = \frac{1}{2}|Z|I_p^2 e^{j\varphi_Z} = I_{rms}^2|Z|e^{j\varphi_Z}$$

$$= I_{rms}^2 Z = I_{rms}^2 R + jI_{rms}^2 X = P_{Re} + jP_{Im}$$

显然,端口吸收的实功恰好就是电阻吸收的实功

$$P = P_{Re} = I_{rms}^2 R$$

而端口吸收的虚功恰好就是电容吸收的虚功

$$P_{Im} = -I_{rms}^2\frac{1}{\omega C}$$

如果考察电源释放的复功率,注意到电源和 RC 单端口网络的对接关系,故而

$$\hat{S}_s = \frac{1}{2}\dot{V}_s\dot{I}_s^* = \frac{1}{2}(\dot{V})(-\dot{I}^*) = -\frac{1}{2}\dot{V}\dot{I}^* = -\hat{S}$$

显然复功率守恒 $\hat{S}_s + \hat{S} = 0$,换句话说,电源释放的功率中,被电阻吸收并消耗的部分为实功,还有部分因电抗(电容或电感)吸收又释放而导致电源不得不回收,虚功就是对这部分被源回收的功率的表述。

将具体数值代入,有

$$\dot{I} = \frac{\dot{V}_s}{R + \dfrac{1}{j\omega_0 C}} = \frac{2}{1000 + \dfrac{1}{j \times 2 \times \pi \times 500 \times 1 \times 10^{-6}}}$$

$$= \frac{2}{1000 - j318.3} = \frac{2}{1049\angle -17.66°} = 1.906\angle 17.66° \,(\text{mA})$$

$$I_{\text{rms}} = \frac{I_p}{\sqrt{2}} = \frac{1.906}{\sqrt{2}} = 1.348\,(\text{mA})$$

$$P_{\text{Re}} = I_{\text{rms}}^2 R = 1.348^2 \times 1000 = 1816\mu\text{W} = 1.816\text{mW}$$

$$P_{\text{Im}} = -I_{\text{rms}}^2 \frac{1}{\omega_0 C} = -1.348^2 \times 318.3 = -578.1\mu\text{var} = -0.578\text{mvar}$$

时域考察特勒根定理时,由 $\sum\limits_{k=1}^{n} v_k(t)i_k(t) = 0$ 表明能量(功率)时时刻刻都是守恒的;而在频域考察特勒根定理,同样可证明 $\sum\limits_{k=1}^{n} \dot{V}_k \dot{I}_k^* = 0$,这表明不仅实功守恒,$\sum\limits_{k=1}^{n} P_{\text{Re},k} = 0$,虚功亦守恒,$\sum\limits_{k=1}^{n} P_{\text{Im},k} = 0$。实功守恒说明电路中正弦波电源提供的电能被网络中的电阻消耗,而虚功守恒则说明电源释放又回收的功率是电抗吸收又释放的功率。无论怎样吸收和释放,总能量始终是守恒的。

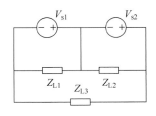

图 E8.3.7　复功率计算

**练习 8.3.5**　如图 E8.3.7 所示电路中有两个电压源和三个负载,负载 1 吸收的实功和虚功分别为 1.8kW 和 900var,负载 2 吸收的视在功率是 1.5kVA,其功率因数为 0.8 超前。负载 3 是 16Ω 电阻和 48Ω 电抗的并联。两个电源电压一致,均为 $\dot{V}_{S1} = \dot{V}_{S2} = 240\angle 0° V_{\text{rms}}$。求这两个电源发送的有功功率和无功功率。并请验证,无论是无功功率,还是有功功率,整个电路中的功率是守恒的。

**练习 8.3.6**　对 RC 并联单端口网络,(1)确认其端口吸收的实功为并联电阻 $R$ 吸收的实功,其端口吸收的虚功为并联电容 $C$ 吸收的虚功;(2)将激励电流源一并考虑在内,确认整个电路的复功率是守恒的。

RC 串联端口消耗的总功率,就是电阻消耗的功率,这是容易理解的,因为电容不真正消耗功率。任意复杂的单端口阻抗网络,$Z(j\omega) = R(\omega) + jX(\omega)$,或导纳网络,$Y(j\omega) = G(\omega) + jB(\omega)$,只有其中的电阻部分 $R(\omega)$ 和电导部分 $G(\omega)$ 是耗能的,其中的电抗部分 $jX(\omega)$ 和电纳部分 $jB(\omega)$ 则是不耗能的。

复数的实部、虚部与幅度、相位的关系可以在一个直角三角形中全部表述出来。图 8.3.2 所示为串联 RL 单端口网络的阻抗三角形和复功率三角形对应关系,有功功率对应阻抗的电阻,$P_{\text{Re}} = I_{\text{rms}}^2 R$,无功功率对应阻抗的电抗,$P_{\text{Im}} = I_{\text{rms}}^2 X$。注意到电感的电抗为正值,故而 $jX$ 朝上方,如果是电容,其电抗为负值,则 $jX$ 朝向下方。显然,视在功率 $S$ 对应阻抗幅值 $|Z|$,功率因数角恰好就是阻抗相角 $\varphi_Z$。

**练习 8.3.7**　单端口网络以导纳 $Y = G + jB$ 形式表述,可以将该单端口网络建模为电导 $G$ 和电纳 $B$ 的并联关系,请考察该并联单端口网络的端口复功率 $\widehat{S} = P_{\text{Re}} + jP_{\text{Im}}$ 与导纳 $Y =$

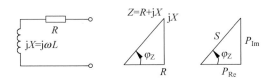

图 8.3.2　功率三角形和阻抗三角形是相似三角形

$G+jB$ 之间的复数三角形对应关系。

**例 8.3.8**　用频率 $f_0=1\text{MHz}$ 的正弦波电压源 $v_s(t)=10\cos(2\pi f_0 t+\varphi_0)\,(\text{V})$ 激励 RC 串联回路,在 $600\Omega$ 电阻上测得正弦波的电压峰值为 6V,请分析电容容值大小,电容电压表达式,以及 RC 串联回路的功率情况。

**解:** 电路图如图 E8.3.8(a)所示,图 E8.3.8(b)是串联相量(矢量)电压叠加三角形,电阻电压加电容电压等于电源电压,图 E8.3.8(c)是阻抗三角形,串联总阻抗为电阻分阻抗加电容分阻抗,图 E8.3.8(d)是功率三角形,复功率可表述为垂直方向上的实功和虚功的叠加。这三个三角形是相似三角形,这是由于串联支路电压等于支路阻抗乘以回路电流,串联支路回路电流相等,故而相量叠加三角形和阻抗三角形相似;同时串联支路复功率等于支路阻抗乘以回路电流有效值的平方,串联支路电流相等,故而功率三角形相似于阻抗三角形。

(a) 电路图　　(b) 相量电压叠加三角形　(c) 阻抗三角形　(d) 功率三角形

图 E8.3.8　一阶串联 RC 电路

题目已知 $|\dot{V}_R|=6\text{V}$,$|\dot{V}_s|=10\text{V}$,由直角三角形的勾股定理知 $|\dot{V}_C|=8\text{V}$。由相量叠加三角形可知,$\dot{V}_C$ 滞后 $\dot{V}_s$ 相角为 $\arctan\dfrac{3}{4}=0.6435\text{rad}=36.87°$,故而

$$\dot{V}_C=8\angle(\varphi_0-0.6435)$$
$$v_C(t)=8\cos(\omega_0 t+\varphi_0-0.6435)$$

题目已知 $R=600\Omega$,由相似三角形关系知 $X_C=-800\Omega$,$|Z|=1000\Omega$。

$$X_C=-\frac{1}{\omega_0 C}=-800$$
$$\Rightarrow\quad C=-\frac{1}{X_C\omega_0}=\frac{1}{800\times2\times\pi\times1\times10^6}=198.9(\text{pF})\approx200\text{pF}$$

由 $|\dot{V}_R|=6\text{V}$ 和 $R=600\Omega$ 知实功为 $P_{Re}=\dfrac{1}{2}\dfrac{|\dot{V}_R|^2}{R}=\dfrac{1}{2}\times\dfrac{6^2}{600}=30(\text{mW})$,由功率三角形关系知虚功为 $P_{Im}=-40\text{mvar}$,视在功率为 $S=50\text{mVA}$。

**练习 8.3.8**　对于图 E8.3.8 所示 RC 串联电路,在单端口加载正弦波激励电压源,测得电阻上正弦波电压幅度为 3V,电容上正弦波电压幅度为 4V,问激励电压源正弦波电压幅度为多少? 保持正弦激励电压源幅度不变,但频率增加为原来频率的 2 倍,此时测得电阻上电压幅度为多少? 电容上的电压幅度为多少?

**练习 8.3.9**　对于图 E8.3.8 所示电路,在单端口加载电压 $v_s(t)=V_{sp}\cos\omega t$,电容上分压为多少? 电阻上分压为多少? 是否满足两个分压之和等于总电压(KVL 方程)? 频域分析中,两个分压之和等于总电压(KVL 方程)如何体现?

5)品质因数

理想电容不消耗电能,但是实际电容器总是存在损耗,这个损耗可能来自金属极板的非理想金属,也可能来自介质的漏电。为了描述电容器的优劣,定义电容器的损耗角正切(loss tangent)为电容器端口的实功与虚功之比

$$\tan\delta = \frac{\text{有功功率}}{\text{无功功率}} = \frac{P_{\text{Re}}}{|P_{\text{Im}}|} \tag{8.3.23}$$

显然,电容器的损耗角正切越小,它就越接近于理想电容。

如果实际电容的损耗被建模为和理想电容串联的电阻 $R_s$,其损耗角正切为

$$\tan\delta = \frac{P_{\text{Re}}}{|P_{\text{Im}}|} = \frac{I_{\text{rms}}^2 R_s}{I_{\text{rms}}^2 \dfrac{1}{\omega C}} = \omega R_s C$$

如果实际电容的损耗被建模为和理想电容并联的电阻 $R_P$,其损耗角正切则为

$$\tan\delta = \frac{P_{\text{Re}}}{|P_{\text{Im}}|} = \frac{V_{\text{rms}}^2/R_p}{V_{\text{rms}}^2 \omega C} = \frac{1}{\omega R_P C}$$

当我们测量获得电容损耗角正切后,两种损耗模型测定的串联电阻 $R_s$ 和并联电阻 $R_p$ 差别将会很大

$$R_s = \frac{\tan\delta}{\omega C} \tag{8.3.24a}$$

$$R_p = \frac{1}{\omega C \tan\delta} \tag{8.3.24b}$$

**练习 8.3.10** 请画出电容器串联 RC 模型的端口复功率 $\hat{S} = P_{\text{Re}} + jP_{\text{Im}}$ 三角形和阻抗 $Z = R + jX$ 三角形,说明损耗角 $\delta$ 为三角形中的哪个角?

理想电感不消耗电能,但实际电感器总是存在损耗,这些损耗来自金属绕线的有限电导率,高频集肤效应(高频电磁场无法深入金属内部,导线电流仅在金属表面一层流动,层厚度随频率升高而降低,导致电阻随频率升高而升高),临近效应(金属线密绕时金属线相互影响导致金属线内部电流不再均匀分布,电阻因而变大),磁芯涡流损耗(磁芯介质内部形成涡流电磁场导致能量消耗),磁芯磁滞损耗等。描述电感器损耗的参数是品质因数(quality factor),电感器的品质因数 $Q$ 定义为电感器端口吸收的无功功率与有功功率之比

$$Q = \frac{\text{无功功率}}{\text{有功功率}} = \frac{|P_{\text{Im}}|}{P_{\text{Re}}} \tag{8.3.25}$$

也可不严格地称品质因数为电感器的储能与耗能之比,不严格是因为储能与耗能之比和 $Q$ 值之间差一个系数,但这种方便表述利于我们在物理概念上把握 $Q$ 值的意义。

电感损耗中的金属线损耗多被建模为和电感串联的电阻,而磁芯损耗多被建模为和电感并联的电阻,但测量中给出的 $Q$ 值无法区分这两类损耗,在简化分析中可以将两类损耗合并建模为一个串联电阻 $R_s$ 或一个并联电阻 $R_p$,显然两个电阻相差甚大

$$R_s = \frac{\omega L}{Q} \tag{8.3.26a}$$

$$R_p = Q\omega L \tag{8.3.26b}$$

**练习 8.3.11** 借用电感 $Q$ 值定义,定义单端口网络的 $Q$ 值为端口无功功率和有功功率之比,请给出串联 RC,并联 RC,串联 RL,并联 RL 单端口网络的 $Q$ 值表述,假设上述电阻 $R$ 为常值,电容 $C$、电感 $L$ 为理想线性时不变电容、电感,请画出这些 $Q$ 值随频率的变化关系。

**练习 8.3.12** (1)串联 RC 和并联 RC 可以相互转换,请证明如下转换公式:

串联 RC 转换为并联 RC

$$R' = R(1+Q^2), \quad C' = C\frac{1}{1+Q^{-2}}, \quad \text{其中 } Q = \frac{|\text{串联电抗}|}{\text{串联电阻}} = \frac{1/\omega C}{R} = \frac{1}{\omega RC} \tag{E8.3.10}$$

并联 RC 转换为串联 RC

$$R' = \frac{R}{1+Q^2}, \quad C' = C(1+Q^{-2}), \quad \text{其中 } Q = \frac{|\text{并联电纳}|}{\text{并联电导}} = \frac{\omega C}{G} = \omega R C$$

(E8.3.11)

式(8.3.10)和式(8.3.11)表明转换前后品质因数 $Q$ 值不会改变。

（2）串联 RL 和并联 RL 可以相互转换，请仿照上述表述形式，分别给出串联 RL 转换为并联 RL 的转换公式和并联 RL 转换为串联 RL 的转换公式。

### 5. 最大功率传输匹配

电阻电路中分析指出，只要负载电阻 $R_L$ 等于信源内阻 $R_s$，负载电阻即可获得信源输出的额定功率 $P_{s,max} = V_{s,rms}^2 / 4R_s$，这是负载能够获得的最大功率，$R_L = R_s$ 则称为最大功率传输匹配条件。原则上，对于 $R_L \neq R_s$ 的情况，我们可以通过理想变压器实现阻抗变换，从而令负载电阻能够获得信源的额定功率。

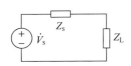

图 8.3.3　最大功率传输匹配模型：源驱动负载

动态电路模型中有电容、电感等动态元件，负载电阻又是如何获得最大功率的呢？ 如图 8.3.3 所示，这是具有内阻 $Z_s$ 的戴维南电压源与负载阻抗 $Z_L$ 的简单连接关系。注意，这里是在频域考察源对负载的驱动，也就是说，我们考察的是正弦稳态响应情况下的最大功率传输问题。

假设信源内阻和负载阻抗分别表述为

$$Z_s = R_s + jX_s \tag{8.3.27a}$$

$$Z_L = R_L + jX_L \tag{8.3.27b}$$

显然，回路电流为

$$\dot{I} = \frac{\dot{V}_s}{Z_s + Z_L} = \frac{\dot{V}_s}{(R_s + R_L) + j(X_s + X_L)} \tag{8.3.28}$$

于是负载电阻获得的功率为

$$P_L = \frac{1}{2} |\dot{I}|^2 R_L = \frac{1}{2} \frac{|\dot{V}_s|^2}{(R_s + R_L)^2 + (X_s + X_L)^2} R_L \tag{8.3.29}$$

现在希望负载电阻能够获得最大功率，显然第一步应消除虚功

$$X_L = -X_s \tag{8.3.30a}$$

第二步则需匹配实功

$$R_L = R_s \tag{8.3.30b}$$

虚功消除、实功匹配均实现的前提下，负载获得的功率恰好是信源的额定功率

$$P_L \xrightarrow{X_L = -X_s} \frac{1}{2} \frac{R_L}{(R_s + R_L)^2} |\dot{V}_s|^2 \xrightarrow{R_L = R_s} \frac{|\dot{V}_s|^2}{8R_s} = \frac{V_{s,rms}^2}{4R_s} = P_{s,max}$$

这是信源能够输出的最大功率，也是负载能够获得的最大功率。上述计算以正弦波峰值的 0.707 倍作为幅度有效值，即取 $V_{s,rms}^2 = 0.5|\dot{V}_s|^2 = 0.5V_{s,p}^2$。

将虚功消除和实功匹配两个条件合并，即可得到最大功率传输匹配条件，为

$$Z_L = Z_s^* \tag{8.3.31}$$

也就是说，在此条件满足的情况下，负载可以获得信源的额定功率

$$P_L \xrightarrow{Z_L = Z_s^*} P_{L,\max} = \frac{V_{s,rms}^2}{4R_s} = P_{s,\max} \qquad (8.3.32)$$

条件(8.3.31)又被称为共轭匹配条件,最大功率传输匹配也称共轭匹配。

共轭匹配条件要求负载电抗和信源电抗相互抵偿以消除虚功,注意到电容电抗和电感电抗反号,因而可以用电容电抗抵偿电感电抗,或用电感电抗抵偿电容电抗,使得容性电抗吸收能量恰好为感性电抗所释能量,感性电抗吸收能量又恰好是容性电抗所释能量,电容和电感中的能量完全回转而自谐,整体对外则无虚功,即不再需要源去回收电抗释放的功率,源对外只需释放实功即可,此时只要负载电阻等于信源内阻,源即可释放其额定功率。

**练习 8.3.13** 请仿照图8.3.3最大功率传输匹配分析,考察其对偶电路,即诺顿电流源驱动负载导纳,确认最大功率传输匹配条件为

$$Y_L = Y_s^* \qquad (8.3.33)$$

在此共轭匹配条件满足的情况下,负载电导可获得信源的额定功率

$$P_L \xrightarrow{Y_L = Y_s^*} P_{L,\max} = \frac{I_{s,rms}^2}{4G_s} = P_{s,\max} \qquad (8.3.34)$$

描述共轭匹配时,源和负载中的能量转移关系。

**练习 8.3.14** 如图E8.3.9所示,某设计直接取$R_L = R_s$期望获得额定功率,但是电源端口存在寄生电容$C$的影响。(1)分析在$\omega_0$频点上,因寄生电容影响导致负载吸收功率低于信源额定功率的百分比。(2)如果期望在$\omega_0$频点上负载电阻可以100%地获得信源额定功率,电路应做怎样的改动?

**练习 8.3.15** 某负载电阻$R_L$大于信源内阻$R_s$,两者直连则因不匹配使得负载电阻无法获得信源的额定功率。如图E8.3.10所示,在信源$(\dot{V}_s, R_s)$和负载电阻$R_L$中间插入一个串臂电感和一个并臂电容,重新切割后将$R_s$和$L$的串联视为新的信源内阻$Z_s$,将$R_L$和$C$的并联视为新的负载阻抗$Z_L$,只要$Z_L = Z_s^*$,原则上负载电阻$R_L$即可获得信源的额定功率:既然戴维南源$(\dot{V}_s, Z_s)$端口因共轭匹配输出了额定功率,$Z_L$也因共轭匹配吸收了信源的额定功率,而$L$、$C$是无损元件不吸收任何实功,显然只能是负载电阻$R_L$吸收了信源的额定功率。请用共轭匹配条件$Z_L = Z_s^*$推算出$L$、$C$的设计取值,使得在$\omega_r$频点上,负载$R_L$获得信源$(\dot{V}_s, R_s)$的额定功率。

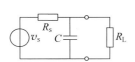

图 E8.3.9 寄生电容影响功率传输

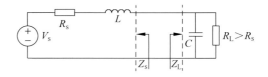

图 E8.3.10 共轭匹配分析

## 8.3.2 二端口网络分析

相量域分析是针对线性时不变电路网络的,它使得时域微分运算转化为频域复数代数运算,线性电阻电路的线性代数分析方法可推广应用于相量域分析。

针对二端口网络,其六个网络参量的定义、应用均相同。网络属性判断也大体一致,如互易网络的互易性判断$Z_{12} = Z_{21}$等,对称网络的对称性判断$Z_{11} = Z_{22}$,$Z_{12} = Z_{21}$等,双向网络特性$Z_{12}Z_{21} \neq 0$等。有源性、无损性定义则用平均功率替代瞬时功率,具体运算时,平均功率取用复

功率的实功部分即可。

**1. 有源无源、有损无损**

线性时不变网络在相量域的有源性描述为：端口描述方程为线性代数方程的线性时不变网络，如果其端口总吸收实功恒不小于零

$$P = \sum_{k=1}^{n} P_k = \frac{1}{2} \mathrm{Re} \sum_{k=1}^{n} \dot{V}_k \dot{I}_k^*$$

$$= \frac{1}{2} \mathrm{Re} \dot{\boldsymbol{V}}^{\mathrm{T}} \dot{\boldsymbol{I}}^* \geqslant 0 \quad (\forall \dot{\boldsymbol{V}}, \dot{\boldsymbol{I}}, \boldsymbol{f}(\dot{\boldsymbol{V}}, \dot{\boldsymbol{I}}) = \boldsymbol{0}) \tag{8.3.35a}$$

该网络就是无源网络。如果存在某种负载条件使得端口总吸收实功小于 0，该网络则是有源的

$$P = \sum_{k=1}^{n} P_k = \frac{1}{2} \mathrm{Re} \sum_{k=1}^{n} \dot{V}_k \dot{I}_k^*$$

$$= \frac{1}{2} \mathrm{Re} \dot{\boldsymbol{V}}^{\mathrm{T}} \dot{\boldsymbol{I}}^* < 0 \quad (\exists \dot{\boldsymbol{V}}, \dot{\boldsymbol{I}}, \boldsymbol{f}(\dot{\boldsymbol{V}}, \dot{\boldsymbol{I}}) = \boldsymbol{0}) \tag{8.3.35b}$$

式中，$\dot{\boldsymbol{V}}, \dot{\boldsymbol{I}}$ 是关联参考方向定义的端口相量电压和端口相量电流的列向量，$\boldsymbol{f}(\dot{\boldsymbol{V}}, \dot{\boldsymbol{I}}) = \boldsymbol{0}$ 则是该线性时不变网络相量域的端口描述线性代数方程。

无损网络和有损网络主要针对无源网络定义。对于线性时不变无源网络，如果其端口总吸收实功恒等于零，则是无损网络

$$P = \sum_{k=1}^{n} P_k = \frac{1}{2} \mathrm{Re} \sum_{k=1}^{n} \dot{V}_k \dot{I}_k^*$$

$$= \frac{1}{2} \mathrm{Re} \dot{\boldsymbol{V}}^{\mathrm{T}} \dot{\boldsymbol{I}}^* \equiv 0 \quad (\forall \dot{\boldsymbol{V}}, \dot{\boldsymbol{I}}, \boldsymbol{f}(\dot{\boldsymbol{V}}, \dot{\boldsymbol{I}}) = \boldsymbol{0}) \tag{8.3.35c}$$

否则为有损网络。

**例 8.3.9** 某二端口网络的 $\boldsymbol{Y}$ 参量已知，

$$\boldsymbol{Y} = \begin{bmatrix} Y_{11} & Y_{12} \\ Y_{21} & Y_{22} \end{bmatrix} = \begin{bmatrix} G_{11} + \mathrm{j}B_{11} & G_{12} + \mathrm{j}B_{12} \\ G_{21} + \mathrm{j}B_{21} & G_{22} + \mathrm{j}B_{22} \end{bmatrix}$$

请分析其有源性条件。

**解：** 如果不是无源，则是有源。

无源性定义要求任意满足元件约束方程的端口电压电流均有 $P = \frac{1}{2} \mathrm{Re} \dot{\boldsymbol{V}}^{\mathrm{T}} \dot{\boldsymbol{I}}^* \geqslant 0$，也即要求 $\mathrm{Re} \dot{\boldsymbol{V}}^{\mathrm{T}} \dot{\boldsymbol{I}}^* \geqslant 0$，或者 $\dot{\boldsymbol{V}}^{\mathrm{T}} \dot{\boldsymbol{I}}^* + \dot{\boldsymbol{I}}^{\mathrm{T}} \dot{\boldsymbol{V}}^* \geqslant 0$，即要求

$$\dot{\boldsymbol{V}}^{\mathrm{T}} \boldsymbol{Y}^* \dot{\boldsymbol{V}}^* + \dot{\boldsymbol{V}}^{\mathrm{T}} \boldsymbol{Y}^{\mathrm{T}} \dot{\boldsymbol{V}}^* = \dot{\boldsymbol{V}}^{\mathrm{T}} (\boldsymbol{Y}^* + \boldsymbol{Y}^{\mathrm{T}}) \dot{\boldsymbol{V}}^* \geqslant 0$$

或者说，只要 $\boldsymbol{Y}^* + \boldsymbol{Y}^{\mathrm{T}}$ 是半正定矩阵（positive semidefinite matrix）即可

$$\boldsymbol{Y}^* + \boldsymbol{Y}^{\mathrm{T}} = \begin{bmatrix} G_{11} - \mathrm{j}B_{11} & G_{12} - \mathrm{j}B_{12} \\ G_{21} - \mathrm{j}B_{21} & G_{22} - \mathrm{j}B_{22} \end{bmatrix} + \begin{bmatrix} G_{11} + \mathrm{j}B_{11} & G_{21} + \mathrm{j}B_{21} \\ G_{12} + \mathrm{j}B_{12} & G_{22} + \mathrm{j}B_{22} \end{bmatrix}$$

$$= \begin{bmatrix} 2G_{11} & G_{12} + G_{21} - \mathrm{j}(B_{12} - B_{21}) \\ G_{12} + G_{21} + \mathrm{j}(B_{12} - B_{21}) & 2G_{22} \end{bmatrix}$$

下列三个条件同时满足，矩阵 $\boldsymbol{Y}^* + \boldsymbol{Y}^{\mathrm{T}}$ 即是半正定矩阵

$$\Delta_{11} = 2G_{22} \geqslant 0$$

$$\Delta_{22} = 2G_{11} \geqslant 0$$

$$\Delta = 2G_{11} \cdot 2G_{22} - [G_{12} + G_{21} - \mathrm{j}(B_{12} - B_{21})][G_{12} + G_{21} + \mathrm{j}(B_{12} - B_{21})] \geqslant 0$$

这三个条件就是无源性条件。反之,下面三个条件满足任意一个,二端口网络就是有源的

$$G_{11} < 0 \qquad\qquad\qquad\qquad (\text{E8.3.12a})$$

$$G_{22} < 0 \qquad\qquad\qquad\qquad (\text{E8.3.12b})$$

$$(G_{12} + G_{21})^2 + (B_{12} - B_{21})^2 > 4G_{11}G_{22} \qquad\qquad (\text{E8.3.12c})$$

这三个有源性条件的物理意义十分明确:或者端口 1 看入导纳出现负电导可向外输出电能,或者端口 2 看入导纳出现负电导可向外输出电能,或者跨导增益足够高,除了抵偿内部电导损耗外,还可向外输出额外能量,三者满足其一,二端口网络即是有源网络。

**练习 8.3.16** 某二端口网络的 $ZYhg$ 参量已知任意其一,请分析其有源性条件。

**例 8.3.10** 如图 E8.3.11 所示的 LC 二端口网络。(1)计算其 $Z$、$ABCD$ 网络参量;(2)说明它是无损网络;(3)计算两个端口的特征阻抗。

**解:** (1) $ABCD$ 参量计算很简单,图示二端口网络可视为串臂电感二端口网络和并臂电容二端口网络的级联,故而总 $ABCD$ 参量等于级联网络 $ABCD$ 参量之积,即

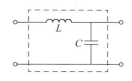

图 E8.3.11　LC 二端口网络

$$\boldsymbol{ABCD} = \begin{bmatrix} 1 & \mathrm{j}\omega L \\ 0 & 1 \end{bmatrix}\begin{bmatrix} 1 & 0 \\ \mathrm{j}\omega C & 1 \end{bmatrix} = \begin{bmatrix} 1 - \omega^2 LC & \mathrm{j}\omega L \\ \mathrm{j}\omega C & 1 \end{bmatrix}$$

$Z$ 参量矩阵可以由 $ABCD$ 参量矩阵转换而来

$$\boldsymbol{Z} = \frac{1}{C}\begin{bmatrix} A & \Delta_{\mathrm{T}} \\ 1 & D \end{bmatrix} = \frac{1}{\mathrm{j}\omega C}\begin{bmatrix} 1 - \omega^2 LC & 1 \\ 1 & 1 \end{bmatrix} = \begin{bmatrix} \dfrac{1}{\mathrm{j}\omega C} + \mathrm{j}\omega L & \dfrac{1}{\mathrm{j}\omega C} \\[2mm] \dfrac{1}{\mathrm{j}\omega C} & \dfrac{1}{\mathrm{j}\omega C} \end{bmatrix}$$

也可直接由 $Z$ 参量定义获得:$Z_{11}$ 为端口 2 开路时,端口 1 看入阻抗,显然为电感 $L$ 和电容 $C$ 的串联阻抗,即

$$Z_{11} = \frac{\dot{V}_1}{\dot{I}_1}\bigg|_{i_2 = 0} = \frac{1}{\mathrm{j}\omega C} + \mathrm{j}\omega L$$

$Z_{12}$ 为端口 1 开路,端口 2 测试电流导致的端口 1 开路电压传递系数,显然端口 1 开路时,端口 2 测试电流只能流过电容 $C$,在端口 1 产生的开路电压就是电容 $C$ 上的电压

$$Z_{12} = \frac{\dot{V}_1}{\dot{I}_2}\bigg|_{i_1 = 0} = \frac{1}{\mathrm{j}\omega C}$$

$Z_{21}$ 为端口 2 开路,端口 1 测试电流导致的端口 2 开路电压传递系数,显然端口 2 开路时,端口 1 测试电流同时流过电感 $L$ 和电容 $C$,但在端口 2 产生的开路电压仅是电容 $C$ 上的电压

$$Z_{21} = \frac{\dot{V}_2}{\dot{I}_1}\bigg|_{i_2 = 0} = \frac{1}{\mathrm{j}\omega C}$$

$Z_{22}$ 为端口 1 开路时,端口 2 看入阻抗,显然就是电容 $C$ 的阻抗,电感 $L$ 一端开路对输出阻抗没有任何影响,即

$$Z_{22} = \frac{\dot{V}_2}{\dot{I}_2}\bigg|_{i_1 = 0} = \frac{1}{\mathrm{j}\omega C}$$

(2) 从物理意义上说明很明确,由于二端口网络内部只有纯容和纯感,它们都是无损元件,故而二端口网络也必是无损网络,因为该二端口网络不会消耗任何能量。如果从无损性定

义考察,则需证明两个端口吸收的总实功恒为 0 即可,这是显然的

$$P = \sum_{k=1}^{n} P_k = \frac{1}{2}\text{Re}\sum_{k=1}^{n}\dot{V}_k\,\dot{I}_k^* = \frac{1}{2}\text{Re}(\dot{V}_1\,\dot{I}_1^* + \dot{V}_2\,\dot{I}_2^*)$$

$$= \frac{1}{2}\text{Re}((Z_{11}\dot{I}_1 + Z_{12}\dot{I}_2)\,\dot{I}_1^* + (Z_{21}\dot{I}_1 + Z_{22}\dot{I}_2)\,\dot{I}_2^*)$$

$$= \frac{1}{2}\text{Re}\left(\left(\left(\frac{1}{j\omega C}+j\omega L\right)\dot{I}_1\,\dot{I}_1^* + \frac{1}{j\omega C}\dot{I}_2\,\dot{I}_1^*\right) + \left(\frac{1}{j\omega C}\dot{I}_1\,\dot{I}_2^* + \frac{1}{j\omega C}\dot{I}_2\,\dot{I}_2^*\right)\right)$$

$$= \frac{1}{2}\text{Re}\left(\left(\frac{1}{j\omega C}+j\omega L\right)|\dot{I}_1|^2 + \frac{1}{j\omega C}2\text{Re}(\dot{I}_1\,\dot{I}_2^*) + \frac{1}{j\omega C}|\dot{I}_2|^2\right) \equiv 0$$

纯电抗网络只有虚功而无实功,说明纯电抗网络是无损网络。注意,表达式中的 $1/2$ 表明相量幅度为峰值,如果相量幅度取有效值,则无须 $1/2$ 系数。

(3) 根据二端口网络的特征阻抗公式(3.10.10),可知

$$Z_{01} = \sqrt{\frac{A}{D}}\cdot\sqrt{\frac{B}{C}} = \sqrt{1-\omega^2 LC}\cdot\sqrt{\frac{L}{C}} = Z_0\sqrt{1-\left(\frac{\omega}{\omega_0}\right)^2}$$

$$Z_{02} = \sqrt{\frac{D}{A}}\cdot\sqrt{\frac{B}{C}} = \frac{1}{\sqrt{1-\omega^2 LC}}\cdot\sqrt{\frac{L}{C}} = Z_0\Big/\sqrt{1-\left(\frac{\omega}{\omega_0}\right)^2}$$

其中 $Z_0 = \sqrt{\dfrac{L}{C}}$, $\omega_0 = \dfrac{1}{\sqrt{LC}}$。由计算结果可知,只有当 $\omega < \omega_0$ 时,该二端口网络才有纯阻性特征阻抗,换句话说,只有在 $\omega < \omega_0$ 频率范围内,该二端口网络才能实现 $Z_{01}$ 到 $Z_{02}$ 纯阻之间的阻抗变换,或者说,如果信源内阻 $R_s$ 取值 $Z_{01}$,负载电阻 $R_L$ 取值 $Z_{02}$,则在位于信源和负载电阻之间的该二端口网络的作用下,负载电阻可以在 $\omega(\omega < \omega_0)$ 频点上获得信源的额定功率。

**练习 8.3.17**　可将练习 8.3.15 的图 E8.3.10 电路中的串臂电感和并臂电容视为一个二端口网络,如图 E8.3.12 虚框所示。例 8.3.10 分析确认该二端口网络的两个端口特征阻抗 $Z_{01}(\omega)$ 和 $Z_{02}(\omega)$ 是频率 $\omega$ 的函数,如果同时取 $R_s = Z_{01}(\omega_r)$,$R_L = Z_{02}(\omega_r)$,则端口 1 在频点 $\omega_r$ 上共轭匹配,从而信源将额定功率送入二端口网络的端口 1,同时端口 2 在频点 $\omega_r$ 上也共轭匹配,从而二端口网络端口 2 等效戴维南源的额定功率全部送给负载电阻 $R_L$,既然二端口网络自身是无损网络,显然负载 $R_L$ 获得的功率就是信源($\dot{V}_s$,$R_s$)输出的额定功率。请利用特征阻抗匹配关系,$R_s = Z_{01}(\omega_r)$,$R_L = Z_{02}(\omega_r)$,说明它同时也是两个端口同时共轭匹配的条件,由此推算出 $L$、$C$ 的设计取值,使得在 $\omega_r$ 频点上,负载 $R_L$ 获得信源($\dot{V}_s$,$R_s$)的额定功率。比较设计结果,是否与练习 8.3.15 的结果完全一致。

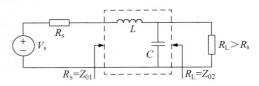

图 E8.3.12　双共轭匹配

**练习 8.3.18**　(1) 请给出图 E8.3.13 所示的二端口电感和二端口电容的 $Z$ 参量、$Y$ 参量和 $ABCD$ 参量;(2)说明它们都是无损网络;(3)分析其特征阻抗,说明是否存在特征阻抗为纯阻的情况,从而将该网络插入 $R_L$ 和 $R_s$ 之间,使得负载电阻 $R_L$ 能够获得信源($\dot{V}_s$,$R_s$)的额定功率? 如果不存在纯阻特征阻抗,是否可以对网络进行修改从而实现纯阻特征阻抗,可用来作为最大功率传输匹配网络?

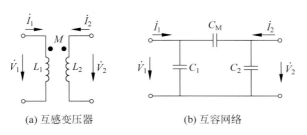

(a) 互感变压器    (b) 互容网络

图 E8.3.13    二端口纯感和纯容网络

**练习 8.3.19**   （1）假设某二端口网络的 $Z$ 参量为

$$\boldsymbol{Z} = \begin{bmatrix} Z_{11} & Z_{12} \\ Z_{21} & Z_{22} \end{bmatrix} = \begin{bmatrix} R_{11} + \mathrm{j}X_{11} & R_{12} + \mathrm{j}X_{12} \\ R_{21} + \mathrm{j}X_{21} & R_{22} + \mathrm{j}X_{22} \end{bmatrix}$$

如果该二端口网络是无损的，证明必有如下无损关系式成立

$$R_{11} = 0, \quad R_{22} = 0, \quad R_{12} + R_{21} = 0, \quad X_{12} = X_{21} \qquad \text{(E8.3.13)}$$

（2）假设某二端口网络的 $Y$ 参量为

$$\boldsymbol{Y} = \begin{bmatrix} Y_{11} & Y_{12} \\ Y_{21} & Y_{22} \end{bmatrix} = \begin{bmatrix} G_{11} + \mathrm{j}B_{11} & G_{12} + \mathrm{j}B_{12} \\ G_{21} + \mathrm{j}B_{21} & G_{22} + \mathrm{j}B_{22} \end{bmatrix}$$

如果该二端口网络是无损的，请给出 $Y$ 参量必须满足的无损关系式。

（3）说明图 E8.3.13 所示的二端口电感和二端口电容的 $Z$ 参量或 $Y$ 参量满足上述无损关系式。

**2. 传递函数**

电阻电路对线性电阻网络的系统传递函数是在时域定义的，这是由于线性阻性网络是即时系统，输出随输入即时变化，故而输出比输入可以是常值，如放大器增益。但是对于有动态元件参与的线性时不变网络，由于动态元件的微积分元件约束关系，其输出信号对输入信号不再是即时响应，在时域求输出与输入的比值则难以实施。线性时不变动态网络的时域分析往往是对冲激激励或阶跃激励下的冲激响应或阶跃响应的分析，见第 9 章和第 10 章讨论。线性时不变动态二端口网络的传递函数则需在相量域定义，只考察单频正弦激励下稳态响应和激励之间的正弦信号的幅度与相位变化关系，其定义和阻性线性二端口网络定义形式一致，是输出电量相量和输入电量相量之比

$$H(\mathrm{j}\omega) = \frac{\dot{S}_\mathrm{o}}{\dot{S}_\mathrm{i}} \qquad \text{(8.3.36a)}$$

式中的 $\dot{S}_\mathrm{o}$ 可以是输出开路电压 $\dot{V}_\mathrm{o}$ 或输出短路电流 $\dot{I}_\mathrm{o}$，$\dot{S}_\mathrm{i}$ 则可以是输入恒压激励 $\dot{V}_\mathrm{i}$ 或输入恒流激励 $\dot{I}_\mathrm{i}$，形成的传递函数是跨阻、跨导、电压、电流传递函数，也称本征跨阻、跨导、电压、电流增益。然而当负载是纯阻 $R_\mathrm{L}$，激励源也需考虑内阻 $R_\mathrm{s}$ 对其功率输出的限制时，我们更愿意采用如下的基于功率传输的传递函数定义

$$H_\mathrm{p}(\mathrm{j}\omega) = 2\sqrt{\frac{R_\mathrm{s}}{R_\mathrm{L}}} \frac{\dot{V}_\mathrm{L}}{\dot{V}_\mathrm{s}} \qquad \text{(8.3.36b)}$$

之所以称其为基于功率传输的传递函数，在于其幅度平方恰为转换功率增益

$$| H_p(j\omega) |^2 = 4 \frac{R_s}{R_L} \left| \frac{\dot{V}_L}{\dot{V}_s} \right|^2 = \frac{\frac{1}{2} \frac{| \dot{V}_L |^2}{R_L}}{\frac{1}{8} \frac{| \dot{V}_s |^2}{R_s}} = \frac{P_L}{P_{s,max}} = G_T$$

这种定义多用在射频放大器、射频滤波器应用中,原因在于射频频段想获得高的功率增益十分困难,在射频频段我们也更多地关注功率增益的大小。在微波频段,这种基于功率传输的传递函数多被记为 $S_{21}$ 参量,$S$ 参量(散射参量)定义见微波技术相关课程。

如果负载不是电阻而是电容,或者信源内阻被建模为 $0$(理想电压源)或无穷(理想电流源),此时我们不关注功率传输,关注的是电压、跨导、跨阻、电流传输,则采用式(8.3.36a)定义。即使信源内阻和负载电阻都存在,也可采用式(8.3.36a)定义,只需将信源内阻和负载电阻合并到二端口网络内部即可。可以首先求出二端口网络的 $ABCD$ 参量,之后获得四个本征增益传递函数,分别为

$$H_V(j\omega) = \frac{\dot{V}_L}{\dot{V}_s} = \frac{1}{A} \tag{8.3.37a}$$

$$H_G(j\omega) = \frac{\dot{I}_L}{\dot{V}_s} = \frac{1}{B} \tag{8.3.37b}$$

$$H_R(j\omega) = \frac{\dot{V}_L}{\dot{I}_s} = \frac{1}{C} \tag{8.3.37c}$$

$$H_I(j\omega) = \frac{\dot{I}_L}{\dot{I}_s} = \frac{1}{D} \tag{8.3.37d}$$

如果获得的是其他网络参量,也可直接通过这些网络参量获得传递函数,例如通过某种方式已经获得二端口网络的 $Z$ 参量,则可直接将电阻电路公式(3.9.4)式直接推广应用到相量域中

$$H_V(j\omega) = \frac{\dot{V}_L}{\dot{V}_s} = \frac{Z_{21} R_L}{(Z_{11} + R_s)(Z_{22} + R_L) - Z_{12} Z_{21}} \tag{8.3.38a}$$

如果获得的是已将 $R_s$、$R_L$ 合并后的总二端口网络的 $Z$ 参量,此时传递函数则为

$$H_V(j\omega) = \frac{\dot{V}_L}{\dot{V}_s} = \frac{Z_{21}}{Z_{11}} = \frac{1}{A} \tag{8.3.38b}$$

### 3. 频率特性伯特图

时域微分转换到相量域则是乘 $j\omega$ 运算,显然动态元件的相量域伏安特性和频率相关,导致有动态元件参与的线性时不变网络的传递函数和频率相关,故而向量域传递函数多记为

$$H(j\omega) = A(\omega) e^{j\varphi(\omega)} \tag{8.3.39}$$

其中幅度和频率的关系 $A(\omega)$ 被称为幅频特性,相位和频率的关系 $\varphi(\omega)$ 被称为相频特性。

**例 8.3.11** 如图 E8.3.14 所示,虚框二端口网络由一个跨导增益为 $g_m$ 的理想压控流源和跨接在输出端和输入端的跨接电容 $C$ 组成,请分析其传递函数的频率特性。

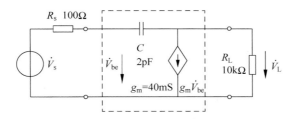

图 E8.3.14 传递函数分析

**解**：获得传递函数可以通过任意有效方法：

(1) 如用例 8.3.6 所示的结点电压法给出传递函数结果为

$$H(\mathrm{j}\omega) = \frac{\dot{V}_\mathrm{L}}{\dot{V}_\mathrm{s}} = -\,g_\mathrm{m} R_\mathrm{L} \frac{1 - \mathrm{j}\omega \dfrac{C}{g_\mathrm{m}}}{1 + \mathrm{j}\omega C(R_\mathrm{s} + R_\mathrm{L} + g_\mathrm{m} R_\mathrm{s} R_\mathrm{L})} \tag{E8.3.14}$$

(2) 也可通过直接列写如下电路方程，消除中间变量 $\dot{V}_\mathrm{be}$ 和 $\dot{I}_\mathrm{s}$，其中 $\dot{I}_\mathrm{s}$ 是流过信源内阻的电流，也将获得相同的结论

$$\dot{V}_\mathrm{s} = \dot{I}_\mathrm{s}\left(R_\mathrm{s} + \frac{1}{\mathrm{j}\omega C}\right) + \dot{V}_\mathrm{L}$$

$$\dot{I}_\mathrm{s} = g_\mathrm{m}\,\dot{V}_\mathrm{be} + \frac{\dot{V}_\mathrm{L}}{R_\mathrm{L}}$$

$$\dot{V}_\mathrm{be} = \dot{V}_\mathrm{s} - \dot{I}_\mathrm{s} R_\mathrm{s}$$

(3) 还可通过列写二端口网络的网络参量给出传递函数。图示虚框二端口网络可视为理想压控流源二端口网络和耦合电容二端口网络的并并连接，故而虚框二端口网络 $Y$ 参量可表述为两个并并连接二端口网络 $Y$ 参量之和

$$\boldsymbol{Y} = \boldsymbol{Y}_C + \boldsymbol{Y}_{g_\mathrm{m}} = \begin{bmatrix} \mathrm{j}\omega C & -\mathrm{j}\omega C \\ -\mathrm{j}\omega C & \mathrm{j}\omega C \end{bmatrix} + \begin{bmatrix} 0 & 0 \\ g_\mathrm{m} & 0 \end{bmatrix} = \begin{bmatrix} \mathrm{j}\omega C & -\mathrm{j}\omega C \\ g_\mathrm{m} - \mathrm{j}\omega C & \mathrm{j}\omega C \end{bmatrix}$$

然后直接将二端口网络参量转换为传递函数关系，即

$$\begin{aligned} H(\mathrm{j}\omega) = \frac{\dot{V}_\mathrm{L}}{\dot{V}_\mathrm{s}} &= \frac{-Y_{21} G_\mathrm{s}}{(Y_{11} + G_\mathrm{s})(Y_{22} + G_\mathrm{L}) - Y_{12} Y_{21}} \\ &= \frac{-(g_\mathrm{m} - \mathrm{j}\omega C) G_\mathrm{s}}{(\mathrm{j}\omega C + G_\mathrm{s})(\mathrm{j}\omega C + G_\mathrm{L}) - (g_\mathrm{m} - \mathrm{j}\omega C)(-\mathrm{j}\omega C)} \\ &= \frac{-(g_\mathrm{m} - \mathrm{j}\omega C) G_\mathrm{s}}{\mathrm{j}\omega C(G_\mathrm{s} + G_\mathrm{L} + g_\mathrm{m}) + G_\mathrm{s} G_\mathrm{L}} = \cdots \end{aligned}$$

换句话说，获得传递函数的方法多种多样，并无定规。获得传递函数表达式后，代入具体电路参数，即可获得传递函数的幅频特性或相频特性，图 E8.3.15 所示实线是用 MATLAB 画出的幅频特性和相频特性曲线。对该频率特性曲线做如下说明：

① 幅频特性横轴频率 $f$ 和纵轴幅度 $A$ 均采用对数坐标，便于观察大范围内幅度随频率的变化规律；相频特性横轴频率 $f$ 同样取对数坐标，但纵轴相位 $\varphi$ 则取线性坐标。

② 当频率很低时，近似认为电容低频开路，此时跨导放大器放大倍数为 $H(\mathrm{j}0) = -g_\mathrm{m} R_\mathrm{L} = -400$，故而幅频特性在低频时为 400，相频特性为 $-180°$。

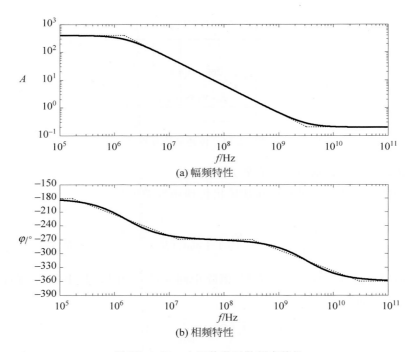

(a) 幅频特性

(b) 相频特性

图 E8.3.15　电压传递函数频率特性

③ 当频率很高时,近似认为电容高频短路,此时压控流源被转化为大小为 $1/g_m$ 的电阻,故而此时传递函数为 $H(\mathrm{j}\infty) = \dfrac{\dfrac{1}{g_m} \parallel R_L}{R_s + \dfrac{1}{g_m} \parallel R_L} = \dfrac{R_L}{R_s + R_L + g_m R_s R_L} \approx 0.2$,故而幅频特性在高频时取 0.2,相频特性为 $-360°$(或 $0°$)。

④ 当频率居中时,增益从 400 变化到 0.2,在对数坐标下,近似为线性变化规律,相位从 $-180°$ 变化到 $-360°$ 时,中间频段在 $-270°$ 出现停顿。

传递函数频率特性曲线每次都求助于计算机作图是不方便的,我们更愿意手工随手画出原理性的频率特性曲线,以便于在脑海中建立起直观的理解。最直观最简单的方法是用分段折线描述幅频特性和相频特性,这种用分段折线描述的幅频特性和相频特性曲线被称为伯特图(Bode Plot)。

本例伯特图如图 E8.3.15 中的虚线,其画法步骤如下:

(1) 考察传递函数式(E8.3.14),计算其中的关键参量

$$A_0 = -g_m R_L = -40\mathrm{m} \times 10\mathrm{k} = -400$$

$$\omega_p = \frac{1}{(R_s + R_L + g_m R_s R_L)C}$$

$$= \frac{1}{(0.1\mathrm{k} + 10\mathrm{k} + 40\mathrm{m} \times 0.1\mathrm{k} \times 10\mathrm{k}) \times 2\mathrm{p}} = 9.98(\mathrm{Ms}^{-1}) = 2\pi \times 1.59\mathrm{MHz}$$

$$\omega_z = -\frac{g_m}{C} = -20(\mathrm{Gs}^{-1}) = -2\pi \times 3.18\mathrm{GHz}$$

记 $\mathrm{j}\omega$ 为 $s$,以 $s$ 为自变量,重新表述传递函数为有理多项式

$$H(j\omega) = -g_m R_L \frac{1 - j\omega \dfrac{C}{g_m}}{1 + j\omega C(R_s + R_L + g_m R_s R_L)} = A_0 \frac{1 + \dfrac{j\omega}{\omega_z}}{1 + \dfrac{j\omega}{\omega_p}} \xlongequal{s = j\omega} A_0 \frac{1 + \dfrac{s}{\omega_z}}{1 + \dfrac{s}{\omega_p}}$$

（2）对分子多项式和分母多项式中出现的频率$|\omega_z|$和$\omega_p$自小到大排序为$\omega_p, |\omega_z|$，其后则可分频段考察频率对传函的影响，并将其折线化处理。

① 当$\omega < \omega_p$时，$\left|\dfrac{j\omega}{\omega_p}\right| < 1$，$\left|\dfrac{j\omega}{\omega_z}\right| < 1$ 从而$1 + \dfrac{j\omega}{\omega_p}$中的$\dfrac{j\omega}{\omega_p}$，$1 + \dfrac{j\omega}{\omega_z}$中的$\dfrac{j\omega}{\omega_z}$可被忽略不计，故而有如下的$H_0$近似结果

$$H(j\omega) = A_0 \frac{1 + \dfrac{j\omega}{\omega_z}}{1 + \dfrac{j\omega}{\omega_p}} \overset{\omega < \omega_p}{\approx} A_0 \frac{1 + 0}{1 + 0} = A_0 = -400 = H_0$$

所以在$\omega < \omega_p$频段，幅频特性伯特图画横平线400，如果用dB数表述，则为52dB；而相频特性的相位由于是线性坐标，其变化较为明显，则只能在$\omega < 0.1\omega_p$频段，相频特性伯特图画横平线$-180°$。

② 当$\omega_p < \omega < |\omega_z|$时，$\left|\dfrac{j\omega}{\omega_p}\right| > 1$ 从而$1 + \dfrac{j\omega}{\omega_p}$中的1被忽略不计，$\left|\dfrac{j\omega}{\omega_z}\right| < 1$ 从而$1 + \dfrac{j\omega}{\omega_z}$中的$\dfrac{j\omega}{\omega_z}$被忽略不计，从而有如下的近似结果

$$H(j\omega) = A_0 \frac{1 + \dfrac{j\omega}{\omega_z}}{1 + \dfrac{j\omega}{\omega_p}} \overset{\omega_p < \omega < |\omega_z|}{\approx} A_0 \frac{1 + 0}{0 + \dfrac{j\omega}{\omega_p}} = \frac{A_0}{\dfrac{j\omega}{\omega_p}} = H_1 = \frac{H_0}{\dfrac{j\omega}{\omega_p}}$$

显然，这一频段的近似频率特性$H_1$相对于前一频段的近似频率特性$H_0$，幅度上多了一个频率反比关系项，幅频特性则在$H_0$基础上多一个20dB每10倍频程的下降，这是由于$20\log_{10}\dfrac{1}{\omega} = -20\log_{10}\omega$，即频率每增加10倍，幅度则下降20dB，于是幅频特性伯特图在$\omega_p < \omega < |\omega_z|$区段按$-20$dB/10倍频程速率下降；而从相位上说，由于近似传函$H_1$比$H_0$分母上多了一个j，故而相位在$H_0$基础上滞后90°，这个90°相位滞后可在100倍的频率范围内基本完成，于是相频特性伯特图在自$0.1\omega_p$到$10\omega_p$区间从$-180°$折线移动到$-270°$，在$-270°$相位上停留，一直延续到$0.1|\omega_z|$的位置。

③ 当$\omega > |\omega_z|$时，$\left|\dfrac{j\omega}{\omega_p}\right| > 1$ 从而$1 + \dfrac{j\omega}{\omega_p}$中的1被忽略不计，$\left|\dfrac{j\omega}{\omega_z}\right| > 1$ 从而$1 + \dfrac{j\omega}{\omega_z}$中的1被忽略不计，故而有如下的近似结果

$$H(j\omega) = A_0 \frac{1 + \dfrac{j\omega}{\omega_z}}{1 + \dfrac{j\omega}{\omega_p}} \overset{\omega > |\omega_z|}{\approx} A_0 \frac{0 + \dfrac{j\omega}{\omega_z}}{0 + \dfrac{j\omega}{\omega_p}} = A_0 \frac{\dfrac{j\omega}{\omega_z}}{\dfrac{j\omega}{\omega_p}} = A_0 \frac{\omega_p}{\omega_z} = H_2 = H_1 \frac{j\omega}{\omega_z}$$

显然，这一频段的近似频率特性$H_2$相对前一频段的近似频率特性$H_1$，从幅度上说多了一个频率正比关系项，幅频特性则在$H_1$基础上多一个20dB每10倍频程的上升，由于前一频段是20dB/10倍频程速率下降，再增加一个20dB/10倍频程速率上升，两者补偿的结果导致幅频特性伯特图在$\omega > |\omega_z|$频段是横平的；而从相位上说，由于近似传函$H_2$比前一区段近似传函$H_1$分子上多了一个j，同时考虑到$\omega_z < 0$，其综合效果是多了一个$-j$，故而这一区段的相位较

前一区段滞后 $90°$，相频特性伯特图自 $0.1|\omega_z|$ 到 $10|\omega_z|$ 区间从 $-270°$ 按折直线移动到 $-360°$，并在 $\omega > 10|\omega_z|$ 频段在 $-360°$ 相位水平停留。

最终的伯特图如图 E8.3.15 虚线所示，其优势是可手工画出，和实际频率特性曲线足够接近，或者说足以原理上说明幅度和相位随频率的变化趋势情况。

通过例 8.3.11 伯特图的画法说明，可以给出如下的伯特图画法的步骤：

(1) 记 $j\omega$ 为 $s$，以 $s$ 为自变量，重新表述传递函数为实系数有理多项式

$$H(s) = A_0 \frac{s^m + \beta_{m-1}s^{m-1} + \cdots + \beta_0}{s^n + \alpha_{n-1}s^{n-1} + \cdots + \alpha_0}$$

对分母、分子实系数多项式因式分解，可分解为一次多项式（对应实多项式的实根）和二次多项式（对应实多项式的共轭复根）。为了简单起见，这里暂只考察分母、分子多项式可被分解为一次多项式乘积（只有实根）的情况

$$H(s) = A_0 \frac{(s+\omega_{z1})(s+\omega_{z2})\cdots(s+\omega_{zm})}{(s+\omega_{p1})(s+\omega_{p2})\cdots(s+\omega_{pn})}$$

分母多项式的根被称为极点，分子多项式的根被称为零点。极点恰好就是线性时不变系统的特征根（见第 9、10 章），稳定系统的特征根 $s_{pi} = -\omega_{pi}$ 不能出现在右半平面，即要求 $\omega_{pi} \geq 0$，但稳定系统对零点并无特殊要求，$\omega_{zi}$ 可正可负。$\omega_{zi}$ 为正，则零点 $s_{zi} = -\omega_{zi} < 0$ 位于左半平面，称之为左半平面零点；$\omega_{zi}$ 为负，则零点 $s_{zi} = -\omega_{zi} > 0$ 位于右半平面，称之为右半平面零点；而稳定系统的极点只能是左半平面极点。

(2) 对极点频率 $\omega_{pi}$ 和零点频率 $|\omega_{zi}|$ 统一自小到大排序，记为 $\omega_1$、$\omega_2$、$\cdots$、$\omega_{n+m}$，从而考察频率对传递函数影响时，可分频段折线化处理，形成幅频特性和相频特性的分段折线伯特图。

后续将举例说明对于 $\omega_1 = 0$ 情况是如何处理的，这里为了简单起见，假设 $\omega_1 > 0$，于是可以将传递函数重新表述为

$$H(s) = H_0 \frac{\left(1+\dfrac{s}{\omega_{z1}}\right)\left(1+\dfrac{s}{\omega_{z2}}\right)\cdots\left(1+\dfrac{s}{\omega_{zm}}\right)}{\left(1+\dfrac{s}{\omega_{p1}}\right)\left(1+\dfrac{s}{\omega_{p2}}\right)\cdots\left(1+\dfrac{s}{\omega_{pn}}\right)}$$

(3) 当 $\omega < \omega_1$ 时，显然所有的 $\left|\dfrac{j\omega}{\omega_{pi}}\right| < 1$，$\left|\dfrac{j\omega}{\omega_{zi}}\right| < 1$，从而他们可被忽略不计

$$H(j\omega) \xrightarrow{s=j\omega} H_0 \frac{\left(1+\dfrac{s}{\omega_{z1}}\right)\left(1+\dfrac{s}{\omega_{z2}}\right)\cdots\left(1+\dfrac{s}{\omega_{zm}}\right)}{\left(1+\dfrac{s}{\omega_{p1}}\right)\left(1+\dfrac{s}{\omega_{p2}}\right)\cdots\left(1+\dfrac{s}{\omega_{pn}}\right)} \overset{\omega < \omega_1}{\approx} H_0$$

在 $\omega < \omega_1$ 频段，幅频特性伯特图画横平线 $20\log_{10}|H_0|$ dB；如果 $H_0 > 0$，在 $\omega < 0.1\omega_1$ 频段，相频特性伯特图画横平线 $0°$，如果 $H_0 < 0$，在 $\omega < 0.1\omega_1$ 频段，相频特性伯特图画横平线 $-180°$。

(4) 其后按顺序逐段处理。当处理到第 $i$ 段时，即当 $\omega_i < \omega < \omega_{i+1}$ 时，如果 $\omega_i$ 对应极点频率，传递函数则可化简为

$$H(j\omega) \overset{\omega_i < \omega < \omega_{i+1}}{\approx} H_i \approx \frac{H_{i-1}}{\dfrac{j\omega}{\omega_i}}$$

从而这一频段的近似频率特性 $H_i$ 相对前一频段的近似频率特性 $H_{i-1}$，幅度上多了一个频率反比关系项，幅频特性伯特图则在 $H_{i-1}$ 基础上多一个 20dB 每 10 倍频程的下降；相位上近似传函 $H_i$ 比 $H_{i-1}$ 分母上多了一个 j，代表相位滞后 $90°$，故而相频特性伯特图自 $0.1\omega_i$ 到 $10\omega_i$ 区间折线下降 $90°$。

如果 $\omega_i$ 对应零点频率,传递函数可化简为

$$H(j\omega) \overset{\omega_i<\omega<\omega_{i+1}}{\approx} H_i \approx H_{i-1} \frac{j\omega}{\omega_{z(i)}}$$

其中 $\omega_i = |\omega_{z(i)}|$。显然,这一频段的近似频率特性 $H_i$ 相对前一频段的近似频率特性 $H_{i-1}$,幅度上多了一个频率正比关系项,幅频特性伯特图则在 $H_{i-1}$ 基础上多一个 20dB 每 10 倍频程的上升;如果 $\omega_i$ 对应的零点是左半平面零点,$\omega_{z(i)}>0$,相位上近似传函 $H_i$ 比 $H_{i-1}$ 分子上则多了一个 j,代表相位超前 $90°$,从而相频特性伯特图自 $0.1\omega_i$ 到 $10\omega_i$ 区间折线上升 $90°$;但是如果 $\omega_i$ 对应的零点是右半平面零点,$\omega_{z(i)}<0$,相位上近似传函 $H_i$ 比 $H_{i-1}$ 分子上则多了一个 $-j$,代表相位滞后 $90°$,从而相频特性伯特图自 $0.1\omega_i$ 到 $10\omega_i$ 区间折线下降 $90°$。

综上所述,伯特图的画法可总结为:幅频特性,碰到极点 $-20$,碰到零点 $+20$;相频特性,极点滞后 $90°$,零点看左右,左超右滞 $90°$。最后特别说明,极点只能是左半平面极点,存在右半平面极点的系统是不稳定系统,不稳定系统不研究频率特性,因为不稳定系统无须输入就已经自激振荡起来了。

**例 8.3.12**　请画出如下三个传递函数的伯特图。

(1) $H(j\omega) = 10000 \dfrac{(j\omega + 1 \times 10^{12})}{(j\omega + 5 \times 10^6)(j\omega + 1 \times 10^9)}$

(2) $H(j\omega) = 10 \dfrac{(j\omega)^2}{(j\omega + 5 \times 10^6)(j\omega + 1 \times 10^9)}$

(3) $H(j\omega) = -10^6 \dfrac{j\omega + 5 \times 10^9}{(j\omega + 5 \times 10^6)(j\omega + 1 \times 10^8)}$

**解**：根据伯特图画法规则,对于第一个传递函数,可首先将其转化为

$$H(j\omega) = 10000 \frac{(j\omega + 1 \times 10^{12})}{(j\omega + 5 \times 10^6)(j\omega + 1 \times 10^9)} = 2 \frac{\left(1 + \dfrac{j\omega}{1 \times 10^{12}}\right)}{\left(1 + \dfrac{j\omega}{5 \times 10^6}\right)\left(1 + \dfrac{j\omega}{1 \times 10^9}\right)}$$

之后分频段按规则画伯特图,如图 E8.3.16(a) 所示。

对于第二个传递函数,注意到它有两个零点都是 0,其伯特图如图 E8.3.16(b) 所示,对其说明如下：当 $0<\omega<5\times10^6$ rad/s 时,近似有

$$H(j\omega) = 10 \frac{(j\omega)^2}{(j\omega + 5 \times 10^6)(j\omega + 1 \times 10^9)} \approx 10 \frac{(j\omega)^2}{5 \times 10^{15}} = 2 \times 10^{-15} (j\omega)^2$$

显然其幅频特性和 $\omega^2$ 成正比关系,因而具有 40dB/10 倍频程的上升速率,而相位则由于有两个 j 而超前 $180°$。也可按伯特图规则理解,这里连着碰到两个零点 0,故而幅频特性需要增加两个 20dB/10 倍频程的上升,故而有 40dB/10 倍频程的上升速率,而相频特性则需要有两个 $90°$ 的超前,故而相位超前 $180°$。

当 $5\times10^6$ rad/s $<\omega<1\times10^9$ rad/s 时,近似有

$$H(j\omega) = 10 \frac{(j\omega)^2}{(j\omega + 5 \times 10^6)(j\omega + 1 \times 10^9)} \approx 10 \frac{(j\omega)^2}{j\omega \times 1 \times 10^9} = 10^{-8} j\omega$$

显然其幅频特性和 $\omega$ 成正比关系,因而具有 20dB/10 倍频程上升速率,而相位则由于有一个 j 而超前 $90°$。也可按伯特图规则理解,这里碰到第一个极点 $-5\times10^6$,则在前一频段伯特图基础上幅频特性增加一个 20dB/10 倍频程下降,故而从前一频段的 40dB/10 倍频程的上升下降为 20dB/10 倍频程的上升,相频特性滞后 $90°$,故而从前一频段的 $180°$ 相移下降为 $90°$ 相移。

当 $\omega > 1\times10^9$ rad/s 时,近似有

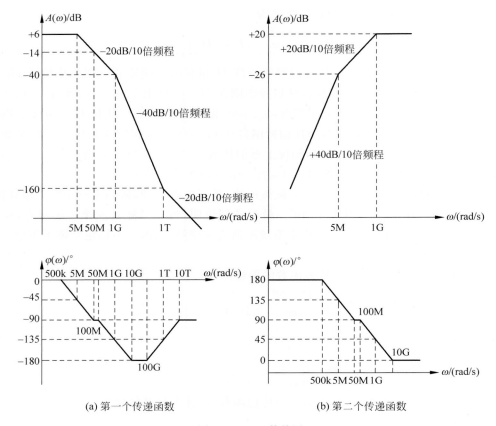

图 E8.3.16　伯特图

$$H(\mathrm{j}\omega) = 10 \frac{(\mathrm{j}\omega)^2}{(\mathrm{j}\omega + 5 \times 10^6)(\mathrm{j}\omega + 1 \times 10^9)} \approx 10 \frac{(\mathrm{j}\omega)^2}{\mathrm{j}\omega \times \mathrm{j}\omega} = 10$$

按伯特图规则,这里碰到第二个极点 $-1 \times 10^9$,故而在上一个频段伯特图基础上,幅频特性增加一个 20dB/10 倍频程下降,故而从 20dB/10 倍频程的上升下降为水平,在 20dB 横平线上延伸到无穷大频率,相频特性滞后 90°,故而从前一频段的 90°相移下降为 0°相移。

对第三个传递函数,可首先转化为

$$H(\mathrm{j}\omega) = -10^6 \frac{\mathrm{j}\omega + 5 \times 10^9}{(\mathrm{j}\omega + 5 \times 10^6)(\mathrm{j}\omega + 1 \times 10^8)} = -10 \frac{1 + \dfrac{\mathrm{j}\omega}{5 \times 10^9}}{\left(1 + \dfrac{\mathrm{j}\omega}{5 \times 10^6}\right)\left(1 + \dfrac{\mathrm{j}\omega}{1 \times 10^8}\right)}$$

之后按伯特图规则画伯特图如图 E8.3.17 所示。对这个伯特图做如下特别说明:

(1) 对幅频特性伯特图而言,没有需要特殊处理的。注意到该传递函数低频增益为 $-10$,故而低频段具有 20dB 增益,其后碰到第一个极点 $\omega_{\mathrm{p1}} = -5 \times 10^6 \mathrm{rad/s}$ 后,幅频特性由横平线变成 $-20\mathrm{dB}/10$ 倍频程的斜折线,碰到第二极点 $\omega_{\mathrm{p2}} = -1 \times 10^8 \mathrm{rad/s}$ 后,幅频特性由 $-20\mathrm{dB}/10$ 倍频程变成 $-40\mathrm{dB}/10$ 倍频程速率的斜折线,碰到零点 $\omega_{\mathrm{z}} = -5 \times 10^9 \mathrm{rad/s}$ 后,幅频特性由 $-40\mathrm{dB}/10$ 倍频程变成 $-20\mathrm{dB}/10$ 倍频程速率下降的斜折线,如图 E8.3.17(a)所示。这里除了伯特图外,还画了精确的幅频特性曲线,两者吻合度很高。

(2) 对相频特性伯特图而言,如果零点、极点频率顺序排序后相邻的两个频率差别超过 100 倍,按相频特性规则无须任何特殊处理,如前面讨论的两个传递函数。而本例相邻的零极

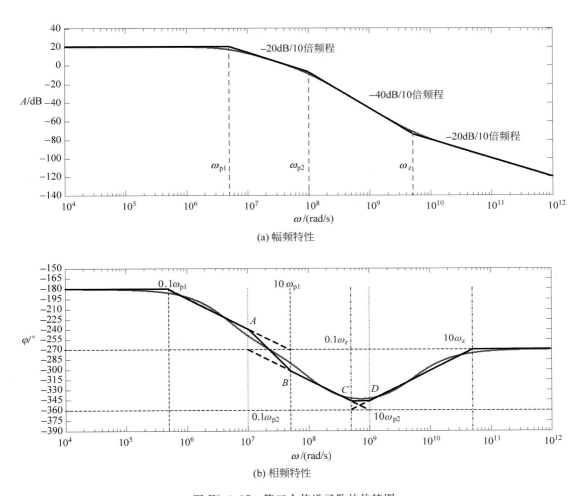

(a) 幅频特性

(b) 相频特性

图 E8.3.17 第三个传递函数的伯特图

点频率差别小于 100 倍,其相频特性伯特图则需处理前后重叠的部分。如图 E8.3.17(b)所示,由于低频增益为 $-10$,故而相频特性从 $-180°$ 开始,首先在 $0.1\omega_{p1}$ 到 $10\omega_{p1}$ 之间画一个从 $-180°$ 到 $-270°$ 斜折虚线,该斜折线和 $0.1\omega_{p2}$ 交于 $A$ 点,$A$ 点之前的虚线可以变成实线;之后在 $0.1\omega_{p2}$ 到 $10\omega_{p2}$ 之间画一个从 $-270°$ 到 $-360°$ 斜折虚线,该斜折线和 $10\omega_{p1}$ 交于 $B$ 点,和 $0.1\omega_{z}$ 交于 $C$ 点,$BC$ 之间的虚线画实。同时用实线连接 $AB$ 作为折叠部分的相频特性伯特图。在 $0.1\omega_{z}$ 到 $10\omega_{z}$ 之间画一个从 $-360°$ 到 $-270°$ 斜折虚线,它和 $10\omega_{p2}$ 交于 $D$ 点,连接 $CD$ 作为折叠部分的相频特性伯特图。其后的处理同理。图 E8.3.17(b)同时画了精确的相频特性曲线作为比较,伯特图折线虽然和实际相频特性曲线有一定的误差,但其趋势变化一目了然,且可手工随手画出,这正是伯特图的最大优点,我们很多时候看的是变化趋势,而不是精确值。

**练习 8.3.20** 请在理解第三个传递函数伯特图基础上,画出如下传递函数的伯特图,

$$H(\mathrm{j}\omega) = -10\,\frac{1-\dfrac{\mathrm{j}\omega}{5\times10^{9}}}{\left(1+\dfrac{\mathrm{j}\omega}{5\times10^{6}}\right)\left(1+\dfrac{\mathrm{j}\omega}{1\times10^{8}}\right)\left(1+\dfrac{\mathrm{j}\omega}{5\times10^{10}}\right)},$$ 可用 MATLAB 获得精确的频率特性

曲线作为比对,说明所画伯特图足以相对精确地表述该传递函数随频率变化的趋势。

**练习 8.3.21**　某一阶动态系统 $H(\mathrm{j}\omega)=A_0\,\dfrac{\mathrm{j}\omega+\omega_z}{\mathrm{j}\omega+\omega_p}$ 的三个基本参数 $A_0$、$\omega_p$、$\omega_z$ 可调,请画出下表所列参数的一阶动态系统的伯特图。

| $A_0$ | $\omega_p/(\mathrm{rad/s})$ | $\omega_z/(\mathrm{rad/s})$ |
|---|---|---|
| 10 | $1\times10^6$ | $1\times10^9$ |
| 10 | $1\times10^9$ | $1\times10^6$ |
| $-10$ | $1\times10^6$ | $1\times10^9$ |
| $-10$ | $1\times10^9$ | $1\times10^6$ |
| 10 | $1\times10^6$ | $1\times10^7$ |
| 10 | $1\times10^7$ | $1\times10^6$ |
| $-10$ | $1\times10^6$ | $1\times10^7$ |
| $-10$ | $1\times10^7$ | $1\times10^6$ |
| 10 | $1\times10^6$ | 0 |
| $-10$ | $1\times10^6$ | 0 |
| 10 | $1\times10^6$ | $-1\times10^9$ |
| 10 | $1\times10^9$ | $-1\times10^6$ |
| $-10$ | $1\times10^6$ | $-1\times10^9$ |
| $-10$ | $1\times10^9$ | $-1\times10^6$ |
| 10 | $1\times10^6$ | $-1\times10^7$ |
| 10 | $1\times10^7$ | $-1\times10^6$ |
| $-10$ | $1\times10^6$ | $-1\times10^7$ |
| $-10$ | $1\times10^7$ | $-1\times10^6$ |

**练习 8.3.22**　如图 E8.3.18(a)所示,这是一个用耦合电容耦合激励源和负载的简单电路模型。请分析确认:什么频率下可认为耦合电容是交流短路的? 什么频率下可认为耦合电容是直流开路的? 可以通过伯特图说明。

对于图 E8.3.18(b),这是一个高频扼流圈例子,一端接电源的高频扼流圈在此处被处理为接地。请分析确认:在什么频率下可认为高频扼流圈是直流短路的? 什么频率下可认为高频扼流圈是交流开路的? 可以通过伯特图说明。

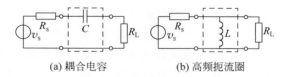

(a) 耦合电容　　　　(b) 高频扼流圈

图 E8.3.18　耦合电容和高频扼流圈:实现源和负载之间的隔直通交

### 4. 晶体管小信号放大器频率特性

**例 8.3.13**　如图 E8.3.19 所示,虚框内是在某个直流工作点下对 BJT 晶体管做局部线性化获得的由微分元件构成的交流小信号等效电路。当该 CE 组态晶体管添加激励源和负载电阻后,构成一个放大器,请考察该放大器电压增益的幅频特性和相频特性。已知:晶体管核心模型,$g_m=40\mathrm{mS}$,$r_{be}=10\mathrm{k\Omega}$,$r_{ce}=100\mathrm{k\Omega}$,基极体电阻 $r_b=100\Omega$,晶体管寄生电容 $C_{be}=70\mathrm{pF}$,$C_{bc}=2\mathrm{pF}$,晶体管之外的耦合电容 $C_B=1\mu\mathrm{F}$,$C_C=1\mu\mathrm{F}$,信源内阻 $R_s=100\Omega$,负载电阻 $R_L=3\mathrm{k\Omega}$。

**分析**:电阻电路部分中,由于耦合电容较大,交流分析中被视为"交流短路",而寄生电容

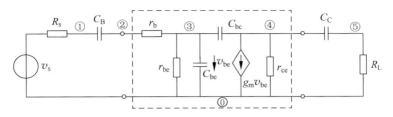

图 E8.3.19 晶体管放大器交流小信号电路模型

太小,在交流分析中被视为"直流开路",故而电阻电路分析中没有考虑这些电容的影响,故而求出的 41.2dB 的反相电压增益与频率无关

$$A_v = -g_m R_L \frac{r_{ce}}{R_L + r_{ce}} \frac{r_{be}}{r_{be} + r_b + R_s} = -40m \times 3k \times \frac{100k}{3k + 100k} \times \frac{10k}{10k + 0.1k + 0.1k}$$

$$= -120 \times 0.9709 \times 0.9804 = -120 \times 0.9518 = -114 = 41.2dB \text{ 反相}$$

而事实上:①很低频率时,两个耦合电容"直流开路",信号无法有效从信源传递到晶体管 BE 端口,也难以有效从晶体管 CE 端口传递到负载电阻,显然低频不可能具有这样的增益;②很高频率时,两个寄生电容"交流短路",$C_{be}$ 交流短路导致信号短接于地,$C_{bc}$ 短接导致压控流源变成 $1/g_m$ 接地电阻而不复具有放大作用,故而高频也不可能具有这样的增益;③只有在中频频段,两个耦合电容"交流短路",两个寄生电容"直流开路",电压增益如上分析。

可以将电容 $C$ 视为 $j\omega C$ 的电纳元件,从而分析如同电阻电路一样,如果列写传递函数表达式,则是 4 阶电路,表达式过于复杂。这里用结点电压法列写方程,用计算机帮助我们获得数值分析结果,确认上述频率响应的原理性解释。

**解**:如图 E8.3.19 所示,这是一个具有 6 个结点的电路,以 5 个结点相对于参考结点的结点电压为未知量,可列写如下结点电压法方程,$\mathbf{Y}\dot{\mathbf{V}} = \dot{\mathbf{I}}_s$,其中,结点导纳矩阵 $\mathbf{Y}$ 为

| $G_s + j\omega C_B$ | $-j\omega C_B$ | 0 | 0 | 0 |
|---|---|---|---|---|
| $-j\omega C_B$ | $j\omega C_B + g_b$ | $-g_b$ | 0 | 0 |
| 0 | $-g_b$ | $g_b + g_{be} + j\omega C_{be} + j\omega C_{bc}$ | $-j\omega C_{bc}$ | 0 |
| 0 | 0 | $-j\omega C_{bc}$ | $j\omega C_{bc} + g_{ce} + j\omega C_C$ | $-j\omega C_C$ |
| 0 | 0 | 0 | $-j\omega C_C$ | $j\omega C_C + G_L$ |

未知量 $\dot{\mathbf{V}}$ 为 5 个结点电压,而流入结点电流为 $\dot{\mathbf{I}}_s$

$$\dot{\mathbf{V}} = \begin{bmatrix} \dot{V}_1 \\ \dot{V}_2 \\ \dot{V}_3 \\ \dot{V}_4 \\ \dot{V}_5 \end{bmatrix}, \quad \dot{\mathbf{I}}_s = \begin{bmatrix} G_s \dot{V}_s \\ 0 \\ 0 \\ -g_m \dot{V}_{be} \\ 0 \end{bmatrix} = \begin{bmatrix} G_s \dot{V}_s \\ 0 \\ 0 \\ -g_m \dot{V}_3 \\ 0 \end{bmatrix}$$

注意到流入结点 4 的电流 $-g_m \dot{V}_3$ 是受控源电流,受控于未知量 $\dot{V}_3$,因此需要将该项移到方程左侧,整理后,结点电压法方程中的 $\mathbf{Y}$ 修正为

| $G_s + j\omega C_B$ | $-j\omega C_B$ | $0$ | $0$ | $0$ |
|---|---|---|---|---|
| $-j\omega C_B$ | $j\omega C_B + g_b$ | $-g_b$ | $0$ | $0$ |
| $0$ | $-g_b$ | $g_b + g_{be} + j\omega C_{be} + j\omega C_{bc}$ | $-j\omega C_{bc}$ | $0$ |
| $0$ | $0$ | $g_m - j\omega C_{bc}$ | $j\omega C_{bc} + g_{ce} + j\omega C_C$ | $-j\omega C_C$ |
| $0$ | $0$ | $0$ | $-j\omega C_C$ | $j\omega C_C + G_L$ |

而流入结点电流向量 $\boldsymbol{i}_s = [G_s \dot{V}_s \quad 0 \quad 0 \quad 0 \quad 0]^t$ 中只包括独立源的作用。

编写 MATLAB 程序如下：

```
gm = 40E - 3;                                    % 晶体管参量 gm = 40mS, …
rbe = 10E3;
rce = 100E3;
rb = 100;
Cbe = 70E - 12;
Cbc = 2E - 12;

CB = 1E - 6;                                     % 耦合电容
CC = 1E - 6;
RS = 100;                                        % 信源内阻
RL = 3E3;                                        % 负载电阻

freqstart = 1;                                   % 起始频点 1Hz
freqstop = 1E9;                                  % 终止频点 1GHz
freqnum = 100;                                   % 考察该频率范围内的 100 个频点
freqstep = 10 ^ (log10(freqstop/freqstart)/freqnum);    % 等比数列的等比值

freq = freqstart/freqstep;
for k = 1:freqnum
    freq = freq * freqstep;
    w = 2 * pi * freq;
    s = i * w;

    A = [1/RS + s * CB    - s * CB              0                      0                0          ;
           - s * CB     s * CB + 1/rb          - 1/rb                  0                0          ;
               0          - 1/rb      1/rb + 1/rbe + s * Cbe + s * Cbc      - s * Cbc        0          ;
               0            0           gm - s * Cbc          s * Cbc + 1/rce + s * CC    - s * CC       ;
               0            0              0                    - s * CC       s * CC + 1/RL]  ;

    V = inv(A) * [1/RS;0;0;0;0];                 % 结点电压法求解

    f(k) = freq;
    VL = V(5);
    absVL(k) = abs(VL);
    angleVL(k) = angle(VL)/pi * 180;
end

figure(1)
plot(f,absVL,'k')                                % 幅频特性
figure(2)
plot(f,angleVL,'k')                              % 相频特性
```

仿真结果如图 E8.3.20 所示：从仿真结果看，在 $100\text{Hz} \sim 300\text{kHz}$ 范围之内，与电阻电路

理论计算的 $-114$ 电压增益吻合，而小于 $20\,\mathrm{Hz}$ 或大于 $20\,\mathrm{MHz}$ 时，都有十分明显的频率效应，从幅频特性看，电压增益都会出现严重下降，这一点确认了前述三个频段的原理性划分。

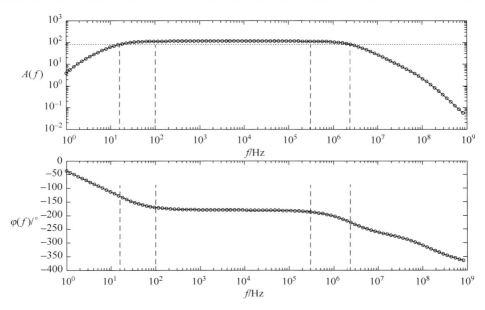

图 E8.3.20　晶体管放大器电压增益的幅频特性和相频特性

**练习 8.3.23**　比最高增益低 3dB 所对应的两个频点 $f_{\mathrm{L3dB}}$ 和 $f_{\mathrm{H3dB}}$ 被称为 3dB 频点，修改上例中的电容容值，通过仿真结果说明，$C_{\mathrm{B}}$ 电容大小对低端 3dB 频点 $f_{\mathrm{L3dB}}$ 影响很大，$C_{\mathrm{bc}}$ 电容由于密勒倍增效应对高端 3dB 频点 $f_{\mathrm{H3dB}}$ 影响很大。请同学在第 10 章学习结束后自行给出两个 3dB 频点的理论估算值。

**练习 8.3.24**　如图 E8.3.21 所示，这是一个晶体管放大器电路。已知电源电压 $V_{\mathrm{CC}}=12\mathrm{V}$，分压偏置电阻 $R_{\mathrm{B1}}=56\mathrm{k\Omega}$，$R_{\mathrm{B2}}=10\mathrm{k\Omega}$，集电极直流负载电阻 $R_{\mathrm{C}}=5.6\mathrm{k\Omega}$，发射极串联负反馈电阻 $R_{\mathrm{E}}=1\mathrm{k\Omega}$，信源内阻 $R_{\mathrm{s}}=100\Omega$，负载电阻 $R_{\mathrm{L}}=6.2\mathrm{k\Omega}$。NPN-BJT 晶体管的厄利电压为 $V_{\mathrm{A}}=100\mathrm{V}$，电流增益为 $\beta=300$。图中三个电容为均为 $1\mu\mathrm{F}$ 大电容，直流分析时开路处理。

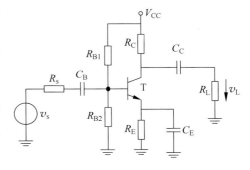

图 E8.3.21　晶体管放大器（分立元件）

（1）直流分析，获得直流工作点。

（2）获得直流工作点下的微分元件电路模型。

交流分析时考虑晶体管的两个寄生电容，假设在该直流工作点下，晶体管的微分电容 $C_{\mathrm{be}}=70\mathrm{pF}$，$C_{\mathrm{bc}}=2\mathrm{pF}$，同时考虑基极体电阻，假设 $r_{\mathrm{b}}=100\Omega$。

（3）用结点电压法获得电路方程，分析该放大器小信号电压增益 $A_{\mathrm{v}}=v_{\mathrm{L}}/v_{\mathrm{s}}$ 的幅频特性和相频特性。

（4）分别将三个电容 $C_{\mathrm{B}}$、$C_{\mathrm{C}}$、$C_{\mathrm{E}}$ 增加 10 倍，根据电压增益幅频特性分析确认哪个电容对低端 3dB 频点起决定性作用。

**练习 8.3.25**　写出如图 E8.3.22 所示电路的电压传递函数表达式，以频率 $\omega$ 为因变量，说明电压增益幅频特性和相频特性的特点（可采用伯特图说明）。

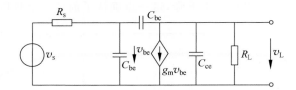

图 E8.3.22　晶体管放大器交流小信号电路模型

# 8.4　习题

**习题 8.1**　复习与填空：

（1）10MHz 频率下 1nF 电容的电抗为（　　　）Ω。

（2）线性时不变电容 $C$ 的端口伏安特性方程（时域）为（　　　），电容存储的电能直接由当前状态变量（　　　）决定，为 $E_C(t)=$（　　　）。

（3）线性时不变电感 $L$ 具有三个基本特性，分别为：

（　　　），细致描述为（　　　）；

（　　　），细致描述为（　　　）；

（　　　），细致描述为（　　　）。

（4）一个线性时不变系统的电压传递函数为 $H(j\omega)=\dfrac{\dot{V}_o}{\dot{V}_i}=A(\omega)e^{j\varphi(\omega)}$，现在输入电压信号为单频正弦波 $v_i(t)=V_{im}\cos(\omega_0 t+\varphi_0)$，将其表述为相量为 $\dot{V}_i=V_{im}e^{j\varphi_0}$，显然，输出电压相量为 $\dot{V}_o=H(j\omega_0)\dot{V}_i=$（　　　），将该相量对应到时域，知该希望的稳态输出为同频正弦波，$v_o(t)=$（　　　）。通过上述分析可知，如果输入信号含有两个频率分量，$v_i(t)=2\cos(\omega_0 t)+0.5\cos(3\omega_0 t)$，那么其输出也含有两个频率分量，其稳态时域波形为 $v_o(t)=$（　　　）。

（5）如果希望负载 $R_L$ 获得最大功率，对于图 E8.4.1 所示网络，应满足如下条件：（　　　）。

（6）对于图 E8.4.2 所示的一阶 RL 电路，已知输入信号为单频正弦波信号 $v_s(t)=3\sin(2\pi f_0 t)$，其中 $f_0=100\text{kHz}$。该电路经长时间后趋于稳定。现希望获得稳态输出电压，可以首先获得传递函数，$H(j\omega)=\dfrac{\dot{V}_o}{\dot{V}_i}$，显然传递函数是一个分压系数，等于电感分阻抗除以串联回路总阻抗，$H(j\omega)=\dfrac{\dot{V}_o}{\dot{V}_i}=\dfrac{Z_L}{Z_L+Z_R}=$（　　　）（电路符号表达式）＝（　　　）（具体数值），由此可知，稳态输出电压是单频正弦信号，$v_o(t)=$（　　　）。

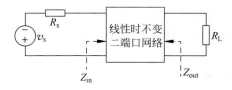

图 E8.4.1　二端口网络的匹配

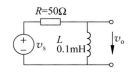

图 E8.4.2　一阶 RL 电路

(7) 对于图 E8.4.2 所示 RL 电路,下面的分析仅做符号运算。以电感电流为状态变量,列写该电路的状态方程为 $\dfrac{d}{dt}i_L(t)=($  )。根据该状态方程请画出该一阶动态系统的相图和相轨迹,标注平衡点,该平衡点是(  )<稳定、不稳定>平衡点。画相轨迹时,假设电源电压 $v_s(t)=V_{S0}>0$ 为直流电压源。

(8) 对如图 E8.4.3(a)所示的一阶 RC 电路,激励电压 $v_s(t)$ 已知,电容电压 $v_C(t)$ 为状态变量,其状态方程为(  ),用前向欧拉法获得步进格式为 $v_C(t_{k+1})=($  )<用已知激励量 $v_s$ 及前一时刻的状态 $v_C(t_k)$ 表述>,用后向欧拉法获得的步进格式为 $v_C(t_{k+1})=($  )<用已知激励量 $v_s$ 及前一时刻的状态 $v_C(t_k)$ 表述>。已知时间为等间距离散化,时间步长为 $\Delta t=t_{k+1}-t_k$。

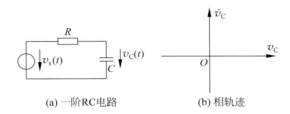

(a) 一阶RC电路    (b) 相轨迹

图 E8.4.3  一阶 RC 电路及其相轨迹

(9) 图 E8.4.3(a)所示电路中,如果 $v_s(t)=V_{S0}$(小于 0 的常值),该电路的相轨迹方程为(  ),请在图 E8.4.3(b)位置画出其相轨迹,并在相轨迹上标注状态转移方向,平衡点位置用字母"$Q$"标记,该平衡点为(  )<稳定平衡点、不稳定平衡点>。

(10) 如图 E8.4.3(a)所示电路,用正弦波电压源 $v_s(t)=10\cos(2\pi f_0 t+\varphi_0)$(V)激励,其中 $f_0=1\text{MHz}$,在 $600\Omega$ 电阻上测得正弦波的电压峰值为 6V,那么在电容上测得的正弦波电压 $v_C(t)=($  ),分析可知,电容容值 $C=($  )。上述 RC 串联回路对外端口看入的视在功率为(  ),平均功率为(  ),无功功率为(  )。

(11) 一个单端口网络的品质因数 $Q$ 被定义为正弦波激励下稳态响应的虚功与实功之比,对于 RL(电阻电感)串联构成的单端口网络,其 $Q$ 值为(  ),对于 RC(电阻电容)并联构成的单端口网络,其 $Q$ 值为(  ),其中正弦波频率为 $\omega$。

(12) 如图 E8.4.4(a)所示的变压器电路,已知 $v_s(t)=V_{Sp}\cos\omega_0 t$(V),在端口 $AB$ 测得的稳态开路电压为 $v_{OC,\infty}(t)=($  )(V),在端口 $AB$ 测得的稳态短路电流为 $i_{SC,\infty}(t)=($  )(A)。如果在频域对该电路进行分析,请给出 $AB$ 端口的等效戴维南源电压和源内阻。

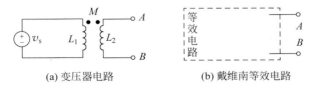

(a) 变压器电路    (b) 戴维南等效电路

图 E8.4.4  变压器电路及其戴维南等效电路

(13) 如图 E8.4.5(a)所示,中间的变压器是全耦合变压器,请在图 E8.4.5(b)左侧虚框内画出从 $AB$ 端口看入的等效电路,计算在 1MHz 频点上,若想让信源输出最大功率,负载阻抗应取 $Z_L=Z_{AB}^*=($  )$\Omega$,如果用 RC 并联回路实现该阻抗,$R_L=($  )$\Omega$,$C_L=($  )F,请在图 E8.4.5(b)右侧虚框内画出其最大功率传输匹配共轭负载实现方案。

(a) 变压器电路　　　　　(b) 等效电路与匹配负载

图 E8.4.5　变压器电路及其等效电路与匹配负载

（14）已知某晶体管 CE 组态本征电流增益 $\beta(\mathrm{j}\omega)=100\dfrac{1-10^{-9}\mathrm{j}\omega}{1+10^{-5}\mathrm{j}\omega}$，请在图 E8.4.6 位置画出本征电流增益幅频特性和相频特性的伯特图，从图中可知，该晶体管本征电流增益 $|\beta|=1$ 所对应的特征频率 $f_{\mathrm{T}}=(\qquad)\mathrm{MHz}$。

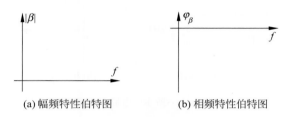

(a) 幅频特性伯特图　　　　　(b) 相频特性伯特图

图 E8.4.6　幅频特性和相频特性的伯特图

（15）50Ω 电阻和 10pF 电容串联，在 10kHz 频点上，其等效并联电阻阻值为（　　）MΩ，并联电容容值为（　　）pF。

（16）对于图 E8.4.7 所示的晶体管放大器交流小信号高频电路模型，说明它是（　　）＜零阶/一阶/二阶/三阶/四阶＞线性时不变动态电路，以图示 ❶ 结点为参考结点，以 ❶、❷ 两个结点相对于参考结点的结点电压为未知量，其相量域结点电压法电路方程为（　　）；其时域结点电压法电路方程为（　　）。

（17）图 E8.4.8 虚框内的二端口网络的频域 $Y$ 参量矩阵为（　　）。

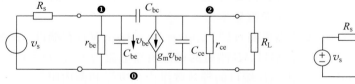
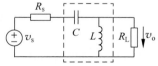

图 E8.4.7　BJT 晶体管放大器交流小信号电路模型　　　图 E8.4.8　简单 LC 电路

**习题 8.2**　器件的寄生效应。我们用欧姆定律 $v=Ri$ 描述理想电阻特性，用广义欧姆律 $i=C\mathrm{d}v/\mathrm{d}t$ 和 $v=L\mathrm{d}i/\mathrm{d}t$ 描述理想电容、理想电感特性，这些特性方程都是理想抽象，实际制作的电阻器、电容器和电感器都会偏离理想特性。图 E8.4.9(a)所示是某 33pF 电容器的等效电路，除了设计的 33pF 电容外，还包含 0.5Ω 寄生电阻是金属极板损耗和介质损耗的折合，0.5nH 寄生电感和 0.3pF 寄生电容。图 E8.4.10 是其阻抗幅频特性和相频特性

$$Z=\frac{\left(R+\mathrm{j}\omega L+\dfrac{1}{\mathrm{j}\omega C}\right)\dfrac{1}{\mathrm{j}\omega C_{\mathrm{p}}}}{\left(R+\mathrm{j}\omega L+\dfrac{1}{\mathrm{j}\omega C}\right)+\dfrac{1}{\mathrm{j}\omega C_{\mathrm{p}}}}=|\,Z(\omega)\,|\,\mathrm{e}^{\mathrm{j}\varphi_{Z}(\omega)} \tag{E8.4.1}$$

图中三条虚线分别是理想 33pF 电容、理想 0.3pF 电容、理想 0.5nH 电感阻抗的幅频特性和相频特性。如何理解这个频率特性曲线呢？在较低的频段,由于 $C_p$ 太小而被认为低频开路其作用可忽略,$L$ 也很小而被认为低频短路其作用被忽略,串联电阻 $R$ 和电抗 $-1/\omega C$ 比其影响可忽略,因而在较低的频段,电容器确实呈现出电容 $C$ 的阻抗特性,其幅度和频率成反比关系,其相位几乎就是纯 $C$ 的 $-90°$ 阻抗相位。随着频率的升高,和电容 $C$ 串联的寄生电感的影响越来越强,因为电感的电抗 $\omega L$ 和频率成正比关系,当频率上升到 1.24GHz 附近时

$$f_{01} = \frac{1}{2\pi\sqrt{LC}} = \frac{1}{2\times3.14\times\sqrt{0.5n\times33p}} = 1.24\text{(GHz)} \quad \text{(E8.4.2)}$$

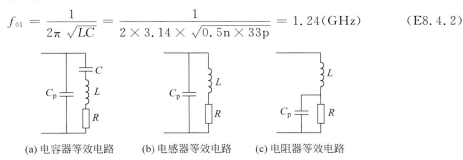

(a) 电容器等效电路　　(b) 电感器等效电路　　(c) 电阻器等效电路

图 E8.4.9 实际器件的寄生效应

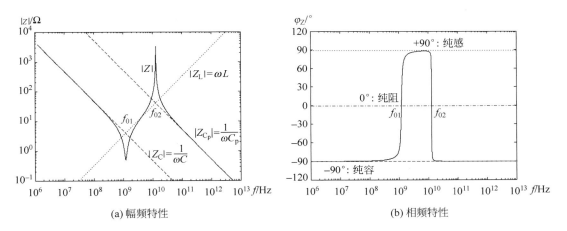

(a) 幅频特性　　　　　　　　　　　　(b) 相频特性

图 E8.4.10 电容器的频率特性

电容的负电抗和串联电感的正电抗相加抵消,$j\omega_{01}L + \dfrac{1}{j\omega_{01}C} = 0$,只剩下纯阻 $R$,此时 $C_p$ 仍然被认为是低频开路而忽略其影响。频率继续升高,电感 $L$ 的电抗影响力开始超过电容 $C$,从而电容器呈现出感性来,其幅频特性随频率升高而上升,其相频特性也上升到电感阻抗的 $+90°$ 相位处。然而频率继续升高时,寄生电容 $C_p$ 就不能视为低频开路了,其电抗越来越小,又是在并联支路上,其影响将越来越大,当频率上升到 13GHz 附近时

$$f_{02} = \frac{1}{2\pi\sqrt{LC_p}} = \frac{1}{2\times3.14\times\sqrt{0.5n\times0.3p}} = 13\text{(GHz)} \quad \text{(E8.4.3)}$$

电容的正电纳和电感的负电纳并联相加,相互抵消,$\dfrac{1}{j\omega_{02}L} + j\omega_{02}C_p = 0$,电容器此时呈现出的纯阻 $R_p$ 如何估算呢？在此频点上将电容 $C$ 视为高频短路,将串联 RL 转换为并联 RL,并联电阻 $R_p = (1+Q^2)R = 3.3\text{(k}\Omega)$,并联电感 $L_p \approx L$ 的负电纳和并联电容 $C_p$ 的正电纳相加抵偿,于是只剩下 $G_p$ 电导($R_p$ 电阻)。频率继续升高,电容 $C$ 高频短路,电感 $L$ 高频开路,只剩下 $C_p$ 的电

容效应,阻抗幅频特性再次和频率呈现反比关系,相位再次回到纯容阻抗的 $-90°$ 相位上。显然,要想让电容器起到电容器使用者期望的作用,其工作频率应远小于 $f_{01}$,$f_{01}$ 一般被称为电容器的自谐振频率(Self Resonant Frequency)。

电容器需要工作在自谐振频率以下以保持其设计容性,电感器也有其自谐振频率,超过自谐振频率后,电感器将呈现容性。图 E8.4.9(b)是磁芯电感的等效电路,除了设计的电感外,还有寄生的绕线欧姆电阻 $R$,以及绕线线间电容折合总电容 $C_p$,如果是磁芯电感,还需在 $C_p$ 旁再并联一个 $R_p$,代表磁芯的损耗。请同学研究该电感器的阻抗频率特性,取值 $L=20\text{nH}$,$C_p=1\text{pF}$,$R=1\Omega$,分析其自谐振频率为多大。

图 E8.4.9(c)是某电阻器的等效电路,请分析具有如下参量电阻器的阻抗频率特性,$R=50\Omega$,$L=5\text{nH}$,$C=0.5\text{pF}$。

下面给出了可以画出图 E8.4.10 的电容器阻抗频率特性 MATLAB 代码,同学在此基础上理解并研究电感器和电阻器的阻抗频率特性,并将数值计算结果和理论分析结合,给出它们的自谐振频率近似表达式。

```
clear all

C = 33E - 12;                              % 电容器设计电容量
L = 0.5E - 9;                              % 寄生电感
R = 0.5;                                   % 寄生电阻
Cp = 0.3E - 12;                            % 寄生并联电容

f01 = 1/(2 * pi * sqrt(L * C));            % 自谐振频率
f02 = 1/(2 * pi * sqrt(L * Cp));

fstart = 0.001 * f01;                      % 考察频率在自谐振频率两侧足够宽
fstop = f02 * 1000;
fnumber = 10000;                           % 设定需要考察的频点数目
fstep = 10 ^ (log10(fstop/fstart)/fnumber); % 频率范围宽,频率变化用等比数列

f = fstart/fstep;
for k = 1:fnumber
    f = f * fstep;                         % 频率
    s = i * 2 * pi * f;                    % 复频率
    zs = R + s * L + 1/(s * C);            % 串联 RLC
    z = 1/(1/zs + s * Cp);                 % 再并联 Cp

    ff(k) = f;                             % 频率
    absz(k) = abs(z);                      % 幅频特性
    anglez(k) = angle(z)/pi * 180;         % 相频特性

    abszc(k) = abs(1/(s * C));             % 纯容 C 幅频特性
    abszcp(k) = abs(1/(s * Cp));           % 纯容 Cp 幅频特性
    abszL(k) = abs(s * L);                 % 纯感 L 幅频特性
end

figure(1)
hold on
plot(ff,absz);                             % 电容器幅频特性曲线
plot(ff,abszc);                            % 纯容 C 幅频特性曲线
plot(ff,abszcp);                           % 纯容 Cp 幅频特性曲线
plot(ff,abszL)                             % 纯感 L 幅频特性曲线
```

```
figure(2)
hold on
plot(ff,anglez)                           % 电容器相频特性曲线
plot(ff, - 90)                            % 纯容相频特性曲线
plot(ff, + 90)                            % 纯感相频特性曲线
plot(ff,0)                                % 纯阻相频特性曲线
```

**习题 8.3** 空芯单层螺线电感。虽然我们可以买到贴片电感,但这些电感的寄生效应很大,或者因绕线过细而损耗很大(等效电阻 $R_s$ 很大),或者细线多层密绕而寄生电容很大,或者磁芯保持高磁导率的频率范围很小,这都将导致贴片电感一般无法应用在高频电路设计中,或者因自谐振频率太低,或者因损耗过大,总之高频时电感器已经不是电感了。如果希望获得高频可用的高 Q 值电感,可以在硬塑料棒上自行绕制空芯螺线电感,如图 E8.4.11 所示。

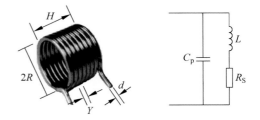

图 E8.4.11 空芯单层螺线电感

假设该空芯螺线电感的匝数为 $N$,高度为 $H$,半径为 $R$,那么其电感量为

$$L = N^2 \mu \frac{S}{l} = N^2 \mu_0 \frac{\pi R^2}{H + 0.9R} \tag{E8.4.4}$$

其中的 $l = H + 0.9R$ 是等效的磁力线路径长度。注意到电感螺线为导体,多匝螺线导体间为漆包隔离的空气隙,这是典型的电容结构,因而必然存在寄生电容效应。注意到相邻两匝螺线之间的电容量可以理论推导获得,为

$$C_{12} = \varepsilon_0 \frac{2\pi^2 R}{\ln\left(\dfrac{Y}{d} + \sqrt{\left(\dfrac{Y}{d}\right)^2 - 1}\right)} \tag{E8.4.5a}$$

其中,$Y$ 为两匝螺线之间的间距,$d$ 为螺线金属圆柱线的线径。这个公式也可以推广应用于第 1 匝螺线和最后一匝第 $N$ 匝螺线之间的电容量计算

$$C_{1N} = \varepsilon_0 \frac{2\pi^2 R}{\ln\left(\dfrac{(N-1)Y}{d} + \sqrt{\left(\dfrac{(N-1)Y}{d}\right)^2 - 1}\right)} \tag{E8.4.5b}$$

事实上,$N$ 匝螺线中任意两匝之间均存在寄生电容效应,将所有这些寄生电容的影响予以综合考虑,可获得空芯单层螺线电感总的寄生电容 $C_p$ 综合效应,可近似表述为

$$C_p \approx \frac{C_{12}}{N-1} + \ln(N-1)C_{1N} \tag{E8.4.6}$$

螺线电感器的电路模型还必须考虑金属损耗,这是由于绕制电感的金属线并非理想金属,必有欧姆损耗电阻。在较低的频段,金属线内的电流均匀分布于整个圆形横截面上,此时的电阻就是欧姆电阻

$$R_s = \rho \frac{l}{S} = \frac{1}{\sigma} \frac{N 2\pi R}{\pi \left(\dfrac{d}{2}\right)^2} = 8N \frac{1}{\sigma} \frac{R}{d^2} \tag{E8.4.7}$$

其中 $\rho$ 是金属线电阻率,$\sigma$ 是金属线电导率,它们互为倒数。

然而随着频率的升高,集肤效应(skin effect)不可忽视。所谓集肤效应是指频率较高时,电磁场将以指数衰减规律深入金属内部,越深入金属内部,电磁场越微弱。以电流为描述对

象,高频电流将不再于金属导体内均匀分布,而是越外层电流密度越高,可等效为电流在金属最外层薄薄一层内流动,这个薄层厚度被称为集肤深度

$$\delta = \frac{1}{\sqrt{\pi f \mu_0 \sigma}} \tag{E8.4.8}$$

显然,频率越高,集肤深度越小。当频率高到使得集肤深度小于金属丝半径时,则可认为电流均匀分布在集肤深度所在的金属线表层,从而寄生电阻为

$$R_s = \rho \frac{l}{S_e} = \frac{1}{\sigma} \frac{N2\pi R}{\pi \left(\frac{d}{2}\right)^2 - \pi \left(\frac{d}{2} - \delta\right)^2}$$

$$= 2N \frac{1}{\sigma} \frac{R}{\delta(d-\delta)} \quad (\delta < 0.5d) \tag{E8.4.9}$$

显然频率足够高时,寄生电阻 $R_s$ 和 $\sqrt{f}$ 成正比关系,频率越高,寄生电阻越大。

密绕螺线电感在更高频率的寄生电阻远比集肤效应计算公式(E8.4.9)所给的大,原因在于螺线电流产生的空间磁场会影响到临近螺线中的电流分布,导致其电流密度分布更加不均匀,不均匀意味着更大的电阻,这种效应被称为临近效应(proximity effect)。如果不是空芯而是磁芯,那么磁芯外绕螺线在磁芯内产生的镜像再次对螺线产生反作用,使得螺线内电流分布愈加不均匀,螺线的高频电阻将进一步增大。寄生电阻在高频段经高度抽象后虽然可理论分析,但给出的理论公式将变得极度复杂且准确性急剧下降,故而高频寄生电阻多以实测为准。

某同学用漆包铜导线绕制的单层螺线电感参数如下:$R = 3.44\text{mm}, Y = 1.73\text{mm}, d = 1.59\text{mm}, N = 11$。

(1) 请分析该同学绕制的螺线电感的电感量有多大。

(2) 假设工作频率低于自谐振频率的 $1/3$,寄生电容的影响方被认为可忽略不计,请问该同学绕制的电感可用的工作频率最高为多大?

(3) 在最高工作频点上,寄生电阻 $R_s$ 有多大? 只需考虑到集肤效应。

**习题 8.4** 用电桥测量电感。电阻电路中讨论的惠斯通电桥(Wheatstone Bridge)可用来测量电阻,也可用电桥形式测量电容和电感,但构成电桥的阻抗结构不同,电桥名称也相应改变。对于电感,如果测量频率远小于其自谐振频率,则往往不考虑电感器寄生电容的影响,而将其建模为 RL 串联电路,有两个参量被用于描述这种电感模型,电感量 $L$ 和品质因数 $Q$,其串联等效电阻 $R_s = \frac{\omega_0 L}{Q}$,其中 $\omega_0$ 为测量频点。图 E8.4.12(a)是麦克斯韦电桥(Maxwell Bridge),可用来测量电感器的电感量 $L$ 及其 $Q$ 值。请证明电桥平衡时,可由电桥的其他三个阻抗获得被测电感的两个参量,分别为

$$L = R_2 R_3 C \tag{E8.4.10a}$$

$$Q = \omega_0 R_1 C \tag{E8.4.10b}$$

麦克斯韦电桥一般用于测量 $1 < Q < 10$ 的电感,对于 $Q > 10$ 的电感,可以采用海氏电桥(Hay's Bridge),如图 E8.4.12(b)所示,它与麦克斯韦电桥的区别在于标准电容桥臂的电阻和电容是串联的。请证明,被测电感的两个参量分别为

$$L = R_2 R_3 C \tag{E8.4.11a}$$

$$Q = \frac{1}{\omega_0 R_1 C} \tag{E8.4.11b}$$

图 E8.4.12(c)所示的欧文电桥(Owen's Bridge)可测量很宽范围内的电感,请证明被测电

感的两个参量分别为

$$L = R_2 R_3 C \tag{E8.4.12a}$$

$$Q = \omega_0 R_2 C_2 \tag{E8.4.12b}$$

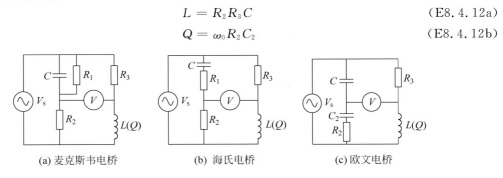

(a) 麦克斯韦电桥      (b) 海氏电桥      (c) 欧文电桥

图 E8.4.12   用电桥测量电感

**习题 8.5** 安德森电桥。测量小 $Q$ 值电感可以用安德森电桥(Anderson's Bridge),如图 E8.4.13 所示,它是在麦克斯韦电桥的基础上做了变形,在电容上串联了一个电阻 $r$,且桥中电压表移至 $rC$ 中间结点连接。

安德森电桥不仅可以用来测量小 $Q$ 值的电感,它的另外一个好处是电桥调平衡时,可以采用固定电容和可变电阻 $r$,降低了成本。请证明:安德森电桥平衡时,所测电感的两个参量分别为

$$L = R_2 R_3 C \left( 1 + \frac{r}{R_1 \parallel R_2} \right) \tag{E8.4.13a}$$

$$Q = \omega_0 R_1 C \left( 1 + \frac{r}{R_1 \parallel R_2} \right) \tag{E8.4.13b}$$

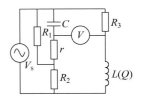

图 E8.4.13   安德森电桥测电感

显然,当 $r = 0$ 时,它退化为麦克斯韦电桥。

**习题 8.6** 用电桥测量电容。当测量频率远小于自谐振频率时,电容的寄生电感往往被忽略不计,测试电容可以被建模为 RC 串联电路或 RC 并联电路,描述电容器的两个参量分别为电容量 $C$ 和损耗角正切 $D$(品质因数的倒数)。

图 E8.4.14(a)所示的西林电桥(Schering Bridge)可以被用来测量电容器,请证明该电桥测量获得的电容器两个参量分别为

$$C = \frac{R_1}{R_3} C_2 \tag{E8.4.14a}$$

$$D = \omega_0 R_1 C_1 \tag{E8.4.14b}$$

大多数情况下,电容都是低损耗的,因而低频时可将电容器建模为理想电容,由于其损耗角正切被建模为 0,于是可将西林电桥中的电容 $C_1$ 取 0(开路),这就是图 E8.4.14(b)所示的

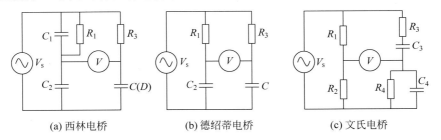

(a) 西林电桥      (b) 德绍蒂电桥      (c) 文氏电桥

图 E8.4.14   用电桥测量电容

德绍蒂电桥(De Sauty Bridge)。

还有一个常见的可用来测量电容和频率的电桥被称为文氏电桥(Wien Bridge),如图 E8.4.14(c)所示,请证明电桥平衡条件为

$$C_4 = C_3 \left( \frac{R_1}{R_2} - \frac{R_3}{R_4} \right) \tag{E8.4.15a}$$

$$\omega_0 = \frac{1}{\sqrt{R_3 C_3 R_4 C_4}} \tag{E8.4.15b}$$

该电桥的一个典型应用是文氏电桥正弦波振荡器,如果取 $R_1 = 2R_2$,$R_3 = R_4$,振荡器平衡时,显然要求 $C_4 = C_3$,$\omega_0 = 1/(R_3 C_3)$,见第 10.5.2 节对该振荡器的分析。

**习题 8.7** 传递函数。线性时不变网络的频域分析和线性电阻电路没有本质区别,只需将电容 $C$ 和电感 $L$ 分别处理为阻抗 $1/(j\omega C)$ 和 $j\omega L$ 即可。如图 E8.4.15 所示,这是文氏电桥,请分析其电压传递函数 $H(j\omega) = \dfrac{\dot{V}_{out}}{\dot{V}_{in}}$ 的幅频特性和相频特性,请研究如下特殊取值时的情况 $R_1 = 2R_2 = R$,$R_3 = R_4 = R$,$C_4 = C_3 = C$。

**习题 8.8** 功分器。本书只讨论到二端口网络,多端口网络分析同理。如图 E8.4.16 所示为一个功分器电路,图中三个端点分别和地端点形成三端口网络,已知

$$L = \frac{Z_0}{\sqrt{2}\,\pi f_0} \tag{E8.4.16a}$$

$$C = \frac{1}{2\sqrt{2}\,\pi f_0 Z_0} \tag{E8.4.16b}$$

$$R = 2Z_0 \tag{E8.4.16c}$$

(1) 证明该三端口网络的特征阻抗为 $Z_{01} = Z_{02} = Z_{03} = Z_0$,其后各个端口均端接各自的特征阻抗(信源内阻或负载电阻均取特征阻抗)。

(2) 说明:从端口 1 进入的信号功率被端口 2 和端口 3 匹配负载均分。

(3) 说明:从端口 2 和端口 3 进入的两个同频同相同幅度的正弦波信号,它们的功率在端口 1 合成被端口 1 匹配负载吸收。

注:上述结论仅针对 $f_0$ 频点,同学可通过数值仿真予以确认,并确定其 3dB 匹配带宽。

(4) 选做:电阻 $R$ 在这里起什么作用?

(5) 选做:练习 3.11.12 是理想变压器实现的功分器,分析其特征阻抗。

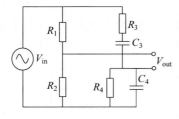

图 E8.4.15　文氏电桥分析

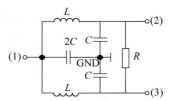

图 E8.4.16　集总元件威尔金森功分器
(Wilkinson Power Divider)

# 第9章

# 一阶动态电路

电路中只有一个由一阶微分方程描述的记忆元件（电容或电感），其他均为代数方程可描述的电阻或电源，这样的电路称为一阶动态电路。一阶动态电路的电路方程可用一阶微分方程描述。本章将首先考察一阶动态电路及其电路方程的一般形式，之后重点分析线性时不变一阶电路：包括零状态和零输入分析、三要素法等时域分析方法，以及相关电路的频域特性。之后将线性时不变直接推广应用到开关时变性形成的线性时变电路中，即做分时段的线性时不变分析，对非线性时不变电路则重点讨论分段线性化处理方法，主要针对张弛振荡器做分析。

线性电阻电路中只有即时元件（线性电阻元件），所有的关系都是线性代数关系，激励源加载则有响应，激励源消除响应即时为零。当把记忆元件对接到原来的线性电阻电路网络端口上时，电路的行为将会出现很大的变化。由于记忆元件的记忆功能，其状态（电容电压、电感电流）变化需要时间，导致电路做出响应需要时间，具体表现为：①当输入加载后，输出可能需要等待一段时间才能做出期望的响应；②输入去除后，输出并不是马上为 0，需要等待一段时间后，才有可能衰落为 0。

从时域来看，动态电路的响应需要时间。从频域来观察，则表现为记忆元件（电容或电感）对不同的频率分量具有不同的响应：频率越高，电容允许流过的电流就越大，故而在电阻电路中，电容被抽象为频控开关，直流开路，交流短路；频率越高，电感感生电动势抑制电流变化的阻力就越大，故而电阻电路中，电感也被抽象为频控开关，直流短路，交流开路。然而，哪个频点是直流和交流的分界点呢？也就是说，频率多高时，电容才能被视为短路？频率多低时，电容可被视为开路？本章将从最简单的一阶动态电路研究出发回答这些问题。

## 9.1　一阶动态电路的状态方程

一阶动态电路包括一阶 RC 电路和一阶 RL 电路，如图 9.1.1 所示。一阶动态电路除了一个动态元件（电容或电感）之外，其他的元件（包括电阻、独立源、受控源、回旋器、理想变压器等）可以抽象为单端口阻性网络，单端口阻性网络只需一个代数方程即可描述其端口电压电流关系。

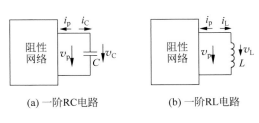

(a) 一阶RC电路　　　　(b) 一阶RL电路

图 9.1.1　一阶动态电路

对于一阶 RC 电路,阻性网络一般用压控代数方程形式来表述

$$i_p = g(v_p) \tag{9.1.1}$$

由端口对接关系 $i_p = -i_C$, $v_p = v_C$,可以获得如下状态方程

$$\frac{\mathrm{d}v_C}{\mathrm{d}t} = -\frac{1}{C}g(v_C) \tag{9.1.2}$$

对于一阶 RL 电路,阻性网络一般用流控代数方程形式表述

$$v_p = r(i_p) \tag{9.1.3}$$

由端口对接关系,可以获得如下状态方程

$$\frac{\mathrm{d}i_L}{\mathrm{d}t} = \frac{1}{L}r(-i_L) \tag{9.1.4}$$

为了简单起见,本书只考察线性时不变电容、电感。

无论如何,一阶动态系统的状态方程可以描述为

$$\frac{\mathrm{d}x}{\mathrm{d}t} = f(x, t) \tag{9.1.5}$$

其中 $x$ 为状态变量(线性时不变电容/电感的电压/电流,其他类型电容/电感的电荷/磁通),$f$ 为代数方程描述的某种函数关系,$t$ 代表电路内在的时变性,可能是激励源随时间变化导致,也可能是器件自身参数随时间变化导致,但这种变化与端口电压电流变化无关。如果 $f$ 是关于 $x$ 的线性代数函数关系,则为线性动态系统,否则为非线性动态系统;如果 $f$ 对 $x$ 的描述关系参量是时不变的,则为时不变动态系统,否则为时变动态系统。

# 9.2  线性时不变一阶动态电路时频分析

如果单端口网络中除了独立源外,其他阻性元件都是线性元件,那么该单端口网络则可以用戴维南等效或诺顿等效。对于线性时不变网络,等效源内阻是时不变线性电阻,只要源内阻不为零或无穷,两种等效电路则是完全等价的,我们更习惯于采用戴维南形式的电压源激励电容,对偶地,多采用诺顿形式的电流源激励电感,如图 9.2.1 所示。

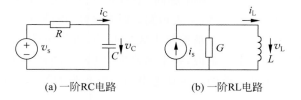

(a) 一阶RC电路　　　　　(b) 一阶RL电路

图 9.2.1　一阶线性时不变动态电路

对于图 9.2.1(a)所示的一阶 RC 电路,其状态方程为

$$\frac{\mathrm{d}v_C}{\mathrm{d}t} = -\frac{1}{RC}v_C + \frac{1}{RC}v_s \tag{9.2.1}$$

对于图 9.2.1(b)所示的一阶 RL 电路,其状态方程为

$$\frac{\mathrm{d}i_L}{\mathrm{d}t} = -\frac{1}{GL}i_L + \frac{1}{GL}i_s \tag{9.2.2}$$

注意到图 9.2.1(a)和(b)所示电路为对偶电路,其中串联关系对偶并联关系,电压源 $v_s$ 对偶电流源 $i_s$,电阻 $R$ 对偶电导 $G$,电容 $C$ 对偶电感 $L$,电容电压 $v_C$ 对偶电感电流 $i_L$,故而最终两个状

态方程形式完全一致,均为

$$\frac{\mathrm{d}x(t)}{\mathrm{d}t} = -\frac{1}{\tau}x(t) + \frac{1}{\tau}s(t) \tag{9.2.3}$$

其中 $x(t)$ 为状态变量(电容电压或电感电流),$\tau$ 为时间常数(一阶 RC 电路,$\tau = RC$,对偶一阶 RL 电路,$\tau = GL$),$s(t)$ 为等效源激励(戴维南源电压 $v_S(t)$ 或诺顿源电流 $i_S(t)$)。对于对偶电路,我们只需考察其一,另外一个只需置换对偶量即可。也就是说,我们只需将一阶 RC 电路理解透彻,一阶 RL 电路自然清楚,只需将电阻 $R$ 置换为电导 $G$,将电容 $C$ 置换为电感 $L$,将时间常数 $\tau = RC$ 置换为 $\tau = GL$,将电压源 $v_s$ 置换为电流源 $i_s$,将电容电压 $v_C$ 置换为电感电流 $i_L$,所有对一阶 RC 电路成立的数学描述对一阶 RL 电路也同样成立。

**练习 9.2.1**　用具有线性内阻的诺顿电流源激励电容,用具有线性内阻的戴维南电压源激励电感,请列写这两种情况下的状态方程,和式(9.2.3)比对。

求解状态方程(9.2.3)还需知道 $t = t_0$ 初始时刻的初始状态 $x(t_0)$,初始状态 $x(t_0)$ 和 $[t_0, t_1]$ 时段的信源激励 $s(t)$ 共同决定了 $t = t_1$ 时刻的状态 $x(t_1)$。

当我们通过某种方式获得电容电压 $v_C(t)$ 后,利用替代定理,将电容用电压源 $v_C(t)$ 替代,再反算单端口电阻网络内部所有结点电压或支路电流,即可获得电路全解。同理,当我们获得电感电流 $i_L(t)$ 后,利用替代定理,将电感用电流源 $i_L(t)$ 替代,可反算单端口电阻网络内部电压、电流情况。换句话说,只要获得状态变量,即可获得所有电路变量,故而下面的分析只考察如何获得状态变量的解。

### 9.2.1　时域积分法

初始状态 $x(t_0)$ 可视为系统的独立源,对于线性时不变电路系统,可采用叠加定理处理:首先置激励源 $s(t) = 0$ 获得系统响应,称之为零输入响应 $x_{ZIR}(t)$;再置初始状态 $x(t_0) = 0$ 获得激励源单独作用下的系统响应,称之为零状态响应 $x_{ZSR}(t)$。根据叠加定理,总响应就是零输入响应与零状态响应之和,$x(t) = x_{ZIR}(t) + x_{ZSR}(t)$。

**1. 零输入响应**

零输入时,置激励源为 0,$s(t) = 0$,故而状态方程可简化为

$$\frac{\mathrm{d}x(t)}{\mathrm{d}t} = -\frac{1}{\tau}x(t) \tag{9.2.4}$$

方程两侧同乘 $\mathrm{e}^{\frac{t}{\tau}}$ 后,整理得到

$$0 = \frac{\mathrm{d}x(t)}{\mathrm{d}t}\mathrm{e}^{\frac{t}{\tau}} + \frac{1}{\tau}x(t)\mathrm{e}^{\frac{t}{\tau}} = \frac{\mathrm{d}}{\mathrm{d}t}\left(x(t)\mathrm{e}^{\frac{t}{\tau}}\right)$$

显然必有

$$x(t)\mathrm{e}^{\frac{t}{\tau}} = \text{Constant}$$

假设初始状态为 $x(t_0) = X_0$,则 $\text{Constant} = x(t_0)\mathrm{e}^{\frac{t_0}{\tau}} = X_0\mathrm{e}^{\frac{t_0}{\tau}}$,故而完全由初始状态决定的零输入响应为

$$x_{ZIR}(t) = \frac{\text{Constant}}{\mathrm{e}^{\frac{t}{\tau}}} = \frac{X_0\mathrm{e}^{\frac{t_0}{\tau}}}{\mathrm{e}^{\frac{t}{\tau}}} = X_0\mathrm{e}^{-\frac{t-t_0}{\tau}} \quad (t \geqslant t_0) \tag{9.2.5}$$

这是一个指数衰减规律变化的时域波形。

**例 9.2.1**　分析如图 E9.2.1 所示一阶 RC 电路的响应,假设开关在 $t = 0$ 时刻闭合,开关闭合时电容初始电压为 $V_0$。

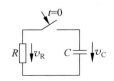

图 E9.2.1　一阶 RC 电路的
零输入响应分析

**分析**：电容上的初始电压 $V_0$ 意味着电容极板上有 $Q_0 = CV_0$ 的初始电荷存在。假设在 $t<0$ 时，图 E9.2.1 所示的开关是断开的，于是电容两端是开路悬空状态，没有回路形成，电容极板上的电荷则不会流失，故而电容电压保持 $V_0$ 不变。

在 $t=0$ 这一时刻，开关闭合，电容两端通过电阻形成电流通路。在 $t=0$ 瞬间，电容电压 $V_0$ 直接加载到电阻两端，故而形成 $V_0/R$ 大小的放电电流，在 $\Delta t$ 的微小时间后，该电流的流动导致电容流失了 $\Delta Q = (V_0/R)\Delta t$ 的电荷，于是电容电压将下降 $\Delta V = \Delta Q/C = (V_0/RC)\Delta t = V_0 \cdot (\Delta t/\tau)$。由于电容电压就是电阻电压，电容电压的下降导致通过电阻的放电电流变小，变为 $(V_0 - \Delta V)/R = V_0(1 - \Delta t/\tau)/R$，这个放电电流使得电容电压继续下降，但是电容电压在相同 $\Delta t$ 时间内下降的量比前一个 $\Delta t$ 时间内下降的量要小，如是最终形成的将是指数衰减规律的放电，$v_C(t) = V_0 e^{-t/\tau}$，后一时刻的电压 $v_C(t+\Delta t)$ 总比前一时刻降低相同的百分比，$v_C(t+\Delta t) = v_C(t)e^{-\Delta t/\tau} \approx v_C(t) \times (1 - \Delta t/\tau)$，这里假设考察的时间间隔 $\Delta t$ 足够小且是确定不变的。放电电流 $i(t) = v_C(t)/R$ 具有相同的指数衰减变化规律。

**解**：$t=0$ 开关闭合后，电路中没有外加独立源，只有电容上的初始状态作为初始激励，故而一阶 RC 电路的解为零输入解，它是一个简单的放电过程

$$v_C(t) = \begin{cases} V_0 & (t<0) \\ V_0 e^{-\frac{t}{\tau}} & (t \geqslant 0) \end{cases} \tag{E9.2.1}$$

其中 $\tau = RC$。

图 9.2.2 给出了放电曲线及在整数倍时间常数时间点上的电容电压。其中时间常数 $\tau = RC$ 是一阶动态电路最为关键的核心参量，它代表的是指数衰减规律放电的速度大小。时间常数越大，放电速度越慢，时间常数越小，放电速度越快。时间常数大代表电阻大或电容大，电阻越大，放电电流越小，放电速度越慢；而电容越大，电容极板上积累的电荷量也就越大，相同放电电流下电压变化就越小，放电就越慢。

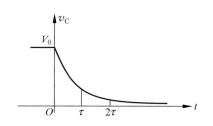

| $t$ | $v_C/V_0$ |
|-----|-----------|
| 0 | 1 |
| $\tau$ | 0.368 |
| $2\tau$ | 0.135 |
| $3\tau$ | 0.050 |
| $4\tau$ | 0.018 |
| $5\tau$ | 0.007 |
| $6\tau$ | 0.002 |
| $7\tau$ | 0.001 |
| ... | ... |
| $\infty$ | 0 |

图 9.2.2　电容放电曲线

图表显示，整个放电过程都是瞬态过程：一个 $\tau$ 时延后电容电压衰减为初始电压的 36.8%，$3\tau$ 时延后，衰减为初始电压的 5%，$5\tau$ 时延后衰减到小于 1%，$7\tau$ 时延后则衰减到小于 0.1%。本书中认为 $5\tau$ 时延后，一阶动态系统进入稳态，因为 1% 的误差在通常曲线图中肉眼不可分辨。

所谓稳态就是 $t \rightarrow \infty$ 后的状态，此时瞬态过程完全消失。可通过相图分析其稳态值，对于例 9.2.1 电路，其状态方程为

$$\frac{\mathrm{d}v_C(t)}{\mathrm{d}t} = -\frac{1}{\tau}v_C(t)$$

以 $x = v_C(t)$ 为横轴,以 $y = \dfrac{\mathrm{d}v_C(t)}{\mathrm{d}t}$ 为纵轴,故而有如下相轨迹方程

$$y = -\frac{1}{\tau}x \tag{E9.2.2}$$

如图 9.2.3(a)所示。如果初始状态 $v_C(0) = V_{A0} > 0$,如图所示的 $A$ 点是初始状态点,由于它位于下半平面,故而随时间增加 $v_C$ 是减小的,故而相轨迹方向由 $A$ 指向 $O$,原点 $O$ 是相轨迹和横轴的交点,该位置斜率为负,是稳定平衡点,也就是 $t \to \infty$ 时状态的归宿点或稳态解。注意相轨迹是直线,其斜率为 $-1/\tau$,反映到时域波形看,时域波形任意一点的切线和横轴的交点与该点之间的时间间距为 $\tau$,如 $t = 0$ 起始点位置的切线就恰好和横轴交于 $t = \tau$ 位置。显然 $\tau$ 越小,对应相轨迹斜率越大,状态转移速度就越快。

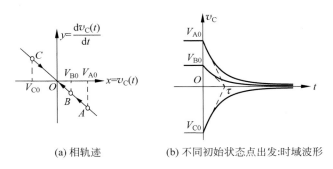

(a) 相轨迹　　　　(b) 不同初始状态点出发:时域波形

图 9.2.3　零输入一阶 RC 电路相轨迹

图 9.2.3 中还同时画了起始状态点为 $B$、$C$ 时对应的时域波形,它们都具指数衰减规律,且起始点 $t = 0$ 位置的切线和横轴都交于 $t = \tau$ 点。注意 $C$ 点的初始电压为负值,电容此时反向放电,最终 $t \to \infty$ 时也同样到达 $O$ 点,$v_C(\infty) = 0$。

随着时间的增长,状态点沿相轨迹向 $O$ 点移动,越接近 $O$ 点,$y = \dfrac{\mathrm{d}v_C(t)}{\mathrm{d}t}$ 越小,意味着状态向 $O$ 点移动的速度就越慢,正如指数衰减规律描述的那样。

**例 9.2.2**　请分析电容放电过程中的能量转换关系。

**解:** 列写电容两端电压、电流的表达式,分别为

$$v_C(t) = \begin{cases} V_0 & (t < 0) \\ V_0 e^{-\frac{t}{\tau}} & (t \geqslant 0) \end{cases} \tag{E9.2.3a}$$

$$i_C(t) = \begin{cases} 0 & (t < 0) \\ -\dfrac{V_0}{R} e^{-\frac{t}{\tau}} & (t \geqslant 0) \end{cases} \tag{E9.2.3b}$$

我们特别注意到,状态变量电容电压是连续变化的,但电容电流不是状态变量,它在 $t = 0$ 时刻有一个突变,开关闭合瞬间,电流由 0 变为 $-V_0/R$。

$t > 0$ 开关闭合后,电容吸收的瞬时功率为负值

$$p_C(t) = v_C(t)i_C(t) = -\frac{V_0^2}{R}e^{-2\frac{t}{\tau}} < 0 \tag{E9.2.4}$$

这意味着电容一直在释放功率。对功率进行时间积分即可获得电容储能大小,为

$$E_C(t) = E_C(0) + \int_0^t p_C(\lambda)\,d\lambda = \frac{1}{2}CV_0^2 - \frac{V_0^2}{R}\int_0^t e^{-2\frac{\lambda}{\tau}}\,d\lambda$$

$$= \frac{1}{2}CV_0^2 + \frac{V_0^2}{R}\frac{\tau}{2}e^{-2\frac{\lambda}{\tau}}\bigg|_0^t = \frac{1}{2}CV_0^2 + \frac{V_0^2}{R}\frac{\tau}{2}(e^{-2\frac{t}{\tau}} - 1)$$

$$= \frac{1}{2}CV_0^2 e^{-2\frac{t}{\tau}} = \frac{1}{2}Cv_C^2(t) \tag{E9.2.5}$$

我们注意到,电容储能完全由当前电容电压(状态)决定,

$$E_C(t) = \begin{cases} \dfrac{1}{2}CV_0^2 & (t < 0) \\[2mm] \dfrac{1}{2}Cv_C^2(t) & (t \geqslant 0) \end{cases} \tag{E9.2.6}$$

这个结论我们在上一章就已经进行了说明。

当 $t$ 趋于无穷时,电容电能完全释放。而 $t = 5\tau$ 时,电容能量只有初始能量的 $0.45‰$,可以认为基本完成了电能的释放。

电容上的能量释放出去后到了哪里?和电容并联的是电阻,该电阻具有和电容相同的电压和相反的电流,故而电容释放多少能量(释放多少功率),电阻就吸收多少能量(吸收多少功率),

$$p_R(t) + p_C(t) \equiv 0 \tag{E9.2.7a}$$

电阻吸收的电能一般被转化为热能耗散到周围空间,也有被转化为其他能量形式的,如电机等效电阻将其转化为机械能,灯泡等效电阻将其转化为光能等。

对功率积分获得能量,可以证明

$$E_R(t) + E_C(t) \equiv \frac{1}{2}CV_0^2 \tag{E9.2.7b}$$

即电阻耗能加上电容当前的储能等于电容携带的初始能量,这是能量守恒定律决定的事实。

在整个放电过程中,电容本身不消耗任何功率。但电容携带的初始电压(初始电荷)说明系统内部具有能量,这个能量在电容放电过程中被电阻最终完全消耗。显然,具有初始电压(初始电荷,初始电能)的电容对外而言是有源的。电容元件自身无源,其源来自初始电荷,电荷释放完毕则无源。当再一次被充电后,电容则再一次呈现出有源性来。电容初始电荷的等效源见第 9.2.3 节讨论。

**练习 9.2.2** 分析如图 E9.2.2 所示一阶 RL 电路的零输入响应,假设开关在 $t = 0$ 时刻拨动,开关拨动前电感初始电流为 $I_0$。

图示电路完成一个简单的电感放磁过程。图 E9.2.2(a)和图 E9.2.2(b)是对偶电路,只需用 $GL$ 对偶 $RC$,用电感电流对偶电容电压,所有数学形式都是一致的。注意到

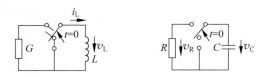

(a) 具有初始电流的电感　　(b)对偶具有初始电压的电容

图 E9.2.2　一阶 RL 电路的零输入响应分析

RL 电路开关上的两个叶片,可确保开关拨动时电感电流通路不会中断,而电感电流的突然中断将导致极高电压瞬间完成放磁,造成开关介质击穿。

**2. 零状态响应**

对状态方程(9.2.3)进行求解,方程两侧同乘 $e^{\frac{t}{\tau}}$ 后,整理得到

$$\frac{1}{\tau}s(t)\mathrm{e}^{\frac{t}{\tau}} = \frac{\mathrm{d}x(t)}{\mathrm{d}t}\mathrm{e}^{\frac{t}{\tau}} + \frac{1}{\tau}x(t)\mathrm{e}^{\frac{t}{\tau}} = \frac{\mathrm{d}}{\mathrm{d}t}(x(t)\mathrm{e}^{\frac{t}{\tau}})$$

显然必有

$$x(t)\mathrm{e}^{\frac{t}{\tau}} = \mathrm{Constant} + \frac{1}{\tau}\int_{t_0}^{t}s(\lambda)\mathrm{e}^{\frac{\lambda}{\tau}}\mathrm{d}\lambda \tag{9.2.6}$$

而零状态意味着 $x(t_0)=0$，故而 $\mathrm{Constant} = x(t_0)\mathrm{e}^{\frac{t_0}{\tau}} - \frac{1}{\tau}\int_{t_0}^{t_0}s(\lambda)\mathrm{e}^{\frac{\lambda}{\tau}}\mathrm{d}\lambda = 0-0=0$，于是零状态响应为

$$x_{\mathrm{ZSR}}(t) = \frac{\mathrm{e}^{-\frac{t}{\tau}}}{\tau}\int_{t_0}^{t}s(\lambda)\mathrm{e}^{\frac{\lambda}{\tau}}\mathrm{d}\lambda = \int_{t_0}^{t}s(\lambda)\mathrm{e}^{\frac{\lambda-t}{\tau}}\mathrm{d}\frac{\lambda}{\tau} \quad (t \geqslant t_0) \tag{9.2.7}$$

显然零状态响应由系统结构(这里表现为时间常数 $\tau$ 的指数衰减函数)和激励源 $s(t)$ 共同决定。

**例 9.2.3** 分析如图 E9.2.3 所示一阶 RC 电路的响应。假设开关在 $t=0$ 时刻换路，并假设开关换路前电容放电早已结束，即其初始电压为 0。已知激励源电压为恒压，$v_s(t)=V_{S0}$。

**分析**：$t<0$ 时段，即使电容上有初始能量，也通过电阻释放一空。故而这是一个零状态响应分析。在 $t=0$ 时刻，开关换路，RC 串联支路接到直流恒压源 $V_{S0}$ 上，在 $t=0$ 瞬间，状态变量电容电压不会突变，仍然保持为 0。故而电阻上电压为 $V_{S0}$，这将导致 $V_{S0}/R$ 的回路电流，该电流对电容充电，电容电压为电流的积分，

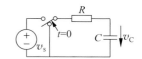

图 E9.2.3 一阶 RC 电路的零状态响应分析

积分的效果是电容电压在很小的时间段内直线上升，$\Delta V = \Delta Q/C = I\Delta t/C = (V_{S0}/R)\cdot\Delta t/C = V_{S0}\cdot(\Delta t/\tau)$，也就是说，$\Delta t$ 时间后，电容电压上升为 $\Delta V$，如是电阻两端的分压则变小，$V_R = V_s - \Delta V$，充电电流 $V_R/R$ 也随之变小，导致后续的电容电压上升速率下降，由于充电电流的存在，电容电压仍然保持上升态势，只是上升速度(斜率)随时间增加越来越小，这将形成指数衰减规律的充电过程。

**解**：将 $v_s(t)=V_{S0}$ 代入零状态积分表达式(9.2.7)中，有

$$v_C(t) = \int_{0}^{t}v_s(\lambda)\mathrm{e}^{\frac{\lambda-t}{\tau}}\mathrm{d}\frac{\lambda}{\tau} = V_{S0}\mathrm{e}^{-\frac{t}{\tau}}\int_{0}^{t}\mathrm{e}^{\frac{\lambda}{\tau}}\mathrm{d}\frac{\lambda}{\tau}$$

$$= V_{S0}\mathrm{e}^{-\frac{t}{\tau}}(\mathrm{e}^{\frac{\lambda}{\tau}}\mid_0^t) = V_{S0}\mathrm{e}^{-\frac{t}{\tau}}(\mathrm{e}^{\frac{t}{\tau}}-1) = V_{S0}(1-\mathrm{e}^{-\frac{t}{\tau}})$$

故而电容电压表达式为

$$v_C(t) = \begin{cases} 0 & (t<0) \\ V_{S0}(1-\mathrm{e}^{-\frac{t}{\tau}}) & (t\geqslant 0) \end{cases} \tag{E9.2.8}$$

电容电压由 $t=0$ 时刻的 $v_C(0)=0$ 持续上升到 $t\to\infty$ 的 $v_C(\infty)=V_{S0}$，这是一个电容充电过程。图 9.2.4 给出了电容充电曲线及在整数倍时间常数时间点上的电容电压，可知一个 $\tau$ 后电容电压上升到终值稳态电压 $V_{S0}$ 的 63.2% 处，$3\tau$ 后，接近终值电压 $V_{S0}$ 的 95%，$5\tau$ 后与终值电压之间的误差小于 1%，$7\tau$ 后误差则小于 0.1%。本书中认为 $5\tau$ 后，一阶动态系统进入稳态。

充电结束后，电容电压 $v_C$ 等于电源电压 $V_{S0}$，此时电容直流开路，分担了所有电源电压，与之串联的电阻分压为 0，故而不再有充电电流流入，电容电压保持不变，电容电压稳定于直流电源电压，$v_C(\infty)=V_{S0}$。

电路稳态响应也可通过相图分析确认：对于状态方程

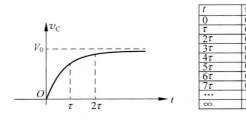

| $t$ | $v_C/V_{S0}$ |
|---|---|
| 0 | 0 |
| $\tau$ | 0.632 |
| $2\tau$ | 0.865 |
| $3\tau$ | 0.950 |
| $4\tau$ | 0.982 |
| $5\tau$ | 0.993 |
| $6\tau$ | 0.998 |
| $7\tau$ | 0.999 |
| ... | ... |
| $\infty$ | 1 |

图 9.2.4　电容充电曲线

$$\frac{\mathrm{d}v_C(t)}{\mathrm{d}t} = -\frac{1}{\tau}v_C(t) + \frac{1}{\tau}V_{S0} = \frac{V_{S0} - v_C(t)}{\tau}$$

以 $x = v_C(t)$ 为横轴,以 $y = \dfrac{\mathrm{d}v_C(t)}{\mathrm{d}t}$ 为纵轴,故而有如下相轨迹方程,

$$y = \frac{V_{S0} - x}{\tau} \qquad\qquad (E9.2.9)$$

对应该方程的相轨迹是一条直线,如图 9.2.5(a)所示,它在横轴上的截距为 $x = V_{S0}$。注意到该位置的斜率为负,说明该点是一个稳定平衡点,也就是 $t \rightarrow \infty$ 时状态的归宿点,$v_C(\infty) = V_{S0}$(直流工作点)。相轨迹直线的斜率为 $-1/\tau$,反映到时域波形看,时域波形任意一点的切线和 $v_C(t) = V_{S0}$ 水平线的交点与该点之间的时间间距均为 $\tau$,如图所示,从 $t = 0$ 起始点做充电曲线的切线,该切线恰好和 $v_C(t) = V_{S0}$ 直线交于 $t = \tau$ 位置。图 9.2.5(b)中画了 $A$ 点为起始状态的时域波形,正是零状态响应波形。同时图中还画了起始状态点为 $B$、$C$ 时对应的时域波形,无论电容起始电压高于 $V_{S0}$,还是低于 $V_{S0}$,电容电压都是以指数衰减规律从初始值 $V_0$ 向终值 $V_{S0}$ 转移。

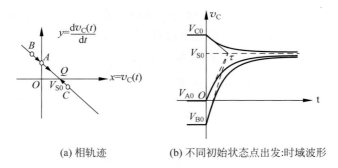

(a) 相轨迹　　(b) 不同初始状态点出发:时域波形

图 9.2.5　直流源激励下的一阶 RC 电路相轨迹

**练习 9.2.3**　如图 E9.2.3 所示,假设电容起始电压为 0,说明:

(1) 开关换路后,在直流恒压源 $V_{S0}$ 激励下,电容电压最终等于 $V_{S0}$。

(2) 在充电过程中,电源释放了 $CV_{S0}^2$ 的总电能,其中 $0.5CV_{S0}^2$ 的电能被电阻消耗,$0.5CV_{S0}^2$ 的电能被存储到电容上。

**练习 9.2.4**　分析如图 E9.2.4 所示一阶 RL 电路的零状态响应。假设开关在 $t = 0$ 时刻换路,并假设开关换路前电感放磁早已结束,即其初始电流为 0。而激励源电流为恒流源 $i_s(t) = I_{S0}$。

图示电路完成一个电感充磁过程。图 E9.2.4(a)和图 E9.2.4(b)是对偶电路,只需用 GL 对偶 RC,用电感电流对偶电容电压,所有数学形式均一致。注意到 RL 电路开关上的两个叶

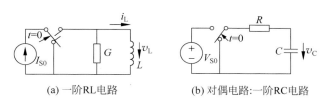

图 E9.2.4　一阶 RL 电路的零状态响应分析

片确保开关拨动时恒流源电流通路不会中断,恒流源电流通路中断则不满足 KCL 方程,恒流源电路抽象则不成立。

**3. 全响应**

对于一阶线性时不变 RC 电路或 RL 电路,由于外加激励源和初始状态(电容初始电压或电感初始电流)都是电路中提供能量的源,根据叠加定理,电路中的任意电量都是零输入响应与零状态响应之和,状态变量同样如此,

$$x(t) = x_{\text{ZIR}}(t) + x_{\text{ZSR}}(t) = X_0 e^{-\frac{t-t_0}{\tau}} + \int_{t_0}^{t} s(\lambda) e^{\frac{\lambda-t}{\tau}} d\frac{\lambda}{\tau} \quad (t \geqslant t_0) \qquad (9.2.8)$$

这一结论可以直接从式(9.2.6)获得,只需将初始状态 $x(t_0) = X_0$ 代入,即可确定式(9.2.6)中的 $\text{Constant} = X_0 e^{\frac{t_0}{\tau}}$,将其代回式(9.2.6)即可获得式(9.2.8)的全响应表达式。

对于如图 9.2.6 左图所示的一阶 RC 电路,$t < 0$ 时段,电容电压早已稳定在 $V_0$ 直流电压上,对于右图所示的一阶 RC 电路,假设 $t < 0$ 时段,电容具有初始电压 $V_0$,无论哪种情况,在 $t = 0$ 时刻,开关拨动换路都将使得 RC 串联支路接入 $V_{S0}$ 直流电压源,那么电容电压的全响应为

$$v_C(t) = v_{C,\text{ZIR}}(t) + v_{C,\text{ZSR}}(t) = \begin{cases} V_0 & (t < 0) \\ V_0 e^{-\frac{t}{\tau}} + V_{S0}(1 - e^{-\frac{t}{\tau}}) & (t \geqslant 0) \end{cases} \qquad (9.2.9)$$

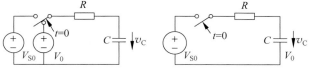

图 9.2.6　一阶 RC 电路的全响应分析

**练习 9.2.5**　分析如图 E9.2.5 所示一阶 RL 电路的全响应。假设开关在 $t = 0$ 时刻换路,并假设开关换路前电路已经稳定。

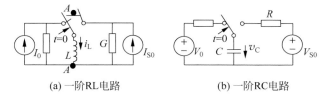

图 E9.2.5　一阶 RL 电路的全响应分析

注意到电感初始电流为 $I_0$,换路后激励源为 $I_{S0}$,故而这是一个非零状态、非零输入情况,将其视为两个独立源,采用叠加定理,将零输入响应和零状态响应求和即可获得该一阶线性时

不变动态电路的全响应。图 E9.2.5(a)电路和图 E9.2.5(b)电路是对偶电路,只需用 $GL$ 对偶 $RC$,用电感电流对偶电容电压,所有数学形式均完全一致。注意开关换路瞬间,电容开路电压不变,电感短路电流不变。

### 9.2.2 三要素法

式(9.2.9)的表述形式是按零输入响应与零状态响应划分和叠加的。整理总响应表达式,还可以分解为如下形式,

$$v_C(t) = \begin{cases} V_0 & (t \leqslant 0) \\ V_{S0} + (V_0 - V_{S0})\mathrm{e}^{-\frac{t}{\tau}} & (t > 0) \end{cases} \tag{9.2.10}$$

在 $t>0$ 时段,电容电压可以分为稳态响应和瞬态响应,

$$v_C(t) = v_{C,\infty}(t) + v_{C,t}(t) = V_{S0} + (V_0 - V_{S0})\mathrm{e}^{-\frac{t}{\tau}}$$
$$v_{C,\infty}(t) = V_{S0} \tag{9.2.11}$$
$$v_{C,t}(t) = (V_0 - V_{S0})\mathrm{e}^{-\frac{t}{\tau}}$$

显然一阶动态电路的响应可以用三要素描述:初值、稳态响应和时间常数。

一阶线性时不变动态电路的响应可以用三要素法描述为

$$x(t) = x_\infty(t) + [x(t_0^+) - x_\infty(t_0^+)]\mathrm{e}^{-\frac{t-t_0}{\tau}} \quad (t > t_0) \tag{9.2.12}$$

其中,$\tau$ 为时间常数,对于一阶 RC 电路,$\tau = RC$,对于一阶 RL 电路,$\tau = GL$,$x_\infty(t)$ 为稳态响应,$x_\infty(t_0^+)$ 为稳态响应在起始时间点 $t_0$ 时刻的具体数值,$x(t_0^+)$ 为初始状态。这里强调 $t_0^+$ 是因为我们允许电量 $x(t)$ 在 $t_0$ 时刻出现跳变,有两种情况会出现跳变:一是 $x(t)$ 不是电容电压或电感电流这样的状态变量,而是如电容电流或电感电压这样的非状态变量,这种非状态变量允许跳变;二是虽然 $x(t)$ 是状态变量,但电路中在 $t_0$ 时刻存在无穷大激励(冲激激励,见 9.2.3 节),导致状态变量发生跳变。

三要素法本质上是将全响应分解为稳态响应与瞬态响应之和,其中,稳态响应是等待足够长时间瞬态消失后的响应,对于直流、正弦波或其他周期信号的激励源,我们只需将时间起始点延拓到 $-\infty$,那么到当前的时间点 $t$ 时,瞬态早已结束,剩下的就是稳态响应,故而

$$x_\infty(t) = \int_{-\infty}^{t} s(\lambda)\mathrm{e}^{\frac{\lambda-t}{\tau}}\mathrm{d}\frac{\lambda}{\tau} \tag{9.2.13a}$$

将这个稳态响应从全响应中扣除,剩下的就是瞬态响应,为

$$x_t(t) = x(t) - x_\infty(t) = X_0\mathrm{e}^{\frac{t-t_0}{\tau}} - \int_{-\infty}^{t_0} s(\lambda)\mathrm{e}^{\frac{\lambda-t}{\tau}}\mathrm{d}\frac{\lambda}{\tau}$$
$$= \left(X_0 - \int_{-\infty}^{t_0} s(\lambda)\mathrm{e}^{\frac{\lambda-t_0}{\tau}}\mathrm{d}\frac{\lambda}{\tau}\right)\mathrm{e}^{\frac{t-t_0}{\tau}}$$
$$= (x(t_0) - x_\infty(t_0))\mathrm{e}^{\frac{t-t_0}{\tau}} \tag{9.2.13b}$$

故而三要素法的关键是获得稳态响应:

(1) 如果外加激励源为直流源,稳态电路则为直流电路,故而只需将电容开路,电感短路,即可获得稳态响应。

(2) 如果外加激励源为正弦波,稳态解可采用相量法获得,只需将电容 $C$ 用 $\mathrm{j}\omega C$ 电纳替代,将电感 $L$ 用 $\mathrm{j}\omega L$ 电抗替代,与电阻电路完全相同的分析方法,获得线性代数方程求解,只不过这里的运算都是复数运算。

（3）如果外加激励源为方波激励，只需在方波的两个时段将方波视为直流源，分别采用三要素法获得稳态响应。

（4）其他情况则具体分析。如，外加激励为阶跃信号（9.2.3 节定义），稳态响应分析等同直流源稳态响应分析；外加激励为冲激信号（9.2.3 节定义），稳态响应分析等同直流源稳态响应分析，冲激信号完成的是瞬间充放电或充放磁，为电容和电感赋予了一个新的初值。

我们只需确认三个要素即可得到一阶线性时不变电路特殊激励下的全响应，可以直接写出一阶动态系统中的任意一个电压、电流变量的表达式，无须求积分等运算过程。下面用三个例子说明三要素法运用的要点。

**1. 直流激励例**

**例 9.2.4** 如图 E9.2.6 所示电路，开关在 $t=0$ 时刻断开。开关断开前电路已经稳定。求开关断开后，电容电压 $v_C(t)$ 和电感电压 $v_L(t)$ 的变化规律。

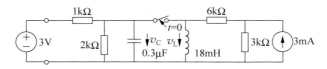

图 E9.2.6 某动态电路

**分析**：该电路在开关闭合时是一个二阶动态系统，如图 E9.2.6 所示，因为电路中既有电容，又有电感，它们是两个独立的动态元件。然而开关断开后，左侧电路和右侧电路之间只有一个短接线连接，没有构成电流回路，如图 E9.2.7 所示，故而左右两侧两个电路是两个独立的一阶动态电路，左侧为一阶 RC 电路，右侧为一阶 RL 电路，于是我们可以采用三要素法分别进行分析。

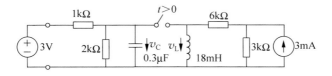

图 E9.2.7 两个一阶动态电路

虽然题目要求的是电容电压和电感电压，但是我们在进行三要素分析时，更喜欢用电容电压和电感电流这两个状态变量作为分析对象，这是因为实际电路中电容电压和电感电流不会出现跳变，因而只要获得开关拨动前 $0^-$ 时刻的状态，即可获得开关拨动后 $0^+$ 时刻的初始状态，这两个值一般情况下都是相同的。

**解**：由于是一阶动态系统，可以采用三要素法获得电容电压和电感电流。三个要素可如下一一求之：

（1）初值。开关断开前，系统已经稳定，而系统中的两个激励源均为直流电源，故而所谓系统稳定，就是电路中只有直流分量。对于直流而言，电容是开路的，电感是短路的。于是将图 E9.2.6 所示原始电路中的电容开路，电感短路，之后计算电路中各支路的电压电流即可。显然，电容两端的直流电压为 0，因为它被电感短路了，由于电容电压不会突变，于是

$$v_C(0^+) = v_C(0^-) = 0 \qquad\qquad (\text{E9.2.10a})$$

而电感支路的直流电流为 4mA，其中，包括 3V 恒压源通过 1kΩ 电阻形成的 3mA 电流，此时 2kΩ 电阻被电感短路而不起作用；而 3mA 的恒流源所提供的 3mA 电流，1mA 流过 6kΩ 电阻

并经过电感返回,2mA 流过 3kΩ 电阻后返回。故而电感初始电流为 3+1=4mA,即

$$i_L(0^+) = i_L(0^-) = \frac{3V}{1k\Omega} + 3mA \times \frac{3k\Omega}{3k\Omega + 6k\Omega}$$

$$= 3mA + 1mA = 4mA \tag{E9.2.10b}$$

(2) 稳态响应。开关断开后,系统经过足够长的时间,重新进入稳态,由于激励源是直流电源,因而重新进入稳态后,电路中只有直流电压和直流电流,于是电容开路,电感短路。

对于左侧 RC 电路,如图 E9.2.7 所示,电容直流开路电压,就是 2kΩ 电阻的分压,这个分压为 2V,故而电容电压终值为 2V,

$$v_{C,\infty}(t) = 3V \times \frac{2k\Omega}{2k\Omega + 1k\Omega} = 2V \tag{E9.2.11a}$$

对于右侧 RL 电路,如图 E9.2.7 所示,电感直流短路电流是 3mA 恒流源在 6kΩ 电阻上的分流,

$$i_{L,\infty}(t) = 3mA \times \frac{3k\Omega}{3k\Omega + 6k\Omega} = 1mA \tag{E9.2.11b}$$

(3) 时间常数。对于左侧 RC 电路,只需求出电容两端的总电阻 $R$,即可求出时间常数 $\tau = RC$。电容两端的总电阻是 1kΩ 电阻和 2kΩ 电阻的并联(恒压源短路),为 667Ω,而电容为 $0.3\mu F$,故而时间常数 $\tau_C = RC = 0.2ms = 200\mu s$,

$$\tau_C = RC = \frac{1k\Omega \times 2k\Omega}{1k\Omega + 2k\Omega} \times 0.3\mu F = 0.2ms \tag{E9.2.12a}$$

对于右侧 RL 电路,只需求出电感两端的总电导 $G$,即可求出时间常数 $\tau = GL$。电感两端的总电导是 6kΩ 电阻和 3kΩ 电阻的串联(恒流源开路),为 0.111mS,而电感为 18mH,故而时间常数 $\tau_L = GL = 2\mu s$

$$\tau_L = GL = \left(\frac{1}{6k\Omega + 3k\Omega}\right) \times 18mH = 2\mu s \tag{E9.2.12b}$$

至此,两个状态变量的三个要素都求了出来,直接套用三要素法,即可获得电容电压和电感电流分别为

$$v_C(t) = v_{C,\infty}(t) + (v_C(0^+) - v_{C,\infty}(0^+))e^{-\frac{t}{\tau_C}}$$

$$= 2 + (0-2)e^{-\frac{t}{0.2m}} = 2(1 - e^{-\frac{t}{0.2 \times 10^{-3}}})(V) \quad (t > 0) \tag{E9.2.13a}$$

$$i_L(t) = i_{L,\infty}(t) + (i_L(0^+) - i_{L,\infty}(0^+))e^{-\frac{t}{\tau_L}} = 1m + (4m - 1m)e^{-\frac{t}{2\mu}}$$

$$= (1 + 3e^{-\frac{t}{2 \times 10^{-6}}})(mA) \quad (t > 0) \tag{E9.2.13b}$$

由于题目要求的是电感电压,故而由电感电流直接求取电感电压,为

$$v_L(t) = L\frac{di_L(t)}{dt} = 18mH \times 3mA \times \frac{-1}{2\mu s} \times e^{-\frac{t}{2 \times 10^{-6}}}$$

$$= -9k\Omega \times 3mA \times e^{-\frac{t}{2 \times 10^{-6}}} = -27e^{-\frac{t}{2 \times 10^{-6}}}V \quad (t > 0) \tag{E9.2.14}$$

本题最终结果为

$$v_C(t) = \begin{cases} 0 & (t \leqslant 0) \\ 2(1 - e^{-\frac{t}{0.2 \times 10^{-3}}})V & (t > 0) \end{cases} \tag{E9.2.15a}$$

$$v_L(t) = \begin{cases} 0 & (t < 0) \\ -27e^{-\frac{t}{2 \times 10^{-6}}}V & (t > 0) \end{cases} \tag{E9.2.15b}$$

其时域波形见图 E9.2.8。

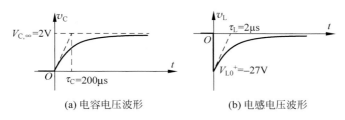

(a) 电容电压波形　　　　　　(b) 电感电压波形

图 E9.2.8　例解：电容电压与电感电压波形

从简单一阶 RC 或一阶 RL 的角度看：不妨对左侧电路电容端口向左侧看入的电路做戴维南等效，显然戴维南源电压为 2V，源内阻为 $667\Omega$，由于电容初始电压为 0，于是 $t=0$ 时刻开关拨动后，可视为该戴维南电压源对电容的充电过程，故而电容电压 $v_C(t)=2(1-e^{-t/200\mu s})$ V 是一个充电形式，由于电容初始状态为 0，因而电容电压总响应只有这个零状态响应。

对于右侧的 RL 电路，从电感两端向右侧看，进行诺顿等效，可等效为 $111\mu S$ 内导的 1mA 诺顿电流源。将系统响应分解为零状态响应和零输入响应，对电感电流而言，零状态响应为指数衰减规律的充磁过程，$i_{L,ZSR}(t)=(1-e^{-t/2\mu s})$ mA，而零输入响应则为指数衰减规律的放磁过程，$i_{L,ZIR}(t)=4e^{-t/2\mu s}$ mA，这里的系数 4mA 是电感初始电流。电感电流的总响应为两者之和，故而 $i_L(t)=(1+3e^{-t/2\mu s})$ mA。

从图 E9.2.8 时域波形看，电容电压是状态变量，是连续无跳变的波形，而电感电压不是状态变量，在 $t=0$ 开关断开前后有突变，从 0V 突变为 $-27$V。$-27$V 可以这样理解：在开关断开瞬间，电感电流不能发生突变，故而电感电流保持 4mA 不变，由于开关断开，从电感下端流出的 4mA 电流无法向左侧流动，只能全部向右侧电路流动，其中 3mA 恒流源分流了其中的 3mA，故而只有 1mA 电流流过 $3k\Omega$ 电阻，形成 $-3$V 电压。两路电流在右侧电路右上端点又合成为 4mA 电流，流过 $6k\Omega$ 电阻，再次回到电感上端形成闭合回路。$6k\Omega$ 上的 4mA 电流形成 $-24$V 电压，故而开关闭合瞬间，电感电压为 $-3V-24V=-27$V。

事实上，三要素法不仅适用于一阶线性时不变动态系统中的状态变量，非状态变量也可应用三要素法。对于电感电压，它不是状态变量，在采用三要素法时，需要首先确认开关闭合后 $t=0^+$ 时刻的初值，如前分析，为

$$v_L(0^+)=-27\text{V}$$

电感电压稳态值为直流短路电压 0V，

$$v_{L,\infty}(t)=0$$

时间常数确认为 $\tau=GL=2\mu s$，则可直接写出电感电压三要素法结果，为

$$v_L(t)=v_{L,\infty}(t)+(v_L(0^+)-v_{L,\infty}(0^+))e^{-\frac{t}{\tau_L}}=0+(-27-0)e^{-\frac{t}{2\mu}}$$
$$=-27e^{-\frac{t}{2\mu}}\,(\text{V})\quad(t>0)$$

将 $t<0$ 的值补充完整，即可获得电感电压的完整表达式，为

$$v_L(t)=\begin{cases}0 & (t<0)\\ -27e^{-\frac{t}{2\times10^{-6}}}\text{V} & (t>0)\end{cases}$$

其结果同先获得电感电流再换算为电感电压。

**练习 9.2.6**　(1) 如图 E9.2.9(a) 所示，这是一个全耦合变压器电路。开关在 $t=0$ 时刻闭合，求变压器两个端口的电压时域表达式。

(2) 如图 E9.2.9(b) 所示，耦合系数为 $k$ 变压比为 $n$ 的互感变压器次级线圈开路，$t=0$ 时

刻开关闭合,求变压器两个端口的电压时域表达式。

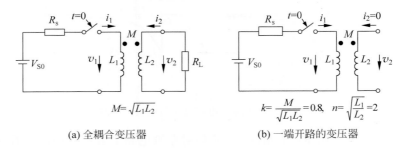

(a) 全耦合变压器      (b) 一端开路的变压器

图 E9.2.9   互感变压器二阶电路退化为一阶电感

**提示**:全耦合变压器是一阶动态元件,次级线圈开路的变压器在初级线圈端等效为一阶电感,因而可以用一阶电路的三要素法进行分析。

**2. 正弦激励例**

**例 9.2.5**   如图 9.2.6 所示一阶 RC 电路,已知 $t=0$ 时刻的电容初始电压为 $V_0$,现在恒压源为正弦波电压源 $v_s(t)=V_{Sp}\cos(\omega t+\varphi_0)$,求开关闭合后的电容电压 $v_C(t)$。

**分析**:固然可以将 $v_s(t)=V_{Sp}\cos(\omega t+\varphi_0)$ 代入式(9.2.13a)求得正弦激励下的稳态响应,但是更为简单有效的办法是采用相量法获得正弦激励下的稳态解。

**解**:采用相量法获得正弦激励下的正弦稳态解。电容电压显然是激励源的分压,其相量大小为

$$\dot{V}_C = \frac{\frac{1}{j\omega C}}{R + \frac{1}{j\omega C}}\dot{V}_s = \frac{1}{1+j\omega RC}V_{Sp}e^{j\varphi_0} = \frac{V_{Sp}}{\sqrt{1+(\omega RC)^2}}e^{j(\varphi_0-\arctan\omega RC)} \quad (E9.2.16a)$$

将它转换为时域表述,可知电容电压稳态解为

$$v_{C,\infty}(t) = \frac{V_{Sp}}{\sqrt{1+(\omega RC)^2}}\cos(\omega t+\varphi_0-\arctan\omega RC) \quad (E9.2.16b)$$

又已知初始值 $v_C(0^+)=V_0$ 和时间常数 $\tau=RC$,根据三要素法,可知开关闭合后 $t>0$ 时段的电容电压为

$$\begin{aligned} v_C(t) &= v_{C,\infty}(t) + (v_C(0^+)-v_{C,\infty}(0^+))e^{-\frac{t}{\tau}} \\ &= \frac{V_{Sp}}{\sqrt{1+(\omega\tau)^2}}\cos(\omega t+\varphi_0-\arctan\omega\tau) \\ &\quad + \left(V_0 - \frac{V_{Sp}}{\sqrt{1+(\omega\tau)^2}}\cos(\varphi_0-\arctan\omega\tau)\right)e^{-\frac{t}{\tau}} \quad (t>0) \quad (E9.2.17) \end{aligned}$$

**3. 方波激励例**

**例 9.2.6**   对于如图 9.2.1(a)所示的一阶 RC 电路,假设电容初始电压为 0,恒压源输出为方波电压信号,如图 E9.2.10 所示,请分析电容电压波形。

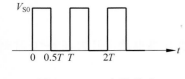

图 E9.2.10   方波激励

**分析**:线性时不变电路的稳态解中不会出现激励源所提供频率之外的新的频率分量,故而直流激励情况下的稳态解也是直流量,正弦激励情况下的稳态解是同频正弦波。然而方波激励中含有丰富的高次谐波分量,经过线性时不变电路后,其稳态响应中的频率分量不会增多,但所有的谐波分量

均会对信号波形起作用。对于一阶 RC 电路而言,其稳态输出将是具有高次谐波分量的周期信号。图 E9.2.11 是取一种具体数值情况下(方波周期 $T$ 等于 $RC$ 时间常数,$T=\tau=RC$)的数值仿真结果:我们注意到 $5\tau$ 后瞬态过程基本结束,电容电压稳态解大体上是一个在 $V_1$ 和 $V_2$ 之间波动的类三角波形态。下面的分析就以此形态为假设。

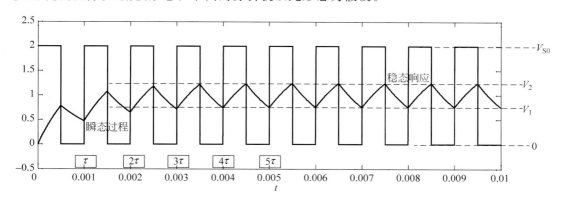

图 E9.2.11 数值仿真结果($T=\tau$)

**解**:由于电容电压不能突变,这里假设方波激励下的电容电压稳态响应在两个电压 $V_1$ 和 $V_2$ 之间波动。当方波激励电压为 $V_{S0}$ 时,它对电容充电,电容电压由 $V_1$ 向 $V_{S0}$ 方向移动,根据三要素法,初值 $V_1$、稳态值 $V_{S0}$ 和时间常数 $\tau=RC$ 决定了该时段的电容电压表达式为

$$v_{C,\infty}(t)=V_{S0}+(V_1-V_{S0})\mathrm{e}^{-\frac{t-kT_0}{\tau}},\quad t\in[kT_0,(k+0.5)T_0) \tag{E9.2.18}$$

半个周期后,$t=kT_0+0.5T_0$,电容电压到达 $V_2$,

$$V_2=V_{S0}+(V_1-V_{S0})\mathrm{e}^{-\frac{0.5T_0}{\tau}} \tag{E9.2.19}$$

之后方波激励源电压变化为 0,于是电容开始放电,根据三要素法,初值 $V_2$、稳态值 0 和时间常数 $\tau=RC$ 决定了该时段的电容电压表达式为

$$v_{C,\infty}(t)=0+(V_2-0)\mathrm{e}^{-\frac{t-(k+0.5)T_0}{\tau}},\quad t\in[(k+0.5)T_0,(k+1)T_0) \tag{E9.2.20}$$

半个周期后,$t=kT_0+T_0$,电容电压到达 $V_1$,

$$V_1=0+(V_2-0)\mathrm{e}^{-\frac{0.5T_0}{\tau}} \tag{E9.2.21}$$

由式(E9.2.19,21)求得 $V_1$ 和 $V_2$,分别为

$$V_1=V_{S0}\,\frac{\mathrm{e}^{-\frac{0.5T_0}{\tau}}}{1+\mathrm{e}^{-\frac{0.5T_0}{\tau}}},\quad V_2=V_{S0}\,\frac{1}{1+\mathrm{e}^{-\frac{0.5T_0}{\tau}}} \tag{E9.2.22}$$

将之代回式(E9.2.18,20),即可获得方波激励下的电容电压稳态响应为

$$v_{C,\infty}(t)=\begin{cases} V_{S0}\left[1-\dfrac{1}{1+\mathrm{e}^{-\frac{0.5T_0}{\tau}}}\mathrm{e}^{-\frac{t-kT_0}{\tau}}\right], & kT_0\leqslant t<(k+0.5)T_0 \\[3mm] V_{S0}\,\dfrac{1}{1+\mathrm{e}^{-\frac{0.5T_0}{\tau}}}\mathrm{e}^{-\frac{t-(k+0.5)T_0}{\tau}}, & (k+0.5)T_0\leqslant t<(k+1)T_0 \end{cases} \tag{E9.2.23}$$

根据三要素法,注意到 $v_{C,\infty}(0^+)=V_1=V_{S0}\,\dfrac{\mathrm{e}^{-\frac{0.5T_0}{\tau}}}{1+\mathrm{e}^{-\frac{0.5T_0}{\tau}}}$,$v_C(0^+)=0$,故而有

$$v_C(t)=v_{C,\infty}(t)+(v_C(0^+)-v_{C,\infty}(0^+))\mathrm{e}^{-\frac{t}{\tau}}$$

$$=v_{C,\infty}(t)-V_{S0}\,\frac{\mathrm{e}^{-\frac{t}{\tau}}}{1+\mathrm{e}^{-\frac{0.5T_0}{\tau}}},\quad t>0 \tag{E9.2.24}$$

图 E9.2.11 是方波周期 $T$ 等于 $RC$ 时间常数的情况。代入式(E9.2.22)可知，

$$V_1 = V_{S0} \frac{\mathrm{e}^{-\frac{0.5T_0}{\tau}}}{1 + \mathrm{e}^{-\frac{0.5T_0}{\tau}}} = V_{S0} \frac{1}{1 + \mathrm{e}^{0.5}} = 0.378 V_{S0}$$

$$V_2 = V_{S0} \frac{1}{1 + \mathrm{e}^{-\frac{0.5T_0}{\tau}}} = V_{S0} \frac{1}{1 + \mathrm{e}^{-0.5}} = 0.622 V_{S0}$$

其平均值恰好就是 $0.5V_{S0}$，因而电容电压稳态值围绕方波平均值 $0.5V_{S0}$ 上下波动，这也是电容隔直通交的一种具体表现。

为了更好地说明耦合电容隔直通交的作用，我们选用极大的电容，使得 $RC \gg T$，其中 $T$ 为方波周期。电容极大时，电容上累积的电荷很多，在一个方波周期内电容充放电转移的电荷占总电荷量的比重很小，从而电容电压变化极小。电阻极大时也可实现 $RC \gg T$，此时极大电阻导致的电容充放电电流很小，从而电容电压的变化在方波周期 $T$ 尺度下观测同样是极小的。此时如果以电容电压为输出，如图 E9.2.12(a)所示，电容起到的是一个消除波动求输入信号平均值的滤波作用；如果以电阻电压为输出，如图 E9.2.12(b)所示，电容起到的是一个隔直通交的耦合电容的作用。

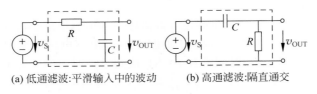

(a) 低通滤波:平滑输入中的波动　　　(b) 高通滤波:隔直通交

图 E9.2.12　一阶 RC 电路

图 E9.2.13 是 $T = 0.1RC$ 的仿真波形图：$v_C(t)$ 进入稳态后，可视其为取输入方波信号的直流分量(平均值)，波形在 $0.5V_{S0}$ 附近以近似三角波形态做微小波动；$v_R(t) = v_s(t) - v_C(t)$ 则可视为去除了输入方波信号中直流分量后剩下的交流分量，即大的耦合电容具有隔直通交功能。

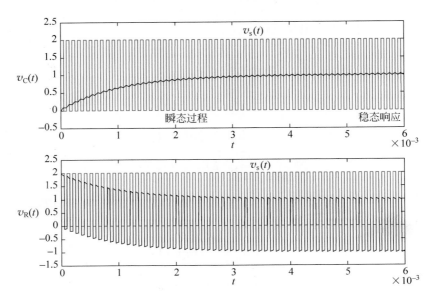

图 E9.2.13　数值仿真结果($T = 0.1\tau$：低通求平均，高通过交流)

**练习 9.2.7** 当 $T \ll RC$ 时,方波激励下的 RC 电路中,电容电压稳态响应近似为三角波,分析三角波的波动范围(波纹)与信号周期 $T$、时间常数 $\tau$ 的关系。若要获得满足某种要求(足够小)的波纹,对电容取值提出什么要求?

另外一种极端情况是 $T \gg RC$ 的情况,此时或者电容极小,或者电阻极小。电容极小时则理解为小电容上累积电荷少,电阻极小时则理解为小电阻导致电容充放电电流很大,无论哪种情况,电容电压在周期 $T$ 尺度下观测,均会出现急剧的变化。如果以电容电压为输出,如图 E9.2.12(a)所示,这种电容往往是电路设计考虑之外的寄生电容,这个电容起到限制信号带宽的作用,它会将输入信号中的高频分量滤除,信号波形出现失真;如果以电阻电压为输出,如图 E9.2.12(b)所示,这种电容也多属寄生电容,导致本来不会出现的信号通过寄生互容耦合到另外一个结点,由于寄生电容很小,耦合到电阻上的信号是很窄的尖脉冲。

图 E9.2.14 是 $T = 50RC$ 的仿真波形图:由于方波周期 $T$ 相对时间常数 $RC$ 很长,故而可以在一个周期内看清楚一个完整的电容充电、放电曲线。对图 E9.2.12(a)所考察的戴维南源端口开路电压,它本应为方波形态,但由于寄生电容的带宽限制作用,输出端口方波波形的上下沿都变缓了,可解释为方波中的高频分量被寄生电容短接于地。对图 E9.2.12(b)所考察的电阻电压 $v_R(t) = v_s(t) - v_C(t)$,如果不存在寄生电容,低频下源和电阻之间属断开关系,如是电阻上应无任何信号出现。但是由于寄生电容的存在,导致设计阶段认为的"开路"实际上存在互容耦合效应,如是此电路的波形(等效为源)通过寄生互容耦合到另外一个电路(等效为电阻),使得后者出现脉冲干扰信号。这种现象在数字电路中十分常见,原因在于数字电路中存在大量的 0、1 翻转信号,互容及互感形成的串扰毛刺极有可能导致逻辑判断错误。

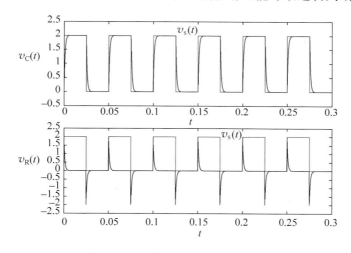

图 E9.2.14 数值仿真结果($T = 50\tau$)

**练习 9.2.8** 用电容做电源滤波:如图 E9.2.15 所示,这是一个简化抽象模型。右侧两个电阻 $R_{d1}$、$R_{d2}$ 代表数字芯片在不同耗能下的等效电阻。这里用两个状态抽象,如逻辑 0 状态

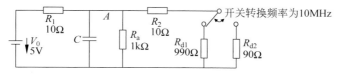

图 E9.2.15 电容做电源滤波

和逻辑 1 状态消耗的电能不一样,分别抽象为 990Ω 电阻和 90Ω 电阻。这个抽象和实际数字电路大不相同,这里采用这个简化模型仅用来说明数字电路中产生的高频干扰是如何干扰模拟电路的。电路模型中间的并联电阻 $R_a$ 是和数字芯片位于同一个基板上的模拟芯片的电能损耗等效电阻,这里假设它是一个 1kΩ 的线性电阻。

假设该数字芯片和模拟芯片用同一个 5V 电源供电,两个芯片之间用电源线连接。如果电源线比较粗且很短,则可认为是短接线,那么两个芯片上所加的电压可以认为都是 5V 电压,但是如果电源线比较细且长,那么在高频时,电源线就需用电阻和电感的串联来建模。这里很夸张地将电源线用 10Ω 电阻建模,虽然和实际情况不符,但这里用这么大的电阻仅是用来说明非短路线模型的电源线所形成的结点间互导纳导致的耦合效应。如图 E9.2.15 所示,恒压源到模拟电路之间用 10Ω 电阻为电源线阻抗及非理想恒压源内阻建模,模拟电路芯片和数字电路芯片之间用 10Ω 电阻为电源线阻抗建模。

对于数字电路,这里假设它在两个状态之间以 10MHz 的时钟频率来回变化,两个芯片电源线的连接关系产生两个芯片电源结点之间的互导耦合效应,电压源内阻不等于 0 从而两个芯片电流流过同一阻抗而形成互阻耦合效应。无论如何,数字芯片的电源电压和模拟芯片的电源电压因互阻和互导耦合在一起,模拟芯片的电源电压会由于数字时钟的变化而发生波动。问题 1:考察数字芯片 10MHz 时钟频率变化时,模拟芯片电源电压是如何变化的?

为了消除模拟芯片电源电压的波动,我们在模拟芯片的电源和地之间加了一个电容做滤波电容,该电容也称解耦电容,即用来解除数字芯片和模拟芯片之间耦合的电容。我们希望加了这个电容后,模拟芯片电源电压的波动范围是加电容前波动的 1/10。问题 2:这个电源滤波电容应取值多少?

电容之所以能够实现电源电压的滤波,在于电容有记忆功能,假设系统稳定时,数字芯片的状态变化导致它吸取大电流,于是会从电容极板上抽取部分电荷以供给大电流,电容电压下降,如果数字芯片的状态变化导致它吸取的电流变小了,电容极板则会从恒压源吸取电荷,于是电容电压上升。如果电容很大,数字芯片状态变化导致的电容极板电荷流失与吸收和电容存储的总电荷比可忽略不计,电容两端的电压变化将很小,从而大电容起到了电压平滑滤波作用。可用大海模拟大电容,用海水量模拟电荷量,用海平面模拟电压,大电容犹如大海,取走部分海水不会导致海平面有什么变化,这就是大电容滤波的效应。如果电容量不够,小电容犹如水盆,取走一杯水都会导致水面下降,这是小电容滤波效果差的体现。在模拟芯片的电源和地之间加滤波电容,可以使得模拟芯片的电源电压波动变小,从而模拟芯片受到的干扰变小。

事实上,不仅需要在模拟芯片的电源和地之间加电容,在数字芯片的电源和地之间也应加电容。如果系统中所有芯片的电源和地之间都加电容,甚至在电源线的中间位置也引入必要的接地电容,这些解耦电容则可有效解除非理想电源线、地线、非理想电源内阻等互导、互阻耦合效应,降低各个单元电路之间的相互干扰。问题 3:在数字芯片的电源和地之间加第二个电容后,上述系统则是二阶系统,同学们可以借助于 SPICE 仿真工具,首先验证在模拟芯片电源和地之间加载上述理论计算获得的电容后,确实使得该位置的波动降低为未加电容前的 1/10,之后在数字芯片电源和地之间也加一个同样大小的电容,请仿真确认,加了这个电容后,模拟芯片的电源电压波动更小了,数字芯片的电源电压波动同样也变小了,这说明两个芯片之间的耦合进一步降低(解除)。如果在电源线中间把两个 10Ω 电阻断开为 4 个 5Ω 电阻,在电源线中间再加两个同样大小电容,会有什么效果呢?这些解耦电容上存储的电荷(电能)使得芯片各自为政,互不干扰,实现了芯片间干扰解除的解耦功能。

### 9.2.3　冲激响应和阶跃响应

我们可以对实际信号进行极致化抽象，获得阶跃信号和冲激信号这两种典型的理想信号形式，考察这些理想抽象信号激励下线性时不变系统的响应，可以获得线性时不变系统的行为特征。

**1. 阶跃信号的电路抽象**

图9.2.7给出的是阶跃电压信号的抽象。当我们在电路中抽象出理想直流恒压源，理想开关和理想短接线后，图示的开关连接关系使得虚线左侧电路从虚线端口位置看被抽象为阶跃电压信号激励：当$t < t_0$时，开关拨向地，端口看入的激励为0；当$t = t_0$时刻，开关拨向直流恒压源，于是$t > t_0$后，线性动态系统看到的激励信号为恒压$V_{S0}$，如是线性动态系统的激励源为$V_{S0}U(t-t_0)$阶跃电压源。特别地，如果开关是在$t = 0$时刻拨动，则激励源为$V_{S0}U(t)$。将电压单位剥离出去，剩下的无量纲函数$U(t)$被称为单位阶跃函数或单位阶跃信号。图9.2.8是阶跃电压信号$V_{S0}U(t-t_0)$和单位阶跃信号$U(t)$的时域波形。

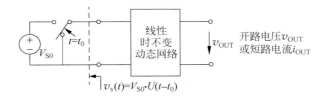

图9.2.7　阶跃电压信号的抽象

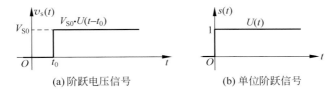

(a) 阶跃电压信号　　　　　　　(b) 单位阶跃信号

图9.2.8　阶跃电压信号时域波形

单位阶跃信号的函数描述为

$$U(t) = \begin{cases} 0, & t < 0 \\ 1, & t > 0 \end{cases} \tag{9.2.14}$$

单位阶跃函数在$t < 0$和$t > 0$时都有确定的值，分别为0和1，在$t = 0$时跳变发生，因而$t = 0$时刻的函数值不确定，可以是0到1之间的任意值，纯粹的数学描述通常喜好采用中值0.5作为$t = 0$时刻的函数值。实际电路分析中，$t = 0$时刻的取值应根据实际物理系统在$t = 0$时刻所具有的物理特性而定，可0可1，本书多默认并取跳变后的值1。

**练习9.2.9**　请给出$U(t-t_0)$的函数描述式。

**2. 冲激信号的电路抽象**

前面我们讨论电容电压和电感电流的连续性时说明：如果电容电流(电感电压)有界，则状态变量电容电压(电感电流)不会突变，是连续变化的。但是如果电容电流(电感电压)无界，有无穷大的值，电容电压(电感电流)是否就可以发生突变了呢？用电路模型描述系统时，KVL和KCL强制性成立，我们可以构造如图9.2.9所示的电路，强迫电容电压(电感电流)发生突变,此时的电容电流(电感电压)则是无界的冲激信号。

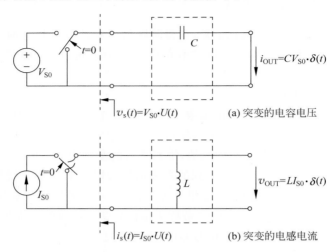

图 9.2.9　冲激信号的抽象:突变的电容电压和电感电流

如图 9.2.9(a)所示,左侧的恒压源和开关被抽象为阶跃电压源 $V_{S0}U(t)$,根据 KVL,电容电压就是虚线位置处的端口电压,它必然在 $t=0$ 时刻瞬时从 0 跳变为 $V_{S0}$,电容极板上的电荷也是在此刻瞬时从 0 跳变为 $C \cdot V_{S0}$,导致电容电荷突变的充电电流被称为冲激电流,

$$Q(t) = C \cdot v_c(t) = CV_{S0} \cdot U(t) = Q_0 \cdot U(t)$$

$$i_C(t) = \frac{dQ(t)}{dt} = CV_{S0} \cdot \frac{dU(t)}{dt} = CV_{S0} \cdot \delta(t) = Q_0 \cdot \delta(t) \qquad (9.2.15)$$

显然,冲激函数为阶跃函数的微分,反之,阶跃函数为冲激函数的积分,

$$\delta(t) = \frac{d}{dt}U(t) \qquad (9.2.16a)$$

$$U(t) = \int_{-\infty}^{t} \delta(\lambda)d\lambda \qquad (9.2.16b)$$

理想恒压源提供的冲激电流无界,它可以实现电容极板上的瞬间充电(或放电),使得电容电压发生瞬间的跳变。

而图 9.2.9(b)所示理想恒流源提供的冲激电压可导致电感电流的突变:左侧的恒流源和开关被抽象为阶跃电流源 $I_{S0}U(t)$,根据 KCL,电感电流就是虚线位置的端口电流,它必然在 $t=0$ 时刻瞬时从 0 跳变为 $I_{S0}$,电感回路磁通在此刻瞬时从 0 跳变为 $L \cdot I_{S0}$,此时的充磁电压则为冲激电压,它由恒流源提供,

$$\Phi(t) = L \cdot i_L(t) = LI_{S0} \cdot U(t) = \Phi_0 \cdot U(t)$$

$$v_L(t) = \frac{d\Phi(t)}{dt} = LI_{S0} \cdot \frac{dU(t)}{dt} = LI_{S0} \cdot \delta(t) = \Phi_0 \cdot \delta(t) \qquad (9.2.17)$$

注意到图 9.2.9(b)的开关有两个叶片,以确保开关拨动时,不会出现开关断开瞬间恒流源电流无处可流而无法满足 KCL 方程的问题。事实上,如果没有两个叶片,开关拨动瞬间理想恒流源两端同样会产生冲激电压,犹如具有初始电流的电感突然断开回路一样:具有初始电流 $I_0$ 的电感其瞬间行为和 $I_0$ 恒流源并无区别,具有初始电压 $V_0$ 的电容其瞬间行为和 $V_0$ 恒压源也无区别。

### 3. 冲激函数构造及其性质

上述分析给了我们在数学上构造单位冲激函数的启示。

**方案一**：从式(9.2.16)定义入手构造。首先构造单位阶跃函数，如图 E9.2.16 所示，如下的从 0 到 1 的斜升函数在 $\tau \to 0$ 时形成单位阶跃函数，

$$f(t,\tau) = \begin{cases} 0, & t < -0.5\tau \\ 0.5 + \dfrac{t}{\tau}, & -0.5\tau < t < +0.5\tau \\ 1, & t > +0.5\tau \end{cases} \qquad (E9.2.25a)$$

于是该函数的微分在 $\tau \to 0$ 时则形成单位冲激函数，

$$\frac{\mathrm{d}f(t,\tau)}{\mathrm{d}t} = \begin{cases} 0, & t < -0.5\tau \\ \dfrac{1}{\tau}, & -0.5\tau < t < +0.5\tau \\ 0, & t > +0.5\tau \end{cases} \qquad (E9.2.25b)$$

即

$$U(t) = \lim_{\tau \to 0} f(t,\tau) \qquad (E9.2.26a)$$

$$\delta(t) = \lim_{\tau \to 0} \frac{\mathrm{d}}{\mathrm{d}t} f(t,\tau) \qquad (E9.2.26b)$$

如是可以将单位冲激函数理解为面积为 1 底边为 0 的矩形高度，显然它是无界的。

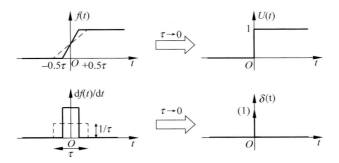

图 E9.2.16　单位冲激函数：面积为 1 底边为 0 的矩形高度

**方案二**：在电容上串联一个电阻 $R$，求电容电流，之后令 $R \to 0$，电容电流则是冲激电流。添加串联电阻 $R$ 后，就是电源 $V_{S0}$ 通过电阻 $R$ 对电容充电的过程，故而电容电压和电容电流分别为

$$v_{\mathrm{C}}(t) = \begin{cases} 0, & t < 0 \\ V_{S0}(1 - \mathrm{e}^{-\frac{t}{\tau}}), & t \geqslant 0 \end{cases} \qquad (E9.2.27a)$$

$$i_{\mathrm{C}}(t) = C\frac{\mathrm{d}}{\mathrm{d}t} v_{\mathrm{C}}(t) = \begin{cases} 0, & t < 0 \\ \dfrac{V_{S0}}{R}\mathrm{e}^{-\frac{t}{\tau}}, & t \geqslant 0 \end{cases} \qquad (E9.2.27b)$$

如图 E9.2.17(a)所示，随着电阻 $R$ 的减小，电容电压越来越接近理想阶跃信号，

$$\lim_{R \to 0} v_{\mathrm{C}}(t) = \begin{cases} 0 & (t < 0) \\ \lim_{R \to 0} V_{S0}(1 - \mathrm{e}^{-\frac{t}{RC}}) = V_{S0} & (t \geqslant 0) \end{cases} = V_{S0}U(t)$$

而呈现单边指数衰减规律的电容电流脉冲就越发的尖锐，如图 E9.2.17(b)所示，但电流脉冲波形的面积即电容上最终充电获得的总电荷量始终保持不变，为 $Q_0 = CV_{S0}$，

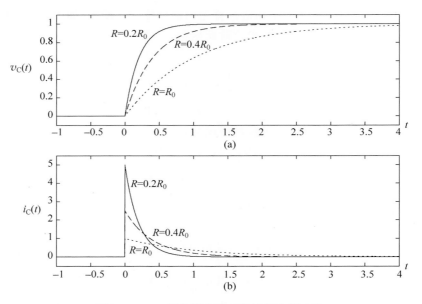

图 E9.2.17　用指数衰减函数抽象冲激函数

$$\int_{-\infty}^{+\infty} i_{\mathrm{C}}(t)\,\mathrm{d}t = \int_{-\infty}^{+\infty} \frac{V_{\mathrm{S0}}}{R} \mathrm{e}^{-\frac{t}{RC}} U(t)\,\mathrm{d}t = \int_{0}^{+\infty} \frac{V_{\mathrm{S0}}}{R} \mathrm{e}^{-\frac{t}{RC}}\,\mathrm{d}t = CV_{\mathrm{S0}}$$

而当 $R \to 0$ 后，该单边指数衰减函数在 $t \neq 0$ 时均为 0，

$$\lim_{R \to 0} i_{\mathrm{C}}(t) = \begin{cases} 0 & (t < 0) \\ \lim_{R \to 0} \dfrac{V_{\mathrm{S0}}}{R} \mathrm{e}^{-\frac{t}{RC}} = 0 & (t > 0) \end{cases} = 0 \quad (t \neq 0)$$

故而可知电容电流在 $t=0$ 瞬间无穷大又回落到 0，也即形成了冲激电流，

$$\lim_{R \to 0} i_{\mathrm{C}}(t) = CV_{\mathrm{S0}}\delta(t)$$

该冲激形态的充电电流仍然保持电容总电荷量为 $Q_0 = CV_{\mathrm{S0}}$，换句话说

$$\int_{-\infty}^{+\infty} CV_{\mathrm{S0}}\delta(t)\,\mathrm{d}t = CV_{\mathrm{S0}} = Q_0$$

因而冲激函数具有如下性质

$$\begin{cases} \displaystyle\int_{-\infty}^{+\infty} \delta(t)\,\mathrm{d}t = 1 \\ \delta(t) = 0, \quad t \neq 0 \end{cases} \tag{E9.2.28}$$

式(E9.2.28)被称为冲激函数 $\delta(t)$ 的 Dirac 定义。该定义表明，冲激函数在 $t=0$ 处有一个面积为 1 的"冲激"，而在其他位置上为零。

　　单位冲激函数 $\delta(t)$ 是持续时间极短但瞬时取值极大的激励源的理想抽象模型。还有其他形式的函数可以被极致化抽象为单位冲激函数，无论如何，这些函数的时域积分都为 1（具有单位面积），抽象获得的单位冲激函数 $\delta(t)$ 仅在 $t=0$ 位置具有无界值，其他位置均为 0。正是由于冲激函数的这种特性，在时域内以冲激函数为内核进行积分运算，具有抽样特性，

$$\int_{-\infty}^{+\infty} \delta(t) \cdot f(t) \cdot \mathrm{d}t = \int_{-\infty}^{+\infty} \delta(t) \cdot f(0) \cdot \mathrm{d}t = f(0) \int_{-\infty}^{+\infty} \delta(t) \cdot \mathrm{d}t = f(0) \tag{E9.2.29a}$$

$$\int_{-\infty}^{+\infty} \delta(t-t_0) \cdot f(t) \cdot \mathrm{d}t = \int_{-\infty}^{+\infty} \delta(t-t_0) \cdot f(t_0) \cdot \mathrm{d}t = f(t_0) \tag{E9.2.29b}$$

采用单位冲激函数对线性时不变系统进行系统特性研究的原因在于单位冲激函数的傅立叶变换为 1，

$$\mathcal{F}(\delta(t)) = \int_{-\infty}^{+\infty} \delta(t) \mathrm{e}^{-\mathrm{j}\omega t} \, \mathrm{d}t = \mathrm{e}^{-\mathrm{j}\omega \cdot 0} = 1 \tag{E9.2.30}$$

也就是说，单位冲激函数在整个频率范围内频谱是均匀分布的，如图 E9.2.18 所示：冲激信号包含了所有频率分量，且所有频率分量都是一样大小。

单位冲激信号频谱覆盖全频带，这在电路中是不可实现的，这是电路模型的限定性条件决定的，当频率很高时，电路模型已经不再适用，因而电路中的冲激信号可以理解为一种电磁辐射形式的能量释放。虽然如此，我们仍然采用数学上的这种理想抽象对线性时不变电路进行研究以深刻理解这种系统，只是我们不得不将电路模型的适用条件外推到无限大频率。单位冲激信号具有均匀的谱结

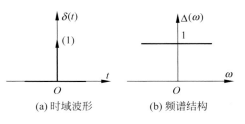

(a) 时域波形　　　(b) 频谱结构

图 E9.2.18　冲激函数及其频谱结构

构，在对线性时不变系统进行频率特性研究时，则可以令单位冲激信号作为其输入考察其输出，此时的输出被称为冲激响应。显然，线性时不变系统的冲激响应中包含了所有频率分量激励下的响应总和，或者说，可以从冲激响应的频谱结构中看出线性时不变系统对每一个输入频率分量的响应是多少，从而可以了解线性时不变系统在不同频率上的传输特性或响应特性。

**4. 初始状态的源等效**

根据电容端口电压、电流积分方程，

$$v_\mathrm{C}(t) = V_0 + \frac{1}{C} \int_0^t i_\mathrm{C}(\lambda)\mathrm{d}\lambda, \quad t \geqslant 0$$

注意到 $t \geqslant 0$ 的时段条件在数学上可以用乘阶跃函数 $U(t)$ 表述为

$$v_\mathrm{C}(t) = \left(V_0 + \frac{1}{C}\int_0^t i_\mathrm{C}(\lambda)\mathrm{d}\lambda\right)U(t) = V_0 U(t) + \frac{1}{C}\int_0^t i_\mathrm{C}(\lambda)\mathrm{d}\lambda \tag{E9.2.31a}$$

故而具有初始电压的电容用戴维南源等效为如图 E9.2.19(b) 所示形式。对该式进行微分运算，可以获得如下结果，$C \dfrac{\mathrm{d}}{\mathrm{d}t}v_\mathrm{C}(t) = CV_0\delta(t) + i_\mathrm{C}(t)$，重新表述，则为

$$i_\mathrm{C}(t) = C \frac{\mathrm{d}}{\mathrm{d}t}v_\mathrm{C}(t) - CV_0\delta(t) \tag{E9.2.31b}$$

该端口方程对应的电路形式为如图 E9.2.19(c) 所示，为诺顿电流源等效。

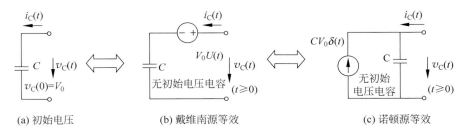

(a) 初始电压　　　　　(b) 戴维南源等效　　　　　(c) 诺顿源等效

图 E9.2.19　具有初始状态的电容的源等效电路 $(t \geqslant 0)$

对冲激电流 $CV_0\delta(t)$ 可做如下表象理解：冲激电流在 $t=0$ 时刻是一个突变电流，电容对突变信号而言是短路的（交流短路），因而 $CV_0\delta(t)$ 激励电流在 $t=0$ 瞬间全部从电容流过，端口

外电路(如电阻)分流为 $0$,$CV_0\delta(t)$ 的电流流过电容,电容电压为

$$v_C(t) = \frac{1}{C}\int_0^t i_C(\lambda)\mathrm{d}\lambda = \frac{1}{C}\int_0^t CV_0\delta(\lambda)\mathrm{d}\lambda = V_0U(t)$$

如是,在 $t=0$ 这一瞬间该冲激电流源将电容电压从 $0$ 充电至 $V_0$,之后等效电流源的激励电流为 $0$,相当于开路,故而这个等效电路和电容以 $V_0$ 的初始电压在 $t\geqslant 0$ 时段对外端口起作用并无任何差别。

注意到具有初始电压 $V_0$ 的电容的等效诺顿源电流为 $i_s(t)=CV_0\delta(t)=Q_0\delta(t)$,$Q_0$ 具有电荷单位库仑,显然 $\delta(t)$ 应具有 $1/s$ 单位。这是很容易理解的:电压在 $t=0$ 时刻从 $0$ 伏特跳变到 $V_0$ 伏特,记为 $V_0U(t)$,量纲由 $V_0$ 决定,$U(t)$ 则无量纲,而 $\delta(t)$ 是对 $U(t)$ 的时间微分,其单位自然为 $1/s$。

戴维南源形式和诺顿源形式是对偶电路形式,其中戴维南源电压 $V_0U(t)$ 代表的源和诺顿电流 $CV_0\delta(t)$ 代表的源完全一致,它们都是 $t=0$ 时刻电容储能的端口外在表现,都是对 $t<0$ 电容经历状态在 $t=0$ 时刻的总结。

**练习 9.2.10**　确认具有初始电流的电感的源等效电路如图 E9.2.20 所示。

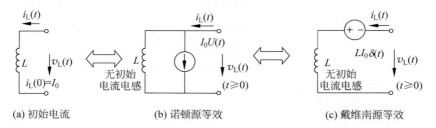

(a) 初始电流　　　　(b) 诺顿源等效　　　　(c) 戴维南源等效

图 E9.2.20　具有初始状态的电感的源等效电路($t\geqslant 0$)

**练习 9.2.11**　如图 E9.2.21 所示,这是一个电容电压发生跳变的例子。在 $t=0$ 开关换路前,整个电路已经稳定,即电容 $C_1$ 两端电压为恒压 $V_0$,电容 $C_2$ 两端电压为 $0$。在 $t=0$ 时刻开关拨动,假设所有短接线都是理想的短接线,请分析两个电容电压的变化情况。提示:在开关完成换路后,两个电容电压必须相等(KVL 要求),两个电容上极板上的总电荷尚未通过电阻 $R$ 释放,故而电荷必须守恒(KCL 要求),故而在 $t=0$ 瞬间电容 $C_1$ 上的电荷被重新分配到 $C_1$ 和 $C_2$,使得两个电容电压相等。之后两个并联电容(可视为一个电容)通过电阻 $R$ 释放电荷。

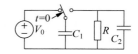

图 E9.2.21　电容电荷重新分配

### 5. 冲激响应和阶跃响应

对于线性时不变(Linear Time-Invariant,LTI)系统,可以在时域进行分析,也可以在频域进行分析,两者是完全等价的。在对系统特性进行测量时,频域测量则需对考察频带内的所有频点,一个频点、一个频点地用单频正弦波激励顺序测量其稳态响应,这是一个极为耗时的测量过程。而在时域进行测量则只需一次激励即可,原因在于适当的时域信号包含了所有的频率分量。

在原理性分析中,我们往往采用单位冲激信号或单位阶跃信号等作为激励,考察线性时不变系统的系统特性。如图 9.2.10 所示,假设在 $e(t)$ 激励下,线性时不变系统的响应为 $r(t)=f(e(t))$,那么在单位冲激信号 $\delta(t)$ 激励下,系统响应则记为冲激响应 $h(t)=f(\delta(t))$,在单位阶跃信号 $U(t)$ 激励下,系统响应记为阶跃响应 $g(t)=f(U(t))$。特别注意的是,考察冲激响

应和阶跃响应时,为了单独考察激励源对系统的作用,要求系统内部初始状态为 0(电容初始电压为 0,电感初始电流为 0)。如果系统内部记忆元件的初始状态不为 0,则意味着系统内具有初始能量等效的源,这将导致系统输出不仅仅是对输入端口激励源的响应。

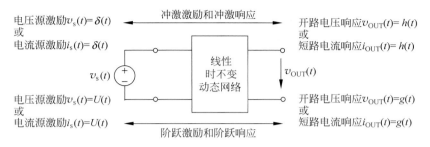

图 9.2.10　冲激响应和阶跃响应

图 9.2.10 中,激励和响应的电路符号均表述为电压形式,实际系统中,激励和响应可以是电压,也可以是电流,后文描述将根据实际情况而定,传递关系相应地可能是电压传递、电流传递、跨阻传递或跨导传递,其冲激响应或阶跃响应对应不同形式的 $h(t)$、$g(t)$ 及量纲。

**练习 9.2.12**　说明线性时不变系统 $r(t)=f(e(t))$ 的冲激响应 $h(t)=f(\delta(t))$ 的积分为阶跃响应 $g(t)=f(U(t))$,阶跃响应 $g(t)$ 的微分为冲激响应 $h(t)$。提示:线性时不变系统具有线性时不变特性,同时微分算子和积分算子也是线性算子。

$$\int_{-\infty}^{t} h(\tau)\mathrm{d}\tau = g(t) \tag{E9.2.32a}$$

$$\frac{\mathrm{d}}{\mathrm{d}t} g(t) = h(t) \tag{E9.2.32b}$$

**例 9.2.7**　分析如图 E9.2.22 所示 RC 网络的跨阻传递冲激响应。

**解**:**思路一**:前面分析具有初始电压电容的源等效时知,并联在电容两端的冲激电流源 $Q_0\delta(t)$ 为电容完成瞬间充电,电容电压瞬间从 0 跳变为 $V_0=Q_0/C$,之后电流源电流为 0(开路),具有初始电压 $V_0$ 的电容通过电阻 $R$ 放电,电容放电电压波形为

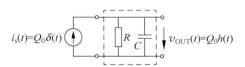

图 E9.2.22　一阶 RC 系统的冲激响应例

$V_0\mathrm{e}^{-\frac{t}{\tau}}U(t)=\dfrac{Q_0}{C}\mathrm{e}^{-\frac{t}{\tau}}U(t)$。由于激励电流为 $Q_0\delta(t)$,线性时不变系统的输出电压响应必为 $Q_0h(t)$,故而冲激响应 $h(t)=\dfrac{1}{C}\mathrm{e}^{-\frac{t}{\tau}}U(t)$。

**思路二**:采用矩形脉冲逼近冲激函数,如图 E9.2.23 所示:假设矩形脉冲电流在 $t=-\lambda$ 时间点启动,从 0 跳变到 $Q_0/\lambda$,保持该电流不变,到 $t=0$ 时间点再次跳变为 0。当脉冲宽度时间参量 $\lambda\to 0$,该矩形脉冲电流激励则趋于冲激电流激励。由于系统是线性时不变电路,图示的矩形脉冲响应必然也趋近于冲激响应。因而只需分析矩形脉冲电流激励下的系统响应再取极限即可。由于我们只关注输出端口,则将矩形脉冲电流源 $E(t)$ 和电阻 $R$ 的并联形式用戴维南等效为电压源和电阻 $R$ 的串联形式,如图 E9.2.24 所示,问题转化为我们熟悉的 RC 串联结构。

冲激响应是零状态响应,即在 $t=-\lambda$ 时的电容初始电压为 0,当激励电压上升为 $RQ_0/\lambda$ 后,电容开始充电,电容电压形式为指数衰减规律的充电过程,

$$v_{\mathrm{C},\lambda}(t) = V_{\mathrm{S}0}\left(1-\mathrm{e}^{-\frac{t+\lambda}{\tau}}\right) = \frac{Q_0}{\lambda}R\left(1-\mathrm{e}^{-\frac{t+\lambda}{\tau}}\right), \quad -\lambda \leqslant t \leqslant 0$$

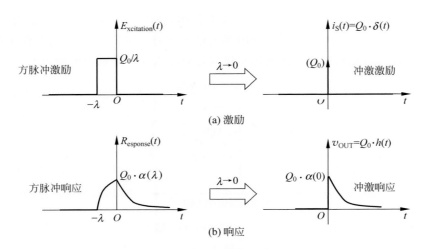

图 E9.2.23 用方脉冲函数逼近冲激函数

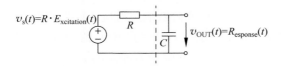

图 E9.2.24 一阶 RC 系统的冲激响应例

该充电过程在 $t=0$ 时刻终止,因为激励电压源 $t=0$ 时刻跳变为 0(短路),于是电容开始通过电阻 $R$ 放电,$t=0$ 时刻的电容初值为上次充电到该时间点的电容电压,

$$v_{C,\lambda}(0) = Q_0 \frac{R}{\lambda}(1 - e^{-\frac{\lambda}{\tau}}) = Q_0 \cdot \alpha(\lambda)$$

故而,$t \geqslant 0$ 后的放电曲线为

$$v_{C,\lambda}(t) = v_{C,\lambda}(0) e^{-\frac{t}{\tau}}, \quad t \geqslant 0$$

显然当 $\lambda \to 0$ 时,激励源趋近于冲激函数,充电时段 $[-\lambda, 0]$ 的响应则变化为在 $t=0$ 瞬间完成充电,故而只需求出 $\lambda \to 0$ 导致的瞬间的电容充电电压即可,

$$V_0 = \lim_{\lambda \to 0} v_{C,\lambda}(0) = \lim_{\lambda \to 0} \frac{Q_0}{\lambda} R(1 - e^{-\frac{\lambda}{\tau}}) = \lim_{\lambda \to 0} \frac{Q_0}{\lambda} R \frac{\lambda}{\tau} = \frac{Q_0 R}{\tau}$$

$$= \frac{Q_0 R}{RC} = \frac{Q_0}{C} = Q_0 \cdot \alpha(0)$$

如是即可获得冲激响应,为

$$v_{OUT}(t) = v_{C,0}(t) = V_0 e^{-\frac{t}{\tau}} U(t) = \frac{Q_0}{C} e^{-\frac{t}{\tau}} U(t) = Q_0 h(t)$$

$$h(t) = \frac{1}{C} e^{-\frac{t}{\tau}} U(t)$$

由于激励电流为 $Q_0 \delta(t)$,显然输出电压响应必为 $Q_0 h(t)$,这是线性系统的均匀性决定的,于是 $h$ 的单位就是电压伏特除以电荷库仑,为 1/F(法拉$^{-1}$),这正是 $h(t)$ 表达式中 1/C 的单位,而 $e^{-\frac{t}{\tau}}$、$U(t)$ 均为无量纲的纯数学函数。

**练习 9.2.13** 证明如图 E9.2.25 所示的一阶 RC 网络的电压传递冲激响应为 $h(t) = \frac{1}{\tau} e^{-\frac{t}{\tau}} U(t)$,其中 $\tau$ 为 $RC$ 时间常数,$\tau = RC$。请说明本练习结果为何与例 9.2.7 给出的冲激

响应不同,为何它们的单位分别为 $1/s$ 和 $1/F$。

由于冲激函数傅立叶频谱为均匀的 1,包含了所有频率分量且大小完全相同,故而冲激响应代表了线性时不变系统对所有频率分量的响应总和,故而冲激响应 $h(t)$ 可视为线性时不变系统的特征函数,它代表了线性时不变系统在时域的行为特征。事实上,任意激励 $e(t)$ 下的响应 $r(t)$ 都可以用冲激响应 $h(t)$ 表述为

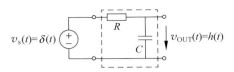

图 E9.2.25　一阶 RC 系统的冲激响应

$$r(t) = f(e(t)) = f\left(\int_{-\infty}^{+\infty} e(\lambda) \cdot \delta(\lambda - t)\mathrm{d}\lambda\right) = f\left(\int_{-\infty}^{+\infty} e(\lambda) \cdot \delta(t - \lambda)\mathrm{d}\lambda\right)$$

$$= \int_{-\infty}^{+\infty} e(\lambda) \cdot f(\delta(t - \lambda))\mathrm{d}\lambda = \int_{-\infty}^{+\infty} e(\lambda) \cdot h(t - \lambda)\mathrm{d}\lambda \qquad (\mathrm{E}9.2.33)$$

上式证明过程中利用了冲激函数的抽样性、偶对称性,线性时不变系统 $f$ 的线性时不变特性。式(E9.2.33)关系式被称为卷积(convolution)运算。本课程只需理解冲激响应表征系统特性即可,对时域卷积运算更进一步的讨论,将在后续专业基础课"信号与系统"中考察。

**练习 9.2.14**　说明一阶动态系统的零状态响应表达式 $x_{\mathrm{ZSR}}(t) = \int_0^t s(\lambda) \cdot \mathrm{e}^{\frac{\lambda - t}{\tau}}\mathrm{d}\frac{\lambda}{\tau}$ (9.2.7)

与卷积表达式 $r(t) = \int_{-\infty}^{+\infty} e(\lambda) \cdot h(t - \lambda)\mathrm{d}\lambda$ (E9.2.33) 一致。特别地,当激励源为单位阶跃信号 $U(t)$ 时,其输出阶跃响应 $g(t)$ 为

$$g(t) = \int_{-\infty}^{+\infty} U(\lambda) \cdot h(t - \lambda)\mathrm{d}\lambda = \int_0^{+\infty} h(t - \lambda)\mathrm{d}\lambda \qquad (\mathrm{E}9.2.34)$$

**例 9.2.8**　求图 E9.2.26 所示一阶 RC 电路的电压传递阶跃响应。

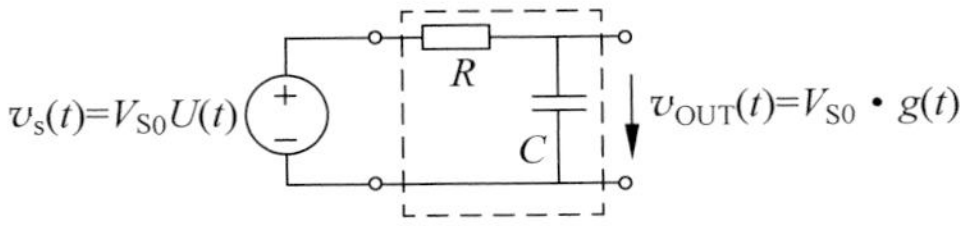

**解:方法一:**练习 9.2.13 给出了该一阶 RC 电路的冲激响应 $h(t) = \frac{1}{\tau}\mathrm{e}^{-\frac{t}{\tau}}U(t)$,代入式(E9.2.34)有

图 E9.2.26　一阶 RC 系统的阶跃响应例

$$g(t) = \int_0^{+\infty} h(t - \lambda)\mathrm{d}\lambda = \int_0^{+\infty} \frac{1}{\tau}\mathrm{e}^{-\frac{t-\lambda}{\tau}}U(t - \lambda)\mathrm{d}\lambda = \mathrm{e}^{-\frac{t}{\tau}}\int_0^t \mathrm{e}^{\frac{\lambda}{\tau}}\mathrm{d}\frac{\lambda}{\tau}$$

$$= \mathrm{e}^{-\frac{t}{\tau}} \cdot \mathrm{e}^{\frac{\lambda}{\tau}}\Big|_0^t = \mathrm{e}^{-\frac{t}{\tau}}(\mathrm{e}^{\frac{t}{\tau}} - 1) = 1 - \mathrm{e}^{-\frac{t}{\tau}} \quad (t \geqslant 0)$$

注意到这里要求 $t \geqslant 0$,故而其阶跃响应为 $g(t) = (1 - \mathrm{e}^{-\frac{t}{\tau}})U(t)$。

也可代入式(E9.2.32a)由冲激响应获得阶跃响应,式(E9.2.34)与之等价。

**方法二:**本例给的激励源形式与例 9.2.3 没有任何区别,故而电容电压是零状态下的充电过程,即

$$v_\mathrm{C}(t) = \begin{cases} 0, & t < 0 \\ V_{\mathrm{S}0}(1 - \mathrm{e}^{-\frac{t}{\tau}}), & t \geqslant 0 \end{cases}$$

扣除单位阶跃激励前的系数 $V_{\mathrm{S}0}$,即可获得阶跃响应为

$$g(t) = (1 - \mathrm{e}^{-\frac{t}{\tau}})U(t)$$

**6. 冲激抽象是对能量快速释放的数学抽象**

实际电压源具有非线性内阻,外连导线存在寄生电阻、寄生电感效应,故而实际电压源对电容的充电电流可能会很大,但实际电压源却不具有提供无限大冲激电流的能力。当为大电

容充电后,用很小的电阻放电则会出现极大的放电电流,如闪光灯本身可等效为小电阻,当一个充电的大电容和它对接时,可形成大电流而闪光。当放电小电阻被抽象为 0 时,大的放电电流则抽象为冲激电流。

单位冲激信号是电路时域分析中抽象出来的理想信号,实际电路中不存在这样的理想信号。但在理论分析中,我们却偏好采用理想信号获得理想的分析结论,然而在对这种高度抽象做能量分析时会产生能量丢失的问题。如图 E9.2.27(a)所示的理想模型,理想恒压源通过理

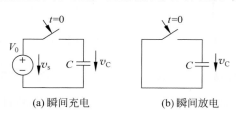

图 E9.2.27 电容充放电问题

想短接线和理想开关为理想电容充电,假设电容起始电压为 0,$t=0$ 时刻开关闭合,恒压源对电容瞬间完成充电,使其电压瞬间由 0 上升为 $V_0$,这种瞬间充电只能由冲激电流完成。我们注意到,恒压源瞬间将电容极板上的电荷量由 0 提升到 $Q_0=CV_0$,这个电荷是恒压源提供的,故而恒压源向外部提供了 $E_s=Q_0V_0=CV_0^2$ 的电能,然而 $V_0$ 的电容电压表明

电容只吸收并存储了 $0.5CV_0^2$ 的电能,剩下的 $0.5CV_0^2$ 的电能到了哪里? 又如图 E9.2.27(b) 所示的理想模型,有初始电压的理想电容通过理想开关和理想短接线放电,假设电容起始电压为 $V_0$,$t=0$ 时刻开关闭合,电容两端短接,瞬间完成放电,使其电容电压瞬间由 $V_0$ 跳变为 0,这种瞬间放电只能由冲激电流完成。电容极板上的电荷量由 $Q_0=CV_0$ 瞬间释放完毕,换句话说,电容存储的 $0.5CV_0^2$ 能量释放出去,但是这 $0.5CV_0^2$ 的能量到了哪里? 请同学假设电容串联一个电阻 $R$,考察所有能量关系后令 $R\to0$,是否可由此说明消失的电能到了何处? 显然,冲激电流抽象本身意味着电容能的释放,实际电容放电释放的能量被消耗在电源内阻、导线电阻等寄生电阻上,当这些寄生电阻极小可被抽象为零电阻时,则必有相当一部分能量将会形成高频电磁辐射,以电路观点看辐射能耗,它仍然可被等效为电阻,并称其为辐射电阻。

而其对偶形式是电流源对电感的充磁。当电流源 $I_{S0}$ 为电感 $L$ 充磁时,如果有并联电导 $G$ 分流,则开关换路瞬间 $I_{S0}$ 电流全部从并联电导流过,电感的充磁电压发生跳变,由 0 跳变为 $I_{S0}/G$,但电感电流却不会跳变。但是如果没有并联的分流电导($G=0$),充磁电压则瞬间急剧上升,当充磁电压很大时,实际电流源的非线性内导将会起作用,因而实际不会出现冲激电压,其根本原因是实际电流源不具理想恒流源的无限电压驱动能力。

我们可以通过断开电感电流通路的方式实现瞬间放磁($G=0,\tau=GL=0$),对理想电感而言则会在其两端产生冲激电压。而对实际电感,其两端电压升高到一定程度后,通路断开的开关介质则会高压电击穿形成放电通路。如果是晶体管开关,晶体管往往被高压击穿损毁而形成等效耗能电导;如果是机械开关,开关断开瞬间会有空气击穿产生电火花,电火花其实就是电磁辐射的一种形态,可等效为辐射电导。无论如何,冲激抽象其实是对物理上存在的能量快速释放的数学抽象,图 E9.2.27 所示电路中的冲激信号抽象本身代表了能量损耗。

**练习 9.2.15** 如图 E9.2.28 所示,这是用晶体管开关实现的继电器等效电路,其中 $L$ 为电源系统中的等效电感,$R$ 为负载电阻,S 为晶体管开关。开关闭合导通后,电源为负载电阻供电。(1)分析开关闭合瞬间,负载电阻上的电压变化情况。假设晶体管开关是理想开关。(2)分析开关断开瞬间,晶体管开关两端电压变化情况。晶体管往往会被击穿,请给出

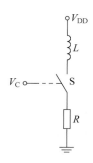

图 E9.2.28 电感断流保护

解决方案,使得晶体管开关受到保护。提示:电感产生冲激电压的原因是电感电流通路中断,只要能够在开关断开时为电感电流提供一个闭合回路即可消除冲激电压。

### 9.2.4 一阶滤波器的时频分析

冲激信号是高度抽象的信号,我们经常用它做数学上的原理性分析,其根本原因在于冲激信号包含了所有频率分量且所有频率分量幅度均为1,导致系统冲激响应的傅立叶变换恰好就是频域系统传递函数。

$$\mathcal{F}(h(t)) = \int_{-\infty}^{+\infty} h(t)\mathrm{e}^{-\mathrm{j}\omega t}\,\mathrm{d}t = H(\mathrm{j}\omega) \tag{9.2.18a}$$

$$\mathcal{F}^{-1}(H(\mathrm{j}\omega)) = \frac{1}{2\pi}\int_{-\infty}^{+\infty} H(\mathrm{j}\omega)\mathrm{e}^{\mathrm{j}\omega t}\,\mathrm{d}\omega = h(t) \tag{9.2.18b}$$

换句话说,两者完全等价,只不过是在两个域对同一系统特性不同视角的描述。

阶跃信号是冲激信号的时间积分使得线性时不变系统的阶跃响应恰好是其冲激响应的时间积分,同时阶跃信号在电路上相对容易构造和实现,故而实际电路的时域特性分析多是对阶跃响应的考察,尤其是低通系统。

**1. 系统传递函数**

当我们研究一个线性时不变系统的输入输出转移特性时,则设定它是零状态的,系统只有外加激励作为源驱动,系统输出完全是系统对输入激励的响应。

对于正弦波激励,只要线性时不变系统是稳定的,其瞬态过程则是指数衰减的,那么等待足够长时间后,瞬态过程都会结束从而进入稳态,稳态输出则是和输入同频的单频正弦波,

$$e(t) = E_\mathrm{p}\cos(\omega t + \varphi_\mathrm{e})$$
$$r_\infty(t) = R_\mathrm{p}\cos(\omega t + \varphi_\mathrm{r})$$

用相量分别表述为

$$\dot{E}(\mathrm{j}\omega) = E_\mathrm{p}\angle\varphi_\mathrm{e} \tag{9.2.19a}$$

$$\dot{R}(\mathrm{j}\omega) = R_\mathrm{p}\angle\varphi_\mathrm{r} \tag{9.2.19b}$$

考察稳态正弦输出与正弦输入之间的转移特性,

$$H(\mathrm{j}\omega) = \frac{\dot{R}(\mathrm{j}\omega)}{\dot{E}(\mathrm{j}\omega)} = \frac{R_\mathrm{p}}{E_\mathrm{p}}\angle(\varphi_\mathrm{r} - \varphi_\mathrm{e}) = A(\omega)\angle\varphi(\omega) \tag{9.2.20}$$

该特性被称为频域系统传递函数。其中 $A(\omega)$ 称幅频特性,$\varphi(\omega)$ 称相频特性,

$$A(\omega) = \frac{R_\mathrm{p}(\omega)}{E_\mathrm{p}(\omega)} \tag{9.2.21a}$$

$$\varphi(\omega) = \varphi_\mathrm{r}(\omega) - \varphi_\mathrm{e}(\omega) \tag{9.2.21b}$$

原理性分析时,幅频特性和相频特性可采用伯特图描绘。

**例 9.2.9** 研究图 E9.2.29 所示一阶 RC 电路的时频特性。

**解**:线性时不变系统的时域特性一般用冲激响应表述,图示电路的冲激响应为(见练习 9.2.13),

$$h(t) = \frac{1}{\tau}\mathrm{e}^{-\frac{t}{\tau}}U(t) \tag{E9.2.35}$$

其时域波形见图 E9.2.30,是单边指数衰减函数。这个指数衰减函数的关键变量为时间常数 $\tau = RC$,图中取了三种情况下的曲线:$\tau = 0.5\tau_0$,$\tau = \tau_0$ 和 $\tau = 2\tau_0$,$\tau_0$ 是归一化的人为

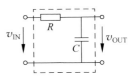

图 E9.2.29 一阶 RC 系统的时频特性研究

规定的时间参量。可见时间常数 $\tau$ 越小,单边指数衰减函数就越尖锐,变化越剧烈意味着通过的高频分量就越多。

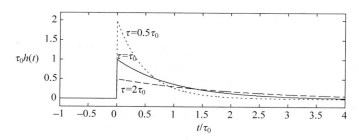

图 E9.2.30　一阶 RC 系统冲激响应

对冲激响应做傅立叶变换,可获得其频域传递函数

$$\mathcal{F}(h(t)) = \int_{-\infty}^{+\infty} h(t) \mathrm{e}^{-\mathrm{j}\omega t}\, \mathrm{d}t = \int_{-\infty}^{+\infty} \frac{1}{\tau} \mathrm{e}^{-\frac{t}{\tau}} U(t) \mathrm{e}^{-\mathrm{j}\omega t}\, \mathrm{d}t = \frac{1}{\tau} \int_{0}^{+\infty} \mathrm{e}^{-\left(\mathrm{j}\omega + \frac{1}{\tau}\right)t}\, \mathrm{d}t$$

$$= \frac{\dfrac{1}{\tau}}{\mathrm{j}\omega + \dfrac{1}{\tau}} \mathrm{e}^{-\left(\mathrm{j}\omega + \frac{1}{\tau}\right)t} \bigg|_{\infty}^{0} \xlongequal{\tau > 0} \frac{\dfrac{1}{\tau}}{\mathrm{j}\omega + \dfrac{1}{\tau}} = \frac{1}{1 + \mathrm{j}\omega\tau}$$

$$= \frac{1}{\sqrt{1 + (\omega\tau)^2}} \mathrm{e}^{-\mathrm{j}\arctan\omega\tau} = A(\omega)\mathrm{e}^{\mathrm{j}\varphi(\omega)} = H(\mathrm{j}\omega) \tag{E9.2.36}$$

其幅频特性 $A(\omega)-\omega$ 见图 E9.2.31(a),其相频特性 $\varphi(\omega)-\omega$ 见图 E9.2.31(b)。幅频特性在零频位置有最大值,随着频率升高,幅度越来越小,可知该系统是允许低频通过、阻止高频通过的低通系统。幅频特性比最大值低 3dB 对应的频点为 3dB 频点,显然 3dB 频点完全由时间常数 $\tau = RC$ 决定,$\omega_{3\mathrm{dB}} = \pm 1/\tau$,$\tau$ 越小,3dB 频点越大,允许通过的高频分量就越多。从负频率向

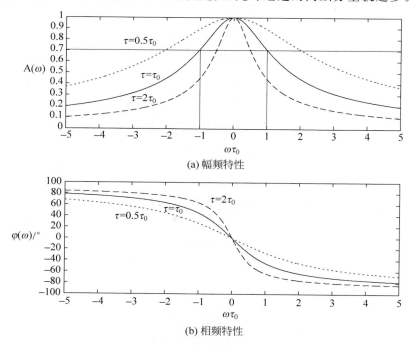

(a) 幅频特性

(b) 相频特性

图 E9.2.31　一阶 RC 电路的传递函数

正频率变化时,相频特性从 90° 到 -90° 变化,在零频附近可近似为直线,$\varphi(\omega) \approx -\omega\tau$,直线斜率代表信号延时,可见通带内信号延时近似由时间常数决定,大约为 $\tau$。$\tau$ 越大,相频特性曲线越陡峭,信号通过该系统的延时就越大。显然,带宽越大延时越小,带宽越小延时越大。

将冲激响应做傅立叶变换获得频域传递函数是数学过程,在实际电路分析时无须采用,采用相量法获取传递函数更为简单:只需将电容 $C$ 用导纳 $j\omega C$ 替代,将电感 $L$ 用阻抗 $j\omega L$ 替代,如同电阻电路求传递函数一样,只不过运算都是复数运算。对于本例,电容 $C$ 用导纳 $j\omega C$ 替代后,注意到输出为电容电压,只需在相量域求电容分压系数即可,分压系数为电容分阻抗与总阻抗之比,即

$$H(j\omega) = \frac{\dot{V}_{\text{out}}}{\dot{V}_{\text{in}}} = \frac{\frac{1}{j\omega C}}{R + \frac{1}{j\omega C}} = \frac{1}{1 + j\omega RC} = \frac{1}{1 + j\omega\tau} \tag{E9.2.37}$$

**2. 一阶低通**

图 9.2.11 是一阶 RC 低通和一阶 RL 低通电路。由于我们更习惯于电压模电路,故而这里以电压 $v_{\text{IN}}$ 为输入,以电压 $v_{\text{OUT}}$ 为输出。图示一阶 RC 电路具有低通特性的表象解释为:电容高频短路,此时输出 $v_{\text{OUT}}=0$,输入信号中的高频分量无法到达输出端;电容低频开路,故而输出 $v_{\text{OUT}}=v_{\text{IN}}$,输入信号直达输出端。图示一阶 RL 电路具有低通特性的表象解释为:电感高频开路,输入和输出之间断开,输入信号无法到达输出端,$v_{\text{OUT}}=0$;电感低频短路,输入直达输出,$v_{\text{OUT}}=v_{\text{IN}}$。那么什么频率是低频和高频的分界点呢?我们需要从传递函数入手考察。

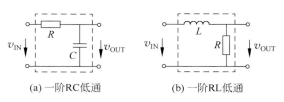

(a) 一阶RC低通          (b) 一阶RL低通

图 9.2.11 一阶低通

1)频率特性

请同学自行证明这两个电路具有完全一致的传递函数形式,

$$H(j\omega) = \frac{\dot{V}_{\text{out}}}{\dot{V}_{\text{in}}} = \frac{1}{1 + j\omega\tau} = \frac{1}{\sqrt{1 + (\omega\tau)^2}} e^{-j\arctan\omega\tau} = A(\omega)e^{j\varphi(\omega)} \tag{9.2.22}$$

其中对于 RC 电路,$\tau = RC$,对于 RL 电路,$\tau = GL$。其幅频特性 $A(\omega)$ 和相频特性 $\varphi(\omega)$ 分别如图 E9.2.31 所示。有如下几点需要说明:

(1)$\omega = 0$ 频点幅度最大,$A(0) = 1$,其他频点的幅度都小于 1。且频率 $\omega$ 越高,幅度 $A(\omega)$ 越小。为了描述这种变化,我们往往定义通带和阻带。

(2)所谓通带,就是信号中的频率分量可通过的频带。由于幅频特性不可能是水平不变的,故而往往限定低于通带最高幅度或中心频点幅度 3dB 对应的带宽为 3dB 带宽。也可定义 1dB 带宽、2dB 带宽,但 3dB 带宽是最常见的。3dB 对应着幅值是最大幅值的 0.707,$A(\omega_{3\text{dB}}) = 0.707A(0)$,或输出信号幅值对应的功率是最大功率的 0.5。对于一阶低通系统,3dB 频点由时间常数决定,$\omega_{3\text{dB}} = \pm\frac{1}{\tau} = \pm\omega_0$。由于实信号的频谱结构正负频率完全对称,故而只考察正频率,于是对于低通系统,其 3dB 通带就是零频到 $\omega_0$ 之间的频段,

$$\text{PassBand}_{3\text{dB}} = \left[0, \frac{1}{2\pi\tau}\right] \tag{9.2.23}$$

这里频带单位取 Hz。显然,一阶低通系统的 3dB 带宽为

$$\mathrm{BW}_{3\mathrm{dB}} = f_0 = \frac{1}{2\pi\tau} \tag{9.2.24}$$

（3）所谓阻带，就是信号中频率分量不能通过的频带。由于在一个频带内完全滤除无法实现，因而往往定义 60dB 阻带，也就是说，在该频带内，信号幅度较最大输出幅度衰减 1000 倍以上。也可定义 40dB 阻带、80dB 阻带等，与具体应用有关。一阶低通系统的 60dB 阻带为

$$\mathrm{StopBand}_{60\mathrm{dB}} = \left[\frac{1000}{2\pi\tau}, \infty\right) \tag{9.2.25}$$

（4）通带和阻带之间被称为过渡带。如果认为通带之内的信号几乎全通过，阻带之内的信号全阻断，那么过渡带内的信号则难以界定是允许通过还是不允许通过。为了消除这种模糊性，过渡带越窄越好，显然一阶系统不够用，需要高阶系统来降低过渡带宽度。

（5）用滤波器进行信号处理时，将有用信号置于通带之内，需要滤除的信号应位于阻带之内。考察滤波器对有用信号的影响时，我们只关注通带。我们期望通带内的所有信号通过低通滤波器后具有近似一致的延时以降低信号失真。对于一阶低通滤波器，其相频特性在零频（通带中心点）附近近似为 $-\omega\tau$，

$$\varphi(\omega) = -\arctan\omega\tau \approx -\omega\tau \quad （零频附近） \tag{9.2.26}$$

这意味着通带内信号通过一阶滤波器后近似有 $\tau$ 的延时，

$$v_{\mathrm{IN}}(t) = V_{\mathrm{m}}\cos\omega t$$

$$v_{\mathrm{OUT}}(t) = \frac{V_{\mathrm{m}}}{\sqrt{1 + (\omega\tau)^2}}\cos(\omega t - \arctan\omega\tau) \approx V_{\mathrm{m}}\cos\omega(t - \tau) = v_{\mathrm{IN}}(t - \tau) \quad （零频附近）$$

上述对一阶低通通带特性的分析牵扯到理想低通滤波问题。理想低通滤波应具有通带内幅频特性为常量，相频特性为直线的特性，如图 9.2.12 所示：这是一个理想低通滤波器的幅频特性，在 $\pm\omega_c$ 频带内，幅频特性为常值 1，相频特性为过原点的负斜率直线，直线斜率的负值为信号通过滤波器的延时大小。假设存在这么一个理想低通滤波器，再假设有一个信号 $x(t)$，其所有的频谱分量都落在理想滤波器通带之内，那么经过这个滤波器后，滤波器输出端的信号则为 $x(t-\tau_0)$，输出信号仅仅是输入信号的延时，这种滤波特性导致通带内的信号可无失真通过，而通带外的信号则一律滤除干净。

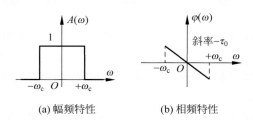

(a) 幅频特性　　(b) 相频特性

图 9.2.12　理想低通特性

虽然我们期望理想滤波特性，但物理上理想滤波器不具可实现性。我们总是希望设计实现的真实滤波器，其幅频特性在通带内具有足够的平坦度，其相频特性在通带内足够接近直线，以逼近理想滤波特性。可以通过高阶（多个独立的 $L$、$C$）逼近理想滤波特性，幅频特性越逼近于理想特性，所需要的阶数就越高，但每个独立的 $L$、$C$ 元件都会引入延时，导致幅频特性越接近于理想特性时，通过该滤波器的信号延时就越大，当幅频特性完全趋近于理想特性时，延时将趋于无穷大而不可实现。因而实际滤波器总是偏离理想滤波器，通带内幅频特性的不平坦导致的失真被称为幅度失真，通带内相频特性的非直线导致的失真被称为相位失真，这两类失真统称为线性失真，以区别于非线性失真。

虽然我们可以借助于计算机画出频率特性，但我们更喜欢用伯特图予以原理性表述。画伯特图时，只需考虑 $\omega > 0$ 的情况，一阶低通的频率特性有如下趋势，

$$A(\omega) = \frac{1}{\sqrt{1+(\omega\tau)^2}} = \frac{1}{\sqrt{1+\left(\frac{\omega}{\omega_0}\right)^2}} \approx \begin{cases} 1, & \omega < \omega_0 \\ \dfrac{\omega_0}{\omega}, & \omega > \omega_0 \end{cases}$$

$$A_{dB}(\omega) \approx \begin{cases} 0, & \omega < \dfrac{1}{\tau} = \omega_0 \\ 20\log_{10}\omega_0 - 20\log_{10}\omega, & \omega > \dfrac{1}{\tau} = \omega_0 \end{cases} \tag{9.2.27a}$$

$$\varphi(\omega) = -\arctan\omega\tau \approx \begin{cases} 0°, & \omega < 0.1\omega_0 \\ -45° - 45°\log_{10}\dfrac{\omega}{\omega_0}, & 0.1\omega_0 < \omega < 10\omega_0 \\ -90°, & \omega > 10\omega_0 \end{cases} \tag{9.2.27b}$$

其伯特图如图 9.2.13 所示。该伯特图形态是由于一阶低通的传递函数只有一个极点的缘故，导致碰到极点频率 $\omega_0$ 后幅频特性按 $-20$dB 每 10 倍频程速率下降，而相频特性则在 0.1 和 10 倍极点频率区间滞后 90°。

从伯特图很容易看出，一阶电路低频和高频的分界点 $\omega_0 = 1/\tau$，或者 $f_0 = 1/(2\pi\tau)$。$f_0$ 在这里被称为截止频率(cutoff frequency)，同时也是一阶低通的 3dB 频点。伯特图与实际特性有一定误差，最大误差出现在分段折线的转折点。对于幅频特性，最大误差在 $f_0$ 频点，实际幅频特性为 $-3$dB，伯特图为 0dB；相频特

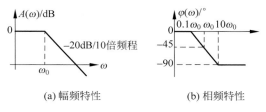

(a) 幅频特性　　　(b) 相频特性

图 9.2.13　一阶低通的伯特图

性最大误差在 $0.1f_0$ 和 $10f_0$ 频点，实际相频特性和伯特图差 5.71°，伯特图的分段折线不关注这些误差，而只关注频率特性的变化趋势。

注意到 $f < 0.1f_0$ 时，$A(\omega) > 0.995$，与完全通过的 1 的差别不会超过 0.5%，同时输出较输入的相位延迟 $-\varphi(\omega) < 5.71°$，此时电容被认为是低频开路却不会导致大的误差；同样地，当 $f > 10f_0$ 时，$A(\omega) < 0.0995$，从能量角度看，和通过的比差了 100 倍(20dB)以上，此时将电容建模为高频短路所引入的误差某种程度上也可容忍。

从传递函数伯特图看，一阶低通系统的幅频特性呈现"低通"特性，相频特性则呈现"相位滞后"及"延时"特性，这些频域中的特性在时域中又是怎样体现的呢？

2) 冲激响应和阶跃响应

一阶低通系统的冲激响应和阶跃响应前面的例题均有分析，这里重列如下，

$$h(t) = \frac{1}{\tau}e^{-\frac{t}{\tau}}U(t) \tag{9.2.28a}$$

$$g(t) = (1 - e^{-\frac{t}{\tau}})U(t) \tag{9.2.28b}$$

对一阶 RC 电路而言，冲激响应就是一个电容放电曲线，而阶跃响应则是电容充电曲线。由于冲激激励仅在 $t=0$ 时刻有瞬间的激励，其后激励则消失，导致从其冲激响应看低通只能通过傅立叶变换(从传递函数)依其通过的频率分量大小看其低通特性，如式(E9.2.36)和图 E9.2.31。而阶跃激励则在 $t>0$ 后一直维持 $V_0$ 的电压激励，因而对应的阶跃响应更直观地体现低通特性。

如图 9.2.14(a)所示，这是一阶低通系统典型的阶跃响应曲线。由于低通特性，高频分量

无法通过,导致激励 $V_0 U(t)$ 在 $t=0$ 时刻的跳变(代表高频分量)无法在输出端响应,输出是一个缓缓上升的过程。等待足够长时间后,输出趋于平坦(代表直流),代表了低频分量通过,这正是低通在时域的体现。

从传递函数伯特图很容易看出一阶低通系统最关键的参量是 $BW_{3dB}=1/2\pi\tau$,在阶跃响应中,一阶系统的关键参量如何衡量呢? 一种情况是确切知道这是一阶系统,其关键参量为 $\tau$,那么阶跃响应从 0 开始最终稳定在 $V_0$ 电压过程中,从 0 到 $0.63V_0$ 所需的时间就是时间常数 $\tau$,这是延时在时域的体现。另一种情况是不能确切知道这是一阶系统,可能是一阶、二阶或更高阶系统,则通常用上升沿时间 $T_r$ 描述该低通系统的延时特性。如图 9.2.14 所示,图(a)是一阶低通阶跃响应曲线,图(b)是二阶低通阶跃响应的一种形态,无论哪种形态,均定义上升沿时间 $T_r$ 为阶跃响应从 $0.1V_0$ 上升到 $0.9V_0$ 变化所需的时间。低通系统的上升沿时间 $T_r$ 和 3dB 带宽 $BW_{3dB}$ 之间有如下关系,

$$BW_{3dB} = \frac{0.35}{T_r} \tag{9.2.29}$$

如果将上升沿时间视为系统响应时间,显而易见,系统带宽越宽,响应速度就越快,系统带宽越窄,响应速度就越慢。

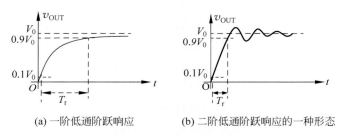

(a) 一阶低通阶跃响应          (b) 二阶低通阶跃响应的一种形态

图 9.2.14    上升沿时间

**练习 9.2.16**    请证明,一阶低通系统阶跃响应的上升沿时间为

$$T_r \approx 2.2\tau \tag{9.2.30}$$

一阶低通系统的上升沿时间 $T_r$ 和一阶低通系统的 3dB 带宽 $BW_{3dB}=1/(2\pi\tau)$ 成反比关系,如式(9.2.29)所示,该式对高阶系统同样成立。二阶低通系统的上升沿时间和带宽的关系讨论见第 10 章。

下面从电路角度解释为何会形成如图 9.2.14 所示的阶跃响应曲线。对于一阶 RC 电路,阶跃激励 $V_0 U(t)$ 在 $t=0$ 跳变瞬间,电容电压不能突变,故而保持为 0,于是电阻两端电压为 $V_0$,回路电流为 $V_0/R$,该电流对电容充电,电容电压 $v_C$ 上升,于是电阻电压 $v_R$ 下降,回路电流 $i=v_R/R$ 下降,对电容的充电电流下降,电容电压上升速率下降,如是形成了指数衰减规律的充电过程。

对于一阶 RL 低通电路,输入端加上阶跃电压 $V_0 U(t)$ 在 $t=0$ 跳变瞬间,电感电流不能突变,保持为 0,视为开路,故而电压 $V_0$ 全部加载到电感两端,该电压对电感充磁,电感磁能的表现为电流,$i=\dfrac{1}{L}\displaystyle\int_0^t v_L dt$,这个电流起始时很小,近似和时间成正比关系,$(V_0/L)t$,它流过电阻 $R$ 后产生分压,显然起始的电阻电压以 $V_0/(GL)$ 的速率上升。随着电阻电压的上升,电感充磁电压随之降低,电感电流上升速率随之下降,故而和电感电流成正比的电阻电压上升速率也随之下降,充磁过程中的电感电流的指数衰减上升规律直接反映到电阻分压上,为

$V_0(1-e^{-t/\tau})$。当等待足够长的时间后,电感充磁电压为 0,电感电流不再上升,电阻分压稳定在 $V_0$,整个回路进入稳态。

**练习 9.2.17** 对于图 9.2.11(b)所示一阶 RL 低通网络,以 $v_{IN}$ 为激励源变量,以 $v_{OUT}$ 为输出响应变量:(1)列写时域电路方程;(2)求冲激响应和阶跃响应;(3)列写相量域电路方程;(4)求传递函数,写出幅频特性和相频特性表达式;(5)画幅频特性和相频特性的伯特图。

**3. 一阶高通**

图 9.2.15 是一阶 RC 高通和一阶 RL 高通。图示一阶 RC 电路具有高通特性的表象解释为:电容高频短路,故而输入信号中的高频分量无损失通过,$v_{OUT}=v_{IN}$;电容低频开路,信号通路中断,$v_{OUT}=0$,输入信号中的低频分量无法到达输出端。请同学自行对图示一阶 RL 高通电路的高通特性进行表象解释。

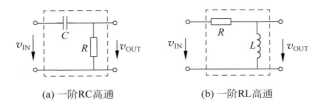

(a) 一阶RC高通        (b) 一阶RL高通

图 9.2.15 一阶高通

1) 冲激响应和阶跃响应

以图 9.2.15 所示的一阶高通电路为例,以 $v_{OUT}$ 为未知量(输出响应),以 $v_{IN}$ 为已知量(输入激励),列写的时域电路方程为

$$\tau \frac{dv_{OUT}(t)}{dt} + v_{OUT}(t) = \tau \frac{dv_{IN}(t)}{dt} \tag{9.2.31}$$

如果输入为阶跃信号,$v_{IN}(t)=V_0 U(t)$,代入方程后,方程形式为

$$\tau \frac{dv_{OUT}(t)}{dt} + v_{OUT}(t) = \tau V_0 \delta(t)$$

此方程与一阶低通系统的冲激激励完全一致,故而解的形式为电容放电指数衰减形态(一阶低通的冲激响应形式),

$$v_{OUT}(t) = \tau V_0 \cdot \left(\frac{1}{\tau} e^{-\frac{t}{\tau}} U(t)\right) = V_0 e^{-\frac{t}{\tau}} U(t) \tag{9.2.32}$$

显然一阶高通系统的阶跃响应 $g(t)$ 为

$$g(t) = \frac{v_{OUT}(t)}{V_0} = e^{-\frac{t}{\tau}} U(t) \tag{9.2.33}$$

而冲激响应 $h(t)$ 则是阶跃响应的微分,

$$h(t) = \frac{d}{dt} g(t) = \frac{d}{dt}(e^{-\frac{t}{\tau}} U(t)) = e^{-\frac{t}{\tau}} \frac{dU(t)}{dt} + \frac{d}{dt}(e^{-\frac{t}{\tau}}) U(t)$$

$$= e^{-\frac{t}{\tau}} \delta(t) - \frac{1}{\tau} e^{-\frac{t}{\tau}} U(t) = \delta(t) - \frac{1}{\tau} e^{-\frac{t}{\tau}} U(t) \tag{9.2.34}$$

上述分析是从数学方程求解获得,下面直接从电路的角度给予说明。首先是冲激响应:对于如图 9.2.15(a)所示的一阶 RC 高通网络,$\tau=RC$,故而可假设激励电压为 $RCV_0\delta(t)$,由于存在冲激,电容在 $t=0$ 瞬间是短路的,输入电压瞬间全部加载到电阻上,因而电阻上首先有一个 $RCV_0\delta(t)$ 的电压,显然这个电压会在电阻上产生一个 $CV_0\delta(t)$ 的冲激电流,这个冲激电

流对电容充电,电容瞬间充电至 $V_0$,这个电压从电容左极板指向右极板。冲激结束后,输入端短接于地,电容左极板接地,由于电容电压保持不变,右极板电压则为 $-V_0$,其后,这个 $-V_0$ 初始电压代表的右极板 $-Q_0 = -CV_0$ 电荷通过电阻 $R$ 放电,从而电阻上除了瞬间的 $RCV_0\delta(t)$ 冲激电压外,还有一个指数衰减电压项,为 $-V_0\mathrm{e}^{-t/\tau}U(t)$,如是在 $RCV_0\delta(t)$ 冲激激励下,一阶 RC 高通滤波器输出响应为 $RCV_0\delta(t) - V_0\mathrm{e}^{-t/\tau}U(t)$,由线性系统均匀性可知冲激响应如式(9.2.34)形式。

对于如图 9.2.15(b)所示的一阶 RL 高通网络,$\tau = GL$,故而假设激励电压为 $GLV_0\delta(t)$,冲激的瞬间电感是开路的,故而所有电压全部加载到电感上,电感两端有一个瞬间冲激电压 $GLV_0\delta(t)$,这个冲激电压会瞬间对电感充磁,使得电感瞬间获得 $GV_0$ 的初始电流。冲激结束后,电阻左端短接于地,于是电感在初始电流 $GV_0$ 的作用下,通过电阻 $R$ 放磁。电感放磁电流具有指数衰减规律 $GV_0\mathrm{e}^{-t/\tau}U(t)$,这个电流流过电阻,形成电阻电压,注意电流的流向,使得我们定义的输出电压 $v_0 = -v_R = -V_0\mathrm{e}^{-t/\tau}U(t)$,故而在 $GLV_0\delta(t)$ 冲激激励下,响应为 $GLV_0\delta(t) - V_0\mathrm{e}^{-t/\tau}U(t)$。

对于阶跃响应,直接从电路上可做如是理解:对于如图 9.2.15(a)所示的一阶 RC 高通网络,$V_0U(t)$ 的输入信号加载后,由于电容电压不能突变,在 $t=0$ 瞬间保持为 0,故而可视电容是瞬间短路的,从而输入电压 $V_0$ 瞬间全部加载到电阻 $R$ 上,产生初始的回路电流 $V_0/R$,这个电流对电容充电,注意电流方向,该电流使得电容左极板累积正电荷,右极板累积负电荷,电容左极板电压被激励源确定为不变的 $V_0$,右极板相对左极板电压则只能下降,故而电阻两端电压下降,于是电阻电流减小,也就是说,对电容的充电电流减小,电容电压变化趋缓,从而电阻电压下降呈现指数衰减规律。电容电压越充越高,但充得也越来越慢。当电容电压充至等于输入电压时,两者完全对消,电阻电压为 0,整个回路趋稳。

也可用诺顿等效解释为何形成指数衰减规律的输出:将输入阶跃电压源 $V_0U(t)$ 和电容 $C$ 等效为诺顿形式,诺顿电流源则为冲激 $CV_0\delta(t)$,这个冲激电流源瞬间将并联 $C$ 充电至 $V_0$ 电压,之后电流源开路,电容 $C$ 通过 $R$ 放电,故而 $R$ 上电压呈现指数衰减规律。从这个角度分析,如果把输入阶跃电压源和电容视为一体,从电阻向左侧端口整体看,电容和阶跃电压源 $V_0U(t)$ 的串联犹如一个具有 $V_0$ 初始电压的电容,它也确实是具有 $V_0$ 初始电压电容的等效电路。

对于如图 9.2.15(b)所示的 RL 高通网络,$V_0U(t)$ 的输入信号加载后,由于电感电流不能突变而保持为 0,在 $t=0$ 瞬间,电感可视为开路,故而输入电压 $V_0$ 瞬间全部加载到电感 $L$ 上,电感充磁,$i = \dfrac{1}{L}\displaystyle\int_0^t v_L\,\mathrm{d}t$,电感电流起始短时间内呈现线性增长规律,$i = (V_0/L)t$,这个电流流过电阻产生分压,故而电感两端分压减小,于是电感充磁速率下降,电感电流呈现指数衰减规律的上升,$i(t) = V_0G(1-\mathrm{e}^{-t/\tau})$,电阻电压也呈现指数衰减规律的上升,$v_R(t) = V_0(1-\mathrm{e}^{-t/\tau})$,电感分压则呈现指数衰减规律的下降,$v_L(t) = V_0\mathrm{e}^{-t/\tau}$。

2) 频率特性

图 9.2.15 所示一阶高通网络的相量域方程与时域方程(9.2.31)完全对应,只是微分全部变化为乘 $\mathrm{j}\omega$ 运算,时域变量用相量域变量替代,

$$\mathrm{j}\omega\tau \cdot \dot{V}_{\mathrm{OUT}} + \dot{V}_{\mathrm{OUT}} = \mathrm{j}\omega\tau \cdot \dot{V}_{\mathrm{IN}} \tag{9.2.35}$$

相量域方程假设输入为正弦激励,输出为正弦稳态响应,即同频正弦波。从该向量域电路方程很容易获得频域传递函数,

$$H(\mathrm{j}\omega) = \frac{\dot{V}_{\mathrm{out}}}{\dot{V}_{\mathrm{in}}} = \frac{\mathrm{j}\omega\tau}{1 + \mathrm{j}\omega\tau} = \frac{1}{\sqrt{1 + (\omega\tau)^{-2}}}\mathrm{e}^{\mathrm{j}\arctan(\omega\tau)^{-1}} = A(\omega)\mathrm{e}^{\mathrm{j}\varphi(\omega)} \qquad (9.2.36\mathrm{a})$$

$$A(\omega) = \frac{1}{\sqrt{1 + (\omega\tau)^{-2}}} \xrightarrow{\omega > 0} \frac{\omega\tau}{\sqrt{1 + (\omega\tau)^2}} \qquad (9.2.36\mathrm{b})$$

$$\varphi(\omega) = \arctan(\omega\tau)^{-1} \xrightarrow{\omega > 0} 90° - \arctan\omega\tau$$

这个传递函数也可直接在相量域求分压系数获得,其幅频特性 $A(\omega)$ 和相频特性 $\varphi(\omega)$ 分别如图 9.2.16 所示,同时用虚线画出了其伯特图。该伯特图的形态是由传递函数一个零点和一个极点作用下形成的,见 8.3.2 节伯特图画法。

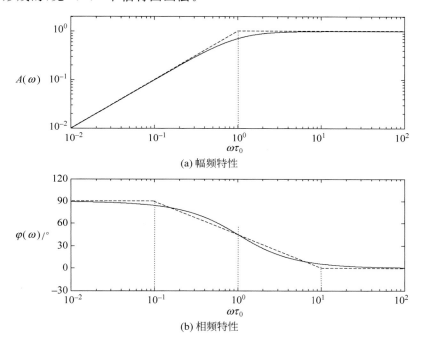

(a) 幅频特性

(b) 相频特性

图 9.2.16 一阶高通网络的频率特性与伯特图

针对一阶高通系统的频率特性,有如下几点说明:

(1) $\omega = \infty$ 频点幅度最大,$A(\infty) = 1$,其他频点的幅度都小于 1。频率 $\omega$ 越低,幅度 $A(\omega)$ 越小。这正是高频可通的高通特性。

(2) 一阶高通系统的 3dB 频带同样是完全由时间常数 $\tau$ 决定,$\omega_{3\mathrm{dB}} = 1/\tau = \omega_0$。$\omega > \omega_0$ 为其通带,

$$\mathrm{PassBand}_{3\mathrm{dB}} = \left[\frac{1}{2\pi\tau}, \infty\right) \qquad (9.2.37)$$

(3) 一阶高通系统的相频特性呈现超前特性,而非低通的滞后特性,

$$\varphi(\omega) = 90° - \arctan\omega\tau$$

当频率很低时,输出正弦波幅度极小,相位超前输入大约 $90°$;当频率很高时,输出正弦波幅度和输入基本一致,相位超前接近 $0°$,即高频信号几乎无失真通过。

一阶高通网络具有低频分量衰减严重,高频分量顺利通过的特性,以一阶 RC 高通网络进行说明:电阻电压和电容电流成正比关系,这里以电阻电压作为输出,也就是考察电容电流的

响应。电容电流是对电容电压的时间微分效应,微分就是求差异,高频分量差异大而低频分量差异小,频率越低,差异越小,微分后就越小,低频分量因而被滤除。注意 $\omega \ll \omega_0$ 时 $H \approx j\omega/\omega_0$,出现 $j\omega$ 就代表微分,低频意味着变化很慢,变化越慢的,其前后差异越小,微分后被消除的就越严重,这就是 $j\omega$ 的含义,频率越低,输出越小。分子中的 $j$ 代表的是 90°相位超前,这是微分导致的,微分求差异,信号相位都会存在超前效应,输出会提前呈现输入的变化,对于类周期变化,求差异可以预知未来的变化态势。

相对应地,一阶 RC 低通网络的传递函数为 $H = 1/(1 + j\omega/\omega_0)$:当频率远低于截止频率 $\omega_0$ 时,$\omega \ll \omega_0$,$H \approx 1$,这表明低频信号可以顺利通过;当频率高于该频点时,$\omega \gg \omega_0$,$H \approx \omega_0/(j\omega)$,其幅度趋于 0,其相位趋于 $-90°$,这表明高频信号很难通过。高频分量衰减的原因是电容电压是对电容电流的时间积分效应,积分就是求平均,高频分量很容易通过求平均被滤除,平均下来后剩下的就是低频分量了,故而具有低通滤波效果。注意 $\omega \gg \omega_0$ 时 $H \approx \omega_0/(j\omega)$,出现 $1/(j\omega)$ 就代表积分,高频就是变化很快的意思,变化越快的,积分后被消除的就越厉害,这就是 $1/(j\omega)$ 的含义。分母中出现 $j$ 代表 90°相位滞后,这是由积分导致的,积分求平均时,信号变化都会存在滞后效应。

**练习 9.2.18** (1)画出一阶高通系统的冲激响应和阶跃响应时域波形,理解为何会出现这样的波形,分析高通特性是如何体现在时域波形上的。

(2)一阶低通电路又称积分电路,一阶高通电路又称微分电路,如何理解低通的积分和高通的微分?

### 4. 一阶全通

一阶高通特性和一阶低通特性具有互补特性,两者的传递函数之和为 1,两者传递函数之差又有什么特性呢? 全通特性。

**1) 频率特性**

如图 9.2.17 所示,这是一个一阶全通网络。网络中虽然有两个电容,但是网络本身具有对称性,对称性导致系统降阶退化为一阶系统。以图中 $B$ 点为参考地结点,显然输入信号被分解为两路信号,$C$ 结点对地电压为输入电压的高通信号,$D$ 结点对地电压为输入电压的低通信号,从而最终 $C$-$D$ 结点之间的电压为输入信号的全通信号,

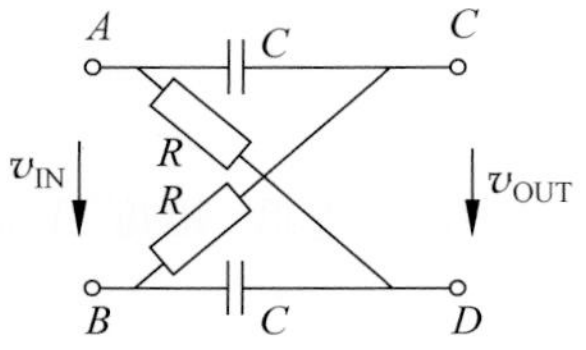

图 9.2.17 一阶全通

$$\frac{\dot{V}_{OUT}}{\dot{V}_{IN}} = \frac{\dot{V}_C}{\dot{V}_{IN}} - \frac{\dot{V}_D}{\dot{V}_{IN}} = \frac{j\omega RC}{1 + j\omega RC} - \frac{1}{1 + j\omega RC}$$

$$= \frac{j\omega\tau - 1}{j\omega\tau + 1} = e^{j(\pi - 2\arctan\omega\tau)} \tag{9.2.38}$$

所谓全通,所有频率全部允许通过,如图 9.2.18(a)所示,幅频特性对所有频率都是 1,但是不同频率通过该系统后有不同的相移,如图 9.2.18(b)所示,从低频的 180°相移到高频的 0°相移变化全有,当 $\omega = \omega_0 = 1/\tau$ 时,相移为 90°。

从幅频特性看,全通网络没有滤波效果,那么全通网络有什么用处呢? 我们可利用全通网络实现相位均衡。假设信号通过某网络,其通带内的相频特性严重偏离直线,也就是说相位失真严重,其后则可通过级联一个全通网络,该全通网络在适当的频段内对信号相位进行修正(均衡),使得级联网络的相频特性在通带内接近理想直线,从而达到均衡目的,相位均衡的同时幅度却不会发生变化。

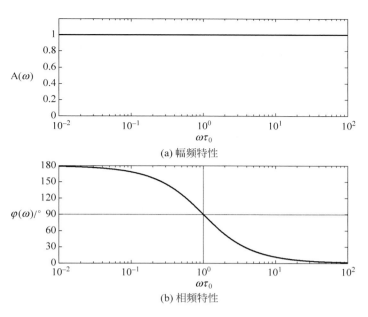

(a) 幅频特性

(b) 相频特性

图 9.2.18 一阶全通网络的传递函数

2) 阶跃响应

一阶全通网络的阶跃响应很容易获得,等于一阶高通的阶跃响应减去一阶低通的阶跃响应,

$$g(t) = (2e^{-\frac{t}{RC}} - 1)U(t) \qquad\qquad (9.2.39)$$

如图 9.2.19 所示,如果输入为阶跃电压 $V_0 U(t)$,输出则为 $V_0(2e^{-t/\tau}-1)U(t)$。如何理解这个结果呢?在输入端加阶跃激励 $V_0 U(t)$,在 $t=0$ 瞬间,电容电压不能突变而保持零电压,两个电容视为瞬间短路,故而 $v_o(0)=V_0$。这里仍然以输入端口的下端点 $B$ 为参考地结点,输出端口的两个端点分别为一阶 RC 高通和一阶 RC 低通的输出端点。注意,输出端口开路,故而两个网络(一阶 RC 高通和一阶 RC 低通)独立运行,由于都是电压源驱动 RC 串联回路,故而两个回路的电流始终相同:在 $t=0$ 瞬间由于电容短路,两个回路电流都是 $V_0/R$,它们分别对两个电容充电。对于高通网络电容(上面的电容),由于电容左侧是输入电压(恒压不变),故而对电容充电的结果是电容右侧电压降低,对于低通网络电容(下面的电容),由于电容左侧是地电压,故而对电容充电的结果是电容右侧电压升高,输出电压为两个电容右极板电压之差,故而输出电压随时间增加而下降。无论如何,两个回路都是一个对电容充电的过程,充电电流按相同的指数衰减规律变化,导致输出电压也呈现一致的指数衰减规律变化。等待足

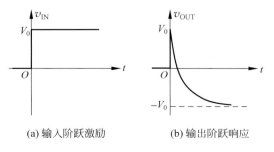

(a) 输入阶跃激励     (b) 输出阶跃响应

图 9.2.19 一阶全通的阶跃响应

够长时间后,充电结束,输入相当于直流,于是电容开路,输出端口的上端点和输入端口的下端点通过 $R$ 连接,输出端口的下端点和输入端口的上端点通过 $R$ 连接,而输出端口开路,故而输出电压为 $-V_0$,是输入电压的反相。

虽然这是一个全通网络,所有频率从幅度上考察都是无差别地通过,但是不同频率通过网络后有不同的相移(或延时),高频相移为 $0°$,低频相移为 $180°$,体现在阶跃响应上,在 $t=0$ 瞬间的突变是高频,故而完全通过,$v_o(0)=V_0$,在 $t\to\infty$ 则属直流,故而完全通过但 $180°$ 反相,$v_o(\infty)=-V_0$,中间时间段则以指数律衰减变化。全通网络虽然没有幅度失真,但存在相位失真,故而输出波形和输入波形有明显不同,这种波形失真是线性失真。

### 9.2.5　应用分析

本节之前的线性时不变一阶动态系统的分析均将电容、电感之外的线性电阻网络用戴维南等效或诺顿等效为简单的激励源形态,故而分析都是最简单的一阶 RC、一阶 RL 形态。下面的应用分析中将会出现线性受控源、运放、多电容等形态,这里的受控源都是线性代数方程描述的阻性受控源,多个电容并非独立或分别单独起作用,故而电路仍然属于一阶动态电路。

实际应用中,电感体积大,易受外界干扰,故而不常用。同时器件的寄生效应如晶体管的寄生效应,寄生电容一般总是先起作用,在更低的频段就开始起作用了,故而下面的例题都是一阶 RC 电路的讨论。

#### 1. 晶体管寄生电容的影响

图 E9.2.32(a)是 BJT 晶体管小信号放大器的高频等效电路基本模型,当频率比较高时,晶体管的寄生电容效应则不可忽略,它们将导致高频增益严重下降。图示三个电容构成电压闭环,因而其中一个电容的状态变量(电压)是其他两个状态变量(电压)之和,故而它们是不独立的,虽然有三个电容,但动态系统却只是二阶系统。由于目前我们只能分析一阶系统的时域动态行为,故而这里单独考虑这些电容独自起作用时对放大器的影响。其中,$C_{be}$ 和放大器输入端戴维南电阻 $R_s$ 形成低通效应,$C_{ce}$ 和放大器负载 $R_L$ 在压控源激励下形成低通效应,都很容易理解,而跨接电容 $C_{bc}$ 同样会形成低通效应,因为当它高频短路时,压控流源则退化为 $1/g_m$ 电阻,失去了放大作用,故而高频增益将严重下降(形成传递函数中的极点效应:频率越高,增益越低),同时,它又是信号通路上的电容,故而还有高通特性(形成传递函数中的零点效应:频率越高,增益越大),低通和高通两种效应在不同频点开始起作用,因而形成了如例 8.3.11 所示的频率特性,低频高增益,在 $f_p$ 频点之后增益下降,但下降到 $f_z$ 频点后,增益又走平。下面我们进一步分析其时域特性,看时频特性是如何一一对应的。

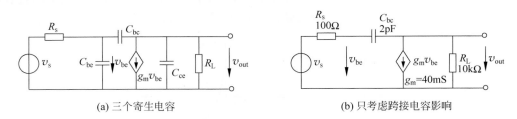

(a) 三个寄生电容　　　　　　　　(b) 只考虑跨接电容影响

图 E9.2.32　晶体管高频小信号电路分析

**例 9.2.10**　请分析如图 E9.2.32(b)所示电路的时频特性,它和例 8.3.11 具有完全相同的电路参数。

**解**：频域分析见例 8.3.11。时域分析采用阶跃响应分析，假设输入信号为 $v_s(t) = V_0 U(t)$，其中 $V_0 = 1\text{mV}$。由于电路中只有一个电容，故而属一阶系统，可以利用三要素法进行分析。首先是 $t < 0$ 的情况，$v_s(t) = 0$，$v_{OUT}(t) = 0$。在 $t = 0$ 瞬间，输入由 0 跳变到 1mV，电容电压不能突变而瞬间被视为高频短路，于是压控流源在此瞬间其作用与 $1/g_m$ 的电阻并无区别，$v_{OUT}(0^+)$ 则是输入的简单的电阻分压，

$$v_{OUT}(0^+) = \frac{\frac{1}{g_m} \parallel R_L}{R_s + \frac{1}{g_m} \parallel R_L} v_s(0^+) = \frac{25\Omega \parallel 10\text{k}\Omega}{100\Omega + 25\Omega \parallel 10\text{k}\Omega} \times 1\text{mV} = 0.2\text{mV}$$

此为输出电压的初值。

当 $t \to \infty$ 时，该电路成为直流电路，电容直流开路，故而输出电压的稳态值为

$$v_{OUT,\infty}(t) = -g_m R_L v_{s,\infty}(t) = -40\text{mS} \times 10\text{k}\Omega \times 1\text{mV} = -400\text{mV}$$

此为输出电压的稳态响应。

最后求时间常数，只需考察电容两端等效电阻即可，这个等效电阻是大家熟知的形式，为

$$R_{eq} = R_s \langle g_m \rangle R_L = R_s + R_L + g_m R_s R_L = 0.1 + 10 + 40 \times 0.1 \times 10 = 50.1(\text{k}\Omega)$$

$$\tau = R_{eq}C = 50.1\text{k}\Omega \times 2\text{pF} = 0.1002\mu\text{s}$$

根据三要素法，可知输出电压表达式为

$$v_{OUT}(t) = \begin{cases} 0, & t < 0 \\ v_{OUT,\infty}(t) + (v_{OUT}(0^+) - v_{OUT,\infty}(0^+))e^{-\frac{t}{\tau}}, & t > 0 \end{cases}$$

$$= \begin{cases} 0, & t < 0 \\ -400 + 400.2e^{-\frac{t}{0.1002\mu s}}, & t > 0 \end{cases} \quad (\text{单位：mV})$$

图 E9.2.33(a) 是阶跃响应输出时域波形。为了看清楚细节，$t = 0$ 附近细节有意做了放大，使得初值 0.2mV 和稳态值 −400mV 完全不成比例。

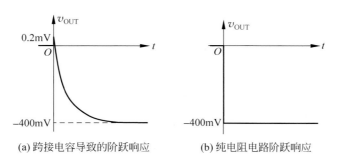

(a) 跨接电容导致的阶跃响应　　　　(b) 纯电阻电路阶跃响应

图 E9.2.33　跨导放大器跨接电容的影响

为了说明电容的影响，图 E9.2.33(b) 位置还给出了没有跨接电容的纯电阻电路的阶跃响应，由于是纯电阻电路，输出是输入的反相放大，故而

$$v_{OUT}(t) = -400U(t)(\text{单位：mV})$$

即纯电阻电路输出电压在 $t = 0$ 瞬间由 0 跳变到 −400mV 并稳定下来，而跨接电容存在时，输出电压则在 $t = 0$ 瞬间由 0 跳变到 0.2mV，之后以 $\tau = 0.1002\mu\text{s}$ 为时间常数按指数衰减规律向 −400mV 变动，$5\tau \approx 0.5\mu\text{s}$ 后，输出电压基本稳定在 −400mV。可见这个电容的主要影响是导致输出产生了电阻电路所没有的延时效应。即，由于电容的存在，输出不再是即时响应，它必然有一个过渡过程，等待 $5\tau$ 时间后，阶跃响应的输出才能稳定到电阻电路确定的电

压上。

时域特性和频域特性具有直接对应关系:注意到图 E8.3.14 中,幅频特性在高频时呈现 0.2 的分压关系,体现在阶跃响应中,则是在 $t=0$ 瞬间,输出从 0 跳变到 0.2mV,因为阶跃激励中从 0 跳变到 1mV 就代表了高频分量;幅频特性在低频时呈现 $-400$ 的电压增益,体现在阶跃响应中,就是在等待足够长时间后 $(t>5\tau)$,输出稳定在 $-400$mV,因为此时的输入为 1mV 直流分量,显然输出为 $-400$mV 直流分量。

幅频特性的 3dB 频点 $f_p$,在阶跃响应中对应指数衰减规律的时间常数 $\tau$,两者为反比关系,$2\pi f_p \tau \approx 1$;幅频特性的零点频率 $f_z$,在阶跃响应中对应起始 $t=0$ 的前冲跳变,$0.2 \approx (g_m R_L) \times f_p/f_z \approx 400 \times 1.59\text{M}/3.18\text{G}$,零点频率 $f_z$ 越小,它的作用就越大,在 $t=0$ 的输出阶跃响应的跳变就越大,本例中 $f_z$ 远大于 $f_p$,故而其作用很小,阶跃响应稳态为 $-400$mV 的情况下,其作用导致的前冲只有 0.2mV。

**练习 9.2.19**    对于图 E9.2.32(b)所示电路,请用如下方法分析:

(1) 用三要素法获得电容电压表达式,之后再转化为输出电压表达式;

(2) 以 $v_{\text{OUT}}$ 为未知量,以 $v_s$ 为已知量,给出时域电路方程;

(3) 根据关于 $v_{\text{OUT}}(t)$ 的时域电路方程,写出其阶跃响应表达式;

(4) 以 $\dot{V}_{\text{OUT}}$ 为未知量,以 $\dot{V}_s$ 为已知量,给出相量域电路方程;

(5) 根据关于 $\dot{V}_{\text{OUT}}(j\omega)$ 的相量域电路方程,写出其传递函数;

(6) 对比时域电路方程和相量域电路方程的一一对应关系。

**练习 9.2.20**    对于图 E9.3.32(a)所示的 BJT 小信号放大电路,请分别置三个电容中的两个为 0(开路处理),只考察单个电容作用时,对 CE 组态晶体管放大器的影响:

(1) 时域分析用阶跃信号激励;

(2) 频域考察其伯特图;

(3) 分析时频响应之间的对应关系。

### 2. 一阶 RC 有源电路

**例 9.2.11**    请分析如图 E9.2.34 所示的一阶 RC 有源电路的传递函数,并画出频率特性伯特图。

**解**: 由于存在负反馈通路,故而只要输出电压幅度在正负饱和电压之间,即可确定运放工作在线性区,由理想运放的虚短特性可知,运放反相输入端电压为 0,由虚断特性可知从 $R_1$ 流过的电流全部流入到 $R_2 \parallel C$ 阻抗中,故而

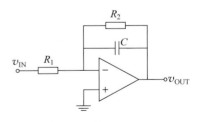

图 E9.2.34    有源一阶 RC 滤波器

$$\frac{\dot{V}_{\text{IN}}-0}{R_1}=\dot{I}=\frac{0-\dot{V}_{\text{OUT}}}{R_2 \parallel \dfrac{1}{j\omega C}}=-\frac{\dot{V}_{\text{OUT}}}{\dfrac{R_2}{1+j\omega R_2 C}}$$

可知输入输出电压传递函数为

$$H(j\omega)=\frac{\dot{V}_{\text{OUT}}}{\dot{V}_{\text{IN}}}=-\frac{R_2}{R_1}\frac{1}{1+j\omega R_2 C}$$

这是典型的一阶低通传递函数,在低通中心频点零频附近的增益为电阻电路分析结果 $H(j0)=-\dfrac{R_2}{R_1}$,原因低频时电容可视为开路,频率升高后电容开始起作用,使得反馈通路阻抗变小,负反馈变大,增益因而降低,显然电容的存在导致低通滤波效应:低频可以通过,而高频却被

滤除。

传递函数同时是反相电压放大器的电压增益,故而幅频特性多采用 dB 数表征,为

$$A_{dB}(\omega) = 20\log_{10} A(\omega) = 20\log_{10}\left(\frac{R_2}{R_1}\frac{1}{\sqrt{1+(\omega\tau)^2}}\right)$$

$$= 20\log_{10}\frac{R_2}{R_1} - 10\log_{10}\left(1+\left(\frac{\omega}{\omega_0}\right)^2\right)$$

$$\approx \begin{cases} 20\log_{10}\frac{R_2}{R_1}, & \omega < \omega_0 \\ 20\log_{10}\frac{R_2}{R_1} - 20\log_{10}\left(\frac{\omega}{\omega_0}\right), & \omega > \omega_0 \end{cases}$$

其中,$\omega_0 = \dfrac{1}{\tau} = \dfrac{1}{R_2 C}$。换句话说,当 $\omega > \omega_0$ 时,幅频特性伯特图上的伯特图折线变化规律是频率每升高 1 个 10 倍频程,增益则下降 20dB,如图 E9.2.35 所示。相频特性伯特图曲线则自 $0.1\omega_0$ 到 $10\omega_0$ 从 $-180°$ 变化到 $-270°$。

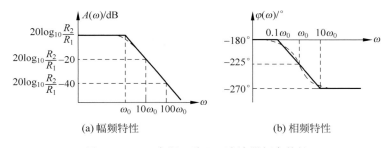

(a) 幅频特性　　　　　　　　　(b) 相频特性

图 E9.2.35　有源一阶 RC 滤波器频率特性

对于运放参与的电路,无论是否动态,只要有负反馈路径存在,在分析时就可以假设运放工作在线性区,从而可利用理想运放的"虚短""虚断"特性简化分析过程。

**练习 9.2.21**　图 E9.2.34 电路被称为有源一阶 RC 低通滤波器,"有源"说明电路中存在有源器件,运放可等效为受控源。该低通滤波器的关键参量有两个,一个是反相电压增益 $-R_2/R_1$,一个是时间常数 $\tau = R_2 C$。反相电压增益由电阻电路分析已经确知,而时间常数中的电阻却仅由 $R_2$ 完全决定。

(1) 证明:如果以运放的反相输入端点和输出端点形成对电容作用的端口,该端口的等效电路为电流源。请给出电流源的源电流和源内阻。

(2) 证明:如果不接 $R_2$ 电阻,图 E9.2.34 所示电路是理想积分电路,

$$\dot{V}_{OUT} = -\frac{1}{j\omega R_1 C}\dot{V}_{IN} \tag{E9.2.38a}$$

$$v_{OUT}(t) = -\frac{1}{R_1 C}\int v_{IN}(t)\,dt \tag{E9.2.38b}$$

假设运放为理想运放。

**练习 9.2.22**　理解图 E9.2.34 所示一阶有源低通 RC 滤波器电路。

(1) 请用 RC 元件和理想运放构造一个一阶有源 RC 高通滤波器;

(2) 分析其传递函数关系,确认为高通滤波特性,并画出其伯特图;

(3) 分析在什么情况下,有源一阶 RC 高通滤波器可视为理想微分电路。

**练习 9.2.23**　分析一阶全通滤波器的传递函数,它既可以用低通和高通构造,也可以由

低通或高通构造，如 $H_{AP,1}(s)=2H_{HP,1}(s)-1=1-2H_{LP,1}(s)$，其中 $s=j\omega$，由此说明全通电路可以用增益为常数的放大电路和低通或高通组合而成。请分析确认图 E9.2.36 所示两个电路为一阶有源全通 RC 滤波器，说明其构造原理。

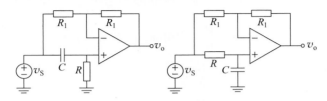

图 E9.2.36　一阶全通滤波器的两种有源 RC 实现方案

### 3. 示波器探头补偿

**例 9.2.12**　图 E9.2.37 是从探头到示波器显示驱动的等效电路模型。其中示波等效输入阻抗为 $Z_{in}=R_{in}\parallel C_{in}=1\text{M}\Omega\parallel 25\text{pF}$，其中输入电容 $C_{in}=25\text{pF}$ 中还包括了探头电缆的影响在内。为了降低示波器输入阻抗 $Z_{in}$ 尤其是其中的 $C_{in}$ 对被测电路的影响，在探头顶端串联一个 $R_a=9\text{M}\Omega$ 的衰减电阻，它和 $R_{in}$ 构成电阻分压电路，形成 10:1 的电压信号衰减。$v_s(t)$ 信号经过 10:1 衰减后成为示波器输入端信号 $v_{in}(t)$，这个输入信号被示波器内部放大器放大后送到显示器驱动电路，驱动电路可等效为受控源，具有缓冲隔离作用，其输出 $v_{out}(t)$ 在示波器显示屏上显示出来。示波器内部放大器存在寄生效应，故而并非理想的阻性放大器，我们将放大器内部寄生效应折合为图中所示的跨导器输出端并联电容，该电容 $C$ 和跨导器输出电阻 $R$ 共同形成示波器带宽，如 60MHz 示波器指的是 $\text{BW}_{3\text{dB}}=\dfrac{1}{2\pi RC}=60\text{MHz}$。然而这个示波器带宽没有考虑示波器输入电容（包括电缆等效电容）的影响。

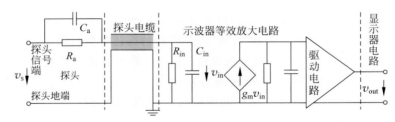

图 E9.2.37　示波器信号探测与处理等效电路模型

（1）考察示波器输入电容 $C_{in}$ 对示波器带宽的限制；

（2）为了消除输入电容 $C_{in}$ 对示波器带宽的限制，在 $9\text{M}\Omega$ 衰减电阻 $R_a$ 上并联补偿电容 $C_a$，为什么？该补偿电容应取值多少？

（3）如果补偿电容 $C_a$ 恰好，则为恰好补偿；如果 $C_a$ 取值较小，称为欠补偿；如果 $C_a$ 取值过大，则为过补偿。假设恰好补偿电容为 $C_{a,opt}$，考察 $C_a=0.5C_{a,opt}$、$C_{a,opt}$、$2C_{a,opt}$ 三种情况下，$v_{in}$ 对 $v_s$ 的阶跃响应。

**解**：（1）假设这是一个 60MHz 带宽示波器，显然其内部一阶 RC 等效时间常数为

$$\tau_{inner}=\frac{1}{2\pi\text{BW}}=\frac{1}{2\pi\times 60\text{MHz}}=2.65\text{ns}$$

这个带宽没有考虑示波器输入电容影响。

现对 10:1 衰减探头进行分析，有

$$\frac{\dot{V}_{in}}{\dot{V}_s} = \frac{Z_{in}}{R_a + Z_{in}} = \frac{\dfrac{R_{in}}{1 + j\omega R_{in}C_{in}}}{R_a + \dfrac{R_{in}}{1 + j\omega R_{in}C_{in}}} = \frac{R_{in}}{R_a + R_{in} + j\omega R_a R_{in}C_{in}}$$

$$= \frac{R_{in}}{R_a + R_{in}} \frac{1}{1 + j\omega(R_a \parallel R_{in})C_{in}}$$

其中 $\dfrac{R_{in}}{R_a + R_{in}} = \dfrac{1}{10}$ 为分压系数,就是所谓的 10:1 衰减,然而输入信号经探头到达示波器输入端信号带宽严重受限,

$$BW_{3dB} = \frac{1}{2\pi(R_a \parallel R_{in})C_{in}} = \frac{1}{2\pi \times (1M\Omega \parallel 9M\Omega) \times 25pF} = 7.07kHz$$

此时示波器测量系统的带宽完全由探头决定,因为频率超过 7.07kHz 后,$C_{in}$ 就进入"高频短路"频段,此时示波器内部寄生电容尚未起作用,60MHz 示波器的性能因探头原因无法展现。

(2) 如图 E9.2.38 所示,当加入补偿电容后,10:1 衰减探头的传递函数为

$$\frac{\dot{V}_{in}}{\dot{V}_s} = \frac{Z_{in}}{Z_a + Z_{in}} = \frac{\dfrac{R_{in}}{1 + j\omega R_{in}C_{in}}}{\dfrac{R_a}{1 + j\omega R_a C_a} + \dfrac{R_{in}}{1 + j\omega R_{in}C_{in}}} = \frac{R_{in}(1 + j\omega R_a C_a)}{R_a + j\omega R_{in}R_a C_{in} + R_{in} + j\omega R_a R_{in}C_a}$$

$$= \frac{R_{in}}{R_a + R_{in}} \frac{1 + j\omega R_a C_a}{1 + j\omega(R_a \parallel R_{in})(C_{in} + C_a)}$$

由这个表达式可知,如果 $R_a C_a = (R_a \parallel R_{in})(C_{in} + C_a)$,则探头就是理想的 10:1 衰减探头,$\dfrac{\dot{V}_{in}}{\dot{V}_s} = \dfrac{R_{in}}{R_a + R_{in}} = \dfrac{1}{10}$。由此可推知补偿电容取值为 2.78pF 时,其作用可补偿示波器输入电容的作用,此为恰好补偿,

$$R_a C_a = (R_a \parallel R_{in})(C_{in} + C_a) = \frac{R_a R_{in}}{R_{in} + R_a}(C_{in} + C_a)$$

$$C_{a,opt} = \frac{R_{in}}{R_a}C_{in} = \frac{1M\Omega}{9M\Omega} \times 25pF = 2.78pF$$

(3) 假设输入为阶跃电压 $v_s(t) = V_0 U(t)$,如图 E9.2.38 所示,从 $v_s(t)$ 到 $v_{in}(t)$ 的传输系统虽然有两个电容,但仍然属于一阶系统,原因在于输入恒压源的微分电阻为 0(短路),因而

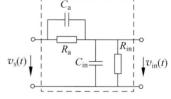

图 E9.2.38 探头传输系统

纯从输出端阻抗关系看,两个电容和两个电阻都是并联关系,故而两个电容不是独立电容。对于一阶系统均可采用三要素法进行求解,显然时间常数为

$$\tau = (C_{in} + C_a) \frac{R_a R_{in}}{R_a + R_{in}}$$

再看初值 $v_{in}(0^+)$:在 $t = 0$ 瞬间,输入电压 $v_s$ 从 0 跳变到 $V_0$,两个电容可视为高频短路,故而输入电流全部加载到电容上,电容电流为冲激电流,使得两个电容的串联瞬间电压从 0 跳变到 $V_0$,假设电容极板上的电荷量为 $Q_0$,则有

$$Q_0 = \frac{C_a C_{in}}{C_a + C_{in}}V_0 = C_{in}v_{in}(0^+)$$

也就是说,输入电容电压初值为激励信号电压的电容分压,

$$v_{in}(0^+) = \frac{C_a}{C_a + C_{in}}V_0$$

最后考察稳态值：当 $t \to \infty$ 时，输入信号为直流电压 $V_0$，瞬态结束后整个电路为直流情况，电容直流开路，故而 $v_{in}$ 是 $v_s$ 的电阻分压，

$$v_{in,\infty}(t) = \frac{R_{in}}{R_a + R_{in}} v_{s,\infty}(t) = \frac{R_{in}}{R_a + R_{in}} V_0 = \frac{1}{10} V_0$$

获得三要素后，即可给出 $v_{in}(t)$ 的时域表达式为

$$v_{in}(t) = \begin{cases} 0, & t < 0 \\ v_{in,\infty}(t) + (v_{in}(0^+) - v_{in,\infty}(0^+)) e^{-\frac{t}{\tau}}, & t > 0 \end{cases}$$

其时域波形见图 E9.2.39，对应于三种补偿情况，有如下说明：

（a）恰好补偿：$C_a = C_{a,opt} = 2.78\text{pF}$，则 $v_{in}$ 初值等于稳态值 $0.1V_0$，于是 $v_{in}(t)$ 在 $t=0$ 瞬间就进入稳态，此时探头为理想 10:1 衰减探头，经过探头后的信号是输入信号的完全复制：$v_{in}(t) = \frac{1}{10} V_0 U(t) = \frac{1}{10} v_s(t)$。

（b）欠补偿：$C_a = 0.5 C_{a,opt} = 1.39\text{pF}$，则 $v_{in}$ 初值 $0.053V_0$ 低于稳态值 $0.1V_0$，于是 $v_{in}(t)$ 在 $t=0$ 瞬间跳变到 $0.053V_0$ 后，再以 $\tau = 23.75\mu\text{s}$ 的时间常数充电缓升到 $0.1V_0$：$v_{in}(t) = \frac{V_0}{10} \cdot (1 - 0.474e^{-\frac{t}{23.75\mu s}})U(t)$。

（c）过补偿：$C_a = 2C_{a,opt} = 5.56\text{pF}$，则 $v_{in}$ 初值 $0.182V_0$ 高于稳态值 $0.1V_0$，于是 $v_{in}(t)$ 在 $t=0$ 瞬间跳变到 $0.182V_0$ 后，再以 $\tau = 27.5\mu\text{s}$ 的时间常数放电缓降到 $0.1V_0$：$v_{in}(t) = \frac{V_0}{10} \cdot (1 + 0.818e^{-\frac{t}{27.5\mu s}})U(t)$。

（d）作为对比，再考察没有补偿的情况。无补偿：$C_a = 0$，则 $v_{in}$ 初值为 0，以 $\tau = 22.5\mu\text{s}$ 的时间常数充电缓升至 $0.1V_0$：$v_{in}(t) = \frac{V_0}{10}(1 - e^{-\frac{t}{22.5\mu s}})U(t)$。

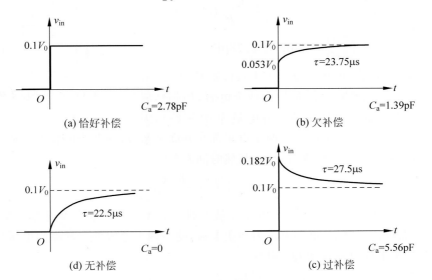

图 E9.2.39　示波器探头补偿电容的影响

本例分析中，激励源模型为恒压源，实际探头触碰的测试点等效源存在内阻，因而即使补偿好了，实测时也会存在偏差。实测时应将探头置于低阻抗结点进行测量，可以提高测量

精度。

　　然而即使探头成功补偿,示波器自身仍然是有带宽的。如果实际输入信号的频率分量超出了示波器带宽,示波器显示波形将偏离实际波形,因为实际波形中的高频分量被示波器内部的寄生的低通滤波滤除了。

　　**练习 9.2.24**　假设某 60MHz 示波器探头已经完全补偿,示波器电路模型如图 E9.2.37 所示,显示屏显示波形与 $v_{\text{out}}(t)$ 完全对应。考察输入信号为如下几种情况时,示波器显示波形和输入波形之间的差异在哪里,差异有多大?

　　(1) 输入信号是正弦波,频率分别为 100kHz、10MHz、60MHz、100MHz。

　　(2) 输入信号是方波,频率分别为 100kHz、10MHz、60MHz、100MHz。

　　**4. 开关电容:电荷再分配**

　　当有多个电容之间通过开关实现闭合或断开形成新的串联或并联连接关系,同时不存在其他传导电流通路使得电荷流失,那么电容极板间的电荷将会重新分配,达到新的稳定状态。分析该类电路时,多采用电荷守恒定律列写电路方程以替代 KCL 方程。

　　1) 电荷再分配:电荷守恒

　　**例 9.2.13**　如图 E9.2.40 所示,$t=0$ 时刻,开关闭合。开关闭合前,电容 $C_1$ 有初始电压 $V_0$,$C_2$ 初始电压为 0,分析两个电容两端的电压变化规律。

　　**分析**:虽然电路中有两个电容,但是从 $AB$ 端口看,两个电容是串联关系,两个电容并非独立电容,该电路仍然是一阶 RC 电路。电路中的电阻 $R$ 可以理解为开关的导通电阻抽象,当电阻 $R=0$ 时,则为理想开关抽象。

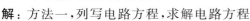

图 E9.2.40　电荷重新分配

　　**解**:方法一,列写电路方程,求解电路方程

　　$t \geqslant 0$ 开关闭合后,假设回路电流(由 $A$ 通过 $R$ 指向 $B$)为 $i$,根据 KVL,有

$$v_{C1}(t) = i(t)R + v_{C2}(t)$$

对该方程求导,

$$\frac{\mathrm{d}}{\mathrm{d}t}v_{C1}(t) = R\frac{\mathrm{d}}{\mathrm{d}t}i(t) + \frac{\mathrm{d}}{\mathrm{d}t}v_{C2}(t)$$

将两个电容的元件约束代入,有

$$-\frac{i(t)}{C_1} = R\frac{\mathrm{d}}{\mathrm{d}t}i(t) + \frac{i(t)}{C_2}$$

整理后得到

$$RC\frac{\mathrm{d}}{\mathrm{d}t}i(t) + i(t) = 0$$

其中,$C$ 为两个电容的串联,

$$C = \frac{C_1 C_2}{C_1 + C_2}$$

关于电流 $i(t)$ 的电路方程是最经典的零输入一阶动态电路方程,显然有如下方程解,

$$i(t) = i(0^+)\mathrm{e}^{-\frac{t}{\tau}}$$

其中时间常数 $\tau = RC$ 已经确知,下面只需确定初始电流即可。

　　由于电容电压不能突变,故而开关闭合瞬间,$t=0^+$,两个电容电压保持不变,

$$v_{C1}(0^+) = v_{C1}(0^-) = V_0$$

$$v_{C2}(0^+) = v_{C2}(0^-) = 0$$

故而回路初始电流为

$$i(0^+) = \frac{v_{C1}(0^+) - v_{C2}(0^+)}{R} = \frac{V_0}{R}$$

于是回路电流可知为

$$i(t) = \frac{V_0}{R} e^{-\frac{t}{\tau}} U(t)$$

两个电容电压分别为

$$v_{C1}(t) = V_0 + \frac{1}{C_1}\int_0^t (-i(\lambda))\mathrm{d}\lambda = V_0 - \frac{1}{C_1}\int_0^t \frac{V_0}{R} e^{-\frac{\lambda}{\tau}}\mathrm{d}\lambda$$

$$= V_0 - \frac{1}{C_1}\frac{V_0}{R}\tau(1 - e^{-\frac{t}{\tau}}) = V_0 - V_0\frac{C}{C_1}(1 - e^{-\frac{t}{\tau}}) = V_0 - V_0\frac{C_2}{C_1 + C_2}(1 - e^{-\frac{t}{\tau}})$$

$$v_{C2}(t) = 0 + \frac{1}{C_2}\int_0^t i(\lambda)\mathrm{d}\lambda = \frac{1}{C_2}\int_0^t \frac{V_0}{R} e^{-\frac{\lambda}{\tau}}\mathrm{d}\lambda$$

$$= \frac{1}{C_2}\frac{V_0}{R}\tau(1 - e^{-\frac{t}{\tau}}) = V_0\frac{C}{C_2}(1 - e^{-\frac{t}{\tau}}) = V_0\frac{C_1}{C_1 + C_2}(1 - e^{-\frac{t}{\tau}}) \quad (t \geqslant 0)$$

方法二,总电容三要素法

由于两个电容是串联关系,故而系统为一阶动态系统,可以利用三要素法进行分析,这里将两个电容的串联视为一个电容 $C$。

要素一:时间常数。

$$\tau = RC = R\frac{C_1 C_2}{C_1 + C_2}$$

要素二:初值。总电容初始电压为两个初始电压之和,故而

$$v_C(0^+) = v_{AB}(0^+) = v_{C1}(0^+) - v_{C2}(0^+) = V_0$$

要素三:终值。电路中没有激励源,故而

$$v_{C,\infty}(t) = 0$$

如是总电容电压变化规律为

$$v_C(t) = v_{C,\infty}(t) + (v_C(0^+) - v_{C,\infty}(0^+))e^{-\frac{t}{\tau}} = V_0 e^{-\frac{t}{\tau}} \quad (t \geqslant 0)$$

放电电流变化规律为

$$i_R(t) = \frac{v_R(t)}{R} = \frac{v_C(t)}{R} = \frac{V_0}{R}e^{-\frac{t}{\tau}} \quad (t \geqslant 0)$$

如是两个电容电压分别为

$$v_{C1}(t) = V_0 + \frac{1}{C_1}\int_0^t (-i(\lambda))\mathrm{d}\lambda = V_0 - V_0\frac{C_2}{C_1 + C_2}(1 - e^{-\frac{t}{\tau}})$$

$$v_{C2}(t) = 0 + \frac{1}{C_2}\int_0^t i(\lambda)\mathrm{d}\lambda = V_0\frac{C_1}{C_1 + C_2}(1 - e^{-\frac{t}{\tau}}) \quad (t \geqslant 0)$$

两个电容电压变化的时域波形见图 E9.2.41,这里取具体数值 $V_0 = 5\mathrm{V}$,$C_1 = 2\mu\mathrm{F}$,$C_2 = 3\mu\mathrm{F}$,$R$ 取 $5\mathrm{k}\Omega$、$1\mathrm{k}\Omega$ 和 $100\Omega$ 三种情况,可见随着电阻的减小,电荷转移阻力下降,电荷转移速度会加快,可以想象当 $R \to 0$ 时,$\tau \to 0$,电荷转换将瞬间完成,也就是说,理想开关抽象下,两个电容极板间的电荷转移是瞬间完成的。无论如何,最终两个电容电压将稳定在一个值上,

$$v_{C1,\infty}(t) = V_0\frac{C_1}{C_1 + C_2} = v_{C2,\infty}(t)$$

这是显然的,如果两个电容电压不同,电阻 $R$ 上则必有电压差导致电流,从而高压电容的电荷向低压电容转移,直至两个电容电压完全相同,这种转移才会结束。

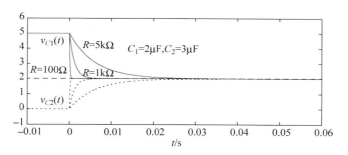

图 E9.2.41 电容电压时域波形

如图 E9.2.42 所示,这里画了一个虚框,在虚框包括的这个超级结点内,没有对外的传导电流支路,没有电荷可以通过诸如导线的传导电流支路流失,故而这个超级结点内的总电荷不会发生变化。请同学根据前述结果,自行验证如下结论:开关闭合前后,虚框包围超级结点内(两个电容的上极板)总电荷量守恒,即 $t \geq 0$ 任意时刻,均有

$$C_1 v_{C1}(t) + C_2 v_{C2}(t) = C_1 v_{C1}(0^-) + C_2 v_{C2}(0^-) = C_1 V_0$$

$$(E9.2.39)$$

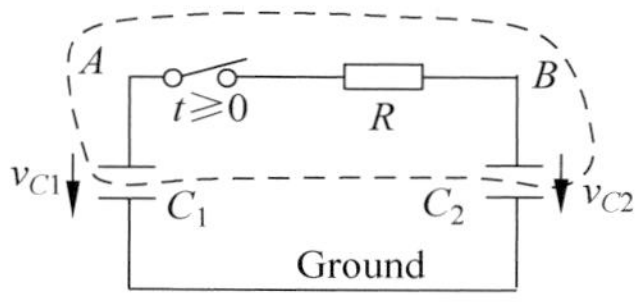

图 E9.2.42 电荷守恒

这正是电荷守恒定律所描述的。电荷守恒定律与电路定律 KCL 方程完全等同:回路电流自 $A$ 经 $R$ 指向 $B$,电荷是电流的时间积分,故而电容 $C_1$ 上极板失去多少电荷,$C_2$ 上极板就得到多少电荷。

方法三,分电容三要素法

对于图 E9.2.42 所示这种没有对外的传导电流支路导致电荷流失的情况,可以直接采用电荷守恒获得稳态解。对于两个电容电压,直接采用三要素法。

要素一:时间常数。

$$\tau = RC = R \frac{C_1 C_2}{C_1 + C_2}$$

要素二:初值。

$$v_{C1}(0^+) = v_{C1}(0^-) = V_0$$
$$v_{C2}(0^+) = v_{C2}(0^-) = 0$$

要素三:终值。电路稳定后,两个电容电压必然相等,$v_{C1,\infty}(t) = v_{C2,\infty}(t)$,否则必有电荷流动而非稳定。由电荷守恒知,

$$C_1 v_{C1,\infty}(t) + C_2 v_{C2,\infty}(t) = C_1 v_{C1}(0^-) + C_2 v_{C2}(0^-) = C_1 V_0$$

$$v_{C1,\infty}(t) = v_{C2,\infty}(t) = \frac{C_1}{C_1 + C_2} V_0$$

由三要素法知,两个电容电压在 $t \geq 0$ 时段的表达式分别为

$$v_{C1}(t) = v_{C1,\infty}(t) + (v_{C1}(0^+) - v_{C1,\infty}(0^+)) e^{-\frac{t}{\tau}} = V_0 \frac{C_1}{C_1 + C_2} + V_0 \frac{C_2}{C_1 + C_2} e^{-\frac{t}{\tau}}$$

$$v_{C2}(t) = v_{C2,\infty}(t) + (v_{C2}(0^+) - v_{C2,\infty}(0^+)) e^{-\frac{t}{\tau}} = V_0 \frac{C_1}{C_1 + C_2} - V_0 \frac{C_1}{C_1 + C_2} e^{-\frac{t}{\tau}}$$

**练习 9.2.25**　分析例 9.2.13 电荷转移过程中的能量转移,说明除了电荷守恒外,能量也守恒。对于理想开关抽象,$R=0$,此时的能量守恒如何理解?

2) 开关电容放大器

图 E9.2.43(a)是大家熟知的反相电压放大器,由于存在电阻负反馈路径,可直接利用理想运放的虚短和虚断特性进行分析,得到 $\dot{V}_{\text{out}} = -\dfrac{R_2}{R_1}\dot{V}_{\text{in}}$。分析得到这个简单结果的前提是理想运放,其极高的电压增益和输入电阻被抽象为无穷,其很小的输出电阻被抽象为 0。但是对于有些低功耗应用,运放最后一级的电压缓冲器有时会被取消,从而最后一级为跨导放大器,导致运放输出电阻很大(可高达 $10^2\,\text{k}\Omega$ 量级),图 E9.2.43(a)所示的电阻负反馈类型的放大器的运算精度将会降低。考虑运放输入电阻 $R_{\text{in}}$、输出电阻 $R_{\text{out}}$ 和电压增益 $A_{v0}$ 的影响,有

$$H = \frac{\dot{V}_{\text{out}}}{\dot{V}_{\text{in}}} = -\frac{R_2}{R_1}\,\frac{1}{1 + \dfrac{\left(1 + \dfrac{R_{\text{out}}}{R_2}\right)\left(1 + \dfrac{R_2}{R_1} + \dfrac{R_2}{R_{\text{in}}}\right)}{A_{v0} - \dfrac{R_{\text{out}}}{R_2}}} \qquad \text{(E9.2.40a)}$$

假设输入电阻 $R_{\text{in}}$ 很大仍被抽象为无穷大,对 MOS 型运放该抽象往往都是成立的,

$$H = \frac{\dot{V}_{\text{out}}}{\dot{V}_{\text{in}}} \xrightarrow{R_{\text{in}} \to \infty} -\frac{R_2}{R_1}\,\frac{A_{v0} - \dfrac{R_{\text{out}}}{R_2}}{A_{v0} + 1 + \dfrac{R_2}{R_1} + \dfrac{R_{\text{out}}}{R_1}} \qquad \text{(E9.2.40b)}$$

可见运放输出电阻 $R_{\text{out}}$ 影响了放大器的输出精度,只有在深度负反馈或者电压增益 $A_{v0}$ 极大时,$R_{\text{out}}$ 的影响才可忽略不计。

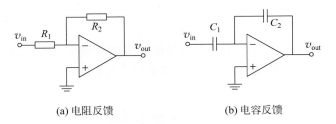

(a) 电阻反馈　　　　　　　　(b) 电容反馈

图 E9.2.43　反相电压放大器

如果用电容替代电阻,如图 E9.2.43(b)所示,是否也可以形成反相电压放大呢?由于存在反馈路径 $C_2$,对于理想运放,自然有 $\dot{V}_{\text{out}} = -\dfrac{Z_2}{Z_1}\dot{V}_{\text{in}} = -\dfrac{C_1}{C_2}\dot{V}_{\text{in}}$,反相放大自然可以实现。对于非理想运放,这里假设运放输入电阻无穷大,在非无穷大增益和非零输出电阻作用下,传递函数为

$$\begin{aligned}
H &= \frac{\dot{V}_{\text{out}}}{\dot{V}_{\text{in}}} \xrightarrow{R_{\text{in}} \to \infty} -\frac{Z_2}{Z_1}\,\frac{A_{v0} - \dfrac{R_{\text{out}}}{Z_2}}{A_{v0} + 1 + \dfrac{Z_2}{Z_1} + \dfrac{R_{\text{out}}}{Z_1}} \\
&= -\frac{C_1}{C_2}\,\frac{A_{v0} - \mathrm{j}\omega R_{\text{out}} C_2}{A_{v0} + 1 + \dfrac{C_1}{C_2} + \mathrm{j}\omega R_{\text{out}} C_1} \qquad \text{(E9.2.41a)}
\end{aligned}$$

此时 $R_{\text{out}}$ 的影响将体现在高频段,对低频段不再起作用,低频段的计算精度将主要取决于电压

增益，

$$H = \frac{\dot{V}_{\text{out}}}{\dot{V}_{\text{in}}} \xrightarrow{R_{\text{in}} \to \infty, \omega \to 0} \frac{C_1}{C_2} \frac{A_{v0}}{A_{v0} + 1 + \dfrac{C_1}{C_2}} \qquad (\text{E9.2.41b})$$

所谓 $R_{\text{out}}$ 在低频段不起作用，以阶跃响应为例，其稳态解将与 $R_{\text{out}}$ 无关，显然在某些低频应用中，电容反馈型运放具有巨大的低功耗优势，因为运放设计无须大电流高功耗的缓冲级。

**练习 9.2.26**　假设某 MOS 型运放没有输出缓冲级，因而其输出电阻较大，$R_{\text{out}} = 200\text{k}\Omega$，现希望设计一个 10 倍增益的反相电压放大器，按图 E9.2.43(a)电阻反馈型设计，取 $R_1 = 1\text{k}\Omega$，$R_2 = 10\text{k}\Omega$，请分析确认对运放电压增益 $A_{v0}$ 的要求是什么，才能确保该放大器电压增益偏离设计增益不超过 0.1％？如果按图 E9.2.43(b)电容反馈型设计，取 $C_1 = 100\text{pF}$，$C_2 = 10\text{pF}$，请分析确认对运放电压增益 $A_{v0}$ 的要求是什么，才能确保该放大器电压增益偏离设计增益不超过 0.1％？

然而图 E9.2.43(b)所示的电容反馈型运放有一个巨大的问题，由于它不存在直流反馈通路，因而运放的直流工作点无法确保在线性放大区，前述分析中运放线性区工作假设（具有 $R_{\text{in}}$、$R_{\text{out}}$、$A_{v0}$ 参数）其实是无稽之谈。一个解决方案是在电容 $C_2$ 上并联大电阻 $R_2$，$R_2$ 为运放提供直流负反馈通路确保运放直流工作点位于线性放大区，如图 E9.2.44 所示。

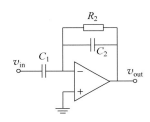

图 E9.2.44　有直流负反馈通路的电容型反相电压放大器

**练习 9.2.27**　对于图 E9.2.44 所示电路，分别假设(1)运放为理想运放，(2)运放具有 $A_{v0}$ 电压增益和 $R_{\text{out}}$ 输出电阻，分析其传递函数表达式，说明在什么频率范围内，该放大器具有反相放大作用。

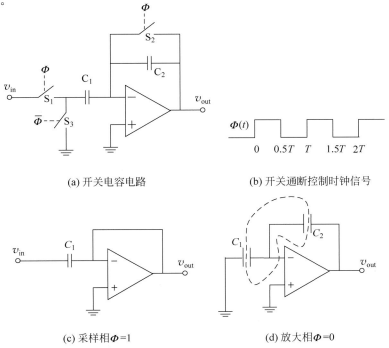

(a) 开关电容电路　　　　　　(b) 开关通断控制时钟信号

(c) 采样相 $\Phi = 1$　　　　　　(d) 放大相 $\Phi = 0$

图 E9.2.45　开关电容同相电压放大器

　　然而直流反馈通路电阻 $R_2$ 的引入要求输入信号频率 $f \gg \dfrac{1}{2\pi R_2 C_2}$ 才具有反相放大作用，该反相放大器无法放大低频信号。可实用的电容型放大电路往往采用开关加电容方案，图 E9.2.45(a) 所示就是其中一个方案，电路中三个开关，开关 $S_1$ 和 $S_2$ 由方波时钟信号 $\varPhi$ 控制其通断，而开关 $S_3$ 则由其反相时钟 $\overline{\varPhi}$ 控制。

　　$\varPhi$ 相时（$\varPhi=1$ 时），$S_1$ 和 $S_2$ 闭合，$S_3$ 断开，此为采样相，如图 E9.2.45(c) 所示：运放单位负反馈，使得运放工作点位于线性区，$v_{out}(t)=0$，同时输入信号直接对 $C_1$ 电容充电，使得电容右极板上电荷量为 $Q_1(t)=-C_1 v_{in}(t)$，而电容 $C_2$ 由于两端短接，其极板上电荷量为 0。

　　$\overline{\varPhi}$ 相时（$\varPhi=0$ 时），$S_1$ 和 $S_2$ 断开，$S_3$ 闭合，此为放大相，如图 E9.2.45(d) 所示：电容 $C_1$ 和 $C_2$ 连接，电荷在电容间转移。电荷存在转移关系则说明反馈通路畅通，因而负反馈导致运放仍然工作在线性区，根据虚短可知，运放反相输入端电压为 0，导致电容 $C_1$ 两端电压为 0，因而电荷重分配后，电容 $C_1$ 极板上电荷全部转移到电容 $C_2$ 极板上，根据电荷守恒定律，可知图 E9.2.45(d) 所示虚框超级结点内电荷量不变，

$$C_1 v_{C1}((n+0.5)T^+) + C_2 v_{C2}((n+0.5)T^+) = C_1 v_{C1}((n+0.5)T^-) + C_2 v_{C2}((n+0.5)T^-)$$
$$C_1 \cdot 0 + C_2 v_{C2}((n+0.5)T^+) = -C_1 v_{in}((n+0.5)T^-) + C_2 \cdot 0$$

$$v_{out}((n+0.5)T^+) = -v_{C2}((n+0.5)T^+) = \frac{C_1}{C_2} v_{in}((n+0.5)T^-)$$

这里假设开关是理想开关，于是在 $(n+0.5)T^+$ 时刻，电容 $C_1$ 右极板电荷瞬间转移到电容 $C_2$ 的左极板，导致电容 $C_2$ 两端形成电压差，电容左极板电压为 0（虚短），故而右极板电压 $v_{out} = -v_{C2}$，导致放大相（$(n+0.5)T < t < (n+1)T$）运放输出电压为 $(n+0.5)T$ 时刻输入电压的同相放大，放大倍数为 $\dfrac{C_1}{C_2}$，

$$v_{out}(t) = v_{out}((n+0.5)T^+) = \frac{C_1}{C_2} v_{in}((n+0.5)T^-) = \frac{C_1}{C_2} v_{in}((n+0.5)T)$$

这个输出电压可以送交后级级联电路如 ADC 电路，用于模数转换并进一步获得数字输出。

　　**练习 9.2.28**　图 E9.2.46 是一个开关电容反相电压放大器。

　　(1) 请分析其放大原理及电压放大倍数。

　　(2) 说明该电路具有抵抗失调作用，即考虑运放存在失调电压 $V_{os}$，但该失调电压并不影响输出。

　　(3) 考察图 E9.2.45(a) 开关电容同相电压放大器，说明如果考虑运放存在的失调电压的作用，失调电压是如何影响输出信号的。

　　(4) 分析图 E9.2.46 失调电压消除机制，并请修改图 E9.2.45(a) 开关电容同相电压放大器，使得它也可消除失调电压的影响。

　　**3) 开关电容积分器**

　　集成电路中的音频滤波器多采用开关电容滤波器替代 RC 滤波器，原因有二：①集成电路 RC 时间常数精度低；②低频滤波器需要大的时间常数，要求大的电阻和电容，有源 RC 滤波器在集成电路中占用面积大，成本高。当采用开关电容替代电阻后，RC

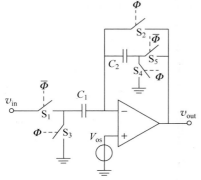

图 E9.2.46　开关电容反相电压放大器

时间常数变成了实现精度较高的电容比值关系,且可用占用面积小的开关和小电容实现大电阻作用。

**例 9.2.14** 说明对于图 E9.2.47 所示由开关和电容构成的电路,其效果与一阶 RC 低通滤波电路基本一致,请分析并给出其拟合的一阶 RC 低通电路(一阶 RC 积分电路)。

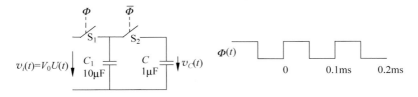

图 E9.2.47 开关电容电路

**分析**：如图 E9.2.47 所示,两个开关用方波信号控制其通断,$\Phi$ 相时($\Phi=1$ 时),$S_1$ 开关闭合,$S_2$ 开关断开,输入电压对电容 $C_1$ 充电；$\bar{\Phi}$ 相时($\Phi=0$ 时),$S_1$ 开关断开,$S_2$ 开关闭合,电容 $C_1$ 和电容 $C$ 进行电荷重分配,电容 $C$ 电压改变,$\bar{\Phi}$ 相电容 $C$ 的电压改变由 $\Phi$ 相 $C_1$ 记忆的 $v_i$ 决定,也就是说,$v_C$ 由 $v_i$ 决定,$v_i$ 为输入,$v_C$ 为输出。下面的分析假设开关为理想开关,电荷转移瞬间完成。

**解**：这里假设输入为阶跃信号 $v_i(t) = V_0 U(t)$,由此分析该电路和一阶 RC 低通电路在某种程度上的一致性。

(1) 当 $0 < t < 0.05\text{ms}$ 时,此为 $\Phi$ 相,$S_1$ 开关闭合,$S_2$ 开关断开,于是电容 $C_1$ 上极板电荷量为 $C_1 v_i = C_1 V_0$,而 $C$ 初始电压为 0,其上极板电荷量为 0：

$$v_{C1}(t) = V_0$$
$$v_C(t) = 0, \quad 0 < t < 0.05\text{ms}$$

(2) 当 $0.05\text{ms} < t < 0.1\text{ms}$ 时,此为 $\bar{\Phi}$ 相,$S_1$ 开关断开,$S_2$ 开关闭合,于是电容 $C_1$ 和电容 $C$ 电荷重新分配,分配的结果是两个电容电压相等,

$$(C_1 + C)v_C(t) = C_1 \cdot V_0 + C \cdot 0 = C_1 \cdot V_0 \quad (\text{电荷守恒})$$

故而

$$v_{C1}(t) = \frac{C_1}{C_1 + C} \cdot V_0$$
$$v_C(t) = \frac{C_1}{C_1 + C} \cdot V_0, \quad 0.05\text{ms} < t < 0.1\text{ms}$$

(3) 当 $0.1\text{ms} < t < 0.15\text{ms}$ 时,再次进入 $\Phi$ 相,$S_1$ 开关闭合,$S_2$ 开关断开,于是电容 $C_1$ 上的电压为 $v_i(t) = V_0$,而 $C$ 上电压保持不变,

$$v_{C1}(t) = V_0$$
$$v_C(t) = \frac{C_1}{C_1 + C} \cdot V_0, \quad 0.1\text{ms} < t < 0.15\text{ms}$$

(4) 当 $0.15\text{ms} < t < 0.2\text{ms}$ 时,再次进入 $\bar{\Phi}$ 相,$S_1$ 开关断开,$S_2$ 开关闭合,于是电容 $C_1$ 和电容 $C$ 电荷重新分配,分配的结果是两个电容电压相等,

$$(C_1 + C)v_C(t) = C_1 \cdot V_0 + C \cdot \frac{C_1}{C + C_1} V_0 = C_1 \cdot V_0 \left(1 + \frac{C}{C + C_1}\right) \quad (\text{电荷守恒})$$

故而

$$v_{C1}(t) = \frac{C_1}{C_1 + C} \cdot \left(1 + \frac{C}{C + C_1}\right) V_0$$

$$v_C(t) = \frac{C_1}{C_1 + C} \cdot \left(1 + \frac{C}{C + C_1}\right) V_0, \quad 0.15\text{ms} < t < 0.2\text{ms}$$

（5）分析同上，$\Phi$ 相 $C_1$ 从输入吸取电荷，$\bar{\Phi}$ 相部分电荷转移给 $C$，在进入第 $k$ 次 $\bar{\Phi}$ 相时，电容电压为

$$v_C(t) = \frac{C_1}{C_1 + C} \cdot \left(1 + \frac{C}{C + C_1} + \cdots + \left(\frac{C}{C + C_1}\right)^{k-1}\right) V_0, \quad k \times 0.1\text{ms} - 0.05\text{ms} < t < k \times 0.1\text{ms}$$

如果我们只对 $t = k \times T$ 时刻（时钟 $\Phi$ 的周期 $T = 0.1\text{ms}$）的电容 $C$ 上的电压感兴趣，可整理为

$$v_k = v_C(kT) = \frac{C_1}{C_1 + C} \cdot \left(1 + \frac{C}{C + C_1} + \cdots + \left(\frac{C}{C + C_1}\right)^{k-1}\right) V_0$$

$$= V_0 \left(1 - \left(\frac{C}{C + C_1}\right)^k\right) \quad k = 1, 2, 3, \cdots$$

和阶跃激励通过电阻 $R$ 对电容 $C$ 进行充电的阶跃响应对比，

$$v_C(t) = V_0(1 - e^{-\frac{t}{\tau}})$$

两者都是指数衰减规律的，显然两者之间具有一致性，体现在如果将 $t = kT$ 代入 $RC$ 充电曲线，有

$$v_C(kT) = V_0(1 - (e^{-\frac{T}{\tau}})^k)$$

与开关电容结果比对，只需 $\frac{C}{C + C_1}$ 和 $e^{-\frac{T}{\tau}}$ 相当即可。假设时钟周期远小于时间常数，$T \ll \tau$，则可近似

$$\frac{C}{C + C_1} \Leftrightarrow e^{-\frac{T}{\tau}} \approx \frac{1}{1 + \frac{T}{\tau}} = \frac{1}{1 + \frac{T}{RC}} = \frac{C}{C + \frac{T}{R}}$$

显然，$C_1$ 和 $\frac{T}{R}$ 相当即可，或者说，两个开关和电容 $C_1$ 等效的电阻 $R$ 为

$$R_{eq} = \frac{T}{C_1} = \frac{0.1\text{ms}}{0.1\mu\text{F}} = 1\text{k}\Omega$$

图 E9.2.48 给出了一阶 $RC$ 电路的阶跃响应曲线（其中 $R = 1\text{k}\Omega, C = 1\mu\text{F}$），同时给出图 E9.2.47 所示开关电容电路的阶跃响应曲线（阶梯形），可见两者形式基本一致，两个交替开关（周期为 $0.1\text{ms}$）和电容 $C_1$（$0.1\mu\text{F}$）确实可以在某种程度上被视为 $1\text{k}\Omega$ 电阻。

一阶 $RC$ 低通滤波器的关键变量为 $\tau = RC$，但集成电路内部实现大电阻、实现精准的电阻都比较困难，实际实现的 $\tau$ 可能偏离设计值 $20\%$ 以上，但是如果用开关电容实现等效电阻 $R_{eq} = T/C_1$，则大电阻可通过小电容和较低频率的时钟实现，且时间常数精度得以确保，原因在于时间常数精度现在由电容相对精度决定，$\tau = R_{eq}C = T \cdot C/C_1$，绝对精度高的电容电阻很难实现，但相对精度高的电容很容易实现，$C/C_1$ 的误差可低于 $0.2\%$。

为何开关电容可等效为电阻 $R_{eq} = T/C_1$？这可从电压、电流关系分析确认：假设开关 $S_1$、$S_2$ 和电容 $C_1$ 构成一个以地为公共端点的二端口网络，在该二端口网络两个端口分别加载电压源 $V_1$ 和 $V_2$，$\Phi$ 相 $C_1$ 从输入端口电压源吸取电荷，导致电容电荷量为 $C_1 V_1$，$\bar{\Phi}$ 相 $C_1$ 向输出端口电压源输送电荷，导致电容电荷量为 $C_1 V_2$，故而一个周期 $T$ 内有 $\Delta Q = C_1 V_1 - C_1 V_2$ 的电

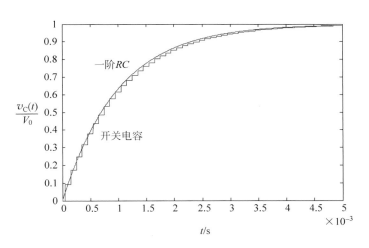

图 E9.2.48　电容电压时域波形

荷从输入端口转移到了输出端口,以输入端点和输出端点为端口,该端口在一个周期内的平均电流为

$$\bar{I} = \frac{\Delta Q}{T} = \frac{C_1(V_1 - V_2)}{T}$$

换句话说,当输入端点和输出端点有电位差时,就会有电荷转移,就会产生电流,故而等效电阻为

$$R_{eq} = \frac{V_1 - V_2}{\bar{I}} = \frac{T}{C_1} \tag{E9.2.42}$$

如果从能量消耗关系看,开关电容等效为电阻是这样理解的:在 $\Phi$ 相 $C_1$ 从输入端口吸取电荷,$\bar{\Phi}$ 相 $C_1$ 向输出端口输送电荷,故而一个周期 $T$ 内有 $\Delta Q = C_1(V_1 - V_2)$ 的电荷从输入端点转移到了输出端点,这个过程中,两个端点的等效电压源 $V_s = V_1 - V_2$ 共对外提供了 $\Delta Q = C_1(V_1 - V_2)$ 的电荷,故而该等效电压源向外输出的电能为

$$E = \Delta Q \cdot V_s = C_1(V_1 - V_2)^2$$

这个能量是在一个周期内输出的,故而等效电压源输出平均功率为

$$P = \frac{E}{T} = \frac{C_1}{T}(V_1 - V_2)^2 = \frac{(V_1 - V_2)^2}{R_{eq}} \tag{E9.2.43}$$

这个输出功率可视为被等效电阻 $R_{eq} = \dfrac{T}{C_1}$ 吸收了。

特别注意,理想开关和理想电容都不消耗电能,那么这个等效电阻消耗的电能到了哪里去? 真实电路中,等效电阻消耗的电能其实被两个开关真实存在的导通电阻所吸收,转化为其他能量形式如热能耗散到周围环境中。

**练习 9.2.29**　分析如图 E9.2.49 所示电路,说明它可实现理想积分功能。请在图 E9.2.49 电路基础上修改,实现的一阶开关电容滤波器应直接拟合图 E9.2.34 所示的一阶有源低通滤波电路,分析并给出该滤波器的电荷转移关系。

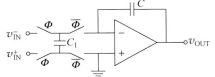

图 E9.2.49　开关电容积分器

# 9.3 非线性一阶动态电路之分段线性化分析

为了简单起见,这里讨论的非线性一阶动态电路中的非线性来自于电阻,电容和电感都是线性时不变元件。

### 9.3.1 状态转移时间

我们经常将非线性分段线性化处理,需要知道状态在每个线性段所待的时间长短便于考察状态的转移情况。由于电容应用比电感应用更多,下面只考察两种最基本的电容充电模型,说明从某状态转移到另外一个状态需要的时间。对一阶 RL 电路的分析,直接利用一阶 RC 电路公式的对偶形式即可。

**1. 恒流线性充电**

如图 9.3.1 所示,这是一个恒流源 $I_0$ 对电容 $C$ 的充电情况,电容电压 $v_C(t)$ 线性增长,增长速度(直线斜率)为 $I_0/C$,原因在于电压增量 $\Delta V$ 等于电荷增量 $\Delta Q$ 除以电容 $C$,而电荷增量 $\Delta Q$ 等于恒流 $I_0$ 与时间增量 $\Delta t$ 之积,故而电压增量 $\Delta V$ 与时间增量 $\Delta t$ 之比为 $I_0/C$(电压增加速度)

$$\Delta V = \frac{\Delta Q}{C} = \frac{I_0 \Delta t}{C} = \frac{I_0}{C}\Delta t \qquad (9.3.1)$$

正是由于电压是线性增长的,反过来说,如果已知电容电压增量 $\Delta V$(状态改变量),那么导致这个电压增量所需的时间即可确定为

$$\Delta t = \frac{\Delta V}{I_0/C} = \frac{C \cdot \Delta V}{I_0} = \frac{\Delta Q}{I_0} \qquad (9.3.2)$$

可解释为电容极板上电荷增量与充电电流之比就是充电所需时间。

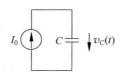

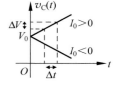

(a) 恒流源对电容的充电　　　(b) 充电曲线

图 9.3.1　恒流充电

**2. 恒压源通过电阻对电容充电**

如图 9.3.2 所示,恒压源 $V_{S0}$ 通过电阻 $R$ 对电容 $C$ 进行充电,假设电容 $C$ 的初始电压为 $V_0$,根据三要素法,电容电压的变化规律很容易就可以写出,为

$$v_C(t) = v_{C,\infty}(t) + (v_C(0^+) - v_{C,\infty}(0^+))e^{-\frac{t}{\tau}} = V_{S0} + (V_0 - V_{S0})e^{-\frac{t}{\tau}}$$

现求电容电压从 $V_0$ 变化到 $V_1$ 所需时间 $\Delta t$,代入 $v_C(\Delta t) = V_1$ 即可获得 $\Delta t$,为

$$\Delta t = \tau\ln\frac{V_{S0} - V_0}{V_{S0} - V_1} = \text{时间常数} \times \ln\frac{\text{稳态值} - \text{初值}}{\text{稳态值} - \text{转折值}} \qquad (9.3.3)$$

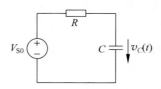

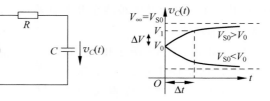

(a) 戴维南源对电容的充电　　　(b) 充电曲线

图 9.3.2　恒压源通过电阻对电容充电

**练习 9.3.1**　说明如果 $\Delta t \ll \tau$,恒压源通过电阻充电可视为恒流充电,请给出恒流电流大小。

**练习 9.3.2**　请写出用直流恒压源、有内阻的诺顿直流电流源对电感 $L$ 充磁,状态变量电感电流变化所需时间的公式。

### 9.3.2　分段线性化

很多非线性电阻具有明显的分区特性,从而可以在每个分区中用直线替代曲线,使得非线性动态电路分析可分段转化为线性动态电路分析。

**1. 二极管两段折线:半波整流与倍压整流**

在电阻电路范畴内讨论二极管整流器时,利用二极管的开关整流特性,将正弦波整流为半波信号或全波信号,并且声明,由于半波和全波信号包含直流分量,因而二极管整流器完成了交流到直流的转换。实用整流电路中仅有二极管是不够的,因为生成的半波和全波信号中不仅含有直流分量,还含有大量的谐波分量,而我们最终需要的是直流电压,那么就需要滤除半波或全波信号中的高频分量。

如图 9.3.3(a)所示,这是完整的二极管半波整流器,它在负载电阻两端并联了一个大电容,以实现低通滤波作用。注意到二极管并非线性电阻,这里的低通滤波特性分析不能直接采用线性时不变 RC 低通滤波原理解释,线性时不变 RC 低通滤波输出端获得的是输入端的直流分量或平均分量,但半波整流器中的电容滤取获得的并非平均分量,而是峰值电压,它利用的是电容电压不能突变这一特性来保持峰值直流电压同时滤除高频分量。为了简化分析,这里将二极管的非线性电阻特性抽象为理想整流开关(分段线性化),利用电容的充放电特性说明输出电压在电容作用下的低通滤波效果。

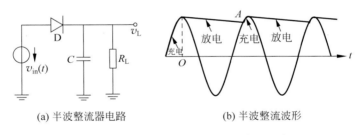

(a) 半波整流器电路　　　　　　(b) 半波整流波形

图 9.3.3　二极管半波整流器(电容充放电滤波原理)

如图 9.3.3(b)所示,假设电容起始电压为 0,在正弦波的第一个 1/4 周期,由于输入信号大于 0,二极管正偏导通,导通二极管建模为零导通电阻的闭合开关,故而电容电压随输入电压同步变化;当输入电压过了第一个 1/4 周期,从最高点回落时,由于电容电压不能突变,电容电压还暂时保持在最高电压上,但二极管 P 端电压已经回落下来,导致二极管反偏截止,反偏二极管被建模为断开开关,二极管支路完全开路,于是电容只能通过负载电阻 $R_L$ 放电。半波整流应用中,总是要求放电时间常数 $\tau = R_L C$ 足够大,从而放电速度很慢,在输入正弦信号的一个周期内,输出电压只有很微小的下落。当输入正弦电压再一次上升到接近最高点时,由于电容电压的下落,二极管在位置 $A$ 再次正偏导通,于是电容电压再次跟随输入信号变化,当上升到最高点后,随着输入信号下降,二极管再次截止,电容再次进入缓慢放电模式。如是快速充电、慢速放电,随着输入信号的正弦起伏,输出电压近似为直流电压 $V_p$ 但略有起伏,一个周期内短时间的"起"是由于二极管导通,输入端恒压源对电容快速充电导致,一个周期内长时间的"伏"则是由于二极管截止,电容通过负载电阻慢速放电形成,这种起伏被称为纹波。

输出电压虽然变化不大,但有了这种起伏变化的纹波,则说明输出并非真正的直流输出。当然,纹波越小输出就越接近于理想直流。那么有哪些因素影响纹波大小呢?电容放电电压从正弦波的峰值电压开始,由于放电时间常数 $\tau = R_L C$ 很大,电容放电曲线在一个周期内近似视为恒流线性放电,

$$v_L(t) = V_p e^{-\frac{t}{\tau}} \overset{t \ll \tau}{\approx} V_p\left(1 - \frac{t}{\tau}\right) = V_p\left(1 - \frac{t}{R_L C}\right)$$

要么是由于负载电阻很大导致吸收电流很小,要么是由于滤波电容很大其上存储了足够多的电荷,电容电压变化很小。由于放电很慢,二极管重新导通的时间段很短,不妨假设几乎整个周期电容都在放电,于是电容电压最多从 $V_p$ 下降到 $V_p(1 - T/\tau)$,显然纹波大小近似为

$$\Delta V_r \approx V_p \frac{T}{R_L C} = \frac{1}{f_{in} C} \frac{V_p}{R_L} = \frac{I_L}{f_{in} C} \tag{9.3.4}$$

注意到输出电压虽然有波动,但只是微微波动,因而可以假设输出直流电压近似为 $V_p$,因而 $V_p/R_L$ 就是负载电阻从电容吸收的直流电流 $I_L$ 大小,而 $1/T$ 就是输入正弦波频率 $f_{in}$,于是纹波电压可以整理为 $\Delta V_r = I_L/(f_{in} C)$。对该表达式的理解如下:

纹波电压 $\Delta V_r$ 由负载吸取电流 $I_L$、电容 $C$ 和正弦频率 $f_{in}$ 共同决定。负载电流 $I_L$ 越小,滤波电容 $C$ 越大,正弦频率 $f_{in}$ 越高,纹波 $\Delta V_r$ 就越小。

负载电流在二极管导通阶段由输入电压源直接提供,在二极管截止阶段则是由电容放电提供,负载从电容上抽取电荷形成放电电流形成纹波电压,故而有:

(1) 电容 $C$ 越大,纹波越小。原因在于电容大,电容上存储的电荷量就大,从中抽取的电荷相对就小,电容电压变化则小。

(2) 负载电流 $I_L$ 越小,纹波越小。原因在于负载从电容上抽取的电荷量和负载电流成正比关系,于是负载电流越小,抽取电荷量就越小,电容电压下降自然就越小。

(3) 电荷抽取时间近似为一个周期,因而频率越高,电荷抽取时间越短,于是电容电压变化就越小。然而正弦频率并非越高越好,我们不能一味地通过增加频率来降低纹波,当正弦波频率过高时,整流二极管的寄生电容(并联在等效开关两端)就会起作用,从而开关整流特性不复存在,那么就无法完成从正弦到半波、全波的信号变换功能。

**练习 9.3.3** 说明在全波整流或桥式整流器负载端并联电容 $C$,亦可输出直流电压,输出直流电压上的纹波电压大小为

$$\Delta V_r \approx \frac{I_L}{2 f_{in} C} \tag{9.3.5}$$

**练习 9.3.4** 图 E9.3.1 是用后向欧拉法数值仿真获得的半波整流曲线,请分析说明该仿真曲线与图 9.3.3(b) 原理性分析的不同之处。仿真元件参量:电阻 $R_L = 1\text{k}\Omega$,电压源 $V_p = 10\text{V}$,$f_{in} = 1\text{kHz}$,二极管参量 $I_{S0} = 1\text{fA}$,$v_T = 26\text{mV}$,图中实线取 $C = 10\mu\text{F}$,直流输出电压为 8.8V,纹波电压为 0.81V,虚线取 $C = 100\mu\text{F}$,直流输出电压为 9.1V,纹波电压为 0.09V,后向欧拉法仿真时间步长取 $\Delta t = 0.1\mu\text{s}$。

**练习 9.3.5** 图 E9.3.2(b) 所示为一个输入为正弦电流输出为直流电流的电流型半波整流电路,它和图 E9.3.2(a) 所示的输入为正弦电压输出为直流电压的电压型半波整流电路是对偶电路,其对偶性体现在:电流源对偶电压源,并臂二极管导通、截止对偶串臂二极管截止、导通,串臂电感对偶并臂电容,输出直流电流对偶输出直流电压。请对比分析图 E9.3.2 所示两个半波电路是如何实现半波整流的。

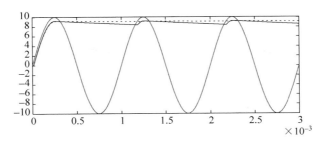

图 E9.3.1 二极管半波整流波形(后向欧拉法仿真结果)

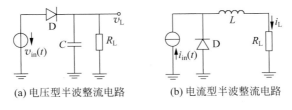

(a) 电压型半波整流电路 (b) 电流型半波整流电路

图 E9.3.2 半波整流器对偶电路

如图 9.3.4 所示,这是一个倍压整流电路,其输出的直流电压是前述二极管整流器基本型的 2 倍,如果对该电路继续改造,还可以输出 3 倍、4 倍的电压。

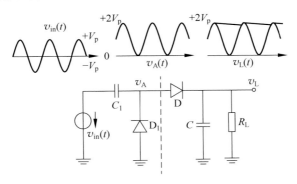

图 9.3.4 倍压整流电路

虽然电路中有两个电容,但是原理性分析中,电路仍然可以分解为两个非线性一阶动态电路的级联而分别进行一阶非线性 RC 分析:第一级被称为钳位器,第二级则是半波整流器。

第一级钳位器又称正向钳位器,其构成十分简单,就是串臂电容和并臂二极管,其作用就是把输入信号提升一个直流电位。假设输入信号为正弦信号,$v_{in}(t) = V_p \sin\omega t$,经过正向钳位器的作用,其输出就是正弦信号加一个直流电压,$v_A(t) = V_p \sin\omega t + V_p$,再经过一个半波整流器,输出直流为 2 倍的峰值电压,$v_L(t) = 2V_p$。

串臂电容和并臂二极管是如何实现直流电平提升的呢? 如图 9.3.4 所示,假设电容初始电压为 0,而输入信号为 $v_{in}(t) = -V_p \sin\omega t$,则在最起始的 1/4 周期内,输入正弦波信号从 0 开始向 $-V_p$ 变化,这将使得二极管 $D_1$ 正偏导通,电源通过二极管 $D_1$ 向电容 $C_1$ 充电,电容电压跟随电源电压变化,当 $v_{in}$ 下降到最低值 $-V_p$ 时,电容 $C_1$ 右侧电压为 0,左侧电压跟随到 $-V_p$。之后,正弦电压开始上升,此时电容 $C_1$ 已经完成充电,电容右侧到左侧的电压为 $V_p$,故而钳位器输出电压(电容 $C_1$ 右极板电压)比输入电压(电容左极板电压)高 $V_p$,$v_A(t) = -V_p \sin\omega t +$

$V_p = v_{in}(t) + V_p(t > T/4)$。此时由于 $v_A$ 始终大于 0，二极管 $D_1$ 则始终截止。

经过钳位器作用后，正弦信号被整体抬升了一个 $V_p$ 的直流电压，于是进入半波整流器的信号最大值为 $2V_p$，半波整流器的滤波电容将保持这个最高电平，则可实现倍压整流功能。

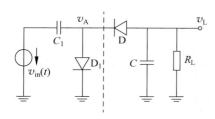

图 E9.3.3　还能实现倍压整流吗？

**练习 9.3.6**　（1）请画出图 9.3.4 倍压整流电路中间结点和输出结点的电压波形 $v_A(t)$ 和 $v_L(t)$，假设电容初始电压为 0，且输入信号为 $v_{in}(t) = V_p \sin\omega t$。

（2）图 E9.3.3 所示电路和图 9.3.4 所示的倍压整流电路对比，两个二极管方向都接反了，该电路还能完成倍压整流功能吗？请画出中间结点和输出结点的电压波形 $v_A(t)$ 和 $v_L(t)$，说明该电路功能是什么？假设电容初始电压为 0，且输入信号为 $v_{in}(t) = V_p \sin\omega t$。

**2. 非线性负阻三段折线：无记忆与有记忆的双稳、单稳和无稳**

非线性负阻一般都具有明显的分区特性，故而非线性负阻多采用分段折线处理。非线性负阻的负阻区线性化后可等效为具有负内阻的直流戴维南源。当这个具有负内阻的直流戴维南源驱动电容时，电容电压又会怎样变化呢？

首先回顾具有正内阻的戴维南源驱动电容，根据三要素法，电容电压为

$$v_C(t) = v_{C,\infty}(t) + (v_C(0^+) - v_{C,\infty}(0^+))e^{-\frac{t}{\tau}} \qquad (t > 0) \qquad (9.3.6)$$

其中，$v_{C,\infty}(t) = V_{S0}$ 为直流戴维南源的源电压，$\tau = RC$ 中的电阻 $R$ 是戴维南源内阻 $R$。这个表达式对 $R < 0$ 同样成立，因为将其代入图 9.2.1(a) 所示的一阶 RC 电路的电路方程式(9.2.1)中，发现它同样满足该电路方程，与电阻 $R$ 的正负无关。

然而有一点，由于是负电阻，因而随时间增长，电容电压将呈现指数增长规律，故而公式中的 $v_{C,\infty}$ 不能取 $t \to \infty$，因为 $t \to \infty$ 时电容电压将趋于无穷大，只能取 $t \to -\infty$，以确保 $v_{C,\infty}$ 的值是确定的有限值。注意实际系统时间不能倒退，故而 $v_{C,\infty}$ 不能称之为稳态值，而是一种虚拟的稳态值，对应在相图中，则是不稳定平衡点，$v_{C,\infty} = v_C(-\infty) = V_{S0}$，如图 9.3.5 所示。

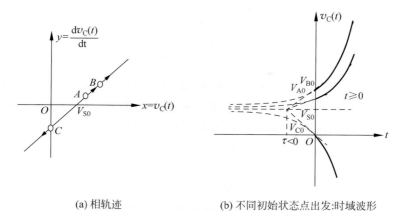

(a) 相轨迹　　　　　　(b) 不同初始状态点出发：时域波形

图 9.3.5　负内阻直流戴维南源激励下的一阶 RC 电路相轨迹

图 9.3.5(a) 是线性负阻一阶 RC 电路的相图，由于电阻为负，故而相轨迹 $y = \dfrac{V_{S0} - x}{\tau}$ (E9.2.9) 过 $(V_{S0}, 0)$ 点且斜率为正（$-1/\tau > 0$）。显然横轴上方的状态转移朝 $v_C$ 增大的方向移动，$v_C$ 状态将以指数规律增长，如图 9.3.5(b) 中的对应初始状态点 $A$ 和点 $B$ 的两条时域波形曲线，状态

越来越偏离平衡点；而横轴下方的相图转移朝 $v_C$ 减小的方向移动，$v_C$ 状态同样以指数规律负向增长，如图 9.3.5(b)中的对应初始状态点 $C$ 的时域波形曲线。这些状态转移均可视为 $t=-\infty$ 位置从不稳定平衡点出发形成的，故而无论哪条时域波形，当 $t \to -\infty$ 时，它们都等于 $V_{S0}$，$v_C(-\infty)=V_{S0}$。当然，如果初始状态在不稳定平衡点，$v_C(0)=V_{S0}$，从电路方程上看，由于 $dv_C/dt=0$，故而状态将维持不变。然而实际电路中总是存在着各种类型的噪声，如电阻热噪声，使得电容电压一定会离开不稳定平衡点。如果真的存在负阻，电容电压将趋于无穷大，然而实际负阻器件仅仅是一段区域可建模为负阻，当电容电压有足够的变化量后，一定会进入到负阻器件的正阻区。换句话说，真实电路中电容电压不可能趋于无穷大，事实上也不可能存在这种可提供无限能量的线性负阻。

我们还注意到，指数衰减规律时域波形在初始点 $t_0$ 的切线和稳态值的交点位于 $t_0+\tau$ 位置，其中 $\tau>0$，如图 9.2.5(b)所示；同理，指数增长规律时域波形在初始点 $t_0$ 的切线和稳态值的交点也位于 $t_0+\tau$ 位置，但是 $\tau<0$，如图 9.3.5(b)所示。

**例 9.3.1** 假设 N 型负阻器件的端口伏安特性可分段折线为如图 E9.3.4 所示，$t=0$ 时刻开关闭合，$1\mu F$ 电容对接该 N 型负阻器件，电容初始电压为 5V，请画出电容放电的时域电压波形。

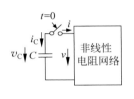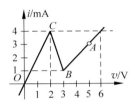

图 E9.3.4 电容通过 N 型负阻放电

**分析**：开关闭合瞬间，$t=t_0=0$，电容电压不能突变（除非电阻网络呈现恒压特性，或等效为短路线），故而端口电压在 $t=t_0^+=0^+$ 保持 5V，对应于伏安特性的 $A$ 点，该点所在非线性电阻伏安特性区段可被建模为内阻为 $R_1=1k\Omega$、源电压为 $V_{S01}=2V$ 的戴维南源，显然在这个源的驱动下，电容电压从 $V_0=5V$ 朝 $V_{S01}=2V$ 按指数衰减规律移动；当电容电压下降到 $V_1=3V$ 即移动到 $B$ 点时，电容电压如果继续下降，将进入非线性电阻的 $BC$ 区段；此区段被建模为内阻为 $R_2=-333\Omega$、源电压为 $V_{S02}=3.33V$ 的戴维南源，由于内阻为负阻，故而电容电压在此源驱动下，向背离 $V_{S02}=3.33V$ 的方向移动，即电容电压继续下降，以指数增长规律，从 $B$ 移动到 $C$；当电容电压下降到 $V_2=2V$，即到达 $C$ 点后，如果电压继续下降，则将进入非线性电阻的 $OC$ 区段；其区段非线性电阻被建模为 $500\Omega$ 的纯电阻，于是电容通过该电阻放电，以指数衰减规律向 $O$ 点移动。

**解**：由相图分析可知，电容电压将沿 $ABCO$ 移动（练习 9.3.7）。在 $AB$ 区段，非线性电阻建模为戴维南源，源电压为 $V_{S01}=2V$，源内阻为 $R_1=1k\Omega$，根据三要素法，有

$$\tau_1 = R_1 C = 1k\Omega \times 1\mu F = 1ms$$

$$v_C(0^+) = 5V, \quad v_{C,\infty} = V_{S01} = 2V$$

$$v_C(t) = v_{C,\infty} + (v_C(0^+) - v_{C,\infty})e^{-\frac{t-t_0}{\tau_1}} = 2 + 3e^{-t}(V) \quad (0 = t_0 \leqslant t \leqslant t_1)$$

$t$ 的单位取 ms，同时，此区段终止时间 $t_1$ 为

$$t_1 = t_0 + \Delta t_1 = t_0 + \tau_1 \ln \frac{v_{C,\infty} - v_{C,0}}{v_{C,\infty} - v_{C,1}} = 0 + 1ms \times \ln \frac{2-5}{2-3} = 1.099ms$$

当 $t>t_1=1.099ms$ 之后，进入 $BC$ 区段，非线性电阻建模为戴维南源，源电压为 $V_{S02}=10/3V$，源内阻为线性负阻，$R_2=-1000/3\Omega$，根据三要素法，有

$$\tau_2 = R_2 C = -\frac{1000}{3}\Omega \times 1\mu F = -0.333ms$$

$$v_C(t_1^+) = v_C(t_1^-) = 3\mathrm{V}, \quad v_{C,\infty 2} = V_{S02} = 3.333\mathrm{V}$$

$$v_C(t) = v_{C,\infty 2} + (v_C(t_1^+) - v_{C,\infty 2})e^{\frac{t-t_1}{\tau_2}} = 3.333 - 0.333e^{\frac{t-1.099}{0.333}}(\mathrm{V}) \quad (t_1 \leqslant t \leqslant t_2)$$

$t$ 的单位取 ms。此区段终止时间 $t_2$ 为

$$t_2 = t_1 + \Delta t_2 = t_1 + \tau_2 \ln \frac{v_{c,\infty 2} - v_{C,1}}{v_{c,\infty 2} - v_{C,2}}$$

$$= 1.099\mathrm{ms} - 0.333\mathrm{ms} \times \ln \frac{3.333 - 3}{3.333 - 2}$$

$$= 1.099\mathrm{ms} + 0.462\mathrm{ms} = 1.561\mathrm{ms}$$

当 $t > t_2 = 1.561\mathrm{ms}$ 之后，进入 OC 区段，非线性电阻建模为线性电阻 $R_3 = 500\Omega$，根据三要素法，有

$$\tau_3 = R_3 C = 500\Omega \times 1\mu\mathrm{F} = 0.5\mathrm{ms}$$

$$v_C(t_2^+) = v_C(t_2^-) = 2\mathrm{V}, \quad v_{C,\infty 3} = V_{S03} = 0\mathrm{V}$$

$$v_C(t) = v_{C,\infty 3} + (v_C(t_2^+) - v_{C,\infty 3})e^{-\frac{t-t_2}{\tau_3}} = 2e^{-\frac{t-1.561}{0.5}}(\mathrm{V}) \quad (t \geqslant t_2)$$

$t$ 的单位取 ms。

图 E9.3.5 实线是 $v_C$ 时域波形图，其中短虚线是 AB 区段如果伏安特性无转折而指向 $V_{S01} = 2\mathrm{V}$ 的指数衰减变化规律，长虚线是 BC 区段如果伏安特性无转折而背离 $V_{S02} = 3.33\mathrm{V}$ 的指数增长变化规律。

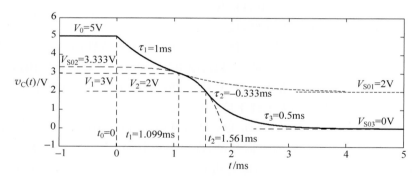

图 E9.3.5　电容电压时域波形图

各区段电容电压分时段的关键参量均被标记在图中，请同学们仔细体会该曲线所表明的电容电压变化过程，虽然非线性电阻存在负阻区，但它毕竟还是位于第一象限的耗能电阻，故而电容电压从 5V 开始一直在降低，电容电能一直在耗散，最终耗散为 0，只是由于存在负阻区，电容放电曲线出现一些波折。电容释放的电能被非线性电阻吸收并转换为其他能量形式如热能而耗散到周围空间。

**练习 9.3.7**　（1）画出例 9.3.1 中图 E9.3.4 电路的相轨迹，配合相轨迹，描述图 E9.3.5 所示电容电压变化波形。

（2）给出 $C = 10\mu\mathrm{F}, V_0 = 6\mathrm{V}$ 情况下的电容电压时域波形及波形图。

在第 7 章考察状态记忆时，定义了三种状态记忆单元：双稳、单稳和无稳。非线性负阻器件和电容 $C$ 对接，可形成上述状态记忆单元。如图 E9.3.6 所示，首先确定直流工作点：电容直流开路，因而负阻器件端口对接电容以开路处理，图中虚线横轴（开路伏安特性曲线）和负阻器件伏安特性的交点就是直流工作点。

（a）N 型负阻有唯一的正阻区直流工作点,不形成记忆单元:如图 E9.3.6(a)所示,这正是例 9.3.1 讨论的电容通过 N 型负阻的放电过程,无论电容起始电压在何处,电容电压都将单调上升或单调下降,最终稳定到 $Q$ 点。

（b）N 型负阻有两个稳定直流工作点,可形成双稳记忆单元:如图 E9.3.6(b)所示,如果电容初始电压位于 $DQ_u$ 区间,最终都将进入到 $Q_0$ 稳定平衡点;如果电容初始电压位于 $Q_uA$ 区间,最终都将进入到 $Q_1$ 稳定平衡点;如果电容初始电压位于 $Q_u$ 不稳定平衡点,则由电路随机噪声随机决定电容电压最终进入到 $Q_0$ 或者 $Q_1$。 $Q_0$ 和 $Q_1$ 可以作为数字 0、1 的两个确定状态。

（c）S 型负阻直流工作点 $Q$ 在正阻区,可形成单稳记忆单元:如图 E9.3.6(c)所示,其直流工作点 $Q$ 位于 $T_BC$ 区间,是稳定平衡点,它是单稳记忆的稳态。 假设有一个突发激励使得它暂时脱离稳态突然进入 $AB$ 区段(暂稳态),该区段可建模为戴维南电压源,在戴维南电压源作用下,电容电压将朝 $B$ 点移动,到达 $B$ 点后跳到 $T_B$ 点,再由 $T_B$ 点最终到达 $Q$ 点,再次进入稳态。 单稳状态的电容电流在由 $B$ 跳到 $T_B$ 点时存在换向过程,但是如果直流工作点被设置在 $DT_B$ 区段,电容电流跳变但不会换向,这种情况不是单稳,与图 E9.3.6(a)的单调变化一样,视为不形成记忆单元。

（d）S 型负阻直流工作点 $Q$ 在负阻区,可形成无稳记忆单元:如图 E9.3.6(d)所示,其直流工作点 $Q$ 是不稳定平衡点,无论电容起始电压为何值,电容电压最终都将沿 $B$-$T_B$-$C$-$T_C$-$B$-$\cdots$ 循环往复,形成周期振荡波形。

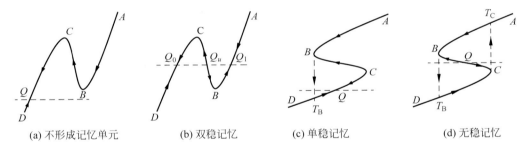

(a) 不形成记忆单元　　(b) 双稳记忆　　(c) 单稳记忆　　(d) 无稳记忆

图 E9.3.6　负阻器件和电容对接形成的状态记忆单元

**练习 9.3.8**　说明负阻器件和电感 $L$ 对接,可形成三种状态记忆单元。

显然负阻器件和电容或电感对接可形成不同的状态记忆单元,关键就在于负阻器件的直流工作点是如何设置的,下面以 S 型负阻对接电容形成的无稳记忆单元为例,说明它是如何直流偏置并形成张弛振荡的。

如图 9.3.6 所示,这是一个 S 型负阻和电容的对接,电路中同时加入一个恒流源,它将工作点设置在负阻区。不考虑电容(电容直流开路),恒流源将 S 型负阻偏置到 $Q$ 点。图中 S 型负阻的特性曲线始终位于一、三象限,如图 9.3.6(b)所示,它是无源的电阻。但是如果将恒流源和 S 型负阻视为一体,则为有源电路,端口对外提供能量本质来自于恒流源。为了分析方便,暂将直流偏置扣除,如图 9.3.6(c)所示,将 $Q$ 点视为新的坐标系原点,显然新的坐标系和原坐标系仅差一个直流偏置,

$$v_p = v_{NL} - V_0 \tag{9.3.7a}$$

$$i_p = i_{NL} - I_0 \tag{9.3.7b}$$

为了进一步简化分析,将 S 型负阻分段折线化。如图 9.3.6(c)所示,分为三段线性:由于

张弛振荡器形成稳定的周期振荡后,对接端口电压电流关系受两个正阻区约束且来回跳转,故而分段折线时应确保正阻区有良好的拟合度,两个跳转电压比较精准,而负阻区的折线可明显偏离实际负阻区伏安特性,因为这不重要,该区域不是张弛振荡的工作区域。

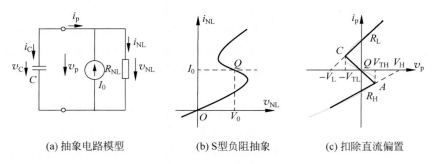

(a) 抽象电路模型　　　　　(b) S型负阻抽象　　　　　(c) 扣除直流偏置

图 9.3.6　张弛振荡器端口简化模型:S 型负阻加电容 $C$

　　显然两个正阻区的单端口电路模型都是戴维南源,上侧折线对应$(-V_L, R_L)$源,该源将对电容反向充电,充电至 $C$ 点后,发生翻转,进入下侧折线对应的$(V_H, R_H)$源模型,该源对电容正向充电,充电至 $A$ 点后,发生翻转,再次进入上侧折线对应区域。如是反复,形成张弛振荡。

　　如图 9.3.7 所示,这是该电路的相轨迹 $C\mathrm{d}v_C/\mathrm{d}t = i_C = -i_p = -f(v_p) = -f(v_C)$,由于有负号,故而将 S 型负阻的伏安特性曲线沿横轴翻置,形成了一个 Z 型的三段折线。注意这个 Z 型三段折线和横轴的交点在原点位置,故而原点 $Q$ 就是平衡点,但是平衡点的斜率大于 0(对应负阻),故而直流工作点 $Q$ 是不稳定平衡点。

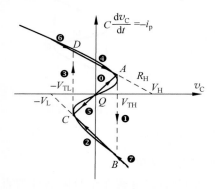

图 9.3.7　张弛振荡器相图分析

　　如果初始状态位于相轨迹 Z 型折线的❶段,其状态变化则是指数增长规律($v_C$ 变大),如图❶段箭头所示方向。当 $v_C$ 增大到 $V_{TH}$ 到达 $A$ 点,图示的相轨迹已经无法描述状态变化了,因为相轨迹的❹段和❶段相接,但是它们的状态转移箭头方向都是朝右侧($v_C$ 变大方向),到达 $A$ 点后,已经没有相轨迹可以沿着走了,由于电容电压不能突变,但电容电流可以突变,因而相轨迹运行尽头 $A$ 点可以跳变到 $B$ 点。从第 8 章例 8.2.6 的 E8.2.11 仿真图看,如果考虑寄生电感效应,从 $A$ 点到 $B$ 点变化是一个外弧线,但电感为 0 时,这种变化就是垂直的,斜率的倒数就是时间常数,即时间常数为 0,从 $A$ 点到 $B$ 点的变化是

瞬间完成的跳变。$B$ 点位于横轴下方,故而其状态运行将沿❷段朝左 $v_C$ 减小的方向运行,当状态沿箭头方向运行到 $C$ 点后,状态轨迹再次到达尽头,因为和❷段相衔接的❺段相轨迹方向同样朝左方向,因而到达 $C$ 点后,电容电压不能突变,只能发生电容电流的突变,直接从 $C$ 点跳变到 $D$ 点,$D$ 点位于横轴上方,因而其状态运行轨迹将沿❹段朝右 $v_C$ 增加箭头方向运动,运动到 $A$ 点后,再次跳变到 $B$ 点,周而复始,形成周期振荡,这个状态变化过程是❶❶❷❸❹❶❷❸❹…,其中❶是起始段,从❶❷❸❹开始则进入周期振荡模式。

　　振荡器在起始阶段,其初始状态可以是 Z 型折线的任何位置,但最终都会进入周期振荡,进入的过程如下:

　　(1)起始为❶段:❶❶❷❸❹❶❷❸❹…

（2）起始为❺段：❺❸❹❶❷❸❹❶❷…

（3）起始为❷段：❷❸❹❶❷❸❹❶…

（4）起始为❹段：❹❶❷❸❹❶❷❸…

（5）起始为❻段：❻❹❶❷❸❹❶❷❸…

（6）起始为❼段：❼❷❸❹❶❷❸❹❶…

（7）起始为原点：原点为不稳平衡点，由起始噪声或干扰形成起始状态位置偏移，可能是

❶❷❸❹❶❷❸❹…，也可能是❺❸❹❶❷❸❹❶❷…。

下面考察进入❶❷❸❹循环后，即输出稳定的周期波形时，波形形状和周期大小。注意❶、❸均为瞬间跳变，不占时间。因而只需考察❷、❹阶段。这里假定❷段为暂稳态1，$-V_L$ 通过 $R_L$ 对电容反向充电，当电容电压降低到 $-V_{TL}$ 时（张，紧张），量变积累酿成质变，状态发生跳转（❸），进入暂稳态2（弛，松弛）；在暂稳态2，$V_H$ 通过 $R_H$ 对电容充电（❹），电容电压升高到 $V_{TH}$ 时（张），量变酿成质变，状态发生跳转（❶），进入暂稳态1（弛）；如是循环往复，形成张弛振荡，由于图9.3.6给出的S型负阻特性不对称，故而在两个状态待的时间并不相同，如图9.3.8所示，图中电压标记中把去除的直流工作点电压 $V_0$ 添加了进去。显然，振荡器在两个暂稳态待的时间分别为

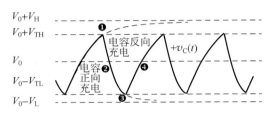

图9.3.8 张弛振荡波形

$$T_1 = R_L C \ln \frac{-V_L - V_{TH}}{-V_L - (-V_{TL})} = R_L C \ln \frac{V_L + V_{TH}}{V_L - V_{TL}} \tag{9.3.8a}$$

$$T_2 = R_H C \ln \frac{+V_H - (-V_{TL})}{+V_H - V_{TH}} = R_H C \ln \frac{V_H + V_{TL}}{V_H - V_{TH}} \tag{9.3.8b}$$

两者之和为周期，其倒数为振荡频率。

$$f = \frac{1}{T} = \frac{1}{T_1 + T_2} \tag{9.3.9}$$

**练习9.3.9** 请分析如图E9.3.7所示张弛振荡工作原理，计算振荡周期。

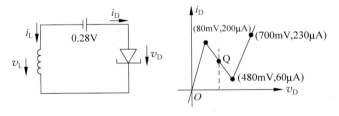

图E9.3.7 张弛振荡器：N型负阻＋电感

**练习9.3.10** 负阻型张弛振荡器中的负阻器件应直流偏置在负阻区。请研究如图E9.3.8（a）所示电路，其中S型负阻伏安特性曲线如图E9.3.8（b）所示，请考察偏置电流源分别取 0.5mA、2mA、3mA、6mA 时，电容电压变化波形，假设 $t=0$ 时刻电容电压初始值为 600mV。

**3. 平均电流法：数字非门延时分析**

非线性电阻分段折线处理时，往往是对其非线性伏安特性进行线性化处理，可以用起始点

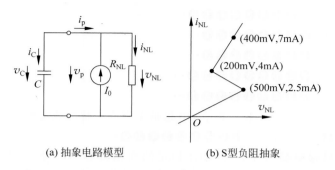

(a) 抽象电路模型  (b) S型负阻抽象

图 E9.3.8　不同直流偏置工作点

到转折点的割线拟合曲线,也可以用起始点到转折点中间点的切线拟合曲线,或者用割线和切线的平均线获得更优化的线性拟合效果。对于非线性电阻和电容对接的电路,注意到恒流充电可导致电容电压线性变化,因而用起始点和转折点的平均电流做恒流抽象,分析将变得十分简单,这种方法被称为平均电流法。

下面以 CMOS 数字非门电路的延时分析为例,说明平均电流法在原理性分析中将会给出简单且有效的结论。如图 E9.3.9(a) 所示,这是 CMOS 反相器。如果不考虑晶体管的寄生电容效应,两个晶体管则被抽象为纯电阻电路,该数字非门可实现理想的求非运算:如果输入是方波,输出则是反相方波。这里特别强调,理想 CMOS 数字非门是电阻电路抽象,输出是输入的即时反相,输入端的变化即时反映到输出端。同时,理想方波激励下,PMOS 和 NMOS 可抽象为开关,开关本身不消耗功率。

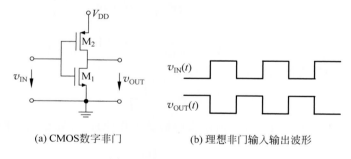

(a) CMOS数字非门  (b) 理想非门输入输出波形

图 E9.3.9　理想数字非门

然而事实并非如此,MOS 晶体管存在四个寄生电容,如图 E9.3.10 所示,在晶体管符号上直接画出了这四个寄生电容,其中由于衬底和源极相连,故而源衬寄生电容 $C_{sb}$ 在这里不起作用。CMOS 反相器的输入和输出电平稳定时要么是高电平,要么是低电平,因而大多数电容均都可视为接地电容,其中在高低电平转换过程中,经过晶体管有源区,此时 $C_{gd}$ 电容的 MILLER 效应导致对该电容的充放电需要较长的时间。无论如何,晶体管所有寄生电容的影响最终被汇总为一个等效负载电容 $C_L$,如图 E9.3.11 所示。这个汇总抽象的负载电容 $C_L$ 除了考虑了晶体管寄生电容效应外,还包括了数字门电路之间连线电容 $C_{int}$ 和后级门电路栅极对地等效电容 $C_{g,next}$ 的影响在内。该等效电容的存在,使得输出端电压虽然随输入端电压变化而反相变化,但是对电容的充放电导致输出端电压对输入端电压的变化并非即时响应,而是存在三个寄生电容效应:延时、上升沿/下降沿和动态功耗。

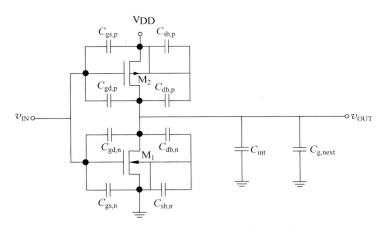

图 E9.3.10 CMOS 非门中的寄生电容

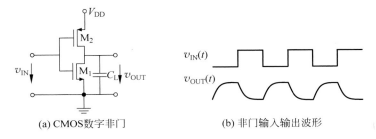

(a) CMOS数字非门          (b) 非门输入输出波形

图 E9.3.11 考虑了寄生电容效应的数字非门

首先考察延时,如图 E9.3.12 所示:输入是一个理想方波,电阻电路反相器即时反应形成反相方波,但是考虑了寄生电容效应后,当输入由低电平跳到高电平时,输出在试图由高电平跳到低电平时,电容 $C_L$ 上的电荷需要释放,只要不是短路线直接短路放电,电容释放电荷都需要一定的时间,故而输出从高电平下降到低电平是一个缓变的放电过程,以电平变化到 0.5 作为从逻辑 1 变化到逻辑 0 的分界线,那么就存在一个输出从高电平到低电平的延时 $\tau_{PHL}$;同理,当输入由高电平跳到低电平时,输出则试图从低电平跳到高电平,于是电容开始充电,只要不是恒压源直连电容充电,电容充电则需要时间,故而输出从低电平上升到高电平是一个缓变的充电过程,以电平变化到 0.5 作为从逻辑 0 到逻辑 1 的分界线,则存在一个输出从低电平到高电平的延时 $\tau_{PLH}$。图 E9.3.12 在波形上给出了这两个延时,这两个延时一般不相等,于是取其平均作为反相器的延时

$$\tau_P = \frac{1}{2}(\tau_{PHL} + \tau_{PLH}) \tag{E9.3.1}$$

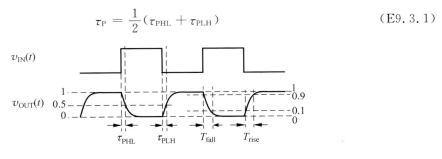

图 E9.3.12 非门寄生电容效应:延时与上升沿时间

还注意到电容充放电需要时间,输出高低电平转换是缓变的充放电过程。定义逻辑电平从 0.9 下降到 0.1 的时间为下降沿时间 $T_{\text{fall}}$,逻辑电平从 0.1 上升到 0.9 的时间为上升沿时间 $T_{\text{rise}}$,如图 E9.3.12 所示。

那么如何估算上述两个寄生电容效应形成的时间参数呢?实际晶体管寄生电容大多都是非线性电容,电容容值与电容端口电压有关,为了方便计算,下面的分析均假设电容是线性时不变电容,对于 CMOS 反相器,如是假设下,可以给出理论解析解。

这里分析输入由 0 跳 1,输出由 1 向 0 变化的过程。当输入逻辑电平由 0 跳变为 1 后,PMOS 瞬间截止,而 NMOS 则导通。由于电容起始电压为 $V_{\text{DD}}$,上面存储了 $C_L V_{\text{DD}}$ 的电荷,这个电荷将通过导通的 NMOS 沟道通路放电。这个放电过程分两个阶段:

(1) 输入电压已经跳到逻辑 1 电压 $V_{\text{DD}}$ 上,而输出电压因为电容的存在还保持在 $V_{\text{DD}}$ 电压上,于是 NMOS 的 $V_{\text{GD}} = 0$,同时有 $V_{\text{GS}} = V_{\text{DD}} > V_{\text{THn}}$,故而 NMOS 处于恒流导通区,于是 NMOS 沟道等效为恒流源,也就是说,NMOS 沟道对电容 $C_L$ 恒流放电。

(2) NMOS 沟道恒流放电导致电容电压持续下降,当电容电压 $v_C$ 由 $V_{\text{DD}}$ 下降到 $V_{\text{DD}} - V_{\text{THn}}$ 后再下降,$V_{\text{GD}} = V_G - V_D = V_{\text{DD}} - v_C$ 将大于阈值电压 $V_{\text{THn}}$,于是 NMOS 进入欧姆导通区,NMOS 沟道则是一个典型的非线性电阻,电容 $C_L$ 通过这个非线性电阻放电。

显然计算下降延时 $\tau_{\text{PHL}}$ 时,也分两个阶段,首先电容电压 $v_C$ 由 $V_{\text{DD}}$ 恒流放电下降到 $V_{\text{DD}} - V_{\text{THn}}$,所需时间为

$$\Delta t_1 = \frac{\Delta V_1}{I_{10}/C_L} = C_L \frac{V_{\text{THn}}}{\frac{1}{2}\mu_n C_{\text{ox}} \left(\frac{W}{L}\right)_n (V_{\text{DD}} - V_{\text{THn}})^2} = \frac{2C_L V_{\text{THn}}}{k_n (V_{\text{DD}} - V_{\text{THn}})^2}$$

其中 $k_n = \mu_n C_{\text{ox}} \left(\frac{W}{L}\right)_n$ 是 NMOS 的工艺参量,与晶体管宽长比成正比关系。

然后电容电压 $v_C$ 由 $V_{\text{DD}} - V_{\text{THn}}$ 通过欧姆导通区的非线性电阻放电到 $0.5 V_{\text{DD}}$,所需时间为

$$\begin{aligned}
\Delta t_2 &= \int_{V_{\text{DD}} - V_{\text{THn}}}^{0.5 V_{\text{DD}}} \frac{C_L(v_C)}{i_C(v_C)} dv_C = C_L \int_{V_{\text{DD}} - V_{\text{THn}}}^{0.5 V_{\text{DD}}} \frac{1}{-i_{\text{dn}}(v_C)} dv_C \\
&= C_L \int_{V_{\text{DD}} - V_{\text{THn}}}^{0.5 V_{\text{DD}}} \frac{-1}{\mu_n C_{\text{ox}} \left(\frac{W}{L}\right)_n ((V_{\text{DD}} - V_{\text{THn}})v_C - 0.5 v_C^2)} dv_C \\
&= \frac{C_L}{k_n (V_{\text{DD}} - V_{\text{THn}})} \ln \frac{2(V_{\text{DD}} - V_{\text{THn}}) - v_C}{v_C} \bigg|_{V_{\text{DD}} - V_{\text{THn}}}^{0.5 V_{\text{DD}}} \\
&= \frac{C_L}{k_n (V_{\text{DD}} - V_{\text{THn}})} \ln \frac{4(V_{\text{DD}} - V_{\text{THn}}) - V_{\text{DD}}}{V_{\text{DD}}} \\
&= \frac{C_L}{k_n (V_{\text{DD}} - V_{\text{THn}})} \ln \left(3 - 4\frac{V_{\text{THn}}}{V_{\text{DD}}}\right)
\end{aligned}$$

上述计算中假设电容为线性时不变电容,而电容电压 $v_C$ 恰好就是 NMOS 的 $v_{\text{DS}}$ 电压。

显然,传播延时 $\tau_{\text{PHL}}$ 是上述两个时间之和,$\tau_{\text{PHL}} = \Delta t_1 + \Delta t_2$,

$$\tau_{\text{PHL}} = \frac{C_L}{k_n (V_{\text{DD}} - V_{\text{THn}})} \left(\frac{2V_{\text{THn}}}{(V_{\text{DD}} - V_{\text{THn}})} + \ln\left(3 - 4\frac{V_{\text{THn}}}{V_{\text{DD}}}\right)\right) \tag{E9.3.2a}$$

同理,当输入由逻辑 1 跳到逻辑 0,NMOS 瞬间截止,而 PMOS 则导通。$V_{\text{DD}}$ 电压源通过 PMOS 沟道为 $C_L$ 充电,充电过程同样分两个阶段,恒流充电和欧姆充电,进而可获得输出逻辑 0 到逻辑 1 变化的传播延时 $\tau_{\text{PLH}}$ 为

$$\tau_{\mathrm{PLH}} = \frac{C_{\mathrm{L}}}{k_{\mathrm{p}}(V_{\mathrm{DD}} - V_{\mathrm{THp}})}\left(\frac{2V_{\mathrm{THp}}}{(V_{\mathrm{DD}} - V_{\mathrm{THp}})} + \ln\left(3 - 4\frac{V_{\mathrm{THp}}}{V_{\mathrm{DD}}}\right)\right) \tag{E9.3.2b}$$

**练习 9.3.11** 请分析并给出上升沿时间和下降沿时间的理论公式,假设电容 $C_{\mathrm{L}}$ 是线性时不变电容。

给出理论公式固然是我们希望的,但实际非线性器件的描述可能很复杂,从而无法给出简单明了的理论解析解,用平均电流法快速估算就变得十分有必要。平均电流估算方法很简单,只需计算电容起始点电压和终止点电压对应的两个电流,取电流平均值作为电容充放电电流,即可获得所需时间估算公式,

$$\Delta t \approx \frac{\Delta V}{I/C_{\mathrm{L}}} = C_{\mathrm{L}}\frac{\Delta V}{\frac{1}{2}\left(I(V_0) + I(V_0 + \Delta V)\right)} = \frac{2C_{\mathrm{L}}\Delta V}{I(V_0) + I(V_0 + \Delta V)} \tag{E9.3.3}$$

**例 9.3.2** 某 CMOS 非门的电源电压 $V_{\mathrm{DD}} = 3.3\mathrm{V}$,NMOS 阈值电压 $V_{\mathrm{THn}} = 0.8\mathrm{V}$,工艺参量 $k_{\mathrm{n}} = 640\mu\mathrm{A/V}^2$,PMOS 阈值电压 $V_{\mathrm{THp}} = 0.7\mathrm{V}$,工艺参量 $k_{\mathrm{p}} = 300\mu\mathrm{A/V}^2$。寄生电容效应等效负载电容 $C_{\mathrm{L}} = 300\mathrm{fF}$,请分析该数字非门的传播延时。

**解**:方法一,直接代入理论解析表达式(E9.3.2),有

$$\begin{aligned}
\tau_{\mathrm{PHL}} &= \frac{C_{\mathrm{L}}}{k_{\mathrm{n}}(V_{\mathrm{DD}} - V_{\mathrm{THn}})}\left(\frac{2V_{\mathrm{THn}}}{(V_{\mathrm{DD}} - V_{\mathrm{THn}})} + \ln\left(3 - 4\frac{V_{\mathrm{THn}}}{V_{\mathrm{DD}}}\right)\right) \\
&= \frac{300\mathrm{f}}{640\mu \times (3.3 - 0.8)}\left(\frac{2 \times 0.8}{3.3 - 0.8} + \ln\left(3 - 4 \times \frac{0.8}{3.3}\right)\right) = 253(\mathrm{ps})
\end{aligned}$$

$$\begin{aligned}
\tau_{\mathrm{PLH}} &= \frac{C_{\mathrm{L}}}{k_{\mathrm{p}}(V_{\mathrm{DD}} - V_{\mathrm{THp}})}\left(\frac{2V_{\mathrm{THp}}}{(V_{\mathrm{DD}} - V_{\mathrm{THp}})} + \ln\left(3 - 4\frac{V_{\mathrm{THp}}}{V_{\mathrm{DD}}}\right)\right) \\
&= \frac{300\mathrm{f}}{300\mu \times (3.3 - 0.7)}\left(\frac{2 \times 0.7}{3.3 - 0.7} + \ln\left(3 - 4 \times \frac{0.7}{3.3}\right)\right) = 502(\mathrm{ps})
\end{aligned}$$

$$\tau_{\mathrm{P}} = 0.5 \times (\tau_{\mathrm{PHL}} + \tau_{\mathrm{PHL}}) = 377(\mathrm{ps})$$

方法二,用平均电流法。

输入由 0 跳 1,输出从 1 变 0,电容通过 NMOS 沟道放电。

电容电压从 $V_{\mathrm{DD}}$ 下降到 $V_{\mathrm{DD}} - V_{\mathrm{THn}}$,恒流放电,

$$\begin{aligned}
\Delta t_{1\mathrm{n}} &= \frac{\Delta V_{1\mathrm{n}}}{I_{01\mathrm{n}}/C_{\mathrm{L}}} = C_{\mathrm{L}}\frac{V_{\mathrm{THn}}}{\frac{1}{2}k_{\mathrm{n}}(V_{\mathrm{DD}} - V_{\mathrm{THn}})^2} = \frac{2C_{\mathrm{L}}V_{\mathrm{THn}}}{k_{\mathrm{n}}(V_{\mathrm{DD}} - V_{\mathrm{THn}})^2} \\
&= \frac{2 \times 300\mathrm{f} \times 0.8}{640\mu \times (3.3 - 0.8)^2} = 120(\mathrm{ps})
\end{aligned}$$

电容电压从 $V_{\mathrm{DD}} - V_{\mathrm{THn}}$ 下降到 $0.5V_{\mathrm{DD}}$,欧姆放电,用平均电流法,

$$\begin{aligned}
\Delta t_{2\mathrm{n}} &= \frac{\Delta V_{2\mathrm{n}}}{I_{02\mathrm{n}}/C_{\mathrm{L}}} \\
&= C_{\mathrm{L}}\frac{0.5V_{\mathrm{DD}} - V_{\mathrm{THn}}}{\frac{1}{2}\left(\frac{1}{2}k_{\mathrm{n}}(V_{\mathrm{DD}} - V_{\mathrm{THn}})^2 + \frac{1}{2}k_{\mathrm{n}}\left(2(V_{\mathrm{DD}} - V_{\mathrm{THn}})0.5V_{\mathrm{DD}} - (0.5V_{\mathrm{DD}})^2\right)\right)} \\
&= 2 \times 300\mathrm{f} \times \frac{1.65 - 0.8}{320\mu \times ((3.3 - 0.8)^2 + 2 \times (3.3 - 0.8) \times 1.65 - 1.65^2)} = 135(\mathrm{ps})
\end{aligned}$$

故而

$$\tau_{\mathrm{PHL}} = \Delta t_{1\mathrm{n}} + \Delta t_{2\mathrm{n}} = 255(\mathrm{ps})$$

当输入由 1 跳 0,输出从 0 变 1,电压源 $V_{\mathrm{DD}}$ 通过 PMOS 沟道对电容充电。

电容电压从 0 上升到 $V_{\mathrm{THp}}$,恒流充电,

$$\Delta t_{1p} = \frac{\Delta V_{1p}}{I_{01p}/C_L} = C_L \frac{V_{THp}}{\frac{1}{2}k_p(V_{DD}-V_{THp})^2} = \frac{2C_L V_{THp}}{k_p(V_{DD}-V_{THp})^2}$$

$$= \frac{2\times 300f \times 0.7}{300\mu \times (3.3-0.7)^2} = 207(ps)$$

电容电压从 $V_{THp}$ 上升到 $0.5V_{DD}$，电压源 $V_{DD}$ 通过 PMOS 沟道欧姆充电，用平均电流法，有

$$\Delta t_{2p} = \frac{\Delta V_{2p}}{I_{02p}/C_L}$$

$$= C_L \frac{0.5V_{DD}-V_{THp}}{\frac{1}{2}\left(\frac{1}{2}k_p(V_{DD}-V_{THp})^2 + \frac{1}{2}k_p(2(V_{DD}-V_{THp})0.5V_{DD}-(0.5V_{DD})^2)\right)}$$

$$= 2\times 300f \times \frac{1.65-0.7}{150\mu \times ((3.3-0.7)^2 + 2\times(3.3-0.7)\times 1.65 - 1.65^2)} = 301(ps)$$

故而

$$\tau_{PLH} = \Delta t_{1p} + \Delta t_{2p} = 508(ps)$$

因而该 CMOS 数字非门的传播延时为 $\tau_P = 0.5\times(\tau_{PHL}+\tau_{PLH}) = 382(ps)$

对比两种方法，平均电流法较理论解析解的误差在 1% 左右，但平均电流法更容易操作，尤其是对难以给出解析解的情况。

**练习 9.3.12** 请用平均电流法获得具有例 9.3.2 参量的 CMOS 数字非门的上升沿时间和下降沿时间。

无论是理论解析解，还是平均电流法，上述分析都将给出如下的数字门电路降低延时（上升沿、下降沿时间）的方法：

（1）降低寄生电容大小，可通过降低晶体管尺寸，减小互连线长度实现。

（2）提高电源电压。提高电源电压可以降低延时，但功耗会大幅上升，延时和功耗对电源电压的要求是一对矛盾，需要折中考虑确定。

在上半部分电阻电路课程分析 CMOS 数字非门时，将晶体管等效为开关，CMOS 数字门电路在确定的逻辑 0 或逻辑 1 静态情况下总是有一个开关是截止的故而功耗极低，如果晶体管不考虑寄生电容效应，从一个状态转换为另外一个状态是瞬间完成的，晶体管瞬间通过恒流区，故而不存在状态转换功耗。然而晶体管寄生电容一定是存在的，导致状态转换需要时间，这将导致极大的动态功耗。在输出上升沿阶段，负载电容 $C_L$ 通过 PMOS 沟道自电源 $V_{DD}$ 抽取电荷，直至电容电压升高至 $V_{DD}$，这个过程中，有 $Q = C_L V_{DD}$ 的电荷从电源转移到电容，故而电源释放了 $QV_{DD} = C_L V_{DD}^2$ 的能量，其中一半存储在电容上，一半被 PMOS 消耗；在输出下降沿阶段，负载电容 $C_L$ 通过 NMOS 沟道释放其存储的电荷，在这个过程中，有 $Q = C_L V_{DD}$ 的电荷从电容转移走，全部 $0.5C_L V_{DD}^2$ 的电能从电容释放出来，又全部被 NMOS 消耗。这种由于状态变化进而电容转储电荷导致的能量消耗，被称为动态功耗，而反相器在确定的 0、1 状态下的功耗，则称为静态功耗。CMOS 门电路的静态功耗很小，而动态功耗相对则显得很大。

在输出从 0 到 1，再从 1 到 0 的一轮状态转换过程中，共有 $C_L V_{DD}^2$ 的能量被消耗，假设这种从 0 到 1，从 1 到 0 的平均转换频率为 $f$，那么平均功率就是 $C_L V_{DD}^2 f$，

$$P_D = C_{PD} V_{DD}^2 f \tag{E9.3.4}$$

特别注意到式（E9.3.4）中的电容记为 $C_{PD}$ 而非 $C_L$，原因在于 CMOS 非门在 0、1 转换过程中，并不能瞬间完成转换，即使第一级非门用理想方波恒压源驱动，但第一级非门输出的方波业已存在上升沿时间和下降沿时间，导致后级数字门电路的驱动电压不能瞬间转换，中间存在一个

时间段使得 PMOS 和 NMOS 都位于导通区,从而电荷直接从电压源通过 PMOS 沟道和 NMOS 沟道转移到地下,形成极大的能耗,这个能耗比通过 $C_L$ 电荷转移的能耗要大很多。由于两个晶体管同时导通产生的能耗和方波上升沿、下降沿时间成正比关系,而方波上升沿、下降沿时间和 $C_L$ 成正相关,因而两个晶体管同时导通能耗仍然和晶体管寄生电容 $C_L$ 成正相关,但比 $C_L V_{DD}^2$ 大很多。计算延时、上升沿时间和下降沿时间采用的寄生电容参数 $C_L$ 不能用于计算动态功耗,计算动态功耗应通过测量等手段另行确定一个新的电容参量 $C_{PD}$,$C_{PD}$ 有可能比 $C_L$ 高一个量级且与之正相关。这里下标 PD 是 Power Dissipation(功耗)的缩写。

从式(E9.3.4)可知,为了降低数字门电路的功耗,有几个措施:

(1)令数字门电路的状态翻转尽量的少,或者说,数字门翻转频率尽量的小,门电路翻转伴随的寄生电容上的电荷转移和直通能耗都因而降低。有一些电路技术可以减少数字门的翻转,如门控时钟技术(习题 7.3),地址总线编码技术(习题 7.7)等,这些技术都可以用来降低门电路的翻转频率 $f$。

(2)采用低电源电压,这是低功耗设计的最重要手段,但会导致门延时上升进而导致系统的时钟频率不得不下调以确保获得正确的逻辑运算结果。

(3)尽可能降低寄生电容大小,应采用小尺寸的晶体管和尽可能短的互连线。

**练习 9.3.13** 如图 E9.3.13 所示,为 S 型负阻和电容对接关系,将形成张弛振荡波形。已知 S 型负阻伏安特性曲线为 $v_{NL} = -R i_{NL} + \dfrac{R}{3 I_0^2} i_{NL}^3$,请对该非线性伏安特性采用分段折线法和平均电流法求该张弛振荡器的振荡频率。

用后向欧拉法进行数值求解,当电路参量为 $C = 20 \text{pF}$,$R = 100 \Omega$,$I_0 = 1 \text{mA}$ 时,后向欧拉法($\Delta t = 0.2 \text{ps}$)给出的振荡周期为 3.31ns,振荡频率为 $f = 302 \text{MHz}$。请将上述数值代入分段折线法和平均电流法给出的周期和频率公式中,比较误差大小,考察如何降低分析误差。

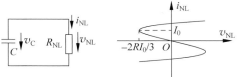

图 E9.3.13 张弛振荡器的分段线性分析和平均电流法分析

**4. 张弛振荡器**

张弛振荡器(relaxation oscillator)输出波形包括方波(square wave)、三角波(triangle wave)、锯齿波(sawtooth wave)或类似含有丰富谐波分量波形的周期信号,此类振荡器也有称之为多谐振荡器(astable multivibrator)的。

张弛振荡器的基本构件有两个:具有比较功能的双稳器件和动态元件(电容或电感)。双稳器件在其一个稳态对动态元件充电(或充磁),使得动态元件的状态变量(电容电压或电感电流)发生变化,当达到双稳器件的阈值时,双稳器件则进入另外一个稳态;在另外一个稳态,双稳器件对动态元件反向充电(或反向充磁),使得动态元件的状态变量反方向变化,当达到双稳器件的另外一个阈值时,双稳器件则返回第一个稳态。如是往复,形成张弛振荡。

具有比较功能的双稳器件包括 S 型或 N 型负阻、施密特触发器或具有正反馈连接机制的晶体管电路等。

1)负阻型张弛振荡

根据一阶系统的相图分析可知,直流工作点在负阻区的 S 型负阻和电容 $C$ 对接,直流工作点在负阻区的 N 型负阻和电感 $L$ 对接,可形成张弛振荡。其中,工作在负阻区的 S 型负阻(或 N 型负阻)是用来提供能量和两个稳定状态的,而电容 $C$(或电感 $L$)则是通过对其充放电

（或充放磁）实现在两个暂稳状态之间的张弛转移。

对于晶体管、放大器等二端口网络参与的张弛振荡器，虽然原则上可以等效为单端口负阻器件与电容或电感的对接，但这种处理手法显得多此一举，因为用二端口网络输入端口对输出端口的控制关系，这些张弛振荡的工作原理更容易阐述清晰，因而下面的张弛振荡例子虽然可以等效为负阻与电容（电感）对接关系，但我们并不打算这样去分析此类电路，除非不将其等效为负阻则难以分析的振荡器才将其等效为负阻后再加以分析。

2）带负反馈的施密特触发器

图 9.3.9 所示运放电路是张弛振荡器的最典型结构。首先考察电路结构：运放输出端电压 $v_o$ 通过电阻分压网络，将分压信号 $v_p = F_p v_o = v_o \cdot R_1/(R_1+R_2)$ 接到运放同相输入端，这是正反馈连接方式，它形成了反相施密特触发器，如图 E9.3.14 虚框包围的二端口网络就是反相施密特触发器。反相施密特触发器无法工作在线性区。于是在反相施密特触发器的基础上，另外添加 $R$ 负反馈通路，在反相输入端对外开路的情况下，$v_n = F_n v_o = 1 \cdot v_o$，负反馈系数 1 大于正反馈系数 $R_1/(R_1+R_2)$，从而运放可以工作在线性区，第 5 章 5.3.3 节分析了这种情况，该电路可等效为 S 型负阻，如图 E9.3.15 虚框包围的单端口网络是 S 型负阻（练习 5.3.15）。

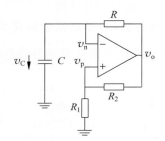
图 9.3.9　张弛振荡器

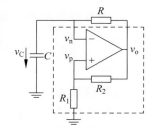
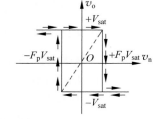
图 E9.3.14　反相施密特触发器理解

图 E9.3.15 张弛振荡器所示虚框被建模为单端口网络时，其端口伏安特性为 S 型负阻，且直流工作点（电容直流开路）恰好位于负阻区的中心位置。如是，工作点位于负阻区的 S 型负阻再对接电容 $C$，自然就会形成张弛振荡，可以依照前节分析方法分析该电路。然而这种等效把问题复杂化了，因为我们有更简洁易懂的原理性阐述。

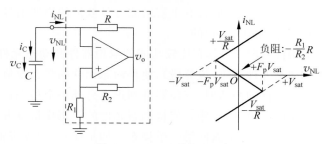
图 E9.3.15　S 型负阻理解

首先运放不可能稳定待在线性区，因为线性区等效电路为负阻，负阻和电容对接将导致电容电压指数规律上升或下降，必然使得运放脱离线性区而进入饱和区。假设运放起始处于正饱和区，其输出电压为 $+V_{sat}$，那么运放同相输入端电压为 $v_p = +F_p V_{sat}$，正饱和区工作的运放，其输出视为 $+V_{sat}$ 恒压源，该恒压源通过负反馈电阻 $R$ 对 $C$ 充电，使得电容电压 $v_C$ 上升，电容电压 $v_C$ 就是运放反相输入端电压 $v_n$，$v_n = v_C$，当运放反相输入端电压 $v_n$ 升高到 $+F_p V_{sat}$，再略微升高，$v_n > +F_p V_{sat} = v_p$，则导致运放输出翻转进入到负饱和区，由于正反馈的存在，运放输出电压从正饱和电压到负饱和电压的变化可认为是跳变的。

当运放输出电压从 $+V_{sat}$ 跳变为 $-V_{sat}$ 后，运放同相输入端电压随之改变为 $v_p = -F_p V_{sat}$，工作在负饱和区的运放输出视为 $-V_{sat}$ 恒压源，它通过负反馈电阻 $R$ 对 $C$ 反向充电，使得电容电压也就是运放反相输入端电压下降，当该电压下降到 $-F_p V_{sat}$，再略微降低，$v_n = v_C < -F_p V_{sat} = v_p$，则导致运放输出翻转进入正饱和区。由于正反馈的存在，运放输出电压从负饱和电压到正饱和电压的变化认为是跳变的。

运放输出正负饱和电压通过电阻 $R$ 对电容正向、反向充电，使得运放反相输入端电压变化导致运放来回在正负饱和电压之间翻转，如是就形成了张弛振荡，运放输出电压波形和电容电压波形如图 9.3.10 所示。

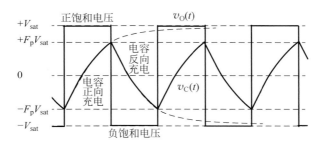

图 9.3.10 张弛振荡波形

下面计算该周期振荡波形的周期大小：将运放输出负饱和电压定为暂稳态 1，张弛振荡器待在这个暂稳态的时间为 $T_1$，

$$T_1 = RC\ln\frac{-V_{sat} - F_p V_{sat}}{-V_{sat} - (-F_p V_{sat})} = RC\ln\frac{1 + F_p}{1 - F_p} = RC\ln\left(1 + \frac{2R_1}{R_2}\right)$$

将运放输出正饱和电压定为暂稳态 2，张弛振荡器待在这个暂稳态的时间为 $T_2$，

$$T_2 = RC\ln\frac{V_{sat} - (-F_p V_{sat})}{V_{sat} - F_p V_{sat}} = RC\ln\frac{1 + F_p}{1 - F_p} = RC\ln\left(1 + \frac{2R_1}{R_2}\right)$$

$T_2 = T_1$，可见这是一个占空比为 50% 的方波，振荡器周期为

$$T = T_1 + T_2 = 2RC\ln\left(1 + \frac{2R_1}{R_2}\right) \tag{9.3.10a}$$

一种常见的取值方法是令 $R_1 = R_2$，振荡器周期则完全由 RC 时间常数决定，

$$T \xlongequal{R_1 = R_2} 2RC\ln3 = 2.2RC \tag{9.3.10b}$$

**练习 9.3.14** 观察图 E9.3.14，可知该张弛振荡器是反相施密特触发器加负反馈电阻后对接电容，因而可以直接购买商用的反相施密特触发器芯片构造张弛振荡器。如图 E9.3.16 所示，这是一个单电源反相施密特触发器实现的张弛振荡器，请分析其工作原理，对于具有图(b)所示反向滞回特性的施密特触发器，画出电容电压和触发器输出电压波形，计算振荡周期。如果采用具有图(c)所示反向滞回特性曲线的施密特触发器，会有什么结果？

3) 数字非门多谐振荡

**例 9.3.3** 两个数字非门头尾环接可形成双稳记忆单元。图 E9.3.17 所示的两个数字非门用电容耦合，可形成张弛振荡，请分析其工作原理。图中给出了数字非门的转移特性曲线。

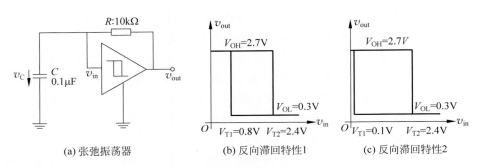

(a) 张弛振荡器    (b) 反向滞回特性1    (c) 反向滞回特性2

图 E9.3.16　反相施密特触发器加 RC 构成张弛振荡器

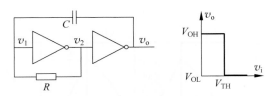

图 E9.3.17　数字非门实现的多谐振荡

**分析：**如图 E9.3.18 所示，假设起始位于暂稳态 1，反相器 1 输出 $v_2$ 为高电平 $V_{OH}$，反相器 2 输出 $v_o$ 为低电平 $V_{OL}$。此时反相器 1 通过 $R$ 对电容 $C$ 充电，$C$ 的右极板电压确定为 $V_{OL}$，

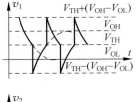

左极板电压则因充电而上升，如果没有状态翻转，电压终值为 $V_{OH}$。然而当电压上升至 $V_{TH}$ 时，反相器 1 即时发生翻转，进而导致反相器 2 翻转，进入暂稳态 2，反相器 1 输出 $v_2$ 低电平，反相器 2 输出 $v_o$ 高电平。

在翻转前，电容右极板电压 $v_o$ 为 $V_{OL}$，瞬间翻转为 $V_{OH}$，由于电容电压不能突变，故而电容左极板电压 $v_1$ 瞬间由 $V_{TH}$ 上跳至 $V_{TH}+V_{OH}-V_{OL}$。注意，此时电阻两端电压不等，电阻左侧电压为 $V_{TH}+V_{OH}-V_{OL}$，右侧电压为 $V_{OL}$，故而 $V_{OL}$ 通过 $R$ 对 $C$ 反向充电，电容左极板电压下降，如果没有变故，其终值电压为 $V_{OL}$，但电压下降至 $V_{TH}$ 时，反相器 1 翻转，进而导致反相器 2 翻转，进入暂稳态 1。

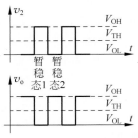

图 E9.3.18　振荡波形

在翻转前，电容右极板电压 $v_o$ 为 $V_{OH}$，瞬间翻转为 $V_{OL}$，由于电容电压不能突变，故而电容左极板电压 $v_1$ 瞬间由 $V_{TH}$ 下跳至 $V_{TH}-(V_{OH}-V_{OL})$，之后，反相器 1 的输出电压 $V_{OH}$ 通过电阻 $R$ 对电容 $C$ 充电，在暂稳态 1 的量变积累导致进入暂稳态 2，在暂稳态 2 的量变积累再次导致进入暂稳态 1，如是反复，可形成张弛振荡，各个结点的电压波形如图 E9.3.18 所示。

分析振荡周期，只需求出两个暂稳态停留时间 $T_1$、$T_2$ 即可，分别为

$$T_1 = RC\ln\frac{V_{OH} - (V_{TH} - (V_{OH} - V_{OL}))}{V_{OH} - V_{TH}}$$

$$T_2 = RC\ln\frac{V_{OL} - (V_{TH} + (V_{OH} - V_{OL}))}{V_{OL} - V_{TH}}$$

对于 CMOS 反相器，输出高电平为 $V_{OH} = V_{DD}$，输出低电平为 $V_{OL} = 0$，转折点阈值电压可设计为半电源电压 $V_{TH} = 0.5V_{DD}$，显然有 $T_1 = T_2 = RC\ln 3$，故而周期为 $2RC\ln 3 = 2.2RC$。实际反

相器偏离理想转移特性曲线,因而输出方波占空比会偏离 50%,周期也会和 $2.2RC$ 略有偏离。

4) 三角波产生原理

由于存在比较功能,运放、数字非门的输出往往是方波,那么如何产生三角波呢?有两种思路,思路 1 是从已有的方波出发,方波经过一个积分器即可形成三角波。但是如果按如下设计方案,即首先设计一个方波振荡器,其后接一个积分器形成三角波,设计方案一般是不成功的,这是由于方波振荡器中微小的直流漂移被后面的积分器积累后,其输出直流不定,则无法生成期望的三角波输出波形。因而有必要将积分器嵌入到振荡环路内部,由振荡环路自身的调节机制形成稳定的三角波输出,具体实现案例见例 9.3.4。思路 2 则是从 S 型负阻对接电容这个典型的张弛振荡器结构入手,只要设计出一个反 Z 形 S 型负阻,其两个正阻区是方向相反大小相等的恒流,即可在电容上生成三角波电压波形,具体实现案例见例 9.3.5。

**例 9.3.4** 图 E9.3.19 是用运放电路实现的三角波发生器,请分析其工作原理。

**分析**:第一个运放电路($R_1$、$R_2$、OPA1)是同相施密特触发器,形成的滞回转移特性曲线见图 E9.3.20(a);第二个运放电路($R$、$C$、OPA2)是有源 $RC$ 积分器。

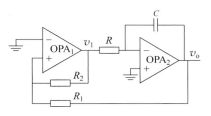
图 E9.3.19 三角波发生器

假设现在为暂稳态 1:OPA1 输出电压 $v_1$ 为 $-V_{OL}$,这个恒定电压经过后面的反相积分器,形成线性增长的电压 $v_o$,OPA1 的同相输入电压 $v_p$ 是 $v_1$ 通过 $R_2$ 电阻、$v_o$ 通过 $R_1$ 电阻形成的加权平均,当电压 $v_o$ 上升到 $V_{T1} = V_{OL} R_1/R_2$ 时,这个加权平均值等于 0,和反相输入端电压 $v_n$ 相等,$v_o$ 再上升 OPA1 则翻转,进入暂稳态 2,OPA1 输出 $v_1$ 为 $V_{OH}$。$V_{OH}$ 恒压被后面的反相积分器积分,形成线性下降的电压 $v_o$,当 $v_o$ 下降到 $-V_{T2} = -V_{OH} R_1/R_2$ 时,OPA1(施密特触发器)翻转到暂稳态 1。

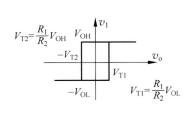

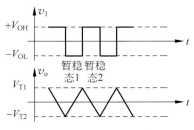

(a) 同相施密特触发器滞回曲线　　　(b) 方波积分形成三角波

图 E9.3.20 三角波形成

反相积分器形成三角波电压是这样理解的:输出 $v_1$ 为正负对称的方波电压($V_{OH} = V_{OL}$),它被 $R$ 转化为正负对称的方波电流 $v_1/R$,这个方波电流流过 $C$ 建立起反相的三角波电压输出 $v_o$。故而暂稳态 1 停留时间为 $(V_{T1} + V_{T2})/((V_{OL}/R)/C)$,暂稳态 2 停留时间为 $(V_{T1} + V_{T2})/((V_{OH}/R)/C)$,由于 $V_{OH} = V_{OL}$,可确定振荡频率为

$$f = \frac{1}{T} = \frac{1}{4RC\dfrac{R_1}{R_2}} \tag{E9.3.5}$$

**例 9.3.5** 图 E9.3.21 所示晶体管电路被称为射极耦合压控多谐振荡器。其中,"射极耦合"指电容接在两个晶体管 $T_1$、$T_2$ 的射极,"压控"指我们可以通过改变电压 $V_c$ 改变振荡频率,"多谐振荡"指此振荡器输出波形不是单频正弦波。请分析该电路的工作原理。

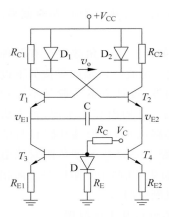

图 E9.3.21　射极耦合压控多谐振荡器

**分析**：如图 E9.3.21 所示，两个晶体管 $T_1$、$T_2$ 的基极和对方的集电极交叉耦合，形成正反馈连接，两个发射极之间通过电容 C 耦合。在这两个晶体管的发射极下方，$T_3$、$T_4$、D、$R_E$ 构成电流镜电路，$T_3$、$T_4$ 是 $T_1$、$T_2$ 的偏置电流源，其电流 $I_0$ 大小由 $V_C$ 控制：$V_C$ 改变，则 $R_C$-D-$R_E$ 支路电流随之改变，进而被镜像到 $T_3$ 和 $T_4$ 支路。

在 $T_1$、$T_2$ 的集电极和电压源 $V_{CC}$ 之间的二极管 $D_1$、$D_2$ 起到箝位作用，它们的存在，使得 $T_1$、$T_2$ 集电极电压变化很小，集电极电压和电源电压 $V_{CC}$ 之间最多只有一个二极管的导通电压 $V_{Don}$。为了说清楚电路工作原理，这里假设晶体管 $T_1$、$T_2$ 的 BE 结启动导通电压为 $V_{BEon}=0.6V$，$T_1$、$T_2$ 进入饱和导通区的 BE 结饱和电压为 $V_{BEsat}=0.8V$，二极管导通电压 $V_{Don}=0.7V$。

假设起始阶段为 $T_1$ 截止，$T_2$ 饱和导通，这是暂稳态 1：只有微小的电流流过 $R_{C1}$ 为 $T_2$ 基极提供 $I_{B2}$ 电流，故而认为此时 $T_1$ 集电极电压近似为 $V_{CC}$，$V_{E2}$ 电压则近似为 $V_{CC}-V_{BEsat}=V_{CC}-0.8$。由于 $T_1$ 截止，故而 $T_3$ 电流源无法从 $T_1$ 发射极抽取电流，只能从电容 C 的左极板抽取电流，于是 $T_2$ 发射极流出电流为 $2I_0$，其中一个 $I_0$ 从 $T_4$ 流走，一个 $I_0$ 经 C 从 $T_3$ 流走，见图 E9.3.23(a)。

由于 $T_2$ 有 $2I_0$ 电流流过，如果全部从 $R_{C2}$ 流，则有高电压，必然启动 $D_2$ 导通分流，使得 $T_2$ 集电极电压为 $V_{CC}-V_{Don}=V_{CC}-0.7V$，显然 $T_2$ 的 CE 端口电压为 0.1V，这说明 $T_2$ 处于饱和导通状态。

$T_3$ 从电容 C 左极板抽取电流，但是电容右极板电压 $V_{CC}-V_{BEsat}=V_{CC}-0.8V$ 不变，故而只能是左极板电压 $V_{E1}$ 电压线性下降，当 $V_{E1}$ 电压下降到比 $T_1$ 基极电压低一个导通电压时，即电压下降到 $(V_{CC}-V_{Don})-V_{BEon}=V_{CC}-1.3V$ 时，$T_1$ 启动导通。由于正反馈连接方式，从暂态 1 到暂态 2 的转换过程是瞬间完成的。

暂态 2 是 $T_1$ 饱和导通，$T_2$ 截止：$T_1$ 导通，于是 $V_{E1}$ 瞬间跳到 $V_{CC}-V_{BEsat}$ 电压，并保持不变。注意，状态翻转前，$V_{E1}$ 电压为 $V_{CC}-1.3V$，状态突变后，$V_{E1}$ 电压为 $V_{CC}-0.8V$，说明电压突变上跳了 0.5V，由于电容电压不能突变，故而电容左侧极板电压 $V_{E1}$ 突变上跳 0.5V，必然导致右侧极板电压 $V_{E2}$ 也突变上跳 0.5V，故而 $V_{E2}$ 由原来的 $V_{CC}-0.8V$ 上跳为 $V_{CC}-0.3V$。注意，此时 $V_{B2}$ 电压为 $V_{CC}-V_{Don}=V_{CC}-0.7V$，基极电压比发射极电压低 0.4V，说明 $T_2$ 确实截止。

进入暂态 2 后，电容左侧极板为恒压 $V_{CC}-V_{BEsat}$，如图 E9.3.23(b) 所示，$T_1$ 晶体管饱和导通等效为 $V_{CC}-V_{BEsat}$ 恒压源，它提供的 $2I_0$ 电流，一个 $I_0$ 被 $T_3$ 吸收，另一个 $I_0$ 经 C 被 $T_4$ 吸收，由于电容左极板为恒压，故而右极板电压 $V_{E2}$ 只能线性下降，下降速率为 $I_0/C$。注意，$V_{E2}$ 是从 $V_{CC}-0.3V$ 开始下降的，当它下降到 $V_{CC}-1.3V$ 时，$T_2$ 启动导通，再次进入暂态 1。振荡波形如图 E9.3.22 所示。

上述张弛振荡原理可以如下理解：电容端口外的正

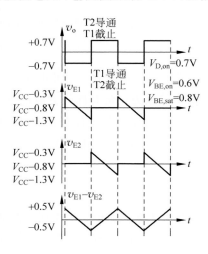

图 E9.3.22　振荡波形

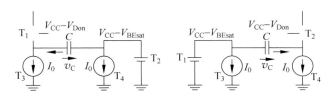

(a) 暂稳态1:T₁截止,T₂饱和导通　　　(b) 暂稳态2:T₁饱和导通,T₂截止

图 E9.3.23　两个暂稳态

反馈连接的晶体管电路可等效为反 Z 形 S 型负阻,两个暂稳态即 S 型负阻的正阻区,是反 Z 形上下两个等效恒流源,对电容在两个方向上做恒流充电,导致张弛振荡器在暂稳态上做线性量变积累,线性量变积累达到质变跳变点后,则状态翻转到对立的暂稳态上。很简单地,可知停留在其中一个状态的时间为 $T/2 = \Delta V/(I_0/C)$,注意,电容电压变化了 2 个 0.5V,用符号表述该数值,就是 $\Delta V = 2 \times (V_{Don} + V_{BEon} - V_{BEsat})$,故而振荡周期为

$$T = 2\frac{\Delta V}{I_0/C} = 4\left(\frac{V_{Don} + V_{BEon} - V_{BEsat}}{I_0}\right)C \tag{E9.3.6a}$$

有的教科书为了简化分析,认为 PN 结导通电压为常值,不区分晶体管的启动导通和饱和导通,认为 $V_{Don} = V_{BEon} = V_{BEsat} = V_{on}$,于是得到如下简单公式,

$$T = 4\frac{V_{on}}{I_0}C \tag{E9.3.6b}$$

**练习 9.3.15**　请说明射极耦合压控多谐振荡器控制电压 $V_C$ 和振荡频率 $f$ 之间的关系为线性控制关系。

**练习 9.3.16**　请画出产生三角波的反 Z 形 S 型负阻伏安特性曲线,说明它是如何产生三角波的。

5) 锯齿波产生原理

锯齿波经常用于仪器的扫描电路,在一个扫描周期内,需要观测某个电量,则要求扫描电压线性缓升,到达观测范围的极限后,则希望能够快速返回初始扫描电压。如果锯齿波用 S 型负阻对接电容实现,那么原理上讲,S 型负阻的两个正阻区必须一个对电容可缓慢线性充电,该区伏安特性必须接近于恒流源的水平伏安特性,另外一个正阻区则需能够快速放电。图 E9.3.24 给出了两种 S 型负阻伏安特性形式,图(a)给的是高阻和低阻开关型的 S 型负阻,在高阻区慢速充电,在低阻区则快速放电;图(b)给的则是反 Z 形 S 型负阻,它与产生三角波的反 Z 形 S 型负阻不同的是,其负阻区的工作点不在正中间,导致充电电流小,放电电流大,于是小电流慢速充电,大电流快速放电,形成锯齿波形。

(a) 高阻区慢速充电,低阻区快速放电　　　(b) 小电流慢速充电,大电流快速放电

图 E9.3.24　可导致锯齿波的 S 型负阻

图 E9.3.25 给出的锯齿波发生器是对图 E9.3.19 所示的三角波发生器直接改动形成的，其负阻原理对应图 E9.3.24(b)所示反 Z 形 S 型负阻对接电容。注意到原来的 RC 积分器电阻只有一个线性电阻 R，导致两个方向的充电电流大小相等。现在则构造出一个非线性电阻，

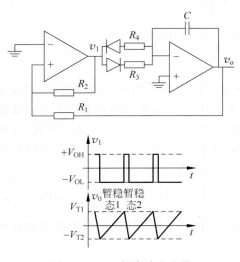

该电阻在两个电流方向上的大小不同，从而两个方向上的充电电流不同。如图所示，用 $R_3$、$R_4$ 分别和一个二极管串联后再并联形成一个不对称的非线性电阻：当 $v_1$ 电压为正饱和电压时，$R_3$ 支路二极管导通，$R_4$ 支路二极管截止，$R_3$ 电阻小，对电容的积分电流大，故而 $v_0$ 可快速下降；当 $v_1$ 电压为负饱和电压时，$R_4$ 支路二极管导通，$R_3$ 支路二极管截止，$R_4$ 电阻大，对电容的积分电流小，故而 $v_0$ 上升很缓慢。如是可形成接近锯齿波形的电压输出，在暂稳态 1 停留时间 $T_1$ 较长，而在暂稳态 2 停留时间 $T_2$ 很短，当 $T_1 \gg T_2$ 时，$T_2$ 可以抽象为 0。

图 E9.3.25　锯齿波发生器

**练习 9.3.17**　请分析给出图 E9.3.25 所示电路产生的锯齿波的周期或频率，这里假设 $V_{OH} = V_{OL}$。

## 9.4　习题

**习题 9.1**　复习与填空：

(1) 对如图 E9.4.1(a)所示的一阶线性时不变 RC 电路，其时间常数 $\tau = ($　　$)$。以 $v_s(t)$ 为激励，电容电压 $v_C(t)$ 作为状态变量的状态方程为($　　$)。以激励电压 $v_s(t)$ 为输入，以电容电压 $v_C(t)$ 为输出，其单位冲激响应($h(t) =$　　$)$，其单位阶跃响应($g(t) =$　　$)$，其频域传递函数($H(\mathrm{j}\omega) =$　　$)$(幅度和相位形式表述)。在图(b)位置画出当 $v_s(t) = V_{s0}$(大于 0 的直流电压)时的相轨迹，标注清楚相轨迹状态转移方向和相轨迹斜率，在平衡点上标注 $Q$，并写明它是稳定平衡点还是不稳定平衡点；在图(c)位置画出单位冲激响应时域波形图，在图(d)位置画出单位阶跃响应时域波形图，在波形图上标注诸如初值，稳态值和时间常数等关键参量；在图(e)位置画出频域传递函数幅频特性伯特图，在图(f)位置画出频域传递函数相频特性伯特图，请标注清楚伯特图分段折线转折点的坐标。

(2) 如图 E9.4.1(a)所示一阶 RC 积分电路，时间常数 $\tau = RC$ 已知，已知输入信号波形如图 E9.4.2 所示。

(a) 输入信号 $v_s(t)$ 表达式为($　　$)。

(b) 输出信号 $v_C(t)$ 表达式为($　　$)。

(c) 请在图 E9.4.2 的波形图上画出 $v_C(t)$ 的时域波形。

(d) 假设电容为 $1\mu\mathrm{F}$，当电路重新稳定后，电容储能增加了($　　$)$\mu\mathrm{J}$，电阻总共耗能为($　　$)$\mu\mathrm{J}$。

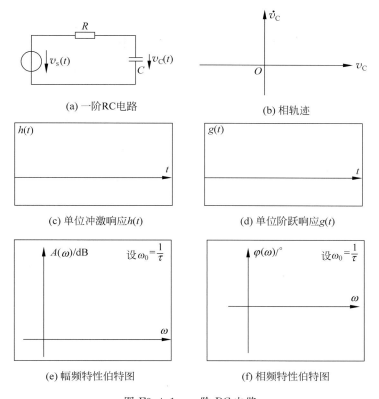

(a) 一阶RC电路　　　　　　　　　　　(b) 相轨迹

(c) 单位冲激响应$h(t)$　　　　　　　(d) 单位阶跃响应$g(t)$

(e) 幅频特性伯特图　　　　　　　　　(f) 相频特性伯特图

图 E9.4.1　一阶 RC 电路

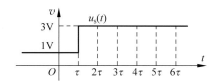

图 E9.4.2　激励源时域波形：请在此图上直接画出 $v_C(t)$ 波形

（3）如图 E9.4.3(a)所示为激励源通过耦合电容驱动负载电阻的抽象模型。求从输入电压到输出电压的相量域传递函数 $H(\mathrm{j}\omega)=\dfrac{\dot{V}_L}{\dot{V}_S}=(\quad)$。如果耦合电容用直通短路线替代，则传递函数 $H(\mathrm{j}\omega)=\dfrac{\dot{V}_L}{\dot{V}_S}=(\quad)$，对比这两个传递函数，说明正弦波激励源频率 $f>f_1=(\quad)$ 时，

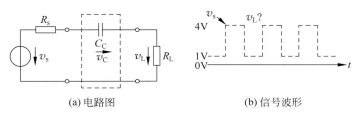

(a) 电路图　　　　　　　　　　　　(b) 信号波形

图 E9.4.3　耦合电容耦合源和负载

可近似认为耦合电容是高频短路的。现设置输入信号 $v_s(t)$ 为如图(b)虚线所示,该方波频率远远大于 $f_1$,请在图(b)上用实线画出负载电阻 $R_L$ 上的稳态输出波形 $v_{L\infty}(t)$,稳定后,电容两端直流电压为(　　)V。

(4) 如图 E9.4.4 所示,在 $t=0$ 开关闭合之前,电容 $C_1$ 上初始电压为 $V_{01}$,电容 $C_2$ 上初始电压为 $V_{02}(\neq V_{01})$,开关闭合(　　)时间后,可以认为瞬态过程结束,电荷完成重新分配。电荷重新分配后,电容 $C_2$ 上的电荷量为 $Q_2=$(　　)。电荷重新分配的全过程中,电阻 $R$ 消耗的电能 $E_R=$(　　)。如果开关导通电阻抽象为 $0$,$R=0$,回路中将会产生 $i(t)=$(　　)的冲激电流实现电荷的瞬间重新分配,该冲激电流抽象本身说明电路有(　　)的电能损耗。

(5) 对于图 E9.4.5 所示一阶 RL 电路,如果激励电压源为 $v_s(t)=V_{S0}U(t)$,电感电流初始值为 $I_0$,电感电流的时域表达式则为 $i_L(t)=$(　　)。在该表达式中,零输入响应为 $i_{L,ZIR}(t)=$(　　),零状态响应为 $i_{L,ZSR}(t)=$(　　),稳态响应为 $i_{L,SSR}(t)=$(　　),瞬态响应为 $i_{L,TR}(t)=$(　　)。

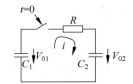
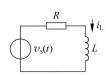

图 E9.4.4　电荷重新分配　　　　　　图 E9.4.5　一阶 RL 电路

(6) 对于图 E9.4.5 所示一阶 RL 电路,如果正弦波激励源在 $t=0$ 时刻加载,$v_s(t)=V_{S0}\cos\omega t \cdot U(t)$,电感电流初始值为 $0$,那么电感电流的时域表达式为 $i_L(t)=$(　　)。

(7) 考察某一阶线性时不变动态电路系统中的某电量 $x$,其时域分析可采用三要素法,这三个要素分别为(　　/　　)(中文名称/符号表述),(　　/　　)和(　　/　　),从而时域响应表达式可用这三个要素表述为 $x(t)=$(　　)。

(8) 对于某时间常数为 $\tau$ 的一阶动态系统,假设其阶跃响应幅值和稳态值相差 1% 则可被认为瞬态响应结束,那么瞬态响应结束所用时间为(　　)。对于某精度要求高的系统,则要求其阶跃响应幅值和稳态值相差 0.1% 才可被认为瞬态响应结束,那么瞬态响应结束所用时间为(　　)。

(9) 对于如图 E9.4.6(a)所示一阶有源 RC 低通滤波电路,可如是定性说明它是一个低通系统:(　　)。对其进行定量分析,从频域看,该低通系统的频域传递函数为 $H(j\omega)=\dfrac{\dot{V}_o(j\omega)}{\dot{V}_i(j\omega)}=$(　　)(用电阻 $R_1$、$R_2$、$C$ 等表述)。如果取 $R_1=2\text{k}\Omega$,$R_2=8\text{k}\Omega$,$C=0.1\mu\text{F}$,该低通滤波器的 3dB 频点 $f_0=$(　　)(表达式)$=$(　　)Hz(具体数值)。请在图(b)、图(d)位置分别画出其幅频特性和相频特性的伯特图,图上标注清楚折线斜率及关键频点。该一阶低通系统的时间常数为 $\tau=$(　　)$=$(　　)s,在图(c)位置画出它在阶跃信号 $v_i(t)=V_0U(t)$ 激励下的阶跃响应波形示意图($V_0>0$),在该示意图上标注其传播延时 $\tau_P$ 和上升沿时间 $T_{rise}$ 的定义,并说明这两个参数和时间常数 $\tau$ 的关系,并给出具体数值结果,$\tau_P=$(　　)$\tau=$(　　)s,$T_{rise}=$(　　)$\tau=$(　　)s。

(10) 电源 $V_{S0}$ 通过某伏安特性单调变化的非线性电阻对初始电压为 $0$ 的电容 $C$ 充电,充电结束后,电容电压充至电源电压 $V_{S0}$。在这个充电过程中,非线性电阻消耗了(　　)的电能。

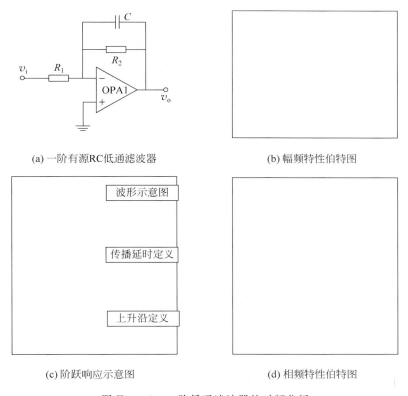

(a) 一阶有源RC低通滤波器　　　　(b) 幅频特性伯特图

(c) 阶跃响应示意图　　　　(d) 相频特性伯特图

图 E9.4.6　一阶低通滤波器的时频分析

（11）由于晶体管的寄生电容效应，运算放大器并非理想阻性放大器，经过精心设计的运放可视为一个一阶低通系统。现在该运放被连接成为单位负反馈的跟随器形式，用阶跃信号作为激励，发现其输出波形近似是一个电容充电的波形，上升沿时间 $T_{\text{rise}} = 0.5\mu s$，该运放的增益为 1 时的频率大约为（　　　）MHz。

（12）时间常数 $\tau$ 是一阶线性时不变动态电路的关键参量。对一阶 RL 电路，其时间常数为 $\tau = $（　　　）。如果输出电压取自（　　　）＜电阻、电感、电源＞电压，那么输入输出转移特性将形成一阶低通特性，此时，该 RL 低通网络的 3dB 频点为 $f_{\text{3dB}} = $（　　　）。对于具有该低通特性的伯特图，低于 3dB 频点时，幅频特性具有（　　　）特性，高于 3dB 频点时，幅频特性具有（　　　）特性＜幅频特性可选项为：不随频率变化的平坦，频率每升高 10 倍增益则下降 20dB，频率每升高 10 倍增益则上升 20dB，频率每升高 10 倍增益则下降 40dB，频率每升高 10 倍频增益则上升 40dB 等，或根据实际情况给出适当描述＞。

（13）某数字电路的功耗为 100mW，为了提高它的运算速度，将电源电压提高为原来电压的1.5 倍，时钟频率提高为原来的 2 倍，那么可预测现在该数字电路的功耗大略为（　　　）mW。

（14）有同学在做如图 E9.4.7 所示的二极管半波整流电路实验时，观察到了良好的近乎直流的整流输出波形。实验结束后，他互换了二极管和电容的位置，如图(b)所示，请将他观察到的波形图画在图(d)位置，作为对比，请同时在图(c)位置画出半波整流电路的输出波形。图(c)/(d)中，虚线为输入正弦波形，画波形示意图时，假设起始时刻($t=0$)电容电压为 0，假设二极管导通电压为 0。

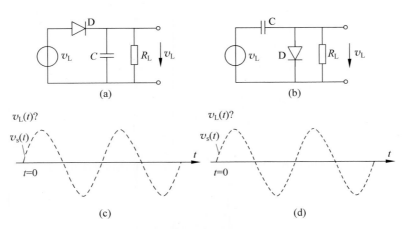

图 E9.4.7　半波整流实验电路及其调整电路输出波形示意图

（15）图 E9.4.8 中运放为理想运放。该电路的频域传递函数为 $H_o(j\omega) = \dfrac{\dot{V}_{out}}{\dot{V}_{in}} = ($ 　　$)$，在 $\omega_0 = ($ 　　$)$ 频点上，输出正弦波形滞后输入正弦波形 $90°$ 相位。在此频点上，如果输入为 $v_{IN}(t) = \cos\omega_0 t$，输出信号为 $v_{OUT}(t) = ($ 　　$)$。

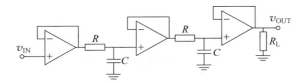

图 E9.4.8　运放隔离器应用

（16）CMOS 数字非门的动态功耗很大，在输入电平从低到高变化过程中，反相器功率更多消耗在（　　）器件上，在输入电平从高到低变化过程中，功率更多消耗在（　　）器件上。

（17）如图 E9.4.9 所示，这是由两个理想开关 $S_1$、$S_2$ 和一个理想线性时不变电容 $C_p$ 构成的开关电容电路，两个开关被两相不交叠时钟 $\Phi_1$ 和 $\Phi_2$ 驱动，以确保一个开关完全断开后另一个开关才闭合，如图所示：时钟逻辑电平为 1 时，开关闭合，时钟逻辑电平为 0 时，开关断开。论断：由于理想开关和理想电容都不消耗功率，图示电路中不存在耗能元件，故而该电路不消耗电源能量。上述论断（正确，错误）。如果认为上述论断错误，正确的表述为（　　）。

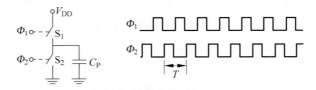

图 E9.4.9　开关电容电路

（18）如图 E9.4.10 所示，这是一个半波整流电路，其中二极管为理想整流二极管，正向导通时短路，反偏截止时开路。如果没有电容滤波网络，输出端口电压 $v_{out}(t)$ 为半波信号，如图所示，其平均电压也就是直流电压分量为 $\dfrac{V_p}{\pi}$，其中 $V_p$ 为输入正弦波的峰值电压。论断：由于后级滤波电容具有取平均值保持直流的功能,因而经过滤波电容网络作用后,输出端口电压 $v_{\text{out}}(t)$ 在 $\dfrac{V_{\text{p}}}{\pi}$ 直流电平附近上下波动。上述论断(正确,错误)。如果认为上述论断错误,正确的表述为( )。

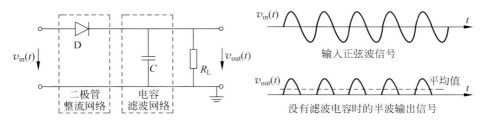

图 E9.4.10 半波整流电路

**习题 9.2** 戴维南等效。动态电路分析时,将动态元件和阻性元件分离为两个对接网络即可。如果阻性网络是线性网络,则多采用戴维南定理对阻性网络进行简化,下面的两个问题均可做如是处理后再分析:

(1) 图 E9.4.11(a)所示电路中,$R_1 = R_2 = R_3 = 10\text{k}\Omega$,$C = 0.1\mu\text{F}$,$u_{\text{s}}(t) = (2 + 2\cos\omega_0 t)(\text{V})$,其中,$\omega_0 = 2\pi f_0$,$f_0 = 100\text{Hz}$。电容初始电压为 1V,在 $t = 0$ 时刻,开关闭合,写出电容上电压随时间变化规律。

(2) 图 E9.4.11(b)所示电路,开关在 $v_{\text{ctl}}$ 控制电压作用下,在 $t = 0$ 时刻闭合,1ms 后再次断开。请给出被测端口 $v_{\text{out}}(t)$ 的表达式,并画出其时域波形示意图。已知电容初始电压为 0V。

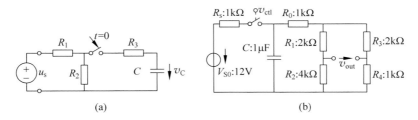

图 E9.4.11 阻容网络

**习题 9.3** 带通滤波的一种构造方法。无源滤波器中的器件都是互易的,故而两个滤波器级联后,总网络的传递函数不能表述为两个级联网络的传递函数之积。有源滤波器中由于运放等有源器件的参与,在一定的负载条件下可以认为有源滤波器是单向网络,于是两个有源滤波器网络级联后,总网络的传递函数等于两个分网络传递函数之积。请用低通有源滤波器级联高通有源滤波器的方法,实现一个低端 3dB 频点位于 10kHz,高端 3dB 频点位于 1MHz 的带通滤波器。

**习题 9.4** 正交信号生成。如图 E9.4.12 所示,某网络的三个端点和地端点形成三个对外端口,端口 1 为输入端口,端口 2、3 为输出端口,端口 1 输入为正弦波,要求端口 2、3 输出正弦波为正交信号。所谓正交信号,即两路正弦信号的幅度相同,相位差 90°,已知输入正弦信号频率为 $f_0 = 1\text{MHz}$,请给出你的设计电路,并说明你的设计符合要求。

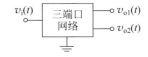

图 E9.4.12 三端口网络设计

**习题 9.5** 运放是一阶动态系统。图 E9.4.13 中的运放,其输入阻抗被极致化为无穷大,输出阻抗被极致化为零,但其增益在高频不能被极致化为无穷大。当运放工作在线性区时,其开环电压增益在相量域的传递函数关系为

$$A_{\mathrm{v,o}}(\mathrm{j}\omega) = \frac{\dot{V}_{\mathrm{out}}}{\dot{V}_{\mathrm{id}}} = \frac{A_{\mathrm{v0}}}{1 + \dfrac{\mathrm{j}\omega}{\omega_0}}$$

其中,下标 o 表示开环(open loop),$V_{\mathrm{id}}$ 为运放差模输入电压,而 $A_{\mathrm{v0}} = 200000$ 则是开环电压(直流)增益,其中频率参量为 $\omega_0 = 2\pi f_0$,$f_0 = 10\,\mathrm{Hz}$。

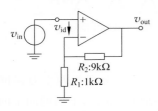

图 E9.4.13 同相电压放大器

(1) 分析确认图 E9.4.13 所示同相电压放大器的电压反馈系数 $F$ 为多少。

(2) 分析确认闭环电压传递函数为 $H(\mathrm{j}\omega) = \dfrac{\dot{V}_{\mathrm{out}}}{\dot{V}_{\mathrm{in}}}$,说明这个传递函数具有什么频响特性<低通、高通、带通、带阻、全通、仅放大而无频响>? 3dB 频点是多少? 频响幅频特性对应的最大电压增益为多少 dB?

(3) 如果输入信号为单位阶跃信号,$v_{\mathrm{in}}(t) = U(t)$,请表述输出信号 $v_{\mathrm{out}}(t)$。

**习题 9.6** 加权电容 DAC。如图 E9.4.14 所示,这是加权电容 DAC 电路,请证明它完成了 $n$-bit 的 DA 转换。其工作顺序为:在复位相,所有开关全部接到地上,如图所示。在采样相,开关 S 断开,开关 $D_0$ 到 $D_{n-1}$ 则依数字输入而定,如果输入 $D_i = 1$,相应开关则拨向 $V_{\mathrm{REF}}$,如果 $D_i = 0$,相应开关则仍然保持和地连通。

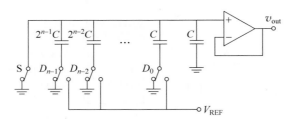

图 E9.4.14 二进制加权电容 DAC

**习题 9.7** 比例缩放加权电容 DAC。图 E9.4.14 所示的二进制加权 DAC 随着 bit 位数的增加,电容将占用极大面积,因而可以采用级联形式消除进一步的二倍电容增加,如图 E9.4.15 所示,在两个 4bit 二进制加权电容序列之间加了一个缩放电容 $C_{\mathrm{S}}$,从而可实现 8bit-DAC 功能,请分析缩放电容 $C_{\mathrm{S}}$ 如何取值。提示:用戴维南等效,其中戴维南源内阻为纯电容。

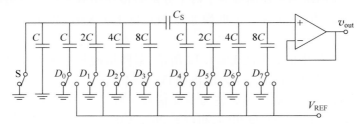

图 E9.4.15 缩放电容 DAC

**习题 9.8** 积分型 ADC。图 E9.4.16 所示双斜积分 ADC 的工作原理如下：START 启动命令来之前，开关 $S_1$ 接地，开关 $S_2$ 连通，$OPA_2$ 和比较器构成一个负反馈闭环，环路稳定后，调零电容 $C_z$ 上自动形成一个电压，它使得 $OPA_2$ 输出恰好为比较器的阈值电压并保持稳定，$OPA_2$ 和比较器均位于线性放大区，此阶段为自动调零阶段。START 启动命令来之后，$S_2$ 开关断开，$S_1$ 开关拨至输入端，计数器开始计数。输入电压 $v_{in}$ 经 $OPA_1$ 电压缓冲器后，送至 $OPA_2$ 形成的积分器做反相积分。不妨假设 $v_{in}$ 为正的直流电压 $V_0$，于是积分器输出电压线性下降，一直积分至计数器计满 $2^n$ 个数后，控制逻辑判断 $v_{in}$ 为正电压，于是将 $S_1$ 开关拨至 $-V_{REF}$ 参考电压，计数器重新开始计数。在负直流电压 $-V_{REF}$ 激励下，积分器输出电压反方向线性上升，当上升到比较器输出跳变，表明 $-V_{REF}$ 激励下的反向积分抵偿了 $v_{in}$ 激励下的积分，计数器停止计数，控制逻辑发出 FINISH 信号，此时外界可以读出计数器的计数结果 $N$，这就是 AD 转换结果。证明计数器计数数字输出 $N=D_{n-1}\cdots D_1 D_0$ 和模拟输入 $v_{in}$ 之间具有线性转换关系，并说明为什么该 ADC 只能工作在低频。

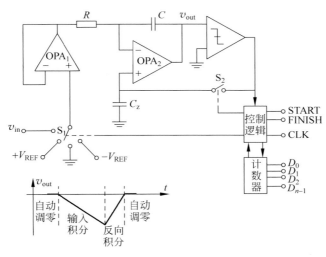

图 E9.4.16 双斜积分 ADC

**习题 9.9** 开关电容实现反压和倍压。图 E9.4.17 是用开关和电容实现的 DC-DC 转换电路，分别实现反压和倍压。两个开关在占空比为 50% 的时钟控制下，在前 50% 方波周期内使得泵电容 $C_{pump}$ 接到直流电压源 $V_{S0}$ 上，从 $V_{S0}$ 上获取电荷（电能），后 50% 方波周期内再接到负载电路上，泵电容将部分电荷转移到滤波电容 $C_L$ 上，在泵电容接电源的 50% 周期内，滤波电容为负载提供电能。只要时钟频率足够高，即可实现反压和倍压功能。请分析当电路进入稳态后，两种电路的输出纹波电压为多少。分析如何降低开关拨动电荷重新分配导致的耗能。

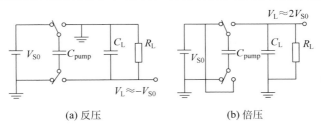

(a) 反压　　　　　　　　(b) 倍压

图 E9.4.17 开关电容 DC-DC 转换电路

习题 **9.10**　电容电压保持功能。如图 E9.4.18(a)所示是一个运放参与的非线性动态电路,其中两个二极管 $D_1$ 和 $D_2$ 的伏安特性曲线如图 E9.4.18(b)所示,请分析说明该运放电路完成什么功能。如果输入信号波形 $v_i(t)$ 和开关控制信号波形 $v_{ctl}(t)$ 如图 E9.4.19 所示,请在图 E9.4.19 上的输入信号波形上同时画出输出信号波形,以此表述该电路完成的电路功能。

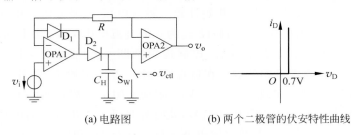

(a) 电路图　　　　　　　　(b) 两个二极管的伏安特性曲线

图 E9.4.18　某非线性动态电路

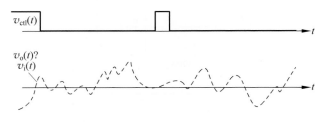

图 E9.4.19　信号波形

习题 **9.11**　单脉冲电路。图 E9.4.20 是由运放电路构成的单脉冲电路,触发端正常为高电压,如果有一个负触发脉冲,将导致运放输出一个宽度为 $t_w$ 的正单脉冲信号,请画出触发端、运放反相输入端、同相输入端和运放输出端的时域波形,分析:(1)触发脉冲幅度如何取值才能确保单脉冲电路正常工作;(2)单脉冲宽度由谁决定;(3)电路中的微分电路(一阶高通电路)的时间常数 $\tau_d = R_d C_d$ 远小于触发脉冲宽度,这个微分电路的作用是什么? 如果不要微分电容 $C_d$ 而直接短接替代会有什么问题? (4)两个头对头串接的齐纳二极管起什么作用? 如果去掉(开路)会怎样? (5)$R_1$ 电阻起什么作用? 如果去掉 $R_1$ 电阻(短路)会怎样?

习题 **9.12**　门电路单脉冲电路。图 E9.4.21 是由两个或非门构成的单脉冲电路,请画出两个或非门输入输出端波形,说明单脉冲宽度由谁决定。已知两个或非门的输出高电平为 $V_{cc}$,输出低电平为 0,输入变化到 $0.5V_{cc}$ 时,逻辑发生翻转。

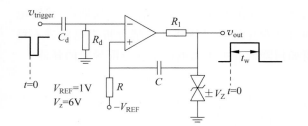

图 E9.4.20　运放实现的一个单脉冲电路

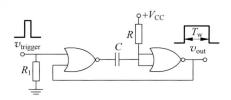

图 E9.4.21　数字门电路实现的一个单脉冲电路

习题 **9.13**　门电路多谐振荡器。图 E9.4.22 是两个非门外接 $RC$ 形成的多谐振荡器,请分析其工作原理,给出振荡波形和振荡周期。

习题 **9.14**　S 型负阻对接电容。某非线性电阻具有 S 型负阻特性曲线,如图 E9.4.23(a)

所示。恒流源 $I_0$ 为其提供直流偏置工作点，如图 E9.4.23（b）所示。

（1）回答：当直流偏置电流源电流 $I_0$ 为多少时，开关闭合后，该电路可形成一个张弛振荡器？张弛振荡波形大体是什么波形？

（2）如果直流偏置电流源电流振荡波形 $I_0=0.8\mathrm{mA}$，电容初始电压为 20V，$t=0$ 时刻开关闭合。给出电容电压 $v_\mathrm{C}(t)$ 时域表达式和波形示意图。

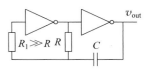

图 E9.4.22　多谐振荡器

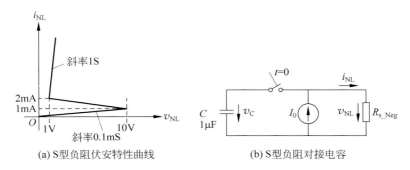

(a) S型负阻伏安特性曲线　　　(b) S型负阻对接电容

图 E9.4.23　S 型负阻对接电容

**习题 9.15**　张弛振荡电路。如图 E9.4.24(a) 所示，这是一个张弛振荡器电路。已知两个运放的饱和电压为 $\pm13$V，两个非线性电阻 $R_\mathrm{N1}$ 和 $R_\mathrm{N2}$ 的伏安特性曲线如图 (b)、(c) 所示，图 (a) 电路图中 $R_\mathrm{N1}$ 和 $R_\mathrm{N2}$ 电阻侧边的箭头为端口电压端口电流关联参考方向。

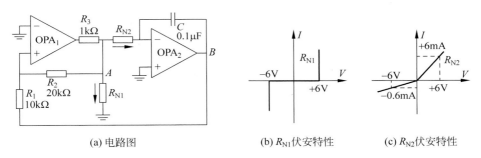

(a) 电路图　　　　　(b) $R_\mathrm{N1}$ 伏安特性　　　(c) $R_\mathrm{N2}$ 伏安特性

图 E9.4.24　某张弛振荡电路

（1）填表，说明每个器件在电路中起的作用是什么。

| 器　件 | 功能或作用 |
| --- | --- |
| $\mathrm{OPA_1}+R_1+R_2$ | $\mathrm{OPA_1}$ 和 $R_1$、$R_2$ 电阻形成正向施密特触发器，提供张弛振荡需要的双稳记忆 |
| $R_3$ |  |
| $R_\mathrm{N1}$ |  |
| $R_\mathrm{N2}$ |  |
| $\mathrm{OPA_2}+C$ |  |

（2）画出图 E9.4.24(a) 中 $A$ 点和 $B$ 点的振荡波形。

（3）配合（2）问所画振荡波形，描述该张弛振荡器的工作原理。

（4）计算该振荡器的振荡频率。

**习题 9.16** 555 计时器。图 E9.4.25 是 555 计时器（Timer）芯片的原理框图，该芯片对外有 8 个引脚，按次序分别是"地、触发、输出、复位、控制、阈值、放电和电源"，注意复位上方的横线代表它是低电平有效，如果该引脚置零，输出则强制清零。555 计时器内部由 20 多个晶体管及配套电阻、二极管等构成，图中只给了功能模块以方便理解。

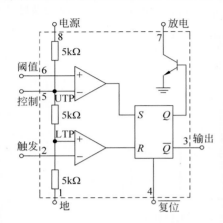

图 E9.4.25 555 计时器原理框图

三个 $5\text{k}\Omega$ 电阻构成的分压网络产生两个分压，$\frac{2}{3}V_{cc}$ 和 $\frac{1}{3}V_{cc}$，并分别记为 UTP 和 LTP，其中 UTP 被引脚 5 引出，或者说，可以在芯片外部设置 UTP 电压大小，但 LTP 始终等于 UTP 的一半。UTP 接在上比较器的反相输入端，而同相输入端则是引脚 6 阈值电压，当阈值电压高于 UTP 时，比较器输出为 1，导致后面的 SR 锁存器置位，$Q=1$，$\bar{Q}$ 为输出端则为 0。LTP 接在下比较器的同相输入端，反相输入端则是引脚 2 触发端，当负脉冲触发来临，下比较器输出为 1，导致后级 SR 锁存器清零，$Q=0$，于是引脚 3 输出端为 1。SR 锁存器的 Q 端连在一个集电极开路晶体管的基极，控制该晶体管的通断。晶体管集电极为引脚 7 放电端，外部一般接电容，当晶体管开关闭合后，电容上的电荷可通过晶体管导电通道快速放电。

注意到电路内部嵌入了双稳记忆单元 SR 锁存器，同时增加了比较器的比较功能，使得 555 定时芯片可以方便地通过在外部添加电阻、电容，形成双稳、单稳和无稳应用。图 E9.4.26(a) 是一个单稳的典型应用：引脚 2 触发端作为输入，当一个负的触发脉冲来临导致脉冲电压低于 LTP，SR 锁存则清零，于是输出为 1，晶体管开关控制端为 0，晶体管断开，电源通过电阻 $R$ 对电容 $C$ 充电，当电容电压充到 UTP 时，再微高则导致 SR 锁存器置 1，于是输出为 0，同时晶体管开关闭合，电容通过晶体管开关快速放电至零电压，显然，输入端的触发脉冲导致一个单脉冲输出。(1) 请分析图 E9.4.26(a) 单稳电路的脉冲宽度。(2) 请修改图 E9.4.26(a) 获得斜升输出的单脉冲。(3) 图 E9.4.26(b) 是一个典型的无稳应用，请说明其工作原理，分析振荡周期。(4) 如果图 E9.4.26(b) 的引脚 5 控制端由外部电压控制，当我们改变这个控制电压时，改变了什么？(5) 图 E9.4.26(c) 是一个存储器，请说明按一下存 1 开关，逻辑 1 则被存储在记忆单元中，按一下存 0 开关，逻辑 0 则被存储在记忆单元中。(6) 图 E9.4.26(d) 是另一个双稳应用，请说明它到底完成了什么功能。

**习题 9.17** 励磁电感和漏磁电感。第 8 章 8.1.2 节讨论互感变压器时给出了其双电感等效电路图 8.1.8，如果将两个等效电感分别置于理想变压器初级回路和次级回路，则如图 E9.4.27 所示，并命名该等效电路中的并臂电感为励磁电感 $L_m$（magnetizing inductance），串臂电感为漏磁电感 $L_f$（leakage inductance），如是命名的两个电感具有什么物理含义？

注意到图 8.1.9 给出了全耦合变压器等效电路，再观察图 E9.4.27 所示等效电路，可将互感变压器视为漏磁电感和全耦合变压器的串联或级联，图 E9.4.27 中的虚框中包含了励磁电感和理想变压器，它是全耦合变压器的等效电路，而全耦合变压器的两个端口是一体的，其存储的能量可以在两个端口随意转换。这样励磁电感、漏磁电感的物理意义就很清楚了，励磁电感是互感变压器两个端口磁能一体化等效电感，漏磁电感则是相应回路电流中断后丢失磁能所对应的等效电感，漏磁电感回路电流中断后其储能以冲激电压形式耗散使得在另一回路

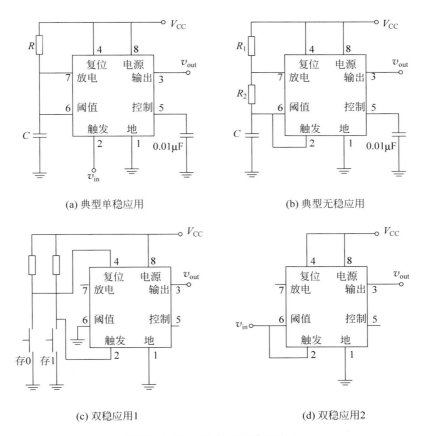

(a) 典型单稳应用　　　　　　　　　(b) 典型无稳应用

(c) 双稳应用1　　　　　　　　　　(d) 双稳应用2

图 E9.4.26　555 计时器典型应用

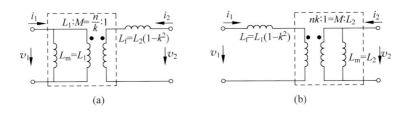

图 E9.4.27　互感变压器等效电路中的励磁电感和漏磁电感

看不到这部分能量而"丢失"。也就是说,互感变压器中存储的磁能分为两部分,一部分是励磁电感储能(两个端口一体),一部分是漏磁电感储能(端口开路时无法通过互感转移到另一个端口处)。对于图 E9.4.27 所示等效电路,其储能 $E(t) = \frac{1}{2} L_1 i_1^2(t) + M i_1(t) i_2(t) + \frac{1}{2} L_2 i_2^2(t)$ 可分别表述为励磁电感储能和漏磁电感储能之和,

$$E(t) = \frac{1}{2} L_1 \left( i_1(t) + \frac{k}{n} i_2(t) \right)^2 + \frac{1}{2} (1 - k^2) L_2 i_2^2(t) \tag{E9.4.1a}$$

$$E(t) = \frac{1}{2} (1 - k^2) L_1 i_1^2(t) + \frac{1}{2} L_2 (nk i_1(t) + i_2(t))^2 \tag{E9.4.1b}$$

励磁电感和理想变压器合并为全耦合变压器,两个端口能量是一体的。于是,当回路 1 电流回路突然中断,回路 1 漏磁电感能量 $\frac{1}{2}(1-k^2) L_1 i_1^2(t)$ 将通过产生冲激电压或击穿空气(开关介

质)释放("丢失"),而励磁电感中的能量 $\frac{1}{2}L_2(nki_1(t)+i_2(t))^2$ 在回路 1 开关断开瞬间全部转移到端口 2 输出,$\frac{1}{2}L_2(nki_1(t_0^-)+i_2(t_0^-))^2=\frac{1}{2}L_2i_2^2(t_0^+)$,显然回路 1 在 $t=t_0$ 时刻开关断开瞬间回路 2 初始电流为 $i_2(t_0^+)=i_2(t_0^-)+nki_1(t_0^-)$。同理,如果回路 2 电流回路突然中断,回路 2 漏磁电感能量 $\frac{1}{2}(1-k^2)L_2i_2^2(t)$ 则通过产生冲激电压或击穿空气释放("丢失"),而励磁电感中的能量 $\frac{1}{2}L_1\left(i_1(t)+\frac{k}{n}i_2(t)\right)^2$ 在回路 2 开关断开瞬间全部转移到端口 1 输出,$\frac{1}{2}L_1\left(i_1(t_0^-)+\frac{k}{n}i_2(t_0^-)\right)^2=\frac{1}{2}L_1i_1^2(t_0^+)$,显然回路 2 在 $t=t_0$ 时刻开关断开瞬间回路 1 初始电流为 $i_1(t_0^+)=i_1(t_0^-)+\frac{k}{n}i_2(t_0^-)$。

(1) 前述表述是从"全耦合变压器中的储能在两个端口是一体的"这个前提条件下给出的描述性表述,请用互感变压器的 T 型等效电路或图 E9.4.27(b)等效电路说明如下论断:互感变压器初级回路电流中断瞬间,次级回路电流会突变为

$$i_o(t_0^+)=i_o(t_0^-)-nki_i(t_0^-)=i_o(t_0^-)-\frac{M}{L_2}i_i(t_0^-) \tag{E9.4.2a}$$

其中,$n=\sqrt{\dfrac{L_1}{L_2}}$ 为变压比,$k=\dfrac{M}{\sqrt{L_1L_2}}$ 为耦合系数,$i_i=i_1$、$i_o=-i_2$ 为输入、输出电流。

(2) 二端口电感 T 型等效电路的对偶电路为二端口电容 Π 型等效电路,请证明如下对偶结论:二端口电容输入端口短路瞬间,输出端口电压会突变为

$$v_o(t_0^+)=v_o(t_0^-)-nkv_i(t_0^-)=v_o(t_0^-)-\frac{C_M}{C_{20}+C_M}v_i(t_0^-) \tag{E9.4.2b}$$

其中,$n=\sqrt{\dfrac{C_{10}+C_M}{C_{20}+C_M}}$ 为互容变压比,$k=\dfrac{C_M}{\sqrt{(C_{10}+C_M)(C_{20}+C_M)}}$ 为互容耦合系数,$C_{10}$ 为端口 1 上端点导体对下端点地导体的自容,$C_{20}$ 为端口 2 自容,$C_M$ 为两个端口的上端点导体之间的互容,$v_i=v_1$、$v_o=v_2$ 为输入、输出电压。

(3) 如图 E9.4.28 所示,开关起始是断开的且电路已经进入稳态,假设开关 S 在 $t=0$ 时刻闭合,在 $t=t_0$ 时刻又断开,请分析负载电阻 $R_L$ 上的电压波形 $v_O(t)$,其中二极管为理想整流二极管,正偏导通则导通电压为 0,反偏截止则开路,这里默认初级线圈上的冲激电压能量耗散对次级线圈无影响。

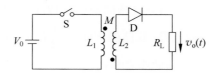

图 E9.4.28　励磁电感实现开关通断瞬间的能量转移

# 第10章

# 二阶动态电路

电路中如果有两个独立的动态元件,或都是电容、或都是电感、或是一个电容一个电感,其他元件均为代数方程描述的电阻或电源,这样的电路称为二阶动态电路。二阶动态电路可用一个二阶微分方程或者两个并列的独立的一阶微分方程描述。

本章将首先考察二阶动态电路的一般形式,之后重点考察线性时不变二阶电路,在充分理解 RLC 谐振的基础上,重点考察正弦波振荡器工作原理。正弦波振荡器是二阶非线性动态电路,这里采用准线性方法简化分析。针对非线性的线性化处理,我们还将研究局部线性化的晶体管高频小信号电路模型的有源性,分段线性化 DC-DC 转换器中的电感能量转储关系,准线性化的正弦波振荡器的振荡条件,这些电路向我们炫耀了二阶非线性动态系统的风姿。非线性准线性化后多在频域分析,分段线性化后多在时域分析,局部线性化后则时频均可分析,故而线性系统的时频分析是核心基础。本章内容安排如下:首先是二阶动态系统的方程列写方法及针对线性时不变二阶系统的时域分析,讨论了时域积分法、五要素法等。其次是对二阶低通、高通、带通、带阻滤波器做时频分析,以理解时域和频域的对应关系。之后考察匹配网络的设计,最后则对几个二阶非线性动态系统基于线性化方法进行更为深入的探讨。

如图 10.0.1 所示,二阶动态电路包含两个动态元件,为了简单起见,本书只考察线性时不变电容、电感。其他的阻性元件可以抽象为二端口网络,二端口阻性网络需要两个代数方程描述。

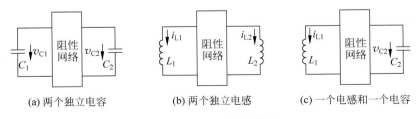

(a) 两个独立电容　　　　(b) 两个独立电感　　　　(c) 一个电感和一个电容

图 10.0.1　二阶动态电路

对于包含两个电容的二阶动态电路,二端口阻性网络用压控代数方程形式表述为宜,

$$\begin{bmatrix} i_1 \\ i_2 \end{bmatrix} = \begin{bmatrix} y_1(v_1,v_2,t) \\ y_2(v_1,v_2,t) \end{bmatrix} \tag{10.0.1a}$$

上述表述表明阻性网络中存在独立源激励或者是时变网络,如果阻性网络中没有独立源存在且是时不变的,二端口阻性网络端口描述方程则可表述为

$$\begin{bmatrix} i_1 \\ i_2 \end{bmatrix} = \begin{bmatrix} y_1(v_1, v_2) \\ y_2(v_1, v_2) \end{bmatrix} \tag{10.0.1b}$$

此时驱动系统工作的源只包含电容初始电压(及电感初始电流),下面的推导假设阻性网络中同时存在独立源的作用。由端口对接关系,可以获得如下状态方程

$$\frac{\mathrm{d}}{\mathrm{d}t}\begin{bmatrix} v_{C1} \\ v_{C2} \end{bmatrix} = \begin{bmatrix} \dfrac{1}{C_1} i_{C1} \\ \dfrac{1}{C_2} i_{C2} \end{bmatrix} = -\begin{bmatrix} \dfrac{1}{C_1} i_1 \\ \dfrac{1}{C_2} i_2 \end{bmatrix} = -\begin{bmatrix} \dfrac{1}{C_1} y_1(v_1, v_2, t) \\ \dfrac{1}{C_2} y_2(v_1, v_2, t) \end{bmatrix}$$

$$= -\begin{bmatrix} \dfrac{1}{C_1} y_1(v_{C1}, v_{C2}, t) \\ \dfrac{1}{C_2} y_2(v_{C1}, v_{C2}, t) \end{bmatrix} \tag{10.0.2}$$

该状态方程以两个电容电压(状态变量)为待求未知量。

对于包含两个电感的二阶动态电路,二端口阻性网络用流控代数方程形式表述为宜,

$$\begin{bmatrix} v_1 \\ v_2 \end{bmatrix} = \begin{bmatrix} z_1(i_1, i_2, t) \\ z_2(i_1, i_2, t) \end{bmatrix} \tag{10.0.3}$$

由端口对接关系,可以获得如下状态方程:

$$\frac{\mathrm{d}}{\mathrm{d}t}\begin{bmatrix} i_{L1} \\ i_{L2} \end{bmatrix} = \begin{bmatrix} \dfrac{1}{L_1} v_{L1} \\ \dfrac{1}{L_2} v_{L2} \end{bmatrix} = \begin{bmatrix} \dfrac{1}{L_1} v_1 \\ \dfrac{1}{L_2} v_2 \end{bmatrix} = \begin{bmatrix} \dfrac{1}{L_1} z_1(i_1, i_2, t) \\ \dfrac{1}{L_2} z_2(i_1, i_2, t) \end{bmatrix}$$

$$= \begin{bmatrix} \dfrac{1}{L_1} z_1(-i_{L1}, -i_{L2}, t) \\ \dfrac{1}{L_2} z_2(-i_{L1}, -i_{L2}, t) \end{bmatrix} \tag{10.0.4}$$

该状态方程以两个电感电流(状态变量)为待求未知量。

对于包含一个电感、一个电容的二阶动态电路,二端口阻性网络用混控代数方程描述为宜,

$$\begin{bmatrix} v_1 \\ i_2 \end{bmatrix} = \begin{bmatrix} h_1(i_1, v_2, t) \\ h_2(i_1, v_2, t) \end{bmatrix} \tag{10.0.5}$$

由端口对接关系,可以获得如下状态方程:

$$\frac{\mathrm{d}}{\mathrm{d}t}\begin{bmatrix} i_{L1} \\ v_{C2} \end{bmatrix} = \begin{bmatrix} \dfrac{1}{L} v_{L1} \\ \dfrac{1}{C} i_{C2} \end{bmatrix} = \begin{bmatrix} \dfrac{1}{L} v_1 \\ -\dfrac{1}{C} i_2 \end{bmatrix} = \begin{bmatrix} \dfrac{1}{L} h_1(i_1, v_2, t) \\ -\dfrac{1}{C} h_2(i_1, v_2, t) \end{bmatrix}$$

$$= \begin{bmatrix} \dfrac{1}{L} h_1(-i_{L1}, v_{C2}, t) \\ -\dfrac{1}{C} h_2(-i_{L1}, v_{C2}, t) \end{bmatrix} \tag{10.0.6}$$

该状态方程以电感电流和电容电压(状态变量)为待求未知量。

无论如何,二阶动态系统的状态方程均可以描述为

$$\frac{\mathrm{d}}{\mathrm{d}t}\begin{bmatrix} x_1 \\ x_2 \end{bmatrix} = \begin{bmatrix} f_1(x_1, x_2, t) \\ f_2(x_1, x_2, t) \end{bmatrix} \tag{10.0.7}$$

其中 $x_1$、$x_2$ 为状态变量(电容电压或电感电流),$f_1$、$f_2$ 为代数方程描述的电阻电路及其电路连接关系。如果 $f$ 是关于 $x_1$、$x_2$ 的线性代数方程,则为线性动态系统,否则为非线性动态系统;如果描述 $x_1$、$x_2$ 关系的参量是时不变的,则为时不变动态系统,否则为时变动态系统。如果 $f_1$、$f_2$ 之间具有线性比值关系,二阶系统则退化为一阶系统。如果将二阶系统视为二端口电阻网络和二端口动态网络的对接关系,描述线性时不变二端口动态网络的矩阵参量不可逆时,系统亦退化为一阶。

# 10.1　线性时不变二阶动态电路时域分析

## 10.1.1　电路方程的列写

如果二端口网络中除了独立源外,其他阻性元件都是线性元件,那么该二端口网络则可以用戴维南等效或诺顿等效,即用二端口网络参量描述:对于两个电容的情况,用导纳参量 $y$ 矩阵描述较为适当;对于两个电感的情况,用阻抗参量 $z$ 矩阵描述较为适当;对于一个电感一个电容的情况,则宜用混合参量 $h$ 或逆混参量 $g$ 矩阵。如是,可直接列写出如式(10.0.7)所示的状态方程,其中代数方程为线性时不变量构成的线性代数方程,于是状态方程必有如下形式,

$$\frac{\mathrm{d}}{\mathrm{d}t}\begin{bmatrix} x_1(t) \\ x_2(t) \end{bmatrix} = \mathbf{A}\begin{bmatrix} x_1(t) \\ x_2(t) \end{bmatrix} + \begin{bmatrix} s_1(t) \\ s_2(t) \end{bmatrix} \tag{10.1.1}$$

其中,$\mathbf{A}$ 矩阵中的元素是常数(时不变),$s_1(t)$、$s_2(t)$ 是阻性网络中独立源的作用折合。为了求解该方程,还需给定初始时间点 $t_0$ 时刻的初始状态 $x_1(t_0)$、$x_2(t_0)$。

有时我们获得的是关于其中某一个状态变量或者是电路中任意一个可变电量的二阶微分方程,

$$\frac{\mathrm{d}^2 x(t)}{\mathrm{d}t^2} + a\frac{\mathrm{d}x(t)}{\mathrm{d}t} + bx(t) = s(t) \tag{10.1.2}$$

为了求解该方程,还需给定 $t_0$ 时刻的两个初始值 $x(t_0)$,$\dfrac{\mathrm{d}}{\mathrm{d}t}x(t_0)$。

如果上述两个方程从同一个电路获得,对这两个方程进行求解将获得完全一致的电路解。

**1. 状态方程列写**

**例 10.1.1**　请列写如图 E10.1.1 所示电路的状态方程,以及以输出 $v_o$ 为响应量、以 $v_s$ 为激励量的二阶微分方程。

**解**:这里采用规范方法列写状态方程,首先将两个电容抽取出来,剩下的二端口阻性网络单独建模。如图 E10.1.2 所示,虚框内的阻性二端口网络用 $y$ 参量电路模型描述为

$$\begin{bmatrix} i_1 \\ i_2 \end{bmatrix} = \begin{bmatrix} G_1 + G_2 & -G_2 \\ -G_2 & G_2 \end{bmatrix}\begin{bmatrix} v_1 \\ v_2 \end{bmatrix} + \begin{bmatrix} -G_1 v_s \\ 0 \end{bmatrix} \tag{E10.1.1}$$

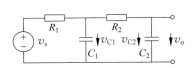

图 E10.1.1　二阶 RC 低通滤波器

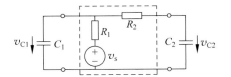

图 E10.1.2　规范形态分析

这个二端口网络在两个端口和两个电容对接,故而直接获得如下状态方程,

$$\frac{\mathrm{d}}{\mathrm{d}t}\begin{bmatrix} v_{C1} \\ v_{C2} \end{bmatrix} = -\begin{bmatrix} \dfrac{G_1 + G_2}{C_1} & -\dfrac{G_2}{C_1} \\ -\dfrac{G_2}{C_2} & \dfrac{G_2}{C_2} \end{bmatrix}\begin{bmatrix} v_{C1} \\ v_{C2} \end{bmatrix} - \begin{bmatrix} -\dfrac{G_1}{C_1}v_s \\ 0 \end{bmatrix}$$

整理为阻容形式,状态方程可重写为

$$\frac{\mathrm{d}}{\mathrm{d}t}\begin{bmatrix} v_{C1} \\ v_{C2} \end{bmatrix} = \begin{bmatrix} -\dfrac{1}{C_1(R_1 \parallel R_2)} & \dfrac{1}{R_2 C_1} \\ \dfrac{1}{R_2 C_2} & -\dfrac{1}{R_2 C_2} \end{bmatrix}\begin{bmatrix} v_{C1} \\ v_{C2} \end{bmatrix} + \begin{bmatrix} \dfrac{1}{R_1 C_1}v_s \\ 0 \end{bmatrix} \qquad (\mathrm{E}10.1.2)$$

对应于 LTI 动态系统状态方程(10.1.1)的标准形态,

$$\frac{\mathrm{d}}{\mathrm{d}t}\boldsymbol{x} = \boldsymbol{A}\boldsymbol{x} + \boldsymbol{s} \qquad (\mathrm{E}10.1.3)$$

有如下对应关系:

$$\boldsymbol{x} = \begin{bmatrix} x_1 \\ x_2 \end{bmatrix} = \begin{bmatrix} v_{C1} \\ v_{C2} \end{bmatrix}$$

$$\boldsymbol{A} = \begin{bmatrix} a_{11} & a_{12} \\ a_{21} & a_{22} \end{bmatrix} = \begin{bmatrix} -\dfrac{1}{C_1(R_1 \parallel R_2)} & \dfrac{1}{R_2 C_1} \\ \dfrac{1}{R_2 C_2} & -\dfrac{1}{R_2 C_2} \end{bmatrix}$$

$$\boldsymbol{s} = \begin{bmatrix} s_1 \\ s_2 \end{bmatrix} = \begin{bmatrix} \dfrac{1}{R_1 C_1}v_s \\ 0 \end{bmatrix}$$

下面考察以 $v_o$ 为响应,以 $v_s$ 为激励的二阶微分方程。

**方法一**:直接从状态方程(E10.1.3)进一步推演,将 $x_1$ 视为中间变量并将其消除,剩下的就是以 $x_2$ 为待求未知量的电路方程,为

$$\frac{\mathrm{d}^2 x_2}{\mathrm{d}t^2} - (a_{11} + a_{22})\frac{\mathrm{d}x_2}{\mathrm{d}t} + (a_{11}a_{22} - a_{12}a_{21})x_2 = -a_{11}s_2 + a_{21}s_1 + \frac{\mathrm{d}s_2}{\mathrm{d}t} \quad (\mathrm{E}10.1.4)$$

将状态方程中的各个量代入,同时 $v_o = v_{C2} = x_2$,故而有如下二阶微分方程,

$$\frac{\mathrm{d}^2 v_o}{\mathrm{d}t^2} + \left(\frac{1}{C_1(R_1 \parallel R_2)} + \frac{1}{R_2 C_2}\right)\frac{\mathrm{d}v_o}{\mathrm{d}t} + \left(\frac{1}{C_1(R_1 \parallel R_2)}\frac{1}{R_2 C_2} - \frac{1}{R_2 C_1}\frac{1}{R_2 C_2}\right)v_o$$

$$= \frac{1}{R_2 C_2}\frac{1}{R_1 C_1}v_s$$

对应于式(10.1.2)描述的二阶微分方程的标准形态,

$$\frac{\mathrm{d}^2 x(t)}{\mathrm{d}t^2} + a\frac{\mathrm{d}x(t)}{\mathrm{d}t} + bx(t) = s(t)$$

有如下对应关系:

$$a = \frac{1}{C_1(R_1 \parallel R_2)} + \frac{1}{R_2 C_2}, \quad b = \frac{1}{C_1(R_1 \parallel R_2)}\frac{1}{R_2 C_2} - \frac{1}{R_2 C_1}\frac{1}{R_2 C_2}$$

$$s(t) = \frac{1}{R_2 C_2}\frac{1}{R_1 C_1}v_s(t) \qquad (\mathrm{E}10.1.5)$$

**方法二**:列写相量域传递函数,再将相量域中的 $\mathrm{j}\omega$ 用 $\mathrm{d}/\mathrm{d}t$ 替代,将相量域相量电量符号用时域电量符号替代。

可以将图 E10.1.1 中的串臂 $R_1$、并臂 $C_1$、串臂 $R_2$、并臂 $C_2$ 视为四级级联网络，故而总 $ABCD$ 矩阵为分 $ABCD$ 矩阵之积，即

$$
\begin{aligned}
ABCD &= \begin{bmatrix} 1 & R_1 \\ 0 & 1 \end{bmatrix} \begin{bmatrix} 1 & 0 \\ j\omega C_1 & 1 \end{bmatrix} \begin{bmatrix} 1 & R_2 \\ 0 & 1 \end{bmatrix} \begin{bmatrix} 1 & 0 \\ j\omega C_2 & 1 \end{bmatrix} \\
&= \begin{bmatrix} 1+j\omega R_1 C_1 & R_1 \\ j\omega C_1 & 1 \end{bmatrix} \begin{bmatrix} 1+j\omega R_2 C_2 & R_2 \\ j\omega C_2 & 1 \end{bmatrix} \\
&= \begin{bmatrix} (1+j\omega R_1 C_1)(1+j\omega R_2 C_2)+j\omega R_1 C_2 & \cdots \\ \cdots & \cdots \end{bmatrix}
\end{aligned} \tag{E10.1.6}
$$

计算的最后一步我们只给出了 $ABCD$ 矩阵的 $A$ 元素，因为我们只对它感兴趣，$A$ 的倒数代表了二端口网络的本征电压增益，即

$$
\frac{\dot{V}_O}{\dot{V}_S} = \frac{1}{A} = \frac{1}{(1+j\omega R_1 C_1)(1+j\omega R_2 C_2)+j\omega R_1 C_2} \tag{E10.1.7}
$$

将该方程重新表述，为

$$
(1+j\omega R_1 C_1)(1+j\omega R_2 C_2)\dot{V}_O + j\omega R_1 C_2 \dot{V}_O = \dot{V}_S
$$

$$
(j\omega)^2 R_1 C_1 R_2 C_2 \dot{V}_O + j\omega(R_1 C_1 + R_2 C_2 + R_1 C_2)\dot{V}_O + \dot{V}_O = \dot{V}_S \tag{E10.1.8a}
$$

之后将 $j\omega$ 用 $d/dt$ 替换，将相量域符号用时域符号表述，为

$$
R_1 C_1 R_2 C_2 \frac{d^2}{dt^2} v_o + (R_1 C_1 + R_2 C_2 + R_1 C_2)\frac{d}{dt} v_o + v_o = v_s \tag{E10.1.8b}
$$

和方法一给出的电路方程（E10.1.4）对比，发现方法一最后给出的方程系数 $b$ 可以进一步化简，化简后两个方程完全一致。

**练习 10.1.1**　请给出将二阶动态系统的状态方程（E10.1.3）转化为二阶动态系统的二阶微分方程（E10.1.4）的详细推导过程。如果已知两个状态初值 $x_1(t_0)$、$x_2(t_0)$，那么二阶微分方程需要的初值 $x_2(t_0)$、$\frac{d}{dt}x_2(t_0)$ 如何获取？

**练习 10.1.2**　请列写如图 E10.1.3 所示电路的状态方程，以及以输出 $v_o$ 为响应量、以 $v_s$ 为激励量的二阶微分方程。

**练习 10.1.3**　图 E10.1.1 图示标记为"二阶 RC 低通滤波器"，图 E10.1.3 图示标记为"二阶 RC 高通滤波器"，

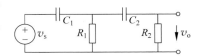

图 E10.1.3　二阶 RC 高通滤波器

请自行用电容"直流开路，交流短路"特性直观分析这两个电路具有低通特性和高通特性。并请试图回答：如果希望用二阶 RC 电路实现带通滤波，电路结构是怎样的？给出你的电路结构后，直观地解释这种结构具有低频通不过，高频通不过，但中频可以通过的带通特性。

对同一个电路，用任何正确的方法获得的电路方程应该完全一致。对于线性时不变电路而言，相量域电路方程列写相对简单，与纯线性电阻电路几乎没有任何差别，只是实数运算被替换为复数运算。因而很多时候，我们更喜欢直接在频域考察线性时不变系统，频域的所有特性和时域特性有直接的对应关系。即便是电路方程，也是简单对应关系，如上例分析所示的那样，$j\omega$ 和 $d/dt$ 直接对应。但是特别注意的是，在相量域列写方程时，不要随意在方程两侧同时乘除包含 $j\omega$ 在内的公因子，以免方程阶数增加或降低，转换到时域后，电路方程则和实际电路

不完全对应。

由于线性时不变电路的频域分析和时域分析直接对应,因而可以依照个人喜好选择时域或频域方法研究该电路,只要时频之间的关系能够清晰把握,则可随意相互转换研究视角。但是对于非线性动态系统,很多时候我们不得不在时域研究它们的特性,因为频域分析方法仅适用于线性时不变系统。有相当一部分的非线性动态系统,在做了某种线性化处理后,可利用频域方法进行分析。还有一些非线性动态系统,首先将其划分为线性和非线性两部分,对线性部分做频域分析,对非线性部分做时域分析,利用傅立叶变换实现时频转换,将线性部分和非线性部分对接,两种分析方法配合完成系统的整体分析。

**2. 微分方程列写**

虽然二阶电路系统有如图 10.0.1 所示的三种基本结构,但是我们更关注 RLC 串联谐振和 RLC 并联谐振电路,主要原因是它们具有极为广泛的应用背景。对这两种电路有足够透彻的理解,对其他二阶系统的理解也就自然而然。

**例 10.1.2** 如图 E10.1.4 所示的二阶 RLC 串联谐振回路,请列写状态方程,以及以 $v_s$ 为激励量,分别以 $v_R$、$v_L$、$v_C$ 为响应量的二阶微分方程。

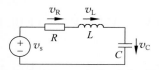

图 E10.1.4  RLC 串联谐振电路

**分析**:对于结构相对复杂的网络,采用规范方式可使得方程列写有章可循,问题相对简化,但是对于如图 E10.1.4 所示的简单结构,采用规范方法反而显得小题大做,这里直接用最基本的 KVL、KCL 和元件约束方程描述该串联谐振回路,可以快速给出电路方程。

**解**:状态方程列写,以状态变量 $v_C$ 和 $i_L$ 为未知量,串联回路 KVL 方程为

$$v_s = v_R + v_L + v_C = i_L R + L\frac{\mathrm{d}}{\mathrm{d}t}i_L + v_C$$

串联回路的 KCL 方程和电容元件约束方程合并为

$$i_L = i_C = C\frac{\mathrm{d}}{\mathrm{d}t}v_C$$

将上述两个方程整理为状态方程标准格式,为

$$\frac{\mathrm{d}}{\mathrm{d}t}v_C = \frac{1}{C}i_L$$

$$\frac{\mathrm{d}}{\mathrm{d}t}i_L = -\frac{R}{L}i_L - \frac{1}{L}v_C + \frac{1}{L}v_s$$

用向量和矩阵表述,为

$$\frac{\mathrm{d}}{\mathrm{d}t}\begin{bmatrix} v_C \\ i_L \end{bmatrix} = \begin{bmatrix} 0 & \dfrac{1}{C} \\ -\dfrac{1}{L} & -\dfrac{R}{L} \end{bmatrix}\begin{bmatrix} v_C \\ i_L \end{bmatrix} + \begin{bmatrix} 0 \\ \dfrac{1}{L}v_s \end{bmatrix} \qquad (\mathrm{E}10.1.9)$$

状态方程列写完毕后,如果希望以电阻电压、电感电压和电容电压为输出量,只需列写出如下输出方程即可,

$$\begin{bmatrix} v_{R,out} \\ v_{L,out} \\ v_{C,out} \end{bmatrix} = \begin{bmatrix} 0 & R \\ -1 & -R \\ 1 & 0 \end{bmatrix}\begin{bmatrix} v_C \\ i_L \end{bmatrix} + \begin{bmatrix} 0 \\ 1 \\ 0 \end{bmatrix}v_s \qquad (\mathrm{E}10.1.10)$$

输出方程以状态变量和激励源为已知量,因而状态方程求解结束后,即可获得期望的输出。

二阶微分方程列写:

(1) $v_C$ 为未知量:将电容元件约束方程 $i_C = C\dfrac{\mathrm{d}}{\mathrm{d}t}v_C$ 代入串联回路 KVL 方程,

$$v_s = v_R + v_L + v_C = i_C R + L\frac{\mathrm{d}}{\mathrm{d}t}i_C + v_C = RC\frac{\mathrm{d}}{\mathrm{d}t}v_C + LC\frac{\mathrm{d}^2}{\mathrm{d}t^2}v_C + v_C$$

整理后,有

$$\frac{\mathrm{d}^2}{\mathrm{d}t^2}v_C + \frac{R}{L}\frac{\mathrm{d}}{\mathrm{d}t}v_C + \frac{1}{LC}v_C = \frac{1}{LC}v_s \tag{E10.1.11}$$

与标准形式(10.1.2)对比,有

$$a = \frac{R}{L}, \quad b = \frac{1}{LC}, \quad s = \frac{1}{LC}v_s$$

(2) $v_R$ 为未知量:将电阻元件约束方程 $i_R = \dfrac{v_R}{R}$ 代入串联回路 KVL 方程,

$$v_s = v_R + v_L + v_C = v_R + L\frac{\mathrm{d}}{\mathrm{d}t}i_R + \frac{1}{C}\int i_R \mathrm{d}t = v_R + \frac{L}{R}\frac{\mathrm{d}}{\mathrm{d}t}v_R + \frac{1}{RC}\int v_R \mathrm{d}t$$

方程两侧同时微分,以消除积分项,则有

$$\frac{\mathrm{d}}{\mathrm{d}t}v_s = \frac{\mathrm{d}}{\mathrm{d}t}v_R + \frac{L}{R}\frac{\mathrm{d}^2}{\mathrm{d}t^2}v_R + \frac{1}{RC}v_R$$

整理为式(10.1.2)标准格式,即

$$\frac{\mathrm{d}^2}{\mathrm{d}t^2}v_R + \frac{R}{L}\frac{\mathrm{d}}{\mathrm{d}t}v_R + \frac{1}{LC}v_R = \frac{R}{L}\frac{\mathrm{d}}{\mathrm{d}t}v_s \tag{E10.1.12}$$

$$a = \frac{R}{L}, \quad b = \frac{1}{LC}, \quad s = \frac{R}{L}\frac{\mathrm{d}}{\mathrm{d}t}v_s$$

(3) $v_L$ 为未知量:将电感元件约束方程 $i_L = \dfrac{1}{L}\displaystyle\int v_L \mathrm{d}t$ 代入串联回路 KVL 方程,

$$v_s = v_R + v_L + v_C = i_L R + v_L + \frac{1}{C}\int i_L \mathrm{d}t = \frac{R}{L}\int v_L \mathrm{d}t + v_L + \frac{1}{LC}\int\left(\int v_L \mathrm{d}t\right)\mathrm{d}t$$

方程两侧同时二次微分,以消除积分项,则有

$$\frac{\mathrm{d}^2}{\mathrm{d}t^2}v_s = \frac{R}{L}\frac{\mathrm{d}}{\mathrm{d}t}v_L + \frac{\mathrm{d}^2}{\mathrm{d}t^2}v_L + \frac{1}{LC}v_L$$

整理为式(10.1.2)标准格式,为

$$\frac{\mathrm{d}^2}{\mathrm{d}t^2}v_L + \frac{R}{L}\frac{\mathrm{d}}{\mathrm{d}t}v_L + \frac{1}{LC}v_L = \frac{\mathrm{d}^2}{\mathrm{d}t^2}v_s \tag{E10.1.13}$$

$$a = \frac{R}{L}, \quad b = \frac{1}{LC}, \quad s = \frac{\mathrm{d}^2}{\mathrm{d}t^2}v_s$$

**3. 系统参量:自由振荡频率,阻尼系数,特征阻抗**

将以电容电压、电阻电压、电感电压为未知量的二阶微分方程统一列写为式(10.1.2)标准格式,

$$\frac{\mathrm{d}^2}{\mathrm{d}t^2}x + a\frac{\mathrm{d}}{\mathrm{d}t}x + bx = s$$

发现关于三个变量的微分方程左侧形式完全一致,

$$a = \frac{R}{L}, \quad b = \frac{1}{LC}$$

不一致的是方程右侧的激励量,对电容电压、电阻电压和电感电压,二阶微分方程标准形式中的源激励分别为

$$s = bv_s, \quad a\frac{\mathrm{d}}{\mathrm{d}t}v_s, \quad \frac{\mathrm{d}^2}{\mathrm{d}t^2}v_s$$

对于零输入情况,三个方程形式则没有任何差别,说明三个电量的时域波形形态是完全相同的。这很容易理解,当零输入时,系统响应完全由电路自身结构(及状态初值)决定,而参量 $a$ 和参量 $b$ 就是电路自身结构在电路方程中的具体体现。那么,如何理解参量 $a$ 和参量 $b$ 呢?

考察特殊情况,如果 RLC 串联谐振回路中的电阻 $R$ 为 0,电路方程中的参量 $a=0$,对于零输入情况($s=0$),二阶微分电路方程化简为

$$\frac{\mathrm{d}^2}{\mathrm{d}t^2}x + bx = 0 \tag{10.1.3}$$

对于 $b=\dfrac{1}{LC}>0$ 的情况,该微分方程的解是正弦函数,

$$x = X_0\cos(\sqrt{b}t + \varphi_0) \tag{10.1.4}$$

其中,正弦函数的幅值 $X_0$ 和初始相角 $\varphi_0$ 由初始值 $x(t_0)$ 和微分初值 $\mathrm{d}x(t_0)/\mathrm{d}t$ 决定。注意到方程的解具有正弦振荡形态,故而定义

$$\omega_0 = \sqrt{b} = \frac{1}{\sqrt{LC}} \tag{10.1.5}$$

为 RLC 谐振回路的自由振荡频率。上述结果表明,当没有电阻损耗时,$L$ 中的磁能转换为 $C$ 中的电能,$C$ 中的电能再转换为 $L$ 中的磁能,是以正弦波形态完成的,正弦振荡频率为 LC 谐振腔的自由振荡频率。显然,如果电阻不为零,电感磁能和电容电能的相互转换必然与自由振荡的正弦振荡不同,而描述电阻影响的参量为 $a, a=\dfrac{R}{L}=R\sqrt{\dfrac{C}{L}}\cdot\dfrac{1}{\sqrt{LC}}=2\xi\omega_0$,注意到 $a$ 的量纲是 $1/s$,$\omega_0$ 的量纲也是 $1/s$,两者之间的比例系数是无量纲数,这里用参量 $\xi$ 表述 RLC 谐振回路中的能量损耗大小,称之为阻尼系数,

$$\xi = 0.5R\sqrt{\frac{C}{L}} = \frac{R}{2Z_0} \tag{10.1.6}$$

注意到 $\sqrt{\dfrac{L}{C}}$ 具有电阻单位 $\Omega$,进而定义

$$Z_0 = \sqrt{\frac{L}{C}} \tag{10.1.7a}$$

为 LC 谐振腔的特征阻抗,其倒数 $Y_0 = Z_0^{-1}$ 则称为特征导纳。特征阻抗恰好是自由振荡频点上电感或电容的电抗值大小,

$$Z_0 = \omega_0 L = \frac{1}{\omega_0 C} \tag{10.1.7b}$$

当定义了描述二阶系统的 $\omega_0$ 和 $\xi$ 两个关键参量后,所有线性时不变的二阶动态系统,其电路方程均可表述为

$$\frac{\mathrm{d}^2}{\mathrm{d}t^2}x + 2\xi\omega_0\frac{\mathrm{d}}{\mathrm{d}t}x + \omega_0^2 x = s \tag{10.1.8a}$$

对应的相量域方程为

$$(\mathrm{j}\omega)^2\dot{X} + 2\xi\omega_0(\mathrm{j}\omega)\dot{X} + \omega_0^2\dot{X} = \dot{S} \tag{10.1.8b}$$

为了使数学表达式更清晰简洁,定义

$$s = j\omega \tag{10.1.9}$$

$s$ 代表了时域微分算子,在相量域则演化为乘 $j\omega$ 运算。

从电路方程看,二阶微分方程的频域解很简单,为

$$\dot{X} = \frac{1}{s^2 + 2\xi\omega_0 s + \omega_0^2}\dot{S} \tag{10.1.10}$$

针对电容电压、电阻电压、电感电压,将右侧的激励电压源影响扣除,获得的频域传递函数分别为

$$H_C(s) = \frac{\dot{V}_C}{\dot{V}_S} = \frac{\omega_0^2}{s^2 + 2\xi\omega_0 s + \omega_0^2} \tag{10.1.11a}$$

$$H_R(s) = \frac{\dot{V}_R}{\dot{V}_S} = \frac{2\xi\omega_0 s}{s^2 + 2\xi\omega_0 s + \omega_0^2} \tag{10.1.11b}$$

$$H_L(s) = \frac{\dot{V}_L}{\dot{V}_S} = \frac{s^2}{s^2 + 2\xi\omega_0 s + \omega_0^2} \tag{10.1.11c}$$

其中最大阶数 $s^2 = (j\omega)^2$ 项代表的二阶微分 $\dfrac{d^2}{dt^2}$ 说明这是一个二阶系统。

传递函数(10.1.11)采用 $s$ 表述其实是借用了拉普拉斯变换的复频率 $s = \sigma + j\omega$ 形式。本课程由于课时原因而不涉及对拉普拉斯变换的讨论,请同学们在"信号与系统"课程中了解拉普拉斯变换和傅立叶变换之间的差异,这里假设两者没有差别。对稳定电路系统而言,这种假设不会导致出现大问题,这里借用拉普拉斯变换形式的 $s$ 替代傅立叶变换形式的 $j\omega$,可以使得传递函数的数学形式更加简洁明快。

**练习 10.1.4** 考察 RLC 串联谐振电路中电容电压、电阻电压、电感电压传递函数的频率特性,为了简单起见,以 $\omega_0$ 为频率归一化基准,即假设 $\omega_0 = 1$ 或以 $\omega/\omega_0$ 做频率轴,研究阻尼系数 $\xi = 0.1, 0.707, 1, 5$ 等几种情况下的幅频特性和相频特性。说明电容电压是输入电压中的低频分量,电阻电压是输入电压中的中间频率分量,而电感电压则是输入电压中的高频分量。

**提示**:可以用 MATLAB 辅助画图,研究幅频特性和相频特性变化规律,考察是否可以用伯特图描述幅频特性和相频特性。下面给出电容电压传递函数的 MATLAB 程序,其他两个传递函数自行完成。

```
clear all
w0 = 1;                                      % 自由振荡频率归一化为 1
kesai = 0.707;                               % 阻尼系数取 0.707,具有幅度最大平坦特性

wstart = 0.01;
wstop = 100;                                 % 考察频率范围为 0.01w0～100w0
wnumber = 1000;                              % 考察频点 1000 个
wstep = 10 ^ (log10(wstop/wstart)/(wnumber + 1));  % 等比数列的等比值大小

w = wstart/wstep;
for k = 1:wnumber
    w = w * wstep;

    Omg(k) = w;
```

```
        s = i * w;
        HC = w0 ^ 2/(s ^ 2 + 2 * kesai * w0 * s + w0 ^ 2);        % 电容电压传递函数

        absHC(k) = abs(HC);                                        % 幅频特性
        angleHC(k) = angle(HC)/pi * 180;                           % 相频特性,由弧度转换为角度
end

figure(1)
hold on
plot(Omg,absHC,'k')                                                % 幅频特性图

figure(2)
hold on
plot(Omg,angleHC,'k')                                              % 相频特性图
```

**练习 10.1.5**　画出图 E10.1.4 所示电压源驱动 RLC 串联谐振回路的对偶电路形式,即电流源驱动 GCL 并联谐振回路(习惯上称 RLC 并联谐振回路),并写出对偶的电路方程,和 RLC 串联谐振回路对比,说明两者之间形成的电路方程参量之间的差异,如 $\omega_0$ 和 $\xi$。

### 10.1.2　时域积分法求解(状态变量法)

虽然线性时不变系统的频域分析总是显得比时域更加简单,但时域分析对动态系统的动态行为理解是必不可少的,下面我们再次回到时域,考察二阶系统的时域解。

对二阶线性时不变动态系统,其电路方程有两种形态,一种是状态方程,如式(10.1.1),一种是二阶常系数微分方程,如式(10.1.2)或式(10.1.8a)。下面分别就这两种方程形式的求解进行说明。

#### 1. 对数值解结果的直观理解

在 8.2.2 节,我们讨论了状态方程求解的数值法原理。下例中我们期望通过对数值仿真结果的考察,首先建立起对二阶动态电路时域动态行为的直观认知,其后再试图给出解析解。

**例 10.1.3**　用后向欧拉法对图 E10.1.4 所示的 RLC 串联谐振回路进行零输入分析,其中电感感值为 $10\mu\text{H}$,电容容值为 200pF,电阻阻值为 $100\Omega$,电容初始电压为 5V,电感初始电流为 0。

**解**:后向欧拉法仿真时间步长取为 $\Delta t = 0.1\text{ns}$,将电容和电感分别用式(8.2.5)代表的戴维南源和诺顿源替代,数值分析结果见图 E10.1.5。图(a)为时域波形,图(b)为相轨迹,均可说明电容电压和电感电流均是幅度衰减的接近正弦振荡的时域波形。

代入具体数值,可知该二阶系统的自由振荡频率和阻尼系数分别为

$$f_0 = \frac{1}{2\pi\sqrt{LC}} = \frac{1}{2 \times 3.14 \times \sqrt{10\mu \times 200\text{p}}} = 3.56(\text{MHz})$$

$$\xi = \frac{R}{2\sqrt{L/C}} = \frac{100}{2 \times \sqrt{10\mu/200\text{p}}} = \frac{100}{2 \times 223.6} = 0.224$$

分析图示衰减振荡波形,其周期和自由振荡周期比较接近。考虑到阻尼系数代表系统中的损耗,其变化对波形影响应该比较大,故而添加 $R = 10\Omega, R = 2Z_0 = 447\Omega, R = 4\text{k}\Omega$ 三种情况,分别对应 $\xi = 0.0224, 1, 8.944$ 三种阻尼系数,其仿真波形见图 E10.1.6,对应相轨迹见图 E10.1.7。

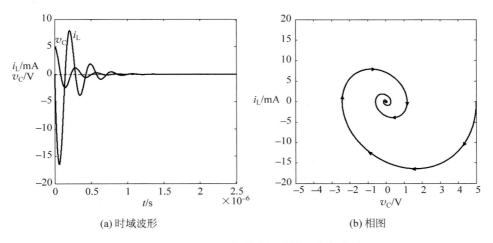

(a) 时域波形　　　　　　　　　　　　　　(b) 相图

图 E10.1.5　RLC 串联谐振零输入仿真波形

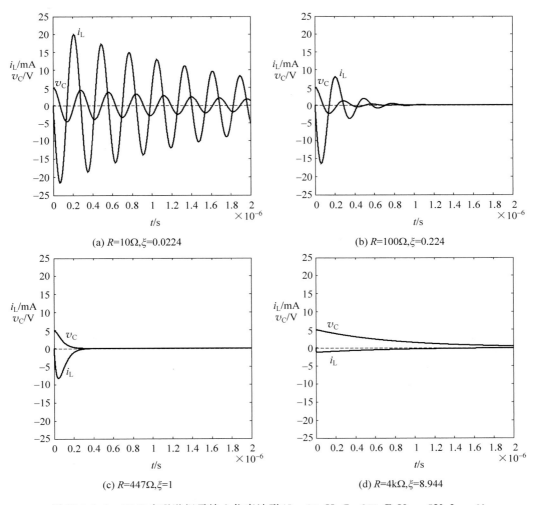

图 E10.1.6　RLC 串联谐振零输入仿真波形（$L=10\mu H, C=200pF, V_{C0}=5V, I_{L0}=0$）

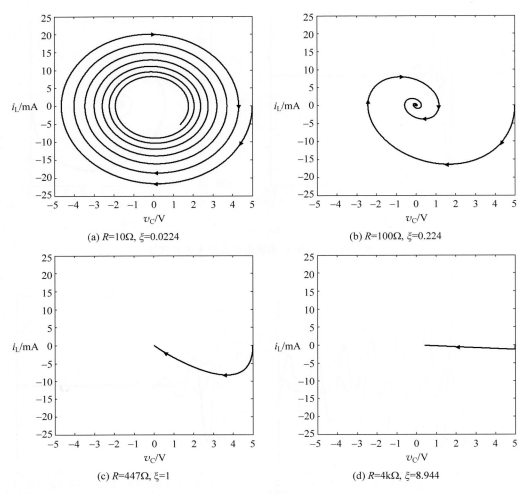

图 E10.1.7 RLC 串联谐振零输入仿真相轨迹($L=10\mu H$, $C=200pF$, $V_{C0}=5V$, $I_{L0}=0$)

由仿真结果可知,当 $0<\xi<1$ 时时域波形具有幅度衰减振荡形态,$\xi$ 越小,幅度衰减越缓慢,振荡波形越接近于理想正弦波形。当 $\xi\geqslant1$ 后,振荡形态消失,$\xi$ 越大,电容电压波形就越接近于 RC 放电波形。图 E10.1.6 仿真结果将在后文分析给定的解析解式(E10.1.21)中得到确认。

注意到图 E10.1.7 中,所有的相轨迹的终点都是(0,0),即 $t\rightarrow\infty$ 时,$v_C=0$,$i_L=0$,这是由于回路中的储能被电阻耗尽,从而系统稳定后,电容电压和电感电流都将趋于 0 的缘故,故而(0,0)状态点就是该动态系统的稳定平衡点。电阻对能量的消耗速度在 $R$ 很小和 $R$ 很大时都很慢,考虑两个极端情况:(1)当 $R=0$ 时,电容电能转换为电感磁能,电感磁能再转换为电容电能,电容储能和电感储能之和为常数,体现在正弦波幅度不会发生改变上,此时相轨迹为始终循环的圆,而不会指向(0,0)。(2)当 $R=\infty$ 时,串联回路开路,电容电压不会发生改变,电容电能始终存储在电容中,此时的相轨迹为一个点($V_0$,0),也不会指向(0,0)状态点。(3)换句话说,当 $R$ 很小和 $R$ 很大时,系统内的能量耗散速度都很慢,其两个极端情况下能量根本不耗散,而耗散速度最快的情况是 $\xi=0.7\sim1$ 之间的情况,可以在很短的时间内,相图就趋近平衡点(0,0)。本书多采用误差小于 1% 则视觉上无法察觉其差别,即可认为进入稳定平衡点。

**练习 10.1.6** 上述用后向欧拉法进行数值仿真时,每一次时间步进都将电容和电感转化为电阻电路进行处理。如果我们不知道电路内部结构,无法用电阻电路替代电容和电感,但我们已清楚地将其状态方程描述为如式(10.1.1)或式(E10.1.9)所示格式,请给出直接对状态方程用后向欧拉法求解的步进公式。

**2. 时域积分法给出的解析解**

如何对状态方程(10.1.1)进行解析求解? 可以从一阶线性时不变状态方程的解析求解过程直接推广,为了说明问题,下面分两栏,第一栏考察一阶线性时不变系统状态方程的求解过程,第二栏直接推广到高阶系统,包括二阶系统。

**一阶系统状态方程求解过程**

状态方程

$$\frac{\mathrm{d}}{\mathrm{d}t}x = ax + s$$

两侧同时乘以 $\mathrm{e}^{-at}$,整理后有

$$\frac{\mathrm{d}}{\mathrm{d}t}(\mathrm{e}^{-at}x) = \mathrm{e}^{-at}s$$

两侧同时积分,有

$$\mathrm{e}^{-at}x(t)\Big|_{t_0}^{t} = \int_{t_0}^{t} \mathrm{e}^{-a\lambda}s(\lambda)\mathrm{d}\lambda$$

整理后,获得解的形式为零输入加零状态,

$$x(t) = \mathrm{e}^{a(t-t_0)}x(t_0) + \int_{t_0}^{t} \mathrm{e}^{a(t-\lambda)}s(\lambda)\mathrm{d}\lambda,$$

$$t \geqslant t_0$$

其中零输入响应为

$$x_{\mathrm{ZIR}}(t) = \mathrm{e}^{a(t-t_0)}x(t_0), \quad t \geqslant t_0$$

零状态响应为

$$x_{\mathrm{ZSR}}(t) = \int_{t_0}^{t} \mathrm{e}^{a(t-\lambda)}s(\lambda)\mathrm{d}\lambda, \quad t \geqslant t_0$$

如果输入为冲激、阶跃、正弦波或其他周期信号,输出还可分解为稳态响应和瞬态响应,分别为

$$x_{\infty}(t) = \int_{-\infty}^{t} \mathrm{e}^{a(t-\lambda)}s(\lambda)\mathrm{d}\lambda$$

$$x_t(t) = \mathrm{e}^{a(t-t_0)}(x(t_0) - x_{\infty}(t_0))$$

对于一阶线性时不变动态电路,系数 $a$ 为时间常数的负倒数,$a = -1/\tau$。

**直接推广到 $n$ 阶系统**

状态方程

$$\frac{\mathrm{d}}{\mathrm{d}t}\boldsymbol{x} = \boldsymbol{A}\boldsymbol{x} + \boldsymbol{s}$$

两侧同时左乘矩阵 $\mathrm{e}^{-\boldsymbol{A}t}$,整理后有

$$\frac{\mathrm{d}}{\mathrm{d}t}(\mathrm{e}^{-\boldsymbol{A}t}\boldsymbol{x}) = \mathrm{e}^{-\boldsymbol{A}t}\boldsymbol{s}$$

两侧同时积分,有

$$\mathrm{e}^{-\boldsymbol{A}t}\boldsymbol{x}(t)\Big|_{t_0}^{t} = \int_{t_0}^{t} \mathrm{e}^{-\boldsymbol{A}\lambda}\boldsymbol{s}(\lambda)\mathrm{d}\lambda$$

整理后,获得解的形式为零输入加零状态,

$$\boldsymbol{x}(t) = \mathrm{e}^{\boldsymbol{A}(t-t_0)}\boldsymbol{x}(t_0) + \int_{t_0}^{t} \mathrm{e}^{\boldsymbol{A}(t-\lambda)}\boldsymbol{s}(\lambda)\mathrm{d}\lambda,$$

$$t \geqslant t_0 \tag{10.1.12}$$

其中零输入响应为

$$\boldsymbol{x}_{\mathrm{ZIR}}(t) = \mathrm{e}^{\boldsymbol{A}(t-t_0)}\boldsymbol{x}(t_0), \quad t \geqslant t_0 \tag{10.1.13a}$$

零状态响应为

$$\boldsymbol{x}_{\mathrm{ZSR}}(t) = \int_{t_0}^{t} \mathrm{e}^{\boldsymbol{A}(t-\lambda)}\boldsymbol{s}(\lambda)\mathrm{d}\lambda, \quad t \geqslant t_0 \tag{10.1.13b}$$

如果输入为冲激、阶跃、正弦波或其他周期信号,输出还可分解为稳态响应和瞬态响应,分别为

$$\boldsymbol{x}_{\infty}(t) = \int_{-\infty}^{t} \mathrm{e}^{\boldsymbol{A}(t-\lambda)}\boldsymbol{s}(\lambda)\mathrm{d}\lambda \tag{10.1.14a}$$

$$\boldsymbol{x}_t(t) = \mathrm{e}^{\boldsymbol{A}(t-t_0)}(\boldsymbol{x}(t_0) - \boldsymbol{x}_{\infty}(t_0)) \tag{10.1.14b}$$

$n * n$ 矩阵 $\boldsymbol{A}$ 为 $n$ 阶线性时不变系统的状态矩阵。

上述将一阶线性时不变系统状态方程求解过程直接推广到 $n$ 阶线性时不变系统状态方程求解过程中，将数的指数运算 $e^{at}$ 自然延拓为对矩阵的指数运算，

$$e^{at} = 1 + at + \frac{(at)^2}{2!} + \frac{(at)^3}{3!} + \cdots \qquad (10.1.15a)$$

$$e^{At} = I + At + \frac{(At)^2}{2!} + \frac{(At)^3}{3!} + \cdots$$

$$= I + At + \frac{1}{2!}A^2t^2 + \frac{1}{3!}A^3t^3 + \cdots \qquad (10.1.15b)$$

其中，$I = e^0$ 为单位阵，$0$ 为零阵。对指数函数求导，同样有

$$\frac{d}{dt}e^{At} = A + A^2t + \frac{1}{2!}A^3t^2 + \cdots = Ae^{At} = e^{At}A \qquad (10.1.16)$$

这个性质直接在方程求解过程中用到。

对于稳定的一阶系统（$R > 0$），指数衰减函数描述了其状态转移关系，$x_{\text{ZIR}}(t) = e^{a(t-t_0)}x(t_0) = e^{-\frac{t-t_0}{\tau}}x(t_0)$，其中 $a = -1/\tau$。而对于 $n$ 阶系统，$e^{At}$ 被称为状态转移矩阵，原因同样从零输入可知，$x_{\text{ZIR}}(t) = e^{A(t-t_0)}x(t_0)$，在没有外加激励的情况下，任意时刻的状态 $x(t)$ 都可通过状态转移矩阵 $e^{A(t-t_0)}$ 从初始状态 $x(t_0)$ 转移而来。状态转移矩阵显然完全由系统（电路）结构决定，和输入激励无关。

状态转移矩阵 $e^{At}$ 不仅直接作用于初始状态，更是和激励相互作用，使得激励直接对状态变量施加影响，如零状态响应描述的那样，$x_{\text{ZSR}}(t) = e^{At}\int_{t_0}^{t} e^{-A\lambda}s(\lambda)d\lambda$，$e^{-At}$ 是积分内核的一部分，零状态响应是系统和激励相互作用的结果。

显然，状态转移矩阵 $e^{At}$ 的计算对高阶动态系统分析至关重要。虽然式（10.1.15）通过幂级数给出了矩阵指数的定义，但是用幂级数求解就显得过于烦琐了，可以利用矩阵特征根简化计算过程。

下面为了数学上简化分析，假设状态矩阵 $A$ 的特征根 $\lambda_1, \lambda_2, \cdots, \lambda_n$ 中没有重根，对应这 $n$ 个特征根的特征向量分别为 $p_1, p_2, \cdots, p_n$，这些特征向量可以构成特征向量矩阵 $P$，从而状态矩阵 $A$ 可以用它的特征根表述为

$$A = P\Lambda P^{-1} \qquad (10.1.17)$$

$$\Lambda = \begin{bmatrix} \lambda_1 & & & \\ & \lambda_2 & & \\ & & \ddots & \\ & & & \lambda_n \end{bmatrix} \qquad (10.1.18)$$

于是状态转移矩阵就可以简单表述为 $e^{At} = Pe^{\Lambda t}P^{-1}$，

$$e^{At} = I + At + \frac{1}{2!}A^2t^2 + \frac{1}{3!}A^3t^3 + \cdots$$

$$= I + (P\Lambda P^{-1})t + \frac{1}{2!}(P\Lambda P^{-1})^2t^2 + \frac{1}{3!}(P\Lambda P^{-1})^3t^3 + \cdots$$

$$= I + (P\Lambda P^{-1})t + \frac{1}{2!}(P\Lambda^2 P^{-1})t^2 + \frac{1}{3!}(P\Lambda^3 P^{-1})t^3 + \cdots$$

$$= P(I + \Lambda t + \frac{1}{2!}\Lambda^2t^2 + \frac{1}{3!}\Lambda^3t^3 + \cdots)P^{-1} = Pe^{\Lambda t}P^{-1} \qquad (10.1.19)$$

其中

$$e^{\boldsymbol{\Lambda} t} = \begin{bmatrix} e^{\lambda_1 t} & & & \\ & e^{\lambda_2 t} & & \\ & & \ddots & \\ & & & e^{\lambda_n t} \end{bmatrix} \tag{10.1.20}$$

从上述结果可知,状态转移矩阵 $e^{\boldsymbol{A} t}$ 的 $n * n$ 个元素,是 $n$ 个特征根决定的指数函数 $e^{\lambda_k t}$ 的线性组合,这里称 $e^{\lambda_k t}$ 为 LTI 系统的特征函数。

显然,对于一阶系统,状态矩阵 $\boldsymbol{A}$ 就是 $a = -1/\tau$,特征根只有一个, $\lambda = a = -1/\tau$,它决定了状态转移形态(特征函数)是指数衰减形态的, $e^{\lambda t} = e^{-t/\tau}$。

对于高阶线性时不变系统,其特征根不能确保为负实数,有可能是复数。由于矩阵 $\boldsymbol{A}$ 的元素只能是实数,故而复数特征根一定是共轭成对出现的, $\lambda_{k,k+1} = -\sigma \pm j\omega$,从而状态转移(特征函数)除了简单指数衰减形态 $e^{-t/\tau}$ 外,还存在幅度指数衰减的正弦波动形态 $e^{-\sigma t}\cos(\omega t + \varphi_0)$。

高阶系统和一阶系统状态转移分析格式的一致性,表明结果形态的一致性,其结论为:线性时不变系统的响应可分解为零输入响应和零状态响应,其中零输入响应完全由系统自身决定,包括系统结构和状态初值,而零状态响应则由系统结构和外加激励共同决定。对于稳定系统(特征根实部为负值,状态转移形态是指数衰减形态的),当外加激励为冲激、阶跃、正弦波或其他周期信号时,系统响应还可分解为稳态响应加瞬态响应,其中瞬态响应形态完全由系统结构决定,而稳态响应则和激励有关,如果激励为直流(冲激、阶跃 $t \to \infty$ 为直流),稳态也为直流,如果激励为正弦波,稳态也为正弦波,如果激励为其他周期信号,响应也为包含相应频率分量的周期信号,但时域波形和激励可能有较大差距。

稳定系统的冲激响应在 $t \to \infty$ 时趋于 0;不稳定系统的冲激响应在 $t \to \infty$ 时趋于 $\infty$;临界系统的冲激响应在 $t \to \infty$ 时趋于恒常函数,如直流常值,如等幅正弦等。稳定的 LTI(线性时不变)系统,其特征根实部全为负;特征根实部有为正的则为不稳定系统;特征根实部为 0 且非重根的则为临界系统,见习题 10.11 论述。

**例 10.1.4**　考察分析图 E10.1.4 所示 RLC 串联谐振回路的状态转移矩阵。

**解**:例 10.1.2 已经给出了 RLC 串联谐振回路的状态方程, $\dfrac{\mathrm{d}}{\mathrm{d}t}\boldsymbol{x} = \boldsymbol{A}\boldsymbol{x} + \boldsymbol{s}$,其中, $\boldsymbol{x} = \begin{bmatrix} v_C \\ i_L \end{bmatrix}$,

$$\boldsymbol{A} = \begin{bmatrix} 0 & \dfrac{1}{C} \\ -\dfrac{1}{L} & -\dfrac{R}{L} \end{bmatrix}, \boldsymbol{s} = \begin{bmatrix} 0 \\ \dfrac{1}{L} v_s \end{bmatrix}.$$

为了一般性,这里将状态矩阵 $\boldsymbol{A}$ 的四个用电路参量表述的元素用二阶系统的系统参量重新表述,这些系统参量为自由振荡频率 $\omega_0$、阻尼系数 $\xi$ 和特征阻抗 $Z_0$(或特征导纳 $Y_0$),

$$\boldsymbol{A} = \begin{bmatrix} 0 & \dfrac{1}{C} \\ -\dfrac{1}{L} & -\dfrac{R}{L} \end{bmatrix} = \begin{bmatrix} 0 & \omega_0 Z_0 \\ -\omega_0 Y_0 & -2\xi\omega_0 \end{bmatrix} \tag{E10.1.14}$$

求其特征根,特征根方程为

$$\det(\boldsymbol{A} - \lambda \boldsymbol{I}) = 0 \tag{E10.1.15a}$$

即

$$\lambda^2 + 2\xi\omega_0\lambda + \omega_0^2 = 0 \tag{E10.1.15b}$$

故而特征根为

$$\lambda_{1,2} = (-\xi \pm \sqrt{\xi^2 - 1})\omega_0 \qquad (\text{E10.1.16})$$

为了简化分析,这里假设两个特征根为不等实根,即只考虑 $\xi > 1$ 的情况。

由特征向量定义,$\boldsymbol{A}\boldsymbol{p}_1 = \lambda_1 \boldsymbol{p}_1$,$\boldsymbol{A}\boldsymbol{p}_2 = \lambda_2 \boldsymbol{p}_2$,可求得两个特征向量分别为

$$\boldsymbol{p}_1 = \begin{bmatrix} -(\xi + \sqrt{\xi^2 - 1})Z_0 \\ 1 \end{bmatrix}, \quad \boldsymbol{p}_2 = \begin{bmatrix} 1 \\ -(\xi + \sqrt{\xi^2 - 1})Y_0 \end{bmatrix} \qquad (\text{E10.1.17})$$

于是特征向量矩阵及其逆矩阵分别为

$$\boldsymbol{P} = (\boldsymbol{p}_1, \boldsymbol{p}_2) = \begin{bmatrix} -(\xi + \sqrt{\xi^2 - 1})Z_0 & 1 \\ 1 & -(\xi + \sqrt{\xi^2 - 1})Y_0 \end{bmatrix} \qquad (\text{E10.1.18a})$$

$$\boldsymbol{P}^{-1} = \frac{1}{2\sqrt{\xi^2 - 1}} \begin{bmatrix} -Y_0 & -\xi + \sqrt{\xi^2 - 1} \\ -\xi + \sqrt{\xi^2 - 1} & -Z_0 \end{bmatrix} \qquad (\text{E10.1.18b})$$

进而可以计算获得状态转移矩阵,为

$$\mathrm{e}^{\boldsymbol{A}t} = \boldsymbol{P}\mathrm{e}^{\Lambda t}\boldsymbol{P}^{-1}$$

$$= \frac{\mathrm{e}^{-\xi\omega_0 t}}{\sqrt{\xi^2 - 1}} \begin{bmatrix} \sinh(\sqrt{\xi^2 - 1}\,\omega_0 t + \varphi) & Z_0 \sinh\sqrt{\xi^2 - 1}\,\omega_0 t \\ -Y_0 \sinh\sqrt{\xi^2 - 1}\,\omega_0 t & -\sinh(\sqrt{\xi^2 - 1}\,\omega_0 t - \varphi) \end{bmatrix} \qquad (\text{E10.1.19a})$$

其中 $\varphi = \operatorname{arctanh} \dfrac{\sqrt{\xi^2 - 1}}{\xi}$ $(\xi > 1)$。

实际系统中可能存在重根,如 $\xi = 1$ 时;也可能存在共轭复根,如 $0 < \xi < 1$ 的情况。首先直接从 $\xi > 1$ 实根结果直接推广到 $0 < \xi < 1$ 复根结果,

$$\mathrm{e}^{\boldsymbol{A}t} \xlongequal{\xi < 1} \frac{\mathrm{e}^{-\xi\omega_0 t}}{\mathrm{j}\sqrt{1 - \xi^2}} \begin{bmatrix} \sinh(\mathrm{j}\sqrt{1 - \xi^2}\,\omega_0 t + \mathrm{j}\varphi_0) & Z_0 \sinh\mathrm{j}\sqrt{1 - \xi^2}\,\omega_0 t \\ -Y_0 \sinh\mathrm{j}\sqrt{1 - \xi^2}\,\omega_0 t & -\sinh(\mathrm{j}\sqrt{1 - \xi^2}\,\omega_0 t - \mathrm{j}\varphi_0) \end{bmatrix}$$

$$= \frac{\mathrm{e}^{-\xi\omega_0 t}}{\sqrt{1 - \xi^2}} \begin{bmatrix} \sin(\sqrt{1 - \xi^2}\,\omega_0 t + \varphi_0) & Z_0 \sin\sqrt{1 - \xi^2}\,\omega_0 t \\ -Y_0 \sin\sqrt{1 - \xi^2}\,\omega_0 t & -\sin(\sqrt{1 - \xi^2}\,\omega_0 t - \varphi_0) \end{bmatrix} \qquad (\text{E10.1.19b})$$

其中 $\varphi_0 = \arctan\dfrac{\sqrt{1 - \xi^2}}{\xi}$ $(0 < \xi < 1)$。

其次,将 $\xi \to 1$ 引入,有

$$\mathrm{e}^{\boldsymbol{A}t} \xlongequal{\xi \to 1} \mathrm{e}^{-\omega_0 t} \begin{bmatrix} \omega_0 t + 1 & Z_0 \omega_0 t \\ -Y_0 \omega_0 t & -\omega_0 t + 1 \end{bmatrix} \qquad (\text{E10.1.19c})$$

故而最终有如下关于 RLC 串联谐振回路状态转移矩阵的结果:

$$\mathrm{e}^{\boldsymbol{A}t} = \begin{cases} \dfrac{\mathrm{e}^{-\xi\omega_0 t}}{\sqrt{\xi^2 - 1}} \begin{bmatrix} \sinh(\sqrt{\xi^2 - 1}\,\omega_0 t + \varphi) & Z_0 \sinh\sqrt{\xi^2 - 1}\,\omega_0 t \\ -Y_0 \sinh\sqrt{\xi^2 - 1}\,\omega_0 t & -\sinh(\sqrt{\xi^2 - 1}\,\omega_0 t - \varphi) \end{bmatrix} & (\xi > 1) \\[4mm] \mathrm{e}^{-\omega_0 t} \begin{bmatrix} \omega_0 t + 1 & Z_0 \omega_0 t \\ -Y_0 \omega_0 t & -\omega_0 t + 1 \end{bmatrix} & (\xi = 1) \\[4mm] \dfrac{\mathrm{e}^{-\xi\omega_0 t}}{\sqrt{1 - \xi^2}} \begin{bmatrix} \sin(\sqrt{1 - \xi^2}\,\omega_0 t + \varphi_0) & Z_0 \sin\sqrt{1 - \xi^2}\,\omega_0 t \\ -Y_0 \sin\sqrt{1 - \xi^2}\,\omega_0 t & -\sin(\sqrt{1 - \xi^2}\,\omega_0 t - \varphi_0) \end{bmatrix} & (0 < \xi < 1) \end{cases}$$

$$(\text{E10.1.20})$$

其中，$\varphi = \text{arctanh}\,\dfrac{\sqrt{\xi^2-1}}{\xi}$，$\varphi_0 = \arctan\dfrac{\sqrt{1-\xi^2}}{\xi}$。

如果进一步地考察零输入响应，假设 $v_C(0)=V_0$，$i_L(0)=0$，例 10.1.3 中 $0<\xi<1$，取

$$\boldsymbol{x}_{\text{ZIR}}(t) = \mathrm{e}^{At}\boldsymbol{x}(0) = \frac{\mathrm{e}^{-\xi\omega_0 t}}{\sqrt{1-\xi^2}}\begin{bmatrix} \sin\left(\sqrt{1-\xi^2}\,\omega_0 t + \varphi_0\right) & Z_0\sin\sqrt{1-\xi^2}\,\omega_0 t \\ -Y_0\sin\sqrt{1-\xi^2}\,\omega_0 t & -\sin\left(\sqrt{1-\xi^2}\,\omega_0 t - \varphi_0\right)\end{bmatrix}\begin{bmatrix} V_0 \\ 0 \end{bmatrix}$$

$$\text{(E10.1.21a)}$$

故而可知 $0<\xi<1$ 时两状态变量的零输入响应理论表达式为，

$$\begin{bmatrix} v_{C,\text{ZIR}}(t) \\ i_{L,\text{ZIR}}(t) \end{bmatrix} = \begin{bmatrix} V_0\,\dfrac{\mathrm{e}^{-\xi\omega_0 t}}{\sqrt{1-\xi^2}}\sin\left(\sqrt{1-\xi^2}\,\omega_0 t + \varphi_0\right) \\ -\dfrac{\mathrm{e}^{-\xi\omega_0 t}}{\sqrt{1-\xi^2}}\dfrac{V_0}{Z_0}\sin\sqrt{1-\xi^2}\,\omega_0 t \end{bmatrix}$$

$$= \begin{bmatrix} V_0\,\mathrm{e}^{-\xi\omega_0 t}\left(\cos\sqrt{1-\xi^2}\,\omega_0 t + \dfrac{\xi}{\sqrt{1-\xi^2}}\sin\sqrt{1-\xi^2}\,\omega_0 t\right) \\ -\dfrac{V_0}{Z_0}\mathrm{e}^{-\xi\omega_0 t}\dfrac{1}{\sqrt{1-\xi^2}}\sin\sqrt{1-\xi^2}\,\omega_0 t \end{bmatrix} \quad \text{(E10.1.21b)}$$

将例 10.1.3 的数值代入，结果如图 E10.1.8 所示，理论曲线和仿真曲线重合一致。

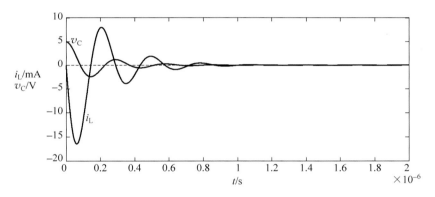

图 E10.1.8　RLC 串联谐振零输入波形：仿真波形和理论解析波形重合

理论曲线和仿真曲线视觉上的重合在于数值仿真时间步长 $\Delta t$ 取得很小，故而数值仿真误差很小，视觉上不可觉察。

### 10.1.3　观察法

上述利用状态方程获得理论解的方法是规范的数学过程，但是需要进行大量的矩阵运算，并不适用于手工计算。对二阶线性时不变动态系统的原理性分析，大多数教材更多地采用观察法，将系统响应分解为稳态响应和瞬态响应，然后利用待定系数法，将初值和激励代入，求出响应形态的待定系数。

一阶动态系统的三要素法是通过观察后总结的，二阶动态系统也可通过观察给出类似于一阶系统三要素法的五要素法。

**1. 特征函数待定系数法**

前面的状态方程求解方法已经确认线性时不变系统的响应可分解为零输入响应和零状态

响应,其中零输入响应完全由系统结构和初始状态决定,而零状态响应则由系统结构和外加激励源共同决定。对于稳定系统(特征根实部小于 0 的系统),如果激励源为冲激、阶跃、正弦波或其他周期信号,则响应还可分解为稳态响应加瞬态响应,下面针对二阶微分方程(10.1.8a)的求解就是基于这种分解进行的。

瞬态响应和零输入响应具有相同的形态,都是系统内在结构的外在表象,故而首先考察零输入响应。将 $s=0$(零输入)代入式(10.1.8a),则方程为

$$\frac{\mathrm{d}^2}{\mathrm{d}t^2}x + 2\xi\omega_0\frac{\mathrm{d}}{\mathrm{d}t}x + \omega_0^2 x = 0 \qquad (10.1.21)$$

同时假设已知初值 $x(0)=X_0$ 和微分初值 $\dfrac{\mathrm{d}x(0)}{\mathrm{d}t}=\dot{X}_0$。

前面的理论分析表明,方程的零输入解具有指数形态 $\mathrm{e}^{\lambda t}$,故而这里假设方程的解为指数形态,

$$x(t) = A\mathrm{e}^{\lambda t} \qquad (10.1.22)$$

$A$ 和 $\lambda$ 都是待求未知量。将之代入式(10.1.21),有

$$\lambda^2 \cdot x(t) + 2\xi\omega_0\lambda \cdot x(t) + \omega_0^2 \cdot x(t) = 0$$

只要存在初始值(初始能量),则可认定 $x(t)\neq0$,于是得到如下关于未知量 $\lambda$ 的二次代数方程,

$$\lambda^2 + 2\xi\omega_0\lambda + \omega_0^2 = 0 \qquad (10.1.23)$$

注意这个方程和用状态变量法求解得到的特征根方程(E10.1.15)是一个方程,毫无疑问,$\lambda$ 就是二阶线性时不变系统的特征根。

这里假设系统为稳定系统($\xi>0$,对 RLC 串联谐振回路,意味着 $R>0$,系统是耗散的),求解特征根方程(10.1.23),其解有三种可能。无论哪种情况,我们都可以将解的形态表述为系统特征函数的线性叠加,但线性叠加系数待定,需要根据初值来确定这些待定系数。

(1) $\xi>1$,称之为过阻尼,特征根方程具有两个不等负实根。

$$\lambda_{1,2} = (-\xi \pm \sqrt{\xi^2-1})\omega_0 \qquad (10.1.24)$$

特征函数 $\mathrm{e}^{\lambda_1 t}$ 和 $\mathrm{e}^{\lambda_2 t}$ 均有可能是方程的解,显然,方程的零输入响应是这两个特征函数的线性组合,

$$x_{\mathrm{ZIR}}(t) = A_1\mathrm{e}^{\lambda_1 t} + A_2\mathrm{e}^{\lambda_2 t} \quad (t \geqslant 0) \qquad (10.1.25)$$

将式(10.1.25)代入式(10.1.21)发现方程成立,说明式(10.1.25)确实是方程的解,但是两个系数 $A_1$、$A_2$ 仅由方程(10.1.21)并不能确定,需要利用初始条件获得。将 $x(0)=X_0,\dfrac{\mathrm{d}x(0)}{\mathrm{d}t}=\dot{X}_0$ 代入,有

$$X_0 = x(0) = A_1 + A_2$$

$$\dot{X}_0 = \frac{\mathrm{d}x(0)}{\mathrm{d}t} = \lambda_1 A_1 + \lambda_2 A_2$$

由这两个方程可以获得待定系数 $A_1$ 和 $A_2$,分别为

$$A_1 = \frac{\lambda_2 X_0 - \dot{X}_0}{\lambda_2 - \lambda_1} = \frac{(+\xi+\sqrt{\xi^2-1})\omega_0 X_0 + \dot{X}_0}{2\sqrt{\xi^2-1}\,\omega_0} \qquad (10.1.26a)$$

$$A_2 = \frac{\lambda_1 X_0 - \dot{X}_0}{\lambda_1 - \lambda_2} = \frac{(-\xi+\sqrt{\xi^2-1})\omega_0 X_0 - \dot{X}_0}{2\sqrt{\xi^2-1}\,\omega_0} \qquad (10.1.26b)$$

(2) $\xi=1$，称之为临界阻尼，特征根方程具有两个相等的负实根，

$$\lambda_{1,2} = -\omega_0 \tag{10.1.27}$$

此时方程解的形式为两个特征函数($e^{-\omega_0 t}$ 和 $t\,e^{-\omega_0 t}$)的线性叠加，

$$x_{\mathrm{ZIR}}(t) = A_1 e^{-\omega_0 t} + A_2 t e^{-\omega_0 t}, \quad t \geqslant 0 \tag{10.1.28}$$

将式(10.1.28)代入式(10.1.21)发现方程成立，说明式(10.1.28)确实是方程的解，但是两个系数 $A_1$、$A_2$ 需要初值方可确定。将 $x(0)=X_0, \dfrac{\mathrm{d}x(0)}{\mathrm{d}t}=\dot{X}_0$ 代入，有

$$X_0 = x(0) = A_1$$

$$\dot{X}_0 = \frac{\mathrm{d}x(0)}{\mathrm{d}t} = -\omega_0 A_1 + A_2$$

由这两个方程可以获得待定系数 $A_1$ 和 $A_2$，分别为

$$A_1 = X_0 \tag{10.1.29a}$$

$$A_2 = \omega_0 X_0 + \dot{X}_0 \tag{10.1.29b}$$

代入式(10.1.28)，零输入响应的形态很简单，为

$$x_{\mathrm{ZIR}}(t) = e^{-\omega_0 t}(X_0 + (\omega_0 X_0 + \dot{X}_0) \cdot t), \quad t \geqslant 0$$

(3) $0<\xi<1$，称之为欠阻尼，特征根是两个共轭复根，

$$\lambda_{1,2} = (-\xi \pm \mathrm{j}\sqrt{1-\xi^2})\omega_0 \tag{10.1.30}$$

当然可以将方程的正解表述为式(10.1.25)所示的特征函数线性叠加形式，但是由于 $x(t)$ 一定为实函数，故而两个指数型特征函数的线性系数一定也是共轭的，合并化简后，零输入响应的形式可表述为如下形态，

$$x_{\mathrm{ZIR}}(t) = e^{-\xi\omega_0 t}(A\cos\sqrt{1-\xi^2}\,\omega_0 t + B\sin\sqrt{1-\xi^2}\,\omega_0 t), \quad t \geqslant 0 \tag{10.1.31}$$

将式(10.1.31)代入式(10.1.21)发现方程保持成立，说明式(10.1.31)确实是方程的解，但是两个系数 $A$、$B$ 由初值确定。将 $x(0)=X_0, \dfrac{\mathrm{d}x(0)}{\mathrm{d}t}=\dot{X}_0$ 代入，有

$$X_0 = x(0) = A$$

$$\dot{X}_0 = \frac{\mathrm{d}x(0)}{\mathrm{d}t} = -\xi\omega_0 A + \sqrt{1-\xi^2}\,\omega_0 B$$

由这两个方程可以获得待定系数 $A$ 和 $B$，分别为

$$A = X_0 \tag{10.1.32a}$$

$$B = \frac{\xi}{\sqrt{1-\xi^2}}\left(X_0 + \frac{\dot{X}_0}{\xi\omega_0}\right) \tag{10.1.32b}$$

也可将零输入响应式(10.1.31)表述为正弦振荡幅度和相位形式，为

$$
\begin{aligned}
x_{\mathrm{ZIR}}(t) &= \sqrt{A^2+B^2}\,e^{-\xi\omega_0 t}\sin\left(\sqrt{1-\xi^2}\,\omega_0 t + \arctan\frac{A}{B}\right) \\
&= \frac{X_0}{\sqrt{1-\xi^2}}\sqrt{1+\left(\frac{\dot{X}_0}{\omega_0 X_0}\right)^2}\,e^{-\xi\omega_0 t}\sin\left(\sqrt{1-\xi^2}\,\omega_0 t + \arctan\frac{\sqrt{1-\xi^2}}{\xi+\dfrac{\dot{X}_0}{\omega_0 X_0}}\right), \quad t \geqslant 0
\end{aligned}
$$

$$\tag{10.1.33}$$

过阻尼、临界阻尼和欠阻尼情况下的零输入响应时域波形，见图 E10.1.6 给出的数值仿真结果。

过阻尼的零输入响应呈现为两个指数衰减函数的叠加,两个指数衰减函数的时间常数分别为 $\tau_1 = \dfrac{1}{(\xi - \sqrt{\xi^2 - 1})\omega_0} = \dfrac{\xi + \sqrt{\xi^2 - 1}}{\omega_0}$, $\tau_2 = \dfrac{1}{(\xi + \sqrt{\xi^2 - 1})\omega_0} = \dfrac{\xi - \sqrt{\xi^2 - 1}}{\omega_0}$, 前者为长寿命响应时间常数,后者为短寿命响应时间常数。长寿命响应决定系统的长期行为,短寿命响应则决定系统启动时的短期细节行为。尤其是当 $\xi$ 极大时,对 RLC 串联谐振回路而言,就是串联电阻 $R$ 极大时,有 $\tau_1 = \dfrac{\xi + \sqrt{\xi^2 - 1}}{\omega_0} \approx \dfrac{2\xi}{\omega_0} = RC$, $\tau_2 = \dfrac{\xi - \sqrt{\xi^2 - 1}}{\omega_0} \approx \dfrac{1}{2\xi\omega_0} = \dfrac{L}{R} = GL$, 对于 $v_C(0) = V_0, i_L(0) = 0$ 这种初始状态情况,RLC 串联谐振电路的长期行为犹如一阶 RC 放电,$C$ 通过 $R$ 放电,而短期行为则犹如一阶 RL 充磁,电容初始电压(短期行为可视为恒压源)通过 $R$ 对 $L$ 充磁。对这种情况的理解是这样的:电容 $C$ 通过 $R$ 放电,但是起始阶段 $L$ 阻止 $C$ 的放电(电感的感生电动势阻止电流的变化),于是起始阶段充电电流为 $0$,电容的初始电压全加载到电感 $L$ 上,电感 $L$ 因而得以充磁,电感充磁的表现就是产生了电感电流,该电流同时就是电容的放电电流,充磁过程导致放电电流增加,电阻电压也随之增加,当电阻电压上升到等于电容电压时,电感电压下降为 $0$,电感充磁结束(短期行为),此后电感开始放磁,但电感太小以至于它在前期吸收的能量太少,电感放磁和电容放电相比可以忽略不计,之后基本可以认为是电容 $C$ 通过 $R$ 的放电过程(长期行为)。

欠阻尼的零输入响应呈现出幅度指数衰减的正弦振荡形态,如式(10.1.33)所示,指数衰减规律的时间常数为 $\tau = \dfrac{1}{\xi\omega_0}$, 正弦振荡的频率为 $\omega = \sqrt{1 - \xi^2}\,\omega_0$, 幅度和相位则由初始值决定。尤其是当 $\xi$ 极小时,对 RLC 串联谐振回路而言,就是 $R$ 接近于 $0$ 时,指数衰减规律的时间常数极大,正弦振荡的频率接近自由振荡频率,此时电容电压、电感电流均接近于等幅正弦波,极端情况下,$R \to 0$,电容电压和电感电流则为等幅正弦波,表明电容电能和电感磁能的相互转换是无损过程。

**练习 10.1.7**　理论证明或数值仿真确认 RLC 串联谐振回路中的能量守恒,体现在 $t \geqslant 0$ 任意时刻都满足

$$E_C(t) + E_L(t) + E_R(t) = \frac{1}{2}Cv_C^2(t) + \frac{1}{2}Li_L^2(t) + R\int_0^t i_R^2(t)\,\mathrm{d}t$$

$$= E_C(0) + E_L(0) = \frac{1}{2}CV_0^2 + \frac{1}{2}LI_0^2$$

其中 $V_0$ 和 $I_0$ 是 $t = 0$ 时刻的电容初始电压和电感初始电流。其中 $E_C(t)$ 表示当前电容储能,$E_L(t)$ 表示电感当前储能,而 $E_R(t)$ 则表示电阻自起始到当前的总共耗能。尤其是当 $R \to 0$ 时,无电阻耗能,$E_R \to 0$,$E_C(t) + E_L(t) = \text{Constant}$ 表明电容储能和电感储能之间的相互转换是无损的。

**例 10.1.5**　考察图 E10.1.4 所示的 RLC 串联谐振回路的零输入响应,其中 $v_C$ 为输出变量,电路参数如例 10.1.3 数值仿真具体数值。

**解**:如例 10.1.1 所示,可以列写出关于 $v_C$ 的电路方程如下,

$$\frac{\mathrm{d}^2}{\mathrm{d}t^2}v_C(t) + 2\xi\omega_0\,\frac{\mathrm{d}}{\mathrm{d}t}v_C(t) + \omega_0^2 v_C(t) = \omega_0^2 v_s(t)$$

将 $L = 10\mu\mathrm{H}, C = 200\mathrm{pF}, R = 100\Omega$ 代入 RLC 串联谐振回路的自由振荡频率和阻尼系数公式中,有如下具体数值,

$$f_0 = \frac{1}{2\pi \sqrt{LC}} = \frac{1}{2 \times 3.14 \times \sqrt{10\mu \times 200p}} = 3.56(\text{MHz})$$

$$Z_0 = \sqrt{\frac{L}{C}} = \sqrt{\frac{10\mu}{200p}} = 223.6(\Omega)$$

$$\xi = \frac{R}{2Z_0} = \frac{100}{2 \times 223.6} = 0.224$$

现在考察零输入情况,已知初始条件 $v_C(0) = 5\text{V}, i_L(0) = 0$,转化为关于 $dv_C/dt$ 的初始条件,为 $dv_C(0)/dt = i_C(0)/C = i_L(0)/C = 0$,代入式(10.1.32),即可获得两个系数分别为

$$A = v_C(0) = V_0 = 5\text{V}$$

$$B = \frac{\xi}{\sqrt{1-\xi^2}} v_C(0) + \frac{1}{\sqrt{1-\xi^2}\,\omega_0} \frac{\text{d}}{\text{d}t} v_C(0) = \frac{\xi}{\sqrt{1-\xi^2}} V_0 = 1.147\text{V}$$

代入式(10.1.31),可知电容电压变化规律为

$$v_C(t) = \text{e}^{-\xi\omega_0 t}\left( A\cos \sqrt{1-\xi^2}\,\omega_0 t + B\sin \sqrt{1-\xi^2}\,\omega_0 t \right)$$

$$= V_0 \text{e}^{-\xi\omega_0 t}\left( \cos \sqrt{1-\xi^2}\,\omega_0 t + \frac{\xi}{\sqrt{1-\xi^2}}\sin \sqrt{1-\xi^2}\,\omega_0 t \right), \quad t \geqslant 0$$

这个表达式与例 10.1.4 用状态变量法求解结果完全一致,将具体数值代入,为

$$v_C(t) = \frac{V_0}{\sqrt{1-\xi^2}} \text{e}^{-\xi\omega_0 t} \sin\left( \sqrt{1-\xi^2}\,\omega_0 t + \arctan \frac{\sqrt{1-\xi^2}}{\xi} \right)$$

$$= 5.13 \times \text{e}^{-\frac{t}{0.2 \times 10^{-6}}} \sin(2\pi \times 3.4687 \times 10^6 t + 1.3453), \quad t \geqslant 0$$

可见,电容电压以 3.4687MHz 振荡频率幅度指数衰减正弦规律变化,其中幅度指数衰减时间常数为 $0.2\mu\text{s}$,正弦波初始相位为 1.3453rad(77.08°),注意幅度和相角使得初始电压 5V = 5.13V × sin(77.08°)。

**例 10.1.6** 考察图 E10.1.4 所示的 RLC 串联谐振回路的电容电压 $v_C(t)$ 波形,电路参数如例 10.1.3 数值仿真具体数值,但这里不再是零输入,输入激励信号为阶跃电压,$v_S(t) = 3U(t)$(单位 V),电容初始电压为 5V,电感初始电流为 0。

**解:** 如例 10.1.1 所示,可以列写出关于 $v_C$ 的电路方程如下,

$$\frac{\text{d}^2}{\text{d}t^2} v_C(t) + 2\xi\omega_0 \frac{\text{d}}{\text{d}t} v_C(t) + \omega_0^2 v_C(t) = \omega_0^2 v_s(t)$$

由于这是一个稳定的线性时不变电路,且激励为阶跃信号,故而响应可以分解为稳态响应加瞬态响应,解的形式表述如下,

$$v_C(t) = v_{C,\infty}(t) + \text{e}^{-\xi\omega_0 t}\left( A\cos \sqrt{1-\xi^2}\,\omega_0 t + B\sin \sqrt{1-\xi^2}\,\omega_0 t \right)$$

其中,稳态响应是指 $t \to \infty$ 时的系统响应,由于此时激励为 3V 直流电压,直流电感短路,电容开路,电容开路电压为 3V,即

$$v_{C,\infty}(t) = 3\text{V}$$

对于电容电压,已知 $v_C(0) = 5\text{V}$,将另外一个初始条件 $i_L(0) = 0$ 转化为关于 $dv_C/dt$ 的初始条件,激励电压并非冲激电压信号,故而电感电流不会发生突变,由此可知 $dv_C(0)/dt = i_C(0)/C = i_L(0)/C = 0$,代入解的形式中,有

$$v_C(0) = v_{C,\infty}(0) + A = 5\text{V}$$

$$\frac{\text{d}}{\text{d}t} v_C(0) = -\xi\omega_0 A + \sqrt{1-\xi^2}\,\omega_0 B = 0$$

由此可知

$$A = 5 - 3 = 2(\text{V})$$

$$B = \frac{\xi}{\sqrt{1 - \xi^2}} A = 0.4588(\text{V})$$

于是可知最终结论为

$$v_C(t) = v_{C,\infty}(t) + e^{-\xi\omega_0 t}\left(A\cos\sqrt{1-\xi^2}\,\omega_0 t + B\sin\sqrt{1-\xi^2}\,\omega_0 t\right)$$

$$= 3 + 2.052 \times e^{-\frac{t}{0.2\times10^{-6}}}\sin(2\pi \times 3.4687 \times 10^6 t + 1.3453), t \geqslant 0$$

图 E10.1.9 给出了上述理论分析结果和后向欧拉法仿真结果,两者重合。

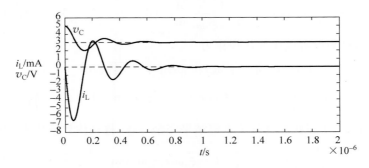

图 E10.1.9　RLC 串联谐振非零输入非零状态波形:仿真波形和理论波形重合

比较图 E10.1.9 非零输入和图 E10.1.8 零输入的时域波形,本例结果犹如电容电压扣除了 3V 的直流工作点(稳态解)后,以 2V 初始电压形成的电容放电波形再加 3V 直流偏移,原理上可做如是理解。从图 E10.1.10 展示的相轨迹看,两者形态完全一致,只是平衡点发生变化,零输入情况的平衡点为(0,0),而 3U(t)阶跃输入的平衡点为(3,0)。

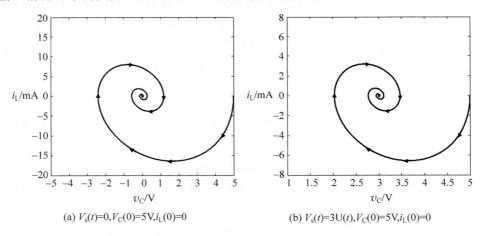

(a) $V_s(t)=0, V_C(0)=5\text{V}, i_L(0)=0$　　　　(b) $V_s(t)=3U(t), V_C(0)=5\text{V}, i_L(0)=0$

图 E10.1.10　RLC 串联谐振回路两种情况下的相轨迹

**练习 10.1.8**　电路结构如图 E10.1.11 所示,$L=10\mu\text{H}$,$C=200\text{pF}$,$R=100\Omega$,$V_{S0}=2\text{V}$,$v_C(0)=V_0=3\text{V}$,$i_L(0)=I_0=10\text{mA}$。在 $t=0$ 时刻开关换路,请写出电容电压、电阻电压、电感电压的 $t\geqslant0$ 后的时域表达式。

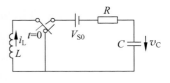

图 E10.1.11　RLC 电路

**2. 五要素法**

我们通过观察一阶动态系统的时域响应表达式,根据其稳态响应和瞬态响应的公式形态总结出关于一阶系统的三要素法,其具体表达式为

$$x(t) = x_\infty(t) + (X_0 - X_{\infty,0}) e^{-\frac{t}{\tau}}, \quad t > 0$$

三要素分别为稳态响应 $x_\infty(t)$、初值 $X_0 = x(0^+)$ 和时间常数 $\tau$。式中,$X_{\infty,0} = x_\infty(0^+)$。

对于二阶动态系统,也可通过对稳态响应和瞬态响应的公式形态的观察,总结出关于二阶系统的五要素法,其具体表达式为

$$x(t) = x_\infty(t) + (X_0 - X_{\infty,0}) e^{-\xi\omega_0 t} \cos\left(\sqrt{1-\xi^2}\,\omega_0 t\right)$$

$$+ \left(X_0 - X_{\infty,0} + \frac{\dot{X}_0 - \dot{X}_{\infty,0}}{\xi\omega_0}\right) \frac{\xi}{\sqrt{1-\xi^2}} e^{-\xi\omega_0 t} \sin\left(\sqrt{1-\xi^2}\,\omega_0 t\right), \quad t > 0$$

$$(10.1.34)$$

五要素分别为稳态响应 $x_\infty(t)$、初值 $X_0 = x(0^+)$、微分初值 $\dot{X}_0 = \dfrac{\mathrm{d}x(0^+)}{\mathrm{d}t}$、二阶系统的两个关键参量阻尼系数 $\xi$ 和自由振荡频率 $\omega_0$。这里给出的表达式为欠阻尼情况,式中 $X_{\infty,0} = x_\infty(0^+)$,$\dot{X}_{\infty,0} = \dfrac{\mathrm{d}x_\infty(0^+)}{\mathrm{d}t}$。

**练习 10.1.9** 证明:五要素表述形态确实是方程(10.1.8)的解,除了满足电路方程外,还满足初始条件。提示:稳态响应 $x_\infty(t)$ 是满足方程(10.1.8)的特解。

**练习 10.1.10** 显然二阶线性时不变系统的五要素法不如一阶线性时不变系统的三要素法容易记忆,但也并非不可记忆。同学如果希望能够随手写出二阶线性时不变系统的响应,只需记忆式(10.1.34)所示的 $\xi<1$ 的欠阻尼公式。对于 $\xi>1$ 的过阻尼情况,只需将公式中的 $\sqrt{1-\xi^2}$ 置换为 $\sqrt{\xi^2-1}$,将 cos 函数置换为 cosh 函数,将 sin 函数置换为 sinh 函数即可。而对于 $\xi=1$ 的临界阻尼情况,只需将公式中的 $\cos\left(\sqrt{1-\xi^2}\,\omega_0 t\right)$ 用 1 置换,将 $\dfrac{\xi}{\sqrt{1-\xi^2}} \sin\left(\sqrt{1-\xi^2}\,\omega_0 t\right)$ 用 $\omega_0 t$ 置换即可。请同学写全三种阻尼情况下的五要素表达式。

前面讨论时,系统起始时间有的取 $t_0$,有的则直接取 $t_0 = 0$,一般来说将 $t_0$ 取为 0 表达式会显得比较简洁。如果一定需要以 $t_0 \neq 0$ 作为动态系统的起始时间点,由于这里考察的是线性时不变系统,根据时不变特性,只需将 $t_0 = 0$ 的响应表达式中的所有 $t$ 变量都用 $t - t_0$ 变量置换即可得到以 $t_0$ 为初始时间点的响应表达式。

**例 10.1.7** 求图 E10.1.4 所示的 RLC 串联谐振回路的零状态响应,其中 $v_C$ 为输出变量,激励电压源为正弦波电压,$v_s(t) = V_{S0} \sin\omega t$。数值运算时,取 $R = 20\Omega, L = 4\mu H, C = 100\text{pF}, V_{S0} = 1\text{V}$,正弦波频率考察三种情况,$\omega = 0.1\omega_0, \omega_0$ 和 $10\omega_0$。

**解** 采用五要素法求解,这里一一给出五要素:

(1)阻尼系数

$$\xi = \frac{R}{2Z_0} = \frac{R}{2\sqrt{L/C}} = \frac{20}{2 \times \sqrt{4\mu/100\text{p}}} = \frac{20}{2 \times 200} = 0.05 \text{(串联谐振)}$$

(2)自由振荡频率

$$\omega_0 = \frac{1}{\sqrt{LC}} = \frac{1}{\sqrt{4\mu \times 100\text{p}}} = 50 \times 10^6 \,(\text{rad/s})$$

（3）初值

$$V_0 = v_C(0^+) = v_C(0^-) = 0（电容电压不能突变）$$

（4）微分初值

$$\dot{V}_0 = \frac{\mathrm{d}v_C(0^+)}{\mathrm{d}t} = \frac{i_C(0^+)}{C} = \frac{i_L(0^+)}{C} = \frac{i_L(0^-)}{C} = 0（电感电流不能突变）$$

（5）稳态响应：由于是正弦激励，采用相量法求解正弦稳态响应，

$$\frac{\dot{V}_C}{\dot{V}_S} = \frac{\dfrac{1}{\mathrm{j}\omega C}}{R + \mathrm{j}\omega L + \dfrac{1}{\mathrm{j}\omega C}} = \frac{1}{(1 - \omega^2 LC) + \mathrm{j}\omega RC} = \frac{1}{\left(1 - \dfrac{\omega^2}{\omega_0^2}\right) + \mathrm{j}2\xi\dfrac{\omega}{\omega_0}} = A(\omega)\mathrm{e}^{\mathrm{j}\varphi(\omega)}$$

其中，针对三种频率情况分别有

$$A(\omega) = \frac{1}{\sqrt{\left(1 - \dfrac{\omega^2}{\omega_0^2}\right)^2 + \left(2\xi\dfrac{\omega}{\omega_0}\right)^2}} = \begin{cases} 1.01, & \omega = 0.1\omega_0 \\ 10, & \omega = \omega_0 \\ 0.01, & \omega = 10\omega_0 \end{cases}$$

$$\varphi(\omega) = -\arctan\frac{2\xi\dfrac{\omega}{\omega_0}}{1 - \dfrac{\omega^2}{\omega_0^2}} = \begin{cases} -0.58°, & \omega = 0.1\omega_0 \\ -90°, & \omega = \omega_0 \\ -179.42°, & \omega = 10\omega_0 \end{cases}$$

如是可知，三种频率下的正弦稳态响应为

$$v_{C,\infty}(t) = V_{S0}A(\omega)\sin(\omega t + \varphi(\omega)) = \begin{cases} 1.01\sin(0.1\omega_0 t - 0.58°), & \omega = 0.1\omega_0 \\ 10\sin(\omega_0 t - 90°), & \omega = \omega_0 \\ 0.01\sin(10\omega_0 t - 179.42°), & \omega = 10\omega_0 \end{cases}$$

为了使用五要素法，进一步计算获得

$$V_{\infty,0} = v_{C,\infty}(0^+) = V_{S0}A(\omega)\sin\varphi(\omega) = \begin{cases} 1.01\sin(-0.58°) = -0.01, & \omega = 0.1\omega_0 \\ 10\sin(-90°) = -10, & \omega = \omega_0 \\ 0.01\sin(-179.42°) = -0.0001, & \omega = 10\omega_0 \end{cases}$$

$$\dot{V}_{\infty,0} = \frac{\mathrm{d}v_{C,\infty}(0^+)}{\mathrm{d}t} = V_{S0}A(\omega)\omega\cos(\omega t + \varphi(\omega))_{t=0^+} = V_{S0}A(\omega)\omega\cos\varphi(\omega)$$

$$= \begin{cases} 1.01 \times 0.1\omega_0 \times \cos(-0.58°) = 0.101\omega_0, & \omega = 0.1\omega_0 \\ 10 \times \omega_0 \times \cos(-90°) = 0, & \omega = \omega_0 \\ 0.01 \times 10\omega_0 \times \cos(-179.42°) = -0.101\omega_0, & \omega = 10\omega_0 \end{cases}$$

将上述结果代入五要素表达式，整理得到

$$v_C(t) = V_{S0}A(\omega)\sin(\omega t + \varphi(\omega))$$

$$- V_{S0}A(\omega)\frac{\mathrm{e}^{-\xi\omega_0 t}}{\sqrt{1-\xi^2}}\left[\begin{array}{l} \sqrt{1-\xi^2}\sin\varphi(\omega)\cos\left(\sqrt{1-\xi^2}\,\omega_0 t\right) \\ + \left(\xi\sin\varphi(\omega) + \dfrac{\omega}{\omega_0}\cos\varphi(\omega)\right)\sin\left(\sqrt{1-\xi^2}\,\omega_0 t\right) \end{array}\right]$$

代入具体数值，分别为

$$v_C(t) = \begin{cases} 1.01\sin(5 \times 10^6 t - 0.58°) + 0.1011\mathrm{e}^{-\frac{t}{0.4 \times 10^{-6}}}\sin(49.937 \times 10^6 t + 174.21°), & \omega = 0.1\omega_0 \\ -10\cos(50 \times 10^6 t) + 10.0125\mathrm{e}^{-\frac{t}{0.4 \times 10^{-6}}}\sin(49.937 \times 10^6 t + 87.134°), & \omega = \omega_0 \\ 0.01\sin(500 \times 10^6 t - 179.42°) + 0.1011\mathrm{e}^{-\frac{t}{0.4 \times 10^{-6}}}\sin(49.937 \times 10^6 t + 0.0578°), & \omega = 10\omega_0 \end{cases}$$

其波形见图 E10.1.12：

(1) 图(a)是 $\omega=0.1\omega_0$ 情况，稳态响应和源激励信号差别很小，且源激励起始值为 0(与电容电压起始值 0 一致)，故而瞬态响应和稳态响应相比很小，因而零状态响应波形是在稳态响应波形基础上的小小波动，在激励时间尺度上看，很快瞬态的影响就消失不见了。

(2) 图(b)是 $\omega=\omega_0$ 情况，电容电压稳态响应是源激励的 10 倍($Q=\dfrac{1}{2\xi}$倍)，且差 90° 相位，由于瞬态响应幅值和稳态响应幅值在同一量级，相对较大，但随着时间增长，$5\tau=\dfrac{5}{\xi\omega_0}=2\mu s$ 后可基本认为瞬态结束，零状态响应几乎完全由稳态响应决定。

(3) 图(c)、图(d)则是 $\omega=10\omega_0$ 情况，稳态响应只有源激励的 1/100 左右，但是由于频率很高，稳态响应的微分初值$\left(\dfrac{dv_{C,\infty}(0^+)}{dt}=-0.101\omega_0\right)$与电容电压微分初值$\left(\dfrac{dv_C(0^+)}{dt}=0\right)$有较大差异，从而瞬态响应起始波动是稳态响应幅值的 10 倍，稳态响应仅是叠加在瞬态响应上的小量，随着时间增长，瞬态响应越来越小，最终零状态响应呈现出正弦稳态响应波形。

通过例 10.1.7 的分析，可以从其结果中找到一些有用的信息：

(1) 电容电压是输入电压中的低频分量，$0.1\omega_0$ 频率分量可顺利通过，$10\omega_0$ 频率分量则严重衰减。如果以电容电压作为输出，RLC 串联谐振回路呈现低通特性。

(2) 由于阻尼系数很小，电路呈现出"谐振"现象，具体表现在：如果正弦激励频率为自由振荡频率，电容电压可以比输入电压高很多，电容电压是输入电压的 $Q=(1/2\xi)$ 倍，

$$A(\omega_0)=\frac{1}{\sqrt{\left(1-\dfrac{\omega^2}{\omega_0^2}\right)^2+\left(2\xi\dfrac{\omega}{\omega_0}\right)^2}}\Big|_{\omega=\omega_0}=\frac{1}{2\xi}=Q=10 \qquad (E10.1.22)$$

其中 $Q$ 为 LC 谐振腔的品质因数。出现谐振现象是由于在 LC 谐振腔中电感磁能和电容电能相互转换的过程中，小的电阻损耗导致两种能量来回反复转换衰落极慢，体现在时域则表现为瞬态过程中的自由振荡频率附近的振铃波形，体现在频域则表现为自由谐振频率附近的幅频特性的尖峰突起，此例表明在 $\omega_0$ 频点上电容电压竟然是输入电压的 10 倍，这在电阻电路中是不可思议的，电阻电路中电压都是电阻分压关系，电路中的电压不可能超过电源电压，而动态电路中结点电压可以超过电源电压。尤其是含电感的电路中，电感电流的变化可导致高于电源电压的电感电压出现，极端情况下，电感电流突变可导致具有无穷大幅值的冲激电压。

(3) 瞬态过程的幅度衰减正弦振荡形态(振铃)与正弦激励频率无关，其形态完全由电路结构决定，其大小与相位和初始值及源激励有关。

**练习 10.1.11** 零状态响应中，瞬态过程不可避免。二阶系统作为低通滤波器使用时，我们希望瞬态过程迅速结束，尽快进入稳态工作。下一节的时频分析表明，当阻尼系数 $\xi$ 位于 0.7~1 之间时，二阶低通阶跃响应的瞬态过程则可以很快结束。请同学们修改例 10.1.7 中的电阻阻值，使得阻尼系数恰好为 0.707，重新完成例 10.1.7 的所有计算流程，作图确认瞬态过程很快结束，电路系统可迅速进入到稳态实现低通滤波。

前面的分析重点考察了 RLC 串联谐振回路特性，RLC 并联谐振回路是 RLC 串联谐振回路的对偶电路，其分析只需将对偶量置换即可。下面分栏说明其中几个参量或时频域响应，表中有些概念在本书后续章节才会出现，如传递函数的低、高、带通特性，如电压、电流谐振等，列在这里仅用来说明对偶关系，知其一则知其二。同学通过后续的学习总结，自行把握电路中的对偶关系。

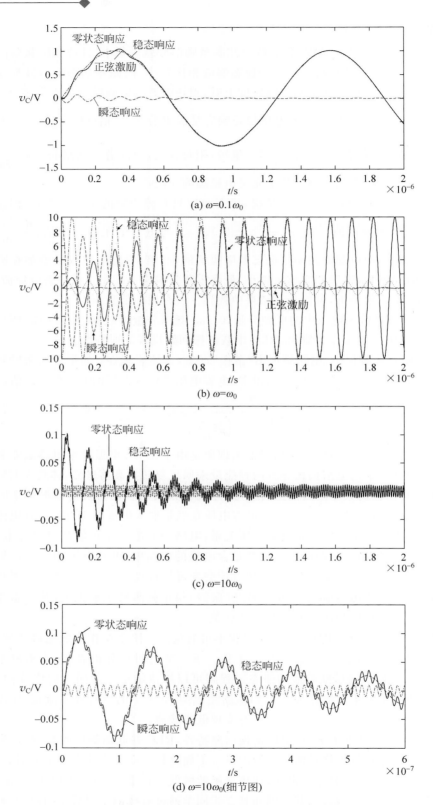

图 E10.1.12　RLC 串联谐振正弦输入零状态响应波形

**RLC 串联谐振回路**

（a）基本电路结构：电压源驱动

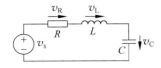

（b）基本电路参量：

$$\omega_0 = \frac{1}{\sqrt{LC}}$$

$$Z_0 = \sqrt{\frac{L}{C}}$$

$$\xi = \frac{R}{2Z_0} = \frac{R}{2}\sqrt{\frac{C}{L}}$$

$$Q = \frac{1}{2\xi} = \frac{1}{R}\sqrt{\frac{L}{C}}$$

（c）电压传递函数

$$H_{V_C}(s) = \frac{\dot{V}_C}{\dot{V}_S} = \frac{\omega_0^2}{s^2 + 2\xi\omega_0 s + \omega_0^2}（低通）$$

$$H_{V_L}(s) = \frac{\dot{V}_L}{\dot{V}_S} = \frac{s^2}{s^2 + 2\xi\omega_0 s + \omega_0^2}（高通）$$

$$H_{V_R}(s) = \frac{\dot{V}_R}{\dot{V}_S} = \frac{2\xi\omega_0 s}{s^2 + 2\xi\omega_0 s + \omega_0^2}（带通）$$

（d）电容电压零输入响应

$$v_C(0) = V_0, \quad i_L(0) = 0, \quad v_s(t) = 0$$

$$v_C(t) = \frac{V_0}{\sqrt{1-\xi^2}}e^{-\xi\omega_0 t}\sin\left[\begin{array}{l}\sqrt{1-\xi^2}\,\omega_0 t \\ + \arctan\dfrac{\sqrt{1-\xi^2}}{\xi}\end{array}\right]$$

（e）电压谐振：如果正弦激励频率为自由振荡频率，正弦稳态响应为

$$\dot{V}_C = -\mathrm{j}Q\dot{V}_S, \quad \dot{V}_L = \mathrm{j}Q\dot{V}_S, \quad \dot{V}_R = \dot{V}_S$$

…（任何感兴趣点）

**对偶电路：RLC 并联谐振回路**

（a）基本电路结构：电流源驱动

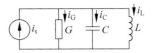

（b）基本电路参量：（对偶关系）

$$\omega_0 = \frac{1}{\sqrt{CL}}$$

$$Y_0 = \sqrt{\frac{C}{L}}$$

$$\xi = \frac{G}{2Y_0} = \frac{G}{2}\sqrt{\frac{L}{C}}$$

$$Q = \frac{1}{2\xi} = \frac{1}{G}\sqrt{\frac{C}{L}} = R\sqrt{\frac{C}{L}}$$

$$(10.1.35)$$

（c）电流传递函数

$$H_{I_L}(s) = \frac{\dot{I}_L}{\dot{I}_S} = \frac{\omega_0^2}{s^2 + 2\xi\omega_0 s + \omega_0^2}（低通）$$

$$H_{I_C}(s) = \frac{\dot{I}_C}{\dot{I}_S} = \frac{s^2}{s^2 + 2\xi\omega_0 s + \omega_0^2}（高通）$$

$$H_{I_G}(s) = \frac{\dot{I}_G}{\dot{I}_S} = \frac{2\xi\omega_0 s}{s^2 + 2\xi\omega_0 s + \omega_0^2}（带通）$$

（d）电感电流零输入响应

$$i_L(0) = I_0, \quad v_C(0) = 0, \quad i_s(t) = 0$$

$$i_L(t) = \frac{I_0}{\sqrt{1-\xi^2}}e^{-\xi\omega_0 t}\sin\left[\begin{array}{l}\sqrt{1-\xi^2}\,\omega_0 t \\ + \arctan\dfrac{\sqrt{1-\xi^2}}{\xi}\end{array}\right]$$

（e）电流谐振：如果正弦激励频率为自由振荡频率，正弦稳态响应为

$$\dot{I}_L = -\mathrm{j}Q\dot{I}_S, \quad \dot{I}_C = \mathrm{j}Q\dot{I}_S, \quad \dot{I}_G = \dot{I}_S$$

…（都具有完全的对偶关系）

**例 10.1.8**　如图 E10.1.13 所示电路，开关在 $t=0$ 时刻闭合。开关闭合前电路已经稳定。求开关闭合后，电容电压 $v_C(t)$ 和电感电流 $i_L(t)$ 的变化规律。

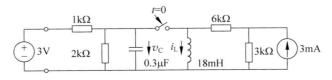

图 E10.1.13　RLC 并联谐振电路的时域响应

**分析**：例 9.2.4 考察的是开关断开，电路由此分解为两个一阶电路，应用三要素法即可获得两个一阶电路的响应情况。本例考察的是同一个电路，只是当开关闭合后，形成的是 RLC 并联谐振电路，这是一个二阶动态系统。下面我们应用五要素法给出电容电压的响应表达式，电感电流作为练习请同学用任意方法自行求出，并验证结果的正确性。

**解**：开关闭合后，LC 呈现并联谐振腔形态。在进行五要素分析前，将 LC 并联谐振腔外的电阻电路进行诺顿等效，如图 E10.1.14 所示：图（a）为 $t \geqslant 0$ 后的原始电路；图（b）左侧进行了戴维南等效，开路电压为 2V，内阻为 2kΩ ∥ 1kΩ＝667Ω，右侧进行了诺顿等效，短路电流为 1mA，内阻为 6kΩ＋3kΩ＝9kΩ；图（c）进一步将左侧等效为诺顿源，短路电流为 3mA；图（d）则将 LC 并联谐振腔之外的电阻电路综合一体，等效为诺顿源，诺顿电流为 4mA，源内阻为 667Ω ∥ 9kΩ＝621Ω。如是，等效电路简化为电流源驱动 RLC 并联谐振回路的标准形态。

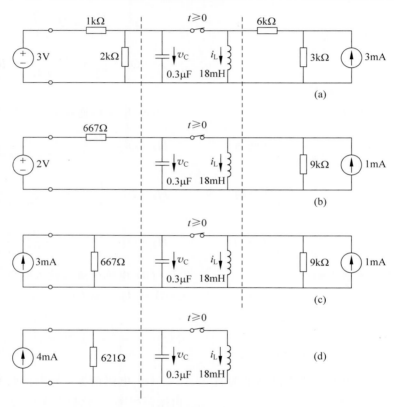

图 E10.1.14　LC 并联谐振腔外电阻电路等效

根据五要素法，需要获得如下 5 个要素：

（1）自由振荡频率

开关闭合后，LC 是并联形态：

$$\omega_0 = \frac{1}{\sqrt{LC}} = \frac{1}{\sqrt{18\text{m} \times 0.3_\mu}} = 13.6 \times 10^3 (\text{rad/s})$$

（2）阻尼系数

纯从阻抗关系考察，电压源短路，电流源开路，则电容左侧并联电阻为 1kΩ ∥ 2kΩ＝667Ω，电感右侧并联电阻为 6kΩ＋3kΩ＝9kΩ，它们都是和 LC 并联谐振腔并联，故而 LC 并联谐振腔外的总电阻为 667Ω ∥ 9kΩ＝621Ω，总电导为 1/621Ω＝1.61mS，故而阻尼系数为

$$\xi = \frac{G}{2Y_0} = \frac{G}{2\sqrt{C/L}} = \frac{1.61\text{mS}}{2 \times \sqrt{0.3\mu\text{F}/18\text{mH}}} = 0.1973$$

（3）初值

开关闭合前电路已经稳定，属直流电路，电容开路电压为 $2\text{k}\Omega$ 电阻上的分压，

$$v_\text{C}(0^-) = \frac{2\text{k}\Omega}{1\text{k}\Omega + 2\text{k}\Omega} \times 3\text{V} = 2\text{V}$$

由于电容电压不能突变，故而电容电压初值可确定为

$$v_\text{C}(0^+) = v_\text{C}(0^-) = 2\text{V}$$

（4）微分初值

开关闭合前电路已经稳定，属直流电路，电感短路电流为 $6\text{k}\Omega$ 电阻上的分流，

$$i_\text{L}(0^-) = \frac{3\text{k}\Omega}{6\text{k}\Omega + 3\text{k}\Omega} \times 3\text{mA} = 1\text{mA}$$

电感电流不能突变，故而

$$i_\text{L}(0^+) = i_\text{L}(0^-) = 1\text{mA}$$

由等效电路图 E10.1.14(d)可知，

$$i_\text{C}(0^+) = i_\text{S}(0^+) - i_\text{L}(0^+) - i_\text{R}(0^+)$$

$$= 4\text{mA} - 1\text{mA} - \frac{v_\text{C}(0^+)}{R} = 3\text{mA} - \frac{2\text{V}}{621\Omega} = -0.2222\text{mA}$$

于是电容电压的微分初值为

$$\frac{\text{d}v_\text{C}(0^+)}{\text{d}t} = \frac{1}{C}i_\text{C}(0^+) = -\frac{0.2222\text{mA}}{0.3\mu\text{F}} = -0.7407\text{V/ms}$$

（5）稳态响应

等待足够长时间后，电路属直流电路，故而电容开路，电感短路，于是

$$v_{\text{C},\infty}(t) = 0$$

进而，

$$v_{\text{C},\infty}(0^+) = 0$$

$$\frac{\text{d}v_{\text{C},\infty}(0^+)}{\text{d}t} = 0$$

代入五要素公式(10.1.34)，可得最后结论

$$v_\text{C}(t) = v_{\text{C},\infty}(t) + (V_0 - V_{\infty,0})\text{e}^{-\xi\omega_0 t}\cos(\sqrt{1-\xi^2}\,\omega_0 t)$$

$$+ \left(V_0 - V_{\infty,0} + \frac{\dot{V}_0 - \dot{V}_{\infty,0}}{\xi\omega_0}\right)\frac{\xi}{\sqrt{1-\xi^2}}\text{e}^{-\xi\omega_0 t}\sin(\sqrt{1-\xi^2}\,\omega_0 t)$$

$$= 0 + (2-0)\text{e}^{-\xi\omega_0 t}\cos(\sqrt{1-\xi^2}\,\omega_0 t)$$

$$+ \left(2 - 0 + \frac{-0.7407 \times 10^3 - 0}{0.1973 \times 13.6 \times 10^3}\right)\frac{\xi}{\sqrt{1-\xi^2}}\text{e}^{-\xi\omega_0 t}\sin(\sqrt{1-\xi^2}\,\omega_0 t)$$

$$= 2\text{e}^{-\xi\omega_0 t}\cos(\sqrt{1-\xi^2}\,\omega_0 t) + 1.7241\frac{\xi}{\sqrt{1-\xi^2}}\text{e}^{-\xi\omega_0 t}\sin(\sqrt{1-\xi^2}\,\omega_0 t)$$

$$= 2\text{e}^{-\frac{t}{0.3724 \times 10^{-3}}}\cos(13.34 \times 10^3 t) + 0.347\text{e}^{-\frac{t}{0.3724 \times 10^{-3}}}\sin(13.34 \times 10^3 t)$$

$$= 2.03\text{e}^{-\frac{t}{0.3724 \times 10^{-3}}}\sin(13.34 \times 10^3 t + 1.4)$$

其中初始相位 $1.4\text{rad}$ 就是 $80°$，使得 $2.03\sin(80°) = 2\text{V}$ 为电容初始电压。

**练习 10.1.12**　用五要素法或其他任意方法，求例 10.1.8 未完成的电感电流 $i_L(t)$ 时域表达式，之后与例 10.1.8 结果比对，验证 $v_C(t) = v_L(t) = L \dfrac{\mathrm{d}i_L(t)}{\mathrm{d}t}$ 成立。

## 10.2　二阶滤波器的时频分析

下面考察二阶低通、二阶高通、二阶带通、二阶带阻和二阶全通系统的频域滤波特性及其与时域响应波形的对应关系。

### 10.2.1　二阶低通系统

**1. 频域特性**

典型的二阶低通系统具有如下的传递函数，

$$H(s) = H_0 \frac{\omega_0^2}{s^2 + 2\xi\omega_0 s + \omega_0^2} \tag{10.2.1}$$

其中 $s = \mathrm{j}\omega$，而 $\xi, \omega_0$ 是二阶系统的阻尼系数和自由振荡频率，$H_0$ 则是低通滤波器中心频点 $\omega = 0$ 位置的传递函数幅值。$\omega = 0$ 时，电容开路，电感短路，故而此时的 $H_0$ 可理解为输出对输入的阻性增益。

　　对 RLC 串联谐振回路，电容分压具有低通特性，如图 10.2.1 所示，其表象解释为：低频时电容开路，电感短路，故而信号直达输出端，高频时电感开路，电容短路，输出信号为 0，故而呈现低通特性。形成二阶低通特性是电感和电容共同作用的结果，如果两者配合良好，则可获得良好的低通特性。

　　**练习 10.2.1**　确认图 10.2.1 所示电路的传递函数具有式(10.2.1)的形式，并将传递函数关键参量 $H_0, \xi, \omega_0$ 用电路参量 $R$、$L$、$C$ 表述出来。

考察传递函数式(10.2.1)的幅频特性和相频特性，分别为

图 10.2.1　RLC 串联谐振：电容
　　　　　分压具有低通特性

$$A(\omega) = H_0 \frac{\omega_0^2}{\sqrt{(\omega_0^2 - \omega^2)^2 + (2\xi\omega_0\omega)^2}} \tag{10.2.2a}$$

$$\varphi(\omega) = -\arctan \frac{2\xi\omega_0\omega}{\omega_0^2 - \omega^2} \tag{10.2.2b}$$

有时为了更好地说明相频特性变化情况，定义群延时为

$$\tau_g(\omega) = -\frac{\mathrm{d}\varphi(\omega)}{\mathrm{d}\omega} \tag{10.2.3}$$

群延时是相频特性曲线的微分斜率负值，代表的是一群信号通过该系统的延时。对二阶低通系统而言，群延时频率特性为

$$\tau_g(\omega) = \frac{2\xi\omega_0(\omega^2 + \omega_0^2)}{\omega^4 + 2(2\xi^2 - 1)\omega_0^2\omega^2 + \omega_0^4} \tag{10.2.4}$$

图 10.2.2 是不同 $\xi$ 对应的幅频特性曲线、相频特性曲线和群延时特性曲线，按点线箭头方向，7 条曲线分别对应 $\xi = 0.03, 0.1, 0.707, 0.866, 1, 3, 10$ 这 7 种阻尼情况。

　　(1) 二阶低通滤波器带外抑制较一阶低通滤波器强。一阶低通滤波器带外抑制情况是，幅度随频率升高下降速度为 20dB/10 倍频程，而二阶低通滤波器带外则是幅度随频率升高下降速度为 40dB/10 倍频程。从幅频特性和相频特性看，$\xi$ 在 0.707～1 附近时，可采用伯特图

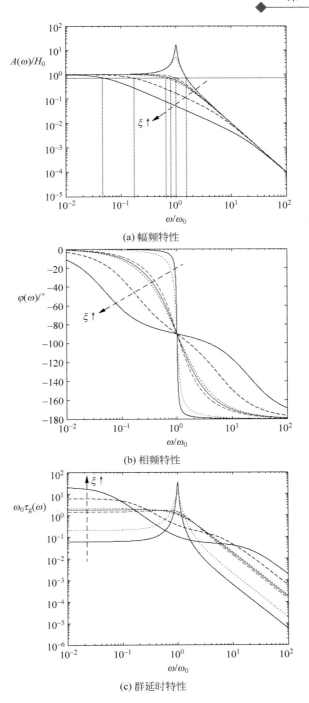

(a) 幅频特性

(b) 相频特性

(c) 群延时特性

图 10.2.2 二阶低通滤波器频率特性

画法对幅频特性和相频特性进行如下刻画：

$$\omega < \omega_0, \quad A(\omega) \approx H_0 \quad \text{或} \ A(\omega)_{dB} = 20\log_{10} H_0$$

$$\omega > \omega_0, \quad A(\omega) \approx H_0/(\omega/\omega_0)^2 \quad \text{或} \ A(\omega)_{dB} = 20\log_{10} H_0 - 40\log_{10}(\omega/\omega_0)$$

$$\omega < 0.1\omega_0, \quad \varphi(\omega) \approx 0°$$

$$\omega > 10\omega_0, \quad \varphi(\omega) \approx -180°$$

$0.1\omega_0 < \omega < 10\omega_0$，$\varphi(\omega)$ 和 $\log_{10}(\omega/\omega_0)$ 具有线性下降关系，且 $\varphi(\omega_0) = -90°$

其他 $\xi$ 情况，用如上伯特图刻画则有较大偏离。$\xi$ 过小，幅频特性出现谐振峰，相频特性在谐振频点附近有剧烈下降；$\xi$ 过大，幅频特性很大范围内接近一阶低通滤波特性，相频特性下降较上述伯特图缓慢。

（2）阻尼系数比较小的时候，对 RLC 谐振电路，也就是电阻耗散比较小的情况，低通幅频特性在自由振荡频率附近会出现谐振峰：将 $\omega = \omega_0$ 代入幅频特性，有 $A(\omega_0) = 1/(2\xi) = Q$，因而只要 $\xi < 0.5$，必有 $A(\omega_0) = Q > 1 = A(0)$，从而呈现谐振峰现象。谐振峰的出现，表明通带内信号的幅度失真严重（理想幅频特性通带内为平直线而不应有谐振峰），$\xi$ 越小，失真越严重，对二阶低通滤波器设计而言，$\xi$ 不宜过小。$\xi$ 取 0.707 是最常见的取法，可以确保幅频特性的最大平坦特性。

（3）从相频特性上看，阻尼系数越小，电阻导致的耗散越小，低通相频特性在自由谐振频点 $\omega = \omega_0$ 上的斜率就越陡峭，然而在中心频点 $\omega = 0$ 位置的斜率就越平缓。考察相频特性的负斜率即群延时特性 $\tau_g(\omega)$，中心零频点的群延时和 $\xi$ 成正比 $\tau_g(0) = \dfrac{2\xi}{\omega_0}$，自由谐振频点的群延时和 $\xi$ 成反比，$\tau_g(\omega_0) = \dfrac{1}{\xi\omega_0}$。当 $\xi \ll 0.707$ 时，自由谐振频率位置的群延时将出现谐振峰现象，$\tau_g(\omega_0) \gg \tau_g(0)$，表明输入信号中自由谐振频点附近的群信号通过低通滤波器比通带内其他位置的群信号需要更多的时间，因而时域响应中谐振频率附近的频谱分量必然凸显出来，它太显眼了，不仅幅度上出现谐振峰而远大于其他频率分量，群延时上也远远高于其他频率分量。

（4）从幅频特性看，3dB 带宽与 $\xi$ 密切相关，画 $A = 0.707H_0$ 平直线与幅频特性的交点就是较中心频点（零频点）低 3dB 的 3dB 频点，

$$\omega_{3\text{dB}} = \omega_0 \sqrt{\sqrt{(2\xi^2-1)^2+1} - (2\xi^2-1)} \qquad (10.2.5)$$

当 $\xi = 0.707$ 时，$\omega_{3\text{dB}} = \omega_0$，这是一个比较特殊的情况，此时幅频特性在通带内具有最大平坦特性，

$$A(\omega) = H_0 \frac{\omega_0^2}{\sqrt{\omega_0^4 + \omega^4 + 2(2\xi^2-1)\omega_0^2\omega^2}} \xrightarrow{\xi = 0.707} H_0 \frac{\omega_0^2}{\sqrt{\omega_0^4 + \omega^4}}$$

所谓幅度最大平坦特性，就是其一阶微分、二阶微分在通带中心 $\omega = 0$ 频点位置均等于零，逼近理想恒常值的所有阶微分都是零这一绝对平坦特性。

当 $\xi \ll 0.707$ 时，$\omega_{3\text{dB}} \approx 1.554\omega_0$。

当 $\xi \gg 1$ 时，$\omega_{3\text{dB}} \approx \omega_0/(2\xi)$，随 $\xi$ 增加，3dB 带宽严重下降。此时二阶动态系统很大程度上可以用一阶动态系统近似，

$$H(\text{j}\omega) = H_0 \frac{\omega_0^2}{s^2 + 2\xi\omega_0 s + \omega_0^2} \xoverset{\substack{\xi \gg 1 \\ \omega < \omega_0}}{\approx} H_0 \frac{\omega_0^2}{2\xi\omega_0 s + \omega_0^2} = H_0 \frac{\omega_0/2\xi}{s + \omega_0/2\xi}$$

这个表达式在很宽频带内都是近似成立的。对于 RLC 串联电路，$\xi \gg 1$ 在时域上的表现则是其长期行为犹如一阶 RC 电路，对应到频域其 3dB 频点为 $\omega_0/2\xi = 1/RC$。

（5）群延时代表一群信号通过滤波器后的延时情况，我们期望在通带内群延时完全相同，对低通系统而言，这代表通带内所有信号将同时到达输出端，如是输出和输入比则无相位失真。对于 $\xi = 0.707$ 情况，考虑到通带中心零频点 $\omega = 0$ 和通带边缘 3dB 频点 $\omega = \omega_0$ 的群延时相同，因而从群延时最佳而言，$\xi = 0.707 = \sqrt{2}/2$ 也是可取的。然而如果要求群延时特性具有

最大平坦特性并以此为最优选择，$\xi = 0.866 = \sqrt{3}/2$ 则是最优取值。所谓群延时最大平坦特性，对于二阶低通系统而言，就是群延时在通带中心 $\omega = 0$ 频点的一阶微分、二阶微分均等于 0，逼近理想滤波器恒常延时的所有阶微分都是零这一绝对平坦特性。

综上所述，有如下结论：对二阶低通滤波器设计而言，$\xi$ 不宜过小，过小幅频特性则出现谐振峰，群延时特性也出现谐振峰，导致通带内信号尤其是接近自由谐振频率附近的频率分量将出现极大的幅度和群延时，导致整个信号波形严重失真，时域波形上则表现为 $\omega_0$ 频点附近的振铃现象。$\xi$ 也不宜取得过大，取得过大，二阶低通特性在很宽频带内与一阶低通特性类似，失去了二阶滤波带外高抑制度特性。对于二阶低通滤波器或二阶低通系统而言，$\xi$ 取 0.707 是最常见的取法。如果对相位要求较高，期望数字波形快速而平稳地过渡，$\xi$ 取 0.866 是恰当的。有时为了系统设计简单，也有取 $\xi$ 为 1 的。$\xi = 1$ 时，二阶系统可分解为两个具有完全一致 3dB 频点的一阶系统的级联。

**练习 10.2.2** 三种阻尼情况下，特征根分别为不等实根（$\xi > 1$），相等实根（$\xi = 1$），共轭复根（$\xi < 1$）。将传递函数中的 $j\omega$ 用 $s$ 替代，以 $s$ 为变量，二阶系统分母多项式 $s^2 + 2\xi\omega_0 s + \omega_0^2$ 的根被称为极点，恰好对应着系统的特征根。对于过阻尼（$\xi > 1$）情况，分母多项式可因式分解为 $s^2 + 2\xi\omega_0 s + \omega_0^2 = (s + \omega_{p1})(s + \omega_{p2})$。试说明 $\xi \gg 1$ 时，$\omega_{p1} \ll \omega_{p2}$，并请分析在什么频段此过阻尼二阶低通系统可近似为一阶低通系统？

$$H(j\omega) = H_0 \frac{\omega_0^2}{s^2 + 2\xi\omega_0 s + \omega_0^2} = H_0 \frac{\omega_{p1}\omega_{p2}}{(s + \omega_{p1})(s + \omega_{p2})} \overset{?}{\approx} H_0 \frac{\omega_{p1}}{s + \omega_{p1}}$$

请画出过阻尼情况下的幅频特性和相频特性伯特图，伯特图上的分段折线转折点和两个极点频率 $\omega_{p1}$、$\omega_{p2}$ 有什么关系？

**练习 10.2.3** 对于欠阻尼情况，如果 $\xi < 0.707$，二阶低通系统的幅频特性则会出现谐振峰，如果 $\xi < 0.866$，二阶低通系统的群延时特性则会出现谐振峰。所谓谐振峰，就是特性曲线上的比中心频点特性值还要大的峰值。前文分析时，简略地分析说明了在 $\omega = \omega_0$ 频点会出现谐振峰，事实上，只有当 $\xi \ll 1$ 才能近似认为 $\omega = \omega_0$ 频点出现谐振峰，谐振峰高度大于中心频点高度，分别为

$$A(\omega_0) = H_0 \frac{1}{2\xi} = \frac{1}{2\xi} A(0) = Q A(0) \tag{E10.2.1a}$$

$$\tau_g(\omega_0) = \frac{1}{\xi\omega_0} = \frac{1}{2\xi^2} \tau_g(0) = 2Q^2 \tau_g(0) \tag{E10.2.1b}$$

其中 $Q = \dfrac{1}{2\xi}$ 是二阶系统的品质因数。这两个公式相对容易记忆，在很多情况下足以说明谐振峰问题。但是如果希望获得准确的谐振峰频点和谐振峰高度，则需对式（10.2.2a）幅频特性和式（10.2.4）群延时特性求频率微分并令微分值等于 0，由此求得极值点，极值点频点就是谐振峰频点。请分析幅频特性和群延时特性上准确的谐振峰频点和谐振峰高度。

**2. 时域特性**

前述频率特性分析给出如下结论：当阻尼系数 $\xi$ 取值在 0.707～1 之间时，二阶低通系统具有良好特性，其幅频特性或群延时特性可具有最大平坦特性，接近于理想低通滤波的绝对平坦特性，因而称之为最佳二阶低通。那么在时域上看，最佳二阶低通特性又是如何体现的呢？

时域研究多考察冲激响应和阶跃响应。虽然冲激响应 $h(t)$ 和频域传递函数 $H(j\omega)$ 为傅立叶变换对，两者具有完全的等同性，但对于低通系统而言，低通特性的优劣在阶跃响应上更容易体现。

以图 10.2.1 所示 RLC 串联谐振回路为例,考察输入为阶跃电压 $v_s(t)=V_{S0}U(t)$ 时,电容电压的时域波形。五要素法中,由电路结构决定的 $\xi,\omega_0$ 已确认,考察阶跃响应时系统是零状态的,故而两个初值确定,分别为 $v_C(0)=0,\mathrm{d}v_C(0)/\mathrm{d}t=i_C(0)/C=i_L(0)/C=0$,因而只需再确认稳态响应即可。由于是阶跃电压激励,故而 $t\rightarrow\infty$ 时,输入为直流电压 $V_{S0}$,直流电感短路,电容开路,故而 $v_{C,\infty}(t)=V_{S0}$,进而 $v_{C,\infty}(0)=V_{S0},\mathrm{d}v_{C,\infty}(0)/\mathrm{d}t=0$,代入五要素表达式(10.1.34),有

$$v_{\text{OUT}}(t)=v_C(t)=v_{C,\infty}(t)+(V_0-V_{\infty,0})e^{-\xi\omega_0 t}\cos\left(\sqrt{1-\xi^2}\,\omega_0 t\right)$$

$$+\left(V_0-V_{\infty,0}+\frac{\dot{V}_0-\dot{V}_{\infty,0}}{\xi\omega_0}\right)\frac{\xi}{\sqrt{1-\xi^2}}e^{-\xi\omega_0 t}\sin\left(\sqrt{1-\xi^2}\,\omega_0 t\right)\quad(t\geqslant0)$$

$$=V_{S0}-V_{S0}e^{-\xi\omega_0 t}\cos\left(\sqrt{1-\xi^2}\,\omega_0 t\right)-V_{S0}\frac{\xi}{\sqrt{1-\xi^2}}e^{-\xi\omega_0 t}\sin\left(\sqrt{1-\xi^2}\,\omega_0 t\right)$$

或者简单表述为

$$v_{\text{OUT}}(t)=V_{S0}\left(1-e^{-\xi\omega_0 t}\left(\cos\sqrt{1-\xi^2}\,\omega_0 t+\frac{\xi}{\sqrt{1-\xi^2}}\sin\sqrt{1-\xi^2}\,\omega_0 t\right)\right)U(t)$$

$$(10.2.6)$$

这是 $\xi<1$ 的欠阻尼情况。对于 $\xi=1$ 的临界阻尼情况,将上述表达式中的 $\cos\sqrt{1-\xi^2}\,\omega_0 t$ 用 1 置换,将 $\frac{\xi}{\sqrt{1-\xi^2}}\sin\left(\sqrt{1-\xi^2}\,\omega_0 t\right)$ 用 $\omega_0 t$ 置换即可,为

$$v_{\text{OUT}}(t)=V_{S0}(1-e^{-\omega_0 t}(1+\omega_0 t))U(t)\tag{10.2.7}$$

对于 $\xi>1$ 的过阻尼情况,只需将公式中的 $\sqrt{1-\xi^2}$ 置换为 $\sqrt{\xi^2-1}$,将 $\cos$ 函数置换为 $\cosh$ 函数,将 $\sin$ 函数置换为 $\sinh$ 函数即可,为

$$v_{\text{OUT}}(t)=V_{S0}\left(1-e^{-\xi\omega_0 t}\left(\cosh\sqrt{\xi^2-1}\,\omega_0 t+\frac{\xi}{\sqrt{\xi^2-1}}\sinh\sqrt{\xi^2-1}\,\omega_0 t\right)\right)U(t)$$

$$(10.2.8a)$$

这种表述在数学上没有任何疑问,但是对我们的直观理解没有帮助,将 $\cosh$ 和 $\sinh$ 函数用指数表述,整理后,为

$$v_{\text{OUT}}(t)=V_{S0}\left[1-\frac{\xi+\sqrt{\xi^2-1}}{2\sqrt{\xi^2-1}}e^{-\left(\xi-\sqrt{\xi^2-1}\right)\omega_0 t}+\frac{\xi-\sqrt{\xi^2-1}}{2\sqrt{\xi^2-1}}e^{-\left(\xi+\sqrt{\xi^2-1}\right)\omega_0 t}\right]U(t)$$

$$(10.2.8b)$$

可见,过阻尼情况下,RLC 串联谐振回路电容电压的阶跃响应中,可分为长寿命项和短寿命项,长寿命项犹如 RC 充电过程,

$$v_{\text{OUT},1}(t)=V_{S0}\left[1-\frac{\xi+\sqrt{\xi^2-1}}{2\sqrt{\xi^2-1}}e^{-\left(\xi-\sqrt{\xi^2-1}\right)\omega_0 t}\right]U(t)$$

$$\overset{\xi很大}{\approx}V_{S0}(1-e^{-\frac{\omega_0}{2\xi}t})U(t)=V_{S0}(1-e^{-\frac{t}{RC}})U(t)$$

它决定了系统的长期行为特性,在时域表现为 RC 充电,在频域则表现为二阶低通在很宽频带内犹如一阶低通。而短寿命项则是电路启动起始阶段的 RL 充磁过程,

$$v_{\mathrm{OUT},2}(t) = V_{S0}\frac{\xi - \sqrt{\xi^2-1}}{2\sqrt{\xi^2-1}}e^{-(\xi+\sqrt{\xi^2-1})\omega_0 t}U(t)$$

$$\overset{\xi\text{很大}}{\approx} V_{S0}\frac{1}{4\xi^2}e^{-2\xi\omega_0 t}U(t) = V_{S0}\frac{GL}{RC}e^{-\frac{t}{GL}}U(t)$$

之所以这样理解,是由于系统起始瞬间,电容电压不能突变,电感电流不能突变,故而起始阶跃电压 $V_{S0}$ 全部加载到电感 $L$ 上,形成对 $L$ 的充磁,由于电容 $C$ 的同时作用,瞬间充磁电流形态上大体可表述为 $GV_{S0}(e^{-\frac{t}{RC}}-e^{-\frac{t}{GL}})U(t)$,该电流流过电容后,电容电压具有 $v_{\mathrm{OUT},2}(t)\approx V_{S0}\frac{GL}{RC}e^{-\frac{t}{GL}}U(t)$ 形态。当 $\xi$ 很大时,也就是电阻很大时,充磁将很快结束,电感吸收能量很小,故而之后动态系统行为则以电容充电过程为主。

阶跃响应曲线见图 10.2.3,按点线箭头方向,7 条曲线分别对应 $\xi=0.03,0.1,0.707,0.866,1,3,10$ 这 7 种阻尼情况。对于 $\xi$ 较大的过阻尼情况,电容电压形态犹如一阶 RC 充电曲线,起始阶段短期的电感充磁在电容电压时域波形中无法有效被识别出来。对于欠阻尼情况,由于幅度衰减时间常数 $1/(\xi\omega_0)$ 和 $\xi$ 成反比关系,故而对于 $\xi$ 较小的欠阻尼情况,振铃将长时间存在。我们称第一振铃为过冲,由于阶跃响应极值点出现在 $\sin\sqrt{1-\xi^2}\,\omega_0 t=0$ 的时间点上,最大过冲电压为第一个极值点,即

$$v_{\mathrm{OUT},\mathrm{max}} = V_{S0}\left(1+e^{-\frac{\xi}{\sqrt{1-\xi^2}}\pi}\right) \tag{10.2.9}$$

由于阶跃响应稳态值为 $V_{S0}$,显然过冲导致阶跃响应响应过度,严重偏离稳态值。

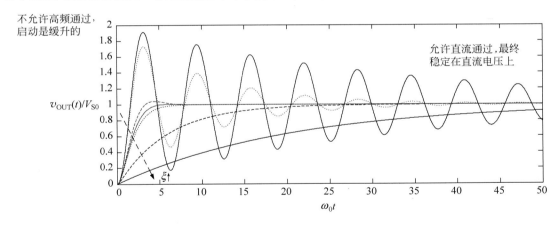

图 10.2.3 二阶低通滤波器阶跃响应$(v_S(t)=V_{S0}U(t))$

阶跃响应最佳的属于 $\xi$ 在 $0.707\sim1$ 之间的三条曲线,它们可以快速进入稳态,因而二阶低通滤波器设计时应力图使得 $\xi$ 的取值区间在 $0.707\sim1$ 之间。图 10.2.4 是 $\xi=0.707,0.866,1$ 三种情况下的阶跃响应细节图,表 10.2.1 是对这些细节的描述。由表可知,$\xi=0.866$ 是三条曲线中最快进入稳态的,只需 $5/\omega_0$ 时间即可令响应曲线和稳态值误差小于 $1\%$,只需 $9/\omega_0$ 时间即可令响应曲线和稳态值误差小于 $0.1\%$,这也是可以理解的,因为 $\xi=0.866$ 具有最大群延时平坦特性,对阶跃信号这种对相位敏感的数字 01 型输入而言,具有最佳时域特性也是自然的。对于这三种形态,假设幅度衰减时间常数为 $\tau=\dfrac{1}{\xi\omega_0}$,可采用与一阶系统类似的估算公式,即系统进入稳态($<1\%$)需要的时间大体为 $5\tau$。

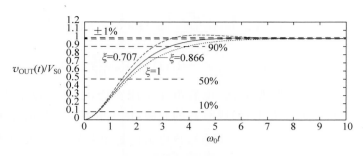

图 10.2.4 最佳二阶低通滤波器的阶跃响应$(v_s(t)=V_{S0}U(t))$

表 10.2.1 最佳二阶低通滤波器的时域和频域参量

| | | $\xi=0.707$ | $\xi=0.866$ | $\xi=1$ | 一阶 | 备注 |
|---|---|---|---|---|---|---|
| 上升沿时间和带宽 | $t_{0.1}:v_{out}(t)=0.1V_{S0}$ | $0.507/\omega_0$ | $0.520/\omega_0$ | $0.533/\omega_0$ | $0.105\tau$ | |
| | $t_{0.9}:v_{out}(t)=0.9V_{S0}$ | $2.654/\omega_0$ | $3.254/\omega_0$ | $3.891/\omega_0$ | $2.303\tau$ | |
| | $T_{rise}=t_{0.9}-t_{0.1}$ | $2.147/\omega_0$ | $2.734/\omega_0$ | $3.358/\omega_0$ | $2.198\tau$ | |
| | 3dB 带宽 $2\pi BW_{3dB}$ | $\omega_0$ | $0.7862\omega_0$ | $0.6436\omega_0$ | $1/\tau$ | |
| | $T_{rise}*BW_{3dB}$ | $0.342$ | $0.342$ | $0.344$ | $0.35$ | $0.35$ |
| 响应速度与过冲 | $t_{delay}:v_{out}(t)=0.5V_{S0}$ | $1.343/\omega_0$ | $1.560/\omega_0$ | $1.679/\omega_0$ | $0.693\tau$ | |
| | 过冲 | $4.3\%$ | $0.43\%$ | $0$ | $0$ | |
| 进入稳态稳定时间 | $t_{<1\%}:\|v_{out}(t)/V_{S0}-1\|<1\%$ | $6.587/\omega_0$ | $4.662/\omega_0$ | $6.640/\omega_0$ | | |
| | | $4.657/\xi\omega_0$ | $4.037/\xi\omega_0$ | $6.640/\xi\omega_0$ | $4.605\tau$ | $5\tau$ |
| | $t_{<0.1\%}:\|v_{out}(t)/V_{S0}-1\|<0.1\%$ | $10.24/\omega_0$ | $8.757/\omega_0$ | $9.236/\omega_0$ | | |
| | | $7.240/\xi\omega_0$ | $7.584/\xi\omega_0$ | $9.236/\xi\omega_0$ | $6.908\tau$ | $7\tau$ |
| 频域特性 | | 幅度最大平坦 | 群延时最大平坦 | 视为两个一阶系统级联 | | |
| 时域特性 | | 延时小略有过冲 | 最快进入稳态 | 没有过冲 | | |

我们还注意到,二阶系统的 3dB 带宽 $BW_{3dB}$ 和上升沿时间 $T_r$ 之间近似满足

$$BW_{3dB}=\frac{0.342}{T_r} \tag{10.2.10}$$

与一阶的公式 $BW_{3dB}=\dfrac{0.35}{T_r}$ 相比,两者可以认为一致,可见用上升沿时间刻画低通系统的带宽是适当的。用时域测量方法估算低通滤波器带宽时,多采用一阶滤波器公式。

如果以 $v_{OUT}(t)$ 到达 $0.5V_{S0}$ 的时间点作为系统延时定义的话,显然 $\xi=0.707$ 有较快的响应速度,但是它过于敏感,导致 $4.3\%$ 的过冲;$\xi=1$ 没有过冲,但响应速度稍慢一些;$\xi=0.866$ 响应速度处于中间,过冲只有 $0.43\%$。

**练习 10.2.4** 当多级低通系统级联时,如果每个单级低通系统均未出现严重过冲且其上升沿时间分别测定为 $T_{r,i}$,那么它们级联后总低通系统的上升沿时间可如是估算

$$T_r=\sqrt{T_{r,1}^2+T_{r,2}^2+\cdots+T_{r,n}^2} \tag{E10.2.2a}$$

由于带宽和上升沿时间具有反比关系,故而如果换算为带宽,可做如下估算,

$$\frac{1}{\mathrm{BW}} = \sqrt{\frac{1}{\mathrm{BW}_1^2} + \frac{1}{\mathrm{BW}_2^2} + \cdots + \frac{1}{\mathrm{BW}_n^2}} \qquad \text{(E10.2.2b)}$$

已知示波器带宽为 300MHz,用带宽为 300MHz 的探头探测一个上升沿为 1ns 的阶跃信号,示波器显示的阶跃信号上升沿时间为多少?

下面考察二阶低通系统的冲激响应。以图 10.2.1 所示 RLC 串联谐振回路为例,考察输入为冲激电压 $v_{\mathrm{s}}(t) = \dfrac{V_{\mathrm{S0}}}{\omega_0}\delta(t)$ 时,电容电压的时域波形。显然,我们可以从前面的阶跃响应中获得答案,只需对阶跃响应求微分即可获得此冲激激励下的冲激响应(式(10.2.6)除以 $\omega_0$ 后微分即可)。但是这是基于已知阶跃响应的前提下获得的冲激响应,如果希望直接从电路分析中获得,可做如下分析:冲激 $v_{\mathrm{s}}(t) = \dfrac{V_{\mathrm{S0}}}{\omega_0}\delta(t)$ 作用下,$t=0$ 冲激瞬间,电感开路,电容短路,故而所有冲激电压信号全部加载到电感上,电感 $L$ 在该冲激电压激励下,瞬间完成充磁,故而 $t=0^+$ 时,电感获得初始电流 $i_{\mathrm{L}}(0^+) = \dfrac{V_{\mathrm{S0}}}{\omega_0 L} = \dfrac{V_{\mathrm{S0}}}{Z_0}$。五要素中,由电路结构决定的 $\xi$、$\omega_0$ 已确认;考察冲激响应时系统是零状态的,两个初值也可确定,分别为 $v_{\mathrm{C}}(0^+) = 0$,$\mathrm{d}v_{\mathrm{C}}(0^+)/\mathrm{d}t = i_{\mathrm{C}}(0^+)/C = i_{\mathrm{L}}(0^+)/C = V_{\mathrm{S0}}/(Z_0 C) = \omega_0 V_{\mathrm{S0}}$;最后是稳态响应,冲激结束后输入为 0(短路),故而 $t \to \infty$ 时,$v_{\mathrm{C},\infty}(t) = 0$,进而 $v_{\mathrm{C},\infty}(0) = 0$,$\mathrm{d}v_{\mathrm{C},\infty}(0)/\mathrm{d}t = 0$,代入五要素表达式(10.1.34),有 $v_{\mathrm{OUT}}(t) = \dfrac{V_{\mathrm{S0}}}{\sqrt{1-\xi^2}}\mathrm{e}^{-\xi\omega_0 t}\sin\left(\sqrt{1-\xi^2}\,\omega_0 t\right)(t \geqslant 0)$,因而在冲激电压 $v_{\mathrm{s}}(t) = \dfrac{V_{\mathrm{S0}}}{\omega_0}\delta(t)$ 激励下,电容电压的冲激响应为

$$v_{\mathrm{OUT}}(t) = \frac{V_{\mathrm{S0}}}{\sqrt{1-\xi^2}}\mathrm{e}^{-\xi\omega_0 t}\sin\left(\sqrt{1-\xi^2}\,\omega_0 t\right)U(t) \qquad (10.2.11)$$

同学自行验证式(10.2.11)和式(10.2.6)之间的微积分关系。图 10.2.5 是二阶低通滤波器的冲激响应,点线箭头方向,7 条曲线分别对应 $\xi = 0.03, 0.1, 0.707, 0.866, 1, 3, 10$ 这 7 种阻尼情况。

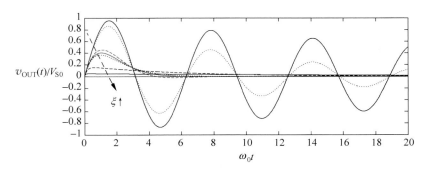

图 10.2.5　二阶低通滤波器冲激响应($v_{\mathrm{s}}(t) = \dfrac{V_{\mathrm{S0}}}{\omega_0}\delta(t)$)

针对这个图,补充说明如下:欠阻尼情况下,阻尼系数越小,就越容易在自由振荡频率附近形成振荡波形。将欠阻尼推到极致,无阻尼情况下,正弦振荡幅度就不是衰减的了,而是等幅振荡,振荡频率为严格的 $\omega_0$。当然,如果再进一步推到负阻尼情况,那么正弦振荡的幅度就是指数增长的了。上述两种情况属于本章最后一节正弦波振荡器的理论基础。这里讨论滤波器时,不考虑这种非稳定情况。

**练习 10.2.5**　对于 $\xi \geqslant 1$ 的情况,可以将二阶低通系统视为两个一阶低通的级联,但是如图 E10.2.1 所示的级联方式,二阶低通的传递函数无法表述为图示两个一阶 RC 低通传递函数之积。

(1) 如果希望二阶 RC 低通传递函数直接表述为两个一阶 RC 低通传递函数之积,电路上应如何修正? 提示:分析不能表述的原因。

(2) 给出图示二阶 RC 低通滤波器的 $\omega_0$ 和 $\xi$ 表达式,说明 $\xi > 1$。

**练习 10.2.6**　由于图 E10.2.1 所示的二阶 RC 低通滤波器的阻尼系数恒大于 1,如果希望能够获得欠阻尼情况下的低通滤波,如取 $\xi = 0.707$ 最大幅度平坦滤波特性,可以通过正反馈产生负阻效应消除电路中的正阻,使得阻尼系数变小。具体实现电路如图 E10.2.2 所示,将本来一端接地的电容 $C_1$ 接到运放输出端,而 $C_2$ 电容输出端点接到运放同相输入端,由此构成运放的正反馈连接方式。这种连接方式使得二阶低通的阻尼系数可以小于 1。

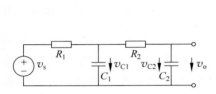

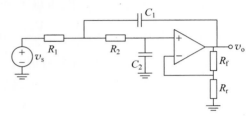

图 E10.2.1　二阶 RC 低通滤波器　　图 E10.2.2　二阶 RC 有源低通滤波器(Sallen-Key 滤波器)

(1) 给出该电路是低通滤波器的直观表象说明。

(2) 考察运放正负反馈系数随频率的变化规律。(提示:负反馈系数 $F_n = \dfrac{\dot{V}_n}{\dot{V}_o}$,正反馈系数 $F_p = \dfrac{\dot{V}_p}{\dot{V}_o}$,考察反馈系数时,可令 $\dot{V}_s = 0$。)

(3) 推导传递函数 $H(j\omega) = \dfrac{\dot{V}_o}{\dot{V}_s}$,给出 $\omega_0$ 和 $\xi$ 表达式,说明 $\xi$ 可以小于 1。运放假设为理想运放。(提示:由于负反馈大于正反馈,可以假设运放工作在线性区,直接利用运放的虚短、虚断特性分析。)

(4) 设计一个 $\mathrm{BW_{3dB}} = 10\mathrm{kHz}$ 具有幅度最大平坦特性的二阶低通滤波器,给出具体的电阻、电容值。

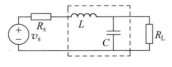

图 E10.2.3　LC 二阶低通滤波器

(5) 画出所设计的低通滤波器的伯特图。

**练习 10.2.7**　如图 E10.2.3 所示,已知信源内阻为 $50\Omega$,负载电阻也是 $50\Omega$,请设计一个具有群延时最大平坦特性的二阶低通 LC 滤波器,其 3dB 带宽为 $1\mathrm{MHz}$,请给出虚框表示的 LC 低通滤波器中电感和电容的具体数值。

### 10.2.2　二阶高通系统

**1. 频域特性**

典型的二阶高通系统具有如下的传递函数,

$$H(s) = H_0 \frac{s^2}{s^2 + 2\xi\omega_0 s + \omega_0^2} \tag{10.2.12}$$

其中 $s=\mathrm{j}\omega$。对 RLC 串联谐振回路,电感分压具有高通特性,如图 10.2.6 所示,其表象解释为:低频时电容开路,电感短路,故而输出端电压为零,信号无法到达输出端,高频时电感开路,电容短路,输入信号直达输出端,故而该结构呈现出高通特性。

考察传递函数式(10.2.12)的幅频特性和相频特性,分

别为

$$A(\omega) = H_0 \frac{\omega^2}{\sqrt{(\omega_0^2-\omega^2)^2+(2\xi\omega_0\omega)^2}} \qquad (10.2.13a)$$

$$\varphi(\omega) = 180° - \arctan\frac{2\xi\omega_0\omega}{\omega_0^2-\omega^2} \qquad (10.2.13b)$$

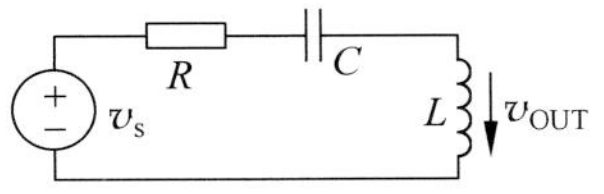

图 10.2.6 RLC 串联谐振:电感
分压具有高通特性

图 10.2.7 是不同 $\xi$ 对应的幅频特性曲线和相频特性曲线,

按点线箭头方向,7 条曲线分别对应 $\xi=0.03, 0.1, 0.707, 0.866, 1, 3, 10$ 这 7 种阻尼情况。

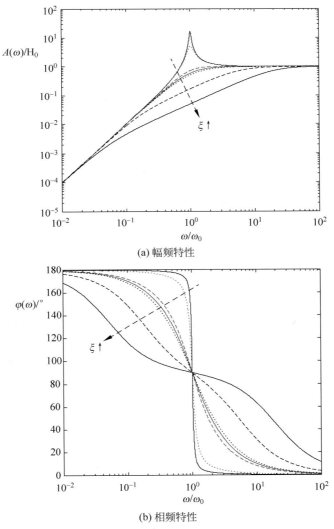

(a) 幅频特性

(b) 相频特性

图 10.2.7 二阶高通滤波器频率特性

通过对这些频率特性曲线的分析和观察,有如下结论:

(1) 二阶高通滤波器带外抑制较一阶高通滤波器高。一阶高通滤波器带外抑制情况是,

幅度随频率降低的下降速度为 20dB/10 倍频程,而二阶高通滤波器带外抑制情况为,幅度随频率降低的下降速度为 40dB/10 倍频程。从幅频特性和相频特性看,$\xi$ 在 $0.707\sim1$ 附近时,可采用伯特图画法对幅频特性和相频特性进行如下刻画:

$$\omega < \omega_0, \quad A(\omega) \approx H_0(\omega/\omega_0)^2 \quad 或 \quad A(\omega)_{dB} = 20\log_{10}H_0 + 40\log_{10}(\omega/\omega_0)$$

$$\omega > \omega_0, \quad A(\omega) \approx H_0 \quad 或 \quad A(\omega)_{dB} = 20\log_{10}H_0$$

$$\omega < 0.1\omega_0, \quad \varphi(\omega) \approx 180°$$

$$\omega > 10\omega_0, \quad \varphi(\omega) \approx 0°$$

$0.1\omega_0 < \omega < 10\omega_0, \varphi(\omega)$ 和 $\log_{10}(\omega/\omega_0)$ 具有线性下降关系,且 $\varphi(\omega_0) = 90°$

其他 $\xi$ 情况,用如上伯特图刻画则有较大偏离。$\xi$ 过小,幅频特性出现谐振峰,相频特性下降斜率在谐振频点附近有剧烈变化;$\xi$ 过大,幅频特性很大范围内接近一阶滤波特性,相频特性下降斜率较上述伯特图缓慢。

(2) 从幅频特性看,3dB 频点 $\omega_{3dB}$ 和 $\xi$ 密切相关。当 $\xi = 0.707$ 时,$\omega_{3dB} = \omega_0$,此时幅频特性在通带内具有最大平坦特性,

$$A(\omega) = H_0 \frac{\omega^2}{\sqrt{\omega_0^4 + \omega^4 + 2(2\xi^2-1)\omega_0^2\omega^2}} \xlongequal{\xi=0.707} H_0 \frac{\omega^2}{\sqrt{\omega_0^4 + \omega^4}}$$

(3) 阻尼系数比较小的时候,RLC 谐振电路中的电阻耗散比较小,幅频特性在自由振荡频率附近会出现谐振峰:将 $\omega = \omega_0$ 代入幅频特性,有 $A(\omega_0) = 1/(2\xi) = Q$,因而只要 $\xi < 0.5$,必有 $A(\omega_0) = Q > 1 = A(0)$,从而呈现谐振峰现象。这只是简单说明,事实上,$\xi < 0.707$ 就会在谐振峰频点 $\frac{\omega_0}{\sqrt{1-2\xi^2}}$ 处产生 $\frac{1}{2\xi\sqrt{1-\xi^2}}$ 高的谐振峰。

(4) 典型二阶高通的相频特性与典型二阶低通的相频特性形状完全一致,只是比二阶低通整体高 $180°$。

## 2. 时域特性

以图 10.2.6 所示 RLC 串联谐振回路为例,考察输入为冲激电压 $v_s(t) = \frac{V_{S0}}{\omega_0}\delta(t)$ 时,电感电压的时域波形。做如下分析:冲激 $v_s(t) = \frac{V_{S0}}{\omega_0}\delta(t)$ 加载后,在 $t = 0$ 冲激瞬间,电感开路,电容短路,故而所有冲激电压信号全部加载到电感上,显然电感电压中有一个相同的冲激电压。电感 $L$ 在该冲激电压激励下,瞬间完成充磁,故而 $t = 0^+$ 时,电感获得初始电流 $i_L(0^+) = \frac{V_{S0}}{\omega_0 L} = \frac{V_{S0}}{Z_0}$,该初始电流瞬间在电阻上建立起 $v_R(0^+) = Ri_L(0^+) = 2\xi V_{S0}$ 的电压,由于回路中无冲激电流,故而电容电压不能突变保持为 0,由 KVL 方程可知,$v_L(0^+) = -v_R(0^+) = -2\xi V_{S0}$。而微分初值亦可确定,为

$$\frac{dv_L(0^+)}{dt} = L\frac{d^2i_L(0^+)}{dt^2} = L\left(-2\xi\omega_0\frac{di_L(0^+)}{dt} - \omega_0^2 i_L(0^+)\right)$$

$$= -2\xi\omega_0 v_L(0^+) - L\omega_0^2 i_L(0^+) = 4\xi^2\omega_0 V_{S0} - \omega_0 V_{S0} = (4\xi^2-1)\omega_0 V_{S0}$$

计算过程中,关于 $i_L$ 的微分方程被代入其中,由于 $t = 0^+$ 时冲激源已归零,即 $0^+$ 时外加激励源为 0,$\frac{d^2i_L(0^+)}{dt^2} + 2\xi\omega_0\frac{di_L(0^+)}{dt} + \omega_0^2 i_L(0^+) = 0$。

最后是稳态响应,冲激结束后输入为 0(短路),故而 $t \to \infty$ 时,$v_{L,\infty}(t) = 0$,进而 $v_{L,\infty}(0) = 0$,$dv_{L,\infty}(0)/dt = 0$,代入五要素表达式(10.1.34),有

$$v_{\text{OUT}}(t) = \frac{V_{S0}}{\omega_0}\delta(t) + (-2\xi V_{S0})e^{-\xi\omega_0 t}\cos(\sqrt{1-\xi^2}\,\omega_0 t)$$

$$+\left(-2\xi V_{S0} + \frac{\omega_0 V_{S0}(4\xi^2-1)}{\xi\omega_0}\right)\frac{\xi}{\sqrt{1-\xi^2}}e^{-\xi\omega_0 t}\sin(\sqrt{1-\xi^2}\,\omega_0 t)$$

$$= \frac{V_{S0}}{\omega_0}\left[\delta(t) - 2\xi\omega_0 e^{-\xi\omega_0 t}\cos(\sqrt{1-\xi^2}\,\omega_0 t) + \frac{2\xi^2-1}{\sqrt{1-\xi^2}}\omega_0 e^{-\xi\omega_0 t}\sin(\sqrt{1-\xi^2}\,\omega_0 t)\right],\quad t\geqslant 0$$

注意,五要素法给的其实是 $t>0$ 的结果,因而这里额外添加了分析中确认存在的冲激项 $\dfrac{V_{S0}}{\omega_0}\delta(t)$,

它是 $t=0$ 瞬间全部加载到电感上的冲激电压。于是在 $v_s(t) = \dfrac{V_{S0}}{\omega_0}\delta(t)$ 冲激电压激励下,电感

电压的冲激响应为

$$v_{\text{OUT}}(t) = \frac{V_{S0}}{\omega_0}\delta(t) + \frac{V_{S0}}{\sqrt{1-\xi^2}}e^{-\xi\omega_0 t}\sin\left(\sqrt{1-\xi^2}\,\omega_0 t + \arctan\frac{2\xi\sqrt{1-\xi^2}}{1-2\xi^2} - 180°\right)U(t)$$

$$(10.2.14)$$

式中的冲激电压项是高通系统的特有现象,因为冲激这种突变的信号代表的就是可以通过的
高频信号。后一项幅度指数衰减的正弦振荡与电容电压基本一致,多了一个初始相位,换句话
说,状态变量电容电压在 $t=0$ 位置不发生突变,但电感电压不是状态变量,它会发生突变,故
而多了一个相位。

图 10.2.8 是二阶高通滤波器的冲激响应,点线箭头方向,7 条曲线分别对应 $\xi = 0.03$,
$0.1,0.707,0.866,1,3,10$ 这 7 种阻尼情况。

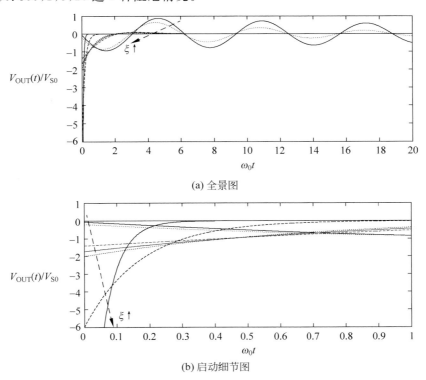

(a) 全景图

(b) 启动细节图

图 10.2.8 二阶高通滤波器冲激响应 $\left(v_s(t) = \dfrac{V_{S0}}{\omega_0}\delta(t)\right)$

图中没有画 $t=0$ 位置的冲激,图 10.2.8(b)启动细节图显示 $v_{\mathrm{L}}(0^+)=-2\xi V_{\mathrm{S0}}$。当阻尼系数很大时,

$$v_{\mathrm{OUT}}(t) = \frac{V_{\mathrm{S0}}}{\omega_0}\delta(t) - V_{\mathrm{S0}}\mathrm{e}^{-\xi\omega_0 t}\left[2\xi\cosh\left(\sqrt{\xi^2-1}\,\omega_0 t\right) + \frac{1-2\xi^2}{\sqrt{\xi^2-1}}\sinh\left(\sqrt{\xi^2-1}\,\omega_0 t\right)\right]U(t)$$

$$\overset{\xi\text{很大}}{\approx} \frac{V_{\mathrm{S0}}}{\omega_0}\delta(t) + \left(\frac{V_{\mathrm{S0}}}{8\xi^3}\mathrm{e}^{-\frac{t}{RC}} - 2\xi V_{\mathrm{S0}}\mathrm{e}^{-\frac{t}{GL}}\right)U(t)$$

短寿命项是电感放磁过程($\approx -2\xi V_{\mathrm{S0}}\mathrm{e}^{-\frac{t}{GL}}$),长寿命项是电容放电过程$\left(\approx\frac{V_{\mathrm{S0}}}{8\xi^3}\mathrm{e}^{-\frac{t}{RC}}\right)$。当阻尼系数很小时,冲激电压给予系统的能量在电感磁能和电容电能之间很小损失地来回转换,导致振荡幅度衰减很慢。

对于阶跃响应,仍然以图 10.2.6 所示 RLC 串联谐振回路为例,考察输入为阶跃电压 $v_{\mathrm{s}}(t)=V_{\mathrm{S0}}U(t)$ 时,电感电压的时域波形。阶跃 $v_{\mathrm{s}}(t)=V_{\mathrm{S0}}U(t)$ 加载后,在 $t=0$ 瞬间,由于电压是阶跃信号,阶跃突变瞬间,电感开路,电容短路,故而所有阶跃电压信号全部加载到电感上,电感电压初始值为 $v_{\mathrm{L}}(0^+)=V_{\mathrm{S0}}$,微分初值为

$$\frac{\mathrm{d}v_{\mathrm{L}}(0^+)}{\mathrm{d}t} = \frac{\mathrm{d}[v_{\mathrm{s}}(0^+)-v_{\mathrm{R}}(0^+)-v_{\mathrm{C}}(0^+)]}{\mathrm{d}t} = \frac{\mathrm{d}v_{\mathrm{s}}(0^+)}{\mathrm{d}t} - R\frac{\mathrm{d}i_{\mathrm{R}}(0^+)}{\mathrm{d}t} - \frac{1}{C}C\frac{\mathrm{d}v_{\mathrm{C}}(0^+)}{\mathrm{d}t}$$

$$= 0 - \frac{R}{L}L\frac{\mathrm{d}i_{\mathrm{L}}(0^+)}{\mathrm{d}t} - \frac{1}{C}i_{\mathrm{L}}(0^+) = 0 - 2\xi\omega_0 v_{\mathrm{L}}(0^+) - 0 = -2\xi\omega_0 V_{\mathrm{S0}}$$

五要素中,两个初值已确定,由电路结构决定的 $\xi,\omega_0$ 也可确认;稳态响应分析也很简单,由于是阶跃电压激励,故而 $t\to\infty$ 时,输入为直流电压 $V_{\mathrm{S0}}$,直流电感短路,电容开路,故而 $v_{\mathrm{L},\infty}(t)=0$,进而 $v_{\mathrm{L},\infty}(0)=0,\mathrm{d}v_{\mathrm{L},\infty}(0)/\mathrm{d}t=0$,代入五要素表达式(10.1.34),有

$$v_{\mathrm{OUT}}(t) = v_{\mathrm{L}}(t) = v_{\mathrm{L},\infty}(t) + (V_0 - V_{\infty,0})\mathrm{e}^{-\xi\omega_0 t}\cos\left(\sqrt{1-\xi^2}\,\omega_0 t\right)$$

$$+ \left(V_0 - V_{\infty,0} + \frac{\dot{V}_0 - \dot{V}_{\infty,0}}{\xi\omega_0}\right)\frac{\xi}{\sqrt{1-\xi^2}}\mathrm{e}^{-\xi\omega_0 t}\sin\left(\sqrt{1-\xi^2}\,\omega_0 t\right) \quad (t\geqslant 0)$$

$$= V_{\mathrm{S0}}\mathrm{e}^{-\xi\omega_0 t}\left(\cos\left(\sqrt{1-\xi^2}\,\omega_0 t\right) - \frac{\xi}{\sqrt{1-\xi^2}}\sin\left(\sqrt{1-\xi^2}\,\omega_0 t\right)\right)$$

或者简单表述为

$$v_{\mathrm{OUT}}(t) = V_{\mathrm{S0}}\mathrm{e}^{-\xi\omega_0 t}\left(\cos\sqrt{1-\xi^2}\,\omega_0 t - \frac{\xi}{\sqrt{1-\xi^2}}\sin\sqrt{1-\xi^2}\,\omega_0 t\right)U(t) \qquad (10.2.15)$$

请同学自行验证,对式(10.2.15)阶跃响应进行微分运算,可获得式(10.2.14)冲激响应表达式。

二阶高通滤波器的阶跃响应曲线见图 10.2.9,按点线箭头方向,7 条曲线分别对应 $\xi=$ 0.03,0.1,0.707,0.866,1,3,10 这 7 种阻尼情况。对于 $\xi$ 较大的过阻尼情况,电感电压启动细节描述的是电感充磁过程,而长期行为则是电容放电过程。对于 $\xi$ 很小的情况,则呈现衰减的正弦振荡波形。无论哪种情况,电感电压起始值都是 $V_{\mathrm{S0}}$,这是由于阶跃电压在启动时全部加载到电感上的缘故。也可理解为,阶跃的突变信号是高频信号,故而全部通过高通滤波器,于是电感电压从 0 瞬间突变到 $V_{\mathrm{S0}}$,之后由于电阻损耗导致幅度衰落。如果没有电阻损耗,电感电压则是一正弦振荡波形。

**练习 10.2.8** 图 E10.2.2 二阶 RC 有源低通滤波器是从图 E10.2.1 二阶 RC 无源低通滤波器转换而来,通过运放的正反馈连接方式,形成负阻效应抵偿电路中的正阻损耗,从而导致有源 RC 滤波器具有小于 1 的阻尼系数。图 E10.1.3 是二阶 RC 高通滤波器,

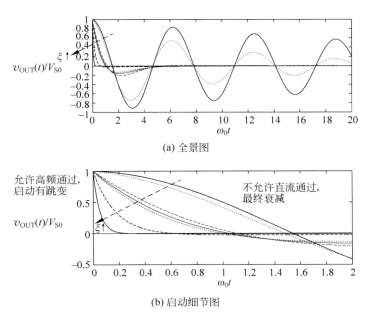

(a) 全景图

(b) 启动细节图

图 10.2.9 二阶高通滤波器阶跃响应($v_{\mathrm{s}}(t) = V_{\mathrm{S0}} \cdot U(t)$)

（1）如何对其改造可形成二阶 RC 有源高通滤波器？

（2）给出有源二阶 RC 高通滤波器具有高通特性的直观表象说明。

（3）推导传递函数，给出 $\omega_0$ 和 $\xi$ 表达式，说明 $\xi$ 可以小于 1。

（4）设计一个 3dB 频点为 10kHz，通带幅频特性具有最大平坦特性的二阶高通滤波器，给出具体的电阻、电容值。

（5）画出所设计的高通滤波器的伯特图。

**练习 10.2.9** 如图 E10.2.4 所示，虚框内的串臂电容和并臂电感可构成二阶高通 LC 滤波器，但存在不同的顺序，如果信源内阻和负载电阻相等，两种结构均可。现信源内阻为 $50\Omega$，负载电阻为 $300\Omega$，请选择合适的一种结构，设计一个具有最大幅度平坦特性的二阶高通 LC 滤波器，其 3dB 频点为 1MHz，给出虚框表示的 LC 高通滤波器中电感和电容的具体数值。（提示：将信源内阻和负载电阻因素考虑在内的滤波器，多采用基于功率传输的传递函数 $H = 2\sqrt{\dfrac{R_{\mathrm{s}}}{R_{\mathrm{L}}}}\dfrac{\dot{V}_{\mathrm{L}}}{\dot{V}_{\mathrm{S}}}$。）

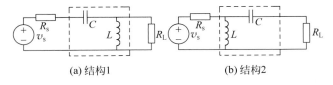

(a) 结构1　　　　　(b) 结构2

图 E10.2.4 LC 二阶高通滤波器

## 10.2.3 二阶带通系统

### 1. 时频特性

典型的二阶带通系统具有如下的传递函数，

$$H(s) = H_0 \frac{2\xi\omega_0 s}{s^2 + 2\xi\omega_0 s + \omega_0^2} \qquad (10.2.16)$$

其中 $s=\mathrm{j}\omega$。对 RLC 串联谐振回路,电阻分压具有带通特性,如图 10.2.10 所示,其表象解释为:低频时电容开路,信号通路中断无法到达输出端,高频时电感开路,信号也无法到达输出端,只有在谐振频点 $\omega_0$ 上,电感阻抗为 $\mathrm{j}\omega_0 L = \mathrm{j}Z_0$,电容阻抗为 $\frac{1}{\mathrm{j}\omega_0 C} = -\mathrm{j}Z_0$,故而 LC 串联总阻抗为 0,相当于短路,于是输入信号直达输出端,电路结构呈现出带通特性,允许谐振频点附近的频率通过。

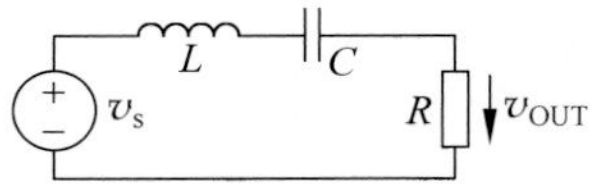

图 10.2.10　RLC 串联谐振:电阻分压具有带通特性

**练习 10.2.10**　确认二阶带通的幅频特性和相频特性表达式分别为

$$A(\omega) = H_0 \frac{1}{\sqrt{1 + Q^2 \left( \dfrac{\omega}{\omega_0} - \dfrac{\omega_0}{\omega} \right)^2}} \qquad (10.2.17\mathrm{a})$$

$$\varphi(\omega) = -\arctan Q\left( \frac{\omega}{\omega_0} - \frac{\omega_0}{\omega} \right) \qquad (10.2.17\mathrm{b})$$

其中 $Q = \dfrac{1}{2\xi}$ 为二阶系统的品质因数。由此说明

(1) 带通滤波器的中心频点为 $f_0 = \omega_0/2\pi$。

(2) 带通滤波器的 3dB 带宽为

$$\mathrm{BW}_{3\mathrm{dB}} = \frac{f_0}{Q} \qquad (10.2.18)$$

(3) 带通滤波器中心频点的群延时为

$$\tau_{\mathrm{g}}(\omega_0) = \frac{2Q}{\omega_0} \qquad (10.2.19)$$

**练习 10.2.11**　仿照 RLC 串联电路对电容电压、电感电压的五要素分析,对电阻电压进行五要素分析,证明 RLC 串联电路中电阻电压(二阶带通系统)的冲激响应和阶跃响应为:

(1) 在 $v_s(t) = V_{S0}U(t)$ 激励下的阶跃响应为

$$v_{\mathrm{R}}(t) = V_{S0} \frac{2\xi}{\sqrt{1-\xi^2}} \mathrm{e}^{-\xi\omega_0 t} \sin \sqrt{1-\xi^2}\, \omega_0 t U(t) \qquad (10.2.20)$$

(2) 在 $v_s(t) = \dfrac{V_{S0}}{\omega_0}\delta(t)$ 激励下的冲激响应为

$$v_{\mathrm{OUT}}(t) = V_{S0} 2\xi \mathrm{e}^{-\xi\omega_0 t} \left( \cos \sqrt{1-\xi^2}\, \omega_0 t - \frac{\xi}{\sqrt{1-\xi^2}} \sin \sqrt{1-\xi^2}\, \omega_0 t \right) U(t) \qquad (10.2.21)$$

图 10.2.11 是二阶带通不同 $\xi$ 对应的幅频特性曲线和相频特性曲线,按点线箭头方向,7 条曲线对应于 $Q = 0.05, 0.167, 0.5, 0.577, 0.707, 5, 16.7$ 这 7 种品质因数情况,或者说,对应于 $\xi = 10, 3, 1, 0.866, 0.707, 0.1, 0.03$ 这 7 种阻尼情况。

对二阶带通滤波器的频域特性描述,我们更喜欢用品质因数 $Q$ 而不是阻尼系数 $\xi$,原因在于人们习惯于用 $Q$ 值,它不仅是系统参量,可以用来描述器件损耗情况,同时二阶带通滤波器的带宽公式 $\mathrm{BW}_{3\mathrm{dB}} = \dfrac{f_0}{Q}$ 也为人熟知。幅频特性图 10.2.11(a)、(b)都十分清晰地表明 3dB 带宽和 $Q$ 成反比关系。

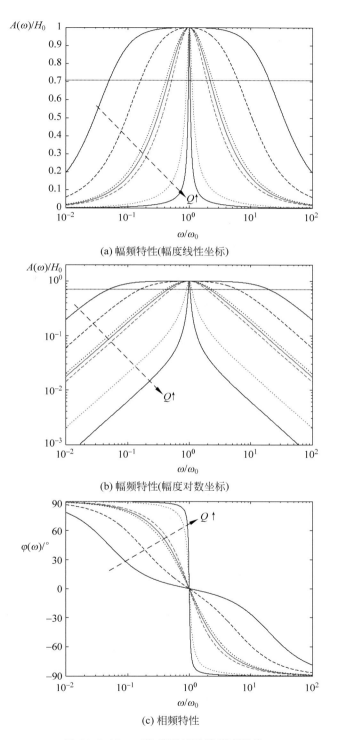

(a) 幅频特性(幅度线性坐标)

(b) 幅频特性(幅度对数坐标)

(c) 相频特性

图 10.2.11  二阶带通滤波器频率特性

注意到图 10.2.11 中频率轴为对数坐标，幅频特性具有对称性，说明两个 3dB 频点 $f_{\text{L3dB}}$、$f_{\text{H3dB}}$ 和中心频点 $f_0$ 之间具有等比关系，即 $\sqrt{f_{\text{H3dB}} \times f_{\text{L3dB}}} = f_0$，同时，$\text{BW}_{\text{3dB}} = f_{\text{H3dB}} - f_{\text{L3dB}} = \dfrac{f_0}{Q}$。显然，频率轴线性坐标下，幅频特性不具左右的对称性。在 $Q$ 很大时，幅频特性在中心频点附近很尖锐，一般不用伯特图表述。但是如果 $Q$ 比较小（$\xi \gg 1$）时，二阶带通滤波器可以分解为一个一阶低通和一个一阶高通的级联（传递函数分解为两个传递函数之积），此时可以用伯特图描述，3dB 频点之外的幅频特性，具有 20dB/10 倍频程的上升或下降速率。

带通相频特性和低通相频特性形状一致，只是比低通整体高了 90°。带通滤波器通带中心为 $\omega_0$，因而我们对这个位置附近的相频特性感兴趣，它近似为直线，

$$\varphi(\omega) = -\arctan Q\left(\frac{\omega}{\omega_0} - \frac{\omega_0}{\omega}\right) \overset{\overset{\omega = \omega_0 + \Delta\omega}{\Delta\omega 较小}}{\approx} -Q\left(\frac{\omega}{\omega_0} - \frac{\omega_0}{\omega}\right) \approx -\frac{2Q}{\omega_0}(\omega - \omega_0)$$

这是我们期望的，理想带通滤波器通带内相频特性为直线。

图 10.2.12 是二阶带通滤波器的冲激响应，7 条曲线分别对应 $\xi = 0.03, 0.1, 0.707$, 0.866, 1, 3, 10 这 7 种阻尼情况。对于 RLC 串联谐振回路，冲激电压瞬间加载电感产生了跳变的回路电流，使得电阻电压在 $t = 0$ 时刻也发生跳变。对 $\xi$ 很大的情况，即电阻 $R$ 很大的情况，冲激电压导致的电感电流跳变在电阻上形成较大的电压跳变，$v_R(0^+) = 2\xi V_{S0}$，其后短寿命的电感放磁占主导地位，但很快就消亡了，剩下长寿命的电容放电，但电容获得能量较小，故而电容放电电压也很小。对于 $\xi$ 很小的情况，也就是 $R$ 很小的情况，电阻电压始终很小。

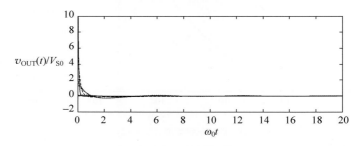

图 10.2.12　二阶带通滤波器冲激响应 $\left(v_s(t) = \dfrac{V_{S0}}{\omega_0}\delta(t)\right)$

图 10.2.12 中由于 $\xi \gg 1$ 情况下的电阻电压起始值过高，而随时间增长电阻电压又变得很小，在图上很难看清细节变化，而图 10.2.13 二阶带通滤波器的阶跃响应曲线（是冲激响应曲线的积分）可以提供更多的信息：对于 $Q$ 很大的情况（$\xi$ 很小），是窄带滤波情况，故而输出波

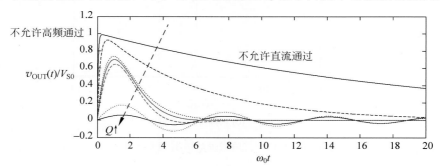

图 10.2.13　二阶带通滤波器阶跃响应（$v_s(t) = V_{S0}U(t)$）

形中有极为明显的近正弦波输出,说明滤波器将阶跃信号中的位于通带内的信号选取了出来,$Q$ 越大,带宽越窄,输出就越接近理想正弦波。当 $Q$ 很小($\xi$ 很大)时,带通滤波器带宽很宽,阶跃信号中的很多频率分量都可以通过该滤波器,故而输出波形在 $Q=0.05(\xi=10)$ 时,输出波形在很长时间内都接近输入阶跃信号,但是输出波形毕竟偏离阶跃波形,原因在于:①带通滤波器不允许高频通过,故而启动时,电阻电压不会发生突变;②带通滤波器并不允许直流通过,故而最终信号还会指数衰减下来(RC 充电结束后,电容电压为 $V_{s0}$,电阻电压则为 0)。请与低通、高通的阶跃响应曲线对比,理解阶跃响应时域波形中体现的低通、高通和带通特性。

**练习 10.2.12** 如图 E10.2.5 所示,这是二阶无源 RC 带通滤波网络。

(1) 给出该电路是带通滤波器的直观表象说明。

(2) 写出该滤波器的电压传递函数,用电路参量表述 $Q$ 值和 $\omega_0$。

(3) 请给出阶跃激励 $v_s(t)=V_{s0}U(t)$ 下的阶跃响应。

**练习 10.2.13** 图 E10.2.5 所示二阶无源 RC 带通滤波网络 $Q$ 值太小,无法形成有效选频,可以通过添加正反馈通路,如图 E10.2.6 所示,以此获得足够高的 $Q$ 值和需求的选频特性。写出该滤波器的电压传递函数,给出 $Q$ 值和 $\omega_0$,说明 $Q$ 可以很大。(思考:如果没有正反馈通路,运放起什么作用?)

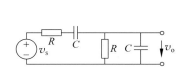

图 E10.2.5　二阶无源 RC 带通滤波网络

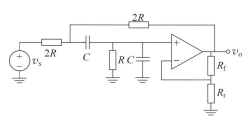

图 E10.2.6　二阶有源 RC 带通滤波网络

**2. 谐振**

在考察二阶动态系统时,本书多以 RLC 串联谐振回路为例。前面已经有很多关于谐振的现象:

(1) 例 10.1.2 对电路方程进行分析时指出:从电路方程的解看,如果 RLC 串联回路中电阻为 0,电路中的电感电流、电容电压零输入响应将呈现正弦振荡形态,正弦振荡频率为自由振荡频率 $\omega_0=\dfrac{1}{\sqrt{LC}}$。

(2) 例 10.1.3 数值仿真表明:如果体现 RLC 电路损耗的阻尼系数 $\xi<1$,即电路中电阻损耗比较小,电路电量的零输入响应将呈现出减幅正弦振荡波形,$\xi$ 越小,振荡频率就越接近于自由振荡频率 $\omega_0$。

(3) 例 10.1.4 状态变量法求解获得理论表达式表明:当阻尼系数 $\xi<1$ 时,电路零输入响应的减幅正弦振荡频率为 $\sqrt{1-\xi^2}\,\omega_0$,幅度指数衰减规律的时间常数为 $\tau=\dfrac{1}{\xi\omega_0}$。之后的特征根法、五要素法均利用了这一结论。

(4) 例 10.1.7 正弦激励输入情况下,$\omega=\omega_0$ 频点电容电压正弦稳态响应幅度是输入幅度的 $Q$ 倍,其后在考察 RLC 串联电路及其对偶 RLC 并联电路时指出:RLC 串联电路的电容电压、电感电压在谐振频点的正弦稳态响应都是输入电压的 $Q$ 倍,但是两者反相,相加后抵消,LC 总电压为 0 故而串联 LC 在 $\omega_0$ 频点犹如短路;而 RLC 并联电路的电容电流、电感电流在谐振频点的正弦稳态响应是输入电流的 $Q$ 倍，两者反相，相加后抵消，LC 总电流为 0 故而并联 LC 在 $\omega_0$ 频点犹如开路。$\omega_0$ 频点被称为谐振频点，正弦输入频率 $\omega=\omega_0$ 被称为谐振，$\omega\neq\omega_0$ 则称之为失谐。

（5）在研究二阶低通和二阶高通时，如果 $\xi<0.707$，幅频特性则会在 $\omega_0$ 频点附近形成谐振峰，进一步确认 RLC 串联谐振电路 $\omega_0$ 频点上电容电压、电感电压是激励电压的 $Q$ 倍且反相抵消。如果 $\xi<1$，冲激响应和阶跃响应时域波形则会出现振铃现象，$\xi$ 越小，振铃越严重，越接近正弦波。

（6）在说明二阶带通滤波特性时，指出在 $\omega_0$ 频点，串联 LC 阻抗抵消，相当于短路，并联 LC 导纳抵消，相当于开路，这正是谐振的体现。

上面讨论二阶滤波系统时从时域和频域两个方面对谐振现象进行了说明，下面则从单端口网络视角在频域更进一步对谐振进行考察。如图 10.2.14 所示，图(a)是 RLC 串联谐振回路，图(b)是 RLC 并联谐振回路，下面考察它们在频域的端口特性。

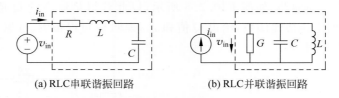

(a) RLC串联谐振回路　　　　(b) RLC并联谐振回路

图 10.2.14　RLC 谐振回路

对图 10.2.14(a)所示的 RLC 串联谐振回路，以电压源 $v_{\text{in}}$ 为激励，考察其端口电流 $i_{\text{in}}$，显然，响应和激励之间是导纳关系，

$$Y(\text{j}\omega)=\frac{\dot{I}_{\text{in}}(\text{j}\omega)}{\dot{V}_{\text{in}}(\text{j}\omega)}=\frac{1}{R+\text{j}\omega L+\dfrac{1}{\text{j}\omega C}}=\frac{1}{R}\frac{1}{1+\text{j}Q\left(\dfrac{\omega}{\omega_0}-\dfrac{\omega_0}{\omega}\right)}$$

$$=\frac{1}{R}\frac{1}{\sqrt{1+Q^2\left(\dfrac{\omega}{\omega_0}-\dfrac{\omega_0}{\omega}\right)^2}}\,\text{e}^{-\text{jarctan}Q\left(\frac{\omega}{\omega_0}-\frac{\omega_0}{\omega}\right)}=\frac{1}{R}A(\omega)\text{e}^{\text{j}\varphi(\omega)} \qquad (10.2.22)$$

其中，$Q=\dfrac{1}{R}\sqrt{\dfrac{L}{C}}$ 是串联谐振回路的品质因数，恰好是谐振频点上的储能耗能比，$Q=\dfrac{\omega_0 L}{R}$，$\omega_0=\dfrac{1}{\sqrt{LC}}$ 为自由谐振频率，$A(\omega)$ 是以 $G$ 为基准归一化的输入导纳的幅频特性，$\varphi(\omega)$ 则是相频特性，

$$A(\omega)=\frac{1}{\sqrt{1+Q^2\left(\dfrac{\omega}{\omega_0}-\dfrac{\omega_0}{\omega}\right)^2}}, \quad \varphi(\omega)=-\arctan Q\left(\frac{\omega}{\omega_0}-\frac{\omega_0}{\omega}\right) \qquad (10.2.23)$$

这两个特性曲线见图 10.2.11。由特性曲线可知，在谐振频点 $\omega_0$，RLC 串联谐振回路具有最小阻抗 $R$，阻抗呈现纯阻性的原因是电感电抗和电容电抗相互抵偿，故而在谐振频点，串联谐振回路具有最大的端口电流。

RLC 串联谐振被称为电压谐振，是由于在谐振频点上，电容电压、电感电压是输入电压的 $Q$ 倍，频域相量符号表述为

$$\dot{V}_{\text{C}}=-\text{j}Q\dot{V}_{\text{in}}, \quad \dot{V}_{\text{L}}=\text{j}Q\dot{V}_{\text{in}}, \quad \dot{V}_{\text{R}}=\dot{V}_{\text{in}} \qquad (10.2.24)$$

相应的时域波形可表述为

$$v_C(t) = QV_m\sin(\omega t - 90°), \quad v_L(t) = QV_m\sin(\omega t + 90°), \quad v_R(t) = v_{in}(t) = V_m\sin\omega t$$

此时电容电压和电感电压反相,LC 串联对外犹如短路,视同"短路"并非电容、电感没有电压,而是电容、电感具有反相电压,该反相电压可能极大,只是在外端口看不到。

因而正弦激励下的谐振,就是外加正弦波频率和 LC 自由谐振频率相等,电感磁能和电容电能的相互转换最为和谐,对外端口而言无虚功,只能看到纯阻实功,即端口电压和端口电流同相位,

$$\dot{I}_{in} = \frac{\dot{V}_{in}}{R} \tag{10.2.25}$$

当 $\omega$ 偏离 $\omega_0$ 频点,则是失谐情况,电感磁能和电容电能之间的转换并不和谐(外加正弦频率和自由谐振频率不谐),导致在相同的端口电压激励下,端口电流比谐振情况下要小。$\omega$ 偏离 $\omega_0$ 越远,失谐越严重,相同端口电压激励下,端口电流就越小。

当严重失谐时:①$\omega \ll \omega_0$,则属低频范围,此时电容视为开路,电感视为短路,于是串联电容和电感阻抗特性则几乎完全呈现容性,此时输入电压大部分被电容所承载,故而端口电流超前端口电压近乎 90°,端口电流很小。②$\omega \gg \omega_0$,则属高频范围,此时电容视为短路,电感视为开路,于是串联电容和电感阻抗特性则几乎完全呈现感性,此时输入电压大部分被电感所承载,故而端口电流滞后端口电压近乎 90°,端口电流也很小。只有谐振频点上,$\omega = \omega_0$,电容电压和电感电压相互抵偿,端口呈现纯阻特性,端口电流最大,端口导纳呈现带通特性。

对图 10.2.14(b)所示的 RLC 并联谐振回路,以电流源 $i_{in}$ 为激励,考察其端口电压 $v_{in}$,显然,响应和激励之间是阻抗关系,

$$\begin{aligned}
Z(j\omega) &= \frac{\dot{V}_{in}(j\omega)}{\dot{I}_{in}(j\omega)} = \frac{1}{G + j\omega C + \frac{1}{j\omega L}} = \frac{1}{G} \frac{1}{1 + jQ\left(\dfrac{\omega}{\omega_0} - \dfrac{\omega_0}{\omega}\right)} \\
&= R \frac{1}{\sqrt{1 + Q^2\left(\dfrac{\omega}{\omega_0} - \dfrac{\omega_0}{\omega}\right)^2}} e^{-j\arctan Q\left(\frac{\omega}{\omega_0} - \frac{\omega_0}{\omega}\right)} = RA(\omega)e^{j\varphi(\omega)}
\end{aligned} \tag{10.2.26}$$

其中,$Q = R\sqrt{\dfrac{C}{L}}$ 是并联谐振回路的品质因数,恰好是谐振频点上的储能耗能比,$Q = \dfrac{\omega_0 C}{G}$,$\omega_0 = \dfrac{1}{\sqrt{LC}}$ 为自由谐振频率,$A(\omega)$ 是以 $R$ 为基准归一化的输入阻抗的幅频特性,$\varphi(\omega)$ 则是相频特性,这两个特性与串联谐振回路的导纳特性一致。

由图 10.2.11 所示的特性曲线可知,在谐振频点 $\omega_0$,RLC 并联谐振回路具有最大阻抗 $R$,阻抗呈现纯阻性的原因是电感电纳和电容电纳相互抵偿,故而在谐振频点,并联谐振回路具有最大的端口电压。

RLC 并联谐振被称为电流谐振,是由于在谐振频点上,电容电流、电感电流是输入电流的 $Q$ 倍,频域相量符号表述为

$$\dot{I}_L = -jQ\dot{I}_{in}, \quad \dot{I}_C = jQ\dot{I}_{in}, \quad \dot{I}_R = \dot{I}_{in} \tag{10.2.27}$$

相应的时域波形可表述为

$$i_L(t) = QI_m\sin(\omega t - 90°), \quad i_C(t) = QI_m\sin(\omega t + 90°), \quad i_R(t) = i_{in}(t) = I_m\sin\omega t$$

此时电容电流和电感电流反相,LC 并联对外犹如开路,视同"开路"并非电容、电感没有电流,

而是电容、电感具有反相电流,该反相电流可能极大,只是在外端口看不到。

正弦激励下的谐振,就是外加正弦波频率和 LC 自由谐振频率相等,电感磁能和电容电能的相互转换最为和谐,对外端口而言无虚功,只能看到纯阻实功,即端口电压和端口电流同相位,

$$\dot{V}_{in} = R \dot{I}_{in} \tag{10.2.28}$$

当 $\omega$ 偏离 $\omega_0$ 频点,则是失谐情况,电感磁能和电容电能之间的转换并不和谐(外加正弦频率和自由谐振频率不谐),导致在相同的端口电流激励下,端口电压比谐振情况下要小。$\omega$ 偏离 $\omega_0$ 越远,失谐越严重,相同端口电流激励下,端口电压就越小。

当严重失谐时:①$\omega \ll \omega_0$,则属低频范围,此时电容视为开路,电感视为短路,于是并联电容和电感导纳特性则几乎完全呈现感性,此时输入电流大部分从电感支路流走,故而端口电压超前端口电流近乎 $90°$,端口电压很小。②$\omega \gg \omega_0$,则属高频范围,此时电容视为短路,电感视为开路,于是并联电容和电感导纳特性则几乎完全呈现容性,此时输入电流大部分从电容支路流走,故而端口电压滞后端口电流近乎 $90°$,端口电压同样也很小。只有谐振频点上,$\omega = \omega_0$,电容电压和电感电流相互抵偿,端口呈现纯阻特性,此时端口电压最大,端口阻抗特性呈现带通特性。

$Q$ 是 RLC 谐振回路的品质因数,前述中将其表述为回路储能与耗能之比,这种表述并不严格,原因在于两者之间差一个系数,但是在后文中我们仍然采用这种不严格的表述,只是视其为一种符合物理意义的方便表述。

对 RLC 谐振电路,其 $Q$ 值恰好是谐振频点上的储能与耗能之比,对串联 RLC 谐振回路,

$$Q = \frac{\omega_0 L}{R} = \frac{Z_0}{R} = \frac{1}{R} \sqrt{\frac{L}{C}} \tag{10.2.29a}$$

对并联 RLC 谐振回路,

$$Q = \frac{\omega_0 C}{G} = \frac{Y_0}{G} = \frac{1}{G} \sqrt{\frac{C}{L}} = R \sqrt{\frac{C}{L}} \tag{10.2.29b}$$

对选频特性要求比较严格时,则希望 $Q$ 值越大越好,如在正弦波振荡器电路中,希望只有特定的频率存在,对选频特性要求极高,此时对谐振回路的 $Q$ 值提出很高的要求,$Q$ 值越高,正弦波振荡器的频率稳定性就越高,故称之为品质因数。

**练习 10.2.14** $Q$ 表电感测量原理。第 8 章习题中用电桥测量电感及其 $Q$ 值,对于很高 $Q$ 值的电感,也可采用 $Q$ 表测量电感感值及其 $Q$ 值。图 E10.2.7 所示是 $Q$ 表的原理电路。图中虚框为被测电感,实际电感器除了抽象出电感 $L$ 外,还有由金属损耗折合的串联电阻 $R$。将某被测电感置于 $Q$ 表测量端口,调整 $Q$ 表内部信源频率为确定的 1MHz,之后调节可调电容的容值。观测和电容并联的伏特计,当伏特计达到最大值时,可读出此时的电容容值为 200pF,电容上电压为 300 倍的信源电压,请给出被测电感器的电感值以及 $Q$ 值。

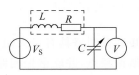

图 E10.2.7 用 $Q$ 表测量电感

对于复杂的谐振网络,难以用 RLC 串联或 RLC 并联结构简单描述时,往往以端口阻抗相频特性在谐振频点(使得 $\varphi_Z(\omega_0) = 0$ 成立的 $\omega_0$ 频点)的微分斜率确定该频点的 $Q$ 值大小,

$$Q = \frac{\omega_0}{2} \left| \frac{d\varphi_Z(\omega_0)}{d\omega} \right| \tag{E10.2.3}$$

这个定义对串联谐振和并联谐振均成立。

**练习 10.2.15** 习题 8.2 考察电容寄生效应时，发现某电容有两个谐振频点，习题 8.2 给出了简单分析。请考察该电容的端口阻抗，令端口阻抗的虚部为 0，可获得精确的两个谐振频点。之后获得两个谐振频点的阻抗相位斜率，求出两个谐振频点位置的 $Q$ 值。如果理论推导困难，可以通过数值仿真结果先获得 $Q$ 值，之后根据数值结果，再试图给出近似的理论解析表达式并比较确认。

**练习 10.2.16** 有时某些谐振电路结构复杂，需要判断谐振类型是并联谐振还是串联谐振。可以通过对单端口的阻抗特性进行判定。请研究串联谐振和并联谐振端口阻抗频率特性（幅频特性 $Z(\omega)$、相频特性 $\varphi(\omega)$、实部电阻特性 $R(\omega)$、虚部电抗特性 $X(\omega)$，$Z(j\omega) = Z(\omega)e^{j\varphi(\omega)} = R(\omega) + jX(\omega)$），找出它们的规律，之后判断图 E10.2.8 所示某单端口网络阻抗特性的两个谐振频点 $f_{01}$ 和 $f_{02}$，哪个频点是串联谐振频点，哪个频点是并联谐振频点，总结串联和并联谐振频点阻抗幅度特性各有什么特点，阻抗相位特性各有什么特点，电抗特性各有什么特点。

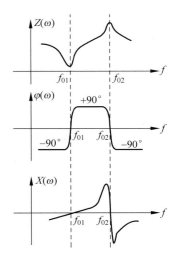

图 E10.2.8　某单端口网络端口阻抗特性

并联谐振回路在电流源激励下，端口电压具有带通选频特性，这种特性使得并联谐振回路在射频电路中较串联谐振回路有更为广泛的应用，主要原因是晶体管有源区的电路模型是受控电流源，因而在窄带放大器、振荡器等需要完成选频功能的电路中，晶体管输出端一般都会接 RLC 并联谐振回路以完成带通选频功能，从而在输出端建立起和输入电压之间具有带通选频特性的输出电压。当然，如果晶体管电路被等效为电压源，例如开关应用下的晶体管等效，那么晶体管电路也可以接 RLC 串联谐振回路完成选频功能。

**练习 10.2.17** 图 E10.2.9 是晶体管小信号选频放大器。

（1）画出交流小信号等效电路，其中被直流偏置在恒流导通区的晶体管被建模为理想压控流源，确认输入输出电压转移特性为带通选频特性。

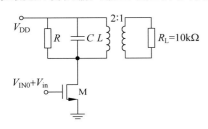

图 E10.2.9　晶体管交流小信号
选频放大器

（2）要求该晶体管放大器在中心频点 1MHz 上有 40dB 的电压增益和 50kHz 带宽，假设晶体管被建模为跨导增益 $g_m = 10\text{mS}$ 的理想压控流源，请给出设计电路，即 $R$、$L$、$C$ 的取值。已知全耦合变压器变压比为 2:1。

**提示**：图中互感变压器采用全耦合变压器模型，可等效为一阶电感和理想变压器的级联。变压器在这里的作用主要是直流隔离，将放大器电路和负载直流隔断，但交流信号仍然可以通过；同时还有阻抗变换作用，使得带宽不致因负载太重而过宽。画交流小信号等效电路时，直流偏置全部去除，如直流电压源 $V_{DD}$ 交流则短接于地，偏置电压 $V_{IN0}$ 仅用来偏置晶体管 M 使得其 $g_m = 10\text{mS}$，交流分析中这个偏置电压也扣除不必理会。

**练习 10.2.18** 图 E10.2.10 是 D 类功率放大器，在输入正弦波大信号驱动下，两个晶体管在激励正弦波的正负半周交替导通、关断。将两个晶体管建模为理想开关，请画出该电路的等效电路模型。如果希望负载电阻上的三次谐波分量较基波分量低 40dB 以上，对 RLC 谐振

回路的 $Q$ 值提出了什么要求？

练习 10.2.17 是等效电流源驱动 RLC 并联谐振回路形成带通选频特性,而练习 10.2.18 则是等效电压源驱动 RLC 串联谐振回路形成带通选频特性。D 类放大器,以交流 $v_{IN}$ 为输入,以直流 $V_{DD}$ 为偏置,以交流 $v_{OUT}$ 为输出,则称之为放大器。它同样可视为实现 DC-AC 转换的逆变器,以直流电压 $V_{DD}$ 为输入,以交流输入 $v_{IN}$ 为控制信号,以交流 $v_{OUT}$ 为输出,则为将直流能量转换为交流能量的逆变器。它利用理想开关不耗能特性(实际

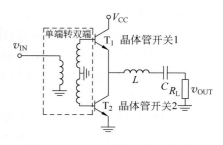

图 E10.2.10　D 类放大器(逆变器)

晶体管开关消耗部分能量)实现直流能量到交流能量的有效转换。逆变器概念见 10.6.2 节。

### 10.2.4　二阶带阻系统

**1. 频率特性**

典型的二阶带阻系统具有如下的传递函数,

$$H(s) = H_0 \frac{s^2 + \omega_0^2}{s^2 + 2\xi\omega_0 s + \omega_0^2} \tag{10.2.30}$$

其中 $s = j\omega$。对 RLC 串联谐振回路,电感加电容的总分压具有带阻特性,如图 10.2.15 所示,其表象解释为:低频时电容开路,电感短路,信号全部加载到电容上,故而输入电压直达输出

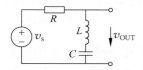

图 10.2.15　RLC 串联谐振:电感与电容总分压具有带阻特性

端;高频时电感开路,电容短路,信号全部加载到电感上,故而输入电压也可直达输出端;只有在谐振频点 $\omega_0$ 上,电感阻抗为 $j\omega_0 L = jZ_0$,电容阻抗为 $\frac{1}{j\omega_0 C} = -jZ_0$,故而 LC 串联总阻抗为 0,相当于短路,于是输出电压为 0,输入信号无法到达输出端,故而该电路结构呈现出带阻特性,谐振频点附近的频率分量被屏蔽,输出端看不到。

二阶带阻滤波器的幅频特性和相频特性分别为

$$A(\omega) = H_0 \frac{|\omega_0^2 - \omega^2|}{\sqrt{(\omega_0^2 - \omega^2)^2 + (2\xi\omega_0\omega)^2}} \tag{10.2.31a}$$

$$\varphi(\omega) = \begin{cases} -\arctan\dfrac{2\xi\omega_0\omega}{\omega_0^2 - \omega^2}, & \omega < \omega_0 \\[2mm] \pi - \arctan\dfrac{2\xi\omega_0\omega}{\omega_0^2 - \omega^2}, & \omega > \omega_0 \end{cases} \tag{10.2.31b}$$

图 10.2.16 是二阶带阻滤波器不同 $\xi$ 对应的幅频特性和相频特性曲线,按点线箭头方向,7 条曲线对应于 $\xi = 10, 3, 1, 0.866, 0.707, 0.1, 0.03$ 这 7 种阻尼情况。

从幅频特性看,$\xi$ 越小($Q$ 越大),带阻特性就越尖锐。注意到无论 $\xi$ 多大,$A(\omega_0) \equiv 0$,故又称之为陷波器。由于在 $\omega_0$ 频点位置传递函数为 0,即过 $\omega_0$ 频点传递函数的正负号发生变化,故而相频特性在该频点出现 $180°$ 跳变。低于 $\omega_0$ 频点,相频特性曲线与低通一致,高于 $\omega_0$ 频点,相频特性曲线与高通一致。

**2. 时频对应**

对 RLC 串联谐振电路而言,带阻输出为电容电压加电感电压,对应到传递函数上,二阶带阻传函可分解为二阶低通传函与二阶高通传函之和,

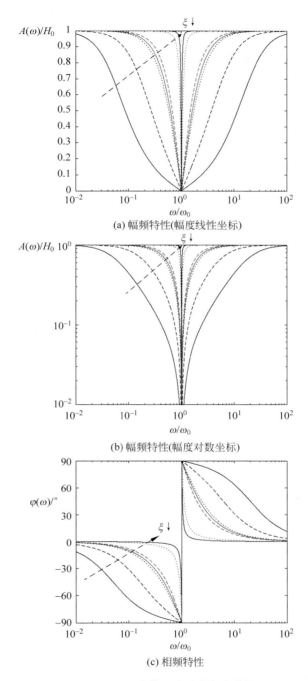

(a) 幅频特性(幅度线性坐标)

(b) 幅频特性(幅度对数坐标)

(c) 相频特性

图 10.2.16 二阶带阻滤波器频率特性

$$H_{BS}(s) = H_{LP}(s) + H_{HP}(s)$$

显然,对应的冲激响应或阶跃响应也是二阶低通与二阶高通之和。基于上述观察,既然系统为线性系统,满足叠加性,传递函数则可分解为数个传递函数之和,对应的冲激响应或阶跃响应也可分解为对应传函的冲激响应或阶跃响应之和。显然时频关系是一一对应关系,冲激响应或阶跃响应必然和传函具有一一对应关系,通过观察比对一阶系统和二阶系统的冲激响应与系统传函,获得表 10.2.2 所示的时频对应关系表。

表 10.2.2　时频对应关系表

| 时域响应 $h(t)$ | 频域传函 $H(s)$ |
|---|---|
| $\delta(t)$ | $1$ |
| $U(t)$ | $\dfrac{1}{s}$ |
| $e^{-\omega_0 t} U(t)$ | $\dfrac{1}{s+\omega_0}$ |
| $t^n e^{-\omega_0 t} U(t)$ | $\dfrac{n!}{(s+\omega_0)^{n+1}}$ |
| $e^{-\xi\omega_0 t} \cos\sqrt{1-\xi^2}\,\omega_0 t U(t)$ | $\dfrac{s+\xi\omega_0}{s^2+2\xi\omega_0 s+\omega_0^2}$ |
| $\dfrac{1}{\sqrt{1-\xi^2}} e^{-\xi\omega_0 t} \sin\sqrt{1-\xi^2}\,\omega_0 t U(t)$ | $\dfrac{\omega_0}{s^2+2\xi\omega_0 s+\omega_0^2}$ |

下面通过我们讨论的一阶和二阶滤波器——确认上述对应关系:

(1) 一阶低通:式(9.2.22,9.2.28)

$$H(s)=\frac{1}{1+s\tau}=\frac{\omega_0}{s+\omega_0}$$

$$h(t)=\omega_0 e^{-\omega_0 t} U(t)=\frac{1}{\tau} e^{-\frac{t}{\tau}} U(t)$$

(2) 一阶高通:式(9.2.34,9.2.36)

$$H(s)=\frac{s\tau}{1+s\tau}=\frac{s}{s+\omega_0}=1-\frac{\omega_0}{s+\omega_0}$$

$$h(t)=\delta(t)-\omega_0 e^{-\omega_0 t} U(t)=\delta(t)-\frac{1}{\tau} e^{-\frac{t}{\tau}} U(t)$$

(3) 二阶低通:式(10.2.1,10.2.11)

$$H(s)=\frac{\omega_0^2}{s^2+2\xi\omega_0 s+\omega_0^2}$$

$$h(t)=\frac{\omega_0}{\sqrt{1-\xi^2}} e^{-\xi\omega_0 t} \sin\sqrt{1-\xi^2}\,\omega_0 t U(t)$$

(4) 二阶高通:式(10.2.12,10.2.14)

$$H(s)=\frac{s^2}{s^2+2\xi\omega_0 s+\omega_0^2}=1-\frac{2\xi\omega_0 s+\omega_0^2}{s^2+2\xi\omega_0 s+\omega_0^2}$$

$$=1-2\xi\omega_0\frac{s+\xi\omega_0}{s^2+2\xi\omega_0 s+\omega_0^2}-(1-2\xi^2)\omega_0\frac{\omega_0}{s^2+2\xi\omega_0 s+\omega_0^2}$$

$$h(t)=\delta(t)-2\xi\omega_0 e^{-\xi\omega_0 t}\cos\sqrt{1-\xi^2}\,\omega_0 t U(t)-\frac{1-2\xi^2}{\sqrt{1-\xi^2}}\omega_0 e^{-\xi\omega_0 t}\sin\sqrt{1-\xi^2}\,\omega_0 t U(t)$$

(5) 二阶带通:式(10.2.16,10.2.21)

$$H(s)=\frac{2\xi\omega_0 s}{s^2+2\xi\omega_0 s+\omega_0^2}=2\xi\omega_0\frac{s+\xi\omega_0}{s^2+2\xi\omega_0 s+\omega_0^2}-2\xi^2\omega_0\frac{\omega_0}{s^2+2\xi\omega_0 s+\omega_0^2}$$

$$h(t)=2\xi\omega_0 e^{-\xi\omega_0 t}\cos\sqrt{1-\xi^2}\,\omega_0 t U(t)-\frac{2\xi^2\omega_0}{\sqrt{1-\xi^2}} e^{-\xi\omega_0 t}\sin\sqrt{1-\xi^2}\,\omega_0 t U(t)$$

对于二阶带阻滤波器的冲激响应,我们可以仿照二阶低通、高通、带通,用五要素法或特征方程待定系数法均可求得,但是这里既然总结出了时频关系表,那么也可以利用这个表列出的关系直接对应出二阶带阻滤波器的冲激响应。

$$H(s) = \frac{s^2 + \omega_0^2}{s^2 + 2\xi\omega_0 s + \omega_0^2} = 1 - \frac{2\xi\omega_0 s}{s^2 + 2\xi\omega_0 s + \omega_0^2}$$

$$= 1 - 2\xi\omega_0 \frac{s + \xi\omega_0}{s^2 + 2\xi\omega_0 s + \omega_0^2} + 2\xi^2\omega_0 \frac{\omega_0}{s^2 + 2\xi\omega_0 s + \omega_0^2}$$

——对应于传函的分解,给出如下的单位冲激响应表达式,为

$$h(t) = \delta(t) - 2\xi\omega_0 e^{-\xi\omega_0 t}\cos\sqrt{1-\xi^2}\,\omega_0 t\,U(t) + \frac{2\xi^2\omega_0}{\sqrt{1-\xi^2}}e^{-\xi\omega_0 t}\sin\sqrt{1-\xi^2}\,\omega_0 t\,U(t)$$

换句话说,如果激励为冲激电压 $v_s(t) = \dfrac{V_{S0}}{\omega_0}\delta(t)$,那么对应的冲激响应为

$$v_{OUT}(t) = \frac{V_{S0}}{\omega_0}\delta(t) - 2\xi V_{S0}e^{-\xi\omega_0 t}\left(\cos\sqrt{1-\xi^2}\,\omega_0 t - \frac{\xi}{\sqrt{1-\xi^2}}\sin\sqrt{1-\xi^2}\,\omega_0 t\right)U(t)$$

$$(10.2.32)$$

注意到单位阶跃响应为单位冲激响应的积分,在频域,时域积分就是乘 $1/s$ 运算,故而将传递函数乘以 $1/s$ 后,再进行函数分解,之后再对应表 10.2.2 转换到时域即可,如下:

(1) 一阶低通:式(9.2.28)

$$\frac{1}{s}H(s) = \frac{1}{s}\frac{1}{1+s\tau} = \frac{1}{s}\frac{\omega_0}{s+\omega_0} = \frac{1}{s} - \frac{1}{s+\omega_0}$$

$$g(t) = U(t) - e^{-\omega_0 t}U(t) = (1 - e^{-\frac{t}{\tau}})U(t)$$

(2) 一阶高通:式(9.2.33)

$$\frac{1}{s}H(s) = \frac{1}{s}\frac{s\tau}{1+s\tau} = \frac{1}{s+\omega_0}$$

$$g(t) = e^{-\omega_0 t}U(t) = e^{-\frac{t}{\tau}}U(t)$$

(3) 二阶低通:式(10.2.6)

$$\frac{1}{s}H(s) = \frac{1}{s}\frac{\omega_0^2}{s^2 + 2\xi\omega_0 s + \omega_0^2} = \frac{1}{s} - \frac{s + 2\xi\omega_0}{s^2 + 2\xi\omega_0 s + \omega_0^2}$$

$$= \frac{1}{s} - \frac{s + \xi\omega_0}{s^2 + 2\xi\omega_0 s + \omega_0^2} - \xi\frac{\omega_0}{s^2 + 2\xi\omega_0 s + \omega_0^2}$$

$$g(t) = \left(1 - e^{-\xi\omega_0 t}\left(\cos\sqrt{1-\xi^2}\,\omega_0 t + \frac{\xi}{\sqrt{1-\xi^2}}\sin\sqrt{1-\xi^2}\,\omega_0 t\right)\right)U(t)$$

(4) 二阶高通:式(10.2.15)

$$\frac{1}{s}H(s) = \frac{1}{s}\frac{s^2}{s^2 + 2\xi\omega_0 s + \omega_0^2} = \frac{s}{s^2 + 2\xi\omega_0 s + \omega_0^2}$$

$$= \frac{s + \xi\omega_0}{s^2 + 2\xi\omega_0 s + \omega_0^2} - \xi\frac{\omega_0}{s^2 + 2\xi\omega_0 s + \omega_0^2}$$

$$g(t) = e^{-\xi\omega_0 t}\left(\cos\sqrt{1-\xi^2}\,\omega_0 t - \frac{\xi}{\sqrt{1-\xi^2}}\sin\sqrt{1-\xi^2}\,\omega_0 t\right)U(t)$$

(5) 二阶带通:式(10.2.20)

$$\frac{1}{s}H(s) = \frac{1}{s}\frac{2\xi\omega_0 s}{s^2 + 2\xi\omega_0 s + \omega_0^2} = 2\xi\frac{\omega_0}{s^2 + 2\xi\omega_0 s + \omega_0^2}$$

$$g(t) = \frac{2\xi}{\sqrt{1-\xi^2}} e^{-\xi\omega_0 t} \sin \sqrt{1-\xi^2}\, \omega_0 t U(t)$$

对于二阶带阻滤波器的阶跃响应,如果采用时频关系表对应,为

$$\frac{1}{s}H(s) = \frac{1}{s}\frac{s^2 + \omega_0^2}{s^2 + 2\xi\omega_0 s + \omega_0^2} = \frac{1}{s} - \frac{2\xi\omega_0}{s^2 + 2\xi\omega_0 s + \omega_0^2}$$

从时频关系对应表可知如下的单位阶跃响应表达式,

$$g(t) = U(t) - \frac{2\xi}{\sqrt{1-\xi^2}} e^{-\xi\omega_0 t} \sin \sqrt{1-\xi^2}\, \omega_0 t U(t)$$

换句话说,如果激励为阶跃电压 $v_s(t) = V_{S0}U(t)$,那么对应的阶跃响应为

$$v_{\text{OUT}}(t) = V_{S0}\left(1 - \frac{2\xi}{\sqrt{1-\xi^2}} e^{-\xi\omega_0 t} \sin \sqrt{1-\xi^2}\, \omega_0 t\right)U(t) \qquad (10.2.33)$$

二阶带阻的冲激响应除掉冲激外,和二阶带通的冲激响应正负反号,这里不再画其时域波形,而只考察其阶跃响应波形,如图 10.2.17 所示。由于带阻滤波器允许高频通过,故而阶跃响应在 $t=0$ 位置发生突变,输出直接从 0 跳变到 $V_{S0}$,但是带阻滤波器不允许 $\omega_0$ 频率通过:①当 $\xi$ 很大时,很多的频率被阻断不允许通过,于是阶跃响应又迅猛下降(电感充磁),但带阻滤波器允许直流通过,故而波形再次缓升(电容充电);②当 $\xi$ 很小时,只有 $\omega_0$ 频点附近很小频带内的频率不允许通过,于是阶跃响应波形偏离阶跃电压很小,仅仅是阶跃电压基础上扣除了一个小的接近于 $\omega_0$ 的近正弦波形。带阻滤波器不允许 $\omega_0$ 通过,但阶跃响应却显示出 $\omega_0$ 频率的正弦波形,正是欲盖弥彰,只屏蔽该频率对外而言就是提醒存在这个频率。然而毫无疑问地,如果是单频正弦激励下的稳态输出,$\omega_0$ 频率的正弦波确实无法通过该带阻滤波器。

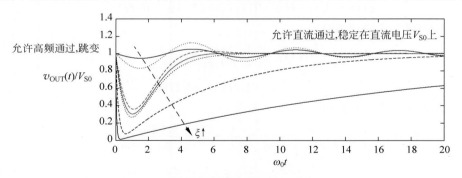

图 10.2.17　二阶带阻滤波器阶跃响应($v_s(t) = V_{S0}U(t)$)

表 10.2.2 所示的时频对应关系表其实是拉普拉斯变换表,但本课程不涉及拉普拉斯变换的定义及其性质的讨论,故而这里以时频对应关系出现。

时频对应关系中,同学们只需记忆一个,其他的都可以从中类推出来,这就是单边指数衰减时域函数 $e^{-\omega_0 t}U(t)$ 对应的频域函数 $1/(s+\omega_0)$。

(1) $e^{-\omega_0 t}U(t) \Leftrightarrow 1/(s+\omega_0)$。这个对应关系请强行记忆下来。

(2) $U(t) \Leftrightarrow 1/s$。这个对应可以从单边指数衰减函数延拓而来,取 $\omega_0 = 0$ 即可。虽然有这样的时频对应关系,但这里必须特别提醒:$U(t)$ 的傅立叶变换并不等于 $1/j\omega$。

(3) $\delta(t) \Leftrightarrow 1$。这个对应关系我们反复强调过,冲激函数频谱包含所有频率分量且这些频率分量相同。阶跃的微分为冲激,时域微分在频域为乘 $s$ 运算,故而也可从 $U(t) \Leftrightarrow 1/s$ 关系确定 $\delta(t) \Leftrightarrow 1$ 关系。

(4) $(t^n e^{-\omega_0 t}) U(t) \Leftrightarrow n!/(s+\omega_0)^{n+1}$，这里 $n=0,1,2,\cdots$。$n=0$ 情况是显然的，只证明 $n=1$ 即可，其他类推。假设 $f(t)=te^{-\omega_0 t}U(t)$，则 $\mathrm{d}f/\mathrm{d}t=(e^{-\omega_0 t}-\omega_0 te^{-\omega_0 t})U(t)=e^{-\omega_0 t}U(t)-\omega_0 f(t)$，对微分式两侧同时考察时频对应关系，有 $sF(s)=1/(s+\omega_0)-\omega_0 F(s)$，故而 $F(s)=1/(s+\omega_0)^2$。

(5) 将 $\omega_0$ 用 $a+\mathrm{j}\omega$ 替代，单边指数衰减函数对应关系中，实部对实部，虚部对虚部，则可获得二阶对应关系，$e^{-at}\sin\omega tU(t)\Leftrightarrow\omega/((s+a)^2+\omega^2)$，$e^{-at}\cos\omega tU(t)\Leftrightarrow(s+a)/((s+a)^2+\omega^2)$，其中 $a=\xi\omega_0$，$\omega=\sqrt{1-\xi^2}\,\omega_0$。

对线性时不变电路系统，其电路方程为常系数微分方程，求解微分方程的方法本书讨论了时域积分法(状态变量法)、特征函数待定系数法、一阶动态系统的三要素法、二阶动态系统的五要素法以及时频对应法。最后给出的时频对应法脱离了实际电路结构，无论什么样的电路结构，只要最终传函具有这种形式，则时域必有相对应的形态出现，这在一定程度上简化了冲激响应和阶跃响应分析，因为我们无须分析初值，也不必进行时域积分运算，只需进行简单的频域方程列写，再根据时频对应关系对应到时域即可。

上述方法中，一阶动态系统的三要素法、二阶动态系统的特征函数待定系数法是一般教材通用方法，要求必须掌握，其他方法则依同学喜好自行把握。

**练习 10.2.19** 从 RLC 串联谐振回路的分压关系考察带通、带阻特性可知，如果串联 LC 在串臂上则形成带通特性，如果串联 LC 在并臂上则形成带阻特性，对偶地，如果从 RLC 并联谐振回路的分流关系考察带通、带阻特性可知，并联 LC 在串臂上可形成带阻特性，并联 LC 在并臂上可形成带通特性。如图 E10.2.11 所示，请确认图(a)、图(b)为 LC 带通滤波器，图(c)、图(d)为 LC 带阻滤波器，给出相关参量 $Q$、$\omega_0$ 用电路元件参量表述的表达式。

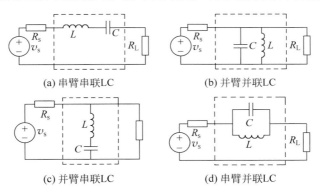

图 E10.2.11 LC 带通和 LC 带阻滤波器

### 10.2.5 二阶全通系统

典型的二阶全通系统具有如下的传递函数，

$$H(s) = H_0 \frac{s^2 - 2\xi\omega_0 s + \omega_0^2}{s^2 + 2\xi\omega_0 s + \omega_0^2} \tag{10.2.34}$$

其中 $s=\mathrm{j}\omega$。

请同学自行确认该传递函数的幅频特性是常值，即允许所有频率分量通过，但不同频率通过时引入的相移(延时)不同，故而可以用来实现相位均衡。

请同学自行研究其阶跃响应，考察其时域特性与频域特性之间的对应关系。

**练习 10.2.20** 请分析图 E10.2.12，电阻 $R_1$、$R_2$、$R_3$、$R_4$ 之间满足什么关系时，该电路可构成一个二阶全通滤波器。给出该全通滤波器的关键参量：$H_0$, $\omega_0$, $\xi$。

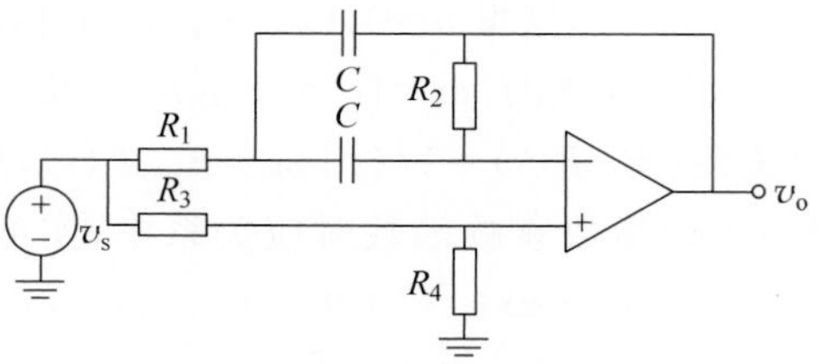

图 E10.2.12 二阶全通滤波器的一种有源 RC 实现方案

# 10.3 阻抗匹配与变换电路

在射频电路中,阻抗匹配或阻抗变换是最常见的电路设计要求,原因在于射频系统中有相当一部分的电路网络只有端接特定的阻抗才具有某种优良特性,例如最大功率传输、最小噪声系数、最大效率、最佳传输特性等。

当电路工作在高频时,寄生效应影响比较严重,如晶体管的寄生电容效应将导致晶体管放大器高频增益下降,因而如何保障有足够高的射频增益就是射频电路设计中必须予以考虑的问题。下面以最大功率传输为例,说明阻抗匹配或阻抗变换电路功能是如何实现的。

## 10.3.1 最大功率传输匹配

### 1. 共轭匹配

在 8.3.1 节相量域考察复功率时,得到如下结论:只要负载阻抗 $Z_L = R_L + jX_L$ 是信源内阻 $Z_s = R_s + jX_s$ 的共轭阻抗,

$$Z_L = Z_s^* \tag{10.3.1}$$

负载电阻 $R_L$ 即可获得信源能够输出的额定功率

$$P_L \xrightarrow{Z_L = Z_s^*} P_{L,\max} = \frac{V_{s,\mathrm{rms}}^2}{4R_s} = P_{s,\max} \tag{10.3.2}$$

并称之为最大功率传输匹配或共轭匹配。

### 2. 纯阻特征阻抗情况下的双端匹配

对于一个二端口网络,如果它的两个端口同时共轭匹配,则信源可以将其额定功率送入输入端口,输出端口等效戴维南源可将其额定功率送交负载,此时二端口网络的功率增益可取得最大值 $G_{p,\max}$。

如果二端口网络的特征阻抗 $Z_{01}$、$Z_{02}$ 为纯阻(正实数),则可取信源内阻 $R_s = Z_{01}$,负载电阻 $R_L = Z_{02}$,如图 10.3.1 所示,则因双端同时共轭匹配而获得最大功率增益,

$$Z_{01} = \sqrt{\frac{A}{D}}\sqrt{\frac{B}{C}} \tag{10.3.3a}$$

$$Z_{02} = \sqrt{\frac{D}{A}}\sqrt{\frac{B}{C}} \tag{10.3.3b}$$

$$G_{p,\max} = \frac{1}{\left|\sqrt{AD} + \sqrt{BC}\right|^2} \tag{10.3.4}$$

**练习 10.3.1** 某线性时不变二端口网络的特征阻抗为纯阻,现在其两个端口端接特征阻抗,如图 10.3.1 所示,请证明有如下的传递函数表达式,

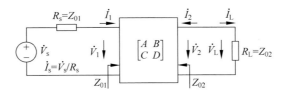

图 10.3.1 纯阻特征阻抗二端口网络的最大功率传输匹配

$$H_v = 2\frac{\dot{V}_L}{\dot{V}_s} = \frac{\dot{V}_2}{\dot{V}_1} = \sqrt{\frac{D}{A}}\,\frac{1}{\sqrt{AD}+\sqrt{BC}} \tag{10.3.5a}$$

$$H_i = 2\frac{\dot{I}_L}{\dot{I}_s} = \frac{-\dot{I}_2}{\dot{I}_1} = \sqrt{\frac{A}{D}}\,\frac{1}{\sqrt{AD}+\sqrt{BC}} \tag{10.3.5b}$$

$$H_p = 2\sqrt{\frac{R_s}{R_L}}\,\frac{\dot{V}_L}{\dot{V}_s} = 2\sqrt{\frac{G_s}{G_L}}\,\frac{\dot{I}_L}{\dot{I}_s} = \frac{1}{\sqrt{AD}+\sqrt{BC}} \tag{10.3.5c}$$

考察式(10.3.5)的电压传递函数和电流传递函数,互为倒数的 $\sqrt{\dfrac{D}{A}}$ 和 $\sqrt{\dfrac{A}{D}}$ 体现了网络不对称性导致的阻抗变换能力,依理想变压器变换关系可定义一般二端口网络的变压比为

$$n = \sqrt{\frac{A}{D}} = \sqrt{\frac{Z_{01}}{Z_{02}}} \tag{10.3.6}$$

两个传输系数中的相同项 $(\sqrt{AD}+\sqrt{BC})^{-1}$ 则体现了电磁波通过二端口网络的传播关系,依传输线上电磁波的传播关系定义一般二端口网络的传播系数为

$$\gamma_l = \ln(\sqrt{AD}+\sqrt{BC}) = \alpha_l + j\theta_l \tag{10.3.7}$$

于是图 10.3.1 连接关系下的电压传函和电流传函可分别表述为

$$H_v = 2\frac{\dot{V}_L}{\dot{V}_s} = \frac{\dot{V}_2}{\dot{V}_1} = \sqrt{\frac{D}{A}}\,\frac{1}{\sqrt{AD}+\sqrt{BC}} = \frac{1}{n}e^{-\gamma_l} \tag{10.3.8a}$$

$$H_i = 2\frac{\dot{I}_L}{\dot{I}_s} = \frac{-\dot{I}_2}{\dot{I}_1} = \sqrt{\frac{A}{D}}\,\frac{1}{\sqrt{AD}+\sqrt{BC}} = ne^{-\gamma_l} \tag{10.3.8b}$$

而基于功率增益的传递函数为

$$H_p = e^{-\gamma_l} \tag{10.3.8c}$$

对应的功率增益为

$$\begin{aligned}G_p &= |H_p|^2 = H_v H_i^* = e^{-2\alpha_l}\\ &= \frac{1}{|\sqrt{AD}+\sqrt{BC}|^2} = G_{p,\max}\end{aligned} \tag{10.3.9}$$

传播系数的实部 $\alpha_l$ 和虚部 $\theta_l$ 的物理意义因而十分明确:实部 $\alpha_l$ 代表了电磁波通过二端口网络的功率衰减,有 $8.69\alpha_l$ dB 的衰减量,如果 $\alpha_l < 0$,则代表有 $8.69|\alpha_l|$ dB 的功率增益,而虚部 $\theta_l$ 则代表信号通过二端口网络的相位滞后大小。也就是说,如果输入激励信号为单频正弦波,$v_s(t) = V_{sm}\cos\omega_0 t$,则负载电阻 $R_L = Z_{02}$ 上获得的单频正弦波稳态解为 $v_L(t) = \dfrac{1}{2n}V_{sm}e^{-\alpha_l}\cos(\omega_0 t - \theta_l)$。

以例 8.3.10 所示 LC 二端口网络为例,它在 $\omega < \omega_0 = \dfrac{1}{\sqrt{LC}}$ 频率范围内具有纯阻性特征阻

抗,当其输入端口接内阻 $R_s = Z_{01}(\omega_r)$ 的信源,在输出端口接 $R_L = Z_{02}(\omega_r)$ 大小的负载电阻,其在 $\omega_r(<\omega_0 = 1/\sqrt{LC})$ 频点上的基于功率传输的传递函数为

$$H_p(j\omega_r) = \frac{1}{\sqrt{AD} + \sqrt{BC}} = \frac{1}{\sqrt{1 - \left(\frac{\omega_r}{\omega_0}\right)^2} + j\left(\frac{\omega_r}{\omega_0}\right)} = \frac{e^{-j\arctan\frac{\omega_r}{\omega_0}}}{\sqrt{1 - \left(\frac{\omega_r}{\omega_0}\right)^2}}$$

显然,它在 $\omega_r$ 频点的最大功率增益为 1,$G_{p,max}(\omega_r) = |H_p(j\omega_r)|^2 = 1$,表明在 $\omega_r$ 频点上,负载 $R_L = Z_{02} = Z_0 / \sqrt{1 - \left(\frac{\omega_r}{\omega_0}\right)^2}$ 获得了内阻为 $R_s = Z_{01} = Z_0 \sqrt{1 - \left(\frac{\omega_r}{\omega_0}\right)^2}$ 的正弦波戴维南源的额定功率 $\frac{V_{s,rms}^2}{4R_s}$,同时有 $\varphi = \arctan\left(\frac{\omega_r}{\omega_0} / \sqrt{1 - \left(\frac{\omega_r}{\omega_0}\right)^2}\right)$ 的相位滞后。

**练习 10.3.2**　如果二端口网络是互易的,则满足 $AD - BC = 1$,请证明此互易二端口网络传输参量矩阵用特征阻抗 $Z_{01}$、$Z_{02}$ 和传播系数 $\gamma_l$ 可表述如下,

$$\boldsymbol{ABCD} = \begin{bmatrix} A & B \\ C & D \end{bmatrix} = \begin{bmatrix} \sqrt{\dfrac{Z_{01}}{Z_{02}}} \cosh\gamma_l & \sqrt{Z_{01}Z_{02}} \sinh\gamma_l \\ \dfrac{\sinh\gamma_l}{\sqrt{Z_{01}Z_{02}}} & \sqrt{\dfrac{Z_{02}}{Z_{01}}} \cosh\gamma_l \end{bmatrix} \quad (\text{E}10.3.1)$$

如果该二端口网络端口 2 端接负载 $Z_L$,端口 1 看入阻抗则为

$$Z_{in} = Z_{01} \frac{Z_L + Z_{02}\tanh\gamma_l}{Z_{02} + Z_L\tanh\gamma_l} = Z_{01} \frac{1 + \Gamma_L e^{-2\gamma_l}}{1 - \Gamma_L e^{-2\gamma_l}} \quad (\text{E}10.3.2)$$

其中 $\Gamma_L = \dfrac{Z_L - Z_{02}}{Z_L + Z_{02}}$ 是端口 2 因负载 $Z_L$ 不匹配于特征阻抗 $Z_{02}$ 所导致的反射系数。

对式(E10.3.2)可以做如下理解:如果二端口网络端接特征阻抗 $Z_{01}$,$Z_{02}$,可视其为一种特殊的单向传播匹配,使得电磁波从端口 1 单向传播到端口 2 的传播系数为 $e^{-\gamma_l}$。在端口 1 加压求流计算其输入阻抗时,信源首先看到的是特征阻抗 $Z_{01}$,故而入射电压和入射电流为 $\dot{V}_0$ 和 $\dot{I}_0 = \dot{V}_0/Z_{01}$,传播到端口 2 时入射电压和入射电流分别为 $\dot{V}_0 e^{-\gamma_l}$ 和 $\dot{I}_0 e^{-\gamma_l}$,如果端口 2 不匹配,将导致电压反射和电流反射,反射电压为 $\Gamma_L \dot{V}_0 e^{-\gamma_l}$,反射电流为 $-\Gamma_L \dot{I}_0 e^{-\gamma_l}$,由于是互易网络,故而再经过一个 $e^{-\gamma_l}$ 的传播到达端口 1,端口 1 的总电压为入射电压加反射电压,总电流为入射电流加反射电流,故而其输入阻抗为端口 1 总电压和总电流的比值,为式(E10.3.2)。

**例 10.3.1**　求出图 E10.3.1 所示的四个二端口网络的 $ABCD$ 参量,并分析其特征阻抗和最大功率增益或传播系数。

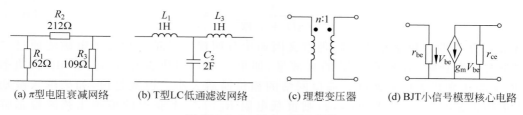

(a) π型电阻衰减网络　　(b) T型LC低通滤波网络　　(c) 理想变压器　　(d) BJT小信号模型核心电路

图 E10.3.1　四个二端口网络

**解**:下面讨论中,求解传输参量矩阵过程忽略,请同学自行完成。

(a) π 型电阻衰减网络,其传输参量矩阵为

$$\begin{bmatrix} A & B \\ C & D \end{bmatrix} = \begin{bmatrix} 2.95 & 212\Omega \\ 56.7\text{mS} & 4.42 \end{bmatrix}$$

因而有

$$Z_{01} = \sqrt{\frac{AB}{DC}} = \sqrt{\frac{2.95}{4.42} \times \frac{212}{0.0567}} = 50(\Omega)$$

$$Z_{02} = \sqrt{\frac{DB}{AC}} = \sqrt{\frac{4.42}{2.95} \times \frac{212}{0.0567}} = 75(\Omega)$$

$$\text{e}^{\gamma_l} = \sqrt{AD} + \sqrt{BC} = \sqrt{2.95 \times 4.42} + \sqrt{212 \times 0.0567} = 7.07$$

$$G_{\text{p,max}} = 20\log_{10}|\text{e}^{-\gamma_l}| = -17(\text{dB})$$

由分析结果可知,图 E10.3.1(a)所示 π 型电阻网络是一个具有 17dB 衰减量的衰减器,它同时起到一个 50Ω 阻抗和 75Ω 阻抗转换的作用,信号从端口 1 传输到端口 2 时,因其为线性纯阻性网络故而只有幅度衰减却没有相移。

(b) T 型 LC 低通网络,其传输参量矩阵为

$$\begin{bmatrix} A & B \\ C & D \end{bmatrix} = \begin{bmatrix} s^2 L_1 C_2 + 1 & s^3 L_1 L_3 C_2 + s(L_1 + L_3) \\ sC_2 & s^2 L_3 C_2 + 1 \end{bmatrix} = \begin{bmatrix} 2s^2 + 1 & 2s^3 + 2s \\ 2s & 2s^2 + 1 \end{bmatrix}$$

其中 $s = \text{j}\omega$,故而有

$$Z_{01} = \sqrt{\frac{AB}{DC}} = \sqrt{\frac{2s^2 + 1}{2s^2 + 1} \times \frac{2s^3 + 2s}{2s}} = \sqrt{s^2 + 1} \xrightarrow{s = \text{j}\omega} \sqrt{1 - \omega^2}(\Omega)$$

$$Z_{02} = \sqrt{\frac{DB}{AC}} = \sqrt{\frac{2s^2 + 1}{2s^2 + 1} \times \frac{2s^3 + 2s}{2s}} = \sqrt{s^2 + 1} \xrightarrow{s = \text{j}\omega} \sqrt{1 - \omega^2}(\Omega)$$

$$\text{e}^{\gamma_l} = \sqrt{AD} + \sqrt{BC} = \sqrt{(2s^2 + 1)(2s^2 + 1)} + \sqrt{(2s^3 + 2s)2s} = 2s^2 + 1 + 2s\sqrt{s^2 + 1}$$

$$\xrightarrow{s = \text{j}\omega} 1 - 2\omega^2 + \text{j}2\omega\sqrt{1 - \omega^2} = \text{e}^{\text{jarctan}\frac{2\omega\sqrt{1-\omega^2}}{1-2\omega^2}}$$

$$\gamma_l = \text{j}\theta_l = \text{jarctan}\frac{2\omega\sqrt{1-\omega^2}}{1-2\omega^2}$$

图 E10.3.1(b)所示的 T 型 LC 低通网络是对称网络,故而它的两个特征阻抗相同。只有在 $\omega < 1\text{rad/s}$ 的频段内,该网络才具有纯阻性特征阻抗,端接 $\omega_0(<1\text{rad/s})$ 频点的纯阻性特征阻抗,$R_s = Z_{01} = \sqrt{1 - \omega_0^2}$,$R_L = Z_{02} = \sqrt{1 - \omega_0^2}$,电磁能量在 $\omega_0$ 频点上的传播则是无损的($\alpha_l = 0$),信号传播存在 $\theta_l = \arctan\frac{2\omega_0\sqrt{1-\omega_0^2}}{1-2\omega_0^2}$ 的相位滞后量。注意到该网络是低通网络,低通滤波器的中心频点为 0。如果希望实现中心频点上的端接匹配,则取 $\omega_0 = 0$,该频点上的特征阻抗为 $Z_{01} = Z_{02} = 1\Omega$。换句话说,如果该网络端接 1Ω 信源内阻和 1Ω 负载电阻,在零频点上必可获得无相位滞后的单向传输,且是最大功率传输,$G_{\text{p},\omega=0} = G_{\text{p,max}} = 1$,而在其他频点上($\omega > \omega_0 = 0$)1Ω 并非匹配阻抗,故而不是最大功率传输,$G_{\text{p},\omega>0} < G_{\text{p,max}} = 1$。

本例端接 1Ω 匹配负载时,是一个幅度最大平坦(巴特沃思)三阶低通滤波器,同学请分析其幅频特性,确认其幅度最大平坦特性,即中心频点位置的一阶、二阶、三阶微分均为 0,最大限度地逼近理想滤波器中心频点位置的所有阶微分均为 0 的绝对平坦特性。

(c) 理想变压器的传输参量矩阵为

$$\begin{bmatrix} A & B \\ C & D \end{bmatrix} = \begin{bmatrix} n & 0 \\ 0 & \dfrac{1}{n} \end{bmatrix}$$

故而有

$$Z_{01} = \sqrt{\frac{A}{D}} \cdot \sqrt{\frac{B}{C}} = nZ_0$$

$$Z_{02} = \sqrt{\frac{D}{A}} \cdot \sqrt{\frac{B}{C}} = \frac{1}{n}Z_0$$

$$Z_0 = \sqrt{\frac{B}{C}} = \sqrt{\frac{0}{0}} = 任意值$$

$$e^{-\gamma_1} = \frac{1}{\sqrt{AD} + \sqrt{BC}} = \frac{1}{1} = e^{j0}$$

分析结果表明,理想变压器的特征阻抗具体大小并不确定,$Z_0 = \sqrt{B/C} = \sqrt{0/0}$ 等于任意值,唯一确定的是两个特征阻抗之间具有确定的 $n^2$ 关系,$n^2 = Z_{01}/Z_{02}$,换句话说,只要信源内阻和负载电阻满足 $R_s = n^2 R_L$,而不要求其具体大小,理想变压器均可实现最大功率传输,传输是无损的($\alpha_1 = 0$),且无任何相位滞后($\theta_1 = 0$),理想变压器因而被视为阻性的理想传输网络。上述分析没有频率要求,因而在理想变压器抽象不成立的 $\omega = 0$ 之外的所有频点,上述结论均成立。

（d）这是 BJT 晶体管交流小信号模型核心电路,其传输参量矩阵为

$$\begin{bmatrix} A & B \\ C & D \end{bmatrix} = \begin{bmatrix} -\dfrac{1}{g_m r_{ce}} & -\dfrac{1}{g_m} \\ -\dfrac{1}{g_m r_{be} r_{ce}} & -\dfrac{1}{g_m r_{be}} \end{bmatrix}$$

故而有

$$Z_{01} = \sqrt{\frac{A}{D}} \sqrt{\frac{B}{C}} = r_{be}$$

$$Z_{02} = \sqrt{\frac{D}{A}} \sqrt{\frac{B}{C}} = r_{ce}$$

$$e^{-\gamma_1} = \frac{1}{-\sqrt{AD} - \sqrt{BC}} = \frac{1}{-\sqrt{\dfrac{1}{g_m^2 r_{be} r_{ce}}} - \sqrt{\dfrac{1}{g_m^2 r_{be} r_{ce}}}} = -\frac{1}{2} g_m \sqrt{r_{be} r_{ce}}$$

$$G_{p,max} = e^{-2\alpha_1} = \frac{1}{4} g_m^2 r_{be} r_{ce}$$

分析结果表明,由于晶体管阻性核心电路模型是单向网络,故而其特征阻抗就是两个端口阻抗 $r_{be}$ 和 $r_{ce}$,注意到该网络满足有源性条件 $\frac{1}{4} g_m^2 r_{be} r_{ce} > 1$ 时,它是一个有源网络,它对应的传播衰减系数 $\alpha_1 < 0$,从而最大功率增益大于 $1$,$G_{p,max} = e^{-2\alpha_1} = \frac{1}{4} g_m^2 r_{be} r_{ce} > 1$。同时注意到 $A$、$B$、$C$、$D < 0$,故而取 $-\sqrt{AD}$ 和 $-\sqrt{BC}$ 表明信号由输入端口传输到输出端口具有 $180°$ 相移。

### 3. 共轭匹配阻抗

如果二端口网络的特征阻抗不是纯阻性的,则无法用特征阻抗概念来获得最大功率增益,需要引入共轭匹配阻抗概念:对于 $n$ 端口网络,其 $n$ 个端口的共轭匹配阻抗记为 $Z_{m,01}, Z_{m,02}, \cdots,$ $Z_{m,0n}$,当其他端口端接其共轭匹配阻抗时,其第 $i$ 个端口看入阻抗 $Z_{in,i}$ 为第 $i$ 个端口的共轭匹配阻抗的共轭阻抗 $Z_{m,0i}^*$。

假设某二端口网络的 $ABCD$ 参量矩阵已知,求其共轭匹配阻抗过程如下:

$$Z_{m,01}^* = Z_{in,01} = \frac{AZ_{m,02} + B}{CZ_{m,02} + D} \tag{10.3.10a}$$

$$Z_{m,02}^* = Z_{in,02} = \frac{DZ_{m,01} + B}{CZ_{m,01} + A} \tag{10.3.10b}$$

联立式(10.3.10a,b),可知两个端口的共轭匹配阻抗分别满足如下方程,

$$a_1 Z_{m,01}^2 - b_1 Z_{m,01} - c_1 = 0 \tag{10.3.11a}$$

$$a_2 Z_{m,02}^2 - b_2 Z_{m,02} - c_2 = 0 \tag{10.3.11b}$$

其中

$$a_1 = \mathrm{Re}\{C^* D\}; \quad b_1 = \mathrm{jIm}\{B^* C + A^* D\}; \quad c_1 = \mathrm{Re}\{A^* B\}$$

$$a_2 = \mathrm{Re}\{C^* A\}; \quad b_2 = \mathrm{jIm}\{B^* C - A^* D\}; \quad c_2 = \mathrm{Re}\{D^* B\}$$

由是可求得共轭匹配阻抗,如下

$$Z_{m,01} = R_{m,01} + jX_{m,01}, \quad R_{m,01} = \frac{\sqrt{\Delta}}{2a_1}, \quad jX_{m,01} = \frac{b_1}{2a_1} \tag{10.3.12a}$$

$$Z_{m,02} = R_{m,02} + jX_{m,02}, \quad R_{m,02} = \frac{\sqrt{\Delta}}{2a_2}, \quad jX_{m,02} = \frac{b_2}{2a_2} \tag{10.3.12b}$$

其倒数或共轭匹配导纳为

$$Y_{m,01} = G_{m,01} + jB_{m,01}, \quad G_{m,01} = \frac{\sqrt{\Delta}}{2c_1}, \quad jB_{m,01} = -\frac{b_1}{2c_1} \tag{10.3.13a}$$

$$Y_{m,02} = G_{m,02} + jB_{m,02}, \quad G_{m,02} = \frac{\sqrt{\Delta}}{2c_2}, \quad jB_{m,02} = -\frac{b_2}{2c_2} \tag{10.3.13b}$$

其中

$$\Delta = \mathrm{Re}^2(A^* D + B^* C) - |AD - BC|^2 \tag{10.3.14}$$

二次方程(10.3.11)的系数 $a,c$ 为纯实数或零,$b$ 为纯虚数或零。对于纯由理想电容或理想电感构成的纯电抗网络,三个系数 $a$、$b$、$c$ 均为 0,因而无法通过上述求解过程获得共轭匹配阻抗,网络内既有电容也有电感的纯电抗网络往往在特定的频段内存在纯阻性特征阻抗,它的纯阻性特征阻抗就是其共轭匹配阻抗,如例 8.3.10。

**练习 10.3.3** (1)互感变压器是纯电感器件,没有共轭匹配阻抗,因而考察其特征阻抗,请说明它的特征阻抗为纯感性的;

(2)如果在互感变压器两个端口分别并联电容 $C_1,C_2$,请分析其特征阻抗,说明存在某个频段使得其特征阻抗为实数电阻,并说明该频段的特征阻抗就是其共轭匹配阻抗。为了简单起见,假设 $L_1 C_1 = L_2 C_2$。

(3)如果考虑互感变压器两个端口存在的寄生电阻效应,即存在 $R_1$ 和 $R_2$ 分别串联在两个端口,互感变压器则存在共轭匹配阻抗,求其共轭匹配阻抗表达式。

**4. 绝对稳定**

由式(10.3.12~14)可知,要想实现有意义的最大功率传输,则需获得有正实部电阻的共轭匹配阻抗,故而必须要求,

$$a_1 > 0, \quad a_2 > 0, \quad \Delta = \mathrm{Re}^2(A^* D + B^* C) - |AD - BC|^2 > 0 \tag{10.3.15a}$$

如果考察共轭匹配导纳,则要求存在正实部电导,故而提出如下要求,

$$c_1 > 0, \quad c_2 > 0, \quad \Delta = \mathrm{Re}^2(A^* D + B^* C) - |AD - BC|^2 > 0 \tag{10.3.15b}$$

这两个要求到底意味着什么?

在进行二端口网络的共轭匹配时,端口需要外加反属性的电抗或电纳对消从端口看入阻抗所呈现的电抗或电纳,才可能实现共轭匹配。在匹配调试过程中,有如下要求:端口 2 接线性电阻、电容、电感等无源负载时,从端口 1 看入的输入阻抗也是无源的,

$$\mathrm{Re}(Z_{\mathrm{L}}) \geqslant 0, \quad \mathrm{Re}(Z_{\mathrm{in}}) \geqslant 0 \qquad (10.3.16\mathrm{a})$$

否则,端口 1 输入阻抗实部为负阻,该等效负阻有可能和端口 1 的电容、电感形成自激振荡而不稳定,根本无法实施双共轭匹配调试。同理,端口 1 接无源负载时,从端口 2 看入阻抗也是无源的,

$$\mathrm{Re}(Z_{\mathrm{s}}) \geqslant 0, \quad \mathrm{Re}(Z_{\mathrm{out}}) \geqslant 0 \qquad (10.3.16\mathrm{b})$$

否则端口 2 输出阻抗中的实部负阻可能导致自激振荡。

满足式(10.3.16),二端口网络则被称为是绝对稳定的,绝对稳定的二端口网络在任意的无源负载情况下都不可能出现自激振荡。如果不满足上述条件,二端口网络则是非绝对稳定的,在端接某些无源负载时,它因呈现等效负阻而自激振荡,10.5.1 节将讨论能形成自激振荡的正弦波振荡器。

如果二端口网络的 $Z$ 参量已知,那么它是否是绝对稳定的呢?可以从绝对稳定定义式(10.3.16)入手获得对 $Z$ 参量的要求,将输入、输出阻抗用 $Z$ 参量表述,$Z_{\mathrm{in}} = Z_{11} - \dfrac{Z_{12}Z_{21}}{Z_{22} + Z_{\mathrm{L}}}$,$Z_{\mathrm{out}} = Z_{22} - \dfrac{Z_{12}Z_{21}}{Z_{11} + Z_{\mathrm{s}}}$,之后再设法将 $Z_{\mathrm{L}}$ 和 $Z_{\mathrm{s}}$ 从不等式中消除,只剩下对 $Z$ 参量的要求,见习题 10.9 推导,最终将得到如下结论:绝对稳定的二端口网络的 $Z$ 参量将满足如下条件,

$$\mathrm{Re} Z_{11} \geqslant 0, \quad \mathrm{Re} Z_{22} \geqslant 0, \quad k \geqslant 1 \qquad (10.3.17\mathrm{a})$$

如果二端口网络的 $Y$ 参量已知,对偶地,其绝对稳定的条件为

$$\mathrm{Re} Y_{11} \geqslant 0, \quad \mathrm{Re} Y_{22} \geqslant 0, \quad k \geqslant 1 \qquad (10.3.17\mathrm{b})$$

其中,$k$ 是罗莱特稳定性系数(Rollett Stability Factor),它用两种参量表述时,形式是对偶的,

$$k = \frac{2\mathrm{Re} Z_{11}\,\mathrm{Re} Z_{22} - \mathrm{Re}(Z_{12}Z_{21})}{|\,Z_{12}Z_{21}\,|} \qquad (10.3.18\mathrm{a})$$

$$k = \frac{2\mathrm{Re} Y_{11}\,\mathrm{Re} Y_{22} - \mathrm{Re}(Y_{12}Y_{21})}{|\,Y_{12}Y_{21}\,|} \qquad (10.3.18\mathrm{b})$$

为了回避有源网络稳定和不稳定之间的临界情况,将式(10.3.17)中的 $\geqslant$ 号全部用 $>$ 替代,并称之为有源二端口网络的绝对稳定性条件,记为

$$\mathrm{Re} Z_{11} > 0, \quad \mathrm{Re} Z_{22} > 0, \quad k > 1 \qquad (10.3.19\mathrm{a})$$

或

$$\mathrm{Re} Y_{11} > 0, \quad \mathrm{Re} Y_{22} > 0, \quad k > 1 \qquad (10.3.19\mathrm{b})$$

**练习 10.3.4** 参见表 3.7.1 中 $ABCD$ 参量和 $Y$ 参量与 $Z$ 参量的转化关系,说明式(10.3.15a)和 $Z$ 参量表述的绝对稳定性条件式(10.3.19a)等价,式(10.3.15b)和 $Y$ 参量表述的绝对稳定性条件式(10.3.19b)等价,换句话说,若想获得有意义的共轭匹配阻抗(或共轭匹配导纳),则要求二端口网络是绝对稳定的。

将罗莱特稳定性系数用 $ABCD$ 参量表述,为

$$k = \frac{\mathrm{Re}(A^* D + B^* C)}{|\,AD - BC\,|} \qquad (10.3.20)$$

显然,$k > 1$ 对应 $\Delta = \mathrm{Re}^2(A^* D + B^* C) - |AD - BC|^2 > 0$,然而如果 $k < -1$ 也可以令 $\Delta > 0$,但是由 $k < -1$ 很容易推算出 $2\mathrm{Re} Y_{11}\,\mathrm{Re} Y_{22} < \mathrm{Re}(Y_{12}Y_{21}) - |Y_{12}Y_{21}| \leqslant 0$,也就是说,二端口网络

的两个端口分别短路时,另一个端口的看入导纳的实部必有一个为负阻($\mathrm{Re}Y_{11}<0$ 或 $\mathrm{Re}Y_{22}<0$),从而二端口网络不是绝对稳定的。

无源二端口网络不具有向外部提供电能的能力,它无论如何也不可能自激振荡起来,显然,无源二端口网络的稳定性系数原则上一定大于等于1。严格数学证明如下:由例8.3.9可知,如果二端口网络是无源的,则必有

$$G_{11} \geqslant 0, \quad G_{22} \geqslant 0, \quad (G_{12}+G_{21})^2+(B_{12}-B_{21})^2 \leqslant 4G_{11}G_{22}$$

由无源性条件$(G_{12}+G_{21})^2+(B_{12}-B_{21})^2 \leqslant 4G_{11}G_{22}$,很容易推演出 $k \geqslant 1$,如下所示,

$$G_{12}^2+G_{21}^2+2G_{12}G_{21}+B_{12}^2+B_{21}^2-2B_{12}B_{21} \leqslant 4G_{11}G_{22}$$

$$|Y_{12}|^2+|Y_{21}|^2+2\mathrm{Re}(Y_{12}Y_{21}) \leqslant 4G_{11}G_{22}$$

$$1 \leqslant \frac{4G_{11}G_{22}-2\mathrm{Re}(Y_{12}Y_{21})}{|Y_{12}|^2+|Y_{21}|^2} \leqslant \frac{4G_{11}G_{22}-2\mathrm{Re}(Y_{12}Y_{21})}{2|Y_{12}||Y_{21}|} = \frac{2G_{11}G_{22}-\mathrm{Re}(Y_{12}Y_{21})}{|Y_{12}Y_{21}|} = k$$

也就是说,无源网络绝对稳定而不可能自激振荡起来,这句话反着说,非绝对稳定有可能自激振荡的二端口网络一定是有源网络。最典型的有源网络是加了直流偏置的晶体管,其交流小信号等效电路可以用二端口网络参量描述。如果晶体管交流小信号二端口网络 $Y$ 参量不满足 $\mathrm{Re}Y_{11}>0,\mathrm{Re}Y_{22}>0$,则一定是非绝对稳定的。但是如果 $\mathrm{Re}Y_{11}>0,\mathrm{Re}Y_{22}>0$ 已经满足,那么就只需通过考察稳定性系数即可判定晶体管是否绝对稳定。此时 $k>1$ 则对应绝对稳定,$k<1$ 则对应非绝对稳定,$k=1$ 则是稳定和不稳定的临界。当 $k<1$ 非绝对稳定情况出现时,而我们仍然试图去实现双共轭匹配,将会如练习10.4.3所示的那样,当我们在端口2调试并接共轭匹配电纳时,端口1看入导纳将呈现负导,当我们在端口1调试并接共轭匹配电纳时,端口2看入导纳将呈现负导,一旦出现负电导,该负电导将和网络自身电容、电感及外部匹配电感、电容形成自激振荡,从而无法实施双共轭匹配调试,因为放大器已经变成振荡器了。事实上,非绝对稳定情况下,理论推导公式(10.3.12,13)也表明,我们根本就无法找到双共轭匹配导纳用于实现双共轭匹配。而 $k>1$ 绝对稳定性条件满足时,无论端口接什么样的无源元件,网络在其两个端口总是不会等效出负阻来,此时可以根据式(10.3.12,13)给出的共轭匹配阻抗或共轭匹配导纳进行双共轭匹配,并由此获得最大功率增益。

$k<1$ 的有源二端口网络之所以会自激振荡,除了两个端口自身可能存在的负阻效应外($\mathrm{Re}Y_{11}<0$ 或 $\mathrm{Re}Y_{22}<0$),往往是由于其内部寄生效应使得输出端口对输入端口有反向作用,网络参量矩阵的12元素不为0,从而在一定的负载条件下,这个反向作用变成了正反馈,导致出现等效负阻而自激振荡。

**练习10.3.5**　说明 $G_{11}>0,G_{22}>0$ 的单向二端口网络一定是绝对稳定的。它的稳定性系数为多少?它的最大功率增益为多少?

### 5. 双共轭匹配与最大功率增益

假设线性时不变二端口网络满足绝对稳定性条件,则可以求出端口共轭匹配阻抗如式(10.3.12),如果在其两个端口端接共轭匹配阻抗,如图10.3.2所示,则由于两个端口同时共轭匹配,负载阻抗可获得最大功率。那么这种连接情况下的最大功率增益有多大呢?如图10.3.3所示,二端口网络端接其某个频点 $\omega_0$ 上的共轭匹配阻抗,将串臂 $jX_{\mathrm{m},01}$ 和 $jX_{\mathrm{m},02}$ 和原网络合并为新的二端口网络,如图虚框所示,该虚框二端口网络必然在 $\omega_0$ 频点上具有纯阻特征阻抗,于是可先求出虚框二端口网络的 $ABCD$ 参量,再端接其纯阻特征阻抗即可方便地

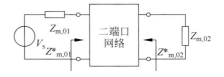

图 10.3.2　二端口网络的双共轭匹配

应用式(10.3.5)形式的传递函数表达式获得终解如下，

$$H_p(j\omega_0) = e^{-\gamma_1} = \sqrt{\frac{k - \sqrt{k^2-1}}{|AD-BC|}} \cdot e^{-j\frac{1}{2}\left(\theta - \arctan\frac{\sqrt{k^2-1}\sin(\theta-2\phi)}{1+k\cos(\theta-2\phi)}\right)} \qquad (10.3.21)$$

其中，$\gamma_1$ 是图 10.3.3 虚框二端口网络的传播系数，$\theta = \angle(AD-BC)$，$\phi = \angle C$。

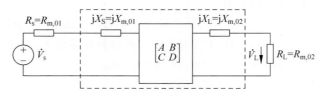

图 10.3.3　端接共轭匹配阻抗以实现最大功率传输

显然，在 $\omega_0$ 频点上的最大功率增益为

$$G_{p,max} = MAG = \frac{1}{|AD-BC|}\left(k - \sqrt{k^2-1}\right) \quad (k>1) \qquad (10.3.22a)$$

它又常被命名为 MAG(Maximum Available Gain)。获得 MAG 的前提是二端口网络是绝对稳定的，即 $k>1$；如果二端口网络并非绝对稳定($k<1$)，则可通过某种措施，例如在端口串联或并联电阻对消等效负阻，持续增大外加电阻的影响，一直增大到将电阻影响合并在内后新的二端口网络进入绝对稳定的临界点($k=1$)，此时的最大功率增益虽然无法实现，但可极致外推并称之为最大稳定增益 MSG(Maximum Stable Gain)，显然 MSG 是 MAG 公式(10.3.22a)中将 $k=1$ 代入后的结果，即

$$MSG = \frac{1}{|AD-BC|} \quad (k<1) \qquad (10.3.22b)$$

MAG 和 MSG 一般被理解为二端口网络在不允许外加反馈网络情况下的最大功率增益 $G_{p,max}$，然而习题 10.10 给出的数值例分析表明，MSG 并非不可超越。

**练习 10.3.6**　对于阻性二端口网络，其 $ABCD$ 参量全部为实数，证明：(1)只有当 $A$、$B$、$C$、$D$ 四个参量全部非负或全部非正时，该网络才是绝对稳定的。(2)绝对稳定的阻性二端口网络，其共轭匹配阻抗退化为特征阻抗，换句话说，其特征阻抗就是共轭匹配阻抗，此时最大功率增益表达式(10.3.22a)也退化为式(10.3.4)形式。

**练习 10.3.7**　考虑到用 $ABCD$ 参量表述特征阻抗和传递函数十分方便，如式(10.3.3~5)所示，因而本书在分析共轭匹配阻抗时也采用了 $ABCD$ 参量描述二端口网络。在描述实际网络时，用 $Y$ 参量或 $Z$ 参量或许显得更加自然一些，因为很多网络是用 $Y$ 参量或 $Z$ 参量表述的。请同学们利用表 3.7.1，将前述线性二端口网络的 $Z_{m,01}$，$Z_{m,02}$，MAG 和 MSG 用 $Y$ 参量表述出来。

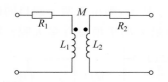

图 E10.3.2　无线能量传输双线
圈互感变压器模型

**练习 10.3.8**　无线能量传输 WPT。人们可以利用空间中的两个线圈之间的磁耦合实现无线能量传输(Wireless Power Transmission)，这种无线能量传输方式的电路模型是耦合系数 $k$ 很小的互感变压器，如图 E10.3.2 所示。由于绕制线圈的金属损耗等原因，两个线圈的损耗用串联电阻表示，请证明这个无线能量传输系统在 $\omega_0$ 频点上的最大能量传输效率为

$$\eta_{max}(\omega_0) = 1 - \frac{2}{1 + \sqrt{1 + k^2 Q_1 Q_2}} \qquad (E10.3.3)$$

其中，$Q_1 = \dfrac{\omega_0 L_1}{R_1}$，$Q_2 = \dfrac{\omega_0 L_2}{R_2}$ 是两个回路的 $Q$ 值，$k = \dfrac{M}{\sqrt{L_1 L_2}}$ 为线圈耦合系数。以 $k^2 Q_1 Q_2$ 为自变量，$\eta_{max}$ 为因变量，考察传输效率变化情况，以此说明如何提高无线能量传输的效率。

**提示**：最大能量传输效率就是互感变压器二端口网络的最大功率增益。

### 10.3.2 阻抗匹配电路

前述分析简单地假设二端口网络通过端接特征阻抗或共轭匹配阻抗以获得最大功率增益，然而一般情况下信源内阻 $Z_s$ 和负载阻抗 $Z_L$ 是被指定的而不能随意变动，因此需要在二端口网络的输入端口和信源之间插入一个输入匹配网络，使得信源内阻 $Z_s$ 被变换为 $Z_{m,01}$ 或 $Z_{01}$，在二端口网络输出端口和负载之间插入一个输出匹配网络，使得负载 $Z_L$ 被变换为 $Z_{m,02}$ 或 $Z_{02}$，如图 10.3.4 所示。这两个匹配网络应采用无损网络，如无损 LC 网络或无损传输线网络，以确保能量在指定的 $\omega_0$ 频点上无损通过匹配网络，那么负载获得的功率必然是最大功率，插入两个无损匹配网络后的总系统的最大功率增益必然等同于原二端口网络。

于是最大功率传输问题就被转化为匹配网络的设计问题。注意到 $Z_s = R_s + jX_s$ 和 $Z_L = R_L + jX_L$ 中的电抗部分 $X_s$、$X_L$ 总是可以通过反属性电抗 $-X_s$、$-X_L$ 将其抵偿，例如容性电抗可以用感性电抗抵消，感性电抗可以用容性电抗抵消，因而为了进一步简

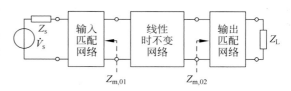

图 10.3.4 二端口网络双共轭匹配与匹配网络

化问题，这里不妨假设信源内阻和负载阻抗都是纯阻，同理 $Z_{m,01}$ 和 $Z_{m,02}$ 中的电抗部分也可被反属性电抗抵消，从而任意阻抗之间的阻抗匹配网络设计被简化为两个纯阻阻抗之间匹配网络的设计问题。

显然，理想变压器是最简单的阻抗匹配网络，只要变压比 $n = \sqrt{R_s/R_L}$，即可实现最大功率传输匹配。但是理想变压器并不存在，因而下面首先考察用互感变压器实现的阻抗变换方法。由于寄生效应，基于磁芯的互感变压器的工作频率一般较低，更高频率的匹配网络多采用 LC 匹配网络，宽带匹配或微波频段则多采用传输线匹配网络，其设计见"微波技术"相关课程，下面只考察前两种匹配网络的设计，且只分析纯阻间阻抗匹配网络的设计。

#### 1. 变压器阻抗匹配网络

1）简单匹配网络

**例 10.3.2** 研究采用互感变压器进行阻抗变换和理想变压器之间的差距，以 $R_s = 200\Omega$，$R_L = 50\Omega$ 为例进行说明。

**分析**：如果采用理想变压器，其变压比应取 $n = \sqrt{\dfrac{R_s}{R_L}} = \sqrt{\dfrac{200}{50}} = 2$，除了直流点外，理想变压器在任意频点都可以实现理想阻抗变换。

对于非理想变压器的互感变压器，为了给出数值说明，这里取 $L_1 = 32\text{mH}$，$L_2 = \dfrac{1}{n^2} L_1 = 8\text{mH}$，这种取法假设互感变压器的变压比为理想变压器的 $2:1$ 变压比。

由于网络实现的是阻抗变换关系,故而采用基于功率传输的传递函数,$H(\mathrm{j}\omega) = 2\sqrt{\dfrac{R_\mathrm{s}}{R_\mathrm{L}}}\dfrac{\dot{V}_\mathrm{L}}{\dot{V}_\mathrm{s}}$,

其幅度平方代表的是功率增益,显然如果匹配了,功率增益必然等于 1。由于阻抗变换网络都

是无源网络,功率增益在这里也被称为功率传输效率,$\eta = |H(\mathrm{j}\omega)|^2 = \dfrac{P_\mathrm{L}}{P_\mathrm{s,max}}$,效率为 1 时,代表

匹配网络实现了阻抗匹配。

**解:**(1) 理想变压器情况,等效电路如图 E10.3.3 所示,

$$H = 2\sqrt{\frac{R_\mathrm{s}}{R_\mathrm{L}}}\frac{\dot{V}_\mathrm{L}}{\dot{V}_\mathrm{s}} = 2\sqrt{\frac{R_\mathrm{s}}{R_\mathrm{L}}}\frac{\dot{V}'_\mathrm{L}\cdot\frac{1}{n}}{\dot{V}_\mathrm{s}} = 2\frac{\dot{V}'_\mathrm{L}}{\dot{V}_\mathrm{s}}$$

$$= 2\frac{R'_\mathrm{L}}{R_\mathrm{s}+R'_\mathrm{L}} = 2\frac{n^2 R_\mathrm{L}}{R_\mathrm{s}+n^2 R_\mathrm{L}} = 2\frac{200}{200+200} = 1 \qquad (\text{E}10.3.4)$$

换句话说,除了零频点是理想变压器抽象模型无法覆盖的频点,其他所有频点上理想变压器的功

率传输效率都是 100%,$\eta = |H|^2 = \dfrac{P_\mathrm{L}}{P_\mathrm{s,max}} = 1 = 100\%$,即负载均可获得信源输出的额定功率。

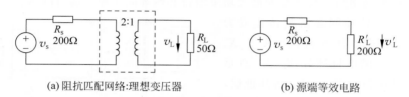

(a) 阻抗匹配网络:理想变压器     (b) 源端等效电路

图 E10.3.3 理想变压器实现的阻抗变换

(2) 全耦合情况:全耦合即 $k=1$ 情况,故而 $M = k\sqrt{L_1 L_2} = 16\mathrm{mH}$,其中 $L_1 = 32\mathrm{mH}$,
$L_2 = 8\mathrm{mH}$。等效电路如图 E10.3.4 所示,可等效为 32mH 并臂电感与 2:1 理想变压器的级
联,于是整个电路就是一个一阶动态电路。显然这是一个一阶高通系统:在低频时电感短路,
信号无法到达负载端;高频时电感开路,等效负载电阻 $R'_\mathrm{L} = n^2 R_\mathrm{L} = 200\Omega = R_\mathrm{s}$ 可获得信源输
出的额定功率,由于理想变压器本身不消耗能量,等效负载电阻吸收的能量就是实际负载吸收
的能量。

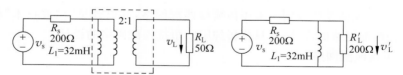

图 E10.3.4 全耦合变压器:高频端可实现阻抗匹配

从等效电路可以列写如下传递函数,

$$H = 2\sqrt{\frac{R_\mathrm{s}}{R_\mathrm{L}}}\frac{\dot{V}_\mathrm{L}}{\dot{V}_\mathrm{s}} = 2\sqrt{\frac{R_\mathrm{s}}{R_\mathrm{L}}}\frac{\dot{V}'_\mathrm{L}\cdot\frac{1}{n}}{\dot{V}_\mathrm{s}} = 2\frac{\dot{V}'_\mathrm{L}}{\dot{V}_\mathrm{s}}$$

$$= 2\frac{R'_\mathrm{L}\parallel \mathrm{j}\omega L_1}{R_\mathrm{s}+R'_\mathrm{L}\parallel \mathrm{j}\omega L_1} = 2\frac{\mathrm{j}\omega L_1 G_\mathrm{s}}{1+\mathrm{j}\omega L_1(G_\mathrm{s}+G'_\mathrm{L})}$$

$$= \frac{\mathrm{j}\omega\tau}{1+\mathrm{j}\omega\tau} = \frac{s\tau}{1+s\tau} = \frac{s}{s+\omega_0} \qquad (\text{E}10.3.5)$$

其中，$\tau = L_1(G_s + G_L') = 2L_1 G_s = 2 \times 32\text{mH} \times \dfrac{1}{200\Omega} = 0.32\text{ms}$，显然这是一个 3dB 频点为 $f_{3\text{dB}} = \dfrac{\omega_0}{2\pi} = \dfrac{1}{2\pi\tau} = 497\text{Hz}$ 的一阶高通滤波器。在远高于该频率的高频频带，功率传输效率接近 $100\%$。这里不考虑互感变压器寄生电容效应导致的高频增益下降。

（3）非全耦合情况，即 $k < 1$，其等效电路如图 E10.3.5 所示，显然这是一个二阶系统，且由于动态元件都是电感，不存在谐振或共轭匹配，因而一定无法达到最大功率传输匹配，功率传输效率一定小于 $100\%$。

$$
H = 2\sqrt{\frac{R_s}{R_L}} \frac{\dot{V}_L}{\dot{V}_s} = 2\sqrt{\frac{R_s}{R_L}} \frac{\dot{V}_L' \cdot \frac{1}{nk}}{\dot{V}_s} = 2\frac{1}{k} \frac{\dot{V}_L'}{\dot{V}_s} = \frac{2}{k} \frac{(nk)^2 R_L \parallel j\omega L_1 k^2}{R_s + j\omega L_1(1-k^2) + (nk)^2 R_L \parallel j\omega L_1 k^2}
$$

$$
= \frac{2}{k} \frac{k^2 \frac{sL_1 R_s}{sL_1 + R_s}}{R_s + sL_1(1-k^2) + k^2 \frac{sL_1 R_s}{sL_1 + R_s}} = \frac{2ks L_1 R_s}{s^2 L_1^2(1-k^2) + 2sL_1 R_s + R_s^2}
$$

$$
= k \frac{2\frac{R_s}{L_1(1-k^2)}s}{s^2 + 2\frac{R_s}{L_1(1-k^2)}s + \frac{R_s^2}{L_1^2(1-k^2)}} = k \frac{2\xi\omega_0 s}{s^2 + 2\xi\omega_0 s + \omega_0^2} \tag{E10.3.6}
$$

其中 $\omega_0 = \dfrac{R_s}{L_1\sqrt{1-k^2}}$，$\xi = \dfrac{1}{\sqrt{1-k^2}} > 1$。它显然具有过阻尼情况下的二阶带通滤波特性，在 $f_0 = \dfrac{\omega_0}{2\pi} = \dfrac{1}{2\pi G_s L_1\sqrt{1-k^2}} = \dfrac{995}{\sqrt{1-k^2}}$（Hz）频点上，功率传输效率最大，为 $k^2 \times 100\%$，3dB 带宽为 $\text{BW}_{3\text{dB}} = \dfrac{f_0}{Q} = 2\xi f_0 = \dfrac{2}{2\pi G_s L_1(1-k^2)} = \dfrac{1989}{1-k^2}$（Hz）。

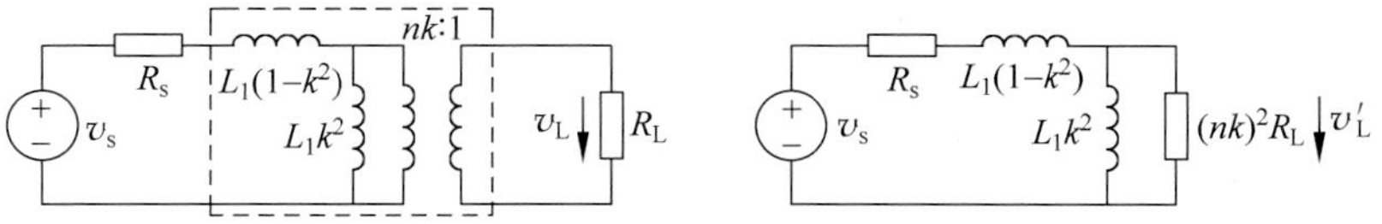

图 E10.3.5 互感变压器：不能实现理想的阻抗匹配

当 $k = 0.95$ 时，

$$
f_0 = \frac{995}{\sqrt{1-k^2}}\text{Hz} = 3.19\text{kHz}, \quad \text{BW}_{3\text{dB}} = \frac{1989}{1-k^2}\text{Hz} = 20.4\text{kHz}
$$

$$
\eta_{\max} = k^2 = 90.25\% = -0.45\text{dB}
$$

当 $k = 0.5$ 时，

$$
f_0 = \frac{995}{\sqrt{1-k^2}}\text{Hz} = 1.15\text{kHz}, \quad \text{BW}_{3\text{dB}} = \frac{1989}{1-k^2}\text{Hz} = 2.65\text{kHz}, \quad \eta_{\max} = k^2 = 25\% = -6\text{dB}
$$

上述分析表明，理想变压器是互感变压器的高度抽象，除了零频点之外的其他频点都可以实现 $100\%$ 的能量传输效率；而非理想的互感变压器，则自行形成一个二阶带通系统，在中心频点可实现 $k^2$ 大小的功率传输，这是我们不甘心的地方，因为互感变压器自身是动态元件，并不消耗能量，为何不能实现 $100\%$ 的能量传输呢？这是由于阻抗没有共轭匹配，从而存在虚功（能量反射），可以利用谐振，用电容将电感的影响在某特定频点上予以消除后实现阻抗匹配。

如何消除动态元件的影响呢？从图 E10.3.5 等效电路看，如果希望负载能够获得最大功率，可以想象用两个电容分别和两个等效电感谐振，如图 E10.3.6 所示，电容 $C_1$ 和漏磁电感 $L_1(1-k^2)$ 串联谐振于选定频点 $\omega_0$，该频点上串联 LC 相当于短路，端口 2 并接 $C_2$ 电容，其等效电容 $C_2/(nk)^2$ 和励磁电感 $L_1k^2$ 并联谐振于同一个频点 $\omega_0$，该频点上并联 LC 相当于开路，于是等效电路中，在 $\omega_0$ 频点上，$(nk)^2R_L$ 的等效负载电阻和信源内阻 $R_s$ 直连，只要两者相等，则可在该频点上实现最大功率传输匹配。

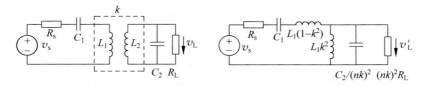

图 E10.3.6　用电容抵偿电感通过谐振实现共轭匹配

假设希望实现 $k=0.5$ 情况下的最大功率传输匹配，为了确保 $(nk)^2R_L=R_s$，互感变压器的变压比需要偏离理想变压器的 $2=\sqrt{R_s/R_L}$，可取

$$n = \frac{1}{k}\sqrt{\frac{R_s}{R_L}} = \frac{1}{0.5}\sqrt{\frac{200}{50}} = 4$$

于是在假设确定 $L_1=32\text{mH}$ 的前提下，$L_2$ 则需取 $2\text{mH}$，$L_2=L_1/n^2=2\text{mH}$，互感则为 $4\text{mH}$，$M=k\sqrt{L_1L_2}=4\text{mH}$。再假设我们希望在 $f_0=1\text{kHz}$ 频点上实现最大功率传输匹配，则需选定如下两个电容，

$$C_1 = \frac{1}{(2\pi f_0)^2 L_1(1-k^2)} = \frac{1}{(2\pi\times1000)^2\times32\times10^{-3}\times(1-0.5^2)} = 1.06(\mu\text{F})$$

$$C_2 = \frac{1}{(2\pi f_0)^2(L_1/n^2)} = \frac{1}{(2\pi\times1000)^2\times2\times10^{-3}} = 12.7(\mu\text{F})$$

$C_1$ 串接在端口 1，$C_2$ 并接在端口 2，如图 E10.3.6 所示，我们期望上述设计可在 1kHz 频点上实现最大功率传输匹配。

由于这是一个 4 阶系统，传递函数表述相对较为复杂，我们采用数值计算确认这一点，用从 $v_S$ 到 $v_L$ 级联总 ABCD 参量计算，有

$$\boldsymbol{ABCD} = \begin{bmatrix} 1 & R_s + \dfrac{1}{sC_1} + sL_1(1-k^2) \\ 0 & 1 \end{bmatrix} \begin{bmatrix} nk & 0 \\ 0 & \dfrac{1}{nk} \end{bmatrix} \begin{bmatrix} 1 & 0 \\ \dfrac{1}{R_L} + sC_2 + \dfrac{1}{sL_2} & 1 \end{bmatrix} = \begin{bmatrix} A & B \\ C & D \end{bmatrix}$$

$$H = 2\sqrt{\frac{R_s}{R_L}}\frac{\dot{V}_L}{\dot{V}_s} = 2\sqrt{\frac{R_s}{R_L}}\frac{1}{A} \tag{E10.3.7}$$

编写 MATLAB 程序如下，

```
clear all                        % 基本参量设定
RS = 200;                        % 信源内阻
RL = 50;                         % 负载电阻
k = 0.5;                         % 耦合系数
n = sqrt(RS/RL)/k;               % 变压比
L1 = 32E-3;                      % 初级线圈
L2 = L1/n^2;                     % 次级线圈
```

```
f0 = 1 * 1E3;                        % 谐振频点
w0 = 2 * pi * f0;

C1 = 1/w0 ^ 2/L1/(1 - k ^ 2);        % 互感变压器端口 1 串联谐振电容
C2 = 1/w0 ^ 2/L2;                    % 互感变压器端口 2 并联谐振电容

freqstart = 1;                       % 仿真起始频点
freqstop = 1E6;                      % 仿真终止频点
freqnumber = 1000;                   % 仿真频点个数
freqstep = 10 ^ (log10(freqstop/freqstart)/freqnumber);

freq = freqstart/freqstep;

for j = 1:freqnumber
    freq = freq * freqstep;

    f(j) = freq;                     % 频点设定
    s = i * 2 * pi * freq;

    ABCD = [1 RS + 1/(s * C1) + s * L1 * (1 - k ^ 2);0 1] * [n * k 0;0 1/(n * k)] * [1 0;1/RL + s * C2 + 1/
(s * L2) 1];                         % 总 ABCD 矩阵

    H = 2 * sqrt(RS/RL)/ABCD(1,1);   % 1/A 为开路电压增益, H 为基于功率的传递函数
    absH(j) = abs(H);                % 只对幅度感兴趣, 幅度的平方为能量传输效率
end

figure(1)
plot(f,absH,'k')                     % 幅频特性图
```

运行上述程序, 可获得如图 E10.3.7 所示的传递函数幅频特性曲线, 可以确定在 1kHz 上该设计确实获得了 100% 的能量传输效率。

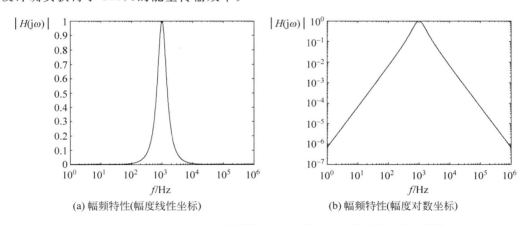

(a) 幅频特性(幅度线性坐标)　　　　　　　(b) 幅频特性(幅度对数坐标)

图 E10.3.7　用电容和电感的谐振匹配二端口电感获得最大功率传输

上述匹配电路的设计是粗糙的, 仅仅根据等效电路对漏磁电感和励磁电感分别谐振而给出了一个试探性的匹配网络, 匹配设计虽然成功, 但匹配效果并非最优。可以通过对匹配电路特征阻抗的精细分析, 在理论上给出性能更优的匹配网络, 如图 E10.3.8 所示的

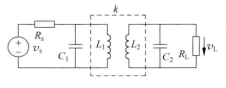

图 E10.3.8　互感耦合双并联谐振电路

互感耦合双并联谐振电路具有平坦的匹配特性。

后文将给出该匹配网络设计的理论公式,这里直接代入公式给出如下一组匹配参量,

$$R_s = 200\Omega, \quad R_L = 50\Omega, \quad k = 0.5, \quad n = 2 = \sqrt{R_s/R_L}$$

$$L_1 = 20.44\text{mH}, \quad L_2 = L_1/n^2 = 5.11\text{mH}, \quad M = k\sqrt{L_1 L_2} = 5.11\text{mH}$$

$$C_1 = 1.43\mu\text{F}, \quad C_2 = 5.72\mu\text{F}$$

该网络的传递函数幅频特性曲线如图 E10.3.9 所示。注意,互感变压器的变压比仍然保持理想变压器的 $n = 2 = \sqrt{R_s/R_L}$。

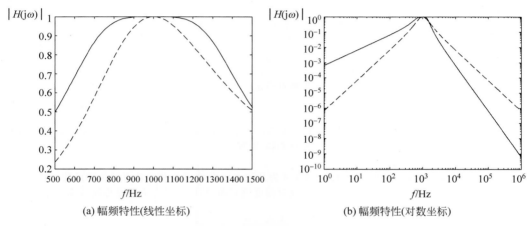

(a) 幅频特性(线性坐标)　　　　　(b) 幅频特性(对数坐标)

图 E10.3.9　互感耦合双并联谐振电路具有最平坦幅频特性($k=0.5$)

作为比对,图 E10.3.7 给出的粗糙的试探性匹配电路的幅频特性曲线同时画在上面(虚线),它的带宽明显比精心设计的图 E10.3.8 所示的双并联谐振电路差。从线性坐标看,经过精细设计的双并联谐振匹配电路幅频特性关于中心频点的对称性好,通带更平坦。

为了对上述分析有一个更直观的理解,图 E10.3.10 给出了理想变压器、全耦合变压器、互感变压器(无匹配,$k=0.95,0.5$ 两种情况)、粗糙匹配的互感变压器和精细分析精心设计的

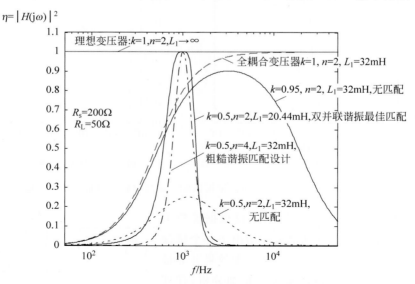

图 E10.3.10　变压器不同匹配情况下的传输效率

双并联谐振互感变压器的功率传输系数(能量传输效率),具体电路元件取值如例 10.3.2 分析中列出:①理想变压器,全频带(除零频点)100%能量传输;②全耦合变压器,高通特性,高频接近理想变压器;③互感变压器,带通特性,在取 $n=\sqrt{R_s/R_L}$ 情况下,在带通中心频点能量传输效率为 $k^2 \times 100\%$,如 $k=0.95$ 最大传输效率为 90.25%,$k=0.5$ 最大传输效率为 25%;④互感变压器,通过对等效电路的简单分析给出了一个相对粗糙的谐振匹配电路,在 1kHz 上确实实现了 100%的能量传输,但匹配带宽较窄;⑤互感变压器,通过对双并联谐振性质的精细研究,给出了一组较好的参量,使得电路不仅在 1kHz 上实现了 100%能量传输,而且匹配带宽较宽,通带内幅频特性平坦。那么如何获得这个幅度特性平坦的双并联谐振回路设计呢?

2)互感耦合双并联谐振匹配网络设计

在通信电路中,信源和负载通过互感耦合的双谐振回路连接在一起是常见的单元电路,如图 10.3.5 所示,这是一个双并联谐振回路。

现在我们希望设计中间的双并联谐振回路,实现在 $\omega_0$ 频点上的最大功率传输匹配。具体分析过程如下:

(1)考察双并联谐振回路的 ABCD 参量,进而获得其特征阻抗 $Z_{01}$,$Z_{02}$。

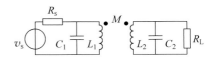

图 10.3.5 互感耦合双并联谐振回路

(2)分析其中最简单的情况,即两侧谐振回路的谐振频率相等 $L_1C_1 = L_2C_2$ 的情况,并考察这种情况下的特征阻抗随频率变化的规律,找到特征阻抗随频率变化最平缓(微分为 0)的频点作为最大功率传输匹配频点,则可期望系统传函以该频点为中心频点时具有最平坦的幅频特性。

(3)令信源内阻 $R_s = Z_{01}$,负载电阻 $R_L = Z_{02}$,考察传递函数形式,分析其 3dB 带宽。

通过上述分析,可给出如下的互感耦合双并联谐振回路的最佳匹配网络设计流程:

(1)由题设要求确认两个 3dB 频点 $f_1$、$f_2$,获得带宽参量 $B$,

$$B = \frac{f_2 - f_1}{f_2 + f_1} \tag{10.3.23}$$

根据表 10.3.1 或图 10.3.6 获得耦合系数 $k$ 和中心频率修正系数 $\lambda_M$,取

$$f_0 = 0.5\lambda_M(f_1 + f_2) \tag{10.3.24}$$

表 10.3.1 耦合并联双谐振回路设计表格

| $B$ | $k$ | $\lambda_M$ | $\lambda_C$ |
|---|---|---|---|
| 0.00 | 0.0000 | 1.0000 | 1.0000 |
| 0.05 | 0.0706 | 1.0000 | 0.9975 |
| 0.10 | 0.1404 | 1.0000 | 0.9900 |
| 0.15 | 0.2087 | 0.9999 | 0.9776 |
| 0.20 | 0.2747 | 0.9998 | 0.9602 |
| 0.25 | 0.3383 | 0.9995 | 0.9380 |
| 0.30 | 0.3987 | 0.9989 | 0.9109 |
| 0.35 | 0.4558 | 0.9980 | 0.8793 |
| 0.40 | 0.5097 | 0.9965 | 0.8429 |
| 0.45 | 0.5602 | 0.9943 | 0.8021 |
| 0.50 | 0.6076 | 0.9910 | 0.7568 |
| 0.55 | 0.6522 | 0.9863 | 0.7071 |
| 0.60 | 0.6941 | 0.9798 | 0.6532 |

续表

| $B$ | $k$ | $\lambda_{\mathrm{M}}$ | $\lambda_{\mathrm{C}}$ |
|---|---|---|---|
| 0.65 | 0.7339 | 0.9708 | 0.5949 |
| 0.70 | 0.7719 | 0.9583 | 0.5322 |
| 0.75 | 0.8086 | 0.9409 | 0.4649 |
| 0.80 | 0.8446 | 0.9165 | 0.3928 |
| 0.85 | 0.8806 | 0.8810 | 0.3150 |
| 0.90 | 0.9174 | 0.8257 | 0.2302 |
| 0.95 | 0.9563 | 0.7259 | 0.1342 |
| 0.99 | 0.9905 | 0.5122 | 0.0389 |
| 1.00 | 1.0000 | 0.0000 | 0.0000 |

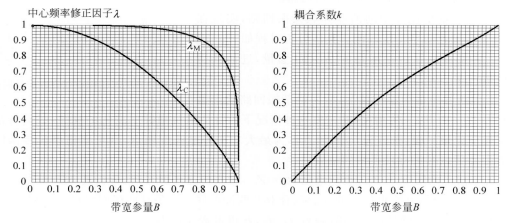

图 10.3.6　具有平坦特性的耦合双并联谐振回路设计曲线

（2）采用如下公式获得器件参数，其中 $\omega_0 = 2\pi f_0$，$R_{\mathrm{s}}$、$R_{\mathrm{L}}$ 为信源内阻和负载电阻，

$$L_1 = \frac{R_{\mathrm{s}}}{\omega_0} L_n, \quad L_2 = \frac{R_{\mathrm{L}}}{\omega_0} L_n, \quad L_n = \frac{\left(\frac{1+k}{1-k}\right)^{\frac{1}{4}} - \left(\frac{1-k}{1+k}\right)^{\frac{1}{4}}}{\sqrt{1-k^2}}$$

$$C_1 = \frac{C_n}{\omega_0 R_{\mathrm{s}}}, \quad C_2 = \frac{C_n}{\omega_0 R_{\mathrm{L}}}, \quad C_n = \frac{1}{\left(\frac{1+k}{1-k}\right)^{\frac{1}{4}} - \left(\frac{1-k}{1+k}\right)^{\frac{1}{4}}}$$

$$M = k \sqrt{L_1 L_2} \tag{10.3.25}$$

上述设计公式中有两个参量需要由带宽参量 $B$ 确定，即耦合系数 $k$ 和中心频率修正因子 $\lambda_{\mathrm{M}}$。表 10.3.1 给出了间隔为 0.05 的带宽参量 $B$ 对应的 $k$ 和 $\lambda_{\mathrm{M}}$，如果要求的 $B$ 不在这个表格内，可直接查图 10.3.6 获得这两个系数。也可采用拟合公式获得这两个系数，

$$k = 1.4185B - 0.0685B^2 - 0.6026B^3 - 1.5771B^4 + 4.5687B^5 - 4.088B^6 + 1.3487B^7 \tag{10.3.26}$$

在 $B \in [0,1]$ 整个范围内，耦合系数 $k$ 的误差不会超过 0.001。对于窄带设计，$B$ 很小，耦合系数 $k$ 和 $B$ 具有如下的正比关系可以直接采用

$$k \approx \sqrt{2} B \tag{10.3.27a}$$

当带宽要求较宽的条件下，$B$ 接近于 1，耦合系数近似等于 $B$，

$$k \approx B \tag{10.3.27b}$$

式(10.3.27)充分说明了要实现宽带匹配,必须有大的耦合系数。

当 $B < 0.9$ 时,中心频率修正因子 $\lambda_M$ 采用如下公式拟合,误差可小于 0.0004,

$$\lambda_M \approx 1 - \frac{B^4}{8} - \frac{B^8}{4} + \frac{B^{12}}{4} - \frac{B^{16}}{4} - \frac{B^{20}}{16} - \frac{B^{24}}{128} - \frac{B^{28}}{64} \tag{10.3.28}$$

$B \geqslant 0.9$ 意味着两个 3dB 频点相差巨大,$f_2 \geqslant 19 f_1$,这在实际应用中很少见,因而式(10.3.28)足以应对绝大多数设计情况。

**例 10.3.3** 设计一个互感耦合双并联谐振匹配电路,要求在 2MHz~18MHz 频带上获得最平坦的传输匹配特性,其中信源内阻为 $50\Omega$,负载电阻为 $200\Omega$。

**解**:带宽参量 $B = \dfrac{18-2}{18+2} = 0.8$,查表 10.3.1,知耦合系数和中心频率分别为

$$k = 0.8446, \quad f_0 = 0.9165 \times 0.5 \times (2+18) = 9.165 \text{(MHz)}$$

代入式(10.3.25),有如下设计参数,

$$L_n = \frac{\left(\dfrac{1+k}{1-k}\right)^{\frac{1}{4}} - \left(\dfrac{1-k}{1+k}\right)^{\frac{1}{4}}}{\sqrt{1-k^2}} = 2.4606$$

$$L_1 = \frac{R_s}{\omega_0} L_n = 2.137 (\mu\text{H}), \quad L_2 = \frac{R_L}{\omega_0} L_n = 8.546 (\mu\text{H})$$

$$M = k \sqrt{L_1 L_2} = 3.609 \mu\text{H}$$

$$C_n = \frac{1}{\left(\dfrac{1+k}{1-k}\right)^{\frac{1}{4}} - \left(\dfrac{1-k}{1+k}\right)^{\frac{1}{4}}} = 0.7591$$

$$C_1 = \frac{C_n}{\omega_0 R_s} = 263.6 (\text{pF}), \quad C_2 = \frac{C_n}{\omega_0 R_L} = 65.91 (\text{pF})$$

这组电路参数对应的传输系数幅频特性见图 E10.3.11,仿真器给出的曲线表明该电路确实实现了 2M~18MHz 的宽带设计,传输特性在通带内足够平坦。图中同时给出了相同 3dB 带宽的 4 阶幅度最大平坦带通滤波器的传输特性,如图中虚线所示,幅度最大平坦滤波器也称巴特沃思滤波器,其幅频特性具有在中心频点一阶、二阶和更高阶微分为 0 的最大平坦特性,以尽可能接近理想滤波器的绝对平坦特性。然而我们发现,互感耦合双并联谐振回路在宽带设计

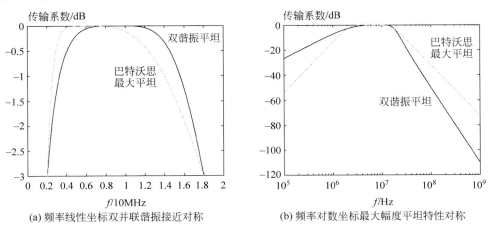

(a) 频率线性坐标双并联谐振接近对称    (b) 频率对数坐标最大幅度平坦特性对称

图 E10.3.11 设计网络传输系数幅频特性

中,其通带平坦特性在线性频率坐标下比巴特沃思幅度最大平坦特性更优:①幅度最大平坦巴特沃思滤波器的中心频率为两个 3dB 频率界点的几何平均,$\sqrt{2 \times 18} = 6\text{MHz}$,而互感耦合双谐振回路的中心频率近似为两个 3dB 频率界点的算术平均,9.165MHz,因而其幅频传输特性具有更好的对称性;②互感耦合双谐振回路可以实现阻抗变换功能,而幅度最大平坦滤波器不具阻抗变换功能,如果希望它实现最大功率传输匹配,则要求两侧的电阻一致,故而无法应用在本题。图 E10.3.11 中的对比曲线巴特沃思最大平坦特性是虚拟的,巴特沃思滤波器保持最大平坦特性时无法实现不等电阻之间的最大功率传输匹配。

3)互容耦合双并联谐振匹配网络设计

图 10.3.7 是互容耦合的双并联谐振回路,和互感耦合的双并联谐振回路一样的分析过

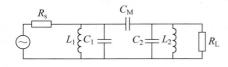

图 10.3.7　互容耦合双并联谐振回路

程,可以获得对该电路的设计流程。两个电路的设计流程十分类似,耦合系数 $k$ 和带宽参量 $B$ 的关系和互感耦合的一样,但中心频率修正因子 $\lambda_C$ 和互感耦合的修正因子 $\lambda_M$ 有较大的差异,见图 10.3.6 和表 10.3.1。在 $B < 0.9$ 时,频率修正因子如下取值,其误差小于 0.0004,

$$\lambda_C = 1 - B^2 + \frac{B^4}{8} - \frac{B^6}{16} - \frac{B^8}{256} - \frac{B^{10}}{1024} - \frac{B^{12}}{44} \cdot \tag{10.3.29}$$

最终,具有幅度最平坦特性的带通传输设计公式为

$$L_1 = \frac{R_s}{\omega_0}L_n, \quad L_2 = \frac{R_L}{\omega_0}L_n, \quad L_n = \left(\frac{1+k}{1-k}\right)^{\frac{1}{4}} - \left(\frac{1-k}{1+k}\right)^{\frac{1}{4}}$$

$$C_1' = \frac{1}{R_s\omega_0}C_n', \quad C_2' = \frac{1}{R_L\omega_0}C_n', \quad C_n' = \frac{1}{\sqrt{1-k^2}} \cdot \frac{1}{\left(\frac{1+k}{1-k}\right)^{\frac{1}{4}} - \left(\frac{1-k}{1+k}\right)^{\frac{1}{4}}}$$

$$C_M = k\sqrt{C_1'C_2'}$$
$$C_1 = C_1' - C_M, \quad C_2 = C_2' - C_M \tag{10.3.30}$$

与互感耦合双谐振回路不一样,互容耦合双谐振回路的阻抗变换能力要差一些,当两侧阻抗差别很大时,为了使得设计有效,要求耦合系数必须足够的小,$k \leqslant k_{\max} = \sqrt{\min\left(\frac{R_s}{R_L}, \frac{R_L}{R_s}\right)}$,当取等号时,端接阻抗大的一侧的电容为 0,例如 $R_L > R_s$,则当取 $k = k_{\max} = \sqrt{R_s/R_L}$ 时,$C_M = C_2'$,$C_2 = 0$。因此互容耦合的双谐振回路如果要完成阻抗变换功能,其带宽将受到限制,这和互感变压器不一样,互感变压器可以做高度的理想变压器抽象,理论上可完成无限带宽的阻抗变换功能。但是当 $R_s = R_L = R_0$ 时,互容耦合的双并联谐振回路是对称的,可以获得 $k$ 接近于 1 的超宽带设计,当然这需要极大的耦合电容,

$$C_1 = C_2 = C = \frac{1}{R_0\omega_0}C_n, \quad C_n = \frac{1}{\left(\frac{1+k}{1-k}\right)^{\frac{1}{2}}} \cdot \frac{1}{\left(\frac{1+k}{1-k}\right)^{\frac{1}{4}} - \left(\frac{1-k}{1+k}\right)^{\frac{1}{4}}}$$

$$C_M = \frac{k}{1-k}C \tag{10.3.31}$$

**例 10.3.4**　请设计一个互容耦合的双并联谐振匹配网络,要求在 915MHz 上获得近似 26MHz 的匹配带宽,其中信源内阻为 1kΩ,负载电阻为 10kΩ。

**解:**取两个 3dB 频点为 902MHz 和 928MHz,则有

$$B = \frac{928 - 902}{928 + 902} = 0.0142$$

由于带宽参量 B 很小，因此可取

$$k \approx \sqrt{2}\,B = 0.02009$$
$$\lambda_C \approx 1 - B^2 = 0.9998$$

所以有 $f_0 = 0.9998 \times 0.5 \times (902 + 928) = 914.8(\text{MHz})$。

将 $R_s = 1\text{k}\Omega$，$R_L = 10\text{k}\Omega$，$f_0 = 914.8\text{MHz}$，$k = 0.02009$ 代入式(10.3.30)，有

$$L_n = \left(\frac{1+k}{1-k}\right)^{\frac{1}{4}} - \left(\frac{1-k}{1+k}\right)^{\frac{1}{4}} = 0.0201 \approx k$$

$$L_1 = \frac{R_S}{\omega_0} L_n = 3.504\text{nH}, \quad L_2 = \frac{R_L}{\omega_0} L_n = 35.04\text{nH}$$

$$C_n' = \frac{1}{\sqrt{1-k^2}} \cdot \frac{1}{\left(\dfrac{1+k}{1-k}\right)^{\frac{1}{4}} - \left(\dfrac{1-k}{1+k}\right)^{\frac{1}{4}}} = 49.66 \approx \frac{1}{k}$$

$$C_1' = \frac{1}{R_s \omega_0} C_n' = 8.640\text{pF}, \quad C_2' = \frac{1}{R_L \omega_0} C_n' = 0.864\text{pF}$$

$$C_M = k\sqrt{C_1' C_2'} = 55.02\text{fF}$$
$$C_1 = C_1' - C_M = 8.585\text{pF}, \quad C_2 = C_2' - C_M = 0.809\text{pF}$$

注意到这是一个窄带设计案例，由于 $k$ 很小，近似有 $L_n \approx k$，$C_n' \approx \dfrac{1}{k}$。

图 E10.3.12 实线是这组器件参数的仿真传输特性，作为对比，图中虚线是四阶巴特沃思最大平坦带通滤波特性，由于是窄带设计，在通带内巴特沃思最大平坦特性曲线和最佳匹配平坦曲线几乎完全重合，但巴特沃思滤波器不具阻抗变换功能，因而图中幅度最大平坦特性是虚拟的。

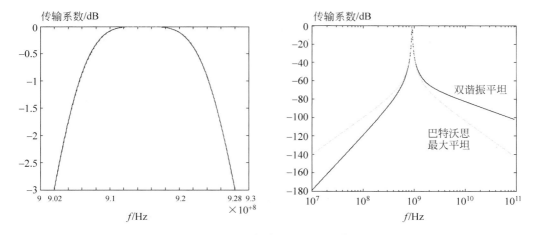

图 E10.3.12　互容耦合双并联谐振传输特性

**练习 10.3.9**　特别注意到电容耦合双并联谐振的阻带特性，低频端的阻带特性优于高频端(图 E10.3.12)，而互感耦合双谐振的阻带特性高频端优于低频端(图 E10.3.11)，请对此现象给出定性说明。

**练习 10.3.10**　互感耦合双并联谐振电路的对偶电路为互容耦合双串联谐振电路,请根据对偶特性,给出互容耦合双串联谐振匹配网络的设计流程,根据该流程,设计一个互容耦合双串联谐振匹配网络,要求在 915MHz 上获得近似 26MHz 的匹配带宽,其中信源内阻为 1kΩ,负载电阻为 10kΩ。用 SPICE 或 MATLAB 验证你的设计结果。

**练习 10.3.11**　互容耦合双并联谐振电路的对偶电路为互感耦合双串联谐振电路,请根据对偶特性,给出互感耦合双串联谐振匹配网络的设计流程,根据该流程,设计一个互感耦合双串联谐振匹配网络,要求在 915MHz 上获得近似 26MHz 的匹配带宽,其中信源内阻为 1kΩ,负载电阻为 10kΩ。用 SPICE 或 MATLAB 验证你的设计结果。

上述分析表明,即使耦合系数 $k$ 很小,只要做出适当的谐振设计,就可以实现最大功率传输匹配,即实现在特定频点上的 100% 的能量传输,只是 $k$ 越小,匹配带宽则越窄,这是谐振-耦合机制滤波器设计的基础。微波频段的波导滤波器多采用谐振-耦合机制,波导谐振腔因实现谐振频点上电能和磁能的回转而成为能量蓄水池,通过互容、互感这样的电磁耦合机制,电磁能量经过多个谐振腔的一级又一级的选频,可获得设计要求的带通滤波特性。前述的双谐振回路可以作为波导带通滤波器谐振-耦合机制的原理性解释。

通过谐振实现阻抗变换可以做如下的形象理解:不同粗细的管道由于不匹配而难以直接连接到一起;但是如果不同粗细的管道都连接到一个蓄水池(谐振腔),一个管道流入的水可以在另外一个管道顺利流出而不会出现不匹配的问题。因而阻抗匹配离不开谐振腔(蓄水池)。本节不同谐振腔之间是通过互容、互感耦合在一起,下节讨论的 LC 阻抗匹配网络则直接利用谐振概念实现阻抗变换,如果有多个谐振腔,这些谐振腔之间也是直连耦合的,而不是通过互容和互感耦合。

### 2. LC 阻抗匹配网络

1) 用电压谐振或电流谐振实现阻抗变换

在信源和负载电阻直连情况下,如果没有匹配网络,那么负载电阻分压再大也不会超过信源开路电压,负载电阻分流再大,也不会超过信源短路电流。

如图 10.3.8(a)所示,假设 $R_L > R_s$,此时虽然负载电阻分压 $\dot{V}_L = \dfrac{R_L}{R_s + R_L} \dot{V}_s$ 大于 $0.5\dot{V}_s$,

但是却无法获得最大功率,如果期望负载电阻 $R_L$ 获得信源额定功率,即要求 $\dfrac{1}{2} \dfrac{|\dot{V}_L|^2}{R_L} = $

$\dfrac{1}{8} \dfrac{|\dot{V}_s|^2}{R_s}$,也就要求此时负载电阻获得的电压比简单的直连串联分压还要大,$|\dot{V}_L| = $

$\dfrac{1}{2} \sqrt{\dfrac{R_L}{R_s}} |\dot{V}_s| > \dfrac{R_L}{R_s + R_L} |\dot{V}_s|$,甚至可能超过信源电压(当 $\sqrt{\dfrac{R_L}{R_s}} > 2$ 时,$|\dot{V}_L| > |\dot{V}_s|$),如何实现负载电压的进一步提高呢? 考虑到串联 LC 谐振时,电感电压和电容电压都是输入电压的 $Q$ 倍,故而只要 $Q$ 值足够高,就可以通过串联 LC 谐振的储能为负载提供足够高的电压。

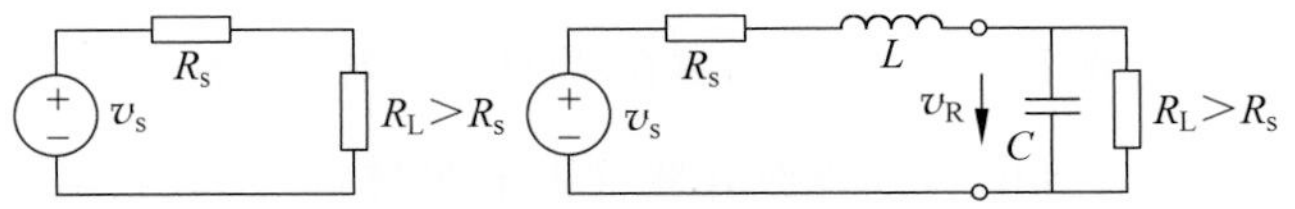

(a) 直连负载分压受限　(b) 电压谐振导致负载电压可以进一步升高

图 10.3.8　电压谐振提高负载电阻电压($R_L > R_s$)

如图 10.3.8(b)所示,在 $R_s$ 和 $R_L$ 之间添加如图所示的 L 型 LC 匹配网络,电容 $C$ 和电阻 $R$ 的并联视为容性负载,该容性负载和 $L$ 串联谐振,必然导致容性负载电压提高,于是负载电阻电压可以进一步提高,可以预期负载有可能获得信源的额定功率。为了更清楚说明这一点,我们将 $R_L$ 和 $C$ 的并联型阻容性负载,转换为 $R_L'$ 和 $C'$ 的串联型阻容负载,如图 10.3.9(b)所示,显然负载电阻电压 $V_R$ 包含了 $C'$ 的谐振高压,故而负载电阻电压 $V_R$ 可以很高。所谓等效,要求它们的端口特性一致,故而它们的端口阻抗完全一致,即 $R_L \parallel \dfrac{1}{j\omega C} = R_L' + \dfrac{1}{j\omega C'}$,方程左右实部对实部相等,虚部对虚部相等,可知

$$R_L' = \frac{R_L}{1 + Q^2} \tag{10.3.32a}$$

$$C' = (1 + Q^{-2})C \tag{10.3.32b}$$

其中 $Q$ 是 $R_L C$ 并联型阻容负载的 $Q$ 值(储能与耗能之比),

$$Q = \frac{并联电纳}{并联电导} = \frac{\omega C}{G_L} = \omega R_L C \tag{10.3.33}$$

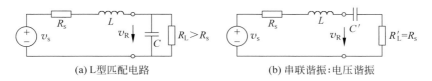

(a) L型匹配电路　　　　　　　　　(b) 串联谐振:电压谐振

图 10.3.9　电压谐振提高负载电阻电压($R_L > R_s$)

对于图 10.3.9(b)的等效 RLC 串联电路,如果我们期望在 $\omega_0$ 频点实现最大功率传输匹配,则要求虚功消除和实功匹配,

$$\frac{1}{\sqrt{LC'}} = \omega_0 \tag{10.3.34a}$$

$$R_L' = R_s \tag{10.3.34b}$$

只要满足上述条件,在 $\omega_0$ 频点,$R_L'$ 必然获得信源的额定功率,注意到电容不消耗功率,等效 $R_L'$ 获得的功率就是 $R_L$ 获得的功率,故而 $R_L$ 将获得信源额定功率。综合式(10.3.32~10.3.34),可以获得 $L$、$C$ 的设计值,为

$$Q = \sqrt{\frac{R_L}{R_s} - 1} \tag{10.3.35a}$$

$$C = \frac{Q}{\omega_0 R_L} \tag{10.3.35b}$$

$$L = \frac{1}{\omega_0^2(1 + Q^{-2})C} \tag{10.3.35c}$$

对于 $R_L < R_s$ 的情况,如图 10.3.10(a)所示,此时虽然负载电阻分流 $\dot{I}_L = \dfrac{R_s}{R_s + R_L}\dot{I}_s$ 大于 $0.5\dot{I}_s$,但是却无法获得最大功率,如果期望负载电阻 $R_L$ 获得信源额定功率,则要求 $\dfrac{1}{2}|\dot{I}_L|^2 R_L = \dfrac{1}{8}|\dot{I}_s|^2 R_s$,也就要求此时负载电阻获得的电流比简单的直连并联分流还要大,$|\dot{I}_L| = \dfrac{1}{2}\sqrt{\dfrac{R_s}{R_L}}|\dot{I}_s| > \dfrac{R_s}{R_s + R_L}|\dot{I}_s|$,甚至大于信源电流(当 $\sqrt{\dfrac{R_s}{R_L}} > 2$ 时,$|\dot{I}_L| > |\dot{I}_s|$),如何实现负载电流的进一步提高呢? 考虑到并联 LC 谐振时,电感电流和电容电流都是输入电流

的 $Q$ 倍,于是只要有足够高 $Q$ 值,就可以通过并联 LC 的储能为负载提供足够高的电流。

(a) 直流负载分流受限　　　(b) 电流谐振导致负载电流可以进一步升高

图 10.3.10　电流谐振提高负载电阻电流($R_L < R_s$)

如图 10.3.10(b)所示,在 $R_s$ 和 $R_L$ 之间添加如图所示的 L 型 LC 匹配网络,电感 $L$ 和电阻 $R$ 的串联视为感性负载,该感性负载和电容 $C$ 并联谐振,必然导致感性负载电流提高,于是负载电流可以进一步提高,可以预期负载电阻能够获得信源的额定功率。为了更清楚说明这一点,我们将 $R_L$ 和 $L$ 的串联型感性负载,转换为 $R_L'$ 和 $L'$ 的并联型感性负载,如图 10.3.11(b)所示,显然负载电阻电流 $I_R$ 包含了 $L'$ 的谐振大电流,故而负载电阻电流 $I_R$ 确实可以很高。等效意味着端口特性一致,从端口阻抗一致,$R_L + j\omega L = R_L' \parallel j\omega L'$,可推得

$$R_L' = (1 + Q^2)R_L \tag{10.3.36a}$$

$$L' = (1 + Q^{-2})L \tag{10.3.36b}$$

其中 $Q$ 是 $R_L L$ 串联型感性负载的 $Q$ 值(储能与耗能之比),

$$Q = \frac{串联电抗}{串联电阻} = \frac{\omega L}{R_L} \tag{10.3.37}$$

对于图 10.3.11(b)的等效 RLC 并联电路,如果我们期望在 $\omega_0$ 频点实现最大功率传输匹配,则要求虚功消除和实功匹配,

$$\frac{1}{\sqrt{L'C}} = \omega_0 \tag{10.3.38a}$$

$$R_L' = R_s \tag{10.3.38b}$$

只要满足上述条件,在 $\omega_0$ 频点,$R_L'$ 必然获得信源的额定功率,注意到电感不消耗功率,等效 $R_L'$ 获得的功率就是 $R_L$ 获得的功率,故而 $R_L$ 将获得信源额定功率。综合汇总式(10.3.36~10.3.38),可以获得 $L$、$C$ 的设计值,为

$$Q = \sqrt{\frac{R_s}{R_L} - 1} \tag{10.3.39a}$$

$$L = \frac{Q}{\omega_0}R_L \tag{10.3.39b}$$

$$C = \frac{1}{\omega_0^2(1 + Q^{-2})L} \tag{10.3.39c}$$

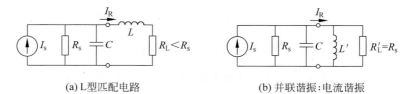

(a) L 型匹配电路　　　　　(b) 并联谐振:电流谐振

图 10.3.11　电流谐振提高负载电阻电流($R_L < R_s$)

**例 10.3.5** 已知 $R_s = 200\Omega$，$R_L = 50\Omega$，请设计一个 LC 匹配网络，使得在 10MHz 频点上负载电阻获得信源输出的额定功率。

**解**：注意到 $R_s > R_L$，故而采用图 10.3.11(a)结构，代入式(10.3.39)，有

$$Q = \sqrt{\frac{R_s}{R_L} - 1} = \sqrt{\frac{200}{50} - 1} = \sqrt{3} = 1.732$$

$$L = \frac{Q}{\omega_0} R_L = \frac{1.732}{2 \times 3.14 \times 10 \times 10^6} \times 50 = 1.378(\mu H)$$

$$C = \frac{1}{\omega_0^2(1 + Q^{-2})L} = \frac{1}{(2 \times 3.14 \times 10 \times 10^6)^2 \times \left(1 + \frac{1}{3}\right) \times 1.378 \times 10^{-6}} = 137.8(pF)$$

于是获得如图 E10.3.13 所示匹配电路，图 E10.3.14 是该电路基于功率传输的传递函数的幅频特性与相频特性。

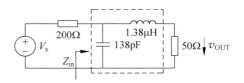

图 E10.3.13 匹配电路设计结果

从幅频特性看，这是一个低通型的匹配网络，低频信号可以部分通过，在 10MHz 频点由于谐振的出现实现了最大功率传输匹配，$\frac{P_L}{P_{s,\max}} = |H(j\omega_0)|^2 = 1 = 100\%$。在谐振频点上，相位滞后 $60°$。

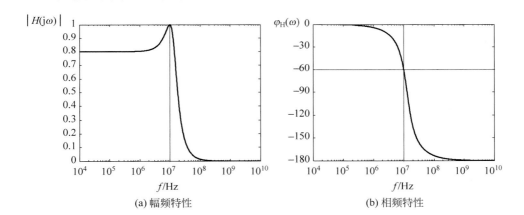

(a) 幅频特性      (b) 相频特性

图 E10.3.14 基于功率传输的传递函数频率特性

如果考察图 E10.3.13 所示低通网络的基于功率传输的传递函数，则有

$$H(j\omega) = 2\sqrt{\frac{R_s}{R_L}} \frac{\dot{V}_L}{\dot{V}_s} = \frac{2\sqrt{R_sR_L}}{R_s + R_L} \left. \frac{1}{s^2LC\frac{R_s}{R_s + R_L} + s\left(C\frac{R_sR_L}{R_s + R_L} + \frac{L}{R_s + R_L}\right) + 1} \right|_{s=j\omega}$$

$$= H_0 \left. \frac{1}{\left(\frac{s}{\omega_{0T}}\right)^2 + \frac{1}{Q_T}\frac{s}{\omega_{0T}} + 1} \right|_{s=j\omega} \tag{E10.3.8}$$

标准低通传递函数对应的自由谐振频率 $\omega_{0T}$、品质因数 $Q_T$ 和低通中心频点(零频点)幅值 $H_0$ 分别为

$$f_{0T} = \frac{1}{2\pi}\sqrt{\frac{1}{LC}\left(1 + \frac{R_L}{R_s}\right)} = 12.91(MHz)$$

$$Q_{\mathrm{T}} = \frac{\sqrt{LC\dfrac{R_{\mathrm{s}}}{R_{\mathrm{s}}+R_{\mathrm{L}}}}}{C\dfrac{R_{\mathrm{s}}R_{\mathrm{L}}}{R_{\mathrm{s}}+R_{\mathrm{L}}}+\dfrac{L}{R_{\mathrm{s}}+R_{\mathrm{L}}}} = 1.118$$

$$H_0 = \frac{2\sqrt{R_{\mathrm{s}}R_{\mathrm{L}}}}{R_{\mathrm{s}}+R_{\mathrm{L}}} = 0.8 \tag{E10.3.9}$$

注意,传递函数也就是整个网络对应的自由振荡频点 12.91MHz 与设计中的最大功率传输匹配谐振频点 10MHz 不对应,这是由于幅频特性中的谐振峰频点(匹配频点)和系统自由振荡频点只有在极高 $Q$ 值时方才近似等同,而系统 $Q$ 值 1.118 很小,故而谐振峰频点偏离系统自由振荡频率较远。另外,传递函数对应的 $Q$ 值 1.118 是系统 $Q$ 值,与设计公式中的 $Q$ 值 1.732 也不对应,原因在于 10MHz 谐振频点和 1.732 的 $Q$ 值这两个数值,对应的是信源向匹配网络输入端口看入阻抗的谐振频点和 $Q$ 值,它与传递函数是两码事。传递函数中有信源内阻 $R_{\mathrm{s}}$ 的影响,而信源向匹配网络输入端口看入阻抗则没有 $R_{\mathrm{s}}$ 的影响,故而这些描述参量有不同的数值。考察输入阻抗对应的谐振频点,也就是令阻抗虚部为 0 的频点,

$$Z_{\mathrm{in}}(\mathrm{j}\omega) = \frac{1}{\mathrm{j}\omega C + \dfrac{1}{R_{\mathrm{L}}+\mathrm{j}\omega L}} = \frac{R_{\mathrm{L}}+\mathrm{j}\omega L}{1-\omega^2 LC + \mathrm{j}\omega R_{\mathrm{L}}C}$$

$$= \frac{R_{\mathrm{L}}}{(1-\omega^2 LC)^2+(\omega R_{\mathrm{L}}C)^2} - \mathrm{j}\omega L\,\frac{\omega^2 LC + \dfrac{R_{\mathrm{L}}^2 C}{L}-1}{(1-\omega^2 LC)^2+(\omega R_{\mathrm{L}}C)^2} \tag{E10.3.10}$$

看入阻抗为纯阻时网络被认为是谐振的,有可能做到阻抗匹配,显然,阻抗匹配谐振频率为

$$f_0 = \frac{1}{2\pi}\sqrt{\frac{1}{LC}-\frac{R_{\mathrm{L}}^2}{L^2}} = 10(\mathrm{MHz}) \tag{E10.3.11}$$

在该谐振频点上,输入阻抗为纯阻,

$$Z_{\mathrm{in}}(\mathrm{j}\omega) = \frac{R_{\mathrm{L}}}{(1-\omega_0^2 LC)^2+(\omega_0 R_{\mathrm{L}}C)^2} = \frac{1}{R_{\mathrm{L}}}\frac{L}{C} = \frac{Z_0^2}{R_{\mathrm{L}}} = 200(\Omega) \tag{E10.3.12}$$

于是在该频点,信源输出了额定功率,中间的匹配网络无损,故而信源输出的额定功率全部到达负载。图 E10.3.15 是输入阻抗 $Z_{\mathrm{in}}$ 的幅频特性 $|Z_{\mathrm{in}}(\mathrm{j}\omega)|$、相频特性 $\varphi_Z(\omega)$,以及输入电阻特性 $R_{\mathrm{in}}(\mathrm{j}\omega)$ 和输入电抗特性 $X_{\mathrm{in}}(\mathrm{j}\omega)$,由图可知,在 10MHz 频点上,$X_{\mathrm{in}}=0$,$\varphi_Z=0$,且其斜率为

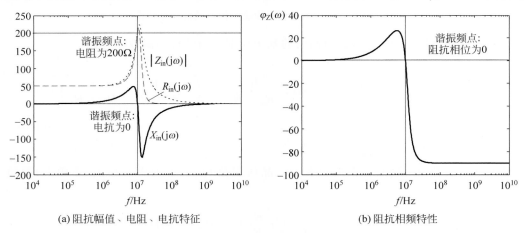

(a) 阻抗幅值、电阻、电抗特征　　　　　　　　　　(b) 阻抗相频特性

图 E10.3.15　信源向匹配网络看入阻抗

负,这意味着输入阻抗在该频点是并联谐振形态,看到的是纯阻 $R_{in} = 200\Omega$,恰好等于信源内阻 $R_s$。

根据式(E10.2.3),阻抗 $Q$ 值由谐振频点相频特性负斜率决定,

$$Q = \frac{\omega_0}{2} \left| \frac{d\varphi_Z(\omega_0)}{d\omega} \right| = \frac{\omega_0 L}{R_L} = 1.732 \tag{E10.3.13}$$

这也进一步确认了前述该频点输入阻抗 $Q$ 值为 1.732。

将 $s = j\omega_0$ 代入传递函数,将所有参量全部用电路参量表述,则有

$$H(j\omega_0) = H_0 \frac{1}{\left(\frac{j\omega_0}{\omega_{0T}}\right)^2 + \frac{1}{Q_T}\frac{j\omega_0}{\omega_{0T}} + 1} = e^{-j\arctan\sqrt{\frac{R_s - R_L}{R_L}}}$$

$$= e^{-j\arctan\sqrt{3}} = e^{-j60°} \tag{E10.3.14}$$

确认在 $\omega_0$ 频点有 100% 的传输效率,同时电压有 60° 相位滞后。

**练习 10.3.12** 请分析确认例 10.3.5 低通网络谐振峰频点恰好就是阻抗匹配频点 10MHz。

**练习 10.3.13** 上述基于电压谐振和电流谐振观点进行的匹配网络设计,采用的匹配网络结构都是低通型的,即串臂为电感,并臂为电容,也可采用高通型结构,即串臂为电容,并臂为电感。

(1) 请仿照上述设计过程,设计高通型的 LC 匹配网络,给出设计公式。

(2) 设计一个匹配 $R_s = 200\Omega$ 和 $R_L = 50\Omega$ 的高通型 LC 匹配网络,使得在 10MHz 频点上负载电阻获得信源输出的额定功率。

(3) 画出基于功率传输的传递函数幅频特性和相频特性曲线,或者只计算 10MHz 频点传递函数大小,确认你的设计是成功的。

2) 用共轭匹配获得阻抗匹配网络设计

**练习 10.3.14** 同练习 8.3.15,也可将 L 型匹配网络两分,分别分配给信源内阻和负载阻抗,通过共轭匹配条件,给出 L 型匹配网络的设计公式,请说明用这种思路给出的设计公式等同利用电压谐振或电流谐振概念给出的设计公式。

3) 用特征阻抗实现阻抗匹配网络设计

前述基于电压谐振和电流谐振观点的匹配网络设计,或者通过共轭匹配获得的 L 型匹配网络设计,充分利用了谐振腔储能池的作用。下面从特征阻抗这个角度进行更数学化的分析,可以给出一组简洁的公式。

对纯阻之间的匹配网络设计,本质上就是设计出具有特征阻抗 $Z_{01} = R_s$,$Z_{02} = R_L$ 的无损二端口做阻抗匹配网络。现采用最简单的 L 型 LC 网络做匹配网络,如图 10.3.12 所示。为了确保能够实现共轭匹配,匹配电抗元件 $Z_1$、$Z_2$ 必然一个电容,一个电感。这里直接遵照前面分析中已经确定的"串小并大"原则:当 $R_L < R_s$ 时,小电阻 $R_L$ 和匹配电抗元件 $Z_2$ 是串联关系,大电阻 $R_s$ 和匹配电抗元件 $Z_1$ 是并联关系;当 $R_L > R_s$ 时,小电阻 $R_s$ 和匹配电抗元件 $Z_1$ 是串联关系,大电阻 $R_L$ 和匹配电抗元件 $Z_2$ 是并联关系。

对于 $R_L < R_s$ 的情况,如图 10.3.12(a)所示,由并臂 $Z_1$ 和串臂 $Z_2$ 构成的二端口网络,其特征阻抗为

$$Z_{01} = \sqrt{Z_{in,open} Z_{in,short}} = \sqrt{Z_1 \times \frac{Z_1 Z_2}{Z_1 + Z_2}} \tag{10.3.40a}$$

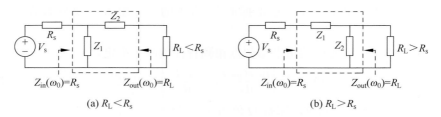

$$(a)\ R_L < R_s \qquad\qquad (b)\ R_L > R_s$$

图 10.3.12 L 型 LC 匹配网络

$$Z_{02} = \sqrt{Z_{out,open} Z_{out,short}} = \sqrt{(Z_1 + Z_2) \times Z_2} \tag{10.3.40b}$$

显然,如果 $Z_{01} = R_s$,$Z_{02} = R_L$ 匹配网络则设计成功。整理这个关系,有

$$\sqrt{Z_1^2 Z_2^2} = R_s R_L$$

$$Z_2^2 + Z_1 Z_2 = R_L^2$$

前面已经说明,$Z_1$、$Z_2$ 一个是电容一个是电感,故而 $\sqrt{Z_1^2 Z_2^2} = Z_1 Z_2$,由此可知

$$Z_2^2 = R_L^2 - Z_1 Z_2 = R_L^2 - R_s R_L = R_L(R_L - R_s) < 0$$

因而可以确认

$$Z_2 = \pm j \sqrt{R_L(R_s - R_L)} = \pm j R_L \sqrt{\frac{R_s}{R_L} - 1} \tag{10.3.41a}$$

由 $Z_1 Z_2 = R_s R_L$ 可以确认

$$Z_1 = \frac{R_s R_L}{Z_2} = \mp j R_s \frac{1}{\sqrt{\dfrac{R_s}{R_L} - 1}} \tag{10.3.41b}$$

如果 $Z_1 = -j/(\omega_0 C_1)$ 是电容,$Z_2 = j\omega_0 L_2$ 是电感,此为低通型 LC 匹配网络,有

$$C_1 = \frac{Q}{\omega_0 R_s} \tag{10.3.42a}$$

$$L_2 = \frac{R_L}{\omega_0} Q \tag{10.3.42b}$$

$$Q = \sqrt{\frac{R_s}{R_L} - 1} \tag{10.3.42c}$$

这套公式与式(10.3.39)完全相同,但显得更简洁。

如果 $Z_1 = j\omega_0 L_1$ 是电感,$Z_2 = -j/(\omega_0 C_2)$ 是电容,此为高通型 LC 匹配网络,有

$$L_1 = \frac{R_s}{\omega_0 Q} \tag{10.3.43a}$$

$$C_2 = \frac{1}{\omega_0 R_L Q} \tag{10.3.43b}$$

$$Q = \sqrt{\frac{R_s}{R_L} - 1} \tag{10.3.43c}$$

**例 10.3.6** 已知 $R_s = 200\Omega$,$R_L = 50\Omega$,请设计一个高通型 LC 匹配网络,使得在 10MHz 频点上负载电阻获得信源输出的额定功率。

**解**:直接代入式(10.3.43),有

$$Q = \sqrt{\frac{R_s}{R_L} - 1} = \sqrt{\frac{200}{50} - 1} = \sqrt{3} = 1.732$$

$$L_1 = \frac{R_s}{\omega_0 Q} = \frac{200}{2 \times 3.14 \times 10 \times 10^6 \times 1.732} = 1.838(\mu H)$$

$$C_2 = \frac{1}{\omega_0 R_L Q} = \frac{1}{2 \times 3.14 \times 10 \times 10^6 \times 50 \times 1.732} = 183.8(pF)$$

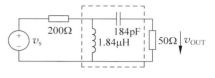

设计的匹配网络如图 E10.3.16 所示,基于功率传输的传递函数的幅频特性和相频特性见图 E10.3.17,可以确认 10MHz 频点上确实实现了最大功率传输匹配。为了比对,图中还用虚线展示了图 E10.3.13 低通匹配网络的特性曲线。

图 E10.3.16 匹配电路设计结果

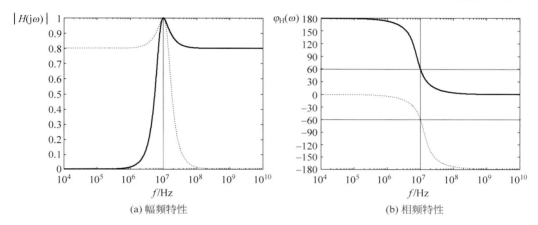

(a) 幅频特性  (b) 相频特性

图 E10.3.17 基于功率传输的传递函数频率特性(高通匹配与低通匹配)

**练习 10.3.15** (1) 用特征阻抗分析方法,分析获得如图 10.3.12(b)所示 $R_L > R_s$ 情况的 L 型低通型和高通型匹配网络的设计公式。

(2) 设计匹配 $R_s = 50\Omega$ 和 $R_L = 1k\Omega$ 的低通型和高通型 L 型 LC 匹配网络,使得在 10MHz 频点上负载电阻获得信源输出的额定功率。

(3) 通过数值仿真或者理论计算确认你的设计是成功的。

**练习 10.3.16** L 型 LC 匹配网络是最简单的匹配网络,可以通过级联数个 L 型匹配网络实现总匹配网络的匹配带宽的调整或设定。下面要求设计一个在 10MHz 频点上最大功率传输的 $50\Omega$ 到 $200\Omega$ 的匹配网络。

(1) 设计一个低通型的 L 型匹配网络,通过数值计算获得幅频特性曲线,在曲线上确认 1dB 匹配带宽。

(2) 设计一个可将 $50\Omega$ 变换为 $100\Omega$ 的低通型 L 型匹配网络,再设计一个可将 $100\Omega$ 变换为 $200\Omega$ 的高通型 L 型匹配网络,将这两个匹配网络级联,用数值方法考察总网络传递函数确认匹配网络设计成功。通过幅频特性曲线,确认 1dB 匹配带宽,与低通 L 型匹配网络比,带宽是变宽了还是变窄了?

(3) 设计一个可将 $50\Omega$ 变换为 $1k\Omega$ 的低通型 L 型匹配网络,再设计一个可将 $1k\Omega$ 变换为 $200\Omega$ 的高通型 L 型匹配网络,将这两个匹配网络级联,用数值方法考察总网络传递函数确认匹配网络设计成功。通过幅频特性曲线确认 1dB 匹配带宽,与低通 L 型匹配网络比,带宽是变宽了还是变窄了?

(4) 通过上述问题的解决,分析是什么因素决定了匹配网络的带宽?

### 10.3.3　阻抗变换原理

很多射频系统在端接特定负载阻抗 $Z_{opt}$ 时,能够获得某种最佳特性,例如最大功率传输、最小噪声系数、最大效率等,如图 10.3.13(a)所示。但是实际负载 $Z_L$ 一般都偏离最佳阻抗,于是可通过阻抗变换网络将实际负载变换为最佳负载,如图 10.3.13(b)所示。

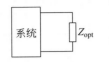　　　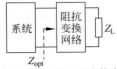

(a) 端接最佳阻抗具有某种优良特性　　(b) 实际负载被阻抗变换网络变换为最佳阻抗

图 10.3.13　阻抗变换网络

**1. 基本原理:双向网络的阻抗变换功能**

只要二端口网络是双向网络,它在某种程度上就可以称为阻抗变换网络,当然绝大多数情况下我们期望该网络是无损网络。如图 10.3.14 所示,假设网络 $N$ 是线性时不变网络,其网络参量 $Z$、$Y$、$h$、$g$ 中某个参量已知,当网络端口 2 端接负载 $Z_L$ 时,端口 1 的看入阻抗为

$$Z_{in} = Z_{11} - \frac{Z_{12}Z_{21}}{Z_{22} + Z_L} \tag{10.3.44a}$$

$$Y_{in} = Y_{11} - \frac{Y_{12}Y_{21}}{Y_{22} + Y_L} \tag{10.3.44b}$$

$$Z_{in} = h_{11} - \frac{h_{12}h_{21}}{h_{22} + Y_L} \tag{10.3.44c}$$

$$Y_{in} = g_{11} - \frac{g_{12}g_{21}}{g_{22} + Z_L} \tag{10.3.44d}$$

从上述表达式看,只要 $Z_{12}Z_{21} \neq 0$,或 $Y_{12}Y_{21} \neq 0$,或 $h_{12}h_{21} \neq 0$,或 $g_{12}g_{21} \neq 0$,我们就可以从端口 1 看到负载 $Z_L$ 的影响,换句话说,$Z_L$ 被变换为 $Z_{in}$。

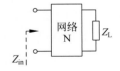

图 10.3.14　阻抗变换网络

理想变压器的 $h$ 参量矩阵为 $\boldsymbol{h} = \begin{bmatrix} 0 & n \\ -n & 0 \end{bmatrix}$,它是一个双向无损网络,任意阻抗 $Z_L$ 均可被变换为 $n^2 Z_L$,

$$Z_{in} = h_{11} - \frac{h_{12}h_{21}}{h_{22} + Y_L} = 0 - \frac{n \cdot (-n)}{0 + \frac{1}{Z_L}} = n^2 Z_L \tag{10.3.45}$$

理想变压器对阻抗的变换是同属性变换,"电阻变电阻,电容变电容,电感变电感",只不过阻抗都变换为原来的 $n^2$ 倍,$R$ 变换为 $n^2 R$,$L$ 变换为 $n^2 L$,$C$ 变换为 $C/n^2$,阻抗串并联形式不变。

理想回旋器的 $z$ 参量矩阵为 $\boldsymbol{Z} = \begin{bmatrix} 0 & -r \\ r & 0 \end{bmatrix}$,它也是一个双向无损网络,任意阻抗可变换为

$$Z_{in} = Z_{11} - \frac{Z_{12}Z_{21}}{Z_{22} + Z_L} = 0 - \frac{(-r) \times r}{0 + Z_L} = \frac{r^2}{Z_L} = \frac{Y_L}{g^2} \tag{10.3.46a}$$

$$Y_{in} = Z_{in}^{-1} = \frac{Z_L}{r^2} = \frac{g^2}{Y_L} \tag{10.3.46b}$$

其中 $g = \frac{1}{r}$。理想回旋器对阻抗的变换是对偶变换,"电阻变电导,电容变电感,电感变电容,

串联变并联,⋯"。如电阻 $R$ 变换为电导 $R/r^2$,电导 $G$ 变换为电阻 $G/g^2$,电容导纳 $j\omega C$ 变化为电感阻抗 $j\omega C/g^2$,换句话说,电容 $C$ 变换为电感 $C/g^2 = Cr^2$,同理,电感 $L$ 变换为电容 $L/r^2$。集成电路内高 $Q$ 值电感很难实现,故而多采用回旋器将电容变换为电感,替代 LC 滤波器中的电感,可实现与 LC 滤波器相同的滤波功能。

**2. 串并转换**

显然,串臂电感、串臂电容、并臂电感、并臂电容这种简单类型的二端口网络也是双向网络,必然具有某种阻抗变换功能,同时它们还是无损网络。

如图 10.3.15 所示,这是串臂电容构成的二端口网络,根据前面已经分析过的串联转并联关系,可认为 $R_{\mathrm{L}}$ 被串臂电容 $C$ 变换为 $R'_{\mathrm{L}}$ 和 $C'$ 的并联关系,

$$R'_{\mathrm{L}} = (1 + Q^2)R_{\mathrm{L}} \tag{10.3.47a}$$

$$C' = \frac{C}{1 + Q^{-2}} \tag{10.3.47b}$$

其中品质因数 $Q = \dfrac{1/\omega C}{R_{\mathrm{L}}} = \dfrac{1}{\omega R_{\mathrm{L}} C}$ 是串联 RC 的储能与耗能之比。

图 10.3.16 用具体数值曲线说明阻抗变换结果,取 $R_{\mathrm{L}} = 50\Omega$,电容 $C$ 取三种情况,100pF、100nF 和 $100\mu$F。图 10.3.16(a) 表明,串臂电容可以将电阻变大:频率低于 RC 对应的 3dB 频点 $f_0 = 1/(2\pi R_{\mathrm{L}} C)$ 时,频率越低,等效并联电阻就越大,此时等效并联电容几乎和串臂电容相当;当频率高于 RC

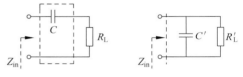

图 10.3.15 串臂电容实现的阻抗变换

对应的 3dB 频点 $f_0 = 1/(2\pi R_{\mathrm{L}} C)$ 时,频率越高,等效并联电容越小,等效并联电阻和原始电阻几乎相当。显然,如果期望串臂电容实现较大程度的阻抗变换,工作频点应低于 $f_0$,这是选择串臂电容大小的一个基本考虑。

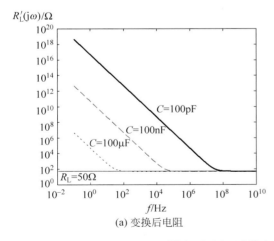

(a) 变换后电阻

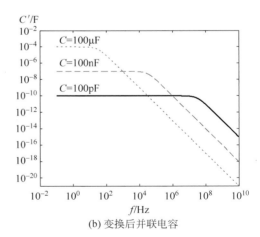

(b) 变换后并联电容

图 10.3.16 串臂电容实现的阻抗变换

当我们通过串臂电容将电阻变大到我们期望的电阻 $R'_{\mathrm{L}} = R_{\mathrm{opt}}$ 时,再通过并联电容或并联电感将其虚部调整到期望的 $X_{\mathrm{opt}}$,如是可以将 $R_{\mathrm{L}}$ 变换为期望的 $Z_{\mathrm{opt}} = R_{\mathrm{opt}} + jX_{\mathrm{opt}}$。

**练习 10.3.17** 请推导用串臂电感、并臂电感、并臂电容做阻抗变换网络实现的阻抗变换公式。

**例 10.3.7**　请设计一个阻抗变换网络,在频点 10MHz 上,将阻抗 $50+$j$100\Omega$ 变换为 $1000-$j$100\Omega$。

**解:**　原始阻抗 $Z_L=(50+$j$100)\Omega$,属于感性负载,感性负载可以通过电容将其抵偿,不妨假设串联电容 $C_1$ 将其抵偿,$\dfrac{1}{\text{j}\omega_0 C_1}=-$j$100\Omega$,即取

$$C_1=\frac{1}{2\times3.14\times10\times10^6\times100}=159(\text{pF})$$

如是 $Z_L$ 被转换为 $R_L=50\Omega$。注意需要的最佳阻抗电阻部分为 $1000\Omega$,我们需要将阻抗变大 20 倍,不妨采用串臂电容 $C_2$,由式(10.3.47a)$R'_L=(1+Q^2)R_L$ 知

$$Q=\sqrt{\frac{R_{\text{opt}}}{R_L}-1}=\sqrt{\frac{1000}{50}-1}=4.359$$

由 $Q=\dfrac{1/\omega C}{R_L}=\dfrac{1}{\omega R_L C}$ 可知

$$C_2=\frac{1}{\omega_0 Q R_L}=\frac{1}{2\times3.14\times10\times10^6\times4.359\times50}=73(\text{pF})$$

经过这个串臂电容作用后,$50\Omega$ 被变换为 $1000\Omega$,同时根据式(10.3.47b)可知等效并联电容 $C'$ 的电纳为

$$\text{j}\omega_0 C'=\text{j}\omega_0\frac{C_2}{1+Q^{-2}}=\text{j}\times2\times3.14\times10\times10^6\times\frac{73\times10^{-12}}{1+\dfrac{1}{19}}=\text{j}4.359(\text{mS})$$

需要用一个并联电感抵偿 $\dfrac{1}{\text{j}\omega_0 L}=-$j$4.359(\text{mS})$,故而取并联电感 $L$ 为

$$L=\frac{1}{\omega_0\times4.359\times10^{-3}}=3.651(\mu\text{H})$$

至此,我们获得了 $1000\Omega$ 的纯阻,但最佳阻抗还需要 $-$j$100\Omega$ 的电抗,于是可以用串联 $C_3$ 的办法获得这个电抗,$\dfrac{1}{\text{j}\omega_0 C_3}=-$j$100(\Omega)$,即取

$$C_3=\frac{1}{\omega_0\times100}=159(\text{pF})$$

最终我们获得了如图 E10.3.18(b)所示的匹配电路。图 E10.3.18(a)是对上述设计思路的一个描述。

设计类型的题目往往没有唯一答案,上面给出的设计思路设计出来的可能并非最佳阻抗变换网络,仅用来说明我们可以通过电容、电感的串并联来实现阻抗变换。实际设计需要考虑 $Z_L$ 在工作频带内的全频带特性,阻抗变换网络设计可能需要考虑得更多。

**练习 10.3.18**　请设计一个阻抗变换网络,在频点 10MHz 上,将阻抗 $100-$j$100\Omega$ 变换为 $1000+$j$100\Omega$。

**提示:**串臂电容、串臂电感可以使得电阻变大,并臂电容、并臂电感可以使得电阻变小。电容增加容性,电感增加感性。

**3. 部分接入**

部分接入常见于 LC 并联谐振回路,如晶体管窄带放大器的 LC 选频回路、晶体管振荡器的 LC 谐振腔中。部分接入结构也是一种无损阻抗变换网络。

部分接入和全接入对应,负载电阻 $R_L$ 如果是全接入谐振回路,则 $R_L$ 和 LC 并联谐振回路

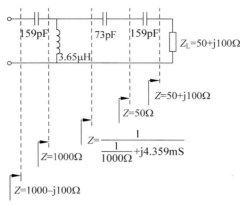

(a) 设计思路示意图

(b) 最终设计

图 E10.3.18 阻抗变换网络设计

并联，$R_L$ 对谐振回路的带宽有极大影响。图 10.3.17 所示为负载电阻 $R_L$ 通过电容部分接入 LC 谐振回路，$R_L$ 对谐振回路的影响变小。为什么？

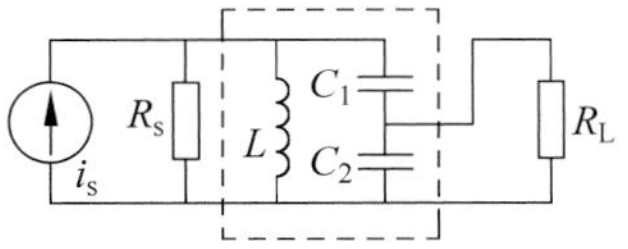

如图 10.3.18 所示，图(a)是负载通过电容的部分接入，可见部分接入是将电容一分为二，从两个串联电容中间引出一个抽头接入负载，负载 $R_L$ 和 $C_2$ 并联。为了考察 $R_L$ 对谐振回路的影响，首先进行并串转换，得到图(b)等效电路，其中

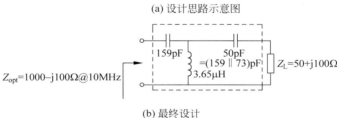

图 10.3.17 负载电阻通过电容部分接入 LC 并联谐振回路

$$Q = \omega_0 R_L C_2$$

$$R_{Ls} = \frac{R_L}{1+Q^2}, \quad C_{2s} = (1+Q^{-2})C_2$$

其中 $\omega_0$ 是工作频点，对 LC 谐振回路而言，可以认为就是 LC 谐振回路的谐振频点。假设 $R_L$ 和 $C_2$ 的并联中，$R_L$ 分流很小，或者说，$R_L \gg \dfrac{1}{\omega_0 C_2}$，即 $Q = \omega_0 R_L C_2 \gg 1$，那么有如下近似，

$$R_{Ls} = \frac{R_L}{1+Q^2} \approx \frac{R_L}{Q^2} = \frac{1}{\omega_0^2 C_2^2 R_L}$$

$$C_{2s} = (1+Q^{-2})C_2 \approx C_2$$

图 10.3.18(b)中 $C_1$ 和 $C_{2s}$ 是串联关系，将它们合并为一个电容，即

$$C_s = C_1 \text{ 串 } C_{2s} \approx C_1 \text{ 串 } C_2 = \frac{C_1 C_2}{C_1 + C_2}$$

获得图 10.3.18(c)所示的 $C_s$ 和 $R_{Ls}$ 的串联电路，再一次完成串联到并联的转换，变化为图 10.3.18(d)的 $C'$ 和 $R'$ 的并联形式，其中

$$R' = (1+Q_2^2)R_{Ls}, \quad C' = \frac{C_s}{1+Q_2^{-2}}, \quad Q_2 = \frac{1}{\omega_0 R_{Ls} C_s}$$

注意到 $Q_2 = \dfrac{1}{\omega_0 R_{\text{Ls}} C_s} \approx \dfrac{\omega_0^2 C_2^2 R_L}{\omega_0 \dfrac{C_1 C_2}{C_1 + C_2}} = \omega_0 C_2 R_L \left(1 + \dfrac{C_2}{C_1}\right) = Q\left(1 + \dfrac{C_2}{C_1}\right) > Q \gg 1$，故而，图 10.3.18(d) 中

的并联 RC 分别为

$$R' = (1 + Q_2^2) R_{\text{Ls}} \approx Q_2^2 R_{\text{Ls}} \approx Q^2 \left(\dfrac{C_1 + C_2}{C_1}\right)^2 \dfrac{1}{\omega_0^2 C_2^2 R_L}$$

$$= \omega_0^2 R_L^2 C_2^2 \left(\dfrac{C_1 + C_2}{C_1}\right)^2 \dfrac{1}{\omega_0^2 C_2^2 R_L} = R_L \left(\dfrac{C_1 + C_2}{C_1}\right)^2$$

$$C' = \dfrac{C_s}{1 + Q_2^{-2}} \approx C_s \approx C_1 \text{ 串 } C_2$$

这个结果可以用图 10.3.18(e) 描述，这就是电容部分接入的全接入等效电路，即 $R_L$ 的电容部分接入，可等效为 $R_L'$ 的全接入，其中

$$R_L' = \dfrac{R_L}{p^2} \tag{10.3.48}$$

其中 $p$ 称为接入系数，

$$p = \dfrac{C_1}{C_1 + C_2} \tag{10.3.49}$$

可见部分接入的电阻 $R_L$ 可等效为全接入的 $R_L'$，由于接入系数 $p < 1$，故而 $R_L'$ 变大了，它对 LC 并联谐振回路的影响就变小了。如是可知，部分接入是为了降低负载对谐振回路影响的。

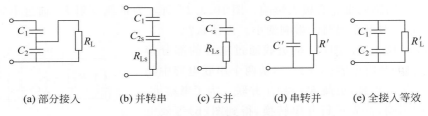

(a) 部分接入　　　(b) 并转串　　　(c) 合并　　　(d) 串转并　　　(e) 全接入等效

图 10.3.18　电容部分接入的等效电路

前述部分接入的分析中，做了如图 10.3.18(a) 到 10.3.18(e) 的等效变换，其前提是在电容支路中，部分接入的 $R_L$ 分流很小（$Q = \omega_0 R_L C_2 \gg 1$），如是则有

$$\dot{V}_L = \dfrac{\dfrac{R_L}{1 + j\omega_0 C_2 R_L}}{\dfrac{1}{j\omega_0 C_1} + \dfrac{R_L}{1 + j\omega_0 C_2 R_L}} \dot{V}_L' \approx \dfrac{\dfrac{R_L}{j\omega_0 C_2 R_L}}{\dfrac{1}{j\omega_0 C_1} + \dfrac{R_L}{j\omega_0 C_2 R_L}} \dot{V}_L'$$

$$= \dfrac{\dfrac{1}{j\omega_0 C_2}}{\dfrac{1}{j\omega_0 C_1} + \dfrac{1}{j\omega_0 C_2}} \dot{V}_L' = \dfrac{C_1}{C_1 + C_2} \dot{V}_L' = p \dot{V}_L' \tag{10.3.50}$$

其中，$\dot{V}_L$ 是负载电阻 $R_L$ 的电压（即 $C_2$ 电容分压），而 $\dot{V}_L'$ 则是等效电阻 $R_L'$ 的电压（即 $C_1$、$C_2$ 串联电容两端的总电压）。

显然，等效前后，负载上获得的功率不会改变，

$$P_L = \dfrac{1}{2} \dfrac{|\dot{V}_L|^2}{R_L} = \dfrac{1}{2} \dfrac{p^2 |\dot{V}_L'|^2}{R_L} = \dfrac{1}{2} \dfrac{|\dot{V}_L'|^2}{R_L / p^2} = \dfrac{1}{2} \dfrac{|\dot{V}_L'|^2}{R_L'} = P_L' \tag{10.3.51}$$

这是电阻经过无损阻抗变换网络后必然的结论。

用同样的串并联等效过程,如果假设 $R_L$ 在电感支路的分流很小,电感部分接入的等效电路则如图 10.3.19 所示,等效阻抗为

$$R_L' = \frac{R_L}{p^2} \qquad (10.3.52)$$

其中部分接入系数为

$$p = \frac{L_2}{L_1 + L_2} \qquad (10.3.53)$$

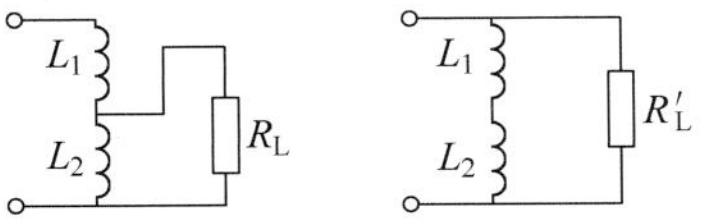

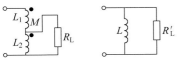

图 10.3.19　电感部分接入的等效电路

这里的等效假设两个电感之间无互感。

**练习 10.3.19**　如果电感部分接入是从一个完整的磁芯绕制的电感中间抽头引出,上电感 $L_1$ 有 $N_1$ 匝,下电感 $L_2$ 有 $N_2$ 匝,那么上下电感之间必存在互感效应,这里假设是全耦合情况,即 $L_1 = N_1^2 \Xi$,$L_2 = N_2^2 \Xi$,$M = N_1 N_2 \Xi$,其中 $\Xi$ 为磁芯磁导。如图 10.3.20 所示,电阻 $R_L$ 的部分接入可等效为电阻 $R_L'$ 对 $L = (N_1 + N_2)^2 \Xi$ 的全接入,其中

$$R_L' = \frac{R_L}{p^2} \qquad (10.3.54)$$

其中部分接入系数为

$$p = \frac{N_2}{N_1 + N_2} \qquad (10.3.55)$$

$L_1 = N_1^2 \Xi,\ L_2 = N_2^2 \Xi,\ M = N_1 N_2 \Xi,\ L = (N_1 + N_2)^2 \Xi$

图 10.3.20　电感抽头部分接入的
等效电路

**证明:**在全耦合情况下,上述等效是准确的,并无 $R_L$ 分流很小的限定性条件。

负载电阻部分接入 LC 谐振回路,整个系统则是高阶系统,如图 10.3.17 所示,部分接入后系统是三阶动态系统,但是其等效电路却是二阶系统,那么部分接入等效是否是有效的呢?由于谐振频点附近满足 $Q \gg 1$(负载电阻分流很小),因而至少在谐振频点附近这种等效是可行的。对于 LC 并联谐振应用而言,我们关注的是谐振频点附近的带通选频特性,因而这种等效在调试精度足够的情况下可大大简化系统分析,这里只需进行二阶系统的分析。

**例 10.3.8**　如图 E10.3.19 所示,这是一个晶体管小信号调谐放大器负载部分接入 LC 谐振回路的应用,考察其部分接入等效电路与部分接入电路在谐振频点附近的一致性。电路器件参量如下:偏置电阻 $R_{B1}$ 可调,使得电压增益为 50,$R_{B2} = 18\text{k}\Omega$,$R_E = 2\text{k}\Omega$;耦合电容 $C_B$ 和旁路电容 $C_E$ 是大电容,在工作频点视为短路;信源内阻很小,被抽象为 0;晶体管电流增益 $\beta = 300$,厄利电压 $V_A = 100\text{V}$,电阻 $R$ 可调,使得带通 3dB 带宽大约为 200kHz;两个电容均为 680pF 电容,谐振电感可调,使得带通中心频点为 2MHz。负载电阻 $R_L = 1\text{k}\Omega$。

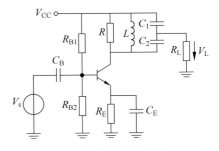

图 E10.3.19　晶体管小信号调谐放大器

**分析:**该放大器的交流小信号等效电路如图 E10.3.20 所示,为了简化分析,耦合电容 $C_B$、旁路电容 $C_E$ 均认为很大而高频短路处理,晶体管寄生电容认为很小而低频开路处理。

负载 $R_L$ 通过电容部分接入到谐振回路中,首先确认是否可以做部分接入简化,即验证 $R_L \gg \dfrac{1}{\omega_0 C_1}$,只有这个条件满足,才可利用部分接入简化模型,

$$Q_1 = \omega_0 R_L C_1 = 2 \times 3.14 \times 2 \times 10^6 \times 1 \times 10^3 \times 680 \times 10^{-12} = 8.55$$

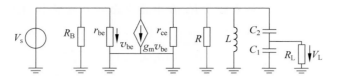

图 E10.3.20 晶体管小信号调谐放大器：交流小信号等效电路

$Q_1$ 虽然没有超过 10，但 8.55 的 $Q$ 值在这里仍然可以认为是远大于 1，于是部分接入简化模型可用，等效电路变化为如图 E10.3.21 所示，其中

$$R'_L = \frac{R_L}{p^2} = 4R_L = 4(\mathrm{k\Omega})$$

这里接入系数 $p = \dfrac{C_2}{C_1 + C_2} = \dfrac{1}{2}$。

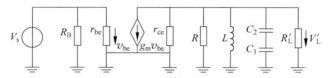

图 E10.3.21 部分接入简化

显然，这个等效电路是受控电流源驱动 RLC 并联谐振回路形成带通选频特性，由中心频点 2MHz，可知可调电感应调整到

$$L = \frac{1}{\omega_0^2 C} = \frac{1}{(2 \times 3.14 \times 2 \times 10^6)^2 \times 340 \times 10^{-12}} = 18.6(\mathrm{\mu H})$$

这里的谐振电容是 $C_1$ 和 $C_2$ 的串联，即 680pF 串 680pF＝340pF。

由带宽知谐对振回路 $Q$ 值的要求，为

$$Q = \frac{f_0}{\mathrm{BW_{3dB}}} = \frac{2 \times 10^6}{200 \times 10^3} = 10$$

这就对并联 LC 谐振腔的并联电阻提出了要求，为

$$R_p = Q \sqrt{\frac{L}{C}} = 10 \times \sqrt{\frac{18.6 \times 10^{-6}}{340 \times 10^{-12}}} = 2.34(\mathrm{k\Omega})$$

即 $R_p = R'_L \| R \| r_{ce} = 2.34\mathrm{k\Omega}$，由于 $r_{ce}$ 一般在百 kΩ 量级，其影响可以暂不考虑，故而调带宽用的电阻大约取

$$R = \frac{1}{\dfrac{1}{R_p} - \dfrac{1}{R'_L}} = \frac{1}{\dfrac{1}{2.34} - \dfrac{1}{4}} = 5.64(\mathrm{k\Omega})$$

后面的分析将 $r_{ce}$ 乃至电感损耗的影响均纳入到这个 5.64kΩ 中。

注意从 $V_s$ 到 $V'_L$ 的电压增益为 $-g_m R_p$，而 $V'_L$ 到 $V_L$ 有分压系数 $p = 0.5$，故而要求电压增益为 50，就是要求 $0.5g_m R_p = 50$，由此可知

$$g_m = \frac{A_v}{0.5 R_p} = \frac{50}{0.5 \times 2.34 \times 10^3} = 42.7(\mathrm{mS})$$

此跨导增益决定了直流电流，进而可知 $R_{B1}$ 的值，由于我们这里只对小信号电路感兴趣，这个流程请同学自行完成分析。

下面考察图 E10.3.21 所示电路的电压传递函数，很简单，这是一个典型的二阶带通，为

$$H(\mathrm{j}\omega)=\frac{\dot{V}_{\mathrm{L}}}{\dot{V}_{\mathrm{s}}}=p\,\frac{\dot{V}_{\mathrm{L}}'}{\dot{V}_{\mathrm{s}}}=-pg_{\mathrm{m}}Z_{\mathrm{L}}'=-pg_{\mathrm{m}}R_{\mathrm{p}}\,\frac{1}{1+\mathrm{j}Q\left(\dfrac{\omega}{\omega_0}-\dfrac{\omega_0}{\omega}\right)} \qquad (\mathrm{E}10.3.15)$$

其中，$R_{\mathrm{p}}=2.34\mathrm{k}\Omega$ 是 LC 并联谐振回路两端的总谐振电阻，$g_{\mathrm{m}}=42.7\mathrm{mS}$ 是晶体管跨导增益，$p=0.5$ 是部分接入系数，$Q=R_{\mathrm{p}}\sqrt{\dfrac{C}{L}}=10$ 是谐振回路的品质因数，$\omega_0=\dfrac{1}{\sqrt{LC}}=2\pi\times2\times10^6$ （rad/s）为谐振回路自由振荡频率，计算中 $L=18.6\mu\mathrm{H}$，$C=340\mathrm{pF}$。

再考察图 E10.3.20 电路传递函数，为

$$H(\mathrm{j}\omega)=\frac{\dot{V}_{\mathrm{L}}}{\dot{V}_{\mathrm{s}}}=\frac{\dot{V}_{\mathrm{L}}'}{\dot{V}_{\mathrm{s}}}\frac{\dot{V}_{\mathrm{L}}}{\dot{V}_{\mathrm{L}}'}=-g_{\mathrm{m}}Z_{\mathrm{L}}\nu$$

$$=-g_{\mathrm{m}}\,\frac{1}{\dfrac{1}{R}+\dfrac{1}{\mathrm{j}\omega L}+\dfrac{1}{\dfrac{1}{\mathrm{j}\omega C_2}+\dfrac{1}{\mathrm{j}\omega C_1+\dfrac{1}{R_{\mathrm{L}}}}}}\,\frac{\dfrac{1}{\mathrm{j}\omega C_1+\dfrac{1}{R_{\mathrm{L}}}}}{\dfrac{1}{\mathrm{j}\omega C_2}+\dfrac{1}{\mathrm{j}\omega C_1+\dfrac{1}{R_{\mathrm{L}}}}} \qquad (\mathrm{E}10.3.16)$$

这显然是一个三阶系统的传递函数，表述比较复杂，这里不再整理而是直接用数值方法给出传递函数的幅频特性，如图 E10.3.22 所示。两个传递函数幅频特性在谐振频点附近几乎完全重合，在较低的频段两者相差较大，原因在于低频不满足 $R_{\mathrm{L}}$ 分流小（$Q_1=\omega R_{\mathrm{L}}C_1\gg1$ 低频段不满足），部分接入简化分析则会出现较大的误差。换句话说，只要 $Q_1=\omega R_{\mathrm{L}}C_1\gg1$，简化分析就是基本成立的，如图所示，两个系统传函出现明显误差的分界点就在 $Q=1$ 即 $\dfrac{1}{2\pi R_{\mathrm{L}}C_1}=$ 234（kHz）频率附近。

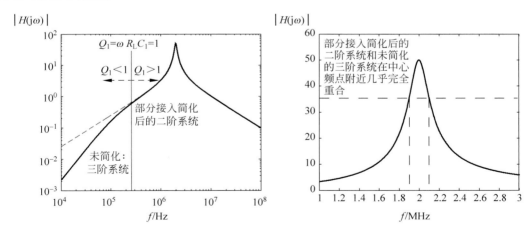

图 E10.3.22 小信号调谐放大器幅频特性：部分接入影响

如果部分接入的负载电阻从电容或电感支路分流很小，则可利用部分接入的简化分析，即将部分接入的负载转化为全接入的较大的负载。这种分析可将高阶系统降阶分析，简化了设计。如本例的设计，都是从简化后的全接入入手讨论的，回到部分接入，发现在满足 $Q_1=\omega R_{\mathrm{L}}C_1\gg1$ 的频段，两者误差很小。因而在验证条件满足的前提下，应大胆进行部分接入的简化分析，以快速获得设计。

# 10.4 二阶非线性动态电路之局部线性化：高频放大及其稳定性分析

在处理非线性器件参与的电路时，为了简化分析而多采用线性化措施，下面分别以晶体管交流小信号放大器为例说明局部线性化处理，以正弦波振荡器为例说明准线性处理，以 C 类功率放大器和开关电源电路中的 DC-DC 转换电路为例说明分段折线线性化处理。

## 10.4.1 晶体管小信号高频电路模型

以电阻电路的观点考察晶体管时，工作于有源区的晶体管被建模为受控源，可用来实现信号的放大；工作于截止区和欧姆区的晶体管则被建模为开关，用来实现信号通断或状态转换。无论是受控源，还是开关，它们都是电阻电路元件，其特征就是输出和输入之间是即时响应，描述方程是代数关系。

在 MOSFET 晶体管结构中，MOS 电容是人为设计的，其设计本意是用以形成沟道控制，但它同时具有的动态效应却属寄生效应。所谓寄生效应，就是那些不希望看到的、不希望产生的，但又是事实上和物理属性伴生共存的效应。第 6 章考察电路抽象时，说明电容来历时有如下论述，有导体结点就有电容效应，对晶体管而言，其极导体间的电容效应都属寄生电容效应，因为我们在设计晶体管的受控导电功能时，并不希望存在这些电容的动态效应，而仅仅只希望用 MOS 电容形成对导电通道的场效应控制特性。

寄生电容无所不在，是否考虑寄生电容效应，则由寄生电容的影响大小决定。低频时寄生电容影响小，视为开路而无须处理，但高频时电容则"高频短路"，原来开路的两个结点因而被连通，改变了电路的属性，此时则必须予以考虑。

对于晶体管放大器应用，属交流小信号放大，多采用局部线性化方法对电路进行建模。图 10.4.1 和图 10.4.2 分别是对 BJT 和 MOSFET 在直流工作点上做局部线性化后的微分电路模型。其中，压控流源是晶体管设计本意所期望的等效元件，其他等效元件尤其是电容，是非期望的但却是高频电路模型中其效应必须予以体现的寄生效应元件。

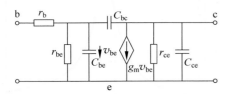
图 10.4.1 BJT 高频小信号电路模型

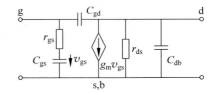
图 10.4.2 MOSFET 高频小信号电路模型

BJT 微分电路模型中，$r_{be}$，$r_{ce}$，$g_m$ 是第 4 章晶体管建模时予以详尽讨论的三个微分参量。在高频分析时，仅用这三个微分元件不足以描述晶体管的特性，极间电容的影响必须考虑在内。图 10.4.1 中 $C_{be}$ 是正偏 BE 结的扩散电容，其数值一般较大；$C_{bc}$ 是反偏 BC 结的势垒电容，其数值一般很小，但由于 MILLER 效应，其影响有可能是最大的；$C_{ce}$ 是集电极和发射极的极间寄生电容，其数值较小，影响也较小，因而有时可以忽略不计。这里特别指出，这些晶体管极间电容基本上都是非线性电容，图中给的是直流工作点上的微分电容。这些非线性电容的形成机理和具体表达式，见半导体器件类专业课。

图 10.4.1 中 $r_b$ 电阻是基极体电阻。事实上晶体管三个极都有体电阻，BJT 晶体管为了获得高电流增益 $\beta$，其基区很薄且掺杂浓度低，故而基极体电阻是三个体电阻中数值最大因而也是影响最大的，所以在高频模型中保留了这个电阻的作用，该电阻取值在数欧姆到数百欧姆量级，视具体工艺而定。这个电阻和寄生电容共同作用，将严重抑制晶体管在高频段的有源性。

对于 MOSFET，其栅衬之间是一个控制沟道导电特性的 MOS 电容，其控制特性由压控流源体现，其寄生的动态效应在低频影响小而被开路处理，但在高频其影响则不可忽视，其影响由图 10.4.2 中的 $C_{gs}$ 和 $C_{gd}$ 描述。同时，MOS 电容的损耗被描述为和 $C_{gs}$ 串联的 $r_{gs}$ 电阻，该电阻和寄生电容 $C_{gs}$ 及厄利效应电阻 $r_{ds}$ 共同作用，直接抑制了晶体管高频段的有源性。

晶体管高频频段的有源性被寄生电容、寄生电阻严重抑制，故而其功率增益较低，于是微波频段的放大电路设计多采用双共轭匹配以尽可能获得最大功率增益。高频放大电路分析与设计时，基极体电阻 $r_b$ 和栅极损耗电阻 $r_{gs}$ 的影响则必须考虑在内，该电阻直接影响着晶体管二端口网络的有源性、稳定性和共轭匹配阻抗大小。在很高的频率上进行小信号放大器设计时，图 10.4.1 和图 10.4.2 给出的模型甚至还不能完全描述晶体管高频特性，需要对该模型进一步改造，将更多的高频因素考虑在内，使得高频小信号模型变得极度复杂。为了避免复杂的模型，微波频段的晶体管放大器设计一般采用二端口网络参量这种做了高度端口抽象的电路模型代替元件级别的和晶体管物理结构密切相关的微分元件电路模型进行电路设计。二端口网络参量可以通过测量获得，它是晶体管特性在端口的体现，只要电路设计是在端口上进行，二端口网络参量就已经包容了晶体管的所有电特性，故而无须关注晶体管内部物理结构及其对应等效元件构成的等效电路。这种基于网络参量的设计，10.3 节考察双共轭匹配时已略有涉及，更详尽通用的方法，见微波有源电路相关课程，多采用散射参量考察晶体管放大器的稳定性及双共轭匹配等问题。

在晶体管放大器工作频率较低且不考虑双共轭匹配设计时，晶体管模型中的 $r_b$ 和 $r_{gs}$ 往往被忽略不计以简化分析。

### 10.4.2　晶体管核心模型的稳定性分析

图 10.4.3 为 BJT 晶体管的核心电路模型，它是在阻性跨导器模型基础上，添加三个寄生电容后的 π 型等效电路，这里暂不考虑 $r_b$ 的影响，下面分析该二端口网络的绝对稳定条件。

首先求出图示二端口网络的 $ABCD$ 参量，

$$A = \frac{j\omega(C_{bc} + C_{ce}) + g_{ce}}{j\omega C_{bc} - g_m} \tag{10.4.1a}$$

$$B = \frac{1}{j\omega C_{bc} - g_m} \tag{10.4.1b}$$

$$C = \frac{(j\omega C_{be} + g_{be})(j\omega C_{ce} + g_{ce}) + j\omega C_{bc}(j\omega C_{be} + j\omega C_{ce} + g_{be} + g_{ce} + g_m)}{j\omega C_{bc} - g_m} \tag{10.4.1c}$$

$$D = \frac{j\omega(C_{bc} + C_{be}) + g_{be}}{j\omega C_{bc} - g_m} \tag{10.4.1d}$$

注意到 $\mathrm{Re}Y_{11} = g_{be} > 0$ 和 $\mathrm{Re}Y_{22} = g_{ce} > 0$ 已经满足，故而只需考察罗莱特稳定性系数即可确定该网络的绝对稳定条件，

$$\mathrm{Re}(A^* D + B^* C) = \frac{2g_{be}g_{ce} + \omega^2 C_{bc}^2}{g_m^2 + \omega^2 C_{bc}^2}$$

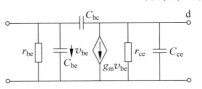

图 10.4.3　BJT 核心电路模型

$$|AD - BC| = \frac{|\,j\omega C_{bc}\,|}{|\,j\omega C_{bc} - g_m\,|} = \frac{\omega C_{bc}}{\sqrt{g_m^2 + \omega^2 C_{bc}^2}}$$

$$k = \frac{\mathrm{Re}(A^* D + B^* C)}{|AD - BC|} = \frac{2g_{be} g_{ce} + \omega^2 C_{bc}^2}{\omega C_{bc}\,\sqrt{g_m^2 + \omega^2 C_{bc}^2}}$$

绝对稳定条件 $k>1$ 恰好对应

$$\omega < \omega_{us} = \frac{2g_{be} g_{ce}}{\sqrt{g_m^2 - 4g_{be} g_{ce}}\, C_{bc}} \tag{10.4.2}$$

也就是说,当 $\omega<\omega_{us}$ 时 $k>1$,当 $\omega>\omega_{us}$ 时 $k<1$,显然 $\omega<\omega_{us}$ 是 BJT 晶体管核心 $\pi$ 模型的绝对稳定区。

**练习 10.4.1** 注意到 $g_m^2>4g_{be} g_{ce}$ 是跨导器模型的有源性条件,由式(10.4.2)可知,有源才存在 $\omega>\omega_{us}$ 不稳定区。请证明:如果跨导器无源,$g_m^2 \leqslant 4g_{be} g_{ce}$,则在所有频带内恒有 $k>1$,换句话说,无源则意味着绝对稳定。

练习 10.4.1 的结论是显然的,不稳定指的是出现自激振荡,自激振荡意味着可自行输出能量,电路必然是有源网络,无源则不可能自激振荡,故而绝对稳定。但绝对稳定也可能是有源的,如例 10.4.1 的晶体管模型。

**练习 10.4.2** 假设跨导器本身是有源的,$g_m^2>4g_{be} g_{ce}$,请说明图 10.4.3 所示二端口网络在 $\omega_r(<\omega_{us})$ 频点的共轭匹配导纳为

$$Y_{m,01}(\omega_r) = g_{be}\sqrt{1 - \left(\frac{\omega_r}{\omega_{us}}\right)^2} - j\omega_r\left(C_{be} + C_{bc}\left(1 + \frac{g_m}{2g_{ce}}\right)\right) \tag{10.4.3a}$$

$$Y_{m,02}(\omega_r) = g_{ce}\sqrt{1 - \left(\frac{\omega_r}{\omega_{us}}\right)^2} - j\omega_r\left(C_{ce} + C_{bc}\left(1 + \frac{g_m}{2g_{be}}\right)\right) \tag{10.4.3b}$$

当信源内导 $Y_S = Y_{m,01}(\omega_r)$,负载导纳 $Y_L = Y_{m,02}(\omega_r)$ 时,$\omega_r$ 频点的 MAG 为

$$\mathrm{MAG} = 1 + \frac{2}{1 + \sqrt{1 - \left(\frac{\omega_r}{\omega_{us}}\right)^2}}\left(\frac{g_m^2}{4g_{be} g_{ce}} - 1\right), \quad \omega_r < \omega_{us} \tag{10.4.4a}$$

如果 $\omega_r(\geqslant\omega_{us})$,无法实现双端口同时共轭匹配,对应的 MSG 为

$$\mathrm{MSG} = \sqrt{1 + \left(\frac{\omega_z}{\omega_r}\right)^2}, \quad \omega_r \geqslant \omega_{us} \tag{10.4.4b}$$

其中 $\omega_z = \frac{g_m}{C_{bc}}$。请在一张图上画出 MAG 和 MSG 随频率变化的曲线,解释为什么它们在 $\omega = \omega_{us}$ 频点无缝对接,即 $\mathrm{MSG}(\omega_{us}) = \mathrm{MAG}(\omega_{us})$,并由此说明 CE 组态晶体管功率增益随频率的整体变化情况。

我们还注意到,当 $\omega_r = 0$ 时,电容直流开路,代入上述公式,有如下的结论,

$$Y_{m,01}(0) = g_{be}, \quad Y_{m,02}(0) = g_{ce}$$

$$G_{p,max}(0) = \frac{g_m^2}{4g_{be} g_{ce}}$$

这正是寄生电容低频开路处理后电阻电路必然的分析结果。

**练习 10.4.3** 请说明当 $\omega_r>\omega_{us}$ 时,如果图 10.4.3 所示 $\pi$ 型电路端口 2 端接共轭匹配电纳 $jB_{m,02} = -j\omega_r\left(C_{ce} + C_{bc}\left(\frac{g_m}{2g_{be}} + 1\right)\right)$ 时,端口 1 输入导纳实部将小于 0,当端口 1 端接共轭匹

配电纳 $jB_{m,01} = -j\omega_r \left( C_{be} + C_{bc} \left( \dfrac{g_m}{2g_{ce}} + 1 \right) \right)$，端口 2 输出导纳实部将小于 0，即输入端口和输出端口将出现等效负电导，这都将导致电路出现可能的自激振荡，这也是非绝对稳定区名称的由来。

**练习 10.4.4** 请分析说明电路上如何实现负电纳 $B_{m,01} = -\omega_r \left( C_{be} + C_{bc} \left( 1 + \dfrac{g_m}{2g_{ce}} \right) \right)$ 和

$B_{m,02} = -\omega_r \left( C_{ce} + C_{bc} \left( 1 + \dfrac{g_m}{2g_{be}} \right) \right)$。

我们特别关注到跨接在输入端和输出端之间的寄生电容 $C_{bc}$ 的影响力：①如果没有 $C_{bc}$ 电容，$C_{bc}=0 \Rightarrow \omega_{us} \to \infty$，整个频带都是绝对稳定的，显然这是由于 $C_{bc}$ 提供了从输出端到输入端的反馈通路，在合适的负载条件下，可形成正反馈振荡，见第 10.5.2 节哈特莱正弦波振荡器结构。②在绝对稳定区可实现双共轭匹配，端接共轭匹配阻抗时，输入端口看入导纳和输出端口看入导纳中的等效并联电容中，$Y_{in} = Y_{m,01}^* = G_{m,01} + j\omega_r C_{m,01}$，$Y_{out} = Y_{m,02}^* = G_{m,02} + j\omega_r C_{m,02}$，$C_{bc}$ 的影响极大，$C_{m,01} = C_{be} + C_{bc}(1 + 0.5g_m r_{ce})$，$C_{m,02} = C_{ce} + C_{bc}(1 + 0.5g_m r_{be})$，注意到 $g_m r_{be}$ 和 $g_m r_{ce}$ 是晶体管 CE 组态的本征电流增益和本征电压增益，都是上百甚至过千量级的大数值，可见 $C_{bc}$ 电容的影响被放大了很多，这种电容倍增效应被称为密勒效应。由于提供反馈路径以及密勒效应，CE 组态晶体管的高频特性很大程度上取决于输入和输出之间跨接的寄生电容 $C_{bc}$。

### 10.4.3 晶体管小信号高频电路模型的有源性分析

由式(10.4.4)可知，不考虑 $r_b$ 影响的 BJT 晶体管高频小信号电路模型在全频带内都是有源的，这是由于当 $g_m^2 > 4g_{be}g_{ce}$ 时在全频带内都有 MAG 和 MSG 大于 1，寄生电容没有影响该电路的有源性。然而考虑了 $r_b$ 影响后，晶体管将存在一个最高振荡频率(maximum oscillation frequency) $f_{max}$，当工作频率高于该值后，晶体管则无法提供大于 1 的功率增益，无法向外输出额外功率，无法实现自激振荡，或者说此时晶体管模型变成了无源网络。

#### 1. Mason 单向功率增益

对图 10.4.1 电路模型进行分析，发现 BJT 的三种组态 CE、CB、CC 的功率增益差别很大，但是无论哪种组态，都存在一个共同的 $f_{max}$，在该频点上 $G_{p,max}=1$，这说明晶体管有一个内在的与组态无关的不变性。Mason 于 1954 年提出了单向功率增益(Unilateral Power Gain)概念：二端口网络可通过加载无损互易网络于输出和输入之间，形成外部反馈以抵偿内部反馈，当双向网络被转化为单向网络后，单向网络的最大功率增益被称为单向功率增益 $U$。单向功率增益 $U$ 是二端口网络内在性质的体现，对晶体管而言，它和组态无关，三种组态具有完全相同的单向功率增益 $U$，正是这个原因，单向功率增益可以作为晶体管功率增益的一个基本度量。Mason 给出了 $U$ 的表达式，如果用 $Y$ 参量表述，则为

$$U = \frac{|Y_{12} - Y_{21}|^2}{4(\operatorname{Re}Y_{11}\operatorname{Re}Y_{22} - \operatorname{Re}Y_{12}\operatorname{Re}Y_{21})} \tag{10.4.5a}$$

如果用传输参量表述，则为

$$U = \frac{|AD - BC - 1|^2}{4(\operatorname{Re}B\operatorname{Re}C + \operatorname{Im}A\operatorname{Im}D)} = \frac{|AD - BC - 1|^2}{2\operatorname{Re}(A^*D + B^*C) - 2\operatorname{Re}(AD - BC)} \tag{10.4.5b}$$

由于 $U$ 的内在不变性，我们可以定义最大振荡频率 $f_{max}$ 为 Mason 单向功率增益 $U$ 为 1 时的频率。于是，晶体管的有源性条件将和 $f < f_{max}$ 等价，或者说，只有当 $f < f_{max}$ 时，晶体管才能作为放大器提供大于 1 的功率增益，或者才能利用晶体管实现振荡输出。

**练习 10.4.5**　对于如图 10.4.3 所示的没有考虑基极电阻 $r_b$ 影响的核心 π 型电路,证明其 Mason 单向功率增益为

$$U = U_0 = \frac{g_m^2}{4 g_{in} g_{out}} \tag{10.4.6}$$

### 2. 最高振荡频率 $f_{max}$

式(10.4.6)表明,当有源性条件 $g_m^2 > 4 g_{be} g_{ce}$ 满足的前提下,恒有 $U = U_0 > 1$,因而核心 π 模型的最高振荡频率 $f_{max} \to \infty$,也就是说,理论上核心 π 模型可在任意频点上通过某种连接关系实现自激振荡。然而实际晶体管中总是或大或小地存在基极体电阻 $r_b$,用传输矩阵的级联可以获得图 10.4.1 电路的总传输参量矩阵为

$$\begin{bmatrix} A_b & B_b \\ C_b & D_b \end{bmatrix} = \begin{bmatrix} 1 & r_b \\ 0 & 1 \end{bmatrix} \begin{bmatrix} A & B \\ C & D \end{bmatrix} = \begin{bmatrix} A + r_b C & B + r_b D \\ C & D \end{bmatrix} \tag{10.4.7}$$

其中,ABCD 参量是核心模型的传输参量,将其表达式(10.4.1)代入式(10.4.7)中,再由式(10.4.5b)可以获得图 10.4.1BJT 电路模型的 Mason 单向功率增益 $U$ 为

$$U(\omega) = G_0 \frac{1}{1 + G_0 \dfrac{\omega^2}{\omega_G^2}} \tag{10.4.8}$$

其中,$G_0 = \dfrac{U_0}{1 + g_{be} r_b}$ 为零频电容开路处理时电阻电路的最大功率增益,而 $\omega_G$ 近似就是最高振荡频率,

$$\omega_G = \frac{1}{2} \frac{g_m}{\sqrt{(g_m C_{bc}(C_{be} + C_{bc}) + g_{be} C_{bc}^2 + g_{ce}(C_{be} + C_{bc})^2) r_b}} \tag{10.4.9}$$

因为令 $U = 1$ 获得的最高振荡频率解析解 $f_{max}$ 几乎就是 $f_G$,

$$f_{max} = f_G \sqrt{1 - \frac{1}{G_0}}$$

$$= \frac{1}{4\pi} \sqrt{\frac{g_m^2 - 4 g_{be} g_{ce}(1 + g_{be} r_b)}{(g_m C_{bc}(C_{be} + C_{bc}) + g_{be} C_{bc}^2 + g_{ce}(C_{be} + C_{bc})^2) r_b}} \tag{10.4.10a}$$

这是由于实际晶体管电路总是满足 $G_0 \gg 1$($g_m^2 \gg 4 g_{be} g_{ce}(1 + g_{be} r_b)$)的缘故。同时,由于绝大多数晶体管的 $g_{be}$ 和 $g_{ce}$ 相对 $g_m$ 很小,从而满足 $g_{be} C_{bc}^2 + g_{ce}(C_{be} + C_{bc})^2 \ll g_m C_{bc}(C_{be} + C_{bc})$,故而目前大多数教材给出的最高振荡频率表达式为

$$f_{max} \approx \frac{1}{4\pi} \sqrt{\frac{g_m}{C_{bc}(C_{be} + C_{bc}) r_b}} \tag{10.4.10b}$$

我们只需记忆式(10.4.10b)近似公式即可,原因在于图 10.4.1 电路模型本身就是近似的,它除了没有考虑 $r_c$、$r_e$ 的影响外,同时考虑到 $f_{max}$ 频率很高,在这么高的频率下,图 10.4.1 电路模型其实已经超出了其抽象的限定性频率范围而不准确了,用式(10.4.10b)这个近似公式足以说明最高振荡频率受哪些电路因素影响。

显然,当频率比较高时,晶体管的 Mason 单向功率增益可表述为

$$U \approx \left( \frac{f_{max}}{f} \right)^2 \tag{10.4.11}$$

频率越高,功率增益越小,故而晶体管在高频不得不进行阻抗匹配以获得足够可用的功率增益。

**练习 10.4.6**　图 10.4.2 所示为 MOSFET 考虑寄生电容影响后的高频小信号电路模型。

低频分析无须考虑 $r_{gs}$ 的影响,但是当我们考察晶体管的高频有源性时,则不得不将 MOS 电容损耗考虑在内。请证明该模型的 Mason 单向功率增益为

$$U = \left(\frac{f_{\max}}{f}\right)^2 \tag{10.4.12a}$$

其中 $f$ 为工作频率,

$$f_{\max} = \frac{g_m}{4\pi C_{gs}} \sqrt{\frac{r_{ds}}{r_{gs}}} \tag{10.4.12b}$$

为该模型对应的最高振荡频率。

### 3. 特征频率 $f_T$

**练习 10.4.7** 晶体管除了用最高振荡频率 $f_{\max}$ 来描述其高频端有源性之外,还有一个在数据手册中更常见的高频参量 $f_T$,它被称为特征频率(transition frequency),其定义是 CE(CS)组态晶体管本征电流增益为 1 时的频率,它和 $f_{\max}$ 在同一量级,它们共同被用来描述晶体管的工作频率能够有多高。分别针对图 10.4.1 所示的 BJT 高频小信号电路模型和图 10.4.2 所示 MOSFET 高频小信号电路模型,请分析确认它们的特征频率近似为

$$f_T \approx \frac{g_m}{2\pi C_{be}} \tag{10.4.13a}$$

$$f_T \approx \frac{g_m}{2\pi C_{gs}} \tag{10.4.13b}$$

已知 $C_{be} \gg C_{bc}$,$C_{gs} \gg C_{gd}$,$r_{gs} \ll 1/g_m$。

### 4. 稳定性分析

考虑 $r_b$ 影响后,电路稳定性一定比核心 π 模型有所提高,原因在于 $r_b$ 相当于在核心模型上添加的正阻损耗,它可以抵消部分等效负阻,故而增强了稳定性。分析图 10.4.1 电路模型的罗莱特稳定性系数,从 $k>1$ 可推导出其绝对稳定区扩大为 $f < f_{us1}$ 和 $f > f_{us2}$。精确的公式比较复杂,见附录 16,下面只给出如下简化结论:晶体管的基极体电阻 $r_b$ 多位于如下较宽的范围内,

$$r_b \in \left(\frac{C_{bc}}{C_{be}} \frac{1}{g_m}, \frac{1}{40} g_m r_{ce} \frac{C_{bc}}{C_{be}} r_{be}\right) \tag{10.4.14}$$

从而两个稳定区频率界点可近似简单表述为

$$f_{us1} \approx f_{us0} \approx \frac{0.5 f_z}{U_0} = \frac{1}{\pi} \cdot \frac{1}{g_m r_{be} r_{ce} C_{bc}} \tag{10.4.15a}$$

$$f_{us2} \approx \frac{f_{\max}^2}{0.5 f_z} \approx \frac{1}{4\pi} \frac{1}{(C_{be} + C_{bc}) r_b} \tag{10.4.15b}$$

其中,$f_{us0}$ 是核心 π 模型的稳定与不稳定的频率分界点。在 $f_0 < f_{us1}$ 或 $f_0 > f_{us2}$ 这个绝对稳定放大频率范围内,可获得最大功率增益 MAG,

$$\mathrm{MAG} = G_0 \frac{1 + \frac{\omega^2}{\omega_z^2}}{0.5\left(1 + \sqrt{\left(1 - \frac{\omega^2}{\omega_{us1}^2}\right)\left(1 - \frac{\omega^2}{\omega_{us2}^2}\right)}\right) + G_0 \frac{\omega^2}{\omega_z^2} + 0.5(G_0 - 1)\frac{\omega^2}{\omega_{\max}^2}} \tag{10.4.16a}$$

式中 $\omega_{us1}$、$\omega_{us2}$ 和 $\omega_{\max}$ 均需精确表述,式(10.4.16a)才是精确表述。MAG 在 $f < f_z$ 区间内的绝对稳定区内,可以用单向功率增益式(10.4.8)近似,仅在 $f_{us1}$、$f_{us2}$ 频点附近 MAG 和 $U$ 差别较大,其他地方近似精度很高。

在 $f_{us2}>f>f_{us1}$ 频率范围内，晶体管非绝对稳定，其 MSG 和核心模型并无区别，

$$MSG = \frac{1}{|A_bD_b - B_bC_b|} = \frac{1}{|AD-BC|} = \sqrt{1+\left(\frac{f_z}{f}\right)^2} \qquad (10.4.16b)$$

习题 10.10 说明，在非绝对稳定区，放大器放大倍数可以大于 MSG，而 MSG>U，U 为 CE 组态的最大功率增益的近似表达式，换句话说，在非绝对稳定区，由于内在的正反馈存在，晶体管功率增益有所提高。注意，MAG 是二端口网络不允许外部反馈网络存在情况下的最大功率增益，事实上，如果适当添加正反馈，功率增益可以有所提高，但稳定性会变差，放大器容易自激变成振荡器。

考虑 $r_b$ 影响后共轭匹配阻抗表述式过于复杂，这里不再描述。事实上，放大器设计时，完全可以先获得晶体管的网络参量，之后直接用网络参量进行设计，无须深入到晶体管的内部电路中。

**练习 10.4.8** 说明 BJT 核心 π 模型在 $\omega_{us}$ 频点的 MAG 大于零频点的 MAG，由是可知，适当的正反馈可以提高放大器功率增益。

**例 10.4.1** 某高频 BJT 晶体管的高频小信号电路模型如图 10.4.1 所示，其电路参量具体数值如下：

$$C_{be} = 0.4pF, \quad C_{bc} = 5.6fF, \quad C_{ce} = 10.5fF, \quad g_m = 38mS,$$
$$r_{be} = 2.6k\Omega, \quad r_{ce} = 20k\Omega, \quad r_b = 300\Omega$$

请分析该晶体管 CE 组态的高频特性。

**解：**（1）晶体管的一个重要参量是 CE 组态的短路电流增益 β，首先研究这个参量和晶体管模型的关系。

如图 E10.4.1 所示，在输入端口加激励电流源，在输出端口测短路电流，则短路电流增益为

$$\begin{aligned}
\beta(j\omega) = \frac{\dot{I}_c}{\dot{I}_b} &= \frac{g_m\dot{V}_{be} - j\omega C_{bc}\dot{V}_{be}}{(j\omega C_{be} + g_{be})\dot{V}_{be} + j\omega C_{bc}\dot{V}_{be}} \\
&= g_m r_{be} \frac{1 - j\omega C_{bc}/g_m}{1 + j\omega(C_{be} + C_{bc})r_{be}} \\
&= \beta_0 \frac{1 - j\omega/\omega_z}{1 + j\omega/\omega_\beta} \qquad (E10.4.1)
\end{aligned}$$

短路电流增益幅频特性的伯特图如图 E10.4.2 所示。由分析可知，短路电流增益传递函数中有三个关键参量：

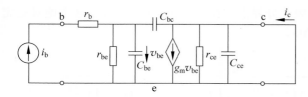

图 E10.4.1 CE 组态晶体管短路电流增益的测量

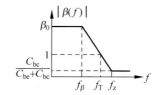

图 E10.4.2 CE 组态晶体管短路电流增益频率特性

（a）短路电流增益：电阻电路分析的本征电流增益。

$$\beta_0 = g_m r_{be} = 38m \times 2.6k = 98.8 \qquad (E10.4.2)$$

（b）电流增益截止频率：电流增益下降 3dB 对应的频点。

$$f_\beta = \frac{1}{2\pi r_{be}(C_{be} + C_{bc})} = \frac{1}{2 \times 3.14 \times 2.6k \times (400f + 5.6f)}$$
$$= 151(\text{MHz}) \tag{E10.4.3a}$$

（c）零点频率：输出短路电流有两个来源，来源 1 是压控流源产生的电流，来源 2 是经过 $C_{bc}$ 到达输出端的电流，当两个电流幅值相等时的频率定义为零点频率，它是短路电流增益传递函数的零点。当频率高于零点频率后，寄生电容 $C_{bc}$ 产生的电流高于压控流源产生的电流，寄生效应掩蔽了晶体管本身的设计。

$$f_z = \frac{g_m}{2\pi C_{bc}} = \frac{38m}{2 \times 3.14 \times 5.6f} = 1080(\text{GHz}) \tag{E10.4.3b}$$

（d）特征频率：在短路电流增益伯特图上，当 $f < f_\beta$ 时，取 $|\beta| \approx \beta_0 \gg 1$，当 $f > f_z$ 时，取 $|\beta| \approx \left| -\frac{C_{bc}}{C_{be} + C_{bc}} \right| = 0.0138 \ll 1$，在 $f_\beta < f < f_z$ 区间，电流增益 $|\beta|$ 随 $f$ 以反比关系下降，定义电流增益下降为 $1(|\beta| = 1)$ 时所对应的频点为特征频率，

$$f_T \approx \beta_0 f_\beta = \frac{g_m}{2\pi(C_{be} + C_{bc})} = \frac{38m}{2 \times 3.14 \times (400f + 5.6f)} = 14.9(\text{GHz}) \tag{E10.4.4}$$

由于 $f_T \approx \beta_0 f_\beta$，因此特征频率 $f_T$ 也被称为是晶体管的电流增益带宽积。

（2）晶体管多用于信号放大，如果期望采用双共轭匹配实现最大功率增益，则需确认其有源性或最高振荡频率 $f_{max}$，工作频率一旦高于该频点，则不具有源性，无法提供功率增益，或者双共轭匹配后的最大功率增益小于 1。

核心模型（不考虑 $r_b$ 影响）电阻电路是有源的：

$$U_0 = \frac{1}{4} g_m^2 r_{be} r_{ce} = 18772 \gg 1 \tag{E10.4.5a}$$

其中 $U_0 = \frac{1}{4} g_m^2 r_{be} r_{ce}$ 也是核心模型不考虑寄生电容效应时的最大功率增益。如果考虑 $r_b$ 的影响，输入电压首先经过分压，因而有源性条件中增加一个分压系数，但仍然是有源的，

$$G_0 = \frac{1}{4} g_m^2 r_{be} r_{ce} \frac{r_{be}}{r_{be} + r_b} = 16830 \gg 1 \tag{E10.4.5b}$$

其中 $G_0$ 是考虑 $r_b$ 影响但不考虑寄生电容效应时的最大功率增益。

在电阻电路有源性条件满足的前提下，考察寄生电容对有源性的影响，如式（10.4.10a）所示，可知最高振荡频率为

$$f_{max} = \frac{1}{4\pi} \sqrt{\frac{g_m^2 - 4g_{be}g_{ce}(1 + g_{be}r_b)}{(g_m C_{bc}(C_{be} + C_{bc}) + g_{be}C_{bc}^2 + g_{ce}(C_{be} + C_{bc})^2)r_b}}$$
$$= 17.95(\text{GHz}) \tag{E10.4.6a}$$

但这个公式很难记忆，一般采用如下近似公式，

$$f_{max} \approx \frac{1}{4\pi} \sqrt{\frac{g_m}{C_{bc}(C_{be} + C_{bc})r_b}} = \frac{1}{2} \sqrt{\frac{f_T}{2\pi C_{bc}r_b}} = 18.79(\text{GHz}) \tag{E10.4.6b}$$

两者计算结果虽然有一定的偏差，但无须过于计较，原因在于到了如此高频后，图 10.4.1 的电路模型其实已经不再完全准确，用式（E10.4.6b）近似公式计算出来的最高振荡频率是较低频率下模型的外推结果，足以说明其量级大小。

与晶体管组态无关的 Mason 单向功率增益被用来描述晶体管的功率增益变化情况，由式（10.4.11,12）可知，高频段的 Mason 单向功率增益大体可表述为

$$U \approx \left(\frac{f_{\max}}{f}\right)^2$$

为了获得足够的功率增益,实用放大器和振荡器的工作频率一般取 $f < \frac{1}{4} f_{\max}$,以确保有足够的功率增益可用,$U > 16 = 12\text{dB}$。因而对本例晶体管,当用作放大器或振荡器使用时,其适用频率范围大致为

$$f < \frac{1}{4} f_{\max} = 4.7\text{GHz} \tag{E10.4.7}$$

由于高频寄生效应导致高频增益较低,因而射频频段多采用双共轭匹配,需要在输入端口和输出端口添加电感,与晶体管的寄生电容谐振,由于存在 $C_{bc}$ 电容,感性负载在 $C_{bc}$ 和 $g_m$ 的作用下很容易形成负阻效应从而放大器变成振荡器,因而射频放大器设计时需要考虑稳定性问题。

首先考察没有 $r_b$ 影响的核心电路,由 10.4.2 节的分析可知,从罗莱特稳定性系数 $k > 1$ 将推导出绝对稳定区为 $f < f_{us0}$,

$$f_{us0} = \frac{2 g_{be} g_{ce}}{2\pi \sqrt{g_m^2 - 4 g_{be} g_{ce}} C_{bc}} \approx \frac{0.5 f_z}{U_0} = 28.8 (\text{MHz}) \tag{E10.4.8}$$

换句话说,只有在 $f < f_{us0}$ 频段才可通过双共轭匹配获得最大功率增益,如果在 $f > f_{us0}$ 频段试图做双共轭匹配时,放大器则会变成振荡器。

如果考虑 $r_b$ 影响,相当于在核心模型上添加了正阻损耗,故而其稳定性将会有所提高,其绝对稳定区扩大为 $f < f_{us1}$ 和 $f > f_{us2}$。注意 $r_b = 300\Omega$ 位于如下范围内,

$$r_b \in \left(\frac{C_{bc}}{C_{be}} \frac{1}{g_m}, \frac{1}{40} g_m r_{ce} \frac{C_{bc}}{C_{be}} r_{be}\right) = (0.368\Omega, 682\Omega) \tag{E10.4.9}$$

故而两个稳定区频率界点可近似表述为

$$f_{us1} \approx f_{us0} \approx \frac{0.5 f_z}{U_0} = 28.8 (\text{MHz}) \tag{E10.4.10a}$$

$$f_{us2} \approx \frac{f_{\max}^2}{0.5 f_z} \approx \frac{1}{4\pi} \frac{1}{(C_{be} + C_{bc}) r_b} = 654 (\text{MHz}) \tag{E10.4.10b}$$

换句话说,本例 BJT 在 $f < 28.8\text{MHz}$ 和 $f > 654\text{MHz}$ 频段是绝对稳定的,可以实现双共轭匹配,双共轭匹配后功率增益可近似用 Mason 单向功率增益表述。而在 $28.8\text{MHz} < f < 654\text{MHz}$ 频段范围内不是绝对稳定的,如果试图用感性负载谐振晶体管容性端口阻抗,则极大可能性地自激振荡。此时可以通过在两个端口串联电阻或并联电阻以抵偿等效负阻,从而增加稳定性,通过添加正阻使得罗莱特稳定性系数提高到 1 时的最大稳定功率增益大体为

$$\text{MSG} \approx \frac{f_z}{f} = 30.3\text{dB} - 10\log_{10} \frac{f}{1\text{GHz}} \tag{E10.4.11}$$

当然如果不过度追求双端同时共轭匹配,非绝对稳定区放大电路有可能实现稳定放大,且放大倍数有可能高于 MSG,如习题 10.10,10.11 的数值分析结果那样。

(3) 如果 CE 组态晶体管不追求双端同时共轭匹配,即使在非绝对稳定区,$f_{us1} < f < f_{us2}$,晶体管放大器也有可能是稳定放大的。尤其是当两个端口不外接感性负载时,则不会出现振荡。下面我们研究在晶体管两个端口端接阻性负载的电压放大器的电压传递函数,如图 E10.4.3 所示。

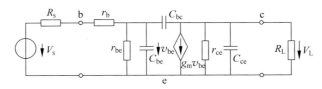

图 E10.4.3  CE 组态晶体管电压放大器

图 E10.4.3 中,用信源内阻为 $R_s$ 的电压源激励,负载电阻为 $R_L$。通常的技巧是,能化简的先化简,首先将线性电阻电路用戴维南定理简化,如图 E10.4.4 所示,其中

$$\dot{V}_s' = \frac{r_{be}}{r_{be} + r_b + R_s} \dot{V}_s = \eta \dot{V}_s = 0.667 \dot{V}_s \qquad (E10.4.12a)$$

$$R_s' = \frac{r_{be}(r_b + R_s)}{r_{be} + r_b + R_s} = 867(\Omega) \qquad (E10.4.12b)$$

$$R_L' = \frac{r_{ce} R_L}{r_{ce} + R_L} = 952(\Omega) \qquad (E10.4.12c)$$

为了给出数值结果,这里假设 $R_s = 1k\Omega, R_L = 1k\Omega$。

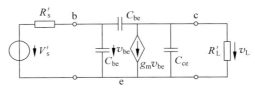

图 E10.4.4  戴维南化简

由图 E10.4.4 所示电路,很容易给出图 E10.4.3 电路的电压传递函数为

$$H(j\omega) = \frac{\dot{V}_L}{\dot{V}_s} = \frac{\dot{V}_s'}{\dot{V}_s} \frac{\dot{V}_L}{\dot{V}_s'}$$

$$= \eta \left( -g_m R_L' \frac{1 - \dfrac{j\omega C_{bc}}{g_m}}{1 + j\omega(C_{be} R_s' + C_{bc}(R_s' + R_L' + g_m R_s' R_L') + C_{ce} R_L')} \right.$$

$$\left. + (j\omega)^2 R_s' R_L'(C_{bc} C_{be} + C_{be} C_{ce} + C_{ce} C_{bc}) \right)$$

$$= -\eta g_m R_L' \frac{1 - \dfrac{j\omega}{\omega_z}}{\left(1 + \dfrac{j\omega}{\omega_{p1}}\right)\left(1 + \dfrac{j\omega}{\omega_{p2}}\right)} \qquad (E10.4.13)$$

上述电压传递函数表明这是一个二阶低通系统,有一个零点、两个极点,其低频电压增益为

$$H_0 = -\eta g_m R_L' = -24.1 = 27.7(dB)(反相) \qquad (E10.4.14)$$

其零点位于右半平面,零点频率同短路电流增益传函。其分母多项式对应特征方程多项式,一般情况下是过阻尼且阻尼系数 $\xi$ 较大,$\omega_{p1} \ll \omega_{p2} \approx 4\xi^2 \omega_{p1}$,故而

$$\left(1 + \frac{j\omega}{\omega_{p1}}\right)\left(1 + \frac{j\omega}{\omega_{p2}}\right) = 1 + j\omega\left(\frac{1}{\omega_{p1}} + \frac{1}{\omega_{p2}}\right) + (j\omega)^2 \frac{1}{\omega_{p1}} \frac{1}{\omega_{p2}}$$

$$\approx 1 + j\omega \frac{1}{\omega_{p1}} + (j\omega)^2 \frac{1}{\omega_{p1}} \frac{1}{\omega_{p2}}$$

故而有

$$\omega_{\mathrm{p1}} \approx \frac{1}{C_{\mathrm{be}}R'_{\mathrm{s}} + C_{\mathrm{bc}}(R'_{\mathrm{s}} + R'_{\mathrm{L}} + g_{\mathrm{m}}R'_{\mathrm{s}}R'_{\mathrm{L}}) + C_{\mathrm{ce}}R'_{\mathrm{L}}} = 2\pi \times 293(\mathrm{MHz}) \qquad (\mathrm{E}10.4.15\mathrm{a})$$

$$\omega_{\mathrm{p2}} \approx \frac{C_{\mathrm{be}}R'_{\mathrm{s}} + C_{\mathrm{bc}}(R'_{\mathrm{s}} + R'_{\mathrm{L}} + g_{\mathrm{m}}R'_{\mathrm{s}}R'_{\mathrm{L}}) + C_{\mathrm{ce}}R'_{\mathrm{L}}}{R'_{\mathrm{s}}R'_{\mathrm{L}}(C_{\mathrm{bc}}C_{\mathrm{be}} + C_{\mathrm{be}}C_{\mathrm{ce}} + C_{\mathrm{ce}}C_{\mathrm{bc}})} = 2\pi \times 16.1(\mathrm{GHz}) \qquad (\mathrm{E}10.4.15\mathrm{b})$$

该传递函数的幅频特性如图 E10.4.5 所示,可以很清晰地看到两个极点频率 293MHz、16.1GHz 和零点频率 1080GHz 位置可以作为伯特图的分段折线转折点。作为对比,图上还同时画出了最大功率增益 MAG(图中虚线),明显地可以看到两个稳定频率界点 $f_{\mathrm{us1}}$ 和 $f_{\mathrm{us2}}$,这两个频点之间是非绝对稳定区,故而没有 MAG,用 MSG 替代。注意到 MAG=0dB 对应的频点为 $f_{\mathrm{max}}$,图中还给了 Mason 单向功率增益 $U$(点线),在 $f < f_{\mathrm{z}}$ 频段内的绝对稳定区内,$U$ 是 MAG 的绝好近似,误差较大的位置仅出现在 $f_{\mathrm{us1}}$ 和 $f_{\mathrm{us2}}$ 频点附近。在 $f_{\mathrm{max}}$ 频点上,同样有 $U=0$dB。图中的点画线为短路电流增益,其 dB 数为 0 所对应的频点为 $f_{\mathrm{T}}$。很多晶体管的数据手册上只有 $f_{\mathrm{T}}$ 参量而没有 $f_{\mathrm{max}}$ 参量,晶体管的这两个参量大多数情况下差别不是特别大,在本例中两者十分接近。我们还特别注意到 $f_{\mathrm{p2}}$ 和 $f_{\mathrm{T}}$ 在一个数量级上,事实上,$f_{\mathrm{T}}$ 可以作为 $f_{\mathrm{p2}}$ 的一个粗略估算。图中电压传函、短路电流增益、MAG 乃至 MSG,均在零点频率 $f_{\mathrm{z}}$ 位置发生转折,然而其数值很大因而实际晶体管基本上不可能工作在该频点,但是晶体管的诸多稳定性参量和 $f_{\mathrm{z}}$ 直接相关,如 $f_{\mathrm{us1}} \approx \dfrac{0.5f_{\mathrm{z}}}{U_0}$,$f_{\mathrm{us2}} \approx \dfrac{f_{\mathrm{max}}^2}{0.5f_{\mathrm{z}}}$,$\mathrm{MSG} = \sqrt{1 + \left(\dfrac{f_{\mathrm{z}}}{f}\right)^2}$。

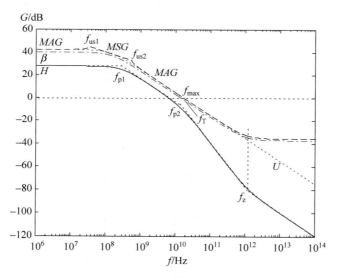

图 E10.4.5　晶体管放大器电压增益、电流增益幅频特性与最大功率增益曲线

**练习 10.4.9**　从图 E10.4.5 可知,对例 10.4.1 的晶体管,$R_{\mathrm{s}}=1\mathrm{k}\Omega$,$R_{\mathrm{L}}=1\mathrm{k}\Omega$ 偏离匹配阻抗,因而未做匹配的电压放大器的功率增益远小于 MAG。通过求晶体管网络参量,进而可获得其双共轭匹配阻抗,如 10MHz 频点上的双共轭匹配阻抗为 $Z_{\mathrm{m,01}}=(2.64+\mathrm{j}1.02)\mathrm{k}\Omega$,$Z_{\mathrm{m,02}}=(17.8+\mathrm{j}7.51)\mathrm{k}\Omega$,请设计匹配网络,使得 $R_{\mathrm{s}}=1\mathrm{k}\Omega$,$R_{\mathrm{L}}=1\mathrm{k}\Omega$ 负载条件下,在 10MHz 频点上获得最大功率增益 MAG=42.3dB。该晶体管在 1GHz 频点上的双共轭匹配阻抗为 $Z_{\mathrm{m,01}}=(248+\mathrm{j}213)\mathrm{k}\Omega$,$Z_{\mathrm{m,02}}=(1.11+\mathrm{j}1.27)\mathrm{k}\Omega$,分析匹配网络如何设计,可使得在 1GHz 频点获得最大功率增益 MAG=25.4dB。用 MATLAB 或 SPICE 仿真确认你的设计是成功的。

与其说晶体管的稳定性和 $f_z$ 密切相关,不如说晶体管的稳定性取决于跨接在 CE 组态晶体管输出和输入之间的 $C_{bc}$ 电容,这个电容可形成输出到输入的反馈路径,对于阻性负载,$C_{bc}$ 的存在使得其输入阻抗和输出阻抗中的容性加强,此为 MILLER 效应,对于感性负载,$C_{bc}$ 的存在使得输入阻抗和输出阻抗中呈现负阻特性,并可因此自激振荡。

**练习 10.4.10** 图 E10.4.6 是用来考察 CE 组态晶体管 $C_{bc}$ 对输入阻抗和输出阻抗影响的原理性电路,其中只剩下晶体管原本设计的压控流源和跨接在压控流源输出和输入之间的寄生电容 $C_{bc}$,考察当 $Z_L = R_L$,$j\omega L_2$ 两种负载情况下,输入阻抗 $Z_{in}$ 的性质;考察当 $Z_s = R_s$,$j\omega L_1$ 两种负载情况下,输出阻抗 $Z_{out}$ 的性质。

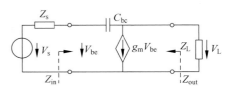

图 E10.4.6　$C_{bc}$ 对输入阻抗和输出阻抗的影响

从图 E10.4.5 可知,由于 $f_{p2}$ 在 $f_T$ 量级上,在该频点放大器增益已经很小因而往往放大器的实用工作频点低于该频点,于是纯阻负载的晶体管放大器在大部分可用频率范围内可视为一阶动态系统,

$$H(j\omega) = \frac{\dot{V}_L}{\dot{V}_s} = -\eta g_m R'_L \frac{1 - \dfrac{j\omega}{\omega_z}}{\left(1 + \dfrac{j\omega}{\omega_{p1}}\right)\left(1 + \dfrac{j\omega}{\omega_{p2}}\right)} \overset{\omega < \omega_{p2}}{\approx} -\eta g_m R'_L \frac{1}{1 + \dfrac{j\omega}{\omega_{p1}}} \quad (E10.4.16)$$

该一阶系统的 3dB 带宽几乎就是极点频率 $f_{p1}$,$BW_{3dB} \approx f_{p1}$,由式(E10.4.15a)可知,$f_{p1}$ 由晶体管寄生电容的总时间常数决定,

$$f_{p1} \approx \frac{1}{2\pi\tau} = \frac{1}{2\pi(C_{be}R'_s + C_{bc}(R'_s + R'_L + g_m R'_s R'_L) + C_{ce}R'_L)} = 293(\text{MHz}) \quad (E10.4.17)$$

因而我们对纯阻性负载的晶体管放大器就有了一个快速估算其 3dB 带宽的方法,即开路时间常数法。开路时间常数法是针对 RC 低通系统带宽的估算方法,计算每一个电容时间常数时,其他电容均开路处理。如计算 $C_{bc}$ 电容时间常数时,$C_{be}$ 和 $C_{ce}$ 均低频开路处理,于是 $C_{bc}$ 两端等效电阻为 $R'_s\langle g_m\rangle R'_L = R'_s + R'_L + g_m R'_s R'_L$,$C_{bc}$ 电容的开路时间常数为 $C_{bc}(R'_s + R'_L + g_m R'_s R'_L)$,同理我们可以求出 $C_{be}$ 和 $C_{ce}$ 对应的开路时间常数,它们分别为

$$\tau_{bc} = C_{bc}(R'_s + R'_L + g_m R'_s R'_L) = 186(\text{ps}) \quad (E10.4.18a)$$

$$\tau_{be} = C_{be}R'_s = 347(\text{ps}) \quad (E10.4.18b)$$

$$\tau_{ce} = C_{ce}R'_L = 10(\text{ps}) \quad (E10.4.18c)$$

注意到 $C_{bc} = 5.6\text{fF}$ 虽然很小,但它产生的时间常数却很大而不可忽略,这就是 MILLER 效应在纯阻性负载放大器中的具体表现。

**练习 10.4.11** 从电容"高频短路、低频开路",表象说明图 10.4.1 和图 10.4.2 晶体管模型中的三个寄生电容都将产生低通效应,由此可用开路时间常数估算其 3dB 带宽,计算某个电容时间常数时,其他电容以低频开路处理。请给出 MOSFET 晶体管纯阻性负载情况下的 3dB 带宽估算公式。

**练习 10.4.12** 如果确认电路网络中的电容导致的是高通效应,估算高通滤波器 3dB 频点时,需要获得短路时间常数,即计算一个电容的时间常数时,其他电容需要高频短路处理。请给出图 E10.4.7 所示高通滤波器的 3dB 频点估算公式,并和精确计算的 3dB 频点对比,说明估算公式在什么情况下精度较高。

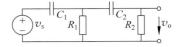

图 E10.4.7　二阶 RC 高通滤波器

**练习 10.4.13**　假设 MILLER 效应导致的 $C_{bc}$ 时间常数最大,同时认为 $C_{ce}$ 影响可忽略不计,由此说明 $f_T$ 可以作为 $f_{p2}$ 的粗略估算。

**练习 10.4.14**　CE 组态晶体管具有最大的功率增益,是射频放大器中的常见组态。CB 组态是电流缓冲器,其高频段的稳定性优于 CE 组态,因而也是射频常见组态。CC 组态在低频段多用作电压缓冲器,但其高频稳定性较差,在射频应用很少。关于 CB 组态和 CC 组态在高频的稳定性及最大功率增益,请同学首先将 CE 组态的晶体管电路模型用 Y 参量表述,

$$\boldsymbol{Y}_{CE} = \begin{bmatrix} Y_{11} & Y_{12} \\ Y_{21} & Y_{22} \end{bmatrix} \tag{E10.4.19}$$

(1) 将晶体管视为一个超级结点,从 B、C、E 三个端点流入这个超级结点的总电流为 0 (KCL),由此说明 CB 组态和 CC 组态的 Y 参量可以用 CE 组态的 Y 参量表述,分别为

$$\boldsymbol{Y}_{CB} = \begin{bmatrix} Y_{11} + Y_{22} + Y_{12} + Y_{21} & -Y_{12} - Y_{22} \\ -Y_{21} - Y_{22} & Y_{22} \end{bmatrix} \tag{E10.4.20}$$

$$\boldsymbol{Y}_{CC} = \begin{bmatrix} Y_{11} & -Y_{11} - Y_{12} \\ -Y_{11} - Y_{21} & Y_{11} + Y_{22} + Y_{12} + Y_{21} \end{bmatrix} \tag{E10.4.21}$$

(2) 由核心 π 模型网络参量研究三种组态的稳定性,说明 CE 组态稳定性由寄生电容 $C_{bc}$ 决定,CB 组态稳定性由 $C_{ce}$ 决定,CC 组态稳定性由 $C_{be}$ 决定。总而言之,晶体管的稳定性由跨接在输出端点和输入端点之间的寄生电容决定,这个寄生电容导致输出端到输入端的反向作用,这个反向作用有可能形成正反馈而自激振荡。

(3) 考虑 $r_b$ 影响后,用数值方法仿真求得最大功率增益曲线,根据曲线说明:CE 组态在低频具有最大的功率增益,CB 组态的稳定区更宽,高频端增益有可能高于 CE 组态,CC 组态的稳定区最窄,三种组态的最大功率增益和 Mason 单向功率增益均在 $f_{max}$ 频点交会。

# 10.5　二阶非线性动态电路之准线性化:正弦波振荡器分析

正如例 8.2.5 所显示的那样,正弦波振荡器可以用 S 型负阻为串联 LC 谐振腔提供能量补给实现,对偶地,正弦波振荡器也可以用 N 型负阻为并联 LC 谐振腔提供能量补给实现。在例 8.2.5 中,我们利用后向欧拉法给出了数值解,同时给出了振荡频率和振荡幅度的理论公式 (E8.2.14,15),用于和仿真结果进行比对。本节就解决这个理论公式是如何获得的问题,我们将用准线性方法获得该公式。

本节将首先用负阻原理给出正弦波振荡器的一般性原理,之后用准线性方法分析获得前述理论公式,最后用正反馈原理解释诸多实用正弦波振荡器的工作机制。负阻原理是 LC 正弦波振荡器的一般性理论,但正反馈原理却是分析晶体管振荡器的常用方法,原因在于用晶体管受控源模型分析晶体管振荡电路在某些方面更简洁和易于理解。准线性方法使得正弦波振荡器这个非线性的二阶动态系统可以直接利用二阶线性动态系统的相量法进行分析。

## 10.5.1　负阻振荡原理

### 1. RLC 串联谐振中的能量转换

下面以 RLC 串联谐振回路说明负阻振荡原理。如图 10.5.1 所示,$t<0$ 时,恒压源 $V_0$ 为

电容 $C$ 充能，电容获得初始能量，$E_C(0)=0.5CV_0^2$，电感回路中断，说明电感初始电流为 0，电感初始能量为 0，$E_L(0)=0$。在 $t=0$ 时刻，开关换向，形成 RLC 串联谐振回路。

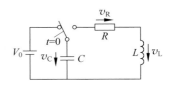

图 10.5.1　RLC 串联谐振回路中的能量转换

这是一个具有初值 $v_C(0)=V_0$，$i_L(0)=0$ 的 RLC 串联谐振回路的时域分析问题，这个问题在前面几节有详尽的讨论，这里直接给出分析结果，为

$$v_C(t)=V_0 e^{-\xi\omega_0 t}\left(\cos\sqrt{1-\xi^2}\,\omega_0 t+\frac{\xi}{\sqrt{1-\xi^2}}\sin\sqrt{1-\xi^2}\,\omega_0 t\right)U(t)\qquad(10.5.1a)$$

$$v_L(t)=V_0 e^{-\xi\omega_0 t}\left(\cos\sqrt{1-\xi^2}\,\omega_0 t-\frac{\xi}{\sqrt{1-\xi^2}}\sin\sqrt{1-\xi^2}\,\omega_0 t\right)U(t)\qquad(10.5.1b)$$

$$v_R(t)=V_0\,\frac{2\xi}{\sqrt{1-\xi^2}}e^{-\xi\omega_0 t}\sin\sqrt{1-\xi^2}\,\omega_0 t U(t)\qquad(10.5.1c)$$

我们感兴趣的是电容放电过程中的能量转换关系，因而考察电容储能 $E_C(t)=\frac{1}{2}Cv_C^2(t)$、电感储能 $E_L(t)=\frac{1}{2}Li_L^2(t)$ 和电阻耗能 $E_R(t)=\frac{1}{R}\int_0^t v_R^2(t)\mathrm{d}t$ 之间的关系。

图 10.5.2 是 $\xi>1$ 的过阻尼情况：首先，$v_C(t)$ 是一条单调下降的曲线，它从 $V_0$ 单调下降趋于 0，注意电容能量 $E_C=0.5Cv_C^2$ 也是单调下降的，显然，电容在持续放电，或者说在持续向外释放能量。其次，电阻电压 $v_R(t)$ 和回路电流 $i(t)$ 是线性比值关系，因而 $v_R$ 的变化规律就是回路电流变化规律。回路电流恒大于 0，这是电容持续放电的结果，只不过由于电感感生电动

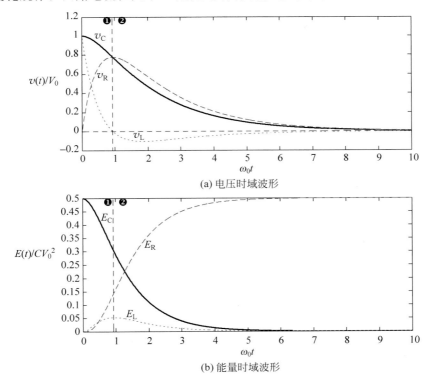

(a) 电压时域波形

(b) 能量时域波形

图 10.5.2　RLC 串联谐振（过阻尼 $\xi=1.2$）

势的阻碍作用,起始放电电流小,电感电压(等于电容电压减电阻电压)对电感的充磁导致放电电流越来越大,电感吸收的能量 $E_L=0.5Li^2$ 也越来越多。但是随着电流增大,电阻电压增加,由于电阻较大,很快电阻电压就升高到和电容电压一样了,此时对电感的充磁电压则下降为 0。由于电容持续放电,电感电压将变得小于零了,于是电感开始放磁,对外释放能量。上述过程在图中用❶区和❷区进行分界:❶区是电容放电、电感充磁过程。电阻越大,❶区结束得就越快,电感吸收的能量就越小。❷区是电容放电,电感放磁过程。波形上看,电容电压持续下降,说明电容持续放电,电感电压一直小于 0,说明电感一直在放磁,回路电流(电阻电压)持续下降,说明电感磁能持续下降。如果电阻 $R$ 很大($\xi$ 很大),电感因吸收能量过少,其放磁过程中的作用则可忽略,从而❷区的 RLC 电路行为犹如一阶 RC 放电行为。等待足够长的时间后,电阻消耗的能量趋近于 $0.5CV_0^2$,此时,电容和电感能量基本都释放出去,电容电压趋于 0,电感电流趋于 0,整个回路趋于稳态:零电压,零电流。这是由于电阻持续消耗能量,零输入情况下,没有外界能量的补充,能量耗空后,电路最终将归于沉寂。

　　图 10.5.3 则是 $\xi<1$ 的欠阻尼情况,它们是幅度衰减的正弦振荡波形,以振荡波形的一个周期考察电能和磁能的相互转换关系,可分为 6 个阶段:

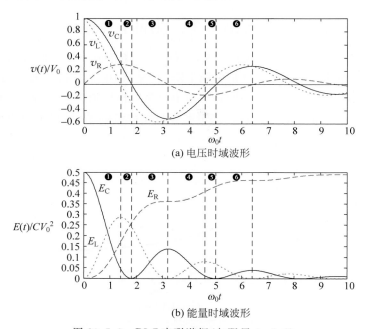

(a) 电压时域波形

(b) 能量时域波形

图 10.5.3　RLC 串联谐振(欠阻尼 $\xi=0.2$)

　　❶ 区:电容释能,电感充能,电阻耗能。电容释放能量表现在 $v_C$、$E_C$ 的下降上,电感充磁表现在回路电流 $i(v_R)$ 的上升上,$v_L>0$ 说明电感充磁电压导致电感电流(回路电流)持续增加。由于回路电流持续增加,电阻电压上升,而电容放电将导致电容电压下降,当电阻电压上升到和电容电压相等且有所超出时,则进入❷区。

　　❷ 区:电容释能,电感释能,电阻耗能。当电阻电压超过电容电压时,电感电压(等于电容电压减电阻电压)则小于 0,于是电感放磁,从而回路电流下降,$E_L$ 下降。此区内电容继续放电,由于电容和电感都向外释放能量,此区电阻吸能很快,如图所示 $E_R$ 有快速的增加。当电容放电为 0 时,电感放磁尚未结束,电感继续向外释放能量,在电流作用下,电容将反向充电,进入❸区。

❸ 区：在回路电流作用下，电容反向充电，吸收电感释放的能量，电容储能增加，直至电感将能量完全释放出来，回路电流为0，电容上的能量同时反向充至顶端，由于电阻耗能的缘故，此时电容能量比初始能量小了很多。

❹ 区：犹如❶区起始，但是反方向地，电容开始反向放电，电感则吸收电容释放的能量，体现在波形上，电流反向持续增加，此为电感反向充磁过程。由于反向电流的增加，电阻反向电压也增加，当电阻电压增加到和电容电压相等，电容继续放电导致电容反向电压进一步下降，使得电感电压再次反向为正时，电感开始反向放磁，进入❺区。

❺ 区：电感反向放磁，于是回路反向电流开始下降，同时电容仍然在反向放电，故而电阻吸收能量的速度较快；当电容反向放电结束时，电感反向放磁却并未结束，反向电流导致电容正向充电，进入❻区。

❻ 区：电容在电感反向放磁电流作用下持续充电，直至电感储能全部释放，电容电压再次上升到最高点，进入下一个周期的❶区，继续下一轮的电容放电、电感充磁过程。

如是电容放电，电感充磁，电感放磁，电容充电，周而复始。由于电阻的影响，中间有电容、电感同时释放能量的区段存在，此区段电阻耗能速度最快。无论如何，在上述整个过程中，电阻始终都是在消耗能量的，只是电阻消耗能量的速率不一样：电流最大点附近，电阻耗能最快，如图 10.5.3 所示在电流最大点后的一个小区段内电容、电感都在释放能量。在电流比较小时，电阻耗能最慢，此时恰好是电容或电感完全将能量释放出去的时刻，而另外一个动态元件（电感或电容）吸收能量后将再次启动释放能量。由于电阻比较小，电容电能和电感磁能相互转换过程中，电阻耗能相对较小，使得这种能量转换呈现振荡形式，一会儿电能转换为磁能，一会儿磁能又转换为电能。而过阻尼情况下电阻耗能过大，导致能量无法完成二次相互转换，就被电阻完全消耗了。无论如何，最终电阻耗能等于 $0.5CV_0^2$，只要等待足够长时间，电阻将能量耗尽，系统归于沉寂，这也是系统被称为耗散系统的原因，系统中的能量被电阻耗散了。

接着上面的讨论，考察当电阻越来越小，趋近于零时的情况，将 $\xi = 0 (R = 0)$ 代入欠阻尼情况的数学表达式中，有

$$v_C(t) = V_0 e^{-\xi \omega_0 t} \left( \cos \sqrt{1-\xi^2} \omega_0 t + \frac{\xi}{\sqrt{1-\xi^2}} \sin \sqrt{1-\xi^2} \omega_0 t \right) U(t)$$

$$\xrightarrow{\xi \to 0} V_0 \cos \omega_0 t U(t) \tag{10.5.2a}$$

$$v_L(t) = V_0 e^{-\xi \omega_0 t} \left( \cos \sqrt{1-\xi^2} \omega_0 t - \frac{\xi}{\sqrt{1-\xi^2}} \sin \sqrt{1-\xi^2} \omega_0 t \right) U(t)$$

$$\xrightarrow{\xi \to 0} V_0 \cos \omega_0 t U(t) \tag{10.5.2b}$$

$$i(t) = -C \frac{d}{dt} v_C(t) = \frac{1}{\sqrt{1-\xi^2}} \frac{V_0}{Z_0} e^{-\xi \omega_0 t} \sin \sqrt{1-\xi^2} \omega_0 t$$

$$\xrightarrow{\xi=0} \frac{V_0}{Z_0} \sin \omega_0 t = I_0 \sin \omega_0 t \tag{10.5.2c}$$

$$v_R(t) = V_0 \frac{2\xi}{\sqrt{1-\xi^2}} e^{-\xi \omega_0 t} \sin \sqrt{1-\xi^2} \omega_0 t U(t) \xrightarrow{\xi \to 0} 0 \tag{10.5.2d}$$

图 10.5.4 是无阻尼情况下的回路电流 $i(t)$ 和电容电压 $v_C(t)$ 的曲线，而电感电压和电容电压完全相同，回路中串联电阻为零，故而没有电阻电压。从图中曲线看，无阻尼情况的能量转换分为 4 个区段：❶区：电容释放能量，电感吸收能量。电容电压持续下降，电感电流（回路电流）持续上升，电容储能加电感储能始终为常数。当电容电压下降为 0 时，电感充磁电压（电

感电压)同样下降为 0,此时电容能量完全释放,电感能量达到最大。电感电流不能突变,在电感电流(回路电流)作用下,电容反向充电,电容电压小于 0,在该电压作用下,电感开始放磁,进入❷区。❷区:电感释放能量,电容吸收能量。电容反向充电导致反向充磁电压,由是电感放磁。当电感能量释放完毕,即回路电流下降为 0 时,电容反向电压达到最大。电容电压不能突变,在此电压作用下,电感开始反向充磁,进入❸区。❸区:电感反向充磁,形成反向电流,于是电容反向放电。当电容反向放电电压为 0 时,电容能量释放完毕,电感电流达到最大,即电感磁能达到最大。电感电流不能突变,在此电流作用下,电容正向充电,进入❹区。❹区:电容正向充电,吸收能量,电感则相应释放能量,电感反向放磁。当电感能量释放完毕,即反向回路电流为 0 时,电容正向电压达到最大。此后进入下一周期的❶区,继续下一轮的电容放电,电感充磁过程。

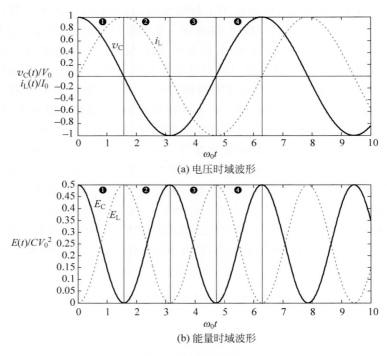

(a) 电压时域波形

(b) 能量时域波形

图 10.5.4    RLC 串联谐振(无阻尼 $\xi=0$)

如是电容放电,电感充磁,电感放磁,电容充电,周而复始。无阻尼情况下不存在电阻耗能,因而电容储能释放完全转换为电感储能,电感储能释放再次完全转换为电容储能,任意时刻电容储能加电感储能都是恒定的 $0.5CV_0^2$。这正是我们需要的正弦振荡波形,然而实际电路系统必然有能量损耗,这些能量损耗包括电感绕线金属损耗、输出端口负载损耗等,这些损耗均可等效为正电阻,从而在单纯的谐振回路中,等幅正弦振荡无法获得。

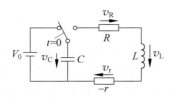

图 10.5.5    RLC 串联谐振中加入负阻

为了获得等幅正弦振荡输出,必须在电路中添加能够提供能量的等效负阻,如图 10.5.5 所示,在串联谐振回路中设法添加一个负电阻 $-r$,如果该供能等效负阻 $-r$ 和耗能等效正阻 $R$ 恰好抵消,$r=R$,谐振回路中就只剩下纯感和纯容作用,于是电路就可输出等幅正弦振荡波形,这就是实现正弦波振荡器的基本思路:

用负阻供能抵偿正阻耗能。

继而有如下疑问：任意形态的负阻器件都可以实现正弦振荡吗？对负阻特性有什么要求方可实现具有稳定输出的正弦波振荡？在回答这个问题之前，首先考察理想线性负阻对 RLC 串联谐振回路的作用。如图 10.5.5 所示，假设其中的负阻为线性负阻，且 $r > R$，即负阻效应大于正阻效应，阻尼系数将小于 0，$\xi = \dfrac{R-r}{2Z_0} = \dfrac{R-r}{2}\sqrt{\dfrac{C}{L}} < 0$（负阻尼情况），与一阶动态系统出现负阻将导致负时间常数一样的处理方式，在五要素中，将正阻（耗散系统，稳定系统）稳态解 $x_\infty(t)$ 的 $t \to \infty$ 条件修改为负阻（发散系统，不稳定系统）稳态解 $x_\infty(t)$ 的 $t \to -\infty$ 条件即可，其他形式没有什么改变。于是对于 $\xi < 0$ 的负阻尼情况，解的形式式（10.5.1）仍然成立。由于开关换向后，RLC 串联回路中无独立电源，故而 $x_\infty(t) = 0$，无论正负阻尼均如此。考察负阻尼情况时，只需将解析表达式（10.5.1）中的阻尼系数用相应的负阻尼系数代入即可。

图 10.5.6 是 $\xi = -0.1$ 的电压波形和能量波形，这里设定负阻 $r$ 是正阻 $R$ 的 11 倍，导致串联谐振回路呈现负阻尼情况：从时域波形看，电容电压和电感电流将呈现增幅振荡形态。分析其波形，在一个振荡周期内，能量转换可分为 6 个阶段：

❶ 区：电容释能，电感充能，负阻向外释放能量，正电阻耗能。电容释放能量表现在 $v_C$、$E_C$ 的下降上，电感充磁表现在回路电流 $i(v_R)$ 的上升上，$v_L > 0$ 说明电感充磁电压导致电感电流（回路电流）持续增加。由于回路中存在较大的负阻，在回路电流作用下，负阻提供负电压，于是直至电容电压下降为 0 时，电感电压（电容电压减电阻电压）仍然大于 0，电感仍然在充磁。当电容电压下降小于 0 时，则进入❷区。

❷ 区：负阻供能，正阻耗能，电感充能，电容充能。当电容电压下降为 0 时，充磁电压（电感电压）仍然大于 0，于是电感继续充磁，回路电流继续增加，在此电流作用下，电容反向充电。此区段由于电容和电感都在充能，故而负阻释放能量速度最快。电容反向电压因反向充电而持续增加，电感电压（电容电压减电阻电压）则持续下降，当电感电压下降为 0 时，电感正向充

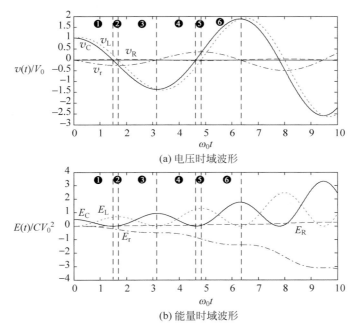

(a) 电压时域波形

(b) 能量时域波形

图 10.5.6　RLC 串联谐振（负阻尼 $\xi = -0.1$，$r = 11R$）

磁结束。由于电容反向充电导致电感电压进一步变为负值后,电感则开始反向充磁(正向放磁),进入❸区。

❸区:电感释能,电容充能,负阻释能,正阻耗能。电感电压小于 0,导致电感放磁,回路电流开始降低,但电容反向充电仍然在进行中。由于电容吸收的能量部分来自电感,故而负阻释放能量的速度放缓。电感放磁导致回路电流降低,当回路电流降低为 0 时,电感能量释放完毕,电容反向充电也到达顶端。电容电压不能突变,在该电容电压作用下,电感反向充磁,进入❹区。

❹区:犹如❶区起始,但是方向是反的,电感反向充磁,电容反向放电,负阻继续释能,正阻仍然耗能。电感反向充磁导致反向电流持续增加,于是电容反向放电速度加快,当电容反向电压下降为 0 时,电容能量释放完毕,电容放电结束。电感电流不能突变,在这个电流作用下,电容正向充电,进入❺区。

❺区:负阻供能,正阻耗能,电感充能,电容充能。电容放电虽然结束,但是由于负阻的存在,电感电压仍然小于 0,于是电感继续反向充磁,回路反向电流继续增加,于是电容正向充电。由于电感和电容都在充能,此区段负阻释放能量速度最快。电容正向电压提高,当电容电压提高到和电阻总电压可相互抵偿时,电感反向电压下降为 0,电感反向充磁结束。但电容的继续充电导致电感电压为正,电感开始反向放磁,则进入❻区。

❻区:电感释能,电容充能,负阻供能,正阻耗能。电感反向放磁电流作用下电容持续充电。此区域两种能量相互转换,负阻释放能量速度较慢。电感储能全部释放完毕,电容电压再次上升到最高点,进入下一个周期的❶区,继续新一轮的电容放电、电感充磁过程。

如是电容放电,电感充磁,电感放磁,电容充电,周而复始。由于负阻在回路电流作用下向谐振腔注入能量,中间有电容、电感同时吸收能量的区段存在,此区段负阻释放能量速度很快。无论如何,在上述整个过程中,负阻始终在释放能量,同步地,正阻也在消耗能量,但正阻耗能比负阻释能小,因而电容和电感存储的总能量之和越来越大,于是电容电压、电感电流的振荡幅度越来越大,呈现出增幅振荡波形。在这个过程中,存储在电容和电感中的新增能量,始终等于负阻提供的能量减去正阻消耗的能量,这是能量守恒定律决定的。

**2. S 型负阻和 N 型负阻**

之前分析表明:在负阻作用下,正弦振荡幅度越来越大。那么是否会趋于无穷大呢?理论上似有这种可能,实际上却不可能,原因在于不存在理想线性负阻。我们以如图 10.5.7(a) 所示的实际存在的 S 型负阻为例,该负阻被添加到 RLC 串联谐振回路中,其直流工作点被设置到负阻区中间位置,直流工作点位置的微分斜率的负倒数代表的就是串入 RLC 串联谐振回路中的负电阻大小。当加载到该负阻器件上的回路电流(正弦振荡交流电流)很小时,交流小信号完全位于负阻区,此时 S 型负阻可等效为大的线性负阻。于是 RLC 串联谐振回路在该负阻作用下,回路电流将指数增长,其结果就是正弦电流的幅度越来越大,部分将超出负阻区,进入上下两侧的正阻区,于是平均负阻减小(如图所示的虚直线斜率变化),负阻的降低将导致 RLC 串联谐振回路振荡幅度增加速度降低,但是电流幅度仍然在增加,于是一个周期内 S 型负阻有更多的时间段工作于正阻区,平均负阻将如图箭头所示的那样越来越小(虚直线变得接近竖直),当平均负阻和 RLC 串联谐振回路中的损耗等效正阻相当时,即回路总等效电阻为 0 时,正弦振荡幅度不再增加。

对偶地,图 10.5.7(b)所示的 N 型负阻应加载到并联 LC 谐振腔上,此时同时作用于谐振回路所有器件的电量是结点电压(RLC 串联谐振回路同时作用到所有器件的电量是回路电流），因而以 LC 并联谐振腔两端的电压变化进行说明。N 型负阻首先被直流偏置在负阻区中间位置，直流工作点位置微分斜率的负数代表的就是并入 RLC 并联谐振回路中的负电导大小。当加载到该负导器件上的结点电压(正弦振荡交流电压)很小时，交流小信号完全位于负阻区，此时 N 型负阻可视为大的线性负导。于是 RLC 并联谐振回路在该负导作用下，结点电压将指数增长，结果就是该正弦电压的幅度越来越大，部分将超出负阻区，进入左右两侧的正阻区，于是平均负导减小(如图所示的虚直线斜率变化)，负导的降低将导致 RLC 并联谐振回路振荡幅度增加速度降低，但是电压幅度仍然在增加，于是一个周期内 N 型负阻有更多的时间段工作于正阻区，平均负导将如图箭头所示的那样越来越小(虚直线变得接近水平)，当平均负导和 RLC 并联谐振回路中的损耗等效正导相当时，并联 LC 谐振腔的总并联电导为 0，正弦振荡幅度不再增加。

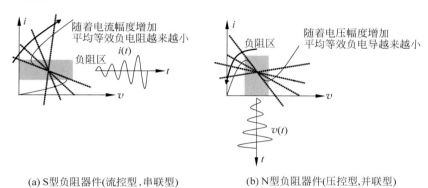

图 10.5.7 两种负阻器件的等效负阻效应随幅度增加而减弱

隧道二极管(N 型负阻)和肖克利二极管(S 型负阻)本身就是单端口负阻器件，二端口器件晶体管添加适当的正反馈通路也可等效为单端口负阻器件，等效负阻的负阻区对应晶体管的有源区，在电路中各种损耗(如谐振腔损耗、输出负载损耗、偏置电路损耗等)的共同作用下，晶体管的饱和区和截止区则对应于等效负阻器件的两个正阻区。如果采用正反馈运放实现等效负阻，如练习 10.5.1 所示，负阻区则对应运放的线性区，在电路中各种损耗的共同作用下，运放正负饱和电压输出的两个饱和区则对应于负阻器件的两个正阻区。如果采用正反馈差分对管实现等效负阻，负阻区对应差分对转移特性的放大区，此时差分对管 $M_1$ 和 $M_2$ 均位于恒流导通区，在电路中各种损耗的共同作用下，差分对转移特性的两个饱和区则对应于负阻器件的两个正阻区，$M_1$ 恒流 $M_2$ 截止对应的饱和区属其中一个正阻区，$M_1$ 截止 $M_2$ 恒流对应的饱和区则属另一个正阻区。无论如何，直流工作点首先偏置在负阻区(晶体管的有源区，运放的线性放大区，差分对管的放大区等)，当信号很微弱时，等效负阻效应最强，正弦振荡幅度增加，导致信号进入正阻区，等效负阻效应减弱，当等效负阻效应减弱到和 LC 谐振腔自身损耗等效正阻效应相当时，正弦振荡幅度不再增加，正弦振荡将因而稳定下来。

**练习 10.5.1** 图 E10.5.1(a)带正反馈通路的运放可用来实现 S 型负阻，图 E10.5.1(b)带正反馈通路的运放可用来实现 N 型负阻。请设计运放外围电路器件大小，用来分别实现图 E10.5.1(c)所示的 S 型负阻特性和图 E10.5.1(d)所示的 N 型负阻特性。分析中假设运放为理想运放，其正负饱和电压为 $\pm V_{sat}$。

**练习 10.5.2** 请确认经回旋器作用后，N 型负阻被转换为 S 型负阻，图 E10.5.2 中给定了 N 型负阻的关键参量，请给出回旋对偶变换后的 S 型负阻的关键参量。

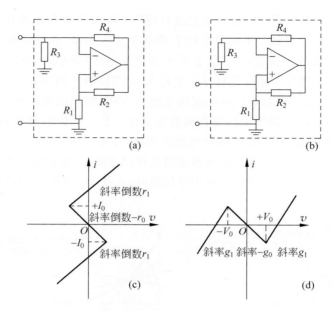

图 E10.5.1　用运放正反馈实现的 S 型负阻和 N 型负阻

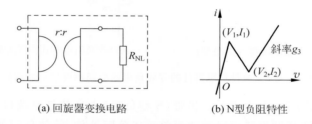

图 E10.5.2　回旋器的对偶变换作用将 N 型负阻变换为 S 型负阻

　　由于理想运放具有高度抽象特性,因而练习 10.5.1 采用正反馈运放说明两种类型负阻的实现,原因在于其分析相对简单。然而,实用的负阻型正弦波振荡器,或者用负阻器件,或者用晶体管正反馈实现等效负阻,很少有用运放实现负阻后再用来实现正弦振荡的,原因在于运放内部过多的晶体管使得其功耗大、噪声大,寄生效应多使得其工作频率低,因而在高频频段一般不会选用运放做正弦振荡的能量转换补给源,更多的则是选用晶体管或负阻型二极管为正弦振荡提供能量转换机制。

### 3. 准线性负阻:描述函数法

　　前述原理性分析中用到平均负阻、平均负导概念,这里的平均负阻、平均负导其实是准线性负阻和准线性负导。所谓准线性,就是假设电路中存在高 $Q$ 带通滤波机制,虽然在正弦激励下电路非线性形成了很多高次谐波分量,但良好的带通滤波特性可将高次谐波分量几乎全部滤除,对外显现的则只有基波正弦分量,如是该电路虽然是非线性电路,但经滤波器处理后看似线性电路,这种线性并非真正的线性,故称之为准线性。准线性电路可以用线性电路分析方法如相量法对其进行原理性分析。准线性分析法在非线性动态系统分析中又被称为描述函数法(Describing Function Method),对准线性负导、负阻、增益的表述被称为描述函数。

　　如图 10.5.8 所示,这是用 S 型负阻和 LC 串联谐振回路形成的正弦波振荡器。图中 $R_L$ 是振荡器负载电阻等效到串联谐振回路中的折合电阻,为了方便起见,仍然用 $R_L$ 表述。为了说清楚准线性分析方法,不妨假设 S 型负阻具有如图 10.5.9 所示的典型特性,非线性负阻抽象中仅保留泰勒展开的线性项和三次非线性项,

$$v_{\mathrm{NL}} = -r_0 i_{\mathrm{NL}} + \frac{r_0}{3I_0^2} i_{\mathrm{NL}}^3 \tag{10.5.3}$$

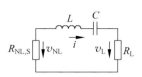

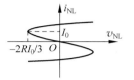

图 10.5.8  S 型负阻 LC 正弦波振荡器          图 10.5.9  S 型负阻典型特性

该典型特性已将直流偏置电路的作用整合在内,其直流工作点恰好位于负阻区中心 $O$ 点,即电容直流开路回路电流为零的点。我们期望在初始能量激发下,回路可自激起振,这里初始能量可能来自电容初始电压、电感初始电流。如果电容初始电压为 0,电感初始电流为 0,但至少电路中的电阻存在热噪声,这个热噪声就相当于电路中的启动激励,也会导致振荡自激启动。假设起始阶段回路电流 $i$ 很小,S 型负阻将呈现线性负阻特性,其微分负阻为 $-r_0$,

$$r_{\mathrm{d}} = \frac{\mathrm{d}v_{\mathrm{NL}}}{\mathrm{d}i_{\mathrm{NL}}} \Big|_{i_{\mathrm{NL}}=0} = \left(-r_0 + \frac{r_0}{I_0^2} i_{\mathrm{NL}}^2\right)_{i_{\mathrm{NL}}=0} = -r_0 \tag{10.5.4}$$

只要 $r_0 > R_{\mathrm{L}}$,该谐振回路则是负阻尼的,回路则可自激起振。对于高 $Q$ 回路,即同时满足

$$Q_0 = \frac{Z_0}{R_{\mathrm{L}}} = \frac{1}{R_{\mathrm{L}}}\sqrt{\frac{L}{C}} \gg 1 \tag{10.5.5a}$$

$$Q = \frac{Z_0}{r_0 - R_{\mathrm{L}}} = \frac{1}{r_0 - R_{\mathrm{L}}}\sqrt{\frac{L}{C}} \gg 1 \tag{10.5.5b}$$

其自激的增幅正弦振荡波形则接近理想正弦波形,

$$i(t) = I_{\mathrm{m0}} \mathrm{e}^{-\xi\omega_0 t} \cos\sqrt{1-\xi^2}\,\omega_0 t \tag{10.5.6a}$$

$$\xi = \frac{R_{\mathrm{L}} - r_0}{2Z_0} = -\frac{1}{2Q} \tag{10.5.6b}$$

$$\omega_0 = \frac{1}{\sqrt{LC}} \tag{10.5.6c}$$

其中,幅度 $I_{\mathrm{m0}}$ 和初始相位 $\varphi_0$ 由系统初值决定,这里为了方便讨论,假设 $\varphi_0 = 0$。显然,由于 $\xi < 0$,随着时间增长,回路电流的幅度 $I_{\mathrm{m}}(t) = I_{\mathrm{m0}} \mathrm{e}^{-\xi\omega_0 t}$ 是增加的,于是流控的 S 型负阻终将进入非线性工作区。由于是高 $Q$ 回路,故而 $|\xi|$ 极小(接近于 0),于是在被考察的数个周期内 $(t_0 - kT < t < t_0 + kT)$,均可认为幅度和频率是恒定不变的,即 $I_{\mathrm{m}}(t)_{t_0-kT<t<t_0+kT} \approx I_{\mathrm{m0}}\mathrm{e}^{-\xi\omega_0 t_0} = I_{\mathrm{m},t_0}$,$\omega = \sqrt{1-\xi^2}\,\omega_0 \approx \omega_0$。显然,在考察的这数个周期内,在该正弦波电流激励下,S 型负阻的端口电压产生了高次谐波分量,

$$v_{\mathrm{NL}}(t) = -r_0 i_{\mathrm{NL}}(t) + \frac{r_0}{3I_0^2} i_{\mathrm{NL}}^3(t) = r_0 i(t) - \frac{r_0}{3I_0^2} i^3(t)$$

$$\approx r_0 I_{\mathrm{m},t_0}\cos\omega_0 t - \frac{r_0}{3I_0^2} I_{\mathrm{m},t_0}^3 \cos^3\omega_0 t$$

$$= r_0 I_{\mathrm{m},t_0}\cos\omega_0 t - \frac{r_0}{4I_0^2} I_{\mathrm{m},t_0}^3 \cos\omega_0 t - \frac{r_0}{12I_0^2} I_{\mathrm{m},t_0}^3 \cos 3\omega_0 t \tag{10.5.7}$$

高次谐波分量并不能出现在负载端,它被高 $Q$ 的串联 LC 滤波器滤除了,因而对负载电压(回

路电流)而言,只有基波分量是有效的,故而 S 型负阻可视为准线性电阻,该准线性电阻阻值(描述函数)为响应电压中的基波分量与激励电流基波分量之比,

$$\bar{r} = \frac{r_0 I_{\mathrm{m,t_0}} - \dfrac{r_0}{4 I_0^2} I_{\mathrm{m,t_0}}^3}{- I_{\mathrm{m,t_0}}} = - r_0 + \frac{r_0}{4} \left( \frac{I_{\mathrm{m,t_0}}}{I_0} \right)^2$$

$$\approx - r_0 + \frac{r_0}{4} \left( \frac{I_{\mathrm{m}}(t)}{I_0} \right)^2 = - r_0 \left[ 1 - \frac{1}{4} \left( \frac{I_{\mathrm{m}}(t)}{I_0} \right)^2 \right] = - \bar{r}_{\mathrm{n}} \qquad (10.5.8)$$

可见,随着回路电流幅度 $I_{\mathrm{m}}(t)$ 的增加,准线性负阻 $\bar{r}_{\mathrm{n}} = r_0 \left[ 1 - \dfrac{1}{4} \left( \dfrac{I_{\mathrm{m}}(t)}{I_0} \right)^2 \right]$ 是减小的。这将导致负阻尼系数 $\xi$ 进一步接近于 0,回路电流幅度上升速度减缓,但仍然是上升的,直至准线性负阻和负载电阻相等时,

$$r_0 \left[ 1 - \frac{1}{4} \left( \frac{I_{\mathrm{m}}(t)}{I_0} \right)^2 \right] = R_{\mathrm{L}} \qquad (10.5.9)$$

正弦振荡电流不再增加,其幅度为恒值

$$I_{\mathrm{m}}(t) = 2 I_0 \sqrt{1 - \frac{R_{\mathrm{L}}}{r_0}} = I_{\mathrm{m,\infty}} \qquad (10.5.10)$$

由于此时 $\xi = 0$,振荡频率完全由 LC 自由振荡频率决定,为

$$\omega = \sqrt{1 - \xi^2} \, \omega_0 = \omega_0 \qquad (10.5.11)$$

这就是准线性方法给出的关于具有式(10.5.3)特性 S 型负阻串联于 LC 谐振腔后正弦波振荡稳定后的输出正弦波的幅度和频率的理论值。

例 8.2.5 的数值仿真中,取 $R_{\mathrm{L}} = 0$,或者说 $R_{\mathrm{L}}$ 的影响已经被 S 型负阻特性所包容,这种情况下电流幅度的理论值为 $I_{\mathrm{m,\infty}} = 2 I_0 \sqrt{1 - \dfrac{R_{\mathrm{L}}}{r_0}} = 2 I_0$,恰好与数值仿真结果相符,这说明了准线性方法对正弦波稳定后的幅值可以给出正确的预测结果,对振荡器的起振过程也可以给出合理的解释。正弦波振荡器分析中采用的准线性方法回避了非线性动态系统的非线性分析问题,前提假设是非线性产生的高次谐波分量被高 $Q$ 值的选频回路滤除,只有基波分量保留下来。如果不满足高 $Q$ 选频条件,振荡波形将偏离正弦波,如例 8.2.6 所示,随着电感的减小,回路 $Q$ 值越来越小,振荡波形越来越偏离正弦波,准线性方法分析结果将偏离实际振荡。本书给出了各种情况下的数值仿真结果,同时对于两个极端情况,即 $Q$ 很大时的正弦振荡和 $Q$ 很小时的张弛振荡,分别用准线性和分段线性进行理论分析。

**练习 10.5.3**  某 N 型负阻具有图 E10.5.1(d)所示的伏安特性,请给出它的准线性负导表达式。提示:只需获得周期波形傅立叶级数展开的基波分量即可。

**4. 振荡条件**

前面对 S 型负阻配合 RLC 串联谐振回路形成的正弦波振荡器的准线性分析过程的描述,里面蕴含了对正弦波振荡的振荡条件的描述,这里对这些振荡条件给予明确的说明。

如图 10.5.10 所示的负阻型 LC 正弦波振荡器,图(a)串联型的负阻 $-\bar{r}_{\mathrm{n}}(I_{\mathrm{m}})$ 是对 S 型负阻进行准线性分析获得的准线性负阻,其值 $\bar{r}_{\mathrm{n}}$ 具有随回路电流 $i(t) = I_{\mathrm{m}} \cos \omega t$ 幅度 $I_{\mathrm{m}}$ 的增加而减小的变化规律。图(b)并联型的负导 $-\bar{g}_{\mathrm{n}}(V_{\mathrm{m}})$ 是对 N 型负阻进行准线性分析获得的准线性负导,其值 $\bar{g}_{\mathrm{n}}$ 具有随结点电压 $v(t) = V_{\mathrm{m}} \cos \omega t$ 幅度 $V_{\mathrm{m}}$ 的增加而减小的变化规律。

对于正弦波振荡器,由例 8.2.5 的数值仿真可知,有一个从起振到稳定输出的动态过程,这不是线性时不变系统的正弦稳态分析,而是非线性时不变系统的从瞬态到稳态的全过程,但

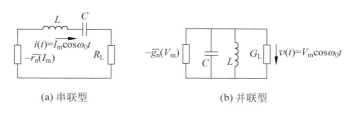

(a) 串联型          (b) 并联型

图 10.5.10 负阻型 LC 正弦波振荡器

是为了讨论方便,对于图 10.5.10 所示的准线性电路,其分析采用只有线性时不变系统正弦稳态分析才能采用的相量域符号。如,假设串联型 LC 正弦波振荡器中,负阻器件的等效电路中除了实部 $-\overline{r_n}$ 外,还包括寄生电抗虚部 $jx_n$,人为外加的 LC 串联谐振腔以及负载电阻 $R_L$ 及其寄生电抗的共同阻抗记为 $R_L+jX_L$,如是回路总阻抗记为 $(-\overline{r_n}+R_L)+j(x_n+X_L)$。图 10.5.11(a) 给出了回路总阻抗实部电阻 $(-\overline{r_n}+R_L)$ 随回路电流幅度 $I_m$ 的变化规律示意图,这里假设负载电阻是线性电阻,于是随电流幅度变化规律主要由 S 型负阻的准线性负阻 $-\overline{r_n}$ 的特性决定,图 10.5.11(b) 给出了回路总阻抗虚部电抗 $(x_n+X_L)$ 随频率 $\omega$ 的变化规律示意图,这里假设寄生效应比较微弱,因而虚部电抗随频率变化规律主要由外加 LC 串联谐振腔特性决定。

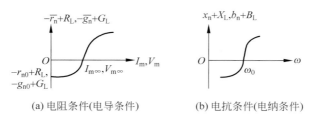

(a) 电阻条件(电导条件)        (b) 电抗条件(电纳条件)

图 10.5.11 LC 正弦振荡条件示意图

图 10.5.11 显示了正弦振荡的三个振荡条件,下面的论述以 LC 串联型正弦波振荡器为例进行说明,LC 并联型的描述是对偶的。

(1) 起振条件: $r_{n0}=\overline{r_n}(I_m)\big|_{I_m=0}>R_L$。$-r_{n0}$ 为负阻器件在直流工作点位置的微分负阻,$r_{n0}=\overline{r_n}(0)$。$r_{n0}>R_L$ 被称为起振条件,是因为只有满足这个条件,没有外加信号激励的 RLC 自由谐振才可能呈现增幅振荡形态,振荡信号从无到有,形成自激振荡。虽然没有外加信号激励,但系统内部必然存在初始能量的激发,初始能量可能来自电容电压初值、电感电流初值,也可能来自电阻热噪声。

(2) 平衡条件: $\overline{r_n}(I_{m\infty})=\overline{r_n}(I_m)\big|_{I_m=I_{m\infty}}=R_L$。一旦满足起振条件,正弦波振荡器则可起振(自激振荡),幅度呈现指数增长规律;但随着振荡幅度的增加,负阻效应降低,当负阻效应降低到负阻供能效应恰好抵偿正阻耗能效应,准线性负阻恰好等于负载电阻时,幅度不再增长。$\overline{r_n}(I_{m\infty})=R_L$ 被称为平衡条件。所谓平衡,犹如圆球置于某曲面,圆球因重力对曲面施加垂直向下的压力,曲面对球的支撑力垂直向上,两力相等,均为球重力,球静止不动,此为平衡。当 $\overline{r_n}(I_{m\infty})=R_L$ 时,负阻提供的能量恰好抵偿正阻消耗的能量,此为平衡,串联型 LC 正弦波振荡器平衡时输出等幅正弦波形,幅度为 $I_{m\infty}$。

(3) 稳定条件: $\dfrac{\partial(-\overline{r_n}+R_L)}{\partial I_m}\big|_{I_m=I_{m\infty}}>0$。犹如圆球在曲面上的平衡,有三种平衡状态:稳定平衡、不稳定平衡和临界平衡。如果球位于凹曲面的底部,则为稳定平衡:外力使得球稍

微偏离凹面底部,当外力消失后,球自身重力会导致球向平衡点位置移动,最终回归平衡点,此为稳定平衡。如果球位于凸曲面顶部,此为不稳定平衡:虽然平衡时球可以静止不动,但稍有外力,有任何的风吹草动使得球偏离平衡点,那么球就在重力作用下远离平衡点,不复回来,此为不稳定平衡。如果球位于水平面,此为临界平衡。

位于平衡点($I_m = I_{m\infty}$)的串联型 LC 正弦波振荡同样有稳定平衡和不稳定平衡之分。平衡点位置的准线性负阻 $\overline{r_n}$ 随振荡幅度 $I_m$ 增加而下降就是稳定条件。在电路设计中,往往选择这样的直流工作点,使得其微分负阻效应是最强的,即 $r_{n0}$ 在整个负阻区具有最大值。如是,当 $I_m$ 增加时,$\overline{r_n}(I_m)$ 往往呈现单调下降特性。这种类型的负阻可形成唯一稳定的平衡点。如图 10.5.11(a) 所示,在平衡点($I_m = I_{m\infty}$)位置,$\frac{\partial(-\overline{r_n}+R_L)}{\partial I_m}\Big|_{I_m = I_{m\infty}} > 0$,如是有外力(噪声、干扰)使得振荡偏离平衡点,例如振荡幅度增加了,$I_m > I_{m\infty}$,那么回路总电阻将呈现正阻特性,RLC 自由振荡必然是指数衰减规律的,于是幅度将下降,重新指向平衡点。同理如果振荡幅度在外力作用下变小了,$I_m < I_{m\infty}$,那么回路总电阻将呈现负阻特性,RLC 自由振荡必然呈现指数增长规律,于是幅度将上升,再次指向平衡点。显然满足上述条件即为稳定平衡。由于分析中正阻往往被建模为线性电阻,其阻值被认为不随振荡幅度变化而变化,因而稳定条件可描述为准线性负阻随振荡幅度增加而下降,只要在平衡点位置满足这个条件,平衡则是稳定平衡。不满足这个条件,则不是稳定平衡。

表 10.5.1 给出了串联 LC 正弦振荡和并联 LC 正弦振荡的三个实部振荡条件,同时补充了三个虚部振荡条件。注意,RLC 并联的所有条件和 RLC 串联的都是对偶形式。对于 LC 串联或并联谐振,三个虚部振荡条件自然满足,这里对这三个虚部条件不做进一步的细致描述。

**表 10.5.1　负阻型 LC 正弦波振荡器的三个振荡条件**

| | | 实 部 条 件 | 虚 部 条 件 |
|---|---|---|---|
| 串联型 LC | 起振条件 | $\overline{r_n}(0) > R_L$ | $x_n(\omega_0) + X_L(\omega_0) = 0$ |
| | 平衡条件 | $\overline{r_n}(I_{m\infty}) = R_L$ | $x_n(\omega_0) + X_L(\omega_0) = 0$ |
| | | (平衡点 $I_m = I_{m\infty}$) | (平衡点 $\omega = \omega_0$) |
| | 稳定条件 | $\dfrac{\partial(-\overline{r_n}+R_L)}{\partial I_m}\Big|_{I_m = I_{m\infty}} > 0$ | $\dfrac{\partial(x_n + X_L)}{\partial \omega}\Big|_{\omega = \omega_0} > 0$ |

$$(10.5.12)$$

| | | 实 部 条 件 | 虚 部 条 件 |
|---|---|---|---|
| 并联型 LC | 起振条件 | $\overline{g_n}(0) > G_L$ | $b_n(\omega_0) + B_L(\omega_0) = 0$ |
| | 平衡条件 | $\overline{g_n}(V_{m\infty}) = G_L$ | $b_n(\omega_0) + B_L(\omega_0) = 0$ |
| | | (平衡点 $V_m = V_{m\infty}$) | (平衡点 $\omega = \omega_0$) |
| | 稳定条件 | $\dfrac{\partial(-\overline{g_n}+G_L)}{\partial V_m}\Big|_{V_m = v_{m\infty}} > 0$ | $\dfrac{\partial(b_n + B_L)}{\partial \omega}\Big|_{\omega = \omega_0} > 0$ |

$$(10.5.13)$$

负阻型 LC 正弦波振荡器的实部条件又称幅度条件,因为其平衡条件决定了振荡幅度,平衡点幅度为正弦波稳定输出幅度,$I_m = I_{m\infty}$(或 $V_m = V_{m\infty}$);平衡点位置的斜率越大,振荡幅度的稳定性就越高,因为即使有较大的外部干扰,振荡幅度仅需微小的变化即可补偿外部扰动,振荡幅度变动很小（稳定）。而虚部条件又称频率条件，因为其平衡条件决定了振荡频率，平衡点频率就是正弦稳定输出频率，$\omega = \omega_0$；平衡点位置的斜率越大，代表回路 $Q$ 值越大，选频特性就越好，频率稳定性就越高，同样的原因，此时即使有较大的外部干扰，振荡频率仅需微小的变化即可补偿外部扰动，振荡频率变动很小（稳定）。

在给出了三个振荡条件后，我们对负阻型 LC 振荡器从起振到稳定输出的全过程予以如图 10.5.12 所示的描述。

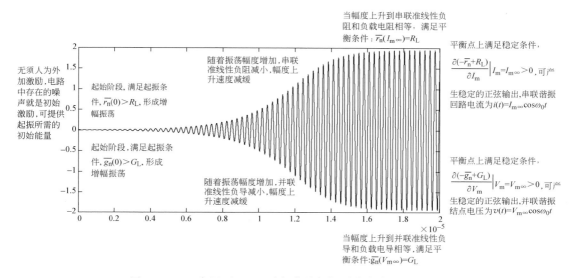

图 10.5.12　负阻型 LC 正弦振荡从起振到稳定输出过程描述

LC 振荡器起振伊始，无须人为外加激励，电路中广泛存在的噪声就是初始激励。例如，电路中有电阻、晶体管（非线性电阻），就有电阻热噪声等。噪声的频谱很宽，电路中的 LC 谐振腔具有带通选频功能，只有特定的频点才允许在谐振腔内存在，其他的频率则被滤除。噪声为电容或电感提供了初始能量，由于电路中等效负阻效应强于正阻效应，于是就会出现增幅振荡波形，由于 LC 谐振腔的带通选频作用，振荡发生在谐振频点附近。

无论是什么机制形成的等效负阻，随着振荡幅度的越来越大，这些形成等效负阻的器件都会进入非线性工作区，导致等效负阻效应越来越弱，当振荡幅度增加到等效负阻效应恰好抵偿等效正阻效应时，RLC 谐振回路中的振荡幅度就不再增加了。

只要等效负阻具有随振荡幅度增加而减小的特性，那么振荡幅度在一般时间后将稳定不变。这个要求决定了串联 LC 谐振只能和 S 型负阻配合，而并联 LC 谐振腔只能和 N 型负阻配合，以此获得稳定的正弦输出。

**练习 10.5.4**　前述 S 型负阻串入串联 LC 谐振腔，N 型负阻并入并联 LC 谐振腔可形成正弦振荡，如果接错了，将 S 型负阻并入并联 LC 谐振腔，将 N 型负阻串入串联 LC 谐振腔，思考这将导致什么情况出现？提示：先考察负阻器件的直流工作点，分析其是否为稳定平衡点。

**5. 一个负阻型 LC 正弦波振荡器分析例**

前面讨论负阻型 LC 正弦波振荡器时，都是以串联 LC 为对象进行探讨的，并联 LC 只是作为对偶电路进行简单类比。下面以集成电路中最常见的负阻型 LC 正弦波振荡器为例，说明它是并联 LC 和 N 型负阻的对接关系，该 N 型负阻是通过差分对管的正反馈连接形成的。

**例 10.5.1**　分析如图 E10.5.3 所示的负阻型 LC 正弦波振荡器的工作原理。

**分析**：图 E10.5.3 所示电路由正反馈连接形式的差分对形成负阻，构成负阻型 LC 振荡器。如图所示，差分对管 $Q_1$、$Q_2$ 的同相输入端和同相输出端连接，反相输入端和反相输出端连接，如是构成了正反馈连接方式，这个正反馈连接的差分对管是一个 N 型负阻，下面分析确认这一点。

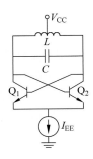

图 E10.5.3　差分对负阻型 LC 正弦波振荡器例

（1）首先回忆 BJT 差分对管的跨导转移特性，如图 E10.5.4 所示，转移特性曲线具有双曲正切关系，

$$i_d = I_{EE}\tanh\frac{v_{id}}{2v_T} \qquad (E10.5.1a)$$

$$i_{C1} = 0.5I_{EE} + 0.5i_d = 0.5I_{EE}\left(1 + \tanh\frac{v_{id}}{2v_T}\right) \qquad (E10.5.1b)$$

$$i_{C2} = 0.5I_{EE} - 0.5i_d = 0.5I_{EE}\left(1 - \tanh\frac{v_{id}}{2v_T}\right) \qquad (E10.5.1c)$$

上述关系中没有考虑基极电流和厄利电压的影响，而是假设电流增益 $\beta \to \infty$，厄利电压 $V_A \to \infty$。

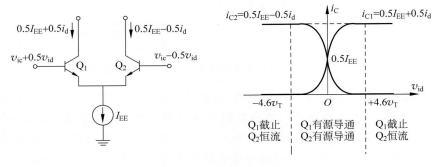

图 E10.5.4　BJT 差分对管跨导转移特性曲线

（2）考察正反馈形成的 N 型负阻特性。如图 E10.5.5 所示，考察差分对管正反馈连接形成的单端口网络端口伏安特性。静态电容开路，电感短路，流过电感的电流用两个对称的 $0.5I_{EE}$ 恒流源表征。如是在图 E10.5.5(a) 所示单端口加 $v_{NL}$ 电压后，端口形成 $i_{NL}$ 电流，和图 E10.5.4 对比可知，

$$v_{NL} = v_{B1} - v_{B2} = v_{id}$$

$$i_{NL} = i_{C2} - 0.5I_{EE} = -i_{C1} + 0.5I_{EE} = -0.5i_d$$

$$= -0.5I_{EE}\tanh\frac{v_{id}}{2v_T} = -0.5I_{EE}\tanh\frac{v_{NL}}{2v_T}$$

可知，该单端口网络形成的是具有如图 E10.5.5(b) 所示特性的 N 型负阻，

$$i_{NL} = -0.5I_{EE}\tanh\frac{v_{NL}}{2v_T} \qquad (E10.5.2)$$

其 N 型负阻特性表述形式为压控而非流控。

这个 N 型负阻明显存在中间的负阻区，但两侧不是典型的正阻区，而是零电导区，这是由于上述等效未考虑端口之间存在的寄生的并联电阻，这些寄生的并联电阻包括晶体管的非零

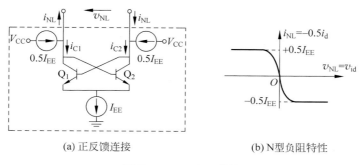

(a) 正反馈连接             (b) N 型负阻特性

图 E10.5.5 负阻特性

基极电流等效的 $r_{be}$ 电阻,厄利效应等效的 $r_{ce}$ 电阻,以及电感损耗折合等效并联电阻,如果将这些寄生电阻效应一并折合到端口伏安特性中,图 E10.5.5(b) 的 N 型负阻特性曲线中的两个零电导区可修正为具有正电导特性的正阻区。

(3) 起振阶段交流小信号分析:考察直流工作点位置的微分负阻。负阻的直流工作点为图 E10.5.5(b) 所示的原点 $O$,该点具有最大微分负导,

$$-g_{n0} = \frac{\mathrm{d}i_{NL}}{\mathrm{d}v_{NL}}\Big|_O = -0.5\,\frac{I_{EE}}{2v_T} = -0.5g_{m0} \tag{E10.5.3}$$

其中,$g_{m0}$ 为差分对管的微分跨导增益。

由于起振阶段信号很微弱,差分对管的工作区域将位于直流工作点附近的小区域内,于是可做交流小信号分析,如图 E10.5.6(a) 所示,这是图 E10.5.3 振荡器电路在起振阶段的交流小信号等效电路,其中两个 BJT 晶体管用其 $y$ 参量微分电路模型替代,并可进一步用负电导等效为图 E10.5.6(b)(练习 10.5.5)。注意此电路为平衡电桥,桥中短路、开路对分析无影响,故而中间的地短接线可去除,则得到图 E10.5.6(c) 所示等效电路,这是一个典型的并联 LC 负阻振荡器,其中负电导正如端口特性分析,为 $0.5g_{m0}$。如果该振荡器能够起振,则必然满足起振条件,即

$$g_{n0} = 0.5g_{m0} > \frac{1}{2r_{be}} + \frac{1}{2r_{ce}} + \frac{1}{R_{pL}} + \frac{1}{R_L} = G'_L \tag{E10.5.4}$$

其中,根据差分对管的对称性,在直流工作点附近,$r_{be1} = r_{be2} = r_{be}$,$r_{ce1} = r_{ce2} = r_{ce}$,式中 $R_{pL}$ 是 LC 谐振腔尤其是电感金属损耗折合的并联谐振电阻,已画在图中,而 $R_L$ 则是并联在 LC 谐振腔两端的负载电阻,图中未画出,它可能是下一级缓冲器的等效输入电阻。

(4) 从起振到稳定的准线性分析:满足起振条件式 (E10.5.4) 后,在电路初始能量(可能来自电阻热噪声,可能来自电源启动冲激等)激励下,等效负阻释放的能量将导致谐振回路中的储能越来越多,这是在电感磁能和电容电能相互转换过程中积累起来的,对外表现为结点电压($v_{NL} = v_{id}$)越来越高,这将驱动差分对管进入非线性工作区。在大幅度的正弦电压激励下,将产生非正弦的周期电流,这个电流中包含大量的谐波分量,但是由于高 $Q$ 值的并联 LC 谐振腔的窄带选频作用,正反馈差分对管等效负阻器件即使进入了非线性工作区,产生了高次谐波电流,但是 LC 并联谐振腔两端只存在周期电流信号产生的基波正弦电压,高次谐波则被高 $Q$ 值的并联 LC 谐振腔滤除。

如图 E10.5.7 所示,假设正弦波电压幅度很大,为

$$v(t) = V_m \cos\omega_0 t \tag{E10.5.5a}$$

由于 $V_m$ 很大,负阻端口电流近似为方波,这是双曲正切函数自身的饱和特性(差分对管中,一

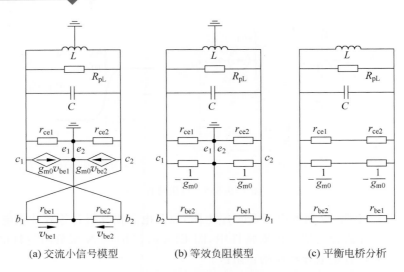

(a) 交流小信号模型　　　(b) 等效负阻模型　　　(c) 平衡电桥分析

图 E10.5.6　负阻型 LC 正弦波振荡器起振阶段交流小信号电路模型

个晶体管截止,一个晶体管恒流)对正弦波切顶导致的。为了方便讨论,这里不妨用理想方波进行下一步的估算。只要 $V_m \gg 2v_T$,正反馈差分对管负阻器件将近似产生如下方波信号,

$$i(t) = -0.5I_{EE}\tanh\frac{v(t)}{2v_T} = -0.5I_{EE}\tanh\frac{V_m\cos\omega_0 t}{2v_T}$$

$$\approx -0.5I_{EE}S_2(\omega_0 t) \tag{E10.5.5b}$$

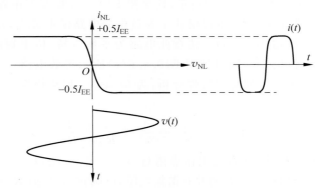

图 E10.5.7　大电压信号激励下的方波电流

其中,$S_2$ 为双向开关函数,

$$S_2(\omega_0 t) = \begin{cases} +1, & \cos\omega_0 t > 0 \\ -1, & \cos\omega_0 t < 0 \end{cases}$$

近方波电流中的谐波分量很多,用傅立叶级数展开可以确认负阻产生的电流中,包括基波分量、三次谐波分量、五次谐波分量等高次谐波分量,

$$i(t) \approx -0.5I_{EE}S_2(\omega_0 t) = -0.5I_{EE}\left(\frac{4}{\pi}\cos\omega_0 t - \frac{4}{3\pi}\cos 3\omega_0 t + \frac{4}{5\pi}\cos 5\omega_0 t - \cdots\right)$$

该方波电流驱动并联 LC 谐振电路,由于 LC 谐振电路的 $Q$ 值很高,因而其带通选频特性极为尖锐,只有基波分量才能保留下来,

$$i_1(t) = -0.5I_{EE}\frac{4}{\pi}\cos\omega_0 t = -\frac{2}{\pi}I_{EE}\cos\omega_0 t$$

LC 谐振腔作用下只保留了这个基波电流分量的影响,换句话说,差分对管的准线性负导为

$$-\overline{g_n} = -\frac{\frac{2}{\pi}I_{EE}}{V_m} = -\frac{4}{\pi}\frac{v_T}{V_m}\frac{I_{EE}}{2v_T} = -\frac{4}{\pi}\frac{g_{m0}v_T}{V_m} = -\frac{8v_T}{\pi}\frac{0.5g_{m0}}{V_m} = -\frac{0.5g_{m0}}{V_m/V_{m0}},即$$

$$\overline{g_n} = \frac{g_{n0}}{V_m/V_{m0}} \tag{E10.5.6}$$

其中,$g_{n0} = 0.5g_{m0}$ 是电压幅值为零对应的最大微分负导,$V_{m0} = \frac{8v_T}{\pi} = 66\text{mV}$ 是描述准线性负导变化规律的拐点电压幅值。

根据对差分对管跨导转移特性的研究,可知如果电压幅值在差分对管的线性范围之内,$V_m < 18\text{mV}$,则可认为负阻为线性负阻,如果电压幅值较大,如 $V_m > 4.6v_T = 120\text{mV}$,则可认为正反馈差分对管饱和切顶严重,电流近乎方波,如是准线性负导可写为

$$\overline{g_n} = \begin{cases} g_{n0}, & V_m < 18\text{mV} \\ \dfrac{g_{n0}}{V_m/V_{m0}}, & V_m > 120\text{mV} \end{cases} \tag{E10.5.7}$$

电压幅值在 $18\sim120\text{mV}$ 之间时,则是一个过渡形态,如图 E10.5.8 所示。

将晶体管寄生电阻($\beta$ 非无穷大导致的 $r_{be}$ 等效,$V_A$ 非无穷大导致的 $r_{ce}$ 等效)、谐振腔损耗(电感金属损耗等效 $R_{pL}$)以及真实负载共同用一个并联电导 $G_L'$ 描述,显然,起振阶段 $g_{n0} > G_L'$ 满足起振条件,故而振荡幅度越来越大,但是随着幅度增加,准线性负导越来越小,当准线性负导和等效正导相等时,$\overline{g_n} = G_L'$,则达到平衡,该平衡条件确定了振荡幅度大约为

$$V_{m\infty} \approx \frac{g_{n0}}{G_L'}V_{m0} \tag{E10.5.8a}$$

如图 E10.5.8 所示,而振荡频率则由 LC 谐振腔决定,为

$$f_0 = \frac{1}{2\pi\sqrt{LC}} \tag{E10.5.8b}$$

注意到准线性负导具有随幅度增加而单调下降特性,故而还满足振荡的第三个条件,稳定条件,因而振荡是稳定的,该振荡器可以输出稳定的正弦波信号。

**练习 10.5.5** 如图 E10.5.9 所示,这里给出的是正反馈差分对管交流小信号等效电路,请通过加压求流法,证明正反馈连接的差分对管可等效为线性负导。

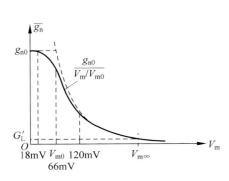

图 E10.5.8　准线性负导(描述函数)

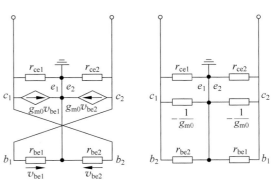

图 E10.5.9　用加压求流法获得等效电路

**练习 10.5.6**　某 N 型负阻的准线性负导和正弦激励电压源的幅度 $V_m$ 成反比关系，$\overline{g_n}=\dfrac{0.01}{V_m}$，其中 $V_m$ 的单位为伏特，$\overline{g_n}$ 的单位为西门子。将该 N 型负阻用于并联 LC 正弦波振荡器设计中，如图 E10.5.10 所示，已知电感 $L=0.1\mu H$，电容 $C=200pF$，电感无载 Q 值为 100，负载电阻 $1k\Omega$ 从谐振腔的电感中心抽头以部分接入方式接入谐振腔，接入系数 $p=0.5$。(1)验证这是高 Q 谐振腔；(2)求正弦振荡信号的频率；(3)确定负载电阻上的电压幅度。

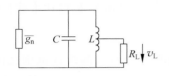

图 E10.5.10　某负阻型 LC 正弦波
振荡器

**提示**：电感无载 Q 值指的是电感自身金属损耗引入的能耗量，如果等效为和电感串联的电阻 $r_{sL}$，则 $r_{sL}=\omega_0 L/Q$，如果等效为和电感并联的电阻 $R_{pL}$，则 $R_{pL}=Q\omega_0 L$。本例分析中，由于是并联型 LC 振荡器，无载 Q 值在电路中的表现就是和电感 $L$ 并联的 $R_{pL}$。

通过对正反馈连接的差分对管的分析，在振荡幅度较大时，其准线性负导和振荡幅度成反比关系。对于晶体管而言，当信号幅度较大而进入截止区和饱和区(BJT 饱和区和 MOSFET 的欧姆导通区对应)时，也呈现正弦信号的切顶现象，故而正反馈晶体管的等效负阻，其准线性负导同样具有和振荡幅度成反比关系的规律。

负阻原理对理解 LC 正弦波振荡器十分简单，只需负阻抵偿正阻即可。在一些特殊的晶体管提供能量的振荡器分析中，如例 10.5.1，用负阻原理分析显得更简单，但是大多数的由晶体管提供能量供给的正弦波振荡器的分析采用的是正反馈原理，即利用晶体管的受控源控制特性进行正反馈分析。固然正反馈的正弦波振荡器原则上可以用负阻原理进行分析，但是如果所有正弦波振荡器都强行用负阻原理分析，则会把简单问题复杂化，毕竟晶体管受控源控制机制在很多情况下更容易理解，对晶体管正弦波振荡器的设计更具指导意义，因而下面我们将重点考察正弦波振荡器的正反馈原理。

正反馈原理分析中，我们直接默认晶体管放大器的准线性放大倍数和振荡幅度成反比关系，具体到晶体管，晶体管的准线性跨导增益在振荡幅度很大时，可近似描述为 $\overline{g_m}=\dfrac{g_{m0}}{V_m/V_{m0}}$，其中，$g_{m0}$ 是交流小信号微分跨导，也是起振阶段振荡幅度很小时的跨导增益，$V_m$ 是信号幅度，$V_{m0}$ 是描述准线性跨导增益变化的一个拐点参量。

**6. 正弦振荡与张弛振荡**

在正式进入正反馈原理讨论之前，基于第 9 章考察的 S 型负阻加电容形成张弛振荡，和本章考察的 S 型负阻加串联 LC 谐振腔形成正弦振荡，两者之间具有一定的关联，下面对此展开讨论，作为负阻振荡原理的结尾。

第 9 章讨论的负阻型张弛振荡，第 10 章讨论的负阻型 LC 正弦振荡，还有第 8 章的数值仿真表明，串联 LC 和 S 型负阻可形成正弦波振荡器，当串联电感趋于 0(短路)时，则退化为张弛振荡，对偶地，并联 LC 和 N 型负阻形成的正弦波振荡器，当并联电容趋于 0 时(开路)，也退化为张弛振荡，如图 10.5.13 所示。图中，负阻器件和负载电阻被综合合并为统一的一个负阻器件。

那么 LC 正弦振荡和张弛振荡之间有什么不同？

(1) 串联 LC 正弦波振荡器中，正弦波形态的回路电流以负阻区的中心位置为中心上下波动，该位置的微分负阻最大，如果满足起振条件，回路电流将以指数规律增长，导致正弦波电流的峰、谷从负阻区进入正阻区，换个角度说，准线性负阻越来越小，当准线性负阻和正阻相等时,则满足平衡条件,振荡幅度不再继续增加。可将工作点设置在负阻区中心位置,准线性负阻随回路电流增加则呈现单调下降特性,正弦波振荡器则可稳定地输出正弦波,正弦波频率由LC谐振频率决定,$f_0 = 1/(2\pi\sqrt{LC})$。

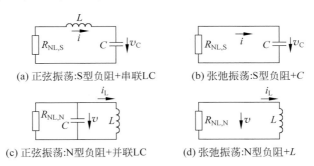

(a) 正弦振荡:S型负阻+串联LC      (b) 张弛振荡:S型负阻+C

(c) 正弦振荡:N型负阻+并联LC      (d) 张弛振荡:N型负阻+L

图 10.5.13 负阻型正弦振荡器和张弛振荡器基本电路模型

并联LC正弦波振荡器中,正弦波形态的结点电压以负阻区的中心位置为中心上下波动,该位置微分负导最大,如果满足起振条件,结点电压将以指数规律增长,导致正弦波的峰、谷从负阻区进入正阻区,于是准线性负导越来越小。当准线性负导和正导相等时,则满足平衡条件,振荡幅度将不再继续增加。可将工作点设置在负阻区中心位置,准线性负导随结点电压增加则呈现单调下降特性,正弦波振荡器则可稳定地输出正弦波,正弦波频率由LC谐振频率决定,$f_0 = 1/(2\pi\sqrt{LC})$。

平衡条件满足后,电路中各种损耗折合的正阻和负阻器件的准线性负阻完全抵消,对于串联LC,负阻和正阻完全抵消犹如短路,对于并联LC,负导和正导完全抵消犹如开路,于是此时的LC振荡器可视为纯粹的无阻尼的LC谐振腔,此时的LC正弦波振荡器的原理性模型就是"积分器—积分器—反相器"构成的闭环,如图10.5.14(a)所示。以并联LC振荡为例:电容电压 $v_C$ 是电容电流 $i_C$ 的积分,这是第一个积分器,电感电流 $i_L$ 是电感电压 $v_L$ 的积分,这是第二个积分器,电感电流 $i_L$ 和电容电流 $i_C$ 是反相的(元件端口电流定义所决定),这是反相器,如是构成的闭环将形成正弦振荡。如果是串联LC振荡,则描述为:电感电流 $i_L$ 是电感电压 $v_L$ 的积分,这是第一个积分器,电容电压 $v_C$ 是电容电流 $i_C$ 的积分,这是第二个积分器,电容电压 $v_C$ 和电感电压 $v_L$ 是反相的(元件端口电压定义所决定),这是反相器,如是构成闭环则形成正弦振荡。

(a) 正弦振荡原理框图

(b) 张弛振荡原理框图

图 10.5.14 负阻型正弦振荡和张弛振荡原理框图

在正弦波振荡器中,负阻的作用是提供能量,以供给正阻耗能,当供能和耗能平衡时,正弦波输出稳定,体现在电路上,准线性负阻和正阻抵偿(串联 LC),准线性负导和正导抵偿(并联 LC)。张弛振荡则不同。

(2) 张弛振荡器中,负阻器件工作在两个正阻区,事实上,张弛振荡就是在负阻器件的两个正阻区来回跳转,因而负阻器件在张弛振荡器中是状态跳变的双稳器件,它提供两个稳定的状态,当然,它还提供能量。和 LC 正弦波振荡器一样,动态元件之外的等效单端口电阻必须具有负阻特性,这是张弛振荡的起振条件,只是前面没有明确说明而已。

对于 S 型流控负阻,其端口对接电容元件,电容元件完成对电容端口电流积分形成电容端口电压功能。S 型负阻为流控负阻,随电流的变化电压是唯一的,但是随电压变化电流却未必唯一,而电容积分量变积累的正是电压,当电压积累到跳变点后,只能从一个正阻区跳变到另外一个正阻区,跳变意味着电流突变,但电容电压并没有跳变。这个跳变过程避开了负阻区,导致两种电流状态的突变,因而回路电流以近似方波的形态出现。方波电流的两个电流状态代表两个正阻区稳定状态。进入另外一个稳定区后,S 型负阻的等效电路模型中,驱动电容积分的电流源电流反相,故而电容电压将向反方向变化,当电压反向变化到 S 型负阻的另外一个跳变点后,则从第二个正阻区跳回到第一个正阻区,如是周而复始,形成近似方波的回路电流。

对于 N 型压控负阻,其端口对接电感元件,电感元件完成对电感端口电压积分形成电感端口电流的功能。N 型负阻为压控负阻,随电压变化电流是唯一的,而电感积分量变积累的却是电流,一个电流可以对应多个电压,因而当电流积累到跳变点后,只能从一个正阻区跳变到另外一个正阻区,这里的跳变是电压跳变,电感电流并不会跳变。这种跳变避开了负阻区,电压在两种稳态下来回跳变,故而结点电压以近似方波形式出现,方波电压的两个电压代表两个稳定状态。进入另外一个正阻区后,N 型负阻的等效电路模型中,驱动电感积分的电压源电压反相,故而电感电流朝反方向变化,当电流反向变化到 N 型负阻的另外一个跳变点后,则从第二个正阻区回到第一个正阻区,如是周而复始,形成近似方波的结点电压。

张弛振荡的原理性模型如图 10.5.14(b)所示,为"双稳电路(负阻,施密特触发器等)—积分器"的闭环。对 S 型负阻+电容:电容电流积分形成电容电压的量变积累过程,量变积累到一定程度后,使得 S 型负阻从一个正阻区跳变到另外一个正阻区(双稳的两个状态转换),然后再反向量变积累,积累到一定程度后,再从第二个正阻区回到第一个正阻区。对 N 型负阻+电感:电感电压积分形成电感电流的量变积累,量变积累到一定程度后,使得 N 型负阻从一个正阻区跳变到另外一个正阻区(双稳的两个状态转换),然后再反向量变积累,到一定程度后,再从第二个正阻区回到第一个正阻区。

张弛振荡虽然也围绕负阻区中心,但它不通过负阻区,而是在两个正阻区之间来回跳变,因而无法用分析正弦波振荡那样的准线性方法分析,用分段线性方法进行线性化分析是常见方法,见第 9 章。

(3) 在正弦波振荡器分析中,要求 LC 谐振腔是高 $Q$ 谐振腔,如是才能将非线性电阻产生的高次谐波分量滤除,只剩下基波分量,振荡器输出为正弦波,故而可采用准线性分析方法。如果 $Q$ 值下降,对高次谐波分量的滤除能力下降,输出波形将偏离单频正弦波,如例 8.2.6 仿真的那样,对串联 LC 和 S 型负阻,如果电感持续降低,就意味着 $Q=\dfrac{1}{R_{\mathrm{L}}}\sqrt{\dfrac{L}{C}}$ 值的持续下降,滤波效果越来越差,波形偏离正弦波越来越远。当 $L$ 趋于 0 时,则退化为张弛振荡,回路电流出现近似方波形态的跳变,这说明 LC 谐振腔已经失去了窄带滤波效果,此时就不能用准线性分析方法。当 LC 谐振腔 $Q$ 值较小时，振荡器介于正弦振荡和张弛振荡之间，本书回避对这类振荡器的非线性分析，而分别用分段折线和准线性分析两个极端情况，即 $Q$ 极小和 $Q$ 极大对应的张弛振荡和正弦振荡。

最后，对正弦振荡和张弛振荡对比总结说明如下：

（1）产生波形：正弦振荡输出波形为正弦波，因而也称简谐振荡；张弛振荡输出波形是具有丰富谐波分量的方波、三角波或锯齿波，因而也称多谐振荡。

（2）形成振荡的物理机制：正弦振荡可理解为两种形式能量之间相互转换所形成的运动形态，在相互转换过程中，总能量保持不变，即电感磁能和电容电能以正弦形式来回转换，而系统中的耗能则恰好被系统中的有源器件（负阻、正反馈放大器）提供的能量所补充。张弛振荡，则是双稳电路（负阻、施密特触发器等）位于两种稳定状态的任意一个状态时，因为动态元件的积分效应而导致量变积累，量变积累到一定程度后则会造成质变，即导致双稳电路从一个稳定状态跳变到另外一个稳定状态，然后继续量变积累、质变跳变，形成张弛振荡。

（3）名称含义：正弦振荡又称简谐振荡，简谐运动的研究自弹簧简谐振动研究开始，简谐振动是指运动物体受到的力和其位移成正比，且始终指向平衡点，简谐振动就是正弦振荡。张弛，relaxation，英文含义为恢复平衡。中文字面意思可以这样理解：张，紧张，弛，松弛，一张一弛，就是张弛振荡器的工作形态。所谓弛，就是突然跳变到双稳一个稳态后的一段缓慢量变积累过程；所谓张，就是量变积累到一定程度后即将形成跳变进入另一个稳态。

（4）基本构件：简谐振荡器的基本构件是负阻和选频网络。负阻可以是负阻器件，也可以由正反馈放大器等效，它的主要作用是提供交流能量。选频网络则是 RC、LC、传输线或固体谐振腔等动态元件形成的谐振网络、移相网络或延时网络。无论如何，选频网络中至少有两个记忆单元，如在负阻振荡原理中重点考察的 LC 谐振腔，电感 $L$ 和电容 $C$ 是其两个记忆单元。选频网络的功能就是选择振荡频率，使得正弦波振荡器的频率是确定的，可人为设定的。

张弛振荡器的基本构件是双稳电路和积分电路（电容、电感、传输线等模拟记忆元件）。这里，双稳电路可以是非线性负阻（S 型负阻、N 型负阻），施密特触发器（trigger），锁存器（latch），触发器（flip-flop）等。双稳电路的功能是提供两个稳定状态，张弛振荡器就在这两个状态之间转移。双稳电路同时为振荡器提供能量。大多数张弛振荡器中的积分单元是电容元件，很少有用电感元件的。以电容元件为例，其作用就是在某个状态时，电容元件的充放电形成张弛振荡器的量变积累，当电容充电电压超过某个阈值后，则形成质变，从一个状态跳变到另外一种状态。

（5）振荡原理：正弦波振荡器，在特定频点上，负阻器件（正反馈放大器）提供的能量恰好补充系统中的耗能（包括负载耗能），故而只能在该频点发生简单谐振，只能输出该频点的正弦波形。

张弛振荡器，在双稳的某一个稳定状态上，通过对电容的充放电形成量变积累，电容充电电压达到某个阈值后，将产生质变，状态发生突变，从这个状态跳变到另外一个状态。在另外一个状态，同样的量变积累、质变跳变，再次回到前一个状态。如是周而复始，形成张弛振荡。

（6）电路分析：正弦波振荡器的分析可以采用准线性分析方法，将负阻元件建模为准线性负阻，将正反馈连接的放大器的放大倍数建模为准线性放大倍数，从而可以用线性系统的分析方法分析正弦波振荡器。

一般情况下，张弛振荡器具有一个不稳定平衡点（负阻区的直流工作点）。起始阶段负阻器件有可能工作于负阻区，但初始能量的存在导致负阻对动态元件充电，动态元件状态的变化导致负阻器件很快会脱离负阻区,进入正阻区。张弛振荡建立后,将在两个正阻区来回跳变。为了简化分析,我们多采用分段线性化方法进行张弛振荡的分析。

（7）典型应用:正弦波振荡输出多用于收发信机的本地振荡器(用于上下变频、调制解调等),方波振荡输出多用作数字系统的时钟,锯齿波振荡输出可用于仪器的扫描电路等。

（8）典型电路形式:差分对负阻型 LC 振荡器、三点式 LC 振荡器、晶体振荡器、文氏电桥 RC 振荡器等是最常见的正弦波振荡器电路形式;电容加 S 型负阻、RC 加施密特触发器等是最常见的张弛振荡器电路形式。

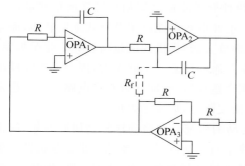

图 E10.5.11　RC 双积分正弦波振荡器

**练习 10.5.7**　如图 E10.5.11 所示,$OPA_1$ 及其周边 RC 构成第一个 RC 反相积分器,$OPA_2$ 及其周边 RC 构成第二个 RC 反相积分器,$OPA_3$ 及其周边 R 构成一个反相器,原则上说,构成的"积分器—积分器—反相器"闭环可以形成正弦波振荡器。电路调试中还需要外加一个 $R_f$ 电阻,该电路才能自激振荡,考察原因,并说明该正弦波振荡器的振荡频率为多少。提示:可以通过分析电路方程,确认 $R_f$ 在电路方程中的作用,进而分析 $R_f$ 在电路中的作用。

## 10.5.2　正反馈振荡原理

### 1. 基本原理:振荡条件

前面在考察 RLC 自由谐振时指出,由于谐振回路中自然存在的各种损耗,如果没有外部能量补给,谐振回路内部损耗必然导致谐振腔内的自由振荡呈现指数衰减规律,振荡幅度将越来越小。而正弦波振荡器设计希望获得等幅的正弦波输出,可以从两个角度来补充内部损耗能量:①在谐振腔中添加负阻,如果添加的负阻恰好抵偿谐振腔的各种损耗等效电阻,电阻损耗多少能量,负阻就提供多少能量,则可维持等幅振荡波形,这就是前面我们讨论过的负阻振荡原理。②如果我们能够适时地补充能量,如在减幅正弦振荡相差 $2\pi$ 的峰值位置,通过补充能量将下降的峰值提升起来,重新拉回到等幅,则可实现等幅正弦振荡。这种在相差 $2\pi$ 位置通过补充能量提升幅度的方法,就是正反馈,由此形成的正弦波振荡器就是正反馈正弦波振荡器。

在详尽讨论正反馈正弦波振荡器工作原理之前,首先回顾一下上学期已经很熟悉的负反馈放大器,两者的对比会更清楚地表明正反馈振荡原理。

如图 10.5.15(a)所示,这里以电压输入的负反馈放大器为例进行说明:如果放大器是电压放大器,$A$ 则是开环电压增益 $A_v$,输出 $s_{out}$ 则是输出电压 $v_{out}$,反馈网络为电压反馈网络,$F$ 为电压反馈系数 $F_v$,闭环电压增益 $A_f$ 则是 $A_{vf}$;如果放大器是跨导放大器,$A$ 则是开环跨导

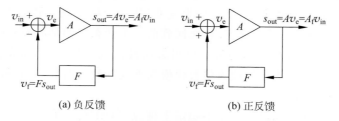

(a) 负反馈　　　　　　　　　(b) 正反馈

图 10.5.15　电压输入反馈放大器原理框图

增益 $G_m$，输出 $s_{out}$ 则是输出电流 $i_{out}$，反馈网络为跨阻反馈网络，$F$ 为跨阻反馈系数 $R_f$，闭环跨导增益 $A_f$ 则是 $G_{mf}$。也可以是电流输入、电流输出的电流放大器，或电流输入电压输出的跨阻放大器，这里不再论述。

电压输入的开环放大器 $A$ 添加一个反馈网络 $F$，输入信号 $v_{in}$ 减去反馈信号 $v_f$ 后，误差信号 $v_e$ 作为放大器的输入，如是闭环负反馈放大器的闭环增益为 $A_f = A/(1+AF)$，在环路增益 $T = AF \gg 1$ 的条件下，闭环增益近似完全由反馈系数决定，$A_f = A/(1+AF) \approx 1/F$。负反馈放大器中的反馈网络，往往采用的是高稳定性、高线性度和高带宽的电阻网络。既然闭环增益近似由反馈网络完全决定，于是，闭环放大器则具有电阻反馈网络的优良特性，包括高稳定性、高线性度和高带宽，从而弥补了原始放大器开环增益 $A$ 的不稳定、低线性度和窄带宽的缺陷。这些好处的代价是增益降低，闭环增益 $A_f \approx 1/F$ 远小于开环增益 $A$。

正反馈和负反馈有何不同？如图 10.5.15(b) 所示，最大的区别在于反馈回到输入端的反馈信号 $v_f$ 不是从 $v_{in}$ 中扣除，而是被添加到 $v_{in}$ 中作为放大器的输入，$v_e = v_{in} + v_f$，这导致的直接后果是闭环增益变大而非负反馈的变小，

$$A_f = \frac{A}{1-AF} \tag{10.5.14}$$

特别注意到分母中的 $1-AF$，不是负反馈的 $1+AF$。如是，当正反馈的环路增益 $AF = 0.9$，那么闭环增益 $A_f = 10A$，显然正反馈导致放大器增益上升。如果环路增益 $T = AF$ 进一步提高而越发接近于 1 时，例如 $AF = 0.99$，$A_f = 100A$，那么闭环增益就越高。当 $T = AF = 1$ 时，闭环增益将趋于无穷大！也就是说，此时即使没有输入，$v_{in} = 0$，但却未必没有输出，$s_{out} = A_f v_{in} = \infty \times 0 = ?$，只要反馈网络确保仅在一个 $\omega_0$ 频点上其反馈系数 $F$ 满足 $AF = 1$，那么这个没有输入的正反馈放大器就有可能成为振荡频率为 $\omega_0$ 的正弦波振荡器，如图 10.5.16(b) 所示，假设在 $\omega_0$ 频点上 $AF = 1$，$v_i = V_{im} \cos \omega_0 t$，经环路一周后，$v_f = F s_{out} = FA v_i = v_i = V_{im} \cos \omega_0 t$，反馈电压 $v_f$ 恰好支撑放大器输入 $v_i$，整个环路是平衡自洽的。

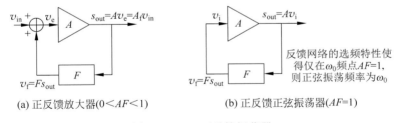

(a) 正反馈放大器($0 < AF < 1$)　　　(b) 正反馈正弦振荡器($AF=1$)

图 10.5.16　正反馈振荡器

要让一个具有反馈回路的放大器变成一个正弦波振荡器，如下三点要求是必要的：一是能够形成正反馈环路以形成等效负阻自发为系统提供能量，二是反馈网络具有选频特性，仅在某个 $\omega_0$ 频点上满足 $AF = 1$，三是实际振荡电路实现时，要求该正弦波振荡电路必须满足三个振荡条件——起振条件、平衡条件和稳定条件。

(1) 起振条件：$A_0 F > 1$。其中 $A_0$ 是放大器的交流小信号微分增益，如果工作点设置良好，在晶体管的恒流区有较大的 $A_0$，起振条件则容易满足。振荡器和放大器不同的是，振荡器无须外加激励源，电路内部的噪声如电阻热噪声、MOS 场效应管的沟道热噪声等就足以提供起振的初始激励。电路器件噪声本身是宽带信号，但反馈网络中存在的选频特性，只允许在某个特定 $\omega_0$ 频点形成正反馈通路，即仅在该频点从 $v_i$ 到 $v_f$ 经放大网络 $A$ 和反馈网络 $F$ 作用后移相 $2n\pi$。如是可以假设图 10.5.16(b) 放大器输入端有一个微小的正弦波电压 $v_i =$

$V_{im}\cos\omega_0 t$，如果满足起振条件，$A_0 F(j\omega_0) > 1$，其中，$F(j\omega_0)$ 是频点 $\omega_0$ 上的反馈系数，那么该信号经过放大网络和反馈网络后，反馈信号 $v_f = A_0 F v_i > v_i$，信号环路一周后变大了，由于反馈信号直接作为放大器输入信号，$v_i \leftarrow v_f$，于是只要满足起振条件，$v_i$ 幅度必将越来越大，形成增幅振荡。故而 $A_0 F > 1$ 是正弦波振荡器的起振条件，该条件确保形成增幅振荡，信号从无到有而自激振荡。

（2）平衡条件：$\overline{A}F = 1$。随着振荡信号幅度增加，放大器将进入非线性工作区，或者进入饱和区（MOS 欧姆区），或者进入截止区，输入端进入的正弦信号 $v_i(t) = V_{im}\cos\omega_0 t$ 在放大器输出端将出现下切顶或上切顶，或者上下均切顶，放大器输出信号将携带丰富的高次谐波分量，然而反馈网络仅在基波分量频点 $\omega_0$ 上形成正反馈，故而放大器输入端只有基波分量 $\omega_0$。因正反馈越来越大，如是我们只需考察其中基波分量的影响即可，认为反馈信号就是基波分量 $v_f(t) = V_{fm}\cos\omega_0 t$。很多正弦波振荡器设计中，反馈网络是中心频点为 $\omega_0$ 的带通滤波网络，使得反馈网络输出 $v_f(t)$ 中只包含基波分量。无论如何，正是由于反馈网络的选频作用，我们可以采用准线性分析方法考察正反馈振荡器：虽然存在非线性高次谐波分量，但我们只关注其中的基波分量，并采用线性电路方法分析它。采用和正反馈差分对管准线性负阻同样的分析方法，可以确知放大器的准线性增益 $\overline{A}$ 和输入正弦波幅度 $V_{im}$ 具有反比关系。如果工作点设置适当，随着振荡幅度的增加，放大器准线性放大倍数将单调下降，于是 $\overline{A}F$ 将随着振荡幅度增加越来越小，当 $\overline{A}F = 1$ 时，在 $\omega_0$ 频点上，反馈信号幅度 $V_{fm}$ 等于输入信号幅度 $V_{im}$，环路自洽平衡，振荡幅度不再继续增加，记此时的输入信号幅度为 $V_{im\infty}$，代表了平衡点的振荡幅度。

（3）稳定条件：$\dfrac{\partial(\overline{A}F)}{\partial V_{im}}\Big|_{V_{im\infty}} < 0$。如果在平衡点 $V_{im} = V_{im\infty}$ 上，环路增益 $T = \overline{A}F$ 是负斜率的，则说明该平衡点是稳定平衡点：当外加干扰使得 $V_{im} < V_{im\infty}$，$\overline{A}F > 1$，干扰消失后，信号环路一周幅度将增加而向 $V_{im\infty}$ 靠近；当外加干扰使得 $V_{im} > V_{im\infty}$，$\overline{A}F < 1$，干扰消失后，环路一周幅度减小同样向 $V_{im\infty}$ 靠近；故而任何导致偏离平衡点的干扰消除后，下一个状态又重新指向平衡点，$V_{im} \rightarrow V_{im\infty}$，即平衡点 $V_{im} = V_{im\infty}$ 是稳定平衡点。

虽然正弦波振荡器稳定输出后，放大器工作于非线性区，但由于反馈网络的选频作用，只有基波正弦信号被选择出来作为放大器的输入信号，故而我们可以采用准线性分析方法，用准线性增益考察放大器的非线性放大特性。进一步地，可采用仅线性时不变系统正弦稳态响应才能使用的相量表述描述非线性的正弦波振荡器。在相量域，放大器放大倍数和反馈系数均为复数，于是振荡条件可分解为幅度条件和相位条件。如表 10.5.2 所示，三个振荡条件都是基于环路增益 $T = \overline{A}F = |T|\,\mathrm{e}^{j\varphi_T}$ 的特性进行考察的，幅度条件前面已经论证，而相位条件恰好就是对反馈网络选频特性的描述：仅在 $\omega_0$ 频点实现正反馈。这个正反馈条件在前面的论述中是隐含的，这里给出显式的表述。

表 10.5.2　反馈型正弦波振荡器的三个振荡条件

| | 幅 度 条 件 | 相 位 条 件 |
|---|---|---|
| 起振条件 | $\|A_0 F\| > 1$ | $\varphi_{A_0 F}(\omega_0) = 0$（正反馈条件） |
| 平衡条件 | $\|\overline{A}F\| = 1$<br>（平衡点 $V_{im} = V_{im\infty}$） | $\varphi_{\overline{A}F}(\omega_0) = 0$（正反馈条件）<br>（平衡点 $\omega = \omega_0$） |
| 稳定条件 | $\dfrac{\partial\|\overline{A}F\|}{\partial V_{im}}\Big|_{V_{im} = V_{im\infty}} < 0$ | $\dfrac{\partial\varphi_{\overline{A}F}}{\partial\omega}\Big|_{\omega = \omega_0} < 0$ |
| | $T = \overline{A}F = \|\overline{A}F\|\,\mathrm{e}^{j\varphi_{\overline{A}F}} = \|T\|\,\mathrm{e}^{j\varphi_T}$ | (10.5.15) |

正弦振荡的幅度条件和相位条件还可以用图 10.5.17 直观表述：

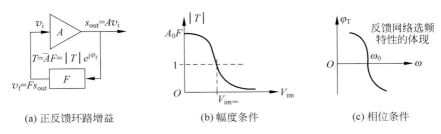

(a) 正反馈环路增益　　　　　(b) 幅度条件　　　　　(c) 相位条件

图 10.5.17　正反馈正弦波振荡器的振荡条件

(1) 在起振阶段,振荡幅度很小,此时幅度条件 $|T|=|AF|>1$ 表明信号在反馈环路的作用下振荡幅度越来越大,相位条件 $\varphi_T(\omega_0)=0$ 表明仅在 $\omega_0$ 频点是严格的正反馈,因而只有 $\omega_0$ 频率的信号幅度才能越来越大。

(2) 随着 $\omega_0$ 频率的正弦振荡幅度的增加,放大器进入非线性工作区,此时准线性放大倍数随着振荡幅度增加而降低,于是准线性环路增益随之下降,当 $T=1$ 时,振荡幅度不再增加,此为平衡条件。其幅度平衡条件 $|AF|=1$ 确定了振荡幅度为 $V_{im}=V_{im\infty}$ ,其相位平衡条件 $\varphi_T=0$ 确定了振荡频率为满足正反馈的那个频点,$\omega_{osc}=\omega_0$ 。如果反馈网络为带通滤波网络,此频点一般恰好就是带通滤波特性的中心频点,如果不是带通滤波网络,则需通过相位平衡条件(或称正反馈条件) $\varphi_T(\omega_0)=0$ 求出振荡频率。

(3) 在平衡点上,$|T|$ 随振荡幅度变化具有负斜率为幅度稳定条件,在振荡频点上,$\varphi_T$ 随振荡频率变化具有负斜率为频率稳定条件。下面我们仅就幅度稳定条件进行说明:假设有一个干扰使得振荡稍微偏离平衡点,如果干扰消失后,系统能够自动回到原平衡点,那么这就是稳定平衡,如果远离原平衡点,则是不稳定平衡。现在假设有干扰导致振荡幅度略微大于平衡点振荡幅度,由于 $|AF|$ 具有负斜率,于是此时必有 $|AF|<1$ ,也就是说,当干扰消失后,信号绕正反馈环路转一圈后幅度是变小的,幅度变小就是向平衡点方向移动,故而平衡点为稳定平衡点。同理,如果干扰导致振荡幅度略微小于平衡点振荡幅度,由于 $|AF|$ 具有负斜率,于是此时必有 $|AF|>1$ ,也就是说,当干扰消失后,信号绕正反馈环路转一圈后幅度是变大的,幅度变大同样是向平衡点方向移动。显然,$|AF|$ 在平衡点具有负斜率就是幅度稳定条件。通常,我们在设计中要求 $|AF|$ 随幅度增加是单调下降的,如是可以获得唯一的稳定平衡点。频率稳定条件我们不做过多解释,只说明一点,反馈网络无论是带通、高通还是低通,反馈网络相频特性均具有负斜率变化规律,因而反馈网络可以是带通型,也可以是低通型和高通型,虽然带通型是正弦波振荡器设计中的优选反馈网络,但不排除低通、高通型的反馈网络同样可以实现正弦波振荡。

幅度平衡点的负斜率绝对值越大,振荡幅度就越稳定,因为极大的干扰也仅导致幅度在平衡点上微小的偏离;相位平衡点的负斜率绝对值越大,振荡频率就越稳定,同样的原因,极大的干扰也仅导致频率在平衡点上微小的偏离即可自行补偿外加干扰。对于带通滤波型的反馈网络,如 LC 谐振腔做带通反馈网络,相频特性平衡点(带通中心频点)斜率和 LC 谐振腔的 $Q$ 值成正比,显然 LC 正弦波振荡器频率稳定度提高的关键在于如何确保谐振腔的高 $Q$ 值。

下面将举数个正弦波振荡器的典型例子,这些电路均被分解为无频率特性的放大网络(电阻电路)和有选频特性的反馈网络(动态电路),两者合理的配合,即可形成正弦波振荡器。反馈网络优选方案是带通选频网络,振荡频率为带通中心频点,但并不要求反馈网络必须具有带通选频特性,也可以是低通或高通选频特性,同样可构成正弦波振荡器,振荡频率为满足正反馈条件(相位平衡条件)的频点。

### 2. 文氏电桥振荡器

**例 10.5.2** 请分析如图 E10.5.12 所示正弦波振荡器的振荡原理。

**分析:** 如图 E10.5.13 所示,电路被分解为两部分,首先找出可等效为理想受控源的电压放大网络,剩下的则全部归入到电压反馈网络中。

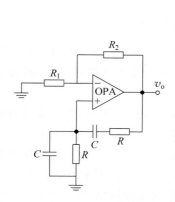 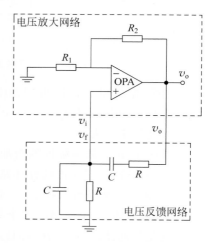

图 E10.5.12　文氏电桥正弦波振荡器　　　图 E10.5.13　振荡器分析:放大网络和反馈网络

起振阶段信号很微弱,因而放大网络属线性电路,假设理想运放工作在线性区,那么该电压放大网络(可等效为理想压控压源)的电压放大倍数为

$$A_0 = A_{v0} = 1 + \frac{R_2}{R_1} \tag{E10.5.9}$$

而反馈网络形成的是带通滤波器,其传递函数为

$$F(j\omega) = \frac{\dot{V}_F}{\dot{V}_o} = \frac{R \parallel \dfrac{1}{j\omega C}}{R + \dfrac{1}{j\omega C} + R \parallel \dfrac{1}{j\omega C}} \xrightarrow{s=j\omega} \frac{sRC}{s^2 R^2 C^2 + 3sRC + 1}$$

$$= F_0 \frac{\dfrac{1}{Q}\dfrac{s}{\omega_0}}{\left(\dfrac{s}{\omega_0}\right)^2 + \dfrac{1}{Q}\dfrac{s}{\omega_0} + 1} \tag{E10.5.10}$$

这是典型的二阶带通滤波传递函数,其中 $F_0 = \dfrac{1}{3}$,$\omega_0 = \dfrac{1}{RC}$,$Q = \dfrac{1}{3}$。显然,如果要形成正弦振荡,则要求在带通中心频点 $\omega_0$ 上,$A_0 F(j\omega_0) > 1$,即

$$\left(1 + \frac{R_2}{R_1}\right)\frac{1}{3} > 1 \tag{E10.5.11a}$$

故而该电路形成正弦波振荡器的起振条件是

$$R_2 > 2R_1 \tag{E10.5.11b}$$

满足这个振荡条件后,频率为 $\omega_0$ 的正弦波将自激形成,随着振荡幅度的增加,运放必将进入非线性区(两个饱和区),输出呈现切顶的正弦波,被带通反馈网络滤波后,只有基波分量可以反馈到电压放大网络的输入端。输出切顶意味着准线性放大倍数和振荡幅度成近似反比关系,$\overline{A} \propto \dfrac{1}{V_{im}}$,当准线性放大倍数下降到使得 $\overline{A}F_0 = 1$ 时,或者说当准线性电压增益下降为 3 时,

$\overline{A}=3$,该振荡电路输出稳定。

为了使得稳定后的运放输出不至于偏离正弦波太远,$R_2$ 只需微微大于 $2R_1$ 即可。实际电路还可令 $R_2$ 电阻为负温度系数电阻。常温下 $R_2>2R_1$ 满足起振条件,随着振荡幅度增加,$R_2$ 上消耗的能量增加,于是 $R_2$ 温度上升,由于是负温度系数电阻,$R_2$ 阻值将变小,当 $R_2$ 阻值随温度增加变小到等于 $2R_1$ 时,满足平衡条件,如果此时正弦振荡幅度尚未脱离运放的线性区,$V_{om}<V_{sat}$,输出波形将接近理想正弦波,输出频谱纯度更高。实际电路可以采用其他幅度检测和负反馈措施使得输出幅度稳定,且确保一定的频谱纯度。

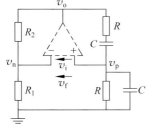

图 E10.5.14　文氏电桥

图 E10.5.12 正弦波振荡器被称为文氏电桥正弦波振荡器,是 RC 正弦波振荡器中最典型电路,易于调试生成正弦波。其名称来源于文氏电桥(习题 8.6),如图 E10.5.14 所示,$R_2$、$R_1$ 构成电桥左臂,串联 RC、并联 RC 构成电桥右臂,运放输出 $v_o$ 激励电桥,电桥两侧形成分压,分压相等时,电桥达到平衡。如果将理想运放(可等效为理想压控压源)划分为放大网络,将电桥划分为反馈网络,显然反馈系数为

$$F(j\omega)=\frac{\dot{V}_F}{\dot{V}_o}=\frac{\dot{V}_p-\dot{V}_n}{\dot{V}_o}=\frac{R\parallel\dfrac{1}{j\omega C}}{R+\dfrac{1}{j\omega C}+R\parallel\dfrac{1}{j\omega C}}-\frac{R_1}{R_1+R_2}$$

$$=F_0\frac{\dfrac{1}{Q}\dfrac{s}{\omega_0}}{\left(\dfrac{s}{\omega_0}\right)^2+\dfrac{1}{Q}\dfrac{s}{\omega_0}+1}\Big|_{s=j\omega}-\frac{R_1}{R_1+R_2} \tag{E10.5.12}$$

理想运放线性区增益为无穷大,故而起振条件 $A_0F(j\omega_0)>1$ 转换为要求 $F(j\omega_0)>0$,如是可获得相同的起振条件 $R_2>2R_1$。我们注意到,当 $R_2=2R_1$ 时,在 $\omega_0$ 频点电桥恰好平衡,这也是文氏电桥正弦波振荡器的平衡条件。

从式(E10.5.12)可知,文氏电桥正弦波振荡器是一个正反馈和负反馈同时存在的运放电路,当负反馈高于正反馈时,无法形成振荡,当正反馈高于负反馈,则可形成振荡。正反馈系数具有带通选频特性,在 $\omega_0$ 频点正反馈系数为 $F_0=1/3$,故而微调电阻 $R_2$,使得 $R_2$ 微微大于 $2R_1$,即负反馈系数 $R_1/(R_1+R_2)$ 微微小于 $1/3$,则可形成 $\omega_0$ 频点上正弦振荡,这个现象在实验电路中可通过调试观察。

这个例子明确表明了负反馈放大器和正反馈振荡器分析的区别:负反馈放大器分析时,我们对放大器的闭环增益、输入和输出电阻感兴趣,故而抽取提供负反馈作用的理想单向网络为反馈网络,剩余的影响则全部纳入到开环放大器(开环增益、开环输入和输出电阻中);正反馈正弦波振荡器分析时,我们对是否起振以及振荡频率感兴趣,于是抽取正向的理想单向网络为放大网络用于供能,剩余的影响包括选频和耗能则全部纳入到反馈网络中,以反馈系数的形式呈现,并由此确定振荡条件和振荡频率。以下的正反馈振荡器分析全部如是处理。

**3. RC 移相振荡器**

**例 10.5.3**　请分析如图 E10.5.15 所示正弦波振荡器的振荡原理。

**解**:如图 E10.5.16 所示,该电路被分解为两部分,首先找

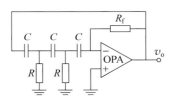

图 E10.5.15　RC 移相正弦波振荡器

出可等效为理想受控源的跨阻放大网络,剩下的则全部归入反馈网络。放大网络是典型的跨阻器,其跨阻增益为 $A_0 = R_m = -R_f$,而反馈网络则是一个跨导反馈网络,输入为 $v_o$,其输出为短路电流 $i_f$。我们用 **ABCD** 矩阵级联方法求反馈网络的跨导反馈系数,如图 E10.5.17 所示,这个反馈网络可视为 5 级级联系统,故而从输入到输出的 **ABCD** 矩阵为

$$
\begin{aligned}
\boldsymbol{ABCD} &= \begin{bmatrix} 1 & \dfrac{1}{sC} \\ 0 & 1 \end{bmatrix} \begin{bmatrix} 1 & 0 \\ \dfrac{1}{R} & 1 \end{bmatrix} \begin{bmatrix} 1 & \dfrac{1}{sC} \\ 0 & 1 \end{bmatrix} \begin{bmatrix} 1 & 0 \\ \dfrac{1}{R} & 1 \end{bmatrix} \begin{bmatrix} 1 & \dfrac{1}{sC} \\ 0 & 1 \end{bmatrix} \\
&= \begin{bmatrix} 1 + \dfrac{1}{sRC} & \dfrac{1}{sC} \\ \dfrac{1}{R} & 1 \end{bmatrix} \begin{bmatrix} 1 + \dfrac{1}{sRC} & \dfrac{1}{sC} \\ \dfrac{1}{R} & 1 \end{bmatrix} \begin{bmatrix} 1 & \dfrac{1}{sC} \\ 0 & 1 \end{bmatrix} \\
&= \begin{bmatrix} * & \left( \left(\dfrac{1}{sRC}\right)^2 + \dfrac{4}{sRC} + 3 \right)\dfrac{1}{sC} \\ * & * \end{bmatrix}
\end{aligned}
\tag{E10.5.13}
$$

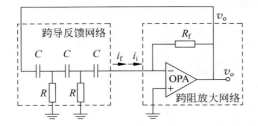

图 E10.5.16　RC 移相正弦波振荡器分析:跨阻放大网络和跨导反馈网络

图 E10.5.17　跨导反馈网络

式中 $s = j\omega$。注意,我们只关注输出短路跨导增益,故而最后一步计算只给出了 **ABCD** 矩阵的 B 元素,其倒数就是该网络的输出短路跨导增益,也就是跨导反馈系数,

$$
F(j\omega) = G_f = \frac{1}{B} \xlongequal{s = j\omega} \frac{sC}{\left(\dfrac{1}{sRC}\right)^2 + \dfrac{4}{sRC} + 3}
$$

$$
= \frac{sC \cdot (sRC)^2}{3s^2R^2C^2 + 4sRC + 1}
\tag{E10.5.14}
$$

注意到,反馈系数不具有带通选频特性,因而需要通过考察环路增益来确定振荡频率,

$$
T_0 = A_0 F = -R_f \cdot \frac{sC \cdot (sRC)^2}{3s^2R^2C^2 + 4sRC + 1} \Big|_{s = j\omega} = |T_0(\omega)| \, e^{j\varphi_T(\omega)}
\tag{E10.5.15}
$$

环路增益的幅频特性和相频特性分别为

$$
|T_0(\omega)| = \frac{R_f}{R} \frac{(\omega RC)^3}{\sqrt{1 + 10\,(\omega RC)^2 + 9\,(\omega RC)^4}}
\tag{E10.5.16a}
$$

$$
\varphi_T(\omega) = \frac{\pi}{2} - \arctan \frac{4\omega RC}{1 - 3\omega^2 R^2 C^2}
\tag{E10.5.16b}
$$

环路增益的幅频特性和相频特性如图 E10.5.18 所示,从幅频特性看,这是一个非典型的高通型滤波器,从相频特性看,满足相位条件 $\varphi_T = 0$ 的频点为

$$
\omega = \omega_0 = \frac{1}{\sqrt{3}\,RC} = \frac{0.577}{RC}
\tag{E10.5.17}
$$

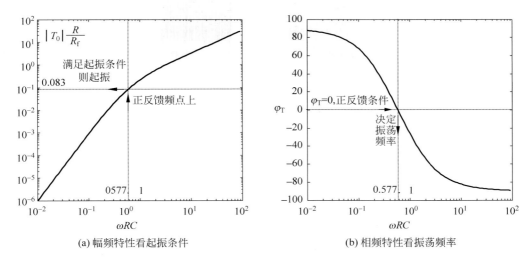

(a) 幅频特性看起振条件      (b) 相频特性看振荡频率

图 E10.5.18 环路增益幅频特性和相频特性

该频点上,环路增益为

$$T_0 = A_0 F(\mathrm{j}\omega_0) = \frac{1}{12}\frac{R_\mathrm{f}}{R} = 0.083\frac{R_\mathrm{f}}{R} \tag{E10.5.18}$$

显然,只要该频点的环路增益大于1,即

$$R_\mathrm{f} > 12R \tag{E10.5.19a}$$

也就满足了正弦振荡的起振条件,正弦波振荡频率为满足正反馈条件的频率,

$$f_0 = \frac{1}{2\pi\sqrt{3}RC} \tag{E10.5.19b}$$

图 E10.5.15 正弦波振荡器又称 RC 移相正弦波振荡器,可以理解为通过三级 RC 移相 180°,运放自身反相 180°,构成闭环后共移相 360°(或 0°),从而形成正反馈。从分析可知,反馈网络并非带通网络。如果反馈网络是带通型网络,基本可以确认振荡频率为带通中心频率;但是如果反馈网络不是带通型网络,那么振荡频率由相位平衡条件确定,也就是说,在哪个频点上达到 360°(或 0°)移相实现了正反馈,振荡就发生在哪个频点。请牢记一点:振荡频率由相位平衡条件(正反馈条件)决定,振荡幅度由幅度平衡条件决定。

**练习 10.5.8** E10.5.15 正弦波振荡器被称为超前 RC 移相正弦波振荡器,请分析确认输出 $v_\mathrm{o}$ 电压经第一级 RC 高通后相位超前多少度?经第二级 RC 高通后相位又超前多少度?经第三级单电容理想微分网络(电容电压转化为电容电流),相位又超前多少度?验证相位总共超前度数为 180°,和后面的反相跨阻放大的 180°抵偿,恰好形成正反馈。

**练习 10.5.9** 证明图 E10.5.19 所示 RC 移相正弦波振荡器的起振条件为 $R_\mathrm{f} > 29R$,振荡频率为 $f_0 = \dfrac{1}{2\pi\sqrt{6}RC}$。

**练习 10.5.10** 请用运放、电阻和电容构造一个滞后 RC 移相正弦波振荡器,说明至少需要三个电容才能实现 180°移相。分析确认该振荡电路的振荡频率和起振条件。

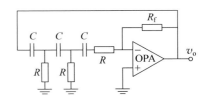

图 E10.5.19 RC 移相正弦波振荡器 2

#### 4. 互感耦合 LC 振荡器

**例 10.5.4**　请分析如图 E10.5.20 所示正弦波振荡器的振荡原理。已知 $V_{CC} = 12\text{V}$，$R_{B1} = 36\text{k}\Omega, R_{B2} = 3\text{k}\Omega, R_E = 2.2\text{k}\Omega, R_L = 1\text{k}\Omega$；晶体管电流增益 $\beta = 400$，厄利电压 $V_A = 100\text{V}$；旁路电容 $C_B = 0.1\mu\text{F}, C_E = 0.1\mu\text{F}$，耦合电容 $C_C = 10\text{pF}$；变压器为全耦合变压器，变压比 $n = 2$，谐振电感 $L = 30\mu\text{H}$，无载 $Q$ 值为 100；谐振电容 $C$ 可调，使得振荡频率为 2MHz。确认该正弦波振荡器可起振。

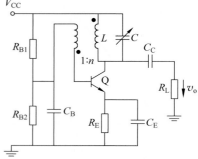

图 E10.5.20　互感耦合正弦波振荡器

**解**：晶体管直流工作点分析请同学自行完成，这里做如下的大致估算。直流电流为，

$$I_{C0} \approx I_E = \frac{V_E}{R_E} \approx \frac{V_B - 0.7}{R_E} \approx \frac{\dfrac{R_{B2}}{R_{B1} + R_{B2}} V_{CC} - 0.7}{R_E}$$

$$= \frac{\dfrac{3}{36 + 3} \times 12 - 0.7}{2.2} \approx 0.1(\text{mA})$$

故而 $y$ 参量等效电路参量分别估算为

$$g_m = \frac{I_{C0}}{v_T} \approx \frac{0.1\text{mA}}{25\text{mV}} = 4\text{mS}$$

$$r_{be} = \beta \frac{1}{g_m} = 400 \frac{1}{4\text{mS}} = 100\text{k}\Omega$$

$$r_{ce} = \frac{V_A}{I_{C0}} = \frac{100\text{V}}{0.1\text{mA}} = 1000\text{k}\Omega$$

两个旁路电容在振荡频率 2MHz 上的容抗为

$$X_C = \frac{1}{\omega_0 C_B} = \frac{1}{2 \times 3.14 \times 2 \times 10^6 \times 0.1 \times 10^{-6}} = 0.8(\Omega)$$

故而交流分析时可视为交流短路。如是可获得如图 E10.5.21(a) 所示的交流小信号等效电路，在振荡器起振阶段，信号足够小，可以采用该交流小信号电路模型进行分析。

由于耦合电容 $C_C$ 较小，暂忽略其影响，可知调谐电容 $C$ 大体在 200pF 附近

$$C = \frac{1}{(2\pi f_0)^2 \times L} = \frac{1}{(2 \times 3.14 \times 2 \times 10^6)^2 \times 30 \times 10^{-6}} = 211(\text{pF})$$

图 E10.5.21(a) 中，全耦合变压器被分解为并联电感 $L$ 和 2：1 的理想变压器，和并联电感 $L$ 并联的 $R_{pL}$ 是变压器损耗等效电阻，根据已知条件，该电阻大小为

$$R_{pL} = Q_0 \omega_0 L = 100 \times 2 \times 3.14 \times 2 \times 10^6 \times 30 \times 10^{-6} = 37.7(\text{k}\Omega)$$

正反馈振荡分析时需要将理想压控流源单独分离出来作为放大网络，如图 E10.5.21(b) 所示，该理想跨导放大器的跨导增益为

$$A_0 = G_{m0} = \frac{i_o}{v_i} = -g_m \tag{E10.5.20}$$

将理想受控源之外的其他元件全部归入到反馈网络中，包括晶体管跨导放大器的输入电阻 $r_{be}$，如图 E10.5.21(b) 所示，$r_{be}$ 被置放到电路最右侧。同时，我们将 $r_{ce}$ 和 $R_{pL}$ 的影响合并为 $R_{p1}$，

$$R_{p1} = r_{ce} \| R_{pL} = 1000\text{k}\Omega \| 37.7\text{k}\Omega = 36.3\text{k}\Omega$$

下面考察谐振回路两端的并联谐振电阻大小，这需要考虑 $r_{be}$ 经变压器变换到 LC 并联谐振回

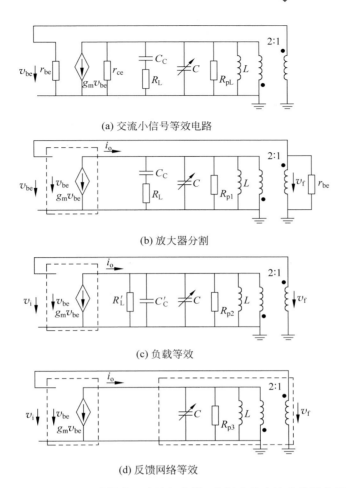

(a) 交流小信号等效电路

(b) 放大器分割

(c) 负载等效

(d) 反馈网络等效

图 E10.5.21 互感耦合正弦波振荡器：起振阶段交流小信号分析

路两端，大小为

$$r'_{be} = n^2 r_{be} = 2^2 \times 100\text{k}\Omega = 400\text{k}\Omega$$

在图 E10.5.21(c) 中，它的影响被合并到 $R_{p2}$ 中，

$$R_{p2} = R_{p1} \parallel r'_{be} = 36.3\text{k}\Omega \parallel 400\text{k}\Omega = 33.3\text{k}\Omega$$

同时负载电阻的影响也需要考虑在内。将串联的 $R_L - C_C$ 在 2MHz 频点上转换为并联的 $R'_L - C'_C$，为

$$Q_C = \frac{1}{\omega_0 R_L C_C} = \frac{1}{2 \times 3.14 \times 2 \times 10^6 \times 1 \times 10^3 \times 10 \times 10^{-12}} = 8$$

$$R'_L = (1 + Q_C^2) R_L = (1 + 8^2) \times 1\text{k}\Omega = 64.3\text{k}\Omega$$

$$C'_C = \frac{C_C}{1 + Q_C^{-2}} = \frac{10\text{pF}}{1 + 8^{-2}} = 9.8\text{pF}$$

可见，我们通过小的耦合电容 $C_C$ 使得小的负载电阻 $R_L$ 对谐振回路的影响变小了。图 E10.5.21(d) 中，我们将 $C'_C$ 并入到可调 $C$ 中，晶体管的寄生电容效应也假设可以并入 $C$ 中，由于 $C$ 可调，因而这里的总电容仍然标记为 $C$。而并联谐振总电阻为

$$R_{p3} = R_{p2} \parallel R'_L = 33.3\text{k}\Omega \parallel 64.3\text{k}\Omega = 21.9\text{k}\Omega$$

于是可知，反馈网络的跨阻反馈系数为

$$F = \frac{\dot{V}_F}{\dot{I}_o} = -\frac{1}{n}\frac{\dot{V}_L}{\dot{I}_o} = -\frac{1}{n}\left(R_{p3} \parallel j\omega L \parallel \frac{1}{j\omega C}\right)$$

$$= -\frac{1}{n}R_{p3}\frac{1}{1 + jQ\left(\dfrac{\omega}{\omega_0} - \dfrac{\omega_0}{\omega}\right)} \tag{E10.5.21}$$

其中

$$Q = R_{p3}\sqrt{\frac{C}{L}} = 21.9 \times 10^3 \times \sqrt{\frac{211 \times 10^{-12}}{30 \times 10^{-6}}} = 58 \gg 1 \tag{E10.5.22a}$$

$$\omega_0 = \frac{1}{\sqrt{LC}} = 2\pi \times 2\text{MHz} \tag{E10.5.22b}$$

显然,反馈网络具有带通选频特性,振荡频率为带通滤波器中心频点 2MHz。可以确认在 $f_0 = 2\text{MHz}$ 频点上,起振条件是满足的,

$$T_0 = A_0 F(j\omega_0) = (-g_m) \times \left(-\frac{R_{p3}}{n}\right) = \frac{1}{n}g_m R_{p3}$$

$$= \frac{1}{2} \times 4\text{mS} \times 21.9\text{k}\Omega = 44 > 1 \tag{E10.5.23}$$

上述分析表明,可以通过调整晶体管直流工作点改变跨导增益,通过改变负载接入形式等方式调整 $Q$ 值,使得振荡器顺利起振且保持良好波形。放大器增益调至合适即可,太小起振条件不易满足,过大有可能导致过负阻尼,影响振荡波形纯度。

注意到该 LC 振荡器的 $Q$ 值 58 和文氏电桥 RC 正弦波振荡器的 $Q$ 值 $1/3$ 相比大了上百倍,大体上可以如是估计:LC 正弦波振荡器的频率稳定度高于 RC 正弦波振荡器两个数量级,根本原因在于 RC 反馈网络很难获得高 $Q$ 值的选频特性。

为了确保 LC 谐振腔的高 $Q$ 值,晶体管进入非线性工作区时不应进入饱和区(对应 MOS 管欧姆导通区),一旦进入此区域,晶体管 CE(或 DS)端口等效电阻将会很小,导致 LC 谐振腔的 $Q$ 值严重下降,频率稳定度严重下降,但晶体管可进入截止区,截止区等效电阻很大,对 LC 谐振回路 $Q$ 值几乎没有影响。

当负载比较重,对谐振回路 $Q$ 值有明显影响时,可以通过部分接入,或者如本例的弱耦合电容实现的阻抗变换,将小电阻变为大电阻,将重负载变换为轻负载,从而并联 LC 谐振腔的 $Q$ 值不会过于恶化。当然,无论是部分接入,还是弱耦合,都会导致实际负载电阻上的电压变小,因而实际可应用的振荡器,其后应级联一个缓冲器,缓冲器对振荡器而言是轻负载,而缓冲器本身可以驱动重负载。

互感耦合 LC 正弦波振荡器中,互感变压器的同名端不要连反了,否则正反馈会变成负反馈而无法起振,正反馈正弦波振荡器的正反馈条件是需要首要保证的,以此确保可以振荡,其次需要保证的是高 $Q$ 值,以此确保高稳定的振荡。

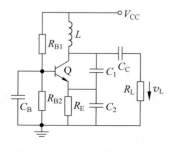

图 E10.5.22 考毕兹振荡器

### 5. 考毕兹振荡器

**例 10.5.5** 请分析如图 E10.5.22 所示 LC 正弦波振荡器的振荡原理,已知 $C_B$ 是旁路大电容,高频短接于地。

**分析**:已知 $C_B$ 是旁路大电容,高频分析时它短接于地,同时直流偏置电压源高频短接于地,如图 E10.5.23(a)所示。显然 BJT 的基极接地,作为放大器而言,它是共基组态的 BJT 放

大器。重新整理电路元件的摆放形式,以 EB 端口为输入,以 CB 端口为输出,如图 E10.5.23(b)所示,晶体管以经典的 CB 组态放大器形式出现。

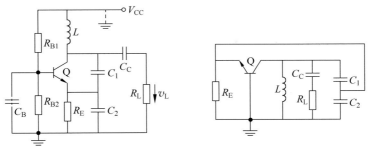

$$(a)\ 旁路电容、直流电源高频短接于地 \qquad (b)\ 晶体管共基组态$$

图 E10.5.23　考毕兹振荡器:高频电路模型

这里假设满足 CB 组态晶体管的单向化条件,即晶体管的 CB 端口外接负载电阻远小于 $r_{ce}$,共基组态的 BJT 则可采用电流缓冲器模型,如图 E10.5.24(a)所示,晶体管被建模为输入电阻为 $\frac{1}{g_m}$ 的电流缓冲器。为了后续分析简便起见,我们将流控流源模型转化为图 E10.5.24(b)所示的压控流源模型,CB 组态 BJT 被视为输入电阻为 $\frac{1}{g_m}$,跨导增益为 $g_m$ 的跨导放大器。

下一步就是将放大网络和反馈网络分离。放大网络分离时只保留理想受控源的单向作用,于是获得如图 E10.5.24(c)所示的网络分割,放大网络只包含 BJT 的理想压控流源,而 BJT 的输入电阻 $\frac{1}{g_m}$ 连并偏置电阻 $R_E$ 均被归入到反馈网络之中,并挪到电路最右侧。图中,我们标记了放大网络的输入电压 $v_i$,输出电流 $i_o$,这是一个理想跨导放大网络,同时标记了反馈网络的输入电流 $i_o$,输出电压 $v_f$,这是一个跨阻反馈网络。

我们注意到,$R_e = R_E \parallel \frac{1}{g_m}$ 是部分接入到 LC 谐振回路中的,其全接入等效电路如图 E10.5.24(d)所示,$\frac{R_e}{p^2}$ 的电阻并联在 LC 谐振腔上,其中部分接入系数为

$$p = \frac{C_1}{C_1 + C_2}$$

图 E10.5.24(d)中,同时将 $C_C - R_L$ 串联结构在 $\omega_0$ 频点上转化为 $C_C' - R_L'$ 并联结构:如果 $C_C$ 是大耦合电容(强耦合),$C_C' \approx 0$,$R_L' \approx R_L$,用大耦合电容高频短路即可等效;如果 $C_C$ 是小耦合电容(弱耦合),则有 $C_C' \approx C_C$,由于耦合电容很小,对谐振回路的影响也很小,可通过微调 L 消除其影响;而 $R_L' \approx Q_C^2 R_L$ 变大了,其中 $Q_C = 1/(\omega_0 C_C R_L)$,大电阻并联在并联 LC 谐振腔上,对谐振腔 Q 值影响很小。图 E10.5.24(d)中还将电感损耗电阻一并考虑在内,$R_{pL} = Q_0 \omega_0 L$,其中 $Q_0$ 是电感的无载 Q 值。

最后在图 E10.5.24(e)中,我们将反馈网络整合,其中 $C_C'$ 的影响较小,被整合到 $C_1$、$C_2$ 中后可以暂时忽略其影响,三个并联电阻被整合为一个电阻 $R_p$,

$$R_p = R_{pL} \parallel R_L' \parallel \frac{R_e}{p^2} = \frac{1}{G_{pL} + G_L' + p^2(g_m + G_E)}$$

$$= \frac{1}{G_{pL} + \frac{1}{Q_C^2}G_L + p^2 G_E + p^2 g_m} = \frac{1}{G_{eL} + p^2 g_m} \qquad (E10.5.24)$$

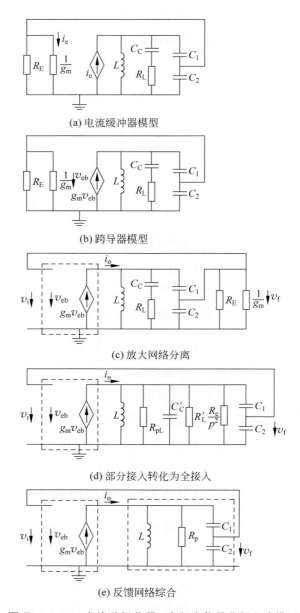

(a) 电流缓冲器模型

(b) 跨导器模型

(c) 放大网络分离

(d) 部分接入转化为全接入

(e) 反馈网络综合

图 E10.5.24　考毕兹振荡器：高频小信号分析电路模型

其中，电路中的所有损耗被整合为一个电导 $G_{eL}$，

$$G_{eL} = G_{pL} + \frac{1}{Q_C^2}G_L + p^2 G_E \tag{E10.5.25}$$

它包含了谐振腔损耗（主要是电感损耗）等效谐振电导 $G_{pL}$，负载电阻损耗等效到谐振腔两端为 $G_L/Q_C^2$，偏置电阻 $R_E$ 等效到谐振腔两端为 $p^2 G_E$，这些损耗用一个并联在谐振腔两端的折合电导 $G_{eL}$ 表述。

当放大网络和反馈网络分离后，小信号放大倍数和反馈系数分别为

$$A_0 = \frac{\dot{I}_o}{\dot{V}_i} = g_m \tag{E10.5.26a}$$

$$F = \frac{\dot{V}_{\rm f}}{\dot{I}_{\rm o}} \approx p \frac{\dot{V}_{\rm L}'}{\dot{I}_{\rm o}} = p \cdot \left( R_{\rm p} \parallel {\rm j}\omega L \parallel \frac{1}{{\rm j}\omega C} \right)$$

$$= p \frac{R_{\rm p}}{1 + {\rm j}Q\left( \dfrac{\omega}{\omega_0} - \dfrac{\omega_0}{\omega} \right)} \tag{E10.5.26b}$$

其中,$C = \dfrac{C_1 C_2}{C_1 + C_2}$,$Q = R_{\rm p}\sqrt{\dfrac{C}{L}}$,$\omega_0 = \dfrac{1}{\sqrt{LC}}$。

显然,反馈网络具有带通选频特性,故而如果起振,振荡频率为带通滤波器中心频点 $\omega_0$,前提是该频点下满足起振条件 $A_0 F > 1$,即

$$A_0 F({\rm j}\omega_0) = g_{\rm m} p R_{\rm p} = \frac{p g_{\rm m}}{G_{\rm eL} + p^2 g_{\rm m}} > 1$$

整理后,得到该正弦波振荡器的起振条件为

$$g_{\rm m} > \frac{G_{\rm eL}}{p(1-p)} \tag{E10.5.27}$$

其中,$G_{\rm eL}$ 是电路中所有损耗折合到并联 LC 谐振腔的总并联电导。

**练习 10.5.11** 图 E10.5.22 振荡电路被称为考毕兹振荡器。从起振条件看,$g_{\rm m}$ 越大越易起振,但大的 $g_{\rm m}$ 意味着大的直流电流和大的直流功耗,因而接入系数有一个最佳值 $p_{\rm opt}$,$p = p_{\rm opt}$ 时,对 $g_{\rm m}$ 的要求是最低的。请给出考毕兹振荡器电容部分接入的最佳接入系数 $p_{\rm opt}$,使得振荡电路的功耗尽可能低。

### 6. LC 正弦波振荡器中正反馈的负阻等效

对 LC 正弦波振荡器,从正反馈原理角度看,反馈网络往往呈现带通选频特性,LC 谐振频率就是带通滤波器中心频率,也是正弦波振荡器的振荡频率。其中的正反馈连接可用负阻等效,进而用负阻原理分析振荡器振荡条件。

例 10.5.4 互感耦合 LC 振荡器小信号分析到最后一个环节,如图 E10.5.21(d),例 10.5.5 考毕兹振荡器小信号分析到最后一个环节,如图 E10.5.24(e)所示,它们都等效为跨导放大器驱动 RLC 并联谐振回路,同时引回一个正反馈,这个正反馈连接可等效为负阻。

以例 10.5.5 考毕兹振荡器为例,如图 E10.5.25(a)所示,在 CB 组态放大器输出端标记一个对 LC 谐振腔的并联端口,在该端口加压求流,看晶体管等效,显然这是一个负电导,

$$g_{\rm in} = \frac{i_{\rm test}}{v_{\rm test}} = \frac{-g_{\rm m} v_{\rm eb}}{v_{\rm cb}} = -g_{\rm m}\frac{v_{\rm C2}}{v_{\rm cb}} = -p g_{\rm m} \tag{E10.5.28}$$

计算最后一步利用电容 $C_2$ 上的电压和谐振回路两端电压之比(分压系数)为电容部分接入系数 $p$ 这一结论。

图 E10.5.25(b)中,我们将 LC 谐振回路两

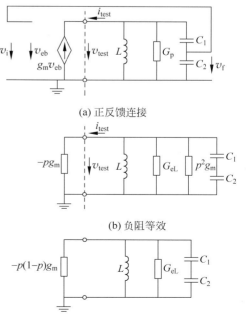

(a) 正反馈连接

(b) 负阻等效

(c) 电路损耗折合正导与正反馈受控源折合负导

图 E10.5.25 正反馈条件满足则可等效为负阻

端并联的总谐振电导 $G_p$ 分割为两部分，$G_p = G_{eL} + p^2 g_m$，其中 $G_{eL} = G_{pL} + G_L/Q_C^2 + p^2 G_E$ 是电路中所有损耗的折合电导，包含了谐振腔损耗等效电导 $G_{pL}$，负载电阻损耗等效到谐振腔两端的电导 $G_L/Q_C^2$，偏置电阻 $R_E$ 引入损耗等效到谐振腔两端的电导 $p^2 G_E$；而 $p^2 g_m$ 则是 CE 组态 BJT 的压控流源在 CB 组态下的等效输入电阻折合到 LC 谐振腔的电导，它和负阻 $-p g_m$ 都是晶体管跨导器模型在谐振腔两端的等效，应该合并到一起，如图 E10.5.25(c) 所示，这两项合并后，成为一个总的负电导 $-p(1-p)g_m$，显然这是一个带负导的并联 RLC 谐振腔，它的起振条件是负导大于正导，即 $p(1-p)g_m > G_{eL}$，或者说，

$$g_m > \frac{G_{eL}}{p(1-p)} \tag{E10.5.29}$$

和正反馈原理推导出来的起振条件(E10.5.27)完全等同。

**练习 10.5.12**　对 LC 正弦波振荡器进行正反馈原理分析，其中的正反馈条件在负阻原理中就是负阻等效，正反馈原理获得的起振条件(乃至平衡条件、稳定条件)和负阻原理获得的起振条件(乃至平衡条件、稳定条件)完全等价。给出例 10.5.4 互感耦合正弦波振荡器负阻等效电路，由此给出起振条件，与式(E10.5.23)对比，确认两者一致。

### 7. 三点式 LC 正弦波振荡器

考毕兹振荡器也称电容三点式振荡器。所谓三点式，如图 10.5.18(a) 所示，就是晶体管三个极间接三个电抗元件，如果晶体管发射极（源极）看出的两个电抗元件 $X_1$、$X_2$ 同属性，第三个电抗元件 $X_3$ 反属性，则满足正反馈条件，只要进一步满足起振条件，则可形成正弦振荡。如果晶体管发射极看出的两个同属性电抗元件为电容，如图 10.5.18(b)，则称之为电容三点式 LC 正弦波振荡器，也称考毕兹振荡器，如果发射极看出的两个同属性电抗元件为电感，如图 10.5.18(c) 所示，则称之为电感三点式 LC 正弦波振荡器，也称哈特莱振荡器。

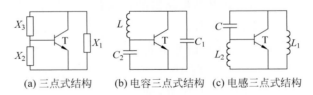

(a) 三点式结构　　(b) 电容三点式结构　　(c) 电感三点式结构

图 10.5.18　三点式 LC 正弦波振荡器

上述三点式振荡器描述中，没有说明晶体管的交流参考地在什么位置，换句话说，参考地并不重要，参考地在任意位置，只要是三点式结构，则不会改变其正反馈连接关系，为了说明这一点，下面的分析回避三种组态的讨论，而是从负阻原理说明，负阻原理分析不需要对晶体管组态进行确认。

如图 10.5.19 所示，首先我们将电路中的所有损耗（包括谐振腔损耗、负载损耗、偏置损耗、晶体管等效 $r_{be}$、$r_{ce}$ 等损耗）全部折合为和 $X_3$ 电抗元件串联的电阻 $R_S$，于是晶体管就剩下一个理想压控流源，注意到压控流源 BE 端口接 $Z_2$ 阻抗，CE 端口接 $Z_1$ 阻抗，BC 端口看入的等效阻抗是我们熟知的，为

$$Z_{in} = Z_1 + Z_2 + g_m Z_1 Z_2$$

对于电容三点式，$Z_1 = \dfrac{1}{j\omega C_1}$，$Z_2 = \dfrac{1}{j\omega C_2}$，故而

$$Z_{in} = Z_1 + Z_2 + g_m Z_1 Z_2 = \frac{1}{j\omega C_1} + \frac{1}{j\omega C_2} - \frac{g_m}{\omega^2 C_1 C_2} \tag{10.5.16}$$

端口阻抗表明 BC 端口是电容 $C_1$、电容 $C_2$ 和负阻$-g_{\mathrm{m}}/(\omega_0^2 C_1 C_2)$ 的串联，其等效电路如图 10.5.19(c) 所示，如是该 LC 振荡器起振的条件为负阻大于正阻，

$$\frac{g_{\mathrm{m}}}{\omega_0^2 C_1 C_2} > R_{\mathrm{S}} \tag{10.5.17}$$

其中振荡频率为 $\omega_0 = \dfrac{1}{\sqrt{L\dfrac{C_1 C_2}{C_1 + C_2}}}$。

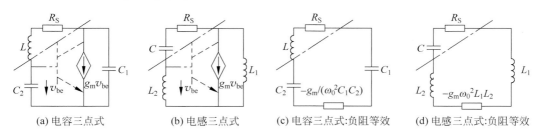

(a) 电容三点式　　(b) 电感三点式　　(c) 电容三点式:负阻等效　　(d) 电感三点式:负阻等效

图 10.5.19　三点式 LC 正弦波振荡器：负阻等效

对于电感三点式，则 $Z_1 = \mathrm{j}\omega L_1, Z_2 = \mathrm{j}\omega L_2$，故而

$$Z_{\mathrm{in}} = Z_1 + Z_2 + g_{\mathrm{m}} Z_1 Z_2 = \mathrm{j}\omega L_1 + \mathrm{j}\omega L_2 - g_{\mathrm{m}} \omega^2 L_1 L_2 \tag{10.5.18}$$

端口阻抗表明 BC 端口是电感 $L_1$、电感 $L_2$ 和负阻$-g_{\mathrm{m}}\omega_0^2 L_1 L_2$ 的串联，其等效电路如图 10.5.19(d) 所示，如是该 LC 振荡器起振的条件为负阻大于正阻，

$$g_{\mathrm{m}} \omega_0^2 L_1 L_2 > R_{\mathrm{S}} \tag{10.5.19}$$

其中振荡频率为 $\omega_0 = \dfrac{1}{\sqrt{(L_1 + L_2)C}}$。

注意上述推导中，无须关注晶体管参考地在哪里，换句话说，无论晶体管的参考地在哪里，无论晶体管是什么组态，只要满足三点式结构（$X_1$、$X_2$ 同属性，$X_3$ 反属性），就满足正反馈条件。具体表现在等效电路中，三点式结构可等效出负阻并形成 LC 谐振腔，如图 10.5.19(c,d) 所示，只要负阻效应强于正阻效应，就满足起振条件，如式(10.5.17,19)所示，与地无关。

之前用正反馈原理分析电容三点式（考毕兹）振荡器，以 CB 组态晶体管等效电路进行交流小信号分析，由此获得的起振条件式(E10.5.27)重写如下

$$g_{\mathrm{m}} > \frac{G_{\mathrm{eL}}}{p(1-p)} \tag{10.5.20}$$

其中，$p = C_1/(C_1 + C_2)$ 为电容部分接入系数，$G_{\mathrm{eL}}$ 是电路中所有损耗折合到并联 LC 谐振腔两端的谐振电导。之后在正反馈分析基础上，将带正反馈连接的晶体管受控源等效为负导$-p(1-p)g_{\mathrm{m}}$，只要它大于并联在并联 LC 谐振腔两端的电路中所有损耗折合的电导 $G_{\mathrm{eL}}$，则可形成正弦振荡，分析得到完全相同的起振条件，如式(E10.5.29)。这里在考察三点式振荡器时，为了回避晶体管组态问题，将三点式中的两个同属性电抗元件和压控流源一并等效为串联型负阻结构，同样的电容三点式振荡器，获得的起振条件如式(10.5.17)所示。既然是同一个电容三点式结构，这两个起振条件应该完全等价，否则必有一个方法是不正确的，同一振荡电路不可能有两个不一致的起振条件。下面证明式(10.5.17)和式(10.5.20)等价。

图 10.5.20(a)是并联型负阻等效，同图 E10.5.25(c)，图 10.5.20(b)是串联型负阻等效，同图 10.5.19(c)。若要证明两者等效，可以以电容两端为不变量，证明虚框内的电阻电感并联和电阻电感串联等价即可。

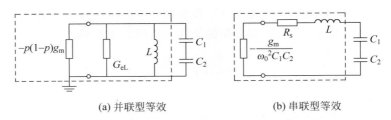

(a) 并联型等效        (b) 串联型等效

图 10.5.20   电容三点式 LC 振荡器的两种负阻等效

对于图 10.5.20(a)，电容两端看入的总导纳（含电容）为

$$Y_{\mathrm{in1}} = \mathrm{j}\omega C + \frac{1}{\mathrm{j}\omega L} + G_{\mathrm{eL}} - p(1-p)g_{\mathrm{m}} \xlongequal{\omega=\omega_0} G_{\mathrm{eL}} - p(1-p)g_{\mathrm{m}} \tag{10.5.21}$$

其中，电容 $C$ 是两个电容 $C_1$ 和 $C_2$ 的串联。对于图 10.5.20(b)，电容两端看入的总导纳（含电容）为

$$Y_{\mathrm{in2}} = \mathrm{j}\omega C + \frac{1}{R_{\mathrm{s}} - \dfrac{g_{\mathrm{m}}}{\omega_0^2 C_1 C_2} + \mathrm{j}\omega L} = \mathrm{j}\omega C + \frac{1}{r_{\mathrm{s}} + \mathrm{j}\omega L}$$

$$= \mathrm{j}\omega C + \frac{r_{\mathrm{s}} - \mathrm{j}\omega L}{r_{\mathrm{s}}^2 + (\omega L)^2} = \mathrm{j}\omega C + \frac{-\mathrm{j}\omega L}{r_{\mathrm{s}}^2 + (\omega L)^2} + \frac{r_{\mathrm{s}}}{r_{\mathrm{s}}^2 + (\omega L)^2}$$

$$\stackrel{|r_{\mathrm{s}}|\ll\omega L}{\approx} \mathrm{j}\omega C + \frac{-\mathrm{j}\omega L}{(\omega L)^2} + \frac{r_{\mathrm{s}}}{(\omega L)^2} = \mathrm{j}\omega C + \frac{1}{\mathrm{j}\omega L} + \frac{r_{\mathrm{s}}}{(\omega L)^2} \xlongequal{\omega=\omega_0} \frac{r_{\mathrm{s}}}{Z_0^2} \tag{10.5.22}$$

计算中，假设串联电阻 $r_{\mathrm{s}}$ 远小于特征阻抗 $Z_0$，$|r_{\mathrm{s}}| \ll Z_0 = \omega_0 L$，也就是假设谐振回路 $Q$ 值极大，这种情况下，谐振频点上，电容两端总导纳为 $Y_{\mathrm{in2}}(\mathrm{j}\omega_0) \approx \dfrac{r_{\mathrm{s}}}{Z_0^2}$，这其实就是已在式（E10.3.12）确认过的串联谐振电阻和并联谐振电导之间存在的回旋对偶变换关系，

$$Y_{\mathrm{in2}}(\mathrm{j}\omega_0) \approx \frac{r_{\mathrm{s}}}{Z_0^2} = \left( R_{\mathrm{s}} - \frac{g_{\mathrm{m}}}{\omega_0^2 C_1 C_2} \right) \omega_0^2 C^2$$

$$= \frac{R_{\mathrm{s}}}{Z_0^2} - \frac{g_{\mathrm{m}}}{C_1 C_2} C^2 = \frac{R_{\mathrm{s}}}{Z_0^2} - g_{\mathrm{m}} \frac{C_1 C_2}{(C_1 + C_2)^2}$$

$$= G_{\mathrm{eL}} - p(1-p)g_{\mathrm{m}} \tag{10.5.23}$$

注意到，并联等效负导 $-p(1-p)g_{\mathrm{m}}$ 和串联等效负阻 $-\dfrac{g_{\mathrm{m}}}{\omega_0^2 C_1 C_2}$ 之间是回旋对偶变换关系，并联等效电导 $G_{\mathrm{eL}}$ 和损耗等效串联电阻 $R_{\mathrm{s}}$ 之间是回旋对偶变换关系，这就证明了图 10.5.20(a/b) 两个电路等价。它们的起振条件其实是同一个，

$$g_{\mathrm{m}} > \frac{G_{\mathrm{eL}}}{p(1-p)} = \frac{G_{\mathrm{eL}}}{\dfrac{C_1}{C_1 + C_2} \dfrac{C_2}{C_1 + C_2}} = G_{\mathrm{eL}} \frac{(C_1 + C_2)^2}{C_1 C_2} \tag{10.5.24a}$$

$$g_{\mathrm{m}} > \omega_0^2 C_1 C_2 R_{\mathrm{s}} = \frac{1}{LC} C_1 C_2 R_{\mathrm{s}} = \frac{C}{L} R_{\mathrm{s}} \frac{C_1 C_2}{C^2}$$

$$= \frac{C}{L} R_{\mathrm{s}} \frac{C_1 C_2}{\left( \dfrac{C_1 C_2}{C_1 + C_2} \right)^2} = G_{\mathrm{eL}} \frac{(C_1 + C_2)^2}{C_1 C_2} \tag{10.5.24b}$$

注意到电路中的所有损耗，在并联谐振腔中等效为并联谐振电导 $G_{\mathrm{eL}}$，在串联谐振腔中等效为串联谐振电阻 $R_{\mathrm{s}}$，两者之间具有回旋对偶变换关系，

$$G_{eL} = Y_0^2 R_s = \frac{C}{L} R_s \qquad (10.5.25)$$

正如式(E10.3.12)证明的那样。

上述回旋对偶变换关系还可确保并联 LC 谐振回路等效 N 型负阻变换到串联 LC 谐振回路中是 S 型负阻。

**练习 10.5.13**　图 E10.5.26 是某振荡电路去除电阻影响后剩下的纯电抗元件和晶体管的三点式连接关系图,已知 $f_{01} = \dfrac{1}{2\pi\sqrt{L_1 C_1}} = 1\,(\text{MHz})$,$f_{03} = \dfrac{1}{2\pi\sqrt{L_3 C_3}} = 1.1\,(\text{MHz})$,请问该

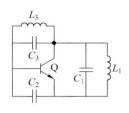

图 E10.5.26　三点式结构

振荡器有无可能振荡? 如果可能振荡,振荡频率大约为多少? 提示:三点式结构要求电抗 $X_1$ 和 $X_2$ 同属性,$X_3$ 反属性,并不要求它们必须是纯电容电抗、纯电感电抗元件,可以是 LC 复合电抗。如图 E10.5.26 所示,由于 $C_2$ 是电容,故而只要 $L_1 C_1$ 复合电抗呈现容性,$L_3 C_3$ 复合电抗呈现感性,则符合"$X_1$ 和 $X_2$ 同属性同时 $X_3$ 反属性的三点式结构"要求,满足这个结构要求则表明正反馈,确保 $X_1 + X_2 + X_3 = 0$ 的频点就是振荡频率。

三点式 LC 振荡器是正弦波振荡器的典型电路,还有很多其他类型的正弦波振荡器,无论是从正反馈原理角度分析,还是从负阻角度分析,从提高频率稳定度这个角度看,哪种类型电路系统的 $Q$ 值高,哪种类型的振荡器频率稳定度就越高。提高 $Q$ 值的方法之一是采用固体谐振腔替代 LC 谐振腔,如石英晶体,其 $Q$ 值可高达百万,而 LC 谐振腔则在百、千量级,于是用晶体固体谐振腔替代 LC 谐振腔实现的晶体振荡器频率稳定度高于 LC 正弦波振荡器 3、4 个数量级。

**8. 克拉泼振荡器**

前面对晶体管振荡器进行分析时,均未考虑晶体管寄生电容的影响。事实上,晶体管寄生电容在振荡器中起到很不好的作用。晶体管寄生电容对电源电压、环境温度变化等都比较敏感,因而振荡器的频率稳定度由于不稳定的寄生电容的参与而降低,因为这相当于引入了外部干扰影响使得振荡频率发生漂移。除了采用高 $Q$ 值的固体谐振腔之外,还可以利用部分接入方法,将晶体管部分接入到 LC 谐振腔中,使得晶体管的寄生效应减弱,从而获得较高的频率稳定度。

**练习 10.5.14**　图 E10.5.27 是克拉泼电路,通过加入一个和电感串联的小电容 $C_3$,使得谐振腔外元件(包括晶体管)对谐振腔的影响减弱。该振荡电路的偏置电阻 $R_{B1} = 68\text{k}\Omega$,$R_{B2} = 10\text{k}\Omega$,$R_E = 1\text{k}\Omega$,$R_C = 3.9\text{k}\Omega$;旁路电容 $C_B = 0.1\mu\text{F}$;三点式谐振电容 $C_1 = 200\text{pF}$,$C_2 = 200\text{pF}$,克拉泼部分接入电容 $C_3 = 20\text{pF}$;变压器为 2:1 全耦合变压器,电感 $L = 10\mu\text{H}$,无载 $Q$ 值为 100;电源电压 $V_{CC} = 12\text{V}$,负载电阻 $R_L = 10\text{k}\Omega$;晶体管电流增益 $\beta = 400$,厄利电压 $V_A = 100\text{V}$。假设晶体管寄生电容 $C_{be} = 30\text{pF}(C_{bc} = 0, C_{ce} = 0)$ 有 $\pm 10\%$ 的变化。请分析该振荡器的振荡频率,说明 $C_3$ 的存在使得振荡频率变得稳定。

对于本练习,以电感 $L$ 为参照物,所有变换到 $L$ 两端的元件都可认为是经过 $C_3$ 部分接入进去

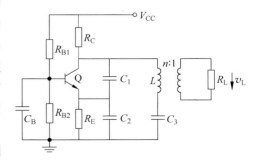

图 E10.5.27　克拉泼振荡器

的,由于 $C_3$ 电容极小,接入系数极小。如 $R_E$ 电阻,它等效到 $L$ 两端变成大电阻 $R_E/p^2$,部分接入系数为

$$p = \frac{C_{31}}{C_{31} + C_2} \ll 1 \tag{E10.5.30}$$

其中 $C_{31} = \dfrac{C_1 C_3}{C_1 + C_3}$。如是,谐振腔外的其他影响因素由于 $C_3$ 的存在,进入谐振腔后其影响被削弱,电阻变大,电容变小,振荡频率的稳定性因而大大提高,

$$R_p' = \frac{R_p}{p^2}, \quad C_p' = p^2 C_p \tag{E10.5.31}$$

其中,$R_p$、$C_p$ 是电路中的寄生效应电阻和电容,它们等效到 $L$ 两端后记为 $R_p'$、$C_p'$。

从另一个角度看,由于振荡频率

$$f_0 = \frac{1}{2\pi \sqrt{L(C_1 \text{ 串 } (C_2 \text{ 并 } C_{be}) \text{ 串 } C_3)}} \approx \frac{1}{2\pi \sqrt{LC_3}} \tag{E10.5.32a}$$

几乎由电容 $C_3$ 完全决定,和晶体管几乎无关。如果没有 $C_3$(短路),振荡频率和晶体管寄生电容 $C_{be}$、$C_{ce}$、$C_{bc}$ 都有关,

$$f_0 = \frac{1}{2\pi \sqrt{L((C_1' \text{ 串 } C_2') \text{ 并 } C_{bc})}} \tag{E10.5.32b}$$

其中 $C_1'$ 中包含了晶体管寄生电容 $C_{ce}$ 的影响,$C_2'$ 中包含了晶体管寄生电容 $C_{be}$ 的影响。克拉泼部分接入电容可使得振荡器的频率稳定度提高近一个量级。

### 10.5.3　负反馈稳定性分析

有两种情况可以使得设计的放大器变成振荡器:第一种情况是放大器内部寄生反馈和外部元件共同形成了正反馈连接关系,如 CE 组态晶体管放大器,在输入端口和输出端口接感性负载用于共轭匹配时,两个端口的感性负载和晶体管寄生电容 $C_{bc}$(或 $C_{gd}$)形成电感三点式振荡器结构,从而变成了振荡器。10.4 节考察了二端口网络的稳定性,给出如下结论,晶体管如果位于非绝对稳定区,在进行最大功率增益共轭匹配设计时,由于存在端口等效负阻而自激振荡,即属对这种情况的分析。第二种情况是人为设计的负反馈放大器,负反馈网络设计时没有考虑到实际网络的寄生效应,导致负反馈闭环后,由于寄生效应导致的额外相移,预期的负反馈事实上变成了正反馈,从而负反馈放大器变成了正反馈振荡器。本节考察的是第二种情况:首先分析负反馈在什么情况下将会变成正反馈;其次分析如何确保负反馈放大器的性能,除了放大器不能变成振荡器这个基本要求外,还要确保负反馈放大器具有良好的频率响应或动态特性,从而给出了对相位裕度的要求;最后对 741 运放内部的 MILLER 补偿电容进行分析,说明这个补偿电容可以使得运放负反馈线性应用具有良好的动态特性。

#### 1. 负反馈放大器如何变成了正反馈振荡器

对图 10.5.21 所示的负反馈放大器原理框图,其闭环增益为 $A_f = \dfrac{A}{1 + AF}$,按初始设计,一般都会设计成使其满足深度负反馈条件,$AF \gg 1$,从而令闭环增益几乎完全由反馈网络决定,$A_f \approx \dfrac{1}{F}$,这是电阻电路对负反馈放大器的理想设计预期。然而实际电路中总是存在各种寄生效应,设计时虽然

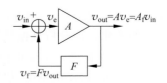

图 10.5.21　负反馈原理框图

可以按电阻电路设计思想完成上述设计,但是如果不考虑寄生效应,上述设计可能失败,因为电路中的寄生电容、寄生电感等寄生的动态元件可能使得信号环路一周后,多移相了 $180°$,导致在某个 $\omega_0$ 频点上负反馈变成正反馈,

$$A(\mathrm{j}\omega_0)F(\mathrm{j}\omega_0) = -\alpha \tag{10.5.26}$$

其中 $\alpha > 0$,于是该负反馈放大器将变成正反馈放大器其至正反馈振荡器,

$$A_{\mathrm{f}}(\mathrm{j}\omega_0) = \frac{A(\mathrm{j}\omega_0)}{1 + A(\mathrm{j}\omega_0)F(\mathrm{j}\omega_0)} = \frac{A(\mathrm{j}\omega_0)}{1 - |A(\mathrm{j}\omega_0)F(\mathrm{j}\omega_0)|} \tag{10.5.27}$$

只要满足振荡器的起振条件或平衡条件,

$$-A(\mathrm{j}\omega_0)F(\mathrm{j}\omega_0) = \alpha \geqslant 1 \tag{10.5.28}$$

该负反馈放大器则会变成起振于或振荡于 $\omega_0$ 频点的振荡器。显然,我们需要对负反馈放大器的环路增益

$$T(\mathrm{j}\omega) = A(\mathrm{j}\omega)F(\mathrm{j}\omega) = |T(\mathrm{j}\omega)| \, e^{\mathrm{j}\varphi_T(\omega)} \tag{10.5.29}$$

提出严格要求。

如果环路增益 $T$ 的频率特性如图 10.5.22(a)所示,相频特性到达 $-180°$ 的频点 $\omega_0$ 所对应的幅频特性大于1,则 $\omega_0$ 频点位置将满足起振条件,负反馈放大器变成了正反馈振荡器。如果不希望出现这种情况,就需要确保相频特性到达 $-180°$ 的 $\omega_0$ 频点即便满足了正反馈条件,但是此位置的幅频特性小于1而不满足起振条件,也不会出现正反馈振荡,如图 10.5.22(b)所示,相频特性到达 $-180°$ 的 $\omega_0$ 频点的环路增益的负 dB 数被称为增益裕度(Gain Margin),

$$GM = -20\log_{10}|T(\mathrm{j}\omega_0)|_{\varphi_T(\omega_0) = -180°} \tag{10.5.30}$$

增益裕度越大,负反馈放大器越稳定。相应地,也可以找到环路增益下降为1对应的单位增益频点 $\omega_\mathrm{u}$,在该频点,环路增益幅频特性下降为1,但相频特性还没有下降到超出 $180°$,形不成正反馈振荡的平衡条件,故而不会振荡,称此频点的相移与形成正反馈的 $-180°$ 相移的差值为相位裕度(Phase Margin),

$$PM = \varphi_T(\omega_\mathrm{u})_{|T(\omega_\mathrm{u})| = 1} + 180° \tag{10.5.31}$$

相位裕度越高,负反馈放大器越接近理想负反馈,其稳定性就越高。

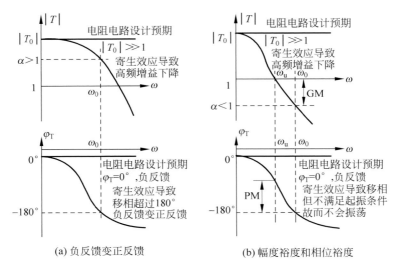

图 10.5.22　环路增益幅频特性和相频特性

**2. 确保负反馈放大器良好性能的相位裕度取值**

在设计负反馈放大器时,应考察其环路增益的增益裕度或相位裕度,一般情况下对相位裕度进行设计应用得更多一些。那么相位裕度到底设计取值多大是最适当的呢? 对运放而言,如何设计相位裕度使其负反馈应用具有良好性能呢?

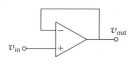

图 10.5.23  单位负反馈:
跟随器应用

运放负反馈线性应用中,如图 10.5.23 所示的跟随器单位负反馈($F=1$)应用是负反馈放大器应用中最深的负反馈,更深的负反馈($F>1$)将导致闭环增益 $A_f \approx 1/F < 1$,这已经不是正常的放大应用了。因而运放的稳定性以单位负反馈应用下的稳定性为准,单位负反馈稳定了,其他情况电阻网络搭建的 $F<1$ 的负反馈均认为是稳定的。这是显而易见的: $F<1$ 只会令环路增益的幅度 $|T|=|AF|$ 变得更小而不改变其相位 $\varphi_T$,故而 $F<1$ 负反馈具有比 $F=1$ 单位负反馈应用更大的增益裕度和相位裕度。因而在考察通用运放的负反馈稳定性时,其相位裕度分析以单位负反馈达标为准。

**例 10.5.6**  由于寄生电容效应,运放偏离理想运放,其电压增益不再是和频率无关的常数,而是一阶低通形式,

$$A(j\omega) = \frac{A_0}{1+\dfrac{j\omega}{\omega_p}} \tag{E10.5.33}$$

请分析不同反馈情况下负反馈放大器的特性。

**分析**:运放的串并连接负反馈可形成接近理想的压控压源,下面的研究均以图 E10.5.28 电路为考察对象,反馈系数 $F=\dfrac{R_1}{R_1+R_2}$ 可通过调整两个电阻阻值改变。

**解**:将开环增益代入闭环增益表达式,有

$$A_f(j\omega) = \frac{A(j\omega)}{1+A(j\omega)F} = \frac{A_0}{1+A_0 F}\frac{1}{1+\dfrac{j\omega}{(1+A_0 F)\omega_p}}$$

$$= A_{f0}\frac{1}{1+\dfrac{j\omega}{\omega_{fp}}} \tag{E10.5.34}$$

可见,负反馈放大器仍然是一阶低通系统,该一阶低通系统的增益为电阻电路分析负反馈放大器的增益,$A_{f0}=\dfrac{A_0}{1+A_0 F}$,该一阶系统的 3dB 频点为开环放大器 3dB 频点的($1+A_0 F$)倍,如图 E10.5.29 所示。

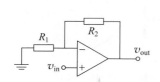

图 E10.5.28  串并负反馈实现的同相
电压放大器

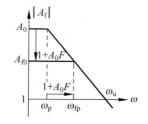

图 E10.5.29  开环与闭环增益
幅频特性

显然,一阶运放是直接用增益换带宽,增益下降$(1+A_0F)$倍,带宽则增加为$(1+A_0F)$倍,当增益下降为1时,带宽则增加为原来的$A_0$倍。一阶运放的单位增益频点(增益为1的频点)

$$\omega_u = A_0 \omega_p \tag{E10.5.35}$$

也被称为运放增益带宽积(Gain Bandwidth Product)

$$GBW = A_0 f_p \tag{E10.5.36}$$

单位负反馈应用下,深度负反馈放大器的闭环增益为1,3dB 带宽为 GBW。

对应于式(E10.5.34)所示的闭环放大器的一阶低通传递函数,如果该负反馈放大器输入为阶跃信号 $v_{in}(t)=V_0 U(t)$,则其输出波形是电容充电曲线,

$$v_{out}(t) = A_{f0} V_0 (1 - e^{-\omega_{fp} t}) U(t) \tag{E10.5.37a}$$

尤其是单位负反馈应用下的阶跃响应为

$$v_{out}(t) = V_0 (1 - e^{-2\pi GBW \cdot t}) U(t) \tag{E10.5.37b}$$

显然,GBW 越大,响应速度越快。因而 GBW 是刻画运放带宽和响应速度的最关键参量。通常,可通过测量单位负反馈运放阶跃响应的上升沿时间 $T_r$ 反算其增益带宽积 GBW,

$$GBW = \frac{0.35}{T_r} \tag{E10.5.38}$$

**练习 10.5.15** 一阶运放是稳定的,其相位裕度指单位负反馈($F=1$)情况下的相位裕度,请说明一阶运放的相位裕度为 $90°$。提示:$A_0$ 足够大。

**例 10.5.7** 假设寄生电容效应使得运放开环增益有两个极点,开环电压增益为二阶低通形式,

$$A(j\omega) = \frac{A_0}{\left(1 + \dfrac{j\omega}{\omega_{p1}}\right)\left(1 + \dfrac{j\omega}{\omega_{p2}}\right)} \tag{E10.5.39}$$

请分析不同反馈情况下负反馈放大器的特性。

**解**:零极点概念见 8.3.2 节伯特图画法说明。

将开环增益代入闭环增益表达式,可知负反馈放大器仍然保持二阶低通特性,但系统参量如增益、阻尼系数、自由振荡频率均发生变化,

$$A_f(j\omega) = \frac{A(j\omega)}{1 + A(j\omega)F} = \frac{A_0}{1 + A_0 F} \frac{\omega_{f0}^2}{s^2 + 2\xi_f \omega_{f0} s + \omega_{f0}^2} \tag{E10.5.40}$$

增益为电阻电路分析结论,$A_{f0} = \dfrac{A_0}{1 + A_0 F}$,而阻尼系数和自由振荡频率则分别为

$$\xi_f = \frac{\omega_{p1} + \omega_{p2}}{2\sqrt{(1 + A_0 F)\omega_{p1}\omega_{p2}}} \tag{E10.5.41a}$$

$$\omega_{f0} = \sqrt{(1 + A_0 F)\omega_{p1}\omega_{p2}} \tag{E10.5.41b}$$

其对应的两个特征根 $-\omega_{fp1}$、$-\omega_{fp2}$ 对应频点称为极点频率,分别为

$$\omega_{fp1} = (\xi_f - \sqrt{\xi_f^2 - 1})\omega_{f0} \tag{E10.5.42a}$$

$$\omega_{fp2} = (\xi_f + \sqrt{\xi_f^2 - 1})\omega_{f0} \tag{E10.5.42b}$$

由于假设开环运放的两个特征根是不等实根,其阻尼系数 $\xi$ 大于1。由式(E10.5.41a)可知,随着反馈系数 $F$ 的增加,闭环系统的阻尼系数 $\xi_f$ 将越来越小,当

$$F = F_0 = \frac{(\omega_{p2} - \omega_{p1})^2}{4 A_0 \omega_{p1} \omega_{p2}} \tag{E10.5.43}$$

时,阻尼系数 $\xi_f$ 下降为1。当 $F > F_0$ 后,阻尼系数 $\xi_f$ 下降到小于1的欠阻尼,从而两个特征根

变成共轭复根。

图 E10.5.30 是随反馈系数 $F$ 增加，两个特征根在特征根平面上的变化情况。我们发现无论反馈系数有多大，反馈放大器的特征根都位于特征根平面的左半平面，也就是说，特征根实部始终小于 0，故而该二阶系统一定是稳定系统（见习题 10.11 讨论），不会变成振荡器。然而当 $F > F_0$ 后，二阶低通是欠阻尼的，$\xi_f < 1$，当输入为阶跃激励时，$v_{in}(t) = V_0 U(t)$，其阶跃响应将出现振铃现象（图 10.2.3），

$$v_{out}(t) = A_{F0} V_0 \left( 1 - e^{-\xi_f \omega_{f0} t} \left( \cos \sqrt{1 - \xi_f^2} \, \omega_{f0} t + \frac{\xi_f}{\sqrt{1 - \xi_f^2}} \sin \sqrt{1 - \xi_f^2} \, \omega_{f0} t \right) \right) U(t)$$

(E10.5.44)

第一振铃高峰被称为过冲，它是振铃峰值中那个最大的极值点，出现在 $t = \dfrac{\pi}{\sqrt{1 - \xi_f^2} \, \omega_{f0}}$ 位置，对应过冲量为

$$\frac{v_{OUT,max} - v_{OUT,\infty}}{v_{OUT,\infty}} = e^{-\frac{\xi_f}{\sqrt{1 - \xi_f^2}} \pi} \qquad (E10.5.45)$$

前面讨论二阶低通系统时，给出如下结论：从频域看，要求 $\xi_f = 0.707$ 以获得幅度最大平坦特性，或者 $\xi_f = 0.866$ 以获得群延时最大平坦特性；从时域阶跃响应看，要求 $\xi_f$ 在 0.707～1 之间，以兼顾最快的响应速度和尽可能小的过冲量。

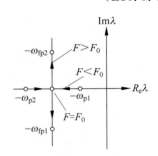

图 E10.5.30　二阶低通负反馈系统的特征根随反馈系数变化情况

由于单位负反馈的反馈量 $F = 1$ 是负反馈放大器应用中的最大负反馈，如果该应用下阻尼系数为 0.707，其他负反馈放大器应用下，阻尼系数则一定大于 0.707，则不会出现严重的振铃现象。

将 $F = 1$ 和期望的 $\xi_f = 0.707$ 代入式（E10.5.41a），则可推算出开环运放的两个低通极点频率需满足如下关系，

$$\gamma = \frac{\omega_{p2}}{A_0 \omega_{p1}} = 1 + \sqrt{1 - \frac{1}{A_0^2}} \approx 2 \qquad (E10.5.46)$$

方可确保该运放在单位负反馈应用下具有最大幅度平坦特性。

下面研究单位负反馈情况下的相位裕度，不妨假设 $\gamma = \dfrac{\omega_{p2}}{A_0 \omega_{p1}}$ 为参变量，考察 $F = 1$ 时环路增益的相位裕度，此时环路增益为

$$T(j\omega) = A(j\omega) F \xrightarrow{F=1} \frac{A_0}{\left(1 + \frac{j\omega}{\omega_{p1}}\right)\left(1 + \frac{j\omega}{\omega_{p2}}\right)} = \frac{A_0}{\left(1 + \frac{j\omega}{\omega_{p1}}\right)\left(1 + \frac{j\omega}{\gamma A_0 \omega_{p1}}\right)} \qquad (E10.5.47)$$

由

$$1 = |T(j\omega_u)| = \frac{A_0}{\sqrt{\left(1 + \left(\frac{\omega_u}{\omega_{p1}}\right)^2\right)\left(1 + \left(\frac{\omega_u}{\gamma A_0 \omega_{p1}}\right)^2\right)}} \approx \frac{1}{\frac{\omega_u}{A_0 \omega_{p1}} \sqrt{\left(1 + \left(\frac{\omega_u}{\gamma A_0 \omega_{p1}}\right)^2\right)}}$$

求出二阶运放的单位增益频点 $\omega_u$，为

$$\omega_u \approx \sqrt{\frac{\sqrt{\gamma^4 + 4\gamma^2} - \gamma^2}{2}} A_0 \omega_{p1} \qquad (E10.5.48)$$

此频点上计算相位裕度，为

$$PM = 180° - \arctan \frac{\omega_u}{\omega_{p1}} - \arctan \frac{\omega_u}{\gamma A_0 \omega_{p1}}$$

$$\approx 90° - \arctan \sqrt{\frac{2}{\sqrt{\gamma^4 + 4\gamma^2} + \gamma^2}} \qquad (E10.5.49)$$

而以 $\gamma$ 为参变量对应的阻尼系数表达式为

$$\xi_f = \frac{\omega_{p1} + \omega_{p2}}{2\sqrt{(1+A_0)\omega_{p1}\omega_{p2}}} = \frac{1 + \gamma A_0}{2\sqrt{(1+A_0)\gamma A_0}} \approx \frac{\sqrt{\gamma}}{2} \qquad (E10.5.50)$$

前面几个表达式中的 $\approx$ 号均是以 $A_0$ 极大且 $\omega_{p2} \gg \omega_{p1}$ 为假设而做的近似,如是假设下以 $\gamma$ 为参变量可列表如表 10.5.3 所示。

表 10.5.3　相位裕度取值

| $\gamma$ | $\xi_f$ | $PM$ | 备　注 |
|---|---|---|---|
| 0.01 | 0.05 | 6° | 无法容忍的振铃 |
| 0.1 | 0.158 | 18° | |
| 0.5 | 0.354 | 39° | |
| 0.707 | 0.42 | 45° | 可容忍的最小 $PM$ |
| 1 | 0.5 | 52° | |
| 2 | 0.707 | 66° | 幅度最大平坦 |
| 3 | 0.866 | 72° | 群延时最大平坦 |
| 4 | 1 | 76° | 时域响应无过冲 |

这个表格虽然是从典型的二阶低通传递函数入手获得的,但是对相位裕度的要求却适用于任意负反馈低通系统,无论这个系统是否包含零点,或者具有更高阶数,只要确保环路增益的相位裕度为 $66°$,其闭环后系统响应则大体具有二阶低通幅度最大平坦特性;只要确保环路增益的相位裕度为 $72°$,其闭环后系统响应则大体具有二阶低通群延时最大平坦特性,时域响应速度最快。

对于负反馈应用,通常的设计应确保其相位裕度至少达到 $45°$,如果是二阶低通系统,其单位负反馈低通系统的阻尼系数大体为 $0.42$,其阶跃响应过冲量 $e^{-\frac{\xi_f}{\sqrt{1-\xi_f^2}}\pi} = 0.23$ 尚可容忍:虽然期望阶跃响应很快地稳定在 1 上,但是相位裕度只有 $45°$ 的负反馈系统,其阶跃响应首先过冲到 1.23 后,再经 $5\tau = \frac{5}{\xi_0 \omega_{0f}} = \frac{10}{\omega_{p1} + \omega_{p2}}$ 的稳定时间后才能振荡回落到稳定值 1,这个勉强可以接受。而 $PM = 66°$ 和 $72°$ 时,其单位负反馈低通系统恰好具有幅度最大平坦特性和群延时最大平坦特性,其时域阶跃响应的过冲量只有 $4.3\%$ 和 $0.43\%$,之后以最快的速度进入稳态1,这是极好的设计。

### 3. 741 运放中的 MILLER 补偿

如果开环运放有三个极点,每个极点可提供 $90°$ 相位滞后,三级则可能提供超过 $180°$ 的相移,其负反馈线性应用则很容易自激振荡,因此运放内部电路的级联级数一般不超过三级。以741 运放为例,将图 4.7.5 等效电路重画于图 10.5.24,分析这个模型中的寄生电容:①第一级输入端口寄生电容可以不用考虑,输入端如果是恒压激励,该电容则不起作用;②第三级输出端口寄生电容可以不用考虑,因为输出级是电压缓冲器,其输出电阻很小,该电阻和寄生电容形成的时间常数很小,或者说形成的极点频率很高,其影响可以忽略不计;③第一级放大器输出端口寄生电容 $C_{o1}$ 和第二级放大器输出端口寄生电容 $C_{o2}$,由于这两个端口都是高阻端口,形成的时间常数很大,因而它们的影响不可忽略,故而图中只考虑了这两个电容的影响。

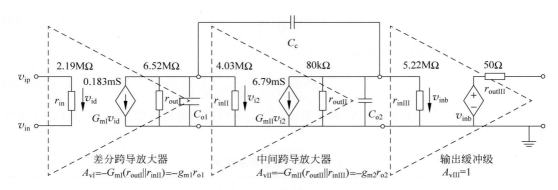

图 10.5.24  741 运放三级级联小信号电路模型

虽然组成 741 运放的晶体管有 20 余个,但在信号路径上的关键结点上才会形成不可忽视的相移,尤其是容易形成大时间常数的高阻结点。对晶体管寄生电容分析可知,CE 组态晶体管的 $C_{bc}$ 电容存在 MILLER 效应而有可能占据优势地位,但在这里的简化分析中,其影响被合并到输入结点或输出结点,如图 10.5.24 所示。于是从输入到输出的电压传递函数为

$$A(j\omega) = A_{v1}(j\omega)A_{v2}(j\omega)A_{v3}(j\omega) = \left(-\frac{g_{m1}r_{o1}}{1+j\omega r_{o1}C_{o1}}\right)\left(-\frac{g_{m2}r_{o2}}{1+j\omega r_{o2}C_{o2}}\right)\cdot 1$$

$$= g_{m1}r_{o1}g_{m2}r_{o2}\frac{1}{1+j\omega r_{o1}C_{o1}}\cdot\frac{1}{1+j\omega r_{o2}C_{o2}} \tag{10.5.32}$$

其中,$r_{o1}=r_{outI}\parallel r_{inII}=2.49(\text{M}\Omega)$,$r_{o2}=r_{outII}\parallel r_{inIII}=78.8(\text{k}\Omega)$,于是电压增益 $A_0=g_{m1}r_{o1}g_{m2}r_{o2}$ 大约为 24.4 万。$C_{o1}$ 估算大约为 20pF,$C_{o2}$ 估算大约为 340pF。注意,这里给出的所有数值,均非对真实电路结构的真实抽象,而仅是用来说明 741 运放工作情况的估算值。

通过上述数值可以估算出两个极点频率分别为 3.20kHz 和 5.94kHz,前者记为 $f_{p1}$,后者记为 $f_{p2}$,两者在同一数量级上。如果没有任何补偿措施,直接用这个放大器做单位负反馈应用,则会出现严重的振铃现象,几个关键参量计算如下:注意 $\omega_{p2}\gg\omega_{p1}$ 条件不再满足,不能用式(E10.5.48~50)的近似公式,只能代入到最原始的式(E10.5.41)中,$\xi_f = \frac{\omega_{p1}+\omega_{p2}}{2\sqrt{(1+A_0F)\omega_{p1}\omega_{p2}}} = $ 0.0021,$\omega_{f0}=\sqrt{(1+A_0F)\omega_{p1}\omega_{p2}}=2\pi\times 2.15\text{MHz}$,过冲量为 $e^{-\frac{\xi_f}{\sqrt{1-\xi_f^2}}\pi}=0.993$,换句话说,阶跃响应会首先上冲到 1.993 后再经过 $\frac{6.9}{\xi_f\omega_{f0}}\approx 240\mu s$ 的振铃,才会以误差小于 0.1% 的精度回落到稳定值 1 附近,这是让人难以容忍的进入稳态的形式,这种长时间的振铃被认为是稳定性差的体现。

**练习 10.5.16**  如果图 10.5.24 电路没有补偿电容,单位负反馈应用下,

(1)作图考察其频率特性,观察谐振峰高度。

(2)作图考察其阶跃响应,观察其振铃过程。

系统进入稳态之所以需要如此长的时间,是由于单位增益负反馈的阻尼系数实在是太小了,分析其原因,发现这是由于开环运放的两个极点频率离得太近,单位负反馈时将导致极小的阻尼系数。为了更快速地让单位负反馈系统进入稳态,我们希望单位负反馈系统具有 0.707~1 之间的阻尼系数,根据表 10.5.3 可知,这要求开环运放的两个极点相差很大,第二个极点应在增益带宽积的 2~4 倍位置,

$$\gamma = \frac{f_{p2}}{A_0 f_{p1}} = \frac{f_{p2}}{\text{GBW}} = 2 \sim 4 \tag{10.5.33}$$

如何实现这一目标呢?

我们回忆想起考察晶体管寄生电容时,它的 $C_{bc}$ 电容具有 MILLER 效应,该电容的存在,使得两个极点分离得很远,如式(E10.4.15)所示。那么当然可以尝试对图 10.5.24 进行改造,在第二级跨导放大器输入和输出端之间人为添加一个 MILLER 补偿电容 $C_c$,使得运放的两个极点分开远离,达到式(10.5.33)的要求。

分析有 MILLER 补偿电容后运放开环增益表达式,为

$$A(j\omega) = g_{m1} r_{o1} g_{m2} r_{o2} \frac{1 - \dfrac{j\omega C_c}{g_{m2}}}{1 + j\omega(C_{o1} r_{o1} + C_c(r_{o1} + r_{o2} + g_{m2} r_{o1} r_{o2}) + C_{o2} r_{o2})}$$
$$+ (j\omega)^2 r_{o1} r_{o2} (C_c C_{o1} + C_{o1} C_{o2} + C_{o2} C_c)$$
$$= A_0 \frac{1 - \dfrac{j\omega}{\omega_z}}{\left(1 + \dfrac{j\omega}{\omega_{p1}}\right)\left(1 + \dfrac{j\omega}{\omega_{p2}}\right)} \tag{10.5.34}$$

下面考察该传递函数的零极点随补偿电容改变的变化规律。

(1) 当补偿电容很小时,它几乎不起作用。

$$C_c \ll C_{c1} = \frac{C_{o1} r_{o1} + C_{o2} r_{o2}}{r_{o1} + r_{o2} + g_{m2} r_{o1} r_{o2}} = 57(\text{fF}) \tag{10.5.35}$$

$$A(j\omega) \approx g_{m1} r_{o1} g_{m2} r_{o2} \frac{1}{1 + j\omega(C_{o1} r_{o1} + C_{o2} r_{o2}) + (j\omega)^2 r_{o1} r_{o2} (C_{o1} C_{o2})}$$
$$= A_0 \frac{1}{\left(1 + \dfrac{j\omega}{\omega_{p1,0}}\right)\left(1 + \dfrac{j\omega}{\omega_{p2,0}}\right)} \tag{10.5.36}$$

两个极点频率 $\omega_{p1,0} = \dfrac{1}{r_{o1} C_{o1}} = 2\pi \times 3.20\text{kHz}$,$\omega_{p2,0} = \dfrac{1}{r_{o2} C_{o2}} = 2\pi \times 5.94\text{kHz}$ 几乎完全由两个寄生电容决定。

(2) 当补偿电容较大时,$C_c$ 的 MILLER 效应超过了两个寄生电容影响,对 3dB 带宽起决定性作用,但尚未大到可以视为交流短路,除了第一极点频率由 $C_c$ 决定外,第二个极点频率也由 $C_c$ 决定,

$$C_c \gg C_{c1} = \frac{C_{o1} r_{o1} + C_{o2} r_{o2}}{r_{o1} + r_{o2} + g_{m2} r_{o1} r_{o2}} = 57(\text{fF}) \tag{10.5.37a}$$

$$C_c \ll C_{c2} = \frac{C_{o1} C_{o2}}{C_{o1} + C_{o2}} = 19(\text{pF}) \tag{10.5.37b}$$

$$A(j\omega) \approx g_{m1} r_{o1} g_{m2} r_{o2} \frac{1 - \dfrac{j\omega C_c}{g_{m2}}}{1 + j\omega(C_c(r_{o1} + r_{o2} + g_{m2} r_{o1} r_{o2})) + (j\omega)^2 r_{o1} r_{o2} (C_{o1} C_{o2})}$$
$$\approx A_0 \frac{1 - \dfrac{j\omega}{\omega_z}}{\left(1 + \dfrac{j\omega}{\omega_{p1,1}}\right)\left(1 + \dfrac{j\omega}{\omega_{p2,1}}\right)} \tag{10.5.38}$$

第一个极点频率 $\omega_{p1,1} \approx \dfrac{1}{g_{m2} r_{o1} r_{o2} C_c}$ 和补偿电容成反比关系,第二个极点频率和补偿电容成正

比关系，$\omega_{p2,1} = \dfrac{g_{m2}C_c}{C_{o1}C_{o2}}$，两个极点开始随 $C_c$ 增加而分离。

当两个极点开始分离后，可以假设 $\omega_{p2} \gg \omega_{p1}$，于是可以采用式(E10.4.15)同样的近似方式获得两个极点频率的近似表达式。

（3）当补偿电容很大时，$C_c$ 的 MILLER 效应不仅超过了两个寄生电容，导致其 3dB 频点（第一个极点频率）几乎完全由补偿电容决定，而且它大到可以视为高频短路，导致第二级跨导放大器输出和输入短接，从而压控流源被等效为 $\dfrac{1}{g_{m2}}$ 的电阻，两个寄生电容也因补偿电容高频短路而同时和该等效电阻并联，于是第二个极点和高频短路的 $C_c$ 无关了，完全由寄生电容决定，即

$$C_c \gg C_{c2} = \frac{C_{o1}C_{o2}}{C_{o1} + C_{o2}} = 19\text{pF} \tag{10.5.39}$$

$$A(\mathrm{j}\omega) \approx g_{m1}r_{o1}g_{m2}r_{o2}\frac{1 - \dfrac{\mathrm{j}\omega C_c}{g_{m2}}}{1 + \mathrm{j}\omega(C_c(r_{o1} + r_{o2} + g_{m2}r_{o1}r_{o2})) + (\mathrm{j}\omega)^2 r_{o1}r_{o2}C_c(C_{o1} + C_{o2})}$$

$$\approx A_0 \frac{1 - \dfrac{\mathrm{j}\omega}{\omega_z}}{\left(1 + \dfrac{\mathrm{j}\omega}{\omega_{p1,2}}\right)\left(1 + \dfrac{\mathrm{j}\omega}{\omega_{p2,2}}\right)} \tag{10.5.40}$$

第一个极点 $\omega_{p1,2} = \omega_{p1,1} \approx \dfrac{1}{g_{m2}r_{o1}r_{o2}C_c}$ 仍然保持原来的和补偿电容 $C_c$ 的反比关系，而第二个极点 $\omega_{p2,2} = \dfrac{g_{m2}}{C_{o1} + C_{o2}}$ 则不随 $C_c$ 增大而改变。

在补偿电容 $C_c$ 变化过程中，零点频率变化规律始终一样，随补偿电容增加而降低，

$$\omega_z = \frac{g_{m2}}{C_c} \tag{10.5.41}$$

当补偿电容很小时，该频点极大，对频率特性几乎没有影响，当补偿电容很大时，则需关注它的影响，因为它是右半平面零点，和极点一样会导致相位滞后，从而恶化相位裕度。然而其影响在本设计中却是可以忽略不计的，原因在于它远远大于增益带宽积 GBW，

$$\omega_z = \frac{g_{m2}}{C_c} \gg \frac{g_{m1}}{C_c} = A_0\omega_{p1,2} = 2\pi\text{GBW} \tag{10.5.42}$$

而考察相位裕度的单位增益频点 $f_u$ 约等且略小于 GBW，零点频率 $f_z$ 比 GBW 大 $\dfrac{6.79}{0.183} = 37$ 倍，对 $PM$ 几乎没有什么影响力，也就是说它对闭环稳定性的影响可以忽略不计。

图 10.5.25 是随补偿电容 $C_c$ 增大，开环运放的两个极点变化情况，如果我们希望单位负反馈应用时，跟随器具有幅度最大平坦响应，则需 $\omega_{p2} = 2A_0\omega_{p1}$，首先可以确定 $C_c \gg C_{c1}$，才能把两个极点有效分离，但是尚不清楚 $C_c$ 和 $C_{c2}$ 的大小关系，因而下面估算 $\omega_{p2}$ 时，不对 $C_c$ 做进一步的假设，从而有

$$\omega_{p1} \approx \frac{1}{C_{o1}r_{o1} + C_c(r_{o1} + r_{o2} + g_{m2}r_{o1}r_{o2}) + C_{o2}r_{o2}} \approx \frac{1}{g_{m2}r_{o1}r_{o2}C_c} \tag{10.5.43a}$$

$$\omega_{p2} \approx \frac{C_{o1}r_{o1} + C_c(r_{o1} + r_{o2} + g_{m2}r_{o1}r_{o2}) + C_{o2}r_{o2}}{r_{o1}r_{o2}(C_cC_{o1} + C_{o1}C_{o2} + C_{o2}C_c)}$$

$$\approx \frac{g_{m2}C_c}{(C_cC_{o1} + C_{o1}C_{o2} + C_{o2}C_c)} \tag{10.5.43b}$$

令 $\omega_{p2} = \gamma A_0 \omega_{p1}$，即 $\dfrac{g_{m2} C_c}{(C_c C_{o1} + C_{o1} C_{o2} + C_{o2} C_c)} = \gamma g_{m1} r_{o1} g_{m2} r_{o2} \dfrac{1}{g_{m2} r_{o1} r_{o2} C_c}$，可以推知

$$C_c \approx \frac{\gamma}{2} \frac{g_{m1}}{g_{m2}} (C_{o1} + C_{o2}) + \sqrt{\left(\frac{\gamma}{2} \frac{g_{m1}}{g_{m2}} (C_{o1} + C_{o2})\right)^2 + \gamma \frac{g_{m1}}{g_{m2}} C_{o1} C_{o2}} \qquad (10.5.44)$$

为获得幅度最大平坦特性，取 $\gamma = 2$，代入式（10.5.44），计算获得 $C_c = 31\mathrm{pF}$，741 运放内部补偿电容取值为 30pF，就是为了确保其单位增益负反馈跟随器具有幅度最大平坦特性。

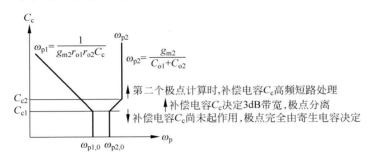

图 10.5.25 补偿电容对极点的分离作用

下面就以 30pF 作为补偿电容 $C_c$ 大小，代入式（10.5.34）可知

$$\omega_{p1} \approx \frac{1}{C_{o1} r_{o1} + C_c (r_{o1} + r_{o2} + g_{m2} r_{o1} r_{o2}) + C_{o2} r_{o2}} = 2\pi \times 3.97\mathrm{Hz}$$

$$\omega_{p2} \approx \frac{C_{o1} r_{o1} + C_c (r_{o1} + r_{o2} + g_{m2} r_{o1} r_{o2}) + C_{o2} r_{o2}}{r_{o1} r_{o2} (C_c C_{o1} + C_{o1} C_{o2} + C_{o2} C_c)} = 2\pi \times 1.85\mathrm{MHz}$$

两个极点差别巨大，对应的 $\gamma$ 参量 $\gamma = \dfrac{\omega_{p2}}{A_0 \omega_{p1}} = 1.912$，单位负反馈跟随器的阻尼系数 $\xi_f \approx \dfrac{\sqrt{\gamma}}{2} = 0.691$ 接近最佳值 0.707，阶跃响应过冲量 $e^{-\frac{\xi_f}{\sqrt{1 - \xi_f^2}}\pi} = 0.05$ 很小，单位负反馈跟随器的 3dB 带宽近似为 $\omega_{f0} \approx \sqrt{A_0 \omega_{p1} \omega_{p2}} = 2\pi \times 1.34\mathrm{MHz}$，由此可知，补偿后的运放做单位负反馈应用时，其阶跃响应会首先上冲到 1.05 后再经过微小振铃，以误差小于 0.1% 的精度回落到稳定值 1 附近的总延时大体为 $\dfrac{6.9}{\xi_f \omega_{f0}} \approx 1.2\mu\mathrm{s}$，比没有补偿时的 $240\mu\mathrm{s}$ 优化了 200 倍，现在可以用这个做了 MILLER 补偿后的运放芯片搭建频率低于 1MHz 的负反馈放大器了。

1968 年，仙童公司推出了具有 30pF MILLER 补偿电容的 $\mu$A741 运放，真正坐实了"运算放大器"这个名称，使得对它的应用变得简单了，无须在运放外部另行添加补偿措施运放即可稳定地工作。其他芯片生产商对此脱帽致敬，在生产自己设计的运放前，大多都会先生产出一款命名为 741 或和 741 性能类似的运放，之后再推出自己的具有更高性能或某些特殊性能的运放芯片。

# 10.6 二阶非线性动态电路之分段线性化：DC-AC，DC-DC 电路分析

当信号幅度比较大时，有些非线性电阻器件随信号变化在不同工作区之间来回转换，每个工作区均可做线性化处理。而且为了简化分析，往往还会做极致化抽象，如导通小电阻抽象为短路线，截止大电阻抽象为开路，这些抽象使得对电路功能的原理性分析大大简化，更容易理

解其工作原理。

下面首先讨论 C 类功率放大器,晶体管在有源区和截止区之间来回转换,晶体管分段折线为线性受控源和开关。之后讨论 DC-AC 和 DC-DC 转换电路,晶体管和二极管均被抽象为开关,分段折线为短路或开路。非线性将导致信号出现严重的非线性失真,因而需要电容、电感形成的滤波器滤除不想要的频率分量,而保留希望存在的频率分量,以实现期望的电路功能。DC-DC 转换器输出希望是稳定的直流,故而滤波器为低通型的,此类功能电路多在时域进行分析;C 类功放输出希望是单频正弦波,故而滤波器是带通型的,此类功能电路多在频域进行分析。DC-AC 转换需要考察开关的通断,多在时域分析,但是如果开关和源可以合并抽象为时变源,剩下的电路又属线性时不变电路,那么也可以在频域进行分析。

### 10.6.1  C 类放大器

完整的信息处理系统包括传感器、处理器和激励器,处理器和激励器之间的接口往往是功率放大器(Power Amplifier,PA),它使得激励器获得足够的功率而完成处理后信息的发布。功率放大器是信息处理系统功率消耗最大的单元电路之一,评价其性能优劣的重要指标是效率,即功率放大器多高效率地将直流功率转换为交流功率,故而效率被定义为功放负载获得的功率 $P_L$ 和功放消耗的直流功率 $P_{DC}$ 之比,

$$\eta = \frac{P_L}{P_{DC}} \tag{10.6.1}$$

根据正弦激励下,一个正弦周期内有多大百分比使得晶体管导通,可以把功率放大器分为 A 类、AB 类、B 类、C 类、D 类、E 类和 F 类,如图 10.6.1 所示。其中,A 类放大器正弦信号 100% 地位于晶体管的恒流导通区,晶体管核心模型是压控流源,因而 A 类放大器属线性放大器。B 类放大器只有 50% 的正弦波位于晶体管恒流导通区,另外 50% 则位于截止区,因而晶体管是非线性工作的,但是因其存在推挽结构,两个晶体管分别导通正弦波的正负半个周期,可合并为一个完整的正弦波,故而也可当成是线性放大器。AB 类则是为了解决 B 类放大器的交越失真,晶体管将多于 50% 位于恒流导通区。C 类放大器位于恒流区工作的时间少于正弦波一个周期的 50%,而处于截止

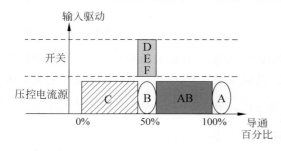

图 10.6.1  功率放大器分类

区的时间则多于 50%。由于工作在截止区晶体管可建模为开路,开路不消耗功率,而在恒流区工作的晶体管在完成直流能量转换为交流能量的同时,自身也将消耗功率,显然 A、B、C 类功放的设计思路,就是令其位于恒流区的导通百分比越来越小,从而使得晶体管自身消耗功率越来越小,于是效率越来越高,从 A 类的 50%,到 B 类的 78.5%,再到 C 类的接近 100%。而 D、E 和 F 类放大器,其激励信号较大,使得晶体管快速通过恒流区,从而可以认为 50% 位于饱和区(MOSFET 则对应于欧姆导通区),50% 位于截止区,从而晶体管可分段线性化为开关,理想开关不消耗功率,故而其原理性转换效率可接近 100%。

A、AB、B 类放大器可视为线性放大器,在第 4 章晶体管电路中已经讨论过,而 C、D、E、F 类放大器均为非线性放大器。对于非线性放大器,由于信号很大,电路分析时需对晶体管做分段线性化处理,其中 C 类放大器中的晶体管特性分两段,恒流区建模为线性压控流源,截止区

则建模为开路；而 D、E、F 类放大器中的晶体管特性也分为两段，饱和区建模为开关闭合，截止区建模为开关断开。

描述导通百分比的参量为导通角，其定义如图 10.6.2 所示，可见 A 类导通角为 180°，B 类导通角为 90°，而 C 类导通角则小于 90°。从图 10.6.2 也可以清晰地看出，实现 ABC 三类放大器的关键是如何设置直流工作点。对于 A 类，其直流工作点位于恒流导通区，且信号幅度不会超出恒流区；对于 B 类，其直流工作点位于恒流导通区和截止区的分界点上，这样正弦波有一半周期位于恒流区，一半周期位于截止区；对于 C 类，其直流工作点位于截止区，导致正弦波少于一半周期能够进入到恒流导通区。

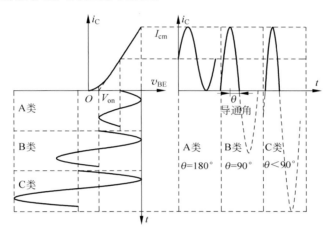

图 10.6.2　A、B、C 类放大晶体管的输入电压与输出电流波形

图 10.6.3 是用 BJT 晶体管实现的一个 C 类放大器，我们特别注意到晶体管的 BE 结是直流反偏的，输入正弦信号经变压器 $Tr_1$ 加载到 BE 结，因而 BE 结电压为

$$v_{BE} = V_{im}\cos\omega t - V_{B0} \qquad (10.6.2)$$

晶体管 BE 结控制电压到集电极电流的控制关系被分段折线为如图 10.6.2 所示的两段，其表述如下

$$i_C = \begin{cases} 0, & v_{BE} < V_{on} \\ g_m(v_{BE} - V_{on}), & v_{BE} > V_{on} \end{cases} \qquad (10.6.3)$$

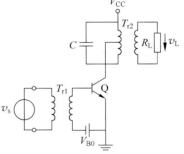

图 10.6.3　C 类放大器原理框图

其中 $V_{on}$ 是分段折线的转折点电压，也称导通电压，可取值 0.7V。$v_{BE} < V_{on}$ 和 $v_{BE} > V_{on}$ 则分别对应于晶体管工作于截止区和恒流导通区，于是当输入电压为单频余弦信号时，$v_{in}(t) = V_{im}\cos\omega t$，输出电流却仅是部分正弦波形，称之为尖顶余弦脉冲，

$$i_C(t) = \begin{cases} 0, & \cos\omega t < \dfrac{V_{on} + V_{B0}}{V_{im}} \\ g_m(V_{im}\cos\omega t - V_{B0} - V_{on}), & \cos\omega t > \dfrac{V_{on} + V_{B0}}{V_{im}} \end{cases}$$

显然导通角为

$$\theta = \arccos\frac{V_{on} + V_{B0}}{V_{im}} \qquad (10.6.4)$$

尖顶余弦脉冲可用导通角表述为

$$i_C(t) = \begin{cases} g_m V_{im}(\cos\omega t - \cos\theta), & \omega t \in [-\theta, \theta] \\ 0, & \omega t \in [-\pi, \pi] - [-\theta, \theta] \end{cases} \tag{10.6.5}$$

在设计 C 类放大器时，一般先确定尖顶余弦脉冲的峰值电压 $I_{cm} = g_m V_{im}(1 - \cos\theta)$，以确保晶体管不会进入饱和区(MOSFET 的欧姆导通区)，这可以通过调整激励正弦信号的幅值 $V_{im}$ 来实现，下面的分析则假设 $I_{cm}$ 是确定的。

注意到在余弦电压信号激励下，产生的尖顶余弦脉冲电流是周期信号，可以傅立叶级数展开为

$$i_C(t) = I_{C0} + I_{C1}\cos\omega t + I_{C2}\cos2\omega t + I_{C3}\cos3\omega t + \cdots \tag{10.6.6}$$

其中

$$I_{C0} = \frac{1}{2\pi}\int_{-\theta}^{+\theta} i_C(t)\,d\omega t = I_{cm}\frac{\sin\theta - \theta\cos\theta}{\pi(1-\cos\theta)} = \alpha_0(\theta)I_{cm}$$

$$I_{C1} = \frac{1}{\pi}\int_{-\theta}^{+\theta} i_C(t)\cos\omega t\,d\omega t = I_{cm}\frac{\theta - \sin\theta\cos\theta}{\pi(1-\cos\theta)} = \alpha_1(\theta)I_{cm}$$

$$I_{Cn} = \frac{1}{\pi}\int_{-\theta}^{+\theta} i_C(t)\cos n\omega t\,d\omega t = I_{cm}\frac{2(\sin n\theta\cos\theta - n\sin\theta\cos n\theta)}{\pi n(n^2-1)(1-\cos\theta)} = \alpha_n(\theta)I_{cm} \quad (n \geqslant 2)$$

式中的 $\alpha_n(\theta)$ 被称为谐波分解因子。

注意到晶体管集电极通过电感部分接入到 LC 谐振回路中，这是为了降低晶体管非理想压控流源之外的晶体管寄生效应如寄生电容 $C_{ce}$、$C_{bc}$、寄生电阻 $r_{ce}$ 等对谐振回路的影响，部分接入导致脉冲电流等效到并联谐振回路两端后需乘以接入系数 $p$。脉冲电流激励并联谐振回路，并联谐振回路将产生带通滤波效果。将并联谐振回路的谐振频率调整到 $\omega$ 频点，那么该带通滤波器将允许基波分量通过，直流、二次谐波和高次谐波分量则被并联电感或并联电容短路而无法加载到负载电阻上，于是负载电阻上的电压将是基波正弦电压，

$$v_L(t) = -(pI_{C1}\cos\omega t)(n^2 R_L)\frac{1}{n} = -npI_{C1}R_L\cos\omega t \tag{10.6.7}$$

其中，$n$ 为输出变压器的变压比，$p$ 为电感部分接入系数。该电压变换回到晶体管的 CE 端口，则为 $pnv_L(t) = -(np)^2 I_{C1}R_L\cos\omega t = -I_{C1}R'_L\cos\omega t$，$R'_L = (np)^2 R_L$ 是负载电阻等效到晶体管 CE 端口的等效电阻，故而晶体管集电极总电压为

$$v_C(t) = V_{CC} - I_{C1}R'_L\cos\omega t \tag{10.6.8}$$

为了使得晶体管不进入到饱和区，则要求 $v_{CE} = v_C > V_{CE,sat}$，而在电路设计时，应尽可能使得集电极电压占满恒流区整个空间，以确保晶体管自身管耗最小，实现高效率的电能转换，也就是说应选择合适的负载电阻 $R_L$ 使得 $V_{CC} - I_{C1}R'_L = V_{CE,sat}$。很多应用情况下，晶体管饱和电压 $V_{CE,sat} \ll V_{CC}$，从而原理性分析中可被抽象为 0，于是 C 类功放的最佳负载电阻(折合到晶体管 CE 端口的等效负载电阻)为

$$R'_{L,opt} = \frac{V_{CC}}{I_{C1}} \tag{10.6.9}$$

此时 C 类功放向负载提供的交流功率为

$$P_L = \frac{1}{2}I_{C1}^2 R'_{L,opt} = \frac{1}{2}V_{CC}I_{C1} \tag{10.6.10a}$$

而电压源 $V_{CC}$ 向整个电路提供的直流功率为

$$P_{DC} = V_{CC}I_{C0} \tag{10.6.10b}$$

于是 C 类功放的效率为

$$\eta = \frac{P_{\mathrm{L}}}{P_{\mathrm{DC}}} = \frac{1}{2} \frac{I_{\mathrm{C1}}}{I_{\mathrm{C0}}} = \frac{1}{2} \frac{\alpha_1(\theta)}{\alpha_0(\theta)} \tag{10.6.11}$$

图 10.6.4(a)给出了效率随导通角变化的规律。可见导通角越小,效率越高。图上导通角为 180°时对应 A 类功放,效率为 50%;导通角为 90°时对应 B 类功放,效率为 78.5%;C 类功放 的导通角趋于 0°时,效率可趋于 100%。效率之所以随导通角降低而升高的原因前面已经叙 述,这是由于晶体管位于恒流导通区的百分比下降,导致晶体管自身管耗越来越小,从而更多 的直流能量被转换为交流能量。

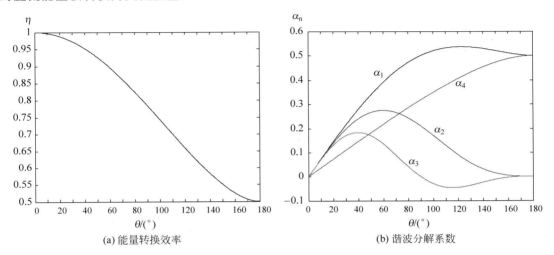

(a) 能量转换效率  (b) 谐波分解系数

图 10.6.4  C 类功放导通角的影响

然而实际电路并不能无限缩小导通角,当导通角 $\theta$ 很小时,为了确保尖顶余弦脉冲幅值 $I_{\mathrm{cm}} = g_{\mathrm{m}} V_{\mathrm{im}}(1 - \cos\theta)$ 不变,只能提高正弦波激励电压幅值 $V_{\mathrm{im}}$,于是加载到 BE 结的反偏电压 最大值 $V_{\mathrm{B0}} + V_{\mathrm{im}}$ 将会很大而导致晶体管 BE 结反向击穿。晶体管的 BE 结的反向击穿电压一 般比较低,这限制了 $V_{\mathrm{im}}$ 的增加,也就限制了导通角的降低。一般应用时可取导通角为 60°左 右,此时效率大约在 90%,已经远远超过 A 类和 B 类功放了。

C 类功放由于非线性产生了丰富的谐波分量,因而如果输出端的 LC 谐振频率设置在高 次谐波分量位置,则可选出倍频分量,故而可作为倍频器使用。从图 10.6.4(b)给出的谐波分 解系数随导通角的变化曲线可知,谐波分解系数的最大值大体出现在 $\frac{120°}{n}$ 位置,因而若要 实现 2 倍频器,除了 LC 谐振频率选在 $2\omega$ 频点位置外,导通角应选为 60°,以获得尽可能大 的 2 倍频输出。

**练习 10.6.1** 既然 C 类功放效率分析结果同样适用于 A 类,显然 C 类功放的最佳阻抗 分析也同样适用于 A 类,请分析确认如图 E10.6.1 所示 A 类功放可获得 50% 最大效率的最 佳负载电阻 $R_{\mathrm{L,opt}}$ 和其直流工作点的关系是什么? 图(a)中电感是高频扼流圈,工作频点上以 高频开路处理,图(a)中两个电容为隔直电容,工作频点上以高频短路处理。图(b)中 $Q$ 点为 直流工作点,过 $Q$ 点垂直线为直流负载线,请画出最佳负载对应的交流负载线,它应将晶体管 恒流区的电压空间和电流空间全部利用上,请分析确认端接最佳负载电阻 $R_{\mathrm{L,opt}}$ 时,理论效率 可达 50%,原理分析时可假设晶体管饱和电压为 0。

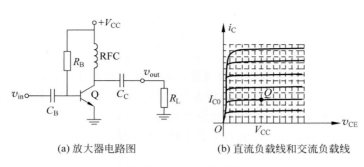

(a) 放大器电路图　　　　(b) 直流负载线和交流负载线

图 E10.6.1　A 类功放

### 10.6.2　DC-AC 转换：逆变器

逆变器是完成直流能量到交流能量转换的单元电路，而放大器和振荡器都可以将直流能量转换为交流能量，因而放大器和振荡器在某种程度上可以认为是一种形态的逆变器，但是作为能量转换电路，对逆变器的设计要求和放大器、振荡器的不同。放大器的关注点在信号电平的调整，因而其设计对增益、线性度、噪声、阻抗匹配等提出明确要求；振荡器的关注点在信号产生，因而其设计对信号质量，如信号纯度、噪声等提出明确要求；逆变器的关注点在能量转换，因而其设计对转换效率提出明确要求。由于关注点和要求不同，因而逆变器设计和放大器、振荡器设计有相同点，同时也有明显的区别。

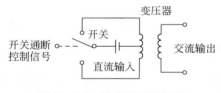

图 10.6.5　逆变器原理框图

图 10.6.5 是逆变器的原理框图，其基本构件有两个，直流源和开关，直流源提供直流能量，开关通断实现直流到交流的转换。注意理想开关不消耗能量，因而该原理电路的理论转换效率为 100%，直流能量100%地转换为交流能量被负载所吸收。图中的变压器实现的是隔直通交功能，用以解决正负直流电源问题。如果希望获得正弦波形态的交流输出，输出信号在接入负载前还需先经过一个带通或低通滤波器的作用。

如果控制开关通断的控制信号来自外部，逆变器则可视为某种类型的开关型放大器，开关控制信号是该放大器的输入信号，如 D 类、E 类、F 类放大器，它们其实都是实现 DC-AC 转换的逆变器，它们的共同点是将晶体管驱动为开关工作状态，它们的区别在于滤波器不同。D 类放大器是简单的二阶带通或二阶低通用于滤取基波分量，如练习 10.2.18 所示电路，而 E 类放大器则通过增加滤波器的动态元件个数缓解 D 类放大器在开关通断转换过程中因寄生效应无法瞬间完成通断转换导致的动态功耗问题，F 类放大器则进一步改造滤波机制，利用传输线或 LC 谐振腔对谐波频率的带通、带阻特性进一步改造开关波形使其更接近于理想方波（理想开关特性）以提高能量转换效率。E、F 类放大器滤波阶数由于高于二阶，本书不予考察。

如果控制开关通断的控制信号由电路自身通过正反馈自激内部产生，逆变器其实就是某种形态的振荡器，只是作为实现逆变功能的振荡器需要仔细设计以获得尽可能高的能量转换效率。

### 10.6.3　DC-DC 转换

将不稳定或存在电压缓变的直流电压变换到一个稳定的直流电压上并输出给负载，完成此功能的单元电路被称为稳压器(regulator)。第 4 章我们讨论了二极管稳压器,用齐纳二极管的反向击穿特性获得稳定的恒压输出。但是正如练习 4.2.9 分析的那样,二极管稳压器的效率很低,输入端直流电压源输出的功率大部分为限流电阻 $R_s$ 和稳压二极管 D 所吸收,给负载 $R_L$ 的功率只是其中的少部分。第 5 章习题 5.11 给出了一个串联型线性稳压电路,其效率和压差 $V_I - V_0$ 有关:由于负载支路电流和流过晶体管 $Q_1$ 的电流一样大小,于是消耗在 $Q_1$ 上的功率和消耗在负载 $R_L$ 上功率之比为 $(V_I - V_0):V_0$,显然压差越大,越多的功率将会消耗在 $Q_1$ 晶体管上。

　　上述两种稳压电路都属于降压型的,原因在于它们都是电阻电路,输出电压只能是输入电压在电阻上的分压,不可能高于电源电压。下面我们考察的 DC-DC 转换电路(DC-DC converter),则是利用电感、电容的储能作用,首先对它们充磁、充电,之后再放磁、放电,如此这般吸能(储能)、释能。期间电感电流不能突变,故而具有稳定电流的作用,其在确保电流连续性的同时可以产生高于电源电压的大电压;电容电压不能突变,故而具有稳定电压的作用,其在确保电压连续性的同时可以产生高于电源电流的大电流。如是,精心设计的 DC-DC 电路中,电感和电容两者的有效配合,使得其输出直流电压可以高于输入直流电压。为了提高转换效率,充磁、充电和放磁、放电的转换全部用开关通断实现,理想开关不耗能,理想电容、电感也不耗能,如是 DC-DC 转换电路的理论效率可达 100%。

　　下述 DC-DC 转换电路中的开关用晶体管和二极管实现,晶体管和二极管均分段折线化为两段,极致化抽象为开关闭合和开关断开。开关电容电路分析时,多利用开关拨动前后电容极板电荷守恒进行简化分析,而 DC-DC 转换电路中的电感因开关拨动使得电感交替充磁放磁,电路进入稳态后,由磁通守恒(能量守恒)知充入的磁通(磁能)等于释放的磁通(磁能),由此关系式可大大简化分析。

### 1. 降压型转换器

　　图 10.6.6(a)是降压型 DC-DC 转换器电路,图(b)是其开关等效电路,图(c)是晶体管开关导通时电感充磁时段的电路图,图(d)是晶体管开关断开时电感放磁时段的电路图。晶体管开关由 CTR 控制信号控制其通断。

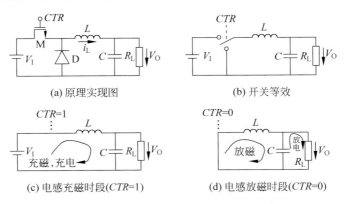

图 10.6.6　降压型 DC-DC 转换器

　　注意到我们设计的是直流到直流的转换电路,因而电路中的低通滤波电感和电容都较大,以确保输出直流电压是稳定的。下面的分析不妨假设电路已经进入稳态,输出直流电压基本稳定在 $V_0$ 或在 $V_0$ 电压附近微小波动,从而后续分析中,输出电压被抽象为恒定电压 $V_0$。于是,当开关控制信号 CTR=1 时,晶体管欧姆导通,抽象为开关闭合,此时二极管反偏截止,抽

象为开关断开,于是电感两端电压为 $V_I-V_O$,在该充磁电压作用下,电感电流线性增长,

$$i_L(t) = I_{L0} + \frac{1}{L}\int_0^t v_L(t)\mathrm{d}t = I_{L0} + \frac{1}{L}\int_0^t (V_I - V_O)\mathrm{d}t = I_{L0} + \frac{V_I - V_O}{L}t$$

假设控制信号 $CTR$ 是占空比为 $D$ 的方波信号,即 $CTL=1$ 的时间段为 $DT_c$,$CTL=0$ 的时间段为 $(1-D)T_c$,其中 $T_c$ 为方波周期。$CTR=1$ 结束后,电感电流为

$$i_L(DT_c) = I_{L0} + \frac{V_I - V_O}{L}DT_c = I_{L1} \tag{10.6.12}$$

此后方波控制信号 $CTR=0$,于是晶体管开关断开,电感电流不能突变,它只能寻找二极管 $D$ 支路作为电感电流通路,于是二极管 $D$ 导通,抽象为开关闭合,如图 10.6.6(d) 所示。此时电感两端电压为 $0-V_O$,由于电压为负,故而电感放磁,电感电流线性下降,

$$i_L(t) = I_{L1} + \frac{1}{L}\int_{DT_c}^t v_L(t)\mathrm{d}t = I_{L1} + \frac{1}{L}\int_{DT_c}^t (-V_O)\mathrm{d}t = I_{L1} - \frac{V_O}{L}(t - DT_c)$$

由于电路已经进入稳态,故而一个周期结束时,电感电流将再次回到 $I_{L0}$,

$$i_L(T_c) = I_{L1} - \frac{V_O}{L}(1-D)T_c$$
$$= I_{L0} \tag{10.6.13}$$

如图 10.6.7 所示:电路进入稳态后,电感电流在周期控制信号激励下周期变化,电感充磁则电感电流从 $I_{L0}$ 线性增长到 $I_{L1}$,电感放磁则电感电流从 $I_{L1}$ 线性下降到 $I_{L0}$。

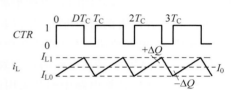

图 10.6.7　电感电流线性变化

从式(10.6.12)和式(10.6.13)可知,

$$I_{L0} = I_{L1} - \frac{V_O}{L}(1-D)T_c = I_{L0} + \frac{V_I - V_O}{L}DT_c - \frac{V_O}{L}(1-D)T_c$$

即

$$(V_I - V_O)DT_c = V_O(1-D)T_c \tag{10.6.14}$$

此方程的物理意义是磁通守恒(能量守恒),即晶体管开关闭合期间电感充磁获得的磁通量 $(V_I - V_O)DT_c$ 等于晶体管开关断开期间电感放磁失去的磁通量 $V_O(1-D)T_c$,由此可知该 DC-DC 转换器的输出电压为

$$V_O = DV_I \tag{10.6.15}$$

可见只要调整控制信号的占空比 $D$,即可调整输出电压 $V_O$。

前述分析假设输出电压严格稳定在 $V_O$ 上,这种假设只有当 $L$ 或 $C$ 无限大时才成立,实际电感值和电容值都是有限的,因而输出电压一定会有纹波。假设输出电压在 $V_O$ 基础上微有上下波动,显然这种波动是变化的电感电流对电容充电导致的,假设电感电流平均值全部加载到 $R_L$ 电阻上并产生输出电压的直流分量 $V_O$,

$$\frac{1}{2}(I_{L0} + I_{L1}) = I_O = \frac{V_O}{R_L}$$

剩下的波动电流则对电容充放电,如图 10.6.7 所示,在电感电流大于 $I_O$ 的时段,剩余电流对电容充电,在电感电流小于 $I_O$ 的时段,剩余电流对电容放电,充放电导致的电荷变化为

$$\pm \Delta Q = \pm \frac{1}{4}\frac{1}{2}T_c(I_{L1} - I_{L0}) = \pm \frac{1}{8}T_c\frac{V_O}{L}(1-D)T_c$$

因而输出电压在 $V_O$ 上下的变化量为

$$\pm\Delta V = \frac{\pm\Delta Q}{C} = \pm\frac{1}{8}\frac{T_{\mathrm{C}}^2}{LC}(1-D)V_{\mathrm{O}} \tag{10.6.16}$$

显然,$LC$ 越大,纹波越小。

**练习 10.6.2** 前述纹波分析用了很多近似,例如假设电感电流中的直流分量给了电阻(电阻电压不变),而交流分量对电容充放电(电容电压改变),实际电阻电压和电容电压完全相等,因而上述分析是近似分析但结论却足够精确,原因是 $LC$ 足够大时,$\pm\Delta V$ 足够小,电阻电压变化很小而可抽象为不变。降压型 DC-DC 转换器可以将非线性电阻折合到激励电压源中,如图 E10.6.2(b) 所示,如是电路分析可以采用线性时不变的五要素法等时域分析方法确定稳态响应的纹波大小。请研究 $LC$ 的取值与纹波的关系。

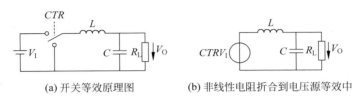

(a) 开关等效原理图      (b) 非线性电阻折合到电压源等效中

图 E10.6.2 纹波分析

DC-DC 转换电路是开关电源稳压电路的核心电路,开关电源内部存在检测机制时刻检测输出电压 $V_{\mathrm{O}}$,当 $V_{\mathrm{O}}$ 偏离期望值后,控制电路产生的方波控制信号 $CTR$ 的占空比 $D$ 则相应调整,如是通过负反馈自动调整占空比 $D$ 而使得输出电压 $V_{\mathrm{O}}$ 稳定在设计值上。此时即使 $V_{\mathrm{I}}$ 和负载电阻 $R_{\mathrm{L}}$ 有变化,只要它们的变化频率远小于控制信号 $CTL$ 的频率,反馈环路的自动调整可确保输出电压稳定在期望值上。

注意到占空比 $D$ 小于 1,故而图 10.6.5 所示的 DC-DC 转换器的输出电压始终小于输入电压。很多时候,我们希望能够获得比输入直流电压还要高的输出直流电压,则需用升压型的 DC-DC 转换器。

**2. 升压型转换器**

图 10.6.8(a) 是升压型 DC-DC 转换器电路,在开关信号 $CTR$ 控制下,晶体管和二极管等效为开关,图(b) 是其开关等效电路,图(c) 是晶体管开关导通时电感充磁时段的电路图,图(d) 是晶体管开关断开时电感放磁时段的电路图。

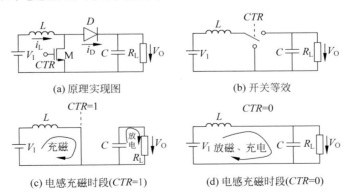

(a) 原理实现图      (b) 开关等效

(c) 电感充磁时段($CTR=1$)      (d) 电感充磁时段($CTR=0$)

图 10.6.8 升压型 DC-DC 转换器

这里假设电容足够大,它的电荷保持能力使得输出电压几乎保持在 $V_{\mathrm{O}}$ 不变,下面的分析则不妨假设输出直流电压稳定在 $V_{\mathrm{O}}$,于是当开关控制信号 $CTR=1$ 时,晶体管欧姆导通,抽象为开关闭合,这将导致二极管反偏截止,抽象为开关断开,如图(c)所示,此时电感两端电压为 $V_I$,电感电流将线性增长,

$$i_L(t) = I_{L0} + \frac{1}{L}\int_0^t v_L(t)\,dt = I_{L0} + \frac{1}{L}\int_0^t V_I\,dt = I_{L0} + \frac{V_I}{L}t$$

$CTR = 1$ 结束后,电感电流上升为

$$i_L(DT_C) = I_{L0} + \frac{V_I}{L}DT_C = I_{L1} \tag{10.6.17}$$

此后方波控制信号 $CTR = 0$,于是晶体管开关断开,电感电流不能突变,它只能寻找二极管 D 支路作为其通路,于是二极管 D 导通,抽象为开关闭合,如图(d)所示。此时电感两端电压为 $V_I - V_O$,电感电流将线性变化,

$$i_L(t) = I_{L1} + \frac{1}{L}\int_{DT_C}^t v_L(t)\,dt = I_{L1} + \frac{1}{L}\int_{DT_C}^t (V_I - V_O)\,dt$$

$$= I_{L1} + \frac{V_I - V_O}{L}(t - DT_C)$$

假设电路已经进入稳态,故而一个周期结束时,电感电流将再次回到 $I_{L0}$,

$$i_L(T_C) = I_{L1} + \frac{V_I - V_O}{L}(1 - D)T_C = I_{L0} \tag{10.6.18}$$

从式(10.6.17)和式(10.6.18)可知,

$$I_{L0} = I_{L1} + \frac{V_I - V_O}{L}(1 - D)T_C = I_{L0} + \frac{V_I}{L}DT_C + \frac{V_I - V_O}{L}(1 - D)T_C$$

即

$$V_I D + (V_I - V_O)(1 - D) = 0 \tag{10.6.19}$$

由此可知该 DC-DC 转换器的输出电压为

$$V_O = \frac{V_I}{1 - D} \tag{10.6.20}$$

注意到 $0 < D < 1$,故而 $V_O > V_I$,它实现的是升压 DC-DC 变换。式(10.6.19)可以重新表述为

$$V_I DT_C = (V_O - V_I)(1 - D)T_C \tag{10.6.21}$$

此方程的物理意义也是磁通守恒,即晶体管开关闭合期间电感充磁获得的磁通量 $V_I DT_C$ 等于晶体管开关断开期间电感放磁失去的磁通量 $(V_O - V_I)(1 - D)T_C$。

　　如图 10.6.9 所示,在 $CTR = 1$ 时段,电感充磁,电感电流线性增长,$CTR = 0$ 时段,电感放磁,电感电流线性下降。电感充磁阶段,二极管截止,二极管电流为 0,电感放磁阶段,二极管导通,二极管电流等于电感电流。前述分析假设输出电压严格稳定在 $V_O$ 上,这种假设只有当电容 C 无限大时才成立,实际电容值有限,因而输出电压一定会有纹波。假设输出电压在 $V_O$ 基础上有微小的上下波动,显然这种波动是变化的二极管电流对电容充电导致的,在输出电压波动很小的前提下,做如下假设不会导致大的偏差,即假设二极管电流平均值全部加载到 $R_L$ 电阻上并产生输出电压的直流分量 $V_O$,

$$I_{D0} = \frac{V_O}{R_L}$$

剩下的波动电流则对电容充放电,如图 10.6.9 所示,在二极管电流低于 $I_{D0}$ 的时段,剩余电流对电容放电,在二极管电流大于 $I_{D0}$ 的时段,剩余电流对电容充电,显然稳态时充放电电荷变化量相等,为

$$\pm\Delta Q = \pm I_{D0}DT_C$$

因而输出电压在 $V_O$ 上下的变化量为

$$\pm \Delta V = \frac{\pm \Delta Q}{C} = \pm \frac{I_{D0} DT_C}{C} = \pm \frac{T_C}{R_L C} DV_O \quad (10.6.22)$$

显然,电容 $C$ 越大,纹波越小。

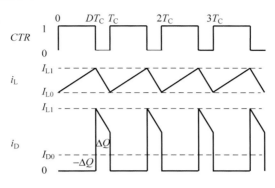

图 10.6.9 电感电流线性变化

### 3. 升降型转换器

为了获得更大的灵活性,希望输出直流电压既可以高于输入直流电压,也可以低于输入直流电压,则可采用图 10.6.10(a)所示的升降两用型的 DC-DC 转换器,图(b)是其开关等效电路,图(c)是晶体管开关导通时电感充磁时段的电路图,图(d)是晶体管开关断开时电感放磁时段的电路图。

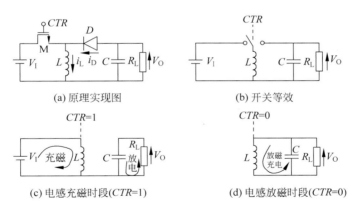

(a) 原理实现图  (b) 开关等效

(c) 电感充磁时段(CTR=1)  (d) 电感放磁时段(CTR=0)

图 10.6.10 升降型 DC-DC 转换器

这里假设电容足够大,它的电荷保持能力使得输出电压几乎保持在 $V_O$ 不变,下面的分析则不妨假设输出直流电压稳定在 $V_O$。这里特别提醒,$V_O$ 电压方向和降压型、升压型相反,这是由于电感电流对电容充电时,是下极板接受正电荷,故而下极板电压高于上极板。当开关控制信号 $CTR=1$ 时,晶体管欧姆导通,抽象为开关闭合,此时二极管两端电压为 $-V_O-V_I$,必定小于 0,二极管反偏截止,抽象为开关断开,如图(c)所示,$V_I$ 电压加载到电感两端,为电感充磁。虽然可以如同前述升压型、降压型那样分析电感电流,但最终可归结为磁通守恒(能量守恒),因而这里直接利用磁通守恒求得输出电压。在 $CTR=1$ 阶段电感获得磁通增量为,

$$\Delta \Phi_1 = V_I DT_C \quad (10.6.23)$$

此后方波控制信号 $CTR=0$,于是晶体管开关断开,电感电流不能突变,它只能寻找二极管 D

支路作为其通路,于是二极管 D 导通,抽象为开关闭合,如图 10.6.10(d)所示。此时电感两端电压为 $-V_O$,电感电流将线性下降,或者说,电感磁通增量为

$$\Delta\Phi_2 = -V_O(1-D)T_C \tag{10.6.24}$$

由磁通守恒知,晶体管开关闭合期间电感充磁获得的磁通量 $\Delta\Phi_1 = V_I DT_C$ 等于晶体管开关断开期间电感放磁失去的磁通量 $-\Delta\Phi_2 = V_O(1-D)T_C$,由此可得输出电压为

$$V_O = \frac{D}{1-D}V_I \tag{10.6.25}$$

当占空比 $D>0.5$ 时,输出直流电压高于输入直流电压,相当于升压型转换器;当占空比 $D<0.5$ 时,输出直流电压低于输入直流电压,相当于降压型转换器。

**练习 10.6.3** 请画出升降型 DC-DC 转换器电感电流随控制信号 $CTR$ 变化而变化的波形图,给出二极管电流波形图,并由此分析此类型 DC-DC 转换器的输出纹波大小。

**练习 10.6.4** 前述三种 DC-DC 转换器电路分析均假设电感足够大,故而电感放磁不会导致其电流下降为 0,但是如果电感量比较小,电感电流一旦放磁下降为 0 后,电感放磁通路将自动中断,它没有更多的能量可以补充给稳压电容了,虽然电路进入稳态后仍然具有稳压功能,但输出电压纹波不可避免会恶化。请分析上述三种电路的电感最小取值为何值,才能确保前述电感电流连续不为 0 的分析是成立的。

## 10.7 习题

**习题 10.1** 复习与填空:

(1) 图 E10.7.1 所示二阶动态电路中的 $R$、$C$ 参量已知,$t=0$ 开关换路之前电路早已稳定。用五要素法分析开关换路之后的输出电压 $v_o(t)$,分析步骤如下:首先通过频域传递函数获得系统阻尼系数 $\xi$ 和系统自由振荡频率 $\omega_0$,从激励源 $v_s(t)$ 到响应 $v_o(t)$ 之间的 RC 网络可视为四个二端口网络的级联,网络总 ABCD 参量等于分 ABCD 参量矩阵之积,即

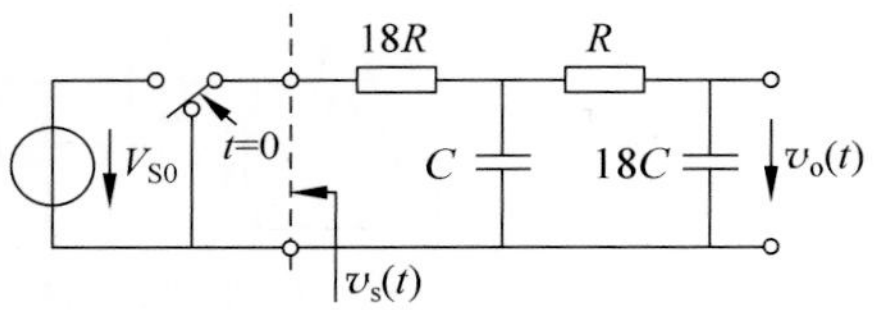

图 E10.7.1 二阶 RC 电路

$$\boldsymbol{ABCD} = \left(\begin{bmatrix} & \\ & \end{bmatrix} \cdot \begin{bmatrix} & \\ & \end{bmatrix} \cdot \begin{bmatrix} & \\ & \end{bmatrix} \cdot \begin{bmatrix} & \\ & \end{bmatrix}\right)$$

$$= \left(\begin{bmatrix} & \cdots \\ & \cdots \end{bmatrix}\right) (\text{最后一空只填}$$

写 $A$ 参量即可),考虑到传递函数 $H(j\omega) = \dfrac{\dot{V}_o}{\dot{V}_s}$ 是 RC 网络的本征电压增益,恰好是 $A$ 参量的倒

数,故而 $H(j\omega) = \dfrac{\dot{V}_o}{\dot{V}_s} = \dfrac{1}{A}\overset{s=j\omega}{=\!=\!=}\dfrac{(\quad)}{s^2 + 2\xi\omega_0 s + \omega_0^2}$,这是一个典型的二阶( )<低通/高通/带通/带阻/全通>滤波器传递函数形态,其中阻尼系数 $\xi=$( ),系统自由振荡频率 $\omega_0=$( )。其次求输出电压的稳态响应 $v_\infty(t)$,注意到开关换路后等待足够长时间电路为直流电路,( ),故而 $v_\infty(t)=$( )。最后求两个初值。开关换路瞬间,( ),故而 $v_o(0^+)=$( ),$\dfrac{\mathrm{d}}{\mathrm{d}t}v_o(0^+)=$( )。将上述五要素代入五要素法的公式中,$v_o(t)=$( )(通用公式)=

（  ）（代入后具体表述），考虑到 $\xi>1$ 属过阻尼情况，可进而表述为指数衰减规律的形态，为 $v_o(t)=$（  ），其指数衰减长寿命项时间常数 $\tau_{\text{long}}=$（  ）。

（2）对于图 E10.7.1 所示二阶低通系统，根据其传递函数在图 E10.7.2(a) 和图 E10.7.2(b) 空位画出其幅频特性和相频特性的伯特图，其中电路参量取值 $R=340\,\Omega$，$C=330\,\text{pF}$。

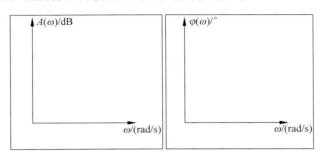

(a) 幅频特性伯特图  (b) 相频特性伯特图

图 E10.7.2 二阶 RC 电路传递函数伯特图

（3）串联 RLC 谐振电路的品质因数 $Q=$（  ），并联 RLC 谐振电路的品质因数 $Q=$（  ）。电压源激励串联 RLC 回路，以电阻 $R$ 上分压为输出电压，输出和输入之间呈现（  ）<低通/高通/带通/带阻/全通>滤波特性，其 3dB 带宽 $\text{BW}_{3\text{dB}}=$（  ）。如果输入激励为正弦波电压源，$v_s(t)=V_{\text{sm}}\cos 2\pi f_0 t$，频率 $f_0=$（  ）恰好为 RLC 谐振回路的谐振频率，那么电阻上的稳态电压为 $v_R(t)=$（  ）（本题空中表达式以 $R$、$L$、$C$、$V_{\text{sm}}$ 为已知参量进行表述）。

（4）理想低通滤波器要求其通带内幅频特性（  ）<为非零常量/和频率成正比/和频率成反比>，其通带内的群延时特性（  ）<为非零常量/和频率成正比/和频率成反比>。最接近满足理想低通滤波器幅频特性要求的二阶低通滤波器具有（  ），最接近理想低通滤波器群延时特性要求的二阶低通滤波器具有（  ）。

（5）图 E10.7.3 所示 S 型负阻的单端口元件约束方程为 $v_{\text{NL}}=-Ri_{\text{NL}}+\dfrac{R}{3I_0^2}i_{\text{NL}}^3$，其中 $v_{\text{NL}}$ 和 $i_{\text{NL}}$ 为单端口元件的关联端口电压和端口电流，两个参量 $R$ 和 $I_0$ 均为已知量。该 S 型负阻现被偏置在负阻区中心位置 $O$ 点，之后被正弦波电流 $i(t)=I_{\text{m}}\cos\omega t$ 激励。当激励电流幅值 $I_{\text{m}}$ 很小时，S 型负阻可视为线性负阻，线性负阻 $-r_{\text{n0}}$ 的大小为 $r_{\text{n0}}=$（  ）；当激励电流峰值幅值 $I_{\text{m}}$ 很大时，S 型负阻端口将产生高次谐波电压分量，假设只有基波电压分量被带通滤波器保留下来而其他频率分量被滤除，于是 S 型负阻加带通滤波器被视为准线性负阻，准线性负阻 $-\overline{r_{\text{n}}}$ 和激励电流峰值幅度 $I_{\text{m}}$ 的关系为 $\overline{r_{\text{n}}}=$（  ）。现将偏置在 $O$ 点的该 S 型负阻（  ）<串联/并联>接入 LC 谐振腔内，并假设谐振腔损耗已经折合到 S 型负阻等效中，那么要想形成高纯度的正弦振荡波形，对电感 $L$、电容 $C$ 提出的要求为（  ）。该振荡器稳定输出后，正弦振荡频率为 $f_0=$（  ），输出正弦波的峰值幅度为（  ）（串联取回路电流为输出，并联取结点电压为输出）。

（6）对于图 E10.7.3 所示直流偏置在 $O$ 点的 S 型负阻，其端口接电容（  ）<可以/不可以>形成张弛振荡。如果可以，请用两个转折点的平均电流估算张弛振荡的振荡频率大体为（  ），其中，端接电容的容值为 $C$，S 型负阻参量为 $R$ 和 $I_0$。如果不可以，请说明原因为什么

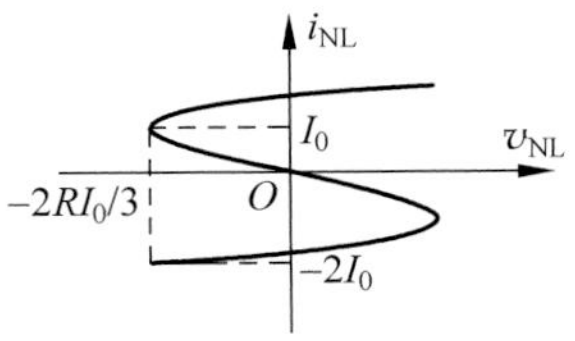

图 E10.7.3 S 型负阻伏安特性曲线

不可以：（　　　）。

（7）电容三点式 LC 正弦波振荡器（考毕兹振荡器）中的所有损耗全部被折合为位于 BJT 晶体管 bc 端口和三点式电感 $L$ 并联的电导 $G_p$，已知 ce 端口三点式电容为 $C_1$，be 端口三点式电容为 $C_2$，在高 $Q$ 值谐振腔假设下，该 LC 正弦波振荡器的起振条件为 $g_{m0} > （　　　）$，其中 $g_{m0}$ 为晶体管直流工作点上的微分跨导增益，此时，振荡器的振荡频率 $f_0 = （　　　）$。

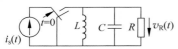

图 E10.7.4　RLC 并联谐振电路

（8）对于图 E10.7.4 所示 RLC 并联谐振电路，其特征阻抗 $Z_0 = （　　　）$，其自由振荡频率 $f_0 = （　　　）$，阻尼系数 $\xi = （　　　）$。假设 $t<0$ 时电路早已稳定，$t=0$ 时开关换向，已知阻尼系数 $\xi<1$，请给出电流源为 $i_s(t) = I_{S0}$ 情况下的电阻电压表达式 $v_R(t) = （　　　）$。

（9）对于图 E10.7.4 所示动态线性时不变电路，请用品质因数 $Q$ 和自由振荡频率 $\omega_0$ 表述响应电压 $V_R$ 和激励电流 $I_s$ 之间的传递函数关系，为 $H(j\omega) = \dfrac{\dot{V}_R(j\omega)}{\dot{I}_s(j\omega)} = （　　　）$，其中品质因数 $Q = （　　　）$。它是一个（　　　）<低通/高通/带通/带阻/全通>选频系统，系统的 3dB 带宽（/频点）为（　　　）（如果有带宽则填带宽，如果无法表述带宽，则填入 3dB 频点）。如果激励信号为正弦波，$i_s(t) = I_{Sm}\cos\omega_0 t$，其中 $\omega_0$ 恰好为 LC 谐振腔的自由振荡频率，则输出电压的稳态表达式为 $v_{R\infty}(t) = （　　　）$。

（10）考察二阶线性时不变动态电路在冲激、阶跃、正弦、方波等激励下的某电量 $x(t)_{t>0}$，可采用五要素法进行描述，这五个要素分别为 (a)（　/　）（中文名称/符号表述）、(b)（　/　）、(c)（　/　）、(d)（　/　）、(e)（　/　），用五要素法写出的该二阶动态电路中电量 $x(t)$ 的时域表达式为 $x(t) = （　　　）$（$t>0$，只需写出欠阻尼 $\xi<1$ 情况下的表达式即可）。针对图 E10.7.5 所示的 RLC 串联谐振电路，假设电容初始电压为 $V_0$，电感初始电流为 0，激励电压源 $v_S(t) = V_{S0}$ 为直流电压源，在 $t=0$ 时刻开关闭合，我们希望获得电容电压 $v_C(t)$ 的时域表达式。则五要素（用电路元件参量、已知电量参量或具体数值给出五要素的表达式，如 $\xi = \cdots$）分别为 (a)（　　　）、(b)（　　　）、(c)（　　　）、(d)（　　　）、(e)（　　　），用五要素法写出的电容电压表达式为 $v_C(t) = （　　　）$（$t>0$，只需写出欠阻尼情况表达式即可），如果分解为零输入响应和零状态响应，则零输入响应为 $v_{C,ZIR}(t) = （　　　）$，零状态响应为 $v_{C,ZSR}(t) = （　　　）$。

（11）如图 E10.7.5 所示电路，已知 $L = 16\mu H$，$C = 100pF$，当 $R = 8\Omega$ 时，自开关闭合始到电容电压进入稳态（误差小于 1%）终的时间大体为（　　　）$\mu s$；当 $R = （　　　）\Omega$ 时，电容电压进入稳态的时间与 $R=8\Omega$ 情况下进入稳态需要大体相当的时间。当 $R = （　　　）\Omega$ 时，电容电压进入稳态最快，时间大体为（　　　）$\mu s$。

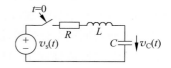

图 E10.7.5　RLC 串联谐振电路

（12）如图 E10.7.5 所示电路，已知 $L = 16\mu H$，$C = 100pF$，$R = 8\Omega$，电容初始电压为 0，电感初始电流为 0，激励电压源为 $v_S(t) = V_{Sp}\cos 2\pi ft$（单位伏特），当 $f = （　　　）MHz$ 时，电容稳态电压具有最大的幅值，幅值为（　　　）；当 $R = 200\Omega$ 时，则 $f = （　　　）MHz$ 时电容稳态电压具有最大的幅值，为（　　　）。

（13）二阶低通系统的阻尼系数为 $\xi$，自由振荡频率为 $\omega_0$，用 $s$ 代表 $j\omega$，该二阶低通系统的系统传递函数典型形式为 $H(s) = H_0 \cdot （　　　）$，其中 $H_0$ 代表（　　　）频点的系统传递系数。

对于这样的二阶低通系统,如果期望它具有幅度最大平坦特性,则设定该系统的阻尼系数为( ),此时二阶系统的 3dB 带宽 $\mathrm{BW_{3dB}}$ =( )。当用阶跃信号激励该二阶低通系统时,上升沿时间 $T_r$ =( )。

(14)一个单端口网络的品质因数 $Q$ 被定义为正弦波激励下稳态响应的虚功与实功之比,对于 RL(电阻电感)串联构成的单端口网络,其 $Q$ 值为( ),对于 RC(电阻电容)并联构成的单端口网络,其 $Q$ 值为( ),其中正弦波频率为 $\omega$。

(15)RLC 串联谐振被称为( )<电压/电流>谐振,这是由于 RLC 串联谐振回路被正弦波( )<电压源/电流源>激励时,在谐振频点上,电感和电容上的( )<电压/电流>幅度是激励源幅度的 $Q$ 倍。于是,我们可以通过将大的负载电阻( )<并联/串联>在高 $Q$ 值串联谐振的电抗(电感 $L$ 或电容 $C$ 的)端口上,即可在负载上获得更高的( )<电压/电流>,如是可以实现( )。

(16)图 E10.7.6 所示为 RC 移相正弦波振荡电路,其中运放为理想运放。如果用正反馈原理进行分析,请直接在图上将放大网络和反馈网络用两个虚框包围并标记"放大网络"和"反馈网络",同时标注两个网络的输入信号和输出信号。( )<电压、电流、跨导、跨阻>放大网络的放大倍数为 $A_0$ =( )(用电路中的电路参数表述);( )<电压、电流、跨导、跨阻>反馈网络的反馈系数为 $F$ =( )(用电路中的电路参数表述)。如果取 $R=10\mathrm{k\Omega}$,$C=10\mathrm{nF}$,则 $R_\mathrm{f}$ 取( )< 100kΩ、170kΩ,240kΩ,480kΩ >电阻阻值时,振荡器可以起振且输出正弦波信号具有较好的纯度,正弦波的振荡频率为( )kHz。( )<二级、三级、四级> RC 移相网络总共移相 180°,每级分别移相大小为( )(几级移相则填几个数值,分别对应该级移相网络造成的相移)。

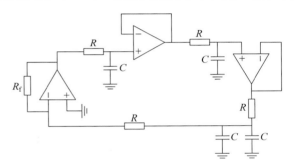

图 E10.7.6 RC 移相正弦波振荡器

(17)如图 E10.7.7 所示为某晶体管的小信号等效电路。已知 $g_\mathrm{m}=1\mathrm{mS}$,$r_\mathrm{be}=10\mathrm{k\Omega}$,$r_\mathrm{ce}=50\mathrm{k\Omega}$,$C_\mathrm{be}=80\mathrm{pF}$,$C_\mathrm{bc}=3\mathrm{pF}$,$C_\mathrm{ce}=5\mathrm{pF}$。晶体管的特征频率 $f_\mathrm{T}$ =( )MHz。如果该晶体管放大器信源内阻为 1kΩ,负载电阻为 10kΩ,该放大器的电压增益为( )dB,该电压放大器的 3dB 带宽 $\mathrm{BW_{3dB}}$ =( )kHz。

(18)如图 E10.7.8 所示,已知 RLC 串联谐振回路中电阻阻尼很小,图上电阻 $R$、电感 $L$、电容 $C$ 均为已知量,$C_1$ 电容上有初始电压,在 $t=0$ 时刻开关闭合,电路中出现减幅振荡现象。这个回路的阻尼系数 $\xi$ 等于( );无阻尼振荡频率 $\omega_0$ 为( );实际振荡频率 $\omega$ 为( );振荡振幅衰减到小于初始振幅的 1% 需要的时间为( )。

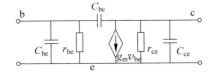

图 E10.7.7 晶体管小信号等效模型

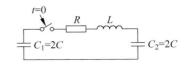

图 E10.7.8 RLC 串联谐振回路

(19) 请在图 E10.7.9 三个 LC 滤波器下的空中填写滤波器类型<低通、高通、带通、带阻>、滤波器阶数<一阶、二阶、三阶、四阶、…>和在很高频段上幅频特性的变化趋势<平坦，＋20dB/10 倍频程，－20dB/10 倍频程，－40dB/10 倍频程，＋40dB/10 倍频程等>。

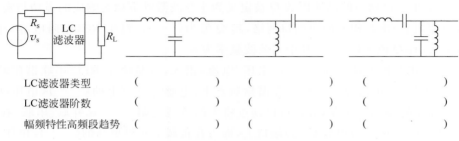

| LC滤波器类型 | ( | ) | ( | ) | ( | ) |
| LC滤波器阶数 | ( | ) | ( | ) | ( | ) |
| 幅频特性高频段趋势 | ( | ) | ( | ) | ( | ) |

图 E10.7.9 LC 滤波器

(20) 已知某晶体管的最高振荡频率为 $f_{max} = 10\text{GHz}$，那么在 1GHz 频点上，该晶体管实现功率放大的增益大约为（ ）dB。

(21) 如图 E10.7.10 所示，这是一个用共基组态 BJT 晶体管实现的电容三点式 LC 正弦波振荡器。如果视共基组态的晶体管为放大网络，将负载电阻 $R_L$ 影响折合到该放大器的输出端口（晶体管 cb 端口），等效负载电阻 $R'_L = ($ ）$\text{k}\Omega$，$R_L$ 部分接入的原因是（ ）。

假设振荡条件已经满足，该振荡器的振荡频率为 $f_0 = ($ ）MHz。

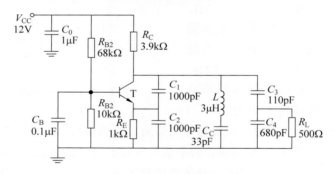

图 E10.7.10 LC 正弦波振荡器

(22) 如图 E10.7.11(a)所示，这是一个在互感变压器两端口加并联谐振电容形成的带通匹配网络，可实现在中心频点附近幅频特性平坦的带通型的最大功率传输匹配。有如下论断：图(b)电路为图(a)电路的对偶形式的电路，在二端口电容两端口分别加串联谐振电感，可实现在中心频点附近幅频特性平坦的带通型的最大功率传输匹配。上述论断（正确，错误）。如果认为上述论断错误，正确的表述为（ ）。

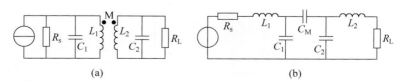

图 E10.7.11 互感耦合双并联谐振和互容耦合双串联谐振

（23）如图 E10.7.12 所示，这是一个三点式 LC 振荡器的简化分析示意图。图中将 LC 谐振腔外除晶体管之外的电阻元件全部去除，并联在 LC 谐振腔上的电阻开路处理，串联在 LC 谐振腔上的电阻短路处理，剩下了三个纯电抗网络 $Z_1$、$Z_2$、$Z_3$。有如下论断：只要 $Z_1$ 和 $Z_2$ 呈现相同的电抗属性，而 $Z_3$ 呈现相反的电抗属性，该电路即可实现正弦振荡，振荡频率是使得 $Z_1+Z_2+Z_3=j(X_1+X_2+X_3)=0$ 的那个频率。上述论断（正确，错误）。如果认为上述论断错误，正确的表述为（　　　）。

（24）对于如图 E10.7.13 所示晶体管放大器等效电路。已知 $g_m=10mS$，$r_{ds}=32k\Omega$，$C=100pF$，$L_1=4\mu H$，$L_2=1\mu H$，$M=2\mu H$，$R_L=1k\Omega$。写出从 $v_i$ 到 $v_o$ 的系统传递函数为 $H(j\omega)=$（　　　），它具有（　　　）选频特性，3dB 带宽为（　　　）kHz。

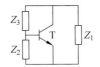

图 E10.7.12　三点式 LC 振荡器

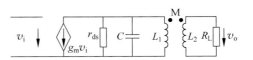

图 E10.7.13　某晶体管放大器

（25）对于一个负反馈控制系统，为了确保系统闭环稳定性，对该系统的环路增益提出相位裕度的要求，一般情况下，应取（　　　）度的相位裕度。

（26）周期信号振荡器必须具有三个基本构件：(a)（　　　），其功用是（　　　）；(b)（　　　），其功用是（　　　）；(c)（　　　），其功用是（　　　）。

（27）如图 E10.7.14 所示，这是一个三点式振荡器的高频模型，已知 $L_1C_1 > L_2C_2$，第三个谐振回路满足（　　　）条件时，这个电路满足正反馈条件，具有振荡的可能性。

（28）如图 E10.7.15 所示，这是一个小信号调谐放大器实验电路，请在下表中依次填写构成该实验电路的各个元件的作用，思考为什么用 $C_{01}$、$C_{02}$ 两个容值不同的电容做电源滤波，一个大容值电容不就可以替代了吗？

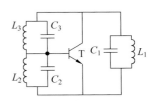

图 E10.7.14　某三点式振荡器高频等效电路

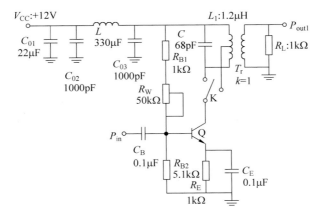

图 E10.7.15　小信号调谐放大器实验电路

| 元件符号 | 元件名称 | 元件作用 |
|---|---|---|
| $V_{CC}$ | 直流偏置电源 | 为放大器提供直流电能 |
| $C_{01}$ | 电源滤波电容 | 和 $C_{02}$、$L$、$C_{03}$ 共同构成电源滤波电路,用于解除该放大器和其他同电源电路之间可能的耦合 |
| $R_{B1}$ | | |
| $R_W$ | | |
| $R_{B2}$ | | |
| $R_E$ | | |
| $R_L$ | | |
| $K$ | | |
| $C_B$ | | |
| $C_E$ | | |
| $C$ | | |
| $L_1$ | | |
| $T_r$ | | |
| $Q$ | | |

**习题 10.2**　开路时间常数。数字信号通过低通系统将会产生延时,定义传播延时为逻辑电平信号从 0 上升到 0.5 所需的时间,对于一阶 RC 电路,其传播延时为 $0.693\tau$,其中 $\tau = RC$。如果是高阶的无源 RC 低通系统,可以将其近似看作是一阶 RC 低通系统,该低通系统的时间常数可以用电容开路时间常数估算如下:求电容 $C_i$ 的时间常数时,其他电容均开路处理,获得该电容端口的等效电阻 $R_i$,则获得电容 $C_i$ 的时间常数 $\tau_i = R_i C_i$,将所有电容的时间常数加起来,就是等效的总时间常数。这种方法可用来估算集成电路内互连线延时。随着工艺提高,集成电路尺寸越来越小,器件之间的互连线越来越细,其欧姆损耗等效电阻也越来越大,假设一段长度为 $L$ 的互连线的总电阻为 $R$,互连线对地总电容为 $C$,其等效电路可如图 E10.7.16 所示,均匀互连线结构被切分为均匀的 $N$ 段,每段都可等效为 RC 低通网络。假设一个阶跃电压信号从互连线一端 $A$ 传到另一端 $B$,分析时 $A$ 点对地接阶跃恒压源,$B$ 点开路,显然第一分段电容两端等效电阻为 $R/N$,故而 $\tau_1 = RC/N^2$,继而可以获得后续分段电容两端等效电阻,获得总时间常数。

(1) 总时间常数为多少?和互连线长度有何关系?

(2) 将总时间常数视为等效一阶 RC 低通时间常数,传播延时为多少?精确分析获得的传播延时为 $0.38RC$,上述估算和精确值之间的误差有多大?

**习题 10.3**　阶跃响应。对于图 E10.7.17 所示二阶电路,已知两个电容的初始电压均为 0,输入电压为阶跃信号 $v_i(t) = V_0 U(t)$,请给出输出电压时域表达式 $v_o(t)$。

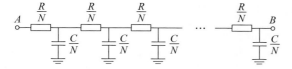

图 E10.7.16　集成电路中的高损互连线模型

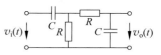

图 E10.7.17　二阶 RC 电路

**习题 10.4** 二阶滤波电路。如图 E10.7.18 所示,这是一个三输入($v_A$、$v_B$、$v_C$)单输出($v_{out}$)的二阶 Gm-C 滤波电路,其中,两个理想跨导器的跨导值 $g_{m1} = g_{m2} = g_m$。

(1) 请分别给出从 $v_A$ 到 $v_{out}$,$v_B$ 到 $v_{out}$、$v_C$ 到 $v_{out}$ 的频域传递函数。

(2) 说明这三个传递函数分别具有什么类型的滤波特性。

**习题 10.5** LC 滤波和匹配网络。如图 E10.7.19 所示,信源内阻和负载电阻分别为 $R_S = 50\Omega$,$R_L = 100\Omega$,请设计它们中间的 LC 二阶无损网络。

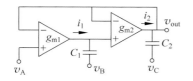

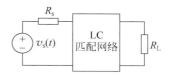

图 E10.7.18 Gm-C 滤波器      图 E10.7.19 LC 匹配网络设计

(1) 请设计一个具有幅度最大平坦特性的二阶低通 LC 滤波器,其 3dB 带宽为 $BW_{3dB} = 1MHz$,请给出 $L$ 和 $C$ 的设计公式(以 $R_s$、$R_L$、$BW_{3dB}$ 为已知量),代入具体数值后给出 $L$、$C$ 的具体设计数值。

(2) 请设计一个在 $f_0 = 1MHz$ 频点上可实现最大功率传输匹配的 LC 低通网络,请给出 $L$ 和 $C$ 的设计公式(以 $R_s$、$R_L$、$f_0$ 为已知量),代入具体数值后给出 $L$、$C$ 的具体设计数值。

**习题 10.6** 负阻型正弦波振荡器。图 E10.7.20(a)所示为一个 S 型负阻和串联 LC 谐振腔形成的振荡器电路,其中 $C = 0.01\mu F$ 为谐振电容,$L$ 为谐振电感,$R_L = 6.4\Omega$ 为负载电阻。$R_{S\_NL}$ 为 S 型负阻,具有如图(b)所示非线性伏安特性,其非线性伏安特性方程为 $v_{NL} = -r_0 i_{NL} + \dfrac{r_0}{3 I_{s0}^2} i_{NL}^3$,其中 $r_0 = 10\Omega$,$I_{s0} = 150mA$。取负载电阻 $R_L$ 两端电压为输出电压 $v_{out}$。分析如下两种情况下的振荡情况:

(1) $L = 100\mu H$;

(2) $L = 2.5nH$。

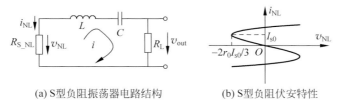

(a) S 型负阻振荡器电路结构      (b) S 型负阻伏安特性

图 E10.7.20 S 型负阻振荡器

(1) 首先分析可能的振荡波形,说明其分析方法;

(2) 之后分析振荡情况,给出必要的公式和文字表述,并确认电路确实可振荡(如分析是否满足起振条件等);

(3) 最后给出振荡器在稳定振荡输出时的 $v_{out}$ 时域波形示意图,在图上标明振荡周期(振荡频率)和振荡幅度。

**习题 10.7** RC 移相正弦波振荡器分析与设计。

(1) 某同学希望设计一个 RC 超前移相正弦波振荡器,他首先做了如下的原理性分析,如图 E10.7.21(a)所示,一个理想反相电压放大器(理想压控压源)使得电压信号移相 $180°$,其后通过三级 RC 高通网络电压信号再移相 180°, 电压信号环路一周共移相 360°(或 0°), 从而形成正反馈连接, 只要压控压源电压控制系数 $A_{v0}$ 足够高, 其向外提供的能量补偿了 RC 网络消耗的能量, 则可在正反馈频点上形成正弦振荡。请分析并证明该原理性 RC 移相正弦波振荡器的起振条件为 $A_{v0} > 29$, 振荡频率为 $f_{osc} = \dfrac{1}{2\pi\sqrt{6}RC}$。

（2）在分析确认上述原理性电路可以形成正弦振荡输出后, 该同学试图用 CE 组态的 BJT 晶体管实现其中的反相电压放大功能。他挑选了电流增益 $\beta$ 极大、厄利电压 $V_A$ 极高的某型号的晶体管, 从而后续分析中 BJT 交流小信号模型中的 $r_{be}$ 和 $r_{ce}$ 均可视为无穷大电阻, 由于设计的振荡频率 $f_{osc} = 6\text{kHz}$ 较低, BJT 的寄生电容影响无须考虑, 从而晶体管被建模为理想压控流源。

该同学给出了如图 E10.7.21(b) 所示的电路设计, 他没有对这个电路进行进一步的交流小信号分析, 而是直接依照对图 E10.7.21(a) 电路的分析给出如下设计方案: 由于振荡频率设计值为 6kHz, 取 $R = 3.3\text{k}\Omega$, $C = 3.3\text{nF}$, 从而 $f_0 = \dfrac{1}{2\pi\sqrt{6}RC} = 5.97\text{kHz} \approx 6\text{kHz}$。晶体管直流偏置电路直接给定如下, 取 $R_{B2} = 3.6\text{k}\Omega$, $R_{B1} = 39.6\text{k}\Omega$, 如是 $R_{B1} \parallel R_{B2} = R = 3.3\text{k}\Omega$ 确保移相电阻取值如设计值。在 $\beta$ 极大的情况下, 晶体管基极电压近似等于 $R_{B2}$ 分压, $V_{B0} = \dfrac{R_{B2}}{R_{B1}+R_{B2}}V_{CC} = 0.75(\text{V})$, 晶体管发射结二极管导通电压为 0.6V, 故而发射极电压为 $V_{E0} = V_{B0} - 0.6 = 0.15(\text{V})$, 取 $R_E = 330\Omega$ 使得晶体管偏置电流 $I_{C0} \approx I_{E0} = \dfrac{V_{E0}}{R_E} = \dfrac{0.15\text{V}}{330} = 0.455(\text{mA})$ 不是很大, 从而电路功耗较低。此时跨导增益 $g_m = \dfrac{I_{C0}}{v_T} \approx \dfrac{0.455\text{mA}}{26\text{mV}} = 17.5\text{mS}$, 因而只要 $R_C > 1.66\text{k}\Omega$, 即可确保反相电压放大倍数 $A_{v0} = g_m R_C > 29$, 于是他取值 $R_C = 2\text{k}\Omega$。

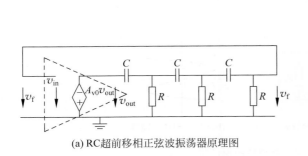

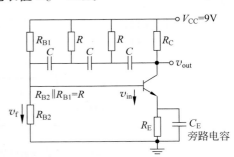

(a) RC 超前移相正弦波振荡器原理图　　(b) RC 超前移相正弦波振荡器晶体管实现方案

图 E10.7.21　RC 超前移相正弦波振荡器

（a）画出交流小信号电路, 确认图 E10.7.21(b) 振荡器的起振条件到底是什么。这里假设 R 首先人为给予确定, 分析对 $g_m$ 和 $R_C$ 有何要求, 图 E10.7.21(b) 振荡器方可振荡？

（b）该同学给定的设计方案是否可以振荡？如果可以振荡, 振荡频率为多少？偏离设计值多少？如果不能振荡, 请给出一个可以振荡的 $R_C$ 取值, 并给出对应振荡频率, 说明偏离设计值多少？

**习题 10.8**　哈特莱振荡器中两个电感非独立。某同学在设计哈特莱正弦波振荡器时, 首先将一个在磁环上绕了 N 圈制成的电感 $L (= N^2 \Xi, \Xi$ 为磁环磁导) 中间引出一个抽头, 接到晶体管源极上,电感的两端则分别接在晶体管的漏极和栅极,如图 E10.7.22 所示。由于一分为二的两个电感绕在同一个磁环上,它们之间具有全耦合关系,即 $M = \sqrt{L_1 L_2}$,其中 $L_1 = N_1^2 \Xi$,$L_2 = N_2^2 \Xi$,这里 $N_1$、$N_2$ 和 $N$ 为电感在磁环上的绕线匝数,$N = N_1 + N_2$。假设电路中的所有能量损耗全部折合等效为和电容串联的电阻 $R_{loss}$,且 $Q = \dfrac{1}{R_{loss}}\sqrt{\dfrac{L}{C}} \gg 1$。此时图中晶体管可以建模为理想压控流源,其跨导增益为 $g_m$。

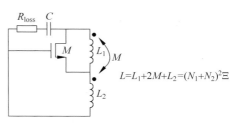

$$L = L_1 + 2M + L_2 = (N_1 + N_2)^2 \Xi$$

图 E10.7.22 哈特莱振荡器原理性分析

(1) 请分析该振荡器,用图示的已知电路元件参量 $L$、$M$、$C$、$R_{loss}$、$g_m$ 表述该正弦波振荡器的振荡频率和起振条件。分别用负阻原理和正反馈原理分析,比较两者给出的起振条件的差异,是否可以认为是完全等价的?

(2) 在实际电路设计中,我们往往期望低功耗设计,因而希望直流偏置电流足够小,换句话说,希望和直流偏置电流成正比关系的跨导 $g_m$ 应足够小,该振荡器仍然可以起振。请分析对于图 E10.7.22 所示的原理性振荡电路,电感中间抽头如何引出(即接入系数 $p = \dfrac{N_2}{N}$ 如何取值),该电路可以在较小的 $g_m$(对应较小的直流偏置电流)条件下就可以起振。

**习题 10.9** 绝对稳定。二端口网络所谓绝对稳定,指的是其两个端口端接无源负载时,另一个端口的看入阻抗也是无源的:例如,在端口 2 端接无源负载,$\mathrm{Re}(Z_L) \geq 0$,端口 1 看入阻抗则应是无源的,$\mathrm{Re}(Z_{in}) \geq 0$;在端口 1 端接无源负载,$\mathrm{Re}(Z_S) \geq 0$,在端口 2 看入阻抗则应是无源的,$\mathrm{Re}(Z_{out}) \geq 0$。之所以提出这样严格的要求,是由于一旦在端口看到等效负阻,该负阻就有可能和电路自身的寄生电容、寄生电感和外加的匹配电感、匹配电容形成自激振荡,从而期望的放大器变成了振荡器。

假设二端口网络的网络参量已知,那么网络参量具有什么特性,它就是绝对稳定的呢?以 $Z$ 参量为例,首先将输入、输出阻抗表述为

$$Z_{in} = Z_{11} - \frac{Z_{12}Z_{21}}{Z_{22} + Z_L} \tag{E10.7.1a}$$

$$Z_{out} = Z_{22} - \frac{Z_{12}Z_{21}}{Z_{11} + Z_S} \tag{E10.7.1b}$$

显然,开路是一种特殊的无源阻抗,可令 $Z_L = \infty$,得 $Z_{in} = Z_{11}$,由 $\mathrm{Re}(Z_{in}) \geq 0$ 可知,

$$\mathrm{Re}\, Z_{11} \geq 0 \tag{E10.7.2a}$$

是对 $Z$ 参量的第一个基本要求。同理,令 $Z_S = \infty$,得 $Z_{out} = Z_{22}$,由 $\mathrm{Re}(Z_{out}) \geq 0$ 获得对 $Z$ 参量的第二个基本要求,为

$$\mathrm{Re}\, Z_{22} \geq 0 \tag{E10.7.2b}$$

有了这两个基本设定后,再求输入阻抗的实部,

$$\begin{aligned}
\mathrm{Re}\, Z_{in} &= \mathrm{Re}\left( Z_{11} - \frac{Z_{12}Z_{21}}{Z_{22} + Z_L} \right) \\
&= \frac{1}{4\,|Z_{22} + Z_L|^2 \mathrm{Re}\, Z_{11}} \big( (2\mathrm{Re}\, Z_L \mathrm{Re}\, Z_{11} + |Z_{12}Z_{21}|(k-1))^2 + 4\mathrm{Re}\, Z_L \mathrm{Re}\, Z_{11} |Z_{12}Z_{21}| \\
&\quad + 2\,|Z_{12}Z_{21}|^2 (k-1) + (2\mathrm{Im}(Z_{22} + Z_L)\mathrm{Re}\, Z_{11} - \mathrm{Im}(Z_{12}Z_{21}))^2 \big) \\
&= \frac{1}{\alpha}(\beta_1 + \beta_2 + \beta_3 + \beta_4)
\end{aligned}$$

其中 $k$ 是罗莱特稳定性系数，

$$k = \frac{2\mathrm{Re}Z_{11}\mathrm{Re}Z_{22} - \mathrm{Re}(Z_{12}Z_{21})}{\mid Z_{12}Z_{21}\mid}$$

其他几个参量分别为

$$\alpha = 4\mid Z_{22} + Z_L\mid^2 \mathrm{Re}Z_{11}$$
$$\beta_1 = (2\mathrm{Re}Z_L\mathrm{Re}Z_{11} + \mid Z_{12}Z_{21}\mid(k-1))^2$$
$$\beta_2 = 4\mathrm{Re}Z_L\mathrm{Re}Z_{11}\mid Z_{12}Z_{21}\mid$$
$$\beta_3 = 2\mid Z_{12}Z_{21}\mid^2(k-1)$$
$$\beta_4 = (2\mathrm{Im}(Z_{22} + Z_L)\mathrm{Re}Z_{11} - \mathrm{Im}(Z_{12}Z_{21}))^2$$

由 $\mathrm{Re}(Z_L) \geqslant 0, \mathrm{Re}Z_{11} \geqslant 0$ 知，

$$\alpha = 4\mid Z_{22} + Z_L\mid^2 \mathrm{Re}Z_{11} \geqslant 0$$
$$\beta_1 = (2\mathrm{Re}Z_L\mathrm{Re}Z_{11} + \mid Z_{12}Z_{21}\mid(k-1))^2 \geqslant 0$$
$$\beta_2 = 4\mathrm{Re}Z_L\mathrm{Re}Z_{11}\mid Z_{12}Z_{21}\mid \geqslant 0$$
$$\beta_4 = (2\mathrm{Im}(Z_{22} + Z_L)\mathrm{Re}Z_{11} - \mathrm{Im}(Z_{12}Z_{21}))^2 \geqslant 0$$

显然，只要 $k \geqslant 1$，则必有

$$\beta_3 = 2\mid Z_{12}Z_{21}\mid^2(k-1) \geqslant 0$$

进而 $\mathrm{Re}(Z_{\mathrm{in}}) \geqslant 0$。上述论述似乎并不严密，$k < 1$ 就不能保证 $\mathrm{Re}(Z_{\mathrm{in}}) \geqslant 0$ 了吗？观察这几个变量，人为构造如下的无源负载，$\mathrm{Re}Z_L = 0, \mathrm{Im}Z_L = \dfrac{\mathrm{Im}(Z_{12}Z_{21})}{2\mathrm{Re}Z_{11}} - \mathrm{Im}Z_{22}$，它可使得和 $k$ 无关的 $\beta_2$ 和 $\beta_4$ 为 $0$，于是

$$\mathrm{Re}Z_{\mathrm{in}} = \frac{\mid Z_{12}Z_{21}\mid^2}{4\mid Z_{22} + Z_L\mid^2\mathrm{Re}Z_{11}}(k^2 - 1)$$

显然只有 $k \geqslant 1$ 和 $k \leqslant -1$，才能使得 $\mathrm{Re}Z_{\mathrm{in}} \geqslant 0$ 满足。但是 $k \leqslant -1$ 对应 $2\mathrm{Re}Z_{11}\mathrm{Re}Z_{22} \leqslant \mathrm{Re}(Z_{12}Z_{21}) - \mid Z_{12}Z_{21}\mid \leqslant 0$，这意味着 $\mathrm{Re}Z_{11}$ 和 $\mathrm{Re}Z_{22}$ 或者小于 $0$ 或者等于 $0$，如果小于 $0$，不满足式(E10.7.2a,b)要求，如果等于 $0$，$Z_{12}Z_{21}$ 则必为正实数，不妨假设 $\mathrm{Re}Z_{11} = 0$，$Z_{12}Z_{21}$ 为正实数情况，只要无源负载使得 $\mathrm{Re}(Z_L) > 0$，即必有

$$\mathrm{Re}Z_{\mathrm{in}} = \mathrm{Re}\left(Z_{11} - \frac{Z_{12}Z_{21}}{Z_{22} + Z_L}\right) = -\frac{Z_{12}Z_{21}}{\mid Z_{22} + Z_L\mid^2}\mathrm{Re}(Z_{22} + Z_L) < 0$$

不满足绝对稳定要求，故而最终得到了对 $Z$ 参量的第三个要求，

$$k \geqslant 1 \tag{E10.7.2c}$$

只有罗莱特稳定性系数不小于 $1$，才能确保绝对稳定。

为了回避有源网络稳定和不稳定之间的临界情况，将式(E10.7.2)中的 $\geqslant$ 号全部用 $>$ 替代后，并称之为有源二端口网络的绝对稳定性条件，记为

$$\mathrm{Re}Z_{11} > 0, \quad \mathrm{Re}Z_{22} > 0, \quad k > 1 \tag{E10.7.3}$$

(1) 请用相同的思路，说明如果知道了某有源二端口网络的网络参量 $P = Z、Y、h、g$，则判断该有源二端口网络是否绝对稳定的绝对稳定性条件可表述为

$$\mathrm{Re}P_{11} > 0, \quad \mathrm{Re}P_{22} > 0, \quad k > 1 \tag{E10.7.4}$$

其中 $k$ 为罗莱特稳定性系数，

$$k = \frac{2\mathrm{Re}P_{11}\mathrm{Re}P_{22} - \mathrm{Re}(P_{12}P_{21})}{\mid P_{12}P_{21}\mid} \tag{E10.7.5}$$

（2）请说明最大稳定功率增益 MSG 用 $P=Z$、$Y$、$h$、$g$ 参量可表述为

$$\text{MSG} = \left| \frac{P_{21}}{P_{12}} \right| \tag{E10.7.6}$$

显然，单向网络是绝对稳定的，$k \to \infty$ 且 MSG $\to \infty$，这都说明了非绝对稳定的二端口网络的不稳定性来自其内部的输出对输入的反向作用，在某些负载情况下有可能形成正反馈或等效为负阻，从而导致二端口网络自激振荡。

（3）除了单向网络是绝对稳定的，另请说明无源网络也是绝对稳定的。

**习题 10.10** 非绝对稳定的放大器设计分析。无源网络不具向外提供电能的能力，故而不可能自激振荡，也就是说，无源网络一定是绝对稳定的，这一点很容易确认，由无源性条件可直接推出 $k \geqslant 1$。但是反过来论证则不正确，绝对稳定的网络未必是无源的，有源网络也可以是绝对稳定的。非绝对稳定的二端口网络，在某些负载情况下将会自激振荡，本来的放大器变成了振荡器，但并非所有负载情况下都会振荡。从振荡原理出发而言，之所以出现振荡是由于二端口网络输入端口或输出端口出现了等效负阻，如果二端口外接的信源内阻和负载电阻将端口等效负阻抵偿，那么二端口网络就不会振荡。如是可以将信源内阻和负载电阻和二端口网络合并视为一个全新的二端口网络重新考察其稳定性。

（1）请证明新二端口网络的 $Y$ 参量可如下表述，

$$\boldsymbol{Y}_{\text{N}} = \begin{bmatrix} G_{11}+G_{\text{s}} & G_{12} \\ G_{21} & G_{22}+G_{\text{L}} \end{bmatrix} + \text{j} \begin{bmatrix} B_{11} & B_{12} \\ B_{21} & B_{22} \end{bmatrix} \tag{E10.7.7}$$

其中 $G_{\text{s}}$ 和 $G_{\text{L}}$ 分别是信源内导和负载电导。

如果新二端口网络是绝对稳定的，其罗莱特稳定性系数一定大于 1，

$$k = \frac{2(G_{11}+G_{\text{s}})(G_{22}+G_{\text{L}}) - \text{Re}(Y_{12}Y_{21})}{|Y_{12}Y_{21}|} > 1$$

由该表达式，可以确认斯坦恩稳定性系数（Stern Stability Factor）大于 1，

$$k_{\text{s}} = \frac{2(G_{11}+G_{\text{s}})(G_{22}+G_{\text{L}})}{|Y_{12}Y_{21}| + \text{Re}(Y_{12}Y_{21})} \tag{E10.7.8}$$

换句话说，即使二端口网络本身非绝对稳定，但在 $G_{\text{s}}$、$G_{\text{L}}$ 负载加载的条件下，二端口网络并不会发生振荡。

这里通过一个数值例子说明用稳定性系数进行晶体管放大器的稳定性判定和负载设计。从某晶体管的数据手册查知，该晶体管在 200MHz 具有如下 $Y$ 参量，

$$\boldsymbol{Y} = \begin{bmatrix} 2.25+\text{j}7.2 & 0.05-\text{j}0.7 \\ 40-\text{j}20 & 0.4+\text{j}1.9 \end{bmatrix} \text{mS}$$

同时查得其最小噪声系数对应的最佳信源内导为 $Y_{\text{s,opt}} = (4-\text{j}10)\text{mS}$。

首先分析其罗莱特稳定性系数，

$$k = \frac{2\text{Re}Y_{11}\text{Re}Y_{22} - \text{Re}(Y_{12}Y_{21})}{|Y_{12}Y_{21}|} = \frac{2 \times 2.25 \times 0.4 - \text{Re}((0.05-\text{j}0.7)(40-\text{j}20))}{|(0.05-\text{j}0.7)(40-\text{j}20)|}$$

$$= 0.44 < 1$$

说明该晶体管工作频点 200MHz 位于非绝对稳定区。注意到可以取最佳信源内导 $Y_{\text{s,opt}} = (4-\text{j}10)\text{mS}$ 以获得最小噪声系数设计，此时输出端口导纳为

$$Y_{\text{out}} = Y_{22} - \frac{Y_{12}Y_{21}}{Y_{11}+Y_{\text{s}}} = (0.27+\text{j}6.48)\text{mS}$$

为了使得负载获得尽可能大的功率，取负载电导为

$$Y_{\mathrm{L}} = Y_{\mathrm{out}}^* = (0.27 - \mathrm{j}6.48)\mathrm{mS}$$

验算此时的斯坦恩稳定性系数，

$$k_{\mathrm{s}} = \frac{2(G_{11} + G_{\mathrm{s}})(G_{22} + G_{\mathrm{L}})}{\mid Y_{12} Y_{21} \mid + \mathrm{Re}(Y_{12} Y_{21})} = \frac{2(2.25 + 4)(0.4 + 0.27)}{31.4 - 12} = 0.43 < 1$$

显然，上述设计无法确保晶体管放大器能够稳定放大。不妨人为设定斯坦恩稳定性系数为 2 以确保放大器的稳定性，即要求

$$k_{\mathrm{s}} = \frac{2(2.25 + 4)(0.4 + G_{\mathrm{L}})}{31.4 - 12} = 2$$

则需取 $G_{\mathrm{L}} = 2.7\mathrm{mS}$，以确保有足够的稳定性。

那么 $B_{\mathrm{L}}$ 取值多大呢？仍然以尽可能获得最大功率为准。此时的功率增益为

$$G_{\mathrm{T}} = \frac{4 \mid Y_{21} \mid^2 G_{\mathrm{L}} G_{\mathrm{s}}}{\mid (Y_{11} + Y_{\mathrm{s}})(Y_{22} + Y_{\mathrm{L}}) - Y_{12} Y_{21} \mid^2}$$

$$= \frac{4 \times (40^2 + 20^2) \times 2.7 \times 4}{\mid (2.25 + \mathrm{j}7.2 + 4 - \mathrm{j}10)(0.4 + \mathrm{j}1.9 + 2.7 + \mathrm{j}B_{\mathrm{L}}) - (0.05 - \mathrm{j}0.7)(40 - \mathrm{j}20) \mid^2}$$

$$= \frac{86400}{46.90 B_{\mathrm{L}}^2 + 607.9 B_{\mathrm{L}} + 2383} \leqslant \frac{86400}{413.1} = 209.1 = 23.2(\mathrm{dB})$$

上述不等式取等号时，$B_{\mathrm{L}} = -\dfrac{607.9}{2 \times 46.90} = -6.48(\mathrm{mS})$，这个结果竟然和 $\mathrm{Im}(Y_{\mathrm{out}}^*)$ 数值上完全相等！？

（2）分析这个结论是凑巧还是必然？如果是必然，请证明如下结论：即如果期望获得最大功率，负载电纳应以谐振为匹配，$B_{\mathrm{L}} = \mathrm{Im}(Y_{\mathrm{out}}^*)$。

至此获得了晶体管放大器设计结果，要求其信源内阻 $Y_{\mathrm{s}} = Y_{\mathrm{s,opt}} = (4 - \mathrm{j}10)\mathrm{mS}$ 以获得最小噪声系数，要求 $Y_{\mathrm{L}} = (2.7 - \mathrm{j}6.48)\mathrm{mS}$ 以获得斯坦恩稳定性系数为 2 时具有最大的功率增益。

（3）计算上述负载情况下的 $Y_{\mathrm{in}}$ 和 $Y_{\mathrm{out}}$，验证双共轭匹配条件 $Y_{\mathrm{s}} = Y_{\mathrm{in}}^*$，$Y_{\mathrm{L}} = Y_{\mathrm{out}}^*$ 无法满足。用 Y 参量计算 MSG，代入式（E10.7.6）可知，$\mathrm{MSG} = 63.7 = 18\mathrm{dB}$，小于前述设计获得的功率增益 23.2dB，这说明 MSG 只是功率增益的一个基本度量，但并非是非绝对稳定晶体管功率增益的极限。

（4）思考与研究：如果不限定获得最小噪声系数，只限定斯坦恩稳定性系数取 2，信源内阻和负载阻抗如何取值，可获得最大的功率增益，为多少？

（5）思考与研究：非绝对稳定区的晶体管（$k < 1$）理论上的最大的功率增益为多少？

**习题 10.11** 特征根位置与系统稳定性。线性时不变电路系统的特征根或者为实根，或者为共轭复根，冲激响应表达式中存在指数项 $\mathrm{e}^{\mathrm{Re}\lambda t}$，故而特征根的实部情况决定了电路系统的稳定性：当 $\mathrm{Re}\lambda < 0$ 时，冲激响应将指数衰减，等足够长时间后，衰落为 0，如果系统所有特征根的实部均小于 0，系统则是稳定的，也称耗散系统，冲激给予的初始能量被等效正阻耗散。当 $\mathrm{Re}\lambda > 0$ 时，意味着当前电路中出现了等效负阻，在该负阻供能作用下，电容电压或电感电流将持续增加，如果是理想线性系统，系统响应则趋于无穷大，系统则是不稳定的，也称发散系统，冲激给予初始能量后，负阻源源不断的供能导致系统发散。实际电路系统中，这种发散增长不会一直持续，因为信号幅度的增加必然导致负阻器件进入到正阻区，当正阻和负阻抵偿后，幅度将不再增加。当 $\mathrm{Re}\lambda = 0$ 且特征根不是重根时，信号幅度则保持不变，此为稳定和不稳定的临界情况，对应电路则是纯电抗系统，冲激给予的初始能量既不耗散也不发散，而是保

持在纯电抗网络内部。

图 E10.7.23(a)是一阶线性时不变系统的特征根情况,图 E10.7.23(b)是二阶线性时不变系统假设其自由振荡频率 $\omega_0$ 不变,只改变其阻尼系数 $\xi$ 时,极点的变化情况。该极点变化情况可以和如图 E10.7.24 所示两个电路系统相对应。

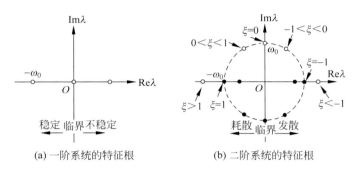

图 E10.7.23 特征根与稳定性

对图 E10.7.24 所示一阶和二阶系统,其传递函数分别为

$$H_1 = \frac{\dot{V}_o}{\dot{I}_s} = \frac{1}{G + j\omega C} = R\,\frac{1}{1 + j\omega\tau} \tag{E10.7.9a}$$

$$H_2 = \frac{\dot{V}_o}{\dot{I}_s} = \frac{1}{G + j\omega C + \dfrac{1}{j\omega L}} = R\,\frac{1}{1 + jQ\left(\dfrac{\omega}{\omega_0} - \dfrac{\omega_0}{\omega}\right)} \tag{E10.7.9b}$$

其中 $\tau = RC$ 是一阶 RC 系统的时间常数,$Q = R\sqrt{\dfrac{C}{L}}$,$\omega_0 = \dfrac{1}{\sqrt{LC}}$ 是 RLC 并联谐振回路的品质因数和自由振荡频率。用 $s$ 替代 $j\omega$,两个传递函数分别为

$$H_1 = R\,\frac{\omega_0}{s + \omega_0} \tag{E10.7.10a}$$

$$H_2 = R\,\frac{2\xi\omega_0 s}{s^2 + 2\xi\omega_0 s + \omega_0^2} \tag{E10.7.10b}$$

一阶系统的 $\omega_0 = \dfrac{1}{\tau} = \dfrac{1}{RC}$,二级系统的阻尼系数 $\xi = \dfrac{1}{2Q} = \dfrac{1}{2R}\sqrt{\dfrac{L}{C}}$。

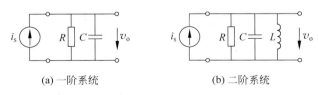

图 E10.7.24 系统稳定性取决于并联电导正负:耗散($G>0$)、发散($G<0$)和临界($G=0$)

两个传函具有典型的一阶低通和二阶带通传函形式,无论是低通、高通、带通、带阻,其传函形式上的区别仅在于分子,分母形式对同一系统而言是一样的。以 $s = j\omega$ 为变量,传递函数分母多项式的根被称为极点,极点就是系统特征根,它由系统结构决定,传递函数分子多项式的根被称为零点,零点只影响波形幅度而不影响系统的稳定性。对于图 E10.7.24(a)一阶系统,只有一个极点(特征根),为

$$\lambda = -\omega_0 = -\frac{1}{RC} \tag{E10.7.11}$$

显然,如果电阻 $R>0$,特征根则位于左半平面,$\mathrm{Re}\lambda<0$,系统为稳定系统,表现在冲激响应上,为指数衰减规律,最终趋于 0,

$$h(t) = \frac{1}{C}\mathrm{e}^{-\frac{t}{RC}}U(t) \tag{E10.7.12a}$$

如果电阻 $R<0$,特征根则位于右半平面,$\mathrm{Re}\lambda>0$,系统为不稳定系统,其冲激响应表达式仍然为式(E10.7.12a),却是指数增长规律,最终趋于无穷大。如果 $R=\infty$,即电阻支路开路,$\lambda=0$ 位于原点或虚轴,只剩下一个纯电容,冲激电流过后,冲激电流支路开路,电容电压保持不变,其冲激响应为不变常值,

$$h(t) = \frac{1}{C}U(t) \tag{E10.7.12b}$$

此为临界系统。

对于图 E10.7.24(b)二阶系统,有一个零点 $z=0$,两个极点(特征根)分别为

$$\lambda_{1,2} = -(\xi \pm \sqrt{\xi^2-1})\omega_0 \tag{E10.7.13}$$

当电阻 $0<R<\frac{Z_0}{2}=0.5\sqrt{\frac{L}{C}}$ 时,$\xi>1$,此为过阻尼,两个特征根均为负实根,均位于左半平面,$\mathrm{Re}\lambda<0$,系统是稳定的,表现在冲激响应上,为两个指数衰减项相加,最终趋于 0,

$$h(t) = R\xi\omega_0\left(\left(1+\frac{\xi}{\sqrt{\xi^2-1}}\right)\mathrm{e}^{-(\xi+\sqrt{\xi^2-1})\omega_0 t} + \left(1-\frac{\xi}{\sqrt{\xi^2-1}}\right)\mathrm{e}^{-(\xi-\sqrt{\xi^2-1})\omega_0 t}\right)U(t)$$

$$\tag{E10.7.14a}$$

当电阻 $-0.5Z_0<R<0$ 时,$\xi<-1$,此为过负阻尼,两个特征根均为正实根,均位于右半平面,$\mathrm{Re}\lambda>0$,系统是不稳定的,其冲激响应表达式同式(E10.7.14a),为两个指数增长项相加,最终趋于无穷大。

当电阻 $R>\frac{Z_0}{2}=0.5\sqrt{\frac{L}{C}}$ 时,$0<\xi<1$,此为欠阻尼,两个特征根为左半平面的共轭复根,$\mathrm{Re}\lambda=-\xi\omega_0<0$,系统是稳定的,表现在冲激响应上为指数衰减的正弦波变化规律,最终趋于 0,

$$h(t) = R\frac{2\xi\omega_0}{\sqrt{1-\xi^2}}\mathrm{e}^{-\xi\omega_0 t}\cos\left(\sqrt{1-\xi^2}\,\omega_0 t + \arctan\frac{\xi}{\sqrt{1-\xi^2}}\right)U(t) \tag{E10.7.14b}$$

当电阻 $R<-\frac{Z_0}{2}$ 时,$-1<\xi<0$,此为欠负阻尼,两个特征根为右半平面的共轭复根,$\mathrm{Re}\lambda=-\xi\omega_0>0$,系统是不稳定的,其冲激响应表达式同式(E10.7.14b),却是指数增长的正弦波变化规律,最终趋于无穷大。

当电阻 $R=\infty$,电阻支路开路,$\xi=0$ 无阻尼,两个特征根位于虚轴上,$\lambda_{1,2}=\pm\mathrm{j}\omega_0$,电路中只剩下纯电容电感的并联,此时冲激给予初始能量后,这股能量将在电容和电感之间来回转换而无损失,输出端呈现理想的单频正弦波形态,其幅度不变,亦属临界系统,

$$h(t) = \frac{1}{C}\cos\omega_0 t\,U(t) \tag{E10.7.14c}$$

对滤波器、线性放大器设计,需保证其特征根(极点)位于左半平面,以确保系统可稳定地进行信号滤波和放大处理,如例 10.4.1 给出的晶体管放大器,它有两个左半平面极点和一个右半平面零点。对于振荡器设计,则应首先令负阻器件(或正反馈晶体管)工作在负阻区(对应

晶体管的有源区),从而等效出负阻,再外加动态元件,在信号幅度很小时,信号在负阻区工作点附近波动,可视为线性时不变系统,以放大器视角看,其传函的极点必定位于右半平面,电路中的噪声作为初始激励,即可使得动态元件上的状态变量(代表动态元件的储能)以指数增长规律变化,越来越大,最终将迫使负阻器件进入正阻区。如果是正弦波设计,为了获得较好的正弦波形,信号很微弱时,系统特征根应是右半平面的接近虚轴($Q$ 值很大)的共轭复根;如果特征根是位于右半平面的远离虚轴($Q$ 值较小)的共轭复根,正弦波形的纯度就会变低,甚至于退化为张弛振荡器。

下面以例 10.5.4 互感耦合 LC 振荡器为例,说明如果按放大器去理解它,其传递函数的极点一定位于右半平面。如图 E10.7.25,它是在图 E10.5.21(d) 基础上加了一个原理性的加法器,实现输入信号 $v_\mathrm{s}$ 和反馈信号 $v_\mathrm{f}$ 的相加,之后作为放大器输入 $v_\mathrm{i}$,于是自 $v_\mathrm{s}$ 到 $v_\mathrm{o}$ 的闭环电压增益为

$$
A_{\mathrm{vF}} = \frac{\dot{V}_\mathrm{o}}{\dot{V}_\mathrm{s}} = \frac{\dot{V}_\mathrm{o}}{\dot{V}_\mathrm{i} - \dot{V}_\mathrm{f}} = \frac{1}{\dfrac{\dot{V}_\mathrm{i}}{\dot{V}_\mathrm{o}} - \dfrac{\dot{V}_\mathrm{f}}{\dot{V}_\mathrm{o}}} = \frac{1}{\dfrac{1}{-\overline{g_\mathrm{m}}Z_\mathrm{L}} + \dfrac{1}{n}} = \frac{-\overline{g_\mathrm{m}}Z_\mathrm{L}}{1 - \overline{g_\mathrm{m}}Z_\mathrm{L}\dfrac{1}{n}}
$$

$$
= \frac{-\overline{g_\mathrm{m}}\dfrac{R_{\mathrm{p3}}}{1 + \mathrm{j}Q\left(\dfrac{\omega}{\omega_0} - \dfrac{\omega_0}{\omega}\right)}}{1 - \overline{g_\mathrm{m}}\dfrac{R_{\mathrm{p3}}}{1 + \mathrm{j}Q\left(\dfrac{\omega}{\omega_0} - \dfrac{\omega_0}{\omega}\right)}\dfrac{1}{n}} = \frac{-\overline{g_\mathrm{m}}R_{\mathrm{p3}}}{1 - \overline{g_\mathrm{m}}R_{\mathrm{p3}}\dfrac{1}{n} + \mathrm{j}Q\left(\dfrac{\omega}{\omega_0} - \dfrac{\omega_0}{\omega}\right)}
$$

$$
= \frac{\overline{A_{\mathrm{v0}}}}{1 - \overline{A_{\mathrm{v0}}}F}\frac{1}{1 + \mathrm{j}\dfrac{Q}{1 - \overline{g_\mathrm{m}}R_{\mathrm{p3}}\dfrac{1}{n}}\left(\dfrac{\omega}{\omega_0} - \dfrac{\omega_0}{\omega}\right)} = \overline{A_{\mathrm{vf}}}\frac{1}{1 + \mathrm{j}Q_F\left(\dfrac{\omega}{\omega_0} - \dfrac{\omega_0}{\omega}\right)}
$$

$$
= \overline{A_{\mathrm{vf}}}\frac{2\xi_F\omega_0 s}{s^2 + 2\xi_F\omega_0 s + \omega_0^2} \tag{E10.7.15}
$$

其中,$\overline{A_{\mathrm{vf}}} = \dfrac{\overline{A_{\mathrm{v0}}}}{1 - \overline{A_{\mathrm{v0}}}F_0}$,$\overline{A_{\mathrm{v0}}} = -g_\mathrm{m}R_{\mathrm{p3}}$,$F_0 = -\dfrac{1}{n}$ 为中心频点的闭环增益、开环增益和反馈系数,$n$ 为变压器变压比,$Q$ 为 RLC 谐振腔品质因数,$\omega_0$ 为其谐振频率。特别注意到,闭环二阶系统传函仍然保持带通函数特性,且其阻尼系数为

$$
\xi_F = \frac{1}{2Q_F} = \frac{1 - \overline{g_\mathrm{m}}R_{\mathrm{p3}}\dfrac{1}{n}}{2Q} = \frac{1 - \overline{A_{\mathrm{v0}}}F_0}{2Q} \tag{E10.7.16}
$$

可见起振条件 $\overline{A_{\mathrm{v0}}}F_0 > 1$ 和负阻尼 $\xi_F < 0$ 等价,负阻尼就意味着电路中出现了等效负阻,或者说,电路中的负阻效应强于正阻损耗就是起振条件。代入具体数值,有

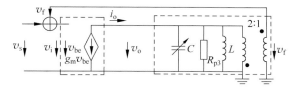

图 E10.7.25 振荡器的放大器视角

$$\overline{g_{\mathrm{m}}} = g_{\mathrm{m}} = 4\,\mathrm{mS}$$

$$\overline{A_{v0}} = -g_{\mathrm{m}} R_{\mathrm{p3}} = -4\,\mathrm{mS} \times 21.9\,\mathrm{k\Omega} = -88$$

$$T_0 = \overline{A_{v0}} F_0 = (-88) \times (-0.5) = 44 \gg 1$$

$$\xi_{\mathrm{F}} = \frac{1 - \overline{A_{v0}} F_0}{2Q} = \frac{1 - 44}{2 \times 58} = -0.37$$

谐振腔 $Q$ 值越高,欠负阻尼系数 $\xi_{\mathrm{F}}$ 越接近于 0,正弦振荡就离自由振荡越接近。

注意到,如果将正弦波振荡器以放大器视角看,其传递函数的极点(系统特征根)$\lambda_{1,2} = -\xi_{\mathrm{F}}\omega_0 \pm \mathrm{j}\sqrt{1 - \xi_{\mathrm{F}}^2}\,\omega_0$ 将是位于右半平面的共轭复根,随着振荡幅度增加,晶体管准线性跨导增益 $\overline{g_{\mathrm{m}}}$ 越来越小,导致 $\xi_{\mathrm{F}}$ 越来越接近于 0,两个极点离虚轴越发靠近,一直增幅振荡到 $\overline{g_{\mathrm{m}}} R_{\mathrm{p3}} \dfrac{1}{n} = \overline{A_{v0}} F_0 = 1$ 满足平衡条件,$\xi_{\mathrm{F}} = 0$,两个共轭极点 $\lambda_{1,2} = \pm \mathrm{j}\omega_0$ 完全移到虚轴上,此时恰好就是零阻尼的正弦振荡。正弦波设计时,$Q$ 值越高频谱纯度越高。

上述分析是将振荡器视为放大器,发现它是不稳定的放大器,其极点位于右半平面。在设计放大器时,应尽量避免出现这种情况,否则放大器就会变成振荡器。图 E10.7.26 是对晶体管核心模型的高度抽象,只保留了一个压控流源和一个跨接电容,该二端口网络的 $Y$ 参量为

$$\boldsymbol{Y} = \begin{bmatrix} \mathrm{j}\omega C_{\mathrm{bc}} & -\mathrm{j}\omega C_{\mathrm{bc}} \\ g_{\mathrm{m}} - \mathrm{j}\omega C_{\mathrm{bc}} & \mathrm{j}\omega C_{\mathrm{bc}} \end{bmatrix} \tag{E10.7.17}$$

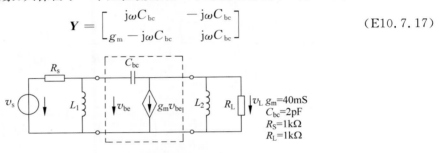

图 E10.7.26　非绝对稳定晶体管放大器可能变成振荡器

其罗莱特稳定性系数全频带都小于 1,

$$k = \frac{2\operatorname{Re}Y_{11}\operatorname{Re}Y_{22} - \operatorname{Re}(Y_{12}Y_{21})}{|Y_{12}Y_{21}|} = \frac{\omega C_{\mathrm{bc}}}{\sqrt{g_{\mathrm{m}}^2 + \omega^2 C_{\mathrm{bc}}^2}} < 1 \tag{E10.7.18}$$

因而这个高度抽象的晶体管在实现放大器时很容易变成振荡器。现在假设信源内阻 $R_{\mathrm{s}}$ 和负载电阻 $R_{\mathrm{L}}$ 都是 1kΩ,考察令斯坦恩稳定性系数小于 1 的频率范围,

$$k_{\mathrm{s}} = \frac{2(G_{11} + G_{\mathrm{S}})(G_{22} + G_{\mathrm{L}})}{|Y_{12}Y_{21}| + \operatorname{Re}(Y_{12}Y_{21})} = \frac{2G_{\mathrm{S}}G_{\mathrm{L}}}{\omega C_{\mathrm{bc}}\sqrt{g_{\mathrm{m}}^2 + \omega^2 C_{\mathrm{bc}}^2} - \omega^2 C_{\mathrm{bc}}^2} < 1 \tag{E10.7.19}$$

$$\omega > \omega_{\mathrm{us}} = \frac{2G_{\mathrm{S}}G_{\mathrm{L}}}{C_{\mathrm{bc}}\sqrt{g_{\mathrm{m}}^2 - 4G_{\mathrm{S}}G_{\mathrm{L}}}} = 2\pi \times 3.984\,\mathrm{MHz} \tag{E10.7.20}$$

也就是说,如果放大器工作频率高于 3.984MHz,在用感性负载做谐振匹配时,往往引发振荡。例如,我们试图在 10MHz 上进行谐振匹配,暂不考虑另一端口的谐振用匹配电感的作用,输出端看入导纳所呈现的容性导纳为

$$Y_{\mathrm{out}} = Y_{22} - \frac{Y_{12}Y_{21}}{Y_{11} + G_{\mathrm{S}}} = \mathrm{j}\omega C_{\mathrm{bc}} - \frac{(g_{\mathrm{m}} - \mathrm{j}\omega C_{\mathrm{bc}})(-\mathrm{j}\omega C_{\mathrm{bc}})}{\mathrm{j}\omega C_{\mathrm{bc}} + G_{\mathrm{S}}}$$

$$= \mathrm{j}\omega C_{\mathrm{bc}} \frac{G_{\mathrm{S}} + g_{\mathrm{m}}}{\mathrm{j}\omega C_{\mathrm{bc}} + G_{\mathrm{S}}} = \frac{1}{\dfrac{1}{G_{\mathrm{S}} + g_{\mathrm{m}}} + \dfrac{1}{\mathrm{j}\omega C_{\mathrm{bc}}(1 + g_{\mathrm{m}} R_{\mathrm{S}})}} \tag{E10.7.21}$$

可见，MILLER 效应导致输出端等效电容为 $C_{bc}(1+g_m R_s)$，于是可在输出端用 $L_2$ 电感将其谐振对消，

$$L_2 = \frac{1}{\omega_0^2 C_{bc}(1+g_m R_s)} = \frac{1}{(2\pi \times 10M)^2 \times 2p \times (1+40m \times 1k)}$$
$$= 3.09(\mu H) \tag{E10.7.22}$$

同理，在端口 1 可通过并接 $L_1 = 3.09\mu H$ 电感对消输入端口的 MILLER 倍增电容 $C_{bc}(1+g_m R_L)$，设计好的电路如图 E10.7.26 所示，列写其传递函数，为

$$H = -g_m R_L \frac{s^2\left(1 - s\dfrac{C_{bc}}{g_m}\right)}{s^3 C_{bc}(R_s + R_L + g_m R_s R_L) + s^2\left(1 + R_L R_s C_{bc}\left(\dfrac{1}{L_1} + \dfrac{1}{L_2}\right)\right) + s\left(\dfrac{R_L}{L_2} + \dfrac{R_s}{L_1}\right) + \dfrac{R_s}{L_1}\dfrac{R_L}{L_2}} \tag{E10.7.23}$$

代入前述数值，发现三个特征根有两个是右半平面的共轭复根，

$$\lambda_1 = -0.9168 \times 10^8 = -\frac{1}{10.91ns}$$

$$\lambda_{2,3} = 3.2180 \times 10^7 \pm j1.1213 \times 10^8 = \frac{1}{31.08ns} \pm j2\pi \times 17.85MHz$$

这说明意图设计的 10MHz 放大器将在 18MHz 附近振荡起来。

如果不加任何其他消振措施，我们只能让晶体管放大器工作在 3.984MHz 以内以确保不自激，例如可取工作频点为 1MHz，频率下降了 10 倍，故而两个谐振电感需增大 100 倍，取 $L_1 = L_2 = 309\mu H$，此时三个特征根将都在左半平面，

$$\lambda_1 = -2.2762 \times 10^6 = -\frac{1}{439.3ns}$$

$$\lambda_{2,3} = -4.8914 \times 10^6 \pm j5.5573 \times 10^6 = -\frac{1}{204.4ns} \pm j2\pi \times 884.5kHz$$

系统是稳定的，可以做放大器使用，放大器匹配网络形成的带通滤波特性中心频点实际值在 1.22MHz，如图 E10.7.27 所示，略微偏离设计值 1MHz，原因在于前面设计两个端口的谐振电感时，并没有考虑另一个端口谐振电感的作用，只需将两个谐振电感调整为 $451\mu H$ 即可将中心频点调整到 1MHz。

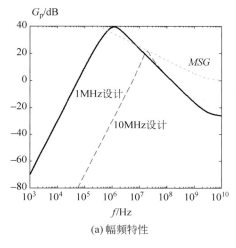

(a) 幅频特性

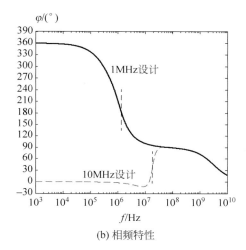

(b) 相频特性

图 E10.7.27 放大器是自激还是正常放大？

图 E10.7.27 中的点线为晶体管抽象模型的 MSG。作为对比,还画了 10MHz 设计的频率特性(虚线),假设设计者未做任何稳定性检查,尚不清楚 10MHz 设计其实已经是振荡器了,他按传递函数形式考察其幅频特性是否达到设计要求,如图虚线所示,仅从幅频特性看,除了峰值点 18MHz 偏离设计值 10MHz 很远外,还发现相频特性和正常的放大器大不一样,正常放大器的相频特性在中心频点的斜率为负表示信号通过放大器后有延时,而该设计的传递函数在中心频点的相频特性斜率为正,相频特性在带通中心频点的负斜率和 $Q$ 值正相关,正斜率相频特性即负 $Q$ 值意味着负阻,需立即确认该放大器的稳定性。

这里解释了不稳定的放大器,就是极点位于右半平面的放大器,导致其变成振荡器,同理,如果一个负反馈放大器环路增益没有相位裕度,$PM \leqslant 0$,那么闭环后其不稳定性从传递函数上讲,也同样是其闭环传递函数出现了右半平面极点的缘故,这里不再举例确认。

现在要求针对 E10.7.26 所示晶体管模型,获得 10MHz 频点的不自激振荡的放大器设计,其中 $g_m = 40\text{mS}, C_{bc} = 2\text{pF}, R_s = R_L = 1\text{k}\Omega$,请给出你的消振措施或设计方案,并通过各种方式说明确认它是稳定的不自激振荡的放大器。

最后提醒,如果自用则可通过精巧的设计避免振荡且获得高增益,然而如果设计的放大器提供给他人使用,应尽可能确保放大器中心频点附近相当宽的频率范围内均位于绝对稳定区,因为不清楚使用者的使用环境,它前后级联的功能模块等效的信源和负载或许在中心频点附近有强烈的容性或感性变化(如 LC 谐振电路),信源内阻和负载电阻也可能偏离设计要求,从而导致在设计者纯阻信源内阻、负载电阻设计下稳定放大的放大器在使用者那里变成自激振荡的振荡器。

**习题 10.12** C 类功放的自偏置。图 10.6.3 所示 C 类放大器在 BE 结加反偏电压 $V_{B0}$,实际电路中这个反偏电压应自行产生以降低实现难度。图 E10.7.28 所示电路中,晶体管发射极接并联 $R_E$ 电阻和 $C_E$ 电容,它们是低通滤波器,可以提取晶体管发射极电流中的直流分量作为 BE 结的偏置电压,因而具有自偏压功能。

用分段折线对晶体管转移特性建模,假设 BE 结导通电压为 $V_{on}$,导通后折线化线性跨导增益为 $g_m$,假设 C 类功放设计导通角为 $\theta$,集电极尖顶余弦脉冲电流幅度为 $I_m$,由此可知输入正弦波幅度应取值 $V_{im} = \dfrac{I_m}{g_m(1 - \cos\theta)}$,进而可知反偏电压应设置为 $V_{B0} = V_{im}\cos\theta - V_{on}$。由于尖顶余弦脉冲中的直流分量为 $I_0 = I_m\alpha_0(\theta)$,该

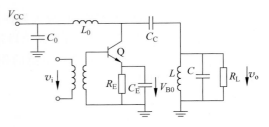

图 E10.7.28 C 类放大器的自偏置

直流分量流过 $R_E$ 建立的直流电压 $V_{B0}$ 被 $C_E$ 滤取可形成自偏压,显然自偏压电阻 $R_E$ 应取值为 $R_E = \dfrac{V_{B0}}{I_0}$,而自偏压电容 $C_E$ 的取值应使得脉冲电流中的基波和谐波分量被滤除。

对于图 E10.7.28 所示电路,$L_0$ 是高频扼流圈,高频开路处理,电源滤波电容 $C_0$、集电极隔直电容 $C_C$、发射极自偏压电容 $C_E$ 均为大电容,均可高频短路处理。已知电源电压 $V_{CC} = 9\text{V}$,晶体管集电极电流余弦脉冲的峰值 $I_m$ 设计值为 1A,导通角为 60°,功率晶体管分段折线模型 $V_{on} = 1\text{V}, g_m = 400\text{mS}$,请计算自偏压 $V_{B0}$ 大小,分析自偏压电阻 $R_E$、负载电阻 $R_L$ 如何取值?对晶体管的 BE 结反向击穿电压有何要求?如果该放大器被调整为 3 倍频器,电路上应做哪些调整,请给出 3 倍频器设计的 $R_E$、$R_L$ 取值。

**习题 10.13** DC-DC 转换器。实现 DC-DC 转换有两种基本思路：思路一是首先实现 DC-AC 转换，之后再实现 AC-DC 转换，因而这类 DC-DC 转换电路是逆变器和整流器的级联；思路二是将直流电压源能量转储于电感、电容元件上，通过开关通断，再将存储于电感、电容上的电能释放出来，通过低通滤波机制实现期望的直流输出，输出直流电压通过调整开关通断占空比调节，10.6.3 节给出的降压型、升压型和升降型 DC-DC 转换电路就是按这种思路设计的，但是这三种转换电路的输出和输入共地而没有完全隔离，可以采用变压器实现输出和输入的完全隔离，于是有基于变压器的系列 DC-DC 转换电路可供选择。

图 E10.7.29 所示的 DC-DC 转换电路被称为反激转换器（Flyback Converter），其工作原理和升降型转换电路类同，可以理解为升降型转换电路中的电感用变压器替代后的替代电路：当 $CTR=1$ 使得晶体管 Q 饱和导通时，输入直流电压 $V_I$ 为初级线圈 $L_p$ 充磁，注意同名端接法次级线圈电压反相使得二极管 D 反偏截

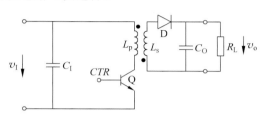

图 E10.7.29 反激转换器

止，故而 $V_I$ 对初级线圈的充磁能量全部存储于变压器结构中。此时，负载电阻自大电容 $C_O$ 获得电能。当 $CTR=0$ 使得晶体管 Q 截止，晶体管集电极电压将急剧上升，次级线圈电压反相导致二极管 D 正偏导通，抽象为开关闭合，如果变压器是全耦合变压器，存储于变压器中的能量将全部自次级线圈 $L_s$ 对外释放，它对 $C_O$ 电容充电补充 $CTR=1$ 阶段释放的电能，同时也为 $R_L$ 提供直流电能。请用磁通守恒分析 $V_I$ 转换为 $V_O$，两个直流电压之间的比值关系。

变压器在这里起三个作用：①隔离输出和输入，使得输入和输出的 local 地各自定义；②可以通过调整变压器变压比调整 $V_O$ 和 $V_I$ 的比值关系；③变压器是能量转储器，初级线圈存入的能量在次级线圈释放出去。

全耦合情况下初级线圈存入能量在晶体管开关断开后可以全部从次级线圈释放出来，但是实际变压器的耦合系数无法做到等于 1，在电路上做等效时总是有一个漏磁电感串接在初级线圈上，漏磁电感电流回路被切断后，将产生冲激电压损毁晶体管开关，见练习 9.2.15 和习题 9.17 分析，因而晶体管集电极上应接保护电路，使得晶体管开关断开后漏磁电感可以形成新的电流回路，从而不会产生冲激电压。请思考晶体管开关保护电路的形式。

**习题 10.14** 晶体振荡器。在通信系统和各种电子设备中，晶体振荡器是最常见的正弦波振荡电路，它是一种低成本的高稳准振荡器。晶体振荡器主要利用石英晶体的压电效应和反压电效应，其机械振动和晶体两端电荷的相互作用关系可用等效电路予以描述，其电路符号及等效电路形式如图 E10.7.30，其中 $C_0$ 是以石英晶体为介质的晶体两端接触金属片之间的极间电容，而数个串联 LC 支路表示的是基音、三次泛音、五次泛音及更高次泛音支路，它们分别串联谐振于 $f_q$,$3f_q$,$5f_q$,$\cdots$ 石英晶体的固有振荡频率上。当石英晶体工作在某个频率上时，其他 LC 串联支路因失谐而可认为是处于开路状态，仅并联电容 $C_0$ 和该串联支路起作用。图 E10.7.30（c）所示为晶体的一般等效电路，其中的 LC 串联谐振支路一般是基音支路，也可以是泛音支路，串联电阻 $r_q$ 是机械振动能量损耗等效电阻，串联电容 $C_q$ 是对晶体机械振动弹性的等效，串联电感 $L_q$ 是对晶体

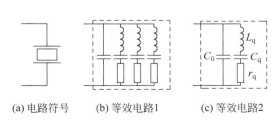

(a) 电路符号　　(b) 等效电路1　　(c) 等效电路2

图 E10.7.30 晶体及其等效电路

机械振动质量的等效,该等效谐振支路的最大特点就是 $Q = \dfrac{1}{r_q}\sqrt{\dfrac{L_q}{C_q}}$ 值极大,在百万量级,晶体固体谐振腔的高 $Q$ 值导致晶体振荡器的频率稳定度很高。

石英晶体等效电路图 E10.7.30(c)有两个谐振频率,一个是 LC 串联支路的串联谐振频率

$$f_q = \frac{1}{2\pi \sqrt{L_q C_q}} \tag{E10.7.24a}$$

在该频率点上,晶体可等效为短路线(很小的电阻)。另一个谐振频率为 $C_0$ 参与后的并联谐振频率

$$f_p = \frac{1}{2\pi \sqrt{L_q \dfrac{C_q C_0}{C_q + C_0}}} \approx f_q\left(1 + \frac{p}{2}\right) \tag{E10.7.24b}$$

在该频率点上,晶体等效为开路(很大的电阻)。并联谐振频率比串联谐振频率稍大一点,式中 $p = \dfrac{C_q}{C_0}$ 定义为晶体的接入系数,其量级在 $10^{-3}$ 左右。

上述两个谐振频率的简单计算是在假设晶体无能耗($r_q = 0$)的情况下获得的,考虑到晶体机械振动损耗等效电阻 $r_q$ 的影响,两个谐振频率稍微偏离,但是这种偏离几乎可以忽略不计,

$$f_q' \approx f_q\left(1 + \frac{1}{2pQ^2}\right) \tag{E10.7.25a}$$

$$f_p' \approx f_p\left(1 - \frac{1}{2pQ^2}\right) \tag{E10.7.25b}$$

晶体具有两个十分接近的谐振频率,对应地使得晶体振荡器具有两种振荡模式:串联型和并联型。串联型振荡模式振荡于串联谐振频点 $f_0 = f_q$,此时晶体等效为短路线(小电阻);并联型振荡模式振荡于两个谐振频率中间,$f_q < f_0 < f_p$,此时晶体等效为电感。图 E10.7.31 给出了晶体等效阻抗的幅频特性和相频特性曲线,以及两种振荡模式振荡频率的位置。问题 1: 确认图 E10.7.30(c)等效单端口网络的阻抗特性如图 E10.7.31 所示。

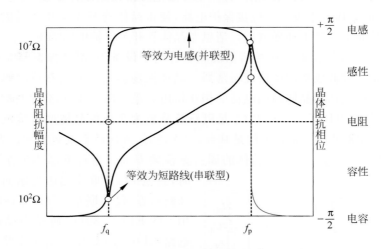

图 E10.7.31　晶体阻抗的幅频特性和相频特性

图 E10.7.32 是并联型和串联型晶体振荡器在三点式振荡结构中的典型应用,图(a)晶体等效为电感则满足三点式结构,图(b)晶体等效为短路线则满足三点式结构。因而晶体振荡

器振荡模式判断很简单,将晶体分别用电感和短路线替代后,电路具有可自激振荡结构的,晶体即工作在相应的模式下。问题 2:(1)用晶体等效电路图 E10.7.30(c)替代图 E10.7.32(a)并联型晶体振荡器中的晶体,分析确认振荡频率位于两个谐振频率中间。(2)对图 E10.7.32(b)所示串联型晶体振荡电路,说明为何振荡频率只能是晶体的串联谐振频率 $f_q$?

串联型晶体振荡器振荡频率为晶体的串联谐振频率 $f_q$,由于石英晶体的物理性能和化学性能十分稳定,因而这个频率十分稳定。并联型晶体管振荡器振荡频率位于两个谐振频率之间,与晶体外围电路有关,但注意到晶体的接入系数 $p$ 很小,因而晶体对周围环境变化并不敏感,故而其振荡频率也很稳定。注意到石英晶体成本很低,因而晶体振荡器是当前电子系统中最常见的时钟产生电路。图 E10.7.33 是数字电路系统中产生时钟信号的最常见晶体振荡器电路,问题 3:(1)电阻 $R$ 起什么作用?(2)两个电容起什么作用?(3)晶体工作在串联模式还是并联模式?(4)两个数字非门分别起什么作用?

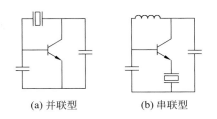
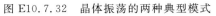
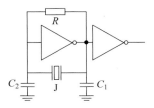

(a) 并联型          (b) 串联型

图 E10.7.32  晶体振荡的两种典型模式          图 E10.7.33  数字电路中的晶体振荡时钟产生电路

# 附 录 A

## A1 常用电量符号与单位

本课程最常见的电量包括电压、电流、功率、电阻、电导、能量、电荷、电容、磁通、电感等,它们的符号标记是一种习惯标记,不宜自行规定。

### A1.1 课程常用电量符号及其单位

当你列写电路方程时,出现 $V$ 时则可确认这是在标记电压,如果你用别的符号标记电压,读者会需要一个较长的反应时间:这个符号到底代表了什么电量? 专业人士不会认可你自行规定的符号,所以请同学们记住这些电量的标记符号。

| 电量中文 | 电量英文 | 符号 | SI 单位 | 单位符号 | 来　源 |
|---|---|---|---|---|---|
| 电压 | Voltage | $V$ | 伏【特】 | V | Volt |
| 电流 | Current | $I$ | 安【培】 | A | Ampere |
| 电荷 | Electric Charge | $Q$ | 库【仑】 | C | Coulomb |
| 磁通 | Magnetic Flux | $\Phi$ | 韦伯 | Wb | Weber |
| 能量 | Energy | $E$ | 焦【耳】 | J | Joule |
| | Work(做功) | $W$ | | | |
| 功率 | Power | $P$ | 瓦【特】 | W | Watt |
| 电阻 | Resistance | $R$ | 欧【姆】 | $\Omega$ | Ohm |
| 电导 | Conductance | $G$ | 西【门子】 | S | Siemens |
| 电容 | Capacitance | $C$ | 法【拉】 | F | Farad |
| 电感 | Inductance | $L$ | 亨【利】 | H | Henry |

并请记住这些基本电量的 SI 单位,如电压单位是伏特(V),电流单位是安培(A)等。SI 即国际单位制(International System of Units),这些电量的单位源自于为电子学科做出重大贡献的科学家的名字。

### A1.2 课程常用其他物理量符号及其单位

| 物理量中文 | 物理量英文 | 符号 | SI 单位及符号 | | 单位英文 |
|---|---|---|---|---|---|
| 时间 | time | $t$ | 秒 | s | second |
| 频率 | frequency | $f$ | 赫兹 | Hz | Hertz |
| 角频率、角速度 | angular frequency | $\omega$ | 弧度每秒 | rad/s | radians per second |
| 长度 | length | $l$ | 米 | m | meter |
| 距离 | distance | $d$ | | | |
| 速度 | velocity | $v$ | 米每秒 | m/s | meters per second |

在电路课程中还有一些常用的量包括时间 $t$，单位是秒（s）；频率 $f$，单位是赫兹（Hz）；角频率 $\omega$，单位是弧度每秒（rad/s）等。角频率多被简称为频率。

# A2　数的表示方法

在电子学的领域里经常会碰到很小的电量，也会碰到很大的电量。以电流为例，它的常见范围很大，从大功率应用的几百安培到一般电路中用到的千分之几安培，再到弱信号电路中的百万分之几安培，在如此大的范围内计数很不方便；如果将一个数的所有位数都列写出来，在表示非常大和非常小的数值时，人们很难一眼明了这个数值到底是多大，但是采用科学计数法（scientific notation）或者工程计数法（engineering notation），则可以方便地把这些大范围的数值按统一的格式表示出来，这些格式中把数的量级、精度和数值都表述得十分清晰而明确。

## A2.1　科学计数法

| | |
|---|---|
| $10^0 = 1$ | |
| $10^1 = 10$ | $10^{-1} = 0.1$ |
| $10^2 = 100$ | $10^{-2} = 0.01$ |
| $10^3 = 1000$ | $10^{-3} = 0.001$ |
| $10^4 = 10\ 000$ | $10^{-4} = 0.0001$ |
| $10^5 = 100\ 000$ | $10^{-5} = 0.000\ 01$ |
| $10^6 = 1\ 000\ 000$ | $10^{-6} = 0.000\ 001$ |

科学计数法采用十的乘方幂来表示数的量级：十的一次方是十，二次方是一百，六次方就是一百万；十的 $-1$ 次方是 0.1（十分之一），十的 $-6$ 次方就是 0.000001（百万分之一）。

科学计数法对一个数的表示是尾数乘以十的某次幂，$a \times 10^n$，前面的有效数（significand）$a$ 为大于等于 1 小于 10 的一个数，幂次阶数（exponent number）$n$ 则是一个整数，在计算机语言中用 aEn 表述。例如 200 被记作 $2 \times 10^2$，计算机语言中为 2E+2；0.00000093 被记为 $9.3 \times 10^{-7}$，计算机语言中可写为 9.3E-7。

在测量中，有效数不同的表述代表不同的精度。例如当你用 $2 \times 10^2$ 表述测量结果时，代表该测量数值只有 1 位有效位数，其精度为 $\pm 0.5 \times 10^2$，即该测量数和实际数值之间的误差在 $\pm 50$ 之内。如果用 $2.0 \times 10^2$ 表述测量结果，则有两位有效位数，其精度为 $\pm 0.05 \times 10^2$，表明该测量结果和实际值之间的误差在 $\pm 5$ 以内。如果精度在 $\pm 0.5$ 范围以内，则应记为 $2.00 \times 10^2$。

## A2.2　工程计数法

工程计数法类似于科学计数法，与科学计数法不一样的地方是，其有效数不是被限定在 $[1,10)$ 范围内，而是被限定在 $[1,1000)$ 范围内，同时其幂次阶数必须是 3 的倍数。

工程计数法的这种计数方法，可以很方便地转换为 SI 词头（SI prefixes）表述方法。

| 普通十进制数 | 科学计数法表示 | 工程计数法表示 |
|---|---|---|
| 200 | $2\times10^2$ | 200 |
| 5000 | $5\times10^3$ | $5\times10^3$ |
| 85 000 000 | $8.5\times10^7$ | $85\times10^6$ |
| 0.2 | $2\times10^{-1}$ | $200\times10^{-3}$ |
| 0.000 006 3 | $6.3\times10^{-6}$ | $6.3\times10^{-6}$ |
| 0.000 000 93 | $9.3\times10^{-7}$ | $930\times10^{-9}$ |

### A2.3　SI 词头表述

SI 词头用于构成十进制倍数或分数单位,阶数大多是 3 的倍数。如 $10^{-15}$ 符号为 f,称为 "飞";$10^{-12}$ 符号为 p,称为"皮";$10^{-9}$,n,"纳";$10^{-6}$,$\mu$,"微",也有读"缪"的,是该词头符号 $\mu$ 的希腊字母读音;$10^{-3}$,m,"毫";$10^{-2}$,c,"厘";$10^2$,h,"百";$10^3$,k,"千",也有读"剋"的,是该词头符号 k 的英文字母读音;$10^6$,M,"兆";$10^9$,G,"吉";$10^{12}$,T,"太"。比如说,我们说纳米技术的时候,所说的是材料加工的尺度在纳米(nm)量级,也就是 $10^{-9}$m 量级。

| 10 的幂方 | 词头符号 | 词头英文名称 | 中文称呼 |
|---|---|---|---|
| $10^{-15}$ | f | femto | 飞 |
| $10^{-12}$ | p | pico | 皮 |
| $10^{-9}$ | n | nano | 纳 |
| $10^{-6}$ | $\mu$ | micro | 微(缪) |
| $10^{-3}$ | m | milli | 毫 |
| $10^{-2}$ | c | centi | 厘 |
| $10^{-1}$ | d | deci | 分 |
| 1 | | | |
| $10^1$ | da | deca | 十 |
| $10^2$ | h | hecto | 百 |
| $10^3$ | k | kilo | 千(剋) |
| $10^6$ | M | mega | 兆 |
| $10^9$ | G | giga | 吉 |
| $10^{12}$ | T | tera | 太 |
| $10^{15}$ | P | peta | 拍 |

注意"兆"的符号是大写字母 M,而"毫"的符号是小写字母 m,不要混淆了。兆在这里代表百万 $10^6$,请与中文古文中兆所代表的 $10^{12}$ 区分开。中国古时计数以 $10^4$ 为进阶,$10^4$ 为万,$10^8$ 为亿,$10^{12}$ 为兆,$10^{16}$ 为京,$10^{20}$ 为垓,而现代西方计数则以 $10^3$ 为进阶,如上表所示。

描述电量时,我们经常采用 SI 词头表述方法。比如说电流,$I=0.025$A,这是通常的表示方法,如果用工程计数表述的话,则是 $25\times10^{-3}$A,用 SI 词头表示则是 $I=25$mA,我们读这个表达式时,说"I 等于 25 毫安",或者说"25 毫安的电流"。这里看到电量符号 $I$ 和单位 A,就知道这肯定是在描述电流大小。

下面列表举例说明电子工程中常见的 SI 词头表述方法及其读法。

| | 通常表示或科学计数表示 | 工程计数法表示 | SI 词头法表示 | 读 法 |
|---|---|---|---|---|
| 电流 | $I=0.025\mathrm{A}$ | $I=25\times10^{-3}\mathrm{A}$ | $I=25\mathrm{mA}$ | $I$ 等于 25 毫安<br>25 毫安的电流 |
| 电压 | $V=7.6\times10^{-7}\mathrm{V}$ | $V=760\times10^{-9}\mathrm{V}$ | $V=760\mathrm{nV}$<br>$V=0.76\mu\mathrm{V}$ | $V$ 等于 760 纳伏<br>0.76 微伏的电压 |
| 频率 | $f=2.45\times10^{9}\mathrm{Hz}$ | $f=2.45\times10^{9}\mathrm{Hz}$ | $f=2.45\mathrm{GHz}$ | 频率为 2.45 吉赫兹 |
| 时间 | $t=0.001\mathrm{s}$ | $t=1\times10^{-3}\mathrm{s}$ | $t=1\mathrm{ms}$ | 时间为 1 毫秒<br>1 毫秒的时间 |
| 功率 | $P=3\times10^{-4}\mathrm{W}$ | $P=300\times10^{-6}\mathrm{W}$ | $P=300\mu\mathrm{W}$<br>$P=0.3\mathrm{mW}$ | 300 微瓦的功率<br>功率为 0.3 毫瓦 |

### A2.4　dB 数表述

虽然科学计数法,SI 词头表述法可以表述很大范围的电量数值变化,但在比较两个数量级相差很大的数值时,这两种表示方法并不简洁明快。在描述诸如比值大小或者考虑数值相对大小时,工程上往往采用 dB 数来表述。

这里以功率为例说明:假设线性表示的功率数值是 $a$,dB 数表示的功率是 $b$,这两者之间是什么关系呢? 首先让 $a$ 比上一个单位功率,然后求以 10 为底的对数,再乘以 10,就变成了 $b$(dB 功率单位)。

$$b = 10\log_{10}\frac{a}{1\text{ 单位功率}}(\text{dB 功率单位}) \tag{A2.4.1a}$$

$$a = 10^{\frac{b}{10}}\times 1\text{ 单位功率} \tag{A2.4.1b}$$

比如这里取功率单位为 1mW,功率数值 $a=1\mathrm{W}$,这个 1W 比上 1mW 等于 1000,10 倍的 $\log_{10}1000$ 为 30,所以 1W 就是 30dBmW(1W 可以用 30dBmW 表述),简记为 30dBm,30dBm 的功率就是 1W 的功率。公式中如果取功率单位为 1W,那么 1W 就是 0dBW。

功率表述为 dB 数时,对数前面乘以 10,但是电压、电流表述为 dB 数时,对数前面则需乘以 20,这是由于用电压的平方或电流的平方才能计算出功率来,平方求对数后,前面的系数乘以 2,因而倍数 10 变成了倍数 20。以电压表述为例,如果以 $1\mu\mathrm{V}$ 作为电压单位,那么 1V 就是 $120\mathrm{dB}\mu\mathrm{V}$。

$$P(\mathrm{dBm})\Leftarrow 10\log_{10}\frac{\mathrm{P}}{1\mathrm{mW}} \tag{A2.4.2}$$

$$V(\mathrm{dB}\mu\mathrm{V})\Leftarrow 20\log_{10}\frac{\mathrm{V}}{1\mu\mathrm{V}} \tag{A2.4.3}$$

当我们考察一个放大器的功率增益时,则求输出功率与输入功率之比,如果用 dB 数来表示功率增益,只需把这个功率增益求对数后乘以 10 即可,此时功率增益的单位就是 dB。如某放大器具有 100 倍的功率增益,那么我们也可以说它具有 20dB 的功率增益。

$$G_{\mathrm{P}} = \frac{P_{\mathrm{o}}}{P_{\mathrm{i}}}\Rightarrow G_{\mathrm{P}}(\mathrm{dB}) = 10\log_{10}\frac{P_{\mathrm{o}}}{P_{\mathrm{i}}} \tag{A2.4.4}$$

公式中,$G$ 表示增益(Gain),$P$ 表示功率(Power),而下标 i 表示输入(input),下标 o 表示输出(output),下标 P 表示功率。

对于电压、电流增益,显然 dB 数计算时需要乘以系数 20,

$$A_V = \frac{V_o}{V_i} \Rightarrow A_V(\text{dB}) = 20\log_{10}\frac{V_o}{V_i} \tag{A2.4.5a}$$

$$A_I = \frac{I_o}{I_i} \Rightarrow A_I(\text{dB}) = 20\log_{10}\frac{I_o}{I_i} \tag{A2.4.5b}$$

公式中 $A$ 表示幅度增益（Amplitude Gain）。例如，某放大器的输入电压幅度为 1mV，输出电压幅度为 100mV，同时有 0.2mV 的噪声输出，于是该放大器的电压增益为 40dB，而输出信噪比为 54dB。

信噪比（Signal Noise Ratio，SNR）是描述信号质量的一个指标，信噪比很大时，噪声的影响不明显，信号质量高；信噪比比较小时，信号有可能被噪声淹没，从而无法识别，信号质量差。上述输出信号具有 54dB 的信噪比，信号质量算是相当的好。

对有量纲的数不能求对数，但可以用 dB 数表示有量纲的数，只需获得相对于某个基准的比值后再求对数即可。

# A3  复数

复数是对实数的拓展，直至 18 世纪才被人们广泛接受，因为人们不得不接受负数的方根。

复数表述内蕴着某些深刻的物理意义，它在电子学中的应用十分深入，如对信号的傅立叶频域分析等。复数在电磁学、量子力学、流体力学、应用数学等领域都有应用，采用复数表示可使得某些物理问题的处理得以简化。

## A3.1  复数发现

复数的发现源于二次方程根的表达式，这里不可避免地存在着如何面对负数方根的问题。我们在中学已经学过二次方程的求根问题，当 $\Delta = b^2 - 4ac \geqslant 0$ 时有解，

$$ax^2 + bx + c = 0 \tag{A3.1.1}$$

$$x_{1,2} = \frac{-b \pm \sqrt{\Delta}}{2a}, \quad \Delta = b^2 - 4ac \geqslant 0 \tag{A3.1.2}$$

其中 $\Delta > 0$ 有两个不等根，$\Delta = 0$ 为重根（$x_2 = x_1$），$\Delta < 0$ 则无根，这是在引入复数前的说法。引入复数后，当 $\Delta < 0$ 时，方程没有实根，但是有共轭复根，

$$x_{1,2} = \frac{-b \pm j\sqrt{-\Delta}}{2a}, \quad \Delta = b^2 - 4ac < 0 \tag{A3.1.3}$$

表达式中，虚数单元（imaginary unit）用 j 表示。数学类文献中用 i 表述，$i = \sqrt{-1}$，取的是其英文的首字符，但是由于电子工程中电流也用符号 $i$ 表示，为了避免混淆，在电子工程表述中，虚数单元用符号 j 表示，$j = \sqrt{-1}$。

引入复数后，实系数多项式方程

$$\sum_{k=0}^{n} a_k x^k = 0 \quad (a_k \in R, k = 0,1,2,\cdots,n, a_n \neq 0) \tag{A3.1.4}$$

要么有实根，要么有共轭复根（conjugate roots）。换句话说，实系数多项式总是可以分解为一次多项式和二次多项式积的形式，

$$\sum_{k=0}^{n} a_k x^k = a_n(x - p_1)\cdots(x - p_m)(x^2 - 2p_{m+1}x + p_{m+1}^2 + q_{m+1}^2)\cdots \tag{A3.1.5}$$

这里假设 $n$ 次实系数多项式方程有 $m$ 个实根，$p_1,\cdots,p_m$，剩下的则是共轭复根，如 $x_{m+1}=p_{m+1}+jq_{m+1}$，$x_{m+2}=p_{m+1}-jq_{m+1}$，这里 $p_{m+1}$ 是共轭复数的实部（real part），$q_{m+1}$ 是共轭复数的虚部（imaginary part），即 $\mathrm{Re}(x_{m+1})=p_{m+1}$，$\mathrm{Im}(x_{m+1})=q_{m+1}$。

### A3.2  复数的矢量表述

将复数的实部和虚部对应于直角坐标的横轴和纵轴，这个平面称为复平面。复平面上的每一个点 $(x,y)=(A,B)$ 都对应一个矢量 $\vec{S}=A\hat{x}+B\hat{y}$，当矢量的两个正交方向单位矢量 $\hat{x}$、$\hat{y}$ 分别用实数单位 1 和虚数单位 j 替代后，矢量 $\vec{S}=A\hat{x}+B\hat{y}$ 就是一个复数 $S=A+jB$。每个复数 $S=A+jB$ 都对应着复平面的一个点 $(A,B)$ 或一个矢量 $\vec{S}=A\hat{x}+B\hat{y}$。

既然是矢量，就有矢量大小与方向的问题，把复数的直角坐标换算为极坐标即可获得矢量大小和方向。

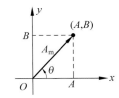

$$S=A+jB=A_m e^{j\theta}=A_m\angle\theta \qquad (A3.2.1)$$

$$A_m=|S|=\sqrt{A^2+B^2} \qquad (A3.2.2a)$$

$$\theta=\angle S=\arctan\frac{B}{A} \qquad (A3.2.2b)$$

图 A3.2.1  复平面上的点或矢量

矢量大小 $A_m$ 在本课程中被称为幅度，矢量方向角 $\theta$ 被称为相角。

这里之所以用三角函数的参量幅度和相角来称呼复数矢量的大小和方向，是因为复数 $S$ 的实部 $A$ 和虚部 $B$ 可以用幅度 $A_m$ 与相角 $\theta$ 的三角函数乘积表述，

$$A=A_m\cos\theta \qquad (A3.2.3a)$$

$$B=A_m\sin\theta \qquad (A3.2.3b)$$

上述关系很容易从图 A3.2.1 的几何关系获得。

有一点需要提醒的是，式（A3.2.2b）只能给出 $\pm90°$ 以内的相角，而实际矢量的相角在 $\pm180°$ 之间，因而式（A3.2.2b）只是方便表述，正确的相角还需考虑 $A$、$B$ 的正负号，为

$$\theta=\arctan\frac{B}{A}, \quad A>0 \qquad (A3.2.4a)$$

$$\theta=\arctan\frac{B}{A}\pm\pi, \quad A<0 \qquad (A3.2.4b)$$

当 $A$、$B$ 同时为 0 时，相角没有定义，零矢量无确定的相角。本书中出现 arctan 函数计算相角时，都有这个问题需要处理，后面不再赘述，我们默认采用式（A3.2.2b）运算时内蕴式（A3.2.4）的设定。

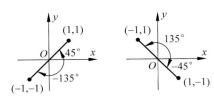

图 A3.2.2  矢量相角

例如，矢量 $(1,1)$ 的相角为 $45°$，矢量 $(-1,-1)$ 的相角则为 $-135°$，矢量 $(1,-1)$ 的相角为 $-45°$，矢量 $(-1,1)$ 的相角为 $135°$，如图 A3.2.2 所示。注意相角的方向以 $x$ 轴为基准，顺时针方向为负，逆时针方向为正。

这里，相角可以用度数表示，也可以用弧度表示，$180°$ 对应 $\pi$ 弧度。从容易记忆这个角度我们倾向于用度数表示，但计算机数值计算时则需采用弧度值。

### A3.3 欧拉公式

矢量$(A,B)$用幅度相角可表述为$A_m \angle \theta$,也可用复数形式表述为$A_m e^{j\theta}$,这种表述中包含了欧拉公式

$$e^{j\theta} = \cos\theta + j\sin\theta \qquad (A3.3.1)$$

故而

$$S = A + jB = A_m\cos\theta + jA_m\sin\theta = A_m(\cos\theta + j\sin\theta) = A_m e^{j\theta} \qquad (A3.3.2)$$

欧拉公式的证明很简单,将$e^{j\theta}$用泰勒级数展开即可,考虑到虚数单位$j$的平方为$-1$,三次方为$-j$,四次方为$1$,五次方为$j$,6次方又变成$-1$,当我们把二次方、四次方、六次方这些实数归并到实部,将一次方、三次方、五次方这些虚数归并到虚部,则发现实部恰好是$\cos\theta$的泰勒展开,虚部则恰好是$\sin\theta$的泰勒展开,从而欧拉公式得证:

$$
\begin{aligned}
e^{j\theta} &= 1 + (j\theta) + \frac{(j\theta)^2}{2!} + \frac{(j\theta)^3}{3!} + \cdots \\
&= \left[1 - \frac{\theta^2}{2!} + \frac{\theta^4}{4!} - \cdots\right] + j\left[\theta - \frac{\theta^3}{3!} + \frac{\theta^5}{5!} - \cdots\right] \\
&= \cos\theta + j\sin\theta
\end{aligned}
\qquad (A3.3.3)
$$

当我们把$\theta = \pi$代入欧拉公式,可得到如下表达式

$$e^{j\pi} + 1 = 0 \qquad (A3.3.4)$$

它被称为是最令人惊奇的一个数学公式,因为在这个公式中,包括了自然对数的底$e = 2.718\cdots$,圆周率$\pi = 3.141\cdots$,虚数单元$j = \sqrt{-1}$,实数单元$1$,还有$0$。

### A3.4 对虚数单元 j 的理解

在复平面上,$+1$对应矢量$(1,0)$,$j$对应矢量$(0,1)$,$-1$对应矢量$(-1,0)$,$-j$对应矢量$(0,-1)$。注意到$j$矢量比$1$矢量超前$90°$,所谓超前,就是$1$矢量逆时针旋转$90°$就变成了$j$矢量,我们称逆时针为正旋转方向;而矢量$-j$比$1$矢量滞后$90°$,所谓滞后,就是$1$矢量顺时针旋转$90°$就变成了$-j$矢量,我们称顺时针为负旋转方向。$\pm 1$和$\pm j$的关系如图A3.4.1所示。

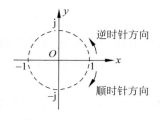

图 A3.4.1　$\pm 1$ 和 $\pm j$ 的关系

显然,$1$矢量逆时针旋转$90°$为$j$矢量,$j$矢量逆时针再旋转$90°$则为$-1$,$-1$和$1$差了$180°$,$-1$矢量再逆时针旋转$90°$则变成$-j$矢量,$-j$矢量逆时针旋转$90°$则回到$1$矢量位置。

我们注意到$j = e^{j\pi/2}$,这里的$\pi/2$就是正$90°$相移,乘以$j$就代表逆时针旋转$90°$;$j^2 = e^{j\pi} = -1$,表示连着两次逆时针旋转$90°$,也就是逆时针旋转$180°$,因而$1$矢量旋转成为$-1$矢量;$j^3 = e^{j3\pi/2} = -j$,这是连着逆时针旋转了$3$个$90°$,也就是$270°$,这个位置就是$-j$矢量的位置;$j^4 = e^{j2\pi} = 1$,连着逆时针旋转了$4$个$90°$,也就是$360°$,$1$矢量转了一圈又回来了,还是$1$矢量位置。之后$j^5 = j$,就是$1$矢量转了一圈再接着转$90°$,又转到了$j$矢量位置。

请牢记一点:一个复数乘以$j$就相当于该矢量逆时针旋转$90°$,除以$j$或者乘以$-j$则相当于顺时针旋转$90°$,逆时针旋转$90°$则相角增加$90°$,顺时针旋转$90°$则相角减小$90°$。这里,逆时针为正旋转方向,顺时针为负旋转方向。

　　$-1$ 相对于 1，称之为反相，或相移 180°；j 相对于 1，称之为相位超前 90°；$-$j 相对于 1，称之为相位滞后 90°。简单地说，j 就是 90°相移，$+$j 代表超前相位 90°，$-$j 代表相位滞后 90°。

### A3.5　复数运算

　　复数是对实数的推广，数的表示分解为实部和虚部；同样地，复数运算是实数运算的推广，其加减乘除运算和实数并无差别，只是需要区分实部和虚部而已。假设两个复数为 $S_1 = A_1 + jB_1$，$S_2 = A_2 + jB_2$，那么有

$$S_1 + S_2 = (A_1 + A_2) + j(B_1 + B_2) \tag{A3.5.1a}$$

$$S_1 - S_2 = (A_1 - A_2) + j(B_1 - B_2) \tag{A3.5.1b}$$

两个复数相加，等于实部加实部，虚部加虚部；减法类同。乘除法则没有那么简单，需要利用乘法运算中的结合律和分配律，

$$\begin{aligned} S_1 \times S_2 &= (A_1 + jB_1) \times (A_2 + jB_2) \\ &= (A_1 A_2 - B_1 B_2) + j(A_1 B_2 + A_2 B_1) \end{aligned} \tag{A3.5.2a}$$

$$\begin{aligned} \frac{S_1}{S_2} &= \frac{S_1 \times S_2^*}{S_2 \times S_2^*} = \frac{(A_1 + jB_1)(A_2 - jB_2)}{(A_2 + jB_2)(A_2 - jB_2)} \\ &= \frac{A_1 A_2 + B_1 B_2}{A_2^2 + B_2^2} + j\frac{A_2 B_1 - A_1 B_2}{A_2^2 + B_2^2} \end{aligned} \tag{A3.5.2b}$$

式中的上标 $*$ 代表"共轭"运算，就是虚部求反，$S_2^* = A_2 - jB_2$，$S_2$ 和 $S_2^*$ 是实系数二次多项式 $x^2 - 2A_2 x + A_2^2 + B_2^2 = 0$ 的共轭复根。

　　复数用幅度相角表示后，在乘除运算上变得相对简单，如 $S_1 = A_1 + jB_1 = A_{m1} e^{j\theta_1}$，$S_2 = A_2 + jB_2 = A_{m2} e^{j\theta_2}$，则有

$$S_1 \times S_2 = A_{m1} A_{m2} e^{j(\theta_1 + \theta_2)} \tag{A3.5.3a}$$

$$\frac{S_1}{S_2} = \frac{A_{m1}}{A_{m2}} e^{j(\theta_1 - \theta_2)} \tag{A3.5.3b}$$

复数乘法运算变成了幅度相乘、相角相加运算，复数除法运算变成了幅度相除、相角相减运算。相角的加减就是旋转，加 30°就是矢量逆时针旋转 30°，减 30°就是矢量顺时针旋转 30°，显然复数乘除运算完成的是幅度上的乘除和相角上的旋转操作。

　　复数 $S = A + jB = A_m e^{j\theta}$ 的共轭就是虚部取反，或者相角取反。复数矢量和它的共轭矢量关于 $x$ 轴对称。

$$S^* = A - jB = A_m e^{-j\theta} \tag{A3.5.4}$$

　　复数 $S = A_m e^{j\theta}$ 的 $n$ 次方运算，只需幅度 $n$ 次方，相位 $n$ 倍即可，这里 $n$ 是正整数，

$$S^n = A_m^n e^{jn\theta} \tag{A3.5.5}$$

复数 $S = A_m e^{j\theta}$ 的 $n$ 次开方运算，则是幅度 $n$ 次开方，相位 $1/n$ 倍，这里 $n$ 是正整数，

$$S^{\frac{1}{n}} = A_m^{\frac{1}{n}} e^{j\frac{\theta}{n}} \tag{A3.5.6}$$

但是这个结果并不全面。我们注意到，一个矢量旋转 360°还是这个矢量本身，即 $e^{j\theta} = e^{j(\theta + 2\pi)}$，所以求 $n$ 次开方时，相角取 $(\theta + 2\pi)/n$ 也是其中的一个解。按照这个思路，每次旋转 360°，即可获得一个解，最后可以确认，复数开 $n$ 次方有 $n$ 个解，分别为

$$S^{\frac{1}{n}} = A_m^{\frac{1}{n}} e^{j\frac{\theta + 2k\pi}{n}}, \quad k = 0, 1, 2, \cdots, n-1 \tag{A3.5.7}$$

在复平面上看，这 $n$ 个解均匀分布在半径为 $A^{\frac{1}{m}}$ 的圆周上。

　　如果没有复数的概念，我们知道 1 的开 3 次方就是 1。但是有了复数概念后，可知 1 的开

3 次方有 3 个解：1，$e^{j2\pi/3}$，$e^{j4\pi/3}$。求这三个解的 3 次方，即可确认：首先，1 的 3 次方等于 1 毫无问题；其次，$e^{j2\pi/3}$ 的 3 次方，矢量 $e^{j2\pi/3}$ 本身在 120° 位置，它的 3 次方代表在此基础上接着逆时针旋转两个 120°，共 360°，故而最终旋转到矢量 1 位置，注意到矢量 $e^{j2\pi/3}$ 的幅值为 1，因而 $e^{j2\pi/3}$ 的 3 次方的幅值仍然是 1；同理，$e^{j4\pi/3}$ 的 3 次方等于 1 可以理解为 1 矢量三个 240° 逆时针旋转回到 1 矢量位置，或者 1 矢量三个 120° 顺时针旋转回到 1 矢量位置。

# A4　旋转矢量与正弦信号

## A4.1　旋转周期与频率

如图 A4.1.1 所示，这是一个复平面上绕原点匀速旋转的旋转矢量。

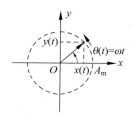

图 A4.1.1　匀速旋转矢量图

它以原点为圆心做匀速逆时针旋转运动，假设旋转一周需要的时间是 $T$ s，也就是说 $T$ s 它就旋转一周，换句话说，1s 该矢量将旋转 $1/T$ 周，我们称 $1/T$ 为旋转频率 $f$，$T$ 则称为周期。比如说周期是 1s，也就是说，1s 转 1 圈，该旋转矢量以 1Hz 的频率做匀速旋转运动；如果周期是 1ms，转一圈用 1ms，1s 的时间则转 1000 圈，也就是说，该旋转矢量以 1kHz 的频率做匀速旋转；如果转一圈需要 2μs，那么 1s 就会转 50 万圈，它的频率就是 500kHz 或者 0.5MHz。周期 $T$ 代表旋转一圈需要多长时间，频率 $f$ 则代表 1s 可以转多少圈，显然这两个量值互为倒数。

$$f = \frac{1}{T} \tag{A4.1.1}$$

每旋转一周，相角就会增加 360°，用弧度表示就是，每转一圈相角增加 $2\pi$ 弧度。也就是说，用了 $T$ 这么长的时间转了 $2\pi$ 弧度，显然，角度增加的速度就是 $2\pi/T$，称之为角速度或者角频率，记为 $\omega$，

$$\omega = \frac{2\pi}{T} = 2\pi f \tag{A4.1.2}$$

假设旋转矢量的初始角度为 0，也就是说在时间 $t=0$ 时刻，相角等于 0，由于角速度为 $\omega$，因而经过时间 $t$ 以后角度将旋转 $\omega t$ 弧度，即

$$\theta(t) = \omega t \tag{A4.1.3}$$

例如旋转矢量旋转一周所用时间为 1s，也就是说周期为 1s，那么频率就是 1Hz，角速度为 $2\pi$ rad/s 或 360° 每秒。假设初始角度为 0°，那么在 0.25s 时，旋转角度为 90°（或 $\pi/2$ rad），在 2.5s 时，该矢量共旋转了 900° 的角度。

## A4.2　正弦信号

旋转矢量以 $\omega$ 角速度逆时针匀速旋转，它在两个坐标轴上的投影则以正弦规律变化，

$$x(t) = A_m \cos\theta(t) = A_m \cos\omega t \tag{A4.2.1a}$$

$$y(t) = A_m \sin\theta(t) = A_m \sin\omega t \tag{A4.2.1b}$$

以时间为横轴，以两个投影大小为纵轴，可以画出余弦波和正弦波，如图 A4.2.1 所示，匀速旋转矢

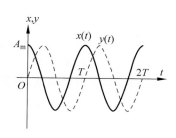

图 A4.2.1　匀速旋转矢量的投影是正弦信号

量在横轴上的投影为余弦波形态,在纵轴上的投影则为正弦波形态,这两个函数随时间变化的波形统称为正弦波形。图中,$y$ 轴投影 $y(t)$ 落后 $x$ 轴投影 $x(t)$ 90°相角,两者具有同一个幅度 $A_m$ 和同一个频率 $\omega$。

## A4.3　正频率与负频率

将该旋转矢量用复数表示,为

$$S(t) = x(t) + \mathrm{j}y(t) = A_m \mathrm{e}^{\mathrm{j}\theta(t)} = A_m \mathrm{e}^{\mathrm{j}\omega t} \tag{A4.3.1}$$

显然,$\mathrm{e}^{\mathrm{j}\omega t}$ 代表的是以 $\omega$ 角速度逆时针旋转的单位旋转矢量,同理,$\mathrm{e}^{-\mathrm{j}\omega t}$ 则代表以 $\omega$ 角速度顺时针旋转的单位旋转矢量,这两个单位旋转矢量分别代表了正频率($+\omega$,逆时针旋转)分量和负频率($-\omega$,顺时针旋转)分量,如图 A4.3.1 所示。

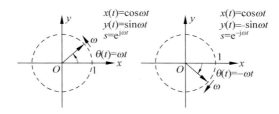

图 A4.3.1　正频率(逆时针单位旋转矢量)和负频率(顺时针单位旋转矢量)

当我们说 1Hz 的频率时,是正频率或是负频率都有可能,因为我们不知道旋转矢量的旋转方向,无论是 $+1$Hz,还是 $-1$Hz,都是 1Hz 的频率,也就是说 1s 旋转 1 周。我们有时可能不关注旋转方向,对 1Hz 的频率我们并不特意区分其正负,但有时我们又特别关注并区分正负频率,例如在进行傅立叶频谱分析时,我们得到的结论是,实信号的正频率分量和负频率分量大小相等,相位相反。

正弦信号是实数信号,自然也应同时包含正频率分量和负频率分量。如图 A4.3.2 所示,以旋转矢量在 $x$ 轴上的投影矢量 $(\cos\omega t, 0)$ 为被考察矢量,显然它是单位正频率矢量 $\mathrm{e}^{\mathrm{j}\omega t}$ 和单位负频率矢量 $\mathrm{e}^{-\mathrm{j}\omega t}$ 的和合成矢量的一半(相加后取半),同理,旋转矢量在 $y$ 轴上的投影矢量 $(0, \sin\omega t)$ 是单位正频率矢量 $\mathrm{e}^{\mathrm{j}\omega t}$ 和单位负频率矢量 $\mathrm{e}^{-\mathrm{j}\omega t}$ 的差合成矢量的一半(相减后取半),

$$\cos\omega t = \frac{1}{2}(\mathrm{e}^{\mathrm{j}\omega t} + \mathrm{e}^{-\mathrm{j}\omega t}) \tag{A4.3.2}$$

$$\mathrm{j}\sin\omega t = \frac{1}{2}(\mathrm{e}^{\mathrm{j}\omega t} - \mathrm{e}^{-\mathrm{j}\omega t}) \tag{A4.3.3a}$$

$$\sin\omega t = \frac{1}{2\mathrm{j}}(\mathrm{e}^{\mathrm{j}\omega t} - \mathrm{e}^{-\mathrm{j}\omega t}) = \frac{1}{2}(\mathrm{e}^{\mathrm{j}\omega t}\mathrm{e}^{-\mathrm{j}\frac{\pi}{2}} + \mathrm{e}^{-\mathrm{j}\omega t}\mathrm{e}^{\mathrm{j}\frac{\pi}{2}}) \tag{A4.3.3b}$$

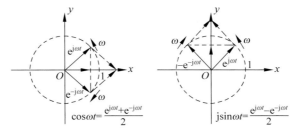

图 A4.3.2　正弦信号中同时包含正频率分量和负频率分量

显然，$\cos\omega t$ 和 $\sin\omega t$ 中都同时包含正频率分量和负频率分量。其中，$\cos\omega t$ 中的单位正频率分量 $e^{j\omega t}$ 和单位负频率分量 $e^{-j\omega t}$ 各占一半，$\sin\omega t$ 中的单位正频率分量 $e^{j\omega t}$ 和单位负频率分量 $e^{-j\omega t}$ 也各占一半，同时还有相位上的差别，正频率分量 $e^{j\omega t}$ 的附加相位为 $-90°$，负频率分量的附加相位为 $+90°$，上述分析结果正好符合傅立叶分析所描述的实信号频谱结构规则：对应的正负频率分量幅度相等而相位相反。

本书中，电路所处理的电信号，其频谱结构都具有这样的特性，即实信号同时包括正频率分量和负频率分量，其幅度相等，相位相反。电路中处理的实信号可以分解为各种正负频率分量的叠加（或积分）。

### A4.4　描述正弦信号的三个基本参量

前面的讨论均假设在 $t=0$ 的时候，矢量初始相角为 0。如果初始相角不为零，也就是说在 $t=0$ 这一时刻，旋转矢量的初始相角为 $\theta_0$，那么 $t$ 时刻的瞬时相角 $\theta(t)$ 就是

$$\theta(t) = \omega t + \theta_0 \tag{A4.4.1}$$

从而旋转矢量可表述为

$$S(t) = A_m e^{j(\omega t + \theta_0)} = A_m e^{j\omega t} e^{j\theta_0} \tag{A4.4.2}$$

由于旋转矢量在 $x$ 轴上的投影为正弦信号，因而当我们说某正弦信号的幅度为 $A_m$，频率为 $\omega$，初始相位为 $\theta_0$ 时，它代表的时域表达式为

$$x(t) = \text{Re}S(t) = A_m\cos(\omega t + \theta_0) \tag{A4.4.3}$$

电路分析中，我们更偏好用 $\cos$ 函数表示正弦信号。本书中，我们采用式（A4.4.3）的表述方式来描述正弦信号。当然，你也可以用 $\sin$ 函数表述正弦信号，但一定要记住，无论采用哪种表述，只有始终保持前后一致才不会导致分析错误。

### A4.5　频率与相位关系

前面的讨论均假设旋转矢量匀速旋转，且大小不变。如果旋转矢量的大小随时间变化，则记其幅度为 $A(t)$，如果旋转矢量的旋转运动不再是匀速的，则记其角速度为 $\omega(t)$。

犹如距离 $l$ 是速度 $v$ 的时间积分，$l(t) = l_0 + \int_0^t v(\tau)d\tau$，同样的道理，相角 $\theta$ 是角速度 $\omega$ 的时间积分，如图 A4.5.1 所示。

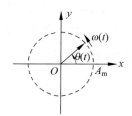

图 A4.5.1　相位是角速度的时间积分

$$\theta(t) = \theta_0 + \int_0^t \omega(\tau)d\tau \tag{A4.5.1a}$$

反之，速度是距离的时间微分，$v(t) = \dfrac{d}{dt}l(t)$，角速度则是相角的时间微分，

$$\omega(t) = \frac{d}{dt}\theta(t) \tag{A4.5.1b}$$

正是因为频率和相位的这种微积分关系，非恒定幅度、非恒定角速度的正弦波可记为

$$x(t) = A(t)\cos\theta(t) \tag{A4.5.2}$$

显然，初始相角为 $\theta_0 = \theta(0)$，角频率（角速度）为 $\omega(t) = d\theta(t)/dt$。

# A5 信号的傅立叶分析

我们习惯于电信号的时域波形描述,实验室中示波器给出的波形就是时域波形。所谓时域波形,就是以时间 $t$ 为横坐标(自变量),以该时间点上的信号大小 $h$ 为纵坐标(因变量),描绘出随时间变化的信号曲线 $h(t)$。

固然信号的时域波形更容易直观理解,然而信号的频谱分析也是人体自然具备的信号处理能力。例如我们的耳朵,可以很容易分清楚男声和女声,原因就在于男声和女声的频率一个低一个高,我们的耳朵就是一个频谱分析仪,可以区分不同频率的声波信号;同样地,我们的眼睛是光波频谱分析仪,它可以很容易地分辨出不同的颜色,原因在于不同颜色的光具有不同的波长或频率。实验室中,当我们希望确认某个电信号的各个频率分量时,可以利用频谱分析仪观察该电信号的不同频率分量大小,也可以在示波器上用 FFT 运算功能观察其频谱结构。这里的 FFT 是 Fast Fourier Transform(快速傅立叶变换)的缩写,它可以从时域波形经傅立叶变换获得频谱结构,也就是信号中各个频率分量的幅度和相位。所谓频谱结构,就是以频率 $\omega$ 为横坐标(自变量),以该频点上信号大小 $H$ 为纵坐标(因变量),所描绘出的随频率变化的信号大小 $H(j\omega)$。

我们可以通过傅立叶变换把时域信号 $h(t)$ 变换到频域内以获得该信号的频谱结构 $H(j\omega)$,也可用傅立叶逆变换将频谱结构 $H(j\omega)$ 变换到时域获得时域波形 $h(t)$。由于 $h(t)$ 和 $H(j\omega)$ 这两个函数之间存在着可逆的变换,因而两者完全等同,只不过是从不同角度看同一个信号而已,一个是从时域波形看,一个是从频谱结构看,两种观测获得完全相同的信息。

既然两者完全等同,为什么还要做变换呢? 这是因为有些信号包含的信息在时域波形上用肉眼是看不出来的,但是一旦信号被变换到频域内,从频谱结构上看其包含的信息就显得清晰无比;同样地,有些信号从频谱结构看不清楚所以然,但它的时域波形却有清晰异常的特征。不同的信号,有的在时域表述更清晰,有的则在频域表述更清晰,我们总是在特征明显的那个域内对信号进行处理或描述,因为这些特征就是信息的表现,在最明显的域内处理或描述可以获得最显著或最令人满意的效果,因而我们的视角需要经常在两个域之间来回跳转。

## A5.1 傅立叶变换的物理含义

傅立叶变换定义如下,

$$H(j\omega) = \mathcal{F}(h(t)) = \int_{-\infty}^{+\infty} h(t) e^{-j\omega t} \, dt \qquad (A5.1.1)$$

它以 $e^{-j\omega t}$ 为积分内核,该积分内核与 $h(t)$ 相乘后对时间求积分,由于积分限是正负无穷,因而获得的 $H(j\omega)$ 中没有了时间变量,只有频率变量,也就是说,它是考虑了时间轴上的所有时间点的时域波形 $h(t)$ 后给出的 $H(j\omega)$ 频谱结构。

我们注意到: 积分内核 $e^{-j\omega t}$ 代表着以 $\omega$ 角速度顺时针旋转的单位旋转矢量,也代表了 $-\omega$ 频率分量。如果信号 $h(t)$ 中包含 $+\omega$ 频率分量,即包含着以 $\omega$ 角速度逆时针旋转的单位旋转矢量,那么两个旋转矢量相乘后,一定存在不动矢量($e^{-j\omega t} e^{j\omega t} = e^{j0t} = 1$,角速度为零的矢量,零频矢量),对时间积分后 $H(j\omega) \neq 0$,$H(j\omega) \neq 0$ 也就意味着信号 $h(t)$ 中包含 $\omega$ 频率分量。反之,如果信号 $h(t)$ 中不包含 $+\omega$ 频率分量,不包含以 $\omega$ 角速度逆时针旋转的单位旋转矢量,那么乘以 $e^{-j\omega t}$ 顺时针单位旋转矢量后,则不存在不动矢量,所有矢量都是旋转矢量,旋转矢量对时间求积分后一定为零,故而 $H(j\omega)=0$ 则意味着信号 $h(t)$ 中不包含 $\omega$ 频率分量。

注意上面旋转矢量旋转方向的说法是在假设 $\omega>0$ 的情况下说的,如果 $\omega<0$ 亦可做相应的解释,结论是一致的,即:$H(j\omega)\neq0$ 则意味着信号 $h(t)$ 中包含 $\omega$ 频率分量,$H(j\omega)=0$ 则意味着信号 $h(t)$ 中不包含 $\omega$ 频率分量,无论 $\omega$ 正负。

我们重新审视傅立叶变换表达式,它的物理意义很明确:所谓傅立叶变换,就是以单位旋转矢量 $e^{-j\omega t}$ 为积分内核来寻找时域信号 $h(t)$ 中是否存在 $\omega$ 频率分量($e^{j\omega t}$),如果 $h(t)$ 中存在 $\omega$ 频率分量($e^{j\omega t}$),则 $H(j\omega)\neq0$,如果 $h(t)$ 中不存在 $\omega$ 频率分量($e^{j\omega t}$),则 $H(j\omega)=0$。

明确傅立叶变换的物理意义后,我们就很容易理解傅立叶逆变换了

$$h(t) = \mathcal{F}^{-1}(H(j\omega)) = \frac{1}{2\pi}\int_{-\infty}^{+\infty} H(j\omega)e^{j\omega t}\,d\omega \tag{A5.1.2}$$

既然 $\omega$ 频率分量 $e^{j\omega t}$ 存在且其大小为 $H(j\omega)$,把所有的这些频率分量累加即可恢复出原始信号 $h(t)$ 来,因而 $h(t)$ 是 $H(j\omega)e^{j\omega t}$ 的累加(积分),前面的系数 $1/2\pi$ 来自角频率 $\omega$ 和频率 $f$ 之间的比例系数。

最后强调一点,"$H(j\omega)$ 是 $\omega$ 频率分量 $e^{j\omega t}$ 的大小"是简约的说法,其实 $H(j\omega)$ 是信号的强度密度。假设 $h(t)$ 是电压信号,其单位是 V(伏特),根据傅立叶变换式,显然 $H(j\omega)$ 的单位为 V/Hz(伏特每赫兹),换句话说,$H(j\omega)$ 是 $\omega$ 频率分量 $e^{j\omega t}$ 的幅度密度,单位赫兹频带内的信号强度大小。

麻烦也就出在这里,由于 $H(j\omega)$ 是信号的强度密度,对于正弦信号 $A_m\cos\omega t$,它只包含单频分量 $\omega$(或 $\pm\omega$),信号强度为 $A_m$,但信号在频域占用频率宽度为 0Hz,显然强度密度为无穷大,如何表述这个无穷大密度呢?

以角速度 $\omega_0$ 逆时针旋转的旋转矢量 $A_m e^{j\omega_0 t}$ 代表着 $+\omega_0$ 频率分量,这个矢量的幅度为 $A_m$,它的傅立叶频谱结构是怎样的呢?代入傅立叶变换表达式,可知,

$$h(t) = A_m e^{j\omega_0 t} \tag{A5.1.3}$$

$$H(j\omega) = \mathcal{F}(h(t)) = \int_{-\infty}^{+\infty} h(t)e^{-j\omega t}\,dt = \int_{-\infty}^{+\infty} A_m e^{j\omega_0 t}e^{-j\omega t}\,dt = A_m\int_{-\infty}^{+\infty} e^{-j(\omega-\omega_0)t}\,dt$$

$$= \begin{cases} 0 \\ A_m\int_{-\infty}^{+\infty} e^{-j0t}\,dt \end{cases} = \begin{cases} 0, & \omega\neq\omega_0 \\ 2\pi A_m\delta, & \omega=\omega_0 \end{cases} = 2\pi A_m\delta(\omega-\omega_0) \tag{A5.1.4}$$

显然,如果 $\omega\neq\omega_0$,积分号内的函数 $e^{j(\omega-\omega_0)t}$ 仍然是一个旋转矢量,它是正负对称的周期函数,积分后正负抵偿,因而 $H(j\omega)$ 为零,但是当 $\omega=\omega_0$ 时,积分号内的函数就变成了不动矢量 1,由于积分限为 $\pm\infty$,因而对它的积分是无穷大数,我们记这个无穷大数为 $2\pi\delta$,其中系数 $2\pi$ 来自角频率 $\omega$ 和频率 $f$ 之间的比例系数,而 $\delta$ 则是单位冲激。

所谓单位冲激,就是占用空间为零但强度为 1 的量。例如,某个矩形面积(强度)恒为 1,矩形宽度为 $v$,矩形高度(强度密度)则为 $1/v$,如果令矩形宽度 $v\to0$,显然矩形高度(强度密度)$1/v\to\infty$,这里将这个趋于无穷的强度密度 $1/v$ 用单位冲激 $\delta$ 表述。

单位冲激函数 $\delta(\omega)$ 可以定义为

$$\begin{cases} \delta(\omega)=0, & \omega\neq0 \\ \int_{-\infty}^{+\infty}\delta(\omega)\,d\omega=1 \end{cases} \tag{A5.1.5}$$

该定义表明:单位冲激是强度密度,总强度为 1,但占用宽度为 0。单位冲激 $\delta(\omega-\omega_0)$ 仅在 $\omega=\omega_0$ 频点上有非零值,其他频点上均为零值。

图 A5.1.1 是以角速度 $\omega_0$ 逆时针旋转的旋转矢量 $A_{\mathrm{m}}\mathrm{e}^{\mathrm{j}\omega_0 t}$ 的频谱结构。我们无法把无穷大值画在图上,因而这里用箭头表示冲激函数,箭头的高度 $2\pi A_{\mathrm{m}}$ 是冲激强度。如果横轴采用频率 $f$,则冲激强度为 $A_{\mathrm{m}}$,表明 $A_{\mathrm{m}}\mathrm{e}^{\mathrm{j}\omega_0 t}=A_{\mathrm{m}}\mathrm{e}^{\mathrm{j}2\pi f_0 t}$ 这个单频分量只占用了 $f_0$ 这一个宽度为 $0\mathrm{Hz}$ 的单频点。

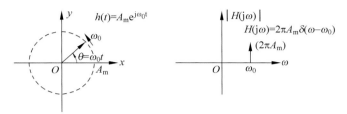

图 A5.1.1　正旋转矢量及其傅立叶频谱结构

同理,$-f_0$ 频率分量 $A_{\mathrm{m}}\mathrm{e}^{-\mathrm{j}2\pi f_0 t}$ 的傅立叶频谱是一个在 $-f_0$ 频点上的强度为 $A_{\mathrm{m}}$ 的冲激 $A_{\mathrm{m}}\delta(f+f_0)$(或者记为 $2\pi A_{\mathrm{m}}\delta(\omega+\omega_0)$),在其他频点上的信号强度为零。这是显然的,因为 $-f_0$ 频率分量 $A_{\mathrm{m}}\mathrm{e}^{-\mathrm{j}2\pi f_0 t}$ 仅占用一个频点 $-f_0$,其宽度为 $0\mathrm{Hz}$。

## A5.2　正弦信号的傅立叶变换

正弦信号可以分解为正频率分量与负频率分量的叠加,故而其频谱结构是两条谱线,是分别位于 $+\omega_0$ 和 $-\omega_0$ 位置的两个冲激,

$$h(t)=A_{\mathrm{m}}\cos(\omega_0 t+\theta_0)=0.5A_{\mathrm{m}}\mathrm{e}^{\mathrm{j}\omega_0 t}\mathrm{e}^{\mathrm{j}\theta_0}+0.5A_{\mathrm{m}}\mathrm{e}^{-\mathrm{j}\omega_0 t}\mathrm{e}^{-\mathrm{j}\theta_0} \tag{A5.2.1}$$

$$H(\mathrm{j}\omega)=\mathcal{F}(h(t))=0.5A_{\mathrm{m}}\mathrm{e}^{\mathrm{j}\theta_0}\ \mathcal{F}(\mathrm{e}^{\mathrm{j}\omega_0 t})+0.5A_{\mathrm{m}}\mathrm{e}^{-\mathrm{j}\theta_0}\ \mathcal{F}(\mathrm{e}^{-\mathrm{j}\omega_0 t})$$

$$=\pi A_{\mathrm{m}}\mathrm{e}^{\mathrm{j}\theta_0}\delta(\omega-\omega_0)+\pi A_{\mathrm{m}}\mathrm{e}^{-\mathrm{j}\theta_0}\delta(\omega+\omega_0) \tag{A5.2.2}$$

这里利用了傅立叶变换的线性特性 $\mathcal{F}(ah_1(t)+bh_2(t))=a\ \mathcal{F}(h_1(t))+b\ \mathcal{F}(h_2(t))$。

如图 A5.2.1 所示,正弦信号的频谱结构是两条分别位于 $+\omega_0$ 和 $-\omega_0$ 位置的冲激谱线,冲激强度为 $\pi A_{\mathrm{m}}$。注意,图中只标了冲激强度的幅度 $|H(\mathrm{j}\omega)|$,两个冲激强度的相位分别为 $-\theta_0$ 和 $+\theta_0$。

不考虑初始相位 $\theta_0$ 只考虑强度 $A_{\mathrm{m}}$ 大小,不特意区分正频率和负频率,那么任意初始相位 $\theta_0$ 的正弦信号 $A_{\mathrm{m}}\cos(2\pi f_0 t+\theta_0)$ 均可被当成是频率为 $f_0$、强度为 $A_{\mathrm{m}}$ 的单频信号。

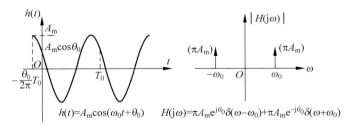

图 A5.2.1　正弦信号时域波形及其傅立叶频谱结构

**练习 A5.2.1**　(1) 请给出 $h_1(t)=A_{\mathrm{m1}}\cos\omega_0 t$ 和 $h_2(t)=A_{\mathrm{m2}}\sin\omega_0 t$ 的傅立叶频谱数学表达式,画出其频谱结构。

(2) 直流信号指的是不随时间变化的常量(电压或电流)信号,$h(t)=A_{\mathrm{m}}$。直流信号可视为零频信号(旋转角速度为 0 的旋转矢量),$h(t)=A_{\mathrm{m}}\mathrm{e}^{\mathrm{j}0t}$,显然,其频谱结构为 $H(\mathrm{j}\omega)=2\pi A_{\mathrm{m}}\delta(\omega)$,请画出它的频谱结构。

### A5.3 实信号的傅立叶频谱结构

对于实信号而言，它的频谱结构具有如下特征：其频谱幅值对正负频率是偶对称的，$|H(-j\omega)|=|H(+j\omega)|$，频谱的相位则是奇对称的，即 $\theta(-\omega)=-\theta(\omega)$，

$$H(-j\omega)=\int_{-\infty}^{+\infty}h(t)e^{j\omega t}dt=\int_{-\infty}^{+\infty}h(t)(e^{-j\omega t})^*dt$$

$$=\left(\int_{-\infty}^{+\infty}h(t)e^{-j\omega t}dt\right)^*=H^*(j\omega) \tag{A5.3.1}$$

$$H(j\omega)=|H(j\omega)|e^{j\theta(\omega)} \tag{A5.3.2a}$$

$$H(-j\omega)=H^*(j\omega)=|H(j\omega)|e^{-j\theta(\omega)} \tag{A5.3.2b}$$

这种正负频率频谱的对称性是针对实信号而言的，如前面讨论的正弦信号。

电路中处理的电信号都是实信号，它们的频谱都是正负频率对称的。但是我们可以人为构造出复数信号：将两路实信号分别视为复信号的实部和虚部，则可构造出复数信号。对复信号而言，其频谱结构不具备正负频率对称的特性，如复信号 $e^{j\omega_0 t}$ 可以由 $\cos\omega_0 t$ 这路信号作为实部而 $\sin\omega_0 t$ 这路信号作为虚部构造形成，该复信号就只有正频率分量而没有负频率分量，正负频率没有对称性，但构成复信号的两路实信号，都分别具有正负频率频谱对称的特性。引入复信号在某些信号处理领域可以简化系统分析。

**例 A5.3.1** 单边指数衰减函数是一阶 RC 动态电路的特征函数，

$$h(t)=\begin{cases}0, & t<0\\ \dfrac{1}{\tau}e^{-\frac{t}{\tau}}, & t\geqslant 0\end{cases} \tag{A5.3.3}$$

其中 $\tau=RC$ 是电容 $C$ 通过电阻 $R$ 放电的时间常数。求其频谱结构。

**解**：将单边指数衰减函数代入傅立叶变换表达式，有

$$H(j\omega)=\int_{-\infty}^{+\infty}h(t)e^{-j\omega t}dt=\int_0^{+\infty}\frac{1}{\tau}e^{-\frac{t}{\tau}}e^{-j\omega t}dt=\frac{1}{\tau}\int_0^{+\infty}e^{-(\frac{1}{\tau}+j\omega)t}dt$$

$$=-\frac{\frac{1}{\tau}}{\frac{1}{\tau}+j\omega}e^{-(\frac{1}{\tau}+j\omega)t}\bigg|_0^{+\infty}=\frac{\frac{1}{\tau}}{\frac{1}{\tau}+j\omega}=\frac{1}{1+j\omega\tau}$$

$$=\frac{1}{\sqrt{1+(\omega\tau)^2}}e^{-j\arctan\omega\tau} \tag{A5.3.4}$$

显然，其幅度正负频率偶对称，而相位正负频率奇对称，

$$|H(j\omega)|=\frac{1}{\sqrt{1+(\omega\tau)^2}} \tag{A5.3.5a}$$

$$\theta(\omega)=-\arctan\omega\tau \tag{A5.3.5b}$$

**练习 A5.3.1** 请画出单边指数衰减函数的时域波形图和频谱结构图，包括频谱的幅度和相位随频率的变化曲线。

频域分析为我们打开了另一扇观察信号特性的门户，使得我们可以随意在两个域的任何一个域内进行信号分析，在哪个域分析方便就在哪个域进行分析。

# A6    信号分类和典型信号

信号的时域波形变化和频谱结构代表了信息,电路对信号的处理就是对信息的处理,下面进一步对信号进行分类说明,了解典型信号的时频特征。

## A6.1    信号分类

### A6.1.1    确定性信号与随机信号

给定信号的某些参量,则在任意指定的某一时刻,信号的值可以被给定参量所确定,如正弦波信号,只要知道它的幅度、频率和初始相位,那么任一时刻的信号值都可被确认,它就是一个确定性信号。

而随机信号就是未来不可预测的信号,也就是说,如果这个时刻尚未来临,你不大可能根据之前已经测量获得的信号及其特征来准确推算后一时刻的信号。只有这个时刻到来后,信号大小才能经观测被确定下来。

对于确定性信号,数个特征参量或一段时域波形就是其全部信息,除此之外它不能提供更多新的信息,例如正弦波的所有信息都体现在幅度、频率和初始相位这三个参量上,无论观察时间多么长,它也不会再提供更多的信息。信号的变化一旦可以预知,它便不再提供新的信息。

随机信号则因其不确定性而有可能连续不断地提供新的信息。信息处理系统处理的实际信号基本上都是随机的,例如语音信号,你根据我前面说的一句话,不大可能将后面所有话都完全预测出来,如果你能够将我后面的话全预测出来且肯定确实,那这些话似乎就没有什么信息量了,事实上即使你做出了预测,你也要听完我所说的之后才能给予确认,需要确认就是不确定,不确定性就是信息所在。语音信号中蕴含的信息并非只包括语言的直接含义,语音的急促,语调的高低,是升调还是降调,是男声还是女声,声音的背景,语言环境等,里面都有可能蕴含着特殊的一般不为人所关注但是又特别有用的信息。

电路中处理的实际电信号基本上都是随机信号,但在进行电路特性分析时,往往先研究确定性信号对电路的影响,再推广到随机信号,无论是确定性信号,还是随机信号,傅立叶分析表明它们都是各种频率分量的叠加,这是它们一致性的一个体现。例如在进行放大器分析时,我们往往以正弦波作为激励信号研究放大器特性,而不是直接拿语音信号作为激励去研究放大器特性,虽然实际使用中放大器放大的信号可能确实就是语音信号。由于语音信号是很多频率分量的叠加,我们通过研究正弦激励下放大器的特性,则基本可确认放大器对实际语音信号放大的可用性。

### A6.1.2    周期信号与非周期信号

周期信号是按照一定的时间间隔周而复始无始无终的信号,满足如下关系

$$h(t) = h(t + nT), \quad n = \pm 1, \pm 2, \cdots \tag{A6.1.1}$$

满足该关系式的最小时间间隔 $T$ 被称为信号周期。正弦信号 $h(t) = A_p \cos\omega_0 t$ 是周期信号,其周期 $T = \dfrac{2\pi}{\omega_0}$。

式(A6.1.1)说明,如果知道了一个周期内的信号波形,那么前后所有周期都是对该周期信号波形的完全复制。显然,周期信号是确定性信号,它的所有信息都在一个周期内,只要知

道了一个周期的信号波形,其他任意位置都是确知的。

非周期信号则找不到一个 $T$ 能够满足周期信号条件式(A6.1.1),它在时间上不具有周而复始的特性,显然随机信号肯定是非周期的,但非周期的未必随机,反过来说,周期信号是确定性信号,但确定性信号未必是周期信号。

有时可以把非周期信号视为无穷大周期的周期信号,从而对周期信号性质的研究可以直观外推到非周期信号之中。

### A6.1.3 连续时间信号与离散时间信号

这种分类依据的是描述信号的时间参量是连续的还是离散的。所谓离散就是可数,能和自然数一一对应则可数,显然连续时间不能对应自然数,是不可数的。

例如,信号 $h(t)$ 的时间范围为 $t \geqslant 0$,这个信号就是连续时间信号;如果信号 $h(t)$ 的时间范围为 $t = 0, \Delta t, 2\Delta t, 3\Delta t, \cdots\cdots$,这个信号就是离散时间信号。

### A6.1.4 模拟信号和数字信号

描述模拟信号的时间是连续的,幅度也是连续的,例如 $f(t) = \sin(2\pi t), (t \geqslant 0)$,显然时间从 0 到正无穷是连续的,幅度则有可能是 ±1 之间的任意的一个值,它也是连续的。

对模拟信号在时间上进行采样,获得的信号叫作抽样数据信号,抽样数据信号一般被当成模拟信号看,这是因为它的幅度仍然是模拟的(连续的),但描述方程却是差分方程,因为它的时间是离散的。为了便于处理,时间上的离散一般采用等间隔采样,采样点为 $0, \Delta t, 2\Delta t, 3\Delta t, \cdots\cdots$。

数字信号则是在抽样数据信号基础上进一步对幅度进行量化获得。幅度量化就是离散化,可以用四舍五入或直接截断来说明量化。例如我们只保留三位有效位数,这种用有限位数表示的数就是数字信号,实际的数有可能需要无穷位数才能准确表述,但我们只能提供有限位数的表示。

用有限位数来表示数,计算机中的二进制数就是这样的,常见的二进制位数有 8 位、16 位、32 位、64 位等。

从模拟信号到二进制数字信号转换可以采用模数转换器 ADC 实现,从二进制数字信号到模拟信号的转换可以采用数模转换器 DAC 实现。

## A6.2 典型信号

### A6.2.1 正弦信号

由于正弦函数 sin 和余弦函数 cos 仅差 90° 相角,除了这个 90° 相差外,没有其他区别了,所以在电子工程书籍中,一般都把正弦、余弦函数表述的信号统称为正弦信号。描述正弦波的三要素是幅度 $A_p$、频率 $\omega_0$ 和初始相位 $\theta_0$,

$$h(t) = A_p \cos(\omega_0 t + \theta_0) \tag{A6.2.1}$$

也可记为 $h(t) = A_p \sin(\omega_0 t + \theta_0)$,只要前后文一致即可,用余弦函数式(A6.2.1)表示正弦信号在电子工程中更常见一些,这是由于它是旋转矢量的实部信号。

图 A5.2.1 是正弦信号的时域波形和傅立叶频谱结构。正弦信号的频谱结构很简单,只要将其分解为正负频率分量的叠加,即可确认其频谱为分别位于 $\pm\omega_0$ 频点的两根单冲激谱线,冲激强度分别为 $\pi A_p e^{j\theta_0}$ 和 $\pi A_p e^{-j\theta_0}$。

傅立叶分析表明,电路中出现的信号可以分解为诸多单频分量的叠加(积分),因而单频正弦信号可以视为电路中各种信号的基信号,所以正弦信号是研究电路行为的最基本信号。下面我们考察其功率特性。

电流或电压的平方代表功率,假设 $h(t)$ 是电压或电流信号,那么 $h^2(t)$ 则代表信号功率,

$$h^2(t) = A_p^2 \cos^2(\omega_0 t + \theta_0) = \frac{A_p^2}{2} + \frac{A_p^2}{2}\cos(2\omega_0 t + 2\theta_0) \qquad (A6.2.2)$$

可见信号功率可以分解为两部分,一部分是与时间无关的直流项,一部分则是输入信号的二倍频项。

$h^2(t)$ 代表的是瞬时功率,瞬时功率随时间变化。在实际应用中,我们更关心平均功率,因而对 $h^2(t)$ 求时间平均,此均方值则代表平均功率,于是式(A6.2.2)中只有直流项被保留下来,交流项平均值为 0,故而

$$\overline{h^2(t)} = \frac{A_p^2}{2} = \left(\frac{A_p}{\sqrt{2}}\right)^2 = (0.707A_p)^2 \qquad (A6.2.3)$$

显然,平均功率只与信号幅度有关,与初始相位无关。由平均功率折合的电压(电流)幅度被称为幅度有效值,记为 $A_{rms}$,

$$A_{rms} = 0.707A_p \qquad (A6.2.4)$$

rms 是 root mean square(均方根值)的简写,我们直接称之为有效值。

对于正弦信号而言,其峰值幅度可记为 $A_p$,峰峰值记为 $A_{pp}$,这里的下标 p 代表 peak(峰值),有效值 $A_{rms}$ 为峰值 $A_p$ 的 0.707 倍,这个 0.707 倍仅对正弦信号成立,如果信号不是正弦信号,均方根值(或有效值)和峰值关系需要由"平方、求平均、开方"这个完整的运算过程予以确定。有效值的含义是,信号功率折合为直流信号 $A_{rms}$ 的功率,或者说,信号功率和 $A_{rms}$ 直流信号功率相等。简单地说,对于峰值为 $A_p$ 的正弦波,其有效值为 $0.707A_p$,这意味着峰值为 $A_p$ 的正弦波加载到电阻上,电阻获得的功率和 $0.707A_p$ 的直流加载到电阻上电阻获得功率完全等同,这也是有效值称呼的含义。

### A6.2.2　直流信号和交流信号

直流(Direct Current,DC)信号定义为

$$h(t) = E_0 \qquad (A6.2.5)$$

即信号幅度不随时间变化,是一个常量。直流信号的有效值就是 $E_0$ 本身。

可以把直流视为频率为零、周期为无穷大的正弦信号,$h(t) = E_0 \cos(0 \cdot t)$,或者说频率为 0 的正弦信号。显然,其频谱结构和正弦信号类同,但由于正负频率都集中在零频一个点上,故而其谱线为零频位置的单谱线,冲激强度为 $2\pi E_0$。直流信号及其频谱结构如图 A6.2.1 所示。

$$H(j\omega) = \mathcal{F}(h(t)) = \mathcal{F}(E_0) = 2\pi E_0 \delta(\omega) \qquad (A6.2.6)$$

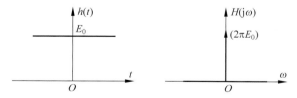

图 A6.2.1　直流信号及其频谱结构

幅度不随时间改变的信号为直流信号,反之,信号幅度如果随时间发生变化,则其中必然含有交流(Alternating Current,AC)信号。

任何一个信号,均可分解为直流分量和交流分量之和,

$$h(t) = H_0 + h_{AC}(t) \qquad (A6.2.7)$$

其中,直流分量为该信号的平均值大小,

$$H_0 = \overline{h(t)} = \lim_{T \to \infty} \frac{1}{T} \int_{-0.5T}^{+0.5T} h(t) \, dt \tag{A6.2.8}$$

交流分量是信号去掉其直流分量后的剩余量,

$$h_{AC}(t) = h(t) - \overline{h(t)} = h(t) - H_0 \tag{A6.2.9}$$

显然,交流分量的平均值为零。

于是交流信号就定义为平均值为 0 的信号。交流(Alternating)的本意是交替来回的意思,故而交流的本意是信号来回波动,在零值附近来回波动导致平均值为零,最典型的交流信号是正弦信号。在进行电路交流小信号分析时,交流往往特指正弦信号。

交流信号平均值为 0,说明交流信号在零频点没有冲激谱线,而零频点上如果存在冲激谱线,则代表信号中存在直流信号分量。

**练习 A6.2.1** 式(A5.3.3)表述的单边指数衰减函数,其傅立叶频谱 $H(j0)=1$,说明零频上存在信号分量,为何它是一个交流信号? 提示:零频点没有冲激谱线。

### A6.2.3 方波信号

对电路中出现的各种信号的傅立叶分析表明,这些信号都可分解为不同幅度、频率和相位的正弦波的叠加(或积分),因而正弦信号是电路中所处理的各种信号的基本信号类型,本课程中讨论模拟电路对信号的处理时,大多数是以正弦波为例进行说明的。

然而对于数字系统或其他开关系统,我们关注的是 0、1 两个状态,这两个状态经常用低电平和高电平代表,例如 0V 代表状态 0,5V 代表状态 1,开关电路如能量转换电路、数字逻辑电路处理的多是 0、1 两个状态的相互转换,因而方波信号是开关类型电路分析中常见的信号类型。下面对方波信号的傅立叶频谱进行分析。

方波信号又称为开关信号,这是由于我们可以把状态 1 视为开关的闭合状态,状态 0 视为开关的断开状态,方波信号的两个电平对应着开关的通断状态。理想方波的时域波形如图 A6.2.2 所示。

$$s(t) = \begin{cases} 1, & t \in \left(kT - \dfrac{T}{4}, kT + \dfrac{T}{4}\right) \\ 0, & t \in \left(kT + \dfrac{T}{4}, kT + \dfrac{3T}{4}\right) \end{cases} \quad (k = \cdots, -2, -1, 0, 1, 2, \cdots) \tag{A6.2.10}$$

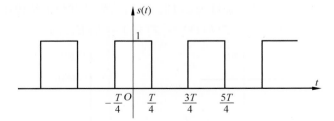

图 A6.2.2 理想方波的时域波形

显然,方波是一个周期信号。电路中出现的周期信号均可分解为傅立叶级数,即满足式(A6.1.1)周期条件的信号 $h(t)$ 可以分解为

$$h(t) = \sum_{n=-\infty}^{+\infty} H_n e^{jn\omega_0 t} \tag{A6.2.11}$$

其中，$\omega_0 = 2\pi f_0$，$f_0 = \dfrac{1}{T}$ 为周期信号的基波分量，$2\omega_0$，$3\omega_0$，$\cdots$，$n\omega_0$，$\cdots$ 为该周期信号中存在的二次谐波、三次谐波和 $n$ 次谐波分量。而系数 $H_{\pm n}$ 恰好就是这些频率分量的大小，它可以在一个信号周期内求取获得，为

$$H_n = \frac{1}{T}\int_{t_0}^{t_0+T} h(t)\mathrm{e}^{-jn\omega_0 t}\mathrm{d}t \tag{A6.2.12}$$

式（A6.2.11）说明周期信号的频谱分量是一系列的离散冲激谱线。

将傅立叶级数中的正负频率组合为正弦信号（和余弦信号），实周期信号 $h(t)$ 的傅立叶级数还可表述为

$$h(t) = a_0 + \sum_{n=1}^{+\infty}\left[a_n\cos n\omega_0 t + b_n\sin n\omega_0 t\right] = \sum_{n=0}^{+\infty} c_n\cos(n\omega_0 t + \varphi_n) \tag{A6.2.13}$$

其中，$a_0$ 是直流分量，它就是函数的平均值，

$$a_0 = H_0 = \frac{1}{T}\int_{t_0}^{t_0+T} h(t)\mathrm{d}t \tag{A6.2.14}$$

基波分量和高次谐波分量系数，就是 $\cos(n\omega_0 t)$ 和 $\sin(n\omega_0 t)$ 的大小，故而以 $\cos(n\omega_0 t)$ 和 $\sin(n\omega_0 t)$ 为积分内核求系数 $a_n$ 和 $b_n (n \geqslant 1)$，

$$a_n = H_n + H_{-n} = \frac{2}{T}\int_{t_0}^{t_0+T} h(t)\cos n\omega_0 t\,\mathrm{d}t \tag{A6.2.15a}$$

$$b_n = j(H_n - H_{-n}) = \frac{2}{T}\int_{t_0}^{t_0+T} h(t)\sin n\omega_0 t\,\mathrm{d}t \tag{A6.2.15b}$$

当然，可以合并为具有初始相位的正弦波信号形式，其强度和相位为

$$c_n = \sqrt{a_n^2 + b_n^2} = 2\,|\,H_n\,| \tag{A6.2.16a}$$

$$\varphi_n = -\arctan\frac{b_n}{a_n} = \angle H_n \tag{A6.2.16b}$$

这里，系数 $a_0, a_n, b_n, c_n, \varphi_n (n = 1, 2, \cdots)$ 均为实数。也就是说，周期信号可以分解为一系列具有整数周期比的正弦信号的叠加。

对于式（A6.2.10）和图 A6.2.2 所表述的方波信号，代入式（A6.2.14）、式（A6.2.15），可获得其傅立叶级数表述，为

$$s(t) = \frac{1}{2} + \frac{2}{\pi}\left(\cos\omega_0 t - \frac{1}{3}\cos 3\omega_0 t + \frac{1}{5}\cos 5\omega_0 t - \cdots\right) \tag{A6.2.17}$$

可见，理想方波信号中除了直流分量 0.5 外，只有奇次谐波分量，这些谐波分量的幅度以 $\dfrac{1}{n}$ 的规律衰减，如图 A6.2.3 所示。

方波的高次谐波分量的强度随频率升高而降低，这说明高次谐波分量的次数越高，影响越小。我们将排在最前面的数项合成，看看合成波形与方波有多大的区别：

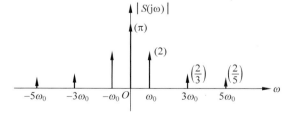

图 A6.2.3　理想方波的频谱结构

图 A6.2.4(a) 是零次项直流分量，它仅仅是方波的平均值；图 A6.2.4(b) 则是直流分量加基波分量，其波动形式和方波保持一致；再加上更高阶的谐波分量，合成波形就越发接近于方波信号。但是我们发现：即使连加到十三次谐波分量甚至更高次谐波，合成波形和方波在 0、1 跳变位置仍然有较大误差，这是由于 0、1 跳变代表着极为丰富的高频分量，前面的低频

频率分量叠加并不能涵盖这些更高频率的高频分量,因而在跳变点附近表现出较大的误差。

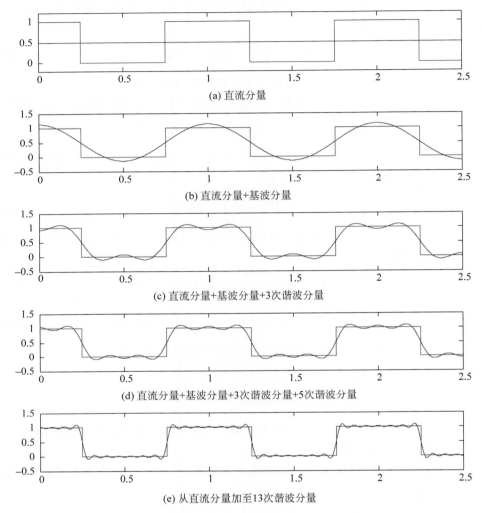

(a) 直流分量

(b) 直流分量+基波分量

(c) 直流分量+基波分量+3次谐波分量

(d) 直流分量+基波分量+3次谐波分量+5次谐波分量

(e) 从直流分量加至13次谐波分量

图 A6.2.4　理想方波的傅立叶级数截断相加波形

**练习 A6.2.2**　图 A6.2.2 所示方波信号的有效值为多少?证明方波信号的总功率等于其傅立叶级数各频谱分量的分功率之和。

### A6.2.4　阶跃信号

单位阶跃信号是指在 $t=0$ 时信号由 0 突变为单位 1,并无限持续下去的信号。它通常用符号 $U(t)$ 来表示,

$$U(t) = \begin{cases} 0, & t < 0 \\ 1, & t > 0 \end{cases} \tag{A6.2.18}$$

在跳变点 $t=0$ 处,函数值没有定义,它可以是 0~1 之间的任意值,一般可取半值 0.5。显然单位阶跃信号可进一步分解为直流分量和交流分量,为

$$U(t) = 0.5 + 0.5\,\mathrm{sgn}(t) \tag{A6.2.19}$$

其中,$\mathrm{sgn}(t)$ 为符号函数,其定义为

$$\mathrm{sgn}(t) = \begin{cases} +1, & t > 0 \\ 0, & t = 0 \\ -1, & t < 0 \end{cases} \tag{A6.2.20}$$

符号函数的傅立叶变换为

$$\mathcal{F}[\mathrm{sgn}(t)] = \int_{-\infty}^{+\infty} \mathrm{sgn}(t)\mathrm{e}^{-\mathrm{j}\omega t}\,\mathrm{d}t = \frac{2}{\mathrm{j}\omega} \tag{A6.2.21}$$

故而单位阶跃信号的傅立叶变换为

$$\mathcal{F}[U(t)] = \mathcal{F}[0.5 + 0.5\mathrm{sgn}(t)] = \pi\delta(\omega) + \frac{1}{\mathrm{j}\omega} \tag{A6.2.22}$$

单位阶跃信号的时域波形和频谱结构如图 A6.2.5 所示。

由阶跃信号的频谱结构可知,单位阶跃信号具有丰富的频谱分量,这些丰富的频谱分量源自其时域波形的跳变特性。单位阶跃信号也被经常用作线性时不变动态系统的输入来研究线性时不变系统的特性,此时线性时不变系统的输出被称为阶跃响应。

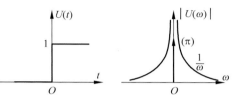

图 A6.2.5 阶跃信号及其频谱结构

### A6.2.5 冲激信号

对单位阶跃信号求微分,即可获得冲激信号,单位冲激信号代表在 $\Delta t = 0$ 的时间间隔内信号变化了单位 1,从 0 跳到 1 是瞬间完成的,

$$\frac{\mathrm{d}}{\mathrm{d}t}U(t) = \delta(t) \tag{A6.2.23a}$$

反之,单位冲激信号的积分为单位阶跃信号,

$$\int_{-\infty}^{t} \delta(\tau)\,\mathrm{d}\tau = U(t) \tag{A6.2.23b}$$

Paul Dirac 给出的冲激函数 $\delta(t)$ 定义为式(A6.2.24),

$$\begin{cases} \int_{-\infty}^{+\infty} \delta(t)\,\mathrm{d}t = 1 \\ \delta(t) = 0, \quad t \neq 0 \end{cases} \tag{A6.2.24}$$

由该定义可知,冲激函数在 $t=0$ 处有一个"冲激",而在其他位置上为零。单位冲激函数 $\delta(t)$ 可用来刻画持续时间极短但瞬时取值极大的物理模型。

为了更好地理解冲激函数,我们从极限角度再次定义它,如图 A6.2.6 所示,假设矩形脉冲函数的面积为 1,其宽度为 $\tau$,幅度为 $\frac{1}{\tau}$。当脉冲宽度 $\tau \to 0$ 时,则脉冲幅度 $\frac{1}{\tau} \to \infty$,此极限情况下,面积为 1 的矩形脉冲函数就演化为单位冲激函数。单位冲激函数的面积为 1,如式(A6.2.24)定义的那样。

单位冲激函数的傅立叶频谱结构为

$$\mathcal{F}(\delta(t)) = \int_{-\infty}^{+\infty} \delta(t)\mathrm{e}^{-\mathrm{j}\omega t}\,\mathrm{d}t = \mathrm{e}^{-\mathrm{j}\omega \cdot 0} = 1 \tag{A6.2.25}$$

即单位冲激信号的频谱等于常数 1,也就是说,单位冲激函数在整个频率范围内频谱是均匀分布的,如图 A6.2.7 所示:冲激信号包含了所有频率分量,且所有频率分量都是一样大小。

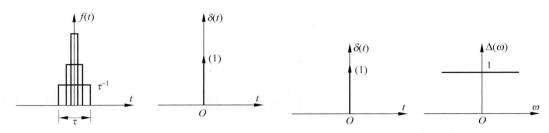

图 A6.2.6 矩形脉冲演化为冲激函数($\tau \to 0$)　　　图 A6.2.7 冲激函数及其频谱结构

正是由于单位冲激信号具有均匀的谱结构,我们在对线性时不变系统进行频率特性研究时,往往以冲激信号作为其输入考察其输出,此时的输出被称为冲激响应。显然,可以从冲激响应的频谱结构中看出线性时不变系统对每一个输入频率分量的响应是多少,从而可以了解线性时不变系统具有的在不同频率上的传输特性或响应特性。

### A6.2.6　噪声信号

噪声泛指电路中不需要的电能量,这里的噪声特指随机噪声,如图 A6.2.8 所示是一段噪声电压波形,噪声信号在时间未到来时其具体大小不可预知。

图 A6.2.8　某一电子噪声的时域波形

噪声是随机信号,无法用一个确定性的函数来表述它的频谱,但是大部分噪声的平均功率是确定的,可以用确定的功率谱来描述噪声,功率谱的积分就是噪声总功率。比如说电阻热噪声电压 $v_n(t)$ 是随机的,长期观测可以确认:①电阻热噪声电压平均值为 0,说明它是交流信号;②其平方表述的功率在求时间平均后(平均功率)是一个确定的值,可以用有效值描述它,

$$\overline{v_n} = \lim_{T \to \infty} \frac{1}{T} \int_{t_0}^{t_0+T} v_n(t)\,\mathrm{d}t = 0 \tag{A6.2.26}$$

$$\overline{v_n^2} = \lim_{T \to \infty} \frac{1}{T} \int_{t_0}^{t_0+T} v_n^2(t)\,\mathrm{d}t = 4kTR\Delta f \tag{A6.2.27}$$

$$v_{n,\mathrm{rms}} = \sqrt{\overline{v_n^2}} = \sqrt{4kTR\Delta f} \tag{A6.2.28}$$

式中,$k = 1.38 \times 10^{-23}$ J/K 为玻尔兹曼常数,$T$ 为电阻所处环境的开尔文温度,$R$ 为电阻阻值,$\Delta f$ 为系统带宽。

这里以确定性正弦信号 $A_p \cos\omega_0 t$ 为例说明功率谱概念,该正弦信号的频谱是位于 $\pm\omega_0$ 频点的两个冲激谱线,冲激强度为 $\pi A_p$,其功率谱也同样是位于 $\pm\omega_0$ 频点的两个冲激谱线,冲激强度是 $\pi$ 乘以正弦波的功率,即 $0.5\pi A_p^2$。功率谱中不再包含相位信息,只有幅度有效值的信息,因而我们无法区分 $A_p \cos\omega_0 t$ 和 $A_p \sin\omega_0 t$ 的功率谱。

电阻热噪声的功率(噪声电压均方)谱密度为常量 $2kTR$,因而噪声功率(噪声电压均方值)为该密度乘以带宽 $\Delta f$,考虑正负频率同时存在,再乘以 2 即可获得同式(A6.2.27)完全一致的公式。

电路噪声是系统内电路器件或系统外某种原因产生的不需要的信号,它叠加在有用信号上则会造成有用信号中蕴含信息的淹没,我们往往用信噪比这个参量来说明信号质量的好坏或信号携带信息受损的情况,信噪比定义为信号功率与噪声功率之比,

$$\mathrm{SNR} = P_\mathrm{s}/P_\mathrm{n} \tag{A6.2.29}$$

因而我们十分关注噪声的功率谱,因为噪声功率就是噪声功率谱在考察频带内的总面积(积分)。

如图 A6.2.9 所示,在有用信号频带之内,除了随机的电子噪声外,还可能存在干扰信号。假设电路系统是正常工作的,那么信息处理(包括传输)过程中造成信息损伤的主要原因是系统中存在着的噪声和干扰。

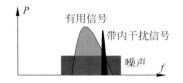

图 A6.2.9  噪声功率谱叠加在有用信号功率谱上

一般而言,在时域上,我们无法确定时域波形的变化是有用信号造成的,还是噪声造成的,在频域上,我们很难区分出哪些频谱是有用信号能量的反映,哪些频谱是噪声能量的反映。人们往往人为规定某一频段归属某一应用之后,这类应用的电路对信号进行处理时,均采用对应频段的滤波器将该频带之外的无用能量滤除。但带内的噪声和干扰,滤波器则无能为力。

### A6.2.7  语音信号

图 A6.2.10 是王飞同学在说"电灯比油灯进步多了"这句话时,用示波器采集下来的时域信号序列。虽然语音信号是随机信号,但一旦采集下来,这一段信号即可视为确定性信号,对这段数据进行快速傅立叶变换,则可获得它的频谱结构。如图 A6.2.10 所示,语音信号的大部分能量集中在低频端,因而当我们用滤波器将高频端频谱滤除只保留低频端信号频谱时,对信号蕴含信息的影响并不很大。对于人类语言,我们的语音信号如果保留 300Hz 到 3.4kHz 的频谱分量,那么对这句话所表达的信息"电灯比油灯进步多了"的理解基本上没有多大影响。除了这句话本身,男声女声、音调急缓等信息也基本保留下来了。目前的电话、调幅广播等音频处理系统很多都是将语音的 300Hz 到 3.4kHz 频谱滤取下来并传输出去,当然调频广播保留的频带更宽,因而音质更好。

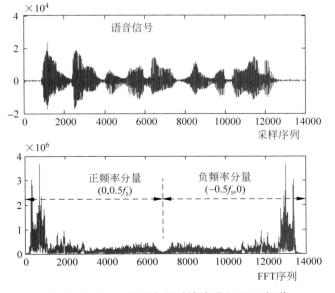

图 A6.2.10  一段语音的时域波形和 FFT 频谱

这种蕴含信息的低频信号被称为基带信号(baseband signal),音频信号是 10kHz 量级带宽的基带信号,视频信号则是 10MHz 量级带宽的基带信号。基带信号一般指人们通过传感器从物理世界获取的最原始的电信号,它往往就是我们希望电子信息系统帮助我们处理的原始信息。

A6.2.10 图中,时域波形横轴给出的是采样点序号,代表时间;频谱结构横轴给出的是 FFT(Fast Fourier Transform,快速傅立叶变换)离散频点,代表的是频率。我们注意到图中的频谱结构左右对称,这是由于图中给出的是 FFT 计算序列结果,图中频率最高端对应着采样频率 $f_s$。由采样理论可知,采样频率位置的频谱和直流零频位置的频谱是重合的,换句话说,我们可以将$[0.5f_s, f_s]$位置的频谱视为$[-0.5f_s, 0]$位置的频谱,也就是说,图中后一半频谱可认为是对称的负频率分量频谱。

### A6.2.8 电路分析用信号

电路是电子信息处理系统的物理层基础,我们所学的电路就是用来处理电子信息的。传感器初始获得的信息大多负荷在基带信号上,而基带信号又是随机信号,其频谱也一般是连续谱,用随机信号作为激励难以研究电路的工作情况及性能,因而在进行模拟电路的设计和调试阶段,我们一般是用正弦波作为激励信号,如图 A6.2.11 所示,有可能拿信号频带中的一个单频正弦波替代实际信号,称之为单音输入,当然单音正弦波的频率是可调的,以考察全频带的模拟电路特性;也有用两个正弦波的叠加作为输入激励信号的,这称为双音输入。我们通过单音输入研究线性系统的输入输出传递特性,通过双音输入研究线性系统中存在的非线性失真情况,在此研究基础上,我们可以将正弦信号的分析结果推广到一般随机信号上。

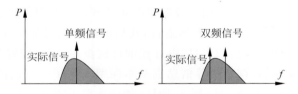

图 A6.2.11 实际信号及其单音、双音信号替代

正弦信号是模拟电路调试常见的激励信号,方波激励是开关电路包括数字电路常用的激励信号,对于线性时不变动态电路,阶跃(或冲激)信号是常见的激励信号。

# A7 调制与解调

## A7.1 信号定义

### A7.1.1 基带信号

基带信号(baseband signal)一般指频谱结构位于零频附近的信号。一般而言,基带信号的频谱结构在零频到某个截止频率(cutoff frequency)$f_m$ 之间,如果考虑信号的负频谱结构,基带信号就是以零频为中心位于频带 $\pm f_m$ 之间的信号。如图 A7.1.1 所示,是一个用电压表述的基带信号 $v_b(t)$ 的频谱结构 $|V_b(j\omega)|$,考虑负频谱结构,它位于零频附近且关于零频对称。

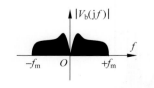

图 A7.1.1 基带信号的频谱结构

### A7.1.2 音频信号和视频信号

音频信号（audio frequency signal）是指人耳能够听到的声波频率范围的信号，大体指的是 20Hz～20kHz 范围内的信号。

视频信号（video frequency signal）是指频谱范围在零频到 10MHz 范围之内的信号。视频信号是实时电视所要传输的图像信号。

人类 90% 以上的信息获取都是基于耳听声音和眼观图像，传感器采集并将其转化为电信号的这些音频信号和视频信号，则被视为是基带信号。实际基带信号都要通过滤波器做限带处理，电话机中的音频信号，将采集到的人的语音信号通过带通滤波器，低于 300Hz 和高于 3.4kHz 的能量都被滤除。

### A7.1.3 调制信号

基带信号包含了我们需要处理或传递的信息，如音频信息和视频信息。当我们需要传递基带信号时，可以在基带所处的低频段传输，也可以在高频段传输。由于高频段更利于传输，则需要将基带信号调制到射频信号上，此时基带信号又被称为调制信号（modulating signal）。

### A7.1.4 载波信号

我们期望传输基带信号所包含的信息，但基带信号不利于传输，犹如货物本身难以运送，可以将其装载到卡车上运送，载波（carrier wave）信号就是调制中的卡车，只需将基带信号装载到载波信号的某个参量上，如高频正弦载波的幅度、频率或相位上，就犹如将货物装载到了卡车上，很容易就运送（传输）出去。

### A7.1.5 已调制信号

载波的某些参量上装载了基带信号后，作为调制器的输出信号，被称为已调制信号（modulated signal），已调制信号是调制了低频基带信号的利于传输的高频信号。已调制信号也称已调波信号，它属于带通信号。

### A7.1.6 带通信号

所谓带通信号（bandpass signal），指的是其频谱结构位于两个截止频率（$f_{m1}$，$f_{m2}$）之间的信号，如图 A7.1.2 所示。带通信号一般是某个信号经过带通滤波器后形成的信号。

注意图 A7.1.1 和图 A7.1.2 给出的基带信号和带通信号都是实信号，因而其频谱结构都是正负频率对称的（幅度偶对称，相位奇对称，见附录 A5）。基带信号位于零频附近，属低频信号或低通信号，而带通信号位于高频，一般也称射频信号。所谓射频信号（Radio frequency signal，RF signal），指的是可通过天线发射到自由空间的信号，一般指 100kHz 到 300GHz 之间的信号。

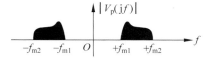

图 A7.1.2 带通信号的频谱结构

## A7.2 调制与解调

### A7.2.1 为何需要调制

将基带信号装载到高频载波上就是调制（modulation），而调制的逆过程被称为解调（demodulation），解调就是把负荷在高频载波上的基带信号卸载下来。

为什么要进行调制解调、装载卸载基带信号呢？调制的理由很多，从无线通信角度看，一个重要的理由是天线（antenna）尺寸的要求，见绪论 1.2.2 节讨论。

另外一个重要原因是，如果直接在基带进行传输，那么某个基带信号传输时，其他基带信号就不能传输,因为它们占用相同的频带,相互干扰。如果采用调制方式,可以将不同的基带信号调制到不同的射频频点,由于射频频率很高,有足够大的带宽可以使用,故而传输系统就可以同时完成多路基带信号的传输。

还有其他原因使得调制成为信号传输尤其是无线通信的一个基本环节。

### A7.2.2　正弦波调制

所谓正弦波调制,指的是负荷基带信号的载波是正弦波。描述正弦波载波的基本参量有三个——幅度、频率和相位,

$$v_c(t) = A_0 \cos(\omega_c t + \varphi_0) \tag{A7.2.1}$$

因此低频基带信号 $v_b(t)$ 可以被装载到正弦波载波的这三个位置上。

如果基带信号 $v_b(t)$ 被线性装载到正弦载波的幅度 $A(t)$ 上,这种调制被称为幅度调制 (amplitude modulation,AM),已调波信号被称为调幅波,

$$A(t) = A_0 + k_{AM} v_b(t) \tag{A7.2.2a}$$

$$v_{AM}(t) = (A_0 + k_{AM} v_b(t)) \cos(\omega_c t + \varphi_0) \tag{A7.2.2b}$$

如果基带信号 $v_b(t)$ 被线性装载到正弦载波的频率 $\omega(t)$ 上,这种调制被称为频率调制 (frequency modulation,FM),已调波信号被称为调频波,

$$\omega(t) = \omega_c + k_{FM} v_b(t) \tag{A7.2.3a}$$

$$v_{FM}(t) = A_0 \cos\left(\int \omega(t)\mathrm{d}t + \varphi_0\right) = A_0 \cos\left(\omega_c t + k_{FM}\int v_b(t)\mathrm{d}t + \varphi_0\right) \tag{A7.2.3b}$$

如果基带信号 $v_b(t)$ 被线性装载到正弦载波的相位 $\varphi(t)$ 上,这种调制被称为相位调制 (phase modulation,PM),已调波信号被称为调相波,

$$\varphi(t) = \varphi_0 + k_{PM} v_b(t) \tag{A7.2.4a}$$

$$v_{PM}(t) = A_0 \cos(\omega_c t + k_{PM} v_b(t) + \varphi_0) \tag{A7.2.4b}$$

注意到调频和调相的区别在于基带信号 $v_b(t)$ 进入正弦波相位是积分后进入的还是直接进入的,它们之间没有本质的区别。

现代调制技术通常会将低频基带信号同时调制到正弦载波的幅度和相位上,

$$v_M(t) = A(t) \cos(\omega_c t + \varphi(t)) \tag{A7.2.5}$$

其中 $A(t)$ 和 $\varphi(t)$ 装载的基带信号可能相关,也可能无关,它们决定了已调制信号(modulated signal) $v_M(t)$ 的时域波形和频谱结构,代表了所要传输的信息。

### A7.2.3　正弦波调制的时域波形

为了简单起见,这里用低频正弦信号表述基带信号 $v_b(t)$,图 A7.2.1 给出了基带信号波形、载波信号波形、标准幅度调制波形、频率调制波形和相位调制波形。

对此有如下几点说明:①图中为了看清波形的变化形态,高频正弦载波频率并不比低频调制信号的频率高多少,而实际已调波信号的载波频率比调制信号频率要高出百倍以上。②调幅波的幅度随调制信号线性变化,调幅波的幅度变化规律反映了低频调制信号的变化规律。③从调频波波形看,其频率随调制信号变化而变化,波形变化密集的地方频率高,对应调制信号的最大值,波形变化稀疏的地方频率低,对应调制信号的最小值,调频波的频率变化反映了低频调制信号的变化规律。当然,如果调制系数 $k_{FM}$ 是负数,调频波波形疏密变化是反着的,调制信号越大,频率越小,调制信号越小,频率越大,这也是调频波。④调相波的波形也是频率疏密变化的,仅从已调波波形形态上看,调相波和调频波不可区分。我们特别注意到,波形密集的位置对应着调制信号斜率最大的位置,波形稀疏的位置对应着调制信号斜率最小的

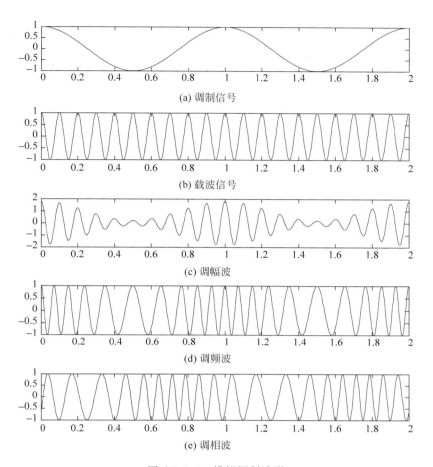

图 A7.2.1 模拟调制波形

位置,这是由于调相波的相位和调制信号成正比关系,相位的微分是频率,因而调相波的频率和调制信号的微分成正比关系。

这里的调制信号 $v_b(t)$ 是模拟信号,这种调制被称为模拟调制。如果调制信号 $v_b(t)$ 是数字信号,则被称为数字调制。图 A7.2.2 给出的数字调制波形例中,基带信号只有 0、1 两种状态。

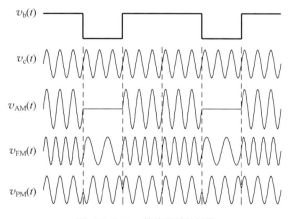

图 A7.2.2 数字调制波形

　　数字调制中,调幅被称为幅移键控 ASK(Amplitude Shift Keying),调频被称为频移键控 FSK(Frequency Shift Keying),调相被称为相移键控 PSK(Phase Shift Keying)。如图 A7.2.2 所示,ASK 的时域波形一般情况是逻辑 1 对应有载波信号,逻辑 0 对应无载波信号,幅度分别对应 $A_0$ 和 0,因而这种波形又被称为开关键控 OOK(On-Off Keying),解调时根据幅值变化确定逻辑 0、1;FSK 的时域波形,对应于逻辑 1 和逻辑 0 有两个频率,传号频率 $f_m$ 和空号频率 $f_s$,解调时根据频率变化确定逻辑 0、1;PSK 的时域波形,对应于逻辑 1 和逻辑 0,正弦载波的初始相位分别为 0 和 $\pi$,解调时根据相位的变化来确定逻辑 0、1。

　　**练习 A7.2.1**　请给出图 A7.2.2 所示已调波信号的数学表达式,假设逻辑 1 对应 $v_b(t)=+1\mathrm{V}$,逻辑 0 对应 $v_b(t)=-1\mathrm{V}$。

### A7.2.4　正弦波调制的频谱结构

　　图 A7.2.3 中给出了三种调幅波的频谱结构。第一种是标准调幅波,其表达式如式(A7.2.2b)所示,其频谱结构就是直接将基带信号的频谱从零频搬移到载波频率 $f_c$,我们注意到,除了在载波上多了一根单谱线外,频谱结构没有发生任何改变,因而调幅又被称为线性调制,基带信号的任何变化都会线性显现在已调波频谱上。

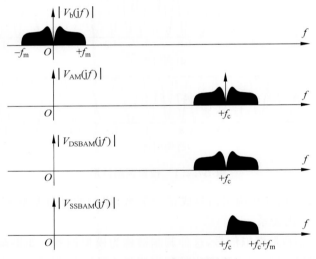

图 A7.2.3　调幅波频谱结构

　　第二种被称为双边带调幅(Double Sideband AM,DSB-AM),它与标准调幅波的区别在于去除了载波分量,提高了功率利用效率。因为载波本身不携带任何信息,所有的信息都体现在基带频谱结构中,所以去掉载波并不会导致信息损失。

　　第三种被称为单边带调幅(Single Sideband AM,SSB-AM),它是在双边带调幅基础上去除一个边带,图 A7.2.3 中去掉的是下边带,保留了上边带。也可以去除上边带,保留下边带。由于上下边带对应基带信号的正负频率,它们是对称的,去除一半并不会产生任何信息损失,同时提高了频谱和功率利用效率。

　　图中的调幅波频谱没有画负频率部分,负频率部分的频谱结构和正频率部分对称分布。

　　频率调制和相位调制是非线性调制,调制信号的变化不会线性反映到已调波频谱结构上,调频波的频谱结构及带宽由基带信号的频谱结构和基带信号的强度共同决定。如图 A7.2.4 所示,已调波的频谱结构和基带信号的频谱结构有巨大的差异。但是正确的解调可以从已调波信号中恢复出基带信号来。

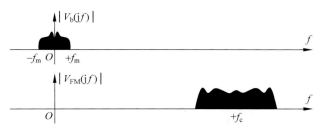

图 A7.2.4　调频波频谱结构

### A7.2.5　调幅广播和调频广播

调频波比调幅波占用了更大的带宽,但它的抗干扰性能明显优于调幅波,因而高质量的音乐广播采用调频波,而普通的语音广播则采用标准调幅波。

调频广播电台发送的是 30Hz～15kHz 的音乐音频信号,每个调频台占用 200kHz 的信道带宽。目前调频广播电台的发射频率范围为 88～108MHz。

中波调幅广播发送的是 300Hz～3.4kHz 的普通语音音频信号,采用标准调幅形式,故而同时传送两个边带,考虑到保护频率间隔,分配给每个电台的带宽为 9kHz,我国的中波调幅广播电台的发射频率范围为 535～1605kHz。

对中波广播电台,以 1MHz 载频进行计算,$\lambda/4$ 波长天线高度为 75m,对调频广播,以 100MHz 载频进行计算,$\lambda/4$ 波长天线高度只有 75cm,它们都远远小于 1kHz 音频 $\lambda/4$ 波长天线所需的 75km。从天线工程可实现性角度看,调制与解调是无线通信的基本环节。

### A7.3　电磁频谱

电磁波的传播速度为光速,在自由空间和空气中,光速 $c$ 为 30 万公里每秒,$c = 3 \times 10^8 \mathrm{m/s}$。当电磁波以正弦波动形态传播时,其频率 $f$ 和波长 $\lambda$ 之间满足如下关系

$$\lambda = \frac{c}{f} \tag{A7.3.1}$$

图 A7.3.1 是电磁频谱图,从中可以看到长波、调幅广播、调频广播、电视、微波、红外线、可见光、紫外线、X 光、$\gamma$ 射线所处的电磁频谱位置,目前电路处理的信号频段可超百 GHz。

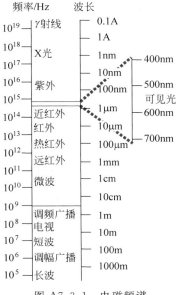

图 A7.3.1　电磁频谱

# A8  导体、绝缘体和半导体

## A8.1  物质

实体物质指的是那些有质量的东西。根据爱因斯坦质能关系式 $E=mc^2$，质量和能量可视为等同，公式中，$m$ 为质量，$c$ 为真空光速，$E$ 为静止能量。还有一些物质没有质量，如电磁场，但电磁场有能量，可用传递电磁作用的光子能量表示，其能量和频率成正比关系 $E=h\nu$，式中，$h$ 是普朗克常量，$\nu$ 是频率。电磁场在这里被称为场物质。

| 特性 | | 实 体 物 质 | 电磁场物质 |
|---|---|---|---|
| 特性 | 质量 | 具有质量 | 没有质量 |
| | 能量 | $E=mc^2$ | $E=h\nu$ |
| 共性 | | 从具有能量/动量角度看，两者都可称为物质 | |
| | | 物质（能量）不能消灭，只能转化，能量守恒 | |
| 区分 | 空间占据 | 占据空间不容其他实体物质进入 | 可进入其他物质占据空间，具有可叠加性 |
| | 粒子 | 原子 | 光子 |

无论是实体物质，还是场物质，它们都是客观的存在。从能量角度看，两种物质都是能量的存在形态，能量不能消灭，只能转化，这是能量守恒定律所决定的，两种物质之间可以发生能量交换或者能量转化。

实体物质由原子构成，它占据的空间不允许其他实体物质进入，电路器件由实体物质构成，因而电路器件占据一定的空间。场物质可以进入其他物质所占据的空间，电磁场进入电路器件所占据的空间后，和电路器件实体物质相互作用，两者之间能量的相互交换，形成了电路器件的电特性。这种电特性一般用端口电压、端口电流的关系描述，这种关系称为元件约束关系。

## A8.2  原子核外电子

实体物质有质量，有体积，它们由元素构成。所谓元素，就是单一原子物质，每种元素都有自己的属性。

原子（atom）是由原子核（atom nucleus）和围绕着原子核运动的电子（electron）构成，原子核包含两种粒子，不带电的中子和带正电荷的质子，一个质子带一个单位正电荷。原子核外是围绕原子核运动的电子，一个电子带一个单位负电荷。原子有几个质子就有几个电子，整体而言，原子是电中性的，但在它的内部有正负电荷之分。

核外电子在不同轨道上的排布情况决定了这个元素的物理化学性质。核外电子排布规律大致是这样的：①第 $n$ 层轨道最多排 $2n^2$ 个电子，第一层最多排 2 个，第二层最多排 8 个，第三层最多排 18 个等等；②最外层轨道上的电子数目不能超过 8 个，次外层不能超过 18 个。

下表给出了几个元素原子核外电子排布的例子：铜的原子序数是 29，也就是说它有 29 个质子和 29 个电子，电子在核外轨道上的排布是 $2,8,18,1$。元素的很多物理化学性质，尤其是电性质，是由核外最外层的电子数目决定的。

| 元素 | 原子序数/电子数目 | 第1层 | 第2层 | 第3层 | 第4层 |
|---|---|---|---|---|---|
| Cu（铜） | 29 | 2 | 8 | 18 | 1 |
| Si（硅） | 14 | 2 | 8 | 4 | |
| O（氧） | 8 | 2 | 6 | | |
| Ne（氖） | 10 | 2 | 8 | | |

## A8.3　价电子

原子的可与其他原子形成化学键的电子被称为价电子（valence electron），因为它决定了元素的化学价。

主族元素的价电子恰好是其最外层电子，而最外层电子数目最多为8。当最外层电子数目恰好等于8的时候，元素是最稳定的。惰性气体最外层电子数目就是8，惰性气体十分稳定，不容易起化学反应。

如果最外层电子数目不是8，那么价电子就有可能脱离轨道，脱离原子核束缚的电子可成为自由电子（free electron）。自由电子可在物质占据的内部空间自由移动，有自由电子的物质是导电的。价电子脱离轨道后，留下来的则是带正电的正离子。另外一种可能是最外层的价轨道吸引其他电子进入，成为带负电的负离子。正离子、负离子如果可移动的话，该物质也是可导电的（electric conductive）。

## A8.4　导体

导体（conductor）是具有可移动带电粒子的物质。

如果元素原子的原子核外有自由电子，该元素则是导体元素。如铜（Cu29：2,8,18,1）、银（Ag47：2,8,18,18,1）、金（Au79：2,8,18,32,18,1）、铁（Fe26：2,8,14,2）、锌（Zn30：2,8,18,2）、铝（Al13：2,8,3）等，这些都是最外层电子数为1,2,3的金属元素，它们的价电子很容易脱离价轨道而变成自由电子。由于这些金属具有大量的可自由移动的自由电子，因而可以导通电流，它们都是良导体。

具有可移动带电粒子则可导电。含离子键（ionic bond）的化合物，比如说氯化钠（NaCl），将其溶解于水中，离子键断裂，水中的这些带正电荷的钠离子（$Na^+$）和带负电荷的氯离子（$Cl^-$）都可移动，因而盐水可导电，它也算是一种导体。

在电路中，一般采用具有良好导电性能的金属材料制作电路器件，如电感绕线，电容极板、晶体管管脚、器件之间的连接线等。

## A8.5　绝缘体

导电的物质是导体，不导电的物质则是绝缘体（insulator）。当主族元素原子的价电子数目是5,6,7的时候，它的价电子和原子核之间的联系比较紧密，不容易脱离价轨道，像氮（N7：2,5）、氧（O8：2,6）、氟（F9：2,7）这些元素，它们碰到一起的时候，很容易形成共价键（covalent bond）。例如氧气分子 $O_2$ 就是两个氧原子O通过共价键形成的。这种通过共用电子对形成的共价键相当的牢固，此时没有自由电子脱离价轨道，因而它们是不导电的，它们都是绝缘体。

惰性气体本身很稳定，也属于绝缘体。

还有很多不容易导电的化合物也属于绝缘体，比如说，玻璃，它的主要成分是二氧化硅 $SiO_2$，硅基集成电路内部多采用二氧化硅作绝缘体支撑材料。

所谓绝缘体,就是那些几乎没有可导电粒子的物质。绝缘体在电路中一般被称为介质(dielectric)材料,通常被用来隔离或支撑导体材料,与导体材料一样,绝缘体是电阻、电容或电感器件的基材。

## A8.6 半导体

半导体(Semi-conductor)元素硅 Si、锗 Ge 的价电子数是 4,它们两两共形成 4 对共价键,对一个原子来说,它的最外层就有 8 个电子(图 A8.6.1),从而达到稳定结构,这个结构被称为晶体,构成晶体的这些原子之间通过共价键连为一体。

纯净的半导体晶体被称为本征(intrinsic)半导体。对于本征半导体,如果温度在绝对零度,它的价电子就被完全束缚在它的价轨道中,因而它是不导电的,因为这里没有可移动的带电粒子。当温度升高后,或者有光照过来,部分热能或者光能会被价电子吸收,当价电子获得足够高的能量使得它可以挣脱共价键的束缚时,它就可以脱离价轨道变成自由电子。原来价电子所在的位置就空了下来,称之为空穴(hole)。这个空穴是一个空位,该空位可以填进去一个电子,由于一个自由电子带一个负电荷,因而我们认为一个空穴带一个正电荷。

当半导体晶体中有了可自由移动的自由电子后,它就是可导电的。空穴不能自由移动,但是由于这里有个空位,临近价轨道中的价电子可以转移过来,当临近轨道价电子转移过来后,原来价电子的位置就成为一个空位,可以认为空穴移了过来,因而空穴也被认为是可移动的带电粒子(图 A8.6.2)。显然空穴的移动不如自由电子那样自由。

如果对半导体施加外电场,显然半导体中将有两种电流,一种是自由电子逆电场方向运动形成的电子电流,另一种则是空穴顺电场方向移动形成的空穴电流,半导体中的总电流则是电子电流和空穴电流之和。

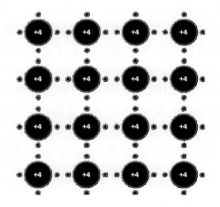

图 A8.6.1 硅晶体结构

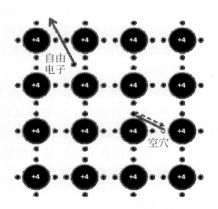

图 A8.6.2 自由电子与空穴

## A8.7 电导率

半导体的导电性能介于导体和绝缘体之间。那么如何描述这些物质的导电性能呢?我们用电导率 σ 这个参数来描述材料的导电性能。

电导率是描述材料导电性能的一个参数。导体的电导率很大,表明它的导电性能好,半导体则次之,绝缘体极小。下表给出了一些材料的电导率参量。

| 材　料 | 电导率　S/m | 备　注 |
|---|---|---|
| 银（Silver） | $6.30 \times 10^7$ | 导电率最好的材料 |
| 铜（Copper） | $5.80 \times 10^7$ | 最常用导体材料，价格低 |
| 金（Gold） | $4.52 \times 10^7$ | 不易腐蚀，PAD焊接点常用 |
| 碳（Carbon） | $\sim 3 \times 10^5$ | 石墨 |
| 海水（Sea Water） | 4.8 | 盐分 35g/kg，20℃ |
| 硅（Silicon） | $\sim 10^{-3}$ | 最常见的集成电路基片 |
| FR4 | 0.004 | 常见 PCB 板介质材料，1GHz |
| 玻璃（Glass） | $10^{-7} \sim 10^{-13}$ | 主要成分 $SiO_2$ |
| 空气（Air） | $0.3 \sim 0.8 \times 10^{-14}$ | |
| 硫（Sulfur） | $5 \times 10^{-16}$ | 无定形硫 |
| 聚四氟乙烯（Teflon） | $\sim 10^{-23}$ | 电缆常用介质材料 |

从列表可知，银的电导率是这些材料中最大的，为 $6.3 \times 10^7$ S/m（西门子每米）。铜的电导率是 $5.8 \times 10^7$ S/m，虽然比银的差一些，但在电路中铜的应用却是最多的，一个原因是便宜，另外一个原因是它的延展性好，因而电缆、电路板上的金属很多都是铜材料，折弯多次也不会折断。金的电导率小一些，电路中用它的主要原因是它不容易氧化，因此有时候在焊接点上镀一层金膜，既保证了良好的导电性，又确保焊点不会因为氧化而难以焊接。

碳 C 的价电子数目是 4，和硅 Si、锗 Ge 一样都是 IV 族元素，也算是一种半导体材料，C 和 Si 的化合物 SiC 是功率器件的基本半导体材料。石墨是碳的一种结构，由于内部具有可移动电子，因而被视为导体，其导电性和导热性都良好。石墨的电导率为 $3 \times 10^5$ S/m，可以用作电池的电极材料。

海水里面由于有各种带电的正负离子，因而它也是导电的，但它的导电性能比金属来说要差多了，其电导率只有 4.8S/m。

硅是半导体，它的电导率在 $10^{-3}$ S/m 量级，相对金属而言相当的小。

绝缘体的电导率极小，玻璃、空气、硫、聚四氟乙烯，它们的电导率在 $10^{-13}$，$10^{-14}$，$10^{-16}$，$10^{-23}$ S/m 量级，基本上认为它们是不导电的。

表中还列了 FR4 的电导率，FR4 是 PCB（Printed Circuit Board，印制电路板）电路板的基材，在 1GHz 频率下测出来的电导率大概是 0.004S/m。我们希望 FR4 这种介质是绝缘体，但是高频下它部分导电，这种不理想将造成电路高频性能的恶化。

大体上，半导体材料的电导率大约位于 $10^{-6}$ S/m$\sim 10^5$ S/m 之间，一般而言，电导率高于 $10^5$ S/m 的固态材料被归类为导体材料，低于 $10^{-6}$ S/m 的材料被归类为绝缘体材料。

### A8.8　带电粒子迁移率

空穴的移动是价带电子的移动造成的，它不如导带的自由电子移动那样自由，如何描述带电粒子的移动性呢？迁移率 $\mu$ 是描述带电粒子在物质内部移动性的参量，

$$v = \mu E \tag{A8.8.1}$$

式中，$v$(m/s)是带电粒子运动速度，$E$(V/m)是外加电场强度，$\mu$($m^2$/Vs)则是表述带电粒子移动性能的迁移率。显然，在外加电场作用下，运动速度快的带电粒子其迁移率更大，运动速度慢的迁移率则小。

半导体中，电子的迁移率 $\mu_e \approx 0.13 m^2$/Vs，空穴迁移率 $\mu_h \approx 0.05 m^2$/Vs，可见电子迁移率

大约是空穴迁移率的 2.5 倍,电子更容易移动,而空穴则不容易移动,显然,电子的导电性能比空穴好。

导体电导率和带电粒子的迁移率成正比,

$$\sigma = nq\mu \tag{A8.8.2}$$

这是容易理解的:迁移率越大,相同电场作用下其移动速度就越快,单位时间内穿过横截面的带电粒子数目就越多,导电性当然就越好。公式中,$n$ 是可移动带电粒子的浓度(单位体积内的带电粒子数目),显然可移动带电粒子浓度 $n$ 越大,意味着可移动的带电粒子数目就越多,在电场作用下有更多的电荷通过横截面,电导率就越大。公式中的 $q$ 是带电粒子所带的电荷量,对于自由电子,$q = e = 1.6 \times 10^{-19}\text{C}$,这是一个电子所带的电荷量大小。空穴带有相同的电荷量,只不过是正电荷。

半导体中同时有电子电流和空穴电流,因而半导体的电导率是两部分之和。对于本征半导体,由于空穴浓度和电子浓度相等,有多少个自由电子生成,就有多少个空穴留下,同时由于电子和空穴所带的电量也是相同的,因而总的电导率为 $\sigma = ne(\mu_e + \mu_h)$。

## A8.9 电路基材

电路器件是由导体、半导体和绝缘体构成的某种结构,这种结构和叠加其中的电磁场相互交换能量,形成器件的电特性。

导体是所有器件中都必须用的材料,这是由于电路器件中的传导电流必须通过导体流通,电路器件的连接端口、导线或传输线都是导体连接关系。

绝缘体用于支撑导体和半导体材料,使得它们不至于接触,从而形成需要的器件结构。同时绝缘体和电磁场也相互作用,对器件的电特性有重要影响。

半导体的电导率比金属小,其主要原因是带电粒子浓度远远低于金属。每个金属原子都可以提供自由电子,而在半导体里面,只有很少的价电子能够脱离原子核束缚成为自由电子。然而半导体却是最重要的电路器件晶体管的基材,其根本原因在于半导体的带电粒子浓度是可控的,从而它的导电性能可控,于是可以通过调控半导体材料的导电性来实现晶体管的受控特性。

实现半导体材料导电性改变的方法有很多,这里列举几个:①提供能量,如通过温度变化、光照等方法提供能量,从而使更多的价电子跳出价轨道的束缚,形成电子空穴对,例如光电晶体管可用光照强度改变晶体管的电特性。②通过掺杂,在半导体材料中掺入杂质,可有效调控半导体材料中的电子浓度或空穴浓度,其导电性因而大大改善,如 P 型半导体和 N 型半导体就是通过掺入不同性质的杂质形成的导电性能大大提高的非本征半导体。③通过不同掺杂半导体材料的连接结构,形成特殊的非线性导电特性,如最简单的 PN 结结构可形成非线性电阻特性,NPN 结构或 PNP 结构则可形成双极型晶体管 BJT 的受控特性,更复杂的结构有更复杂的受控特性。④通过形成电容结构,金属极板上的电荷积累在半导体极板上感应出相反的电荷,用以调控半导体的导电性能,例如 MOS 场效应晶体管导电沟道的导电特性就是这样形成的。

总而言之,半导体之所以在现代电路中有这样大的用处,其原因就在于它的导电性能是可调的,其电导率是可控的,我们用半导体材料可形成受控的非线性电阻特性,而受控的非线性电阻特性可被等效为受控源元件,它是放大器、振荡器等效电路中的核心元件。

# A9 PN 结二极管

## A9.1 半导体：价带与导带

硅 Si、锗 Ge、砷化镓 GaAs、碳化硅 SiC 等都是最常见的半导体材料。以硅 Si 为例,硅原子价轨道上有 4 个价电子,每一个硅原子和周围 4 个硅原子形成四对共价键,从而形成硅晶体。现在每个原子外围都有 8 个电子,从而这是一个稳定的结构,如图 A8.6.1 所示。

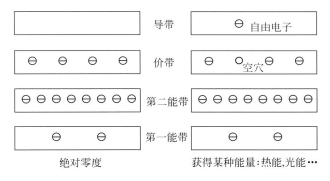

图 A9.1.1 硅原子核外电子能带：价带与导带

硅的原子核中有 14 个质子带正电荷,其外围有 14 个电子带负电荷,电子的排布如图 A9.1.1 所示：在第一层轨道上有两个电子,在第二层轨道上有 8 个电子,第三层轨道的能带被称为价带(Valence Band),价带有 4 个价电子。

导带(Conduction Band)内的电子可以自由移动。在绝对零度时,硅晶体导带内没有电子,不能传导电流,硅晶体价带内的电子由于晶体的共价结构是填满的,也不能传导电流,因而此时的硅晶体不能导电。如果温度升高,比如说室温 25℃,价带中的电子则因晶体原子的热振动获得能量,从价带激发到导带中,价带中留下一个空穴。电子吸收能量可以激发电子空穴对,自由电子也可能释放能量后,和空穴复合,从导带跌回到价带,半导体晶体中,电子和空穴的产生和复合是同时存在的。当半导体晶体的导带有自由电子、价带有空穴时,半导体晶体就可以导电了,导电电流包括电子电流和空穴电流。

导带电子运动可形成电子电流,价带电子运动可等视为空穴电流。如果希望形成定向电流,则需外加电场驱动。在外加电场作用下,自由电子逆电场方向运动,形成定向的电子电流。空穴移动是价带电子移动的等效,价带电子逆电场方向移动可以被视为空穴的顺电场方向移动,因而空穴电流可视为正电荷移动形成的电流。价带电子运动受到的束缚较导带电子要大,其运动速度较导带电子运动速度慢,因而价带空穴运动电导率要低于导带电子运动电导率。

## A9.2 纯净半导体和掺杂半导体

纯净半导体,指的是没有缺陷和杂质的半导体晶体。在较低的温度下,其原子晶格热振动较小,只有极少的共价键被破坏,导带电子和价带空穴都很少,电导率极低,纯净半导体几乎就像是一个绝缘体。

固态材料导电性和原子能带结构有关,就绝缘体而言,价带和导带之间的能隙(Energy Gap)很大,价带被电子填满,导带为空,没有可运动的电子,因而绝缘体不导电。半导体的能隙较小,环境热能、光能足以激发价带电子到导带之中,共价键被破坏后,价带中留下了空穴,导带电子和价带空穴均可移动,从而半导体可以导电,但是纯净半导体中的电子和空穴数目很少,因而其导电性并不高。对于导体,导带和价带是交叠的,因而价带电子很容易进入导带形成电子流动,因而其导电性很高。价带与导带之间的能隙如图 A9.2.1 所示。

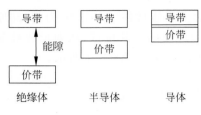

图 A9.2.1 价带与导带之间的能隙

半导体的电导率和自由电子浓度 $n$、空穴浓度 $p$ 正相关,$\sigma = en\mu_e + ep\mu_h$,纯净半导体电子空穴数目相等,而且都很少,因而导电性差。但是如果通过掺杂(doping),使得半导体晶体中的电子数目或空穴数目增加,从而可有效提高半导体晶体的电导率,此时的半导体就是掺杂半导体。

如果通过掺杂使得晶体内的空穴数目多于电子数目,空穴浓度 $p$ 高于电子浓度 $n$,这种半导体被称为 P 型半导体;如果通过掺杂使得晶体内的电子数目多于空穴数目,电子浓度 $n$ 高于空穴浓度 $p$,这种半导体被称为 N 型半导体。这两种半导体中的主要载流子依赖于外加杂质,故而又称为非本征(extrinsic)半导体,而电子浓度 $n$ 等于空穴浓度 $p$ 的纯净半导体则被称为本征(intrinsic)半导体。

## A9.3 N 型半导体和 P 型半导体

如果在纯净半导体中掺入五价(pentavalent)的杂质原子,如砷 As、磷 P、锑 Sb,这个五价杂质原子占据原来硅原子位置后,在形成四对共价键的同时,多出一个电子。这个电子如果释放到导带中,则可用来导电。正是由于五价杂质原子可以贡献出一个多余的电子,它被称为施主(donor)杂质原子。如果施主杂质原子的这个多余的电子被释放到导带,施主杂质则处于电离态,变成一个带 $+e$ 正电荷的正离子。带正电荷的施主杂质正离子可以俘获一个电子,将该电子束缚在距离施主杂质原子数个原子晶格外的轨道中,从远距离看,整体将呈现出电中性状态。由于施主杂质对电子的束缚能很小,在室温下,大部分施主原子都是电离的,每个施主原子都可释放一个电子到导带中,因而电子浓度 $n$ 大体上就是杂质浓度 $N_D$。在热平衡条件下,电子浓度 $n$ 和空穴浓度 $p$ 的乘积 $pn$ 是一个和温度相关的常数,因而 $n$ 增加后,$p$ 就相应降低。显然,电子是 N 型半导体(见图 A9.3.1)中的多数载流子(多子),空穴是 N 型半导体中的少数载流子(少子)。当 $n \gg p$ 时,N 型半导体的电导率几乎完全由导电电子浓度决定,$\sigma \approx ne\mu_e$,因而可以通过调整掺杂浓度实现 N 型半导体电导率的调整,电导率可以在数个数量级上调整。

如果在纯净半导体中掺入三价(trivalent)的杂质原子,如铝 Al、镓 Ga、铟 In,它占据原来硅原子的位置后,和周围四个硅原子形成四对共价键,则还缺少一个电子,它可以通过如下方式获取这个电子:①其他位置的共价键电子转移过来,在原位置留下一个空穴;②其他位置热激发产生的电子空穴对,其中的电子被杂质原子俘获,留下空穴;③俘获一个施主杂质释放的电子。由于三价杂质原子可以接受一个电子,因而被称为受主(acceptor)杂质原子,受主杂质原子接受一个电子后,它周围的四个共价键是完整的。空穴如果被受主杂质原子束缚,则大约位于距离受主杂质原子数个原子晶格位置的轨道中。但是这种束缚能很小,因而在常温下,大部分的受主杂质原子都是电离的,受主杂质原子成为负离子,多余带正电荷的空穴则被释放到价带,从而成为可以移动的空穴,故而常温下空穴浓度 $p$ 大体等于受主杂质浓度 $N_A$。同样地,在热平衡条件下,电子浓度 $n$ 和空穴浓度 $p$ 的乘积 $pn$ 是一个由温度决定的常数,因而 $p$

增加后,$n$ 就相应降低。故而空穴是 P 型半导体(见图 A9.3.2)中的多子,电子是 P 型半导体中的少子。当 $p \gg n$ 时,P 型半导体的电导率几乎完全由空穴浓度决定,$\sigma \approx p e \mu_h$,因而可以通过调整掺杂浓度实现 P 型半导体电导率的调整。

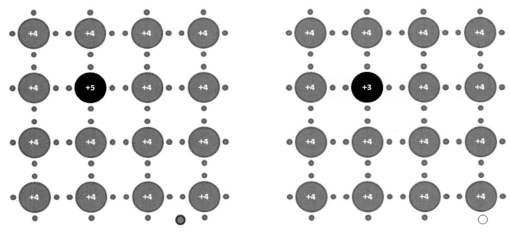

图 A9.3.1　N 型半导体　　　　　图 A9.3.2　P 型半导体

## A9.4　PN 结二极管

### A9.4.1　PN 结的形成

在纯净半导体晶体一部分掺杂形成 P 型半导体,在旁侧掺杂形成 N 型半导体,两者的交界可形成 PN 结(PN junction)。为了说明 PN 结的形成机制和形成过程,我们假设 P 型半导体和 N 型半导体刚开始是分离的,然后再让它们接触,考察它们接触后 PN 结的形成过程。

图 A9.4.1 中,白点表示带一个正电荷的空穴,负号表示带一个负电荷的电子。P 型半导体中的多子是空穴,少子是电子,因而白点多,而 N 型半导体中的电子是多子,空穴是少子,因而白点少。虽然 P 型半导体中的空穴多,但这并不代表它带正电荷,整体看,无论是 P 型还是 N 型半导体,它们都是电中性的。P 型半导体中空穴多,只是表明 P 型半导体中的可移动带电粒子大部分是空穴,P 型半导体中还有受主杂质原子,电离态呈现负电性,因而整体看,P 型半导体是电中性的。同理,N 型半导体中电子多,只是表明 N 型半导体中的可移动带电粒子大部分是电子,N 型半导体中还有施主杂质原子,电离态呈现正电性,因而整体看,N 型半导体也是电中性的。

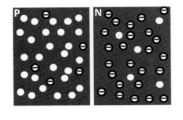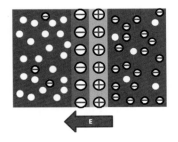

图 A9.4.1　PN 结的形成

现在将两种类型的半导体接触，接触面 N 型半导体一侧电子数目多，P 型半导体一侧空穴数目多，犹如气体扩散一样，N 型半导体一侧的多子电子就向 P 型半导体一侧扩散（diffuse），P 型半导体一侧的多子空穴就向 N 型半导体一侧扩散。N 型半导体的多子电子向 P 型半导体扩散时，与 P 型半导体的多子空穴复合，P 型半导体的多子空穴向 N 型扩散时，与

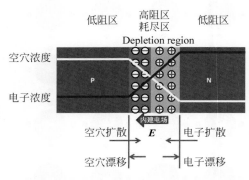

图 A9.4.2　扩散和漂移的平衡

N 型半导体的多子电子复合。在分界面 P 型半导体一侧由于空穴减少，原来的电中性转化为电负性，而 N 型半导体一侧由于电子减少，原来的电中性转化为电正性，N 型区的正电荷（施主杂质原子，图 A9.4.2 中大圈中的正号）指向 P 型区的负电荷（受主杂质原子，图 A9.4.2 中大圈中的负电荷），则在交界面位置形成一个内建电场（build-in electric field），这个内建电场阻止 N 型区的电子继续向 P 型区扩散，同时阻止 P 型区的空穴继续向 N 型区扩散。由于内建电场的存在，P 型区和 N 型区交界面附近这个区域中的可移动电荷（自由电子和空穴）被推出这个区域，故而被称为耗尽区（depletion region），就是可移动载流子耗尽的意思。图中耗尽区原 P 型区的大圈中负号代表受主杂质原子因俘获一个电子而带负电荷，耗尽区原 N 型区的大圈中正号代表施主杂质原子因释放一个电子而带正电荷，耗尽区又被称为空间电荷区（space charge region）。

当耗尽区达到一定厚度后，就不再扩大。这是由于内建电场的形成，使得载流子在运动时将同时受到两个力的作用：一个是浓度差异所呈现的势力，导致载流子从高浓度区向低浓度区的扩散运动，N 型区的电子向 P 型区扩散，P 型区的空穴向 N 型区扩散；另外一个力则是内建电场力，导致电子向 N 型区漂移（drift），空穴向 P 型区漂移。当载流子扩散和载流子漂移相等的时候，就达到了一个平衡（equilibrium）状态，此时耗尽区不再扩大。我们认为在耗尽区与 N 型区的边界上，扩散进入耗尽层的电子等于漂移出去的电子数目，在耗尽层与 P 型区的边界上，扩散进入耗尽层的空穴等于漂移出去的空穴数目，两者平衡，耗尽层稳定，PN 结由此形成。

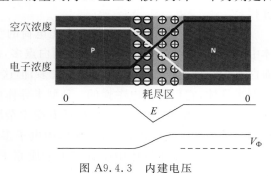

图 A9.4.3　内建电压

耗尽区内空穴和电子耗尽，因而是一个高阻区。而耗尽区两侧 N 型区有大量可移动的电子，P 型区有大量可移动的空穴，因而都属于低阻区。两个低阻 P 区和 N 区夹一个高阻耗尽区，这就是 PN 结的基本结构。

特别注意，所谓耗尽，并非完全没有空穴和电子，只是空穴浓度和电子浓度都变低了很多。P 区空穴浓度高，电子浓度低，但整体呈现电中性，因而整体上电场为零。N 区电子浓度高，空穴浓度低，但整体上也呈现电中性，电场也为零。然而在耗尽区，原来 P 区的空穴浓度降低，电子浓度升高，导致该区域带负电荷，原来 N 区的电子浓度降低，空穴浓度升高，导致该区域带正电荷，从而形成由 N 指向 P 的内建电场。这个电场的电场强度在 PN 分界面位置达到最高，越接近 P 区或 N 区，电场强度越小，在耗尽区与 P 区和 N 区的两个分界面上，电场强度降

低为零。在耗尽区有内建电场,沿电场方向线积分就是内建电压 $V_\Phi$,该内建电压方向从 N 指向 P,如图 A9.4.3 所示。在室温 25℃ 附近,硅 PN 结的内建电压 $V_\Phi$ 大约为 0.5~0.7V,锗 PN 结的内建电压 $V_\Phi$ 大约为 0.2~0.3V。

### A9.4.2　PN 结二极管的导电特性

P 型半导体和 N 型半导体都可以导电,电导率可通过改变掺杂浓度调整,因而它们都可以被当成是线性电阻元件。但是 P 型半导体和 N 型半导体接触后形成的 PN 结,由于内建电场的存在,导致其导电特性在两个方向上不对称,呈现出严重的非线性特性,这也是 PN 结被称为二极管(diode)的原因。

所谓导电特性不对称,就是在 PN 结两端施加的电压方向不同,其电流导通特性不一样,故而这里就有了两种偏置之分。所谓偏置(bias),就是将直流电压或直流电流施加于电子器件,使得它工作于一个合适的直流工作点。对于 PN 结二极管而言,它有两种偏置,一种称为正向偏置,一种称为反向偏置。所谓正向偏置,就是让 PN 结的 P 端接电源正极,N 端接电源负极,此时二极管导通,故而称之为正向偏置。所谓反向偏置,就是让 PN 结的 P 端接电源负极,N 端接电源正极,此时二极管截止,几乎没有电流流通,故而称之为反向偏置。下面分析为什么正偏电流可以通过,而反偏电流则无法通过。

1. 正偏导通

图 A9.4.4 中,PN 结两端是金属连接,通过导线将其连接到电源,图中的电阻被称为限流电阻,有了限流电阻 R 后,这个回路的最大电流将不会超过电源电压 $V_S$ 除以限流电阻 R,从而不会因电流过大导致 PN 结烧毁。现在把直流电压源加入回路,首先看耗尽区的电场变化:耗尽区内部有一个内建电场,从 N 指向 P,现在从外部施加了一个电场,从 P 指向 N,两个电场方向相反,所以外加电场会抵消部分内建电场,从而打破了原来的平衡,外部电源向 N 型区送入电子,从 P 型区抽取电子留下空穴,这些多子抵偿了耗尽层的部分空间电荷,从而耗尽层变窄,耗尽层中总电场变弱,多子扩散运动大于漂移运动,从而有电流通过结区,呈现出正偏导通特性。

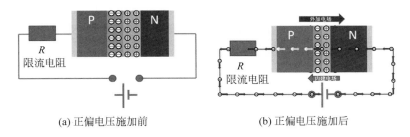

(a) 正偏电压施加前　　　　　　　　　(b) 正偏电压施加后

图 A9.4.4　PN 结正偏导通

2. 反偏截止

现在把 N 端接在电源正极,P 端接在电源负极,如图 A9.4.5 所示。耗尽层的内建电场从 N 指向 P,外加电场也是从 N 指向 P,两个电场方向相同,是叠加的效果,于是电子从电源的负极流入 P 型区,从 N 型区抽出同样多的电子,耗尽层因而变宽。此时平衡同样被打破,漂移运动大于扩散运动,因而同样存在反向电流。但是注意,反偏时的漂移电流是少子漂移电流,是 N 型区的空穴向 P 型区漂移,P 型区的电子向 N 型区漂移,由于少子数目很少,因而电流极小,几乎可以认为是截止的。反偏时的漂移电流和正偏时的扩散电流不一样,正偏是多子的扩散,多子数目很多,扩散电流很大,反偏是少子的漂移,少子数目很少,漂移电流很小。因而整体上看,PN 结呈现出正偏导通,反偏截止的特性。

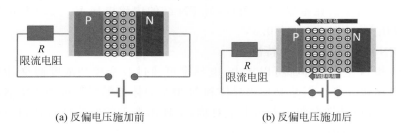

(a) 反偏电压施加前　　　　　　　(b) 反偏电压施加后

图 A9.4.5　PN 结反偏截止

### 3. 反向击穿

反偏时,电流极小,可以认为是截止的。但是随着反偏电压越来越大,大到一定程度后,则会出现反向击穿特性。所谓反向击穿,就是反偏电流突然急剧增大的现象。

出现反向击穿,如果击穿电流不是特别大或者击穿时间很短,反偏电压变小后 PN 结恢复正常,这种击穿就是可逆的。但是如果反向电流特别大,PN 结上将消耗大量能量,转换的热能如果不能立即耗散出去,则会出现热击穿,二极管功能将不可恢复而被烧毁。

有两种机制可导致击穿,一种称为齐纳击穿,一种称为雪崩击穿。齐纳击穿一般出现在高掺杂情况下,此时耗尽区很薄,在很薄的结区加反偏电压,虽然耗尽区会变厚,但总体上仍然很薄,电场强度等于电压除以距离,当结区很薄时,结区的电场强度很高。在这种强电场作用下,结区原子价带中的共价键电子被强行拉出进入导带,导带电子可导电,本来的高阻耗尽区一下子变成了低阻,从而反偏电流急剧增加。另外一种称为雪崩击穿,是低掺杂情况,此时耗尽区比较宽,因而电场强度不会大到出现齐纳击穿,也就是说,电场不够强,还不足以把电子从共价键里强行拉出。但是随着反偏电压增加,漂移的载流子速度会加大,载流子动能达到一定程度后,就可以把价带共价键中的电子撞击出来,留下一个空穴,一个电子变成两个电子,这两个电子被电场加速,再撞出更多的电子,产生更多的电子空穴对,越撞越多,犹如雪崩,电流迅速加大,故称雪崩击穿。由于齐纳击穿和雪崩击穿与掺杂浓度有关,因而反向击穿电压可以通过调整掺杂控制,一般而言,击穿电压低于 6V 的击穿机制多为齐纳击穿,击穿电压高于 6V 的击穿机制多为雪崩击穿。

### 4. 端口伏安特性曲线

在 PN 结 P、N 两端加上金属连接点和金属连线,这就是一个 PN 结二极管了。PN 结二极管的符号是一个三角形头上画一杠,三角形方向代表正偏导通方向,也就是由 P 指向 N,横杠可以认为是耗尽层,由于耗尽层有内建电压,外加正偏电压需要高于它才能呈现低阻导通特性,如硅 PN 结的内建电压大约为 0.7V,因而正偏时,只有当正偏电压高于 0.7V 后,二极管电阻才呈现出明显的低阻导通特性,之前虽然导通,但属高阻微通。

图 A9.4.6 为测量出来的硅 PN 结二极管的伏安特性曲线,这里定义 P 指向 N 为二极管电压 $v_D$ 和二极管电流 $i_D$ 的关联参考方向,这是一个非线性电阻特性曲线。图中曲线确认了二极管的导电特性确实为"正偏导通、反偏截止、反向击穿"。

当正偏电压高于 0.7V,正向电流将急剧增加,此为正偏低阻导通区,而正偏电压低于 0.7V 则属高阻区;反偏时电流很小,几乎为 0,这是截止区,反偏电阻极大。但是如果反偏电压足够大,就会出现反向击穿现象:反偏电流急剧增加,意味着电阻的急剧下降。

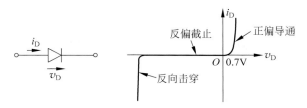

图 A9.4.6  PN 结二极管符号及其伏安特性曲线

5. 端口伏安特性方程

在零偏压附近,通过对 PN 结载流子运动分析,可以证明理想 PN 结的伏安特性具有指数律关系

$$i_D = I_{S0}\left(e^{\frac{v_D}{v_T}} - 1\right) \tag{A9.4.1}$$

其中 $i_D$ 为二极管电流,$v_D$ 为二极管电压,$I_{S0}$ 为反向饱和电流,就是反偏时的少子漂移电流,它的数值很小,在 fA 量级。公式中参量 $v_T$ 被称为热电压(thermal voltage),

$$v_T = \frac{kT}{q} \tag{A9.4.2}$$

这里的 $k$ 为波尔兹曼常数,$T$ 是绝对温度,可将 $kT$ 理解为是一个理想气体分子的热能,自由电子在导体半导体中的热运动犹如气体分子,假设热运动使得一个电子从一点运动到另外一点,将 $kT$ 换算为两点间的电动势大小,就是热电压大小。这里的 $q$ 就是一个电子所带的电荷量,在室温 25℃时,计算出来的热电压为 26mV。这个表达式给出了十分明确的信息,那就是温度对半导体器件有很大的影响,请记住这一点。

6. 二极管大信号简单电路模型

反向饱合电流 $I_{S0}$ 在 fA 量级,这里不妨假设它就是 1fA,于是我们可以考察偏置电压 $v_D$ 从 $-0.4$V 到 $+0.9$V 变化时,二极管电流 $i_D$ 变化的具体数值,如图表 A9.4.1 所示。

**表 A9.4.1  二极管伏安关系**

| $v_D/V$ | $-0.4$ | $-0.3$ | $-0.2$ | $-0.1$ | 0 | 0.1 | 0.2 |
|---|---|---|---|---|---|---|---|
| $i_D$ | $-1fA$ | $-1fA$ | $-1fA$ | $-0.98fA$ | 0 | 47.85fA | 2.39pA |
| $v_D/V$ | 0.3 | 0.4 | 0.5 | 0.6 | 0.7 | 0.8 | 0.9 |
| $i_D$ | 0.12nA | 5.69nA | 0.28$\mu$A | 13.59$\mu$A | 0.66mA | 32.42mA | 1.58A |

显然,$v_D = 0$ 时 $i_D = 0$,这是二极管归属电阻类器件的必要条件,电阻的伏安特性曲线必然是过原点的,不过原点则属电源。二极管归类为电阻的第二个必要条件是其伏安特性曲线只能出现在纯耗能的一、三象限。注意到,当反偏电压高于 0.1V 后,反偏电流几乎为常值 $I_{S0} = 1fA$,这也是我们为什么称 $I_{S0}$ 为反向饱和电流的原因,因为反偏电压增加时,反偏电流不再变化,不随电压变化而变化,这就是饱和(saturation)。随着正偏电压的升高,电流以指数律增长:0.1V 正偏电压对应的电流是 fA 量级,0.2V 时就变成 pA 量级了,0.3V 后又增长到 nA 量级,0.5V 则到达 $\mu$A 量级,0.7V 则为 mA 量级,0.9V 就是 A(安培)量级了。其正偏电流增加速度极快,说明电阻随正偏电压增加越来越小,在 0.7V 时达到 mA 量级,我们一般就认为硅 PN 结二极管的启动电压为 0.7V,有些教材取启动电压为 0.6V,有些教材取 0.65V,本教材进行估算时大多取 0.7V 为启动电压。也就是说,当正偏电压高于 0.7V 以后,可认为二极管导通,小于 0.7V,虽然有电流,但电流很小,因而某种程度上近似认为它尚未启动

导通。

注意我们认可的启动电压与 PN 结内建电位差基本一致,故而可做如下的理解以方便记忆:只有当正偏电压高于内建电位差后,载流子运动就可以克服 PN 结区的势垒作用,二极管启动导通;当正偏电压低于内建电位差时,载流子运动受到 PN 结区的势垒阻碍,二极管可近似认为是截止的。

根据上述分析,可对硅 PN 结二极管进行分段线性化描述,对应于图 A9.4.7b:

$$i_D = 0, \quad v_D < 0.7V \tag{A9.4.3a}$$

$$v_D = 0.7 + i_D R_B, \quad i_D > 0 \tag{A9.4.3b}$$

方程(A9.4.3a)描述的是二极管的反偏截止特性,方程(A9.4.3b)描述的则是二极管的正偏导通特性,为何用具有线性内阻的戴维南源形式描述呢? 这是由于 PN 结的伏安特性具有指数律关系,电流随电压指数规律增长,故而 PN 结自身的电阻也随电流增加变得极小,当 PN 结正偏电阻小到可以忽略不计时,P 型区的体电阻与 N 型区的体电阻就会起主导作用。P 型区空穴导电,N 型区电子导电,具有欧姆线性电阻特性,因而当二极管导通电流足够大时,二极管伏安特性将呈现近似线性特性,为了分析简便,这里近似认为线性特性在横轴上的截距就是势垒电压 0.7V,而斜率则是 P 型区和 N 型区体电阻之和,表明正偏电压克服势垒电压之后呈现的体效应,故而式(A9.4.3b)中的戴维南内阻为体电阻 $R_B$。

由于体电阻很小,高度抽象后,可以假设 $R_B = 0$,那么二极管描述方程则演化为正偏恒压源模型,如图 A9.4.7(c)所示,

$$i_D = 0, \quad v_D < 0.7V \tag{A9.4.4a}$$

$$v_D = 0.7V, \quad i_D > 0 \tag{A9.4.4b}$$

如果信号很大,以至于正偏 0.7V 导通电压对信号电压而言可以忽略不计,于是二极管模型可以进一步演化为图 A9.4.7(d)的理想整流模型,

$$i_D = 0, \quad v_D < 0 \tag{A9.4.5a}$$

$$v_D = 0, \quad i_D > 0 \tag{A9.4.5b}$$

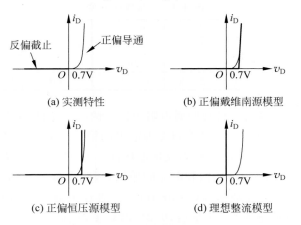

图 A9.4.7  PN 结二极管伏安特性曲线分段线性化电路模型

二极管的分段折线化模型仅适用于大信号工作情况,对于小信号工作情况,则需回到指数律关系上去计算微分电阻,如 BJT 晶体管中的 BE 结(正偏 PN 结)的处理,在小信号分析时,则采用局部线性化方法考察该正偏 PN 结的等效电路。

上述抽象并未考虑反向击穿区,是由于大部分应用都尽可能避开易于烧毁的反向击穿区。

但是经过特别的设计,也可以令 PN 结能够工作在反向击穿区,这类二极管被称为稳压二极管或齐纳二极管,工作在反向击穿区的齐纳二极管可等效为恒压源,这是由于反向击穿区的伏安特性近似为恒压特性。

# A10　半导体二极管分类

## A10.1　半导体二极管分类

### A10.1.1　结分类

半导体二极管一般是由结(Junction)构成的,其非线性特性也是结的特性。因而第一种分类就是以结的形成进行分类,可分为三大类:

(1) PN 结:在一种半导体晶体上的不同掺杂形成 P 型半导体和 N 型半导体的接触,在接触面上形成 PN 结。

(2) 肖特基结:金属与半导体接触形成的结。

(3) 异质结:两种不同半导体材料接触形成的结,可能是同型异质结,如 PP、NN 异质结,也可能是异型异质结,如 PN 异质结。

### A10.1.2　伏安特性分类

二极管具有非线性伏安特性,如 PN 结最大的特性就是正偏导通、反偏截止,这个特性被称为整流特性,可形成从交流能量到直流能量转换的整流器应用。有些二极管的非线性伏安特性中存在负斜率区,这个区域被称为负阻区,具有负阻特性的二极管可形成多种应用,如可形成放大器、振荡器以及开关、存储器等应用,与晶体管有相类似的应用,但晶体管由于其控制方便功耗低而占据相关应用的主流。

根据二极管伏安特性大体分为两大类:

(1) 整流特性:伏安特性具有正偏导通、反偏截止特性。

(2) 负阻特性。端口伏安特性具有负阻特性。负阻特性又可进一步分为 N 型负阻、S 型负阻以及动态负阻。

### A10.1.3　应用分类

根据二极管的应用分类,可分为:

(1) 整流二极管:利用正偏导通、反偏截止特性实现整流功能。

(2) 稳压二极管:利用反向击穿恒压特性实现稳压功能。

(3) 变容二极管:利用反偏截止开路状态下的非线性电容效应实现压控可变电容。

(4) 发光二极管:利用半导体材料的电光转换效应将电能转换为光能。

(5) 光电二极管:利用半导体材料的光电转换效应将光能转换为电能。

(6) 其他。

## A10.2　不同结类型的二极管

### A10.2.1　PN 结

PN 结是半导体器件的最基本结构,不仅是 PN 结二极管,PN 结也是晶体管中的核心结构,对晶体管特性的形成具有重要的影响。同时,PN 结二极管的应用极为广泛,整流二极管、稳压二极管和变容二极管都是典型的 PN 结二极管,发光二极管、激光器、太阳能电池、具有 N 型负阻特性的隧道二极管等也基本上都是 PN 结或 PN 结的变形。

PN 结是 P 型半导体材料和 N 性半导体材料紧密接触所形成的结,在空间电荷区(耗尽层)形成从 N 指向 P 的内建电场,并因此形成了正偏导通、反偏截止的伏安特性。如果反偏电压很大,则还会出现齐纳击穿或者雪崩击穿,形成近似恒压的击穿区特性。

通过考察 PN 结内载流子在电场作用下的运动规律,可分析获知其端口电流和端口电压之间满足的指数律关系为

$$i_D = I_{S0}\left(e^{\frac{v_D}{v_T}} - 1\right) \tag{A10.2.1}$$

### A10.2.2　PIN

PIN 二极管是对 PN 结二极管的一种改进,它通过在 P 型和 N 型半导体材料中间加一层本征层来实现。本征层的电子或空穴浓度很低,而两侧 P 层和 N 层则通常是重掺杂的。由于存在较宽的本征层,使得 PIN 结的结电容小,高频特性好,反向击穿电压高,因而可以作为低频的高功率整流器使用。

PIN 二极管正偏时,两类载流子都被注入本征层,其浓度大致相同,且分布均匀,其导通电流以复合电流为主,电流和电压同样符合指数律关系,

$$i_D = I_{S0}\left(e^{\frac{v_D}{2v_T}} - 1\right) \tag{A10.2.2}$$

PIN 二极管在微波频段有特殊应用,这是因为当信号频率很高时,信号变化很快以至于存储在本征层的载流子来不及被复合,此时 PIN 犹如导体一样具有纯电阻特性,其射频动态电阻在很大的范围内都和直流偏置电流成反比关系,如图 A10.2.1 所示,因而可以作为可调电阻器使用。在微波频段,可经常看见用 PIN 二极管实现的可调衰减器,衰减器衰减系数由直流偏置电流决定。

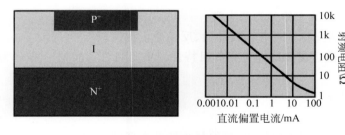

图 A10.2.1　PIN 二极管结构及其射频电阻受控特性

PIN 二极管还可实现射频开关、可变衰减器(调制器),大功率整流器和光电探测器等。

### A10.2.3　肖特基结

肖特基势垒二极管是金属半导体结,其结电流主要是由越过势垒的热电子发射产生的,同样满足指数律关系,

$$i_D = I_{S0}\left(e^{\frac{v_D}{nv_T}} - 1\right) \tag{A10.2.3}$$

方程中的 $n \geq 1$。

肖特基势垒的工作频率($\approx 100\text{GHz}$)比 PN 结($\approx 1\text{GHz}$)要高很多,同时其正偏导通压降比较小($\approx 0.2 \sim 0.4\text{V}$),加上制作方便,使得它具有广泛的应用,如整流器,微波混频器、检波器,变容二极管,太阳能电池,逻辑电路中的箝位等。

当半导体一侧重掺杂时,则是特殊的欧姆接触,各种半导体器件和其他器件或外界连接都

需要欧姆接触,因为电路中最终的连接导体都是金属。

肖特基势垒二极管的结构和符号如图 A10.2.2 所示。

图 A10.2.2 肖特基结二极管结构及其电路符号

### A10.2.4 异质结

前面所说的 PN 结为同质结(homojunction),半导体材料是相同的,例如 Si 材料。而异质结(heterojunction)则是用不同的半导体材料形成的结,如 Ge 和 GaAs,InP 和 GaAs 等。

当两种半导体具有相同的导电类型,则为同型异质结,如 NN 异质结,PP 异质结;当导电类型不同时,则为异型异质结,如 PN 异质结。

同型异质结反向电流不具饱和(趋平)特性,不能用于整流应用。异型异质结可用于 BJT 中以减小基极电流(增大电流增益),被称为异质结双极晶体管 HBT(Heterojunction Bipolar Transistor)。HBT 的基极掺杂浓度可以比较高,这将导致 HBT 可以工作在很高的频率上。

## A10.3 不同伏安特性类型的二极管

### A10.3.1 整流特性

从二极管的伏安特性来看,正偏导通、反偏截止的整流特性是其中最普遍的一种特性,如图 A10.3.1 所示,这是理想整流特性,是 PN 结二极管"正偏导通、反偏截止"的极致化抽象。整流特性可以用来实现交流到直流的转换(整流)。理想整流特性也被称为开关特性,还可用来实现混频(变频、调制、解调)功能。

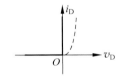

图 A10.3.1 理想整流特性

### A10.3.2 负阻特性

另外一种特性就是微分负阻特性,在非线性的伏安特性曲线中出现了负斜率区,该区域内微分电阻为负值,从而使得该种器件具有将直流偏置电源能量转换为交流能量的能力。

负阻特性又分为三种,N 型负阻、S 型负阻和动态负阻。

所谓 N 型负阻,就是伏安特性具有 N 形态,这是一种压控负阻;S 型负阻的伏安特性具有 S 形态,这是一种流控负阻。N 型和 S 型负阻都可以在伏安特性曲线上直接找到负阻区,还有一种动态负阻在静态的伏安特性曲线上找不到负阻区,其动态负阻是高频动态效应形成的等效负阻。

#### 1. 隧道二极管

隧道二极管(tunnel diode)是最典型的 N 型负阻器件。

隧道二极管负阻形成机制是电子隧穿效应。在经典力学中,电子作为一种粒子,当它撞击到较高电势的势垒时,它将完全被势垒阻挡,无法通过,因而无法形成电流。但是量子力学认为,电子是一种波,波可以按照一定的概率穿透势垒,这就是隧穿。隧道二极管是一种重掺杂的 PN 结,其耗尽层比较薄(10nm 量级),在零偏压附近,电子隧穿电流将导致二极管如电阻一样导通。随着正偏电压的上升,隧穿效应下降,PN 结正常的扩散电流最终占优,这两种电流的总效果形成了典型的 N 形态伏安特性,负阻区的形成则主要是隧穿效应导致的,如图 A10.3.2 所示。

由于负阻加深了人们对非线性电阻的深刻认识,隧道二极管的发现者江崎获得诺贝尔物理学奖。隧道二极管一度被认为极具应用价值,但是由于其制作重复性差,电流驱动能力低,使得其应用被其他半导体器件替代,如负阻振荡器应用中,它被 IMPATT 和耿氏二极管替代。

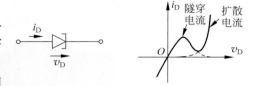

图 A10.3.2 隧道二极管符号及其伏安
特性的形成

2. 耿氏二极管

除了隧道二极管外,耿氏二极管(Gunn diode)是另外一个典型的具有 N 型负阻伏安特性曲线的二极管。

耿氏二极管与一般二极管不一样,它的伏安特性不是结效应导致的,而是一种体效应的结果。如图 A10.3.3 所示,它没有 PN 结,中间是 N 型半导体,两侧为重掺杂 N 型半导体用于欧姆接触。一般情况下,对于半导体,随着两端电压(电场强度 $E$)的增加,载流子速度增加,载流子速度 $v$ 与电场强度 $E$ 之比被定义为迁移率 $\mu$,迁移率为常数时就是线性电阻特性,体现在电导率 $\sigma = \mu n q$ 为常数上。但是随着电场强度的继续提高,载流子速度却不可能无限制地升高,载流子漂移速度将达到饱和速度 $v_{sat}$,$v\text{-}E$ 特性曲线趋于饱和。对于某些半导体材料,如 GaAs、InP,其导带有多个能谷,有低能量但迁移率高的能谷,有高能量但迁移率低的能谷。N 型半导体导带中的自由电子起始处于低能谷中,当外加电压(电场强度)增加时,低能谷电子获得能量,电子漂移速度提高,伏安特性犹如线性电阻一样。当电场继续提高到超过某个阈值时,电子获得了足够大的能量而被转移到高能谷,而高能谷的迁移率低,因而电子漂移速度下降,出现了负的微分迁移率,当电场强度继续升高时,进入高能谷的电子漂移速度饱和。由于电子电流和电子迁移率成正比关系,因而耿氏二极管的 $I\text{-}V$ 特性曲线与速度-电场强度($v\text{-}E$)特性曲线一致,如图 A10.3.3 所示,出现了对应负微分迁移率的负阻区。

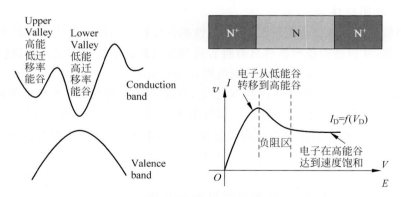

图 A10.3.3 耿氏二极管结构、能谷示意及其伏安特性

耿氏二极管的伏安特性曲线是导带电子由高迁移率的低能谷向低迁移率的高能谷转移导致的效应,因而又被称为转移电子器件(Transferred Electron Device,TED),它是最重要的微波器件之一,广泛应用于振荡器和功率放大器,覆盖的微波频段达 1GHz~100GHz。

3. 肖克利二极管

肖克利二极管(Shockley diode)是一种 S 型负阻器件,属流控非线性电阻。肖克利二极管是 PNPN 结构的二极管,通常可视为 PNP 晶体管和 NPN 晶体管的一种正反馈连接方式,如图 A10.3.4 所示,正是这种内部的正反馈连接方式,导致其伏安特性曲线中出现负阻区。

肖克利二极管本身已经没有多少应用,但是它所具有的 S 型负阻是一个类属,由 PNPN 结构变形得到的硅控整流器(Silicon Controlled Rectifier,SCR),两端双向开关 diac,三端双向开关 triac 等,都具有这种 S 型负阻特性。注意这种 S 型负阻有两个正阻区,低阻区和高阻区,在这两个区之间的转换,犹如开关的两个状态,低阻对应开关闭合,高阻对应开关断开,因而这类 S 型负阻经常用来实现过压开关保护电路。

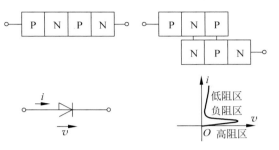

图 A10.3.4    肖克利二极管结构、电路符号及其伏安特性曲线

辉光二极管具有类似的 S 型负阻伏安特性,因而也经常被用于浪涌电压保护电路中。

具有 S 型负阻特性的单端口器件还可和电容配合用来实现张弛振荡,和 LC 串联谐振腔可形成正弦振荡。对偶地,具有 N 型负阻特性的单端口器件可以和电感配合形成张弛振荡,和 LC 并联谐振腔可形成正弦振荡。

4. IMPATT

碰撞电离雪崩渡越时间(IMPact ionization Avalanche Transit-Time,IMPATT)二极管,它利用了载流子的渡越时间延迟效应形成了动态负阻效应。所谓动态负阻,其等效负阻不是从静态伏安特性曲线上的负阻区等效而来,其静态伏安特性曲线并不存在负阻区,但当高频信号加载上去后,端口电压和端口电流之间具有 180° 的反相,对外特性呈现负阻特性。

如图 A10.3.5 所示的 IMPATT 二极管被称为里德二极管(Read Diode),其伏安特性与普通 PN 结没有多大的区别。其 $P^+NIN^+$ 结构的最大特点就是同时存在雪崩区和漂移区,雪崩区非常薄,紧靠 $P^+$ 区。IMPATT 二极管被偏置在反向击穿区,当电子和空穴由雪崩倍增效应产生后,空穴立即被 $P^+$ 区收集,而电子则以饱和速度 $v_{sat}$ 漂移到 $N^+$ 区。

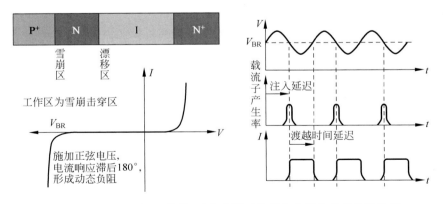

图 A10.3.5    IMPATT 结构、动态负阻工作区和大信号动态负阻效应

这个过程中,存在注入相位延迟和渡越时间延迟,如图 A10.3.5 所示:在雪崩击穿电压 $V_{BR}$ 上加交流电压,在正半周期,雪崩倍增发生,载流子产生,电压过了峰值后,载流子仍然继续产生,直到电压低于 $V_{BR}$,显然载流子的产生与电压相位相比滞后了 90°,这个效应被称为注入相位延迟。之后电子以饱和速度向 $N^+$ 区漂移,对二极管外部而言则存在电流。电子渡越

本征区 I(漂移区)有一个渡越时间,在电压波形上升到 $V_{BR}$ 附近电流脉冲结束,整体上看,电压波形和电流波形差 180°,这就是动态负阻的来源。

IMPATT 二极管适用于 3GHz～300GHz 的毫米波频段,可以获得很高的功率输出,但是噪声稍大了一些,因而可以用来实现发射机的本地振荡器。

还有一种利用渡越时间实现负阻的二极管是 BARITT(BARrier-Injection Transit-Time,势垒注入渡越时间)二极管,其注入电流不是 IMPATT 的雪崩注入,而是越过势垒的热电子发射,由于热电子发射注入电流不存在相位延迟,因而 BARITT 的负微分电阻只源于渡越时间延迟。BARITT 的优点是噪声小,工作电压低,可以用来实现接收机本地振荡器。由于只有一种渡越时间延迟,BARITT 的电流和电压有同相位的时段,故而其能量转换效率和输出功率都低于 IMPATT。

动态负阻同样可用于实现负阻放大和负阻振荡。

## A10.4　不同应用的二极管

### A10.4.1　整流二极管

整流二极管是 PN 结二极管的最典型应用,利用正偏导通、反偏截止特性将交流电能转换为直流电能。开关型应用均可采用整流二极管。

### A10.4.2　稳压二极管

齐纳二极管(Zener Diode)就是稳压二极管,它被优化设计为工作在反向击穿区,由于击穿电压近似恒定不变,因而它是线性稳压电路的基本构件之一。

对于一般的 PN 结二极管,我们尽量避免它进入击穿区,例如整流二极管,进入击穿区则有可能热击穿:反向电流导致温度升高,温度升高导致反向电流进一步增大,这种正反馈机制(因热损耗导致的动态负阻效应)是一种热失控,二极管会被烧毁,因而在电路设计中要禁止它进入击穿区。对于齐纳二极管,PN 结两侧相对重掺杂,因而结场相对较强,导致 P 型半导体价带电子隧穿到 N 型半导体的导带,在原子级别看,是价带电子被转移到了导带,形成齐纳击穿机制,这种击穿是受控击穿,通过调整掺杂浓度可以精确控制击穿电压,从 1.2V 到 200V 甚至上千伏均可看到。

重掺杂 PN 结存在隧穿效应,齐纳二极管的正偏隧穿可以忽略不计,其正偏伏安特性与普通 PN 结二极管基本一致,隧穿效应导致的反向击穿稳压特性有如下几个描述变量:①测试电流 $I_{ZT}$:给出的齐纳电压 $V_Z$ 是在这个电流下测试获得的,$V_Z@I_{ZT}$。②拐点电流 $I_{ZK}$:反向击穿电流低于这个值,它就不具备稳压作用了,因而齐纳二极管要实现稳压作用,其反向电流必须大于 $I_{ZK}$。③最大电流 $I_{ZM}$:二极管反向击穿电流不应超过该值,超过该值二极管则有可能烧毁。如图 A10.4.1 所示,这是齐纳二极管的电路符号,伏安特性曲线和等效电路。

当齐纳二极管工作在击穿区时,它的理想电路模型是一个恒压源 $V_Z$,实际特性曲线是有正斜率的,这个正斜率代表了该恒压源具有正的内阻 $R_Z$。如果考虑内阻,则用测试点的切线替代原特性曲线,切线和横轴的交点就是等效电路模型中的 $V_{ZS}=V_Z-I_{ZT}R_Z$。

我们要特别注意,虽然齐纳二极管反向

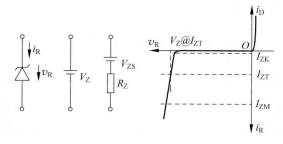

图 A10.4.1　齐纳二极管电路符号、伏安特性曲线及等效电路

击穿时被等效为电压源,它本质上仍然是一个非线性电阻,电压源等效仅仅是它的外特性等效,要实现这个外特性,必须有直流偏置电源,去掉这个直流偏置电源,它就是一个电阻,加上这个直流偏置电源,从外界看它似乎是一个直流电压源,但其实它仍然是一个消耗直流功率的电阻,这一点从二极管的电流必须是从等效电压源的正极流入就可以看出来,外特性看到的直流电压源仅仅是非线性电阻齐纳二极管和直流偏置源共同作用的等效结果。这与隧道二极管负阻等效一样,去掉直流偏置电源,隧道二极管就是一个非线性电阻,加上偏置电源后,对外界而言它是一个能够向外提供交流电能的负阻,但其实它仍然是一个消耗直流功率的电阻,这从二极管直流电流和直流电压同相(伏安特性曲线位于一、三象限)即可看出,从外界看到的负阻仅仅是隧道二极管和直流偏置源共同作用的等效结果。

### A10.4.3    变容二极管

PN结反偏耗尽层加宽,反向电流截止,被认为是开路,这是电阻电路的观点,然而一旦考虑频率效应,我们发现空间电荷区(耗尽层)中的电荷累积随反偏电压增加而增加,这是一种电容效应。

图 A10.4.2 是变容二极管的电路符号和微分电容 $C_{jb}$ 随反偏电压 $V_R$ 的变化规律,

$$C_{jb} = \frac{dQ_D}{dV_R} = \frac{C_{jb0}}{\left(1 + \frac{V_R}{V_\Phi}\right)^\gamma} \qquad (A10.4.1)$$

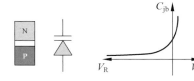

图 A10.4.2    变容二极管电路符号与微分电容

它随着反偏电压 $V_R$ 的增加而减小。式中 $C_{jb0}$ 是偏置电压为零时结的动态电容大小,$V_\Phi$ 是 PN 结的内建电位差,$\gamma$ 被称为变容指数,与 PN 结掺杂分布情况有关,单边突变分布时 $\gamma = 1/2$,线性缓变时 $\gamma = 1/3$,超突变结则有 $\gamma = 1, 2, 3$ 等情况出现。

变容二极管电容随直流偏置电压变化,PN 结是最简单的结构,肖特基势垒二极管也可完成同样功能,特别适用于超高速工作。

### A10.4.4    光电、电光二极管

光通信中,光的基本粒子光子(photon)扮演着重要角色。光子是传递电磁相互作用的基本粒子,是电磁辐射的载体。光子和半导体材料中的电子之间有三种主要的相互作用过程:吸收(absorption),自发辐射(spontaneous emission),受激辐射(stimulated emission)。

如图 A10.4.3 所示,这是这三种情况的示意图:

(1) 吸收。当光照射半导体材料时,光子进入材料内部,原子吸收光子能量后,在某些条件下可形成电子空穴对(进入激发态),半导体电导率增加,可形成光敏电阻。如果是反偏 PN 结,耗尽层会分离吸收光子后产生的电子空穴对,从而有电流流出 PN 结,光的变化被转化为电的变化,形成了可对光进行检测的光电二极管。光电二极管可以是 PN 结、PIN 结、金属半导体结和异质结等。光照射后,PN 结作用下有反向电流流出,表明光能转换为了电能,这是太阳能电池的基本原理。光敏电阻和光电二极管用于光的检测,对电路而言,在直流偏置源作用下可被等效为信号源(signal source),而太阳能电池实现了光能到电能的转换,对电路而言是一种供能的电源(power supply)。

(2) 自发辐射。没有外部激发,导带电子跳回价带,同时释放一个光子,这个过程就是自发辐射。发光二极管 LED 是正偏 PN 结,在正偏电流很大时,可辐射出较高强度的紫外线、可见光和红外光。LED 对电路而言是消耗电能的电阻,对光处理系统而言,又是一种光源(信

号源）。

（3）受激辐射。当一个光子撞击原本就在激发态的原子时，此原子的电子从导带跳入价带，同时释放一个和入射光子同相位、同能量的光子，这是受激辐射。受激辐射产生激光，这是一种方向性很强的单色光束。半导体激光器可由 PN 结形成。

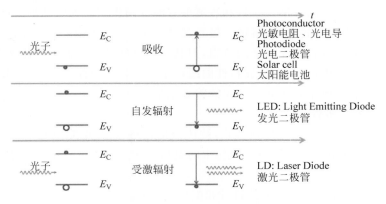

图 A10.4.3　光子和电子的三种作用过程

图 A10.4.4 给出了几个光电器件的伏安特性：①光敏电阻：电阻阻值随着光照强度而变，光电流 $I_{ph}$ 和偏置电压成正比关系。光敏电阻结构简单，成本低，性能稳定，可用于烟雾、防盗探测器、读卡器、照明控制等场景，还可为电路提供可变电阻。②光电二极管：反偏工作状态，有光照反向电流则产生相应的变化。PIN 光电二极管的光电流与光强之间的线性关系较好，成本低廉，结构简单而可靠，可用于音视频光盘播放、光纤通信等场景；肖特基势垒光电二极管的优势在于高速；雪崩光电二极管有倍增效应，因而有高的增益，但缺点是噪声过大，对偏置电压和环境温度过于敏感。③太阳能电池：无光照则是 PN 结，有光照则可向外界释放电流，短路电流 $I_s$ 由光子通量决定。作为向外释放功率的电池，无须外加直流偏置电源，它本身就是直流电源，其工作点位于向外释放功率的伏安特性的第四象限。太阳能是取之不尽用

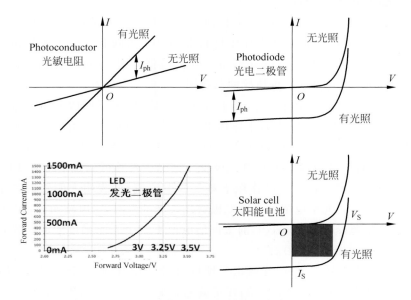

图 A10.4.4　几种典型的电光、光电器件伏安特性曲线

之不竭的无污染能源,但太阳能电池成本过高,需要很大的面积才能搜集足够的太阳能。光电二极管和太阳能电池的伏安特性曲线类似,区别在于光电二极管工作于第三象限,消耗外界提供的电能,而太阳能电池工作于第四象限,向外提供电能。④发光二极管:正偏使用,这里给出的是一个 LED 在大正偏电压作用下大的电流输出,LED 发出的光的光通量和该电流近似成正比关系。LED 应用场景广泛,如钟表、计算器、音视频的数字、字母显示,仪表面板通断显示,大面积显示用如交通灯,光纤通信的光源,光耦合器的光源等。

### A10.5 电路器件

实体物质(导体、半导体和绝缘体)和场物质(电磁场、光子)相互作用形成了器件的电特性。如利用导体导电性质做的电阻是线性电阻,其伏安特性具有线性关系,该线性关系可用来实现比例转换功能;PN 结利用的是结的不对称性,其非线性非对称的伏安特性可用来实现开关(整流、逆变、混频、逻辑运算)、稳压、负阻(放大、振荡、存储)、非线性混频(乘法、调制、解调、变频)等功能;电容利用导体的电荷存储能力实现了电压电流之间的微分关系,可实现微积分运算、滤波等功能。正是这些元器件的电特性使得我们可以实现功能丰富的功能单元电路,如放大、滤波、振荡、变频、存储……其中非线性特性起到了至关重要的作用。

本课程电阻电路中很多器件是半导体器件,利用的是半导体电导率的可控性、半导体结所具有的不对称性和半导体材料所具有的各种固体物理量子物理特性,使得我们可以实现各种类型的非线性电阻器件,包括二极管和晶体管。对于二极管,我们或利用其负阻特性实现向外提供交流能量的负阻,或利用反向击穿特性提供稳压功能,它们都具有"源"的向外输出功率的能力,但其输出的功率均来自直流偏置电源,二极管在这里起到的是能量转换功能或提供稳压特性,因而它们都属于非独立源。我们可以利用 PN 结的光电转换能力实现太阳能电池,对电路而言,太阳能电池是独立源,它向电路提供的电能的能量源自光能。发光二极管对驱动它的电路而言是消耗电能的非线性电阻,如果用它来激励一个光通信系统,它就是这个光通信系统的光源,因而源和阻都是相对的,某个器件是驱动它的系统的负载电阻,因为它消耗了该系统的能量,该器件同时又是它激励的系统的源,因为它向这个系统提供了信号或能量。很多半导体器件被大多数教材视为有源器件,但是去掉这些"源"的能量来源后,剩下的就是阻,因而本书把这些半导体器件都归并到电阻电路中予以考察。

# A11 晶体管

## A11.1 晶体管的基本电路功能

晶体管 transistor 是 transfer resistor(转移电阻器)的简写,这个名字已经说明了晶体管是什么:晶体管是受控电阻,它是一个受第三端控制的两端电阻器,因而晶体管在中文中被统称为三极管,它有三个极,也就是三个端点,其中一个端点是控制极,另外两个端点之间的伏安特性关系是非线性电阻关系。中文译名称之为晶体管,原因在于它是在半导体晶体上实现的与电子管具有类似特性的"管子",以区别于通过发热在真空中发射电子的电子管(vacuum tube,electron tube)。三极管名称来源于三极电子管(triodes),电子管还有四极管(Tetrode)、五极管(pentodes)等,其中五极管的伏安特性曲线类似于场效应晶体管。晶体管这个译名使得中国学生极有可能忘记晶体管的可控电阻这一本质,这里特别强调这一点:晶体管是阻值受控的非线性电阻。

晶体管的可控非线性电阻特性有两个主要电路模型：①开关模型。在控制极的控制下，另外两个端点之间要么导通，导通电阻很小，可等效为开关闭合；要么截止，截止电阻很大，可等效为开关断开。②受控电流源模型。在控制极的控制下，另外两个端点之间在外加直流偏置电压源的作用下，这两个端点之间具有一种恒流特性，从而可等效为电流源，但电流源电流大小则受控于控制端电压或控制端注入电流，故而晶体管可等效为压控流源或流控流源。

这里需要说明的是：①晶体管开关模型本身是无源的，配合电源的作用可完成开关导通和断开机制。②晶体管的受控源模型是有源的，受控源可以向外提供功率，但这个功率来自直流偏置源，晶体管利用了它的受控非线性电阻特性，将直流偏置电压源的电能转化为电流源电能。控制端如果另加小信号激励，晶体管则可将偏置电压源的直流能量转换为交流能量，晶体管在这里起的作用是能量转换器作用，与二极管负阻类似但有所不同，二极管负阻是两端元件，晶体管是三端元件，多了一个控制端，使得晶体管比负阻更便于控制，因而其应用也远比负阻广泛，虽然它们都具有类同的能量转换作用，都可用来实现放大器、振荡器、数字逻辑门电路和数字存储器。

## A11.2 晶体管分类

晶体管是受控的非线性电阻，其受控的导电特性是晶体管分类的依据。

### A11.2.1 双极型和单极型

最常见的分类方法是根据导电载流子的类型进行的分类，可分为双极型晶体管（bipolar transistor）和单极型晶体管（unipolar transistor）两种。

双极型晶体管中，电子和空穴两种载流子同时参与导电或者导电控制，其典型代表是 BJT（Bipolar Junction Transistor，双极结型晶体管）；单极型晶体管中，只有一种载流子参与导电，或者是电子，或者是空穴，其典型代表是 MOSFET（Metal-Oxide-Semiconductor Field Effect Transistor，金属氧化物半导体场效应晶体管）。

这种分类中，一般把 JFET（Junction FET，结型场效应晶体管）分类到单极型晶体管中，但 JFET 中其实两种载流子都存在，只是在含量上一种远远高于另一种，同时 HBT（Heterojunction Bipolar Transistor，异质结双极型晶体管）通过异质结来实现极高的电流增益，使得其内部导电或参与导电控制的两种载流子含量也是一种远远高于另外一种，因而双极型和单极型的分类界限并不十分明确。

### A11.2.2 少子器件和多子器件

解决双极、单极分类方法不明确的另外一种根据载流子类型的分类方法，是把 BJT 归类为少子器件（minority carrier devices），把 MOSFET 和 JFET 归类为多子器件（majority carrier devices），其分类原则是考察参与导电的载流子是导电通道半导体材料的少子或多子。

这里的导电通道指的是晶体管非线性电阻两端之间的导电通道。例如 NPN BJT，位于两极中间位置的导电通道是 P 型半导体，但导通电流主要由电子流动构成，而电子是导电通道 P 型半导体的少子，故而 NPN BJT 是少子器件。例如 NMOSFET，位于两极中间位置的导电通道是 N 型沟道，导通电流主要由电子流动形成，电子是 N 型沟道的多子，故而 NMOSFET 是多子器件。

### A11.2.3 场效应和势效应

还有一种是根据晶体管受控特性进行的分类，晶体管被分类为场效应晶体管（Field Effect Transistor，FET）和势效应晶体管（Potential Effect Transistor，PET）。这一种分类方法比较陌生,尤其是势效应这一名称,但这种分类对晶体管非线性受控特性的理解十分有用,因而我们这里仍然予以特别关注。

FET 是通过电场进行导电控制的晶体管,它通过电容耦合实现导电控制,如图 A11.2.1(a) 所示,中间控制极被称为栅极(gate),栅极和导电通道之间是通过电容实现耦合的,电容上加控制电压,通过改变电容结构内的电场强度来控制导电通道的电导率,从而控制导电通道的导电特性。MOSFET 中的电容结构是金属 M—氧化物 O—半导体 S,JFET 中的电容则是由反偏 PN 结的耗尽层实现的。

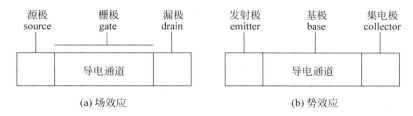

图 A11.2.1　场效应和势效应

PET 是通过电势进行导电控制的晶体管,它通过直接接触实现导电控制,如图 A11.2.1(b) 所示,中间控制极被称为基极(base),基极和导电通道是直接接触的,在基极端注入电流,改变导电通道的电势,从而控制导电通道的导电特性。

半导体晶体管发展到今天,已经出现了很多种类,本课程只讨论商业开发最完全应用最广泛的 MOSFET 和 BJT,其他种类的晶体管在相关专业课中讨论。

# A12　MOSFET 晶体管受控机制

## A12.1　NMOSFET 的受控非线性伏安特性分区描述

如图 A12.1.1 所示,左侧是 NMOSFET 的电路符号,这里的 N 代表 N 沟道(N-Channel),指的是导电通道是 N 型半导体。它有三个极,控制极被称为栅极(gate),栅就是门的意思,门的作用是控制流量,因而栅带有控制的意思。带箭头的这一端称为源极(source),之所以称之为源,是因为形成沟道电流的载流子是由这一端提供的,对于 NMOS 而言,源极提供电子,电子自源极出发,流过沟道,到达漏极。所谓漏(drain),自源极流过来的载流子从这里漏走了。栅极是控制端,漏源沟道是电阻,漏源沟道电阻受控于栅极电压。

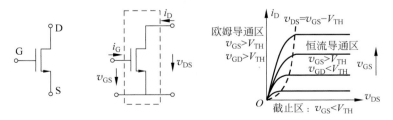

图 A12.1.1　NMOSFET 晶体管符号及其伏安特性曲线

对于这个三端元件,这里把源极作为公共端进行研究,从而可以构成一个二端口网络,以栅源端口为输入端口(端口 1),以漏源端口为输出端口(端口 2)。二端口元件的元件约束方程必须有两个才是完备的,我们用端口电压表述端口电流这一压控形式进行描述:

$$i_{\mathrm{G}} = 0 \tag{A12.1.1a}$$

$$i_{\mathrm{D}} = f(v_{\mathrm{GS}}, v_{\mathrm{DS}}) \tag{A12.1.1b}$$

第一个端口电流方程，$i_{\mathrm{G}}=0$，栅极电流为零，表明栅极是开路的；第二个端口电流方程，$i_{\mathrm{D}}=f(v_{\mathrm{GS}},v_{\mathrm{DS}})$，其具体表述我们在后面进行推导，这里用函数 $f(v_{\mathrm{GS}},v_{\mathrm{DS}})$ 表述，以此说明漏极电流 $i_{\mathrm{D}}$ 由两个端口电压共同决定。其中，栅源电压 $v_{\mathrm{GS}}$ 是端口 1 电压，漏极电流 $i_{\mathrm{D}}$ 是端口 2 电流，因而两者之间是一种控制关系，是非线性的压控流源关系；而漏源电压 $v_{\mathrm{DS}}$ 和漏极电流 $i_{\mathrm{D}}$ 是端口 2 的端口电压和端口电流，因而它们之间的关系是漏源端口的非线性电阻伏安关系。这里对测量获得由 $v_{\mathrm{GS}}$ 参变量控制的 $i_{\mathrm{D}}$-$v_{\mathrm{DS}}$ 伏安特性关系曲线进行分区描述。

首先，$i_{\mathrm{D}}$-$v_{\mathrm{DS}}$ 伏安特性是非线性电阻特性，它们都经过原点，且位于第一象限。图 A12.1.1 上画了一系列非线性伏安特性曲线，每一条曲线对应一个栅源电压 $v_{\mathrm{GS}}$，也就是说，一个 $v_{\mathrm{GS}}$ 对应一条曲线，漏源端口的非线性电阻关系受控于 $v_{\mathrm{GS}}$ 电压。

观察这一组非线性伏安特性曲线，可以将特性曲线划分为三个区域：

第一个区域：$v_{\mathrm{GS}}<V_{\mathrm{TH}}$，其中 $V_{\mathrm{TH}}$ 被称为阈值电压（threshold voltage）。当栅源控制电压小于阈值电压时，漏极电流近似为零，$i_{\mathrm{D}}\approx 0$，此区域被称为截止区（cutoff region）。由于控制电压低于阈值电压，故而又称之为亚阈值区（sub-threshold region）。称之为截止区时，沟道电阻被抽象为开路，截止意味着沟道未启动导通；称之为亚阈值区时，沟道电阻不再被抽象为无穷大，此时用类似于 BJT 的指数律控制关系描述栅源电压对沟道电流的控制关系。本书为了简单起见，截止区采用开路抽象电路模型。

第二个区域：$v_{\mathrm{GS}}>V_{\mathrm{TH}}$，晶体管启动导通，同时 $v_{\mathrm{GD}}<V_{\mathrm{TH}}$。在此区域，MOSFET 伏安特性曲线近似为一条水平直线，因而可被建模为电流源，故而此区域被称为恒流区（constant current region）。工作在这个区域的晶体管的小信号模型是压控流源，可以做放大器使用，因而又称有源区（active region）。由于漏极电流几乎不随 $v_{\mathrm{DS}}$ 电压增加而变化，故而又称饱和区（saturation region）。

第三个区域：$v_{\mathrm{GS}}>V_{\mathrm{TH}}$，晶体管启动导通，但是同时 $v_{\mathrm{GD}}>V_{\mathrm{TH}}$。在此区域，伏安特性曲线近似是过原点的直线，可用线性电阻来建模，故而称之为欧姆区（Ohmic region），欧姆区伏安特性曲线近似是直线，故而又称线性区（linear region）。

特别注意，BJT 具有与 MOSFET 相类似的伏安特性曲线形态，对应的三个区域分别称为截止区、线性放大区和饱和区。我们特别注意予以区分，MOSFET 的饱和区（有源区），BJT 称之为线性放大区，MOSFET 称之为饱和区是因为该区域 $v_{\mathrm{DS}}$ 电压变化时 $i_{\mathrm{D}}$ 电流几乎不变，电流饱和了；MOSFET 的欧姆区，BJT 称之为饱和区，BJT 在该区域内，其电流的变化不会导致电压有大的变化，电压饱和了。

为了不引起两种晶体管区域名称的混淆，本书尽量采用截止区、恒流区（有源区）、欧姆区三个名称。但是由于习惯说法等原因，仍然可能会有如下的说法：如果说"晶体管进入饱和区"，则一般是针对 MOSFET 而言，晶体管在恒流区工作；如果说"晶体管进入饱和状态"，则一般是针对 BJT 的饱和概念而言，说的是 BJT 晶体管进入了饱和区，放大器放大倍数迅速下降，不再具有放大作用。

最后总结一下，MOSFET 受控的非线性电阻伏安特性曲线分为三个区域：

截止区：$v_{\mathrm{GS}}<V_{\mathrm{TH}}$；

恒流区：$v_{\mathrm{GS}}>V_{\mathrm{TH}}$，$v_{\mathrm{GD}}<V_{\mathrm{TH}}$；

欧姆区：$v_{\mathrm{GS}}>V_{\mathrm{TH}}$，$v_{\mathrm{GD}}>V_{\mathrm{TH}}$。

这三个区域的划分：第一，控制电压 $v_{GS}$ 决定 MOSFET 是否启动导通，$v_{GS} < V_{TH}$ 不导通，$v_{GS} > V_{TH}$ 则启动导通，$V_{TH}$ 被称为阈值电压；第二，当 MOSFET 启动导通后，漏极电压决定 MOSFET 是否可以作为放大器(有源器件)使用：当漏极电压比较高时，$v_{DS} > v_{GS} - V_{TH}$(对应 $v_{GD} < V_{TH}$)，MOSFET 位于恒流区，也就是有源区，可以作为放大器使用，$v_{GS} - V_{TH}$ 被称为饱和电压 $V_{DS,sat}$；当漏极电压比较低时，$v_{DS}$ 低于饱和电压，$v_{DS} < v_{GS} - V_{TH}$(对应 $v_{GD} > V_{TH}$)，MOSFET 位于欧姆区，此区域内 MOSFET 的线性电阻特性明显，二端口网络的有源性降低，一般不作为放大器使用，特殊应用除外。

图 A12.1.1 中，欧姆区和恒流区的分界虚线代表了饱和电压 $V_{DS,sat} = v_{GS} - V_{TH}$，其右侧几乎水平的曲线代表了饱和区(恒流区)，恒流区旁标记的箭头方向是 $v_{GS}$ 增加方向，它表明随着控制电压 $v_{GS}$ 的增加，漏极电流 $i_D$ 增加，沟道电阻变小。

## A12.2  NMOSFET 的受控非线性伏安特性的形成机制

### A12.2.1  孤岛之间不导电

如图 A12.2.1 所示，以 P 型半导体作为基底，并称之为衬底 B(Bulk)，在基底材料上注入五价杂质，形成两个 N 型区孤岛，并分别称之为漏极和源极。P 型衬底上有很多器件，比如晶体管，为了使得这些晶体管相互隔离，需要把衬底连在电路的最低电位上，如是两个 N 型孤岛和 P 型衬底形成的 PN 结是反偏的，故而即使在源漏之间加电压 $v_{DS}$，也无法形成电流通路。

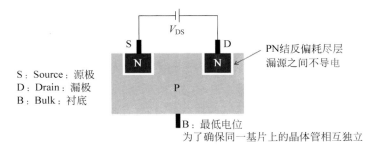

图 A12.2.1  反偏 PN 结，漏源不导电

### A12.2.2  加控制栅极形成导电沟道

如何形成源漏之间的电流导通通道呢？在源漏之间的衬底上方位置加一个栅极，栅极本身是导体，需要在它和基底半导体材料中间加一层绝缘体以形成支撑作用。对于 Si 衬底，中间的绝缘体为 $SiO_2$，如是就构成了金属氧化物半导体 MOS 电容结构，如图 A12.2.2 所示。

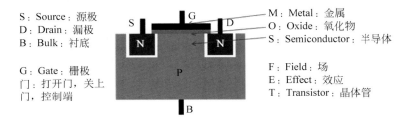

图 A12.2.2  加控制栅极

为什么称之为 FET 呢？这是因为我们可以通过改变 MOS 电容极板上的电压(电场强度)，导致栅极下方的衬底累积足够多的电子使得 P 型半导体反型为 N 型半导体，从而漏源之

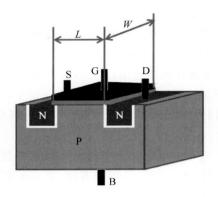

图 A12.2.3　NMOSFET 立体结构示意图

间形成 N 型导电通道,于是漏源之间的电阻特性受到 MOS 电容电压的控制,故而称之为场效应晶体管,也就是场效应转移电阻(Field-Effect Transfer-Resistor)。在 MOSFET 中,导电通道被称为沟道(Channel)。图 A12.2.3 是 NMOSFET 的立体结构,如图所示:在栅极下方将会形成沟道,称源漏之间的距离为沟道长度 $L$,相应地,另外一条边长则被称为沟道宽度 $W$。在栅极、漏极、源极和衬底,都可引出引线,用于和其他元件的连接。

显然,MOSFET 是一个四端元件,其中衬底要求连接在电路的最低电位上。但是为了简化分析,我们首先把源极和衬底连接到一起,把四端元件变成三端元件,在讨论三端元件伏安特性形成机制之后,再考察衬底端和源极端分离后衬底端对漏源非线性电阻伏安特性的影响,并称之为体效应。

为了确保 PN 结反偏截止,故而要求衬底电位是电路中的最低电位,当源极和衬底连为一端后,NMOSFET 的源极电压当是晶体管三个极的最低电压。

首先假设漏源之间电压为零,$v_{DS}=0$,然后在栅源之间加电压 $v_{GS}$,考察 $v_{GS}$ 通过 MOS 电容形成的场效应。

在栅源之间加控制电压 $v_{GS}$,也就是在 MOS 电容两端加电压,上面的导体将积累正电荷,下面的半导体将积累负电荷。由于衬底本身是 P 型半导体,空穴是其多子,因而 $SiO_2$ 下方积累的电子会和空穴复合,如果 $v_{GS}$ 电压比较小,电容下极板也就是 P 型半导体累积的负电荷将全部被空穴中和,无法形成负电荷的有效积累,如图 A12.2.4(a)所示。

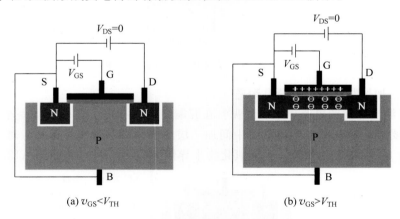

(a) $v_{GS}<V_{TH}$　　　　　　　　(b) $v_{GS}>V_{TH}$

图 A12.2.4　源衬连接,栅极加压,形成导电沟道

继续增加 $v_{GS}$,则会存在着一个阈值电压 $V_{TH}$,当 $v_{GS}=V_{TH}$ 时,电容下极板,也就是紧贴 $SiO_2$ 的这一层 P 型半导体中的空穴会被全部耗尽,于是当 $v_{GS}>V_{TH}$ 后,就会有纯的负电荷电子的累积,从而原来的 P 型半导体反型为 N 型半导体,它将 N 型漏极和 N 型源极连为一体,在源漏之间形成导电通道,也就是 N 型沟道,从而 DS 之间可导电,如图 A12.2.4(b)所示。

原理上说,DS 沟道受 $v_{GS}$ 控制,$v_{GS}$ 越大,导电沟道就越厚,沟道内可移动的电子数目就越多,导电率就越高,DS 加载电压后沟道电流就越大,DS 电阻就越小。下面确认图 A12.2.4 所示沟道电阻的大小：考察沟道电导值，$G=\sigma S/L$，沟道电导和沟道电导率 $\sigma$、沟道横截面面积 $S=W\cdot t$ 成正比关系，和沟道长度 $L$ 成反比关系，其中 $t$ 为沟道厚度。注意到沟道中只有电子电流，故而沟道电导率 $\sigma=\sigma_e=\mu_n ne$，其中 $\mu_n$ 为电子迁移率，$n$ 为沟道内的电子浓度，即单位体积内的电子数目，显然它与栅源电压有关：首先求出沟道内的静电子电荷量 $Q_c=-C(v_{GS}-V_{TH})$，$C$ 为 MOS 电容，而 $V_{od}=v_{GS}-V_{TH}$ 被称为过驱动电压（overdrive voltage），因为只有过驱动，$v_{GS}>V_{TH}$，沟道中才有净的负电荷的积累，负号代表了电子所带的负电荷，除以单个电子电荷量 $-e$，即可获得电子数目，再除以沟道体积，即可获得沟道内的电子浓度为

$$n=\frac{C(v_{GS}-V_{TH})}{eWLt}$$

故而沟道电导为

$$G=\sigma\frac{S}{L}=\mu_n ne\frac{W\cdot t}{L}=\mu_n\frac{C(v_{GS}-V_{TH})}{eWLt}e\frac{W\cdot t}{L}=\mu_n C_{ox}\frac{W}{L}(v_{GS}-V_{TH}) \qquad (A12.2.1)$$

其中 $C_{ox}$ 是氧化层单位面积电容，定义为 MOS 电容 $C$ 除以 MOS 极板面积 $WL$，它由氧化层的介电常数 $\varepsilon_{ox}$ 和氧化层厚度 $t_{ox}$ 决定，$C_{ox}=\varepsilon_{ox}/t_{ox}$。

　　上述分析表明，DS 沟道确实是一个受 $v_{GS}$ 控制的电阻（电导）。但是由于导电沟道的厚度或沟道形状不仅受 $v_{GS}$ 控制，还受到 $v_{DS}$ 电压的影响，这使得电阻阻值与 $v_{DS}$ 相关，当一个电阻的阻值与电阻两端的电压相关时，它当然就是一个非线性电阻。显然式（A12.2.1）给出的沟道电导没有考虑 $v_{DS}$ 电压的影响，故而它仅是 $v_{DS}=0$ 附近对沟道非线性电阻的线性电导抽象，那么完整的沟道非线性电阻伏安特性到底具有怎样的数学描述呢？首先定义沟道单位长度的电荷密度，为

$$\dot{Q}_x=\frac{Q_c}{L}=-WC_{ox}(v_{GS}-V_{TH}) \qquad (A12.2.2)$$

其中的负号代表 N 沟道中的电子电荷是负电荷。

**A12.2.3　加漏源电压形成导电电流：漏源电压小于饱和电压（欧姆区）**

　　沟道既然已经形成，DS 之间即可导电，首先假设加了一个很小的 $v_{DS}$ 电压，$v_{DS}>0$，当漏极电压还比较低的时候，即 $v_{GD}>V_{TH}$，也就是漏极端的沟道仍然保持，只是由于两端栅沟电压 $v_{GS}$ 和 $v_{GD}$ 不再相等，$v_{GS}=v_{GD}+v_{DS}>v_{GD}$，显然源端沟道厚度会高于漏端，或者说源端电荷密度将高于漏端，沟道中的电荷分布不再均匀。

　　如图 A12.2.5 所示，这里定义从源到漏沟道方向为 $x$ 方向，原点 $x=0$ 在源极，$x=L$ 点则为漏极，其中 $L$ 为沟道长度。显然，$x=0$ 位置的栅沟电压为 $v_{GS}$，故而该点沟道的单位长度电荷密度为

$$\dot{Q}_x(0)=-WC_{ox}(v_{GS}-V_{TH}) \qquad (A12.2.3a)$$

$x=L$ 位置的栅沟电压为 $v_{GD}$，故而该点沟道的单位长度电荷密度为

$$\dot{Q}_x(L)=-WC_{ox}(v_{GD}-V_{TH}) \qquad (A12.2.3b)$$

不同的栅沟电压，在 MOS 电容下极板上（沟道内）

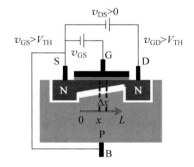

图 A12.2.5　漏源所加电压较小，沟道连通

积累不同的电荷量，故而有不同的沟道电荷密度。定义 $0\leqslant x\leqslant L$ 任意位置 $x$ 点的电荷密度为 $\dot{Q}_x(x)$，它可以表述为如下形式

$$\dot{Q}_x(x)=-WC_{ox}(v_{GS}-v(x)-V_{TH}) \qquad (A12.2.4)$$

其中 $v(x)$ 是沟道中 $x$ 点到源点的电压,显然 $x=0$ 时,$v(0)=0$,$x=L$ 时,$v(L)=v_{DS}$。

虽然沿 $x$ 方向的沟道电荷密度不再均匀,电阻也不是均匀的,但沿 $x$ 方向的沟道电流却只有一个电流 $i_D$。假设将 $[x,x+\Delta x]$ 这一区域内的电子全部移出该区域需要 $\Delta t$ 的时间,只要 $\Delta x$ 足够小,就可以近似认为该区域内的电荷总量为

$$\Delta Q_x(x) = \dot{Q}_x(x)\Delta x \tag{A12.2.5}$$

于是可知 $x$ 位置的电流 $i(x)$,它就是沟道电流 $i_D$,因为沟道中只可能有这一个电流,

$$i_D = i(x) = \frac{\Delta Q_x(x)}{\Delta t} = \dot{Q}_x(x)\frac{\Delta x}{\Delta t} = \dot{Q}_x(x)v_e(x) \tag{A12.2.6}$$

其中 $v_e(x)$ 是 $x$ 位置的电子运动速度,换句话说,不同位置的电子运动速度不同以确保唯一不变的沟道电流。将 $x$ 位置的电荷密度代入,有

$$i_D = \dot{Q}_x(x)v_e(x) = -WC_{ox}(v_{GS}-v(x)-V_{TH})v_e(x) \tag{A12.2.7}$$

根据电子迁移率的定义,可知电子运动速度等于电子迁移率 $\mu_n$ 乘以 $x$ 方向的电场强度 $E_x$

$$v_e(x) = \mu_n E_x(x) \tag{A12.2.8}$$

而 $x$ 位置的横向电场强度 $E_x(x)$ 是横向电压的负梯度,

$$E_x(x) = -\frac{dv(x)}{dx} \tag{A12.2.9}$$

把这些关系式代入,得到下的电流电压关系

$$i_D = WC_{ox}(v_{GS}-v(x)-V_{TH})\mu_n\frac{dv(x)}{dx} \tag{A12.2.10a}$$

或者描述为

$$i_D dx = W\mu_n C_{ox}(v_{GS}-v(x)-V_{TH})dv(x) \tag{A12.2.10b}$$

对这个关系式两边分别积分,左侧积分限 $x=0$ 到 $x=L$,右侧对应积分限则从 $v(0)=0$ 到 $v(L)=v_{DS}$

$$\int_0^L i_D dx = \int_0^{v_{DS}} W\mu_n C_{ox}(v_{GS}-v(x)-V_{TH})dv(x) \tag{A12.2.11}$$

左侧 $i_D$ 是常量,以 $x$ 为积分变量积分结果为 $i_D L$;右侧 $(v_{GS}-V_{TH})$ 是常量,以 $v(x)$ 为积分变量积分后等于 $(v_{GS}-V_{TH})v(x)$,右侧 $v(x)$ 是变量,以 $v(x)$ 为积分变量积分后则等于 $0.5v^2(x)$,

$$i_D L = W\mu_n C_{ox}\left((v_{GS}-V_{TH})v(x) - \frac{1}{2}v^2(x)\right)\Big|_0^{v_{DS}} = W\mu_n C_{ox}\left((v_{GS}-V_{TH})v_{DS} - \frac{1}{2}v_{DS}^2\right)$$

整理后,得到沟道电流大小为

$$i_D = \mu_n C_{ox}\frac{W}{L}\left((v_{GS}-V_{TH})v_{DS} - \frac{1}{2}v_{DS}^2\right) \tag{A12.2.12a}$$

式中 $W/L$ 被称为宽长比,可见沟道的宽长比对电流的影响是线性正比关系,宽长比越大,电流就越大,这很容易理解:电导和导电通道长度成反比关系,和横截面积(宽度与厚度之积)成正比关系,在这里,由于导电通道的厚度与加载在电导(电阻)两端的电压有关,故而电导(电阻)是非线性的,其伏安特性 $i_D$-$v_{DS}$ 之间是非线性电阻关系。注意,如果去掉公式中的二次非线性项,沟道电流 $i_D$ 和沟道电压 $v_{DS}$ 之间的线性比值关系恰好就是式(A12.2.1)所示的线性电导值大小,这个结果并不令人意外,因为该电导值就是在不考虑 $v_{DS}$ 影响($v_{DS}=0$)时获得的。

有时为了方便书写公式,记 $\beta_n=0.5\mu_n C_{ox}W/L$,于是

$$i_D = 2\beta_n\left((v_{GS}-V_{TH})v_{DS} - \frac{1}{2}v_{DS}^2\right), \quad v_{DS}\leqslant v_{GS}-V_{TH} \tag{A12.2.12b}$$

### A12.2.4　加漏源电压形成导电电流：漏源电压大于饱和电压(恒流区)

式(A12.2.12)是漏源电压小于饱和电压时的沟道电流表达式，即 $v_{DS} < v_{GS} - V_{TH}$，或者 $v_{GD} > V_{TH}$ 的情况，此区被称为欧姆区，这是由于漏源端口电压、电流呈现明显的电阻特性。下面继续增加漏源电压 $v_{DS}$，使得漏源电压等于甚至超过饱和电压，$v_{DS} \geqslant v_{GS} - V_{TH}$，或者 $v_{GD} \leqslant V_{TH}$，这种情况下沟道电流又是多少呢?

当漏源电压增加到等于饱和电压时，$v_{DS} = V_{DS,sat} = v_{GS} - V_{TH}$，$v_{GD}$ 由原来的大于 $V_{TH}$ 变成恰好等于 $V_{TH}$，继续增加 $v_{DS}$，则有 $v_{GD} < V_{TH}$，故而漏极下方 $x = L$ 位置的沟道被夹断，如图 A12.2.6(a) 所示。

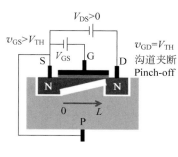

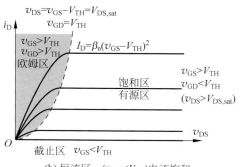

(a) $v_{GD} = V_{TH}$，沟道夹断　　　　(b) 恒流区：($v_{GD} < V_{TH}$)电流饱和

图 A12.2.6　沟道夹断，沟道电流饱和

此时漏极电流(沟道电流)随 $v_{DS}$ 变化达到欧姆区抛物线变化规律的极值点，

$$i_D = 2\beta_n \left( (v_{GS} - V_{TH}) v_{DS} - \frac{1}{2} v_{DS}^2 \right)_{v_{DS} = v_{GS} - V_{TH}} = \beta_n (v_{GS} - V_{TH})^2 \quad (A12.2.13)$$

此后继续增加 $v_{DS}$，$i_D$ 电流不再变化，故而称之为饱和，此区域被称为饱和区或者恒流区，如图 A12.2.6(b) 所示。恒流区电流和栅源电压之间的控制关系为平方律关系

$$i_D = \beta_n (v_{GS} - V_{TH})^2, \quad v_{DS} \geqslant v_{GS} - V_{TH} \quad (A12.2.14)$$

夹断点位置沟道电荷表象似乎为零，实际上由于电流的连续性，该点电荷并不完全为零，只是由于该位置强的横向电场和高的电子速度，此处电荷量很小就可以保持电流不变，被视为沟道夹断。

### A12.2.5　恒流区的沟道长度调制效应(厄利效应)

前面认为漏源电压 $v_{DS}$ 超过饱和电压 $V_{DS,sat}$ 后，沟道电流 $i_D$ 是饱和不变的，事实并非如此。当 $v_{DS}$ 继续增加时，夹断点会向源端移动，以确保夹断点位置 $x = L'$ 的栅沟电压为阈值电压 $V_{TH}$，因为阈值电压是沟道形成的起始电压，如图 A12.2.7 所示。

注意，沟道等效长度由原来的 $L$ 变成 $L'$，沟道长度变短，意味着沟道电阻变小，故而沟道电流必然增加，

$$i_D = \frac{1}{2} \mu_n C_{ox} \frac{W}{L'} (v_{GS} - V_{TH})^2$$

用 $\beta_n$ 表述，为

$$i_D = \beta_n (v_{GS} - V_{TH})^2 \frac{L}{L'}$$

可见漏极电流变大是由于沟道长度变短造成的，因而被

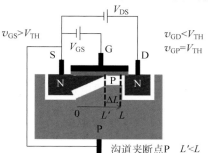

图 A12.2.7　漏源电压大于饱和电压，
沟道夹断点内移

称为沟道长度调制效应(Channel-Length Modulation)。

注意到 $L'=L-\Delta L$,$\Delta L$ 就是因 $v_{DS}$ 增加而减小的沟道长度,不妨假设它和 $v_{DS}-V_{DS,sat}$ 成线性比例关系,

$$\Delta L = L - L' \approx \alpha(v_{DS} - V_{DS,sat})$$

在 $\Delta L \ll L$,$V_{DS,sat} \ll v_{DS}$ 的条件下,近似有

$$\frac{L}{L'} = \frac{L}{L-\Delta L} \approx 1 + \frac{\Delta L}{L} \approx 1 + \alpha\frac{v_{DS}-V_{DS,sat}}{L} \approx 1 + \frac{\alpha}{L}v_{DS} = 1 + \lambda v_{DS}$$

故而考虑了沟道长度调整效应后的饱和区沟道电流并非绝对恒流,而应该表述为

$$i_D \approx \beta_n (v_{GS}-V_{TH})^2 (1+\lambda v_{DS}), \quad v_{DS} \geqslant v_{GS}-V_{TH} \tag{A12.2.15}$$

从表达式看,随着漏源电压 $v_{DS}$ 的增加,沟道电流曲线微微上翘,其伏安特性曲线如图 A12.2.8 所示。此时恒流区伏安特性曲线不再平直,不是真正恒流,但仍然被抽象为直线。从式(A12.2.15)可知,当 $v_{DS} = -\frac{1}{\lambda}$ 时,$i_D = 0$,也就是说,这些直线都交于一点,该点为 $(-V_E, 0)$,这里 $V_E$ 被称为厄利电压,

$$V_E = \frac{1}{\lambda} = \frac{L}{\alpha} \propto L \tag{A12.2.16}$$

厄利电压近似和沟道长度成正比关系。

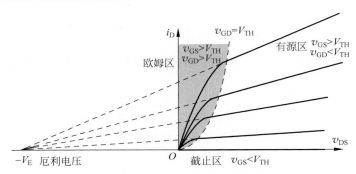

图 A12.2.8　沟道长度调制效应

实际的恒流区伏安特性曲线拟合的直线在横轴上的截距并非真正交于一点,但确实落在一个区域之内,为了简化分析,把这个区域抽象为一个点,这个点对应电压就是厄利电压。如是,恒流区 MOSFET 的电路模型就是具有线性内阻的电源模型,由于接近平直,多采用诺顿电流源模型。

对式(A12.2.15)给出的电流公式进行重新整理,表述为

$$i_D = \beta_n (v_{GS}-V_{TH})^2 + \frac{\beta_n (v_{GS}-V_{TH})^2}{V_E}v_{DS} = i_{D0} + \frac{i_{D0}}{V_E}v_{DS} = i_{D0} + g_{ds}v_{DS}$$

$$\tag{A12.2.17}$$

这显然是一个诺顿源电流为 $i_{D0}$,诺顿源内导为 $g_{ds}$ 的诺顿等效源,

$$i_{D0} = \beta_n (v_{GS}-V_{TH})^2 \tag{A12.2.18a}$$

$$g_{ds} = \frac{i_{D0}}{V_E} \tag{A12.2.18b}$$

其中诺顿源电流 $i_{D0}$ 为受控源电流,它受控于栅源电压 $v_{GS}$,受控关系为平方律关系,如式(A12.2.18a)所示。

### A12.2.6　NMOSFET 漏源端口伏安特性关系描述

如果不考虑沟道长度调制效应,漏源端口的伏安特性关系可表述如下

$$i_D = f(v_{GS}, v_{DS}) = \begin{cases} 0, & v_{GS} < V_{TH} \\ 2\beta_n((v_{GS}-V_{TH})v_{DS} - 0.5v_{DS}^2), & v_{GS} > V_{TH}, v_{GD} > V_{TH} \\ \beta_n(v_{GS}-V_{TH})^2, & v_{GS} > V_{TH}, v_{GD} < V_{TH} \end{cases}$$

(A12.2.19a)

在漏源端口外接负载电阻 $R_L$ 比较小时,$R_L \ll r_{ds} = 1/g_{ds}$,我们经常采用上述模型,即恒流区采用恒流源模型,这是由于等效诺顿源内阻 $r_{ds}$ 分流很小,其影响可以忽略不计。但是漏源端口外接负载电阻 $R_L$ 可以和 $r_{ds}$ 相比拟甚至比 $r_{ds}$ 还要大,那么恒流区模型就有必要考虑等效诺顿源源内阻 $r_{ds}$ 的影响,即采用如下伏安特性关系,

$$i_D = f(v_{GS}, v_{DS}) = \begin{cases} 0, & v_{GS} < V_{TH} \\ 2\beta_n((v_{GS}-V_{TH})v_{DS} - 0.5v_{DS}^2), & v_{GS} > V_{TH}, v_{GD} > V_{TH} \\ \beta_n(v_{GS}-V_{TH})^2(1+\lambda v_{DS}), & v_{GS} > V_{TH}, v_{GD} < V_{TH} \end{cases}$$

(A12.2.19b)

### A12.2.7　体效应

前面分析 NMOSFET 特性时,将源极和衬底连为一体,MOSFET 是三端元件,对于单独封装的晶体管,做到这一点并无多大难度,但是在集成电路中,众多晶体管之间的连接关系很复杂,并不能轻易地将源极和衬底连为一体,NMOS 的衬底一般都固定连在电路的最低电位上,而晶体管的源极电位则会高于衬底并且有可能随处理信号的变化而变化,并非是固定的电压。无论什么情况,只要衬底和源极非等电位,衬底对沟道导电特性就会产生影响,可以把衬底和沟道视为一个寄生的 JFET,衬底通过它或者说通过衬底与沟道之间的反偏 PN 结(耗尽层)势垒电容对沟道实现控制,这种效应被称为体效应(body effect),如图 A12.2.9 所示。

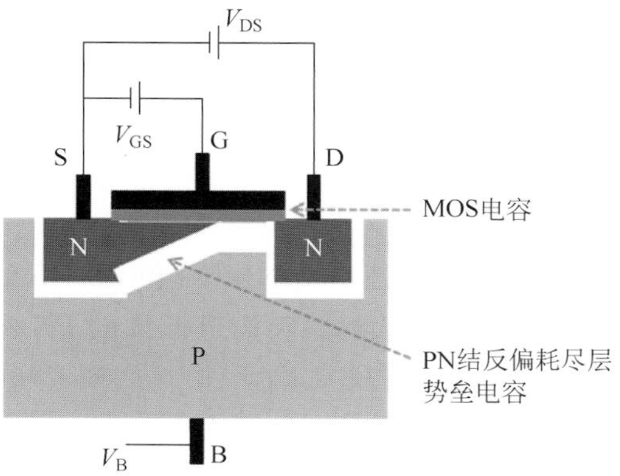

我们期望获得 MOS 电容对沟道的控制作用,但是实际情况又存在衬底对沟道的控制作用。作为寄生效应,前面推导的三端元件电流方程形式就不必改变,而仅仅是对该方程进行修正,对其中的阈值电压进行修正,阈值电压 $V_{TH}$ 不再视为是确定值,而是由 $v_{SB}$ 控制的阈值电压,

$$V_{TH} = V_{TH0} + \gamma(\sqrt{|v_{SB}+2V_\Phi|} - \sqrt{|2V_\Phi|})$$

(A12.2.20)

图 A12.2.9　体效应

式中,$V_{TH0}$ 是衬底 B 和源极 S 连为一体时的阈值电压,当衬底和源极之间存在电压差时,阈值电压在此基础上修正,修正系数 $\gamma$ 称为体效应系数,大体在 $0.4 \sim 0.5 V^{0.5}$ 之间,$V_\Phi$ 为 PN 结的势垒电压(内建电位差)。

本课程中,为了模型的简单性,我们不考虑这种寄生 JFET 引入的体效应。

## A12.3　PMOSFET 端口伏安特性关系

前面的讨论以 NMOSFET 为例说明了 MOSFET 伏安特性的形成机制,由栅极电压通过

MOS 电容形成漏源之间的导电沟道,漏源之间具有受控电阻特性,由于沟道结构同时受到漏源电压影响,因而这个电阻是非线性的。和 NMOS 互补的另外一种 MOSFET 是 PMOS,其结构和 NMOS 完全互补,其衬底是 N 型半导体,其源极、漏极是 P 型孤岛,栅极电压通过 MOS 电容形成 P 型导电沟道,如图 A12.3.1 所示。

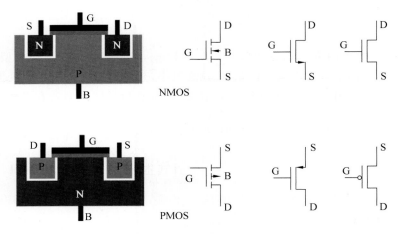

图 A12.3.1　NMOS 和 PMOS

对于 NMOS,多子是电子,从源极发出,通过 N 沟道,从漏极漏出,故而电流方向从漏指向源,且漏源电压 $v_{DS} > 0$;对于 PMOS,多子是空穴,从源极发出,通过 P 沟道,从漏极漏出,故而电流方向从源指向漏,且源漏电压 $v_{SD} > 0$。

NMOS 衬底连接在电路中的最低电位,一般正常工作情况下,NMOS 漏极电压 $v_D$ 高于源极电压 $v_S$,栅极电压 $v_G$ 高于源极电压 $v_S$。由于漏源结构上的对称性,当衬底连接在电路最低电位而非和源极相连时,漏源则不可区分,只能根据哪个电压高,哪个就是漏极而定源漏。

PMOS 则反之:PMOS 衬底连接在电路中的最高电位,一般正常工作情况下,PMOS 漏极电压 $v_D$ 低于源极电压 $v_S$,栅极电压 $v_G$ 低于源极电压 $v_S$。由于漏源结构上的对称性,当衬底连接在电路最高电位而非和源极相连时,漏源不可区分,只能根据谁的电压低,谁就是漏极而定源漏。

图 A12.3.1 还给出 NMOS 和 PMOS 的电路符号。有三列:第一列是四端元件,衬底和沟道连线箭头表示衬底和沟道形成的 PN 结方向,虚线表示沟道在未加控制电压前不存在。第二列和第三列都是三端元件,衬底或者和源极相连,或者连在电路最低、最高电位,这里不必再表明。第二列符号上的箭头方向为电流方向,有箭头的一侧为源极,根据箭头方向从源流入晶体管则为 PMOS,从晶体管流出源则为 NMOS。第三列符号上没有箭头,无法确认源漏,需根据实际电路判断,PMOS 栅极加一个圆圈,表示和 NMOS 的控制电压是相反的。第三列符号常用于数字电路中,圆圈代表取反。

PMOS 的元件约束方程与 NMOS 的基本一致,方程中只要将 NMOS 方程中的 $v_{GS}$ 换成 $v_{SG}$,将 $v_{DS}$ 换成 $v_{SD}$,将 $\beta_n$ 换成 $\beta_p$,将 $\mu_n$ 换成 $\mu_p$,将 $V_{TH,n}$ 换成 $V_{TH,p}$,将 $\lambda_n$ 换成 $\lambda_p$,将 $V_{E,n}$ 换成 $V_{E,p}$ 后,方程形式没有任何其他变化。

下面只给出欧姆区的 NMOS 伏安特性方程和 PMOS 伏安特性方程的对比,饱和区方程同理,这些方程的对称形式很容易记忆。

$$i_D = 2\beta_n((v_{GS} - V_{TH,n})v_{DS} - \frac{1}{2}v_{DS}^2)$$

$$= \mu_n C_{ox} \frac{W}{L}((v_{GS} - V_{TH,n})v_{DS} - \frac{1}{2}v_{DS}^2)$$ （NMOS 欧姆区）

$$i_D = 2\beta_p((v_{SG} - V_{TH,p})v_{SD} - \frac{1}{2}v_{SD}^2)$$

$$= \mu_p C_{ox} \frac{W}{L}((v_{SG} - V_{TH,p})v_{SD} - \frac{1}{2}v_{SD}^2)$$ （PMOS 欧姆区）

# A13　BJT 晶体管受控机制

晶体管是受控的非线性电阻,本课程重点关注两种晶体管,MOSFET 和 BJT。附录 A12 给出了 MOSFET 的受控特性形成机制,其漏源端口的电阻特性源自导电沟道的导电特性,其受控特性则来自 MOS 电容对沟道导电特性的调控,其非线性则来自漏源电压对沟道结构的影响。对于 BJT,其集射端口的非线性电阻特性来自两个 PN 结的导电特性,其受控特性来自导电通道(基区)导电载流子的分离,只要导电通道足够薄,导电通道掺杂浓度足够低,发射极发射的大部分的少子(针对导电通道而言)就会直接越过导电通道到达集电极,只有少部分少子在基区被导电通道的多子复合,两种载流子电流的分离形成了流控流源的控制与受控特性。

BJT 和 MOSFET 有类似的工作区:截止区、有源区和欧姆区(BJT 中称饱和区),因而其应用也类似,有源区工作则为放大器应用,实现直流能量到交流能量的转换,截止区和饱和区之间来回跳变则为开关应用,实现状态的转换,可用于数字逻辑以及开关型的能量转换或信号变换。由于工作区的一致性,在很多应用电路中,至少在电路原理分析中,BJT 和 MOSFET 是可以互换的,只需对其中的直流偏置电路做相应的调整即可。

## A13.1　BJT 结构

晶体管的受控特性取决于其物理结构,MOSFET 依靠 MOS 电容形成对导电沟道的控制,而 BJT 则是依靠导体和导电通道(基区)的直接接触,通过注入电流进而控制导电通道的电压而最终形成对导电通道的控制。前者是压控流源特性,后者则是流控流源特性,也可等效为压控流源特性。

BJT 是 Bipolar Junction Transistor(双极结型晶体管)的缩写简称,其控制与受控的核心要素在于两个 PN 结中间的导电通道,也就是基区。如图 A13.1.1 所示,这是两种类型 BJT 的结构,左侧是 NPN 型,右侧是 PNP 型。

NPN-BJT,其名称就是其结构:N 型半导体—P 型半导体—N 型半导体,中间的 P 型半导体被称为基区,基区是 BJT 的导电通道,对它的控制形成了 BJT 的受控特性。重掺杂一侧的 $N^+$ 型半导体,称为发射区,这是因为形成 NPN-BJT 导电的主要载流子电子是从它这里发出的,另一侧的 N 型半导体则称为集电区,是因为它收集发射区发射过来的电子,而中间的基区则是发射区发射电子的导电通道,电子通过它到达集电极。

发射区、基区和集电区引出的连接点被称为发射极(Emitter)、基极(Base)和集电极(Collector)。电子通过导电通道从发射极到达集电极,中间形成的是一个电阻性的导电特性,这个特性是非线性的,因为它经过了两个 PN 结。基极和发射极 PN 结称为发射结,基极和集电极 PN 结称为集电结,这两个 PN 结头对头的串接,尤其是发射结的导通与截止,形成了晶体管的非线性电阻特性,这个电阻特性受控于基极电流或基极电压。

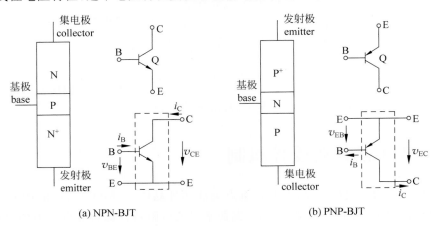

(a) NPN-BJT  (b) PNP-BJT

图 A13.1.1　BJT 结构、电路符号与非线性电阻二端口网络定义

PNP 的 $P^+$ 区是发射区,N 区是基区,P 区是集电区,发射区发射的是空穴,空穴通过 N 型基区到达集电区。

同学们可以把 BJT 的电路符号和 MOSFET 的电路符号放到一起以方便记忆。在电路原理性分析中,NPN-BJT 和 NMOS 可以互换,PNP-BJT 和 PMOS 可以互换,它们的电路符号具有可比性,它们的三个极具有对应关系,它们的等效电路特性也基本一致,原因在于它们的非线性电阻导电模式类似,一个是从发射极发射多子集电极收集多子,一个是从源极发射多子漏极收集多子,区别在于 BJT 的导电通道基区和它两侧的发射区、集电区是反属性半导体,因而导电载流子是导电通道基区中的少子,而 MOSFET 的导电沟道和两侧源极区、漏极区的半导体属性相同,因而导电载流子是导电通道的多子。

图 A13.1.1 还给出了以发射极为公共端,将 BJT 三端电阻视为二端口电阻网络的端口电压、端口电流定义,下面的讨论就是基于这种组态进行的。

### A13.2　NPN-BJT 伏安特性曲线描述

这里以共射组态的 NPN-BJT 为例,以发射极为公共端点,以 BE 端口为输入端口,以 CE 端口为输出端口。BE 输入端口的伏安特性曲线是简单的二极管伏安特性曲线,这里不做讨论,而仅给出以 $i_B$ 为参变量的 CE 输出端口的伏安特性曲线,如图 A13.2.1 所示:随着 $i_B$ 的增加,$i_C$ 也是相应增加的,它们之间相差 $\beta$ 倍,但这个 $\beta$ 倍关系只在有源区成立。

对如图 A13.2.1 所示的伏安特性曲线进行分区,有如下 4 个分区:

(1) 有源区(active region):BE 结正偏,CB 结反偏。BE 结正偏,BE 端口二极管导通,而 CB 结反偏,在 CB 结形成的电场作用下,发射极发射的电子通过基区后大部分被集电极收集,故而集电极电流近似等于发射极电流,$i_C = \alpha i_E$,$\alpha \approx 1$,发射极发射的电子少部分在基区复合,形成的基极电流和集电极电流近似成正比关系,$i_C = \beta i_B$,$\beta \gg 1$,因而 CE 端口可视为受控电流源,CE 端口电流 $i_C$ 受 BE 端口电流 $i_B$ 的控制。

此区域 CE 端口的伏安特性曲线近似水平,可等效为恒流源;如果考虑基区宽度调制效应,伏安特性曲线则微微上翘,可等效为具有线性内阻的电流源。此区被称为有源区是因为工作点设置在此区可实现放大器、振荡器等有源功能。

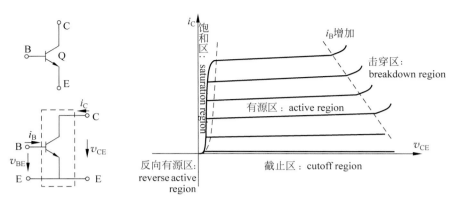

图 A13.2.1   BJT 集射端口伏安特性曲线及其分区

如果 CE 端口电压 $v_{CE}$ 过大,CB 结反偏电压过高,CB 结反偏二极管则出现反向雪崩击穿,集电结电流迅速上升。这个区被称为击穿区,是晶体管应避免进入的区域。

(2)截止区(cutoff region):BE 结反偏,CB 结反偏。BE 结反偏,BE 端口二极管截止,BE 端口电流为 0,CB 结反偏,CE 端口电流为 0,因而 BJT 对外等效为开路。

(3)饱和区(saturation region):BE 结正偏,CB 结正偏。这个区域对应于 MOSFET 的欧姆区。BE 结正偏,正偏电压大约为 0.7V,BE 端口二极管导通,发射极发射电子到基区。此时 CE 端口电压小于 0.7V,于是 CB 电压小于 0,CB 结正偏,此时 CB 结内电场很小,集电极收集发射极发射电子的能力大大下降,集电极在饱和区的电流较有源区电流大幅降低,CE 端口电压越小,CB 结电压正偏越严重,电流下降越严重,当 $v_{CE} = 0$ 时,$i_C = 0$,过 $vi$ 坐标系的原点,因而这是一个电阻特性。

虽然 $v_{CE} = 0.7V$ 左右时 $v_{CB} = 0$,但此时的 CB 结并未正偏导通,因而集电极继续收集电子,伏安特性曲线继续持平,当 $v_{CE}$ 下降到约等于 0.2V 时,CB 结正偏电压大约是 0.5V,集电结开始略有导通,虽然集电结正偏导通电流还很小,但其对集电极收集电子的影响却很大,和原来从发射极到集电极的电子流向相反的集电结导通电子流会迅速抵偿,因而 $i_C$ 电流呈现迅猛下降势态:$i_C$ 电流下降迅猛,$v_{CE}$ 电压在 0.2V 左右几乎不变,由于这个电压饱和特性,称之为饱和区。当 $i_C$ 下降到足够小时,$i_C$ 和 $v_{CE}$ 都向原点位置移动,当 $v_{CE} = 0$ 时,$i_C = 0$。

理论上我们以 $v_{CB} = 0$ 作为饱和区和有源区的分界线,如图所示虚线标记的那样,但在实际电路等效时,则认为饱和区电压为 0.2~0.4V 的恒压,本书取 0.2V。

(4)反向有源区(reverse active region):CB 结正偏,BE 结反偏。这种情况在图上没有画,BJT 的伏安特性曲线进入第三象限,该区域被称为反向有源区。由于集电结掺杂浓度不够高,现在以它作为发射极,发射电子不够多,导致反向有源工作时的电流增益 $\beta_R$ 只有正向有源区电流增益 $\beta$ 的 1/3 或更小。集成电路中平面结构的 BJT,CB 结面积远大于 BE 结面积,导致两种有源工作模式下收集电子的能力差异较大,$\beta_R$ 只有 $\beta$ 的 1/100 甚至更低。

BJT 的伏安特性曲线只出现在 $vi$ 坐标系的一、三象限之中,说明 BJT 的 CE 端口是一个吸收功率的电阻。

## A13.3   NPN-BJT 和 NMOSFET 分区对比

表 A13.3.1 给出了 NPN-BJT 工作区域的划分总结,同时和 NMOSFET 对比说明,两者之间有明确的对应关系。注意如下几点:

（1）MOSFET 的有源区习惯上被称为饱和区，指的是 $i_D$ 电流饱和，不随 DS 端口电压 $v_{DS}$ 变化而变化；BJT 的欧姆区习惯上被称为饱和区，指的是 $v_{CE}$ 电压饱和，$i_D$ 发生很大变化，$v_{CE}$ 电压几乎维持在 0.2V 附近不变。

（2）对于 NMOSFET，如果假设源极和衬底连为一体，漏极电压则总是高于源极电压以确保沟道和衬底 PN 结反偏，也就是说，$v_{DS} \geqslant 0$，因而不存在 $v_{GS} < V_{TH}$ 同时 $v_{GD} > V_{TH}$ 的情况。

然而如果 NMOSFET 的衬底连在电路最低电位，源极并未和衬底连为一体，而是分离的，那么漏源在结构上就是对称的，就可以出现 $v_{DS} < 0$ 的情况，一旦出现这种情况，源漏端点互换，则存在 $v_{GS} < V_{TH}$ 同时 $v_{GD} > V_{TH}$ 的情况，此时仍然是有源区。如果在一个 $vi$ 坐标系下画全此时的 MOSFET 的伏安特性曲线，该区域则位于 $vi$ 平面的第三象限，和第一象限有源区奇对称。而 BJT 一、三象限伏安特性曲线不具对称性，这是由于 BJT 集电区和发射区掺杂浓度上不具对称性，因而 BJT 的反向有源区电流增益很低，BJT 不应工作在反向有源区。

表 A13.3.1　NPN-BJT 和 NMOSFET 分区对比

| NPN-BJT 工作区 | CB 结反偏 | CB 结正偏 |
|---|---|---|
| BE 结正偏 | 有源区 | 饱和区 |
| BE 结反偏 | 截止区 | 反向有源区 |

| NMOSFET 工作区 | $v_{GD} < V_{TH}$ | $v_{GD} > V_{TH}$ |
|---|---|---|
| $v_{GS} > V_{TH}$ | 有源区（饱和区） | 欧姆区 |
| $v_{GS} < V_{TH}$ | 截止区 | 不允许 |

＊NMOSFET 源衬相连，衬底应为 NMOS 的最低电位，$v_{DS} > 0$。

| NMOSFET 工作区 | $v_{GD} < V_{TH}$ | $v_{GD} > V_{TH}$ |
|---|---|---|
| $v_{GS} > V_{TH}$ | 有源区（饱和区） | 欧姆区 |
| $v_{GS} < V_{TH}$ | 截止区 | 漏源互换，有源区 |

＊NMOSFET 源衬分离，衬底接最低电位，$v_{DS}$ 可正可负，D、S 哪个端点电压高，哪个端点就是漏极；哪个端点电压低，那个端点就是源极。

## A13.4　NPN-BJT 有源区工作

### A13.4.1　有源区电流关系

有源区是 BJT 作为放大器应用时工作的区域，这是最常见应用，下面只分析这个区域的 NPN-BJT 受控机制。有源区要求发射结是正偏的，而集电结是反偏的，故而如图 A13.4.1 所示，在 BE 结加正偏导通电压 $V_{BE}$，在 CB 结加反偏电压 $V_{CB}$。

发射结正偏，发射结耗尽层变薄，P 区的空穴向 N 区扩散形成空穴扩散电流 $I_{Ep}$，N 区的电子向 P 区扩散形成电子扩散电流 $I_{En}$，注意发射区掺杂浓度很高，基区掺杂浓度低，因而发射极电流 $I_E$ 中的电子扩散电流 $I_{En}$ 远大于空穴扩散电流 $I_{Ep}$，这是由于发射区电子浓度远高于基区空穴浓度的缘故。

集电结反偏，中间的耗尽层变厚。单独看反偏 PN 结是截止的，但是 NPN 的结构是两个 PN 结头对头串接，并且基区很薄，且掺杂浓度低，因而从发射区通过发射结扩散到基区的电子，只有少部分电子来得及和基区多子空穴复合形成基区复合电流 $I_{Bp}$，大部分电子还来不及

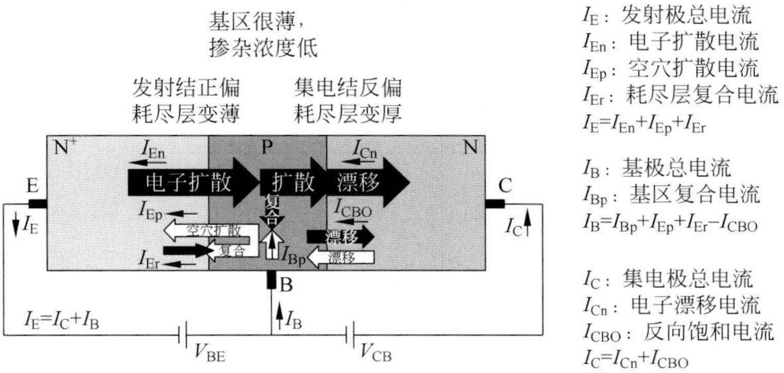

图中标注（图 A13.4.1）：

基区很薄，
掺杂浓度低

发射结正偏　集电结反偏
耗尽层变薄　耗尽层变厚

N⁺　$I_{En}$　P　$I_{Cn}$　N

电子扩散　扩散　漂移
复合

E　空穴扩散　$I_{CBO}$　C

$I_E$　$I_{Ep}$　复合　$I_{Bp}$　漂移　$I_C$

$I_{Er}$　漂移

B

$I_E = I_C + I_B$　$I_B$

$V_{BE}$　$V_{CB}$

$I_E$：发射极总电流
$I_{En}$：电子扩散电流
$I_{Ep}$：空穴扩散电流
$I_{Er}$：耗尽层复合电流
$I_E = I_{En} + I_{Ep} + I_{Er}$

$I_B$：基极总电流
$I_{Bp}$：基区复合电流
$I_B = I_{Bp} + I_{Ep} + I_{Er} - I_{CBO}$

$I_C$：集电极总电流
$I_{Cn}$：电子漂移电流
$I_{CBO}$：反向饱和电流
$I_C = I_{Cn} + I_{CBO}$

图 A13.4.1　BJT 有源区工作电流关系

和基区的多子空穴复合，就扩散到了集电结的耗尽层边缘。因为集电结反偏，集电极电压高于基极，因而电子就被这个外加的电压（电场）强行拉过集电结的耗尽层，以电子漂移的形式进入集电区，被集电极收集后，形成集电极的漂移电流 $I_{Cn}$。

下面讨论一下三个极的电流构成：

发射极电流 $I_E$：由电子扩散电流 $I_{En}$、空穴扩散电流 $I_{Ep}$ 和发射结耗尽层复合电流 $I_{Er}$ 构成，如图 A13.4.1 所示。

集电极电流 $I_C$：由电子漂移电流 $I_{Cn}$ 和反向饱和电流 $I_{CBO}$ 构成，如图 A13.4.1 所示，$I_{Cn}$ 是发射极发射电子经发射结扩散到基区，经基区这个导电通道后，再经集电结漂移到集电极的电子电流，而反向饱和电流则是反偏 PN 结的反向饱和电流，由集电极少子空穴和基极少子电子漂移到对方形成。

基极电流 $I_B$：包括四项，为基极扩散到发射极的空穴扩散电流 $I_{Ep}$、基区空穴和电子的复合电流 $I_{Bp}$、BE 结耗尽层复合电流 $I_{Er}$，集电结的反向饱和电流 $I_{CBO}$。

把晶体管视为一个超级结点的话，由 KCL 可知这个超级结点的三个支路电流之和为零，故而 $I_E = I_B + I_C$。

为了分析方便，如图 A13.4.2 所示，只考虑三个主项电流，发射极到基极的扩散电流 $I_{En}$，发射到基区的电子部分和基区空穴复合形成的复合电流 $I_{Bp}$，大部分漂移到集电极的漂移电流 $I_{Cn}$，这三项作为发射极电流 $I_E$、基极电流 $I_B$ 和集电极电流 $I_C$ 的主项被保留下来，而忽略其他电流项。做如是化简后，可以这样说：发射结电流 $I_E$ 在基区被分解为集

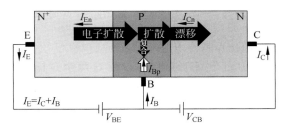

图 A13.4.2　BJT 有源区工作电流关系简化分析

电极电子电流 $I_C$ 和基极空穴电流 $I_B$，这两种电流之比定义为电流增益

$$\beta = \frac{I_C}{I_B} \tag{A13.4.1}$$

由于电子电流占优，空穴电流很小，因此 $\beta \gg 1$。由于导电通道中同时存在电子电流和空穴电流，故称之为双极型晶体管。

$\beta$ 被称为共发射极晶体管的电流放大倍数，是因为当以发射极为公共端点时，BE 端口为端口 1，CE 端为端口 2，这个二端口网络的两个端口电流之比就是 $\beta = I_C/I_B$。$\beta$ 值大概是

50、100、200 甚至到 1000 都有可能。要想获得高的 $\beta$ 值,就要进一步提高发射区掺杂浓度,降低基区掺杂浓度,减小基区厚度,或者发射结采用异质结以提高注入效率。显然,共发射极组态的 BJT 是一个电流放大器,以 BE 端口为输入,以 CE 端口为输出,CE 端口输出电流是 BE 端口输入电流的 $\beta$ 倍。

还有一个电流增益 $\alpha$,被称为共基极电流放大倍数。以基极作为公共端点,以 EB 端口为端口 1,以 CB 端口为端口 2,这个二端口网络的两个端口电流之比就是 $\alpha$

$$\alpha = \frac{I_C}{I_E} \tag{A13.4.2}$$

$\alpha$ 和 $\beta$ 之间有固定的关系,

$$\beta = \frac{\alpha}{1-\alpha} \tag{A13.4.3a}$$

$$\alpha = \frac{\beta}{\beta+1} \tag{A13.4.3b}$$

$\beta$ 越高,$\alpha$ 就越接近于 1。$\alpha$ 略小于 1 但很接近于 1,因而共基极组态的 BJT 是一个电流缓冲器,从输入端 EB 端口流入多少电流,输出端 CB 端口就几乎流出多少电流,流出电流为流入电流的 $\alpha$ 倍,$\alpha \approx 1$。

### A13.4.2 有源区控制关系

如何方便地理解这种电流控制关系呢? 下面的表述只涉及发射极电子扩散电流 $I_{En}$、集电极电子漂移电流 $I_{Cn}$ 和基极复合电流 $I_{Bp}$ 之间的关系,可以做如下的阐述便于理解和记忆:

(1) 如果没有反偏的集电结,而只有正偏发射结的话,BE 之间就是正偏 PN 结特性,电流和电压之间是指数律关系。

(2) 加上反偏集电结,且基区很薄,使得通过发射结扩散过来的电子大部分被集电极收集,少部分电子在基区和空穴复合,我们把这部分复合电流 $I_{Bp}$ 理解为面积为 $A$ 的二极管电流,于是基极电流 $i_B$ 和发射结电压 $v_{BE}$ 之间仍然满足二极管的指数律关系,

$$i_B = I_{BS0}\left(e^{\frac{v_{BE}}{v_T}} - 1\right) \tag{A13.4.4a}$$

同时,直接通过基区被集电极收集的电子漂移电流 $I_{Cn}$,显然和 $V_{BE}$ 同样满足二极管的指数律关系,这部分电流远大于基区复合电流,因而可视为面积为 $\beta A$ 的二极管电流,这部分电流未被空穴复合,而是直接被集电极收集。

(3) 由于 BE 结电压 $v_{BE}$ 对这两个二极管是同一个电压,面积为 $A$ 的二极管决定基极电流,面积为 $\beta A$ 的二极管决定集电极电流,所以两个电流之间具有 $\beta$ 的控制关系,

$$i_C = I_{CS0}\left(e^{\frac{v_{BE}}{v_T}} - 1\right) = \beta I_{BS0}\left(e^{\frac{v_{BE}}{v_T}} - 1\right) = \beta i_B \tag{A13.4.4b}$$

根据上述表述,我们可以给出 BJT 的等效电路模型如图 A13.4.3 所示,BE 之间是一个面积为 $A$ 的二极管,CE 之间则有两个二极管,一个反偏的集电结二极管,一个是正偏的面积为 $\beta A$ 的正偏二极管,由于两个正偏二极管被同一个电压 $v_{BE}$ 控制(图上虚线表示它们受同一电压控制),因此它们的电流之比就是面积之比,故而集电极电流是基极电流的 $\beta$ 倍。

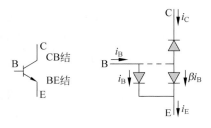

图 A13.4.3 BJT 有源区电流控制关系

BE 结二极管总面积是固定的,因而只要降低左侧小二极管的面积 $A$,相应地右侧大面积二极管分配的面积自然就变大,从而电流增益 $\beta$ 提高。$A$ 是想象中的小二极管的面积,降低这个面积或者说提高电流增益的措施包括①降低基区厚度;②降低基区掺杂浓度,这两个措施都会使得发射结发射到基区的电子来不及复合就被集电极收集走了,从而相当于减小了小二极管的面积;③提高发射区掺杂浓度,使得电子扩散电流足够大,从而空穴扩散电流可忽略不计;④发射区掺杂浓度高注入效率提高,但过高的掺杂浓度则会导致注入效率反而下降,故而掺杂浓度不能过高,此时可采用异质结来提高注入效率。后两个措施都可提高发射极电流中电子扩散电流的比重。上述措施可使得电流增益提高。

### A13.4.3　有源区电路模型

由于两个二极管面积之比为 $\beta$,因而以发射极为公共端点的 BJT 二端口网络的 CE 端口电流是 BE 端口电流的 $\beta$ 倍,于是 $\beta A$ 面积的二极管可以用流控流源 $\beta i_B$ 替代,上面的 CB 反偏二极管看似与该电流源串联,但根据对载流子运动分析情况看,两者是并联关系。反偏 CB 结的反向饱和电流与 $\beta i_B$ 电流相比可忽略不计,从而最终的等效电路就是 BE 输入回路为正偏二极管,CE 输出回路为 $\beta i_B$ 流控流源,如图 A13.4.4 所示。

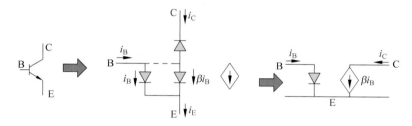

图 A13.4.4　NPN-BJT 有源区等效电路

### A13.4.4　有源区端口描述方程

根据等效电路,可以给出以发射极为公共端点的二端口网络描述方程,

$$i_B = I_{BS0}\left(e^{\frac{v_{BE}}{v_T}} - 1\right) \tag{A13.4.5a}$$

$$i_C = \beta i_B \tag{A13.4.5b}$$

这是流控流源模型。有时候我们更喜好用压控流源模型,那么端口电压、电流描述方程应该写为

$$i_B = I_{BS0}\left(e^{\frac{v_{BE}}{v_T}} - 1\right) \tag{A13.4.6a}$$

$$i_C = \beta I_{BS0}\left(e^{\frac{v_{BE}}{v_T}} - 1\right) \tag{A13.4.6b}$$

### A13.4.5　基区宽度调制效应

当 CB 反偏电压增加时,CB 结耗尽层宽度变宽,相应地基区宽度变窄,于是更多的电子被集电极收集,因而随着 CE 端口电压的增加,CE 端口电流微微增加,有源区伏安特性曲线微微上翘,其直线拟合延长线和横轴交点被称为厄利电压,如图 A13.4.5 所示。

考虑了基区宽度调制效应后的端口描述方程如下,

$$i_B = I_{BS0}\left(e^{\frac{v_{BE}}{v_T}} - 1\right) \tag{A13.4.7a}$$

$$i_C = \beta I_{BS0}\left(e^{\frac{v_{BE}}{v_T}} - 1\right)\left(1 + \frac{v_{CE}}{V_A}\right) \tag{A13.4.7b}$$

其中 $V_A$ 为厄利电压。

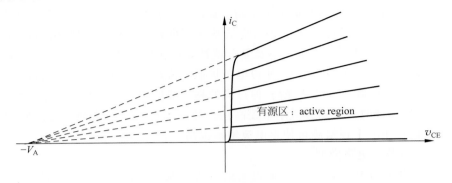

图 A13.4.5　基区宽度调制效应

### A13.5　PNP-BJT 有源区描述方程

　　PNP-BJT 和 NPN-BJT 是互补的,因而其端口电压、电流和描述方程均有互补特性,只需将 NPN-BJT 中的 $v_{BE}$、$v_{CE}$ 置换为 $v_{EB}$、$v_{EC}$ 即可,而相应的工艺参量全部用下标 p 标记,以区别于 n,如下是 NPN 和 PNP 的端口描述方程对比描述:

　　NPN-BJT 有源区端口描述方程

$$i_{Bn} = I_{BSn0}\left(\mathrm{e}^{\frac{v_{BE}}{v_T}} - 1\right) \tag{A13.5.1a}$$

$$i_{Cn} = \beta_n I_{BSn0}\left(\mathrm{e}^{\frac{v_{BE}}{v_T}} - 1\right)\left(1 + \frac{v_{CE}}{V_{An}}\right) \tag{A13.5.1b}$$

　　PNP-BJT 有源区端口描述方程

$$i_{Bp} = I_{BSp0}\left(\mathrm{e}^{\frac{v_{EB}}{v_T}} - 1\right) \tag{A13.5.2a}$$

$$i_{Cp} = \beta_p I_{BSp0}\left(\mathrm{e}^{\frac{v_{EB}}{v_T}} - 1\right)\left(1 + \frac{v_{EC}}{V_{Ap}}\right) \tag{A13.5.2b}$$

# A14　噪声

　　本书中讨论的电源,无论是独立源还是非独立源,都是精心设计的能量转换电路或信号产生电路,用来提供电能供给或提供信号激励。然而实际信号中还存在着我们不希望看到的信号,被统称为噪声。当噪声比较大时,将会影响电路的正常工作:电路是用来处理信号的,但处理后的信号被噪声淹没而不能用时,电路就没有价值了。

　　那么噪声从哪里来呢?一般来说,除了信源自带的噪声以外,处理信号的电阻类器件也会产生噪声,例如线性电阻有热噪声,PN 结有散粒噪声。除了这两种噪声外,还有很多其他类型的噪声,其中闪烁噪声是最常见的一种低频噪声。这些器件噪声是随机信号,其平均值为零,但功率不为零,虽然其值很小,但当信号很微弱时,噪声的影响就凸显出来。

　　除了这种随机的器件噪声外,还有一些噪声被称为干扰,它们来自电路外部,通过某种耦合机制进入电路内部,例如通过电源线或地线上的寄生电感、寄生电阻(互感、互阻),结点之间介质导电形成的寄生电阻(互导)、空间结点之间的电耦合(互容)、空间回路之间的磁耦合(互感)等。

本附录仅对电路内部器件噪声进行说明。

## A14.1　噪声产生机制

### A14.1.1　热噪声

热噪声(thermal noise)是器件噪声中最重要的噪声,它存在于所有电路器件中,因为导体是所有电路器件构成的基本成分。导体内电子的随机热运动导致电子运动并非完全由外加电场决定,热运动使得电子定向运动中附加了随机运动。在温度较高或者外加定向电场比较微弱时,电子的随机热运动相对于外加电场导致的定向运动较大,热噪声的影响则不可忽略。

### A14.1.2　散粒噪声

散粒噪声(shot noise)的存在,则是由于形成电流的电子的粒子离散性。电子在电场作用下定向运动形成电流,但这个被默认为是连续均匀的电流却是由离散的电子运动形成的,这里面不可避免地存在着高度的不确定性。举一个形象的例子,在一条宽直的马路上,有行人通过,如果行人很少,则一会儿过去一个,或者一会过去两个、三个,这种随机性或非均匀性就是散粒噪声的形象描述。在电子数目很多的情况下,电子运动就被强制均匀化了。如金属导线中的电子运动,导线中电子数目巨多,如果有超前电子的积累,则会形成对后来电子的斥力(同性相斥),导致后续电子不能再超前,当大量电子拥挤在一起时,散粒噪声的影响几乎不可见。就好像马路上挤满了人,他们只能依次行进,拥挤的人流运动淹没了随机性,连续均匀性高于离散非均匀性,单位时间内过去的人数几乎是恒定的,波动很小。对导体内的电子流而言,散粒噪声几乎可以完全忽略不计。但是当电子流动碰到障碍则会是另外一种情况。例如在 PN结中,PN 结耗尽层中有内建电场形成的势垒,电子流在行进过程中碰到势垒后,则无法像金属导体中那样可以依次均匀连续地过去,电子必须积累足够的能量后才能越过势垒。在外加电场的作用下,获得足够能量的电子,其翻越势垒形成的势能在翻越势垒瞬间将突然转化为动能加速越过势垒。行进的每个电子随机地越过 PN 结势垒,能量积累并突然释放,犹如散弹一样,"啪"的一声过去了,表象为散粒噪声。犹如人流在宽直马路上连续地缓慢行进,但是突然前面有个高坡阻碍,有人爬不上,有人爬得上,有人爬得快,有人爬得慢,上了坡的人在后坡则会快速跑下坡去,如是这般的人流运动破坏了连续均匀性,即使原先在同一排的人也会有先有后地到达,可类比为 PN 结散粒噪声的来源。

散粒噪声有如下几个特点:①散粒噪声和电流相关联,没有电流则无散粒噪声。热噪声则不然,热运动总是存在,与是否存在电子的定向运动无关。②散粒噪声与温度无关,而是由电流强度所决定。直流电流越大,PN 结中参与爬坡的电子数目越多,散粒噪声也就越大。热噪声则由温度决定,温度越高,热运动越剧烈,热噪声就越大,与电流大小无关。③散粒噪声和热噪声一样,都是白噪声。所谓白噪声,就是在很宽频带内功率谱是均匀的噪声。电阻热噪声和散粒噪声都是白噪声,其频谱范围很宽,在我们目前关注的频率范围内,如 1000GHz 以内,其功率谱均可认为是均匀的。

### A14.1.3　闪烁噪声

闪烁噪声(flicker noise)又称 $1/f$ 噪声,这是因为这种噪声随频率下降而上升,在相当宽的频带内和频率成反比关系。闪烁噪声属低频噪声,这种与频率相关的噪声又被称为有色噪声,以区别于与频率无关的白噪声,如热噪声和散粒噪声。

闪烁噪声的物理机制尚未得到完全的解释,或可理解为动态系统对各种随机因素导致的偏离平衡点或在吸引子附近的自纠偏行为,故而闪烁噪声广泛存在于各种物理现象中。对于电路器件中的闪烁噪声,一般认为是由于固态晶体的缺陷导致的,良好的工艺可以降低闪烁噪声。

### A14.2　噪声表述

电路器件中除了最常见的热噪声、散粒噪声和闪烁噪声外,还有其他类型的一些噪声,不再一一阐述。我们的问题转换到对噪声的描述上。噪声是一种不希望看到的叠加在有用信号上对有用信号造成干扰的无用能量,因而它在电路中可被抽象为源,只不过这个源提供的能量或信号不是我们期望的。

#### A14.2.1　单端口网络噪声源抽象

第 2 章考察电源时,给出了电阻热噪声的源等效。由于噪声是随机信号,无法给出其信号表述,因而只能从能量角度给予表述,一般用噪声功率来表述噪声。这是由于噪声本身是随机信号,无法预知它下一时刻到底有多大,但它有统计学规律,长时间观测,其平均值为零,但其功率不为零,故而用噪声电压均方根值代表噪声电压有效值大小。噪声电压均方根值,就是对噪声电压先求平方代表瞬时功率,再求时间平均代表平均功率,再开根号获得噪声功率折合的电压有效值。同理,噪声电流均方根值(有效值)同样如此定义。

如图 A14.2.1 所示,对于有热噪声的实际电阻,将其抽象为戴维南源,其源电压 $v_n(t)$ 的随机波形无法确定性预知,但其电压均方值却是确定已知的,为

$$\overline{v_n^2} = \lim_{T_0 \to \infty} \frac{1}{T_0} \int_0^{T_0} v_n^2(t)\mathrm{d}t = 4kTR\Delta f \tag{A14.2.1}$$

其中,$k = 1.38 \times 10^{-23}\mathrm{J/K}$ 是玻尔兹曼常数,$T$ 是绝对温度,$R$ 是电阻阻值,$\Delta f$ 是有效噪声带宽,比信号的 3dB 带宽略大,当滤波器阶数很高幅频特性很陡峭时可近似认为两者相当。显然,17℃室温下 $1\mathrm{k}\Omega$ 电阻在 $100\mathrm{kHz}$ 带宽内的噪声有效值只有 $1.27\mu\mathrm{V}$,

$$v_{n,rms} = \sqrt{\overline{v_n^2}} = \sqrt{4kTR\Delta f} = \sqrt{4 \times 1.38 \times 10^{-23} \times 290 \times 1 \times 10^3 \times 100 \times 10^3}$$
$$= 1.27(\mu\mathrm{V})$$

加载在该电阻两端的有用信号电平比这个电平越高,能被有效识别的可能性就越高。

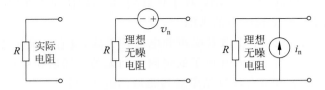

图 A14.2.1　电阻热噪声电路模型

电阻热噪声还可用诺顿源表述,如图 A14.2.1 所示,相应的电流均方值为

$$\overline{i_n^2} = \frac{\overline{v_n^2}}{R^2} = \frac{4kTR\Delta f}{R^2} = 4kTG\Delta f \tag{A14.2.2}$$

注意到噪声源中的电压、电流方向正负并无所谓,因为噪声本身是随机的,有些文献中噪声等效电路中的噪声源只画一个圆圈表示,根据连接关系确认其是戴维南等效电压源或是诺顿等效电流源,旁边多标记噪声电压均方值或噪声电流均方值。但是如果多个噪声源之间具有相关性,应清晰标记其参考方向,否则难以定义它们之间的相关系数。

图 A14.2.2 是 PN 结的散粒噪声源等效,采用的模型是噪声电流源 $i_n(t)$ 和微分电阻 $r_d$ 的并联。注意,噪声分析都是小信号线性分析,等效电路中的所有元件都是微分线性元件。散粒噪声电流均方值为

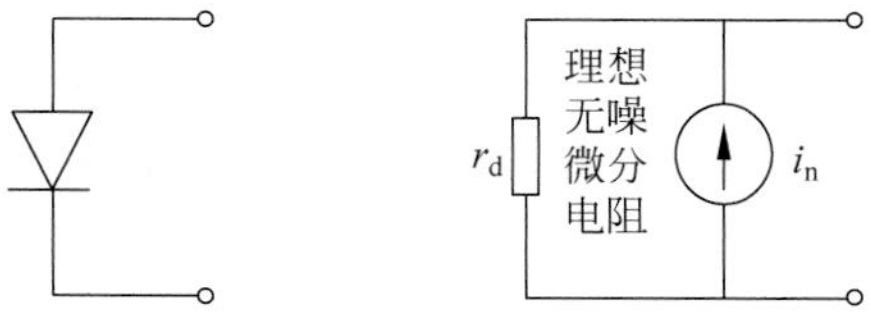

$$\overline{i_n^2} = (2qI_D + 4qI_{S0})\Delta f \qquad (A14.2.3)$$

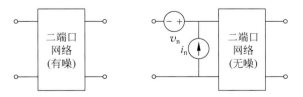

图 A14.2.2　PN 结散粒噪声电路模型

其中 $q$ 是电子电量 $1.6 \times 10^{-19}$C。注意到 PN 结正偏时导通电流 $I_D$ 远大于反向饱和电流 $I_{S0}$,$I_D = I_{S0}\left(e^{\frac{v_D}{v_T}} - 1\right) \gg I_{S0}$,故而正偏 PN 结散粒噪声和正偏电流成正比关系,$\overline{i_n^2} = 2qI_D\Delta f$。

噪声分析是线性网络分析,因而单端口网络中的噪声的源抽象均可等效为单端口的戴维南源或诺顿源,端口折合的噪声电压源或噪声电流源可以包括内部器件的电阻热噪声、PN 结的散粒噪声及器件的闪烁噪声等的综合效果。

**A14.2.2　二端口网络噪声源抽象**

对于多端口网络,网络内部噪声也可折合为端口噪声电压源或端口噪声电流源,折合到端口的噪声电压源或噪声电流源包含了二端口网络内部器件的各种噪声,如晶体管内部的热噪声、散粒噪声、闪烁噪声等。

对于二端口网络,本书第 3 章给出了其戴维南源等效的六种方式,$z$ 参量、$y$ 参量、$h$ 参量、$g$ 参量、$ABCD$ 参量和 $abcd$ 参量,采用任何一种方式均可将二端口的噪声性能描述清楚。虽然二端口网络的源等效有上述六种方式,但是在噪声分析中,采用 $ABCD$ 参量给出的源等效是最典型的,这种源等效方法等效出来的噪声电压源和噪声电流源可以直接用于二端口网络噪声性能的分析。

如图 A14.2.3 所示,折合到输入端口的噪声源有两个,一个是输入等效噪声电压源 $v_n$,一个是输入等效噪声电流源 $i_n$。这里假设二端口网络内部除了噪声源外没有其他的独立源,描述该二端口网络噪声影响的电路模型可以采用 $ABCD$ 参量如下,

$$\begin{bmatrix} v_1(t) \\ i_1(t) \end{bmatrix} + \begin{bmatrix} v_n(t) \\ i_n(t) \end{bmatrix} = \begin{bmatrix} A & B \\ C & D \end{bmatrix} \begin{bmatrix} v_2(t) \\ -i_2(t) \end{bmatrix} \qquad (A14.2.4)$$

其中,网络参量 $ABCD$ 是网络内部所有元件在端口的电特性表现,而输入等效噪声电压源 $v_n$ 和输入等效噪声电流源 $i_n$ 则代表了网络内部所有噪声源对网络外端口的综合影响。将这两个噪声源折合到输入端口之后,二端口网络就变成了无噪声的理想无噪网络。

图 A14.2.3　二端口网络的噪声分析电路模型

获得这两个等效噪声源的方法见图 A14.2.4:令端口 1 短路($v_1 = 0$),在端口 2 测量开路电压($i_2 = 0$,测 $v_2$),显然,只有输入端口的等效戴维南源电压 $v_n$ 对网络有贡献,$v_n(t) = Av_2(t)_{v_1=0,i_2=0}$,而输入端口的等效诺顿源电流 $i_n$ 全部自端口 1 的短路线流走,不会通过网络对输入电压有贡献,故而

$$v_{\mathrm{n}}(t) = Av_2(t)_{v_1=0,i_2=0} = \frac{v_2(t)_{v_1=0,i_2=0}}{g_{21}} \tag{A14.2.5a}$$

注意到 $g_{21}$ 代表二端口网络的开路电压增益,因而折合到输入端口的等效噪声电压源等效 $v_{\mathrm{n}}$ 的获取步骤如图 A14.2.4(a)所示:输入端口短路,测得此时输出端口开路电压 $v_2(t)_{v_1=0,i_2=0}$,此电压除以二端口网络的本征电压增益 $A_{\mathrm{v0}}$,即是折合到输入端口的噪声源电压 $v_{\mathrm{n}}(t) = \frac{v_2(t)_{v_1=0,i_2=0}}{A_{\mathrm{v0}}}$。

同理,获得折合到输入端口的噪声源电流的步骤如图 A14.2.4(b)所示:输入端口开路 $(i_1=0)$,测得此时输出端口开路电压 $v_2(t)_{i_1=0,i_2=0}$,此电压除以二端口网络的本征跨阻增益 $R_{\mathrm{m0}}$,即是折合到输入端口的噪声源电流 $i_{\mathrm{n}}(t) = \frac{v_2(t)_{i_1=0,i_2=0}}{R_{\mathrm{m0}}}$,

$$i_{\mathrm{n}}(t) = Cv_2(t)_{i_1=0,i_2=0} = \frac{v_2(t)_{i_1=0,i_2=0}}{z_{21}} \tag{A14.2.5b}$$

端口 1 开路时,折合到输入端口的噪声电压源 $v_{\mathrm{n}}$ 电压全部加载到开路端口,对无噪二端口网络没有贡献,故而此时的输出开路电压只有噪声电流源 $i_{\mathrm{n}}$ 的贡献。

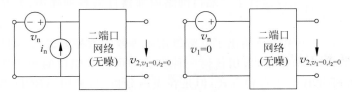

(a) 输入端口短路,只有噪声电压源对二端口网络有作用

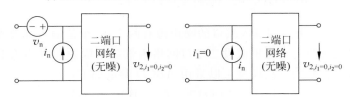

(b) 输入端口开路,只有噪声电流源对二端口网络有作用

图 A14.2.4 二端口网络输入端口的噪声电压源和噪声电流源折合

图 A14.2.5 是某 BJT 运算放大器在输入端折合的噪声源的噪声密度曲线示意图,即等效输入噪声电压和等效输入噪声电流的噪声密度和频率的关系,图中平直的部分代表运放内部白噪声在输入端的折合等效,图中低频和频率成反比关系的就是闪烁噪声。白噪声的噪声密度是常数,在我们研究的频率范围内,任意频率都是一样的,因而噪声密度乘以噪声带宽 $\Delta f$ 即可获得总噪声功率,然而对于闪烁噪声,它是有色噪声,就不能简单地乘以 $\Delta f$ 来计算,必须把每个频点的密度都给出来。如图所示,这里用 $\mathrm{d}\overline{v_{\mathrm{n}}^2}/\mathrm{d}f$ 代表噪声电压功率谱密度,是单位频带内的噪声电压均方值大小,用 $\mathrm{d}\overline{i_{\mathrm{n}}^2}/\mathrm{d}f$ 代表噪声电流功率谱密度,是单位频带内的噪声电流均方值大小。图中采用的是开方表述形式,这样我们可以直接看到噪声电压和噪声电流的量级,图示运放的白噪声分别在 $20\mathrm{nV}/\sqrt{\mathrm{Hz}}$ 和 $0.1\mathrm{pA}/\sqrt{\mathrm{Hz}}$ 量级。

图中运放电路的噪声密度曲线只画到 $100\mathrm{kHz}$,其后的噪声在一定频率范围内仍然是不随频率变化的白噪声,频率更高可能会出现其他有色噪声影响导致的非均匀噪声密度。从图

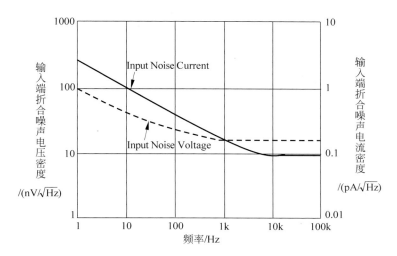

图 A14.2.5　BJT 运放输入端折合噪声电压密度和噪声电流密度曲线

上曲线可知,噪声电压的转角频率大约为 600Hz,即 600Hz 以上闪烁噪声($1/f$ 噪声)的影响可以忽略不计,但在 600Hz 以内,闪烁噪声则占主导地位。噪声电流的转角频率较高,大约为 6kHz。

　　图示运放为 BJT 运放,如果是 MOSFET 运放,则 $1/f$ 噪声较大,转角频率升高。

### A14.3　噪声影响

　　噪声有什么样的影响呢? 对信号而言,我们用信噪比描述噪声对信号的污染程度;而对处理信号的二端口网络,则用噪声系数描述二端口网络的噪声性能。

#### A14.3.1　信噪比

　　由于噪声功率不为零,这就需要对被处理信号的功率提出要求,否则信号将会被噪声淹没而无法有效识别。信噪比被用来描述信号的质量,信噪比被定义为信号功率与噪声功率之比

$$SNR = 10\log_{10}\frac{P_s}{P_n} = 10\log_{10}\frac{v_{s,rms}^2}{v_{n,rms}^2} = 10\log_{10}\frac{\overline{v_s^2}}{\overline{v_n^2}} \tag{A14.3.1}$$

如果假设信号与噪声负载相同,那么功率之比就可化简为电压有效值之比。信噪比多用 dB 数表示,如式(A14.3.1)所示。信噪比越高,信号质量就越高。

#### A14.3.2　噪声系数

　　传感器传感过来的电信号一般都比较微弱,如天线接收到的远距离传输的电磁信号十分微弱,其后的处理电路一般是滤波和放大,滤波是将信号带宽限制在某一个频段之内,频段之外的信号均视为干扰信号予以滤除,放大则是将微弱信号电平调整到足够高的水平上,便于后续电路进一步处理。

　　无论是滤波器,还是放大器,在对信号进行滤波和放大处理的同时,都会附加额外的噪声,原因在于构成滤波器和放大器的电路器件总是包含各种噪声。如无源滤波器,如果是由理想电容电感构成的理想 LC 滤波器,则不会提供额外噪声,但是实际电容、电感中金属导体是电路基材,故而存在电阻热噪声(实际电路中有寄生电阻),如有源滤波器和放大器,其中的有源器件大多由晶体管构成,则存在晶体管的热噪声、散粒噪声、$1/f$ 噪声、分配噪声等。故而通带内的有用信号被处理的同时,其上还会附加额外的噪声,这些附加的额外噪声是处理电路提供的,

代表了处理电路的噪声性能优劣：额外附加的噪声越多，处理电路的噪声性能就越差，附加的额外噪声越少，处理电路的噪声性能就越优越。

我们用噪声系数来描述信号处理电路的噪声性能，如图 A14.3.1，定义二端口网络输入信噪比和输出信噪比之比为该二端口网络的噪声系数

$$\text{NF} = \text{SNR}_\text{i} - \text{SNR}_\text{o} = 10\log_{10} \frac{P_\text{sim}/P_\text{nim}}{P_\text{som}/P_\text{nom}} = 10\log_{10} F_\text{n} \qquad (A14.3.2)$$

噪声系数 $F_\text{n}$ 是不小于 1 的无量纲比值，NF 是其 dB 数。由于带内噪声总是越处理越多，因而输出信噪比一定低于输入信噪比，故而真实系统的噪声系数一定不会小于 1。

噪声系数定义中，输入噪声只包含信源内阻 $R_\text{s}$ 的热噪声 $4kTR_\text{s}\Delta f$，不能包含其他噪声，不做如是规定噪声系数则是不确定的值，也无法对比不同网络的噪声性能。

图 A14.3.1(b) 给出了二端口网络噪声系数的计算方法：

(1) 首先计算 $\text{SNR}_\text{i}$，直接计算源端口的等效戴维南源电压中的信号电压和噪声电压，信号电压为 $v_\text{s}(t)$，噪声电压为 $v_\text{sn}(t)$，故而输入信噪比为

$$\text{SNR}_\text{i} = \frac{P_\text{sim}}{P_\text{nim}} = \frac{\overline{v_\text{s}^2(t)}}{\overline{v_\text{ns}^2(t)}} = \frac{v_\text{s,rms}^2}{4kTR_\text{s}\Delta f} \qquad (A14.3.3)$$

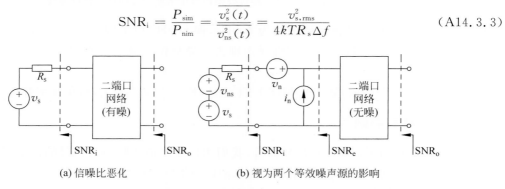

(a) 信噪比恶化      (b) 视为两个等效噪声源的影响

图 A14.3.1 二端口网络的噪声性能：噪声系数定义与计算

(2) 其次计算 $\text{SNR}_\text{o}$。当我们把二端口网络中的噪声全部提取出来折合到输入端口时，剩下的无噪二端口网络不再对信号附加额外噪声，它对信号和噪声的放大或衰减是等同的，因而 $\text{SNR}_\text{o} = \text{SNR}_\text{e}$，所以计算输出信噪比 $\text{SNR}_\text{o}$ 就变成了计算 $\text{SNR}_\text{e}$。计算 $\text{SNR}_\text{e}$ 也很简单，如图 A14.3.1 所示，只需计算输入端口考虑了二端口折合噪声源之后，向源看入的等效戴维南源电压中的信号电压和噪声电压即可，显然信号电压仍然为 $v_\text{s}(t)$，但噪声电压却变为 $v_\text{ns}(t) + v_\text{n}(t) + i_\text{n}(t)R_\text{s}$，故而噪声电压均方值计算为

$$\overline{v_\text{ne}^2} = \overline{(v_\text{ns}(t) + v_\text{n}(t) + i_\text{n}(t)R_\text{s})^2} = \overline{v_\text{ns}^2(t)} + \overline{(v_\text{n}(t) + i_\text{n}(t)R_\text{s})^2} \qquad (A14.3.4)$$

这里利用了二端口网络折合到输入端的两个噪声源 $v_\text{n}, i_\text{n}$ 和信源内阻的噪声源 $v_\text{ns}$ 的不相关特性，然而 $v_\text{n}, i_\text{n}$ 都是从二端口网络内部噪声源折合到输入端口的，这两个源极大可能地是相关的。考虑到实际系统中存在着寄生的或人为添加的电容或电感，导致不同频率下的噪声特性不一样。为了分析简单，上述时域计算应被转换到相量域中去进行，第 8 章讨论的相量法要求激励是正弦波且考察稳态响应，故而这里先假设被考察的信号是频率为 $f$ 的正弦信号，则只关注该频点的噪声。于是可以想象存在这样一个理想滤波器，其中心频率为 $f$，带宽为 1Hz，噪声电压 $v_\text{n}(t)$ 通过该滤波器后形成的噪声信号近似是中心频率为 f 的正弦波，$v_\text{nf}(t) = V_\text{nf}\cos(2\pi f t + \varphi_\text{v,nf})$，其幅度和相位是随机信号，用相量表述为 $\dot{V}_\text{n} = V_\text{nf}\angle\varphi_\text{v,nf}$。同理噪声电流 $i_\text{n}(t)$ 通过该滤波器后形成的噪声信号可用电流相量表述为 $\dot{I}_\text{n} = I_\text{nf}\angle\varphi_\text{i,nf}$。如是定义后，考察

带宽 $\Delta f = 1\text{Hz}$ 中心频率 $f$ 位置的总噪声电压均方值，

$$\overline{|\dot{V}_{\text{ne}}|^2} = \overline{\dot{V}_{\text{ne}} \dot{V}_{\text{ne}}^*} = \overline{\dot{V}_{\text{ns}} \dot{V}_{\text{ns}}^*} + \overline{(\dot{V}_{\text{n}} + \dot{I}_{\text{n}} Z_{\text{s}})(\dot{V}_{\text{n}} + \dot{I}_{\text{n}} Z_{\text{s}})^*}$$

特别注意到，在 $f$ 频点上，不再假设信源内阻是纯阻，而是允许它包含电抗成分以补偿二端口网络内部电抗的影响，

$$Z_{\text{s}} = R_{\text{s}} + \text{j} X_{\text{s}}$$

假设折合到输入端口的噪声电压可分为两部分，一部分是和折合噪声电流无关项，一部分是和折合噪声电流相关项，分别记为

$$\dot{V}_{\text{n}} = \dot{V}_{\text{nu}} + \dot{V}_{\text{nc}} = \dot{V}_{\text{nu}} + Z_{\text{c}} \dot{I}_{\text{n}} \tag{A14.3.5}$$

噪声电压和噪声电流之间的线性相关系数被称为相关阻抗 $Z_{\text{c}}$，

$$Z_{\text{c}} = R_{\text{c}} + \text{j} X_{\text{c}} = \frac{\overline{V_{\text{n}} I_{\text{n}}^*}}{\overline{I_{\text{n}} I_{\text{n}}^*}} \tag{A14.3.6}$$

于是有

$$\begin{aligned}
\overline{|\dot{V}_{\text{ne}}|^2} = \overline{\dot{V}_{\text{ne}} \dot{V}_{\text{ne}}^*} &= \overline{\dot{V}_{\text{ns}} \dot{V}_{\text{ns}}^*} + \overline{(\dot{V}_{\text{n}} + \dot{I}_{\text{n}} Z_{\text{s}})(\dot{V}_{\text{n}} + \dot{I}_{\text{n}} Z_{\text{s}})^*} \\
&= \overline{\dot{V}_{\text{ns}} \dot{V}_{\text{ns}}^*} + \overline{(\dot{V}_{\text{nu}} + \dot{I}_{\text{n}}(Z_{\text{s}} + Z_{\text{c}}))(\dot{V}_{\text{nu}} + \dot{I}_{\text{n}}(Z_{\text{s}} + Z_{\text{c}}))^*} \\
&= \overline{\dot{V}_{\text{ns}} \dot{V}_{\text{ns}}^*} + \overline{\dot{V}_{\text{nu}} \dot{V}_{\text{nu}}^*} + \overline{\dot{I}_{\text{n}} \dot{I}_{\text{n}}^*}(Z_{\text{s}} + Z_{\text{c}})(Z_{\text{s}} + Z_{\text{c}})^* \\
&= \overline{|\dot{V}_{\text{ns}}|^2} + \overline{|\dot{V}_{\text{nu}}|^2} + \overline{|\dot{I}_{\text{n}}|^2}((R_{\text{s}} + R_{\text{c}})^2 + (X_{\text{s}} + X_{\text{c}})^2)
\end{aligned}$$

故而，$f$ 频点的输出信噪比为

$$\text{SNR}_{\text{o}} = \text{SNR}_{\text{e}} = \frac{P_{\text{sem}}}{P_{\text{nem}}} = \frac{\overline{|\dot{V}_{\text{s}}|^2}}{\overline{|\dot{V}_{\text{ne}}|^2}}$$

$$= \frac{\overline{|\dot{V}_{\text{s}}|^2}}{\overline{|\dot{V}_{\text{ns}}|^2} + \overline{|\dot{V}_{\text{nu}}|^2} + \overline{|\dot{I}_{\text{n}}|^2}((R_{\text{s}} + R_{\text{c}})^2 + (X_{\text{s}} + X_{\text{c}})^2)} \tag{A14.3.7}$$

而此频点的输入信噪比为

$$\text{SNR}_{\text{i}} = \frac{P_{\text{sim}}}{P_{\text{nim}}} = \frac{\overline{|\dot{V}_{\text{s}}|^2}}{\overline{|\dot{V}_{\text{ns}}|^2}} = \frac{\overline{|\dot{V}_{\text{s}}|^2}}{4kTR_{\text{s}} \Delta f} = \frac{\overline{|\dot{V}_{\text{s}}|^2}}{4kTR_{\text{s}}} \tag{A14.3.8}$$

于是 $f$ 频点的噪声系数为

$$F_{\text{n}} = \frac{\text{SNR}_{\text{i}}}{\text{SNR}_{\text{o}}} = \frac{\overline{|\dot{V}_{\text{ns}}|^2} + \overline{|\dot{V}_{\text{nu}}|^2} + \overline{|\dot{I}_{\text{n}}|^2}((R_{\text{s}} + R_{\text{c}})^2 + (X_{\text{s}} + X_{\text{c}})^2)}{\overline{|\dot{V}_{\text{ns}}|^2}}$$

$$= 1 + \frac{R_{\text{u}}}{R_{\text{s}}} + \frac{G_{\text{n}}}{R_{\text{s}}}((R_{\text{s}} + R_{\text{c}})^2 + (X_{\text{s}} + X_{\text{c}})^2) \tag{A14.3.9}$$

其中，对应于 $R_{\text{s}} = \dfrac{\overline{|\dot{V}_{\text{ns}}|^2}}{4kT\Delta f} = \dfrac{\overline{|\dot{V}_{\text{ns}}|^2}}{4kT}$ 格式定义 $R_{\text{u}}$ 和 $G_{\text{n}}$ 分别为

$$R_{\text{u}} = \frac{\overline{|\dot{V}_{\text{nu}}|^2}}{4kT\Delta f} = \frac{\overline{|\dot{V}_{\text{nu}}|^2}}{4kT} \tag{A14.3.10a}$$

$$G_{\text{n}} = \frac{\overline{|\dot{I}_{\text{n}}|^2}}{4kT\Delta f} = \frac{\overline{|\dot{I}_{\text{n}}|^2}}{4kT} \tag{A14.3.10b}$$

显而易见,噪声系数有最小值。当

$$X_s = X_{s,opt} = -X_c \tag{A14.3.11a}$$

$$R_s = R_{s,opt} = \sqrt{R_c^2 + \frac{R_u}{G_n}} \tag{A14.3.11b}$$

时,有最小噪声系数,为

$$F_{n,min} = 1 + 2G_n\left(R_c + \sqrt{R_c^2 + \frac{R_u}{G_n}}\right) \tag{A14.3.12}$$

称式(A14.3.11)为信源的最小噪声系数匹配阻抗。噪声系数也可以用最小噪声系数和匹配阻抗表述为

$$F_n = F_{n,min} + \frac{G_n}{R_s}((R_s - R_{s,opt})^2 + (X_s - X_{s,opt})^2) \tag{A14.3.13}$$

显然,信源内阻偏离最小噪声系数匹配阻抗越远,噪声系数就会越大。

前面的分析用的是戴维南源,如果采用诺顿源,则可获得对偶形式的表述,即:在 $f$ 频点上,假设信源内导为

$$Y_s = G_s + jB_s$$

相关导纳为

$$Y_c = G_c + jB_c = \frac{\overline{I_n V_n^*}}{\overline{V_n V_n^*}} \tag{A14.3.14}$$

于是 $f$ 频点的噪声系数为

$$F_n = \frac{SNR_i}{SNR_o} = 1 + \frac{G_u}{G_s} + \frac{R_n}{G_s}((G_s + G_c)^2 + (B_s + B_c)^2) \tag{A14.3.15}$$

其中,

$$G_u = \frac{\overline{|\dot{I}_{nu}|^2}}{4kT\Delta f} = \frac{\overline{|\dot{I}_{nu}|^2}}{4kT} \tag{A14.3.16a}$$

$$R_n = \frac{\overline{|\dot{V}_n|^2}}{4kT\Delta f} = \frac{\overline{|\dot{V}_n|^2}}{4kT} \tag{A14.3.16b}$$

当信源内导取最小噪声系数匹配导纳时,

$$B_s = B_{s,opt} = -B_c \tag{A14.3.17a}$$

$$G_s = G_{s,opt} = \sqrt{G_c^2 + \frac{G_u}{R_n}} \tag{A14.3.17b}$$

可获得最小噪声系数为

$$F_{n,min} = 1 + 2R_n\left(G_c + \sqrt{G_c^2 + \frac{G_u}{R_n}}\right) \tag{A14.3.18}$$

噪声系数可以用最小噪声系数和匹配导纳表述为

$$F_n = F_{n,min} + \frac{R_n}{G_s}((G_s - G_{s,opt})^2 + (B_s - B_{s,opt})^2) \tag{A14.3.19}$$

在第 3 章 3.7.5 节,给出了一个简单电阻电路的噪声系数计算例,由于不牵扯频率,直接在时域计算获得了一个和频率无关的噪声系数。实际电路如晶体管电路中总是存在寄生电容和寄生电感效应,或者人为添加的滤波电容和滤波电感,且存在与频率相关的有色噪声,故而噪声系数是与频率相关的系统参量,不同的频率有不同大小的噪声系数。上述计算过程中出

现的中间变量都是以频率为参变量的,其中包括低噪声晶体管数据手册中给出的 $R_{s,opt}$、$X_{s,opt}$、$F_{n,min}$ 等参量,设计低噪声放大器时,在放大器中心频点位置,信源内阻应尽可能接近最小噪声系数匹配阻抗,以期获得最接近 $F_{n,min}$ 的噪声系数。

# A15   线性时变电容和非线性电容例

本教材只关注线性时不变电容、电感,但是同学们对非线性电容、线性时变电容仍然应有所了解。为了简单起见,下面的讨论只基于单端口器件。

## A15.1   线性时不变电容

线性时不变电容的线性体现在电容极板上的电荷与电压之间具有线性关系,

$$Q = C_0 v \tag{A15.1.1}$$

时不变特性体现在比例系数 $C_0$ 是不随时间改变的常数。故而其端口伏安特性是线性微分方程

$$i = \frac{dQ}{dt} = C_0 \frac{dv}{dt} \tag{A15.1.2}$$

图 A15.1.1 是线性时不变电容的 $Q$-$V$ 特性曲线和 $C$-$V$ 特性曲线,其中 $Q$-$V$ 特性曲线是过原点的直线,而 $C$-$V$ 特性曲线是水平线,即电容 $C_0$ 为不变常量,这是线性时不变特性的体现。

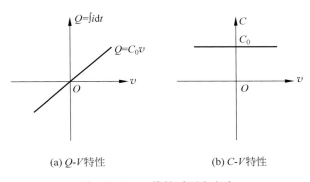

(a) $Q$-$V$特性        (b) $C$-$V$特性

图 A15.1.1   线性时不变电容

## A15.2   线性时变电容

平板电容是典型的线性时不变电容,但是如果平板电容的极板是可移动的,例如可通过机械装置令其中一个极板周期往复运动,例如使得极板间距变化规律为

$$d = d_0 + \Delta d_m \sin\Omega t \tag{A15.2.1}$$

那么该平板电容就是线性时变电容,其容值随时间的变化规律为

$$C(t) = \varepsilon \frac{S}{d(t)} = \varepsilon \frac{S}{d_0 + \Delta d_m \sin\Omega t} \tag{A15.2.2}$$

由于是线性电容,电容极板上的电荷量和电压仍然是线性比值关系,

$$Q(t) = C(t)v(t)$$

其 $Q$-$V$ 特性曲线和 $C$-$V$ 特性曲线见图 A15.2.1:$Q$-$V$ 特性曲线仍然是过原点的直线,但是这条直线的斜率随时间在变化(时变的体现),这种变化与端口电压无关(线性的体现),故而 $C$-$V$ 特性曲线仍然是水平线,只是这些水平线随时间变化而上下移动。

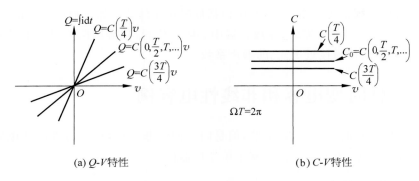

(a) Q-V特性　　　　　　　　　　(b) C-V特性

图 A15.2.1　线性时变电容

线性时变电容的端口伏安特性方程为

$$i(t) = \frac{\mathrm{d}Q(t)}{\mathrm{d}t} = C(t)\frac{\mathrm{d}v(t)}{\mathrm{d}t} + v(t)\frac{\mathrm{d}C(t)}{\mathrm{d}t} \qquad (A15.2.3)$$

线性时变电容电流中除了电压改变导致的位移电流项 $C(t)\dfrac{\mathrm{d}v(t)}{\mathrm{d}t}$ 外，还有电容改变导致的位移电流项 $v(t)\dfrac{\mathrm{d}C(t)}{\mathrm{d}t}$，前者和电压微分成正比，如线性时不变电容一样，而后者和电压成正比，故而后者的比例系数 $\dfrac{\mathrm{d}C(t)}{\mathrm{d}t}$ 可视为某种形式的等效电导，当电容随时间改变变大或变小时，等效电导随之变化而为正或为负，正的等效电导代表电容增大导致电容从端口吸收电能，而负的等效电导代表电容减小导致电容向端口外释放电能。

### A15.3　非线性电容

晶体管可用来实现放大器、振荡器等功能电路，晶体管电路中的寄生电容多属非线性电容，如 PN 结结电容和 MOS 电容。犹如处理非线性电阻一样，在交流小信号分析中，等效电路中的寄生电容都是这些非线性电容的微分电容，如图 6.2.31 中的 $C_{gs}$、$C_{gd}$、$C_{db}$，它们都是微分电容，小信号下被视为线性时不变电容。

电容是导体保持可移动电荷的能力，如果导体保持的电荷量和导体间的电压有正比关系，比例系数则为线性电容容值。对于非线性电容，导体保持的电荷量 $Q$ 和导体间电压 $v$ 之间的关系不再是线性比值关系，而是非线性关系，记为 $Q(v)$。这里假设 $Q(v)$ 连续可微，因而我们可以对这个非线性关系在特定直流工作点 $V_0$ 上进行泰勒展开，

$$Q = Q(v) = Q(V_0 + \Delta v(t)) = Q(V_0) + \frac{\mathrm{d}Q}{\mathrm{d}v}\Big|_{v=V_0}\Delta v(t) + \cdots \qquad (A15.3.1)$$

只要交流小信号电压 $\Delta v$ 足够小，高阶非线性项的影响则可忽略不计，仿照非线性电阻的静态电阻和微分电阻的定义，这里同样可以定义静态电容和微分电容，

$$C_0 = \frac{Q(V_0)}{V_0} \qquad \text{（静态电容）} \qquad (A15.3.2a)$$

$$C_{d0} = \frac{\mathrm{d}Q}{\mathrm{d}v}\Big|_{v=V_0} \qquad \text{（微分电容）} \qquad (A15.3.2b)$$

对线性电容而言，静态电容与微分电容完全一致，没有任何区别。但是对于非线性电容而言，静态电容与微分电容明显不同。

如果交流信号足够小，对交流小信号而言微分电容是线性电容。但是当交流信号很大时，

微分电容不能再视为线性电容。考察电流和电压微分之间的关系，

$$i(t) = \frac{\mathrm{d}Q(t)}{\mathrm{d}t} = \frac{\mathrm{d}Q}{\mathrm{d}v}\frac{\mathrm{d}v}{\mathrm{d}t} = C_\mathrm{d}(v)\frac{\mathrm{d}v}{\mathrm{d}t} \qquad (A15.3.3)$$

比例系数就是微分电容 $C_\mathrm{d}$，

$$C_\mathrm{d}(v) = \frac{\mathrm{d}Q(v)}{\mathrm{d}v} \qquad (A15.3.4)$$

微分电容由于电压变化太大而随电压发生变化，故而不能视为线性电容。

　　PN 结电容是最典型的非线性电容，包括两部分效应。一部分是将 PN 结耗尽层视为电容结构中间介质的势垒电容，一部分是因为 PN 结正偏导通时多子扩散形成的电容效应，被称为扩散电容。

　　PN 结电压低于内建势垒电压时，我们近似认为 PN 结是反偏截止的，此时反偏电压的变化将导致耗尽层内的空间电荷量发生变化，犹如电容因电压变化而充放电，其表现为耗尽层的厚度因反偏电压升高而增加，故而微分电容随反偏电压升高而降低，这个随外加电压变化而变化的非线性电容就是势垒电容。势垒电容的电容量和耗尽层厚度成反比关系，耗尽层犹如电容极板间的绝缘体介质。PN 结结电容反偏时的势垒电容（微分电容）表达式为

$$C_\mathrm{j} = \frac{C_\mathrm{j0}}{\left(1 + \dfrac{v_\mathrm{R}}{V_\Phi}\right)^\gamma} \qquad (A15.3.5)$$

其中，$C_\mathrm{j0}$ 为 PN 结未加偏置电压时的结电容，$v_\mathrm{R} = -v_\mathrm{D}$ 为反偏电压，$V_\Phi$ 为势垒电压，$\gamma$ 为变容指数，由 PN 结的掺杂分布决定：$\gamma = 1/2$ 对应单边突变分布，$\gamma = 1/3$ 对应线性缓变分布，当 $\gamma = 1,2,3$ 时，变容二极管的 PN 结被称为超突变结。

　　正偏电压高于内建势垒电压时，将形成多子扩散正向导通电流，电压改变则电流改变，载流子渡越二极管器件需要的时间是确定的，于是电流改变将导致整个 PN 结结构中的导电总电荷量发生变化，这种电荷量的变化是因电压改变而导致的，故而形成了电容效应，此电容被称为扩散电容。

　　PN 结正偏时，其导通电阻较小，正偏 PN 结的等效电路将是小电阻和扩散电容及势垒电容的并联，与我们希望的纯电容相差甚远，故而当我们希望用 PN 结形成可用的电容时，往往采用反偏偏置，因为反偏 PN 结的微分电阻极大，因而反偏 PN 结可近似等效为纯电容。反偏 PN 结形成的电容器件被称为变容二极管。图 A15.3.1(a) 是 PN 结反偏时的势垒电容结构，A15.3.1(b) 是变容二极管势垒电容（微分电容）随反偏电压变化而变化的 C-V 特性曲线：显然这个微分电容不是一个常量，它是非线性电容。线性电容的容值不随电压改变而改变。

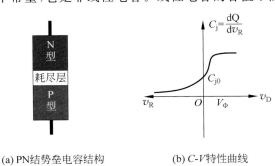

(a) PN结势垒电容结构　　　　　(b) C-V特性曲线

图 A15.3.1　PN 结势垒电容

PN 结反偏时只考虑势垒电容效应,正偏时势垒电容仍然存在,但不能用上述公式表述。当正偏电压超过势垒电压后,势垒电容可近似视为常数,而扩散电容由于和直流电流成正比关系,故而正偏时扩散电容往往占据 PN 结等效电路中并联寄生电容的主导地位。

MOS 电容是 MOSFET 的核心控制机制,MOSFET 通过 MOS 电容实现对导电沟道的控制,从而实现了受控源特性。图 A15.3.2 是 MOS 电容结构、电容 $Q\text{-}V$ 特性曲线和 $C\text{-}V$ 特性曲线。$Q\text{-}V$ 特性曲线不再是过原点的直线,$C\text{-}V$ 特性曲线也不再是水平线(不变常量),这是非线性的体现。

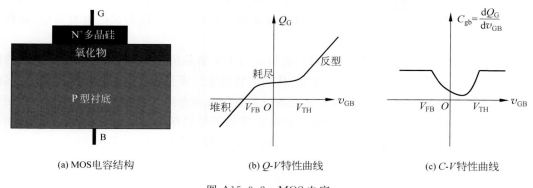

| (a) MOS电容结构 | (b) $Q\text{-}V$特性曲线 | (c) $C\text{-}V$特性曲线 |

图 A15.3.2  MOS 电容

如图 A15.3.2(a)所示,栅极为重掺杂的多晶硅。如果将栅极和衬底短接,于是 P 型衬底和 N 型栅极中的多子将向对方注入扩散,半导体材料中内建电压越来越大,直至内建电压形成的电场阻止多子的继续注入扩散,达到平衡。

可以通过在栅衬之间外加负电压 $V_{FB}$ 抵偿内建电压的作用,使得栅极和半导体内的净电荷都等于零,此种状态被称为平带(flat-band),$V_{FB}$ 被称为平带电压。

如果栅衬电压低于平带电压,MOS 电容呈现平行板电容性质,此时栅极下方的衬底上有大量空穴堆积,故称堆积(accumulation)状态。

如果栅衬电压高于平带电压,则栅衬之间达到平衡,栅极下方的衬底有电子进入,但马上被 P 型半导体的空穴中和,故称之为耗尽(depletion)。

如果继续增加栅衬电压,栅极下方的衬底累积的电子数目完全耗尽 P 型半导体的空穴,继续增加栅衬电压,则会出现反型,P 型半导体转化为 N 型,这个反型启动的电压被称为阈值电压 $V_{TH}$。

当栅衬电压高于阈值电压后,栅衬之间又呈现近似的平行板电容特性。

上述栅衬电压变化过程中,栅极金属上累积的电荷随电压的变化曲线如图 A15.3.2(b)所示,对其进行微分,即可获得微分电容如图 A15.3.2(c)所示。在堆积区和反型区,MOS 电容犹如平板电容(线性电容)。

MOS 电容器在耗尽区可以用作变容二极管使用,与 PN 结变容二极管相比,具有更小的泄漏电流,并联等效电阻(寄生电阻)更大,更接近纯电容特性。当 MOS 电容器被偏置到恒定电容区,可以作为 DRAM 的存储电容器使用。

### A15.4　非线性电感

由于磁芯存在磁滞及饱和,磁芯电感是一种非线性器件,但是为了简单起见,本书中出现的所有电感都被设定为线性电感。

线性时变电感、非线性电感,其处理方式和线性时变电容、非线性电容对偶。

# A16 BJT 晶体管高频电路模型的共轭匹配分析

图 A16.0.1 是 BJT 的高频小信号电路模型。由于寄生电容效应,作为放大器使用时,其高频段的增益会严重下降。为了在高频获得最够高的增益,往往采用双共轭匹配获取最大功率增益,但存在着放大器变振荡器的可能性。

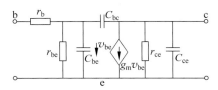

图 A16.0.1 BJT 高频小信号电路模型

## A16.1 核心 π 模型

首先考察图 A16.1.1 所示的核心 π 模型,它较图 A16.0.1 电路模型少考虑了基极体电阻 $r_b$ 的影响。

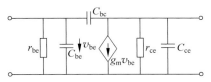

图 A16.1.1 BJT 核心 π 电路

核心 π 模型采用 $Y$ 参量描述比较简单,而用 $Y$ 参量表述的罗莱特稳定性系数 $k$,共轭匹配导纳 $Y_{m,01}$、$Y_{m,02}$,绝对稳定区 MAG 和非绝对稳定区 MSG,以及 Mason 单向功率增益 $U$ 的表达式如下:

$$k = \frac{2\mathrm{Re}Y_{11}\mathrm{Re}Y_{22} - \mathrm{Re}(Y_{12}Y_{21})}{|Y_{12}Y_{21}|} \tag{A16.1.1}$$

$$Y_{m,01} = \frac{|Y_{12}Y_{21}|}{2\mathrm{Re}Y_{22}}\sqrt{k^2-1} + \mathrm{j}\left(\frac{\mathrm{Im}(Y_{12}Y_{21})}{2\mathrm{Re}Y_{22}} - \mathrm{Im}Y_{11}\right) \tag{A16.1.2a}$$

$$Y_{m,02} = \frac{|Y_{12}Y_{21}|}{2\mathrm{Re}Y_{11}}\sqrt{k^2-1} + \mathrm{j}\left(\frac{\mathrm{Im}(Y_{12}Y_{21})}{2\mathrm{Re}Y_{11}} - \mathrm{Im}Y_{22}\right) \tag{A16.1.2b}$$

$$\mathrm{MAG} = \left|\frac{Y_{21}}{Y_{12}}\right|(k - \sqrt{k^2-1}) \tag{A16.1.3a}$$

$$\mathrm{MSG} = \left|\frac{Y_{21}}{Y_{12}}\right| \tag{A16.1.3b}$$

$$U = \frac{|Y_{12} - Y_{21}|^2}{4(\mathrm{Re}Y_{11}\mathrm{Re}Y_{22} - \mathrm{Re}Y_{12}\mathrm{Re}Y_{21})} \tag{A16.1.4}$$

对于 CE 组态,很容易给出其核心 π 模型的 $Y$ 参量矩阵,为

$$\boldsymbol{Y}_{CE} = \begin{bmatrix} g_{be} + \mathrm{j}\omega(C_{be} + C_{bc}) & -\mathrm{j}\omega C_{bc} \\ g_m - \mathrm{j}\omega C_{bc} & g_{ce} + \mathrm{j}\omega(C_{ce} + C_{bc}) \end{bmatrix} \tag{A16.1.5a}$$

注意到晶体管是三端器件,由 CE 组态 $Y$ 参量转换可获得 CB 和 CC 组态 $Y$ 参量分别如下,

$$\boldsymbol{Y}_{\mathrm{CB}} = \begin{bmatrix} g_{\mathrm{m}} + g_{\mathrm{be}} + g_{\mathrm{ce}} + \mathrm{j}\omega(C_{\mathrm{be}} + C_{\mathrm{ce}}) & -g_{\mathrm{ce}} - \mathrm{j}\omega C_{\mathrm{ce}} \\ -g_{\mathrm{m}} - g_{\mathrm{ce}} - \mathrm{j}\omega C_{\mathrm{ce}} & g_{\mathrm{ce}} + \mathrm{j}\omega(C_{\mathrm{ce}} + C_{\mathrm{bc}}) \end{bmatrix} \quad (\text{A16.1.5b})$$

$$\boldsymbol{Y}_{\mathrm{CC}} = \begin{bmatrix} g_{\mathrm{be}} + \mathrm{j}\omega(C_{\mathrm{be}} + C_{\mathrm{bc}}) & -g_{\mathrm{be}} - \mathrm{j}\omega C_{\mathrm{be}} \\ -g_{\mathrm{m}} - g_{\mathrm{be}} - \mathrm{j}\omega C_{\mathrm{be}} & g_{\mathrm{m}} + g_{\mathrm{be}} + g_{\mathrm{ce}} + \mathrm{j}\omega(C_{\mathrm{be}} + C_{\mathrm{ce}}) \end{bmatrix} \quad (\text{A16.1.5c})$$

代入式(A16.1.4),可知三种组态的 Mason 单向功率增益完全一致,均为

$$U_{\mathrm{CE}} = U_{\mathrm{CB}} = U_{\mathrm{CC}} = U_0 = \frac{g_{\mathrm{m}}^2}{4 g_{\mathrm{be}} g_{\mathrm{ce}}} \quad (\text{A16.1.6})$$

首先默认晶体管核心 $\pi$ 模型是有源的,$U_0 > 1$,若非有源则在全频带晶体管都是稳定的。在有源性条件 $U_0 > 1$ 确保的前提下,晶体管核心 $\pi$ 模型存在绝对稳定区和非绝对稳定区,$k=1$ 对应绝对稳定和非绝对稳定的临界情况,代入式(A16.1.1),可求得稳定频率界点 $\omega_{\mathrm{us0}}$,

$$\omega_{\mathrm{us0,CE}}^2 = \frac{1}{U_0 - 1} \frac{g_{\mathrm{be}} g_{\mathrm{ce}}}{C_{\mathrm{bc}}^2} \quad (\text{A16.1.7a})$$

$$\omega_{\mathrm{us0,CB}}^2 = \frac{1}{U_0 - 1} \frac{(g_{\mathrm{m}} + g_{\mathrm{be}} + g_{\mathrm{ce}}) g_{\mathrm{ce}}}{C_{\mathrm{ce}}^2} \quad (\text{A16.1.7b})$$

$$\omega_{\mathrm{us0,CC}}^2 = \frac{1}{U_0 - 1} \frac{(g_{\mathrm{m}} + g_{\mathrm{be}} + g_{\mathrm{ce}}) g_{\mathrm{be}}}{C_{\mathrm{be}}^2} \quad (\text{A16.1.7c})$$

$\omega < \omega_{\mathrm{us0}}$ 是绝对稳定区($k > 1$),可做双共轭匹配,共轭匹配导纳为

CE 组态:

$$Y_{\mathrm{m,01}} = g_{\mathrm{be}} \sqrt{1 - \frac{\omega^2}{\omega_{\mathrm{us0,CE}}^2}} - \mathrm{j}\omega\left(C_{\mathrm{be}} + \left(1 + \frac{g_{\mathrm{m}}}{2 g_{\mathrm{ce}}}\right) C_{\mathrm{bc}}\right) \quad (\text{A16.1.8a})$$

$$Y_{\mathrm{m,02}} = g_{\mathrm{ce}} \sqrt{1 - \frac{\omega^2}{\omega_{\mathrm{us0,CE}}^2}} - \mathrm{j}\omega\left(C_{\mathrm{ce}} + \left(1 + \frac{g_{\mathrm{m}}}{2 g_{\mathrm{be}}}\right) C_{\mathrm{bc}}\right) \quad (\text{A16.1.8b})$$

CB 组态:

$$Y_{\mathrm{m,01}} = \sqrt{(g_{\mathrm{m}} + g_{\mathrm{be}} + g_{\mathrm{ce}}) g_{\mathrm{be}}} \sqrt{1 - \frac{\omega^2}{\omega_{\mathrm{us0,CB}}^2}} - \mathrm{j}\omega\left(C_{\mathrm{be}} - \frac{g_{\mathrm{m}}}{2 g_{\mathrm{ce}}} C_{\mathrm{ce}}\right) \quad (\text{A16.1.9a})$$

$$Y_{\mathrm{m,02}} = g_{\mathrm{ce}} \sqrt{\frac{g_{\mathrm{be}}}{g_{\mathrm{m}} + g_{\mathrm{be}} + g_{\mathrm{ce}}}} \sqrt{1 - \frac{\omega^2}{\omega_{\mathrm{us0,CB}}^2}} - \mathrm{j}\omega\left(C_{\mathrm{bc}} + \frac{g_{\mathrm{m}} + 2 g_{\mathrm{be}}}{2(g_{\mathrm{m}} + g_{\mathrm{be}} + g_{\mathrm{ce}})} C_{\mathrm{ce}}\right)$$

$$(\text{A16.1.9b})$$

CC 组态:

$$Y_{\mathrm{m,01}} = g_{\mathrm{be}} \sqrt{\frac{g_{\mathrm{ce}}}{g_{\mathrm{m}} + g_{\mathrm{be}} + g_{\mathrm{ce}}}} \sqrt{1 - \frac{\omega^2}{\omega_{\mathrm{us0,CC}}^2}} - \mathrm{j}\omega\left(C_{\mathrm{bc}} + \frac{g_{\mathrm{m}} + 2 g_{\mathrm{ce}}}{2(g_{\mathrm{m}} + g_{\mathrm{be}} + g_{\mathrm{ce}})} C_{\mathrm{be}}\right)$$

$$(\text{A16.1.10a})$$

$$Y_{\mathrm{m,02}} = \sqrt{(g_{\mathrm{m}} + g_{\mathrm{be}} + g_{\mathrm{ce}}) g_{\mathrm{ce}}} \sqrt{1 - \frac{\omega^2}{\omega_{\mathrm{us0,CC}}^2}} - \mathrm{j}\omega\left(C_{\mathrm{ce}} - \frac{g_{\mathrm{m}}}{2 g_{\mathrm{be}}} C_{\mathrm{be}}\right) \quad (\text{A16.1.10b})$$

只要晶体管端接其共轭匹配导纳,即可获得最大功率增益 MAG,

$$\mathrm{MAG}_{\mathrm{CE}} = 1 + \frac{2}{1 + \sqrt{1 - \frac{\omega^2}{\omega_{\mathrm{us0,CE}}^2}}} (U_0 - 1) \quad (\text{A16.1.11a})$$

$$\mathrm{MAG}_{\mathrm{CB}} = 1 + \frac{2}{1 + \frac{g_{\mathrm{m}}}{2 g_{\mathrm{be}}} + \sqrt{\frac{g_{\mathrm{m}} + g_{\mathrm{be}} + g_{\mathrm{ce}}}{g_{\mathrm{be}}}} \sqrt{1 - \frac{\omega^2}{\omega_{\mathrm{us0,CB}}^2}}} (U_0 - 1) \quad (\text{A16.1.11b})$$

$$\text{MAG}_{\text{CC}} = 1 + \cfrac{2}{1 + \cfrac{g_\text{m}}{2g_\text{ce}} + \sqrt{\cfrac{g_\text{m} + g_\text{be} + g_\text{ce}}{g_\text{ce}}} \sqrt{1 - \cfrac{\omega^2}{\omega_{\text{us0,CC}}^2}}}(U_0 - 1) \qquad (\text{A16.1.11c})$$

$\omega > \omega_{\text{us0}}$ 为非绝对稳定区($k<1$),无法进行双共轭匹配,可通过外加电阻损耗令其稳定,当外加损耗使得 $k=1$ 临界时对应的最大功率增益为其最大稳定功率增益 MSG,三种组态的 MSG 分别为

$$\text{MSG}_{\text{CE}} = \sqrt{\frac{g_\text{m}^2 + \omega^2 C_\text{bc}^2}{\omega^2 C_\text{bc}^2}} = \sqrt{1 + \left(\frac{f_z}{f}\right)^2} \qquad (\text{A16.1.12a})$$

$$\text{MSG}_{\text{CB}} = \sqrt{\frac{(g_\text{m} + g_\text{ce})^2 + \omega^2 C_\text{ce}^2}{g_\text{ce}^2 + \omega^2 C_\text{ce}^2}} = \sqrt{1 + \frac{g_\text{m}^2 + 2g_\text{m} g_\text{ce}}{g_\text{ce}^2 + \omega^2 C_\text{ce}^2}} \qquad (\text{A16.1.12b})$$

$$\text{MSG}_{\text{CC}} = \sqrt{\frac{(g_\text{m} + g_\text{be})^2 + \omega^2 C_\text{be}^2}{g_\text{be}^2 + \omega^2 C_\text{be}^2}} = \sqrt{1 + \frac{g_\text{m}^2 + 2g_\text{m} g_\text{be}}{g_\text{be}^2 + \omega^2 C_\text{be}^2}} \qquad (\text{A16.1.12c})$$

其中零点频率 $f_z = \dfrac{g_\text{m}}{2\pi C_\text{bc}}$ 代表了 CE 组态跨接电容 $C_\text{bc}$ 高频短路电流与跨导器电流幅度相同时的频率,它是描述 CE 组态跨接输入和输出端口的寄生电容 $C_\text{bc}$ 影响力的频率参量。

上述分析没有考虑基极体电阻 $r_\text{b}$ 的影响,但仍然说明了三种组态的一些基本性质:

(1)无论何种组态,晶体管的稳定性都是由跨接在输出端口和输入端口之间的寄生电容决定,该寄生电容形成反馈通路,有可能和外部匹配电感或匹配电容形成正反馈,形成等效负阻或满足起振条件而自激振荡。由式(A16.1.7)可知,反馈通路的寄生电容越大,绝对稳定区就越窄。对 BJT 晶体管而言,$C_\text{be}$ 最大,故而 CC 组态的稳定区一般是最小的,$C_\text{bc}$ 和 $C_\text{ce}$ 都很小且在一个量级,对比式(A16.1.7a,b)可知,CB 组态的稳定区是最大的,而 CE 组态一般位于中间。这也是我们的一般认知,CB 组态最稳定,CC 组态最不稳定,因而 CC 组态很少在射频应用,它多以低频纯阻负载电压缓冲器面目出现。

(2)由于 CE 组态同时具有电压增益和电流增益,因而其低频端功率增益最大,为 $\frac{1}{4}\beta_0 A_{V0}$,其中 $\beta_0$ 为 CE 组态短路电流增益,$A_{V0}$ 为 CE 组态开路电压增益;对于 CB 组态,它是一个电流缓冲器,电流放大倍数近似为 1,因而低频功率增益中只有电压增益,近似为 $A_{V0}$;对于 CC 组态,它是一个电压缓冲器,电压放大倍数近似为 1,因而低频功率增益中只有电流增益,近似为 $\beta_0$。这也是我们最喜欢用 CE 组态的原因,它可以很轻易地获得高增益。

$$\text{MAG}_{\text{CE}}(0) = U_0 = \frac{g_\text{m}^2}{4g_\text{be} g_\text{ce}} = \frac{1}{4}\beta_0 A_{V0}$$

$$\text{MAG}_{\text{CB}}(0) = \frac{\left(\sqrt{g_\text{m} + g_\text{be} + g_\text{ce}} - \sqrt{g_\text{be}}\right)^2}{g_\text{ce}} \approx \frac{g_\text{m}}{g_\text{ce}} = A_{V0}$$

$$\text{MAG}_{\text{CC}}(0) = \frac{\left(\sqrt{g_\text{m} + g_\text{be} + g_\text{ce}} - \sqrt{g_\text{ce}}\right)^2}{g_\text{be}} \approx \frac{g_\text{m}}{g_\text{be}} = \beta_0$$

(3)CB 组态是射频频段除 CE 组态外另外一个常用组态,有数个原因:其一,当频率较高时,$\text{MSG}_{\text{CB}}$ 可以大于 $\text{MSG}_{\text{CE}}$,也就是说,在较高的频段,CB 组态功率增益可以高于 CE 组态;其二,$\text{Re}Y_{11,\text{CB}} \approx g_\text{m}$,$G_{\text{m,01,CB}}$ 也和 $g_\text{m}$ 相关,也就是说,可以通过调整直流偏置电流实现端口匹配阻抗的调整,更容易获得期望的匹配阻抗;其三,其噪声性能和 CE 组态相差不大。CE 组态具有较高的功率增益,其噪声特性也较好,是最常见的射频放大器组态。CB 组态在低频段稳定性高,在高频段也具有较高功率增益,且噪声性能也较好,故而同样是射频频段常用组态。

CC 组态则因其功率增益低且稳定性差在射频几乎不用。

（4）还可从共轭匹配导纳表达式看出密勒效应的影响。对 CE 组态，跨接电容 $C_{bc}$ 虽然很小，但在输入端口和输出端口均存在很大的密勒倍增效应，$\left(1+\dfrac{g_m}{2g_{ce}}\right)C_{bc}$，$\left(1+\dfrac{g_m}{2g_{be}}\right)C_{bc}$，故而其影响很大。对于 CB 组态，跨接电容为 $C_{ce}$，其在输入端口呈现感性而非容性 $\left(B_{in,ce}=-\dfrac{g_m}{2g_{ce}}\omega C_{ce}\right)$，但由于 $C_{ce}$ 较小其影响也相对较小，其对输出端口的影响则更小（$\approx 0.5C_{ce}$）；对于 CC 组态，由于其跨接电容 $C_{be}$ 是晶体管三个寄生电容中最大的一个，其在输入端口呈现容性，作用降半（$\approx 0.5C_{be}$），其在输出端口呈现的感性电纳 $\left(-\dfrac{g_m}{2g_{be}}\omega C_{be}\right)$ 较大，影响也较大，很容易和输出端口的容性负载形成高 $Q$ 振铃或振荡。

（5）在 $0\sim\omega_{us0}$ 绝对稳定区，随频率升高功率增益是提高的，$MAG(\omega_{us0})>MAG(0)$，这是由于跨接在输入和输出端口的寄生电容形成了正反馈通路的原因，正反馈可以提高增益。

（6）核心 $\pi$ 模型的输入端口和输出端口寄生电容可以直接被外接电感谐振抵偿，因而影响其高频功率增益的是跨接电容，如式（A16.1.7,11,12）所示。式（A16.1.12）还表明，在非绝对稳定区，MSG 随频率升高而降低，这说明跨接电容的高频短路效应开始起作用，它将使得晶体管自身的等效受控源的放大机制受到抑制，导致频率越高，增益越小。

（7）在 $0\sim\omega_{us0}$ 绝对稳定区，注意到共轭匹配导纳实部即共轭匹配电导都有一个系数 $\sqrt{1-\left(\dfrac{\omega}{\omega_{us0}}\right)^2}$，这意味着随频率升高匹配电导在降低。这是由于作双共轭匹配时，另一个端口的匹配电纳经晶体管受控源作用后，等效到本端口则为负电导，该负电导随频率升高而增加，导致本端口总等效电导越来越小，当频率升高到稳定频率界点 $\omega_{us0}$ 时，等效负电导和本端口正电导完全抵偿，当频率高于稳定频率界点 $\omega_{us0}$ 后，等效负电导已经高于本端口正电导，导致本端口总电导小于 0，从而放大器变得不稳定了，也无法进行双共轭匹配操作。事实上，非绝对稳定区也不存在双共轭匹配电导。

（8）我们可以通过在晶体管的三个端口串联电阻或并联电阻，增加系统稳定性，扩大绝对稳定区范围。一般而言，加并联电阻会严重抑制低频增益，加串联电阻会严重抑制高频增益。

### A16.2 基极体电阻 $r_b$ 的影响

基极体电阻相当于在 BE 端口串联了一个正电阻，它一定会扩大稳定性，扩大绝对稳定区范围。为了简单起见，下面只考察 CE 组态的理论公式。

注意到 $r_b$ 与核心 $\pi$ 模型的关系可理解为级联，因而用 $ABCD$ 参量表述更加方便，用 $ABCD$ 参量表述的罗莱特稳定性系数 $k$，共轭匹配导纳 $Y_{m,01}$，$Y_{m,02}$，绝对稳定区 MAG 和非绝对稳定区 MSG，以及 Mason 单向功率增益 $U$ 的表达式如下：

$$k=\frac{\text{Re}(A^*D+B^*C)}{|AD-BC|} \tag{A16.1.13}$$

$$Y_{m,01}=\frac{|AD-BC|}{2\text{Re}(A^*B)}\sqrt{k^2-1}-j\frac{\text{Im}(B^*C+A^*D)}{2\text{Re}(A^*B)} \tag{A16.1.14a}$$

$$Y_{m,02}=\frac{|AD-BC|}{2\text{Re}(D^*B)}\sqrt{k^2-1}-j\frac{\text{Im}(B^*C-A^*D)}{2\text{Re}(D^*B)} \tag{A16.1.14b}$$

$$MAG=\frac{1}{|AD-BC|}(k-\sqrt{k^2-1}) \tag{A16.1.15a}$$

$$MSG = \frac{1}{\mid AD - BC \mid} \qquad (A16.1.15b)$$

$$U = \frac{\mid AD - BC - 1 \mid^2}{4(ReBReC + ImAImD)} \qquad (A16.1.16)$$

假设核心 π 模型的传输参量为 $ABCD$，则考虑 $r_b$ 影响后的传输参量矩阵为

$$\begin{bmatrix} A_b & B_b \\ C_b & D_b \end{bmatrix} = \begin{bmatrix} 1 & r_b \\ 0 & 1 \end{bmatrix} \begin{bmatrix} A & B \\ C & D \end{bmatrix} = \begin{bmatrix} A + r_b C & B + r_b D \\ C & D \end{bmatrix} \qquad (A16.1.17)$$

代入式(A16.1.16)，可以获得 Mason 单向功率增益 $U$ 为

$$U = G_0 \frac{1}{1 + G_0 \dfrac{\omega^2}{\omega_z^2/(4\lambda_b)}} \qquad (A16.1.18)$$

其中，$G_0 = \dfrac{U_0}{1 + g_{be} r_b}$ 为零频最大功率增益，$\lambda_b = \alpha g_{be} r_b$ 是由基极电阻 $r_b$ 引入的效应因子，$\alpha = 1 + \dfrac{C_{bc} + C_{be}}{C_{bc}} \dfrac{g_m}{g_{be}} + \left(\dfrac{C_{be} + C_{bc}}{C_{bc}}\right)^2 \dfrac{g_{ce}}{g_{be}}$ 代表了在 $r_b$ 将核心 π 模型与外端口隔离作用下三个寄生电容之间的关联系数。由于没有考虑输出端口等效电阻 $r_c$ 的隔离作用，因而 $C_{ce}$ 可以直接被输出端口的匹配电感谐振抵偿，从而上述效应因子表达式中 $C_{ce}$ 的作用不再呈现。

可以从 $U=1$ 获得最高振荡频率 $f_{max}$ 的解析表达式，为

$$f_{max} = \frac{1}{4\pi} \sqrt{\frac{g_m^2 - 4g_{be}g_{ce}(1 + g_{be}r_b)}{(g_m C_{bc}(C_{be} + C_{bc}) + g_{be}C_{bc}^2 + g_{ce}(C_{be} + C_{bc})^2)r_b}} \qquad (A16.1.19)$$

最高振荡频率 $f_{max}$ 和 $\sqrt{r_b}$ 成反比关系，基极体电阻越大，最高振荡频率越小，其有源区 $f < f_{max}$ 就越小，这是由于 $r_b$ 降低了晶体管核心 π 模型的有源性，而晶体管核心 π 模型的 $U = U_0$ 是常量，其有源区是整个频带。

$r_b$ 降低了有源性，也同时提高了稳定性，从绝对稳定条件 $k > 1$ 可知，其稳定区扩大为两个频率范围，$f < f_{us1}$ 和 $f > f_{us2}$，

$$f_{us1} = f_{us0} \frac{\sqrt{1 + g_{be}r_b}}{\sqrt{0.5\left(1 + \sqrt{1 - 4\dfrac{(1 + \lambda_b)\lambda_b}{(G_0 - (1 + 2\lambda_b))^2}}\right)\left(\dfrac{G_0 - (1 + 2\lambda_b)}{U_0 - 1}\right)}}$$

$$(A16.1.20a)$$

$$f_{us2} = f_{us0} \frac{\sqrt{1 + g_{be}r_b}}{\sqrt{0.5\left(1 - \sqrt{1 - 4\dfrac{(1 + \lambda_b)\lambda_b}{(G_0 - (1 + 2\lambda_b))^2}}\right)\left(\dfrac{G_0 - (1 + 2\lambda_b)}{U_0 - 1}\right)}}$$

$$(A16.1.20b)$$

其中 $f_{us0}$ 是 CE 组态核心 π 模型的稳定频率界点，如式(A16.1.7a)所示。在 $f < f_{us1}$ 或 $f > f_{us2}$ 这两个绝对稳定放大频率范围内，最大功率增益 MAG 为

$$MAG = G_0 \frac{1 + \dfrac{\omega^2}{\omega_z^2}}{0.5\left(1 + \sqrt{\left(1 - \dfrac{\omega^2}{\omega_{us1}^2}\right)\left(1 - \dfrac{\omega^2}{\omega_{us2}^2}\right)}\right) + (1 + 2\lambda_b)G_0 \dfrac{\omega^2}{\omega_z^2}} \qquad (A16.1.21)$$

可以确认如下关系，$MAG(0) = G_0$ 很大，$MAG(\omega_{max}) = 1$ 表明晶体管的有源区为 $f < f_{max}$，而 $MAG(\infty) = \left(\sqrt{\lambda_b + 1} - \sqrt{\lambda_b}\right)^2 \approx \dfrac{1}{4\lambda_b}$ 和 $r_b$ 成反比关系，说明端口串联电阻 $r_b$ 的作用主要体现

在高频频段。

在绝对稳定区的双共轭匹配导纳为 $Y_{m,01}=G_{m,01}$ 并 $L_{m,01}$，$Y_{m,02}=G_{m,02}$ 并 $L_{m,02}$，

$$G_{m,01} = \frac{1}{r_{be}+r_b}\frac{1}{Q_{b1}}\sqrt{\left(1-\frac{\omega^2}{\omega_{us1}^2}\right)\left(1-\frac{\omega^2}{\omega_{us2}^2}\right)} \tag{A16.1.22a}$$

$$L_{m,01} = \frac{\left(1+\frac{r_b}{r_{be}}\right)^2 Q_{b1}}{\omega^2\left(C_{be}+C_{bc}(1+0.5g_m r_{ce})\right)} \tag{A16.1.22b}$$

$$G_{m,02} = \frac{1}{r_{ce}}\frac{1}{Q_{b2}}\sqrt{\left(1-\frac{\omega^2}{\omega_{us1}^2}\right)\left(1-\frac{\omega^2}{\omega_{us2}^2}\right)} \tag{A16.1.23a}$$

$$L_{m,02} = \frac{Q_{b2}}{\omega^2\left(C_{ce}+C_{bc}(1+0.5g_m(r_{be}+r_b'))\right)+\omega^2(C_{bc}+C_{be})^2 r_b' r_{be}(C_{ce}+C_b')} \tag{A16.1.23b}$$

其中

$$Q_{b1} = 1+\omega^2 C_{bc}^2 r_{ce} r_b' + \omega^2(C_{be}+C_{bc})(C_{be}+C_{bc}(1+g_m r_{ce}))r_b'^2$$

$$Q_{b2} = 1+\omega^2(C_{bc}+C_{be})^2 r_{be} r_b'$$

$$r_b' = r_b \parallel r_{be}$$

$$C_b' = C_{be} \text{ 串 } C_{bc}$$

而在 $f_{us2}>f>f_{us1}$ 非绝对稳定区，最大稳定功率增益和核心 π 模型并无区别，

$$\text{MSG} = \frac{1}{|A_b D_b - B_b C_b|} = \frac{1}{|AD-BC|} = \sqrt{1+\left(\frac{f_z}{f}\right)^2} \tag{A16.1.24}$$

注意到随着 $r_b$ 的增加，$f_{us1}$ 和 $f_{us2}$ 越来越接近，当

$$\lambda_b = \frac{(G_0-1)^2}{4G_0} \tag{A16.1.25}$$

时，有 $f_{us1}=f_{us2}$，此时对应的基极体电阻 $r_{b0}$ 和重合的两个频率界点分别为

$$r_b = r_{b0} = r_{be}\frac{(U_0-1)^2}{2\alpha U_0\left(1+\sqrt{1+\frac{U_0-1}{\alpha}}\right)+U_0-1} \tag{A16.1.26}$$

$$f_{us1}=f_{us2}=2f_{us0}\frac{1+g_{be}r_{b0}}{\sqrt{\frac{1-G_0^{-2}}{1-G_0^{-1}(1+g_{be}r_{b0})^{-1}}}} \tag{A16.1.27}$$

式（A16.1.20）关于两个频率界点的表达式过于复杂，可以如是估算它们：当 $r_b$ 很小使得 $\lambda_b \ll 1$ 时，频率界点 $f_{us1}$ 近似为常数 $f_{us0}$，频率界点 $f_{us2}$ 近似为 $f_{max}$，从而和 $\sqrt{r_b}$ 成反比关系，

$$f_{us1} \approx f_{us0}, \quad f_{us2} \approx f_{max} \tag{A16.1.28a}$$

当 $r_b$ 较大使得 $\lambda_b \gg 1$ 但不是特别大，即 $\frac{r_{be}}{\alpha}<r_b<0.2r_{b0}$ 时，频率界点 $f_{us1}$ 近似为常数 $f_{us0}$，频率界点 $f_{us2}$ 近似和 $r_b$ 成反比关系，

$$f_{us1} \approx f_{us0}, \quad f_{us2} \approx \frac{f_{max}^2}{0.5f_z} \tag{A16.1.28b}$$

当 $r_b$ 升高到 $r_b=r_{b0}$ 时，两个频率界点重合，略大于 $2f_{us0}$，

$$f_{us1}=f_{us2}\approx 2f_{us0}(1+g_{be}r_{b0}) \tag{A16.1.28c}$$

当 $r_b>r_{b0}$ 时，晶体管始终是绝对稳定的，不存在不稳定放大区。而在 $0.2r_{b0}<r_b<r_{b0}$ 区间，两

个频率界点的变化较为剧烈。

图 A16.2.1 是在图示给定小信号模型参量下三种组态的最大功率增益 MAG 曲线，以及单向功率增益 U 曲线，由于 $r_b$ 取值为 $0.1r_{b0}$，因而图中存在两个稳定频率界点 $f_{us1}$ 和 $f_{us2}$，频率位于两个频率界点之间时没有 MAG，用 MSG 替代，请同学由此图更进一步理解三种组态的功率放大特性。

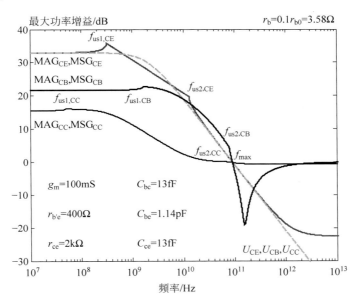

图 A16.2.1　三种组态晶体管放大器的最大功率增益曲线

# 参 考 文 献

1. Leon O Chua, Charles A Desoer, Ernest S Kuh. Linear and Nonlinear Circuits. New York：McGRAW-Hill Education,1987.

2. ［美］伍国琇著. 半导体器件完全指南. 李秋俊,冯世娟,徐世六,等译. 北京：科学出版社,2009.

3. 江缉光,刘秀成. 电路原理. 2 版. 北京：清华大学出版社,2007.

4. ［加］Adel S Sedra,Kenneth C. Smith 著. 微电子电路(上、下册). 5 版. 周玲玲,蒋乐天,应忍冬译. 北京：电子工业出版社,2006.

5. ［美］Albert Malvino,David J Bates 著. 电子电路原理. 7 版. 李冬梅,幸新鹏,李国林译. 北京：机械工业出版社,2014.

6. ［美］赛尔吉欧·佛朗哥著. 基于运算放大器和模拟集成电路的电路设计. 3 版. 刘树棠,朱茂林,荣玫译. 西安：西安交通大学出版社,2004.

7. 邱关源. 现代电路理论. 北京：高等教育出版社,2001.

8. 陈邦媛. 射频通信电路. 北京：科学出版社,2002.

9. ［美］Guillermo Gonzalez 著. 微波晶体管放大器分析与设计. 2 版. 白晓东译. 北京：清华大学出版社,2003.

10. ［美］William Kleitz 著. 数字电子技术——从电路分析到技能实践. 陶国彬,赵玉峰译. 北京：科学出版社,2008.

11. ［美］萨支唐著. 固态电子学基础. 阮刚,汤庭鳌,章倩苓,等译. 上海：复旦大学出版社,2003.

12. 曾树荣. 半导体器件物理基础. 2 版. 北京：北京大学出版社,2007.

13. Anant Agarwal, Jeffrey H. Lang. Foundations of Analog and Digital Electronic Circuits. Amsterdam：Elsevier,2005.

14. 邱关源原著,罗先觉修订. 电路. 5 版. 北京：高等教育出版社,2006.

15. 于歆杰,朱桂萍,陆文娟. 电路原理. 北京：清华大学出版社,2007.

16. Charles K Alexander,Matthew N O Sadiku. Fundamentals of Electric Circuits. second edition. New York：McGRAW-Hill,2003.

17. ［美］James W Nilsson,Susan A Riedel 著. 电路. 8 版. 周玉坤,冼立勤,李莉,等译. 北京：电子工业出版社,2008.

18. 李瀚荪. 电路分析基础(上、下册). 4 版. 北京：高等教育出版社,2006.

19. 王志功,沈永朝. 电路与电子线路基础——电路部分. 北京：高等教育出版社,2012.

20. Floyd. Principles of Electric Circuits：Conventional Current Version. 4 版. 影印版. 北京：科学出版社,2004.

21. 郑君里,应启珩,杨为理. 信号与系统(上、下册). 2 版. 北京：高等教育出版社,2000.

22. 高文焕,李冬梅. 电子线路基础. 2 版. 北京：高等教育出版社,2005.

23. Paul R Gray,Paul J Hurst,Stephen H Lewis. Analysis and Design of Analog Integrated Circuits. fourth edition. 影印版. 北京：高等教育出版社,2003.

24. Behzad Razavi . Design of Analog CMOS Integrated Circuits. New York：McGRAW-Hill,2001.

25. Behzad Razavi. Design of Integrated Circuits for Optical Communications. 影印版. 北京：清华大学出版社,2005.

26. 秦世才,高清运. 现代模拟集成电子学. 北京：科学出版社,2003.

27. Ron Mancini . Op Amps for Everyone. Texas,2002.

28. ［美］Phillip E. Allen,Douglas R Holberg 著. CMOS 模拟集成电路设计. 2 版. 冯军,李智群译,北京：电子工业出版社,2005.

29. Willy M C Sansen. Analog Design Essentials. Berlin：Springer,2006.

30. 王志功,沈永朝.电路与电子线路基础——电子线路部分.北京:高等教育出版社,2013.

31. [美]Paul Horowitz,Winfield Hill 著.电子学.2 版.吴利民,余国文,欧阳华,等译.北京:电子工业出版社,2005.

32. Jan M Rabaey, Anantha Chandrakasan, Borivoje Nikolic. Digital Integrated Circuits—A Design Perspective. second edition. 影印版. 北京:清华大学出版社,2004.

33. [美]David A Hodges,Horace G Jackson,Resve A Saleh 著.数字集成电路分析与设计——深亚微米工艺.3 版.蒋安平,王新安,陈自力译.北京:电子工业出版社,2005.

34. 董在望,陈雅琴,雷有华,等.通信电路原理.2 版.北京:高等教育出版社,2002.

35. 张肃文,陆兆熊.高频电子线路.3 版.北京:高等教育出版社,1993.

36. Thomas H Lee. The Design of CMOS Radio-Frequency Integrated Circuits. second edition. 影印版. 北京:电子工业出版社,2005.

37. 刘崇新.非线性电路理论及其应用.西安:西安交通大学出版社,2007.

38. 张国新,马义德,李守亮.非线性电路——基础分析与设计.北京:高等教育出版社,2011.

39. 张玉兴,赵宏飞,向荣.非线性电路与系统.北京:机械工业出版社,2007.

40. 刘延柱,陈立群.非线性振动.北京:高等教育出版社,2001.

41. [美]Andrei Grebennikov 著.射频与微波功率放大器设计.张玉兴,赵宏飞译.北京:电子工业出版社,2006.

42. [英]Ian Robertson,Stepan Lucyszyn 著.单片射频微波集成电路技术与设计.文光俊,谢甫珍,李家胤译.北京:电子工业出版社,2007.

43. [美]Ulrich L. Rohde,David P Newkirk 著.无线应用射频微波电路设计.刘光祜,张玉兴译.北京:电子工业出版社,2004.

44. [俄]Andrei Grebennikov 著.射频与微波晶体管振荡器设计.许立群,李哲英,钮文良译.北京:机械工业出版社,2009.

45. [美]J 卡尔·约瑟夫著.射频电路设计.3 版.何进译.北京:科学出版社,2007.

46. Christopher Bowick,John Blyler,Cheryl Ajluni. RF Circuit Design. second edition. 影印版. 北京:电子工业出版社,2008.

47. Behzad Razavi. RF Microelectronics. 影印版. 北京:清华大学出版社,2003.

48. Inder Bahl. Lumped Elements for RF and Microwave Circuits. NewYork:Artech House,2003.

49. 梁适安编著,向琳改编.开关电源理论与设计实践.北京:电子工业出版社,2013.

50. [美]Keith Billings,Taylor Morey 著.开关电源手册.3 版.张占松,汪仁煌,谢丽萍,等译.北京:人民邮电出版社,2012.

51. [美]Cotter W Sayre 著.无线通信设备与系统设计大全.张之朝,黄世亮,吴海云译.北京:人民邮电出版社,2004.

52. 万百五,韩崇昭,蔡远利.控制论——概念、方法与应用.北京:清华大学出版社,2009.

53. 张三慧.大学物理学第三册——电磁学.2 版.北京:清华大学出版社,1999.

54. 李庆扬,关治,白峰彬.数值计算原理.北京:清华大学出版社,2000.

55. Madhu S Gupta. Power Gain in Feedback Amplifiers—a Classic Revisited. IEEE Trans. on Microwave Theory and Techniques,1992,40(5):864-879.

56. Rollett J M. Stability and Power-Gain Invariants of Linear Twoports. IRE Trans. on Circuit Theory,1962,9(1):29-32.

57. Xavier Margueron, Jean Pierre Keradec. Identifying the Magnetic Part of the Equivalent Circuit of n-Winding Transformers. IEEE Trans. on Instrumentation and Measurement,2007,56(1):146-152.

58. 黄亚东,李国林,谢翔,等.一种单层螺线管寄生电容的计算方法及系统.CN201410150934.3.